ENZYKLOPÄDIE PHILOSOPHIE UND WISSENSCHAFTS- THEORIE

Band 4: Ins–Loc

2., neubearbeitete
und wesentlich ergänzte
Auflage

Unter ständiger Mitwirkung von Gottfried Gabriel,
Matthias Gatzemeier, Carl F. Gethmann,
Peter Janich, Friedrich Kambartel, Kuno Lorenz,
Klaus Mainzer, Peter Schroeder-Heister, Christian Thiel,
Reiner Wimmer, Gereon Wolters

in Verbindung mit Martin Carrier
herausgegeben von
Jürgen Mittelstraß

Kartonierte Sonderausgabe

 J.B.METZLER

Bibliografische Information der Deutschen Nationalbibliothek
Die Deutsche Nationalbibliothek verzeichnet diese Publikation
in der Deutschen Nationalbibliografie; detaillierte bibliografische Daten sind im Internet über http://dnb.d-nb.de abrufbar.

Gedruckt auf chlorfrei gebleichtem, säurefreiem und
alterungsbeständigem Papier.

Band 4:

978-3-662-67765-0

978-3-662-67766-7 (eBook)

Gesamtwerk:

978-3-662-67786-5

J.B. Metzler ist ein Imprint der eingetragenen Gesellschaft
Springer-Verlag GmbH, DE und ist ein
Teil von Springer Nature. Die Anschrift der Gesellschaft ist:
Heidelberger Platz 3, 14197 Berlin,
Germany

www.metzlerverlag.de

Satz: Dörr + Schiller GmbH, Stuttgart

Vorwort zur 2. Auflage

Mit Band IV der zweiten Auflage liegt nunmehr auch die Artikelgruppe Ins – Loc in gründlicher Neubearbeitung vor. Diese Gruppe gehörte noch zu demjenigen Teil der ersten (vierbändigen) Auflage, der mit den Bänden I und II eher lexikalisch aufgebaut war, d. h. mit relativ kurzen Artikeln und knappen Bibliographien, weniger an Idealen der Vollständigkeit und des systematischen Zusammenhanges als an den Bedürfnissen einer schnellen Information orientiert. Sie bildete in der ersten Auflage den mittleren Teil des zweiten Bandes; die gegenüber der ersten Auflage noch fehlenden Buchstabenbereiche Log – O werden in ebenso gründlicher Neubearbeitung in Band V der neuen Auflage Berücksichtigung finden. Erneut wurden alle Artikel der ersten Auflage, nunmehr unter enzyklopädischen Gesichtspunkten, wesentlich überarbeitet, über 60 neue Stichworte, die dem neueren Stand der philosophischen und der wissenschaftlichen Forschung Rechnung tragen, ergänzt, Bibliographien erheblich erweitert und in ihren älteren Bestandteilen kritisch unter Aktualitätsgesichtspunkten geprüft. Über die Konzeption der zweiten Auflage im einzelnen informiert das Vorwort in Band I dieser Auflage.

Wie in der Wissenschaft hat sich auch in der Philosophie in den Jahren nach Erscheinen von Band II der ersten Auflage viel getan. Das philosophische Interesse löste sich in wissenschaftstheoretischer Hinsicht von der Dominanz der Kuhn-Popper-Debatte, die sich auf Fragen einer Theoriendynamik konzentrierte, und von der Fixierung auf die Physik, in erkenntnistheoretischer Hinsicht aus einer zu eng geratenen analytischen Orientierung, im Theoretischen wie im Praktischen. Auch das schulische Denken, das noch die Auseinandersetzungen in der zweiten Hälfte des vergangenen Jahrhunderts bestimmte, wich mehr und mehr einer enger an philosophischen Problemen denn an den sie bearbeitenden Positionen interessierten Arbeit – allerdings auch in Form eines sich selbst als ›postmodern‹ bezeichnenden synkretistischen Denkens.

Der in der »Enzyklopädie Philosophie und Wissenschaftstheorie« wirksame konstruktive Gedanke befreit das analytische Denken aus einer gewissen, ihm eigentümlichen philosophischen Enge und mahnt gegenüber einem allzu unbeschwert Vorsicherdenken wieder das alle Geltungsansprüche begleitende und insofern auch in der Philosophie zu beachtende Maß an begrifflicher und methodischer Strenge an. Nicht umsonst gehörte von Anfang an zur Anleitung der Autoren dieser Enzyklopädie die (Befolgung der) Frage: ›was hätte Kant dazu gesagt?‹ – nicht zur Etablierung eines Neukantianismus neuerer Prägung, sondern als Erinnerung an die Ideale eines strengen philosophischen Denkens.

Der Dank des Herausgebers gilt allen Autoren, die an dieser Neubearbeitung mitwirkten, allen voran den Hauptautoren, auf der Titelseite vermerkt, die wie schon in der Vergangenheit den größten Teil der wissenschaftlichen Arbeit geleistet haben, unter ihnen Martin Carrier (Bielefeld), der zusätzlich zur Autorenarbeit wiederum, wie schon in den Bänden I – III der neuen Auflage, auch noch einen wesentlichen Teil der redaktionellen Last mit dem Herausgeber teilte. Das gleiche gilt für Birgit Fischer M. A., in deren Händen erneut alle redaktionellen Fäden, fein gesponnen, zwischen Autoren und Herausgeber, zusammenliefen, gelegentlich, in komplizierten biographischen und bibliographischen Fällen, in erprobter Weise assistiert von Dr. Brigitte Parakenings (früher Uhlemann), Leiterin des Philosophischen Archivs der Universität Konstanz, und Dr. Karsten Wilkens, dem ehemaligen Fachreferenten Philosophie der Universitätsbibliothek Konstanz. Die Hauptlast im bibliographischen Alltag trugen Sebastian Bock M. A., Thomas Diemar M. A., Miguel Gonzalez M. A., Susanne Kim, Jonas Kimmig, Maryia Ramanava M. A., Dr. Perdita Rösch, Silke Rothe M. A. und Michael Schlachter M. A.. Ihnen ist zu danken, daß die Bibliographien ein Maß an Verläßlichkeit gewonnen haben, das im lexikalischen und enzyklopädischen Geschäft eher selten ist.

Zu den umfangreichen Aufgaben von Birgit Fischer M. A. gehörten auch diesmal wieder die umfangreiche Mitarbeiterkorrespondenz, die Wacht über die Nomenklatur und deren Weiterentwicklung, (zusammen mit den Bibliographen) die Zusammenstellung meist umfangreicher Arbeitsmaterialien für die Autoren, die Führung der Verweiskartei und, gemeinsam mit dem Herausgeber, die redaktionelle Bearbeitung und Fertigstellung der Manuskripte. Sie wurde, wie schon in den vorausgegangenen Bänden, wirkungsvoll unterstützt von Dipl. math. Christopher v. Bülow, der sich wieder einmal vor allem beim Auffinden und bei der Korrektur versteckter inhaltlicher wie formaler Ungenauigkeiten große Verdienste erworben hat. In Christine Schneiders Händen lagen die Formatierung des Gesamtmanuskriptes und die Kontrolle aller damit zusammenhängenden Arbeiten.

Dank schulden Herausgeber und Mitarbeiter der Universität Konstanz, die nunmehr im institutionellen Rahmen des Konstanzer Wissenschaftsforums die Enzyklopädie auch zu ihrem Werk gemacht hat, dem Verlag J. B. Metzler, der die Arbeiten an diesem Band mit andauerndem Engagement begleitet hat, ferner der Hamburger Stiftung zur Förderung von Wissenschaft und Kultur, der Klaus Tschira Stiftung und der ZEIT-Stiftung Ebelin und Gerd Bucerius, die die Arbeiten auf großzügige Weise finanziell unterstützt haben.

Konstanz, im Herbst 2010   Jürgen Mittelstraß

Abkürzungs- und Symbolverzeichnisse

1. Autoren

A. V.	Albert Veraart, Konstanz
B. G.	Bernd Gräfrath, Essen
B. P.	Bernd Philippi, Völklingen
C. B.	Christopher v. Bülow, Konstanz
C. F. G.	Carl F. Gethmann, Duisburg-Essen
C. S.-P.	Christoph Schmidt-Petri, Leipzig
C. T.	Christian Thiel, Erlangen
D. G.	Dietfried Gerhardus, Saarbrücken
D. H.	David Hyder, Ottawa
F. K.	Friedrich Kambartel, Frankfurt
F. T.	Felix Thiele, Bad Neuenahr-Ahrweiler
G. G.	Gottfried Gabriel, Jena
G. H.	Gerrit Haas, Aachen †
G. He	Gerhard Heinzmann, Nancy
G. K.	Georg Kamp, Bad Neuenahr-Ahrweiler
G. W.	Gereon Wolters, Konstanz
H.-L. N.	Heinz-Ludwig Nastansky, Bonn
H.R. G.	Herbert R. Ganslandt, Erlangen †
H. S.	Hubert Schleichert, Konstanz
J. M.	Jürgen Mittelstraß, Konstanz
J. Sc.	Julius Schälike, Konstanz
J. W.	Johannes Wienand, Heidelberg
K. H. H.	Karlheinz H. Hülser, Konstanz
K. L.	Kuno Lorenz, Saarbrücken
K. M.	Klaus Mainzer, München
M. C.	Martin Carrier, Bielefeld
M. G.	Matthias Gatzemeier, Aachen
N. R.	Neil Roughley, Duisburg-Essen
O. S.	Oswald Schwemmer, Berlin
P. B.	Peter Borchardt, Berlin
P. J.	Peter Janich, Marburg
P. S.	Peter Schroeder-Heister, Tübingen
P. S.-W.	Pirmin Stekeler-Weithofer, Leipzig
R. Bu.	Ralf Busse, Regensburg
R. W.	Rüdiger Welter, Tübingen
R. Wi.	Reiner Wimmer, Tübingen
S. B.	Siegfried Blasche, Bad Homburg
S. C.	Soraya de Chadarevian, Los Angeles
S. H.	Stephan Hartmann, Tilburg
S. M. K.	Silke M. Kledzik, Koblenz †
T. G.	Thorsten Gubatz, Freiburg
T. R.	Thomas Rentsch, Dresden
V. P.	Volker Peckhaus, Paderborn
W. J. M.	Wolfgang J. Meyer, Hamburg

2. Nachschlagewerke

ADB Allgemeine Deutsche Biographie, I–LVI, ed. Historische Commission bei der Königlichen Akademie der Wissenschaften (München), Leipzig 1875–1912, Nachdr. 1967–1971.

BBKL Biographisch-Bibliographisches Kirchenlexikon, ed. F. W. Bautz, mit Bd. III fortgeführt v. T. Bautz, Hamm 1975/1990, Herzberg 1992–2001, Nordhausen 2002ff. (erschienen Bde I–XXXI).

DHI Dictionary of the History of Ideas. Studies of Selected Pivotal Ideas, I–IV u. 1 Indexbd., ed. P. P. Wiener, New York 1973–1974.

DL Dictionary of Logic as Applied in the Study of Language. Concepts/Methods/Theories, ed. W. Marciszewski, The Hague/Boston Mass./London 1981.

DNP Der neue Pauly. Enzyklopädie der Antike, I–XVI, ed. H. Cancik/H. Schneider, ab Bd. XIII mit M. Landfester, Stuttgart/Weimar 1996–2003, Suppl.bde 2004ff. (erschienen Bde I–V) (engl. Brill's New Pauly. Encyclopaedia of the Ancient World, [Antiquity] I–XV, [Classical Tradition] I–V, ed. H. Cancik/H. Schneider/M. Landfester, Leiden/Boston Mass. 2002–2010, Suppl.-bde 2007ff. [erschienen Bde I–III]).

DP Dictionnaire des philosophes, ed. D. Huisman, I–II, Paris 1984, ²1993.

DSB Dictionary of Scientific Biography, I–XVIII, ed. C. C. Gillispie, mit Bd. XVII fortgeführt v. F. L. Holmes, New York

	1970–1990 (XV = Suppl.bd. I, XVI = Indexbd., XVII–XVIII = Suppl.bd. II).
EI	The Encyclopaedia of Islam. New Edition, I–XIII, Leiden 1960–2009 (XII = Suppl.bd., XIII = Indexbd.).
EJud	Encyclopaedia Judaica, I–XVI, Jerusalem 1971–1972, I–XXII, ed. F. Skolnik/M. Berenbaum, Detroit Mich. etc. [2]2007 (XXII = Übersicht u. Index).
Enc. filos.	Enciclopedia filosofica, I–VI, ed. Centro di studi filosofici di Gallarate, Florenz [2]1968–1969, erw. I–VIII, Florenz, Rom 1982, erw. I–XII, Mailand 2006.
Enc. Jud.	Encyclopaedia Judaica. Das Judentum in Geschichte und Gegenwart, I–X, Berlin 1928–1934 (bis einschließlich ›L‹).
Enc. Ph.	The Encyclopedia of Philosophy, I–VIII, ed. P. Edwards, New York/London 1967 (repr. in 4 Bdn. 1996), Suppl.bd., ed. D. M. Borchert, New York, London etc. 1996.
Enc. philos. universelle	Encyclopédie philosophique universelle, ed. A. Jacob, I–IV, Paris 1989–1998 (I L'univers philosophique, II Les notions philosophiques, III Les œuvres philosophiques, IV Le discours philosophique).
Enz. Islam	Enzyklopaedie des Islām. Geographisches, ethnographisches und biographisches Wörterbuch der muhammedanischen Völker, I–IV u. 1 Erg.bd., ed. M. T. Houtsma u. a., Leiden, Leipzig 1913–1938.
EP	Enzyklopädie Philosophie, I–II, ed. H. J. Sandkühler, Hamburg 1999, 2004.
ER	The Encyclopedia of Religion, I–XVI, ed. M. Eliade, New York/London 1987 (XVI = Indexbd.), Nachdr. in 8 Bdn. 1993, I–XV, ed. L. Jones, Detroit Mich. etc. [2]2005 (XV = Anhang, Index).
ERE	Encyclopaedia of Religion and Ethics, I–XIII, ed. J. Hastings, Edinburgh/New York 1908–1926, Edinburgh 1926–1976 (repr. 2003) (XIII = Indexbd.).
Flew	A Dictionary of Philosophy, ed. A. Flew, London/Basingstoke 1979, [2]1984, ed. mit S. Priest, London 2002.
FM	J. Ferrater Mora, Diccionario de filosofia, I–IV, Madrid [6]1979, erw. I–IV, Barcelona 1994, 2004.
Hb. ph. Grundbegriffe	Handbuch philosophischer Grundbegriffe, I–III, ed. H. Krings/C. Wild/H. M. Baumgartner, München 1973–1974.
Hb. wiss. theoret. Begr.	Handbuch wissenschaftstheoretischer Begriffe, I–III, ed. J. Speck, Göttingen 1980.
Hist. Wb. Ph.	Historisches Wörterbuch der Philosophie, I–XIII, ed. J. Ritter, mit Bd. IV fortgeführt v. K. Gründer, ab Bd. XI mit G. Gabriel, Basel/Stuttgart, Darmstadt 1971–2007 (XIII = Indexbd.).
Hist. Wb. Rhetorik	Historisches Wörterbuch der Rhetorik, ed. G. Ueding, Tübingen, Darmstadt 1992ff. (erschienen Bde I–IX).
IESBS	International Encyclopedia of the Social & Behavioral Sciences, I–XXVI, ed. N. J. Smelser/P. B. Baltes, Amsterdam etc. 2001 (XXV–XXVI = Indexbde).
IESS	International Encyclopedia of the Social Sciences, I–XVII, ed. D. L. Sills, New York 1968, Nachdr. 1972, XVIII (Biographical Suppl.), 1979, IX (Social Science Quotations), 1991.
KP	Der Kleine Pauly. Lexikon der Antike, I–V, ed. K. Ziegler/W. Sontheimer, Stuttgart 1964–1975, Nachdr. München 1979.
LAW	Lexikon der Alten Welt, ed. C. Andresen u. a., Zürich/Stuttgart 1965, Nachdr. in 3 Bdn., Düsseldorf 2001.
LMA	Lexikon des Mittelalters, I–IX, München/Zürich 1977–1998, Reg.bd. Stuttgart/Weimar 1999, Nachdr. in 9 Bdn., Darmstadt 2009.
LThK	Lexikon für Theologie und Kirche, I–X u. 1 Reg.bd., ed. J. Höfer/K. Rahner, Freiburg [2]1957–1967, ed. H. S. Brechter u. a., Suppl. I–III, Freiburg/Basel/Wien, 1966–1968 (I–III Das Zweite Vatikanische Konzil), I–XI, ed. W. Kasper u. a., [3]1993–2001, 2009 (XI = Nachträge, Register, Abkürzungsverzeichnis).
NDB	Neue Deutsche Biographie, ed. Historische Kommission bei der Bayerischen Akademie der Wissenschaften, Berlin 1953ff. (erschienen Bde I–XXIV).
NDHI	New Dictionary of the History of Ideas, I–VI, ed. M. C. Horowitz, Detroit Mich. etc. 2005.
ODCC	The Oxford Dictionary of the Christian Church, ed. F. L. Cross/E. A. Livingstone, Oxford [2]1974, Oxford/New York [3]1997, rev. 2005.
Ph. Wb.	Philosophisches Wörterbuch, ed. G. Klaus/M. Buhr, Berlin, Leipzig 1964, in 2 Bdn.

⁶1969, Berlin ¹²1976 (repr. Berlin 1985, 1987).

RAC Reallexikon für Antike und Christentum. Sachwörterbuch zur Auseinandersetzung des Christentums mit der antiken Welt, ed. T. Klauser, mit Bd. XIV fortgeführt v. E. Dassmann u. a., mit Bd. XX fortgeführt v. G. Schöllgen u. a., Stuttgart 1950ff. (erschienen Bde I–XXII, 1 Reg.bd. u. 2 Suppl.bde).

RE Paulys Realencyclopädie der classischen Altertumswissenschaft. Neue Bearbeitung, ed. G. Wissowa, fortgeführt v. W. Kroll, K. Witte, K. Mittelhaus, K. Ziegler u. W. John, Stuttgart, 1. Reihe (A–Q), I/1–XXIV (1893–1963); 2. Reihe (R–Z), IA/1–XA (1914–1972); 15 Suppl.bde (1903–1978); Register der Nachträge und Supplemente, ed. H. Gärtner/A. Wünsch, München 1980, Gesamtregister, I–II, Stuttgart 1997/2000.

REP Routledge Encyclopedia of Philosophy, I–X, ed. E. Craig, London/New York 1998 (X = Indexbd.).

RGG Die Religion in Geschichte und Gegenwart. Handwörterbuch für Theologie und Religionswissenschaft, I–VII, ed. K. Galling, Tübingen ³1957–1962 (VII = Reg.bd.), unter dem Titel: Religion in Geschichte und Gegenwart. Handwörterbuch für Theologie und Religionswissenschaft, ed. H. D. Betz u. a., I–VIII u. 1 Reg.bd., ⁴1998–2007, 2008.

SEP Stanford Encyclopedia of Philosophy (http://plato.stanford.edu/).

Totok W. Totok, Handbuch der Geschichte der Philosophie, I–VI, Frankfurt 1964–1990, Nachdr. 2005, ²1997ff. (erschienen Bd. I).

TRE Theologische Realenzyklopädie, I–XXXVI, 2 Reg.bde u. 1 Abkürzungsverzeichnis, ed. G. Krause/G. Müller, mit Bd. XIII fortgeführt v. G. Müller, Berlin 1977–2007.

WbL N. I. Kondakow, Wörterbuch der Logik [russ. Moskau 1971, 1975], ed. E. Albrecht/G. Asser, Leipzig, Berlin 1978, Leipzig ²1983.

Wb. ph. Begr. Wörterbuch der philosophischen Begriffe. Historisch-Quellenmäßig bearbeitet von Dr. Rudolf Eisler, I–III, ed. K. Roretz, Berlin ⁴1927–1930.

WL Wissenschaftstheoretisches Lexikon, ed. E. Braun/H. Radermacher, Graz/Wien/Köln 1978.

3. Zeitschriften

Abh. Gesch. math. Wiss. Abhandlungen zur Geschichte der mathematischen Wissenschaften (Leipzig)

Acta Erud. Acta Eruditorum (Leipzig)

Acta Math. Acta Mathematica (Uppsala)

Allg. Z. Philos. Allgemeine Zeitschrift für Philosophie (Stuttgart)

Amer. J. Math. American Journal of Mathematics (Baltimore Md.)

Amer. J. Philol. The American Journal of Philology (Baltimore Md.)

Amer. J. Phys. American Journal of Physics (College Park Md.)

Amer. J. Sci. The American Journal of Science (New Haven Conn.)

Amer. Philos. Quart. American Philosophical Quarterly (Champaign Ill.)

Amer. Scient. American Scientist (Research Triangle Park N.C.)

Anal. Husserl. Analecta Husserliana (Dordrecht/Boston Mass./London)

Analysis Analysis (Oxford)

Ancient Philos. Ancient Philosophy (Pittsburgh Pa.)

Ann. int. Ges. dialekt. Philos. Soc. Heg. Annalen der internationalen Gesellschaft für dialektische Philosophie Societas Hegeliana (Frankfurt etc.)

Ann. Math. Annals of Mathematics (Princeton N. J.)

Ann. Math. Log. Annals of Mathematical Logic (Amsterdam); seit 1983: Annals of Pure and Applied Logic (Amsterdam etc.)

Ann. math. pures et appliqu. Annales de mathématiques pures et appliquées (Paris); seit 1836: Journal de mathématiques pures et appliquées (Paris)

Ann. Naturphilos. Annalen der Naturphilosophie (Leipzig)

Ann. Philos. philos. Kritik Annalen der Philosophie und philosophischen Kritik (Leipzig)

Ann. Phys. Annalen der Physik (Leipzig), 1799–1823, 1900 ff. (1824–1899 unter dem Titel: Annalen der Physik und Chemie [Leipzig])

Ann. Phys. Chem. Annalen der Physik und Chemie (Leipzig)

Ann. Sci.	Annals of Science. A Quarterly Review of the History of Science and Technology since the Renaissance, seit 1999 mit Untertitel: The History of Science and Technology (Abingdon)
Appl. Opt.	Applied Optics (Washington D. C.)
Aquinas	Aquinas. Rivista internazionale di filosofia (Rom)
Arch. Begriffsgesch.	Archiv für Begriffsgeschichte (Hamburg)
Arch. Gesch. Philos.	Archiv für Geschichte der Philosophie (Berlin)
Arch. hist. doctr. litt. moyen-âge	Archives d'histoire doctrinale et littéraire du moyen-âge (Paris)
Arch. Hist. Ex. Sci.	Archive for History of Exact Sciences (Berlin/Heidelberg)
Arch. int. hist. sci.	Archives internationales d'histoire des sciences (Paris)
Arch. Kulturgesch.	Archiv für Kulturgeschichte (Köln/Weimar/Wien)
Arch. Math.	Archiv der Mathematik (Basel)
Arch. math. Log. Grundlagenf.	Archiv für mathematische Logik und Grundlagenforschung (Stuttgart)
Arch. Philos.	Archiv für Philosophie (Stuttgart)
Arch. philos.	Archives de philosophie (Paris)
Arch. Rechts- u. Sozialphilos.	Archiv für Rechts- und Sozialphilosophie (Stuttgart)
Arch. Sozialwiss. u. Sozialpolitik	Archiv für Sozialwissenschaft und Sozialpolitik (Tübingen)
Astrophys.	Astrophysics (New York)
Australas. J. Philos.	Australasian Journal of Philosophy (Abingdon)
Austral. Econom. Papers	Australian Economic Papers (Adelaide)
Beitr. Gesch. Philos. MA	Beiträge zur Geschichte der Philosophie (später: und Theologie) des Mittelalters (Münster)
Beitr. Philos. Dt. Ideal.	Beiträge zur Philosophie des deutschen Idealismus. Veröffentlichungen der Deutschen Philosophischen Gesellschaft (Erfurt)
Ber. Wiss.gesch.	Berichte zur Wissenschaftsgeschichte (Weinheim)
Bibl. Math.	Bibliotheca Mathematica. Zeitschrift für Geschichte der mathematischen Wissenschaften (Stockholm/Leipzig)
Bl. dt. Philos.	Blätter für deutsche Philosophie (Berlin)
Brit. J. Hist. Sci.	The British Journal for the History of Science (Cambridge)
Brit. J. Philos. Sci.	The British Journal for the Philosophy of Science (Oxford)
Bull. Amer. Math. Soc.	Bulletin of the American Mathematical Society (Providence R.I.)
Bull. Hist. Med.	Bulletin of the History of Medicine (Baltimore Md.)
Can. J. Philos.	Canadian Journal of Philosophy (Calgary)
Class. J.	The Classical Journal (Chicago Ill.)
Class. Philol.	Classical Philology (Chicago Ill.)
Class. Quart.	Classical Quarterly (Oxford)
Class. Rev.	Classical Review (Cambridge)
Communic. and Cogn.	Communication and Cognition (Ghent)
Conceptus	Conceptus. Zeitschrift für Philosophie (Heusenstamm)
Dialectica	Dialectica. Internationale Zeitschrift für Philosophie der Erkenntnis (Oxford/Malden Mass.)
Dt. Z. Philos.	Deutsche Zeitschrift für Philosophie (Berlin)
Elemente Math.	Elemente der Mathematik (Basel)
Eranos-Jb.	Eranos-Jahrbuch (Zürich)
Erkenntnis	Erkenntnis (Dordrecht)
Ét. philos.	Les études philosophiques (Paris)
Ethics	Ethics. An International Journal of Social, Political and Legal Philosophy (Chicago Ill.)
Found. Phys.	Foundations of Physics (New York)
Franciscan Stud.	Franciscan Studies (St. Bonaventure N.Y.)
Franziskan. Stud.	Franziskanische Studien (Münster)
Frei. Z. Philos. Theol.	Freiburger Zeitschrift für Philosophie und Theologie (Freiburg, Schweiz)
Fund. Math.	Fundamenta Mathematicae (Warschau)
Fund. Sci.	Fundamenta Scientiae (São Paulo)
Giornale crit. filos. italiana	Giornale critico della filosofia italiana (Florenz)
Götting. Gelehrte Anz.	Göttingische Gelehrte Anzeigen (Göttingen)

Grazer philos. Stud.	Grazer philosophische Studien (Amsterdam/New York)	Jahresber. Dt. Math.ver.	Jahresbericht der Deutschen Mathematikervereinigung (Wiesbaden)
Harv. Stud. Class. Philol.	Harvard Studies in Classical Philology (Cambridge Mass.)	Jb. Antike u. Christentum	Jahrbuch für Antike und Christentum (Münster)
Hegel-Jb.	Hegel-Jahrbuch (Berlin)	Jb. Philos. phänomen. Forsch.	Jahrbuch für Philosophie und phänomenologische Forschung (Halle)
Hegel-Stud.	Hegel-Studien (Hamburg)		
Hermes	Hermes. Zeitschrift für klassische Philologie (Stuttgart)	J. Aesthetics Art Criticism	The Journal of Aesthetics and Art Criticism (Hoboken N. J.)
Hist. and Philos. Log.	History and Philosophy of Logic (Abingdon)	J. Brit. Soc. Phenomenol.	The Journal of the British Society for Phenomenology (Stockport)
Hist. Math.	Historia Mathematica (Amsterdam etc.)	J. Chinese Philos.	Journal of Chinese Philosophy (Honolulu Hawaii)
Hist. Philos. Life Sci.	History and Philosophy of the Life Sciences (London/New York/Philadelphia Pa.)	J. Engl. Germ. Philol.	Journal of English and Germanic Philology (Urbana Ill.)
Hist. Sci.	History of Science (Cambridge)	J. Hist. Ideas	Journal of the History of Ideas (Philadelphia Pa.)
Hist. Stud. Phys. Sci.	Historical Studies in the Physical Sciences (Berkeley Calif./Los Angeles/London); seit 1986: Historical Studies in the Physical and Biological Sciences (Berkeley Calif./Los Angeles/London); seit 2008: Historical Studies in the Natural Sciences (Berkeley Calif./Los Angeles/London)	J. Hist. Philos.	Journal of the History of Philosophy (Baltimore Md.)
		J. math. pures et appliqu.	Journal de mathématiques pures et appliquées (Paris)
		J. Mind and Behavior	The Journal of Mind and Behavior (New York)
Hist. Theory	History and Theory (Malden Mass.)	J. Philos.	The Journal of Philosophy (New York)
Hobbes Stud.	Hobbes Studies (Leiden)	J. Philos. Ling.	The Journal of Philosophical Linguistics (Evanston Ill.)
Human Stud.	Human Studies (Dordrecht)		
Idealistic Stud.	Idealistic Studies (Worcester Mass.)	J. Philos. Log.	Journal of Philosophical Logic (Dordrecht/Norwell Mass.)
Indo-Iran. J.	Indo-Iranian Journal (Dordrecht/Boston Mass.)	J. reine u. angew. Math.	Journal für die reine und angewandte Mathematik (Berlin/New York)
Int. J. Ethics	International Journal of Ethics. Devoted to the Advancement of Ethical Knowledge and Practice (Chicago Ill.); seit 1938: Ethics. An International Journal of Social, Political, and Legal Philosophy (Chicago Ill.)	J. Symb. Log.	The Journal of Symbolic Logic (Poughkeepsie N.Y.)
		J. Value Inqu.	The Journal of Value Inquiry (Dordrecht/Boston Mass./London)
Int. Log. Rev.	International Logic Review (Bologna)	Kant-St.	Kant-Studien (Berlin/New York)
Int. Philos. Quart.	International Philosophical Quarterly (New York)	Kant-St. Erg.hefte	Kant-Studien. Ergänzungshefte (Berlin/New York)
Int. Stud. Philos.	International Studies in Philosophy (Canton Mass.)	Linguist. Ber.	Linguistische Berichte (Hamburg)
Int. Stud. Philos. Sci.	International Studies in the Philosophy of Science (Abingdon)	Log. anal.	Logique et analyse (Brüssel)
Isis	Isis. An International Review Devoted to the History of Science and Its Cultural Influences (Chicago Ill.)	Logos	Logos. Internationale Zeitschrift für Philosophie der Kultur (Tübingen)
		Math. Ann.	Mathematische Annalen (Berlin/Heidelberg)

Math.-phys. Semesterber.	Mathematisch-physikalische Semesterberichte (Göttingen); seit 1981: Mathematische Semesterberichte (Berlin/Heidelberg)
Math. Semesterber.	Mathematische Semesterberichte (Berlin/Heidelberg)
Math. Teacher	The Mathematics Teacher (Reston Va.)
Math. Z.	Mathematische Zeitschrift (Berlin/Heidelberg)
Med. Aev.	Medium Aevum (Oxford)
Medic. Hist.	Medical History (London)
Med. Ren. Stud.	Medieval and Renaissance Studies (Chapel Hill N.C./London)
Med. Stud.	Mediaeval Studies (Toronto)
Merkur	Merkur. Deutsche Zeitschrift für Europäisches Denken (Stuttgart)
Metaphilos.	Metaphilosophy (Malden Mass.)
Methodos	Methodos. Language and Cybernetics (Padua)
Mh. Math. Phys.	Monatshefte für Mathematik und Physik (Leipzig/Wien); seit 1948: Monatshefte für Mathematik (Wien/New York)
Mh. Math.	Monatshefte für Mathematik (Wien/New York)
Midwest Stud. Philos.	Midwest Studies in Philosophy (Boston Mass./Oxford)
Mind	Mind. A Quarterly Review for Psychology and Philosophy (Oxford)
Monist	The Monist (Peru Ill.)
Mus. Helv.	Museum Helveticum. Schweizerische Zeitschrift für klassische Altertumswissenschaft (Basel)
Naturwiss.	Die Naturwissenschaften. Organ der Max-Planck-Gesellschaft zur Förderung der Wissenschaften (Berlin/Heidelberg)
Neue H. Philos.	Neue Hefte für Philosophie (Göttingen)
Nietzsche-Stud.	Nietzsche-Studien (Berlin/New York)
Notre Dame J. Formal Logic	Notre Dame Journal of Formal Logic (Notre Dame Ind.)
Noûs	Noûs (Boston Mass./Oxford)
Organon	Organon (Warschau)
Osiris	Osiris. Commentationes de scientiarum et eruditionis historia rationeque (Brügge); Second Series mit Untertitel: A Research Journal Devoted to the History of Science and Its Cultural Influences (Chicago Ill.)
Pers. Philos. Neues Jb.	Perspektiven der Philosophie. Neues Jahrbuch (Amsterdam/New York)
Phänom. Forsch.	Phänomenologische Forschungen (Hamburg)
Philol.	Philologus (Wiesbaden)
Philol. Quart.	Philological Quarterly (Iowa City)
Philos.	Philosophy (Cambridge etc.)
Philos. and Literature	Philosophy and Literature (Baltimore Md.)
Philos. Anz.	Philosophischer Anzeiger. Zeitschrift für die Zusammenarbeit von Philosophie und Einzelwissenschaft (Bonn)
Philos. East and West	Philosophy East and West (Honolulu Hawaii)
Philos. Hefte	Philosophische Hefte (Prag)
Philos. Hist.	Philosophy and History (Tübingen)
Philos. J.	The Philosophical Journal. Transactions of the Royal Society of Glasgow (Glasgow)
Philos. Jb.	Philosophisches Jahrbuch (Freiburg/München)
Philos. Mag.	The London, Edinburgh and Dublin Magazine and Journal of Science (London); seit 1949: The Philosophical Magazine (London)
Philos. Math.	Philosophia Mathematica (Oxford)
Philos. Nat.	Philosophia Naturalis (Frankfurt)
Philos. Pap.	Philosophical Papers (Grahamstown)
Philos. Phenom. Res.	Philosophy and Phenomenological Research (Malden Mass.)
Philos. Quart.	The Philosophical Quarterly (Oxford/Malden Mass.)
Philos. Rdsch.	Philosophische Rundschau (Tübingen)
Philos. Rev.	The Philosophical Review (Durham N. C.)
Philos. Rhet.	Philosophy and Rhetoric (University Park Pa.)
Philos. Sci.	Philosophy of Science (Chicago Ill.)

Philos. Soc. Sci.	Philosophy of the Social Sciences (Toronto/Aberdeen)
Philos. Stud.	Philosophical Studies (Dordrecht)
Philos. Studien	Philosophische Studien (Berlin)
Philos. Top.	Philosophical Topics (Fayetteville Ark.)
Philos. Transact. Royal Soc.	Philosophical Transactions of the Royal Society (London)
Phys. Bl.	Physikalische Blätter (Weinheim)
Phys. Rev.	The Physical Review (College Park Md.)
Phys. Z.	Physikalische Zeitschrift (Leipzig)
Praxis Math.	Praxis der Mathematik. Monatsschrift der reinen und angewandten Mathematik im Unterricht (Köln)
Proc. Amer. Philos. Ass.	Proceedings and Addresses of the American Philosophical Association (Newark Del.)
Proc. Amer. Philos. Soc.	Proceedings of the American Philosophical Society (Philadelphia Pa.)
Proc. Arist. Soc.	Proceedings of the Aristotelian Society (Oxford)
Proc. Brit. Acad.	Proceedings of the British Academy (Oxford etc.)
Proc. London Math. Soc.	Proceedings of the London Mathematical Society (Oxford etc.)
Proc. Royal Soc.	Proceedings of the Royal Society of London (London)
Quart. Rev. Biol.	The Quarterly Review of Biology (Chicago Ill.)
Ratio	Ratio. An International Journal of Analytic Philosophy (Oxford)
Rech. théol. anc. et médiévale	Recherches de théologie ancienne et médiévale (Louvain)
Rel. Stud.	Religious Studies. An International Journal for the Philosophy of Religion (Cambridge)
Res. Phenomenol.	Research in Phenomenology (Leiden)
Rev. ét. anc.	Revue des études anciennes (Bordeaux)
Rev. ét. grec.	Revue des études grecques (Paris)
Rev. hist. ecclés.	Revue d'histoire ecclésiastique (Louvain)
Rev. hist. sci.	Revue d'histoire des sciences (Paris)

Rev. hist. sci. applic.	Revue d'histoire des sciences et de leurs applications (Paris); seit 1971: Revue d'histoire des sciences (Paris)
Rev. int. philos.	Revue internationale de philosophie (Brüssel)
Rev. Met.	Review of Metaphysics (Washington D.C.)
Rev. mét. mor.	Revue de métaphysique et de morale (Paris)
Rev. Mod. Phys.	Reviews of Modern Physics (College Park Md.)
Rev. néoscol. philos.	Revue néoscolastique de philosophie (Louvain)
Rev. philos. France étrang.	Revue philosophique de la France et de l'étranger (Paris)
Rev. philos. Louvain	Revue philosophique de Louvain (Louvain)
Rev. quest. sci.	Revue des questions scientifiques (Namur)
Rev. sci. philos. théol.	Revue des sciences philosophiques et théologiques (Paris)
Rev. synt.	Revue de synthèse (Paris)
Rev. théol. philos.	Revue de théologie et de philosophie (Lausanne)
Rev. thom.	Revue thomiste (Toulouse)
Rhein. Mus. Philol.	Rheinisches Museum für Philologie (Frankfurt)
Riv. crit. stor. filos.	Rivista critica di storia della filosofia (Florenz)
Riv. filos.	Rivista di filosofia (Bologna)
Riv. filos. neoscolastica	Rivista di filosofia neo-scolastica (Mailand)
Riv. mat.	Rivista di matematica (Turin)
Riv. stor. sci. mediche e nat.	Rivista di storia delle scienze mediche e naturali (Florenz)
Russell	Russell. The Journal of the Bertrand Russell Archives (Hamilton Ont.)
Sci. Amer.	Scientific American (New York)
Sci. Stud.	Science Studies. Research in the Social and Historical Dimensions of Science and Technology (London)
Scr. Math.	Scripta Mathematica. A Quarterly Journal Devoted to the Expository and Research Aspects of Mathematics (New York)
Sociolog. Rev.	The Sociological Review (Oxford)

South. J. Philos.	The Southern Journal of Philosophy (Memphis Tenn.)	Transact. Amer. Math. Soc.	Transactions of the American Mathematical Society (Providence R.I.)
Southwest. J. Philos.	Southwestern Journal of Philosophy (Norman Okla.)	Transact. Amer. Philol. Ass.	Transactions and Proceedings of the American Philological Association (Baltimore Md.)
Sov. Stud. Philos.	Soviet Studies in Philosophy (Armonk N.Y.); seit 1992/1993: Russian Studies in Philosophy (Armonk N.Y.)	Transact. Amer. Philos. Soc.	Transactions of the American Philosophical Society (Philadelphia Pa.)
		Universitas	Universitas. Zeitschrift für Wissenschaft, Kunst und Literatur, seit 2001 mit Untertitel: Orientierung in der Wissenswelt (Stuttgart)
Spektrum Wiss.	Spektrum der Wissenschaft (Heidelberg)		
Stud. Gen.	Studium Generale. Zeitschrift für interdisziplinäre Studien (Berlin etc.)	Vierteljahrsschr. wiss. Philos.	Vierteljahrsschrift für wissenschaftliche Philosophie (Leipzig); seit 1902: Vierteljahrszeitschrift für wissenschaftliche Philosophie und Soziologie (Leipzig)
Stud. Hist. Philos. Sci.	Studies in History and Philosophy of Science (Amsterdam etc.)		
Studi int. filos.	Studi internazionali di filosofia (Turin); seit 1974: International Studies in Philosophy (Canton Mass.)	Vierteljahrs- zeitschr. wiss. Philos. u. Soz.	Vierteljahrszeitschrift für wissenschaftliche Philosophie und Soziologie (Leipzig)
Studi ital. filol. class.	Studi italiani di filologia classica (Florenz)	Wien. Jb. Philos.	Wiener Jahrbuch für Philosophie (Wien/Stuttgart)
Stud. Leibn.	Studia Leibnitiana (Stuttgart)	Wiss. u. Weisheit	Wissenschaft und Weisheit. Franziskanische Studien zu Theologie, Philosophie und Geschichte (Kevelaer)
Stud. Log.	Studia Logica (Dordrecht)		
Stud. Philos.	Studia Philosophica (Basel)		
Stud. Philos. (Krakau)	Studia Philosophica. Commentarii Societatis Philosophicae Polonorum (Krakau)	Z. allg. Wiss. theorie	Zeitschrift für allgemeine Wissenschaftstheorie/Journal for General Philosophy of Science (Dordrecht/ Boston Mass./London)
Stud. Philos. Hist. Philos.	Studies in Philosophy and the History of Philosophy (Washington D.C.)	Z. angew. Math. u. Mechanik	Zeitschrift für angewandte Mathematik und Mechanik/Journal of Applied Mathematics and Mechanics (Berlin)
Stud. Voltaire 18th Cent.	Studies on Voltaire and the Eighteenth Century (Oxford)	Z. math. Logik u. Grundlagen d. Math.	Zeitschrift für mathematische Logik und Grundlagen der Mathematik (Leipzig/Berlin/Heidelberg)
Sudh. Arch.	Sudhoffs Archiv für Geschichte der Medizin und der Naturwissenschaften (Stuttgart)	Z. Math. Phys.	Zeitschrift für Mathematik und Physik (Leipzig)
Synthese	Synthese. Journal for Epistemology, Methodology and Philosophy of Science (Dordrecht)	Z. philos. Forsch.	Zeitschrift für philosophische Forschung (Frankfurt)
Technikgesch.	Technikgeschichte (Düsseldorf)	Z. Philos. phil. Kritik	Zeitschrift für Philosophie und philosophische Kritik (Halle)
Technology Rev.	Technology Review (Cambridge Mass.)	Z. Phys.	Zeitschrift für Physik (Berlin/Heidelberg)
Theol. Philos.	Theologie und Philosophie (Freiburg/Basel/Wien)	Z. Semiotik	Zeitschrift für Semiotik (Tübingen)
Theoria	Theoria. A Swedish Journal of Philosophy and Psychology (Oxford/ Malden Mass.)	Z. Soz.	Zeitschrift für Soziologie (Stuttgart)
Thomist	The Thomist (Washington D.C.)		
Tijdschr. Filos.	Tijdschrift voor Filosofie (Leuven)		

4. Werkausgaben

(Die hier aufgeführten Abkürzungen für Werkausgaben haben Beispielcharakter; Werkausgaben, deren Abkürzung nicht aufgeführt wird, stehen bei den betreffenden Autoren.)

Descartes

Œuvres   R. Descartes, Œuvres, I–XII u. 1 Suppl.bd. Index général, ed. C. Adam/P. Tannery, Paris 1897–1913, Nouvelle présentation, I–XI, 1964–1974, 1996.

Diogenes Laertios

Diog. Laert.   Diogenis Laertii Vitae Philosophorum, I–II, ed. H. S. Long, Oxford 1964, I–III, ed. M. Marcovich, I–II, Stuttgart/Leipzig 1999, III München/Leipzig 2002 (III = Indexbd.).

Feuerbach

Ges. Werke   L. Feuerbach, Gesammelte Werke, I–XXII, ed. W. Schuffenhauer, Berlin (Ost) 1969 ff. ab XIII, ed. Berlin-Brandenburgische Akademie der Wissenschaften durch W. Schuffenhauer, Berlin 1999ff. (erschienen Bde I–XXI).

Fichte

Ausgew. Werke   J. G. Fichte, Ausgewählte Werke in sechs Bänden, ed. F. Medicus, Leipzig 1910–1912 (repr. Darmstadt 1962).

Gesamtausg.   J. G. Fichte-Gesamtausgabe der Bayerischen Akademie der Wissenschaften, ed. R. Lauth u. a., Stuttgart-Bad Cannstatt 1962ff. (erschienen [Werke]: I/1–I/10; [Nachgelassene Schriften]: II/1–II/15 u. 1 Suppl.bd.; [Briefe]: III/1–III/8; [Kollegnachschriften]: IV/1–IV/6).

Goethe

Hamburger Ausg.   J. W. v. Goethe, Werke. Hamburger Ausgabe, I–XIV u. 1 Reg.bd., ed. E. Trunz, Hamburg 1948–1960, mit neuem Kommentarteil, München 1981, 1998.

Hegel

Ges. Werke   G. W. F. Hegel, Gesammelte Werke, in Verbindung mit der Deutschen Forschungsgemeinschaft ed. Rheinisch-Westfälische Akademie der Wissenschaften (heute: Nordrhein-Westfälische Akademie der Wissenschaften), Hamburg 1968ff. (erschienen Bde I, III–XXI, XXV/1).

Sämtl. Werke   G. W. F. Hegel, Sämtliche Werke (Jubiläumsausgabe), I–XXVI, ed. H. Glockner, Stuttgart 1927–1940, XXIII–XXVI in 2 Bdn. [2]1957, I–XXII [4]1961–1968.

Kant

Akad.-Ausg.   I. Kant, Gesammelte Schriften, ed. Königlich Preußische Akademie der Wissenschaften (heute: Berlin-Brandenburgische Akademie der Wissenschaften [Berlin]), Berlin (heute: Berlin/New York) 1902ff. (erschienen Abt. 1 [Werke]: I–IX; Abt. 2 [Briefwechsel]: X–XIII; Abt. 3 [Handschriftlicher Nachlaß]: XIV–XXIII; Abt. 4 [Vorlesungen]: XXIV/1–2, XXV/1–2, XXVI/1, XXVII/1, XXVII/2.1–2.2, XXVIII/1, XXVIII/2.1–2.2, XXIX/1–2).

Leibniz

Akad.-Ausg.   G. W. Leibniz, Sämtliche Schriften und Briefe, ed. Königlich Preußische Akademie der Wissenschaften (heute: Berlin-Brandenburgische Akademie der Wissenschaften [Berlin]), ab 1996 mit Akademie der Wissenschaften zu Göttingen, Darmstadt (später: Leipzig, heute: Berlin) 1923ff. (erschienen Reihe 1 [Allgemeiner politischer und historischer Briefwechsel]: 1.1–1.20, 1 Suppl.bd.; Reihe 2 [Philosophischer Briefwechsel]: 2.1–2.2; Reihe 3 [Mathematischer, naturwissenschaftlicher und technischer Briefwechsel]: 3.1–3.6; Reihe 4 [Politische Schriften]: 4.1–4.6 [4.4 in 4 Teilen]; Reihe 6 [Philosophische Schriften]: 6.1–6.4 [6.4 in 4 Teilen], 6.6 [Nouveaux essais] u. 1 Verzeichnisbd.; Reihe 7 [Mathematische Schriften]: 7.1–7.5; Reihe 8

[Naturwissenschaftliche, medizinische und technische Schriften]: 8.1).

C.　　G. W. Leibniz, Opuscules et fragments inédits. Extraits des manuscrits de la Bibliothèque royale de Hanovre, ed. L. Couturat, Paris 1903 (repr. Hildesheim 1961, 1966, Hildesheim/ New York/Zürich 1988).

Math. Schr.　　G. W. Leibniz, Mathematische Schriften, I–VII, ed. C. I. Gerhardt, Berlin/ Halle 1849–1863 (repr. Hildesheim 1962, Hildesheim/New York 1971, 1 Reg.bd., ed. J. E. Hofmann, 1977).

Philos. Schr.　　Die philosophischen Schriften von G. W. Leibniz, I–VII, ed. C. I. Gerhardt, Berlin/Leipzig 1875–1890 (repr. Hildesheim 1960–1961, Hildesheim/New York/Zürich 1996, 2008).

Marx/Engels

MEGA　　Marx/Engels, Historisch-kritische Gesamtausgabe. Werke, Schriften, Briefe, ed. D. Rjazanov, fortgeführt v. V. Adoratskij, Frankfurt/Berlin/ Moskau 1927–1935, Neudr. Glashütten i. Taunus 1970, 1979 (erschienen: Abt. 1 [Werke u. Schriften]: I.1–I.2, I–VII; Abt. 3 [Briefwechsel]: I–IV), unter dem Titel: Gesamtausgabe (MEGA), ed. Institut für Marxismus-Leninismus (später: Internationale Marx-Engels-Stiftung), Berlin 1975ff. (erschienen Abt. I [Werke, Artikel, Entwürfe]: I/1–I/3, I/10–I/ 14, I/18, I/20–I/22, I/24–I/27, I/29, I/31; Abt. II [Das Kapital und Vorarbeiten]: II/1.1–II/1.2, II/2, II/3.1–II/ 3.6, II/4.1–II/4.2, II/5–II/15; Abt. III [Briefwechsel]: III/1–III/11, III/13; Abt. IV [Exzerpte, Notizen, Marginalien]: IV/1–IV/4, IV/6–IV/9, IV/12, IV/31–IV/32).

MEW　　Marx/Engels, Werke, ed. Institut für Marxismus-Leninismus beim ZK der SED (später: Rosa-Luxemburg-Stiftung [Berlin]), Berlin (Ost) (später: Berlin) 1956ff. (erschienen Bde I–XLIII [XL–XLI = Erg.bde], Verzeichnis I–II u. Sachreg.) (Einzelbände in verschiedenen Aufl.).

Nietzsche

Werke. Krit. Gesamtausg.　　Nietzsche Werke. Kritische Gesamtausgabe, ed. G. Colli/M. Montinari, weitergeführt v. W. Müller-Lauter/ K. Pestalozzi, Berlin (heute: Berlin/ New York) 1967ff. (erschienene Bde I/1–I/5, II/1–II/5, III/1–III/4, III/ 5.1–III/5.2, IV/1–IV/4, V/1–V/3, VI/1–VI/4, VII/1–VII/3, VII/4.1– VII/4.2, VIII/1–VIII/3, IX/1–IX/8).

Briefwechsel. Krit. Gesamtausg.　　Nietzsche Briefwechsel. Kritische Gesamtausgabe, 24 Bde in 3 Abt. u. 1 Reg.bd. ([Abt. I] I/1–I/4, [Abt. II] II/1–II/5, II/6.1–II/6.2, II/7.1–II/7.3, [Abt. III] III/1–III/6, III/7.1–III/7.2, III/7.3.1–III/7.3.2), ed. G. Colli/M. Montinari, weitergeführt v. N. Miller/A. Pieper, Berlin/New York 1975–2004.

Schelling

Hist.-krit. Ausg.　　F. W. J. Schelling, Historisch-kritische Ausgabe, ed. H. M. Baumgartner/W. G. Jacobs/H. Krings/H. Zeltner, Stuttgart 1976ff. (erschienen Reihe 1 [Werke]: I–IX/1–2, X u. 1 Erg.bd.; Reihe 3 [Briefe]: I, II/1–II/2).

Sämtl. Werke　　F. W. J. Schelling, Sämtliche Werke, 14 Bde in 2 Abt. ([Abt. 1] 1/I–X, [Abt. 2] 2/I–IV), ed. K. F. A. Schelling, Stuttgart 1856–1861, repr. in neuer Anordnung: Schellings Werke, I–VI, 1 Nachlaßbd., Erg.bde I–VI, ed. M. Schröter, München 1927–1959 (repr. 1958–1962).

Sammlungen

CAG　　Commentaria in Aristotelem Graeca, ed. Academia Litterarum Regiae Borussicae, I–XXIII, Berlin 1882– 1909, Supplementum Aristotelicum, Berlin 1885–1893 (seither unveränderte Nachdrucke).

CCG　　Corpus Christianorum. Series Graeca, Turnhout 1977ff..

CCL　　Corpus Christianorum. Series Latina, Turnhout 1954ff..

CCM　　Corpus Christianorum. Continuatio mediaevalis, Turnhout 1966ff..

FDS   K. Hülser, Die Fragmente zur Dialektik der Stoiker. Neue Sammlung der Texte mit deutscher Übersetzung und Kommentaren, I–IV, Stuttgart-Bad Cannstatt 1987–1988.

MGH   Monumenta Germaniae historica inde ab anno christi quingentesimo usque ad annum millesimum et quingentesimum, Hannover 1826ff..

MPG   Patrologiae cursus completus, Series Graeca, 1–161 (mit lat. Übers.) u. 1 Indexbd., ed. J.-P. Migne, Paris 1857–1912.

MPL   Patrologiae cursus completus, Series Latina, 1–221 (218–221 = Indices), ed. J.-P. Migne, Paris 1844–1864.

SVF   Stoicorum veterum fragmenta, I–IV (IV = Indices v. M. Adler), ed. J. v. Arnim, Leipzig 1903–1924 (repr. Stuttgart 1964).

VS   H. Diels, Die Fragmente der Vorsokratiker. Griechisch und Deutsch (Berlin 1903), I–III, ed. W. Kranz, Berlin ⁶1951/1952 (seither unveränderte Nachdrucke).

5. Einzelwerke

(Die hier aufgeführten Abkürzungen für Einzelwerke haben Beispielcharakter; Einzelwerke, deren Abkürzung nicht aufgeführt wird, stehen bei den betreffenden Autoren. In anderen Fällen ist die Abkürzung eindeutig und entspricht den üblichen Zitationsnormen, z. B. bei den Werken von Aristoteles und Platon.)

Aristoteles

an. post.	Analytica posteriora
an. pr.	Analytica priora
de an.	De anima
de gen. an.	De generatione animalium
Eth. Nic.	Ethica Nicomachea
Met.	Metaphysica
Phys.	Physica

Descartes

Disc. méthode	Discours de la méthode (1637)
Meditat.	Meditationes de prima philosophia (1641)

Princ. philos.	Principia philosophiae (1644)

Hegel

Ästhetik	Vorlesungen über die Ästhetik (1842–1843)
Enc. phil. Wiss.	Encyklopädie der philosophischen Wissenschaften im Grundrisse/System der Philosophie (³1830)
Logik	Wissenschaft der Logik (1812/1816)
Phänom. des Geistes	Die Phänomenologie des Geistes (1807)
Rechtsphilos.	Grundlinien der Philosophie des Rechts oder Naturrecht und Staatswissenschaft im Grundrisse (1821)
Vorles. Gesch. Philos.	Vorlesungen über die Geschichte der Philosophie (1833–1836)
Vorles. Philos. Gesch.	Vorlesungen über die Philosophie der Geschichte (1837)

Kant

Grundl. Met. Sitten	Grundlegung zur Metaphysik der Sitten (1785)
KpV	Kritik der praktischen Vernunft (1788)
KrV	Kritik der reinen Vernunft (¹1781 = A, ²1787 = B)
KU	Kritik der Urteilskraft (1790)
Proleg.	Prolegomena zu einer jeden Metaphysik, die als Wissenschaft wird auftreten können (1783)

Leibniz

Disc. mét.	Discours de métaphysique (1686)
Monadologie	Principes de la philosophie ou Monadologie (1714)
Nouv. essais	Nouveaux essais sur l'entendement humain (1704)
Princ. nat. grâce	Principes de la nature et de la grâce fondés en raison (1714)

Platon

Nom.	Nomoi
Pol.	Politeia
Polit.	Politikos
Soph.	Sophistes
Theait.	Theaitetos
Tim.	Timaios

Thomas von Aquin

De verit.	Quaestiones disputatae de veritate
S. c. g.	Summa de veritate catholicae fidei contra gentiles
S. th.	Summa theologiae

Wittgenstein

Philos. Unters.	Philosophische Untersuchungen (1953)
Tract.	Tractatus logico-philosophicus (1921)

6. Sonstige Abkürzungen

a. a. O.	am angeführten Ort
Abb.	Abbildung
Abh.	Abhandlung(en)
Abt.	Abteilung
ahd.	althochdeutsch
amerik.	amerikanisch
Anh.	Anhang
Anm.	Anmerkung
art.	articulus
Aufl.	Auflage
Ausg.	Ausgabe
ausgew.	ausgewählt(e)
Bd., Bde, Bdn.	Band, Bände, Bänden
Bearb., bearb.	Bearbeiter, Bearbeitung, bearbeitet
Beih.	Beiheft
Beitr.	Beitrag, Beiträge
Ber.	Bericht(e)
bes.	besondere, besonders
Bl., Bll.	Blatt, Blätter
bzw.	beziehungsweise
c	caput, corpus, contra
ca.	circa
Chap.	Chapter
chines.	chinesisch
ders.	derselbe
d. h.	das heißt
d. i.	das ist
dies.	dieselbe(n)
Diss.	Dissertation
dist.	distinctio
d. s.	das sind
dt.	deutsch
durchges.	durchgesehen

ebd.	ebenda
Ed.	Editio, Edition
ed.	edidit, ediderunt, edited, ediert
Einf.	Einführung
eingel.	eingeleitet
Einl.	Einleitung
engl.	englisch
Erg.bd.	Ergänzungsband
Erg.heft(e)	Ergänzungsheft(e)
erl.	erläutert
erw.	erweitert
ev.	evangelisch
F.	Folge
Fasc.	Fasciculus, Fascicle, Fascicule, Fasciculo
fol.	Folio
fl.	floruit, 3. Pers. Sing. Perfekt von lat. florere, blühen
franz.	französisch
gedr.	gedruckt
Ges.	Gesellschaft
ges.	gesammelt(e)
griech.	griechisch
H.	Heft(e)
Hb.	Handbuch
hebr.	hebräisch
Hl., hl.	Heilig-, Heilige(r), heilig
holländ.	holländisch
i. e.	id est
ind.	indisch
insbes.	insbesondere
int.	international
ital.	italienisch
Jh., Jhs.	Jahrhundert(e), Jahrhunderts
jüd.	jüdisch
Kap.	Kapitel
kath.	katholisch
lat.	lateinisch
lib.	liber
mhd.	mittelhochdeutsch
mlat.	mittellateinisch
Ms(s).	Manuskript(e)
Nachdr.	Nachdruck
Nachr.	Nachrichten
n. Chr.	nach Christus
Neudr.	Neudruck
NF	Neue Folge

nhd.	neuhochdeutsch
niederl.	niederländisch
NS	Neue Serie
o. J.	ohne Jahr
o. O.	ohne Ort
österr.	österreichisch
poln.	polnisch
Praef.	Praefatio
Préf., Pref.	Préface, Preface
Prof.	Professor
Prooem.	Prooemium
qu.	quaestio
red.	redigiert
Reg.	Register
repr.	reprinted
rev.	revidiert, revised
russ.	russisch
s.	siehe
schott.	schottisch
schweiz.	schweizerisch
s. o.	siehe oben
sog.	sogenannt
Sp.	Spalte(n)
span.	spanisch
spätlat.	spätlateinisch
s. u.	siehe unten
Suppl.	Supplement
Tab.	Tabelle(n)
Taf.	Tafel(n)
teilw.	teilweise
trans., Trans.	translated, Translation
u.	und
u. a.	und andere
Übers., übers.	Übersetzung, Übersetzer, übersetzt
übertr.	übertragen
ung.	ungarisch
u. ö.	und öfter
usw.	und so weiter
v.	von
v. Chr.	vor Christus
verb.	verbessert
vgl.	vergleiche
vollst.	vollständig
Vorw.	Vorwort
z. B.	zum Beispiel

7. Logische und mathematische Symbole

Zeichen	Name	in Worten
ε	affirmative Kopula	ist
ε'	negative Kopula	ist nicht
$\Leftrightarrows$	Definitionszeichen	nach Definition gleichbedeutend mit
ι_x	Kennzeichnungsoperator	dasjenige x, für welches gilt
$\neg$	Negator	nicht
$\wedge$	Konjunktor	und
$\vee$	Adjunktor	oder (nicht ausschließend)
$\rightarrowtail$	Disjunktor	entweder ... oder ...
$\rightarrow$	Subjunktor	wenn ..., dann ...
$\leftrightarrow$	Bisubjunktor	genau dann, wenn
$\dashv3$	strikter Implikator	es ist notwendig: wenn ..., dann ...
Δ	Notwendigkeitsoperator	es ist notwendig, daß
∇	Möglichkeitsoperator	es ist möglich, daß
X	Wirklichkeitsoperator	es ist wirklich, daß
$\overline{\mathsf{X}}$	Kontingenzoperator	es ist kontingent, daß
O	Gebotsoperator	es ist geboten, daß
V	Verbotsoperator	es ist verboten, daß
E	Erlaubnisoperator	es ist erlaubt, daß
I	Indifferenzoperator	es ist freigestellt, daß
$\bigwedge_x$	Allquantor	für alle x gilt
$\bigvee_x$	Einsquantor, Manchquantor, Existenzquantor	für manche [einige] x gilt
$\bigvee\limits^{\backslash}_x$	kennzeichnender Eins-(Manch-, Existenz-)quantor	für genau ein x gilt
$\mathbb{A}_x$	indefiniter Allquantor	für alle x gilt (bei indefinitem Variabilitätsbereich von x)
$\mathbb{V}_x$	indefiniter Eins-(Manch-, Existenz-)quantor	für manche [einige] x gilt (bei indefinitem Variabilitätsbereich von x)
$\curlyvee$	Wahrheitssymbol	das Wahre (verum)
$\curlywedge$	Falschheitssymbol	das Falsche (falsum)
$\prec$	[logisches] Implikationszeichen	impliziert (aus ... folgt ...)
$\asymp$	[logisches] Äquivalenzzeichen	gleichwertig mit
$\models$	semantisches Folgerungszeichen	aus ... folgt ...
$\Rightarrow$	Regelpfeil	man darf von ... übergehen zu ...

Zeichen	Name	in Worten
⇔	doppelter Regelpfeil	man darf von … übergehen zu … und umgekehrt
⊢ ⊢$_K$	Ableitbarkeitszeichen (insbes. zwischen Aussagen und Aussageformen: syntaktisches Folgerungszeichen)	ist ableitbar (in einem Kalkül K), aus … ist … ableitbar (in einem Kalkül K)
~	Äquivalenzzeichen	äquivalent
=	Gleichheitszeichen	gleich
⧧	Ungleichheitszeichen	ungleich
≡	Identitätszeichen	identisch
≢	Nicht-Identitätszeichen	nicht identisch
<	Kleiner-Zeichen	kleiner als
≤	Kleiner-gleich-Zeichen	kleiner als oder gleich
>	Größer-Zeichen	größer als
≥	Größer-gleich-Zeichen	größer als oder gleich
∈	(mengentheoretisches) Elementzeichen	ist Element von
∉	Nicht-Elementzeichen	ist nicht Element von
{ }	Mengenklammer	die Menge mit den Elementen …
∈$_x$ {x| }	Mengenabstraktor	die Menge derjenigen x, für die gilt …
⊆	Teilmengenrelator	ist Teilmenge von
⊂	echter Teilmengenrelator	ist echte Teilmenge von
∅	Zeichen der leeren Menge	leere Menge
∪	Vereinigungszeichen	vereinigt mit
⋃	Vereinigungszeichen (für beliebig viele Mengen)	Vereinigung von
∩	Durchschnittszeichen	geschnitten mit
⋂	Durchschnittszeichen (für beliebig viele Mengen)	Durchschnitt von
∁ ∁$_M$	Komplementzeichen	Komplement von … (in M)
𝔓	Potenzmengenzeichen	Potenzmenge von
⍳	Funktionsapplikator	(die Funktion …,) angewandt auf …

Zeichen	Name	in Worten
⍳$_x$	Funktionsabstraktor	die Funktion von x, abstrahiert aus …
→	Abbildungszeichen	(der Definitionsbereich) … wird abgebildet in (den Zielbereich) …
↦	Zuordnungszeichen	(dem Argument) … wird (der Wert) … zugeordnet

Klammerung: Es werden die üblichen Klammerungsregeln angewendet. Zur Klammerersparnis bei logischen Formeln gilt, daß ¬ stärker bindet als alle anderen Junktoren, ferner ∧, ∨, ⊢ stärker als →, ↔.

Insolubilia (lat., unlösbare [Probleme]) (Singular: Insolubile), Bezeichnung der mittelalterlichen Logik (↑Logik, mittelalterliche) für eine vielstudierte Klasse von ↑Sophismata sowie für diejenigen Traktate, die diese Sophismata behandeln. I. sind im wesentlichen derjenige Typ selbstbezüglicher Sätze (↑Selbstbezüglichkeit), die zu den heute so genannten semantischen Antinomien (↑Antinomien, semantische) führen. Mittelalterliches Standardbeispiel und historischer Anknüpfungspunkt an die Antike ist die ↑Lügner-Paradoxie (ist z. B. ›ich lüge jetzt‹ ein wahrer oder ein falscher Satz, wenn ich nur diesen Satz jetzt äußere?). Als I. werden dabei sowohl Aussagen der genannten Art als auch aus solchen *Aussagen* bestehende *Schlüsse* (›fallacia‹, ↑Trugschlüsse) bezeichnet. Trotz der Wortbedeutung von ›I.‹ wurden die I. von den meisten mittelalterlichen Autoren für schwierig, aber lösbar gehalten.

Typen mittelalterlicher Lösungsansätze (meist auf der Theorie der ↑consequentiae und/oder der ↑Suppositionslehre beruhend) sind (1) die ›cassatio‹-(Nichtigkeits-)Auffassung, wonach derjenige, der ein I. äußert, den Akt der Äußerung selbst aufhebe und somit nichts sage. Diese (nach heutigem Verständnis inadäquate) Ansicht wurde ab etwa 1225 nicht mehr geäußert, scheint jedoch in der nachmittelalterlichen Logik wieder aufzutreten. Daneben tritt (2) die ›restrictio‹-Auffassung, wonach (in einer starken Version) selbstbezügliche Sätze überhaupt (einschließlich harmloser Selbstbezüglichkeiten wie ›dieser Satz ist auf deutsch geschrieben‹) oder nur ad hoc die I. ausgeschlossen werden. (3) Vor allem vor 1300 wurde, im Anschluß an einen von Aristoteles (Soph. *El.* 25.180a26–b7) behandelten Fehlschluß, eine Lösungsmöglichkeit durch die Unterscheidung einer Wahrheit ›secundum quid‹ (in gewisser Hinsicht) von einer Wahrheit ›simpliciter‹ (schlechthin) untersucht. So ist nach Soph. *El.* 5.167a10–14 ein Äthiopier *simpliciter* schwarz, aber eben auch *secundum quid* weiß, da er weiße Zähne hat. Diese an sich richtige Unterscheidung ist jedoch ohne Modifikationen für die spezielle I.-Problematik nicht sehr geeignet. (4) Als ›transcasus‹ wird eine temporallogisch (↑Logik, temporale) vorgehende Methode bezeichnet, die unter anderem von Petrus Hispanus, Lambert von Auxerre und Albertus Magnus verwendet wird (›ich sagte einen Augenblick vorher die Unwahrheit‹). (5) Von besonderem Einfluß war die zuerst von J. Buridan entwickelte, auf der Lehre von den consequentiae fußende Lösung (›implicita pluria‹): Auf der Basis der – modern gesprochen – Unterscheidung von ↑use and mention eines Satzes *p* und der (realistisch angenommenen) Existenz der entsprechenden ↑propositio von *p* impliziert nach dem ↑ex quolibet verum jede Aussage *p* eine Metaaussage *q*: ›*p* ist wahr‹. Eine selbstwidersprüchliche Aussage *p* impliziert jedoch außerdem ¬*q*: ›*p* ist falsch‹. Damit impliziert ein I. *p* die Konjunktion $q \wedge \neg q$. Nach dem Prinzip vom ausgeschlossenen Widerspruch (↑Widerspruch, Satz vom) gilt dann, daß *p* falsch ist.

Die ↑*Lügner-Paradoxie* wird im Mittelalter z. B. so formuliert: Sokrates sagt nur einen Satz: ›Sokrates sagt die Unwahrheit‹. Dabei wird die Angabe der Diskussionsbedingung, daß Sokrates nur einen Satz äußert, dieser Satz sich also nur auf sich selbst beziehen kann, als ›casus‹ bezeichnet. Unter den Lösungsversuchen ragt derjenige W. Heytesburys heraus. Heytesbury bestreitet unter anderem den üblichen suppositionstheoretischen Ansatz, daß ein I. so bezeichnet, wie die darin enthaltenen Termini nahelegen, weil der *casus* die übliche ↑significatio verändere. Unter Rekurs auf Argumentationsregeln (↑obligationes) und eine (invariant, ›natürlich‹, bezeichnende und damit paradoxiefreie) mentalistische (↑Mentalismus) Rückbildung der Begriffe des Wahren und des Falschen entwickelt er fünf Regeln zur Lösung der gesprochenen und geschriebenen I., die von anderen Autoren viel diskutiert wurden. – Der wohl vollständigste Katalog von Lösungsansätzen (15) der I. wird von Paulus Venetus aufgestellt. In der nachmittelalterlichen Periode wurden die I. im Sinne der mittelalterlichen Lehren weiterdiskutiert, während die Logik der beginnenden Neuzeit in der Hauptsache an eine ciceronianische Überlieferungstradition der Lügner-Paradoxie anschloß. – Außer in speziellen I.-Traktaten untersuchen mittelalterliche Logiker das I.problem insbes. in den Sophismata-Traktaten, in Kommentaren zu den »Sophistici elenchi« und in allgemeinen Logikabhandlungen.

Literatur (einschließlich moderner Textausgaben und Übersetzungen): P. d'Ailly, Concepts and Insolubles, übers. v. P. V. Spade, Dordrecht/Boston Mass./London 1980; E. J. Ashworth, The Treatment of Semantic Paradoxes from 1400 to 1700, Notre Dame J. Formal Logic 13 (1972), 34–52; dies., Language and Logic in the Post-Medieval Period, Boston Mass./London 1974, 101–117 (Chap. II.4 Semantic Paradoxes); dies., Thomas Bricot (d. 1516) and the Liar Paradox, J. Hist. Philos. 15 (1977), 267–280; J. M. Bocheński, Formalisierung einer scholastischen Lösung der Paradoxie des Lügners, in: ders., Logisch-Philosophische Studien, ed. A. Menne, Freiburg/München 1959, 71–73 (engl. Formalization of a Scholastic Solution of the Paradox of the ›Liar‹, in: ders., Logico-Philosophical Studies, ed. A. Menne, Dordrecht 1962, 64–66); F. Bottin, Le antinomie semantiche nella logica medievale, Padua 1976; H. A. G. Braakhuis, The Second Tract on I. Found in Paris, B. N. Lat. 16. 617. An Edition of the Text with an Analysis of Its Contents, Vivarium 5 (1967), 111–145; J. Buridan, Sophismata, Paris 1493, ed. T. K. Scott, Stuttgart-Bad Cannstatt 1977 (engl. Sophisms on Meaning and Truth, trans. T. K. Scott, New York 1966); P. T. Geach, On I., Analysis 15 (1955), 71–72; W. Heytesbury, On »Insoluble« Sentences. Chapter One of His Rules for Solving Sophisms, Trans. with an Introd. and a Study by P. V. Spade, Toronto 1979 (Mediaeval Sources in Translation XXI); L. Hickman, J. Hist. Wb. Ph. IV (1976), 396–400; G. E. Hughes, John Buridan on Self-Reference. Chapter Eight of Buridan's »Sophismata« with a Translation, an Introduction and a Philosophical Commentary,

Cambridge/New York 1982; L. M. de Rijk, Some Notes on the Mediaeval Tract De insolubilibus. With the Edition of a Tract Dating from the End of the Twelfth Century, Vivarium 4 (1966), 83–115; [Roger Nottingham] The »I.« of Roger Nottingham O. F. M., ed. E. A. Synan, Med. Stud. 26 (1964), 257–270; M.-L. Roure, La problématique des propositions insolubles au XIIIe siècle et au début du XIVe, suivie de l'édition des traités de W. Shyreswood, W. Burleigh et Th. Bradwardine, Arch. hist. doctr. litt. moyen-âge 37 (1970), 205–326; P. V. Spade, An Anonymous Tract on I. from Ms. Vat. Iat. 674. An Edition and Analysis of the Text, Vivarium 9 (1971), 1–18; ders., The Origins of the Mediaeval I.-Literature, Franciscan Stud. 33 (1973), 292–309; ders., Ockham on Self-Reference, Notre Dame J. Formal Logic 15 (1974), 298–300; ders., The Mediaeval Liar. A Catalogue of the I.-Literature, Toronto 1975; ders., Robert Fland's I.. An Edition, with Comments of the Dating of Fland's Works, Med. Stud. 40 (1978), 56–80; ders., Roger Swyneshed's I.. Edition and Comments, Arch. hist. doctr. litt. moyen-âge 46 (1979), 177–220; ders., I., in: N. Kretzmann/A. Kenny/J. Pinborg (eds.), The Cambridge History of Later Medieval Philosophy. From the Rediscovery of Aristotle to the Desintegration of Scholasticism 1100–1600, Cambridge/New York 1982, 2008, 246–253; ders., Lies, Language and Logic in the Middle Ages, London 1988; H. Wyclif, Summa Insolubilium, ed. P. V. Spade/G. A. Wilson, Binghampton N. Y. 1986.   G. W.

Instinkt (lat. instinctus, franz./engl. instinct, von lat. instinguere, anreizen, antreiben), umstrittener Begriff der ↑Anthropologie und der ↑Verhaltensforschung. In der mittelalterlichen und neuzeitlichen philosophischen Anthropologie diente er dazu, angeborene, der menschlichen Entscheidungs- und Handlungsfreiheit nicht oder nur begrenzt verfügbare Verhaltensweisen von vernunftgeleiteten, erworbenen Verhaltensweisen zu unterscheiden. Aktualisiert wurde der Begriff von der Ethologie, wonach ein I. eine angeborene, zielgerichtete, artspezifische Verhaltensdisposition ist, von der häufig angenommen wird, daß ihr eine angeborene Bedürfnisdisposition (↑Bedürfnis, ↑Trieb) zugrunde liegt, die eine ↑Spezies im Verlauf ihrer ↑Evolution erworben hat. Der I. des Tieres bedarf eines ›Schlüsselreizes‹, der den für ihn charakteristischen Bewegungsablauf, die ›I.handlung‹, auslöst, der in der Regel ein der spezifischen Reizsituation angemessenes Verhalten darstellt, in besonderen Fällen jedoch auf Grund ihrer Inflexibilität auch zu ›unangepaßten‹ Resultaten führen kann. Häufig sind beim Tier mehrere I.handlungen in hierarchischer Ordnung miteinander verknüpft: Die erfolgreiche Ausführung der einen löst die nächstfolgende I.handlung aus, bis schließlich die ›Endhandlung‹ ausgeführt wird, die die Kette abschließt. Beim Menschen tritt instinktgeprägtes Verhalten noch im Säuglingsalter auf; im übrigen gilt er im Verhältnis zum Tier, was seine physische Ausstattung angeht, als ›Mängelwesen‹, dessen ›I.reduktion‹ eine natürliche Verhaltensunsicherheit zur Folge hat, die er nur durch Verhaltensplanung überwinden kann. – Der I.begriff wird von empiristisch-behaviori-

stisch orientierten Verhaltenstheorien meist als nicht-empirisch eingestuft und demgemäß als unwissenschaftlich bezeichnet (↑Behaviorismus).

Literatur: J. M. Baldwin/C. L. Morgan/G. F. Stout, Instinct, Dictionary of Philosophy and Psychology I, ed. J. M. Baldwin, Gloucester Mass. 1960, 555–556; J. A. Bierens De Haan, Über den Begriff des I.es in der Tierpsychologie, Folia biotheoretica 2 (1937), 1–16; ders., Die tierischen I.e und ihr Umbau durch Erfahrung. Eine Einführung in die allgemeine Tierpsychologie, Leiden 1940; R. C. Birney/R. C. Teevan (eds.), Instinct. An Enduring Problem in Psychology. Selected Readings, Princeton N. J. etc. 1961; D. Claessens, I., Psyche, Geltung. Bestimmungsfaktoren menschlichen Verhaltens. Eine soziologische Anthropologie, Köln/Opladen 1968, ²1970; R. Fletcher, Instinct in Man, in the Light of Recent Work in Comparative Psychology, London, New York 1957, London ²1968; G. Funke/K. Rohde, I., Hist. Wb. Ph. IV (1976), 408–417; A. Gehlen, Der Mensch. Seine Natur und seine Stellung in der Welt, Berlin 1940, Wiebelsheim ¹⁴2004; ders., Urmensch und Spätkultur. Philosophische Ergebnisse und Aussagen, Bonn 1956, Frankfurt ⁶2004; ders., Über instinktives Ansprechen auf Wahrnehmungen, in: ders., Anthropologische Forschung. Zur Selbstbegegnung und Selbstentdeckung des Menschen, Reinbek b. Hamburg 1961, 1981, 104–126; E. V. Holst, Moderne I.forschung. Vortrag, Essen-Bredeney 1961; A. Kortlandt, Aspects and Prospects of the Concept of Instinct. Vicissitudes of the Hierarchy Theory, Leiden 1955; K. Lorenz, Über den Begriff der I.handlung, Folia biotheoretica 2 (1937), 17–50; ders., Über die Bildung des I.begriffes, Naturwiss. 25 (1937), 289–300, 307–318, 324–331; A. Rey, Instincts et acquisitions. Étude de psychologie animale, Louvain 1967; M. Scheler, Die Sonderstellung des Menschen, Der Leuchter 8 (Darmstadt 1927), 161–254, unter dem Titel: Die Stellung des Menschen im Kosmos, Darmstadt 1928, Bonn ¹⁷2007 (franz. La situation de l'homme dans le monde, Paris 1951, 1979; engl. Man's Place in Nature, Boston Mass., New York 1961, unter dem Titel: The Human Place in the Cosmos, Evanston Ill. 2009); C. H. Schiller (ed.), Instinctive Behavior. The Development of a Modern Concept, New York, London 1957, New York 1964; W. H. Thorpe, Learning and Instinct in Animals, Cambridge Mass., London 1956, London ²1963, 1969; N. Tinbergen, The Study of Instinct, Oxford 1951, 2003 (dt. I.lehre. Vergleichende Erforschung angeborenen Verhaltens, Berlin/Hamburg 1952, ⁶1979; franz. L'étude de l'instinct, Paris 1953, 1980); G. Viaud, Les instincts, Paris 1959, ²1966; H. E. Ziegler, Der Begriff des I.es einst und jetzt. Eine Studie über die Geschichte und die Grundlagen der Tierpsychologie, Jena, ²1910, ³1920.   R. Wi.

Institution, von lat. institutio, Einrichtung, womit sowohl der Akt als auch sein Ergebnis bezeichnet werden. Über das römische Recht und das Kirchenrecht gelangt der Terminus in die neuzeitliche Rechtstheorie, ↑Soziologie, Sozialphilosophie, philosophische Anthropologie sowie in die Bildungssprache.

1. Die allgemeine Bedeutung dieses Terminus und seine zugleich mangelnde Eindeutigkeit weisen darauf hin, daß er seine Verständlichkeit nicht erst der ausdrücklichen Normierung der ↑Wissenschaftssprache, sondern seiner Verwendung schon in alltäglichen Lebens- und Handlungszusammenhängen verdankt, die nicht – oder nur in seltenen Fällen – von einzelnen Menschen gebil-

det, übernommen oder getragen werden, sondern einen überindividuellen Charakter haben. Noch unabhängig von den verschiedenen Deutungen dieser Handlungs- und Verhaltensmuster, die die I.entheorien durch ihre Antworten auf die Fragen nach den Gründen und Ursachen für deren Entstehung, nach den Zielen und dem Sinn ihres Bestehens, nach den Leistungen und Wirkungen des durch sie geleiteten Handelns und Verhaltens anbieten, läßt sich aus diesen Hinweisen ein ›phänomenaler Kern‹ für die Bestimmung des I.enbegriffs herauslösen: I.en sind solche Muster des Handelns (↑Handlung) und Verhaltens (↑Verhalten (sich verhalten)), die dieses Handeln und Verhalten in konkreten Situationen (wie Muster ihre Nachbildungen) bestimmen, und zwar (1) für jedermann in einem bestimmten Handlungs- oder Verhaltenszusammenhang und/oder in einer bestimmten Gruppe und (2) auch dann – z.B. durch Sanktionen, möglicherweise aber auch durch das ›innere‹ Bedürfnis, sonst eintretende Unsicherheiten des Handelns und Verhaltens zu bewältigen –, wenn Handeln und Verhalten in Einzelfällen diesen Mustern nicht folgen.

Je nach dem allgemeineren (insbes. handlungs- oder system-)theoretischen Zusammenhang, innerhalb dessen solche Handlungs- und Verhaltensmuster dargestellt werden, vor allem je nach den Unterscheidungen, die man zur Darstellung der Bestimmung des Handelns durch Muster ausgearbeitet hat, werden diese Begriffselemente mit verschiedenen Deutungsmöglichkeiten (und damit bereits mit Konzeptionen einer I.entheorie) verbunden. Schematisiert lassen sich zwei Deutungstendenzen unterscheiden: (1) Eine eher *ursachenorientierte* (↑Ursache) Deutung versteht diese Bestimmungsrelation so, daß die Muster ähnlich wie die Ursachen von Naturgeschehnissen einen bestimmten Ablauf des Handelns und Verhaltens bewirken, also das Handeln auch durch seinen Bezug zu den I.en beschrieben und erklärt werden kann, ohne daß die Individualität und vor allem die individuellen Überzeugungen der handelnden Personen berücksichtigt werden müßten. Diese Deutung findet sich der Tendenz nach in den funktionalistischen (↑Funktionalismus), organismus- und systemtheoretischen (↑Systemtheorie) Konzeptionen, wie sie etwa auf H. Spencer, W. G. Summer und B. Malinowski zurückgehen und von A. Gehlen, H. Schelsky und N. Luhmann ausdifferenziert worden sind. In ihr wird das Handlungs- und Verhaltensmuster, also die I., durch den Begriff der ↑*Regel*, der *Norm* (↑Norm (juristisch, sozialwissenschaftlich)) oder des Regel- bzw. Normensystems interpretiert, d.h. durch den Begriff eines allgemein (nämlich für alle Situationen eines bestimmten Typs) geltenden Schemas, das jeweils durch konkretes Handeln und Verhalten erfüllt wird. (2) Eine eher *sinnorientierte* (↑Sinn) Deutung der Bestimmungsrelation sieht die Muster als Leitvorstellungen, die das tatsächliche Handeln und Verhalten als Verwirklichungen (bzw. Versuche der Verwirklichung) dieser Leitvorstellungen verstehbar machen und damit zugleich den handelnden und sich verhaltenden Personen Orientierung geben als auch die Leitvorstellungen selbst bestätigen. Diese Deutung findet sich der Tendenz nach bei M. Hauriou und in den an der verstehenden, phänomenologischen (↑Phänomenologie) und interaktionistischen (↑Interaktionismus, symbolischer) Soziologie orientierten Ansätzen. In ihr wird die I. durch den Begriff der *Idee* oder auch der Lebens- bzw. Handlungsform interpretiert, d.h. durch den Begriff eines (prinzipiell) verständlichen Sinnzusammenhangs, in dem konkretes Handeln und Verhalten dadurch seine Identität als dieses Handeln oder Verhalten erhält, daß es als ein Teil einer sich bewährenden (und erstrebten) Handlungs- oder ↑Lebensform ausgeführt und verstanden wird.

Die theoretischen Versuche zur Erklärung der I.en bringen diese intuitiv aus der ↑Lebenswelt übernommenen Begriffselemente in einen systematischen Zusammenhang. Im Anschluß an die Charakterisierung der I.en durch Regeln bzw. Normen auf der einen und durch Ideen auf der anderen Seite lassen sich auch zwei Typen von I.entheorien unterscheiden. Kennzeichnend für den ersten Typ ist die Berufung auf eine ›natürliche Basis‹ der I.enbildung, die – vor allem seit Malinowskis Überlegungen zur ›Theorie der Kultur‹ – jedenfalls im Bestehen ›natürlicher‹ ↑Bedürfnisse gesehen wird, deren Befriedigung die Ausbildung von Techniken (die auch in der geregelten Handhabung von herzustellenden Geräten bestehen) und die (soziale) Organisierung ihres Einsatzes verlange, und damit die mit Sanktionen versehene Regelung des Handelns, d.h. dessen Institutionalisierung. Die auf die Befriedigung ›natürlicher‹ oder ›primärer‹ Bedürfnisse gerichteten I.en sind selbst ›primär‹, schaffen aber ihrerseits (durch die Eröffnung neuer Handlungsmöglichkeiten) neue, ›sekundäre‹, Bedürfnisse, deren Befriedigung zur Ausbildung weiterer, ›sekundärer‹, I.en führt. Entscheidend für dieses Verständnis der I.enbildung erscheint die Möglichkeit, die die I.en definierende Konformität von Handeln und Verhalten und deren Dauer und Beständigkeit letztlich durch die natürliche Egalität der Menschen, nämlich die Gleichheit (↑Gleichheit (sozial)) ihrer natürlichen Bedürfnisse, zu erklären. Da eine solche Erklärung aber nur für die primären I.en gilt – die institutionsvermittelten sekundären Bedürfnisse haben sich historisch, und darum nicht ›notwendig‹ oder ›gesetzmäßig‹, entwickelt, können sich also auch immer stärker differenzieren –, braucht man zur Erklärung der Konformität von Handeln und Verhalten und deren Dauer und Beständigkeit zusätzliche Argumente. Insbes. die strukturfunktionalistischen Konzeptionen lassen sich in diesem Sinne als

Ergänzung der Kulturtheorie Malinowskis lesen. So bezeichnet es T. Parsons als eine Aufgabe, die ›Wertmuster‹ (›value-orientation standards‹) der Mitglieder einer Gesellschaft bzw. einer Gruppe im allgemeinen und damit auch deren Verhalten konform werden zu lassen. Sozialisation und Internalisierung – letztlich also die in einer Gruppe übliche Erziehung – sollen diese doppelte Konformität von Leitvorstellungen und Verhalten herstellen. Obwohl diese Darstellung die Konformität als etwas sieht, das sich nicht einfachhin einstellt, sondern eigens hergestellt und erhalten werden muß, erklärt sie nicht deren Herstellung und Erhaltung. Sie weist auf Mechanismen dafür hin, erklärt aber nicht, warum sie erfolgreich sind oder versagen. Auch Luhmanns Auffassung, daß die I.en und die sie konstituierende Konformität nicht durch einen ausdrücklichen Konsens erklärt werden können, sondern nur durch die (per definitionem stillschweigend) verallgemeinerte ›Unterstellung‹ von ›Konsens über Werte, Verhaltensmuster usw.‹, erklärt diese Konformität nicht, sondern sagt nur, worin sie besteht.

Eine Sonderstellung nimmt die I.entheorie Gehlens insofern ein, als sie in eine philosophische ↑Anthropologie eingegliedert ist, die das menschliche Handeln und Verhalten insgesamt, damit auch die Institutionalisierung bestimmter Handlungs- und Verhaltensweisen, erklären will. Die I.en im Sinne von selbstverständlich gewordenen Handlungs- und Verhaltensmustern gewähren für Gehlen dem ›weltoffenen Mängelwesen‹ Mensch eine existenzsichernde ›Entlastung‹: Weil der zum Überleben als Gattungswesen instinktiv und organisch mangelhaft ausgestattete Mensch sich einen Ersatz für seine fehlenden ↑Instinkte und unzureichenden Organe schaffen muß, bildet er Handlungs- und Verhaltensmuster aus, die ihm zur ›zweiten Natur‹ werden und als Repertoire von Reaktionen zur Verfügung stehen, ohne daß er jedesmal eine überlegte Entscheidung treffen müßte. I.en sind nach diesem Verständnis solche Handlungs- und Verhaltensmuster, die sich im Verlaufe der Geschichte als die Ergebnisse des kollektiven Überlebenskampfes menschlicher Gruppen und Gesellschaften herausgebildet haben und die Individuen von dem Druck befreien, sich ständig in einer Welt, für die sie mangelhaft ausgestattet sind, behaupten zu müssen. Mit dieser Verbindung der institutionellen Fixierung von Handeln und Verhalten mit individueller ↑Freiheit bietet Gehlen eine Rechtfertigung der Institutionalisierung als solcher an, d. h., ohne daß die institutionalisierten Handlungs- und Verhaltensweisen ihrerseits noch einmal als sinnvoll zu begründen wären. Seine I.entheorie läßt sich daher als Versuch verstehen, die Institutionalisierung und damit die Konformität von Handeln und Verhalten als solche zu erklären, nämlich als Bedingung sowohl kollektiver Selbsterhaltung als auch individueller Freiheit. Indem sie

aber nur eine Erklärung für die Notwendigkeit der Institutionalisierung als solcher bietet, liefert sie für die verschiedenen einzelnen Institutionalisierungen und damit für die jeweilig bestimmte Konformität keine Erklärung (oder Begründung); ihr diesbezüglicher Anspruch ist ungerechtfertigt.

Kennzeichnend für den zweiten Typ von I.entheorien ist demgegenüber gerade der Versuch der Erklärung der jeweils bestimmten Konformität von Handeln und Verhalten und deren Dauer und Beständigkeit. So läßt sich die Definition der I. durch ihre ›Leitidee‹ (›idée directrice‹), wie sie Hauriou unternommen hat, als der Versuch lesen, diese Erklärung dadurch zu liefern, daß – in bestimmten historischen Situationen von Gesellschaften oder Gruppen – eine bestimmte ›Idee des zu schaffenden Werkes‹ (›idée de l'œuvre à réaliser‹) in gleicher Weise allen Mitgliedern der jeweiligen Gesellschaft oder Gruppe einsichtig ist, »sich in gleichen Vorstellungen im Bewußtsein von Tausenden widerspiegelt und dort Bereitschaft zur Aktion auslöst« (1965, 44). Eine solche ›Leitidee‹ kann als die Interpretation dieser Vorstellungen verstanden werden, die durch die Darstellung des wirklichen Handelns und Verhaltens (einer Gruppe oder Gesellschaft) als Verwirklichungen bzw. Verwirklichungsversuche von angestrebten Zielen sowohl dem augenblicklichen Handeln und Verhalten einen bestätigenden Sinn als auch dem künftigen Handeln und Verhalten eine leitende Orientierung verleiht, die dieses auf beständige und dauerhafte Weise konform werden läßt. In seiner I.entheorie widmet sich Hauriou hauptsächlich der Darstellung der Entwicklung von einer einmal explizierten Idee bis zur Existenz einer (körperschaftlichen) I., für die alle Bedingungen einer dauerhaften und beständigen Konformität erfüllt sind. Wichtig erscheinen für diese Entwicklung vor allem die Stufen der ›Interiorisation‹, der ›Inkorporation‹ und der ›Personifikation‹. Die Interiorisation besteht darin, daß sowohl die organisierte Führungsmacht zur Verwirklichung der ›Leitidee‹ als auch die öffentlich bekundete Übereinstimmung bzw. die Gemeinsamkeitsbekundungen (›manifestations de communion‹) der Gruppenmitglieder immer weitgehender durch die Idee geleitet werden. Die Inkorporation besteht darin, daß die Idee durch Träger vertreten wird, die ihr als agierende und ansprechbare Partner (z. B. als die Regierung eines Staates) eine ›objektive Individualität‹ verleihen. Die Personifikation schließlich besteht darin, daß die Idee als Leitvorstellung aller Mitglieder einer Gruppe auch für ihr eigenes Handeln und Verhalten übernommen wird und damit eine ›subjektive Kontinuität‹ erhält.

Der symbolische Interaktionismus (↑Interaktionismus, symbolischer) sieht die Kategorie der ↑Interaktion zwischen Individuen und Gruppen als die grundlegende Kategorie für die Erklärung sozialen Verhaltens, einschließlich des institutionellen, an. In dieser Sicht sind I.en auf Dauer gestellte Interaktionen, die aus ihrer Situationsbindung herausgelöst und durch Typisierung wiederholbar gemacht wurden. Indem der symbolische Interaktionismus die anthropologisch basale ↑Intersubjektivität zur Vermittlungsinstanz zwischen Subjekt und Gesellschaft bestimmt, nimmt er eine mittlere Stellung ein zwischen einem Institutionalismus, der den Primat gesellschaftlicher Ordnung betont, und einem ↑Dezisionismus und Existenzialismus, der die Spontaneität des politischen Akteurs (C. Schmitt) oder die Entscheidungsfreiheit des Einzelnen (J.-P. Sartre) betont. Diese Vermittlung dient ihm auch als Maßstab für die Kritik an leerer Subjektivität einerseits und an der Vereinnahmung des Einzelnen durch I.en andererseits.

2. ↑Soziologie, ↑Sozialphilosophie und ↑Anthropologie liefern nicht nur Möglichkeiten der *Erklärung* von I.en, sondern, in Verbindung mit der ↑Ethik, auch Möglichkeiten ihrer *Kritik*. Wenn z. B. als Leistungen von I.en Anpassung, Integration, Werterhaltung, Zielverwirklichung und Vermittlung zwischen unterschiedlichen Sinnebenen und Zwecksetzungen genannt werden, so verlieren I.en in dem Maße an Legitimität, in dem sie diese ihre Funktionen nicht mehr erfüllen. Je grundlegender eine Gesellschaft oder Kultur sich wandelt, desto basalere I.en geraten in die Krise. Allerdings setzen I.en aufgrund ihres immanenten Beharrungsvermögens den auf ihre Umdeutung, Umformung oder Abschaffung gerichteten Kräften Widerstand entgegen. Am ehesten sind dem Wandel Sinn und Zweck einer I. unterworfen; vor allem ihre Transformation vom Mittel zum Selbstzweck ist ein üblicher, in der Regel aber unbemerkter Vorgang. Ihn bewußt und so einer möglichen Kritik allererst zugänglich zu machen, ist ein wichtiger Schritt einer auch normativ ausgerichteten I.enlehre. Andererseits sind kulturschöpferische und zivilisatorische Leistungen ganz ohne I.en nicht denkbar, und kulturelle Werte bedürfen des institutionellen Rückhalts, um in der gesellschaftlichen Realität wirksam sein und tradiert werden zu können; z. B. benötigen die Grundnormen einer gesellschaftlich akzeptierten Moral rechtliche Sanktionierungen, um ihre allgemeine Befolgung sicherzustellen. Die anthropologische Doppeldeutigkeit der Leit- und der Entlastungsfunktion von I.en besteht somit darin, daß sie sowohl die ↑Autonomie der Individuen als auch ihre Kooperation untereinander einerseits oft erst konstituieren oder auf Dauer stellen, sie jedenfalls fördern und ausweiten (können), sie andererseits jedoch auch behindern und einengen (können). Im Einzelfall müssen Sicherheits- und Freiheitsbedürfnisse gegeneinander abgewogen werden. Eine Überbetonung dieser Leit- und Entlastungsfunktion, wie sie etwa bei Gehlen vorliegt, der verlangt, daß der Einzelne sich von den I.en ›verzehren‹, ›konsumieren‹ lassen solle, verkennt die für

das Menschsein konstitutive Dimension ethischer Verantwortung, die I.en wie Sklaverei oder Arbeitslager aus menschenrechtlichen Gründen kategorisch verbietet. Heute gefährdet weniger der von Gehlen beklagte Rückzug des Einzelnen aus den ihn tragenden I.en, seine Intellektualisierung und Subjektivierung, den gesellschaftlichen Zusammenhang. Vielmehr schränken die fortschreitende Ökonomisierung und Technisierung aller Lebensbereiche und die von M. Weber diagnostizierten Bürokratisierungstendenzen des modernen Staates ineins mit überbordenden Kontroll- und Sicherheitsbestrebungen die Freiheitsspielräume des Einzelnen zunehmend ein, höhlen die demokratische Kultur einer Gesellschaft von innen aus und befördern dadurch einen institutionellen Totalitarismus.

Literatur: F. H. Allport, Institutional Behavior. Essays toward a Re-Interpreting of Contemporary Social Organization, Chapel Hill N. C. 1933 (repr. New York 1969); J. W. Bailey, Utilitarianism, Institutions, and Justice, New York/Oxford 1997; L. V. Ballard, Social Institutions, New York/London 1936; U. Baltzer/ G. Schönrich (eds.), I.en und Regelfolgen, Paderborn 2002; W. Balzer, Soziale I.en, Berlin/New York 1993; H. E. Barnes, Social Institutions in an Era of World Upheaval, New York 1942, Westport Conn. 1977; F. Basaglia (ed.), L'istituzione negata. Rapporto da un ospedale psichiatrico, Turin 1968, 1979, Mailand 1998 (franz. L'institution en négation. Rapport sur l'hôpital psychiatrique de Goriza, Paris 1970, 1982; dt. Die negierte I. oder die Gemeinschaft der Ausgeschlossenen. Ein Experiment der psychiatrischen Klinik in Görz, Frankfurt 1971, [3]1980); H. S. Becker u. a. (eds.), Institutions and the Person. Papers Presented to Everett G. Hughes, Chicago Ill. 1968, mit Untertitel: Festschrift in Honor of Everett C. Hughes, New Brunswick N. J. 2010; F. Belvisi, La teoria delle istituzioni di Helmut Schelsky, Bologna 2000; P. L. Berger/T. Luckmann, The Social Construction of Reality. A Treatise in the Sociology of Knowledge, Garden City N. Y. 1966, London, Garden City N. Y. 1967, London 1991 (dt. Die gesellschaftliche Konstruktion der Wirklichkeit. Eine Theorie der Wissenssoziologie, Frankfurt 1969, 2009; franz. La construction sociale de la réalité, Paris 1986, erw. Paris 2006, 2008); D. Bloor, Wittgenstein, Rules and Institutions, London/New York 1997, 2006; O. Clain, I., Enc. philos. universelle II/1 (1990), 1321–1323; H. Dubiel, Identität und I.. Studien über moderne Sozialphilosophien, Düsseldorf 1973; ders., I., Hist. Wb. Ph. IV (1976), 418–424; S. N. Eisenstadt, Essays on Comparative Institutions, New York/London/Sydney 1965; H. Esser, Soziologie. Spezielle Grundlagen V (I.en), Frankfurt/New York 2000, 2002; J. K. Feibleman, The Institutions of Society, London 1956 (repr. New York 1968), 1960; R. W. Firth, Symbols, Public and Private, Ithaca N. Y., London 1973, Ithaca N. Y. 1989; A. Gehlen, Der Mensch. Seine Natur und seine Stellung in der Welt, Berlin 1940, Wiebelsheim [14]2004; ders., Urmensch und Spätkultur. Philosophische Ergebnisse und Aussagen, Bonn 1956, Frankfurt [6]2004; ders., Moral und Hypermoral. Eine pluralistische Ethik, Frankfurt/Bonn 1969, Frankfurt [6]2004; A. Gimmler, I. und Individuum. Zur I.entheorie von Max Weber und Jürgen Habermas, Frankfurt/New York 1998; M. Hauriou, Die Theorie der I. und zwei andere Aufsätze, ed. R. Schnur, Berlin 1965; F. Jonas, Die I.enlehre Arnold Gehlens, Tübingen 1966; M. Kehl, Kirche als I.. Zur theologischen Begründung des institutionellen Charakters der Kirche in der neueren deutschsprachigen katholischen Ekklesiologie, Frankfurt 1976, [2]1978; G. Kehrer u. a., I., RGG IV ([4]2001), 175–178; H. Kuhn, I., in: H. J. Sandkühler (ed.), Europäische Enzyklopädie zu Philosophie und Wissenschaften II, Hamburg 1990, 684–688; E. Lagerspetz/H. Ikäheimo/J. Kotkavirta (eds.), On the Nature of Social and Institutional Reality, Jyväskylä 2001; E. E. Lau, Interaktion und I.. Zur Theorie der I. und der Institutionalisierung aus der Perspektive einer verstehend-interaktionistischen Soziologie, Berlin 1978; W. Lipp, I. und Veranstaltung. Zur Anthropologie der sozialen Dynamik, Berlin 1968; N. Luhmann, Institutionalisierung. Funktion und Mechanismus im sozialen System der Gesellschaft, in: H. Schelsky (ed.), Zur Theorie der I. [s. u.], 27–41; ders., Soziale Systeme. Grundriß einer allgemeinen Theorie, Frankfurt 1984, Frankfurt 2008 (engl. Social Systems, Stanford Calif. 1995, 2005); B. Malinowski, A Scientific Theory of Culture, and Other Essays, Chapel Hill N. C. 1944 (repr. New York 1965, London 2002), New York 1960, London 1969, Chapel Hill N. C. 1990 (dt. Eine wissenschaftliche Theorie der Kultur und andere Aufsätze, ed. P. Reiwald, Zürich 1949, Frankfurt 1975, 2006; franz. Une théorie scientifique de la culture, et autres essais, Paris 1968, 1994); D. Martindale, Institutions, Organizations and Mass Society, Boston Mass. etc. 1966; K. Messelken, Inzesttabu und Heiratschancen. Ein Versuch über archaische I.enbildung, Stuttgart 1974; T. Parsons, The Social System, London, Glencoe Ill. 1951, New York, London 1964, 1968, Neudr. rev. London 1991, 2001; ders., The System of Modern Societies, Englewood Cliffs N. J. 1971 (dt. Das System moderner Gesellschaften, München 1972, Weinheim/München 2009; franz. Le système des sociétés modernes, Paris/Brüssel/Montreal 1973); ders., The Evolution of Societies, ed. J. Toby, Englewood Cliffs N. J./London 1977; P. Pettit, Institutions, in: L. C. Becker/C. B. Becker (eds.), Encyclopedia of Ethics I, New York/London 1992, 613–618; A. M. Rose, The Institutions of Advanced Societies, Minneapolis Minn. 1958; H. Schelsky (ed.), Zur Theorie der I., Düsseldorf 1970, [2]1973; R. Schnur (ed.), I. und Recht, Darmstadt 1968; J. A. Schülein, Theorie der I.. Eine dogmengeschichtliche und konzeptionelle Analyse, Opladen 1987; A. Schütz/T. Luckmann, Structures of the Life-World, I–II, I [ohne Bd.angabe], Evanston Ill. 1973, London 1974, II, Evanston Ill. 1989, dt. Orginal unter dem Titel: Strukturen der Lebenswelt, I–II, I [ohne Bd.angabe], Neuwied 1975, [mit Bd.angabe] Frankfurt 1979, 1994, II, Frankfurt 1984, 1994, in 1 Bd., Konstanz 2003; T. Shibutani (ed.), Human Nature and Collective Behavior. Papers in Honor of Herbert Blumer, Englewood Cliffs N. J. 1970, New Brunswick N. J. 1973; H. E. Tödt, I., TRE XVI (1987), 206–220; G. Vickers, Making Institutions Work, London, New York 1973 (dt. Der Preis der I.en. Konflikt, Krise und sozialer Wandel, Frankfurt/New York 1974); T. R. Voss, Institutions, IESBS XI (2001), 7561–7566; R. Waßner, I. und Symbol. Ernst Cassirers Philosophie und ihre Bedeutung für eine Theorie sozialer und politischer I.en, Münster/Hamburg 1999; M. Weber, On Charisma and Institution Building. Selected Papers, ed. S. N. Eisenstadt, Chicago Ill./London 1968, 1996; J. Weiss, Weltverlust und Subjektivität. Zur Kritik der I.enlehre Arnold Gehlens, Freiburg 1971; A. F. Wells, Social Institutions, London 1970, New York 1971; B. Willms, Funktion – Rolle – I.. Zur politiktheoretischen Kritik soziologischer Kategorien, Düsseldorf 1971; A. C. Zijderveld, Institutionalisering. Een studie over het methodologisch dilemma der sociale wetenschappen, Hilversum/Antwerpen 1966, 1974.   O. S. (1)/R. Wi. (2)

Institutionentheorie, ↑Institution.

Instrumentalismus, Bezeichnung für unterschiedliche erkenntnis- und wissenschaftstheoretische Auffassungen, die darin übereinstimmen, menschliche Erkenntnis insgesamt oder wissenschaftliche Begriffsbildungen, Sätze und Theorien nicht bzw. nicht primär realistisch (↑Realismus (erkenntnistheoretisch)), als Wiedergabe der Struktur der Wirklichkeit, sondern als Resultat menschlicher Auseinandersetzung mit Natur und Gesellschaft zum Zwecke erfolgreicher theoretischer und praktischer Orientierung anzusehen. In diesem weiten Sinne lassen sich zahlreiche philosophische Positionen seit den ↑Vorsokratikern als I. bezeichnen. Betrachtet man den Menschen als einen mit seiner ↑Umwelt interagierenden Organismus, so wird die instrumentalistische Sicht auch ↑›Biologismus‹ genannt. E. Mach spricht von ↑›Denkökonomie‹. Im engeren Sinne bezeichnet sich, wohl seit J. Royce (1908), der ↑Pragmatismus, insbes. derjenige J. Deweys, als ›I.‹. Dabei ist I. weniger als eine fest umrissene philosophische Theorie zu betrachten, denn als eine prinzipielle Einstellung zu philosophischen Fragen, die z. B. absolute Wahrheiten (auch bei ↑Naturgesetzen) für unmöglich hält, die Bedeutung externer Faktoren für die wissenschaftliche Entwicklung betont und in der ↑Ethik für ein praktikables, immer erneut zu reflektierendes Gleichgewicht von Zielen und faktischen Umständen eintritt. Der I. ist in Fragen innertheoretischer Zweckmäßigkeit eng mit dem ↑Konventionalismus verwandt, der manche wissenschaftlichen Theorien ganz oder teilweise als auf Konventionen beruhend betrachtet, die etwa Einfachheits-, Adäquatheits- und Zweckmäßigkeitsgesichtspunkten folgen.

In der ↑Wissenschaftstheorie wird ›I.‹ in einem engeren, spezifischen Sinn als Gegenbegriff sowohl zum wissenschaftlichen Realismus (↑Realismus, wissenschaftlicher) als auch zum ↑Relativismus verwendet. Gegen diesen wird die ↑Intersubjektivität, Kulturinvarianz und Erkenntniskraft der Wissenschaft behauptet und an der Vorstellung des wissenschaftlichen Fortschritts (↑Theoriendynamik) festgehalten. Gegen jenen wird geltend gemacht, daß die Erkenntnisleistungen der Wissenschaft auf die Systematisierung und Vorhersage von ↑Erfahrungen beschränkt sind. Wissenschaftliche Theorien sind keine Darstellungen der Wirklichkeit, sondern menschengemachte ›Instrumente‹ zur Wiedergabe und ↑Prognose von ↑Tatsachen. – Für den I. ist diese Ordnung von Erfahrungen und die Stützung technischer Intervention in Naturprozesse das einzige legitime Ziel wissenschaftlicher Erkenntnis. Da Theorien keine ↑Abbildungen wirklicher Prozesse sind, können sie auch nicht als wahr oder falsch gelten, sondern nur als mehr oder weniger empirisch adäquat bzw. zweckmäßig.

Grundlage des I. ist typischerweise eine Argumentation der folgenden Struktur: (1) *Begründungsverpflichtung* (↑Begründung): Behauptungen mit Erkenntnisanspruch sind nur akzeptabel, wenn sie durch überzeugende Gründe gestützt sind. (2) ↑*Empirismus*: Erfahrung ist die einzig legitime Begründungsinstanz für Wissensansprüche. (3) ↑*Unterbestimmtheit*: Die Geltung theoretischer Behauptungen ist anhand von Erfahrungen nicht eindeutig zu beurteilen. Aus (1) folgt, daß der Wirklichkeitsanspruch der Wissenschaft durch stichhaltige Gründe untermauert werden muß, die nach (2) nicht auf pragmatische Vorzüge Bezug nehmen dürfen. Aus (3) ergibt sich, daß die gleichen Erfahrungen stets auf unterschiedliche und miteinander unverträgliche theoretische ↑Hypothesen zurückgeführt werden können und daß entsprechend eine Auszeichnung theoretischer Behauptungen durch Logik und Erfahrung allein scheitert. Folglich sind Aussagen über nicht direkt beobachtbare Größen nicht stichhaltig zu begründen, womit der agnostische I. die Oberhand behält.

Zwischen der Mitte des 19. Jhs. und der zweiten Hälfte des 20. Jhs. stellte der I. die am weitesten verbreitete Auffassung von der Beschaffenheit wissenschaftlicher Erkenntnis dar. In der Mitte des 20. Jhs. ging der I. in der Regel mit der strikten Trennung zwischen ↑Beobachtungssprache und ↑Theoriesprache einher: Beobachtungssätze geben Sachverhalte wieder und sind entsprechend wahr oder falsch; theoretischen Aussagen als bloßen Instrumenten zur Verknüpfung von Beobachtungssätzen fehlen hingegen Gegenstandsbezug (↑Referenz) und ↑Wahrheitswert. Auch der ↑Operationalismus gliedert sich in dieses instrumentalistische Positionenspektrum ein.

Seit dem letzten Drittel des 20. Jhs. tritt die Bedeutung des I. im Vergleich zu Realismus und Relativismus zurück. Zugleich wandelt er seinen Inhalt. Der ›konstruktive Empirismus‹ B. van Fraassens schließt sich in seiner Ablehnung des wissenschaftlichen Realismus und seinem Festhalten an der Objektivität und Erkenntnisleistung der Wissenschaft an den I. an, gesteht jedoch theoretischen Aussagen semantischen Gehalt zu: Es handelt sich um sinnvolle Aussagen, deren ausgreifender, realistischer Geltungsanspruch jedoch nicht einlösbar ist. Der Sache nach erschöpfen sich die Geltungsbedingungen theoretischer Aussagen in den zugehörigen empirischen Umständen und erstrecken sich nicht auf die Erfassung einer Wirklichkeit hinter den Erscheinungen. Zwar ist mehr als empirische Adäquatheit beansprucht, aber nicht mehr als diese erreichbar. In diesen konzeptionell erweiterten I. gehören auch gegenwärtige Vertreter eines deflationären oder minimalistischen Repräsentationsbegriffs (M. Suárez, E. Winsberg). – Die Kritische Theorie (↑Theorie, kritische) wendet sich gegen die Verabsolutierung instrumentalistischen Denkens (z. B. in seiner Ausdehnung auf die Humanwissenschaften), in der sie eine Reduktion der Interessen praktischer Vernunft (↑Vernunft, praktische) auf reine ↑Zweckrationalität (›instrumentelle Vernunft‹) sieht.

Literatur: T. W. Adorno u. a., Der Positivismusstreit in der deutschen Soziologie, Neuwied/Berlin 1969, Darmstadt [14]1991, München 1993 (engl. The Positivist Dispute in German Sociology, New York 1976); J. Dewey, A Reply to Prof. Royce's Critique of Instrumentalism, Philos. Rev. 21 (1912), 69–81; ders., Essays in Experimental Logic, Chicago Ill. 1916, Carbondale Ill. 2007; J. Faye, Rethinking Science. A Philosophical Introduction to the Unity of Science, Burlington Vt. 2002, bes. 168–200 (Chap. IX Realism and Antirealism); P. K. Feyerabend, Realism and Instrumentalism. Comments on the Logic of Factual Support, in: M. A. Bunge (ed.), The Critical Approach to Science and Philosophy. In Honor of Karl R. Popper, London 1964, 280–308 (dt. Realismus und I.. Bemerkungen zur Logik der Unterstützung durch Tatsachen [mit einem Nachtrag 1977], in: ders., Der wissenschaftstheoretische Realismus und die Autorität der Wissenschaften. Ausgewählte Schriften I, Braunschweig/Wiesbaden 1978, 79–112); J. Götschl, I., Hb. wiss.theoret. Begr. II (1980), 311–313; J. Habermas, Erkenntnis und Interesse, Frankfurt 1968, [13]2001, Hamburg 2008 (engl. Knowledge and Human Interests, Boston Mass. 1971, Cambridge 1989; franz. Connaissance et intérêt, Paris 1976); R. Heede, I., Hist. Wb. Ph. IV (1976), 424–428; R. F. Hendry, Are Realism and Instrumentalism Methodologically Indifferent?, Philos. Sci. 68 Suppl. (2001), 25–37; M. Horkheimer, Eclipse of Reason, New York 1947, London/New York 2004 (dt. Zur Kritik der instrumentellen Vernunft, in: ders., Zur Kritik der instrumentellen Vernunft. Aus den Vorträgen und Aufzeichnungen seit Kriegsende, ed. A. Schmidt, Frankfurt 1967, 1997, 11–174, separat Frankfurt 2007); D. Jakovljevic, Realismus oder I.?, Facta Universitatis 1 (1996), 187–194; H. J. Kannegiesser, Knowledge and Science, Melbourne/Sydney 1977; T. A. F. Kuipers, From Instrumentalism to Constructive Realism. On Some Relations between Confirmation, Empirical Progress and Truth Approximation, Dordrecht/Boston Mass./London 2000; A. Kukla, On the Coherence of Instrumentalism, Philos. Sci. 59 (1992), 492–497; B. Lauth/J. Sareiter, Wissenschaftliche Erkenntnis. Eine ideengeschichtliche Einführung in die Wissenschaftstheorie, Paderborn 2002, bes. 179–192, erw. [2]2005, bes. 179–198 (Kap. XI Wissenschaftlicher Realismus oder methodologischer I.?); H. Lübbe, Instrumentelle Vernunft. Zur Kritik eines kritischen Begriffs, Pers. Philos. Neues Jb. 1 (1975), 111–139; A. McMichael, Van Fraassen's Instrumentalism, Brit. J. Philos. Sci. 36 (1985), 257–272; E. Nagel, The Structure of Science. Problems in the Logic of Scientific Explanation, New York 1961, [2]1979, bes. 129–152 (Chap. VI/3); K. R. Popper, Three Views Concerning Human Knowledge, in: ders., Conjectures and Refutations. The Growth of Scientific Knowledge, London 1963, [5]1989, 1991, 97–119 (dt. Drei Ansichten über die menschliche Erkenntnis, in: ders., Vermutungen und Widerlegungen. Das Wachstum der wissenschaftlichen Erkenntnis I, Tübingen 1994, 141–174, I–II in 1 Bd., [2]2009 [= Ges. Werke in dt. Sprache X], 149–184); S. Psillos, Scientific Realism. How Science Tracks Truth, London/New York 1999, bes. 17–39 (Chap. II Theories as Instruments?); N. Rescher, The Primacy of Practice. Essays Towards a Pragmatically Kantian Theory of Empirical Knowledge, Oxford 1973; ders., Methodological Pragmatism. A Systems-Theoretic Approach to the Theory of Knowledge, Oxford 1977; J. Royce, The Problem of Truth in the Light of Recent Discussion, in: T. Elsenhans (ed.), Bericht über den 3. Internationalen Kongress für Philosophie (International Congress of Philosophy) zu Heidelberg, 1. bis 5. Sept. 1908, Heidelberg 1909, Nachdr. Nendeln 1974, 62–90; S. G. Sathaye, Instrumentalism. A Methodological Exposition of the Philosophy of John Dewey, Bombay 1972;

H. W. Schneider, Instrumental Instrumentalism, J. Philos. 18 (1921), 113–117; M. Suárez, Scientific Representation. Against Similarity and Isomorphism, Int. Stud. Philos. Sci. 17 (2003), 225–244; ders., An Inferential Conception of Scientific Representation, Philos. Sci. 71 (2004), 767–779; H. Tetens, I., EP I (1999), 641–643; E. Winsberg, Simulations, Models, and Theories. Complex Physical Systems and Their Representations, Philos. Sci. Suppl. 68 (2001), 442–454; ders., Models of Success vs. the Success of the Models. Reliability Without Truth, Synthese 152 (2006), 1–19; B. C. van Fraassen, The Scientific Image, Oxford 1980, 1990.   G. W./M. C.

Integral, Grundbegriff der ↑Infinitesimalrechnung, zu deren Hauptgebieten die I.rechnung gehört. Diese behandelt als eines ihrer Grundprobleme die Aufgabe, zu einer gegebenen ↑Funktion $f(x)$ eine andere Funktion $F(x)$ zu finden, deren ↑Ableitung gerade die gegebene Funktion $f(x)$ ist. Eine Funktion $F(x)$ mit dieser Eigenschaft wird als eine ›*Stammfunktion*‹ oder ein ›*I.*‹ (genauer auch: ›*unbestimmtes I.*‹) von $f(x)$ bezeichnet und mit einem stilisierten ›S‹ (von ›summa‹) als

$$F(x) = \int f(x)\, dx$$

geschrieben. Z. B. ist x^2 ein I. von $2x$, und alle übrigen Stammfunktionen der Funktion $2x$ unterscheiden sich von $2x$ nur durch eine ↑Konstante c, so daß man die I.eigenschaft der Funktion x^2 durch die Gleichung

$$x^2 + c = \int 2x\, dx$$

ausdrücken kann. Ein allgemeines, zur Auffindung von Stammfunktionen (zur ›Integration‹) beliebiger Funktionen geeignetes Verfahren gibt es nicht, doch kennt man Regeln zur Integration umfangreicher Klassen wichtiger Funktionen und überdies Näherungsmethoden, die für nicht zu einer solchen Klasse gehörende Funktionen den Wert ihres unbestimmten I.s für jedes Argument beliebig genau approximieren und deshalb für praktische Zwecke auch in solchen Fällen eingesetzt werden, in denen ein Integrationsprozeß zwar theoretisch durchführbar, aber sehr kompliziert wäre.
Ein zweites Grundproblem der Infinitesimalrechnung, das zum Begriff des ›*bestimmten I.s*‹ führt, bilden Definition und Berechnung bestimmter ↑Größen, die in den praktisch wichtigen einfachen Fällen geometrisch gedeutet werden, z. B. die Länge von Kurvenstücken, der Flächeninhalt nicht geradlinig begrenzter geschlossener Kurven und Figuren, der Rauminhalt geometrischer Körper. Will man z. B. den Inhalt der Fläche berechnen, die von einem in ein X-Y-Koordinatensystem eingezeichneten Kurvenstück, den beiden Loten von den Kurvenendpunkten auf die X-Achse sowie von der X-Achse begrenzt ist (vgl. Abb.), so geht man von dem anschaulich motivierten Vorverständnis aus, der Inhalt dieser

Fläche müsse stets *größer* als jede unterhalb der Kurve bleibende Summe von rechteckigen ›Treppenflächen‹ über einer beliebig feinen Zerlegung des Intervalls $[a, b]$ sein (›Untersumme‹, in der Abb. schraffiert), aber *kleiner* als jede ›Obersumme‹, bei der die einzelnen Treppenflächen die Kurve gerade noch überragen (in der Abb. die schraffierte *plus* die punktierte Fläche).

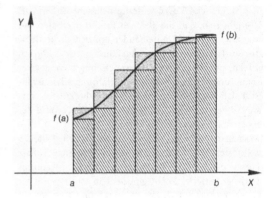

Läßt sich mathematisch zeigen, daß die Untersummen und die Obersummen einem bestimmten gemeinsamen ↑Grenzwert zustreben, so definiert man diesen Grenzwert als den Wert des gesuchten Flächeninhalts unterhalb des Kurvenstücks und bezeichnet ihn als das über das Intervall $[a, b]$ erstreckte *bestimmte (Riemannsche) I.*, geschrieben als

$$\int_a^b f(x)\, dx.$$

Bei festgehaltenem a und veränderlichem b wird dann der so erklärte Inhalt eine Funktion $F(b)$ von b; für stetige Funktionen $f(x)$ ist $F(b)$ nach b differenzierbar, und der Wert $F'(b_0)$ ihrer Ableitung stimmt an jeder Stelle b_0 mit dem Wert $f(b_0)$ überein, so daß $F(b)$ eine Stammfunktion von $f(b)$ ist. Dies ist der Differential- und I.rechnung verknüpfende ›Fundamentalsatz der klassischen Analysis‹, der die Ausführung der genannten Grenzprozesse zur Auffindung des Flächeninhalts erspart, wenn man bereits eine Stammfunktion $I(x)$ von $f(x)$ kennt: in diesem Falle ist nämlich einfach

$$\int_a^b f(x)\, dx = I(b) - I(a).$$

In der modernen Maßtheorie (↑Maß) wurde der auf A.-L. Cauchy und B. Riemann zurückgehende Begriff des I.s in verschiedene Richtungen verallgemeinert, so daß es heute eine Vielfalt unterschiedlicher I.begriffe gibt (*Stieltjes-I., Young-Lebesgue-I., Denjoy-Chintschin-I., Perron-I., Radon-I., Daniell-I.* usw.).

Literatur: N. Bourbaki, Éléments de mathématique. Livre VI, Intégration, erschienen als Bde XIII, XXI, XXV, XXIX, XXXV,

Paris 1952–1969, XIII, XXI ²1965/1967, Nachdr. [alle angegebenen Bde] Berlin/Heidelberg/New York 2007 (engl. Elements of Mathematics. Integration, I–II, Berlin etc. 2004); C. B. Boyer, The Concepts of the Calculus. A Critical and Historical Discussion of the Derivative and the Integral, New York 1939, unter dem Titel: The History of the Calculus and Its Conceptual Development (The Concepts of the Calculus), New York 1949, 1959; R. P. Gillespie, Integration, Edinburgh/London, New York 1939, ⁶1955, 1963 (dt. I.rechnung, Bern 1949); O. Haupt, Über die Entwicklung des I.begriffes seit Riemann, in: J. Naas/K. Schröder (eds.), Der Begriff des Raumes in der Geometrie. Bericht von der Riemann-Tagung des Forschungsinstitutes für Mathematik, Berlin (Ost) 1957 (Schriftenreihe d. Forschungsinstituts f. Math. 1), 303–317; D. Hoffmann/F.-W. Schäfke, I.e, Mannheim etc. 1992; H. Lebesgue, Leçons sur l'intégration et la recherche des fonctions primitives, professées au Collège de France, Paris 1904, ²1928 (repr. New York 1973, Sceaux 1989), 1950; A. F. Monna, The Integral from Riemann to Bourbaki, in: D. van Dalen/A. F. Monna, Sets and Integration. An Outline of the Development, Groningen 1972, 75–154; I. N. Pesin, Razvitie ponjatija integrala, Moskau 1966 (engl. Classical and Modern Integration Theories, New York/London 1970); B. Riemann, Ueber die Darstellbarkeit einer Function durch eine trigonometrische Reihe [Habil.schrift Göttingen 1854], ed. R. Dedekind, Abh. Königl. Ges. Wiss. Göttingen 13 (1866–1867), 87–132, separat Göttingen 1867, ferner in: ders., Gesammelte mathematische Werke, ed. R. Dedekind/H. Weber, Leipzig 1876, 213–253, ²1892, 227–271 (repr. in: Gesammelte mathematische Werke, wissenschaftlicher Nachlass und Nachträge/Collected Papers, ed. R. Narasimhan, Berlin/Heidelberg/New York 1990, 259–303); M. H. Stone, Notes on Integration, Proc. National Acad. Sci. USA 34 (1948), 336–342; G. Temple, 100 Years of Mathematics, London 1981. C. T.

Integration, ↑Infinitesimalrechnung.

intellectus (lat., Verstand, Vernunft, Verständnis, Einsicht), Bezeichnung der mittelalterlichen Philosophie sowohl (1) für die *Fähigkeit* des Verstandes oder der Vernunft als auch (2) für das *Ergebnis der Betätigung* dieser Fähigkeit in Verständnis oder Einsicht.
(1) Als Bezeichnung für die Vernunft geht ›i.‹ auf den Begriff des *νοῦς* (↑Nus) bei Aristoteles zurück und bezeichnet die Fähigkeit, die Gegenstände in ihrem ›Wesen‹, d. h. ihrer ›Form‹ (↑Morphē) nach, die im Unterschied zu ihrer ›Materie‹ (↑Hyle) dem i. zugänglich, also ›intelligibel‹ ist, zu erfassen und zu begreifen (↑Form und Materie, ↑Hylemorphismus). In Aufnahme der Aristotelischen Akt-Potenz-Lehre (↑Akt und Potenz) unterscheidet Thomas von Aquin am i. zwei Aspekte (S. th. I qu. 84–85): Der *i. agens* (die tätige Vernunft) bearbeitet das in seinen Einzelzügen von den Sinnen stammende und durch den ↑sensus communis zusammengefaßte ›Bild‹ des Gegenstandes (*species sensibilis*) und ›abstrahiert‹ aus ihm seine ›Form‹ (*species intelligibilis*). Indem der i. agens sie dem *i. possibilis* (der möglichen Vernunft) präsentiert, wird sie bewußt und kann auf den wahrgenommenen Gegenstand bezogen werden. Ein

weiterer auf Aristoteles zurückgehender Begriff, nämlich der des *i. purus* (*νοῦς χωριστός*, de an. Γ5.430a17), wird von R. Descartes herangezogen, um die ohne Beteiligung der Sinne und Vorstellungen sich vollziehende Erkenntnis angeborener Ideen (↑Idee, angeborene) begreiflich zu machen: »Respondeo nullam speciem corpoream in mente recipi, sed puram intellectionem tam rei corporeae quam incorporeae fieri absque ulla specie corporea« (Meditat. V, quintae responsiones 4, Œuvres VII, 387). Bei I. Kant findet sich die Platonische Unterscheidung von *i. archetypus* (urbildliche Vernunft), der der Natur ihre Gesetze gebenden göttlichen Vernunft, und *i. ectypus* (abbildliche Vernunft), der allein dem Menschen zukommenden diskursiv tätigen Vernunft (KrV B 723; KU § 77).
(2) Nach Thomas von Aquin ist der i. auf zweifache Weise tätig: Das, was etwas seiner Erscheinungsart, seiner *species sensibilis* nach ist, erfaßt er in Klassenbegriffen, und das, was etwas seiner Form, Natur oder Wesensart, seiner *species intelligibilis* nach ist, in Wesensbegriffen. Im Urteil verbindet oder trennt der i. die von ihm gewonnenen Begriffe. Vollzieht er diese Tätigkeit in Übereinstimmung mit dem zu beurteilenden Sachverhalt, ist sein Urteil wahr, und er hat ein *Verständnis* dieses Sachverhalts oder eine *Einsicht* gewonnen. Diese Einsicht kann vor jeder Erfahrung als Prinzipienerkenntnis geschehen, von einer solchen ausgehen oder aus dem Vergleich der verwendeten Begriffe erfolgen (also ↑a priori), und sie kann aus der Erfahrung schöpfen und zu Prinzipien aufsteigen (a posteriori).

Literatur: W. Halbfass, Intellekt, reiner, Hist. Wb. Ph. IV (1976), 438–439; L. Oeing-Hanghoff, I. agens/i. possibilis, Hist. Wb. Ph. IV (1976), 432–435; R. Romberg, Intellekt, Hist. Wb. Ph. IV (1976), 435–438. O. S./R. Wi.

Intellektualismus (von lat. ↑intellectus), im weiteren Sinne soviel wie ↑›Rationalismus‹, in Entgegensetzung zu ↑›Empirismus‹ oder ↑›Sensualismus‹; im engeren Sinne seit dem letzten Drittel des 19. Jhs. (F. Tönnies, F. Paulsen, W. Wundt) Gegensatz zu ↑›Voluntarismus‹. – Als *metaphysischer* I. werden Lehren bezeichnet, wonach alles, was ist, vernünftig ist, oder der Grund dessen, was ist, als Weltvernunft oder als überweltliche, göttliche ↑Vernunft gedacht wird. Als *erkenntnistheoretischer* I. gelten Konzeptionen, wonach der menschliche ↑Verstand grundsätzlich alles Seiende erkennen und begreifen kann, wofür als Begründung häufig der Standpunkt eines metaphysischen I. bezogen wird. Der *psychologische* I. sieht entweder alle psychische Aktivität von Verstandes- oder Vernunfttätigkeiten abhängen oder ihren Ausgang nehmen oder sieht sie als einen bloßen Teil von ihnen an. Der *ethische* I. läßt das sittlich ↑Gute durch die Vernunft bestimmt sein (z. B. I. Kant). Weiterhin kann als ethischer I. die These bezeichnet werden, daß das richtige sittliche Verhalten lehrbar sei, ferner die Ansicht, daß das sittlich Gute nur erkannt werden müsse, um auch schon getan zu werden.

Literatur: W. Berteval, Le faux intellectualisme, Paris 1948; T. Borsche, I., Hist. Wb. Ph. IV (1976), 439–444; W. Browne, Berkeley's Intellectualism, New York 1975; H. Dumery, La philosophie de l'action. Essai sur l'intellectualisme Blondelien, Paris 1947; N. Fischer, Vernunftdeterminismus und Entscheidungsfreiheit. Die Doppelgesichtigkeit des I.-Problems in der Grundlegung der philosophischen Ethik bei Thomas von Aquin, Z. philos. Forsch. 39 (1985), 524–547; F. Franciosi, Die Anfänge der griechischen Wissenschaft und der sogenannte ›ethische I.‹, Acta classica Universitatis Scientiarum Debreceniensis 25 (1989), 9–14; N. G. K. F. Hartl, Auf der Suche nach der Gerechtigkeit. Von Rawls über Aristoteles zu Platon und zurück. I. versus Voluntarismus?, Diss. Wien 1997; G. Hübinger, Intellektuelle, I., in: H. G. Kippenberg/M. Riesebrodt (eds.), Max Webers »Religionssystematik«, Tübingen 2001, 297–314; L. Husson, L'intellectualisme de Bergson. Genese et developpement de la notion bergsonienne d'intuition, Paris 1947; E. Michel, Nullus potest amare aliquid incognitum. Ein Beitrag zur Frage des I. bei Thomas von Aquin, Freiburg 1979; B. Moisisch, Pomponazzis Theorie der praktischen Vernunft. Eine Kritik an Ficinos spekulativem I., in: M. Bloch/ders. (eds.), Potentiale des menschlichen Geistes. Freiheit und Kreativität. Praktische Aspekte der Philosophie Marsilio Ficinos (1433–1499), Stuttgart 2003, 257–266; J. Müller, Personalität im Spannungsfeld von I. und Voluntarismus. Das Problem der Willensschwäche bei Thomas von Aquin und Heinrich von Gent, in: G. Mensching (ed.), Selbstbewußtsein und Person im Mittelalter. Symposium des Philosophischen Seminars der Universität Hannover vom 24. bis 26. Februar 2004, Würzburg 2005, 80–97; A. C. Ritter, Zwischen I. und Empirismus. Eine erkenntnistheoretische und psychologische Untersuchung zur genetischen Epistemologie Jean Piagets, Diss. Freiburg 1981; P. Rousselot, L'intellectualisme de Saint Thomas, Paris 1908, ³1936 (engl. The Intellectualism of Saint Thomas, London 1935, unter dem Titel: Intelligence. Sense of Being, Faculty of God, Milwaukee Wisc. 1999); D. Siedler, I. und Voluntarismus bei Albertus Magnus, Münster 1941 (Beitr. Gesch. Philos. MA 36/2); T. E. Webb, The Intellectualism of Locke. An Essay, Dublin, London 1857 (repr. New York 1973, Bristol 1990, London 1997); M. Wundt, Der I. in der griechischen Ethik, Leipzig 1907. O. S.

Intelligenz, Terminus der ↑Psychologie zur Bezeichnung höherstufiger Verarbeitungskompetenzen wie abstrakten Denkvermögens, Schlußfolgerns, Problemlösens, Lernens, Vorstellungskraft oder Bewältigung neuer Situationen. I. ist nicht direkt beobachtbar, sondern wird durch psychometrische Verfahren aus der Lösung von Aufgaben erschlossen. – Die Vorstellung von I. als allgemeiner, spezifische Einzelfälle übergreifender intellektueller Fähigkeit geht auf F. Galton (1822–1911) zurück. Galton betrachtete I. als erbliche Eigenschaft und entwarf ein System von Indikatoren zur Ermittlung individueller I.merkmale. Diesem System lag die Vorstellung zugrunde, daß sich intelligente Personen durch ein besonders feines sensorisches Unterscheidungsvermögen auszeichnen. Entsprechend ermittelte Galton ab 1884 I.

anhand von statistischen (↑Statistik) Auswertungen physiologischer Größen wie Sehschärfe, Reaktionszeit etc.. Allerdings stellte sich bald heraus, daß Galtons Testergebnisse keinen Zusammenhang mit dem Schul- oder Lebenserfolg aufwiesen.

A. Binet (1857–1911) zielte statt dessen auf die Messung individueller I.unterschiede durch Untersuchung höherer geistiger Fähigkeiten. I. sollte anhand von Problemlöseaufgaben und damit durch direkte Ermittlung psychologischer Eigenschaften (statt über physiologische Merkmale) abgeschätzt werden. Binets Ziel bestand in der objektiven Identifikation lernbehinderter Kinder mit der Absicht, diesen besondere Förderung angedeihen zu lassen. Zu diesem Zweck entwickelte Binet ab 1905 standardisierte Aufgaben für Kinder unterschiedlichen Alters, die intersubjektiv auswertbar sein sollten und deren Lösung logisches Denken verlangte. Die individuelle Leistungsfähigkeit wurde durch das ›I.alter‹ beschrieben, das dann in einen Zusammenhang mit dem Lebensalter gestellt wurde. W. Stern definierte entsprechend 1911 den ›I.quotienten‹ (IQ) als das Verhältnis von I.alter und Lebensalter. Im Gegensatz zu Galton nahm Binet an, daß die Testergebnisse lediglich aktuelle Leistungsdifferenzen wiedergeben, nicht aber angeborene Merkmalsunterschiede, und entsprechend durch Förderung verbessert werden können.

Binets Ansatz bildet die Keimzelle auch der heutigen I.tests. Seine Methode wurde ab 1916 durch L. M. Terman zum maßgeblichen ›Stanford-Binet-Test‹ weiterentwickelt. D. Wechsler verbesserte 1932 den Einbezug von Erwachsenen in die I.messung durch Definition des IQ als Abweichung des individuellen Leistungswerts vom Mittelwert der entsprechenden Altersgruppe. Darüber hinaus normierte Wechsler 1939 I.tests auf eine Normalverteilung mit dem Mittelwert von 100 und einer Standardabweichung von 15 und entwickelte einen bis heute fortgeschriebenen I.test, den im deutschen Sprachraum so genannten ›Hamburg-Wechsler-I.test‹ (HAWIE).

Gängige I.tests rücken sprachliche und rechnerische Fertigkeiten, räumliches Vorstellungsvermögen, die Fähigkeit zu logischen Schlußfolgerungen und die Qualität des Gedächtnisses in den Vordergrund. Diese Schwerpunktsetzung wird vielfach als einseitig kritisiert und der Einbezug weiterer Merkmale gefordert, darunter insbes. *soziale* (E. Thorndike) und *emotionale* I. (D. Goleman), *Kreativität* sowie die Fähigkeit zu *komplexen Problemlösungen* (D. Dörner). ›Soziale I.‹ bezeichnet die Fähigkeit, andere Personen zu verstehen und sie zu einem bestimmten Verhalten anzuleiten; ›emotionale I.‹ bezieht sich auf den Zugang zu und den Umgang mit den eigenen Gefühlen. Der Erfolg bei komplexen Problemstellungen hängt von Fähigkeiten wie konzeptionellem, innovativem und vorausschauendem Denken ab sowie dem Ergreifen von Initiativen, die sich als kaum korreliert mit dem Abschneiden in klassischen IQ-Tests erwiesen haben. Die Ergebnisse solcher IQ-Tests hängen hingegen eng mit dem Schulerfolg zusammen (worin sich deren Herkunft aus der schulischen Leistungsdiagnostik ausdrückt).

Binet faßte I. als eine einheitliche Eigenschaft ohne weitere Differenzierung auf (›Ein-Faktor-Konzeption‹). Dagegen setzte C. Spearman (1863–1945) 1904 die ›Zwei-Faktoren-Theorie‹, der zufolge I. aus einer generellen Eigenschaft (dem ›g-Faktor‹), analog zu Binets Vorstellung, besteht sowie einer Gruppe spezieller Fähigkeiten, die von diesem generellen Faktor wie auch untereinander relativ unabhängig sind. Der g-Faktor stellt danach einen zentralen Bestandteil aller I.leistungen dar und ist das beste Einzelmaß für die Einordnung der intellektuellen Fähigkeiten von Personen.

Eine Weiterentwicklung der Zwei-Faktoren-Theorie bildet das auf L. L. Thurstone (1887–1955) zurückgehende ›Multiple-Faktoren-Modell‹ oder ›Primärfaktorenmodell‹ von 1938. Der übergreifende Generalfaktor ist darin zugunsten mehrerer voneinander unabhängiger Faktoren aufgegeben. Einschlägige Primärfaktoren sind verbales Verständnis, Wortflüssigkeit, schlußfolgerndes Denken, räumliches Vorstellungsvermögen, Gedächtnis, Rechenfähigkeit, Auffassungsgeschwindigkeit. Spätere Konzeptionen führen dieses multiple Modell weiter. H. Gardners ›multiple I.‹ (1983) (↑Intelligenz, multiple) umfaßt die sprachliche, mathematische, logische, räumliche, musikalische, motorische und die personale (welche soziale und emotionale I. einschließt) Dimension der I.. Dagegen setzen Vertreter der generellen Auffassung von I. die These, in diesen Dimensionen würden I. und andere Persönlichkeitsmerkmale vermischt. Zugunsten des g-Faktors wird argumentiert, daß statistische Analysen und insbes. die Faktorenanalyse die Einführung eines einheitlichen Faktors mit großer Erklärungsrelevanz für individuelle Unterschiede intellektueller Leistungen (›hoher Ladung‹) erlaube, was tatsächlich eine Besonderheit der I. sei und z. B. für Persönlichkeitsmerkmale nicht gelte. Insgesamt steht heute eine hierarchische Auffassung von I., die zwischen einem generellen und mehreren spezifischen Faktoren unterscheidet, in Konkurrenz zur Vorstellung multipler I., die eine Mehrzahl unabhängig variierender Komponenten von I. annimmt.

Die Erblichkeit von I. wird aus der Korrelation zwischen genetischer Verwandtschaft und Ähnlichkeit des IQ erschlossen. Auf der Grundlage der verfügbaren Daten (und nach Ausräumen einer Reihe von Fälschungen) ist I. erblich, wobei das Ausmaß vom Grad der Schwankungen der Umweltbedingungen abhängt. Bei gleichen Umwelteinflüssen sind alle verbleibenden I.unterschiede genetisch bedingt; bei starken Unterschieden von Anregung und Förderung ist die Umwelt eine maßgebliche

Ursache für I.unterschiede. Erblichkeit von I. schließt dabei die Wirkung von Umweltfaktoren keineswegs aus (wie in der I.debatte wiederholt fälschlich angenommen wurde), weil auch dann die Ausprägung der genetisch begrenzten I. durch die Umstände behindert oder befördert werden kann.

Die I.struktur der Geschlechter ist unterschiedlich, mit einer Überlegenheit von Frauen bei sprachlichen Aufgaben und Vorteilen für Männer bei Aufgaben zu Mathematik und räumlichem Vorstellungsvermögen. Die Geschlechtsunabhängigkeit des mittleren IQ ist als Konvention akzeptiert: I.tests, in denen Männer und Frauen im Mittel unterschiedlich abschneiden, gelten als nichtvalide. – Zu den anhaltenden Streitfragen gehört die kulturelle Gebundenheit von I.. Die Kritiker kulturübergreifender I.tests verweisen auf die große Variabilität in der Manifestation intelligenten Verhaltens, die einen Kulturvergleich ausschließe; die Befürworter vertreten die Ansicht, daß sprachliche, rechnerische und logische Fertigkeiten sowie räumliche Vorstellungskraft in allen Kulturen von Bedeutung sind und sich lediglich in unterschiedlicher Form ausprägen.

Literatur: A. Binet, L'étude expérimentale de l'intelligence, Paris 1903 (repr. Saint-Pierre-du-Mont 2001 [= Œuvres complètes XX]), 1973; ders., Les idées modernes sur les enfants, Paris 1909 (repr. Saint-Pierre-du-Mont 2001 [= Œuvres complètes XXVI]), 1973 (dt. Die neuen Gedanken über das Schulkind, Leipzig 1912, ²1927; engl. Modern Ideas about Children, [o.O.] 1975, 1984); ders./T. Simon, Application des méthodes nouvelles au diagnostic du niveau intellectuel chez des enfants normaux et anormaux d'hospice et d'école primaire, L'année psychologique 11 (1905), 245–336 (engl. Application of the New Methods to the Diagnosis of the Intellectual Level among Normal and Subnormal Children in Institutions and in the Primary Schools, in: dies., The Development of Intelligence in Children [The Binet-Simon Scale], Baltimore Md. 1916 [repr. Salem N. H. 1983], 91–181); N. Brody, Intelligence, in: A. E. Kazdin (ed.), Encyclopedia of Psychology IV, Oxford etc. 2000, 318–324; ders./E. B. Brody, Intelligence. Nature, Determinants, and Consequences, New York 1976, ohne Untertitel, San Diego Calif./London ²1992, 1993; J. Carson, Intelligence. History of the Concept, IESBS XI (2001), 7663–7665; B. Devlin u. a. (eds.), Intelligence, Genes and Success. Scientists Respond to »The Bell Curve«, New York 1997; D. Dörner u. a. (eds.), Lohhausen. Vom Umgang mit Unbestimmtheit und Komplexität, Bern/Stuttgart/Wien 1983, 1994; H. J. Eysenck, Intelligence. The New Look, Psychologische Beitr. 28 (1986), 332–365; FM I (1994), 1872–1875; J. Funke, Problemlösendes Denken, Stuttgart 2003; ders./B. Vaterrodt-Plünnecke, Was ist I.?, München 1998, ³2009; H. Gardner, Frames of Mind. The Theory of Multiple Intelligences, New York 1983, London 1984, New York, London ²1993 (dt. Abschied vom IQ. Die Rahmentheorie der vielfachen I.en, Stuttgart 1991, 2005; franz. Les formes de l'intelligence, Paris 1997); ders., Multiple Intelligences. The Theory in Practice, New York 1993, 2003, mit Untertitel: New Horizons, New York ²2006 (franz. Les intelligences multiples. Pour changer l'école. La prise en compte des différentes formes d'intelligence, Paris 1996, rev. mit Untertitel: La théorie qui bouleverse nos idées reçues, Paris 2004); ders., Intelligence Reframed. Multiple Intelligences for the 21st Century, New York 1999 (dt. I.en. Die Vielfalt des menschlichen Geistes, Stuttgart 2002); ders./M. L. Kornhaber/ W. K. Wake, Intelligence. Multiple Perspectives, Fort Worth Tex./Toronto 1996; D. C. Geary, The Origin of the Mind. Evolution of Brain, Cognition, and General Intelligence, Washington D. C. 2005; D. Goleman, Emotional Intelligence. Why It Can Matter More than IQ, New York 1995, London 1996, New York 2005, 2006 (dt. Emotionale I., München 1996, 2009; franz. L'intelligence émotionnelle I, Paris 1997, mit Untertitel: Accepter ses émotions pour développer une intelligence nouvelle, Paris 2007); ders., Social Intelligence. The New Science of Human Relationships, London, New York 2006, 2007 (dt. Soziale I.. Wer auf andere zugehen kann, hat mehr vom Leben, München 2006, 2008); S. J. Gould, The Mismeasure of Man, New York/London 1981, Harmondsworth 1984, New York/London ^{2}1996, London 1997 (dt. Der falsch vermessene Mensch, Basel/Boston Mass./ Stuttgart 1983, Frankfurt 1988, 2007; franz. La mal-mesure de l'homme. L'intelligence sous la toise des savants, Paris 1983, ohne Untertitel ^{2}1997); J. Guthke, I. im Test. Wege der psychologischen I.diagnostik, Göttingen/Zürich 1996; R. J. Herrnstein/ C. Murray, The Bell Curve. Intelligence and Class Structure in American Life, New York etc. 1994, 1996; E. Hunt, Intelligence. Historical and Conceptual Perspectives, IESBS XI (2001), 7658–7663; R. Kail/J. W. Pellegrino, Human Intelligence. Perspectives and Prospects, New York 1985 (dt. Menschliche I., Heidelberg 1988, mit Untertitel: Die drei Ansätze der Psychologie, ^{2}1989); L. J. Kamin, The Science and Politics of I. Q., New York, Potomac Md., Harmondsworth 1974, Harmondsworth 1977 (dt. Der I.quotient in Wissenschaft und Politik, Darmstadt 1979); F. Klix, Erwachendes Denken. Eine Entwicklungsgeschichte der menschlichen I., Berlin 1980, ^{3}1985, rev. u. erw. mit Untertitel: Geistige Leistungen aus evolutionspsychologischer Sicht, Heidelberg/Berlin/Oxford 1993; S.-C. Li/F. Schmiedek, Intelligence. Central Conceptions and Psychometric Models, IESBS XI (2001); F. M. Menger, The Thin Bone Vault. The Origin of Human Intelligence, London 2009; U. Neisser (ed.), The Rising Curve. Long-Term Gains in IQ and Related Measures, Washington D. C. 1998, 1999; W. Putz-Osterloh/G. Lüer, Über die Vorhersagbarkeit komplexer Problemlöseleistungen durch Ergebnisse in einem I.test, Z. experimentelle u. angewandte Psychologie 28 (1981), 309–334; W. Quitzow, I. – Erbe oder Umwelt? Wissenschaftliche und politische Kontroversen seit der Jahrhundertwende, Stuttgart 1990; J.-F. Richard, Intelligence, Enc. philos. universelle II/1 (1990), 1332–1335; D. H. Rost, I.. Fakten und Mythen, Weinheim/Basel 2009; E. Roth (ed.), I.. Grundlagen und neuere Forschung, Stuttgart/Berlin/Köln 1998; P. Salovey/J. D. Mayer, Emotional Intelligence, Imagination, Cognition and Personality 9 (1990), 185–211; C. Spearman, »General Intelligence«, Objectively Determined and Measured, Amer. J. Psychology 15 (1904), 201–293; K. E. Stanovich, What Intelligence Tests Miss. The Psychology of Rational Thought, New Haven Conn. 2009; R. J. Sternberg, Beyond IQ. A Triarchic Theory of Human Intelligence, Cambridge/New York 1985, 1987; ders., Metaphors of Mind. Conceptions of the Nature of Intelligence, Cambridge etc. 1990, 1995; ders. (ed.), Encyclopedia of Human Intelligence, I–II, New York/Toronto 1994, New York/London 1995; ders., Cognitive Psychology, Philadelphia Pa. 1996, Fort Worth Tex./London ^{2}1999, Belmont Calif., London ^{3}2003, ^{5}2008, 2009; ders./D. K. Detterman (eds.), What Is Intelligence? Contemporary Viewpoints on Its Nature and Definition, Norwood N. J. 1986, 1993; ders./E. L. Grigorenko (eds.), Intelligence, Heredity and Environment, Cambridge/ New York 1997, 1999; ders./J. C. Kaufman/E. L. Grigorenko,

Applied Intelligence, Cambridge 2008; L. L. Thurstone, The Nature of Intelligence, New York, London 1924 (repr. Westport Conn. 1973, 1976, London 1999), London, New York 1927, Paterson N. J. 1960; ders., Primary Mental Abilities, Chicago Ill. 1938, 1969; K.-H. Wewetzer, I. und I.messung. Ein kritischer Überblick über Theorie und Methodik, Darmstadt 1972, ^{2}1984; S. H. White, Conceptual Foundations of IQ Testing, Psychology, Public Policy, and Law 6 (2000), 33–43. – Sonderh.: Intelligence 24 (1997), H. 1 [Intelligence and Social Policy]; Spektrum Wiss. Spezial 3 (1999). M. C.

Intelligenz, künstliche (engl. artificial intelligence, Abkürzung AI bzw. KI), Bezeichnung für die technische Nachbildung und Entwicklung intelligenter (↑Intelligenz) Systeme sowie für das Teilgebiet der ↑Informatik, das sich mit dieser Zielsetzung beschäftigt. Damit berührt die k. I. grundlegende Probleme der Philosophie des Geistes (↑philosophy of mind). Die klassische k. I. im Anschluß an A. M. Turings Untersuchung über Rechenmaschinen und Intelligenz von 1950 versuchte, intelligente Problemlösungen symbolisch in Computersprachen auszudrücken und durch Computerprogramme und Algorithmen darzustellen (↑Funktionalismus (kognitionswissenschaftlich)). Daher spricht man auch von ›symbolischer k.r I.‹ (›symbolic AI‹). Demgegenüber orientiert sich die neuere k. I. zunehmend am Modell der ↑Selbstorganisation, das sich bei der Wechselwirkung von Nervenzellen in ›neuronalen Netzwerken‹ zeigt und etwa durch zelluläre Automaten (↑Automat, zellulärer) umgesetzt wird (›Embodied AI‹).

Intelligentes Verhalten eines Computers wird nach Turing zunächst operational durch das Kriterium bestimmt, daß es von einer entsprechenden menschlichen Leistung nicht zu unterscheiden ist (↑Turing-Test). Kennzeichnend für die klassische, symbolische k. I. ist darüber hinaus die Festlegung auf die ↑Turing-Maschine als gemeinsames Schema maschineller und menschlicher Intelligenz. Dabei handelt es sich um ein abstraktes Schema eines mit Symbolen operierenden ↑Automaten, der die Werte effektiv berechenbarer (↑berechenbar/Berechenbarkeit) ↑Funktionen zu bestimmen vermag. Die Turing-Maschine ist abstrakt, da sie auf vielerlei Weise physisch zu realisieren ist und es auf die Realisierung nicht ankommt. Vor diesem Hintergrund analogisiert Turing das menschliche Gehirn mit der Hardware eines Computers und den Geist mit dessen Software oder Programm. Turings ›KI-These‹ lautet, daß, falls die Operationen des menschlichen Geistes berechenbar sind, diese (nach der ↑Churchschen These) durch ein Programm einer universellen Turing-Maschine (und damit auch durch einen leistungsstarken symbolverarbeitenden Computer) repräsentiert werden können.

Die ersten Schritte zur Umsetzung von Turings Vision einer denkenden Maschine strebten die Schaffung wissensbasierter Expertensysteme an (z. B. Dartmouth-

Konferenz 1956). Abgegrenztes und überschaubares Spezialwissen menschlicher Experten, z. B. von Ingenieuren und Ärzten, sollte für den täglichen Gebrauch zur Verfügung gestellt werden. Dabei wurden häufig bekannte Schlußverfahren (↑Schluß), Methoden und ↑Heuristiken formalisiert und implementiert. Ein Beispiel ist die logische ↑Resolutionsmethode zur maschinellen Beweissuche. M. Minsky führte symbolische Schemata (›frames‹) zur Wissensrepräsentation ein, die an I. Kants Schemata der ↑Kategorien erinnern. Wissensontologien werden zu Schlüsselkonzepten bei der Bildung symbolischer Modelle in der Informatik.

Die Probleme dieses Ansatzes traten vor allem bei der Verknüpfung der speziellen Wissensbasis eines Expertensystems mit dem allgemeinen Hintergrundwissen und den unausgesprochenen Erfahrungen und Faustregeln zutage, wie sie bei Entscheidungen relevant ist (H. Dreyfus 1972). In dem ehrgeizigen Computerprogramm CYC wurde seit 1984 versucht, das menschliche Alltagswissen wenigstens annähernd in einem wissensbasierten System zu erfassen. Dazu wurden umfangreiche Wissensontologien entwickelt, die im World Wide Web Hintergrundwissen zur Verfügung stellen sollten. Intuitives Alltagswissen z. B. über das richtige ›Gefühl‹ für Gas und Kupplung beim Autofahren oder über die richtige Ballbehandlung beim Fußball (›Ballgefühl‹) läßt sich aber durch formale Regeln nicht erfassen.

Eine weitere Grenze der klassischen, symbolischen k.n I. zeigte sich bei dem Versuch, natürlichsprachliche Kommunikation (↑Sprache, natürliche) mit regelbasierten Computerprogrammen zu simulieren. 1965 stellte J. Weizenbaum das Programm ELIZA vor, das in simulierten Dialogen die Rolle eines Psychiaters übernahm. Dabei handelt es sich um nichts anderes als das Ableiten von syntaktischen Symbollisten in der Programmiersprache LISP: Die Programmregeln sind so gewählt, daß sie umgangssprachlichen Unterhaltungsgewohnheiten entsprechen. Auf bestimmte Schlüsselworte und Satzmuster können passende Umstellungen und Einsetzungen vorgenommen werden. J. Searle kritisierte daher in seinem Gedankenexperiment des Chinesischen Zimmers (↑chinese room argument), daß Computer prinzipiell nur zur Verarbeitung formaler Symbole fähig seien. Das Verstehen von Bedeutungen hingegen setze die ↑Intentionalität des menschlichen Gehirns voraus (↑Repräsentation, mentale).

Tatsächlich vermögen Computersysteme wie z. B. Verbmobil semantische Kontexte fallbasiert und kontextabhängig zu erschließen. Ausgestattet mit Übersetzungs- und Sprechmodulen wird so die verbale Kommunikation mit Artefakten wie Automobilen, Computern und Informationssystemen möglich. Der Grad des Verständnisses hängt wie beim Menschen von der semantischen Tiefe der Hintergrundinformationen ab. Nach diesem Prinzip arbeiten auch semantische Netze im Internet, so daß es sich bei diesen nicht einfach um Datenbanken handelt, deren Einträge erst im Gehirn des Nutzers Bedeutung erhalten würden, sondern um Systeme, die selbständig Schlüsse aus dem vorgegebenen Hintergrundwissen ziehen.

In der Informatik ist die Situations- und Kontextabhängigkeit von Wissensrepräsentationen ein zentrales Thema. So benötigt ein Roboter eine symbolische Repräsentation der Außenwelt, die ständig angepaßt werden muß (›updating‹), wenn sich die Position des Roboters ändert. Menschen benötigen zu ihrer Orientierung weitgehend keine symbolische Repräsentation und kein symbolisches Updating, sondern interagieren körperlich mit ihrer Umwelt. Man unterscheidet daher zwischen formalem und körperlichem Handeln. Schach ist ein formales Spiel mit vollständiger symbolischer Darstellung, präzisen Spielstellungen und formalen Operationen. Demgegenüber ist Fußball ein nicht-formales Spiel unter Einsatz von Fähigkeiten, die von körperlichen Interaktionen bestimmt sind und keine vollständige Repräsentation von Situationen und Operationen benötigen.

Bereits in der Zeit der klassischen k.n I. finden sich Versuche einer Orientierung an biologischen Organismen und der ↑Evolution. Eine sich selbst reproduzierende Maschine wurde lange Zeit für unmöglich gehalten, bis J. v. Neumann Ende der 1950er Jahre die Konzeption einer solchen vorstellte. V. Neumanns Beweis zeigte, daß nicht ein bestimmtes Material der materiellen Bausteine Voraussetzung der Selbstreproduktion ist, sondern eine Organisationsstruktur, die eine vollständige Beschreibung von sich selbst enthält und diese Information zur Schaffung neuer Kopien (Klone) verwendet. Das war die Geburtsstunde der Forschungsrichtung des ›Künstlichen Lebens‹ (↑Artificial Life).

Durch Anknüpfen an den Evolutionsmechanismus von Variation und Selektion wird ein Rückgriff auf symbolische Wissensrepräsentation zu vermeiden gesucht. Zur Nachbildung evolutionärer Prozesse werden zelluläre Automaten und genetische Algorithmen eingesetzt. Genetische Algorithmen schaffen durch Zufallsmechanismen Neues, das dann durch Selektion und Optimierung stabilisiert wird. Durch diese Simulation von Kreativität wird eine Schranke durchbrochen, die traditionell als prinzipielle Grenze programmgesteuerter Computer verstanden wurde. Solche evolutionären Algorithmen werden bereits in der Technik eingesetzt, um Computerprogramme für die optimale Bewegung eines Roboterarms oder einen optimalen Prozeßablauf zu finden. Das Programm wird also vom Programmierer nicht explizit geschrieben, sondern im evolutionären Prozeß erzeugt. Wie in der Natur besteht jedoch keine Garantie auf Erfolg.

Im Prinzip lassen sich zelluläre Automaten und genetische Algorithmen auf einem herkömmlichen Computer implementieren und bestätigen in diesem Sinne Turings KI-These. Das gilt auch für die Lernalgorithmen des Gehirns. Der Architektur des Gehirns nachempfunden sind Modelle neuronaler Netze (↑›Konnektionismus‹, ↑philosophy of mind). Wie bei zellulären Automaten handelt es sich um komplexe Systeme von ›Zellen‹ (›Neuronen‹), die miteinander interagieren. Neuronen erhalten Inputsignale von anderen, mit ihnen über Synapsen verbundenen Neuronen. Inputsignale werden im Gehirn durch Botenstoffe (Neurotransmitter) ausgelöst, die in den Synapsen in unterschiedlicher Menge ausgeschüttet werden. Im Modell neuronaler Netze werden Inputsignale daher durch numerische Werte unterschiedlich gewichtet. Wenn die Summe der gewichteten Inputsignale den Schwellenwert eines Neurons überschreitet, dann ›feuert‹ das Neuron, d. h., es sendet ein Signal an die ihm nachgeordneten Neuronen. Wie bei zellulären Automaten verändern die Zellen nach lokalen Regeln ihre binären Mikrozustände (›Feuern‹ oder ›Nicht-Feuern‹) und erzeugen makroskopische Verschaltungsmuster. Diese Verschaltungsmuster sind die neuronale Grundlage aller motorischen, perzeptiven und kognitiven Leistungen des Gehirns.

Lernalgorithmen für neuronale Netze können nicht nur Muster wiedererkennen, sondern durch Vergleich von Ähnlichkeiten selbständig neue Zusammenhänge entdecken. Lernalgorithmen erlauben es, sich auf immer neue Situationen in einer sich ständig verändernden Umwelt einzustellen, die unmöglich in einem Programm mit expliziten Regeln in einer symbolischen Sprache berücksichtigt werden können. Regelbasierte Programme sind zwar starr und unflexibel, aber genau und in jedem Detail kontrollierbar. Diese Form von ›Hard Computing‹ eignet sich besonders zur Programmierung von Rechenverfahren und der Simulation logischen Denkens, Planens und Entscheidens. Demgegenüber strebt ›Soft Computing‹ die Simulation des flexiblen und fehlertoleranten Reagierens, Bewegens und Wahrnehmens an, das vor allem mit motorischen und sensorischen Leistungen des Gehirns verbunden ist und als ›präintelligent‹ bezeichnet wird.

In der Robotik ist heute die Simulation der flexiblen Bewegungsabläufe von Organismen oder gar des Körperbewußtseins wie bei Menschen eine große Herausforderung. Gehen z. B. ist eine komplexe körperliche Selbstorganisation, weitgehend ohne bewußte Zentralsteuerung. Ähnlich bewegen sich Laufroboter einen leichten Abhang hinunter, nur angetrieben durch Gravitation, Trägheit und Stöße, also in körperlicher Interaktion ohne Programmsteuerung. Komplexe Bewegungsmuster werden in der Natur nicht zentral gesteuert und berechnet, sondern organisieren sich dezentral mit rückgekoppelten neuronalen Netzen. Bewegungswissen wird in unbekanntem Gelände gelernt und prozedural in den Gewichtungen der Netze gespeichert. Man spricht in diesem Zusammenhang auch von ›Organic Computing‹. – Neuronale Netze, Lernalgorithmen und evolutionäre Algorithmen werden als wesentliche Techniken des Soft Computing verstanden, die sich bei der Simulation präintelligenter und prozeduraler Aufgaben ohne symbolische Regelrepräsentation bewährt haben. Aber auch die ↑Fuzzy Logik ist ein Beispiel für fehlertolerante Informationsverarbeitung durch Menschen und wird daher dem Soft Computing zugeordnet. Bis in die 1990er Jahre galten neuronale Netze und zelluläre Automaten nur als Modelle, die letztlich auf eine Emulation in seriell symbolverarbeitenden Computern angewiesen sind. Die technische Revolution in der Entwicklung von Mikroprozessoren und Sensoren machte es möglich, sie zu bauen.

In der Entwicklung sind menschlich wirkende Roboter, die für soziale Aufgaben (z. B. Therapieaufgaben, Altenfürsorge in einer überalterten Gesellschaft bei Mangel an Pflegepersonal) eingesetzt werden. Damit wird die k. I. verstärkt mit ethischen Fragen konfrontiert. Autonome und sich selbst organisierende intelligente Systeme schaffen adaptive Infrastrukturen als Dienstleistung. Ziel sind Anwendungen für die soziale Interaktion und Kommunikation mit technischen Systemen, die Helfer und Partner des Menschen werden sollen. In der KI-Forschung geht es daher zunehmend um die Gesetze adaptiver und sich selbst organisierender Systeme nach dem Vorbild der Evolution und keineswegs nur um die symbolische Repräsentation und Simulation von logischer Intelligenz.

Literatur: R. Brooks, Flesh and Machines. How Robots Will Change Us, New York, London 2002, New York 2003 (dt. Menschmaschinen. Wie uns die Zukunftstechnologien neu erschaffen, Frankfurt/New York 2002, Frankfurt 2005); S. A. Cerri/ D. Dochev (eds.), Artificial Intelligence. Methodology, Systems, and Applications. 9th International Conference, AIMSA 2000, Varna, Bulgaria, September 20–23, 2000, Proceedings, Berlin etc. 2000; D. C. Dennett, The Practical Requirements for Making a Conscious Robot, Philos. Transact. Royal Soc. Ser. A, Phys. Sci. Engineering 349 (1994), 133–146 (dt. COG. Schritte in Richtung auf Bewußtsein in Robotern, in: T. Metzinger [ed.], Bewußtsein. Beiträge aus der Gegenwartsphilosophie, Paderborn etc. 1995, [5]2005, 691–712); H. L. Dreyfus, What Computers Can't Do. A Critique of Artificial Reason, New York etc. 1972, rev. mit Untertitel: The Limits of Artificial Intelligence, New York etc. 1979, rev. unter dem Titel: What Computers Still Can't Do. A Critique of Artificial Reason, Cambridge Mass./London 1992, 1999 (dt. Die Grenzen k.r I.. Was Computer nicht können, Königstein 1985, unter dem Titel: Was Computer nicht können. Die Grenzen k.r I., Frankfurt 1989); G. W. Ernst/A. Newell, GPS. A Case Study in Generality and Problem Solving, New York/ London 1969; L. J. Fogel/A. J. Owens/M. J. Walsh, Artificial Intelligence through Simulated Evolution, New York 1966, 1967; S. Franklin, Artificial Minds, Cambridge Mass./London 1995,

2001; R. M. Glorioso, Engineering Cybernetics, Englewood Cliffs N. J. 1975, (mit F. C. Colón Osorio) rev. unter dem Titel: Engineering Intelligent Systems. Concepts, Theory, and Applications, Bedford Mass. 1980; E. B. Hunt, Artificial Intelligence, New York 1975; M. T. Jones, Artificial Intelligence. A Systems Approach, Hingham Mass. 2008; N. Kasabov (ed.), Future Directions for Intelligent Systems and Information Sciences. The Future of Speech and Image Technologies, Brain Computers, WWW, and Bioinformatics, Heidelberg/New York 2000; F. Klix (ed.), Human and Artificial Intelligence, Berlin 1978, Amsterdam/New York 1979, 1984; C. G. Langton (ed.), Artificial Life. Proceedings of an Interdisciplinary Workshop on the Synthesis and Simulation of Living Systems, Held September, 1987 in Los Alamos, New Mexico, Redwood City Calif. 1989; D. B. Lenat/ R. V. Guha, Building Large Knowledge-Based Systems. Representation and Inference in the Cyc Project, Reading Mass. etc. 1990; K. Mainzer, Computer – Neue Flügel des Geistes? Die Evolution computergesteuerter Technik, Wissenschaft, Kultur und Philosophie, Berlin/New York 1994, 1995; ders., Gehirn, Computer, Komplexität, Berlin etc. 1997; ders., Computernetze und virtuelle Realität. Leben in der Wissensgesellschaft, Berlin etc. 1999; ders., KI – K. I.. Grundlagen intelligenter Systeme, Darmstadt 2003; ders., Computerphilosophie zur Einführung, Hamburg 2003; ders. u. a., Kolloquium 19. Können Computer kreativ sein? – Möglichkeiten und Grenzen des Computermodells des Geistes, in: G. Abel (ed.), Kreativität. XX. Deutscher Kongress für Philosophie, 26.–30. September 2005, an der Technischen Universität Berlin, Kolloquienbeiträge, Hamburg 2006, 865–944; D. Michie, On Machine Intelligence, Edinburgh, New York 1974, Chichester, New York ²1986 (franz. Réflexions sur l'intelligence des machines. 25 ans de recherches, Paris/Mailand/ Barcelona 1990); M. L. Minsky (ed.), Semantic Information Processing, Cambridge Mass./London 1968, 1988; ders., The Society of Mind, New York 1985, ²1986, 1988 (franz. La société de l'esprit, Paris 1988; ital. La società della mente, Mailand 1989, 2001; dt. Mentopolis, Stuttgart 1990, 1994); H. Moravec, Robot. Mere Machine to Transcendent Mind, New York/Oxford 1999, 2000 (dt. Computer übernehmen die Macht. Vom Siegeszug der k.n I., Hamburg 1999); A. Newell/H. A. Simon, Computer Simulation of Human Thinking, Santa Monica Calif. 1961; dies., Computer Simulation of Human Thinking and Problem Solving, Santa Monica Calif. 1961; R. Penrose, The Emperor's New Mind. Concerning Computers, Minds, and the Laws of Physics, Oxford etc. 1989, Oxford etc., London 1990, New York 1991, Oxford etc. 1999 (dt. Computerdenken. Des Kaisers neue Kleider oder die Debatte um k. I., Bewußtsein und die Gesetze der Physik, Heidelberg 1991, mit Untertitel: Die Debatte um k. I., Bewußtsein und die Gesetze der Physik, Heidelberg/Berlin 2002; franz. L'esprit, l'ordinateur et les lois de la physique, Paris 1992, 1993); R. Pfeifer/C. Scheier, Understanding Intelligence, Cambridge Mass./London 1999, 2001; R. W. Picard, Affective Computing, Cambridge Mass./London 1997, 2000; J. R. Rabuñal Dopico/J. Dorado de la Calle/A. Pazos Sierra (eds.), Encyclopedia of Artificial Intelligence, I–III, Hershey Pa./London 2009; I. Rahwan/G. R. Simari (eds.), Argumentation in Artificial Intelligence, Dordrecht etc. 2009; S. Russell/P. Norvig, Artificial Intelligence. A Modern Approach, Upper Saddle River N. J. 1995, ³2010 (dt. K. I.. Ein moderner Ansatz, München etc. 2004, 2007); R. C. Schank/ P. G. Childers, The Cognitive Computer. On Language, Learning, and Artificial Intelligence, Reading Mass. etc. 1984 (dt. Die Zukunft der k.n I.. Chancen und Risiken, Köln 1986); J. Searle, Minds, Brains, and Programs, Behavioral and Brain Sci. 3 (1980), 417–424; S. C. Shapiro (ed.),

Encyclopedia of Artificial Intelligence, I–II, New York etc. 1987, ²1992; H. Tetens, Geist, Gehirn, Maschine. Philosophische Versuche über ihren Zusammenhang, Stuttgart 1994, 2005; R. Thomason, Logic and Artificial Intelligence, SEP 2003, erw. 2008; A. M. Turing, Computing Machinery and Intelligence, Mind NS 59 (1950), 433–460; ders., Intelligence Service. Schriften, ed. B. Dotzler/F. Kittler, Berlin 1987; W. Wahlster (ed.), Verbmobil. Foundations of Speech-to-Speech Translation, Berlin/Heidelberg/New York 2000; J. Weizenbaum, Computer Power and Human Reason. From Judgement to Calculation, San Francisco Calif. 1976, London etc. 1984, 1993 (dt. Die Macht der Computer und die Ohnmacht der Vernunft, Frankfurt 1977, 2003; franz. Puissance de l'ordinateur et raison de l'homme. Du jugement au calcul, Boulogne-sur-Seine 1981); M. J. Wooldridge/ M. Veloso (eds.), Artificial Intelligence Today. Recent Trends and Developments, Berlin etc. 1999; W. C. Zimmerli/S. Wolf (eds.), K. I.. Philosophische Probleme, Stuttgart 1994, 2002. – Artificial Intelligence. Int. J., 1970 ff.; K. I.. KI, Forschung, Entwicklung, Erfahrungen, 1987 ff.; J. Artificial Intelligence Res., 1993 ff..   K. M.

Intelligenz, multiple (auch: vielfache I.en, engl. multiple intelligences, Abk. MI), vom amerik. Psychologen H. (Earl) Gardner konzipierte Interpretation bzw. Theorie der ↑Intelligenz. Im Gegensatz zur weit verbreiteten Zweifaktoren-Theorie, die einen Generalfaktor *g* und spezifische individuelle Ausprägungen annimmt und den meisten psychometrischen Verfahren zugrundeliegt, geht Gardner von einem multifaktoriellen Modell der Intelligenz aus. Er postuliert acht identifizierbare Intelligenzen: sprachlich-linguistische Intelligenz (Sensibilität für die gesprochene und geschriebene Sprache), logisch-mathematische Intelligenz (Fähigkeit, Probleme logisch zu analysieren und mathematische Operationen durchzuführen), musikalische Intelligenz (Begabung zum Musizieren, Komponieren und Sinn für musikalische Strukturen), räumliche Intelligenz (theoretischer und praktischer Sinn zum Erfassen von Raumstrukturen), körperlich-kinästhetische Intelligenz (Fähigkeit, den Körper zur Problemlösung oder zur Gestaltung einzusetzen), interpersonelle Intelligenz (Verständnis für Absichten, Motive und Wünsche anderer Menschen), intrapersonelle Intelligenz (Fähigkeit, ein lebensgerechtes Bild der eigenen Persönlichkeit zu entwickeln), naturalistische Intelligenz (Fähigkeit, Strukturen in der Natur zu entdecken). Die Theorie der m.n I. basiert nicht auf Ergebnissen von Papier- und Bleistift-Tests, sondern auf acht Kriterien (Evidenzen): Isolierung bestimmter Fähigkeiten aufgrund von Hirnverletzungen; unterschiedliches Profil an Begabungen und Mängeln bei sog. Idiots savants, Wunderkindern und anderen Ausnahmemenschen; Identifizierung eines Sets von Kernkompetenzen; identifizierbare ontogenetische Entwicklung vom Novizen zum Meister, die von allen Individuen durchlaufen wird; evolutionsgeschichtliche Hinweise; experimentalpsychologische Befunde; Ergebnisse der Psychometrie; Möglichkeit der Kodierung in kulturell determinierten Symbolsystemen. Gardner beansprucht für seine Theorie, daß sie zu einem adäquateren Verständnis nicht nur der Intelligenz, sondern auch anderer Konstrukte wie der Kreativität und der Führerschaft beiträgt. Obwohl ihre (empirisch überprüfte) Basis noch schmal ist, gewinnt sie im Management- und Erziehungsbereich zunehmend an Attraktivität. Dort werden auch erste (kontextbezogene) Testverfahren (C. B. Shearer, 1994) entwickelt, etwa die Multiple Intelligences Development Assessment Scales (MIDAS).

Literatur: M. Aissen-Crewett (ed.), M. I.en. Chance und Herausforderung für die Pädagogik, Potsdam 1998; T. Armstrong, 7 Kinds of Smart. Identifying and Developing Your Many Intelligences, New York 1993, mit Untertitel: Identifying and Developing Your Multiple Intelligences, 1999; J. W. Astington, The Child's Discovery of the Mind, Cambridge Mass. 1993, London 1994 (franz. Comment les enfants découvrent la pensée. La »théorie de l'esprit« chez l'enfant, Paris 1999, 2003; dt. Wie Kinder das Denken entdecken, München/Basel 2000); N. Brody, Intelligence. Nature, Determinants, and Consequences, New York, 1976, 1977, unter dem Titel: Intelligence, San Diego Calif. etc. ²1992, 1993; L. Campbell/B. Campbell/D. Dickinson, Teaching and Learning through Multiple Intelligences, Needham Heights Mass. 1996, Boston Mass. ³2003, 2004; J.-Q. Chen, Multiple Intelligences around the World, ed. S. Moran/H. Gardner, San Francisco Calif. 2009; D. Cohen (ed.), Psychologists on Psychology, New York, London 1977, London/New York ²1995, London 2004; H. J. Eysenck, Intelligence – A New Look, New Brunswick N. J./London 1998, 2000 (dt. Die IQ-Bibel. Intelligenz verstehen und messen, Stuttgart 2004); J. Funke/B. Vaterrodt-Plünnecke, Was ist Intelligenz?, München 1998, ³2009; H. Gardner, Frames of Mind. The Theory of Multiple Intelligences, New York 1983, New York, London ²1993 (dt. Abschied vom IQ. Die Rahmen-Theorie der vielfachen Intelligenzen, Stuttgart 1991, 2005; franz. Les formes de l'intelligence, Paris 1997); ders., The Unschooled Mind. How Children Think and How Schools Should Teach, New York 1991, London 1993, New York 1995 (dt. Der ungeschulte Kopf. Wie Kinder denken, Stuttgart 1993, 2003); ders., Multiple Intelligences. The Theory in Practice, New York 1993, 2002 (franz. Les intelligences multiples. Pour changer l'école. La prise en compte des différentes formes d'intelligence, Paris 1996, 2001, Neudr. ohne Untertitel: Paris 2004); ders., Intelligence Reframed. Multiple Intelligences for the 21st Century, New York 1999, 2003 (dt. Intelligenzen. Die Vielfalt des menschlichen Geistes, Stuttgart 2002); ders., The Disciplined Mind. What All Students Should Understand, New York 1999, mit Untertitel: Beyond Facts and Standardized Tests, the K-12 Education that Every Child Deserves, New York/London 2000; ders./M. L. Kornhaber/W. K. Wake, Intelligence. Multiple Perspectives, Fort Worth Tex. etc. 1996; D. Goleman, Emotional Intelligence. Why It Can Matter More than IQ, New York 1995, London 1996, New York, London 1997, 2004 (dt. Emotionale Intelligenz, München 1996, 2004); S. J. Gould, The Mismeasure of Man, New York/London, Harmondsworth 1981, rev. u. erw. New York/London 1996, London 1997 (dt. Der falsch vermessene Mensch, Basel/Stuttgart 1983, Frankfurt 1988, ⁴2002; franz. La mal-mesure de l'homme. L'intelligence sous la toise des savants, Paris 1983, 1996, Neudr. [ohne Untertitel], Paris 1997); R. Herrnstein, IQ in the Meritocracy, Boston Mass.

1973 (dt. Chancengleichheit – eine Utopie? Die IQ-bestimmte Klassengesellschaft, Stuttgart 1974); ders./C. Murray, The Bell Curve. Intelligence and Class Structure in American Life, New York 1994, 1996; J. Horn, Models of Intelligence, in: R. L. Linn (ed.), Intelligence. Measurement, Theory, and Public Policy, Chicago Ill. 1989, 29–73; A. O. Jäger, Intelligenzstrukturforschung. Konkurrierende Modelle, neue Entwicklungen, Perspektiven, Psycholog. Rdsch. 35 (1984), 21–35; A. R. Jensen, The g Factor. The Science of Mental Ability, Westport Conn. 1998; E. Johnson, Intelligence Testing, in: Encyclopedia of Applied Ethics II, San Diego Calif. etc. 1998, 711–723 (bes. 717–718); R. Kail/J. W. Pellegrino, Human Intelligence. Perspectives and Prospects, New York 1985 (dt. Menschliche Intelligenz. Die drei Ansätze der Psychologie, Heidelberg 1988, 1989); M. L. Kornhaber/E. G. Fierros/S. A. Veenema, Multiple Intelligences. Best Ideas from Research and Practice, Boston Mass./London 2004; D. G. Lazear, Seven Ways of Knowing. Teaching for Multiple Intelligences. A Handbook of Techniques for Expanding Intelligence, Palatine Ill. 1991, erw. unter dem Titel: Eight Ways of Knowing. Teaching for Multiple Intelligences. A Handbook of Techniques for Expanding Intelligence, Arlington Heights Ill. ³1999; ders., Multiple Intelligence Approaches to Assessment. Solving the Assessment Conundrum, Tucson Ariz. 1994, rev. 1999, Carmarthen 2004; S. Lehrl, Arbeitsspeicher statt IQ. Testen Sie Ihre geistige Fitness, Ebersberg 1997; N. J. Mackintosh, IQ and Human Intelligence, Oxford etc. 1998, 2004 (franz. IQ & intelligence humaine, Brüssel 2004); U. Neisser (ed.), The Rising Curve. Long-Term Gains in IQ and Related Measures, Washington D. C. 1998, 1999; D. Perkins, Outsmarting IQ. The Emerging Science of Learnable Intelligence, New York/London 1995; C. B. Shearer, The MIDAS. Professional Manual, Kent Ohio 1994 [Internetpublikation]; E. Stefanakis, Multiple Intelligences and Portfolios. A Window into the Learner's Mind, Portsmouth N. H. 2002; R. J. Sternberg, Metaphors of Mind. Conceptions of the Nature of Intelligence, Cambridge etc. 1990, 1995; ders./D. K. Detterman (eds.), What Is Intelligence? Contemporary Viewpoints on Its Nature and Definition, Norwood N. J. 1986, 1993; L. L. Thurstone, Primary Mental Abilities, Chicago Ill./London 1938, 1957, Neudr. 1969; B. Torff (ed.), Multiple Intelligences and Assessment. A Collection of Articles, Arlington Heights Ill. 1997; J. White, Do Howard Gardner's Multiple Intelligences Add Up?, London 1998; W. M. Williams u. a., Practical Intelligence for School, New York 1996; B. B. Wolman (ed.), Handbook of Intelligence. Theories, Measurements, and Applications, New York 1985. B. P.

Intelligenztest, ↑Intelligenz.

intelligibel (lat. erkennbar, einsichtig), als philosophischer Terminus vor allem von I. Kant verwendet: I. »heißen Gegenstände, sofern sie bloß durch den Verstand vorgestellt werden können und auf die keine unserer sinnlichen Anschauungen gehen kann« (Proleg. § 34 Anm., Akad.-Ausg. IV, 316 Anm.). Während es unmöglich ist, i.e Gegenstände zu erkennen und von ihnen ein Wissen zu bilden – dazu würde der Mensch eine nicht-sinnliche, intellektuelle Anschauung benötigen (↑Anschauung, intellektuelle), in der die gedachten Gegenstände hergestellt werden könnten –, sind die Willensbildung und das an sie anschließende Handeln insofern i., als sie ›nicht ↑Erscheinung‹ sind, sondern nur Erscheinungen bewirken (vgl. KrV B 566–569). Darum wird auch das Prinzip vernünftiger Willensbildung, der Kategorische Imperativ (↑Imperativ, kategorischer), nicht als empirische Generalisierung, auf Grund ›sinnlicher Anschauungen‹, aufgestellt, sondern als gesetzgebendes Prinzip einer i.en Welt, als deren Glied sich der Mensch ansehen soll.

Literatur: W. Beierwaltes, I., das Intelligible, Intelligibilität, Hist. Wb. Ph. IV (1976), 464–465; W. Teichner, Die i.e Welt. Ein Problem der theoretischen und praktischen Philosophie I. Kants, Meisenheim am Glan 1967.   O. S.

intensional/Intension, im Anschluß an die in der Logik von Port-Royal (↑Port-Royal, Schule von) für die neuzeitliche Tradition erstmals fixierte Unterscheidung von ›Inhalt‹ (*compréhension*) und ›Umfang‹ (*étendue*) eines Begriffs P Bezeichnung für den ↑Inhalt von *P*. Dabei wird der *Begriffsinhalt* durch die Klasse seiner ↑*Merkmale* erklärt, also derjenigen ↑Oberbegriffe $p^1, p^2, \ldots$, die in einer vollständigen konjunktiven Definition von *P* auftreten, der *Begriffsumfang* dagegen durch die Klasse seiner ↑Unterbegriffe $P_1, P_2, \ldots$, darunter alle ↑*Individualbegriffe* der unter *P* fallenden Gegenstände. Eine Analyse der ersten Art (G. W. Leibniz: ›secundum ideas‹) führt zur *Inhaltslogik* (↑Logik, intensionale), eine Analyse der zweiten Art (Leibniz: ›secundum individua‹) zur *Umfangslogik* (↑Logik, extensionale). Das System der Begriffsbeziehungen läßt sich in beiden Fällen durch einen Kalkül der ↑Klassenlogik (↑Klassenkalkül) formalisieren. Der leeren Klasse (↑Menge, leere) entspricht dabei der unterste Begriff, die Kontradiktion, der Allklasse entsprechend der oberste Begriff ›Gegenstand‹ bzw. ›Ens‹ (allgemein entspricht einem zunehmenden Begriffsinhalt ein abnehmender Begriffsumfang, und umgekehrt). Die Bezeichnung ›I.‹ für Begriffsinhalt geht auf den in der Scholastik unternommenen Versuch zurück, eine durch die lateinische Rezeption der islamischen Philosophie eingetretene Äquivokation von ›intentio‹ – einmal im Sinne von ›Ziel‹, ›Absicht‹ (↑Intention), einmal im Sinne von ›der Sinn eines Zeichens‹ – zu beheben: für die zweite Lesart wird zunächst ›intencio‹, dann ›intensio‹ geschrieben.

In der G. Frege folgenden modernen logischen Semantik (↑Semantik, logische) wird die Unterscheidung ›I.‹ – ›Extension‹ nicht mehr auf die ↑Begriffe, sondern auf die Begriffswörter (↑Prädikatoren) bezogen und von dort auf sämtliche Ausdrücke einer formalen Sprache (↑Sprache, formale) ausgedehnt. Jedem Ausdruck wird eine Extension (↑extensional/Extension) und eine I. zugeordnet, z.B. einem Prädikator die Klasse (↑Klasse (logisch)) der Gegenstände, denen er zukommt, als *extensionale Bedeutung* und der von ihm dargestellte Klassenbegriff als *intensionale Bedeutung*. Vor Frege und

damit vor der Einführung formaler Sprachen sind es bei J. S. Mill die Gattungsnamen (↑Name), die in ihrer Rolle als Prädikatoren nicht benennen (*designate*, ↑Benennung), sondern bezeichnen (*signify*, ↑Bezeichnung), und zwar ›direkt‹, d. h. als ↑Eigenprädikatoren, ihre Extension oder *Denotation* und ›indirekt‹, d. h. als ↑Apprädikatoren, ihre I. oder ↑*Konnotation*. Seit Frege wird auch einem ↑Nominator der Gegenstand, den er benennt, als Extension zugeordnet (Freges ›Bedeutung‹, sonst heute meist ↑›Referenz‹) und sein Individualbegriff als I. (Freges ›Sinn‹). Ausgehend von Freges Identifikation eines Begriffs mit einer Funktion, deren Wertebereich die beiden ↑Wahrheitswerte sind – Begriffe also als I.en von ↑Aussageformen, wobei die zugehörigen Extensionen, die Begriffsumfänge, bei Frege ›Wertverläufe‹ heißen –, wird in der Sprache der ›möglichen Welten‹ (↑Welt, mögliche, ↑Semantik, intensionale) die I. eines Ausdrucks grundsätzlich als Funktion definiert, die diesem Ausdruck in jeder möglichen Welt dessen Extension in dieser Welt als Wert zuordnet. Z.B. ist die I. eines Aussagesatzes *A* (↑›Sachverhalt‹) diejenige Funktion, die jeder möglichen (affirmativen oder negativen) Kombination der Prädikatoren der zugrundegelegten formalen Sprache mit den zur formalen Sprache gehörenden ↑Nominatoren, also jeder ↑Zustandsbeschreibung (= möglichen Welt), den (eindeutig bestimmten) Wahrheitswert von *A* unter diesen Bedingungen zuordnet.

Mit der Unterscheidung von Extension und I. soll ein Hilfsmittel bereitgestellt werden, um formalsprachlich das in natürlichen Sprachen (↑Sprache, natürliche) auftretende Phänomen rekonstruieren zu können, daß die Geltung einer Aussage über Gegenstände unter Umständen auch von der ↑Gegebenheitsweise der Gegenstände, also den in der Aussage in Gestalt von ↑Kennzeichnungen verwendeten Nominatoren, abhängt. Z.B. wird die (analytisch) wahre Aussage ›der Abendstern steht am Abendhimmel‹ falsch, wenn der Name ›der Abendstern‹ durch den Namen ›der Morgenstern‹ für denselben Gegenstand, den Planeten Venus, ersetzt wird – mit anderen Worten: die Aussageform ›$x \varepsilon$ steht am Abendhimmel‹ ist nicht in Bezug auf *alle* zugelassenen Einsetzungen ein extensionaler sprachlicher Kontext. Die in der formalen Logik (↑Logik, formale) untersuchten logischen Zusammensetzungen mit Hilfe der logischen Partikeln (↑Partikel, logische) sind extensional, weil definitionsgemäß die Geltung einer zusammengesetzten Aussage unabhängig davon ist, ob eine Teilaussage durch eine andere mit demselben Wahrheitswert ersetzt wird. Werden hingegen Erweiterungen vorgenommen, etwa in der ↑Modallogik mit Hilfe der Modaloperatoren ›notwendig‹ und ›möglich‹ oder in der epistemischen Logik (↑Logik, epistemische) mit Hilfe epistemischer Operatoren wie ›glauben‹, ›wissen‹ etc., so ergeben sich grundsätzlich nicht-extensionale bzw. ›opake‹ Kontexte (↑Logik, intensionale), sofern man nicht, der ↑Extensionalitätsthese von der Eliminierbarkeit intensionaler Sprachen folgend, diese Operatoren als ↑Metaprädikatoren behandelt und damit eine Hierarchie formaler Sprachen einführt, die dann als *eine* extensionale formale Sprache, aber mit mehrsortigem Gegenstandsbereich, aufgebaut ist. (Eine alternative Methode der Elimination i.er [formaler] Sprachen bedient sich der modelltheoretisch vorgehenden Mögliche-Welten-Semantik [↑Welt, mögliche]). Umgekehrt lassen sich Metaprädikatoren über Aussagen, z. B. ›impliziert logisch‹ oder ›impliziert analytisch‹ (= impliziert begrifflich), als objektsprachliche, dann aber in der Regel i.e Aussageverknüpfungen behandeln, die in ↑Logikkalkülen mit – in semantischer Interpretation – i.en Junktoren (↑Junktor, intensionaler), z. B. Kalkülen der strikten Implikation (↑Implikation, strikte), untersucht werden.

Literatur: A. Arnauld/P. Nicole, La logique, ou l'art de penser, Paris 1662 (repr. Hildesheim/New York 1970), 1992 (dt. Die Logik oder die Kunst des Denkens, Darmstadt 1972, ³2005); P. Boehner, Ockham's Theory of Signification, Franciscan Stud. 6 (1946), 143–170, ferner in: ders., Collected Articles on Ockham, ed. E. M. Buytaert, New York, Louvain, Paderborn 1958, New York 1992, 201–232; W. Burkamp, Begriff und Beziehung. Studien zur Grundlegung der Logik, Leipzig 1927; R. Carnap, Meaning and Necessity. A Study in Semantics and Modal Logic, Chicago Ill./Toronto/London 1947, erw. Chicago Ill./London ²1956, 1988 (dt. Bedeutung und Notwendigkeit. Eine Studie zur Semantik und modalen Logik, Wien/New York 1972); G. Frege, Über Sinn und Bedeutung, Z. Philos. phil. Kritik NF 100 (1892), 25–50, ferner in: ders., Funktion, Begriff, Bedeutung. Fünf logische Studien, ed. G. Patzig, Göttingen 1962, ⁷1994, 40–65, Neuausg. 2008, 23–46; B. v. Freytag-Löringhoff, Über einen Irrtum Bolzanos und das Verhältnis zwischen Inhalts- und Umfangslogik, Z. philos. Forsch. 25 (1971), 327–344; F. Heny (ed.), Ambiguities in Intensional Contexts, Dordrecht/Boston Mass./London 1981; F. v. Kutschera, Einführung in die intensionale Semantik, Berlin/New York 1976; D. K. Lewis, On the Plurality of Worlds, Malden Mass./Oxford/Carlton 1986, 2006; W. V. O. Quine, From a Logical Point of View. 9 Logico-Philosophical Essays, Cambridge Mass. 1953, New York ²1961, 1963, Cambridge Mass. 1964, 2003 (dt. Von einem logischen Standpunkt. Neun logisch-philosophische Essays, Frankfurt/Berlin, Wien 1979). K. L.

intentio (lat., Anspannung, Aufmerksamkeit, von intendere, hinstrecken, die Aufmerksamkeit auf etwas richten, etwas anstreben), Absicht, Bezogenheit, Auf-etwas-gerichtet-Sein. ›I.‹ tritt in der Philosophie des Mittelalters in einer Vielzahl von Bedeutungen auf. In terminologischer Verwendung bezeichnet ›i.‹ nach J. Duns Scotus allgemein eine Ausrichtung auf anderes oder ein Streben nach anderem, ganz gleich, ob aus eigener oder auf Grund einer fremden Kraft. Diese Ausrichtung ist zudem auf ein gegenwärtiges Objekt wie auf einen entfernten oder abwesenden Zielpunkt möglich (Opera omnia XIII, 399). ›I.‹ kann als Willensakt, als in einem Gegen-

stand gegebener formaler Gehalt (*ratio formalis*), als Begriff oder als Aspekt des Sich-Ausrichtens auf ein Objekt angesehen werden (Opera omnia XXIII, 44). Dieses weite Verwendungsspektrum findet sich unter anderem auch in der einflußreichen Intentionalitätstheorie des Thomas von Aquin. Thomas spricht von der Intentionalität von Wahrnehmungen, Vorstellungen, Denkakten und sprachlichen Äußerungen. Die kognitive Bezugnahme auf einen Gegenstand setzt voraus, daß der Intellekt diesen aufnimmt und mit ihm identisch ist. Eine solche ↑Identität ist als formale Identität zwischen Intellekt und intelligiblem Gegenstand zu verstehen (S. th. I, qu. 14, art. 2).

In die moderne Philosophie findet die i. zunächst vor allem als kognitive Bezugnahme Eingang. F. Brentano schreibt den Scholastikern die Charakterisierung eines jeden psychischen Phänomens als intentionaler oder mentaler Inexistenz eines Gegenstandes zu. Darunter versteht er den Bezug auf einen Inhalt, die Richtung auf ein Objekt oder die immanente Gegenständlichkeit. ›Inexistenz‹ ist dabei die immanente Existenz bzw. das Innewohnen eines Gegenstandes in einem geistigen Phänomen. Brentanos Analyse der Gegenstandsbezogenheit eines jeden Bewußtseinsaktes als Intentionalität psychischer Erlebnisse machte ihn zum Vorläufer der Phänomenologie (↑Intentionalität). Heute wird der Begriff auch in der engeren handlungstheoretischen Bedeutung der Zielgerichtetheit des Handelns bzw. Wollens (↑Intention) verwendet.

Literatur: F. Brentano, Psychologie vom empirischen Standpunkt I, Leipzig 1874, ed. O. Kraus, Leipzig ²1924, Nachdr. Hamburg 1973 (franz. Psychologie du point de vue empirique, Paris 1944; engl. Psychology from an Empirical Standpoint, London/New York 1973, ²1995); J. Duns Scotus, Opera omnia. Editio nova, juxta editionem Waddingi XII tomos continentem a Patribus Franciscanis de observantia accurate recognita, I–XXVI, Paris 1891–1895; P. Engelhardt, I., Hist. Wb. Ph. IV (1976), 466–474; P. Geach, A Medieval Discussion of Intentionality, in: J. F. Ross (ed.), Inquiries into Medieval Philosophy. A Collection in Honor of Francis P. Clarke, Westport Conn. 1971, 23–34; D. Perler, Theorien der Intentionalität im Mittelalter, Frankfurt 2002, ²2004; H. Spiegelberg, ›Intention‹ und ›Intentionalität‹ in der Scholastik, bei Brentano und Husserl, Stud. Philos. 29 (1969), 189–216. C. F. G./V. P.

Intention (von lat. ↑intentio, das C. Wolff mit ↑›Absicht‹ übersetzt), Bezeichnung für die bewußte Ausrichtung des Handelns auf einen Zweck. Terminologisch ist die Äquivokation zwischen der von F. Brentano und den Phänomenologen herausgestellten ↑Intentionalität (Gerichtetheit aller Bewußtseinsakte auf einen Gehalt) und der Intentionalität des Handelns im Sinne der Auszeichnung vorsätzlicher und absichtsvoller ↑Handlung in specie zu beachten; das Wort ›Intentionalität‹ ist in diesem Falle eine (vor allem im Englischen als ›intentionality‹ sehr gebräuchliche) Substantivierung des Adjektivs ›intentional‹ (analog Wortbildungen wie ›Konstruktivität‹ zu ›Konstruktion‹ und ›konstruktiv‹). Die genaue Unterscheidung gilt unbeschadet der Tatsachen, daß absichtsvolle (intentionale) Handlungen auch durch Intentionalität im phänomenologischen Sinne bestimmt sind (die Umkehrung gilt nicht allgemein) und daß die Satzform ›x beabsichtigt, daß h‹ (mit h für eine Handlungsbeschreibung und x für den Akteur) ein Beispiel für einen Satz mit ›intentionalem Modus‹ ist. Solche Sätze werden neben anderen in der ↑Semantik als *intensional* (↑intensional/Intension) bezeichnet. Über die Intentionalität des Handelns wird in der traditionellen Philosophie seit Aristoteles (Eth. Nic. *Γ*) hauptsächlich in konkreten moralphilosophischen und rechtsphilosophischen Zusammenhängen diskutiert; die fundamentalen handlungstheoretischen Fragen, die mit dem Begriff der I. verbunden werden können, fallen in den Problembereich der Willensfreiheit (↑Freiheit (handlungstheoretisch), ↑Wille).

Die Problematisierung des Begriffs der I. erfolgt gegenwärtig im Zusammenhang zweier philosophischer Argumentationsentwicklungen: (1) Im Rahmen der wissenschaftstheoretischen Versuche zur Rekonstruktion der ↑Kulturwissenschaften (↑Kultur) stellt sich die Frage nach einem auf Handlungen bezogenen Begriff der ↑Erklärung. In engem Zusammenhang damit wird das Problem gesehen, ob sich gegenüber dem einheitswissenschaftlichen Programm einiger Logischer Empiristen (↑Empirismus, logischer) und der Kritischen Rationalisten (↑Rationalismus, kritischer) ein eigenständiger handlungsbezogener Erklärungstyp charakterisieren läßt. (2) Mit der Kritik von G. Ryle und dem späten L. Wittgenstein am ↑Mentalismus und mit dem daraus folgenden Programm eines universellen ›linguistic turn‹ (↑Wende, linguistische) der Philosophie stellt sich das Problem, die Rede von der Intentionalität menschlichen Handelns nicht-mentalistisch zu rekonstruieren. Die Lösung dieser Aufgabe betrifft nicht nur ein fundamentales Lehrstück der philosophischen ↑Anthropologie bzw. der rationalen Psychologie (↑philosophy of mind), sondern hat auch erhebliche Auswirkungen auf Grundfragen der Praktischen Philosophie (↑Philosophie, praktische), insbes. auf die Frage des praktischen Räsonierens (↑Ethik). Beide Fragen haben dazu geführt, daß die intentionale Struktur von Handlungen an zentraler Stelle der aktuellen handlungstheoretischen Diskussion um die Frage nach Ursachen und Gründen des Handelns steht (↑Handlungstheorie).

Wittgenstein hat mit seiner Kritik an der Vorstellung, daß Handlungen als Wirkungen interner (durch den ›Willen‹ ausgelöster) Ursachen zu erklären sind, die Bestimmung der I. als Zielvorgabe solcher Willensakte erschüttert. Im Anschluß daran haben sich die Nachfolger Wittgensteins eingehend mit der Frage auseinandergesetzt, ob man auch ohne die Konzeption ›innerer Ursachen‹ noch von Intentionalität sprechen könne. So hat G. E. M. Anscombe handlungsbezogene Warum-Fragen untersucht. Diese richten sich (soweit sie nicht auf Ursachen bezogen werden) auf die Gründe für das Handeln. Eine Handlung als Handlung (nicht bloß als Ereignis) analysieren, heißt somit, ihre Gründe analysieren. Die Gründe, die der Akteur selbst richtig nennt, können auch als seine Absichten bezeichnet werden. ›I.‹ bedeutet somit in etwa das, was im bildungssprachlichen Vokabular häufig ↑›Motiv‹ genannt wird. Durch Explikation von ›I.‹ mittels ›Grund‹ gelingt es Anscombe, die Bedeutung des schon von Aristoteles erfundenen praktischen Syllogismus (↑Syllogismus, praktischer) als wichtiges Beispiel für moralisches Räsonieren herauszuarbeiten. S. Hampshire hat Wittgensteins These von der Ununterschiedenheit von Wollen und Handeln in Bezug auf die I. des Handelns dahingehend interpretiert, daß zwischen der Äußerung der I. durch den Akteur und der ↑Ausführung der Handlung keine Differenz besteht. Etwas tun, heißt somit eo ipso, eine I. ausführen. Einer I. kann der Akteur gleichermaßen durch eine ↑Äußerung (›ich beabsichtige, daß h‹) oder durch eine Handlung (er vollzieht h) Ausdruck verleihen. – Um die nach-Wittgensteinsche Rekonstruktion des I.sbegriffs und die darauf kritisch bezogenen Untersuchungen zur Struktur der I., zur Form intentionaler Handlungserklärung und zu ihrer Bedeutung für die Erklärungstheorie der Kulturwissenschaften im Zusammenhang mit der kontinentalen Diskussion um das Verhältnis von Erklären und Verstehen hat sich inzwischen eine weitverzweigte und teilweise hochkontroverse Debatte ergeben.

Literatur: G. E. M. Anscombe, I., Proc. Arist. Soc. NS 57 (1956/1957), 321–332; dies., I., Oxford 1957, ²1963, Cambridge Mass. 2000 (dt. Absicht, Freiburg/München 1986); R. Audi, Intending, J. Philos. 70 (1973), 387–403; ders., Action, I. and Reason, Ithaca N. Y. 1993; A. C. Baier, Act and Intent, J. Philos. 67 (1970), 648–658; M. C. Beardsley, Intending, in: A. I. Goldman/J. Kim (eds.), Values and Morals. Essays in Honor of William Frankena, Charles Stevenson, and Richard Brandt, Dordrecht/Boston Mass./London 1978, 163–184; M. Brand, Intending and Acting. Toward a Naturalized Action Theory, Cambridge Mass. 1984; M. E. Bratman, I., Plans and Practical Reason, Cambridge Mass. 1987, Stanford Calif. 1999; ders., Faces of I.. Selected Essays on I. and Agency, Cambridge 1999, 2004; H.-N. Castañeda, I.s and the Structure of Intending, J. Philos. 68 (1971), 453–466; ders., I.s and Intending, Amer. Philos. Quart. 9 (1972), 139–149 (dt. I.en und Intendieren, in: ders., Sprache und Erfahrung. Texte zu einer neuen Ontologie, Frankfurt 1982, 202–228); ders., Thinking and Doing. The Philosophical Foundations of Institutions, Dordrecht 1975, 1982; R. M. Chisholm, The Structure of I., J. Philos. 67 (1970), 633–647; D. Davidson, Intending, in: Y. Yovel (ed.), Philosophy of History and Action. Papers Presented at the First Jerusalem Philosophical Encounter, December 1974, Dordrecht/Boston Mass./London 1978, 41–60; R. Dunn, I., REP IV (1998), 812–816; B. Enç, How We Act. Causes, Reasons, and I.s, Oxford 2003, 2006, bes. 178–218 (Chap. VI I.s); B. N. Fleming,

On I., Philos. Rev. 73 (1964), 301–320; H. P. Grice, I. and Uncertainty, Proc. Brit. Acad. 57 (1971), 263–279; D. F. Gustafson, Momentary I.s, Mind 77 (1968), 1–13; ders., Expressions of I.s, Mind 83 (1974), 321–340; ders., I. and Agency, Dordrecht 1986; J. Habermas, Sprachspiel, I. und Bedeutung. Zu Motiven bei Sellars und Wittgenstein, in: R. Wiggershaus (ed.), Sprachanalyse und Soziologie. Die sozialwissenschaftliche Relevanz von Wittgensteins Sprachphilosophie, Frankfurt 1975, 319–340; P. Haggard, Conscious Awareness of I. and of Action, in: J. Roessler/N. Eilan (eds.), Agency and Self-Awareness. Issues in Philosophy and Psychology, Oxford 2003, 111–127; S. Hampshire, Thought and Action, London 1959, Notre Dame Ind. 1983; ders./H. L. A. Hart, Decision, I. and Certainty, Mind 67 (1958), 1–12; G. Harman, Rational Action and the Extent of I.s, Social Theory and Practice 9 (1983), 123–141; P. L. Heath, Symposium I.s, Proc. Arist. Soc. Suppl. 29 (1955), 147–164; R. Holton, Willing, Wanting, Waiting, Oxford 2009, bes. 1–19 (Chap. I I.); A. Kenny, Action, Emotion and Will, London 1963, ²2003; ders., I. and Purpose, J. Philos. 63 (1966), 642–651; B. F. Malle/L. J. Moses/D. A. Baldwin (eds.), I.s and Intentionality. Foundations of Social Cognition, Cambridge Mass./London 2001; J. W. Meiland, The Nature of I., London 1970; A. I. Melden, Free Action, London/New York 1961, 1967; A. R. Mele, Recent Work on Intentional Action, Amer. Philos. Quart. 29 (1992), 199–217; J. A. Passmore, Symposium I.s, Proc. Arist. Soc. Suppl. 29 (1955), 131–146; G. Pitcher, ›In Intending‹ and Side Effects, J. Philos. 67 (1970), 659–668; J. Proust, Perceiving I.s, in: J. Roessler/N. Eilan (eds.), Agency and Self-Awareness. Issues in Philosophy and Psychology, Oxford 2003, 296–320; H. Reiner, Absicht, Hist. Wb. Ph. I (1971), 9–12; M. H. Robins, Promising, Intending, and Moral Autonomy, Cambridge 1984; C. Sandis (ed.), New Essays on the Explanation of Action, Basingstoke/New York 2009; J. R. Searle, The Intentionality of I. and Action, in: R. Haller/W. Grassl (eds.), Sprache, Logik und Philosophie. Akten des Vierten Internationalen Wittgenstein Symposiums 28. August bis 2. September 1979, Kirchberg am Wechsel (Österreich), Wien 1980, 83–99; K. Setiya, I., SEP 2009, rev. 2010; P. F. Strawson, I. und Konvention bei Sprechakten, in: M. Schirn (ed.), Sprachhandlung, Existenz, Wahrheit. Hauptthemen der Sprachanalytischen Philosophie, Stuttgart-Bad Cannstatt 1974, 74–96; C. Taylor, The Explanation of Behaviour, London/New York 1964, London 1980; R. Teichmann (ed.), Logic, Cause and Action. Essays in Honour of Elisabeth Anscombe, Cambridge 2000; J. D. Velleman, Practical Reflection, Princeton N. J. 1989, Stanford Calif. 2007; F. Waismann, Wille und Motiv. Zwei Abhandlungen über Ethik und Handlungstheorie, Stuttgart 1983; weitere Literatur: ↑Erklärung, ↑Handlungstheorie, ↑Verstehen. C. F. G.

Intentionalität, Bezeichnung für die Gerichtetheit eines psychischen Aktes auf einen Sachverhalt. Der Begriff der I. wurde von F. Brentano aus der Philosophie des Mittelalters (↑intentio) aufgegriffen, um die Eigentümlichkeit psychischer Phänomene gegenüber physischen Vorgängen zu beschreiben. E. Husserl erhob ihn zum Grundbegriff der ↑Phänomenologie, weshalb M. Heidegger das phänomenologische Programm anhand der Husserlschen Intentionalanalyse kritisierte (1). In der jüngeren philosophischen Diskussion spielt der Begriff der I. eine folgenreiche Rolle im Zusammenhang mit der Kontroverse über die Berechtigung des Programms der ↑Einheitswissenschaft, über die Mentalismuskritik (↑Mentalismus) des ›linguistic turn‹ (↑Wende, linguistische), über die Rekonstruktion von Sätzen mit propositionalen Einstellungen (↑Proposition) und andere zentrale philosophische Fragen (2).

(1) Im Zusammenhang mit dem Versuch, die methodische und thematische Eigenständigkeit der ↑Psychologie gegenüber naturalistischen (↑Naturalismus, ↑Naturalismus (ethisch)) Tendenzen seiner Zeit zu verteidigen, sucht Brentano nach dem spezifischen Merkmal psychischer Phänomene gegenüber physischen Gegenständen und Vorgängen und findet es in ihrer I. (Psychologie vom empirischen Standpunkt I, 124–128). Das Phänomen der I. ist für ihn Gegenstand einer deskriptiv-empirischen (nicht bloß rationalen) und eigenständigen (nicht naturalistischen, an den Methoden der Naturwissenschaften orientierten) Psychologie, die er als philosophische Grundwissenschaft charakterisiert. Zugleich liefert die I. die Grundlage für eine ›naturgemäße‹ Klassifikation psychischer Phänomene. A. Meinong verselbständigt in seiner ↑Gegenstandstheorie die ontologische Lesart der I.skonzeption Brentanos, indem er die verschiedenen Aktarten (↑Akt) als Ausgangsbasis für die Unterscheidung von Gegenstandsarten verwendet. Ebenfalls unter Berufung auf Brentano stellt Husserl schon in den »Logischen Untersuchungen« (1900–1901) die I. als wesentliches Merkmal der Bewußtseinsakte heraus; in den »Ideen« bezeichnet er die I. als den ›Problemtitel, der die ganze Phänomenologie umspannt‹ (Ideen I, 357). Während jedoch Brentano mittels der I.relation jeden Akt durch sein Objekt bestimmt sieht, so daß er bei der Rekonstruktion solcher Akte in Schwierigkeiten kommt, die kein Objekt haben, unterscheidet Husserl zwischen Objekt und gegenständlichem Gehalt (↑Noema) des Aktes. Dadurch wird es möglich, alle Akte als durch I., d. h. durch einen noematischen Gehalt, ausgezeichnet zu interpretieren; lediglich eine Teilklasse von noematischen Gehalten sind Objekte im Sinne realer Sachverhalte und Gegenstände (in der Unterscheidung zwischen Noema und Objekt sieht D. Føllesdal eine Errungenschaft, die mit G. Freges Unterscheidung zwischen ↑Sinn und ↑Bedeutung vergleichbar sei).

Die Aufgabe der Phänomenologie sieht Husserl jetzt darin, die verschiedenen Weisen der I. auf Grund der verschiedenen Typen von Noemata zu bestimmen. Die wesentlichen Unterscheidungen der intentionalen Erlebnisse ergeben sich somit nicht von den Gegenständen her, sondern durch die Art und Weise, *wie* sie sich auf Gehalte beziehen. Damit widerspricht Husserl Brentano auf der einen und Meinong auf der anderen Seite: Während Brentano nur *eine* Weise von Gehalt (Objekt) unterstellt und somit nur *eine* Weise der I., unterscheidet Meinong zahlreiche Gegenstandsweisen, die nicht auf Bewußtseinsweisen reduzierbar seien. Brentano wie

Meinong unterstellen, daß jede gegenständliche Unterscheidung psychischer Akte eine eigene Klasse von Objekten verlangt, die ontologisch (ohne Rekurs auf die Weise der I.) verstanden werden müssen. Demgegenüber bestimmt sich für Husserl der noematische Gehalt allein aus der Struktur der intentionalen Erlebnisse. Diese noematische Analyse ist nach Husserl von der Analyse der Akte als realer Prozesse und ihrer realen (psychischen) ›Teile‹ scharf zu unterscheiden (↑Noesis); die Verwechslung dieser beiden analytischen Einstellungen ist der Grundfehler jedes ↑Psychologismus. Durch die Unterscheidung verschiedener Weisen von I. und damit verschiedener Gegebenheitsweisen ist auch Husserls Gedanke der phänomenologischen ↑Konstitution von Gegenständen vorgegeben, die wiederum auf ein die Konstitution leistendes überindividuelles (›transzendentales‹) Ego (↑Ich) hinweist. Auf der Differenz der Gegebenheitsweisen eines Gegenstandes beruht ferner Husserls Wahrheitskonzeption (↑Wahrheitstheorien): Das Bewußtsein ist in der Weise auf den Gegenstand gerichtet, daß es die Selbstgegebenheit des Gegenstands in der (anschaulichen) ›Erfüllung‹ (↑Evidenz) anstrebt.

Heidegger zählt Husserls Analyse der I. zu den ›fundamentalen Entdeckungen‹ der Phänomenologie (Prolegomena [...], § 5); zugleich kritisiert er die Ausprägung, die Husserl diesem Begriff gegeben hat, und wirft ihm ein ›Versäumnis der Frage nach dem Sein des Intentionalen‹ vor (a. a. O., § 12). Diese Kritik bezieht sich auf Husserls Identifizierung zweier Unterscheidungen, nämlich der zwischen konstituierendem und konstituiertem Seienden und der zwischen (transzendentalem) Ich (↑Ego, transzendentales) und Welt. Während für Husserl das Ich als terminus a quo der intentionalen Akte zugleich das transzendentale Konstituens und die Welt als Inbegriff aller intentionalen Gegenstände das Konstituierte ist, macht Heidegger in seiner ↑Fundamentalontologie deutlich, daß der Mensch so wesenhaft in Welt und mit anderen lebt, daß er zwar methodisch als Ort des Konstitutionsvorgangs, nicht aber als sein Urheber, angesehen werden kann. Entsprechend interpretiert Heidegger den Gedanken der I. im Sinne endlicher Verwiesenheit des Menschen auf Welt und auf das die Einheit von Mensch und Welt ermöglichende ↑Sein um. Diese Verwiesenheit nennt Heidegger ↑›Sorge‹ (»Vom Phänomen der Sorge als der Grundstruktur des Daseins her läßt sich zeigen, daß das, was man in der Phänomenologie mit I. gefaßt und wie man es gefaßt hat, fragmentarisch ist, ein nur von außen gesehenes Phänomen ist«, a. a. O., 420).

(2) Nach der Analyse von R. M. Chisholm spielt der Gedanke der I. schon von Brentanos Untersuchungen an in zwei miteinander verbundenen, aber genau zu unterscheidenden Zusammenhängen eine Rolle. Einmal wird er herangezogen, um die Eigenart psychischer Akte

deutlich zu machen und sie z. B. von Naturprozessen zu unterscheiden (psychologische Frage); zum anderen dient er dazu, die spezifische Existenzweise bestimmter Sachverhalte deutlich zu machen (Brentano: ›intentionale Inexistenz‹), auf die wir uns durch bestimmte Akte oder Sätze beziehen (z. B. wenn wir sagen, wir dächten an Pegasus; ontologische Frage). Bezüglich beider Fragen gibt es vor allem in der analytisch geprägten Philosophie weitverzweigte Diskussionen, die bei manchen Philosophen zu einer Renaissance phänomenologischer Denkansätze (z. B. Chisholm) oder zu Überlegungen bezüglich einer systematischen Vermittlung von Phänomenologie und Analytischer Philosophie (z. B. Føllesdal und E. Tugendhat) geführt haben.

Brentanos *psychologische These* beinhaltet sowohl, daß psychische Akte intentional sind, als auch, daß nichtpsychische Prozesse *nicht* intentional sind. Dem ersten Teil der These haben Husserl und andere unter Hinweis z. B. auf Schmerzempfindungen widersprochen. Gleichwohl bleibt bestehen, daß für viele psychische Phänomene die I. ein explikationsbedürftiges Phänomen ist. Seit Husserl spielen dabei Wahrnehmungsakte und die Akte, mit denen man propositionale Einstellungen ausdrückt (Glauben, Wünschen etc.), eine paradigmatische Rolle. Die psychologische These der I. wird selbstverständlich sinnlos, wenn man wie R. Carnap, A. J. Ayer und W. V. O. Quine versucht, die mentalistische Sprache auf eine physikalistische zu reduzieren (wobei Carnaps Interesse vor allem darin besteht, die Sinnlosigkeit des ontologischen Problems nachzuweisen). Durch Carnaps Kritik an der mentalistischen Sprache wird die Frage, ob I. ein eigenständiges Phänomen ist, zu einem vorrangigen Thema besonders in der durch den ›linguistic turn‹ geprägten Analytischen Philosophie (↑Philosophie, analytische) (von den der Tradition des Logischen Empirismus [↑Empirismus, logischer] nahestehenden Philosophen ist vor allem G. Bergmann der Reduktionsthese Carnaps und seiner Nachfolger entgegengetreten). Die Diskussion hat insgesamt (gegen die Ergebnisse von L. Wittgensteins »Philosophischen Untersuchungen«) zu einer breiten Diskussion über die Explikation des Begriffs der I. und anderer zentraler Begriffe der philosophischen Psychologie geführt. So kritisiert etwa J. Hintikka die Redeweise von der ›Gerichtetheit‹ intentionaler Akte und schlägt vor, als intentionale Akte solche Begriffe zu betrachten, die die simultane Einbeziehung von Mengen möglicher Zustände erkennen lassen; kurz: I. soll als Intensionalität (↑intensional/Intension) verstanden werden. Auf diese Weise werden mit dem psychologischen Problem der I. neue ontologische Fragen, nämlich die der Mögliche-Welten-Semantik (↑Welt, mögliche, ↑Semantik), aufgeworfen. Demgegenüber kommt J. R. Searle zu dem Ergebnis, daß eine Explikation des Begriffs der I. und damit eine

Klärung der psychologischen Frage nicht möglich ist. Versucht man I. z. B. durch ›Vorstellung‹ zu explizieren, braucht man hierfür wieder Beschreibungen von intentionalen Zuständen. Searle spricht daher vom ›Zirkel der I.‹. Seine Analyse der Analogien zwischen Sprechhandlungen (↑Sprechakt) und intentionalen Einstellungen ist der Versuch, durch indirekte Explikation einen Ausweg aus dem Zirkel zu zeigen. So gibt er als Kennzeichen der I. eines mentalen Zustands den Bezug auf einen Sachverhalt an, der nicht mit diesem Zustand identisch ist (ähnlich wie sich Sprechhandlungen auf propositionale Gehalte beziehen, die nicht mit ihrem illokutionären Teil identisch sind).

Dem Versuch der Analytischen Philosophie in der Nachfolge Carnaps, I. auf bestimmte Weisen sprachlichen Verhaltens zu reduzieren, ist besonders Chisholm entgegengetreten. Allerdings geht auch Chisholm den Weg, Probleme der I. durch Analyse der Sprache zu lösen, mit der über intentionale Handlungen bzw. Zustände gesprochen wird. Entsprechend reformuliert er Brentanos These über die Unterscheidung psychischer und physischer Phänomene in der Weise, daß physische Phänomene solche seien, für deren Beschreibung keine ›intentionalen Sätze‹ benötigt werden; demgegenüber müßten intentionale Handlungen und Einstellungen mindestens partiell durch solche Sätze beschrieben werden. Für die Entscheidung der Frage, ob Sätze intentional sind, gibt Chisholm folgende Kriterien an: Ein Satz ist intentional, wenn er (a) einen Substantivausdruck enthält, so daß weder der Satz noch seine Negation implizieren, daß etwas existiert, auf das der Substantivausdruck sich bezieht; wenn er (b) Elementarsatz ist und weder er noch seine Negation implizieren, daß der propositionale Satzteil (in der Regel ein daß-Satz) wahr oder aber falsch ist; wenn man (c) über zwei Namen (Beschreibungen) für einen Gegenstand verfügt und aus einem Satz mit einem Namen (einer Beschreibung) sowie der Identitätsbehauptung mit beiden Namen (Beschreibungen) nicht der Satz mit dem anderen Namen (der anderen Beschreibung) logisch folgt. Logisch komplexe Sätze sind intentional, wenn wenigstens ein Teilsatz intentional ist. Zusammengefaßt: Der psychische Modus M bildet einen intentionalen Satz $M(p)$ genau dann, wenn für alle p gilt, daß p in Bezug auf $M(p)$ logisch indeterminiert ist. – Während Chisholm die Eigenständigkeit mentaler Akte und Einstellungen gegenüber einem radikalen ›linguistic turn‹ (z. B. beim späten Wittgenstein und G. Ryle) verteidigt, zur Identifikation und Unterscheidung solcher Akte jedoch Kriterien der Sätze heranzieht, die mentale Akte ausdrücken, sieht W. Sellars hierin eine Umkehrung der tatsächlichen Bedingungsverhältnisse. Nach Sellars beziehen sich Ausdrücke nicht direkt auf ↑Sachverhalte; vielmehr drücken sprachliche Symbole Gedanken aus, die sich auf Sachverhalte beziehen. Auf diesem

Wege versucht Sellars den Mentalismus zu restituieren, wobei das Phänomen der I. – ähnlich wie bei Brentano und Husserl – die spezifische Differenz zu einem Verständnis psychischer Prozesse angibt, wie es die behavioristisch (↑Behaviorismus) eingestellte Psychologie charakterisiert.

Bezüglich des *ontologischen Problems* steht Brentanos These von der intentionalen Inexistenz in einem engen Zusammenhang mit seinem erkenntnistheoretischen Realismus (↑Realismus (erkenntnistheoretisch)). Brentano geht von der Frage aus, worauf sich intentionale Einstellungen wie Denken, Wünschen, Hoffen, Einbilden beziehen. Dabei werfen nicht-existierende Sachverhalte besondere Deutungsprobleme auf, die in ähnlicher Form auch Frege unter dem Gesichtspunkt von Sinn und Bedeutung von Nebensätzen erörtert hat (↑Proposition). Während es naheliegt, bei ↑Tatsachen zu sagen, daß sich der intentionale Akt auf eben diese bezieht, stellt sich die Frage, worauf man sich bezieht, wenn man z. B. an ein Einhorn denkt. Einerseits bezieht man sich nicht auf ein wirkliches Einhorn, andererseits bezieht man sich auch nicht auf nichts. Zunächst liegt es wiederum nahe zu unterstellen, daß man sich auf ein mentales Objekt bezieht. Diese Konzeption ist jedoch in vielen Fällen nicht akzeptabel. Wer sich z. B. ein Pferd wünscht, das er nicht besitzt, bezieht sich eventuell auf ein Pferd, das nicht existiert; er wünscht sich jedoch nicht ein mentales (phantasiertes), sondern ein reales Pferd. In seinen späteren Überlegungen hat Brentano daher die in der Analytischen Philosophie in verschiedenen Varianten aufgegriffene These aufgestellt, daß man sich mit solchen intentionalen Einstellungen nicht auf irgendetwas bezieht, sondern Ausdrücke verwendet, deren Bedeutung nicht durch ihre Referenz, sondern allein ↑synkategorematisch bestimmt ist. So hat Carnap (vgl. Logische Syntax der Sprache, § 75), entsprechend seinem generellen Programm der Reduktion philosophischer Probleme auf syntaktische Probleme der Sprache, für den Satz ›Karl hat gedacht, daß Peter morgen kommt‹ die Explikation gegeben: ›Karl hat den Satz gedacht: »Peter kommt morgen«‹. Diese Rekonstruktion ist allerdings offenkundig absurd. Wer sich z. B. ein Pferd wünscht, das faktisch nicht existiert, wünscht sich sicher nicht den Ausdruck ›Pferd‹. Quine und I. Scheffler suchten diese Schwierigkeiten dadurch zu beheben, daß sie nicht intentionale Einstellungen auf Wörter oder andere sprachliche Entitäten, sondern gewisse Sätze auf andere Satz- oder Ausdrucksvorkommnisse bezogen (›Inschriften‹). I. wird damit zu einer Struktur gewisser Sätze, nämlich solcher, die sich auf Satzvorkommnisse beziehen. Quine stimmt mit Brentano und Husserl darin überein, daß Kontexte mit intentionalen Verben (›opake Kontexte‹) nicht eindeutig auf Kontexte nicht-intentionaler Art reduziert werden können. Quine

schließt daraus, daß solche intentionalen Kontexte uminterpretiert werden müssen. – Schwierigkeiten erwachsen dieser Konzeption nach Chisholm unter anderem
aus der Tatsache, daß verschiedene Satzvorkommnisse
auch verschiedene Bewertungen erlauben, so daß z.B.
nicht möglich ist zu sagen, wer glaubt, ›daß die Tür offen
ist‹, glaube dasselbe, wie der, der glaubt, ›that the door is
open‹. Versucht man dieser Schwierigkeit zu entgehen,
muß man auf gegenüber Satzvorkommnissen transzendente ↑Sachverhalte rekurrieren oder eine pragmatische
Konzeption der Synonymität (↑synonym/Synonymität)
von Sätzen entwickeln.

Searle sucht die Frage des ontologischen Status der intentionalen Gegenstände und somit die Frage der Relation, die durch die I. ausgedrückt wird, mit Mitteln der
Sprechakttheorie zu lösen (↑Sprechakt). Dieser Konzeption liegt als heuristische Annahme (↑Heuristik) eine
Parallelisierung zwischen der ↑Referenz von Sprechakten
und der Gerichtetheit mentaler Akte zugrunde. Analog
zu den Sprechakten sind die intentionalen Akte als zusammengesetzt aus einem ›intentionalen Modus‹ und
einem propositionalen Gehalt zu denken. Bezüglich
der ontologischen Frage tritt Searle der Deutung entgegen, daß Sprechhandlungen und intentionale Akte als
zweistellige Relationen zwischen einem Äußernden und
einer Proposition zu betrachten sind (so z.B. Carnap
und Quine). Wie die *Behauptung*, daß de Gaulle Franzose ist, eine zweistellige Relation zwischen einem Behauptenden und einer Proposition (›de Gaulle ist ein
Franzose‹) ausdrückt, so ist auch die *Vermutung*, daß de
Gaulle ein Franzose ist, als eine derartige Relation zu
interpretieren. Allgemein: die Proposition (der Sachverhalt) ist nicht das Objekt der intentionalen Akte, sondern ihr Gehalt. Somit besteht auch kein Anlaß, nach der
Existenzweise zu fragen und im Sinne Meinongs Objekt-
regionen zu konstruieren. Die Interpretation von Sätzen
wie ›ich glaube, daß der König von Frankreich glatz-
köpfig ist‹ ist daher analog zur Interpretation fiktionaler
Sprechhandlungen (↑Fiktion) anzusetzen: Wie sich in
fiktionaler Rede über Sachverhalte reden läßt, ohne ihre
Existenz zu unterstellen, so lassen sich auch nicht-existierende Gehalte zum Thema von Wünschen, Glau-
bensakten, Vermutungen usw. machen. Wenn selbst
für den fiktiven Fall kein Anlaß besteht, besondere intentionale Gegenstände anzunehmen, entfällt auch das
übliche ontologische Problem, das dazu führt, das Objekt intentionaler Akte zu verdoppeln, wenn sich intentionale Akte auf reale Sachverhalte beziehen. Damit erweist sich gemäß Searle die Frage nach dem ontologischen Verhältnis zwischen intentionalem und realem
Sachverhalt als ↑Scheinproblem.

Literatur: G. E. M. Anscombe, The Intentionality of Sensation. A
Grammatical Feature, in: R. J. Butler (ed.), Analytical Philosophy. Second Series, Oxford 1965, 158–180; A. Anzenbacher, Die
I. bei Thomas von Aquin und Edmund Husserl, München/Wien
1972; A. J. Ayer, Thinking and Meaning, London 1947, 1963;
ders., Meaning and Intentionality, in: Proceedings of the 12th
International Congress of Philosophy I, Venedig 1958, Florenz
1960, 141–155; W. Barz, Das Problem der I., Paderborn 2004; G.
Bergmann, A Positivistic Metaphysics of Consciousness, Mind
54 (1945), 193–226; ders., Intentionality, Semantica. Archivio di
Filosofia 1955, 177–216, Neudr. in: ders., Meaning and Existence, Madison Wisc. 1960, 3–38; ders., Realism. A Critique of
Brentano and Meinong, Madison Wis. 1967, Frankfurt 2004
(= Collected Works II); F. Brentano, Psychologie vom empirischen Standpunkt, I–III, I Leipzig 1874, ed. O. Kraus, Leipzig
²1924, Hamburg 1973, II (Von der Klassifikation der psychischen Phänomene), Leipzig 1874, ed. O. Kraus, Leipzig ²1925,
Hamburg 1971, III (Vom sinnlichen und noetischen Bewußtsein), ed. O. Kraus, Leipzig 1928, ed. F. Mayer-Hillebrand,
Hamburg ²1968 (engl. Psychology from an Empirical Standpoint, I–III [in 1 Bd.], ed. L. L. McAlister, London, New York
1973, London/New York 1995); ders., Versuch über die Erkenntnis, ed. A. Kastil, Leipzig 1925, ed. F. Mayer-Hillebrand,
Hamburg ²1970; ders., Wahrheit und Evidenz. Erkenntnistheoretische Abhandlungen und Briefe, ed. O. Kraus, Leipzig 1930,
Hamburg 1974; S. Breton, Études phénoménologiques. Conscience et intentionnalité selon Saint Thomas et Brentano,
Arch. philos. 19 (1955/1956), H. 2, 63–87; ders., Conscience et
intentionnalité selon Husserl, Arch. philos. 19 (1955/1956), H. 4,
55–97; R. Carnap, Logische Syntax der Sprache, Wien 1934,
Wien/New York ²1968 (engl. The Logical Syntax of Language,
London/New York 1937, London 2000); L. Carr, Intentionality,
Meaning and Reference, Diss. New York 1976; H.-N. Castañeda
(ed.), Intentionality, Minds and Perception. Discussions on
Contemporary Philosophy. A Symposium, Detroit Mich. 1967,
1969; V. Caston, Intentionality in Ancient Philosophy, SEP
2003, rev. 2007; R. M. Chisholm, Sentences about Believing,
Proc. Arist. Soc. 56 (1955/1956), 125–148, rev. Neudr. in: H.
Feigl/M. Scriven/G. Maxwell (eds.), Concepts, Theories and the
Mind-Body Problem, Minneapolis Minn. 1958, 1972 (Minn.
Stud. Philos. Sci. II), 510–520; ders., Perceiving. A Philosophical
Study, Ithaca N. Y. 1957, 1968, bes. 168–185 (Chap. XI Inten-
tional Inexistence); ders., Editor's Introduction, in: ders. (ed.),
Realism and the Background of Phenomenology, Glencoe Ill.
1960, 3–36; ders., Notes on the Logic of Believing, Philos.
Phenom. Res. 24 (1963/1964), 195–201; ders., Intentionality,
Enc. Ph. IV (1967), 201–204; A. Chrudzimski, I., Zeitbewußtsein
und Intersubjektivität. Studien zur Phänomenologie von Brentano bis Ingarden, Frankfurt 2005; ders., Gegenstandstheorie
und Theorie der I. bei A. Meinong, Dordrecht 2007; U. Claesges,
I., Hist. Wb. Ph. IV (1976), 475; T. Crane, Intentionality, REP IV
(1998), 816–821; D. Føllesdal, Husserl's Notion of Noema, J.
Philos. 66 (1969), 680–687; ders., An Introduction to Pheno-
menology for Analytic Philosophers, in: R. E. Olson/A. M. Paul
(eds.), Contemporary Philosophy in Scandinavia, Baltimore
Md./London 1972, 417–429; ders., Phenomenology, in: E. C.
Carterette/M. P. Friedman (eds.), Handbook of Perception I,
New York/London 1974, 377–386; ders., Brentano and Husserl
on Intentional Objects and Perception, in: R. M. Chisholm/R.
Haller (eds.), Die Philosophie Franz Brentanos. Beiträge zur
Brentano-Konferenz Graz, 4.–8. September 1977, Amsterdam
1978, 83–94; ders., Husserl and Heidegger on the Role of Action
in the Constitution of the World, in: E. Saarinen u. a. (eds.),
Essays in Honour of Jaakko Hintikka. On the Occasion of His
50th Birthday on January 12, 1979, Dordrecht/Boston Mass./
London 1979, 365–378; P. T. Geach, Intentionality of Thought

versus Intentionality of Desire, in: R. M. Chisholm/R. Haller (eds.), Die Philosophie Franz Brentanos [s.o.], 131–138; L. Gilson, La psychologie descriptive selon Franz Brentano, Paris 1955; U. Haas-Spohn (ed.), I. zwischen Subjektivität und Weltbezug, Paderborn 2003; K. Hedwig, Der scholastische Kontext des Intentionalen bei Brentano, in: R. M. Chisholm/R. Haller (eds.), Die Philosophie Franz Brentanos [s.o.], 67–82; M. Heidegger, Prolegomena zur Geschichte des Zeitbegriffs. Marburger Vorlesung Sommersemester 1925, Frankfurt 1979, ³1994 (= Gesamtausg. XX) (engl. History of the Concept of Time. Prolegomena, Bloomington Ind. 1985; franz. Prolégomènes à l'histoire du concept de temps, Paris 2006); J. Hintikka, The Intentions of Intentionality, in: ders., The Intentions of Intentionality and Other New Models for Modalities, Dordrecht/Boston Mass. 1975, 192–222 (dt. Die Intentionen der I., Neue H. Philos. 8 [1975], 65–95); ders., Degrees and Dimensions of Intentionality, in: R. Haller/W. Grassl (eds.), Sprache, Logik und Philosophie. Akten des Vierten Internationalen Wittgenstein Symposiums, 28. August bis 2. September 1979. Kirchberg am Wechsel (Österreich), Wien 1980, 69–82; B. C. Hopkins, Intentionality in Husserl and Heidegger. The Problem of the Original Method and Phenomenon of Phenomenology, Dordrecht 1993; E. Husserl, Logische Untersuchungen, I–II, Halle 1900–1901, ²1913–1921, 1928–1968, Tübingen 1968, Nachdr. d. 1. u. 2. Aufl., ed. E. Holenstein/U. Panzer, Den Haag 1975/1984 (= Husserliana XVIII–XIX [Erg.bde: Husserliana XX/1–2]), ferner als Ges. Schr. [s.o.] II–IV, Tübingen 1993 (I Prolegomena zur reinen Logik, II/1 Untersuchungen zur Phänomenologie und Theorie der Erkenntnis, II/2 Elemente einer phänomenologischen Aufklärung der Erkenntnis) (franz. Recherches logiques, I–III, Paris 1959–1963, ²1969–1974, 2002; engl. Logical Investigations, I–II, London, New York 1970, Neudr. London/New York 2001); ders., Ideen zu einer reinen Phänomenologie und phänomenologischen Philosophie I (Allgemeine Einführung in die reine Phänomenologie), Jb. Philos. phänomen. Forsch. 1 (1913), 1–323, separat Halle 1913, 1922, 1928, erw. um zwei Bde, I–III, I, ed. W. Biemel, II–III, ed. M. Biemel, Den Haag 1950–1952 (= Husserliana III–V) (I Allgemeine Einführung in die reine Phänomenologie, II Phänomenologische Untersuchungen zur Konstitution, III Die Phänomenologie und die Fundamente der Wissenschaften) (engl. Ideas Pertaining to a Pure Phenomenology and to a Phenomenological Philosophy, als Collected Works [s.o.] I–III), I, ed. K. Schuhmann, Den Haag 1976 (= Husserliana III/1–2), ferner als Ges. Schr. [s.o.] V, Tübingen ⁵1993, II, unter dem Titel: Die Konstitution der geistigen Welt, ed. M. Sommer, Hamburg 1984, III (repr. Den Haag 1971), ed. K.-H. Lembeck, Hamburg 1986; P. Jacob, Intentionality, SEP 2003; C. Junghans, I., EP I (1999), 646–648; A. Kenny, Intentionality. Aquinas and Wittgenstein, in: ders., The Legacy of Wittgenstein, Oxford 1984, 1987, 61–76; W. Kneale/A. N. Prior, Intentionality and Intensionality, I–II, Proc. Arist. Soc. Suppl. 42 (1968), I, 73–90, II, 90–106; W. E. Lyons, Approaches to Intentionality, Oxford 1995, 1998; J. L. Mackie, Problems of Intentionality, in: E. Pivčević (ed.), Phenomenology and Philosophical Understanding, Cambridge 1975, 37–52; A. Marras (ed.), Intentionality, Mind, and Language, Urbana Ill. 1972; R. McIntyre/D. W. Smith, Husserl and Intentionality, Dordrecht 1982, 1984; A. Meinong, Über Gegenstandstheorie, in: ders. (ed.), Untersuchungen zur Gegenstandstheorie und Psychologie, Leipzig 1904, 1–50, Neudr. in: ders., Gesammelte Abhandlungen II, Leipzig 1913, 481–535, ed. R. Haller/R. Kindinger/R. M. Chisholm, Graz 1971, 481–535 (= Gesamtausg. II) (engl. The Theory of Objects, in: R. M. Chisholm [ed.], Realism and the Background of Phenomenology, Glencoe Ill. 1960, 76–117); ders., Über die Stellung der Gegenstandstheorie im System der Wissenschaften, Leipzig 1907, Nachdr. in: R. Haller/R. Kindinger/R. M. Chisholm (eds.), Gesamtausg. V, Graz 1973, 197–365; D. Münch, Intention und Zeichen. Untersuchungen zu Franz Brentano und zu Edmund Husserls Frühwerk, Frankfurt 1993; D. Perler, Ancient and Medieval Theories of Intentionality, Leiden/Boston Mass./Köln 2001; ders., Theorien der I. im Mittelalter, Frankfurt 2002, ²2004; J.-L. Petit, Intentionnalité, Enc. philos. universelle II/1 (1990), 1346–1350; G. Priest, Towards Non-Being. The Logic and Metaphysics of Intentionality, Oxford 2005, 2007; W. V. O. Quine, Quantifiers and Propositional Attitudes, J. Philos. 53 (1956), 177–187; ders., Word and Object, Cambridge Mass. 1960, 2001 (dt. Wort und Gegenstand, Stuttgart 1980, 2002); I. Scheffler, The Anatomy of Inquiry. Philosophical Studies in the Theory of Science, New York 1963, Indianapolis Ind. 1981; H. Schnädelbach, Intentionality and Rationality. A Continental-European Perspective, IESBS XI (2001), 7681–7685; J. R. Searle, What Is an Intentional State?, Mind 88 (1979), 74–92; ders., Intentionality and the Use of Language, in: A. Margalit (ed.), Meaning and Use. Papers Presented at the Second Jerusalem Philosophical Encounter April 1976, Dordrecht/Boston Mass./London 1979, 181–197; ders., The Intentionality of Intention and Action, in: R. Haller/W. Grassl (eds.), Sprache, Logik und Philosophie [s.o.], 83–99; ders., Intentionality. An Essay in the Philosophy of Mind, Cambridge 1983, 1996 (dt. I.. Eine Abhandlung zur Philosophie des Geistes, Frankfurt 1987, ³2001); ders., Consciousness, Unconsciousness, and Intentionality, Philos. Top. 17 (1989), 193–209; W. Sellars, Empiricism and the Philosophy of Mind, in: H. Feigl/M. Scriven (eds.), The Foundations of Science and the Concepts of Psychology and Psychoanalysis, Minneapolis Minn. 1956, 1964 (Minn. Stud. Philos. Sci. I), 253–329, Neudr. in: ders., Science, Perception and Reality, London 1963, New York 1966, 127–196; ders., Notes on Intentionality, in: ders., Philosophical Perspectives, Springfield Ill. 1959, 1967, 308–320, ferner in: J. Philos. 61 (1964), 655–665; ders., Being and Being Known, Proc. Amer. Catholic Philos. Ass. 34 (1960), 28–49, Neudr. in: ders., Science, Perception and Reality [s.o.], 41–59; ders., Language as Thought and as Communication, Philos. Phenom. Res. 29 (1968/1969), 506–527, Neudr. in: ders., Essays in Philosophy and Its History, Dordrecht/Boston Mass. 1974, 93–117; H. Spiegelberg, Der Begriff der I. in der Scholastik, bei Brentano und bei Husserl, Philos. H. 5 (1936), 75–91; A. Süßbauer, I., Sachverhalt, Noema. Eine Studie bei Edmund Husserl, Freiburg 1995; E. Tugendhat, Vorlesungen zur Einführung in die sprachanalytische Philosophie, Frankfurt 1976, ⁷2000; A. de Waelhens, L'idée phénoménologique d'intentionnalité/Die phänomenologische Idee der I., in: H. L. Van Breda/J. Taminiaux (eds.), Husserl et la pensée moderne/Husserl und das Denken der Neuzeit, Den Haag 1959, 115–129, 129–142; A. Woodfield (ed.), Thought and Object. Essays on Intentionality, Oxford 1982, 1984. C. F. G.

Interaktion (von lat. inter, zwischen, und agere, handeln), soziales Handeln, in soziologischen Forschungsprogrammen wie dem Interaktionismus, der ↑Systemtheorie T. Parsons' und der verhaltenstheoretischen Soziologie (↑Soziologie) Bezeichnung eines Handlungszusammenhangs, an dem mehrere Subjekte beteiligt sind (↑Handlung); meist werden dabei der Gesichtspunkt der

Wechselwirkungsverhältnisse sozialen Handelns und die soziale Konstitution makrosoziologischer Phänomene (Gruppen, ↑Institutionen, Riten usw.) und deren Strukturen besonders akzentuiert. Die meisten Anhänger dieser Forschungsprogramme und zahlreiche andere moderne Soziologen und Sozialpsychologen sehen in der I. den eigentlichen Gegenstand ihrer Disziplinen. Die terminologische Verwendung des Wortes ›I.‹ knüpft an den Begriff der ›sozialen Beziehung‹ an, wie er in der formalen Soziologie G. Simmels konzipiert worden ist, und geht auf eine Tradition amerikanischer Soziologie zurück, die auf Grund dieser Terminologiebildung unter der Bezeichnung ›Interaktionismus‹ zusammengefaßt wird (J. M. Baldwin, C. H. Cooley, W. I. Thomas, G. H. Mead u.a.), wobei die von Mead entwickelte handlungstheoretische Position des Symbolischen Interaktionismus (↑Interaktionismus, symbolischer) die am weitesten ausgearbeitete und soziologiegeschichtlich wirksamste Variante darstellt. Für den interaktionistischen Ansatz ist charakteristisch, daß I. als symbolisch vermittelte, kommunikative I. angesehen wird. Die behavioristischen Ansätze (↑Behaviorismus) fassen das interaktive Handeln als weithin gelerntes Verhalten auf; gegen den Behaviorismus wird das Erlernen von Bedeutungen, Normen, Rollen und anderen komplexen Handlungsweisen als durch kommunikatives Handeln vermitteltes soziales Lernen angesehen (↑Kommunikation, ↑Kommunikationstheorie). Die kommunikationstheoretische Fundierung des I.sbegriffs im Symbolischen Interaktionismus ist von J. Habermas zu einer allgemeinen Theorie des kommunikativen Handelns weiterentwikkelt worden (↑Universalpragmatik).

Angeregt durch den Rollenbegriff des Interaktionismus hat E. Goffman eine allgemeine ›dramaturgische‹ Interpretation menschlicher I. vorgenommen und an zahlreichen empirischen Beschreibungen demonstriert. Die Akteure spielen im sozialen Kontext ↑Rollen wie auf einer Bühne, in der Absicht, Wertschätzung durch den Anderen zu erhalten und ihn von der eigenen Wertschätzung ihm gegenüber zu überzeugen. Das Rollenspiel dient dazu, sich ein ›Gesicht‹ zu geben bzw. zu bewahren. Charakteristisch für den Gedanken der I. als Rollenspiel ist die analytische Unterscheidung von Darsteller und Publikum. Die I. findet im Vordergrund der Bühne statt; im Hintergrund wird die (Selbst-)Darstellung vorbereitet. Der Darsteller unternimmt alles, um die Hintergrundregion vor Einblicknahme durch das Publikum zu schützen. Die Kommunikation zwischen Darsteller und Publikum findet einerseits auf der Ebene der Ausdrucksmöglichkeiten statt, die der Darsteller selbst ergreift, und andererseits auf der Ebene derjenigen, die er durch seine Handlungen vermittelt und die das Publikum als aufschlußreich empfindet. Durch die erste Form der Kommunikation versucht der Darsteller, den Eindruck, den er vermittelt, zu kontrollieren. Da durch die zweite Kommunikationsform diese Kontrolle jedoch ständig zu entgleiten droht, kommt es zu Asymmetrien der Kommunikation. Zu ihrer Vermeidung sind zahlreiche Techniken entwickelt worden, deren Funktion Goffman im einzelnen analysiert. Die Arbeit für das eigene Ansehen (›facework‹) folgt nach seiner Analyse rituellen Regeln, deren Status in Analogie zu den Regeln der Grammatik oder des Tanzes zu interpretieren sind.

Wie der Symbolische Interaktionismus ist auch die ↑Ethnomethodologie, ein Ableger des Symbolischen Interaktionismus, zum so genannten interpretativen Paradigma zu zählen. Im Unterschied zu ersterem untersucht die Ethnomethodologie formale Eigenschaften alltäglicher I.en, ohne die sozialstrukturellen Bedingungen zu berücksichtigen.

Parsons' Systemtheorie ist eine Weiterentwicklung des Symbolischen Interaktionismus unter Verwendung psychoanalytischer (↑Psychoanalyse) Ideen und unter begrifflicher Integration handlungstheoretischer (↑Handlungstheorie) Ansätze bei É. Durkheim und M. Weber. Die Analyse sozialer Systeme beruht nach Parsons auf einer Terminologie zur Analyse von Handlungen. Menschliches Handeln, d.h. zielorientiertes Verhalten, ist reguliert in Auseinandersetzung mit Situationen, d.h. mit anderen Akteuren, physischen Objekten und kultureller Umgebung. Handlungen treten daher nicht isoliert auf, sondern in wechselseitiger Interdependenz, in Konstellationen. Weist die Interdependenz gewisse stabile Beziehungen auf, spricht Parsons vom ›System‹. Für die Organisation interdependenter Handlungen spielen das soziale System, das Persönlichkeitssystem und das kulturelle System eine besondere Rolle; ihrer kategorialen Erfassung dient die handlungstheoretisch fundierte ↑Systemtheorie (↑Funktionalismus). Für das soziale System als fundamentales System ist die I. zwischen zwei Akteuren (Ego und Alter) das analytische Paradigma. Ego orientiert sich in seinem Handeln nicht nur am Verhalten und den Reaktionen von Alter, sondern vor allem auch an dessen Erwartungen. Voraussetzung für die Orientierung von Egos Handeln an Alters Erwartungen ist wenigstens eine minimale Verständigung zwischen beiden, d.h. ein kommunikatives Verfügen über gemeinsame Symbole. Soweit Ego auf Alter angewiesen ist, werden ihm für konformes/nicht-konformes Verhalten positive/negative Sanktionen zuteil. Die sozialen Beziehungen sind insoweit durch gemeinsame Normen geregelt, die auf wechselseitiger Antizipation von Einstellungen beruhen. Sind die Akteure an den gleichen Normen orientiert, ergibt sich eine stabile Übereinstimmung von Einstellungen. Unter dem Gesichtspunkt minimalen Energieverlusts drängt jedes soziale System zu einer stabilen Harmonie von Einstellungen. In seinen durch die Zusammenarbeit mit R. F. Bales geprägten späteren (ab 1953) Schriften versucht Parsons den Systemgedanken mit den terminologischen und formalen Mitteln der allgemeinen Systemtheorie und ↑Kybernetik zu erfassen; der Fundierungszusammenhang mit der Theorie der I. geht dabei zunehmend verloren.

Die *verhaltenstheoretische* Konzeption ist von G. C. Homans unter Verwendung der Ergebnisse der behavioristischen Lerntheorie (B. F. Skinner) und in Anlehnung an elementare wirtschaftswissenschaftliche Auffassungen sowie unter Aufnahme anthropologischer Ideen der schottischen Moralphilosophen (A. Smith, A. Ferguson) als Theorie des ›sozialen Austauschs‹ von materiellen und nicht-materiellen Gütern aufgebaut worden (↑Verhaltensforschung). Die Beziehung der I. wird als Reiz-Reaktion-Beziehung mittels Tausch aufgefaßt. I. ist demzufolge prinzipiell als Handeln erklärbar, das durch wechselseitige Erwartung von Belohnung/Bestrafung motiviert ist. Selbstloses Handeln ist durch eine komplexe Form sozialer Anerkennung bestimmt (↑Egoismus). Homans geht daher von der ›Erfolgshypothese‹ aus, daß die Wahrscheinlichkeit des Vollzugs einer Handlung um so größer/kleiner ist, je größer die Aussicht auf Belohnung/Bestrafung ist. Je öfter in der Vergangenheit eine Handlung zur Belohnung geführt hat, um so größer ist die Wahrscheinlichkeit, daß der Belohnungsreiz in der Gegenwart zur Ausführung der Handlung führt (Reizhypothese). Je höher die Belohnung durch eine Person eingeschätzt wird, um so größer ist dabei die Wahrscheinlichkeit, daß die Handlung ausgeführt wird (Werthypothese). Allerdings wird dieses einfache Reiz-Reaktion-Verhältnis durch eine Sättigungshypothese eingeschränkt: Je öfter eine Belohnung in jüngerer Vergangenheit empfangen wurde, um so geringer ist die Wahrscheinlichkeit, daß eine erneute Erwartung der gleichen Belohnung zur Ausführung der entsprechenden Handlung führt. Die Frustrationshypothese schließlich besagt, daß eine Person um so mehr mit Ärger/Befriedigung reagiert, je weniger/mehr sie die Belohnung empfängt, die sie erwartet hat. Das elementare I.sschema wird von Homans schrittweise begrifflich kompliziert. Zunächst entwickeln zwei Akteure im Laufe der Zeit relativ stabile I.sbeziehungen auf Grund der Lernvorgänge im Zusammenhang mit früheren Austauschvorgängen (elaborierte I.). Tritt neben der Person und dem Anderen eine weitere Person auf (›Dritter Mann‹), ergeben sich komplexere Strukturen des Austauschs, wobei jeweils die Beziehungen der entsprechenden Paare untereinander und in Bezug auf den jeweils Dritten untersucht werden; ein Beziehungsgefüge dieser Art konstituiert die *Gruppe*.

Der wissenschaftstheoretische Anspruch dieser I.skonzeption geht dahin, makrosoziale Entitäten als aus elementaren I.sformen aufgebaut zu rekonstruieren. Damit ist der Erklärungsanspruch formuliert, soziale Institutionen als komplizierte Folgen menschlicher Wahlhandlungen in elementaren I.sbeziehungen zu deuten. Zufolge dieses methodologischen Ansatzes sieht der verhaltenstheoretische Ansatz keine methodologische Differenz zwischen Psychologie und Soziologie; das Reiz-Reaktion-Schema der behavioristischen Psychologie geht in die methodologischen Fundamente der Soziologie ein. Allerdings wird der Gedanke von Reiz und Reaktion gegenüber einer mehr mechanistischen Form des Behaviorismus phänomenal extensiv interpretiert. Danach ist z. B. der Dank für einen Ratschlag ein denkbarer ›Reiz‹ für die Bereitschaft, Ratschläge zu erteilen. Homans I.stheorie des sozialen Austauschs ist von Soziologen und Sozialpsychologen wie P. M. Blau, A. Malewski, J. W. Thibaut und H. H. Kelley, in Deutschland unter anderem von K.-D. Opp, aufgegriffen und unter teilweiser Modifikation weiterentwickelt worden. Der verhaltenstheoretische Forschungsansatz hat sich bisher besonders in einer großen Anzahl empirischer Kleingruppenuntersuchungen bewährt; seine Anwendungsmöglichkeiten für makrosoziologische Analysen werden kontrovers diskutiert.

Im Unterschied zu den philosophischen ↑Handlungstheorien sind die I.stheorien als Basistheorien für den methodischen Aufbau der Sozialwissenschaften, insbes. der ↑Soziologie, entwickelt worden. Methodologisch ist mit ihnen eine Kritik am wissenschaftstheoretischen ↑Holismus und ein Plädoyer für den methodologischen Individualismus (↑Individualismus, methodologischer) verbunden. Dabei werfen die verschiedenen Ansätze unterschiedliche Reduktionismusprobleme auf (↑Reduktionismus): für den Interaktionismus wird das Problem eines psycholinguistischen, für die Systemtheorie das eines sozialpsychologischen, für die verhaltenstheoretische Soziologie das eines lerntheoretischen ↑Psychologismus diskutiert.

Literatur: H. Abels/W. Fuchs-Heinritz, I., Identität, Präsentation. Kleine Einführung in interpretative Theorien der Soziologie, Opladen/Wiesbaden 1998, ⁴2007; M. Argyle, The Scientific Study of Social Behaviour, London, New York 1957, Westport Conn. 1974; ders., Social Interaction, London, New York 1969, Chicago Ill. 1973 (dt. Soziale I., Köln 1972, ³1975); M. Auwärter/E. Kirsch/M. Schröter, Seminar Kommunikation, I., Identität, Frankfurt 1976, ³1983; R. F. Bales, Interaction Process Analysis. A Method for the Study of Small Groups, Cambridge Mass. 1950, Chicago Ill. 1976; K. D. Benne/L. P. Bradford/R. Lippitt, Group Dynamics and Social Action, New York, 1950; P. Berger/T. Luckmann, The Social Construction of Reality. A Treatise in the Sociology of Knowledge, Garden City N. Y. 1966, London 1991 (dt. Die gesellschaftliche Konstruktion der Wirklichkeit. Eine Theorie der Wissenssoziologie, Frankfurt 1969, 2009); P. M. Blau, Exchange and Power in Social Life, New York 1964, New Brunswick N. J. 1998; ders., Social Exchange, IESS VII (1968), 452–458; J. S. Coleman, Systems of Social Exchange, J. Math. Sociol. 2 (1972), 145–163; C. H. Cooley, Human Nature and the Social Order, New York 1902, rev. 1922, New Brunswick

N. J. 1992; R. M. Emerson, Operant Psychology and Exchange Theory, in: R. L. Burgess/D. Bushell (eds.), Behavioral Sociology. The Experimental Analysis of Social Process, New York/London 1969, 379–405; ders., Exchange Theory, I–II, in: J. Berger/M. Zelditch, Jr./B. Anderson (eds.), Sociological Theories in Progress II, Boston Mass. 1972, I 38–57, II 58–87; ders., Social Exchange Theory, Ann. Rev. Sociol. 2 (1976), 335–362; H. Garfinkel, Studies in Ethnomethodology, Englewood Cliffs N. J. 1969, Cambridge 2008; E. Goffman, The Presentation of Self in Everyday Life, Edinburgh 1956, New York 1990 (dt. Wir spielen alle Theater. Die Selbstdarstellung im Alltag, München 1969, München/Zürich ⁷2009); ders., Interaction Ritual. Essays in Face-to-Face Behavior, Chicago Ill., Garden City N. Y. 1967, New Brunswick N. J. 2005 (dt. I.srituale. Über Verhalten in direkter Kommunikation, Frankfurt 1971, ⁷2005); ders., Strategic Interaction, Philadelphia Pa. 1969, New York 1972 (dt. Strategische I., München 1981); C. F. Graumann, I. und Kommunikation, in: ders. (ed.), Handbuch der Psychologie VII/2, Göttingen 1972, 1109–1262; J. Habermas, Theorie des kommunikativen Handelns, I–II, Frankfurt 1981, ³1985, 1989, Nachdr. der 1. Aufl. 1991 (engl. The Theory of Communicative Action, I–II, Boston Mass. 1984/1987; franz. Théorie de l'agir communicationnel, I–II, Paris 1987); A. P. Hare/E. F. Borgatta/R. F. Bales (eds.), Small Groups. Studies in Social Interaction, New York 1955, 1965; H. J. Helle, Soziologie und Symbol. Ein Beitrag zur Handlungstheorie und zur Theorie des sozialen Wandels, Köln/Opladen 1969, erw. unter dem Titel: Soziologie und Symbol. Verstehende Theorie der Werte in Kultur und Gesellschaft, Berlin ²1980; G. C. Homans, The Human Group, New York 1950, London 1998 (dt. Theorie der sozialen Gruppe, Köln/Opladen 1960, ⁷1978); ders., Social Behavior. Its Elementary Forms, New York, London 1961, New York 1974 (dt. Elementarformen sozialen Verhaltens, Köln/Opladen 1968, ²1972); E. E. Jones/H. B. Gerard, Foundations of Social Psychology, New York 1967; A. Kieserling, Kommunikation unter Anwesenden. Studien über I.ssysteme, Frankfurt 1999; E. Livingston, Making Sense of Ethnomethodology, London/New York 1987; A. Malewski, O zastosowaniach teorii zachowania, Warschau 1964 (dt. Verhalten und I.. Die Theorie des Verhaltens und das Problem der sozialwissenschaftlichen Integration, Tübingen 1967, ²1977); G. J. McCall/J. L. Simmons, Identities and Interactions, New York 1966, 1978 (dt. Identität und I., Düsseldorf 1974); G. H. Mead, Mind, Self and Society from the Standpoint of a Social Behaviorist, ed. with Introd. by C. W. Morns, Chicago Ill. 1934, 1972 (dt. Geist, Identität und Gesellschaft aus der Sicht des Sozialbehaviorismus, Frankfurt 1968, 2008); ders., The Philosophy of the Act, Chicago Ill. 1938, 1972 (= Works of G. H. Mead III); R. K. Merton, Social Theory and Social Structure. Toward the Codification of Theory and Research, Glencoe Ill. 1949, ²1957, New York 1968 (dt. Soziologische Theorie und Soziale Struktur, Berlin/New York 1995); T. M. Newcomb/R. H. Turner/P. E. Converse, Social Psychology. The Study of Human Interaction, Ann Arbor Mich. 1962, London ²1966; K.-D. Opp, Soziales Handeln, Rollen und Soziale Systeme. Ein Erklärungsversuch sozialen Verhaltens, Stuttgart 1970; ders., Methodologie der Sozialwissenschaften. Einführung in Probleme ihrer Theorienbildung und praktischen Anwendung, Reinbek b. Hamburg 1970, ⁶2005; ders., Verhaltenstheoretische Soziologie. Eine neue soziologische Forschungsrichtung, Reinbek b. Hamburg 1972; ders., Individualistische Sozialwissenschaft. Arbeitsweise und Probleme individualistisch und kollektivistisch orientierter Sozialwissenschaft, Stuttgart 1979; E. Parow, Die Dialektik des symbolischen Austauschs. Versuch einer kritischen I.stheorie, Frankfurt 1973; T. Parsons, The Structure of Social Action. A Study in Social Theory with Special Reference to a Group of Recent European Writers, New York/London 1937, Glencoe Ill. ²1949, in 2 Bdn., New York 1968; ders., Essays in Sociological Theory. Pure and Applied, Glencoe Ill. 1949, ²1954, New York 1973 (dt. Beiträge zur soziologischen Theorie, Neuwied 1964, Darmstadt ³1973); ders., The Social System, Glencoe Ill. 1951, London 2001; ders./E. A. Shils, Toward a General Theory of Action, Cambridge Mass. 1951, New Brunswick N. J. 2001; D. Rüschemeyer, I. (und soziale Beziehung), in: W. Bernsdorf (ed.), Wörterbuch der Soziologie, Stuttgart ²1969, 479–487; B. F. Skinner, Science and Human Behavior, New York 1953, 1967 (dt. Wissenschaft und menschliches Verhalten, München 1973); F. J. Stendenbach, Soziale I. und Lernprozesse, Köln 1963, ²1967; J. W. Thibaut/H. H. Kelley, The Social Psychology of Groups, New York 1959, New Brunswick N. J. 1991; W. I. Thomas, Social Behavior and Personality. Contributions of W. I. Thomas to Theory and Social Research, ed. E. H. Volkart, New York 1951, Westport Conn. 1981 (dt. Person und Sozialverhalten, Neuwied 1965). C. F. G.

Interaktionismus (aus lat. inter, agere; zwischen, handeln; zu Interaktion, Wechselwirkung, wechselseitige Beeinflussung), Bezeichnung für ein auf dem Grundbegriff der ↑Interaktion aufbauendes soziologisches Forschungsprogramm, vor allem aber in der Philosophie des Geistes (↑philosophy of mind) Bezeichnung für eine Position, die die Verschiedenartigkeit mentaler und physischer Zustände und Prozesse (↑Dualismus) sowie wechselseitige Verursachung (↑Kausalität, ↑Ursache) zwischen ihnen annimmt. Psychisches erzeugt und beeinflußt danach Physisches, wie es umgekehrt durch Physisches erzeugt und beeinflußt wird. Alltagspsychologisch wird das psychophysische Verhältnis als ↑Wechselwirkung erlebt; für den I. ist es der Sache nach von der Art, in der es erscheint.

Die Formulierung des I. geht auf R. Descartes (1596–1650) zurück, der das Körper-Geist-Verhältnis (↑Leib-Seele-Problem) als Wechselwirkung zweier jeweils durch Denken bzw. Ausdehnung charakterisierter ↑Substanzen auffaßte. Die körperliche Beschaffenheit von Organismen ist allein von der *res extensa* (↑res cogitans/res extensa) bestimmt; alle physiologischen Prozesse werden durch Gestalt und Bewegung materieller Teile zustandegebracht. Die *res cogitans* liegt den intellektuellen und emotionalen Eigenschaften des Menschen zugrunde. Geist und Materie sind danach wesentlich verschieden voneinander und üben in der Zirbeldrüse (Epiphyse) wechselseitig Wirkungen aufeinander aus. Der Grund für deren Sonderstellung ist, daß sie nicht gedoppelt in beiden Hirnhälften vorliegt.

Bei Descartes beinhaltete der I. insbes. die Erzeugung neuer Bewegung in der Zirbeldrüse durch die *res cogitans*. Diese Vorstellung wurde mit Descartes' Physik der ↑Erhaltungssätze durch die Annahme in Einklang gebracht, daß der Einfluß der *res cogitans* lediglich die Richtung von Bewegungen betreffe und entsprechend

Descartes' Erhaltungssatz der skalaren Bewegungsmenge (ähnlich dem Impulsbetrag, ↑Impuls) nicht verletzt. Auf diese Weise gelang es Descartes, drei separat plausibel, aber zusammen widersprüchlich scheinende Grundsätze miteinander zu verknüpfen: (1) Die physische Welt ist kausal abgeschlossen. (2) Mentale Zustände sind nicht-materiell und stehen (3) in Wechselwirkung mit körperlichen Zuständen. Descartes brachte diese Grundsätze in Einklang, indem er die kausale Abgeschlossenheit durch die Erhaltung der Bewegungsmenge (die bei Descartes als einzige Größe universell erhalten ist) ausdrückte und die Wechselwirkung über die Änderung der Bewegungsrichtung bestimmte. Die klassische ↑Mechanik sieht demgegenüber die Erhaltung des vektoriellen Impulses vor, wodurch Descartes' Lösung ihre physikalische Grundlage verliert (worauf G. W. Leibniz bereits früh explizit hinweist, Brief an A. Arnauld vom 30.4.1687, Philos. Schr. II, 94). – Besonders einflußreich wurden zwei weitere Einwände gegen den Cartesischen I.: (a) Da die *res cogitans* keine räumlichen Bestimmungen besitzt (eben nicht ausgedehnt ist), kann sie nicht an einem bestimmten Ort mit der *res extensa* in Wechselwirkung treten. (b) Wenn beide Substanzen ihrem Wesen nach verschieden sind, können sie nicht aufeinander einwirken. Beide Einwände besagen, daß die im I. zentrale psychophysische Wechselwirkung in ihrer Beschaffenheit unerklärt und rätselhaft bleibt.

Das frühe Scheitern des I. drückte sich darin aus, daß die Dreiheit der Cartesischen Prinzipien aufgegeben wurde: Leibniz bestritt die psychophysische Wechselwirkung (also Grundsatz (3)) und setzte die prästabilierte Harmonie (↑Harmonie, prästabilierte) an deren Stelle. Im Rahmen dualistischer Interpretationen verschob sich der Schwerpunkt damit zum Parallelismus (↑Parallelismus, psychophysischer); später trat der ↑Epiphänomenalismus hinzu. T. Hobbes ging von der psychophysischen Wechselwirkung aus und schloß mittels des Prinzips der Gleichartigkeit von Ursache und Wirkung auf die Materialität geistiger Zustände (wies also Grundsatz (2) zurück).

Im 20. Jh. wurde der I. vor allem von K. R. Popper und J. Eccles wieder aufgegriffen (Popper/Eccles 1977). Deren These lautet, daß die ↑Identitätstheorie empirisch unplausibel ist und daß die physische Welt nicht kausal abgeschlossen ist (so daß Grundsatz (1) bestritten wird). Popper unterscheidet dabei zwischen drei getrennten Wirklichkeitsbereichen, der Welt 1 der physikalischen Körper und Ereignisse, der Welt 2 der psychischen Zustände und Prozesse, darunter Personalität oder Ichbewußtsein, und der Welt 3 (↑Dritte Welt) der ›objektiven Gedankeninhalte‹, der ↑Propositionen, Problemstellungen und Argumente sowie der logischen Beziehungen zwischen ihnen. Alle drei Welten sind jeweils im gleichen Sinne real und stehen in Wechselwirkung miteinander.

Die Wechselwirkung zwischen Größen von Welt 3 und Welt 1 wird durch Prozesse der Welt 2 vermittelt. Beim Verstehen eines Problems oder Arguments wird eine Größe der Welt 3 durch einen gedanklichen Prozeß nachgebildet. Über den Mechanismus des ›Begreifens‹ übt diese Größe entsprechend eine kausale Wirkung auf die Welt 2 aus. Umgekehrt werden Theorien oder Argumente durch gedankliche Prozesse geschaffen und verändert. Der Mechanismus des ›Konzipierens‹ vermittelt entsprechend die kausale Einwirkung der Welt 2 auf die Welt 3. Zwar sind die Größen der Welt 3 Ergebnis gedanklicher Schöpfung, gleichwohl besitzen sie objektive Eigenschaften. (Zwar sind die Zahlen Menschenwerk, doch die Gesetze der Arithmetik mußten erst entdeckt werden.) Ebenso besteht eine Wechselwirkung zwischen den Größen aus Welt 1 und Welt 2. Bei der Wahrnehmung eines äußeren Gegenstands wirkt dieser auf das Bewußtsein, und bei einer Willenshandlung übt ein psychischer Zustand eine Wirkung auf ein physikalisches Objekt aus.

Da die Größen aus allen drei Welten in kausale Beziehungen eingebunden sind, sind sie wirklich, und da sie sich in ihren zentralen Bestimmungsmerkmalen unterscheiden, sind sie auch separat wirklich. In diesem Ansatz wird das ↑›Ich‹ zum aktiven Programmierer des Gehirns und zum Steuermann von Denken und Handeln. Das Ich gilt dabei nicht als ↑Substanz, sondern als ↑Prozeß. Das Universum ist erfüllt mit Prozessen wesentlich verschiedener Art, die nicht durch eine übergreifende Gemeinsamkeit von Eigenschaften miteinander verknüpft sind. In diesem Rahmen postulierte Eccles die Existenz von Hirnbereichen, in denen eine Wechselwirkung mit der Welt 2 des Geistes eintritt. Beim Handeln wählt das Ichbewußtsein bestimmte Neuronen aus und erhöht dort die Wahrscheinlichkeit des ›Feuerns‹.

Die wichtigsten Einwände gegen den I. konzentrieren sich auf die Beschaffenheit der psychophysischen Kausalbeziehung. Das ›alte Rätsel mentaler Verursachung‹ zielte darauf ab, daß verschiedenartige Größen keine Wirkungen aufeinander ausüben könnten. Diesem Rätsel liegt allerdings das von den ↑Vorsokratikern (insbes. Empedokles und Demokrit) stammende Prinzip zugrunde, zwischen Ursache und Wirkung müsse eine Gleichheit der Naturen bestehen, das heute seine Relevanz verloren hat. Das ›neue Rätsel mentaler Verursachung‹ besteht dagegen im Fehlen von Mechanismen psychophysischer Kausalverkettung. Die Annahme psychophysischer Verursachung operiert mit isolierten Postulaten und unerklärten Parallelen, die vom übrigen Naturlauf isoliert und nicht Teil physiologischer oder psychologischer Theorien sind. Die Identitätstheorie macht zu ihren Gunsten geltend, daß sie dieses Rätsel auflöst: Es gibt keine aussagekräftigen Gesetze der psychophysischen Wechselwirkung, weil es keine solche Wechselwirkung gibt.

Literatur: L. Addis, Parallelism, Interactionism, and Causation, Midwest Stud. Philos. 9 (1984), 329–344; A. Beckermann, Leib-Seele-Problem, EP I (1999), 766–774, bes. 767–769; ders., Analytische Einführung in die Philosophie des Geistes, Berlin/New York 1999, ³2008, bes. 43–56; L. v. Bertalanffy, The Mind-Body Problem. A New View, Psychosomatic Medicine 26 (1964), 29–45; J. Bricke, Interaction and Physiology, Mind 84 (1975), 255–259; M. Brodbeck, Objectivism and Interaction. A Reaction to Margolis, Philos. Sci. 33 (1966), 287–292; M. Buncombe, The Substance of Consciousness. An Argument for Interactionism, Aldershot 1995; M. Carrier/J. Mittelstraß, Geist, Gehirn, Verhalten. Das Leib-Seele-Problem und die Philosophie der Psychologie, Berlin/New York 1989, 121–132 (Kap. IV Das Ich als Steuermann) (engl. [erw.] Mind, Brain, Behavior. The Mind-Body Problem and the Philosophy of Psychology, Berlin/New York 1991, 1995, 114–125 [Chap. IV The Self as Pilot]); J. C. Eccles, The Human Mystery. The Gifford Lectures. University of Edinburgh 1977–1978, Berlin/Heidelberg/New York 1979, London/Boston Mass. 1984, bes. 123–144, 210–234 (Lectures 7, 10) (dt. Das Rätsel Mensch. Die Gifford Lectures an der Universität Edinburgh 1977–1978, München/Basel 1982, München/Zürich 1989, bes. 122–143, 206–230 [Vorlesungen 7, 10]); ders., Brain and Mind. Two or One?, in: C. Blakemore/S. Greenfield (eds.), Mindwaves. Thoughts on Intelligence, Identity and Consciousness, Oxford/Cambridge Mass. 1987, 1993, 293–304; ders., Evolution of the Brain. Creation of the Self, London/New York 1989, 1996 (dt. Die Evolution des Gehirns. Die Erschaffung des Selbst, München 1989, 2002); ders., How the Self Controls Its Brain, Berlin etc. 1994 (dt. Wie das Selbst sein Gehirn steuert, Berlin, München 1994, München ³2000; franz. Comment la conscience contrôle le cerveau, Paris 1997); C. E. Green, The Lost Cause. Causation and the Mind-Body Problem, Oxford 2003; J. Heil/A. R. Mele (eds.), Mental Causation, Oxford 1993, 2003; J. J. Lachs, Von Bertalanffy's New View, Dialogue 4 (1965/1966), 365–370; B. Lauth, Descartes im Rückspiegel. Der Leib-Seele-Dualismus und das naturwissenschaftliche Weltbild, Paderborn 2006; L. E. Loeb, The Mind-Body Union, Interaction, and Subsumption, in: C. Mercer/E. O'Neill (eds.), Early Modern Philosophy. Mind, Matter and Metaphysics, Oxford/New York 2005, 65–85; E. J. Lowe, An Introduction to the Philosophy of Mind, Cambridge 2000, 2001, bes. 21–32; T. E. Ludwig, Selves and Brains. Tracing a Path between Interactionism and Materialism, Philos. Psychology 10 (1997), 489–495; J. Margolis, Objectivism and Interactionism, Philos. Sci. 33 (1966), 118–123; ders., Discussion. Reply to a Reaction. Second Remarks on Brodbeck's Objectivism, Philos. Sci. 33 (1966), 293–300; P. McLaughlin, Descartes on Mind-Body Interaction and the Conservation of Motion, Philos. Rev. 102 (1993), 155–182; E. Mills, Interactionism and Overdetermination, Amer. Philos. Quart. 33 (1996), 105–117; ders., Interactionism and Physicality, Ratio 10 (1997), 169–183; T. Natsoulas, Roger W. Sperry's Monist Interactionism, J. Mind and Behavior 8 (1987), 1–21; O. Neumaier, Popper und die Frühgeschichte der Leib-Seele-Problematik, Conceptus 21 (1987), 247–266; E. O'Neill, Mind-Body Interaction and Metaphysical Consistency. A Defense of Descartes, J. Hist. Philos. 25 (1987), 227–245; M. Pauen, Grundprobleme der Philosophie des Geistes. Eine Einführung, Frankfurt 2001, ⁴2005, bes. 41–46; K. R. Popper, Knowledge and the Body-Mind Problem. In Defence of Interaction, ed. M. A. Notturno, London/New York 1994; ders./J. C. Eccles, The Self and Its Brain. An Argument for Interactionism, Berlin/Heidelberg/New York 1977, London/New York 2003 (dt. Das Ich und sein Gehirn, München/Zürich 1977, 2005); R. C. Richardson, The Scandal of Cartesian Interactionism, Mind 92 (1982), 20–37; J. van Rooijen, Interactionism and Evolution. A Critique of Popper, Brit. J. Philos. Sci. 38 (1987), 87–92; S. Rosenkranz, A Review of Eccles' Arguments for Dualist-Interactionism, in: G. Meggle/U. Wessels (eds.), Analyomen 1. Proceedings of the 1ˢᵗ Conference »Perspectives in Analytical Philosophy«, Berlin/New York 1994, 689–694; H. H. Sallinger, Geist-Körper-Problem und ›Offener I.‹. Grundlinien und Konsequenzen eines neuen Versuchs der Problemlösung, Bonn 1989; T. Schlicht, Erkenntnistheoretischer Dualismus. Das Problem der Erklärungslücke in Geist-Gehirn-Theorien, Paderborn 2007, bes. 206–217 (Kap. III/2 Karl Popper und John Eccles. Interaktionistischer Dualismus); J. Seifert, Das Leib-Seele-Problem in der gegenwärtigen philosophischen Diskussion. Eine kritische Analyse, Darmstadt 1979, erw. unter dem Titel: Das Leib-Seele-Problem und die gegenwärtige philosophische Diskussion. Eine systematisch-kritische Analyse, ²1989; J. Shaffer, Mind-Body Problem, Enc. Ph. V (1967), 336–346, bes. 341–342; R. Specht, Commercium mentis et corporis. Über Kausalvorstellungen im Cartesianismus, Stuttgart-Bad Cannstatt 1966; S. Walter, Mentale Verursachung. Eine Einführung, Paderborn 2006; J. O. Wisdom, A New Model for the Mind-Body Relationship, Brit. J. Philos. Sci. 2 (1951/1952), 295–301; ders., Some Main Mind-Body Problems, Proc. Arist. Soc. NS 60 (1959/1960), 187–210.   M. C.

Interaktionismus, symbolischer, Bezeichnung für das auf den amerikanischen Philosophen und Sozialpsychologen G. H. Mead zurückgehende Paradigma sozialwissenschaftlicher Forschung (↑Sozialwissenschaft), durch das die symbolisch vermittelte ↑Interaktion zwischen Individuen als die grundlegende analytische Einheit der Erklärung des sozialen Verhaltens angesetzt wird. H. Blumer, ein Schüler und Interpret Meads, prägte den Terminus ›s. I.‹ und erarbeitete eine einflußreiche Zusammenfassung der Meadschen Perspektive. Auf der Grundlage des ↑Pragmatismus in der von W. James und J. Dewey formulierten evolutionistisch-instrumentalistischen Ausprägung und unter Einfluß älterer amerikanischer Soziologen (C. H. Cooley, W. I. Thomas) und Sozialpsychologen (J. B. Watson) folgt Mead dem ↑Behaviorismus insoweit, als er die Erklärung sozialer Prozesse auf der Basis beobachtbaren Verhaltens von Individuen fordert. Im Unterschied zur reduktionistischen (↑Reduktionismus) Variante des Behaviorismus ist diese empirisch-operative Basis für Mead die sprachliche ↑Kommunikation; Sprache als System von bedeutungsvollen Zeichen ist das Medium sozialen Lebens, von dem her sowohl die gesellschaftlichen Phänomene als auch die Phänomene der Individualität zu erklären sind. Folglich kritisiert der s. I. den ↑Mentalismus in der Psychologie und versucht, den Sprachmechanismus zu isolieren, durch den sich ↑Geist, ↑Bewußtsein, ↑Selbstbewußtsein usw. gesellschaftlich konstituieren.

Unter *sozialem Handeln* (↑Handlung) versteht Mead das Verhalten eines Organismus, das aus dem Impuls der

Anpassung an einen anderen Organismus resultiert. Unter den sozialen Verhaltensweisen sind solche, durch die der eine Organismus sein Verhalten unter Bezug auf das Verhalten des anderen bestimmt und dies dem anderen anzeigt: *Gesten*. Folgt einer Geste ein Verhalten des anderen Organismus, dann verleihen diese Verhaltensweisen der Geste Bedeutung. Bedeutungstragende (signifikante) Gesten sind ↑*Symbole*, wenn sie das gleiche für denjenigen bedeuten, der sie hervorbringt, wie für denjenigen, der sie empfängt. Ein System von in diesem Sinne signifikanten Symbolen heißt ↑*Sprache*. Sprachsysteme sind somit per definitionem Systeme von ›geteilten‹ Bedeutungen, ein Ansatz, der vor allem in der semiotischen Sprachtheorie (↑Semiotik) von C. W. Morris weiter ausgearbeitet worden ist. Da Symbole als signifikante Gesten Vorhersagen auf künftige Handlungsfolgen erlauben, ermöglichen sie die Abstimmung von Handlungen, ohne daß diese bereits ausgeführt werden müssen. Wer in diesem Sinne über Symbole verfügt, kann somit sein Handeln planend kommunikativ vorbereiten. Stellen Symbole Verhaltensgeneralisierungen in Bezug auf gegebene Objekte dar, heißen sie ↑*Kategorien*. Organismen, die über Kategorien verfügen, haben sich darüber verständigt, gewisse Dinge ständig auf die gleiche Art zu behandeln; Kategorien sind somit Grundlage der Möglichkeit *organisierten Verhaltens*. Sind die Objekte von Kategorien selbst ↑Organismen, d. h., werden sie von anderen und von sich selbst als in ihrem Verhalten stabil betrachtet, dann nehmen diese Organismen eine *Position* ein; Positionen sind Verhaltensstabilitäten der sozialen Organisation. Erwartungen, die mit dem Einnehmen einer Position verbunden sind, definieren eine ↑*Rolle*; Rollen sind somit soziale Verhaltensstabilitäten, die zuverlässig die Erfüllung bestimmter Erwartungen verbürgen. Aus der Tatsache, daß bestimmte Organismen über die Zeit hinweg unterschiedliche Rollen einnehmen, ergibt sich das Problem der ↑*Identität*. Für den Menschen ist das Problem der Identität im Hinblick auf das Phänomen des *Geistes* zu betrachten, d. h., das menschliche Individuum reagiert nicht nur auf Symbole, sondern verwendet und kontrolliert sie. Wendet ein Akteur Kategorien auf sich selbst an, d. h., betrachtet er sich selbst als verhaltensstabil gegenüber seiner Umwelt, dann heißt er ein ↑*Selbst* (Meads entsprechender Ausdruck ›the self‹ wird in deutschen Übersetzungen durchweg mit ›Identität‹ wiedergegeben). Stabilisiert ein Selbst sein Verhalten gegenüber den (gegebenenfalls antizipierten) übrigen Rollen insgesamt (z. B. in einem Wettkampf), dann steht er in der Haltung des Selbst gegenüber dem ›generalisierten Anderen‹; diese Haltung macht das ICH (›me‹) aus. Demgegenüber ist das Ich (›I‹) das Spontaneitätszentrum, das hinter der kontrollierten Verwendung von Symbolen unterstellt werden muß (↑Ich). Auf diesem Wege rein-

terpretiert Mead auch die in der philosophischen Psychologie des Abendlandes zentralen mentalen Termini wie ›Denken‹, ›Wille‹, ›Selbstbewußtsein‹ im Rahmen des Ansatzes des s.n I..

Die Ideen des s.n I. haben in der Soziologie und vor allem in der Sozialpsychologie weitverzweigte Rezeption und breite Weiterführung erfahren; z. B. ist die Rollentheorie von E. Goffman zur Konzeption vom Akteur als Schauspieler verschärft worden. B. L. Whorf hat die Sprachtheorie des s.n I. zu der als Sapir-Whorf-Hypothese bekannten Kulturtheorie der Sprache weitergeführt. Die ↑Ethnomethodologie, ein Ableger des s.n I., wirft die Frage auf, wie Personen, die miteinander interagieren, die Illusion einer gemeinsamen sozialen Ordnung schaffen können, auch wenn sie einander nicht vollständig verstehen und tatsächlich unterschiedliche Perspektiven einnehmen. Zahlreiche empirische Untersuchungen z. B. zur Familiensoziologie und Bezugsgruppensoziologie sind auf der theoretischen Grundlage des s.n I. ausgeführt worden. Die Anwendungen dieser Untersuchungen reichen bis zur Sozialpathologie und Theorie des abweichenden Verhaltens. Die philosophischen Grundlagen des s.n I. werden heute gemeinsam mit konkurrierenden Konzeptionen sozialen und individuellen Handelns im Rahmen der ↑Handlungstheorie untersucht.

Literatur: M. Auwärter/E. Kirsch/K. Schröter, Seminar Kommunikation, Interaktion, Identität, Frankfurt 1976, ³1983; M. P. Banton, Roles. An Introduction to the Study of Social Relations, New York 1965, London 1969; H. Blumer, Symbolic Interactionism. Perspective and Method, Englewood Cliffs N. J. 1969, Berkeley Calif. 2004; J. M. Charon, Symbolic Interactionism. An Introduction, an Interpretation, an Integration, Englewood Cliffs N. J. 1979, Upper Saddle River N. J. ⁷2001; C. H. Cooley, Human Nature and the Social Order, New York 1902, rev. New York 1922, New Brunswick N. J. 1992; J. Dewey, Human Nature and Conduct. An Introduction to Social Psychology, New York 1922, Amherst N. Y. 2002 (dt. Die menschliche Natur. Ihr Wesen und ihr Verhalten, Stuttgart 1931, Zürich 2004); R. E. L. Faris, Social Psychology, New York 1952; H. Garfinkel, Studies in Ethnomethodology, Englewood Cliffs N. J. 1969, Cambridge 2008; E. Goffman, The Presentation of Self in Everyday Life, Edinburgh 1956, New York 1990 (dt. Wir spielen alle Theater. Die Selbstdarstellung im Alltag, München 1969, München/Zürich ⁷2009); H. J. Helle, Soziologie und Symbol. Ein Beitrag zur Handlungstheorie und zur Theorie des sozialen Wandels, Köln/Opladen 1969, erw. unter dem Titel: Soziologie und Symbol. Verstehende Theorie der Werte in Kultur und Gesellschaft, Berlin ²1980; W. James, Psychology. A Briefer Course, New York 1892, Cambridge Mass./London 1984 (= The Works of W. James XII) (dt. Psychologie, Leipzig 1909, ²1920); H. Joas, Praktische Intersubjektivität. Die Entwicklung des Werkes von George Herbert Mead, Frankfurt 1980, 2000 (engl. G. H. Mead. A Contemporary Re-Examination of His Thought, Cambridge Mass. 1985, 1997; franz. G. H. Mead. Une réévaluation contemporaine de sa pensée, Paris 2007); M. H. Kuhn, Major Trends in Symbolic Interaction Theory in the Past Twenty-Five Years, in: G. Stone/H. Farberman (eds.),

Social Psychology through Symbolic Interaction, Waltham Mass./Toronto 1970, 70–88; A. R. Lindesmith/A. L. Strauss, Social Psychology, New York 1949, Thousand Oaks Calif. ⁸1999; C. Lindner, Kritik des s.n I., Soz. Welt 30 (1979), 410–421; G. H. Mead, Mind, Self and Society from the Standpoint of a Social Behaviorist, ed. C. W. Morris, Chicago Ill./London 1934, 1972 (dt. Geist, Identität und Gesellschaft. Aus der Sicht des Sozialbehaviorismus, Frankfurt 1968, 2005); C. W. Morris, George H. Mead as Social Psychologist and Social Philosopher, in: G. H. Mead, Mind, Self and Society [s. o.], ix–xxxv (dt. George H. Mead als Sozialpsychologe und Sozialphilosoph, in: G. H. Mead, Geist, Identität und Gesellschaft [s. o.], 13–38); ders., Pragmatische Semiotik und Handlungstheorie, ed. A. Eschbach, Frankfurt 1977; A. M. Rose, A Systematic Summary of Symbolic Interaction Theory, in: ders., Human Behavior and Social Processes, London 1962, 1972, 3–19 (dt. Systematische Zusammenfassung der Theorie der symbolischen Interaktion, in: H. Hartmann [ed.]. Moderne amerikanische Soziologie. Neuere Beiträge zur soziologischen Theorie, Stuttgart 1967, 219–231, ²1973, 264–282); T. Shibutani, Society and Personality. An Interactionist Approach to Social Psychology, Englewood Cliffs N. J. 1961, New Brunswick N. J. 1987; D. A. Snow, Interactionism: Symbolic, IESBS XI (2001), 7695–7698; S. Stryker, Die Theorie des S.n I.. Eine Darstellung und einige Vorschläge für die Vergleichende Familienforschung, in: G. Lüschen/E. Lupri (eds.), Soziologie der Familie, Opladen 1970 (Kölner Z. Soz. u. Sozialpsychol. Sonderheft 14), 49–67, teilweise Neudr. in: M. Auwärter/E. Kirsch/K. Schröter, Seminar Kommunikation, Interaktion, Identität [s. o.], 257–274; G. E. Swanson, Symbolic Interaction, IESS VII (1968), 441–445; W. I. Thomas, Social Behavior and Personality. Contributions of W. I. Thomas to Theory and Social Research, ed. E. H. Volkart, New York 1951, Westport Conn. 1981 (dt. Person und Sozialverhalten, Neuwied 1965); J. B. Watson, Psychology. From the Standpoint of a Behaviorist, Philadelphia Pa./London 1919, ³1929 (repr. London 1983); ders., Behaviorism, New York, London 1925, New York, Chicago Ill. ²1930, New York 1970 (dt. Behaviorismus. Ergänzt durch den Aufsatz Psychologie, wie sie der Behaviorist sieht, Köln 1968, Frankfurt ⁵2000); B. L. Whorf, Language, Thought and Reality. Selected Writings, ed. J. B. Carroll, Cambridge Mass. 1956, 2005 (dt. Sprache, Denken, Wirklichkeit. Beiträge zur Metalinguistik und Sprachphilosophie, ed. P. Krausser, Reinbek b. Hamburg 1963, 2003). C. F. G.

Interdisziplinarität, Bezeichnung für die Zusammenarbeit zwischen unterschiedlichen ↑Disziplinaritäten. Während Disziplinarität die Basisform wissenschaftlicher Arbeit ist (↑Disziplin, wissenschaftliche) und ↑Transdisziplinarität Forschungsformen (↑Forschung) charakterisiert, die problembezogen über die disziplinäre (und fachliche) Konstitution der ↑Wissenschaft hinausgehen, darin zugleich zu einer Veränderung der Forschungsziele und Forschungsinhalte führend, bedeutet I. eine Zusammenarbeit auf Zeit, in der sich unterschiedliche disziplinäre (und fachliche) Orientierungen miteinander verbinden, wobei aber an den überkommen Disziplinengrenzen (und Fächergrenzen) festgehalten wird. In diesem Sinne treten in forschungsorganisatorischen Zusammenhängen auch die Ausdrücke ›Multidisziplinarität‹, ›Pluridisziplinarität‹, ›Infradisziplinarität‹

und ›Intradisziplinarität‹ auf; in lehrorganisatorischen Zusammenhängen folgt die Vorstellung von I. dem älteren Konzept eines Studium generale.

Literatur: P. W. Balsiger, Transdisziplinarität. Systematisch-vergleichende Untersuchung disziplinenübergreifender Wissenschaftspraxis, München 2005, bes. 133–188 (Kap. IV 5 Nicht-Disziplinäre Forschungsprozesse. Zur Terminologie); M. Finkenthal, Interdisciplinarity. Toward a Definition of a Metadiscipline?, New York etc. 2001; R. Frodeman/J. T. Klein/C. Mitcham (eds.), The Oxford Handbook of Interdisciplinarity, Oxford/New York 2010; U. Hübenthal, Interdisziplinäres Denken. Versuch einer Bestandsaufnahme und Systematisierung, Stuttgart 1991; M. Jungert (ed.), I.. Theorie, Praxis, Probleme, Darmstadt 2010; M. Käbisch/H. Maaß/S. Schmidt (eds.), I.. Chancen – Grenzen – Konzepte, Leipzig 2001; J. T. Klein, Interdisciplinarity. History, Theory, and Practice, Detroit Mich. 1990, 1993; J. Kocka (ed.), I.. Praxis – Herausforderung – Ideologie, Frankfurt 1987; ders., Disziplinen und I., in: J. Reulecke/V. Roelcke (eds.), Wissenschaften im 20. Jahrhundert. Universitäten in der modernen Wissensgesellschaft, Stuttgart 2008, 107–117; J. Mittelstraß, Stichwort I.. Mit einem anschließenden Werkstattgespräch, Basel 1996 (Basler Schr. Z. europäischen Integration XXII); J. Moran, Interdisciplinarity, London/New York 2002, 2010; weitere Literatur: ↑Disziplin, wissenschaftliche, ↑Transdisziplinarität.   J. M.

Interesse (von lat. interest, es ist von Wichtigkeit; engl. interest, franz. intérêt), als Terminus ursprünglich für die juristische Regelung ökonomischer Verhältnisse festgelegt (etwa für den Anspruch auf Schadenersatz im Römischen Recht), im Mittelalter in seinem Gebrauch erweitert, so daß I.n auch Preise und Werte im allgemeinen, im besonderen aber Zinsen sein konnten. Die Verwendung des Wortes ›I.‹ für Nutzen, Vorteil, Gewinn vom 15. Jh. an verschafft ihm Eingang in die moralisierenden Staatstheorien des 17. und 18. Jhs., und zwar insbes. in der Gegenüberstellung von individuellem Eigennutz und dem durch den Staat gesicherten ↑Gemeinwohl, wobei der Eigennutz je nach Auffassung von der Harmonie mit – oder dem Widerspruch zu – dem Gemeinwohl moralisch negativ oder positiv bewertet wird. Während die negativ wertenden Konzeptionen – trotz zum Teil subtiler Reflexionen auf selbstbezogene I.n, wie sie etwa Fénelon und F. Hutcheson vortragen – zu keiner Begriffsklärung führen, zwingt die positive Bewertung der I.n als der entscheidenden Triebkräfte des Handelns – wie sie etwa C. A. Helvétius und A. Smith vertreten – zur Unterscheidung verschiedener Arten von I.n, je nachdem ob der Blick auf ihre Wirkung oder auf ihre Funktion gerichtet ist. Während Helvétius die erstere Blickrichtung bevorzugt und so auch die moralischen Überzeugungen der Menschen als ein Ergebnis ihrer I.n zu erklären sucht, sieht vor allem J.-J. Rousseau die Notwendigkeit, natürlich angelegte I.n durch moralische Erziehung überhaupt erst so auszubilden, daß sie zu Triebkräften moralischen Handelns werden können. So kann er denn auch dem auf Eigennutz abzielenden

›intérêt privé‹ einen durch die Ausbildung des ›amour de l'ordre‹ entwickelten ›intérêt moral‹ entgegenstellen, der das Privatinteresse zu überwinden und einen vernünftigen Allgemeinwillen (↑›volonté générale‹) zu bilden befähigt.

Die von Helvétius und Rousseau vorbereitete Verbindung von I. und ↑Vernunft wird im ↑Utilitarismus und in der Kantischen Philosophie systematisch entwickelt. Ähnlich wie Helvétius und Smith betont der Utilitarismus die Wirksamkeit von I.n bei der Ausbildung von Glücksvorstellungen, womit der Antriebscharakter dieser I.n betont, zugleich eine zwar durch Vernunft lenkbare, nicht aber für sich selbst bereits vernünftige Entwicklung dieser I.n unterstellt wird: Die Vernunft muß die I.n nutzen, sie, wie vor allem J. S. Mill betont, zu lenken suchen, bleibt aber selbst die von den I.n kategorial verschiedene und ihnen in diesem Sinne ›äußerliche‹ Begründungs- und Beurteilungsinstanz. Daher entsteht im utilitaristischen Denken auch nicht die Frage, ob ein I. als solches – ein Interessiertsein an etwas überhaupt – bereits vernünftig oder unvernünftig ist. Demgegenüber versucht I. Kant, Vernunft und I. in einen ›inneren‹ Zusammenhang zu bringen und damit den von Rousseau eingeschlagenen Weg weiterzugehen. Die Vernunft selbst ist für Kant durch I.n definiert, insbes. durch das spekulative und das praktische I., die letztlich aber auf Grund der Einheit der Vernunft als das eine ↑Vernunftinteresse verstanden werden müssen. Das spekulative I. der Vernunft besteht darin, Erkenntnisse zu einer ›systematischen Einheit‹ (KrV B 644) zu verbinden. Diesem I. lassen sich jedoch unter Umständen Ziele zuordnen, die einander widersprechen und die Vernunft so in eine ›natürliche ↑Dialektik‹, nämlich in einen Widerspruch zwischen Überzeugungen verwickeln, deren Einsichtigkeit sich gerade dem I. der Vernunft an ›systematischer Einheit‹ verdankt. Ein Beispiel für widersprüchliche I.n der Vernunft liefert das »I. des Umfanges (der Allgemeinheit) in Ansehung der Gattungen, andererseits des Inhalts (der Bestimmtheit), in Absicht auf die Mannigfaltigkeit der Arten, weil der Verstand im ersteren Falle zwar viel unter seinen Begriffen, im zweiten aber desto mehr in denselben denkt« (KrV B 682). Das I. der Vernunft ist damit auf der einen Seite die zugleich treibende und formende Kraft für die Bildung der Erkenntnis. Auf der anderen Seite verdankt sich die Verwicklung der Vernunft in Widersprüche zwischen ihr einsichtigen (!) Überzeugungen gerade dieser erkenntnisbildenden Leistung des Vernunftinteresses: Weil der ›nach einer Regel‹ sich ergebende Zusammenhang der Erkenntniselemente für sich selbst bereits Einsicht (in seine ›Objektivität‹) erzeugt, glaubt die Vernunft auch dort Erkenntnisse gewinnen zu können oder zu besitzen, wo allein das I. der Vernunft an der ›systematischen Einheit‹ den Grund für diese Einheit darstellt.

In praktischer Hinsicht unterscheidet Kant ›Vernunftinteressen‹, die er auch ›reine‹ oder ›praktische‹ I.n nennt, und ↑›Neigungen‹, die er auch als ›empirische‹ oder ›pathologische‹ I.n bezeichnet (Grundl. Met. Sitten, Akad.-Ausg. IV, 413 Anm., 459–460 Anm.). Läßt sich der ↑Wille durch ›Prinzipien der Vernunft‹ bestimmen, ist sein I. am Gegenstand ›rein‹; wird er durch Neigungen bestimmt, ist sein I. ›empirisch‹ bedingt. Daß es überhaupt praktische Vernunft (↑Vernunft, praktische) gibt, ist in jenem reinen I. der Vernunft begründet: im Erstreben einer rein vernunfterzeugten Ordnung des Wollens (und Handelns). Dieses I. erzeugt dann jenes ›Faktum der Vernunft‹, von dem ausgehend Kant seinen Kategorischen Imperativ (↑Imperativ, kategorischer) einsichtig machen will, nämlich das Bewußtsein eines moralischen Gesetzes. So wie es *eine* Vernunft ist, die als theoretische das Wissen und als praktische den Willen bildet, ist es auch *ein* I. der Vernunft, das sich als spekulatives und als praktisches sehen läßt: das I. an einer geistigen Ordnung unter den Gesetzen der reinen Vernunft. Insofern die ›spekulative‹ bzw. ›theoretische‹ Vernunft in letztlich ›praktischer Absicht‹ Wissen bildet – nämlich um ein Leben unter den Gesetzen der reinen Vernunft zu ermöglichen –, zeigt sich das eine I. der Vernunft ursprünglich und unvermittelt im praktischen I. der Vernunft: »Das logische I. der Vernunft (ihre Einsichten zu befördern) ist niemals unmittelbar, sondern setzt Absichten ihres Gebrauchs voraus« (Grundl. Met. Sitten, Akad.-Ausg. IV, 460 Anm.). Andererseits hat die Vernunft dieses I. zu entwickeln, soll sie ihr praktisches I. überhaupt verfolgen können. Deshalb sieht Kant »alles I. meiner Vernunft (das speculative sowohl, als das praktische) vereinigt [...] in folgenden drei Fragen: 1. Was kann ich wissen? 2. Was soll ich tun? 3. Was darf ich hoffen?« (KrV B 832–833).

Die in der Philosophie Kants herausgearbeitete Verbindung von Vernunft und I. eröffnet eine Möglichkeit, sowohl die universellen Geltungsansprüche der Vernunft auf die möglichen Wurzeln partikularer I.n, also der Parteilichkeit dieser Ansprüche, hin zu befragen, als auch I.n nicht nur als bloß partikulare, sondern auch als vernünftige zu erkennen. Die Rede vom ›I. der Vernunft‹ oder von der ›interessierten Vernunft‹ wird damit zum ideologiekritischen Instrument (↑Ideologie), während die Rede von der ›Vernunft der I.n‹ oder den ›vernünftigen I.n‹ zum Programm einer erkenntnistheoretischen Konzeption wird, in der I.n bestimmte Gegenstandsbereiche der Erkenntnis überhaupt erst erschließen und ›objektiv‹ zu verstehen erlauben. Im Sinne dieser Programmatik benutzt G. W. F. Hegel die Rede von einem I. dazu, das Streben nach einer – insbes. im tatsächlichen Handeln und den dabei zu gewinnenden Erfahrungen zu leistenden – Objektivierung der subjektiven Zwecke darzustellen: Das I. des Individuums führt dazu, die

↑Zwecke, die es sich gesetzt hat, auch zu verwirklichen und dadurch ›sich selbst zur Wirklichkeit zu bringen‹. Das I. einer Person ist daher zunächst auf die Gewinnung und Wahrung der persönlichen Identität gerichtet, damit aber auch auf die tätige Gestaltung der Welt nach den jeweils gesetzten Zwecken: »Es kommt daher nichts ohne I. zu Stande«, und es ist »mein I.«, als Individuum »in der Ausführung des Zwecks nicht zu Grunde [zu] gehen« (System der Philosophie III. Die Philosophie des Geistes, § 475, Sämtl. Werke X, 376–377). Dadurch, daß Hegel das von den einzelnen Zwecken unterschiedene allgemeine I. des Individuums als auf dessen (geistige) Selbsterhaltung, d. i. auf die Gewinnung und Wahrung der persönlichen Identität, gerichtet versteht, ›historisiert‹ er das Kantische Vernunftinteresse, insofern sich das I. des Individuums aus dessen tätiger und reflektierender Bewältigung seiner Lebenssituation entwickelt. Die Vernünftigkeit von I.n läßt sich damit nicht mehr mit Hilfe situationsunabhängiger Normen begründen, sondern kann nur das Ergebnis einer Reflexion sein, in der das objektiv (durch das Handeln) Gewordene mit dem subjektiv Gewollten verglichen und dadurch die noch nicht auf einzelne Handlungen und Zwecke bezogene Bestimmung des Wollens – unser I. – fortentwickelt wird. Die Kantische Verbindung von Vernunft und I. wird damit zwar nicht aufgegeben, aber doch so aus ihrer Fixierung an den Begriff einer überindividuellen und überhistorischen Vernunft gelöst, daß sie als Teil einer geschichtlichen Entwicklung verstehbar wird. Obwohl die I.n aus dem Willen nach Objektivität entstanden sind – als das, was auch nach den Versuchen zur Verwirklichung des Wollens, nach dessen Prüfung an der Wirklichkeit, noch gewollt werden kann – und in diesem Sinne auch tatsächlich objektiv gebildet sind, bleibt ihre Objektivität – wie die Vernunft, die sich im I. expliziert – doch eine historisch gebundene, die innerhalb ihrer historischen Situation zwar Verbindlichkeit oder, wie Hegel sagen würde, Wahrheit beanspruchen kann, ohne solche Situationsbindung aber lediglich zum Ausdruck eines verblendeten Bewußtseins verzerrt zu werden droht (das sich nicht der geistigen Bewältigung seiner Situation, sondern dem starren Durchsetzenwollen bloß übernommener Zielvorstellungen verdankt). In Rekonstruktion der Bestimmung des I.nbegriffs in Hegels Philosophie läßt sich unter einem I. ein Wollen verstehen, das sich aus den Versuchen einer Person, ihre Zwecke zu verwirklichen, so gebildet hat, daß es zu einem definierenden Charakteristikum ihrer (geistigen, d. h. in ihren Überlegungen verantworteten) ↑Identität geworden ist. Als ein solches identitätsbildendes und identitätssicherndes Wollen richtet es sich nicht auf die Herbeiführung einzelner Situationen, sondern auf die Ausbildung und Erhaltung von Formen des Lebens und Handelns, die es erlauben, einzelne Situationen und

Handlungen als ihre Teile und damit in einem gewollten Zusammenhang des Lebens und Handelns zu erkennen. Ein I. wäre demnach ein Wollen, das (a) aus praktischen Erfahrungen gewonnen ist, (b) sich auf eine allgemeine Form des Lebens oder Handelns richtet und (c) als Ausdruck der geistigen Identität einer Person deren Leben und Handeln tatsächlich formt. – Je nachdem, wie die Bedingungen eingeschätzt werden, unter denen die Bildung der geistigen Identität einer Person stattfinden kann, wird der I.nbegriff in der nach-Hegelschen Philosophie verschieden gedeutet. Werden diese Bedingungen als durch die vorindividuellen Bedürfnisse und überindividuellen ↑Institutionen (wie in der marxistischen Philosophie, ↑Philosophie, marxistische) festgelegt angesehen, so werden auch die I.n, die unter diesen Bedingungen entstehen, durch ihre Richtung auf bedürfnisbefriedigende Institutionen (als ›Klasseninteressen‹) definiert; werden sie als allein durch das Individuum und die von ihm getroffenen (Lebens-)Entscheidungen bestimmbar betrachtet (wie in der ↑Existenzphilosophie), so richtet sich auch das identitätsbildende und identitätssichernde I. nur auf die Tatsache solcher Entscheidungen, auf ›das Existieren‹ (S. Kierkegaard). In diesen und anderen Verwendungszusammenhängen von ›I.‹ bleibt die von Kant gedachte Verbindung von Vernunft und I. eine selbstverständliche Unterstellung, die kaum mehr ausdrücklich thematisiert wird, und dies trotz der zentralen Bedeutung, die den I.n in erkenntnistheoretischen Überlegungen zukommt, etwa in der Lebensweltphilosophie (↑Lebenswelt) des späten E. Husserl, der ↑Wertphilosophie M. Schelers oder auch der von M. Weber begründeten Methodologie einer verstehenden Soziologie. Erst J. Habermas (1968, 1973) hat diese Verbindung wieder zum Thema gemacht, um zu einem Verständnis verschiedener Typen wissenschaftlicher Erkenntnis zu gelangen. Er deutet dabei allerdings Vernunft im Unterschied zu Kant als leitende Idee einer in der Geschichte des Handelns sich niederschlagenden Bemühung um die Bewältigung technischer und praktischer Probleme und um die Befreiung von historisch entstandenen Zwängen. Vernunft fächert sich demnach im Verlauf der menschlichen Gattungsgeschichte in ↑Erkenntnisinteressen‹ auf, die sich in entsprechenden Typen von Wissenschaft institutionalisieren. Das technische I. – ein I. an ›technischer Verfügung‹ – führt zum Aufbau der empirisch-analytischen Wissenschaften, das praktische I. – ein I. an ›handlungsorientierender Verständigung‹ – zum Aufbau der hermeneutischen Wissenschaften und das ›emanzipatorische‹ I. – ein I. an ›Mündigkeit‹, an ↑Autonomie – zur Reflexion auf Wissens- und Willensbildung, wie sie in der Philosophie und den kritischen Sozialwissenschaften angestrengt werden. Die Diskussion dieser Zuordnungen von ›Erkenntnisinteressen‹ zu verschiedenen Wissenschaftstypen betrifft unter anderem Unklarheiten des Status und der Bestimmtheit des I.nbegriffs. Die begrifflichen Unterscheidungen, die J. Mittelstraß (1975) vorgeschlagen hat – etwa die zwischen *impliziten* und *expliziten, individuellen* und *kollektiven, subjektiven* und *objektiven, wahren* und *falschen* I.n, und die Auszeichnung eines *transsubjektiven* I.s –, ermöglichen auf kategorialer Ebene eine Klärung der verschiedenen Argumentationen und Positionen zum Verhältnis von Vernunft und I..

Literatur: P. Bollhagen, I. und Gesellschaft, Berlin 1967; O. Cöster, Hegel und Marx. Struktur und Modalität ihrer Begriffe politisch-sozialer Vernunft in terms einer ›Wirklichkeit‹ der ›Einheit‹ von ›allgemeinem‹ und ›besonderem‹ I., Bonn 1983; W. Dallmayr (ed.), Materialien zu Habermas' »Erkenntnis und I.«, Frankfurt 1974; W. P. Eichhorn, I.n, Ph. Wb. I (¹³1985), 581–584; A. Esser, I., Hb. ph. Grundbegriffe II (1973), 738–747; W. Euchner, Egoismus und Gemeinwohl. Studien zur Geschichte der bürgerlichen Philosophie, Frankfurt 1973; W. Fach, Begriff und Logik des »öffentlichen I.s«, Arch. Rechts- u. Sozialphilos. 60 (1974), 231–264; C. v. Ferber, Die gesellschaftliche Rolle des I.s, Dt. Universitätszeitung 13 (1958), 213–225, 267–270; FM II (1994), 1885–1889 (interés); H.-J. Fuchs/V. Gerhardt, I., Hist. Wb. Ph. IV (1976), 479–494; G. Gabriel, Definitionen und I.n. Über die praktischen Grundlagen der Definitionslehre, Stuttgart-Bad Cannstatt 1972; S. Gaston, Derrida and Disinterest, New York/London 2005; M. v. Grundherr, Moral aus I.. Metaethik der Vertragstheorie, Berlin/New York 2007; J. Habermas, Erkenntnis und I., Frankfurt 1968, ¹³2001, 2007, Hamburg 2008; R. Hegselmann/H. Kliemt (eds.), Moral und I.. Zur interdisziplinären Erneuerung der Moralwissenschaft, München 1997; J. Heilbron, Interest. History of the Concept, IESBS XI (2001), 7708–7712; V. Held, The Public Interest and Individual Interests, New York/London 1970; W. Hirsch-Weber, Politik als I.nkonflikt, Stuttgart 1969; B. Huber, Der Begriff des I.s in den Sozialwissenschaften, Winterthur 1958; G. Lunk, Das I., I–II, Leipzig 1926/1927; W. Maltusch, Materielles I. als Motiv. Triebkräfte sozialistischer Produktion philosophisch sowie kybernetisch untersucht, Berlin (Ost) 1966; P. Massing/P. Reichel (eds.), I. und Gesellschaft. Definitionen, Kontroversen, Perspektiven, München 1977; J. Mittelstraß, Über I.n, in: ders. (ed.), Methodologische Probleme einer normativ-kritischen Gesellschaftstheorie, Frankfurt 1975, 126–159 (engl. Interests, in: R. E. Butts/J. R. Brown [eds.], Constructivism and Science. Essays in Recent German Philosophy, Dordrecht/Boston Mass./London 1989 [Western Ont. Ser. Philos. Sci. XLIV], 221–239); A. Müller, Autonome Theorie und I.ndenken. Studien zur politischen Philosophie bei Platon, Aristoteles und Cicero, Wiesbaden 1971; H.-L. Nastansky, Über die Möglichkeit eines interessenhermeneutischen Einstiegs in praktische Diskurse, in: J. Mittelstraß (ed.), Methodenprobleme der Wissenschaften gesellschaftlichen Handelns, Frankfurt 1979, 77–121; H. Neuendorff, Der Begriff des I.s. Eine Studie zu den Gesellschaftstheorien von Hobbes, Smith und Marx, Frankfurt 1973; E. W. Orth/J. Fisch/R. Koselleck, I., in: O. Brunner/W. Conze/R. Koselleck (eds.), Geschichtliche Grundbegriffe. Historisches Lexikon zur politisch-sozialen Sprache in Deutschland III, Stuttgart 1982, 305–365; E. Oudin, Intérêt, Enc. philos. universelle II/1 (1990), 1351–1355; H. M. Schmidinger, Das Problem des I.s und die Philosophie Sören Kierkegaards, Freiburg/München 1983; G. Schubert, The Public Interest. A Critique of the Theory of a Political Concept, Glencoe Ill. 1960, 1961 (repr. Westport Conn. 1982); V. Schür-

mann, I., in: H. J. Sandkühler (ed.), Europäische Enzyklopädie zu Philosophie und Wissenschaften II, Hamburg 1990, 704–707; ders., I., EP I (1999), 653–657; A. Weale, Needs and Interests, REP VI (1998), 752–755; B. Willms, Institutionen und I.. Elemente einer reinen Theorie der Politik, in: H. Schelsky (ed.), Zur Theorie der Institution, Düsseldorf 1970, 43–57.   O. S.

intern/extern (engl. internal/external), (1) in ↑*Wissenschaftstheorie* und ↑*Wissenschaftsforschung* verwendete Unterscheidung zur Abgrenzung wissenschaftsimmanenter, auf Erkenntnisgewinnung gerichteter Normen, Methoden und Zwecke gegenüber solchen einer allgemeinen sozialen Praxis (wie technischer Fortschritt oder gesellschaftliche Nützlichkeit). Den historischen Hintergrund dieser Unterscheidung bilden einerseits Analysen der ↑Wissenschaftssoziologie (z. B. im Rahmen eines funktionalistischen Ansatzes bei R. K. Merton, Social Theory and Social Structure, Glencoe Ill. 1949, New York ³1968 [dt. Soziologische Theorie und soziale Struktur, Berlin 1995]) und Bemühungen, die Wissenschaftsgeschichte in den Grenzen einer Sozialgeschichte zu schreiben (z. B. F. Borkenau, Der Übergang vom feudalen zum bürgerlichen Weltbild, Paris 1934; J. B. Bernal, Science in History, I–IV, London 1954, ³1965), andererseits die auf H. Reichenbach (1938) zurückgehende Unterscheidung zwischen Entdeckungszusammenhang und Begründungszusammenhang (↑Entdeckungszusammenhang/Begründungszusammenhang), mit der kognitive wissenschaftliche Geltungsansprüche von den sozialen und individuellen Umständen ihrer Genese methodisch getrennt werden sollen, ferner die traditionelle, bis in die jüngere Zeit vorherrschende Orientierung der Wissenschaftsgeschichtsschreibung an einer Theoriegeschichte.

Maßgebend für die neuere wissenschaftstheoretische Diskussion ist der Vorschlag von I. Lakatos (1971), *methodologische Rekonstruierbarkeit* als Kriterium für die Unterscheidung zwischen einer i.en und einer e.en Wissenschaftsentwicklung aufzufassen. Ausgangspunkt ist dabei der Umstand, daß rationale ↑Rekonstruktionen nur Teile einer wissenschaftlichen Praxis, nämlich ihre theoretischen und methodologischen Teile, erfassen, deshalb aber auch aus historischen Gründen der Ergänzung durch historisch-empirische Analysen bedürfen. Unter wissenschaftstheoretischen Gesichtspunkten bleibt dabei nach Lakatos der durch rationale Rekonstruktion erfaßte Teil wissenschaftlicher Entwicklungen (›internal history‹) gegenüber dem durch historisch-empirische Analysen erfaßten Teil (›external history‹) primär (»rational reconstruction or internal history is primary, external history only secondary, since the most important problems of external history are defined by internal history«, 1971, 105 [= Philosophical Papers I, 118]). Umgekehrt argumentiert die neuere Wissenschaftsforschung. Gestützt auf T. S. Kuhns (1962, ³1996) Konzeption einer diskontinuierlichen, auch von wissenschaftsexternen (sozialen) Faktoren bestimmten Wissenschaftsentwicklung (↑Paradigma, ↑Revolution, wissenschaftliche, ↑Wissenschaftsgeschichte), wird hier von einer Steuerung der Wissenschaft durch soziale Prozesse ausgegangen.

Eine Orientierung des Forschungsprozesses, die in der Wissenschaftstheorie als eine unter besonderen Rationalitätsnormen (↑Rationalität) stehende Selektion angesehen wird, soll hier primär (in diesem Falle gegen die Konzeption Kuhns) in Form einer e.en Selektion erfolgen. Während in einer für die neuere Wissenschaftstheorie charakteristischen *metatheoretischen* (↑Metatheorie) Deutung der Theorienbildung nach Kuhn ›historisch‹ als eine Eigenschaft von Theorien auftritt, die deren i.en *dynamischen* Aspekt betrifft (↑Theoriendynamik), wird in ihrer für die neuere Wissenschaftsforschung charakteristischen *soziologischen* Deutung ›theoretisch‹ zur Eigenschaft einer Wissenschaftspraxis, die deren Steuerung durch e.e Normen betrifft. Der so genannte *Sozialkonstruktivismus* und das 1974 von D. Bloor formulierte so genannte ›*Starke Programm der Wissenschaftssoziologie*‹ (Knowledge and Social Imagery, 1976, 1–19, ²1991, 3–23) richten sich gegen den Primat des Epistemischen und sehen stattdessen in sozialen Faktoren die einzigen erklärungsrelevanten Ursachen für die Wissenschaftsentwicklung. Alle Überzeugungssysteme einschließlich der Wissenschaft sind an gesellschaftliche Strukturen und Gruppeninteressen rückgebunden. Dadurch wird insbes. die Steuerbarkeit der Wissenschaft durch wissenschaftsexterne (politische) Faktoren hervorgehoben (↑Finalisierung).

Die Dominanz der Unterscheidung i./e. in Wissenschaftstheorie und Wissenschaftsforschung führt die Schwierigkeit mit sich, so genannte i.e Normen wie Konsistenz, Überprüfbarkeit und Intersubjektivität von so genannten e.en Normen wie Relevanz, Anwendbarkeit und Innovativität grundsätzlich zu unterscheiden. Gegen eine derartige Möglichkeit spricht nicht nur der ›formale‹ Umstand, daß damit die kritikbedürftige Unterscheidung zwischen Normen, die sich auf propositionale Zusammenhänge beziehen, und Normen, die sich auf Interaktionszusammenhänge beziehen, aufrechterhalten wird, sondern auch der ›materiale‹ Umstand, daß ein wissenschaftstheoretisch und wissenschaftssoziologisch nicht zerlegbarer Zusammenhang zwischen wissenschaftlichen Normen (z. B. Diskussionsnormen) und wissenschaftlichen Zwecken (z. B. Energieforschung) mit entsprechenden sozialen Normen und Zwecken besteht. Die Schwierigkeiten lassen sich vermeiden, wenn man die Unterscheidung zwischen ›i.‹ und ›e.‹ nicht mehr als eine die Wissenschaftspraxis in Bezug auf Normen, Methoden und Zwecke definierende Unterscheidung auffaßt, sondern in den Begriffen einer ›internalistischen‹ und einer ›externalistischen‹ Analyse

von Wissenschaft auf eine Kennzeichnung der unterschiedlichen Forschungsansätze von Wissenschaftstheorie und Wissenschaftsforschung beschränkt. Eine Analyse, die sich auf die in der Wissenschaft institutionalisierten (Rationalitäts-)*Formen der Wissensbildung* richtet, hieße dann *internalistisch*, eine Analyse der (gesellschaftlichen) *Institution* Wissenschaft *externalistisch*.

(2) In der *mathematischen Logik* (↑Logik, mathematische) bezeichnet man als ›i.‹ Argumentationsgänge, die in einem formalen System (↑System, formales) kodifiziert sind, und als ›e.‹ solche, die in der ↑Metasprache durchgeführt werden, und zwar in beiden Fällen dann, wenn es um Behauptungen geht, die sich auf das betrachtete formale System selbst beziehen. Diese Unterscheidung wurde auf Grund des von K. Gödel entwickelten Verfahrens der Arithmetisierung der ↑Metamathematik (↑Gödelisierung) sinnvoll, das es ermöglicht, gewisse metamathematische Prädikate zahlentheoretisch auszudrücken und in einem formalen System der Arithmetik zu repräsentieren. So kann man z. B. für ein formales System PA der Peano-Arithmetik erster Stufe (↑Peano-Formalismus) eine korrekte metasprachliche Aussage der Art ›Π ist ein Beweis von A in PA‹ e. begründen (indem man zeigt, daß Π aus Anwendungen von Axiomen und Grundregeln von PA in vorgeschriebener Weise zusammengesetzt ist und mit A endet), aber auch i. herleiten, indem man den Ausdruck ›Bw ($\ulcorner\Pi\urcorner$, $\ulcorner A\urcorner$)‹ in PA ableitet, wobei $\ulcorner\Pi\urcorner$ und $\ulcorner A\urcorner$ die den Gödelnummern $\ulcorner\Pi\urcorner$ und $\ulcorner A\urcorner$ von Π bzw. A entsprechenden Ziffern in PA sind und $Bw(x,y)$ eine ↑Aussageform von PA ist, die (in ›natürlicher‹ Weise) die arithmetisierte Beweisrelation repräsentiert. Gödel konnte 1931 in seinem zweiten ↑Unableitbarkeitssatz zeigen, daß – vorausgesetzt, PA ist widerspruchsfrei (↑widerspruchsfrei/Widerspruchsfreiheit) – die Widerspruchsfreiheit von PA, d. h. der Satz ›es gibt keinen Beweis von $A \wedge \neg A$ in PA‹ (für eine beliebige Formel A), in PA nicht i. beweisbar ist, d. h., daß es keine Ableitung von $\neg\bigvee_x Bw(x, \ulcorner A \wedge \neg A\urcorner)$ in PA gibt. Nichtsdestoweniger gibt es e.e ↑Widerspruchsfreiheitsbeweise für PA, jedenfalls dann, wenn man bestimmte metamathematische Prinzipien als zulässige Beweismittel ansieht.

(3) In ↑Sprachphilosophie und ↑Ontologie dient das Begriffspaar ›i.‹/›e.‹ zur Unterscheidung zwischen relationalen ↑Eigenschaften, ohne die bestimmte Gegenstände nicht existieren können, und solchen, die mit der Existenz dieser Gegenstände nicht verknüpft sind. G. E. Moore hat 1919/1920 einen maßgeblichen Versuch zur Explikation des Begriffs der i.en/e.en ↑Relation unternommen. Danach ist P eine i.e relationale Eigenschaft eines Gegenstandes A, wenn $x = A$ für beliebiges x zur Folge hat (›entails‹, ↑Logik des ›Entailment‹), daß x die Eigenschaft P besitzt. Die Unterscheidung i.er und e.er

Relationen schließt an die alte ontologische Diskussion an, ob Relationen gedankliche Konstruktionen unabhängig von anderweitig gegebenen Gegenständen sind oder ob sie ihre gegenständlichen Relata konstituieren. Die ›i./e.‹-Unterscheidung in diesem Sinne spielt in L. Wittgensteins »Tractatus« eine zentrale Rolle. – Zur Verwendung der Unterscheidung in der Ethik und in der Theorie praktischer Rationalität: ↑Externalismus, ethischer.

Literatur: G. Basalla (ed.), The Rise of Modern Science. External or Internal Factors?, Lexington Mass. 1968; D. Bloor, Knowledge and Social Imagery, London/Henley/Boston Mass. 1976, bes. 1–19 (Chap. 1 The Strong Programme in the Sociology of Knowledge), Chicago Ill./London ²1991, 1998, bes. 3–23; G. Böhme/W. van den Daele/W. Krohn, Alternativen in der Wissenschaft, Z. Soz. 1 (1972), 302–316; dies., Die Finalisierung der Wissenschaft, Z. Soz. 2 (1973), 128–144; dies., Experimentelle Philosophie. Ursprünge autonomer Wissenschaftsentwicklung, Frankfurt 1977; G. Böhme u.a., Die gesellschaftliche Orientierung des wissenschaftlichen Fortschritts, Frankfurt 1978 (engl. Finalization in Science. The Social Orientation of Scientific Progress, Dordrecht/Boston Mass. 1983 [Boston Stud. Philos. Sci. LXXVII]); W. Felscher, Lectures on Mathematical Logic III (The Logic of Arithmetic), Amsterdam 2000; C. F. Gethmann, Wissenschaftsforschung? Zur philosophischen Kritik der nach-Kuhnschen Reflexionswissenschaften, in: P. Janich (ed.), Wissenschaftstheorie und Wissenschaftsforschung, München 1981, 9–38, 135–136; M. Hesse, Hermeticism and Historiography. An Apology for the Internal History of Science, in: R. H. Stuewer (ed.), Historical and Philosophical Perspectives of Science, Minneapolis Minn. 1970 (Minn. Stud. Philos. Sci. V), New York/Philadelphia Pa./London 1989, 134–160; dies., Revolutions and Reconstructions in the Philosophy of Science, Brighton, Bloomington Ind. 1980; W. Krohn, ›I. – e.‹, ›sozial – kognitiv‹. Zur Solidität einiger Grundbegriffe der Wissenschaftsforschung, in: C. Burrichter (ed.), Grundlegung der historischen Wissenschaftsforschung, Basel/Stuttgart 1979, 123–148; T. S. Kuhn, The Structure of Scientific Revolutions, Chicago Ill. 1962, ³1996, 2006 (dt. Die Struktur wissenschaftlicher Revolutionen, Frankfurt 1967, ²1976, 2007 [mit Postskriptum von 1969]; franz. La structure des révolutions scientifiques, Paris 1972, 1983); I. Lakatos, History of Science and Its Rational Reconstructions, in: R. C. Buck/R. S. Cohen (eds.), PSA 1970. In Memory of Rudolf Carnap. Proceedings of the 1970 Biennial Meeting. Philosophy of Science Association, Dordrecht 1971 (Boston Stud. Philos. Sci. VIII), 91–136, ferner in: ders., Philosophical Papers I, ed. J. Worrall/G. Currie, Cambridge/New York 1978, 1980, 102–138 (dt. Die Geschichte der Wissenschaft und ihre rationalen Rekonstruktionen, in: ders./A. Musgrave [eds.], Kritik und Erkenntnisfortschritt, Braunschweig 1974, 271–311, ferner in: W. Diederich [ed.], Theorien der Wissenschaftsgeschichte. Beiträge zur diachronen Wissenschaftstheorie, Frankfurt 1974, 1978, 55–119, ferner in: I. Lakatos, Philosophische Schriften I, Braunschweig/Wiesbaden 1982, 108–148); R. MacLeod, Changing Perspectives in the Social History of Science, in: I. Spiegel-Rösing/D. de Solla Price (eds.), Science, Technology and Society. A Cross-Disciplinary Perspective, London/Beverly Hills Calif. 1977, 149–195 (mit Bibliographie, 180–195); T. Marvan (ed.), What Determines Content. The Internalism/Externalism Dispute, Newcastle 2006; J. Mittelstraß, Theorie und Empirie der Wissenschaftsforschung, in: C. Burrichter (ed.), Grundlegung der historischen

Wissenschaftsforschung [s. o.], 71–106, ferner in: J. Mittelstraß, Wissenschaft als Lebensform. Reden über philosophische Orientierungen in Wissenschaft und Universität, Frankfurt 1982, 185–225; ders., Rationale Rekonstruktion der Wissenschaftsgeschichte, in: P. Janich (ed.), Wissenschaftstheorie und Wissenschaftsforschung [s. o.], 89–111, 137–148; G. E. Moore, External and Internal Relations, Proc. Arist. Soc. NS 20 (1919/1920), 40–62, Neudr. in: ders., Philosophical Studies, London 1922, London/New York 2001, 276–309; I. Spiegel-Rösing, Wissenschaftsentwicklung und Wissenschaftssteuerung. Einführung und Material zur Wissenschaftsforschung, Frankfurt 1973; P. Weingart, Wissensproduktion und soziale Struktur, Frankfurt 1976. – Intellectica 43 (2006) (Sonderheft: Internalisme/externalisme); weitere Literatur: ↑Wissenschaftsforschung, ↑Wissenschaftsgeschichte, ↑Wissenschaftssoziologie, ↑Wissenschaftstheorie, ↑Wissenschaftswissenschaft. J. M./P. S.

Internalismus, ethischer, ↑Externalismus, ethischer.

Interpolationssatz, ↑Craig's Lemma.

Interpretation (von lat. interpretari, dolmetschen, auslegen, erklären, deuten, verstehen, beurteilen), im allgemeinen wissenschaftssprachlichen Wortgebrauch häufig synonym mit oder (wie dann etwa auch im Falle von ↑›Erklärung‹) Unterbegriff zu ↑›Deutung‹. ›Interpres‹ (lat.) wird ursprünglich der Dolmetscher (im Staatsdienst), der Vermittler von Kaufgeschäften, der Deuter des göttlichen Willens (Augur) sowie derjenige juristischer (und anderer) Texte genannt. In einem wiederum sehr allgemeinen Sinne umfaßt der Akt der I. jede Art des Verstehens, Erkennens und Deutens, sofern es sich hierbei um das Anliegen handelt, etwas als etwas zu begreifen bzw. gegebenen Verstehenshorizonten zu(oder unter-)zuordnen; in derartigen Fällen impliziert I. nicht nur Deutung, sondern zugleich auch Aneignung. Stets geht es dabei außerdem darum, eine Art Kongruenz zwischen Verstehens- und Handlungswelten herzustellen und Aspekte der Weltorientierung zu generieren. In diesem allgemeinen Verständnis kann I. sich gewissermaßen auf ›alles‹ beziehen: auf Lebensvollzüge, Personen, Gesten, Ereignisse, auf Naturgegenstände, Artefakte, Handlungen, Maximen und Texte; sie findet Anwendung in Philosophie, Theologie, Jurisprudenz, Literaturwissenschaft, Geschichtswissenschaft, Psychologie, Logik und Mathematik (↑Interpretationssemantik), in den Natur-, Sozial- und Kunstwissenschaften. Die Vielfalt von I.sgegenständen und I.sabsichten führt jeweils zu unterschiedlichen I.smethoden. In einem speziellen Sinne bedeutet ›I.‹ in den ↑Geisteswissenschaften das kunstgemäße, regelgeleitete, methodisch herbeigeführte ↑Verstehen der Bedeutung eines Textes (W. Dilthey); sie zählt damit zu den wichtigsten Aufgaben der ↑Hermeneutik. Voraussetzung für die Notwendigkeit einer I. in diesem Sinne, d.h. als (Teil-)Disziplin der Textwissenschaft, ist, (1) daß der Text Verstehensschwierigkeiten bietet (sonst könnte man ihn unmittelbar, d.h. ohne besondere Methodologie, auf dem Wege der ›Direktinterpretation‹ [W. Stegmüller], verstehen), (2) daß der Text wenigstens zum Teil unmittelbar verständlich ist (völlig unverständliche Texte, z.B. die kretische Linear-A-Schrift, können nicht interpretiert werden), (3) daß die Verstehensschwierigkeiten nicht durch Befragung des Autors behoben werden können, (4) daß der Text als wichtig angesehen wird.

Für die historischen Anfänge der systematischen Erarbeitung einer Theorie der I. sind neben der (partiellen) Unverständlichkeit vor allem die Wichtigkeit und die Absicht der Verteidigung (↑Apologetik) bestimmter Autoren und Texte ausschlaggebend. So antwortet z.B. Theagenes von Rhegion (6./5. Jh. v. Chr.), der Begründer der allegorischen I.smethode (↑Allegorese), auf die (für uns nur bei späteren Autoren wie Xenophanes, Heraklit und Platon greifbare) teils religiös, teils moralisch, teils rationalistisch-aufklärerisch motivierte Dichterkritik mit einem ausdrücklich apologetisch verstandenen I.sverfahren, das die für die Erziehung in Griechenland maßgeblichen Texte von Homer und Hesiod zum Teil gegen den Wortlaut und die Autorenintention zu deuten und damit einem geänderten Weltverständnis gegenüber zu retten erlaubt. Der Sophist Antisthenes (ca. 455–360) bedient sich, um Homer für die Unterweisung in Ethik und Rhetorik nutzen zu können, der allegorischen I. und der auf historische Texte übertragenen Unterscheidung von ›Meinung‹ und ›Wahrheit‹, mit deren Hilfe er anstößige Stellen zu glätten und den (haltbaren) verborgenen Sinn zu ermitteln sucht. Palaiphatos (um 350 v. Chr.) verwendet eine rationalistische I.smethode, um die Dichtung von den durch die Gebildeten seiner Zeit nicht mehr akzeptierten Mythen und von unwahrscheinlichen, der Erfahrung widersprechenden Aussagen über die Natur zu befreien und einen historisch und sachlich haltbaren Kern durch I. zu retten. Nach Euhemeros von Messene (um 300 v. Chr.) wird das Prinzip der rationalistischen Mythendeutung ›Euhemerismus‹ genannt (was offenbar auf einer Fehldeutung seiner panegyrisch-utopischen, in eine Apotheose mündenden Legitimation des Herrscherkultes beruht).

Die bis zu dieser Zeit sich nur auf Dichtererklärung beziehende I. wird von der ↑Stoa auf alle Bereiche der Erkenntnis übertragen. Ausgehend von der Annahme, daß der göttliche ↑Logos überall (nicht nur bei den Dichtern, sondern auch in der orphischen Literatur [↑Orphik], in der Mythologie, in Orakeln, in der Philosophie und in der Natur) anwesend ist, entwickeln die Stoiker für alle Wissensgebiete eine Kunstlehre des Verstehens, die eine angemessene Entschlüsselung der meist nur in verschlüsselter Form vorliegenden Wahrheiten gewährleisten soll. Mit der ↑Mythologie, insbes. mit der Etymologie der Götternamen, befassen sich (im An-

schluß an Kratylos und Platon) Chrysippos, Kleanthes (ca. 300–232/231) und Krates von Mallos (2. Jh. v. Chr.). Der Stoiker Kornutos (1. Jh. n. Chr.) stellt eine Übersicht über die allegorisierenden Mythen- und Götterdeutungen der Stoa zusammen, der der Stoa nahestehende hellenistische Grammatiker und Mythograph Herakleitos versucht eine ›Rettung‹ Homers durch allegorisierende, rationalistische I. der Göttergeschichten. Eine systematisch betriebene allegorische *Naturdeutung* (*interpretatio naturae*) findet sich erstmals bei Poseidonios von Rhodos, dann bei M.T. Varro (116–27) und bei Nemesios von Emesa (4. Jh. n. Chr.); sie stützt sich vor allem auf Analogieschlüsse (von Teilen der Natur auf das Weltganze) und dient der Gewinnung übernatürlichen Wissens.

Über Aristobulos (2. Jh. v. Chr.), der die Anthropomorphismen des Pentateuch allegorisch-symbolisch deutet, und Philon von Alexandreia, der auch die Naturallegorese übernimmt, findet die stoische I.smethode Eingang in die jüdische Bibelexegese. Ausgangspunkt ist hier (wie auch in der christlichen Exegese) die Annahme, daß hinter dem unmittelbaren Wortsinn ein geheimer tieferer Sinn verborgen liege. Die allegorische Schriftdeutung des Christentums (Clemens Alexandrinus, Origenes, Ambrosius mit dem Beinamen ›Philo latinus‹, A. Augustinus) knüpft (teilweise schon mit Paulus) unmittelbar an die stoisch-jüdische I. Philons an. Origenes entwickelt die Lehre vom dreifachen (körperlich/geschichtlichen, seelischen, geistig/pneumatischen) Schriftsinn. Einfluß gewinnt vor allem die auf den ägyptischen Abt Nesteros zurückgehende, unter anderem von A. Augustinus, Rabanus Maurus und Thomas von Aquin übernommene I.smethode, die eine *historica interpretatio* und eine *intelligentia spiritualis* (mit den Teilen *allegoria*, *anagoge* und *tropologia*) unterscheidet: Die historische I. erarbeitet den unmittelbaren Wortsinn, die *allegoria* den Glaubensinhalt, die *tropologia* den moralischen Gehalt und die *anagoge* den himmlischen, eschatologischen Schriftsinn. – Auch die neuplatonischen (↑Neuplatonismus) I.theorien gehen von der Voraussetzung aus, daß die Texte über den Wortsinn hinaus einen nur durch eine besondere Art der I. zu entschlüsselnden tieferen Sinn enthalten. Philosophische Texte werden dabei – vor allem unter dem Einfluß orientalischer Mysterienrezeption – als religiöse Geheimlehren verstanden. Das zeigt sich z.B. in Plutarchs Schrift »Über Isis und Osiris« und in Porphyrios' Werk »De philosophia ex oraculis haurienda«. Die erste neuplatonische Theorie der I. entwickelt Iamblichos, der eine physikalische, eine ethische und eine metaphysische I. unterscheidet und für den Fall, daß direkt kein metaphysischer Gehalt (in den Schriften Platons) zu erkennen ist, eine auch den (verborgenen, eigentlichen) metaphysischen Sinn offenlegende indirekte I. fordert. Proklos versteht Platon vorwiegend als Mythendichter, der einen zweifachen Schriftsinn intendiere: den der Erbauung und den der tieferen (metaphysischen) Erkenntnis.

Zur apologetisch-allegorischen I. gibt es schon in der Antike zwei Alternativen: die *philosophische Kritik* (z. B. Xenophanes, VS 21 B 11, Heraklit, VS 22 B 42/57, Platon, Pol. 376e–403c/595a–608 b), die die inhaltliche Wahrheit der Dichtung bestreitet, und die *philologische* I. der ›Alexandriner‹ (Zenodotos von Ephesos [ca. 330–260], Aristophanes von Byzanz [ca. 257–180], Aristarchos von Samothrake [ca. 217–145]), die sich um Textsicherung (philologische Textkritik, Athetese, Konjektur, Interpolation) und um ein konkretes Textverständnis durch Worterläuterung bemüht. – Die (vorherrschende) philosophische (und theologische) I. setzt die Wahrheit und damit den Geltungsanspruch der zu interpretierenden Texte voraus, führt deren (partielle) Nicht-Verstehbarkeit auf ihren mythisch-religiösen Geheimcharakter zurück, versteht die Philosophie als Geheim- und Erlösungslehre, schließt sich der religiösen Deutungspraxis der Orakel- und Mysterienkulte an, verfolgt apologetische und dogmatische Intentionen und dient damit der Restauration und der ›Rehabilitierung‹ von Autorität und Tradition‹ (H.-G. Gadamer).

Gegen dieses die abendländische I.stheorie und I.spraxis weitgehend beherrschende, an der Idee eines feststehenden ›Sinnes‹, eines vorgegebenen ›Logos‹ orientierte Vorverständnis von Philosophie tritt (etwa seit den 1960er bzw. 1970er Jahren) der Dekonstruktivismus (↑Dekonstruktion (Dekonstruktivismus)) mit seinem Programm der Überwindung des ›Logozentrismus‹ und der ›Präsenz‹ des Wesens an. J. Derrida entwickelt (zunächst am Modell der Schriftlichkeit) eine radikale Gegenphilosophie und Gegeninterpretation, die Bedeutungs- und Sinnkonstitution nicht mehr als intentionale Funktion des Bewußtseins versteht und den traditionellen Wahrheitsbegriff und letztendlich auch jede Art apophantischer (↑Apophansis) Rede suspendiert. Dann scheint sich mit der Diskussion über die *Medialität* der Kommunikation und des Verstehens für das I.sverständnis in Bezug auf philosophische Texte eine neue Dimension zu eröffnen. Sofern das Medium nicht mehr (nur) als ›Transportmittel‹ einer Botschaft angesehen wird, sondern davon ausgegangen wird, daß der Verstehensprozeß neben dem propositionalen Gehalt auch eine ›Spur‹ des Mediums bewahrt bzw. enthält (S. Kraemer), tangiert das Medium auch den apophantischen Charakter der Texte und der Textinterpretation. Stellt man weiterhin in Rechnung, daß das ausschlaggebende Medium des Philosophierens (wenigstens im ›westlichen Kulturkreis‹) die *Schrift*, genauer: die Alphabetschrift ist (C. Stetter, J. Villers), so bietet sich von hier aus eine neue kritische, insbes. ideologiekritische, Sicht auf die Philosophie- und die I.sgeschichte des Abendlandes an.

Betont man den propositionalen Gehalt apophantischer philosophischer Texte, so ergeben sich für die *systematisch-kritische* I.theorie und I.spraxis folgende Grundsätze (↑Rekonstruktion): Will sie dem Dogmatismus-, Ideologie- und Traditionalismusvorwurf entgehen, darf sie die Wahrheit der zu interpretierenden Texte nicht voraussetzen (und muß dem Argument und dem Problem vor der nur historischen Autororientierung den Vorrang geben). Eine philosophische Theorie der (Text-) I., die (im Unterschied zur Paraphrase, zur Glosse und zum Kommentar) alle für die Erarbeitung eines Textverständnisses relevanten methodischen und systematischen Aspekte in geordneter Abfolge und in einem kontrollierbaren Verfahren darlegen und begründen soll, muß dabei folgende Probleme erörtern: das Vorverständnis des Interpreten, die I.sabsicht, den I.sgegenstand, die I.smethode und die Rechtfertigung der I.. Die Frage nach dem *Vorverständnis* bezieht sich einerseits auf den zu interpretierenden Text und dessen Autor, andererseits auf die (wiederum die Absicht und die Methode der I. beeinflussenden) Annahmen des Interpreten über die Funktion der Philosophie. Angesichts der Vielfalt möglicher Vorverständnisse ist eine explizite Darlegung und Rechtfertigung des jeweils zugrundegelegten Vorverständnisses durch den Interpreten erforderlich. Zu den I.*sabsichten* werden gezählt: (1) die Ermittlung und sachlich richtige Wiedergabe der Autorenmeinung (vor allem dann, wenn das Anliegen des Autors durch die Rezeptionsgeschichte uminterpretiert wurde); (2) die Rekonstruktion der Autorenmeinung mit geklärten Begriffen und (nach Möglichkeit) die Darstellung der Philosophie eines Autors als eines in sich geschlossenen, konsistenten Systems; (3) die ↑Rekonstruktion von relevanten philosophischen Problemformulierungen und Problemlösungsvorschlägen; (4) die Aufarbeitung der historischen (ideengeschichtlichen, literarhistorischen, sozio-ökonomischen, kulturellen, individuellen) Bedingtheiten einer philosophischen Theorie; (5) die Darlegung der Wirkungsgeschichte und Relevanz einer Theorie innerhalb eines bestimmten philosophiehistorischen Kontextes; (6) der Nachweis historischer Verlaufsformen (›Gesetzmäßigkeiten‹) und der Interdependenz von Philosophie- und Realhistorie; (7) die Rechtfertigung gegenwärtiger Meinungen und Zustände durch Rekurs auf ihre ↑Genese.

Der I.*sgegenstand* wird in seiner spezifischen Eigenart und Leistungsfähigkeit durch das Vorverständnis des Interpreten über die Aufgabe der Philosophie und der philosophischen I. bestimmt. Unabhängig von den Kontroversen über eine inhaltliche Bestimmung der Philosophie kann davon ausgegangen werden, daß die Philosophie (und damit auch der zu interpretierende Text) sich mit der systematischen Klärung von Problemen befaßt, deren Inhalt jeweils durch den Nachweis historischer Adäquatheit als spezifisch philosophisch auszuweisen ist. Ferner ist der I.sgegenstand (I.stext) dadurch zu charakterisieren, daß er (für die jeweilige I.sabsicht) einschlägige Informationen (Unterscheidungen, Argumente, Problemformulierungen) zur Klärung philosophischer Probleme enthält.

Für die I.*smethode* ergeben sich aus (1) der philologisch-philosophischen, (2) der rational rekonstruierenden und (3) der systematisch-konstruktiven I.sabsicht (die anderen genannten I.sabsichten setzen diese in der Regel voraus und dienen weniger der I. im engeren Sinne als vielmehr der darüber hinausgehenden Deutung und Wertung philosophischer Texte) folgende, in ihrer Reihenfolge zum Teil variable I.sschritte: (1) *Verstehen* des Textes: (a) die philologische Textsicherung mit den Methoden der Textkritik (als Hilfsmittel und Voraussetzung der I.); (b) die Feststellung der für die gewählte Problematik und I.sabsicht relevanten bzw. nicht-relevanten Textstellen; (c) der Nachweis, daß bzw. inwieweit die ausgewählten Textstellen isoliert behandelt werden können; (d) die immanente Rekonstruktion, d. h. die Herstellung eines (gegenüber der I.svorlage erweiterten) synonymen Textes unter Heranziehung der Erläuterungen und Ergänzungen des Autors; ferner: Rekonstruktion des Wortgebrauchs durch weitere Erläuterung und Präzisierung des Vokabulars (›inhaltliche Semantik‹), durch Feststellung der methodisch-logischen Funktion der Ausdrücke (›formale Semantik‹) sowie durch Vervollständigung von ↑Prädikatorenregeln und ↑Definitionen; Rekonstruktion des Argumentationsganges durch Ergänzung von Lücken, explizite Darlegung von (dem Autor nicht bewußten und/oder implizit von ihm angenommenen) Argumentationsvoraussetzungen, Klärung von Widersprüchen und Herstellung einer logisch korrekten Argumentationsabfolge. Ziel dieser immanenten Rekonstruktion ist die Erarbeitung einer am Autor orientierten, nach Möglichkeit den vom Interpreten jeweils für erforderlich erachteten Anforderungen an Präzision, Konsistenz und Vollständigkeit genügenden Argumentation, in der der ›Geltungsanspruch‹ des Textes in einer dem jeweiligen Diskussionsstand angemessenen Form präsentiert wird. (2) *Beurteilung* des Textes durch systematisch-kritische Rekonstruktion, in der (über die auch für das Verstehen notwendige partielle Kritik hinaus) die gesamte Argumentation des Autors geprüft wird. Die Beurteilung bezieht sich auf die Voraussetzungen, Implikationen und Konsequenzen, auf die formale und inhaltliche Genauigkeit des Wortgebrauchs sowie auf die Korrektheit, Konsistenz und Vollständigkeit der Argumentation. Nicht mehr der Autor bzw. der Text, sondern das systematische Interesse an der Problemlösung ist hier ausschlaggebend. (3) Die *konstruktive Fortführung* der durch die I. gewonnenen systematisch relevanten Ergebnisse und deren Einordnung in weiterführende Problemzusammenhänge (Applikation) ist der Zweck einer systematisch-konstruktiven I., zählt aber nicht zur I. im engeren Sinne. (4) Die *Rechtfertigung* der I. bezieht sich (a) generell auf das Problem der Möglichkeit und Nützlichkeit einer Argumentations- und Problemgeschichte, (b) auf die Relevanz des ausgewählten Problems, (c) auf die Eignung des jeweiligen Textes, (d) auf die Angemessenheit der I.smethode, (e) auf die Erfolge bzw. Mißerfolge der bisherigen I.sgeschichte. – Bei allen I.sschritten, insbes. bei den beiden erstgenannten, sind außerdem zu leisten: eine Beschreibung des Wissensstandes des Autors und der Problemdiskussion seiner Zeit, ein Vergleich mit anderen (ähnlichen und entgegengesetzten) Positionen sowie eine Darlegung des Stellenwertes der speziellen Problematik im Gesamtsystem des Autors – nach Möglichkeit in den (systematisch gerechtfertigten) Termini der Beschreibungssprache des Interpreten. Ob dabei durch I. die ›eigentliche Meinung‹ des Autors rekonstruiert werden kann und ob systematische Kritik zu den Aufgaben des Interpreten zählt, ist in philosophischen Theorien der I. bzw. im Rahmen der Hermeneutik umstritten.

Literatur: H. Anton, I., Hist. Wb. Ph. IV (1976), 514–517; R. Brandt, Zur I. philosophischer Texte, Allg. Z. Philos. 1 (1976), 46–62; J. Derrida, De la grammatologie, Paris 1967, 1997 (dt. Grammatologie, Frankfurt 1974, ⁷1998; engl. Of Grammatology, Baltimore Md./London 1976, ²1997, 1998); W. Dilthey, Die Entstehung der Hermeneutik (1900), in: ders., Ges. Schriften V, Berlin/Leipzig 1924, ⁶1974, 317–338; U. Dirks, I., EP I (1999), 657–661; H. Dörrie, Spätantike Symbolik und Allegorese, Frühmittelalterl. Stud. 3 (1970), 1–12 (repr. in: ders., Platonica Minora, München 1976, 112–123); F. W. Farrar, History of I.. Eight Lectures Preached before the University of Oxford in the Year 1885 on the Foundation of the Late Rev. John Bampton, London 1886, ohne Untertitel, Grand Rapids Mich. 1961; H. Flashar/K. Gründer/A. Horstmann (eds.), Philologie und Hermeneutik im 19. Jahrhundert. Zur Geschichte und Methodologie der Geisteswissenschaften, Göttingen 1979; K. v. Fritz, Philologische und philosophische I. philosophischer Texte, in: ders., Schriften zur griechischen Logik I (Logik und Erkenntnistheorie), Stuttgart 1978, 11–22; M. Fuhrmann, Interpretation. Notizen zur Wortgeschichte, in: D. Liebs (ed.), Sympotica Franz Wieacker. Sexagenario Sasbachwaldeni a suis libata, Göttingen 1970, 80–100, Zusammenfassung: ders., Interpretatio, Arch. Begriffsgesch. 16 (1972), 105–106; H.-G. Gadamer, Wahrheit und Methode. Grundzüge einer philosophischen Hermeneutik, Tübingen 1960, ⁴1975, erw. unter dem Titel: Hermeneutik I (Wahrheit und Methode. Grundzüge einer philosophischen Hermeneutik), in: Ges. Werke I, Tübingen ⁵1986, ⁶1990, 1999 (Register in: Ges. Werke II, Tübingen 1986, ²1993, 1999) (engl. Truth and Method, London, New York 1975, ²1989, London/ New York 2006; franz. Vérité et méthode. Les grandes lignes d'une herméneutique philosophique, Paris 1976 [unvollst.], 1996 [vollst.]); M. Gatzemeier, Methodische Schritte einer Textinterpretation in philosophischer Absicht. Friedrich Kaulbach zum 60. Geburtstag, in: F. Kambartel/J. Mittelstraß (eds.), Zum normativen Fundament der Wissenschaft, Frankfurt 1973, 281–317, ferner, ohne Untertitel, in: ders., Philosophie als Theorie der Rationalität. Analysen und Rekonstruktionen I (Zur Philosophie der wissenschaftlichen Welt), ed. J. Villers, Würzburg 2005, 255–285; ders., Wahrheit und Allegorie. Zur Frühgeschichte der Hermeneutik von Theagenes bis Proklos, in: Philosophie als Theorie der Rationalität [s. o.], 366–383; H. Göttner, Logik der I.. Analyse einer literaturwissenschaftlichen Methode unter kritischer Betrachtung der Hermeneutik, München 1973; F. Graf, Interpretatio, DNP V (1998), 1038–1043; E. D. Hirsch, Validity in I., New Haven Conn. 1967, 1973 (dt. Prinzipien der I., München 1972); L. Huth, Argumentationstheorie und Textanalyse, Der Deutschunterricht 27 (1975), 80–111; P. Janich/F. Kambartel/J. Mittelstraß, Wissenschaftstheorie als Wissenschaftskritik, Frankfurt 1974, 119–141 (Kap. IX Grundlagen der historisch-hermeneutischen Wissenschaften); S. Kraemer, Sprache und Schrift oder: Ist Schrift verschriftete Sprache?, Z. Sprachwiss. 15 (1996), 92–112; dies., Das Medium als Spur und als Apparat, in: dies. (ed.), Medien, Computer, Realität, Wirklichkeitsvorstellungen und Neue Medien, Frankfurt 1998, 73–94; J. Ladrière, Interprétation, Enc. philos. universelle II/1 (1990), 1358–1359; T. Mayer-Maly, Interpretatio, KP II (1967), 1423–1424; G. Meggle/M. Beetz, I.stheorie und I.spraxis, Kronberg 1976; J. Mittelstraß, Das Interesse der Philosophie an ihrer Geschichte, Stud. Philos. 36 (1977), 3–15; K. Schmidt, Der hermeneutische Zirkel. Untersuchungen zum Thema: Übersetzen und Philosophie, Die Pädagog. Provinz 21 (1967), 472–488; W. Stegmüller, Gedanken über eine mögliche rationale Rekonstruktion von Kants Metaphysik der Erfahrung, Ratio 9 (1967), 1–30, 10 (1968), 1–31; C. Stetter, Schrift und Sprache, Frankfurt 1997, 1999; J. Villers, Das Paradigma des Alphabets. Platon und die Schriftbedingtheit der Philosophie, Würzburg 2005; F. Wehrli, Zur Geschichte der allegorischen Deutung Homers im Altertum, Diss. Basel 1928; weitere Literatur: ↑Deutung, ↑Erklärung, ↑Hermeneutik, ↑Rekonstruktion. M. G.

Interpretation (logisch), ↑Interpretationssemantik.

Interpretation, partielle, im Gegensatz zu ›totale Interpretation‹ (↑Interpretationssemantik) (1) Bezeichnung für eine Interpretation einer quantorenlogischen Sprache (↑Quantorenlogik), die nur auf einer Teilmenge der nicht-logischen Konstanten der Sprache definiert ist, also eine partielle Funktion darstellt. P. I.en in diesem Sinne spielen in der ↑Sprachphilosophie eine wichtige Rolle bei Versuchen, etwa unerfüllte ↑Präsuppositionen oder die Rede über nicht-existierende Objekte (↑Existenz (logisch), ↑Logik, freie) logisch verständlich zu machen. (2) Bezeichnung für eine Interpretation einer quantorenlogischen Sprache, bei der die ↑Prädikatoren durch partielle statt totale ↑Wahrheitsfunktionen interpretiert werden. Danach wird ein n-stelliger Prädikator P einer Menge von n-tupeln von Gegenständen zugesprochen (↑Wahrheitswert *wahr*) und einer anderen Menge von n-tupeln abgesprochen (Wahrheitswert *falsch*), ohne daß die beiden Mengen gemeinsam den intendierten Gegenstandsbereich erschöpfen müssen. P. I.en in diesem Sinne spielen insbes. bei der Modellierung des Schließens unter unvollständiger (= partieller) ↑Information eine Rolle, das in ↑Linguistik und ↑Informatik untersucht wird. Ansätze in dieser Richtung sind

z. B. die auf J. Barwise und J. Perry zurückgehende ↑Situationssemantik, aber auch dynamische Ansätze, wonach Aussagen durch die Art und Weise charakterisiert werden, wie sie durch p. I.en gegebenes Wissen modifizieren, z. B. H. Kamps Diskursrepräsentationstheorie, J. Groenendijks und M. Stokhofs dynamische Prädikatenlogik und eine Vielfalt neuerer Ansätze, z. B. zur dynamischen epistemischen Logik. Diese Theorien enthalten teilweise Querbeziehungen zu mehrwertigen Logiken (↑Logik, mehrwertige, ↑Fuzzy Logic) und sind häufig nicht-monoton (↑Logik, nicht-monotone). In der philosophischen Logik (↑Logik, mathematische) liefern sie u. a. neue Ansätze zur Behandlung logischer und semantischer ↑Paradoxien.

Daneben geht die ↑Zweistufenkonzeption empirischer Wissenschaften (↑Beobachtungssprache, ↑Theoriesprache), wie sie R. Carnap entwickelt hat, davon aus, daß nur die Terme der Beobachtungssprache, nicht jedoch die der Theoriesprache interpretiert sind, die Interpretation der Theorie als ganzer also partiell ist. Daraus ergibt sich, daß die p. I. einer Theorie den theoretischen Termen, die ja nicht durch Beobachtungsterme explizit definierbar sein sollen, in der Regel keine eindeutig festgelegte Bedeutung verschafft. In diesem Zusammenhang spricht man allerdings auch von der ›p.n I. theoretischer Terme‹ und meint damit die ›indirekte Interpretation‹ dieser Terme (z. B. durch ↑Korrespondenzregeln), verwendet den Begriff der Interpretation also nicht im logischen Sinne (nach dem die theoretischen Terme nicht partiell, sondern gar nicht interpretiert werden).

Literatur: A. N. Abdallah, The Logic of Partial Information, Berlin/New York 1995; J. Barwise/J. Perry, Situations and Attitudes, Cambridge Mass. 1983, Stanford Calif. 1999 (dt. Situationen und Einstellungen. Grundlagen der Situationssemantik, Berlin/New York 1987); J. Barwise/J. Etchemendy, The Liar. An Essay on Truth and Circularity, Oxford/New York 1987, 1989; J. v. Benthem, Exploring Logical Dynamics, Stanford Calif. 1996; S. Blamey, Partial Logic, in: D. M. Gabbay/F. Guenthner (eds.), Handbook of Philosophical Logic III, Dordrecht/Lancaster Pa. 1986, 1–70, Nachdr. in: V, Boston Mass./Dordrecht/London ²2002, 261–353; H. v. Ditmarsch/W. v. d. Hoek/B. Kooi, Dynamic Epistemic Logic, Berlin/Dordrecht 2007; H. Kamp/U. Reyle, From Discourse to Logic. Introduction to Modeltheoretic Semantics of Natural Language, Formal Logic and Discourse Representation Theory, I–II, Boston Mass./Dordrecht 1993; F. v. Kutschera, Wissenschaftstheorie I (Grundzüge der allgemeinen Methodologie der empirischen Wissenschaften), München 1972, 252–296 (Kap. III Aufbau, Interpretation und Abgrenzung empirischer Theorien); ders., Partial Interpretations, in: E. L. Keenan (ed.), Formal Semantics of Natural Language. Papers from a Colloquium Sponsored by the King's College Research Centre, Cambridge, Cambridge/New York 1975, 156–174; W. Stegmüller, Probleme und Resultate der Wissenschaftstheorie und Analytischen Philosophie II/I (Theorie und Erfahrung), Berlin/Heidelberg/New York 1970, 213–374 (Kap. IV Motive für die Zweistufentheorie und die Lehre von der p.n I. theoretischer Terme, Kap. V Darstellung und kritische Diskussion von Carnaps Kriterium der empirischen Signifikanz für theoretische Terme).   P. S.

Interpretation, radikale (engl. radical interpretation), von D. Davidson eingeführter Begriff, der eine Fortentwicklung von W. V. O. Quines Begriff der *radikalen Übersetzung* darstellt. In beiden Fällen charakterisiert ›radikal‹ die Situation dessen, der eine ihm völlig unbekannte Sprache zu verstehen sucht. Da ihm kein Rekurs auf Sprachkenntnisse möglich ist, muß er sich allein auf das (nicht-sprachliche) Verhalten eines Sprechers stützen, wenn er dessen Aussagen in seine eigene Sprache übersetzen will. Davidson faßt einen Interpreten ins Auge, der sich vom Übersetzer Quines vor allem darin unterscheidet, daß dieser allein auf die Bedeutungen von Aussagen zielt, während jener versucht, zugleich auch die Überzeugungen eines Sprechers zu bestimmen. Da Überzeugung und Bedeutung im Verhalten eines Sprechers immer zusammen auftreten, lassen sich die beiden nicht unabhängig voneinander bestimmen: Auch eine Aussage, die (bei Unterstellung einer bestimmten Bedeutung) falsch ist, kann (bei Unterstellung einer geeigneten anderen Bedeutung) als eine wahre Aussage aufgefaßt werden. Dieses Dilemma läßt sich nach Davidson lösen, wenn man sich ein ›principle of charity‹ (↑charity, principle of) – wiederum in Anlehnung an Quine – zu eigen macht: Grundsätzlich sollte stets versucht werden, Bedeutungen und Überzeugungen so zu bestimmen, daß die Zahl der wahren Überzeugungen des Subjekts maximal ist. Indem sich bei der Aneignung der Muttersprache jeder in der Rolle eines radikalen Interpreten befindet, sind die Bedingungen der r. n I. selbst als die Bedingungen des Sprechens und Verstehens zu betrachten.

Literatur: C. Beyer, Mentale Simulation und r. I., Grazer philos. Stud. 70 (2005), 25–45; A. Edmüller, Wahrheitsdefinition und r. I., Frankfurt etc. 1991; J. Fodor/E. LePore, Is Radical I. Possible?, in: R. Stoecker (ed.), Reflecting Davidson, Berlin/New York 1993, 57–76; J. Greve, Kommunikation und Bedeutung. Grice-Programm, Sprechakttheorie und r. I., Würzburg 2003, bes. 128–165 (Kap. III R. I.); E. LePore/K. Ludwig, Donald Davidson. Meaning, Truth, Language, and Reality, Oxford 2005, 2007, bes. 147–300 (Part II Radical I.); C. McGinn, Radical I. and Epistemology, in: E. LePore (ed.), Truth and Interpretation. Perspectives on the Philosophy of Donald Davidson, Oxford/New York 1986, 1992, 356–368; P. Pagin, Radical I. and Compositional Structure, in: U. M. Zeglen (ed.), Donald Davidson. Truth, Meaning and Knowledge, London/New York 1999, 59–72; P. Rawling, Radical I., in: K. Ludwig (ed.), Donald Davidson, Cambridge 2003, 85–112; R. Sinclair, What Is Radical I.? Davidson, Fodor, and the Naturalization of Philosophy, Inquiry 45 (2002), 161–184; E. Stenius, Comments on Donald Davidson's Paper »Radical I.«, Dialectica 30 (1976), 35–60.   D. H.

Interpretationssemantik, Bezeichnung für einen auf A. Tarski zurückgehenden und für die moderne ↑Modelltheorie grundlegenden Typ von Semantiken quantoren-logischer Sprachen, wonach zentrale semantische Begriffe wie die der ↑Wahrheit, der Allgemeingültigkeit (↑allgemeingültig/Allgemeingültigkeit) und der ↑Folgerung unter Rückgriff auf den Begriff der *Interpretation* erklärt werden. Unter einer Interpretation einer quantorenlogischen Sprache S versteht man dabei eine ↑Abbildung I, die den ↑Individuenkonstanten und Prädikatvariablen (↑Prädikatorenbuchstabe, schematischer) von S Gegenstände als deren Bedeutung zuordnet, und zwar den Individuenkonstanten Elemente eines nicht-leeren ↑›Individuenbereichs‹ M und den n-stelligen Prädikatvariablen n-stellige Attribute über M – meist extensional (↑extensional/Extension) aufgefaßt als Mengen (d. h. bei Prädikatoren erster Stufe: Mengen von n-tupeln von Elementen aus M).

Sei z. B. eine Sprache der klassischen ↑Quantorenlogik erster Stufe ohne Funktionszeichen und ohne Identitätssymbol basierend auf den logischen Partikeln (↑Partikel, logische) $\wedge, \neg, \bigwedge$ gegeben; I sei eine Interpretation dieser Sprache über dem Bereich M. Dann definiert man induktiv die Beziehung Mod(I, A) (›die Aussage A gilt [ist wahr] unter I‹ oder ›I ist *Modell von A*‹):

$\mathrm{Mod}(I, P(a_1, \ldots, a_n))$ genau dann, wenn $\langle I(a_1), \ldots, I(a_n) \rangle \in I(P)$;

$\mathrm{Mod}(I, \neg B)$ genau dann, wenn nicht $\mathrm{Mod}(I, B)$;

$\mathrm{Mod}(I, B \wedge C)$ genau dann, wenn $\mathrm{Mod}(I, B)$ und $\mathrm{Mod}(I, C)$;

(*) $\mathrm{Mod}(I, \bigwedge_x B(x))$ genau dann, wenn $\mathrm{Mod}(I', B(a))$ für alle Interpretationen I' über M gilt, die sich von I nur in der Interpretation der ↑Individuenkonstanten a unterscheiden, wobei a in $B(x)$ nicht vorkommt.

Eine Aussage A heißt ↑logisch wahr, wenn $\mathrm{Mod}(I, A)$ für jedes I gilt. Eine Aussage A folgt logisch aus einer Menge $\mathfrak{M}$ von Aussagen, wenn jedes Modell aller Aussagen aus $\mathfrak{M}$ auch Modell von A ist. Die Allgemeingültigkeit und Erfüllbarkeit von ↑Aussageformen läßt sich auf den Modellbegriff für Aussagen zurückführen.

Betrachtet man – wie in der mathematischen Logik (↑Logik, mathematische) häufig – Sprachen ohne Individuenkonstanten, so hat die Klausel (*) in der Definition der Modellbeziehung keinen Sinn mehr. Man modifiziert dann den Interpretationsbegriff derart, daß eine Interpretation I über M auch den ↑Individuen*variablen* Elemente von M zuordnet, und kann $\mathrm{Mod}(I, A)$ für beliebige *Aussageformen* A definieren. Eine andere Möglichkeit besteht darin, die Zuordnung von Gegenständen zu Individuenvariablen (auch ↑›Belegung‹ der Individuenvariablen genannt) von der Interpretation der Prädikatvariablen zu unterscheiden und im Sinne des ursprünglichen Tarskischen Ansatzes (vgl. Tarski 1936) die Modellbeziehung für Aussagen auf eine induktiv erklärte Erfüllungsbeziehung Erf(f, A, I) für Aussageformen (›f erfüllt die Aussageform A in I‹; dabei ist f eine Belegung der in der Sprache vorkommenden Individuenvariablen) zurückzuführen. Die Erkenntnis, daß die Erfüllungsbeziehung (↑erfüllbar/Erfüllbarkeit) der grundlegende Begriff einer I. für quantorenlogische Sprachen ohne Individuenkonstanten ist, sieht man als Hauptleistung der Tarskischen Wahrheitsdefinition für formale Sprachen an.

Die I. ist eine *denotationelle* Semantik (↑Semantik, denotationelle), insofern sie davon ausgeht, daß ↑Nominatoren und ↑Prädikatoren bestimmte Entitäten bezeichnen. Versteht man die I. fundamentalistisch, d. h. als Ansatz zur Logikbegründung – etwa als Grundlegung des Begriffs der logischen ↑Folgerung –, dann kann man sie als ›realistische‹ (oder ›ontologische‹ oder ›metaphysische‹) Semantik ansehen, d. h. als formale Rekonstruktion der Auffassung, wonach Nominatoren und Prädikatoren ihre Bedeutung durch *Zuordnung* der entsprechenden Entitäten erhalten. Ob und inwieweit die I. eine solche Interpretation nahelegt oder vielmehr ausschließlich als begriffliches Hilfsmittel der mathematischen ↑Modelltheorie anzusehen ist, wird in der Philosophie der Logik diskutiert. Philosophische Gegenpositionen zu einer solchen realistischen Deutung sind alternative Semantiken (↑Semantik, alternative), insbes. solche Ansätze, die an die erkenntnistheoretisch orientierten ↑Gebrauchstheorien der Bedeutung (›meaning as use‹) anschließen, etwa die beweistheoretische oder die dialogische Semantik (↑Semantik, beweistheoretische, ↑Logik, dialogische).

Ferner baut die I. auf einer *referentiellen* Interpretation der Quantoren auf, wonach deren ↑Variabilitätsbereich die Gesamtheit der Gegenstände des betrachteten Universums ist. Dies gilt unabhängig davon, ob für diese Gegenstände Namen in der betrachteten Sprache zur Verfügung stehen. Selbst wenn, wie im oben erwähnten Fall, die betrachtete Sprache keinerlei Nominatoren enthält, bezieht sich die I. z. B. beim ↑Allquantor auf ›alle‹ Gegenstände. Läßt man überabzählbar (↑überabzählbar/ Überabzählbarkeit) viele Gegenstände zu, dann ist es auch nicht mehr möglich, alle diese Gegenstände zu benennen (wenn man den finitären Begriff einer formalen Sprache [↑Sprache, formale] nicht infinitär erweitern will). Damit unterscheidet sich die I. von der ↑Bewertungssemantik, die von einer substitutionellen Interpretation der ↑Quantoren ausgeht und den Variabilitätsbereich von Quantoren als Klasse von Namen (statt von Gegenständen) deutet. Die substitutionelle Deutung der Quantoren wird von konstruktiven Ansätzen zur Logikbegründung bevorzugt, da sie nicht von vornherein auf eine realistische Ontologie verpflichtet.

Schließlich geht die I., jedenfalls in ihrer ›konventionellen‹ Auffassung, von einem *totalen* Verständnis der betrachteten Strukturen in dem Sinne aus, daß mit einer Interpretation $I(P)$ einer einstelligen Prädikatvariablen P für jeden Gegenstand des betrachteten Bereichs feststeht, ob $I(P)$ auf diesen Gegenstand zutrifft oder nicht (diese Auffassung ergibt sich aus der Interpretation von $I(P)$ als Menge). Das führt zur klassischen Logik (↑Logik, klassische) mit ihren charakteristischen Eigenschaften wie dem ↑*tertium non datur*. Dieser Ansatz wird in neuerer Zeit nicht nur von konstruktiven Logiken (wie der intuitionistischen Logik, ↑Logik, intuitionistische) kritisiert, sondern vor allem von Ansätzen, die das Räsonnieren aufgrund beschränkter Information oder beschränkter Ressourcen behandeln und sich nicht an der Mathematik als dem ausschließlichen Paradigma für Logikanwendungen orientieren. In solchen Ansätzen, die vor allem in ↑Informatik und ↑Linguistik diskutiert werden und für die Modellierung des nicht-mathematischen Argumentierens von fundamentaler Bedeutung sind, werden z. B. partielle Interpretationen betrachtet (↑Interpretation, partielle), in denen einem Prädikator nicht eine einzige Menge, sondern zwei disjunkte (↑Disjunktion), aber gemeinsam nicht das ganze Universum umfassende Mengen, diejenige der (definitiv) positiven und diejenige der (definitiv) negativen Anwendungsfälle, zugeordnet werden.

Literatur: D. v. Dalen, Logic and Structure, Berlin/New York 1980, ⁴2004; H.-D. Ebbinghaus/J. Flum/W. Thomas, Einführung in die mathematische Logik, Darmstadt 1978, Heidelberg/Berlin ⁵2007 (engl. Mathematical Logic, Berlin/New York 1984, ³1994); J. Etchemendy, The Concept of Logical Consequence, Cambridge Mass./London 1990, Stanford Calif. 1999; H. Hermes, Einführung in die mathematische Logik. Klassische Prädikatenlogik, Stuttgart 1963, ⁵1991 (engl. Introduction to Mathematical Logic, Berlin 1973); W. Hodges, Model Theory, Cambridge 1993, 2004; R. Kleinknecht/E. Wüst, Lehrbuch der elementaren Logik II (Prädikatenlogik), München 1976; F. v. Kutschera, Elementare Logik, Wien 1967; ders., Sprachphilosophie, München 1971, erw. ²1975, 1993 (engl. Philosophy of Language, Dordrecht 1975); H. Scholz/G. Hasenjaeger, Grundzüge der mathematischen Logik, Berlin/Göttingen/Heidelberg 1961; W. Stegmüller, Das Wahrheitsproblem und die Idee der Semantik. Eine Einführung in die Theorien von A. Tarski und R. Carnap, Wien 1957, ²1968, 1977; A. Tarski, Der Wahrheitsbegriff in den formalisierten Sprachen, Stud. Philos. (Lemberg) 1 (1936), 261–405, Neudr. in: K. Berka/L. Kreiser, Logik-Texte. Auswahl zur Geschichte der modernen Logik, Berlin (Ost) 1971, 447–559; ders., The Semantic Conception of Truth and the Foundations of Semantics, Philos. Phenom. Res. 4 (1944), 341–376. P. S.

Interrogativlogik (auch: Fragelogik, erotetische Logik, Logik der Frage; engl. erotetic logic, analysis of questions, logic of interrogatives etc.), Bezeichnung für die systematische Analyse und Rekonstruktion von ↑Fragen,

Fragesätzen und Frageäußerungen mit Mitteln der formalen Logik (↑Logik, formale) und der (theoretischen) ↑Linguistik, die meist für die speziellen Aufgaben der I. erweitert werden. Zur I. wird in der Regel auch die Untersuchung der formalen Eigenschaften von Frage-Antwort-Beziehungen gerechnet, ohne daß durchgängig Kalkülisierungen angestrebt würden. Formale Strukturen von Fragesätzen und Frage-Antwort-Beziehungen sind bereits von Aristoteles (de int. 11.20b22–30; Top. *A*8.103b1–10.104a37, *Θ*1.155b3–2.158a30; Soph. El. *A*5.167b38–168a11) festgestellt und in der Tradition immer wieder untersucht worden (in der gegenwärtigen Debatte werden R. Whately and B. Bolzano häufig genannt). Von ›I.‹ spricht man jedoch erst, seit die formale Logik in ihrer durch G. Frege, B. Russell u. a. geprägten modernen Gestalt als Analyseinstrument herangezogen wird. Die ersten folgenreichen Rekonstruktionsvorschläge stammen von K. J. S. Ajdukiewicz, R. Carnap, F. S. Cohen, E. Sperantia und H. Reichenbach. Eine thematisch umfassende Konzeption der I. haben jedoch erst M. L. und A. N. Prior Mitte der 1950er Jahre entworfen und dafür die Bezeichnung ›erotetische Logik‹ eingeführt. Im Anschluß an Prior/Prior sind in der Folgezeit vor allem diskutiert worden: die Unterscheidung von Fragearten, die performative (↑Sprechakt) Charakterisierung von Fragen, ↑Präsuppositionen von Frageäußerungen, das Verhältnis von Fragen und ↑Aussagen, die logische Analyse von Fragesätzen, die Bedeutung erotetischer Operatoren, die Möglichkeiten der Formulierung einer Fragelogik (im engeren Sinne eines deduktiven ↑Kalküls).

In den natürlichen Sprachen (↑Sprache, natürliche) kommen unterschiedliche Arten von Frageäußerungen mit unterschiedlichen *syntaktischen* (grammatischen) *Strukturen* vor. Prior/Prior unterscheiden *kategorische* (z. B. ›gehst du heute hin?‹), *hypothetische* (z. B. ›wenn es regnet, gehst du dann hin?‹) und *disjunktive* (z. B. ›gehst du hin oder Peter?‹) Fragen. Sie parallelisieren die kategorischen mit den Entscheidungsfragen (Ja-Nein-Fragen, Ob-Fragen) und die disjunktiven mit den Bestimmungsfragen (W-, Einsetzungsfragen). Andere Autoren halten beide Unterscheidungssysteme für teilweise kombinierbar. So unterscheidet U. Egli bei kategorischen und hypothetischen Fragen jeweils zwischen totalen und partiellen. Alle Unterscheidungen sind an der Oberflächenform der Fragesätze orientiert. In den unterschiedlichen Rekonstruktionssystemen sind in vielen Fällen Reduzierungsvorschläge für Fragearten entwickelt worden. So läßt sich z. B. die kategorische Frage ›welche Farbe hat dein Halstuch?‹ auf die disjunktive Frage ›ist dein Halstuch gelb oder rot oder blau oder …?‹ reduzieren; unter bestimmten Prämissen ist aber auch die umgekehrte Reduktion naheliegend. Ein anderer Zugang zum Unterscheidungsproblem ergibt

sich, wenn man (semantisch) die Bedeutung von Fragen auf die Bedeutung ihrer (möglichen) Antworten reduziert. Unterstellt man, daß sich die Annahme präzisieren läßt, daß Fragen ›direkte‹ Antworten haben, dann lassen sich zunächst Fragen mit grundsätzlich falschen direkten Antworten (kontradiktorische [↑kontradiktorisch/Kontradiktion] Fragen, z. B. ›welche natürliche Zahl liegt zwischen 5 und 6?‹) und grundsätzlich wahren direkten Antworten (tautologische [↑Tautologie] Fragen, z. B. ›welche ungerade natürliche Zahl ist größer als 0?‹) unterscheiden. Schließlich gibt es Fragen, die weder kontradiktorisch noch tautologisch sind, sondern ↑synthetisch (z. B. ›welche Stadt ist Hauptstadt Polens?‹). Unter *indirekten* Antworten kann man im Zusammenhang dieses Unterscheidungssystems solche verstehen, die die logische Ableitung einer direkten Antwort erlauben. Für diese Explikation ist allerdings eine Sprache ohne das ↑ex falso quodlibet zu rekonstruieren (z. B. im Sinne der ↑Relevanzlogik), weil sonst jeder logisch falsche Satz eine indirekte Antwort auf jede Frage wäre.

Während die meisten Philosophen und Logiker der Tradition Fragen als logisch nicht-analysierbare pragmatisch-grammatische oder psychische Entitäten ansehen, hat Cohen vermutlich als erster eine Reduktion der Fragesätze auf eine bekannte *syntaktische Struktur* vorgeschlagen und Fragen in diesem Sinne als logische Entitäten interpretiert. Logisch läßt sich nach Cohen jede Frage als Satzfunktion deuten (z. B. ›was ist die Summe von 3 und 5?‹ durch ›$x = 3 + 5$‹). Nach Cohen gilt auch die Umkehrung: alle Satzfunktionen sind Fragen. Fragen, für die es keine Antworten gibt (d. h., für ihre Variablen existieren keine geeigneten Argumente), heißen ›sinnlos‹. Cohens Vorschlag läßt sich leicht mit Carnaps Ansatz in Verbindung bringen, Fragen als Aufforderungen zu verstehen, zu einer Satzfunktion einen diese erfüllenden Satz auszusagen. Allerdings schränkt Carnap die Formalisierung, die Cohens Vorschlag entspricht, zu Recht auf die Bestimmungsfragen ein. Für die Frage ›wann war Karl in Berlin?‹ z. B. gibt Carnap die Formalisierung ›?t (Karl war zu t in Berlin)‹. Davon sind solche Bestimmungsfragen zu unterscheiden, die sich auf Funktionsausdrücke (↑Prädikatoren) beziehen, z. B. ›in welcher Beziehung steht Karl zu Peter?‹, wofür Carnap notiert ›?$R(R$ (Karl, Peter))‹ (Logische Syntax der Sprache, 222 f.). Reichenbach gibt für den zweiten Typ eine allgemeinere Formulierung, indem er für ›welche Farbe hat dein Haus?‹ folgende Formalisierung wählt: ›?$f(f$ (dein Haus)$\land$ $F(f)$)‹ (mit f für eine Farbe und F für den Prädikator ›Farbe‹). Er sieht jedoch auch, daß sich mit diesen analytischen Mitteln nur Bestimmungsfragen (wenn auch eventuell hoher Komplexität) analysieren lassen, während sich die Entscheidungsfragen auf ganze Propositionen beziehen. Für diese gibt Reichenbach die simple Formalisierung ›?*p*‹ an (Elements of Symbolic Logic, 339–342). Nach Auffassung vieler Logiker ist diese Analyse aber nicht hinreichend aussagekräftig, weil nicht deutlich wird, welche semantischen Bestimmungen für den Frageoperator maßgebend sind. Dies zeigt sich z.B. daran, daß Entscheidungsfragen mehrdeutig sind, wenn man mögliche Antwort-Bedeutungen zu ihrer Interpretation heranzieht (z.B. die Antwort ›nein‹ auf die Frage ›gehst du heute ins Theater?‹ kann bedeuten: ›nicht ich, sondern jemand anders‹, ›nicht heute, sondern morgen‹, ›nicht ins Theater, sondern ins Kino‹ usw.).

Eine erhebliche Verbesserung der logischen Analyse ergibt sich aus N.D. Belnaps Vorschlag, Entscheidungsfragen in das Schema ›?*X* (der Satz ›*S*‹ hat den Wahrheitswert *X*)‹ zu bringen. Bei Fragen mit mehreren möglichen Antworten, z.B. disjunktiven oder mehrdeutigen Fragen, ergibt sich dann die Möglichkeit, Listen von Antworten zu betrachten und den Wahrheitswert in Bezug auf jeden Kandidaten zu bestimmen. Belnap führt dazu einen Ausdruck ein, der als Stellvertreter für eine Satzfunktion oder eine endliche Liste von Alternativen steht (›alternative-presenter‹). Dieser Zugang erlaubt auch, das Problem der ↑Quantifizierung (Festlegung eines ›erotetischen Quantors‹) in Fragesätzen zu präzisieren. Belnap stellt nämlich fest, daß die Frage ›wann war Karl in Berlin?‹ unterschiedliche Bedeutung hat, je nachdem ob der Sprecher unterstellt, daß Karl genau einmal, genau *n*-mal oder unbestimmt oft in Berlin war. Entsprechend gibt der alternative-presenter an, ob die Entscheidungsfrage vom Typ ›unique-alternative‹, ›complete-list‹ oder ›non-exclusive‹ ist (auf diese Weise kann Belnap genau zwischen den Bedeutungen der Frage ›welche Zahl unter 10 ist Primzahl?‹ unterscheiden, nämlich: ›welche *n* Primzahlen unter 10 kennst du?‹, ›kennst du alle Primzahlen unter 10?‹ und ›kennst du Primzahlen unter 10?‹). Belnaps Theorie enthält ferner eine Konzeption der Kategorienbeschränkung für mögliche Antworten, die bei früheren Entwürfen fehlte. Wie schon Aristoteles bemerkt hat, gibt es nämlich auf (sinnvolle) Bestimmungsfragen zwei unterschiedliche Formen inkorrekter Antworten: solche, die der richtigen, und solche, die der falschen Klasse von Antwortkandidaten angehören (z.B. ist ›welche Primzahl ist die nächste hinter 17?‹ mit ›23‹ ebenso falsch beantwortet wie mit ›Karl der Große‹; die erste Antwort gehört jedoch im Unterschied zur zweiten der richtigen ›Kategorie‹ an). Man sieht, daß es schwierige Abgrenzungsprobleme geben kann (z.B. wenn jemand ›18‹ antwortet). Dies bedeutet, daß die Kategorienfrage in den Bereich der ↑Präsuppositionen von Sprecher und Hörer gehört und nicht durch eine allgemeine semantische Theorie festgelegt werden kann (im Beispiel: ist die richtige Kategorie ›Primzahlen‹ oder ›natürliche Zahlen‹?).

Große Beachtung hat der Formalisierungsansatz von L. Åqvist gefunden, den dieser auf Basis seiner These von Fragen als ›epistemischen Imperativen‹ ausgeführt hat. Transformiert man Fragen in die Form ›stelle eine Situation her, so daß ich weiß, ob *p* oder nicht-*p*!‹, dann läßt sich jede Frage formalisieren als zusammengesetzt aus der Imperativkonstanten (!) und einem epistemischen Operator (*W*). Als Schema ergibt sich somit ›!(*Wp* ∨ *W*¬*p*)‹. Unter Verwendung der üblichen semantischen Charakterisierung der logischen Operatoren und der modelltheoretischen Semantik erhält Åqvist eine imperativ-epistemische Sprache, in der S4 (↑Modallogik) echt inkludiert ist. Allerdings enthält diese Rekonstruktion starke Simplifizierungen, da sie die rhetorischen Fragen und die prinzipiell unbeantwortbaren Fragen (z.B. ›welche ist die höchste natürliche Zahl?‹) außer acht läßt. Der Rekonstruktionsansatz von Åqvist ist von J. Hintikka unter Einbeziehung der formalen Mittel der ›Mögliche-Welten‹-Semantik (↑Semantik, ↑Welt, mögliche) zu einer umfassenden semantischen Theorie von Frage-Antwort-Dialogen erweitert worden. Diese Theorie setzten Hintikka und S.A. Kleiner wiederum als Instrument zur Rekonstruktion der Methode wissenschaftlicher Forschung (verstanden als Frage-Antwort-Dialog mit der Natur) ein.

Während sich die meisten Arbeiten aus dem Umfeld der I. mit dem Zusammenhang zwischen Fragen und Antworten befassen, hat A. Wiśniewski (teils im Rückgriff auf Hintikka) eine Theorie der Ableitbarkeit von Fragen aus anderen Fragen und Behauptungen entwickelt. Dabei sind zu unterscheiden: (1) das Aufwerfen von gegenüber der Ausgangsfrage ›neuen‹ Fragen und (2) das Ableiten von Teilfragen, die in der Ausgangsfrage analytisch impliziert sind (Beispiel: die Frage ›ist Jolly Jumper ein Schimmel?‹ impliziert die Fragen ›ist Jolly Jumper ein Pferd?‹ und ›ist Jolly Jumper weiß?‹). – Am syntaktisch-semantischen Zugang zur I. von Cohen bis D. Harrah und Belnap hat vor allem C.L. Hamblin die pragmatische Beschränkung kritisiert, die darin liegt, daß nur Fragen untersucht werden, deren Antworten Aussagen sind. Dagegen macht Hamblin (wie auch J.M.O. Wheatley) auf ebenso gebräuchliche Fragetypen aufmerksam, deren Antworten Aufforderungen, Ratschläge, Vorschläge, Berichte, Komplimente und viele andere, zum Teil sehr komplexe performative Modi sind (z.B. ›soll ich das Fenster schließen?‹, ›gefalle ich dir so?‹). Daher ist es aussichtslos, eine umfassende semantische Theorie der Fragesätze zu erreichen, die in der Reduktion der Semantik von Fragen auf die Semantik von Aussagen besteht. Hamblin tritt insofern auch neben anderen Autoren für eine *pragmatische* Rekonstruktion von Fragen ein.

In den Diskussionen gegen den formal-semantischen Zugang hat vor allem das Problem der *Wahrheitsfähig-*

keit von Fragen im Anschluß an H. S. Leonard eine zentrale Rolle gespielt. Leonard geht von der Unterscheidung zwischen dem propositionalen Gehalt (›ultimate topic of concern‹) und dem performativen Bezug (›ultimate concern‹) bei Fragesätzen aus (einer Unterscheidung, die zahlreiche Parallelen hat, z. B. in R. M. Hares Unterscheidung zwischen neustischem und phrastischem Redeteil oder in J. R. Searles Unterscheidung zwischen illokutionärem Akt [↑Sprechakt] und ↑Proposition). Er folgt dabei der formal-semantischen Theorie, dergemäß Bedeutung und Wahrheit/Falschheit nur den propositionalen Satzteilen zukommen. Fragen sind somit (unabhängig von ihrem pragmatischen Zusammenhang) wahr/falsch, wenn die Propositionen wahr/falsch sind. Entsprechend kann man die syntaktische und semantische Theorie der Frage auf die übliche Standardtheorie reduzieren. Allerdings sind damit noch keine pragmatischen Kriterien wie die Akzeptabilität einer Frage (›honesty/dishonesty‹) formuliert. Harrah hat die Bedeutung von Fragen in der Disjunktion ihrer möglichen Antworten gesehen und somit ebenfalls vorgeschlagen, die Semantik von Fragen auf die der Behauptungen (Aussagen) zu reduzieren. In der Kritik an diesen Reduktionsthesen ist (unter anderem von Wheatley und Hamblin) darauf hingewiesen worden, daß eine solche unpragmatische Sicht von Fragesätzen zu ↑Paradoxien führe. Z. B. müssen die Fragen ›wer ist Präsident der Bundesrepublik Deutschland?‹ und ›von welchem Staat ist Horst Köhler Präsident?‹ als semantisch äquivalent bezeichnet werden, weil die wahren Antworten identisch sind. Ferner müßte man unterstellen, daß jemand, der auf eine Frage mit logisch wahrer Proposition eine falsche Antwort gibt, sich in einen logischen Widerspruch verwickelt hätte (ohne daß an der Frage sonst etwas auszusetzen wäre). Schließlich lassen sich Fragen mit wahrer Proposition konstruieren, auf die sich wahre Antworten geben lassen, die gleichwohl für (pragmatisch) unpassend gehalten werden (›wer ist der Präsident der Bundesrepublik Deutschland?‹ – ›ja, es gibt einen Präsidenten der Bundesrepublik Deutschland‹). Als Ergebnis dieser Diskussion dürfte gelten, daß die Differenz zwischen Fragen und Behauptungen eine pragmatische ist und die Semantik propositionaler Redeteile ein unzulängliches Instrument der semantischen Differenzierung zwischen Fragen und Behauptungen darstellt.

Die Notwendigkeit einer pragmatischen Charakterisierung von Fragen hat eine Reihe von Theoretikern veranlaßt, die analytischen Instrumente der Sprechhandlungstheorie und der Theorie der propositionalen Einstellungen heranzuziehen. Die Diskussion zwischen Theoretikern, die in der I. an einer Verfeinerung des formal-semantischen Instrumentariums arbeiten (wie Harrah, Belnap, Åqvist), und solchen, die eine pragma-

tische Bedeutungstheorie anstreben (wie Wheatley, Hamblin), ist nicht abgeschlossen. Dessenungeachtet gibt es zahlreiche Anwendungsversuche in der linguistischen Dialogtheorie (↑Dialog), in der Forschung zur ›artificial intelligence‹ (↑Intelligenz, künstliche) und in der Erweiterung von Computerprogrammen um Elemente der I..

Literatur: K. J. S. Ajdukiewicz, Analiza semantyczna zdania pytajnego, Ruch Filozoficzny 10 (1926), 194–195; ders., Questions and Interrogative Sentences, in: ders., Pragmatic Logic, Dordrecht/Boston Mass., Warschau 1974, 85–94; L. Apostel, A Proposal in the Analysis of Questions, Log. anal. 12 (1969), 376–381; L. Åqvist, A New Approach to the Logical Theory of Interrogatives I (Analysis), Uppsala 1965, ohne Bandzählung, mit Untertitel: Analysis and Formalization, Tübingen ²1975; ders., Scattered Topics in Interrogative Logic, in: J. W. Davis/ D. J. Hockney/W. K. Wilson (eds.), Philosophical Logic, Dordrecht 1969, 114–121; ders., Revised Foundations for Imperative – Epistemic and Interrogative Logic, Theoria 37 (1971), 33–73; ders., On the Analysis and Logic of Questions, in: R. E. Olson/ A. M. Paul (eds.), Contemporary Philosophy in Scandinavia, Baltimore Md./London 1972, 27–39; M. Bell, Questioning, Philos. Quart. 25 (1975), 193–212; N. D. Belnap, An Analysis of Questions. Preliminary Report, Technical Memorandum, Santa Monica Calif. 1963; ders., Questions, Answers, and Presuppositions, J. Philos. 63 (1966), 609–611; ders., Questions. Their Presuppositions, and How They Can Fail to Arise, in: K. Lambert (ed.), The Logical Way of Doing Things, New Haven Conn./ London 1969, 23–37; ders., Åqvist's Corrections-Accumulating Question-Sentences, in: J. W. Davis/D. J. Hockney/W. K. Wilson (eds.), Philosophical Logic, Dordrecht 1969, 122–134; ders., S-P Interrogatives, J. Philos. Log. 1 (1972), 331–346; ders./T. B. Steel, The Logic of Questions and Answers, New Haven Conn./London 1976 (dt. Logik von Frage und Antwort, Braunschweig/ Wiesbaden 1985); S. E. Boër, ›Who‹ and ›Whether‹. Towards a Theory of Indirect Question Clauses, Linguist. and Philos. 2 (1978), 307–345; B. Bolzano, Dr. Bernard Bolzanos Wissenschaftslehre. Versuch einer ausführlichen und größtentheils neuen Darstellung der Logik mit steter Rücksicht auf deren bisherige Bearbeiter [...], I–IV, Sulzbach 1837, unter dem Titel: Bernard Bolzanos Wissenschaftslehre in vier Bänden [...], ed. W. Schultz, Leipzig 1929–1931 (repr. Aalen 1970, 1981) (engl. [Teilübers.] Theory of Science [...], ed. R. George, Oxford, Berkeley Calif./Los Angeles 1972, ed. J. Berg, Dordrecht/Boston Mass. 1973); S. Bromberger, Questions, J. Philos. 63 (1966), 597–606; ders., Why-Questions, in: R. G. Colodny, Mind and Cosmos. Essays in Contemporary Science and Philosophy, Pittsburgh Pa. 1966, 86–111, ferner in: B. A. Brody (ed.), Readings in the Philosophy of Science, Englewood Cliffs N. J. 1970, 66–87; R. Carnap, Logische Syntax der Sprache, Wien 1934, Wien/New York ²1968; E. Castelli (ed.), Il problema della domanda, Padua 1968; F. S. Cohen, What Is a Question?, Monist 39 (1929), 350–364; M. J. Cresswell, On the Logic of Incomplete Answers, J. Symb. Log. 30 (1965), 65–68; ders., The Logic of Interrogatives, in: J. N. Crossley/M. A. E. Dummett (eds.), Formal Systems and Recursive Functions. Proceedings of the Eighth Logic Colloquium Oxford, July 1963, Amsterdam 1965, 8–11; ders., Logics and Languages, London 1973, bes. 236–238 (dt. Die Sprachen der Logik und die Logik der Sprache, Berlin/New York 1979, bes. 382–385); U. Egli, Semantische Repräsentation der Frage, Dialectica 27 (1973), 363–370; ders., Ansätze zur Integration der

Semantik in die Grammatik, Kronberg 1974; C. L. Hamblin, Questions, Australas. J. Philos. 36 (1958), 159–168; ders., Discussion: Questions Aren't Statements, Philos. Sci. 30 (1963), 62–63; ders., Questions, Enc. Ph. VII (1967), 49–53; ders., Questions in Montague English, Found. Lang. 10 (1973), 41–53; D. Harrah, A Logic of Questions and Answers, Philos. Sci. 28 (1961), 40–46; ders., Communication. A Logical Model, Cambridge Mass. 1963; ders., Question Generators, J. Philos. 63 (1966), 606–608; ders., Erotetic Logistics, in: K. Lambert (ed.), The Logical Way of Doing Things, New Haven Conn./London 1969, 3–21; ders., On Completeness in the Logic of Questions, Amer. Philos. Quart. 6 (1969), 158–164; ders., Formal Message Theory, in: Y. Bar-Hillel (ed.), Pragmatics of Natural Languages, Dordrecht 1971, 69–83; ders., The Logic of Questions and Its Relevance to Instructional Science, Instructional Sci. 1 (1972), 447–467; ders., A System for Erotetic Sentences, in: A. R. Anderson/R. B. Marcus/R. M. Martin (eds.), The Logical Enterprise, New Haven Conn. 1975, 235–245; ders., The Logic of Questions, in: D. Gabbay/F. Guenthner (eds.), Handbook of Philosophical Logic II, Dordrecht 1984, 715–764, VIII, Dordrecht/Boston Mass./London ²2002, 1–60; D. Hartmann, Konstruktive Fragelogik. Vom Elementarsatz zur Logik von Frage und Antwort, Mannheim etc. 1990; J. Hintikka, Questions about Questions, in: M. K. Munitz/P. K. Unger (eds.), Semantics and Philosophy, New York 1974, 103–158; ders., Answers to Questions, in: ders., The Intentions of Intentionality and Other New Models for Modalities, Dordrecht/Boston Mass. 1975, 137–158, ferner in: H. Hiz (ed.), Questions, Dordrecht/Boston Mass. 1978, 279–300; ders., The Semantics of Questions and the Questions of Semantics. Case Studies in the Interrelations of Logic, Semantics, and Syntax, Amsterdam 1976; ders., Inquiry as Inquiry. A Logic of Scientific Discovery, Dordrecht/Boston Mass./London 1999 (= Selected Papers V); H. Hiz, Questions and Answers, J. Philos. 59 (1962), 253–265; R. A. Hudson, The Meaning of Questions, Language 51 (1975), 1–31; R. D. Hull, A Logical Analysis of Questions and Answers, Diss. Cambridge 1975; ders./E. L. Keenan, The Logical Presuppositions of Questions and Answers, in: J. S. Petöfi/D. Franck (eds.), Präsuppositionen in Philosophie und Linguistik/Presuppositions in Philosophy and Linguistics, Frankfurt 1973, 441–466; P. M. Hurrell, Interrogatives, Testability and Truth-Value, Philos. Sci. 31 (1964), 173–182; S. Jung, The Logic of Discovery. An Interrogative Approach to Scientific Inquiry, New York etc. 1996; L. Karttunen, Syntax and Semantics of Questions, Linguist. and Philos. 1 (1977), 3–44; J. J. Katz, The Logic of Questions, in: B. v. Rootselaar/J. F. Staal (eds.), Logic, Methodology and Philosophy of Science III. Proceedings of the Third International Congress for Logic, Methodology and Philosophy of Science, Amsterdam 1967, 1968, 463–493; S. A. Kleiner, Erotetic Logic and the Structure of Scientific Revolution, Brit. J. Philos. Sci. 21 (1970), 149–165; ders., Erotetic Logic and Scientific Inquiry, Synthese 74 (1988), 19–46; ders., The Logic of Discovery. Toward a Theory of the Rationality of Scientific Research, Dordrecht/Boston Mass./London 1994; T. S. Knight, Questions and Universals, Philos. Phenom. Res. 27 (1966/1967), 564–576; K.-D. Kraegeloh/P. Lockemann, Struktur eines Frage-Antwort-Systems auf mengentheoretischer Grundlage, Bonn/St. Augustin 1972; D. Krallmann/G. Stickel (eds.), Zur Theorie der Frage. Vorträge des Bad Homburger Kolloquiums, 13.–15. November 1978, Tübingen 1981; T. Kubinski, An Essay in Logic of Questions, in: Atti del XII congresso internazionale di filosofia V (Venezia, 12–18 settembre 1958), Florenz 1960, 315–322; ders., Some Observations about a Notion of Incomplete Answer, Stud. Log. 21

(1967), 39–42; ders., The Logic of Questions, in: R. Klibanski (ed.), Contemporary Philosophy. A Survey/La philosophie contemporaine. Chronique I, Florenz 1968, 185–189; ders., An Outline of the Logical Theory of Questions, Berlin 1980; P. Ladányi, Zur logischen Analyse der Fragesätze (Abriß einer interrogativen Logik), Acta linguist. acad. sci. Hungaricae 15 (1965), 37–66; R. Lakoff, Questionable Answers and Answerable Questions, in: B. B. Kachru u. a. (eds.), Issues in Linguistics. Papers in Honor of Henry and Renée Kahane, Urbana Ill./Chicago Ill./London 1973, 453–467; H. S. Leonard, Interrogatives, Imperatives, Truth, Falsity and Lies, Philos. Sci. 26 (1959), 172–186; ders., A Reply to Professor Wheatley, Philos. Sci. 28 (1961), 55–64; D. Lewis, General Semantics, Synthese 22 (1970), 18–67, ferner in: D. Davidson/G. Harman (eds.), Semantics of Natural Language, Dordrecht 1972, 169–218, erw. in: ders., Philosophical Papers I, Oxford 1983, 189–232; J. E. Llewelyn, What Is a Question?, Australas. J. Philos. 42 (1964), 69–85; F. Loeser, I.. Zur wissenschaftlichen Lenkung des schöpferischen Denkens, Berlin (Ost) 1968; D. M. MacKay, The Informational Analysis of Questions and Commands, in: C. Cherry (ed.), Information Theory. Papers Read at a Symposium on ›Information Theory‹ Held at the Royal Institution, London, August 29th to September 2nd 1960, London 1961, 469–476; C. J. B. MacMillan, A Logical Theory of Teaching. Erotetics and Intentionality, Dordrecht/Boston Mass./London 1988; R. Manor, A Language for Questions and Answers, Theoret. Linguist. 6 (1979), 1–21; J. Meheus, Erotetic Arguments from Inconsistent Premises, Log. anal. 42 (1999), 49–80; M. Moritz, Zur Logik der Frage, Theoria 6 (1940), 123–149; N. J. Moutafakis, A New Look at Erotetic Communication, Notre Dame J. Formal Logic 16 (1975), 217–228; S. Peters/E. Saarinen, Processes, Beliefs and Questions. Essays on Formal Semantics of Natural Language and Natural Language Processing, Dordrecht/Boston Mass. 1982; J. A. Petrov, Version of Erotetical Logic, in: Akten des XIV. Internationalen Kongresses für Philosophie, Wien 2.–9. September 1968, III (Logik, Erkenntnis- und Wissenschaftstheorie, Sprachphilosophie, Ontologie und Metaphysik), Wien 1969, 17–23; M. L. Prior/A. N. Prior, Erotetic Logic, Philos. Rev. 64 (1955), 43–59; H. Reichenbach, Elements of Symbolic Logic, New York 1947, 1980 (dt. Grundzüge der symbolischen Logik, Braunschweig 1999 [= Ges. Werke VI]); N. Rescher, Avicenna on the Logic of Questions, Arch. Gesch. Philos. 49 (1967), 1–6, ferner in: ders., Studies in Arabic Philosophy, Pittsburgh Pa. 1967, 48–53; A. D. Richie, The Logic of Question and Answer, Mind 52 (1943), 24–38; T. Sander, Redesequenzen. Untersuchungen zur Grammatik von Diskursen und Texten, Paderborn 2002; J. Schmidt-Radefeldt/G. Todt, Dynamische Aspekte der Fragelogik LA?, in: K. Detering/J. Schmidt-Radefeldt/W. Sucharowski (eds.), Sprache erkennen und verstehen. Akten des 16. Linguistischen Kolloquiums in Kiel 1981, Tübingen 1982, 61–72; E. Sperantia, Remarques sur les propositions interrogatives. Projet d'une »logique du problème«, Actes du congrès internationale de philosophie scientifique VII, Paris 1936, 18–28; G. Stahl, Fragenfolgen, in: M. Käsbauer/F. v. Kutschera (eds.), Logik und Logikkalkül, Freiburg/München 1962, 149–157; ders., Un dévelopment de la logique des questions, Rev. philos. France étrang. 153 (1963), 293–301; ders., The Effectivity of Questions, Noûs 3 (1969), 211–218; L. Tondl, Logical-Semantical Analysis of Question and the Problem of Scientific Explanation (Summary), in: Akten des XIV. Internationalen Kongresses für Philosophie [s. o., J. A. Petrov], 23–24; F. Waismann, Towards a Logic of Questions, in: ders., The Principles of Linguistic Philosophy, ed. R. Harré, New York etc. 1965, 387–417 (dt. Zur Logik des Fragens, in: ders.,

Logik, Sprache, Philosophie, Stuttgart 1976, 565–612); J. Walther, Logik der Fragen, Berlin etc. 1985; O. Weinberger, Fragenlogik, in: ders., Rechtslogik. Versuch einer Anwendung moderner Logik auf das juristische Denken, Wien/New York 1970, 307–323, ²1989, 329–340; R. Whately, Elements of Logic. Comprising the Substance of the Article in the Encyclopedia Metropolitana with Additions, London 1826, ²1827 (repr. Delmar N.Y. 1975), ⁹1848 (repr. Ann Arbor Mich. 2002); J.M.O. Wheatley, Deliberative Questions, Analysis 15 (1954/1955), 49–60; ders., Note on Professor Leonard's Analysis of Interrogatives, etc., Philos. Sci. 28 (1961), 52–54; A. Wiśniewski, Implied Questions, Manuscrito. Revista Internacional de Filosofia 13 (1990), 23–38; ders., Erotetic Arguments. A Preliminary Analysis, Stud. Log. 50 (1991), 261–274; ders., Reducibility of Questions to Sets of Yes-No Questions, Bulletin of the Section of Logic 22 (1993), 119–126; ders., On the Reducibility of Questions, Erkenntnis 40 (1994), 265–284; ders., Erotetic Implications, J. Philos. Log. 23 (1994), 174–195; ders., The Posing of Questions. Logical Foundations of Erotetic Inferences, Dordrecht/Boston Mass./London. 1995; ders., The Logic of Questions as a Theory of Erotetic Arguments, Synthese 109 (1996), 1–25; ders./J. Zygmunt (eds.), Erotetic Logic, Deontic Logic and Other Logical Matters. Essays in Memory of Tadeusz Kubiński, Breslau 1997; ders., Some Foundational Concepts of Erotetic Semantics, in: M. Sintonen (ed.), Knowledge and Inquiry. Essays on Jaakko Hintikka's Epistemology and Philosophy of Science, Amsterdam/Atlanta Ga. 1997, 181–211; ders., Questions and Inferences, Log. anal. 44 (2001), 5–43; ders., Erotetic Search Scenarios, Problem-Solving, and Deduction, Log. anal. 47 (2004), 139–166; ders., Reducibility of Safe Questions to Sets of Atomic Yes-No Questions, in: J.J. Jadacki/J. Paśniczek (eds.), Lvov-Warsaw School. The New Generation, Amsterdam/New York 2006, 215–236. – U. Egli/H. Schleichert, A Bibliography on the Theory of Questions and Answers, Linguist. Ber. 41 (1976), 105–128, ferner in: N.D. Belnap Jr./T.B. Steel Jr., The Logic of Questions and Answers, New Haven Conn./London 1976, 155–200. C.F.G.

Intersubjektivität, in der Analytischen Wissenschaftstheorie (↑Wissenschaftstheorie, analytische) Bezeichnung für die Möglichkeit, daß verschiedene Personen (›Subjekte‹) auf gleiche Weise die Ausdrücke einer Sprache gebrauchen, das Bestehen von Sachverhalten untersuchen bzw. zu Beurteilungen von Situationen gelangen, weil sie dabei von ihnen gemeinsam anerkannten Regeln folgen. I. in diesem Sinne läßt sich auch als *Subjektinvarianz* verstehen, nämlich als unabhängig von den Unterschieden und vom Wechsel der individuellen Personen (durch festgelegte Regeln) bestimmte Gleichheit, insbes. des Gebrauchs von sprachlichen Ausdrücken und (dadurch vermittelt) der Ausführung von (Überprüfungs-)Handlungen. I. als Subjektinvarianz wird zunächst für die ↑Wissenschaftssprache gefordert: Verschiedene (im Idealfall: alle) Personen sollen auf Grund geeigneter sprachlicher Festsetzungen alle Wörter (und Zeichen) einer Sprache in gleicher Weise gebrauchen. Entsprechend dem Ziel empirischer Wissenschaft, Erkenntnisse über das Bestehen oder Nichtbestehen von Sachverhalten und die Geltung

von Gesetzen zu gewinnen, umfaßt I. in der Wissenschaft über die *Verständlichkeit* ihrer sprachlichen Mittel hinaus auch die allgemeine *Nachprüfbarkeit* ihrer Aussagen. Werden diese durch wiederholte Nachprüfungen immer wieder bestätigt, so können sie als wahr gelten, sie haben ↑Geltung (↑Verifikation).

Die Gleichsetzung der Forderung nach intersubjektiver Verständlichkeit mit der nach empirischer Nachprüfbarkeit wurde im ↑Wiener Kreis, vor allem bei R. Carnap und O. Neurath, die Grundlage einer ↑Metaphysikkritik. Die Einschränkung wissenschaftlicher Rede auf die Sprache physikalischer Beobachtungen, die als eine Rede (oder ein Sprechen) über die Zustände von Meßinstrumenten konzipiert wird, läßt I. als *Subjektlosigkeit* erscheinen. Dieses physikalische Wissenschaftsverständnis erstreckt sich auch auf die Geistes- und Sozialwissenschaften. Wenn auch dieser ↑Physikalismus von Carnap (und anderen Vertretern der aus dem Wiener Kreis hervorgegangenen Wissenschaftstheorie) später (besonders durch die Unterscheidung von ↑Theoriesprache und ↑Beobachtungssprache) aufgegeben worden ist, so bleibt das Verständnis der I. als Subjektlosigkeit doch insofern bestimmend, als die Subjekte der Wissenschaft – also die Wissenschaftler – nicht in ihrer Lebenswirklichkeit, auch nicht im (Miteinander-)Handeln und Reden ihrer wissenschaftlichen Lebenswirklichkeit, betrachtet werden, sondern lediglich als (einheitlich gedachte) Ausführer von (geregelten) sprachlichen (theoretischen) und nicht-sprachlichen (im Idealfall wieder: experimentellen) Operationen. Auch K.R. Popper erhebt zunächst, und zwar in ausdrücklichem Anschluß an den Objektivitätsbegriff I. Kants, die Forderung nach I. im Sinne einer subjektinvarianten Nachprüfbarkeit durch Beobachtungen für alle wissenschaftlichen (empirischen) Aussagen (wenn auch nicht im Sinne des Physikalismus Carnaps). Dieses Verständnis der I. hat Popper später durch die Forderung nach intersubjektiver ↑Kritik (↑Prüfung, kritische) durch *alle* subjektinvariant formulierbaren Argumentationen (also nicht nur Beobachtungsaussagen) erweitert. Diese Erweiterung verdankt sich der Einsicht, daß die Bestimmung der wissenschaftsdefinierenden I. lediglich durch die (empirische) Nachprüfbarkeit gerade die begrifflichen und methodischen Grundlagen sowohl der Theorien als auch der intersubjektiven Nachprüfung selbst der wissenschaftlichen Diskussion entzieht.

Obwohl L. Wittgenstein durch seine Formulierung des ↑Verifikationsprinzips die programmatische Formel für die Deutung der I. durch die Forderung der Nachprüfbarkeit geliefert hat, ist sein eigenes Verständnis einer (intersubjektiven) Verifikation weder physikalistisch noch überhaupt auf Beobachtungen festgelegt. Als Brücke zwischen dem ›subjektlosen‹ Sinn- und Wahrheitsverständnis des »Tractatus« (1921) – in dem sich die

Wirklichkeit unmittelbar in den Aussagen einer logisch konstruierten Idealsprache zeigt – und dem subjektbezogenen Sinnverständnis der »Philosophischen Untersuchungen« (1953) – die die zugleich subjektiven und geregelten Züge eines Spiels, das zu einer bestimmten (subjektiven) Lebensform gehört, zum Paradigma von Sinnzuschreibungen wählen – weist das Verifikationsprinzip allgemein auf das Erfordernis hin, im Miteinanderhandeln und Miteinanderreden den verwendeten Ausdrücken einen Sinn zu geben – ohne zugleich schon die Weise dieser sinnerzeugenden Verwendungen festzulegen. Ausgehend von der Einsicht, daß wir uns bereits in alltäglichen Lebenszusammenhängen, nicht erst über die idealsprachlichen Konstruktionen der (Natur-)Wissenschaften, miteinander – also intersubjektiv – erfolgreich verständigen, versucht Wittgenstein in seiner Spätphilosophie dieses alltagssprachliche Verstehen darzustellen. Für das Verständnis der I. ist dabei entscheidend, daß die miteinander redenden (und handelnden) Personen zwar einerseits gewissen Regeln folgen, die sie selbst nicht aufgestellt haben und die in diesem Sinne zur ›Grammatik‹ der verwendeten Ausdrücke gehören, daß sie aber andererseits selbständig (in dem ihnen gegenwärtigen Sinnzusammenhang der Handlungssituation) die Bedeutung der verwendeten Ausdrücke, nämlich ihre Einordnung als dieser oder jener ›Zug‹ in einem ↑Sprachspiel‹, bestimmen. Intersubjektive Verständigung beruht so auf dem Vermögen, eine sprachliche Äußerung in den Sinnzusammenhang einer Situation, in der sich verschiedene Personen (Subjekte) miteinander befinden, und damit in die diesen Sinnzusammenhang erzeugenden Lebensformen dieser Personen, einzuordnen. Nicht die Ausblendung von Subjektivität, sondern die verstehende *Anerkennung auch fremder Subjektivität* (die sich in typischen ↑Lebensformen darstellen läßt) wird damit für Wittgenstein zur Möglichkeitsbedingung erfolgreicher Verständigung, die das Erbe der I., wie sie der Wiener Kreis auffaßte, antreten soll.

Mit der Konzeption einer intersubjektiven Verständigungsbasis nähert sich Wittgenstein der Sache nach Positionen, wie sie im amerikanischen ↑Pragmatismus, insbes. von G. H. Mead, und in der deutschsprachigen ↑Phänomenologie, insbes. von E. Husserl, entwickelt worden sind. Diese Positionen lassen sich als unterschiedliche Antworten auf die Frage verstehen, in welcher Weise das Erkennen und die ↑Anerkennung fremder Subjektivität die Bedingung für sinnvolles Miteinanderhandeln und Miteinanderreden sowie für die Gewinnung auch des eigenen Verständnisses der Mit- und Umwelt ist. Meads Position läßt sich dabei ähnlich der Wittgensteinschen Auffassung über die handelnde (insbes. redende) Teilnahme an (z. B. durch Regeln oder Ziele bestimmten) Sinnzusammenhängen verstehen (↑Interaktionismus, symbolischer). Während die Rede

von der I. weder bei Wittgenstein noch bei Mead terminologisch fixiert ist, sucht Husserl (Zur Phänomenologie der I.. Texte aus dem Nachlaß, I–III, ed. I. Kern, Den Haag 1973 [Husserliana XIII–XV]) eine Reflexion auf die intersubjektive Verständigung und deren Bedingungen der Möglichkeit in den Rahmen einer theoretischen Konstruktion von Welt terminologisch einzufügen. Letzter Grund für diese Weltkonstruktion (bzw. ›Konstitution‹ von Welt) bleiben dabei die monadisch vereinzelten transzendentalen Subjekte (↑Subjekt, transzendentales); die anderen Subjekte werden nur vermittelt über deren (analog zu der Reflexion auf den eigenen Subjekt-Kern gedeutete) leibliche Präsenz erfahren. In der Anerkennung dieser Anderen als ebenfalls weltkonstituierender Subjekte sind dann die Gründe gewonnen, die die Relativierung der jeweils (durch die einzelnen Subjekte) konstituierten Welten auf dem Weg zwischen diesen Subjekten als sinnvoll ausweisen. Während somit die Anerkennung der transzendentalen Subjekte (die ›transzendentale‹ I.) ein Postulat phänomenologischer Konstitutionstheorie darstellt und diese Subjekte nicht als individuelle Personen, sondern als die prinzipiell einander gleichen Urheber von ›Welt‹ ansieht, führt das Durchdenken dieses Postulats in der Phänomenologie Husserls zur Forderung (und Legitimation) einer gleichsam ›empirischen‹ I., nämlich der prinzipiell gleichberechtigenden Anerkennung der konkreten Subjekte, der individuellen Personen und ihrer ›Weltsichten‹. Die Schwierigkeiten der Konstitutionsproblematik haben allerdings (auch bei Husserl selbst) zu keiner durchgeformten I.theorie geführt und die unmittelbare Rezeption der Husserlschen Überlegungen verhindert. Dennoch sind sie, vermittelt durch den Pragmatismus, in den Sozialwissenschaften fruchtbar geworden, so in der ↑Ethnomethodologie und in verschiedenen Theorien der ↑Lebenswelt.

Literatur: Arbeitsgruppe Bielefelder Soziologen (ed.), Alltagswissen, Interaktion und gesellschaftliche Wirklichkeit, I–II, Reinbek b. Hamburg 1973, in einem Bd., Opladen ⁵1981; M. Berek, Kollektives Gedächtnis und die gesellschaftliche Konstruktion der Wirklichkeit, Wiesbaden 2009; C. Beyer, Subjektivität, I., Personalität. Ein Beitrag zur Philosophie der Person, Berlin etc. 2006; P. L. Berger/T. Luckmann, The Social Construction of Reality. A Treatise in the Sociology of Knowledge, London 1967, 1991 (dt. Die gesellschaftliche Konstruktion der Wirklichkeit. Eine Theorie der Wissenssoziologie, Frankfurt 1969, ²²2009; franz. La construction sociale de la réalité, Paris 1986, 2006); G. Brand, Edmund Husserl. Zur Phänomenologie der I., Philos. Rdsch. 25 (1978), 54–80; A. Chrudzimski, Intentionalität, Zeitbewusstsein und I.. Studien zur Phänomenologie von Brentano bis Ingarden, Frankfurt 2005; M. S. Frings, Husserl and Scheler. Two Views of Intersubjectivity, J. Brit. Soc. Phenomenol. 9 (1978), 143–149; H. Gronke, Das Denken des Anderen. Führt die Selbstaufhebung von Husserls Phänomenologie der I. zur transzendentalen Sprachpragmatik?, Würzburg 1999; K. Held, I., Hist. Wb. Ph. IV (1976), 521; A. Honneth,

Unsichtbarkeit. Stationen einer Theorie der I., Frankfurt 2003; P. Hutcheson, Husserl's Problem of Intersubjectivity, J. Brit. Soc. Phenomenol. 11 (1980), 144–162; J. V. Iribarne, La intersubjetividad en Husserl, Buenos Aires 1987 (dt. Husserls Theorie der I., Freiburg 1994); H. Joas, Praktische I.. Die Entwicklung des Werkes von G. H. Mead, Frankfurt 1980, 2000 (engl. G. H. Mead. A Contemporary Re-Examination of His Thought, Cambridge 1985, Cambridge Mass. 1997); R. Kozlowski, Die Aporien der I.. Eine Auseinandersetzung mit Edmund Husserls I.stheorie, Würzburg 1991; A. Regenbogen, I., in: H. J. Sandkühler (ed.), Europäische Enzyklopädie zu Philosophie und Wissenschaften II, Hamburg 1990, 707–712; G. Römpp, Husserls Phänomenologie der I.. Und ihre Bedeutung für eine Theorie intersubjektiver Objektivität und die Konzeption einer phänomenologischen Philosophie, Dordrecht 1992; A. Schutz, Das Problem der transzendentalen I. bei Husserl, Philos. Rdsch. 5 (1957), 81–107; S. Strasser, Grundgedanken der Sozialontologie Edmund Husserls, Z. philos. Forsch. 29 (1975), 3–33; M. Theunissen, Der Andere. Studien zur Sozialontologie der Gegenwart, Berlin 1965, ²1977, 1981 (engl. The Other. Studies in the Social Ontology of Husserl, Heidegger, Sartre, and Buber, Cambridge Mass./London 1984); R. Toulemont, L'essence de la société selon Husserl, Paris 1962; D. Zahavi, Husserl und die transzendentale I.. Eine Antwort auf die sprachpragmatische Kritik, Dordrecht 1996.   O. S.

Intervallschachtelung (engl. nest of intervals), mathematischer Terminus. Ein Paar (a_*, b_*) von Folgen rationaler Zahlen $a_* = a_1, a_2, \ldots, b_* = b_1, b_2, \ldots$ (↑Folge (mathematisch)) heißt I., wenn a_* monoton wächst (d.h. $a_{n+1} \geq a_n$ für alle n), b_* monoton fällt (d.h. $b_{n+1} \leq b_n$ für alle n) und die Differenzfolge $b_* - a_* = b_1 - a_1, b_2 - a_2, \ldots$ gegen Null konvergiert (d.h. $\lim_{n \to \infty}(b_n - a_n) = 0$, ↑konvergent/Konvergenz). Die Bezeichnung ›I.‹ rührt daher, daß man die Zahlen a_n und b_n jeweils auffassen kann als Unter.- bzw. Obergrenze eines abgeschlossenen Intervalls $[a_n, b_n]$ in den rationalen Zahlen und daß für die entsprechende Folge von Intervallen gilt: $[a_n, b_n] \supseteq [a_{n+1}, b_{n+1}]$ für alle n (d.h. jedes Intervall umfaßt das folgende). Da diese Intervalle beliebig klein werden, wird durch die aus ihnen bestehende Folge letztlich ein einziger Punkt sozusagen ›eingeschachtelt‹; dieser entspricht nicht notwendigerweise ebenfalls einer rationalen Zahl. So legt etwa die I. $\left(\sum_{k=0}^{n} \frac{1}{k!}, \sum_{k=0}^{n} \frac{1}{k!} + \frac{1}{n \cdot n!} \right)$ die irrationale Eulersche Zahl e fest. I.en kann man zur Einführung der reellen ↑Zahlen (↑Zahlensystem) nutzen, indem man auf dem indefiniten (↑indefinit/Indefinitheit) Bereich der I.en die ↑Äquivalenzrelation

$$(a_*, b_*) \sim (c_*, d_*) \leftrightharpoons d_* - a_* \text{ ist eine Nullfolge}$$

definiert und reelle Zahlen als Abstrakta bezüglich dieser Äquivalenzrelation auffaßt (↑abstrakt, ↑Abstraktion). Andere Verfahren zur Einführung der reellen Zahlen benutzen ↑Dedekindsche Schnitte oder Cauchy-Folgen (↑Folge (mathematisch)).

In der axiomatischen ↑Geometrie versteht man unter I. eine Folge von Strecken $A_n B_n$ auf einer Geraden, so daß für alle n die Strecke $A_{n+1} B_{n+1}$ in $A_n B_n$ enthalten ist – d.h. es gilt: $A_n \prec A_{n+1} \prec B_{n+1} \prec B_n$, wobei $\prec$ die Anordnung der Punkte auf einer Geraden (die ›Zwischen‹-Relation) beschreibt – und außerdem keine noch so kurze Strecke CD in allen Strecken $A_n B_n$ enthalten ist. Unter Benutzung dieses Begriffes kann man das Cantorsche Axiom formulieren, wonach jede I. genau einen Punkt P bestimmt, der im Innern aller Strecken $A_n B_n$ liegt (also $A_n \prec P \prec B_n$ für alle n). Dieses Axiom erlaubt zusammen mit dem ↑Archimedischen Axiom, Strecken und Winkeln reelle Maßzahlen zuzuordnen.

Literatur: N. W. Efimow, Höhere Geometrie, Berlin (Ost) 1960 (repr. I–II, Braunschweig/Basel 1970); K. Storch/H. Wiebe, Lehrbuch der Mathematik I (Analysis einer Veränderlichen), Mannheim/Wien/Zürich 1989, bes. 95–102, Berlin/Heidelberg/Oxford ²1996, bes. 102–114; R. Strehl, Zahlbereiche, Freiburg/Basel/Wien 1972, ²1976, Hildesheim 2003.   P. S.

Interventionismus (auch: manipulability approach), in der ↑Erkenntnistheorie und ↑Wissenschaftstheorie handlungstheoretisch (↑Handlungstheorie) fundierter Ansatz zur ↑Explikation der ↑Kausalität, der die ↑Relationen von ↑Ursache und ↑Wirkung im Rückgriff auf das handelnde Eingreifen (Intervention, Manipulation) eines Akteurs bestimmt. Der im wesentlichen durch G. H. v. Wright initiierte Ansatz sucht so die Explikationsgrundlage für die Kausalitätsrede im menschlichen Vermögen zu gestaltendem, herstellendem Handeln (↑Poiesis): »For that p is the cause of q [...] means that I could bring about q, if I could do (so that) p« (v. Wright 1971, 74, dt. 75). Ähnlich lautende Explikationsansätze finden sich zuvor bereits explizit bei R. G. Collingwood und D. Gasking sowie – nach Meinung mancher Interpreten (z. B. B. Rang 1990) – implizit bei I. Kant. Daß zwei durch geeignete ↑Aussagen p und q beschriebene ↑Ereignisse E_1 und E_2 in der Ursache-Wirkungsrelation stehen, kann danach nicht allein aus der Beobachtung der Ereignisse erschlossen werden, sondern ist Ergebnis einer rechtfertigungsbedürftigen und rechtfertigungszugänglichen Deutungsleistung des Beobachters (↑Erklärung). Maßgeblich für solches Deuten ist nach interventionistischer Auffassung nicht – wie etwa in der Tradition D. Humes unterstellt – die beobachtete Regelmäßigkeit des gemeinsamen Auftretens in zeitlicher Folge (↑post hoc, ergo propter hoc), sondern die aus dem Umgang mit den Gegenständen gewonnene Fähigkeit, Ereignisse E_{11}, $E_{12}, \ldots$ gemeinsam mit E_1 und Ereignisse E_{21}, $E_{22}, \ldots$ gemeinsam mit E_2 zu Ereignistypen (↑type and token) zusammenzufassen und regelmäßig durch Herbeiführen eines Ereignisses vom E_1-Typ ein Ereignis vom E_2-Typ herbeizuführen.

Aus Interventionswissen dieser Art sind durch Abstraktions- und Systematisierungsleistungen (↑abstrakt, ↑Abstraktion, ↑System) ↑Naturgesetze zu gewinnen. Damit sind die Relata der interventionistisch explizierten Kausalitätsrede zunächst beschränkt auf die durch Handlungen beeinflußbaren (manipulierbaren) Ereignisfolgen. Ursache- und Wirkungszusammenhänge werden aber gemeinhin auch in anderen Ereignisfolgen ausgemacht, die sich in diesen Konstellationen der direkten menschlichen Intervention faktisch oder prinzipiell entziehen – so etwa, wenn der Ausbruch des Vesuv als Ursache für die Zerstörung Pompejis oder das Aufleuchten ›neuer Sterne‹ als Supernova-Explosionen und damit als Wirkungen von Kern- und Gravitationskräften beschrieben werden. Vertreter interventionistischer Kausalitätskonzeptionen machen die Berechtigung, solche Ereignisfolgen als *kausale* Zusammenhänge zu beschreiben, abhängig von der nachgewiesenen Fähigkeit, unter kontrollierten Bedingungen Festkörper durch die Herbeiführung von Magmaexplosionen umherschleudern und durch das Umherschleudern von Festkörpern entsprechende Wirkungen auf andere Festkörper erzielen zu können. Desgleichen müssen auch Supernova-Explosionen im Labor modellhaft explizierbar sein und gegebenenfalls unter Heranziehung weiterer Interventionswissens lückenlos und zirkelfrei auf kosmische Großobjekte übertragen werden können.

Entsprechend dieser Forderung werden von interventionistischer Seite bestimmte in der modernen Physik unterstellte Kausalzusammenhänge gerade unter dem Hinweis auf ihre mangelnde Zurückführbarkeit auf menschliches Herstellungshandeln kritisiert. So formuliert P. Janich (1989) in seiner ↑Protophysik des Raumes eine Kritik an der Allgemeinen Relativitätstheorie (↑Relativitätstheorie, allgemeine), nach der die ↑Gravitation großer Körper eine Krümmung des umgebenden Raumes verursacht, gerade unter Hinweis auf deren mangelnde Anbindung an diejenigen lebensweltlichen Herstellungspraxen, denen die Gegenstände naturwissenschaftlicher Meßkunst entstammen.

Ein verbreiteter Einwand gegen die interventionistische Explikation der Kausalität zielt auf die Möglichkeit, Handlungen ihrerseits als verursachende Ereignisse zu deuten und formuliert somit einen Zirkularitätsverdacht. Nach interventionistischer Ansicht beruht jedoch eine solche Deutung auf einer unangemessenen Rekonstruktion der Handlungsrede: Die Handlungsbeschreibung ›A setzt eine Kugel in Bewegung‹ präsupponiert den Erfolg der Handlung. Bewegt sich die Kugel nicht, wäre aber nicht etwa die Wirkung einer solchen Handlung ausgeblieben; es hätte vielmehr gar keine Handlung der beschriebenen Art stattgefunden. Entsprechend wird von seiten des I. im Anschluß an v. Wright der Zusammenhang zwischen der Handlung und dem handelnd hervorgebrachten Ereignis als ein logischer charakterisiert: In der Aussagenverbindung ›wenn A die Kugel in Bewegung setzt, dann bewegt sich die Kugel‹ sind die ↑Elementaraussagen nicht durch ein *kausales*, sondern durch ein *logisches* ↑wenn-dann verbunden (↑Subjunktion).

Aufgrund seines strengen ↑Operationalismus, seines Rückgriffs auch auf ↑vorwissenschaftliche Herstellungspraxen, seiner geringen ontologischen Investitionen und seines durchgängigen Antirealismus (↑Realismus (erkenntnistheoretisch)) finden sich entwickelte Konzeptionen des I. insbes. im Rahmen konstruktiver Wissenschaftstheorien (↑Wissenschaftstheorie, konstruktive). Interventionistische Konzeptionen werden aber angesichts der Diskussionen über die Konsequenzen alternativer Ansätze (Naturalisierung des menschlichen Handelns [↑Naturalismus], Preisgabe der Idee der Handlungsfreiheit) zunehmend auch im Rahmen analytischer Wissenschaftstheorien entwickelt (↑Wissenschaftstheorie, analytische).

Jüngere Theorieansätze, wie sie insbes. im Anschluß an J. Woodward (2003) unter dem Titel ›Manipulationismus‹ diskutiert werden, suchen etwa die Intuition des intervenierenden Herbeiführens von Ereignisverläufen zu konkretisieren, indem sie die Kausalitätsrelation gerade als eine Relation zwischen (abstrakten) Ereignistypen (›Explodieren‹, ›Schleudern‹) explizieren. Die Rede von der Verursachung einzelner konkreter Ereignisse durch andere (Ausbruch des Vesuv, Zerstörung Pompejis) ließe sich danach nur in einem abgeleiteten Sinne bestimmen. Zugleich zielt der Ansatz auf eine allgemeinere Explikation der Kausalitätsrede, die auch die so genannte probabilistische Kausalität umfaßt. Dabei werden, inspiriert vom Einsatz Bayesscher Netze in der Programmierung probabilistischer Expertensysteme (J. Pearl 2000, P. Spirtes u. a. 2000), Ereignistypen durch ↑Variablen repräsentiert, deren Wertebereich durch die Varianz der Zustände bestimmt ist, die durch ein Ereignis dieses und nur dieses Typs eintreten können (z. B. Höhe des Explosionsdrucks, Beschleunigung eines festen Objekts etc.). Welchen konkreten Wert eine solche (Ereignis-)Variable in einer konkreten Situation annimmt, wird (gegebenenfalls probabilistisch) mitbestimmt vom – wiederum durch Variable repräsentierten – Eintritt oder Nichteintritt anderer Ereignisse sowie gegebenenfalls von der Ausprägung der dadurch herbeigeführten Zustände. Ordnet man die so füreinander kausal relevanten Ereignisse in einem Diagramm und stellt dabei die (probabilistisch gewichteten) kausalen Wirkungen durch einen gerichteten Pfeil dar, so ergeben sich komplexe Bäume mit transitiven (↑transitiv/Transitivität) und antisymmetrischen (↑antisymmetrisch/Antisymmetrie) Verzweigungen (ordnungstheoretisch gesprochen Halbordnungen [↑Ordnung], in der Terminologie der Graphentheorie gerichtete azyklische Graphen):

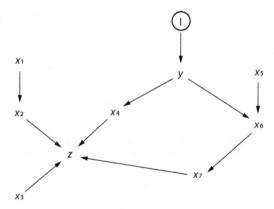

Zur Bestimmung der kausalen Wirkung von y auf z wird nun auf ein dreistelliges Konzept der Intervention zurückgegriffen: Eine ›Intervention I auf y bezüglich z‹ wird rein strukturell bestimmt als ein Basisknoten im (Ereignis-)Baum, der in absteigender Richtung die einzige Verknüpfung zu y darstellt und über keinen anderen Pfad (z. B. nicht über x_1 oder x_5) als über y mit z verbunden ist. Eine solche Intervention bestimmt so den Wert von y vollständig und bestimmt den Wert von z nur über y, bestimmt lediglich die Werte auf den Pfaden von y zu z und wird nicht seinerseits in seinem Wert durch andere Ereignisse im Baum bestimmt (Woodward und Hitchcock 2003). Der ›kausale Effekt‹ (›causal effect‹) von y auf z (auch: ›die kausale Relevanz von y für z‹) wird definiert als die Differenz des Wertes von z bei stattfindender und bei nicht stattfindender Intervention I auf y (bezüglich z). Die Theorie bestimmt entsprechend nicht ein absolutes Konzept des Ursache-Wirkungsverhältnisses (›... ist Ursache von ...‹, ›... bewirkt ...‹), sondern ein kardinales Maß für den Anteil, den ein bestimmtes Ereignis (z. B. y) am Zustandekommen eines anderen (z. B. z) hat.

Angesichts der von jedem definitorischen Rückgriff auf die Handlungsrede freien, rein strukturellen Bestimmung der Intervention ist umstritten, inwieweit der Ansatz über die bloß terminologische Anknüpfung hinaus als eine Fortsetzung oder gar Weiterentwicklung genuin interventionistischer Konzepte zu betrachten ist und inwieweit mit dem Konzept der ›kausalen Effekte‹ überhaupt dasselbe Explikandum expliziert wird. Auch ist der I. des v. Wrightschen Typs gemäß seinem pragmatischen Ansatz darauf festgelegt, den Ausgang seiner rekonstruktiven Bemühungen nicht bei abstrakten Ereignistypen, sondern bei den handelnd verfügbaren konkreten Ereignissen mit ihren entweder eintretenden oder nicht eintretenden Folgen zu nehmen. Entsprechend begreift er auch die Vorstellung eines vorderhand nur probabilistisch bestimmbaren Wirkungszusammenhangs in normativer Hinsicht eher als eine Aufgabe

umsichtiger Planung und Entscheidung (↑Risiko), in deskriptiver Hinsicht als eine Aufgabe zur Präzisierung derjenigen Bedingungen, unter denen ein Ereignis eines bestimmten Typs stets verläßlich mit einer bestimmten Folge einhergeht. Inwieweit sich hierbei die Konzepte des I. und des ›Manipulationismus‹ bei genauerer Analyse als ineinander überführbar oder wechselseitig durcheinander ergänzbar erweisen könnten, ist Gegenstand einer noch offenen Diskussion.

Literatur: T. L. Beauchamp/A. Rosenberg, Hume and the Problem of Causation, New York/Oxford 1981; M. Black, Making Something Happen, in: ders., Models and Metaphors. Studies in Language and Philosophy, Ithaca N. Y. 1962, 1981, 153–169; R. Collingwood, An Essay on Metaphysics, Oxford 1940, 2002; D. Gasking, Causation and Recipes, Mind 64 (1955), 479–487; ders., Zur Diskussion von Kausalität und Handlungsanweisungen, in: G. Posch (ed.), Kausalität. Neue Texte, Stuttgart 1981, 316–323; M. Heidelberger, Kausalität. Eine Problemübersicht, Neue H. Philos. 32/33 (1992), 130–153; ders., Ist der Kausalbegriff abhängig vom Handlungsbegriff? Zur interventionistischen Konzeption der Kausalität, in: R. Breuninger (ed.), Philosophie der Subjektivität und das Subjekt der Philosophie, Würzburg 1997, 106–116; P. Janich, Natur und Handlung. Über die methodischen Grundlagen naturwissenschaftlicher Erfahrungen, in: O. Schwemmer (ed.), Vernunft, Handlung und Erfahrung. Über die Grundlagen und Ziele der Wissenschaften, München 1981, 69–84; ders., Voluntarismus, Operationalismus, Konstruktivismus. Zur pragmatischen Begründung der Naturwissenschaften, in: H. Stachowiak (ed.), Pragmatik. Handbuch pragmatischen Denkens II, Hamburg 1987, 233–256, ferner in: ders., Konstruktivismus und Naturerkenntnis [s. u.], 21–52; ders., Euklids Erbe. Ist der Raum dreidimensional?, München 1989 (engl. Euclid's Heritage. Is Space Three-Dimensional?, Dordrecht 1992 [Western Ont. Ser. Philos. Sci. LII]); ders., Grenzen der Naturwissenschaft. Erkennen als Handeln, München 1992; ders., Konstruktivismus und Naturerkenntnis. Auf dem Weg zum Kulturalismus, Frankfurt 1996; ders., Kleine Philosophie der Naturwissenschaften, München 1997; G. Keil, Kritik des Naturalismus, Berlin/New York 1993; ders., Handeln und Verursachen, Frankfurt 2000; L. Krüger, Kausalität und Freiheit. Ein Beispiel für den Zusammenhang von Metaphysik und Lebenspraxis, Neue H. Philos. 32/33 (1992), 1–14; ders., Über die Relativität und die objektive Realität des Kausalbegriffs, in: W. Lübbe (ed.), Kausalität und Zurechnung. Über Verantwortung in komplexen kulturellen Prozessen, Berlin/New York 1994, 147–163; ders./R. Rheinwald, Kausalität, in: J. Speck (ed.), Hb. wiss.theoret. Begr. II (1980), 318–327; R. Lange, Vom Können zum Erkennen. Die Rolle des Experimentierens in den Wissenschaften, in: D. Hartmann/P. Janich (eds.), Methodischer Kulturalismus. Zwischen Naturalismus und Postmoderne, Frankfurt 1996, 157–196; P. Menzies/H. Price, Causation as a Secondary Quality, Brit. J. Philos. Sci. 44 (1993), 187–203; J. Pearl, Causality. Models, Reasoning, and Inference, Cambridge/New York 2000, ²2009; H. Price, Agency and Probabilistic Causality, Brit. J. Philos. Sci. 42 (1991), 157–176; ders., Agency and Causal Asymmetry, Mind 101 (1992), 501–520; B. Rang, Naturnotwendigkeit und Freiheit. Zu Kants Theorie der Kausalität als Antwort auf Hume, Kant-St. 81 (1990), 24–56; A. Rosenberg, Causation and Recipes. The Mixture as Before?, Philos. Stud. 24 (1973), 378–385; H. J. Schneider, Die Asymmetrie der Kausalrelation. Überlegungen zur interventionalistischen Theorie G. H. von Wrights, in: J. Mittelstraß/M. Riedel (eds.), Vernünftiges Denken. Studien zur praktischen Philosophie und Wissenschaftstheorie, Berlin/New York 1978, 217–234; B. Skyrms, Causal Necessity. A Pragmatic Investigation of the Necessity of Laws, New Haven Conn./London 1980; R. Spaemann, Kausalität, in: H. Seiffert/G. Radnitzky (eds.), Handlexikon der Wissenschaftstheorie, München 1989, 1994, 160–164; P. Spirtes/C. N. Glymour/R. Scheines, Causation, Prediction, and Search, New York 1993, Cambridge Mass. ²2000; H. Tetens, Was ist ein Naturgesetz?, Z. allg. Wiss.theorie 13 (1982), 70–83; ders., Experimentelle Erfahrung. Eine wissenschaftstheoretische Studie über die Rolle des Experiments in der Begriffs- und Theoriebildung, Hamburg 1987; M. Tooley, The Nature of Laws, Can. J. Philos. 7 (1977), 667–698; R. Tuomela, Erklären und Verstehen menschlichen Verhaltens, in: K. Apel/J. Manninen/R. Tuomela (eds.), Neue Versuche über Erklären und Verstehen, Frankfurt 1978, 30–58; J. Williamson, Causality, in: D. Gabbay/F. Guenthner (eds.), Handbook of Philosophical Logic XIII, Heidelberg/New York 2005, 131–162; J. Woodward, Causation and Manipulability, SEP 2001, rev. 2008; ders., Making Things Happen. A Theory of Causal Explanation, New York/Oxford 2003, 2005; ders./C. Hitchcock, Explanatory Generalizations. Part 1: A Counterfactual Account, Noûs 37 (2003), 1–24; G. H. v. Wright, Explanation and Understanding, Ithaca N. Y. 1971, 2004 (dt. Erklären und Verstehen, Frankfurt 1974, Berlin ⁴2000, Hamburg 2008); ders., Causality and Determinism, New York/London 1974. G. K.

intrinsisch/extrinsisch (von lat. intrinsecus/extrinsecus, innerhalb/außerhalb, engl. intrinsic/extrinsic), Termini für verwandte Unterscheidungen in der Theoretischen (↑Philosophie, theoretische) und der Praktischen Philosophie (↑Philosophie, praktische). In der ↑Metaphysik wird die Unterscheidung primär auf ↑Eigenschaften, auf die Natur von Gegenständen sowie auf deren Veränderung angewandt, in der ↑Handlungstheorie und in der ↑Psychologie auf Motivationen, Wünsche und ↑Zwecke, in der ↑Ethik auf Werte (↑Wert (moralisch)). In allen drei Gebieten lassen sich unkontroverse Beispiele des E.en leicht anführen, während Kandidaten für den Status des I.en häufig kontrovers sind. Nicht nur über die Grenzen der philosophischen Teildisziplinen hinweg, sondern auch innerhalb der drei genannten Bereiche werden die Termini zur Markierung verschiedener Unterscheidungen verwendet. Neben der Frage, welche intuitive Unterscheidung durch die Terminologie jeweils expliziert wird, stellt sich auch die Frage nach ihrer philosophischen Pointe.

(1) *Metaphysik*. (a) *I.e Eigenschaften*. Intuitiv sind i.e Eigenschaften solche, die einem Gegenstand nur deswegen zukommen, weil er so ist, wie er ist, während e.e Eigenschaften einem Gegenstand aufgrund seiner Teilhabe an einem größeren Ganzen zukommen. Sätze, die einem Gegenstand i.e Eigenschaften zuschreiben, implizieren, im Gegensatz zu Zuschreibungen e.er Eigenschaften, nichts über weitere Gegenstände (D. K. Lewis, 1983, 197; J. M. Dunn, 1990, 178). Alltägliche Kandidaten für i.e Eigenschaften sind Körpergestalt und die Eigenschaft,

ein Wirbeltier zu sein, wissenschaftliche Kandidaten Masse und Ladung eines Partikels; Beispiele für e.e Eigenschaften sind, Witwe zu sein, und, am Bodensee zu wohnen.

Die Unterscheidung i./e. ist nicht mit der Unterscheidung zwischen essentiellen und akzidentiellen Eigenschaften zu verwechseln. Einerseits gibt es Entitäten, zu deren essentiellen Eigenschaften e.e zählen, z. B. soziale Entitäten wie Geld, Parlamente und Fußbälle. Andererseits scheinen Eigenschaften wie die Größe oder die Gestalt eines Lebewesens i. zu sein, ohne essentiell zu sein. Ferner ist zwischen dem i.en Besitz einer Eigenschaft durch ein Einzelding und der Intrinsizität eines Eigenschaftstyps zu unterscheiden. Die Eigenschaft, genauso groß wie x zu sein, wird von x i., von anderen Gegenständen höchstens e. besessen. Demgegenüber scheint eine spezifische Gestalt eine i.e Eigenschaft simpliciter zu sein (Dunn, 1990, 183; L. B. Lombard, 2003, 182).

Eine naheliegende Explikation der intuitiven Unterscheidung zwischen ausschließlicher Trägerabhängigkeit und Trägerunabhängigkeit greift ein syntaktisches Korrelat, die Unterscheidung zwischen nicht-relational und relational, auf (E. J. Lowe, 2002, 44). Gegen die schlichte Identifikation von i.en mit nicht-relationalen Eigenschaften spricht, daß eine Entität Relationen zu sich selbst (Identität) sowie zu ihren eigenen Teilen (Wirbeltier sein) haben kann. Daher ist vorgeschlagen worden, i.e Eigenschaften als solche zu definieren, die in keiner Relation ihres Trägers zu einer vom Träger distinkten Entität bestehen. Dadurch würde aber die negative relationale Eigenschaft, nicht in der Nähe eines Sees zu wohnen, sich in einer seelosen Welt als i. erweisen.

Ein zentraler Kontext, in dem sich die Frage nach i.en Eigenschaften stellt, ist die Frage, ob mentale Zustände auf physikalischen Zuständen supervenieren (↑supervenient/Supervenienz). Im Anschluß an R. M. Chisholm (Chisholm, 1976) schlägt J. Kim vor, diese Frage als die Frage nach der Supervenienz ›interner‹ psychologischer Zustände auf physikalischen Zuständen zu formulieren. Diesem Vorschlag zufolge sind interne psychologische Zustände einer Entität solche, deren Realisierung die Existenz von keinem von dieser Entität gänzlich verschiedenen kontingenten Gegenstand erfordert (J. Kim, 1982, 184–187). Danach sind de dicto-, nicht aber de re-Einstellungen ›intern‹. Ziel von Kims Definition ist es, diejenigen psychologischen Eigenschaften abzugrenzen, bei denen die Frage nach ihrer Supervenienzbasis für die Philosophie des Geistes (↑philosophy of mind) philosophisch interessiert. Gegen die Definition hat Lewis eingewandt, daß die Eigenschaft, mit keinem gänzlich verschiedenen kontingenten Gegenstand zu koexistieren (ontologische ›Einsamkeit‹), mit deren Hilfe Kim Internalität bzw. Intrinsizität definiert, einerseits e. sein müßte, andererseits aber nach der Definition als i. gilt (Lewis, 1983, 199).

Lewis' eigener Vorschlag greift eine von G. E. Moore stammende Bestimmung des I.en auf, die Moore für den Begriff des i.en Werts entwickelt (s. u. (3)). Dieser Bestimmung zufolge ist eine Eigenschaft i. »gdw., wenn sie durch einen Gegenstand besessen wird, dieser Gegenstand oder ein genau gleicher Gegenstand unter allen Bedingungen sie zu genau dem gleichen Grad notwendig besitzen würde oder immer besitzen muß« (Moore, 1922, 265). Für Moore haben zwei Entitäten, die sich nur darin unterscheiden, daß sie numerisch verschieden sind, die gleiche ›i.e Natur‹ (Moore, 1922, 262–265). Zwei Entitäten mit der gleichen Mooreschen i.en Natur werden von Lewis als ›Duplikate‹ bezeichnet. Duplikate und Intrinsizität von Eigenschaften gelten als interdefinierbar, da i.e Eigenschaften eines Gegenstandes als Eigenschaften definiert werden, die jedes perfekte Duplikat des Gegenstandes besitzen würde (Lewis, 1983, 197, 1986, 61–69). Später entwickelt Lewis die Position auf eine Weise weiter, die es ermöglicht, diesen Definitionszirkel zu durchbrechen. Duplikate werden nunmehr als Gegenstände definiert, die die gleichen *basalen* i.en Eigenschaften teilen, wobei die Einführung des Begriffs basaler i.er Eigenschaften zwei Probleme lösen soll: Erstens soll Kims Problem, daß die Einsamkeit von Eigenschaften e. ist, dadurch gelöst werden, daß basale i.e Eigenschaften als unabhängig von Begleitung oder Einsamkeit bestimmt werden. Zweitens soll durch die Zurückführung der für Duplikate definitorischen Eigenschaften auf eine grundlegende ontologische Schicht natürlicher Eigenschaften das Problem disjunktiver (↑Disjunktion) Eigenschaften gelöst werden. Das Problem besteht darin, daß eine Eigenschaft wie, entweder kubisch und einsam oder nicht-kubisch und begleitet zu sein, von Begleitung oder Einsamkeit unabhängig ist, gleichwohl aber als e. gelten müßte. Deswegen sollen basale i.e Eigenschaften zusätzlich die Bedingung der Nichtdisjunktivität erfüllen, wobei Eigenschaften genau dann disjunktiv sind, wenn sie durch eine Disjunktion natürlicher Eigenschaften ausgedrückt werden können, ohne selbst natürliche Eigenschaften zu sein. I. sind demzufolge Eigenschaften, bezüglich derer sich Gegenstände nicht unterscheiden können, die diejenigen Eigenschaften teilen, die die zwei Bedingungen der Nichtdisjunktivität und der Unabhängigkeit von ontologischer Einsamkeit oder Begleitung erfüllen (R. Langton/Lewis, 1998, 336–337).

Diese Definition hat das Problem, daß gewisse intuitiv i.e Eigenschaften als e. und gewisse intuitiv e.e Eigenschaften als i. gelten müssen: (i) Mit x identisch zu sein, gilt als e., da x Duplikate hat, die diese Eigenschaft nicht besitzen. (ii) Ein Duplikat von x zu sein, gilt als i., weil, da die Relation des Duplizierens transitiv (↑transitiv/

Transitivität) ist, ein Duplikat eines Gegenstandes, der die Eigenschaft hat, ein Duplikat zu sein, diese Eigenschaft ebenfalls besitzen wird, wodurch die Eigenschaft i. wird. (iii) So zu sein, daß p, wobei p eine notwendige Wahrheit ist, z. B. so zu sein, daß $2 + 2 = 4$, gilt als i.e Eigenschaft (Dunn, 1990, 184–186). Daher ist Lewis' Vorschlag keine Rekonstruktion der alltäglichen Idee, daß eine i.e Eigenschaft eine ist, deren Besitz ausschließlich von ihrem Träger abhängt. Stattdessen analysiert sie den Begriff derjenigen Eigenschaften, die Gegenständen in Abstraktion von ihrer Singularität (↑haecceitas) zukommen. Es ist vorgeschlagen worden, hier von ›rein qualitativen‹ Eigenschaften zu reden (I. L. Humberstone, 1996, 238–239; Langton/Lewis, 1998, 334), obwohl diese Charakterisierung ein anderes Mißverständnis, nämlich das Herausgreifen unmittelbar erfahrbarer Eigenschaften (↑Qualia), nahelegt.

(b) *I.e Veränderung.* I.e Veränderungen eines Gegenstandes werden vielfach mit Veränderungen kontrastiert, die ›bloße Cambridge-Veränderungen‹ genannt werden (P. Geach, 1969, 71–74). Eine solche tritt z. B. ein, wenn jemand durch die Geburt eines Verwandten die Eigenschaft erlangt, eine Kusine zu sein. Allerdings müssen e.e Veränderungen nicht Cambridge-Veränderungen sein, sondern können in Veränderungen i.er Eigenschaften gründen. Jemand kann die e. Eigenschaft, größer zu sein als x, entweder dadurch, daß er wächst, oder dadurch, daß x schrumpft, erlangen (Humberstone, 1996, 207–209). Wie ist i.e Veränderung möglich? Wie kann ein Gegenstand zum Zeitpunkt t_1 eine i.e Eigenschaft e (z. B. gerade zu sein), zum Zeitpunkt t_2 hingegen eine mit e inkompatible Eigenschaft f (z. B. gebogen zu sein) instantiieren? Dieses Problem temporaler i.er Eigenschaften (Lewis, 1986, 202–204; S. Haslanger, 1989, 119, 2003, 329–331) läßt drei Sorten von Lösungsstrategien zu, die in der unterschiedlichen Verortung der Zeitkomponente bei der ↑Prädikation zum Ausdruck kommen: (i) als Teil des Prädikats (↑Prädikator), das dadurch die Instantiierung keiner i.en Eigenschaft, sondern der relationalen Eigenschaft einer Gestalt-zu-t ausdrücken würde (Haslanger, 2003, 330); (ii) als Teil des Subjektausdrucks, wodurch Träger i.er Eigenschaften keine über die Zeit hinweg existierenden Gegenstände, sondern zeitliche Gegenstandsteile oder Gegenstandsstadien wären (Lewis, 1986, 202–204, 1988; T. Sider, 2001, 55–62, 92–98); (iii) als Teil der Zuschreibungsrelation, wodurch die Relation der Eigenschaftsinstantiierung bei empirischen Gegenständen als eine verzeitlichte dargestellt würde (Lowe, 1987; 1988; Haslanger, 1989; Lombard, 2003, 170–180). Die ›Perdurantismus‹ genannte Strategie (ii) bestreitet, daß sich Gegenstände i. verändern können, da sie die Abfolge inkompatibler i.er Eigenschaften unterschiedlichen zeitlichen Gegenstandsteilen zuschreibt. Die übrigen Positionen werden dem ›Endurantismus‹ zugeordnet, dem zufolge Gegenstände über die Zeit hinweg existieren können. Dabei bestreitet auch Strategie (i) das Phänomen i.er Veränderung, da sie bei empirischen Gegenständen nur relationale Eigenschaften anerkennt, während Strategie (iii), der ›Adverbialismus‹, am ehesten die alltägliche Konzeption i.er Veränderungen von Objekten rekonstruiert.

(2) *Handlungstheorie/Psychologie.* Im Gegensatz zum Begriff i.er Eigenschaften hat der Begriff i.er Motivation einen klaren Ort im Alltagsverständnis. Der terminologische Gegensatz zwischen i.er und e.er Motivation markiert die lebensweltliche Unterscheidung zwischen der Motivation, eine Handlung *h* um ihrer selbst willen auszuführen, und der Motivation, *h* deswegen auszuführen, weil *h* eine notwendige, hinreichende oder auch nur begünstigende Bedingung von etwas anderem Gewolltes ist (Aristoteles, Eth. Nic. *A*1.1094a18–19). Der ›interne‹ Charakter der Motivation im ersten Falle besteht darin, daß der Handlungszweck im Gehalt der handlungssteuernden Absicht vollständig enthalten ist. Dem entspricht, daß der Agent einer i. motivierten Handlung auf die Frage ›zu welchem Zweck hast Du *h* ausgeführt?‹ keine weiterführende Antwort geben kann (›einfach so‹; ›weil ich *h* tun wollte‹), während der Agent einer e. motivierten Handlung ein weiteres Ziel benennen kann, um dessentwillen er *h* ausgeführt hat. Als Beispiele des e. motivierten Handelns führt Platon »Leibesübungen [...], die Ausübung der Heilkunst und aller andere Gelderwerb« (Pol. 357 c), Aristoteles den Erwerb von »Reichtum, Flöten und überhaupt Werkzeugen« (Eth. Nic. *A*5.1097a26–27) an. Als am wenigsten kontroverser Fall i. motivierten Handelns kann das Spielen eines Kindes gelten. Welche weiteren Fälle dazugezählt werden können, hängt von der Analyse des Begriffs des ›um seiner selbst willen Angestrebten‹ ab.

Einem in der empirischen Psychologie verbreiteten Verständnis zufolge bedeutet dies, daß die ›Belohnung‹ (reward) für eine Tätigkeit »in der Ausübung der Tätigkeit selbst« liegt (J. Bruner, 1974, 123). Dieser Vorschlag legt eine hedonistische (↑Hedonismus) Explikation nahe, wonach eine i. motivierte Person eine Handlung *h* deswegen ausführt, weil sie erwartet, während der Ausführung von *h* positive hedonische Erfahrungen zu machen (E. G. Ferguson, 2000, 199). Im Rahmen eines umfassenden motivationalen Hedonismus sind nach diesem Vorschlag e. motivierte Handlungen solche, von denen man einen erst nach Abschluß der Handlung erfolgenden hedonischen Gewinn erwartet. Eine hedonistische Analyse des Um-seiner-selbst-willen-Anstrebens ist aber auch mit nicht-hedonischen Konzeptionen e.en Handelns vereinbar. Schon die hedonische Analyse i.er Motivation bringt jedoch eine Paradoxie hervor: Die Motivation, *h* um seiner selbst willen auszuführen, soll auf die

Motivation reduzierbar sein, *h* auszuführen, weil man erwartet, daß *h* bestimmte experientielle Begleiterscheinungen haben wird. Damit droht die Relation des Um-seiner-selbst-willen zu verschwinden. Eine Strategie zur Auflösung der Paradoxie besteht darin, zwischen inhaltlichem und begrifflichem Hedonismus zu unterscheiden. Beim inhaltlichen Hedonismus gehört erwarteter Lustgewinn zum motivierenden Wunschinhalt und müßte entsprechend als Grund für die Handlung genannt werden können. Beim begrifflichen Hedonismus wird der Wunsch, *h* zu tun, mit der Erwartung hedonischen Gewinns durch die Ausführung von *h* identifiziert. Wenn J. S. Mill behauptet, daß »die Menschen [...] niemals etwas anderes [als Glück] wollen« (Utilitarianism, London 1861, Neudr. in: Collected Works X, ed. J. M. Robson, Toronto/London 1969, Neudr. in: On Liberty and Other Essays, Oxford 1991, 169 [dt. Utilitarianism/Der Utilitarismus, ed. D. Birnbacher, Stuttgart 1976, 2006, 61]), scheint er einen inhaltlichen Hedonismus zu vertreten, während seine These, daß etwas zu wünschen und etwas lustvoll zu finden »zwei verschiedene Formulierungen für eine psychologische Tatsache« und »metaphysisch« untrennbar seien (a.a.O., 67), den begrifflichen Hedonismus beinhaltet.

Aktivitätstypen, deren Ausführung tendenziell von positiven hedonischen Erfahrungen begleitet werden, sind vor allem von pädagogischen Psychologen untersucht worden, die sich von entsprechenden Taxonomien Mittel zur Effektivitätssteigerung beim Lernverhalten erhoffen. Kandidaten für Motivtypen, deren Realisierung solche hedonischen Begleiterfahrungen hervorbringt, sind Neugier und Wünsche, die Herausforderungen, Fantasie, Kontrolle, Kooperation und Konkurrenz betreffen (T. W. Malone/M. R. Lepper, 1987). Eine besondere Variante aktivitätsbegleitender positiver hedonischer Erfahrung stellt das Phänomen des Flußerlebens (›flow‹) dar, ein holistisches (↑Holismus) Aufgehen in der betreffenden Tätigkeit, das auf die Erfahrung der Kontrolle und das Vergessen der eigenen Identität zurückgeführt wird (M. Csikszentmihalyi, 1975).

Allerdings nötigen solche Fälle keineswegs zu einer Analyse i.er Motivation als auf hedonische Begleiterscheinungen des Handelns bezogen. Gegen die Einschränkung des Gehalts i.er Motivation auf eigene Aktivitäten spricht, daß wir nicht nur Handlungen, sondern auch Zustände oder Gegenstände um ihrer selbst willen herbeiführen können: Poietische (↑Poiesis) Handlungen (Aristoteles, Eth. Nic. *Z*2.1139b1–4; *Z*4.1140a1–23) – wie eine Symphonie komponieren oder ein Blumenbeet herrichten – können um ihrer Ergebnisse willen ausgeführt werden, ohne daß die Ergebnisse zu einem weiteren Ziel beitragen sollten. Gegen eine hedonistische Analyse des Begriffs i.er Motivation spricht grundsätzlich, daß man um eines Handlungsergebnisses willen auf dieses Ergebnis hinarbeiten kann, obwohl man dabei eine negative Lust-Unlust-Bilanz erwartet. Vor allem bedürfte es starker Gründe anzunehmen, daß die i.e Motivation, anderen zu helfen oder wissenschaftliche Probleme zu lösen, die Erwartung hedonischen Gewinns beinhalten müsse.

Eine in der pädagogischen Psychologie einflußreiche Konzeption i.er Motivation knüpft diese kriteriell an die Selbstzuschreibung der kausalen Kontrolle über die relevanten Handlungen (R. deCharms, 1968; E. L. Deci, 1975, 61; Deci/R. M. Ryan, 1985, 32–35, 1991). Demgegenüber sollen Handlungen e. motiviert heißen, wenn sie nur deswegen ausgeführt werden, weil die Person glaubt, so zu ›Belohnung‹ durch andere zu kommen oder ›Bestrafung‹ durch andere zu entgehen. Dieser Bestimmung zufolge ist diejenige Motivation i., die eine Person sich in einem starken Sinne zuschreibt, während das Externe an der e.en Motivation in den motivierenden Anteilen anderer besteht. Damit werden i.e und e.e Motivation an entgegengesetzten Enden einer Skala selbstzugeschriebener Autonomie verortet. Diese Konzeption steht zum Verständnis i. motivierten Handelns als um seiner selbst willen ausgeführt quer, da man unabhängig vom Einfluß anderer dazu motiviert sein kann, Mittel zur Erreichung eines Zwecks zu ergreifen.

(3) *Axiologie.* Locus classicus der handlungstheoretischen Unterscheidung zwischen i.en und e.en Wünschen ist das erste Buch der »Nikomachischen Ethik«, wo Aristoteles das Ziel der Ethik als die Erforschung des um seiner selbst willen Angestrebten charakterisiert. Daß eine solche Unterscheidung notwendig ist, begründet Aristoteles mit der These, daß ohne ein um seiner selbst willen Begehrtes »die Sache ins Unendliche [ginge]« und das menschliche Begehren »leer« wäre (Eth. Nic. *A*1.1094a1–22). Dabei argumentiert er zugleich explanativ und normativ: Wenn wir nichts um seiner selbst willen anstreben würden, geriete die Handlungserklärung in einen Regreß. Vor allem aber entstünde ein normativer Regreß: Gäbe es keinen Zweck, den wir um seiner selbst willen anstreben *sollen*, hätte unser praktisches Überlegen keine Basis. Für Aristoteles wird diese Basis durch ein ›Endziel in höherem Sinne‹, ›das höchste Gut‹, bereitgestellt (Eth. Nic. *A*5.1097a25–34). In der »Grundlegung zur Metaphysik der Sitten« findet sich ein verwandtes Argument, wenn I. Kant zur Zwecke-Formel des Kategorischen Imperativs (↑Imperativ, kategorischer) mit der Behauptung überleitet, daß es »objektive Zwecke, d. i. Dinge, deren Dasein an sich selbst Zweck ist«, geben müsse, weil es sonst gar keinen ›unbedingten‹ Wert gäbe (Grundl. Met. Sitten BA 65–66 [Akad.-Ausg. IV, 428]). Während Aristoteles das um seiner selbst willen anstrebenswerte höchste Gut in der Glückseligkeit (εὐδαιμονία, ↑Glück (Glückseligkeit)) sieht (Eth. Nic. *A*2.1095a14–20), ist für Kant dasjenige,

das einen »inneren, unbedingten Wert« hat, »an sich gut« ist und »seinen vollen Wert in sich selbst hat«, der gute Wille (Grundl. Met. Sitten BA 1–3 [Akad.-Ausg. IV, 393–394]).

Allerdings geht aus dem Regreßargument weder hervor, daß das um seiner selbst willen Anstrebenswerte monistisch zu bestimmen sei, noch, daß, wie Kant behauptet, der von keinen anderen Zwecken abhängige und insofern ›unbedingte‹ Wert in dem Sinne ›absolut‹ sei, daß er mit nichts anderem verglichen werden könne: I.e Werte müssen nicht inkommensurable (↑inkommensurabel/ Inkommensurabilität) Werte sein. Denkbar ist im Gegenteil, daß es verschiedene Arten i. wertvoller Güter gibt, deren Realisierung bzw. Schutz oder Förderung gegeneinander abzuwägen sind. Ferner gibt es keine guten Gründe anzunehmen, daß das i. Gute ausschließlich moralisch Gutes umfaßt. Kandidaten für i. Wertvolles sind zwar ›moralische Eigenschaften‹ wie Gerechtigkeit und Wahrhaftigkeit sowie möglicherweise moralisch geforderte Sachverhalte wie Biodiversität, aber auch vormoralisch gute Formen der ↑Intersubjektivität wie Freundschaft und Liebe, andere Werttypen wie Wahrheit und Schönheit und schließlich subjektive Erfahrungen wie die Erfahrung von Schönheit und sonstige Lustempfindungen.

Oberflächengrammatisch läßt die axiologische (↑Axiologie) Unterscheidung zwischen i.en und e.en Werten unterschiedliche ontologische ↑Kategorien als Träger zu. Es scheinen nicht nur Eigenschaften und Handlungen, sondern auch Sachverhalte, Tatsachen, Erfahrungen und konkrete Gegenstände i. gut sein zu können. Manche Autoren sind der Auffassung, daß aller i.e Wert auf den Wert von ↑Propositionen (A. Meinong, 1912, 1923, 66–67; Chisholm, 1972, 1978) oder ↑Tatsachen (W. D. Ross, 1930, 112–113) reduzierbar ist. Es mag aber bezweifelt werden, ob der i.e Wert eines Objekts oder einer Erfahrung adäquat als der i.e Wert der Existenz des Objekts oder der Tatsache, daß es die Erfahrung gibt, analysierbar ist. Einer zweiten Auffassung zufolge können nur einzelne Gegenstände i.en Wert besitzen, während ↑Sachverhalte, die solche Konkreta umfassen, lediglich e. wertvoll sind (E. Anderson, 1993, 19–21, 26–30). Gemäß einer dritten Position, zu der der axiologische Hedonismus zu rechnen ist, können nur experientielle Qualitäten um ihrer selbst willen gut sein. Das hat zur Folge, daß konkrete Gegenstände höchstens e. wertvoll sind (C. I. Lewis, 1962, 380–389, 397–414). Dabei wird denjenigen Gegenständen, deren unmittelbare Wahrnehmung i.en Wert haben kann, ›inhärenter‹ Wert, und denjenigen, die nur vermittelt zur Erfahrung i.en Werts führen können, instrumenteller Wert zugeschrieben (Lewis, 1962, 390–392, 432–436; R. Audi, 2003, 32–37, 2004, 122–130).

Moore, für den i.er Wert konkreten Gegenständen zukommt, argumentiert, daß dem Begriff des i. Guten zentrale Bedeutung in metaethischen (↑Metaethik) Debatten zwischen ›Subjektivisten‹ und ›Objektivisten‹ zukommt (Moore, 1922, 255–259). Wenn sie sich richtig verstünden, würden letztere sehen, daß es nicht der objektive, sondern der i.e Status des Guten sei, den sie gegenüber Konzeptionen verteidigen wollten, denen zufolge der Wert eines Gegenstandes von subjektiven Einstellungen abhängt. Für Moore verfällt jemand, der das Gute von objektiven Parametern wie der evolutionären Bedingung der Überlebensförderlichkeit abhängig macht, dem gleichen Irrtum wie der Subjektivist: dem Irrtum, das Gute von ›externen‹ Bedingungen abhängig zu machen. Demgegenüber könne erst die Verteidigung der Idee des i.en Werts den sui generis-Charakter des Guten sichern. Daß ein Typ von Wert i. ist, heißt Moore zufolge, daß es ausschließlich von der i.en Natur eines Gegenstands (s. o. (1)) abhängt, ob und in welchem Grade der Gegenstand diesen Wert besitzt (Moore, 1922, 260). Die dabei genannte Abhängigkeitsrelation ist die der Supervenienz, die Moore modal als notwendige Korrelation ›unter allen Umständen‹ versteht, wobei die relevante Form der Notwendigkeit stärker als empirische und naturgesetzliche, jedoch schwächer als logische Notwendigkeit sein soll.

Moores Analyse läßt die Notwendigkeit zweier Unterscheidungen deutlich werden: (a) *I.er Wert – objektiver Wert.* Die Zuschreibung Moore-i.en Werts impliziert keinesfalls, wie Moore behauptet (1922, 255), dem Träger objektiven Wert zuzuschreiben. Die Supervenienzbasis einer Wertzuschreibung (die wertrelevanten Eigenschaften des wertvollen Objekts) und die an der Wertkonstitution beteiligten Faktoren (nach manchen Positionen: Gefühle, Wünsche oder Dispositionen wertender Subjekte) sind auseinanderzuhalten. Das sieht man daran, daß die These der Supervenienz von Werten gegenüber deskriptiven Eigenschaften von Vertretern der nicht-objektivistischen metaethischen Richtungen des ↑Präskriptivismus (R. M. Hare, 1952, 80–93, 131, 153–155) und des Expressivismus (S. Blackburn, 1973) als Datum vorgebracht wird, das durch ihre Position am besten erklärt werde.

(b) *Moore-i.er Wert – i.er Wert als finaler Wert.* Die Definition des i.en Wertes eines Gegenstands als des ausschließlich auf dessen i.en Eigenschaften supervenierenden Wertes verknüpft mit der Terminologie ›i.‹/›e.‹ eine andere Unterscheidung als diejenige zwischen dem um seiner selbst willen und dem nur um eines anderen willen Anstrebenswerten (C. Korsgaard, 1983, 170; J. O'Neill, 1992, 119–120). Die Gründe, warum es um seiner selbst willen anstrebenswert ist, einen Gegenstand herzustellen, zu besitzen, wahrzunehmen oder zu schützen, müssen nicht ausschließlich in den i.en Eigenschaften des betreffenden Gegenstands liegen. E.e Eigenschaften, die dazu beitragen können, einem Gegenstand diesen Status zu verleihen, sind Einzigartigkeit oder Seltenheit. Einen für diesen Status wichtigen Kandidaten aus der Umweltethik stellt ein von menschlicher Hand unberührtes Stück Natur dar, dessen nicht abgeleiteter Wert mitunter davon abzuhängen scheint, daß es die e.e Eigenschaft besitzt, nicht von menschlicher Hand berührt worden zu sein (S. Kagan, 1993, 184; O'Neill, 1992, 124–125; W. Rabinowicz/T. Rønnow-Rasmussen, 2000, 39–42). Kunstwerke scheinen nicht nur auf Grund ihrer i.en Eigenschaften, sondern auch auf Grund ihrer Bezüge zu anderen Kunstwerken, zur sonstigen Realität sowie zu ihrem Hersteller für um ihrer selbst willen wertvoll gehalten zu werden. Somit liegt die im Anschluß an Moore verstandene Unterscheidung zwischen i.em und e.em Wert zur Aristotelischen Unterscheidung zwischen ›finalem‹ und instrumentellem Wert quer (vgl. W. R. F. Hardie, 1965). Während Moore die axiologische Verwendung der Terminologie ›i.‹/›e.‹ an ihren metaphysischen Gebrauch anschließt, knüpft sie die von Aristoteles ausgehende Verwendungsweise an die handlungstheoretische Unterscheidung.

Schließlich läßt sich die Unterscheidung zwischen dem um seiner selbst willen und dem um eines anderen willen Guten aus zwei Gründen nicht mit der Unterscheidung zwischen dem um seiner selbst willen Anstrebenswerten und den Mitteln zur Erreichung auf diese Weise verstandener finaler Werte identifizieren: (i) Um eines anderen willen Gutes muß seinen in diesem Sinne e.en Wert nicht aus seiner *kausalen* Eignung beziehen, etwas anderes Gutes herbeizuführen (d. h. ein Mittel dazu zu sein). Andere Relationen, die diesen Status verleihen können, sind: Indiz für *p*, Repräsentation von *p*, Gelegenheit für die Verwirklichung von *p* und Teil von *p* zu sein. (ii) Um seiner selbst willen Gutes muß nicht dem Gehalt einer normativ geforderten *volitiven* Einstellung entsprechen, da das Einnehmensollen anderer nicht-kognitiver Einstellungen diesen Status sichern kann. Schon Platon läßt Glaukon das wegen seiner Folgen Begehrte von einer Art des Guten unterscheiden, die um ihrer selbst willen ›geliebt‹ wird (Pol. 357a–360 d). F. Brentano faßt die gegenüber dem ›primär Guten‹ einzunehmenden emotionalen Haltungen mit den Termini ›Liebe‹ bzw. ›Anerkennung‹ zusammen (Brentano, 1889, 17–18, [4]1969, 19–20). Alltagssprachlich lassen sich Einstellungen wie Achtung, Schätzung und Bewunderung benennen (Anderson, 1993, 10), zu denen plausiblerweise keine präzisierbare Handlungsmotivation gehören muß. Ist dies richtig, so muß ein finaler Wert kein ›Endzweck‹ sein.

Literatur: E. Anderson, Value in Ethics and Economics, Cambridge Mass./London 1993, 1995; R. Audi, The Architecture of Reason. The Structure and Substance of Morality, Oxford 2001; ders., Intrinsic Value and Reasons for Action, South. J. Philos. 41 Suppl. (2003), 30–56; ders., The Good in the Right. A Theory of

Intuition and Intrinsic Value, Princeton N. J./Oxford 2004, 2005; M. Beardsley, Intrinsic Value, Philos. Phenom. Res. 26 (1965/1966), 1–17, Nachdr. in: T. Rønnow-Rasmussen/M. J. Zimmerman (eds.), Recent Work on Intrinsic Value, Dordrecht 2005, 61–75; S. Blackburn, Moral Realism, in: J. Casey (ed.), Morality and Moral Reasoning. Five Essays in Ethics, London 1971, 101–124, Nachdr. in: S. Blackburn, Essays in Quasi-Realism, New York/Oxford 1993, 111–129; ders., Supervenience Revisited, in: I. Hacking (ed.), Exercises in Analysis, Cambridge 1985, 47–67, Nachdr. in: S. Blackburn, Essays in Quasi-Realism [s. o.], 130–148; E. Bodanszky/E. Conee, Isolating Intrinsic Value, Analysis 41 (1981), 51–53, Nachdr. in: T. Rønnow-Rasmussen/M. J. Zimmerman (eds.), Recent Work on Intrinsic Value [s. o.], 11–13; B. Bradley, Extrinsic Value, Philos. Stud. 91 (1998), 109–126; ders., The Value of Endangered Species, J. Value Inqu. 35 (2001), 43–58; ders., Is Intrinsic Value Conditional?, Philos. Stud. 107 (2002), 23–44; F. Brentano, Vom Ursprung sittlicher Erkenntnis, Leipzig 1889, Hamburg ⁴1955, 1969, Nachdr. 3. Aufl., Saarbrücken 2006; J. Bruner, Toward a Theory of Instruction, Cambridge Mass. 1966, 1978 (dt. Entwurf einer Unterrichtstheorie, Berlin 1974); J. B. Callicott, Intrinsic Value in Nature. A Metaethical Analysis, The Electronic J. Analytic Philos. 3 (1995) [Elektronische Ressource]; R. M. Chisholm, Objectives and Intrinsic Value, in: R. Haller (ed.), Jenseits von Sein und Nichtsein, Graz 1972, 261–269, Nachdr. in: T. Rønnow-Rasmussen/M. J. Zimmerman (eds.), Recent Work on Intrinsic Value [s. o.], 171–179; ders., The Intrinsic Value in Disjunctive States of Affairs, Noûs 9 (1975), 295–308, Nachdr. in: T. Rønnow-Rasmussen/M. J. Zimmerman (eds.), Recent Work on Intrinsic Value [s. o.], 229–239; ders., Person and Object, La Salle Ill. 1976, 2002; ders., Intrinsic Value, in: A. I. Goldman/J. Kim (eds.), Values and Morals, Dordrecht/London/Boston Mass. 1978, 121–130, Neudr. in: T. Rønnow-Rasmussen/M. J. Zimmerman (eds.), Recent Work on Intrinsic Value [s. o.], 1–10; ders., Defining Intrinsic Value, Analysis 41 (1981), 99–100, Neudr. in: T. Rønnow-Rasmussen/M. J. Zimmerman (eds.), Recent Work on Intrinsic Value [s. o.], 15–16; ders., Brentano and Intrinsic Value, Cambridge 1986; J. Condry/L. G. Stokker, Overview of Special Issue on Intrinsic Motivation, Motivation and Emotion 16 (1992), 157–164; E. Conee, Instrumental Value Without Intrinsic Value?, Philosophia 11 (1982), 345–359; M. Csikszentmihalyi, Play and Intrinsic Rewards, J. Humanistic Psychology 15 (1975), H. 3, 41–63; J. Dancy, Should We Pass the Buck?, in: A. O'Hear (ed.), Philosophy, the Good, the True and the Beautiful, Cambridge 2000, 159–173; ders., The Particularist's Progress, in: B. Hooker/M. O. Little (eds.), Moral Particularism, Oxford 2000, 2003, 130–156, Nachdr. in: T. Rønnow-Rasmussen/M. J. Zimmerman (eds.), Recent Work on Intrinsic Value [s. o.], 325–347; S. Darwall, Moore, Normativity and Intrinsic Value, Ethics 113 (2002/2003), 468–489; R. DeCharms, Personal Causation. The Internal Affective Determinants of Behavior, New York 1968, Hillsdale N. J. 1983; E. L. Deci, Intrinsic Motivation, New York/London 1975, 1976; ders./R. M. Ryan, Intrinsic Motivation and Self-Determination in Human Behavior, New York 1985, 1990; dies., Intrinsic Motivation and Self-Determination in Human Behaviour, in: R. M. Steers/L. W. Porter (eds.), Motivation and Work Behavior, New York ⁵1991, 44–58; E. L. Deci u. a., Facilitating Internalization. The Self-Determination Theory Perspective, J. Personality 62 (1994), 119–142; ders./R. Koestner/R. M. Ryan, A Meta-Analytic Review of Experiments Examining the Effects of Extrinsic Rewards on Intrinsic Motivation, Psychological Bulletin 125 (1999), 627–668; J. M. Dunn, Relevant Predication 2 (Intrinsic Properties and Internal Relations), Philos. Stud. 60 (1990), 177–206; R. Elliot, Intrinsic Value, Environmental Obligation and Naturalness, Monist 75 (1992), 138–160; F. Feldman, Basic Intrinsic Value, Philos. Stud. 99 (2000), 319–346, Neudr. in: T. Rønnow-Rasmussen/M. J. Zimmerman (eds.), Recent Work on Intrinsic Value [s. o.], 379–400; ders., Hyperventilating about Intrinsic Value, J. Ethics 2 (1998), 339–354, Neudr. in: T. Rønnow-Rasmussen/M. J. Zimmerman (eds.), Recent Work on Intrinsic Value [s. o.], 45–58; E. D. Ferguson, Motivation. A Biosocial and Cognitive Integration of Motivation and Emotion, New York/Oxford 2000; R. Francescotti, How to Define Intrinsic Properties, Noûs 33 (1999), 590–609; P. Geach, God and the Soul, New York 1969, South Bend Ind. 2001; A. Gibbard, Doing no more Harm than Good, Philos. Stud. 24 (1973), 158–173; W. R. F. Hardie, The Final Good in Aristotle's Ethics, Philos. 40 (1965), 277–295; R. M. Hare, The Language of Morals, Oxford/New York 1952, 2003 (dt. Die Sprache der Moral, Frankfurt 1972, ²1997); G. H. Harman, Toward a Theory of Intrinsic Value, J. Philos. 64 (1967), 792–804, Neudr. in: T. Rønnow-Rasmussen/M. J. Zimmerman (eds.), Recent Work on Intrinsic Value [s. o.], 349–360; ders., Desired Desires, in: R. G. Frey/C. W. Morris (eds.), Value, Welfare and Morality, Cambridge 1993, 138–157; S. Haslanger, Endurance and Temporary Intrinsics, Analysis 49 (1989), 119–125; dies., Persistence through Time, in: M. J. Loux/D. W. Zimmerman (eds.), The Oxford Handbook of Metaphysics, Oxford/New York 2003, 2005, 315–354; H. Heckhausen, Motivation und Handeln, Berlin/Heidelberg 1980, ²2003; I. L. Humberstone, Intrinsic/Extrinsic, Synthese 108 (1996), 205–267; T. Hurka, Two Kinds of Organic Unity, J. Ethics 2 (1998), 299–320; M. Johnston, Is there a Problem about Persistence?, Proc. Arist. Soc. Suppl. 61 (1987), 107–135; S. Kagan, Me and My Life, Proc. Arist. Soc. NS 94 (1993/1994), 309–324; ders., Rethinking Intrinsic Value, J. Ethics 2 (1998), 277–297, Nachdr. in: T. Rønnow-Rasmussen/M. J. Zimmerman (eds.), Recent Work on Intrinsic Value [s. o.], 97–114; J. Kim, Psychophysical Supervenience, Philos. Stud. 41 (1982), 51–70, Neudr. in: ders., Supervenience and Mind. Selected Philosophical Essays, Cambridge 1993, 2002, 175–193; C. M. Korsgaard, Two Distinctions in Goodness, Philos. Rev. 92 (1983), 169–195, Neudr. in: dies., Creating the Kingdom of Ends, Cambridge 1996, 2004, 249–274, Nachdr. in: T. Rønnow-Rasmussen/M. J. Zimmerman (eds.), Recent Work on Intrinsic Value [s. o.], 77–96; R. Langton/D. Lewis, Defining ›Intrinsic‹, Philos. Phenom. Res. 58 (1998), 333–345; N. M. Lemos, Intrinsic Value. Concept and Warrant, Cambridge 1994; C. I. Lewis, An Analysis of Knowledge and Valuation, La Salle Ill. 1946, 1971; D. K. Lewis, Extrinsic Properties, Philos. Stud. 44 (1983), 197–200; ders., On the Plurality of Worlds, Oxford 1986, Malden Mass./Oxford 2006; ders., Rearrangement of Particles. Reply to Lowe, Analysis 48 (1988), 65–72; L. B. Lombard, The Lowe Road to the Problem of Temporary Intrinsics, Philos. Stud. 112 (2003), 163–185; E. J. Lowe, Lewis on Perdurance versus Endurance, Analysis 47 (1987), 152–154; ders., The Problems of Intrinsic Change. Rejoinder to Lewis, Analysis 48 (1988), 72–77; ders., The Possibility of Metaphysics. Substance, Identity and Time, Oxford 1998; ders., A Survey of Metaphysics, Oxford 2002; C. Lumer, The Content of Originally Intrinsic Desires and of Intrinsic Motivation, Acta Analytica 18 (1997), 107–121; T. W. Malone/M. R. Lepper, Making Learning Fun. A Taxonomy of Intrinsic Motivations for Learning, in: R. E. Snow/M. J. Farr (eds.), Aptitude, Learning and Instruction III (Conative and Affective Process Analyses), Hillsdale N. J./London 1987, 223–253; A. Meinong,

Für die Psychologie und gegen den Psychologismus in der allgemeinen Werttheorie, Logos 3 (1912), 1–14, Nachdr. in: ders., Abhandlungen zur Werttheorie, Graz 1968, 267–282; ders., Zur Grundlegung der allgemeinen Werttheorie, Graz 1923, Nachdr. in: ders., Abhandlungen zur Werttheorie [s.o.], 469–656; G. E. Moore, Principia Ethica, Cambridge 1903, ²1993 (dt. Principia Ethica, Stuttgart 1970, 1996); ders., Preface to Second Edition, in: ders., Principia Ethica [s.o.], Cambridge ²1993, 2–27; ders., Ethics, London 1912, ²1966, Oxford 2005 (dt. Grundprobleme der Ethik, München 1975); ders., The Conception of Intrinsic Value, in: ders., Philosophical Studies, London 1922, Totowa N. J. 1965, 253–275; G. Nerlich, Is Curvature Intrinsic to Physical Space?, Philos. Sci. 46 (1979), 439–58; J. O'Neill, The Varieties of Intrinsic Value, Monist 75 (1992), 119–137; W. S. Quinn, Theories of Intrinsic Value, Amer. Philos. Quart. 11 (1974), 123–132; W. Rabinowicz/T. Rønnow-Rasmussen, A Distinction in Value. Intrinsic and for Its Own Sake, Proc. Arist. Soc. NS 100 (2000), 33–51, Nachdr. in: T. Rønnow-Rasmussen/M. J. Zimmerman (eds.), Recent Work on Intrinsic Value [s.o.], 115–129; dies., Tropic of Value, in: T. Rønnow-Rasmussen/M. J. Zimmerman (eds.), Recent Work on Intrinsic Value [s.o.], 213–226; S. Reiss, Multifaceted Nature of Intrinsic Motivation. The Theory of 16 Basic Desires, Rev. General Psychology 8 (2004), 179–193; ders., Extrinsic and Intrinsic Motivation at 30. Unresolved Scientific Issues, Behavior Analyst 28 (2005), 1–14; F. Rheinberg, Motivation, Stuttgart 1995, ⁷2008; ders., Intrinsische Motivation und Flow-Erleben, in: J. Heckhausen (ed.), Motivation und Handeln, Berlin/Heidelberg ³2006, 331–354; T. Rønnow-Rasmussen, Instrumental Values – Strong and Weak, Ethical Theory and Moral Practice 5 (2002), 23–43; ders./M. J. Zimmerman, Introduction, in: dies. (eds.), Recent Work on Intrinsic Value [s.o.], xiii–xxxv; W. D. Ross, The Right and the Good, Oxford 1930, 2002; R. M. Ryan/J. P. Connell, Perceived Locus of Causality and Internalization. Examining Reasons for Acting in Two Domains, J. Personality and Social Psychology 57 (1989), 749–761; R. M. Ryan/E. L. Deci, Self-Determination Theory and the Facilitation of Intrinsic Motivation, Social Development and Well-Being, Amer. Psychologist 55 (2000), 68–78; C. Sansone/J. M. Harackiewicz, Intrinsic and Extrinsic Motivation. The Search for Optimal Motivation and Performance, San Diego Calif./London 2000; G. Seebaß, Poiesis und Praxis, in: ders., Handlung und Freiheit. Philosophische Aufsätze, Tübingen 2006, 1–30; T. Sider, Intrinsic Properties, Philos. Stud. 83 (1996), 1–27; ders., Four-Dimensionalism. An Ontology of Persistence and Time, Oxford 2001, 2003; ders., Maximality and Intrinsic Properties, Philos. Phenom. Res. 63 (2001), 357–364; ders., Maximality and Microphysical Supervenience, Philos. Phenom. Res. 66 (2003), 139–149; T. Tännsjö, A Concrete View of Intrinsic Value, J. Value Inqu. 33 (1999), 531–536, Nachdr. in: T. Rønnow-Rasmussen/M. J. Zimmerman (eds.), Recent Work on Intrinsic Value [s.o.], 207–211; J. J. Thomson, The Right and the Good, J. Philos. 94 (1997), 273–298, Nachdr. in: T. Rønnow-Rasmussen/M. J. Zimmerman (eds.), Recent Work on Intrinsic Value [s.o.], 131–152; P. Vallentyne, Intrinsic Properties Defined, Philos. Stud. 88 (1997), 209–219; ders./S. Kagan, Infinite Value and Finitely Additive Value Theory, J. Philos. 94 (1997), 5–26; B. Weatherson, Intrinsic vs. Extrinsic Properties, SEP 2002, rev. 2006; S. Yablo, Intrinsicness, Philos. Top. 26 (1999), 479–505; D. W. Zimmerman, Temporary Intrinsics and Presentism, in: P. van Inwagen/D. W. Zimmerman (eds.), Metaphysics. The Big Questions, Malden Mass. 1998, 206–219, erw. ²2008, 269–282; M. J. Zimmerman, The Nature of Intrinsic Value, Lanham Md. 2001, bes. 15–32 (Chap. II

Defending the Concept of Intrinsic Value); ders., Intrinsic Value and Individual Worth, in: D. Egonsson u.a. (eds.), Exploring Practical Philosophy. From Action to Values, Aldershot 2001, 123–138, Neudr. in: T. Rønnow-Rasmussen/M. J. Zimmerman (eds.), Recent Work on Intrinsic Value [s.o.], 191–205. N. R.

Introspektion (von lat. introspicere, hineinschauen; [Eigen-]Wahrnehmung psychischer Vorgänge), in empirischer Psychologie und psychologisch orientierter Philosophie (z.B. bei W. James, W. Wundt) Bezeichnung für das Studium mentaler und emotionaler Prozesse in Form der *Selbstbeobachtung*. Da I., aufgefaßt als eine Methode der unmittelbaren beobachtenden Teilnahme an eigenen mentalen und emotionalen Prozessen, Teil dieser Prozesse und insofern auch Teil iterierbarer, zu keiner abschließenden ›Selbsterkenntnis‹ führender Formen der Selbstbeobachtung wird (Wahrnehmung, daß etwas wahrgenommen wird, usw.), treten als I. in der Regel auch Formen der Retrospektion (›Erinnerung‹), d.h. Formen der ›wiederholenden‹ Repräsentation psychischer Vorgänge, auf (vgl. Ryle 1949). I. war von A. Augustinus bis hin zu R. Descartes und zur ↑Assoziationstheorie D. Humes und J. Lockes die übliche Art des philosophischen Zugangs zu Gegebenheiten und Vorgängen des ↑Bewußtseins. Auch noch zu Beginn der experimentellen ↑Psychologie in der zweiten Hälfte des 19. Jhs. war sie die vorherrschende Methode, so in der Assoziationspsychologie (W. Wundt, H. Ebbinghaus) und der Ganzheitspsychologie (O. Külpe, K. Bühler, N. Ach). Deren Bewußtseinsanalyse durch I. wurde vor allem von der Gestaltpsychologie (C. v. Ehrenfels, H. Cornelius, F. Krueger, M. Westheimer, W. Köhler, K. Koffka; ↑Gestalttheorie) und von J. B. Watson, dem Begründer des ↑Behaviorismus, als unwissenschaftlich, weil intersubjektiv nicht überprüfbar, abgelehnt. Auch die kognitive Psychologie der Gegenwart steht der I. distanziert gegenüber. Die Gründe sind, daß erstens die Selbstbeobachtung und die Analyse mentaler Prozesse häufig nicht ohne Einfluß auf den Ablauf dieser Prozesse bleiben und daß zweitens die I. unbewußte oder unterbewußte mentale Prozesse verfehlt, die gleichwohl von Bedeutung für das Handeln sein können.

Die I. ist, auch als Retrospektion, Teil einer deskriptiven Analyse; sie darf insofern auch nicht mit dem philosophischen Begriff der ↑Selbsterkenntnis verwechselt werden: Die der Sokratischen Philosophie zugrundeliegende Aufforderung ›erkenne dich selbst‹ (γνῶθι σεαυτόν, Inschrift am Apollontempel in Delphi) ist auf die *kritische* Analyse faktischer Orientierungen, als deren Teil mentale und emotionale Sachverhalte verstanden werden, und auf deren die bloße Faktizität ›überwindende‹ Reorganisation in transsubjektiven (↑transsubjektiv/Transsubjektivität) Lebensformen gerichtet.

Literatur: W. Alston, Varieties of Privileged Access, Amer. Philos. Quart. 8 (1971), 223–241; D. M. Armstrong, A Materialist Theory of the Mind, London, New York 1968, rev. London/New York 1993; ders., Introspection, in: Q. Cassam (ed.), Self-Knowledge [s. u.], 109–117; D. Bakan, A Reconsideration of the Problem of Introspection, Psychol. Bull. 51 (1954), 105–118; C. Black, Obvious Knowledge, Synthese 56 (1983), 373–385; E. G. Boring, A History of Introspection, Psychol. Bull. 50 (1953), 169–189; M. Carrier/M. Mittelstraß, Geist, Gehirn, Verhalten. Das Leib-Seele-Problem und die Philosophie der Psychologie, Berlin/New York 1989 (engl. [erw.] Mind, Brain, Behavior. The Mind-Body Problem and the Philosophy of Psychology, Berlin/New York 1991, 1995); P. Carruthers, Introspection. Divided and Partly Eliminated, Philos. Phenom. Res. 80 (2010), 76–111; Q. Cassam (ed.), Self-Knowledge, Oxford etc. 1994, 2002; P. M. Churchland, Matter and Consciousness. A Contemporary Introduction to the Philosophy of Mind, Cambridge Mass./London 1984, rev. 1988, 1999 (franz. Matière et conscience, Seyssel 1999); ders., Reduction, Qualia and the Direct Introspection of Brain States, J. Philos. 82 (1985), 8–28; P. P. Courcelle, Connais-toi toi-même. De Socrate à Saint Bernard, I–III, Paris 1974–1975 (ital. Conosci te stesso. Da Socrate a san Bernardo, übers. v. F. Filippi, Mailand 2001); V. Dalmiya, Introspection, in: J. Dancy/E. Sosa (eds.), A Companion to Epistemology, Oxford/Cambridge Mass. 1992, Oxford/Malden Mass. 2000, 118–222; K. Danziger, The History of Introspection Reconsidered, J. Hist. Behavioral Sci. 16 (1980), 241–262; ders., Constructing the Subject. Historical Origins of Psychological Research, Cambridge/New York 1990, 1998; ders., Introspection. History of the Concept, IESBS XI (2001), 7888–7891; D. C. Dennett, Brainstorms. Philosophical Essays on Mind and Psychology, Montgomery Vt., Hassocks 1978, Cambridge Mass./London 1981, 1996, London 1997, Cambridge Mass./London 1998; B. von Eckardt, Introspection, Psychology of, REP IV (1998), 842–846; G. W. Farthing, The Psychology of Consciousness, Englewood Cliffs N. J./London 1992, 2002, bes. 45–63 (Chap. 3 Introspection I. Methods and Limitations), 152–169 (Chap. 7 Introspection II. Access to the Causes of Behavior); B. Gertler (ed.), Privileged Access. Philosophical Accounts of Self-Knowledge, Aldershot/Burlington Vt. 2002, 2003; A. Gopnik, How We Know Our Minds. The Illusion of First-Person Knowledge of Intentionality, Behavioral and Brain Sci. 16 (1993), 1–14; J. Gordon, Introspective Method and Human Freedom, Southwest. Philos. Stud. 8 (1982), 67–77; O. Grimm, Probleme der I. an der Schnittstelle zwischen analytischer Philosophie und Neurophilosophie, Heidelberg 2006 (elektronische Ressource, www.ub.uni-heidelberg. de/archiv/6450); J. Haag, Der Blick nach innen. Wahrnehmung und I., Paderborn 2001; A. Hartle, Self-Knowledge in the Age of Theory, Lanham Md./London 1997; M. Henle/J. Jaynes/J. J. Sullivan (eds.), Historical Conceptions of Psychology, New York 1973; C. S. Hill, Sensations. A Defense of Type Materialism, Cambridge/New York 1991, bes. 115–155 (Chap. 3 Introspection); F. Hoffmann, Bewußtsein und introspektive Selbsterkenntnis, in: T. Grundmann (ed.), Anatomie der Subjektivität. Bewußtsein, Selbstbewußtsein und Selbstgefühl, Frankfurt 2005, 94–119; R. B. K. Howe, Introspection. A Reassessment, New Ideas in Psychology 9 (1991), 25–44; G. Humphrey, Thinking. An Introduction to Its Experimental Psychology, London, New York 1951, New York 1963; R. T. Hurlburt/E. Schwitzgebel, Describing Inner Experience? Proponent Meets Skeptic, Cambridge Mass./London 2007; P. Kahn, Introspection, Enc. philos. universelle II/1 (1990), 1367–1368; M. Koch, I., Hist. Wb. Ph. IV (1976), 522–524; H. Kornblith, Introspection and Misdirection, Australas. J. Philos. 67 (1989), 410–422; ders., Introspection, Epistemology of, REP IV (1998), 837–842; P. Ludlow/N. Martin (eds.), Externalism and Self-Knowledge, Stanford Calif. 1998, 2000; W. G. Lycan, Consciousness and Experience, Cambridge Mass./London 1996; W. Lyons, The Disappearance of Introspection, Cambridge Mass./London 1986; ders., Introspection, in: L. Nadel (ed.), Encyclopedia of Cognitive Science II, London/New York/Tokyo 2003, 625–631; B. D. Mackenzie, Behaviourism and the Limits of Scientific Method, London, Atlantic Highlands N. J., London 1977; R. Marres, In Defense of Mentalism. A Critical Review of the Philosophy of Mind, Amsterdam 1989, bes. 73–84 (Chap. 4 Introspection and the Unconscious); P. McKellar, The Method of Introspection, in: J. M. Scher (ed.), Theories of the Mind, New York, London 1962, 1966, 619–644; H. Misiak/V. S. Sexton, History of Psychology. An Overview, New York/London 1966, 1972; A. Newen/G. Vosgerau (eds.), Den eigenen Geist kennen. Selbstwissen, privilegierter Zugang und Autorität der ersten Person, Paderborn 2005; R. Nisbett/T. DeCamp Wilson, Telling More than We Can Know. Verbal Reports on Mental Processes, Psychol. Rev. 84 (1977), 231–259; G. P. Norton, Montaigne and the Introspective Mind, The Hague/Paris 1975; S. Radovic, Introspecting Representations, Göteburg 2005 (Acta Philos. Gothoburgensia XIX); D. M. Rosenthal, Two Concepts of Consciousness, Philos. Stud. 49 (1986), 329–359; G. Ryle, The Concept of Mind, Harmondsworth, London 1949, 2000, bes. 163–167 (Chap. 6.3 Introspection) (dt. Der Begriff des Geistes, Stuttgart 1969, 2002, bes. 219–225 [Kap. 6.3 I.]); E. Schwitzgebel, The Unreliability of Naive Introspection, Philos. Rev. 117 (2008), 245–273; ders., Introspection, SEP 2010; S. Shoemaker, Introspection and the Self, in: P. A. French/T. E. Uehling Jr./H. K. Wettstein (eds.), Studies in the Philosophy of Mind, Minneapolis Minn. 1986, 101–120 (Midwest Stud. Philos. 10), ferner in: Q. Cassam (ed.), Self-Knowledge [s. o.], 118–139, Neudr. in: ders., The First-Person Perspective and other Essays [s. u.], 3–24; ders., On Knowing One's Own Mind, Philos. Perspectives 2 (1988), 183–209, ferner in: B. Gertler (ed.), Privileged Access [s. o.], 111–129, Neudr. in: ders., The First-Person Perspective and other Essays [s. u.], 25–49 (dt. Seinen eigenen Geist kennen, in: A. Newen/G. Vosgerau [eds.], Den eigenen Geist kennen [s. o.], 23–49); ders., First-Person Access, Philos. Perspectives 4 (1990), 187–214, Neudr. in: ders., The First-Person Perspective and other Essays [s. u.], 50–73; ders., Self-Knowledge and ›Inner Sense‹. Lecture I–III, Philos. Phenom. Res. 54 (1994), 249–314, Neudr. in: ders., The First-Person Perspective and other Essays [s. u.], 201–268; ders., The First-Person Perspective and other Essays, Cambridge/New York 1996; G. Ten Elshof, Introspection Vindicated. An Essay in Defense of the Perceptual Model of Self-Knowledge, Aldershot/Burlington Vt. 2005; T. Wagner-Simon/G. Benedetti, Sich selbst erkennen. Modelle der I., Göttingen 1982; C. Wright/B. C. Smith/C. Macdonald (eds.), Knowing Our Own Minds, Oxford etc. 1998, 2000; P. Ziche, I., Texte zur Selbstwahrnehmung des Ichs, Wien/New York 1999. – Philosophical Topics 28 (2000), H. 2 (Introspection); J. Consciousness Stud. 11 (2004), H. 7–8. J. M.

Intuition (von lat. intuitio, intuitus, Schau, Anschauung; ›intuitio‹ bei Wilhelm von Moerbeke als Übersetzung von griech. ἐπιβολή; engl. intuition), allgemein: unvermittelte (oft auch ganzheitliche) Erfassung von Gegenständen, Sachverhalten, Begriffen, Sätzen, Werten usw. Vielfältige philosophische Verwendungen, teilweise in anderer Terminologie (z. B. ↑Anschauung [engl. ebenfalls ›intuition‹], ↑Anschauung, intellektuelle, ↑Evidenz, ↑Glaube (philosophisch), ↑Noesis, ↑Wesensschau), die darin übereinkommen, ↑Geltung in einem bestimmten Bereich des Erkennens oder die Geltung bestimmter einzelner Erkenntnisse als *intuitiv* gegenüber der methodisch (z. B. durch ↑Beweise) vermittelten Geltung *diskursiver* (↑diskursiv/Diskursivität) Erkenntnisse auszuzeichnen.

In der philosophischen Tradition lassen sich vor allem zwei verschiedene Ansätze unterscheiden: (1) I. als *Organon der Erfassung wissenschaftlich nicht erfaßbarer Bereiche*, z. B. in der ↑Mystik, in irrationalistischen Positionen (↑irrational/Irrationalismus), in ↑Kunst und ↑Religion. In diesem Zusammenhang spricht man oft auch von ↑›Kontemplation‹. (2) I. als *erkenntnistheoretische Basis philosophischer Lehrstücke oder Systeme bzw. von Wissen und Wissenschaft überhaupt*, trotz generellen Diskursivitätsanspruchs von Wissenschaft, aber faktisch nicht geleisteter (und häufig als unmöglich behaupteter) methodischer Begründung ihres Fundaments. Historisch treten solche Ansätze in unterschiedlicher Form auf: z. B. die Ideenschau (Noesis) bei Platon, die ersten Sätze der beweisenden Wissenschaft bei Aristoteles (↑Nus), die ↑Axiome bei J. Locke und D. Hume, die ↑Prinzipien bei R. Descartes, die einfachen (›ursprünglichen‹) Begriffe bei G. W. Leibniz (↑Begriff, einfacher) und E. Husserls Wesensschau. Dabei beschränken die einen (wie wohl erstmals bei J. Duns Scotus) I. auf die Erkenntnis sinnlich präsenter Gegenstände (z. B. Hume), während andere (z. B. Descartes) nur eine intellektuelle I. zulassen bzw. sowohl sinnliche als auch intellektuelle I. (Locke) kennen. I. Kant, bei dem der Terminus ›I.‹ keine systematische Rolle spielt und der nicht-sinnliche I. ablehnt, diskutiert entsprechende Probleme unter dem Begriff der *Anschauung*. Kant unterscheidet dabei im Bereich der Sinneserfahrung einen unmittelbaren Gegenstandsbezug der Erkenntnis mittels Anschauung von den begrifflich vermittelten *Urteilen* über die entsprechenden Gegenstände (KrV A 19/B 33), eine Gegenüberstellung, die unter anderem von B. Russell als ›knowledge by acquaintance‹ vs. ›knowledge by description‹ aufgegriffen und auf das Problem der I. von apriorischen Sätzen (↑a priori) und ↑Allgemeinbegriffen übertragen wurde. Das im ersten Teil dieser Unterscheidung behauptete Bestehen einer zweigliedrigen Relation der Erkenntnis mittels I. (z. B. ›eine Person *P* erkannte [intuitiv] einen Gegenstand *x*‹) wurde im Kontext des Problems, ob intuitive Erfahrung als ›Erkenntnis‹ zu gelten habe, vor allem von M. Schlick mit dem Einwand kritisiert, daß die Erkenntnisrelation dreigliedrig und wesentlich im Identifizieren von Gegenständen besteht (›*P* erkennt *x* als *y*‹). Dieser Einwand wie auch der Hinweis auf die *symbolische Vermitteltheit*

(z. B. bei C. S. Peirce) von Erkenntnis oder die antiphänomenalistische (↑Phänomenalismus) Kritik an unmittelbarer Erkenntnis des Gegebenen (↑Gegebene, das) bedeuten jedoch nicht, daß es im alltäglichen erlebenden Weltbezug das Phänomen der I. nicht gäbe, sondern lediglich seinen Ausschluß aus der Begründung philosophisch-wissenschaftlicher Erkenntnis. Der dadurch nahegelegte Standpunkt eines faktisch »vorwiegend intuitiv vollzogenen Aufbaues der Wirklichkeit«, der in »rationaler Nachkonstruktion« im (wissenschaftstheoretischen) »Konstitutionssystem« zu erarbeiten ist, wurde von R. Carnap vertreten (Der logische Aufbau der Welt, Berlin 1928, 139 [§ 100]).

Sprachanalytische Untersuchungen behandeln das Problem intuitiven Wissens im Zusammenhang der epistemischen Logik (↑Logik, epistemische). Dabei geht es weniger um den Aufweis der Existenz von I. als vielmehr um eine rationale ↑Rekonstruktion bzw. Definition des I.sbegriffs. Nach einem Vorschlag von R. Rorty läßt sich ein philosophisch relevanter I.sbegriff (›eine Person *S* weiß intuitiv, daß *p*‹) durch folgende drei Bedingungen charakterisieren: (1) *p* ist wahr, (2) *S* hat gute Gründe, *p* zu glauben, (3) es gibt faktisch kein Verfahren, den Glauben von *S* an die Wahrheit von *p* zu erschüttern. Beispiele so bestimmter I.en sind Erfahrungen psychischer Zustände (z. B. Schmerz) und Einsichten in Prinzipien wie das Kausalprinzip (↑Kausalität). – Philosophischen Positionen, in denen I. eine besonders bedeutende Rolle spielt, hat das Wort den Namen gegeben, so etwa der Lebensphilosophie H. Bergsons, dem von L. E. J. Brouwer begründeten logisch-mathematischen ↑Intuitionismus und dem ethischen Intuitionismus (↑Intuitionismus (ethisch)). Von besonderem Interesse ist die I. in psychologischen Untersuchungen zur Entscheidungsfindung.

Literatur: A. Aportone/F. Aronadio/P. Spinicci, Il problema dell'intuizione. Tre studi su Platone, Kant, Husserl, Neapel 2002; J. F. Bjelke, Das Problem der I. im Rationalismus und Empirismus, Z. philos. Forsch. 26 (1972), 546–562; M. Bunge, I. and Science, Englewood Cliffs N. J. 1962 (repr. Westport Conn. 1975); P. Buser/C. Debru/A. Kleinert (eds.), L'imagination et l'i. dans les sciences, Paris 2009; F. de Buzon, I., Enc. philos. universelle II/1 (1990), 1368–1371; E. Carson/R. Huber (eds.), I. and the Axiomatic Method, Dordrecht 2006 (Western Ont. Ser. Philos. Sci. LXX); M. R. DePaul, Rethinking I.. The Psychology of I. and Its Role in Philosophical Inquiry, Lanham Md./Oxford/New York 1998; A. J. Dijksterhuis, Het slimme onbewuste. Denken met gevoel, Amsterdam 2007 (dt. Das kluge Unbewusste. Denken mit Gefühl und I., Stuttgart 2010); L. Eley, I., Hb. ph. Grundbegriffe II (1973), 748–760; FM II (1994), 1895–1901 (intuición); G. Gigerenzer, Gut Feelings. The Intelligence of the Unconscious, London/New York 2007, 2008 (dt. Bauchentscheidungen. Die Intelligenz des Unbewussten und die Macht der I., München 2007, 2008; franz. Le génie de l'i.. Intelligence et pouvoirs de l'inconscient, Paris 2009); A. Glöckner/C. Witteman (eds.), Foundations for Tracing I.. Challenges and Methods, Hove/New York 2010; H. L. A. Hart/G. E. Hughes/J. N. Findley, Symposium: Is there Knowledge by Acquaintance?, Proc. Arist. Soc. Suppl. 23 (1949), 69–128; V. Kal, On I. and Discursive Reasoning in Aristotle, Leiden etc. 1988; T. Kobusch, I., Hist. Wb. Ph. IV (1976), 524–540; J. König, Der Begriff der I., Halle 1926 (repr. Hildesheim/New York 1981); E. Levinas, La théorie de l'i. dans la phénoménologie de Husserl, Paris 1930, ⁸2001 (engl. The Theory of I. in Husserl's Phenomenology, Evanston Ill. 1973, 1995); P. B. Medawar, Induction and I. in Scientific Thought, Philadelphia Pa., London 1969, London 1972 (Memoirs Amer. Philos. Soc. LXXV), ferner in: ders., Pluto's Republic, Oxford/New York 1982, 1984, 73–114; C. S. Peirce, Questions Concerning Certain Faculties Claimed for Man, J. Speculative Philos. 2 (1868), 103–114, ferner in: Collected Papers V, ed. C. Hartshorne/P. Weiss, Cambridge Mass. 1934, 1965 (repr. Bristol 1998), 135–155; ders., Some Consequences of Four Incapacities, J. Speculative Philos. 2 (1868), 140–157, ferner in: Collected Papers [s. o.] V, 156–189; H. Plessner/C. Betsch/T. Betsch, I. in Judgment and Decision Making, New York 2008; W. Reese, Die innere Anschauung. Versuch einer phänomenologischen Darstellung, Freiburg/München 1984; R. Rorty, I., Enc. Ph. IV (1967), 204–212; E. Rothakker/J. Thyssen, I. und Begriff. Ein Gespräch zwischen Erich Rothacker und Johannes Thyssen, Bonn 1963; J. Schieren, Rationalität und I. in philosophischer und pädagogischer Perspektive, Frankfurt 2008; M. Schlick, Gibt es intuitive Erkenntnis?, Vierteljahrsschr. wiss. Philos. u. Soz. 37 (1913), 472–488 (engl. Is there Intuitive Knowledge?, in: ders., Philosophical Papers I [1909–1922], ed. H. L. Mulder/B. F. B. van de Velde-Schlick, Dordrecht/Boston Mass./London 1979, 141–152); ders., Allgemeine Erkenntnislehre, Berlin 1918, bes. 66–77 (Kap. I/11 Was Erkenntnis nicht ist), ²1925, bes. 74–86, Frankfurt 1979, bes. 101–115 (Kap. I/12 Was Erkenntnis nicht ist) (engl. General Theory of Knowledge, Wien/New York 1974 [repr. La Salle Ill. 1985], bes. 79–94 [Chap. I/12 What Knowledge Is Not]); G. Sher/R. Tieszen (eds.), Between Logic and I.. Essays in Honour of Charles Parsons, Cambridge/New York 2000; E. Ströker, I., EP I (1999), 661–665; X. Tilliette, Recherches sur l'i. intellectuelle de Kant à Hegel, Paris 1995; K. W. Wild, I., Cambridge 1938.   G. W.

Intuitionismus, in der philosophischen Tradition Bezeichnung für Positionen, die Erkenntnis primär durch ↑Intuition zu gewinnen statt durch ↑Argumentation zu sichern trachten. Insbes. soll die Basis für diskursiv, z. B. durch logisches Schließen (↑Schluß), als gültig eingelöste Erkenntnis intuitiv gewonnen werden. Als solche Basen gelten: (1) Das durch ↑common sense erlangte Alltagswissen, wie in der ↑Schottischen Schule (T. Reid, W. Hamilton), deren Position im 19. Jh. erstmals mit ›I.‹ bezeichnet wurde. Diese schließt an die Idee einer auf Emotionen gestützten unmittelbaren Erkenntnis bei A. A. C. Shaftesbury und F. Hutcheson an, die auch die ›Intuitionsphilosophie‹ F. H. Jacobis beeinflußte. (2) Die durch ↑Evidenz als gültig eingesehenen ↑Axiome beweisender Wissenschaften, wie in der von Aristoteles ausgehenden neuzeitlichen Tradition sowohl empiristischen (↑Empirismus) als auch rationalistischen (↑Rationalismus) Zuschnitts. (3) Das durch ↑Wahrnehmung erlangte (subjektive) Wissen um unmittelbar ↑Gegebe-nes, wie in sensualistischen Positionen (↑Sensualismus) bis hin zu B. Russells Lehre vom ›knowledge by acquaintance‹. (4) Die auf I. Kants Lehre von der ↑Anschauung zurückgehenden Erlebnisse der (allgemeinen, nicht nur singularen) *Erfüllung von Begriffen* wie in E. Husserls ↑Wesensschau. In allen diesen Fällen soll durch Intuition gewonnene Erkenntnis vorliegen, auch wenn weder deren Vermittelbarkeit, insbes. deren sprachliche Darstellbarkeit, noch deren Kontrollierbarkeit ausgemacht sind. Bei H. Bergson wird das intuitive Vorgehen sogar das unterscheidende Merkmal für philosophische gegenüber wissenschaftlicher Erkenntnis; daher ›I.‹ als Bezeichnung für seine Philosophie. Wird speziell eine intuitive Basis moralischer Erkenntnis vertreten, so spricht man von *ethischem* I. (↑Intuitionismus (ethisch)).

Eine kritische Rekonstruktion des I. ist von der Ausarbeitung der von M. Schlick betonten handlungstheoretischen (↑Handlung) Unterscheidung zwischen *Kenntnis von* Gegenständen und *Erkenntnis über* Gegenstände und damit von der Unterscheidung zwischen der ↑Konstitution von Gegenstandsbereichen und ihrer ↑Beschreibung abhängig. Dies führt dazu, in der Wissenschaftstheorie zugleich die methodische Differenz wie die Zusammengehörigkeit von Wissenschaft im Aspekt der ↑Forschung – Gegenstände und Gegenstandszusammenhänge werden (intuitiv) ›entdeckt‹ (↑Entdeckungszusammenhang/Begründungszusammenhang) – und Wissenschaft im Aspekt der *Darstellung* (↑Darstellung (semiotisch)) – über Gegenstände wird etwas ausgesagt und bewiesen – begrifflich herauszustellen.

Der *mathematische* I. – innerhalb der mathematischen Grundlagenforschung neben dem ↑Formalismus D. Hilberts und dem ↑Logizismus G. Freges und Russells die einflußreichste Richtung zur Vermeidung der ↑Antinomien der Mengenlehre – stellt sich die die genannte Ausarbeitung im speziellen Fall betreibende Aufgabe, alle mathematische Erkenntnis auf explizite ↑Konstruktion (↑Konstruktion (logisch)) zurückzuführen. Jeder Beweis, insbes. ein Existenzbeweis, also ein Beweis für eine ↑Existenzaussage, ist nur ein Mittel, die gedankliche Konstruierbarkeit des als existierend behaupteten Gegenstandes zu sichern. L. E. J. Brouwer begründete den I. in engem Kontakt mit der vor allem von G. Mannoury getragenen Signifischen Schule (↑Signifik) in den Jahren nach seinem berühmten Angriff gegen die Allgemeingültigkeit des tertium non datur (1908) mit der Radikalisierung der bereits von anderen Mathematikern, insbes. von L. Kronecker, O. Hölder und, vor allem seit E. Zermelos Beweis des anstößigen Wohlordnungsprinzips (↑Wohlordnung) (1904), von den Mitgliedern der Pariser Schule (H. Poincaré, É. Borel, H. L. Lebesgue, R.-L. Baire u. a., ↑Halbintuitionismus), gegenüber G. Cantor vorgetragenen Kritik an der in der naiven ↑Mengenlehre vertretenen Auffassung vom Aktual-Unendlichen (↑unendlich/Unendlichkeit). (Baire z. B. hält den Begriff der ↑Potenzmenge für nicht einwandfrei definiert; Lebesgue erklärt nur unendliche Zahlfolgen, deren Glieder einem Bildungsgesetz gehorchen, für zulässig; Borel betrachtet sogar sehr große endliche Mengen als mit denselben Schwierigkeiten behaftet wie unendliche Mengen – im Ultraintuitionismus von A. S. Esenin-Vol'pin später systematisch aufgegriffen; Kronecker will wie Poincaré alle Konstruktionsverfahren auf die Herstellung der natürlichen Zahlen im Zählprozeß zurückführen und damit als mathematisches Beweisverfahren grundsätzlich nur die arithmetische Induktion [↑Induktion, vollständige] zulassen.)

Unkritischer Umgang mit dem Begriff des Unendlichen, der Versuch der arithmetischen Ausschöpfung des (lineargeometrischen) ↑Kontinuums durch ↑Dedekindsche Schnitte, gelten als Ursache für das Auftreten der Antinomien, da auf diese Weise die reellen Zahlen imprädikativ (↑imprädikativ/Imprädikativität), d. h. unter Voraussetzung bereits der Menge aller reellen Zahlen, definiert werden. Unendlich viele Gegenstände, und seien es auch die vertrauten natürlichen Zahlen, sind stets, wie schon von Aristoteles vertreten, nur *potentiell* gegeben, nämlich durch ein Verfahren, zu jeder vorgelegten Anzahl von ihnen weitere herzustellen. Für Aussagen über unendliche Bereiche hat es daher keinen Sinn zu sagen, sie seien generell *entweder* wahr *oder* falsch. Wird jedoch das klassische ↑Zweiwertigkeitsprinzip aufgegeben, so muß die darauf beruhende klassische Logik (↑Logik, klassische) durch Verzicht auf die Allgemeingültigkeit des ↑tertium non datur zur intuitionistischen oder effektiven Logik (↑Logik, intuitionistische) eingeschränkt werden; folglich sind auch indirekte ↑Beweise (↑Beweis, indirekter), außer für bereits negierte Aussagen, unzulässig. Da Brouwer allerdings die Logik als bloßes Phänomen der sprachlichen Darstellung des offenen Bereichs mathematischer, d. h. gedanklicher, Konstruktionen behandelt hat, hat er die von seinem Schüler A. Heyting (1930) vorgenommene Formalisierung der intuitionistischen Logik durch einen ↑Logikkalkül nie als endgültig akzeptiert: Mathematik ist keine Theorie, sondern eine Tätigkeit, ein Verfahren, mit den *Urintuitionen* des Zählens (Aneinanderfügen von Einheiten) und des Messens (auf dem Wege wiederholter Zweiteilung von Einheiten), einer Art *innerer Erfahrung*, umzugehen. Arithmetik und Analysis werden im mathematischen I., anders als im Formalismus, nicht als axiomatische Theorien (↑System, axiomatisches), sondern als (inhaltliche, quasi-empirische) Theorien dieser inneren Erfahrung dargestellt, ohne daß man dabei der sprachlichen Darstellung als Vehikel der angestrebten gedanklichen Konstruktionen sicher sein könne: die Exaktheit der Mathematik finde sich nicht ›auf dem Papier‹ sondern ›im Geist‹. Also liegt wie im philosophischen I. das Mißver-

ständnis vor, die Konstruktion der Gegenstände sei unabhängig von der Behandlung ihrer Darstellung möglich. Allerdings ist es weitgehend gelungen, die wichtigsten Begriffsbildungen Brouwers in eine formalisierte intuitionistische Mathematik zu überführen und auf diese Weise eine vergleichende Untersuchung des klassischen und des intuitionistischen Aufbaus der Mathematik zu ermöglichen, im ersten Falle als Mengenlehre, im zweiten Fall als Lehre von den gedanklichen Konstruktionen. Zu diesen Begriffsbildungen gehören: (1) Die Auffassung des Kontinuums als eines ›Mediums freien Werdens‹. Es wird erzeugt von ↑*Wahlfolgen*, seien sie vollständig durch ein Bildungsgesetz bestimmt, wie $\sqrt{2}$, e oder π, oder seien sie frei und damit niemals fertig: endliche Folgen natürlicher Zahlen repräsentieren alle reellen Zahlen aus dem abgeschlossenen Intervall [0,1], die diese Folge als Anfangsstück ihrer Dezimalbruchentwicklung haben. (2) Die Definition einer (Brouwer-)Menge (engl. spread) durch ein *spread*-Gesetz, das nicht-leere Klassen endlicher Folgen natürlicher Zahlen durch die Bedingung auszeichnet, daß die jeweils um das letzte Glied verminderte Folge (sofern sie nicht schon eingliedrig ist) sowie mindestens eine um ein Glied vergrößerte Folge zur Klasse dazugehören. Die Spezies (d. i. der allgemeine Terminus für intuitionistische Mengen) aller unendlichen Folgen, so daß die Gesamtheit der endlichen Anfangsstücke jeder dieser Folgen eine vom *spread*-Gesetz ausgezeichnete Klasse bilden, ist ein *spread*. Verlangt das *spread*-Gesetz, daß an jeder Stelle nur endlich viele um ein Glied vergrößerte Folgen zur ausgezeichneten Klasse gehören, so heißt der spread ›finit‹ (engl. *finitary*): *finitary spreads* sind ›fans‹. (3) Die Präzisierung und Rechtfertigung eines Induktionsprinzips für wohlgeordnete Mengen endlicher Folgen, des *bar-Prinzips*. Brouwer bewies mit dessen Hilfe unter anderem (1923) das für die intuitionistische Analysis zentrale *fan-Theorem*: gibt es zu jedem Element α eines *finitary spread* eine natürliche Zahl $n = f(\alpha)$, so existiert eine natürliche Zahl m derart, daß für alle Elemente α des *fan* die Zahl $f(\alpha)$ nur von den ersten m Gliedern von α abhängt.

Versucht man von den besonderen Auffassungen Brouwers zum Verhältnis gedanklicher Konstruktionen und deren sprachlicher Darstellung abzusehen, so geht der I. in eine Art ↑Konstruktivismus über, dessen Kern – trotz der seinerzeit heftig ausgetragenen Fehde zwischen Brouwer und Hilbert – mit dem ↑Hilbertprogramm, sich in der ↑Metamathematik auf finite ↑Methoden zu beschränken, eng verwandt ist. In diesen Umkreis gehört auch der prädikative Aufbau der Analysis durch H. Weyl (1918), dem P. Lorenzen in seiner operativen Mathematik (↑Mathematik, operative) gefolgt ist.

Literatur: J. Barwise/H. J. Keisler/K. Kunen (eds.), The Kleene Symposium. Proceedings of the Symposium Held June 18–24, 1978 at Madison, Wisconsin, USA, Amsterdam/New York/Oxford 1980; O. Becker, Mathematische Existenz. Untersuchungen zur Logik und Ontologie mathematischer Phänomene, Jb. Philos. phänomen. Forsch. 8 (1927), 442–809, separat Halle 1927, Tübingen ²1973; E. W. Beth, The Foundations of Mathematics. A Study in the Philosophy of Science, Amsterdam 1959, ²1965, 1968; E. Bishop, Foundations of Constructive Analysis, New York etc. 1967; ders./D. Bridges, Constructive Analysis, Berlin etc. 1985; L. E. J. Brouwer, Over de Grondslagen der Wiskunde, Amsterdam/Leipzig 1907, ed. D. van Dalen, Amsterdam 1981; ders., Wiskunde, Waarheid, Werkelijkheid, Groningen 1919 (Aufsatzsammlung, enthält unter anderem: De Onbetrouwbarheid der logische Principes [1908], Intuitionisme en Formalisme [1912]); ders., Zur Begründung der intuitionistischen Mathematik, I–III, Math. Ann. 93 (1925), 244–257, 95 (1926), 453–472, 96 (1927), 451–488; ders., Cambridge Lectures on Intuitionism, ed. D. van Dalen, Cambridge/New York 1981; E. Cassirer, Philosophie der symbolischen Formen III (Phänomenologie der Erkenntnis), Berlin 1929, 415–471, Darmstadt ²1954 (repr. 1977), 417–473, als Ges. Werke XIII, ed. B. Recki, Hamburg 2002, 411–467 (Kap. IV Der Gegenstand der Mathematik); D. van Dalen, Lectures on Intuitionism, in: A. R. D. Mathias/H. Rogers (eds.), Cambridge Summer School in Mathematical Logic (1971), Berlin/Heidelberg/New York 1973, 1–94; ders. (ed.), Brouwer's Cambridge Lectures on Intuitionism, Cambridge 1981; ders., Intuitionnisme, Intuitioniste (logique), Intuitioniste (mathematique), Enc. philos. universelle II/1 (1990), 1371–1373; M. Dummett, Elements of Intuitionism, Oxford 1977, ²2000; ders., Truth and Other Enigmas, London 1978, Cambridge Mass. 1994; A. S. Esenin-Vol'pin, Le programme ultra-intuitioniste des fondements des mathématiques I, in: Infinitistic Methods. Proceedings of the Symposium on Foundations of Mathematics (Warszawa 1959), Oxford etc., Warschau 1961, 201–223; M. C. Fitting, Intuitionistic Logic, Model Theory and Forcing, Amsterdam/London 1969; A. A. Fraenkel/Y. Bar-Hillel/A. Levy with the Collaboration of D. van Dalen, Foundations of Set Theory, Amsterdam/London 1958, 196–264, ²1973, 1984, 210–274 (Chap. IV Intuitionistic Conceptions of Mathematics); E. H. Gilson, Being and Some Philosophers, Toronto 1949, ²1952, 1961; D. E. Hesseling, Gnomes in the Fog. The Reception of Brouwer's Intuitionism in the 1920 s, Basel/Boston Mass. 2003; A. Heyting, Intuitionism. An Introduction, Amsterdam 1956, ³1971, 1980; O. Hölder, Die mathematische Methode. Logisch erkenntnistheoretische Untersuchungen im Gebiete der Mathematik, Mechanik und Physik, Berlin 1924, ed. E. V. Krosigk, Saarbrücken 2007; R. Iemhoff, Intuitionism in the Philosophy of Mathematics, SEP 2008; A. Kino/J. Myhill/R. E. Vesley (eds.), Intuitionism and Proof Theory. Proceedings of the Summer Conference at Buffalo N. Y. 1968, Amsterdam/London 1970; S. C. Kleene/R. E. Vesley, The Foundations of Intuitionistic Mathematics, Especially in Relation to Recursive Functions, Amsterdam 1965; G. Kreisel/A. S. Troelstra, Formal Systems for Some Branches of Intuitionistic Analysis, Ann. Math. Log. 1 (1970), 229–387; L. Kronecker, Über den Zahlbegriff, J. reine u. angew. Math. 101 (1887), 337–355; H. Lebesgue, Les controverses sur la théorie des ensembles et la question des fondements, in: Les Entretiens de Zurich. Sur les fondements et la méthode des sciences mathématiques (6–9 Décembre, 1938) (1941), 109–122 (Discussion, 122–124); E. Le Roy, La pensée intuitive, I–II, Paris 1929/1930; P. Lorenzen, Einführung in die operative Logik und Mathematik, Berlin/Göttingen/Heidelberg 1955, Berlin/Heidelberg/New York ²1969; N. Losskij, Die Grundlegung des Intuitivismus. Eine propädeutische Erkenntnistheorie, Halle 1908 (russ. Obosnovanie intuitivizma, Berlin 1924); P. Martin-

Löf, Intuitionistic Type Theory, Neapel 1984; W. Meckauer, Der I. und seine Elemente bei Henri Bergson. Eine kritische Untersuchung, Leipzig 1917; D. C. McCarty, Intuitionism, REP IV (1998), 846–853; K. Menger, Der I., Bl. dt. Philos. 4 (1930/1931), 311–325; K. Möhlig, Die Intuition. Eine Untersuchung der Quellen unseres Wissens, Wuppertal 1961, 1965; G. Pflug/S. Kunkel/A. Heyting, I., Hist. Wb. Ph. IV (1976), 540–544; T. Placek, Mathematical Intuitionism and Intersubjectivity. A Critical Exposition of Arguments for Intuitionism, Boston Mass./Dordrecht 1999; H. Poincaré, Dernières pensées, Paris 1913, 1963 (dt. Letzte Gedanken, Leipzig 1913, Berlin 2003; engl. Mathematics and Science. Last Essays, New York 1963); W. Sellars, Science, Perception and Reality, London, New York 1963, Atascadero Calif. 1991; W. T. Stace, Mysticism and Philosophy, Philadelphia Pa. 1960, London 1961, 1989; W. P. van Stigt, Brouwer's Intuitionism, Amsterdam/London 1990; H. Taine, Les philosophes français du XIXe siècle, Paris 1857, ²1860; C. Thiel, Grundlagenkrise und Grundlagenstreit. Studie über das normative Fundament der Wissenschaften am Beispiel von Mathematik und Sozialwissenschaften, Meisenheim am Glan 1972; A. S. Troelstra, Principles of Intuitionism. Lectures Presented at the Summer Conference on Intuitionism and Proof Theory (1968) at SUNY at Buffalo N. Y., Berlin/Heidelberg/New York 1969; dies. (ed.), Metamathematical Investigation of Intuitionistic Arithmetic and Analysis, Berlin/Heidelberg/New York 1973; dies., Choice Sequences. A Chapter of Intuitionistic Mathematics, Oxford 1976; dies., Aspects of Constructive Mathematics, in: J. Barwise (ed.), Handbook of Mathematical Logic, Amsterdam/New York/Oxford 1977, 973–1052; dies./D. van Dalen, Constructivism in Mathematics. An Introduction, I–II, Amsterdam/New York/Oxford 1988; J. C. Webb, Mechanism, Mentalism, and Metamathematics. An Essay on Finitism, Dordrecht/London 1980; H. Weyl, Das Kontinuum. Kritische Untersuchungen über die Grundlagen der Analysis, Leipzig 1918, Berlin/Leipzig 1932, ferner in: ders., Das Kontinuum und andere Monographien, New York 1960, Providence R. I. 2006 (engl. The Continuum. A Critical Examination of the Foundation of Analysis, New York 1987, 1994; franz. in: ders., Le continu et autres écrits, Paris 1994, 33–124); ders., Über die neue Grundlagenkrise der Mathematik. Vorträge gehalten im mathematischen Kolloquium Zürich, Berlin 1921 (repr. Darmstadt 1965); ders., Philosophie der Mathematik und Naturwissenschaft, München 1927 (engl. [erw.] Philosophy of Mathematics and Natural Science, Princeton N. J. 1949, 1966), erw. München/Wien ³1966, München 2000. K. L.

Intuitionismus (ethisch), Bezeichnung für eine Klasse im einzelnen divergierender erkenntnistheoretischer Auffassungen, nach denen Moralurteilen und Moralprinzipien objektive moralische Eigenschaften zugrunde liegen, deren Kenntnisnahme unvermittelt erfolgt. Wirksam war der ethische I. vor allem in der britischen ↑Moralphilosophie des 18., des ausgehenden 19. und des beginnenden 20. Jhs. sowie in der deutschen ↑Wertethik.

In Opposition zu T. Hobbes' pessimistischer Beurteilung der moralischen Güte der menschlichen Natur und seiner relativistischen Moralauffassung (Leviathan, 1651) und im Anschluß an J. Lockes empiristische Lehre von der äußeren und der inneren Erfahrung als den beiden einzigen Quellen der Erkenntnis (Essay Concerning Human Understanding, 1690) entwickeln zuerst A. A. C. Earl of Shaftesbury (An Inquiry Concerning Virtue. In two Discourses, 1699), dann F. Hutcheson (An Inquiry into the Original of Our Ideas of Beauty and Virtue, 1725; An Essay on the Nature and Conduct of the Passions and Affections. With Illustrations on the Moral Sense, 1728), schließlich D. Hume (A Treatise of Human Nature [...], I–III, 1739–1740; An Enquiry Concerning the Principles of Morals, 1751) die Lehre vom ↑›moral sense‹, nach der es zwar kein äußeres, wohl aber ein inneres Organ zur Wahrnehmung der moralischen Eigenschaft einer Handlung, einer Intention oder eines Charakterzugs gebe. Dieser Wahrnehmung folge in Abhängigkeit von der moralischen Qualität des erfaßten Sachverhalts unmittelbar ein Gefühl (oder eine Empfindung) der ↑Lust oder der Unlust, das (bzw. die) das moralische Urteil leite und das Motiv, den Antrieb für ein entsprechendes Verhalten darstelle. Diesen sentimentalistischen I. ablehnend betont der rationalistische I., daß das unmittelbare Bewußtsein von der moralischen Qualität eines Sachverhalts auf einer kognitiven Fähigkeit beruhe, die wie die Fähigkeit zu mathematischen und geometrischen Erkenntnissen die moralische Eigenart des Sachverhalts aus seinen natürlichen Eigenschaften synthetisch erschließe. Diese Version wird von R. Cudworth (A Treatise Concerning Eternal and Immutable Morality, verfaßt vor 1688, publ. posthum 1731), S. Clarke (A Discourse Concerning the Unchangeable Obligations of Natural Religion [...], 1706), J. Balguy (The Foundation of Moral Goodness [...], I–II, 1728/1729) und R. Price (A Review of the Principal Questions and Difficulties in Morals [...], 1758) vertreten. Eine Zwischenstellung nimmt die Auffassung des ↑Gewissens bei J. Butler ein (Fifteen Sermons Preached at the Rolls Chapel, 1726, mit Anhang: A Dissertation upon the Nature of Virtue, 1736).

Im 19. und 20. Jh. erfährt der britische I. in der Ethik eine Erneuerung, die sich teilweise gegen den ↑Utilitarismus bzw. gegen dessen empiristische Begründung bei J. Bentham und J. S. Mill richtet. Während H. Sidgwick und G. E. Moore an die normativen Grundüberzeugungen des Utilitarismus anknüpfen, vertreten H. A. Prichard und W. D. Ross eine nicht-teleologische (›deontologische‹) Ethik (↑Ethik, deontologische). Gemeinsam ist diesen Autoren die Ansicht, daß der ethische Grundterminus, auf den sich andere Moralausdrücke definitorisch zurückführen lassen – bei Sidgwick ›sollen‹, bei Moore ›gut‹, bei Prichard ›Verpflichtung‹ und bei Ross ›gut‹, ›richtig‹ sowie ›Pflicht‹ –, nicht eine empirische oder metempirische ›natürliche‹ Eigenschaft einer Handlung, Zwecksetzung oder Situation bezeichne (etwa die Eigenschaft, angenehm zu sein, oder die Eigenschaft, das höchstmögliche Glück der größten Zahl zu befördern) und auch nicht mit Hilfe von Ausdrücken

für solche Eigenschaften definierbar sei, sondern eine undefinierbare, unanalysierbare, ›nicht-natürliche‹, eben ›moralische‹ Eigenschaft bezeichne (wie ja auch die Eigenschaften, gelb oder angenehm zu sein, nicht auf andere Eigenschaften reduzierbar seien), weshalb nur der verstehe, was ›gut‹ usw. bedeuten, der gute Sachverhalte wahrgenommen habe (so wie nur der ›rot‹ verstehe, der die Farbe Rot aus eigener Anschauung kenne). Trotzdem sei die Erfassung dieser moralischen Eigenschaften nicht unabhängig von der der nicht-moralischen Eigenschaften eines Sachverhalts, weil seine moralische Qualität in seiner sonstigen Beschaffenheit gründe, ohne daß diese Beziehung als analytisch oder kausal anzusehen wäre. Ross mildert die Rigidität der intuitionistischen Konzeption, indem er anerkennt, daß Normen (↑Norm (handlungstheoretisch, moralphilosophisch)), die in Bezug auf generelle Situationsbeschreibungen intuitiv evident sind, in einer konkreten Situation miteinander in Konflikt geraten können, wenn sie mehreren solcher Beschreibungen gleichzeitig genügen. Für einen solchen Fall sind nach Ross die fraglichen Normen lediglich prima facie gültig und statuieren nur ›prima-facie-Pflichten‹ (↑ceteris-paribus-Klausel), womit die Direktheit der intuitiven Einsicht zugunsten einer Stufung von Intuitionen oder gar der Einführung nicht-intuitiver, nämlich diskursiv-argumentativer Elemente (↑diskursiv/Diskursivität) aufgegeben ist.

Im deutschen Sprachraum entfaltet sich im späten 19. und während der ersten Jahrzehnte des 20. Jhs. im Anschluß an zunächst psychologische (F. Brentano, A. Meinong), später vor allem phänomenologische Methoden (M. Scheler, N. Hartmann, D. v. Hildebrand) eine Wertethik, die einen von der physischen Wirklichkeit abgehobenen Bereich an sich bestehender, hierarchisch geordneter Werte (↑Wert (moralisch)) behauptet, der sich durch emotionale (›Wertfühlen‹) oder intellektuelle ›Evidenz‹ (›Wertblick‹, ›Wertschau‹) erfassen lasse (Wertplatonismus). Versagen oder Fehlen des ›Wertblicks‹ gelten als ›Werttäuschung‹ bzw. ›Wertblindheit‹ (Hartmann). Die Rangordnung der moralischen Werte erscheint jedoch eher als Postulat denn als Resultat phänomenologischer Bemühung, da, wie Hartmann einräumt, die Erfahrung des moralischen Konflikts als eine Erfahrung von ›Wertantinomien‹ unleugbar sei und die Einheit des ›Wertreichs‹ in Frage stelle (Ethik, 295–296).

Zur Problematik des ethischen I.: (1) Die Betonung der Autonomie und Objektivität der Moral und ihre Verteidigung gegen naturalistische Reduktionsversuche (↑Naturalismus (ethisch)) haben den I. nicht davor bewahrt, Aufklärung über die Natur der Moral in irreführenden Analogien zu suchen. Den britischen I. hat die Ähnlichkeit zwischen Urteilen wie ›dieser Apfel ist rot‹ und ›diese Handlung ist gut‹ zu der Annahme verleitet, auch moralische Bewertungen seien Tatsachenbehauptungen, die Wahrheit beanspruchen, weil sie von Gegenständen ↑Eigenschaften prädizieren würden. Damit entsteht das Problem, wie moralische Eigenschaften erkannt werden können, wie sie mit nicht-moralischen Eigenschaften verknüpft sind und wie sie überhaupt verpflichtenden Charakter haben können. Demgegenüber lehrt der faktische Gebrauch, der von Moralurteilen gemacht wird, daß sie sich von Tatsachenbehauptungen grundlegend unterscheiden: Feststellungen dienen der Vergewisserung im Dialog und der Information über das Bestehen und Nichtbestehen von Sachverhalten, Bewertungen der Entscheidungsfindung und Verhaltenssteuerung (↑deskriptiv/präskriptiv). Wird dieser Unterschied anerkannt, dann verschwinden die Fragen nach der Wahrnehmungs- oder Erkenntnisfähigkeit für moralische Eigenschaften, nach der Natur der Verknüpfung moralischer und nicht-moralischer Eigenschaften und nach dem Verpflichtungscharakter moralischer ›Tatsachen‹. (2) Immanent scheitert der ethische I. daran, daß er die fehlende Übereinstimmung in der Beurteilung des moralisch Richtigen und Falschen mit der Unterscheidung zwischen ›echten‹ und ›unechten‹ Intuitionen‹ oder ›wirklichen‹ und ›Scheinevidenzen‹ bzw. mit einem Defekt des intuitiven Vermögens selbst erklärt – eine zirkuläre Auskunft, insofern für die Unterscheidung zwischen gültigen und defizitären Intuitionen auf kein unabhängiges Kriterium, sondern lediglich auf eine Intuition höherer Stufe verwiesen wird. Aus diesem Grunde lassen sich auch eine zur Vermeidung von Normenkonflikten und Wertantinomien postulierte hierarchische Abfolge von Normen und Werten und ein dieser Abfolge entsprechendes Normen- und Wertvorzugsgesetz nicht unter Berufung auf Intuitionen oder Evidenzen legitimieren. Deshalb sind ↑Subjektivismus und ↑Relativismus für den I. trotz seiner objektivistischen Zielsetzung unvermeidlich. Zur Wahrung des spezifischen Rationalitätsanspruchs der Moral bietet sich als Alternative zum I. eine argumentative Orientierung an, für die methodisch der im Alltag übliche Austausch von Gründen für oder gegen Bewertungen und Zwecksetzungen maßgebend ist.

Literatur: R. Audi, Intuitionism, Pluralism, and the Foundations of Ethics, in: W. Sinnott-Armstrong/M. Timmons (eds.), Moral Knowledge! New Readings in Moral Epistemology, New York/Oxford 1996, 101–136; ders., The Good in the Right. A Theory of Intuition and Intrinsic Value, Princeton N. J./Oxford 2004, 2005; F. Brentano, Vom Ursprung sittlicher Erkenntnis, Leipzig 1889, Hamburg ⁴1955, 1969; ders., Grundlegung und Aufbau der Ethik, Bern 1952, Hamburg 1978; J. Dancy, Ethical Particularism and Morally Relevant Properties, Mind NS 92 (1983), 530–547; P. Edwards, The Logic of Moral Discourse, Glencoe Ill. 1955, New York/London 1965, bes. 85–103 (Chap. 4 Intuitionism); R. L. Frazier, Intuitionism in Ethics, REP IV (1998), 853–856; N. Hartmann, Ethik, Berlin/Leipzig 1926, Berlin ⁴1962; D. v. Hildebrand, Sittlichkeit und ethische Werterkenntnis. Eine

Untersuchung über ethische Strukturprobleme, Jb. Philos. phänomen. Forsch. 5 (1922), 463–602, Nachdr. in: ders., Die Idee der sittlichen Handlung. Sittlichkeit und ethische Werterkenntnis, Darmstadt 1969, 127–266; ders., Christian Ethics, New York, London 1953, unter dem Titel: Ethics, Chicago Ill. 1972 (dt. Ethik, Düsseldorf 1959, Stuttgart/Berlin/Köln/Mainz 1973 [= Ges. Werke II]); W. D. Hudson, Ethical Intuitionism, London, New York 1967, 1970; ders., Modern Moral Philosophy, London/Basingstoke 1970, London, New York ²1983, bes. 65–105, 164–167; J. R. Lucas, Ethical Intuitionism II, Philos. 46 (1971), 1–11; A. Meinong, Abhandlungen zur Werttheorie, ed. R. Haller/R. Kindinger, Graz 1968 (= Gesamtausg. III); G. E. Moore, Principia Ethica, Cambridge 1903, rev. 1993, 2000; ders., Ethics, London, New York 1912, London/New York 1945, ²1966, 2005 (dt. Grundprobleme der Ethik, München 1975); P. H. Nowell-Smith, Ethics, London 1954, Oxford 1957, Harmondsworth 1969, bes. 32–42 (Chap. 3 Intuitionism); R. L. Phillips, Intuitionism Revisited, J. Value Inquiry 6 (1972), 185–199; H. A. Prichard, Moral Obligation. Essays and Lectures, Oxford 1949, unter dem Titel: Moral Obligation and Duty and Interest. Essays and Lectures, London/Oxford/New York 1968, unter ursprünglichem Titel, Oxford 1971; A. N. Prior, Logic and the Basis of Ethics, Oxford 1949, 1975; D. D. Raphael, The Moral Sense, London 1947; ders. (ed.), British Moralists, I–II, Oxford 1969, Indianapolis Ind. 1991; W. D. Ross, The Right and the Good, Oxford 1930, 1973, Indianapolis Ind. 1988, Neudr. Oxford 2002; ders., Foundations of Ethics. The Gifford Lectures Delivered in the University of Aberdeen, 1935–36, Oxford 1939, 2000; M. Scheler, Der Formalismus in der Ethik und die materiale Wertethik, I–II, Jb. Philos. phänomen. Forsch. 1/2 (1913), 405–565, 2 (1916), 21–478, separat Halle 1913/1916, in einem Bd., Bonn ⁷2000 (= Ges. Werke II); L. A. Selby-Bigge (ed.), British Moralists. Being Selections from Writers Principally of the Eighteenth Century, I–II, Oxford 1897, in einem Bd., Indianapolis Ind. 1964, I–II, New York 1965; E. Shimomissé, Die Phänomenologie und das Problem der Grundlegung der Ethik an Hand des Versuchs von Max Scheler, Den Haag 1971; H. Sidgwick, The Methods of Ethics, London 1874 (repr. Bristol 1996), ⁷1907 (repr. Bristol 1996), Indianapolis Ind. 1981, 2001 (dt. Die Methoden der Ethik, I–II, Leipzig 1909); P. F. Strawson, Ethical Intuitionism, Philos. 24 (1949), 23–33; E. Topitsch, Kritik der phänomenologischen Wertlehre, in: H. Albert/E. Topitsch (eds.), Werturteilsstreit, Darmstadt 1971, ²1979, 1990, 16–32; S. E. Toulmin, An Examination of the Place of Reason in Ethics, Cambridge 1950, 1970, unter dem Titel: The Place of Reason in Ethics, Chicago Ill./London 1986, bes. 9–28 (Chap. 2 The Objective Approach); M. Warnock, Ethics since 1900, London etc. 1960, bes. 16–78, ²1966, bes. 11–55, Neuausg. Mount Jackson Va. 2007, 17–82 (Chap. II–III G. E. Moore; Intuitionism).   R. Wi.

invariant/Invarianz, Begriff aus Mathematik und Naturwissenschaft. Eine mathematische ↑Struktur (z. B. geometrische Figuren) heißt i. gegenüber einem System von ↑Transformationen T, wenn sie bei Anwendung von T auf bestimmte Parameter (z. B. Punkte, Koordinaten) unverändert bleibt. Der Begriff der I. ist nicht nur grundlegend für die Strukturmathematik, sondern findet auch Anwendung bei der mathematischen Charakterisierung von ↑Naturgesetzen und naturwissenschaftlicher Strukturmodelle. Dieser Aspekt der I. wird in der ↑Wissenschaftstheorie untersucht.

In der ↑Geometrie wird die *Form*invarianz einer Figur (z. B. eines Dreiecks), d. h. die Unveränderlichkeit ihrer Form bei beliebiger Vergrößerung und Verkleinerung, durch die Ähnlichkeitstransformationen bestimmt (↑Euklidizität). Algebraisch erfüllen sie die Axiome einer Automorphismengruppe (↑Homomorphismus, ↑Gruppe (mathematich)), die grundlegend ist zur Charakterisierung i.er Struktureigenschaften: (1) Die identische ↑Abbildung *I*, die jeden Punkt *A* in *A* überführt, ist ein Automorphismus. (2) Für jeden Automorphismus *T* läßt sich ein inverser Automorphismus *T'* mit $T \circ T' = T' \circ T = I$ angeben. (3) Wenn *S* und *T* Automorphismen sind, dann ist auch ihre Hintereinanderausführung $S \circ T$ ein Automorphismus. Insbes. ist die I. der *Spiegelung S* einer Figur an einer Ebene charakterisiert durch $S \circ S = I$. Die *Größen*invarianz einer Figur wird durch die Gruppe der Kongruenzen (↑kongruent/Kongruenz) bestimmt, die mathematisch eine Untergruppe der Ähnlichkeitsgruppe ist und physikalisch durch Bewegungen starrer Körper (↑Körper, starrer) realisiert wird. Mathematische Beispiele sind die Parallelverschiebungen oder Translationen, die als ↑Vektoren in der affinen Geometrie zugrundegelegt sind. Ein weiteres Beispiel für Kongruenzgruppen sind die endlichen Drehungsgruppen zur Charakterisierung der *Drehungs*invarianz einer Figur. In der Ebene läßt sich die Drehungsinvarianz der regulären *n*-eckigen Polygone (z. B. für $n = 5$ das Pentagon) durch *n* Drehungen um das Zentrum *O* charakterisieren, wobei die Drehwinkel $m \cdot 360°/n$ mit $1 \leq m \leq n$ betragen. Diese zyklische Gruppe zusammen mit der Diedergruppe der Spiegelungen an den *n* Achsen, die Winkel von $360°/2n$ bilden, charakterisieren vollständig die I. aller zentralsymmetrischen Figuren der Ebene, die z. B. in Architektur und Kunstgeschichte eine große Rolle spielen. Im dreidimensionalen Euklidischen Raum gibt es genau drei endliche Drehungsgruppen, die zusammen mit gewissen Punktspiegelungen vollständig die I. aller symmetrischen Körper in diesem Raum, nämlich die fünf ↑Platonischen Körper, charakterisieren (↑symmetrisch/Symmetrie (geometrisch)). Mathematisch wird dabei die bereits von Platon und J. Kepler diskutierte philosophische Frage nach der Symmetrie des Raumes präzisiert (↑symmetrisch/Symmetrie (naturphilosophisch)). Die I. von *ebenen Gittern*, die durch ganzzahlige Vielfache bestimmter Translationen erzeugt werden, wurde bereits in der ägyptischen und arabischen Ornamentik erkannt. Die I. von Raumgittern erwies sich besonders in der Kristallographie als grundlegend.

Seit F. Kleins ↑›Erlanger Programm‹ von 1872 werden geometrische Eigenschaften als *I.en von Transformationsgruppen* charakterisiert. So sind z. B. ›Länge‹ und ›Winkel‹ Begriffe der ↑Euklidischen Geometrie, da sie in Bezug auf die Euklidische Transformationsgruppe,

nämlich orthogonale Transformationen für rechtwinklige cartesische Koordinaten, i. sind. Doppelverhältnisse sind i. in Bezug auf projektive Transformationen. Die affine Geometrie ist die I.theorie der affinen Transformationen mit umkehrbarer Koeffizientenmatrix. Die von C. F. Gauß und B. Riemann entwickelte (affine) ↑Differentialgeometrie erweist sich als I.theorie der lokal-affinen Transformationen mit einer umkehrbaren Deriviertenmatrix für stetig-differenzierbare Koordinatenfunktionen. Fordert man nur die ↑Stetigkeit und die stetige Umkehrbarkeit, so ergibt sich die Gruppe der topologischen Transformationen, die die topologischen Eigenschaften als I.en bestimmen (↑Topologie). Von besonderem Interesse für die Differentialgeometrie sind die i.en Eigenschaften von homogenen und isotropen Mannigfaltigkeiten, die bereits von H. v. Helmholtz und S. Lie untersucht und von H. Cartan zur Theorie der symmetrischen Räume ausgebaut wurden. Die i.en Eigenschaften dieser Theorie werden durch stetige Kongruenzen, so genannte Isometrien, bestimmt, die die Metrik $g_{\mu\nu}$ der Mannigfaltigkeit i. lassen.

Ebenso wie mathematische Theorien können auch physikalische Gesetze durch i.e Eigenschaften physikalischer Transformationsgruppen charakterisiert werden. Wissenschaftstheoretisch präzisieren sie den Geltungsbereich und die Objektivität naturwissenschaftlicher Gesetze (↑Gesetz (exakte Wissenschaften)). So sind die Gesetze der klassischen ↑Mechanik Galilei-i. (↑Galilei-Invarianz), die Gesetze der Speziellen Relativitätstheorie (↑Relativitätstheorie, spezielle) Lorentz-i. (↑Lorentz-Invarianz) und die kovarianten (↑Kovarianz) Gesetze der Einsteinschen Gravitationstheorie (↑Relativitätstheorie, allgemeine) durch die Ricci-Transformationen (↑Differentialgeometrie) bestimmt. In der Kosmologie wird das Universum als eine vierdimensionale, homogen und isotrop expandierende Raum-Zeit-Mannigfaltigkeit aufgefaßt (↑Astronomie), deren Eigenschaften mathematisch durch Isometriegruppen bestimmt sind. Mathematisch wird damit die bereits von G. W. Leibniz und I. Kant diskutierte philosophische Frage nach der Auszeichnung eines Ortes oder einer Richtung im Raum präzisiert. Leibniz betonte in der Auseinandersetzung mit S. Clarke über die Existenz des absoluten Raumes (↑Raum, absoluter) die Homogenität, d. h. die mathematische ›Ununterscheidbarkeit‹, aller Raumpunkte. Demgegenüber setzte Kant (Von dem ersten Grunde des Unterschiedes der Gegenden im Raume, 1768) die Auszeichnung von Richtungen im Raum, z. B. durch die linke und die rechte Hand, voraus (↑Orientierung, ↑symmetrisch/Symmetrie (naturphilosophisch)).

Wie die Geometrie des Kosmos im Großen weist auch die Mikrophysik zentrale I.eigenschaften auf, allerdings auch Verletzungen von I.prinzipien. In der Atomphysik lassen sich I.en beim Ordnen der Atom- und Molekülspektren feststellen. So ist das Rutherfordsche Atommodell in Bezug auf die Koordinatenstellungen seiner Elektronen durch Drehungssymmetrie und Permutationsgruppen bestimmt. In der Theorie der Elementarteilchen (↑Teilchenphysik) treten I.en gegen Transformationen auf. Zwar wird bei der schwachen Wechselwirkung die I. gegen räumliche Punktspiegelung wesentlich verletzt und eine Raumrichtung ausgezeichnet (wie die Experimente von T. D. Lee und C. N. Yang 1956 zeigten), doch gilt nach W. Pauli (1957) in der Quantenfeldtheorie das inzwischen mit hoher Präzision bestätigte *CPT*-Theorem, wonach Quantenfelder und ihre Wechselwirkungen bei Kombination der drei Transformationen *C* (Ladungsumkehr), *P* (Paritätsumkehr für räumliche Punktspiegelung) und *T* (Zeitumkehr) i. bleiben. Falls eine der drei I.eigenschaften verletzt ist, muß wegen des *CPT*-Theorems eine der beiden übrigen I.eigenschaften ebenfalls verletzt sein. So erfordert die Verletzung der Parität *P*, daß *C* oder *T* verletzt ist. Falls die I. bei Kombination von zwei Transformationen gilt, muß wegen des *CPT*-Theorems die dritte I. ebenfalls gelten. So erfordert die I. mit Bezug auf die Kombination *CP* die I. mit Bezug auf *T*, und umgekehrt. Der Zerfall von Kaonen ist ein Beispiel für eine Verletzung der Zeitinvarianz, die durch eine gemessene *CP*-Verletzung erzwungen wird.

Von dieser Ausnahme abgesehen, hat sich die I. der Naturgesetze gegen Zeitumkehr als grundlegend für alle physikalischen Gesetze erwiesen. Neben der I. mit Bezug auf diskrete sind auch die I.en mit Bezug auf stetige Transformationen zu berücksichtigen. 1918 bewies E. Noether einen fundamentalen Zusammenhang zwischen I.eigenschaften der Raum-Zeit (↑Raum-Zeit-Kontinuum) und den ↑Erhaltungssätzen der Physik. So folgt z. B. in der klassischen Mechanik aus der I. der Newtonschen Bewegungsgleichung gegenüber einer Verschiebung (Raumtranslation) die Erhaltung des ↑Impulses. Aus der I. gegenüber einer Zeitverschiebung (Homogenität der Zeit) folgt die Erhaltung der ↑Energie. Allgemein besagt das Noether-Theorem: Falls eine (Lagrange-)Theorie i. mit Bezug auf eine *N*-parametrige stetige Transformation ist, besitzt sie *N* Erhaltungsgrößen. Dieses Theorem gilt nicht nur in klassischer Physik und Relativitätstheorie, sondern nach dem ↑Korrespondenzprinzip auch in der Quantenphysik. Erkenntnistheoretisch wurde Kants Erste Analogie der Erfahrung mit der universellen Geltung von Erhaltungssätzen in Zusammenhang gebracht. Tatsächlich handelt es sich nach Noethers Theorem bei den Erhaltungssätzen physikalischer Größen um eine mathematische Konsequenz, die sich a priori aus der Annahme von Raum-Zeit-Symmetrien (also nach Kant aus den Formen der reinen ↑Anschauung) ergibt.

Nicht nur Zeit und Raum werden durch I.en charakterisiert. I.en von physikalischen Wechselwirkungen gegenüber unitären Transformationen entsprechen Eichsymmetrien (↑symmetrisch/Symmetrie (naturphilosophisch)). Philosophisch führen solche Untersuchungen zu der erkenntnistheoretischen Frage, ob der I. physikalischer Gesetze ontologische Symmetriestrukturen der Welt zugrunde liegen oder ob es sich um regulative Eigenschaften von Theorien und ihren Modellen handelt. – Auch in ↑Biologie und ↑Chemie werden I.en herausgestellt. So lassen sich in der Botanik i.e Blumen- und Blütenformen durch Rotations- und Translationssymmetrien beschreiben. In der Anatomie wird Spiegelungsinvarianz als Organisationsprinzip tierischer und menschlicher Körper herausgestellt. Im Aufbau der Moleküle finden sich charakteristische Richtungsvarianzen (z. B. die linksdrehenden Proteine, die rechtsdrehenden Nukleinsäuren). In der ↑Evolution des Lebens besitzen Entwicklungsformen nur dann I., wenn sie gegenüber Alternativen Selektionsvorteile aufweisen. – In der Theorie wissenschaftlicher Begriffsbildung unterscheidet man verschiedene Arten von Begriffen (qualitative, komparative, quantitative) durch die I.eigenschaften von Skalen gegenüber verschiedenen Typen von Transformationen. So führt die Skalierung komparativer Größen (z. B. der Schulleistung) zu Ordinalskalen, deren Eigenschaften i. gegenüber streng monoton steigenden Transformationen sind, im Unterschied etwa zur Skalierung extensiver Größen (z. B. der Masse), die zu Verhältnisskalen führt, deren Eigenschaften nur gegenüber Ähnlichkeitstransformationen i. sind (↑Meßtheorie).

Literatur: M. Bunge, The Myth of Simplicity. Problems of Scientific Philosophy, Englewood Cliffs N. J. 1963; A. Grünbaum, Philosophical Problems of Space and Time, New York 1963, erw. Dordrecht/Boston Mass. ²1973, 1974 (Boston Stud. Philos. Sci. XII); B. Kanitscheider, Vom absoluten Raum zur dynamischen Geometrie, Mannheim/Wien/Zürich 1976; H. A. Kastrup, The Contributions of Emmy Noether, Felix Klein and Sophus Lie to the Modern Concept of Symmetries in Physical Systems, in: M. G. Doncel u. a. (eds.), Symmetries in Physics (1600–1980), Barcelona 1987, 113–163; K. Mainzer, Symmetrie und I., in: Akten des 16. Weltkongresses für Philosophie. Düsseldorf 27. August – 2. September 1978 (Sektionsvorträge), Düsseldorf 1978, 409–412; ders., Symmetrien der Natur. Ein Handbuch zur Natur- und Wissenschaftsphilosophie, Berlin 1988 (engl. Symmetries of Nature. A Handbook for Philosophy of Nature and Science, Berlin/New York 1996); ders., Symmetry and Complexity. The Spirit and Beauty of Nonlinear Science, Hackensack N. J./London 2005; P. Mittelstaedt, Der Zeitbegriff in der Physik. Physikalische und philosophische Untersuchungen zum Zeitbegriff in der klassischen und in der relativistischen Physik, Mannheim/Wien/Zürich 1976, ³1989, 1996; E. Noether, Invariante Variationsprobleme, Nachr. Ges. Wiss. Göttingen, math.-phys. Kl. 1918, 235–257; F. S. Roberts, Measurement Theory with Applications to Decisionmaking, Utility, and the Social Sciences, Reading Mass. 1979, Cambridge/New York 1984, 2009; E. Schmutzer, Symmetrien und Erhaltungssätze der Physik, Berlin (Ost) 1972, [2]1979; A. Speiser, Die Theorie der Gruppen von endlicher Ordnung, mit Anwendungen auf algebraische Zahlen und Gleichungen sowie auf die Krystallographie, Berlin 1923, Basel/Stuttgart [5]1980; W. Stegmüller, The Structuralist View of Theories. A Possible Analogue of the Bourbaki Programme in Physical Science, Berlin/Heidelberg/New York 1979; C. F. v. Weizsäcker, Kants ›Erste Analogie der Erfahrung‹ und die Erhaltungssätze der Physik, in: H. Delius/G. Patzig (eds.), Argumentationen. Festschrift für Josef König, Göttingen 1964, 256–275, Nachdr. in: ders., Die Einheit der Natur. Studien, München 1971, [8]2002, 383–404; H. Weyl, Raum, Zeit, Materie. Vorlesungen über allgemeine Relativitätstheorie, Berlin 1918, Berlin/Heidelberg/New York [8]1993 (engl. Space, Time, Matter, New York 1922, 1990; franz. Temps, espace, matière. Leçons sur la théorie de la relativité générale, Paris 1922, 1958); E. P. Wigner, Gruppentheorie und ihre Anwendung auf die Quantenmechanik der Atomspektren, Braunschweig 1931, 1977 (engl. Group Theory and Its Application to the Quantum Mechanics of Atomic Spectra, New York 1959).   K. M.

inventio medii (lat., Auffindung des Mittelbegriffs), ↑Eselsbeweis/Eselsbrücke.

invers/Inversion (von lat. invertere, umkehren), allgemein: ›umgekehrt‹/›Umkehrung‹, häufig ein ›Rückgängigmachen‹ von Operationen. – Von den vielfältigen terminologischen Verwendungen in Mathematik und Logik seien angeführt: (1) I.e (auch: Umkehr-) ↑*Abbildung*. (2) I.es *Element* einer algebraischen (↑Algebra) ↑Struktur: Gegeben sei eine Menge M mit einer zweistelligen inneren ↑Verknüpfung ∘, und a sei ein Element von M. Ein weiteres Element a_r^{-1} von M heißt ›Rechtsinverses von a‹ genau dann, wenn gilt: $a \circ a_r^{-1} = e$, wobei e das neutrale Element der Struktur bezüglich ∘ ist. Entsprechend heißt ein Element a_l^{-1} von M ein ›Linksinverses von a‹ genau dann, wenn gilt: $a_l^{-1} \circ a = e$. Wenn zu a sowohl a_l^{-1} als auch a_r^{-1} existieren und außerdem $a_l^{-1} = a_r^{-1}$ ist, so spricht man kurz vom ›i.en Element a^{-1} von a‹. So ist etwa bei den ganzen Zahlen mit der Verknüpfung +, die ein Modell der Gruppenstruktur (↑Gruppe (mathematisch)) sind, -4 i. zu 4, denn es gilt: $4 + (-4) = 0$. Das I.e des I.en von a ist stets a selbst, d. h. $(a^{-1})^{-1} = a$. (3) I.e *Matrix*: Gegeben sei eine quadratische ↑Matrix A mit von Null verschiedener Determinante (d. h. A ist regulär). Dann gibt es zu A eine eindeutig bestimmte reguläre Matrix A^{-1}, für die gilt: $AA^{-1} = A^{-1}A = E$, wobei ›E‹ die Einheitsmatrix bezeichnet.
(4) In der Geometrie bezeichnet man als ›I. (am Kreis)‹ (auch: ›Transformation durch reziproke Radien‹) eine bijektive Abbildung der Punkte der Ebene in sich mit folgenden definierenden Eigenschaften: Gegeben sei ein Kreis k mit dem Mittelpunkt M und dem Radius r. Zu jedem beliebigen Punkt $P \neq M$ in der Ebene gibt es genau einen Punkt P' auf dem Strahl MP, der die Bedingung

$$\overline{MP'} \cdot \overline{MP} = r^2$$

erfüllt. (Konstruiert man P' wie in der Abbildung gezeigt, so entspricht diese Bedingung gerade dem Euklidischen Kathetensatz.) P' heißt die ›I. von P (am Kreis k)‹. Die I. (an k) bildet die äußeren Punkte von k auf die inneren ab und umgekehrt. Die Punkte der Peripherie von k sind identisch bei I. (an k). In manchen Modellen geometrischer Axiomensysteme (↑System, axiomatisches), z. B. der ›Poincaréschen Halbebene‹ als Modell der

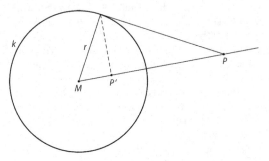

(I. am Kreis)

↑nicht-euklidischen Geometrie, vertritt die I. am Kreis die Spiegelung an einer (im Modell durch den Kreis repräsentierten) ›Geraden‹.
(5) In der formalen Logik bezeichnet man die Umkehrung von Ableitungsregeln R oft als I., wenn die durch Umkehrung entstandenen Regeln zulässig (↑zulässig/Zulässigkeit) bezüglich der Ausgangsregeln R sind. So sind z. B. die ∧-Beseitigungsregeln $(a \wedge b) \Rightarrow a$ und $(a \wedge b) \Rightarrow b$ i.e Regeln zur ∧-Einführungsregel $a, b \Rightarrow (a \wedge b)$; die Regel $(a \wedge b) \Rightarrow (b \wedge a)$ ist zu sich selbst i.. Allgemeiner heißen nicht nur durch Vertauschung von ↑Prämissen und ↑Konklusion entstandene Regeln i., sondern auch andere Regeln, die sich mit Hilfe bestimmter Verfahren (↑Inversionsprinzip) als zulässig erweisen lassen. In diesem Sinne versucht man – vor allem in der intuitionistischen Tradition (↑Intuitionismus) –, *sämtliche* Beseitigungsregeln eines ↑Kalküls des natürlichen Schließens als Umkehrungen der zugehörigen Einführungsregeln zu rechtfertigen (vgl. D. Prawitz, Natural Deduction. A Proof-Theoretical Study, Stockholm/Göteborg/Uppsala 1965, 32–38 [Chap. 2 The I. Principle]; H. A. Schmidt, Mathematische Gesetze der Logik I [Vorlesungen über Aussagenlogik], Berlin/Göttingen/Heidelberg 1960, 153–155, 240–245, 245–248, 388–390 [§§ 59, 97, 98, 149]).
(6) Wohl im Anschluß an J. N. Keynes (Studies and Exercises in Formal Logic, London [2]1887, 109–125) bezeichnet man in der ↑Junktorenlogik die Negation der schematischen Satzbuchstaben (↑Satzbuchstabe, schematischer) eines zweigliedrigen ↑Aussageschemas unter Beibehaltung der Reihenfolge als I. des ursprünglichen

Schemas (z. B. ist $\neg p \rightarrow \neg q$ i. zu $p \rightarrow q$). Junktorenlogische I.en, die sich entsprechend auf die ↑Quantorenlogik ausdehnen lassen, liefern im allgemeinen *keine* allgemeingültigen (↑allgemeingültig/Allgemeingültigkeit) Schlüsse. Dabei ist etwa die (nicht allgemeingültige) I. der ↑Subjunktion ($p \rightarrow q \nleftarrow \neg p \rightarrow \neg q$) von der (allgemeingültigen) ↑Kontraposition ($p \rightarrow q \prec \neg q \rightarrow \neg p$) zu unterscheiden. Da im übrigen die I. von $p \rightarrow q$, also $\neg p \rightarrow \neg q$, aufgrund der (klassisch allgemeingültigen) starken Kontraposition $\neg p \rightarrow \neg q \prec q \rightarrow p$ mit der Konversion (↑konvers/Konversion) von $p \rightarrow q$, also mit $q \rightarrow p$, logisch äquivalent (↑Äquivalenz) ist, wird im Falle der zweistelligen Relation ›impliziert‹ (symbolisiert: $\prec$) zuweilen deren durch Vertauschen von Implikans und Implikat gewonnene Konversion ›≻‹ (symbolisiert: $\tilde{\prec}$) auch als I. von ›$\prec$‹ bezeichnet. Keynes bezeichnet den (aus der Hintereinanderausführung von Konversionen [↑konvers/Konversion] und ↑Obversionen hervorgehenden) Übergang von einem syllogistischen (↑Syllogistik) Satzschema $S\rho P$ zu einem Schema mit $\bar{S}$ (nicht S) als grammatischem Subjekt als I. des ursprünglichen Schemas, während das Prädikat verneint sein kann (›Totalinversion‹) oder nicht (›Teilinversion‹) (a. a. O., ⁴1906, 139). Nur I.en universeller (›alle …‹, ›kein …‹) syllogistischer Satzschemata sind, nach eventuellen Existenzpräsuppositionen (↑Existenz (logisch), ↑Kennzeichnung), gültig; $SaP \prec \bar{S}oP$ (in Worten: wenn alle SP sind, dann sind einige nicht-S nicht P); ferner: $SeP \prec \bar{S}iP$, $SaP \prec \bar{S}i\bar{P}$, $SeP \prec \bar{S}o\bar{P}$. Die I. läßt sich neben Kontraposition, Konversion, Obversion, ↑Opposition und Subalternation (↑Quadrat, logisches) als eine weitere Art unmittelbaren, d. h. aus nur einer Prämisse erfolgenden, Schlusses (immediate inference) in der ↑Syllogistik betrachten. (7) Abweichend von der Bedeutung ›Umkehrung‹ ist die Wortverwendung von ›I.‹ bei G. Peano (Arithmetices principia nova methodo explicata [1889], in: ders., Opere scelte II, Rom 1958, 28), wo die I. (Zeichen: [ ]) im wesentlichen der ↑Abstraktion (↑abstrakt) entspricht: ›$[x\varepsilon]a$‹ bezeichnet die Klasse derjenigen x, die die x als freie ↑Variable enthaltende Aussageform a erfüllen.

(8) In der ↑Wahrscheinlichkeitstheorie spricht man gelegentlich vom ↑›Umkehrproblem‹ (engl. inverse problem), wenn es um das Schließen aus der ↑Wahrscheinlichkeit einer Hypothese *vor* Eintreten eines bestimmten Ereignisses (so genannte Apriori-Wahrscheinlichkeit) auf ihre Wahrscheinlichkeit *nach* Eintreten des Ereignisses (so genannte Aposteriori-Wahrscheinlichkeit) geht. Besondere Bedeutung hat dabei das zur Rechtfertigung von Umkehrschlüssen viel verwendete ↑Bayessche Theorem. (9) In Zusammenhang mit wahrscheinlichkeitstheoretischen Überlegungen steht J. S. Mills (A System of Logic Ratiocinative and Inductive. Being a Connected View of the Princip-les of Evidence and the Methods of Scientific Investigation, Collected Works VIII, Toronto/Buffalo N. Y./London 1974, Book VI, 911–930 [Chap. X]) Sprachgebrauch von ›inverse deductive, or historical method‹, der sich insbes. auf den Nachweis der Wahrscheinlichkeit oder wenigstens Möglichkeit bereits eingetretener Ereignisse bezieht. Dieses Problem wird in der ↑Wissenschaftstheorie als das der ↑›Retrodiktion‹ bezeichnet. G. W.

Inversionsprinzip, Bezeichnung für ein Verfahren der elementaren Operativen Logik (↑Logik, operative) zur Begründung gewisser Aussagen über die Zulässigkeit (↑zulässig/Zulässigkeit) von Regeln bezüglich gegebener ↑Kalküle, insbes. der *Umkehrbarkeit definierender Regeln* eines Kalküls.

Eine Regel $C \Rightarrow D$ sei auf Zulässigkeit in einem Kalkül K zu prüfen, von dessen definierenden Regeln die Regeln $A_1^i, \ldots, A_{n(i)}^i \Rightarrow A_i (i = 1, \ldots, k)$ nach keiner gemeinsamen ↑Belegung β ihrer ↑Variablen und der Variablen von $C \Rightarrow D$ als ↑Konklusion $\beta(A_i)$ die ↑Prämisse $\beta(C)$ liefern und somit bezüglich der Fragestellung irrelevant sind. Für jede der übrigen, relevanten Regeln $B_1^j, \ldots, B_{n(j)}^j \Rightarrow B_j (j = 1, \ldots, m)$ mögen jeweils die allen B^j und D gemeinsamen Variablen unter den gemeinsamen Variablen von B_j und C vorkommen, und für je zwei Belegungen β und γ möge die Konklusion $\beta(B_j)$ mit $\gamma(C)$ nur dann übereinstimmen, wenn die gemeinsamen Variablen von B_j und C durch β und γ mit den gleichen Werten belegt werden. Sind dann die Regeln $B_1^j, \ldots, B_{n(j)}^j \Rightarrow D$ sämtlich bezüglich K zulässig, so gilt diese Zulässigkeit auch für $C \Rightarrow D$.

Will man z. B. die Zulässigkeit der Regel $nn \circ n \Rightarrow n$ bezüglich des Kalküls K mit den definierenden Regeln

$$\Rightarrow |||,$$
$$n \Rightarrow n\,|,$$
$$m, n \Rightarrow |\,mn \circ n,$$
$$n \Rightarrow nn \circ n$$

prüfen (wobei n Variable für Strichlisten ist), so sind zunächst einmal $\Rightarrow |||$ und $n \Rightarrow n\,|$ irrelevant, weil keine Belegung von n mit irgendeiner Strichliste die Konklusionen dieser Regeln und die Prämisse $nn \circ n$ von $nn \circ n \Rightarrow n$ in dieselbe Form überführt (denn die genannte Prämisse enthält ein $\circ$, während die Konklusionen reine Strichlisten sind). Die (dem obigen D entsprechende) Konklusion n hat mit den Prämissen von $m, n \Rightarrow |\,mn \circ n$ und $n \Rightarrow nn \circ n$ die Variable n gemeinsam, und diese ist zugleich die gemeinsame Variable der Konklusionen $|\,mn \circ n$ bzw. $nn \circ n$ (als B_j entsprechenden Konklusionen) mit $nn \circ n$ (als C entsprechender Prämisse). Da eine Belegung β von $|\,mn \circ n$ nur dann zum gleichen Ergebnis wie eine Belegung γ von $nn \circ n$ führen kann, wenn $\beta(n) = \gamma(n)$ ist (sonst würden sich $\beta(\mid mn \circ n)$ und $\gamma(nn \circ n)$ rechts vom Zeichen $\circ$ unterscheiden), und die Konklusion der letzten Regel von K ohnehin mit der Prämisse der zu prüfenden Regel übereinstimmt, ist die geforderte Eindeutigkeit der Belegung für die genannten gemeinsamen Variablen (hier n) garantiert. Da die den obigen Schemata $B_1^j, \ldots, B_{n(j)}^j \Rightarrow D$ entsprechenden Regeln $m, n \Rightarrow n$ und $n \Rightarrow n$ trivialerweise zulässig sind, ist nach dem I. auch $nn \circ n \Rightarrow n$ zulässig. In der Tat prüft man leicht nach, daß die Hinzufügung dieser Regel zu K keine Figuren abzuleiten gestattet, die nicht schon mit Hilfe der ursprünglichen, definierenden Regeln von K ableitbar sind.

Im vorgeführten Beispiel ist also die Regel $n \Rightarrow nn \circ n$ ›umkehrbar‹ zu $nn \circ n \Rightarrow n$. Tatsächlich verdankt das I. seinen Namen der folgenden noch spezielleren Anwendung als Kriterium für die Umkehrbarkeit (die Möglichkeit der Inversion) einer Regel: Gibt es in K nur eine einzige relevante Regel $B_1, \ldots, B_n \Rightarrow B$, und ist mit den obigen Bezeichnungen $B = C$ und $D = B_l (1 \leq l \leq n)$, so folgt aus den Spezialisierungen der oben angegebenen Bedingungen die Zulässigkeit der Umkehrregel $B \Rightarrow B_l$ (da insbes. die Regel $B_1, \ldots, B_n \Rightarrow B_l$ für jedes l mit $1 \leq l \leq n$ allgemeinzulässig [↑allgemeinzulässig/Allgemeinzulässigkeit] ist). Anwendungen des I.s sind die Einführung von ↑Konjunktion und ↑Adjunktion in der Operativen Logik und die Begründung mancher arithmetischer Aussagen (z. B. $m \mid = n \mid \rightarrow m = n$) in der Operativen Mathematik (↑Mathematik, operative). Das durch die gegebene Formulierung des I.s schematisch erfaßte Verfahren ist jedoch nicht auf die Begründung solcher ›Inversionen‹ beschränkt, sondern formuliert, als $\bigwedge_j (\vdash_K B_1^j, \ldots, B_{n(j)}^j \Rightarrow D) \prec \vdash_K C \Rightarrow D$ geschrieben (dabei ist ›$\vdash_K R$‹ für eine Regel R zu lesen als ›R ist in K zulässig‹), ein weit allgemeineres Kriterium für die ›hypothetische Zulässigkeit‹ von Regeln.

Das I. wurde von P. Lorenzen gefunden und bildet eines der Prinzipien seiner »Einführung in die operative Logik und Mathematik«, ist jedoch in beiden Auflagen dieses Werkes unzulänglich formuliert (1955, ²1969). Korrekte Fassungen finden sich bei H. Hermes (1959) und K. Lorenz (1980).

Literatur: H. B. Curry, Foundations of Mathematical Logic, New York etc. 1963, New York 1977; H. Hermes, Zum I. der operativen Logik, in: A. Heyting (ed.), Constructivity in Mathematics. Proceedings of the Colloquium Held at Amsterdam 1957, Amsterdam 1959, 62–68; K. Lorenz, Logik, operative, Hist. Wb. Ph. V (1980), 444–452; P. Lorenzen, Einführung in die operative Logik und Mathematik, Berlin/Göttingen/Heidelberg 1955, Berlin/Heidelberg/New York ²1969, bes. 26–31 (Kap. I, § 4 Induktion und Inversion); W. Markwald, Einführung in die formale Logik und Metamathematik, Stuttgart 1972, 1974. C. T.

Ironie (von griech. εἰρωνεία, lat. ironia, auch: simulatio, dissimulatio, illusio, permutatio – Verstellung), Begriff der ↑Rhetorik und der ↑Poetik zur Bezeichnung einer Redeform, einer rhetorischen Figur oder eines poetologischen Darstellungsprinzips, wobei in allen Fällen Wortsinn und intendierte Bedeutung in Form eines Gegensatzes dessen, was gesagt wird, und dessen, was gemeint ist, auseinandertreten. Ironische Rede bedeutet, das Gegenteil dessen sagen, was man meint, aber so, daß der darin jeweils eingeschlossene Schein der ↑Anerkennung als Schein durchschaubar ist. Die in diesem Verhältnis liegende Herabsetzung des Adressaten ironischer Argumente sowie das Moment einer Distanz schaffenden Intellektualität unterscheiden die I. vom Distanz überbrückenden und statt Herabsetzung und Verlegenheit befreiendes Lachen zu seinen Wirkungen zählenden ↑Humor. Ironische Verhältnisse können zwischen Subjekten bzw. literarisch zwischen Autor und dargestelltem Gegenstand (etwa in den Formen der Parodie, Travestie und Satire) bestehen, aber auch in selbstbezüglicher Form, und zwar sowohl auf der Ebene der Subjektivität (›Selbstironie‹) als auch auf einer wiederum semantischen Ebene (›dies ist ein guter Enzyklopädieartikel‹). Philosophische Formen der I. sind die Sokratische und die romantische I..

In der *Sokratischen* I., dem Kernstück der Sokratischen ↑Mäeutik, wird unter dem Anschein eigener Unwissenheit und unter Beschränkung auf fragende Hilfestellung (εἰρωνεία, eigentlich: ›Fragekunst, die die eigene Meinung verbirgt‹) die Unwissenheit des vermeintlich Wissenden zutage gefördert. Neben der dadurch zur Geltung gebrachten »Überlegenheit im Schein der Unterlegenheit« (K. Reinhardt, Platons Mythen, Bonn 1927, 22, Nachdr. in: ders., Vermächtnis der Antike. Gesammelte Essays zur Philosophie und Geschichtsschreibung, Göttingen 1960, ²1966, 1989, 225) dient auch ein dabei dialektisch beanspruchtes Wissen des Nicht-Wissens der Auflösung vermeintlichen Wissens und bereitet im Sokratisch-Platonischen Dialog argumentativ den gemeinsamen, sich an der Idee der Homologie (↑Konsens) orientierenden Aufbau eines nicht mehr scheinhaften, d. h. begründeten, Wissens vor. Bei Aristoteles bezeichnet ›I.‹ dann ›Verstellung durch Untertreibung‹, die insofern ebenso wie die ›Verstellung durch Übertreibung‹ gegen die Tugend der Wahrhaftigkeit (im Rahmen der Mesotes-Lehre, ↑Mesotes) verstößt, jedoch in ihrer Sokratischen Verwendung als Form der Bescheidenheit (ohne Spott, wie Aristoteles gegen die Platonische Darstellung der Sokratischen I. unterstellt) einen eigenen Wert besitzt (Eth. Nic. *B*7.1108a22–23, *Δ*13.1127a20–32, 1127b22–32; Rhet. *Γ*18.1419b8–9). In der rhetorischen Tradition wird I. im Sokratischen und Aristotelischen Sinne als Ausdruck forensischer Tugenden bewahrt und den Tropen (Formen uneigentlicher

Rede) zugeordnet (›Ausdruck eines Gegenstandes durch sein Gegenteil‹, vgl. Cicero, de orat. II 67, 269; III 53, 203, Quintilianus, Inst. orat. IX 2,44).

Der Begriff der *romantischen* I., literarisch verwirklicht bei L. Tieck, E. T. A. Hoffmann, C. Brentano, Jean Paul, C. D. Grabbe und H. Heine, bezeichnet in der literarischen Theorie der ↑Romantik, insbes. bei F. Schlegel und K. W. F. Solger, das überlegene Spiel der Genialität, dessen Gegenstand auch das eigene Vermögen (Kunst und Genialität) wird. Sie wird zur Destruktion eines Scheins eingesetzt, den die eigene Überlegenheit erzeugt; diese wird ›ironisch‹ zugleich aufgelöst und bestätigt. In ihrer romantischen Verwendung wird I. über der Ausbildung entsprechender narrativer Formen zu einer poetischen Einstellung bzw. zu einem ›philosophischen Vermögen‹ (F. Schlegel, Marburger Handschrift H. 3, 52, in der ›Lesung‹ bei I. Strohschneider-Kohrs [²1977], 462–464): sie ist jene Stimmung, »welche alles übersieht, und sich über alles Bedingte unendlich erhebt, auch über eigne Kunst, Tugend, oder Genialität« (F. Schlegel, Lyceums-Fragment 42, in: Kritische Friedrich-Schlegel-Ausgabe II, ed. E. Behler, München 1967, 152), und damit das Konstruktionsprinzip einer sich am ›philosophischen‹ Gegensatz von ›Bedingtem‹ und ›Unbedingtem‹ (Lyceums-Fragment 108, a.a.O., 160) bzw. ›Idealem‹ und ›Realem‹ (Athenäums-Fragment 238, a.a.O., 204) orientierenden ›Transcendentalpoesie‹ (F. Schlegel, Literary Notebooks: 1797–1801, ed. H. Eichner, London 1957, 86 [Nr. 727] [dt. Literarische Notizen 1797–1801. Literary Notebooks, Frankfurt/Berlin/Wien 1980, 90]; vgl. Athenäums-Fragment 238, a.a.O., 204). Nach Solger, der konsequent im Sinne Schlegels I. als ›künstlerische Dialektik‹ definiert (Vorlesungen über Ästhetik, Leipzig 1829, 187), konstituiert die Wahrnehmung des Untergangs der (unendlichen) Idee im (endlichen) Kunstwerk die ›tragische I.‹. Gegen die Idee der romantischen I. wenden sich G. W. F. Hegel, der hinsichtlich seines Begriffs des ↑Ideals in ihr die ›absolute Negativität‹ zu erkennen glaubt (Ästhetik, Sämtl. Werke XII, 105–106, 221–222), und S. Kierkegaard, der I., mit Ausnahme der Sokratischen, als illusionäre Kehrseite der Melancholie kritisiert (1841). Zum Kunstmittel erzählerischer Distanz wird I. erneut insbes. bei T. Mann; der ›Objektivismus der Epik‹ ist nach Mann (nur) ironisch (möglich) (Die Kunst des Romans [1939], in: ders., Ges. Werke in zwölf Bänden X, Frankfurt 1960, 353).

Literatur: S. E. Alford, Irony and the Logic of the Romantic Imagination, New York etc. 1984; B. Allemann, I. und Dichtung, Pfullingen 1956, ²1969 (ital. Ironia e poesia, Mailand 1971); P. Ballart, Eironeia. La figuración irónica en el discurso literario moderno, Barcelona 1994; R. Baumgart, Das Ironische und die I. in den Werken Thomas Manns, München 1964, ²1966, Frankfurt/Berlin/Wien 1974; E. Behler, Klassische I., romantische I.,

tragische I.. Zum Ursprung dieser Begriffe, Darmstadt 1972, 1981; ders., Irony and the Discourse of Modernity, Seattle/London 1990; ders., I. und literarische Moderne, Paderborn etc. 1997 (franz. I. et modernité, Paris 1997); ders., I., Hist. Wb. Rhetorik IV (1998), 599–624; W. Benjamin, Der Begriff der Kunstkritik in der deutschen Romantik, Bern, Berlin 1920, Frankfurt 1973, 2008 (= Werke und Nachlaß III) (franz. Le concept de critique esthétique dans le romantisme allemand, Paris 1986, 2008); W. Biemel, L'ironie romantique et la philosophie de l'idéalisme allemand, Rev. philos. Louvain 61 (1963), 627–643; S. Blasucci, Socrate. Saggio sugli aspetti construttivi dell'ironia, Mailand 1972, Bari 1982; W. Boder, Die sokratische I. in den platonischen Frühdialogen, Amsterdam 1973; K. H. Bohrer (ed.), Sprachen des I. – Sprachen des Ernstes, Frankfurt 2000; W. C. Booth, A Rhetoric of Irony, Chicago Ill./London 1974, 2007 (span. Retórica de la ironía, Madrid 1986); W. Büchner, Über den Begriff der Eironeia, Hermes 76 (1941), 339–358; B. Christensen, I. und Skepsis. Das offene Wissenschafts- und Weltverständnis bei Julien Offray de La Mettrie, Würzburg 1996; C. Colebrook, Irony in the Work of Philosophy, Lincoln Neb. 2002; dies., Irony. London/New York 2004; J. Colette, Kierkegaard et la non-philosophie, Paris 1994; J. A. Dane, The Critical Mythology of Irony, Athens Ga. 1991; U. Dannenhauer, Heilsgewißheit und Resignation. Solgers Theorie der absoluten I., Frankfurt 1988; P. Despoix, Ironisch/I., in: K. Borck u.a. (eds.), Ästhetische Grundbegriffe. Historisches Wörterbuch in sieben Bänden III, Stuttgart/Weimar 2001, 196–244; C. Enders, Fichte und die Lehre von der »romantischen I.«, Z. Ästhetik allg. Kunstwiss. 14 (1920), 279–284; FM II (1994), 1903–1905 (ironía); B. Frazier, Rorty und Kierkegaard on Irony and Moral Commitment. Philosophical and Theological Connections, Basingstoke/New York 2006; P. Friedländer, Platon I (Eidos, Paideia, Dialogos), Berlin/Leipzig 1928, 160–179, mit Untertitel: Seinswahrheit und Lebenswirklichkeit, Berlin ²1954, ³1964, 145–163 (Kap. VII/1); B. Frischmann, I., EP I (1999), 665–669; E. Gans, Signs of Paradox. Irony, Resentment and other Mimetic Structures, Stanford Calif. 1997; R. Glei (ed.), I. Griechische und lateinische Fallstudien, Trier 2009; M. Götze, I. und absolute Darstellung. Philosophie und Poetik in der Frühromantik, Paderborn etc. 2001; C. Guérard (ed.), L'ironie. Le sourire de l'esprit, Paris 1998; R. Guérineau, I., Enc. philos. universelle II/1 (1990), 1375–1376; G. J. Handwerk, Irony and Ethics in Narrative. From Schlegel to Lacan, New Haven Conn./London 1985; R. Jancke, Das Wesen der I. Eine Strukturanalyse ihrer Erscheinungsformen, Leipzig 1929; V. Jankélévitch, L'ironie, Paris 1936, mit Untertitel: Ou la bonne conscience, ²1950, 1996; U. Japp, Theorie der I., Frankfurt 1983, 1999; ders., I., TRE XVI (1987), 287–292; U. P. Jauch, Jenseits der Maschine. Philosophie, I. und Ästhetik bei Julien Offray de La Mettrie (1709–1751), München/Wien 1998; S. Kierkegaard, Om Begrebet Ironi med stadigt Hensyn til Socrates, Kopenhagen 1841; ferner in: ders., Af en endnu levendes papirer/Om begrebet ironi, Kopenhagen 1962, 1994, 59–331 (= Samlede vaerker I) (dt. Über den Begriff der I. mit ständiger Rücksicht auf Sokrates, München 1929, Gütersloh 1998 [= Ges. Werke XXXI]; engl. The Concept of Irony. With Constant Reference to Socrates, Bloomington Ind./London, New York 1965, Macon Ga. 2001); D. Knox, Ironia. Medieval and Renaissance Ideas on Irony, Leiden etc. 1989; N. Knox, The Word ›Irony‹ and Its Context. 1500–1755, Durham N. C. 1961; ders., Irony, DHI II (1973), 626–634; W. Köhler, I., RGG IV (⁴2001), 238–239; C. E. Larmore, The Romantic Legacy, New York 1996 (ital. L'eredità romantica, Mailand 2000); H. Lausberg, Handbuch der literarischen Rhetorik.

Eine Grundlegung der Literaturwissenschaft, München 1960, [2]1973, Stuttgart [3]1990, 302–303, 446–450 (§§ 582–585, 902–904) (engl. The Handbook of Literary Rhetoric. A Foundation of Literary Study, Leiden/Boston Mass./Köln 1998, 266–268, 403–407 [§§ 582–585, 902–904]); ders., Elemente der literarischen Rhetorik. Eine Einführung für Studierende der klassischen, romanischen, englischen und deutschen Philologie, München [2]1963, 80, 141–143 u.ö., [3]1967, [10]1990, 78–79, 140–142 u.ö. (§§ 230, 426–430); D. C. Muecke, Irony, London 1970, 1978, unter dem Titel: Irony and the Ironic, London/New York [2]1982, 1986; M. Ophälders, Romantische I.. Essay über Solger, Würzburg 2004; R. L. Perkins (ed.), The Concept of Irony, Macon Ga. 2001, 2002; E. Pivčević, I. als Daseinsform bei Sören Kierkegaard, Gütersloh 1960; H. Plessner, Lachen und Weinen. Eine Untersuchung nach den Grenzen menschlichen Verhaltens, Arnheim 1941, ferner in: ders., Ges. Schr. VII, ed. G. Dux u. a., Frankfurt 1982, Darmstadt 2003, 201–387 (engl. Laughing and Crying. A Study of the Limits of Human Behavior, Evanston Ill. 1970; franz. Le rire et le pleurer. Une étude des limites du comportement humain, Paris 1995); O. Pöggeler, Hegels Kritik der Romantik, Bonn 1956, Wien [2]1997, München 1999; H. Prang, Die romantische I., Darmstadt 1972, 1989; W. Preisendanz, Humor als dichterische Einbildungskraft. Studien zur Erzählkunst des poetischen Realismus, München 1963, [3]1985, bes. 31–33, 72–74 [zum Verhältnis von I. und Humor bei K. W. F. Solger und E. T. A. Hoffmann]; ders./R. Warning (eds.), Das Komische, München 1976 (Poetik u. Hermeneutik VII); C. Quendler, From Romantic Irony to Postmodernist Metafiction. A Contribution to the History of Literary Self-Reflexivity in Its Philosophical Context, Frankfurt etc. 2001; G. L. Reece, Irony and Religious Belief, Tübingen 2002; D. Roloff, Platonische I.. Das Beispiel: Theaitetos, Heidelberg 1975; S. Rongier, De l'ironie. Enjeux critiques pour la modernité, Paris 2007; R. Rorty, Contingency, Irony, and Solidarity, Cambridge/New York 1989, 2006 (dt. Kontingenz, I. und Solidarität, Frankfurt 1989, 2009; franz. Contingence, ironie et solidarité, Paris 1993); R. Safranski, Romantik. Eine deutsche Affäre, München 2007, Frankfurt 2009, bes. 62–66 (Friedrich Schlegel und die Karriere der I.); S. Schaper, I. und Absurdität als philosophische Standpunkte, Würzburg 1994; M. Schöning. I.verzicht. Friedrich Schlegels theoretische Konzepte zwischen »Athenäum« und »Philosophie des Lebens«, Paderborn etc. 2002; P Schoentjes, Poétique de l'ironie, Paris 2001; D. Simpsons, Irony, Dissociation and the Self, J. Consciousness Stud. 15 (2008), 119–135; J. Starobinski. I. und Melancholie. Gozzi – E. Th. A. Hoffmann – Kierkegaard, Der Monat 18 (1966), H. 218, 22–35; A. Stern, Philosophie du rire et des pleurs, Paris 1949 (dt. Philosophie des Lachens und Weinens, Wien/München 1980); I. Strohschneider-Kohrs, Die romantische I. in Theorie und Gestaltung, Tübingen 1960, [2]1977, 2002; dies., Zur Poetik der deutschen Romantik II (Die romantische I.), in: H. Steffen (ed.), Die deutsche Romantik. Poetik, Formen und Motive, Göttingen 1967, [4]1989, 75–97; J. A. K. Thomson, Irony. An Historical Introduction, London 1926, Cambridge Mass. 1927 (repr. Folcroft Pa. 1974, Norwood Pa. 1978); L. Ucciani, De l'ironie socratique à la dérision cynique. Éléments pour une critique par les formes excludes, Paris 1993; J. Vignaux Smith/ R. McGinnis, Irony, in: M. Kelly (ed.), Encyclopedia of Aesthetics II, New York/Oxford 1998, 529–535; H. Weinrich, I., Hist. Wb. Ph. IV (1976), 577–582; W. Wieland, Platon und die Formen des Wissens, Göttingen 1982, [2]1999, bes. 61–63; D. Wisdo, The Life of Irony and the Ethics of Belief, Albany N. Y. 1993. J. M.

irrational/Irrationalismus (von lat. irrationalis, ›unvernünftig‹; engl. irrational/irrationalism, franz. irrationnel/irrationalisme), im Gegensatz zu ›rational‹ bzw. ›Rationalismus‹ Bezeichnung für Verhältnisse und Orientierungen, die ohne auf ↑Rationalität gestützte Geltungsansprüche sind bzw. gegen derartige Geltungsansprüche vertreten werden. Entsprechend dient die Bezeichnung ›i.‹, häufig synonym verwendet mit ›emotional‹ und ›intuitiv‹ (↑Intuition in diesem Falle aufgefaßt als die Fähigkeit zur Erfassung wissenschaftlich nicht erfaßbarer Bereiche, ↑Kontemplation), der Charakterisierung (1) von Verhältnissen, die der Behauptung nach ↑Vernunft und ↑Verstand nicht zugänglich sind und in der Tradition z. B. als widervernünftig oder übervernünftig (↑credo quia absurdum, ↑credo ut intelligam) bezeichnet wurden, (2) von Orientierungen, die geltenden Rationalitätsstandards nicht entsprechen und z. B. durch einen Primat des ↑Gefühls oder anderer Formen der ↑Innerlichkeit bestimmt sind. Die häufig auch kritisch gegen überzogene rationalistische Standpunkte gerichtete Ausarbeitung einer Konzeption, im Sinne von (1) oder (2), heißt ›I.‹.

Die terminologische Verwendung von ›i.‹ bzw. ›I.‹ tritt erst im 19. Jh. im Anschluß an mathematischen Sprachgebrauch (↑irrational (mathematisch), ↑inkommensurabel/Inkommensurabilität) auf (vgl. G. W. F. Hegel, Enc. phil. Wiss. I § 231, Sämtl. Werke VIII, 442). In sachlicher Verbindung mit I. Kants Begriff des ↑Dinges an sich bezeichnet ›i.‹ dabei in erster Linie etwas dem Verstand, nicht jedoch notwendigerweise auch der Vernunft ›Inkommensurables‹. Nach J. G. Fichte richtet sich die Aufgabe der Philosophie auf etwas »vom Begriffe durchaus nicht zu Durchdringendes, ihm Incommensurables und Irrationales« (Brief vom 31.3.1804 an F. H. Jacobi, in: I. H. Fichte [ed.], J. G. Fichte's Leben und literarischer Briefwechsel II, Leipzig 1862, 176). In diesem Sinne stellt I. eine selbst Vernunftansprüche erhebende ›Ergänzung‹ des ↑Rationalismus dar (Beispiel: B. Pascals Polemik gegen den *esprit géométrique*, in deren Rahmen die Berufung auf das Gefühl der vernünftigen Abwehr einer unvernünftigen Reduktion aller Orientierungen auf reine Wissenschaftlichkeit dient). I. charakterisiert hier ›Systeme der Philosophie‹, die »durch die Reflexion auf die Grenzbegriffe des Rationalismus entstehen« (W. Windelband, Die Geschichte der neueren Philosophie in ihrem Zusammenhange mit der allgemeinen Kultur und den besonderen Wissenschaften II, Leipzig [7/8]1922, 358), nach Windelband die Systeme F. W. J. Schellings, F. H. Jacobis, A. Schopenhauers und L. Feuerbachs. Eine derartige Charakterisierung trifft ferner auf die systematischen Orientierungen der ↑Lebensphilosophie und der ↑Existenzphilosophie zu. Die in der philosophischen Auseinandersetzung häufig polemische Verwendung von ›I.‹ vermischt allerdings an

Behauptungen des klassischen Rationalismus orientierte rein klassifizierende Gesichtspunkte mit einem negativ besetzten bildungssprachlichen Wortgebrauch. Dieser bestimmt im wesentlichen auch die neuere terminologische Verwendung von ›i.‹ bzw. ›I.‹: Orientierungen, praktische wie theoretische, gelten als i. (ihre Geltendmachung als I.), sofern sie den insbes. vom Rationalismus ausgearbeiteten, im modernen ↑Empirismus (↑Empirismus, logischer) mit wissenschaftlichen Verfahren identifizierten Rationalitätsstandards (↑Rationalitätskriterium), z. B. intersubjektiver Verbindlichkeit und Überprüfbarkeit, begrifflicher Klarheit, Wiederholbarkeit (von Experimenten), nicht entsprechen.

Die Auffassung, daß I. nicht so sehr Korrektiv, sondern Kehrseite rationaler Orientierungen ist, richtet sich insbes. gegen die These, daß ›Ursprung‹ und ›Wesen‹ der Welt außerhalb der Erkenntnismöglichkeiten des Verstandes liegen. Hierhin gehören wiederum im Sinne von (1) z. B. Schellings Auffassung, wonach sich die ↑Realität in Kategorien des Verstandes nicht vollständig auflösen läßt und Rationalität selbst im ›Verstandlosen‹ verwurzelt ist (Philosophische Untersuchungen über das Wesen der menschlichen Freiheit und die damit zusammenhängenden Gegenstände [1809], Sämtl. Werke VII, 359–360), Schopenhauers Metaphysik des ↑Willens als eines der Realität zugrundeliegenden Dinges an sich, W. Diltheys Konzeption einer i.en Konstitution des ↑Lebens und H. L. Bergsons Charakterisierung eines sich in allen Erscheinungsformen der Realität durchsetzenden ↑élan vital, im Sinne von (2) z. B. die Vorstellung einer prinzipiellen Rationalitätsunzulänglichkeit von Einstellungen und Bewertungen (↑Emotivismus). In der nur noch negativen Verwendung lösen sich die ursprünglichen begrifflichen Bestimmungen von ›i.‹ und ›I.‹ polemisch auf. So dient ›I.‹ bei G. Lukács (1954) und in der marxistischen Philosophie (↑Marxismus) als pauschale Bezeichnung für eine im Gegensatz zum dialektischen und historischen Materialismus (↑Materialismus, dialektischer, ↑Materialismus, historischer) stehende ›bürgerliche‹ Philosophie. Der sich hierin ausdrückende weltanschauliche Dogmatismus wiederholt sich unter anderen historischen und systematischen Vorzeichen im Positivismus (↑Positivismus (systematisch)) und ↑Szientismus: Hier führt eine Einschränkung rationaler Orientierungen auf ↑analytische und empirische (erfahrungswissenschaftliche) Sätze bzw. die Bindung von Rationalitätsstandards an derartige Sätze zu einer (mißverständlichen) Charakterisierung aller ↑normativen bzw. begründungsorientierten (↑Begründung) Bemühungen als Ausdruck eines methodisch unzulässigen ›I.‹.

Literatur: A. Aliotta, Le origini dell'irrazionalismo contemporaneo, Neapel 1950; A. Baeumler, Kants Kritik der Urteilskraft, ihre Geschichte und Systematik I (Das Irrationalitaetsproblem in der Aesthetik und Logik des 18. Jahrhunderts bis zur Kritik der Urteilskraft), Halle 1923 (repr. Darmstadt 1967, 1975, 1981) (franz. Le problem de l'irrationalité dans l'esthétique et la logique du XVIIIe siècle, jusqu'à la »Critique de la faculté de juger«, Straßburg 1999); E. Balogh, Zur Kritik des I.. Eine Auseinandersetzung mit Georg Lukács, Dt. Z. Philos. 6 (1958), 58–76, 253–272, 622–633; I. Berlin, The Magus of the North. Johann Georg Hamann and the Origins of Modern Irrationalism, ed. H. Hardy, London 1993, London, New York 1994 (dt. Der Magus in Norden. J. G. Hamann und der Ursprung des modernen I., Berlin 1995; franz. Le mage du Nord. Critique des Lumieres: J. G. Hamann, 1730–1788, Paris 1997); G. Blanchard, Die Vernunft und das Irrationale. Die Grundlagen von Schellings Spätphilosophie im »System des transzendentalen Idealismus« und der »Identitätsphilosophie«, Frankfurt 1979; B. Brogaard/B. Smith (eds.), Rationality and Irrationality/Rationalität und Irrationalität. Proceedings of the 23rd International Wittgenstein Symposium/Akten des 23. Internationalen Wittgenstein-Symposiums [...], Wien 2001; R. Crawshay-Williams, The Comforts of Unreason. A Study of the Motives behind Irrational Thought, London 1947 (repr. Westport Conn. 1970); S. Dietzsch/C. Morroquiń, Das Irrationale Denken. Reflexionen zum Verstehen der Gegenwart, Leipzig 2003; E. R. Dodds, The Greeks and the Irrational, Berkeley Calif./Los Angeles 1951, 1984 (franz. Les grecs et l'irrationnel, Paris 1965, 1995; dt. Die Griechen und das Irrationale, Darmstadt 1970, 1991); H.-P. Dürr (ed.), Der Wissenschaftler und das Irrationale II (Beiträge aus Philosophie und Psychologie), Frankfurt 1981; H. E. Eisenhuth, Der Begriff des Irrationalen als philosophisches Problem. Beitrag zur existenzialen Religionsbegründung, Göttingen 1931; F. Fellman, I., i., LThK V (1996), 601–602; FM II (1994), 1905–1909 (irracional, irracionalismo); P. Gardiner, Irrationalism, Enc. Ph. IV (1967), 213–219; H. M. Garelick, Modes of Irrationality. Preface to a Theory of Knowledge, The Hague 1971; G.-G. Granger, L'irrationnel, Paris 1998; N. Hartmann, Grundzüge einer Metaphysik der Erkenntnis, Berlin/Leipzig 1921, 178–225, ^{2}1925, ^{3}1941, 219–277, ^{4}1949 (repr. Berlin 1965), 227–287 (Teil III/3 Ansichsein und Irrationalität) (franz. Les principes d'une métaphysique de la connaissance I, Paris 1945, 303–372 [Teil III/3 L'être-en-soi et l'irrationalité]); E. Keller, Das Problem des Irrationalen im wertphilosophischen Idealismus der Gegenwart, Berlin 1931; F. Khodoss, Irrationnel, Enc. philos. universelle II/1 (1990), 1376–1377; M. Landmann, Anklage gegen die Vernunft, Stuttgart 1976; G. Lukács, Die Zerstörung der Vernunft, Berlin (Ost) 1954, mit Untertitel: Der Weg des I. von Schelling zu Hitler, ^{2}1955 (repr. Berlin/Weimar 1984, 1988), I–III, Darmstadt/Neuwied 1973–1974, 1983 (engl. The Destruction of Reason, London 1980; franz. La destruction de la raison, I–II, Paris 1958–1959, in einem Bd., 2006); A. R. Mele, Irrationality. An Essay on Akrasia, Self-Deception, and Self-Control, New York/Oxford 1987, 1992; L. Mouze (ed.), Rationnel et irrationnel en philosophie ancienne, Toulouse 2005; F.-L. Mueller, L'irrationalisme contemporain. Schopenhauer, Nietzsche, Freud, Adler, Jung, Sartre, Paris 1970; R. Müller-Freienfels, I.. Umrisse einer Erkenntnislehre, Leipzig 1922; ders., Metaphysik des Irrationalen, Leipzig 1927; H. E. Pagliaro (ed.), Irrationalism in the Eighteenth Century, Cleveland Ohio/London 1972; D. F. Pears, Motivated Irrationality, Oxford, New York 1984, Oxford 1986, South Bend Ind. 1998; T. Rockmore, Irrationalism. Lukács and the Marxist View of Reason, Philadelphia Pa. 1992; S. Rücker, i., das Irrationale, I., Hist. Wb. Ph. IV (1976), 583–588; R. Samuels/S. Stich, Irrationality. Philosophical Aspects, IESBS XI (2001), 7906–7910; F. Sawicki, Das Irrationale in den Grundlagen der Erkenntnis, Philos. Jb. 41 (1928), 284–300, 432–448; W. Sesemann, Das Rationale und das Irrationale im System der Philosophie, Logos 2 (1911/1912), 208–241; J. Stambaugh, The Real Is Not the Rational, Albany N. Y. 1986; D. Terré, Les dérives de l'argumentation scientifique, Paris 1998, ²1999; H. Titze, Traktat über Rational und Irrational, Meisenheim am Glan 1975; L. Vaughan, The Organizing Principle of J. G. Hamann's Thinking. Irrationalism (Isaiah Berlin) or Intuitive Reason (James C. O'Flaherty)?, in: B. Gajek (ed.), Johann Georg Hamann und England. Hamann und die englischsprachige Aufklärung, Frankfurt etc. 1999, 93–104; J. Wahl, Irrationalism in the History of Philosophy, DHI II (1973), 634–638; W. Wein, Das Irrationale. Entstehungsgeschichte und Bedeutung einer zentralen philosophischen Kategorie, Frankfurt etc. 1997; T. E. Wilkerson, Irrational Action. A Philosophical Analysis, Aldershot/Brookfield Vt. 1997. – Stud. Philos. 68 (2009) [Formen der Irrationalität/ Formes d' irrationalité].   J. M.

irrational (mathematisch), Begriff zur Klassifikation reeller ↑Zahlen. Eine reelle Zahl heißt i., wenn sie nicht rational ist, d. h., wenn sie nicht durch einen Bruch a/b mit ganzen Zahlen a, b dargestellt werden kann (↑inkommensurabel/Inkommensurabilität). Im Bereich der i.en Zahlen lassen sich weitere Differenzierungen vornehmen, so zwischen solchen, die Lösung einer algebraischen ↑Gleichung mit ganzzahligen Koeffizienten sind (z. B. $\sqrt{2}$ als Lösung von $x^2 = 2$) – so genannten ›algebraischen‹ Zahlen –, und solchen, die (wie z. B. π) dies nicht sind – so genannten ›transzendenten‹ Zahlen. Die Entdeckung i.er Größenverhältnisse (↑inkommensurabel/Inkommensurabilität) führte im 5. Jh. v. Chr. zu einer ↑Grundlagenkrise der griechischen Mathematik.   P. S.

irreduzibel/Irreduzibilität (von lat. reducere, zurückführen; nicht rückführbar), in der Mathematik vielfältig terminologisch verwendete Bezeichnung. Z. B. heißt ein Element a eines ↑Verbandes $(V, \cap, \cup)$ ›∩-i.‹ (bzw. ›∪-i.‹), wenn aus $a = b \cap c$ (bzw. $a = b \cup c$) folgt, daß $a = b$ oder $a = c$ ist.   G. W.

irreversibel/Irreversibilität, ↑reversibel/Reversibilität.

Irrtum (engl. error), Bezeichnung für eine mit der Überzeugung der Wahrheit verbundene falsche ↑Behauptung. Stellt derjenige, der eine Aussage a behauptet hat, die Falschheit von a fest, so muß der a behauptende ↑Sprechakt zeitlich vor der Feststellung des I.s liegen (›ich habe mich geirrt mit der Behauptung von a‹). Bezieht sich die Feststellung des I.s auf eine Behauptung einer anderen Person, so ist auch eine präsentische Form möglich (›du irrst, wenn du a behauptest‹). Bei eigenem I. ist die präsentische Form nicht möglich, weil I.sfeststellung sich auf einen komplexen Sprechakt bezieht, der aus der Behauptung von a einschließlich der Überzeugung, daß a wahr ist, besteht. Aufrichtigkeit und Konsistenz des Handelns lassen bei ein und derselben Person

die Feststellung des I.s bezüglich a erst zu einem respektive der Behauptung von a späteren Zeitpunkt zu. Die Behauptung von a bei gleichzeitigem Meinen, daß a falsch ist, heißt nicht ›I.‹, sondern ↑Lüge‹. ›I.‹ kann sich außer auf Behauptungen auch auf Sprechakte wie Glauben und Beurteilen beziehen; in einem uneigentlichen Sinne auch auf nicht-sprachliche Handlungen, insofern diese durch irrige Einschätzungen und Beurteilungen motiviert wurden. ›I.‹ ist von ›Fehler‹ (engl. mistake) zu unterscheiden. Bei Fehlern liegt vermeidbares Nicht-Wissen vor, das auf der unzulänglichen Befolgung vorliegender Verfahren und Regeln beruht (z. B. Rechenfehler). Bei I. liegen hingegen falsche Realitätsannahmen vor. Daraus ergibt sich die erkenntnisfördernde Funktion der Beseitigung des I.s. Diese tritt in der Philosophie- und Wissenschaftsgeschichte insbes. im Kontext des Experimental-I.s (↑Experiment) zutage. – In Konzeptionen des ↑Fallibilismus sind Tatsachenaussagen grundsätzlich der Möglichkeit des I.s unterworfen. Für zentrale Lehrstücke der Katholischen Kirche (insbes. Ex-cathedra-Verkündigungen des Papstes) wird unter dem Stichwort ›Unfehlbarkeit‹ jede I.smöglichkeit bestritten.

I. und ↑Wissen sind komplementäre Begriffe. Deswegen hat der Begriff des I.s und der seiner Vermeidung in der Philosophiegeschichte eine bedeutende Rolle gespielt. Anthropologisch läßt sich der I. als eine aus der Kontingenz (↑kontingent/Kontingenz) des Menschen resultierende Grunderfahrung verstehen. In diesem Sinne wurde der I. von J. Royce als Ausgangspunkt eines transzendentalen Arguments zur Begründung der Erkenntnis in einem absolut wissenden Wesen (absolute knower) bzw. später, im Anschluß an C. S. Peirce, in der unbegrenzten Interpretationsgemeinschaft verstanden. Philosophiehistorisch erweist sich der I. als Movens der philosophischen Entwicklung, insofern philosophische Forschung wesentlich in Auseinandersetzung mit und intendierter Korrektur von (vermeintlichen) I.ern anderer Philosophen und Bemühungen zur Vermeidung eigener I.s besteht. Das Ziel, eine von I.ern freie Erkenntnisbasis (↑Evidenz) zu finden oder I.er zumindest zu erklären, bestimmt einen Grundzug insbes. vieler methodologischer Bemühungen abendländischer Philosophiegeschichte (z. B. R. Descartes). Je nachdem, ob die irrtumsfreie Basis letztlich in der Sinneswahrnehmung oder im Denken gesucht wird, ergeben sich die vielfältigen Varianten von ↑Empirismus und ↑Rationalismus. Zweifel an der Möglichkeit irrtumsfreier Erkenntnis überhaupt äußern sich im ↑Skeptizismus.

Es gibt zwei hauptsächliche Typen von I.: Tatsachenirrtum und linguistischen I.. Betrifft letzterer Schlüsse, so spricht man auch von ›↑Fehlschlüssen‹. In den Diskussionen um den moralischen Realismus ist umstritten, ob oder inwieweit divergierende moralische Positionen

auf I.ern über so genannte moralische Tatsachen beruhen. – Die Untersuchung der Ursachen des I.s berührt,
soweit nicht metaphysisch-religiöse Theorien (z. B. Sündenfall) herangezogen werden, auch und besonders das
Gebiet der Psychologie und der Soziologie (↑Ideologie).
Eine wichtige Rolle spielt das I.sproblem in der indischen Philosophie (↑Philosophie, indische). Siehe auch:
↑Meinung, ↑Schein, ↑trial and error, ↑Vorurteil.

Literatur: FM II (²1994), 1048–1050 (error); G. Hon, Towards a
Typology of Experimental Errors. An Epistemological View,
Stud. Hist. Philos. Sci. 20 (1989), 469–504; ders., Going Wrong.
To Make a Mistake, to Fall into an Error, Rev. Met. 49 (1995), 3–
20; D. G. Mayo, Error and the Growth of Experimental Knowledge, Chicago Ill. 1996; J. Mittelstraß, Die Wahrheit des I.s. Über
das schwierige Verhältnis der Geisteswissenschaften zur Wahrheit und über ihren eigentümlichen Umgang mit dem I., Konstanz 1989 (Konstanzer Universitätsreden 173); ders., Vom
Nutzen des I.s in der Wissenschaft, Naturwissenschaften 84
(1997), 291–299, ferner in: C. Hubig (ed.), Cognitio humana –
Dynamik des Wissens und der Werte (XVII. Deutscher Kongreß
für Philosophie, Leipzig, 23.–27. September 1996. Vorträge und
Kolloquien), Berlin 1997, 567–580, ferner in: ders., Die Häuser
des Wissens. Wissenschaftstheoretische Studien, Frankfurt 1998,
13–28; F. H. Phillips, Error and Illusion, Indian Conception of,
REP III (1998), 409–413; N. Rescher, Error. On Our Predica-
ment when Things Go Wrong, Pittsburgh Pa. 2007; J. Schickore,
(Ab)Using the Past for Present Purposes. Exposing Contextual
and Trans-Contextual Features of Error, Perspectives on Sci. 10
(2002), 433–456; dies., ›Through Thousands of Errors We Reach
the Truth‹ – but How? On the Epistemic Roles of Error in
Scientific Practice, Stud. Hist. Philos. Sci. 36 (2005), 539–556;
L. Schmithausen, Maṇḍanamiśra's Vibhramavivekaḥ. Mit einer
Studie zur Entwicklung der indischen I.slehre, Wien 1965; H.
Schüling, System und Evolution des menschlichen Erkennens.
Ein Handbuch der evolutionären Erkenntnistheorie XI (Der I.
Sein Umfeld, seine Formen, Entwicklungen und Ursachen),
Hildesheim/Zürich/New York 2009; B. Schwarz, Der I. in der
Philosophie. Untersuchungen über das Wesen, die Formen und
die psychologische Genese des I.s im Bereich der Philosophie mit
einem Überblick über die Geschichte der I.sproblematik in der
abendländischen Philosophie, Leipzig 1934; ders., I., Hist. Wb.
Ph. IV (1976), 589–606; ders., Wahrheit, I. und Verirrungen. Die
sechs großen Krisen und sieben Ausfahrten der abendländischen
Philosophie. Gesammelte Aufsätze, ed. P. Premoli, Heidelberg
1996; I. Thalberg, Error, Enc. Ph. III (1967), 45–48.   G. W.

Isaak von Stella (auch: de l'Étoile), *(in England) um
1110, †Stella (bei Poitiers) zwischen 1167 und 1169,
franz. Theologe und Philosoph des Zisterzienserordens.
Studien in Frankreich (Chartres?), Mönch (Citeaux?),
1147/1148 Abt von Stella, Freundschaft mit Thomas
Becket und Johannes von Salisbury. I., dessen Bedeutung
vor allem in der Vertiefung zisterziensischer Spiritualität
liegt, verfaßte keine größeren Werke. Philosophisch bedeutsam wurde seine »Epistola di anima« an Alcher von
Clairvaux (MPL 194, 1875–1890 [engl. Letter on the
Soul, in: B. McGinn (ed.), Three Treatises on Man,
153–177]). Vor platonisch-augustinischem (↑Augusti-
nismus) und neuplatonischem (↑Neuplatonismus) Hin-

tergrund entwirft I. eine Seelen- und Erkenntnislehre
mit der Dreiteilung von sinnlich-animalischer, rationaler und überrationaler Sphäre. Während das eigentliche
Erkenntnisvermögen (*sensus animae*) der rationalen
Sphäre zugeordnet wird, gehören die beiden anderen
Vermögen in den affektiven Bereich. Der *sensus animae*
hat die fünf Aktionsweisen *sensus corporeus, imaginatio,
ratio, intellectus, intelligentia*. Die *intelligentia* als mysti-
sches Vermögen der Gotteserkenntnis übersteigt (im
Unterschied zur neuplatonischen Tradition und auch
zu A. M. T. S. Boethius) prinzipiell die Kontinuität der
übrigen Erkenntnisstufen und entspricht, bei ungeklär-
ter (eventuell arabischer) Überlieferung, einem bis dahin
im Mittelalter nicht vertretenen Schema des Proklos in
der (nur in lateinischer Übersetzung erhaltenen) Schrift
»De fato«. Als *Erkenntnisvermögen* unterscheidet sich
intelligentia aber auch von der durch Liebe vermittelten
affektiven Gotteserfahrung der mystischen Tradition. –
Einzelheiten der Abstraktionstheorie und der Erkenntnislehre I.s gehen unter anderem auf J. S. Eriugena, P.
Abaelard und Hugo von St. Viktor zurück.

Werke: MPL 194 (1855), 1685–1896; Sermons [lat./franz.], I–III,
ed. A. Hoste, franz. Übers. u. Einl. v. G. Salet, Paris 1967–1987
(engl. [teilw.] Sermons on the Christian Year I, Kalamazoo
Mich. 1979; ital. I sermoni, I–II, ed. D. Pezzini, Mailand 2006/
2007); Epistola di anima, MPL 194, 1875–1890 (engl. Letter on
the Soul, in: B. McGinn [ed.], Three Treatises on Man. A
Cistercian Anthropology, Kalamazoo Mich. 1977, 153–177,
Neudr. in: The Selected Works of Isaac of S. [s. u.], 143–157);
On the Canon of the Mass, Liturgy 11 (1977), 21–76; The
Selected Works of Isaac of S.. A Cistercian Voice from the
Twelfth Century, ed. D. Deme, Aldershot/Burlington Vt. 2007.
– R. Milcamps, Bibliographie d'Isaac de l'Étoile, Collectanea
Cisterciensia 20 (1958), 175–186; Totok II (1973), 224–225.

Literatur: I. Aranguren, Isaac of S.'s Humanism, Cistercian Stud.
Quart. 5 (1970), 77–90; F. Bliemetzrieder, I.. Beiträge zur Lebensbeschreibung, Jb. Philos. spek. Theol. 18 (1904), 1–34; ders.,
Isaac de S.. Sa spéculation théologique, Rech. théol. anc. médiév.
4 (1932), 134–159; A. van den Bosch/R. De Ganck, I. van S. in de
wetenschappelijke literatuur, Citeaux Nederl. 8 (1957), 203–218;
W. Wetherbee, I., REP V (1998), 4–5; L. Bouyer, La spiritualité
de Cîteaux, Paris 1955, 195–232 (Chap. VII Isaac de l'Étoile); J.
Debray-Mulatier, Biographie d'Isaac de S., Cîteaux Nederl. 10
(1959), 178–198; D. Deme, Introduction to the Theology of
Isaac of S., in: The Selected Works of Isaac of S. [s. o., Werke],
177–220; E. Dietz, Conversion in the Sermons of Isaac of S.,
Cistercian Stud. Quart. 37 (2002), 229–259; ders., When Exile Is
Home. The Biography of Isaac of S., Cistercian Stud. Quart. 41
(2006), 141–165; A. Fracheboud, Le Pseudo-Denys l'Aréopagite
parmi les sources du cistercien Isaac de l'Étoile, Collectanea
Cisterciensia 9 (1947), 328–341, 10 (1948), 19–34; ders., L'influence de Saint Augustin sur le cistercien Isaac de l'Étoile,
Collectanea Cisterciensia 10 (1948), 264–278, 11 (1949), 1–7,
12 (1950), 5–16; ders., Isaac de l'Étoile à l'Université de Naples,
Collectanea Cisterciensia 14 (1952), 278–281; ders., Isaac de
l'Étoile et l'Écriture Sainte, Collectanea Cisterciensia 19
(1957), 133–145; ders., Isaac de l'Étoile et Platon, Collectanea
Cisterciensia 54 (1992), 175–191; L. Gaggero, Isaac of S. and the

Theology of Redemption, Collectanea Cisterciensia 22 (1960), 21–36; C. Garda, Le symbolisme de l'eau chez Isaac de l'Étoile, Collectanea Cisterciensia 59 (1997), 75–80; P. T. Gray, Blessed Is the Monk Isaac of S. on the Beatitudes, Cistercian Stud. Quart. 36 (2001), 349–365; E. V. Ivànka, Zur Überwindung des neoplatonischen Intellektualismus in der Deutung der Mystik. Intelligentia oder principalis affectio, Scholastik 30 (1955), 185–194; P. Künzle, Das Verhältnis der Seele zu ihren Potenzen. Problemgeschichtliche Untersuchungen von Augustinus bis und mit Thomas von Aquin, Freiburg 1956; M. Laarmann, I., LThK V (³1996), 609–610; F. Mannarini, La Grazia in Isacco di Stella, Collectanea Cisterciensia 16 (1954), 137–144, 207–214; H. McCaffery, Apophatic Denis and Abbot Isaac of S., Cistercian Stud. Quart. 17 (1982), 338–349; B. McGinn, The Golden Chain. A Study in the Theological Anthropology of Isaac of S., Washington D. C. 1972; ders., Isaac of S. in Context, in: The Selected Works of Isaac of S. [s. o., Werke], 167–176; T. Merton, Introduction to Isaac of S., Cistercian Stud. Quart. 2 (1967), 243–251; W. Meuser, Die Erkenntnislehre des I. v. S.. Ein Beitrag zur Geschichte der Philosophie des 12. Jahrhunderts, Bottrop 1934; K. O'Neill, Isaac of S. on Self-Knowledge, Cistercian Stud. Quart. 19 (1984), 122–138; J. Oroz-Reta, L'augustinisme de l'épitre »De anima« du Père Isaac de l'Étoile, in: Arts libéraux et philosophie au moyen âge. Actes du quadrième Congrès international de philosophie médiévale. Université de Montreal, Montréal, Canada, 27 aout – 2 septembre 1967, Montréal/Paris 1969, 1125–1128; R. Peters, I. v. S., in: F.-W. Bautz (ed.), Biographisch-Bibliographisches Kirchenlexikon II, Herzberg 1990, 1358–1361; G. Raciti, Isaac de l'Étoile et son siècle, Citeaux. Commentarii cistercienses 12 (1961), 281–306, 13 (1962), 18–34, 133–145, 205–216; ders., Isaac de l'Étoile, in: M. Viller u. a. (eds.), Dictionnaire de Spiritualité VII/2, Paris 1971, 2011–2038; ders., Pages nouvelles des Sermons d'Isaac de l'Étoile dans un manuscript d'Oxford, Collectanea Cisterciensia 43 (1981), 34–55; K. Ruh, Geschichte der abendländischen Mystik I (Die Grundlegung durch die Kirchenväter und die Mönchstheologie des 12. Jahrhunderts), München 1990, 343–354; ders., Der Predigtzyklus »In sexagesima« des Isaac von Étoile, in: B. Mojsisch/ O. Pluta (eds.), Historia philosophiae Medii Aevi. Studien zur Geschichte der Philosophie des Mittelalters II, Amsterdam/Philadelphia Pa. 1991, 911–926; A. Saword, The Eighth Centenary of Isaac of S., Cistercian Stud. Quart. 4 (1969), 243–250; V. Séguret, La signification spirituelle de la vie insulaire dans les Sermons d'Isaac de l'Étoile (I), Collectanea Cisterciensia 56 (1994), 343–358, (II), 57 (1995), 75–92; R. Thomas, Mystiques Cisterciens, Paris 1985, 149–190 (Chap. 5 Isaac de l'Étoile). G. W.

IS-Erklärung, ↑Erklärung.

Isidor von Sevilla (Isidorus Hispalensis), *Cartagena um 560, †Sevilla 4. April 636, span. Theologe und Enzyklopädist, um 600 als Nachfolger seines Bruders Leander Erzbischof von Sevilla. I. gilt als der letzte abendländische Kirchenvater; seine historischen und enzyklopädischen Arbeiten übten einen wesentlichen Einfluß auf die Entwicklung der mittelalterlichen Bildung aus. Maßgebend für eine sich in den artes liberales (↑ars) institutionalisierende enzyklopädische Tradition (↑Enzyklopädie) sind dabei insbes., neben einem Wörterbuch (Libri duo differentiarum) und zwei kleineren kosmologischen Ar-

beiten (De natura rerum, De ordine creaturarum), die an die enzyklopädischen Werke Martianus Capellas und F. M. A. Cassiodors anschließenden (meist als »Origines« oder »Etymologiae« bezeichneten) »Ethimologiarum sive Originum libri XX«. Dieses Werk stellt (in fast 1.000 Handschriften überliefert) eine im wesentlichen kompilatorische Erweiterung enzyklopädischen Wissens um Disziplinen wie Medizin, Recht, Geschichte und Geographie dar. I., der sich engagiert für Kirchenreformen einsetzte und den Vorsitz auf mehreren Synoden (z. B. Sevilla 619, Toledo 633) führte, schrieb ferner ein Lehrbuch der Dogmatik und Ethik (Sententiarum libri tres), ein theologisches und liturgisches Handbuch (De ecclesiasticis officiis), eine Abhandlung über monastische Lebensforrnen (Regula monachorum) und historische Arbeiten (z. B. De viris illustribus; Historia Gothorum, Wandalorum et Sueborum).

Werke: Opera omnia quae extant, partim aliquando virorum doctissimorum laboribus edita, partim nunc primum exscripta & castigata, ed. M. de La Bigne, Paris 1580; Opera omnia quae extant [...], ed. J. du Breul, Paris 1601, Köln 1617; Opera omnia, I–VII, ed. F. Arevalo, Rom 1797–1803; Opera omnia, I–IV, ed. J. P. Migne, Paris 1850 (Nachdr. Turnhout 1969 ff.), 1862 (MPL 81–84). – De summo bono, Nürnberg 1470, Louvain 1486, Paris 1491, Leipzig 1493, Paris 1502, Basel 1505, Halberstadt 1522, Paris 1538, unter dem Titel: Sententiarum de summo bono, Antwerpen 1566, unter dem Titel: Sententiarum libri III, ed. G. de Loaysa [Loaisa], Turin 1593, unter dem Titel: De summo bono, Paris 1646, unter dem Titel: Sententiae, ed. P. Cazier, Turnhout 1998 (CCL 111); Ethimologiarum sive originum [Einheitssachtitel], Straßburg [1470], Augsburg 1472, Straßburg [1473], Basel 1489, Paris 1509, Basel 1577, Heidelberg 1585, 1622, unter dem Titel: Etymologiarum libri XX, ed. F. W. Otto, Leipzig 1833, unter dem Titel: Etymologiarum sive Originum. Libri XX, I–II, ed. W. M. Lindsay, Oxford 1911, 1989/1990 [lat.], unter dem Titel: Etymologies [wechselnde Ed.], Paris 1981– (erschienen Bde II, IX, XII, XIII, XV, XVII, XVIII, XIX); [Etymologies livre XVII. De l'agriculture, ed. J. André, Paris 1981 (lat./franz.), Etymologies Book II. Rhetoric, ed. P. K. Marshall, Paris 1983 (lat./engl.), Étymologies livre IX. Les langues et les groupes sociaux, ed. M. Reydellet, Paris 1984 (lat./ franz.), Étymologies livre XII. Des animaux, ed. J. André, Paris 1986 (lat./franz.), Etimologías libro XIX. De naves, edificios y vestidos, ed. M. Rodríguez-Pantoja, Paris 1995 (lat./span.), Etimologie libro XIII. De mundo et partibus, ed. G. Gasparotto, Paris 2004 (lat./ital.), Étymologies livre XV. Les constructions et les terres, ed. J.-Y. Guillaumin/P. Monat, Besançon 2004 (lat./ franz.), Etimologías libro XVIII. De bello et ludis, ed. J. Cantó Llorca, Paris 2007 (lat./span.)], unter dem Titel: Etimologías, I–II, ed. u. übers. v. J. Oroz Reta/M. A. Marcos Casquero, Madrid 1982/1983, ²1993/1994, in einem Bd. 2004 (lat./span.), unter dem Titel: Etimologie o origini, I–II, ed. A. Valastro Canale, Turin 2004, 2006 (lat./ital.) (engl. The Etymologies of Isidore of Seville, trans. S. A. Barney u. a., Cambridge/New York 2005, 2006), [Teilausg.] Die Schrift »De medicina« des I. v. S.. Ein Beitrag zur Medizin im spätantiken Spanien, ed. H.-A. Schütz, Diss. Gießen 1984 (lat./dt.) [Etymologiae IV] (engl. On Medicine, in: The Medical Writings, ed. W. D. Sharpe, Philadelphia Pa. 1964, 55–64 [Transact. Amer. Philos. Soc. 54, Heft 2]), Über

Glauben und Aberglauben. Etymologien, VIII. Buch, übers. v. D. Linhart, Dettelbach 1997; De natura rerum [Einheitssachtitel], Augsburg 1472, unter dem Titel: De natura rerum liber, ed. G. Becker, Berlin 1857 (repr. Amsterdam 1967), unter dem Titel: Traité de la nature, ed. J. Fontaine, Bordeaux 1960, Paris 2002 (lat./franz.); De ecclesiasticis officiis [Einheitssachtitel], ed. J. Chochlaeus, Leipzig, Antwerpen 1534, Paris 1539, Venedig 1559, Louvain 1564, ed. C. M. Lawson, Turnhout 1989 (CCL 113); De Gothis Wandalis et Suevis Historia sive Chronicon, in: Codicis legum Wisigothorum libri XII, ed. P. Pithou, Paris 1579, unter dem Titel: Historia Gothorum Wandalorum Sueborum ad a. DCXXIV, in: T. Mommsen (ed.), Chronica minora saec. IV. V. VI. VII. II, Berlin 1894, 1981 (Monumenta Germaniae Historica, Auctorum Antiquissimorum XI), 267–303, unter dem Titel: Las historias de los Godos, Vándalos y Suevos, ed. C. Rodríguez Alonso, León 1975 [lat./span., krit. Ed.] (dt. Geschichte der Goten, Vandalen, Sueven. Nebst Auszügen aus der Kirchengeschichte des Beda Venerabilis, übers. u. ed. D. Coste, Leipzig 1887 [repr. New York 1970], [3]1909, Neudr., ed. A. Heine, Essen/Stuttgart 1986, 1990; engl. History of the Kings of the Goths, Vandals, and Suevi, übers. v. G. Donini/G. B. Ford, Leiden 1966, Nachdr. 1967, [2]1970); Chronicon, ed. G. de Loaisa, Turin 1593, unter dem Titel: Chronica maiora ed. Primum a DCXV, in: T. Mommsen (ed.), Chronica minora saec. IV. V. VI. VII. [s.o.] II, 424–481, unter dem Titel: Chronica, ed. J. C. Martin, Turnhout 2003 (CCL 112) (mit Bibliographie, 265–310); Der althochdeutsche I.. Facsimile-Ausgabe des Pariser Codex nebst critischem Texte der Pariser und Monseer Bruchstücke, mit Einleitung, grammaticher Darstellung und einem ausführlichem Glossare, ed. G. A. Hench, Straßburg 1893, mit Untertitel: Nach der Pariser Handschrift und den Monseer Fragmenten, neu ed. H. Eggers, Tübingen 1964; El »De viris illustribus« de Isidoro de S.. Estudio y edición critica, ed. C. Codoñer Merino, Salamanca 1964; Liber de ordine creaturarum. Un anónimo irlandés del siglo VII, ed. M. C. Díaz y Díaz, Santiago de Compostela 1972 (lat./span.); De ortu et obitu patrum/Vida y muerte de los santos, ed. C. Chaparro Gómez, Paris 1985 (lat./span.), unter dem Titel: Liber de ortu et obitu patriarcharum, ed. J. Carracedo Fraga, Turnhout 1996 (CCL 108E); Diferencias. Libro I, ed. C. Condoñer, Paris 1992 (lat./span.); Liber differentiarum II, ed. M. A. Andrés Sanz, Turnhout 2006 (CCL 111A); Versus, ed. J. M. Sánchez Martín, Turnhout 2000 (CCL 113A); Sinónimos, übers. v. A. Viñayo González, León 2001; Le livre des nombres/liber numerorum, ed. J.-Y. Guillaumin, Paris 2006 (lat./franz.); The Letters of St. Isidore of Seville, übers. v. G. B. Ford, Catania 1966, Amsterdam [2]1970. – B. Altaner, Der Stand der I.forschung. Ein kritischer Bericht über die seit 1910 erschienene Literatur, in: Miscellanea isidoriana [s.u., Lit.], 1–32; R. B. Brown, The Printed Works of Isidore of Seville, Lexington Ky. 1949; J. Madoz, Bibliografia sobre S. Isidore, in: ders., San Isidoro de S. [s.u., Lit.], 157–188; A. Segovia, Informe sobre Bibliografía Isidoriana (1936–1960), Est. eclesiásticos 36 (1961), 73–126, separat [o.O.] 1961; Totok II (1973), 169–171; J. N. Hillgarth, The Postition of Isidorian Studies. A Critical Review of the Literature since 1935, in: M. C. Díaz y Díaz (ed.), Isidoriana [s.u., Lit.], 11–74, erw. mit Untertitel: A Critical Review of the Literature 1936–1975, Studi Medievali Ser. 3, 24 (1983), 817–905 (repr. in: J. N. Hillgarth, Visigothic Spain, Byzantium and the Irish, London 1985 [Chap. IX]); ders., Isidorian Studies 1976–1985, Studi Medievali Ser. 3, 31 (1990), 925–973.

Literatur: A. Borst, Das Bild der Geschichte in der Enzyklopädie I.s v. S., Dt. Archiv f. Erforschung des Mittelalters 22 (1966), 1–

62; E. Brehaut, An Encyclopedist of the Dark Ages. Isidore of Seville, New York, London 1912 (repr. New York 1964, 1972); P. Cazier, Isidore de Séville et la naissance de l'Espagne catholique, Paris 1994; R. J. H. Collins, I., TRE XVI (1987), 310–315; P. Delhaye, Les idées morales de saint Isidore de Séville, Rech. théol. anc. médiévale 26 (1959), 17–49; M. C. Díaz y Díaz (ed.), Isidoriana. Colección de estudios sobre Isidoro de S.. Publicados con ocasión del XIV Centenario de su nacimiento, León 1961; H.-J. Diesner, I. v. S. und seine Zeit, Stuttgart, Berlin 1973; ders., I. v. S. und das westgotische Spanien, Berlin (Ost) 1977, Trier 1978 (Abh. Sächs. Akad. Wiss. Leipzig, philol.-hist. Kl. 67, H. 3); W. Drews, Juden und Judentum bei I. v. S.. Studien zum Traktat »De fide catholica contra ludaeos«, Berlin 2001 (engl. The Unknown Neighbour. The Jew in the Thought of Isidore of Seville, Leiden/Boston Mass. 2006); B. S. Eastwood, The Astronomies of Pliny, Martianus Capella, and Isidore of Seville in the Carolingian World, in: P. L. Butzer/D. Lohrmann (eds.), Science in Western and Eastern Civilization in Carolingian Times, Basel/Boston Mass./Berlin 1993, 161–180 (repr. in: B. S. Eastwood, The Revival of Planetary Astronomy in Carolingian and Post-Carolingian Europe, Aldershot 2002, 161–180); A. Ferraces Rodríguez (ed.), »Isidorus medicus«. Isidoro de S. y los textos de medicina, Coruña 2005; FM II ([2]1994), 1913–1914 (Isidoro [San]); J. Fontaine, Isidore de Séville et la culture classique dans l'Espagne wisigothique, I–II, Paris 1959, I–III, [2]1983; ders., Isidore de Séville, in: M. Viller u.a., Dictionnaire de spiritualité. Ascétique et mystique, doctrine et histoire VII/2 (1971), 2104–2116; ders., Tradition et actualité chez Isidor de Séville, London 1988; ders., Isidor de Séville, Enc. philos. universelle III/1 (1992), 615–618; ders., I. v. S., RAC XVIII (1998), 1002–1027; ders., Isidore de Séville. Genèse et originalité de la culture hispanique au temps des Wisigoths, Turnhout 2000 (span. Isidoro de S. Génesis y originalidad de la cultura hispánica en tiempos de los visigodos, Madrid 2002); P. Habermehl, »Die Welt in einer Nußschale«. I. v. S. und die Abenteuer der Etymologie(n), in: U. Peter/S. J. Seidlmayer (eds.), Mediengesellschaft Antike? Information und Kommunikation vom Alten Ägypten bis Byzanz, Berlin 2006, 51–67; J. Henderson, The Medieval World of Isidore of Seville. Truth from Words, Cambridge etc. 2007; C. Jular, Sabios cristianos medievales. Isidoro, Alfonso X, Llull. Nombrar, ordenar, predicar, Madrid 2003; E. Krotz, Auf den Spuren des althochdeutschen I.. Studien zur Pariser Handschrift, den Monseer Fragmenten und zum Codex Junius 25, mit einer Neuedition des Glossars Jc, Heidelberg 2002; F.-J. Lozano Sebastián, Elementos de filosofia moral e influencias de las filosofias antiguas en San Isidoro de S., Leon 1976; ders., San Isidoro de S., teología del pecado y la conversión, Burgos 1976; J. Madoz, San Isidoro de S.. Semblanza de su personalidad literaria, Arch. Leoneses 14 (1960), 1–188, separat León 1960; A.-I. Magallón García, Concordantia in Isidori Hispaliensis Etymologias. A Lemmatized Concordance to the Etymologies of Isidore of Seville, I–IV, Hildesheim/Zürich/New York 1995; J. C. Martín (ed.), Scripta de vita Isidori Hispalensis episcopi, Turnhout 2006 (CCL 113B); A. H. Merrills, History and Geography in Late Antiquity, Cambridge etc. 2005, bes. 170–228 (Chap. 3 Isidore of Seville); P. J. Mullins, The Spiritual Life According to Saint Isidore of Seville, Washington D. C. 1940; J. Pépin, Christianisme et culture dans l'Espagne du VIIe siècle. Isidore de Séville, Et. philos. NS 17 (1962), 519–524; J. Pérez de Urbel, S. Isidoro de S.. Su vida, su obra y su tiempo, Barcelona etc. 1940, [2]1945, León [3]1995 (dt. I. v. S.. Sein Leben, sein Werk und seine Zeit, Köln 1962); M. Reydellet, La Royauté dans la literature latine de Sidoine Apollinaire à Isidore de

Séville, Rom 1981, bes. 505–597 (Kap. X Isidore de Seville. Tradition et Nouveauté); ders., I. v. S., in: M. Greschat (ed.), Gestalten der Kirchengeschichte III (Mittelalter I), Stuttgart 1983, 47–57; B. Ribémont, Les origines des encyclopédies médiévales d'Isidore de Séville aux Carolingiens, Paris 2001; A. Schmekel, Die positive Philosophie in ihrer geschichtlichen Entwicklung II (Isidorus v. S.. Sein System und seine Quellen), Berlin 1914; P. L. Schmidt/F. Zaminer, Isidorus, DNP V (1998), 1122–1124; P. Séjourné, Le dernier Père de l'Eglise. Saint Isidore de Séville, son rôle dans l'histoire du droit canonique, Paris 1929; W. D. Sharpe, Isidore of Seville, DSB VII (1973), 27–28; R. Tenberg, I., Erzbischof von S., BBKL II (1990), 1374–1379. – Miscellanea Isidoriana, Rom 1936. J. M.

Isokrates, *Athen 436 v. Chr., †ebendort 338 v. Chr., griech. Rhetor und Publizist, Gründer der einflußreichsten Rhetorenschule Athens. I. genoß seine Ausbildung unter anderem bei den Sophisten (↑Sophistik) Prodikos von Keos und Gorgias von Leontinoi. Um 390 in der Nähe des Lykeion in Athen Gründung einer Rhetorikschule, in der er bis zu seinem Tod als Lehrer und Verfasser überwiegend politischer Reden wirkte. Unter seinen Schülern: die Historiker Theopompos von Chios und Ephoros von Kyme, die Oratoren Hypereides, Isaios und Lykurgos von Athen, der athenische Stratege Timotheos und der Attidograph Androtion. Da es I. an der nötigen Stimmgewalt und am sicheren Auftreten mangelte, trat er in der Regel nicht selbst als Redner in Erscheinung und engagierte sich auch nicht aktiv in der Politik. I. publizierte seine Reden in Schriftform, um sie für die öffentliche Rezeption zugänglich zu machen, auf diese Weise für seine Schule und seine didaktischen Prinzipien zu werben (kritische Auseinandersetzung mit der Sophistik und der sokratisch-platonischen ↑Dialektik) und die politischen Entscheidungsfindungsprozesse seiner Zeit zu beeinflussen. Über seine Lehrtätigkeit beeinflußte er die Entwicklung der öffentlichen Redekunst und über seine Schriften auch die griechische Kunstprosa. Vermittelt über die Rezeption durch Cicero, der ihn als *pater eloquentiae* bezeichnete (de orat. II.3,10), prägte I. zudem die lateinische Tradition. Der Einfluß seiner Bildungskonzeption und seiner Stilistik ist noch in der zweiten Sophistik und in der byzantinischen Historiographie zu spüren und wirkte bis in die ↑Renaissance nach.

In späthellenistischer Zeit waren 60 Reden unter dem Namen des I. bekannt, davon hielt Dionysios von Halikarnassos 25 für echt, Kaikilios 28. Bereits in der frühen römischen Kaiserzeit scheint sich das Corpus von 21 Reden und neun Briefen herauskristallisiert zu haben, das noch heute vorliegt. Die Or. I (Rede an Demonikos) ist unecht; umstritten ist auch die Echtheit einiger Briefe. Daneben umfaßt das Corpus überlieferter Reden sechs forensische Reden, eine Programmschrift zur Darlegung der didaktischen und philosophischen Prinzipien des I., zwei enkomiastische Musterreden, die drei so

genannten kyprischen Reden, eine fingierte Gerichtsrede autobiographischen Gehalts sowie acht politische Programmreden.Die sechs forensischen Reden (or. XXI, XVIII, XX, XVI, XVII, XIX) gingen aus der Arbeit des I. als Logograph hervor. Sie wurden vermutlich von I. selbst als Proben seines Könnens veröffentlicht und erlauben wichtige Einblicke in die politische Kultur der Zeit unmittelbar nach dem Peloponnesischen Krieg. In or. XIII (Gegen die Sophisten, ca. 390) – einer rhetorisch-didaktischen Programmschrift, die im Umfeld der Schulgründung entstand – legte I. sein Bildungsprogramm in polemischer Abgrenzung zur ↑Eristik (unter der I. auch die sokratisch-platonische Dialektik verstand) und Logographie (mit den Hauptgegnern Aklidamas und Lysias) dar. Mit den beiden Reden or. X (Helena, ca. 385) und or. XI (Busiris, ca. 378) schuf I. zwei Musterreden sophistischen Charakters, wobei er mit der or. X die Gattung des Prosa-Enkomions begründete. Eine weitere Gruppe bilden die drei so genannten kyprischen Reden, von denen or. II (Rede an Nikokles, ca. 371) eine an Nikokles gerichtete paränetische Schrift darstellt, die I. dem neuen Herrscher von Salamis als Sendschreiben übermittelte; or. III (Rede des Nikokles oder Rede an die Kyprioten, ca. 370/369) ist eine fiktive Adresse des Königs an seine Untertanen und behandelt deren Pflichten; or. IX (Euagoras, ca. 368/367) stellt ein Prosaenkomion auf den verstorbenen Euagoras dar. Mit der Paränese und dem Prosaenkomion auf eine verstorbene Person werden zwei weitere literarische Gattungen begründet. Bei der or. XI (Antidosis oder Über den Vermögenstausch, ca. 353) handelt es sich um eine Autobiographie, die als fiktive Apologie in einem Vermögenstauschprozeß konzipiert ist.

In seinen epideiktischen Reden zu Themen der praktischen Politik befaßte sich I. mit aktuellen gesellschaftlichen und politischen Entwicklungen. Dabei setzte er sich für die Lösung der innerstädtischen Konflikte, für Frieden zwischen den griechischen Poleis und für eine panhellenische Einheit unter Wahrung der Autonomie der einzelnen Poleis ein. Gemeinsames außenpolitisches Ziel der griechischen Städte solle ein Perserkrieg sein, durch den Siedlungsraum in den westlichen Satrapien des Perserreiches gewonnen werden kann, um das Armuts- und Stasisproblem in Griechenland zu lösen. Dazu sollten sich die griechischen Poleis laut I. der Autorität einer Zentralmacht unterstellen, welche die nötige Einheit unter den Griechen stiftet und die militärische Führung übernimmt. Zunächst zog I. dafür die traditionell führenden Städte Athen und Sparta in Betracht. Mit besonderem Nachdruck vertrat er diesen Gedanken in der nach 10jähriger Arbeit fertiggestellten or. IV (Panegyrikos, 380), die sich formal an Gorgias' Olympikos anlehnt und um ein vereintes Vorgehen der Griechen unter der Führung Athens und Spartas gegen die Perser wirbt. Als jedoch Theben an Einfluß gewann – eine Entwicklung, vor der I. in or. XIV (Plataikos, ca. 373) und or. VI (Archidamos, ca. 366/365) eindringlich warnt – und sich zudem (vor allem im Zuge des Bundesgenossenkrieges 357–355) die dauerhafte Führungsschwäche Athens abzeichnete, plädierte er dafür, die Führungsrolle einem Alleinherrscher zu übertragen, ohne dabei die politische Autonomie der Poleis aufzugeben. Dieser Gedanke tritt in den späten Schriften besonders deutlich zutage, speziell in or. V (Philippos, ca. 346) und or. XII (Panathenaikos, ca. 342–339). Daß sich mit den wechselnden politischen Konstellationen auch I.' Präferenzen jeweils neu ausrichteten, wurde ihm nicht selten als mangelnde Konsistenz ausgelegt und als Zeichen intellektueller Schwäche angesehen. So zog I. Dionysios von Syrakus (vgl. ep. I), Agesilaos, Archidamos III. (vgl. ep. IX) und schließlich Philipp II. von Makedonien (vgl. ep. II, III) als geeignete Führungspersonen in Betracht. Zur Lösung der innenpolitischen Probleme Athens (Armut, Demagogie, Stasis) vertrat I. in or. VIII (Über den Frieden, ca. 355) den Verzicht auf das Hegemoniestreben und in or. VII (Areopagitikos, ca. 355/354) eine Einschränkung der radikalen Demokratie sowie die Wiedereinrichtung des Areopag. Der politischen Verfassung schrieb I. dabei jedoch stets eine nachrangige Bedeutung gegenüber der moralischen Konstitution der politischen Entscheidungsträger zu.

Speziell die forensischen und politischen Reden zeigen, daß I. mit den philosophischen Diskussionen seiner Zeit gut vertraut war, was wohl seiner sophistischen Ausbildung geschuldet ist. Er distanzierte sich allerdings rasch von der älteren Sophistik, was von Platon zunächst wohlwollend beurteilt wurde. Später traten die Differenzen zur sokratisch-platonischen Philosophie deutlicher hervor, so daß sich ein inhaltlicher Antagonismus sowohl gegenüber Vertretern eines rein formalen Verständnisses der ↑Rhetorik (Polykrates, Lysias, Alkidamas) als auch gegenüber Vertretern der akademischen Dialektik (Platon, Antisthenes) ausbildete. Im Anschluß an die erkenntnistheoretischen Positionen von Protagoras und Gorgias entwickelte I. ein Konzept der φιλοσοφία, das am Begriff der δόξα (↑Meinung, Überzeugung), nicht an dem der ἐπιστήμη (unfehlbare Einsicht, Wissen, ↑Episteme) ansetzt, da letztere auf Grund der Natur des Menschen nicht erreicht werden könne. Richtiges Handeln kann nach I. somit nur von wohlbegründeten Meinungen ausgehen. Um moralisch relevante Überzeugungen ausbilden und in gesellschaftsförderlicher Weise in politisches Handeln umsetzen zu können, seien gleichermaßen Begabung, Unterweisung und Übung erforderlich. Ziel der παιδεία (Bildung, Erziehung) müsse es folglich sein, über ein integriertes Studium der praktischen Politik, Ethik und Rhetorik die Menschen zu verantwortungsbewußten und durchsetzungsfähigen politi-

schen Subjekten zu erziehen. Als Philosophen bezeichnet I. diejenigen, die sich dieser Konzeption von παιδεία verschreiben und deren Erkenntnisinteresse damit zugleich im Dienste des Gemeinwesens steht.

Werke: Orationes, ed. D. Chalkondylas [Chalkondyles, Chalcondyles], Mailand 1493; Epistolae diversorum philosophorum, oratorum, rhetorum sex et viginti II, ed. M. Musurus, Venedig 1499; Isocratis Atheniensis rhetoris orationes et epistolae, Venedig 1542; Isocratis Orationes omnes [...] in Latinum conversae, ed. H. Wolf, Basel 1548; Isocratis opera quae exstant omnia [...], ed. W. Lange, Halle 1803; Oratores attici, I–II, ed. J. G. Baiter/H. Sauppe, Zürich 1839/1850 (repr. Bd. II, Hildesheim 1967) [I Text, II Scholien, Fragmente, Index], I, 151–313, II, 1–11, 224–227; Isocratis quae exstant omnia [...], ed. W. S. Dobson, London 1928; Isocratis orationes. Recognovit praefatus est indicem nominum addidit, I–II [griech.], ed. G. E. Benseler, Leipzig 1851, ed. ders./F. Blass, Leipzig ²1878/1879 [...], 1913–1927; Isocratis opera omnia I [griech.], ed. E. Drerup, Leipzig 1906 (repr. Hildesheim/New York/Zürich 2004); Isocrate, Discours, I–IV [griech./franz.], ed. u. übers. G. Mathieu/E. Brémond, Paris 1929–1962, 1972–1987; Isocrates, I–III [griech./engl.], I–II, ed. u. trans. G. Norlin, III, L. van Hook, London 1928–1945, [...], 1986–1992; Opere, I–II [griech./ital.], ed. M. Marzi, Turin 1991; Opera omnia, I–III [griech.], ed. B. G. Mandilaras, München 2003; (dt. Werke, I–VIII, ed. A. H. Christian, Stuttgart, 1832–1836, unter dem Titel: Sämtliche Werke, I–II, übers. v. C. Ley-Hutton, erl. v. Kai Brodersen, Stuttgart 1993/1997 [I Reden I–VIII, II Reden IX–XXI, Briefe, Fragmente]; engl. Isocrates, I–II, trans. D. C. Mirhady/Y. L. Too, Austin Tex. 2000/2004). – Ausgewählte Reden des I., Panegyrikos und Areopagitikos, ed. R. Rauchenstein, Berlin 1849, ⁶1908 [Text griech./Erläuterung dt.]; Ausgewählte Reden, I–II, ed. O. Schneider, Leipzig 1859/1860, ³1886/88 [Text griech./Erläuterung dt., I Demonicus, Euagoras, Areopagiticus, II Panegyricus, Philippus]; Ad Demonicum et Panegyricus [Text griech./Komment. engl.], ed. J. E. Sandys, London/Oxford/Cambridge 1872 (repr. New York 1979); Panegyrikos, I–II, ed. J. Mesk, Wien, Leipzig 1903 (I Text, II Einleitung u. Kommentar), Panegyrikos, I–II, ed. M. Mühle, Bamberg 1956, 1973 (I Text, II Vorbereitungsbd.); Panegyricus and To Nicocles [griech./engl.], ed. u. übers. S. Usher, Warminster 1990 (Greek Orators III) (dt. Panegyrikos. Zum ersten Male aus dem Griechischen übersetzt, W. Lange, Leipzig 1797, ²1833, unter dem Titel: Des I. Panegyrikos, übers. v. T. Flathe, Berlin 1855, 1916); Cyprian Orations. Evagoras, Ad Nicoclem, Nicocles aut Cyprii, ed. E. S. Forster, Oxford 1912 (repr. New York 1979); De Pace and Philippus [Text griech./Einl. engl.], ed. with Introd. and Commentary M. L. W. Laistner, New York 1927 (repr. New York 1967); Cinq discours. Éloge d'Hélène, Busiris, Contre les Sophistes, Sur l'attelage, Contre Callimachos [Text griech./Einl. u. Komment. franz.], ed. R. Flacelière, Paris 1961, 1977; Areopagitico [griech./ital.], ed. Vito Costa, Seregno 1991, 1997; Orazioni [griech./ital.], übers. u. komment. C. Ghirba/R. Romussi, Mailand 1993, 2008 [enthält: Panegirico, Areopagitico, Sulla pace, Filippo, Panatenaico]; The Kellis Isocrates Codex (P. Kell. III Gr. 95), ed. K. A. Worp/A. Rijksbaron, Oxford 1997 [enthält Ad demonicum, Ad Nicoclem, Nicocles nach einer HS aus dem 4. Jh. v. Chr.]; Encomio di Elena [griech./ital.], ed. M. Tondelli, Mailand 2000, 2007. – Index Graecitatis Isocraticae. Accedit index nominum proprium, ed. T. Mitchell, Oxford 1828; Index Isocrateus, ed. S. Preuss, Fürth 1904 (repr. Hildesheim 1963, Hildesheim/New York 1971).

Literatur: E. Alexiou, Ruhm und Ehre. Studien zu Begriffen, Werten und Motivierungen bei I., Heidelberg 1995; I. Andorlini (ed.), Studi sulla traduzione del testo di Isocrate, Florenz 2003; P. Böhme, I., Gegen die Sophisten, Berlin/Münster 2009; K. Bringmann, Studien zu den politischen Ideen des I., Göttingen 1962, 1965; E. Buchner, Der Panegyrikos des I.. Eine historisch-philologische Untersuchung, Wiesbaden 1958; H. Buermann, Die handschriftliche Überlieferung des I., I–II, Berlin 1885/ 1886; P. Cloché, Isocrate et son temps, Paris 1963, 1978; A. Demandt, Geschichte als Argument. Drei Formen politischen Zukunftsdenkens im Altertum, Konstanz 1972, 18–29 (II Das klassische Dekadenzmodell bei I.); G. Dobesch, Der panhellenische Gedanke im 4. Jahrhundert v. Chr. und der »Philippos« des I.. Untersuchungen zum korinthischen Bund, o.O. [Baden bei Wien] 1968; C. Eucken, I.. Seine Positionen in der Auseinandersetzung mit den zeitgenössischen Philosophen, Berlin/New York 1983; ders./E. Schmazriedt/H.-G. Nesselrath, I., in: H. L. Arnold (ed.), Kindlers Literatur Lexikon VIII, Stuttgart/Weimar ³2009, 153–158; H. Gärtner, I., KP II (1967), 1467–1471; H. Gomperz, I. und die Sokratik, Wiener Stud. 27 (1905), 163–207, 28 (1906), 1–42; E. V. Haskins, Logos and Power in Isocrates and Aristotle, Columbia S. C. 2004; W. Jaeger, Paideia. The Ideals of Greek Culture, Oxford/New York 1944, 1948, 46–155 (dt. Original: Paideia. Die Formung des griechischen Menschen III, Berlin/ Leipzig 1947, ³1959, Berlin/New York 1989, 105–225); R. C. Jebb, Attic Orators from Antiphon to Isaeos II, London 1876, New York 1962, 1–260; M. Joyal/I. McDougall/J. Yardley, Greek and Roman Education. A Sourcebook, London/New York 2008; E. Lichtenstein, Paideia. Die Grundlagen des europäischen Bildungsdenkens im griechisch-römischen Altertum I (Der Ursprung der Pädagogik im griechischen Denken), Hannover 1970, 114–135 (I. Die Bildungslehre des rhetorischen Humanismus); N. Livingstone, A Commentary on Isocrates' »Busiris«, Leiden/Boston Mass./Köln 2001; J. Lombard, Isocrate. Rhétorique et éducation, Paris 1990; A. Masaracchia, Isocrate. Retorica e politica, Rom 1995; G. Mathieu, Les idées politiques d'Isocrate, Paris 1925, 1966; G. Misch, Geschichte der Autobiographie I, Frankfurt, Bern ³1949, 1976, 158–180, Nachdr. in: F. Seck (ed.), I. [s. u.], 189–215; K. Münscher, I., RE IX/2 (1916), 2146–2227; W. Orth (ed.), I.. Neue Ansätze zur Bewertung eines politischen Schriftstellers, Trier 2003 (mit Bibliographie, 195–215); T. Poulakos/D. Depew (eds.), Isocrates and Civic Education, Austin Tex. 2004 (mit Bibliographie, 255–265); K. Ries, I. und Platon im Ringen um die Philosophia, Diss. München 1959; P. Roth, Der Panathenaikos des I., München/Leipzig 2003; E. Schiappa, Isocrates' ›philosophia‹ and Contemporary Pragmatism, in: S. Mailloux (ed.), Rhetoric, Sophistry, Pragmatism, Cambridge/ New York 1995, 33–60; ders., The Beginnings of Rhetorical Theory in Classical Greece, New Haven Conn./London 1999, 162–184 (10 Isocrates ›philosophia‹); G. Schmitz-Kahlmann, Das Beispiel der Geschichte im politischen Denken des I., Leipzig 1939 (Philol. Suppl.-Bd. 31,4); F. Seck, Untersuchungen zum I.-Text. Mit einer Ausgabe der Rede an Nikokles, Diss. Univ. Hamburg 1965; ders. (ed.), I., Darmstadt 1976 (Wege der Forschung 351) (mit Bibliographie, 370–376); H. Sonnabend, Geschichte der antiken Biographie. Von I. bis zur Historia Augusta, Stuttgart/Weimar 2002, Darmstadt 2003, 32–41; L. Spengel, I. und Platon, München 1855 (Abhandl. Bayer. Akad. Wiss., philos.-philolog. u. hist. Kl. 7,3, 729–769); K. Thraede, I., RAC XVIII (1998), 1027–1048; Y. L. Too, The Rhetoric of Identity in Isocrates. Text, Power, Pedagogy, Cambridge etc. 1995; dies., A Commentary on Isocrates »Antidosis«, Oxford/New York 2008, 2009 (mit engl. Übers. der Rede, 35–84); S. Usener, I.,

Platon und ihr Publikum. Hörer und Leser von Literatur im 4. Jahrhundert v. Chr., Tübingen 1994; M. Weißenberger, I, DNP V (1998), 1138–1143; H. Wersdoerfer, Die φιλοσοφία des I. im Spiegel ihrer Terminologie. Untersuchungen zur frühattischen Rhetorik und Stillehre, Leipzig 1940 (Klassisch-philolog. Stud. XIII); H. Wilms, Techne und Padeia bei Xenophon und I., Stuttgart/Leipzig 1995; S. Zajonz, I.' Enkomion auf Helena. Ein Kommentar, Göttingen 2002; F. Zucker, I.' Panathenaikos, Berlin 1954 (Ber. Verhandl. Sächs. Akad. Wiss. Leipzig, philolog.-hist. Kl. 101,7), ferner in: F. Seck (ed.), I. [s. o.], 227–252). J. W.

isomorph/Isomorphie, Bezeichnung für eine Beziehung zwischen algebraischen Strukturen. Zwei algebraische Strukturen $\mathfrak{A}$, $\mathfrak{B}$ gleichen Typs (d. h. mit einander in Anzahl und jeweiliger Stellenzahl entsprechenden Funktionen und ↑Relationen) mit Grundmengen A, B heißen i., wenn es einen Isomorphismus (↑Homomorphismus) von A nach B (und damit auch von B nach A) bezüglich der zu $\mathfrak{A}$ bzw. $\mathfrak{B}$ gehörigen Funktionen und Relationen gibt. In der Logik spielen i.e Strukturen eine wichtige Rolle, wenn es sich dabei um ↑Modelle formaler Sprachen (↑Sprache, formale) handelt. Insbes. gilt der *Isomorphiesatz*, daß in i.en Modellen $\mathfrak{A}$, $\mathfrak{B}$ dieselben Aussagen gültig sind, d. h., für alle Aussagen α der betrachteten Sprache gilt: $\mathfrak{A} \models \alpha$ genau dann, wenn $\mathfrak{B} \models \alpha$ (↑Modelltheorie). Im Falle endlicher Modelle gilt auch die Umkehrung dieses Satzes.

Der I.begriff erlaubt die Definition des in der Modelltheorie wichtigen Begriffs der Kategorizität (auch: Monomorphie) von Axiomensystemen (↑System, axiomatisches): Ein Axiomensystem Σ nennt man (κ-)*kategorisch* (für eine Kardinalzahl κ), wenn Σ ein Modell (der Mächtigkeit κ) besitzt und alle Modelle von Σ (der Mächtigkeit κ) i. sind. Da die I. eine ↑Äquivalenzrelation ist, kann man von der Verschiedenheit i.er Strukturen abstrahieren (↑abstrakt, ↑Abstraktion). Dies berechtigt dazu, im Falle eines kategorischen Axiomensystems Σ von *dem* Modell des Axiomensystems zu sprechen, z. B. von *den* natürlichen Zahlen, falls Σ das System der ↑Peano-Axiome mit zweitstufig formuliertem Induktionsaxiom (↑Induktion, vollständige). Die meisten Axiomensysteme sind jedoch nicht kategorisch; oft sind sie nicht einmal κ-kategorisch für alle Kardinalzahlen κ. Beispiel dafür ist das System der Peano-Axiome mit *erststufig* formuliertem Induktionsaxiom (bzw. Induktionsaxiomschema), das nicht $\aleph_0$-kategorisch ist.

Literatur: C. C. Chang/H. J. Keisler, Model Theory, Amsterdam/ London/New York 1973, Amsterdam/New York/Oxford ²1977, ³1990; D. van Dalen, Logic and Structure, Berlin/Heidelberg/ New York 1980, ⁴2004; H.-D. Ebbinghaus/J. Flum/W. Thomas, Einführung in die mathematische Logik, Darmstadt 1978, Heidelberg ⁵2007; W. Hodges, Model Theory, Cambridge 1993, 2008. P. S.

Isotropie, Bezeichnung für die Richtungsunabhängigkeit einer Größe. So stimmt in der Akustik die Schallgeschwindigkeit in einem Gas für alle Richtungen der Schallausbreitung überein. In der Optik werden die regulären Kristalle und die amorphen Körper als optisch-isotrop bezeichnet, weil sich das Licht in ihnen in alle Richtungen gleich schnell fortpflanzt. Bei einem vollkommen isotropen Festkörper ist die elektrische Leitfähigkeit nicht von der Stromrichtung und der optische Brechungsindex nicht von der Richtung der Lichtausbreitung abhängig.

In der Speziellen Relativitätstheorie (↑Relativitätstheorie, spezielle) stimmt die Größe der Lichtgeschwindigkeit unabhängig von der Bewegung des Beobachters in allen Raumrichtungen überein. Diese I. war die Grundlage für Einsteins Verwerfung des Äthers. In der relativistischen ↑Kosmologie wird mit dem *Kosmologischen Prinzip* eine isotrope Verteilung der Galaxien angenommen, um die relativistischen Standardmodelle des Universums aus den Einsteinschen Feldgleichungen der Allgemeinen Relativitätstheorie (↑Relativitätstheorie, allgemeine) ableiten zu können. Das Kosmologische Prinzip besagt, daß die Materie im Mittel über das gesamte Universum gleichmäßig verteilt ist, also kein Ort ausgezeichnet ist (Homogenität), und daß seine Eigenschaften für alle Blickrichtungen eines Beobachters unverändert bleiben (I.). Dies gilt allerdings nur bei hinreichend großer Skalierung, da sonst lokale Unregelmäßigkeiten die I. zerstören.

Allgemein ist eine Eigenschaft eines Weltmodells isotrop, wenn sie invariant (↑invariant/Invarianz) gegenüber räumlichen Drehungen ist. Mathematisch werden solche Weltmodelle der relativistischen Kosmologie durch É. Cartans ↑Differentialgeometrie der symmetrischen Räume dargestellt. Physikalisch sollen danach alle Raumpunkte die gleiche Entwicklung durchlaufen, und zwar zeitlich so korreliert, daß für einen Beobachter alle Punkte in einem festen Abstand von ihm gerade im gleichen Entwicklungsstadium erscheinen. In diesem Sinne muß dem Beobachter der räumliche Zustand des Universums zu jedem Zeitpunkt in der Zukunft und Vergangenheit homogen und isotrop erscheinen. Geometrisch ist dazu der Beobachter z.B. mit Standort in der Mitte der Milchstraße mit einem Standard-Koordinatensystem auszustatten. Die Richtung von drei räumlichen Koordinaten x^μ kann z.B. durch die Sichtlinien vom Standort zu typischen Galaxien bestimmt werden. Für die Zeitkoordinate t kann als kosmische Uhr z.B. die Temperatur der kosmischen Hintergrundstrahlung gewählt werden, die überall monoton abnimmt. Dann wird das kosmische Standardkoordinatensystem eines Beobachters durch die Transformationen $x^\mu \mapsto \bar{x}^\mu$, $t \mapsto \bar{t} = t$ bestimmt, bei denen der physikalische Zustand unverändert bleibt, d.h. z.B., für das Gravitationspoten-

tial $g_{\mu\nu}$ und den Energie-Impuls-Tensor $T_{\mu\nu}$ der Materie gilt Forminvarianz, also $g_{\mu\nu} = \bar{g}_{\mu\nu}$ und $T_{\mu\nu} = \bar{T}_{\mu\nu}$. Mathematisch wird das Universum als eine vierdimensionale Raum-Zeit-Mannigfaltigkeit aufgefaßt, deren dreidimensionale ›räumliche‹ Unterräume (zu jedem Zeitpunkt) isotrop und homogen sind. Das ist die mathematische Form des Kosmologischen Prinzips. Differentialgeometrisch handelt es sich um die Annahme einer Isometriegruppe, aus der die kosmische Metrik des vierdimensionalen Universums abgeleitet werden kann.

Die im Kosmologischen Prinzip ausgedrückte I. wurde empirisch zunächst durch die Hubble-Expansion des Universums nahegelegt. In Abb. 1 ist das Geschwindigkeitsfeld der dort befindlichen Galaxien schematisch dargestellt. Die Länge der Pfeile ist dabei ein Maß für die Geschwindigkeit der Galaxien. Die Geschwindigkeitsverteilung der Galaxien gemäß dem Hubbleschen Gesetz der Expansion scheint in Abb. 1 a den Beobachter in Galaxie A auszuzeichnen. Verlegt man aber bei einem Geschwindigkeitsfeld den Ausgangspunkt von A in die Nachbargalaxie B, so bleibt das Hubblesche Gesetz zwischen neuem Abstand und neuer Fluchtgeschwindigkeit invariant. Auch ein Beobachter in einer Nachbargalaxie würde also das gleiche isotrope Geschwindigkeitsfeld für die Galaxienbewegung registrieren.

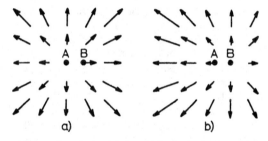

Abb. 1: I. des Geschwindigkeitsfeldes der Galaxien mit Invarianz der Hubble-Expansion gegenüber der Blickrichtung eines Beobachters (J. Audretsch/K. Mainzer [eds.], Vom Anfang der Welt. Wissenschaft, Philosophie, Religion, Mythos, München 1989, ²1990, 72).

Die I. des Universums wird im Groben durch die näherungsweise I. der kosmischen Hintergrundstrahlung bestätigt, die als mittlerweile erkaltete Rückstandsstrahlung aus dem heißen Uruniversum aufgefaßt wird (↑Kosmologie). In den lokalen I.verletzungen der Hintergrundstrahlung zeichnen sich die bereits im Frühstadium des Universums vorgeprägten späteren Galaxienstrukturen ab. Die lokalen Abweichungen der I. werden in der Quantenkosmologie durch Fluktuationen im Quantenvakuum des kosmischen Urzustands auf Grund der Heisenbergschen ↑Unschärferelation erklärt.

Literatur: É. Cartan, La théorie des groupes finis et continus et l'analysis situs, Paris 1930, 1952; ders., Les espaces riemanniens symmétriques, in: Verh. Intern. Mathem.-Kongr. I, Zürich 1932, 152–161; S. Helgason, Differential Geometry and Symmetric Spaces, New York 1962, Providence R. I. 2001; ders., Differential Geometry, Lie Groups, and Symmetric Spaces, New York 1978, Providence R. I. 2001; K. Mainzer, Symmetrien der Natur. Ein Handbuch zur Natur- und Wissenschaftsphilosophie, Berlin 1988 (engl. Symmetries of Nature. A Handbook for Philosophy of Nature and Science, Berlin/New York 1996); S. Weinberg, Gravitation and Cosmology. Principles and Applications of the General Theory of Relativity, New York 1972, 2008. K. M.

ist (griech. ἐστίν, lat. est, engl. is, franz. est), in seinem alltagssprachlichen Gebrauch (ebenso wie die anderen grammatischen Formen des Hilfszeitwortes ›sein‹) in der analytischen ↑Sprachphilosophie (↑Philosophie, analytische), soweit sie idealsprachlich ausgerichtet ist, Musterbeispiel dafür, daß die Grammatik der ↑Alltagssprache den Anforderungen der Logik nicht genügt, weil sie wichtige logische Unterschiede verdeckt (in neuerer Zeit hat allerdings J. Hintikka gegen diese Auffassung Bedenken erhoben). Die logische Grammatik (↑Grammatik, logische) unterscheidet seit G. Frege vier Verwendungen von ›i.‹, nämlich als Ausdruck für Subsumtion, ↑Subordination, ↑Identität und Existenz (↑Existenz (logisch)) (im folgenden an Hand von Beispielen erläutert):

(1) *Subsumtion:* ›Sokrates i. weise‹. In diesem Satz wird ›i.‹ als bloße ↑Kopula verwendet und bringt zum Ausdruck, daß ein ↑Gegenstand (Sokrates) unter einen ↑Begriff (weise) fällt. Andere Formulierungen sind, daß einem Gegenstand ein ↑Prädikator zukommt (↑Prädikation, ↑zukommen) oder daß ein Gegenstand eine ↑Eigenschaft hat. Die logische Form wird dargestellt als ›$a \varepsilon P$‹ oder ›$P(a)$‹. Der Subsumtion (Prädikation) entspricht, wenn man Prädikatoren extensional (↑extensional/Extension) auffaßt, die mengentheoretische Elementbeziehung (↑Menge).

(2) *Subordination* ›der Mensch i. sterblich‹. Dieser Satz ist, sofern der bestimmte Artikel nicht ↑deiktisch gemeint ist und dann Subsumtion vorliegt, äquivalent mit ›alle Menschen sind sterblich‹. Seine logische Form ist daher ›$\bigwedge_x (x \varepsilon P \rightarrow x \varepsilon Q)$‹. Er bringt die ↑Subordination, d. h. die Unterordnung eines niederen Begriffs (↑Unterbegriff) unter einen höheren Begriff (↑Oberbegriff), zum Ausdruck. Ist die Subordination definitorischer Art, so kann man sie durch eine ↑Prädikatorenregel darstellen, z. B. ›$x \varepsilon$ Junggeselle $\Rightarrow x \varepsilon$ unverheiratet‹. Der Subordination entspricht mengentheoretisch, wieder bei extensionaler Auffassung von Prädikatoren, die ↑Inklusion.

(3) *Identität:* ›der Morgenstern i. der Abendstern‹. Dieser Satz drückt aus, daß die Gegenstandsnamen ›der Morgenstern‹ und ›der Abendstern‹ denselben Gegenstand bezeichnen. Seine logische Form ist ›$a = b$‹ (↑Identität).

(4) *Existenz:* ›der Mensch i.‹ oder sprachgemäßer ›Menschen sind‹. Hier wird ausgedrückt, daß der Begriff *Mensch* nicht leer ist, daß Menschen existieren. Entsprechend ist der Beispielsatz äquivalent mit ›Menschen existieren‹ oder ›es gibt Menschen‹; er hat die logische Form ›$\bigvee_x x \varepsilon P$‹. ›i.‹ bzw. die Pluralform ›sind‹ wird durch den Existenzoperator (↑Einsquantor) ›$\bigvee_x$‹ (↑es existiert/ es gibt) wiedergegeben, der durch seine syntaktische Stellung zum Ausdruck bringt, daß Existenz eine Eigenschaft zweiter Stufe ist, d. i. eine Eigenschaft von Begriffen, nicht von Gegenständen. Nach dieser Analyse verstoßen Sätze wie ›Gott i.‹ oder ›ich bin‹ gegen die logische Syntax (↑Syntax, logische), weil sie als Sätze der logischen Form ›$a \varepsilon E$‹ (wobei ›E‹ für die durch ›i.‹ bzw. ›bin‹ ausgedrückte Existenz stehen soll) Existenz wie eine Eigenschaft erster Stufe, d. i. eine Eigenschaft von Gegenständen, behandeln. Dieser Gebrauch von ›i.‹ hat sprachanalytischen Philosophen als Beleg dafür gedient, daß die Alltagssprache nicht nur logische Unterschiede verdeckt, sondern auch zu philosophischen Irrtümern und Verwirrungen Anlaß geben kann. Als Beispiel gilt die Verwendung der Ausdrücke ›Existenz‹ und ›Sein‹ beim ontologischen ↑Gottesbeweis, beim ↑›cogito ergo sum‹ und bei Versuchen einer Einteilung des ↑Seienden.

Frege führt die Entstehung von Formulierungen wie ›der Himmel i.‹ darauf zurück, daß sie aus Sätzen wie ›der Himmel i. blau‹, also aus Sätzen des Typs (1) unter Wegfall des Prädikators, gebildet worden sind, und zwar mit dem Ziel, nicht mehr das Blausein, sondern das Sein schlechthin auszusagen. Durch diese Verwendung der Kopula seien die Philosophen verleitet worden, ›Seiendes‹ als Begriff erster Stufe aufzufassen, dessen Besonderheit lediglich darin besteht, allen anderen Begriffen übergeordnet zu sein (»Wenn die Philosophen von dem ›absoluten Sein‹ sprechen, so ist dies eigentlich eine Vergötterung der Kopula«, Dialog mit Pünjer über Existenz, in: Nachgelassene Schriften I, ed. H. Hermes/F. Kambartel/F. Kaulbach, Hamburg 1969, ²1983, 71).

Literatur: G. Frege, Ueber Begriff und Gegenstand, Vierteljahrsschr. wiss. Philos. 16 (1892), 192–205, Neudr. in: ders., Funktion, Begriff, Bedeutung. Fünf logische Studien, ed. G. Patzig, Göttingen 1962, 66–80, 2008, 47–60; A. C. Graham, ›Being‹ in Linguistics and Philosophy. A Preliminary Inquiry, Found. Language 1 (1965), 223–231, Neudr. in: J. W. M. Verhaar (ed.), The Verb ›Be‹ and Its Synonyms. Philosophical and Grammatical Studies V, Dordrecht 1972, 225–233; J. Hintikka, »Is«, Semantical Games and Semantical Relativity, J. Philos. Log. 8 (1979), 433–468; C. H. Kahn, The Greek Verb ›to Be‹ and the Concept of Being, Found. Language 2 (1966), 245–265; ders., The Verb ›Be‹ in Ancient Greek, Dordrecht/Boston Mass. 1973 (= J. W. M. Verhaar [ed.], The Verb ›Be‹ and Its Synonyms. Philosophical and Grammatical Studies VI); J. W. M. Verhaar (ed.), The Verb ›Be‹ and Its Synonyms. Philosophical and Grammatical Studies, Part I–VI, Dordrecht 1967–1973 (= Foundations of Language, Suppl. 1, 6, 8, 9, 14, 16). G. G.

J

Jacobi, Friedrich Heinrich, *Düsseldorf 25. Jan. 1743, †München 10. März 1819, dt. Schriftsteller und Philosoph. Zunächst Kaufmann, ab 1772 Hofkammerrat des Herzogtums Jülich-Berg; 1805 Wahl in die Bayerische Akademie der Wissenschaften (1807–1812 Präsident). Zentrale Figur des ›Sturm und Drang‹ und Wegbereiter der deutschen ↑Romantik; persönliche Bekanntschaft unter anderem mit J. W. v. Goethe, J. G. Hamann, J. G. v. Herder und C. M. Wieland. Bekannt geworden ist J. vor allem durch den mit M. Mendelssohn geführten ↑Pantheismusstreit und durch seine Kantkritik. Gegen I. Kant und J. G. Fichte vertritt J. einen anti-idealistischen (↑Idealismus) und gegen die systematische Philosophie gerichteten Realismus (↑Realismus (erkenntnistheoretisch)), den er erkenntnistheoretisch auf das unmittelbare ↑Gefühl und die Gewißheit des Glaubens (↑Glaube (philosophisch)) gründet. Philosophiegeschichtlich bedeutsam ist J. durch den nach ihm benannten immanenten Einwand gegen die Affektionstheorie Kants geworden (David Hume über den Glauben, 1787). J. wirft Kant vor, daß dieser das die Erscheinungswelt verstandesmäßig konstituierende Verhältnis von Ursache und Wirkung auf das erscheinungstranszendente Verhältnis von ↑Ding an sich und ↑Erscheinung nach seinen eigenen Voraussetzungen unzulässig anwende (Werke II, 301–310), ein Einwand, auf den Kant, vielleicht schon in Kenntnis des J.schen Vorwurfs, in der Vorrede zur 2. Auflage der »Kritik der reinen Vernunft« (1787, KrV B XXVI–XXIX) eingeht. Aus dem vermeintlichen immanenten Widerspruch der Kantischen Grundlagen (↑Ding an sich) zieht J. für sein Philosophieren die Konsequenz der Aufhebung der Trennung von Ding an sich und Erscheinung und, im Anschluß daran und in Anlehnung an G. W. Leibniz, die Konsequenz der Aufhebung der grundlegenden Differenz von ↑Sinnlichkeit und ↑Verstand, wobei er auf die *unmittelbare Gewißheit* der sinnlichen und übersinnlichen Erkenntnis rekurriert. Diese ↑Gewißheit ist nur glaubensmäßig, nicht rational gesichert. Eine verstandesmäßig orientierte Philosophie endet nach J. notwendigerweise im ↑Spinozismus. In seinem realistischen Konzept beruft sich J. auf D. Hume. Das Vermögen

der übersinnlichen Erfassung (›Vernehmen‹) von Ganzheitlichkeit nennt J. ›Vernunft‹ (Ueber das Unternehmen des Kriticismus, die Vernunft zu Verstande zu bringen, und der Philosophie überhaupt eine neue Absicht zu geben, in: Beyträge zur leichtern Uebersicht des Zustandes der Philosophie beym Anfange des 19. Jahrhunderts, ed. C. L. Reinhold, III, Hamburg 1802, 1–110; Werke III [1816], 59–195).

J. ist eine der schillerndsten und anregendsten Gestalten des unmittelbaren Nachkantianismus. Sein lebensphilosophisches Beharren auf einer verstandesüberschreitenden Vernunft, die er selbst als überrationales Vermögen versteht, wird für die nachfolgende idealistische Philosophie, hier vor allem für G. W. F. Hegel, zum Anlaß, sich vom ↑Kritizismus Kants in seiner theoretischen Einschränkung auf den verstandesmäßigen Gebrauch der ↑Kategorien und die nur regulative Funktion der Ideen (↑Idee (historisch)) abzuwenden, ohne jedoch die skeptische Haltung J.s zu tradieren. J. kennt nach Hegel nur die »Vernunft als Instinkt«, was nichts anderes ist als »J.s Instinkt gegen das vernünftige Erkennen« (Glauben und Wissen, Sämtl. Werke I, 355, vgl. 388–391). – Von literaturwissenschaftlichem Interesse sind J.s Briefromane »Eduard Allwills Papiere« (Der Teutsche Merkur 4 [April 1776], 14–75, [Juli 1776], 57–71, [Dezember 1776], 229–262 [repr., ed. H. Nicolai, Stuttgart 1962], unter dem Titel: Eduard Allwills Briefsammlung, Königsberg 1792, Leipzig 1826) und »Woldemar. Eine Seltenheit aus der Naturgeschichte« (Flensburg/Leipzig 1779 [repr., ed. H. Nicolai, Stuttgart 1969], umgearbeitet: Woldemar, Königsberg 1794, ²1796).

Werke: Werke, I–VI, ed. F. Roth/F. Koppen, Leipzig 1812–1825 (repr. Darmstadt 1968, 1976); Werke. Gesamtausgabe, I–, ed. K. Hammacher/W. Jaeschke, Hamburg, Stuttgart-Bad Cannstatt 1998 ff. (erschienen Bde I–IV/2, V/1, VI/1, VII/1). – Vermischte Schriften, Breslau 1781, Karlsruhe 1783 (nur Bd. I erschienen); Etwas das Lessing gesagt hat. Ein Commentar zu den Reisen der Päpste nebst Betrachtungen von einem Dritten, Berlin 1782 (repr. München 1992 [Mikrofiche]); Ueber die Lehre des Spinoza in Briefen an den Herrn Moses Mendelssohn, Breslau 1785 (repr. Brüssel 1968), erw. ²1789, Darmstadt/Hamburg 2000; Wider Mendelssohns Beschuldigungen betreffend die Briefe über die Lehre des Spinoza, Leipzig 1786 (repr. München 1992

[Mikrofiche]); David Hume über den Glauben, oder Idealismus und Realismus. Ein Gespräch, Breslau 1787; J. an Fichte, Hamburg 1799 (repr. München 1992 [Mikrofiche]); Von den göttlichen Dingen und ihrer Offenbarung, Leipzig 1811 (repr. Brüssel 1968, München 1992 [Mikrofiche]), ²1822; J.s Spinoza Büchlein. Nebst Replik und Duplik, ed. F. Mauthner, München 1912; Die Hauptschriften zum Pantheismusstreit zwischen J. und Mendelssohn, ed. H. Scholz, Berlin 1916, ed. W. E. Müller, Waltrop 2004. – F. H. J.'s auserlesener Briefwechsel, I–II, ed. F. Roth, Leipzig 1825/1827 (repr. Bern 1970); F. H. J.s Briefe an Friedrich Bouterwek aus den Jahren 1800 bis 1819, ed. W. Mejer, Göttingen 1868; Aus F. H. J.s Nachlaß. Ungedruckte Briefe von und an J. und andere. Nebst unveröffentlichten Gedichten von Goethe und Lenz, I–II, ed. R. Zoeppritz, Leipzig 1869; Briefwechsel. Gesamtausgabe, ed. M. Brüggen/W. Jaeschke/S. Sudhof, Stuttgart-Bad Cannstatt 1981ff. (erschienen: Reihe 1 [Briefe], I–V; Reihe 2 [Kommentar], I–III). – U. Rose, F. H. J.. Eine Bibliographie, Stuttgart 1993.

Literatur: D. Barbarić, J. und Schelling im Streit um die göttlichen Dinge, in: S. Dietzsch/G. F. Frigo (eds.), Vernunft und Glauben. Ein philosophischer Dialog der Moderne mit dem Christentum, Berlin 2006, 161–175; G. Baum, Vernunft und Erkenntnis. Die Philosophie F. H. J.s, Bonn 1969; ders., F. H. J. und die Philosophie Spinozas, in: E. Schürmann/N. Waszek/F. Weinreich (eds.), Spinoza im Deutschland des achtzehnten Jahrhunderts. Zur Erinnerung an Hans-Christian Lucas, Stuttgart-Bad Cannstatt 2002, 251–263; O. F. Bollnow, Die Lebensphilosophie F. H. J.s, Stuttgart 1933 (repr. Stuttgart 1966); M. Brüggen/H. Gockel/P.-P. Schneider (eds.), F. H. J.. Dokumente zu Leben und Werk, Stuttgart-Bad Cannstatt 1989ff. (erschienen Bde I–II); K. Christ, J. und Mendelssohn. Eine Analyse des Spinozastreits, Würzburg 1988; ders., F. H. J. – Rousseaus deutscher Adept. Rousseauismus in Leben und Frühwerk F. H. J.s, Würzburg 1998; C. Ciancio, Il dialogo polemico tra Schelling e J., Turin 1976; S. Donovan, Der christliche Publizist und sein Glaubensphilosoph. Zur Freundschaft zwischen Matthias Claudius und F. H. J., Würzburg 2004; D. Fetzer, J.s Philosophie des Unbedingten, Paderborn etc. 2007; G. di Giovanni, J., REP V (1998), 45–48; ders., J., SEP 2001, erw. 2010; C. Götz, F. H. J. im Kontext der Aufklärung. Diskurse zwischen Philosophie, Medizin und Literatur, Hamburg 2008; K. Hammacher, Die Philosophie F. H. J.s, München 1969; ders. (ed.), F. H. J.. Philosoph und Literat der Goethezeit. Beiträge einer Tagung in Düsseldorf (16.–19. 10. 1969) aus Anlaß seines 150. Todestages und Berichte, Frankfurt 1971; ders., J., NDB X (1974), 222–224; ders., F. H. J. in seiner Zeit, 1743–1819, ed. J. A. Kruse, Düsseldorf 1979; ders. Fichte und J.. Tagung der Internationalen J.-G.-Fichte-Gesellschaft (25./26. Oktober 1996) in München in der Carl-Friedrich-von-Siemens-Stiftung, Amsterdam 1998; ders./H. Hirsch. Die Wirtschaftspolitik des Philosophen F. H. J., Amsterdam 1993; A. Hebeisen, F. H. J.. Seine Auseinandersetzung mit Spinoza, Bern 1960; D. Henrich (ed.), F. H. J., Präsident der Akademie, Philosoph, Theoretiker der Sprache. Vorträge auf einer Gedenkveranstaltung der Bayerischen Akademie der Wissenschaften 250 Jahre nach seiner Geburt, München 1993; K. Homann, F. H. J.s Philosophie der Freiheit, Freiburg/München 1973; R.-P. Horstmann, J., in: Biographische Enzyklopädie deutschsprachiger Philosophen, München 2001, 195; W. Jaeschke/B. Sandkaulen (eds.), F. H. J.. Ein Wendepunkt der geistigen Bildung der Zeit, Hamburg 2004; S. Kahlefeld, Dialektik und Sprung in J.s Philosophie, Würzburg 2000; B. Sandkaulen, Grund und Ursache. Die Vernunftkritik J.s, München 2000;

P.-P. Schneider, Die »Denkbücher« F. H. J.s, Stuttgart-Bad Cannstatt 1986; N. Schumacher, F. H. J. und Blaise Pascal. Einfluss – Wirkung – Weiterführung, Würzburg 2003; V. Verra, F. H. J.. Dall'illuminismo all'idealismo, Turin 1963 (mit Bibliographie, 357–372); W. Weischedel, J. und Schelling. Eine philosophisch-theologische Kontroverse, Darmstadt 1969; A. G. Wildfeuer, J., LThK V (1996), 704–705; E. Zirngiebl, F. H. J.s Leben, Dichten und Denken. Ein Beitrag zur Geschichte der deutschen Literatur und Philosophie, Wien 1867.   S. B.

Jacobus Veneticus Graecus, †nach 1147, ital. Philosoph vermutlich griech. Abstammung, Kommentator und Übersetzer des Aristoteles. Von seinem Leben ist fast nichts bekannt, seine Bedeutung liegt in der Vermittlung der griechischen (insbes. der Aristotelischen) Philosophie von Konstantinopel an den lateinischen Westen. Als erster übersetzte er die Aristotelischen Schriften »Physik«, »Metaphysik«, »Über die Seele«, große Teile der Sammlung »Parva naturalia« und wahrscheinlich auch die »Analytica posteriora« ins Lateinische. Mit diesen Übersetzungen, die noch Generationen später (z. B. von R. Bacon, R. Grosseteste, Albertus Magnus und Thomas von Aquin) als maßgebende Wiedergabe des Aristoteles angesehen wurden, schuf er zugleich eine lateinische Fachsprache für Philosophie und Wissenschaft.

Werke: Metaphysica I–IV, 4, in: R. Steele (ed.), Opera adhuc inedita Rogeri Baconi XI, Oxford 1932, 255–312, ferner in: G. Vuillemin-Diem (ed.), Aristoteles Latinus XXV, 1–1 a, Brüssel/Paris 1970, 5–73; De anima/De longitudine, et brevitate vitae, in: M. Alonso (ed.), Pedro Hispano, obras filosóficas III, Madrid 1952, 89–395, 405–411 (Consejo superior de investigaciones cientificas, Inst. de filos. »Luis Vives«, Ser. A, 4); Analytica posteriora, MPL 64, 711–762, ferner in: L. Minio-Paluello/B. G. Dod (eds.), Aristoteles Latinus IV, 1–4, Brügge/Paris 1968, 5–107; De Sophisticis Elenchis: in: B. G. Dod (ed.), Aristoteles Latinus VI, 1–3, Leiden/Brüssel 1975, 61–74.

Literatur: S. Ebbesen, J. V. on the Posterior Analytics and Some Early 13th Century Oxford Masters on the Elenchi, Cahiers de l'Institut du Moyen-âge Grec et Latin (Copenhague) 21 (1977), 1–9; G. Garfagnini, Giovanni di Salisbury, Ottone di Frisinga e Giacomo da Venezia, Riv. crit. stor. filos. 27 (1972), 19–34; L. Minio-Paluello, J. V. Grecus, Canonist and Translator of Aristotle, Traditio 8 (1952), 265–304 (Literaturbericht); ders., Opuscula. The Latin Aristotle, Amsterdam 1972; ders., James of Venice, DSB VII (1973), 65–67; L. M. de Rijk, Logica modernorum. A Contribution to the History of Early Terminist Logic I, Assen 1962, bes. 83–100; G. Vuillemin-Diem, Jakob von Venedig und der Übersetzer der »Physica Vaticana« und »Metaphysica media«, Arch. hist. doctr. litt. moyen-âge 41 (1974), 7–25.   M. G.

Jacoby, (Friedrich) Günther, *Königsberg 21. April 1881, †Greifswald 4. Jan. 1969, dt. Philosoph. 1900–1903 (theologisches Lizentiat), unterbrochen von einem Semester in Tübingen, Theologiestudium in Königsberg, 1904–1906 (philosophische Promotion) Philosophiestudium in Berlin, 1909 Habilitation in Greifswald. Danach Research Fellow, Harvard University, Gastprofessor in

Urbana Ill. Ausgedehnte Vortragsreisen in Asien (besonders Japan), Nordafrika und Europa. 1915–1918 o. Prof. in Konstantinopel (Istanbul), 1919 a. o. Prof., 1928 o. Prof. in Greifswald. 1937 wegen jüdischer Abstammung seines Großvaters zwangspensioniert; 1945 Wiederaufnahme der Lehrtätigkeit. – J. kann neben N. Hartmann als Begründer der gegen den ↑Neukantianismus gewendeten ›kritischen Ontologie‹ gelten, die er als eine nicht spekulative, sondern beschreibende ›allgemeine Ontologie der Wirklichkeit‹ (so der Titel seines Hauptwerkes) konzipiert. Ausgangspunkt ist eine Kritik der ↑Immanenzphilosophie W. Schuppes einerseits, der realistischen ›Grundwissenschaft‹ J. Rehmkes andererseits. Erst recht lehnt J. Erlebnisphilosophie und ↑Wesensschau ab, weil sie dem Anspruch nicht genügen, Philosophie als eine begründete Wissenschaft aufzubauen, und insbes. den Primat der Ontologie vor aller Erkenntnistheorie übersehen. Freilich bleibt auch eine Immanenzontologie auf die erfahrbaren Erscheinungen beschränkt, aus denen daher eine diese Ontologie überwindende Transzendenzontologie Schlüsse auf die eigentliche objektive Wirklichkeit ziehen muß. In J.s Auffassung gelangt sie zu einer Lehre von der Raumzeitwelt, die sich eng an die Spezielle Relativitätstheorie (↑Relativitätstheorie, spezielle) anzulehnen bemüht und diese ontologisch interpretiert. Eine Ideenontologie handelt schließlich vom subjektiven (↑Geist, subjektiver), vom objektiven (↑Geist, objektiver) und vom absoluten Geist (↑Geist, absoluter).

Auch unabhängig von seiner speziellen philosophischen Position sind J.s Analysen des Wirklichkeitsbegriffs (↑wirklich/Wirklichkeit), des Begriffs der ↑Genidentität und der ›gnoseologischen Relation‹ des Meinens und Gemeintwerdens von Bedeutung. Schon im ersten Band der »Allgemeinen Ontologie der Wirklichkeit« (1925) entwickelt J. die Logik als eine rein philosophische Disziplin, die er im Laufe der Zeit immer schärfer gegenüber der ↑›Logistik‹ abgrenzt. Diese versteht J. als eine mathematische Disziplin, deren Anspruch, die moderne Gestalt der formalen Logik (↑Logik, formale) zu sein, er 1962 in einer Monographie (die ferner interessante logikgeschichtliche Bemerkungen enthält) mit Vehemenz zurückweist. Eine verwandte Position in der Nachfolge J.s vertritt B. Baron v. Freytag gen. Löringhoff, der auch in der Philosophie der Mathematik bei der Behandlung des mathematischen Existenzbegriffs auf der Ontologie J.s aufbaut (Die ontologischen Grundlagen der Mathematik, Halle 1937; Gedanken zur Philosophie der Mathematik, Meisenheim am Glan 1948).

Werke: Glossen zu den neuesten kritischen Aufstellungen über die Composition des Buches Jeremja (Capp. 1–20), Königsberg 1903; Herders »Kalligone« und ihr Verhältnis zu Kants »Kritik der Urteilskraft«, Diss. Berlin 1906, gekürzt Berlin 1906 (nur Teil III), vollst. Ausg. unter dem Titel: Herders und Kants Ästhetik,

Leipzig 1907; Der Pragmatismus. Neue Bahnen in der Wissenschaftslehre des Auslands. Eine Würdigung, Leipzig 1909, Nachdr. Dt. Z. Philos. 50 (2002), 603–629; Kant unter den Weimarer Klassikern, Dt. Rdsch. 34/4 (1908), 182–198, 445–466; Herder als Faust. Eine Untersuchung, Leipzig 1911; Der amerikanische Pragmatismus und die Philosophie des Als Ob, Z. Philos. phil. Kritik 147 (1912), 172–184; Henri Bergson, Pragmatism and Schopenhauer, Monist 22 (1912), 593–611; Herder und Schopenhauer, Jb. Schopenhauer-Ges. 7 (1918), 156–211; Allgemeine Ontologie der Wirklichkeit, I–II, Halle 1925–1955, Tübingen 1993; Geist, in: H. Schwartz (ed.), Pädagogisches Lexikon II, Bielefeld/Leipzig 1929, 394–401; Wilhelm Schuppe. Akademische Gedenkrede zu seinem 100. Geburtstage am 5. Mai 1936, Greifswald 1936; Die Welt als Vorstellung und die Welt als Wille ontologisch betrachtet, in: C. A. Emge/O. v. Schweinichen (eds.), Gedächtnisschrift für Arthur Schopenhauer zur 150. Wiederkehr seines Geburtstages, Berlin 1938, 68–95; Die ontologischen Hintergründe der speziellen Relativitätstheorie, Wiss. Z. Univ. Greifswald, math.-naturwiss. Reihe 2 (1952/1953), 237–250; Subjektfreie Objektivität, Z. philos. Forsch. 9 (1955), 219–228; Die Ansprüche der Logistiker auf die Logik und ihre Geschichtsschreibung. Ein Diskussionsbeitrag, Stuttgart 1962; Denkschrift über die Universitätsphilosophie in der Deutschen Demokratischen Republik. (Nur zu vertraulichem dienstlichen Gebrauch.), Dt. Z. Philos. 42 (1994), 505–521. – Auszüge aus einem Briefwechsel zwischen G. J. und Jürgen Mittelstraß, in: H. Frank/C. Häntsch (eds.), G. J. (1881–1969) [s. u., Lit.], 84–93; Briefwechsel von G. J. mit J. Mittelstraß 1962–1967 (2. Teil), in: H.-C. Rauh/H. Frank (eds.), G. J. (Königsberg 1881–1969 Greifswald) [s. u., Lit.], 161–203.

Literatur: E. Albrecht, Zur Rolle der Ontologie in der spätbürgerlichen Philosophie. Gedanken aus Anlaß des 100. Geburtstages von G. J. (1881–1969), Dt. Z. Philos. 29 (1981), 854–858; H. Frank/C. Häntsch (eds.), G. J. (1881–1969). Zu Werk und Wirkung, Greifswald 1993; B. v. Freytag gen. Löringhoff, Die ontologischen Grundlagen der Mathematik. Eine Untersuchung über die »Mathematische Existenz«, Halle 1937; ders., Gedanken zur Philosophie der Mathematik, Meisenheim am Glan 1948 (engl. Philosophical Problems of Mathematics, New York 1951); ders., G. J. 80 Jahre alt, Z. philos. Forsch. 15 (1961), 237–250 (mit Bibliographie, 249–250, Nachtrag, 496); ders., J., NDB X (1974), 253–254; FM II (1994), 1920–1921; W. Gölz, Der Weg zur Ontologie bei Nicolai Hartmann und G. J., Diss. Tübingen 1958; ders., Der Transzendenzgedanke bei Nicolai Hartmann und G. J., in: A. J. Buch (ed.), Nicolai Hartmann 1882–1982, Bonn 1982, 123–136; E. Günther, Die ontologischen Grundlagen der neueren Erkenntnislehre, Halle 1933; G. Hennemann, Allgemeine Ontologie der Wirklichkeit. Zu G. J.s gleichbetiteltem Werk, Z. philos. Forsch. 12 (1958), 596–611; G. Lehmann, G. J., in: ders., Die deutsche Philosophie der Gegenwart, Stuttgart 1943, 426–436; L. Mecklenburg, Die Rezeption des Pragmatismus durch G. J., Dt. Z. Philos. 50 (2002), 600–602; H.-C. Rauh, Zum Realitätsproblem in der »Ontologie der Wirklichkeit« des Greifswalder Universitätsphilosophen G. J., in: H. Lenk/H. Poser (eds.), Neue Realitäten. Herausforderung der Philosophie. XVI. Deutscher Kongreß für Philosophie 20.–24. September 1993 TU Berlin. Sektionsbeiträge I, Berlin 1993, 535–542; ders., Der Greifswalder Universitätsphilosoph G. J. und die DDR-Philosophie. Der Denkschrift 1955, Dt. Z. Philos. 42 (1994), 498–504; ders./H. Frank (eds.), G. J. (Königsberg 1881–1969 Greifswald). Lehre – Werk und Wirkung (Konferenzprotokoll 1998 und Dokumentation/G. J. und die Anfänge der DDR-Philosophie 1945–1958), Lübeck 2003; H. Scholl, G. J.s »Theologische Ontologie« und die Grenzbestimmung zwischen philosophischer Metaphysik und Theologie, in: H. Lenk/H. Poser (eds.), Neue Realitäten [s. o.], 543–550; ders., Existentielle Ontologie jenseits des Existentialismus. Ein Klärungsversuch zu G. J.s philosophischem Konzept, Dt. Z. Philos. 45 (1997), 619–638; K. Wuchterl, G. J.s Transzendenzontologie, in: ders., Bausteine zu einer Geschichte der Philosophie des 20. Jahrhunderts. Von Husserl zu Heidegger. Eine Auswahl, Bern/Stuttgart/Wien 1995, 229–234. – J., in: B. Jahn, Biographische Enzyklopädie deutschsprachiger Philosophen, München 2001, 195.   C. T.

Jaeger, Werner (Wilhelm), *Lobberich (heute zu Nettetal gehörig) 30. Juli 1888, †Boston 19. Okt. 1961, dt. Altphilologe. 1907–1911 Studium, ein Semester in Marburg, dann in Berlin (vor allem bei H. Diels und U. v. Wilamowitz-Moellendorff). Ebd. 1911 Promotion, 1913 Habilitation. 1914 Prof. in Basel, 1915 in Kiel, 1921 in Berlin, 1937 in Chicago und 1939–1960 an der Harvard University. Gründer der ›Fachtagungen der klassischen (↑klassisch/das Klassische) Altertumswissenschaft‹ (ab 1925, nach dem Zweiten Weltkrieg fortgesetzt durch die Mommsen-Gesellschaft), deren bedeutendste 1930 in Naumburg stattfindet, sowie der Zeitschriften »Die Antike« (1925–1944) und »Gnomon« (1925 ff.). – Frühe Bekanntheit erlangt J. durch seine Dissertation »Emendationum Aristotelearum specimen« (1911) und die dazugehörigen »Studien zur Entstehungsgeschichte der Metaphysik des Aristoteles« (1912), weitergeführt in einer Untersuchung über die gesamten Aristotelischen Schriften, deren Chronologie er rekonstruiert nach dem Kriterium ihres wachsenden Abstands von der Platonischen Philosophie zugunsten eines empirischen Tatsachenwissens (Aristoteles. Grundlegung einer Geschichte seiner Entwicklung, 1923). Seine zeitgleich mit diesen Studien erstmals vorbereitete ›editio minor‹ der Aristotelischen Metaphysik erscheint erst 1957 im Rahmen der »Oxford Classical Texts«. Als wegweisend für weitere kritische Editionen frühchristlicher Autoren erweist sich die Gesamtausgabe der Werke des Gregor von Nyssa (erschienen ab 1921), die dem zumeist die Kontinuitäten zwischen griechischer Antike und Christentum betonenden J. als das Musterbeispiel ihrer Synthese gelten. Im Gegensatz zu historistischen (↑Historismus) Tendenzen in der Altertumswissenschaft wie auch etwa zur als unhistorisch abgelehnten Rekonstruktion antiker griechischer Philosophie im ↑Neukantianismus entwikkelt J. seine Konzeption einer philologisch fundierten Geistesgeschichte, die er – entsprechend dem zeitgenössischen Bewußtsein einer Krise der abendländischen Kultur – durch eine erneuerte Behauptung der Klassizität der griechischen Antike motiviert. Indem er deren Kulturbewußtsein gegen jede Relativierung seiner weltgeschichtlichen Bedeutung (insbes. durch O. Spengler) als Maß allen irdischen Daseins verteidigt und der grie-

chischen Paideia – d. h. im Sinne J.s der beispielhaft durch Platon dargestellten, auf den Staat hin orientierten Erziehung des Menschen zu dessen natürlich angelegter Idealgestalt – überzeitliche Geltung zuspricht, sucht er die Paideia als ein Bildungsideal (↑Bildung) zu revitalisieren (Paideia. Die Formung des griechischen Menschen, I–III, 1934–1947). In der Überzeugung, sämtliche Aufschwünge der abendländischen Kultur seien gleichsam anamnetische (↑Anamnesis) Wiedererwekkungen der Grundformen antiker griechischer Kultur gewesen, engagiert sich J. für einen politisch ausgerichteten erneuerten ↑Humanismus, verwandt dem von E. Spranger (1882–1963) geforderten ›Dritten Humanismus‹ nach den ersten beiden Humanismen der Renaissance und Goethezeit. J. scheitert mit diesem Projekt nicht nur an der politischen Wirklichkeit seiner Zeit, sondern auch an der Einseitigkeit und begrifflichen Vagheit seiner teleologischen (↑Teleologie) Geschichtskonstruktion. Kritisiert worden ist J. etwa für seinen übertriebenen Hellenozentrismus, für seine unhistorische Erweiterung und Hypostasierung des Paideia-Begriffs, für die Reduktion der Platonischen Philosophie auf den so verstandenen Gedanken der Paideia und für dessen Projektion auf die gesamte, zu einer ›organischen Ganzheit‹ stilisierte Kultur der griechischen Antike.

Werke: Emendationum Aristotelearum specimen, Diss. Berlin 1911, ferner in: Scripta minora [s. u.] I, 1–38; Studien zur Entstehungsgeschichte der Metaphysik des Aristoteles, Berlin 1912; Nemesios von Emesa. Quellenforschungen zum Neuplatonismus und seinen Anfängen bei Poseidonios, Berlin 1914; Philologie und Historie, Neue Jb. f. d. klass. Altertum, Geschichte u. dt. Lit. u. f. Pädagogik 37 (1916), 81–92, ferner in: Humanistische Reden und Vorträge [s. u.], 1–17, ²1960, 1–16, ferner in: H. Oppermann (ed.), Humanismus, Darmstadt 1970, ²1977 (Wege d. Forschung XVII), 1–17; Emendationen zur aristotelischen Metaphysik *A–Δ*, Hermes 52 (1917), 481–519, mit Untertitel: Erster Teil, in: Scripta minora [s. u.] I, 213–251; Emendationen zur aristotelischen Metaphysik II, Sitz.ber. Preuß. Akad. Wiss., philos.-hist. Kl. (1923), 263–279, separat Berlin 1923, ferner in: Scripta minora [s. u.] I, 257–280; Aristoteles. Grundlegung einer Geschichte seiner Entwicklung, Berlin 1923, ²1955 (repr. Zürich/Hildesheim 1985, 2006) (engl. Aristotle. Fundamentals of the History of His Development, Oxford 1934, erw. ²1948, 1968; ital. Aristotele. Prime linee di una storia della sua evoluzione spirituale, Florenz 1935, ed. E. Berti, Mailand 2004; franz. Aristote. Fondements pour une histoire de son évolution, Paris 1997); Platos Stellung im Aufbau der griechischen Bildung, Die Antike 4 (1928), 1–13, 85–98, 161–176, separat mit Untertitel: Ein Entwurf, Berlin/Leipzig 1928, ferner in: Humanistische Reden und Vorträge [s. u.], 125–168, ²1960, 117–157; Tyrtaios über die wahre ›᾽Αρετή‹, Sitz.ber. Preuß. Akad. Wiss., philos.-hist. Kl. (1932), 537–568, separat Berlin 1932, ferner in: Scripta minora [s. u.] II, 75–114 (engl. Tyrtaeus on True ›Arete‹, in: Five Essays [s. u.], 101–142); Paideia. Die Formung des griechischen Menschen, I–III, I Berlin/Leipzig 1934, Berlin ⁴1959, II–III Berlin 1944/1947, ³1959, I–III in einem Bd., Berlin/New York 1973, 1989 (engl. Paideia. The Ideals of Greek Culture, I–III, New York, Oxford 1939–1944 [repr. New

York/Oxford 1986], New York 1948); Humanistische Reden und Vorträge, Berlin/Leipzig 1937, erw. Berlin ²1960; Diokles von Karystos. Die griechische Medizin und die Schule des Aristoteles, Berlin 1938, ²1963; Humanism and Theology, Milwaukee Wisc. 1943, 1980 (The Aquinas Lectures VII), ferner in: Humanistische Reden und Vorträge [s.o.], ²1960, 300–334 (franz. Humanisme et théologie, Paris 1956; dt. Humanismus und Theologie, Heidelberg 1960); Die Theologie der frühen griechischen Denker, Zürich, Stuttgart 1953 (repr. Stuttgart, Darmstadt 1964) (engl. The Theology of the Early Greek Philosophers. The Gifford Lectures 1936, Oxford 1947 [repr. Westport Conn. 1980], London/New York 1967; ital. La teologia dei primi pensatori greci, Florenz 1961, 1982; franz. A la naissance de la théologie. Essai sur les présocratiques, Paris 1966); Scripta minora, I–II, Rom 1960 (Storia e letteratura LXXX–LXXXI); Early Christianity and Greek Paideia, Cambridge Mass. 1961, 1985 (dt. Das frühe Christentum und die griechische Bildung, Berlin 1963; franz. Le Christianisme ancien et la paideia grecque, Metz 1980); Five Essays, ed. A.M. Fiske, Montreal 1966 [darin: Entwürfe zu Lebenserinnerungen (Anfang)/Notes towards an Autobiography. The Beginnings, 1–21 (dt./engl.)]; The Correspondence of Ulrich von Wilamowitz-Moellendorff with W.J., ed. W.M. Calder III, Harv. Stud. Class. Philol. 82 (1978), 303–347, Nachdr. in: U. v. Wilamowitz-Moellendorff, Selected Correspondence 1869–1931, ed. W.M. Calder III, Neapel 1983, 167–211. – Publications of W.J., 1911–1959, Harv. Stud. Class. Philol. 63 (1958), 1–14, erw. unter dem Titel: Bibliographie der Schriften W.J.s, 1911–1961, in: W. Schadewaldt, Gedenkrede auf W.J.. 1888–1961, Berlin 1963, 25–39; M. Baldassarri, Complemento alla bibliografia degli scritti di W.J., Riv. filos. neoscolastica 58 (1966), 507–508; H. Bloch, Bibliography of W.J., in: W.J., Five Essays [s.o.], 143–171; K.-G. Wesseling, J. [s.u., Lit.], 726–749.

Literatur: G. Bertuzzi, L'interpretazione di W.J. dell'umanesimo e della teologia in S. Tommaso, Sapienza 41 (1988), 299–311; W.M. Calder III, W.J.. 30 July 1888 – 19 October 1961, in: W.W. Briggs/ders. (eds.), Classical Scholarship. A Biographical Encyclopedia, New York/London 1990, 211–226, ferner in: ders., Men in Their Books. Studies in the Modern History of Classical Scholarship, ed. J.P. Harris/R.S. Smith, Hildesheim/Zürich/New York 1998 (Spudasmata LXVII), 129–143 (dt. W.J., in: M. Erbe [ed.], Berlinische Lebensbilder IV [Geisteswissenschaftler], Berlin 1989, 343–363; ders. (ed.), W.J. Reconsidered. Proceedings of the Second Oldfather Conference, Held on the Campus of the University of Illinois at Urbana-Champaign, April 26–28, 1990, Atlanta Ga. 1992; G. Calogero, W.J., »Paideia. Die Formung des griechischen Menschen«, vol. I [...], Giornale crit. filos. italiana 15 (1934), 358–371, erw. unter dem Titel: Storia dell'ethos e storia dell'etica nel mondo antico, in: ders., Scritti minori di filosofia antica, Neapel 1984 [ersch. 1985], 522–546; F.H.W. Edler, Heidegger and W.J. on the Eve of 1933. A Possible Rapprochement?, Res. Phenomenol. 27 (1997), 122–149; H. Flashar (ed.), Altertumswissenschaft im 20er Jahren. Neue Fragen und Impulse, Stuttgart 1995; A. Follak, Der »Aufblick zur Idee«. Eine vergleichende Studie zur Platonischen Pädagogik bei Friedrich Schleiermacher, Paul Natorp und W.J., Göttingen 2005, bes. 116–150, 159–161; C. Franco, W.J. in Italia. Il contributo di Piero Treves, Quaderni di storia 20 (1994), No. 39, 173–193 [mit Anhang: Briefe von W.J. an P. Treves, 183–187]; H.-G. Gadamer, W.J., »Aristoteles«, Logos 17 (1928), 132–140, ferner in: Ges. Werke V (Griechische Philosophie I), Tübingen 1985, 1999, 286–294; ders.,

Der aristotelische ›Protreptikos‹ und die entwicklungsgeschichtliche Betrachtung der aristotelischen Ethik, Hermes 63 (1928), 138–164, ferner in: Ges. Werke [s.o.] V, 164–186; O. Gigon, W.J. zum Gedenken, Z. philos. Forsch. 18 (1964), 156–164; A. Hentschke/U. Muhlack, Einführung in die Geschichte der klassischen Philologie, Darmstadt 1972, bes. 128–135; H. Kuhn, Humanismus in der Gegenwart. Zu W.J.s Werk »Paideia. Die Formung des griechischen Menschen«, Kant-St. 39 (1934), 328–338; M. Meis/T. Optendrenk (eds.), W.J., Nettetal 2009; E. Mensching, Über W.J. (geb. am 30. Juli 1888) und seinen Weg nach Berlin, Latein u. Griechisch in Berlin 32 (1988), 78–109, ferner in: ders., Nugae zur Philologie-Geschichte II (Über Ed. Norden, F. Jacoby, W.J., R. Pfeiffer, G. Rhode u.a.. Mit einem Text von W.J.), Berlin 1989, 60–91; ders., Über W.J. im Berlin der zwanziger Jahre anhand des Briefwechsels mit Joh. Stroux, Latein u. Griechisch in Berlin 34 (1990), 86–136, 171–207, ferner in: ders., Nugae zur Philologie-Geschichte IV (Über U. von Wilamowitz-Moellendorff, W. Kranz, W.J. und andere), Berlin 1991, 25–116; T. Orozco, Die Platon-Rezeption in Deutschland um 1933, in: I. Korotin (ed.), »Die besten Geister der Nation«. Philosophie und Nationalsozialismus, Wien 1994, 141–185, bes. 163–174; H. Patzer, Der Humanismus als Methodenproblem der klassischen Philologie, Stud. Gen. 1 (1947/1948), 84–92, ferner in: H. Oppermann (ed.), Humanismus [s.o., Werke], 259–278; U. Preuße, Humanismus und Gesellschaft. Zur Geschichte des altsprachlichen Unterrichts in Deutschland von 1890 bis 1933, Frankfurt etc. 1988, bes. 133–149, 174–179; G. Reale, ›Paideia‹ o metafisica delle idee. A proposito di ›Platone‹ di W.J., Riv. filos. neo-scolastica 48 (1956), 42–67; M. Remme, Paideia. W.J.s Bildungsphilosophie, in: M. Baumbach (ed.), Tradita et inventa. Beiträge zur Rezeption der Antike, Heidelberg 2000, 515–530; H. Rüdiger, Wesen und Wandlung des Humanismus, Hamburg 1937 (repr. Hildesheim 1966), bes. 279–297, 311–312 (Der Dritte Humanismus), ferner in: H. Oppermann (ed.), Humanismus [s.o., Werke], 206–223; C.L. Salgado, Filosofía griega y cristianismo según W.J., Sapientia 39 (1984), 9–18; W. Schadewaldt, Gedenkrede auf W.J.. 30. Juli 1888 – 19. Oktober 1961. Gehalten an der Freien Universität Berlin am 12. Juli 1962, Schweizer Monatshefte 42/2 (1962), 755–769, separat Berlin 1963, ferner in: ders., Hellas und Hesperien. Gesammelte Schriften zur Antike und zur neueren Literatur II, ed. R. Thurow/E. Zinn, Zürich/Stuttgart ²1970, 707–722; B. Snell, W.J., »Paideia. Die Formung des griechischen Menschen.« Bd. I […], Götting. Gelehrte Anz. 197 (1935), 329–353, unter dem Titel: Besprechung von W.J., »Paideia«, in: ders., Ges. Schriften, Göttingen 1966, 32–54; F. Solmsen, J., NDB X (1974), 280–281; ders., Classical Scholarship in Berlin between the Wars, Greek, Roman and Byzantine Stud. 30 (1989), 117–140, bes. 128–133; P. Treves, W.J., »Paideia. Die Formung des griechischen Menschen« […], Athenaeum. Studi periodici di letteratura e storia dell'antichità [Pavia] NS 13 (1935), 258–269; R. Walzer, »Aristotelis Metaphysica rec. brevique adnot. crit. instr. W.J.« […], Gnomon 31 (1959), 586–592; K.-G. Wesseling, J., BBKL XVIII (2001), 717–749. – Sondernummern: Harv. Stud. Class. Philol. 63 (1958); Il pensiero 17 (1972), 5–149. T.G.

Jakobson, Roman (Osipovič), *Moskau 23. (julianischer Kalender: 11.) Okt. 1896, †Boston Mass. 18. Juli 1982, russ. Sprach- und Literaturwissenschaftler. 1914–1918 Studium der Slawistik in Moskau, dort seit 1915 als Mitgründer des ›Moskauer Linguistenkreises‹ einer der

Hauptvertreter des russischen Formalismus. Seit 1920 im Prager Exil, dort 1926 Mitgründer des ›Prager Linguistenkreises‹, 1930 Promotion an der Karls-Universität. 1933 Dozent, 1937 a. o. Prof. an der Masaryk-Universität in Brünn. 1939–1941 Emigration über Skandinavien in die USA. 1942–1946 Dozent an der ›École Libre des Hautes Études‹ in New York, ebendort ab 1943 auch an der Columbia University, Prof. dort seit 1946. 1949–1967 Prof. an der Harvard University, ab 1957 zugleich am Massachusetts Institute of Technology (MIT).

Gemeinsam mit N. S. Fürst Trubeckoj (1890–1938) gründet J. die Phonologie auf die Definition des ↑Phonems als kleinsten bedeutungsunterscheidenden Lautsegments einer Sprache, das durch – J. zufolge ausschließlich binäre – Oppositionen distinktiver Merkmale bestimmt ist. Jeden Lautwandel interpretieren Trubeckoj und J. nach teleologischen Kriterien als Funktion des sprachlichen Systems und überwinden so die noch von F. de Saussure geforderte Trennung zwischen synchronischer und diachronischer Sprachwissenschaft (The Concept of the Sound Law and the Teleological Criterion [1927], in: Selected Writings I, 1–2; Quelles sont les méthodes les mieux appropriées à un exposé complet et pratique de la phonologie d'une langue quelconque? [1927], ebd., 3–6; Principes de phonologie historique [1930], ebd., 202–220; Observations sur le classement phonologique des consonnes [1938], ebd., 272–279; [mit C. G. M. Fant u. M. Halle] Preliminaries to Speech Analysis. The Distinctive Features and Their Correlates [1952], in: Selected Writings VIII, 583–654). In dieser Gestalt wird die Phonologie zur Wegbereiterin der Generativen ↑Grammatik (↑Transformationsgrammatik) und zum methodischen Vorbild für den Strukturalismus (↑Strukturalismus (philosophisch, wissenschaftstheoretisch)) nicht nur in den Sprach- und Literaturwissenschaften, sondern insbes. auch in Sozialanthropologie (C. Lévi-Strauss) und Psychoanalyse (J. Lacan). J. unterscheidet dementsprechend drei integrierte Humanwissenschaften nach zunehmender Allgemeinheit: ↑Linguistik als das Studium der ↑Kommunikation verbaler Nachrichten, ↑Semiotik als das Studium der Kommunikation jeder Art von Nachrichten und schließlich das Studium jeder Art menschlicher Kommunikation, welches auch Sozialanthropologie, Soziologie und Ökonomie umfaßt und seinerseits von J. als Teil der allgemeinen biologischen Kommunikationswissenschaft interpretiert wird (Linguistics in Relation to Other Sciences [1967], in: Selected Writings II, 655–696, hier 663; Relations entre la science du langage et les autres sciences [1973], in: Essais de linguistique générale II, 9–76, hier 37, 45).

In seinem Kommunikationsmodell erweitert J. das von K. Bühler zuerst vollständig 1918, insbes. jedoch in dessen »Sprachtheorie« (1934), entwickelte ›Organonmodell‹, in dem die drei Faktoren Sender, Empfänger und Gegenstände (oder Sachverhalte) den drei Funktionen Ausdruck (Symptom), Appell (Signal) und Darstellung (Symbol) entsprechen, die J. die emotive (oder expressive), die konative und die referentielle (denotative oder kognitive) Funktion nennt. Drei weiteren Faktoren jeder Kommunikation, nämlich der Nachricht, dem Kontaktmedium und dem Code, entsprechen nach J. die poetische, die phatische und die metasprachliche Funktion. Je nach der spezifischen kommunikativen Einstellung, mithin nach der jeweiligen Hierarchisierung der Kommunikationsfaktoren, dominiert eine der Funktionen.

Verläuft die Grundbewegung beim Senden (Encodieren) vom Code zur Nachricht, von der Bedeutung zum Laut, von der lexikalisch-grammatischen zur phonologischen Ebene, so verläuft sie beim Empfangen (Decodieren) umgekehrt. Diesen zwei Grundbewegungen entsprechen zwei Achsen der Sprache: (1) die syntagmatische Achse der Kombination von Sprachsegmenten nach Prinzipien der Kontiguität, so daß sie die referentielle (denotative oder kognitive), von J. als Kontextbezug interpretierte Funktion der Sprache darstellt, und (2) die paradigmatische Achse der Selektion von Sprachsegmenten nach Prinzipien der Ähnlichkeit, so daß sie die metasprachliche, selbstreferentielle Funktion des Bezugs auf Substitute (Äquivalente) von Sprachsegmenten darstellt.

Im Unterschied zur metasprachlichen (↑Metasprache) Funktion fokussiert sich J. zufolge die poetische nicht auf den Code, sondern auf die Nachricht um ihrer selbst willen. Diese mit ihrer ↑Ambiguität einhergehende Selbstreflexivität erlangt die poetische Nachricht durch eine Abweichung von der Normalsprache, indem sie das Prinzip der Äquivalenz von der Achse der Selektion auf die Achse der Kombination projiziert (Linguistics and Poetics [1958], in: Selected Writings III, 18–51, hier 25–27). J.s Poetik ist dementsprechend vornehmlich eine der lautlichen und rhythmischen Similaritäten, d. h. der Parallelismen. Im Gegensatz zur lyrischen Poesie, die in diesem Sinne – gleichsam als poetischer Normalfall – metaphorisch die gewöhnlichen Kontextbezüge (Kontiguitäten) durch Selbstbezüge der Sprache (Similaritäten) ersetzt, definiert er jedoch anhand des Zwei-Achsen-Modells zugleich auch die epische, insbes. realistische, Prosa-Dichtung, die metonymisch die für Poesie gewöhnlichen Selbstbezüge der Sprache (Similaritäten) durch Kontextbezüge (Kontiguitäten) ersetzt.

Darüber hinaus sucht J. nicht nur die poetische, sondern auch andersartige Abweichungen von der Normalsprache, insbes. hinsichtlich der Systematik von Spracherwerb und Sprachverlust, anhand des Zwei-Achsen-Modells zu beschreiben. So unterscheidet er parallel zum Gegensatz der Grundbewegungen von Senden und

Empfangen einerseits, sowie zu jenem zwischen lyrischer und Prosa-Dichtung andererseits, zwei Typen aphasischer Störungen: Der am ›similarity disorder‹ leidende Aphasiker ist einseitig auf die kontextuelle Bedingtheit (mithin Dissimilarität oder Differenz) von Kontextelementen eingestellt und dementsprechend um so weniger auf deren sich in veränderten Kontexten durchhaltende Similarität oder Identität; seine Einstellung ist primär jene des Empfängers (Decodierers), er ist encodierungsdefizient und darin – wenn auch in krankhafter Weise – ähnlich dem epischen, insbes. dem realistischen, Prosa-Dichter. Genau das Umgekehrte gilt nach J. für den am ›contiguity disorder‹ leidenden Aphasiker: Er ist einseitig auf die sich in veränderten Kontexten durchhaltende Similarität oder Identität von Kontextelementen eingestellt und dementsprechend um so weniger auf deren kontextuelle Bedingtheit; seine Einstellung ist primär jene des Senders (Encodierers), er ist decodierungsdefizient und darin – wenn auch in krankhafter Weise – ähnlich dem lyrischen Dichter (Two Aspects of Language and Two Types of Aphasic Disturbances [1954], in: Selected Writings II, 239–259; vgl. Kindersprache, Aphasie und allgemeine Lautgesetze [1941], in: Selected Writings I, 328–401).

Werke: Selected Writings I, The Hague 1962, erw. The Hague/Paris ²1971, Berlin ³2002, II, The Hague/Paris 1971, III, ed. S. Rudy, The Hague/Paris/New York 1981, IV, The Hague/Paris 1966, V, ed. S. Rudy/M. Taylor, The Hague/Paris/New York 1979, VI/1–VII, ed. S. Rudy, Berlin/New York/Amsterdam 1985, VIII [= Erg.bd. I], ed. S. Rudy, Berlin/New York/Amsterdam 1988. – Essais de linguistique générale, I–II, Paris 1963/1973, I 2003, II 1979; Questions de poétique, ed. T. Todorov, Paris 1973, gekürzt unter dem Titel: Huit questions de poétique, Paris 1977; Form und Sinn. Sprachwissenschaftliche Betrachtungen, München 1974 (Int. Bibl. allg. Linguistik XIII); Aufsätze zur Linguistik und Poetik, ed. W. Raible, München 1974, Frankfurt/Berlin/Wien 1979; Poetik. Ausgewählte Aufsätze 1921–1971, ed. E. Holenstein/T. Schelbert, Frankfurt 1979, 2005; Language in Literature, ed. K. Pomorska/S. Rudy, Cambridge Mass./London 1987; Semiotik. Ausgewählte Texte 1919–1982, ed. E. Holenstein, Frankfurt 1988, 2008; On Language, ed. L. R. Waugh/M. Monville-Burston, Cambridge Mass./London 1990, 1995; Poesie der Grammatik und Grammatik der Poesie. Sämtliche Gedichtanalysen, I–II, ed. S. Donat/H. Birus, Berlin 2007. – C. H. v. Schooneveld, R. J.. A Bibliography of His Writings, The Hague/Paris 1971; E. Holenstein/D. Münch, Verzeichnis der Veröffentlichungen R. J.s in deutscher Sprache 1921–1982, in: R. J./K. Pomorska, Poesie und Grammatik. Dialoge, Frankfurt 1982, 166–192; S. Rudy, R. J., 1896–1982. A Complete Bibliography of His Writings, Berlin/New York 1990.

Literatur: H. Arens, Sprachwissenschaft. Der Gang ihrer Entwicklung von der Antike bis zur Gegenwart, Freiburg/München ²1969, bes. 630–654; D. Armstrong/C. H. v. Schooneveld (eds.), R. J.. Echoes of His Scholarship, Lisse 1977; R. Austerlitz, J., in: H. Stammerjohann u. a. (eds.), Lexicon Grammaticorum. Who's Who in the History of World Linguistics, Tübingen 1996, 471–474; H. Birus/S. Donat/B. Meyer-Sickendiek (eds.), R. J.s Gedichtanalysen. Eine Herausforderung an die Philologien, Göttingen 2003; R. Bradford, R. J.. Life, Language, Art, London/New York 1994, 1995; H. Bredin, R. J. on Metaphor and Metonymy, Philosophy and Literature 8 (1984), 89–103; J. M. Broekman, Strukturalismus. Moskau – Prag – Paris, Freiburg/München 1971, bes. 33–84; J. Culler, Structuralist Poetics. Structuralism, Linguistics and the Study of Literature, London, Ithaca N. Y. 1975, London/New York 2002; D. Delas, R. J., Paris 1993; F. Dosse, Histoire du structuralisme I (Le champ du signe, 1945–1966), Paris 1991, 1995, bes. 76–83 (dt. Geschichte des Strukturalismus I [Das Feld des Zeichens, 1945–1966], Hamburg 1996, Frankfurt 1999, bes. 90–99); U. Eco, The Influence of R. J. on the Development of Semiotics, in: D. Armstrong/C. H. v. Schooneveld (eds.), R. J. [s. o.], 39–58 (dt. Der Einfluß R. J.s auf die Entwicklung der Semiotik, in: M. Krampen u. a. [eds.], Die Welt als Zeichen. Klassiker der modernen Semiotik, Berlin 1981, 173–204); H.-G. Gadamer, Hegel und der Sprachforscher R. J., in: R. J./ders./E. Holenstein, Das Erbe Hegels II, Frankfurt 1984, 13–20; P. Ghils, Les tensions du langage. La linguistique de J. entre le binarisme et la contradiction, Bern etc. 1994; S. Grotz, Vom Umgang mit Tautologien. Martin Heidegger und R. J., Hamburg 2000; M. Halle, J., IESS XVIII (1979), 335–341; ders. (ed.), R. J.. What He Taught Us, Columbus Ohio 1983 (International Journal of Slavic Linguistics and Poetics Suppl. 27); ders. u. a. (eds.), For R. J.. Essays on the Occasion of His Sixtieth Birthday, 11 October 1956, The Hague 1956; E. Holenstein, J. und Husserl. Ein Beitrag zur Genealogie des Strukturalismus, Tijdschr. Filos. 35 (1973), 560–607, erw. in: ders., Linguistik Semiotik Hermeneutik. Plädoyers für eine strukturale Phänomenologie, Frankfurt 1976, 13–55; ders., A New Essay Concerning the Basic Relations of Language, Semiotica 12 (1974), 97–128 (dt. Die zwei Achsen der Sprache und ihre Grundlagen, in: ders., Linguistik Semiotik Hermeneutik [s. o.], 76–113); ders., R. J.s phänomenologischer Strukturalismus, Frankfurt 1975 (franz. J.. Ou, Le structuralisme phénoménologique, Paris 1975; engl. R. J.'s Approach to Language. Phenomenological Structuralism, Bloomington Ind./London 1976); ders., Von der Hintergehbarkeit der Sprache. Kognitive Grundlagen der Sprache, Frankfurt 1980 (mit Anhang: Zwei Vorträge von R. J., 159–186); ders., J., in: B. Lutz (ed.), Metzler Philosophen Lexikon. Dreihundert biographisch-werkgeschichtliche Porträts von den Vorsokratikern bis zu den Neuen Philosophen, Stuttgart 1989, 390–391, mit gekürztem Untertitel: Von den Vorsokratikern bis zu den Neuen Philosophen, Stuttgart/Weimar ²1995, 422–423, ³2003, 340–341; M. Krampen, A Bouquet for R. J., Semiotica 33 (1981), 261–299; G. C. Lepschy, La linguistica strutturale, Turin 1966, 1990, bes. 119–128 (dt. Die strukturale Sprachwissenschaft, München 1969, ⁴1974, bes. 85–94); O. Leška/J. Nekvapil/O. Šoltys, Prologue. Ferdinand de Saussure and the Prague Linguistic Circle, in: J. Chloupek/J. Nekvapil (eds.), Studies in Functional Stylistics, Amsterdam/Philadelphia Pa. 1993, 9–50; W. Nöth, Handbuch der Semiotik, Stuttgart/Weimar ²2000, bes. 103–106 (Kap. II/7); J. Patočka, R. J.s phänomenologischer Strukturalismus, Tijdschr. Filos. 38 (1976), 129–135, ferner in: ders., Texte – Dokumente – Bibliographie, ed. L. Hagedorn/H. R. Sepp, Freiburg/München/Prag 1999, 409–418; J. Petitot-Cocorda, Les catastrophes de la parole de R. J. à René Thom, Paris 1985; K. Pomorska, J.ian Poetics and Slavic Narrative. From Pushkin to Solzhenitsyn, ed. H. Baran, Durham N. C./London 1992; dies. u. a. (eds.), Language, Poetry and Poetics. The Generation of the 1890 s. J., Trubetzkoy, Majakovskij. Proceedings of the First R. J. Colloquium, at the Massachusetts Institute of Technology. October 5–6, 1984, Berlin/New York/Amsterdam 1987; M. Riffaterre, Describing Poetic Structures.

Two Approaches to Baudelaire's »Les chats«, Yale French Stud. 36/37 (1966), 200–242 (franz. La description des structures poétiques. Deux approches du poème de Baudelaire »Les chats«, in: ders., Essais de stilistique structurale, ed. D. Delas, Paris 1971, 1975, 307–364; dt. Die Beschreibung poetischer Strukturen. Zwei Versuche zu Baudelaires Gedicht »Les chats«, in: ders., Strukturale Stilistik, München 1973, 232–282); N. Ruwet, Limites de l'analyse linguistique en poétique, Langages 12 (1968), 56–70 (dt. Grenzen der linguistischen Analyse in der Poetik, in: J. Ihwe [ed.], Literaturwissenschaft und Linguistik. Ergebnisse und Perspektiven II/1, Frankfurt 1971, 267–284); R. B. Sangster, R. J. and Beyond. Language as a System of Signs. The Quest for the Ultimate Invariants in Language, Berlin/New York/Amsterdam 1982; G. Saße, J., in: H. Turk (ed.), Klassiker der Literaturtheorie. Von Boileau bis Barthes, München 1979, 286–297; H. Schnelle (ed.), Sprache und Gehirn. R. J. zu Ehren, Frankfurt 1981, ²1990; P. Swiggers, La linguistique fonctionnelle du Cercle de Prague, Philologica Pragensia 29 (1986), 76–82; ders., Variation, Invariance, Hierarchy, and Integration as Grammatical Parameters, Löwen 1987; O. Szemerényi, Richtungen der modernen Sprachwissenschaft I (Von Saussure bis Bloomfield. 1916–1950), Heidelberg 1971, bes. 73–86; ders., Richtungen der modernen Sprachwissenschaft II (Die fünfziger Jahre. 1950–1960), Heidelberg 1982, bes. 59–78; J. Toman, The Magic of a Common Language. J., Mathesius, Trubetzkoy, and the Prague Linguistic Circle, Cambridge Mass./London 1995; L. R. Waugh, R. J.'s Science of Language, Lisse 1976; ders., J., IESBS XII (2001), 7945–7949; P. Wenzel, J., in: A. Nünning (ed.), Metzler Lexikon Literatur- und Kulturtheorie. Ansätze – Personen – Grundbegriffe, Stuttgart/Weimar 1998, 246–247, ²2001, 292–294, ³2004, 305–306. – R.u J.ovi pozdrav a díkůvzdání, Brno 1939; To Honor R. J.. Essays on the Occasion of His Seventieth Birthday, 11 October 1966, I–III, The Hague/Paris 1967; A Tribute to R. J.. 1896–1982, Berlin/New York/Amsterdam 1983; Materialy meždunarodnogo kongressa ›100 let R. O. J.u‹. Moskva 18–23 dekabrja 1996/Contributions to the International Congress ›R. J. Centennial‹. Moscow 18–23 December 1996, Moskau 1996. – Sondernummern: Sprache im technischen Zeitalter 29 (1969), 1–58; Poétique 2 (1971), 273–412; Critique 30 (1974), 193–289; L'arc 60 (1975); Cahiers Cistre 5 (1978); Poetics Today 2 (1980), H. 1 a, 7–188; Langue française 110 (1996); Litteraria humanitas 4 (1996); Acta Linguistica Hafniensia 29 (1998).   T. G.

James, William, *New York 11. Jan. 1842, †Cocorua N. H. 26. Aug. 1910, amerik. Philosoph und Psychologe. 1861–1864 Studium der Chemie und Physiologie an der Harvard University, 1864 Beginn des Medizinstudiums, Fortsetzung (unterbrochen durch eine zoologische Expedition ins Amazonasgebiet) 1866; 1887/1888 Aufenthalt in Deutschland (unter anderem in Heidelberg, Berlin und Dresden), Studium der deutschen Sprache, Philosophie, Kunst und Literatur sowie intensive Beschäftigung mit der entstehenden Psychologie; 1889 Abschluß des Medizinstudiums in Harvard, ab 1872 Lehrtätigkeit in Anatomie, vergleichender Physiologie und Hygiene ebendort; 1880 Assist. Prof. der Philosophie, 1885 Prof. der Philosophie, 1889 der Psychologie, 1897–1907 wiederum der Philosophie. 1876 Gründung des ersten amerikanischen Labors für experimentelle ↑Psychologie (un-

ter Einfluß von H. v. Helmholtz und W. Wundt); zahlreiche Europareisen, Bekanntschaft unter anderem mit E. Mach und C. Stumpf – J. ist zusammen mit C. S. Peirce, zu dem er auf Grund gemeinsamer Mitgliedschaft im ›Metaphysischen Club‹ in Cambridge Mass. ab ca. 1871/1872 in Verbindung stand, Begründer des amerikanischen ↑Pragmatismus, wobei J. im Gegensatz zu Peirce eine geschlossenere und mehr an der einzelwissenschaftlichen Theorieentwicklung seiner Zeit (vor allem der experimentellen Psychologie und dem ↑Darwinismus) orientierte, darum populärere, Version vertrat, die über die (zum Teil kritische) Rezeption unter anderem bei J. Dewey, B. Russell, E. Husserl und (dem späteren) L. Wittgenstein einen großen Einfluß auf die Philosophie der Gegenwart, z. B. den wissenschaftstheoretischen ↑Operationalismus, ausübte. Im Unterschied zu einigen seiner Nachfolger bestand J. auf dem Unterschied von psychischen Prozessen und normativen Regeln des Denkens und wandte sich somit gegen eine psychologistische (↑Psychologismus) Deutung des Pragmatismus.

Der Pragmatismus ist nach J. zunächst eine ↑Wahrheitstheorie, die unterstellt, daß Menschen wahre Vorstellungen als Instrumente zur Befriedigung der Lebensbedürfnisse (im umfassenden Sinn) benötigen (↑Instrumentalismus). Dabei setzt sich J. mit der von ihm ›rationalistisch‹ oder ›intellektualistisch‹ genannten Interpretation der Wahrheit als Korrespondenz (↑Wahrheitstheorien) auseinander, dergemäß sich Vorstellungen an präexistierende ↑Sachverhalte anzupassen haben, um ›wahr‹ genannt werden zu können. Er zeigt an Beispielen, daß die ›Übereinstimmung‹ kein sinnvolles Wahrheitskriterium sein kann, weil für das Vorliegen der Übereinstimmungsbeziehung selbst Kriterien angegeben werden müssen; solche Kriterien können nur in den Folgen gesucht werden, die die Unterstellung der Wahrheit einer Vorstellung für das Handeln hat. Daher ist die Übereinstimmung nicht das Kriterium für die Wahrheit, sondern der praktische Nutzen das Kriterium für das Vorliegen der Übereinstimmung; wahre Konzeptionen sind ↑Lebensformen, nicht starre Beziehungen zwischen Sätzen und Objekten. Die pragmatische Konzeption der Wahrheit beinhaltet dabei, daß sich die Gattung im evolutionären Prozeß (besonders durch Wissenschaft) in Ansehung zukünftiger Bedürfnisse einen Überschuß von Wahrheiten zurechtlegt; wissenschaftliche Theoriebildung ist somit die im Zuge der ↑Evolution erfolgende Herausbildung eines kognitiven Vorrats in praktischer Absicht. Da es keine absoluten Sachverhalte gibt, ist die Wahrheit einer Vorstellung das Ziel eines Prozesses des Wahr*machens* (der Verifikation). Dabei bezieht man sich in den meisten Fällen nur auf *mögliche* Verifikationen, von deren Ausführbarkeit man (gelegentlich zu Unrecht) überzeugt ist. Ein Grenzfall wahrer Vorstellungen sind die ideellen (›rein geisti-gen‹) Wahrheiten (↑analytisch). Hier gelingt eine Verifikation immer, da sie allein von der ›richtigen Benennung‹ der Dinge abhängt; dies ändert jedoch nichts daran, daß auch in diesen Fällen das Wahrheitskriterium der praktische Nutzen der Annahme ist. In der Frage der ›absoluten Wahrheit‹ schwankte J. zwischen einem letzten ↑Pluralismus einerseits und der Vorstellung einer ↑regulativen Idee andererseits, auf die hin alle Verifikationsbemühungen konvergieren.

Im Unterschied zu Peirce ist diese Idee nicht auf eine unendliche ↑Kommunikationsgemeinschaft als ihr Subjekt bezogen, sondern auf den singularen Menschen in seiner konkreten Lebensbewältigung (der Einfluß des Darwinismus auf J. ist unübersehbar, wenn dieser die Fähigkeit des Menschen, die Wahrheit zu erkennen, als dessen einzige Überlebenschance herausstellt). Methodologisch und erkenntnistheoretisch verwandelt J. dadurch den Pragmatismus, den Peirce als Reformulierung der ↑Transzendentalphilosophie I. Kants betrachtete, in eine funktionalistische Variante des ↑Empirismus. Auf der Grundlage der pragmatischen Wahrheitstheorie besagt dieser erkenntnistheoretische Funktionalismus (↑Biologismus), daß die Bedeutung jeder Erkenntnisleistung an ihrer Funktion für die Lebensbewältigung des Individuums in seiner konkreten Situation zu messen ist (›pragmatische Maxime‹). Der funktionalistischen Kritik unterliegen nach J. nicht nur Alltagserkenntnis und Wissenschaft, sondern auch Religion, Metaphysik und Kunst. Auch die ›Hypothese von Gott‹ muß nach J. ihren Nutzen im alltäglichen Leben beweisen. Da über diesen Nutzen nur durch das Individuum in besonderen Situationen entschieden werden könne, trägt die Religions- und Moralphilosophie von J. einen existentialistischen Akzent (↑Existenzphilosophie). – Auch für die von J. detailliert ausformulierte Wissenschaftstheorie der Psychologie ist der Funktionalismus bestimmend, wobei J. sich vor allem gegen jede rationalistische bzw. essentialistische Vermögenspsychologie (↑Vermögen) wandte. Wie viele zeitgenössische Psychologen in Europa plädierte J. für ein naturwissenschaftliches Verständnis der Psychologie, wobei für ihn evolutionistische Vorstellungen eine große Rolle spielten, während er mechanistische Ansätze der Psychologie zurückwies.

Werke: The Works of W. J., I–XVII, ed. F. H. Burkhardt/F. Bowers/K. Skrupskelis/J. J. McDermott, Cambridge Mass./London 1975–1988. – (ed.) The Literary Remains of the Late Henry James, Boston Mass. 1885, 1897; The Principles of Psychology, I–II, New York 1890, Cambridge Mass. 1981 (= Works VIII), New York 2007; Psychology, Briefer Course, New York, London 1892, Cambridge Mass./London 1984 (= Works XII) (dt. Psychologie, Leipzig 1909, ²1920); The Will to Believe, and Other Essays in Popular Philosophy, New York/London 1897, Cambridge Mass./London 1979 (= Works VI) (dt. Der Wille zum Glauben und andere popularphilosophische Essays, Stuttgart 1899); Human Immortality. Two Supposed Objections to the Doctrine, Boston Mass./New York 1898, London 1917; Talks to Teachers on Psychology and to Students on Some of Life's Ideals, New York/London 1899, Cambridge Mass./London 1983 (= Works X) (dt. Übers. des 1. Teils Psychologie und Erziehung. Ansprachen an Lehrer, Leipzig 1900, Saarbrücken 2006); On Some of Life's Ideals. On a Certain Blindness in Human Beings. What Makes a Life Significant, New York 1900 (repr. Norwood Pa. 1976); The Varieties of Religious Experience. A Study in Human Nature, New York/London 1902, Cambridge Mass./London 1985 (= Works XIII), London/New York 2008 (dt. Die religiöse Erfahrung in ihrer Mannigfaltigkeit. Materialien und Studien zu einer Psychologie und Pathologie des religiösen Lebens, Leipzig 1907, ⁴1925, unter dem Titel: Die Vielfalt religiöser Erfahrung. Eine Studie über die menschliche Natur, Frankfurt 2002); Pragmatism. A New Name for Some Old Ways of Thinking. Popular Lectures on Philosophy, New York/London 1907, Cambridge Mass./London 1975 (= Works I), zusammen mit: The Meaning of Truth. A Sequel to »Pragmatism«, Introd. A. J. Ayer, Cambridge Mass. 1978, ed. B. Kuklick, Indianapolis Ind. 1981 (dt. Der Pragmatismus. Ein neuer Name für alte Denkmethoden. Volkstümliche philosophische Vorlesungen, Leipzig 1908, unter dem Titel: Der Pragmatismus. Ein neuer Name für einige alte Wege des Denkens, Berlin 2000); A Pluralistic Universe, New York/London 1909, mit: Essays in Radical Empiricism [s. u.], New York 1967, separat Cambridge Mass./London 1977 (= Works IV) (dt. Das pluralistische Universum, Leipzig 1914 [repr. Darmstadt 1994]); The Meaning of Truth. A Sequel to »Pragmatism«, New York/London 1909, ohne Untertitel, Cambridge Mass./London 1975 (= Works II); Some Problems of Philosophy. A Beginning of an Introduction to Philosophy, New York/London 1911 (repr. New York 1968), ohne Untertitel, Cambridge Mass./London 1979 (= Works VII); Memories and Studies, New York/London 1911 (repr. New York 1968); Essays in Radical Empiricism, New York/London 1912, mit: A Pluralistic Universe [s. o.], New York 1967, separat Cambridge Mass./London 1976 (= Works III); The Letters of W. J., ed. H. James, Boston Mass., London 1920 (repr. New York 1969); Collected Essays and Reviews, ed. R. B. Perry, New York/London 1920, New York 1969; Essays on Faith and Morals, ed. R. B. Perry, New York/London 1943, New York 1974 (dt. Essays über Glaube und Ethik, Gütersloh 1948); Essays in Pragmatism, ed. A. Castell, New York 1948, 1974; W. J. on Psychical Research, ed. G. Murphy/R. O. Ballou, New York 1960, unter dem Titel: Essays in Psychical Research, Boston Mass./London 1986 (= Works XIV); The Writings of W. J.. A Comprehensive Edition, ed. J. J. McDermott, New York 1967, Chicago Ill. ²1977 (mit komment. Werkverzeichnis bis 1977, 811–858); The Moral Philosophy of W. J., ed. J. K. Roth, New York 1969; Essays in Philosophy, Cambridge Mass./London 1978 (= Works V). – The Correspondence of W. J., I–XII, ed. I. K. Skrupskelis/E. M. Berkeley, Charlottesville Va./London 1992–2004. – I. K. Skrupskelis, W. J.. A Reference Guide, Boston Mass. 1977.

Literatur: G. W. Allen, W. J., Minneapolis Minn. 1970; A. J. Ayer, The Origins of Pragmatism. Studies in the Philosophy of Charles Sanders Peirce and W. J., London/Melbourne, San Francisco Calif. 1968, London ²1974, Basingstoke/London 2004, bes. 173–324; G. Bird, W. J., London 1986, 1999; E. Boutroux, W. J., Paris 1911, ³1912 (engl. W. J., New York/London 1912 [repr. Ann Arbor Mich. 1972]; dt. W. J.. Mit einem Brief des Verfassers an den Übersetzer und zwei Abhandlungen des Verfassers [...], Leipzig 1912); F. H. Bradley, On Truth and Practice, Mind 13 (1904), 309–335; ders., Essays on Truth and Reality, Oxford 1914, 1999 (= Collected Works of F. H. Bradley X), bes. 124–158; R. Carnap, Empiricism, Semantics and Ontology, Rev. int. philos. 4 (1950), 20–40, Nachdr. in: ders., Meaning and Necessity. A Study in Semantics and Modal Logic, Chicago Ill./London ²1956, 1988, 205–221 (dt. Empirismus, Semantik und Ontologie, in: ders., Bedeutung und Notwendigkeit. Eine Studie zur Semantik und modalen Logik, Wien/New York 1972, 257–278); W. R. Corti (ed.), The Philosophy of W. J., Hamburg 1976 (mit Bibliographie, 385–393); J. Dewey, The Vanishing Subject in the Philosophy of J., J. Philos. 37 (1940), 589–599; R. Diaz-Bone/K. Schubert, W. J. zur Einführung, Hamburg 1996; W. J. Earle, W. J., Enc. Ph. IV (1967), 240–249; J. M. Edie, W. J. and Phenomenology, Rev. Met. 23 (1969), 481–526; ders., The Genesis of a Phenomenological Theory of the Experience of Personal Identity. W. J. on Consciousness and the Self, Man and World 6 (1973), 322–340; M. Fairbanks, Wittgenstein and J., New Scholasticism 40 (1966), 331–340; S. Ferrell, J., DSB VII (1973), 67–69; T. Flournoy, La philosophie de W. J., Saint-Blaise 1911 (engl. The Philosophy of W. J., New York 1917 [repr. Freeport N. Y. 1969]; dt. Die Philosophie von W. J., Tübingen 1930); A. Fuhrmann, Absolute pragmatische Wahrheit, in: ders./E. J. Olssen (eds.), Pragmatisch denken, Frankfurt/Lancaster Pa. 2004, 171–188; R. M. Gale, The Divided Self of W. J., Cambridge 1999; ders., The Philosophy of W. J.. An Introduction, Cambridge 2005; P. Ginestier, J., DP I (²1993), 1477–1482; R. B. Goodman, J., SEP 2000, rev. 2009; ders., Wittgenstein and W. J., Cambridge 2002; E. Herms, Radical Empiricism. Studien zur Psychologie, Metaphysik und Religionstheorie W. J.', Gütersloh 1977; K.-M. Hingst, Perspektivismus und Pragmatismus, Würzburg 1998; C. Hookway, Pragmatism, SEP 2008; G. Kahle, W. J., in: F. Volpi (ed.), Großes Werklexikon der Philosophie I, Stuttgart 1999, 749–753; H. M. Kallen (ed.), In Commemoration of W. J. 1842–1942, New York 1942; J. Linschoten, Op weg naar een fenomenologische psychologie. De psychologie van W. J., Utrecht 1959, 1967 (dt. Auf dem Wege zu einer phänomenologischen Psychologie. Die Psychologie von W. J., Berlin 1961; engl. On the Way Toward a Phenomenological Psychology. The Psychology of W. J., Pittsburgh Pa. 1968); A. O. Lovejoy, The Thirteen Pragmatisms and Other Essays, Baltimore Md. 1963, Westport Conn. 1983, bes. 79–132; G. Luh-Hardegg, W. J.' Philosophie und Psychologie der Religion. Eine Auseinandersetzung, Frankfurt 2002; E. Martens, J., in: O. Höffe (ed.), Klassiker der Philosophie II, München 1981, 237–242, 486, ³1995, 237–242, 492; T. R. Martland, The Metaphysics of W. J. and J. Dewey. Process and Structure in Philosophy and Religion, New York 1963, 1969; G. E. Moore, W. J.' »Pragmatism«, in: ders., Philosophical Studies, London 1922, Totowa N. J. 1965, 97–146 (dt. W. J. »Der Pragmatismus«, in: ders., Philosophische Studien, Frankfurt 2007 [= Ausgewählte Schriften II]; C. W. Morris, The Pragmatic Movement in American Philosophy, New York 1970 (dt. Die pragmatische Bewegung in der amerikanischen Philosophie, in: ders., Pragmatische Semiotik und Handlungstheorie, Frankfurt 1977, 193–345); L. R. Morris, W. J.. The Message of a Modern Mind, New York 1950, 1969; G. W. Myers, W. J.. His Life and Thought, New Haven Conn. 1986; K. Oehler (ed.), W. J. Pragmatismus. Ein neuer Name für einige alte Wege des Denkens, Berlin 2000; D. Olin (ed.), W. J.' Pragmatism in Focus, London/New York 1992; J. O. Pawelski, The Dynamic Individualism of W. J., Albany N. Y. 2007; R. B. Perry, The Thought and Character of W. J., as Revealed in Unpublished Correspondence and Notes, Together with His Published Writings, I–II, Boston Mass. 1935, Nashville Tenn./London 1996; ders., In the Spirit of W. J., New Haven Conn./London 1938, Westport Conn. 1979; H. Putnam, Pragmatism. An Open Question, Oxford 1995 (dt. Pragmatismus. Eine offene Frage, Frankfurt/New York 1995); R. A. Putnam (ed.), The Cambridge Companion to W. J., Cambridge Mass. 1997, 2005; ders., J., REP V (1998), 60–68; A. J. Reck, Introduction to W. J.. An Essay and Selected Texts, Bloomington Ind./London 1967; ders., W. J. et l'attitude pragmatiste, Paris 1967; ders., Epistemology in W. J.'s »Principles of Psychology«, in: R. C. Whittemore (ed.), Dewey and His Influence. Essays in Honor of George Estes Barton, New Orleans La./The Hague 1973, 79–115; S. B. Rosenthal, Recent Perspectives on American Pragmatism, I–II, Transact. Charles S. Peirce Soc. 10 (1974), I, 76–93, II, 166–184; J. Royce, W. J. and Other Essays on the Philosophy of Life, New York 1911, 1969; B. Russell, W. J.' Conception of Truth, in: ders., Philosophical Essays, London 1910, 2003, 112–130; I. Scheffler, Four Pragmatists. A Critical Introduction to Peirce, J., Mead and Dewey, London/New York 1974, 1986, bes. 93–146; F. C. S. Schiller, W. J. and the Making of Pragmatism, Personalist 8 (1927), 81–93; ders., W. J. and Empiricism, J. Philos. 25 (1928), 155–162; H. Schmidt, Der Begriff der Erfahrungskontinuität bei W. J. und seine Bedeutung für den amerikanischen Pragmatismus, Heidelberg 1959; A. Schütz, W. J.' Concept of the Stream of Thought Phenomenologically Interpreted, Philos. Phenom. Res. 1 (1940/1941), 442–452; C. H. Seigfried, Chaos and Context. A Study in W. J., Athens Ohio 1978; L. Simon, Genuine Reality. A Life of W. J., New York 1998, Chicago Ill. 1999; M. R. Slater, W. J. on Ethics and Faith, Cambridge/New York 2009; R. Stevens, J. and Husserl. The Foundations of Meaning, The Hague 1974; K. Stumpf, W. J. nach seinen Briefen. Leben, Charakter, Lehre, Berlin 1927, 1928; E. K. Suckiel, The Pragmatic Philosophy of W. J., Notre Dame Ind./London 1982, 1984; dies., W. J., in: J. R. Shook (ed.), Dictionary of Modern American Philosophers II, Bristol 2005, 1225–1232; H. S. Thayer, Meaning and Action. A Critical History of Pragmatism, Indianapolis Ind. 1968, ²1981, 1992, bes. 133–164 (Chap. II W. J.). C. F. G.

Jansenismus, nach dem holländischen Theologen und Bischof C. Jansen benannte innerkatholische Oppositionsbewegung des 17. und 18. Jhs. (vor allem in Frankreich und den Niederlanden). Ihre Hauptlehren sind: (1) Die göttliche Gnade ist unwiderstehlich und macht das menschliche Handeln, soweit es von Zwang frei ist, gut. Dagegen betonte die jesuitische Schule (L. de Molina) stärker die Willensfreiheit (↑Wille); die Dominikaner nahmen eine Mittelstellung ein (D. Banez). (2) Gegen den jesuitischen ↑Probabilismus und den dominikanischen Probabiliorismus lehrt der J. einen ↑Rigorismus, nach dem eine Handlung oder eine Unterlassung erst dann erlaubt ist, wenn deren Sündlosigkeit zweifelsfrei ist. (3) Gegen den päpstlichen Zentralismus betont der J. unter Berufung auf das Urchristentum die Eigenständigkeit von Bischofs- und Pfarrkirche, was ihn zeitweise zum Verbündeten des Gallikanismus macht; zugleich fordert er den Vorrang der Kirche vor dem Staat und lehnt das Staatskirchentum ab, was ihm im Regalienstreit (in dem es um die staatlichen Einkünfte aus unbesetzten kirchlichen Pfründen geht) die Verfolgung durch das französische Königtum einträgt. Hauptvertreter des J. sind J.-A. Duvergier de Hauranne (genannt ›Saint-Cyran‹) (gegen den päpstlichen Zentralismus), A. Arnauld (gegen jesuitische Sakramentenpraxis), B. Pascal (gegen den jesuitischen Probabilismus) und P. Quesnel. Bis zu seiner Zerstörung unter Ludwig XIV. bildet das Kloster von Port-Royal (bei Versailles) den geistigen Mittelpunkt des J.. – Gegen den J. sind seit 1643 mehrere päpstliche Bullen gerichtet, vor allem »Cum occasione« (1653) und die gegen Quesnel gerichtete Bulle »Unigenitus« (1713).

Literatur: N. Abercrombie, The Origins of Jansenism, Oxford 1936; J.-R. Armogathe/M. Dupay, Jansénisme, in: M. Viller u. a. (eds.), Dictonnaire de spiritualité, ascétique et mystique, doctrine et histoire VIII, Paris 1974, 102–148; R. Baustert, La querelle janséniste extra muros. Ou la polémique autour de la procession des Jésuites de Luxembourg, 20 mai 1685, Tübingen 2006; P. Blet, Louis XVI et les Papes aux prises avec le Jansénisme, Arch. hist. pontificiae 31 (1993), 109–192, 32 (1994), 65–148; J. Carreyre, Jansénisme, in: A. Vacant/E. Mangenot/É. Amann (eds.), Dictionnaire de théologie catholique VIII/1, Paris 1947, 318–529; L. Ceyssens, Jansenistica. Studiën in verband met de geschiedenis van het Jansenisme, I–IV, Mechelen 1950–1962; ders. (ed.), Jansenistica minora, I–XIV, Mechelen, Malines, Amsterdam [1950–]1979; ders. (ed.), Sources relatives aux débuts du jansénisme et de l'antijansénisme, 1640–1643, Louvain 1957; ders. (ed.), La fin de la première périod du jansénisme. Sources des années 1654–1660, I–II, Brüssel 1963/1965; ders./S. de Munter (eds.), Sources relatives à l'histoire du jansénisme et de l'antijansénisme des années 1661–1672, Louvain 1968; dies. (eds.), Sources relatives à l'histoire du jansénisme et de l'antijansénisme des années 1677–1679, Louvain 1974; L. Cognet, Le jansénisme, Paris 1961, [7]1995; W. Deinhardt, Der J. in deutschen Landen. Ein Beitrag zur Kirchengeschichte des 18. Jahrhunderts, München 1929 (repr. Hildesheim 1976); W. Doyle, Jansenism. Catholic Resistance to Authority from the Reformation to the French Revolution, New York 1999, Basingstoke, New York 2000; FM II (1994), 1929–1932 (jansenismo); A. L. Gazier, Histoire générale du mouvement janséniste depuis ses origines jusqu'à nos jours, I–II, Paris 1922, [6]1923/1924; P. Hersche, Der Spätjansenismus in Österreich, Wien 1977; ders., J., RGG IV ([4]2001), 369–372; H. Hildesheimer, J., Jansenisten, Jansenistenstreit, LThK ([3]1996), 739–744; É. Jacques, Jansénisme, antijansénisme. Acteurs, auteurs et témoins, Brüssel 1988; A. C. Jemolo, Il giansenismo in Italia prima della rivoluzione, Bari 1928; L. Kolakowski, God Owes Us Nothing. A Brief Remark on Pascal's Religion and the Spirit of Jansenism, Chicago Ill./London 1995, 1998 (franz. Dieu ne nous doit rien. Brève remarque sur la religion de Pascal et l'esprit du jansénisme, Paris 1997; dt. Gott schuldet uns nichts. Eine Anmerkung zur Religion Pascals und zum Geist des J., Heimbach/Aachen 2007); B. R. Kreiser, Miracles, Convulsions, and Ecclesiastical Politics in Early Eighteenth-Century Paris, Princeton N. J. 1978; H. Lehmann/H.-J. Schrader/H. Schilling (eds.), J., Quietismus, Pietismus, Göttingen 2002; C. Maire, De la cause de dieu à la cause de la nation. Le jansénisme au XVIIIe siècle, Paris 1998; C. H. O'Brian, Jansen/J., TRE XVI (1987), 502–509; T. O'Connor, Irish Jansenists 1600–70. Religion and Politics in Flanders, France, Ireland and Rome, Dublin 2008; J. Orcibal, Les origines du jansénisme, I–V, Louvain/Paris, 1947–1962; E. Préclin, Les jansénistes du XVIIIe

siècle et la Constitution civile du Clergé. Le développement du richérisme, sa propagation dans le Bas Clergé, 1713–1791, Paris 1929; W. E. Rex, Pascal's Provincial Letters. An Introduction, London/Sydney/Auckland, New York 1977; E. Sales Souza, Jansénisme et réforme de l'église dans l'empire portugais, 1640 à 1790, Paris 2004; J. Saugnieux, Le jansénisme espagnol du XVIIIe siècle. Ses composantes et ses sources, Oviedo 1975; W. Schmidt-Biggemann, J., Hist. Wb. Ph. IV (1976), 634–640; A. Sedgwick, Jansenism in Seventeenth-Century France. Voices from the Wilderness, Charlottesville Va. 1977; ders., Il giansenismo in Italia, I–III [I I preludi tra seicento e primo settecento, II Il movimento giansenista e la produzione libraria, III Crisi finale e transizioni], Rom 2006; R. Taveneaux (ed.), Jansénisme et politique, Paris 1965; ders., La vie quotidienne des jansénistes aux XVIIe et XVIIIe siècles, Paris 1973, 1985; ders. (ed.), Jansénisme et prêt à intérêt. Introduction, choix de textes et commentaires, Paris 1977; D. Van Kley, The Jansenists and the Expulsion of the Jesuits from France 1757–1767, New Haven Conn./London 1975; F. E. Weaver, The Evolution of the Reform of Port-Royal. From the Rule of Cîteaux to Jansenism, Paris 1978; E. Weis, J. und Gesellschaft in Frankreich, Hist. Z. 214 (1972), 42–57; L. Willaert, Les origines du jansénisme dans les Pays-Bas catholiques. Le milieu, le jansénisme avant la lettre, Brüssel 1948, als Bd. I, Gembloux 1948 [mehr nicht ersch.]; ders., Bibliotheca Janseniana Belgica. Répertoire des imprimés concernant les controverses théologiques en relation avec le jansénisme dans les Pays-Bas catholiques et le Pays de Liège aux XVIIe et XVIIIe siècles, I–III, Namur, Louvain, Paris 1949–1951; ders., J., Jansenisten, Jansenistenstreit, LThK V ([2]1960), 865–869. – Actes du Colloque sur le Jansénisme. Organisé par l'Academia Belgica, Rom, 2 et 3 novembre 1973, Louvain 1977. O. S.

Jaspers, Karl, *Oldenburg 23. Febr. 1883, †Basel 26. Febr. 1969, dt. Psychiater und Philosoph, Begründer der wissenschaftlichen Psychopathologie und einer der Hauptvertreter der ↑Existenzphilosophie. 1901–1902 Studium der Jurisprudenz in Heidelberg und München, 1902–1908 Studium der Medizin in Berlin, Göttingen und Heidelberg, 1908 Staatsexamen und Promotion zum Dr. med. mit der Dissertation »Heimweh und Verbrechen« an der Universität Heidelberg; 1909 Approbation zum Arzt, erste Begegnung mit M. Weber; 1909–1915 Volontärassistent an der Heidelberger Psychiatrischen Klinik; 1913 bei W. Windelband Habilitation für Psychologie mit »Allgemeine Psychopathologie«; 1916 a. o. Prof. für Psychologie; 1920 a. o., 1922 o. Prof. für Philosophie an der Universität Heidelberg; in den 1920er Jahren Freundschaft mit M. Heidegger, die mit Heideggers Hinwendung zum Nationalsozialismus zerbricht; 1937–1945 Lehrverbot; 1945 Wiedereinsetzung in seine Professur; 1948–1961 Prof. für Philosophie an der Universität Basel.

J.' »Allgemeine Psychopathologie« (1913) überwindet die bis dahin rein klassifikatorische Psychiatrie und stellt sie auf eine begrifflich und methodisch erweiterte Grundlage. Die *beschreibende* Psychopathologie erhebt die erfahrungsmäßig zugänglichen Sachverhalte des Seelischen, die entweder vom Subjekt als seine Erlebnisinhalte vergegenwärtigt oder von außen als Leistungen erfaßt werden. Während das *Erklären* psychischer Phänomene sich auf außerpsychische, z. B. physiologische, Kausalzusammenhänge bezieht, erkundet das *Verstehen* die innerpsychischen Genesen. Dieses analytische Vorgehen ist nach J. durch eine synthetische Betrachtungsweise zu ergänzen und zu vollenden. Sie begreift eine seelische Erkrankung als Ausdruck einer Störung der Ganzheit des seelischen Lebens einer Person. Das Werk schließt ab mit einer philosophischen Besinnung auf das Ganze des Menschseins. Sie dient nicht einer Erweiterung des Fachwissens, sondern klärt die Grundhaltung, in der sich therapeutische Bemühungen und die Auseinandersetzung des Menschen mit sich und seinem Leben vollziehen sollen.

J.' zweites grundlegendes Werk im Raum der Psychologie, seine »Psychologie der Weltanschauungen« (1919), sucht die letzten bestimmenden Gründe des Seelischen zu erschließen. Danach enthält eine ↑Weltanschauung außer Erkenntnissen und Meinungen auch individuelle und kollektive Sinn- und Wertgesichtspunkte und Wertangebote, die das Leben von Individuen und Gemeinschaften im Ganzen wie im Einzelnen bestimmen (können). J. differenziert zwischen dem Einstellungs- und dem Inhaltsaspekt einer Weltanschauung. Sie kann in den ↑›Grenzsituationen‹ von Leiden, Kampf, Tod und Schuld in die Krise geraten und zerbrechen, so daß der betroffene Mensch sich vor die Entscheidung gestellt sieht, einen Halt im ›Gehäuse‹ fester Überzeugungen zu suchen oder im Offenen einer dauernden Bewegung zu bleiben, die sich nicht in Skeptizismus und Nihilismus verliert. Mit diesem Werk, in dem sich schon einige der für sein späteres existenzielles Philosophieren maßgeblichen Vorstellungen finden, wendet sich J. vollends der Philosophie zu.

Unter dem Einfluß von I. Kant, S. Kierkegaard, F. Nietzsche, W. Dilthey und M. Weber entwirft J. in seinem dreibändigen ersten philosophischen Hauptwerk (Philosophie, 1932 [I Philosophische Weltorientierung, II Existenzerhellung, III Metaphysik]) in drei Schritten die grundlegende Terminologie seiner Existenzphilosophie: In der ›Weltorientierung‹ erfährt der Mensch die Unmöglichkeit einer gesicherten, ›wissenschaftlichen Erkenntnis seiner Existenz‹; er sieht sich in einer Welt, deren Realität ihm absurd und unbegreiflich ist und die ihn dennoch zu verantwortlichem Handeln zwingt (›Existenzerhellung‹). Dies führt ihn an die ›Grenze‹, an der er sich auch durch eine plötzlich auftretende ›Grenzsituation‹ finden kann, die ihm das ›Umgreifende‹ bewußt macht und ihn zum ›eigentlichen Sein‹ aufruft. Er beginnt, nach dem ›Absoluten‹ zu fragen. In der ›Metaphysik‹ bietet sich dem Menschen ein sprachlich nicht kommunizierbarer Existenzentwurf als ein solches Absolutes an (als ›Chiffre‹ vernommen), das weder rational

gewonnen noch definitiv ist. Im erneuten ›Scheitern‹ tritt so zwar das eigentliche Sein hervor, doch beginnt der Leidensweg erneut. Diese Aporie stellt J. anhand zahlreicher Beispiele dar, in denen die wesentlichen Begriffe der Weltorientierung in ihrer Widersprüchlichkeit, Fragwürdigkeit und Zerrissenheit deutlich werden. Der Begriff der ↑Existenz bezeichnet dabei stets eine Möglichkeit des Daseins, die aber nach J. nicht exakt definiert werden kann. Damit rückt J. von der auf eine Daseinsontologie (↑Dasein) ausgerichteten Philosophie Heideggers ab.

Mit dem ↑›Umgreifenden‹ als dem die gegenständlich erfahrbare Welt ›transparent‹ machenden und den ›Horizont‹ überschreitenden Prinzip sowie mit der ›Vernunft‹ als dem die sieben ›Weisen des Umgreifenden‹ verbindenden Prinzip sucht J. in seinem zweiten philosophischen Hauptwerk (Von der Wahrheit, 1947) weitere existenzphilosophische Termini zu klären. Die sieben Weisen des Umgreifenden sind: Dasein, Bewußtsein überhaupt, Geist, Existenz, Welt, Transzendenz und Vernunft. J. versteht Philosophie nicht als eine Wissenschaft im Sinne eines geklärten terminologischen Systems oder einer eigenständigen Theorie, sondern als ein ›offenes Allumfangen‹, das dem Menschen eine ›Einstellung‹ ähnlich der der ↑Religion ermöglichen soll. Aus ihr heraus sollen ihm in der ›totalen Kommunikation‹ mit den anderen die ›Chiffren‹ (Symbole) des Seins transparent werden. In dieser Suche nach Wahrheit liegt die Möglichkeit der existentiellen Freiheit. – In seiner Geschichtsphilosophie (Vom Ursprung und Ziel der Geschichte, 1949) entwickelt J. das durch ihn einflußreich gewordene Konzept der ↑›Achsenzeit‹, wonach die noch heute wirksame geistige Neuorientierung der Menschheit ihren Anfang in den zwischen 800 und 200 v. Chr. unabhängig voneinander in China, Indien, Persien, Palästina und Griechenland stattfindenden kulturellen Umwälzungen nahm. Diese Neuorientierung besteht darin, daß der Mensch sich seiner selbst, der Gleichheit und Einheit der Menschen und des Seins im Ganzen bewußt wird. Dieser Universalismus drückt sich unter anderem in den damals entstehenden Weltreligionen aus und bestimmt auch die gegenwärtige Situation, die durch den universalen Sinngebungs- und Geltungsanspruch von Wissenschaft und Technik, wenn auch einseitig, gekennzeichnet ist. Der darin zum Ausdruck kommenden Gefahr der Reduktion der Wahrheit auf Wissenschaftlichkeit und der Technik auf Menschen- und Naturbeherrschung ist nur zu begegnen mit einer Erneuerung der Besinnung auf die Ganzheit des Seins und seine immanente Transzendenz (↑transzendent/ Transzendenz) – ›das Umgreifende‹ spricht sich in den ›Chiffren‹ aus und kann in Religion und Kunst erfahren werden – und auf die persönliche Freiheit, dem eigenen Dasein aus diesem Sein und seiner Erfahrung heraus einen Sinn zu geben. – Nach dem Zweiten Weltkrieg hat J. mehrfach zu aktuellen politischen Fragen Stellung genommen, etwa zu den Gefahren eines atomaren Krieges und einer Remilitarisierung Westdeutschlands.

Werke: Heimweh und Verbrechen, Leipzig 1909, München 1996; Allgemeine Psychopathologie. Ein Leitfaden für Studierende, Ärzte und Psychologen, Berlin 1913, Berlin/Heidelberg [4]1946, Berlin/New York [9]1973 (franz. Psychopathologie générale, Paris 1928, 2000; engl. General Psychopathology, Chicago Ill. 1963, Baltimore Md./London 1997); Psychologie der Weltanschauungen, Berlin 1919, Berlin/New York [6]1971, München 1994; Strindberg und van Gogh. Versuch einer pathographischen Analyse unter vergleichender Heranziehung von Swedenborg und Hölderlin, Bern 1922, Berlin 1998 (engl. Strindberg and van Gogh. An Attempt of a Pathographic Analysis with Reference to Parallel Cases of Swedenborg and Hölderlin, Tucson Ariz. 1977); Die Idee der Universität, Berlin 1923, Neubearb. (›für die gegenwärtige Situation entworfen‹) Berlin/Göttingen/Heidelberg 1961, 1980 (engl. The Idea of the University, London 1960); Die geistige Situation der Zeit, Berlin/Leipzig 1931, [5]1932, Berlin/New York 1999 (engl. Man in the Modern Age, New York 1933, 1978; franz. La situation spirituelle de notre époque, Paris 1951, 1966); Philosophie, I–III, Berlin 1932, Berlin/New York [4]1973 (engl. Philosophy, I–III, Chicago Ill. 1969–1971); Vernunft und Existenz. Fünf Vorlesungen, Groningen 1935, München [4]1987 (engl. Reason and Existenz, London 1956, Milwaukee Wisc. 1997); Nietzsche. Einführung in das Verständnis seines Philosophierens, Berlin/Leipzig 1936, Berlin/New York [4]1974, 1981 (engl. Nietzsche. An Introduction to the Understanding of His Philosophical Activity, Tucson Ariz. 1965, Baltimore Md. 1997); Descartes und die Philosophie, Berlin 1937, [4]1966; Existenzphilosophie. Drei Vorlesungen, Berlin/Leipzig 1938, [4]1974 (engl. Philosophy of Existence, Oxford 1971); Nietzsche und das Christentum, Hameln 1946, München [3]1985 (franz. Nietzsche et le christianisme, Paris 1949, 2003; engl. Nietzsche and Christianity, Chicago Ill. 1961); Die Schuldfrage, Heidelberg/Zürich 1946, München 1996 (engl. The Question of German Guilt, New York 1947, 2000); Von der Wahrheit, München 1947, [4]1991; Der philosophische Glaube, München/Zürich 1948, München [9]1988 (engl. Perennial Scope of Philosophy, London 1950; franz. La foi philosophique, Paris 1953); Vom Ursprung und Ziel der Geschichte, München/Zürich 1949, München [9]1988 (engl. The Origin and Goal of History, New Haven Conn./London 1953, Westport Conn. 1976); Einführung in die Philosophie. Zwölf Radiovorträge, Zürich 1950, München 2004 (engl. Way to Wisdom. An Introduction to Philosophy, New Haven Conn. 1951, New Haven Conn./London [2]2003); (mit R. Bultmann) Die Frage der Entmythologisierung, München 1954, 1981 (engl. Myth and Christianity. An Inquiry into the Possibility of Religion Without Myth, New York 1958); Die Atombombe und die Zukunft des Menschen. Politisches Bewußtsein in unserer Zeit, Zürich/München 1957, [7]1983 (engl. The Atom Bomb and the Future of Man, Chicago Ill. 1961); Die großen Philosophen. Erster Band, München 1957, [3]1981, Freiburg 2007 (engl. The Great Philosophers, I–II, London 1962/1966; franz. Les grands philosophes, Paris 1963, 2009); Der philosophische Glaube angesichts der Offenbarung, München 1962, München, Darmstadt [3]1984 (engl. Philosophical Faith and Revelation, London 1967; franz. La foi philosophique face à la révélation, Paris 1973); Hoffnung und Sorge. Schriften zur deutschen Politik 1945–1965, München 1965; Kleine Schule des philosophischen Denkens, München 1965, [13]2004 (franz.

Initiation à la méthode philosophique, Paris 1966, 2002; engl. Philosophy Is for Everyman. A Short Course in Philosophical Thinking, New York 1967, London 1969); Wohin treibt die Bundesrepublik? Tatsachen, Gefahren, Chancen, München 1966, [10]1988; Schicksal und Wille. Autobiographische Schriften, ed. H. Saner, München 1967, erw. unter dem Titel: Philosophische Autobiographie, München 1977, [2]1984; Kant. Leben, Werk, Wirkung, München 1975, [3]1985; Notizen zu Martin Heidegger, ed. H. Saner, München 1978, [3]1989; Die großen Philosophen. Nachlaß, I–II, ed. H. Saner, München 1981 (engl. The Great Philosophers III, New York 1993); K. J. – K. H. Bauer, Briefwechsel 1945–1968, ed. R. de Rosa, Berlin/Heidelberg/New York 1983; Hannah Arendt – K. J. Briefwechsel, 1926–1969, ed. L. Köhler/H. Saner, München/Zürich 1985, [2]1987, 2001 (engl. Hannah Arendt – K. J. Correspondence, 1926–1969, New York 1992); M. Heidegger – K. J., Briefwechsel 1920–1963, ed. W. Biemel/H. Saner, Frankfurt/München/Zürich 1990, München 1992 (engl. The Heidegger – J. Correspondence [1920–1963], ed. W. Biemel/H. Saner, Amherst N. Y. 2003). – K. J.. Sein Werk. Eine Übersicht im Jahr seines 75. Geburtstages, München 1958; H. W. Bentz, K. J. in Übersetzungen, eine Bibliographie, Frankfurt 1961; K. J.. Eine Bibliographie I (Die Primärbibliographie), Oldenburg 1978, unter dem Titel: Primärbibliographie der Schriften K. J.', ed. C. Rabanus, Tübingen/Basel 2000.

Literatur: T. Bachmann, Existentieller Mythos, mythische Existenz. Rekonstruktionen, Kritik und Transformation des Mythos bei K. J., Essen 2002; A. Baruzzi, Philosophieren mit J. und Heidegger, Würzburg 1999, [2]2001; L. Binswanger, K. J. und die Psychiatrie, Schweizer Arch. f. Neurologie u. Psychiatrie 51 (1943), 1–13; M. Bormuth, Lebensführung in der Moderne. K. J. und die Psychoanalyse, Stuttgart-Bad Cannstatt 2002 (engl. Life Conduct in Modern Times. K. J. and Psychoanalysis, Dordrecht 2006); F.-P. Burkard, Ethische Existenz bei K. J., Würzburg 1982; ders., J., in: F. Volpi (ed.), Großes Werklexikon der Philosophie I, Stuttgart 1999, 756–761; M. Dufrenne/P. Ricœur, K. J. et la philosophie de l'existence, Paris 1947, 2000; L. H. Ehrlich, K. J.. Philosophy as Faith, Amherst Mass. 1975; K. Eming/T. Fuchs (eds.), K. J.. Philosophie und Psychopathologie, Heidelberg 2008; U. Galimberti, Heidegger, J. e il tramonto dell'occidente, Turin 1975, Mailand 1996; H. Hager, Die Bedeutung des Politischen bei K. J., Freiburg 1967; D. Harth (ed.), K. J.. Denken zwischen Wissenschaft, Politik und Philosophie, Stuttgart 1989; J. Hersch, K. J., Lausanne 1978, 2002 (dt. K. J.. Eine Einführung in sein Werk, München 1980, [4]1990); dies./J. M. Lochmann/R. Wiehl (eds.), K. J.. Philosoph, Arzt, politischer Denker. Symposium zum 100. Geburtstag in Basel und Heidelberg, München/Zürich 1986; A. Hochholzer, J., in: Biographische Enzyklopädie deutschsprachiger Philosophen, München 2001, 197–198; G. Hofmann, Politik und Ethos bei K. J., Heidelberg 1969; C. U. Hommel, Chiffer und Dogma. Vom Verhältnis der Philosophie zur Religion bei K. J., Zürich 1968; A. Hügli/D. Kaegi/R. Wiehl (eds.), Einsamkeit, Kommunikation, Öffentlichkeit. Internationaler K. J.-Kongress Basel, 16.–18. Oktober 2002, Basel 2004; R. Kadereit, K. J. und die Bundesrepublik Deutschland. Politische Gedanken eines Philosophen, Paderborn etc. 1999; A. Kiel, Die Sprachphilosophie von K. J.. Anthropologische Dimensionen der Kommunikation, Darmstadt 2008; R. D. Knudsen, The Idea of Transcendence in the Philosophy of K. J., Kampen 1958; P. Koestenbaum, J., Enc. Ph. IV (1967), 254–258; E. Lehnert, Die Existenz als Grenze des Wissens. Grundzüge einer Kritik der philosophischen Anthropologie bei K. J., Würzburg 2006; S. Marzano, Aspetti kantiani del pensiero di J., Mailand 1974; A. M. Olson, Transcendence and Hermeneutics. An Interpretation of the Philosophy of K. J., The Hague/Boston Mass./London 1979; Y. Örnek, K. J.. Philosophie der Freiheit, Freiburg/München 1986; S.-K. Paek, Geschichte und Geschichtlichkeit. Eine Untersuchung zum Geschichtsdenken in der Philosophie von K. J., Diss. Tübingen 1975; J. Paumen, J., DP I (²1993), 1489–1496; H. Pieper, Selbstsein und Politik. J.' Entwicklung vom esoterischen zum politischen Denker, Meisenheim am Glan 1973; K. Piper (ed.), Offener Horizont. Festschrift für K. J. zum 70. Geburtstag, 23. Februar 1953, München 1953 (mit Werkverzeichnis, 446–459); ders. (ed.), K. J.. Werk und Wirkung. Zum 80. Geburtstag von K. J., 23. Februar 1963, München 1963 (mit Werkverzeichnis, 175–216); ders./H. Saner (eds.), Erinnerungen an K. J., München 1974; U. Richli, Transzendentale Reflexion und sittliche Entscheidung. Zum Problem der Selbsterkenntnis der Metaphysik bei Kant und J., Bonn 1967; N. Rigali, Die Selbstkonstitution der Geschichte im Denken von K. J., München 1965, Meisenheim am Glan 1968; K. Salamun, K. J., München 1985, erw. Würzburg ²2006; ders., K. J.. Zur Aktualität seines Denkens, München/Zürich 1991; ders., J., REP V (1998), 80–84; ders./ G. J. Walters (eds.), K. J.'s Philosophy. Expositions and Interpretations, Amherst N. Y. 2008; S. Samay, Reason Revisited. The Philosophy of K. J., Notre Dame Ind., Dublin 1971; H. Saner, K. J. in Selbstzeugnissen und Bilddokumenten, Reinbek b. Hamburg 1970, 1996; ders. (ed.), J. in der Diskussion, München 1973; ders., J., Enc. philos. universelle III/2 (1992), 2520–2523; P. A. Schilpp (ed.), The Philosophy of K. J., La Salle Ill., New York 1957, La Salle Ill. ²1981 (dt. K. J., Stuttgart 1957); W. Schneiders, K. J. in der Kritik, Bonn 1965; J. Schultheiss, Philosophieren als Kommunikation. Versuch zu K. J.' »Apologie des kritischen Philosophierens«, Königstein 1981; W. Schüßler, J. zur Einführung, Hamburg 1995; C. Thornhill, K. J.. Politics and Metaphysics, London/New York 2002; X. Tilliette, K. J.. Théorie de la vérité, métaphysique des chiffres, foi philosophique, Paris 1960; B. Weidmann (ed.), Existenz in Kommunikation. Zur philosophischen Ethik von K. J., Würzburg 2004; R. Wisser, J., NDB X (1974), 362–365; ders., K. J.. Philosophie in der Bewährung. Vorträge und Aufsätze, Würzburg 1995; ders./L. H. Ehrlich (eds.), K. J.. Philosopher among Philosophers. Philosoph unter Philosophen, Würzburg 1993; dies. (eds.), Philosophy on the Way to ›World Philosophy‹. Philosophie auf dem Weg zur ›Weltphilosophie‹, Würzburg, Amsterdam 1998; dies. (eds.), K. J.' Philosophie. Gegenwärtigkeit und Zukunft. K. J.' Philosophy. Rooted in the Present, Paradigm for the Future, Würzburg 2003.   H.-L. N./R. Wi.

jāti (sanskr., Herkunft, Hervorbringung; Sippe [= gotra], Kaste [in die man hineingeboren wird]; Gattung bzw. deren Charakteristikum [generic property]), in der Bedeutung ↑*Gattung* Grundbegriff in den Systemen der indischen Philosophie (↑Philosophie, indische), insbes. in Logik und Erkenntnistheorie des ↑Nyāya und des ↑Vaiśeṣika (↑Logik, indische) sowie in der Sprachphilosophie der ↑Mīmāṃsā und der Grammatiker. Bei den Naiyāyikas heißt es, die j. bringe aus der als Ursache geltenden ›besonderen Allgemeinheit/Gemeinsamkeit‹ (sāmānya-viśeṣa) das Allgemeine/Gemeinsame (samāna) hervor, das ein partikularer Gegenstand (vyakti) mit den ihm gleichartigen teilt. Sie spielt daher die Rolle des (seine Instanzen ›hervorbringenden‹) ↑*Schemas* von Gegenständen, allerdings nur der Objektstufe – in der Kategorienlehre des Vaiśeṣika gehören diese zu den Kategorien (↑padārtha): ↑dravya (Stoff oder Einzelding), ↑guṇa (Eigenschaft) und ↑karma (Bewegung, insbes. Handlung). Als schematisch Allgemeines ist j. kein Allgemeines der Metastufe, wie die nicht als Abstrakta rekonstruierbaren Universalien, also das ›Allgemeine im allgemeinen‹ (↑sāmānya), von dem man j. zu unterscheiden hat. Gleichwohl wird, unbeschadet der grundsätzlich intensionalen (↑intensional/Intension) Verwendung von ›sāmānya‹ und der ebenso grundsätzlich extensionalen (↑extensional/Extension) Verwendung von ›j.‹, gerade in der Logik des älteren Nyāya ›sāmānya‹ häufig synonym mit ›j.‹ gebraucht – bei den Grammatikern ist diese Gleichsetzung sogar die Regel – und damit die Unterscheidung zwischen logischen Stufen von Gegenständen wieder unterlaufen. Doch auch dort, wo diese Unterscheidung beachtet wird, darf die extensionale Behandlung der j. nicht zu einer klassenlogischen (↑Klassenlogik) Deutung verführen. Eine j. ist nicht einfach eine Klasse (↑Klasse (logisch)) von (partikularen) Gegenständen der ↑Objektstufe, weil j.s niemals überlappen, höchstens eine in einer anderen enthalten ist. Als das ein Partikulare als eine Instanz bestimmende Schema, d. i. ein schematisches ↑Abstraktum, ist eine j. eher so etwas wie eine ›natürliche Art‹ (natural kind), dabei aber keinesfalls dasselbe wie der *Gattungsbegriff*.

Im Nyāya ist eine j. entweder zusammen mit dem jeweiligen Gegenstand der Objektstufe in der sinnlichen Wahrnehmung (↑pratyakṣa) erfaßt – dabei bleibt es streitig, ob es dazu der Vermittlung durch die ↑ākṛti, der allen gleichartigen Gegenständen gemeinsamen Binnenstruktur oder Form, bedarf; die ākṛti ist dann das sichtbare Merkmal (liṅga) der j., was im System der Mīmāṃsā als Argument für die Überflüssigkeit der j. benutzt wird, während in den Systematisierungen des Navya Nyāya umgekehrt die ākṛti in den Hintergrund tritt – oder fallweise vermittelst eines sinnlich wahrnehmbaren bestimmenden Faktors (avacchedaka). Z. B. ist die Wärme, die j. einer Eigenschaft, die ebenfalls ein partikularer Gegenstand der Objektstufe – ›dies Warmsein‹, nicht: ›dieses warme Ding‹ – und nicht der Metastufe ist, unmittelbar durch Berührung zugänglich, die Feurigkeit, die j. des Stoffes Feuer, hingegen nur durch die Berührung von etwas Warmem. In jedem Fall inhäriert (↑samavāya) eine j. dem jeweiligen partikularen Gegenstand (vyakti) – und den ihm gleichartigen – und ist nicht durch eine Definition (↑lakṣaṇa) erfaßt, etwa durch die spezifische Differenz gegenüber der übergeordneten Gattung.

Liegt ein passender *Gattungsname* (j.-śabda) vor, etwa ›gauḥ‹ (die Kuh), so erhält man eine Bezeichnung für das Kuhschema, die j. einer Kuh, durch Hinzufügen des

Suffix ›tva‹, einen neben ›tā‹ im Sanskrit gebräuchlichen Abstraktor (↑Abstraktion), an den Stamm ›go‹ von ›gauḥ‹, also ›gotva‹. Die j. gotva ist im Nyāya aber keineswegs die Bedeutung (padārtha) von ›gauḥ‹, vielmehr (neben vyakti und ākr̥ti) nur ein Bestandteil der Bedeutung. Daneben gibt es durchaus auch die Möglichkeit einer Definition von ›Kuh/go‹, z. B. durch das Kennzeichen ›Euterhaben‹, doch damit läßt sich nicht die durch Wahrnehmung zugängliche j. gotva definieren. Das durch Wahrnehmung, direkt oder indirekt, zugängliche (schematisch) Allgemeine – in der buddhistischen Philosophie (↑Philosophie, buddhistische) ist dies eine ↑contradictio in adiecto, weil nur Singularia sich wahrnehmend erfassen ließen, man daher nur von prädikativ unbestimmter Wahrnehmung (nirvikalpa pratyakṣa) reden könne – und das durch Bezeichnung zugängliche (gedachte) Allgemeine sind disjunkt. So ist im Nyāya z. B. Körperlichsein (śarīratva) keine j., weil es mit Erdigsein (pr̥thivītva) ›vermischt‹ auftritt, i. e. beide Abstrakta überlappen, und es deshalb nur durch eine Definition erfaßt wird, nämlich durch ›Trägersein (āśrayatva) von Bewegung‹. – Schließlich ist im Nyāyasūtra ›j.‹ Terminus für eine der 16 dialektischen, die Debattenlehre betreffenden, Kategorien, und zwar in der Bedeutung ›irreführender Einwand‹.

Literatur: M. Biardeau, J. et lakṣaṇa, in: Festschrift für Erich Frauwallner, ed. G. Oberhammer, Wien 1968, 75–83; K. Chrakrabarti, The Nyāya-Vaiśeṣika Theory of Universals, J. Indian Philos. 3 (1975), 363–382; R. R. Dravid, The Problem of Universals in Indian Philosophy, Dehli 1972, 2001; B. K. Matilal, Epistemology, Logic, and Grammar in Indian Philosophical Analysis, The Hague/Paris 1971, ed. J. Ganeri, Oxford/New York 2005; ders., Logic, Language and Reality. An Introduction to Indian Philosophical Studies, Delhi 1985, mit Untertitel: Indian Philosophy and Contemporary Issues, ²1990; L. Renou, Terminologie grammaticale du Sanskrit, I–III, Paris 1942, in einem Bd., Paris 1957; H. Scharfe, Die Logik im Mahābhāṣya, Berlin 1961; M. Spitzer, Begriffsuntersuchungen zum Nyāyabhāṣya, Diss. Kiel 1927.   K. L.

Jean Charlier, ↑Gerson, Johannes.

Jerusalem, Wilhelm, *Drenice (b. Chrudim, Ostböhmen) 11. Okt. 1854, †Wien 15. Juli 1923, österr. Philosoph, Psychologe und Pädagoge. Nach gründlicher Unterweisung in jüdischer Gelehrsamkeit und Gymnasiumsbesuch in Prag 1872–1876 Studium der klassischen Philologie an der Prager Universität, 1878 philologische Promotion und Gymnasiallehrer (bis 1885 in Nikolsburg [Mähren], 1885–1907 in Wien). 1891 in Wien Habilitation (Laura Bridgman. Erziehung einer Taubstumm-Blinden. Eine psychologische Studie, Wien 1890) und Privatdozent, 1920 a. o. Prof., 1923 o. Prof. der Philosophie und Pädagogik. – J.s Philosophie ist mit wechselnden Schwerpunkten eklektisch (↑Eklektizis-

mus). Basis seiner Überzeugungen ist die Bindung der Philosophie an das Leben in seinen biologischen, psychologischen und sozialen Aspekten. Diese Einstellung führt J. zur Ablehnung metaphysischer Spekulation und zu der Auffassung, daß wissenschaftliche und philosophische Wahrheit weniger im objektiven Konstatieren von Tatsachen als vielmehr in erfolgreichem Orientierungswissen bestehe (↑Instrumentalismus). Dem entspricht eine (beeinflußt von H. Spencer) evolutionär gedeutete (›genetische und biologische‹) Erkenntnistheorie, die in der Logik, unter Kritik an F. Brentanos Intentionalismus und E. Husserls ›reiner Logik‹, einen logischen und linguistischen ↑Psychologismus vertritt. Mit seinem Freund E. Mach verbindet J. neben der Theorie der ↑Denkökonomie die Annahme, daß der Verstand aus unverbundenen Empfindungen bestehe. Deren Basis sieht J. jedoch – in einer (A. Schopenhauers zweckfreiem Willen ähnlichen) voluntaristischen (↑Voluntarismus) Wendung – im Willen. Dieser ursprüngliche, voluntaristische Ansatz gerät später in immer stärkere, insbes. soziologisch fundierte Nähe zum ↑Pragmatismus vor allem von F. C. S. Schiller und W. James, dessen »Pragmatism« J. übersetzte (1908).

Werke: Lehrbuch der empirischen Psychologie für Gymnasien und höhere Lehranstalten sowie zur Selbstbelehrung, Wien 1888, ²1890, unter dem Titel: Lehrbuch der Psychologie, Wien/Leipzig ³1902, ¹⁰1947; Die Urtheilsfunction. Eine psychologische und erkenntniskritische Untersuchung, Wien/Leipzig 1895; Einleitung in die Philosophie, Wien/Leipzig 1899, ¹⁰1923 (engl. Introduction to Philosophy, New York 1910, ²1932); Die Aufgaben des Mittelschullehrers, Wien/Leipzig 1903, unter dem Titel: Die Aufgaben des Lehrers an höheren Schulen. Erfahrungen und Wünsche, ²1912; Der kritische Idealismus und die reine Logik. Ein Ruf im Streite, Wien/Leipzig 1905; Gedanken und Denker. Gesammelte Aufsätze, Wien/Leipzig 1905; Der Krieg im Lichte der Gesellschaftslehre, Stuttgart 1915; Moralische Richtlinien nach dem Kriege. Ein Beitrag zur soziologischen Ethik, Wien/Leipzig 1918; W. J., in: R. Schmidt (ed.), Die Philosophie der Gegenwart in Selbstdarstellungen III, Hamburg 1922, 53–98; Gedanken und Denker. Gesammelte Aufsätze. Neue Folge, ed. E.[dmund] Jerusalem/E.[rwin] Jerusalem, Wien/Leipzig 1925 (mit Autobiographie und vollst. Bibliographie, 1–35, 237–255); Einführung in die Soziologie, Wien/Leipzig 1926.

Literatur: W. Eckstein, W. J.. Sein Leben und Wirken, Wien 1935; W. M. Johnston, Syncretist Historians of Philosophy at Vienna. 1860–1930, J. Hist. Ideas 32 (1971), 299–305; L. Nagl, W. J.s Rezeption des Pragmatismus, Wien. Jb. Philos. 34 (2002), 227–234; Neudr. in: M. Benedikt/R. Knoll/C. Zehetner (eds.), Verdrängter Humanismus – verzögerte Aufklärung V (Im Schatten der Totalitarismen. Vom philosophischen Empirismus zur kritischen Anthropologie. Philosophie in Österreich 1920–1951), Wien 2005, 344–353; K. Oehler, Notes on the Reception of American Pragmatism in Germany, 1899–1952, Transact. Charles S. Peirce Soc. 17 (1981), 25–35; W. Schlömann, Die Denksoziologie W. J.s. Eine grundlagenkritische Untersuchung, Diss. München 1953. – Festschrift für W. J. zu seinem 60. Geburtstag von Freunden, Verehrern und Schülern, Wien/Leipzig 1915.   G. W.

Jevons, William Stanley, *Liverpool 1. Sept. 1835, †bei Bexhill (nahe Hastings, Sussex) 13. Aug. 1882, engl. Logiker, Wissenschaftstheoretiker und Nationalökonom. 1852–1862 Studium am University College, London, unterbrochen 1854 durch Auslandstätigkeit als Angestellter der neuen australischen Münze in Sydney, wo J. in Sozialökonomie, Meteorologie, Botanik und Geologie Privatstudien trieb und auch publizierte. 1859 Rückkehr nach England, 1862 M. A. am University College, 1863 Junior Lecturer am Owens College, Manchester. 1865 Teilzeitbeschäftigung als Prof. für Logik und Politische Ökonomie am Queen's College, Liverpool, 1866 Prof. für ›Logic and Mental and Moral Philosophy‹, zugleich für Politische Ökonomie am Owens College, Manchester. 1872 Mitglied der Royal Society, 1876 Prof. für Politische Ökonomie am University College, London, 1880 aus gesundheitlichen Gründen Verzicht auf das Lehramt zugunsten von Forschung und Publikationstätigkeit. 1882 ertrank J. beim Baden an der Küste von Sussex. – J. gehört in die Reihe jener englischen Gelehrten, die – wie J. S. Mill vor ihm und F. P. Ramsey nach ihm – Logik bzw. allgemeine Methodenlehre und Nationalökonomie als Forschungsgebiete eng miteinander verbanden und letztere durch Anwendung logischer und methodologischer Grundsätze zu fördern suchten. Über seine unbestrittene Bedeutung als Mitbegründer der mathematischen Schule der Nationalökonomie hinaus gilt J. daher gelegentlich auch als der eigentliche Begründer der angewandten Logik. Bedeutenden Einfluß gewannen sein wissenschaftstheoretisches Pionierwerk »The Principles of Science« (1874) sowie eine Reihe ausgezeichneter, über mehr als hundert Jahre wiederholt aufgelegter Lehrbücher der formalen Logik (↑Logik, formale). Zu den unvollendeten Arbeiten gehören neben dem Fragment »Principles of Economics« (1905) eine Abhandlung über Religion und Wissenschaft (die J. als miteinander verträglich erweisen wollte) und eine Auseinandersetzung mit der Philosophie Mills. Der überwiegende Teil des wissenschaftlichen Nachlasses von J. ist noch unveröffentlicht.

Während jene Arbeiten, denen J. frühen Ruhm verdankte (Warnung vor dem Schwinden der Kohlevorräte Englands [The Coal Question, 1865], Bemühung [seit etwa 1870] um den empirischen Nachweis einer Korrelation von Marktzyklen und Sonnenfleckenrhythmus), heute vergessen sind, haben seine Untersuchungen zu den Grundbegriffen und Grundsätzen der theoretischen und der angewandten Nationalökonomie – von denen ihm die erste eines zur Verwertung des unentbehrlichen statistischen Datenmaterials brauchbaren mathematischen Rahmens zu ermangeln schien, die zweite sich durch den Verzicht auf gute Tabellen, Diagramme und Karten selbst um den möglichen Erfolg zu bringen schien – große Bedeutung für die Entwicklung der Volkswirtschaftslehre gehabt. J. möchte die Volkswirtschaftslehre auf eine im Benthamschen Sinne utilitaristische (↑Utilitarismus) Grundlage stellen; er konzipiert sie als Lehre von den Güterquantitäten, wobei er wirtschaftliches Handeln nicht durch Beweggründe bestimmt sein läßt, die aus Tradition oder Religion stammen, sondern durch konkrete Bedürfnisse des Menschen, deren Befriedigung ↑Lust und deren Versagen Unlust bewirkt. Da sich der Mensch in der Alternative zwischen zwei Handlungen stets in Richtung des größeren Lustgefühls entscheide, kann man Gefühle als meßbar ansehen und einem ↑Nutzen ein Maß proportional zur Größe des erzeugten oder erwarteten Lustgefühls zuordnen. Nutzen ist danach also keine Eigenschaft von Dingen, sondern kommt Dingen allein auf Grund ihrer Beziehung zu menschlichen ↑Bedürfnissen zu. Bei fortgesetzter Güterzufuhr kommt es zu einem Gefühl der Sättigung; der Nutzen jedes Güterzuwachses ist eine Funktion der schon empfangenen Gütermenge, und als ›Nutzungskoeffizienten‹ kann man anschaulich das Verhältnis zwischen dem ›letzten, unendlich kleinen‹ Zuwachs eines (als in beliebig kleine Einheiten teilbar gedachten) Gutes und dem durch diesen Zuwachs erzielten Zuwachs des Lustgefühls erklären.

Dogmengeschichtlich besteht das Neue an J.' Ansatz darin, daß er im Unterschied zu den von ihm heftig kritisierten ›Klassikern‹ (Ricardo-Millsche Schule) und auch zu K. Marx die Nachfrage statt des Angebots auf einem Gütermarkt zum Ausgangspunkt macht. Der angedeutete Zugang wurde zum Vorläufer der so genannten Grenznutzenlehre (↑Grenznutzen), die freilich beide genannten Aspekte berücksichtigt. Nachdem auf dieser Grundlage Arbeitswert, Preis, Kapital und ähnliche Grundbegriffe erklärt sind, geht J. an die Anwendungen. Im Falle des Tausches zwischen zwei Personen (deren eine er auch durch eine wirtschaftlich einheitlich handelnde Gruppe ersetzen zu können glaubt) liefert J. eine mathematische Formulierung des Tauschgleichgewichts. Durch entsprechende Analysen sowie zahlreiche Untersuchungen zur Marktformenlehre (z. B. J.' ›law of indifference‹, wonach sich im gleichen Zeitraum nicht zwei verschiedene Preise für das gleiche Gut halten können), zur Arbeitswertlehre, zur Geldtheorie und Finanzpolitik wurde J. neben L. Walras, C. Menger u. a. zu einem der Väter der neoklassischen Wert- und Gleichgewichtslehre. Die meisten seiner einschlägigen Lehren sind in der »Theory of Political Economy« (1871) dargestellt. Die zweite Auflage (1879) enthält eine ausführliche, noch heute lesenswerte Vorrede mit einem Überblick über die bis dahin bekannten Untersuchungen auf dem Gebiet der mathematischen Ökonomie (X–LVII).

In der Wissenschaftstheorie (The Principles of Science, 1874) befaßt sich J. wie die meisten der zeitgenössischen Logiker und Wissenschaftshistoriker mit der Methode der Naturwissenschaften, kommt jedoch zu ganz anderen Ergebnissen als Mill und W. Whewell. Dem ersteren wirft J. Naivität gegenüber F. Bacons Auffassung vor, wissenschaftliche Forschung gehe von der Sammlung und Klassifikation von Fakten aus. Bacon habe irrige Vorstellungen von der Methode, aus empirischen Einzeldaten zu ↑Naturgesetzen zu kommen; dagegen zeigten die formale Logik und die ↑Wahrscheinlichkeitstheorie, daß die ↑Induktion kein von der ↑Deduktion verschiedenes Verfahren, sondern nur die umgekehrte Anwendung der letzteren sei. J. sucht nachzuweisen, daß zur empirischen Forschung wesentlich die hypothetische Antizipation der Natur gehöre und I. Newtons deduktives Vorgehen zusammen mit gründlicher empirischer Verifikation alle großen wissenschaftlichen Leistungen hervorgebracht habe und auch künftig herbeiführen werde. J. hat damit der ↑hypothetisch-deduktiven Methode (↑Methode, axiomatische) einen zentralen Platz zugewiesen. Ferner bestreitet er, im Unterschied zu Whewell, daß diese (oder irgendeine andere) Methode je zu absolut sicherer Erkenntnis führen könne. Weder in der empirischen Beobachtung noch in der Anwendung der Theorien in der Praxis darf letzte Präzision erwartet werden; vielmehr gehört das Verbleiben im Bereich der Näherungen so eng zum Wesen der empirischen Forschung, daß jeder präzisen Übereinstimmung von ↑Prognose und Daten statt mit Befriedigung eher mit Mißtrauen begegnet werden sollte. Damit erweist sich J. als ein Vorläufer von K. R. Poppers ↑Logik der Forschung. Mit guten Gründen nimmt einen großen Teil der »Principles of Science« die Behandlung der ↑Wahrscheinlichkeit (beeinflußt von seinem Lehrer A. De Morgan), der Meßtheorie und der Fehlerrechnung ein.

J.' Beiträge zur formalen Logik (↑Logik, formale) haben den Charakter kleiner, aber wichtiger Schritte. Gegen Mills Logik gerichtet, schließt J. an die neue Boolesche Logik (↑Algebra der Logik) an. Während G. Boole als eine seiner Grundverknüpfungen das ausschließende ↑›oder‹ benutzt, wählt J. das (von ihm durch ›+‹ bezeichnete) nicht-ausschließende ›oder‹ und gelangt so nicht nur als erster zur Begründung der logischen Formeln $a + a = a$ und $a + ab = a$ (wobei ›ab‹ für die ↑Konjunktion von a und b steht), sondern auch zu einer erheblich größeren Durchsichtigkeit des Klassen- bzw. Aussagenkalküls (↑Klassenkalkül, ↑Junktorenlogik), insbes. der Dualität (↑dual/Dualität) von Formeln – wie er überhaupt die in Booles Kalkül notwendigen Umwege von logischen Schlußketten über nicht-interpretierbare Formeln vermeiden und Formeln wie Schlüssen eine plausible Deutung geben kann. Andererseits wirken J.' Methoden vielfach unelegant und stehen auch hinter anderen Techniken Booles (wie Entwicklungs-, Auflösungs- und Eliminationsverfahren) zurück, die erst

durch E. Schröder u. a. verbessert werden. – Im Booleschen Kalkül sieht J. ferner eine Methode, die unmittelbar auf den Grundgesetzen des korrekten Denkens beruht. Trifft das zu, müssen alle Schritte dieses Kalküls im Prinzip auch einer Maschine übertragen werden können. Unter diesem Gesichtspunkt entwirft J. nach Vorarbeiten, die ihn zu einem ›logischen Abacus‹ führen, den ersten mechanischen ›Computer‹, eine Maschine, die im Klassenkalkül mit höchstens vier verschiedenen Termen formulierbare Probleme auf mechanische Weise kombinatorisch löst (↑Maschinentheorie). Das später wegen seiner Form als ›logical piano‹ bezeichnete Gerät befindet sich heute im Museum of the History of Science in Oxford.

Werke: Papers and Correspondence of W. S. J. I, ed. R. D. C. Black/R. Könekamp, II–VII, ed. R. D. C. Black, I–II, Clifton N. J. 1972/1973, III–VII, London/Basingstoke 1977–1981 (I Biography and Personal Journal, II Correspondence 1850–1862, III Correspondence 1863–1872, IV Correspondence 1872–1878, V Correspondence 1879–1882, VI Lectures on Political Economy, VII Papers on Political Economy [...]). – On the Cirrous Form of Cloud, The London, Edinburgh and Dublin Philos. Mag. and J. Sci. Ser. 4, 14 (1857), 22–35; On the Forms of Clouds, ebd. 15 (1858), 241–255; Notice of a General Mathematical Theory of Political Economy, Brit. Assoc. Advanc. Sci. Reports 32 (1862), 158–159; A Serious Fall in the Value of Gold Ascertained, and Its Social Effects Set Forth, London 1863, ferner in: ders., Investigations in Currency and Finance [s. u.], 1884, 13–118, ²1909, 13–111; Pure Logic. Or the Logic of Quality apart from Quantity. With Remarks on Boole's System, and on the Relation of Logic and Mathematics, London 1864, ferner in: ders., Pure Logic and Other Minor Works [s. u.], 3–77; The Coal Question. An Inquiry Concerning the Progress of the Nation, and the Probable Exhaustion of Our Coal Mines, London/Cambridge 1865 (repr. Basingstoke 2001), ed. A. W. Flux, London/New York ³1906 (repr. New York 1965); An Introductory Lecture on the Importance of Diffusing a Knowledge of Political Economy [...], Manchester 1866, unter dem Titel: The Importance of Diffusing a Knowledge of Political Economy, in: R. D. C. Black (ed.), Papers and Correspondence of W. S. J. VII [s. o.], 37–54; A Lecture on Trades' Societies. Their Objects and Policy, Manchester/London 1868, ferner in: ders., Methods of Social Reform and Other Papers [s. u.], London 1883, 101–121, ²1904, 98–117; The Substitution of Similars. The True Principle of Reasoning, Derived from a Modification of Aristotle's Dictum, London 1869 (repr. [Chestnut Hill Mass.] 2000), ferner in: ders., Pure Logic and Other Minor Works [s. u.], 79–136; A Deduction from Darwin's Theory, Nature 1 (1869/1870), 231–232; Elementary Lessons in Logic. Deductive and Inductive. With Copious Questions and Examples, and a Vocabulary of Logical Terms, London, New York 1870, ⁵1875, Neudr. 1876, London 1880 (repr. [Chestnut Hill Mass.] 2000), unter dem Titel: The Elements of Logic. A Text-Book for Schools and Colleges, Being the Elementary Lessons in Logic, bearb. v. D. J. Hill, New York/Chicago Ill. 1883, New York 1911, unter ursprünglichem Titel London, New York 1912, 1965 (dt. Leitfaden der Logik, Leipzig 1906, ³1924 [ab 2. Aufl. mit Anhang d. Übers. H. Kleinpeter: Die neuere Logik, 309–317], unter dem Titel: Logica, Utrecht 1966); On the Mechanical Performance of Logical Inference, Philos. Transact. Royal Soc. 160 (1870), 497–518, ferner in: ders., Pure

Logic and Other Minor Works [s. u.], 137–172 (franz. Réalisation mécanique de l'inférence logique, in: F. Gillot [ed.], Algèbre et logique. D'après les textes originaux de G. Boole et W. S. J.. Avec les plans de la machine logique, Paris 1962, 89–124); On a General System of Numerically Definite Reasoning [1870], Mem. Lit. Philos. Soc. Manchester Ser. 3, 4 (1871), 330–352, ferner in: ders., Pure Logic and Other Minor Works [s. u.], 173–196; The Theory of Political Economy, Oxford, London/New York 1871 (repr. Düsseldorf 1995, Basingstoke 2001), London ²1879 (repr. Basingstoke 2001), London/New York ³1888, London ⁴1911 (repr. New York 1957, 1965, Basingstoke 2001, [Chestnut Hill Mass.] 2006) (dt. Die Theorie der politischen Ökonomie, übers. v. O. Weinberger, Jena 1923, 1924), 1931, ed. R. D. C. Black, Harmondsworth 1970 (franz. La théorie de l'économie politique, Paris 1909); Who Discovered the Quantification of the Predicate?, Contemp. Rev. 21 (1872/1873), 821–824; The Principles of Science. A Treatise on Logic and Scientific Method, I–II, London 1874 (repr. London 1996), in einem Bd., London/New York ²1877, 1924, Neudr. New York 1958 (mit Einl. v. E. Nagel, XLV–LIII); The Railways and the State, in: Essays and Addresses by Professors and Lecturers of the Owens College Manchester. Published in Commemoration of the Opening of the New College Buildings October 7ᵗʰ, 1873 [ed. B. Stewart/A. W. Ward], London 1874, 465–505, ferner in: ders., Methods of Social Reform and Other Papers [s. u.], London 1883, 353–383, ²1904, 338–367; Money and the Mechanism of Exchange, New York, London 1875 (repr. New York 1983, Basingstoke 2001), London ²⁶1930, New York 2005 (dt. Geld und Geldverkehr, Leipzig 1876 [repr. Saarbrücken 2006]; franz. La monnaie et la mécanisme de l'échange, Paris 1876, ⁵1891); On the Inverse, or Inductive, Logical Problem [1871], Mem. Lit. Philos. Soc. Manchester Ser. 3, 5 (1876), 119–130; Logic, London, New York 1876, London 1894 (repr. [Chestnut Hill Mass.] 2003), London, New York 1931; Political Economy, London, New York 1878 (repr. Basingstoke 2001), London/New York ⁵1887, London 1926 (franz. L'économie politique, Paris 1879); On the Movement of Microscopic Particles Suspended in Liquids, Quart. J. Sci. and Ann. Mining, Metallurgy, Engineering, Industrial Arts, Manufactures, and Technology 15 (1878), 167–186, separat London 1878; Studies in Deductive Logic. A Manual for Students, London 1880, London/New York ³1896 (repr. Ann Arbor Mich. 1983), ⁴1908; The State in Relation to Labour, London 1882, ²1887 (repr. New Brunswick N. J./London 2002), ed. M. Cababé, London/New York ³1894 (repr. Saarbrücken 2006), ed. F. W. Hirst, ⁴1910 (repr. New York 1968, Basingstoke 2001), 1914; Methods of Social Reform, and Other Papers, ed. h. A. Jevons, London 1883 (repr. New York 1965, Basingstoke 2001), ²1904; Investigations in Currency and Finance, ed., with Introd., H. S. Foxwell, London 1884 (repr. New York 1964), [gekürzt] ²1909 (repr. Basingstoke 2001); Letters and Journal of W. S. J., ed. H. A. Jevons, London 1886; Pure Logic and Other Minor Works, ed. R. Adamson/H. A. Jevons, London/New York 1890 (repr. New York 1971, Bristol/Tokyo 1991); The Principles of Economics. A Fragment of a Treatise on the Industrial Mechanism of Society, and Other Papers, London/New York 1905 (repr. New York 1965, Basingstoke 2001) (mit Einl. v. H. Higgs, V–XXII). – T. Inoue/M. V. White, Bibliography of Published Works of W. S. J., J. Hist. Econom. Thought 15 (1993), 122–147.

Literatur: L. Amoroso, W. S. J. e la economia pura, Ann. di econom. 2 (Mailand 1925/1926), 83–106; E. V. Beckerath, J., in: ders. u. a. (eds.), Handwörterbuch der Sozialwissenschaften V, Stuttgart, Tübingen, Göttingen 1956, 421–422; R. D. C. Black,

W. S. J. and the Economists of His Time, Manchester School Econom. Soc. Stud. 30 (1962), 203–221, ferner in: J. C. Wood (ed.), W. S. J. [s. u.] I, 197–211; ders., J. and the Foundation of Modern Economics, Hist. Political Economy 4 (1972), 364–378, ferner in: J. C. Wood (ed.), W. S. J. [s. u.] I, 298–310; ders., W. S. J., 1835–82, in: D. P. O'Brien/J. R. Presley (eds.), Pioneers of Modern Economics in Britain, Totowa N. J., London/Basingstoke 1981, 1–35; ders., J., in: H. C. G. Matthew/B. Harrison (eds.), Oxford Dictionary of National Biography XXX, Oxford etc. 2004, 101–106; W. Boehmert, W. S. J. und seine Bedeutung für die Theorie der Volkswirtschaftslehre in England, Schmollers Jb. f. Gesetzgebung, Verwaltung und Volkswirtschaft NF 15/2 (1891), 77–124; A. Degange, J., DP I (²1993), 1513–1514; E. W. Eckard, Economics of W. S. J., Washington D. C. 1940; F. Gillot, Éléments de logique appliquée d'après Wronski, J., Solvay, Paris 1964; I. Grattan-Guinness, The Correspondence between George Boole and S. J., 1863–1864, Hist. and Philos. Log. 12 (1991), 15–35; N. T. Gridgeman, J., DSB VII (1973), 103–107; G. B. Halsted, Professor J.'s Criticism of Boole's Logical System, Mind 3 (1878), 134–137, ferner in: J. C. Wood (ed.), W. S. J. [s. u.] I, 26–29; R. Harley, Obituary Notices of Fellows Deceased [Professor W. S. J.], Proc. Royal Soc. London 35 (1883), i–xii; T. W. Hutchison, W. S. J., in: ders., A Review of Economic Doctrines. 1870–1929, Oxford 1953 (repr. Westport Conn. 1975, Bristol 1993), 1966, 32–49; ders., J., IESS VIII (1968), 254–260; ders., The Politics and Philosophy in J.'s Political Economy, Manchester School Econom. Soc. Stud. 50 (1982), 366–378, ferner in: J. C. Wood (ed.), W. S. J. [s. u.] I, 383–395; H. S. Jevons, W. S. J., in: E. R. A. Seligman/A. Johnson (eds.), Encyclopaedia of the Social Sciences VIII, New York 1932, 389–391; H. W. Jevons/ H. S. Jevons, W. S. J., Econometrica 2 (1934), 225–237, ferner in: J. C. Wood (ed.), W. S. J. [s. u.] I, 37–49; J. M. Keynes, W. S. J. 1835–1882. A Centenary Allocution on His Life and Work as Economist and Statistician, J. Royal Statistical Soc. NS 99 (1936), ferner in: ders., Essays in Biography, ed. G. Keynes, New York, London ²1951, New York 1963, 255–309, ohne Untertitel in: ders., Collected Writings X, ed. E. S. Johnson, London/Basingstoke 1972, 1989, 109–160, ferner in: J. C. Wood (ed.), W. S. J. [s. u.] I, 59–93; R. Könekamp, W. S. J. (1835–1882). Some Biographical Notes, Manchester School Econom. Soc. Stud. 30 (1962), 251–273, ferner in: J. C. Wood (ed.), W. S. J. [s. u.] I, 233–250; L. Liard, Un nouveau système de logique formelle. W. S. J., Rev. philos. France étrang. 3 (1877), 277–293; ders., Les logiciens anglais contemporains, Paris 1878, ⁵1907 (dt. Die neuere englische Logik, Berlin 1880, Leipzig ²1883); H. Maas, W. S. J. and the Making of Modern Economics, Cambridge etc. 2005 (mit Bibliographie, 291–318); W. Mays, Mechanized Reasoning, Electronic Engineering 23 (1951), 278; ders., J.'s Conception of Scientific Method, Manchester School Econom. Soc. Stud. 30 (1962), 223–249, ferner in: J. C. Wood (ed.), W. S. J. [s. u.] I, 212–232; ders./D. P. Henry, J. and Logic, Mind NS 62 (1953), 484–505, ferner in: J. C. Wood (ed.), W. S. J. [s. u.] I, 167–187; G. Meyer, Die Krisentheorie von W. S. J., Diss. Kiel 1937 [Teildr.]; J. Moret, L'emploi des mathématiques en économie politique, Paris 1915; B. Mosselmans, W. S. J. and the Cutting Edge of Economics, London/New York 2007; ders., J., SEP 2007; E. F. Paul, W. S. J.. Economic Revolutionary, Political Utilitarian, J. Hist. Ideas 40 (1979), 267–283; S. J. Peart, J.'s Applications of Utilitarian Theory to Economic Policy, Utilitas 2 (1990), 281–306; dies., The Economics of W. S. J., London/New York 1996; A. Riehl, Die englische Logik der Gegenwart, Vierteljahrsschr. wiss. Philos. 1 (1877), 50–80; L. Robbins, The Place of J. in the History of Economic Thought, Manchester

School Econom. Soc. Stud. 7 (1936), 1–17, ferner in: J. C. Wood (ed.), W. S. J. [s. u.] I, 94–108; M. Schabas, A World Ruled by Number. W. S. J. and the Rise of Mathematical Economics, Princeton N. J. 1990; J. Steedman, J.'s Theory of Capital and Interest, Manchester School Econom. Soc. Stud. 40 (1972), 31–52, ferner in: J. C. Wood (ed.), W. S. J. [s. u.] III, 105–126; S. M. Stigler, J. as Statistician, Manchester School Econom. Soc. Stud. 50 (1982), 354–365, ferner in: J. C. Wood (ed.), W. S. J. [s. u.] I, 369–382; A. W. Ward, J., in: L. Stephen/S. Lee (eds.), Dictionary of National Biography X, London 1908, Oxford 1993, 811–815; O. Weinberger, Mathematische Volkswirtschaftslehre. Eine Einführung, Leipzig/Berlin 1930; J. C. Wood (ed.), W. S. J.. Critical Assessments, I–III, London/New York 1988; A. A. Young, J.' »Theory of Political Economy«, Amer. Econom. Rev. 2 (1912), 576–589, ferner in: J. C. Wood (ed.), W. S. J. [s. o.] II, 51–62.   C. T.

jīva (sanskr., lebendig, Leben, Lebewesen), Grundbegriff der indischen Philosophie (↑Philosophie, indische). J. oder jīvātman steht im klassischen, bis heute einflußreichen System des ↑Vedānta grundsätzlich für das empirische Ich im Unterschied zum transzendentalen Ich, dem ›höchsten Selbst‹ oder paramātman (↑ātman), während im Dualismus des ebenfalls klassischen philosophischen Systems des ↑Sāṃkhya j. eine durch die ↑prakṛti (= Materie) verkörperte Individuation des ↑puruṣa (= Geist) darstellt. Im Jainismus (↑Philosophie, jainistische) ist der j. die in Einzelwesen oder ›individuelle Geister‹ gegliederte Substanz des Belebten, die dem fünf leblose Substanzen (↑dravya) umfassenden ↑ajīva gegenübersteht. Jeder j. hat, der Konzeption von ↑Monaden bei G. W. Leibniz verwandt, einen individuellen Körper (↑pudgala), der einzigen unter den fünf leblosen Substanzen, die mit Gestalt ausgestattet ist, und ist durch diskursives Wissen (↑jñāna) und intuitives Schauen (↑darśana) charakterisiert. Das für die Wiedergeburten (↑saṃsāra) verantwortliche Gesetz der Tatvergeltung (↑karma), im Jainismus ebenfalls feinstofflich vorgestellt, verbindet j. und ajīva. Die Auflösung dieser Verbindung macht die Erlösung (↑mokṣa) aus.   K. L.

jñāna (sanskr., Wissen, Kenntnis, auch: Sinnesorgan), Grundbegriff der indischen Philosophie (↑Philosophie, indische), in vielen Kontexten synonym mit ↑›buddhi‹. Als grundsätzlich begriffliches oder diskursives Erkennen eines Ganzen unter Einschluß seiner Gliederungen (z. B. muß das Urteil ›diese Blüte ist blau‹ verstanden werden als ›dies zeigt die Eigenschaft Blütesein und die Eigenschaft Blau‹) ist j. vom mehr praktischen Kennen durch Beherrschen von (auch theoretischen) Fertigkeiten (↑vidyā) und von der Einheit von Kenntnis und Erkenntnis in einem Reflexionswissen (↑vijñāna, Bewußtsein) zu unterscheiden. Verstanden als eines der Mittel zur Erlösung (↑mokṣa) – neben ↑bhakti, der Hingabe an Gott, und ↑karma, dem rechten Tun –, setzt j. moralisch einwandfreie Haltung voraus, um diesem

Ziel dienen zu können. Buddha ist das paradigmatische Beispiel eines Wissenden (jñānin), wobei in diesem Falle j. intuitives Erkennen einschließt. Soll hervorgehoben werden, daß es sich um ein ausdrücklich als ›wahr‹ beurteiltes und darüber hinaus ›neues‹, nicht bloß reproduziertes Wissen handelt, so tritt ›pramā‹ an die Stelle von ›j.‹. Die Quellen oder Ursachen (↑kāraṇa) der Erkenntnis werden in allen Schulen der klassischen indischen Philosophie unter dem Titel einer Lehre von den Erkenntnismitteln (↑pramāṇa) behandelt.

Literatur: P. Bilimoria, J. and Pramā. The Logic of Knowing. A Critical Appraisal, J. Indian Philos. 13 (1985), 73–102; B. K. Matilal, J., in: M. Eliade (ed.), The Encyclopedia of Religion VIII, New York/London 1987, 94–95; A. Wayman, Notes on the Sanskrit Term J., J. Amer. Oriental Soc. 75 (1955), 253–268.   K. L.

Joachim von Fiore, *Celico (bei Cosenza) um 1135, †San Giovanni in Fiore 30. März 1202, ital. Mystiker und Theologe. 1171–1177 Abt des Zisterzienserklosters Corazzo (Kalabrien), gründete 1190 das Kloster San Giovanni in Fiore und einen neuen Orden (Florenser, Floriazenser) unter dem Ideal eines hierarchiefreien mönchischen Lebens in Armut (im späten 16. Jh. wieder mit dem Zisterzienserorden verbunden). Persönliche Verbindungen mit Kaiser Heinrich VI. und mit den Päpsten Lucius III., Urban III. und Clemens III. – In einer dem ↑Chiliasmus nahestehenden, AT und NT miteinander verbindenden mystischen Geschichtsdeutung (↑Eschatologie) unterscheidet J. drei Zeitalter: das (alttestamentliche) Zeitalter Gott-Vaters (des Gesetzes), das in 42 Generationen dem ersten Zeitalter analoge Zeitalter des Gottes-Sohnes (des Evangeliums, bis 1260) und das Zeitalter des Hl. Geistes. Kirchengeschichtlich folgt damit auf die ›Kirche des Petrus‹ im dritten Zeitalter (›dritten Reich‹) die ›Kirche des Johannes‹. Diese in montanistischen Traditionen stehende, unter anderem von Thomas von Aquin (S. th. II/1 qu. 106 art. 4) kritisierte Geschichtsdeutung wurde im späten 13. Jh. durch den radikalen Flügel der Franziskaner (›Spiritualen‹), der in J. seinen Propheten sah, chiliastisch verstärkt und ergänzt (Pseudo-J.-Kommentare zum AT) sowie mit politischen Vorstellungen verbunden (Cola di Rienzo, 1313–1354) und gehört seither als zentraler Bestandteil zur europäischen Tradition der ↑Geschichtsphilosophie (Geschichtstheologie) und Sozialmythologie. J.s gegen Petrus Lombardus gerichtete Trinitätslehre (in einem verlorenen Traktat: De essentia seu unitate trinitatis) wurde auf dem 4. Laterankonzil (1215) verworfen.

Werke: Opera omnia [lat.], ed. R. E. Lerner u. a., Rom 1995 ff. (erschienen Bde IV/1– IV/4, V). – Scriptum super Hieremiam prophetam, Venedig 1516 [mit anderen Werken], unter dem Titel: Interpretatio preclara in Hieramiam prophetam, Venedig 1525, Köln 1577; Opera prophetica, Venedig 1516–1619; Liber

Concordie novi ac veteris Testamenti, Venedig 1519 (repr. unter dem Titel: Concordia novi ac veteris testamenti, Frankfurt 1964, 1983), unter dem Titel: Liber de Concordia Noui ac Veteris Testamenti, ed. R. Daniel, Philadelphia Pa. 1983 (Transact. Americ. Philos. Soc. NS 73,8); Expositio [...] in apocalypsim, Venedig 1527 (repr. Frankfurt 1964), unter dem Titel: Introduzione all'Apocalisse [lat./ital.], ed. K.-V. Selge, Rom 1995 (Opere di Gioacchino da F.. Testi e strumenti VI); Psalterium decem cordarum, Venedig 1527 (repr. Frankfurt 1965, ²1983), ed. K.-V. Selge, Hannover 2009 (ital. Il salterio a dieci corde, übers. v. F. Troncarelli, rev. K.-V. Selge, Rom 2004 (Opere di Gioacchino da F.. Testi e strumenti XVI); De gloria Paradisi, Venedig 1527 [zusammengebunden mit Expositio in apocalypsim und Psalterium decem cordarum] (ital. De gloria Paradisi, ed. R. Gaudio, Celico 2005); Vaticinia sive Prophetiae abbatis Joachimi et Anselmi Episcopi Marsicani, cum praefatione et adnotationibus Paschalini Regiselm. Vita Joachimi per G. Barium [lat./ital.], Venedig 1589 (repr. Leipzig 1972); Tractatus super quatuor evangelia, ed. E. Buonaiuti, Rom 1930, Turin 1966, ed. F. Santi, Rom 2002 (Opera Omnia [s.o.] V) (ital. Trattati sui quattro Vangeli, übers. v. L. Pellegrini, Rom 1999 [Opere di Gioacchino da F.. Testi e strumenti XI]); Scritti minori [lat.], ed. E. Buonaiuti, Rom 1936, Turin 1968; Il libro delle figure I–II [Text lat./ Einf. u. Anm. Ital.], ed. L. Tondelli, Turin 1940, ²1953 (repr. Turin 1990); Adversus Iudeos [lat.], ed. A. Frugoni, Rom 1957, unter dem Titel: Agli ebrei. Testo latino a fronte [lat./ital.], ed. M. Iiritano, Soveria Manelli 1998; Weissagungen über die Päpste. Vat. Ross. 374, entstanden um 1500, I–II [Faksimile, II Einführung], ed. R. E. Lerner/R. Moynihan, Zürich 1985; Weissagungen über die Päpste. Vat. Ross. 374. Transkription der lateinischen Texte, Übertragung ins Deutsche, ed. W. Simon, Zürich 1985; Enchiridion super Apocalypsim [lat.], ed. E. K. Burger, Toronto 1986; Dialogi de prescientia dei et predestinatione electorum [lat.], ed. G. L. Potestà, Rom 1995 (Opera omnia [s.o.] IV. Opera Minora 1), unter dem Titel: Dialoghi sulla prescienza divina e la predestinazione degli eletti [lat./ital.], ed. G. L. Potestà, Rom 2001 (Opere di Gioacchino da F.. Testi e strument XIV); Scriptorium Ioachim abatis Florensis. Opere di Gioacchino da F. nel Codice 322 della Biblioteca Antoniana di Padova, ed. Centro internazionale di studi gioachimiti, Bari 1997 [Faksimile-Ausg. der Dialogi de prescientia dei et predestinatione electorum u. des Psalterium decem chordarum]; Sermones [lat.], ed. Valeria De Fraja, Rom 2004 (Opera omnia [s.o.] IV. Opera Minora 2); Exhortatorium iudeorum [lat.], ed. A. Patschovsky, Rom 2006 (Opera omnia [s.o.] IV. Opera minora 3) [Appendix: Versio abbreviata Exhortatorii Iudeorum auctore incerto confecta, ed. B. Hotz]; Tractatus in expositionem vite et regule beati benedicti [lat.], ed. A. Patchovsky, Rom 2008 (Opera omnia [s.o.] IV. Opera minora 4). – F. Russo, Bibliografia Gioachimita, Florenz 1954 (Berichtigung u. Ergänzung dazu: B. Hirsch-Reich, Eine Bibliographie über J. v. F. und dessen Nachwirkung, Rech. théol. et médiévale 24 [1957], 27–44); ders., Rassegna bibliografica Gioachim ta (1958–1967), Cîteaux 19 (1968), 206–214; Totok II (1973), 210–212.

Literatur: J. Alwast, J. v. F., BBKL III (1992), 115–117; E. V. Anitchkof, J. de Flore et les milieux courtois, Rom 1931, Genf 1974; C. Baraut, J. de Flore, in: Dictionnaire de Spiritualité VIII, Paris 1974, 1179–1201; W. Baum, J. v. F., RGG IV (⁴2001), 509–510; E. Benz, Creator Spiritus. Die Geistlehre des J. v. F., Eranos-Jb. 25 (1956), 285–355; H. Bett, J. of Flora, London 1931, Merrick N. Y. 1976; M. W. Bloomfield, J. of Flora. A Critical Survey of His Canon, Teachings, Sources, Biography and In-

fluence, Traditio 13 (1957), 249–311; A. Crocco, Gioacchino da F. e il gioachimismo, Neapel 1976; V. De Fraja, Oltre Cîteaux. Gioacchino da F. e l'ordine florense, Rom 2006 (Opere di Gioacchino da F.. Testi e strumenti XIX); P. De Leo, Gioacchino da F.. Aspetti inediti della vita e delle opere, Soveria Manelli 1988; G. Di Napoli, Gioacchino da F. e Pietro Lombardo, Riv. filos. neo-scolastica 71 (1979), 621–685; ders., Gioacchino da F.. Teologia i cristologia, Aquinas 23 (Rom 1980), 1–51; C. D. Fonseca (ed.), I luoghi di Gioacchino da F.. Atti del primo Convegno internazionale di Studio, Casamari [...], 25–30 marzo 2003, Rom 2006; F. Förschner, Concordia. Urgestalt und Sinnbild in der Geschichtsdeutung des J. v. F.. Eine Studie zum Symbolismus des Mittelalters, Diss. Freiburg 1970; P. Fournier, Études sur J. de Flore et ses doctrines, Paris 1909 (repr. Frankfurt 1963); H. Grundmann, Studien über J. v. Floris, Leipzig, Berlin 1927 (repr. unter dem Titel: Studien über J. v. F., Darmstadt, Stuttgart 1966, Darmstadt 1975); ders., Die Papstprophetien des Mittelalters, Arch. Kulturgesch. 19 (1929), 77–138; ders., Kleine Beiträge über J. v. F., Z. Kirchengesch. 48 (1929), 137–165; ders., Neue Forschungen über J. v. F., Marburg 1950; ders., Ausgewählte Aufsätze II (J. v. F.), Stuttgart 1977 (Mon. Germ. Hist. Schriften IIV/2); W. Kamlah, Apokalypse und Geschichtstheologie. Die mittelalterliche Auslegung der Apokalypse vor J. v. F., Berlin 1935 (repr. Vaduz 1965); M. Kaup, De prophetia ignota. Eine frühe Schrift J.s v. F., Hannover 1998 (MGH. Studien und Texte XIX); J.-M. le Lannon, J. de Flore, DP I (²1993), 1514; M. F. Laughlin, J. of F., in: B. L. Marthaler (ed.), New Catholic Encyclopedia VII, Detroit Mich. etc. ²2003, 876–877; H. Lee/M. Reeves/G. Silano, Western Mediterranean Prophecy. The School of J. of F. and the Fourteenth-Century ›Breviloquium‹, Toronto 1989; R. E. Lerner, J. v. F., TRE XVII (1988), 84–88; ders., Refrigerio dei Santi. Gioacchino da F. e l'escatologia medievale, Rom 1995 (Opere di Gioacchino da F.. Testi e strumenti V); ders., The Feast of Saint Abrahham. Medieval Millenarians and the Jews, Philadelphia Pa. 2000, 2001, bes. 5–23; K. Löwith, Meaning in History. The Theological Implications of the Philosophy of History, Chicago Ill./London 1949, 1970, 145–159 (dt. Weltgeschichte und Heilsgeschehen. Die theologischen Voraussetzungen der Geschichtsphilosophie, Stuttgart 1953, ⁸1990, 136–147); H. de Lubac, La postérité spirituelle de J. de Flore, I–II, Paris/Namur 1979/1981, I, 1987; B. McGinn, The Calabrian Abbot. J. of F. in the History of Western Thought, New York/London 1985; ders., Theologians as Trinitarian Iconographers, in: J. F. Hamburger/A.-M. Bouché (eds.), The Mind's Eye. Art and Theological Argument in the Middle Ages, Princeton N.J./London 2006, 186–207; P. Meinhold, Thomas von Aquin und J. v. F. und ihre Deutung der Geschichte, Saeculum 27 (1976), 66–76; J. Miethke, Zukunftshoffnung, Zukunftserwartung, Zukunftsbeschreibung im 12. und 13. Jahrhundert. Der Dritte Status des J. v. F. im Kontext, in: J. A. Aertsen (ed.), Ende und Vollendung. Eschatologische Perspektiven im Mittelalter, Berlin/New York 2002, 504–524; S. E. Murphy, J. of F., REP V (1998), 103–105; V. Napolillo, Gioacchino da F.. Le fonti biografiche e le lettere, Cosenza 2002; A. Patschovsky (ed.), Die Bildwelt der Diagramme J.s v. F.. Zur Medialität religiös-politischer Programme im Mittelalter, Ostfildern 2003; G. L. Potestà, Il tempo dell'Apocalisse. Vita di Gioacchino da F., Rom/Bari 2004; ders., Gioacchino da F. nella cultura contemporanea. Atti del 6. Congresso internazionale di studi gioachimiti, San Giovanni di Fiore, 23–25 settembre 2004, Rom 2005; M. Rainini, Disegni dei tempi. Il »Liber figurarum« e la teologia figurativa di Gioacchino da F., Rom 2006 (Opere di Gioacchino da F.. Testi e strumenti XVIII);

M. Reeves, J. of F., Enc. Ph. IV (1967), 277–278; dies., The Influence of Prophecy in the Later Middle Ages. A Study in Joachimism, Oxford 1969, Notre Dame Ind./London 1993; dies., J. of F. and the Prophetic Future. A Medieval Study in Historical Thinking, London 1976, rev. Stroud 1999; dies., The Abbot J.'s Sense of History, in: 1274. Année charnière. Mutations et continuités. Lyon-Paris, 30 septembre – 5 octobre 1974, Paris 1977 (Colloques internationaux du Centre National de la Recherche Scientifique 558), 781–796; dies./B. Hirsch-Reich, The »Figurae« of J. of F., Oxford 1972; dies./W. Gould, J. of F. and the Myth of the Eternal Evangel in the Nineteenth Century, Oxford 1987, erw. Oxford/New York 2001; M. Riedl, J. v. F.. Denker der vollendeten Menschheit, Würzburg 2004; R. Rusconi, Profezia e profeti alla fine del Medioevo, Rom 1999 (Opere di Gioacchino da F.. Testi e strumenti IX); J. I. Saranyana, Joaquin de F. y Tomas de Aquino. Historia doctrinal de una polémica, Pamplona 1979; ders., Joaquin de F. y América, Pamplona 1992, ²1995; W. Schachten, Die Trinitätslehre J.s v. F. im Lichte der Frage nach der Subjektivität Gottes in der neueren Theologie, Franziskan. Stud. 62 (1980), 39–61; ders., Ordo salutis. Das Gesetz als Weise der Heilsvermittlung. Zur Kritik des Hl. Thomas von Aquin an J. v. F., Münster 1980; K.-V. Selge, Die Stellung J.s v. F. in seiner Zeit. Trinitätsverständnis und Gegenwartsbestimmung, in: Jan A. Aertsen (ed.), Ende und Vollendung. Eschatologische Perspektiven im Mittelalter, Berlin/New York 2002, 481–503; ders., J. v. F., in: G. Frank (ed.), Reformer als Ketzer. Heterodoxe Bewegungen von Vorreformatoren, Stuttgart-Bad Cannstatt 2004, 123–144; C. Stroppa, La città degli angeli. Il sogno utopico di Fra Gioacchino da F., Soveria Manelli 2004; G. H. Tavard, The Contemplative Church. J. and his Adversaries, Milwaukee Wis. 2005; F. Troncarelli, Gioacchino da F.. La vita, il pensiero, le opere, Rom 2002; F. Vander, Ernst Bloch and J. of F., Telos 122 (2002), 127–132; J. E. Wannenmacher, Hermeneutik der Heilsgeschichte. De septem sigilis und die sieben Siegel im Werk J.s v. F., Leiden/Boston Mass. 2005 (Stud. Hist. Christian Trad. 118); G. Wendelborn, Gott und Geschichte. J. v. F. und die Hoffnung der Christenheit, Leipzig, Wien/Köln 1974; ders., J. v. F., in: A. Holl (ed.), Die Ketzer, Hamburg 1994, Wiesbaden 2007, 37–54; S. E. Wessley, J. of F. and Monastic Reform, New York etc. 1990; D. C. West (ed.), J. of F. in Christian Thought. Essays on the Influence of the Calabrian Prophet, I–II, New York 1974, 1975; ders./S. Zimdars-Swartz, J. of F. A Study in Spiritual Perception and History, Bloomington Ind. 1983.   J. M.

Jodl, Friedrich, *München 23. Aug. 1849, †Wien 26. Jan. 1914, dt. Philosoph. Ab 1867 Studium der Geschichte und Philosophie in München (unter anderem bei K. Prantl), 1872 Promotion, 1873–1876 Dozent für Universalgeschichte an der Kriegsakademie München, 1880 Habilitation, 1885 o. Prof. an der Deutschen Universität Prag, ab 1896 an der Universität Wien, außerdem ab 1901 Dozentur für Ästhetik an der Technischen Hochschule Wien. – J. vertritt eine positivistisch-materialistische Position im Anschluß an L. Feuerbach, J. S. Mill und H. Spencer, die erkenntnistheoretisch in einem kritischen Realismus (↑Realismus, kritischer) gründet. Das ↑›Ding an sich‹ ist ein ↑Grenzbegriff der Erkenntnis; ein ↑Erkenntnisfortschritt besteht in der unabschließbaren Annäherung an dessen Realität. Die ethischen Nor-

men und Ideale lassen sich aus dem Wechselleben zwischen dem Einzelnen und der Gesellschaft begründen. Der Lebensgrundsatz des modernen Menschen soll sein: »im Erkennen *Realist*, im Handeln *Idealist*« (Kritik des Idealismus, 1920, 186). J. gab die Schriften L. Feuerbachs heraus.

Werke: Leben und Philosophie David Hume's, Halle 1872 (repr. Ann Arbor Mich./London 1981); Geschichte der Ethik in der neueren Philosophie, I–II, Stuttgart 1882/1889, unter dem Titel: Geschichte der Ethik als philosophischer Wissenschaft, I–II, Stuttgart/Berlin ²1906/1912, II, ³1923, I, ⁴1930 (repr. Darmstadt 1965, Stuttgart 1987), Essen 1997; Volkswirtschaftslehre und Ethik, Berlin 1885; Lehrbuch der Psychologie, Stuttgart 1896, I–II, ⁶1924; (ed. mit W. Bolin) L. Feuerbach, Sämmtliche Werke, I–X, Stuttgart 1903–1911; Ludwig Feuerbach, Stuttgart 1904, ²1921; Vom Lebenswege. Gesammelte Vorträge und Aufsätze, I–II, ed. W. Börner, Stuttgart/Berlin 1916/1917; Ästhetik der bildenden Künste, ed. W. Börner, Stuttgart/Berlin 1917, ²1920, Essen 1984; Einführung in die neuere Psychologie. Mit besonderer Berücksichtigung des Kindesalters, ed. W. Börner, Wien 1917; Zur neueren Philosophie und Seelenkunde. Aufsätze von F. J., ed. W. Börner, Stuttgart 1917; Allgemeine Ethik, ed. W. Börner, Stuttgart/Berlin 1918; Kritik des Idealismus, ed. C. Siegel/W. Schmied-Kowarzik, Leipzig 1920; Geschichte der neueren Philosophie, ed. K. Roretz, Wien/Leipzig/München 1924, Stuttgart/Berlin 1927.

Literatur: W. Börner, F. J.. Eine Studie, Stuttgart/Berlin 1911; ders., F. J.. Gedenkblätter, Frankfurt 1914; H. Brockard, J., NDB X (1974), 450–451; G. Gimpl (ed.), Unter uns gesagt. F. J.s Briefe an Wilhelm Bolin, Wien 1990; ders., Vernetzungen. F. J. und sein Kampf um die Aufklärung, Oulu 1990; ders. (ed.), Ego und Alterego. Wilhelm Bolin und F. J. im Kampf um die Aufklärung. Festschrift für Juha Manninen, Frankfurt etc. 1996; J. Hanslmeier, J., LThK V (1960), 981; R. Heinz, Das Problem des kategorialen Denkens. Zur Kausalitätsdiskussion im Positivismus (Laas, J., Schulte, Austeda), Z. philos. Forsch. 25 (1971), 535–547; M. Jodl, F. J., sein Leben und Wirken, dargestellt nach Tagebüchern und Briefen, Stuttgart/Berlin 1920; W. Schmied-Kowarzik, F. J., Arch. Gesch. Philos. 27 (1914), 474–489 (mit Bibliographie, 476–489). – J., in: Biographische Enzyklopädie deutschsprachiger Philosophen, München 2001, 200.   S. B.

Joël, Karl, *Hirschberg (Schlesien) 27. März 1864, †Walenstadt (Kanton St. Gallen) 22. Juli 1934, dt. Philosoph. Ab 1882 Studium der Philosophie bei W. Dilthey in Breslau, ab 1883 in Leipzig, 1886 Promotion. 1887 Übersiedlung nach Berlin (Freundschaft mit G. Simmel), 1892/1893 Habilitation in Basel, 1893–1897 Privatdozent, 1897 a. o. Prof. in Basel, 1902 o. Prof.. Neben der (von ihm vielfach romantisierten) antiken Philosophie, insbes. Antisthenes und den Kynikern (↑Kynismus), galten J.s philosophische Bemühungen vor allem einer neuen ↑›Weltanschauung‹, die aus dem ›brutalen leeren Massentum‹ der ›mechanisierten Gesellschaft‹ des 19. Jhs. wieder zu einer ›organischen Gemeinschaft‹, dem ›geistigen Bund‹ kultivierter Individuen, führen sollte. Der bewußte ›Neuidealist‹ vertritt die Willensfreiheit (↑Wille) und propagiert gegen die Kulturkrise seiner

Zeit eine Ethik der Befreiung des Menschen ›von der Geschichte wie von der Natur in eine höhere Zukunft‹ mit der anzustrebenden Vereinigung von Leben und Denken. In diesem Sinne entdeckt J. auch die ↑Mystik als intuitive Erfassung des Weltganzen und (historische) Wegbereiterin der ↑Naturphilosophie. – Der ↑Lebensphilosophie nahestehend würdigt er die dort als ›Erstarrung‹ aufgefaßte ›Form‹ als zu bewahrendes Resultat von ›Reifung‹ innerhalb von Entwicklungsprozessen und sieht sich damit auf Seiten der ›Morphologen‹ (E. Spranger, O. Spengler) und ›Typologen‹ (L. Klages, K. Jaspers). Insgesamt stellt J.s Position innerhalb der Neuromantik eine idealistisch ausgeformte Lebensphilosophie dar, die auch die Rezeption F. Nietzsches beeinflußte.

Werke: Zur Erkenntnis der geistigen Entwicklung und der schriftstellerischen Motive Platos, Berlin 1887; Der echte und der Xenophontische Sokrates, I–II, Berlin 1893/1901; Philosophenwege. Ausblicke und Rückblicke, Berlin 1901; Der Ursprung der Naturphilosophie aus dem Geiste der Mystik, Basel 1903, Jena 1926; Nietzsche und die Romantik, Jena/Leipzig 1905, Jena ²1923; Der freie Wille. Eine Entwicklung in Gesprächen, München 1908; Jakob Burckhardt als Geschichtsphilosoph, Basel 1910, 1918; Seele und Welt. Versuch einer organischen Auffassung, Jena 1912, 1923; Die philosophische Krisis der Gegenwart, Leipzig 1914, ³1922; Antibarbarus. Vorträge und Aufsätze, Jena 1914; Neue Weltkultur, Leipzig 1915; Geschichte der antiken Philosophie I, Tübingen 1921; Philosophische Autobiographie, in: R. Schmidt (ed.), Die deutsche Philosophie der Gegenwart in Selbstdarstellungen I, Leipzig 1921, 70–90; Wandlungen der Weltanschauung. Eine Philosophiegeschichte als Geschichtsphilosophie, I–II, Tübingen 1928/1934 (repr. Tübingen 1965). *Literatur:* M. Landmann, J., NDB X (1974), 455–456; E. Zombek, Wille und Willensfreiheit bei K. J. und Wilhelm Windelband, Greifswald 1913. – Festschrift für K. J. zum 70. Geburtstage (27. März 1934), Basel 1934; Biographische Enzyklopädie deutschsprachiger Philosophen, München 2001, 200.   R. W.

Johannes Baconthorpe (Ioannis Bachonis), *Baconthorpe (Norfolk) um 1290, †London um 1348, engl. Philosoph und Theologe (›doctor resolutus‹), Großneffe R. Bacons. Nach Erziehung in einem Karmelitenkloster (Blakeney) und Studium in Paris (1322/1323 Magister theologiae) Lehrtätigkeit in Paris, Cambridge und (vermutlich) Oxford. 1327–1333 Provinzial der englischen Karmeliten. – Gegen Thomas von Aquin, J. Duns Scotus und Heinrich von Gent vertritt J. zum Teil averroistische Positionen. Sein ↑Averroismus, der ihm durch A. Nifo (De immortalitate animae libellus, Venedig 1518, lv) die Bezeichnung ›princeps Averroistarum‹ eintrug, ist jedoch systematisch selektiv und z. B. hinsichtlich der averroistischen Thesen von der Einheit des Intellekts und der ↑Ewigkeit der Welt auf Vermittlung mit anti-averroistischen Positionen angelegt (Nachweis der Verträglichkeit averroistischer Thesen mit christlichen Glaubenssätzen, Zurückweisung mit der christlichen Lehre konfligierender Thesen z. B. des Siger von Brabant). J. schrieb neben

Kommentaren zum NT, zu Aristoteles, A. Augustinus und Anselm von Canterbury einen ↑Sentenzenkommentar und Quodlibeta (↑quodlibet).

Werke: Commentum super I librum sententiarum, Paris 1484; Super III. sententiarum, Paris 1484/1485; Commentum super IV librum sententiarum, Paris 1485; Opus super quatuor sententiarum libris, I–IV, ed. A. Minuziano, Mailand 1510–1511, unter dem Titel: Super quatuor sententiarum libros, Venedig 1526; Quodlibeta, summa diligentia emendata & noviter in lucem edita, ed. M. A. Zimara, Venedig 1527; Quaestiones in quatuor libros sententiarum et quodlibetales, I–II, Cremona 1618 (repr. Farnborough 1969); Die Quaestiones speculativae et canonicae des J. Baconthorp über den sakramentalen Charakter, ed. E. Borchert, München 1974.

Literatur: A. Boureau, L'Immaculée Conception de la souveraineté. John B. et la théologie politique (1325–1345), in: F. Autrand/C. Gauvard/J.-M. Moeglin (eds.), Saint-Denis et la Royauté. Études offertes à Bernard Guenée, Paris 1999, 733–749; P. Chrysogone du Saint-Sacrement, Maître Jean Baconthorp. Les sources, la doctrine, les disciples, Rev. néoscol. philos. 34 (1932), 341–365; R. Cross, John B., in: J. J. E. Gracia (ed.), A Companion to Philosophy in the Middle Ages, Malden Mass. 2003, 2006, 338–339; J. P. Etzwiler, B. and Latin Averroism. The Doctrine of the Unique Intellect, Carmelus 18 (1971), 235–292; ders., John B., »Prince of the Averroists«?, Franciscan Stud. 36 (1976), 148–176; E. Gilson, History of Christian Philosophy in the Middle Ages, London, New York 1955, London 1980, bes. 521–522; A. Maurer, John B., in: B. L. Marthaler (ed.), New Catholic Encyclopedia VII, Detroit Mich. etc. ²2003, 939–940; B. Smalley, John B.'s Postill on St. Matthew, Med. Ren. Stud. 4 (1958), 91–145, Nachdr. in: ders., Studies in Medieval Thought and Learning. From Abelard to Wyclif, London 1981, 289–343; W. Ullmann, J. B. as a Canonist, in: C. N. L. Brooke u. a. (eds.), Church and Government in the Middle Ages, Cambridge 1976, 223–246; B. F. M. Xiberta y Rogueta, De Magistro Johanne Baconthorp, O. Carm., Analecta Ordinis Carmelitani 6 (1927), 3–128.   J. M.

Johannes Capreolus, *um 1380 in Südfrankreich, †Rodez (Südfrankreich) 7. April 1444, franz. Theologe des Dominikanerordens. 1407 zum Lesen des Sentenzenkommentars an die Universität Paris beordert, später Regens des Ordensstudiums in Toulouse und theologisches Lehramt im Kloster Rodez. Verfasser einer in Anlehnung an den inhaltlichen Aufbau der ↑Sentenzenkommentare vierteiligen Schrift (1400–1434) zur Verteidigung der Lehre des Thomas von Aquin, die vor allem außerhalb des Dominikanerordens von Gelehrten nominalistischer (↑Nominalismus), skotistischer (↑Skotismus) und augustinistischer (↑Augustinismus) Richtung zum Teil heftig angegriffen wurde. Philosophische Gesichtspunkte (z. B. der Seins- und der Personbegriff) spielen nur insoweit eine Rolle, als sie für theologische Lehrstücke von Bedeutung sind. J. C., der den Ehrentitel ›princeps thomistarum‹ erhielt, übte großen Einfluß auf die Theologie des 15. und 16. Jhs. aus.

Werke: Defensiones theologiae divi Thomae Aquinatis, I–VII, ed. C. Paban/T.-M. Pègues, Tours 1900–1908 (repr. Frankfurt 1967) (III engl. On the Virtues, Washington D. C. 2001).

Literatur: N. Bathen, J. C., LThK V (³1996), 888; G. Bedouelle/R. Cessario/K. White (eds.), Jean C. et son temps (1380–1444), Paris 1997; S. T. Bonino, Le concept d'etant et la connaissance de Dieu d'après Jean Cabrol (C.), Rev. Thomiste 95 (1995), 109–136; P. Conforti, Le questione inedite: »Siena, Bibliotheca Comunale degl'Intronati, LXI 24«. Contributo alla storia della posteriorità di Giovanni Capreolo, Rom 1996; L. Dewan, The Doctrine of Being of John C.. A Contribution to the History of the Notion of Esse, I–II, Diss. Toronto 1967; ders., St. Thomas, C. and Entitative Composition, Divus Thomas 80 (Bologna 1977), 355–375; F. Ehrle, Der Kampf um die Lehre des heiligen Thomas von Aquin in den ersten fünfzig Jahren nach seinem Tod, Z. kath. Theol. 37 (1913), 266–318; K. Forster, Die Verteidigung der Lehre des hl. Thomas von der Gottesschau durch J. C., München 1955; M. Grabmann, J. C. O. P., der Princeps Thomistarum († 1444) und seine Stellung in der Geschichte der Thomistenschule, Divus Thomas 22 (Freiburg 1944), 85–109, 145–170, Nachdr. in: ders., Mittelalterliches Geistesleben III, München 1956, Hildesheim/New York 1975, 370–410; T. Hegyi, Die Bedeutung des Seins bei den klassischen Kommentatoren des heiligen Thomas von Aquin. C., Sylvester von Ferrara, Cajetan, Pullach 1959, bes. 7–52 (Kap. I Der Seinsbegriff im Werk des J. C.); N. Lobkowicz, J. C., BBKL III (1992), 299–300; E. P. Mahoney, The Accomplishment of Jean C., Thomist 68 (2004), 601–632; L. Motte, Jean C., Enc. philos. universelle III/1 (1992), 624; S. Müller, The Ethics of John C. and the ›nominales‹, Verbum 6 (2004), 301–314; T.-M. Pègues, La biographie de Jean C., Rev. thom. 7 (1899), 317–334; J. B. Reichman, St. Thomas, C., Cajetan and the Created Person, New Scholasticism 33 (1959), 1–31, 202–230; N. J. Wells, C. on Essence and Existence, Modern Schoolman 38 (1960), 1–24; K. White, Jean C. et son temps (1380–1444), Paris 1997; ders., John C., in: J. J. E. Gracia/T. B. Noone (eds.), A Companion to Philosophy in the Middle Ages, Malden Mass. 2003, 2006, 349–350.   G. W.

Johannes Damascenus, *Damaskus um 670, †Kloster Mar Saba (bei Jerusalem) um 750, griech. Theologe und Kirchenlehrer.

Kurz nach 700 trat J. in das Kloster Mar Saba ein, war theologischer Berater des Patriarchen von Jerusalem und spielte eine bedeutende Rolle im Bilderstreit (seine Rechtfertigung der Herstellung und Verehrung der Bilder aus der Menschwerdung Gottes wurde theologische Grundlage der Entscheidung des 7. Ökumenischen Konzils 787) sowie in anderen Kontroversen (↑Manichäismus, Kontroverse um die Einheit der Person Jesu im Nestorianismus und Monophysitismus). Sein Hauptwerk »Quelle der Erkenntnis« (*Πηγὴ γνώσεως*) enthält in drei Teilen (Dialectica, De haeresibus, De fide orthodoxa) eine Systematisierung der Theologie der griechischen Kirche und gilt in seinem dritten Teil häufig als ein frühes Beispiel theologischer ↑Summen. Zu den von J. herangezogenen und ausgeschriebenen ›Quellen‹ gehören neben Gregor von Nazianz, Gregor von Nyssa und Dionysios Areopagites auch Porphyrios und Aristoteles (Kategorienlehre und Ethik). Seine von Burgundius von Pisa (um 1150) und R. Grosseteste ins Lateinische übersetzten Schriften bilden eine wichtige Verbindung zwischen (griechischer) ↑Patristik und (lateinischer) ↑Scholastik. J. war ein (nicht immer) kritischer, in seinem Denken Positionen des christlichen ↑Platonismus nahestehender Kompilator und ein bedeutender Prediger der byzantinischen Kirche. Seine Bedeutung als theologischer Autor liegt weniger in Bereichen der Dogmatik und der Aneignung von Philosophie, von deren Aristotelischer und neuplatonischer Form (↑Neuplatonismus) er im wesentlichen einen eklektischen, ihrer systematischen Beurteilung nach apologetischen Gebrauch macht, als in der Hagiographie (vgl. Richter, 1964). Von J. stammt vermutlich auch das Buch »Barlaam und Josaphat« (verchristlichte, Elemente des byzantinischen Mönchtums des 8. Jhs. einschließende Darstellung der Buddhalegende).

Werke: Opera, ed. M. Hopper, Basel 1559, 1575; Opera omnia quae exstant et eius nomine circumferuntur, I–II, ed. P. M. Lequien, Paris 1712, I–III, Paris 1860 (MPG 94–96); Die Schriften des J. von Damaskos, ed. Byzantinisches Institut der Abtei Scheyern, Berlin/New York 1969 ff. (erschienen Bde I–VI/2). – Historia de vitis et rebus gestis SS. Barlaam eremitae et Josaphat Indiae regis, Köln 1593, unter dem Titel: Barlaam und Ioasaph [griech./engl.], übers. v. G. R. Woodward/H. Mattingly, London, New York 1914, London/Cambridge Mass. 1997 (The Loeb Classical Library XXXIV), unter dem Titel: The Precious Pearl. The Lives of Saints Barlaam and Ioasaph [griech./engl.], ed. A. N. Kantiotes, übers. v. A. Gerostergios, Belmont Mass. 1997, unter dem Titel: Historia animae utilis de Barlaam et Ioasaph (spuria) [griech.], ed. R. Volk, Berlin/New York 2006 (Die Schriften [s. o.] VI,2) [wurde lange J. D. zugeschrieben, stammt aber nach Volk mit großer Wahrscheinlichkeit aus dem späten 10. Jh., als Autor wird Abt Euthymios vom Berg Athos vermutet] (dt. Historia von dem Leben und Wandel der heyligen Barlaam deß Einsidels und Josaphat deß Königs in Indien Sohn, übers. J. G. Graf v. Hohenzollern, Konstanz 1603, unter dem Titel: Historia von dem Leben der zweyen h. Beichtiger Barlaam Eremiten, und Josaphat deß Königs in Indien Sohn, München 1684, unter dem Titel: Die Legende von Barlaam und Josaphat, übers. L. Burchard, München 1924); Dialectica. Version of Robert Grosseteste [lat], ed. O. A. Colligan, St. Bonaventure N. Y., Louvain, Paderorn 1953, unter dem Titel: Capita philosophica (Dialectica) [griech.], ed. B. Kotter (Die Schriften [s. o.] I), Berlin 1969 (dt. Philosophische Kapitel, übers. G. Richter, Stuttgart 1982); De fide orthodoxa. Versions of Burgundio and Cerbanus [Text lat./Einf. engl.], ed. E. M. Buytaert, St. Bonaventure N. Y., Louvain, Paderborn 1955, unter dem Titel: Expositio fidei [griech.], ed. B. Kotter, Berlin/New York 1973 (Die Schriften [s. o.] II) (engl. Exposition of the Orthodox Faith, übers. S. D. F. Salmond, in: St. Hilary of Poitiers. John of Damascus, ed. W. Sanday, Oxford 1899 [A Select Library of Nicene and Post-Nicene Fathers, Ser. 2, IX], Peabody Mass. 2004; dt. Genaue Darlegung des orthodoxen Glaubens, übers. u. ed. D. Stiefenhofer, München 1923); Writings, übers. v. F. H. Chase, Washington D. C. 1958, 1970 [enth. The Fount of Knowledge (Dialectica, De haeresibus, De fide orthodoxa in engl. Übers.)]; De haeresibus, ed. B. Kotter, Berlin/New York 1981 (Die Schriften [s. o.] IV); Écrits sur l'Islam [griech./franz.], ed. R. Le Coz, Paris 1992. – Totok II (1973), 171–173.

Literatur: I. Bekos, The Image of God in Man according to St. John Damascene. Implications on Issues Surrounding Euthanasia, Stud. Patristica 42 (2006), 285–290; P. C. Bouteneff, The Two Wills of God. Providence in St. John of Damascus, Stud.

Patristica 42 (2006), 291–296; H.C. Brennecke, J. von Damaskus, RGG IV (⁴2001), 534–535; E. M. Buytaert, D. latinus. On Item 417 of Stegmueller's »Repertorium Commentariorum«, Franciscan Stud. 13 (1953), 37–70; J. Deschamps, Jean de Damas (Damascene), DP I (²1993), 1500–1501; F. Dölger, Der griechische Barlaam-Roman, ein Werk des H. Johannes von Damaskos, Ettal 1953; FM II (1994), 1953–1954 (Juan Damasceno); F. R. Gahbauer, Die Anthropologie des J. von Damaskos, Theol. Philos. 69 (1994), 1–21; M. Geerard (ed.), Clavis Patrum Graecorum III (A Cyrillo Alexandrino ad Iohannem Damascenum), Turnhout 1979; E. Gilson, History of Christian Philosophy in the Middle Ages, London, New York 1955, London 1980, bes. 91–93; J. M. Hoeck, Stand und Aufgaben der Damaskenos-Forschung, Orientalia christ. period. 17 (Rom 1951), 5–60; M. Jugie, Jean Damascene, Dict. théol. cathol. VIII (Paris 1947), 693–751; A. Kallis, Handapparat zum J.-Damaskenos-Studium, Ostkirchl. Stud. 16 (1967), 200–213; B. Kotter, Die Überlieferung der Pege Gnoseos des Hl. J. von Damaskos, Ettal 1959; ders., J. von Damaskus, TRE XVII (1988), 127–132; ders., John Damascene, in: B. L. Marthaler (ed.), New Catholic Encyclopedia VII, Detroit Mich. etc. ²2003, 951–953; J. Longeway, John of Damascus, REP V (1998), 105–106; A. Louth, St. John Damascene. Tradition and Originality in Byzantine Theology, Oxford 2002, 2004; ders., Icon and Incarnation. St. John Damascene and the Seventh Oecumenical Synod, in: Y. de Andia (ed.), Christus bei den Vätern, Innsbruck/Wien 2003, 2004, 258–262; ders., The Holy Spirit in the Theology of St. John Damascene, in: Y. de Andia (ed.), Der Heilige Geist im Leben der Kirche, Innsbruck/Wien 2005, 229–236; G. Metallidis, Theology and Gnoseology and the Formulation of Doctrine in St. John Damascene, Stud. Patristica 42 (2006), 341–346; J. Nasrallah, Saint Jean de Damas, son époque, sa vie, son œuvre, Paris 1950; T. F. X. Noble, John Damascene and the History of the Iconoclastic Controversy, in: ders./J. J. Contreni (eds.), Religion, Culture and Society in the Early Middle Ages. Studies in Honor of Richard E. Sullivan, Kalamazoo Mich. 1987, 95–116; D. J. Olewiński, Um die Ehre des Bildes. Theologische Motive der Bilderverteidigung bei J. von Damaskus, St. Ottilien 2004; G. Richter, Die Dialektik des J. von Damaskos. Eine Untersuchung des Textes nach seinen Quellen und seiner Bedeutung, Ettal 1964; D. J. Sahas, John of Damascus on Islam. The »Heresy of the Ishmaelites«, Leiden 1972; B. Schultze, Byzantinisch-patristische ostchristliche Anthropologie (Photius und J. von Damaskus), Orientalia christ. period. 38 (Rom 1972), 172–194; A. Siclari, Il pensiero filosofico di Giovanni di Damaso nella critica, Aevum 51 (1977), 349–383; ders., I »Capita philosophica« di Giovanni di Damasco nella »Summa logicae« di Guglielmo di Occam, Riv. filos. neo-scolastica 69 (1977), 392–405; ders., Giovanni di Damasco. La funzione della »Dialectica«, Perugia 1978; R. Strömberg, Damascius. His Personality and Significance, Eranos 44 (1946), 175–192; B. Studer, Die theologische Arbeitsweise des J. von Damaskus, Ettal 1956; L. Sweeney, John Damascene's »Infinite Sea of Essence«, Stud. Patristica 6 (1962), 248–263; ders., John of Damascus, Enc. Ph. IV (1967), 279–280; K.-H. Uthemann, J. von Damaskos, BBKL III (1992), 331–336; R. Volk, J. von Damaskus, LThK V (³1996), 895–899.   J. M.

Johannes vom Kreuz (Juan de la Cruz, ursprünglich Juan de Yepes y Alvarez), *Fontiveros (b. Avila) 24. Juni 1542, †Ubeda 14. Dez. 1591, span. Theologe, Mystiker und Dichter. Nach dem frühen Tod des Vaters Erziehung in einer Institution für Arme, 1559–1563 Besuch des Jesuitenkollegs in Medina de Campo, 1563 Eintritt in den Orden der Karmeliten ebendort. 1564–1568 Studium der Philosophie und der Theologie am Ordenskolleg und an der Universität in Salamanca, 1567 Priesterweihe, Begegnung mit Teresa von Avila, die ihn für die Reform des männlichen Zweigs der Karmeliten gewinnt. 1568 Gründung des ersten reformierten Karmels in Duruelo durch J., 1570 Eröffnung des Ordenskollegs von Alcalá de Henares; 1572–1577 Spiritual im Kloster zu Avila, in dem Teresa Priorin ist, Parteinahme für die Reformen Teresas, von den Reformgegnern im Orden 1577/1578 in Toledo unter Hausarrest gestellt; während dieser Zeit Niederschrift der ersten mystischen Dichtungen. 1578 Flucht, 1579 Rektor der Kollegien von Baeza und 1582 von Granada, 1588 Prior des Karmels von Segovia, 1591 Verbannung in das Kloster von Ubeda, wo er wenig später stirbt. Am 25.1.1675 von Klemens X. selig, am 26.12.1726 von Benedikt XIII. heilig gesprochen und am 24.8.1926 von Pius XI. zum Kirchenlehrer erhoben sowie mit dem Titel ›doctor mysticus‹ ausgezeichnet.

J.' Hauptwerke »Subida del monte Carmelo« (Aufstieg zum Berge Karmel), »Noche oscura del alma« (Dunkle Nacht der Seele), »Cantico espiritual« (Geistlicher Gesang) und »Llama de amor viva« (Lebendige Liebesflamme) bestehen formal aus einem mehrstrophigen Gedicht und einem ausgedehnten Kommentar mit sowohl allgemeinen als auch ins Einzelne gehenden theologischen Erläuterungen. Sie bieten in ihrer systematischen Abfolge eine umfassende Darstellung des mystischen (↑Mystik) Läuterungs- und Vereinigungsweges mit Jesus, in dem Gott für die Seele gegenwärtig wird. Am Beginn des mystischen Aufstiegs steht die aktive Reinigung der Sinne, die Abtötung aller ungeordneten Neigungen durch Askese des Leibes und Abkehr des Geistes von Vorstellungen und diskursivem Denken, die Einkehr in sich selbst und die Einübung in bildlose ↑Meditation und ↑Kontemplation, um sich so auf die erste Erleuchtung, die ›geistliche Verlobung‹, vorzubereiten. Diese erste Stufe der Reinigung bringt gewöhnlich physische Mißhelligkeiten und Schmerzen mit sich und heißt deshalb ›die dunkle Nacht der Sinne‹ oder, weil vom Menschen selbst herbeigeführt, ›die aktive Nacht der Sinne‹. Während der Reinigung der Sinne geschieht auch eine erste (aktive) Läuterung der geistigen und geistlichen Fähigkeiten mit Hilfe der so genannten ›theologischen Tugenden‹ des Glaubens, der Hoffnung und der Liebe. Diese ›aktive Nacht der Seele‹ bereitet vor allem psychischen Schmerz. Das Abklingen der ersten Erleuchtung hat starke Gefühle der Verlassenheit von Gott, der Trostlosigkeit und Verzweiflung, der Dürre und Leere zur Folge. Während der ›passiven Nacht der Seele‹ läutert Gott selbst Geist und Seele und macht sie für die zweite Erleuchtung, die endgültige

Vereinigung in der ›geistlichen Vermählung‹, bereit, indem er die geistigen und seelischen Aktivitäten des Menschen seinem eigenen Tun angleicht, so daß schließlich das menschliche Handeln das göttliche Tun widerspiegelt. Die geistliche Vermählung bedeutet deshalb eine Transformation der Seele in Gott, ohne allerdings die Zweiheit der Personen aufzuheben.

Werke: Obras espirituales que encaminan a una alma a la perfecta union con Dios, Alcala 1618 (dt. Die geistliche Bücher und Schrifften des geistreichen Lehrers und seeligen Vatters Joannis vom Creutz, Prag 1697, 1729); Obras del venerable padre fray Iuan de la Cruz, Madrid 1649, 1672; Sämtl. Werke, I–V, trans. Aloysius ab Immaculata Conceptione/Ambrosius a S. Theresia, München 1924–1929, Darmstadt 1987; Obras, I–V, ed. Silverio de Santa Teresa, Burgos 1929–1931, ²1960; Obras completas, ed. Simeón de la Sagrada Familia, Burgos 1959, ²1972; Sämtl. Werke, I–IV, trans. I. Behn/O. Schneider, Einsiedeln 1961–1964, ³1984; Ges. Werke, I–V, Übers. u. Dobhan/E. Hense/E. Peeters, Freiburg/Basel/Wien 1995–2000, ²2003–2007. – M. Diego Sánchez, Bibliografia sistematica de San Juan de la Cruz, Madrid 2000. – Totok III (1980), 516–525.

Literatur: P. G. Arring, J. v. K., BBKL III (1992), 447–448; J. Baruzi, S. Jean de la Croix et le problème de l'expérience mystique, Paris 1924, ³1999; I. Behn, Spanische Mystik. Darstellung und Deutung, Düsseldorf 1957; J. Bendiek, Gott und Welt nach J. v. K., Philos. Jb. 79 (1972), 88–105; Bernardo M. de la Cruz, San Juan de la Cruz y la fenomenologia husserliana, Rev. de espiritualidad 25 (1966), 62–74; G. Brenan, St. John of the Cross. His Life and Poetry, Cambridge 1973; Bruno de Jésus-Marie, Saint Jean de la Croix, Paris 1929, 1961; L. Cristiani, San Juan de la Cruz, vida y doctrina, Madrid 1969; J. Cristino Garrido, S. Juan de la Cruz y la fenomenologia husserliana II, Rev. de espiritualidad 27 (1968), 387–406; A. Cugno, Saint Jean de la Croix, Paris 1979; F. Dominguez, J. v. K., LThK V (³1996), 927–929; ders., J. v. K., RGG IV (⁴2001), 533; R. Duvivier, Le dynamisme existentiel dans la poésie de Jean de la Croix, Paris 1973; B. Frost, Saint John of the Cross, 1542–1591, Doctor of Divine Love. An Introduction to His Philosophy, Theology and Spirituality, London 1937, erw. New York 1938; Giovanna della Croce, J. v. K. und die deutsch-niederländische Mystik, Jb. myst. Theol. 6 (1960), 7–135; R. Gutiérrez, Wille und Subjekt bei Juan de la Cruz, Tübingen/Basel 1999; A. Guy, Jean de la Croix, Enc. philos. universelle III/1 (1992), 629–630; R. Körner, Mystik – Quell der Vernunft. Die Ratio auf dem Weg der Vereinigung mit Gott bei J. v. K., Leipzig 1990; J.-M. Le Lannou, Jean de la Croix, DP I (²1993), 1502; L. López-Baralt, San Juan de la Cruz y el Islam, Mexico 1985, Madrid ²1990; ders., Asedios a lo Indecible. San Juan de la Cruz canta al éxtasis transformante, Madrid 1998; J. Maritain, Distinguer pour unir, ou les degrés du savoir, Paris 1932, Brügge 1963, bes. 615–697; T. Merton, The Ascent to Truth, New York 1951, New York/London 1981 (dt. Der Aufstieg zur Wahrheit, Einsiedeln/Zürich/Köln 1952, 1988); G. Morel, Le sens de l'existence selon Saint Jean de la Croix, I–III, Paris 1960–1961; J. C. Nieto, Mystic, Rebel, Saint. A Study of St. John of the Cross, Genf 1979; J. Orcibal, Saint Jean de la Croix et les mystiques rhéno-flammands, Paris/Brügge 1966; E. Orozco Diaz, Poesia y mistica. Introduccion a la lirica de San Juan de la Cruz, Madrid 1959; S. Payne, John of the Cross and the Cognitive Value of Mysticism. An Analysis of Sanjuanist Teaching and Its Philosophical Implications for Contemporary Discussions of Mystical Experience, Dordrecht/Boston Mass./

London 1990; E. A. Peers, Handbook to the Life and Times of St. Teresa and St. John of the Cross, London 1954; P. Ri, ›Erleuchtung‹ in der Mystik des Juan de la Cruz, Frankfurt etc. 1989; G. Ruhbach, J. v. K., TRE XVII (1988), 134–140; F. Ruiz Salvador, Introduccion a S. Juan de la Cruz. El escritor, los escritos, el sistema, Madrid 1968; E. Schering, Mystik und Tat. Therese von Jesu, J. v. K. und die Selbstbehauptung der Mystik, München/Basel 1959; N. Smart, John of the Cross, Enc. Ph. IV (1967), 286; E. Stein, Kreuzeswissenschaft. Studie über Joannes a Cruce, Louvain 1950, Louvain/Freiburg ²1954 (= Werke I), mit Untertitel: Studie über J. v. K., Freiburg/Basel/Wien 2003 (= Gesamtausgabe XVIII); B. Teuber, Sacrificium litterae. Allegorische Rede und mystische Erfahrung in der Dichtung des hl. J. v. K., München 2003; G. Thibon, Nietzsche und der heilige J. v. K.. Eine charakterologische Studie, Paderborn 1957; A. Vermeylen (ed.), Saint Jean de la Croix (1591–1991), Louvain 1991; F. Wessely, Das Ziel des Lebens nach J. v. K. und Theresa von Avila, Jb. myst. Theol. 1 (1955), 115–177; ders., Der Angelpunkt der Lehre des hl. J. v. K., Jb. myst. Theol. 4 (1958), 9–32.   R. Wi.

Johannes von Jandun (auch: Gendun), *Jandun (lat. Gendunum, Dep. Ardennes) um 1285, †Montalto (Mittelitalien) zwischen dem 10. und 15. Sept. 1328 (oder Mai/Anfang Juni 1328), mittelalterlicher franz. Philosoph. Möglicherweise Schüler des Pietro d'Abano, 1310 Magister der Pariser Artistenfakultät, ab 1315 als Magister artium am Collège de Navarre, später (nach 1316), verbunden mit einer Domherrenpfründe, in Senlis. 1326 mußte J. fluchtartig Paris verlassen, als sein Freund Marsilius von Padua als Verfasser des »Defensor Pacis« (1324, I–II, ed. H. Kusch, Berlin [Ost]/Darmstadt 1958, Stuttgart 1971 [lat./dt.]), einer Streitschrift gegen päpstliche Machtansprüche, enttarnt wurde und man allgemein (wohl zu Unrecht) J. für einen Mitverfasser hielt. Gemeinsame Flucht an den Hof des (1324 gebannten) deutschen Königs Ludwig von Bayern (wo 1328 auch Wilhelm von Ockham als Flüchtling eintraf). 1327 von Papst Johannes XXII. in Avignon als Häretiker verurteilt und exkommuniziert, als Begleiter Ludwigs Tod auf dessen Italienfeldzug.

J. gilt (beeinflußt auch durch den ↑Augustinismus) als bedeutendster Bewahrer der Tradition des ↑Averroismus nach dessen Verurteilung in Paris (1370, 1377), unter anderem der Lehre von der Einheit des Intellekts und der Ablehnung der Unterscheidung von Sein (*existentia*) und Wesen (*essentia*). Hinsichtlich der so genannten Lehre von der doppelten Wahrheit (↑Wahrheit, doppelte) beteuert J. zwar den Primat des Glaubens, jedoch mit der zweideutigen Erläuterung, das Verdienst des Glaubens bestehe nach allgemeiner Auffassung gerade darin, bestimmte Dinge ohne bzw. gegen rationale Beweise einzig auf die Autorität der Hl. Schrift und auf Grund von Wundern anzunehmen. Mit dieser Auffassung ist eine auch biographisch gestützte (J. studierte nie Theologie) methodische Verselbständigung und Emanzipation der Philosophie von der Theologie verbunden, die institutionell in der enormen Ausweitung der Artistenfakultät in Paris ihren Niederschlag fand und es J. erlaubte, averroistische Thesen wie die der ↑Ewigkeit der Welt, der Unwahrscheinlichkeit personaler Unsterblichkeit etc. als der Vernunft und der Erfahrung (den beiden philosophischen Wissensquellen) konform zu betrachten und gleichzeitig die entsprechenden (von der Kirche geforderten) Gegenthesen (im Glauben) zu akzeptieren – freilich unter Verwerfung der für sie vorgebrachten Argumente (›modum tamen nescio. Deus scit‹) und dem Hinweis, daß bei Gott eben alles möglich sei. Die ›konservativen‹ naturphilosophischen Auffassungen des J., die sich nach eigenem Bekenntnis in ›äffischer‹ Nachahmung (›sicut simia imitatur hominem cum defectu‹) an Aristoteles und Averroes anlehnen, übten vor allem in Italien, insbes. in Padua, bis ins 16. Jh. eine starke Wirkung aus und behinderten Rezeption und Weiterentwicklung nominalistischer (↑Nominalismus) Positionen, die entscheidenden Einfluß auf die Entstehung der neuzeitlichen Physik hatten (↑Padua, Schule von).

Werke: Quaestiones super libros De anima Aristotelis, Venedig 1473 [weitere Drucke mit kleinen Titelvarianten, Venedig 1480, 1488, 1501, 1519], unter dem Titel: Super libros Aristotelis De anima subtilissimae Quaestiones [...], Venedig 1587 (repr., mit Quaestiones in duodecim libros Metaphysicae [...], Frankfurt 1966), Teiled. unter dem Titel: Quaestiones super libros Aristotelis De anima, Lib III, Quaest. 33/Fragen zu den Büchern Über die Seele des Aristoteles, Buch III, Frage 33, ed. B. Mojsisch, Bochumer Philos. Jb. für Antike u. Mittelalter 8 (2003), 159–187; Quaestiones in libros Physicorum Aristotelis. Heliae Cretensis Annotationes, Venedig 1488 [weitere Drucke mit kleinen Titelvarianten, Venedig 1501, 1519, 1520], unter dem Titel: Super octo libros Aristotelis De physico auditu subtilissimae quaestiones [...] Eliae etiam Hebraei Cretensis quaestiones [...], Venedig 1551 (repr. Frankfurt 1969); Quaestiones de celo et mundo, Venedig 1501, unter dem Titel: Quaestiones [...] de celo et mundo in tres libros Aristotelis, Venedig 1519, unter dem Titel: In libros Aristotelis De coelo et mundo quae extant quaestiones subtilissimae. Quibus nuper consulto adiecimus Averois sermonem De substantia orbis cum eiusdem Ioannis commentario ac questionibus [...], Venedig 1552; Quaestiones [...] in duodecim libros Metaphysicae iuxta Aristotelis et magni Commentatoris intentionem [...]. Marci Antonii Zimarae annotationes et correctiones [...], Venedig 1505, 1525, 1553 (repr., mit Super libros Aristotelis De anima [...], Frankfurt 1966); Super parvis naturalibus Aristotelis questiones perutiles, Venedig 1505, unter dem Titel: Quaestiones super parvis naturalibus cum Marci Antonii Zimarae de movente et moto, ad Aristotelis et Averrois intentionem [...], Venedig 1557, 1570, 1589; Tractatus De laudibus Parisius, ed. Le Roux de Lincy et Tisserant, in: Histoire générale de Paris. Paris et ses historiens aux XIVᵉ et XVᵉ siècles, Paris 1867, 32–78 (engl. A Treatise of the Praises of Paris, in: R. W. Berger [ed.], In Old Paris. An Anthology of Source Descriptions, 1323–1790, New York 2002, 7–18; Les trois »Quaestiones de habitu« dans le MS Vat. Ottob. 318. Editions des textes de Jean de J., Guillaume Alnwick et Anselm de Come (.7), ed. Z. Kuksewicz, Mediaevalia Philosophica Polonorum 9 (1961), 3–30 (bes. 8–18); ›De principio individuationis‹ de Jean de J., ed. Z. Kuksewicz, Mediaevalia Philosophica Polonorum 11 (1963), 93–106; La »Quaestio de notioritate universalium« de Jean de J., ed. Z. Kuksewicz, Mediaevalia Philosophica Polonorum 14 (1970), 87–97. – Totok II (1973), 587.

Literatur: J.-B. Brenet, Perfection de la philosophie ou philosophe parfait? Jean de J. lecteur d'Averroès, Recherches de théologie et philosophie médiévales/Forschungen zur Theologie und Philosophie des Mittelalters 68 (2001), 310–348; ders., Transferts du sujet. La noétique d'Averroès selon Jean de J., Paris 2003; G. Dell'Anna, Causalità ed infinito nelle Questiones sulla Metafisica di Giovanni di J., Bollettino di storia della filosofia 6 (1978), 63–78; ders., Il problema della pluralità dei mondi nell'averroismo latino, Giovanni di J., Bolletino di storia della filosofia 6 (1978), 203–237; ders., Studi sul Medioevo e Rinascimento, Galatina 1984, bes. 7–41; ders., Giovanni di J. ed il problema dell'imaginatio, Galatina 1985; P. Duhem, Le système du monde. Histoire des doctrines cosmologiques de Platon à Copernic VI, Paris 1954, bes. 543–575; A. Gewirth, John of J. and the »Defensor pacis«, Speculum 23 (1948), 267–272; E. Gilson, La doctrine de la double vérité, in: ders., Etudes de philosophie médiévale, Strasbourg 1921, 51–69 (mit Texten von J., 70–75); E. Inglis, Gothic Architecture and a Scholastic. Jean de J.'s »Tractatus de laudibus Parisibus« (1323), Gesta 42 (2003), 63–86; L. Kolmer, J. v. Janduno, BBKL III (1992), 400–402; S. MacClintock, Perversity and Error. Studies on the »Averroist« John of J., Bloomington Ind. 1956; ders., John of J., Enc. Ph. IV (1967), 280–282; E. P. Mahoney, Themes and Problems in the Psychology of John of J., in: J. F. Wippel (ed.), Studies in Medieval Philosophy, Washington D. C. 1987, 273–288; ders., John of J., REP V (1998), 106–109; A. Maurer, John of J. and the Divine Causality, Med. Stud. 17 (1955), 185–207 (mit Ausg. der Quaestio Utrum aeternis repugnet habere causam efficientem, 198–207); ders., Being and Knowing. Studies in Thomas Aquinas and Later Medieval Philosophers, Toronto 1990, bes. 275–308 (Chap. 14 John of J. and the Divine Causality); A. Pacchi, Note sul commento al »De anima« di Giovanni di J., Riv. crit. stor. filos. 13 (1958), 372–383, 14 (1959), 437–457, 15 (1960), 354–375; A. Pattin (ed.), Pour l'histoire du sens agent. La controverse entre Barthélemy de Bruges et Jean de J., ses antécédents et son évolution, Leuven 1988; L. Schmugge, J. v. J. (1285/89–1328). Untersuchungen zur Biographie und Sozialtheorie eines lateinischen Averroisten, Stuttgart 1966 (mit Bibliographie, 141–148); ders., J. v. J., LThK V (³1996), 917–918; W. Senko, Jean de J. et Thomas Wilton. Contribution à l'établissement des sources de »Quaestiones super I–III de anima« de Jean de J., Soc. int. étud. philos médiév. Bull. 5 (1963), 139–143; J. B. South, John of J., in: J. J. E. Gracia/T. B. Noone (eds.), A Companion to Philosophy in the Middle Ages, Malden Mass. 2003, 2006, 372–376; L. Thorndike, Jean de J. on Gravitation, J. Hist. Ideas 19 (1958), 253–255; N. Valois, Jean de J. et Marsile de Padoue. Auteurs du »Defensor Pacis«, in: Histoire littéraire de la France XXXIII, Paris 1906, 528–623; J. Verger, Thèmes majeurs, lieux communs et oublis dans le »Tractatus laudibus Parisius« de Jean de J. (1923), in: M. Parisse (ed.), Retour aux sources. Textes, études et documents d'histoire médiévale, Paris 2004, 849–857; J. A. Weisheipl, John of J., in: B. L. Marthaler u. a. (eds.), New Catholic Encyclopedia VII, Detroit Mich. etc. ²2003, 970–971.   G. W.

Johannes von La Rochelle (Johannes de Rupella), *La Rochelle um 1190, †Paris 8. Febr. 1245, franz. Theologe des Franziskanerordens und Prediger an der Universität

Paris. Beeinflußt von Wilhelm von Auxerre, seinem theologischen Lehrer, und Alexander von Hales, mit dem er nach dessen Eintritt in den Franziskanerorden (1236) in Paris eng zusammenarbeitet (J. wird die Autorschaft des ersten und dritten Buches der »Summa Halensis« zugeschrieben, ↑Alexander von Hales) und dessen Nachfolger auf dem Pariser Lehrstuhl er 1238 (oder 1241) wird. J. gilt als bedeutender Summist (↑Summe), seine »Summa de anima« (Ausarbeitung von: Tractatus de anima et de virtutibus) als das erste scholastische Lehrbuch der Psychologie. In Beweisen für die Existenz der ↑Seele und deren ↑Unsterblichkeit sowie in Unterscheidungen verschiedener Seelenvermögen greift J. insbes. auf A. Augustinus und Avicenna zurück. Erkenntnistheoretisch verbindet er die Aristotelische ›Abstraktionstheorie‹ (Begriffsbildungen auf der Grundlage sinnlicher Wahrnehmungen) mit der von Augustinus vertretenen und insbes. von Bonaventura (ebenfalls Schüler von Alexander von Hales) systematisch ausgearbeiteten ↑Illuminationstheorie. 1241/1242 verfaßt J. mit Alexander von Hales und zwei anderen Ordensbrüdern eine Auslegung der Ordensregel der Franziskaner (Expositio in Regulam S. Francisci); 1244 Teilnahme am Konzil von Lyon.

Werke: La Summa de anima, ed. T. Domenichelli, Prato 1882, ed. J. G. Bougerol, Paris 1995 (franz. Somme de l'ame, ed. u. übers. J. M. Vernier, Paris 2001); Eleven Marian Sermons, ed. K. F. Lynch, St. Bonaventure N. Y., Louvain, Paderborn 1961; Tractatus de divisione multiplici potentiarum animae, ed. P. Michaud-Quentin, Paris 1964. – Totok II (1973), 348–349.

Literatur: I. C. Brady, John of L. R., Enc. Ph. IV (1967), 282; ders., John of L. R., in: B. L. Marthaler (ed.), New Catholic Encyclopedia VII, Detroit Mich. etc. ²2003, 972; FM II (1994), 1956 (Juan de L. R.); E. Gilson, History of Christian Philosophy in the Middle Ages, London, New York 1955, London 1980, bes. 327–331; L. Hödl, J. v. L. R., BBKL III (1992), 541–544; M. D. Jordan, John of L. R., REP V (1998), 109–111; A. de Libera, Jean de L. R., DP I (²1993), 1503; D. O. Lottin, Alexandre de Halès et la »Summa de anima« de Jean de L. R., Rech. théol. anc. et médiévale 2 (1930), 396–409; P. Michaud-Quentin, Les puissances de l'âme chez Jean de L. R., Antonianum 24 (1949), 489–505; D. H. Salman, Jean de L. R. et les débuts de l'averroisme latin, Arch. hist. doctr. litt. moyen-âge 16 (1947/1948), 133–144; B. Smalley, William of Auvergne, John of L. R. und St. Thomas Aquinas on the Old Law, in: A. Maurer u. a. (eds.), St. Thomas Aquinas, 1274–1974. Commemorative Studies II, Toronto 1974, 11–71, Nachdr. in: B. Smalley, Studies in Medieval Thought and Learning, London 1981, 121–181; ders., The Gospels in the Schools c. 1100 – c. 1280, London 1985, bes. 171–189; G. Sondag, Jean de L. R., in: J. J. E. Gracia (ed.), A Companion to Philosophy in the Middle Ages, Malden Mass. 2003, 2006, 334–335. J. M.

Johannes von Mirecourt

Johannes von Mirecourt (J. de Mirecuria), *Mirecourt (Vogesen) zwischen 1310 und 1315, Zisterzienser (›monachus albus‹), Vertreter einer extrem nominalistischen Richtung (↑Nominalismus). J. liest und kommentiert

1345 in Paris als Bakkalaureus der Theologie die »Sentenzen« des P. Lombardus, wird wegen 63 Sätzen seines ↑Sentenzenkommentars von den Pariser Magistri der Theologie angeklagt, verfaßt eine erste Verteidigungsschrift; 1347 Verurteilung von 41 Sätzen durch den Kanzler der Universität, Verteidigung mit einer zweiten Rechtfertigungsschrift. – J. lehrt, daß es Unterschiede in der Erkenntnisgewißheit je nach Art der Erkenntnis gebe: Im strengen Sinne gewiß sei nur das Gesetz des Nichtwiderspruchs und alles aus ihm Ableitbare, ferner das unmittelbar dem Selbstbewußtsein, der inneren Erfahrung Gegebene, etwa die eigene Existenz, die sich gerade im Zweifel an ihr bestätige. Demgegenüber sei die Erkenntnis durch äußere Erfahrung weniger gewiß, weil der Eindruck einer Wahrnehmung oder die Erscheinung eines Gegenstandes zumindest durch Gott hervorgerufen werden könne, ohne daß dieser Gegenstand objektiv existiere. Auch die Gotteserkenntnis des Menschen ist für J. unsicher, da sie sich wegen der Möglichkeit indefiniter Kausalketten nicht auf das Aristotelische Kausalprinzip stützen lasse. Die Betonung der göttlichen Freiheit bei J. Duns Scotus und Wilhelm von Ockham führt J. zu einem extremen ↑Determinismus, der auch die ›freien‹ Akte (↑Wille) des Menschen durch göttliche Kausalität hervorgerufen sieht und deren ›Freiheit‹ lediglich als Freiheit von nicht-göttlichen Ursachen auffaßt. Nach J. kann Gott in seiner unbegrenzten Macht (›potentia absoluta‹) den Menschen veranlassen, ihn zu hassen, und sofern der Mensch sündigt, ist Gott Miturssache der Sünde.

Werke: Questioni inedite di Giovanni di M. sulla conoscenza, ed. A. Franzinelli, Riv. crit. stor. filos. 13 (1958), 319–340, 415–449; Questioni inedite tratte dal I libro del Commento alle Sentenze di Giovanni di M., ed. M. Parodi, Medioeve 3 (1977), 237–284, 4 (1978), 59–92; Die zwei Apologien des Jean de M., ed. F. Stegmüller, Rech. théol. anc. et médiévale 5 (1933), 40–78, 192–204.

Literatur: M. Beuchot, John of M., in: J. J. E. Gracia/T. B. Noone (eds.), A Companion to Philosophy in the Middle Ages, Malden Mass. 2003, 2006, 377–381; A. Birkenmaier, Ein Rechtfertigungsschreiben J.' v. M., in: ders., Vermischte Untersuchungen zur Geschichte der mittelalterlichen Philosophie, Münster 1922, 91–128, Nachdr. in: ders., Études d'histoire des sciences et de la philosophie du moyen-âge, Breslau/Warschau/Krakau 1970, 367–404; E. Chatelain/H. Denifle, Chartularium Universitatis Parisiensis II, Paris 1891 (repr. Brüssel 1964), bes. 610–614; W. J. Courtenay, John of M. and Gregor of Rimini on Whether God Can Undo the Past, Rech. théol. anc. et médiévale 39 (1972), 224–256, 40 (1973), 147–174; J.-L. Fray, J. de Mercuria, BBKL III (1992), 485–486; J. Gründel, J. v. M., LThK V (³1996), 937; G. Leff, John of M., Enc. Ph. IV (1967), 282–283; K. Michalski, Wplyw Oksfordu na filozofie Jana z M. (Der Einfluß Oxfords auf die Philosophie J.' v. M), Krakau 1921 (Rez. v. A. Birkenmaier, Philos. Jb. 35 [1922], 89–93), Nachdr. in: A. Birkenmaier, Études d'histoire des sciences et de la philosophie du moyen-âge [s. o.], 608–612; ders., Die vielfachen Redaktionen einiger Kommentare zu Petrus Lombardus, in: Miscellanea

Francesco Ehrle I, Rom 1924, 219–264; ders., La philosophie au XIVe siècle. Six études, ed. K. Elasch, Frankfurt 1969 (Opuscula philosophica 1), bes. 21–24, 44, 59–61, 74, 137–140, 323–327, 374–377, 400–406; J. R. O'Donnell, John of M., in: B. L. Marthaler u. a. (eds.), New Catholic Encyclopedia VII, Detroit Mich. etc. ^{2}2003, 970–971; M. Parodi, Recenti studi su Giovanni di M., Riv. crit. stor. filos. 33 (1978), 257–307; ders., Il linguaggio delle proportiones nella distinctio prima di Giovanni di M., Riv. crit. stor. filos. 39 (1984), 657–686; F. Somerset, John of M., REP V (1998), 111–113; K. A. Sprengard, Systematisch-historische Untersuchungen zur Philosophie des 14. Jahrhunderts. Ein Beitrag zur Kritik an der herrschenden spätscholastischen Mediaevistik, I–II, Bonn 1967/1968; G. Tessier, Jean de M., philosophe et théologien, Histoire littéraire de la France XL, Paris 1974, 1–52; J. M. M. H. Thijssen, Censure and Heresy at the University of Paris 1200–1400, Philadelphia Pa. 1998, bes. 82–89; R. J. Van Neste, The Epistemology of John of M.. A Reinterpretation, Cîteaux 27 (1976), 5–28; ders., A Reappraisal of the Supposed Skepticism of John of M., Rech. théol. anc. et médiévale 44 (1977), 101–126.   R. Wi.

Johannes von Ripa (J. de Ripa, J. de Ripis, J. de Rupa, J. de Marchia, Giovanni da Ripatransone, G. della Marca), Franziskaner des Klosters von Ripatransone in der Marche (mittelital. Region an der Adria) (›doctor difficilis‹ und ›doctor supersubtilis‹). Lehrte zwischen 1354 und 1357 in Paris. In seinem ↑Sentenzenkommentar ist J. als Schüler des J. Duns Scotus unter anderem um eine Versöhnung der menschlichen Freiheit mit der göttlichen Allmacht bemüht. Er bestreitet mit Wilhelm von Ockham die Realität der Universalien (↑Nominalismus, ↑Universalienstreit). Außerdem zieht er die Gültigkeit der ↑Aristotelischen Logik für die Sphäre des Glaubens in Zweifel.

Werke: Tractatus de unitate divinae essentiae et pluralitate creaturarum, ed. A. Combes, Paris 1944; Sentenzenkommentar, in: F. Stegmüller, Repertorium commentariorum in sententias Petri Lombardi, I–II, Würzburg 1947, I, nn. 485–487; Conclusiones, ed. A. Combes, Paris 1957; Determinationes, ed. A. Combes, Paris 1957; Lectura super primum Sententiarum, I–II, ed. A. Combes, Paris 1961/1970; Quaestio de gradu supremo, ed. A. Combes/P. Vignaux, Paris 1964; Sentenzenkommentar, 1. Buch, 37. Distinktion, Traditio 23 (1967), 210–267.

Literatur: E. Borchert, Die Trinitätslehre des J. de R., I–II, München/Paderborn/Wien 1974; O. Boulnois, Jean de R., DP I (^{2}1993), 1506; M. Burger, J. v. R., LThK V (^{3}1996), 962; A. Combes, Jean de Vippa, Jean de Rupa, ou Jean de R.?, Arch. hist. doctr. litt. moyen-âge 12 (1939), 253–290; ders., Présentation de Jean de R., Arch. hist. doctr. litt. moyen-âge 23 (1956), 145–242; ders., Les références de Jean de R. aux livres perdus (II, III, IV) de son commentaire des Sentences, Arch. hist. doctr. litt. moyen-âge 25 (1958), 89–112; ders., La métaphysique de Jean de R., in: P. Wilpert (ed.), Die Metaphysik im Mittelalter. Ihr Ursprung und ihre Bedeutung, Berlin 1963, 543–557; ders., L'intensité des formes d'après Jean de R., Arch. hist. doctr. litt. moyen-âge 37 (1970), 17–147; F. Ehrle, Der Sentenzenkommentar Peters von Candia, des Pisaner Papstes Alexanders V.. Ein Beitrag zur Scheidung der Schulen in der Scholastik des XIV. Jahrhunderts und zur Geschichte des Wegestreites, Münster 1925 (Franziskan. Stud., Beih. 9), 268–277; Z. Kaluza, La nature

des écrits de Jean de R., Traditio 43 (1987), 257–298; J. Madey, J. v. R., BBKL III (1992), 540–541; K. Michalski, La philosophie au XIVe siècle. Six études, ed. K. Flasch, Frankfurt 1969 (Opuscula philosophica 1), bes. 130–132, 320, 336–339; J. R. O'Donnell, John of R., in: B. L. Marthaler u. a. (eds.), New Catholic Encyclopedia VII, Detroit Mich. etc. ^{2}2003, 981–982; Paulus Venetus, Super primum Sententiarum Johannis de R. lecturae abbreviatio. Prologus, ed. u. Einl. F. Ruello, Florenz 1980 (Unione Accademica Nazionale. Testi e studi per il ›Corpus Philosophorum Medii Aevi‹ 1); F. Ruello, La pensée de Jean de R., Fribourg/Paris 1990; H. Schwamm, Magistri Joannis de R. O. F. M. doctrina de praescientia divina. Inquisitio historica, Rom 1930; ders., Das göttliche Vorherwissen bei Duns Scotus und seinen ersten Anhängern, Innsbruck 1934; K. A. Sprengard, Systematisch-historische Untersuchungen zur Philosophie des 14. Jahrhunderts. Ein Beitrag zur Kritik an der herrschenden spätscholastischen Mediaevistik, I–II, Bonn 1967/1968; P. Vignaux, La preuve ontologique chez Jean de R. (I Sent. dist. II qu. I), Analecta Anselmiana 4 (1975), H. 1, 173–194; ders., La connaissance comme apparentia dans les Prologi Quaestiones de Jean de R., Int. Stud. Philos. 8 (1976), 38–56; ders., Philosophie et théologie trinitaire chez Jean de R., Arch. philos. 41 (1978), 221–236; ders., Un accès philosophique au spirituel. L'Averroisme chez Jean de R. et Paul de Venise, Arch. philos. 51 (1988), 385–400; E. Weber, Jean de R., Enc. philos. universelle III/1 (1992), 632–633.   R. Wi.

Johannes von Salisbury, ↑Salisbury, Johannes von.

Johnson, William Ernest, *Cambridge 23. Juni 1858, †Northampton 14. Jan. 1931, engl. Logiker. Nach Mathematik- und Philosophiestudium (1879–1883) am King's College, Cambridge, arbeitete J. als Mathematikrepetitor, später als Psychologiedozent, an einer Ausbildungsanstalt für Lehrerinnen in Cambridge. 1902 Fellow of King's College. J.s Bedeutung beruht vor allem auf seiner dreibändigen »Logik« (1921–1924; die ersten drei Kapitel des unvollendeten vierten Bandes erschienen unter dem Titel »Probability« posthum, 1932); J. hat sie erst auf Drängen einer Schülerin publizieren lassen. Seine Überlegungen zum (logischen) Begriff der ↑Wahrscheinlichkeit, als einer Relation zwischen Sätzen, hatten vorher bereits die Konzeptionen von H. Jeffreys und besonders J. M. Keynes, die später R. Carnap (↑Bestätigungsfunktion) aufgriff, beeinflußt. Außer einer Version der ↑Booleschen Algebra für Aussagen und Funktionen mit ↑Konjunktion und ↑Negation als Grundsymbolen lieferte J. Beiträge zur philosophischen Logik (z. B. klare Unterscheidung von ↑Subjunktion und ↑Implikation, Theorie der ostensiven ↑Definition [der Terminus wurde von J. eingeführt], Grundlagen der Logik), die vor allem C. D. Broad beeinflußten.

Werke: The Logical Calculus, Mind NS 1 (1892), 3–30, 235–250, 340–357; Sur la théorie des équations logiques, in: Bibliothèque du [1er] congrès international de philosophie [Paris 1900] III, Paris 1901, 185–199 (repr. Nendeln 1968); Logic, I–III, Cambridge 1921–1924 (repr. New York 1964); Probability. The Relations of Proposal to Supposal, Mind NS 41 (1932), 1–16, Probability. Axioms, 281–296, Probability. The Deductive and Inductive Problems, 409–423.

Literatur: R. B. Brathwaite/R. Simili, J., in: H. C. G. Matthew/B. Harrison (eds.), Oxford Dictionary of National Biography XXX, Oxford/New York 2004; 331–333; C. D. Broad, Mr. J. on the Logical Foundations of Science, Mind 33 (1924), 242–261, 369–384; ders., W. E. J. 1958–1931, Proc. Brit. Acad. 17 (1931), 491–514, Neudr. in: ders., Ethics and the History of Philosophy. Selected Essays, London 1952, London/New York 2000, 94–114; B. Brody, J., DSB VII (1973), 151; D. Constantini, Il postulato della permutazione di W. E. J. e gli assiomi Carnapiani dell'invarianza, in: Atti del convegno di storia della logica, Parma, 8–10 ottobre 1972, Padua 1974, 237–242; M. C. Galavotti, Philosophical Introduction to Probability, Stanford Calif. 2005, 153–158 (6.4 W. E. J.); H. W. B. Joseph, What Does Mr. W. E. J. Mean by a Proposition?, Mind NS 36 (1927), 448–466, 37 (1928), 21–39; I. Moscati, W. E. J.'s 1913 Paper and the Question of His Knowledge of Pareto, J. of the Hist. of Economic Thought 27 (2005), 283–304; J. A. Passmore, A Hundred Years of Philosophy, London 1957, ²1966, 137–139, 345–348, 1980, 1994, 135–136, 343–346; R. Poli, W. E. J.'s Determinable-Determinate Opposition and His Theory of Abstraction, in: F. Coniglione/R. Poli/R. Rollinger (eds.), Idealization XI. Historical Studies on Abstraction and Idealization, New York 2004, 163–196; S. B. Reid, The Role of Logical Form in Propositions about Existence, Berkeley Calif. 1931, New York 1969; S. L. Zabell, W. E. J.'s ›Sufficientness‹ Postulate, Ann. Statist. 10 (1982), 1090–1099. G. W.

Jonas, Hans, *Mönchengladbach 10. Mai 1903, †New Rochelle 5. Febr. 1993, dt.-amerik. Philosoph und Religionshistoriker. 1921–1928 Studium der Philosophie, alt- und neutestamentlichen Theologie, Judaistik und Kunstgeschichte in Freiburg, Berlin und Marburg, 1928 Promotion als Schüler von M. Heidegger, R. Bultmann und R. Hamann. 1933 Emigration nach England, 1935 nach Palästina. 1940–1945 Dienst in der britischen, 1948–1949 in der israelischen Armee. 1938–1939 und 1946–1948 lehrte J. Philosophie an der Hebräischen Universität, 1946–1948 zusätzlich Alte Geschichte an der British Council School of Higher Studies in Jerusalem, 1949–1950 an der McGill University in Montreal, 1950–1954 an der Carleton University in Ottawa, 1955–1976 als Prof. der Philosophie an der Graduate Faculty of Political and Social Science in New York. Gastprofessuren an verschiedenen amerikanischen und deutschen Universitäten.

Als den gemeinsamen Hintergrund des antik-gnostischen und des modernen existenzialistischen Denkens sieht J. in seinen früheren (religionswissenschaftlich einflußreichen) Arbeiten über die ↑Gnosis und in seinen späteren Arbeiten über die Phänomenologie des Organischen den ↑Dualismus zwischen Mensch und Natur – bei den Gnostikern hervorgerufen durch den Verlust eines geordneten Weltkosmos, in der Moderne durch die Degradation der Natur zum bloßen Objekt naturwissenschaftlichen Denkens. In der Entstehung des Or-

ganischen als dem Urakt der Absonderung aus der allgemeinen Integration der Naturdinge ist diese Trennung keimhaft enthalten. In einer als ›Philosophie des Lebens‹ bezeichneten ontologischen Auslegung biologischer Phänomene versucht J. die Anthropozentrik idealistischer (↑Idealismus) und existenzialistischer Philosophie (↑Existenzphilosophie) sowie den Materialismus (↑Materialismus (historisch), ↑Materialismus (systematisch)) der Naturwissenschaften zu durchbrechen. Leitbegriff für die Deutung des ↑Lebens und seiner stufenweisen Entwicklung ist die ↑Freiheit: vorgebildet im Organischen als Unabhängigkeit der Form vom (wechselnden) Stoff (bereits hier in ihrem ›Widerspruch‹ als gleichzeitige Stoffbedürftigkeit) bildet sie die Bedingung der Möglichkeit der Begegnung des Menschen mit sich selbst. Die weitere Behandlung des Freiheitsproblems führt J. seit 1970 zu einer Ethik der durch globale Technisierung bestimmten Industriegesellschaft, die insbes. den Begriff der ↑Verantwortung des Menschen, z. B. für die Natur, betont.

Werke: Kritische Gesamtausgabe der Werke von H. J., I–, ed. D. Böhler u. a., Darmstadt 2010 ff. (erschienen Bd. I/1 [Philosophische Hauptwerke 1. Organismus und Freiheit]). – Augustin und das paulinische Freiheitsproblem. Ein philosophischer Beitrag zur Genesis der christlich-abendländischen Freiheitsidee, Göttingen 1930, unter dem Titel: Augustin und das paulinische Freiheitsproblem. Eine philosophische Studie zum pelagianischen Streit, ²1965; Gnosis und spätantiker Geist I (Die mythologische Gnosis), Göttingen 1934, ³1964, 1988; Gnosis und spätantiker Geist II/I (Von der Mythologie zur mystischen Philosophie), Göttingen 1954, ²1966, 1993; The Gnostic Religion. The Message of the Alien God and the Beginnings of Christianity, Boston Mass. 1958, ²1963, London 1992 (franz. La religion gnostique. Le message du Dieu étranger et les débuts du christianisme, Paris 1977; dt. Gnosis. Die Botschaft des fremden Gottes, Frankfurt 1999, 2000); Zwischen Nichts und Ewigkeit. Drei Aufsätze zur Lehre vom Menschen, Göttingen 1963, 1987; The Phenomenon of Life. Towards a Philosophical Biology. Essays, New York 1966, Evanston Ill. 2001 (dt. Organismus und Freiheit. Ansätze zu einer philosophischen Biologie, Göttingen 1973, unter dem Titel: Das Prinzip Leben. Ansätze zu einer philosophischen Biologie, Frankfurt/Leipzig 1994, 1997; franz. Le phénomène de la vie. Vers une biologie philosophique, Brüssel 2001); Wandel und Bestand. Vom Grunde der Verstehbarkeit des Geschichtlichen, Frankfurt 1970; Philosophical Essays. From Ancient Creed to Technological Man, Englewood Cliffs N. J. 1974, Chicago Ill. 1980; Das Prinzip Verantwortung. Versuch einer Ethik für die technologische Zivilisation, Frankfurt 1979, ⁸1988, Neudr. d. 1. Aufl. 2003 (engl. The Imperative of Responsibility. In Search of an Ethics for the Technological Age, Chicago Ill. 1984; franz. Le principe responsabilité. Une éthique pour la civilisation technologique, Paris 1990, 2008); Macht oder Ohnmacht der Subjektivität. Das Leib-Seele-Problem im Vorfeld des Prinzips Verantwortung, Frankfurt 1981, 1987 (franz. Puissance ou impuissance de la subjectivité? Le problème psychophysique aux avant-postes du principe responsabilité, Paris 2000); On Faith, Reason and Responsibility. Six Essays, San Francisco Calif. 1978, Claremont Calif. 1981 (Privatdruck); Technik, Medizin und Ethik. Praxis des Prinzips Verantwortung, Frankfurt 1985, 2003; Materie, Geist und Schöpfung. Kosmologischer Befund und kosmogonische Vermutung, Frankfurt 1988; Philosophische Untersuchungen und metaphysische Vermutungen, Frankfurt 1992, 1994; Dem bösen Ende näher. Gespräche über das Verhältnis des Menschen zur Natur, Frankfurt 1993 (franz. Une éthique pour la nature, Paris 2000); Gedanken über Gott, Frankfurt 1994; Erinnerungen, ed. C. Wiese, Frankfurt/Leipzig 2003, 2005 (franz. Souvenirs, Paris 2005; engl. Memoirs, Waltham Mass., Hanover Mass./London 2008).

Literatur: B. Aland (ed.), Festschrift für H. J., Göttingen 1978; H. Blumenberg, Epochenschwelle und Rezeption, Philos. Rdsch. 6 (1958), 94–120; D. Böhler, Mensch, Gott, Welt. Philosophie des Lebens, Religionsphilosophie und Metaphysik im Werk von H. J., Freiburg/Berlin/Wien 2008; ders., Zukunftsverantwortung in globaler Perspektive. Zur Aktualität von H. J. und der Diskursethik, Bad Homburg 2009; ders./J. P. Brune (eds.), Orientierung und Verantwortung. Begegnungen und Auseinandersetzungen mit H. J., Darmstadt 2004; G. Hirsch Hadorn, Umwelt, Natur und Moral. Eine Kritik an H. J., V. Hösle und G. Picht, Freiburg/München 2000, bes. 55–207; E. Jakob, M. Heidegger und H. J.. Die Metaphysik der Subjektivität und die Krise der technologischen Zivilisation, Tübingen/Basel 1996, bes. 209–358; D. J. Levy, H. J.. The Integrity of Thinking, Columbia S. C./London 2002; A. Matheis, Diskurs als Grundlage der politischen Gestaltung. Das politisch-verantwortungsethische Modell der Diskursethik als Erbe der moralischen Implikationen der Kritischen Theorie M. Horkheimers im Vergleich mit dem Prinzip Verantwortung von H. J., St. Ingbert 1996; W. E. Müller, Der Begriff der Verantwortung bei H. J., Frankfurt 1988; ders. (ed.), H. J.. Von der Gnosisforschung zur Verantwortungsethik, Stuttgart 2003; ders., H. J.. Philosoph der Verantwortung, Darmstadt 2008; F. Niggemeier, Pflicht zur Behutsamkeit? H. J.' naturphilosophische Ethik für die technologische Zivilisation, Würzburg 2002; S. Poliwoda, Versorgung von Sein. Die philosophischen Grundlagen der Bioethik bei H. J., Hildesheim/Zürich/New York 2005; M. Rath, Intuition und Modell. H. J.' »Prinzip Verantwortung« und die Frage nach seiner Ethik für das wissenschaftliche Zeitalter, Frankfurt etc. 1988; W. J. Richardson, Heidegger and God and Professor J., Thought 40 (1965), 13–40; L. Rubinoff, Perception, Self-making, and Transcendence, Int. Philos. Quart. 7 (1967), 511–527; C. Ruby, J., DP I (²1993), 1516–1517; T. Schieder, Weltabenteuer Gottes. Die Gottesfrage bei H. J., Paderborn etc. 1998; J. C. Schmidt, Die Aktualität der Ethik von H. J.. Eine Kritik der Kritik des Prinzips Verantwortung, Dt. Z. Philos. 55 (2007), 545–569; R. Seidel/M. Endruweit (eds.), Prinzip Zukunft. Im Dialog mit H. J., Paderborn 2007; S. F. Spicker (ed.), Organism, Medicine, and Metaphysics. Essays in Honour of H. J. on His 75th Birthday May 10, 1978, Dordrecht/Boston Mass. 1978; L. Steindler, J., in: F. Volpi (ed.), Großes Werklexikon der Philosophie I, Stuttgart 1999, 775; H. Tirosh-Samuelson/C. Wiese (eds.), The Legacy of H. J.. Judaism and the Phenomenon of Life, Leiden 2008; T. van der Valk, J., in: C. Mitcham (ed.), Encyclopedia of Science, Technology, and Ethics II, Detroit Mich. 2005, 1082–1085; F. J. Wetz, H. J. zur Einführung, Hamburg 1994; C. Wiese/E. Jacobson (eds.), Weiterwohnlichkeit der Welt. Zur Aktualität von H. J., Berlin/Wien 2003; B. Wille, Ontologie und Ethik bei H. J., Dettelbach 1996; R. Wolin, Heidegger's Children. H. Arendt, K. Löwith, H. J., and H. Marcuse, Princeton N. J./Oxford 2001, 2003, bes. 101–133. S. C.

Jordanus von Nemore (Jordanus Nemorarius), fl. 1220, mittelalterlicher Mechaniker und Mathematiker. Obwohl die Schriften des J. von großer Bedeutung für die neuzeitliche ↑Statik und ↑Mechanik wurden, ist die Identität seiner Person bisher nicht eindeutig geklärt. Der Name ›Nemore‹ wird sowohl als Bezeichnung eines noch nicht identifizierten Ortes als auch als Abkürzung für ›de numeris‹ bzw. ›de numero‹ interpretiert; ferner werden unter dem Namen ›J.‹ mehrere Autoren der ›scientia de ponderibus‹ des 13. Jhs. vermutet. Nach einer anderen Annahme ist J. mit dem 2. Ordensgeneral der Dominikaner, Jordanus Saxo (*um 1180 in Norddeutschland, †1237), identisch, der erfolgreich für die Pflege der Wissenschaft gewirkt hat.

In den »Elementa Jordani super demonstrationem ponderum« erweitert J. die axiomatische Behandlung von Hebel und Schwerpunkt durch Archimedes um das *Prinzip der virtuellen Verschiebungen* bzw. der *Arbeit*, das in der neuzeitlichen Dynamik bei Joh. Bernoulli und J. le Rond d'Alembert grundlegend wird. Danach ist etwas, was ein Gewicht G auf die Höhe h heben kann, auch in der Lage, das n-fache Gewicht auf den n-ten Teil von h zu heben. Unter dieser Annahme leitet J. das *Hebelgesetz* ab: Ein Hebel mit Gewichten G_1, G_2 und gewichtslosen Hebelarmen OA_1, OA_2 ist im Gleichgewicht, falls $G_1 : G_2 = OA_2 : OA_1$.

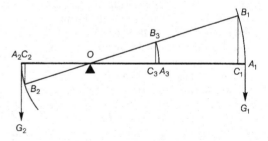

Abb. 1

Würde nämlich G_2 unter dieser Voraussetzung den Hebel nach B_2 drücken und nach B_1 heben (Abb. 1), wäre $G_1 : G_2 = B_2C_2 : B_1C_1$. Für $OA_2 = OA_3$ folgt $B_3C_3 = C_2B_2$, also $G_1 : G_2 = B_3C_3 : B_1C_1$. Sei nun ein weiteres Gewicht G_2 an A_3 befestigt ohne G_1 an A_1. Für $G_2 = n \cdot G_1$ folgt $B_3C_3 = B_1C_1/n$, d. h., die Bedingungen des Prinzips der virtuellen Arbeit sind erfüllt. Falls also G_1 auf B_1 gehoben werden kann, so kann nach diesem Prinzip auch G_2 auf die Höhe B_3 gehoben werden. Dies steht aber im Widerspruch zum ↑Archimedischen Axiom, wonach Hebel mit gleichlangen Hebelarmen und gleichen Gewichten im Gleichgewicht sind.

Nach derselben Methode beweist J. in »De ratione ponderis« den *Satz der schiefen Ebene*, wonach zwei Gewichte G_1 und G_2 auf zwei schiefen Ebenen AB und

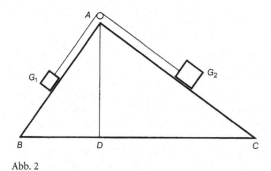

Abb. 2

AC gleicher Höhe AD im Gleichgewicht sind, falls
$G_1 : G_2 = AB : AC$ (Abb. 2).
In den »Elementa« finden sich Einflüsse der peripatetischen Physik (»Quaestiones mechanicae«), wonach das
Gleiten auf der schiefen Ebene um so ›natürlicher‹ angenommen wird, je steiler sie ist. J. spricht in diesem
Zusammenhang von der Wirkung einer ›gravitas secundum situm‹, die dem modernen Begriff der Kraftkompo-
nenten (↑Kraft) nahekommt. Sie wird aber von J. nur
teilweise erkannt, da er unter ihrer Voraussetzung die
Länge der Hebelarme nicht berücksichtigt und zu fehlerhaften Ableitungen von Hebelgesetzen kommt. J. wird
auch der »Liber Philotegni de triangulis«, ein zentrales
Werk der mittelalterlichen Geometrie, zugeschrieben. Es
enthält neben bekannten Dreieckssätzen der griechisch-
arabischen Geometrie einen neuen Beweis zur ↑Quadra-
tur des Kreises. In »De numeris datis« wird die analytische Methode des Pappos von Alexandreia (↑Analyse)
auf algebraische Probleme angewendet. Ansätze zur Formalisierung der ↑Algebra verweisen bereits auf F. Viète.
Auch »Arithmetica«, das Standardwerk mittelalterlicher
Arithmetik mit über 400 Sätzen, soll von J. stammen.

Werke: Liber de ponderibus propositiones XIII & earundem demonstrationes, multarum rerum rabones sane pulcherrimas
complectens [...], ed. P. Apianus, Nürnberg 1533; Opusculum
de ponderositate, Nicolai Tartaleae studio correctum, novisque
figuris auctum, Venedig 1565, Elementa super demonstrationem
ponderum. De ponderibus. De ratione pondens (lat. u. engl.),
ed. E. A. Moody, in: E. A. Moody/M. Clagett, The Medieval
Science of Weights (Scientia de ponderibus). Treatises Ascribed
to Euclid, Archimedes, Thabit ibn Qurra, J. de N., and Blasius of
Parma, Madison Wisc. 1952, 1960, 119–227; Auszüge aus geometrischen Schriften (lat. u. engl.) in: M. Clagett, Archimedes in
the Middle Ages I (The Arabo-Latin Tradition), Madison Wisc.
1964, 572–575, 662–663, 672–677; P. Treutlein (ed.), Der Traktat des J. Nemoranus ›De numens datis‹, Z. Math. Phys. 24
Suppl. (1879), 127–166; Geometria, vel De triangulis libri IV.
Zum ersten Male nach der Leseart der Handschrift Db. 86 der
Königlichen öffentlichen Bibliothek zu Dresden, ed. M. Curtze,
Thorn 1887; M. Curtze, Commentar zu dem ›Tractatus de
numeris datis‹ des J. Nemorarius, Z. Math. Phys., hist.-lit. Abt.
36 (1891), 1–23, 41–63, 81–95, 121–138; R. Daublebsky v.
Sterneck, Zur Vervollständigung der Ausgabe der Schrift des

J. Nemorarius: ›Tractatus de numeris datis‹, Mh. Math. Phys. 7
(1896), 165–179; G. Eneström, Über die ›Demonstratio Jordani
de algorismo‹, Bibl. Math. 7, 3. Ser. (1906/1907), 24–37; ders.,
Über eine dem J. Nemorarius zugeschriebene kurze Algorismus-
schrift, Bibl. Math. 8, 3. Ser. (1907/1908), 135–153; ders., Das
Bruchrechnen des J. Nemorarius, Bibl. Math. 14, 3. Ser. (1913/
1914), 41–54; S. N. Sreider, Die Anfänge der Algebra im mittelalterlichen Europa in der Abhandlung ›De numeris datis‹ von J.
de N. (russ.), Istoriko-Matematiceskie issledovanija 12 (1959),
679–688; B. B. Hughes (ed.), De numeris datis. A Critical Edition and Translation, Berkeley Calif./London 1981, 1982;
H. L. L. Busard (ed.), J. de N., De elementis arithmetice artis.
A Medieval Treatise on Number Theory, I–II, Stuttgart 1991. –
R. B. Thomson, J. de N.: Opera, Med. Stud. 38 (1976), 97–144.

Literatur: H. L. L. Busard, Die Traktate »De Proportionibus« von
J. Nemorarius und Campanus, Centaurus 15 (1970), 193–227;
R. Dugas, Histoire de la mécanique, Neuenburg 1950, Paris 1996
(engl. A History of Mechanics, Neuenburg 1955, New York
1988); P. Duhem, Les origines de la statique, I–II, Paris 1905/
1906; B. Ginzburg, Duhem and J. Nemorarius, Isis 25 (1936),
341–362; E. Grant, J. de N., DSB VII (1973), 171–179; B. B.
Hughes, Johann Scheubel's Revision of J. de N.'s »De numeris
datis«. An Analysis of an Unpublished Manuscript, Isis 63
(1972), 221–234; ders., Biographical Information on J. de N.
to Date, Janus 62 (1975), 151–156; O. Klein, Who Was J.
Nemorarius? Some Remarks on an Old Problem in the History
of Mechanics and Mathematics, Nuclear Physics 57 (1964), 345–
350; R. B. Thomson, J. de N. and the University of Toulouse,
Brit. J. Hist. Sci. 7 (1974), 163–165; G. Wertheim, Über die
Lösung einiger Aufgaben im Tractatus »De numeris datis« des J.
Nemorarius, Bibl. Math. 1, 3. Ser. (1900), 417–420.   K. M.

Jørgensen, Jens Jørgen Frederic Theodor, *Haderup
(Dänemark) 1. April 1894, †Kopenhagen 30. Juli 1969,
dän. Philosoph und Logiker. 1912–1918 Studium der
Philosophie in Sorø, Magisterexamen 1918, 1919–1926
Tätigkeit in der Industrie, 1926–1964 Prof. für Philosophie in Kopenhagen. Nach einer stark vom Einfluß
seines dem ↑Neukantianismus der Marburger Schule
nahestehenden Lehrers H. Høffding geprägten Phase,
in der er sich vor allem mit der Philosophie H. Bergsons,
E. Cassirers und P. Natorps beschäftigt, kommt J. über
sein Interesse an der ↑Logik zu einer intensiven Auseinandersetzung mit dem ↑Wiener Kreis, mit dem ihn
insbes. die ↑Metaphysikkritik und das Anliegen einer
reduktionistischen (↑Reduktionismus) ↑Wissenschafts-
theorie sowie der Bereitstellung begrifflicher Grundlagen
verbindet. Unter anderem zählt J. zu den Initiatoren der
zur Dokumentation dieses Programms nach dem Vorbild der »Encyclopédie« D. Diderots und J. le Rond
d'Alemberts geplanten »International Encyclopedia of
Unified Science«, die jedoch – auch auf Grund der
politischen Entwicklung – nur in ersten Anfängen realisiert werden konnte. J. ist in dieser Phase intensiv darum
bemüht, die Psychologie auf die Theorie einer evolutio-
nistischen Biologie zurückzuführen, was ihn auch zu
einer gemäßigten Revision seiner zunächst streng anti-
psychologistischen Logikauffassung (↑Psychologismus)

führt, in der die Logik als ein Resultat adaptiver Strategien erscheint. Dieses Reduktionsprogramm erklärt J. später jedoch für gescheitert und nähert sich einem behavioristischen Programm (↑Behaviorismus) an. Diskutiert wird heute insbes. sein Beitrag zur Möglichkeit normenlogischen Folgerns (Imperatives and Logic, 1937), in dem er die nach ihm benannte Paradoxie formuliert (↑Jørgensens Dilemma).

Werke: Henri Bergson's Filosofi i Omrids [Umrisse der Philosophie Henri Bergsons], Kopenhagen 1917; Paul Natorp som Repræsentant for den kritiske Idealisme [Paul Natorp als Vertreter des kritischen Idealismus], Kopenhagen 1918; Filosofiske Forelæsninger som Indledning til videnskabelige Studier [Philosophische Vorträge zur Allgemeinen Einführung in die Wissenschaftstheorie], I–II, Kopenhagen 1926/1927, Leipzig 1929, Kopenhagen ²1935/1939, 1962; Filosofiens og Opdragelsens Grundproblemer [Grundprobleme der Philosophie und der Erziehung], Kopenhagen 1928; A Treatise of Formal Logic. Its Evolution and Main Branches, with Its Relation to Mathematics and Philosophy, I–III, Kopenhagen, London 1931, New York 1962 [Übers. d. dän. Manuskripts v. W. Worster]; Bertrand Russell. En praktisk Idealist og hans Filosofi [Bertrand Russell. Ein praktischer Idealist und seine Philosophie], Kopenhagen 1935; Træk af Deduktionsteoriens Udvikling in den nyere Tid [Versuch über die jüngste Entwicklung der Theorie der logischen Deduktion], Kopenhagen 1937, Aarhus, Kopenhagen 1966; Imperatives and Logic, Erkenntnis 7 (1937), 288–296, ferner in: Danish Yearbook of Philos. 6 (1969), 9–17; Imperativer og Logik, Theoria 4 (1938), 183–190; Psykologi paa biologisk Grundlag [Psychologie auf biologischer Grundlage], I–IV, Kopenhagen [1941–1945], in einem Bd. 1963; Indledning til Logikken og Metodelæren [Einleitung in die Logik und Methodenlehre], Kopenhagen 1942, rev. 1956, 1966; Den logiske empirismes udvikling. Festskrift udgivet af Københavns Universitet i Anledning af Hans Majestæt Kongens Fødselsdag 11. marts 1948, Kopenhagen 1948 (repr. 1972) (engl. The Development of Logical Empiricism, Chicago Ill. 1951 [repr. New York 1970], Chicago Ill./London 1970); Towards a Theory of Inference, Theoria 25 (1959), 123–147; Some Remarks Concerning Languages, Calculuses and Logic, Synthese 12 (1960), 338–349, repr. in: Y. Bar-Hillel u. a., Logic and Language. Studies Dedicated to Professor Rudolf Carnap on the Occasion of His Seventieth Birthday, Dordrecht 1962, 27–38. – Bibliography, Danish Yearbook Philos. 1 (1964), 183–196.

Literatur: O. Borgman Hansen, J., Enc. philos. universelle III/2 (1992), 3339; S. Brown, J., in: Biographical Dictionary of Twentieth-Century Philosophers, London/New York 1996, 382–383; N. E. Christensen, J. J. as a Philosopher of Logic, Danish Yearbook Philos. 13 (1976), 242–248; FM II (1994), 1949–1950; O. Neurath, Encyclopaedism as a Pedagogical Aim. A Danish Approach, Philos. Sci. 5 (1938), 484–492; D. Spassov, Professor J.'s Psychologism, Man and World 5 (1972), 247–252; S. E. Stybe, Trends in Danish Philosophy, J. Brit. Soc. Phenom. 4 (1973), 153–170; J. Whitt-Hansen, Some Remarks on Philosophy in Denmark, Philos. Phenom. Res. 12 (1952), 377–391; ders., J. J. and the Grammar of Science, Danish Yearbook Philos. 1 (1964), 159–172. G. K.

Jørgensens Dilemma, Bezeichnung für ein metatheoretisches Problemsyndrom, das die Frage nach den Bedingungen der Möglichkeit rationalen Argumentierens

(↑Argumentation, ↑Argumentationstheorie) in regulativen Kontexten, insbes. in der ↑Ethik und in der Jurisprudenz, aufwirft: Einerseits ist einer verbreiteten, letztlich auf Aristoteles zurückgehenden Auffassung zufolge die logische Folgerbarkeitsrelation (↑Folgerung, ↑ableitbar/Ableitbarkeit) nur für solche sprachlichen Gebilde (↑Aussagen) bestimmt, die wahr oder falsch sein können (↑wahrheitsfähig/Wahrheitsfähigkeit). Andererseits gehören einer ebenfalls verbreiteten Auffassung zufolge regulative Redeteile wie ↑Imperative oder Normen nicht zu dieser Menge (↑Norm (handlungstheoretisch, moralphilosophisch)). Daraus folgt die skeptische These, daß ↑regulative Redeteile nicht in der Folgerbarkeitsrelation stehen können. Rationales Argumentieren zur ↑Rechtfertigung von Imperativen bzw. Normen oder die Prüfung vorgetragener Rechtfertigungsversuche an den Standards einer Logik wären danach weder in ethischen noch in juristischen Kontexten möglich.

Demgegenüber lassen sich Redesequenzen angeben, die einer ebenfalls verbreiteten Auffassung zufolge als Beispiele für eine Anwendbarkeit der Folgerbarkeitsrelation auch auf regulative Redeteile gelten können. So dienen etwa in lebensweltlichen Zusammenhängen Redesequenzen wie

(A1) wenn ein Mensch in Not ist, dann hilf ihm!
(A2) *A* ist in Not
(A3) also: hilf *A*!

oder

(B1) du sollst Vater (ehren) und Mutter ehren
(B2) *A* ist dein Vater und *B* ist deine Mutter
(B3) also: du sollst *A* ehren und *B* ehren

zur argumentativen Rechtfertigung von und aus Imperativen und Normen, die somit durchaus in einer Folgerbarkeitsrelation zu stehen scheinen. Der skeptischen These steht danach die durch Konstatierung gewonnene Existenzthese ›es gibt rationales Argumentieren auch in regulativen Kontexten‹ antinomisch gegenüber. Die noch andauernde Diskussion um die Auswege aus diesem ↑Dilemma wirft zentrale Fragen der ↑Wahrheitstheorie und der Bedeutungstheorie (↑Bedeutung), der Ausgestaltung und Rechtfertigung der ↑Logik sowie der ↑Methaethik und ↑Rechtsphilosophie auf. Wer dabei auch oder gerade im Kontext der Rechtfertigung von Imperativen und Normen an der Verfügbarkeit überprüfbarer Standards rationalen Argumentierens interessiert ist (in vielen Rechtsordnungen stellt etwa eine solchen Standards nicht genügende Begründung eines Richterspruchs einen Revisionsgrund dar), der wird die anhand der Beispiele gebildete Intuition, daß es rationales Argumentieren auch in regulativen Kontexten gebe, nicht als bloße ›sprachliche Täuschung‹ abzutun bereit sein. Er wird vielmehr – gegen die philosophische Tradition – die normative Forderung erheben, daß zur Bewältigung seiner lebenspraktischen Koordinations- und Kooperationserfordernisse geeignete sprachliche Instrumente bereitzustellen seien.

Zwar wurden die Konsequenzen einer Beschränkung der Folgerbarkeitsrelation auf das Feld der wahrheitsfähigen ↑Aussagen für die Möglichkeit praktischen Argumentierens schon früher thematisiert (vgl. etwa die Überlegungen, die zur Entwicklung der emotivistischen Deutung der Moral führten [↑Emotivismus]), doch werden sie erst durch J. Jørgensen (1937) im Kontext erster Überlegungen zur Ausgestaltung einer ↑Imperativlogik zum Gegenstand systematischer Erörterung. Die dabei entwickelten Antwortangebote reichen von der Bestreitung der Möglichkeit rationalen Argumentierens in regulativen Kontexten (»only pseudo-logical«, A. Ross 1941, 70, 1944, 45; »daß es zwischen Normen überhaupt keine logischen Beziehungen gibt«, G. H. v. Wright 1994, 47) über variante, auch für die Einbeziehung regulativer Redeteile offene Deutungen des Folgerbarkeits- und des Wahrheitsbegriffs bis hin zur Anerkennung der Wahrheitsfähigkeit auch von Imperativen und Normen etwa durch die Anerkennung ›moralischer Tatsachen‹ (↑Kognitivismus) oder durch reduktionistische Rekonstruktionen (↑Reduktion) normativer Rede auf nicht-normative (z. B. Paraphrase von ›du sollst H tun‹ als ›jemand will, daß du H tust‹, als ›du wirst H tun oder Sanktion S erfolgt‹ oder als ›»H ist geboten‹ ist wahr in allen deontisch perfekten Welten‹ [↑Kripke-Semantik]). Dabei sind die mit einer Kritik des unterstellten Folgerbarkeits- und Wahrheitsbegriffs ansetzenden Lösungsversuche wegen des grundlegenden Status dieser Begriffe in der philosophischen Theoriebildung sowie wegen ihrer Komplexität und wechselseitigen Bezogenheit von besonderer Subtilität und Reichweite. Der oft gewählte Ansatz, mit einer Pluralität kontextvarianter Folgerbarkeitskonzepte zu arbeiten, scheidet aus diesem Spektrum jedoch von vornherein aus, wenn z. B. aus ↑Regeln, die wie

(A1) wenn ein Mensch in Not ist, dann hilf ihm!

mit Hilfe des ›wenn-dann‹ (↑Subjunktor) aus einem regulativen und einem nicht-regulativen Redeteil gebildet sind, die Handlungsanleitung für einen konkreten Anwendungsfall erschließbar sein soll. Auch kann (B) überhaupt nur als argumentative Sequenz gelten, wenn in (B1) und (B2) der ↑Konjunktor ›und‹ in einer einheitlichen Bedeutung auftritt. Man denke aber auch an die komplexen Argumentationen für Empfehlungen zum angemessenen Umgang mit den Risiken technischer Entwicklungen, in denen sich regulative und nicht-regulative Teilsequenzen zwingend durchmischen. Den Anforderungen an rationales Argumentieren in regulativen Kontexten wie diesen kann entsprechend nur eine Folgerbarkeitsrelation genügen, die sowohl regulative als auch nicht-regulative Redeteile als Relata zuläßt.

Jørgensen selbst entwickelt zur Lösung des von ihm formulierten Dilemmas erste Ansätze zu einem pragmatischen Sprachverständnis und damit zugleich erste Ansätze zu einer Theorie der ↑Sprechakte, indem er die Möglichkeit der Unterscheidung zwischen verschiedenen Modi der Verwendung von Aussagen andeutet. In einer Unterscheidung, die in etwa der R. M. Hares zwischen ›phrastic‹ und ›neustic‹ entspricht, sieht er in jedem Imperativ einen ›imperative factor‹ und einen ›indicative factor‹, wobei die Folgerbarkeitsrelation lediglich zwischen den indikativischen Faktoren besteht, die Rechtfertigung der imperativischen Faktoren eines Konsequens aber *eodem actu* mitvollzogen wird. Folgt man dieser Intuition, stellt dabei aber in Rechnung, daß die Gebilde, für die die Folgerbarkeitsrelation definiert ist, in aller Regel rein grammatisch (und nicht mit Bezug auf ihren ›beschreibenden‹ oder ›auffordernden‹ Charakter) bestimmt sind, und folgt man ferner der Fregeschen Maxime, daß semantische Differenzen auch grammatisch explizit gemacht werden sollten, dann wird man die Unterscheidung der Verwendungsweisen solcher Aussagen nicht anhand der Aussagen selbst, sondern durch einen externen Operator explizit machen, so wie etwa in (B3) die *argumentative* Verwendung der Aussage durch das ihr vorangestellte ›also‹ indiziert ist (↑Performator). Solcherart pragmatisch explizierte Ansätze erlauben es, sowohl normative als auch nicht-normative Aussagen mit Blick auf ihre Teilausdrücke rein grammatisch zu unterscheiden und in einer einheitlichen (nicht-wahrheitskonditional explizierten) Logik in einheitlicher Weise argumentativ (z. B. annehmend, heranziehend oder folgernd) zu verwenden. Die in einem solchen Ansatz realisierte ›Einheit der theoretischen und der praktischen ↑Vernunft‹ (I. Kant) dokumentiert sich dann auch in der strengen Analogie zwischen den Korrektheitsstandards rationaler konstativer und rationaler regulativer Redehandlungen: Durch regelgemäßes Argumentieren begründete nicht-normative Aussagen dürfen behauptet und damit als wahr qualifiziert werden; durch regelgemäßes Argumentieren begründete normative Aussagen dürfen analog als Handlungsanleitung gesetzt und damit als gültig qualifiziert werden.

Literatur: M. J. Adler, A Pragmatic Logic for Commands, Amsterdam 1980; C. E. Alchourrón/E. Bulygin, Normative Systems, Wien/New York 1971 (dt. Normative Systeme, Freiburg/München 1994); dies., The Expressive Conception of Norms, in: R. Hilpinen (ed.), New Studies in Deontic Logic. Norms, Actions, and the Foundations of Ethics, Dordrecht/Boston Mass./London 1981, 95–124; C. E. Alchourrón/A. A. Martino, Logic without Truth, Ratio Juris 3 (1990), 46–67; V. C. Aldrich, Do Commands Express Propositions?, J. Philos. 40 (1943), 654–657; B.

Anderson, A Comment on Walter's Response to Jørgensen's D.. Common Sense and Scientific Attitudes, Ratio Juris 12 (1999), 100–107; L. Åqvist, Interpretations of Deontic Logic, Mind NS 73 (1964), 246–253; B. Aune, Reason and Action, Dordrecht/ Boston Mass. 1977; K. Bach, Performatives Are Statements too, Philos. Stud. 28 (1975), 229–236; Y. Bar-Hillel, Imperative Inference, Analysis 26 (1966), 79–82; E. L. Beardsley, Imperative Sentences in Relation to Indicatives, Philos. Rev. 53 (1944), 175–185; N. Belnap, Declaratives Are Not Enough, Philos. Stud. 59 (1990), 1–30; L. Bergström, Imperatives and Ethics. A Study of the Logic of Imperatives and of the Relation between Imperatives and Moral Judgments, Stockholm 1962, 1970; ders., Imperatives and Contradiction, Mind NS 79 (1970), 421–424, P. R. Bhat, Hare on Imperative Logic and Inference, Indian Philos. Quart. 10 (1983), 449–463; H. G. Bohnert, The Semiotic Status of Commands, Philos. Sci. 12 (1945), 302–315; E. Borchardt, The Semantics of Imperatives, Log. anal. NS 22 (1979), 191–205; H.-N. Castañeda, Imperative Reasonings, Philos. Phenom. Res. 21 (1960), 21–49; ders., Imperatives, Decisions, and ›Oughts‹. A Logico-Metaphysical Investigation, in: ders./G. Nakhnikian (eds.), Morality and the Language of Conduct, Detroit Mich. 1963, 1965, 219–299; ders., There Are Command SH-Inferences, Analysis 32 (1971), 13–19; ders., Thinking and Doing. The Philosophical Foundations of Institutions, Dordrecht/Boston Mass. 1975, 1982; A. Chaturvedi, In Defence of ›Satisfaction-Logic‹ of Commands, Indian Philos. Quart. 7 (1980), 471–481; B. F. Chellas, Imperatives, Theoria 37 (1971), 114–129; B. Clark, Relevance and ›Pseudo-Imperatives‹, Linguistics and Philos. 16 (1993), 79–121; D. S. Clarke Jr., Mood Constancy in Mixed Inferences, Analysis 30 (1970), 100–103; ders., Deductive Logic. An Introduction to Evaluation Techniques and Logical Theory, Carbondale Ill./Edwardsville Ill., London/Amsterdam 1973, Lanham Md. ²1998; ders., Practical Inferences, London etc. 1985; A. G. Conte, Saggio sulla completezza degli ordinamenti giuridici, Turin 1962; S. Coyle, The Meanings of the Logical Constants in Deontic Logic, Ratio Juris 12 (1999), 39–58; ders., The Possibility of Deontic Logic, Ratio Juris 15 (2002), 294–318; W. Dubislav, Zur Unbegründbarkeit der Forderungssätze, Theoria 3 (1937), 330–342; K. Dürr, Zum Vortrag von J. Jørgensen (Imperatives and Logic), Erkenntnis 7 (1937), 356; P. Edwards, The Logic of Moral Discourse, Glencoe Ill., London 1955, New York 1965; K. Engisch, Logische Studien zur Gesetzesanwendung, Heidelberg 1943, ³1963; K. Engliš, Die Norm ist kein Urteil, Arch. Rechts- und Sozialphilos. 50 (1964), 305–316; G. Frey, Idee einer Wissenschaftslogik. Grundzüge einer Logik imperativer Sätze, Philos. Nat. 4 (1957), 434–491; J. S. Fulda, Reasoning with Imperatives Using Classical Logic, Sorites 3 (1995), 7–11; P. T. Geach, Imperative and Deontic Logic, Analysis 18 (1958), 49–56; H. J. Gensler, Formal Ethics, London/ New York 1996; P. C. Gibbons, Imperatives and Indicatives, Australas. J. Philos. 38 (1960), 107–119, 207–217; M. Green, Imperative Logic, REP IV (1998), 717–721; K. Grelling, Zur Logik der Sollsätze, Synthese 4 (1939), Anhang (Unity of Science Forum 1939), 44–47; K. Grue-Sørensen, Vår tids moralnihilism. Om möjligheten av en objektiv moral [Der Moral-Nihilismus unserer Zeit. Über die Möglichkeiten einer objektiven Moral], Stockholm 1937; ders., Imperativsätze und Logik. Begegnung einer Kritik, Theoria 5 (1939), 195–202; C. L. Hamblin, Imperatives, Oxford/New York 1987; W. H. Hanson, A Logic of Commands, Log. anal. NS 9 (1966), 329–343; R. M. Hare, Imperative Sentences, Mind NS 58 (1949), 21–39; ders., The Language of Morals, Oxford 1952, 2003 (dt. Die Sprache der Moral, Frankfurt 1972, ²1997); ders., Some Alleged Differences between Imperatives and Indicatives, Mind NS 76 (1967), 309–326; ders., Meaning and Speech Acts, Philos. Rev. 79 (1970), 3–24; ders., Practical Inferences, London 1971, Berkeley Calif. 1972; J. Harrison, Deontic Logic and Imperative Logic, in: P. T. Geach (ed.), Logic and Ethics, Dordrecht/Boston Mass./ London 1991, 79–129; I. Hedenius, Om rätt och moral [Über Recht und Moral], Stockholm 1941, ²1965; R. Hilpinen, On the Semantics of Personal Directives, Ajatus 35 (1973), 140–157; A. Hofstadter/J. C. C. McKinsey, On the Logic of Imperatives, Philos. Sci. 6 (1939), 446–457; P. Holländer, Rechtsnorm, Logik und Wahrheitswerte. Versuch einer kritischen Lösung des Jørgensenschen D.s, Baden-Baden 1993; J. Hornsby, A Note on Non-Indicatives, Mind NS 95 (1986), 92–99; J. Houston, Truth Valuation of Explicit Performatives, Philos. Quart. 20 (1970), 139–149; M. Huntley, Propositions and the Imperative, Synthese 45 (1980), 281–310; ders., The Semantics of English Imperatives, Linguistics and Philos. 7 (1984), 103–133; A. A. Johanson, Principia Practica. The Logic of Practice, Lanham Md. 1999, 2000; J. Jørgensen, Imperatives and Logic, Erkenntnis 7 (1937), 288–296, ferner in: Danish Yearbook of Philos. 6 (1969), 9–17; ders., Imperativer og Logic, Theoria 4 (1938), 183–190; G. Kalinowski, Théorie des propositions normatives, Stud. Log. 1 (1953), 147–182; ders., Y a-t-il une logique juridique?, Log. anal. NS 2 (1959), 48–53; ders., Le problème de la vérité en morale et en droit, Lyon 1967; ders., La logique des normes, Paris 1972 (dt. Einführung in die Normenlogik, Frankfurt 1973); ders., Die präskriptive und die deskriptive Sprache in der deontischen Logik, Rechtstheorie 9 (1978), 411–420; G. Kamp, Logik und Deontik. Über die sprachlichen Instrumente praktischer Vernunft, Paderborn 2001; S. Kanger, New Foundations for Ethical Theory I, Stockholm 1957, ferner in: R. Hilpinen (ed.), Deontic Logic. Introductory and Systematic Readings, Dordrecht 1971, 36–58, ferner in: G. Holmström-Hintikka/S. Lindström/R. Sliwinski (eds.), Collected Papers of Stig Kanger with Essays on His Life and Work I, Dordrecht/Boston Mass./London 2001, 99–119; A. Kaplan, Logical Empiricism and Value Judgements, in: P. A. Schilpp (ed.), The Philosophy of Rudolf Carnap, La Salle Ill./ London 1963, 1999, 827–856; G. B. Keene, Can Commands Have Logical Consequences?, Amer. Philos. Quart. 3 (1966), 57–63; H. Kelsen, Allgemeine Theorie der Normen, ed. K. Ringhofer/R. Walter, Wien 1979, 1990 (engl. General Theory of Norms, Oxford, New York 1991; franz. Théorie générale des norms, Paris 1996); A. J. Kenny, Practical Inference, Analysis 26 (1966), 65–75; A. Lalande, La raison et les norms, Paris 1948, mit Untertitel: Essai sur le principe et sur la logique des jugements de valeur, Paris ²1963; A. Ledent, Le statut logique des propositions impératives, Theoria 8 (1942), 262–271; G. Ledig, Zur Logik des Sollens, Der Gerichtssaal 100 (1931), 368–385; E. J. Lemmon, Deontic Logic and the Logic of Imperatives, Log. anal. NS 8 (1965), 39–71; H. S. Leonard, Interrogatives, Imperatives, Truth, Falsity and Lies, Philos. Sci. 26 (1959), 172–186; G. Lorini, Il valore logico delle norme, Bari 2003; A. MacIntyre, Imperatives, Reasons for Action, and Morals, J. Philos. 62 (1965), 513–524; F. MacKay, Inferential Validity and Imperative Inference Rules, Analysis 29 (1969), 145–156; ders., The Principle of Mood Constancy, Analysis 31 (1971), 91–96; D. Makinson/L. van der Torre, Input/Output Logics, J. Philos. Log. 29 (2000), 383–408; B. Mayo, Varieties of Imperative, Proc. Arist. Soc. 31 Suppl. (1957), 161–174; R. P. McArthur/D. Welker, Non-Assertoric Inference, Notre Dame J. Formal Logic 15 (1974), 225–244; C. McGinn, Semantics for Nonindicative Sentences, Philos. Stud. 32 (1977), 301–311; A. R. Miller, In Defense of a Logic of Imperatives, Metaphilos. 15 (1984), 55–58; B. Mitchell, Varieties of Imperative, Proc. Arist. Soc. 31 Suppl. (1957), 175–190; M. Moritz, Imperative Implication and Conditional Imperatives, in: Modality, Morality and Other Problems of Sense and Nonsense. Essays Dedicated to Sören Halldén, Lund 1973, 97–114; S. Moser, Some Remarks about Imperatives, Philos. Phenom. Res. 17 (1956), 186–206; N. J. Moutafakis, Imperatives and Their Logics, New Delhi 1975; A. Næss, Do We Know that Basic Norms Cannot Be True or False?, Theoria 25 (1959), 31–53; H. Ofstad, Objectivity of Norms and Value-Judgments According to Recent Scandinavian Philosophy, Philos. Phenom. Res. 12 (1951), 42–68; K. Opałek, On the Logical-Semantic Structure of Directives, Log. anal. NS 13 (1970), 169–196; ders., Norm and Conduct. The Problem of the ›Fulfillment‹ of the Norm, Log. anal. NS 14 (1971), 111–119; ders., Theorie der Direktiven und der Normen, Wien/New York 1986; F. E. Oppenheim, Outline of a Logical Analysis of Law, Philos. Sci. 11 (1944), 142–160; A. N. Prior, Logic and the Basis of Ethics, Oxford 1949, 1975; R. Rand, Die Logik der verschiedenen Arten von Sätzen, Przegląd filozoficzny 39 (1936), 438; dies., Logik der Forderungssätze, Rev. int. de la théorie du droit NF 1 (1939), 308–322 (engl. The Logic of Demand-Sentences, Synthese 14 [1962], 237–254); N. Rescher, The Logic of Commands, London, New York 1966; ders./J. Robison, Can One Infer Commands from Commands?, Analysis 24 (1964), 176–179; A. Ross, Kritik der sogenannten praktischen Erkenntnis. Zugleich Prolegomena zu einer Kritik der Rechtswissenschaft, Kopenhagen, Leipzig 1933; ders., Imperatives and Logic, Theoria 7 (1941), 53–71, ferner in: Philos. Sci. 11 (1944), 30–46; ders., Directives and Norms, London, New York 1968; A. Soeteman, Norm en logica. Opmerkingen over logica en rationaliteit in het normatief redeneren met name in het recht, Zwolle 1981; K. Sorainen, Der Modus und die Logik, Theoria 5 (1939), 202–204; E. Sosa, Directives. A Logico-Philosophical Inquiry, Diss. Pittsburgh Pa. 1964; ders., Imperatives and Referential Opacity, Analysis 27 (1966), 49–52; ders., The Logic of Imperatives, Theoria 32 (1966), 224–235; ders., The Semantics of Imperatives, Amer. Philos. Quart. 4 (1967), 57–64; ders., On Practical Inference. With an Excursus on Theoretical Inference, Log. anal. NS 13 (1970), 215–230; E. Stenius, Mood and Language-Game, Synthese 17 (1967), 254–274; C. L. Stevenson, Ethics and Language, New Haven Conn./London 1944 (repr. New York 1979), 1976; T. Storer, The Logic of Value Imperatives, Philos. Sci. 13 (1946), 25–40; J. Sztykgold, Negacja normy [Die Negation von Normen], Przegląd filozoficzny 39 (1936), 492–494; I. Tammelo, On the Logical Openness of Legal Orders, Amer. J. Comparative Law 8 (1959), 187–203; S. E. Toulmin, An Examination of the Place of Reason in Ethics, Cambridge 1950, 1970, unter dem Titel: The Place of Reason in Ethics, Chicago Ill./London 1986; R. G. Turnbull, Imperatives, Logic, and Moral Obligation, Philos. Sci. 27 (1960), 374–390; G. Volpe, A Minimalist Solution to Jørgensen's D., Ratio Juris 12 (1999), 59–79; R. Walter, Jørgensen's D. and How to Face It, Ratio Juris 9 (1996), 168–171; ders., Some Thoughts on Peczenik's Replies to »Jørgensen's D. and How to Face It« (with Two Letters by A. Peczenik), Ratio Juris 10 (1997), 392–396; G. A. Wedeking, Are there Command Arguments?, Analysis 30 (1970), 161–166; O. Weinberger, Über die Negation von Sollsätzen, Theoria 23 (1957), 102–132; ders., Was fordert man von der Sollsatzlogik?, in: Proceedings of a Colloquium on Modal and Many-Valued Logics. Helsinki, 23–26 August, 1962, Helsinki 1963, 277–284 (Acta Philos. Fennica XVI); ders., Die Sollsatzproblematik in der modernen Logik/Problematika normativních vět v moderní logice. Können Sollsätze (Imperative) als wahr bezeichnet werden?/Lze označit normativní věty (impera-

tivy) za pravdivé?, Prag 1958, unter dem Titel: Die Sollsatzproblematik in der modernen Logik, in: ders., Studien zur Normenlogik und Rechtsinformatik, Berlin 1974, 59–186; ders., The Logic of Norms Founded on Descriptive Language, Ratio Juris 4 (1991), 284–307; ders., Against the Ontologization of Logic. A Critical Comment on Robert Walter's Tackling Jørgensen's D., Ratio Juris 12 (1999), 96–99; ders., Der handlungstheoretische Zutritt zur Normenlogik, Philosophia Scientiae 10 (2006), 159–176; H. T. Wilder, Practical Reason and the Logic of Imperatives, Metaphilos. 11 (1980), 244–251; B. A. O. Williams, Imperative Inference, Analysis 23 Suppl. (1963), 30–36; ders., Consistency and Realism, Proc. Arist. Soc. 40 Suppl. (1966), 1–22; J. Woleński, Jørgensen's D. and the Problem of the Logic of Norms, Poznań Stud. Philos. Sci. and the Humanities 3 (1977), 265–276; ders., Deontic Logic and Possible Worlds Semantics. A Historical Sketch, Stud. Log. 49 (1990), 273–282; G. H. v. Wright, Is There a Logic of Norms?, Ratio Juris 4 (1991), 265–283; ders., Normen, Werte und Handlungen, Frankfurt 1994.   G. K.

Jota-Operator, in der logischen ↑Grammatik (↑Grammatik, logische) zunächst Bezeichnung für das reine, von prädikativen Anteilen freie Demonstrativpronomen ›ι‹ (gelesen: dies), das *Demonstrativum* (↑deiktisch). Mit dem J.-O. wird ein ↑Artikulator ›P‹ (z. B. ›Haus‹) in einen *Individuator* ›ιP‹ (z. B. ›dies Haus‹) überführt. Individuatoren artikulieren die ↑Zwischenschemata, die für die Gliederung des mit der Artikulation allein noch unindividuiert bleibenden P-Bereichs in individuelle Einheiten erforderlich sind (↑Individuation). Das erlaubt es, ›ιP‹ auch als kontextabhängige ↑Benennung des in eine individuelle Einheit (z. B. ein einzelnes Haus) umgewandelten Zwischenschemas zu verstehen; ›ιP‹ ist daher ein als deiktische ↑Kennzeichnung ›dies P‹ auftretender ↑Nominator (↑indexical). In dieser Lesart überführt der J.-O. einen ↑Prädikator ›P‹ bzw. die ↑Aussageform ›xεP‹ in einen Nominator ›ιP‹. Dessen Ersetzung durch eine bestimmte Kennzeichnung ›das P, welches ...‹ unter Verwendung einer die Bedingungen von Existenz (↑Existenz (logisch)) und Eindeutigkeit (↑eindeutig/Eindeutigkeit) erfüllenden Spezialisierung ›Q‹ von ›P‹ (z. B. ›[ein] Haus in der Hauptstraße 2 in M‹), mit der man die für das Funktionieren der deiktischen Kennzeichnung unentbehrliche begleitende ↑Zeigehandlung sprachlich artikuliert und so überflüssig macht, verwandelt den J.-O. dann in den gewöhnlich mit dem bestimmten Artikel wiedergegebenen ↑Kennzeichnungsoperator, angewendet auf die Aussageform ›xεQ‹, also: $\iota_x xεQ$ (gelesen: dasjenige x, welches ›xεQ‹ erfüllt / dem ›Q‹ zukommt; z. B. ›das Haus[, welches sich] in der Hauptstraße 2 in M [befindet]‹). Im Beispiel referieren ›dies Haus‹ und ›das Haus in der Hauptstraße 2 in M‹ auf denselben Gegenstand.   K. L.

Juan de Santo Tomás, *Lissabon 11. Juli 1589, †Fraga (b. Huesca, Aragón) 17. Juni 1644, portug.-span. Philosoph und Theologe des Dominikanerordens. Sohn des (aus Wien stammenden) Sekretärs des Großherzogs Albert von Österreich, P. Poinsot; trat nach philosophischen und theologischen Studien in Coimbra und Löwen 1609 in Madrid ins Kloster ein und wählte 1610 aus Verehrung für Thomas von Aquin den Namen ›J. de S. T.‹. 1610–1615 weitere Studien am Ordenskolleg in Madrid-Atocha, wo J. 1615–1620 die Artes liberales unterrichtete. 1625 Dozent am Ordensstudium in Plasencia (Estremadura), dann ab 1625 in Alcalá, bevor er Theologieprofessor an der dortigen Universität wurde (1630–1643). Bereits seit 1627 Berater des obersten Inquisitionstribunals, wurde J. 1643 Beichtvater des spanischen Königs Philipp IV.; er starb auf dessen Katalanienfeldzug während der Belagerung von Lérida. – J., dessen Spiritualität mystische (↑Mystik) Züge trägt, gilt als einer der bedeutendsten Kommentatoren des Thomas von Aquin und als Verteidiger des genuinen Lehre des Aquinaten (insbes. von Lehrstücken wie der ↑analogia entis, der Realdifferenz von esse [↑Sein, das] und ↑essentia, der Freiheit Gottes usw.) gegen doktrinäre Neuentwicklungen etwa bei dem Jesuiten F. Suárez, G. Vásquez und L. de Molina. Starker Einfluß auch auf die ↑Neuscholastik. Philosophisch ist seine zweiteilige »Ars Logica« (Alcalá 1631/1632; später in den »Cursus philosophicus thomisticus« aufgenommen) von Bedeutung, weil sie in manchen Punkten mit der heutigen ↑Junktorenlogik übereinstimmt. Seine als »Tractatus de Signis« herausgegebenen Teile der »Ars Logica« (Tractatus de Signis. The Semiotic of John Poinsot, ed. J. Deely/R. A. Powell, Berkeley Calif. 1985) stellen eine erste systematische Theorie der Zeichen dar, die J. Lokkes Vorschlag zu einer Semiotik genau entspricht (Essay Concerning Human Understanding Book IV. Chap. 21, 4) und die in der Semiotik von C. S. Peirce wieder aufgegriffen wird.

Werke: Artis logicae [Ars logica], I–II, Alcalá 1631/1632, I–IV, Rom 1637 [als gemeinsame Edition mit den fünf Bdn. der Naturalis Philosophiae (s. u.)], I–II, Ferrarra 1694; Naturalis philosophiae [Philosophia naturalis], I, III–IV, Madrid 1633–1635, mit Titelzusatz: Cursus Philosophicus, I–V, Rom 1637/1638 [als gemeinsame Edition mit Artis logicae (s. o.)]; Cursus philosophicus thomisticus secundum exactam, veram et genuinam Aristotelis et Doctoris Angelici mentem, I–III, Köln 1638, Köln 1653/1654, Lyon 1663, 1678, Paris 1883, unter dem Titel: Cursus philosophicus Thomisticus secundam exactam, veram, genuinam Arsitotelis et Doctoris angelici mentem, ed. B. Reiser, Turin 1930–1937, ²1948, Hildesheim/New York/Zürich 2008 (I Ars logica, II–III Philosophia naturalis), unter dem Titel: Tractatus de signis. The Semiotic of John Poinsot [lat./engl.], ed. J. Deely/R. A. Powell, Berkeley Calif./Los Angeles/London 1985 (Teilausg. der Ars logica) (engl. [Teilübers.] The Material Logic of John of St. Thomas. Basic Treatises, Trans. Y. R. Simon/J. J. Glanville/G. D. Hollenhorst, Chicago Ill. 1955, 1965, unter dem Titel: Outlines of Formal Logic, Trans., Introd. F. C. Wade, Milwaukee Wisc. 1955, 1975; span. Del Alma [1635] I [El alma y sus potencias elementales], Einf., Übers. u. Anm. J.

Cruz Cruz, Pamplona 2005 [Teilübers. Philosophia naturalis IV]); Cursus theologicus, I–VIII, I, Alcalá 1637, II–III, Lyon 1643, IV–VII, ed. D. Ramirez, Madrid 1645–1656, VIII, ed. F. Combefis, Paris 1667, I–VIII, Köln 1711, unter dem Titel Cursus theologicus in summam theologicam D. Thomae, I–X (X = Index), Paris 1883–1886, unter dem Titel: Cursus theologici [...], I–IV (in 5 Bdn.), ed. Benediktinerabtei Solesmes, Paris/Tournai/Rom 1931–1964 [unvollst.], unter dem Titel: Cursus theologicus in summam theologicam D. Thomae. In Iam–IIae, ed. A. Mathieu/H. Gagné, I–VIII, Quebec 1948–1955 ([Teilübersetzungen] franz. Les dons du Saint-Esprit, übers. v. R. Maritain, Juvisy 1930, Paris 1997; engl. The Gifts of the Holy Ghost, übers. v. D. Hughes, London 1950, New York 1951; span. Verdad transcendental y verdad formal [1643], Einf., Übers. u. Anm. J. Cruz Cruz, Pamplona 2002); Compendium totius doctrinae christianae [...], octava editio Latina post septem Hispanicas, Brüssel 1658, Mediolani 1673, 1685, Venedig 1693; Isagoge ad divi Thomae theologiam, Köln 1664 (engl. Introduction to the »Summa Theologiae« of Thomas Aquinas. The Isagogue of John of St. Thomas, übers. v. R. McInerny, South Bend Ind. 2004); De Certitudine principiorum theologieae. De auctoritate summi pontificis. Theologiae dogmaticae, ed. A. Mathieu/H. Gagné, Quebec 1947. – Totok III (1980), 564–565.

Literatur: E. J. Ashworth, The Historical Origins of John Poinsot's »Treatise on Signs«, Semiotica 69 (1988), 129–147; M. Beuchot, Semiotica, filosofia del lenguaje y argumentación en J. d. S. T., Pamplona 1999; ders./J. Deely, Common Sources for the Semiotic of Charles Peirce and John Poinsot, Rev. Met. 48 (1995), 539–566; J. M. Bocheński, Formale Logik, Freiburg/München 1956, erw. ²1962, ⁵2002, 259–260 (engl. A History of Formal Logic, ed. I. Thomas, Notre Dame Ind. 1961, rev. New York 1970, 223–224); E. Bondi, Predication. A Study Based in the Ars Logica of John of St. Thomas, Thomist 30 (1966), 260–294; L. Cazzola Palazzo, Il valore filosofico della probabilità nel pensiero di Giovanni di Salisbury, Atti Accad. Sci. di Torino 92 (1957/1958), 96–142; G. J. Dalcourt, Poinsot and the Mental Imagery Debate, The Modern Schoolman 72 (1994), 1–12; J. N. Deely, The Two Approaches to Language. Philosophical and Historical Reflections on the Point of Departure of Jean Poinsot's Semiotic, Thomist 38 (1974), 856–907; ders., Neglected Figures in the History of Semiotic Inquiry, in: A. Eschbach/J. Trabant (eds.), History of Semiotics, Amsterdam/Philadelphia Pa. 1983, 115–126; ders., Poinsot, John, in: T. A. Sebeok (ed.), Encyclopedic Dictionary of Semiotics II, Berlin/New York 1986, ²1994, 736–739; ders., The Semiotic of John Poinsot. Yesterday and Tomorrow, Semiotica 69 (1988) 31–127; ders. A Morning and Evening Star. Editor's Introduction in: ders. (ed.), The ˙Amer. Catholic Philos. Quart. 68 (1994), H. 3 (Sonderh. John Poinsot); ders., A New Beginning of Philosophy. Poinsot's Contribution to the Seventeenth-Century Search, in: K. White (ed.), Hispanic Philosophy in the Age of Discovery, Washington D. C. 1997, 275–314; J. J. Doyle, John of St. Thomas and Mathematical Logic, New Scholasticism 27 (1953), 3–38; J. P. Doyle, Poinsot on the Knowability of Beings of Reason, Amer. Catholic Philos. Quart. 68 (1994), 337–362; ders., John of St. Thomas, REP V (1998), 117–120; O. Filippini, La coscienza del re. J. d. s. T., confessore di Filippo IV di Spagna (1643–1644), Florenz 2006; E. J. Furton, A Medieval Semiotic. Reference and Representation in John of St. Thomas' Theory of Signs, New York etc. 1995; ders., The Constitution of the Object in Immanuel Kant and John Poinsot, Rev. Met. 51 (1997), 55–75; J. J. E. Gracia/J. Kronen, John of Saint Thomas (B. 1589; D. 1644), in: J. J. E.

Gracia (ed.), Individuation in Scholasticism. The Later Middle Ages and the Counter-Reformation, 1150–1650, Albany N. Y. 1994, 511–533; F. Guil Blanes, Las raices de la doctrina de J. de S. T. acerca de universal lógico, Estudios filos. 5 (1956), 215–232; J. G. Herculano de Carvalho, Segno e significazione in João de Sao T., in: H. Flasche (ed.), Aufsätze zur portugiesischen Kulturgeschichte II, Münster 1961, 152–176; ders., Poinsot's Semiotics and the Conimbricenses, Cruzeiro semiótico 25/26 (1995), 129–138; D. Hughes, John of St. Thomas, in: B. L. Marthaler (ed.), New Catholic Encyclopedia VII, Detroit etc. [2]2003, 983–984; W. D. Kane, The Subject of Predicamental Action According to John of St. Thomas, Thomist 22 (1959), 366–388; C. Kann, Johannes a S. Thoma, BBKL III (1992), 555–557; J. D. Kronen, The Substantial Unity of Material Substances According to John Poinsot, The Thomist 58 (1994), 599–615; C. Marmo, The Semiotics of John Poinsot, Versus 46 (1987), 109–129; J. Maroosis, Poinsot, Peirce, and Pegis. Knowing as a Way of Being, in: P. A. Redpath (ed.), A Thomistic Tapestry. Essays in Memory of Étienne Gilson, New York 2003, 157–176; A Moreno, Implicacion material en J. de S. T., Sapientia 14 (1959), 188–191; ders., Lógica proposicional en J. d. S. T., Notre Dame J. Formal Logic 4 (1963), 113–134; J. B. Murphy, Nature, Custom and Stipulation in the Semiotic of John Poinsot, Semiotica 83 (1991), 33–68; ders., Language, Communication, and Representation in the Semiotic of John Poinsot, The Thomist 58 (1994), 569–598; G. Nuchelmans, Can a Mental Proposition Change Its True Value? Some 17th-Century Views, Hist. and Philos. Log. 15 (1994), 69–84; R. Pouivet, Après Wittgenstein, saint Thomas, Paris 1997 (engl. After Wittgenstein, Saint Thomas, South Bend Ind. 2006); M. Prieto del Réy, Significacion y sentido ultimado. La nocion de »supposito« en la lógica de J. de S. T., Convivium 15/16 (1963), 33–73, 19/20 (1965), 45–72; J. M. Ramirez, Jean de Saint-Thomas, in: Dictionnaire de théologie catholique VIII, Paris 1947, 803–808; I. Thomas, Material Implication in John of St Thomas, Dominican Studies 3 (1950), 180–185; N. J. Wells, John Poinsot on Created Eternal Truth vs. Vasquez, Suárez and Descartes, Amer. Catholic Philos. Quart. 68 (1994), 425–446; E. Winance, Echo de la querelle du psychologisme et de l'antipsychologisme dans l'«Ars Logica« de Jean Poinsot, Semiotica 56 (1985), 225–259; E. Wolicka, Notion of Truth in the Epistemology of John of St. Thomas, New Scholasticism 53 (1979), 96–106. – Ciencia tomista 69 (1945), 1–240 (Festschrift zum 300. Todestag); Amer. Catholic Philos. Quart. 68 (1994), H. 3 (John Poinsot).   G. W.

Juhos, Béla von, *Wien 22. Nov. 1901, †ebendort 27. Mai 1971, österr. Philosoph. 1920–1926 Studium der Mathematik, Physik und Philosophie in Wien, 1926 Promotion bei M. Schlick. J. war neben V. Kraft das einzige Mitglied des ↑Wiener Kreises, das während des 2. Weltkrieges in Wien geblieben war (als Industrieller und Privatgelehrter). Er habilitierte sich 1948 bei Kraft und setzte als Privatdozent (ab 1955 ›Titularaußerordentlicher Professor‹) bis zu seinem Tode an der Universität Wien die Tradition des Wiener Kreises fort. Seine Position war zeitlebens ein konsequenter Logischer Empirismus (↑Empirismus, logischer), wobei seine breitgestreuten philosophischen Interessen vor allem der ›erkenntnislogischen‹ Durchdringung der Einzelwissenschaften, besonders der Physik, galten. J. entwickelte

eine Stufenhierarchie der empirischen Sätze (Die Erkenntnis und ihre Leistung, 1950), die mit ›empirischnichthypothetischen‹ Sätzen (z. B. ›ich sehe jetzt hier rot‹) beginnt und die in dieser Hierarchie höheren empirischen Sätze nach dem Grad klassifiziert, zu dem in ihnen explizit auf spezielle Umstände Bezug genommen wird. Letzteres zeigt sich insbes. am Auftreten expliziter Raum-Zeit-Angaben oder an der Unvermeidbarkeit dimensionierter physikalischer Konstanten. Die von J. entwickelte Konzeption ist zugleich eine kritische Modifikation der Thesen R. Carnaps und M. Schlicks über ↑Basissätze bzw. Konstatierungen. – In den beiden Büchern »Die erkenntnislogischen Grundlagen der klassischen Physik« (1963, mit H. Schleichert) und »Die erkenntnislogischen Grundlagen der modernen Physik« (1967) wird eine sorgfältige Analyse der historischen und systematischen Bedingungen und Probleme bei der Ausbildung der modernen Physik (bis etwa zum Stand von 1930) gegeben, verbunden mit kritischen Analysen der Relativitätstheorie (↑Relativitätstheorie, allgemeine, ↑Relativitätstheorie, spezielle). Mit methodischen Eigenarten der modernen Physik befaßt sich auch die Aufsatzfolge »Die Methode der fiktiven Prädikate« (Arch. Philos. 9 [1959], 10 [1960]). – In mehreren Abhandlungen untersuchte J. den Gegensatz und die Beziehungen zwischen zwei Typen von physikalischen Gesetzen, nämlich kausalen und statistischen (↑Gesetz (exakte Wissenschaften)). In Zusammenhang damit stehen seine Schriften über den Wahrscheinlichkeitsbegriff (↑Wahrscheinlichkeit, ↑Wahrscheinlichkeitstheorie).

Werke: Praktische und physikalische Kausalität (Stufen der Kausalität), Kant-St. 39 (1934), 188–204; Über ›juristische‹ und ›ethische‹ Freiheit, Arch. Rechts- u. Sozialphilos. 29 (1937), 406–431; Erkenntnisformen in Natur- und Geisteswissenschaften, Leipzig 1940; Geschichtsschreibung und Geschichtsgestaltung, Arch. Rechts- u. Sozialphilos. 32 (1940), 429–453; Die Erkenntnis und ihre Leistung. Die naturwissenschaftliche Methode, Wien 1950; Wahrscheinlichkeitsschlüsse als syntaktische Schlußformen, Stud. Gen. 6 (1953), 206–214; Elemente der neuen Logik, Frankfurt/Wien 1954; Ein- und zweistellige Modalitäten, Methodos 6 (1954), 69–83; Das Wertgeschehen und seine Erfassung, Meisenheim 1956 (Monographien philos. Forsch. 18); Über Analogieschlüsse, Stud. Gen. 9 (1956), 126–129; Logische Analyse der Begriffe ›Ruhe‹ und ›Bewegung‹, Stud. Gen. 10 (1957), 296–302; Die Methode der fiktiven Prädikate, Arch. Philos. 9 (1959), 140–156, 314–347, 10 (1960), 114–161, 228–289 (engl. The Method of Fictitious Predicates, in: ders., Selected Papers on Epistemology and Physics [s. u.], 198–343); Über die Definierbarkeit und empirische Anwendung von Dispositionsbegriffen, Kant-St. 51 (1959/1960), 272–284; Die empirische Beschreibung durch eineindeutige und einmehrdeutige Relationen, Stud. Gen. 13 (1960), 267–278; Die zweidimensionale Zeit, Arch. Philos. 11 (1961), 3–27; Finite und transfinite Logik, Mathematikunterricht 8 (1962), H. 2, 67–84; (mit H. Schleichert) Die erkenntnislogischen Grundlagen der klassischen Physik, Berlin 1963; Die zwei logischen Ordnungsformen der naturwissenschaftlichen Beschreibung, Stud. Gen. 18 (1965),

581–601; Gibt es in Österreich eine wissenschaftliche Philosophie?, in: F. Achleitner u. a., Österreich – geistige Provinz?, Wien/Hannover/Bern 1965, 232–244; Die Rolle der analytischen Sätze in den Erfahrungswissenschaften, in: P. Weingartner (ed.), Deskription, Analytizität und Existenz, Salzburg/München 1966, 340–350; Die erkenntnislogischen Grundlagen der modernen Physik, Berlin 1967; Die ›intensionale‹ Wahrheit und die zwei Arten des Aussagengebrauchs, Kant-St. 58 (1967), 173–186; Schlüsselbegriffe physikalischer Theorien, Stud. Gen. 20 (1967), 785–795; Drei Begriffe der ›Wahrscheinlichkeit‹, Stud. Gen. 21 (1968), 1153–1173; Logische Analyse des Relativitätsprinzips, Philos. Nat. 11 (1969), 207–217; Zwei Begriffe der physikalischen Realität, Ratio 12 (1970), 55–67; (mit W. Katzenberger) Wahrscheinlichkeit als Erkenntnisform, Berlin 1970; Die methodologische Symmetrie von Verifikation und Falsifikation, Z. allg. Wiss.theorie 1 (1970), 41–70 (engl. The Methodological Symmetry of Verification and Falsification, in: ders., Selected Papers on Epistemology and Physics [s. u.], 134–163); Formen des Positivismus, Z. allg. Wiss.theorie 2 (1971), 27–62; Selected Papers on Epistemology and Physics, ed. G. Frey, Dordrecht/Boston Mass. 1976 (mit Bibliographie, 344–348). – Bibliographie in: Z. allg. Wiss.theorie 1 (1970), 314–316, 2 (1971), 338–339.

Literatur: A. Koterski, B. v. J. and the Concept of ›Konstatierungen‹, in: F. Stadler (ed.), The Vienna Circle and Logical Empiricism. Re-Evaluation and Future Perspectives, Dordrecht/Boston Mass. 2002 (Vienna Circle Institute Yearbook 10), 163–169; V. Kraft, Nachruf auf B. J., Z. allg. Wiss.theorie 2 (1961), 163–173. H. S.

Jung, Carl Gustav, *Kesswil (Kanton Thurgau) 26. Juli 1875, †Küsnacht (Kanton Zürich) 6. Juni 1961, schweiz. Psychiater und Tiefenpsychologe. Nach Besuch des Gymnasiums in Basel 1895–1900 Studium zunächst der Naturwissenschaften, dann der Medizin ebendort; in dieser Zeit spiritistische Sitzungen mit seiner als medial begabt angesehenen Kusine H. Preiswerk. 1900–1909 zunächst Assistenzarzt von E. Bleuler an der psychiatrischen Universitätsklinik Burghölzli in Zürich, dann Oberarzt ebendort, wo J. sich eine breite Erfahrungsbasis für seine Tätigkeit als Psychiater und Psychotherapeut erwirbt; ab 1909 in privater Praxis als ärztlicher Psychotherapeut in Küsnacht; medizinische Promotion mit einer Arbeit »Zur Psychologie und Pathologie sogenannter occulter Phänomene« (Leipzig 1902). 1905–1913 Privatdozent an der Universität Zürich, 1933–1942 an der ETH Zürich. 1943/1944 für kurze Zeit Ordinarius für medizinische Psychologie an der Universität Basel.

Die 1895 von S. Freud zusammen mit J. Breuer publizierten »Studien über Hysterie« und Freuds »Traumdeutung« von 1900 unmittelbar nach ihrer Veröffentlichung rezipierend tritt J. im Gefolge seines ›Versuchs‹ »Über die Psychologie der Dementia Praecox« (1907) mit Freud 1906 direkt in Kontakt, zunächst brieflich, dann auch in persönlicher Begegnung. 1909 Gastvorlesungen zusammen mit Freud und dessen Schüler S. Ferenczi an der Clark University in Worcester Mass.; 1910–1914 Präsident der Internationalen Psychoanalytischen Ver-

einigung; April 1914 Rücktritt als Präsident und Juli 1914 Austritt aus der Psychoanalytischen Vereinigung wegen wachsender wissenschaftlicher und weltanschaulicher Differenzen zu Freud, die an dessen Libido- und Sexualtheorie sowie an seiner empiristisch-physikalistischen und antimetaphysisch-antireligiösen Einstellung aufbrechen. 1914–1918 persönliche und wissenschaftliche Krise, die zu theoretischer und therapeutischer Neuorientierung führt. 1916 Gründung des Psychologischen Clubs in Zürich. In den 1920er und 1930er Jahren ausgedehnte Forschungsreisen vor allem nach Afrika und Asien, deren Ergebnisse ihren Niederschlag in kultur- und religionstheoretischen Werken finden, sowie zahlreiche Vortragsreisen vor allem in Großbritannien und den USA. 1933 Auflösung der deutschen Allgemeinen Ärztlichen Gesellschaft für Psychotherapie, deren Vizepräsident J. seit 1930 ist, durch die Nationalsozialisten; 1934 Präsident der nationalsozialistischen Neugründung als »Internationale Gesellschaft für ärztliche Psychotherapie«. 1948 Gründung des C. G. J.-Instituts in Zürich.

Sein sich von Freuds Theorie absetzendes Verständnis der ↑Libido trägt J. 1912 an der Fordham University in New York vor und publiziert es im gleichen Jahr in seinem Buch »Wandlungen und Symbole der Libido«. Bei Vorträgen vor der Psycho-Medical Society in London 1913 benutzt er erstmals den Titel ›Analytische Psychologie‹ – später auch ›Komplexe Psychologie‹ – für seinen Forschungsansatz, in dem das ↑Unbewußte allmählich ins Zentrum rückt. Gegen Ende des Ersten Weltkriegs beginnt J. mit dem Studium gnostischen Schrifttums (↑Gnosis), womit er sich der Psychologie des Religiösen zuwendet, die fortan im Zentrum seines Schaffens steht; ab 1928 alchemistische (↑Alchemie) Studien. In dieser Zeit entwickelt sich seine Theorie des Unbewußten. In ihr unterscheidet J. zwischen dem (individuell erworbenen) *persönlichen* Unbewußten und dem (überindividuell ererbten) *kollektiven* Unbewußten, dessen Figurationen (↑Archetypus) J. prägende Bedeutung für den jeweiligen Individuationsprozeß zuweist: die Mutter und das Mütterliche, das Kind, der alte Weise, ›animus‹ bzw. ›anima‹ als das psychisch Gegengeschlechtliche, der ›Schatten‹ als die dunkle Seite der ›persona‹. Als ›persona‹ bezeichnet J. die gesellschaftlich akzeptierte und auferlegte Maske, hinter der sich das ↑Ich verbirgt. Der ›Schatten‹ stellt den gesellschaftlich und persönlich nicht akzeptierten und deshalb gewöhnlich ins Unterbewußte verdrängten Teil des Ich mit den negativ bewerteten Begehrungen, Gefühlen und Leidenschaften dar (↑Verdrängung). Identifiziert sich das Ich zu sehr mit jener Maske und versäumt die Anerkennung und die Integration seines Schattens, verfehlt es Reifung und Wachstum. So geben die Archetypen als kollektive Gestalten des Unbewußten einerseits Tendenzen der individuellen psychischen Entwicklung vor; andererseits stellen sie dem einzelnen die Aufgabe, sie nach Maßgabe der konkreten persönlichen und gesellschaftlichen Lebensumstände zu variieren und zu konkretisieren. Sie zeigen sich individuell in Träumen und Sehnsüchten, Ich-Idealen und Psychosen, kulturell in Märchen und Mythen. In dieser Hinsicht ist die Archetypenlehre in der Lage, strukturelle Ähnlichkeiten in phänomenal unterschiedlichen Kulturen zu erheben. So erforschte J. – zum Teil zusammen mit K. Kerényi und R. Wilhelm – das verbreitete Vorkommen der gleichen Mythen und Symbole zu verschiedenen Zeiten und an voneinander weit entfernten Orten. Vor allem der tibetischen und chinesischen Geisteswelt sowie der Alchemie, in der er den Wandlungsprozeß des Selbst symbolisiert findet (Psychologie und Alchemie, 1944; Mysterium Coniunctionis, I–III, 1955–1957), hat J. wichtige Untersuchungen gewidmet.

Neben der Theorie der Archetypen fand J.s Typenlehre die meiste Anerkennung: Wie E. Kretschmer unterscheidet J. je nach der Richtung der psychischen Energie den *introvertierten* und den *extravertierten* Typ (Psychologische Typen, 1921). Zur näheren Differenzierung ordnet er diesem Gegensatzpaar von ihm als entgegengesetzt verstandene Funktionen zu: Gefühl und Verstand, Intuition und Empfindung. Deren konkretes Mischungsverhältnis bestimmt den Habitus und das Entwicklungspotential eines Individuums. In den letzten Jahren seines Lebens widmete sich J. vor allem der Kulturkritik und beklagte die spirituelle Leere des modernen Lebens.

Werke: Collected Works, I–XX, ed. H. Read/M. Fordham/G. Adler, London, New York (ab 1966 Princeton N. J.) 1953–1991; Gesammelte Werke, I–XX, ed. M. Niehus-Jung/L. Hurwitz-Eisner/F. Riklin, Zürich/Stuttgart, ab 1971 Olten/Freiburg, Bd. XX Solothurn/Düsseldorf, 1958–1994. – (ed.) Diagnostische Assoziationsstudien. Beiträge zur experimentellen Psychopathologie, I–II, Leipzig 1906/1910, ³1915; Über die Psychologie der Dementia Praecox, Halle 1907, Olten/Freiburg 1972; Über Konflikte der kindlichen Seele, Jb. psychoanalytische u. psychopathologische Forsch. 2 (1910), 33–58, separat Leipzig 1910, Zürich/Leipzig ³1939, ferner in: Psychologie und Erziehung [s. u.], 125–181, ferner in: Ges. Werke [s. o.] XVII, 11–47; Wandlungen und Symbole der Libido. Beiträge zur Entwicklungsgeschichte des Denkens, Leipzig 1912, Leipzig/Wien ³1938, unter dem Titel: Symbole der Wandlung. Analyse des Vorspiels zu einer Schizophrenie, Zürich ⁴1952, ferner als: Ges. Werke [s. o.] V, unter ursprünglichem Titel, München 1991, 2001 (engl. Psychology of the Unconscious. A Study of the Transformations and Symbolisms of the Libido. A Contribution to the History of the Evolution of Thought, New York 1916, ferner als: Collected Works [s. o.] V); Versuch einer Darstellung der psychoanalytischen Theorie. Neun Vorlesungen gehalten in New York im September 1912, Leipzig 1913, Zürich ²1955, Olten/Freiburg 1972; Die Psychologie der unbewußten Prozesse. Ein Überblick über die moderne Theorie und Methode der analytischen Psychologie, Zürich 1918, rev. unter dem Titel: Über die Psychologie des Unbewußten, Zürich ⁵1943, ⁸1975, ferner in: Ges. Werke [s. o.] VII, 1–130 (engl. Psychology of the Unconscious,

in: Collected Works [s. o.] VII, 1–201); Psychologische Typen, Zürich 1921, 1950, ferner als: Ges. Werke [s. o.] VI (engl. Psychological Types, London 1923, Princeton N. J. 1973, ferner als: Collected Works [s. o.] VI); Analytische Psychologie und Erziehung. 3 Vorlesungen gehalten in London im Mai 1924, Heidelberg 1926, unter dem Titel: Psychologie und Erziehung: Analytische Psychologie und Erziehung. Konflikte der kindlichen Seele. Der Begabte, Zürich ³1946, Olten/Freiburg 1976 (engl. Analytical Psychology and Education, London 1924, unter dem Titel: Psychology and Education, Princeton N. J. 1969); Die Beziehungen zwischen dem Ich und dem Unbewußten, Darmstadt 1928, Olten/Freiburg 1978, München ¹⁰2007, ferner in: Ges. Werke [s. o.] VII, 131–264 (engl. The Relations between the Ego and the Unconscious, in: Collected Works [s. o.] VII, 202–406); Über die Energetik der Seele und andere psychologische Abhandlungen, Zürich 1928, 1965; Das Geheimnis der Goldenen Blüte. Aus dem Chines. übers. v. R. Wilhelm. Europäischer Komm. C. G. J., München 1929, Zürich 1957, 1965; Seelenprobleme der Gegenwart, Zürich/Leipzig 1931, Olten/Freiburg 1974, München 2001; Wirklichkeit der Seele. Anwendungen und Fortschritte der neueren Psychologie, Zürich 1934, 1947, München 2001; Psychology and Religion. The Terry Lectures, New Haven Conn. 1938, 1992 (dt. Psychologie und Religion. Die Terry Lectures 1937 gehalten an der Yale University, Zürich 1940, München 2001); (mit K. Kerényi) Einführung in das Wesen der Mythologie, Amsterdam, Leipzig 1942, Zürich 1951, 1999 (engl. Essays on a Science of Mythology, New York 1949, Princeton N. J. 1969); Psychologie und Alchemie, Zürich 1944, ²1952, 1979 (engl. Psychology and Alchemy, New York 1953, London ²1968); Aufsätze zur Zeitgeschichte, Zürich 1946 (engl. Essays on Contemporary Events, London 1947, 2002); Psychologie der Übertragung. Erläutert anhand einer alchemistischen Bilderserie, Zürich 1946, München 2001; Symbolik des Geistes. Studien über psychische Phänomenologie, mit einem Beitrag v. R. Scharf, Zürich 1948, Olten/Freiburg 1972; Gestaltungen des Unbewußten, Zürich 1950; Aion. Untersuchungen zur Symbolgeschichte, Zürich 1951, unter dem Titel: Aion. Beiträge zur Symbolik des Selbst, Olten/Freiburg 1976, ferner als: Ges. Werke [s. o.] IX/2 (engl. Aion. Researches into the Phenomenology of the Self, London 1959, ²1991, ferner als: Collected Works [s. o.] IX/2); Antwort auf Hiob. Zürich 1952, Olten/Freiburg 1978, München ⁶2004 (engl. Answer to Job, London 1954, 2002); Von den Wurzeln des Bewußtseins. Studien über den Archetypus, Zürich 1954; Mysterium Coniunctionis. Untersuchungen über die Trennung und Zusammensetzung der seelischen Gegensätze in der Alchemie, I–III, Zürich 1955–1957, ferner als: Ges. Werke [s. o.] XIV (engl. Mysterium Coniunctionis. An Inquiry into the Separation and Synthesis of Psychic Opposites in Alchemy, London 1953, 1976, ferner als: Collected Works [s. o.] XIV); Gegenwart und Zukunft, Zürich 1957, 1964 (engl. The Undiscovered Self, London 1958, 2002); Ein moderner Mythus, Zürich 1958, ²1964 (engl. Flying Saucers. A Modern Myth of Things Seen in the Skies, London 1959, 2002); Erinnerungen, Träume, Gedanken, ed. A. Jaffé, Zürich 1962, Düsseldorf ¹⁶2009 (engl. Memories, Dreams, Reflections, London 1963, New York 1989); The Red Book. Liber novus, ed. S. Shamdasani, New York 2009 (dt. Das rote Buch. Liber novus, ed. S. Shamdasani, Düsseldorf 2009, ²2010). – Briefe, I–III, ed. A. Jaffé/G. Adler, Olten/Freiburg 1972–1973. – L. Ress, General Bibliography of C. G. J.'s Writings, London 1979, erw. Princeton N. J. 1992.

Literatur: D. Bair, J.. A Biography, New York 2003 (dt. C. G. J.. Eine Biographie, München 2005); H. H. Balmer, Die Archetypentheorie von C. G. J.. Eine Kritik, Berlin/Heidelberg/New York 1972; K. W. Bash u. a., Der unwahrscheinliche J.. Beiträge zum 100. Geburtstag von C. G. J., Zürich/Stuttgart 1977; M. Battke, Das Böse bei Sigmund Freud und C. G. J., Düsseldorf 1978; E. A. Bennet, C. G. J.. Einblicke in Leben und Werk, Zürich/Stuttgart 1963; C. Bolotte, J., DP I (²1993), 1524–1526; R. Brooke, J. and Phenomenology, London/New York 1991; 1993; H. Dieckmann/C. A. Meier/H.-J. Wilke (eds.), Aspekte analytischer Psychologie. Zum 100. Geburtstag von C. G. J., 1875–1961, Basel 1975; H. F. Ellenberger, The Discovery of the Unconscious. The History and Evolution of Dynamic Psychiatry, New York 1970, bes. 657–748 (dt. Die Entdeckung des Unbewußten. Geschichte und Entwicklung der dynamischen Psychiatrie von den Anfängen bis zu Janet, Freud, Adler und J., Bern 1973, ²1996, 2005, bes. 879–995); T. Evers, Mythos und Emanzipation. Eine kritische Annäherung an C. G. J., Hamburg 1987; R. Fetscher, Grundlinien der Tiefenpsychologie von S. Freud und C. G. J. in vergleichender Darstellung, Stuttgart-Bad Cannstatt 1978; F. Fordham, An Introduction to J.'s Psychology, London/Baltimore Md. 1953, ³1966, 1973 (dt. Eine Einführung in die Psychologie C. G. J.s, Zürich 1959); M. Fordham, J., DSB VII (1973), 189–193; M.-L. v. Franz/J. Hillman (eds.), Zur Typologie C. G. J.s, Stuttgart 1980, ²1984; L. Frey-Rohn, Von Freud zu J.. Eine vergleichende Studie zur Psychologie des Unbewußten, Zürich/Stuttgart 1969, ²1980 (engl. From Freud to J.. A Comparative Study of the Psychology of the Unconscious, New York 1974, Boston Mass. 1990); E. Glover, Freud or J., London/New York 1950, Evanston Ill. 1991; H. Gottschalk, C. G. J., Berlin 1960; A. Graf-Nold, J., IESBS XII (2001), 8027–8031; H. Hark, Lexikon J.scher Grundbegriffe, Freiburg 1988, Solothurn ⁴1998; W. Hochheimer, Die Psychotherapie von C. G. J., Bern/Stuttgart 1966 (engl. The Psychotherapy of C. G. J., New York 1969); G. B. Hogenson, J., REP V (1998), 132–135; R. Hostie, Analytische Psychologie en godsdienst, Utrecht 1954 (dt. C. G. J. und die Religion, Freiburg/München 1957; engl. Religion and the Psychology of J., New York 1957); J. Jacobi, Die Psychologie von C. G. J.. Eine Einführung mit Illustrationen, Zürich 1940, mit Untertitel: Eine Einführung in das Gesamtwerk, ²1945, Zürich/Stuttgart ⁵1967, Frankfurt ²¹2006; A. Jaffé, Der Mythos vom Sinn im Werke von C. G. J., Zürich/Stuttgart 1967, ²1983 (engl. The Myth of Meaning in the Work of C. G. J., London 1970); E. Jung, Animus und Anima, Zürich/Stuttgart 1967, Stuttgart ⁵1996; R. Keintzel, C. G. J.. Ergebnisse seiner Psychologie. Eine Kritik anhand des Begriffs der »psychischen Inflation«, Bonn 1977; A. MacIntyre, J., Enc. Ph. IV (1967), 294–296; A. Maidenbaum/S. Martin (eds.), Lingering Shadows. Jungians, Freudians, and Anti-Semitism, Boston Mass. 1991; C. A. Meier, Lehrbuch der Komplexen Psychologie C. G. J.s, I–IV, Olten/Freiburg 1968–1977; ders., Experiment und Symbol. Arbeiten zur komplexen Psychologie C. G. J.s, Zürich/Olten/Freiburg 1975; ders., Persönlichkeit. Der Individuationsprozeß im Lichte der Typologie C. G. J.s, Olten/Freiburg 1977; R. K. Papadopoulos (ed.), C. G. J.. Critical Assessments, I–IV, London/New York 1992; R. Perrotta, J., in: F. Volpi (ed.), Großes Werklexikon der Philosophie I, Stuttgart 1999, 780–787; D. H. Rosen, J., in: A. E. Kadzin (ed.), Encyclopedia of Psychology IV, Oxford/Washington D. C. 2000, 417–419; W. M. Roth, C. G. Jung verstehen. Grundlagen der analytischen Psychologie, Düsseldorf 2009; A. Samuels, J. and the Post-Jungians, London 1985 (dt. J. und seine Nachfolger, Stuttgart 1989); ders./B. Shorter/F. Plaut, A Critical Dictionary of Jungian Analysis, London 1986 (dt. Wörterbuch J.scher Psychologie, München 1989, 1991); E. Schadel, Trinität als Archetyp? Erläuterungen zu C. G. J., Hegel und Augustinus,

Frankfurt etc. 2008; B. Spillmann/R. Strubel, C. G. Jung – zerrissen zwischen Mythos und Wirklichkeit. Über die Folgen persönlicher und kollektiver Spaltungen im tiefenpsychologischen Erbe, Gießen 2010; M. Stein, J.'s Treatment of Christianity. The Psychotherapy of a Religious Tradition, Wilmette Ill. 1985, 1986 (dt. Leiden an Gott Vater. C. G. J.s Therapiekonzept für das Christentum, Stuttgart 1988); P. J. Stern, C. G. J.. Prophet des Unbewußten. Eine Biographie, München/Zürich 1977, ²1988; A. Stevens, On J., London 1990 (dt. Das Phänomen C. G. J.. Biographische Wurzeln seiner Lehre, Solothurn/Düsseldorf 1993); R. Strotbek, C. G. J. und seine Nachfolger. Die internationale Entwicklung der Analytischen Psychologie, Gießen 2007; R. T. Vogel, C. G. J. für die Praxis. Zur Integration jungianischer Methoden in psychotherapeutische Behandlungen, Stuttgart 2008; G. Wehr, C. G. J. in Selbstzeugnissen und Bilddokumenten, Reinbek b. Hamburg 1969, 1985; ders., C. G. J.. Leben, Werk, Wirkung, München 1985, Zürich 1988; P. Young-Eisendrath/S. Dawson (eds.), The Cambridge Companion to J., Cambridge 1997, ²2008; C. G. J.-Institut Zürich (ed.), Studien zur analytischen Psychologie C. G. J.s. Festschrift zum 80. Geburtstag von C. G. J., I–II, Zürich 1955.   R.Wi./S. B.

Junghegelianismus, ↑Hegelianismus.

Jungius (latinisiert für Junge), Joachim, *Lübeck 22. Okt. 1587, †Hamburg 23. Sept. 1657, dt. Arzt, Naturforscher und Philosoph. 1606–1608 Studium der Philosophie und Mathematik in Rostock und Gießen; 1609 Prof. der Mathematik in Gießen. Ab 1612 hält sich J., vom Landesherrn mit der Prüfung der Didaktikreform des W. Ratke (Ratichius) betraut, die auch J. A. Comenius beeinflußte, in Frankfurt auf. J. folgt 1614 Ratke nach Augsburg, wobei er seine Gießener Stelle aufgibt und einen Ruf nach Rostock ablehnt. Von den Versprechungen der Theorie Ratkes enttäuscht, 1616 Medizinstudium in Rostock, 1618 in Padua, 1619 Promotion. In Padua lernte J. (möglicherweise bei C. Cremonini) den zeitgenössischen Aristotelismus (↑Padua, Schule von) kennen. 1619–1623 Arzt und Privatgelehrter in Rostock, 1622, nach italienischen Vorbildern, Gründung der ersten (kurzlebigen) deutschen wissenschaftlichen Gesellschaft (»Societas Ereunetica«, von griech. ἐρευνᾶν, forschen) zur Förderung eines auf Vernunftüberlegung und Erfahrung gegründeten Wissens. 1624 Prof. der Mathematik in Rostock, 1625 Prof. der Medizin in Helmstedt. Wegen Kriegswirren Flucht nach Braunschweig und Wolfenbüttel und erneute Übernahme der Rostocker Professur (1626). Ab 1629 Rektor der Hamburger Gymnasien »Johanneum« (bis 1640) und »Akademisches Gymnasium«. Ab etwa 1630 schwere Auseinandersetzungen mit der Hamburger Geistlichkeit und dem Hamburger Stadtrat, da J. das ›unreine‹ Griechisch des NT kritisierte und die Lektüre eines griechischen Profanschriftstellers am Gymnasium forderte; Ausschluß vom Abendmahl. Die Auseinandersetzungen und heftigen Anfeindungen waren der Grund dafür, daß J. wenig publizierte. Sein umfangreicher Nachlaß verbrannte 1691 zu zwei Dritteln im Hause seines Schülers J. Vagetius; der im 2. Weltkrieg weiter verringerte Rest befindet sich heute in der Hamburgischen Staats- und Universitätsbibliothek.

J.' Werk bildet, in Wissenschafts- und Philosophiegeschichte ungenügend beachtet, einen der Wendepunkte im Übergang der aristotelischen Naturforschung und ↑Naturphilosophie des Mittelalters und der ↑Renaissance zur neuzeitlichen Wissenschaft und ihrer Methodologie. Seine im engeren Sinne wissenschaftlichen Bestrebungen konzentrieren sich auf die Botanik und, meist in scharfer Kritik des ↑Aristotelismus, auf die Herausarbeitung einer eigenständigen chemischen *Wissenschaft* aus ihren metallurgischen, pharmazeutisch-medizinischen und alchemistischen Vorformen. J.' chemische Arbeit, die sich auf umfangreiche Kenntnis der einschlägigen, auch naturphilosophischen Werke (Aristoteles, Galenos, G. Zabarella u. a.) stützt, geht von der im Aristotelismus vermittelten Frage nach dem Wesen des homogenen Naturkörpers (*corpus similare*) aus. Die Tatsache, daß die meisten Naturkörper, die sich dem Augenschein als homogen darbieten, gleichwohl in selbständige Komponenten zerlegt werden können, führt J. zur Unterscheidung von scheinbar (*apparenter*) und ›tatsächlich‹ (*re vera*) homogenen Naturkörpern, d. h. solchen, die Zerlegungsversuchen widerstehen und nach J. äußerst selten sind. Dieser Ansatz führt J. auf die Frage, wie die nur anscheinend homogenen Naturkörper, die in Wirklichkeit ›Mischungen‹ (*mista*, Verbindungen, Legierungen bzw. Lösungen) sind, aus verschiedenen Bestandteilen gebildet werden können. Während die peripatetische Naturphilosophie diese Frage ›apriorisch‹ zu lösen sucht, d. h. durch Annahme von neu entstehenden substantiellen Formen innerhalb der Theorie von ↑Form und Materie sowie mit Hilfe der vier Elemente nebst den *tria prima* der ↑Alchemie (Salz, Schwefel, Quecksilber als ›philosophische‹ Prinzipien), geht J. das Problem mithilfe des Konzepts eines modellhaft-begrifflichen, nicht ontologischen ↑Atomismus, insbes. in der von D. Sennert vertretenen Form, an. Werden und Vergehen werden als *syncrisis* bzw. *diacrisis* aus den homogenen Elementen erklärt, ohne daß J. zu einem ihn selbst befriedigenden Elementbegriff gelangt wäre. Bei stofflicher Veränderung bleiben im *mistum* die Elemente (auch in ihrem Gewicht) erhalten. Die verändernde *metasyncrisis* besteht in Ortsbewegungen (Lage und Anordnung) von Elementen. Daher sind die Gesetze der Chemie wie auch aller sonstigen Naturerscheinungen mit Hilfe von Logik und Mathematik zu suchen, insbes. in der zur Mathematik gerechneten ›Phoronomie‹ (Theorie der Ortsbewegung, Kinematik), der J. zentrale Bedeutung zumißt.

Konsequenterweise lehnt J. die von seinen Zeitgenossen weithin akzeptierte Transmutationstheorie (↑Transmutation) strikt ab, die etwa die Ausfällung von Kupfer bei Gabe von Eisen in eine Kupfervitriollösung mit der Verwandlung (*transmutatio*) von Eisen und Kupfer begründete. Dagegen vertritt er (möglicherweise beeinflußt von J. B. van Helmont, der im übrigen ein Anhänger der Transmutation war) die sympathetische Auffassung: Auf Grund bestimmter Affinitäten verbinde sich Schwefelsäure ›lieber‹ mit Eisen statt mit Kupfer (zusätzlich gibt er dabei den [zutreffenden] quantitativen Hinweis, daß die Stellen der ausgefällten Eisenpartikel in gleichem Verhältnis von Kupferpartikeln besetzt würden). Der Farbwechsel der Lösung von Blau zu Grün zeige an, wann diese Reaktion abgeschlossen sei. Grundsätzlich sei bei allen chemischen Prozessen nur *eine* Veränderung, nämlich die Ortsbewegung, der letzten faktisch unzerlegbaren Partikel (Elemente) wirksam. Als solche nennt J. z. B. Gold, Silber, Kochsalz, Salpeter, Talcum (ein Magnesiumsilikat), nicht aber die vier peripatetischen und die drei alchemistischen Elemente.

Die im engeren Sinne naturwissenschaftlichen Arbeiten von J. sind von einem für die Zeit ungewöhnlichen, wenn auch in der weiteren Entwicklung relativ wirkungslosen Methodenbewußtsein gekennzeichnet. Kernstück der von J. vertretenen methodologischen Konzeption ist die Auffassung, daß jede Erkenntnis entweder auf sorgfältige Beobachtung voraussetzender (insbes. experimenteller) ↑*Erfahrung* oder auf ↑*Beweisen* nach Art der Mathematik (↑›Ekthesis‹; den einfachen Syllogismus [↑Syllogistik] als Beweisinstrument lehnt J. ab) beruht. Ausgewiesene Erfahrungserkenntnis beginnt bei leicht beobachtbaren Sachverhalten und schreitet dann zum nicht Beobachtbaren voran. – Die Beweisstrenge der Mathematik gilt, weil ›klare und deutliche Erkenntnis‹ sichernd (↑klar und deutlich), für J. als Paradigma allen wissenschaftlichen Beweisens, die Mathematik insofern als unerläßliche wissenschaftliche ↑Propädeutik. Universales methodisches Werkzeug auch der Naturforschung ist die Logik, die J. insbes. als Methodenlehre versteht und die die Prinzipien mathematischen Beweisens zu explizieren und an Beispielen insbes. aus der Naturlehre zu erläutern hat. Das gesamte methodologische System, das die Naturforschung ↑more geometrico leitet, nennt J. ›protonoetica philosophia‹. Systematischer Ausgangspunkt aller Naturforschung sind (aposteriorische) genaue Beobachtungen und Experimente, die in Definitionen ihren Niederschlag finden und zur Formulierung von Axiomen, Hypothesen und Problemen sowie zum Beweis von Theoremen führen. Grundsätzlich ist Sinneswahrnehmung im Unterschied zum Denken für J. irrtumsfrei; auf der auf Sinneswahrnehmung beruhenden Erfahrung muß sich das Wissen über die Natur aufbauen. Entsprechend lehnt J. das metaphysische und naturphilosophische Wissen über die Natur, wie es von den Peripatetikern seiner Zeit, vor allem von Zabarella, vertreten wurde, als unbewiesen und allenfalls wahrscheinlich ab. Gleichwohl kann es, wenn auch bislang praktisch nicht vorhanden, ein allgemeines Wissen über die Naturkörper als solche (*protophysica*, als Teil der *physica*) geben. Jedoch sind beweiskräftige spezielle Untersuchungen (in der *deuterophysica*) auch ohne solches allgemeines Wissen möglich. Theologische Erklärungen von Naturphänomenen verwirft der ansonsten fromme Protestant J. ebenfalls.

Mit seiner Auffassung der Chemie als einer streng methodisch verfahrenden, beweisenden und experimentellen Disziplin, deren Ziel die analytische, ›diacritische‹ Reduktion auf Grundstoffe und die Erhellung der Reaktionen zwischen Naturkörpern (im Unterschied zum ›synthetischen‹, z. B. Medikamente herstellenden, Verfahren ihrer Vorformen) ist, kann J. als einer der Wegbereiter der modernen Chemie angesehen werden. Gleichwohl war für den Fortschritt der Chemie als Wissenschaft in der zweiten Hälfte des 17. Jhs. nicht das J.sche atomistische, ›elementare‹ Paradigma, sondern der eher vitalistische Ansatz van Helmonts verantwortlich. – Wie die chemischen Forschungen, so sind auch die umfangreichen botanischen Arbeiten von J. den Prinzipien genauer Beobachtung und logisch-strenger Klassifikation verpflichtet; sie bedeuten einen wichtigen Schritt zu einem natürlichen System der Arten (↑Systematik). J. gilt ferner als einer der Begründer der ↑Morphologie; er hat J. W. v. Goethe stark beeinflußt.

Merkwürdigerweise legt J., der die tradierte (syllogistische) Logik als für wissenschaftliches Beweisen nutzlos ablehnte, in seinem einzigen von ihm selbst publizierten größeren Werk, der »Logica Hamburgensis« (1635), das vielleicht bedeutendste Kompendium eben dieser Logik im 17. Jh. vor. Dieses Kompendium enthält erst in seiner (um drei Bücher erweiterten) 2. Auflage (1638) im 4. Buch einen Grundriß seiner eigenen Beweislehre. Vor anderen zeitgenössischen Logiken zeichnet sich die »Logica Hamburgensis« durch ihre Berücksichtigung der stoischen Junktorenlogik (↑Logik, stoische), eine selbständige Weiterentwicklung Aristotelischer Ansätze zur ↑Relationenlogik und ihren klaren methodischen Aufbau aus. J.' nicht publizierte und wohl fast vollständig verlorene Texte, die G. W. Leibniz in Teilen bekannt wurden, führten diesen zur Vermutung, J. verfüge über einen ›Erfindungskalkül‹, der die kalkulatorische Herleitung bislang unbekannter Sätze erlaube. Tatsächlich dürfte diese Vermutung insoweit zutreffen, als J., von F. Vieta beeinflußt, vermutlich eine Art Begriffskalkül (›Heuretica‹, ↑Begriffslogik) besessen hat. – Die mathematischen Arbeiten von J. sind großenteils verloren bzw. wenig erforscht, reichen jedoch nicht an die Arbeiten der führenden Mathematiker seiner Zeit heran. J. verwendet als erster (im Unterschied zu Vieta und vor R. Descartes)

Kleinbuchstaben in der algebraischen Buchstabenrechnung; diese setzt er vermutlich zur Lösung schwieriger geometrischer Aufgaben ein. Die heute übliche Schreibweise von Potenzen durch hochgestellte Exponenten tritt ebenfalls wohl erstmals bei J. auf. J. widerlegte die von G. Galilei aufgestellte Behauptung, daß die von einer an zwei Punkten aufgehängten Kette gebildete Kurvenform eine Parabel sei.

Werke: (mit C. Helwig) (Kurtzer) Bericht von der Didactica, oder Lehrkunst Wolfgangi Ratichii, Frankfurt 1613, Magdeburg 1621; Geometria empirica, Rostock 1627, unter dem Titel: Geometria empirica und Reiß-Kunst, ed. B. Elsner, Göttingen 2004; Logica Hamburgensis, Hamburg 1638, ed. u. dt. Übers. R. W. Meyer, Hamburg 1957; Logicae Hamburgensis Additamenta, ed. cum annotationibus W. Risse, Göttingen 1977; De stilo sacrarum literarum, et praesertim Novi Testamenti Graeci, o.O. (Wien) 1639; Doxoscopia physicae minores, ed. M. Fogel, Hamburg 1662, authentische Fassung der diesem, vom Herausgeber frei gestalteten Text zugrundeliegenden Vorlesungen von J., unter dem Titel: Praelectiones physicae. Historisch-kritische Edition, ed. C. Meinel, Göttingen 1982; Praecipuae opiniones physicae, ed. M. Fogel, Hamburg 1679 (enthält die 2. Aufl. der »Doxoscopia« sowie »Harmonica« und »Isagoge phytoscopica«); Mineralia, ed. C. Buncke/J. Vaget, Hamburg 1689; Historia vermium, ed. J. Vaget, Hamburg 1691; Phoranomica id est de motu locali, in: J. A. Tassius, Opuscula mathematica, Hamburg 1699, Teil V; Opuscula botanico-physica, ed. M Fogel/J. Vaget, Coburg 1747. – Von den zahlreichen unter J. abgehaltenen Disputationen sind übersetzt: Zwei Disputationen über die Prinzipien (Teile) der Naturkörper (1642), übers. E. Wohlwill (1887), ed. A. Meyer, Hamburg 1928; Über den propädeutischen Nutzen der Mathematik für das Studium der Philosophie. Rede, gehalten am 19. März 1629 beim Antritt des Rektorats in Hamburg, ed. u. übers. J. Lemcke/A. Meyer, in: A. Meyer (ed.), Beiträge zur J.-Forschung [s. u., Lit.], 94–120; Protonoeticae philosophiae sciagraphia, ed. u. übers. H. Kangro, in: ders., J. J.' Experimente und Gedanken zur Begründung der Chemie als Wissenschaft [s. u., Lit.], 256–271; Disputationes Hamburgenses. Kritische Edition, ed. C. Müller-Glauser, Göttingen 1988; Aus dem literarischen Nachlaß von J. J.. Edition der Tragödie »Lucretia« und der Schul- und Universitätsreden, ed. G. Hübner, Göttingen 1995. – Des Dr. J. J. aus Lübeck Briefwechsel mit seinen Schülern und Freunden […], ed. R. C. B. Avé-Lallemant, Lübeck 1863; Der Briefwechsel des J. J., ed. B. Elsner/M. Rothkegel, Göttingen 2005. – Vollst. Bibliographie in: H. Kangro, J. J.' Experimente und Gedanken zur Begründung der Chemie als Wissenschaft [s. u., Lit.], 349–394.

Literatur: E. J. Ashworth, J. J. (1587–1657) and the Logic of Relations, Arch. Gesch. Philos. 49 (1967), 72–85; B. Elsner, »Apollonius Saxonicus«. Die Restitution eines verlorenen Werkes des Apollonius von Perga durch J. J., Woldeck Weland und Johannes Müller, Göttingen 1988; ders., J. J., in: G. Wolfschmidt (ed.), Hamburgs Geschichten einmal anders. Entwicklung von Naturwissenschaft, Medizin und Technik, Norderstedt 2007, 12–29; FM II (²1994), 1977–1978; M. Fogel, Memoriae Joachimi Jungii […], Hamburg 1657, unter dem Titel: Historia vitae et mortis Joachimi Jungii […], Straßburg 1658; N. W. Gilbert, J., Enc. Ph. IV (1967), 298; J. W. v. Goethe, Leben und Verdienste des Doctor J. J., Rectors zu Hamburg [Nachlaßschrift], in: G. E. Guhrauer, J. J. und sein Zeitalter [s. u.], 183–209, ferner in: J. W. v. Goethe, Weimarer Ausgabe Abt. 2, Bd. VII, Weimar 1892,

105–129; G. E. Guhrauer, J. J. und sein Zeitalter, Stuttgart/Tübingen 1850 (repr. Hildesheim/Zürich/New York 1997) (mit Textbeilagen, 329–383); R. Häfner, J., REP V (1998), 135–138; G. Hübner, Die Mathematischen Reden von J. J. (1587–1657), Sudh. Arch. 80 (1996), 184–197; H. Kangro, J. J.' Experimente und Gedanken zur Begründung der Chemie als Wissenschaft. Ein Beitrag zur Geistesgeschichte des 17. Jahrhunderts, Wiesbaden 1968 (mit vollst. Bibliographie, 349–394, u. Ed. der »Protonoetica philosophia«, 256–271); ders., Heuretica (Erfindungskunst) und Begriffskalkül. Ist der Inhalt der Leibnizhandschrift Phil. VII C 139r–145r J. J. zuzuschreiben?, Sudh. Arch. 52 (1968/1969), 48–66; ders., Die Unabhängigkeit eines Beweises. John Pells Beziehungen zu J. J. und Johann Adolf Tassius (aus unveröffentlichten Manuskripten), Janus 56 (1969), 203–209; ders., J. J. und Gottfried Wilhelm Leibniz. Ein Beitrag zum geistigen Verhältnis beider Gelehrten, Stud. Leibn. 1 (1969), 175–207; ders., J., DSB VII (1973), 193–196; ders., J., NDB X (1974), 686–689; P. Klein (ed.), Praktische Logik. Traditionen und Tendenzen. 350 Jahre Joachimi Jungii »Logica Hamburgensis«, Göttingen 1990; F. Krafft, J., in: ders. (ed.), Große Naturwissenschaftler. Biographisches Lexikon. Mit einer Bibliographie zur Geschichte der Naturwissenschaften, Düsseldorf ²1986, 191–193; U. Krolzik, J., BBKL III (1992), 869–875; E. Lehrs, Der rosenkreuzerische Impuls im Leben und Werk von J. J. und Thomas Traherne, Stuttgart 1962, bes. 11–32; A. Lumpe, Die Elementenlehre in der Naturphilosophie des J. J., Augsburg 1984; ders., Die Bedeutung der Naturphilosophie des J. J., Prima Philosophia 3 (1990), 205–221; C. Meinel, Der Begriff des chemischen Elementes bei J. J., Sudh. Arch. 66 (1982), 313–338; ders., In physicis futurum saeculum respicio. J. J. und die naturwissenschaftliche Revolution des 17. Jahrhunderts, Göttingen 1984; ders. (ed.), Der handschriftliche Nachlaß von J. J. in der Staats- und Universitätsbibliothek Hamburg, Stuttgart 1984; ders., Die Bibliothek des J. J.. Ein Beitrag zur Historia litteraria der frühen Neuzeit, Göttingen 1992; ders., J., in: B. Jahn (ed.), Biographische Enzyklopädie deutschsprachiger Philosophen, München 2001, 204; A. Meyer (ed.), Beiträge zur J.-Forschung. Prolegomena zu der von der Hamburgischen Universität beschlossenen Ausgabe der Werke von J. J. (1587–1657), Hamburg 1929; K. Meyer, Optische Lehre und Forschung im frühen 17. Jahrhundert, dargestellt vornehmlich an den Arbeiten des J. J., Diss. Hamburg 1974; W. Neuser, Die Materievorstellung in Giordano Brunos Frankfurter Schriften und ihre Rezeption durch J. J. (1587–1657), Zeitsprünge 3 (1999) 39–48; F. Schupp, Theoria Praxis – Poiesis. Zur systematischen Ortsbestimmung der Logik bei J. und Leibniz, in: Theoria cum praxi. Zum Verhältnis von Theorie und Praxis im 17. und 18. Jahrhundert. Akten des III. Internationalen Leibnizkongresses, Hannover, 12. bis 17. November 1977, III, Wiesbaden 1980, 1–11, bes. 1–6; F. Trevisani, Geometria e logica nel metodo di J. (1587–1657), Riv. crit. stor. filos. 33 (1978), 171–208; H. Vogel (ed.), J. J. und Moritz Schlick (Zur Funktion der Philosophie als Grundlegung und Entwicklung naturwissenschaftlicher Forschung). Beiträge von der Tagung des Arbeitskreises »Philosophie und Naturwissenschaft« der Universität Rostock am 3. und 4. Juli 1969 (anläßlich des 550jährigen Jubiläums der Universität), I–II, Rostock 1970; S. Wollgast, Philosophie in Deutschland zwischen Reformation und Aufklärung 1550–1650, Berlin 1988, 1993, 423–470 (Kap. 7 J. J.); ders., J. J. (1587–1657) – Philosoph und Naturwissenschaftler. Aspekte seines Schaffens, NTM. Int. Z. für Gesch. u. Ethik d. Naturwiss., Technik u. Medizin 26 (1989), 77–86; ders., J. J. – Zur Philosophia practica und zum Methodenstreit, in: ders., Vergessene und Verkannte. Zur Philosophie und

Geistesentwicklung in Deutschland zwischen Reformation und Frühaufklärung, Berlin 1993, 311–336; J. J.-Gesellschaft der Wissenschaften (ed.), Die Entfaltung der Wissenschaft. Zum Gedenken an J. J. (1587–1657). Vorträge gehalten auf der Tagung der J. J.-Gesellschaft der Wissenschaften, Hamburg, am 31. Oktober/1. November 1957 aus Anlaß der 300. Wiederkehr des Todestages von J. J., Hamburg o.J. (1958).   **G. W.**

Junktor (von lat. iungere, verknüpfen; engl. propositional connective, sentential connective, franz. connecteur), in der Logik Bezeichnung für einen bestimmten Typ logischer Partikel (↑Partikel, logische). J.en sind sprachliche Ausdrücke zur Darstellung der logischen Zusammensetzung *endlich* vieler ↑Aussagen zu einer neuen (›komplexen‹) Aussage; Beispiele: das zweistellige ↑›und‹ (Symbol: ∧, ↑Konjunktor), das einstellige ↑›nicht‹ (Symbol: ¬, ↑Negator), das zweistellige ↑›entweder-oder‹ (Symbol: ⋊⋉, ↑Disjunktor), das zweistellige ↑›wenn-dann‹ (Symbol: →, ↑Subjunktor). Werden Aussagen und ihre logischen Verknüpfungen formal wie ↑Terme und deren Verknüpfungen behandelt, lassen sich die J.en als ↑Operatoren mit Aussagen als Operanden und einer Aussage als Resultat der Operation, d. h. der Anwendung des Operators, auffassen. *Unendlich* viele Aussagen kann man mit ↑Quantoren, die sich entsprechend termlogisch formal als Operatoren mit ↑Aussageformen als Operanden betrachten lassen, zu einer neuen Aussage logisch zusammensetzen. Die systematische Untersuchung von J.en erfolgt in der ↑Junktorenlogik.   **K. L.**

Junktor, intensionaler, Bezeichnung für ↑Junktoren, die ↑Aussagen derart verknüpfen, daß die Wahrheit der zusammengesetzten Aussage nicht nur von der ↑*Wahrheit* der Teilaussagen, sondern auch noch von deren ↑*Bedeutung* abhängt. Dies trifft in der Regel bei den grammatischen ↑Konjunktionen zu. Z.B. sind alle Begründungspartikel wie ›weil‹, ›da‹, ›folglich‹ usw. intensional (↑intensional/Intension) und sollten daher besser als ↑Metaprädikatoren statt als Junktoren interpretiert werden. Will man trotzdem z. B. die Folgerungsbeziehung zwischen Aussagen (↑Implikation) nicht mit Hilfe eines Prädikatsymbols über Aussagen als Argumenten, sondern durch einen Junktor formalisieren, muß in der Deutung des ↑Formalismus dieser Junktor ein i. J. sein, auch wenn wegen der rein syntaktisch durch Ableitbarkeit (↑ableitbar/Ableitbarkeit) im Formalismus festgelegten Gültigkeit die semantische Unterscheidung intensionaler von extensionalen (↑extensional/Extension) Junktoren unerheblich ist. C. I. Lewis hat neben den gewöhnlichen Junktoren in seinen Kalkülen der ↑Modallogik i. J.en jeweils durch ›necessitation‹ gebildet, also durch Anwendung des Notwendigkeitsoperators auf die entsprechend logisch zusammengesetzte Aussage; z. B. ist ›A impliziert strikt B‹ (↑Implikation, strikte) gleichwertig mit ›notwendigerweise: wenn A dann B‹. Entsprechend verfährt man bei den übrigen Junktoren.   K. L.

Junktorenlogik, auch: Aussagenlogik oder Satzlogik (engl. propositional logic/calculus, sentential logic), derjenige Teil der formalen Logik (↑Logik, formale), in dem die logische ↑Folgerung zwischen ↑Aussagen im Hinblick auf ihre Zusammensetzung mit ↑Junktoren, also unter Ausschluß der ↑Quantoren, behandelt wird. Da es für die Untersuchung (*junktoren-*)*logischer* ↑Implikationen $A_1, \ldots, A_n \prec A$ zwischen endlich vielen Aussagen A_ν ($\nu = 1, \ldots, n$) als Hypothesen und einer Aussage A als These nur auf die (junktoren-)logische *Form* dieser Aussagen ankommt, genügt es in der J., aus bloßen Aussagesymbolen – irreführenderweise oft ↑›Aussagenvariable‹ genannt – junktorenlogisch zusammengesetzte ↑Aussageschemata zu betrachten. Entsprechend ist auch die *logische* ↑*Wahrheit* einer Aussage A eine nur von ihrer logischen Form abhängige Eigenschaft und damit die Eigenschaft eines Aussageschemas A. Terminologisch unterscheidet man in der Regel die *Allgemeingültigkeit* (↑allgemeingültig/Allgemeingültigkeit) eines Aussageschemas von der *logischen Wahrheit* jeder ein allgemeingültiges Schema erfüllenden Aussage. Der grundlegende Zusammenhang zwischen dem zweistelligen ↑Prädikator ›impliziert logisch‹ und dem einstelligen Prädikator ↑›logisch wahr‹ wird folgendermaßen hergestellt: $A \prec B$ genau dann, wenn $(A \rightarrow B) \,\varepsilon$ logisch wahr; bzw. $A \,\varepsilon$ logisch wahr genau dann, wenn $\prec A$. Wird daher mit Hilfe eines ↑Logikkalküls der Versuch unternommen, die Prädikatoren ›impliziert logisch‹ bzw. ›logisch wahr‹ zu *kalkülisieren* (= formalisieren), d. h. syntaktisch und nicht semantisch (unter Heranziehung der Bedeutung der prädizierten Aussagen) zu charakterisieren, indem genau die logischen Implikationen zwischen Aussageschemata bzw. genau die allgemeingültigen Aussageschemata als die ableitbaren (↑ableitbar/Ableitbarkeit) Figuren eines ↑Kalküls gewonnen werden, so kann mit einem ↑*Implikationenkalkül* grundsätzlich dasselbe Ziel erreicht werden wie mit einem *Satzkalkül*. Vor jeder Aufstellung von Kalkülen der J. steht jedoch die inhaltliche Bestimmung der für die ↑Theoriesprache zentralen Prädikatoren.

In der *klassischen* J. (↑Logik, klassische) werden unter Voraussetzung der Zweiwertigkeit aller betrachteten ↑Primaussagen – sie müssen *wahr oder falsch* sein (↑principium exclusi tertii, ↑Zweiwertigkeitsprinzip) – die Junktoren als ↑Funktoren aufgefaßt, die zusammen mit den durch sie verknüpften Aussagen den darstellenden ↑Term einer ↑Wahrheitsfunktion bilden: Jeder junktorenlogisch zusammengesetzten Aussage wird ein ↑Wahrheitswert, nämlich der Wert ›wahr‹ (Zeichen: Y, ↑*verum*) oder der Wert ›falsch‹ (Zeichen: λ, ↑*falsum*), zugeordnet, allein abhängig davon, welchen Wahrheits-

wert die zugehörigen Teilaussagen haben. Jeder Junktor ist ein *extensionaler* (↑extensional/Extension) Funktor, der mit Hilfe einer ↑Wahrheitstafel vollständig erklärt werden kann. Z. B. ist die ↑Negation diejenige einstellige Wahrheitsfunktion, die den Wahrheitswert der jeweiligen Argumentaussage umkehrt; die Wahrheitstafel für den ↑Negator ist also

A	$\neg A$
Y	λ
λ	Y

Die ↑Adjunktion ist hingegen diejenige zweistellige Wahrheitsfunktion, die durch folgende Wahrheitstafel für den ↑Adjunktor definiert ist:

A	B	$A \vee B$
Y	Y	Y
Y	λ	Y
λ	Y	Y
λ	λ	λ

Auf diese Weise ist sichergestellt, daß auch alle junktorenlogisch zusammengesetzten Aussagen wertdefinit (↑wertdefinit/Wertdefinitheit) sind.

Einfache kombinatorische Überlegungen zeigen, daß es genau vier verschiedene einstellige und genau sechzehn verschiedene zweistellige Wahrheitsfunktionen gibt, darunter die beiden ›konstanten‹ Wahrheitsfunktionen jeder Stellenzahl, die beliebigen Argumenten entweder stets den Wert ›wahr‹ oder stets den Wert ›falsch‹ (↑Antilogie) zuordnen, also mit den Wahrheitswerten *verum* und *falsum* selbst identifiziert werden können; Y und λ werden deshalb als ausgezeichnete (konstante) Aussageschemata dem Bereich der Aussagesymbole hinzugefügt. In algebraischer Betrachtung (↑Algebra der Logik) bilden Y und λ Einselement und Nullelement des freien ↑Booleschen Verbandes über den Aussagesymbolen als (unendlichem) System von Erzeugenden, wobei ↑Konjunktor und Adjunktor die verbandstheoretischen (↑Verbandstheorie) ↑Operatoren für Durchschnitts- und Vereinigungsbildung, der Negator den Operator für die verbandstheoretische Komplementbildung darstellen. Genau diejenigen Terme, die dieselbe Wahrheitsfunktion darstellen, sind dabei verbandstheoretisch gleich.

Es gehört zu den Aufgaben der J. – erstmals systematisch von E. L. Post behandelt –, die Frage nach den möglichen minimalen Basen für alle Wahrheitsfunktionen zu beantworten: Welche Systeme von Wahrheitsfunktionen sind ausreichend (= funktional vollständig) und auch nicht weiter verkürzbar, um alle übrigen Wahrheitsfunktionen damit auszudrücken? Bereits C. S. Peirce wußte, daß es genau zwei einelementige und daher auch minimale Basen gibt, die ↑Negatadjunktion (↑Disjunktion) (Symbol: $A \barwedge B$, auch: $A \mid B$, gelesen: nicht beide, A und B) und ihr durch Vertauschen der Rolle von $\curlyvee$ und $\curlywedge$ gebildetes Dual (↑dual/Dualität), die ↑Negatkonjunktion (↑Injunktion) (symbolisch: $A \barvee B$, gelesen: weder A noch B); z. b. stellen $A \barwedge A$ und $\neg A$ sowie $(A \barwedge B) \barwedge (A \barwedge B)$ und $A \wedge B$ jeweils dieselbe Wahrheitsfunktion dar. H. M. Sheffer hatte 1913 diese Tatsache erstmals für den Junktor $\barvee$ publiziert, J. G. P. Nicod 1917 für den Junktor $\barwedge$, den er Sheffer zu Ehren den ↑›Shefferschen Strich‹ nannte. Die beiden Wahrheitsfunktionen ↑Subjunktion und *falsum* sowie jede der Kombinationen von Negation mit ↑Konjunktion, Adjunktion, Subjunktion (bzw. konverser Subjunktion) oder ↑Abjunktion (bzw. konverser Abjunktion) sind Beispiele für zweielementige minimale Basen (durch $A \to \curlywedge$ z. B. ist $\neg A$ definierbar, durch $\neg(A \wedge \neg B)$ bzw. $\neg A \to B$ wiederum $A \vee B$). Der Zusammenhang der zehn echten zweistelligen Wahrheitsfunktionen, also unter Ausschluß der vier nur von einer Stelle abhängigen und der beiden konstanten Wahrheitsfunktionen, läßt sich durch eine Tabelle wiedergeben, in der zentralsymmetrisch jeweils zueinander *komplementäre*, d. h. durch Negation ihres Werts auseinander hervorgehende, und axialsymmetrisch bezüglich der senkrechten Achse jeweils zueinander *duale* Wahrheitsfunktionen, hingegen axialsymmetrisch bezüglich der waagrechten Achse jeweils auseinander durch Negation ihrer beiden Argumente hervorgehende Wahrheitsfunktionen gegenüberstehen:

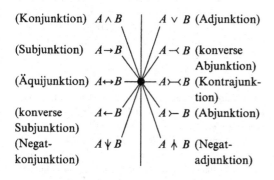

(Konjunktion)	$A \wedge B$		$A \vee B$ (Adjunktion)
(Subjunktion)	$A \to B$		$A \prec B$ (konverse Abjunktion)
(Äquijunktion)	$A \leftrightarrow B$		$A \succ\!\!\prec B$ (Kontrajunktion)
(konverse Subjunktion)	$A \leftarrow B$		$A \succ B$ (Abjunktion)
(Negatkonjunktion)	$A \barvee B$		$A \barwedge B$ (Negatadjunktion)

Es lassen sich daher insbes. die so genannten ↑De Morganschen Gesetze, daß $\neg(A \wedge B)$ und $\neg A \vee \neg B$ sowie $\neg(A \vee B)$ und $\neg A \wedge \neg B$ jeweils dieselbe Wahrheitsfunktion darstellen, unmittelbar aus dieser Tabelle ablesen. Ein junktorenlogisches Aussageschema heißt ›klassisch allgemeingültig‹ oder ›tautologisch‹ (↑Tautologie), wenn es ein darstellender Term der konstanten Wahrheitsfunktion *verum* ist, mit anderen Worten: wenn bei jeder möglichen ↑Belegung der Aussagesymbole des Schemas mit den beiden Wahrheitswerten ⊤ und ⊥ der dem Schema zugeordnete Wert ⊤ ist (↑Bewertung (logisch)).

Stellen daher zwei Schemata A und B dieselbe Wahrheitsfunktion dar, so ist die durch die Wahrheitstafel

A	B	$A \leftrightarrow B$
⊤	⊤	⊤
⊤	⊥	⊥
⊥	⊤	⊥
⊥	⊥	⊤

definierte ↑Äquijunktion $A \leftrightarrow B$ eine Tautologie: A und B heißen ›*(klassisch) logisch äquivalent*‹ (in Zeichen: $A \succ\!\!\prec B$, ↑Äquivalenz). Die logische Implikation $A_1, \ldots, A_n \prec A$ hingegen gilt genau dann, wenn die durch die Wahrheitstafel

A	B	$A \to B$
⊤	⊤	⊤
⊤	⊥	⊥
⊥	⊤	⊤
⊥	⊥	⊤

definierte Subjunktion $A_1 \wedge \ldots \wedge A_n \to A$ eine Tautologie ist. Entsprechend heißt ein junktorenlogisches Aussageschema ›klassisch allgemeinungültig‹ oder ›kontradiktorisch‹ (↑kontradiktorisch/Kontradiktion), wenn es darstellender Term der konstanten Wahrheitsfunktion *falsum*, also logisch äquivalent mit der Negation einer Tautologie ist.

Die Wahrheitstafeln erlauben es, in endlich vielen Schritten zu überprüfen, ob ein Aussageschema der J. eine Tautologie bzw. eine Kontradiktion ist oder nicht: Die klassische J. ist in Bezug auf Allgemeingültigkeit eine *entscheidbare Theorie* (↑entscheidbar/Entscheidbarkeit). Ein anderes Entscheidungsverfahren macht davon Gebrauch, daß sich für jedes Aussageschema der J. eindeutig eine konjunktive bzw. eine adjunktive ↑Normalform herstellen läßt, nämlich eine Darstellung als Konjunktion (Adjunktion) von Schemata, die ihrerseits eine Adjunktion (Konjunktion) von Aussagesymbolen oder negierten Aussagesymbolen sind: Bei einer Tautologie ($\neq\top$) besteht jedes Glied der konjunktiven Normalform aus Adjunktionen der Form $a \vee \neg a$; entsprechend besteht bei einer Kontradiktion ($\neq\bot$) jedes Glied der adjunktiven Normalform aus Konjunktionen der Form $a \wedge \neg a$. Z. B. hat $a \leftrightarrow b$ die konjunktive Normalform $(\neg a \vee b) \wedge (\neg b \vee a)$ und die adjunktive Normalform $(a \wedge b) \vee (\neg a \wedge \neg b)$. Der Beweis bedient sich des für Boolesche Verbände fundamentalen *Entwicklungssatzes*: Ist A ein Schema, c ein beliebiges Aussagesymbol und $\sigma^c_B A$ das Resultat der Ersetzung von c überall in A durch B (wenn c nicht in A vorkommt, ist $\sigma^c_B A = A$), so sind A und $(\sigma^c_\top A \wedge c) \vee (\sigma^c_\bot A \wedge \neg c)$ verbandstheoretisch gleich, also logisch äquivalent.

Bei der Kalkülisierung der klassischen J. lassen sich, abgesehen von der Wahl zwischen einem Implikationenkalkül und einem Satzkalkül, viele verschiedene Wege einschlagen, die von den weitergehenden theoretischen Interessen wie auch von historischen Zufällen abhängen. Neben G. Freges historisch erster Kalkülisierung (↑Logikkalkül) ist der junktorenlogische Logikkalkül in den ↑»Principia Mathematica« (= PM) von B. Russell und A. N. Whitehead einflußreich geworden. Es handelt sich um einen Satzkalkül mit nur zwei Regeln, der ↑*Abtrennungsregel* (↑modus ponens) A, $\neg A \lor B \Rightarrow B$ und der *Einsetzungsregel* (die die ↑Substitution von Aussageschemata für Aussagesymbole erlaubt), bei nur vier Anfängen

(1) $\neg(a \lor a) \lor a$
(2) $\neg a \lor (b \lor a)$
(3) $\neg(a \lor b) \lor (b \lor a)$
(4) $\neg(\neg a \lor b) \lor (\neg(c \lor a) \lor (c \lor b))$

auf der (funktional vollständigen) Basis von ›¬‹ und ›∨‹ als den allein zum Aufbau der Ausdrücke (↑Ausdruck (logisch)) aus den Aussagesymbolen benutzten Junktoren. Die vier Anfänge sind voneinander *unabhängig* (↑unabhängig/Unabhängigkeit (logisch)), weil keiner mit Hilfe allein der übrigen drei und denselben Regeln ableitbar ist; der ursprünglich vorhandene fünfte Anfang $\neg(a \lor (b \lor c)) \lor (b \lor (a \lor c))$ ist von P. Bernays 1926 als ableitbar mit Hilfe der anderen vier nachgewiesen worden. Wird in (4) anstelle des Teilschemas $(c \lor b)$ das Schema $(b \lor c)$ gewählt und in (2) $(b \lor a)$ durch $(a \lor b)$ ersetzt, so ist auch noch (3) aus (1), (2) und (4) ableitbar. Nicods Kalkülisierung auf der Basis von ⊼ kommt neben der Einsetzungsregel und der an die Stelle der Abtrennungsregel tretenden Regel A, $A ⊼ (B ⊼ C) \Rightarrow C$ mit einem einzigen Anfang aus.

Zum Nachweis der gelungenen Kalkülisierung einer Theorie, d. h. der Aufzählung aller und nur der Ausdrücke einer ↑Objektsprache, die unter einen bestimmten Begriff der Theorie fallen, durch einen Kalkül – in der Regel ist es der Wahrheitsbegriff, in der formalen Logik der Begriff der logischen Wahrheit bzw. der Allgemeingültigkeit –, gehört der Nachweis der Adäquatheit, d. h. der Korrektheit (↑korrekt/Korrektheit, engl. soundness) und der Vollständigkeit (↑vollständig/Vollständigkeit, engl. completeness) des Kalküls. Unter den verschiedenen Korrektheits- und Vollständigkeitsbegriffen spielt für Logikkalküle neben der gerade benutzten Korrektheit und Vollständigkeit *relativ* zu einer Klasse T von Ausdrücken (Kalkül K ist relativ zu T korrekt, wenn $\vdash_K \alpha \prec \alpha \in T$ gilt, und relativ zu T vollständig, wenn $\alpha \in T \prec \vdash_K \alpha$ gilt) noch die *absolute* (= syntaktische) Korrektheit und Vollständigkeit eine Rolle: Kalkül K ist *absolut korrekt*, wenn nicht alle Ausdrücke ableitbar sind

(zu den unableitbaren Ausdrücken gehören im PM-Kalkül die Aussagesymbole), und *absolut vollständig*, wenn die Hinzunahme eines unableitbaren Ausdrucks als weiteren Anfangs K absolut inkorrekt macht (weiß man schon, daß der PM-Kalkül genau die allgemeingültigen Schemata aufzählt, so läßt sich seine absolute Vollständigkeit leicht unter Benutzung der Normalformdarstellung für jedes Schema beweisen). Ist T die Klasse der allgemeingültigen Aussageschemata, so ist der PM-Kalkül sowohl korrekt als auch vollständig bezüglich Allgemeingültigkeit. Benutzt der Logikkalkül K den Negator, bzw. ist dieser in K definierbar, so impliziert die relative Korrektheit auch die Korrektheit bezüglich ›¬‹, also die Konsistenz oder Widerspruchsfreiheit (↑widerspruchsfrei/Widerspruchsfreiheit): für kein Schema A ist sowohl A als auch $\neg A$ in K ableitbar; die Konsistenz ist wegen der Allgemeingültigkeit von $\curlywedge \rightarrow A$ (↑ex falso quodlibet) mit der absoluten Korrektheit gleichwertig.

Von Kalkülen der klassischen J. ausgehend, lassen sich zahlreiche Teilkalküle auszeichnen, etwa indem man von einer funktional unvollständigen Basis ausgeht und z. B. nur subjunktiv logisch zusammengesetzte Aussageschemata untersucht (↑Implikationslogik) oder indem man zwar die für eine mögliche Definition aller übrigen logischen Verknüpfungen ausreichende Zahl von Junktoren zur Verfügung hat, aber nicht alle üblichen Anfänge benutzt, z. B. nur so viele, daß jedenfalls $A \lor \neg A$ (↑tertium non datur) oder $\neg\neg A \rightarrow A$ (↑duplex negatio affirmat) unableitbar (↑unableitbar/Unableitbarkeit) bleibt – was in beiden Fällen bei geeigneter Kalkülisierung zur intuitionistischen J. (↑Logik, intuitionistische) führt –, oder nur so viele, daß darüber hinaus sogar $\curlywedge \rightarrow A$ unableitbar ist – was wiederum unter geeigneter Kalkülisierung, die Minimallogik (↑Minimalkalkül) ergibt. Eine für dieses Programm geeignete Kalkülisierung der klassischen J. hat erstmals A. Heyting 1930 gefunden und damit einen Kalkül der intuitionistischen J. auf der Basis von $\land$, $\lor$, $\rightarrow$, $\neg$ aufgestellt, der durch Hinzufügen von $a \lor \neg a$, von $\neg\neg a \rightarrow a$ oder von $((a \rightarrow \neg a) \rightarrow a) \rightarrow a$, einem Spezialfall der ↑Peirceschen Formel, als einem weiteren Anfang zu einem Kalkül der klassischen J. wird. Es handelt sich wieder um einen Satzkalkül mit denselben beiden Regeln wie beim PM-Kalkül, dessen erste neun (negationsfreien) Anfänge lauten:

$$a \rightarrow (a \land a)$$
$$(a \land b) \rightarrow (b \land a)$$
$$(a \rightarrow b) \rightarrow ((a \land c) \rightarrow (b \land c))$$
$$((a \rightarrow b) \land (b \rightarrow c)) \rightarrow (a \rightarrow c)$$
$$a \rightarrow (b \rightarrow a)$$
$$(a \land (a \rightarrow b)) \rightarrow b$$
$$a \rightarrow (a \lor b)$$
$$(a \lor b) \rightarrow (b \lor a)$$
$$((a \rightarrow c) \land (b \rightarrow c)) \rightarrow ((a \lor b) \rightarrow c)$$

Anstelle der beiden weiteren den Negator enthaltenden Heytingschen Anfänge $\neg a \rightarrow (a \rightarrow b)$ und $((a \rightarrow b) \wedge (a \rightarrow \neg b)) \rightarrow \neg a$ (läßt man den ersten weg, so ergibt sich eine Kalkülisierung der Minimallogik) kann einfach $\curlywedge \rightarrow a$ mit der Definition $\neg A \leftrightharpoons A \rightarrow \curlywedge$ für die Negation gewählt werden, d. h.: Mit der Ersetzung von ›¬‹ durch ›$\curlywedge$‹ in der Basis wird der elfte Heytingsche Anfang bereits aus den ersten neun ableitbar. Jede nicht schon zu einem Kalkül der klassischen J. führende Erweiterung des Heytingkalküls oder jedes anderen Kalküls der intuitionistischen J. (↑Logik, intermediäre) ist in einem passenden Kalkül der klassischen J. enthalten. Für alle nur mit ›$\wedge$‹ und ›¬‹ zusammengesetzten Schemata stimmt der Ableitbarkeitsbegriff in Kalkülen der klassischen und der intuitionistischen J. überein.

Bei dem Verfahren, an Stelle eines vollen Kalküls der klassischen J. Teilkalküle aufzusuchen, bleibt zunächst offen, ob für jeden dieser syntaktischen, durch Ableitbarkeit charakterisierten Bereiche von Aussageschemata auch eine semantische Charakterisierung mit Hilfe eines geeigneten Begriffs von Allgemeingültigkeit gefunden werden kann. Für die wichtigsten Teilkalküle (die Teilkalküle der intuitionistischen Logik) ist bereits 1935 von S. Jaśkowski eine Deutung mit Hilfe unendlicher Wertetafeln zur Definition der junktorenlogischen Verknüpfungen angegeben worden. Die wichtigsten unter den anderen Deutungen sind gegenwärtig zum einen die von der ↑Modallogik übernommene Deutung mit Hilfe der Semantik möglicher Welten (↑Welt, mögliche), zum anderen die von der dialogischen Logik (↑Logik, dialogische) beigesteuerte intuitionistische Allgemeingültigkeit als Existenz einer (formalen) Gewinnstrategie in einem Dialogspiel um logisch zusammengesetzte Aussageschemata. Umgekehrt kann natürlich auch das Verfahren der klassischen J., die junktorenlogischen Verknüpfungen durch zweiwertige Wahrheitsfunktionen einzuführen, aufgegeben werden. Die älteste, bereits von Post und J. Łukasiewicz eingeschlagene Alternative verwendet ›Quasiwahrheitsfunktionen‹ mit mehr als zwei Werten, unter denen einer oder auch mehrere, aber nicht alle, als *ausgezeichnete* (engl. designated) Werte gelten, die für die Definition der Allgemeingültigkeit herangezogen werden (↑Logik, mehrwertige). Weder die Minimallogik noch die intuitionistische Logik lassen sich allerdings als (endlich-)mehrwertige Lo-

giken verstehen. Man kann aber auch auf die in zweiwertiger, mehrwertiger, minimaler und intuitionistischer Logik beibehaltene ausschließliche Extensionalität der Junktoren verzichten und intensionale (↑intensional/Intension) Verknüpfungen hinzufügen, etwa die strikte Implikation (↑Implikation, strikte) in der *strikten* J. oder die Modaloperatoren in der Modallogik. Statt die Extensionalität der Junktoren aufzugeben und die Wertdefinitheit der Aussagen beizubehalten, kann ferner, radikaler noch als in der mehrwertigen Logik, die nur von der Zweiwertigkeit zur Mehrwertigkeit übergeht, der Begriff der Aussage abgeändert werden. Das geschieht in der dialogischen Logik: Aussagen sind nicht mehr durch Wahr- oder Falschsein charakterisiert, sondern nur noch durch mögliche Dialogverläufe endlicher Länge, ihre Dialogdefinitheit (↑dialogdefinit/Dialogdefinitheit), auch für logisch zusammengesetzte Aussagen. Bei diesem umgekehrten Weg, der Aufgabe der Zweiwertigkeit, muß wieder, wie am Anfang im Falle der klassischen J., das Problem einer adäquaten Kalkülisierung gelöst werden; ein allgemeines Verfahren etwa für die mehrwertigen Logiken von Post – algebraisch unter dem Titel ›Post-Algebra‹ behandelt – steht noch aus.

Literatur: P. Bernays, Axiomatische Untersuchung des Aussagen-Kalkuls der »Principia Mathematica«, Math. Z. 25 (1926), 305–320; H. B. Curry, Leçons de logique algébrique, Paris 1952; A. Heyting, Die formalen Regeln der intuitionistischen Logik, Sitz.ber. Preuß. Akad. Wiss., phys.-math. Kl. 1930, Berlin 1930, 42–56; S. Jaśkowski, Recherches sur le système de la logique intuitioniste, in: Actes du congrès international de philosophie scientifique, Sorbonne Paris 1935 VI, Paris 1936, 58–61; J. G. P. Nicod, A Reduction in the Number of the Primitive Propositions of Logic, Proc. Cambridge Philos. Soc. 19 (1920), 32–41; E. L. Post, The Two-Valued Iterative Systems of Mathematical Logic, London/Oxford, Princeton N. J., 1941 (repr. New York 1965) (Ann. Math. Stud. V); H. Rasiowa, An Algebraic Approach to Non-Classical Logics, Warschau, Amsterdam/London, New York 1974; P. J. Schroeder-Heister, Untersuchungen zur regellogischen Deutung von Aussagenverknüpfungen, Diss. Bonn 1981; K. Segerberg, Classical Propositional Operators. An Exercise in the Foundations of Logic, Oxford/New York 1982; H. M. Sheffer, A Set of Five Independent Postulates for Boolean Algebras, with Application to Logical Constants, Transact. Amer. Math. Soc. 14 (1913), 481–488; weitere Literatur (Lehrbuchliteratur): ↑Logik, formale, ↑Logikkalkül. K. L.

Juxtaposition, ↑Verkettung.

K

Kabbala (hebr. קַבָּלָה, kabbalah, die Entgegennahme, die erhaltene [Lehre], Tradition), Bezeichnung für mündlich (von Lehrer zu Schüler oder in einer Familientradition) überlieferte Lehren, ursprünglich (im Talmud) für die nicht-mosaischen Schriften des Judentums, seit etwa 1200 im engeren (für die Philosophiegeschichte relevanten) Sinne Bezeichnung für die mystischen und esoterischen (theosophischen und theurgischen) Lehren im Judentum, die das in den heiligen Schriften vermutete geheime Wissen zu erschließen beanspruchen. Als *theosophisch* (↑Theosophie) versteht man dabei die zahllosen Lehren der K. über das verborgene Leben Gottes und seine Beziehungen zur Schöpfung, vor allem zum Leben des Menschen, als *mystisch* (↑Mystik) die innerhalb der K. gelehrten Wege zu Einsichten in das Wesen Gottes und der Schöpfung, gestützt auf die Auffassung der jüdischen Religion als eines Systems mystischer, das Mysterium Gottes und der Schöpfung betreffender Symbole, zu deren Erschließung die K. Schlüssel anbietet. Oft werden einzelne dieser Lehren als von Adam aus Gottes Mund vernommen oder als der mündliche Teil des durch Moses auf dem Sinai von Gott entgegengenommenen Gesetzes dargestellt. Es gibt jedoch keine einheitliche Lehre der K., wie auch ›K.‹ als Bezeichnung einer geistig-religiösen Strömung sehr unterschiedliche, zum Teil miteinander unverträgliche Lehren umfaßt. Man unterscheidet zwischen einer *theoretischen* (spekulativen) und einer *praktischen* K..

Unter dem Einfluß von (und möglicherweise in Wechselwirkung mit) hellenistischer ↑Gnosis (Philo Judaeus), iranischen Religionen, Lehren der Essener (vermutlich identisch mit der Qmran-Sekte) und anderen Strömungen, getragen aber auch von ursprünglichen Impulsen palästinensischen Judentums, entwickeln sich frühe Formen jüdischer Mystik schon im 1. und 2. Jh. als eine Art rabbinischer Gnosis. Diese mündet in die so genannte Merkabah-Mystik, so bezeichnet wegen der in ihr gepflegten Kontemplation der Merkabah, des in Ezechiel 1,15–28 beschriebenen Thronwagens Gottes. Zugleich wird hier eine merkwürdige, von vielfältigen Interpretationen begleitete (und bis zur ↑Makrokosmos-Vorstellung E. Swedenborgs einflußreiche) Lehre von der Erscheinung und Gestalt Gottes entwickelt, dessen Glieder in riesigen Zahlenverhältnissen ›gemessen‹ werden (dargestellt im »Schi'ur Koma« [= Maß des Körpers]). Eine wichtige Rolle spielen ferner die Namen der Engel (↑Engellehre), deren Kenntnis schon der essenischen Mystik für wesentlich galt und, vermischt oft mit Namen Gottes, im 5. bis 7. Jh. zum Ausgangspunkt der babylonischen Buchstaben- und ↑Zahlenmystik wurde. Die Kargheit der Quellen und die Unsicherheit der Deutungen haben diese eigenartige Vorstellungswelt bislang weitgehend im Dunkel gelassen.

Als erstes spekulatives Werk der jüdischen Mystik gilt das »Sefer Jezirah« (= Buch der Schöpfung, 2.–6. Jh.), das den Prozeß der Schöpfung mit Hilfe der 10 (pythagoreischen) Urzahlen, der *Sefirot* (s. u.), und der 22 Buchstaben des hebräischen Alphabets beschreibt, die zusammen die 32 ›Wege der Weisheit‹ bilden, durch die Gott die Welt erschuf. Da (wie G. Scholem formuliert) somit jeder Prozeß in der Welt als ein sprachlicher erscheint und die Existenz jedes Dinges von der in ihm verborgenen Buchstabenkombination abhängt, führt von hier aus auch eine Linie zu magischen Praktiken, die sich auf die Entdeckung bedeutsamer Zahlenverhältnisse oder Entsprechungen zwischen Zahlen und Wörtern auf Grund numerischer Bewertungen der einzelnen Buchstaben berufen (›Kabbalistik‹). Spekulative wie esoterische Seite dieser Bewegung erreichen ihren Höhepunkt im mittelalterlichen Chassidismus (Chassid = der Fromme) vor allem im Rheinland, wobei für das erste Drittel des 13. Jhs. insbes. Eleazar von Worms zu nennen ist. In einigen chassidischen Zirkeln werden Meditationstechniken (↑Meditation) durch Ekstasetechniken ergänzt oder ersetzt, wobei z. B. die Vertiefung in das Buch Jezirah als erfolgreich gilt, wenn die Vision des Golem eintritt – hier freilich noch als inneres Erlebnis, nicht im Sinne der späteren Sagengestalt, verstanden.

Zur gleichen Zeit (2. Hälfte des 12. Jhs.), als sich in der Provence die christliche Bewegung der Katharer ausbreitet, entsteht im dortigen Judentum auch eine kabbalistische Bewegung (Abraham ben Isaak, Abraham ben David, Isaak der Blinde u. a.). Provenzalische Kabbalisten stellen auch die einflußreiche Textsammlung »Sefer

Bahir« (= Das leuchtende Buch, ca. 1200) zusammen und holen dabei unter anderem die Lehre von den Sefirot aus dem Bereich der Zahlen- und Buchstabenmystik in die Theosophie zurück, indem sie die Betrachtung der Sefirot als Meditations- und Konzentrationshilfe beim Gebet lehren. Neuplatonisches (↑Neuplatonismus) Gedankengut setzt sich – möglicherweise auf Isaak ben Salomon Israeli zurückgehend – in dem ebenfalls in der Provence entstandenen »Sefer ha-Ijjun« (= Buch der Kontemplation) erneut durch.

Die Vorstellungen der provenzalischen K. wurden vor allem in Spanien aufgegriffen, wo sich von 1200 bis 1260 in Gerona (Katalonien) ein Zentrum der K. bildet, das eine reiche Literatur hervorbringt. Der Kreis um Moses ben Nachman (Nachmanides, ca. 1194–1270) entwickelt eine auf lange Zeit wirksame strenge symbolische Begrifflichkeit zur Darstellung der Sefirot und ihrer Anwendung zur Interpretation der heiligen Schriften, eine etwas spätere Gruppe um Abraham Abulafia (1240 bis nach 1292) eine der Ekstatik zuneigende ›prophetische K.‹, deren praktische Mystik auch Hilfsmittel wie Atemtechniken ähnlich denen des ↑Yoga kennt. In der spanischen K. hat ferner das »Sefer ha-Sohar« (= Buch des Glanzes, ↑Sohar) seinen Ursprung, von dem heute als gesichert gilt, daß es zwischen 1280 und 1286 von Moses ben Shem Tov de Leon (kurz: Moses de Leon) in Guadalajara bei Madrid verfaßt wurde. Intention des in der äußeren Form eines mystischen Romans erscheinenden Buches war wohl, ein mystisch-religiöses, theosophisches Gegengewicht gegen den im zeitgenössischen Judentum verbreiteten radikalen ↑Rationalismus zu schaffen. Thema sind die Manifestationen Gottes, dessen inneres Selbst zwar als solches keine Attribute hat (es heißt, wie meist in der K., auch im Sohar »En-Sof« [= das Unendliche]), aber, wo es sich manifestierend in die Welt hinaustritt, durch 10 positive Attribute beschreibbar wird. Es handelt sich dabei um die gewöhnlich in Form eines ›sephirotischen Baumes‹ (Abb. 1 und 2) angeordneten, oben bereits erwähnten Sefirot. In der Gestalt des Baumes sind sie durch zahlreiche ›Kanäle‹ verbunden, um anzuzeigen, daß nicht eine lineare Aufeinanderfolge von Emanationsstufen (↑Emanation) vorliegt, sondern jedes Element des Baumes auf jedes andere einwirkt. Zugleich werden im Sinne einer Mikrokosmos-Makrokosmos-Lehre (↑Makrokosmos) sowohl den Gliedern Gottes (vgl. oben die Lehre des Schi'ur Koma) als auch den Gliedern des Menschen – im Text: des adamischen Ur-Menschen – sefirotische Elemente zugeordnet.

Die Vertreibung der Juden aus Spanien (1492) bedeutete nicht das Ende der spanischen K., sondern führte dazu, daß diese Form der jüdischen Mystik nicht nur durch einen Kreis in Safed (Obergaliläa) intensiviert, sondern auch durch eine messianisch-apokalyptische Wendung

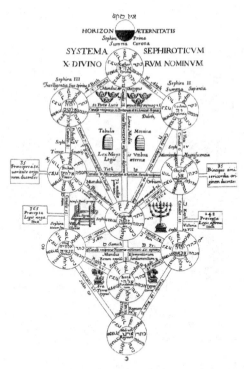

Abb. 1: Der sephirotische Baum. Die wie üblich als Kreisflächen eingezeichneten Sefirot sind, gemäß der Schreibrichtung des Hebräischen von rechts nach links, zeilenweise numeriert (›Sephira Prima‹, ›Sephira II‹ usw.). Sie bedeuten in dieser Folge: 1. *Kether*, die Höchste Krone Gottes, 2. *Chochma*, die Weisheit, 3. *Bina*, die unterscheidende Vernunft, 4. *Chessed*, die göttliche Liebe (oft stattdessen: *Gedulla*, die Größe), 5. *Pechad*, die Furcht (unüblich; gewöhnlich [so in Abb. 2] *Gebura*, die Stärke, oder *Din*, das Gericht), 6. *Tif'ereth*, die Herrlichkeit (sonst auch: *Rachamim*, die Barmherzigkeit), 7. *Nezach*, die beständige Dauer, 8. *Hod*, Pracht, Ehre, 9. *Jessod*, das Fundament, der Grund, 10. *Malchuth*, das Reich Gottes. Auch die ›Kanäle‹ zwischen den Sefirot sind numeriert und benannt (aus: A. Kircher, Oedipus Aegyptiacus […], I–III, Rom 1652–1654, II/1 [1653], vor 289 [nicht paginiert]).

zu einer historisch-politischen Kraft wurde, die das Schicksal des jüdischen Volkes, insbes. das erfahrene Exil, als Teil eines Erlösungsweges ›rechtfertigen‹ sollte, der durch genaue Entsprechungen im göttlichen Geschehen vorgezeichnet war. Die bedeutendsten Gestalten dieser K. im Exil sind Moses ben Jakob Cordovero (1522–1570), der als der tiefste Denker der K. gilt und die Lehre von den Sefirot in ein dialektisches System brachte, und Isaak Luria Aschkenasi (1534–1572, genannt ›der Ari‹), der eine neuplatonisch orientierte Schöpfungslehre und Kosmologie entwarf und dem Sohar noch fremde Begriffe wie den des ›Zimzum‹ (›Zu-

Abb. 2: Kabbalist, in der Rechten einen sefirotischen Baum haltend, der eine etwas andere Anordnung der Sefirot zeigt als in Abb. 1, sich aber bei genauerem Verfolgen der ›Kanäle‹ als Teilstruktur desselben erweist, da lediglich die Verbindungen der Sefirot I ↔ IX, V ↔ IV, VI ↔ X und X ↔ VII weggelassen sind. Als 5. Sefira ist anders als in der vorigen Figur die Gebura (Stärke) eingetragen (aus: P. Riccius, Portae Lucis, Augsburg 1516 [Titelblatt]; vgl. zu diesem Titel die Beschriftung ›50 Portae Lucis‹ über dem Kanal zwischen den Sefirot 2 und 3 in Abb. 1).

rückziehung‹, ›Kontraktion‹, eine Art Selbstbeschränkung Gottes) einführt, zu dem es in der späteren nicht-jüdischen Philosophie, z. B. bei F. W. J. Schelling, enge Parallelen gibt (ohne daß man bisher einen expliziten Einfluß der K. nachgewiesen hätte). Luria wurde zum Mittelpunkt der ›neuen K.‹ und gewann, wie auch die in seiner Nachfolge entstandenen ›lurianischen Schriften‹, außerordentlich großen Einfluß vor allem auf die europäische K., auf die sabbatianische Bewegung (nach dem als Messias angesehenen Sabbatai Zwi) im 17. Jh. und auf den polnischen Chassidismus des 18. und 19. Jhs..

Die geistigen und äußeren Wirkungen der K. müssen im Zusammenhang mit der Geschichte und insbes. der Exilsituation des jüdischen Volkes gesehen werden. Ihre philosophiegeschichtliche Relevanz dokumentiert sich nicht nur darin, daß die K. zwischen 1500 und 1800 die akzeptierte jüdische Theologie darstellt und

durch ihren Einfluß auf jüdischen Glauben, Sitte und Lebensführung von etwa 1570 bis in das 19. Jh. auf die jüdische Ethik wirkt, sondern auch in der (durch die neuplatonischen Züge der jüdischen K. beförderten) Ausbildung einer *christlichen* K.. Diese gründet in christlichen Spekulationen über die K. im Rahmen des Florentiner ↑Platonismus (insbes. G. Pico della Mirandola, der seinerseits J. Reuchlin zum Studium der K. anregte). Die Aufnahme der praktischen K. in Agrippa von Nettesheims verbreitetes Kompendium der geheimen Wissenschaften (De occulta philosophia libri tres, Lyon, Paris 1531, Köln 1533) führte zu Assoziationen der K. mit Schwarzer Magie und Zauberei und hat ihre Nachwirkungen bis in die heutige so genannte okkulte Literatur, die eine primitive ›praktische K.‹ der Herstellung und Verwendung von Amuletten, Sigeln mit Gottes-, Engel- und Dämonennamen und ›magischen Quadraten‹, magische Handlungen sowie Traum- und Handliniendeutung verbreitet, abgesunkenes ›Untergrundwissen‹, das weder von seinen ernsthaften philosophisch-theoretischen noch von seinen psychologisch-symbolischen Ursprüngen (mit denen sich unter anderem C. G. Jung befaßt hat) etwas erkennen läßt. – Im 17. Jh. gewinnt die christliche K. durch J. Böhme, C. Knorr von Rosenroth (K. denudata, I–II, Sulzbach 1677/1684) und A. Kircher bedeutenden Einfluß auf die zeitgenössische Philosophie und Wissenschaft, wobei F. M. van Helmont als Vermittler der K. für die Cambridger Platonisten (H. More, R. Cudworth; ↑Cambridge, Schule von) wirkt.

Literatur: D. S. Ariel, The Mystic Quest. An Introduction to Jewish Mysticism, Northvale N. J. 1988, New York 1992, rev. unter dem Titel: K.h. The Mystic Quest in Judaism, Lanham Md./Oxford ²2006 (dt. Die Mystik des Judentums. Eine Einführung, München 1993); F. Bardon, Der Schlüssel zur wahren Quabbalah. Der Quabbalist als vollkommener Herrscher im Mikro- und Makrokosmos, Freiburg 1957, Wuppertal ³1978, ⁷2002 (engl. The Key to the True Quabbalah. The Quabbalist as a Sovereign in the Micro- and Macrocosm, Wuppertal 1971, 1986); E. Benz, Die christliche K.. Ein Stiefkind der Theologie, Zürich 1958; O. Betz, K., TRE XVII (1988), 487–509; D. Biale, Gershom Scholem. K.h and Counter-History, Cambridge Mass./London 1979, ²1982 (franz. Gershom Scholem. Cabale et contre-histoire, Nîmes 2001); E. Bischoff, Die K.h. Einführung in die jüdische Mystik und Geheimwissenschaft, Leipzig 1903, erw. ²1917 (repr. Bremen 1981, 1990), ³1923; ders., Die Elemente der K.h, I–II, Berlin 1913/1914, ²1920, Nachdr. in einem Bd. 1985, Wiesbaden 1990; J. L. Blau, The Christian Interpretation of the Cabala in the Renaissance, New York 1944, Port Washington N. Y. 1965; ders., Cabala, Enc. Ph. II (1972), 1–3; C. Bloch, Kabbalistische Sagen, Leipzig 1925 (repr. Leipzig 1990, 1994); P. Bloch, Geschichte der Entwickelung der K. und der jüdischen Religionsphilosophie kurz zusammengefasst, Trier, Berlin 1894; ders., Die K.h auf ihrem Höhepunkt und ihre Meister, Monatsschr. Gesch. u. Wiss. d. Judentums 49 (1905), 129–166, separat: Preßburg 1905; W. E. Butler, Magic and the Qabalah, London 1964, 1972, Wellingborough 1978, ferner in:

ders., Apprenticed to Magic and Magic & the Qabalah, Wellingborough 1990, 107–179 (dt. Magie und K., in: ders., Das ist Magie. Die praktische Einführung in die Geheimnisse westlicher Magie, Freiburg 1991, 1994, 151–244); R. Cavendish, Cabala, in: ders., Encyclopedia of the Unexplained. Magic, Occultism and Parapsychology, London, New York 1974, 1989, 56–59; J. Dan (ed.), The Early K.h, New York/Mahwah N. J./Toronto 1986; ders., Jewish Mysticism and Jewish Ethics, Seattle 1986, erw. Northvale N. J. ²1996; ders., K.h. A Very Short Introduction, Oxford/New York 2005, 2006 (dt. Die K.. Eine kleine Einführung, Stuttgart 2007); K. S. Davidowicz, K., LThK V (³1996), 1119–1122; J. D. Dunn (ed.), The Window of the Soul. The K.h of Rabbi Isaac Luria (1534–1572). Selections from Chayyim Vital, San Francisco Calif./Newburyport Mass. 2008 [mit Einl. v. J. D. Dunn, 19–49]; P. Epstein, K.h. The Way of the Jewish Mystic, Garden City N. Y. 1978, New York 1979, Boston Mass./ London 1988, 2001; R. H. Feldman, Fundamentals of Jewish Mysticism and K.h, Freedom Calif. 1999; L. Fine (ed.), Essential Papers on K.h, New York 1995; FM I (1994), 463–464 (Cábala); D. Fortune (d. i. V. M. Firth), The Mystical Qabalah, London 1935, 1980, York Beach Me. 1984, Wellingborough 1987, London 1998, rev. Boston Mass. 2000 (franz. La Cabale mystique, Paris 1937 [repr. Paris 1979], 1990; dt. Die mystische K., Freiburg 1987, mit Untertitel: Ein praktisches System der spirituellen Entfaltung, ³1993, ⁴1995, erw. Hamburg 2004); A. Franck, La kabbale. Ou, La philosophie religieuse des Hébreux, Paris 1843, ²1889 (repr. Genf/Paris 1981), ³1892 (repr. Nîmes 1993) (dt. Die K.. Oder, Die Religions-Philosophie der Hebräer, übers. u. erw. v. A. Jellinek, Leipzig 1844 [repr. Holzminden 1995], Berlin ³1922, Amsterdam 1990; engl. [rev. u. erw.] The K.h. Or, The Religious Philosophy of the Hebrews, New York 1926 [repr. New York 1973]); C. D. Ginsburg, The K.h. Its Doctrines, Development, and Literature. An Essay, London 1865, Nachdr. Proc. Literary and Philos. Soc. Liverpool 19 (1866), 181–343 [= Appendix], Nachdr. London 1920, ferner in: ders., The Essenes. Their History and Doctrines/The K.h. Its Doctrines, Development, and Literature, London, New York 1955 (repr. New York 1972, London 1974, New York 2005), 83–245; M. Goetschel, Meir Ibn Gabbay. Le discours de la Kabbale espagnole, Leuven 1981; ders., La Kabbale, Paris 1985, ⁶2002; K. E. Grözinger, Jüdisches Denken. Theologie, Philosophie, Mystik II (Von der mittelalterlichen K. zum Hasidismus), Frankfurt 2005, Darmstadt 2006; ders./J. Dan (eds.), Mysticism, Magic, and K.h in Ashkenazi Judaism. International Symposium Held in Frankfurt a.M. 1991, Berlin/New York 1995 (Studia Judaica XIII); M. Idel, K.h. New Perspectives, New Haven Conn./London 1988 (franz. La cabale. Nouvelles Perspectives, Paris 1998); ders., Absorbing Perfections. K.h and Interpretation, New Haven Conn./London 2002; ders., K.h and Eros, New Haven Conn./ London 2005; ders., La cabbala in Italia (1280–1510), Florenz 2007; ders., K.h, EJud XI (²2007), 586–692; E. Issberner-Haldane (ed.), Die K. des Zoroaster, Berlin 1961; A. Jellinek, Beiträge zur Geschichte der K., I–II, Leipzig 1852 (repr. New York 1980, ferner in: ders., Kleine Schriften zur Geschichte der K. [s. u.]); ders. (ed.), Auswahl kabbalistischer Mystik I, Leipzig 1853 [mehr nicht erschienen] (repr. in: ders., Kleine Schriften zur Geschichte der K. [s. u.]); ders. (ed.), Abraham Abulafia's Sendschreiben über Philosophie und K./Thomas von Aquino's Abhandlung »De animae facultatibus«, Leipzig 1854 (Philos. u. K. I); ders., Kleine Schriften zur Geschichte der K., Hildesheim/ Zürich/New York 1988; A. Kaplan, Meditation and K.h. Containing Relevant Texts from The Greater Hekhelot, Textbook of the Merkava School, The Works of Abraham Abulafia, Joseph

Gikatalia's Gates of Light, The Gates of Holiness, Gate of the Holy Spirit, Textbook of the Lurianic School, Hasidic Classics, York Beach Me. 1982, Northvale N. J. 1995, Boston Mass. 2002; A. Kilcher/J. Dan, K., RGG IV (⁴2001), 724–727; C. Knorr von Rosenroth, K. denudata, seu doctrina Hebræorum transcendentalis et metaphysica atque theologica […], I–II, Sulzbach 1677/ 1684 (repr. Hildesheim/New York 1974, 1999) (engl. K. denudata. The K.h Unveiled […], ed. S. L. MacGregor Mathers, London 1887, unter dem Titel: The K.h Unveiled, London 1926, 1954, New York 1968, London 1981, York Beach Me. 1982, London 1991); M. D. G. Langer, Die Erotik der K., Prag 1923, München 1989, Neu-Isenburg 2006 (franz. L'érotique de la kabbale, Paris 1990); O. Leaman, K.h, REP V (1998), 171–176; R. T. Llewellyn, Jacob Boehmes Kosmogonie in ihrer Beziehung zur K., Antaios 5 (1964), 237–250; H. Loewe, K., ERE VII (1959), 622–628; J. Maier, Die K.h. Einführung, klassische Texte, Erläuterungen, München 1995, ²2004; D. C. Matt (ed.), The Essential K.h. The Heart of Jewish Mysticism, San Francisco Calif. 1995, Edison N. J. 1997, New York 1998, San Francisco Calif. 2007 (dt. Das Herz der K.. Jüdische Mystik aus zwei Jahrtausenden, Bern/München/Wien 1996); E. Müller, Der Sohar und seine Lehre. Einleitung in die Gedankenwelt der K., Wien/Berlin 1920, Wien ²1923, mit Untertitel: Einführung in die K., Zürich ³1959, Bern ⁴1983; ders. (ed.), Der Sohar. Das heilige Buch der K.. Nach dem Urtext, Wien 1932, Neudr. Düsseldorf/Köln 1982, München 1986, 2001, Kreuzlingen/München 2005; I. Myer, Qabbalah. The Philosophical Writings of Solomon ben Yehudah Ibn Gebirol, or Avicebron, and Their Connection with the Hebrew Qabbalah and Sepher ha-Zohar […], Philadelphia Pa. 1888, Nachdr. New York 1970, 1972; F. Niewöhner, K., Hist. Wb. Ph. IV (1976), 661–666; Papus (d. i. G. A. V. Encausse), La kabbale (tradition secrète de l'Occident) résumé méthodique […], Paris 1892 (dt. Die K., Leipzig 1910, ²/³1921, 1932 [repr. Ulm 1962], Heidelberg 1962, Schwarzenburg 1975, 1979, Wiesbaden 1980, überarb. v. M. Tilly, Wiesbaden 2004); J. Pistorius (ed.), Artis Cabalisticae. Hoc est, reconditae theologiae et philosophiae, Scriptorum tomus I […], Basel 1587 (repr. unter dem Titel: Ars cabalistica, Frankfurt 1970, unter dem Titel: Artis Cabalisticae, Lavis/Florenz 2005); I. Regardie, The Tree of Life. A Study in Magic, London 1932, York Beach Me. ³1980, 1986; J. Reuchlin, De arte cabalistica libri tres […], Hagenau 1517, ferner in: J. Pistorius (ed.), Artis Cabalisticae [s. o.], 609–730 (dt. De arte cabalistica. Libri tres [lat./dt.], ed. A. F. W. Sommer, Wien 1997); P. Riccius, De coelesti agricultura Libri III, Augsburg 1514, ferner in: J. Pistorius (ed.), Artis Cabalisticae [s. o.], 1–192; S. Rubin, Heidenthum und K.. Die kabbalistische Mystik, ihrem Ursprung wie ihrem Wesen nach, gründlich aufgehellt und populär dargestellt, Wien 1893; A. Safran, La Cabale, Paris 1960, ³1979, 1988 (dt. Die K.. Gesetz und Mystik in der jüdischen Tradition, Bern/München 1966); P. Schäfer, Der verborgene und offenbarte Gott. Hauptthemen der frühen jüdischen Mystik, Tübingen 1991 (engl. The Hidden and Manifest God. Some Major Themes in Early Jewish Mysticism, Albany N. Y. 1992; franz. Le Dieu caché et révélé. Introduction à la mystique juive ancienne, Paris 1993); L. Schaya, L'homme et l'absolu selon la Kabbale, Paris 1958, 1998 (engl. The Universal Meaning of the K.h, London, Secaucus N. J. 1971, London 1989, Louisville Ky. 2004; dt. [vom Autor übers. u. erw.] Ursprung und Ziel des Menschen im Lichte der K., Weilheim 1972); G. Scholem (ed.), Das Buch Bahir. Ein Schriftdenkmal aus der Frühzeit der K. auf Grund der kritischen Neuausgabe, Leipzig 1923 (Quabbala. Quellen u. Forsch. zur Gesch. d. jüdischen Mystik I) (repr. Darmstadt 1970, 1989); ders., Alchemie und K.. Ein

Kapitel aus der Geschichte der Mystik, Monatsschr. Gesch. u. Wiss. d. Judentums 69 (1925), 13–30, 95–110, separat: Breslau 1925, Berlin 1927, rev. Eranos-Jb. 46 (1977), 1–96, ferner in: ders., Judaica IV, Frankfurt 1984, 19–128, separat: Frankfurt 1994 (engl. Alchemy and Kabbalah, Putnam Conn. 2006); ders., Eine kabbalistische Erklärung der Prophetie als Selbstbegegnung, Monatsschr. Gesch. u. Wiss. d. Judentums 74 (1930), 285–290; ders., K., Enc. Jud. IX (1932), 630–732; ders., Major Trends in Jewish Mysticism, Jerusalem 1941, rev. New York 1946, New York ³1954, London 1955, New York 1961, 1995 (dt. Die jüdische Mystik in ihren Hauptströmungen, Zürich, Frankfurt 1957, Frankfurt 2004; franz. Les grands courants de la mystique juive. La merkaba, la gnose, la kabbale, le »Zohar«, le sabbatianisme, le hassidisme, Paris 1950, 1977, ohne Untertitel, Paris 1994); ders., Reshith ha-Qabbalah [hebr., Die Anfänge der K.], Jerusalem 1948, erw. Neubearb. [dt.] unter dem Titel: Ursprung und Anfänge der K., Berlin 1962, Berlin/New York ²2001 (engl. Origins of the K.h, Princeton N. J. 1987, Philadelphia Pa. 1990); ders., K.h und Mythos, Eranos-Jb. 17 (1949), 287–334, separat: Zürich 1950; ders., Zur K. und ihrer Symbolik, Zürich 1960, Darmstadt 1965, Frankfurt 1973, 1998 (engl. On the K.h and Its Symbolism, New York 1965, 1996; franz. La kabbale et sa symbolique, Paris 1966, 2005); ders., Von der mystischen Gestalt der Gottheit. Studien zu Grundbegriffen der K., Zürich 1962, Frankfurt 1973, 1995 (franz. La mystique juive. Les themes fondamentaux, Paris 1985; engl. On the Mystical Shape of the Godhead. Basic Concepts in the K.h, New York 1991, 1997); ders., K.h, Enc. Jud. X (1971), 489–653; ders., K.h, Jerusalem, New York 1974, Jerusalem 1977, New York 1978; W. A. Schulze, Friedrich Christoph Oetinger und die K., Judaica 4 (1948), 268–274; ders., Jacob Boehme und die K., Judaica 11 (1955), 12–29; ders., Schelling und die K., Judaica 13 (1957), 65–99, 143–170, 210–232; ders., Der Einfluß der K. auf die Cambridger Platoniker Cudworth und More, Judaica 23 (1967), 75–126, 136–160, 193–240; F. Secret, Les kabbalistes chrétiens de la Renaissance, Paris 1964, erw. Mailand, Neuilly 1985; K. Seligmann, The History of Magic, New York 1948, 338–358, unter dem Titel: Magic, Supernaturalism and Religion, New York, London 1971, 1973, 229–243, unter dem Titel: The History of Magic and the Occult, New York 1975, 1997, 229–243 (dt. Das Weltreich der Magie. 5000 Jahre geheime Kunst, Stuttgart 1958, Wiesbaden [1970], Eltville a. Rhein 1988, 267–283); H. Sérouya, La kabbale. Ses origines, sa psychologie mystique, sa métaphysique, Paris 1947 (repr. 1993), rev. 1956 (repr. 2004), 1985; H. Tirosh-Samuelson, Philosophy and K.h: 1200–1600, in: D. H. Frank (ed.), The Cambridge Companion to Medieval Jewish Philosophy, Cambridge 2003, 218–257; G. Vajda, Recherches sur la philosophie et la Kabbale dans la pensée juive du moyen âge, Paris/La Haye 1962; P. Vulliaud, La Kabbale juive. Histoire et doctrine (essai critique), I–II, Paris 1923, 1976; A. E. Waite, The Holy K.h. A Study of the Secret Tradition in Israel [...], London, New York 1929, Nachdr. mit Einl. v. K. Rexroth, New Hyde Park N. Y., Secaucus N. J., New York 1960, New Hyde Park N. Y. 1965, New York 1992, Secaucus N. J. 1995, Mineola N. Y. 2003; H. Weiner, 9 1/2 Mystics: The K. Today, New York 1969, 1979, erw. 1992; R. J. Z. Werblowsky, Milton and the ›Conjectura Cabbalistica‹, J. Warburg and Courtauld Inst. 18 (1955), 90–113; M. Wiener (ed.), Die geistliche Lyrik der Juden in Nachdichtungen I (Die Lyrik der K.h. Eine Anthologie), Wien/Leipzig 1920; E. R. Wolfson, Through a Speculum that Shines. Vision and Imagination in Medieval Jewish Mysticism, Princeton N. J. 1994, 1997; ders., Jewish Mysticism. A Philosophical Overview, in: D. H. Frank/O. Leaman (eds.), History of

Jewish Philosophy, London/New York 1997, 2003, 450–498; ders., Alef, mem, tau. Kabbalistic Musings on Time, Truth, and Death, Berkeley Calif./London 2006; F. A. Yates, Giordano Bruno and the Hermetic Tradition, London 1964, Chicago Ill./London, London/New York 1999, 84–116 (Chap. V Pico della Mirandola and Cabalist Magic), 257–274 (Chap. XIV Giordano Bruno and the Cabala), London/New York 2002, 90–129 (Chap. V), 283–301 (Chap. XIV); dies., The Occult Philosophy in the Elizabethan Age, London/Boston Mass./Henley 1979, London/New York 2003 (franz. La philosophie occulte à l'époque élisabéthaine, Paris 1987; dt. Die okkulte Philosophie im elisabethanischen Zeitalter, Amsterdam 1991). – G. Scholem, Bibliographia Kabbalistica. Verzeichnis der gedruckten, die jüdische Mystik (Gnosis, K., Sabbatianismus, Frankismus, Chassidismus) behandelnden Bücher und Aufsätze von Reuchlin bis zur Gegenwart. Mit einem Anhang: Bibliographie des Zohar und seiner Kommentare, Leipzig 1927, Berlin 1933; Totok II (1973), 291–294; S. A. Spector, Jewish Mysticism. An Annotated Bibliography on the K.h in English, New York/London 1984.   C. T.

Kaila, Eino, *Alajärvi (Finnland) 9. Aug. 1890, †Helsinki 31. Juli 1958, finn. Philosoph und Psychologe. 1908–1910 Studium der Philosophie und Psychologie in Helsinki, 1916 Promotion (Über die Motivation und die Entscheidung. Eine experimentell-psychologische Untersuchung). 1921 erster Philosophieprofessor der neugegründeten Universität Turku und Gründung des ersten Finnischen psychologischen Laboratoriums. 1930 Prof. für Theoretische Philosophie (einschließlich Psychologie) in Helsinki, ab 1948 Mitglied der neugegründeten Akademie Finnlands (ohne Lehrverpflichtung). K., der nach seinem ersten Universitätsexamen auch poetische und theaterkritische Arbeiten publizierte sowie als Dramaturg tätig war, arbeitete zunächst als Experimentalpsychologe (anfangs Anhänger assoziationspsychologischer und mechanistischer Auffassungen, später der Gestaltpsychologie) und gilt als Begründer der Psychologie als eigenständiger Disziplin in Finnland. Ab etwa 1934 fast ausschließlich Konzentration auf Probleme der Theoretischen Philosophie (↑Philosophie, theoretische).

Die psychologischen Arbeiten zu Beginn von K.s wissenschaftlicher Laufbahn sind zunächst (Dissertation) von der Würzburger Schule der Denkpsychologie um O. Külpe beeinflußt, später schließt er sich stärker der Berliner Schule der ↑Gestaltpsychologie an. Sein Buch über Persönlichkeit (1934), das die symbolische Funktion der ↑Sprache ins Zentrum stellt, übte großen Einfluß in den skandinavischen Ländern aus. K.s frühes, auf ein antimaterialistisches, monistisches, wissenschaftliches Weltbild mit pantheistischen (↑Pantheismus) Zügen (in Kritik des populären ↑Monismus von E. Haeckel u. a.) zielendes Bestreben findet seine Fortsetzung im Eintreten für das Programm der ↑Einheitswissenschaft im Logischen Empirismus (↑Empirismus, logischer; K. hatte bereits 1923 eine Korrespondenz mit H. Reichenbach begonnen und später M. Schlick und R. Carnap unter anderem bei längeren Aufenthalten in Wien kennengelernt). Bereits 1926 prägte K. für seine eigene Position die Bezeichnung ›logischer Empirismus‹. In kritischer Auseinandersetzung (z. B. ↑Dispositionsbegriffe, wichtige Rolle von ↑Induktion und ↑Wahrscheinlichkeit) mit Carnaps »Der logische Aufbau der Welt« (Berlin 1928) und weniger an methodologischen als an erkenntnistheoretischen Dingen interessiert, entwirft K. in seinem »System der Wirklichkeitsbegriffe« (1936) eine konstitutionstheoretische Erkenntnistheorie, die vor allem A. Ayer beeinflußt hat. Deren Grundbegriffe bilden die von der Alltagserfahrung bis zu abstraktesten wissenschaftlichen Theorien fortschreitende ›Invarianz‹ und ›Rationalisierung‹ (bzw. ›Idealisierung‹) des Wissens, die die begriffliche Verbindung der drei Realitätsschichten phänomenaler Sinneserfahrung, physikalischer Makro- und physikalischer Mikroobjekte liefern. Die zunächst geforderte *synthetische* Äquivalenz von phänomenalistischer Sprache (↑Phänomenalismus) und Dingsprache (↑Physikalismus) gab K. wegen der damit verbundenen schwer lösbaren Probleme auf, glaubte jedoch später im (nur vage formulierten) Begriff der ›Terminalkausalität‹ einen neuen einheitlichen Gesichtspunkt gefunden zu haben. – K., dessen eigene logische Arbeiten keine Originalität beanspruchen können, führte das Studium der mathematischen Logik (↑Logik, mathematische) in den finnischen Universitätsunterricht ein. Zu seinen Schülern gehören E. Stenius und G. H. v. Wright.

Werke: Über Motivation und Entscheidung. Eine experimentellpsychologische Untersuchung, Helsinki 1916; Der Satz vom Ausgleich des Zufalls und das Kausalprinzip. Erkenntnislogische Studien, Turku 1925 (Annales Univ. Fenn. Aboensis, Ser. B, II.2); Die Prinzipien der Wahrscheinlichkeitslogik, Turku 1926 (Annales Univ. Fenn. Aboensis, Ser. B, IV.1); Todellisuuden tieteellisestä ja metafyysillisestä selittämisestä, Valvoja-Aika 4 (1926), 268–287, ferner in: ders., *Valitut teokset* [s.o.] I, 419–444 (engl. On Scientific and Metaphysical Explanation of Reality, in: L. Haaparanta/I. Niiniluoto [eds.], Analytic Philosophy in Finland, Amsterdam/New York 2003, 49–67); Probleme der Deduktion, Turku 1928 (Annales Univ. Aboensis, Ser. B, IV.2); Beiträge zu einer synthetischen Philosophie, Turku 1928 (Annales Univ. Aboensis, Ser. B, IV.3); Der logistische Neupositivismus. Eine kritische Studie, Turku 1930 (Annales Univ. Aboensis, Ser. B, XIII) (engl. Logical Neopositivism. A Critical Study, in: Reality and Experience [s.u.], 1–58); Persoonallisuus, Helsinki 1934, ⁵1961 (schwed. Personlighetens psykologi, Stockholm 1935, ⁴1946); Über das System der Wirklichkeitsbegriffe. Ein Beitrag zum logischen Empirismus, Helsinki 1936 (Acta Philos. Fenn. 2) (engl. On the System of the Concepts of Reality. A Contribution to Logical Empiricism, in: Reality and Experience [s.u.], 59–125); Inhimillinen Tieto, mitä se on ja mitä se ei ole, Helsinki 1939 (schwed. Übers. v. G. H. v. Wright, Den Mänskliga Kunskapen. Vad den är och vad den icke är, Stockholm 1939); Über den physikalischen Realitätsbegriff. Zweiter Beitrag zum logischen Empirismus, Helsinki 1941 (Acta Philos. Fenn. 4)

(engl. On the Concept of Reality in Physical Science. Second Contribution to Logical Empiricism, in: Reality and Experience [s.u.], 126–258); Physikalismus und Phänomenalismus, Theoria 8 (1942), 85–125; Logik und Psychophysik. Ein Beitrag zur theoretischen Psychologie, Theoria 10 (1944), 91–119; Zur Metatheorie der Quantenmechanik, Helsinki 1950 (Acta Philos. Fenn. 5); Terminalkausalität als die Grundlage eines unitarischen Naturbegriffs. Eine naturphilosophische Untersuchung. Erster Teil. Terminalkausalität in der Atomdynamik, Helsinki 1956 (Acta Philos. Fenn. 10); Arkikokemuksen perseptuaalinen ja konseptuaalinen aines, Ajatus 23 (1960), 50–115 (dt. Die perzeptuellen und konzeptuellen Komponenten der Alltagserfahrung, übers. v. H. Henning, Helsinki 1960 [Acta Philos. Fenn. 13]; engl. The Perceptual and Conceptual Components of Everyday Experience, in: Reality and Experience [s.u.], 259–312); Reality and Experience. Four Philosophical Essays, ed. R. S. Cohen with an Introd. by G. H. v. Wright, Dordrecht/Boston Mass./London 1979 (Vienna Circle Collection 12) (mit Bibliographie, 313–323); Valitut teokset (Ausgewählte Werke), I–II, ed. I. Niiniluoto, Helsinki 1990–1992; On the Method of Philosophy. Extracts from a Statement to the Section of History and Philology at the University of Helsinki (1930), in: L. Haaparanta/I. Niiniluoto (eds.), Analytic Philosophy in Finland [s.o.], 69–77; Die Bedeutung der Philosophie als Gegengewicht gegen die wissenschaftliche Spezialisierung, Jb. finnisch-deutsche Literaturbeziehungen 38 (2006), 168–171; On Human Knowledge, ed. J. Manninen/G. Reisch, Chicago Ill. 2011.

Literatur: C. G. Hempel, E. K. and Logical Empiricism, Acta Philos. Fenn. 52 (1992), 43–51; J. Hintikka, Philosophy of Science (Wissenschaftstheorie) in Finland, Z. allg. Wiss.theorie 1 (1970), 119–132; J. Manninen, Between the Vienna Circle and Ludwig Wittgenstein – the Philosophical Teachers of G. H. von Wright, in: ders./F. Stadler (eds.), The Vienna Circle in the Nordic Countries. Networks and Transformations of Logical Empiricism, Dordrecht etc. 2010, 47–67; I. Niiniluoto, K.s Critique of Vitalism, in: J. Manninen/F. Stadler (eds.), The Vienna Circle in the Nordic Countries [s.o.], 125–134; ders./M. Sintonen/G. H. v. Wright (eds.), E. K. and Logical Empiricism, Helsinki 1992 (= Acta Philos. Fennica LII); A. Siitonen, K. and Reichenbach as Protagonists of ›Naturphilosophie‹, in: J. Manninen/F. Stadler (eds.), The Vienna Circle in the Nordic Countries [s.o.], 135–152; W. Stegmüller, Probleme und Resultate der Wissenschaftstheorie und Analytischen Philosophie II/I (Theorie und Erfahrung), Berlin/Heidelberg/New York 1970, bes. 222–226. – Ajatus 23 (1960), enthält (auf finnisch) Beiträge über K., eine Bibliographie (127–146) sowie den nachgelassenen Text: Bemerkungen zu einigen Grundlagenfragen der Wellenmechanik (116–124); [Ergänzung der Bibliographie], Ajatus 24 (1962), 135.   G. W.

kāla (sanskr., Zeit, Zeitmaß, Gelegenheit zu), Grundbegriff der klassischen indischen Philosophie (↑Philosophie, indische), in der Naturphilosophie des ↑Vaiśeṣika nach Analogie des Raumes behandelt, wie dieser zur Kategorie (↑padārtha) der Substanz (↑dravya) gehörig; gilt als Ursache (↑kāraṇa) für Entstehen und Vergehen der Dinge. Bei den Jainas (↑Philosophie, jainistische) ist strittig, ob k. als Substanz gelten kann, weil Substanzen generell durch den Raum (↑ākāśa), den sie einnehmen, bestimmt sind. Im Buddhismus (↑Philosophie, buddhistische) wird k., wie alle Substanzen, einer radikalen

Erkenntniskritik unterzogen und insbes. im Mādhyamika-Zweig (↑Mādhyamika) des ↑Mahāyāna durch Leerheit (↑śūnyatā) charakterisiert.

Literatur: A. N. Balslev, A Study of Time in Indian Philosophy, Wiesbaden 1983, Neu-Delhi ²1999; H. Coward, Time (k.) in Bhartrhari's Vakyapadiya, J. Indian Philos. 10 (1982), 277–287; E. Frauwallner, Geschichte der indischen Philosophie II (Die naturphilosophischen Schulen und das Vaiśeṣika-System. Das System der Jaina. Der Materialismus), Salzburg 1956; W. Halbfass. On Being and What There Is. Classical Vaiśeṣika and the History of Indian Ontology, Albany N. Y. 1992; R. K. Heinemann, Der Weg des Übens im ostasiatischen Mahāyāna. Grundformen seiner Zeitrelation zum Übungsziel in der Entwicklung bis Dōgen, Wiesbaden 1979; H. S. Prasad (ed.), Time in Indian Philosophy. A Collection of Essays, Delhi 1992; S. Schayer, Contributions to the Problem of Time in Indian Philosophy, Krakau 1938.   K. L.

Kālacakrayāna, ↑Tantrayāna.

Kalinowski, Jerzy (Dominik Maria; ab ca. 1958 meist »Georges«), *Lublin 4. Aug. 1916, †Buis les Baronnies (Frankreich) 21. Okt. 2000, poln. Philosoph (neothomistischer Richtung, ↑Neuthomismus), Philosophiehistoriker und Logiker. 1934–1938 Studium der Rechte an der Katholischen Universität Lublin, 1939 Kriegsdienst, nach Flucht aus rumänischem Internierungslager nach Frankreich dort in Poitiers 1943–1945 erneutes Rechtsstudium, Rückkehr nach Polen 1946. Juristische Promotion in Lublin 1947, Habilitation ebendort 1951. 1958 aus teils familiären, teils politischen Gründen Übersiedlung nach Frankreich, Tätigkeit an der Philosophischen Sektion des Centre National de Recherches, Docteur d'état 1968 Bordeaux. K. übersetzte einige der Hauptschriften A. Tarskis und S. Leśniewskis ins Französische.

Aufgrund seiner Arbeit zur Logik normativer Propositionen (1953) muß K. als ein Begründer der modernen deontischen Logik (↑Logik, deontische) angesehen werden, auch wenn er als solcher wenig einflußreich war. K. entwickelt zwei Systeme für die Logik der deontischen ↑Operatoren wie ›muß tun‹, ›hat das Recht zu tun‹, wobei das erste System in ein dreiwertiges System der Logik eingebettet ist. Das zweite System schließt Konstanten für Handlungssubjekte sowie Variablen für Handlungssubjekte und für Handlungen und sich darauf beziehende ↑Quantifikationen ein. Logische und deontische Operatoren interagieren dabei in dem Sinne, daß K. zwei Arten von ↑Negationen unterscheidet, eine für deontische Operatoren und eine für Handlungen. Später hat K. diese Ideen auf die Analyse moralphilosophischer und juristischer Argumentationen angewendet, und zuvor unter Einschluß der Geschichte dieser Disziplinen. Als Moral- und Rechtsphilosoph vertrat K. eine kognitivistische Position, im Einklang mit seiner aristotelischen und thomistischen Grundausrichtung.

Werke: Teoria reguły społecznej i reguły prawnej Leona Duguit. Problem podstaw mocy obowiązującej prawa. Studium filozoficzno-prawne [La Théorie Dugutienne des règles sociale et juridique. Étude de philosophie du droit], Lublin 1949 [mit franz. Zusammenfassung]; Teoria zdań normatywnych, Stud. Log. 1 (1953), 113–146 [franz. Théorie des propositions nortives, Stud. Log. 1 [1953], 147–182); Teoria poznania praktycznego [Die Theorie der praktischen Erkenntnis], Lublin 1960 [mit franz. Zusammenfassung]; Obligation dérivée et logique déontique relationnelle (Remarques sur le système de G. H. von Wright et sur le développement de la logique déontique), Notre Dame J. Formal Logic 5 (1964), 181–190; Les thèmes actuels de la logique déontique. Esquisse de l'état actuel des recherches dans la logique des normes, Stud. Log. 17 (1965), 75–113; Introduction à la logique juridique. Éléments de sémiotique juridique, logique des normes et logique juridique, Paris 1965 (ital. Introduzione alla logica giuridica, Mailand 1971); (mit S. Swieżawski) La philosophie à l'heure du Concile, Paris 1965 (poln. Filozofia w dobie Soboru, Warschau 1995; engl. Philosophy during the Second Vatican Council, New York etc. 2000); De la spécificité de la logique juridique, Arch. philos. du droit 11 (1966), 7–23; Initiation à la philosophie morale. À l'usage de l'homme d'action, Paris 1966; Le problème de la vérité en morale et en droit, Lyon 1967 [Diss. Bordeaux 1966]; Querelle de la science normative. Une contribution à la théorie de la science, Paris 1969 (ital. Disputa sulla scienza normativa. Un contributo alla teoria della scienza, Padua 1982); Le raisonnement juridique et la logique juridique. Leur spécificité et leurs rapports avec la logique formelle, en particulier avec la logique déontique, Log. anal. NS 13 (1970), 3–18; Sur l'enseignement de la logique dans les facultés de droit, Arch. philos. du droit 15 (1970), 319–329; La logique des normes, Paris 1972 (dt. Einführung in die Normenlogik, Frankfurt 1972, 1973); Études de logique déontique I (1953–1969), Paris 1972; Norms and Logic, Amer. J. Jurisprudence 18 (1973), 165–197; Sur quelques suggestions en logique modale et en logique trivalente. Autour des idées de Robert Blanché, Log. anal. NS 17 (1974), 111–125; (mit J.-L. Gardies) Un logicien déontique avant la lettre: Gottfried Wilhelm Leibniz, Arch. Rechts- u. Sozialphilos. 60 (1974), 79–112; Du métalangage en logique. Réflexions sur la logique déontique et son rapport avec la logique des normes, Urbino 1975; Logica del diritto. Lineamenti generali, in: F. Calasso (ed.) Enciclopedia del diritto XXV, Mailand 1975, 7–13; Un aperçu élémentaire des modalités déontiques, Langages 10 (1976), 10–18; Die präskriptive und die deskriptive Sprache in der deontischen Logik. Zwei Fragen zum Thema der abgeleiteten Verpflichtung, Rechtstheorie 9 (1978), 411–420; Lógica de las normas y lógica deóntica. Posibilidad y relaciones, Valencia (Venezuela) 1978; L'impossible métaphysique, Paris 1981 [im Anhang drei unedierte Briefe von Étienne Gilson]; Vérité analytique et vérité logique, Paris 1982; Sémiotique et philosophie. À partir et à l'encontre de Husserl et de Carnap, Paris, Amsterdam 1985; (ed.) Cyprianus Regneri Demonstratio logicae verae iuridica, Bologna 1986; Autour de »Personne et acte« de Karol cardinal Wojtyła. Articles et conférences sur une rencontre du thomisme avec la phénoménologie, Aix-en-Provence 1987; La phénoménologie de l'homme chez Husserl, Ingarden et Scheler, Paris 1991; Expérience et phénoménologie. Husserl, Ingarden, Scheler, Paris 1992; La logique déductive. Essai de présentation aux juristes, Paris 1996; Poszerzone serca. Wspomnienia, Lublin 1997. – T. Kwiatkowski, Bibliografia podmiotowa i przedmiotowa profesora Jerzego Kalinowskiego, STNKUL [Sprawozdania Towarzystwa Naukowe Katolickiego Uniwersytetu Lubelskiego]

24–25 (1995–1996), 33–54; ders./A. Bastit, Bibliographie exhaustive de J. K., in: M. Bastit/R. Pouivet (eds.), J. K.. Logique et normativité [s. u., Lit.], 195–221.

Literatur: M. Ballester, ¿Axiomatizar la metafisica? A proposito de »l'impossible metaphysique« de G. K., Anuario Filosófico 25 (1992), 515–530; ders., La unidad del pensamiento. Estudio sobre el itinerario intelectual de G. K., Barcelona 1992; ders., La unidad interna del saber en G. K., Daimōn. Rev. Filos. 8 (1994), 131–141; ders., El fundamento de las normas según G. K., Sapientia 49 (1994), 307–326; M. Bastit/R. Pouivet (eds.), Jerzy K.. Logique et normativité, Paris 2006 (Philosophia Scientiae 10, H. 1); R. Bozzi, La fondazione metafisica del diritto in G. K., Neapel 1981; ders., La logica deontica di G. K., Neapel 1984; A. G. Conte, Deux questions en réponse à une critique de G. K., Log. anal. NS 21 (1978), 112–120; G. Drago, Il problema della logica giuridica nel pensiero di G. K., Giornale di metafisica 25 (1970), 56–58; J.-C. Dumoncel, La théologie modale de Leibniz. Réponse à G. K., Stud. Leibn. 17 (1985), 98–104; C. I. Massini, Una contribución contemporánea a la filosofia de la ley. Las investigaciones de G. K., Persona y derecho 15 (1986), 175–233; T. Kwiatkowski, K., in: A. Maryniarczyk (ed.), Powszechna Encyklopedia Filozofii V, Lublin 2004, 435–438; A. Sánchez García, Tableaux sémantiques pour la logique des normes Kalinowskiens, in: G. K./F. Selvaggi (eds.), Les fondements logiques de la pensée normative [s. o., Werke], 197–205; K. M. Satariano, La teoria della norma e metafisica in G. K., Mailand 1993; T. Styczen, Reply to K. by Way of an Addendum to the Addenda, Aletheia. Int. J. Philos. 4 (1988), 217–225; O. Weinberger, G. K. – ein Nachruf, Rechtstheorie 33 (2002), 137–138. C. T./P. S.

Kalkül (aus franz. calcul, von lat./engl. calculus, d.i. Rechenstein), Bezeichnung für ein Verfahren der ↑Herstellung von Figuren aus *Grundfiguren* nach bestimmten Vorschriften, den *Grundregeln*. Dabei sind alle Figuren aus einem Vorrat an *Grundzeichen* (↑Atomfigur), dem ↑Alphabet, zusammengesetzt, und die Grundregeln, seien es reine Aufbauregeln oder auch Kombinationen von Abbau und Aufbau in Gestalt von Ersetzungsregeln (↑Substitution), sind so beschaffen, daß sich von jedem Herstellungsschritt entscheiden läßt, ob er gemäß einer Grundregel erfolgt oder nicht, was, anders ausgedrückt, besagt, daß die Menge der (endlichen) Folgen von Herstellungsschritten bzw. der ↑Prädikator ›ist eine Herstellung‹ entscheidbar (↑entscheidbar/Entscheidbarkeit) ist.

Unter den K.en haben die in der formalen Logik (↑Logik, formale) und in der modernen ↑Wissenschaftstheorie, insbes. der ↑Metamathematik, behandelten *formalen Systeme* (↑System, formales) einen besonderen Status, werden sie doch nicht bloß syntaktisch untersucht, eben als ein K. oder ein ↑Formalismus, sondern ausdrücklich als eine *formale Sprache* (↑Sprache, formale), nämlich unter Bezug auf ihre Herkunft als ↑Kalkülisierung oder ↑Formalisierung einer, oft bereits axiomatisiert vorliegenden, wissenschaftlichen Theorie (↑System, axiomatisches), sei es der Theorie logischer ↑Folgerung bzw. logischer ↑Wahrheit im Falle eines ↑Logikkalküls oder der Theorie grammatischer Korrektheit von natürlichen Sprachen (↑Sprache, natürliche) im Falle formaler Grammatikmodelle (↑Grammatik, ↑Transformationsgrammatik) oder auch der (nur partiell formalisierbaren) Theorie arithmetischer Wahrheit im Falle arithmetischer ↑Vollformalismen (↑Peano-Formalismus) oder zahlreicher anderer Theorien. Zu den K.en im ursprünglichen Wortsinn von ›Berechnung(sverfahren)‹ (engl. calculation, in terminologisch fixierten Zusammenhängen in der Regel: computation; ↑berechenbar/Berechenbarkeit) gehören daher, auch wenn meist erst nach geeigneter Umformung als spezielle Klassen von K.en identifizierbar, die *Algorithmen* (↑Algorithmus), insbes. die Semi-Thue-Prozesse, die ↑Markov-Algorithmen, die Postschen K.e und die Turing-Maschinen (↑Algorithmentheorie), ebenso der ↑Lambda-Kalkül, die kombinatorische Logik (↑Logik, kombinatorische), ↑Klassenkalkül und ↑Relationenkalkül sowie andere Rechenverfahren der Mathematik, vom Addieren und Multiplizieren natürlicher Zahlen (↑Arithmetik) bis hin zu ›Tensorkalkül‹ und ›Differentialkalkül‹ (im engl. Sprachgebrauch wird auf die ↑Infinitesimalrechnung häufig abgekürzt mit ›calculus‹ referiert) etc.; umgangssprachlich werden zuweilen sogar methodisch in kleinste Schritte, auch Denkschritte, gegliederte Verfahren zur Erreichung eines bestimmten Ziels ›K.e‹ genannt.

Als Beispiel diene der *arithmetische* K. (↑Strichkalkül) zur Erzeugung von Ziffern durch Aneinanderfügen, die ↑*Verkettung* (engl. concatenation), eines einzigen Grundzeichens, etwa eines senkrechten Strichs:

$$\Rightarrow |$$
$$n \Rightarrow n|$$

Mit der ersten Regel ohne Prämissen, einer ↑›*Anfangsregel*‹, wird die Grundfigur ›|‹ hergestellt. Mit der zweiten Regel werden durch Rechtsanfügen nacheinander (endliche) Strichfolgen hergestellt; sie wird gelesen: *wenn n*, die ↑*Prämisse* der Regel, schon hergestellt ist, *dann* ist es erlaubt, auch *n|*, die ↑*Konklusion* der Regel, herzustellen. Der Regelpfeil ›⇒‹ spielt die Rolle eines *praktischen* ›wenn-dann‹, wie es in ↑Spielregeln oder Rezepten auftritt, und darf nicht mit dem Junktor ›→‹, dem *theoretischen* ›wenn-dann‹ (↑Subjunktor), verwechselt werden. Dabei wird die Regel angewendet mit Hilfe einer ↑*Belegung* (engl. instance) der Regel: Die Figurenvariable ›*n*‹ wird ersetzt durch eine Figur, z. B. ›| |‹, so daß ›| | ⇒ | | |‹ den Schritt von ›| |‹ nach ›| | |‹ mitteilt. Eine Folge von Herstellungsschritten nach den Grundregeln heißt eine ↑›*Ableitung*‹ der Endfigur; in ihr können nur Belegungen von Regeln auftreten, bei denen die Prämissen selbst bereits ableitbar waren. Eine Figur *n* ist *ableitbar* (↑ableitbar/Ableitbarkeit) im K. K (symbolisiert: $\vdash_K n$), wenn eine Ableitung in K mit *n* als Endfigur gefunden werden kann; eine Figur *n* ist *hypothetisch ableitbar* aus *m* (symbolisiert: $m \vdash n$), wenn eine

Folge von Herstellungsschritten von m zu n führt, z. B. $|| \vdash ||||$. Insbes. ist – und damit wird der von der operativen Logik (↑Logik, operative) ausgenutzte Zusammenhang von $\Rightarrow$ und $\rightarrow$ deutlich – auf Grund der (praktischen) Regel ›$n \Rightarrow n$‹ die (theoretische) Aussage ›$\bigwedge_x (\vdash x \rightarrow \vdash x|)$‹ gültig. In formalen Sprachen heißen Ableitungen auch ↑›Deduktionen‹, das Regelsystem selbst auch ›Deduktionsgerüst‹, und daher die Deduktion einer Aussage aus ihrerseits deduzierbaren, schließlich auf die Anfänge (↑Axiom) der formalen Sprache zurückgehenden Aussagen ein ↑›Beweis‹ dieser Aussage (↑beweisdefinit/Beweisdefinitheit).

In der *K.theorie* sind diejenigen Regeln besonders wichtig, die einem K. hinzugefügt werden können, ohne daß der Bereich der ableitbaren Figuren dabei erweitert wird; sie heißen für diesen K. ›*zulässige*‹ (engl. admissible) Regeln (↑zulässig/Zulässigkeit). Zu ihnen gehören speziell auch die *ableitbaren* (engl. derivable, auch: derived) Regeln, bei denen die Konklusion für *jede* Belegung aus den Prämissen allein mit Hilfe der Grundregeln hergestellt werden kann. In beliebigen K.en zulässige Regeln, z. B. $n \Rightarrow n$, heißen ›*allgemeinzulässig*‹ (↑allgemeinzulässig/Allgemeinzulässigkeit); sie spielen für die Begründung logischer Schlußregeln in der operativen Logik eine maßgebende Rolle.

Der K.begriff ist wichtig für die Präzisierung der Begriffe der Konstruktivität (↑konstruktiv/Konstruktivität) und der Rekursivität (↑rekursiv/Rekursivität), und zwar deshalb, weil Gegenstandsbereiche, die durch einen ↑Prädikator – abgeleitet von dem ↑Artikulator, der den Gegenstandsbereich artikuliert – als dessen Extension (↑extensional/Extension) charakterisiert sind, auch bei unentscheidbarem (↑unentscheidbar/Unentscheidbarkeit) Prädikator häufig noch durch einen K. herstellbar oder (rekursiv) *aufzählbar* (↑aufzählbar/Aufzählbarkeit; engl. [recursively] enumerable) sein können. So ist etwa die volle klassische oder intuitionistische ↑Quantorenlogik erster Stufe noch kalkülisierbar, die Menge der entsprechenden logisch wahren Aussagen also durch einen geeigneten Logikkalkül herstellbar und damit aufzählbar, obwohl dieselben Mengen unentscheidbar sind, weil sich ihre jeweiligen ↑Komplemente nicht auch aufzählen lassen (↑Unentscheidbarkeitssatz).

Literatur: H. Barendregt, Calculabilité, Enc. philos. universelle II/1 (1990), 254–256; R. Carnap, Logische Syntax der Sprache, Wien 1934, Wien/New York ²1968 (engl. The Logical Syntax of Language, London/New York 1937, trans. A. Smeaton, Countess von Zeppelin, London/Paterson N. J. 1959, 1967, Chicago Ill. 2002); H. B. Curry, Foundations of Mathematical Logic, New York 1963, 1977; H. Hermes, Semiotik. Eine Theorie der Zeichengestalten als Grundlage für Untersuchungen von formalisierten Sprachen, Leipzig 1938 (Forschungen zur Logik und zur Grundlegung der exakten Wissenschaften V) (repr. in: Forschungen zur Logik und zur Grundlegung der exakten Wissenschaften. Neue Folge, H. 1–8, Hildesheim 1970, H. 5); ders.,

Einführung in die mathematische Logik. Klassische Prädikatenlogik, Stuttgart 1963, ⁵1991 (engl. Introduction to Mathematical Logic, Berlin/Heidelberg/New York 1973); K. Lorenz, K., Hist. Wb. Ph. IV (1976), 672–682; P. Lorenzen, Einführung in die operative Logik und Mathematik, Berlin/Göttingen/Heidelberg 1955, Berlin/Heidelberg/New York ²1969; K. Schröter, Ein allgemeiner K.begriff, Leipzig 1941 (Forschungen zur Logik und zur Grundlegung der exakten Wissenschaften VI) (repr. in: Forschungen zur Logik und zur Grundlegung der exakten Wissenschaften. Neue Folge, H. 1–8, Hildesheim 1970, H. 6); R. M. Smullyan, Theory of Formal Systems, Princeton N. J. 1961, 1996; W. Stelzner, K., EP I (1999), 670–672; C. Thiel, Philosophie und Mathematik. Eine Einführung in ihre Wechselwirkungen und in die Philosophie der Mathematik, Darmstadt 1995, 2009.   K. L.

Kalkül des natürlichen Schließens, von G. Gentzen 1935 eingeführte Bezeichnung für einen bestimmten ↑Logikkalkül, heute eher als Bezeichnung für einen *Typ* von Logikkalkülen verwendet. Einen Kalkül dieses Typs hatte auch S. Jaśkowski 1934 unabhängig von Gentzen entwickelt. K. e d. n. S. lassen sich durch folgende Eigenschaften charakterisieren:

(1) K. e d. n. S. stellen eine Formalisierung des Schließens aus ↑*Annahmen* dar, indem sie es zulassen, im Verlauf eines Beweises Annahmen einzuführen und zu beseitigen. Dieses Verfahren entspricht nach Gentzen dem ›natürlichen‹ oder ›wirklichen‹ Schließen bei mathematischen Beweisen. Der für K. e d. n. S. charakteristische Grundbegriff ist also der des ›Annahmebeweises‹, d. h. der von einer endlichen Menge oder Folge von Formeln als Annahmen abhängigen ↑Ableitung einer ↑Formel. Damit unterscheiden sich K. e d. n. S. von Kalkülen, die ohne den Begriff der Annahme oder zumindest ohne den der Annahmenbeseitigung auskommen und die Gentzen ›logistische‹ Kalküle nennt. Für K. e d. n. S. liegen mehrere alternative Formulierungen vor. Die wichtigsten sind einmal die von Gentzen eingeführte baumförmige Notation von Ableitungen, bei der die Annahmenbeseitigung durch Markierung der betreffenden Annahmen notiert wird (vgl. D. Prawitz 1965), sowie die auf Jaśkowski zurückgehende Methode der untergeordneten Beweise (›subordinate proofs‹), bei der ganze Teilableitungen samt ihren Annahmen als ↑Prämissen von Regelanwendungen fungieren können (vgl. F. B. Fitch 1952). Daneben kann man K. e d. n. S. auch als ↑Annahmenkalküle formulieren, wobei allerdings Annahmenbeweise in Beweise ohne Annahmen übergehen.

(2) In K.en d. n. S. ist jeder logischen Partikel * (↑Partikel, logische) ein Paar von Grundregeln zugeordnet: eine *-Einführungsregel,* die es erlaubt, zu einer Formel mit * als Hauptzeichen überzugehen, ausgehend von Teilformeln dieser Formel, und somit * ›einzuführen‹, sowie eine *-Beseitigungs-* oder *-Eliminationsregel,* die es gestattet, von einer Formel mit * als Hauptzeichen zu Teilformeln dieser Formel überzugehen und somit * zu

›beseitigen‹. Z.B. kann man für die ↑Subjunktion →-Einführungs- und →-Beseitigungsregel formulieren als

$$
\frac{\begin{array}{c}[A]\\B\end{array}}{A \to B} \qquad \frac{A \to B \quad A}{B} \; .
$$

Die →-Einführungsregel ist dabei zu lesen als: Man darf von B zu $A \to B$ übergehen und dabei in der Ableitung von B eventuell vorkommende Annahmen A beseitigen (d. h. markieren), so daß die resultierende Ableitung von diesen Annahmen nicht mehr abhängig ist. In ↑Hilbert-typkalkülen ist diese Regel als ↑Deduktionstheorem zu beweisen. Die →-Beseitigungsregel ist der ↑modus ponens. Die Anwendung von Regeln kann auch von Bedingungen abhängen, wie bei der $\bigwedge$-Einführungsregel

$$
\frac{A(y)}{\bigwedge_x A(x)} \; ,
$$

die nur dann anwendbar ist, wenn die Variable y weder in $\bigwedge_x A(x)$ noch in einer Annahme, von der $A(y)$ abhängt, frei vorkommt. – Die ↑Negation läßt sich mit $\curlywedge$ als logischer Konstante (↑falsum) durch ¬-Einführungs- und ¬-Beseitigungsregel

$$
\frac{\begin{array}{c}[A]\\ \curlywedge \end{array}}{\neg A} \qquad \frac{\neg A \quad A}{\curlywedge}
$$

charakterisieren oder durch $\neg A \leftrightharpoons A \to \curlywedge$ explizit definieren. Zusätzliche Regeln für $\curlywedge$ entscheiden dann darüber, ob man einen intuitionistischen oder einen klassischen Kalkül (↑Logik, intuitionistische, ↑Logik, klassische), einen ↑Minimalkalkül oder ein sonstiges System erhält. Die Symmetrie von Einführungs- und Beseitigungsregeln wird in Systemen mit uniformen Beseitigungsregeln, die sich einheitlich aus den Einführungsregeln erzeugen lassen, verallgemeinert. In solchen Systemen ist die Definition verallgemeinerter (n-stelliger) ↑Junktoren und ↑Quantoren möglich. – Die Systematik von Einführungs- und Beseitigungsregeln hat viele Vertreter der philosophischen Semantik (vor allem M. Dummett und Prawitz) dazu veranlaßt, diese Regeln als *Bedeutungsregeln* für die jeweiligen logischen Zeichen zu interpretieren. K.e d. n. S. haben danach gegenüber anderen Formalismen eine ausgezeichnete Stellung, insofern sie nicht nur ›nachträglich‹ gedeutet werden, ihre Regeln vielmehr ›direkt‹ als semantische Regeln aufzufassen sind. Dies spiegelt sich in geeigneten Konzeptionen des Begriffs der Gültigkeit (↑gültig/Gültigkeit) in der beweistheoretischen Semantik (↑Semantik, beweistheoretische) wider.

(3) Technisch gesehen kann man für K.e d. n. S. ein Resultat beweisen, das dem Schnitteliminationssatz für ↑Sequenzenkalküle gleichwertig ist. So lassen sich Ableitungen in K.en d. n. S. umformen in ›normale‹ Ableitungen, die – intuitiv gesprochen – ›keine Umwege‹ machen und nur Teilformeln von Ausgangs- und Endformeln enthalten. Auf Grund dieser erstmals 1965 explizit von Prawitz (unabhängig davon in etwas schwächerer und weniger systematischer Form von A. R. Raggio, und in 2008 aus dem Nachlaß publizierten Vorarbeiten Gentzens zu seiner Dissertation) bewiesenen Version des ↑Gentzenschen Hauptsatzes ist auch in metalogischen (↑Metalogik) und metamathematischen (↑Metamathematik) Untersuchungen der ↑Beweistheorie die Betrachtung von K.en d. n. S. zumindest gleichberechtigt neben die von Sequenzenkalkülen getreten. Dabei haben sich zahlreiche Parallelen zwischen der Theorie der K.e d. n. S. und anderen konstruktiven logischen Theorien ergeben. So korrespondieren auf Grund der ›Curry-Howard-Interpretation‹ Ableitungen von Aussagen im intuitionistischen K. d. n. S. der Typisierung von Termen im getypten ↑Lambda-Kalkül.

Literatur: J. M. Anderson/H. W. Johnstone Jr., Natural Deduction. The Logical Basis of Axiom Systems, Belmont Calif. 1962; D. van Dalen, Logic and Structure, Berlin/New York 1980, ⁴2004, rev. 2008; R. Feys, Les méthodes récentes de déduction naturelle, Rev. philos. Louvain 44 (1946), 370–400; ders., Note complémentaire sur les méthodes de déduction naturelle, Rev. philos. Louvain 45 (1947), 60–72; F. B. Fitch, Symbolic Logic. An Introduction, New York 1952; G. Gentzen, Untersuchungen über das logische Schließen, Math. Z. 39 (1935), 176–210, 405–431 (repr. Darmstadt 1969), Neudr. in: K. Berka/L. Kreiser (eds.), Logik-Texte. Kommentierte Auswahl zur Geschichte der modernen Logik, Berlin (Ost) 1971, 192–253, ⁴1986, 206–262; S. Jaśkowski, On the Rules of Suppositions in Formal Logic, Stud. Log. 1 (1934), 5–32, Nachdr. in: S. McCall (ed.), Polish Logic 1920–1939, Oxford 1967, 232–258; S. Negri/J. v. Plato, Structural Proof Theory, Cambridge/New York 2001; J. v. Plato, Gentzen's Proof of Normalization for Natural Deduction, Bull. Symb. Log. 14 (2008), 240–257; D. Prawitz, Natural Deduction. A Proof-Theoretical Study, Stockholm/Göteborg/Uppsala 1965, Mineola N. Y. 2006; ders., Ideas and Results in Proof Theory, in: J. E. Fenstad (ed.), Proceedings of the Second Scandinavian Logic Symposium, Amsterdam/London 1971, 235–307; ders., On the Idea of a General Proof Theory, Synthese 27 (1974), 63–77; W. V. O. Quine, On Natural Deduction, J. Symb. Log. 15 (1950), 93–102; A. R. Raggio, Gentzen's Hauptsatz for the Systems NI and NK, Log. anal. 8 (1965), 91–100; P. Schroeder-Heister, A Natural Extension of Natural Deduction, J. Symb. Log. 49 (1984), 1284–1300; ders., Validity Concepts in Proof-Theoretic Semantics, Synthese 148 (2006), 525–571; N. W. Tennant, Natural Logic, Edinburgh 1978, rev. 1990; A. S. Troelstra/H. Schwichtenberg, Basic Proof Theory, Cambridge/New York 1996, ²2000. P. S.

Kalkülisierung, auch ↑Formalisierung, die Überführung einer (wissenschaftlichen) Sprache (↑Wissenschaftssprache) oder darüber hinaus einer ganzen (wissenschaftlichen) ↑Theorie, die dann meist schon axiomatisiert vorliegt (↑System, axiomatisches), in einen als formales System (↑System, formales) aufgebauten, grundsätzlich mehrschichtigen ↑Kalkül. Handelt es sich um die K. nur einer Sprache, also den Aufbau einer formalisierten ↑Grammatik, so geht es in der obersten Schicht um die Aufstellung der *Formationsregeln* zur Herstellung der formalen Entsprechungen sinnvoller Aussagen in einem ↑Ausdruckskalkül; handelt es sich um die K. einer ganzen Theorie, so muß noch ein Kalkül der *Transformationsregeln* hinzukommen, der der Herstellung der formalen Entsprechungen der wahren Aussagen, einer Teilmenge der sinnvollen Aussagen, dient, wobei, entsprechend den Verhältnissen bei einer axiomatisierten inhaltlichen Theorie, die Anfänge ↑›Axiome‹ und die Regeln ↑›Deduktionsregeln‹ heißen. Auf diese Weise werden durch K. die wahren Aussagen einer Theorie zu ableitbaren (↑ableitbar/Ableitbarkeit) Figuren eines formalen Systems. Da aber das so gewonnene formale System regelmäßig nicht nur syntaktisch-formal, mithin kalkültheoretisch, untersucht, sondern auch semantisch-inhaltlich interpretiert wird (↑Interpretationssemantik), nennt man die kalkülisierte Theorie ebenso wie die gegebenenfalls durch K. allein gewonnene kalkülisierte Wissenschaftssprache im Blick auf eine intendierte Interpretation auch eine *formale Sprache* (↑Sprache, formale). K. L.

Kallippos von Kyzikos, 2. Hälfte des 4. Jhs. v. Chr., griech. Astronom, Schüler des Eudoxos-Schülers Polemarchos von Kyzikos und Freund des Eudoxos von Knidos, wirkte ab etwa 334 v. Chr. in Athen. K. verbesserte um 330 v. Chr. das Eudoxische Sphärenmodell (System von 27 konzentrischen Sphären, ↑Eudoxos von Knidos) unter dem Gesichtspunkt einer ↑Rettung der Phänomene, indem er die Anzahl der Sphären für Mars, Venus und Merkur um je eine, für Sonne und Mond um je zwei Sphären erhöhte (Aristoteles, Met. *Λ*8.1073b32–38; Simplikios, In Aristotelis de caelo commentaria, ed. J. L. Heiberg, Berlin 1894 [CAG VII], 493,5–8, 497,9 ff.). Das Kallippische System wurde von Aristoteles übernommen, als Ausdruck realer Verhältnisse (also nicht länger als ein nur geometrisches Modell) betrachtet und dabei noch einmal um ›zurückrollende‹, einen angenommenen ›mitführenden‹ Effekt der jeweils äußeren Sphäre ausgleichende Sphären auf insgesamt 55 Sphären ergänzt (Met. *Λ*8.1073b38–1074a14). K. verbesserte ferner den von Meton und Euktemon eingeführten Lunisolarkalender (19jähriger Zyklus bei einer mittleren Jahresdauer von $365\frac{5}{19}$ Tagen) durch die so genannte *Kallippische Periode* (76jähriger Zyklus bei einer mittleren Jahresdauer von $365\frac{1}{4}$ Tagen, Jahr 1 = 330 v. Chr.), in der der vierfache Zyklus Metons, um einen Tag verkürzt, das Kalenderjahr mit der Bewegung der Sonne und den Kalendermonat mit der Bewegung des Mondes synchro-

nisiert (vgl. Geminos, Elementa astronomiae, ed. C. Manitius, Leipzig 1898, 120–122).

Literatur: D. R. Dicks, Early Greek Astronomy to Aristotle, Ithaca N. Y. 1970, 190–219, 258–267 (Chap. VII Callippus and Aristotle); F. K. Ginzel, Kallippische Periode, RE X/2 (1919), 1662–1664; T. Heath, Aristarchus of Samos, the Ancient Copernicus. A History of Greek Astronomy to Aristarchus, Together with Aristarchus's Treatise on the Sizes and Distances of the Sun and Moon, Oxford 1913 (repr. Bristol 1993), 1997, Mineola N. Y. 2004, 212–216, 295–297; ders., Greek Astronomy, London/Toronto 1932, New York 1932, 1991, 65–70; F. Hegelmeier, Die homozentrischen Sphären des Eudoxos und des K. und der Irrtum des Aristoteles, Diss. Erlangen/Nürnberg 1988; ders., Die griechische Astronomie zur Zeit des Aristoteles. Ein neuer Ansatz zu den Sphärenmodellen des Eudoxos und des K., in: K. Döring/B. Herzhoff/G. Wöhrle (eds.), Antike Naturwissenschaft und ihre Rezeption VI, Trier 1996, 51–71; W. Hübner, K., DNP VI (1999), 202–203; J. S. Kieffer, Callippus, DSB III (1971), 21–22; T. H. Martin, Mémoire sur les hypothèses astronomiques d'Eudoxe, de Callippe, d'Aristote et de leur école, Paris 1881; J. Mau, K., KP III (1969), 83–84; H. Mendell, Reflections on Eudoxus, Callippus and Their Curves. Hippopedes and Callippopedes, Centaurus 40 (1998), H. 3–4, 177–275; J. Mittelstraß, Die Rettung der Phänomene. Ursprung und Geschichte eines antiken Forschungsprinzips, Berlin 1962, 145 ff.; O. Neugebauer, The Transmission of Planetary Theories in Ancient and Medieval Astronomy, New York 1955, 1956; ders., A History of Ancient Mathematical Astronomy, I–III, Berlin/Heidelberg/ New York 1975, II, 615, 625, 627–629, 683–685 u.ö.; A. Rehm, K., RE Suppl. IV (1924), 1431–1438; G. Schiaparelli, Le sfere omocentriche di Eudosso, di Callippo e di Aristotele. Memoria, Mailand 1875 (dt. Die homocentrischen Sphären des Eudoxos, des K. und des Aristoteles. Mémoire, Abh. Gesch. Math. 1 [1877], 101–198); G. J. Toomer, Callippus, in: S. Hornblower/ A. Spawforth (eds.), The Oxford Classical Dictionary, Oxford/ New York ³2003, 278; R. Torretti, Callippus of Cyzicus, in: T. Hockey (ed.), The Biographical Encyclopedia of Astronomers I, New York etc. 2007, 193; B. L. van der Waerden, Greek Astronomical Calendars II. Callippos and His Calendar, Arch. Hist. Ex. Sci. 29 (1984), 115–124; ders., Die Astronomie der Griechen. Eine Einführung, Darmstadt 1988, 88–92, 100. J. M.

Kamlah, Wilhelm, *Hohendorf an der Bode 3. Sept. 1905, †Erlangen 24. Sept. 1976, dt. Philosoph. 1924–1930 Studium der Musikwissenschaft, Geschichte, ev. Theologie (bei R. Bultmann) und Philosophie (bei M. Heidegger) in Göttingen, Tübingen, Heidelberg und Marburg. 1931 Promotion in Göttingen mit einer Arbeit über frühmittelalterliche Kommentare zur Johannesapokalypse, 1932 Assistent am Historischen Seminar in Göttingen, 1934 aus politischen Gründen Lehrverbot, 1939 bei Kriegsanfang als Soldat eingezogen, 1940 Habilitation in Philosophie während einer einsemestrigen Lehrtätigkeit in Königsberg, 1943 Verwundung (bei Orel). 1945 Umhabilitation und Wiederaufnahme der Lehrtätigkeit, nunmehr in Philosophie, in Göttingen; 1950 apl. Prof. ebendort, 1951 a.o. Prof. an der Technischen Hochschule Hannover, 1954 o. Prof. der Philosophie in Erlangen, 1970 Emeritierung.

Im Mittelpunkt des philosophischen Werkes K.s stehen Fragen der Praktischen Philosophie (↑Philosophie, praktische) und ihre Beantwortung im Rahmen einer neuartigen Konzeption philosophischer ↑Anthropologie. Entwickelt wird diese Konzeption in einer sowohl durch theologische Fragestellungen als auch durch Analysen der antiken Philosophie (Sokrates, Platon, A. Augustinus) bestimmten Kritik des neuzeitlichen Bewußtseins, das K. im Anschluß an, aber auch in Absetzung von, den anthropologischen Orientierungen A. Gehlens, Heideggers und Bultmanns (dessen Kontrahent in der Frage der ›Entmythologisierung‹ K. 1941 wird) durch eine falsche Eigenmächtigkeit bestimmt sieht, die weder durch den der ↑Existenzphilosophie immanenten Heroismus (des vereinzelten Subjekts) noch durch einen auf Offenbarung beruhenden Glauben überwunden werden kann. In seiner Kritik der profanen durch vernehmende Vernunft (Der Mensch in der Profanität, 1949) sucht K. demgegenüber der Vernunft die Einsichten einer philosophischen Erfahrung zurückzugewinnen, die er zuerst in der Sokratisch-Platonischen Idee des vernünftigen Denkens, dann in der philosophischen Einheit von Philosophie und Theologie bei Augustinus (Christentum und Selbstbehauptung, 1940, ²1951) auf eine paradigmatische Weise verwirklicht sieht. In seiner Bemühung, ›existentielle‹ Fragen dem vernünftigen Denken zugänglich zu machen und durch vernünftiges Denken einer Lösung zuzuführen, sagt sich K. 1954 in einem offenen Brief an Heidegger (Martin Heidegger und die Technik. Ein offener Brief, Dt. Universitätszeitung 9 [1954], H. 11, 10–13) von einer Philosophie der in sich selbst verfangenen Existenz und des ›seinsgeschichtlichen‹ Denkens (↑Seinsgeschichte) los, indem er gleichzeitig, unter Einbeziehung der Leistungen der Logik und Sprachanalyse seit G. Frege, das vernünftige Denken in ein richtiges, wiederum auch praktisch-philosophisch reflektiertes Verhältnis zum methodischen Denken zu setzen sucht (Wissenschaft, Wahrheit, Existenz, 1960).

Die Bemühung K.s, gegen den szientistischen (↑Szientismus) Schein profaner Weltbemächtigung die Tradition der praktischen Vernunft und gegen die drohende Remythisierung der Vernunft die Logik und das methodische Denken in ihre Rechte zu setzen, wird ab 1962 durch enge Zusammenarbeit mit P. Lorenzen gefördert, deren institutioneller Ausdruck die so genannte ↑Erlanger Schule wird. Philosophische Dokumentation dieser Zusammenarbeit ist vor allem die »Logische Propädeutik« (1967, ²1973), ihrem Aufbau und ihrem Charakter nach sowohl eine elementare Einführung in die moderne ↑Logik als auch ›Vorschule‹ einer argumentativen Praxis, die über eine Veränderung subjektiver Einstellungen zur Annahme transsubjektiv (↑transsubjektiv/Transsubjektivität) gerechtfertigter Normen führen soll. Gleichzeitig nimmt K. seine Bemühungen um die Einheit von

Praktischer Philosophie und philosophischer Anthropologie unter neuen methodischen Orientierungen wieder auf; wichtigstes Ergebnis dieser Bemühung ist die »Philosophische Anthropologie« (1972, 1973). In K.s ↑Anthropologie werden die anthropologischen Grundbegriffe (z. B. Handlung, Widerfahrnis, Verhalten, Bedürfen) nicht auf ›anthropologische Konstanten‹ (universelle physische Eigenschaften des Menschen) zurückgeführt, sondern auf der Basis einer Analyse lebensweltlicher Erfahrungsmomente (›Erfahrungen von jedermann‹, ↑Lebenswelt) mit dem Ziel eingeführt, individuelle Erfahrungen interpretierbar und individuelles Wollen formulierbar zu machen. Dem in diesem Sinne ›deskriptiven‹ Teil der ↑Ethik folgen mit der Formulierung einer ›praktischen Grundnorm‹ (»Beachte, daß die Anderen bedürftige Menschen sind wie du selbst, und handle demgemäß!«, 1973, 99) ein ↑normativer und mit der ↑Rekonstruktion einer in der ↑Gelassenheit bzw. Überwindung vermeintlicher Eigenmächtigkeit begründeten ›Lebenskunst‹, d. h. der Ermöglichung eines Lebens in persönlicher Identität und handelnder Moralität (↑Leben, gutes), ein ›eudämonistischer‹ Teil. Insbes. mit dem Begriff des ↑Widerfahrnisses und der Formulierung der (eine handelnde Identitätsinterpretation fordernden) ›praktischen Grundnorm‹ reformuliert K. sprachkritisch (↑Sprachkritik) Elemente seines früheren Begriffs der vernehmenden Vernunft (Erkenntnis allgemeiner Bedürftigkeit, Philosophie als *ars vitae*) und eröffnet damit methodisch erneut die Möglichkeit einer *philosophischen* Anthropologie als Alternative zu historischen (↑Historismus) und naturalistischen (↑Naturalismus (ethisch)) Verständnissen der Anthropologie.

Auch in anderen Bereichen philosophischer Forschung bedeuten die Arbeiten K.s eine Umkehrung herrschender Orientierungen. Dazu gehören insbes., neben dem Nachweis des ›philosophischen‹ Anfangs des ›Christentums‹ (Christentum und Selbstbehauptung, 1940, ²1951), die Kritik der geschichtsphilosophischen Säkularisierungsthese (↑Säkularisierung) K. Löwiths (Utopie, Eschatologie, Geschichtsteleologie, 1969) und ein »Plädoyer für einen wieder eingeschränkten Gebrauch des Terminus ›Hermeneutik‹« (1973) (Von der Sprache zur Vernunft, 1975, 164–172), ferner Interpretationen der Philosophie Platons (Platons Selbstkritik im Sophistes, 1963), Aristoteles' (1967), R. Descartes' (Der Anfang der Vernunft bei Descartes – autobiographisch und historisch, Arch. Gesch. Philos. 43 [1961], 70–84) und Vorschläge zu Epochisierungsproblemen (›Zeitalter‹ überhaupt, ›Neuzeit‹ und ›Frühneuzeit‹, Saeculum 8 [1957], 313–332). Darüber hinaus hat K. in politischen Stellungnahmen, z. B. zur Vaterlandsproblematik (Die Frage nach dem Vaterland, Stuttgart 1960) und zum Problem des § 218 StGB (Von der Sprache zur Vernunft, 209–215), und in seinem anthropologisch formulierten Eintreten für den (später von ihm selbst gewählten) Freitod (Meditatio mortis, 1976) die Leistungsfähigkeit philosophischer Orientierungen und Argumentationen in ›lebensweltlichen‹ Dingen gezeigt. – K. ist Gründer des Fahrtenchors »Heinrich-Schütz-Kreis« (1926) und (ab 1928) Herausgeber der Motetten von H. Schütz (Geistliche Chormusik, 1648, Kassel 1935), ferner Gründer des »Akademischen A-cappella-Chores« in Göttingen (1946) und des »Collegium cantorum« in Erlangen (1958).

Werke: Der Ludus de Antichristo, Hist. Vierteljahrsschr. 28 (1933/1934), 53–87, Neudr. in: K. Langosch (ed.), Mittellateinische Dichtung. Ausgewählte Beiträge zu ihrer Erforschung, Darmstadt 1969, 343–381; Apokalypse und Geschichtstheologie. Die mittelalterliche Auslegung der Apokalypse vor Joachim von Fiore, Berlin 1935 (repr. Vaduz 1965); Ecclesia und regnum Dei bei Augustin (Zu De civitate Dei XX, 9), Philol. 93 (1938), 248–264; Christentum und Selbstbehauptung. Historische und philosophische Untersuchungen zur Entstehung des Christentums und zu Augustins »Bürgerschaft Gottes«, Frankfurt 1940, unter dem Titel: Christentum und Geschichtlichkeit. Untersuchungen zur Entstehung des Christentums und zu Augustins »Bürgerschaft Gottes«, Stuttgart ²1951; Probleme der Anthropologie. Eine Auseinandersetzung mit Arnold Gehlen (Der Mensch, seine Natur und seine Stellung in der Welt, Berlin 1940), Die Sammlung 1 (1945/1946), 53–60, 184–192, überarbeitet in: Von der Sprache zur Vernunft [s. u.], 123–151; Die Wurzeln der neuzeitlichen Wissenschaft und Profanität, Wuppertal 1948; Der Mensch in der Profanität. Versuch einer Kritik der profanen durch vernehmende Vernunft, Stuttgart 1949; Sokrates und die Paideia, Arch. Philos. 3 (1949), 277–315, überarbeitet in: Von der Sprache zur Vernunft [s. u.], 45–85; Wozu eigentlich Philosophie?, Die Sammlung 8 (1953), 105–113; Der Ruf des Steuermanns. Die religiöse Verlegenheit dieser Zeit und die Philosophie, Stuttgart, Zürich/Wien 1954; Fragt die Wissenschaft noch nach der Wahrheit?, Die Sammlung 10 (1955), 493–505, ferner in: Wissenschaft, Wahrheit, Existenz [s. u.], 9–29; Wissenschaft, Wahrheit, Existenz, Stuttgart 1960; Die Frage nach dem Vaterland. Betrachtungen aus Anlaß des Jaspers-Interviews, Stuttgart 1960; Der Anfang der Vernunft bei Descartes – autobiographisch und historisch, Arch. Gesch. Philos. 43 (1961), 70–84; Probleme einer nationalen Selbstbesinnung, Stuttgart 1962; Der moderne Wahrheitsbegriff, in: K. Oehler/R. Schaeffler (eds.), Einsichten. Gerhard Krüger zum 60. Geburtstag, Frankfurt 1962, 107–130; Platons Selbstkritik im Sophistes, München 1963 (Zetemata XXXIII); Zu Platons Selbstkritik im »Sophistes«, Hermes 94 (1966), 243–245; Aristoteles' Wissenschaft vom Seienden als Seienden und die gegenwärtige Ontologie, Arch. Gesch. Philos. 49 (1967), 269–297, Nachdr. in: ders., Von der Sprache zur Vernunft [s. u.], 86–112; (mit P. Lorenzen) Logische Propädeutik oder Vorschule des vernünftigen Redens, Mannheim 1967, rev. 1967, unter dem Titel: Logische Propädeutik. Vorschule des vernünftigen Redens, Mannheim/Wien/Zürich ²1973, 1990, Stuttgart/Weimar ³1996 (engl. Logical Propaeutic. Pre-School of Reasonable Discourse, Lanham Md./London 1984); Utopie, Eschatologie, Geschichtsteleologie. Kritische Untersuchungen zum Ursprung und zum futurischen Denken der Neuzeit, Mannheim 1969; Philosophische Anthropologie. Sprachkritische Grundlegung und Ethik, Mannheim/Wien/Zürich 1972, 1973; Die praktische Grundnorm, in: M. Riedel (ed.), Rehabilitierung der praktischen Philosophie I, Freiburg 1972,

101–111; Von der Sprache zur Vernunft. Philosophie und Wissenschaft in der neuzeitlichen Profanität, Mannheim/Wien/Zürich 1975; Meditatio mortis. Kann man den Tod ›verstehen‹ und gibt es ein ›Recht auf den eigenen Tod‹?, Stuttgart 1976, 1981. – E. König, Verzeichnis der Veröffentlichungen von W. K., Z. philos. Forsch. 29 (1975), 605–609, ergänzt in: J. Mittelstraß/M. Riedel (eds.), Vernünftiges Denken [s. u., Lit.], 465–468.

Literatur: R. Ascheberg, Kritik der »Protophysik der Zeit« und der »Logischen Propädeutik«. Zur Kritik des neueren Konstruktivismus, Idstein 1995; D. Böhler, Sprachkritische Rehabilitierung der philosophischen Anthropologie. Eine kritische Explikation von W. K.s Anthropologie, Philos. Rdsch. 23 (1976), 17–35, erw. Fassung unter dem Titel: ζῶον λόγον ἔχον – ζῶον κοινόν. Sprachkritische Rehabilitierung der Philosophischen Anthropologie. W. K.s Ansatz im Licht rekonstruktiven Philosophierens, in: J. Mittelstraß/M. Riedel (eds.), Vernünftiges Denken [s. u.], 342–373; R. Bultmann, Neues Testament und Mythologie. Das Problem der Entmythologisierung der neutestamentlichen Verkündigung, in: ders., Offenbarung und Heilsgeschehen, München 1941 (Beiträge zur ev. Theologie VII), 27–69, bes. 50–59, Nachdr. in: H. W. Bartsch (ed.), Kerygma und Mythos. Ein theologisches Gespräch I, Hamburg 1948, 15–53, bes. 35–43; U. Eckart-Bäcker, W. K. und seine Arbeit mit dem »Heinrich-Schütz-Kreis« (1926–1936), in: S. Abel-Struth (ed.), Jugendbewegungen und Musikpädagogik. Sitz.ber. 1985 Wiss. Sozietät Musikpädagogik, Mainz etc. 1987, 65–91; dies., Die Schütz-Bewegung. Zur musikgeschichtlichen Bedeutung des »Heinrich-Schütz-Kreises« unter W. K., Vaduz 1987; C. F. Gethmann, Logische Propädeutik als Fundamentalphilosophie?, Kant-Stud. 60 (1969), 352–368; ders./G. Siegwart, The Constructivism of the ›Erlanger Schule‹. Background, Goals and Development, Cogito 8 (1994), 226–233; B. Jahn, K., in: Biographische Enzyklopädie deutschsprachiger Philosophen, München 2001, 206–207; P. Kolbeck, K., Enc. philos. universelle III (1992), 3402–3403; E. König, In memoriam W. K., Z. philos. Forsch. 31 (1977), 150–152; H. Kössler, Entmythologisierung und vernünftiges Denken, Tutzinger Texte 3 (1968), 35–72, bes. 40–45; ders., W. K. 70 Jahre, Z. philos. Forsch. 29 (1975), 603–605; dies./P. Lorenzen/J. Mittelstraß, Reden zum Tode von W. K., Mannheim/Wien/Zürich 1977; M. Langanke, Fundamentalphilosophie und philosophische Anthropologie im Werk W. K.s, Dt. Z. Philos. 51 (2003), 639–657; J. Mittelstraß (ed.), Der Konstruktivismus in der Philosophie im Ausgang von W. K. und Paul Lorenzen, Paderborn 2008; ders./M. Riedel (eds.), Vernünftiges Denken. Studien zur praktischen Philosophie und Wissenschaftstheorie [W. K. zum Gedächtnis], Berlin/New York 1978 (mit Bibliographie, 465–468); J.-C. Piguet, La pensée de W. K., Rev. théol. philos. Sér. 3, 11 (1961), 42–50; O. Tekolf, K., BBKL XXV (2005), 679–684; P. Vielhauer, Urchristentum und Christentum in der Sicht W. K.s, Ev. Theol. 15 (1955), 307–333, Nachdr. in: ders., Aufsätze zum Neuen Testament, München 1965, 253–282; H. Zeltner, Anfang und Ausgang der Schützbewegung. W. K. zu Ehren, Gottesdienst u. Kirchenmusik (1973), 117–123. – Die deutsche Jugendmusikbewegung. In Dokumenten ihrer Zeit von den Anfängen bis 1933, ed. Archiv d. Jugendmusikbewegung e. V. Hamburg, Wolfenbüttel/Zürich 1980, bes. 149–154. J. M.

Kanger, Stig, *Kuling (Ku Niu-ling, Provinz Kiangsi, China) 10. Juli 1924 (als Sohn schwedischer Missionare), †Hänger 13. März 1988, schwed. Philosoph und Logiker. 1944–1951 Studium von Philosophie und Statistik an der Universität Stockholm, 1951 Lizenziat in Philosophie ebendort bei A. Wedberg mit einer Arbeit zur Reduzierbarkeit der deontischen Logik (↑Logik, deontische) auf die ↑Modallogik (verschollen), 1957 ebendort Promotion in Philosophie (»Provability in Logic«), 1957–1963 Dozent für Theoretische Philosophie an der Universität Stockholm, 1963 Professor für Philosophie an der Åbo Akademi (Turku, Finnland), 1969 Professor für Philosophie an der Universität Uppsala (Schweden). Ab 1965 zahlreiche Gastaufenthalte und Gastprofessuren im Ausland, unter anderem in Michigan (Ann Arbor), Stanford, Berkeley. Als logikorientierter Philosoph hat K. die schwedische Philosophie in deren analytischer Ausrichtung maßgeblich geprägt und deren internationalen Rang mitbegründet. K. initiierte die Konferenzserie der Scandinavian Logic Symposia, deren erste drei Konferenzen (Åbo 1968, Oslo 1970, Uppsala 1973) für die internationale Entwicklung der Logik, insbes. der ↑Beweistheorie, enorm einflußreich waren.

K.s Arbeiten gehören zu dem, was man heute als philosophische Logik (↑Logik, philosophische) bezeichnet. Neben seinen Arbeiten zur ↑Prädikatenlogik gehören hierzu insbes. Arbeiten zur deontischen Logik, zur ↑Handlungslogik und analytischen Ethik sowie zur ↑Präferenzlogik. In seinen Arbeiten zur Prädikatenlogik erster Stufe hat K. vor allem die Beziehung zwischen semantischer Vollständigkeit und Schnittelimination herausgestellt, ferner grundlegende Ideen zum automatischen Beweisen entwickelt, die für die Vorgeschichte der von A. Robinson begründeten Resolutionsmethode bedeutsam waren (hier insbes. für das von D. Prawitz 1960 entwickelte Beweissuchverfahren, das auf der Konstruktion von Gleichungen mit ›dummy‹ Variablen beruht). In der Modallogik hat K. schon in seiner Dissertation »Provability in Logic« (publ. 1957) eine ↑Semantik für ihre quantifizierte (↑Quantifizierung) Variante entwickelt, die grundlegende Entwicklungen der Modallogik, z.B. bei S. Kripke, vorwegnimmt und Modaloperatoren semantisch durch Systeme von Referenzpunkten und dazwischen bestehende Relationen interpretiert, die den möglichen Welten (↑Welt, mögliche) und dazwischen bestehenden Zugänglichkeitsrelationen der ↑Kripke-Semantik entsprechen. Diese Logik wird nicht nur von vornherein als quantorenlogisches System (↑Quantorenlogik), sondern zugleich als multimodales System konstruiert, das verschiedene Modaloperatoren mit unterschiedlichen assoziierten Relationen zu behandeln gestattet. Aufgrund dieser Arbeit ist K. einer der Begründer der Mögliche-Welten-Semantik der Modallogik, auch wenn er diesen Terminus nicht verwendet (und auch aufgrund seiner metaphysischen Konnotationen nie verwendet hätte). Im Unterschied zu heutigen Systemen der Kripke-Semantik sind Zugänglichkeitsre-

lationen allerdings bei K. fest fixiert und variieren nicht zwischen verschiedenen Rahmen modallogischer Modelle.

Im Bereich der angewandten Logik wendet K. Konzeptionen der deontischen Logik auf ethische Fragen und Rechtsfragen an, indem er modelltheoretische Semantiken für ↑normative Begriffe entwickelt, einschließlich Imperativen und Handlungsoperatoren. Er stellt, insbes. in der mit H.K. verfaßten Arbeit »Rights and Parlamentarism« (1966), eine Typologie von Rechten auf, wobei Rechte als Relationen zwischen Rechtsinhaber, Rechtsadressat und Rechtsinhalt verstanden und durch Formeln der deontischen Logik beschrieben werden. Er hat damit erstmals die traditionelle Unterscheidung verschiedener Rechtsarten mit logischen Mitteln gefaßt. Dieses Instrumentarium ermöglicht K., Rechtsregeln als ↑universelle Aussagen (in der Regel allquantifizierte [↑Allquantor] ↑Subjunktionen) im logischen Sinne zu formalisieren und z.B. auf Texte wie die Allgemeine Erklärung der Menschenrechte anzuwenden und die dort erwähnten Menschenrechte auf Redundanzen und Irrelevanzen hin zu untersuchen. Hinzu kommen Arbeiten zur Meßtheorie und Präferenzlogik. Die eher fragmentarischen Arbeiten zur Präferenzlogik haben dabei die Diskussion über die Modellierung von Auswahlfunktionen in Theorien rationaler Wahl beeinflußt.

Werke: Collected Papers of S.K. with Essays on His Life and Work, I–II [I enthält Schriften v. S.K., II enthält Essays über S.K.s Leben und Werk], ed. G. Holmström-Hintikka/S. Lindström/R. Sliwinski, Dordrecht/Boston Mass./London 2001. – Provability in Logic, Stockholm 1957, ferner in: Collected Papers [s.o.] I, 8–41; New Foundations for Ethical Theory I, Stockholm 1957, rev. in: R. Hilpinen (ed.), Deontic Logic. Introductory and Systematic Readings, Dordrecht 1972, 36–58, ferner in: Collected Papers [s.o.] I, 99–119; The Morning Star Paradox, Theoria 23 (1957), 1–11, ferner in: Collected Papers [s.o.] I, 42–51; (mit H. Kanger) Rights and Parlamentarism, Theoria 32 (1966), 85–115, ferner in: Collected Papers [s.o.] I, 120–145; Measurement. An Essay in Philosophy of Science, Theoria 38 (1972), 1–44, ferner in: Collected Papers [s.o.] I, 239–273; Law and Logic, Theoria 38 (1972), 105–132, ferner in: Collected Papers [s.o.] I, 146–169. – Published Writings of S.K., in: Collected Papers [s.o.] I, 279–283.

Literatur: B.J. Copeland, The Genesis of Possible Worlds Semantics, J. Philos. Log. 31 (2002), 99–137; R. Kamitz, Rechtsbegriff und normenlogischer Handlungskalkül im Logiksystem nach S.K., Wien/Berlin/Münster 2009; S. Lindström, Modality without Worlds. K.'s Early Semantics for Modal Logic, in: ders./R. Sliwinski/J. Österberg (eds.), Odds and Ends. Philosophical Essays Dedicated to Wlodek Rabinowicz on the Occasion of His Fiftieth Birthday, Uppsala 1996, 266–284; ders., K., in: S. Brown/D. Collinson/R. Wilkinson (eds.), Biographical Dictionary of Twentieth-Century Philosophers, London/New York 1996, 390; E. Morscher (ed.), Was heißt es, ein Recht auf etwas zu haben? S. und Helle K.s Analyse der Menschenrechte, Sankt Augustin 2004; ders., S.K.. Ein bekannter Unbekannter oder ein unbekannter Bekannter?, Grazer philos. Stud. 68 (2004), 175–200; J. Riche, K., Enc. philos. universelle III/2 (1992), 3403; K. Segerberg, Getting Started. Beginnings in the Logic of Action, Stud. Log. 51 (1992), 347–378; J. Woleński, Deontic Logic and Possible Worlds Semantics. A Historical Sketch, Studia Logica 49 (1990), 273–282. P. S.

K'ang Yu-Wei (Kang You-Wei), *Nan Hai (Provinz Kwangtung, China) 19. März 1858, †Tsingtau 31. März 1927, chines. Philosoph der Übergangszeit zwischen Tradition und Moderne. Stark beeindruckt von westlichem Denken und der Naturwissenschaft, gleichzeitig aber Konfuzianer, griff k. utopisch-messianistische Auffassungen der Neutextschule (↑Konfuzianismus) auf. Als Verfechter von (relativ bescheidenen) Reformen innerhalb der Monarchie hatte K. selbst nur kurzfristig Erfolg (›Reform der hundert Tage‹, 1898). Ebenso wie T'an Ssu-t'ung zum Tode verurteilt, gelang ihm die Flucht nach Japan. Es folgten Reisen in Asien, Europa und Amerika. K., der beständig zugunsten einer konstitutionellen Monarchie auf die chinesische Politik einzuwirken suchte, verfaßte pädagogische, politische und staatsphilosophische Schriften. Dabei spielt die Religion eine dominierende Rolle; er versuchte, den Konfuzianismus als Staatsreligion einzuführen. Auf Grund einer anfechtbaren eigenen, auf selektiver Textauswahl beruhenden Interpretation hält K. Konfuzius für einen ausgesprochen fortschrittlichen Denker. In seinem Buch von der »Großen Gemeinschaft« (Ta-T'ung-Shu) skizziert er eine Sozialutopie, in der die Leiden der Welt beseitigt werden, indem Staatsgrenzen, Rangunterschiede, Rassen- und Geschlechtsunterschiede, Verwandtschaftsgrade, Besitzverhältnisse, rechtliche und moralische Ungleichheit, Rechtlosigkeit der Tiere usw. aufgehoben sind. Dieser ideale Zustand soll nach K. über (weniger ideale) Zwischenstufen erreicht werden.

Werke: Ta T'ung Shu. The One-World Philosophy of K., engl. [Teilübers. u. Einl.] v. L. G. Thompson, London 1958, London/New York 2005 (dt. Ta T'ung Shu. Das Buch von der Großen Gemeinschaft, ed. W. Bauer, Düsseldorf/Köln 1974).

Literatur: D. H. Bishop, Universalism in Chinese Thought. Mo Tzu and K., Chinese Culture 17 (1976), H. 3, 79–92; A. Forke, Geschichte der neueren chinesischen Philosophie, Hamburg 1938, ²1964, bes. 575–620; Y.-L. Fung, A History of Chinese Philosophy II, Princeton N. J. 1953, bes. 676–691; R. C. Howard, K.. His Intellectual Background and Early Thought, in: A. F. Wright/D. Twitchett (eds.), Confucian Personalities, Stanford Calif. 1962, 294–316; K.-C. Hsiao [G. Xiao], The Philosophical Thought of K., Monumenta Serica 21 (1962), 129–193; ders., A Modern China and a New World. K., Reformer and Utopian 1858–1927, Seattle/London 1975; W. Lai, K., in: O. Leaman (ed.), Encyclopedia of Asian Philosophy, London/New York 2001, 282–283; J.-P. Lo (ed.), K.. A Biography and a Symposium, Tucson Ariz. 1967; L. Pfister, A Study in Comparative Utopias. K. and Plato, J. Chinese Philos. 16 (1989), 59–117; dies., K., in: A. S. Cua (ed.), Encyclopedia of Chinese Philosophy, New York/London 2003, 337–341. H. S.

Kanon (griech. κανών, Richtmaß [in der Baukunst das mit Maßeinheiten versehene Richtscheit], Lehnwort aus dem Semitischen [assyrisch-babylonisch qanu, hebr. qāneh, arab. qānūn] für ein Binsenrohr [κάννα] zur Herstellung von Körben, Meßruten [vgl. engl. cane], lat. regula, engl./franz. canon), soviel wie *Muster*, *Vorbild*, *Regel*, insbes. der gesamte Bereich von explizit in Kraft gesetzten oder in Kraft befindlichen Grundregeln (Handlungs-, Sprachverwendungs-, Geltungs-, Begriffsbildungsregeln etc.) einer Disziplin. Beispiele: die *Schlußregeln* (↑Schluß) in der Logik, die auf die Proportionen des menschlichen Körpers bezogenen *Konstruktionsregeln* der Architektur und bildenden Kunst bei Vitruv (*De architectura*) und, ihm folgend, in der italienischen ↑Renaissance des 14. Jhs. (etwa in »Della pittura« von L. B. Alberti, 1435/1436), je einschlägige methodische *Regeln der* ↑*Forschung* (etwa bei J. S. Mill [A System of Logic III, Collected Works VII, 388–406 (Kap. VIII)] die den vier Methoden experimenteller Verfahren zugeordneten fünf Regeln), Avicennas Verfahrensregeln in seinem *K. der Medizin*, die Satzbildungs- bzw. *Stilregeln* in bestimmten literarischen Gattungen zu einer bestimmten Zeit (etwa die von M. T. Cicero befolgten), die allegorischen *Auslegungsregeln* für die Schriften des Alten Testaments bei Philon von Alexandreia, die für die Terminologie bei der Formulierung von Sprachverwendungsregeln einschlägigen *semiotischen* (↑Semiotik) *Grundsätze*, die ›Canons of Symbolism‹ bei C. K. Ogden und I. A. Richards (The Meaning of Meaning, Kap. V), häufig auch erweitert auf Listen von den für eine Disziplin als maßgeblich geltenden Texten (›Lektürekanon‹, ›Bildungskanon‹), zuweilen sogar Personen hinsichtlich ihrer Werke (z. B. der vom Rhetor Quintilian für den Unterricht und zur Nachahmung empfohlene K. der lateinischen Klassiker: (a) Terenz, Vergil, Sallust, Cicero, (b) Horaz, Plautus, Livius – Vergil und Cicero sind es bis in die Neuzeit geblieben –, oder die erst 1768 von D. Ruhnken ausdrücklich als K.bildung aufgefaßten aus der Antike überlieferten Listen beispielhafter Autoren bzw. ihrer Werke, etwa der drei griechischen Tragiker: Aischylos, Sophokles und Euripides).

Die Verwendung von ›κανών‹ kann als eine Art antikes Schlagwort für das Streben nach Genauigkeit (ἀκρίβεια) verstanden werden, insofern bestimmte, zum K. erklärte Kunstwerke, im Falle des Lysias als des Vertreters des reinen attischen Stils sogar Tätigkeiten einer Person, deren Maßstab- oder Vorbildrolle festlegen, z. B. des Speerträgers (δορυφόρος) von Polyklet in der antiken bildenden Kunst gemäß der Lehre von den Proportionen in dessen ebenfalls als ›K.‹ bezeichneten Schrift, aber auch die Maßstabrolle eines Instrument(entyp)s, des zwölfgeteilten Monochords (κανών ἁρμονικός) der ↑Pythagoreer zur Bestimmung der Verhältniszahlen musikalischer Intervalle. Daher hießen die Pythagoreer als Vertreter der Theorie (= geometrischen Methode) in der Musik die ›Kanoniker‹ (κανονικοί), im Unterschied zu den Vertretern der Praxis, den ›Musikern‹. Aristoteles spricht von der Richtschnur (κανών) und dem Maß (μέτρον) rechten Handelns und erklärt den danach lebenden Menschen als vorbildlich (σπουδαῖος), weil er alles richtig zu beurteilen vermag (Eth. Nic. Γ6.1113a29–1113b33). Bei Epikur wiederum ist *Kanonik* in seiner vermutlich an Demokrits *Richtschnur der Logik* (περὶ λογικῶν κανών) angelehnten, aber nicht erhaltenen Schrift »Über Kriterium oder K.« (περὶ κριτηρίου ἢ κανών) die Bezeichnung für die Logik als ein Regelsystem zur Hervorbringung und zur Prüfung von Erkenntnissen. Wohl deshalb ist das Problem von ↑Wahrheits*kriterien* ein Hauptgegenstand der logischen und erkenntnistheoretischen Debatten des 3. und 2. vorchristlichen Jhs..

I. Kant hat später das Regelsystem der Logik begrifflich auf das Instrumentarium allein der Prüfung von Erkenntnissen und dessen Herstellung eingeschränkt (Logik. Ein Handbuch zu Vorlesungen, Akad.-Ausg. IX, 14–16), wobei er den ›K. der Logik‹ – (notwendiges) Regelsystem der Beurteilung der Übereinstimmung der Erkenntnis mit den Gesetzen des Verstandes (Übereinstimmung der Form nach) und der Vernunft (Übereinstimmung dem Inhalt nach) – von den ›Mustern (↑Paradigma) der Ästhetik‹ – (empirische) Regeln der Beurteilung der Übereinstimmung der Erkenntnis mit den Gesetzen der Sinnlichkeit – scharf unterscheidet. Dabei versteht Kant unter K. den »Inbegriff der Grundsätze a priori des richtigen Gebrauchs gewisser Erkenntnisvermögen überhaupt« (KrV, B 824), so daß als ›K. der reinen Vernunft‹ nur der praktische und nicht der spekulative Vernunftgebrauch gelten kann.

Epiktet war noch weiter gegangen und hatte Philosophieren selbst für gleichwertig mit dem Untersuchen und Aufstellen eines K.s für richtiges Handeln und wahres Wissen erklärt. Analog dazu wird in der christlichen Tradition, dem hellenistischen Judentum folgend, Gott bzw. der Dekalog zum K. im Sinne einer obersten Norm, wobei κανών als primär religiöses Gesetz (z. B. die Dekrete der ersten Konzilien) von νόμος als primär weltlichem Gesetz in der Regel terminologisch unterschieden bleibt, jedoch mit der besonderen Nuance, daß sich durch Paulus der Ausdruck ›K.‹ als Bezeichnung für das ›neue Gesetz‹ der Christen im Unterschied zum ›alten Gesetz‹ der Juden durchgesetzt hat und seither auch den kirchlichen Normbegriff, insbes. des Katholizismus, bestimmt (deshalb bis heute das *ius canonicum* oder ›kanonische Recht‹ als Kirchenrecht im Unterschied zum *ius civile*, dem ›bürgerlichen Recht‹). In der Patristik wird seit Mitte des 4. Jhs. ›K.‹ zum ↑normativen, nicht nur deskriptiven (↑deskriptiv/präskrip-

tiv) Terminus für das Corpus der von den verschiedenen christlichen Kirchen anerkannten Bücher des Alten und des Neuen Testaments (τὰ κανονιζόμενα βίβλια) in Abgrenzung zu den ursprünglich gleichrangig behandelten ›apokryphen‹ Schriften. Auf A. Augustinus schließlich geht die normativ verstandene summarische Rede vom ›K. der Heiligen Schrift‹ zurück. Ähnlich spricht man auch von den kanonischen Schriften anderer Religionen, etwa des Judentums (Tanach und Talmud), der verschiedenen Schulen des Buddhismus oder des Konfuzianismus.

Literatur: W. J. Abraham, Canon and Criterion in Christian Theology from the Fathers to Feminism, Oxford 1998; I. Akkermann, Fragen des literarischen K.s, in: G. Helbig u. a. (eds.), Deutsch als Fremdsprache. Ein internationales Handbuch II, Berlin/New York 2001, 1346–1353; P. Lengsfeld, Überlieferung. Tradition und Schrift in der evangelischen und katholischen Theologie der Gegenwart, Paderborn 1960, Leipzig 1962 (franz. Tradition, Écriture et Église dans le dialogue oecumenique, Paris 1964); F. Montanari u. a., K., DNP VI (1999), 248–252; C. K. Ogden/I. A. Richards, The Meaning of Meaning. A Study of the Influence of Language upon Thought and of the Science of Symbolism, London, New York 1923, 186–206 (Chap. V), London/New York 2001, 102–121 (dt. Die Bedeutung der Bedeutung. Eine Untersuchung über den Einfluß der Sprache auf das Denken und über die Wissenschaft des Symbolismus, Frankfurt 1974, 104–128 [Kap. V]); H. Ohme, K. ekklesiastikos. Die Bedeutung des altkirchlichen K.begriffs, Berlin/Heidelberg/New York 1998; ders., K. I (Begriff), in: RAC XX (2004), 1–28; H. Oppel, *Κανών*. Zur Bedeutungsgeschichte des Wortes und seiner lateinischen Entsprechungen (regula – norma), Leipzig 1937 (Philol. Suppl. XXX/4); D. Pezzoli u. a., K., RGG IV (⁴2001), 767–774; W. Sonntagbauer, Das Eigentliche ist unaussprechbar. Der K. des Polyklet als ›mathematische‹ Form, Frankfurt 1995; Á. Szabó, Die frühgriechische Proportionenlehre im Spiegel ihrer Terminologie, Arch. Hist. Ex. Sci. 2 (1962–1966), 197–270; ders. u. a., K., Hist. Wb. Ph. IV (1976), 688–692; B. L. van der Waerden, Die Harmonielehre der Pythagoreer, Hermes 78 (1943), 163–199; J. Weber, K. und Methode. Zum Prozeß zivilisatorischer Begründung, Würzburg 1986.   K. L.

Kant, Immanuel, *Königsberg 22. April 1724, †ebd. 12. Febr. 1804, dt. Philosoph. Sohn eines Riemers, in Familie und Schule (ab 1732 »Collegium Fridericianum«) pietistische (↑Pietismus) Erziehung. 1740–1746 Studium der Philosophie (einschließlich Mathematik und Naturwissenschaften) an der Universität Königsberg, insbes. bei M. Knutzen, einem Wolffianer und Anhänger I. Newtons. 1747–1754 Hauslehrer bei verschiedenen Familien in der Umgebung von Königsberg. 1755 Promotion (Meditationum quarundam de igne succincta delineatio, Akad.-Ausg. I, 369–384) und Habilitation (Principiorum primorum cognitionis metaphysicae nova dilucidatio, Königsberg 1755), Privatdozent. 1764 Ablehnung einer Professur für Dichtkunst, 1766–1772 Unterbibliothekar an der Königlichen Schloßbibliothek. K., der Königsberg und seine nähere Umgebung nie verließ, lehnte 1769 und 1770 Rufe nach

Erlangen bzw. Jena ab, um, nach 15jähriger Tätigkeit als Privatdozent, den Königsberger Lehrstuhl für Logik und Metaphysik (1770) zu übernehmen. 1796 letzte Vorlesung. K. gilt weithin als bedeutendster Philosoph der Neuzeit, da seine umfassende Neubegründung sowohl der Theoretischen als auch der Praktischen Philosophie (↑Philosophie, theoretische, ↑Philosophie, praktische) in der Subjektivität für große Teile der Philosophie bis heute wegweisend geblieben ist, sei es in positiver Aneignung oder in kritischer Distanz.

I (*Theoretische Philosophie*): In der philosophischen Entwicklung K.s unterscheidet man, orientiert an seiner Begründung der ›kritischen‹ Philosophie (vgl. die Titel seiner Hauptwerke »Kritik der reinen Vernunft« [Riga 1781, ²1787], »Kritik der praktischen Vernunft« [Riga 1788], »Kritik der Urteilskraft« [Berlin/Libau 1790, ²1793]) eine ›vorkritische‹ und eine ›kritische‹ Periode.

Vorkritische Periode: Der Schwerpunkt der Interessen K.s liegt in einer ersten Phase bei der Rezeption, kritischen Diskussion und methodologischen Prüfung der Grundbegriffe und Theorien der neuzeitlichen Physik und Astronomie. In einer zweiten Phase (etwa ab 1760) wendet sich K. stärker Themen der traditionellen ↑Metaphysik in ihrer zeitgenössischen deutschen Form (↑Leibniz-Wolffsche Philosophie) zu. Die zum Antritt seiner Professur verfaßte ›Inauguraldissertation‹ »De mundi sensibilis atque intelligibilis forma et principiis« (Königsberg 1770) bildet den Übergang zur kritischen Philosophie, an deren erstem durchformulierten Teilstück K. elf Jahre (›das stille Jahrzehnt‹) arbeitete. Mit seiner ersten publizierten Schrift »Gedanken von der wahren Schätzung der lebendigen Kräfte und Beurtheilung der Beweise derer sich Herr von Leibnitz und andere Mechaniker in dieser Streitsache bedient haben, nebst einigen vorhergehenden Betrachtungen welche die Kraft der Körper überhaupt betreffen« (Königsberg 1746, Vollendung des Drucks 1749) griff K., im wesentlichen auf der Seite von G. W. Leibniz, in die Kontroverse um physikalische Grundbegriffe, insbes. den Begriff der ↑›vis viva‹, ein, freilich ohne um die bereits erfolgten prinzipiellen physikalischen Klärungen (zuerst bei D. Bernoulli, Examen principiorum mechanicae et demonstrationes geometricae de compositione et resolutione virium, Comm. Acad. Scientiarum Imp. Petropolitanae [Petersburg] I [1726], 126–142) zu wissen (nicht zuletzt auf Grund mangelnder Kenntnis der ↑Infinitesimalrechnung). Im Blick auf K.s spätere Entwicklung sind an dieser Schrift vor allem das aufklärerische Pathos der durch wissenschaftliche Autoritäten unbeeindruckten Wahrheitssuche, der trotz Metaphysikkritik metaphysische Grundzug einer Versöhnung von Metaphysik und mathematischer Naturlehre sowie die Tatsache bedeutsam, daß K. diese Schrift nicht als einen Beitrag zur Physik, sondern ›einzig und allein‹ als Traktat zu den Prinzipien ihrer Methode versteht (a. a. O., § 88, Akad.-Ausg. I, 94).

In »Allgemeine Naturgeschichte und Theorie des Himmels, oder Versuch von der Verfassung und dem mechanischen Ursprunge des ganzen Weltgebäudes, nach Newtonischen Grundsätzen abgehandelt« (Königsberg/Leipzig 1755) entwirft K., in Verbindung der dynamischen Grundgesetze mit den verfügbaren astronomischen Daten, eine Theorie der Entstehung und des stabilen Zustandes unseres Planetensystems, die er auf das gesamte Universum ausdehnt. Während Newton selbst eine solche Theorie für unmöglich gehalten hatte und zur Vermeidung eines Gravitationskollapses einen gelegentlichen Eingriff Gottes postulierte, ist K., wenn man von R. Descartes' ↑›Wirbeltheorie‹ absieht, der erste neuzeitliche Gelehrte, der durch konsequente Anwendung physikalischer Gesetze bei Ausschluß theologischer Gesichtspunkte eine wissenschaftliche ↑Kosmogonie und ↑Kosmologie vertritt. Seine Auffassung vom Prozeßcharakter des Universums hat die heute geläufige Auffassung einer ↑Evolution des Kosmos vorbereitet. Nach K. war der Raum ursprünglich mit momentan frei beweglichen Partikeln des ›elementarischen Grundstoffs‹ der späteren Himmelskörper angefüllt. Die unmittelbar einsetzende ↑Gravitation auf Grund unterschiedlicher ›spezifischer Dichtigkeit‹ der Partikeln führt zur Bildung eines Zentralkörpers (Sonne), dessen Masse immer stärker zunimmt. Die proportional zunehmenden Anziehungskräfte bewirken Zusammenstöße der angezogenen Partikeln, bei denen immer stärkere ›Zurückstoßungskräfte‹ ›Seitenbewegungen‹ veranlassen, die wegen der Gravitation wiederum zu Kreisbahnen um den Zentralkörper führen. Auch hier verursacht die unterschiedliche ›spezifische Dichtigkeit‹ der Partikeln wieder die Bildung von Körpern (Planeten). Im Unterschied zu K., der ein anfängliches ›Chaos‹ (a. a. O., 27, Akad.-Ausg. I, 263) annimmt, geht P. S. de Laplace in seiner Kosmogonie von einem bereits existierenden Zentralkörper aus. Unter anderem deshalb ist die seit A. Schopenhauer verbreitete Bezeichnung ›K.-Laplacesche Theorie‹ mißverständlich. K.s Theorie des Aufbaus des Universums, deren Einsichten und Hypothesen durch die weitere Entwicklung der Astronomie in vielen Punkten ganz oder modifiziert bestätigt wurden, erklärt unter Berufung auf T. Wright (1711–1786) das Phänomen der Milchstraße durch die Anordnung der Fixsterne in einem linsenförmigen System. Analog zum Sonnensystem gravitieren die Fixsterne, denen K. wie der Sonne Planetensysteme zuordnet, hinsichtlich eines (noch unbekannten) Zentralkörpers und bilden so ein System höherer Ordnung. Als erster vertritt K. die Auffassung, daß es sich bei astronomischen Nebeln um Galaxien ähnlich der Milchstraße handelt, die ebenfalls der dynamischen Stabilität halber ein Gravitationszentrum erfordern. Analog fortschreitend stufen sich ›un-ermeßliche Sternordnungen‹ aufeinander, die in »Millionen und ganze(n) Gebürge(n) von Millionen Jahrhunderten« (a. a. O., 113, Akad.-Ausg. I, 314) in beständigem Werden und Vergehen begriffen sind. – Zwar schließt K. teleologische (↑Teleologie), insbes. in göttlichen Eingriffen sich manifestierende Begründungen aus seinen Überlegungen aus. Er glaubt jedoch, dem Gedanken der durch den Schöpfer angelegten Zweckmäßigkeit des Universums am besten durch eine Theorie zu genügen, die diese Zweckmäßigkeit in die Materie und ihre Grundeigenschaften verlagert, aus denen sich alles Weitere kausal notwendig und ohne neuerliches göttliches Einwirken ergibt.

In »Der einzig mögliche Beweisgrund zu einer Demonstration des Daseyns Gottes« (Königsberg 1763) vertritt K. eine Variante des von ihm erstmals ›ontologisch‹ (a. a. O., 198, Akad.-Ausg. II, 160) genannten ↑Gottesbeweises. Diesen Beweis in seiner Cartesischen Form, in der »aus der Möglichkeit eines vollkommensten Wesens auf seine Existenz« geschlossen wird, lehnt K. jedoch, wie später in der KrV, ab, da »das Dasein gar kein Prädikat, mithin auch kein Prädikat der Vollkommenheit sei« (a. a. O., 191, Akad.-Ausg. II, 156). Wegen ihrer ›Fehlschlüsse‹ werden auch alle übrigen Gottesbeweise verworfen. Lediglich den ›kosmologischen‹ Beweis, in dem von der Zweckmäßigkeit der Welt auf Gott geschlossen wird, läßt K. auf Grund seiner den ontologischen Beweis überragenden »Faßlichkeit vor [für] den gemeinen richtigen Begriff, Lebhaftigkeit des Eindrucks, Schönheit und Bewegkraft auf die moralischen Triebfedern der menschlichen Natur« zu, mag er auch »nimmermehr der Schärfe einer Demonstration fähig« sein (a. a. O., 201, 204, Akad.-Ausg. II, 162). Verbleibt K. in dieser Schrift trotz punktueller Kritik methodisch und thematisch noch im Rahmen der rationalistischen Metaphysik, so markiert die »Untersuchung über die Deutlichkeit der Grundsätze der natürlichen Theologie und der Moral. Zur Beantwortung der Frage welche die Königl. Academie der Wissenschaften zu Berlin auf das Jahr 1763 aufgegeben hat« (Berlin 1764) eine Wende, und zwar zum einen, insofern K. davon ausgeht, daß »noch niemals eine [Metaphysik] geschrieben worden« sei (a. a. O., 78 f., Akad.-Ausg. II, 283), zum andern, insofern er nunmehr die ↑synthetische Methode (der Mathematik, ↑Methode, synthetische), die mit *gegenstandskonstituierenden Definitionen* ihrer Grundbegriffe beginnt, als für die Philosophie unbrauchbar erklärt. Philosophie und Metaphysik haben von den gebrauchssprachlich verfügbaren (vgl. a. a. O., 80 f., Akad.-Ausg. II, 284–286), wenn auch ›verworrenen‹, Begriffen der in der Erfahrung *gegebenen* einschlägigen Gegenstände auszugehen. In Analogie zu ›Newtons Methode in der Naturwissenschaft‹ (a. a. O., 69, Akad.-Ausg. II, 275) hat die

Metaphysik ›durchaus analytisch‹ zu verfahren (a. a. O., 85, Akad.-Ausg. II, 289), indem sie diese unmittelbar gewisse, gebrauchssprachlich formulierte ›innere Erfahrung‹ so weit wie möglich in ↑Axiomen explizit macht und daraus ↑Folgerungen abzuleiten versucht (dabei können sich auch ↑Definitionen ergeben). Neben den Satz der ↑Identität und den des Widerspruchs (↑Widerspruch, Satz vom) als den *logisch-formalen* Regulativen aller bejahenden bzw. verneinenden Sätze treten also – K. schließt sich hier teilweise an C. A. Crusius an – »die ersten materiale(n) Grundsätze der menschlichen Vernunft« (a. a. O., 92, Akad.-Ausg. II, 295), die (wie z. B. ›ein Körper ist zusammengesetzt‹) zwar ›unerweislich‹ sind, jedoch andere Sätze begründen können. Da die Metaphysik trotz ihres grundverschiedenen Ausgangspunktes unter den gleichen, wenn auch anders zu erfüllenden (mathematische Axiome entwickeln die in den Definitionen gegebenen Inhalte), formalen und materialen ↑Wahrheitskriterien wie die Mathematik steht, ist sie gleicher Gewißheit fähig, wenn auch die Mathematik »leichter und einer größern Anschauung teilhaftig« ist (a. a. O., 93, Akad.-Ausg. II, 296). Die Gewißheitsanalogie gilt jedoch nicht für die ↑Ethik – K. ist noch von der Philosophie des ↑moral sense beeinflußt –, da sich vorläufig nur *formale* Prinzipien der Verbindlichkeit angeben lassen. Materiale Prinzipien, die Gegenstand des ↑›Gefühls‹, nicht der ›Erkenntnis‹ seien, müßten »allererst sicherer bestimmt werden« (a. a. O., 99, Akad.-Ausg. II, 300).

Hatte K. in der ›Deutlichkeitsschrift‹ nur *Verfahren* der Metaphysik kritisiert, diese jedoch bei neuer methodischer Orientierung für durchaus möglich gehalten, so verschiebt sich in der gegen E. Swedenborg gerichteten skeptischen Schrift »Träume eines Geistersehers, erläutert durch Träume der Metaphysik« (Königsberg 1766) der Metaphysikbegriff in einem wesentlichen Punkte in Richtung auf die spätere kritische Philosophie. In teilweise ironisierenden Passagen vergleicht K. ›die Luftbaumeister der mancherlei Gedankenwelten‹ und ›Träumer der Vernunft‹ (a. a. O., 59, Akad.-Ausg. II, 342) – C. Wolff und Crusius werden namentlich genannt – mit okkultistischen ›Geistersehern‹ wie Swedenborg. Spekulative Metaphysik, »in welche ich das Schicksal habe verliebt zu sein, ob ich mich gleich von ihr nur selten einiger Gunstbezeugungen rühmen kann« (a. a. O., 115, Akad.-Ausg. II, 367), scheint ihre traditionelle Aufgabe als Wissenschaft vom nicht erfahrungsgegebenen Wesen der Dinge, als Wissenschaft einer ↑übersinnlichen (↑›intelligiblen‹) Welt, nicht erfüllen zu können. Insbes. ist – hier zeigt sich deutlich der auch von K. betonte Einfluß D. Humes – die ↑Kausalität zwar als Kopräsenz von Gegenständen oder Sachverhalten in der *Erfahrung* gegeben; das reine *Denken* jedoch vermag zwischen Ursache und Wirkung keinen solchen Zusammenhang von

›Notwendigkeit‹ zu begründen wie bei der logischen Relation von ↑Grund und Folge (↑Folge (logisch)). Auch für die Begründung ethischer Normen (↑Norm (handlungstheoretisch, moralphilosophisch)) hat das Motiv des Rekurses auf eine ›andere Welt‹ seine Bedeutung verloren, da ›das Herz des Menschen‹ – K. folgt hierin J.-J. Rousseau – ›unmittelbare sittliche Vorschriften‹ (a.a.O., 126, Akad.-Ausg. II, 372) enthalte. Metaphysik ist nun nicht mehr Erkenntnis von Dingen, sondern Wissenschaft, die eben diese Erkenntnis zum Gegenstand hat: Theorie des Erfahrungswissens, nach Newtonscher Methode, d.h. nach K.: mit der Erfahrung als alleinigem Gewißheitskriterium verfahrende »Wissenschaft von den *Grenzen der menschlichen Vernunft*« (a.a.O., 115, Akad.-Ausg. II, 368).

Kritische Periode: Die zum Antritt seiner Professur (1770) verfaßte ›Inauguraldissertation‹ leitet zur kritischen Periode der Philosophie K.s über. Orientiert an Platon und vor allem Leibniz (dessen »Nouveaux essais« posthum 1765 erschienen waren) unterscheidet K. ›Sinnen-‹ und ›Geisteswelt‹ und die mit diesen korrespondierenden Erkenntnisvermögen der ↑Sinnlichkeit und des ↑Verstandes (›intellectus‹, auch ›intellectus purus‹, ›reiner Verstand‹). Die Sinnlichkeit liefert unter dem Titel der ↑›Erscheinung‹ (↑›Phaenomenon‹) das Material für die im Verstand durch logischen Vergleich der Erscheinungen zu konstituierende ›Erfahrung‹. Die Verstandesbegriffe (auch ›reine Ideen‹ [›ideae purae‹] genannt, ↑Verstandesbegriffe, reine) verdanken sich, anders als die Erfahrung, nicht einem bloß logischen Verstandesgebrauch an sinnlichem Material, sondern seiner eigentlichen, ›realen‹ (a.a.O., Sect. II, § 6, Akad.-Ausg. II, 394) Aktivität, die zu Begriffsbildungen führt, die ohne, grundsätzlich sinnlich fundierte, ›Anschauung‹ (*intuitus*) ›durch die Natur des Verstandes selber gegeben‹ sind (ebd.). Dazu gehören im theoretischen Bereich Begriffe wie Möglichkeit, Dasein, Notwendigkeit, Substanz, Ursache, in der Praktischen Philosophie z.B. ›die ersten Grundsätze der Beurteilung‹ des moralischen Handelns. Die Sinnlichkeit liefert die »Vorstellungen der Dinge, *wie sie erscheinen*, der Verstand aber wie sie sind« (a.a.O., Sect. II, § 4, Akad.-Ausg. II, 292). Metaphysik wird als ›Philosophie der ersten Prinzipien des reinen Verstandesgebrauchs‹ (a.a.O., Sect. II, § 8, Akad.-Ausg. II, 395) bezeichnet. Mit diesen Unterscheidungen trifft K. bereits Grundbestimmungen, die von der KrV aufgenommen werden, wenn auch der ›dialektische‹ (scheinerzeugende) Charakter der von K. noch für möglich gehaltenen ›realen‹ Aktivität des reinen Verstandes (vgl. a.a.O., Sect. II, § 5, Akad.-Ausg. II, 393–394; Sect. V, § 23, Akad.-Ausg. II, 410–411), wie ihn die »Transzendentale Dialektik« der KrV nachweist, noch nicht beachtet ist. Neben die beiden Klassen der Erfahrungs- und Vernunftbegriffe tritt nun – dies ist der

zentrale Gegenstand der ›Inauguraldissertation‹ (a.a.O., Sect. III, IV, Akad.-Ausg. II, 398–410) – die Lehre von einer *dritten* Begriffsklasse: Raum und Zeit als ›Formen der ↑Anschauung‹. Dieses Lehrstück wird als »Transzendentale Ästhetik« in der KrV wiederholt und begründet K.s Theorie der Arithmetik und Geometrie.

Glaubte K. noch 1772 (Brief vom 21.2.1772 an M. Herz, Akad.-Ausg. X, 129–135), die in der ›Inauguraldissertation‹ angelegte und in der Folgezeit weiterentwickelte Konzeption einer ›Critick der reinen Vernunft‹ »binnen etwa 3 Monathen herausgeben« zu können (a.a.O., 132), erforderten die Schwierigkeiten der Durchführung noch weitere acht Jahre. Das zentrale Problem dürfte für K. darin bestanden haben, die Möglichkeit einer Anwendung der Verstandesbegriffe auf die Gegenstände der Erfahrung zu begründen, da Verstandesbegriffe für ihn weder (empiristisch) Resultat der Erfahrung noch umgekehrt Gegenstände der Erfahrung (rationalistisch, etwa als angeborene Idee, ↑Idee, angeborene) Produkt reiner Denktätigkeit sind. Diese von Hume für das Kausalprinzip (↑Kausalität) und von J.H. Lambert in einem Brief an K. (13.10.1770, Akad.-Ausg. X, 103–111) allgemein aufgeworfene Frage führt zu der als ↑›Kopernikanische Wende‹ bezeichneten neuen erkenntnistheoretischen Einstellung in der »Kritik der reinen Vernunft« (1781, ²1787). K. verwirft darin den ↑Rationalismus und ↑Empirismus gleichermaßen kennzeichnenden naiven Glauben an die Gewißheit der auf das reine Denken (Rationalismus) bzw. die reine Wahrnehmung (Empirismus) gestützten Erkenntnis. Die Objektivität aller Erkenntnis wird nach K. methodisch in einer auch als Grundriß einer ↑›Transzendentalphilosophie‹ (↑transzendental) bezeichneten ↑›Kritik‹ des Erkenntnisvermögens begründet, die Prädikate wie ›objektive Realität‹ allererst ›konstituiert‹. ›Kopernikanisch‹ stellt K. sich auf den Standpunkt, daß Erkenntnis objektiver Realität nicht durch die Gegenstände, die erkannt werden, bestimmt ist. Vielmehr verdankt sich der Umstand, daß etwas überhaupt Gegenstand der Erkenntnis werden kann, *Handlungen* des erkennenden Subjekts, die als solche zur Ausstattung der (überindividuellen) Subjektivität gehören (↑Subjekt, transzendentales, ↑Subjektivismus, ↑Idealismus, transzendentaler). Ein ›direkter‹, nicht durch Leistungen der Subjektivität vermittelter Zugang zu Gegenständen, so wie sie gleichsam ohne subjektive Zutat, als ↑›Dinge an sich‹, sind, ist grundsätzlich ausgeschlossen.

Mit seiner KrV dürfte K. im wesentlichen zwei Ziele verfolgen: (a) *positiv:* den Entwurf einer Transzendentalphilosophie, die sich, paradigmatisch an der Begründung der Newtonschen Physik orientiert, als Erkenntnis- und Wissenschaftstheorie (insbes. als auf einer Theorie von Raum und Zeit fußende Philosophie der Mathematik und allgemeine Theorie der ↑Erfahrung) konkretisiert und den Bereich möglichen Erfahrungs- und wissenschaftlichen Wissens gegenüber Scheinwissen und nicht-wissenschaftlichen Erfahrungsweisen abgrenzt (damit verbunden ein Ausloten der Möglichkeit von Metaphysik); (b) *negativ:* den Nachweis der Unhaltbarkeit bisheriger Metaphysik, die den Kriterien, denen nach (a) objektive Erkenntnis und Wissenschaft unterliegen muß, nicht genügt, insofern ihre Sätze den ›Bereich möglicher Erfahrung‹ überschreiten. Positives wie negatives Hauptziel der KrV ergibt sich aus der Analyse und »Beantwortung der Fragen: Wie ist reine Mathematik möglich? Wie ist reine Naturwissenschaft möglich? [...] Wie ist Metaphysik als Wissenschaft möglich?« (KrV B 20, 22). Diese drei Fragen sind letztlich Ausdifferenzierungen der »eigentliche(n) Aufgabe der reinen Vernunft [...]: Wie sind synthetische Urteile a priori möglich?« (KrV B 19).

Mit der Einführung des Begriffs des ↑synthetischen Urteils ↑a priori gelingt es K., die Sätze der faktisch und unbezweifelt als Wissenschaft existierenden Mathematik und rationalen Physik als vom gleichen Typ auszuweisen wie die Sätze der bislang nur ›als Naturanlage‹ (KrV B 21) existierenden, jedoch als Wissenschaft erst ›eigentlichen‹ (KrV B 23) und noch aufzubauenden Metaphysik. K. zeigt, daß synthetisch-apriorische Sätze nicht nur erfahrungs*unabhängig,* sondern auch erfahrungs*konstitutiv* sind, weil sie, die Objektivität von Sätzen der Arithmetik und der Geometrie verbunden mit den ›Prinzipien der reinen Naturwissenschaft‹ (d. h. für K.: der Newtonschen Physik) verbürgend, eine empirische wissenschaftliche Orientierung – nach ihrem methodischen Aufbau betrachtet – überhaupt erst ermöglichen.

Erfahrung besteht nach K. im Blick auf die leiblichgeistige Verfassung des Menschen aus einer anschaulich-rezeptiven (›Sinnlichkeit‹, ›Anschauung‹) und einer gedanklich-spontanen (›Denken‹, ›Verstand‹) Komponente. Diesen Gedanken spiegelt die Einteilung des ersten und entscheidenden Teiles der KrV (»Transzendentale Elementarlehre«) in die auf ›Anschauung‹ bezogene »Transzendentale Ästhetik« (↑Ästhetik, transzendentale) einerseits und die auf ein synthetisches Apriori bezogene »Transzendentale Logik« (↑Logik, transzendentale) andererseits wider, deren erster Teil (»Transzendentale Analytik«, ↑Analytik, transzendentale) das *begriffliche* Apriori der Erfahrung analysiert. Entsprechend verlangt K., darauf verweisend, daß »Gedanken ohne Inhalt leer« seien (KrV A 51/B 75), einen Bezug ›gegenständlicher‹ Erkenntnis auf die ›Anschauung‹. Die transzendentale Ästhetik (= Wahrnehmungslehre) zeigt, daß jede Anschauung von Gegenständen als durch die ›reinen Anschauungsformen‹ ↑Raum und ↑Zeit bestimmt aufzufassen ist. Raum und Zeit sind selbst keine Eigenschaften von Gegenständen und keine Gegenstände der Erfahrung, sondern in der Eigenart menschlicher Erkenntnis

liegende erfahrungskonstituierende Ordnungsinstrumente für die Mannigfaltigkeit der ↑Empfindungen. – Mit seiner Theorie der transzendentalen Idealität des Raumes (und entsprechend der Zeit) bezieht K. sowohl gegenüber Leibnizens *relationalem* Raumbegriff (Raum bestimmt durch mögliche Relationen der Körper zueinander), den er lange vertreten hatte, als auch gegenüber Newtons *substantiellem* Raumbegriff (↑Raum, absoluter), zu dem er 1768 (Von dem ersten Grunde des Unterschiedes der Gegenden im Raume) übergegangen war (↑Orientierung), eine eigenständige Position. Die diesem Raumbegriff entsprechende ↑Euklidische Geometrie wie auch die auf dem Zeitbegriff beruhende Arithmetik haben einen *konstruktiven* (↑konstruktiv/Konstruktivität) Charakter (vgl. KrV A 713/B 741) und ermöglichen eine messende physikalische Erfahrungspraxis.

Die auf Anschauung beruhende raumzeitliche Struktur der Erkenntnis reicht jedoch zur Konstitution wirklicher Erfahrung und eines naturgesetzlichen Zusammenhanges nicht aus: »Anschauungen ohne Begriffe sind blind« (ebd.). Dies soll vielmehr eine Leistung der von K. in der »Transzendentalen Analytik« untersuchten und als ↑›Kategorien‹ oder ›reine Verstandesbegriffe‹ bezeichneten, auf ›Spontaneität‹ (↑spontan/Spontaneität) beruhenden, allgemeinen *begrifflichen* Ordnungsprinzipien wie Einheit, Realität und Kausalität, in bestimmter Weise auf Erscheinungen angewendet, sein. Raum, Zeit und Kategorien bilden somit die apriorischen Bedingungen jeder Erfahrung und bestimmen insbes. den vom lebensweltlichen (›phänomenalen‹) Erfahrungsbegriff zu unterscheidenden konstruktiv-instrumentalen Erfahrungsbegriff (↑Erfahrung) der Philosophie K.s und ihrer Theorie der Physik. Das Problem der *Verbindlichkeit* apriorischer Sätze der Arithmetik und der Geometrie sowie der kategorialen Prinzipien für die Anschauung als Problem der ›Anwendung‹ der Kategorien ›auf Erscheinungen‹ versucht K. in der ›transzendentalen Deduktion der reinen Verstandesbegriffe‹ (↑Deduktion, transzendentale) sowie in der Lehre vom ↑Schematismus und den ›Grundsätzen des reinen Verstandes‹ (↑Analogien der Erfahrung) zu lösen.

K.s konstruktive Theorie der Erfahrung in der Form des Aufweises der jeder Erfahrung methodisch-systematisch vorausgehenden, sie bestimmenden und begrenzenden Verstandeshandlungen läßt – dies ist ein Resultat der »Transzendentalen Dialektik« (↑Dialektik, transzendentale), des zweiten Teiles der »Transzendentalen Logik« – die Rede von ›Gott‹, ›Welt‹, ›Seele‹ als von diesen Handlungen unabhängigen Gegenständen der theoretischen Erfahrung (›Dingen an sich‹) nicht mehr zu. Auf der Nichtbeachtung dieses Umstandes (↑›Antinomien der reinen Vernunft‹, ↑›Paralogismen der reinen Vernunft‹) beruhen widersprüchliche Ergebnisse traditioneller Metaphysik, so in der Frage der Substantialität der ↑Seele

(↑Substantialitätstheorie), der zeitlichen und räumlichen Verfassung der Welt und der ↑Freiheit des Menschen. Auch ↑Gottesbeweise sind nicht möglich. ›Gott‹, ›Welt‹, ›Seele‹ haben für K. als ›Ideen‹ (↑Idee (historisch)) keinen erkenntniskonstitutiven Charakter, weil ihnen entsprechende Gegenstände den Bereich möglicher Erfahrung grundsätzlich übersteigen würden. Sie haben nur einen ↑›regulativen‹ (KrV A 644/B 672) und daher praktischen Charakter als Aufforderungen, die ›systematische Einheit‹ theoretischer Überlegungen herzustellen, und führen schließlich als ↑›Postulate der praktischen Vernunft‹ zur praktisch-moralischen Überzeugung von der Existenz Gottes, der menschlichen Freiheit und der Unsterblichkeit der Seele.

Der »Transzendentalen Elementarlehre« der KrV läßt K., in Anlehnung an den Aufbau von Lehrbüchern der traditionellen Logik (↑Logik, traditionelle), einen Anwendungsteil, die »Transzendentale Methodenlehre«, folgen, in der die »Bestimmung der formalen Bedingungen eines vollständigen Systems der reinen Vernunft« (KrV A 707 f./B 735 f.) erörtert wird. Nach einer Diskussion der Philosophie unangemessener Methoden (›Disziplin der reinen Vernunft‹, KrV A 708 ff./B 736 ff.), die unter anderem die Unterschiede synthetisch-apriorischer Begriffsbildung in Philosophie und Mathematik herausarbeitet (Mathematik ›konstruiert‹ Begriffe in der ihnen ›korrespondierenden‹ reinen Anschauung, während Philosophie ›Vernunfterkenntnis aus Begriffen‹ ist, die sich ›diskursiv‹, nicht ›intuitiv‹, auf *mögliche* Anschauungen bezieht), erörtert K. in »Kanon der reinen Vernunft« (KrV A 795 ff./B 823 ff.) die ›Grundsätze a priori‹ ihres ›richtigen Gebrauchs‹ (KrV A 796/B 824): Die Interessenrichtungen der Vernunft gehen auf die Beantwortung der folgenden drei Fragen: »1. Was kann ich wissen? 2. Was soll ich tun? 3. Was darf ich hoffen?« (KrV A 805/B 833). Die KrV hat die erste beantwortet und gezeigt, daß es von den beiden anderen kein (theoretisches) *Wissen* geben kann. Um sie dennoch zu beantworten, muß der ›spekulative‹ Gebrauch der reinen Vernunft durch ihren ›praktischen‹ ersetzt werden, der seinerseits ›objektive Realität‹ in einer ›moralischen Welt‹ (KrV A 808/B 836) verbürgt, deren spezifische Erkenntnisform nicht das ›Wissen‹, sondern der ›Glaube‹ (↑Glaube (philosophisch)) ist, in dem sich die Gewißheit der Freiheit, eines Lebens nach dem Tode und der Existenz Gottes ausdrückt. – Die »Architektonik der reinen Vernunft« (KrV A 831 ff./B 859 ff.) bestimmt den ›systematischen‹ Charakter wissenschaftlicher Erkenntnis und entwickelt eine entsprechende Klassifikation der Philosophie. Das Schlußkapitel »Geschichte der reinen Vernunft« (KrV A 852 ff./B 880 ff.) schließlich resümiert aus dem Scheitern von rationalistischen und empiristischen Orientierungen: »Der *kritische* Weg ist allein noch offen« (KrV A 856/B 884).

Die *formale Logik* K.s, die monographisch nur in Vorlesungsnachschriften (Akad.-Ausg. XXIV [2 Teilbde]) und in dem von G. B. Jäsche herausgegebenen, ebenfalls nicht immer zuverlässigen Kompendium »I. K.s Logik. Ein Handbuch zu Vorlesungen« (Königsberg 1800, Akad.-Ausg. IX, 1–150) sowie in »Die falsche Spitzfindigkeit der vier syllogistischen Figuren« (Königsberg 1762) vorliegt und die K. durch Aristoteles für abgeschlossen hielt (KrV B VIII), ist ganz in die Konzeption der transzendentalen Logik (↑Logik, transzendentale) eingebettet. Sie zeigt weder ein besonderes Verständnis für Probleme formaler Logik (↑Logik, formale), noch geht sie über die Ansätze der Vorlesungsvorlage (C. F. Meier, Auszug aus der Vernunftlehre, Halle 1752, Neudr. in: Akad.-Ausg. XVI) nennenswert hinaus.

Die »Prolegomena zu einer jeden künftigen Metaphysik, die als Wissenschaft wird auftreten können« (Königsberg 1783) stellen weithin eine geraffte und vieles verdeutlichende Fassung der Grundgedanken der KrV dar. Ein wichtiger, die bessere Lesbarkeit fördernder Unterschied besteht darin, daß nunmehr die tatsächliche Gültigkeit der Newtonschen Physik bereits vorausgesetzt und auf der Basis dieser Annahme argumentiert wird. Die »Metaphysischen Anfangsgründe der Naturwissenschaft« (Riga 1786) verfolgen in der Spezialisierung und Bestätigung des Ansatzes der KrV eine Einlösung der dort (A 845 ff./B 873 ff.) gestellten Aufgabe einer ›Metaphysik der Natur‹ als ↑Metatheorie der Newtonschen mathematischen Physik. Hatte die KrV durch Anwendung der reinen Verstandesbegriffe auf Sinnlichkeit *überhaupt* die Basis zu einer apriorischen Wissenschaft von der ›Natur‹ im allgemeinen (als ›rationale Physiologie‹ bei K. auch rationale Theologie und Kosmologie umfassenden) Sinne geliefert, so verfolgen die »Anfangsgründe« durch die Beschränkung der Anwendung der Kategorien auf Gegenstände der *äußeren*, auf Erscheinung eingeschränkten Sinneswahrnehmung das Ziel, zu einer als ›allgemeine Körperlehre‹ verstandenen apriorischen Wissenschaft der *äußeren* Natur zu gelangen. Diese soll in apriorischen Naturgesetzen und Prinzipien (darunter die Newtonschen Axiome) die metaphysischen Bedingungen abhandeln, unter denen die intendierte mathematische Beschreibung der Natur in der ›eigentlichen Naturwissenschaft‹ allererst einen physikalischen Sinn erhält (a. a. O., Vf., Akad.-Ausg. IV, 468). Bei der Durchführung seines gegen die mechanistisch-korpuskulare Materietheorie gewendeten dynamischen Ansatzes geht K. davon aus, daß der Begriff der Materie in deren Grundbestimmung als Bewegung der eigentliche Fundamentalbegriff physikalischer Wissenschaft ist. Mit ›Bewegung‹ ist allerdings nicht in erster Linie die geradlinig-gleichförmige Bewegung gegen den absoluten Raum gemeint; diese würde mangels Anschauung des absoluten Raumes nur eine mathematisch-mögliche

Bestimmung von Materie liefern. Vielmehr versteht K. unter ›Beweglichkeit‹ die vor allem an Attraktions- und Repulsionskräfte (↑Attraktion/Repulsion) gebundene Beschleunigbarkeit der Materie. Analog der Verfahrensweise der KrV bestimmt K. zum einen den Begriff der Bewegung als auf dem Verhältnis von Raum und Zeit beruhende Anschauungsform und erörtert zum anderen, entsprechend der transzendentalen Deduktion, seine Anwendung auf Erfahrung. Bewegung wird hierbei als ein zwar auf Empirie bezogener, jedoch nicht von ihr abhängiger Begriff aufgefaßt, den K. ↑›Prädikabile‹ nennt. – Die Ergebnisse der »Anfangsgründe« sind vermutlich für wichtige Unterschiede der beiden Auflagen der KrV, wie die ›Widerlegung des Idealismus‹ und die Neufassung des Paralogismenkapitels sowie der transzendentalen Deduktion, grundlegend.

Die »Kritik der Urteilskraft« (1790, ²1793), letzte der drei Kritiken, befaßt sich mit der Ergänzung der beiden ersten sowie damit, »eine Brücke von einem Gebiete [der Natur] zu dem andern [der Freiheit] hinüberzuschlagen« (KU, Einl. IX, B LIII–LVII). Neben ↑Verstand und ↑Vernunft drittes ›oberes Erkenntnisvermögen‹ vermittelt die ↑Urteilskraft zwischen den in den ersten beiden Kritiken jeweils primär untersuchten Bereichen der Natur und der Freiheit und sichert so die ›Einheit der Vernunft‹. Eine solche Vermittlung ist notwendig, da Freiheit sich im Handeln in der Natur verwirklichen muß. K. bestimmt Urteilskraft als »das Vermögen, das Besondere als enthalten unter dem Allgemeinen zu denken« (KU, Einl. IV, B XXV). Je nachdem, ob das ›Allgemeine‹ (d.h. eine Regel, ein Prinzip oder ein Gesetz) oder das Besondere gegeben ist, unterscheidet K. ›bestimmende‹ von ›reflektierender‹ Urteilskraft (KU, Einl. B XXVI). Der erstere Fall, ob etwas unter eine bestimmte Regel fällt oder nicht, ist unproblematisch und wurde von K. in der KrV, wo die Unterscheidung beider Typen von Urteilskraft noch nicht getroffen worden war, behandelt (KrV A 132 ff./B 171 ff.). Das eigentliche Problem besteht darin, für den letzteren Fall ein apriorisches Prinzip anzugeben, das die Herstellung eines systematischen Zusammenhanges durch Einordnung einzelner Erkenntnisse in ein System leitet. Ohne ein solches Prinzip stehen empirische Gesetze und Sachverhalte als ↑Aggregate nebeneinander. K. bestimmt das Systemprinzip als ›Prinzip der formalen Zweckmäßigkeit der Natur‹ (KU, Einl. V, B XXIX). Als ein transzendentales Prinzip sagt es nichts über eine etwaige systematische Verfassung der Welt aus, sondern lediglich etwas darüber, wie Wissenschaft zu verfahren hat, wenn sie als systematische möglich sein soll. Ähnlich wie die ›Ideen‹ der KrV bildet auch die ›Zweckmäßigkeit der Natur‹ nur ein heuristisches (↑Heuristik) Prinzip: Wissenschaft geht so vor, ↑›als ob‹ (KU, Einl. IV, A XXV) eine systematische Einheit des Wissens herstellbar sei, ›als ob‹ die

Natur so organisiert sei, daß sie den Bedingungen systematischen Forschens genügt. Für die KU stellt sich damit die Aufgabe des Aufweises der apriorischen Komponenten von Urteilen über ↑Zweck und Zweckmäßigkeit (↑Teleologie), d.h. die Aufgabe einer ›Kritik‹ der (reflektierenden) Urteilskraft. Dies führt K. in einem ersten Schritt (»Kritik der ästhetischen Urteilskraft«) zu einer Theorie des ästhetischen Urteils (›Geschmacksurteil‹, ↑Geschmack), in einem zweiten Schritt (»Kritik der teleologischen Urteilskraft«) zu einer Theorie des Organischen.

Im Zentrum der »Kritik der ästhetischen Urteilskraft« steht die Untersuchung der Frage, wie das ›Ansinnen‹ allgemeiner Zustimmung zu ästhetischen Urteilen (z.B. ›dieses Bild ist schön‹), d.h. der ›Anspruch auf subjektive Allgemeinheit‹ (KU § 6, B 18), gerechtfertigt werden kann. K. beantwortet diese Frage durch konsequente (transzendentale) ›Subjektivierung‹ des Schönen (↑Schöne, das): Nicht Eigenschaften von Gegenständen berechtigen zu einem ästhetischen Urteil (»das Geschmacksurteil ist also kein Erkenntnisurteil«, KU § 1, B 4, ↑Urteil, ästhetisches), sondern der Zustand der Erkenntnisfunktionen, der durch ästhetische Erfahrung (↑Erfahrung, ästhetische) hervorgerufen wird. K. bestimmt diesen Zustand als Gefühl »des freien Spiels der Vorstellungskräfte an einer gegebenen Vorstellung zu einem Erkenntnisse überhaupt« (KU § 9, B 28). Die in Frage kommenden Vorstellungskräfte sind ↑Einbildungskraft und Verstand. Das ›Zusammenspiel‹ dieser beiden Vermögen, die zur transzendentalen Grundausstattung des Menschen gehören, ermöglicht im theoretischen Bereich Erkenntnis. In der ästhetischen Erfahrung jedoch wird die im Zusammenspiel *mögliche* Erkenntnis zugunsten der *tatsächlichen* Erfahrung der ›Harmonie‹ dieses freien Spiels ausgeblendet. Die ästhetische Erfahrung und die mit ihr verbundene ›Lust‹ drücken sich in einer ›bloß subjektiven‹ ästhetischen ›Beurteilung‹ des Gegenstandes aus, die wegen ihrer transzendentalen Wurzeln zur »allgemeine(n) subjektive(n) Gültigkeit des Wohlgefallens (führt), welches wir mit der Vorstellung des Gegenstandes, den wir schön nennen, verbinden« (KU § 9, B 29). Außer als in diesem Sinne ›allgemein‹ charakterisiert K. das ästhetische Urteil als ›frei‹ von theoretischen und praktischen Interessen (›uninteressiertes und freies Wohlgefallen‹, KU § 5, B 15), als ›notwendig‹ in dem Sinne, daß unter Rekurs auf einen ›Gemeinsinn‹ ›allgemeine Beistimmung‹ gefordert werden kann (KU § 22, B 68), und als beruhend auf der »Form der Zweckmäßigkeit eines Gegenstandes, sofern sie, ohne Vorstellung eines Zwecks, an ihm wahrgenommen wird« (KU § 17, B 61). ›Zweckmäßigkeit ohne Zweck‹ (KU § 15, B 44), d.h. nur die ›Form‹ von Zweckmäßigkeit, ist deswegen Kriterium ästhetischen Urteilens, weil Wohlgefallen an willentlich realisierten Zwecken die Interesselosigkeit des ästhetischen Urteils und die (theoretische) Feststellung eines in der Natur der Dinge liegenden Zweckes den nicht auf theoretische Erkenntnis zielenden Charakter aufhöbe. Ästhetische Urteile können im Unterschied zu Urteilen der Wissenschaft und der Moral nicht regelgeleitet erfolgen; sie müssen vielmehr an exemplarischen Kunstwerken *eingeübt* werden, die dem ↑›Ideal der Schönheit‹ (KU § 17, B 53 ff.) entsprechen. Auch die originale Kunstproduktion des ↑Genies ist nicht nach Regeln erlernbar, sondern gibt, selbst unbewußt und implizit, ›der Kunst die Regel‹ (KU § 46, B 181). – Zu den ästhetischen Urteilen zählt K. neben den Urteilen über Schönheit diejenigen über Erhabenheit (↑Erhabene, das). Spezifische Unterschiede bei gleicher transzendentaler Grundstruktur bestehen darin, daß das Gefühl des Erhabenen sich in erster Linie auf ›Unendlichkeit‹ und ›Unbegrenztheit‹ natürlicher Phänomene bezieht und deswegen nicht (wie bei der Schönheit) in einer Aktivierung theoretischer Verstandesfunktionen (Einbildungskraft und Verstand), sondern in einer Anregung der (letztlich praktischen) ›Ideen‹ besteht. Einbildungskraft im Zusammenspiel mit Vernunft liefert so eine Basis der Zweckmäßigkeit, wiederum nicht für mögliche Erkenntnis, sondern für die Erfahrung der Unabhängigkeit der Vernunft. Damit und mit seiner Auffassung der Schönheit als ›Symbol des Sittlichguten‹ (KU § 59, B 258) stellt K. eine ästhetische Vermittlung des Bereichs sinnlicher Erfahrung (↑Phaenomenon) mit dem intelligiblen Bereich der Ideen (↑Noumenon) her, insofern Intelligibles zwar grundsätzlich direkter anschaulicher Darstellung entzogen bleibt, gleichwohl aber in symbolischer Darstellung repräsentiert werden kann. Kunst läßt sich so als systematischer Ort der Vermittlung von Natur und Freiheit verstehen.

Die »Kritik der teleologischen Urteilskraft« untersucht die (transzendentalen) Bedingungen der Möglichkeit von Urteilen über Naturzwecke. Die *formale* Zweckmäßigkeit der Natur, die darin besteht, systematische Wissenschaft zuzulassen, ist nicht weiter problematisch. Die eigentliche Schwierigkeit liegt in Urteilen über *materiale* Naturzwecke. Hier stehen die durch ›innere Zweckmäßigkeit‹ charakterisierten ↑Organismen im Vordergrund. Sie sind wesentlich dadurch gekennzeichnet, daß Existenz und Eigenschaften ihrer Teile durch das Ganze bedingt sind und gleichzeitig ›um des Ganzen willen‹ existieren (vgl. KU § 65, B 291). Urteile über Sachverhalte wie Selbstorganisation (›teleologische Urteile‹) sind durch die KrV als theoretische ausgeschlossen, da sie weder empirisch sind noch der Kategorie der Kausalität unterliegen. Auch in der KU läßt K. solche Urteile nur in regulativer Funktion als »Maxime der Beurteilung der innern Zweckmäßigkeit organisierter Wesen« (KU § 66, B 296) dort zu, wo kausale Erklärung – im vor-

Darwinschen Zeitalter – an ihre Grenzen stößt (einen ›Newton des Grashalms‹ kann es nicht geben, vgl. KU § 75, B 338). D. h. für K. insbes., daß der Organismenbereich nur ›in Analogie‹ (KU § 65, B 295) zur zwecksetzenden Tätigkeit der menschlichen Vernunft angemessen zu begreifen ist und hier, ebenso wie beim Geschmacksurteil, die Kluft zwischen ›Natur‹ und ›Freiheit‹ überbrückt wird.

Während K. in der Vorrede zur KU noch meinte, sein ›ganzes kritisches Geschäft‹ abgeschlossen zu haben, und ankündigte, »ungesäumt zum doktrinalen [zu] schreiten, um, wo möglich meinem zu nehmenden Alter die dazu noch einigermaßen günstige Zeit noch abzugewinnen« (KU B X), zwangen insbes. Mängel und Inkonsistenzen der »Metaphysischen Anfangsgründe« sowie die in der KU sichtbar gewordene Unzulänglichkeit des Begriffs der Teleologie zu einer erneuten Aufnahme transzendentalphilosophischer Überlegungen. Diese sind fragmentarisch in den Skizzen zu einem Werk enthalten, das von K. in der Hauptsache 1795 begonnen, in seinem Aufbau erst von E. Adickes (1920) rekonstruiert und erstmals vollständig 1936/1938 als »Opus Postumum« (Akad.-Ausg. XXI/XXII) publiziert wurde. K. intendiert hier eine apriorische Begründung für *alle* Gebiete der Naturwissenschaft, insbes. für die im Mittelpunkt zeitgenössischer Diskussionen stehenden energetischen Probleme sowie für die Wissenschaft vom Lebendigen (Organismentheorie). Die »Anfangsgründe« hatten lediglich eine, gemessen an K.s eigenem methodologischen Standard, gescheiterte dynamische Materietheorie angestrebt. Mit seinem Neuansatz trägt K. diesem Scheitern, der Wirklichkeit der Naturwissenschaften sowie dem Umstand Rechnung, daß es im Bereich der Organismen eine ›Erfahrung‹ von Zweckmäßigkeit gibt, die nach seiner bisherigen Auffassung wissenschaftlich nicht ausgewiesen werden kann (nur Als-ob-Teleologie). Im »Opus Postumum« nimmt ein als ›Äther‹ bezeichneter ›alles durchdringender und überall verbreiteter Weltstoff‹ die zentrale Stellung ein (vgl. Akad.-Ausg. XXI, 256). Von ihm, als ›ursprünglich-elastischer Materie‹, werden alle feststellbaren Kraftwirkungen der in der Erfahrung gegebenen Körper abgeleitet. In transzendentaler Wendung werden das empirisch nicht gegebene Äther-Kontinuum und die daraus resultierenden Kräfte zur Bedingung der Möglichkeit und Einheit von Erfahrung. In Analogie zu den »Kritiken« unternimmt K. eine ›Deduktion‹ des Äthers und der ›bewegten Kraft der Materie‹, die zu einem neuen Verständnis von Empirie führt: An die Stelle der überindividuellen transzendentalen Subjektivität tritt der konkrete, an leibliche Erfahrung gebundene Mensch. Die ›bewegenden Kräfte der Materie‹, die Wahrnehmungen hervorrufen, können diese Funktion nur deshalb erfüllen, weil der erkennende Mensch (als Organismus) auch den scheinbar ›passiven‹

Prozeß der Wahrnehmung aktiv (›spontan‹) in der ›Selbstaffektion‹ organisiert und möglich macht. Mit diesem ↑*Leibapriori* der Erkenntnis, in dem die Natur erst auf der Basis der Selbsterfahrung des menschlichen Körpers angemessen verstehbar wird, nähert sich K. in einem transzendental vermittelten Sinne einer lebensweltlich-anthropomorphen (›aristotelischen‹) Wissenschaftskonzeption. (Ergänzend: ↑Amphibolie, ↑Analytik, ↑analytisch, ↑Anlage, ↑Antizipationen der Wahrnehmung, ↑Apperzeption, ↑Apprehension, ↑architektonisch/Architektonik, ↑Gemüt, ↑Grundsatz, ↑Kritik, ↑Kritizismus, ↑Logik des Scheins, ↑Methode, transzendentale, ↑Objekt, transzendentales, ↑quid facti/quid iuris, ↑Schein, ↑Subjekt-Objekt-Problem, ↑Vermögen, ↑Vernunftinteresse).

II (*Praktische Philosophie*): Sieht man die Philosophie K.s unter dem Primat der praktischen Vernunft (↑Vernunft, praktische), so ergibt sich für die Theoretische Philosophie als zusätzliche Interpretationsmöglichkeit, den tragenden Grundgedanken der Praktischen Philosophie – nämlich die ↑*Autonomie* der Vernunft zu erklären – als ihr Fundament zu verstehen. Die Philosophie K.s insgesamt wäre nach diesem Verständnis als Bemühen zu lesen, nicht nur die Verbindlichkeit der (praktischen) Orientierungen, sondern auch die Verläßlichkeit der (theoretischen) Erkenntnisse als ein Ergebnis des autonomen, sich selbst seine ›Gesetze‹ gebenden Vernunftgebrauchs zu erklären. Die Autonomie der Vernunft besteht darin, selbständig, d. h. allein auf Grund eigener Überlegungen, ihr Wissen und ihren Willen zu bilden. Die Wissens- und Willensbildung von jedermann (als einer zum autonomen Vernunftgebrauch fähigen Person) soll weder als Wirkung natürlicher Ereignisse noch als Ergebnis herrschender Überzeugungen verstanden und vollzogen werden. K.s Praktische Philosophie hat damit zur Bedingung ihrer Möglichkeit eine Theoretische Philosophie, in der die Autonomie der Vernunft auch für deren erkennendes Handeln gezeigt wird.

K. löst diese Aufgabe, wie zuvor dargestellt, dadurch, daß er die Vernunft in ihrer Erkenntnisgewinnung an die Erfahrung bindet, zugleich aber auch die Erfahrung selbst als ein Erzeugnis der Vernunft verständlich macht. Damit verliert die alltägliche Erfahrung von jedermann ihren Rang als erkenntnisstützende Instanz. An ihre Stelle tritt die methodisch disziplinierte, weil den ›Gesetzen‹ der Vernunft folgende ↑Erfahrung. Die KrV ist unter anderem dem Nachweis gewidmet, daß und wie das Wahrnehmungsvermögen methodisch diszipliniert werden muß, damit überhaupt ein Erfahrungswissen gebildet werden kann: sei es in Form einfacher Beobachtungen, sei es in Form theoretischer Verallgemeinerungen. Schon der Bezug der situationsgebundenen, perspektivischen und aspekthaften Wahrnehmungen auf einen ›identischen‹ Gegenstand ist eine Leistung der Vernunft, die

mit ihr gegebene ›Gegenstandskonstitution‹ wiederum Bedingung der Möglichkeit für Beobachtungen. Der Nachweis, daß sowohl die Identität der Gegenstände als auch die Objektivität der Beobachtungen subjektiv, d. h. durch das Erkenntnisvermögen erzeugt, sind, reicht allerdings zur Erklärung der Autonomie der Vernunft bei der Gewinnung verläßlicher Erkenntnisse noch nicht aus. K. stellt sich daher die Aufgabe, über die Analyse des subjektiven Anteils an der Gegenstandskonstitution und Beobachtungsstabilität hinaus auch noch die Objektivität dieser subjektiven Leistungen zu begründen, und zwar in der ›transzendentalen Deduktion der reinen Verstandesbegriffe‹, die er selbst für das argumentative Kernstück der KrV hält.

Ist die Autonomie der Vernunft für deren theoretische Aufgaben *gezeigt*, so kann sie für die praktischen Aufgaben *beansprucht* werden. Denn diese Aufgaben bestehen darin, das Wollen und Handeln zu bestimmen; Autonomie braucht hier nicht bewiesen zu werden. Es ist vielmehr eine die Vernunftgemäßheit des Wollens und Handelns definierende Forderung, die in ihrer Erkenntnisbildung autonome Vernunft nun auch autonom den Willen und das Handeln bestimmen zu lassen. Weil das Wollen und Handeln überhaupt erst durch den Menschen seine Wirklichkeit erhält, kann es nicht darum gehen, die Autonomie der Vernunft (als eine Bedingung der schon gewonnenen Erkenntnis) erst *nachzuweisen*; vielmehr geht es darum, sie als das Prinzip dessen, was erst noch zu verwirklichen ist, zu *fordern*. In diesem Sinne läßt sich K.s Meinung, daß wir etwas tun *können*, wenn wir es tun *sollen*, verstehen (vgl. KpV A 54, 64, 65; Met. Sitten, Tugendlehre Einl. A 3, Akad.-Ausg. VI, 380). Die Praktische Philosophie K.s dient demgemäß (1) der Erläuterung dessen, was ein autonomer Vernunftgebrauch bei der Bestimmung des Wollens und Handelns ist, und (2) der Begründung von (rechtlichen und moralischen) Normen des Handelns durch autonomen Vernunftgebrauch. Die erste Aufgabe der Begriffsklärung übernehmen die »Grundlegung zur Metaphysik der Sitten« und insbes. die »Kritik der praktischen Vernunft«; die zweite Aufgabe der Normenbegründung soll durch die »Metaphysik der Sitten« gelöst werden.

Die Autonomie der praktischen Vernunft wird durch den Kategorischen Imperativ (↑Imperativ, kategorischer) begrifflich expliziert. Dieser stellt das Prinzip dar, dem die Bildung und die Beurteilung des Willens bzw. von Maximen folgen müssen, wenn sie durch die autonome, d. h. weder durch faktische Neigungen noch durch Erfahrungen (und erfahrungsgestützte Planungen) bestimmte und damit ›reine‹, Vernunft begründet sein sollen. Wenn auch die grundlegende Annahme K.s, daß Vernunft ›für sich alleine praktisch werden‹, d. h. autonom den Willen bestimmen kann, eines Beweises weder fähig noch bedürftig ist, so zeigt sie für ihn ihre Wahrheit doch in einem – und zwar dem einzigen – ›Faktum der Vernunft‹, nämlich in der Tatsache des ›moralischen Bewußtseins‹, d.i. dem faktisch, wie K. meint, bei jedermann anzutreffenden Bewußtsein, daß es moralische Verpflichtungen überhaupt gibt. Dieses Bewußtsein liefert ein quasi erfahrbares Indiz für die Vernunftautonomie, insofern mit der ↑Pflicht als einem von aller ↑Neigung und Erfahrung unabhängigen Gebot in diesem moralischen Bewußtsein zugleich die Autorität der ›reinen‹, weil von Neigungen und Erfahrungen unabhängigen, Vernunft als alleiniger ›Gesetzgeberin‹ anerkannt wird. Im übrigen trennt K. die Vernunft scharf von Neigungen und Erfahrungen und schafft durch diese Abgrenzung zwei ›Welten‹, in denen der Mensch existiert: den *mundus intelligibilis* und den *mundus sensibilis*. Die ›sinnliche Welt‹, d.i. die Welt der sinnlichen Wahrnehmungen und Begehrungen, erhält durch die Trennung von der ›Vernunftwelt‹ eine teilweise Eigenständigkeit. Denn wenn auch die sinnlichen Wahrnehmungen, wie K. in der KrV zu zeigen versucht hat, ihren Gegenstandsbezug nur durch Vernunftleistungen erhalten und in diesem Sinne unter der ›Herrschaft‹ oder der ›Gesetzgebung‹ der Vernunft stehen, so entstehen einzelne Begehrungen und allgemeine Neigungen nicht unter der Leitung der Vernunft. Der ↑Wille, d.i. die zum Handeln führende Gesinnung, kann und soll zwar vom Diktat der Begehrungen und Neigungen befreit werden und so zu einem Verhalten führen, als ob wir ausschließlich Mitglieder der ›Vernunftwelt‹ wären. Aber man kann die ursprüngliche Wurzel der Begehrungen und Neigungen selbst nicht durch Vernunft bestimmen und diese damit auch nicht schon in ihrer Entstehung unter die ›Herrschaft‹ und ›Gesetzgebung‹ der Vernunft bringen. Man kann die Vernunft zwar zu einer ›zweiten‹ Wurzel der Neigungen werden lassen, wenn nämlich vernunftgemäßes Wollen und Handeln eine besondere Neigung erzeugt, der Vernunft zu gehorchen: die ›Achtung vor dem Gesetz‹ (der Vernunft). Diese einzige vernunfterzeugte Neigung muß aber immer wieder erhalten oder erneuert werden; sie stellt sich nicht wie andere Neigungen (und Begehrungen) ›von selbst‹ ein.

Dadurch daß K. Neigungen nicht in gleicher Weise wie Erfahrungen als letztlich durch Vernunft konstituiert sieht, bleibt die Autonomie der praktischen Vernunft zwar unangetastet, wird aber in ihrer Reichweite eingeschränkt. Denn wenn den Neigungen Eigenständigkeit in ihrer Entstehung zukommt, dann vermag ihnen die Vernunft ihr ›Gesetz‹ erst nach ihrer Entwicklung aufzuerlegen. Für eine Beurteilung durch die Vernunft bzw. nach dem Prinzip des Kategorischen Imperativs zugänglich werden Neigungen somit erst dadurch, daß sie als Prinzipien des Handelns aufgefaßt werden, deren

sprachliche Darstellung K., entsprechend einer logischen Tradition für die allgemeinen Prämissen auch der ›praktischen Syllogismen‹ (↑Syllogismus, praktischer), ↑›Maximen‹ nennt. Die Bildung von Maximen erweist sich damit als grundlegende subjektive Konstitutionsleistung, durch die die Gegenstände der moralischen Beurteilung erzeugt werden. Anders aber als bei den Konstitutionsleistungen der theoretischen Erkenntnis läßt sich für K. diese subjektive Leistung nicht als Leistung eines universell identischen Vermögens (hier eines Begehrungsvermögens, dort eines Erkenntnisvermögens) verstehen, sondern nur einem eigenen – nicht notwendig vernünftigen und erst in seinen späteren Schriften (wie in »Die Religion innerhalb der Grenzen der bloßen Vernunft« [Königsberg 1793]) in seiner Eigenständigkeit auch reflektierten – Vermögen zuordnen: dem Willen. Einerseits ist der Wille als Vermögen der Bildung von Handlungsprinzipien eben dasjenige Vermögen, auf das die Vernunft unmittelbar einwirken, das sie ›bestimmen‹ kann. Andererseits kann sich dieser Wille aber auch gegen die Vernunft behaupten und als ›böser Wille‹ auftreten. Entscheidend dabei ist, daß ein ›böser Wille‹ nicht einfachhin ein Wille ist, der Neigungen folgt. Denn Neigungen fördern zwar, sind oder erzwingen aber noch nicht bestimmte Gesinnungen bzw. Handlungsprinzipien. Da der Wille niemals nur durch Neigungen bestimmt sein kann, ist seine Vernunftverwerfung, die ihn zum ›bösen Willen‹ macht, oder seine Vernunftunterwerfung, die ihn zum ›guten Willen‹ macht, ausschließlich seine eigene Tat. Diese zwar erst in den Spätschriften thematisierte, in den grundlegenden Werken zur Ethik aber bereits angelegte Konzeption eines zwischen Neigungen und praktischer Vernunft liegenden dritten praktischen Vermögens bringt die Praktische Philosophie K.s sowohl in eine grundlegende (in den Interpretationstraditionen dokumentierte) Doppeldeutigkeit als auch in eine, je nach der Deutung verschieden zu betonende, grundlegende Schwierigkeit. Die Doppeldeutigkeit besteht darin, daß die Maximen als Ergebnis sowohl einer vernunftunabhängigen als auch einer vernunftbestimmten Willensbildung angesehen werden können.

K. scheint die Bildung der Maximen als eine ›natürliche‹ Leistung (eines sich gemäß den faktisch gesetzten Zwecken ›klug‹ einrichtenden ›Begehrungsvermögens‹) anzusehen, die vor aller Beurteilung durch die praktische Vernunft immer schon erbracht sein muß. Damit würde die praktische Vernunft auf eine Überprüfungsaufgabe eingeschränkt, die nur zur Auswahl, nicht aber zur Ausbildung von Maximen führt. Sieht man jedoch, daß die Bildung der Maximen sich noch nicht aus der bloßen Existenz von Neigungen ergibt, sondern einer zusätzlichen subjektiven Leistung bedarf, so muß für diese Maximenbildung die Tätigkeit des Willens postuliert und damit der Wille selbst gewissermaßen in zwei Teile aufgespalten werden. Der eine Teil, über den K. in den Ethikschriften nicht redet, würde eigenständig und vernunftunzugänglich die Maximen ausbilden, der andere, den K. in den Mittelpunkt seiner Überlegungen stellt, könnte vollständig durch Vernunft bestimmt werden. Abgesehen von der dadurch bedingten Zerstörung der Einheit des Wollens würde die Vernunft als bloße Auswahlinstanz sich nur noch eine ›sekundäre‹ Autonomie sichern können, nämlich für den Bereich der Maximen, die der vernunftunzugängliche Wille ausbildet und der Vernunft zur Beurteilung vorführt. Versucht man demgegenüber, die praktische Vernunft auch schon als an der Bildung der Maximen beteiligt zu verstehen, gerät man zwar nicht unter den Zwang, den Willen aufzuteilen oder die Vernunft auf die Rolle einer Auswahlinstanz zu beschränken, muß aber einen grundlegenden Widerspruch der Vernunft zu sich selbst zulassen. Da die Vernunft als ›reine‹ (von Neigungen und Erfahrungen unabhängige) Vernunft praktisch werden, also den Willen bestimmen soll, kann sie sich nicht auf Erfahrungen, auf das Gelingen oder Mißlingen von Praxis berufen; sie muß vielmehr allein aus sich selbst, also über die gedankliche Antizipation bzw. Konstruktion dessen, was sie für ein allgemein vernünftiges Wollen halten kann, zur Bildung einer vernünftigen Maxime kommen. Durch diesen Zwang zur gedanklichen Konstruktion eines allgemein vernünftigen Willens (auf Grund der gedanklichen Antizipation der allgemeinen Zustimmung der Vernünftigen bzw. für vernünftig Gehaltenen – wie sie der Kategorische Imperativ fordert) verliert die Vernunft für die Entwicklung eines gemeinsamen Wollens den Boden, wie er durch die Verständigung über vergleichbare Erfahrungen bereitet würde. Sie muß von sich aus Allgemeingültigkeit beanspruchen und sich damit zugleich gegen ebensolche Ansprüche anderer behaupten. Werden aber im Namen der Vernunft, d. h. mit der *berechtigten* Berufung auf den Kategorischen Imperativ, widersprüchliche Ansprüche angemeldet, so läßt sich ein Weg aus dieser Situation nur dann finden, wenn die Vernunft – entgegen der sie definierenden Forderung der wechselseitigen Anerkennung aller als Vernunftwesen – einige der erhobenen Ansprüche als ›unvernünftig‹, weil z. B. gegen bestimmte materiale Überzeugungen verstoßend, verwirft und damit in einen ›Widerspruch zu sich selbst‹ gerät.

Da die beschriebene Doppeldeutigkeit und Schwierigkeit durch die Sache – nämlich den Versuch, eine rein vernünftige, nicht auf Erfahrung angewiesene und daher für jedermann jederzeit verbindliche Moralbegründung zu ermöglichen – bedingt ist und K. durch seine Praktische Philosophie die grundlegenden Probleme für eine ↑normative ↑Ethik überhaupt erst erkennbar gemacht hat, läßt sich die Praktische Philosophie K.s als Ausgangs- und Mittelpunkt der nachfolgenden Ethikdiskussion bis zur Gegenwart verstehen. Von G. W. F. Hegel, der eher im Sinne der zweiten Deutung der Kantischen Vernunft deren ›leere Identität‹, nämlich deren Beschäftigung bloß mit ihren eigenen Antizipationen und Konstruktionen, vorwirft, bis zu M. Scheler, dessen Formalismusvorwurf eher im Sinne der ersten Deutung die Kritik an der Trennung der Vernunft von den Neigungen und dem Wollen zur Begründung nutzt, lassen sich auch die alternativen Konzeptionen der Praktischen Philosophie über ihre Auseinandersetzung mit K.s Ethik verständlich machen.

In gewisser Weise kann schon das zweite Buch des ersten Teils der KpV, die »Dialektik der reinen praktischen Vernunft«, als Beginn dieser Auseinandersetzung verstanden werden. K. verbindet hier seine Lehre vom moralischen Gesetz mit einer Analyse des Handelns und der Zwecke dieses Handelns, also mit den handlungstheoretischen (↑Handlungstheorie) oder auch anthropologischen (↑Anthropologie) Grundlagen seiner Ethik. Er nimmt damit einen Perspektivenwechsel vor: Nicht mehr der vernünftige Bestimmungsgrund des Handelns, sondern dessen ›Gegenstand‹ – das, worauf das Handeln gerichtet ist, was es erreichen soll und worin sein Sinn erfüllt würde – wird betrachtet. K. folgt damit der ›natürlichen Perspektive‹ des alltäglichen Handlungsverständnisses, in dem das Handeln ebenfalls von seinen Zielen her betrachtet wird. Mit der Bestimmung des ›höchsten Gutes‹ als des Gegenstandes des moralischen Willens versucht K., das für die natürliche Perspektive sich ergebende Ziel mit dem moralischen Bestimmungsgrund des Handelns zu vereinbaren. Natürlich ist es, Glückseligkeit (↑Glück (Glückseligkeit)) zu erstreben. Die Verbindung der natürlichen Glückseligkeit mit der sittlichen Vollkommenheit wird daher zum höchsten Gut erklärt – ohne daß K. allerdings weitere Überlegungen darüber anstellt, ob und wie durch diese Verbindung Glückseligkeit und Vollkommenheit inhaltlich bestimmt werden. Die »Dialektik der reinen praktischen Vernunft« nimmt nun ihren Ausgang von der ↑Antinomie, in die diese praktische Vernunft für K. gerät: Weil es unmöglich ist, das höchste Gut zu erreichen, muß das moralische Gesetz, das dieses zu befördern gebietet, falsch sein. Obwohl diese Antinomie nur dadurch entsteht, daß die praktische Vernunft der natürlichen Perspektive – nämlich das Handeln nicht von seinem Bestimmungsgrund her, sondern von seinem Gegenstand her zu betrachten – folgt, lehnt K. ihre Formulierung nicht als eine Perspektivenvermischung ab, sondern widmet ihr den Hauptteil seiner »Dialektik«. In der kritischen Perspektive der ›transzendentalen Analytik‹ (↑Analytik, transzendentale) ist die Richtigkeit und Verbindlichkeit des moralischen Gesetzes längst gezeigt. Für die natürliche Perspektive zeigt K. zusätzlich, daß und wie das höchste Gut erreichbar ist. Dem soll die Begründung zweier ↑Postulate dienen. Um die Möglichkeit sittlicher Vollkommenheit zu sichern, postuliert K. die ↑Unsterblichkeit der Seele, da diese Vollkommenheit nur in einem unendlich lange dauernden Prozeß erreicht werden könne. Als Voraussetzung dafür, daß der sittlichen Vollkommenheit – d. i. auch der Würdigkeit, glückselig zu werden – die natürliche Glückseligkeit verbunden werden kann, postuliert er das Dasein Gottes als desjenigen, der allein diese Verbindung bewirken kann (↑Gottesbeweis). Das Postulat der ↑Freiheit, das K. in seiner »Dialektik« ebenfalls erwähnt, aber nicht eigens begründet, ergibt sich bereits für die kritische Perspektive als Voraussetzung der mit dem moralischen Gesetz explizierten Autonomie der reinen praktischen Vernunft.

Versucht K. in seiner Dialektik der reinen praktischen Vernunft eine Vermittlung zwischen der natürlichen und der kritischen Perspektive, die die praktische Vernunft einnehmen kann, so bietet er für die Behandlung der praktischen Probleme, wie sie im Alltag – und d. h. auch in natürlicher Perspektive – entstehen, lediglich eine Anwendung des Kategorischen Imperativs auf die Begriffe des ↑Rechts und der ↑Tugend an. Diese Anwendung wird vornehmlich in der »Metaphysik der Sitten« zu leisten versucht. Insofern die zwangsweise durchsetzbaren Rechtsnormen sich nur auf das ›äußere Verhältnis der Menschen zueinander‹ (vgl. Über den Gemeinspruch: Das mag in der Theorie richtig sein, taugt aber nicht für die Praxis, Berlinische Monatsschrift 22 [1793], 201–284, Akad.-Ausg. VIII, 289) beziehen, ist der Kategorische Imperativ auf dieses ›Verhältnis‹, nämlich auf die Handlungsmöglichkeiten, wie sie von den Menschen gewählt werden und für sie offenstehen, anzuwenden. Diese Willkürverhältnisse sind nach dem Gesetz des (vernünftigen) Willens zu ordnen. K. formuliert als ›allgemeines Prinzip des Rechts‹: »Eine jede Handlung ist recht, die oder nach deren Maxime die Freiheit der Willkür eines jeden mit jedermanns Freiheit nach einem allgemeinen Gesetze zusammen bestehen kann« (Met. Sitten, Rechtslehre Einl. § C., A 33, Akad.-Ausg. VI, 230). Dieses allgemeine Prinzip dient ihm dazu, Rechtsnormen (↑Norm (juristisch, sozialwissenschaftlich)) für das private wie das öffentliche Recht durch Anwendung auf die jeweiligen Rechtsverhältnisse abzuleiten (so für Eigentumsverhältnisse, Ehe- und Elternbeziehungen und verschiedene Vertragsverhältnisse sowie für das Verhältnis von Bürger und Staat und das verschiedener Staaten zueinander). Hier zeigen sich bei K. deutliche Spuren zeitgenössischer Meinungen, die denn auch Kritik auf sich gezogen haben.

Auch das Prinzip für die Tugendlehre bildet K. durch eine Anwendung des Kategorischen Imperativs auf den Bereich der Tugenden. Im Unterschied zu den ›äußeren

Verhältnissen‹ des Rechts geht es bei den Tugenden um die ›innere‹ Begründung bestimmter Pflichten, die man sich selbst oder anderen gegenüber hat. Solche Begründungen lassen sich dann finden, wenn man Zwecke des Handelns aufzeigen kann, deren Verfolgung ›zugleich Pflicht ist‹. Bereits aus diesen Bestimmungen ergibt sich dann das ›oberste Prinzip der Tugendlehre‹: »handle nach einer Maxime der Zwecke, die zu haben für jedermann ein allgemeines Gesetz sein kann« (a. a. O., A 30, Akad.-Ausg. VI, 395). Da der einzige Zweck, der ›an sich selbst‹, d. h. ohne alle Abhängigkeit von irgendwelchen weiteren Zwecken, ›zugleich Pflicht ist‹, »die Menschheit, sowohl in deiner Person, als in der Person eines jeden andern«, ist (so die Formulierung in der zweiten Subformel des Kategorischen Imperativs, Grundl. Met. Sitten, A 66, Akad.-Ausg. IV, 429), ergibt sich für jedermann nach K. als Pflichtzweck bzw., wie er sagt, als ›Tugendpflicht‹, durch sein Handeln die Verwirklichung der ›Menschheit in der Person eines jeden‹, d. i. des Menschen als eines Vernunftwesens, zu ermöglichen und zu betreiben. Eigene Vollkommenheit und fremde Glückseligkeit zu ermöglichen und zu befördern, sind die Pflichten sich selbst und anderen gegenüber, die diesem Zweck gemäß sind. Daß die (physische) Glückseligkeit anderer Ziel der Tugendpflichten ist, muß dabei in dem Sinne eingeschränkt werden, daß es nur um die erlaubten, also die moralisch vorbeurteilten und als nicht verboten erkannten Zwecke anderer geht, daß innerhalb dieses Bereiches aber nicht die subjektive Einschätzung der Glückseligkeit ausschlaggebend sein darf. Damit wird die inhaltliche Bestimmung dessen, was ›fremde Glückseligkeit‹ und deren Beförderung heißt, auf die jeweils eigenen Urteile über das moralisch Erlaubte relativiert und mit der Problematik einer solchen Urteilsbildung belastet.

Die ↑Geschichtsphilosophie K.s steht zur ›angewandten Ethik‹ der »Metaphysik der Sitten« in einem ähnlichen Verhältnis wie die ›Dialektik‹ zur ›Analytik‹ der reinen praktischen Vernunft. Denn auch in der Betrachtung des Sinnes und der Richtung historischer Entwicklungen verbindet K. die kritische Perspektive der Vernunft mit der natürlichen Perspektive des alltäglichen Geschichtsverständnisses. Für die kritische Perspektive läßt sich die Geschichte als historische Entwicklung von Traditionen, Institutionen sowie Denk- und Handlungsweisen nur unter der Frage betrachten, ob ihr tatsächlicher Verlauf auch gewollt werden sollte oder welche Ziele – z. B. welche Bedingungen des Zusammenlebens oder für die Entwicklung des eigenen Denkens und Handelns – durch ihren Verlauf erreicht werden sollten. Annahmen darüber, wie die Geschichte verlaufen wird und welchen Zielen sie tatsächlich zustrebt, lassen sich hingegen für eine den Prinzipien der Vernunftkritik folgende Argumentation nicht begründen. Gleichwohl ist die Geschichtsphilosophie K.s vor allem Überlegungen zum tatsächlichen Verlauf der Geschichte gewidmet: Fragen also, wie sie sich für die ›natürliche Perspektive‹ des an der Erfassung des Gegebenen – und nicht an dessen kritischer Beurteilung – interessierten Denkens ergeben.

K.s Antworten versuchen, das durch die kritische Vernunft gesetzte Ziel, nämlich letztlich die ›Moralisierung‹ der Menschen (vgl. Idee zu einer allgemeinen Geschichte in weltbürgerlicher Absicht, Berlinische Monatsschrift 4 [1784], 385–411, A 402, Akad.-Ausg. VIII, 26), als den Zustand aufzuzeigen, auf den die historische Entwicklung auch tatsächlich hintendiert. K. charakterisiert diese Entwicklungstendenz durch einige wesentliche Stationen und versucht zugleich, eine Ursache für sie zu finden. Die Hauptursache sieht er in einem ↑›Antagonismus‹ der Natur, nämlich der »ungesellige(n) Gesellligkeit der Menschen«, d. i. ihrem ›Hang‹, »in Gesellschaft zu treten, der doch mit einem durchgängigen Widerstande, welcher diese Gesellschaft beständig zu trennen droht, verbunden ist« (a. a. O., A 392, Akad.-Ausg. VIII, 20). Die den Menschen durch diesen Antagonismus gleichsam aufgezwungene und darum noch natürliche (nicht selbst aus Einsicht gewollte und gestaltete) Vergesellschaftung schafft nach K. die Bedingungen auch für die Einsicht in die Notwendigkeit einer Vergesellschaftung der Menschen unter (rechtlichen) Gesetzen und damit auch für den Willen zur »Erreichung einer allgemein das Recht verwaltenden bürgerlichen Gesellschaft« (a. a. O., A 394, Adad.-Ausg. VIII, 22). Sie hat aber nur dann Bestand, wenn auch das ›äußere Staatsverhältnis‹ (rechtlichen) Gesetzen unterworfen ist. Deshalb zielt der Wille zur bürgerlichen Gesellschaft notwendig auf ein ›weltbürgerliches Ganzes‹ (KU § 83, B 393), d. i. einen ›allgemeinen weltbürgerlichen Zustand‹ (Idee [...], a. a. O., A 407, Akad.-Ausg. VIII, 28), in dem die vernünftig gesetzten Rechte uneingeschränkt gelten. K. glaubt so, einen natürlichen Zwang zur praktischen Vernunft zu erkennen, der die Geschichte – auch wenn man sie als ›Spiel der Freiheit des menschlichen Willens‹, nur ›im Großen‹, betrachtet – in ›einen regelmäßigen Gang‹ bringt (a. a. O., A 386, Akad.-Ausg. VIII, 17). Daß dieser Zwang zur Vernunft besteht, erklärt K. zunächst (1784), der natürlichen Perspektive unseres Denkens folgend, aus einer teleologisch verstandenen Natur, aus deren ›verborgenem Plane‹ (vgl. a. a. O., A 403, Akad.-Ausg. VIII, 27), den seinerseits theologisch zu deuten sich aufdrängt (vgl. Zum ewigen Frieden. Ein philosophischer Entwurf, Königsberg 1795, A 48 f., Akad.-Ausg. VIII, 361 f., bes. Anm.).

Die Grundgedanken für eine kritische Reflexion dieser in natürlicher Perspektive gegebenen Erklärung finden sich in späteren Überlegungen K.s, insbes. zur Möglichkeit einer ›wahrsagenden Geschichte des Menschengeschlechts‹ und zur Bedeutung der ›Erfahrung‹ für diese Geschichte (Der Streit der Fakultäten in drey Abschnitten, Königsberg 1798, A 138–150, Akad.-Ausg. VII, 83–89). Der pauschale Hinweis auf den (von ihrem Schöpfer ihr eingepflanzten) ›Plan der Natur‹ wird hier ersetzt durch die Bindung des historischen ›Fortschreitens zum Besseren‹ an eine historische moralische Erfahrung, d. h. an ›eine Erfahrung im Menschengeschlechte‹, in der eine historische ›Begebenheit‹ sowohl als moralischer Fortschritt als auch durch menschliches Handeln (also durch den freien Willen) verursacht präsentiert wird (vgl. a. a. O., A 141 f., Akad.-Ausg. VII, 84). Im Blick auf die Französische Revolution (ohne dabei die Augen vor ›Elend und Greueltaten‹ zu verschließen) sieht K., daß der historisch aufweisbare Versuch zur Verwirklichung eines durch praktische Vernunft begründeten gesellschaftlichen (Rechts-)Zustands die praktische Vernunft selbst nicht mehr nur ein Argumentationsprinzip bleiben, sondern auch zum Prinzip der historischen Entwicklung werden läßt. Denn wo Vernunftgründe zu (historischen) Wirkursachen geworden sind, ist »eine Anlage und ein Vermögen in der menschlichen Natur zum Besseren aufgedeckt« (a. a. O., A 149, Akad.-Ausg. VII, 88), die den allgemeinen Gesetzen der praktischen Vernunft durch deren historische Konkretion nicht nur für ein ›Bewußtsein überhaupt‹, sondern auch für die Individuen (in einer bestimmten historischen Situation) eine auf ihr Leben bezogene Bedeutung und Geltung verleiht. K. führt damit seine allgemeine Lehre vom ›Faktum der Vernunft‹ weiter zu der Einsicht, daß das ›Praktischwerden unserer Vernunft‹ in der Geschichte die Vernunft den konkreten und wirklich handelnden, also auch die historischen Entwicklungen tragenden und weitertreibenden, Individuen auslegt und damit bereits als oberste Instanz ihres Handelns verbindlich werden läßt. Diese Einsicht berechtigt selbst dann zu der ›philosophischen Vorhersagung‹ (ebd.) des ›Fortschreitens zum Besseren‹ für das ›menschliche Geschlecht im Ganzen‹ (a. a. O., A 141, Akad.-Ausg. VII, 84), wenn die historische Entwicklung (bisher) nur einmalig gewesen oder wieder rückläufig geworden wäre. Denn in ihrem konkrethistorischen ›Praktischgewordensein‹ ist die Vernunft eine Instanz, auf die man sich – wiederum nicht nur allgemein, sondern bezogen auf die jeweilige historische Situation und darum auch wirksam – immer berufen kann: »Denn ein solches Phänomen in der Menschengeschichte vergißt sich nicht mehr« (a. a. O., A 149, Akad.-Ausg. VII, 88).

Die ↑Religionsphilosophie K.s, wie sie in »Die Religion innerhalb der Grenzen der bloßen Vernunft« (Königsberg 1793) ausgearbeitet ist, läßt sich, wenn man das Verhältnis des normativen Anspruchs der praktischen Vernunft und ihres faktischen Fundamentes betrachtet, als eine Brücke zwischen der vor allem in der KpV aufgestellten Lehre vom allgemein im Bewußtsein vorzufindenden ›Faktum der Vernunft‹ und der ›Historisierung‹ dieses Faktums im »Streit der Fakultäten« ansehen. Ausgehend von der Annahme, daß ›das radikale Böse in der menschlichen Natur‹ als ›Hang zum Bösen‹ wirklich geworden ist, weist K. der Religion die Aufgabe zu, im ›Kampf des guten Prinzips mit dem bösen um die Herrschaft über den Menschen‹ dem guten Prinzip zum Siege zu verhelfen. Der Weg zu diesem ›Sieg‹ führt über die ›Personifizierung der Idee des guten Prinzips‹, also über die exemplarische Realisierung des Faktums der Vernunft. Dadurch daß mit dem ›Sohne Gottes‹ die moralische Vollkommenheit, also die ›sittliche Gesinnung in ihrer ganzen Lauterkeit‹ (a. a. O., A 68, Akad.-Ausg. VI, 61), exemplarisch verwirklicht worden ist, kann diese Verwirklichung auch Beispiel und Vorbild für das Leben von jedermann werden. Die ›Gründung eines Reiches Gottes auf Erden‹ durch die Konstitution der Kirche wäre danach das Ergebnis einer allgemeinen Nachahmung dieses ursprünglichen Beispiels der ↑Moralität, das K. im übrigen gegen eine bloß äußerliche, die sittliche Gesinnung durch rituelles oder bloß subjektives Handeln ersetzende Deutung (gegen den ›Afterdienst des guten Prinzips‹) abzugrenzen bemüht ist. Eine Brücke stellt das Verständnis der Religion als der auf die exemplarische Verwirklichung des Vernunftprinzips sich stützenden Pflege der sittlichen Gesinnung dar, weil die exemplarische Auslegung des Faktums der Vernunft noch nicht dessen historische Konkretion bedeutet. Diese läßt die Vernunft als wirksam gewordenes Prinzip von ↑Institutionen, insbes. der Rechtsordnung, erkennen, führt demgemäß auch zur Erkenntnis der tatsächlichen Vermischung von Vernünftigem und Unvernünftigem in der historischen Realität und zum Interesse an der Unterscheidung und Trennung beider voneinander. Die exemplarische Auslegung hingegen stellt den Menschen vor eine ›reine‹ Verwirklichung sittlicher Gesinnung, die aber nicht in die historische Situation verwoben, nicht Teil dieser Situation und auch nicht eine ihrer Ursachen ist, die darum auch nicht in gleicher Weise wie die historische Konkretion des Faktums der Vernunft zur wirklichen Auseinandersetzung zwingt; sie stellt eher einen – wenn auch durch Vernunft gestützten – Appell an das Handeln und das Leben dar.

Wenn K. auch im Anschluß an die kritische Explikation der Vernunftautonomie durch den Kategorischen Imperativ immer stärker das Problem der Verankerung der allgemeinen praktischen Vernunft in der natürlichen und historischen Situation der Individuen sieht und behandelt, damit also eine (modern gesprochen) anthropologische Grundlegung seiner Ethik vorbereitet, so hat er doch keine systematische philosophische ↑Anthropologie – im Sinne einer begrifflichen Grundlegung für die Untersuchung der natürlichen und historischen Situationen des Handelns und Lebens – ausgearbeitet.

Entgegen dem mit der Formulierung aus der Vorrede zur »Anthropologie in pragmatischer Hinsicht« (Königsberg 1798) suggerierten systematischen Anspruch – daß nämlich die ›pragmatische Menschenkenntnis‹ das untersuche, »was er [der Mensch] als freihandelndes Wesen aus sich selber macht, oder machen kann und soll« (a. a. O., A IV, Akad.-Ausg. VII, 119) –, besteht K.s Anthropologie nicht in einer systematischen Erörterung etwa der begrifflichen Darstellung menschlichen Empfindens, Handelns oder Wollens, sondern in einer mehr oder weniger begrifflich reflektierten Darstellung bestimmter Eigenschaften bzw. Charakteristika menschlichen Erkennens, Empfindens und Wollens. Gleichwohl läßt sich seiner Anthropologie auch eine systematische Bedeutung zuordnen, zeigt sie doch, daß K., als er seine ›kritische Philosophie‹ ausarbeitete – die »Anthropologie« stellt die ›Letztfassung‹ von Vorlesungen dar, die K. seit 1772 immer wieder angeboten hatte –, sein philosophisches Interesse an der ›Lebenswelt‹ der Menschen nicht aufgegeben hat und daher die ›Tendenz zur Lebenswelt‹, die in K.s Werk deutlich besteht und sogar als systematisches Verständnisprinzip der kritischen Philosophie bis hin zum »Opus Postumum« dienen kann, eine Grundorientierung seiner Philosophie widerspiegelt, die durch die häufige Konzentration auf die formale Untersuchung der Vernunftprinzipien leicht verdeckt wird.

K.s Philosophie bildet den Brennpunkt der philosophischen Entwicklung der Neuzeit, insofern sie die neuzeitlichen Bestrebungen zu einer philosophischen Theorie des Wissens und Handelns in einer die Belange des autonomen ↑Subjekts und der Stringenz neuzeitlicher Wissenschaft wahrenden Konzeption zum systematischen Abschluß bringt. K.s System stellt den Ausgangspunkt oder kritischen Hintergrund so gut wie aller philosophischen Entwürfe des 19. Jhs. (insbes. des Deutschen Idealismus, ↑Idealismus, deutscher) dar und ist auch in der zeitgenössischen systematischen Philosophie explizit oder implizit weitgehend präsent. Insbes. knüpft der ↑Konstruktivismus (↑Wissenschaftstheorie, konstruktive) in Ethik und Wissenschaftstheorie an Konzeptionen K.s an.

Werkausgaben: Sämmtl. Werke, I–XII, ed. K. Rosenkranz/F. D. Schubert, Leipzig 1838–1842; Werke, I–X, ed. G. Hartenstein, Leipzig 1838–1839; Sämmtl. Werke. In chronologischer Reihenfolge, I–VIII, ed. G. Hartenstein, Leipzig 1867–1868; Gesammelte Schriften, ed. Königlich Preußische Akademie der Wissenschaften (heute: Berlin-Brandenburgische Akademie der Wissenschaften [Berlin]), Berlin (heute: Berlin/New York) 1902 ff. (erschienen Abt. 1 [Werke]: I–IX; Abt. 2 [Briefwechsel]: X–XIII; Abt. 3 [Handschriftlicher Nachlaß]: XIV–XXIII; Abt. 4 [Vorlesungen]: XXIV/1–2, XXV/1–2, XXVI/1, XXVII/1, XXVII/2.1–2.2, XXVIII/I, XXVIII/2.1–2.2, XXIX/1–2); repr. der ›Schriften‹: K.s Werke. Akademie-Textausgabe, I–IX, Berlin 1968 [2 Bde Anmerkungen, Berlin 1977]); Werke, I–XI, ed. E. Cassirer, Berlin 1912–1922 (XI [1918]: K.s Leben und Lehre); Werke in sechs Bänden (mit Originalpaginierung), ed. W. Weischedel, Frankfurt, Darmstadt 1956–1964 (repr. 1966, 2005; seitenident. Taschenbuchausgaben: I–X, Darmstadt 1956–1968, 1975, I–XII, Frankfurt 1968, 2009 [Reg. in XII]); Einzelausgaben in der »Philosophischen Bibliothek« (Hamburg 1870 ff.).

Bibliographien und andere Hilfsmittel: R. Malter, K.-Bibliographie, 1896–1944, Frankfurt 2007; ders./M.Ruffing (ed.), K.-Bibliographie, 1945–1990, Frankfurt 1999; R. C. S. Walker, A Selective Bibliography on K., Oxford 1975, ²1978; fortlaufende Bibliographie in den Kant-St.. – N. Hinske, K.-Index, I–XXXVIII, Stuttgart-Bad Cannstatt 1986–2003 (Stellenindex und Konkordanz); ders./W. Weischedel, K.-Seitenkonkordanz, Darmstadt 1970; J. Reuscher, A Concordance to the »Critique of Pure Reason«, New York/Washington D. C. 1996; A. Roser/T. Mohrs (eds.), K.-Konkordanz zu den Werken I. K.s, I–X, Hildesheim etc. 1992–1995. – G. Martin (ed.), Sachindex zur KrV, Berlin 1967; ders. (ed.), Allgemeiner K.index zu K.s gesammelten Schriften, Berlin 1967 ff. (erschienen Bde XVI–XVII [= Wortindex zu Akad.-Ausg. I–IX] und XX [= Personenindex zu Akad.-Ausg. I–XXIII]). – H. Caygill, A K. Dictionary, Oxford 1996; R. Eisler, K.-Lexikon. Nachschlagewerk zu K.s sämtlichen Schriften und handschriftlichem Nachlaß, ed. H. Kuhn, Berlin 1930 (repr. Hildesheim 1961, 1994, Darmstadt 2008); N. Hinske/C. Schmid (eds.), Wörterbuch zum leichtern Gebrauch der Kantischen Schriften, Darmstadt 1998; H. Holzhey/V. Mudroch, Historical Dictionary of K. and Kantianism, Lanham Md. etc. 2005; H. Ratke, Systematisches Handlexikon zu K.s KrV, Hamburg 1929 (repr. 1972, ³1991). – H. W. Cassirer, A Commentary on K.'s Critique of Judgement, London 1938, ²1970; ders., K.'s First Critique. An Appraisal of the Permanent Significance of K.'s Critique of Pure Reason, London 1954, ²1978; H. Cohen, Kommentar zu I. K.s Kritik der reinen Vernunft, Leipzig 1907, ²1917; H. Heimsoeth, Transzendentale Dialektik. Ein Kommentar zu K.s Kritik der reinen Vernunft, I–IV, Berlin/New York 1966–1971; H. J. Paton, K.'s Metaphysic of Experience. A Commentary on the First Half of the KrV, I–II, London 1936, 1970, Bristol, 1997; N. K. Smith, A Commentary to K.'s ›Critique of Pure Reason‹, New York 1918, ²1923 (repr. 1962, 2003); D. Teichert, I. K. »Kritik der Urteilskraft«. Ein einführender Kommentar, Paderborn etc. 1992; H. Vaihinger, Commentar zu K.s Kritik der reinen Vernunft, I–II, Stuttgart 1882/1892, ²1922 (repr. Aalen 1970, New York 1976); H.-J. De Vleeschauwer, La déduction transcendantale dans l'œuvre de K., I–III, Antwerpen 1934–1937 (repr. New York/London 1976); T. E. Wilkerson, K.'s Critique of Pure Reason. A Commentary for Students, Oxford 1976, Bristol ³1997. – J. Kopper/R. Malter (eds.), Materialien zu K.s »Kritik der reinen Vernunft«, Frankfurt 1975, ²1980; J. Kuhlenkampf (ed.), Materialien zu K.s »Kritik der Urteilskraft«, Frankfurt 1974. – L. W. Beck, A Commentary on K.'s Critique of Practical Reason, Chicago Ill./London 1960, ⁴1966 (dt. K.s »Kritik der praktischen Vernunft«. Ein Kommentar, München 1974, ³1995); W. D. Ross, K.'s Ethical Theory. A Commentary on the Grundlegung zur Metaphysik der Sitten, Oxford 1954 (Oxford ²1969, Westport Conn. 1978); D. Schönecker/A. Wood, I. K. »Grundlegung zur Metaphysik der Sitten«. Ein einführender Kommentar, Paderborn etc. 2002; R. P. Wolff, The Autonomy of Reason. A Commentary on K.'s Groundwork of the Metaphysic of Morals, New York 1973. – R. Bittner/K. Cramer (eds.), Materialien zu K.s Kritik der praktischen Vernunft, Frankfurt 1975; Z. Batscha (ed.), Materialien zu K.s Rechtsphilosophie, Frankfurt 1976. – V. Gerhard/F. Kaulbach, K., Darmstadt 1979 (Erträge d. Forsch. 105); P. Heintel/L. Nagl (eds.), Zur K.for-

schung der Gegenwart, Darmstadt 1981 (Wege der Forschung 281) (mit Bibliographie, 527–552).

Literatur I (Theoretische Philosophie): P. Abela, K.'s Empirical Realism, Oxford 2002; H. E. Allison, K.'s Transcendental Idealism. An Interpretation and Defence, New Haven Conn./London 1983, ²2004; ders., K.'s Theory of Freedom, Cambridge 1990; K. Ameriks, K.'s Theory of Mind. An Analysis of the Paralogisms of Pure Reason, Oxford 1982, ²2000; ders., Interpreting K.'s Critiques, Oxford 2003; A. Baeumler, K.s KU. Ihre Geschichte und Systematik I, Halle 1923, unter dem Titel: Das Irrationalitätsproblem in der Ästhetik und Logik des 18. Jahrhunderts bis zur KU, Tübingen ²1967 (repr. Darmstadt 1975); M. Baum, Die transzendentale Deduktion in K.s Kritiken. Interpretationen zur kritischen Philosophie, Köln 1975; L. W. Beck, Studies in the Philosophy of K., Indianapolis Ind./New York/Kansas City Mo. 1965; ders. (ed.), K. Studies Today, La Salle Ill. 1969; J. Bennett, K.'s Analytic, Cambridge 1966 (repr. 1975); ders., K.'s Dialectic, Cambridge 1974 (repr. 1977, ³1990); R. J. Benton, K.'s Second Critique and the Problem of Transcendental Arguments, The Hague 1977; G. Bird, K.'s Theory of Knowledge. An Outline of One Central Argument in the Critique of Pure Reason, London 1962, ²1965 (repr. New York 1973); S. Blasche (ed.), K.s transzendentale Deduktion und die Möglichkeit von Transzendentalphilosophie, Frankfurt 1988; G. Böhme (ed.), Philosophieren mit K.. Zur Rekonstruktion der Kantischen Erkenntnis- und Wissenschaftstheorie, Frankfurt 1986; ders., K.s »Kritik der Urteilskraft« in neuer Sicht, Frankfurt 1999; G. G. Brittan Jr., K.'s Theory of Science, Princeton N. J. 1978; W. Bröcker, K. über Metaphysik und Erfahrung, Frankfurt 1970; A. Brook, K. and the Mind, Cambridge 1994; G. Buchdahl, Metaphysics and the Philosophy of Science. The Classical Origins. Descartes to K., Oxford 1969, 470–681; ders., K. and the Dynamics of Reason. Essays on the Structure of K.'s Philosophy, Oxford/Cambridge Mass. 1992; D. Burnham, K.'s Philosophies of Judgement, Edinburgh 2004; ders., K.'s »Critique of Pure Reason«, Edinburgh 2007; R. E. Butts (ed.), K.'s Critique of Pure Reason, 1781–1981, I–II, Dordrecht 1981 (= Synthese 47, No. 2/3); ders., K. and the Double Government Methodology, Supersensibility and Method in K.'s Philosophy of Science, Dordrecht etc. 1984, ²1986; ders., K.'s Philosophy of Physical Science. Metaphysische Anfangsgründe der Naturwissenschaft 1786–1986, Dordrecht etc. 1986; W. Carl, Die transzendentale Deduktion der Kategorien in der ersten Auflage der »Kritik der reinen Vernunft«. Ein Kommentar, Frankfurt 1992; ders., Der schweigende K. Die Entwürfe zu einer Deduktion der Kategorien vor 1781, Göttingen 1989; A. Collins, Possible Experience. Understanding K.'s »Critique of Pure Reason«, Berkeley Calif. 1999; K. Cramer (ed.), Nicht-reine synthetische Urteile a priori. Ein Problem der Transzendentalphilosophie I. K.s, Heidelberg 1985; F. Delekat, I. K.. Historisch-kritische Interpretation der Hauptschriften, Heidelberg 1963, ³1969; A. Dickerson, K. on Representation and Objectivity, Cambridge 2004; D. Doublet, Die Vernunft als Rechtsinstanz. Die »Kritik der reinen Vernunft« als Reflexionsprozeß der Vernunft, Oslo 1989; K. Düsing, Die Teleologie in K.s Weltbegriff, Bonn 1968, ²1986; ders., Subjektivität und Freiheit. Untersuchungen zum Idealismus von K. bis Hegel, Stuttgart-Bad Cannstatt 2002; J. Edwards, Substance, Force, and the Possibility of Knowledge. On K.'s Philosophy of Material Nature, Berkeley Calif. etc. 2000; D. Emundts, K.s Übergangskonzeption im Opus Postumum. Zur Rolle des Nachlaßwerkes für die Grundlegung der empirischen Physik, Berlin/New York 2004; R. Enskat, K.s Theorie des geometrischen Gegenstandes. Untersuchungen über die Voraussetzungen der Entdeckbarkeit geometrischer Gegenstände bei K., Berlin/New York 1978; B. Falkenburg, K.s Kosmologie. Die wissenschaftliche Revolution der Naturphilosophie im 18. Jahrhundert, Frankfurt 2000; L. Falkenstein, K.'s Intuitionism. A Commentary on the Transcendental Aesthetic, Toronto etc. 1995; G. Felten, Die Funktion des »sensus communis« in K.s Theorie des ästhetischen Urteils, München/Paderborn 2004; W. Flach, Die Idee der Transzendentalphilosophie. I. K., Würzburg 2002; K. Flikschuh, K. and Modern Political Philosophy, Cambridge etc. 2000; B. Freyberg, Imagination in K.'s Critique of Practical Reason, Bloomington Ind. 2005; M. Friedman, K. and the Exact Sciences, Cambridge Mass./London 1992, ²1994; ders., Dynamics of Reason. The 1999 K. Lectures at Stanford University, Stanford Calif. 2001; H. Fulda (ed.), Architektonik und System in der Philosophie K.s, Hamburg 2001; V. Gerhardt (ed.), K. im Streit der Fakultäten, Berlin/New York 2005; ders./F. Kaulbach, K., Darmstadt 1979, ²1989; S. Gibbons, K.'s Theory of Imagination. Bridging Gaps in Judgement and Experience, Oxford/New York 1994; K. Gloy, Die Kantische Theorie der Naturwissenschaft. Eine Strukturanalyse ihrer Möglichkeit, ihres Umfangs und ihrer Grenzen, Berlin/New York 1976; G. Gotz, Letztbegründung und systematische Einheit. K.s Denken bis 1772, Wien 1993; A. Gulyga, K., Moskau 1977 (dt. I. K., Frankfurt 1981, ²1992); A. Gurwitsch, K.s Theorie des Verstandes, Dordrecht etc. 1990; P. Guyer, K. and the Claims of Taste, Cambridge Mass./London 1979, ²1997; ders., K. and the Claims of Knowledge, Cambridge 1987; ders., Cambridge Companion to K., Cambridge etc. 1992; ders., K. on Freedom, Law, and Happiness, Cambridge 2000; ders. (ed.), The Cambridge Companion to K. and Modern Philosophy, Cambridge 2006; ders., K., London 2006; ders., Knowledge, Reason and Taste. K.'s Response to Hume, Princeton N. J. 2008; R. Hahn, K.'s Newtonian Revolution in Philosophy, Carbondale Ill. 1988; ders., K. and the Foundations of Analytic Philosophy, Oxford/New York 2001; W. Harper/R. Meerbote (eds.), K. on Causality, Freedom, and Objectivity, Minneapolis Minn. 1984; M. Heidegger, K. und das Problem der Metaphysik, Bonn 1929, Frankfurt ⁶1998; ders., Die Frage nach dem Ding. Zu K.s Lehre von den transzendentalen Grundsätzen, Tübingen 1962, ³1987 (= Gesamtausg. XLI); ders., K.s These über das Sein, Frankfurt 1963; ders., Phänomenologische Interpretation von K.s Kritik der reinen Vernunft. Marburger Vorlesung Wintersemester 1927/1928, ed. I. Görland, Frankfurt 1977, ³1995 (= Gesamtausg. XXV); H. Heimsoeth, Studien zur Philosophie I. K.s, I–II, Bonn 1956/1970, I ²1971; E. Henke, Zeit und Erfahrung. Eine konstruktive Interpretation des Zeitbegriffs der Kritik der reinen Vernunft, Meisenheim am Glan 1978; D. Henrich/R. Velkley (eds.), The Unity of Reason. Essays on K.'s Philosophy, Cambridge 1994; B. Himmelmann, K.s Begriff des Glücks, Berlin/New York 2003; N. Hinske, K.s Weg zur Transzendentalphilosophie. Der dreißigjährige K., Stuttgart 1970; ders., K. als Herausforderung an die Gegenwart, Freiburg/München 1980; ders. (ed.), Zwischen Aufklärung und Vernunftkritik. Studien zum Kantischen Logikcorpus, Stuttgart-Bad Cannstatt 1998; O. Höffe, I. K., München 1983, ⁷2007; ders., K.s Kritik der reinen Vernunft. Die Grundlegung der modernen Philosophie, München 2003; ders. (ed.), I. K.. Kritik der Urteilskraft, Berlin 2008; W. Hogrebe, K. und das Problem einer transzendentalen Semantik, Freiburg/München 1974; H. Holzhey, K.s Erfahrungsbegriff. Quellengeschichtliche und bedeutungsanalytische Untersuchungen, Basel/Stuttgart 1970; H. Hoppe, K.s Theorie der Physik. Eine Untersuchung über das Opus postumum von K., Frankfurt 1969; M. Hossenfelder, K.s Konstitutionstheorie und die Transzendentale De-

duktion, Berlin/New York 1978; R. Howell, K.'s Transcendental Deduction. An Analysis of Main Themes in His Critical Philosophy, Dordrecht etc. 1992; A. Hutter, Das Interesse der Vernunft. K.s ursprüngliche Einsicht und ihre Entfaltung in den transzendentalphilosophischen Hauptwerken, Hamburg 2003; F. Kambartel, Erfahrung und Struktur. Bausteine zu einer Kritik des Empirismus und Formalismus, Frankfurt 1968, ²1976, 87–148; F. Kaulbach, I. K., Berlin 1969; P. Keller, K. and the Demands of Self-Consciousness, Cambridge 1998; H. Klemme, K.s Philosophie des Subjekts. Systematische und entwicklungsgeschichtliche Untersuchungen zum Verhältnis von Selbstbewußtsein und Selbsterkenntnis, Hamburg 1996; N. Klimmek, K.s System der transzendentalen Ideen, Berlin 2005; G. Kohler, Geschmacksurteil und ästhetische Erfahrung. Beiträge zur Auslegung von K.s »Kritik der ästhetischen Urteilskraft«, Berlin/New York 1980; N. Knoepffler, Der Begriff ›transzendental‹ bei I. K.. Eine Untersuchung zur »Kritik der reinen Vernunft«, München 1996, ⁵2000; K. M. Kodalle (ed.), Der Vernunftfrieden. K.s Entwurf im Widerstreit, Würzburg 1996; D. Koriako, K.s Philosophie der Mathematik. Grundlagen – Voraussetzungen – Probleme, Hamburg 1999; S. Körner, K., Baltimore Md. etc. 1955, Nachdr. New Haven Conn. 1982, London 1990 (dt. K., Göttingen 1967, ²1980); P. Krausser, K.s Theorie der Erfahrung und Erfahrungswissenschaft. Eine rationale Rekonstruktion, Frankfurt 1981; J. Kuhlenkampf, K.s Logik des ästhetischen Urteils, Frankfurt 1978, ²1994; R. Langton, K.'s Humility. Our Ignorance of Things in Themselves, Oxford 1998; G. Lehmann, Beiträge zur Geschichte und Interpretation der Philosophie K.s, Berlin 1969; B. Longuenesse, K. and the Capacity to Judge. Sensibility and Discursivity in the Transcendental Analytic of the »Critique of Pure Reason«, Princeton N. J. 1997, 1998, ²2000 (franz. K. et le pouvoir de juger. Sensibilité et discursivité dans l'Analytique transcendentale de K., Paris, 1993); dies., K. on the Human Standpoint, Cambridge 2005, 2008; P. MacLaughlin, K.'s Critique of Teleology in Biological Explanation. Antinomy and Teleology, Lewiston N. Y. 1990; R. Makkreel, Imagination and Interpretation in K.. The Hermeneutical Import of the Critique of Judgment, Chicago Ill. 1990 (dt. Einbildungskraft und Interpretation. Die hermeneutische Tragweite von K.s Kritik der Urteilskraft, Paderborn etc. 1997); O. Marquard, Skeptische Modelle im Blick auf K., Freiburg/München 1958, ³1982; G. Martin, I. K.. Ontologie und Wissenschaftstheorie, Köln 1951, Berlin ⁴1969; H. Meyer, K.s transzendentale Freiheitslehre, Freiburg/München 1996; K. Michel, Untersuchungen zur Zeitkonzeption in K.s »Kritik der reinen Vernunft«, Berlin/New York 2003; G. Mohr/M. Willaschek (eds.), I. K.. Kritik der reinen Vernunft, Berlin 1998; T. Nakasawa, K.s Begriff der Sinnlichkeit. Seine Unterscheidung zwischen apriorischen und aposteriorischen Elementen der sinnlichen Erkenntnis und deren lateinische Vorlagen, Stuttgart-Bad Cannstatt 2009; S. Neiman, The Unity of Reason. Rereading K., New York/Oxford 1994; P. Plaas, K.s Theorie der Naturwissenschaft. Eine Untersuchung zur Vorrede von K.s Metaphysischen Anfangsgründen der Naturwissenschaft (mit einer Vorrede C. F. v. Weizsäckers), Göttingen 1965 (engl. K.'s Theory of Natural Science, Dordrecht etc. 1994); K. Pollok, K.s »Metaphysische Anfangsgründe der Naturwissenschaft«. Ein kritischer Kommentar, Hamburg 2001; C. T. Powell, K.'s Theory of Self-consciousness, Oxford 1990; G. Prauss, Erscheinung bei K.. Ein Problem der »Kritik der reinen Vernunft«, Berlin/New York 1971; ders. (ed.), K.. Zur Deutung seiner Theorie von Erkennen und Handeln, Köln 1973; ders., K. und das Problem der Dinge an sich, Bonn 1974, ³1989; ders., K. über Freiheit als Autonomie, Frankfurt 1983; ders., Moral und Recht im Staat nach K. und Hegel, Freiburg/München 2008; B. Prien, K.s Logik der Begriffe. Die Begriffslehre der formalen und transzendentalen Logik K.s, Berlin/New York 2006; K. Reich, Die Vollständigkeit der Kantischen Urteilstafel, Berlin 1932, ³1986 (engl. The Completeness of K.'s Table of Judgments, Stanford Calif. 1992); N. Rescher (ed.), K. and the Reach of Reason. Studies in K.'s Theory of Rational Systematization, Cambridge 2000; P. Reuter, K.s Theorie der Reflexionsbegriffe. Eine Untersuchung zum Amphiboliekapitel der Kritik der reinen Vernunft, Würzburg 1989; W. Ritzel, I. K.. Zur Person, Bonn 1975; T. Rosefeldt, Das logische Ich. K. über den Gehalt des Begriffes von sich selbst, Berlin 2000; L. Schäfer, K.s Metaphysik der Natur, Berlin 1966; E. Schaper, Studies in K.'s Aesthetics, Edinburgh 1979; ders., Bedingungen der Möglichkeit. »Transcendental Arguments« und Transzendentales Denken, Stuttgart 1984; ders. (ed.), Reading K.. New Perspectives on Transcendental Arguments and Critical Philosophy, Oxford/New York 1989; T. Scheffer, K.s Kriterium der Wahrheit. Anschauungsformen und Kategorien a priori in der »Kritik der reinen Vernunft«, Berlin/New York 1993; M. Schönfeld, The Philosophy of the Young K.. The Precritical Project, Oxford etc. 2002; H. Schnädelbach, K., Leipzig 2005; U. Schulz, I. K. in Selbstzeugnissen und Bilddokumenten, Reinbek b. Hamburg 1965, 2001; I. Schüssler, Philosophie und Wissenschaftspositivismus. Die mathematischen Grundsätze in K.s KrV und die Verselbständigung der Wissenschaften, Frankfurt 1979; W. Stegmüller, Gedanken über eine mögliche rationale Rekonstruktion von K.s Metaphysik der Erfahrung, Ratio 9 (1967), 1–30, 10 (1968), 1–31, Nachdr. in: ders., Aufsätze zu K. und Wittgenstein, Darmstadt 1970, 1974, 1–61; P. F. Strawson, The Bounds of Sense. An Essay on K.'s Critique of Pure Reason, London 1966, ⁷2006 (dt. Sinngrenzen. Ein Kommentar zu K.s Kritik der reinen Vernunft, Königstein 1981, Sonderaufl. 1992); R. Stuhlmann-Laeisz, K.s Logik. Eine Interpretation auf der Grundlage von Vorlesungen, veröffentlichten Werken und Nachlaß, Berlin/New York 1976; D. Sturma, K. über Selbstbewußtsein. Zum Zusammenhang von Erkenntniskritik und Theorie des Selbstbewußtseins, Hildesheim 1985; H. Tetens, K.s »Kritik der reinen Vernunft«. Ein systematischer Kommentar, Stuttgart 2006; B. Thöle, K. und das Problem der Gesetzmäßigkeit der Natur, Berlin/New York 1991; B. Tuschling, Metaphysische und transzendentale Dynamik in K.s opus postumum, Berlin/New York 1971; R. C. S. Walker, K., London etc. 1978, 1982, ³2002; ders. (ed.), K. on Pure Reason, Oxford 1982; W. H. Walsh, K.s Criticism of Metaphysics, Edinburgh 1975 (repr. 1997); H. J. Waschkies, Physik und Physikotheologie des jungen K.. Die Vorgeschichte seiner Allgemeinen Naturgeschichte und Theorie des Himmels, Amsterdam 1987; E. Watkins, K. and the Sciences, Oxford/New York 2001; ders., K. and the Metaphysics of Causality, Cambridge 2005; K. Westphal, K.'s Transcendental Proof of Realism, Cambridge 2004; W. Wieland, Aporien des praktischen Vernunft, Frankfurt 1989; Urteil und Gefühl. K.s Theorie der Urteilskraft, Göttingen 2001; M. Wolf, Die Vollständigkeit der kantischen Urteilstafel, Frankfurt 1995; A. W. Wood, K.'s Rational Theology, Ithaca N. Y./London 1978, ³1988; F. Wunderlich, K. und die Bewußtseinstheorien des 18. Jahrhunderts, Berlin/New York 2005; R. Zocher, K.s Grundlehre. Ihr Sinn, ihre Problematik, ihre Aktualität, Erlangen 1959.

Literatur II (Praktische Philosophie): H. B. Acton, K.'s Moral Philosophy, London/New York 1970, Basingstoke 1985; K. Ameriks, K. and the Fate of Autonomy. Problems in the Appropriation of the Critical Philosophy, Cambridge etc. 2000; ders., K.s

Ethik, Paderborn 2004; ders. (ed.), K. and the Historical Turn, Oxford etc. 2006; R. J. Benton, K.'s »Second Critique« and the Problem of Transcendental Arguments, The Hague 1977; R. Brandt, Zu K.s politischer Philosophie, Stuttgart 1997; ders., Kritischer Kommentar zu K.s »Anthropologie in pragmatischer Hinsicht« (1798), Hamburg 1999; ders., Die Bestimmung des Menschen bei K., Hamburg 2007; W. Busch, Die Entstehung der kritischen Rechtsphilosophie K.s 1762–1780, Berlin 1979; H. Cohen, K.s Begründung der Ethik, Berlin 1877, mit Untertitel: nebst ihren Anwendungen auf Recht, Religion und Geschichte, ²1910, ³2001; L. Denis, Moral Self-Regard. Duties to Oneself in K.'s Moral Theory, New York/London 2001; P. Fischer, Moralität und Sinn. Zur Systematik von Klugheit, Moral und symbolischer Erfahrung im Werk K.s, München 2003; M. Forschner, Gesetz und Freiheit. Zum Problem der Autonomie bei I. K., München/Salzburg 1974; R. Friedrich, Eigentum und Staatsbegründung in K.s Metaphysik der Sitten, Berlin/New York 2004; P. Frierson, Freedom and Anthropology in K.'s Moral Philosophy, Cambridge 2003; V. Gerhardt (ed.), I. K.s Entwurf »Zum ewigen Frieden«. Eine Theorie der Politik, Darmstadt 1995; T. Hill, Dignity and Practical Reason in K.'s Moral Theory, Ithaca N. Y. 2000; O. Höffe, I. K.. Zum ewigen Frieden, Berlin 1995; ders., I. K.. Metaphysische Anfangsgründe der Rechtslehre, Berlin 1999; ders., »Königliche Völker«. Zu K.s kosmopolitischer Rechts- und Friedenstheorie, Frankfurt 2001 (engl. K.'s Cosmopolitan Theory of Law and Peace, Cambridge 2006); F. Kaulbach, I. K.s »Grundlegung zur Metaphysik der Sitten«. Interpretation und Kommentar, Darmstadt 1988; W. Kersting, Wohlgeordnete Freiheit. I. K.s Rechts- und Staatsphilosophie, Berlin/New York 1984, Paderborn ³1993; ders. (ed.), K. über Recht, Paderborn 2004; P. Kleingeld, Fortschritt und Vernunft. Zur Geschichtsphilosophie K.s, Würzburg 1995; P. König, Autonomie und Autokratie. Über K.s Metaphysik der Sitten, Berlin/New York 1994; C. Korsgaard, Creating the Kingdom of Ends, Cambridge/New York 1996; G. Krüger, Philosophie und Moral in der Kantischen Ethik, Tübingen 1931, ²1967; R. Merkel, »Zum ewigen Frieden«. Grundlagen, Aktualität und Aussichten einer Idee von I. K., Frankfurt 1996; M. Moritz, K.s Einteilung der Imperative, Lund/Kopenhagen 1960; J. G. Murphy, K.. The Philosophy of Right, London/New York 1970 (repr. 1994); A. Rorty/J. Schmidt, K.'s Idea for a Universal History with a Cosmopolitan Aim. A Critical Guide, Cambridge etc. 2009; O. O'Neill, Constructions of Reason. Explorations of K.'s Practical Philosophy, Cambridge etc. 1990; H. J. Paton, The Categorical Imperative. A Study in K.'s Moral Philosophy, London/New York 1947, ⁷1970, Philadelphia Pa. 1971 (repr. 1999, 2008) (dt. Der kategorische Imperativ. Eine Untersuchung über K.s Moralphilosophie, Berlin 1962); G. Patzig, Ethik ohne Metaphysik, Göttingen 1971, ²1983; P. Reif, Entwicklung und Fortschritt. Geschichte als Begründungsproblem, Frankfurt/New York 1984; C. Ritter, Der Rechtsgedanke K.s nach den frühen Quellen, Frankfurt 1971; A. Rosen, K.'s Theory of Justice, Ithaca N. Y./New York 1993; W. Rösler, Argumentation und moralisches Handeln. Zur K.rekonstruktion in der Konstruktiven Ethik, Frankfurt/Bern/Cirencester 1980; P. Rossi (ed.), K.'s Philosophy of Religion Reconsidered, Bloomington Ind./Indianapolis Ind. 1991; M. Scheler, Der Formalismus in der Ethik und die materiale Wertethik (mit besonderer Berücksichtigung der Ethik I. K.s), Jb. Philos. phänomen. Forsch. 1 (1913), 405–565, 2 (1916), 21–478, separat, I–II, Halle 1916, mit neuem Untertitel: Neuer Versuch der Grundlegung eines ethischen Personalismus, ²1921, Bern/München ²1966 (= Ges. Werke II, Halle 1916, Bonn, ⁷2000) (franz. Le formalisme en éthique et l'éthique matériale des valeurs. Essai nouveau pour fonder un personnalisme éthique, Paris, [7]1991, engl. Formalism in Ethics and Non-Formal Ethics of Values. A New Attempt Toward the Foundation of an Ethical Personalism, Evanston Ill. [5]1973); C. Schwaiger, Kategorische und andere Imperative. Zur Entwicklung von K.s praktischer Philosophie bis 1785, Stuttgart-Bad Cannstatt 1999; O. Schwemmer, Philosophie der Praxis. Versuch zur Grundlegung einer Lehre vom moralischen Argumentieren in Verbindung mit einer Interpretation der praktischen Philosophie K.s, Frankfurt 1971, [2]1980; R. Sullivan, I. K.'s Moral Theory, Cambridge, 1989; J. Timmermann, Sittengesetz und Freiheit. Untersuchungen zu I. K.s Theorie des freien Willens, Berlin/New York 2003; ders., K.'s Groundwork of the Metaphysics of Morals. A Commentary, Cambridge 2007; M. Timmons (ed.), K.'s Metaphysics of Morals. Interpretative Essays, Oxford/New York 2002; K. Vorländer, Der Formalismus der Kantischen Ethik in seiner Notwendigkeit und Fruchtbarkeit, Marburg 1893; K. Ward, The Development of K.'s View of Ethics, New York, Oxford 1972; E. Weil u. a., La philosophie politique de K., Paris 1962; M. Willaschek, Praktische Vernunft. Handlungstheorie und Moralbegründung bei K., Stuttgart/Weimar 1992; T. C. Williams, The Concept of the Categorical Imperative. A Study of the Place of the Categorical Imperative in K.'s Ethical Theory, Oxford 1968; R. Wimmer, Universalisierung in der Ethik. Analyse, Kritik und Rekonstruktion ethischer Rationalitätsansprüche, Frankfurt 1980; ders., K.s kritische Religionsphilosophie, Berlin/New York 1990; A. W. Wood, K.'s Moral Religion, Ithaca N. Y. 1970; ders., Kantian Ethics, Cambridge 2008. – K.. Philosophie de l'histoire, Paris 1996 (Rev. germanique internationale 6 [1996]) [mit Beiträgen von R. Brandt u. a.].

Literatur III: Zahlreiche Abhandlungen in den »Kant-Studien« (1897 ff.) und in den »Ergänzungsheften« der »Kant-Studien« (1906 ff.) sowie in den Akten der Internationalen K.-Kongresse. – Repr. wichtiger angelsächsischer K.-Literatur in der Reihe »The Philosophy of I. K.« (ed. L. W. Beck). G. W. (I)/O. S. (II)

Kantianismus, Sammelbezeichnung für eine philosophische Strömung um die Wende vom 18. zum 19. Jh. im Anschluß an die Philosophie I. Kants. Es lassen sich unterscheiden (1) Denker (teilweise Schüler bzw. Freunde Kants), die sich der Erläuterung und Verbreitung seiner Philosophie widmeten (unter anderem [der Arzt] M. Herz [1747–1803], G. B. Jäsche [1762–1842], C. C. E. Schmid [1761–1802], J. G. K. C. Kiesewetter [1766–1819] und W. T. Krug [1770–1842]); (2) Philosophen, die in kritischem Ausgang von bestimmten, als unzulänglich empfundenen, Lehrstücken der Kantischen Philosophie (z. B. dem Verhältnis von ↑Ding an sich und ↑Erscheinung) eine Lösung im Rahmen Kantischer Intentionen erstrebten. Zu diesen ›Halbkantianern‹ gehören vor allem J. S. Beck (1761–1840), F. E. Beneke (1798–1854), F. Bouterwek (1766–1828), J. F. Fries (1773–1843), S. Maimon (1753–1800) und K. L. Reinhold (1758–1823). Der K. sah sich im Gegensatz zur zeitgenössischen ↑Popularphilosophie. Für die Vertreter des Deutschen Idealismus (↑Idealismus, deutscher) und für andere eigenständige Systemdenker (z. B. A. Schopenhauer), die von der Philosophie Kants ausgehen,

wird die Bezeichnung ›K.‹ im allgemeinen nicht verwendet. Andererseits ist von ›K.‹ häufig auch außerhalb der hier historisch lokalisierten Positionen, nämlich im Sinne systematisch an Kant anschließender Ansätze, die Rede. Im übrigen trug F. Schiller in seinen ästhetischen und geschichtsphilosophischen Schriften mehr als alle Fachphilosophen zur Verbreitung der Philosophie Kants bei. – Der erneute Rückbezug auf die Philosophie Kants zu Ende des 19. und Beginn des 20. Jhs. wird als ↑›Neukantianismus‹ bezeichnet.

Literatur: E. Cassirer, Das Erkenntnisproblem in der Philosophie und Wissenschaft der neueren Zeit III (Die nachkantischen Systeme), Berlin 1920, [2]1923 (repr. Darmstadt 1971), Darmstadt 2000 (franz. Le problème de la connaissance dans la philosophie et la science des temps modernes III [Les systèmes postkantiens], Paris 2000); D. Henrich, Grundlegung aus dem Ich. Untersuchungen zur Vorgeschichte des Idealismus. Tübingen-Jena (1790–1794), I–II, Frankfurt 2004; N. Hinske/E. Lange/H. Schröpfer (eds.), Der Aufbruch in den K.. Der Frühkantianismus an der Universität Jena 1785–1800 und seine Vorgeschichte, Stuttgart-Bad Cannstatt 1995; H. Holzhey/V. Mudroch, Historical Dictionary of Kant and Kantianism, Lanham Md./Toronto/Oxford 2005; G. Lehmann, Geschichte der nachkantischen Philosophie. Kritizismus und kritisches Motiv in den philosophischen Systemen des 19. und 20. Jahrhunderts, Berlin 1931; S. Marcucci (eds.), Momenti della ricezione di Kant nell'Ottocento, Riv. crit. stor. filos. Suppl. 61 (2006); R. Wellek, Immanuel Kant in England 1793–1838, Princeton N. J./London/Oxford 1931, London 1993; T. E. Willey, Back to Kant. The Revival of Kantianism in German Social and Historical Thought, 1860–1914, Detroit Mich. 1978; R. L. Zimmerman, The Kantianism of Hegel and Nietzsche. Renovation in 19th Century German Philosophy, Lewiston N. Y. 2005. – Repr. von bisher über 300 philosophischen Monographien aus dem Zeitalter des K. in der Reihe »Aetas Kantiana«, Brüssel 1968 ff.. G. W.

Kapitalismus, Bezeichnung für eine Wirtschaftsordnung, in der der überwiegende Teil der in ihr erwirtschafteten Güter und Dienstleistungen von Privatpersonen kontrolliert wird. Eine Wirtschaftsordnung wäre ›sozialistisch‹, wenn der Staat (bzw. die Bürger kollektiv) diese Position einnähmen. Im K. werden die Preise, zu denen Güter und Dienstleistungen gehandelt werden, im Wettbewerb auf ↑Märkten bestimmt, an denen normalerweise viele Menschen unkoordinierte Angebots- und Nachfrageentscheidungen tätigen, und nicht, wie es für ein sozialistisches System typisch wäre, durch eine planwirtschaftliche Entscheidung festgelegt. Daher bezeichnet man kapitalistische Wirtschaftsordnungen häufig auch als ›Marktwirtschaft‹. Befürworter kapitalistischer Wirtschaftsordnungen (z. B. M. Friedman und R. Nozick), die häufig staatskritisch sind, betonen als Merkmale Wirtschaftswachstum, Verteilungseffizienz und individuelle Freiheit (↑Liberalismus), während Kritiker (z. B. J. M. Keynes und G. A. Cohen), die dem Staat häufig eine wichtigere Rolle als dem Markt zugestehen, vor allem wirtschaftliche Instabilität und einen Mangel an Verteilungsgerechtigkeit und Gemeinwohlorientierung beklagen.

A. Smith (1723–1790) wird als Begründer der Volkswirtschaftslehre und Vordenker des K. bezeichnet, auch wenn er den Begriff selbst, der sich erst nach der Mitte des 19. Jhs. einbürgerte, nicht verwendet. Nach Smith führen freie Märkte dazu, daß sich die Menschen in ihren produktiven Tätigkeiten spezialisieren und auch Handeln aus Eigeninteresse dazu führen kann (aber keineswegs muß), daß unabsichtlich, aber systematisch, die Interessen anderer Personen befördert werden. Freie Märkte tragen so erheblich stärker zur Steigerung und gleichmäßigeren Verteilung des Wohlstands einer Nation bei als eine Wirtschaft, in der Stände und Vereinigungen durch Kartelle und Monopole die Preise in die Höhe treiben. Smith fordert dabei tugendhaftes Verhalten der Marktteilnehmer ein.

Die Schriften von K. Marx (1818–1883) entstanden als Reaktion auf die desolaten Bedingungen, denen speziell Fabrikarbeiter im Laufe der Industriellen Revolution ausgesetzt waren, entwerfen aber eine auf den K. als System zielende Kritik. Marx betont unter anderem, (1) daß Arbeiter, die selbst über kein Kapital verfügen, existentiell gezwungen sind, ihre Arbeitskraft zu teilweise ausbeuterischen und entwürdigenden Bedingungen auf dem nur vermeintlich freien Markt anzubieten, (2) daß sich die Arbeiter aufgrund hochspezialisierter und fremdbestimmter Arbeit von ihrem natürlichen Wesen entfremden und (3) daß K. offenbar zu Arbeitslosigkeit, Ungleichheit, Armut und Individualismus führt.

Die Anfänge des K. als Wirtschaftsordnung liegen, unter anderem durch die Reformation befördert, im 16. Jh.; er setzte sich in der westlichen Welt im 19. Jh. durch und ist spätestens seit 1989 das dominierende Wirtschaftssystem. Er tritt nicht in einer reinen Form auf, sondern wird – auch in Reaktion auf die Große Depression von 1930 und den Zweiten Weltkrieg – praktisch immer durch staatliche Regelungen so ergänzt, daß gewisse seiner Effekte, z. B. signifikante Unterschiede in der Verteilung von Vermögen, Bildung, Gesundheit und gesellschaftlicher Teilhabe, abgemildert werden.

Literatur: O. Bauer, Das Weltbild des K., Frankfurt 1971; M. Beaud, Histoire de capitalisme de 1500 à 2000, Paris 2000 (engl. A History of Capitalism from 1500 to 2000, New York 2001); D. Bell, The Cultural Contradictions of Capitalism, New York 1976, 1996 (dt. Die Zukunft der westlichen Welt. Kultur und Technologie im Widerstreit, Frankfurt 1976, unter dem Titel: Die kulturellen Widersprüche des K., Frankfurt/New York 1991); J. Bischoff u. a. (eds.), Klassen und soziale Bewegungen. Strukturen im modernen K., Hamburg 2003; G. A. Cohen, Self-Ownership, Freedom, and Equality, Cambridge 1995, 2001; M. Friedman, Capitalism and Freedom, Chicago Ill. 1962, 2002 (dt. K. und Freiheit, Stuttgart 1971, München ⁵2008); J. D. Grischow, Capitalism, NDHI I (2005), 262–268; M.-E. Hilger, Kapital, Kapitalist, K., in: O. Brunner/W. Conze/R. Koselleck

(eds.), Geschichtliche Grundbegriffe. Historisches Lexikon zur politisch-sozialen Sprache in Deutschland III, Stuttgart 1982, 399–454, bes. 442–454; J. M. Keynes, The General Theory of Employment, Interest and Money, London, New York 1936 (repr. Düsseldorf 1989); P. Koslowski, Ethik des K., Tübingen 1982, ⁶1998 (engl. Ethics of Capitalism, in: ders., Ethics of Capitalism and Critique of Sociobiology. Two Essays with a Comment by James M. Buchanan, Berlin/Heidelberg/New York 1996, 3–64); J. Lagneau, Capitalisme, Enc. philos. universelle II/1 (1990), 263–264; H. Leidinger, K., Wien/Köln/Weimar 2008; K. Marx, Das Kapital. Kritik der Politischen Ökonomie, I–III, Hamburg 1867–1894 (MEW XXIII–XXV); J. Z. Muller, The Mind and the Market. Capitalism in Modern European Thought, New York 2002; R. Nozick, Anarchy, State and Utopia, New York, Oxford 1974, 2008 (dt. Anarchie, Staat, Utopia, München 1976, 2006); S. Pejovich, Philosophical and Economic Foundations of Capitalism, Lexington Mass./Toronto 1983; J. A. Schumpeter, Capitalism, Socialism, and Democracy, London 1943, New York 2006 (dt. K., Sozialismus und Demokratie, Bern 1946, Tübingen ⁸2005); A. Smith, The Theory of Moral Sentiments, Glasgow 1759; ders., An Inquiry into the Nature and Causes of the Wealth of Nations, London 1776; M. Weber, Die Protestantische Ethik und der Geist des K., I–II, Arch. Sozialwiss. u. Sozialpolitik 20 (1905), 1–54, 21 (1905), 1–110; G. Willke, K., Frankfurt/New York 2006.   C. S.-P.

kāraṇa (sanskr., vom Kausativ der Wurzel kṛ [= machen, veranlassen], Veranlassung, Ursache), Grundbegriff der klassischen indischen Philosophie (↑Philosophie, indische), die (physische oder psychische) Ursache im Unterschied zum (logischen) Grund (↑hetu), aufgesucht von den als ›gemacht‹ (kārya) und nicht als ›ewig‹ (nitya) verstandenen Gegenständen und damit sowohl von Körpern, Lebewesen, Prozessen und Zuständen als auch von Erkenntnissen, insofern es sich um ihre Genesis und nicht um ihre Rechtfertigung handelt; die Lehre von den Erkenntnisursachen erscheint dabei als die Lehre von den Erkenntnismitteln (↑pramāṇa). ›K.‹ ist streng zu unterscheiden von ›karaṇa‹ (von der Wurzel kṛ [= machen], vgl. lat. creo), der (ihrer Wirkung unmittelbar voraufgehenden) *bewirkenden* Ursache oder dem Instrument, d. i. die *causa efficiens* als das nimitta k., zu der auch die Universalien (↑sāmānya) als die Ursachen einer Überzeugung (pratyaya k.) gezählt werden, neben der *stofflichen* Ursache (*causa materialis*) als dem upadāna k.. Z. B. spielt im dualistischen System des ↑Sāṃkhya die ↑prakṛti, als tätige Materie dem untätigen Geist (↑puruṣa) gegenübergestellt, die Rolle eines letzten k., aus dem sich durch vom puruṣa ausgelöste, aber nicht verursachte Transformation (pariṇāma-k.) die Welt entwickelt, während im monistischen Advaita-↑Vedānta die Welt (↑māyā) als Wirkung nur eine Erscheinungsform (vivarta-k.) von ↑brahman (1) als Ursache ist. In beiden Fällen wird die Wirkung (kārya) als in der Ursache enthalten gedacht (satkāryavāda, d. i. Lehre von der Existenz der Wirkung [in der Ursache]), im Unterschied zur Lehre von der begrifflichen Unabhängigkeit der Wirkung von der Ursache (asatkāryavāda) in den Systemen der ↑Mīmāṃsā, des ↑Nyāya und des ↑Vaiśeṣika sowie in radikaler Form im Buddhismus (↑Philosophie, buddhistische), für den nichts beständig (nitya) ist, der Begriff der Veränderung daher ohne zugrundeliegendes unveränderliches Substrat, an dem Veränderungen stattfinden, zu fassen ist. In theistischen (↑Theismus) Systemen sowie im ↑Mythos wird das oberste k., das brahman, personifiziert und der Gott Brahman mit dem Gott Īśvara oder dem ›Herrn der Geschöpfe‹ Prajāpati identifiziert. Daher wird im Advaita-Vedānta die Welt auch mythisch als das Ein- und Ausatmen Īśvaras bezeichnet: Īśvaras zweckfreies Spiel (līlā) verschwindet in der Meditation und wird so als bloße Erscheinung erfahren; die Wirkungen sind nur verschiedene Namen für dieselbe Ursache.

Literatur: W. Halbfass, On Being and What there Is. Classical Vaiśeṣika and the History of Indian Ontology, New York 1992, Delhi 1993; R. V. Joshi, The Role of Indian Logic in the Doctrine of Causality, in: Mélanges d'indianisme à la Mémoire de Louis Renou, Paris 1968, 403–413; W. Liebenthal, Satkārya in der Darstellung seiner buddhistischen Gegner, Stuttgart/Berlin 1934; L. Silburn, Instant et cause. Le discontinu dans la pensée philosophique de l'Inde, Paris 1955.   K. L.

Kardinaltugend, ↑Tugend.

Kardinalzahl, Bezeichnung für die Mächtigkeit einer ↑Menge. Zwei Mengen haben die gleiche Mächtigkeit oder K., wenn sich ihre Elemente eineindeutig (↑eindeutig/Eindeutigkeit) einander zuordnen lassen. Da diese Zuordenbarkeit (›Gleichmächtigkeit‹) eine ↑Äquivalenzrelation ist, kann man K.en als Abstrakta (↑abstrakt, ↑Abstraktion) aus ↑Aussageformen bezüglich der Gleichmächtigkeitsbeziehung zwischen den durch sie dargestellten Mengen ansehen. Im Unterschied zu den endlichen Mengen, deren Mächtigkeit mit der Anzahl ihrer Elemente zusammenfällt (und wegen ihrer konstruktiven Erfaßbarkeit eindeutig bestimmt ist), hängt die Möglichkeit einer Zuordnung zweier unendlicher Mengen von den Ausdrucksmöglichkeiten im betrachteten System ab, so daß jede Angabe unendlicher K.en relativ zu diesen Ausdrucksmitteln ist.

Dem ›kardinalen‹, auf die ›Größe‹ einer Menge bezogenen Aspekt steht ein ›ordinaler‹ gegenüber, der die Stelle eines Elements innerhalb einer Anordnung betrifft. Die natürlichen Zahlen dienen je nach Bedarf der Erfassung des einen oder des anderen Aspekts und spielen somit die Rolle sowohl von K.en als auch von Ordnungs- oder ↑Ordinalzahlen. Da die ↑Mengenlehre seit ihren Anfängen als wichtigen Zweig eine transfinite Arithmetik (↑Arithmetik, transfinite) enthält, werden transfinite K.en und Ordinalzahlen heute innerhalb einer axiomatischen Mengenlehre (↑Mengenlehre, axiomatische) definiert. Je nach dem gewählten System und technischen

Erfordernissen werden sehr unterschiedliche Definitionen zugrundegelegt. Häufig geht dabei die ursprünglich deutliche Unterscheidung des kardinalen und des ordinalen Aspekts verloren, etwa wenn K.en bereits als spezielle Ordinalzahlen eingeführt werden.   C. T.

kārikā (fem. zu sanskr. kāraka, machend, bewirkend), Bezeichnung für eine Gattung innerhalb der indischen theologischen, später auch philosophischen Literatur, nämlich zum Zwecke der bequemeren Gedächtniseinprägung in metrisch gebundene Form gebrachte Stoffe. Diese eine k. ausmachenden *Merkverse* für die verschiedenen Systeme bedurften ebenso wie die entsprechenden *Merksätze*, aus denen ein als knapper Leitfaden dienendes ↑sūtra besteht, der mündlichen Erläuterung, die in den später hinzugetretenen schriftlichen Fassungen als Kommentare und Folgekommentare (↑bhāṣya; daneben: vṛtti [Kurzkommentar], ṭīkā [Unterkommentar], vārttika [ergänzender Kommentar] etc.) die vorherrschende Form der klassischen indischen philosophischen Literatur ausmachen.   K. L.

karma (Nominativ von sanskr. karman, Handlung, Opfer; auch: Kraft, Bewegung; in der Grammatik das Objekt), Grundbegriff der indischen Geistesgeschichte. Ursprünglich, in der Philosophie des ↑Veda, die *Werke*, die je nach ihrer moralischen Qualität die Art des Lebens nach dem Tode bestimmen, dann allgemein die Lehre von der *Tatvergeltung*, bei der die Ursache für die Handlungen eines Lebewesens (↑jīva) in dessen moralischem Zustand gesehen wird. Da nicht alle diese Ursachen in einem einzigen Leben aufgefunden werden können, erlaubt erst die unabhängig davon in den Upaniṣaden (↑upaniṣad) entstandene Lehre vom Kreislauf der Wiedergeburten (↑saṃsāra) eine universelle Durchsetzung der k.-Lehre (nur im indischen Materialismus, dem ↑Lokāyata, werden beide Lehrstücke abgelehnt). Doch auch umgekehrt wird die Seelenwanderungslehre erst durch den von der k.-Lehre bereitgestellten anfangslosen Ursache-Wirkung-Zusammenhang – häufige Metapher: das ›Säen von Samen‹ resultiert im ›Reifen von Früchten‹ – für Handlungen in moralischer, nicht physischer, Hinsicht tragfähig; später wird sie von der k.-Lehre sogar für impliziert erklärt (z. B. im späten ↑Sāṃkhya, im ↑Vaiśeṣika – dort ist das karman auch die von den Atomen verursachte Bewegung, ›k.‹ also ein Terminus der Mechanik –, im Buddhismus). Das von allen Systemen bis auf das Lokāyata angestrebte oberste Ziel der Erlösung (↑mokṣa) wird durch Beenden des Kreislaufs der Wiedergeburten erreicht, zugleich durch Befreiung vom Gesetz des k., und zwar grundsätzlich auf drei Weisen oder ›Wegen‹ (mārga): durch von den religiösen Pflichten (↑dharma) geleitetes rechtes Tun, den k.-mārga, durch Hingabe an Gott, den ↑bhakti-mārga, und durch von Meditation (↑dhyāna) und Argumentation (↑Nyāya) geleitetes Wissen, den ↑jñāna-mārga. Im frühen Buddhismus (↑Philosophie, buddhistische) ist die k.-Lehre zu einem das Leben in drei aufeinanderfolgenden Existenzen durch einen zwölfgliedrigen Kausalnexus bestimmenden *Lehrsatz vom abhängigen Entstehen* (pratītyasamudpāda) ausgebaut worden, wobei ›k.‹ sich nicht auf die Handlungen selbst, sondern auf deren Ursachen, die Handlungsdispositionen im Wollen und Entscheiden (k.-cetanā), bezieht, die dreifach, in körperlichen Handlungen, Sprachhandlungen und Handlungen des Denkens, manifest werden. Im Jainismus (↑Philosophie, jainistische), der die ausführlichsten Texte zur k.-Lehre hervorgebracht hat, wird das k. sogar feinstofflich verstanden, wobei dessen Einströmen die Seelen (↑jīva) an ihren Körper bindet und es durch Askese und Meditation ausgetrieben werden muß, damit man Erlösung als Befreiung erlangt, während im ↑Advaita-Vedānta ebenso wie in der ↑Mādhyamika-Schule des Mahāyāna-Buddhismus sowohl das k. als auch der ↑saṃsāra sich im erlösenden Wissen als bloßer Schein erweisen.

Literatur: K. K. Anand, Indian Philosophy. The Concept of K., Delhi 1982; J. Bronkhorst, K. and Teleology. A Problem and Its Solutions in Indian Philosophy, Tokyo 2000; S. Collins, Selfless Persons. Imagery and Thought in Theravada Buddhism, Cambridge 1982, 1995; H. v. Glasenapp, Die Lehre vom Karman in der Philosophie der Jainas, nach den Karmagranthas dargestellt, Leipzig 1915; W. Halbfass, K. and Rebirth, Indian Conceptions of, REP V (1998), 209–218; ders., K. und Wiedergeburt im indischen Denken, Kreuzlingen/München 2000; E. W. Hopkins, Modifications of the K. Doctrine, J. Royal Asiatic Soc. Great Britain and Ireland (1906), 581–593, (1907), 665–672; P. Horsch, Vorstufen der indischen Seelenwanderungslehre, Asiat. Stud. 25 (1971), 99–157; P. S. Jaini, The Jaina Path of Purification, Berkeley Calif. 1979, Delhi 1990, 2001; C. F. Keyes/E. V. Daniel (eds.), K.. An Anthropological Inquiry, Berkeley Calif. 1983; Y. Krishan, The Doctrine of K.. Its Origin and Development in Brāhmaṇical, Buddhist and Jaina Traditions, Delhi 1997; J. P. McDermott, Development in the Early Buddhist Concept of Kamma/K., New Delhi 1984; R. W. Neufeldt (ed.), K. and Rebirth. Post Classical Developments, Albany N. Y. 1986; L. Nordstrom, Zen and Karman, Philos. East and West 30 (1980), 77–86; G. Obeyesekere, Imagining K.. Ethical Transformation in American, Buddhist, and Greek Rebirth, Berkeley Calif. 2002, unter dem Titel: K. and Rebirth. A Cross Cultural Study, Delhi 2006; W. D. O'Flaherty (ed.), K. and Rebirth in Classical Indian Tradition, Berkeley Calif. 1980, Delhi 1983, 1999; K. H. Potter, The Naturalistic Principle of K., Philos. East and West 14 (1964), 39–49; I. Puthiadam, The Hindu Doctrine of K., I–II, Theoria to Theory 13 (1980), 295–311, 14 (1980), 65–74; B. Singh, The Conceptual Framework of Indian Philosophy, Delhi 1976; L. de la Vallée Poussin, K., in: J. Hastings (ed.), Encyclopedia of Religion and Ethics VII, Edinburgh/New York 1914, 1974, 673–676. K. L.

Karneades von Kyrene, *Kyrene 214/213 v. Chr., †Athen 129/128 v. Chr., griech. Philosoph, Begründer der neuen (oder ›dritten‹) ↑Akademie (nach anderer Einteilung Mitglied der mittleren Akademie) und bedeutendster Akademiker nach Arkesilaos von Pitane. Etwa 164/160–137/136 v. Chr. Nachfolger des Hegesinos in der Schulleitung (Diog. Laert. IV, 60), kam 156/155 v. Chr. mit dem Peripatetiker Kritolaos und dem Stoiker Diogenes von Seleukeia als athenischer Gesandter nach Rom; seine Lehren wurden von seinen Schülern (Kleitomachos, Xenon von Alexandreia, Hagnon von Tarsos) und von Philon von Larissa überliefert (er selbst schrieb nichts). K. wird großes dialektisches Geschick (↑Dialektik als *in utramque partem disserrere*, vgl. Cicero, de orat. 2,161, de re publ. 3,9) nachgesagt; berühmt sind seine beiden Reden für bzw. gegen Gerechtigkeit an zwei aufeinanderfolgenden Tagen in Rom (Cicero, de orat. 2,155; Acad. 2 [Lucullus], 137; de re publ. 3,9).

K. vertritt erkenntnistheoretisch (in Anknüpfung an Arkesilaos) skeptische Positionen (↑Skeptizismus), zu deren Herausarbeitung unter anderem das dialektische Vorgehen dient, und wendet sich gegen den stoischen ↑Fatalismus – unter anderem mit dem erstmals logische von ›physikalischer‹ Notwendigkeit unterscheidenden Argument, daß aus der Geltung des Satzes vom ausgeschlossenen Dritten (↑principium exclusi tertii) nicht die kausale Determiniertheit allen Geschehens folge. In kritischer Absetzung von stoischen (↑Stoa) Lehren (↑Katalepsis), insbes. gegenüber Chrysippos, argumentiert er gegen die Zuverlässigkeit der Sinne und für ↑Epoche. Zur praktischen Entscheidungsfindung werden pragmatisch Formen relativer (›zuverlässiger‹) Gewißheit unterschieden: probable, unwidersprochene sowie umfassend geprüfte Gewißheit (Sextus Empiricus, Adv. Math. VII, 173–189); im Hinblick auf diese Unterscheidung wird häufig gesagt, daß K. eine Theorie der ↑Wahrscheinlichkeit (↑Wahrscheinlichkeitstheorie) als Basis des Skeptizismus begründet habe. In der Ethik erörtert K. unterschiedliche Lebensformen anhand einer systematischen Übersicht über Handlungs- und Lebensziele (τέλη, ↑Telos) (Carneadea divisio, Cicero, de fin. 5, 16–20; Acad. 2 [Lucullus], 129–131) und vertritt dabei die Telosformel ›naturae primis bonis aut omnibus aut maximis frui‹ (Cicero, Tusc. 5,84). Historisch einflußreich sind seine Überlegungen zur Moralität der Götter (Cicero, de nat. deor. 1,3, 3,43 ff.) und seine Ablehnung der stoischen und epikureischen (↑Epikureismus) Theologie (z. B. Gottesbeweise [vgl. Sextus Empiricus, Adv. Math. IX, 137–190]). Ob K. mit seinen Überlegungen die gegen eine philosophische Dogmatik gerichtete Tropenlehre (↑Tropen, skeptische) des Ainesidemos unmittelbar beeinflußt hat, ist ungewiß.

Werke: K.. Fragmente. Text und Kommentar v. B. Wiśniewski, Breslau 1970.

Literatur: K. A. Algra, Chrysippus, Carneades, Cicero. The Ethical ›divisiones‹ in Cicero's »Lucullus«, in: B. Inwood/J. Mansfeld (eds.), Assent and Argument. Studies in Cicero's »Academic

Books«, Leiden/New York/Köln 1997, 107–139; J. Allen, Academic Probabilism and Stoic Epistemology, Class. Quart. NS 44 (1994), 85–113; ders., Carneadean Argument in Cicero's Academic Books, in: B. Inwood/J. Mansfeld (eds.), Assent and Argument [s. o.], 217–256; ders., Carneades, SEP 2004; D. Amand, Fatalisme et liberté dans l'antiquité grecque. Recherches sur la survivance de l'argumentation morale antifataliste de Carnéade chez les philosophes grecs et les théologiens chrétiens des quatre premiers siècles, Louvain 1945 (repr. Amsterdam 1973); A. v. Arnim, K., RE X/2 (1919), 1964–1985; J. Barnes, Carneades, REP II (1998), 215–220; R. Bett, Carneades'»Pithanon«. A Reappraisal of Its Role and Status, Oxford Stud. Ancient Philos. 7 (1989), 59–94; ders., Carneades' Distinction between Assent and Approval, Monist 73 (1990), 3–20; ders., Reactions to Aristotle in the Greek Sceptical Traditions, Méthexis 12 (1999), 17–34; G. R. Boys-Stones, A Fragment of Carneades the Cynic?, Mnemosyne 53 (2000), 528–536; V. Cauchy, Carnéade, Enc. philos. universelle III (1992), 87–88; M. Conche, Carnéade, DP I (1984), 478–480; J. Croissant, La morale de Carnéade, Rev. int. philos. 1 (1938/1939), 545–570; M. Frede, The Sceptic's Two Kinds of Assent and the Question of the Possibility of Knowledge, in: R. Rorty/J. B. Schneewind/Q. Skinner (eds.), Philosophy in History. Essays on the Historiography of Philosophy, Cambridge/New York 1984, 255–278, Nachdr. in: M. Frede, Essays in Ancient Philosophy, Minneapolis Minn. 1987, 201–222; J. Glucker, Carneades in Rome. Some Unsolved Problems, in: J. G. F. Powell/J. A. North (eds.), Cicero's Republic, London 2001, 57–82; A. Goedeckemeyer, Die Geschichte des griechischen Skeptizismus, Leipzig 1905, 51–91; W. Görler, Ein sprachlicher Zufall und seine Folgen. ›Wahrscheinliches‹ bei K. und bei Cicero, in: C. W. Müller/K. Sier/J. Werner (eds.), Zum Umgang mit fremden Sprachen in der griechisch-römischen Antike, Stuttgart 1992, 159–171; ders., K., in: H. Flashar (ed.), Die Philosophie der Antike IV/2 (Die hellenistische Philosophie), Basel ²1994, 849–897; D. E. Hahm, Plato, Carneades, and Cicero's Philus (Cicero, Rep. 3.8–31), Class. Quart. NS 49 (1999), 167–183; P. P. Hallie, Carneades, Enc. Ph. II (1967), 33–35; R. J. Hankinson, The Sceptics, London/New York 1995, 1998, 92–115 (I,5 Carneades and the Later Sceptical Academy); W. N. A. Klever, Carneades. Reconstructie en evaluatie van zijn kennistheoretische positie, Rotterdam 1982; C. Lévy, Opinion et certitude dans la philosophie de Carnéade, Rev. Belge Philol. Hist. 58 (1980), 30–46; ders., Platon, Arcésilas, Carnéade. Response à J. Annas, Rev. mét. mor. 95 (1990), 293–306; ders., Cicero academicus. Recherches sur les ›Academiques‹ et sur la philosophie cicéronienne, Rom, Paris 1992, 32–46, 266–290, Index: Carnéade; ders., Les scepticismes, Paris 2008, 39–44; A. A. Long, Carneades and the Stoic Telos, Phronesis 12 (1967), 59–90; ders., Hellenistic Philosophy. Stoics, Epicureans, Sceptics, London, New York 1974, London, Berkeley Calif. 1986, 94–106 (Chap. III/3 Academic Scepticism – Carneades); ders./ D. N. Sedley, The Hellenistic Philosophers I (Translations of the Principal Sources, with Philosophical Commentary), Cambridge/New York 1987, 2000, Index: Carneades (dt. Die hellenistischen Philosophen. Texte und Kommentare, Stuttgart/Weimar 2000, Index: K.); H. J. Mette, Weitere Akademiker heute (Fortsetzung von Lustrum 26 [1984], 7–94). Von Lakydes bis zu Kleitomachos, Lustrum 27 (1985), 39–148, bes. 53–141; E. L. Minar, The Positive Beliefs of the Skeptic Carneades, Class. Weekly 43 (1949), 67–71; S. Nonvel Pieri, Carneade, Padua 1978; S. Obdrzalek, Living in Doubt. Carneades'»Pithanon« Reconsidered, Oxford Stud. Ancient Philos. 31 (2006), 243–279; F. Ricken, Antike Skeptiker, München 1994, 53–67 (II/2

K.); L. Robin, Pyrrhon et le scepticisme grec, Paris 1944 (repr. New York 1980); A. Schmekel, Die Philosophie der mittleren Stoa in ihrem geschichtlichen Zusammenhange, Berlin 1892 (repr. Hildesheim/New York 1974, Hildesheim 1989); E. G. Schmidt, K., KP III (1969), 124–126; M. Schofield, Academic Epistemology, in: K. Algra u. a. (eds.), The Cambridge History of Hellenistic Philosophy, Cambridge/New York 1999, 2007, 323–351, bes. 334–451; H. O. Schröder, Marionetten. Ein Beitrag zur Polemik des K., Rhein. Mus. Philol. NF 126 (1983), 1–24; A. Schütz [Schutz], The Problem of Carneades. Variations on a Theme, in: Reflections on the Problem of Relevance, ed. R. M. Zaner, New Haven Conn./London 1970, Westport Conn. 1982, 16–52 (dt. Das Problem des Carneades – Variationen über ein Thema, in: ders., Das Problem der Relevanz, ed. R. M. Zaner, Frankfurt 1971, 1982, 44–68); M. Soreth, K., LAW (1965), 1490–1491; K.-H. Stanzel, K., DNP VI (1999), 287–288; J. A. Stevens, Posidonian Polemic and Academic Dialectic. The Impact of Carneades upon Posidonius' »περὶ παθῶν«, Greek, Roman and Byzantine Stud. 34 (1993), 229–323; G. Striker, Following Nature. A Study in Stoic Ethics, Oxford Stud. Ancient Philos. 9 (1991), 1–73, bes. 50–61 (Carneades on Moral Theory); dies., Carneades, in: S. Hornblower/A. Spawforth (eds.), Oxford Classical Dictionary, Oxford/New York ³2003, 293–294; H. Thorsrud, Cicero on His Academic Predecessors. The Fallibilism of Arcesilaus and Carneades, J. Hist. Philos. 40 (2002), 1–18; ders., Ancient Scepticism, Chesham 2008, 59–83 (Chap. 4 Carneades); M. Soreth, K., LAW (1965), 1490–1491; M. D. Usher, Carneades' Quip. Orality, Philosophy, Wit, and the Poetics of Impromptu Quotation, Oral Tradition 21 (2006), 190–209; E. Vitale, Carnéades y los derechos colectivos, Revista internacional de filosofia política 18 (2001), 25–40; A.-J. Voelke, Droit de la nature et nature du droit. Calliclès, Épicure, Carnéade, Rev. philos. France étrang. 172 (1982), 267–275; D. Walton, Can an Ancient Argument of Carneades on Cardinal Virtues and Divine Attributes Be Used to Disprove the Existence of God?, Philo 2 (1999), H. 2, 5–13; A. Weische, Cicero und die Neue Akademie. Untersuchungen zur Entstehung und Geschichte des antiken Skeptizismus, Münster 1961, 1975; ders., K., RE Suppl. XI (1968), 853–856; K. E. Wilkerson, Carneades at Rome. A Problem of Sceptical Rhetoric, Philos. and Rhetoric 21 (1988), 131–144.   J. M.

Kästner (Kaestner), Abraham Gotthelf, *Leipzig 27. Sept. 1719, †Göttingen 20. Juni 1800, dt. Mathematiker und Literat. Ab 1731 Studium der Rechte, ferner der Philosophie, Physik und Mathematik in Leipzig, 1735 Baccalaureus, 1737 Magister artium, 1739 Habilitation (Theoria radicum in aequationibus, bereits 1736 publiziert), 1746 a. o. Prof. der Mathematik in Leipzig (Vorlesungen über Mathematik, Logik und Naturrecht; an seinem Kolloquium über philosophische Streitfragen nahm G. E. Lessing 1746–1748 teil). 1756 Prof. der Mathematik und Physik in Göttingen (nachdem ihm bereits 1753 A. v. Hallers Göttinger Lehrstuhl angeboten worden war), ab 1763 auch Leiter der dortigen Sternwarte. Unter seinen Schülern: G. S. Klügel, W. Olbers, C. Niebuhr.

K. schrieb zahlreiche zumeist aus seinen Göttinger Vorlesungen hervorgegangene gemeinverständliche Einführungen in die Mathematik, darunter vier vielgelesene und wiederholt aufgelegte Bände über ›mathematische

Anfangsgründe‹ (1758–1769) und eine »Geschichte der Mathematik« (I–IV, 1796–1800). Seine Bedeutung als Mathematiker liegt nicht in der (mangelnden) Originalität eigener Arbeiten, sondern, neben der popularisierenden Vermittlung elementaren mathematischen Wissens, in seiner anregenden Rolle gegenüber den Arbeiten anderer, vor allem auf dem Gebiet der Parallelentheorie. K. betreute Klügels, von ihm mit einem Nachwort versehene, Dissertation (Conatuum praecipuorum theoriam parallelarum demonstrandi recensio, Göttingen 1763 [repr. Hildesheim 1967, Hildesheim/New York/Zürich 1992]), in der 30 Beweisversuche des seit Proklos (In primum Euclidis elementorum librum commentarii, ed. G. Friedlein, Leipzig 1873) als beweisbedürftig geltenden ↑Parallelenaxioms kritisch überprüft werden und die insbes. J. H. Lambert zu eigenen Arbeiten veranlaßte (↑Euklidizität). Auch die Bemühungen von C. F. Gauß, J. Bolyai und N. I. Lobatschewski um die widerspruchsfreie Konstruierbarkeit ↑nicht-euklidischer Geometrien dürften direkt oder indirekt von K. beeinflußt gewesen sein: Gauß studierte während K.s Lehrtätigkeit in Göttingen, Bolyais Vater und mathematischer Lehrer war Schüler K.s und hatte sich selbst um einen Beweis des Parallelenaxioms bemüht, Lobatschewski studierte in Kazan Mathematik bei dem K.-Schüler J. M. C. Bartels. Neben seiner Lehr- und schriftstellerischen Tätigkeit rezensierte K. über Mathematik, Physik und Philosophie unter anderem für die »Göttingischen Gelehrten Anzeigen« und C. F. Nicolais »Allgemeine deutsche Bibliothek«. Philosophisch wandte er sich zugunsten traditioneller Positionen gegen I. Kant und J. G. Fichte. In der Literaturtheorie vertrat K., beeinflußt von J. C. Gottsched und der Schule C. Wolffs, die Prinzipien der Natürlichkeit und Vernünftigkeit, nahm auf Seiten Gottscheds gegen die Schweizer J. J. Bodmer und J. J. Breitinger Partei und setzte sich, wiederum auf Seiten Gottscheds, für die deutsche Sprache in Philosophie und Literatur ein. Er selbst schrieb in seiner literarischen Tätigkeit vor allem Sinngedichte, Aphorismen und satirische Epigramme (zumeist über Zeitgenossen), übersetzte aus dem Englischen und Französischen und gab 1747–1762 das »Hamburgische Magazin oder Gesammelte Schriften aus der Naturforschung und den angenehmen Wissenschaften überhaupt« (ab 1767 »Neues Hamburgisches Magazin«) heraus. Laut Gauß war K. ›der erste Mathematiker unter den Dichtern und der erste Dichter unter den Mathematikern‹ (nach W. Schur, Beiträge zur Geschichte der Astronomie in Hannover, in: Festschrift zur Feier des hundertfünfzigjährigen Bestehens der Königlichen Gesellschaft der Wissenschaften zu Göttingen. Beiträge zur Gelehrtengeschichte Göttingens, Berlin 1901, 125).

Werke: Theses philosophicae, Diss. Leipzig 1736; Theoria radicum in aequationibus, Leipzig 1736 [Habil.-Schrift]; Vermischte Schriften, I–II, Altenburg 1755–1772, ²1772–1773, ³1783; De eo quod studium matheseos facit ad virtutem oratio inauguralis, o. O. [Göttingen] 1756 (dt. Was das Studium der Mathematik zur sittlichen Vervollkommnung beiträgt, in: W. Ebel [ed.], Göttinger Universitätsreden aus zwei Jahrhunderten [1737–1934], 55–63); Mathematische Anfangsgründe I–IV/2, Göttingen 1758–1791, I, ²1764, ³1774, ⁴1786, ⁵1792, ⁶1800, II, ²1765, I–II, ³1780/1781, I–II, ⁴1792, I/2, ²1801, III/1, ²1767, ³1794, III/2, ²1770, ³1799, V/1, ²1793, IV/2, ²1797 (I Anfangsgründe der Arithmetik, Geometrie, ebenen und sphärischen Trigonometrie und Perspectiv; I/2 Fortsetzung der Rechenkunst in Anwendungen auf mancherley Geschäffte; I/3–4 Geometrische Abhandlungen I–II; II Anfangsgründe der angewandten Mathematik; III/1 Anfangsgründe der Analysis endlicher Größen; III/2 Anfangsgründe der Analysis des Unendlichen; IV/1 Anfangsgründe der höhern Mechanik, welche von der Bewegung fester Körper besonders die praktischen Lehren enthalten; IV/2 Anfangsgründe der Hydrodynamik, welche von der Bewegung des Wassers besonders die praktischen Lehren enthalten); Elogium Tobiae Mayeri, Göttingen 1762 (repr. unter dem Titel: Gedenkrede auf Tobias Mayer, Marbach a. Neckar 1984 [mit dt. Übers.]) (dt. Lobrede auf Tobias Mayer, in: W. Ebel [ed.], Göttinger Universitätsreden aus zwei Jahrhunderten [1737–1934], Göttingen 1978, 81–86); Betrachtungen über die Art wie allgemeine Begriffe im Göttlichen Verstande sind, Göttingen 1767; Einige Vorlesungen. In der Königlichen deutschen Gesellschaft zu Göttingen gehalten, I–II, Altenburg 1768/1773; Lobschrift auf Gottfried Wilhelm Freyherrn von Leibnitz, Altenburg 1769; Über die Lehre der Schöpfung aus Nichts, und derselben praktische Wichtigkeit, Göttingen 1770; Ob die Physik Begriffe von der göttlichen Gerechtigkeit giebt?, Göttingen 1770; Dissertationes mathematicae et physicae quas Societati regiae scientiarum Gottingensi annis MDCCLVI–MDCCLXVI exhibuit A. G. K., Altenburg 1771; Astronomische Abhandlungen zu weiterer Ausführung der astronomischen Anfangsgründe abgefaßt, I–II, Göttingen 1772/1774; Anmerkungen über die Markscheidekunst. Nebst einer Abhandlung von Höhenmessungen durch das Barometer, Göttingen 1775; Vita [...] Kaestneri, Leipzig 1787 (Autobiographie); Gedanken über das Unvermögen der Schriftsteller, Empörungen zu bewirken, Göttingen 1793; Weitere Ausführung der mathematischen Geographie besonders in Absicht auf die sphäroidische Gestalt der Erde, Göttingen 1795; Geschichte der Mathematik seit der Wiederherstellung der Wissenschaften bis an das Ende des 18. Jahrhunderts, I–IV, Göttingen 1796–1800 (repr. Hildesheim/New York 1970); Elogium Georgii Christophori Lichtenberg, o. O. [Göttingen] 1799 (dt. Lobrede auf Georg Christoph Lichtenberg, in: W. Ebel [ed.], Göttinger Universitätsreden aus zwei Jahrhunderten [1737–1934] [s. o.], 187–194); Philosophisch-mathematische Abhandlungen von A. G. K. und Georg Simon Klügel. Aus dem Philosophischen Magazin besonders abgedruckt, Halle 1807 (enthält von K.: Was heißt in Euklids Geometrie möglich? [7–22]; Ueber den mathematischen Begriff des Raums [23–46]; Ueber die geometrischen Axiome [47–62]; Ueber Kunstwörter, besonders in der Mathematik [63–85]); Gesammelte poetische und prosaische schönwissenschaftliche Werke, I–IV, Berlin 1841 (repr. Frankfurt 1971); Briefe aus sechs Jahrzehnten, 1745–1800, ed. C. H. Scherer, Berlin 1912; J. H. Lamberts und A. G. K.s Briefe aus den Gothaer Manuskripten, ed. K. Bopp, Berlin 1928 (Sitz.ber. Heidelberger Akad. Wiss., math.-naturwiss. Kl. 1928, Nr. 18).

Literatur: R. Baasner, ›Phantasie‹ in der Naturlehre des 18. Jahrhunderts. Zu ihrer Beurteilung und Funktion bei Wolff, K. und

Lichtenberg, Lichtenberg-Jb. 1988, 9–22, bes. 14–16; ders., K. und Lichtenberg, Lichtenberg-Jb. 1989, 30–48; ders., A. G. K., Aufklärer (1719–1800), Tübingen 1991 (mit Bibliographie, 605–683); ders., K., Enc. philos. universelle III (1992), 1244–1245; C. Becker, A. G. K.s Epigramme. Chronologie und Kommentar. 1. Freundeskreis, 2. Literarische Kämpfe, Halle 1911 (repr. Walluf 1973); R. Bonola, La geometria non-euclidea. Esposizione storico-critica del suo sviluppo, Bologna 1906, 1975 (dt. Die nichteuklidische Geometrie. Historisch-kritische Darstellung ihrer Entwicklung, Leipzig/Berlin 1908, ²1919; engl. Non-Euclidean Geometry. A Critical and Historical Study of Its Development, Chicago Ill. 1912, New York 1955); M. Cantor/J. Minor, K., ADB XV (1882), 439–451; W. Dilthey, Aus den Rostocker Kanthandschriften II. Ein ungedruckter Aufsatz Kants über Abhandlungen K.s, Arch. Gesch. Philos. 3 (1890), 79–90; R. Eckart (ed.), A. G. K.'s Selbstbiographie und Verzeichnis seiner Schriften nebst Heyne's Lobrede auf K., Hannover 1909; F. Engel/P. Stäkkel (eds.), Die Theorie der Parallellinien von Euklid bis auf Gauss. Eine Urkundensammlung zur Vorgeschichte der nichteuklidischen Geometrie, Leipzig 1895 (repr. New York 1968), 139–141; G. Goe, Kaestner, Forerunner of Gauss, Pasch, Hilbert, Proc. 10th Int. Congr. Hist. Sci. (Ithaca 1962), Paris 1964, II, 659–661; ders., Kaestner, DSB VII (1973), 206–207; W. Gresky, Zwei bislang unveröffentlichte Briefe von A. G. K. an J. N. Schroeter über dessen Topographie des Mondes (Selenotopographie), Mitteilungen d. Gauss-Ges. 9 (1972), 39–46; W. Hettche, Drei Briefe von Magnus Gottfried Lichtwer an A. G. K.. Eine Marginalie zur Literaturgeschichte des 18. Jahrhunderts, Euphorion 100 (2006), 489–500; J. E. Hofmann/F. Menges, K., NDB X (1974), 734–736; A. Kleinert, K., in: Biographische Enzyklopädie deutschsprachiger Philosophen, München 2001, 204, ebenso in: W. Killy/R. Vierhaus (eds.), Deutsche Biographische Enzyklopädie V, München 1997, 204; J. Minor, Einleitung [zu K.], in: ders. (ed.), Fabeldichter, Satiriker und Popularphilosophen des 18. Jahrhunderts. Lichtwer, Pfeffel, K., Göckingk, Mendelssohn und Zimmermann, Berlin/Stuttgart 1884, 85–94 (Deutsche National-Litteratur LVII); C. H. Müller, Studien zur Geschichte der Mathematik, insbesondere des mathematischen Unterrichts an der Universität Göttingen im 18. Jahrhundert, Abh. Gesch. math. Wiss. 18 (1904), 51–143; G. H. Müller, Ein Brief an den Göttinger Professor A. G. K., Frankenland. Z. fränkische Landeskunde u. Kultur 34 (1982), 62–68; M. Mulsow, Freigeister im Gottsched-Kreis. Wolffianismus, studentische Aktivitäten und Religionskritik in Leipzig 1740–1745, Göttingen 2007, 83–85 (K. und die Zweifel); W. S. Peters, Das Parallelenproblem bei A. G. Kaestner. Zur Parallelenforschung im 18. Jahrhundert, Arch. Hist. Ex. Sci. 1 (1960–1962), 480–487; W. Schimpf, K.s Literaturkritik, Göttingen 1990; ders., K., in: W. Killy (ed.), Literatur Lexikon. Autoren und Werke deutscher Sprache VI, Gütersloh/München 1990, 174–176; M.-A. Sinaceur, Philosophie et mathématiques. A. G. K. et G. W. Leibniz, in: Akten des 11. internationalen Leibniz-Kongresses Hannover, 17.–22. Juli 1972, Wiesbaden 1974, II (Stud. Leibn. Suppl. XIII), 93–103. J. M.

Kasuistik, Bezeichnung für die Erörterung der Anwendung von Normen (oder Maximen) auf Einzelfälle (lat. casus) zum Zwecke der Beurteilung bereits vollzogener Handlungen oder der Entscheidung in Bezug auf auszuführende Handlungen. Kasuistische Probleme treten vor allem bei solchen Normen (↑Norm (handlungstheoretisch, moralphilosophisch)) auf, die etwas im Hinblick

und Vorgriff auf bestimmte – mehr oder weniger klar umrissene – ↑Situationen gebieten. Da die in den Situationsbeschreibungen einer Norm mittels ↑Prädikatoren dargestellten ↑Sachverhalte nur allgemein bestimmt werden können, Einzelfälle aber sehr wohl in überschießenden relevanten Situationsbeschreibungen ihre Darstellung finden können und damit Situationsbeschreibungen anderer Normen, die ebenfalls gültig sind, darstellen, kann es erforderlich sein, für diese Fälle gesondert abzuwägen. Allerdings sind auch solche Einzelfälle wieder allgemein, mittels Prädikatoren, zu beschreiben, so daß das kasuistische Problem der Anwendung einer derart spezifischen Norm erneut auftreten kann.

Eine unmittelbar praxisorientierte K. findet im Prozeß der juristischen Urteilsfindung statt. In der Theologie (z. B. in der jüdisch-rabbinischen Tradition und in der jesuitisch-katholischen Moraltheologie des 17./18. Jhs.) sowie in der philosophischen Ethik (z. B. der mittleren ↑Stoa) wurde gelegentlich der Versuch gemacht, K.en gewissermaßen auf Vorrat zu betreiben, und zwar sowohl für mögliche Einzelfälle als auch im Rahmen methodologischer Überlegungen zur Normierung kasuistischer Verfahren. Diesen Anspruch, die K. wissenschaftlich zu betreiben, hat I. Kant zurückgewiesen. Unbestritten ist nach Kant, daß etwa die ›unvollkommenen‹ ↑Pflichten‹ der Ethik einen Anwendungsspielraum lassen, der nach ›Maximen‹ ihrer Anwendung verlangt. Jedoch ist eine dogmatische Fixierung der Methode der Findung solcher ↑Maximen eine Anweisung (Maxime), die ihrerseits angewendet wird und selbst ein Kriterium der Anwendung verlangt – ein sich auflösender Begründungsregreß (↑regressus ad infinitum). Deshalb bedürfen kasuistische Erörterungen stets der moralisch-praktischen ↑Klugheit (↑Phronesis, ↑Urteilskraft). Die K. ist für Kant nur eine »Übung, wie die Wahrheit solle *gesucht* werden«, nicht eine »Lehre, wie etwas *gefunden* wird« (Grundl. Met. Sitten, Tugendlehre, Akad.-Ausg. VI, 411).

Literatur: H. L. Beck u. a., K., RGG IV (⁴2001), 845–848; H. A. Bedau, Making Mortal Choices. Three Exercises in Moral Casuistry, New York/Oxford 1997; J.-L. Dumas, Casuistique, Enc. philos. universelle II/1 (1990), 271–272; S. Feldhaus, K., LThK V (³1996), 1290–1292; E. Hamel/R. Cessario, Casuistry, in: B. L. Marthaler u. a. (eds.), New Catholic Encyclopedia III, Detroit Mich. etc. ²2003, 219–221; R. Hauser/F. O. Wolf/J. Bleker, K., Hist. Wb. Ph. IV (1976), 703–707; A. R. Jonsen, Morally Appreciated Circumstances. A Theoretical Problem for Casuistry, in: L. W. Sumner/J. Boyle (eds.), Philosophical Perspectives on Bioethics, Toronto/Buffalo N. Y./London 1996, 37–49; ders./S. Toulmin, The Abuse of Casuistry. A History of Moral Reasoning, Berkeley Calif./Los Angeles/London 1988, 2000; J. F. Keenan/T. A. Shannon (eds.), The Context of Casuistry, Washington D. C. 1995; J. Klein, Ursprung und Grenze der K., in: T. Steinbüchel/T. Müncker (eds.), Aus Theologie und Philosophie. Festschrift für Fritz Tillmann zum 75. Geburtstag, Düsseldorf 1950, 229–245; E. Leites (ed.), Conscience and Casuistry in Early

Modern Europe, Cambridge/Paris 1988, 2002; P. Schmitz, K.. Ein wiederentdecktes Kapitel der Jesuitenmoral, Theol. Philos. 67 (1992), 29–59; W. Stark, Casuistry, DHI I (1973), 257–264; M. Stone, Casuistry, REP II (1998), 227–229; J. M. Tallmon, Casuistry and the Role of Rhetorical Reason in Ethical Inquiry, Philos. Rhet. 28 (1995), 377–387; R. Thamin, Une problème moral dans l'antiquité. Étude sur la casuistique stoïcienne, Paris 1884. S. B.

Katalepsis (griech. *κατάληψις*, Erfassen, Begreifen, lat. comprehensio), Terminus der stoischen (↑Stoa) Erkenntnistheorie. Während Zenon von Kition in der K. ein unmittelbares Erfassen der Gegenstände der Erkenntnis sah, bezeichnet Chrysippos in differenzierterer Weise die ›(genau) erfassende Anschauung‹ (*φαντασία καταληπτική*) als eine Zustimmung erzwingende (durch Sinne oder Gemüt hervorgerufene) Vorstellung eines Gegenstandes. Diese erfolgt nach Chrysippos (vgl. Sextus Empiricus, Adv. Math. VII, 227–231 [= SVF II, 56]), auf dem Hintergrund des Platonischen Bildes von der Wachstafel (Theait. 190e–192 d, ↑tabula rasa), nicht in der Weise eines ›Abdrucks in der Seele‹ (*τύπωσις ἐν ψυχῇ*), wie sich noch Zenon (im Anschluß an die ältere *ἐντύπωσις*-Lehre) ausdrückte, sondern in Form einer ›Modifikation der Vernunft‹ (*ἑτεροίωσις ἐνήγεμονικῷ*). Entsprechend erweist erst ein von der Vernunft geprüftes Datum dieses als ›kataleptische‹, begriffsbildende bzw. wahrheitsfähige Vorstellung. Diese Vorstellung, und insofern Erkenntnis, entsteht demnach aus dem Zusammenspiel von empirischem Datum und nicht-empirisch bedingter, wenn auch ›anläßlich‹ eines empirischen Datums hervorgerufener Zustimmung (↑Synkatathesis). Die *φαντασία καταληπτική* fungiert erkenntnistheoretisch als ↑Wahrheitskriterium und definiert Erkenntnis im stoischen Sinne als zwischen ›theoretischem‹ Wissen (*ἐπιστήμη*) und Doxa (*δόξα*, ↑Meinung) im Platonischen Sinne stehend (Sextus Empiricus, Adv. Math. VII, 151–152 [= SVF II, 90]). Im ↑Epikureismus entspricht der K. in etwa die ↑Prolepsis (*πρόληψις*, vgl. Diog. Laert. X, 33); gegen *φαντασία καταληπτική* als Wahrheitskriterium wenden sich im Namen der akademischen Skepsis (↑Skeptizismus) insbes. Arkesilaos von Pitane (vgl. Sextus Empiricus, Adv. Math. VII, 151–158) und Karneades von Kyrene (vgl. Sextus Empiricus, Adv. Math. VII, 159–165, 401–425).

Literatur: J. Annas, Truth and Knowledge, in: M. Schofield/M. Burnyeat/J. Barnes (eds.), Doubt and Dogmatism. Studies in Hellenistic Epistemology, Oxford 1980, 1989, 84–104; dies., Stoic Epistemology, in: S. Everson (ed.), Epistemology, Cambridge 1990, 184–203; E. P. Arthur, The Stoic Analysis of the Mind's Reactions to Presentations, Hermes 111 (1983), 69–78; M. Frede, Stoic Epistemology, in: K. Algra u. a. (eds.), The Cambridge History of Hellenistic Philosophy, Cambridge/New York 1999, 295–322; K. v. Fritz, Zur antisthenischen Erkenntnistheorie und Logik, Hermes 62 (1927), 453–484, Nachdr. in: ders., Schriften zur griechischen Logik I (Logik und Erkenntnis-

theorie), Stuttgart-Bad Cannstatt 1978, 119–145; W. Görler, *Ἀσθενὴς συγκατάθεσις*. Zur stoischen Erkenntnistheorie, Würzburger Jahrbücher Altertumswiss. NF 3 (1977), 83–92; R. J. Hankinson, Stoic Epistemology, in: B. Inwood (ed.), The Cambridge Companion to the Stoics, Cambridge/New York 2005, 59–84; A. M. Ioppolo, Opinione e scienza. Il debattito tra Stoici e Accademici nel III e II secolo a. C., Neapel 1986, 21–27 u.ö.; dies., Presentation and Assent. A Physical and Cognitive Problem in Early Stoicism, Class. Quart. 40 (1990), 433–449; G. B. Kerferd, The Problem of Synkathesis and K., in: J. Brunschwig (ed.), Les Stoïciens et leur logique. Actes du colloque de Chantilly 18–22 septembre 1976, Paris 1978, 251–272; J. Mau, K., Hist. Wb. Ph. IV (1976), 708–710; M. Pohlenz, Die Stoa I, Göttingen 1948, ⁷1992, 59–63; J. M. Rist, Stoic Philosophy, Cambridge 1969, 1980, 133–151; F. H. Sandbach, Phantasia Kataleptikē, in: A. A. Long (ed.), Problems in Stoicism, London 1971, 9–21; D. Sedley, Stoicism, REP IX (1998), 141–161, bes. 151–152 (Cognitive Certainty); L. Stein, Die Erkenntnistheorie der Stoa, Berlin 1888, bes. 154–186 (Die Vorstellung [*φαντασία* und *κατάληψις*]); G. Striker, *κριτήριον τῆς ἀληθείας*, Nachr. Akad. Wiss. Göttingen, philos.-hist. Kl. 2 (1974), 48–110, bes. 36–56, 107–110 (engl. in: dies., Essays on Hellenistic Epistemology and Ethics, Cambridge/New York 1996, 22–76, bes. 51–68, 73–76); J. Thomas, Pistis und Wissen. Zur Frage nach der Gewißheit im stoischen Erkenntnisprozeß, Arch. Begriffsgesch. 42 (2000), 105–137; G. Watson, The Stoic Theory of Knowledge, Belfast 1966, 34–37. J. M.

Katastrophentheorie, (1) Bezeichnung für eine von G. Cuvier (1768–1833) entwickelte Theorie zur Erklärung des Phänomens ausgestorbener Organismen, die in fossiler Form erhalten sind. Nach der K., die ansatzweise bereits früher (z. B. von R. Hooke und G. L. L. Buffon) erwogen worden war, sind ausgestorbene Organismenarten infolge plötzlicher Katastrophen (Überschwemmungen, geotektonische Verwerfungen etc.) zugrundegegangen. Von kreationistischer Seite werden solche Katastrophen mit der Sintflut in Verbindung gebracht. Im Gegensatz zur K. stand die ↑Aktualitätstheorie, die wohl erstmals von C. E. A. v. Hoff (1771–1837), dann vor allem von C. Lyell (1797–1875) vertreten wurde. Danach haben zu allen Zeiten der Erdgeschichte die gleichen Kräfte, wenn auch in je verschiedener Konstellation, gewirkt wie in der Gegenwart (Aktualitätsprinzip). Sie sind für die verschiedenen geologischen Schichten der Erdoberfläche verantwortlich. Lyells Auffassung der kontinuierlichen geologischen Entwicklung der Erdoberfläche wurde von C. Darwin mit dem Gedanken der ↑Evolution der ↑Organismen verbunden.

(2) Bezeichnung für eine topologische (↑Topologie) Theorie, die sich mathematisch mit bestimmten *Singularitäten*, d. h. unstetigen, sprunghaften Veränderungen von Abbildungen (z. B. bestimmten Klassen von ↑Differentialgleichungen mit stetig sich ändernden ↑Parametern), befaßt sowie entsprechende Anwendungen auf außermathematische Sachverhalte (z. B. der Physik, Biologie, Linguistik, Sozialwissenschaften) untersucht. Die K. wurde von R. Thom begründet und – insbes. in den

sozialwissenschaftlichen Anwendungen – vor allem von E. C. Zeeman fortgeführt. Der von der K. beanspruchte Vorrang gegenüber der Beschreibung von Prozessen mittels Differentialgleichungen besteht darin, daß die Lösungen von Differentialgleichungen differenzierbar (↑Infinitesimalrechnung) sein müssen, Differentialgleichungen daher nur zur Beschreibung kontinuierlich verlaufender Prozesse geeignet sind. Modelle der K. behandeln hingegen solche Vorgänge, in denen nach einer Phase kontinuierlicher Entwicklung (›Stabilität‹) abrupte Änderungen auftreten. Diese Prozesse lassen sich im einfachsten Falle topologisch durch eine von genau sieben glatten Raumflächen (›elementare Katastrophen‹) repräsentieren (›Satz von Thom‹). Wegen dieser geometrischen Darstellbarkeit läßt sich die K. nach Thom als eine ›Morphologie‹ auffassen: Die Entstehung neuer Formen (›Morphogenese‹) ist durch Unstetigkeiten des mathematischen Systems markiert. Die Anwendungsmöglichkeiten der K., vor allem von Thom vor einem naturphilosophischen (↑Naturphilosophie) Hintergrund (z. B. allgemeiner Form-Begriff, Analogiebegriff) gesehen, sind, insbes. außerhalb der Physik, umstritten. – Nach ihrem Höhepunkt in den 1970er und 1980er Jahren scheint das Interesse an der K. nachgelassen zu haben.

Literatur: V. I. Arnold [Arnol'd], Teorija katastrof, Moskau 1981, 1990 (engl. Catastrophe Theory, Berlin/Heidelberg/New York 1984, ³1992, 2004); F. L. Bookstein, The Measurement of Biological Shape and Shape Change, Berlin/Heidelberg/New York 1978; C. P. Bruter, The Theory of Catastrophes. Some Epistemological Aspects, Synthese 39 (1978), 293–315; B. Crains/P. K. Pollett, Extinction Times for a General Birth, Death and Catastrophe Process, J. Applied Probability 41 (2004), 1211–1218; M. A. B. Deakin, The Impact of Catastrophe Theory on the Philosophy of Science, Nature and System 2 (1980), 173–188; R. Gilmore, Catastrophe Theory for Scientists and Engineers, New York 1981, 1993; M. Golubitsky, An Introduction to Catastrophe Theory and Its Applications, SIAM Rev. 20 (1978), 352–387; J. Gravesen, Catastrophe Theory and Caustics, SIAM Rev. 25 (1983), 239–247; P. J. Hilton (ed.), Structural Stability, the Theory of Catastrophes, and Applications in the Sciences. Proceedings of the Conference Held at the Battelle Seattle Research Center 1975, Berlin/Heidelberg/New York 1976; H. Hölder, Geologie und Paläontologie in Texten und Geschichte, Freiburg/München 1960; R. T. Holt/B. L. Job/L. Markus, Catastrophe Theory and the Study of War, J. Conflict Resolution 22 (1978), 171–208; Y.-C. Lu, Singularity Theory and an Introduction to Catastrophe Theory, New York 1976, ³1980; J. W. Murphy, Catastrophe Theory. Implications for Probability, Amer. J. Economics and Sociology 50 (1991), 143–148; D. Postle, Catastrophe Theory. Predict and Avoid Personal Disasters, London 1980; T. Poston, The Elements of Catastrophe Theory or The Honing of Occam's Razor, in: C. Renfrew/K. L. Cooke (eds.), Transformations. Mathematical Approaches to Culture Change, New York/San Francisco Calif./London 1979, 425–436; ders./I. Stewart, Catastrophe Theory and Its Applications, London/San Francisco Calif./Melbourne 1976, ²1978, Mineola N. Y. 1996; W. Sanns, Catastrophe Theory with Mathematica. A Geometric Approach, Osnabrück 2000; P. T. Saunders, An Introduction to Catastrophe Theory, Cambridge 1980, 1995 (dt. K.. Eine Einführung für Naturwissenschaftler, Braunschweig/Wiesbaden 1986); R. C. Scott/E. L. Sattler, Catastrophe Theory in Economics, J. Economic Education 14 (1983), 48–59; H. J. Sussmann, Catastrophe Theory. A Preliminary Critical Study, in: F. Suppe/P. D. Asquith (eds.), PSA 1976. Proceedings of the 1976 Biennial Meeting of the Philosophy of Science Association I, East Lansing Mich. 1976, 256–285; ders./R. S. Zahler, Catastrophe Theory as Applied to the Social and Biological Sciences. A Critique, Synthese 37 (1978), 117–216; R. Thom, Une théorie dynamique de la morphogénèse, in: C. H. Waddington (ed.), Towards a Theoretical Biology I, Edinburgh 1968, 152–179; ders., Stabilité structurelle et morphogénése. Essay d'une théorie générale des modèles, Reading Mass. 1972, ²1977, 1984 (engl. Structural Stability and Morphogenesis. An Outline of a General Theory of Models, Reading Mass. 1975, 1994); J. M. T. Thompson, Instabilities and Catastrophes in Science and Engineering, New York 1982; D. S. Weaver, Catastrophe Theory and Human Evolution, J. Anthropological Res. 36 (1980), 403–410; A. E. R. Woodcock/M. Davis, Catastrophe Theory, New York 1978, London 1991 (franz. Théorie des catastrophes, Lausanne 1984); E. C. Zeeman, Catastrophe Theory. Selected Papers, 1972–1977, Reading Mass. 1977; M. Zwick, The Cusp Catastrophe and the Laws of Dialectics, Nature and System 1 (1979), 177–187.   G. W.

Katasyllogismus (von griech. κατά [mit Genitiv], gegen, und συλλογισμός, Schluß), aus einer Verbalform bei Aristoteles (An. pr. B19.66b25) in der Übersetzung des A. M. T. S. Boethius (Überschrift des entsprechenden Aristoteles-Kapitels, auch in späteren Übersetzungen) gebildetes Nomen (›catasyllogismus‹) zur Bezeichnung eines speziellen Typs disputationslogischer (↑disputativ) Widerlegung. Dabei geht es für einen Diskussionspartner *A* darum zu vermeiden, daß sein Opponent *B* die ↑Prämissen für eine ↑Konklusion entgegen den Intentionen von *A* aus der Argumentation von *A* selbst gewinnt. Offensichtlich selten verwendet (z. B. J. v. Salisbury bei der Kommentierung der gleichen Aristoteles-Stelle [Metalogicus, in: Opera omnia V, ed. J. A. Giles, Oxford 1848, 162]), tritt ›K.‹ wieder im »Lexicon philosophicum terminorum philosophis usitatorum« des J. Micraelius (Stettin ²1662 [repr. Düsseldorf 1966], 241) auf, freilich in gewandelter Bedeutung: Ein K. ist nun eine ›betrügerische‹ Erschleichung einer Konklusion, die wegen Sorglosigkeit des Diskussionspartners hinsichtlich vorgelegter Prämissen möglich wird. Als Beispiel wird die ›fallacia plurium interrogationum‹ (↑Fehlschluß mehrerer Fragen) angeführt (z. B. ›hörst du auf zu stehlen?‹), die ↑Präsuppositionen enthält und deren Beantwortung mit ›ja‹ oder ›nein‹ Anlaß zu einem ›versteckten und böswilligen‹ (*occulte et dolose*) Schluß liefert. – Auch in der Folgezeit wenig oder gar nicht gebräuchlich, tritt ›K.‹, wohl vermittelt durch Micraelius und eine Erwähnung bei C. Prantl (Geschichte der Logik im Abendlande II, Leipzig 1885, 259), seinen Weg in die philosophischen Wörterbücher des 20. Jhs. an (z. B. Wb.

ph. Begr. I [1927], 792; Wörterbuch der philosophischen Begriffe, ed. J. Hoffmeister, Hamburg ²1955, 344), allerdings in der neuen Bedeutung ›Gegenbeweis‹.   G. W.

kategorematisch (von griech. κατηγόρημα, das von etwas Ausgesagte), ursprünglich, Aristotelischem Sprachgebrauch folgend, soviel wie ›prädikativ‹, auf das Prädikat einer Aussage bezogen. Seit dem Mittelalter, insbes. in der *logica moderna* (↑logica antiqua) ist ›k.‹, gerade umgekehrt eine Bezeichnung für sprachliche Ausdrücke mit *selbständiger Bedeutung* (E. Husserl), d. h. mit einer ↑Bedeutung, die unabhängig vom ↑Kontext oder ↑Kotext des Ausdrucks feststeht. Den Gegensatz bilden die ↑*synkategorematischen* Ausdrücke mit unselbständiger Bedeutung, die nur in einem Kontext etwas zur Bedeutung des gesamten Kontextes beisteuern, daher bloß ›mitbedeuten‹, indem sie etwa als ↑Operatoren einen k.en Ausdruck modifizieren (z. B. Adverbien wie ›ganz‹, ›sehr‹) bzw. als Partikeln ihn oder mehrere k.e Ausdrücke zu einem neuen k.en Ausdruck verknüpfen (z. B. ↑Junktoren wie ›nicht‹, ›und‹) oder zusammen mit ihm einen k.en Ausdruck einer anderen syntaktischen Kategorie (↑Kategorie, syntaktische) bilden (z. B. Satzformen zusammen mit Eigennamen einen Satz, etwa ›die Erde ist blau‹ aus ›ε blau‹ zusammen mit ›die Erde‹, oder ↑Quantoren zusammen mit Individuativa [↑Individuativum] eine Nominalphrase, etwa ›kein Mensch‹ aus ›kein‹ zusammen mit ›Mensch‹).

↑Prädikatoren sind wie alle prädikativen Ausdrücke deshalb als synkategorematisch anzusehen, in Übereinstimmung mit G. Frege, der die Bezeichnungen ›gesättigt – ungesättigt‹ bzw. ›abgeschlossen – ergänzungsbedürftig‹ an Stelle der Bezeichnungen ›k. – synkategorematisch‹ verwendet. Nur wenn (einstellige) Prädikatoren auch als Namen (= Gattungsnamen, *nomina appellativa*; ↑Appellativum) angesehen werden – wie stets, solange die unterscheidende und benennende Funktion sprachlicher Ausdrücke noch nicht getrennt ist, also bei ihrer eigenprädikativen (↑Eigenprädikator), nicht aber bei ihrer apprädikativen (↑Apprädikator) Verwendung (↑Artikulator) –, dürfen sie ›k.‹ heißen (Husserl bezeichnet ausdrücklich z. B. ›gleich‹ als synkategorematisch, ›Gleichheit‹ als k.): im wesentlichen sind nur Sätze und Namen k.. Seit A. Marty wird auch ›↑autosemantisch – ↑synsemantisch‹ synonym zu ›k. – synkategorematisch‹ verwendet.

Literatur: T. Burge, Frege on Knowing the Foundation, Mind 107 (1998), 305–347; M. A. E. Dummett, Frege. Philosophy of Language, London 1973, ²1981, 2003; G. Frege, Funktion, Begriff, Bedeutung. Fünf logische Studien, ed. G. Patzig, Göttingen 1962, rev. 2008; A. Gardt, Geschichte der Sprachwissenschaft in Deutschland. Vom Mittelalter bis ins 20. Jahrhundert, Berlin/New York 1999; W. Hinze, An Essay on Names and Truth, Oxford/New York 2007; E. Husserl, Logische Untersuchungen II/I (Untersuchungen zur Phänomenologie und Theorie der

Erkenntnis), Halle 1901, ²1913, Nachdr. Tübingen ⁵1968, 1980, bes. 294–342 (Der Unterschied der selbständigen und unselbständigen Bedeutungen und die Idee der reinen Grammatik); J. Koller, Vermischte Bemerkungen und Erörterungen zu Logik und Sprachphilosophie von Aristoteles, Frege und Wittgenstein, Marburg 2008; J. Levine, Analysis and Decomposition in Frege and Russell, Philos. Quart. 52 (2002), 195–216; W. G. Lycan, Philosophy of Language. A Contemporary Introduction, London/New York 2000, 2008; A. P. Martinich (ed.), The Philosophy of Language, New York/Oxford 1985, ⁵2008; A. Marty, Untersuchungen zur Grundlegung der allgemeinen Grammatik und Sprachphilosophie I, Halle 1908, bes. 205–225; A. Nye, The Unity of Language, Hypatia 2 (1987), 95–111; J. Pinborg, Logik und Semantik im Mittelalter. Ein Überblick, Stuttgart-Bad Cannstatt 1972; M. D. Resnik, The Context Principle in Frege's Philosophy, Philos. Phenom. Res. 27 (1966/1967), 356–365; R. M. Sainsbury, Departing from Frege. Essays in the Philosophy of Language, London/New York 2002; ders., Reference without Referents, Oxford 2005.   K. L.

Kategorialanalyse, ↑Hartmann, Nicolai.

Kategorie (griech. κατηγορία, wörtlich: Anklage, übertragen: Aussage, Prädikat), mathematischer und philosophischer Terminus. (1) In der *Mathematik* Bezeichnung für Mengen von (vor allem gleichartig strukturierten, ↑Struktur) *Objekten* mit (insbes. strukturverträglichen) *Abbildungen* (›Morphismen‹). Beispiele von K.n sind etwa die topologischen Räume (↑Topologie) bestimmten Typs mit stetigen (↑Stetigkeit) Abbildungen als Morphismen oder die Gruppen (↑Gruppe (mathematisch)) mit den ↑Homomorphismen. Von besonderem Interesse sind bestimmte Abbildungen einer K. in eine andere, d. h. Abbildungen, die jedem Objekt und Morphismus der einen K. genau ein Objekt und Morphismus der anderen zuordnen. Hier sind die ›Homologiefunktoren‹ wichtig, die *topologischen Räumen* und ihren Isomorphismen (›Homöomorphismen‹) *Gruppen* mit ihren Isomorphismen zuordnen. So lassen sich (*topologische*) Probleme homöomorpher topologischer Räume als (*algebraische*) Probleme isomorpher (↑isomorph/Isomorphie) Gruppen studieren. Methodisch besteht dabei eine gewisse Ähnlichkeit zur *algebraischen* (›analytischen‹) Betrachtung *geometrischer* Probleme in der analytischen Geometrie (↑Geometrie, analytische).

(2) Im *philosophischen* Sprachgebrauch werden K.n – der Terminus ›K.‹ wurde von Aristoteles eingeführt – *logisch* als letzte, den einzelnen ↑Prädikatoren übergeordnete Bedeutungsfelder, *ontologisch* als Seinsbereiche verstanden. Das Mittelalter spricht durchweg von ↑›Prädikamenten‹ statt von ›K.n‹. Von Aristoteles werden K.n zunächst (in der »Topik«) *sprachkritisch* als Instrumente zur Vermeidung (heute) so genannter ↑›Kategorienfehler‹ bestimmt. Solche Fehler ergeben sich, wenn Sätze gleicher (korrekter) grammatischer Struktur infolge unzulässiger kategorialer Verknüpfung durch die mehrsin-

nige ↑Kopula ↑›ist‹ im einen Falle sinnvoll, im anderen Falle sinnlos (↑Unsinn) sind. Die sprachkritische Funktion wird sodann (in den »Kategorien«) zur *logischen* Bestimmung von K.n als ›obersten‹, irreduziblen Prädikationstypen (↑›Gattungen‹) systematisiert. Die ursprünglich (Top. *A*9.103b20–29) ohne Anspruch auf Vollständigkeit angeführte Zehnzahl der K.n (↑Substanz [τί ἐστι], ↑Quantität [ποσόν], ↑Qualität [ποιόν], ↑Relation [πρός τι], Ort [ποῦ], Zeitpunkt [ποτέ], Lage [κεῖσθαι], Haben [ἔχειν], Wirken [ποιεῖν] und Leiden [πάσχειν]) wird von Aristoteles später ohne explizite Erörterung und Begründung als *vollständiges* Raster möglicher Prädikation aufgefaßt, in dem sich – in *ontologischer* Wendung – die Struktur der Wirklichkeit ausdrücke. Die so als zentraler Teil der ↑Ontologie verstandene K.nlehre bestimmt große Teile der antiken und mittelalterlichen philosophischen Entwicklung bei wechselnder Anzahl der K.n und unterschiedlicher systematischer Einordnung und Interpretation. Auch neuere K.nlehren, wie die von N. Hartmann, knüpfen an den ontologischen Ansatz des Aristoteles an.

Bei den meisten Autoren der ontologischen Tradition steht die K.nlehre, als Theorie zentraler philosophischer Begriffe wie der der Substanz, in engem Zusammenhang mit *logischen* und *erkenntnistheoretischen* Erörterungen. Diese bilden den Hauptgegenstand der nicht-ontologischen, nominalistischen (↑Nominalismus) Tradition, die bei Wilhelm von Ockham ihren Höhepunkt und Abschluß findet. I. Kant ordnet die K.n an zentraler Stelle seines Entwurfs einer ↑Transzendentalphilosophie ein (›Transzendentale Analytik‹ [↑Analytik, transzendentale] der KrV). Er gewinnt dabei seine, Vollständigkeit beanspruchende, K.ntafel aus den Formen möglicher Erfahrungsurteile. K.n oder ›reine Verstandesbegriffe‹ (↑Verstandesbegriffe, reine) geben einerseits den apriorischen strukturellen Rahmen möglicher Erkenntnis an und begründen andererseits deren Objektivität, wenn in ›transzendentaler Deduktion‹ (↑Deduktion, transzendentale) gezeigt werden kann, wie sie sich ↑a priori auf Gegenstände beziehen können. Kant nennt (nach der Formulierung der »Prolegomena«, Akad.-Ausg. IV, 303) vier Klassen von K.n zu je drei Gliedern: Quantität mit Einheit, Vielheit, Allheit; Qualität mit Realität, Negation, Einschränkung; Relation mit Substanz, Ursache und Gemeinschaft; Modalität mit Möglichkeit, Dasein, Notwendigkeit. – Neuere K.ntheorien (z. B. in der ↑Ordinary Language Philosophy, insbes. G. Ryle) greifen den sprachkritischen (↑Sprachkritik) Aspekt der K.nlehre auf, ohne jedoch grundlegende systematische Fragen (wie Kriterien für die Zugehörigkeit zur gleichen K.) endgültig klären zu können. Dabei steht häufig mit den Stichworten ›syntaktische‹ und ›semantische K.‹ (↑Kategorie, semantische, ↑Kategorie, syntaktische) die Struktur natürlicher Sprachen (↑Spra-

che, natürliche) im Vordergrund des Interesses. Daneben wirkt in anderen K.nlehren wie denen A. N. Whiteheads, E. Husserls und M. Heideggers, vermittelt durch den je eigenen systematischen Ansatz, die ontologische Tradition weiter.

Literatur: S. Awodey, Category Theory, Oxford/New York 2006, ²2010; H. M. Baumgartner, K., Hb. ph. Grundbegriffe II (1973), 761–778; ders. u. a., K., K.nlehre, Hist. Wb. Ph. IV (1976), 714–776; J. L. Bell, Category Theory and the Foundation of Mathematics, Brit. J. Philos. Sci. 32 (1981), 349–358; H. Heimsoeth, Zur Geschichte der K.nlehre, in: ders./R. Heiß (eds.), Nicolai Hartmann. Der Denker und sein Werk. Fünfzehn Abhandlungen mit einer Bibliographie, Göttingen 1952, 144–172; M. J. F. M. Hoenen, K., EP I (1999), 672–675; E. Kapp, Die K.nlehre in der aristotelischen Topik (Habilitationsschrift München 1920), in: ders., Ausgewählte Schriften, ed. H. Diller/J. Diller, Berlin 1968, 215–253; ders., Greek Foundations of Traditional Logic, New York 1942, 1967 (dt. Der Ursprung der Logik bei den Griechen, Göttingen 1965); A. Kock/G. E. Reyes, Doctrines in Categorical Logic, in: J. Barwise (ed.), Handbook of Mathematical Logic, Amsterdam/New York/Oxford 1977, 283–313; M. Makkai/G. E. Reyes, First Order Categorical Logic. Model-Theoretical Methods in the Theory of Topoi and Related Categories, Berlin/Heidelberg/New York 1977; C. McLarty, Category Theory, Applications to the Foundations of Mathematics, REP II (1998), 233–237; ders., Category Theory, Introduction to, REP II (1998), 237–239; G. Patzig, Bemerkungen zu den K.n des Aristoteles, in: E. Scheibe/G. Süßmann (eds.), Einheit und Vielheit. Festschrift für C. F. v. Weizsäcker zum 60. Geburtstag, Göttingen 1973, 60–76; L. B. Puntel, Ontologische K.n. Die Frage nach dem Ansatz, in: G. Meggle (ed.), Analyomen II (Proceedings of the 2nd Conference ›Perspectives in Analytic Philosophy‹), Berlin/New York 1997, 405–412; P. Ragnisco, Storia critica delle categorie dai primordi della filosofia greca sino ad Hegel, I–II (in 1 Bd.), Florenz 1871; K. Reich, Die Vollständigkeit der Kantischen Urteilstafel, Berlin 1932, ²1948, Hamburg 1986 (engl. The Completeness of Kant's Table of Judgments, Stanford Calif. 1992); C. E. Reyes, Logic and Category Theory, in: E. Agazzi (ed.), Modern Logic – A Survey. Historical, Philosophical, and Mathematical Aspects of Modern Logic and Its Applications, Dordrecht/Boston Mass./London 1981, 235–252; M. Thompson, Categories, Enc. Ph. II (1967), 46–55; G. Tonelli, La tradizione delle categorie Aristoteliche nella filosofia moderna sino a Kant, Studi Urbinati stor., filos., litt. NS B 32 (1958), 121–143; A. Trendelenburg, Historische Beiträge zur Philosophie I (Geschichte der K.nlehre. Zwei Abhandlungen), Berlin 1846 (repr. Hildesheim 1963, 1979); R. Wardy, Categories, REP II (1998), 229–233. G. W.

Kategorie, semantische, von S. Leśniewski gewählte Bezeichnung für die von E. Husserl in der IV. Logischen Untersuchung behandelten *Bedeutungskategorien*, die als Rekonstruktion der Aristotelischen Kategorien (z. B. Substanz, Qualität; Tun, Leiden) bzw. der Redeteile der traditionellen Grammatik (z. B. Nomen, Verbum) entworfen waren und bei Leśniewski an die Stelle der *logischen Typen* einschließlich ihrer Verzweigungen durch Ordnungen in den »Principia Mathematica« von A. N. Whitehead und B. Russell treten sollen. Ihrer syntaktischen Charakterisierung wegen – für Leśniewski laufen syntaktische Korrektheit und semantische Korrektheit sprachlicher Ausdrücke auf dasselbe hinaus, obwohl prima facie syntaktisch defekte Ausdrücke (z. B. ›wegen mir brauchste sollste nicht‹) durchaus sinnvoll und sinnlose Ausdrücke (z. B. ›colourless green ideas sleep furiously‹) durchaus syntaktisch einwandfrei erscheinen können – ist die erst in der Entwicklung der Kategorialgrammatiken vollzogene Abgrenzung gegenüber syntaktischen Kategorien (↑Kategorie, syntaktische) zunächst nicht möglich.

Ein mehr der traditionellen Grammatik folgender Weg ist von der interpretativen ↑Semantik für ↑Transformationsgrammatiken eingeschlagen worden: Die s.n K.n sind die obersten Begriffe der für die semantische Interpretation der syntaktisch bereits bestimmten Ausdrücke einer bzw. aller Sprachen benutzten, in ihrer Herkunft jedoch ungeklärten universellen Begriffssprache, die durch ›semantische Merkmale‹ (engl. ›semantic markers‹) wie (belebt), (menschlich), (Ding) etc., zusammen mit Regeln für ihren begrifflichen Zusammenhang, dargestellt ist. Fruchtbarer erwies sich das Verfahren von G. Ryle, der s. K.n (= *logische Kategorien* oder Typen) als Verfeinerung syntaktischer Kategorien (= *grammatische Kategorien* oder Typen) betrachtet, die durch immer genauere Charakterisierung geeigneter ↑Kotexte ihrer sprachlichen Darstellung auseinandergehalten werden können; z. B. gehört Entdecken nicht wie Suchen zur s.n K. der Handlungen, die erfolglos sein können. Deshalb ist die schrittweise stets verfeinerbare Bestimmung der logischen Form einer Aussage gleichwertig mit der entsprechend verfeinerbaren Bestimmung der s.n K. aller ihrer Bestandteile, wobei die logische Form einer Aussage an ihrem ebenso in Stufen explizierbaren Implikationszusammenhang mit anderen Aussagen ablesbar ist.

Literatur: Y. Bar-Hillel, Syntactical and Semantical Categories, Enc. Ph. VIII (1967), 57–61; E. Borg, Semantic Category and Surface Form, Analysis 58 (1998), 232–238; E. Husserl, Logische Untersuchungen II/1, Halle 1900, ²1913 (repr. Tübingen ⁵1968, 1980), Nachdr. der 1. u. 2. Aufl., ed. U. Panzer, Den Haag/ Boston Mass./Lancaster 1984 (= Husserliana XIX/1), ferner als: Gesammelte Schriften III, Hamburg 1992 (engl. Logical Investigations II, London, New York 1970, London/New York 2001); J. J. Katz, The Philosophy of Language, New York/London 1966, 224–239 (dt. Philosophie der Sprache, Frankfurt 1969, 204–217); S. Leśniewski, Grundzüge eines neuen Systems der Grundlagen der Mathematik, Fund. Math. 14 (1929), 1–81; ders., Über die Grundlagen der Ontologie, Comptes rendus des séances de la Société des Sciences et des Lettres de Varsovie, Cl. III, 23 (1930), 111–132; G. Ryle, Categories, Proc. Arist. Soc. 38 (1937/1938), 189–206, ferner in: ders., Collected Papers II (Collected Essays 1929–1968), London, New York 1971, 170–184; ders., Philosophical Arguments, in: ders., Collected Papers [s. o.] II, 194–211; M. Seymour, Catégorie (sémantique), Enc. philos. universelle II/1 (1990), 280–281; R. Suszko, Syntactic Structure and Semantical Reference, I–II, I Studia Logica 8 (1958), 213–244, II 9 (1960), 63–91; R. H. Thomason, A Semantic Theory of Sortal Incorrectness, J. Philos. Log. 1 (1972), 209–258.   K. L.

Kategorie, syntaktische (engl. syntactic category, syntactic type), von R. Carnap in »Überwindung der Metaphysik durch logische Analyse der Sprache« (1931) erstmals verwendeter Ausdruck für Klassen sprachlicher Ausdrücke in Bezug auf die ↑Äquivalenzrelation ›(syntaktisch) verwandt‹: zwei Ausdrücke sind verwandt, wenn sie, ohne Verletzung syntaktischer Korrektheit eines ↑Kotextes, in dem sie vorkommen, durch einander ersetzbar sind. Da in natürlichen Sprachen (↑Sprache, natürliche) Verwandtschaft in *einem* Kotext nicht notwendig Verwandtschaft in *allen* Kotexten nach sich zieht, sind s. K.n primär Hilfsmittel beim Aufbau formaler Grammatikmodelle, insbes. in den so genannten *Kategorialgrammatiken*, die auf K. J. S. Ajdukiewicz zurückgehen und vor allem von Y. Bar-Hillel fortentwickelt wurden.

In einer Kategorialgrammatik ist jedem syntaktisch korrekten sprachlichen Ausdruck ein ↑Index, seine s. K., derart zugeordnet, daß bei Zusammensetzung von Ausdrücken eine Kürzungsregel für ihre Indizes entscheidet, ob die Zusammensetzung syntaktisch korrekt und welches gegebenenfalls ihr Index ist. Indizes werden nach der Regel $\alpha; \beta_1; \ldots; \beta_n \Rightarrow \langle \alpha, \beta_1, \ldots, \beta_n \rangle$ aus einfachen Indizes aufgebaut. Dabei indizieren $\langle \alpha, \beta_1, \ldots, \beta_n \rangle$ diejenigen sprachlichen Ausdrücke (= ↑Funktoren), die, in Kombination mit einer Reihe von n Ausdrücken der s.n K.n $\beta_1, \ldots, \beta_n$, einen sprachlichen Ausdruck der s.n K.n α ergeben, was als Kürzungsregel für Indizes geschrieben werden kann: $\langle \alpha, \beta_1, \ldots, \beta_n \rangle \beta_1 \ldots \beta_n = \alpha$.

Als einfache s. K.n wählt man meist s (= Satz) und n (= Name). Intransitive Verben und andere einstellige prädikative Ausdrücke erhalten dann den Index $\langle s, n \rangle$, weil sie bei Zusammensetzung mit einem benennenden Ausdruck einen Satz bilden; zweistellige Satzverknüpfer hingegen tragen die s. K. $\langle s, s, s \rangle$, Adverbien gehören der s.n K. $\langle \langle s, n \rangle, \langle s, n \rangle \rangle$ an und unbedingte ↑Quantoren der s.n K. $\langle s, \langle s, n \rangle \rangle$.

Die s.n K.n verallgemeinern die unter dem Titel *partes orationis* erörterten Wortarten (z. B. Nomen und Verbum) und Satzteile (z. B. ↑Subjekt und ↑Prädikat) der traditionellen Grammatik. Dabei ging man anfangs wie in der gesamten Tradition von einer genauen Entsprechung syntaktisch korrekter und semantisch korrekter (= sinnvoller) Ausdrücke aus (z. B. waren Nomina dadurch definiert, daß sie eine Substanz oder eine Qualität bezeichnen). Dies führte noch bei Ajdukiewicz wie zuvor auch bei E. Husserl und S. Leśniewski zu keiner getrennten Behandlung s.r K.n gegenüber ihren Bedeutungen, den semantischen Kategorien (↑Kategorie, semantische). Erst mit der Übertragung der mengentheoretischen Semantik von der formalen Logik (↑Logik, formale) auf formale Grammatiken, wie sie von R. Montague vorgenommen wurde (↑Montague-Grammatik), wird die Parallelität von s.n K.n (Montague: *categories*) und semantischen Kategorien (Montague: *types*) zu einer beweisbaren Eigenschaft der formalen (idealtypischen) Beschreibung einer natürlichen Sprache. Zu den wichtigen beweisbaren Relationen zwischen formalen Grammatiken gehört dabei die in Bezug auf die Herstellbarkeit derselben Sätze – allerdings ohne Berücksichtigung ihrer Binnengliederung – bestehende Äquivalenz von Kategorialgrammatiken mit kontextfreien Phrasenstrukturgrammatiken, also den die ↑Tiefenstruktur einer (generativen) ↑Transformationsgrammatik erzeugenden und deshalb auch ›Formationsgrammatiken‹ genannten Grammatiken.

Literatur: K. J. S. Ajdukiewicz, Die syntaktische Konnexität, Stud. Philos. 1 (Lemberg 1935), 1–27; Y. Bar-Hillel, On Syntactical Categories, J. Symb. Log. 15 (1950), 1–16, ferner in: ders., Language and Information. Selected Essays on Their Theory and Application, Reading Mass. 1964, 19–37; J. M. Bocheński, On the Syntactical Categories, New Scholasticism 23 (1949), 257–280 (dt. Über s. K.n, in: ders., Logisch-philosophische Studien, Freiburg/München 1959, 75–96); R. Carnap, Überwindung der Metaphysik durch logische Analyse der Sprache, Erkenntnis 2 (1931), 219–241; ders., Die logische Syntax der Sprache, Wien 1934, Wien/New York ²1968 (engl. The Logical Syntax of Language, London 1937, Chicago Ill. 2002); M. J. Cresswell, Logics and Languages, London 1973 (dt. Die Sprachen der Logik und die Logik der Sprachen, Berlin/New York 1979); A. Kratzer, K., s., semantische, Hist. Wb. Ph. IV (1976), 776–780; J. Lambek, On the Calculus of Syntactic Types, in: R. Jacobson (ed.), Structure of Language and Its Mathematical Aspects, Proc. Symposia in Applied Math. 12 (1961), 166–178; J. Lehrberger, Functor Analysis of Natural Language, Philadelphia Pa. 1971, The Hague 1974; R. Montague, Formal Philosophy. Selected Papers, ed. R. H. Thomason, New Haven Conn. 1974; V. Sinisi/J. Woleński (eds.), The Heritage of Kazimierz Ajdukiewicz, Amsterdam 1995. K. L.

Kategorienfehler (engl. category-mistake), von G. Ryle (The Concept of Mind, 1949) benutzte Charakterisierung für den irreführenden Körper-Geist-↑Dualismus der neuzeitlichen philosophischen Tradition (↑res cogitans/res extensa): »Philosophie besteht darin, Kategoriengewohnheiten durch Kategoriendisziplin zu ersetzen« (Der Begriff des Geistes, 5). Daher bestehen philosophische Irrtümer stets in K.n, d. h. Einsetzungen von Ausdrücken eines bestimmten logischen Typs (↑Kategorie, semantische) an solchen Leerstellen einer ↑Aussageform, die nur für Ausdrücke anderer logischer Typen eine sinnvolle Aussage ergibt. Z. B. ist ›er sieht die Universität vor sich‹ fehlerhaft (oder muß als façon de parler verstanden werden); korrekt wäre ›er sieht einige Universitätsgebäude/das Universitätsgelände vor sich‹. In diesem Sinne gehören Körper und Geist nicht zu derselben Kategorie ↑res (Ding, Sache), ebensowenig wie Dispositionen (↑Dispositionsbegriff) und ↑Ereignisse von demselben logischen Typ sind. Umstritten ist die Frage nach den Kriterien für die Unterscheidung ungrammatischer Zusammensetzungen (*syntaktischer* K., ↑Kategorie, syntaktische) von sinnlosen (absurden) Zusammensetzungen (*semantischer* K.). Z. B. wird in der generativen ↑Semantik durch eine Erweiterung des Begriffs syntaktischer Regeln diese Unterscheidung ganz aufgehoben bzw. auf den Unterschied zwischen der (logisch [= semantisch] bestimmten) ↑Tiefenstruktur und der (empirisch [= syntaktisch] zu charakterisierenden) ↑Oberflächenstruktur einer Sprache zurückgeführt. Ein ebenso ungelöstes Problem ist es, *metaphorisches* Sprechen (↑Metapher) vom K.-Machen zu unterscheiden. Der traditionelle Beweisfehler der *Übertragung* oder ↑Metabasis, nämlich stillschweigend den Gegenstandsbereich der bewiesenen Aussage nachträglich abzuändern, ist ein Spezialfall eines K.s.

Literatur: S. Auroux, Catégorie (erreur de), Enc. philos. universelle II/1 (1990), 279; P. Bashor, Deliberate Commission of Category Mistake. Crombie versus Ryle, Int. J. Philos. of Religion 21 (1987), 39–46; T. Drange, Type Crossings. Sentential Meaninglessness in the Border Area of Linguistics and Philosophy, The Hague 1966; B. Harrison, Category Mistakes and Rules of Language, Mind 74 (1965), 309–325; J. J. Katz, Semantic Theory, New York etc. 1972, bes. 56–116 (Chap. 3); A. Kemmerling, K., Hist. Wb. Ph. IV (1976), 781–783; K. Mertens, Metapher und K. in Ryles Philosophie des Geistes, Allg. Z. Philos. 21 (1996), 175–200; G. Ryle, Categories, Proc. Arist. Soc. 38 (1937/1938), 189–206, ferner in: ders., Collected Papers II (Collected Essays 1929–1968), London, New York 1971, 170–184; ders., The Concept of Mind, London/New York 1949, New York 1975 (dt. Der Begriff des Geistes, Stuttgart 1969, 2002; franz. La notion d'esprit, Paris 1978, 2005); P. F. Strawson, Categories, in: O. P. Wood/G. Pitcher (eds.), Ryle, New York 1970, London/Basingstoke 1971, 181–211. K. L.

kategorisch (von griech. κατηγορεῖν, aussagen, zu erkennen geben), (1) in der philosophischen Tradition eine Bezeichnung für *einfache* (bejahende) Urteile bzw. Aussagen (↑Urteil, kategorisches). In einem weiteren Sinne werden nicht nur die bejahenden syllogistischen (↑Syllogistik) Urteilsformen, sondern auch alle assertorischen und alle modalen (d. s. in der aristotelischen Tradition die apodiktischen und die problematischen) Urteilsformen (↑Syllogismus, assertorischer, ↑Syllogismus, modaler) ›k.‹ genannt, so daß den daraus gebildeten Schlüssen, den *k.en Syllogismen* (↑Syllogismus, kategorischer), seit Theophrast und Eudemos die hypothetischen Syllogismen (↑Syllogismus, hypothetischer) nach Art des ↑modus ponens: A, $A \prec B \Rightarrow B$ (in Worten: wenn A und, wenn A, dann B, dann B), und die disjunktiven Syllogismen (↑Syllogismus, disjunktiver), etwa $A \curlyvee B$, $A \Rightarrow \neg B$ (in Worten: wenn entweder A oder B, und A, dann nicht-B), gegenübergestellt sind. Daneben ist ›k.‹ bei I. Kant Terminus für unbedingte Imperative (↑Imperativ, kategorischer). Hierbei ist allerdings zu beachten, daß als ›Bedingungen‹ nicht beliebige Behauptungssätze zugelassen sind, sondern nur solche, in denen die ↑Intention auf ein bestimmtes Ziel ausgedrückt ist.

Z. B. muß ›wenn du satt bist, höre auf zu essen‹ der Form nach als ein k.er Imperativ gelten, der erst, wenn er einer *intentionalen Hypothese* unterworfen wird, also etwa der Hypothese ›wenn du dein körperliches Wohlbefinden erhalten willst‹, zu einem hypothetischen Imperativ wird.

(2) In der mathematischen Logik (↑Logik, mathematische) ist ›k.‹ synonym (↑synonym/Synonymität) zu ›monomorph‹, seit O. Veblen (A System of Axioms for Geometry, Transact. Amer. Math. Soc. 5 [1904], 343–384) die Bezeichnung für solche widerspruchsfreien (↑widerspruchsfrei/Widerspruchsfreiheit) Axiomensysteme, deren ↑Modelle (gleicher Mächtigkeit; ↑Kardinalzahl) sämtlich untereinander isomorph (↑isomorph/Isomorphie) sind. Kein in der ↑Quantorenlogik erster Stufe formuliertes Axiomensystem, das ein unendliches Modell besitzt, ist schlechthin k. (nach dem ↑Löwenheimschen Satz); wohl aber gibt es Axiomensysteme, die bei Beschränkung auf Modelle einer bestimmten (endlichen oder unendlichen) Mächtigkeit k. sind. Dabei ist das abzählbar (↑abzählbar/Abzählbarkeit) Unendliche vor den übrigen unendlichen Mächtigkeiten derart ausgezeichnet, daß Kategorizität in *einer* überabzählbaren Mächtigkeit Kategorizität in *allen* überabzählbaren Mächtigkeiten nach sich zieht (M. Morley, On Theories Categorical in Uncountable Powers, Proc. Nat. Acad. Sci. USA 49 [1963], 213–216), die Kategorizität im abzählbar Unendlichen hingegen von der Kategorizität im überabzählbar Unendlichen unabhängig ist. Für ein im abzählbar Unendlichen k.es Axiomensystem T und jede aus den ↑Primaussagen von T gebildete Aussage A gilt: entweder $T \models A$ oder $T \models \neg A$ (d.h., T ist semantisch vollständig, ↑vollständig/Vollständigkeit); es gilt jedoch nicht die Umkehrung. So ist die semantisch vollständige Axiomatisierung der Theorie der algebraisch abgeschlossenen kommutativen (↑kommutativ/Kommutativität) Körper (↑Körper (mathematisch)) der Charakteristik 0 polymorph (↑polymorph/Polymorphie), weil Körper von verschiedenem Transzendenzgrad nicht isomorph sein können. Als Axiome treten hier neben den Axiomen für (kommutative) Körper die Axiomfolgen $n \cdot e \neq \mathfrak{o}$ ($n = 1, 2, \ldots$; e ist das Einselement und $\mathfrak{o}$ das Nullelement des Körpers) für Charakteristik 0 und die Axiomfolgen

$$\bigwedge_{z_1, \ldots, z_n} \bigvee_x (x^n + z_1 x^{n-1} + \ldots + z_{n-1}x + z_n = \mathfrak{o})$$

($n = 1, 2, \ldots$) für algebraische Abgeschlossenheit auf. Ein Modell dieses Axiomensystems ist z.B. die Menge der algebraischen Zahlen mit der einschlägigen Struktur. Dagegen ist z.B. die axiomatische Theorie der unberandeten dichten Totalordnungen, in der als Axiome neben den Axiomen für Totalordnungen (↑Ordnung) die Axiome der Dichte $\bigwedge_{x,y} (x < y \to \bigvee_z (x < z \wedge z < y))$

und der Unberandetheit $\bigwedge_x \bigvee_{y,z} (y < x \wedge x < z)$ auftreten (ein Modell ist z.B. die Menge der rationalen Zahlen mit der einschlägigen Struktur), im abzählbar Unendlichen k. und deshalb auch semantisch vollständig. K. L.

Kategorischer Imperativ, ↑Imperativ, kategorischer.

Kausalanalyse (engl. causal analysis), in Psychologie, Ökonometrie und Sozialwissenschaften Bezeichnung für die Analyse der Beziehungen zwischen statistischen ↑Variablen, in der Variable als ↑Ursachen für andere Variable angesehen werden. Die dabei verwendeten – auch ›strukturell‹ genannten – ↑Modelle gehen in der Regel von linearen Abhängigkeiten $Y = a_1 X_1 + \ldots + a_n X_n$ mit $X_1, \ldots, X_n$ als Ursachen für die ↑Wirkung Y und den a_i als ›kausalen Parametern‹ aus, wobei die Aufgabe der statistischen Analyse darin besteht, diese Parameter zu berechnen bzw. abzuschätzen (vgl. D. A. Kenny 1979). Während es sich hier um eine auf *statistischen* Methoden (z.B. dem Begriff der ↑Korrelation) beruhende Modellbildung handelt, versteht man in der ↑*Wissenschaftstheorie* unter ›K.‹ die ↑Analyse von Prozessen (z.B. des Funktionierens einer Maschine) durch Angabe von Ursachen und Gesetzen, aus denen sich die beobachteten Vorgänge ergeben. ›K.‹ oder ›Kausalerklärung‹ ist dann also eine Umschreibung des Begriffs der deduktiv-nomologischen ↑Erklärung, wobei man sich allerdings nur auf Erklärungen mit ↑Sukzessionsgesetzen bezieht, in denen der Antezedens-Zustand (↑Antezedens) dem Explanandum-Zustand zeitlich vorhergeht und die in einen übergreifenden theoretischen Rahmen eingebettet sind (im Gegensatz etwa zu ↑Minimalgesetzen).

Von K. wird häufig die *Funktionalanalyse* (↑Erklärung, funktionale) unterschieden, in der das Vorkommen von Eigenschaften an ↑Systemen (z.B. einem ↑Organismus) dadurch erklärt wird, daß sie eine *Funktion* erfüllen, die für das normale Funktionieren des Systems notwendig ist. Eine Funktionalanalyse liegt etwa vor, wenn die Existenz von Kiemen bei Fischen erklärt wird durch deren Funktion, die Sauerstoffzufuhr zu gewährleisten. Ob diese Art von Erklärungen, die sich häufig in Biologie und Sozialwissenschaften (↑Funktionalismus) findet, eine gegenüber dem allgemeinen Schema wissenschaftlicher Erklärungen nach C. G. Hempel und P. Oppenheim eigenständige Erklärungsform bildet, ist bis heute umstritten. Hempel, der 1959 den Begriff der Funktionalanalyse einer eingehenden wissenschaftstheoretischen Untersuchung unterwarf, hat diesen Anspruch kritisiert. Er machte unter anderem geltend, daß eine Eigenschaft D eines Systems S (z.B. die Kiemen eines Fisches), die eine für das normale Funktionieren von S notwendige Eigenschaft N zur Folge hat (z.B. das Vorhandensein von Sauerstoff im Blut), damit in der Regel noch keine notwendige Bedingung für das normale Funktionieren von S ist; in funktionaler Redeweise: daß meist nicht grundsätzlich ausgeschlossen werden kann, daß eine andere Eigenschaft D' ebenfalls die Funktion N erfüllen würde (D' wäre dann eine ›funktionale Alternative‹ zu D). Die so verstandene Funktion von D lasse also nicht den Schluß auf das *Vorhandensein* von D zu. Um zu einem gültigen Schluß zu kommen, müsse man an Stelle von D eine zu N äquivalente Bedingung einsetzen. In diesem Falle sinke jedoch der Erklärungswert der Funktionalanalyse, abgesehen davon, daß sie sich dann nicht mehr grundsätzlich von einer Kausalerklärung unterscheide. Diese Trivialisierung der Funktionalanalyse läßt sich jedoch vermeiden, wenn man sie (bzw. ihren nicht-kausalen Teil) nicht als Erklärung des *Vorhandenseins* von D auffaßt, sondern als Begründung dafür, daß D eine für das normale Funktionieren von S *optimale* Eigenschaft ist. Im Beispiel würden Kiemen als optimal für das Funktionieren von Fischen behauptet; die Existenz einer (dann möglicherweise nicht-optimalen) funktionalen Alternative zu Kiemen würde jedoch nicht ausgeschlossen. Das Explanans einer so verstandenen Funktionalanalyse ist also keine Tatsachenfeststellung, sondern eine Optimalitätsbehauptung; die formale Analyse dieser Erklärungsart benötigt Hilfsmittel der deontischen Logik (↑Logik, deontische). Eine solche Interpretation würde ferner dem finalen Sinn von Funktionalanalysen gerecht, insofern sich bei genauerer Untersuchung dieses Erklärungsschemas zeigt, daß aus der Optimalität von Wirkungen auf die Optimalität von Ursachen geschlossen und damit ein in umgekehrter Zeitrichtung formuliertes Gesetz benötigt wird (vgl. W. K. Essler 1979). – Das Problem ›K. versus Funktionalanalyse‹ ist ein spezieller Fall des Problems teleologischer Erklärungen (↑Teleologie), das sich vor allem bei der Beschreibung selbstregulierender Systeme (↑Selbstorganisation) stellt (↑Kybernetik). – Die Funktionalanalyse ist zu unterscheiden von der Funktionalanalysis als einem Teilgebiet der mathematischen ↑Analysis.

Literatur: W. K. Essler, Wissenschaftstheorie IV (Erklärung und Kausalität), Freiburg/München 1979, bes. 180–193; D. R. Heise, Causal Analysis, New York etc. 1975; C. G. Hempel, The Logic of Functional Analysis, in: L. Gross (ed.), Symposium on Sociological Theory, New York/Evanston Ill./London 1959, 271–307, bearb. Nachdr. in: ders., Aspects of Scientific Explanation and Other Essays in the Philosophy of Science, New York/London 1965, New York ²1970, 297–330; E. Holenstein, Zur Semantik der Funktionalanalyse, Z. allg. Wiss.theorie 14 (1983), 292–319; D. A. Kenny, Correlation and Causality, New York etc. 1979; P. McLaughlin, What Functions Explain. Functional Explanation and Self-Reproducing Systems, Cambridge/New York 2001; E. Nagel, Teleological Explanation and Teleological Systems, in: H. Feigl/M. Brodbeck (eds.), Readings in the Philosophy of Science, New York 1953, 537–558; ders., Teleology Revisited, J. Philos. 74 (1977), 261–301, bes. 280–301 (Functional Explanations in Biol-ogy); I. K. Ringer, Causal Analysis in Historical Reasoning, Hist. Theory 28 (1989), 154–172; W. Stegmüller, Probleme und Resultate der Wissenschaftstheorie und Analytischen Philosophie I (Wissenschaftliche Erklärung und Begründung), Berlin/Heidelberg/New York 1969, bes. 555–585 (Die Logik der Funktionalanalyse), erw. mit neuem Untertitel: Erklärung, Begründung, Kausalität, ²1983, bes. 676–706 (Die Logik der Funktionalanalyse); R. Weiber/D. Mühlhaus, Strukturgleichungsmodellierung. Eine anwendungsorientierte Einführung in die K. mit Hilfe von AMOS, SmartPLS und SPSS, Berlin/Heidelberg 2010; J. Wooldridge, Introductory Econometrics. A Modern Approach, Cincinnati Ohio 2000, Mason Ohio ⁴2009. P. S.

Kausalgesetz, ↑Kausalität.

Kausalität (von lat. causa, Ursache, Grund, mittellat. causalitas), Bezeichnung für das Verursachungsverhältnis (↑Ursache – ↑Wirkung) zwischen ↑Ereignissen, zu unterscheiden von der *logischen* Relation zwischen ↑Grund und Folge (↑Folge (logisch)). In antiker und mittelalterlicher Philosophie wird das Verursachungsverhältnis als Antwort auf die Warum-Frage in Diskussionen unterschiedlicher Ursachentypen (↑causa) behandelt. Die neuzeitliche Philosophie und Wissenschaft, für die K. ein zentrales Problem darstellt, versteht unter ›K.‹ meist den wirkursächlichen Zusammenhang (*causa efficiens*) von Ereignissen. Geistesgeschichtlich ist die Verbindung des K.sproblems mit dem experimentellen Charakter neuzeitlicher Wissenschaft (↑Experiment) und der Idee technischer Naturbeherrschung (↑Technik) bedeutsam.

(1) Historisch stellt sich das K.sproblem vor allem in zwei Varianten: als Frage nach dem ›Kausalprinzip‹ und dem ›Kausalgesetz‹. Das *Kausalprinzip* entspricht der physikalischen Interpretation des Satzes vom (zureichenden) Grund (↑Grund, Satz vom), nach dem nichts ohne Ursache geschieht (*nihil fit sine causa*). Umstritten ist dabei gelegentlich, ob als Ursachen nicht nur wirkende Ursachen, sondern auch finale Ursachen (↑Finalität, ↑Teleologie) zuzulassen sind. Während die ↑Erklärung von Ereignissen in den Naturwissenschaften fast durchgehend ohne Rekurs auf finale Ursachen erfolgt, sind prima facie teleologische Erklärungen in den historischen Wissenschaften stärker vertreten. Eine weitere Frage ist, ob das Kausalprinzip ontologisch oder nur methodologisch zu verstehen ist, ob man nämlich davon auszugehen hat, daß Ursachen ›in den Dingen‹ wirken, oder ob man das Kausalprinzip als Aufforderung versteht, eingetretene Ereignisse auf vorhergehende Ereignisse ›zurückzuführen‹. Diese unterschiedlichen Auffassungen gibt es auch bei der Interpretation des *Kausalgesetzes* (›gleiche Ursachen haben gleiche Wirkungen‹). Während das Kausalprinzip besagt, daß jedem Ereignis ein anderes, mit jenem im Zusammenhang stehendes vorausgeht, formuliert das Kausalgesetz, daß zwischen

Ereignissen regelmäßige Zusammenhänge bestehen. Welche konkreten Zusammenhänge dies sind, wird in generellen Kausalurteilen, z. B. ↑›Naturgesetzen‹, formuliert. Die Frage ist dann wiederum, ob man es mit Zusammenhängen in den Dingen oder nur mit funktionalen Abhängigkeiten (so z. B. E. Mach) zu tun hat.

Die Kritik am ontologischen Verständnis von K. geht vor allem auf D. Hume zurück. Bei Hume (vgl. An Enquiry Concerning Human Understanding, London ³1758) tritt die Analyse des Kausalgesetzes gegenüber derjenigen des Kausalprinzips stärker in den Vordergrund (im Gegensatz z. B. zu G. W. Leibniz). Das K.sproblem umfaßt aber in der weiteren Entwicklung sowohl das Kausalprinzip als auch das Kausalgesetz und wird häufig nicht differenziert behandelt. Dies bezeugen z. B. I. Kants unterschiedliche Formulierungen der zweiten ↑Analogie der Erfahrung in der ersten und zweiten Auflage der »Kritik der reinen Vernunft«.

Die Frage nach der Berechtigung, das *Kausalgesetz* anzuwenden, hat in der Erkenntnistheorie die Formulierung erhalten: welchem Erkenntnisvermögen verdankt das Kausalgesetz seine Gültigkeit, der Erfahrung oder der Vernunft (dem Verstand)? Ist es a posteriori oder ↑a priori gültig? Der ↑Empirismus vertritt die erste, der ↑Rationalismus die zweite Position. Eine neue Stufe gewinnt diese Auseinandersetzung mit Humes Erfahrungs- und Kants Vernunftkritik. Hume, in seinen Grundpositionen selbst Empirist, unterzieht den Empirismus einer skeptischen Revision. Er stellt zunächst empiristisch fest, daß Tatsachenwissen wesentlich auf der Anerkennung des Kausalgesetzes beruht, das einzig aus der Erfahrung bekannt ist. Dann aber geht er über den Empirismus hinaus: Voraussetzung aller Erfahrungsschlüsse sei die Gleichförmigkeit von Vergangenheit und Zukunft. Diese Voraussetzung könne aber ihrerseits (wegen Zirkularität, ↑zirkulär/Zirkularität) nicht durch Erfahrung begründet werden. Hume kommt deshalb zu dem Ergebnis, daß die Verläßlichkeit der Erfahrung *theoretisch* nicht begründet werden kann. An die Stelle der Erfahrungs*schlüsse* tritt instinktmäßige ↑Gewohnheit. Die Vorstellung einer notwendigen Verknüpfung hat nach Hume ihren (impressionalen) Ursprung in dem Gefühl der gewohnheitsmäßigen Verknüpfung bestimmter Ereignisse. Daraus folgt insbes., daß es kein Wissen über eine ›notwendige‹ Verknüpfung in den Dingen geben kann. Das richtige Verständnis der notwendigen Verknüpfung als einer Verknüpfung nicht in den Dingen, sondern in der ↑Einbildungskraft des Erklärenden erlaubt es zudem, die Ereignisse in der (phänomenalen) Natur und die Handlungen der Menschen derselben Notwendigkeit unterworfen sein zu lassen. ↑Freiheit gibt es für Hume nicht als ↑Willensfreiheit, sondern nur als Handlungsfreiheit im Gegensatz zum Zwang.

Kant gibt Hume in wesentlichen Punkten recht: 1. beansprucht er die Gültigkeit des Kausalgesetzes nur für die Natur als ↑›Erscheinung‹, 2. liegt auch für ihn der Ursprung des Gesetzes im ↑Subjekt, allerdings nicht in der durch Gewohnheit geschulten Einbildungskraft, sondern im ↑Denken. Der ↑Verstand schreibt der ↑Natur seine Gesetze vor. Kants transzendentalphilosophische Auflösung (↑Transzendentalphilosophie) des Humeschen ↑Skeptizismus besteht gewissermaßen in einer Wendung des Humeschen Zirkels ins Positive. Dieser läßt sich nämlich noch früher ansetzen, als Hume selbst meint. Strenggenommen kann sich Hume nicht einmal für die Anerkennung des Kausalgesetzes zirkelfrei auf Erfahrung berufen; denn ↑Erfahrung beruht bereits auf der Verwendung des Kausalgesetzes, jedenfalls dann, wenn sie methodisch im Sinne der Erfahrungs*wissenschaft* verstanden wird. Wenn aber das Kausalgesetz notwendige Voraussetzung (›Bedingung der Möglichkeit‹) der Erfahrung ist, so ist es in diesem systematischen (nicht genetischen) Sinne ›vor‹ aller Erfahrung, also ↑a priori gültig. Gleichzeitig wird die Gültigkeit des Kausalgesetzes und damit Naturnotwendigkeit aber auf den Bereich möglicher Erfahrung, auf Natur als Erscheinung, eingeschränkt. Deshalb sei es kein Widerspruch, für den Bereich der ↑Dinge an sich mit einer ›K. aus Freiheit‹ den freien Willen als möglich anzunehmen.

(2) In der jüngeren wissenschaftstheoretischen (↑Wissenschaftstheorie) Diskussion sind einerseits als Hilfsmittel ↑Sprachanalyse, ↑Logik, ↑Wahrscheinlichkeitstheorie, ↑Spieltheorie und ↑Handlungstheorie verstärkt für die K.sdiskussion herangezogen worden, andererseits haben ↑Thermodynamik, Relativitätstheorie (↑Relativitätstheorie, allgemeine, ↑Relativitätstheorie, spezielle) und Quantenphysik (↑Quantentheorie) neue Fragen zum K.sproblem aufgeworfen.

In *wahrscheinlichkeitstheoretischen* Präzisierungen der K. wird ein Ereignis $B_{t'}$ zu einem Zeitpunkt t' als *Prima facie-Ursache* eines Ereignisses A_t zu einem Zeitpunkt t verstanden, falls (1) A_t später als $B_{t'}$ ist, d. h. $t' < t$, (2) die Wahrscheinlichkeit von $B_{t'}$ größer als Null ist, d. h. $P(B_{t'}) > 0$, und (3) die ↑Wahrscheinlichkeit von A_t unter Voraussetzung des Ereignisses $B_{t'}$ größer ist als diejenige von A_t ohne diese Voraussetzung, d. h. $P(A_t|B_{t'}) > P(A_t)$. P. Suppes wendet diese K.sanalyse in psychologischen (linearen) Lernmodellen an, in denen z. B. Belobigungen (›Verstärkungen‹) die Wahrscheinlichkeit künftiger Verhaltensweisen beeinflussen. Ist keine wirkliche Beeinflussung von A_t durch $B_{t'}$ nachweisbar, so heißt die *Prima facie*-Ursache $B_{t'}$ *scheinbar*. In der Regel gibt es dann ein zeitlich vor $B_{t'}$ liegendes Ereignis $C_{t''}$ (also $t'' < t'$) mit $P(B_{t'} \wedge C_{t''}) > 0$, so daß A_t unter Voraussetzung von $C_{t''}$ dieselbe Wahrscheinlichkeit besitzt wie unter Voraussetzung von $B_{t'}$ und $C_{t''}$, d. h. $P(A_t|C_{t''}) = P(A_t|B_{t'} \wedge C_{t''})$. Bei Vorliegen der gemeinsamen Ursache C läßt das Hinzutreten von B die Wahrscheinlichkeit für das Auftreten von A unverändert. Die überzufällige Übereinstimmung zweier Klausuren verweist prima facie auf einen Kausalzusammenhang zwischen beiden, der jedoch durch die Erkenntnis zum Verschwinden gebracht werden kann, daß beide Verfasser das gleiche Lehrbuch herangezogen haben (dieses also eine gemeinsame Ursache beider Klausuren darstellt).

Man spricht von einer *direkten Ursache* $B_{t'}$ für A_t, wenn zu keinem Zeitpunkt t'' zwischen t' und t ($t' < t'' < t$) ein Ereignis $C_{t''}$ die Wahrscheinlichkeit von A_t beeinflußt, d.h., für $P(B_{t'} \wedge C_{t''}) > 0$ ist $P(A_t | C_{t''} \wedge B_{t'}) = P(A_t | C_{t''})$. Wissenschaftstheoretisch wurden direkte Ursachen z.B. als ↑›actio in distans‹ in der Newtonschen Physik diskutiert. Eine hinreichende Ursache (Suppes: ›determinate cause‹) $B_{t'}$ für A_t im Sinne des ↑Determinismus liegt vor, wenn $P(A_t | B_{t'}) = 1$ ist. Es folgt, daß keine *deterministische Ursache* nur scheinbar sein kann. Von einer *negativen Ursache* spricht man, wenn $B_{t'}$ das Ereignis A_t verhindert, d.h., für $P(B_{t'}) > 0$ und $t' < t$ ist $P(A_t | B_{t'}) < P(A_t)$. Beispiele solcher Ursachen sind Maßnahmen der präventiven Medizin, z.B. Impfungen gegen Infektionen. Philosophisch setzt die wahrscheinlichkeitstheoretische Unterscheidung von ›Ursache‹ und ›Wirkung‹ die (häufig nicht weiter problematisierte) Annahme der Zeitrichtung von Ereignisketten voraus.

Kausale Netzwerke lassen sich durch gerichtete ↑Graphen darstellen, deren Knoten für Daten bzw. Zufallsvariablen und deren gerichtete Kanten für kausale Relationen stehen. So wird X als Ursache von Y mit $X \rightarrow Y$ bezeichnet. Falls in einer Menge von ↑Variablen keine gemeinsame Ursache ausgelassen ist, heißt die Variablenmenge kausal hinreichend. Ein kausales Netzwerk ist azyklisch, falls es keine verbundene Folge von Kausalpfeilen in derselben Richtung (Kausalschleife) gibt, die ihren Anfang und ihr Ende in demselben Knoten nimmt. Ein Knoten, in den keine gerichtete Kante mündet, repräsentiert eine exogene bzw. unabhängige Variable. Kausale Netzwerke werden z.B. zur Festlegung technischer oder organisatorischer Abläufe verwendet. Statistische Datenanalyse (z.B. log-lineare Methoden, Regressionsmethode) liefert häufig nur Informationen über ↑Korrelationen, nicht aber über zugrundeliegende kausale Zusammenhänge. Bayessche Netzwerke verbinden azyklische kausale Netzwerke mit Wahrscheinlichkeitsverteilungen, die die so genannte Markov-Bedingung erfüllen, d.h., eine Zufallsvariable X hängt nur von ihren direkten Elternknoten $Pa(X)$ ab und ist unabhängig von den anderen Variablen bzw. Knoten des Netzes. In diesem Falle läßt sich die gemeinsame Wahrscheinlichkeit aller Zufallsvariablen in das Produkt ihrer bedingten Wahrscheinlichkeiten zerlegen. Wenn das Kausalnetz bekannt ist (z.B. $X \rightarrow Y \rightarrow Z$), dann läßt sich die gemeinsame Wahrscheinlichkeit aus dem Produkt ihrer bedingten Wahrscheinlichkeiten berechnen, also z.B. $P(X,Y,Z) = P(X) \; P(Y|X) \; P(Z|Y)$. In der Praxis muß jedoch meistens umgekehrt von einer großen Menge von Daten und ihren Wahrscheinlichkeitsverteilungen auf die möglichen zugrundeliegenden Kausalnetze geschlossen werden. Wegen der exponentiell steigenden Möglichkeiten von Kausalnetzwerken mit wachsender Anzahl der Daten müssen dazu computergestützte Suchalgorithmen (z.B. greedy-Algorithmen, machine learning) eingesetzt werden. In der Systembiologie und synthetischen Biologie werden so Stoffwechselnetzwerke und genetische Regulationsnetzwerke zwischen Proteinen einer Zelle erschlossen.

Zu den zentralen Problemen jeder K.stheorie zählt es, echte Ursachen von Wirkungen, Epiphänomenen und ausgeschalteten möglichen Ursachen zu unterscheiden. Daher schlug D. Lewis vor, von *Humes sogenannter zweiter K.sdefinition* auszugehen: Ein Ereignis e hängt von einem Ereignis c kausal ab, falls die *Humesche kontrafaktische Aussage* ›wenn c nicht stattgefunden hätte, so hätte auch e nicht stattgefunden‹ wahr ist (↑Konditionalsatz, irrealer). Diese Aussage ist in Lewis' *kontrafaktischer K.stheorie* genau dann wahr, wenn es (1) keine mögliche Welt gibt, in der c nicht stattfand, oder (2) es eine mögliche Welt gibt, in der weder c noch e stattfanden, und diese Welt der wirklichen Welt ähnlicher ist als jede mögliche Welt, in der zwar nicht c, aber e stattfand. Eine ›mögliche Welt‹ ist dabei *modelltheoretisch* als Menge von Ereignissen zu verstehen, in der bestimmte (Natur-)Gesetze gelten und andere nicht (↑Welt, mögliche). In der Menge W der möglichen Welten ist die wirkliche Welt w ein ausgezeichnetes Element. Die *Ähnlichkeitsbeziehung* zwischen möglichen Welten wird definiert als eine Ordnungsrelation, die immer die Vergleichbarkeit zweier beliebiger Welten erlaubt. Ferner wird gefordert, daß keine Welt w' der wirklichen Welt w ähnlicher ist als diese selbst. Dabei wird nicht verlangt, daß es in einer beliebigen Menge A von Welten genau eine nächste A-Welt gibt oder auch nur eine Menge von gleichgeordneten, nächsten A-Welten. Abgesehen von der ontologischen Rede von ›möglichen Welten‹ (die sich aber auf ihre technisch-modelltheoretische Bedeutung reduzieren läßt) liegen die Schwierigkeiten von Lewis' Präzisierung in der (bewußt einkalkulierten) Vagheit seiner Ähnlichkeitsrelation. Die Bedeutung dieses Ansatzes besteht jedoch darin, daß eine *intensionale* (↑intensional/Intension) *K.sanalyse* mit modelltheoretischen (↑Modelltheorie) Mitteln versucht wird.

In der ↑Quantentheorie führen probabilistische Zustandsbeschreibungen von Mikroobjekten zu indeterministischen Auffassungen der K. (↑Indeterminismus). Dabei muß zwischen statistischen Korrelationen und kausalen Wechselwirkungen unterschieden werden. So liegen in den EPR-Experimenten (↑Einstein-Podolsky-Rosen-Argument) statistische Korrelationen zwischen z. B. Photonenpaaren vor, die in entgegengesetzter Richtung eine gemeinsame Quelle verlassen. Diese verschränkten Zustände sind aber von kausalen Wechselwirkungen zu unterscheiden, wie sie zwischen Objekten der klassischen Physik (z. B. bei elektromagnetischer Wechselwirkung oder Gravitation) vorliegen. Unter Voraussetzung der Lichtgeschwindigkeit als oberer Geschwindigkeitsgrenze für kausale Wirkungsausbreitungen (↑Relativitätstheorie, spezielle) ändert sich die Kausalstruktur in dem Sinne, daß gleichzeitige Ereignisse mit räumlichem Abstand und ganze Gebiete der 4-dimensionalen Raum-Zeit-Mannigfaltigkeit nicht kausal verknüpft sein können (↑Determinismus [Abb.]).

Die Auffassung von Wirkungsübertragungen durch Lichtsignale führt zur Untersuchung irreversibler (↑reversibel/Reversibilität) Prozesse in offenen physikalischen Systemen. Da die Unterscheidung von Ursache und Wirkung meist an irreversiblen Prozessen vorgenommen wird, versuchen H. Reichenbach und A. Grünbaum, die ↑Thermodynamik dieser Prozesse statistisch-entropisch zu begründen. Damit soll die *Zeit- und K.sordnung* unserer Welt garantiert werden, die mit den zeitumkehrinvarianten und auf abgeschlossene Systeme beschränkten Gesetzen der Physik nicht mehr erfaßt wird.

Handlungstheoretische Ansätze, vielfach angeregt und beeinflußt durch G. H. v. Wright, setzen im Bereich des Veranlassens von Ereignissen an. Auch Kausalbehauptungen im Bereich von Ereignissen, die keine ↑Handlungen sind, werden dann so interpretiert, als seien die ›ursächlichen‹ Ereignisse Handlungen bzw. Handlungsresultate, die sich der Zwecksetzung des bewirkten Ereignisses verdanken. Dabei wird Handeln als zweckorientierte Situationsveränderung durch den Menschen verstanden und der handelnde Eingriff als Ursache für die herbeigeführte Situation (die Wirkung) angesehen. Über die Sprechweise, daß Handlungen wegen des durch sie der ↑Absicht nach erreichten ↑Zwecks unternommen werden, lassen sich neben der Wirkursache auch wieder der Aristotelische Begriff der Finalursache (↑Finalität) bestimmen und ›teleologische Kausalerklärungen‹ (↑Teleologie) formulieren. Der gegen handlungstheoretische Lösungsversuche des K.sproblems vorgebrachte Einwand, im Begriff der Handlung als Herbeiführung einer Wirkung sei ein Kausalgesetz bereits vorausgesetzt, übersieht (a), daß die (in anderem Kontext unproblematische) ontologische Handlungsauffassung, die Handlungen als Ereignisse versteht, nicht zwingend ist, und (b) daß die Wahrheit von Sätzen über den Zusammenhang von (verursachender) Handlung und (bewirkter) Erreichung des Zwecks *keine* methodische Vorbedingung der Möglichkeit des Handelns ist.

Die handlungstheoretischen Erklärungsversuche des K.sproblems lassen sich auch für eine Rekonstruktion der Regularitätsthese Humes in Anwendung auf Naturgesetze heranziehen. Die Allgemeinheit von Naturgesetzen im Sinne regelmäßig wiederkehrender (dann ›kausal‹ genannter) Verknüpfungen von Ereignissen wird verstanden als Handlungs-, genauer als Bewirkungs- oder Verfügungswissen, dessen empirischer Charakter in experimentellen Begründungen liegt. Dabei ist berücksichtigt, daß ↑Experimente nur relativ zur technischen Zwecksetzung der in Herstellungshandlungen erzeugten Experimentieranordnung informativ sind. Diese Auffassung ist hinsichtlich ihrer Tragweite für die ↑Quantentheorie noch nicht hinreichend geklärt. Insbes. ist in diesem Zusammenhang die Frage nach der Möglichkeit einer nicht-zirkulären Theorie mikrophysikalischer Meßprozesse, in der das Kausalgesetz a priori gilt (nämlich als Handlungsnorm für Erklärungen), noch offen. Für eine solche Theorie sollen nicht schon funktionale Erklärungen eines ↑Vorgangs (Angabe eines logischen Allsatzes, der die Beschreibung des Vorgangs als Spezialfall enthält) als Kausalurteile angesehen werden, sondern erst ›kausale Erklärungen‹ im engeren Sinne, wonach Vorgänge, die zu einer Situationsbeschreibung mit Hilfe von Meßergebnissen und einer bereits akzeptierten Theorie (einem System logischer Allsätze) ›unerwartet‹ sind, auf ›Ursachen‹ (Vorliegen einer anderen als der angenommenen Ausgangssituation) zurückgeführt werden. Der Unterschied von klassischer und quantenphysikalischer Kausalerklärung reduziert sich danach auf den Unterschied von klassischer und statistischer Situationsbeschreibung.

Neuerdings wurden auch Versuche unternommen, die Theorie der Handlung und der K. im Anschluß an Resultate v. Wrights *spieltheoretisch* (↑Spieltheorie) zu präzisieren. Im Rahmen von Spielbäumen für Alternativentscheidungen wird festgelegt, wann ein Handelnder eine gegebene Handlung in einer gegebenen Situation zu einer gegebenen Zeit ausführt, unterläßt oder bloß nicht ausführt. Dabei wird eine Handlung spieltheoretisch als Veränderung und Umformung von ↑Zuständen verstanden.

Literatur: G. E. M. Anscombe, Causality and Determination. An Inaugural Lecture, London 1971, Nachdr. in: E. Sosa (ed.), Causation and Conditionals [s. u.], 63–81; H. W. Arndt, K.sprinzip, Hist. Wb. Ph. IV (1976), 803–806; T. L. Beauchamp (ed.), Philosophical Problems of Causation, Encino Calif. 1974; M. Brand (ed.), The Nature of Causation, Urbana Ill./Chicago Ill./London 1976 (mit Bibliographie, 369–387); M. Bunge, Causality. The Place of the Causal Principle in Modern Science, Cambridge Mass. 1959, unter dem Titel: Causality and Modern Science, New York ³1979 (dt. K.. Geschichte und Probleme, Tübingen 1987); M. Carrier, Raum-Zeit, Berlin 2009, 8–112 (Kap. I Zeitordnung als Kausalordnung, II Sein und Werden. Reversibilität, Irreversibilität und die Richtung der Zeit); N.

Cartwright, Causation, REP II (1998), 244–251; K. Clatterbaugh, The Causation Debate in Modern Philosophy 1637–1739, New York/London 1999; P. Dowe, Physical Causation, Cambridge 2000; ders./P. Noordhof (eds.), Cause and Chance. Causation in an Indeterministic World, London/New York 2004; C. J. Ducasse, Causation and the Types of Necessity, Seattle 1924, erw. New York ²1969; ders., Truth, Knowledge and Causation, London/New York 1968, bes. 1–41 (Chap. I–V); M. A. E. Dummett, Can an Effect Precede Its Cause?, Proc. Arist. Soc. Suppl. 28 (1954), 27–44; E. Eells, Probabilistic Causality, Cambridge etc. 1991; D. Ehring, Causation and Persistence. A Theory of Causation, New York/Oxford 1997; W. K. Essler, Wissenschaftstheorie IV (Erklärung und K.), Freiburg/München 1979; FM I (²1994), 510–520 (Causa); A. Grünbaum, Is Pre-Acceleration of Particles in Dirac's Electrodynamics a Case of Backward Causation? The Myth of Retrocausation in Classical Electrodynamics, Philos. Sci. 43 (1976), 165–201 (dt. Der Mythos kausaler Rückkopplung in der klassischen Elektrodynamik, Allg. Z. Philos. 4 [1979], 1–39); R. Harré/E. H. Madden, Causal Powers. A Theory of Natural Necessity, Oxford 1975; E. Koenig, Die Entwickelung des Causalproblems (I [...] von Cartesius bis Kant; II [...] in der Philosophie seit Kant). Studien zur Orientirung über die Aufgaben der Metaphysik und Erkenntnisslehre, I–II, Leipzig 1888/1890 (repr. Leipzig 1972); L. Krüger/R. Rheinwald, K., Hb. wiss. theoret. Begr. II (1980), 318–327; J. Largeault, Causalité, Enc. philos. universelle II/1 (1990), 284–285; D. Lerner (ed.), Cause and Effect. The Hayden Colloquium on Scientific Method and Concept, New York/London 1965; D. Lewis, Causation, J. Philos. 70 (1973), 556–567, Nachdr. in: E. Sosa (ed.), Causation and Conditionals [s. u.], 180–191; A. v. Lieven, K., Sprache, Wirklichkeit. Die erkenntnistheoretische Dimension des Problems der Verursachung, Berlin 2000; P. Machamer/G. Wolters (eds.), Thinking about Causes. From Greek Philosophy to Modern Physics, Pittsburgh Pa. 2007; J. L. Mackie, The Cement of the Universe. A Study of Causation, Oxford 1974, 2002; U. Meixner, Theorie der K.. Ein Leitfaden zum Kausalbegriff in zwei Teilen, Paderborn 2001; S. Nadler (ed.), Causation in Early Modern Philosophy. Cartesianism, Occasionalism, and Preestablished Harmony, University Park Pa. 1993; J. Pearl, Causality. Models, Reasoning, and Inference, Cambridge 2000; D. Pérussel, Cause, Enc. philos. universelle II/1 (1990), 285–287; G. Posch (ed.), K.. Neue Texte [von D. Davidson, D. Lewis, D. Gasking, L. Aqvist u. a.], Stuttgart 1981; S. Psillos, Causation and Explanation, Chesham 2002, bes. 19–133 (Chap. I Causation); Z. M. Puterman, The Concept of Causal Connection, I–II, Uppsala 1977; H. Reichenbach, The Direction of Time, ed. M. Reichenbach, Berkeley Calif. 1956, Mineola N. Y. 1999; N. Rescher, Aspects of Action, in: ders. (ed.), The Logic of Decision and Action, Pittsburgh Pa. 1967, 215–219 (dt. Handlungsaspekte, in: G. Meggle [ed.], Analytische Handlungstheorie I [Handlungsbeschreibungen], Frankfurt 1977, 1985, 1–7); R. Rheinwald, K., EP I (1999), 675–678; W. C. Salmon, Causality and Explanation, Oxford/New York 1998; H. Sankey (ed.), Causation and Laws of Nature, Dordrecht/Boston Mass./London 1999, bes. 175–348 (Chap. IV Causation and Theories of Causation); E. Scheibe, Ursache und Erklärung, in: L. Krüger (ed.), Erkenntnisprobleme der Naturwissenschaften, Köln/Berlin 1970, 253–275; ders., Kausalgesetz, Hist. Wb. Ph. IV (1976), 789–798; ders./R. Specht, K., Hist. Wb. Ph. IV (1976), 798–801; H. J. Schneider, Die Asymmetrie der Kausalrelation. Überlegungen zur interventionistischen Theorie G. H. von Wrights, in: J. Mittelstraß/M. Riedel (eds.), Vernünftiges Denken. Studien zur praktischen Philosophie und Wissenschaftstheorie, Berlin/New York 1978, 217–234; B. Skyrms, Causal Necessity. A Pragmatic Investigation of the Necessity of Laws, New Haven Conn./London 1980; E. Sosa (ed.), Causation and Conditionals, London 1975, Oxford 1980; ders./M. Tooley (eds.), Causation, Oxford 1993; W. Spohn/M. Ledwig/M. Esfeld (eds.), Current Issues in Causation, Paderborn 2001; W. Stegmüller, Probleme und Resultate der Wissenschaftstheorie und Analytischen Philosophie I (Wissenschaftliche Erklärung und Begründung), Berlin/Heidelberg/New York 1969, bes. 428–517 (Kap. VII K.sprobleme), erw. mit Untertitel: Erklärung, Begründung, K., ²1983, bes. 501–634 (Kap. VII K.sprobleme); M. Stöltzner/P. Weingartner (eds.), Formale Teleologie und K. in der Physik/Formal Teleology and Causality in Physics. Zur philosophischen Relevanz des Prinzips der kleinsten Wirkung und seiner Geschichte, Paderborn 2005; P. Suppes, A Probabilistic Theory of Causality, Amsterdam 1970; R. Taylor, Causation, Enc. Ph. II (1967), 56–66; H. Titze, Der Kausalbegriff in Philosophie und Physik, Meisenheim am Glan 1964; M. Tooley (ed.), Time and Causation, New York/London 1999; G. H. v. Wright, Explanation and Understanding, London 1971, Ithaca N. Y. 2004 (dt. Erklären und Verstehen, Frankfurt 1974, Hamburg 2008); ders., Causality and Determinism, New York/London 1974. G. G./K. M./P. S.

Kausalprinzip, ↑Kausalität.

Kauṭilya, eigentlich Cāṇakya, ca. 350–280 v. Chr., ein der Brahmanenkastengruppe angehörender Politiker und Philosoph, vermutlich aus Nordindien, soll wie vor ihm schon der Grammatiker Pāṇini an der Universität von Gāndhāra in Taxila (sanskr. Takṣaśila) gelehrt haben, Verfasser des (wegen des Grundsatzes ›das Ziel [d. i. der Erfolg des Herrschers] rechtfertigt die [nur der Bedingung der Aufrechterhaltung der staatlichen Ordnung, dem ↑dharma, unterworfenen] Mittel‹ mit N. Machiavellis »Il principe« verglichenen) »Artha-śāstra« (bzw. einer seiner Vorlagen), eines erst 1905 in der Mysore Oriental Library wieder aufgefundenen Lehrbuches erfolgreicher Ökonomie und Politik. Dieses in 15 Bücher (adhikaraṇa) von insgesamt 150 Kapiteln (adhyāya) mit 180 thematischen Abhandlungen (prakaraṇa) gegliederte Lehrbuch diente als theoretische Anleitung für Candragupta (regierte 322–298 v. Chr.), den ersten Herrscher der Maurya-Dynastie, dessen oberster Ratgeber K. war. Unter den vier hinduistischen Lebenszielen (puruṣārtha, ↑Brahmanismus) wird ↑artha, der Wohlstand, als wichtigstes bezeichnet, weil alles übrige von der ökonomischen Basis abhängt, wobei ↑mokṣa, die Erlösung als Befreiung vom Kreislauf der Wiedergeburten (↑saṃsāra) durch Auflösung des ↑karma, nicht behandelt wird, sondern zum Aufgabenbereich eines vom Herrscher zu ernennenden Priester-Kanzlers oder ›Hauspriesters‹ (purohita) gehört. Das die Pflichten eines (weisen) Königs (rājadharma) erörternde Lehrbuch vermittelt ausdrücklich die einer durchorganisierten Überwachung aller Lebensbereiche dienende autokratische Regierungskunst (daṇḍanīti, wörtlich: Stockkunst, d. i. Kunst der Bestrafung), zu der Fragen der Verwaltung, der Besteuerung, der Spionage usw. ebenso gehören wie Verfahren der Nachfolgebestimmung, der Kriegführung und anderer außenpolitischer Instrumente, um den Machtbereich zu vergrößern, und der Rechtsprechung im Zusammenhang der Pflichten für die Angehörigen der verschiedenen Kastengruppen (z. B. ist Brahmanen die Anwendung von Gewalt, außer im Zusammenhang von Opferhandlungen, verboten, ebenso den Bauern und Händlern [vaiśya], außer im Verteidigungsfalle). Dabei wird im »Artha-śāstra« umfassender Gebrauch gemacht vom Wissen der Zeit, so von der Methode, Gründe für Thesen vorzubringen, wie sie die im ↑Sāṃkhya beginnende Logik (↑Logik, indische) zur Verfügung stellte. Sie wurde von ihm erstmals als eine eigene Wissenschaft vom Begründen (ānvīkṣikī) bezeichnet, vom späteren System des ↑Nyāya als Selbstbezeichnung übernommen.

Werke: The Kauṭilīya Arthaśāstra, I–III, ed. R. P. Kangle, Bombay 1960–1965, ²1969–1972, Delhi 1986–1992 [I Sanskrittext, II englische Übersetzung, III Kommentar]; Das Altindische Buch vom Welt- und Staatsleben. Das Arthaçāstra des K., übers. u. ed. J. J. Meyer, Leipzig 1926 (repr. Graz 1977); The Arthaśāstra, ed. and transl. L. N. Rangarajan, New Delhi 1992.

Literatur: R. Boesche, K.'s Arthaśāstra on War and Diplomacy in Ancient India, J. Military Hist. 67 (2003), 9–37; B. Breloer, K.-Studien, I–III, Bonn/Leipzig 1927–1934, Osnabrück 1973; E. Brucker, Grundsätze der Besteuerung in K.'s Arthaśāstra, J. Economic Social Hist. Orient 15 (1972), 183–202; F. Edgerton, The Latest Work on the K. Arthaśāstra, J. Amer. Oriental Soc. 48 (1928), 289–322; P. Hacker, Anviksiki, Wiener Z. Kunde Süd- und Ostasiens 2 (1958), 54–83; B. Mukherjee, K.'s Concept of Diplomacy. A New Interpretation, Calcutta 1976; H. Scharfe, Untersuchungen zur Staatsrechtslehre des Kautilya, Wiesbaden 1968 (engl. Investigations in K.'s Manual of Political Science, Wiesbaden 1993 [erw. 2. Aufl. des dt. Originals]); N. P. Sil, K.'s Arthaśāstra. A Comparative Study, London 1985, New York etc. 1989; B. P. Sinha, Readings in K.'s Arthaśāstra, New Delhi 1976; ders., The State in Early Indian Economy. A Study of the K.'s Arthaśāstra, Patna 2003; T. R. Trautmann, K. and the Arthaśāstra. A Statistical Investigation of the Authorship and Evolution of the Text, Leiden 1971; F. Wilhelm, Politische Polemiken im Staatslehrbuch des K., Wiesbaden 1960. K. L.

Keckermann, Bartholomäus, *Danzig 1571 (oder 1573), †Danzig 25. Aug. (oder Juli) 1608, dt. reformierter Theologe und Philosoph, neben R. Goclenius und C. Timpler führender Vertreter der protestantischen Scholastik in Deutschland. Nach Studium der Theologie und Philosophie in Wittenberg (1590), Leipzig (1592) und Heidelberg (1592, Promotion zum Magister 1595) Dozent am Heidelberger Sapienzkolleg. 1600 Prof. der hebräischen Sprache in Heidelberg, 1601 Prof. am reformierten Gymnasium illustre in Danzig. Beeinflußt vom ↑Ramismus und den Methodenerörterungen des Paduaner Aristotelismus (↑Padua, Schule von), hier insbes. G. Zabarellas (De methodis libri quatuor, in: ders., Opera logica, Venedig 1578, Köln 1597 [repr. Hildes-

heim 1966], 134–334), bemühte sich K. in seiner Lehrtätigkeit vor allem um kurrikulare Reformen: ein ›cursus philosophicus‹, gegliedert in Logik und Physik, Mathematik und Metaphysik, Ethik, Ökonomie und Politik, bildet den Rahmen für eine systematisch geordnete, enzyklopädische Darstellung des Wissens. Ihm entspricht, in der (zumeist posthum und in unterschiedlichen Zusammenstellungen) publizierten Fassung der Vorlesungen K.s, die Darstellungsform des ↑Systems einzelner Wissenschaftsbereiche, mit der K. zu den Begründern der philosophischen und theologischen ›System‹-Literatur des 17. Jhs. (in Ablösung der älteren ›Syntagma‹- und ↑›Summen‹-Literatur) gehört. In der Theologie gilt K., der unter anderem die Augustinische Trinitätslehre wieder aufgreift, in diesem wissenschaftssystematischen Zusammenhang auch als Begründer der so genannten ›analytischen‹ Methode (*methodus resolutiva sive analytica*), d. h. einer gliedernden systematischen Darstellung, die von einem gegebenen theologischen Zusammenhang oder Zweck (der Heilsbestimmung des Menschen) ausgeht. K. faßt die Theologie als ›praktische Wissenschaft‹ auf, wobei die Ethik nicht als Teil der Theologie, sondern als Teil der Philosophie ausgewiesen wird.

K.s Arbeiten sind ihrer Intention nach einführend, der Sache nach im allgemeinen elementar. In Physik und Astronomie (Systema physicum, 1610) gibt K. im wesentlichen Aristotelische Positionen ohne empirischen bzw. experimentellen Hintergrund wieder (vgl. die Kritik von I. Beeckman, Journal tenu [...] de 1604 à 1634, I–IV, ed. C. de Waard, La Haye 1939–1953, I, 215, II, 253), in Mathematik und Optik (Systema compendiosum totius mathematices, 1617) entsprechende Erörterungen bei P. Ramus (Scholarum mathematicarum, libri unus et triginta, Basel 1569); astronomische Darstellungen beziehen sich neben J. Regiomontanus und G. Peurbach auch auf N. Kopernikus und T. Brahe. Physik und Geographie (Systema geographicum, Hanau 1611) werden nicht mehr als Teile der Theologie behandelt, insofern sie nicht der Darstellung und Erläuterung der Vorsehung Gottes (z. B. hinsichtlich der Deutung von Erdbeben) dienen. In seinen logischen Arbeiten kritisiert K. sowohl die ramistische als auch die Aristotelische Gestalt der Logik (↑Aristotelische Logik), der er unter anderem mangelnde systematische Einheit vorwirft. Sie enthalten – neben einem für die Kenntnis der Logik des 16. Jhs. nützlichen Abriß der Geschichte der Logik (Praecognitorum logicorum tractatus III, 1599) – die Lehre von Begriff (*explicatio*), Urteil (*probatio*) und Schluß (*dispositio*) in drei Teilen (an Stelle der zweiteiligen ramistischen Gliederung) sowie eine nach ramistischen methodischen Grundsätzen vorgetragene Darstellung des Systembegriffs und (im Anschluß an Aristotelische Unterscheidungen) der analytischen Methode (↑Methode, analytische). Logik ist für K. insofern, wie für J. Jungius, im wesentlichen Methodenlehre.

Werke: Opera omnia quae extant, I–II, Genf 1614. – Contemplationum peripateticarum de locatione et loco libri duo, Hanau 1598, unter dem Titel: Contemplatio gemina. Prior, ex generali Physica De loco. Altera, ex speciali, De terrae motu [...], Hanau [2]1607, [3]1611; Praecognitorum logicorum tractatus III. Cum dispositione typica systematis logici [...], Hanau 1599, mit Untertitel: Systemati logico annis ab hinc aliquot praemissi [...], Hanau [2]1604, [2]1606, [3]1606, 1609, 1613; Systema logicae, tribus libris adornatum [...], Hanau 1600, [2]1602, 1603, [3]1606, [4]1610, [5]1611, Genf 1611, Hanau 1612, [6]1613, Orleans 1615, Hanau 1616 [editio ultima], 1618, 1620, Frankfurt 1628, [= Pars I, Pars II unter dem Titel: Systematis logici plenioris pars altera, Quaest (Quae est) Specialis (...) (s.u.)]; Systema Grammaticae Hebraeae, sive, sanctae linguae exactior methodus, Hanau 1600; Rhetoricae ecclesiasticae, Sive Artis formandi et habendi conciones sacras, libri duo: Methodice adornati per Praecepta & Explicationes, Hanau 1600, [2]1604, [3]1606, 1619; Systema s.s. theologiae, tribus libris adornatum, Hanau 1602, 1603, [2]1607, Genf 1611, Hanau 1615 [editio ultima]; Gymnasium logicum, Id est, De usu & exercitatione logicae artis absolutiori et pleniori, libri tres, Hanau 1605, London 1606, Hanau 1608, 1621, erw. unter dem Titel: Systemati logici plenioris pars altera, Quaest [Quae est] Specialis [...], antehac Gymnasium logicum appellata [...], Hanau 1609, 1612, Frankfurt 1625; (ed.) Disputationes philosophicae, physicae praesertim, quae in Gymnasio Dantiscano ad Lectionum Philosophicarum cursum paulo plus biennio publice institutae et habitae sunt [...], Hanau 1606, 1611 [Dissertationensammlung]; Systema logicae minus. Succincto praeceptorum compendio tribus libris Annis ab hinc aliquot adornatum [...], Hanau 1606, 1612, 1618; Praecognitorum philosophicorum libri duo. Naturam philosophiae explicantes, et rationem eius tum docendae, tum discendae monstrantes [...], Hanau 1607, 1608, 1612; Systema ethicae, tribus libris adornatum et publicis praelectionibus traditum in Gymnasio Dantiscano, Hanau, London 1607, Hanau 1610, 1613, 1619, Frankfurt 1625; Systema disciplinae politicae, publicis praelectionibus Anno MDCVI, propositum in Gymnasio Dantiscano [...]. Seorsim accessit Synopsis disciplinae oeconomicae [...], Hanau 1607, 1608/1610, 1613, 1616, Frankfurt 1625; Systema rhetoricae, in quo artis praecepta plene et methodice traduntur [...], Hanau 1608, 1612, 1618; (ed.) Disputationes practicae, nempe ethicae, oeconomicae, politicae [...], Hanau 1608, 1612 [Fortsetzung von: Disputationes Philosophicae, Physicae praesertim (s.o.), enthält Disputatio XXI–XXXVI, Dissertationensammlung]; Apparatus practicus, sive idea methodica et plena totius philosophiae practicae, nempe, ethicae, oeconomicae et politicae [...], Hanau 1609; Scientiae metaphysicae compendiosum systema [...], Hanau 1609, 1611, 1615, 1619; Systematis logici plenioris pars altera, Quaest [Quae est] Specialis [...], antehac Gymnasium logicum appellata [...], Hanau 1609, 1612, Frankfurt 1625 [erw. Ausg. von Gymnasium logicum (s.o.), Pars II des Systema logicae (s.o.)]; (ed.) Disputationes politicae speciales et extraordinariae quatuor, Hanau 1610, 1622 [Dissertationensammlung]; Zwo Lehr und Trostreiche Predigten. Die Erste Am Kahrfreytage Die Ander Am Ostermontage Gehalten [...], Danzig 1610; Introductio ad lectionem Ciceronis [...], Hanau 1610, 1615; De natura et proprietatibus historiae, Commentarius [...], Hanau 1610, 1621; Resolutio systematis logici maioris in tabellas pleniores, quam quae antehac fuerunt, Hanau 1610, 1612, 1614, 1617, 1621, Frankfurt 1628; Systema

physicum, septem libris adornatum [...], Danzig, Hanau 1610, Hanau [3]1612, 1617, 1623; Systema astronomiae compendiosum in Gymnasio Dantiscano olim praelectum et 2. libris adornatum [...], Hanau 1611, 1613, 1617; Systema geographicum duobus libris adornatum et publice olim praelectum, Hanau 1611, 1612, 1616; Pia ac devota praeparatio ad sacram synaxin [...], Hanau 1611; Brevis commentatio nautica, Hanau 1611, [mit Systema geographicum] 1611, 1612, 1616, [mit Systema compendiosum totius mathematices] 1617, ed. K. Augustowska, Danzig 1992 [lat./poln.]; Politica specialis gemina prior Polonica. Opus posthumus, Hanau 1611; Systema systematum [...], I–II, II unter dem Titel: Systematis systematum [...], ed. J. H. Alstedt, Hanau 1613; Dispositiones orationum, sive Collegium oratorium [...], ed. Petrus Lossius, Hanau 1615; Systema compendiosum totius mathematices, hoc est, geometriae, opticae, astronomiae et geographiae [...], Hanau 1617, 1621, Oxford 1660/1661; De quantitate et locatione corporis naturalis Tractatus singularis [...], Hanau 1617 [enthält ferner: Synopsis praecognitorum philosophicorum; Disputatio de Cometis (...); Brevis meditatio de dracone volante (...); Manductio ad locos communes jurisprudentiae digerendos; Metaphysicae plenioris particula].

Literatur: M. Adam, Vitae Germanorum philosophorum [...], Heidelberg, Frankfurt 1615, Frankfurt 1663, 499–502, [3]1706 [enthalten in: ders., Dignorum laude virorum, quos musa vetat mori, immortalitas, seu vitae theologorum, jure-consultorum & politicorum, medicorum, atque philosophorum (...)], 232–234; P. Althaus, Die Prinzipien der deutschen reformierten Dogmatik im Zeitalter der aristotelischen Scholastik. Eine Untersuchung zur altprotestantischen Theologie, Leipzig 1914 (repr. Darmstadt 1967), 20–56, 76–85, 138–145, 241–254; K. Bauer, Aus der großen Zeit der theologischen Fakultät zu Heidelberg, Lahr 1938; E. Bonfatti, Die Rezeption von Johannes Althusius' »Civilis Conservationis Libri Duo« durch B. K. und Johann Heinrich Alsted, in: ders./G. Duso/M. Scattola (eds.), Politische Begriffe und historisches Umfeld in der Politica methodice digesta des Johannes Althusius, Wiesbaden 2002, 315–329, bes. 320–323; M. Büttner, Die Geographia generalis vor Varenius. Geographisches Weltbild und Providentiallehre, Wiesbaden 1973, 172–205; ders., Die Emanzipation der Geographie zu Beginn des 17. Jahrhunderts. Ein Beitrag zur Geschichte der Naturwissenschaft in ihren Beziehungen zur Theologie, Sudh. Arch. 59 (1975), 148–164, bes. 156–164; ders., Die Beziehung zwischen Theologie und Geographie bei B. K., Neue Z. für systematische Theol. u. Religionsphilos. 18 (1976), 209–224; ders., Die Neuausrichtung der Providentiallehre durch B. K. im Zusammenhang der Emanzipation der Geographie aus der Theologie, Z. Religions- u. Geistesgesch. 28 (1976), 123–132; ders., B. K. (1572–1609), in: ders. (ed.), Wandlungen im geographischen Denken von Aristoteles bis Kant, Paderborn etc. 1979, 153–172; D. Facca, Bartlomiej K. i filozofia, Warschau 2005; J. S. Freedman, The Career and Writings of Bartholomew K. (d. 1609), Proc. Amer. Philos. Ass. 141 (1997), 305–364 (mit Bibliographie, 338–364); N. W. Gilbert, Renaissance Concepts of Method, New York 1960, 1963, 214–220; H. Klueting, K., RGG IV ([4]2001), 916–917; A. Krawczyk, B. K.'s Concept of History, Organon 24 (1988), 195–207; J.-C. Margolin, K., Enc. philos. universelle III (1992), 1245; C. Mercer, K., REP V (1998), 224–225; R. A. Muller, ›Vera philosophia cum sacra Theologia nusquam pugnat‹. K. on Philosophy, Theology, and the Problem of Double Truth, The Sixteenth Century J. 15 (1984), 341–365, rev. in: ders., After Calvin. Studies in the Development of a Theological Tradition, Oxford/New York 2003, 122–136; W. Risse,

Die Logik der Neuzeit I (1500–1640), Stuttgart-Bad Cannstatt 1964, 443–450; O. Ritschl, System und systematische Methode in der Geschichte des wissenschaftlichen Sprachgebrauchs und der philosophischen Methodologie, Bonn 1906, 25–40, bes. 26–30; ders., Dogmengeschichte des Protestantismus III (Orthodoxie und Synkretismus in der altprotestantischen Theologie. Die reformierte Theologie des 16. und des 17. Jahrhunderts in ihrer Entstehung und Entwicklung), Göttingen 1926, 270–282; G. Roncaglia, Buone e cattive fantasie. La riflessione sugli enti inesistenti nella logica di Bartholomaeus K., Metaxù 13 (1992), 80–104; P. L. Rose, K., DSB VII (1973), 268–270; T. Schieder, Briefliche Quellen zur politischen Geistesgeschichte Westpreußens vom 16. bis 18. Jahrhundert I. 9 Briefe B. K.s, Altpreußische Forsch. 18 (1941), 262–275; W. Schmidt-Biggemann, Topica universalis. Eine Modellgeschichte humanistischer und barokker Wissenschaft, Hamburg 1983, 89–100; J. Staedtke, K., NDB XI (1977), 388–389; M. W. F. Stone, The Adoption and Rejection of Aristotelian Moral Philosophy in Reformed ›Casuistry‹, in: ders./J. Kraye (eds.), Humanism and Early Modern Philosophy, London/New York 2000, 59–90, bes. 66–73; L. Szczucki, K., in: H. J. Hillerbrand (ed.), The Encyclopedia of Protestantism II, New York/London 2004, 1015; L. Thorndike, A History of Magic and Experimental Science, I–VIII, New York/London 1923–1958 (repr. New York 1975), VII, 375–379; C. E. Vasoli, Logica ed ›enciclopedia‹ nella cultura tedesca del tardo Cinquecento e del primo Seicento. Bartholomaeus K., in: V. M. Abrusci/E. Casari/M. Mugnai (eds.), Atti del convegno internazionale di storia della logica, San Gimignano, 4–8 dicembre 1982, Bologna 1983, 97–116; ders., B. K. e la storia della logica, in: [ohne Herausgeber] La storia della philosophia come sapere critico. Studi offerti a Mario Dal Pra, Mailand 1984, 240–259; O. Weber, Analytische Theologie. Zum geschichtlichen Standort des Heidelberger Katechismus, in: ders., Die Treue Gottes in der Geschichte der Kirche. Gesammelte Aufsätze II, Neukirchen 1968, 131–146, bes. 138–141; E. Wenneker, K., in: BBKL III (1992), 1280–1283; S. Wollgast, Philosophie in Deutschland zwischen Reformation und Aufklärung, 1550–1650, Berlin 1988, 1993, 169–173; W. H. van Zuylen, B. K. Sein Leben und Wirken, Diss. Tübingen 1934. – Biographische Enzyklopädie Deutschsprachiger Philosophen, München, Darmstadt 2001, 212–213.   J. M.

kein, logische Partikel (↑Partikel, logische), vertritt, synonym zu ›nicht ein‹ in der natürlichen Sprache (↑Sprache, natürliche), den mit der ↑Negation des ↑Einsquantors (Symbol: ⋁) gleichwertigen ›Keinquantor‹ (Symbol: ⋁̸), und zwar in der Regel gefolgt von einem ↑Prädikator, der den ↑Variabilitätsbereich für die als Prädikat auftretende ↑Aussageform anzeigt. Z. B.: ›kein Mensch wohnt am Nordpol‹, symbolisiert: ›⋁̸$_x$ $x\,\varepsilon$ am Nordpol wohnen‹, wobei ›x‹ eine ↑Objektvariable für den Bereich der Menschen ist.   K. L.

Kelsen, Hans, *Prag 11. Okt. 1881, †Berkeley Calif., 19. April 1973, österr. Rechtstheoretiker, Begründer der ›Reinen Rechtslehre‹. Studium der Rechtswissenschaft (1901–1906) und Promotion (1906, Die Staatslehre des Dante Alighieri, in: Wiener staatswiss. Stud. 6 [1905], H. 3) in Wien. Die Habilitationsschrift (Hauptprobleme der Staatsrechtslehre entwickelt aus der Lehre

vom Rechtssatze, 1911) behandelt bereits den späteren Arbeitsschwerpunkt. 1918, nicht zuletzt wegen K.s jüdischer Abstammung verzögert, a.o. Prof., 1919 o. Prof. für Staats- und Verwaltungsrecht an der Universität Wien. K. arbeitete maßgeblich am Entwurf zum Bundes-Verfassungsgesetz der Republik Österreich mit. 1930 o. Prof. in Köln, 1933 Emigration und Prof. am »Institut Universitaire des Hautes Études Internationales« in Genf; 1936–1938 an der Deutschen Universität in Prag Prof. für Völkerrecht. 1939 Flucht in die USA und Lehre an der Harvard Law School (1940–1942), 1942 Prof. am Political Science Department der University of California in Berkeley. Trotz einer Vielzahl von Veröffentlichungen aus dem gesamten Bereich der Rechtswissenschaft, insbes. des Völkerrechts, lag der Schwerpunkt der Arbeiten K.s auf dem Gebiet der allgemeinen Rechtslehre, die sich zu dem in sich geschlossenen System der ›Reinen Rechtslehre‹ entwickelte. Als Theorie des positiven Rechts richtet sich K.s Ansatz sowohl gegen die soziologische Methode als auch gegen die Lehre vom ↑Naturrecht. Eine erste systematische Zusammenfassung seiner Ergebnisse erfolgte in der »Allgemeinen Staatslehre« (1925) und dem »Grundriß einer allgemeinen Theorie des Staates« (1926). 1934 erschien die erste Fassung der noch als »Einleitung in die rechtswissenschaftliche Problematik« bezeichneten 1. Auflage der »Reinen Rechtslehre«, die K. 1960 überarbeitet neu herausgab.

K. entwirft im Anschluß an die Erkenntnistheorie I. Kants seine ›Reine Rechtslehre‹ als ↑transzendentale, allgemeine und formale Theorie der Bedingungen der Möglichkeit des ↑Rechts. Sie ist eine Theorie des positiven Rechts, die unter strikter Trennung von Moral und Recht in der Rechtsnorm (↑Norm (juristisch, sozialwissenschaftlich)) nicht primär einen ↑Imperativ sieht, dessen Nichtbefolgung mit einer Zwangsandrohung verknüpft wird, sondern das Wesen der Rechtsnorm durch die Androhung des Zwangsaktes selbst bestimmt. Ohne Normadressaten in einem moralischen Subjekt ist der Rechtssatz ein hypothetisches Urteil (↑Urteil, hypothetisches) mit der Aussage über die Rechtsfolge eines erfüllten Tatbestands nach dem Prinzip der ↑Zurechnung. Während K. das Naturrecht als Verdoppelung seines Erkenntnisgegenstandes im Bereich der Werte (↑Wert (moralisch)) kritisiert, ist der Sollenscharakter (↑Sollen) der positiven Rechtsnorm gegenüber dem Geltungsanspruch des Naturrechts eingeschränkt. Die Gültigkeit der positiven Norm bestimmt sich formal durch die Entsprechung des Normsetzungs*aktes* mit dem vorgeschriebenen Normsetzungs*verfahren*, material durch die stufenweise Übereinstimmung mit jeweils übergeordneten Normen, wobei zur Vermeidung eines infiniten Regresses eine Grundnorm eingeführt wird, die den Rechtsgrund in der Ermächtigung zu Rechtsetzungsakten nach einem bestimmten Normsetzungsverfahren statuiert und selbst nicht zum positiven Recht gehört, sondern es bedingt. K. bestimmt die Funktion des im konkreten, historischen Staat verkörperten Zwangssystems des positiven Rechts daher nicht als Annäherung an die Idee der ↑Gerechtigkeit, sondern an die des Friedens (↑Frieden (historisch-juristisch)), und hebt damit den traditionellen Dualismus von Staat und Recht (↑Rechtspositivismus) auf.

Werke: Hauptprobleme der Staatsrechtslehre entwickelt aus der Lehre vom Rechtssatze, Tübingen 1911, ²1923, Aalen 1984; Sozialismus und Staat. Eine Untersuchung der politischen Theorie des Marxismus, Arch. Gesch. Sozialismus u. Arbeiterbewegung 9 (1920), 1–129, separat [erw.] Leipzig ²1923, ed. N. Leser, Wien ³1965; Das Problem der Souveränität und die Theorie des Völkerrechts. Beitrag zu einer reinen Rechtslehre, Tübingen 1920, ²1928, Aalen 1981; Der soziologische und der juristische Staatsbegriff. Kritische Untersuchung des Verhältnisses zwischen Staat und Recht, Tübingen 1922, ²1928, Aalen 1981; Rechtswissenschaft und Recht. Erledigung eines Versuches zur Überwindung der ›Rechtsdogmatik‹, Wien/Leipzig 1922; Allgemeine Staatslehre, Berlin 1925, Wien 1993; Das Problem des Parlamentarismus, Wien/Leipzig 1926 (repr. Darmstadt 1968); Grundriß einer allgemeinen Theorie des Staates, Wien/Leipzig 1926 (repr. Darmstadt 1968); Die philosophischen Grundlagen der Naturrechtslehre und des Rechtspositivismus, Charlottenburg 1928 (engl. General Theory of Law and State, Cambridge Mass. 1945, [erw.] 2006; franz. Théorie générale du droit et de l'État. Suivi de La doctrine du droit naturel et le positivisme juridique, Brüssel 1997); Rechtsgeschichte gegen Rechtsphilosophie?, Wien 1928, Neudr. in: ders., Der Staat als Integration. Unrecht und Unrechtsfolge im Völkerrecht. Rechtsgeschichte gegen Rechtsphilosophie?, Aalen 1971, 1994, 231–261; Der Staat als Integration. Eine prinzipielle Auseinandersetzung, Wien 1930, 1995, ferner in: ders., Der Staat als Integration. Unrecht und Unrechtsfolge im Völkerrecht. Rechtsgeschichte gegen Rechtsphilosophie? [s.o.], 1–97; Unrecht und Unrechtsfolge im Völkerrecht, Wien/Berlin 1932, Neudr. in: ders., Der Staat als Integration. Unrecht und Unrechtsfolge im Völkerrecht. Rechtsgeschichte gegen Rechtsphilosophie? [s.o.], 101–228; Reine Rechtslehre. Einleitung in die rechtswissenschaftliche Problematik, Leipzig/Wien 1934, Aalen 1994 (engl. Introduction to the Problems of Legal Theory, Oxford 1992, 2002), erw. unter dem Titel: Reine Rechtslehre. Mit einem Anhang: Das Problem der Gerechtigkeit, Wien 1960, 2000 (engl. Pure Theory of Law, Berkeley Calif. 1967, Clark N. J. 2005); International Affairs. Is a Peace Treaty with Germany Legally Possible and Politically Desirable?, Amer. Political Sci. Rev. 41 (1947), 1188–1193; Law, State and Justice in the Pure Theory of Law, Yale Law J. 57 (1948), 377–390; Collective Security and Collective Self-Defense under the Charter of the United Nations, Amer. J. Int. Law 42 (1948), 783–796; Withdrawal from the United Nations, Western Political Quart. 1 (1948), 29–43; The Polit. Theory of Bolshevism. A Critical Analysis, Berkeley Calif. 1948, Clark N. J. 2007; Absolutism and Relativism in Philosophy and Politics, Amer. Polit. Sci. Rev. 42 (1948), 906–914; The Natural-Law Doctrine before the Tribunal of Science, Western Polit. Quart. 2 (1949), 481–513; The Law of the United Nations. A Critical Analysis of Its Fundamental Problems, London/New York 1950, New York 2000, unter dem Titel: Recent Trends in the Law of the United Nations. A Supplement to the Law of the United Nations,

London/New York 1951, ⁴1964; Principles of International Law, New York 1952, ed. R. W. Tucker, ²1967, Nachdr. d. 1. Aufl., Clark N. J. 2004; What Is Justice? Justice, Law, and Politics in the Mirror of Science. Collected Essays, Berkeley Calif. 1957, Union N. J. 2000 (dt. [teilweise] in: ders., Aufsätze zur Ideologiekritik, ed. E. Topitsch, Neuwied/Berlin 1964, unter dem Titel: Staat und Naturrecht. Aufsätze zur Ideologiekritik, München ²1989); Allgemeine Theorie der Normen, ed. K. Ringhofer/ R. Walter, Wien 1979, 1990 (engl. General Theory of Norms, Oxford/New York 1991; franz. Théorie générale des norms, Paris 1996).

Literatur: B. Celano, K.'s Concept of the Authority of Law, Law and Philos. 19 (2000), 173–199; D. Diner/M. Stolleis (eds.), H. K. and Carl Schmitt. A Juxtaposition, Gerlingen 1999; H. Dreier, Rechtslehre, Staatssoziologie und Demokratietheorie bei H. K., Baden-Baden 1986; W. Ebenstein, Die Rechtsphilosophische Schule der Reinen Rechtslehre, Prag 1938 (repr. Vaduz 1968), Frankfurt 1969 (engl. [erw.] The Pure Theory of Law, Madison Wisc. 1945, New York 1969); K. Engisch, Die Einheit der Rechtsordnung, Heidelberg 1935 (repr. Darmstadt 1987); M. P. Golding, K. and the Concept of »Legal System«, Arch. Rechts- u. Sozialphilos. 47 (1961), 355–386; R. Hauser, Norm, Recht und Staat. Überlegungen zu H. K.s Theorie der Reinen Rechtslehre, Wien/New York 1968; C. Heidemann, Die Norm als Tatsache. Zur Normtheorie H. K.s, Baden-Baden 1997; H. Heller, Die Krisis der Staatslehre, Arch. Sozialwiss. u. Sozialpolitik 55 (1926), 289–316; R. Hofmann, Logisches und metaphysisches Rechtsverständnis. Zum Rechtsbegriff K.s, München/ Salzburg 1967; F. Koja (ed.), H. K. oder Die Reinheit der Rechtslehre, Wien/Köln/Graz 1988; M. Kriele, Rechtspflicht und die positivistische Trennung von Recht und Moral, Österr. Z. öffentl. Recht NF 16 (1966), 413–429; L. Legaz y Lacambra, K.. Estudio critico de la teoria pura del derecho y del Estado de la Escuela de Viena, Barcelona 1933; K. Leiminger, Die Problematik der Reinen Rechtslehre, Wien/New York 1967; R. A. Métall, H. K.. Leben und Werk, Wien 1969 (mit Bibliographie, 122–155, 162–216); S. L. Paulson, The Weak Reading of Authority in H. K.'s Pure Theory of Law, Law and Philos. 19 (2000), 131–171; ders./M. Stolleis (eds.), H. K.. Staatsrechtslehrer und Rechtstheoretiker des 20. Jahrhunderts, Tübingen 2005; C. Richmond, Preserving the Identity Crisis. Autonomy, System and Sovereignty in European Law, Law and Philos. 16 (1997), 377–420; I. Stewart, The Critical Legal Science of H. K., J. Law and Society 17 (1990), 273–308; R. Tur/W. Twining (eds.), Essays on K, Oxford/New York 1986; L. Vinx, H. K.'s Pure Theory of Law, Oxford 2007; A. Vonlanthen, H. K.s Anschauung über die Rechtsnorm, Berlin 1965; R. Walter, H. K.. Ein Leben im Dienste der Wissenschaft, Wien 1985 (mit Bibliographie, 27–107), unter dem Titel: H. K.s stete Aktualität. Zum 30. Todestag H. K.s mit der aktualisierten Bibliographie der Werke H. K.s, ed. R. Walter/ C. Jabloner/K. Zeleny, Wien 2003 (mit Bibliographie, 118–229). – Rechtserfahrung und Reine Rechtslehre [Symposium aus Anlaß des 20. Todestages von H. K.], Wien/New York 1995 (Forschung aus Staat und Recht 104). H. R. G.

Kelsos (lat. Celsus) aus Alexandreia, griech. Philosoph im 2. Jh. n. Chr., Platoniker (↑Platonismus). Über sein Leben ist nichts bekannt. Als höchstes Ziel menschlichen Strebens gilt K. die Wahrheitserkenntnis, die auf den Grundpfeilern der alten pythagoreischen (↑Pythagoreismus) Maximen der Askesis und der Mathesis, des tugendhaften Lebens und der intellektuellen Anstrengung, beruht. In seinem Hauptwerk »Alethes Logos« (ἀληθὴς λόγος: ›wahres Wort‹ bzw. ›wahre Rede‹; 178–180 verfaßt), einem in hoher Kunstprosa geschriebenen, auch literarisch bedeutsamen Werk, das nur in der Polemik des Platonikers Origenes »Contra Celsum« [um 245] erhalten ist, bekämpft K. aufs schärfste Theorie und Praxis des Christentums seiner Zeit. Als philosophische Basis dient ihm vor allem Platon, doch bezieht er auch die ›Alten Weisen‹ (z. B. die Orphiker, ↑Orphik) und die ↑Stoa als verläßliche Quellen der Wahrheitserkenntnis ein. Am Christentum, das K. bei aller Differenzierung im einzelnen nicht in einem prinzipiellen Gegensatz zum Judentum sieht, kritisiert er – neben der Lehre – vor allem dessen konkrete Erscheinungsform. Er wirft den Christen unter anderem isolierte, esoterische und exklusive Lebensführung, aggressive Missionspraxis und absonderliche Bußpraktiken vor, insbes. die Nichtbeteiligung am staatlichen und gesellschaftlichen Leben; sie würden den Staat im Stich lassen und damit das in Auflösung begriffene Reich mit seinen zivilisatorischen Errungenschaften in seiner Existenz gefährden.

Religionsphilosophisch (↑Religionsphilosophie) vertritt K. die (platonistische) Vorstellung, Gott (↑Gott (philosophisch)) sei unveränderbar, gestaltlos, an Bewegung weder aktiv noch passiv teilnehmend, absolut erhaben und transzendent (↑transzendent/Transzendenz) sowie die letzte Ursache allen Seins und Denkens, weshalb er prinzipiell außerhalb jeder kultischen Verehrung stehe; daß er zu den Menschen ›herabsteige‹ oder sich in irgendeiner Weise um sie kümmere (›göttliche Vorsehung‹), sei eines Gottes nicht würdig. Auch werde er nicht durch ↑Offenbarung, sondern nur mit den Mitteln des allen Menschen gemeinsamen ↑Logos erkannt (hierin folgt K. der Logoslehre der Stoa). Neben dem ›obersten‹ Wesen kennt K. etliche in verschiedenen Seinsebenen hierarchisch angesiedelte ›Untergötter‹, an erster Stelle (alter griech. Tradition folgend) die Gestirne, dann zahlreiche Dämonen, deren Einfluß und Wirkungsweise für die Lebensführung wichtig sei; in ihren niederen Erscheinungsformen konkurrieren diese mit menschlichen Herrschern und Königen (vice versa).

Werke: Celsus' wahres Wort. Älteste Streitschrift antiker Weltanschauung gegen das Christentum vom Jahr 178 n. Chr., Übers. T. Keim, Zürich 1873, unter dem Titel: Gegen die Christen, München 1984 (engl. On the True Doctrine. A Discourse Against the Christians, New York/Oxford 1987); Origenes' Werke, I–II (Gegen Celsus), ed. P. Koetschau, Leipzig 1899; Ἀληθὴς λόγος, ed. O. Glöckner, Bonn 1924; Des Origines acht Bücher gegen Celsus, in: P. Koetschau (ed.), Des Origines Ausgewählte Schriften, II–III, München 1926/1927; H. O. Schröder, Der Alethes Logos des Celsus. Untersuchungen zum Werk und seinem Verfasser mit einer Wiederherstellung des griechischen Textes und Kommentar, Habil. Gießen 1939; H. Chadwick, Origen. Contra Celsum (engl.), Cambridge 1953, 1980; Die ›Wahre

Lehre‹ des K., ed. u. übers. H. E. Lona, Freiburg/Basel/Wien 2005 (mit Einleitung, 11–70). – Totok I (1964), 327–328.

Literatur: B. Aland, Frühe direkte Auseinandersetzungen zwischen Christen, Heiden und Häretikern, Berlin/New York 2005, bes. 2–20 (Kap. I Celsus und Origenes); C. Andresen, Logos und Nomos. Die Polemik des K. wider das Christentum, Berlin 1955; R. Bader, Der Ἀληθὴς λόγος des K., Stuttgart 1940; M. Baltes, K., DNP VI (1997), 385–387; J. Dillon, Celsus, REP II (1998), 264; H. Dörrie, Besprechung von C. Andresen, Logos und Nomos [s. o.], Gnomon 29 (1957), 185–196, Nachdr. in: ders., Platonica Minora, München 1967, 263–274; ders., Die platonische Theologie des K. in ihrer Auseinandersetzung mit der christlichen Theologie auf Grund von Origenes c. Celsum 7, 42 ff., Nachr. Akad. Wiss. Göttingen, philol.-hist. Kl. 1967, Nr. 2, Göttingen 1967, 19–55, Nachdr. in: ders., Platonica Minora [s. o.], 229–262; ders., K., KP III (1969), 179–181; O. Glöckner, Celsus' Ἀληθὴς λόγος, Diss. Münster 1923; R. M. Grant, Celsus, Enc. Ph. II (1967), 66–67; I. Hadot, Celsus, RGG II (⁴1996), 86–87; J. W. Hargis, Against the Christians. The Rise of Early Anti-Christian Polemic, New York etc. 1999, bes. 17–61 (Chap. II Celsus and the »Revolt Against the Community«, III Celsus, Plato and the Gods); R. Joly, Celse, DP I (²1993), 551–552; M. R. P. McGuire, Celsus, in: B. L. Marthaler u. a. (eds.), New Catholic Encyclopedia III, Detroit Mich. etc. ²2003, 329–330; P. Merlan, Celsus, RAC II (1954), 954–965; A. Miura-Stange, Celsus und Origenes. Das Gemeinsame ihrer Weltanschauung nach den acht Büchern des Origenes gegen Celsus, Gießen 1926; K. J. Neumann, Celsus 20, RE III/2 (1899), 1884–1885; B. Oehl, Mythos und Häresie, in: R. v. Haehling (ed.), Griechische Mythologie und frühes Christentum, Darmstadt 2005, 311–338; K. Pichler, Streit um das Christentum. Der Angriff des K. und die Antwort des Origenes, Frankfurt etc. 1980; G. Rexin, K., LThK V (³1996), 1389–1390; A. Wifstrand, Die wahre Lehre des K., Bull. Soc. Royale des Lettres de Lund 1941/1942, Lund 1942, 391–431. M. G.

Kennzeichnung (engl. definite description), zuweilen auch (in Anlehnung an den englischen Sprachgebrauch) ›bestimmte Kennzeichnung‹, in der modernen ↑Logik und ↑Sprachphilosophie seit B. Russell übliche Bezeichnung für das Verfahren, (partikulare) Gegenstände eines Gegenstandsbereichs P, z. B. Menschen, durch Eigenschaften, z. B. zu einer bestimmten Zeit an einem bestimmten Ort geboren zu sein, zu charakterisieren. Es geht daher darum, eine einstellige ↑Aussageform zu finden, die unter den P-Gegenständen allein von dem zu charakterisierenden Gegenstand erfüllt wird. In einem solchen Falle kann aus der über dem Bereich P erklärten kennzeichnenden Aussageform ›$A(x)$‹ durch Davorsetzen des ↑Kennzeichnungsoperators ›ι‹ bei gleichzeitiger Bindung der Variablen ›x‹ ein ↑Kennzeichnungsterm – meist ebenfalls ›K.‹ genannt – ›$\iota_x A(x)$‹ gebildet werden, der als Ersatz für einen ↑Eigennamen dienen kann und daher zu den ↑Nominatoren, d. s. benennende sprachliche Ausdrücke (↑Benennung), zählt. Man gibt ›$\iota_x A(x)$‹ durch ›dasjenige x/derjenige Gegenstand x, das/der $A(x)$ erfüllt‹ wieder. Ist hierbei die ↑Objektvariable ›x‹ bereits auf einen durch den ↑Prädikator ›Q‹ charakterisierten ↑Objektbereich, z. B. Menschen, beschränkt, so liest man ›$\iota_x A(x)$‹ auch als: ›der/die/das Q, welche(r/s) $A(x)$ erfüllt‹, z. B. ›der Mensch, der mir heute morgen als erster begegnete‹. Ist weiter ›$A(x)$‹ speziell eine Elementaraussageform (↑Elementaraussage) ›$x \varepsilon P$‹, z. B. ›$x \varepsilon$ natürlicher Satellit der Erde‹ oder ›$x \varepsilon$ Lehrer Platons‹, so verkürzt man ›$\iota_x x \varepsilon P$‹ auch zu ›ιP‹, gelesen: ›der/die/das P‹, im Beispiel: ›der natürliche Satellit der Erde‹ oder ›der Lehrer Platons‹, gleichwertig mit ›der Mensch, der Lehrer Platons ist/war‹. Allerdings ist nicht jede Verwendung des bestimmten Artikels im Singular vor prädikativen Ausdrücken ein Fall einer K.; z. B. muß der Satz ›der Mensch ist sterblich‹ als genereller Satz ›alle Menschen sind sterblich‹ logisch analysiert werden.

Wie der Beispielterm ›der Mensch, der mir heute morgen als erster begegnete‹ zeigt, werden umgangssprachlich einen Gegenstand kennzeichnende Aussageformen oft nur dadurch gefunden, daß auf die Sprechsituation, also den ↑Kontext der Äußerung, bezogene benennende Ausdrücke wie Demonstrativpronomina und/oder ↑Indikatoren (im Beispiel: ›heute morgen‹ und ›mir‹) in die Bildung der kennzeichnenden Aussageform eingehen. Dergleichen benennende Ausdrücke, die sich logisch normieren lassen, indem das Demonstrativum ›dies‹ – ein ohne jeden prädikativen Anteil, wie ›näherliegend‹ im Falle des deutschen Demonstrativpronomens ›dieser/diese/dieses‹, verwendetes und daher in ausschließlich ↑deiktischer Funktion auftretendes ›logisches‹ Demonstrativpronomen – vor einen prädikativen Ausdruck gesetzt wird (z. B. ›dies[e] schöne Blume‹, ›dies[er] Mensch‹), heißen ihrerseits ›deiktische Kennzeichnungen‹ (↑indexical) bzw. ›deiktische ↑Kennzeichnungsterme‹, auch wenn sie wegen der fehlenden Situationsunabhängigkeit ihrer benennenden Funktion nicht von allen Autoren zu den K.en gezählt werden. K.en mit Hilfe von Aussageformen ohne situationsbezogene Bestandteile, in denen also alle Kontextabhängigkeiten sprachlich artikuliert sind, wie z. B. innerhalb einer ↑Wissenschaftssprache üblich, sollten daher genauer ›eigentliche K.en‹ (engl. proper definite descriptions) heißen.

Die Berechtigung, eigentliche K.sterme logisch wie Eigennamen zu behandeln, leitet sich aus den beiden für sie charakteristischen Eigenschaften her: Existenz (↑Existenz (logisch)) und Eindeutigkeit (↑eindeutig/Eindeutigkeit). Dabei ist »›$\iota_x A(x)$‹ ε existiert« definiert durch ›$\bigvee_x A(x)$‹ (gelesen: ›es gibt Gegenstände x, die $A(x)$ erfüllen‹/›für manche x gilt $A(x)$‹). D. h., ›Existenz‹ ist kein Prädikator 1. Stufe, kein ›reales Prädikat‹ (I. Kant), sondern ein ↑Metaprädikator mit der Eigenschaft »›$\iota_x A(x)$‹ ε existiert $\asymp$ ›$A(x)$‹ ε erfüllbar«. Weiter ist »›$\iota_x A(x)$‹ ε eindeutig« definiert durch ›$\bigwedge_{x,y}(A(x) \wedge A(y) \to x = y)$‹ (gelesen: ›je zwei Gegenstände x, die

$A(x)$ erfüllen, sind gleich‹). Die Konjunktion beider Bedingungen – von D. Hilbert und P. Bernays ›Unitätsformeln‹ genannt – läßt sich logisch äquivalent (↑Äquivalenz) auch durch ›$\bigvee_x \bigwedge_y (A(y) \leftrightarrow x = y)$‹ (d. h., für manche x gilt, daß ein jegliches y genau dann die Aussageform $A(y)$ erfüllt, wenn x gleich y ist) ersetzen und wird mit einem *kennzeichnenden Einsquantor* ›$\bigvee'_x A(x)$‹ (gelesen: ›$A(x)$ wird von genau einem Gegenstand x erfüllt‹/›für genau ein x gilt $A(x)$‹) geschrieben. Man kann daraufhin beweisen, daß die logischen Regeln über den Umgang mit ↑Konstanten (z. B. $B(n) \prec \bigvee_x B(x)$, d. h., wird eine Aussageform $B(z)$ vom Gegenstand n erfüllt, so gibt es – ersichtlich – Gegenstände, die $B(z)$ erfüllen) auch für K.sterme gelten. Bei diesem Beweis werden die K.sterme zum Bereich der Konstanten – bzw. für den Fall, daß K.sterme noch freie ↑Variablen enthalten (nämlich wenn sie aus mehrstelligen Aussageformen gebildet sind), zum Bereich der Objektformen – hinzugefügt. Der Beweis läuft darauf hinaus, die Definierbarkeit (↑definierbar/Definierbarkeit) von $B(\iota_x A(x))$ (d. h., dasjenige x, welches $A(x)$ erfüllt, erfüllt auch $B(x)$) durch $\bigvee_x(A(x) \wedge B(x))$ (d. h., es gibt Gegenstände x, die $A(x)$ und $B(x)$ erfüllen) nachzuweisen. Den gleichen Zweck erfüllt die Definition von $B(\iota_x A(x))$ durch $\bigwedge_x(A(x) \to B(x))$ (d. h., alle Gegenstände x, die $A(x)$ erfüllen, erfüllen auch $B(x)$). Diese Eliminierbarkeit (↑Elimination) der K.sterme wurde für die ↑Quantorenlogik 1. Stufe mit Gleichheit formulierte axiomatische Theorien (↑System, axiomatisches) erstmals von Hilbert und Bernays bewiesen.

Macht man sich diese logische Konstruktion zunutze und ersetzt umgekehrt sämtliche Konstanten, also insbes. die Eigennamen, durch K.en, indem man von der Konstanten n zur Aussageform $N(x) \leftrightharpoons x = n$ (d. h. gleich-n-sein) und von dort zur K. $\iota_x N(x)$ übergeht, so sind, worauf W. V. O. Quine aufmerksam gemacht hat, auch alle Konstanten eliminierbar: In axiomatischen Theorien genügt es, sich auf Objektvariable als einzige Terme zu beschränken. Es ist wichtig, wie erstmals G. Frege und später P. F. Strawson (allerdings unter Berücksichtigung auch deiktischer K.en) gegen Russell betont haben, Existenz und Eindeutigkeit nicht als Eigenschaften eines K.sterms anzusehen, die bei seiner Verwendung *mitbehauptet* sind; sie müssen vielmehr als *vorausgesetzt* behandelt werden, gehen daher bei der Verwendung von K.en als Existenzpräsupposition und Eindeutigkeitspräsupposition ein (↑Präsupposition). Russell und, vor ihm, J. S. Mill (der K.en als *auch* ›mitbezeichnende‹ [*connotative*] Nominatoren [*individual names*] im Unterschied zu den Eigennamen, die nur ›bezeichnen‹ [*denote*], behandelt) rekonstruieren einen Satz wie ›der Lehrer Platons wurde vergiftet‹ als ›genau ein Gegenstand ist Lehrer Platons, und dieser Gegenstand wurde vergiftet‹, d. h. $B(\iota_x A(x))$ als $\bigvee'_x (A(x) \wedge \bigvee_x(A(x) \wedge B(x)))$.

Die Mill-Russellsche Rekonstruktion muß jedoch im Unterschied zu derjenigen durch $\bigvee_x (A(x) \wedge B(x))$ oder durch $\bigwedge_x (A(x) \rightarrow B(x))$, beidemal *unter der Voraussetzung* $\bigvee_x A(x)$, auf die Gleichwertigkeit von Konstanten mit K.stermen in allen Kontexten verzichten, kann K.sterme also nicht mehr wie Nominatoren behandeln. Trotzdem folgt daraus natürlich nicht, daß Aussagen, die K.sterme ohne Nachweis von deren Existenz und Eindeutigkeit enthalten, als nicht korrekt gebildet, also als bereits syntaktisch unzulässig, anzusehen sind, wie es, zumindest für Wissenschaftssprachen, Frege, Hilbert und Bernays gefordert haben. Man sollte vielmehr eine K. ›potentiell‹ nennen, solange Existenz und Eindeutigkeit und damit ihre semantische Zulässigkeit noch nicht nachgewiesen sind. Dieser Fall liegt z. B. vor, wenn in der Mathematik nach der Definierbarkeit einer n-stelligen ↑Funktion f durch eine $(n+1)$-stellige Relation R gefragt wird. Dazu müssen die Linksexistenz $\bigwedge_{x_1,\ldots,x_n} \bigvee_y R(y, x_1, \ldots, x_n)$ und die Linkseindeutigkeit

$$\bigwedge_{x_1,\ldots,x_n,y_1,y_2} (R(y_1, x_1, \ldots, x_n) \wedge R(y_2, x_1, \ldots, x_n) \rightarrow y_1 = y_2)$$

nachgewiesen werden, um den Wert von f für das Argument $\langle x_1, \ldots, x_n \rangle$ als $\iota_y R(y, x_1, \ldots, x_n)$ bestimmen zu können. Ist R_+ etwa die als Menge der ableitbaren Tripel im ↑Kalkül K mit den Regeln $\Rightarrow n|, n, |$ und $k, n, m \Rightarrow k|, n, m|$ (das Komma hier als ↑Atomfigur) induktiv definierte dreistellige Additionsrelation auf dem Bereich der durch die ableitbaren Figuren im ↑Strichkalkül S mit den Regeln $\Rightarrow|$ und $n \Rightarrow n|$ darstellbaren Grundzahlen, so heißt $\iota_z R_+(z, x, y)$ ›die Summe von x und y‹ und wird üblicherweise als ›$x + y$‹ notiert. Ein weiteres Beispiel potentieller K. sind Existenz und Eindeutigkeit von ↑Grenzwerten in der Analysis. Dabei sind bestimmte Limesterme als *echte* (Hilbert/Bernays: ›eigentliche‹) K.en nachzuweisen. So muß etwa für die ↑Stetigkeit einer Funktion f an der Stelle x_0 Existenz und Eindeutigkeit der K. mit Hilfe des Terms $\lim_{x \to x_0} f \gamma x$ (die Variable x tritt hier nur gebunden auf) gesichert werden. Dieser Term läßt sich als K.sterm

$$\iota_y \bigwedge_{\varepsilon > 0} \bigvee_{\delta > 0} \bigwedge_x (|x - x_0| < \delta \rightarrow |f \gamma x - y| < \varepsilon)$$

auffassen. Dabei ziehen die Gleichheit zweier Terme und die Existenz des einen keineswegs die Existenz des anderen nach sich. – Potentielle K. liegt auch vor, wenn in der Philologie die Verfasserschaft von überlieferten Texten geklärt werden soll, etwa Homer als *der* Verfasser der »Ilias« und der »Odyssee«. Häufig wird der Ausdruck ›K.‹ auch dann beibehalten, wenn entweder Existenz oder Eindeutigkeit verletzt ist; die K. heißt dann ›fingiert‹, z. B. ›der Satellit der Erde‹ (Eindeutigkeit ist verletzt), ›die kleinste positive rationale Zahl‹ (Existenz ist

verletzt). Von fingierten K.en ist der legitime Gebrauch fiktionaler K.en in literarischen Texten (↑Fiktion, literarische) zu unterscheiden, durch die Gegenstände nur hinsichtlich ihres semiotischen (↑Semiotik) Anteils, also ihrer *erzählten* Eigenschaften, charakterisiert werden.

Vollständige K.en, gewonnen aus der Konjunktion *aller* einem Gegenstand zukommenden Prädikatoren, haben in der philosophischen Tradition, z. B. bei G. W. Leibniz, eine wichtige Rolle gespielt bei dem Versuch, (partikulare) Gegenstände durch das Bündel ihrer Eigenschaften, insbes. Individuen durch ihren jeweiligen ↑Individualbegriff (↑Begriff, vollständiger), zu ersetzen, also Aussagen über Gegenstände als geeignete Aussagen über Aussageformen zu verstehen. Die Konsequenzen solcher auf vollständige Theoretisierung, also begriffliches Erfassen auch des praktischen Anteils im Umgang mit Gegenständen, hinauslaufenden Versuche sind trotz der Anstrengungen G. W. F. Hegels um das »Aufheben des Gegensatzes zwischen Begriff und Realität« (Wissenschaft der Logik II, 3. Abschnitt, Kap. 3, Ges. Werke XII, 246) bis heute noch nicht hinreichend durchdacht.

Literatur: E. M. Barth, De Logica van de Lidwoorden in de traditionele Filosofie, Leiden 1971 (engl. The Logic of the Articles in Traditional Philosophy. A Contribution to the Study of Conceptual Structures, Dordrecht/Boston Mass. 1974); T. Burge, Truth and Singular Terms, Noûs 8 (1974), 309–325, ferner in: K. Lambert (ed.), Philosophical Applications of Free Logic, New York/Oxford 1991, 189–204; W. Carl, Bertrand Russell: Die Theory of Descriptions. Ihre logische und erkenntnistheoretische Bedeutung, in: J. Speck (ed.), Grundprobleme der großen Philosophen. Philosophie der Gegenwart I (Frege – Carnap – Wittgenstein – Popper – Russell – Whitehead), Göttingen 1972, 215–263, ²1979, 216–264; K. Döhmann, Die Darstellung des Deskriptors in verschiedenartigen Sprachen, in: P. Weingartner (ed.), Deskription, Analytizität und Existenz, Salzburg, München 1966, 20–37; K. S. Donnellan, Reference and Definite Descriptions, Philos. Rev. 75 (1966), 281–304; B. C. van Fraassen/K. Lambert, On Free-Description Theory, Z. math. Logik u. Grundlagen d. Math. 13 (1967), 225–240; G. Frege, Über Sinn und Bedeutung, Z. Philos. phil. Kritik NF 100 (1892), 25–50 (Nachdr. in: ders., Funktion, Begriff, Bedeutung. Fünf logische Studien, ed. G. Patzig, Göttingen 1962, ⁶1986, ed. M. Textor, Göttingen 2002, 40–65); G. Gabriel, Fiktion und Wahrheit. Eine semantische Theorie der Literatur, Stuttgart-Bad Cannstatt 1975; ders., K., K.theorie, Hist. Wb. Ph. IV (1976), 810–813; P. T. Geach, Russell's Theory of Descriptions, Analysis 10 (1950), 84–88; D. Hilbert/P. Bernays, Grundlagen der Mathematik I, Berlin 1934, ²1968, 392–466 (§ 8 Der Begriff ›derjenige‹, welcher‹ und seine Eliminierbarkeit); H. Hochberg, Strawson, Russell and the King of France, Philos. Sci. 37 (1970), 363–384, ferner in: L. L. Blackman (ed.), Classics of Analytic Metaphysics, Lanham Md./New York/London 1984, 387–412; W. Kamlah/P. Lorenzen, Logische Propädeutik. Oder Vorschule des vernünftigen Redens, Mannheim 1967, ²1973, Stuttgart ³1996 (engl. Logical Propaedeutic. Pre-School of Reasonable Discourse, Lanham Md. 1984); L. Linsky, Referring, London 1967, Atlantic Highlands N. J. 1980; ders., Names and Descriptions, Chicago Ill./London 1977, 1980; E. Mendelson, A Semantic Proof of the Eliminability of Descriptions, Z. math. Logik u. Grundlagen d.

Math. 6 (1960), 199–200; J. S. Mill, A System of Logic, Ratiocinative and Inductive, Being a Connected View of the Principles of Evidence and the Method of Scientific Investigation I, London 1843, Toronto/London 1973 (= Collected Works VII), bes. 24–45 (Book I, Chap. II, § 5) (dt. System der deductiven und inductiven Logik I. Eine Darlegung der Principien wissenschaftlicher Forschung, insbesondere der Naturforschung [= Ges. Werke II], Leipzig ²1884 [repr. Aalen 1968], bes. 30–40 [Buch I, Kap. II, § 5]); G. E. Moore, Russell's ›Theory of Descriptions‹, in: ders., Philosophical Papers, London/New York 1963, 151–195; S. Neale, Descriptions, Cambridge Mass. 1990; ders., Descriptions, REP III (1998), 19–24; W. V. O. Quine, Word and Object, Cambridge Mass. 1960, 1999, bes. 176–190 (§§ 37–39) (dt. Wort und Gegenstand, Stuttgart 1980, 2002, bes. 306–330 [§§ 37–39]); J. B. Rosser, On the Consistency of Quine's ›New Foundations for Mathematical Logic‹, J. Symb. Log. 4 (1939), 15–24; B. Russell, On Denoting, Mind 14 (1905), 479–493 (dt. Über das Kennzeichnen, in: ders., Philosophische und politische Aufsätze, ed. U. Steinvorth, Stuttgart 1971, 3–22); ders., Mr. Strawson on Referring, Mind 66 (1957), 385–389; R. Schock, Logics without Existence Assumptions, Stockholm 1968; K. Schröter, Theorie des bestimmten Artikels, Z. math. Logik u. Grundlagen d. Math. 2 (1956), 37–56; K. Schütte, Die Eliminierbarkeit des bestimmten Artikels in Kodifikaten der Analysis, Math. Ann. 123 (1951), 166–186; P. F. Strawson, On Referring, Mind 59 (1950), 320–344 (dt. Bedeuten, in: R. Bubner [ed.], Sprache und Analysis. Texte zur englischen Philosophie der Gegenwart, Göttingen 1968, 63–95); ders., Introduction to Logical Theory, London 1952, 152–194 (Chap. 6 Subjects, Predicates, and Existence); ders., Singular Terms, Ontology, and Identity, Mind 65 (1956), 433–454.   K. L.

Kennzeichnungsoperator (engl. description operator), Bezeichnung für eine der beiden Rollen des ↑Jota-Operators ›ι‹, nämlich wenn er zur ↑Kennzeichnung von (partikularen) Gegenständen eines Gegenstandsbereichs eingesetzt wird. Er dient in diesem Falle der Bildung von ↑Kennzeichnungstermen aus ↑Aussageformen, wobei gewöhnlich, G. Peano folgend, der Aussageform ein Jota vorangestellt und eine tiefgestellte Wiederholung der ↑Variablen der Aussageform hinzugefügt wird, um deren Überführung in eine gebundene Variable zu markieren. Umgangssprachlich tritt der K. meist als bestimmter Artikel im Singular vor geeigneten prädikativen Ausdrücken auf, z. B. ›die kleinste Primzahl‹, symbolisiert: $›ι_x x ε$ kleinste Primzahl‹. Von der Verwendung des Jota-Operators als K. (gelesen: der/die/das) ist seine Verwendung als *Demonstrativum*, d. i. als das rein ↑deiktische Demonstrativpronomen (gelesen: dies), wie es bei deiktischen Kennzeichnungen der Form ›ιP‹ mit einem prädikativen Ausdruck ›P‹, z. B. einem Prädikator, der Fall ist, sorgfältig zu unterscheiden, zumal die Ausdrücke ›ιP‹ dann, wenn es sich bei ›P‹ (noch) nicht um einen ↑Prädikator, sondern (noch) um einen ↑Artikulator handelt, der den (noch unindividuierten) Gegenstandsbereich P artikuliert, als *Individuatoren* (↑Demonstrator) auftreten, weil sie in einem solchen Falle die jeder Kennzeichnung der P-Partikularia durch kennzeichnen-

de Eigenschaften vorausgehende Funktion der ↑Individuation des P-Bereichs haben.   K. L.

Kennzeichnungsterm, Bezeichnung für einen zur ↑Kennzeichnung verwendeten sprachlichen Ausdruck, aus ↑Kennzeichnungsoperator und kennzeichnender ↑Aussageform zusammengesetzt, der, wie ein Eigenname, gegebenenfalls allerdings erst nach Ersetzung aller noch in ihm vorkommenden freien Variablen durch Konstante, genau einen Gegenstand vertritt und daher zu den ↑Nominatoren gehört; z. B. ›der natürliche Satellit der Erde‹, ›die Summe von 5 und 7‹, ›der Verfasser der Ilias‹. Neben diesen *eigentlichen* K.en, bei denen in die kennzeichnende Aussageform keinerlei auf die Sprechsituation bezogene benennende Ausdrücke eingehen, kommen, insbes. umgangssprachlich, auch K.e vor, die entweder in der kennzeichnenden Aussageform solche sprechsituationsbezogenen benennenden Ausdrücke als Teile enthalten, z. B. ›das Mittagessen *heute*‹, ›mein Vater‹ (logisch zu analysieren in ›der Vater von *mir*‹), oder sogar allein aus dem *Demonstrativum*, dem rein ↑deiktischen, also aller prädikativen Anteile ledigen und in dieser logisch strengen Normierung wohl in keiner natürlichen Sprache (↑Sprache, natürliche) vorkommenden, Demonstrativpronomen ›dies‹, bestehen, das nur unter Bezug auf die Sprechsituation eine benennende Funktion ausübt.

Das Demonstrativum ist in der Regel durch Hinzufügung eines prädikativen Ausdrucks näher bestimmt, z. B. ›dieser Mensch‹ oder ›diese Primzahl‹, wobei sich der Bezug auf die Sprechsituation unter Ersetzung des Demonstrativums durch den Kennzeichnungsoperator – werden beide, wie üblich, symbolisch durch den ↑Jota-Operator wiedergegeben, so muß nur dessen Demonstrativum-Rolle gegen dessen Rolle als Kennzeichnungsoperator ausgetauscht werden – auch in den prädikativen Ausdruck selbst überführen läßt: etwa ›der Mensch dort drüben‹ oder ›die Primzahl, die sich als Resultat der vorangegangenen Überlegungen ergab‹. Mit Hilfe des Demonstrativums gebildete K.e dienen der *deiktischen* Kennzeichnung und werden nicht von allen Autoren zu den K.en gezählt, obwohl durchaus für einige K.e, z. B. für ›mein Vater‹, trotz der Situationsabhängigkeit ihrer benennenden Funktion der Nachweis der Eigenschaft, genau einen Gegenstand zu vertreten, ohne Berücksichtigung der Umstände der Äußerung geführt werden kann, weil in *allen* Sprechsituationen diese Eigenschaft besteht, auch wenn nicht in allen Sprechsituationen *derselbe* Gegenstand vertreten wird.   K. L.

Kepler, Johannes, *Weil (heute Weil der Stadt) 27. Dez. 1571, †Regensburg 15. Nov. 1630, dt. Astronom und Mathematiker. Nach Besuch der Klosterschulen von Adelberg (1584–1586) und Maulbronn (1587–1589)

Studium der ev. Theologie, Mathematik und Astronomie in Tübingen (Immatrikulation bereits während seiner Maulbronner Zeit 1587, 25.9.1588 Baccalaureus). Während seines Studiums wurde K. insbes. durch den kopernikanischen Astronomen M. Maestlin beeinflußt. 11.8.1591 Magister Artium, 1590–1600 Mathematiklehrer an der Landschaftsschule in Graz, 1600 Assistent T. Brahes in Prag (als Nachfolger von Longomontanus), 1601 als Nachfolger Brahes nach dessen Tod kaiserlicher Hofastronom Rudolfs II. in Prag. Fortsetzung der astronomischen Arbeiten Brahes. 1611–1626, nach dem Tode Rudolfs II., Mathematiker der oberösterreichischen Stände in Linz (Oktober 1617 und Oktober/November 1621 Reisen nach Württemberg, um seine Mutter vor einer Verurteilung als Hexe zu retten), 1627–1628 Reisen nach Frankfurt, Ulm, Regensburg, Linz und Prag, ab Juli 1628 in Wallensteins Diensten in Sagan.

K. beginnt seine astronomische Arbeit, in pythagoreisch-platonischer Tradition, mit dem Versuch einer Bestimmung der Sphärenharmonien aus einfachen *geometrischen Symmetrieannahmen* (Mysterium cosmographicum, 1596, ↑symmetrisch/Symmetrie (geometrisch)). Grundlegend ist hierbei die Annahme, daß den zentrisch um die Sonne gelagerten Sphären der (damals bekannten) fünf Planeten und der Erde in der Reihenfolge Saturn, Jupiter, Mars, Erde, Venus, Merkur die fünf so genannten ↑Platonischen Körper in der Reihenfolge Würfel, Tetraeder, Dodekaeder, Ikosaeder, Oktaeder abwechselnd ein- bzw. umbeschrieben werden können, um die Planetenabstände zu bestimmen (↑Astronomie Abb. 6). Spekulatives Element dieses Entwurfs ist die Verbindung der seit Theaitetos mathematisch bewiesenen Einzigkeit der fünf Platonischen Körper als reguläre Polyeder im 3-dimensionalen Euklidischen Raum mit der empirischen Annahme der Einzigkeit der

damals bekannten fünf Planeten, die später durch die Entdeckung neuer Planeten widerlegt wurde. Für K. ergibt sich aus diesem Entwurf, in dem zum ersten Mal die für sein weiteres Werk charakteristische Orientierung an mathematischen Harmonie- und Symmetrieannahmen auftritt, eine *empirische* Aufgabe, nämlich die durch die Exzentrizitäten der Planetenbahnen erforderlich werdende Bestimmung der Dicke der Kugelschalen. Seine auf die Tychonischen Berechnungen gestützten Bemühungen dienen unter anderem, ausgehend von der Berechnung der Marsbahn, dieser Aufgabe.

In seinem astronomischen Hauptwerk (Astronomia nova, 1609) berichtet K., wie aus der Berechnung der Marsbahn in einer für die neuzeitliche Entwicklung der exakten Wissenschaften charakteristischen Verbindung von mathematischer Methode, ↑Heuristik und empirischer Kontrolle schrittweise die beiden ersten ›Keplerschen Gesetze‹ entwickelt werden und die alte ›Platonische‹ Symmetrieannahme der Kreisform der Planetenbahnen aufgegeben wird. Zur *kinematischen* (↑Kinematik) Erklärung der Marsbewegung beginnt K. zunächst mit einem *Kreismodell geteilter Exzentrizität*, in dessen Exzenterpunkt S die Sonne steht, während um den Mittelpunkt C der Mars M mit konstanter Winkelgeschwindigkeit relativ zum Ausgleichspunkt A kreist, d.h., in Abb. 1 ist Winkel α proportional der Zeit t, die seit dem Durchgang von M durch das so genannte Aphelium Q verstrichen ist. Dabei ist $CA/CQ = 0,07232$, $CS/CQ = 0,11332$ und das Aphelium in Leo 28° 48' 55" (d.h., relativ zur Sonne S hat Q die astronomische Länge 148° 48' 55"). Auch für die Erdbahn schlägt K. zunächst ein Kreismodell geteilter Exzentrizität vor mit $CS/CQ = 0,018$, $CA = CS = e$ und einer astronomischen Länge von 95° 30' für Q (Abb. 2). Diesem kinematischen Modell legt K. zwei Gesetze zugrunde, in

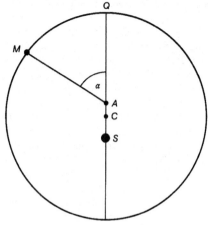

Abb. 1

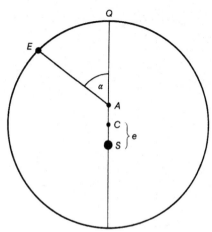

Abb. 2

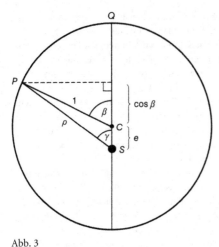

Abb. 3

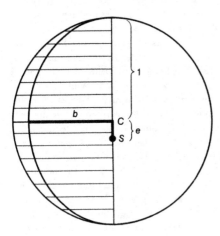

Abb. 4

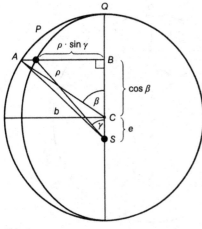

Abb. 5

denen sich seine Planetengesetze bereits andeuten: (1) Planeten durchlaufen Kreisbahnen geteilter Exzentrizität; in einem Exzenterpunkt steht die Sonne (›hypothesis vicaria‹). (2) Die Geschwindigkeit des Planeten ist umgekehrt proportional zum jeweiligen Sonnenabstand. Für das 2. Gesetz versucht K. auch eine *dynamisch-physikalische* (↑Dynamik) Erklärung, indem er in kühner Verallgemeinerung das Archimedische Hebelgesetz anwendet und den Abstand Planet-Sonne als Hebelarm deutet, den er – angeregt durch W. Gilbert (De magnete, London 1600) – als magnetische Kraft anstelle der bis dahin üblichen Annahme einer spirituellen Beseelung der Planeten auffaßt. Wenn P sich weiter von der Sonne entfernt, dann ist P an einem längeren Hebel, wird also nach dem Hebelgesetz schwerer und nach dem peripatetischen Bewegungsgesetz daher langsamer. Als K. sein Modell für die Marsbahn empirisch kontrolliert, weist es einen Fehler von 8' auf und war damit nach der durch Brahe festgelegten Toleranz von 2' falsifiziert.

K.s entscheidender Durchbruch bei der Überwindung der aufgetretenen Schwierigkeiten besteht darin, nicht mehr die konstante Winkelgeschwindigkeit beim Ausgleichspunkt als Maß der Planetenbewegung vorauszusetzen, sondern die durch den Vektor Planet-Sonne überstrichene Fläche. Für eine weiterhin angenommene Kreisbahn berechnet K. (Abb. 3) den überstrichenen Sektor $QSP =$ Sektor $QCP +$ Dreieck $PCS = \frac{1}{2}(\beta + e \cdot \sin \beta)$. Für das Verhältnis von t zur Gesamtumlaufzeit T ergibt sich

$$\frac{t}{T} = \frac{\text{Sektor } QSP}{\text{Kreisfläche}} = \frac{\frac{1}{2}(\beta + e \cdot \sin \beta)}{\pi},$$

d. h. die ›*Keplersche Gleichung*‹ $\beta + e \cdot \sin \beta = 2\pi \frac{t}{T}$, wonach die ›mittlere Anomalie‹ $\alpha \leftrightharpoons \beta + e \cdot \sin \beta$ proportional zu t ist. Zu jedem Zeitpunkt t erlaubt die K.sche Gleichung eine (angenäherte) Lösung β, mit der sich die Planetenstellung berechnen läßt, d. h. die Entfernung ρ nach dem Satz des Pythagoras mit $\rho^2 = 1 + e^2 + 2e \cdot \cos \beta$ und der Winkel γ von PS mit $\rho \cos \gamma = e + \cos \beta$.

Empirische Überprüfungen dieses Modells zwingen K. schließlich auch zur Aufgabe der Kreisform der Marsbahn, deren Ordinaten sich K. im Verhältnis zur Kreisbahn $b : 1$ mit zunächst $b = 1 - e^2$, schließlich nach erneuter Kontrolle mit $b = 1 - \frac{e^2}{2}$ verkleinert vorstellt (Abb. 4). Für die endgültige Berechnung der Marsbahn als einer Ellipse aus der Kreisbahn ergibt sich (Abb. 5) $SB = \rho \cdot \cos \gamma = e + \cos \beta$ und $PB = \rho \cdot \sin \gamma = b \cdot AB = b \cdot \sin \beta$, also durch Quadrieren und Addieren der Gleichungen die Lösung $\rho = 1 + e \cdot \cos \beta$ (wobei $\frac{e^4}{4}$ vernachlässigt wurde). Daß die Sonne S sich tatsächlich im Brennpunkt der Ellipse, d. h. im Abstand c auf der großen Achse vom Schnittpunkt der kleinen und großen Ellipsenachse, befindet, ergibt sich sofort aus der Ellipsenformel mit

$$c^2 = 1 - b^2 = 1 - \left(1 - \frac{e^2}{2}\right)^2 = e^2$$

(bei Vernachlässigung von $\frac{e^4}{4}$). Damit war das *1. Keplersche Gesetz* aufgestellt. Das *2. Keplersche Gesetz*, das bereits für das Kreismodell hergeleitet wurde (Abb. 3), gilt auch für das Ellipsenmodell (Abb. 5), wenn man sich den Kreissektor *SQP* im Verhältnis $b : 1$ verkleinert vorstellt, also Sektor $SQP = b \cdot$ Sektor $SQA = \frac{1}{2} \cdot b \cdot \alpha$, d.h., die K.sche Gleichung ergibt sich wieder aus

$$\frac{t}{T} = \frac{\text{Sektor } QSP}{\text{Ellipsenfläche}} = \frac{\alpha}{2\pi}.$$

Das *3. Keplersche Gesetz*, wonach sich das Quadrat der Umlaufzeiten verhält wie die Kuben der (halben) großen Achsen, wird von K. 1619 entdeckt und in »Harmonices mundi« erwähnt. Eine dynamische Begründung findet sich im 4. Buch der »Epitome astronomiae Copernicanae« (1620), einer weitverbreiteten Einführung in die K.sche Astronomie. »Harmonices mundi« enthält eine Ausarbeitung der K.schen mathematischen Leitidee der Symmetrie und Harmonie des Universums auf der Grundlage einer neuen Astronomie, wobei neben geometrischen und astronomischen Methoden auch musikalische und astrologische Aspekte der Harmonielehre aufgegriffen werden.

Für die *praktische Astronomie* von großer Bedeutung sind die Berechnungen der »Tabulae Rudolphinae« (1627), in denen K. unabhängig von J. Napier eine Methode der Logarithmenrechnung entwickelt und zur Positionsbestimmung mit der nach ihm benannten Gleichung verwendet. Auf dieser Meßgrundlage gelingen K. zwei bemerkenswerte Prognosen über den Durchgang von Merkur und Venus vor der Sonnenscheibe, die er in »De raris mirisque anni 1631 phenomenis« (1629) ankündigt und die im Falle des Merkur von P. Gassendi am 7.11.1631 empirisch bestätigt wurden. – Bereits 1604 hatte sich K. in »Astronomiae pars optica« mit der Ausbreitung des Lichts und mit dem Sehvorgang beschäftigt. In »Dioptrice« (1611) teilt K. ein für kleine Winkel gültiges *Lichtbrechungsgesetz* sowie die Theorie der Linsen und des Galileischen und K.schen Fernrohrs (mit zwei Konvexlinsen) mit.

Mathematikhistorisches Interesse verdienen K.s optische Untersuchungen, da hier das Prinzip der Stetigkeit formuliert sowie die für die Entwicklung der projektiven Geometrie (↑Geometrie) bedeutsame projektive Erzeugung von Kegelschnitten angesprochen wird. K. beschäftigt sich ferner mit kinematischen Konstruktionen von Ellipsen. Unter dem Gesichtspunkt der Platonischen Auszeichnung des Kreises ist interessant, daß er eine Erzeugung von Ellipsen durch Epizykelkonstruktion erwähnt (Brief vom 1.8.1607 an D. Fabricius, Ges. Werke XVI, 14–30). Seine Beschäftigung mit regulären Polyedern führt in »Harmonice mundi« zu einer mathematischen Entdeckung von *topologischer* Bedeutung: Das kleine Sterndodekaeder (so bezeichnet von A. Cayley 1859, von K. ›Igel‹ genannt), bestehend aus 12 Ecken, 30 Kanten und 12 fünfeckigen Flächen (Abb. 6), und das große Sterndodekaeder, bestehend aus 12 Flächen, 30 Kanten und 20 Ecken (Abb. 7), wurden 1810 von L. Poinsot wiederentdeckt und im Zusammenhang mit der auf R. Descartes und L. Euler zurückgehenden *Polyederformel* untersucht.

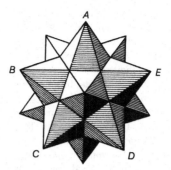

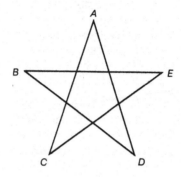

Abb. 6

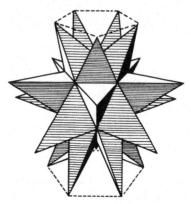

Abb. 7

In seinen astronomischen Untersuchungen löst K. *Quadraturprobleme* (modern gesprochen: Integrationsaufgaben) meist nicht mehr nach der umständlichen indirekten, aber exakten Archimedischen Methode, sondern direkt durch anschaulich-infinitesimale Überlegungen, die jedoch lediglich durch geometrische Intuition und numerische Approximation gestützt sind. Charakteristisch ist K.s summarische Kreisquadratur (Stereometria Archimedis, Ges. Werke IX, 15–16), wonach die Fläche des Kreises vom Halbmesser r mit dem Umfang u ebenso groß ist wie die eines Dreiecks von der Grundlinie u und der Höhe r. Während Archimedes diesen Satz indirekt und exakt beweist, gibt K. eine direkte anschauliche, wenn auch nur approximative Lösung der Aufgabe. Er stellt sich den Kreisumfang in unendlich viele und gleich große Teile aufgeteilt vor und betrachtet damit (modern gesprochen) das Bogendifferential $r \cdot d\varphi$. Die infinitesimalen Teile sollen die Grundlinien von gleichschenkligen Dreiecken mit Schenkel r sein. Diese Dreiecke werden dann so in flächengleiche Dreiekke verdreht und verzerrt, daß sie aneinander angeschlossen werden und ihre gemeinsame Spitze im Kreismittelpunkt haben, so daß ihre Grundlinien zusammen gleich dem Umfang sind (Abb. 8). Das resultierende Dreieck ist ebenso groß wie ein Rechteck mit der Grundlinie $\frac{u}{2}$ und der Höhe r. Es ist dabei bezeichnend, daß sich K. nicht auf die Archimedische Abschätzung $3\frac{10}{71}d < u < 3\frac{1}{7}d$ für

$$\pi = \frac{u}{d}$$ stützt, sondern mit dem Näherungswert $u = \frac{22d}{7}$ der Praktiker rechnet.

Für die Vorgeschichte des Infinitesimalkalküls (↑Infinitesimalrechnung) ist K.s »Nova stereometria doliorum vinariorum« (1615) von Bedeutung, da in dieser Schrift (›Keplersche Faßregel‹) Inhalt und Gestalt von Fässern unabhängig von der Archimedischen Methode durch infinitesimale Betrachtungen und heuristische Analogien bestimmt werden. In diesem Zusammenhang stellt K. bereits richtige Überlegungen über *Extremwertaufgaben* an. So bestimmt er den Quader bzw. den Zylinder größten Rauminhaltes innerhalb einer Kugel von festem Durchmesser in Ermangelung eines Infinitesimalkalküls durch numerische Intuition. Ebenso äußert K. bereits richtige Vorstellungen über den Funktionsverlauf an Extremwertstellen und die Kurvenkrümmung (›curvitas‹) (Ad Vitellionem paralipomena, Ges. Werke II, 77). In »Messekunst Archimedis« (1616) gewinnen K.s Methoden handwerkliche und wirtschaftliche Anwendung. Auch als Mathematiker spielt K. also für die Wende von der antiken zur neuzeitlichen Wissenschaft eine wesentliche Rolle: Er sucht nach operativen direkten Methoden und kritisiert die umständlichen (aber exakten) Beweise der ›Alten‹. In Ermangelung exakter Kalküle sind seine mathematischen Lösungen oft nur auf eine – allerdings geniale – geometrische Intuition gestützt. Daß K. neben seiner überragenden wissenschaftlichen Bedeutung auch über einen literarisch eindrucksvollen Stil verfügt, zeigt sich in seiner Schrift »Somnium seu astronomia lunari« (1609, erschienen 1634), in der romanhaft mit den Mitteln der ›exakten Phantasie‹ und im Rahmen der Tradition utopischer Literatur (↑Utopie) eine Mondlandung beschrieben und damit eine Frühform von ›science fiction‹ vorgestellt wird.

Wissenschaftstheoretisch sind die Arbeiten K.s vor allem durch drei Elemente charakterisierbar, die zugleich wesentliche Bestandteile einer gegen die herrschenden astronomischen und physikalischen Vorstellungen gerichteten methodischen Neuorientierung der Naturwissenschaft sind: (1) Die *Reformulierung astronomischer Forschungsprogramme* im Sinne einer ›Keplerschen Wende‹. Mit der Formulierung der nach ihm benannten Gesetze bricht K. mit den Grundsätzen der Kreisförmigkeit und der konstanten Winkelgeschwindigkeit, die seit Eudoxos der Konstruktion qualitativer, kinematischer Modelle in der Astronomie zugrundelagen. Insofern dabei auch N. Kopernikus noch ausdrücklich diesen Grundsätzen und damit dem mit diesen Grundsätzen methodisch verbundenen griechischen Forschungsprogramm einer ↑›Rettung der (astronomischen) Phänomene‹ Geltung zu verschaffen suchte, ist die sich in den drei K.schen Gesetzen ausdrückende ›K.sche Wende‹ in

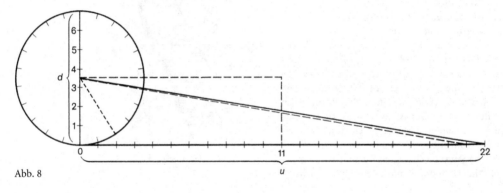

Abb. 8

der Astronomie fundamentaler und revolutionärer als die so genannte ↑›Kopernikanische Wende‹. Während sich die ›Kopernikanische Wende‹ noch innerhalb der herkömmlichen Begrifflichkeit und methodischen Orientierung, zudem auf einen kinematischen Aspekt beschränkt, vollzog, ist es die ›K.sche Wende‹, die allererst durch den Bruch mit dieser Begrifflichkeit und dieser Orientierung die für die weitere Entwicklung der Astronomie auch wissenschaftstheoretisch entscheidenden Veränderungen bringt.

(2) Die Aufhebung des seit Simplikios auch terminologisch gefaßten Gegensatzes zwischen *mathematischer* (kinematischer) und *physikalischer* (dynamischer) Astronomie. Im Unterschied zu Kopernikus ergänzt K. seine kinematischen Untersuchungen durch dynamische Argumente, ohne die auch die Kopernikanische Astronomie zunächst nur eine ›mathematische Hypothese‹ bleibt (im Kopernikanischen System erscheint die Sonne auf einem physikalisch funktionslosen Exzenterpunkt). In diesem Zusammenhang steht die intuitive (noch ohne die Galileische Definition der Beschleunigung und den Newtonschen Kraftbegriff erfolgende) Formulierung eines ›Kraftgesetzes‹ (vgl. Astronomia nova, Ges. Werke III, 25), wonach sich die Abstände zweier Körper zu dem Punkt, an dem diese Körper durch ihre Gravitationskräfte zusammengeführt werden, umgekehrt verhalten wie ihre Massen ($d_1 : d_2 = m_2 : m_1$). Dieses Gesetz beruht allein auf Längenmessung, nicht Zeitmessung; es dokumentiert K.s Bemühung um eine *kausale Hypothese*, die ein heliozentrisches System (↑Heliozentrismus) zum ersten Mal auch *dynamisch interpretierbar* machen sollte. Terminologisch handelt es sich dabei um den Übergang vom Begriff einer ›anima motrix‹ (bewegende Seele), der Aristotelische (animistische) Vorstellungen fortsetzt, zum Begriff einer magnetischen Kraft: nach K. eine in der Sonne lokalisierte Kraft, die faserförmig längs der Ebene der Ekliptik liegt und, mit der Sonne rotierend, speichenförmig die Planeten erfaßt. Als Träger dieser Kraftwirkungen soll eine ›species immateriata‹ (immaterielles Einwirkungsfeld) dienen, die geometrischen Bestimmungen unterworfen ist und innerhalb der K.schen Bemühungen um eine kausale Hypothese zu einer (fehlerhaften) Begründung des Flächensatzes und zur Aufstellung des erwähnten Kraftgesetzes führt. Die ›species immateriata‹ wird schließlich als ›vis corporea‹ (körperliche Kraft) bezeichnet, womit die bisherige metaphysische Metaphorik (Annahme einer ›facultas animalis‹ [seelenartiges Vermögen]) einer physikalischen Begrifflichkeit weicht (vgl. Mysterium cosmographicum [²1621], Ges. Werke VIII, 113; Brief vom 10.2.1605 an Herwart von Hohenburg, Ges. Werke XV, 146).

(3) Die Definition einer *wissenschaftlichen Hypothese* und die Unterscheidung zwischen *empirischen* und *nicht-empirischen* Elementen wissenschaftlicher Theo-

rienbildung. Auf dem Hintergrund der Bemühung, dem Ramistischen Programm einer ›hypothesenfreien‹ Astronomie (P. Ramus, Scholae mathematicae, Paris 1569, 50), d. h. einer physikalisch begründeten Astronomie, zu entsprechen, bemüht sich K. schon früh (Apologia Tychonis contra Ursum, 1600/1601) und auf dem Boden der neuzeitlichen Methodologie empirischer Wissenschaften als erster um eine Klärung des Begriffs der wissenschaftlichen ↑Hypothese. Seine Definition des hypothetischen Verfahrens unterscheidet in Anwendung auf die astronomische Forschung drei methodische Schritte: (a) eine hypothetische Beschreibung der ›Natur der Dinge‹, (b) eine kalkülmäßige Erweiterung dieser Beschreibung zum Zwecke einer Darstellung der Planetenbewegungen, (c) eine empirische Überprüfung der auf diese Weise bestimmten astronomischen Phänomene (Opera omnia I, 244). Während K. zunächst noch davon ausging, daß sich in der Anwendung eines derartigen dreigliedrigen hypothetischen Verfahrens die ›Wahrheit‹ eines astronomischen Modells erweisen lasse, erkennt er später (im Zuge der Arbeit an der »Astronomia nova«), daß es dazu der ergänzenden expliziten Angabe kausaler (physikalischer) Argumente bedarf (vgl. (2)). Ferner sucht K. in diesem Zusammenhang den Vorwurf, er empfehle einen ›beliebigen‹ hypothetischen Anfang, durch den Hinweis zu entkräften, der erste Schritt innerhalb des hypothetischen Verfahrens beruhe bereits auf Beobachtungen und damit auf einer empirischen Kontrolle (vgl. Brief vom 4.7.1603 an D. Fabricius, Ges. Werke XIV, 412). Während K. mit dieser Erklärung den methodologischen Auffassungen I. Newtons (↑regulae philosophandi) und C. Huygens (Traité de la lumière, Œuvres complètes XIX, La Haye 1937, 454 ff.) nahesteht, ist sein faktisches Vorgehen eher durch erfahrungsfreie (apriorische, ↑a priori) Vorgriffe auf ein Wissen von der ›Natur der Dinge‹ bestimmt und damit der Galileischen Konzeption apriorischer Fundamente der Physik vergleichbar. Dies kommt sowohl (spekulativ) in der Astronomie der Platonischen Körper (im »Mysterium cosmographicum«) als auch in der Betonung des Primats der Geometrie (etwa in »Harmonice mundi«) zum Ausdruck. In der Form, daß Geometrie apriorischer Bestandteil der Astronomie (und Physik) ist, gewinnt diese Auffassung ein methodologisches, von empiristischen (↑Empirismus) Programmen (auch der ursprünglichen Erläuterung des eigenen) abgesetztes ›synthetisches‹ Profil. In K.s Astronomie und Methodologie der wissenschaftlichen Hypothese sind damit die wesentlichen Elemente des Begriffs der neuzeitlichen wissenschaftlichen Rationalität präsent: Empirische Forschungsprogramme ersetzen den früheren Glauben an eine kontemplative Erkennbarkeit der Welt, der Aufweis nicht-empirischer (apriorischer) Elemente der Erklärung unterstellt der ↑Erfahrung (sie damit als ›objektive‹ ermöglichend) begriffliche Strukturen.

Werke: Opera omnia, I–VIII, ed. C. Frisch, Frankfurt/Erlangen 1858–1871 (repr. I–II, Hildesheim 1971/1977); Ungedruckte wissenschaftliche Correspondenz zwischen Johann K. und Herwart von Hohenburg. 1599. Ergänzung zu: Kepleri opera omnia [...], ed. C. Anschütz, Prag 1886; Gesammelte Werke, I–XXII, ed. im Auftrag der Deutschen Forschungsgemeinschaft und der Bayerischen Akademie der Wissenschaften, unter der Leitung von W. v. Dyck/M. Caspar/F. Hammer, München 1937 ff. (erschienen I–X, XI/1–2, XII–IXX, XX/1–2, XXI/1–2.2; im Rahmen der Berichte der K.-Komission erschienen: Register zu Bdn. I–VIII, XI/1–2, XII–XVIII, XX/1). – Prodromus dissertationum cosmographicarum, continens Mysterium cosmographicum, De admirabili proportione orbium coelestium: deque causis coelorum numeri, magnitudinis, motuumque periodicorum genuinis et propriis, demonstratum per quinque regularia corpora Geometrica, Tübingen 1596, Frankfurt ²1621, unter dem Titel: Mysterium cosmographicum, ed. M. Caspar, München 1938, ²1993, ferner in: Ges. Werke [s.o.] I, 3–145, unter dem Titel: Mysterium cosmographicum. Editio altera cum notis, ed. M. Caspar München 1963, ferner in: Ges. Werke [s.o.] VIII, 7–128 (dt. Mysterium Cosmographicum. Das Weltgeheimnis, ed. M. Caspar, Augsburg 1923, München/Berlin 1936, unter dem Titel: Mysterium cosmographicum, in: F. Krafft [ed.], Was die Welt im Innersten zusammenhält. Antworten aus K.s Schriften, Wiesbaden 2005, 1–177; lat./engl. Mysterium Cosmographicum. The Secret of the Universe, Trans. a. M. Duncan, Introd. and Comment. E. J. Aiton, Pref. I. B. Cohen, New York 1981, 1999; franz. Le secret du monde, ed. A. P. Segonds, Paris 1984, ed. A. P. Segonds/L.-P. Cousin, Paris 1993); Ad Vitellionem paralipomena, quibus astronomiae pars optica traditur, potissimum de artificiosa observatione et aestimatione diametrorum deliquiorumque, solis et lunae. Cum exemplis insignium eclipsium, Frankfurt 1604, unter dem Titel: Astronomiae pars optica, F. Hammer, München 1939 (= Ges. Werke II) (dt. [Kap. II–IV] Grundlagen der geometrischen Optik (im Anschluß an die Optik des Witelo), ed. M. v. Rohr, Leipzig 1922 (Ostwald's Klassiker d. exakten Wiss. 198); franz. Les fondaments de l'optique moderne. Paralipomènes à Vitellion, ed. C. Chevalley, Pref. R. Taton/P. Costabel, Paris 1980; engl. Optics. Paralipomena to Witelo & Optical Part of Astronomy, Santa Fe N. M. 2000); De stella nova in pede Serpentarii et qui sub ejus exortum de novo iniit. Trigono igneo [...], Prag/Frankfurt 1606, unter dem Titel: De stella nova, ed. M. Caspar, München 1938, ²1993, ferner in: Ges. Werke [s.o.] I, 149–390 (franz. L'étoile nouvelle dans le pied du serpentaire. Suivi de l'étoile inconnue du cygne, Paris 1998; dt. Über den neuen Stern im Fuß des Schlangenträgers, Würzburg 2006 [ohne Abschnitt: Über Jesu Christi, unseres Erlösers, wahres Geburtsjahr]); Astronomia nova αἰτιολογητος, seu Physica coelestis, tradita commentariis de motibus stellae Martis, ex observationibus G. V. Tychonis Brahe [...], Heidelberg 1609, unter dem Titel: Astronomia nova, ed. M. Caspar, München 1937, ²1990 (= Ges. Werke III) (dt. Neue Astronomie, ed. M. Caspar, München/Berlin 1929, unter dem Titel: Astronomia nova. Neue, ursächlich begründete Astronomie, ed. F. Krafft, Wiesbaden 2005; franz. L'Astronomie nouvelle, Bordeaux 1979; engl. New Astronomy, Trans. by W. H. Donahue, Cambridge 1992); Tertius interveniens, das ist, Warnung an etliche Theologos, Medicos und Philosophos [...], Frankfurt 1610, ed. M. Caspar/F. Hammer, München 1941, ferner in: Ges. Werke [s.o.] IV, 147–258, unter dem Titel: Warnung an

die Gegner der Astrologie. Tertius Interveniens, ed. F. Krafft, München 1971, unter dem Titel: Tertius interveniens. Warnung an etliche Gegner der Astrologie das Kind nicht mit dem Bade auszuschütten, Frankfurt 2004 (Ostwalds Klassiker d. exakten Wiss. 295), unter dem Titel: Tertius interveniens, in: F. Krafft (ed.), Was die Welt im Innersten zusammenhält. Antworten aus K.s Schriften, Wiesbaden 2005, 179–338; Dissertatio cum nuncio sidereo [...], Prag 1610 (repr., ed. W. Lehmann, München 1964 [mit Beilage: Unterredung mit dem Sternenboten]), Florenz 1610, Frankfurt 1611 (repr., ed. G. Tabarroni, Bologna 1965 [mit ital. Übers.]), Frankfurt 1665, ed. M. Caspar/F. Hammer, München 1941, ferner in: Ges. Werke [s.o.] IV, 283–311, mit franz. Untertitel: Discussion avec le messager céleste [...], ed. I. Pantin, Paris 1993 [lat./franz.] (engl. K.'s Conversation with Galileo's Sidereal Messenger, Trans., Introd., Notes by E. Rosen, New York/London 1965; ital. Discussione col nunzio sidereo e relazione sui quattro satelliti di giove, Introd., Ed., Trad., Comm. a cura di E. Pasoli/G. Tabarroni, Torino 1972; franz. Le message céleste, Trad. J. Peyroux, Paris 1989); Strena seu de nive sexangula, Frankfurt 1611 (repr., ed. L. Dunsch, Dresden 2005 [mit dt. Übers. u. Komm.]), ed. M. Caspar/F. Hammer, München 1941, ferner in: Ges. Werke [s.o.] IV, 261–280, [lat./engl.] unter dem Titel: The Six-Cornered Snowflake, Oxford 1966 (dt. Neujahrsgeschenk oder Über die Sechseckform des Schnees. 1611, in: 56. Jahresbericht d. k. k. Staats-Gymnasiums zu Linz über das Schuljahr 1907, Linz 1907, 1–30, unter dem Titel: Strena. Neujahrsgabe oder Vom sechseckigen Schnee, Berlin 1943, unter dem Titel: Über den Hexagonalen Schnee, Acta Albertina Ratisbonensia 22 [Regensburg 1956/1957], 5–35, Regensburg 1958, Neudr. in: Zeitsprünge 4 [2000], 254–282, unter dem Titel: Vom sechseckigen Schnee, Leipzig 1987 [Ostwald's Klassiker d. exakten Wiss. 273]; franz. L' étrenne ou la neige sexangulaire, Paris 1975); Dioptrice, seu, Demonstratio eorum quae visui & visibilibus propter conspicilla non ita pridem inventa accidunt [...], Augsburg 1611 (repr. Cambridge 1962), in: Petri Gassendi Institutio Astronomica [...]. Cui accesserunt Galilei Galilei Nuntius sidereus et Johannis Kepleri Dioptrice [...], London ²1653, ³1683, 51–173, ed. M. Caspar/F. Hammer, München 1941, ferner in: Ges. Werke [s.o.] IV, 329–414 (dt. Dioptrik, oder Schilderung der Folgen, die sich aus der unlängst gemachten Erfindung der Fernrohre für das Sehen und die sichtbaren Gegenstände ergeben, ed. F. Plehn, Leipzig 1904, 1997 [Ostwald's Klassiker d. exakten Wiss. 144]; franz. Dioptrique. Suivi de l'introduction pour le tube optique, Paris 1990); Nova stereometria doliorum vinariorum [...], Linz 1615, ed. F. Hammer, München 1955, ferner in: Ges. Werke [s.o.] IX, 7–133 (dt. Neue Stereometrie der Fässer [...], Leipzig 1908 [Ostwald's Klassiker d. exakten Wiss. 165] [repr. Leipzig 1987]; franz. Nouvelle stéréométrie des tonneaux, Paris 1993); Außzug auß der Uralten MesseKunst Archimedis Und deroselben newlich in Latein außgangener Ergentzung: betreffend Rechnung der Cörperlichen Figuren holen Gefessen und Weinfässer [...], Linz 1616, ed. F. Hammer, München 1955, ferner in: Ges. Werke [s.o.] IX, 137–274; Epitome astronomiae Copernicanae usitata forma quaestionum et responsionum conscripta inq[ue], VII libros digesta, I–III, Linz 1618, IV, Linz 1620, V–VII, Frankfurt 1621, I–VII, in einem Bd., Frankfurt 1635, ed. M. Caspar, München 1953, 1991 (= Ges. Werke VII) (engl. Epitome of Copernican Astronomy, Books IV and V. The Organization of the World and the Doctrine on the Theoria, Annapolis 1939 [repr. New York 1969], in: Ptolemy: The Almagest/Nicolaus Copernicus: On the Revolutions of the Heavenly Spheres/J. K.: Epitome of Copernican Astronomy IV–V. The Harmonies of the

World V, Chicago Ill. etc. 1952, [2]1990, 2003, 839–1004, ferner als Neudr. in: Epitome of Copernican Astronomy & Harmonies of the World, Amherst N. Y. 1995, 1–164; franz. Abrégé d'astronomie copernicienne, Paris 1988); Harmonices mundi libri V [...], Linz 1619 (repr. Bologna 1969), unter dem Titel: Harmonice Mundi, ed. M. Caspar, München 1940 (= Ges. Werke VI) (dt. Weltharmonik, ed. M. Caspar, München/Berlin 1939 [repr. Darmstadt 1967, München 1973, 2006], unter dem Titel: Harmonice mundi, in: F. Krafft [ed.], Was die Welt im Innersten zusammenhält. Antworten aus K.s Schriften, Wiesbaden 2005, 340–682; engl. The Harmonies of the World V, in: Ptolemy: The Almagest/Nicolaus Copernicus: On the Revolutions of the Heavenly Spheres/J. K.: Epitome of Copernican Astronomy, IV–V. The Harmonies of the World V, Chicago Ill. etc. 1952, [2]1990, 2003, 1005–1085, ferner als Neudr. in: Epitome of Copernican Astronomy & Harmonies of the World, Amherst N. Y. 1995, 165–245, unter dem Titel: The Harmony of the World, ed. E. J. Aiton/A. M. Duncan/J. V. Field, Philadelphia Pa. 1997; franz. L'harmonie du monde, Paris 1979); De Cometis libelli tres, Augsburg 1619 [erschienen 1620], ed. F. Hammer, München 1963, ferner in: Ges. Werke [s. o.] VIII, 131–262 (franz. Trois livres sur les comètes, Paris 1996); Chilias logarithmorum [...], Marburg 1624 [erschienen 1625], [2]1639, ed. F. Hammer, München 1960, ferner in: Ges. Werke [s. o.] IX, 277–352 (franz. Les mille logarithmes et le supplément aux mille, Paris 1993); Supplementum chiliadis logarithmorum, Marburg 1625, ed. F. Hammer, München 1960, ferner in: Ges. Werke [s. o.] IX, 353–426 (franz. Les mille logarithmes et le supplément aux mille, Paris 1993); Tabulae Rudolphinae, quibus astronomicae scientiae, temporum longinquitate collapsae restauratio continetur [...], Ulm 1627, unter dem Titel: Tabulae Rudolphinae ad meridianum Uraniburgi supputatae, ed. J.-B. Morin, Paris 1650, 1657, in: T. Streete, Astronomia Carolina, nova theoria motuum coelestium [...], Nürnberg 1705 [die Ausgaben 1650, 1657 und 1705 geben J.-B. Morin als Autor an; er hat die Tabulae Rudolphinae K.'s noch einmal zusammengefaßt, im Lat. heißt es: «ad accuratum & facile compendium redactae«], unter dem Titel: Tabulae Rudolphinae, ed. F. Hammer, München 1969, 2006 (= Ges. Werke X) (engl. Tabulae Rudolphinae. Or, the Rudolphine Tables. Supputated to the Meridian of Uraniburge [...], ed. J. B. Morin, London 1675; dt. Die Rudolphinischen Tafeln von J. K.. Mathematische und astronomische Grundlagen, ed. V. Bialas, München 1969; franz. Tables rudolphines. Suives de l'emploi dans les calculs astrologiques, Paris 1986); De raris mirisq[ue] Anni 1631. Phaenomenis, Veneris pùtà et Mercurii in Solem incursu, admonitio ad astronomos, rerumque coelestium studiosos [...], ed. J. Bartsch, Leipzig 1929, unter dem Titel: Admonitio ad astronomos, rerumque coelestium studiosos, de raris mirisq[ue] Anni 1631. Phaenomenis, Veneris puta [...], ed. J. Bartsch, Frankfurt 1630; Somnium, seu opus posthumum de astronomia lunari, ed. L. Kepler, Sagan/Frankfurt 1634 (repr. Osnabrück 1969), [lat./franz.] unter dem Titel: Le songe ou Astronomie lunaire, ed. M. Ducos, Nancy 1984, unter dem Titel: Somnium, ed. V. Bialas/H. Grössing, München 1993, ferner in: Ges. Werke [s. o.] XI/2, 317–438 (dt. K.s Traum vom Mond, ed. L. Günther, Leipzig 1898; engl. K.'s Dream, by John Lear. With the Full Text and Notes of Somnium, Sive Astronomia Lunaris, Berkeley Calif./Los Angeles 1965; K.'s Somnium. The Dream, or Posthumous Work on Lunar Astronomy, Trans. with a Commentary by E. Rosen, Madison Wisc./Milwaukee Wisc./ London 1967, Mineola N. Y. 2003); Apologia Tychonis contra Ursum [1600/1601], ed. C. Frisch, Frankfurt/Erlangen 1858 (= Opera Omnia I, 236–276), unter dem Titel:

Apologia pro Tychone contra Ursum, ed. N. Jardine, in: ders., The Birth of History and Philosophy of Science [s. u., Lit.], 83–133, unter dem Titel: Apologia Tychonis contra Ursum, ed. V. Bialas/F. Boockmann, München 2006 (= Ges. Werke XX/1, 15–62), unter dem Titel: La Guerre des Astronomes. La querelle au sujet de l'origine du système géo-héliocentrique à la fin du XVIe siècle I–II (I Introduction, II Edition critique, traduction, notes) [lat./franz.], ed. N. Jardine/A.-P. Segonds, Paris 2008 (engl. in: N. Jardine, The Birth of History and Philosophy of Science [s. u., Lit.], 134–207); Nova Kepleriana. Wiederaufgefundene Drucke und Handschriften, I–IX, ed. W. v. Dyck, München 1910–1936; Die Astrologie des J. K.. Eine Auswahl aus seinen Schriften, ed. H. A. Strauss/S. Strauss-Kloebe, München/Berlin 1926; Selbstzeugnisse, ed. F. Hammer, Stuttgart-Bad Cannstatt 1971; J. K. in seinen Briefen, I–II, ed. M. Caspar/W. v. Dyck, München/Berlin 1930; K.s Elegie In obitum Tychonis Brahe [lat./dt.], ed. H. Wieland, München 1992 (Abh. Bayer. Akad. Wiss., math.-naturwiss. Kl. 168) – Bibliographia Kepleriana. Ein Führer durch das gedruckte Schrifttum von J. K., ed. M. Caspar unter Mitarbeit von L. Rothenfelder, München 1936, ed. M. List, München [2]1968; Totok III (1980), 388–395; Bibliographia Kepleriana. Verzeichnis der gedruckten Schriften von und über J. K., ed. J. Hamel, München 1998 [Ergänzungsbd. z. Aufl. [2]1968].

Literatur: E. J. Aiton, K.'s Second Law of Planetary Motion, Isis 60 (1969), 75–90; ders., The Vortex Theory of Planetary Motions, London, New York 1972, 12–19; ders., Infinitesimals and the Area Law, in: F. Krafft u. a. (eds.), Internationales K.-Symposium [s. u.], 285–305; ders., How K. Discovered the Elliptical Orbit, The Mathematical Gazette 59 (1975), 250–260; ders., J. K. in the Light of Resent Research, Hist. Sci. 14 (1976), 77–100; ders., K. and the »Mysterium Cosmographicum«, Sudh. Arch. 61 (1977), 173–194; ders., K.'s Path to the Construction and Rejection of His First Oval Orbit for Mars, Ann. Sci. 35 (1978), 173–190; A. Armitage, John K., London 1966; W. Applebaum, Keplerian Astronomy after K.. Researches and Problems, Hist. Sci. 34 (1996), 451–504; B. S. Baigrie, K.'s Law of Planetary Motion, Before and After Newton's »Principia«. An Essay on the Transformation of Scientific Problems, Stud. Hist. Philos. Sci. 18 (1987), 177–208; ders., The Justification of K.'s Ellipse, Stud. Hist. Philos. Sci. 21 (1990), 633–664; P. Barker, The Optical Theory of Comets from Apian to K., Physis 30 (1993), 1–25; ders./B. R. Goldstein, Distance and Velocity in K.'s Astronomy, Ann. Sci. 51 (1994), 59–73; C. Baumgardt, J. K.. Life and Letters, New York 1951 (dt. J. K.. Leben und Briefe, ed. H. Minkowski, Wiesbaden 1953); J. A. Belyi/D. Trifunovic, Zur Geschichte der Logarithmentafeln K.s, NTM Schriftenreihe Gesch. Naturwiss., Technik u. Medizin 9 (1972), 5–20; V. Bialas, J. K., München 2004; ders./E. Papadimitriou, Materialien zu den Ephemeriden von J. K., München 1980 (Nova Kepleriana NF VII) (Abh. Bayer. Akad. Wiss., math.-naturwiss. Kl. [NF] 159); J. B. Brackenridge, K., Elliptical Orbits, and Celestial Circularity. A Study in the Persistence of Metaphysical Commitment I, Ann. Sci. 39 (1982), 117–143, II, 265–295; M. Bucciantini, Galileo e Keplero. Filosofia, cosmologia e teologia nell'Età della Controriforma, Turin 2003, 2007; G. Buchdahl, Methodological Aspects of K.'s Theory of Refraction, in: F. Krafft u. a. (eds.), Internationales K.-Symposium [s. u.], 141–167, Nachdr. in: Stud. Hist. Philos. Sci. 3 (1972), 265–298; M. Carrier/J. Mittelstraß, J. K., in: G. Böhme (ed.), Klassiker der Naturphilosophie. Von den Vorsokratikern bis zur Kopenhagener Schule, München 1989, 137–157; M. Caspar, J. K., Stuttgart 1948, [2]1950, [4]1995 (engl. K., London/New York 1959, New York 1993); H.

Chardak, J. K.. Le visionaire de Praque, Paris 2004; R. Chen(-Morris), Optics, Imagination, and the Construction of Scientific Observation in K.'s New Science, Monist 84 (2001), 453–486; G. Cifoletti, K.'s »De quantitatibus«, Ann. Sci. 43 (1986), 213–238 [mit engl. Übers. des lat. Textes, 221–238]; I. B. Cohen, The Birth of a New Physics, Garden City N. Y. 1960, 130–151, rev. New York/London 1985, New York, Hammondsworth 1987, 127–147 (6 K.'s Celestial Music) (dt. Geburt einer neuen Physik. Von K. zu Newton, München/Wien/Basel 1960, 143–166 [6 K.s himmlische Musik]); A. C. Crombie, Expectation, Modelling and Assent in the History of Optics. II K. and Descartes, Stud. Hist. Philos. Sci. 22, (1991), 89–115; M. J. Crowe, Theories of the World from Antiquity to the Copernican Revolution, Mineola N. Y. 1990, 147–156, rev. ²2001, 146–155 (Chap. 8 J. K.); A. E. L. Davis, K.'s ›Distance Law‹ – Myth not Reality, Centaurus 35 (1992), 103–120; dies., Grading the Eggs (K.'s Sizing-Procedure for the Planetary Orbit), Centaurus 35 (1992), 121–142; dies., The Mathematics of the Area Law. K.'s Successful Proof in »Epitome Astronomiae Copernicanae« (1621), Arch. Hist. Ex. Sci. 57 (2003), 355–393, P. Depondt/G. de Véricourt, K.. L'orbe tourmenté d'un astronome. Biographie, Rodez 2005; M. Dickreiter, Der Musiktheoretiker J. K., Bern/München 1973; E. J. Dijksterhuis, De Mechanisering van het Wereldbeeld, Amsterdam 1950, ⁵1985, 335–357 (dt. Die Mechanisierung des Weltbildes, Berlin/Göttingen/Heidelberg 1956, ²2002, 337–359; engl. The Mechanization of the World Picture, Oxford 1961, Princeton N. J. 1986, 303–323); G. Doebel, J. K.. Er veränderte das Weltbild, Graz/Wien/ Köln 1983; W. H. Donahue, K.'s First Thoughts on Oval Orbits. Text, Translation, and Commentary, J. Hist. Astronomy 24 (1993), 71–100; ders., K.'s Invention of the Second Planetary Law, Brit. J. Hist. Sci. 27 (1994), 89–102; ders., K., in: W. Applebaum (ed.), Encyclopedia of the Scientific Revolution from Copernicus to Newton, New York/London 2000, 2008, 342–346; J. L. E. Dreyer, History of the Planetary Systems from Thales to K., Cambridge 1906, unter dem Titel: A History of Astronomy from Thales to K., New York ²1953; J. V. Field, K.'s Star Polyhedra, Vistas in Astronomy 23 (1979), 109–141; dies., K.'s Cosmological Theories. Their Agreement with Observation, Quart. J. Royal Astronomical Soc. 23 (1982), 556–568; dies., K.'s Geometrical Cosmology, Chicago Ill. 1987, Chicago Ill., London 1988; K. Gaulke, Observationes huius Novae Stellae. Das Verhältnis von Beobachtung und Hypothese in J. K.s Werk »De Stella nova« von 1604, Diss. Stuttgart 2003; W. Gerlach, Humor und Witz in Schriften von J. K., Bayer. Akad. Wiss. math.-naturwiss. Kl.. Sitz.ber. 1968, München 1969, 13–30; ders., J. K. und die Copernicanische Wende, Leipzig 1973, ³1987 (Nova Acta Leopoldina. Abh. Dt. Akad. d. Naturforscher Leopoldina NF 210); ders./M. List, J. K.. Leben und Werk, München 1966, 1980, mit Untertitel: Der Begründer der modernen Astronomie, München/Zürich 1987; dies., J. K.. Dokumente zu Lebenszeit und Lebenswerk, München 1971; O. Gingerich, J. K. and the New Astronomy, Quart. J. Royal Astronomical Soc. 13 (1972), 346–373; ders., K., DSB VII (1973), 289–312; ders., K.'s Place in Astronomy, Vistas in Astronomy 18 (1975), 261–278; ders., J. K., in: R. Taton/C. Wilson (eds.), Planetary Astronomy from the Renaissance to the Rise of Astrophysics. Part A: Tycho Brahe to Newton, Cambridge etc. 1989, 54–78 (The General History of Philosophy II); ders., The Eye of Heaven, Ptolemy, Copernicus, K., New York 1993, 305–418 (K. and the New Astronomy); G. Graßhoff, Naturgesetze entscheiden die astronomische Revolution. Von Kopernikus bis K., in: K. Hartbecke/C. Schütte (eds.), Naturgesetze. Historisch-systematische Analysen eines wissenschaftlichen Grundbegriffs, Paderborn 2006, 115–137; R. Haase, J. K.s Weltharmonik. Der Mensch im Geflecht von Musik, Mathematik und Astronomie, München 1998; F. Hammer, J. K.. Ein Bild seines Lebens und Wirkens, Stuttgart 1942, 1944; ders., Die Astrologie des J. K., Sudh. Arch. 55 (1971), 113–135; N. R. Hanson, The Copernican Disturbance and the K.ian Revolution, J. Hist. Ideas 22 (1961), 169–184; J. Hemleben, J. K. in Selbstzeugnissen und Bilddokumenten, Reinbek b. Hamburg 1971, 1991; J. E. Hofmann, J. K. als Mathematiker, Praxis Math. 13 (1971), 287–293, 318–324; ders., Über einige fachliche Beiträge K.s zur Mathematik, in: F. Krafft u. a. (eds.), Internationales K.-Symposium [s. u.], 261–284; G. Holton, J. K.'s Universe. Its Physics and Metaphysics, Amer. J. Phys. 24 (1956), 340–351; G. Hon, On K.'s Awareness of the Problem of Experimental Error, Ann. Sci. 44 (1987), 545–591; ders./B. R. Goldstein, K.'s Move from ›Orbs‹ to ›Orbits‹. Documenting a Revolutionary Scientific Concept, Pers. Sci. 13 (2005), 74–111; U. Hoyer, Das Naturverständnis J. K.s, in: L. Schäfer/E. Ströker (eds.), Naturauffassungen in Philosophie, Wissenschaft, Technik II (Renaissance und frühe Neuzeit), Freiburg/München 1994, 101–138; J. Hübner, Die Theologie J. K.s zwischen Orthodoxie und Naturwissenschaft, Tübingen 1975; K. Hübner, Was zeigt K.s »Astronomia Nova« der modernen Wissenschaftstheorie?, Philos. Nat. 11 (1969), 257–278; K.-N. Ihmig, Trägheit und Massebegriff bei J. K.. Eine Studie zu den dynamischen Grundlagen der K.schen Himmelsmechanik, Philos. Nat. 27 (1990), 156–205; T. S. Jacobsen, Planetary Systems from the Ancient Greeks to K., Seattle 1999, 172–254 (VII K.); M. Jammer, Concepts of Force. A Study in the Foundations of Dynamics, Cambridge Mass. 1957, New York ²1962, Mineola N. Y. 1999, 81–93; N. Jardine, The Birth of History and Philosophy of Science. K.'s »A Defence of Tycho against Ursus«, with Essays on Its Provenance and Significance, Cambridge etc. 1984, 1988; ders., Koyré's K./K.'s Koyré, Hist. Sci. 38 (2000), 363–376; S. A. Kleiner, A New Look at K. and Abductive Argument, Stud. Hist. Philos. Sci 14 (1983), 279–313; D. C. Knight, J. K. and Planetary Motion, New York 1962, London 1965; E. Knobloch, Harmonie und Kosmos. Mathematik im Dienste eines teleologischen Weltverständnisses, Sudh. Arch. 78 (1994), 14–40 (engl. Harmony and Cosmos. Mathematics Serving a Theological Understanding of the World, Physis. Rivista internazionale di storia della scienza [Florenz] 32 [1995], 55–89); ders., »Die ganze Philosophie ist eine Neufassung in alter Unkenntnis«. J. K.s Neuorientierung der Astronomie um 1600, Ber. Wiss.gesch. 20 (1997), 135–146; A. Koestler, The Sleepwalkers. A History of Man's Changing Vision of the Universe, London, New York 1959, 223–422, London/New York 1989, 225–427 (IV The Watershed), separat: The Watershed. A Biography of J. K., London, Garden City N. Y. 1960, Lanham Md. 1984 (dt. Die Nachtwandler, Bern/Stuttgart/Wien 1959, Frankfurt 1980, 1988, 223–428 [IV Die Wasserscheide]); ders., K., Enc. Ph. IV (1967), 329–333; A. Koyré, La gravitation universelle de K. à Newton, Arch. int. hist. sci. NS 4 (1951), 638–653; ders., La révolution astronomique. Copernic, K., Borelli, Paris 1961, 1974, 117–458 (K. et l'astronomie nouvelle) (engl. The Astronomical Revolution. Copernicus – K. – Borelli, Paris, London, Ithaca N. Y. 1973, London 1980, Mineola N. Y. 1992, 117–464 [K. and the New Astronomy]); F. Krafft, K.s Beitrag zur Himmelsphysik, in: ders. u. a. (eds.), Internationales K.-Symposium [s. u.], 55–139; ders., K., TRE XVIII (1989), 97–109; ders., The New Celestial Physics of J. K., in: S. Unguru (ed.), Physics, Cosmology and Astronomy, 1300–1700. Tension and Accomodation, Dordrecht/Boston Mass./London 1991 (Boston Stud. Philos. Sci. 126), 185–227; ders./K. Meyer/B. Sticker (eds.), Internationales K.-Symposium, Weil der Stadt 1971. Referate und Diskussionen, Hildesheim 1973 (Beiträge von E. J. Aiton, G. Buchdahl, O. Gingerich u. a.); M. Lemcke, J. K., Reinbek b. Hamburg 1995, 2007 (mit Bibliographie, 166–171); D. C. Lindberg, The Genesis of K.'s Theory of Light. Light Metaphysics from Plotinus to K., Osiris NF 2 (1986), 5–42; ders., Auge und Licht im Mittelalter. Die Entwicklung der Optik von Alkindi bis K., Frankfurt 1987, 312–359 (Kap. 9 J. K. und die Theorie des Netzhautbildes); M. List, Der handschriftliche Nachlaß der Astronomen J. K. und Tycho Brahe, München 1961; dies., K., NDB XI (1977), 494–508; A. M. Lombardi, J. K.. Einsichten in die himmlische Harmonie, Heidelberg 2000 (Spektrum Wiss. Biographie 2000/4); dies., K.. Le musicien du ciel, Paris 2001, 2003; dies., Keplero. Una biografia scientifica, Turin 2008; K. Mainzer, Geschichte der Geometrie, Mannheim/Wien/Zürich 1980; R. Martens, K.'s Solution to the Problem of a Realist Celestial Mechanics, Stud. Hist. Philos. Sci. 30 (1999), 377–394; dies., K.'s Philosophy and the New Astronomy, Princeton N. J./Oxford 2000; E. McMullin, K., REP V (1998), 231–233; C. Methuen, K.'s Tübingen. Stimulus to a Theological Mathematics, Aldershot/Brookfield Vt. 1998; J. Mittelstraß, Die Rettung der Phänomene. Ursprung und Geschichte eines antiken Forschungsprinzips, Berlin 1962, 197–221; ders., Wissenschaftstheoretische Elemente in der K.schen Astronomie, in: F. Krafft u. a. (eds.), Internationales K.-Symposium [s. o.], 3–27 (engl. Methodological Elements in K.ian Astronomy, Stud. Hist. Philos. Sci. 3 [1972], 203–232); ders., Kopernikanische oder k.sche Wende? K.s Kosmologie, Philosophie und Methodologie, Vierteljahrsschr. naturforsch. Ges. Zürich 134 (1989), 197–215; U. Niederer, Qualität und Quantität in K.s Weltharmonik, in: E. Neuenschwander (ed.), Wissenschaft zwischen Qualitas und Quantitas, Basel/Boston Mass./Berlin 2003, 91–126; E. Oeser, K.. Die Entdeckung der neuzeitlichen Wissenschaft, Göttingen/Zürich/Frankfurt 1971; A. M. Petroni, I Modelli, l'invenzione e la conferma. Saggio su Keplero, la rivoluzione copernicana e la »New Philosophy of Science«, Mailand 1990; A. Phalet, On the Logic of K.'s Evolving Models, in: J. Hintikka/F. Vandamme (eds.), Logic of Discovery and Logic of Discourse, New York/London, Ghent 1985, 229–247; F. Reiniger, K./Keppler, BBKL III (1992), 1366–1379; E. Rosen, Three Imperial Mathematicians. K. Trapped between Tycho Brahe and Ursus, New York 1986; E. V. Samsonow, Die Erzeugung des Sichtbaren. Die philosophische Begründung naturwissenschaftlicher Wahrheit bei J. K., München 1986; H. Schimank, Die Leistung K.s, in: ders., Epochen der Naturforschung. Leonardo, K., Faraday, Berlin 1930, München ²1964, 61–120; J. Schmidt, J. K.. Sein Leben in Bildern und eigenen Berichten, Linz 1970; H. Schwaetzer, »Si nulla esset in terra anima«. J. K.s Seelenlehre als Grundlage seines Wissenschaftsverständnisses. Ein Beitrag zum Vierten Buch der Harmonice Mundi, Hildesheim/New York/Zürich 1997; G. Simon, K., astronome astrologue, Paris 1979, 1992; ders., K., DP II (1984), 1416–1420, (²1993), 1564–1568; ders., K., Enc. philos. universelle III/1 (1992), 1245–1246; B. Stephenson, K.'s Physical Astronomy, New York etc. 1987, Princeton N. J. 1994; ders., The Music of Heavens. K.'s Harmonic Astronomy, Princeton N. J. 1994; D. Swinford, Through the Daemon's Gate. K.'s Somnium, Medieval Dream Narratives, and the Polysemy of Allegorical Motifs, London/New York 2006; A. Van Helden, Measuring the Universe. Cosmic Dimensions from Aristarchus to Halley, Chicago Ill./London 1985, 1986, 54–64 (Chap. 6 The Young K.), 77–94 (Chap. 8 K.'s Synthesis); J. R. Voelkel, J. K. and the New Astronomy, Oxford/New York 1999; ders., The Composition of K.'s Astronomia nova, Princeton N. J./Chichester 2001; ders., K., NDSB IV (2008), 105–109; C. F. v. Weizsäcker, Nikolaus Ko-

pernikus – J. K. – Galileo Galilei, in: ders., Große Physiker. Von Aristoteles bis Werner Heisenberg, München/Wien 1999, München 2002, Wiesbaden 2004, 86–104; R. S. Westman, J. K.'s Adoption of the Copernican Hypothesis, Diss. Univ. of Michigan 1971; ders., K.'s Theory of Hypothesis and the ›Realist Dilemma‹, in: F. Krafft u. a. (eds.), Internationales K.-Symposium [s. o.], 29–54, Nachdr. in: Stud. Hist. Philos. Sci. 5 (1972), 233–264; D. T. Whiteside, K., Newton and Flamsteed on Refraction Through a ›Regular Aire‹. The Mathematical and the Practical, Centaurus 24 (1980), 288–315; C. Wilson, K.'s Derivation of the Elliptical Path, Isis 59 (1968), 5–25 (repr. in: ders., Astronomy from K. to Newton. Historical Studies [s. u.]); ders., From K.'s Laws, So-Called, to Universal Gravitation: Empirical Factors, Arch. Hist. Ex. Sci. 6 (1969/1970), 89–170 (repr. in: ders., Astronomy from K. to Newton. Historical Studies [s. u.]); ders., How Did K. Discover His First Two Laws?, Sci. Amer. 226 (1972), 93–106 (repr. in: ders., Astronomy from K. to Newton. Historical Studies [s. u.]); ders., The Inner Planets and the Keplerian Revolution, Centaurus 17 (1973), 205–248 (repr. in: ders., Astronomy from K. to Newton. Historical Studies [s. u.]); ders., Astronomy from K. to Newton. Historical Studies, London 1988 [Reprint seiner Aufsätze]; S. Wollgast, Philosophie in Deutschland zwischen Reformation und Aufklärung 1550–1650, Berlin 1988, ²1993, 221–262 (Kap. 4 Das philosophische Weltbild J. K.s); ders./S. Marx, J. K., Leipzig/Jena/Berlin 1976, Köln 1977, Leipzig ²1980.   J. M./K. M.

Kettenschluß, (1) in der *traditionellen Logik* (↑Logik, traditionelle; hier häufig auch [im Englischen stets] die Bezeichnung ›Sorites‹) Terminus für eine ›Kette‹ (d. h. eine zusammenhängende Folge) von syllogistischen Schlüssen (↑Syllogistik), die in der Weise zusammengezogen sind, daß sämtliche ↑Prämissen aufeinander folgen und nur die Schlußkonklusion (↑Konklusion) ausdrücklich gezogen wird; alle zwischen dieser Konklusion und der ersten Prämisse gezogenen Zwischenfolgerungen werden stillschweigend unterdrückt. Traditionell unterscheidet man zwischen ›aristotelischem‹ und ›goclenischem‹ (nach R. Goclenius) ↑Sorites. Einen aristotelischen K. erhält man, wenn der K. so aufgebaut ist, daß der bei einer ›vollständigen‹ Formulierung als Konklusion des ↑Prosyllogismus auftretende Satz ↑Untersatz (*propositio minor*) des zugehörigen ↑Episyllogismus ist. Tritt dieser Satz als ↑Obersatz (*propositio maior*) auf, so spricht man von einem ›goclenischen K.‹. Werden die Konklusionen, anders als im K., explizit gezogen und gehen sie als Ober- bzw. Untersätze in den jeweils folgenden Episyllogismus ein, so spricht man von einem ↑›Polysyllogismus‹.

aristotelischer K.	goclenischer K.
alle A sind B	alle D sind E
alle B sind C	alle C sind D
alle C sind D	alle B sind C
alle D sind E	alle A sind B
alle A sind E	alle A sind E

(2) In der *modernen Logik* bezeichnet man als ›K.‹ (engl. chain inference) eine Anwendung des Schlußschemas (↑Schluß)

$$A \rightarrow B$$
$$\frac{B \rightarrow C}{A \rightarrow C}$$

So etwa als ›Regel des K.es‹ bei D. Hilbert/P. Bernays (Grundlagen der Mathematik I, Berlin/Heidelberg/New York ²1968, 84); oder man versteht darunter die ↑Implikation $a \rightarrow b$, $b \rightarrow c \prec a \rightarrow c$ (E. Schröder, Vorlesungen über die Algebra der Logik (Exakte Logik) I, Leipzig 1890 [repr. New York 1966], 170, 182 f.) oder die entsprechende junktorenlogische (↑Junktorenlogik) ↑Tautologie $(a \rightarrow b) \wedge (b \rightarrow c) \rightarrow (a \rightarrow c)$. Ohne Veranschaulichung durch das Bild der ›Kette‹ finden sich alle drei Verwendungsweisen bereits bei C. S. Peirce (On the Algebra of Logic, Amer. J. Math. 3 [1880], 24 und 7 [1885], 188 ff.), die dritte auch schon in Freges »Begriffsschrift«, Halle 1879, 33.   C. T.

Keynes, John Maynard, ab 1942 Baron K. of Tilton, *Cambridge 5. Juni 1883, †Firle (Sussex) 21. April 1946, engl. Ökonom, Politiker und Wahrscheinlichkeitstheoretiker. Sohn des Logikers und Ökonomen John Nevile K. und von Florence Ada K., der politisch, sozial und literarisch engagierten Tochter des Bunyan-Biographen John Brown. Studium der Mathematik und, als graduate student, der Ökonomie in Cambridge (bei seinem Vater, A. Marshall und A. C. Pigou). 1906–1908 in den Diensten des Britischen Indienamtes; gleichzeitig Beginn wahrscheinlichkeitstheoretischer (↑Wahrscheinlichkeitstheorie) Untersuchungen, an denen K. bis ca. 1911 arbeitete und die dem »Treatise on Probability« (1921) zugrunde liegen. 1908–1915 Fellow of King's College, Cambridge, Arbeit an der Studie »Indian Currency and Finance« (1913) und weiterhin indienpolitischer Berater der britischen Regierung; 1915–1919 in Diensten des Britischen Schatzamtes. 1919 finanzpolitischer Vertreter Großbritanniens bei der Pariser Friedenskonferenz, Rücktritt im Juni 1919 wegen entschiedener Ablehnung der vorgesehenen deutschen Wiedergutmachungsleistungen; wegen dieses energischen Widerstands und der Publikationen »The Economic Consequences of the Peace« (1919) und »A Revision of the Treaty« (1922) zentrale Figur der damaligen Diskussion um die Europäische Wirtschaftspolitik; engagierte sich politisch für die Liberalen. Parallel zur Fortsetzung der Lehrtätigkeit in Cambridge Arbeit an geld- und konjunkturtheoretischen Untersuchungen; Begründer des so genannten ›Keynesianismus‹ (A Tract on Monetary Reform, 1923; A Treatise on Money, 1930; General Theory of Employment, Interest and Money, 1936). Ab 1940 erneut in den Diensten des Schatzamtes, verantwortlich für eine neue Haushaltspolitik (1941); führende Mitwirkung an ordnungspolitischen Initiativen für die Weltwirtschaft nach dem 2. Weltkrieg, die zur Bretton-Woods-Konferenz (1944) mit der Gründung des Internationalen Währungsfonds und der Weltbank führten; erster britischer Gouverneur bei diesen Institutionen.

K.' wahrscheinlichkeitstheoretischer Traktat gehört, obgleich viel kritisiert (vgl. Nicod 1930, v. Wright 1941, 1951), zu den großen klassischen Untersuchungen seines Gegenstandes. Nach K. wird eine ↑Wahrscheinlichkeit ↑Aussagen (*propositions*) relativ zu anderen Aussagen zugesprochen. Daß a relativ zu b eine bestimmte Wahrscheinlichkeit hat, ist nach K. stets ↑a *priori* zu begründen, d. h. allein auf Grund der logischen Struktur von a und b. Wahrscheinlichkeitsurteile stehen für K. im Zusammenhang mit Aussagen der Form, daß b ein (›objektiv‹) mehr oder minder guter Grund dafür ist, sich auf a zu verlassen, Aussagen, zu denen insbes. die gerechtfertigten ↑Induktionen (auf einen generellen Satz a relativ zu wahren bestätigenden Aussagen) gehören. Wie für J. S. Mill kommt auch für K. eine begründete Induktion genereller wissenschaftlicher Sätze nicht bereits durch die schlichte Quantität der bestätigenden Fälle, ›enumerativ‹, zustande, sondern erst ›eliminativ‹, d. h. dadurch, daß eine bestimmte Variationsbreite der bestätigenden Instanzen möglichst viele konkurrierende Annahmen widerlegt. Als das Grundproblem induktiver Argumente stellt sich für K. daher die Frage, wie die Wahrscheinlichkeit einer ↑Hypothese mit wachsender Bestätigung zu einer ›an Sicherheit grenzenden‹ Wahrscheinlichkeit werden kann. Um dies unter geeigneten Bedingungen zu beweisen, unterstellt K., das Fundament der empirischen Wissenschaftssprache werde von endlich vielen unzerlegbaren Attributen gebildet; dann können nämlich für die Bestimmung der ›Anfangs-‹ oder ›Apriori‹-Wahrscheinlichkeit (der Wahrscheinlichkeit vor Beginn des Überprüfungsprozesses, ↑Bayessches Theorem, ↑Wahrscheinlichkeit) stets nur endlich viele Alternativen auftreten (Principle of Limited Independent Variety). K. schätzt im übrigen die Möglichkeiten, Wahrscheinlichkeiten als numerische Werte auszudrükken, als sehr begrenzt ein, insbes. bei statistischen Induktionen, deren durch P. S. de Laplace und Jak. Bernoulli gelegte methodische Basis er als ›mathematische Scharlatanerie‹ beurteilt.

Wirtschaftstheoretisch ist K. eine neue Theorie des gesamtwirtschaftlichen Kreislaufs zu verdanken, die den Zusammenhang von Geldmenge, Zinsniveau, Investitionen, Konsumausgaben, Einkommen und Beschäftigung erstmals in einer wirtschaftspolitisch folgenreichen Form analysiert. Kernstück dieser Analyse bilden jene Gesetze, die die Abhängigkeit der Konsumausgaben vom Einkommen, der Investitionstätigkeit vom Zinsniveau, der Geldnachfrage von Einkommen und Zinsniveau bestimmen. Eines der wichtigsten Ergebnisse der K.schen Theorie besteht darin, daß eine wirtschaftliche Gleichgewichtssituation auch bei hoher Arbeitslosigkeit (Unterbeschäftigung) möglich ist, die Befolgung der klassischen liberalistischen Doktrinen also keine Vollbeschäftigung garantieren kann. Auf dieser Basis entwickelt K. gesamtwirtschaftliche Steuerungsinstrumente für die Bewältigung wirtschaftlicher Depressionen, insbes. der Weltwirtschaftskrisen der frühen 30er Jahre, durch die staatlich gelenkte Gewinnung und Förderung eines hohen Beschäftigungsniveaus. Vor allem die wirtschaftspolitischen Eingriffe in die konjunkturzyklischen Bewegungen des Produktionsniveaus und der davon abhängigen Größen bedienen sich in vielen Staaten bis heute K.ianischer Rezepte. – K.' ›Allgemeine Theorie‹ steht im Widerspruch zur neoklassischen Gleichgewichtstheorie seiner ökonomischen Lehrer Marshall und Pigou. K. sieht, daß die ökonomische Neoklassik der Komplexität der jeweiligen historischen Bedingungen wirtschaftlicher Abläufe nicht Genüge tun kann und empirisch kaum anwendbar ist. Daher führt auch das wirtschaftliche Laissez-faire in den realen wirtschaftspolitischen Entscheidungssituationen nach K. in der Regel keineswegs zu der bereits von A. Smith behaupteten Übereinstimmung von Privatinteresse und öffentlichem Wohl. Vielmehr bedarf es einer staatlichen Einflußnahme auf die wirtschaftlichen Prozesse im Blick auf politisch zu rechtfertigende Ziele, insbes. der Einbettung ökonomischer Theorien in den Kontext ethisch-politischer Reflexion sowie historisch-empirischer Gesellschaftsanalysen. K. erwarb 1936 Teile des Nachlasses I. Newtons und gelangte auf dessen Grundlage zu einer breit rezipierten Persönlichkeitsstudie »Newton, the Man«, in der K. Newton als »den letzten der Magier« bezeichnete, weil dieser das Universum als ein Rätsel betrachtete, bei dem Gott Schlüsselhinweise in der Welt verstreut habe, deren Deutung durch einen esoterischen Bund von Weisen über die Jahrhunderte hinweg vor sich gehe. – K. war L. Wittgenstein über lange Jahre freundschaftlich verbunden und hat ihn in vielfältiger Weise helfend und ratend unterstützt (vgl. Einleitung der Hrsg. von Wittgensteins Briefwechsel, 11–13). Dies dokumentieren insbes. die zwischen K. und Wittgenstein gewechselten Briefe.

Werke: The Collected Writings, I–XXX, ed. The Royal Economic Society [XI–XIV, ed. D. Moggridge, XV–XVIII, ed. E. Johnson, XIX–XXX, ed. D. Moggridge], London/Basingstoke, New York 1971–1989, Nachdr. I–X, XIII–XVI, XXI, 1989. – Indian Currency and Finance, London 1913, 1924, Neudr. als: The Collected Writings [s. o.] I; The Economic Consequences of the Peace, London 1919, London, New York 1920, 1971, Neudr. als: The Collected Writings [s. o.] II, New York 1995, Neudr. New Brunswick N. J./London 2003, 2004, New York 2007 (dt. Die wirtschaftlichen Folgen des Friedensvertrages, München/Leipzig 1920, 1921, unter dem Titel: Krieg und Frieden. Die wirtschaft-lichen Folgen des Vertrages von Versailles, Berlin 2006; franz. Les conséquences économiques de la paix, Paris 1920, 2002); Treatise on Probability, London 1921 (repr. New York 1979), New York 1962, London 1963, Neudr. als: The Collected Writings [s. o.] VIII, Nachdr. Mineola N. Y. 2004 (dt. Über Wahrscheinlichkeit, Leipzig 1926); A Revision of the Treaty Being a Sequel to »The Economic Consequences of the Peace«, London, New York 1922, Neudr. als: The Collected Writings [s. o.] III (dt. Revision des Friedensvertrages. Eine Fortsetzung von »Die wirtschaftlichen Folgen des Friedensvertrages«, München/Leipzig 1922; franz. Nouvelles considérations sur les conséquences de la paix, Paris 1922); A Tract on Monetary Reform, London 1923, unter dem Titel: Monetary Reform, New York 1924, unter ursprünglichem Titel, London 1932, Neudr. als: The Collected Writings [s. o.] IV, Nachdr. Amherst N. Y. 1999 (dt. Ein Traktat über Währungsreform, München/Leipzig 1924, Berlin 1997; franz. La réforme monétaire, Paris 1924); A Treatise on Money, I–II, London, New York 1930, London 1965, Neudr. als: The Collected Writings [s. o.] V–VI (dt. Vom Gelde, München/Leipzig 1932, Berlin ³1983); Essays in Persuasion, London 1931, New York 1932, London 1952, New York 1963, Neudr. als: The Collected Writings [s. o.] IX (franz. Essais sur la monnaie et l'économie. Les cris de Cassandre, Paris 1971, 1990); Essays in Biography, London, New York 1933, erw. New York ²1951, ferner in: Essays and Sketches in Biography [s. u.], 11–191, 259–312, London 1961, New York 1963, erw. in: The Collected Writings [s. o.] X, 1–384; The General Theory of Employment, Interest and Money, London, New York 1936 (repr. Düsseldorf 1989), 1964, London 1967, Neudr. als: The Collected Writings [s. o.] VII, Amherst N. Y. 1997, Basingstoke etc. 2007 (dt. Allgemeine Theorie der Beschäftigung, des Zinses und des Geldes, München/Leipzig 1936, Berlin 1952, ¹⁰2006; franz. Théorie générale de l'emploi, de l'intérêt et de la monnaie, Paris 1942, 2005); How to Pay for the War. A Radical Plan for the Chancellor of the Exchequer, London, New York 1940, London 1950, ferner in: The Collected Writings [s. o.] IX, 367–439; Two Memoirs. »Dr. Melchior: A Defeated Enemy« and »My Early Beliefs«, London 1949, ferner in: Essays and Sketches in Biography [s. u.], 193–256, ferner in: The Collected Writings [s. o.] X, 385–451 (dt. Freund und Feind. Zwei Erinnerungen, Berlin 2004, 2005); Newton, the Man [1942], in: Essays in Biography [s. o.] ²1951, 310–323, ferner in: The Collected Writings [s. o.] X, 363–374 (dt. Newton, der Mann, in: ders., Politik und Wirtschaft [s. u.], 174–183); Essays and Sketches in Biography, New York 1956; Politik und Wirtschaft. Männer und Probleme. Ausgewählte Abhandlungen, übers. v. E. Rosenbaum, Tübingen, Zürich 1956 [mit Einl. v. E. A. G. Robinson, 1–69]; Kommentierte Werkauswahl, ed. H. Mattfeldt, Hamburg 1985; K.'s Lectures, 1932–35. Notes of a Representative Student. A Synthesis of Lecture Notes Taken by Students at K.'s Lectures in the 1930 s Leading up to the Publication of the General Theory, ed. T. K. Rymes, Basingstoke etc., Ann Arbor Mich. 1989; J. M. K. On Air. Der Weltökonom am Mikrofon der BBC, ed. u. übers. v. M. Hein, Hamburg 2008 [mit Einl. v. G. Willke, 7–18].– P. Hill/R. Keynes (eds.), Lydia and Maynard. The Letters of Lydia Lopokova and J. M. K., London, New York 1989, London 1992. – J. Allen, Bibliography, in: The Collected Writings XXX [s. o.], 27–160.

Literatur: J. C. W. Ahiakpor (ed.), K. and the Classics Reconsidered, Boston Mass./Dordrecht/London 1998; G. M. Ambrosi, K., Pigou and Cambridge K.ians. Authenticity and Analytical Perspective in the K.-Classics Debate, Basingstoke etc. 2003; R. E. Backhouse/B. W. Bateman (eds.), The Cambridge Companion to K., Cambridge etc. 2006 (mit Bibliographie, 291–310); V. Barnett, K., IESS IV (²2008), 259–262; B. W. Bateman, K.'s Uncertain Revolution, Ann Arbor Mich. 1996, 1999; ders./J. B. Davis (eds.), K. and Philosophy. Essays on the Origin of K.'s Thought, Aldershot/Brookfield Vt. 1991; M. Blaug, J. M. K.. Life, Ideas, Legacy, Basingstoke etc., New York 1990; ders. (ed.), J. M. K. (1883–1946), I–II, Aldershot/Brookfield Vt. 1991; R. Blomert, J. M. K., Reinbek b. Hamburg 2007; L. Bonatti, Uncertainty. Studies in Philosophy, Economics and Socio-Political Theory, Amsterdam 1984; A. M. Carabelli, On K.'s Method, Basingstoke etc. 1988 (mit Bibliographie, 305–342); P. Cave, K., in: S. Brown (ed.), The Dictionary of Twentieth-Century British Philosophers I, Bristol 2005, 510–514; J. Coates, The Claims of Common Sense. Moore, Wittgenstein, K. and the Social Sciences, Cambridge etc. 1996; J. B. Davis, K.'s Philosophical Development, Cambridge/New York 1994; D. Dillard, The Economics of J. M. K.. The Theory of a Monetary Economy, London, New York 1948 (repr. Westport Conn. 1983, 1984), Englewood Cliffs N. J. 1964, London 1970; G. Dostaler, K. et ses combats, Paris 2005 (mit Bibliographie, 461–522 (engl. [erw.] K. and His Battles, Cheltenham/Northampton Mass. 2007 [mit Bibliographie, 309–362]); A. Fitzgibbons, K.'s Vision. A New Political Economy, Oxford 1988, 2004; G. Fontana, Money, Uncertainty and Time, London/New York 2009; B. Gerrard/J. Hillard (eds.), The Philosophy and Economics of J. M. K., Aldershot/Brookfield Vt. 1992; G. Ginestier, K., DP (²1993), 1564–1574; W. Hankel, J. M. K.. Die Entschlüsselung des Kapitalismus, München/Zürich 1986; G. C. Harcourt/P. A. Riach (eds.), A ›Second Edition‹ of the »General Theory«, I–II, London/New York 1997; S. E. Harris (ed.), The New Economics. K.'s Influence on Theory and Public Policy, London, New York 1947 (repr. New York 1965, Clifton N. J. 1973), New York 1950, London 1968; ders., J. M. K., Economist and Policy Maker, New York/London 1955; R. F. Harrod, The Life of J. M. K., New York, London 1951 (repr. New York 1969), 1963, Harmondsworth 1972, New York 1982; ders., K., DSB VII (1973), 316–319; J. Hartwig, K. versus Pigou. Rekonstruktion einer Beschäftigungstheorie jenseits des Marktparadigmas, Marburg 2000; M. Hayes, The Economics of K.. A New Guide to »The General Theory«, Cheltenham/Northampton Mass. 2006; C. H. Hession, J. M. K.. A Personal Biography of the Man Who Revolutionized Capitalism and the Way We Live, New York, London 1984 (franz. J. M. K. Une Biographie de l'homme qui révolutionné le capitalisme et notre mode de vie, Paris 1985; dt. J. M. K., Stuttgart 1986); J. Hicks, The Crisis in K.ian Economics, New York, Oxford 1974, Oxford 1975 (franz. La crise de l'économie keynésienne, Paris 1988); J. Hillard (ed.), J. M. K. in Retrospect. The Legacy of the K.ian Revolution, Aldershot/Brookfield Vt. 1988; T. Hirai, K.'s Theoretical Development. From the Tract to the General Theory, London/New York 2008; K. R. Hoover, Economics as Ideology. K., Laski, Hayek, and the Creation of Contemporary Politics, Lanham Md./Oxford 2003; J. N. Kaufmann/M. Lagueux, K., Enc. philos. universelle III/2 (1992), 2555–2556; B. Kettern, K., BBKL III (1992), 1435–1442; M. Keynes (ed.), Essays on J. M. K., Cambridge 1975, 1980; M. S. Lawlor, The Economics of K. in Historical Context. An Intellectual History of the General Theory, Basingstoke etc. 2006; A. Leijonhufvud, On K.ian Economics and the Economics of K.. A Study in Monetary Theory, London/New York 1968, New York/London/Toronto 1972, 1979 (dt. Über K. und den K.ianismus. Eine Studie zur monetären Theorie, Köln 1973); R. Lekachman, The Age of K., New York 1966, London 1967, New York 1968, Harmondsworth 1969, New York 1975 (dt. J. M. K., Revolutio-

när des Kapitalismus. Wie ein Mann unserer Welt zum Wohlstand verhalf, München/Zürich/Wien, ohne Untertitel, München 1970, 1974); D. V. Lindley, K., IESS VIII (1968), 368–376; S. Marzetti Dall'Aste Brandolini/R. Scazzieri (eds.), La probabilità in K.. Premesse e influenze, Bologna 1999; A. Marzola/F. Silva (eds.), J. M. K.. Linguaggio e metodo, Bergamo 1990 (engl. J. M. K.. Language and Method, Aldershot/Brookfield Vt. 1994); R. Mason, K., in: S. Brown/D. Collinson/R. Wilkinson (eds.), Biographical Dictionary of Twenteeth-Century Philosophers, London, New York 1996, 397–399; A. H. Meltzer, K.'s Monetary Theory. A Different Interpretation, Cambridge etc. 1988, 1990; P. V. Mini, K., Bloomsbury and »The General Theory«, Basingstoke etc., New York 1991; ders., J. M. K.. A Study in the Psychology of Original Work, Basingstoke etc., New York 1994; D. E. Moggridge, M. K.. An Economist's Biography, London/New York 1992, 1995; E. Muchlinski, K. als Philosoph, Berlin 1996; J. Nicod, La géométrie dans le monde sensible, Paris 1924, 1962 (engl. Geometry in the Sensible World, in: ders., Foundations of Geometry and Induction [s. u.], 1–192, 283–284, ferner in: ders., Geometry and Induction, übers. v. J. Bell/M. Woods, London, Berkeley Calif./Los Angeles/Oxford 1970, 1–155); ders., Le problème logique de l'induction, Paris 1924, 1961 (engl. The Logical Problem of Induction, in: ders., Foundations of Geometry and Induction [s. u.], 193–281, 285–286, ferner in: ders., Geometry and Induction [s. o.], 157–242); ders., Foundations of Geometry and Induction, übers. v. P. P. Wiener, London, New York 1930, London 2000; R. M. O'Donnell, K.. Philosophy, Economics and Politics. The Philosophical Foundations of K.'s Thought and Their Influence on His Economics and Politics, Basingstoke etc., New York 1989, Basingstoke etc. 1992, 1999; ders., K., NDSB IV (2008), 111–114; D. W. Parsons, K. and the Quest for a Moral Science. A Study of Economics and Alchemy, Cheltenham/Lyme N. H. 1997; H. Peukert, K.' »General Theory« aus der Sicht der Wissenschaftstheorie, Frankfurt 1991; J. Robinson, Economic Philosophy, London 1962 (repr. Basingstoke/London 2002), Chicago Ill. 1963, New York, Harmondsworth 1964, 1981, New Brunswick N. J./London 2006, 2007, 73–98 (Chap. IV The K.ian Revolution) (dt. Doktrinen der Wirtschaftswissenschaft. Eine Auseinandersetzung mit ihren Grundgedanken und Ideologien, München 1965, ³1972, 91–119 [Kap. IV Die ›K.'sche Revolution‹]); J. Runde/S. Mizuhara (eds.), The Philosophy of K.'s Economics. Probability, Uncertainty and Convention, London/New York 2003; M. Schabas, K., REP V (1998), 233–235; H. Scherf, Marx und K., Frankfurt 1986; ders., J. M. K. (1883–1946), in: J. Starbatty (ed.), Klassiker des ökonomischen Denkens II, München 1989 (repr. Hamburg 2008), 273–291; R. Skidelsky, J. M. K.. A Biography, I–III, London/Basingstoke 1983–2000, New York 1986–2000, London 1992–2001, gekürzt [in 1 Bd.] mit Untertitel: Economist, Philosopher, Statesman, London/Basingstoke 2003, London 2004, New York 2005, 2006; ders., K., IESBS XII (2001), 8082–8089; M. Skousen (ed.), Dissent on K.. A Critical Appraisal of K.ian Economics, New York/Westport Conn./London 1992; ders., The Big Three in Economics. Adam Smith, Karl Marx and J. M. K., Armonk N. Y./London 2007; G. R. Steele, K. and Hayek. The Money Economy, London/New York 2001, 2003; D. Stove, K., Enc. ph. IV (1967), 333–334; C. J. Talele, K. and Schumpeter. New Perspectives, Aldershot etc. 1991; J. Toye, K. on Population, Oxford etc. 2000; G. Willke, J. M. K., Frankfurt/New York 2002; L. Wittgenstein, Briefe. Briefwechsel mit B. Russell, G. E. Moore, J. M. K., F. P. Ramsey, W. Eccles, P. Engelmann und L. v. Ficker, ed. B. McGuiness/G. H. v. Wright, Frankfurt 1980; J. C. Wood (ed.), J. M. K.. Critical Assessments,

I–IV, London/Canberra 1983, mit Zusatz: Second Series, V–VIII, London/New York 1994, Nachdr. I–VIII, London/New York 1990–1994; G. H. v. Wright, The Logical Problem of Induction, Helsinki 1941, Oxford ²1957 (repr. Westport Conn. 1979), 1965; ders., A Treatise on Induction and Probability, London 1951 (repr. 2000), Paterson N. J. 1960. F. K.

Keynes, John Neville, *Salisbury 31. Aug. 1852, †Cambridge 15. Nov. 1949, engl. Logiker und Ökonom (Vater von J. M. Keynes). Nach Studium in Cambridge (Mathematik und moral sciences) 1876 Fellow am Pembroke College ebendort, 1884–1911 University Lecturer in Moral Sciences, ab 1892 in der Verwaltung der Universität Cambridge tätig (1910–1925 Registrar).– K.' Werk »Studies and Exercises in Formal Logic« (1884) war ein verbreitetes Lehrbuch der traditionellen Logik (↑Logik, traditionelle). Die mathematisch-technischen Hilfsmittel der auf G. Boole zurückgehenden ↑Algebraisierung der Logik werden von K. nicht verwendet; der diagrammatischen Darstellung logischer Schlußweisen (↑Diagramme, logische) wird ein wichtiger Platz eingeräumt. In seinem ökonomischen Hauptwerk »The Scope and Method of Political Economy« (1891), geschrieben zur Zeit des so genannten älteren ↑Methodenstreits in der Nationalökonomie, verteidigt K. das deduktive Vorgehen (↑Methode, deduktive) als maßgeblichen Teil der politischen Ökonomie (↑Ökonomie, politische), ohne auf induktive Bestätigung (Methode, induktive) ökonomischer Gesetze zu verzichten. K. hat ferner zahlreiche Lexikonartikel verfaßt.

Werke: On the Position of Formal Logic, Mind 4 (1879), 362–375; Studies and Exercises in Formal Logic. Including a Generalisation of Logical Processes in Their Application to Complex Inferences, London 1884, London/New York ⁴1906, 1928; The Scope and Method of Political Economy, London/New York 1891, ⁴1917 (repr. New York 1955, 1986, London/New York 1997), 1930.

Literatur: C. D. Broad, Dr. J. N. K. (1852–1949), Economic J. 60 (1950), 403–407; P. Deane, K., in: J. Eatwell/M. Milgate/P. Newman (eds.), The New Palgrave. A Dictionary of Economics III, London etc., New York, Tokyo 1987, 42; dies., The Life and Times of J. N. K.. A Beacon in the Tempest, Cheltenham/Northampton Mass. 2001; dies., K., in: S. N. Durlauf/L. E. Blume (eds.), The New Palgrave Dictionary of Economics IV, Basingstoke/New York 2008, 725–726; D. Dillard, K., IESS 8 (1968), 376–378; R. Mason, K., in: S. Brown/D. Collinson/R. Wilkinson (eds.), Biographical Dictionary of Twentieth-Century Philosophers, London/New York 1996, 399–400; G. Moore, J. N. K.'s Solution to the English ›Methodenstreit‹, J. Hist. Economic Thought 25 (2003), 5– 38; J. G. Slater, K., in: S. Brown (ed.), The Dictionary of Twentieth-Century British Philosophers I, Bristol 2005, 514–516; R. Tilman/R. Porter-Tilman, J. N. K.. The Social Philosophy of a Late Victorian Economist, J. Hist. Economic Thought 17 (1995), 266– 284; J. A. Venn, K. in: ders., Alumni Cantabrigienses. A Biographical List of all Known Students, Graduates and Holders of Office at the University of Cambridge, from the Earliest Times to 1900 II/4, Cambridge 1951 (repr. Nendeln 1974), 34. P. S.

Kierkegaard, Søren Aabye, *Kopenhagen 5. Mai 1813, †ebd. 11. Nov. 1855, dän. Philosoph, Theologe, Psychologe, Dichter und religiöser Schriftsteller. K. wächst als jüngstes von sieben Kindern des Kaufmanns Michael Pedersen K. (1756–1838) in streng pietistischem Geist auf. Das tiefe Sündenbewußtsein des Vaters schlägt sich als Schwermut auf den Sohn nieder; sie bildet nach eigenem Zeugnis einen der Antriebe für sein Werk. 1831–1835 Studium der Theologie, der Philosophie und der Ästhetik und Poetik ohne Abschluß; vorübergehende Entfremdung vom Christentum; Beschäftigung mit den Werken J. G. Fichtes, J. G. Hamanns und anderer dt. Philosophen (ab 1836 auch mit G. W. F. Hegels Schriften, ab 1853 mit dem Werk A. Schopenhauers). 1838 Versöhnung mit dem Vater, wenig später dessen Tod; Rückkehr zum Christentum und Wiederaufnahme des Theologiestudiums, 1840 Abschluß mit dem theologischen Staatsexamen, 1841 Promotion zum Magister der Theologie (Om Begrebet Ironi med stadigt Hensyn til Socrates [Der Begriff der Ironie, mit ständiger Rücksicht auf Sokrates]). November 1841 – März 1842 Hörer der Vorlesungen F. W. J. Schellings in Berlin (weitere Reisen nach Berlin 1843, 1845 und 1846).

Produktiv bedeutsam für K.s Schaffen wird neben seiner schwermütigen Veranlagung seine Verlobung mit Regine Olsen (1823–1904) am 10.9.1840 und die Auflösung der Verlobung durch K. am 11.10.1841. Sich die Heirat nicht gestatten zu dürfen, gibt K. die Gewißheit, ein ›Einzelner‹ sein zu sollen, eine ›Ausnahme‹ von der Regel des Allgemein-Menschlichen, das sich in Ehe und christlichem Bürgertum manifestiert. Diese Vereinzelung vor den Menschen und vor Gott bildet den Grundimpuls des nun einsetzenden schriftstellerischen Schaffens und der ausgedehnten Tagebucheintragungen, in denen K. sich Rechenschaft über sein Denken und Leben sowie über die Form und das Ziel seiner Verfasserschaft gibt. Sie tritt nach außen hin in unmittelbarer und in mittelbarer Weise auf: unter eigenem Namen oder unter Pseudonymen, die aber nicht willkürlich gewählt sind, sondern – zusammen mit dem jeweiligen Untertitel – die dichterische Form und die gedankliche Atmosphäre oder den Gehalt und den Zweck des entsprechenden Werks anzeigen. Dabei kann die Pseudonymität auch gestuft oder geschachtelt sein (so in »Enten – Eller« 1843 und »Stadier paa Livets Vei« 1845). Diese Vielgesichtigkeit der Selbstdarstellung von K.s Verfasserschaft wird verständlich durch seine Unterscheidung zwischen direkter und indirekter Mitteilung: Direkt teilt er sich mit in Schriften, die er mit seinem eigenen Namen zeichnet, indirekt in jenen, deren Verfasser er fingiert (wo er selbst allenfalls als Herausgeber auftritt, wie bei den Climacus- und den Anti-Climacus-Schriften). ›Indirekt‹ bedeutet hier unter anderem, daß der in einer pseudonymen Schrift vertretene Standpunkt nicht mit dem K.s selbst verwechselt oder gleichgesetzt werden soll; K.s eigenen Standpunkt stellen nur die von ihm bewußt zur gleichen Zeit – oft am selben Tag – veröffentlichten ethisch-religiösen (›erbaulichen‹) Schriften dar, die K.s Absicht nach die entsprechenden pseudonymen Schriften nicht etwa kommentieren, sondern existentiell über sie hinausweisen, und zwar in folgendem Sinne: Wenn der Leser einer pseudonymen Schrift sich von ihrer poetischen und psychischen, gedanklichen und stimmungsmäßigen Bewegung tragen läßt, gelangt er unter Umständen an einen Punkt, an dem die ↑Lebensform, in der er lebt, mehr und mehr in Widerspruch zu dieser transzendierenden Bewegung tritt und er sich vor die Entscheidung gestellt sieht, die nächst höhere Lebensform zu ergreifen. Dabei unterscheidet K. zwischen der unmittelbar sinnlichen, der reflektiert sinnlichen – im weiteren Sinne ›ästhetischen‹ –, der ethischen und der religiösen – später davon noch unterschieden: der christlichen – Lebensform (›Existenz‹). Seine pseudonymen Schriften suchen anhand von systematisch variierten existentiellen Grundsituationen die begriffliche Tiefenstruktur dieser Situationen und die auf sie bezogenen möglichen Existenzformen und die ihnen immanenten Widersprüche zu entwickeln, die eine jede Form, konsequent gelebt, an ihre Grenze und über sie hinaus in eine kategorial neue Existenzform führen. In einem nivellierten, verbürgerlichten, der Existenzreflexion und der existentiellen Entscheidung abholden und damit ›subjekt-‹ und ›geistlosen‹ oder in einem – gleichermaßen der Subjektivität (↑Subjektivismus) ermangelnden – ›objektiven‹, nämlich philosophisch-spekulativen bzw. naturwissenschaftlich bestimmten Zeitalter kann diese Bewegung nicht in Gang kommen; es bedarf dann des Einzelnen, der in prophetischer oder sokratisch-maieutischer Manier den Anstoß zu jener Bewegung in die Subjektivität gibt.

Allerdings bleibt auch die Analyse dieser Situation und jener Existenzdialektiken als zeitdiagnostische und tiefenpsychologische und als philosophisch-begriffliche notwendig noch dem Raum des Theoretischen und ihre Darstellung in poetischer Form noch dem Raum des Ästhetischen und des Romantischen verhaftet. Deshalb könnte K.s pseudonyme Philosophie der Subjektivität und der Existenz trotz ihres ›unwissenschaftlichen‹ Gestus mit ihrem Widerspruch zum ›objektiven‹ Geist ihrer Zeit noch wie ein Seitenstück zu Hegels Systemdenken erscheinen (und ihre poetische Form als ↑Ästhetizismus). Darauf indirekt hinzuweisen, um weder in der bloß gedachten Dialektik des reinen Existenzdenkens sein Auskommen zu finden noch der Illusion zu verfallen, man könne sich in das Existieren, in die Existenzentscheidung, in die Subjektivität hineinreflektieren oder sentimental-romantisch hineinphantasieren, dienen K. die unvermittelte Konfrontation und konkur-

rierende Parallelität von pseudonymem und nicht-pseudonymem Schrifttum und die Verschärfung der Pseudonymität dergestalt, daß – wie K. betont – er selbst nicht einmal im Vorwort zu seinen pseudonymen Schriften erscheine (höchstens als deren Herausgeber), so daß in ihnen »nicht ein einziges Wort von mir selbst« ist (»Eine erste und letzte Erklärung« im Anhang zur »Nachschrift«, Abschließende unwissenschaftliche Nachschrift, Ges. Werke, ed. E. Hirsch u. a. [s. u.], XI/Abt. 16/2, 340). Eine weitere Zuspitzung in K.s Depotenzierung der pseudonymen Standpunkte zeigt sich im ↑Antagonismus zwischen den Climacus- und den Anti-Climacus-Schriften, als K. sich gezwungen sieht, seine pseudonyme schriftstellerische Tätigkeit über die »Nachschrift« hinaus fortzuführen. Zu diesem Zweck fügt er ihr »Eine erste und letzte Erklärung« in eigenem Namen an, in der er den Stellenwert seiner »Pseudonymität oder Polyonymität« (a. a. O., 339) bestimmt (die »Nachschrift« erscheint am 27.2.1846). Bis dahin waren innerhalb von drei Jahren vierzehn Bücher von K. erschienen (»Enten - Eller« [Entweder – Oder] am 20.2.1843 sowie »Gjentagelsen« [Die Wiederholung], »Frygt og Baeven« [Furcht und Zittern], »Philosophiske Smuler eller En Smule Philosophi« [Philosophische Brocken oder Ein Bröckchen Philosophie], »Begrebet Angest« [Der Begriff der Angst], »Forord« [Vorworte] und »Stadier paa Livets Vei« [Stadien auf dem Lebensweg] – alle unter Pseudonym – sowie parallel dazu – unter eigenem Namen – sieben Bände mit insgesamt 21 ethisch-religiösen Reden).

Den Anlaß zu erneutem schriftstellerischen Schaffen bietet zu Beginn des Jahres 1846 eine öffentliche Auseinandersetzung mit dem Satireblatt »Corsaren« [Der Corsar] (Ges. Werke, ed. E. Hirsch u. a. [s. u.], XXII/Abt. 32, 95–219). In der Öffentlichkeit der Lächerlichkeit preisgegeben zu sein, bedeutet für K. eine neue Erfahrung, die er im Sinne einer Vertiefung seines Verständnisses des Christlichen reflektiert. Schon in den »Philosophischen Brocken« und in der »Nachschrift« zu diesen hatte J. Climacus – G. E. Lessings Problemstellung in »Über den Beweis des Geistes und der Kraft« aus dem Jahre 1777 aufnehmend, ob der christliche Glaube auf geschichtliche Tatsachen gegründet werden könne – das Verhältnis von christlicher Offenbarung und Geschichte, von Glauben und Wissen, von Christentum und Philosophie als inkommensurabel bestimmt; der ›garstige Graben‹ (Lessing) zwischen Glaube und Geschichte sei nicht durch Argumentation, sondern nur durch einen ›Sprung‹ zu überwinden. Während aber J. Climacus das Problem als jemand behandelt, der sich ausdrücklich als Nicht-Christ bekennt, wie auch K. selbst seine erbaulichen Reden bis dahin noch nicht im engeren Sinne als christlich ansah, widmet K. die nun folgenden Meditationen und Predigten mehr und mehr explizit christlichen Themen (herausragend: »Opbyggelige Taler i forskjellig Aand« [Erbauliche Reden in verschiedenem Geist] und »Kjerlighedens Gjerninger« [Werke der Liebe], beide von 1847, sowie »Christelige Taler« [Christliche Reden] von 1848) und verfaßt erneut pseudonyme Schriften, die nun aber von christlichen Voraussetzungen ausgehen, so die beiden bedeutendsten, die Anti-Climacus zum Verfasser haben (»Sygdommen til Døden« [Die Krankheit zum Tode] 1849 und »Indøvelse i Christendom« [Einübung im Christentum] 1850, herausgegeben von K.), einen Autor, der sich im Gegensatz zu Climacus als radikaler Christ versteht. Trotzdem zeichnet K. diese Schriften nicht in eigenem Namen: zum einen, weil sie aufgrund ihres anthropologisch-psychologischen (so »Die Krankheit zum Tode«) bzw. ihres ironischen und satirischen Charakters (so Teile von »Einübung im Christentum«) sich noch in der philosophischen bzw. der ästhetischen Sphäre bewegen, zum anderen, weil K. selbst nicht mit der Idealität des Christseins von Anti-Climacus identifiziert werden möchte. In einer 1849 verfaßten zweiten öffentlichen Stellungnahme, die am 7. 8. 1851 unter dem Titel »Om min Forfatter-Virksomhed« [Über meine Wirksamkeit als Schriftsteller] erscheint, behauptet K. rückblickend, daß seine Schriftstellerei eine Bewegung der Reflexion vom Dichterisch-Ästhetischen über das Spekulativ-Philosophische zum Religiösen und zum Christlichen darstelle; zugleich aber seien diese Bewegung selbst und das daraus hervorgegangene Werk, beide als Ganzheiten betrachtet, religiös. Beider Richtungssinn sei das Christliche, so daß es von der ästhetischen, philosophischen usw. Vielfalt des Interessanten, ja Sensationellen, das die Öffentlichkeit beschäftige und die Menge bewege, zu ›jenem Einzelnen‹ führe, den K. von Beginn an, schon im Vorwort zu den beiden erbaulichen Reden vom 16.5.1843, die »Entweder – Oder« begleiten, vorzüglich ›seinen Leser‹ genannt und den er in dessen existentieller Einsamkeit bei der Gewinnung immer größerer Einfalt und der Vertiefung in die Wahrheit des Christlichen als des einen Notwendigen begleitet habe. Wenn Weg und Werk K.s in seiner Sicht – von der er allerdings einräumt, daß er sie erst im Nachhinein in voller Klarheit gewonnen habe – von Anfang an das Religiöse im Allgemeinen und das Christliche im Besonderen im Blick gehabt und angezielt haben – bei den pseudonymen Schriften nur indirekt –, erscheint es folgerichtig, von Beginn an den die möglichen Lebensformen und Standpunkte reflektierenden Schriften kontrastierend Schriften zur Seite zu stellen, die unmittelbarer Ausdruck einer religiösen bzw. christlichen Einstellung sind und insofern Zeugnischarakter haben. Aber K. bestreitet nicht nur, wahrhaft Christ zu sein, sondern auch, zur Verkündigung bevollmächtigt zu sein; er beansprucht nur Genialität – eine ästhetische Kategorie –, nicht Apostolizität. »*Ohne Vollmacht aufmerksam zu machen* auf das Religiöse, das Christliche, das ist die Kategorie für meine gesamte Wirksamkeit als Schriftsteller, als ein Ganzes betrachtet« (Über meine Wirksamkeit als Schriftsteller, Ges. Werke, ed. E. Hirsch u. a. [s. u.], XXIII/Abt. 33, 10). K. möchte nur aufmerksam machen, gegebenenfalls mit drastischen Mitteln, von denen er zeitweise glaubte, daß sie ihm das Martyrium eintragen könnten.

Die Zweigesichtigkeit von K.s Verfasserschaft spiegelt eine seiner Auffassung nach legitime Doppelung von existentieller Vernunftreflektiertheit und Glaube. Dieser Doppelung steht eine zweifache Illegitimität gegenüber: dem Denken aus der Subjektivität heraus – beispielhaft verkörpert in Sokrates – das objektivierende Denken in Philosophie und Wissenschaft – exemplarisch hervorgetreten im spekulativen Denken Hegels – einerseits und andererseits dem christlichen Existieren in Glaubenseinfalt das Pseudochristentum der Christenheit in den Tagen K.s, insbes. das amtliche Christentum der damaligen dänischen Staatskirche. Ihr gilt – und damit setzt der dritte Abschnitt in der schriftstellerischen Tätigkeit K.s ein – sein Kampf in den letzten Monaten seines Lebens: Am 30.1.1854 stirbt Bischof J. P. Mynster. Bei dessen Begräbnis nennt ihn Bischof H. L. Martensen einen ›Wahrheitszeugen‹. Daraufhin verfaßt K. den Artikel »Var Biskop Mynster e ›Sandhedsvidne‹ [...]?« [War Bischof Mynster ein »Wahrheitszeuge« [...]?], der am 18.12.1854 in »Fædrelandet« [Das Vaterland] erscheint und eine heftige Polemik auslöst, die K. selbst mit zwei Dutzend weiterer Artikel in »Fædrelandet« und anderen Tageszeitungen sowie durch Flugblätter befeuert, die er unter dem Titel »Øieblikket« [Der Augenblick] herausgibt. Sie erscheinen von Mai bis Oktober 1855 in neun Nummern, in denen K. seine Polemik gegen das institutionalisierte Christentum zu unerhörter Schärfe steigert. Der Kampf bricht ab mit K.s Zusammenbruch Ende September 1855 und seinem Tod am 11. November.

Erst gegen Ende des 19. Jhs. wird inner- wie außerhalb Dänemarks – vor allem in Deutschland, hier durch Übersetzungen angeregt – das Interesse an K.s Person und Werk geweckt. Bei der Beschäftigung mit seinem Werk stehen die pseudonymen Schriften im Vordergrund, so in der ›Dialektischen Theologie‹ der 20er Jahre des 20. Jhs. die eher ›theologischen‹ Schriften (wie »Der Begriff der Angst«, »Die Krankheit zum Tode« und »Stadien auf dem Lebensweg«) und in der ↑Existenzphilosophie der 40er und 50er Jahre des 20. Jhs. die eher ›philosophischen‹ Schriften (wie »Entweder – Oder«, »Philosophische Brocken« und die »Nachschrift« zu diesen). Die existenzphilosophische und existenztheologische Deutung der pseudonymen Schriften K.s stellt den Menschen, der sich zu entscheiden hat, wie er sich und sein Dasein verstehen und leben soll, in den Mittelpunkt: Der Mensch vermag einer solchen Entscheidung dann nicht zu entgehen, wenn er reflektiert lebt. Deshalb ist es erforderlich, den in der Masse, in der Zerstreutheit, im ↑›Man‹ lebenden Menschen aufzustören, damit er wieder auf sich selbst, seine Subjektivität, seine Freiheit und damit auf seine Verantwortung für sein Leben aufmerksam wird. Dann merkt er, daß er auf der ›ästhetischen‹ Stufe des unmittelbaren Lebensgenusses nicht verweilen kann, weil solches Genießen zu ↑Langeweile, Ekel, Überdruß und Verzweiflung führt. Er wird so zur Entscheidung geführt, die ›ethische‹ Stufe zu betreten. Vor diese Entscheidung gestellt, wird er zum Einzelnen, der sich seiner Freiheit angstvoll bewußt wird. Die ↑Angst potenziert sich, wenn sich der Mensch angesichts des christlichen Paradoxons – das Absurde (↑absurd/das Absurde) des Anspruchs, eine historische Gestalt als die Offenbarung Gottes zu glauben, wonach all meine Schuld gesühnt und getilgt ist – vor die Entscheidung zwischen einander ausschließenden Existenzmöglichkeiten gestellt sieht, nämlich entweder sich selbst zu wählen, d.h. sich vor dem Unendlichen zu verschließen und das Endliche zu verabsolutieren, oder den ›Sprung‹ in den Glauben zu wagen. Aber auch dann noch muß sich der Glaube angesichts der Absurdität des Wortes Gottes, das die Vernunft zur Torheit macht und dessen Macht die Ethik zu suspendieren vermag, ›in Furcht und Zittern‹ bewähren. Erst nach diesem Sprung, auf der religiösen bzw. der christlichen Stufe, kann der Mensch die Erfahrung machen, daß ihm Angst und Verzweiflung genommen sind.

Werke: Samlede Værker, I–XIV, ed. A. B. Drachmann/J. L. Heiberg/H. O. Lange, Kopenhagen 1901–1906, I–XV, ²1920–1936, I–XX, Suppl.bd., ³1962–1964, 1982, in 10 Bdn., rev. v. P. P. Rohde, Kopenhagen ⁴1991, ⁵1994; Papirer, I–XVI, I–XI/3 (in 20 Bdn.), ed. P. A. Heiberg/V. Kuhr/E. Torsting, Kopenhagen 1909–1948 (repr., ed. N. Thulstrup, Kopenhagen 1968–1969), XII–XVI (XIV–XVI Indexbde), ed. N. Thulstrup, 1969–1978; Gesammelte Werke, I–IX, XII, ed. H. Gottsched/C. Schrempf, Jena 1909–1922, I–XII, 1922–1925; Einheitssachtitel: Philosophisch-theologische Schriften, I–III, ed. H. Diem/W. Rest, Köln/Olten 1951–1959; Gesammelte Werke, I–XXVI [ohne Bd.angabe in 36 Abt.], Reg.bd., ed. E. Hirsch u. a., Düsseldorf/Köln 1951–1969, Gütersloh ²1982–1986, erw. Neuaufl. als: Gesammelte Werke und Tagebücher, I–XXXII [in 38 Abt.], ed. E. Hirsch/H. Gerdes/H. M. Junghans, Simmerath 2003–2004 [Abt. 37: Reg.bd., Abt. 38: Die Tagebücher] (erw. um: Die Tagebücher [Auswahl], I–V, ed. H. Gerdes [s. u.]); Werke, I–V, ed. L. Richter, Reinbek b. Hamburg 1960–1964; Œuvres complètes, I–XX, ed. P.-H. Tisseau/E.-M. Jacquet-Tisseau, Paris 1966–1987; K.'s Writings, I–XXVI, ed. H. V. Hong, Princeton N. J. 1978–2000, 1992–2009; S. K.s Skrifter, ed. N. J. Cappelørn u. a., Kopenhagen 1997 ff. (erschienen Bde I–XIII, XVII–XXVI, Kommentarbde I–XIII, XVII–XXVI); Deutsche S. K. Edition, ed. H. Anz u. a., Berlin/New York 2005 ff. (erschienen: Bde I–II); K.'s Journals and Notebooks, ed. N. J. Cappelørn u. a., Princeton N. J./Oxford 2007 ff. (erschienen Bde I–III). – Om Begrebet Ironi med stadigt Hensyn til Socrates, Kopenhagen 1841, ²1906, ferner in: S. K.s Skrifter [s. o.] I, 59–357 (dt. Über den Begriff der Ironie. Mit

ständiger Rücksicht auf Sokrates, München 1929, ferner als: Ges. Werke, ed. E. Hirsch u. a. [s. o.], XXI/Abt. 31; engl. The Concept of Irony. With Constant Reference to Socrates, Bloomington Ind./London, New York 1965, ferner als: K.'s Writings [s. o.] II); [ed. unter dem Pseudonym: Victor Eremita] Enten – Eller. Et Livs-Fragment, I–II, Kopenhagen 1843, ⁴1878, ferner als: S. K.s Skrifter [s. o.], II–III (dt. Entweder – Oder. Ein Lebensfragment, I–II, Leipzig 1885, Dresden ²1903, ⁶1927, ferner in: Ges. Werke, ed. E. Hirsch u. a. [s. o.], I, II/Abt. 1–3, 165–377, in einem Bd., München 2005; engl. Either – Or. A Fragment of Life, I–II, Princeton N. J., London 1944, Garden City N. Y. 1959, ferner als: K.'s Writings [s. o.], III–IV); To opbyggelige Taler, Kopenhagen 1843, ferner in: S. K.s Skrifter [s. o.] V, 9–56 (dt. Zwei erbauliche Reden, in: Ges. Werke, ed. E. Hirsch u. a. [s. o.], II/Abt. 2–3, 379–424; engl. Two Upbuilding Discourses, in: K.'s Writings [s. o.] V, 1–48); [unter dem Pseudonym: Constantin Constantius] Gjentagelsen. Et Forsøg i den experimenterende Psychologi, Kopenhagen 1843, 1872, ²1969, ferner in: S. K.s Skrifter [s. o.] IV, 7–96, Neudr. Højbjerg 2001 (dt. Die Wiederholung. Ein Versuch in der experimentierenden Psychologie, in: Ges. Werke, ed. H. Gottsched/C. Schrempf [s. o.], III, 117–207, ferner in: Ges. Werke, ed. E. Hirsch u. a. [s. o.], IV/Abt. 5/6, 1–97, ed. H. Rochol, Hamburg 2000; engl. Repetition. An Essay in Experimental Psychology, Princeton N. J. 1941, mit Untertitel: A Venture in Experimenting Psychology, in: K.'s Writings [s. o.] VI, 125–196); [unter dem Pseudonym: Johannes de Silentio] Frygt og Bæven. Dialektisk Lyrik, Kopenhagen 1843, 1983, ferner in: S. K.s Skrifter [s. o.] IV, 99–210 (dt. Furcht und Zittern, als: Ges. Werke, ed. H. Gottsched/C. Schrempf [s. o.], IV, unter dem Titel: Furcht und Beben, Wiesbaden 1935, unter dem Titel: Furcht und Zittern. Dialektische Lyrik, Krefeld 1949, ferner als: Ges. Werke, ed. E. Hirsch u. a. [s. o.], III/Abt. 4, ed. H. Rochol, Hamburg 2004; engl. Fear and Trembling. Dialectical Lyric, London/New York 1939, ferner in: K.'s Writings [s. o.] VI, 1–123, Neudr. Cambridge etc. 2007); [unter dem Pseudonym: Johannes Climacus, ed. S. K.] Philosophiske Smuler eller En Smule Philosophi, Kopenhagen 1844, ²1865, ferner in: S. K.s Skrifter [s. o.] IV, 213–306 (dt. Philosophische Bissen, in: ders., Zur Psychologie der Sünde, der Belehrung und des Glaubens, ed. C. Schrempf, Leipzig 1890, 165–275, unter dem Titel: Philosophische Brocken. Auch ein bißchen Philosophie, in: Ges. Werke, ed. H. Gottsched/C. Schrempf [s. o.], VI, 1–100, unter dem Titel: Philosophische Brocken oder ein Bröckchen Philosophie, in: Ges. Werke, ed. E. Hirsch u. a. [s. o.], VI/Abt. 10, 1–107, unter dem Titel: Philosophische Brosamen oder ein bißchen Philosophie, in: Philosophische Brosamen und Unwissenschaftliche Nachschrift, München 1976, 11–130, unter dem Titel: Philosophische Bissen, ed. H. Rochol, Hamburg 2005; engl. Philosophical Fragments or Fragment of Philosophy, Princeton N. J., New York 1936, Princeton N. J. ²1962, 1967, ferner in: K.'s Writings [s. o.] VII, 1–111); [unter dem Pseudonym: Vigilius Haufniensis] Begrebet Angest. En simpel psychologisk-paapegende Overveielse i Retning af det dogmatiske Problem om Arvesynden, Kopenhagen 1844, ²1855, ferner in: S. K.s Skrifter [s. o.] IV, 309–461 (dt. Der Begriff der Angst. Eine simple psychologisch-wegweisende Untersuchung in der Richtung auf das dogmatische Problem der Erbsünde, in: ders., Zur Psychologie der Sünde, der Belehrung und des Glaubens, ed. C. Schrempf, Leipzig 1890, 1–164, ohne Untertitel als: Ges. Werke, ed. H. Gottsched/C. Schrempf [s. o.], V, unter dem Titel: Der Begriff Angst. Eine schlichte psychologisch-andeutende Überlegung in Richtung auf das dogmatische Problem der Erbsünde, in: Ges. Werke, ed. E. Hirsch u. a. [s. o.], VII/Abt. 11, 1–169, ohne Untertitel, ed. G. Perlet, Stuttgart 2008; engl. The Concept of Dread, Princeton N. J. 1944, ²1957, unter dem Titel: The Concept of Anxiety. A Simple Psychologically Orienting Deliberation on the Dogmatic Issue of Hereditary Sin, als: K.'s Writings [s. o.] VIII); [unter dem Pseudonym: Nikolaus Notabene] Forord. Morskabslæsning for enkelte Stænder efter Tid og Leilighed, Kopenhagen 1844, ferner in: S. K.s Skrifter [s. o.] IV, 465–527 (dt. Vorworte. Unterhaltungslektüre für einzelne Stände je nach Zeit und Gelegenheit, in: Ges. Werke, ed. E. Hirsch u. a. [s. o.], VII/Abt. 11, 171–239; engl. Prefaces. Light Reading for Certain Classes as the Occasion May Require, Talahassee Fla. 1989, mit Untertitel: Light Reading for People in Various Estates According to Time and Opportunity, in: K.'s Writings [s. o.] IX, 1–68); [ed. unter dem Pseudonym: Hilarius Bogbinder] Stadier paa Livets Vei. Studier af Forskjellige, Kopenhagen 1845, ³1874, ferner als: S. K.s Skrifter [s. o.] VI (dt. [ed. unter dem Pseudonym: Hilarius Buchbinder] Stadien auf dem Lebenswege. Studien von Verschiedenen, Leipzig 1886, Dresden ²1909, unter dem Titel: Stadien auf des Lebens Weg, als: Ges. Werke, ed. E. Hirsch u. a. [s. o.], IX/Abt. 15; engl. Stages on Life's Way. Studies by Various Persons, Princeton N. J., London 1940 [repr. New York 1967], ferner als: K.'s Writings [s. o.] XI); En literair Anmeldelse. To Tidsaldre Novelle af Forfatteren til »En Hverdagshistorie«, udgiven af J. L. Heiberg, Kbhv. Reitzel 1845, Kopenhagen 1846, ⁴1945, ferner in: S. K.s Skrifter [s. o.] VIII, 7–106 (dt. Eine literarische Anzeige. Zwei Zeitalter, Novelle vom Verfasser der »Alltagsgeschichte«, herausgegeben von J. L. Heiberg. Kopenhagen. Reitzel 1845, als: Ges. Werke, ed. E. Hirsch u. a. [s. o.], XII/Abt. 17; engl. Two Ages. The Age of Revolution and the Present Age, A Literary Review, als: K.'s Writings [s. o.] XIV, unter dem Titel: A Literary Review. Two Ages, a Novel by the Author of »A Story of Everyday Life«, Published by J. L. Heiberg, Copenhagen, Reitzel, 1845, London etc. 2001); [unter dem Pseudonym: Johannes Climacus, ed. S. K.] Afsluttende uvidenskabelig Efterskrift til de philosophiske Smuler. Mimisk-pathetisk-dialektisk Sammenskrift, Existentielt Indlæg, Kopenhagen 1846, ²1874, ferner als: S. K.s Skrifter [s. o.] VII (dt. Abschließende unwissenschaftliche Nachschrift zu den philosophischen Brosamen. Mimisch-pathetisch-dialektisches Sammelsurium, existentielle Einsprache, in: Ges. Werke, ed. H. Gottsched/C. Schrempf [s. o.], VI, 101–342, VII, unter dem Titel: Abschließende unwissenschaftliche Nachschrift zu den Philosophischen Brocken, als: Ges. Werke, ed. E. Hirsch u. a. [s. o.], X–XI/Abt. 16, unter dem Titel: Abschließende unwissenschaftliche Nachschrift zu den philosophischen Brosamen. Mimisch-pathetisch-dialektische Sammelschrift, existentieller Beitrag, in: Philosophische Brosamen und Unwissenschaftliche Nachschrift [s. o.], 130–844; engl. Concluding Unscientific Postscript, Princeton N. J. 1941, unter dem Titel: Concluding Unscientific Postscript to Philosophical Fragments, als: K.'s Writings [s. o.] XII/1, unter dem Titel: Concluding Unscientific Postscript to the Philosophical Crumbs, ed. A. Hannay, Cambridge/New York 2009); Opbyggelige Taler i forskjellig Aand, Kopenhagen 1847, ²1862, ferner in: S. K.s Skrifter [s. o.] VIII, 111–431 (dt. Erbauliche Reden in verschiedenem Geist, als: Ges. Werke, ed. E. Hirsch u. a. [s. o.], XIII/Abt. 18; engl. Upbuilding Discourses in Various Spirits, als: K.'s Writings [s. o.] XV); Kjerlighedens Gjerninger. Nogle christelige Overveielser i Talers Form, I–II, Kopenhagen 1847, ferner als: S. K.s Skrifter [s. o.] IX, ed. H. O. Lange, Kopenhagen 2006 (dt. Leben und Walten der Liebe. Einige christliche Erwägungen in Form von Reden, Leipzig 1890, unter dem Titel: Der Liebe Tun. Etliche christliche Erwägungen in Form von Reden, als: Ges. Werke, ed. E. Hirsch u. a. [s. o.], XIV/Abt. 19, unter dem

Titel: Werke der Liebe [Auswahl], Stuttgart 2004; engl. Works of Love. Some Christian Reflections in Form of Discourses, Princeton N. J. 1946, ferner als: K.'s Writings [s. o.] XVI); Christelige Taler, Kopenhagen 1848, ⁴1939, ferner als: K.'s Skrifter [s. o.] X (dt. Christliche Reden, als: Ges. Werke, ed. E. Hirsch u. a. [s. o.], XV/Abt. 20; engl. Christian Discourses, in: K.'s Writings [s. o.] XVII, 1–300); [unter dem Pseudonym: H. H.] Tvende ethisk-religieuse Smaa-Afhandlinger, Kopenhagen 1849, ferner in: S. K.s Skrifter [s. o.] XI, 51–111 (dt. Zwei kleine ethisch-religiöse Abhandlungen. Darf ein Mensch sich für die Wahrheit töten lassen?, Ueber den Unterschied zwischen einem Genie und einem Apostel, Giessen 1902, unter dem Titel: Zwo kleine ethisch-religiöse Abhandlungen, in: Ges. Werke, ed. E. Hirsch u. a. [s. o.], XVI/Abt. 21–23, 75–134; engl. Two Ethical-Religious Essays, in: K.'s Writings [s. o.] XVIII, 47–108); [unter dem Pseudonym: Anti-Climacus. ed. S. K.] Sygdommen til Døden. En christelig psykologisk Udvikling til Opbyggelse und Opvækkelse, Kopenhagen 1849, ferner in: S. K.s Skrifter [s. o.] XI, 115–242 (dt. Die Krankheit zum Tode. Eine christlich-psychologische Entwicklung zur Erbauung und Erweckung, Halle 1881, ²1905, ferner in: Ges. Werke, ed. E. Hirsch u. a. [s. o.], XVII/Abt. 24/25, 1–135, ohne Untertitel, ed. G. Perlet, Stuttgart 2009; The Sickness unto Death. A Christian Psychological Exposition for Edification and Awakening, Princeton N. J. 1941, mit Untertitel: A Christian Psychological Exposition for Upbuilding and Awakening als: K.'s Writings [s. o.] XIX, mit ursprünglichem Titel, ed. A. Hannay, London etc. 1989); [unter dem Pseudonym: Anti-Climacus, ed. S. K.] Indøvelse i Christendom, Kopenhagen 1850, ³1863, ferner in: S. K.s Skrifter [s. o.] XII, 7–253 (dt. Einübung im Christentum, Halle 1878, ²1894, ferner als: Ges. Werke, ed. E. Hirsch u. a. [s. o.], XVIII/Abt. 26; engl. Practice in Christianity, als: K.'s Writings [s. o.] XX); Til Selvprøvelse Samtiden anbefalet, Kopenhagen 1851, ferner in: S. K.s Skrifter [s. o.] XIII, 29–108 (dt. Zur Selbstprüfung der Gegenwart empfohlen, Erlangen 1862, Erlangen/Leipzig ⁴1895, unter dem Titel: Zur Selbstprüfung der Gegenwart anbefohlen in: Ges. Werke, ed. E. Hirsch u. a. [s. o.], XIX/Abt. 27–29, 41–120; engl. For Self-Examination. Recommended for the Times, Minneapolis Minn. 1940, mit Untertitel: Recommended to the Present Age [First Series], in: K.'s Writings [s. o.] XXI, 1–87); Om min Forfatter-Virksomhed, Kopenhagen 1851, ferner in: S. K.s Skrifter [s. o.] XIII, 7–27 (dt. Über meine Wirksamkeit als Schriftsteller, in: Ges. Werke, ed. H. Gottsched/C. Schrempf [s. o.], X, 157–170, ferner in: Ges. Werke, ed. E. Hirsch u. a. [s. o.], XXIII/Abt. 33, 1–17; engl. On My Work as an Author, in: The Point of View, etc.. [...], London etc. 1939, 141–164, ferner in: K.'s Writings [s. o.] XXII, 1–20): Var Biskop Mynster et »Sandhedsvidne«, et af »de rette Sandhedsvidner« – er dette Sandhed?, Fædrelandet 15 (1854), Nr. 295, 1181–1182, ferner in: R. Nielsen (ed.), S. K.s Bladartikler [s. u.], 57–62, ferner in: Samlede Værker [s. o.] XIX, ⁵1994, 9–14 (dt. War Bischof Mynster ein »Wahrheitszeuge«, einer von den »echten Wahrheitszeugen« – und ist das Wahrheit?, in: Ges. Werke, ed. E. Hirsch u. a. [s. o.], XXIV/Abt. 34, 3–9; engl. Was Bishop Mynster a »Truth-Witness,« One of »the Authentic Truth-Witnesses« – Is This the Truth?, in: K.'s Writings [s. o.] XXIII, 3–8); Øieblikket 1–9 (1855), in einem Bd. Kopenhagen ³1895, [mit H. 10 posthum] in: Samlede Værker [s. o.] XIV, 103–138, 151–275, 295–364, ferner in: S. K.s Skrifter [s. o.] XIII, 125–168, 183–317, 341–418 (dt. Der Augenblick [H. 1–9], als: Ges. Werke, ed. H. Gottsched/C. Schrempf [s. o.], XII, [H. 1–10] in: Ges. Werke, ed. E. Hirsch u. a. [s. o.], XXIV/Abt. 34, 93–130, 143–258, 277–343, separat mit Untertitel: Eine Zeitschrift, ed. H. Grössel, Nördlingen 1988; engl. The Moment, in:

K.'s Writings [s.o.] XXIII, 89–126, 141–261, 285–354); S. K.s Bladartikler. Med Bilag samlede efter Forfatterens Død, ed. R. Nielsen, Kopenhagen 1857; Synspunktet for min Forfatter-Virksomhed. En Ligefrem Meddelelse, Rapport til Historien, ed. P. C. Kierkegaard, Kopenhagen 1859, ferner in: Samlede Værker [s.o.] XVIII, ⁵1994, 79–169 (engl. The Point of View from my Work as an Author, in: The Point of View, etc.. [...], London etc. 1939, 101–103, ferner in: K.s Writings [s.o.] XXII, 21–97; dt. Der Gesichtspunkt für meine Wirksamkeit als Schriftsteller. Eine direkte Mitteilung, Rapport an die Geschichte, in: Ges. Werke, ed. H. Gottsched/C. Schrempf [s.o.], X, 1–100, mit Untertitel: Eine unmittelbare Mitteilung, Meldung an die Geschichte, in: Ges. Werke, ed. E. Hirsch u.a. [s.o.], XXIII/Abt. 33, 19–120); Dømmer selv! Til Selvprøvelse, Samtiden anbefalet. Anden Række [1851/52], ed. P. C. Kierkegaard, Kopenhagen 1876, ferner in: Samlede Værker [s.o.], ⁵1994 (dt. Richtet selbst! Zur Selbstprüfung der Gegenwart empfohlen. Zweite Reihe [1851/1852], in: Ges. Werke, ed. H. Gottsched/C. Schrempf [s.o.], XI, 75–190, unter dem Titel: Urteilt selbst! Zur Selbstprüfung der Gegenwart anbefohlen. Zweite Folge [1851/52], in: Ges. Werke, ed. E. Hirsch u.a. [s.o.], XIX/Abt. 27–29, 121–241; engl. Judge for Yourself! For Self-Examination Recommended to the Present Age. Second Series, in: K.'s Writings [s.o.] XXI, 89–261); Die Tagebücher 1834–1855 [Auswahl], I–II, ed. T. Haecker, Innsbruck 1923, in einem Bd. Leipzig 1941, München ⁴1953; Die Tagebücher [Auswahl], I–V, ed. H. Gerdes, Düsseldorf/Köln 1962–1974, Simmerath 2003 (= Ges.Werke XXVIII–XXXII/ Abt. 38, ed. E. Hirsch/H. Gerdes/H.M. Junghans); S. K.'s Journals and Papers, I–VII, ed. H. V. Hong/E. H. Hong, Bloomington Ind./London 1967–1978; K., ed. B. Groys, München 1996, 1999 [mit Einl., 15–47]; Schriftproben, ed. T. Hagemann, Hamburg 2005; Philosophische Schriften, I–II, Frankfurt 2007/2009. – Breve og Aktstykker vedrørende S. K., I–II, ed. N. Thulstrup, Kopenhagen 1953/1954 (dt. [gekürzt] Briefe, ed. W. Boehlich, Köln/Olten 1955, Frankfurt 1983; engl. [erw.] Letters and Documents, übers. v.H. Rosenmeier, Princeton N. J. 1978 [= K.'s Writings XXV]). – A. MacKinnon, The K. Indices, I–IV, Leiden 1970–1975 (I K. in Translation/en Traduction/in Übersetzung, II Fundamental Polyglot. Konkordans til K.s Samlede Værker, III Index verborum til K.s Samlede Værker, IV Computational Analysis of K.s Samlede Værker). – J. Himmelstrup (ed.), S. K.. International bibliographi, Kopenhagen 1962; C. D. Evans, S. K.. Bibliographical Remnants 1944–1980, in: ders., S. K. Bibliographies [s.u., Lit.], 1–17.

Literatur: T. W. Adorno, K.. Konstruktion des Ästhetischen, Tübingen 1933, Frankfurt 1990 (= Ges. Schr. II); W. Anz, S. K. und der deutsche Idealismus, Tübingen 1956; R. H. Bell/R. E. Hustwit (eds.), Essays on K. and Wittgenstein. On Understanding the Self, Wooster Ohio 1978; H. Bloom (ed.), S. K., New York/Philadelphia Pa. 1989; M. Bösch, S. K.. Schicksal, Angst, Freiheit, Paderborn etc. 1994; D. Brezis, Temps et présence. Essai sur la conceptualité kierkegaardienne, Paris 1991; N. J. Cappelørn/J. Garff/J. Kondrup, Skriftbilleder. S. K.s journaler, notesbøger, hæfter, ark, lapper og strimler, Kopenhagen 1996 (engl. Written Images. S. K.'s Journals, Notebooks, Booklets, Sheets, Scraps, and Slips of Paper, Princeton N. J. 2003); C. Carlisle, K.'s Philosophy of Becoming. Movements and Positions, Albany N. Y. 2005; J. Cattepoel, Dämonie und Gesellschaft. S. K. als Sozialkritiker und Kommunikationstheoretiker, Freiburg/München 1992; O. Cauly, K., Paris 1991, ²1996; A. Clair, Pseudonymie et paradoxe. La pensée dialectique de K., Paris 1976; ders., K.. Penser le singulier, Paris 1993; ders., K., existence et éthique,

Paris 1997; ders., K. et autour, Paris 2005; J. Colette, Histoire et absolu. Essai sur K., Paris 1972; ders., K. et la non-philosophie, Paris 1994; A. B. Come, K. as Humanist. Discovering My Self, Montreal 1995; ders., K. as Theologian. Recovering My Self, Montreal 1997; G. Connell, To Be One Thing. Personal Unity in K.'s Thought, Macon Ga. 1985; C. L. Creegan, Wittgenstein and K.. Religion, Individuality, and Philosophical Method, London/New York 1989; I. U. Dalferth (ed.), Ethik der Liebe. Studien zu K.s »Taten der Liebe«, Tübingen 2002; V. Delecroix, Singulière philosophie. Essai sur K., Paris 2006; A. Dempf, K.s Folgen, Leipzig 1935; H. Deuser, Dialektische Theologie. Studien zu Adornos Metaphysik zum Spätwerk K.s, München, Mainz 1980; ders., K., RGG IV (⁴2001), 954–958; K. Dieckow, Gespräche zwischen Gott und Mensch. Studien zur Sprache bei K., Göttingen 2009; H. Diem, Die Existenzdialektik von S. K., Zollikon-Zürich 1950 (engl. K.'s Dialectic of Existence, Edinburgh/London 1959 [repr. Westport Conn. 1978]); ders., S. K.. Spion im Dienste Gottes, Frankfurt 1957, erw. unter dem Titel: S. K.. Eine Einführung, Göttingen 1964 (engl. K. An Introduction, Richmond Va. 1966); W. Dietz, S. K.. Existenz und Freiheit, Frankfurt 1993; J. Disse, K.s Phänomenologie der Freiheitserfahrung, Freiburg/München 1991; M. Dooley, The Politics of Exodus. K.'s Ethics of Responsibility, New York 2001; J. W. Elrod, K. and Christendom, Princeton N. J. 1981; C. S. Evans, K.'s »Fragments« and »Postscript«. The Religious Philosophy of Johannes Climacus, Atlantic Highlands N. J. 1983, Amherst N. Y. 2003; ders., K.'s Ethic of Love. Divine Commands and Moral Obligations, Oxford etc. 2004, 2006; ders., K. on Faith and the Self. Collected Essays, Waco Tex. 2006; ders., K.. An Introduction, Cambridge etc. 2009; C. Fabro, K., Enc. filos. IV (1982), 936–951; H. Fahrenbach, Die gegenwärtige K.-Auslegung in der deutschsprachigen Literatur von 1948 bis 1962, Philos. Rdsch. Beih. 3 (1962), 1–82; ders., K.s existenzdialektische Ethik, Frankfurt 1968; H. Fenger, K.-myter og K.-kilder. 9 kildekritiske studier i de K.ske papirer, breve og aktstykker, Odense 1976 (engl. K., the Myths and Their Origins. Studies in the K.ian Papers and Letters, New Haven Conn./London 1980); F. C. Fischer, Existenz und Innerlichkeit. Eine Einführung in die Gedankenwelt S. K.'s, München 1969; FM III (1994), 2012–2017; P. L. Gardiner, K., Oxford/New York 1988, mit Untertitel: A Very Short Introduction, 2002 (dt. K., Freiburg/ Basel/Wien 2001, 2004); ders., K., REP V (1998), 235–244; J. Garff, S. A. K. En biografi, Kopenhagen 2000, ²2002, 2005 (dt. S. K.. Biographie, München/Wien, Darmstadt 2004, München 2005; engl. S. K. A Biography, Princeton N. J./Oxford 2005, 2007); E. Geismar, S. K.. Hans livsudvikling og forfattervirksomhed, I–II, Kopenhagen 1927/1928 (dt. S. K.. Seine Lebensentwicklung und seine Wirksamkeit als Schriftsteller, I–V, Göttingen 1927, I–VI, in einem Bd. 1929); G.-G. Grau, Die Selbstauflösung des christlichen Glaubens. Eine religionsphilosophische Studie über K., Frankfurt 1963; ders., Vernunft, Wahrheit, Glaube. Neue Studien zu Nietzsche und K., Würzburg 1997; R. M. Green, K. and Kant. The Hidden Debt, Albany N. Y. 1992; W. Greve, K.s maieutische Ethik. Von »Entweder/Oder II« zu den »Stadien«, Frankfurt 1990; M. Grimault, La mélancolie de K., Paris 1965; A. Grøn, Subjektivitet og negativitet. K., Kopenhagen 1997; ders., Begrebet angst hos S. K., Kopenhagen 1993, 1994 (dt. Angst bei S. K.. Eine Einführung in sein Denken, Stuttgart 1999; engl. The Concept of Anxiety in S. K., Macon Ga. 2008); V. Guarda, Die Wiederholung. Analysen zur Grundstruktur menschlicher Existenz im Verständnis S. K.s, Königstein 1980; A. Haizmann, Indirekte Homiletik. K.s Predigtlehre in seinen Reden, Leipzig 2006; A. Hannay, K., London/New York

1982, rev. 1991, 1999; ders., K.. A Biography, Cambridge etc. 2001, 2003; ders., K. and Philosophy. Selected Essays, London/ New York 2003, 2006; ders./G. D. Marino (eds.), The Cambridge Companion to K., Cambridge etc. 1998, 1999; J. Hennigfeld/J. Stewart (ed.), K. und Schelling. Freiheit, Angst und Wirklichkeit, Berlin/New York 2003; E. Hirsch, K.-Studien, I–II, Gütersloh 1930/1933 (repr. Vaduz 1978), ed. H. M. Müller, Waltrop 2006 (= Ges. Werke XI–XIII); J. Hohlenberg, S. K., Kopenhagen 1940, 1963 (dt. S. K., Basel 1949; engl. [gekürzt] S. K., London, New York 1954, 1978; franz. S. K., Paris 1956); J. Holl, K.s Konzeption des Selbst. Eine Untersuchung über die Voraussetzungen und Formen seines Denkens, Meisenheim am Glan 1972; S. Holm, S. K.s historiefilosofi, Kopenhagen 1952 (dt. S. K.s Geschichtsphilosophie, Stuttgart 1956); P. Houe/G. D. Marino/ S. H. Rossel (eds.), Anthropology and Authority. Essays on S. K., Amsterdam/Atlanta Ga. 2000; J. Howland, K. and Socrates. A Study in Philosophy and Faith, Cambridge etc. 2006; A. Hügli, Die Erkenntnis der Subjektivität und die Objektivität des Erkennens bei S. K., Zürich 1973; L. Hühn, K. und der deutsche Idealismus. Konstellationen des Übergangs, Tübingen 2009; E. Jegstrup (ed.), The New K., Bloomington Ind. 2004; R. H. Johnson, The Concept of Existence in the Concluding Unscientific Postscript, The Hague 1972; C. Jørgensen, S. K.. En biografi med saerligt henblik paa hans personlige etik, Kopenhagen 1964; P. Kemp, K., DP II (²1993), 1577–1584; B. H. Kirmmse, K. in Golden Age Denmark, Bloomington Ind. 1990; ders. (ed.), Encounters with K.. A Life as Seen by His Contemporaries, Princeton N. J./Chichester 1996, 1998; A. Klein, Antirazionalismo di K., Mailand 1979; E. D. Klemke, Studies in the Philosophy of K., The Hague 1976; F. W. Korff, Der komische K., Stuttgart-Bad Cannstatt 1982; A. Krichbaum, K. und Schleiermacher. Eine historisch-systematische Studie zum Religionsbegriff, Berlin/ New York 2008; D. R. Law, K. as Negative Theologian, Oxford 1993, 2001; N. Lebowitz, K.. A Life of Allegory, Baton Rouge La./ London 1985; K. P. Liessmann, S. K. zur Einführung, Hamburg 1993, ⁴2006; W. Lowrie, A Short Life of K., Princeton N. J. 1942, London 1943, Garden City N. Y. 1961, Princeton N. J. 1990 (dt. Das Leben S. K.s, Düsseldorf/Köln 1955); A. MacIntyre, K., Enc. Ph. IV (1967), 336–340; L. Mackey, K.. A Kind of Poet, Philadelphia Pa. 1971, 1972; ders., Points of View. Readings of K., Tallahassee Fla. 1986; G. Malantschuk, Dialektik og eksistens hos S. K., Kopenhagen 1968, 1990 (engl. K.'s Thought, Princeton N. J. 1971, 1974); ders., Den kontroversielle K., Kopenhagen 1976 (engl. The Controversial K., ed. H. V. Hong/E. H. Hong, Waterloo 1980); ders., Fra Individ til den Enkelte. Problemer omkring Friheden of det etiske hos S. K., Kopenhagen 1978 (engl. K.'s Concept of Existence, ed. H. V. Hong/E. H. Hong, Milwaukee Wisc. 2003); H.C. Malik, Receiving S. K.. The Early Impact and Transmission of His Thought, Washington D. C. 1997; M. J. Matuštík/M. Westphal (ed.), K. in Post/Modernity, Bloomington Ind. 1995; V. A. McCarthy, The Phenomenology of Moods in K., The Hague/Boston Mass. 1978: W. McDonald, S. K., SEP 2009; H. v. Mendelssohn, S. K.. Ein Genie in einer Kleinstadt, Stuttgart 1995; E. F. Mooney, On S. K.. Dialogue, Polemics, Lost Intimacy, and Time, Aldershot/Burlington Vt. 2007; ders. (ed.), Ethics, Love, and Faith in K.. Philosophical Engagements, Bloomington Ind. 2008; R. L. Perkins (ed.), International K. Commentary, Macon Ga. 1984 ff. (erschienen Bde I–XXI, XXIV); T. Petersen, K.s polemiske debut. Artikler 1834–36 i historisk sammenhæng, Odense 1977; A. Pieper, Geschichte und Ewigkeit bei S. K.. Das Leitproblem der pseudonymen Schriften, Meisenheim am Glan 1968; dies., K., in: O. Höffe (ed.), Klassiker der Philosophie II, München 1981, 153–167,

474–476, 517–519; dies., S. K., München 2000; R. Purkarthofer, K., Leipzig 2005; S. Rapic, Ethische Selbstverständigung. K.s Auseinandersetzung mit der Ethik Kants und der Rechtsphilosophie Hegels, Berlin/New York 2007; J. Rée/J. Chamberlain (eds.), K.. A Critical Reader, Oxford/Malden Mass. 1998; W. Rehm, K. und der Verführer, München 1949 (repr. Hildesheim/ New York 2003); J. Ringleben, Aneignung. Die spekulative Theologie S. K.s, Berlin/New York 1983; ders., »Die Krankheit zum Tode« von S. K.. Erklärung und Kommentar, Göttingen 1995; P. P. Rohde, S. K. in Selbstzeugnissen und Bilddokumenten, Reinbek b. Hamburg 1959, 2002; A. Rudd, K. and the Limits of the Ethical, Oxford, New York 1993, 1997; K. Schäfer, Hermeneutische Ontologie in den Climacus-Schriften S. K.s, München 1968; R. Schleifer/R. Markley (eds.), K. and Literature. Irony, Repetition, and Criticism, Norman Okla. 1984; H. M. Schmidinger, Das Problem des Interesses und die Philosophie S. K.s, Freiburg/München 1983; J. Schmidt, Vielstimmige Rede vom Unsagbaren. Dekonstruktion, Glaube und K.s pseudonyme Literatur, Berlin/New York 2006; H.-H. Schrey (ed.), S. K., Darmstadt 1971; H. Schröer, K., TRE XVIII (1989), 138–155; H. Schulz, BBKL III (1992), 1466–1469; H. Schweppenhäuser, K.s Angriff auf die Spekulation. Eine Verteidigung, Frankfurt 1967, rev. München 1993; S. Scopetea, K. og græciteten. En kamp med ironi, Kopenhagen 1995; G. J. Stack, K.'s Existential Ethics, o.O. [Tuscaloosa Ala.] 1977, Aldershot 1991 (mit Bibliographie, 203–231); J. Stewart, K.'s Relations to Hegel Reconsidered, Cambridge etc. 2003; ders. (ed.), K. Research: Sources, Reception and Resources, Aldershot 2007 ff. [erschienen Bde I–VIII (in Teilbdn.)]; M. C. Taylor, K.'s Pseudonymous Authorship. A Study of Time and the Self, Princeton N. J. 1975; ders., Journeys to Selfhood, Hegel & K., Berkeley Calif./London 1980, New York 2000; M. Theunissen, Der Begriff Ernst bei S. K., Freiburg/München 1958 (repr. 1978), 1982; ders., Der Begriff Verzweiflung. Korrekturen an K., Frankfurt 1993 (engl. K.'s Concept of Despair, Princeton N. J. 2005); ders./W. Greve (eds.), Materialien zur Philosophie S. K.s, Frankfurt 1979 (mit Bibliographie, 597–611); J. Thompson (ed.), K.. A Collection of Critical Essays, Garden City N. Y. 1972; R. Thomte, K.'s Philosophy of Religion, Princeton N. J. 1948 (repr. New York 1969); N. Thulstrup, K.s forhold til Hegel og til den spekulative Idealisme indtil 1846, Kopenhagen 1967 (dt. K.s Verhältnis zu Hegel und zum spekulativen Idealismus 1835–1846. Historisch-analytische Untersuchung, Stuttgart etc. 1972; engl. K.'s Relation to Hegel, Princeton N. J. 1980); N. Thulstrup, K.s Verhältnis zu Hegel. Forschungsgeschichte, Stuttgart etc. 1969, 1971; ders./M.M. Thulstrup (eds.), K. as a Person, Kopenhagen 1983; E. Tugendhat, Selbstbewußtsein und Selbstbestimmung. Sprachanalytische Interpretationen, Frankfurt 1979, 2005 (engl. Self-Consciousness and Self-Determination, Cambridge Mass./London 1989; franz. Conscience de soi et autodétermination, Paris 1995); H. B. Vergote, Sens et répétition. Essai sur l'ironie kirkegaardienne, I–II, Paris 1982; ders., K., Enc. philos. universelle III/1(1992), 1878–1888; ders. (ed.), Lectures philosophiques de S. K. K. chez ses contemporains danois, Paris 1993; H. Vetter, Stadien der Existenz. Eine Untersuchung zum Existenzbegriff S. K.s, Wien/Freiburg/Basel 1979; S. Vial, K., érire ou mourir, Paris 2007; N. Viallaneix, K. et la parole de Dieu, I–II, Lille 1977, unter dem Titel: Écoute, K.. Essai sur la communication de la parole, I–II, Paris 1979; J. Wahl, Études Kierkegaardiennes, Paris 1938, ⁴1974; S. Walsh, Living Poetically. K.'s Existential Aesthetics, University Park Pa. 1994; dies., Living Christianly. K.'s Dialectic of Christian Existence, University Park Pa. 2005; dies., K.. Thinking Christianly in an Existential Mode, Oxford etc. 2009; J.

Watkin, Historical Dictionary of K.'s Philosophy, Lanham Md./ London 2001; T. Wesche, K.. Eine philosophische Einführung, Stuttgart 2003; M. Weston, K. and Modern Continental Philosophy. An Introduction, London/New York 1994; M. Westphal, K.'s Critique of Reason and Society, Macon Ga., University Park Pa. 1987, University Park Pa. 1991; M. Wyschogrod, K. and Heidegger. The Ontology of Existence, London, New York 1954, 1969. – Zeitschrift: Kierkegaardiana (Kopenhagen 1955 ff.). – J. Aage, S. K.-litteratur 1961–1970. En foreløbig bibliografi, Aarhus 1971; J. Aage, S. K.-litteratur 1971–1980. En bibliografi, Aarhus 1983; F. H. Lapointe, S. K. and His Critics. An International Bibliography of Criticism, Westport Conn./London 1980; C. D. Evans, S. K. Bibliographies. Remnants, 1944–1980 and Multi-Media, 1925–1991, Montreal 1993.   R. Wi.

Kilvington, Richard, *Kilvington (Yorkshire) ca. 1302, †London (?) 1361, engl. Philosoph und Theologe. Studium und Lehre in Oxford, 1324/1325 Master of Arts, ca. 1335 theologische Promotion, ab ca. 1338 in Diensten Edwards III. und der Kirche (zunächst Archidiakon, dann Domherr von St. Paul's Cathedral in London), theologische Auseinandersetzung mit den Mendikanten (Bettelmönchen). Gehört in Logik und Naturphilosophie, zusammen mit W. Burleigh und T. Bradwardine, zu den ersten Vertretern der so genannten Oxforder ›Calculatores‹, so benannt wegen ihrer Verwendung arithmetisch-algebraischer Methoden. Diese Methoden wendet K. sowohl auf naturphilosophische (Quaestiones super Physicam, ca. 1325/1326) als auch auf ethische (Quaestiones super Libros Ethicorum, ca. 1326/1332) und theologische (Fragen zum Sentenzenkommentar des Petrus Lombardus, vor 1334) Probleme an. In der Analyse der Ortsbewegung folgt er (ähnlich W. Heytesbury, auf den die erste Formulierung der so genannten Merton-Regel, die Rückführung beschleunigter Bewegungen auf gleichförmige Bewegungen, zurückgeht und der ein Schüler K.s gewesen sein dürfte, ↑Merton School) den Aristotelischen Prinzipien der Bewegung, und zwar, in dieser Hinsicht Wilhelm von Ockhams Konzeption nahe, unter Auszeichnung der Kategorien der ↑Substanz und der ↑Qualität.

Verbunden mit der Behandlung physikalischer Probleme ist K.s logisches Werk (Sophismata, vor 1325), im Anschluß an die in der mittelalterlichen Logik (↑Logik, mittelalterliche) üblichen Untersuchungen über in ihrem ↑Wahrheitswert zweideutige Aussagen (↑Sophisma). Dabei galt K.s Interesse vor allem den begrifflichen und weniger den kalkulatorischen Problemen bei der Auflösung (*resolutio*) der Sophismata, die in seinem Werk hauptsächlich als ↑Paradoxien formulierte und deshalb in der Regel mehrdeutige Aussagen (↑Ambiguität) über Veränderung (ontologisch) sowie über Wissen und Zweifel (epistemologisch) betreffen.

Werke: The Sophismata of R. K.. Text Edition, ed. N. Kretzmann/B. E. Kretzmann, Oxford etc. 1990 (Auctores Britannici Medii Aevi XII); The Sophismata of R. K.. Introduction, Translation, and Commentary, ed. N. Kretzmann/B. E. Kretzmann, Cambridge etc. 1990 (mit Bibliographie, 381–392).

Literatur: E. J. Ashworth, New Light on Medieval Philosophy. The »Sophismata« of R. K., Dialogue 31 (1992), 517–521; F. Bottin, Analisi linguistica e fisica Aristotelica nei »Sophysmata« di R. Kilmyngton, in: C. Giacon (ed.), Filosofia e politica e altri saggi, Padua 1973, 125–145; ders., L'›Opinio de Insolubilius‹ di R. Kilmyngton, Riv. crit. stor. filos. 28 (1973), 408–421; E. Jung-Palczewska, Motion in a Vacuum and in a Plenum in R. K.'s Question: ›Utrum aliquod corpus simplex posset moveri aequae velociter in vacuo et in pleno‹ from the »Commentary on the Physics«, in: J. A. Aertsen/A. Speer (eds.), Raum und Raumvorstellungen im Mittelalter, Berlin/New York 1998, 179–193 (Miscellanea Mediaevalia XXV); dies., The Concept of Time in R. K., in: G. Alliney/L. Cova (eds.), Tempus aevum aeternitatis. La concettualizzazione del tempo nel pensiero tardomedievale. Atti del Colloquio Internazionale, Trieste, 4–6 marzo 1999, Florenz 2000, 187–205; dies., Works by R. K., Arch. hist. doctr. litt. Moyen-âge 67 (2000), 181–223; dies., K., SEP 2001; B. D. Katz, On a Sophisma of R. K. and a Problem of Analysis, Med. Philos. Theol. 5 (1996), 31–38; N. Kretzmann, Socrates Is Whiter than Plato Begins to be White, Noûs 11 (1977), 3–15; ders., R. K. and the Logic of Instantaneous Speed, in: A. Maierù/A. Paravicini Bagliani (eds.), Studi sul XIV secolo in memoria di Anneliese Maier, Rom 1981, 143–178; ders., ›Tu scis hoc esse omne quod est hoc‹. R. K. and the Logic of Knowledge, in: ders. (ed.), Meaning and Inference in Medieval Philosophy. Studies in Memory of Jan Pinborg, Dordrecht/Boston Mass./London 1988, 225–245; ders., K., REP V (1998), 244–245; A. D'Ors, Tu scis regem sedere (K., S47[48]), Annuario Filosófico 24 (1991), 49–74; E. Stump, Roger Swineshead's Theory of Obligations, Medioevo 7 (1981), 135–174; dies., Obligations. From the Beginning to the Early Fourteenth Century, in: N. Kretzmann/A. Kenny/J. Pinborg (eds.), The Cambridge History of Later Medieval Philosophy. From the Rediscovery of Aristotle to the Disintegration of Scholasticism, 1100–1600, Cambridge etc. 1982, 2000, 315–334, bes. 329–332 (R. K.); E. D. Sylla, The Oxford Calculators, in: N. Kretzmann/A. Kenny/J. Pinborg (eds.), The Cambridge History of Later Medieval Philosophy [s. o.], 540–563, bes. 548–533 (R. K.'s Sophismata); dies., The Oxford Calculators and the Mathematics of Motion 1320–1350. Physics and Measurement by Latitudes, New York/London 1991, 435–446 (Chap. VI.2 Magister Richardus); dies., R. K., in: J. J. E. Gracia/T. B. Noone (eds.), A Companion to Philosophy in the Middle Ages, Malden Mass./Oxford/Carlton (Victoria) 2003, 2006, 571–572.   J. M.

Kilwardby, Robert, *um 1200, †Viterbo 10. Sept. 1279, engl. Philosoph und Theologe. Nach Studium und Lehrtätigkeit (Logik und Grammatik) in Paris 1248–1261 Magister der Theologie in Oxford, 1261–1272 Provinzial der englischen Dominikaner (während seiner Amtszeit Gründung von sieben Konventen), 1272–1278 Erzbischof von Canterbury (1274 Krönung Edwards I.), 1278 Kardinalbischof von Porto und Santa Rufina (Mitnahme der seither verschwundenen Register und Gerichtsakten von Canterbury). K. gilt als bedeutender scholastischer Logiker. In seinem Kommentar zu den Aristotelischen »Ersten Analytiken« (vermutlich vor 1245 in Paris geschrieben) befaßt er sich unter anderem mit der Rückführung von Syllogismen auf solche der ersten Figur durch Konversion (↑konvers/Konversion) und ↑Ekthesis, gibt in diesem Zusammenhang eine erste Begründung des Konversionsgesetzes und verteidigt dieses gegen den Verdacht der Zirkularität. Bei K. finden sich ferner Beiträge zu der, vor allem im 14. Jh. ausgearbeiteten, Theorie der ↑consequentiae, so die Auffassung des Syllogismus als einer *consequentia*, in der die Konjunktion der ↑Prämissen ↑Antezedens und die ↑Konklusion ↑Konsequens einer ↑Subjunktion ist (↑Syllogistik), und, ausgehend von der Aristotelischen ↑Termlogik, die Formulierung aussagenlogischer (↑Junktorenlogik) Konsequenzen. Im Rahmen einer Klassifikation der Wissenschaften modifiziert K., in Abhängigkeit von entsprechenden Arbeiten Isidors von Sevilla, Hugos von St. Viktor und Dominicus Gundissalinus', Hugos Einteilung der mechanischen Künste und schlägt eine Gliederung in ein Trivium und Quadrivium, der Gliederung der artes liberales entsprechend (↑ars), vor (De ortu sive divisione scientiarum). Gegenüber der thomistischen Philosophie vertritt K. augustinische Positionen.

Werke: In Aristotelis analytica priora commentum [Expositio D(omi)ni Egidii Romani super libros Priorum Analeticorum Aristotelis, cum textu eiusdem (...)], Venedig 1499, unter dem Titel: In libros priorum analyticorum expositio [...], Venedig 1516 (repr. Frankfurt 1968); Der Brief R. K.s an Peter von Conflans und die Streitschrift des Aegidius von Lessines [Epistola ad Petrum de Confleto], ed. A. Birkenmajer, in: ders., Vermischte Untersuchungen zur Geschichte der mittelalterlichen Philosophie, Münster 1922 (Beitr. Gesch. Philos. MA XX/5), 36–69; De natura theologiae [lat.], ed. F. Stegmüller, Münster 1935; Der Traktat des R. K. O. P. »De imagine et vestigio Trinitatis«, ed. F. Stegmüller, Arch. hist. doctr. litt. moyen-âge 9/10 (1935/1936), 324–407; Quod fertur Commenti super Priscianum Maiorem extracta (Text u. Kommentar), ed. K. M. Fredborg u. a., in: dies. (eds.), The Commentary on »Priscianus Maior« Ascribed to R. K., Kopenhagen 1975 (Cahiers de l'Institute du Moyen-Âge grec et latin 15), 1–143; De ortu scientiarum [lat.], ed. A. G. Judy, London 1976 (Auctores Britannici Medii Aevi IV); Le »De 43 questionibus« de R. K. [Responsio de 43 quaestiones Iohannis Vercellensis], ed. H.-F. Dondaine, Archivum Fratrum Praedicatorum 47 (1977), 5–50; De natura relationis [lat.], ed. L. Schmücker, Brixen 1980; Quaestiones in librum tertium Sententiarum I (Christologie), ed. E. Gössmann, München 1982 (Bayer. Akad. Wiss.. Veröffentlichungen der Kommission für die Herausgabe ungedruckter Texte aus der mittelalterlichen Geisteswelt X); In donati artem maiorem III, ed. L. Schmücker, Brixen 1984; Quaestiones in librum tertium Sententiarum II (Tugendlehre), ed. G. Leibold, München 1985 (Bayer. Akad. Wiss.. Veröffentlichungen [s. o.] XII); Quaestiones in librum primum Sententiarum, ed. J. Schneider, München 1986 (Bayer. Akad. Wiss.. Veröffentlichungen [s. o.] XIII); On Time and Imagination. De Tempore. De Spiritu Fantastico, I–II [lat./engl.], ed. O. Lewry, Oxford/New York 1987/1993 (Auctores Britannici Medii Aevi IX); Notule libri Prisciani De accentibus, ed. O. Lewry, in: ders., Thirteenth-Century Teaching on Speech and Accentuation. R. K.'s Commentary on »De accentibus« of Pseudo-Priscian, Med. Stud. 50 (1988), 96–119, 119–

185; Quaestiones in librum secundum Sententiarum, ed. G. Leibold, München 1992 (Bayer. Akad. Wiss.. Veröffentlichungen [s. o.] XVI); Quaestiones in librum quartum Sententiarum, ed. R. Schenk, München 1993 (Bayer. Akad. Wiss.. Veröffentlichungen [s. o.] XVII); Quaestiones in quattuor libros Sententiarum. Appendix. Tabula ordine alphabeti contexta (cod. Worcester F 43), ed. G. Haverling, München 1995 (Bayer. Akad. Wiss.. Veröffentlichungen [s. o.] XIX).

Literatur: J. M. R. Arias, El retorno de Roberto K., O. P.. Su doctrina sobre la abstracción científica, Ciencia Tomista 108 (Salamanca 1981), 89–122; J. M. Bocheński, Formale Logik, Freiburg/München 1956, ⁴1978, 170, 219–220, 230–231; A. Boureau, La construction ontologique de la mesure chez R. K. (ca. 1210–1279), in: C. Homo-Lechner (ed.), La rationalisation du temps au XIIIe siècle. Musique et mentalités. Actes du colloque de Royaumont 1991, Paris 1998, 31–45; H. A. G. Braakhuis, K. versus Bacon? The Contribution to the Discussion on Univocal Signification of Beings and Non-Beings Found in a Sophism Attributed to R. K. [mit lat. Text des Sophismas], in: E. P. Bos (ed.), Mediaeval Semantics and Metaphysics. Studies Dedicated to L. M. de Rijk [...] on the Occasion of His 60th Birthday, Nimwegen 1985 (Artistarium supplementa II), 111–125, 126–142; A. Broadie, K., in: J. J. E. Gracia/T. B. Noone (eds.), A Companion to Philosophy in the Middle Ages, Malden Mass./Oxford 2003, 2006, 611–615; D.-A. Callus O. P., The »Tabulae super Originalia Patrum« of R. K. O. P., in: Studia mediaevalia in honorem admodum reverendi patris Raymundi Josephi Martin Ordinis Praedicatorum [...], Brügge 1948, 243–270; A. J. Celano, K. on the Relation of Virtue to Happiness, Med. Philos. Theol. 8 (1999), 149–162; M. D. Chenu, Le traité »De tempore« de R. K., in: A. Lang/J. Lechner/M. Schmaus (eds.), Aus der Geisteswelt des Mittelalters. Studien und Texte, Münster 1935 (Beitr. Gesch. Philos. Theol. MA III/2), 855–861; A. D. Conti, K., REP V (1998), 245–249; J. Deschamps, K., DP II (1984), 1436; G. Gál, R. K.'s Questions on the Metaphysics and Physics of Aristotle, Franciscan Stud. 13 (1953), 7–28; L. Hödl, Über die averroistische Wende der lateinischen Philosophie des Mittelalters im 13. Jahrhundert. Anhang: Robertus K. O. P., Sent. II Q. 93. »Utrum omnium hominum possit esse una anima numero«, Rech. théol. anc. et médiévale 39 (1972), 171–192, 193–204; K. Kienzler, K., BBKL III (1992), 1479–1482; W. Kneale/M. Kneale, The Development of Logic, Oxford 1962, 1991, 235, 275–277; O. Lewry, The Problem of the Autorship, Cahiers de l'Institute du Moyen-Âge Grec et Latin 15 (1975), 12+–17+ [The Commentary on »Priscianus Maior« Ascribed to R. K.]; ders., K. on Meaning. A Parisian Course on the »Logica Vetus«, in: J. P. Beckmann u. a. (eds.), Sprache und Erkenntnis im Mittelalter. Akten des VI. internationalen Kongresses für mittelalterliche Philosophie der Société Internationale pour l'étude de la philosophie médiévale, 29. August – 3. September 1977 in Bonn I, Berlin/New York 1981, 376–384; ders., A Passiontide Sermon of R. K. OP [mit lat. Text des Sermo in Dominica in Passione], Archivum Fratrum Praedicatorum 52 (1982), 89–101, 101–113; ders., Robertus Anglicus and the Italian K., in: A. Maierù (ed.), English Logic in Italy in the 14th and 15th Centuries. Acts of the 5. European Symposium on Medieval Logic and Semantics, Rome, 10–14 Nov. 1980, Neapel 1982, 33–51; ders., R. K. on Imagination. The Reconciliation of Aristotle and Augustine, Medioevo 9 (1983), 1–42; ders., R. K.'s Commentary on the »Ethicae nova« and »vetus«, in: C. Wenin (ed.), L'homme et son univers au moyen âge. Actes du septième Congrès international de philosophie médiévale (30 août–4 sept. 1982) II, Louvain-la-Neuve

1986, 799–807; ders., K., in: J. Hackett (ed.), Medieval Philosophers, Detroit Mich./London 1992 (Dictionary of Literary Biography 115), 257–262; G. J. McAleer, The Presence of Averroes in the Natural Philosophy of R. K., Arch. Gesch. Philos. 81 (1999), 33–54; ders., The Science of Music. A Platonic Application of the »Posterior Analytics« in R. K.'s »De ortu scientiarum«, Acta Philos. 12 (2003), 323–335; I. Rosier, La parole comme acte. Sur la grammaire et la sémantique au XIIIᵉ siècle, Paris 1994; M. Schmaus, Augustins psychologische Trinitätserklärung bei R. K. OP., in: T. W. Köhler (ed.), Sapientiae procerum amore. Mélanges médiévistes offerts à Dom Jean-Pierre Müller O. S. B. à l'occasion de son 70ᵉᵐᵉ anniversaire (24 février 1974), Rom 1974 (Studia Anselmiana LXIII), 149–209 [mit lat. Text einiger Quaestiones aus dem Sentenzenkommentar, 171–209]; L. Schmücker, An Analysis and Original Research of K.'s Work »De ortu scientiarum«, Diss. Pontificium Athenaeum Angelicum de Urbe, Rom 1963; D. E. Sharp, The »De ortu scientiarum« of R. K. (d. 1279), New Scholasticism 8 (1934), 1–30; ders., The 1277 Condemnation by K., New Scholasticism 8 (1934), 306–318; J. F. Silva, R. K. on Sense Perception, in: S. Knuuttila/P. Kärkkäinen (eds.), Theories of Perception in Medieval and Early Modern Philosophy, Berlin etc. 2008, 87–99; M. Sirridge, R. K.. Figurative Constructions and the Limits of Grammar, in: G. L. Bursill-Hall/S. Ebbesen/K. Koerner (eds.), De Ortu Grammaticae. Studies in Medieval Grammar and Linguistic Theory. In Memory of Jan Pinborg, Amsterdam/Philadelphia Pa. 1990, 321–337; dies., ›Interest mea et imperatoris castam ducere in uxorem‹. Can ›est‹ be Used Impersonally, in: S. Read (ed.), Sophisms in Medieval Logic and Grammar. Acts of the Ninth European Symposium for Medieval Logic and Semantics, Held at St. Andrews, June 1990, Dordrecht/Boston Mass./London 1993, 262–274; dies., ›Utrum idem sint dicere et intelligere sive videre in mente‹. R. K., »Quaestiones in librum primum Sententiarum«, Vivarium 45 (2007), 253–268, ferner in: J. Marenbon (ed.), The Many Roots of Mediaeval Logic. The Aristotelian and the Non-Aristotelian Traditions, Leiden/Boston Mass. 2007, 127–138 [= Vivarium 45, Nr. 2–3 als Sonderdruck]; S. C. Snyder, Thomas Aquinas and the Reality of Time, Sapientia 55 (2000), 371–384; E. M. F. Sommer-Seckendorff, R. K. und seine philosophische Einleitung »De ortu scientiarum«, Hist. J. 55 (1935), 312–324; dies., Studies in the Life of R. K. O. P., Rom 1937; F. Stegmüller, Les Questions du Commentaire des Sentences de R. K., Rech. théol. anc. et médiévale 6 (1934), 55–79, 215–228; ders., R. K., O. P., Über die Möglichkeit der natürlichen Gottesliebe, Divus Thomas 38 (Piacenza 1935), 306–319; P. Thom, Logic and Ontology in the Syllogistic of R. K., Leiden/Boston Mass. 2007; I. Thomas, K. on Conversion, Dominican Stud. 6 (1953), 56–76 (kommentierter Auszug aus K.s Kommentar zu den »Ersten Analytiken«); ders., Maxims in K., Dominican Stud. 7 (1954), 129–146; S. H. Thomson, R. K.'s Commentaries »In Priscianum« and »In Barbarismum Donati«, New Scholasticism 12 (1938), 52–65; T. F. Tout, K., Dictionary of National Biography XI (Oxford 1921 [repr. 1963]), 120–122; S. Tugwell, K., in: H. C. G. Matthew/B. Harrison (eds.), Oxford Dictionary of National Biography XXXI, Oxford/New York 2004, 580–584; J. A. Weisheipl, K., in: New Catholic Encyclopedia XII, Detroit Mich. etc. ²2003, 265–266.   J. M.

al-Kindī (lat. Alkendius oder Alkindus, eigentlich Abū Yūsuf Yaʿqūb ibn Isḥāq al-Kindī), *Basra oder Kūfa (heute Irak) ca. 800, †Bagdad um 870, islamischer Enzyklopädist und Aristoteleskommentator, gelegentlich als Begründer der arabischen Philosophie (↑Philosophie, islamische) bezeichnet. Nach Ausbildung in Kūfa und Bagdad wurde al-K. vom Kalifen al-Maʾmūn an den Hof und als Berater bei den Übersetzungen philosophischer und wissenschaftlicher Werke aus dem Griechischen an die Akademie in Bagdad berufen. al-Maʾmūns Nachfolger, al-Muʿtaṣim, bestellte al-K. zum Erzieher seines Sohnes Ahmed, für den al-K. mehrere philosophische Abhandlungen verfaßte. Nach wechselnden Beziehungen zum späteren Kalifat fiel al-K. in Ungnade, teils wohl auf Grund von Gelehrtenrivalitäten am Hofe, teils wegen vermuteter Sympathien für die einflußreiche, aber unter dem Kalifen al-Mutawakkil verfolgte Theologenschule der Mutasiliten.

al-K. bemüht sich um eine Verbindung aristotelisch-neuplatonischer Philosophie mit islamischer Theologie, bleibt in der Philosophie jedoch eklektisch (↑Eklektizismus), beeinflußt von Platon, vor allem von Aristoteles, aber auch von Porphyrios, Proklos und dem Corpus Hermeticum (↑hermetisch/Hermetik). Dennoch soll nach al-K. das Studium überlieferter Texte von systematischer Philosophie geleitet sein und zum Studium der Natur selbst anhalten. Zu den Grundlagen und wesentlichen Bestandteilen der Philosophie zählt al-K. Mathematik und Naturwissenschaft, wobei er zu letzterer nennenswerte Beiträge geleistet hat, die länger und stärker nachwirkten als seine philosophischen Lehren. Im Unterschied zur griechischen Philosophie (↑Philosophie, griechische) sucht er nachzuweisen, daß die Welt dem Raume und der Zeit nach endlich sei. Er entwickelt ferner eine Optik, die neben einer gegen Auffassungen Euklids gerichteten Lehre von der Lichtausbreitung auch eine Farbenlehre umfaßt. Weitere Arbeitsgebiete al-K.s waren, entsprechend seinem enzyklopädischen Programm, Musiktheorie, Bau und Funktion wissenschaftlicher Instrumente, Geologie und Geophysik, Meteorologie und Klimatologie, Pharmakologie (in der er auf atomistischer Basis eine quantitative Lehre von der Zusammensetzung und Wirkung von Heilmitteln entwarf) sowie Astronomie, wissenschaftliche Astrologie und experimentelle Magie, die beide ebenfalls Mathematik und Naturwissenschaften zur Grundlage haben sollen. ↑Alchemie und die nicht-wissenschaftliche, populäre ↑Astrologie lehnt al-K. als Betrug ab. al-K.s okkultistische Schriften beeinflußten nachhaltig die entsprechenden Auffassungen des Mittelalters (z. B. Albertus Magnus), später G. Cardano; seine Lehre von der Ausstrahlung der Sterne wirkte auf R. Bacon, seine Naturphilosophie auf Witelo. Die neuere Forschung hat freilich zeigen können, daß sein Einfluß auf das abendländische Denken weit geringer gewesen ist als der von Avicenna, Averroës und Algazel.

Werke und Übersetzungen: Die philosophischen Abhandlungen des Jaʿqūb ben Ishāq al-K. [lat.], ed. A. Nagy, Münster 1897

(Beitr. Gesch. Philos. MA II/5) (repr. in: F. Sezgin [ed.], Abū Yūsuf Ya'qūb ibn Ishāq al-K. [d. after 256/870] [s. u., Lit.], 71–186); Rasā'il falsafīya, I–II, ed. M. 'Abdalhādī Abū Rīda, Kairo 1950/1953 [arab. Erstausg. von 24 neu aufgefundenen wissenschaftlichen und philosophischen Abhandlungen] (repr. in einem Bd. Frankfurt 1999 [Islamic Philosophy IV]); Œuvres philosophiques et scientifiques d'al-K., I–II (I L'optique et la catoptrique, II Métaphysique et cosmologie), I, ed. R. Rashed, II, ed. R. Rashed/J. Jolivet, Leiden/Boston Mass./Köln 1997/1998 [arab./franz.]. – De gradibus rerum, in: [Ibn Butlan] Tacuini sanitatis elluchasem elimithar, medici de Baldath […], Straßburg 1531, 140–163; De aspectibus, in: A. A. Björnbo/S. Vogl (eds.), Alkindi, Tideus und Pseudo-Euklid. Drei optische Werke [lat./dt.], Leipzig/Berlin 1912 (Abh. Gesch. math. Wiss. XXVI/3), 3–70; Über al K.'s Schrift über Ebbe und Flut [Teilübers.], übers. v. E. Wiedemann, Ann. Phys. 4. F. 67 (1922), 374–387 [dt.]; Una risâlah di al-K. sull'anima [ital.], ed. u. übers. v. G. Furlani, Riv. trimestrale di studi filosofici e religiosi 3 (1922), 50–63 (repr. in: F. Sezgin [ed.], Abū Yūsuf Ya'qūb ibn Ishāq al-K. [d. after 256/870], 216–229); Al-K.'s Treatise on the Cause of the Blue Colour of the Sky [arab./engl.], übers. v. O. Spies, J. Bombay Branch of the Royal Asiatic Soc. 13 (1937), 7–19; Studi su al-K. II (Uno scritto morale inedito di al-K. [Temistio Περὶ ἀλυπίας?]) [arab./ital.], ed. u. übers. v. H. Ritter/R. Walzer, Atti della reale accademia nazionale dei Lincei. Memorie della cl. sci. mor., stor., filol., ser. 6, 8 (1938), 5–63; Pour connaître les vertus des médicaments composés, in: L. Gauthier, Antécédents gréco-arabes de la psychophysique [s. u., Lit.], 44–91 [franz.], Appendice I [arab.]; Studi su al-K. I (Uno scritto introduttivo allo studio di Aristotele) [arab./ital.], ed. u. übers. v. M. Guidi/R. Walzer, Atti della reale accademia nazionale dei Lincei. Memorie della cl. sci. mor., stor., filol., ser. 6, 6 (1937–1940), 375–419 (repr. in: F. Sezgin [ed.], Abū Yūsuf Ya'qūb ibn Ishāq al-K. [d. after 256/870] [s. u., Lit.], 283–329); Kitāb al-K. ilā al-Mu'tasim Billah fī al-Falsafah al-Ūlā [Das Buch von der ersten Philosophie, nur 4 Kap. erhalten], ed. Ahmad Fu'ād al-Ahwani, Kairo 1948; Kitāb kīmiyā' al-'itr wat-tas'īdāt/Buch über die Chemie des Parfüms und die Destillationen [arab./dt.], ed. u. übers. v. K. Garbers, Leipzig 1948 (Abh. f. d. Kunde des Morgenlandes XXX) (repr. Nendeln 1966, Frankfurt 2002); Al-K.'s Sketch of Aristotle's Organon, übers. v. N. Rescher, New Scholasticism 37 (1963), 44–58, ferner in: ders., Studies in the History of Arabic Logic, Pittsburgh 1963, 28–38; Al-K.'s Treatise on the Intellect [arab./engl.], ed. u. übers. v. R. J. McCarthy, Islam. Stud. 3 (1964), 119–149; Al-K.'s Epistle on the Concentric Structure of the Universe [engl.], übers. v. H. Khatchadourian/N. Rescher, Isis 56 (1965), 190–195, ferner in: N. Rescher, Studies in Arabic Philosophy, Pittsburgh o.J. [1968], 1–14; Al-K.'s Treatise on the Distinctiveness of the Celestial Sphere [engl.], übers. v. N. Rescher/H. Khatchadourian, Islam. Stud. 4 (1965), 45–54; Al-K.'s Epistle on the Finitude of the Universe [engl.], übers. v. H. Khatchadourian/N. Rescher, Isis 56 (1965), 426–433; The Medical Formulary or Aqrābādhīn of Al-K.. Translated with a Study of Its Materia Medica, übers. v. M. Levey, Madison Wisc./Milwaukee Wisc./London 1966; Al-K.'s Treatise on the Platonic Solids [engl.], in: N. Rescher, Studies in Arabic Philosophy [s.o.], 15–37; [Essay on Composition] in: Y. Shawki, Al-K.'s Essay on Composition/Risala fi Khubr Sna'at al-Ta'aleef [s. u., Lit.], 12–25; Lettre sur l'intellect, in: J. Jolivet, L'intellect selon K. [s. u., Lit.], 1–6; L'épître de K. sur le définitions [arab./franz.], übers. v. M. Allard, Bulletin d'études orientales de l'Institute français de Damas 25 (1972), 47–83; Un ancien traité sur le ›'ūd‹ d'Abū Yūsuf al K.. Traduction et commentaire, übers. v. A. Shiloah,

Israel Oriental Stud. 4 (1974), 179–205 (repr. in: ders., The Dimension of Music in Islamic and Jewish Culture [s. u., Lit.]); Al-K.'s Metaphysics. A Translation of Ya'qūb ibn Ishāq al-K.'s Treatise »On First Philosophy« (fī al-Falsafah al-Ūlā) with Introduction and Commentary [engl.], übers. v. A. L. Ivry, Albany N. Y. 1974, 1978; De radiis [lat.], ed. M.-T. d'Alverny/F. Hudry, Arch. hist. doctr. litt. moyen-âge 41 (1974), 139–260; Die Ursachen der Krisen bei akuten Krankheiten. Eine wiederentdeckte Schrift al-K.'s [arab./dt.], ed. u. übers. v. F. Klein-Franke, Israel Oriental Stud. 5 (1975), 161–188; Cinq épîtres [franz.], ed. Centre national de la Recherche scientifique, übers. v. D. Gimaret, Paris 1976; Des rayons ou théorie des arts magiques, in: S. Matton (ed.), La magie arabe traditionelle, Paris 1976, 1977, 71–128; Due scritti medici di al-K. [arab./ital.], ed. u. übers. v. G. Celentano, Neapel 1979 (Annali XXXIX Suppl. XVIII); Al-K.'s Commentary on Archimedes' »The Measurement of the Circle« [engl./arab.], ed. R. Rashed, Arabic Sci. and Philos. 3 (1993), 7–53; De radiis/Teorica delle arti magiche [lat./ital.], ed. u. übers. v. E. Albrile/S. Fumagalli, Mailand 1995, 2001; Al-K.. »Sull'intelletto«. »Sul sonno e la visione«, übers. v. P. P. Ruffinengo, Medioevo 23 (1997), 337–394; Apologia del cristianesimo, übers. u. eingel. v. L. Bottini, Mailand 1998; Scientific Weather Forecasting in the Middle Ages. The Writings of Al-K.. Studies, Editions, and Translations of the Arabic, Hebrew and Latin Texts, ed. u. übers. v. G. Bos/C. Burnett, London/New York 2000; The Epistle of Ya'qūb ibn Ishāq al-K. on the Device for Dispelling Sorrows [engl.], übers. v. G. Jayyusi-Lehn, Brit. J. of Middle Eastern Stud. 29 (2002), 121–135; De radiis. Théorie des arts magiques [franz.], übers. v. D. Ottaviani, Paris 2003; Le moyen de chasser les tristesses. Et autres textes éthiques, übers. v. S. Mestiri/G. Dye, Paris 2004. – N. Rescher, Al-K.. An Annotated Bibliography, Pittsburgh Pa. 1964; Totok II (1973), 255–258; M.-T. d'Alverny, Kindiana, Arch. hist. doctr. litt. moyen-âge 47 (1980), 277–287.

Literatur: P. Adamson, Al-K., SEP; ders., Two Early Arabic Doxographies on the Soul. Al-K. and the »Theology of Aristotle«, Modern Schoolman 77 (2000), 105–125; ders., Abū Ma'šar, al-K. and the Philosophical Defense of Astrology, Rech. théol. et philos. médiévales 69 (2002), 245–270; ders., Before Essence and Existence. Al-K.'s Conception of Being, J. Hist. Philos. 40 (2002), 297–312; ders., Al-K. and the Mu'tazila. Divine Attributes, Creation and Freedom, Arabic Sci. and Philos. 13 (2003), 45–77; ders., Al-K. and the Reception of Greek Philosophy, in: ders./R. C. Taylor (eds.), The Cambridge Companion to Arabic Philosophy, Cambridge etc. 2005, 32–51; ders., Vision, Light and Color in al-K., Ptolemy and the Ancient Commentators, Arabic Sci. and Philos. 16 (2006), 207–236; ders., Al-K., Oxford etc. 2007 (mit Bibliographie, 249–263); G. N. Atiyeh, Al-K.. The Philosopher of the Arabs, Rawalpindi 1966, 1967, Islamabad 1985, New Delhi 1994; T. J. de Boer, Zu K. und seiner Schule, Arch. Gesch. Philos. 13 (1900), 153–178 (repr. in: F. Sezgin [ed.], Abū Yūsuf Ya'qūb ibn Ishāq al-K. [d. after 256/870] [s. u.], 187–212); G. Braune, K., in: L. Finscher (ed.), Die Musik in Geschichte und Gegenwart. Allgemeine Enzyklopädie der Musik. Personenteil X, Kassel etc., Stuttgart/Weimar 2003, 116–119; C. E. Butterworth, Al-K. and the Beginnings of Islamic Political Philosophy, in: ders. (ed.), The Political Aspects of Islamic Philosophy, Cambridge Mass. 1992, 14–60; D. Cabanelas, A propósito de un libro sobre la filosofia de al-K., Verdad y vida 10 (Madrid 1952), 257–283 (repr. in: F. Sezgin [ed.], Abū Yūsuf Ya'qūb ibn Ishāq al-K. [d. after 256/870] [s. u.], 331–357); A. Cortabarria Beitia, A partir de quelles sources étudier al-K.?, MIDEO/Mélanges de Inst. dominicain ét. orient. 10 (Kairo 1970), 83–108; ders., La classification des sciences chez al-K., a.a.O. 11 (1972), 49–76; C. D'Ancona, Al-K. on the Subject Matter of the First Philosophy. Direct and Indirect Sources of Falsafa al-ūlā, Chapter One, in: J. A. Aertsen/A. Speer (eds.), Was ist Philosophie im Mittelalter?/Qu'est-ce que la philosophie au Moyen Âge?/What Is Philosophy in the Middle Ages?. Akten des X. Internationalen Kongresses für mittelalterliche Philosophie der Société Internationale pour l'Étude de la Philosophie Médiévale 25. bis 30. August 1997 in Erfurt, Berlin/New York 1998 (Miscellanea Mediaevalia XXVI), 841–855; dies., Aristotelian and Neoplatonic Elements in K.'s Doctrine of Knowledge, Amer. Catholic Philos. Quart. 73 (1999), 9–35; R. B. Davis, Time, Infinity, and the Creation of the Universe. A Study in al-K.'s First Philosophy, Auslegung 21 (1996), 1–18; T.-A. Druart, Al-K.'s Ethics, Rev. Met. 47 (1993), 329–357; dies., Philosophical Consolation in Christianity and Islam. Boethius and al-K., Topoi 19 (2000), 25–34; G. Endress, Al-K. über die Wiedererinnerung der Seele. Arabischer Platonismus und die Legitimation der Wissenschaften im Islam, Oriens 34 (1994), 174–221; ders., The Circle of al-K.. Early Arabic Translations from the Greek and the Rise of Islamic Philosophy, in: ders./R. Kruk (eds.), The Ancient Tradition in Christian and Islamic Hellenism. Studies on the Transmission of Greek Philosophy and Sciences, Dedicated to H. J. Drossaart Lulofs on His Ninetieth Birthday, Leiden 1997, 43–76; ders., Mathematics and Philosophy in Medieval Islam. New Perspectives, in: J. P. Hogendijk/A. I. Sabra (eds.), The Enterprise of Science in Islam, Cambridge Mass./London 2003, 121–176; S. Fazzo/H. Wiesner, Alexander of Aphrodisias in the K.-Circle and in al-K.'s Cosmology, Arabic Sci. and Philos. 3 (1993), 119–153; G. Flügel, Al-K. genannt »der Philosoph der Araber«. Ein Vorbild seiner Zeit und seines Volkes, Leipzig 1857 (Abh. f. d. Kunde d. Morgenlandes I/2) (repr. Nendeln 1966, ferner in: F. Sezgin (ed.), Abū Yūsuf Ya'qūb ibn Ishāq al-K. (d. after 256/870) [s.u.], 1–56); FM I (1994), 108–109 (Alkindi); G. Furlani, al-K., Enc. filos. III (²1968), 1271–1272; I. Garro, Al'K. and Mathematical Logic, Int. Log. Rev. 9 (1978), 145–149; L. Gauthier, Antécédents gréco-arabes de la psychophysique, Beirut 1939; C. Genequand, Platonism and Hermetism in al-K.'s »Fī al-nafs«, Z. Gesch. arabisch-islamischen Wiss. 4 (1987), 1–18; A. Gierer, Eriugena, al-K., Nikolaus von Kues. Protagonisten einer wissenschaftsfreundlichen Wende im philosophischen und theologischen Denken, Halle 1999 (Acta hist. Leopoldina XXIX); D. Gutas, Geometry and the Rebirth of Philosophy in Arabic with al-K., in: R. Arnzen/J. Thielmann (eds.), Words, Texts and Concepts Cruising the Mediterranean Sea. Studies on the Sources, Contents and Influences of Islamic Civilization and Arabic Philosophy and Science, Dedicated to Gerhard Endress on His Sixty-fifth Birthday, Leuven/Paris/Dudley Mass. 2004, 195–209; A. Hasnawi/E. Elamrani-Jamal, K., Enc. philos. universelle III/1 (1992), 655–657; A. L. Ivry, Al-K. as Philosopher. The Aristotelian and Neoplatonic Dimensions, in: S. M. Stern/A. Hourani/V. Brown (eds.), Islamic Philosophy and the Classical Tradition. Essays Presented by His Friends and Pupils to Richard Walzer on His Seventieth Birthday, Oxford 1972, Columbia S. C. 1973, 117–139; J. Janssens, Al-K.'s Concept of God, Ultimate Reality and Meaning 17 (1994), 4–16; J. Jolivet, L'intellect selon K., Leiden 1971; ders., Pour le dossier du Proclus arabe. Al-K. et la »théologie platonicienne«, Stud. islamica 49 (1979), 55–75, separat Paris 1979; ders., L'action divine selon Al-K., Melanges de l'Université Saint-Joseph 50 (1984), 313–329; ders., La topographie du salut d'après le »discours sur l'âme« d'al-K., in: M. A.

Amir-Moezzi (ed.), Le voyage initiatique en terre d'Islam. Ascensions célestes et itinéraires spirituels, Louvain/Paris 1996, 149–158; ders., Alkindi, in: J. J. E. Gracia/T. B. Noone (eds.), A Companion to Philosophy in the Middle Ages, Malden Mass./Oxford/Carlton 2003, 2006, 129–135; ders., Variations sur le thème du temps chez al-K., Rev. philos. Louvain 101 (2003), 306–318; ders., »L'épître sur la quantité des livres d'Aristote«, par al-K. (une lecture), in: R. Morelon/A. Hasnawi (eds.), De Zénon d'Élée à Poincaré. Recueil d'études en hommage à Roshdi Rashed, Louvain/Paris 2004, 665–683; ders./R. Rashed, K., DSB XV Suppl. I (1978), 261–267; dies., K., The Encyclopedia of Islam V, ed. C. E. Bosworth u.a., Leiden 1986, 122–123; K. Kennedy-Day, K., REP V (1998), 250–253; F. Klein-Franke, Al-K.'s »On Definitions and Descriptions of Things«, Le muséon 95 (1982), 191–216; A. el-Konaissi, Early Muslim Concept of Epistemology, Gent 2003; C. Lantzsch, Abu Jusuf Jakub Alkindi und seine Schrift »De medicinarum compositarum gradibus«. Ein Beitrag zu dem Kapitel Mathematik und Medizin in der Vergangenheit, Diss. Leipzig 1920; D. C. Lindberg, al-K.'s Critique of Euclid's Theory of Vision, Isis 62 (1971), 469–489, rev. in: ders., Theories of Vision from al-K. to Kepler [s.u.], 18–32, 221–228 (dt. Alkindis Kritik an der euklidischen Theorie des Sehens, in: ders., Auge und Licht im Mittelalter [s.u.], 47–70, 381–393); ders., Theories of Vision from al-K. to Kepler, Chicago Ill./London 1976, 1996 (dt. Auge und Licht im Mittelalter. Die Entwicklung der Optik von Alkindi bis Kepler, Frankfurt 1987); O. Loth, Al-K. als Astrolog, in: H. Derenbourg u.a., Morgenländische Forschungen. Festschrift Herrn Prof. Dr. H. L. Fleischer zum fünfzigjährigen Doctorjubiläum am 4. März 1874 gewidmet von seinen Schülern, Leipzig 1875 (repr. Ann Arbor Mich. 1980), Amsterdam 1981, 261–309; M. E. Marmura/J. M. Rist, Al-K.'s Discussion of Divine Existence and Oneness, Med. Stud. 25 (1963), 338–354; J.-P. Maupas, K., DP I (²1993), 72–73; M. I. Moosa, Al-K.'s Role in the Transmission of Greek Knowledge to the Arabs, J. Pakistan Hist. Soc. 15 (1968), 1–18; I. R. Netton, Allāh Transcendent. Studies in the Structure and Semiotics of Islamic Philosophy, Theology and Cosmology, London/New York 1989, Surrey 1994, bes. 45–98 (Chap. II Al-K.. The Watcher at the Gate); A. A. al-Rabe, Muslim Philosophers' Classifications of the Sciences. Al-K., Al-Farabi, Al-Ghazali, Ibn Khaldun, Diss. Cambridge Mass. 1984 (repr. Ann Arbor Mich. 1987), bes. 18–73 (Chap. I Al-K.); R. Ramón Guerrero, La recepción árabe del »De anima« de Aristoteles. Al-K. y Al-Farabi, Madrid 1992, bes. 111–149 (Kap. III Al-K.. Doctrinas del alma y del intelecto); F. Rosenthal, Al-K. als Literat, Orientalia NS 11 (1942), 262–288; F. Sezgin (ed.), Abū Yūsuf Ya'qūb ibn Ishāq al-K. (d. after 256/870). Texts and Studies, Frankfurt 1999 [Islamic Philosophy V]; Y. Shawki, Al-K.'s Essay on Composition/Risala fi Khubr Sna'at al-Ta'aleef' [engl./arab.], Kairo 1969; A. Shiloah, The Dimension of Music in Islamic and Jewish Culture, Aldershot/Brookfield Vt. 1993, 2000; K. Staley, Al-K. on Creation. Aristotle's Challenge to Islam, J. Hist. Ideas 50 (1989), 355–370; S. M. Stern, Notes on al-K.'s Treatise on Definitions, J. Royal Asiatic Soc. (1959), 32–43 (repr. in: F. Sezgin [ed.], Abū Yūsuf Ya'qūb ibn Ishāq al-K. [d. after 256/870] [s.o.], 422–433); E. Tornero Poveda, Al-K.. La transformación de un pensamiento religioso en un pensamiento racional, Madrid 1992; P. Travaglia, Magic, Causality, and Intentionality. The Doctrine of Rays in al-K., Florenz 1999; R. Walzer, New Studies on Al-K., Oriens 10 (1957), 203–232 (repr. in: F. Sezgin [ed.], Abū Yūsuf Ya'qūb ibn Ishāq al-K. [d. after 256/870] [s.o.], 391–420, ferner in: ders., Greek into Arabic [s.u.], 175–205; ders., Greek into Arabic. Essays on Islamic

Philosophy, Oxford 1962, 1963 (Oriental Stud. I); ders., K., Enc. Ph. IV (1967), 340–341. – Sonderheft: Arabic Sci. and Philos. 3 (1993), H. 1.   C. T.

Kinematik (von griech. κινεῖν, bewegen, bzw. *κίνημα/ κίνησις*, Bewegung), auch: Phoronomie (von griech. *φορά*, Bewegung, und *νόμος*, Gesetz), in der ↑Physik Bezeichnung für die Beschreibung von Bewegungen unter Bezug auf Orts- und Zeitbestimmungen (und deren Ableitungen wie Geschwindigkeiten und Beschleunigungen), aber (im Unterschied zur ↑Dynamik) ohne Bezug auf die verursachenden Kräfte. Um die Lage eines bewegten Massenpunktes zu bestimmen, wählt man z. B. ein cartesisches Koordinatensystem mit Ortskoordinaten x, y, z oder dem Ortsvektor r. Bewegt sich der Massenpunkt, so ändert sich der Ortsvektor $r(t) = (x(t), y(t), z(t))$ als Funktion der Zeit. Führt ein Körper mehrere Bewegungen aus, so ist der von ihm erreichte Ort nach dem Prinzip der ↑Superposition unabhängig davon, ob er diese Bewegungen gleichzeitig oder zeitlich nacheinander ausführt. Daher lassen sich mehrere Bewegungen zu einer resultierenden Bewegung zusammenfassen und läßt sich umgekehrt eine Bewegung in mehrere Bewegungskomponenten zerlegen. Diese ↑Zerlegung wurde für den Spezialfall orthogonaler Bewegungen (z. B. von waagerechter Wurf- und senkrechter Fallbewegung) zuerst von G. Galilei angenommen. Dieser stellte sich damit in Gegensatz zur ↑Impetustheorie, die einen Einfluß der Teilbewegungen aufeinander vorgesehen hatte. Für die Verallgemeinerung auf beliebig gerichtete geradlinige Bewegungen ergibt sich das Parallelogramm der Bewegungsvektoren (↑Parallelogrammregel), das S. Stevin zunächst geometrisch zu beweisen suchte, das dann aber von I. Newton im Rahmen der klassischen Mechanik definitorisch eingeführt wurde.

Einen der Grundsätze der K. bildet das Prinzip der Relativität der Bewegung (Galilei, R. Descartes, G. W. Leibniz, C. Huygens), wonach die Bewegung eines Körpers stets auf einen Vergleichskörper zu beziehen ist und damit keine innere Eigenschaft des bewegten Körpers, sondern eine Beziehung zu Körpern der Umgebung darstellt. Bei Leibniz und Huygens tritt die Behauptung hinzu, daß es keine ausgezeichneten Bezugskörper gibt. Das ↑Relativitätsprinzip der klassischen Mechanik bringt zum Ausdruck, daß für die Beschreibung der Bewegung alle ↑Inertialsysteme, also alle geradlinig-gleichförmig bewegten Bezugssysteme, physikalisch gleichberechtigt sind. In der »Phoronomie« der »Metaphysischen Anfangsgründe der Naturwissenschaft« (1786) steht für I. Kant die Explikation der Begriffe von Bewegung und Raum im Mittelpunkt. Die beiden zentralen Sätze bringen die Relativität der Bewegung und die Zusammensetzung von Bewegungen zum Ausdruck, für die Kant jeweils eine ↑transzendentale Begründung angibt.

Eines der Probleme der Philosophie der Physik, das sich an die K. anschließt, besteht in der Auszeichnung der Trägheitsbewegung (↑Trägheit). Diese ist deshalb von Bedeutung, weil sich auf ihrer Grundlage Wege und Zeiten, also die kinematischen Grundgrößen, näher bestimmen lassen: bei geradlinig-gleichförmigen Bewegungen werden gleiche Wege jeweils in gleichen Zeiten durchmessen. Die Auszeichnung der Trägheitsbewegung setzt aber den Rückgriff auf Inertialsysteme voraus. Der Grund ist, daß in einem geeignet mitbewegten Bezugssystem jede beliebige Bewegung geradlinig-gleichförmig erscheint. Durch das Erfordernis der Rückgriffs auf Inertialsysteme entsteht eine Zirkularität (↑zirkulär/Zirkularität): Ein Körper führt eine Trägheitsbewegung aus, wenn die Bewegung in einem Inertialsystem geradlinig-gleichförmig erscheint. Inertialsysteme sind aber ihrerseits dadurch charakterisiert, daß sie eine Trägheitsbewegung ausführen. Herkömmlich wird diese Zirkularität dadurch behoben, daß der Trägheitssatz in Form einer Existenzbehauptung ausgedrückt wird: Es können Bezugssysteme physikalisch realisiert werden, in denen sich kräftefreie Körper geradlinig-gleichförmig bewegen. Folglich verliert der Trägheitssatz den Charakter eines universellen Gesetzes und wird zu einer Existenzbehauptung abgeschwächt. Alternativ dazu steht A. Einsteins Ansatz in der Allgemeinen Relativitätstheorie (↑Relativitätstheorie, allgemeine), demzufolge die genannte Zirkularität zwar besteht, aber deshalb nicht ins Gewicht fällt, weil eine universelle Abgrenzung zwischen Inertial- und Nichtinertialsystemen im Lichte des Äquivalenzprinzips von vornherein unmöglich, aber auch nicht erforderlich ist. Als Folge dieses Prinzips ist nämlich ein Inertialsystem im homogenen Gravitationsfeld mit einem gleichförmig beschleunigten, also nicht-inertial bewegten, Bezugssystem im feldfreien Raum physikalisch äquivalent. Folglich sind Inertialsysteme nicht durch eine intrinsische Eigenschaft ausgezeichnet, sondern durch eine Beziehung zum Gravitationsfeld. In der Allgemeinen Relativitätstheorie ist auch die Beschaffenheit von Trägheitsbewegungen von der vorherrschenden Gravitation abhängig, so daß sich das Problem ihrer universellen Auszeichnung in diesem Rahmen nicht mehr stellt. Demgegenüber werden im Rahmen der ↑Protophysik Vorschläge gemacht, geradlinig-gleichförmige Bewegungen rein geometrisch durch uhrenfreie ↑Homogenitätsprinzipien einzuführen, um mit einer so verstandenen K. auch eine Begründung der ↑Chronometrie zu gewinnen.

In der ↑Astronomie findet die K. Anwendung in den Planetentheorien von Eudoxos von Knidos bis N. Kopernikus. Nach dem antiken Forschungsprogramm einer ↑›Rettung der Phänomene‹ müssen alle (eventuell unregelmäßigen) Himmelserscheinungen auf gleichförmige Kreisbewegungen (z. B. durch exzentrische Kreise, Epizyklen, Ausgleichspunkte) zurückgeführt werden. Für die ↑Mathematik sind nach Platon die idealen Proportions- und Formverhältnisse der ↑Euklidischen Geometrie von den durch Bewegungsmechanismen eingeführten Kurven wie Spirale, Zissoide und Konchoide zu unterscheiden. Nach dieser Auffassung müßten die griechischen Lösungen der drei berühmten Konstruktionsprobleme, nämlich ↑Quadratur des Kreises, Winkeldreiteilung und ↑Delisches Problem, die durch kinematische Erweiterung der elementaren Konstruktionsmittel von Zirkel und Lineal möglich wurden, der K. und nicht der Geometrie zugerechnet werden. Demgegenüber sind für R. Descartes die kinematischen Kurvenkonstruktionen, die er durch neue Verfahren (›nouveaux cercles‹) erweitert, ausdrücklich Thema der Geometrie. Allerdings unterscheidet Descartes die durch ›stetige und reguläre Punktbewegung‹ erzeugten Kurven der ›reinen‹ bzw. ›Präzisionsmathematik‹ von den nur angenähert durch einzelne Punkte bestimmten ›mechanischen‹ Kurven der ›Approximationsmathematik‹ (z. B. die Spirale) und deutet damit die später vorgenommene Unterscheidung von algebraischen und transzendenten Funktionen an. Nach dem Ausbildungskanon der »École polytechnique« von G. Monge, L. N. M. Carnot u. a. wurde die K. als Lehre von den geometrischen Konstruktionsmitteln im Rahmen der ›Darstellenden Geometrie‹ gelehrt und erlangte so als Voraussetzung für technisches Zeichnen praktische Bedeutung z. B. in der Architektur. – In den Ingenieurwissenschaften fand die K. seit Ende des 19. Jhs. als Getriebelehre Anwendung im Rahmen des Maschinenbaus.

Literatur: L. Bieberbach, Theorie der geometrischen Konstruktionen, Basel 1952; W. Blaschke, K. und Quaternionen, Berlin 1960; ders., K. und Integralgeometrie, Essen 1985 (= Ges. Werke II); J. Earman/M. Friedman, The Meaning and Status of Newton's Law of Inertia and the Nature of Gravitational Forces, Philos. Sci. 40 (1973), 329–359; B. Ellis, The Origin and Nature of Newton's Laws of Motion, in: R. G. Colodny (ed.), Beyond the Edge of Certainty, Englewood Cliffs N. J. 1965 (repr. Lanham Md. 1983), 29–68; J. N. P. Hachette, Traité de géométrie descriptive, comprenant les applications de cette géométrie aux ombres, à la perspective et à la stéréotomie, Paris 1822, ed. M. Hachette, ²1828; N. R. Hanson, Patterns of Discovery. An Inquiry into the Conceptual Foundations of Science, Cambridge 1958 (repr. 1985); ders., Newton's First Law. A Philosopher's Door into Natural Philosophy, in: R. G. Colodny (ed.), Beyond the Edge of Certainty [s. o.], 6–28; G. Holzmann/H. Meyer/G. Schumpich, Technische Mechanik II (K. und Kinetik), Stuttgart 1969, erg. u. bearb. v. H.-J. Dreyer, Stuttgart/Leipzig/Wiesbaden ⁸2000, neu bearb. v. C. Eller/H.-J. Dreyer, Wiesbaden ⁹2006; P. Janich, Die Protophysik der Zeit, Mannheim/Wien/Zürich 1969, [erw.] mit Untertitel: Konstruktive Begründung und Geschichte der Zeitmessung, Frankfurt ²1980 (3. Aufl. engl. Protophysics of Time. Constructive Foundation and History of Time Measurement, Dordrecht/Boston Mass./Lancaster Pa. 1985 [Boston

Stud. Philos. Sci. XXX]); ders., Das Maß der Dinge. Protophysik von Raum, Zeit und Materie, Frankfurt 1997; ders./H. M. Nobis, K., Hist. Wb. Ph. IV (1976), 834–836; P. Lorenzen, Relativistische Mechanik mit klassischer Geometrie und K., Math. Z. 155 (1977), 1–9; E. Mach, Die Mechanik in ihrer Entwickelung. Historisch-kritisch dargestellt, Leipzig 1883, ⁹1933 (repr. Darmstadt 1963, 1991); K. Mainzer, Geschichte der Geometrie, Mannheim/Wien/Zürich 1980; D. Mayr/G. Süssmann (ed.), Space, Time, and Mechanics. Basic Structures of Physical Theory, Dordrecht/Boston Mass./London 1983; J. Mittelstraß, Die Rettung der Phänomene. Ursprung und Geschichte eines antiken Forschungsprinzips, Berlin 1962; H. R. Müller, K., Berlin 1963; H. A. Résal, Traité de cinématique pure, Paris 1862; D. Rüdiger/A. Kneschke, Technische Mechanik. Lehrbuch für Studierende der Ingenieurwissenschaften III (K. und Kinetik, bearb. v. H. J. Franeck), Leipzig 1964, Zürich/Frankfurt 1965, Leipzig ²1966; D. Shapere, Newtonian Mechanics and Mechanical Explanation, Enc. Ph. V (1967), 491–496; W. Stegmüller, Probleme und Resultate der Wissenschaftstheorie und Analytischen Philosophie II/2 (Theorie und Erfahrung. Theorienstrukturen und Theoriendynamik), Berlin/Heidelberg/New York 1973, ²1985 (engl. The Structure and Dynamics of Theories, New York 1976). K. M./M. C.

Kircher, Athanasius, *Geisa (bei Fulda) 2. Mai 1602, †Rom 27. Nov. 1680, dt. Universalgelehrter. 1616–1618 Besuch der Jesuitenschule in Fulda, 1618 Eintritt in den Jesuitenorden, 1618–1622 Studium am Jesuitenkolleg in Paderborn, anschließend (nach Schließung des Kollegs 1621/1622 infolge der Wirren des Dreißigjährigen Krieges und abenteuerlicher Flucht über Münster, Düsseldorf und Neuss) in Köln, 1623 Lehrer der griechischen Sprache in Koblenz, 1624 der ›Humaniora‹ in Heiligenstadt, 1625–1628 Studium der Theologie in Mainz (gleichzeitig Tätigkeit als Prof. der griechischen Sprache, Beschäftigung mit Astronomie [Beobachtung der Sonnenflecken mit einem Fernrohr]), 1628 Priesterweihe, 1628 Prof. der Philosophie, der mathematischen Wissenschaften sowie der hebräischen und der syrischen Sprache an der Universität Würzburg. Nach seiner durch die Kriegswirren bedingten Flucht aus Würzburg 1631 (mit seinem Schüler C. Schott) nahm K. zunächst Lehraufgaben in Lyon, dann im päpstlichen Avignon wahr (Einrichtung eines astronomischen Observatoriums, Bekanntschaft mit J. Hevelius und, über N. C. Fabri de Peiresc, mit P. Gassendi), 1633 Berufung zum Hofmathematiker in Wien durch Ferdinand II.; noch während der Reise nach Wien Rücknahme der entsprechenden Lehrerlaubnis durch Papst Urban III. und den Ordensgeneral Kardinal Barberini, 1635 Mitglied des Collegium Romanum in Rom (1638 Prof. der mathematischen Wissenschaften und der orientalischen Sprachen ebendort). Nach acht Jahren wurde K. zugunsten privater Forschungen von seinen Lehrtätigkeiten entbunden. Seine natur- und kulturgeschichtlichen Sammlungen enthält das auf den Sammlungen A. Dominus' (1650 dem Collegium Romanum vermacht) beruhende

›Museum Kircherianum‹ (später aufgelöst und auf andere Museen Roms aufgeteilt).

K. repräsentiert das barocke Ideal des Universalgelehrten in allen seinen wissenschaftsfördernden und spekulativen Aspekten. Seine Arbeiten, in über 40 Büchern publiziert, die sowohl die Funktion von Lehrbüchern als auch die einer popularisierenden Weitergabe vorhandener Wissensbestände besitzen, umfassen nahezu den gesamten Bereich der Geistes- und Naturwissenschaften und übten großen Einfluß aus (unter anderem auf J. Jungius, O. v. Guericke und G. W. Leibniz). So beschäftigte sich K. mit Problemen der Physik, Astronomie, Chemie, Medizin, Geographie, Geometrie und Arithmetik ebenso wie mit Musiktheorie, Archäologie, Geschichte (insbes. Kulturgeschichte des Orients) und Philologie (z. B. Übersetzungen aus dem Syrischen und Koptischen, Vorarbeiten zu einer koptischen Grammatik, später von J.-F. Champollion benutzt).

Charakteristisch für K.s naturwissenschaftliche Arbeiten ist die Verbindung von spekulativer und empirischer (experimenteller) Orientierung. Das gilt hinsichtlich seiner umfangreichen sammelnden und sichtenden Tätigkeit auch für den nicht-naturwissenschaftlichen Bereich. Unter der alle seine Forschungen organisierenden Idee einer ↑mathesis universalis sollen partikulare Wissensbestände systematische Einheit gewinnen. Ausdruck dieser Bemühung ist im naturwissenschaftlichen Bereich vor allem die Auszeichnung des ›Magnetismus‹ als eines Grundprinzips der organischen und der anorganischen Welt (Ars magna sciendi, 1669). Danach bestimmen magnetische Phänomene alles physische, darüber hinaus auch das psychische Geschehen (Attraktion der Seelen durch eine im Universum wirkende einheitliche magnetische Kraft, identifiziert mit einer ↑Weltseele [Abb. 1]). Die im ›Magnetismus‹ beschriebene ›Einheit der Gegensätze‹ bildet daher das Erklärungsmodell aller Wissenschaften, z. B. der Optik (Licht und Schatten; Ars magna lucis et umbrae, 1646, ²1671) und der Musiktheorie (Konsonanzen und Dissonanzen; Musurgia universalis, 1650).

In der Physik bestimmt unter anderem die Auseinandersetzung mit W. Gilberts und J. Keplers Theorien eines kosmischen Magnetismus die Arbeiten K.s (in diesem Zusammenhang, neben der sammelnden und systematisierenden Darstellung des zeitgenössischen Wissens über Magnetismus und Elektrizität, z. B. die Konzeption eines magnetischen Telegraphen und Messungen sowie Sammlung magnetischer Mißweisung; Magnes sive De arte magnetica, 1641, ²1643, ³1654). In der Optik treten neben theoretische Untersuchungen die Konstruktion optischer Geräte (z. B. Beschreibung der Laterna magica; Ars magna lucis et umbrae, 1646, ²1671) und deren Anwendung in Astronomie und Mikroskopie. Daneben finden sich mikroskopische Untersuchungen von Mi-

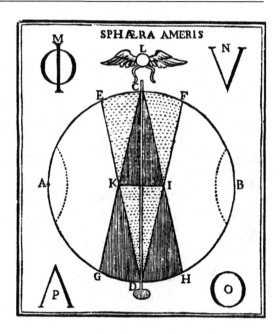

Abb. 1: Weltentstehung und Welterhaltung sind in der Hieroglyphe ⊕ symbolisiert, die aus den Buchstaben *ΦVΛO* (›Philo‹, Liebe) konstruiert ist und das schöpferische und allbelebende Wirken der Weltseele in der ›Kugel der Liebe‹ (*sphaera amoris*) bezeichnet. Diese besteht aus der Kugel *Φ* mit dem Umfang *O*, auf die die Weltseele wirkt. Die Wirkung der Weltseele erfolgt in einem Abstieg *V* (*EDF*) zur Materie und in einem Aufstieg *A* (*GCH*) zur Spitze der Weltpyramide sowie in einer Rotation der Kugel mit dem Äquator *CD* um die Pole *A* und *B* (Oedipus Aegyptiacus […], I–III, Rom 1652–1654, II/2 [1653], 115).

kroorganismen im Blut und die Feststellung eines möglichen Pestbazillus (Scrutinium physico-medicum, 1658), ferner Untersuchungen akustischer Phänomene (an Musikinstrumenten, Gebäuden, Abhör- und Übertragungseinrichtungen etc.; Musurgia universalis, 1650; Phonurgia nova, 1673). Geologische Untersuchungen schließen z. B. mineralogische, hydrologische und geographische Forschungen, desgleichen die Darstellung technischer Instrumentarien wie Pumpen und chemischer Hilfsmittel ein (Mundus subterraneus, 1665). Die Konstruktion maschineller Hilfsmittel zur Erhebung wissenschaftlicher Daten und zur Lösung mathematischer Probleme steht wiederum im Zusammenhang mit der Konzeption einer ↑Universalsprache (↑lingua universalis, ↑Leibnizsche Charakteristik), die sowohl als ein allgemeines Organ der Verständigung als auch als Instrument exakter Forschung dienen soll. Mit dieser in der Lullus-Tradition (Agrippa von Nettesheim, G. Bruno, J. H. Alsted) stehenden Konzeption, die frühere Bemühungen um eine Geheimschrift (Polygraphia nova

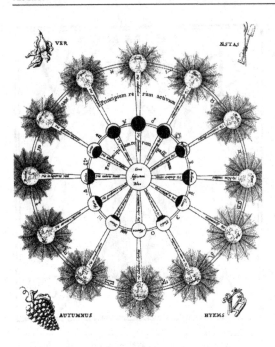

Abb. 2: Identifikation aktiver und passiver Vermögen der Dinge mit antiken Gottheiten, die ihrerseits unterschiedliche Aspekte von Sonne und Mond darstellen (Turris Babel sive Archontologia [...], Amsterdam 1679, 144 [Speculum geneatheologicum sive Theotechnica Hermetica]).

et universalis ex combinatoria arte detecta, 1663) ablöst, wirkt K. insbes. auf die entsprechenden Arbeiten Leibnizens (so z.B. mit seiner Logikkonzeption; Ars magna sciendi, 341). Noch einflußreicher als diese theoretischen Arbeiten sind K.s philologische und kulturhistorische Bemühungen, z.B. sein Versuch einer Entzifferung der ägyptischen Hieroglyphen (Prodromus coptus sive Aegyptiacus, 1636) und seine sammelnde und sichtende Beschäftigung mit der Kultur Ägyptens und orientalischen Geheimlehren (Oedipus Aegyptiacus, I–III, 1652–1654). In seiner Unterordnung der Naturforschung unter das Ideal spekulativer Frömmigkeit vertritt K. Traditionen einer hermetischen (↑hermetisch/Hermetik, ↑Philosophie, hermetische) Theologie (Abb. 2).

Werke: Ars magnesia, hoc est Disquisitio bipartita-empirica seu experimentalis, physico-mathematica de natura, viribus, et prodigiosis effectibus magnetis [...], Würzburg 1631; Primitiae gnomonicae catoptricae, hoc est Horologiographiae novae specularis [...], Avignon 1635; Prodromus Coptus sive Aegyptiacus [...] in quo cum linguae Coptae, sive Aegyptiacae, quondam Pharaonicae, origo, aetas, vicissitudo, inclinatio [...], Rom 1636; Specula Melitensis encyclica, hoc est Syntagma novum instrumentorum physico-mathematicorum, Neapel 1638; Magnes sive De arte magnetica opus tripartitum quo praeterquam quod universa magnetis natura, eiusque in omnibus artibus et scientiis

usus nova methodo explicetur [...], Rom 1641, Köln [2]1643, Rom [3]1654; Lingua Aegyptiaca restituta opus tripartitum. Quo linguae Coptae sive idiomatis illius primaevi Aegyptiorum Pharaonici, vetustate temporum paene collapsi [...], Rom 1643 [tatsächl. ersch. 1644]; Ars magna lucis et umbrae, in decem [X] libros digesta [...], Rom 1645, 1646, Amsterdam [2]1671; Musurgia universalis, sive Ars magna consoni et dissoni in X libros digesta [...], I–II, Rom 1650 (repr. in einem Bd., Hildesheim/New York 1970, I–II, Hildesheim/New York/Zürich 2006) (dt. [teilw.] Philosophischer Extract und Auszug aus deß Weltberühmten Teutschen Jesuitens Athanasii Kircheri von Fulda Musurgia Universali in Sechs Bücher verfasset [...], übers. v. A. Hirsch, Schwäbisch Hall 1662 [repr. Kassel etc.1988, 2006]); Obeliscus Pamphilius, hoc est, Interpretatio nova et hucusque intentata obelisci hieroglyphici, quem non ita pridem ex Veteri Hippodromo Antonini Caracallae Caesaris, in Agonale Forum transtulit, integritati restituit, et in Urbis Aeternae ornamentum erexit, Rom 1650; Oedipus Aegyptiacus hoc est, Universalis hieroglyphicae veterum doctrinae temporum iniuria abolitae instauratio, I–III (II in 2 Bdn.), Rom 1652–1654 [ersch. 1655]; Itinerarium exstaticum quo mundi opificium id est Coelestis expansi, siderumque tam errantium, quam fixorum natura, vires, proprietates, singulorumque compositio et structura [...], Rom 1656, II: Iter exstaticum II, qui et mundi subterranei prodromus dicitur [...], Rom 1657, beide Teile zusammen in 1 Bd. unter den Titeln: Iter extaticum coeleste [...]/Iter extaticum terreste [...], ed. G. Schott, Würzburg 1660, 1671; Scrutinium physico-medicum contagiosae luis, quae Pestis dicitur [...], Rom 1658, Leipzig 1659, 1671 (dt. Natürliche und Medicinalische Durchgründung Der laidigen ansteckenden Sucht und so genannten Pestilentz [...], Augsburg 1680); Pantometrum Kircherianum, Hoc Est Instrumentum Geometricum novum [...] explicatum [...] a Gaspare Schotto, Würzburg 1660, 1669 [nach G. Dünnhaupt, Personalbibliographien (s.u., Lit.) fälschlicherweise K. zugeschrieben, Verfasser sei C. Schott]; Diatribe de prodigiosis Crucibus, quae tam supra vestes hominum, quam res alias, non pridem post ultimum incendium Vesuvii montis Neapoli comparuerunt, Rom 1661, in: A. Caramuelius [= G. Schott], Ioco-Seriorum Naturae et Artis, sive Magiae Naturalis Centuriae tres [...], Würzburg 1666, 307–363 [S. 363 als 365 beziffert] (dt. Diatribe, oder Beweiss-Schrifft, von Wunder=seltzamen Creutzen, welche so wol auff der Leute Kleider, als andern Dingen, unlängst nach dem letzten Brand dess Berges Vesuvii zu Neapolis erschienen sind, in: G. Schott, Joco-seriorum naturae et artis, sive Magiae naturalis centuriae tres: Das ist Drey-Hundert nütz- und lustige Sätze allerhand Merck-würdiger Stücke, von Schimpff und Ernst, genommen auß der Kunst und Natur, oder natürlichen Magia, [...], Frankfurt 1672, 278–326, Bamberg 1677); Polygraphia nova et universalis ex combinatoria arte detecta [...], Rom 1663; Arithmologia sive De abditis numerorum mysteriis qua origo, antiquitas et fabrica numerorum exponitur [...], Rom 1665; Mundus subterraneus, in XII libros digestus [...], I–II, Amsterdam 1665, 1668, [3]1678 (repr., ed. G. B. Vai, Sala Bolognese 2004) (niederl. D'onder-aardse weereld [...], Amsterdam 1682); Historia Eustachio-Mariana [...], Rom 1665; Ad Alexandrum VII. Pont. Max. Obelisci Aegyptiaci, nuper inter Isaei Romani rudera effossi, interpretatio hieroglyphica [...], Rom 1666; China monumentis, qua sacris qua profanis, nec non variis naturae et artis spectaculis, aliarumque rerum memorabilium argumentis illustrata, Amsterdam 1667 (repr. Frankfurt 1966) (niederl. Toonneel van China [...], Amsterdam 1668; franz. La Chine [...] illustrée [...], Amsterdam 1670; engl. China illustrata [...], übers. v. C. D. VanTuyl, Muskogee, Okla. 1987); Magneticum naturae regnum sive Disceptatio physiologica de triplici in natura rerum Magnete [...], Amsterdam, Rom 1667; Organum Mathematicum, libris IX. explicatum a P. Gaspare Schotto, Würzburg 1668 [nach G. Dünnhaupt, Personalbibliographien (s. u., Literatur), fälschlicherweise K. zugeschrieben, Verfasser sei C. Schott]; Ars magna sciendi, in XII libros digesta [...], I–II [II mit Titel: Artis magnae combinatoriae (...), I u. II zum Teil auch in Bindeeinheit], Amsterdam 1669; Latium. Id est, nova et parallela Latii tum Veteris tum Novi descriptio [...], Amsterdam 1671; Principis christiani archetypon politicum sive Sapientia regnatrix [...], Amsterdam 1672; Phonurgia nova, sive Conjugium mechanico-physicum artis et naturae paranympha phonosophia concinnatum [...], Kempten 1673 (repr. New York 1966) (dt. Neue Hall- und Thon-Kunst, Oder Mechanische Geheim-Verbindung der Kunst und Natur, durch Stimme und Hall-Wissenschaft gestiftet [...], Nördlingen 1684 [repr. Hannover 1983]); Arca Noë, in tres libros digesta [...], Amsterdam 1675; Sphinx mystagoga, sive Diatribe hieroglyphica, qua Mumiae, ex Memphiticis Pyramidum adytis erutae [...], Amsterdam 1676; Tariffa Kircheriana id est inventum aucthoris novum expedita, et mira arte, combinata methodo universalem geometriae et arithmeticae practicae summam continens, Rom 1679; Tariffa Kircheriana sive Mensa Pythagorica expansa, ad matheos quaesita accomodata per quinque columnas [...], Rom 1679; Turris Babel, sive Archontologia qua primo priscorum post diluvium hominum vita, mores rerumque gestarum magnitudo [...], Amsterdam 1679; Physiologia Kircheriana experimentalis, qua summa argumentorum multitudine et varietate naturalium rerum scientia [...], ed. J. S. Kestler, Amsterdam 1680. – Autobiographie: Vita admodum Reverendi Athanasii Kircheri [...], in: H. A. Langenmantel (ed.), Fasciculus epistolarum Adm. R. P. Athanasii Kircheri Soc. Jesu, viri in mathematicis et variorum idiomatum scientiis celebratissimi, complectentium materias philosophico – mathematico – medicas, Augsburg 1684, 1–78 (dt. N. Seng [ed.], Selbstbiographie des P. A. K. aus der Gesellschaft Jesu, Fulda 1901). – Lettere di A. K. dell'Archivio di Stato di Firenze, ed. A. Mirto, Florenz 2000 (Atti e memorie dell'Accademia Toscana di Scienze e Lettere La Colombaria LXV), 217–240 [14 Briefe K.s an Ferdinando II, Cosimo II und Giovanni Carlo de Medici].

Literatur: D. Arecco, Il sogno di Minerva. La scienza fantastica di A. K. (1602–1680), Padua 2002; B. Bauer, Copernicanische Astronomie und cusanische Kosmologie in A. K.s »Iter exstaticum«, in: S. Füssel (ed.), Astronomie und Astrologie in der frühen Neuzeit. Akten des interdisziplinären Symposions 21./22. April 1989 in Nürnberg, Nürnberg 1990 (Pirckheimer Jahrbuch 1989/90), 69–107; H. Beinlich u. a. (eds.), Magie des Wissens. A. K. 1602–1680. Universalgelehrter, Sammler, Visionär [Austellungskatalog], Dettelbach 2002; dies., Spurensuche. Wege zu A. K. [wiss. Begleitbd. zur Ausstellung »Magie des Wissens«], Dettelbach 2002; L. Belloni, A. K.. Seine Mikroskopie, die Animalcula und die Pestwürmer, Medizinhist. J. 20 (1985), 58–65; L. Brancaccio, China accommodata. Chinakonstruktionen in jesuitischen Schriften der Frühen Neuzeit, Berlin 2007, 201–235 (Kap. 5 Die Darstellung Chinas in A. K.s »China illustrata«); F. Brauen, A. K. (1602–1680), J. Hist. Ideas 43 (1982), 129–134; O. Breidbach, Zur Repräsentation des Wissens bei A. K., in: H. Schramm/L. Schwarte/J. Lazardzig, Kunstkammer – Laboratorium – Bühne. Schauplätze des Wissens im 17. Jahrhundert, Berlin/New York 2003, 282–302; I. Cantoni, La filosofia geroglifica di A. K., Bologna 2000; M. Casciato/M. G. Ianello/M. Vitale (eds.), Enciclopedismo in Roma barocca. A. K. e il Museo

del Collegio Romano tra Wunderkammer e museo scientifico, Venedig 1986; S. Corradino, A. K. matematico, Studi secenteschi 37 (1996), 159–180; F. Daxecker, Die Zeitberechnung und die Astronomie in A. K.s Organum mathematicum, Beitr. Astronomiegesch. 5 (2002), 26–39; R. v. Dülmen, Ein unbekannter Brief von A. K., Stud. Leibn. 4 (1972), 141–145; G. Dünnhaupt, Personalbibliographien zu den Drucken des Barock III, Stuttgart ²1991, 2326–2350 (A. K.. [1602–1680]); M. Engelhardt/M. Heinemann (eds.), Ars magna musices – A. K. und die Universalität der Musik. Vorträge des deutsch-italienischen Symposiums aus Anlass des 400. Geburtstages von A. K. (1602–1680) [...], Laaber 2007; F. Englmann, Spärenharmonie und Mikrokosmos. Das Politische Denken des A. K. (1602–1680), Köln/Weimar/Wien 2006; P. Findlen, The Janus Faces of Science in the Seventeenth Century. A. K. and Isaac Newton, in: M. J. Osler (ed.), Rethinking the Scientific Revolution, Cambridge/New York 2000, 221–246; dies., Scientific Spectacle in Baroque Rome. A. K. and the Roman College Museum, in: M. Feingold (ed.), Jesuit Science and the Republic of Letters, Cambridge Mass./London 2003, 225–284; dies. (ed.), A. K.. The Last Man Who Knew Everything, New York/London 2004 (mit Bibliographie, 421–445); J. E. Fletcher, A Brief Survey of the Unpublished Correspondence of A. K., S. J. (1602–1680), Manuscripta 13 (1969), 150–160; ders., Medical Men and Medicine in the Correspondence of A. K. (1602–80), Janus 56 (1969), 259–277; ders., Astronomy in the Life and Correspondence of A. K., Isis 61 (1970), 52–67; ders., A. K. im Spiegel der Sekundärliteratur, in: Universale Bildung im Barock [s. u.], 45–50; ders. (ed.), A. K. und seine Beziehungen zum gelehrten Europa seiner Zeit, Wiesbaden 1988 (Wolfenbütteler Arbeiten zur Barockforschung XVII); P. Friedländer, A. K. und Leibniz. Ein Beitrag zur Geschichte der Polyhistorie im XVII. Jahrhundert, Atti della Pontificia Accademia Romana di Archeologia Ser. 3, Rendiconti 13 (1937), 229–247, Neudr. in: ders., Studien zur antiken Literatur und Kunst, Berlin 1969, 655–672; T. F. Glick, On the Influence of K. in Spain, Isis 62 (1971), 379–381; J. Godwin, A. K.. A Renaissance Man and the Quest for Lost Knowledge, London 1979 (franz. A. K.. Un Homme de la Renaissance à la quête du savoir perdu, Paris 1980; dt. A. K.. Ein Mann der Renaissance und die Suche nach verlorenem Wissen, Berlin 1994); dies., A. K. (2 May 1602 – 27 November 1680), in: J. Hardin (ed.), German Baroque Writers, 1580–1660, Detroit Mich./Washington D. C./London 1996 (Dictionary of Literary Biography 164), 185–194; W. Gramatowski/M. Rebernik (eds.), Epistolae Kircherianae. Index alphabeticus. Index geographicus, Rom 2001; A. Hamilton, The Copts and the West. The European Discovery of the Egyptian Church, Oxford/New York 2006, 195–228 (A. K. and His Shadow); O. Hein/R. Mader, I modelli degli obelischi di Atanasio K. S. J. nel Collegio Romano, Köln/Wien/Weimar 1991 (Studia Kircheriana. Scripta minora I); dies., A. K. S. J., sein Viertes Gelübde und Malta. Mit 38 Anmerkungen, Berlin 1996 (Studia Kircheriana. Scripta minora III); H. Hirai, Interprétation chymique de la création et origine corpusculaire de la vie chez A. K., Ann. Sci. 64 (2007), 217–234; E. Iversen, The Myth of Egypt and Its Hieroglyphs in European Tradition, Kopenhagen 1961, Princeton N. J. 1993; ders., Obelisks in Exile I (The Obelisks of Rome), Kopenhagen 1968; H. Kangro, K., DSB VII (1973), 374–378; E. Knobloch, Harmonie und Kosmos. Mathematik im Dienste eines teleologischen Weltverständnisses, Sudh. Arch. 78 (1994), 14–40, bes. 32–37; F. Krafft, K., NDB XI (1977), 641–645; W. Künzel, Der Oedipus Aegyptiacus des A. K.. Das ägyptische Rätsel in der Simulation eines barocken Zeichensystems, in: ders./P. Bexte (eds.), Allwissen und Absturz. Der Ursprung des

Computers, Frankfurt/Leipzig 1993, 72–101; R. Lachmann, Zwei Weisen der Wissensdarstellung im 17. Jahrhundert oder: K. und Comenius als Wissensverwalter, Konstanz 2003 (Diskussionsbeiträge Kulturwiss. Forschungskolleg SFB 485 Norm und Symbol. Die kulturelle Dimension sozialer und politischer Integration Nr. 28); T. Leinkauf, A. K. und Aristoteles. Ein Beispiel für das Fortleben aristotelischen Denkens in fremden Kontexten, in: E. Keßler/C. H. Lohr/W. Sparn (eds.), Aristotelismus und Renaissance. In Memoriam Charles B. Schmitt, Wiesbaden 1988 (Wolfenbütteler Forschungen XL), 193–216; ders., Amor in supremi opificis mente residens. A. K.s Auseinandersetzung mit der Schrift »De amore« des Marsilius Ficinus. Ein Beitrag zur weiteren Rezeptionsgeschichte des Platonischen Symposiums, Z. philos. Forsch. 43 (1989), 265–300; ders., Mundus combinatus. Studien zur Struktur der barocken Universalwissenschaft am Beispiel A. K.s SJ (1602–1680), Berlin 1993; ders., ›Mundus combinatus‹ und ›ars combinatoria‹ als geistesgeschichtlicher Hintergrund des Museums Kircherianum in Rom, in: A. Grote (ed.), Macrocosmos im Microcosmo. Die Welt in der Stube. Zur Geschichte des Sammelns 1450–1800, Opladen 1994, 535–553; E. Lo Sardo (ed.), Iconismi et mirabilia da A. K., Rom 1999, 2000; ders. (ed.), A. K.. Il Museo del mondo, Rom 2001; R. H. Major, A. K., Ann. Medical Hist. I (1939), 105–120; J.-C. Margolin, Histoire, nature, prodiges et religion chez Athanase K., d'après la »Diatribè de prodigiosis crucibus« (Rome, 1661), in: F. Forner/C. M. Monti/P. G. Schmidt (eds.), Margarita amicorum. Studi di cultura europea per Agostino Sottili II, Mailand 2005, 665–694; C. Marrone, I geroglifici fantastici di A. K., Rom 2002; G. E. McCracken, A. K.'s Universal Polygraphy, Isis 39 (1948), 215–228; W. E. K. Middleton, Archimedes, K., Buffon, and the Burning-Mirrors, Isis 52 (1961), 533–543; W.-D. Müller-Jahnke, K, in: W. Killy/R. Vierhaus (eds.), Deutsche biographische Enzyklopädie V, München 1997, 548–549, ferner in: Biographische Enzyklopädie deutschsprachiger Philosophen, München 2001, 218; M. Murata, Music History in the »Musurgia universalis« of A. K., in: J. W. O'Malley u. a. (eds.), The Jesuits. Cultures, Sciences, and the Arts. 1540–1773, Toronto/Buffalo N. Y./London 1999, 2000, 190–207; H.-J. Olszewsky, K., BBKL III (1992), 1513–1517; J. R. Partington, A History of Chemistry II, London, New York 1961 (repr. Mansfield Centre Conn. 1996), 328–333; C. Reilly, A. K., S. J., J. Chemical Education 32 (1955), 253–258; ders., A. K. S.J.. Master of a Hundred Arts 1602–1680, Wiesbaden/Rom 1974 (Studia Kircheriana I) (mit Bibliographie, 187–195); A. Resch, A. K. (1602–1680). Zum 400. Geburtstag, Grenzgebiete d. Wiss. 51 (2002), 313–345; W. Risse, Die Logik der Neuzeit I (1500–1640), Stuttgart-Bad Cannstatt 1964, 550–552; H. Siebert, Die große kosmologische Kontroverse. Rekonstruktionsversuche anhand des Itinerarium exstaticum von A. K. SJ (1602–1680), Stuttgart 2006 (mit Bibliographie, 351–377); D. Stolzenberg (ed.), The Great Art of Knowing. The Baroque Encyclopedia of A. K., Fiesole 2001; ders, The Egyptian Crucible of Truth & Superstition. A. K. & the Hieroglyphic Doctrine, in: A.-C. Trepp/H. Lehmann (eds.), Antike Weisheit und kulturelle Praxis. Hermetismus in der Frühen Neuzeit, Göttingen 2001, 145–164; ders., Oedipus Censored. ›Censurae‹ of A. K.'s Works in the Archivum Romanum Societatis Iesu, Archivum Historicum Societatis Iesu 73 (2004), 3–52; ders., Utility, Edification, and Superstition. Jesuit Censorship and A. K.'s »Oedipus Aegypticus«, in: John W. O'Malley u. a. (eds.), The Jesuits II. Cultures, Sciences, and the Arts 1540–1773, Toronto 2006, 336–354; G. F. Strasser, Das Sprachdenken A. K.s, in: A. P. Coudert (ed.), The Language of Adam/Die Sprache Adams (Wolfenbütteler Forschungen LXXXIV), 151–

169; B. Szczesniak, A. K.'s China Illustrata, Osiris 10 (1951), 385–411; ders., Origin of the Chinese Language According to A. K.'s Theory, J. Amer. Orient. Soc. 72 (1952), 21–29; L. Thorndike, A History of Magic and Experimental Science, I–VIII, London/New York 1923–1958, 1975, VII (1958, 1975), 567–589; H. B. Torrey, A. K. and the Progress of Medicine, Osiris 5 (1938), 246–275; P. Tort, K., DP II (1984), 1436–1437; G. Totaro, L'autobiographie d'A. K.. L'écriture d'un jésuite entre vérité et invention au seuil de l'œuvre, Diss. Caen 2007; D. Ullmann, A. K. und die Akustik der Zeit um 1650. Zum 400. Geburtstag des Gelehrten am 2. Mai 2002, NTM 10 (2002), 65–77; K. Vermeir, A. K.'s Magical Instruments. An Essay on ›Science‹, ›Religion‹ and Applied Metaphysics, Stud. Hist. Philos. Sci. 38 (2007), 363–400; M. Wald, Welterkenntnis aus Musik. A. K.s »Musurgia universalis« und die Universalwissenschaft im 17. Jahrhundert, Kassel etc. 2006; U. Wegener, Die Faszination des Maßlosen. Der Turmbau zu Babel von Pieter Bruegel bis A. K., Hildesheim/New York/Zürich 1995, 129–175 (Kap. IV A. K.. Turris Babel); K. Wittstadt, Der Enzyklopädist und Polyhistor als neuzeitlicher Gelehrtentypus. A. K. (1602–1680), in: R. W. Keck/E. Wiersing/K. Wittstadt (eds.), Literaten – Kleriker – Gelehrte. Zur Geschichte der Gebildeten im vormodernen Europa, Köln/Weimar/Wien 1996, 269–287; C. Ziller Camenietzki, L'extase interplanétaire d'A. K.. Philosophie, cosmologie et discipline dans la Compagnie de Jésus au XVIIe siècle, Nuncius 10 (Florenz 1995), 3–32. J. M.

Kirchhoff, Gustav Robert, *Königsberg 12. März 1824, †Berlin 17. Okt. 1887, dt. Physiker. K., der 1842–1847 in Königsberg bei F. Neumann Physik studierte und dabei die neue, besonders durch A.-M. Ampère beeinflußte Disziplin des Elektromagnetismus kennenlernte, stellte bereits 1845/1846 durch Anwendung und Verallgemeinerung des Ohmschen Gesetzes die nach ihm benannten Regeln der Stromverzweigung auf. 1847 Promotion in Königsberg, 1848 Habilitation an der Universität Berlin, 1850 Übernahme eines Extraordinariats in Breslau, 1854 einer Professur an der Universität Heidelberg, 1875–1886 Prof. für theoretische Physik an der Universität Berlin. Ab 1857 formulierte K. seine Theorie der Ausbreitung der Elektrizität auf Leitern und begründete in diesem Zusammenhang die Thomson-K.sche Formel. 1859/1860 entwickelte er mit R. Bunsen die Spektralanalyse, die ein weites Feld naturwissenschaftlicher Forschung von der ↑Chemie bis zur ↑Astronomie eröffnete. So entdeckte K. 1860 mit dieser Methode die neuen Elemente Cäsium und Rubidium. Im Zuge dieser Arbeit gelang 1859 auch die Erklärung der Fraunhoferschen Linien im Sonnenspektrum. Im selben Jahr stellte K. sein elektromagnetisches Strahlungsgesetz auf. Es folgten Arbeiten zur Wärmeleitung, Hydrodynamik, ↑Thermodynamik und Wellenoptik.

Für Philosophie und ↑Wissenschaftstheorie erhielt der erste Band (Mechanik, 1876) der »Vorlesungen über mathematische Physik« K.s Bedeutung. K. kritisiert hier die Auffassung, wonach die ↑Mechanik physikalische Beobachtungen als ↑Wirkungen von ↑Kräften erklären soll. In diesem Programm bleibt nämlich der Kraft- bzw. Ursachenbegriff (↑Ursache) unklar. K. schlägt daher vor, die Mechanik als System mathematischer Gleichungen mit den Grundbegriffen ↑Masse, ↑Raum und ↑Zeit aufzubauen, welche die Natur *vollständig* und auf die *einfachste* Weise beschreiben sollen. Das Kriterium der Vollständigkeit wird von K. nur vage eingeführt. Mit der Einfachheitsforderung greift K. ein Kriterium auf, das sich bereits bei J. le Rond d'Alembert findet und in der wissenschaftstheoretischen Diskussion z. B. bei E. Mach, H. Hertz und K. R. Popper eine wichtige Rolle spielen sollte (↑Denkökonomie). Nach K. ist die Relation ›einfacher als‹ jeweils im forschungspragmatischen Zusammenhang zu klären, so daß ein Begriff, der in einer Periode einfacher erscheint, zu einem anderen Zeitpunkt weniger einfach sein kann. ›Kraft‹ wird als abkürzende Redeweise für einen mathematischen Ausdruck, nämlich die 2. Ableitung der Koordinaten eines Massenpunktes nach der Zeit, aufgefaßt. Mit seinen methodologischen Forderungen und der Kritik am Kraftbegriff bereitet K. die wissenschaftstheoretisch allerdings wesentlich differenzierteren Überlegungen von Hertz vor. Philosophisch wird K.s Programm einer ›Beschreibung der Natur‹ häufig mit Positionen des Realismus (↑Realismus (erkenntnistheoretisch)) und der ↑Phänomenologie in Zusammenhang gebracht (↑Beschreibung). Wissenschaftstheoretisch kommt in seiner Kritik am Erklärungsanspruch der Mechanik auch zum Ausdruck, daß die allgemeine Forderung nach ↑Reduktion physikalischer Theorien auf mechanische Modelle zurückzuweisen ist.

Werke: (mit R. Bunsen) Chemische Analyse durch Spectralbeobachtungen, I–II, Ann. Phys. Chem. 110 (1860), 161–189, 113 (1861), 337–381 (repr. in: ders., Untersuchungen über das Sonnenspectrum und die Spectren der chemischen Elemente [s. u.], 65–143), separat: I, Wien 1860, I–II, in einem Bd., ed. W. Ostwald, Leipzig 1895 (Ostwald's Klassiker d. exakt. Wiss. LXXII) (repr. in: Chemische Analyse durch Spectralbeobachtungen/Abhandlungen über Emmission und Absorption, Thun/Frankfurt 1996, Saarbrücken 2006), 1921; Vorlesungen über mathematische Physik I, Leipzig 1876, ed. W. Wien, ⁴1897, II, ed. H. Hensel, Leipzig 1891, III–IV, ed. M. Planck, Leipzig 1891/1894 (I Vorlesungen über Mechanik, II Vorlesungen über Mathematische Optik, III Vorlesungen über Electricität und Magnetismus, IV Vorlesungen über die Theorie der Wärme); Gesammelte Abhandlungen, Leipzig 1882 (repr. Saarbrücken 2006), Nachtrag, ed. L. Boltzmann, Leipzig 1891; Abhandlungen über Emmission und Absorption, ed. M. Planck, Leipzig 1898 (Ostwalds Klassiker d. exakt. Wiss. 100) (repr. in: Chemische Analyse durch Spectralbeobachtungen/Abhandlungen über Emmission und Absorption, Thun/Frankfurt 1996), 1921; Abhandlungen über mechanische Wärmetheorie, ed. M. Planck, Leipzig 1898 (Ostwalds Klassiker d. exakt. Wiss. 101); Untersuchungen über das Sonnenspectrum und die Spectren der chemischen Elemente. Und weitere ergänzende Arbeiten aus den Jahren 1859–1862, ed. H. Kangro, Osnabrück 1972 [mit Nachwort: K. und die spektralanalytische Forschung].

Literatur: L. Boltzmann, G. R. K., in: ders., Populäre Schriften, Leipzig 1905 (repr. Saarbrücken 2006), 51–75, ed. E. Broda, Braunschweig/Wiesbaden 1979, 47–53 (gekürzt); P. W. Cummings, K., Enc. Ph. IV (1967), 341–342; K. Danzer, Robert W. Bunsen und G. R. K.. Die Begründer der Spektralanalyse, Leipzig 1972; R. Dugas, Histoire de la mécanique, Neuchâtel, Paris 1950, Paris 1996, bes. 426–428 (engl. A History of Mechanics, Neuchâtel, New York 1955, London 1957, New York 1988, bes. 441–443); F. Fellmann, Wissenschaft als Beschreibung, Arch. Begriffsgesch. 18 (1974), 227–261; W. Gerlach, K., NDB XI (1977), 649–653; G. Hamel, Theoretische Mechanik. Eine einheitliche Einführung in die gesamte Mechanik, Berlin/Göttingen/Heidelberg 1949, Berlin/Heidelberg/New York 1978; R. v. Helmholtz, G. R. K., Dt. Rdsch. 54 (1888), 232–245; J. Hennig, K., in: D. Hoffmann u. a. (eds.), Lexikon der bedeutenden Naturwissenschaftler II, München 2004, 315–316; M. Jammer, Concepts of Force. A Study in the Foundations of Dynamics, Cambridge Mass. 1957 (repr. Ann Arbor Mich. 1985), New York 1962, Mineola N. Y. 1999; C. Jungnickel/R. McCormmach, Intellectual Mastery of Nature. Theoretical Physics from Ohm to Einstein, I–II, Chicago Ill./London 1986, 1990; F. Kaulbach, Philosophie der Beschreibung, Köln/Graz 1968; M. Kusch, Psychological Knowledge. A Social History and Philosophy, London/New York 1999, 2006; F. Pockels, G. R. K., in: K. Friedrich (ed.), Heidelberger Professoren aus dem 19. Jahrhundert II, Heidelberg 1903, 243–263; L. Rosenfeld, The Velocity of Light and the Evolution of Electrodynamics, Nuovo cimento Ser. 10, 4 Suppl. (1956), 1630–1669; ders., K., DSB VII (1973), 379–383; I. Schneider, K., in: W. Killy/R. Vierhaus (eds.), Deutsche biographische Enzyklopädie V (1997), 550; W. Voigt, Zum Gedächtnis von G. K., Göttingen 1888 (Abh. Königl. Ges. Wiss. Göttingen, math. Kl. 35); E. T. Whittaker, A History of the Theories of Aether and Electricity from the Age of Descartes to the Close of the Nineteenth Century, Dublin 1910, I–II, London 1951/1953, New York 1960, 1973, in einem Bd. 1989. K. M.

Klages, Ludwig, *Hannover 10. Dez. 1872, †Kilchberg (bei Zürich) 29. Juli 1956, dt. Philosoph und Psychologe, Vertreter der ↑Lebensphilosophie, Begründer der Charakterkunde. 1891–1900 Studium der Chemie, Physik, Philosophie und Psychologie in Leipzig, Hannover und München, hier 1900 Promotion in Chemie und Mitglied des George-Kreises; 1896 Mitbegründer der »Deutschen Graphologischen Gesellschaft«, die bis 1908 bestand, 1899–1908 Redaktion der von K. begründeten »Graphologischen Monatshefte«, um 1905 Gründung des »Psychodiagnostischen Seminars« in München, 1915 Übersiedlung in die Schweiz, 1920 nach Kilchberg und Gründung des »Seminars für Ausdruckskunde«. Früh beeinflußt von S. George, J. W. v. Goethe, C. G. Carus, F. Nietzsche, J. J. Bachofen, H. Bergson, M. Palógyi und T. Lipps, wendet sich K. nach ersten dichterischen Versuchen der Erforschung des menschlichen Charakters mit Hilfe der Graphologie zu. In Vorträgen und Aufsätzen um 1914 klingt bereits das Grundthema seines philosophischen Hauptwerkes »Der Geist als Widersacher der Seele« an: der ›Geist‹ bzw. der selbstherrliche ↑Wille des Menschen als natur- und lebenszerstörende Macht. K. kritisiert die Vorherrschaft des naturwissenschaftlichen Denkens und der Technik, der Fortschrittsgläubigkeit und des kapitalistischen Erwerbsstrebens und konstatiert eine negative Entwicklung der Kultur, hierin O. Spengler nahestehend.

Keimzelle seines gesamten Werkes ist die Lehre von der Wirklichkeit der ↑›Lebensformen‹, die K. wegen ihrer prägenden, bildenden Kraft ›Bilder‹ nennt: Das Bild der Eiche, des Hundes, des Menschen pflanzt sich fort und kehrt in Abwandlungen in jedem Exemplar der Gattung wieder. In ihrer Form- und Bildqualität, als belebte, ›beseelte Erscheinungen‹ werden die Dinge nach K. aber nicht durch vergegenständlichende Wahrnehmung erkannt, sondern durch ein (schauendes, unter Umständen ekstatisches) ›Erleben‹. Dabei werden auch die Materie als ›beseelt‹, die Gestalten der vorchristlichen Mythen als ›wirklich‹ erfahren. K. ist hier, wie der Nachlaß ausweist, Erlebnissen der eigenen Kindheit sowie der ↑Romantik (Carus, J. v. Eichendorff, N. Lenau, Novalis) und Bachofen verpflichtet. Nach K. geschieht das Erleben der Bilder leib- und affektnah. Mit dem Eintritt des ›Geistes‹ in das Leben vollzieht sich die Scheidung von Leib und Seele, von Subjekt und Objekt. Das Subjekt löst sich von Leib und Trieb, wird zum ›Ich‹ und bildet einen Willen, der sich dem Leben, der Natur gegenüber als Herrscher und Machthaber aufwirft und sich darin als frei erfährt – Nietzsches ↑›Wille zur Macht‹. Der Intellekt tritt der Welt gegenüber und stellt sie in ihrer Gegenständlichkeit fest. Wissenschaft wird möglich. Soweit sie die Verbindung zum Leben als der Urwirklichkeit wahrt, die in organischen und kosmischen Vorgängen dem Schauenden zur Erscheinung kommt, ist sie ›biozentrisch‹, soweit sie sie verliert, ›logozentrisch‹. Der ›Geist‹ wird also von K. nicht nur als ›Widersacher der Seele‹ angesehen – insofern ist der Titel seines Hauptwerkes irreführend.

Das besondere Mischungsverhältnis von Geist und Leben begründet nach K. die Unterschiedlichkeit der Charaktere von Epochen, Kulturen, Einzelmenschen. Die Charakterkunde hat außer der Erstellung von Charaktertypologien die Aufgabe, die lebensverneinenden und lebensvernichtenden Folgen der Vorherrschaft des Geistes aufzuweisen, wie sie sich in den Wissenschaften, Künsten, Moralen und Religionen zeigt. Ziel ist die Wiederherstellung der ursprünglichen Vorherrschaft der Natur über den Geist. – Verbreitung fand K.' Philosophie insbes. zur Zeit des Nationalsozialismus. Die Tagung der »Deutschen Philosophischen Gesellschaft« 1936 in Berlin stand unter dem Thema ›Seele und Geist‹. 1960 wurde im Deutschen Literaturarchiv des Schiller-Nationalmuseums in Marbach a. N. ein K.-Archiv eingerichtet, 1963 die (deutsche) K.-Gesellschaft mit Sitz in Marbach gegründet, die von 1964 an die seit 1960 erscheinende Zeitschrift »Hestia« herausgibt.

Werke: Sämtliche Werke, I–VIII, 1 Reg.bd., Suppl.bde I–II/2, ed. E. Frauchiger u. a., Bonn 1964–1992. – Die Probleme der Graphologie. Entwurf einer Psychodiagnostik, Leipzig 1910; Prinzipien der Charakterologie, Leipzig 1910, ³1921, rev. unter dem Titel: Die Grundlagen der Charakterkunde, Leipzig ⁴1926, Zürich ⁹1948, Bonn ¹⁰1948, ¹⁵1988 (engl. The Science of Character, London 1929; franz. Les principes de la caractérologie, Paris 1930, Neuchâtel/Paris ²1950); Ausdrucksbewegung und Gestaltungskraft, Leipzig 1913, mit Untertitel: Grundlegung der Wissenschaft vom Ausdruck. Mit 41 Figuren, ²1921, ⁴1923, rev. unter dem Titel: Grundlegung der Wissenschaft vom Ausdruck. Mit 62 Figuren, Leipzig ⁵1936, Bonn ⁷1950, ¹⁰1982; Handschrift und Charakter. Gemeinverständlicher Abriss der graphologischen Technik, Leipzig 1917, ²²1943, Bonn ²³1949, ²⁹1989 (franz. Expression du caractère dans l'écriture – technique de la graphologie, Neuchâtel/Paris 1947, ³1967, Toulouse 1982, 1990 [Privatdruck]); Mensch und Erde. 5 Abhandlungen, Jena 1920, erw. mit Untertitel: 7 Abhandlungen ³1929, erw. mit Untertitel: 10 Abhandlungen, Stuttgart 1956, erw. mit Untertitel: 11 Abhandlungen, 1973; Vom Wesen des Bewusstseins. Aus einer lebenswissenschaftlichen Vorlesung, Leipzig 1921, ohne Untertitel ³1933, München ⁴1955, Bonn ⁵1988; Vom kosmogonischen Eros, München 1922, Jena ²1926, Stuttgart ⁵1951, Bonn ⁶1963, ⁹1988; Die psychologischen Errungenschaften Nietzsches, Jb. Charakterologie 1 (1924), 187–226, separat: Leipzig 1926, ²1930, Bonn ³1958, ⁴1977; Der Geist als Widersacher der Seele, I–III, Leipzig 1929–1932, I–II, Leipzig ²1937/1939, München/Bonn ³1954, in einem Bd. Bonn ⁴1960, ⁵1972; Graphologie, Leipzig 1932, Heidelberg ⁴1949 (franz. Graphologie, Paris 1943); Goethe als Seelenforscher, Leipzig 1932, Zürich ³1949, Bonn ⁴1971; Die Sprache als Quell der Seelenkunde, Zürich 1948, Stuttgart ²1959; Was die Graphologie nicht kann. Ein Brief, Zürich 1949.

Literatur: E. Bartels, L. K.. Seine Lebenslehre und der Vitalismus, Meisenheim am Glan 1953; M. Bense, Anti-K. oder von der Würde des Menschen, Berlin 1937; J. Deussen, K.' Kritik des Geistes, Leipzig 1934; K. Eugster, Die Befreiung vom anthropozentrischen Weltbild. L. K.' Lehre vom Vorrang der Natur, Bonn 1989; M. Großheim, L. K. und die Phänomenologie, Berlin 1994; ders. (ed.), Perspektiven der Lebensphilosophie. Zum 125. Geburtstag von L. K., Bonn 1999; C. Haeberlin, Einführung in die Forschungsergebnisse von L. K., Kampen 1934; H. Hönel (ed.), L. K.. Erforscher und Künder des Lebens. Festschrift zum 75. Geburtstag des Philosophen, Linz 1947; H. Kasdorff, L. K., Werk und Wirkung. Einführung und kommentierte Bibliographie, I–II, Bonn 1969/1974 (Fortsetzung der K.-Bibliographie in: Hestia 1967/1969, 98–160; 1970/1971, 156–272; 1978/1979, 115–262); ders., L. K. im Widerstreit der Meinungen. Eine Wirkungsgeschichte von 1895–1975, Bonn 1978; ders. (ed.), Wirklichkeit und Realität. Vorträge und Kommentare zu L. K., Bonn 1979; K.-H. Kronawetter, Die Vergöttlichung des Irdischen. Die ökologische Lebensphilosophie von L. K. im Diskurs mit der christlichen Theologie, Bonn 1999; H. Kunz, Martin Heidegger und L. K., München 1976; R. Müller, Das verzwistete Ich. L. K. und sein philosophisches Hauptwerk »Der Geist als Widersacher der Seele«, Bern/Frankfurt 1971; H. Prinzhorn (ed.), Die Wissenschaft am Scheidewege von Leben und Geist. Festschrift L. K. zum 60. Geburtstag, Leipzig 1932; H. E. Schröder, L. K.. Die Geschichte seines Lebens, I–II (= Sämtl. Werke [s. o.], Suppl.bde I–II/2), Bonn 1966–1992; ders., Schiller – Nietzsche – K.. Abhandlungen und Essays zur Geistesgeschichte der Gegenwart, Bonn 1974; ders. (ed.), Das Bild, das in die Sinne fällt. Erinnerungen an L. K., Bonn 1987; F. Tenigl (ed.), K., Prinzhorn und die Persönlichkeitspsychologie. Zur Weltsicht von L. K.. Vorträge und Aufsätze, Bonn 1987; G. Thibon, La science du caractère. L'œuvre de L. K., Paris 1933. R. Wi.

Klammern, in Mathematik und formaler Logik (↑Logik, formale) übliches semiotisches Hilfsmittel verschiedener Gestalt (verbreitet: runde K., engl. parentheses ( ); eckige K., engl. brackets [ ]; geschweifte K., engl. braces { }; spitze K. < >), um die Reihenfolge beim Aufbau von ↑Termen oder ↑Formeln aus Grundzeichen zu markieren (↑Logikkalkül). Z.B. bleibt der arithmetische Term ›5 · 7 + 3‹ solange zweideutig, bis mit Hilfe eines aus linker und rechter K. bestehenden K.paares ›(5 · 7) + 3‹ oder ›5 · (7 + 3)‹ festgelegt sind. Solche Festlegungen sind natürlich auch auf andere Weise möglich, in diesen arithmetischen Zusammenhängen z.B. durch die vertraute Festsetzung ›Punktrechnung geht vor Strichrechnung‹, also ohne die Verwendung von Hilfszeichen, d.h. ›5 · 7 + 3‹ ist als ›(5 · 7) + 3‹ aufzufassen. Ähnliche Zweideutigkeiten sind bei junktorenlogischer (↑Junktorenlogik) Zusammensetzung von Formeln möglich, ohne daß in umgangssprachlicher Formulierung stets eine eindeutige Auflösung gelingt. Z.B. erlaubt die Aussage ›Meyer wird entlassen und Müller wird eingestellt, wenn die Umorganisation stattfindet‹ (ohne K. symbolisiert: $a \wedge b \leftarrow c$, wobei $a \leftrightharpoons$ Meyer wird entlassen, $b \leftrightharpoons$ Müller wird eingestellt, $c \leftrightharpoons$ die Umorganisation findet statt) sowohl die Lesart ›$a \wedge (b \leftarrow c)$‹ als auch die Lesart ›$(a \wedge b) \leftarrow c$‹. In mündlicher Wiedergabe können Tonfall und Pausen den richtigen Aufbau und damit die Stellung der K. anzeigen.
Um komplexe (↑komplex/Komplex) Formeln und Terme besser lesbar zu machen, sind zahlreiche ↑Konventionen zur K.ersparnis in Gebrauch, z.B. verschiedene Anzahlen von Punkten über zweistelligen ↑Operatoren zur Markierung der Reihenfolge ihrer Ausführung, also ›$c \overset{..}{\to} a \wedge b \overset{.}{\vee} d$‹ an Stelle von ›$c \to ((a \wedge b) \vee d)$‹, und Punkte anstelle von K. zur Markierung des Bereichs einstelliger Operatoren, also ›$\neg . a \to \bigwedge_x . b(x) \vee c(x) ..$‹ an Stelle von ›$\neg(a \to \bigwedge_x(b(x) \vee c(x)))$‹. Ein systematischer Weg, K. grundsätzlich zu vermeiden, geht auf J. Łukasiewicz zurück und besteht darin, einen n-stelligen Operator zusammen mit seinen n Operanden stets von links nach rechts nacheinander zu notieren: aus ›$c \overset{..}{\to} a \wedge b \overset{.}{\vee} d$‹ wird in *polnischer Notation* ›$CCaAKabd$‹ mit $C \leftrightharpoons \to$, $A \leftrightharpoons \vee$, $K \leftrightharpoons \wedge$ (↑Notation, logische).
Weiter werden K. benutzt, um auf bestimmte Objekte zu referieren (↑Referenz), etwa mit spitzen K. in der Rolle von ↑Anführungszeichen, also > < und nicht < >, um einen ↑Nominator für ein Zeichenschema zu bilden, z.B. ›>vor<‹ als Nominator für das deutsche Wort ›vor‹ (so auch die typographische Praxis in dieser Enzyklopädie). In mathematischen Kontexten wiederum benennt z.B.

›{2,7,9}‹ die ↑Menge, die genau die Zahlen 2, 7 und 9 als ↑Elemente enthält, und ›{$n \in \mathbb{N} \mid n \varepsilon$ prim}‹ die Menge derjenigen natürlichen Zahlen (↑Grundzahl), die prim sind, also $\in_x (x \varepsilon$ prim). Der Term ›<2,9,7,7>‹ – gelegentlich auch mit runden statt spitzen K.: ›(2,9,7,7)‹ – benennt das Quadrupel mit den vier Ziffern ›2‹, ›9‹, ›7‹ und ›7‹ als Komponenten. Im Gegensatz zu Mengenausdrücken kommt es bei Tupeln auf die Reihenfolge und auch auf Wiederholungen an: Während ›{2,7,9}‹, ›{2,9,7}‹ und ›{2,9,7,7}‹ sämtlich dieselbe Menge benennen, sind die Tupel <2,7,9>, <2,9,7> und <2,9,7,7> paarweise voneinander verschieden. K. L.

klar und deutlich (lat. [adjektivisch] clara et distincta [idea, cognitio] bzw. [adverbial] clare et distincte), normatives Kriterium für die Verwendung von Begriffen in der philosophischen Tradition. J. Jungius übersetzt in seinem posthum erschienenen Werk »Doxoscopiae physicae minores sive isagoge physica doxoscopica« (Hamburg 1662, Motto vor Teil I) das Galenische ›σαφὲς καὶ διωρισμένον‹ (Galenos, Opera omnia, I–XX, ed. C. G. Kühn, Leipzig 1821–1833, X, 66) mit ›clarum et distinctum‹. Galenos fordert an der genannten Stelle für Disputationen (↑disputatio), daß man sich auf etwas Klares und Deutliches bezieht, was so zu verstehen ist, daß man sich einer einheitlichen und eindeutigen Terminologie bedienen solle. Galenos' Forderung geht auf die stoische Zustimmungslehre zurück, nach der solchen Gedanken zuzustimmen ist, die k. u. d. sind.
Durch Vermittlung der ↑Scholastik gewinnt die Formel ›k. und d.‹ bei R. Descartes den Charakter eines ↑Wahrheitskriteriums, wonach dasjenige wahr (gewiß) ist, was wir k. u. d. einsehen. *Klar* ist für Descartes eine Erkenntnis dann, wenn sie dem Bewußtsein ›gegenwärtig‹ und ›offenkundig‹ ist, *deutlich,* wenn sie zudem (1) von allen anderen Erkenntnissen unterschieden ist und (2) aus Bestandteilen besteht, die voneinander unterschieden und selbst wiederum klar sind (vgl. Princ. Philos. I, § 45). Descartes' Teilbestimmungen von ›deutlich‹ werden von G. W. Leibniz aufgegriffen (z.B. Meditationes de cognitione, veritate et ideis [1684], Philos. Schr. IV, 422). Die erste Bestimmung geht in Leibnizens Präzisierung von ›Klarheit‹ als ›Wiedererkennbarkeit‹ ein (wenn etwas von allem anderen unterschieden ist, so ist es auch als solches wiedererkennbar). Die Deutlichkeit wird dann im Sinne der zweiten Bestimmung als Zerlegtheit in klare Bestandteile verstanden. Das Verhältnis von k. u. d. ist dabei so zu sehen, daß die Deutlichkeit eine vollkommenere Art der Klarheit als die bloße Klarheit ohne Deutlichkeit ist. Das ›und‹ in ›klar und deutlich‹ steht also nicht für die Konjunktion, sondern bringt eine Spezifizierung zum Ausdruck. Eine nicht-deutliche, aber noch klare (im Unterschied zur ›dunklen‹) Erkenntnis heißt bei Leibniz ›verworren‹ (*confusa*). Als

klar und verworren gilt ihm insbes. die sinnliche Erkenntnis (Wahrnehmung), die damit in der Rangordnung unter der deutlichen Vernunfterkenntnis steht. Eine Gleichstellung vollzieht (bereits innerhalb der rationalistischen [↑Rationalismus] Tradition) A. G. Baumgarten, indem er die Verworrenheit als komplexe ›Fülle‹ und ›Prägnanz‹ positiv bestimmt und zur Charakterisierung ästhetischer Erkenntnis heranzieht.

Sprachphilosophisch läßt sich Leibnizens Unterscheidung (z. B. für ↑Prädikatoren) so reformulieren, daß die Verwendung eines Prädikators *klar* ist, wenn ↑Beispiele und Gegenbeispiele für ihn richtig wiedererkannt werden, so daß es gelingt, den Prädikator richtig zu- und abzusprechen (↑zusprechen/absprechen). *Deutlich* ist die Verwendung eines Prädikators dann, wenn für ihn eine ↑Definition im Sinne einer Merkmalzerlegung vorliegt.

Literatur: G. Gabriel, k. u. d., Hist. Wb. Ph. IV (1976), 846–848; P. Markie, Clear and Distinct Perception and Metaphysical Certainty, Mind 88 (1979), 97–104. G. G.

Klasse (logisch), Grundbegriff der Wissenschaftstheorie, speziell für die sprachlichen Grundlagen von Logik und Mathematik, grundsätzlich synonym zu ↑›Menge‹, auch wenn in einigen Axiomensystemen der ↑Mengenlehre, z. B. in ↑Neumann-Bernays-Gödelschen Axiomensystemen, zwischen Menge und K. unterschieden wird: Als Mengen gelten nur solche K.n, die selbst Elemente einer anderen K. sind, so daß es statt der Menge aller Mengen nur die K. aller Mengen geben kann. Eine K. von Gegenständen kann im Falle endlich vieler Gegenstände explizit definiert werden, indem man – mit Hilfe von ↑*Konstanten* k_ν ($\nu = 1, 2, \ldots$), die als Namen den Gegenständen eineindeutig (↑eindeutig/Eindeutigkeit) zugeordnet sind – *Systeme* $\langle k_n, k_m, \ldots \rangle$ bildet und vereinbart, daß Systeme als gleich gelten, wenn sie sich nur in der Anordnung oder durch Wiederholung ihrer Glieder unterscheiden, z. B. $\langle 2, 2, 4 \rangle = \langle 4, 2 \rangle$. K.n entstehen dann durch ↑Abstraktion (↑abstrakt) aus Systemen bezüglich der angegebenen Gleichheit, einer ↑Äquivalenzrelation; z. B. stellen die Systeme $\langle 2, 2, 4 \rangle$ und $\langle 4, 2 \rangle$ *dieselbe* K. mit den Elementen 2 und 4 dar. Im Falle unendlicher Gegenstandsbereiche kann eine K. von Gegenständen nur mit Hilfe von ↑Aussagen über diese Gegenstände bestimmt werden, nämlich als die K. derjenigen Gegenstände, die eine ↑Aussageform oder eine dazu äquivalente Aussageform erfüllen, was den Fall endlicher K.n einschließt. So charakterisiert etwa die Aussageform $A(x)$ gerade die oben genannte Beispielklasse mit den Elementen 2 und 4.

Berücksichtigt man, daß auch der zugrundegelegte Gegenstandsbereich selbst, außer im Falle endlicher Aufzählung, nur als ein Bereich von Individuen ιP (gelesen: dies P, ↑Individuum, ↑Jota-Operator), also der Instanzen eines Gegenstandstyps τP, hervorgegangen aus dem vom ↑Artikulator ›P‹ artikulierten P-Bereich durch *Typisierung* (↑type and token), d. i. eine Gliederung in Einheiten (↑Individuation), zur Verfügung gestellt werden kann, sind die zur K.nbildung auf dem Bereich aller Individuen ιP eingesetzten Aussageformen im einfachsten Falle Elementaraussageformen ›$x \varepsilon Q$‹ mit einem ↑Klassifikator ›Q‹ (z. B. ›Mensch‹ auf dem Bereich der Lebewesen oder ›gerade Zahl‹ auf dem Bereich der natürlichen Zahlen). Wieder bedarf es einer Anwendung des Verfahrens der Abstraktion, um aus Klassifikatoren oder beliebigen Aussageformen K.n zu gewinnen, nämlich bezüglich *extensionaler Äquivalenz*: Gilt eine Aussage $A(n)$ über einen Gegenstand n, d. i. ein Individuum ιP des den ↑Variabilitätsbereich der (Objekt-)Variablen ›x‹ in ›$A(x)$‹ bildenden Bereichs aller ιP, so heißt n ›ein *Element* der K. der Gegenstände, die $A(x)$ erfüllen‹; die K. wird symbolisiert durch $\in_x A(x)$ (auch: $\{x \mid A(x)\}$ oder $\hat{x} A(x)$). Sind jetzt $A(x)$ und $B(y)$ extensional äquivalent, d. h. gilt $\bigwedge_x (A(x) \leftrightarrow B(x))$, so stimmen die K.n der Gegenstände, die $A(x)$ erfüllen, und derer, die $B(y)$ erfüllen, überein: $\in_x A(x) = \in_y B(y)$. An Stelle von $A(m)$ kann man daher $m \in \in_x A(x)$ (m ist Element der K. $\in_x A(x)$ schreiben, um zum Ausdruck zu bringen, daß es für die Geltung von $A(m)$ unerheblich ist, ob gerade die Aussageform $A(x)$ oder eine dazu äquivalente Aussageform gewählt wird.

Die aus dem Bereich der (individuellen) Lebewesen ausgesonderte K. der (individuellen) Menschen (↑Klassifikation) ist nach dieser Erklärung das ↑Abstraktum $\in_x x \varepsilon$ Mensch (kurz $\in$ Mensch), also ein Gegenstand logisch zweiter Stufe (↑Metasprache), der mit dem Dingtyp τ Mensch identifiziert werden darf, einer Typisierung des vom Artikulator ›Mensch‹ artikulierten Mensch-Bereichs durch dessen Individuation in individuelle Menschen, die Instanzen von τ Mensch (die Instanzen des Typs sind die Elemente der K.). Es darf jedoch das Abstraktum bzw. der Typ $\in$ Mensch nicht mit dem zu einer Einheit gemachten Komplex (↑komplex/Komplex) aller Menschen, der ›Menschheit‹ (oder auch nur einem Teil von ihr [↑Teil und Ganzes], etwa der Gesamtheit aller lebenden Menschen), verwechselt werden, von dem die individuellen Menschen Teile und nicht etwa Instanzen sind (↑Mereologie) und der deshalb wie die Einzelmenschen ein Gegenstand logisch erster Stufe ist (↑Objektstufe).

Es ist üblich, bei einem Prädikator ›P‹, z. B. ›ein Mensch‹ oder ›Wasser‹ – genau genommen einer durch Abblenden der signifikativen Funktion des Artikulators ›P‹ hervorgegangenen Aussageform ›εP‹, z. B. ›ist ein Mensch‹ oder ›ist Wasser‹ –, die Individuation des P-Bereichs und damit die Gliederung in P-Einheiten ιP durch Überführung von P in einen Gegenstandstyp τP, dessen Instanzen die ιP sind, als vollzogen anzusehen, also bei der Vervollständigung der Aussageform ›εP‹ zu einer Aussage insbes. die ›Eigenaussage‹ ›$\iota P \ \varepsilon \ P$‹ für zulässig zu halten, im Beispiel: ›dieser Mensch ist ein Mensch‹ oder ›dies Wasser ist Wasser‹. Wenn allerdings die Typisierung des P-Bereichs nicht so erfolgt, daß die P-Einheiten paarweise disjunkt (↑Disjunktion) sind, was regelmäßig bei grammatisch als ↑Kontinuativum realisierten Prädikatoren, etwa ›Wasser‹, der Fall ist – in der Aussage ›dies Wasser ist Wasser‹ ist die von der deiktischen Kennzeichnung ›dies Wasser‹ (↑deiktisch) benannte Wassereinheit ausschließlich durch den Kontext einer Äußerung bestimmt und kann ein Tropfen Wasser ebenso wie ein Glas Wasser oder eine anders bestimmte Wassereinheit sein –, so wird etwa eine Aussageform ›$x \ \varepsilon$ Wasser‹ keine K. eindeutig festlegen, weil z.B. $\in_x x \ \varepsilon$ ein Glas Wasser $\neq \in_x x \ \varepsilon$ ein Tropfen Wasser, so daß ›∈Wasser‹, anders als ›∈Mensch‹, keine zulässige Termbildung ist, es sei denn, man vereinbart die in passenden Wissenschaftssprachen vorgenommene Individuation des Wasser-Bereichs (des Artikulators ›Wasser‹) in Wassermoleküle (durch ›ιWassermolekül‹) als dessen Standardindividuation. Doch auch im Falle eines ↑Individuativums ›P‹, bei dem die Gliederung in Einheiten bereits zur Bedeutung des zugehörigen Artikulators gehört, darf die Allklasse (engl. ↑universe of discourse) $\in_x x \ \varepsilon \ P$ nicht mit dem P-Bereich identifiziert werden, weil die Artikulation eines Gegenstands(bereichs) P – er hat als offene Folge von ↑Aktualisierungen eines Schemas zu gelten, wobei ein Individuum ein in eine Einheit verwandeltes ↑Zwischenschema solcher Aktualisierungen ist, steht also nur schematisiert und aktualisiert, nicht aber individuiert zur Verfügung – durch den Artikulator ›P‹ unabhängig ist sowohl von der Individuation des Bereichs in Einheiten ιP als auch von der Aufspaltung des Artikulators in den ιP die Artikulation der Individuation durch die Individuatoren ›ιP‹ erst ermöglichenden anzeigenden Term ›δP‹ (↑Demonstrator) und den ιP aussagenden Term ›εP‹ (genauer: das Zu-P-Gehören *an* ιP anzeigend bzw. das P-Sein *von* ιP aussagend), also die *Anzeige* δPιP (↑Ostension) und die *Aussage* ιP ε P (↑Prädikation).

Im Regelfall geht man in den mit den symbolischen Hilfsmitteln der formalen Logik (↑Logik, formale) arbeitenden ↑Wissenschaftssprachen von einem bereits in disjunkte bzw. überhaupt keiner ›ist Teil von‹-Relation unterworfenen Einheiten, die Individuen im weiteren Sinne, gegliederten Gegenstandsbereich P als ↑Objektbereich aus, und das schon deshalb, weil dies zu den Voraussetzungen gehört, die erfüllt sein müssen, damit ↑Objektvariablen eingeführt und verwendet werden können. Grundsätzlich werden dann neben dem aus dem Artikulator ›P‹ abgeleiteten Prädikator ›εP‹ alle weiteren Prädikatoren ›εQ‹ – oder kurz ›Q‹ – als der Unterscheidung dienende Klassifikatoren von P behandelt, also ohne sich von einem eigenständigen Artikula-

tor ›Q‹ herzuleiten; sie sind wie ›εP‹ selbst als ↑Eigenprädikatoren verwendet. Da jedoch der für die Unterscheidung herangezogene Gesichtspunkt durch einen ↑*Modifikator* ›M‹ von ›P‹ artikuliert werden kann, z.B. ›männlich‹ zur Unterscheidung der Männer ιQ von den Nichtmännern unter den Menschen ιP, also Q = MP, sind ›adnominale‹ Prädikatoren ›M‹ in diesem Zusammenhang ebenfalls nicht von Artikulatoren abgeleitet. Sie treten wegen ihres den ↑autosemantischen Term ›P‹ lediglich modifizierenden Charakters ↑synsemantisch auf, obwohl eine autosemantische, von einem Artikulator hergeleitete Verwendung durchaus möglich ist, genauso wie die umgekehrte Verwandlung des den Objektbereich P konstituierenden Artikulators ›P‹ in einen Modifikator eines allgemeineren Artikulators ›R‹ selbstverständlich ist. Man gehe z.B. vom Objektbereich der Menschen ιP zu einem Objektbereich der Lebewesen ιR über, aus dem die Objekte ιP durch Klassifikation ausgesondert werden, etwa: Menschen ⇆ ›menschliche‹ Lebewesen. Der Klassifikator ›Mensch‹ in Bezug auf den Bereich der Lebewesen kann dann auch als Modifikator von ›Lebewesen‹ dargestellt werden (in der traditionellen Logik eine ↑*differentia specifica* des ↑*genus proximum* Lebewesen artikulierend) und ist dann ein apprädikativ verwendeter Prädikator (↑Apprädikator). Den K.n als Abstrakta aus Prädikatoren in eigenprädikativer Verwendung entsprechen dann die ↑Begriffe als Abstrakta aus Prädikatoren in apprädikativer Verwendung. In beiden Fällen einer Einführung benennender Ausdrücke oder ↑Nominatoren logisch zweiter Stufe wird auf die in Aussagen realisierte allein prädikative Rolle der Prädikatoren zurückgegriffen. Davon zu unterscheiden sind die auf der signifikativen Funktion eines Artikulators ›P‹ beruhenden Möglichkeiten der Bezugnahme auf den artikulierten P-Bereich: Verwandelt in das aus allen Aktualisierungen gebildete Ganze wird der P-Bereich in Übereinstimmung mit der Tradition als die von ›P‹ benannte ↑›Substanz‹ bezeichnet, während man von der von ›P‹ benannten ↑›Eigenschaft‹ eines Q-Objekts ιQ spricht, wenn ιQ ein PQ-Objekt ist.

Statt nur *Extension* (= extensionale Bedeutung, besser: extensionaler Sinn, ↑extensional/Extension) und *Intension* (= intensionale Bedeutung, besser: intensionaler Sinn, ↑intensional/Intension) eines Artikulators in unterscheidender Rolle, d.h. als Prädikator, als die von ihm dargestellte K. und den von ihm dargestellten *Begriff* zu unterscheiden (und die Extension mit der Referenz gleichzusetzen), sollte daher auch noch die extensionale und die intensionale ↑*Referenz* eines Artikulators in benennender Rolle als die von ihm benannte *Substanz* bzw. *Eigenschaft* unterschieden werden. Solange man innerhalb eines gegebenen Gegenstandsbereichs P bezüglich der zugrundegelegten Individuation – er läßt sich dann allein durch Objektvariable in der Sprache über P vertreten – Klassifikationen oder K.neinteilungen vornimmt, spielen neben dieser (extensionalen) Referenz von ›P‹ nur noch die Extensionen oder allenfalls die Intensionen der benutzten Klassifikatoren eine Rolle, d. h., alle weiteren Unterscheidungen werden auf den Bereich P bezogen. So gehört z. B. 2 zur K. der geraden Zahlen (und fällt unter den Begriff des Geraden in Bezug auf den Zahlbereich); diese K. ist definiert durch $\in_x 2|x$ (K. der durch 2 teilbaren Zahlen) oder durch $\in_x \bigvee_y (y + y = x)$ (K. der Zahlen, die sich als Summe zweier gleicher Zahlen darstellen lassen), weil $\in_x 2|x = \in_x \bigvee_y (y + y = x)$ wegen $\bigwedge_x (2|x \leftrightarrow \bigvee_y (y + y = x))$ gilt. Der Bereich der natürlichen Zahlen als Variabilitätsbereich der Objektvariablen ist hier als gegeben vorausgesetzt. Er wird durch einen Erzeugungsprozeß für Zahlen bereitgestellt, nämlich durch den ↑Strichkalkül K mit den Regeln $\Rightarrow |$ und $n \Rightarrow n|$ (wobei statt ›|‹ auch jedes andere Zeichen als Grundzeichen gewählt werden darf, d. i. eine Abstraktion bereits auf der Ebene des Kalküls!) (↑Arithmetik, konstruktive). Die unter Berücksichtigung dieser Ersetzbarkeit in K ableitbaren Figuren bilden den vom Prädikator ›natürliche Zahl‹ artikulierten Gegenstandsbereich der ersten Stufe, der als ein Gegenstand 2. Stufe durch K.nbildung im Bereich aller Figuren (Übergang zu einem anderen Variabilitätsbereich der Objektvariablen!) mit dem K.nterm ›$\in_x Kx$‹ (in Worten: K. der in K ableitbaren Figuren) ausgesondert wird.

Werden die Ausdrucksmittel für die Aussageformen über einem Gegenstandsbereich beschränkt, ist eine derart explizite Definition nicht für jede K. von Gegenständen aus diesem Bereich möglich. Z. B. ist bei Verzicht auf den Prädikator ›ableitbar‹ und damit auf die induktive Definition (↑Definition, induktive) von ›natürliche Zahl‹ eine explizite Definition von ›natürliche Zahl‹ nur unter Verwendung einer Aussageform möglich, in der die zu definierende K. bereits zum Variabilitätsbereich einer Variablen in der definierenden Aussageform gehört (↑imprädikativ/Imprädikativität), nämlich als

$$\in_x \bigwedge_z (| \in z \wedge \bigwedge_y (y \in z \rightarrow y| \in z) \rightarrow x \in z).$$

Die Ausdrücke ›$x \in y$‹ werden dann nicht mehr nur in solchen Kontexten verwendet, in denen rechts vom Epsilon ausschließlich *Klassenterme* der Form ›$\in_x A(x)$‹ erscheinen (*virtuelle* K.; die Elementbeziehung ist eliminierbar), sondern auch dort, wo rechts vom Epsilon grundsätzlich quantifizierbare *Klassenvariable* auftreten (*reale* K.; die Elementbeziehung ist nicht-eliminierbar, in einer axiomatischen Mengenlehre festzulegende Grundrelation). Es lassen sich auch K.n von höherer Stufe, also K.n von K.n von Gegenständen, usw., bilden, wobei die Gegenstände der untersten Stufe meist ›Individuen‹ heißen, z. B. im ↑Logizismus die natürlichen Zahlen als K.n gleichzahliger endlicher K.n. Die elementare Theorie der K.n einer gegebenen Stufe wird im ↑Klassenkalkül behandelt.

Literatur: A. A. Fraenkel/Y. Bar-Hillel/A. Levy with the Collaboration of D. van Dalen, Foundations of Set Theory, Amsterdam/London 1958, ²1973, 1984; K. Lorenz, Sprachphilosophie, in: H. P. Althaus/H. Henne/H. E. Wiegand (eds.), Lexikon der Germanistischen Linguistik, Tübingen ²1980, 1–28; P. Lorenzen, Einführung in die operative Logik und Mathematik, Berlin/Göttingen/Heidelberg 1955, Berlin/Heidelberg/New York ²1969; W. V. O. Quine, Set Theory and Its Logic, Cambridge Mass. 1963, 1980 (dt. Mengenlehre und ihre Logik, Braunschweig 1973, Frankfurt 1978). K. L.

Klasse (sozialwissenschaftlich) (engl. class, franz. classe), in den ↑Sozialwissenschaften Terminus, der zu Theorien der Strukturgesetzlichkeit und der gesetzlichen Strukturveränderung von Gesellschaften als Folge von *Klassenteilung* und *Klassengegensatz* führt. Bereits der lateinische Ausdruck ›classis‹ tritt in einem sozialen Sinne auf. So wurden in der römischen Militärverfassung nach dem Sturz der Könige die beiden Gruppen der Vollbewaffneten (*classis*) von den Leichtbewaffneten (*infra classem*) unterschieden, wobei die Einordnung der Bürger in die Truppengattungen auf der Grundlage von Vermögensschätzungen (*census*) erfolgte. In der so genannten Servianischen Reform Bezeichnung für politische Einheiten auf der Grundlage von Vermögensklassen, denen als Stimmkörper je eine Stimme zukam. Dabei bildeten die Proletarier als Vermögenslose, obwohl sie mehr als ein Drittel der Bevölkerung ausmachten, nur eine von 193 Zenturien und waren damit faktisch politisch stimmlos. Ein ähnliches Prinzip lag dem K.nwahlrecht des frühen europäischen Parlamentarismus zugrunde (in Preußen bis 1918 in Geltung).

Im 16. und 17. Jh. wurde bei der Wiederaufnahme des Ausdrucks ›K.‹ zunächst nur sein allgemeiner Systematisierungsaspekt in den Naturwissenschaften wiederbelebt. Zur Beschreibung und Kritik der häufig schon als Geburtszufall gekennzeichneten Stellung des Individuums in der Hierarchie des Herrschaftsverbands wurden aus feudalistischen Ordnungsvorstellungen stammende Rechtsbegriffe wie Stand (*estate, état*) und Ordnung (*order, ordre*) verwendet. Die Notwendigkeit, die auf Grund der zunehmenden Arbeitsteilung entstandene und mit den ständischen Ordnungsbegriffen nicht mehr faßbare Differenzierung der Gesellschaft auszudrücken, führte dazu, daß ›K.‹ zur Charakterisierung berufsspezifischer Gruppen im Hinblick auf Bildungsstand, gesellschaftliches Ansehen und Lohnniveau allmählich neben die traditionellen Bezeichnungen trat (so bei A. Ferguson, An Essay on the History of Civil Society, London/Edinburgh 1767 [repr. Hildesheim 2000], und A. Smith, An Inquiry into the Nature and the Causes of the Wealth of Nations, I–II, London 1776, Oxford 2008). Obwohl in klassifikatorischem Sinne verwendet, erhält die Bezeichnung ›K.‹ durch die mit ihr ausgedrückten sozialen Unterschiede früh ein polemisches Moment, das die allmähliche Ausbildung des konflikttheoretischen K.nbegriffs fördert. F. Quesnay benutzt, immer noch weitgehend beschreibend und ordnend, die Ausdrücke ›classe productive‹ für die Landbebauer, ›classe de propriétaires‹ für die Grundeigentümer und ›classe stérile‹ für die Handwerker, Manufakturisten und Kaufleute zur Darstellung des Kreislaufsystems der Volkswirtschaft (Tableau economique, Versailles 1758).

Die Diskussion der physiokratischen Theorie (↑Physiokratie), die von Smith vorgenommene, die einseitige Betonung der Landwirtschaft für die Wertschaffung kritisierende Neubestimmung von produktiver und unproduktiver Arbeit sowie die Untersuchung der historischen Genese der K.nbildung und deren fortschreitender Differenzierung durch A. R. J. Turgot tragen dazu bei, daß im Sprachgebrauch der vorrevolutionären Zeit der ›3. Stand‹ (Bürgertum) als ›produktive K.‹ bezeichnet wird. E. J. Sieyès (Qu'est-ce que le tiers état?, Paris 1789, 1988) sieht die gesamte Nation im 3. Stand verkörpert, den er in die vier von ihm als nützlich charakterisierten K.n der Landbebauer, der Handwerker, der Händler und Kaufleute sowie der Dienstleistungs- und freien Berufe einteilt (die beiden anderen Stände, Klerus und Adel, werden als ›classe inutile‹ bezeichnet). Daß sich innerhalb des 3. Standes aus den wirtschaftlichen Gegensätzen politische Gegensätze entwickeln könnten, wird in der ersten Phase der französischen Revolution, deren politische Forderungen auf Durchsetzung der politischen Beteiligungsrechte des Besitzbürgertums in der Legislative mit einem an Steuerleistung geknüpften aktiven Wahlrecht gerichtet sind, zu keinem zentralen Thema. Für C.-H. de Saint-Simon determiniert die zunehmende Industrialisierung den gesellschaftlichen Wandel; aus sozialem Nutzen wie aus zahlenmäßiger Überlegenheit wird der Herrschaftsanspruch der industriellen K. in Gesellschaft und Staat abgeleitet. Den historischen ↑Antagonismus zwischen der herrschenden K. und der beherrschten K. hält Saint-Simon für prinzipiell aufhebbar. Gegenüber der von ihm und seinem Schüler A. Comte vertretenen Harmonietheorie, die erstmals ein subjektives K.nbewußtsein thematisiert, läßt das Auftreten des Industrieproletariats und der sozialen Frage den Antagonismus der K.n in der bürgerlichen Gesellschaft schärfer hervortreten. In den aufkommenden kommunistischen Bewegungen (↑Kommunismus) werden die ersten politischen K.nkampftheorien entwickelt. G. W. F. Hegels vor allem in den »Grundlinien der Philosophie des Rechts« (Berlin 1821) entwickelten Einsicht in die selbstzerstörerische Dynamik der sich über das Privateigentum konstituierenden bürgerlichen Gesellschaft (↑Gesellschaft, bürgerliche) folgend, betrachtet L. v. Stein das individuelle, egoistische (↑Egoismus) ↑Interesse als das Prinzip der Gesellschaft und die Existenz einer herrschenden und einer abhängigen K. als deren allgemeinstes und unabänderliches Verhältnis. Wiederum Hegel folgend, bestimmt Stein den ↑Staat als die zur persönlichen Einheit erhobene Gemeinschaft des Willens aller einzelnen, die sich frei wollen. Dieses Prinzip des Staates steht mit dem Prinzip der ↑Gesellschaft, der Unterwerfung der einzelnen unter die anderen einzelnen, in direktem Widerspruch. Im empirischen Staat versucht die herrschende K., sich des Staates zu bemächtigen und ihn zu ihrem Instrument zu machen. Die K.nherrschaft zwingt die unterdrückte K. zu Revolten, die wirkungslos bleiben, solange die soziale Macht nicht bei ihr liegt, oder zu Revolutionen (↑Revolution (sozial)) gegen die Verfassung, die ihrerseits nur die Herrschaft einer neuen, sozial mächtigen K. begründen können. Die Machtlosigkeit der Staatsidee gegenüber dem Antagonismus der beiden großen K.n der Gesellschaft, die Stein durch den Besitz des erwerbenden Kapitals einerseits und die kapitallose Arbeit andererseits bestimmt, kann aus der K.ngesellschaft heraus nicht aufgehoben werden. Stein versucht, den vitiösen Zirkel (↑circulus vitiosus) zu durchbrechen, indem er die Verwirklichung der Staatsidee auf ein soziales Königtum überträgt, dessen Aufgabe es ist, die K.ngegensätze durch soziale Reformen auszugleichen. Bei der Durchführung der Sozialpolitik spielt die öffentliche Verwaltung eine zentrale Rolle, deren beamtete Träger, weil sie durch staatliche Besoldung dem gesellschaftlichen Interessenkampf enthoben sind, als ›allgemeine K.‹ bezeichnet werden (L. v. Stein, Geschichte der sozialen Bewegung in Frankreich von 1789 bis auf unsere Tage, I–III, Leipzig 1850, I [Der Begriff der Gesellschaft und die soziale Geschichte der französischen Revolution bis zum Jahre 1830]).

Für K. Marx und seinen Versuch, die Bewegungsgesetze der bürgerlichen Gesellschaft im ↑Kapitalismus zu entdecken, ist der K.nbegriff so zentral, daß er dessen Explikation immer wieder zugunsten vertiefender historischer und logischer Analysen zurückstellt; das letzte (52.) Kapitel des 3. Bandes von »Das Kapital« mit der Überschrift ›Die K.n‹, das die Zusammenfassung bringen sollte, blieb unvollendet. So ist die Marxsche K.ntheorie nur aus einer Vielzahl über das Gesamtwerk verstreuter Anwendungsfälle des vorläufigen K.nbegriffs rekonstruierbar. Marx faßt ähnlich wie Stein den äußeren Gegensatz von ↑Eigentum und Eigentumslosigkeit an Produktionsmitteln als Gegensatz von Kapital und ↑Arbeit, mit der Folge der Anhäufung gesellschaftlich produzierten Reichtums in privater Hand. Die Verteilung des Reichtums in der Distributionssphäre folgt der Verteilung in der Produktionssphäre; die Stellung des Individuums in der Produktionssphäre bestimmt dessen gesellschaftliche Stellung in ihrer Gesamtheit, die *Klas-*

senlage (↑Eigentum). Die ökonomisch herrschende K. ist gleichzeitig auch die politisch herrschende K.; die herrschende materielle Macht ist gleichzeitig auch die in der Gesellschaft herrschende geistige Macht. Auf Grund ihrer gemeinsamen ökonomischen und sozialen Existenzbedingungen bilden die Lohnarbeiter eine von der das fungierende Kapital besitzenden K. der Bourgeoisie zu unterscheidende K. *an sich*. Um dieser als K. auch *für sich*, d.h. politisch, gegenüberzutreten, muß sie sich ihres K.ninteresses bewußt werden, sich organisieren. Entwicklung von *Klassenbewußtsein* ist für Marx Voraussetzung des erfolgreichen politischen K.nkampfes zur Beendigung der K.nherrschaft. Diese Entwicklung erfolgt im Zuge des sich zuspitzenden K.ngegensatzes in der vollen Entfaltung des Grundwiderspruchs zwischen Kapital und Arbeit. Der Zeitpunkt der revolutionären Überwindung des bürgerlichen K.nstaates ist für Marx nicht zufällig; vorausgesetzt ist die an ihr Ende gelangte Entwicklung der Produktivkräfte im Rahmen der Produktionsverhältnisse der alten Gesellschaft und somit die soziale Revolution als Vorbedingung der politischen Revolution.

Die Intention der Marxschen Theorie ist es, die ökonomischen Bewegungsgesetze der modernen Gesellschaft zu finden. Da der theoretische K.nbegriff die wirklichen Verhältnisse nur ›idealtypisch‹ (↑Idealtypus) darstellen will, ist es mit dieser die Bedingungen des gesellschaftlichen Strukturwandels erklärenden Theorie nicht unvereinbar, wenn auch terminologisch unsauber, daß Marx innerhalb der beiden reinen Hauptklassen seines Zwei-K.n-Modells die Existenz weiterer, von ihm als ›Mittel-‹ und ›Übergangsklassen‹ bezeichneter, K.n feststellt. Der Kampf der beiden ›großen‹ K.n folgt nicht, wie bei Stein, aus dem Prinzip der Gesellschaft, sondern ist, weil an bestimmte historische Entwicklungsphasen der Produktion gebunden, für Marx prinzipiell aufhebbar (Brief vom 5.3.1852 an J. Weydemeyer, MEW XXVIII, 508). Daher führt die vorübergehende Diktatur des Proletariats bei Marx auch nicht zu einer neuen K.nherrschaft, sondern über die Aufhebung des den K.ngegensatz hervorbringenden fungierenden Privateigentums an Produktionsmitteln definitorisch zur Aufhebung der antagonistischen K.n und zu einer in diesem Sinne klassenlosen Gesellschaft. – Die nicht-marxistische Gesellschaftstheorie setzte sich eingehend mit der Marxschen K.ntheorie auseinander. Gegen den ökonomischen Determinismus entwickeln insbes. V. Pareto und G. Mosca eine auf der Grundannahme der Ubiquität von K.nherrschaft in allen Gesellschaften beruhende soziologische Theorie des nicht-revolutionären gesellschaftlichen Wandels durch systeminterne Elitenzirkulation.

Je weniger die von Marx vorausgesehene materielle Verelendung der Arbeiterklasse eintrat, um so mehr mußten das dynamische Element des subjektiven K.nbewußt-

seins (↑Ideologie) und die Entstehung des revolutionären Subjekts zum Problem dieser K.ntheorie werden. Der orthodoxe ↑Marxismus entledigte sich dieses Problems dadurch, daß er die Avantgarde der in der Partei arbeitenden Berufsrevolutionäre zum Träger des politischen K.nbewußtseins machte und der Partei die Aufgabe übertrug, als organisierter Vortrupp die Interessen der ganzen, eines gewerkschaftlichen Bewußtseins fähigen Arbeiterklasse zu vertreten (W. I. Lenin, Staat und Revolution [russ. Moskau 1918], in: ders., Werke XXV, Berlin 1960, 393–507). – G. Lukács bestimmt das K.nbewußtsein der Arbeiterklasse als klassenmäßig bestimmte Unbewußtheit der eigenen ökonomischen Lage und damit das Fehlen des richtigen Bewußtseins der Arbeiterklasse als notwendigen gedanklichen Ausdruck der objektiv-ökonomischen Struktur (Geschichte und Klassenbewußtsein. Studien über marxistische Dialektik, Berlin 1923, 63, Darmstadt/Neuwied 1968, ²1983, 127). In der neomarxistischen Theorie (↑Neomarxismus) führt das Scheitern der Zusammenbruchstheorie zu dem Schluß, daß der nach wie vor gegebene K.ngegensatz angesichts der Anpassungsfähigkeit des kapitalistischen Systems keinen politischen K.nkampf mehr hervorbringe. Dies insbes. deshalb, weil die Steuerungskapazität des Herrschaftssystems über die Verteilung sozialer Entschädigungen vorwiegend zur Erhaltung von Systemloyalität eingesetzt werde.

M. Webers Bestimmung der K.nlage über eine formale Definition der K.n (Besitzklasse, Erwerbsklasse und soziale K. [Wirtschaft und Gesellschaft. Grundriss der verstehenden Soziologie, Tübingen ⁵1972, 2002, 177–180 (Erster Teil, Kap. IV Stände und K.n)]) als typische Chance der Güterversorgung, der äußeren Lebensstellung und des inneren Lebensschicksals regte die empirische ↑Soziologie zu einer die K.ngegensätze auflösenden, graduelle Unterschiede in Einkommen, Bildung, Sozialprestige, politischer Partizipation etc. untersuchenden Theorie der sozialen Schichtung (↑Sozialforschung, empirische) an. W. Sombart bestimmt die (moderne) K. in Abhebung vom (mittelalterlichen) Stand wie folgt: »War der Stand ein organisches Glied einer (*Volks*)*gemeinschaft*, so ist die K. ein mechanischer Bestandteil einer *Gesellschaft*«; ›mechanisch‹ heißt hier, daß die K. »nicht auf natürliche Weise erwächst, sondern *künstlich gemacht* wird: (…) nicht das stillschweigende Zusammenleben in der natürlichen Gemeinschaft macht die K. aus, sondern die *bewußt geschaffene Überzeugung von der Zusammengehörigkeit*. Der Zusammenhalt wird also gleichsam von außen hineingetragen mittels eines überlegenen Bewußtseinsvorganges: die K. ist solange nicht da, als nicht die Gemeinsamkeit der Interessen den einzelnen Individuen zum Bewußtsein gebracht worden ist«, das so genannte ›K.nbewußtsein‹ (Der moderne Kapitalismus II, 1093). R. Dahrendorf unternimmt den

Versuch, die Marxsche K.ntheorie in eine allgemeine Theorie des sozialen ↑Konflikts umzuwandeln, indem er den K.nbegriff nicht mehr über den eng interpretierten Begriff des fungierenden Privateigentums und damit über den K.nkonflikt als spezifisches Merkmal einer auf der Verbindung von Eigentum und Kontrolle beruhenden historischen Produktionsform, sondern über einen weiter gefaßten Herrschaftsbegriff (↑Herrschaft) konstituiert und damit die K.nstruktur der modernen Gesellschaft an der Autoritätsstruktur des industriellen Betriebes festmacht (Soziale K.n und K.nkonflikt in der industriellen Gesellschaft, 19–25). Nach dieser Theorie sind Kapitalismus und Sozialismus nicht mehr gegensätzliche Gesellschaftsformationen im Sinne der historisch-logischen Theorie der Bewegungsgesetze des Kapitals, sondern Unterfälle des Typs der bürokratisch-industriellen Gesellschaft. H. Schelsky stellt für die nationalsozialistische Ära und die frühe Bundesrepublik eine Nivellierung des sozialen Status in der westdeutschen Bevölkerung fest und betont, »daß das K.nbewußtsein dieser Nivellierung (…) nicht ohne weiteres folgt, sondern ein stärkeres Beharrungsvermögen besitzt. Deshalb ist es z.B. möglich, durch Befragungen, die auf das soziale Selbstbewußtsein und auf Meinungsstereotypen zielen, einen dauerhafteren Bestand der K.nstrukturen aufzuweisen als durch ökonomische, industrie- und arbeitswissenschaftliche usw. Realanalysen« (Die Bedeutung des Klassenbegriffes, 1965, 355). Da jedoch auch das von der K.nwirklichkeit abweichende K.nbewußtsein eine soziale Realität sei, die das Verhalten der Menschen bestimme, müsse es durch andere soziologische Theorien erklärt werden als durch eine K.ntheorie (a.a.O., 362). Schelsky konstatiert neben der Ideologisierung der K. und des K.nkampfes auch das gegenläufige Bestreben einer »Ideologisierung der Klassenlosigkeit« von »egalitär-demokratischen Normvorstellungen« aus, die soziale Konflikte und etwaige Restbestände realer K.ngegensätze ausblendet (a.a.O., 374).

Literatur: R. Bendix/S. M. Lipset (eds.), Class, Status and Power. A Reader in Social Stratification, London 1954, mit Untertitel: Social Stratification in Comparative Perspective, New York/London ²1966; B. Berberoglu, Class Structure and Social Transformation, Westport Conn./London 1994; K. v. Beyme, K.n, K.nkampf, in: C. D. Kernig (ed.), Sowjetsystem und demokratische Gesellschaft. Eine vergleichende Enzyklopädie III, Freiburg/Basel/Wien 1969, 633–669; T. B. Bottomore, Classes in Modern Society, London 1955, 1966 (dt. Die sozialen K.n in der modernen Gesellschaft, München 1967, 1991); R. Crompton, Class and Stratification, Cambridge Mass./Oxford 1993, bes. 21–48 (Chap. II Class Analysis. The Classical Inheritance and Its Development); R. Dahrendorf, Soziale K.n und K.nkonflikt in der industriellen Gesellschaft, Stuttgart 1957 (engl. [erw.] Class and Class Conflict in Industrial Society, London, Stanford Calif. 1959, Stanford Calif. 1990; franz. Classe et conflits de classes dans la société industrielle, Paris 1972); T. Geiger, Die K.ngesellschaft im Schmelztiegel, Köln 1949; G. Gurvitch, Le concept des classes

sociales de Marx à nos jours, Paris 1954; R. Herrnstadt, Die Entdeckung der K.n. Die Geschichte des Begriffs K. von den Anfängen bis zum Vorabend der Pariser Julirevolution 1830, Berlin 1965, 1975; C. J. Katz, From Feudalism to Capitalism. Marxian Theories of Class Struggle and Social Change, New York/Westport Conn./London 1989; M. Mauke, Die K.ntheorie von Marx und Engels, ed. K. Heymann/K. Meschkat (Nachwort)/J. Werth, Frankfurt 1970; K. Marx, Das Manifest der kommunistischen Partei, MEW IV, 459–493; ders., Der achtzehnte Brumaire des Louis Bonaparte, MEW VIII, 111–207; ders., Kritik des Gothaer Programms. Randglossen zum Programm der deutschen Arbeiterpartei, MEW XIX, 11–32; A. Milner, Class, London/Oakland Calif./New Delhi 1999, bes. 15–107 (Chap. II Marxist Theories of Class, III Sociological Theories of Class); G. Mosca, Elementi di scienza politica, Rom 1896, Bari ⁴1947 (dt. Die herrschende K.. Grundlagen der politischen Wissenschaft, Einl. B. Croce, Bern 1950; engl. The Ruling Class, New York 1939); V. Pareto, Trattato di sociologia generale, I–II, Florenz 1916, in 4 Bdn., Mailand 1964, 1981 (dt. Allgemeine Soziologie, ed. C. Brinkmann, Tübingen 1955; engl. The Mind and Society, I–IV, London 1935, 1963, gekürzt unter dem Titel: Compendium of General Sociology, Minneapolis Minn. 1980); T. Parsons, Essays in Sociological Theory, Pure and Applied, Glencoe Ill. 1949, ²1954, New York/London 1980 (dt. Beiträge zur soziologischen Theorie, Darmstadt/Neuwied 1964, ³1973); J. Ritsert, Soziale K.n, Münster 1998; C.-H. de Saint-Simon, Du système industriel, I–III, Paris 1821–1822 (repr. Düsseldorf 1998); H. Schelsky, Die Bedeutung des Schichtungsbegriffes für die Analyse der gegenwärtigen deutschen Gesellschaft, in: Transactions of the Second World Congress of Sociology II, London 1954, 358–363, Nachdr. in: ders., Auf der Suche nach Wirklichkeit. Gesammelte Aufsätze, Düsseldorf/Köln 1965, München 1979, 331–336; ders., Die Bedeutung des Klassenbegriffes für die Analyse unserer Gesellschaft, Jb. Sozialwiss. 12 (1961), 237–269, Nachdr. in: ders., Auf der Suche nach Wirklichkeit [s.o.], 352–388; G. Schmoller, Die soziale Frage. K.nbildung, Arbeiterfrage, K.nkampf, ed. L. Schmoller, München 1918; J. A. Schumpeter, Die sozialen K.n im ethnisch homogenen Milieu, Arch. Sozialwiss. u. Sozialpol. 57 (1927), 1–67, Neudr. in: ders., Aufsätze zur Soziologie, Tübingen 1953, 147–213; W. Sombart, Der moderne Kapitalismus. Historisch-systematische Darstellung des gesamteuropäischen Wirtschaftslebens von seinen Anfängen bis zur Gegenwart, I–III, München/Leipzig 1902–1927, München 1987; ders., Die Idee des K.nkampfes. mit anschließender Aussprache, in: Theorie des K.nkampfs, Handelspolitik, Währungsfrage. Verhandlungen des Vereins für Socialpolitik in Stuttgart 1924, München/Leipzig 1925 (Schriften d. Vereins f. Socialpolitik 170), 9–86.   H. R. G.

Klasse, leere (engl. null class), ↑Menge, leere.

Klasseneinteilung (engl. partition [of a set]), auch Zerlegung oder Partition, elementarer mathematischer Terminus. Eine ↑Menge $\mathfrak{M}$ von Teilmengen einer Menge M heißt eine K. von M, wenn (1) $\mathfrak{M}$ nicht die leere Menge (↑Menge, leere) enthält (d.h. $\emptyset \notin \mathfrak{M}$), (2) die Mengen aus $\mathfrak{M}$ paarweise disjunkt (↑Disjunktion) sind (d.h. $\bigwedge_{A,B\in\mathfrak{M}}(A \neq B \to A \cap B = \emptyset)$) und (3) die Vereinigung (↑Vereinigung (mengentheoretisch)) aller Mengen aus $\mathfrak{M}$ gerade M ist (d.h. $\bigcup \mathfrak{M} = M$). Für Logik und Mathematik wichtig ist die eineindeutige (↑eindeutig/Eindeutigkeit) Beziehung zwischen K.en einer Menge M und ↑Äquivalenzrelationen auf M. Jede K. $\mathfrak{M}$ von M bestimmt eine Äquivalenzrelation $\sim_{\mathfrak{M}}$ auf M, definiert durch

$$x \sim_{\mathfrak{M}} y \; \Leftrightarrow \; \bigvee_{A \in \mathfrak{M}} (x \in A \wedge y \in A).$$

Umgekehrt ist die Menge der Äquivalenzklassen einer gegebenen Äquivalenzrelation $\sim$ auf M, d. h. die Menge $\{ A \mid \bigvee_{x \in M} \bigwedge_{y \in M} (y \in A \leftrightarrow x \sim y) \}$, eine K. von M. P. S.

Klassenkalkül, Hilfsmittel zur Darstellung der elementaren Theorie der Klassen einer gegebenen Stufe (↑Klasse (logisch), ↑Klassenlogik). Der K. geht auf G. Boole zurück und ist bis auf die Bezeichnungsweise mit dem Kalkül der einstelligen ↑Prädikatenlogik, also der ↑Quantorenlogik unter Verwendung bloß einstelliger ↑Aussageformen, gleichwertig. Daher kann die ↑Syllogistik innerhalb des K.s behandelt werden. Seiner algebraischen Struktur nach stellt der K. einen ↑Booleschen Verband dar, wobei $\curlyvee$ (↑verum) dem Einselement, der Allklasse, also dem gesamten zu den Objektvariablen gehörenden Gegenstandsbereich (engl. auch: ↑universe of discourse), und $\curlywedge$ (↑falsum) dem Nullelement, der leeren Klasse $\emptyset$, entspricht. Entsprechendes gilt für den ↑Relationenkalkül (↑Relationenlogik). Beide lassen sich als Teile in die Formalismen der allgemeinen ↑Mengenlehre einbetten.

Zu den wichtigsten Begriffsbildungen zählen die ↑Inklusion $\alpha \subseteq \beta$ (α ist *Teilklasse* von β), definiert durch $\bigwedge_x (A(x) \to B(x))$, wenn gilt: $\alpha = \in_x A(x)$ und $\beta = \in_x B(x)$, sowie die Klassenverknüpfungen *Vereinigung* (↑Vereinigung (mengentheoretisch)) $\alpha \cup \beta$, ↑*Durchschnitt* $\alpha \cap \beta$, ↑*Komplement* $\bar\alpha$ und *Differenz* oder relatives Komplement $\alpha \backslash \beta$ (auch: $\alpha \vdash \beta$ oder $\alpha - \beta$), definiert durch $\in_x (x \in \alpha \wedge x \notin \beta)$ (Klasse der Gegenstände x, die Elemente von α, aber nicht Elemente von β sind). Man nennt zwei Klassen α und β *disjunkt* (↑Disjunktion), wenn ihr Durchschnitt leer ist, also $\alpha \cap \beta = \emptyset$ gilt. Der Syllogismus ↑Darii $A i B$, $B a C \prec A i C$ (es sei $\gamma = \in_x C(x)$) läßt sich jetzt z. B. im K. als Implikation

$$\alpha \cap \beta \neq \emptyset \;\wedge\; \beta \subseteq \gamma \;\prec\; \alpha \cap \gamma \neq \emptyset \quad \text{oder auch}$$
$$\alpha \nsubseteq \bar\beta \;\wedge\; \beta \subseteq \gamma \;\prec\; \alpha \nsubseteq \bar\gamma$$

(sind α und β nicht disjunkt, bzw. ist α nicht im Komplement von β enthalten, und ist β in γ enthalten, dann sind α und γ nicht disjunkt, bzw. α ist nicht im Komplement von γ enthalten) ausdrücken.

Steht für den K. noch die ↑Identität als Relation für die Elemente zur Verfügung, handelt es sich also um die auf einstellige Aussageformen eingeschränkte Quantorenlo-

gik mit Identität, so lassen sich im K. auch endliche (↑endlich/Endlichkeit (mathematisch)) Kardinalitäten (= ↑Anzahlen; ↑Kardinalzahl) ausdrücken. Dabei wird für α und eine natürliche Zahl n die Aussage $\alpha \in n$ (›α hat genau n Elemente‹ bzw. ›α ist eine Klasse der Kardinalzahl n‹, also n in der Sprache der Mengenlehre identifiziert mit der ›Klasse aller Klassen der Kardinalzahl n‹) definiert durch die Konjunktion der beiden Aussagen, daß α *mindestens* n Elemente hat:

$$\overset{\geq n}{\bigvee_x} A(x) \; \Leftrightarrow$$

$$\bigvee_{x_1, x_2, \ldots, x_n} [A(x_1) \wedge A(x_2) \wedge \ldots \wedge A(x_n) \wedge$$

$$x_1 \neq x_2 \wedge x_1 \neq x_3 \wedge \ldots \wedge x_1 \neq x_n \wedge x_2 \neq x_3 \wedge \ldots \wedge$$

$$x_2 \neq x_n \wedge \ldots \wedge x_{n-1} \neq x_n]$$

(in Worten: es gibt paarweise verschiedene Objekte x_1, ..., x_n, für die jeweils A gilt, d. h., die Elemente von α sind), und daß α *höchstens* n Elemente hat:

$$\overset{\leq n}{\bigvee_x} A(x) \; \Leftrightarrow$$

$$\bigwedge_{x_1, x_2, \ldots, x_{n+1}} [A(x_1) \wedge A(x_2) \wedge \ldots \wedge A(x_{n+1}) \to$$

$$x_1 = x_2 \vee x_1 = x_3 \vee \ldots \vee x_1 = x_{n+1} \vee x_2 = x_3 \vee \ldots \vee$$

$$x_2 = x_{n+1} \vee \ldots \vee x_n = x_{n+1}]$$

(in Worten: für Elemente von x_1, ..., x_{n+1} von α gilt stets, daß sie *nicht* alle paarweise verschieden sind; diese Aussage ist das Dual [↑dual/Dualität] von

$$\overset{\geq n+1}{\bigvee_x} \neg A(x) \;\succ\!\prec\; \neg \overset{\leq n}{\bigvee_x} \neg A(x),$$

in Worten: es gibt mindestens $n+1$ Objekte, die im Komplement von α sind). Dann kann man setzen:

$$\overset{n}{\bigvee_x} A(x) \; \Leftrightarrow \; \overset{\geq n}{\bigvee_x} A(x) \;\wedge\; \overset{\leq n}{\bigvee_x} A(x),$$

was besagt, daß α *genau* n Elemente hat. Beispielsweise ist die Einelementigkeit von α (d. h. daß α eine Einerklasse ist bzw. $\alpha \in 1$) gegeben durch

$$\overset{1}{\bigvee_x} A(x) \; \Leftrightarrow$$

$$\overset{1}{\bigvee_{x_1}} A(x_1) \;\wedge\; \bigwedge_{x_1, x_2} [A(x_1) \wedge A(x_2) \to x_1 = x_2]$$

(↑Kennzeichnung).

Die Eigenschaft von Klassen, endlich (oder unendlich) viele Elemente zu haben, ist hingegen im K. mit Identität nicht ausdrückbar und damit auch die Klasse *aller* natürlichen Zahlen im K. nicht definierbar. Unendlichkeit kann in der *mehrstelligen* Quantorenlogik mit Identität ausgedrückt werden; Endlichkeit ist erst mit noch stärkeren Mitteln formulierbar, etwa denen der allgemeinen Mengenlehre oder der allgemeinen Kalkültheorie (↑Kalkül, ↑Arithmetik).

Literatur: D. Hilbert/W. Ackermann, Grundzüge der theoretischen Logik, Berlin 1928, 34–42 (Kap. II Der Prädikaten- und K.), Berlin/Heidelberg/New York ⁶1972, 43–64 (Kap. II K.) (engl. Principles of Mathematical Logic, New York 1950 [repr. Providence R. I. 1999], 44–54 [Chap. II The Calculus of Classes. Monadic Predicate Calculus]); A. N. Prior, Formal Logic, Oxford 1955, ²1962, 1973; A. Tarski, O logice matematycznej i metodzie dedukcyjnej, Lemberg 1936 (dt. Einführung in die mathematische Logik, Wien 1937, unter dem Titel: Einführung in die mathematische Logik und in die Methodologie der Mathematik, Göttingen ⁵1977); M. Wolff, Abhandlung über die Prinzipien der Logik, Frankfurt 2004, 41–76. – Calculus of Classes, in: R. Feys/F. B. Fitch (eds.), Dictionary of Symbols of Mathematical Logic, Amsterdam 1969, ²1973, 90–99; WbL (1978), 252.   K. L.

Klassenlogik, Bezeichnung für die Logik einstelliger ↑Prädikatoren, in der diese extensional (↑extensional/ Extension) als Darstellungen von Klassen (↑Klasse (logisch)) aufgefaßt werden, im Unterschied zur ↑Begriffslogik, in der man sie als Darstellungen von ↑Begriffen (im Sinne der intensionalen [↑intensional/Intension] Bedeutung von Prädikatoren, ›Begriff‹ nicht synonym mit ›Prädikator‹) versteht, ferner im Unterschied zur Logik mehrstelliger Prädikatoren (↑Relationenlogik). Insbes. stellt die K. eine verbreitete Interpretation der traditionellen ↑Syllogistik dar, deren ↑Terme als Schemabuchstaben für einstellige Prädikatoren gedeutet werden können. Diese Auffassung liegt vielen diagrammatischen Darstellungen der Syllogistik (↑Diagramme, logische), z. B. den ↑Venn-Diagrammen, zugrunde.

In der modernen Logik versteht man unter ›K.‹ speziell die auf G. Boole zurückgehende elementare Klassenalgebra (↑Klassenkalkül), d. h. die Untersuchung der (auch verbandstheoretisch deutbaren [↑Boolescher Verband]) mengentheoretischen Operationen ›Vereinigung‹ (↑Vereinigung (mengentheoretisch)), ↑›Durchschnitt‹ und ↑›Komplement‹. Allgemeiner bezeichnet ›K.‹ die auf Abstraktions- oder Komprehensionsprinzip (↑Komprehension) und ↑Extensionalitätsaxiom aufbauenden Axiomensysteme für das Reden über Klassen, die vor allem für die logizistischen Grundlegungsversuche der Mathematik (↑Logizismus) wichtig sind und auch die Entwicklung der axiomatischen Mengenlehre (↑Mengenlehre, axiomatische) mitbestimmt haben.

Literatur: J. Czermak, Klasse, K., Hb. wiss.theoret. Begr. II (1980), 331–334; J.-M. Glubrecht/A. Oberschelp/G. Todt, K., Mannheim/Wien/Zürich 1983; F. v. Kutschera, Elementare Logik, Wien/New York 1967, 299–339 (Kap. V K.); ders., Der Satz vom ausgeschlossenen Dritten. Untersuchungen über die Grundlagen der Logik, Berlin/New York 1985, 167–227 (Kap. III K.); A. Oberschelp, Allgemeine Mengenlehre, Mannheim etc. 1994, 27–76 (Kap. I K.). – WbL (1978), 252; weitere Literatur: ↑Mengenlehre.   P. S.

Klassifikation (engl. classification, griech. διαίρεσις, lat. divisio; ältere deutsche Termini: Division, Einteilung), logischer und methodologischer Terminus, in den Einzelwissenschaften vielfach zur Bezeichnung gliedernder terminologischer Systeme (und der entsprechend gegliederten Gegenstandsbereiche) verwendet (↑Terminologie). Logisch gesehen stellt eine K. eine ↑Klasseneinteilung dar, d. h. die vollständige ↑Zerlegung einer nichtleeren Menge in paarweise disjunkte Teilmengen (Einteilungsglieder). ›K.‹ bezeichnet dabei sowohl die *Operation* der Zerlegung als auch ihr Resultat.

Eine K. erfolgt nach *K.sgesichtspunkten* (auch: *K.smerkmalen*): Sei P^K die Klasse eines ↑Prädikators P (↑extensional/Extension), d. h. die Menge derjenigen Individuen, denen P zugesprochen werden kann (z. B. die zu einem Zeitpunkt t auf der Erde lebenden Menschen); seien ferner Q_n ($n = 1, \ldots, m$) ein System zueinander konträrer (↑konträr/Kontrarität) Prädikatoren (z. B. $Q_1 \leftrightharpoons$ geboren in Amerika, $Q_2 \leftrightharpoons$ geboren in Asien, usw. für alle Kontinente), und für jedes Q_i gebe es wenigstens ein $x \in P^K$, für das gilt: $x \varepsilon P \wedge x \varepsilon Q_i$, dann lassen sich die so definierten Q_i als K.sgesichtspunkte bezeichnen. Die Menge $\mathfrak{P}_1 = \{Q_1^K, \ldots, Q_m^K\}$ aus den Klassen (↑Klasse, logisch) $Q_1^K, \ldots, Q_m^K$ der Prädikatoren $Q_1, \ldots, Q_m$ heißt eine K. von P^K, sofern $\mathfrak{P}_1$ die Eigenschaften einer Klasseneinteilung hat. $\mathfrak{P}_1$ wird auch ›Haupteinteilung‹ genannt. Für praktische Anwendungen ist es oft zweckmäßig zu verlangen, daß $\mathfrak{P}_1$ außer den Eigenschaften einer Klasseneinteilung mindestens zwei Einteilungsglieder besitzt. Für den Fall, daß $m = 2$ ist und für jedes $x \in P^K$ entweder $x \varepsilon Q_1$ oder $x \varepsilon Q_2$, spricht man von ↑Dichotomie, für den Fall $m = 3$ von ↑Trichotomie. Fährt man im K.sprozeß fort, d. h., klassifiziert man die Einteilungsglieder $Q_1^K, \ldots, Q_m^K$ von $\mathfrak{P}_1$ ihrerseits wieder (›K. der K.‹), dann erhält man ein neues K.ssystem, das aus der ursprünglichen K. $\mathfrak{P}_1$ sowie der K. der Q_i besteht: $\mathfrak{P}_2 = \langle \mathfrak{P}_1, \mathfrak{Q}_1, \ldots, \mathfrak{Q}_m \rangle$. Iteriert man dieses Verfahren, so erhält man zunehmend differenzierte K.ssysteme $\mathfrak{P}_l$. $\mathfrak{P}_l$ wird das ›l-te K.ssystem von P^K‹ genannt.

Das inhaltliche Grundproblem von K.en ist die Auswahl geeigneter K.sgesichtspunkte. Üblicherweise trifft man die Unterscheidung zwischen *natürlichen* und *künstlichen* K.en, je nachdem die K.sgesichtspunkte ›wesentlich‹ sind und ›in der Natur‹ des klassifizierten Gegenstandsbereichs liegen oder nicht. Für diese pragmatische Unterscheidung gibt es jedoch keine exakten Kriterien; sie bleibt daher zwangsläufig unscharf und läßt nur graduelle Unterscheidungen zu. Als leitenden Gesichtspunkt kann man die systematische Relevanz der K.smerkmale ansehen. Danach ist etwa die biologische K. der Menschen in männlich und weiblich ›natürlicher‹ als die nach einem Körpergewicht über bzw. unter 50 kg. – Entsprechende pragmatische Gesichtspunkte leiten die

Ordnung eines K.ssystems $\mathfrak{P}_1$, d.h. die Rangfolge der K.sgesichtspunkte.

Historisch haben K.en in der Philosophie und den Wissenschaften eine bedeutende Rolle gespielt, die sich heute vor allem im Bereich der Dokumentation, insbes. durch elektronische Rechenmaschinen, fortsetzt. Ein wichtiger Anwendungsbereich ist das Bibliothekswesen, wo z.B. die von J. Dewey (1876) vorgeschlagene (heute noch in den »Public Libraries« der USA verwendete) Dezimalklassifikation, vor allem in ihrer erweiterten Form (›universelle Dezimalklassifikation‹), Verwendung findet. – Spezielle Fälle von K. finden sich in der Platonischen ↑Dihairesis-Lehre, in der ↑arbor porphyriana und in allen ↑Begriffspyramiden. Auch die ↑Kategorien werden gelegentlich als K. aufgefaßt, jedoch ist dabei zu beachten, daß es sich hier nicht immer um K. im strikten Sinne handelt. Z.B. setzt die Aristotelische Kategorienlehre die Annahme der paarweisen Disjunktheit (↑Disjunktion) der Kategorien nicht voraus. – Besondere Bedeutung erlangte in der Geschichte der Philosophie und der Logik die klassifizierende Einteilung von ↑Gattungen in ↑Arten samt damit verbundenen Problemen wie dem der ↑Universalien oder dem der natürlichen Arten (engl. natural kinds, ↑Spezies). Traditionell erfolgten allerdings die Gattung-Art-Untersuchungen nicht extensional (↑extensional/Extension) mit Klassen, sondern intensional (↑intensional/Intension) mit Begriffen (und ihren ↑Merkmalen). Ferner haben K.en vor allem in Frühphasen der Entwicklung einzelner empirischer Wissenschaften als Orientierungen in den jeweiligen Gegenstandsbereichen eine wichtige Rolle gespielt. Historisch läßt sich oft eine Tendenz der Ablösung klassifikatorischer Begriffe durch komparative (↑komparativ/Komparativität) und zuletzt durch quantitative Begriffe konstatieren. Jedoch haben z.B. biologische K.en (↑Systematik) ihre Bedeutung behalten können. Die genauere Analyse von K.ssystemen erfolgt heute überwiegend mit den mengentheoretischen (↑Mengenlehre) Hilfsmitteln der Theorie der ↑Verbände (↑Taxonomie).

Die seit Platon und Aristoteles immer wieder vorgenommenen K.en der Wissenschaften haben, abgesehen von ihren ordnend-gliedernden Gesichtspunkten, stets eine systematische Relevanz, da in den sie leitenden K.sgesichtspunkten in der Regel philosophische und wissenschaftliche Grundentscheidungen zum Ausdruck kommen. Gelegentlich (z.B. G.W.F. Hegel) spricht man hier auch von ↑›Enzyklopädie‹ der Wissenschaften.

Literatur: R. Adamson u.a., Classification, in: J.M. Baldwin (ed.), Dictionary of Philosophy and Psychology I, Gloucester Mass. ²1925, 1960, 185–189; R. Bryant, Discovery and Decision. Exploring the Metaphysics and Epistemology of Scientific Classification, London/Madison Wisc. 2000; I. Dahlberg, Grundlagen universaler Wissensordnung. Probleme und Möglichkeiten eines universalen K.ssystems des Wissens, München 1974; A. Diemer (ed.), System und K. in Wissenschaft und Dokumentation. Vorträge und Diskussionen im April 1967 in Düsseldorf, Meisenheim 1968; G.J.W. Dorn, K., Hb. wiss.theoret. Begr. II (1980), 334–336; J. Dupré, The Disorder of Things. Metaphysical Foundations of the Disunity of Science, Cambridge Mass./London 1993, Nachdr. 1996; G. Engelien, Der Begriff der K., Hamburg 1971; H. Feger, Classification. Conceptions in the Social Sciences, IESBS III (2001), 1966–1973; F. Fiedler, K. der Wissenschaften, in: H.J. Sandkühler (ed.), Europäische Enzyklopädie zu Philosophie und Wissenschaften II, Hamburg 1990, 812–815; M.T. Ghiselin/O. Breidbach, The Search for the Basis of Natural Classification, Monist 90 (2007), 483–498; C.G. Hempel, Fundamentals of Concept Formation in Empirical Science, Chicago Ill./London, Toronto 1952, 1972, 50–58; M.A. Hight, Classification of Arts and Sciences, Early Modern, NDHI I (2005), 365–369; E. Hirsch, Dividing Reality, New York/Oxford 1993; B.M. Kedrov, Klassifikacija nauk, I–III, Moskau 1961–1985 (dt. Klassifizierung der Wissenschaften, I–II, Köln 1975/1976; franz. La classification des sciences, I–II, Moskau 1977/1980); R. Lay, Grundzüge einer komplexen Wissenschaftstheorie II (Wissenschaftsmethodik und spezielle Wissenschaftstheorie), Frankfurt 1973, 435–464; E. Oeser, System, K., Evolution. Historische Analyse und Rekonstruktion der wissenschaftstheoretischen Grundlagen der Biologie, Wien/Stuttgart 1974, ²1996; P. Oppenheim, Die natürliche Ordnung der Wissenschaften. Grundgesetze der vergleichenden Wissenschaftslehre. Mit 25 Abbildungen im Text, Jena 1926; R. Rochhausen (ed.), Die K. der Wissenschaften als philosophisches Problem, Berlin 1968; P. Speziali, Classification of the Sciences, DHI I (1973), 462–467; P. Tillich, Das System der Wissenschaften nach Gegenständen und Methoden. Ein Entwurf, Göttingen 1923 (engl. The System of the Sciences According to Objects and Methods, Lewisburg Pa. 1981); L. Tondl, What Is the Thematic Structure of Science?, J. for General Philos. Sci. 29 (1998), 245–264; G. Tonelli, The Problem of the Classification of the Sciences in Kant's Time, Riv. crit. stor. filos. 30 (1975), 243–294; J.G. Walch, Division, in: ders., Philosophisches Lexicon. Mit einer kurzen kritischen Geschichte der Philosophie von J.C. Hennings I, Leipzig ⁴1775 (repr. Hildesheim 1968), 755–765. G.W.

Klassifikator, ein der ↑*Klassifikation,* also der Einteilung bereits vorliegender Gegenstandsbereiche, dienender ↑Prädikator (↑Prädikation). In der traditionellen Logik (↑Logik, traditionelle) artikuliert ein K. die durch Hinzutreten der ↑*differentia specifica* aus dem ↑*genus proximum,* dem vorliegenden Gegenstandsbereich (↑Objektbereich) als ↑Gattung, ausgegliederte *species,* d.i. eine ↑Art oder Klasse (↑Klasse (logisch)), z.B. die (Art/Klasse der) Menschen aus den (der Art/Klasse der) Lebewesen durch ↑Spezialisierung mit Hilfe des ↑Merkmals ↑›vernünftig‹. Da jeder K. ›Q‹ auf einem Bereich P – der Gegenstandsbereich P muß dazu als Bereich von ↑Individuen, d.h. mit der Unterscheidbarkeit gleicher von verschiedenen P, zur Verfügung stehen – auch als Modifikation von P, also durch ›MP‹ mit einem grammatisch als ↑Operator auftretenden ↑Modifikator (engl. modifier) ›M‹, eben dem die differentia specifica darstellenden Ausdruck, verstanden werden kann, gilt oft auch ›M‹ schon als ein K., weil er den ›Gesichtspunkt‹

angibt, unter dem der Bereich P feiner zerlegt wird. Man muß allerdings beachten, daß dann ›M‹ ein apprädikativ verwendeter Prädikator ist (↑Apprädikator), der in eigenprädikativer Verwendung (↑Eigenprädikator) echte *Teile* (↑Teil und Ganzes) der Individuen des P-Bereichs artikuliert, während ›Q‹ ebenso wie ›MP‹ eigenprädikativ auf dem P-Bereich bleibt. Mit dem K. ›MP‹ auf dem P-Bereich wird dieser in $(MP-)$Beispiele und $(MP-)$Gegenbeispiele eingeteilt (↑Beispiel), und wird so mit ihm (und nicht etwa mit M!) eine Unterscheidung im Bereich der P-Objekte getroffen. Z.B. ist ›Laubbaum‹ ein K. auf dem Bereich der Bäume, wobei aber für ›M‹ trotz apprädikativer Verwendung (also eigentlich adjektivisch: ›laubtragend‹ oder ›belaubt‹) die sprachliche Gestalt eigenprädikativer Verwendung, als Substantiv ›Laub‹, beibehalten ist: ›Laub‹ artikuliert Teile von (individuellen) Bäumen. Im Beispiel des K.s ›Hartholz‹ auf dem Bereich aller Holzindividuen – ›Holz‹ ist ↑Kontinuativum, die Einheiten sind erst in der Verwendung von ›Holz‹ durch den ↑Kontext gegeben – artikuliert ›hart‹ in eigenprädikativer Verwendung nicht-dingliche (›sinnliche‹) Teile von Individuen eines Gegenstandsbereichs G, der die Holzindividuen und andere ↑Dinge als echten Teilbereich enthält. In traditioneller Sprechweise bleibt man bei apprädikativer Verwendung von ›hart‹ und sagt, daß ein G-Objekt die ↑Eigenschaft Hartsein (= hart zu sein) hat, wenn ›hart‹ dem G-Objekt zukommt (↑zukommen).

Die trotz der gegenwärtigen Tendenz in der philosophischen Logik, ›Eigenschaft‹ (lat. attributum, ↑Attribut) und ↑›Begriff‹ (lat. conceptus) nur noch so zu unterscheiden, daß Eigenschaften die einstelligen Begriffe im Unterschied zu den mehrstelligen Begriffen, den ↑Relationen, sein sollen, so daß beide Ausdrücke sich auf die intensionale ↑Bedeutung einstelliger bzw. ein- und mehrstelliger Prädikatoren beziehen, gleichwohl nicht beseitigte Differenz in der Verwendung von ›Eigenschaft‹ und ›Begriff‹, und zwar unabhängig davon, daß Eigenschaften stets einen Träger haben, man von einem Begriff hingegen auch dann reden kann, wenn es keine Gegenstände gibt, die unter ihn fallen – traditionell handelt es sich dabei um die Differenz zwischen einem *ontologischen* und einem *logischen* Verständnis von Prädikatoren –, läßt sich jetzt so aufklären, daß man sich mit ›Eigenschaft‹ auf einen Gegenstand logisch erster Stufe bezieht (im Beispiel den Bereich alles Harten, nicht etwa der harten Dinge), mit ›Begriff‹ hingegen auf einen Gegenstand logisch zweiter Stufe (im Beispiel einen durch intensionale [↑intensional/Intension] ↑Abstraktion aus dem apprädikativ verwendeten Prädikator ›hart‹ gewonnenen): Ein G-Objekt fällt unter den Begriff $|H|$, z.B. der Härte, genau dann, wenn das G-Objekt die Eigenschaft H, z.B. Hartsein, hat. Die terminologieabhängige Benutzung eines K.s (oder auch nur des ihn

charakterisierenden Modifikators) als Darstellung für einen Begriff darf mit der nur vom ↑Lehren und Lernen einer Handlung abhängigen Benutzung desselben K.s als Name einer Eigenschaft ebensowenig identifiziert werden wie S. Kripkes (1971) analog unterschiedene ›soft and rigid designators‹ miteinander.

Literatur: M. Ester/J. Sander, Knowledge Discovery in Databases. Techniken und Anwendungen, Berlin etc. 2000; D. Gerhardus/S. M. Kledzik/G. H. Reitzig, Schlüssiges Argumentieren. Logisch-propädeutisches Lehr- und Arbeitsbuch, Göttingen 1975; L. Kreiser, Gong-sun Long: ein weißes Pferd ist kein Pferd, in: W. Stelzner (ed.), Philosophie und Logik. Frege-Kolloquien Jena 1989/1991, Berlin/New York 1993, 229–242; S. Kripke, Identity and Necessity, in: M. K. Munitz (ed.), Identity and Individuation, New York 1971, 135–164; K. Lorenz, Sprachphilosophie, in: H. P. Althaus/H. Henne/H. E. Wiegand (eds.), Lexikon der Germanistischen Linguistik, Tübingen ²1980, 1–28; ders., Dialogischer Konstruktivismus, Berlin/New York 2009.   K. L.

klassisch/das Klassische, zwischen stärker und schwächer ↑normativer Bedeutung schwankender Begriff des Exemplarischen, Autoritativen (↑Autorität), Hochkulturellen (↑Kultur) – vgl. etwa ›k.e‹ bzw. ›ernste Musik‹ – oder auch bloß Typischen (↑Typus). In stärker normativer Bedeutung ist das K. zwar ein geschichtlich Gewordenes, das sich aber über seine eigene Epoche hinaus in seinem Anspruch nicht erschöpft und das somit *mutatis mutandis* als ein bleibend Maßgebliches Anerkennung findet.

Zunächst bedeutet der lat. Ausdruck ›classicus‹ die Zugehörigkeit zur höchsten römischen Steuerklasse (classis prima). In den »Academica« (II, 73) verwendet M. T. Cicero ›classis‹ allerdings in metaphorischem (↑Metapher) Sinne, wenn er von gewissen Philosophen sagt, sie seien im Vergleich mit Demokrit nur solche der fünften, also der niedrigsten, Klasse (Academica, ed. J. S. Reid, London 1885, 261). Im einzigen antiken Beispiel einer ähnlichen Verwendung von ›classicus‹ fordert Fronto in den »Noctes Atticae« des Aulus Gellius (XIX, viii, 15) seine Schüler dazu auf, bei solchen älteren Rednern und Dichtern nach sprachlichen Irregularitäten zu suchen, die der höchsten Steuerklasse angehörten (A. Gellii Noctes Atticae, ed. P. K. Marshall, Oxford 1968, 572). Nach dem Vorbild jener Metapher oder dieser impliziten Parallelisierung von hohem sozialem mit hohem sprachlichem Niveau verliert das Wort im humanistischen (↑Humanismus) Latein zu Beginn des 16. Jhs. seine ursprüngliche Bedeutung ganz: Hinsichtlich wechselnder Kriterien – und sei es nur, daß die betreffenden Autoren in den Schulklassen (in classis) gelesen werden – bezeichnet ›classicus‹ fortan die exemplarischen, kanonischen (↑Kanon) Texte. Seit Mitte des 16. Jhs. in Frankreich (T. Sébillet), doch erst 200 Jahre später in Deutschland (J. C. Gottsched), kommt der Ausdruck auch bezüglich der sich emanzipierenden und also ihrerseits kanonisierenden volkssprachlichen Literaturen in Gebrauch. Innerhalb dieser treten dann im Ausgang von antiken rhetorischen (↑Rhetorik) Unterscheidungen wie der zwischen der Nachahmung (imitatio) des Vorbildes und dem auf dieser aufbauenden Wetteifer mit ihm (aemulatio) Auseinandersetzungen auf wie jene zwischen ›alten‹ (›anciens‹), eng an k.er antiker Dichtung, ↑Poetik und Rhetorik orientierten, und ›modernen‹ Autoren. Dieser Streit des späten, auch ›siècle classique‹ genannten, 17. Jhs. in Frankreich wirkt im Deutschland des 18. Jhs. in der Rezeption von Gottscheds Lehren fort, denen die großen antiken Dichter wie auch die franz. ›anciens‹ für k., d. h. als nachzuahmende Vorbilder, gelten. Der einflußreiche Neuhumanismus eines J. J. Winckelmann bringt das darin implizite Paradoxon so auf den Punkt, für ihn und seine Zeitgenossen sei die Nachahmung der Alten der einzige Weg, um »groß, ja, wenn es möglich ist, unnachahmlich zu werden« (Gedanken über die Nachahmung der griechischen Werke in der Malerei und Bildhauerkunst [²1756], in: Werke in einem Bd., ed. H. Holtzhauer, Berlin/Weimar 1969, 1–37, hier 2). ›Moderne‹ Autoren halten dem etwa entgegen, daß die bloße Nachahmung des schöpferischen K.n, weil sie unter anderen Bedingungen als dieses stehe, selbst nicht schöpferisch sein könne. In der ersten Hälfte des 19. Jhs. wird für bloße Nachahmung der Antike die Bezeichnung ›Klassizismus‹ eingeführt (erstmals bei G. Berchet), die in nationalen Instrumentalisierungen einmal als negativer Gegensatz zum Schöpferischen, folglich gegenüber dem antiken Vorbild Eigenständigen (des ›K.n‹, der ›Klassiker‹, später auch: der ›Klassik‹), gebraucht, ein andermal zum positiven Gegensatz des per se romantischen (↑Romantik), ›dekadenten‹ deutschen Geistes umgedeutet wird (C. Maurras). Da der Ausdruck ›Klassizismus‹ aber – etwa als Epochenbezeichnung – vielerorts auch ohne wertende Intention Verwendung findet, schwankt er gleichermaßen zwischen stärker und schwächer normativer Bedeutung wie der Begriff des K.n überhaupt.

Während der deutsche Neuhumanismus die geschichtliche Konkretion des K.n einschränkt, insbes. auf das attische 5. und 4. Jh. oder auf das Rom der späten Republik, und dergestalt das so genannte k.e Altertum zur Einheit stilisiert, erweitert er den Begriff des K.n zugleich, indem er literarische wie sonstige Zeugnisse des k.en Altertums als solche des k.en Menschentums interpretiert (J. G. Sulzer, J. W. v. Goethe, F. Schiller, W. v. Humboldt, F. Hölderlin, F. v. Schlegel). War bereits die Rede von ›kanonischen‹ Texten eine metaphorische Erweiterung des Begriffs vom skulptural Maßgeblichen auf das Textuelle, so erweitert der Begriff des K.n sich seinerseits zum allgemein ästhetischen (↑ästhetisch/Ästhetik) und, darüber noch hinaus, vor allem zum geschichtsphilosophischen (↑Geschichtsphilosophie).

Wenn Goethe 1829 das K. als das Gesunde dem Romantischen als dem Kranken gegenüberstellt (Maximen und Reflexionen, in: Sämtl. Werke nach Epochen seines Schaffens. Münchner Ausg. XVII, ed. G.-L. Fink/G. Baumann/J. John, München/Wien 1991, 715–953, hier 893 [§ 1031]) und mit jenem Ausgeglichenheit, mit diesem Auseinanderstreben der Gegensätze meint, so umreißt er das K. genau in jenem Sinne als historischen Entwicklungsbegriff, in dem man Goethe selbst mit Schiller später als die Hauptvertreter einer ›Weimarer Klassik‹ situieren sollte. Bestimmte G. W. F. Hegel parallel zu M. Luthers Aussage über den kanonischen Text schlechthin, die Bibel, sie sei »sui ipsius interpres« (Assertio omnium articulorum M. Lutheri per Bullam Leonis X. novissimam damnatorum [1520], in: Werke. Krit. Gesammtausg. VII, Weimar 1897, 94–151, hier 97) das K. als »das *sich selbst Bedeutende* und damit auch *sich selber Deutende*« (Vorlesungen über die Ästhetik II, als: Werke XIV, ed. E. Moldenhauer/K. M. Michel, Frankfurt 1970, 13), mithin das K. als das Kanonische schlechthin, so galt ihm doch zugleich die k.e Kunstform nur als Phänomen des Übergangs zwischen der symbolischen und der romantischen. Überwiegt die äußere Gestalt in jener über die innere Bedeutung, die ihrerseits, je mehr der Geist sich selbst erkennt, das Übergewicht erlangen muß, so besteht die k.e in dem notwendigerweise ephemeren Gleichgewicht des Gegensatzes. Darin entspricht der Hegelschen Deutung nach die Kunst des k.en Altertums dessen Menschentum als einer »glücklichen Mitte der selbstbewußten subjektiven Freiheit und der sittlichen Substanz« (a. a. O., 25). – Diese Konzeption des K.n ist nicht allein von der Antike oder von der Hegelschen Geschichtsphilosophie abgelöst und auf die ›Weimarer Klassik‹ übertragen worden, vielmehr steht der Begriff des K.n überhaupt, wo immer dieses auch konkret verortet wird, historisch oft für eine Blüte- oder Reifezeit (ἀκμή), der es gelingt, die aus ihrer Vorgeschichte überlieferten Gegensätze in unübertrefflicher Weise auszugleichen, so daß diese in der Folge wieder auseinanderstreben müssen und die Nachgeborenen dazu bestimmen, einerseits das K. als unumgängliches Vorbild zu haben, andererseits nur seine Selbstauflösung mitvollziehen zu können.

Selbst wo derartige historische Entwicklungsmodelle zweifelhaft geworden sind, gleichwohl manches Überlieferte als überragend und als unumgänglich, folglich als kanonisch anerkannt wird, kann ein solches K.s ein unzeitgemäßes, zeitkritisches Potential bewahren. Insofern kann auch der junge F. Nietzsche, wenn die k.e, d. h. die Altphilologie, »aus der Reihe von Alterthümern heraus das sogenannte ›k.e‹ Alterthum aufstellt, mit dem Anspruche und der Absicht, eine verschüttete ideale Welt heraus zu graben und der Gegenwart den Spiegel des K.n und Ewigmustergültigen entgegen zu halten«, trotz des

Zweifels am Realitätsgehalt solcher Idealisierungen darin gleichwohl ein »auf aesthetischem und ethischem Boden imperativisches Element« bejahen (Homer und die k.e Philologie. Ein Vortrag [1869], in: Werke. Krit. Gesamtausg., II/1, 247–269, hier 249–250).

H.-G. Gadamer kann wiederum von Hegels Argumentation, die Welt und Sprache der Alten seien einerseits fern und fremd genug für uns, um die notwendige Scheidung unser von uns selbst zu bewirken, enthalte aber andererseits auch »alle Anfangspunkte und Fäden der Rückkehr zu sich selbst [...] nach dem wahrhaften allgemeinen Wesen des Geistes« (G. W. F. Hegel, Rede vom 29. September 1809, in: Ges. Werke X, ed. K. Grotsch, Hamburg 2006, 455–465, hier 462), den Grundgedanken ablösen und übernehmen: »Im Fremden das Eigene zu erkennen, in ihm heimisch zu werden, ist die Grundbewegung des Geistes, dessen Sein nur Rückkehr zu sich selbst aus dem Anderssein ist« (Wahrheit und Methode. Grundzüge einer philosophischen Hermeneutik [1960], als: Ges. Werke I, Tübingen ⁵1986, 19–20). Die Kulturen der griechischen und römischen Antike aber sind von U. Hölscher als das ›nächste Fremde‹ bezeichnet worden, insofern »uns das Eigene dort in einer anderen Möglichkeit, ja überhaupt im Stande der Möglichkeiten begegnet« (Selbstgespräch über den Humanismus [1962, erw. 1964], in: ders., Das nächste Fremde [s. u., Lit.], 278). Dies sei das vorzüglich Bildende (↑Bildung) an ihnen, nicht aber ihre Klassizität oder ›Normalität‹ – während ihm mit Gadamer zu entgegnen wäre, eben dies sei doch in Wahrheit gar nichts anderes als ihre Klassizität.

Literatur: B. Allemann, K., Hist. Wb. Ph. IV (1976), 853–856; A. Assmann/J. Assmann (eds.), Kanon und Zensur (Beiträge zur Archäologie der literarischen Kommunikation II), München 1987, bes. 237–308 (IV Kanon und Klassik; K. Bauch, Klassik, Klassizität, Klassizismus, Das Werk des Künstlers 1 (1939/1940), 429–440, ferner in: ders., Studien zur Kunstgeschichte, Berlin 1967, 40–50; K. L. Berghahn, Das Andere der Klassik. Von der ›Klassik-Legende‹ zur jüngsten Klassik-Diskussion, Goethe Yearbook 6 (1992), 1–27; R. Bockholdt (ed.), Über das K., Frankfurt 1987; P. Böckmann, Klassik, RGG III (³1959), 1633–1640; W. Brandt, Das Wort ›Klassiker‹. Eine lexikologische und lexikographische Untersuchung, Wiesbaden 1976; H. O. Burger (ed.), Begriffsbestimmung der Klassik und des K.n, Darmstadt 1972 (Wege der Forschung CCX); H. Cancik, Klassik/k., RGG IV (⁴2001), 1401–1402; K. O. Conrady, Anmerkungen zum Konzept der Klassik, in: ders. (ed.), Deutsche Literatur zur Zeit der Klassik, Stuttgart 1977, 7–29; E. R. Curtius, Europäische Literatur und lateinisches Mittelalter, Bern 1948, bes. 251–274, ²1954, Tübingen/Basel ¹¹1993, bes. 253–276 (Kap. 14 Klassik); H. Cysarz, Klassik/Klassiker/Klassizismus, in: W. Kohlschmidt/W. Mohr (eds.), Reallexikon der deutschen Literaturgeschichte I, Berlin ²1958, 858–867; V. C. Dörr, Weimarer Klassik, Paderborn 2007; T. S. Eliot, What Is a Classic? An Address Delivered before the Virgil Society on the 16th of October 1944, London 1945 (repr. New York 1974), ohne Untertitel in: ders., On Poetry and Poets, London 1957, 53–71 (dt. Was ist ein Klassiker? Anspra-

che, gehalten vor der Vergil-Gesellschaft am 16. Oktober 1944, in: Werke II [Essays I], Frankfurt 1967, 241–268); L. Finscher, Klassik, in: ders. (ed.), Die Musik in Geschichte und Gegenwart. Sachteil V, Kassel etc. ²1996, 224–240; M. Fontius, ›Classique‹ im 18. Jahrhundert, in: W. Bahner (ed.), Beiträge zur französischen Aufklärung und zur spanischen Literatur. Festgabe für Werner Krauss zum 70. Geburtstag, Berlin (Ost) 1971, 97–120; ders., Klassik, k., in: H. J. Sandkühler (ed.), Europäische Enzyklopädie zu Philosophie und Wissenschaften II, Hamburg 1990, 815–817; M. Fuhrmann, Klassik in der Antike, in: H.-J. Simm (ed.), Literarische Klassik [s. u.], 101–119; ders./H. Tränkle, Wie k. ist die k.e Antike? Eine Disputation zwischen Manfred Fuhrmann und Hermann Tränkle über die gegenwärtige Lage der k.en Philologie, Zürich/Stuttgart 1970; T. Gelzer, Klassik und Klassizismus, Gymnasium 82 (1975), 147–173; ders., Klassizismus, Attizismus und Asianismus, in: H. Flashar (ed.), Le classicisme à Rome aux Iᵉʳˢ siècles avant et après J.-C.. Neuf exposés suivis de discussions [...]. Vandœuvres-Genève. 21–26 Août 1978, Genf 1979, 1–41; B. Gerov/L. Richter (eds.), Das Problem des K.n als historisches, archäologisches und philologisches Problem. Görlitzer Eirene-Tagung 10.–14. 10. 1967 veranstaltet vom Eirene-Komitee zur Förderung der k.en Studien in den sozialistischen Ländern IV, Berlin (Ost) 1969 (Dt. Akad. Wiss. Berlin, Schr. Sektion Altertumswiss. 55/4); A. Gethmann-Siefert, Vergessene Dimensionen des Utopiebegriffs. Der ›Klassizismus‹ der idealistischen Ästhetik und die gesellschafskritische Funktion des ›schönen Scheins‹, Hegel-Stud. 17 (1982), 119–167; R. Grimm/J. Hermand (eds.), Die Klassik-Legende. Second Wisconsin Workshop, Frankfurt 1971; A. Heussler, Klassik und Klassizismus in der deutschen Literatur. Studie über zwei literarhistorische Begriffe, Bern 1952 (repr. Nendeln [Liechtenstein] 1970); U. Hölscher, Selbstgespräch über den Humanismus (1962, erw. 1964), in: ders., Die Chance des Unbehagens. Drei Essais zur Situation der k.en Studien, Göttingen 1965, 53–86, ferner in: ders., Das nächste Fremde. Von Texten der griechischen Frühzeit und ihrem Reflex in der Moderne, ed. J. Latacz/M. Kraus, München 1994, 257–281; M. Hurst, Klassik, deutsche, RGG IV (⁴2001), 1402–1406; W. Jaeger (ed.), Das Problem des K.n und die Antike. Acht Vorträge. Gehalten auf der Fachtagung der k.en Altertumswissenschaft zu Naumburg 1930, Leipzig/Berlin 1931 (repr. Darmstadt 1961, 1972); R.-P. Janz, Klassizismus, RGG IV (⁴2001), 1406–1408; H. R. Jauss, Deutsche Klassik – eine Pseudo-Epoche?, in: R. Herzog/R. Koselleck (eds.), Epochenschwelle und Epochenbewußtsein, München 1987 (Poetik und Hermeneutik XII), 581–585; W. Keller, Klassik, TRE XIX (1990), 230–236; C. F. Köpp, Klassizitätstendenz und Poetizität in der Weltgeschichte, I–II, Bielefeld 1996; A. Körte, Der Begriff des K.n in der Antike, Leipzig 1934 (Ber. über die Verhandlungen der Sächs. Akad. d. Wiss. zu Leipzig, philol.-hist. Kl. 86, H. 3); E. Langlotz, Griechische Klassik. Ihr Wesen und ihre Bedeutung für die Gegenwart. Ein Vortrag, Stuttgart 1932; ders., Griechische Klassik, Bonn 1944, überarb. Neuausg. Bonn 1946; ders., Antike Klassik in heutiger Sicht. Vortrag gehalten im Freien Deutschen Hochstift in Frankfurt am Main, Frankfurt 1956; A. Lesky, Wesenszüge der attischen Klassik, Commentationes Vindobonenses 1 (1935), 71–94, ferner in: ders., Ges. Schriften. Aufsätze und Reden zu antiker und deutscher Dichtung und Kultur, ed. W. Kraus, Bern/München 1966, 443–460; F. Nies/K. Stierle (eds.), Französische Klassik. Theorie, Literatur, Malerei, München 1985 (Romantisches Kolloquium III); T. Pavel, Classicism, in: M. Kelly (ed.), Encyclopedia of Aesthetics I, New York/Oxford 1998, 373–377; H. Peyre, Qu'est-ce que le classicisme? Essai de mise au point, Paris 1933, erw. ohne Untertitel, [2]o.J. [1965], 1983; H. Plessner, Das Problem der Klassizität für unsere Zeit, Algemeen Nederlands Tijdschr. voor Wijsbegeerte en Psychologie 30 (1936/1937), 152–162, ferner in: ders., Politik – Anthropologie – Philosophie. Aufsätze und Vorträge, ed. S. Giammusso/H.-U. Lessing, München 2001, 87–99; J. I. Porter (ed.), Classical Pasts. The Classical Traditions of Greece and Rome, Princeton N. J./Oxford 2006; H.-J. Raupp, Klassizismus, TRE XIX (1990), 237–241; K. Reinhardt, Die k.e Philologie und das K., Geistige Überlieferung 2 (1942), 35–65, ferner in: ders., Vermächtnis der Antike. Gesammelte Essays zur Philosophie und Geschichtsschreibung, ed. C. Becker, Göttingen 1960, [2]1989, 334–360, und in: H. O. Burger (ed.), Begriffsbestimmung der Klassik und des K.n [s.o.], 66–97; P. Riemer, Klassizismus, DNP VI (1999), 493–496; G. Rodenwaldt, Zur begrifflichen und geschichtlichen Bedeutung des K.n in der bildenden Kunst. Eine kunstgeschichtsphilosophische Studie, Z. Ästhetik allg. Kunstwiss. 11 (1916), 113–131; H. Rose, Klassik als künstlerische Denkform des Abendlandes, München 1937; R. Rosenberg, Klassiker, in: H. Fricke (ed.), Reallexikon der deutschen Literaturwissenschaft II, Berlin/New York 2000, 274–276; C.-A. Sainte-Beuve, Qu'est-ce qu'un classique?, in: ders., Causeries du lundi III, Paris o.J. [1851, [3]1857], 38–55; E. Schmalzriedt, Inhumane Klassik. Vorlesung wider ein Bildungsklischee, München 1971 (mit Anhang: Belege und Dokumente, 29–133); P. L. Schmidt u. a., Klassizismus, Klassik, Hist. Wb. Rhetorik IV (1998), 977–1088; G. Schulz/S. Doering, Klassik. Geschichte und Begriff, München 2003 (mit Bibliographie, 115–122); U. Schulze-Buschhaus, Klassik zwischen Kanon und Typologie. Probleme um einen Zentralbegriff der Literaturwissenschaft, Arcadia 29 (1994), 67–77; S. Settis, Futuro del ›classico‹, Turin 2004 (dt. Die Zukunft des ›K.n‹. Eine Idee im Wandel der Zeiten, Berlin 2005; engl. Future of the ›Classical‹, Cambridge/Malden Mass. 2006); H.-J. Simm (ed.), Literarische Klassik, Frankfurt 1988, 1992; J. v. Stackelberg, Die französische Klassik. Einführung und Übersicht, München 1996; H. Stenzel, Die französische ›Klassik‹. Literarische Modernisierung und absolutistischer Staat, Darmstadt 1995; ders., Klassik als Klassizismus, DNP XIV (2000), 887–901; T. C. van Stockum, Der Begriff ›Deutsche Klassik‹, Neophilologus 20 (1935), 14–25; W. Tatarkiewicz, Les quatre significations du mot ›classique‹, Rev. int. philos. 12 (1958), 5–22; H. Thomé, Klassizismus, in: H. Fricke (ed.), Reallexikon der deutschen Literaturwissenschaft II [s. o.], 276–278; ders./G. Schulz, Klassik, in: H. Fricke (ed.), Reallexikon der deutschen Literaturwissenschaft II [s. o.], 266–274; C. Träger, Über Historizität und Normativität des Klassikbegriffs, Weimarer Beiträge 25 (1979), H. 12, 5–20, ferner in: ders., Studien zur Erbetheorie und Erbeaneignung, Leipzig 1981, Frankfurt 1982, 179–195; W. Voßkamp, Klassik als Epoche. Zur Typologie und Funktion der Weimarer Klassik, in: R. Herzog/R. Koselleck (eds.), Epochenschwelle und Epochenbewußtsein, München 1987 (Poetik u. Hermeneutik XII), 493–514; ders. (ed.), Klassik im Vergleich. Normativität und Historizität europäischer Klassiken. DFG-Symposion 1990, Stuttgart/Weimar 1993; ders., K./Klassik/Klassizismus, in: K. Barck u. a. (eds.), Ästhetische Grundbegriffe III, Stuttgart/Weimar 2001, 289–305; W. Weisbach, Die k.e Ideologie. Ihre Entstehung und ihre Ausbreitung in den künstlerischen Vorstellungen der Neuzeit, Dt. Vierteljahrsschr. Lit.wiss. Geistesgesch. 11 (1933), 559–591; P. Weitmann, Die Problematik des K.en als Norm und Stilbegriff, Antike u. Abendland 35 (1989), 150–186; R. Wellek, The Term and Concept of ›Classicism‹ in Literary History, in: E. R. Wasserman (ed.), Aspects of the Eighteenth Century, Baltimore Md. 1965, 1967, 105–128, ferner in: ders., Discriminations. Further Concepts of Criticism, New Haven Conn./London 1970, 1971, 55–89 (dt. Das Wort und der Begriff ›Klassizismus‹ in der Literaturgeschichte, Schweizer Monatshefte 45 [1965/1966], 154–173, ferner in: ders., Grenzziehungen. Beiträge zur Literaturkritik, Berlin/Köln/Mainz 1972, 44–63); ders., Classicism, DHI I (1973), 449–456; M. Windfuhr, Kritik des Klassikbegriffs, Études germaniques 29 (1974), 302–318. – Sondernummern: Jb. dt. Schillerges. 32 (1988), 347–374, 33 (1989), 399–408 (Weimarer Klassik und europäische Romantik. Ein Perspektivproblem), 36 (1992), 409–454 (Aufklärung und Weimarer Klassik. Wiederaufnahme einer Diskussion). T. G.

Klaus, Georg, *Nürnberg 28. Dez. 1912, †Berlin 29. Juli 1974, dt. Philosoph. Ab 1933 Studium der Mathematik, Physik und Philosophie in Erlangen und Jena. 1936–1939 im Konzentrationslager Dachau inhaftiert (vor 1933 Mitglied der KPD). 1948 Promotion in Jena, im selben Jahr Lehrbeauftragter an der Universität Jena, 1950 Habilitation in Berlin, 1950 o. Prof. an der Universität Jena. Ab 1953 Inhaber des Lehrstuhls für Logik und Erkenntnistheorie an der Humboldt-Universität Berlin (Ost). 1961 Mitglied der Deutschen Akademie der Wissenschaften (seit 1972 Akademie der Wissenschaften der DDR), 1962 Direktor des Zentralinstituts für Philosophie der Akademie der Wissenschaften. – Die Hauptarbeiten von K., der als führender Philosoph der DDR galt, lagen neben zahlreichen Publikationen zur Wissenschaftsgeschichte und philosophischen Problemen der Einzelwissenschaften vor allem im Bereich der Beziehungen zwischen Erkenntnistheorie, Gesellschaftstheorie, Kybernetik, Logik und Wissenschaftstheorie. Bekannt wurde K. durch seine Lehrbücher zur Logik, Kybernetik und Semiotik, mit denen er dazu beitrug, diese wissenschaftlichen Disziplinen für die traditionelle Philosophie fruchtbar zu machen. Insbes. gilt dies für die ↑Kybernetik, deren Begriffe und Denkweisen nach K. nicht nur eine integrierende Funktion für viele Einzelwissenschaften haben, sondern auch zur Lösung philosophischer Fragen wie des Problems der Sinnesempfindungen, der Frage nach der Zuverlässigkeit menschlicher Erkenntnis und des Verhältnisses von Theorie und Praxis beitragen (Kybernetik und Erkenntnistheorie, 1966). Daneben steht bei K. das Bemühen, solche Theorien (wie etwa auch die ↑Semiotik) für die Entwicklung einer materialistischen Erkenntnis- und Gesellschaftstheorie im Sinne des dialektischen Materialismus (↑Materialismus, dialektischer) heranzuziehen (Die Macht des Wortes, 1964; Sprache der Politik, 1971). Außerdem war K. maßgeblich an der Herausgabe enzyklopädischer Werke beteiligt (Philosophisches Wörterbuch, 1964; Wörterbuch der Kybernetik, 1967).

Werke: Die erkenntnistheoretische Isomorphierelation, Diss. Jena 1948; Jesuiten Gott Materie. Des Jesuitenpaters Wetter Revolte wider Vernunft und Wissenschaft, Berlin (Ost) 1957, [2]1958; Einführung in die formale Logik, Berlin (Ost) 1958, erw.

unter dem Titel: Moderne Logik. Abriß der formalen Logik, 1964, ⁶1972, 1973; Philosophie und Einzelwissenschaft, Berlin (Ost) 1958; Kybernetik in philosophischer Sicht, Berlin (Ost) 1961, ⁴1965; Semiotik und Erkenntnistheorie, Berlin (Ost) 1963, Berlin (Ost), München/Salzburg ⁴1973; Kybernetik und Gesellschaft, Berlin (Ost) 1964 (repr. 's-Gravenhage/Gießen 1972), ³1973; Die Macht des Wortes. Ein erkenntnistheoretisch-pragmatisches Traktat, Berlin (Ost) 1964, ⁶1972, Berlin 1975; (ed., mit M. Buhr) Philosophisches Wörterbuch, Leipzig, Berlin 1964, I–II, Leipzig, Berlin ⁶1969, Leipzig ¹²1976 (repr. Berlin 1985, 1987); Spezielle Erkenntnistheorie. Prinzipien der wissenschaftlichen Theorienbildung, Berlin (Ost) 1965, ²1966; Kybernetik und Erkenntnistheorie, Berlin (Ost) 1966, ⁵1972; (mit H. Liebscher) Was ist, was soll Kybernetik, Leipzig/Jena/Berlin (Ost) 1966, ⁹1974; (ed. mit H. Liebscher) Wörterbuch der Kybernetik, Berlin (Ost) 1967, ⁴1976 (repr. in 2 Bdn. Frankfurt 1979); (mit H. Schulze) Sinn, Gesetz und Fortschritt in der Geschichte, Berlin (Ost) 1967; Spieltheorie in philosophischer Sicht, Berlin (Ost) 1968; Sprache der Politik, Berlin (Ost) 1971, ²1972 (ital. Il linguaggio dei politici. Tecnica della propaganda e della manipolazione, Mailand 1974; span. El lenguaje de los políticos, Barcelona 1979); Kybernetik. Eine neue Universalphilosophie der Gesellschaft?, Berlin (Ost), Frankfurt 1973; Rationalität, Integration, Information. Entwicklungsgesetze der Wissenschaft in unserer Zeit, Berlin (Ost), München 1974; (mit H. Liebscher) Systeme, Informationen, Strategien. Eine Einführung in die kybernetischen Grundgedanken der System- und Regelungstheorie, Informationstheorie und Spieltheorie, Berlin (Ost) 1974; Philosophiehistorische Abhandlungen. Kopernikus, D'Alembert, Condillac, Kant, ed. M. Buhr, Berlin (Ost) 1977; Beiträge zu philosophischen Problemen der Einzelwissenschaften, ed. H. Liebscher, Berlin (Ost) 1978; Mensch, Maschine, Symbiose. Ausgewählte Schriften von G. K. zur Konstruktionswissenschaft und Medientheorie, ed. M. Eckhardt, Weimar 2002. – H. Liebscher, Bibliographie G. K. (28.12.1912 – 29.7.1974), in: G. K., Beiträge zu philosophischen Problemen der Einzelwissenschaften [s.o.], 126–144), rev. u. erw. in: ders., G. K. zu philosophischen Problemen von Mathematik und Kybernetik [s.u., Lit.], 148–167; M. Eckhardt, Schriftenverzeichnis G. K. in: ders., Der Philosoph und Wissenschaftstheoretiker G. K., Deutschland-Arch. 35 (2002), 544–552, 545–552.

Literatur: M. Eckhardt, Medientheorie vor der Medientheorie. Überlegungen im Anschluß an G. K., Berlin 2005; ders., Erlebte Schachnovelle. G. K., in: M. Hesselbarth/E. Schulz/M. Weißbecker (eds.), Gelebte Ideen. Sozialisten in Thüringen. Biographische Skizzen, Jena 2006, 259–267, 484–485; G. Haufe, Dialektik und Kybernetik in der DDR. Zum Problem von Theoriediskussion und politisch-gesellschaftlicher Entwicklung im Übergang von der sozialistischen zur wissenschaftlich-technischen Realisation, Berlin 1980; H. Kalkofen, Die Einteilung der Semiotik bei G. K., Z. Semiotik 1 (1979), 81–91; H. Korch, K., in: Philosophenlexikon, ed. E. Lange/D. Alexander, Berlin (Ost) 1982, 478–481; H. Liebscher, G. K. zu philosophischen Problemen von Mathematik und Kybernetik, Berlin (Ost) 1982 [mit Texten aus dem Nachlaß, 84–147]; ders., G. K. Ein unbequemer Marxist, in: V. Gerhardt/H.-C. Rauh (eds.), Anfänge der DDR-Philosophie. Ansprüche, Ohnmacht, Scheitern, Berlin 2001, 406–419; H. Scheel (ed.), Philosophie – Wissenschaft. Zum Wirken von G. K., Berlin (Ost) 1984 (Sitzungsber. Akad. Wiss. DDR, Gesellschaftswiss. X/G); W. G. Stock, G. K. über Kybernetik und Information. Studien zur philosophischen Vorgeschichte von Informatik und Informationswissenschaft in der Deutschen De-

mokratischen Republik, Stud. Soviet Thought 38 (1989), 203–236. – K., in: Biographische Enzyklopädie deutschsprachiger Philosophen, ed. B. Jahn, München 2001, 220. P. S.

Kleanthes, *331/330 oder um 310 v. Chr., †231/230 v. Chr., stoischer (↑Stoa) Philosoph, Schüler Zenons von Kition und dessen Nachfolger als Scholarch, Leiter der Schule von 262 bis zu seinem Tod. K. verfaßte den berühmten Zeushymnos sowie zahlreiche, hauptsächlich ethische Schriften, die nur teilweise und nur fragmentarisch erhalten sind. Von Zenon übernahm K. die Einteilung der Philosophie in die drei Disziplinen Logik, Ethik und Naturphilosophie, die er durch weitere Untergliederung in die Teildisziplinen Dialektik, Rhetorik, Ethik, Politik, Physik und Theologie ausdifferenzierte. K.' Nachfolger als Scholarch wurde Chrysippos.

Aus dem Bereich der Logik sind nur wenige Details von K.' Lehre bekannt. Als Kernproblem der Erkenntnistheorie hatte Zenon die Frage der Adäquatheit der Wahrnehmung (φαντασία) bestimmt. Seine Definition der φαντασία als Abdruck in der Seele (τύπωσις ἐν ψυχῇ) nahm K. wörtlich (und somit streng materialistisch) und verglich den Eindruck der Wahrnehmung auf die Seele mit dem Eindruck eines Siegels in Wachs. Der Begriff des ↑Lekton wird erstmals im Zusammenhang mit K. erwähnt. Der Widerlegung des κυριεύων λόγος von Diodoros Kronos hat K. ein ganzes Buch gewidmet, in dem er sich bemüht, den Satz, jedes wahre Urteil über Vergangenes sei notwendig wahr, zu falsifizieren und so eine notwendige Prämisse von Diodoros' Schluß zu Fall zu bringen, daß nur möglich sei, was wahr ist oder wahr wird. Mit seiner Definition der Rhetorik als ›Wissenschaft vom richtigen Sprechen‹ (ἐπιστήμη τοῦ ὀρθῶς λέγειν) stellte sich K. gegen eine rein formale Bestimmung der Disziplin und erhob die Wahrheit des Gesprochenen und folglich die Weisheit und Tugendhaftigkeit des Redners zu einem entscheidenden Kriterium.

Im Bereich der Ethik hat sich K. weitgehend auf die Auslegung und Verteidigung der Lehre Zenons konzentriert. K. übernahm von seinem Vorgänger die Definition des ↑Telos als ›In Übereinstimmung mit der Natur leben‹ (τὸ ὁμολογουμένως τῇ φύσει ζῆν), wobei er die Natur als Allnatur verstand, die mit dem ↑Logos identisch und mit der die Natur des Menschen wesensgleich sei. Die Tugend definierte K. als Spannung (τόνος) der Seele. In Abhängigkeit vom jeweiligen Anwendungsbereich äußert sich diese Spannung als Selbstbeherrschung, Tapferkeit, Gerechtigkeit oder Besonnenheit. Die Tugend verstand K. als unvollkommene natürliche Anlage und ihre Vervollkommnung als Aufgabe des Menschen. Scharfe Kritik übt er am ↑Hedonismus, der die Tugenden als bloße Mittel zur Erlangung der ↑Lust (ἡδονή) ansehe. Die Eudaimonia (↑Eudämonismus) sah er im schönen (d.h. ungestörten) Fluß des Lebens ($εὔροια$ $βίου$). Als entscheidend für die ethische Beurteilung einer menschlichen Handlung galt K. die Absicht, wobei er den Erfolg der Handlung für ihre Beurteilung für nicht irrelevant erachtete.

In der Naturphilosophie übernahm K. den materialistischen ↑Monismus Zenons und hob insbes. die vitalistischen (↑Vitalismus) und pantheistischen (↑Pantheismus) Aspekte der Lehre hervor. Die Allnatur ist für K. ein göttlich durchwirkter, einheitlicher Organismus, innerhalb dessen dieselben Grundprinzipien für den Mikro- wie für den ↑Makrokosmos gelten. So spielt der in der Tugendlehre zentrale Tonosbegriff auch in K.' Kosmologie und Naturlehre eine entscheidende Rolle, desgleichen seien die Wachstumskräfte der Lebewesen von einer tonischen Bewegung zwischen Zentrum und Peripherie bestimmt. Das Zentralorgan des Kosmos verortet K. in der Sonne, die sich aus den Ausdünstungen des Ozeans nährte wie die (materiell verstandene) Seele des Menschen, deren Sitz K. im Herzen sieht und die den Tod bis zum ›Weltbrand‹ ($ἐκπύρωσις$) überdauere, aus den Ausdünstungen des Blutes. Trotz der zentralen Bedeutung der Sonne lehnt K. Aristarchos' heliozentrisches System (↑Heliozentrismus) ab. Im Bereich der Theologie zeichnet sich K.' Lehre durch das Bemühen aus, Pantheismus, Polytheismus und Kult zu harmonisieren.

Werke: C. Wachsmuth, Commentatio [...] de Zenone Citiensi et Cleante Assio, I–II, Göttingen 1874/1875; A. C. Pearson, The Fragments of Zeno and Cleanthes. With Introduction and Explanatory Notes, London 1891, New York 1973; H. v. Arnim (ed.), Stoicorum Veterum Fragmenta I (Zeno et Zenonis discipuli), Leipzig 1905 (repr. München 2004), Stuttgart 1978, 103–139; N. Festa (ed.), I frammenti degli storici antichi II, Bari 1935 (repr. Hildesheim/New York 1971), 75–176; J. C. Thom, Cleanthes' »Hymn to Zeus«. Text, Translation, and Commentary, Tübingen 2005, 2006; R. Nickel, Stoa und Stoiker I, Düsseldorf 2008, 43–55 [Auswahl, lat.-griech./dt.].

Literatur: K. Abel/M. Erler, K., in: H. H. Schmitt/E. Vogt (eds.), Lexikon des Hellenismus, Wiesbaden 2005, 553–554; J. Adam, The Hymn of Cleanthes, in: ders., The Vitality of Platonism and Other Essays, ed. A. M. Adams, Cambridge 1911, 104–189; H. v. Arnim, K. (2), RE XI/1 (1921), 558–574; E. Asmis, Myth and Philosophy in Cleanthes' »Hymn to Zeus«, Greek, Roman, and Byzantine Stud. 47 (2007), 413–429; T. Bénatouïl, ›Logos‹ et ›Scala naturae‹ dans le stoïcisme de Zénon à Cléanthe, Elenchos 23 (2002), 297–331; ders., Cléanthe contre Aristarque. Stoïcisme et astronomie à l'époque hellénistique, Arch. philos. 68 (2005), 207–222; J. Dalfen, Das Gebet des K. an Zeus und das Schicksal, Hermes 99 (1971), 174–183; H. Dörrie, K.. Nachträge, RE Suppl. XII (1970), 1705–1709; C. Guérard/F. Queyrel, Cléanthe d'Assos, in: R. Goulet (ed.), Dictionnaire des philosophes antiques II, Paris 1994, 406–415; B. Inwood, K. (2), DNP VI (1999), 499–500; A. J. Kleywegt, Cleanthes and the ›Vital Heat‹, Mnemosyne 37 (1984), 94–102; J. D. Meerwaldt, Cleanthea I, Mnemosyne 4 (1951), 40–69, Cleanthea II, 5 (1952), 1–12; P. A. Meijer, Stoic Theology. Proofs for the Existence of the Cosmic God and of the Traditional Gods. Including a Commentary on Cleanthes' Hymn on Zeus, Delft 2007, bes. 37–77, 209–228

(Chap. 3 Cleanthes' Proofs, Chap. 4 Cleanthes and the Traditional Gods, Appendix I Cleanthes' Hymn to Zeus. A Running Commentary); J. Müller, K., LThK 6 (³1997), 120; M. Perkams, K., RAC XX (2004), 1257–1262; ders., Stoische Schicksalslehre und christlicher Monotheismus. K.' Schicksalsverse im Spiegel ihrer Überlieferung, in: R. M. Piccione/M. Perkams (eds.), Selecta Colligere II. Beiträge zur Technik des Sammelns und Kompilierens griechischer Texte von der Antike bis zum Humanismus, Alessandria 2005, 57–78; M. Pohlenz, K.' Zeushymnus, Hermes 75 (1940), 117–123, Nachdr. in: ders., Kleine Schriften I, Hildesheim 1965, 87–93; J. Salem, Cléanthe, DP I (1984), 554–555, DP I (1993) 609–610; R. Salles, '$Ἐκπύρωσις$ and the Goodness of God in Cleanthes, Phronesis 50 (2005), 56–78; J. L. Saunders, Cleanthes, Enc. Ph. II (1967, 1996), 121–122; D. Sedley, Cleanthes (331–232 BC), REP II (1998), 382–383; S. Siebert, K. aus Assos, BBKL III (1992), 1575–1576; K. Sier, Zum Zeushymnos des Kleanthes, in: P. Steinmetz (ed.), Beiträge zur hellenistischen Literatur und ihrer Rezeption in Rom, Stuttgart 1990, 93–108; F. Solmsen, Cleanthes or Poseidonius? The Basis of Stoic Physics, Amsterdam 1961 (Mededelingen der Koninklijke Nederlandse Akademie van Wetenschappen. Afd. Letterkunde, nieuwe reeks 24,9); P. Steinmetz, Die Stoa, in: H. Flashar (ed.), Die Philosophie der Antike IV/2 (Die Hellenistische Philosophie), Basel 1994, 493–716, bes. 566–578 (§ 36 Die Schüler Zenons [II]. Kleanthes und Sphairos); J. C. Thom, The Problem of Evil in Cleanthes' »Hymn to Zeus«, Acta Classica 41 (1998), 45–57; ders., Cleanthes, Chrysippus and the Pythagorean »Golden Verses«, Acta Classica 44 (2001), 197–219; ders., Cleanthes' »Hymn to Zeus« and Early Christian Literature, in: A. Y. Collins/M. M. Mitchell (eds.), Antiquity and Humanity. Essays on Ancient Religion and Philosophy, Tübingen 2001, 477–499; ders., Doing Justice to Zeus. On Texts and Commentaries, Acta Classica 48 (2005), 1–22; G. Verbeke, Kleanthes van Assos, Brüssel 1949 (Verhandelingen van de Koninklijke Vlaamse Academie voor Wetenschappen, Letteren en Schone Kunsten van België, Klasse der Letteren 11,9); G. Zuntz, Zum Kleanthes-Hymnus, Harv. Stud. Class. Philol. 63 (1958), 289–308.   J. W.

Kleene, Stephen Cole, *Hartford Conn. 5. Jan. 1909, †Madison Wisc. 25. Jan. 1994, amerik. Mathematiker und Logiker. Studium am Amherst College und (1930–1934) an der Princeton University. 1934 Promotion bei A. Church. 1935 Lehrtätigkeit an der University of Wisconsin, 1937 Assist. Prof. ebendort, 1941 Assoc. Prof. in Amherst. 1942–1945 Militärdienst. 1946 Assoc. Prof. an der University of Wisconsin, 1948 Full Prof. ebendort, 1964 Cyrus MacDuffee Prof.. Zahlreiche Gastprofessuren bzw. Forschungsstipendien: Princeton (1939/1940, 1956/1957, 1965/1966), Amsterdam (1949/1950), Marburg (1958/1959). 1950–1962 Mitherausgeber des »Journal of Symbolic Logic«.

K., einer der bedeutendsten und einflußreichsten Grundlagenforscher des 20. Jhs. im Bereich der Logik und der Mathematik, ist maßgeblich an der Entwicklung der Theorie der berechenbaren Funktionen (↑Algorithmentheorie) und an deren Ausbau zur verallgemeinerten ›höheren‹ Rekursionstheorie beteiligt. Seine Dissertation enthält eine Theorie der $λ$-definierbaren Funktionen über dem Bereich der natürlichen Zahlen. Zusammen mit Church zeigt K., daß diese Theorie zur Gödelschen Theorie der allgemein-rekursiven Funktionen äquivalent (↑Äquivalenz) ist. Der Aufstellung einer Normalform für rekursive Funktionen (1936) und der Einführung der partiell-rekursiven Funktionen (1938) folgen Beweise für eine Reihe zentraler rekursionstheoretischer Sätze. Entscheidenden Anteil hat K. am Aufbau der höheren Rekursionstheorie mit der Konzeption der so genannten arithmetischen und der analytischen Hierarchie sowie mit Untersuchungen zur Theorie der hyperarithmetischen Prädikate; mit E. L. Post begründet er 1954 die Forschungen zur Theorie der Unentscheidbarkeitsgrade (↑unentscheidbar/Unentscheidbarkeit). Die Rekursionstheorie (↑Funktion, rekursive, ↑rekursiv/Rekursivität) bildet die Basis für weitere herausragende Forschungsleistungen K.s auf den Gebieten der endlichen ↑Automatentheorie und der (konstruktiven) Ordinalzahltheorie (↑Ordinalzahl) sowie bei der präzisierenden rekursionstheoretischen Analyse der intuitionistischen Mathematik (↑Mathematik, konstruktive).

K.s Bücher gelten heute durchweg als Standardwerke: »Introduction to Metamathematics« (1952) löste in mancher Hinsicht die »Grundlagen der Mathematik« (I–II, Berlin/Heidelberg/New York 1934/1939, ²1968/ 1970) von D. Hilbert und P. Bernays ab; »The Foundations of Intuitionistic Mathematics« (1965, mit R. Vesley) ist bis heute unentbehrliche Grundlage für Forschungen in diesem Bereich. In »Mathematical Logic« (1967) hat K. unter Verzicht auf technische Details und unter Einbeziehung neuer Techniken und Ergebnisse den Inhalt seiner »Metamathematik« didaktisch aufbereitet.

Werke: Proof by Cases in Formal Logic, Ann. Math. 35 (1934), 529–544; A Theory of Positive Integers in Formal Logic [Diss.], Amer. J. Math. 57 (1935), 153–173, 219–244; General Recursive Functions of Natural Numbers, Math. Ann. 112 (1936), 727–742, Nachdr. in: M. Davis (ed.), The Undecidable. Basic Papers on Undecidable Propositions, Unsolvable Problems and Computable Functions, Hewlett N. Y. 1965, 236–253; λ-Definability and Recursiveness, Duke Math. J. 2 (1936), 340–353; (mit A. Church) Formal Definitions in the Theory of Ordinal Numbers, Fund. Math. 28 (1937), 11–21; On Notation for Ordinal Numbers, J. Symb. Log. 3 (1938), 150–155; Recursive Predicates and Quantifiers, Transact. Amer. Math. Soc. 53 (1943), 41–73, Nachdr. in: M. Davis (ed.), The Undecidable [s. o.], 254–287; On the Interpretation of Intuitionistic Number Theory, J. Symb. Log. 10 (1945), 109–124; Introduction to Metamathematics, Amsterdam/Groningen 1952, 2000; Two Papers on the Predicate Calculus, Providence R. I. 1952, 1985; (mit E. L. Post) The Upper Semi-Lattice of Degrees of Recursive Unsolvability, Ann. Math. 59 (1954), 379–407; Arithmetical Predicates and Function Quantifiers, Transact. Amer. Math. Soc. 79 (1955), 312–340; On the Forms of the Predicates in the Theory of Constructive Ordinals (Second Paper), Amer. J. Math. 77 (1955), 405–428; Hierarchies of Number-Theoretic Predicates, Bull. Amer. Math. Soc. 61 (1955), 193–213; Representation of Events in Nerve Nets and Finite Automata, in: C. E. Shannon/J.

McCarthy (eds.), Automata Studies, Princeton N. J. 1956, 1972, 3–41 (dt. Darstellung von Ereignissen in Nervennetzen und endlichen Automaten, in: dies. [eds.], Studien zur Theorie der Automaten [Automata Studies], München 1974, 3–55); Recursive Functionals and Quantifiers of Finite Types, I–II, Transact. Amer. Math. Soc. 91 (1959), 1–52, 108 (1963), 106–142; Herbrand-Gödel-Style Recursive Functionals of Finite Types, in: Recursive Function Theory. Proceedings of the Fifth Symposium in Pure Mathematics of the American Mathematical Society, Providence R. I. 1962, 49–75; (mit R. E. Vesley) The Foundations of Intuitionistic Mathematics, Especially in Relation to Recursive Functions, Amsterdam 1965; Mathematical Logic, New York/London/Sydney 1967, Mineola N. Y. 2002; Formalized Recursive Functionals and Formalized Realizability, Providence R. I. 1969; Realizability. A Retrospective Survey, in: A. R. D. Mathias/H. Rogers (eds.), Cambridge Summer School in Mathematical Logic, Held in Cambridge, England, August 1–21, 1971, Berlin/Heidelberg/New York 1973, 95–112; Recursive Functionals and Quantifiers of Finite Types Revisited I, in: J. E. Fenstad/R. O. Gandy/G. E. Sacks (eds.), Generalized Recursion Theory II. Proceedings of the 1977 Oslo Symposium, Amsterdam/New York/Oxford 1978, 185–222; Recursive Functionals and Quantifiers of Finite Types Revisited II, in: J. Barwise/H. J. Keisler/K. Kunen (eds.), The K. Symposium. Proceedings of the Symposium Held June 18–24, 1978 at Madison, Wisconsin, USA, Amsterdam/New York/Oxford 1980, 1–29 (mit Bibliographie der Werke K.s, xii–xvi); Origins of Recursive Function Theory, Ann. Hist. Computing 3 (1981), 52–67; The Theory of Recursive Functions. Approaching Its Centennial (Elementarrekursionstheorie vom höheren Standpunkte aus), Bull. Amer. Math. Soc. 5 (1981), 43–61; Recursive Functionals and Quantifiers of Finite Types Revisited III, in: G. Metakides (ed.), Patras Logic Symposion. Proceedings of the Logic Symposion Held at Patras, Greece, August 18–22, 1980, Amsterdam/New York/Oxford 1982, 1–40.

Literatur: E. Alonso/M. Manzano, Diagonalisation and Church's Thesis. K.'s Homework, Hist. and Philos. Log. 26 (2005), 93–113; K. Bimbó/J. M. Dunn, Relational Semantics for K. Logic and Action Logic, Notre Dame J. Formal Logic 46 (2005), 461–490; K. Hrbacek/S. G. Simpson, On K. Degrees of Analytic Sets, in: J. Barwise/H. J. Keisler/K. Kunen (eds.), The K. Symposium [s. o., Werke], 347–352; D. P. Kierstead, A Semantics for K.'s *j*-Expressions, in: J. Barwise/H. J. Keisler/K. Kunen (eds.), The K. Symposium [s. o., Werke], 353–366; B. Konikowska, A Two-Valued Logic for Reasoning about Different Types of Consequence in K.'s Three-Valued Logic, Stud. Log. 49 (1990), 541–555; J. R. Moschovakis, K.'s Realizability and Divides Notions for Formalized Intuitionistic Mathematics, in: J. Barwise/H. J. Keisler/K. Kunen (eds.), The K. Symposium [s. o., Werke], 167–179; W. Stegmüller, Unvollständigkeit und Unentscheidbarkeit. Die metamathematischen Resultate von Gödel, Church, K., Rosser und ihre erkenntnistheoretische Bedeutung, Wien/New York 1959, ³1973, bes. 58–98 (Kap. D Die Verallgemeinerungen von K.). G. H.

Klein, (Christian) Felix, *Düsseldorf 25. April 1849, †Göttingen 22. Juni 1925, dt. Mathematiker. 1865 Studium der Mathematik und Naturwissenschaften in Bonn (Promotion 1868), 1869 in Göttingen, 1869/ 1870 in Berlin, 1871 Habilitation in Göttingen. 1872– 1875 o. Prof. in Erlangen, 1875–1880 an der TH München, 1880–1886 in Leipzig, 1886–1925 in Göttingen. Zu K.s bekannteren Leistungen gehören die Angabe projektiver Modelle (↑Geometrie, hyperbolische [Abb. 3]) der ↑nicht-euklidischen Geometrie und die Klassifikation der Geometrien durch gruppentheoretische Überlegungen im so genannten ↑Erlanger Programm (1872). Gruppentheoretisch begründete er auch seine Theorie der allgemeinen algebraischen Gleichung 5. Grades. Zumal die geometrischen Untersuchungen sind von Bedeutung für die Wissenschaftstheorie und Philosophie der Mathematik. K. stützte sich in seinen Arbeiten stark auf die geometrische Anschauung und konnte sich weder mit der Weierstraßschen ↑Arithmetisierungstendenz noch mit der axiomatischen Methode (↑Methode, axiomatische) D. Hilberts anfreunden. So erfuhr auch die von ihm eingeführte allgemeine Verwendung des Begriffs der Riemannschen Fläche (↑Riemannscher Raum) in der Funktionentheorie ihre strenge Begründung erst 1913 in H. Weyls »Die Idee der Riemannschen Fläche« (Leipzig 1913, Stuttgart/Leipzig 1997).

Während sich K. für Grundlagenprobleme wenig interessierte, befaßte er sich aktiv mit Fragen des Mathematikunterrichts an den Gymnasien. Diese Aktivitäten stehen in engem Zusammenhang mit seinen Bemühungen, über die Integration von ›reiner‹ und ›angewandter‹ Mathematik die gesellschaftliche Legitimation der Mathematik insgesamt zu fördern. Hochschuldidaktisch bedeutsam sind seine später publizierten Vorlesungen »Elementarmathematik vom höheren Standpunkte aus« (I–II, Leipzig 1908/1909, [2]1911/1913, I–III, Berlin [3]1924/1928 [repr., von I [4]1933, II–III [3]1925–1928, Berlin 1968]) gewesen. Die Buchfassung von K.s »Vorlesungen über die Entwicklung der Mathematik im 19. Jahrhundert« (I–II, Berlin 1926/1927 [repr., in 1 Bd., New York 1967, Berlin 1979]) gilt, obwohl sie unvollständig geblieben ist – insbes. fehlen die ursprünglich geplanten Kapitel über H. Poincaré und S. Lie –, als eines der wichtigsten Quellenwerke zur Mathematikgeschichte des 19. Jhs..

Werke: Gesammelte mathematische Abhandlungen, I–III, ed. R. Fricke/A. Ostrowski, Berlin 1921–1923, Berlin 1973. – Über Riemann's Theorie der algebraischen Functionen und ihrer Integrale. Eine Ergänzung der gewöhnlichen Darstellungen, Leipzig 1882 (engl. On Riemann's Theory of Algebraic Functions and Their Integrals. A Supplement to the Usual Treatises, Cambridge 1893, New York 1963); Vorlesungen über das Ikosaeder und die Auflösung der Gleichungen vom fünften Grade, Leipzig 1884 (repr. Basel/Boston Mass./Berlin, Stuttgart/Leipzig 1993) (engl. Lectures on the Icosahedron and the Solution of Equations of the Fifth Degree, New York 1952); Riemannsche Flächen. Vorlesungen, gehalten in Göttingen 1891/92, Leipzig 1892, 1985; Über die hypergeometrische Funktion. Vorlesungen, gehalten im Wintersemester 1893/94, Göttingen 1894, unter dem Titel: Vorlesungen über die hypergeometrische Funktion, Berlin 1933; Über lineare Differentialgleichungen der zweiten Ordnung. Vorlesungen, gehalten im Sommersemester 1894, Göttingen 1894, Leipzig 1906; (mit A. Sommerfeld) Über die Theorie des Krei-

sels, I–IV, Leipzig 1897–1910, in 1 Bd., New York, Stuttgart/Leipzig 1965; Elementarmathematik vom höheren Standpunkte aus, I–II, Leipzig 1908/1909, Berlin [3]1924/1925 (I Arithmetik, Algebra, Analysis, II Geometrie), ergänzt um Bd. III (Präzisions- und Approximationsmathematik), Berlin 1928, I–III, Berlin [3]1968 (engl. [nur I–II], I New York 1924, II 1939, I–II 1953); Göttinger Professoren. Lebensbilder von eigener Hand. 4. F. K., Mitteilungen Univ.bund Göttingen 5/1 (1923), 11–36; Vorlesungen über die Entwicklung der Mathematik im 19. Jahrhundert, I–II, Berlin 1926/1927, in 1 Bd., New York 1967, Berlin 1979 (engl. Development of Mathematics in the 19th Century, Brookline Mass. 1979); Vorlesungen über Nicht-Euklidische Geometrie, Berlin 1928, 1968. – G. Frei (ed.), Der Briefwechsel David Hilbert – F. K. (1886–1918), Göttingen 1985.

Literatur: H. Behnke, F. K. und die heutige Mathematik, Math.-phys. Semesterber. 7 (1961), 129–144; W. Burau/B. Schoeneberg, K., DSB VII (1973), 396–400; R. Courant, F. K., Jahresber. Dt. Math.ver. 34 (1926), 197–213; H. Fehr, F. K. 1849–1925, L'enseignement math. Sér. 1, 24 (1924/1925), 287–290; R. Fréreux, K., Enc. philos. universelle III/2 (1992), 2560; E. Glas, From Form to Function. A Reassessment of F. K.'s Unified Programme of Mathematical Research, Education and Development, Stud. Hist. Philos. Sci. 24 (1993), 611–631; ders., Model-Based Reasoning and Mathematical Discovery. The Case of F. K., Stud. Hist. Philos. Sci. 31A (2000), 71–86; G. B. Halsted, Professor F. K., Amer. Math. Monthly 1 (1894), 417–420; G. Hamel, F. K. als Mathematiker, Sitz.ber. Berliner Math. Ges. 25 (1926), 69–80; K.-N. Ihmig, Cassirers Invariantentheorie der Erfahrung und seine Rezeption des ›Erlanger Programms‹, Hamburg 1997, bes. 250–350 (Kap. IV Das ›Erlanger Programm‹ F. K.s als Paradigma eines Systems von Invarianten); W. Lorey, F. K.s Persönlichkeit und seine Bedeutung für den mathematischen Unterricht, Sitz.ber. Berliner Math. Ges. 25 (1926), 54–68; K. H. Manegold, Universität, Technische Hochschule und Industrie. Ein Beitrag zur Emanzipation der Technik im 19. Jahrhundert unter besonderer Berücksichtigung der Bestrebungen F. K.s, Berlin 1970; H. Mehrtens, Mathematik als historischer Prozeß. Zum Beispiel die Zeit um 1900, in: Beiträge zum Mathematikunterricht 1982. Vorträge auf der 16. Bundestagung für Didaktik der Mathematik vom 2.3. bis 5. 3. 1982 in Klagenfurt, Hannover 1982, 71–80; D. Mumford/C. Series/D. Wright, Indra's Pearls. The Vision of F. K., Cambridge 2002; E. Schuberth, Die Modernisierung des mathematischen Unterrichts. Ihre Geschichte und Probleme unter besonderer Berücksichtigung von F. K., M. Wagenschein und A. I. Wittenberg, Stuttgart 1971, bes. 9–25 (Kap. I Die Entwicklung des mathematischen Unterrichts bis 1925. Die K.sche Reform); R. Tobies, F. K., Leipzig 1981; I. M. Yaglom, F. K. and Sophus Lie. Evolution of the Idea of Symmetry in the Nineteenth Century, Boston Mass./Basel 1988, bes. 111–124 (Kap. VII F. K. and His Erlangen Program); Sonderheft ›F. K. zur Feier seines 70. Geburtstages‹, Naturwiss. 7 (1919), 275–317 (mit Beiträgen von R. Fricke, A. Voß, W. Wirtinger u. a.; mit Bibliographie, 311–317). C. T.

Kleomedes, griech. Astronom und stoischer Philosoph, lebte vermutlich zwischen dem Ende des zweiten vorchristlichen und dem Beginn des zweiten nachchristlichen Jhs., bekannt durch sein popularisierendes, sich vor allem auf Poseidonios von Apameia (aber auch auf andere Stoiker; ↑Stoa) stützendes, seit dem 12. Jh. wieder häufig benutztes, heute vor allem als Quellenwerk für die

antike Astronomie wichtiges Buch »Über die Kreisbewegung der Himmelskörper« (*Κυκλικὴ θεωρία μετεώρων*,
de motu circulari corporum caelestium). Das als Lehrbuch für den Schulunterricht konzipierte und daher
zahlreiche Vereinfachungen und (zum Teil sehr ge-
wagte) Analogieschlüsse aufweisende Werk enthält, neben ausfälliger Polemik gegen die Epikureer (↑Epikureis-
mus), die K. generell der Unsittlichkeit beschuldigt
(›Ratten‹, ›Würmer‹ etc.), unter anderem die einzig erhaltenen detaillierten Anweisungen für die Berechnung
des Erdumfanges nach Eratosthenes und Poseidonios,
eine Erklärung der Mondphasen und Mondfinsternisse,
Kalkulationen (unter anderem) zum Durchmesser der
Sonne, zur Sonnenbahn und zum Erde-Mond-Abstand.
Daß er für den Sonnendurchmesser zwei erheblich voneinander abweichende Werte berechnet (einmal 3 000
000 und ein anderes Mal 520 000 Stadien; etwa 576 900
km bzw. 99 996 km), zeigt, daß die exakte Berechnung
nicht sein Hauptanliegen ist. Dieses gilt vielmehr philosophischen Fragen wie auf das Weltall bezogenen Defi-
nitionsproblemen und der Möglichkeit von Wesensaus-
sagen über den ↑Kosmos. Diesen definiert K. (in stoischer Manier) als zusammenhängendes, in sich geschlossenes »System aus Himmel und Erde und den Wesen in
ihnen«, die alle im Verhältnis wechselseitiger ›Sympa-
theia‹ zueinander stehen. Das gesamte All habe die Gestalt einer Kugel, weil (in seinem Mittelpunkt) die Erde
kugelförmig ist, konsequenterweise dann auch die sie
umgebende Lufthülle und die diese umschließende
Ätherhülle. Durch die letzte Hülle ist die Welt insgesamt
begrenzt. Innerhalb des Kosmos gibt es keinen leeren
Raum, wohl aber existiert das Leere (↑Leere, das) – so K.
dezidiert gegen Aristoteles und den ↑Peripatos insgesamt
– außerhalb des Kosmos, und zwar als etwas Unendli-
ches/Unbegrenztes. Ausführlich behandelt K. das Problem der Definition der ›Gegenden im Raume‹ (I. Kant),
d. h. die Bestimmung der kosmologisch zu verstehenden
Begriffe oben, unten, rechts, links usw., was insofern
nicht als trivial angesehen werden kann, als es sich
nach seinen theoretischen Voraussetzungen um Rela-
tionsprädikatoren in einem nach allen Seiten hin gleichförmigen Kosmos handelt.

Text: H. Ziegler, Cleomedis De motu circulari corporum caelestium libri duo [griech./lat.], Leipzig 1891; Die Kreisbewegung
der Gestirne, übers. u. erl. v. A. Czwalina, Leipzig 1927; Cléomède. Théorie Élémentaire (De motu circulari corporum caelestium), franz. Übers. u. Kommentar R. Goulet, Paris 1980; Cleomedis Caelestia [griech.], ed. R. B. Todd, Leipzig 1990; Cleomedes' Lectures on Astronomy. A Translation of »The Heavens«,
Einf. u. Kommentar A. C. Bowen/R. B. Todd, Berkeley Calif./Los
Angeles/London 2004.

Literatur: D. R. Dicks, Cleomedes, DSB III (1971), 318–320; R.
Goulet, Cléomède, Enc. philos. universelle III/1 (1992), 97–98;
W. Hübner, K., DNP VI (1999), 578–579; J. Mau, K., KP III
(1969), 239–241; A. Rehm, K. 3, RE XI/1 (1921), 679–694; W.

Schumacher, Untersuchungen zur Datierung des Astronomen
K., Köln 1975; R. B. Todd, Cleomedes and the Stoic Concept of
the Void, Apeiron 16 (1982), 129–136; ders., The Stoics and
Their Cosmology in the First and Second Centuries A. D., in: W.
Haase (ed.), Aufstieg und Niedergang der römischen Welt.
Geschichte und Kultur Roms im Spiegel der neueren Forschung,
Teil II (Principat), Bd. 36/3, Berlin/New York 1989, 1365–1378;
ders., Cleomedes, REP II (1998), 385–386.   M. G.

Klugheit (griech. *φρόνησις*, lat. prudentia, engl./franz.
prudence), umgangssprachlich Beurteilungsprädikat für
eine Person, die die rechte Wahl von geeigneten Mitteln
zu überwiegend eigennützigen Zwecken trifft, im philosophischen Sprachgebrauch (1) Bezeichnung für eine
der bei Aristoteles so genannten ›dianoetischen Tugenden‹, in der christlichen Tradition für eine der vier so
genannten ›Kardinaltugenden‹ (↑Tugend), (2) synonym
mit bzw. Unterart von ↑›Zweckrationalität‹. Die letztere
Verwendungsweise von ›K.‹ impliziert im Unterschied
zur ersteren keine moralische Beurteilung der als ›klug‹
bezeichneten Person bzw. ihres Verhaltens.
(1) Seit Platon (Charmides) bis zum Beginn der Neuzeit
sieht die Praktische Philosophie (↑Philosophie, praktische) die K. als Voraussetzung oder Bestandteil einer
jeden moralischen Tugend an (Aristoteles, Eth. Nic.
Z13.1144b30–32; Thomas von Aquin, S. th. II–II, qu.
47 art. 5 ad 1–3; qu. 50 art. 1 ad 1; III Sent. dist. 33, qu. 2
art. 5), wie auch umgekehrt das Gutsein als Voraussetzung der K., so daß als klug erscheinendes Handeln,
das moralisch verwerflichen Zwecken dient, in Wirklichkeit unklug ist (Aristoteles, Eth. Nic. Z12.1144a36–
37; Thomas von Aquin, S. th. II–II qu. 55 art. 2 ad 3; qu.
119 art. 3 ad 3; qu. 141 art. 1 ad 2). Für Aristoteles ist
klug (*φρόνιμος*, ↑Phronesis) der, der bezüglich jeder
konkreten Situation recht überlegt und entscheidet,
was ›das gute Leben im ganzen‹ (*τὸ εὖ ζῆν ὅλως*) und
das naturgegebene Ziel des Lebens betrifft: die Glückseligkeit (↑Glück (Glückseligkeit)) (Eth. Nic. A7.1097a34–
1098a18, Z5.1140a25–28). Da sich für Aristoteles das
gute Leben (↑Leben, gutes) am ›Ethos‹, nämlich an den
↑Gewohnheiten, den unbefragt als legitim hingenomme-
nen Sitten und Gebräuchen der Polis-Gemeinschaft, be-
mißt und dem Menschen der Zweck seines Lebens vorgegeben ist, beschränkt sich die K. auf die rechte Wahl des
in einer Situation ›ethisch‹ und teleologisch (↑Natur-
recht) Geforderten. So ist das dem Besitz- und Stimm-
bürger zur Verfügung stehende, naturgemäße Mittel zur
Erlangung der Glückseligkeit die philosophische ↑Kon-
templation. Die Tatsache aber, daß sowohl Aristoteles
selbst als auch dem christlichen ↑Aristotelismus des Mittelalters das Bewußtsein der Rechtfertigungsbedürftigkeit
des Ethos und angeblich von der Natur vorgegebener
oberster Handlungsziele fehlt, begünstigt in der Neuzeit
die Verselbständigung der K. zur moralisch ungebunde-
nen Zweckrationalität.

(2) In der Neuzeit ist es zunächst die Praktische Philosophie außerhalb des deutschen Sprachraums, die eine Trennung von K. und ↑Moral oder gar eine Reduktion der Moral auf K. im Sinne bloßer Zweckrationalität vornimmt (N. Machiavelli, T. Hobbes, D. Hume), während die deutsche Philosophie weitgehend an der überlieferten K.slehre festhält (unter anderen G. W. Leibniz, C. Wolff). In der ersten Hälfte des 18. Jhs. ist hier die Lehre von der K. gleichbedeutend mit der Lehre vom rechten politischen Handeln, wobei ›Politik‹ die Führung sowohl häuslicher und kommunaler als auch staatlicher und zwischenstaatlicher Angelegenheiten umfassen kann (Beispiele: C. A. Heumann, Der politische Philosophus, das ist vernunftmäßige Anweisung zur K. im gemeinen Leben, Frankfurt 1714, Frankfurt/Leipzig ³1724 [repr. Frankfurt 1972]; C. Thomasius, Kurtzer Entwurff der politischen K. [...], Frankfurt 1707, 2002 [= Ausgew. Werke XVI]). Vornehmlich durch I. Kant hat sich dann auch in der deutschen Philosophie die Trennung von Zweckrationalität (besser: Mittelrationalität) und Moralität durchgesetzt. Kant unterscheidet die kategorischen Imperative der Sittlichkeit und die hypothetischen Imperative der Geschicklichkeit und der K. (↑Imperativ, kategorischer, ↑Imperativ, hypothetischer). Jene ermöglichen die Beurteilung der das Handeln leitenden Zwecke (↑Maxime), diese die Beurteilung der Mittel. Während die Imperative der Geschicklichkeit nach Kant technische *Regeln* darstellen, weil Mittel bekannt sind, die, falls verfügbar und störungsfrei einsetzbar, das angestrebte Ziel mit Sicherheit erreichen lassen, können Imperative der K. nur pragmatische *Ratschläge* sein, weil die Natur des angestrebten Ziels, nämlich die Beförderung eigener oder fremder Glückseligkeit, vernünftigerweise keine Gewißheit über die anzuwendenden Mittel zuläßt (Grundl. Met. Sitten B 40–48, Akad.-Ausg. IV, 414–419). Doch nicht erst das Fehlen von ↑Regeln oder Normen (↑Norm (handlungstheoretisch, moralphilosophisch)) stellt in den Augen Kants für die Lebenspraxis ein Problem dar, sondern bereits die Tatsache, daß auch Regeln und Normen trotz ihrer möglichen begrifflichen Eindeutigkeit aufgrund der möglichen Uneindeutigkeit ihrer Anwendungssituation die Angemessenheit ihrer Anwendung in einer solchen Situation nicht selbst sichern können. Dazu bedarf es der praktischen ↑Urteilskraft, die darüber befindet, ob eine gegebene Situation oder eine fragliche Handlungsweise unter eine bestimmte Regel oder Norm fällt. Entsprechenden Erörterungen gibt Kant in den kasuistischen Erwägungen seiner Tugendlehre in der Metaphysik der Sitten Raum (↑Kasuistik).

Kants Dreiteilung der Weisen zu handeln ist von J. Habermas in gesellschaftskritischer Absicht wieder aktualisiert worden: Das Regeln der Geschicklichkeit folgende, sich der Natur bemächtigende Handeln nennt

Habermas ›instrumentell-technisch‹, das individuelle und gesellschaftliche Lebensbedürfnisse manipulierende Handeln ›strategisch‹; beide Handlungsweisen heißen ›zweckrational‹ und werden dem ›kommunikativen‹ und diskursiv-argumentativen Handeln gegenübergestellt. Habermas wendet sich vor allem gegen Tendenzen in modernen Industriegesellschaften, technisches und strategisches Handeln zu verabsolutieren und der politisch-moralischen Kontrolle zu entziehen. Damit nimmt er M. Horkheimers Beiträge zu einer Kritik der so genannten ›instrumentellen Vernunft‹ auf und führt sie weiter.

Jüngere Debatten um den Stellenwert der K. in der Ethik betreffen sowohl die Erneuerung aristotelischer Konzepte als auch die Überwindung des neuzeitlichen Antagonismus von K. und Moral. Neoaristotelische Ansätze heben die Bedeutung der Phronesis für die kritische Unterscheidung all jener Einstellungen, Tätigkeiten und Güter hervor, die für die Führung eines guten Lebens unentbehrlich oder nützlich bzw. verderblich oder abträglich sind. Dem Vorwurf des Partikularismus entgehen diese Ansätze dann, wenn sie das gute Leben nicht ausschließlich individuell oder gemeinschaftsbezogen (↑Kommunitarismus), sondern universalistisch konzipieren, nämlich das eigene und das gemeinschaftliche Leben mit dem Leben all jener Individuen und Gemeinschaften vermitteln, die mit dem eigenen Leben in einem intentionalen oder kausalen Zusammenhang stehen (↑Universalisierung). Diese Vermittlung kann nicht mehr allein durch die Etablierung von Gesetzen und Institutionen oder mit Hilfe formaler Prozeduren, sondern muß auch durch einen ständigen Prozeß des Beratens und entsprechenden Adjustierens von Vorstellungen, Haltungen, ↑Interessen und Ansprüchen geschehen. Die dazu erforderliche Praxis des fairen Aushandelns läßt sich mit Habermas als ›kommunikatives Handeln‹ und aristotelisch als ›praktische Weisheit‹ bezeichnen (so die in der angelsächsischen und französischen Aristoteles-Literatur geläufige Übersetzung von ›Phronesis‹). Auch die für diese Modifikation individueller und kollektiver Vormeinungen und Strebungen notwendige Grundhaltung wird gelegentlich als ›K.‹ in tugendethischen aristotelischen Sinne bezeichnet (z. B. bei D. Den Uyl). – In einem universalistischen Verständnis von K. tritt ein ↑Antagonismus zur Moral nicht auf. Anders dort, wo K. als Einstellung bestimmt wird, die allein auf das eigene Wohl (eines Individuums, einer Gemeinschaft, eines Kollektivs) aus ist. Eine solche Einstellung muß aber auf der Handlungsebene nicht zu unmoralischen Ergebnissen führen, wenn der nach ihr Handelnde – der ›rationale Egoist‹ (↑Egoismus) – die Folgen seines Handelns für ihn selbst weitsichtig antizipiert, nämlich in den Motivations- und Wirkzusammenhang mit anderen Handelnden stellt, wie Überlegungen etwa zu spieltheoretisch modellierten Dilemmasituationen (↑Dilemma, ↑Dilemma, moralisches, ↑Entscheidungstheorie) oder zur (partiellen) Konvergenz von Eigen- und Allgemeinnutzen im ↑Utilitarismus zeigen.

Literatur: H. Arendt, Vita activa oder Vom tätigen Leben, Stuttgart 1960, München 2007; P. Aubenque, La prudence chez Aristote, Paris 1963, ³1986 (dt. Der Begriff der K. bei Aristoteles, Hamburg 2007); W. E. Davie, Being Prudent and Acting Prudently, Amer. Philos. Quart. 10 (1973), 57–60; D. Den Uyl, The Virtue of Prudence, New York 1991; R. Elm, K. und Erfahrung bei Aristoteles, Paderborn etc. 1996, bes. 187–288 (Kap. III K. als praktisches Wissen aus Erfahrung); P. Fischer, Moralität und Sinn. Zur Systematik von K., Moral und symbolischer Erfahrung im Werk Kants, München 2003; H.-G. Gadamer, Über die Möglichkeit einer philosophischen Ethik, in: ders., Kleine Schriften I, Tübingen 1967, ²1976, 179–191; D. P. Gauthier, Practical Reasoning. The Structure and Foundations of Prudential and Moral Arguments and Their Exemplification in Discourse, Oxford 1963, 1966; P. Geach, The Virtues, Cambridge 1977, 1979, bes. 88–109 (Chap. V Prudence); K. Günther, Der Sinn für Angemessenheit. Anwendungsdiskurse in Moral und Recht, Frankfurt 1988, 1992 (engl. The Sense of Appropriateness. Application Discourses in Morality and Law, Albany N. Y. 1993); J. Habermas, Die klassische Lehre von der Politik in ihrem Verhältnis zur Sozialphilosophie, in: ders., Theorie und Praxis. Sozialphilosophische Studien, Neuwied/Berlin 1963, 13–51, Frankfurt ⁵1988, 48–88 (engl. The Classical Doctrine of Politics in Relation to Social Philosophy, in: ders., Theory and Practice, Boston Mass. 1974, Cambridge 1988, 41–81); ders., Technik und Wissenschaft als ›Ideologie‹, Frankfurt 1968, ⁴1970; R. M. Hare, Moral Thinking. Its Levels, Method, and Point, Oxford 1981, 1992 (dt. Moralisches Denken. Seine Ebenen, seine Methode, sein Witz, Frankfurt 1992); R. Hariman (ed.), Prudence. Classical Virtue, Postmodern Practice, University Park Pa. 2003; M. Horkheimer, Zur Kritik der instrumentellen Vernunft, ed. A. Schmidt, Frankfurt 1967, 2007, ferner in: ders., Gesammelte Schriften VI, Frankfurt 1991, 19–186; D. C. Hubin, Prudential Reasons, Can. J. Philos. 10 (1980), 63–81; G. J. Hughes, Prudence, REP VII (1998), 802–804; W. Kersting (ed.), K., Weilerswist 2005; H. Krämer, Integrative Ethik, Frankfurt 1992, 1995; A. Luckner, EP I (1999), 678–684; ders., K., Berlin/New York 2005; A. MacIntyre, After Virtue. A Study in Moral Theory, Notre Dame Ind. 1981, ³2007 (dt. Der Verlust der Tugend. Zur moralischen Krise der Gegenwart, Frankfurt/New York 1987, 2006); T. Nagel, The Possibility of Altruism, Oxford 1970, Princeton N. J. 1978, bes. 27–76 (Chap. II Subjective Reasons and Prudence) (dt. Die Möglichkeit des Altruismus, Bodenheim 1998, Berlin ²2005, bes. 39–107 [Kap. II K. und subjektive Gründe]); D. M. Nelson, The Priority of Prudence. Virtue and Natural Law in Thomas Aquinas and the Implications for Modern Ethics, University Park Pa. 1992, bes. 27–104 (Chap. II The Context for Prudence, III The Priority of Prudence); R. L. Nichols/D. M. White, Politics Proper. On Action and Prudence, Ethics 89 (1978/1979), 372–384; N. Pfeiffer, Die K. in der Ethik von Aristoteles und Thomas von Aquin, Freiburg (Schweiz) 1918; J. Pieper, Traktat über die K., Leipzig 1937, München ⁷1965 (engl. Prudence, New York 1959, London 1960); ders., Das Viergespann. K., Gerechtigkeit, Tapferkeit, Maß, München 1964, bes. 13–64; P. Ricœur, Soi-même comme un autre, Paris 1990, 1998 (engl. Oneself as Another, Chicago

Ill./London 1992; dt. Das Selbst als ein Anderer, München 1996, ²2005); J. Ritter, Metaphysik und Politik. Studien zu Aristoteles und Hegel, Frankfurt 1969, 2003; W. Schmid, Philosophie der Lebenskunst. Eine Grundlegung, Frankfurt 1998, 2006; W. H. Schrader, K. und Vernunft. Überlegungen zur Begründung der Hobbesschen Vertragstheorie, Philos. Jb. 82 (1975), 309–322; R. Schüssler, Kooperation unter Egoisten. Vier Dilemmata, München 1990, ²1997; J. Trebilcot, Aprudentialism, Amer. Philos. Quart. 11 (1974), 203–210; J. Trier, Die Idee der K. in ihrer sprachlichen Entfaltung, Z. Deutschkunde 46 (1932), 625–635; F. Wiedemann/G. Biller, K., Hist. Wb. Ph. IV (1976), 857–863; G. H. v. Wright, The Varieties of Goodness, London/New York 1963, 1972. — R. Wi.

Knutzen, Martin, *Königsberg 14. Dez. 1713, †ebd. 29. Jan. 1751, dt. Philosoph. 1733 in Königsberg promoviert (Dissertatio metaphysica de aeternitate mundi impossibili), war K. von 1734 bis zu seinem frühen Tode a. o. Prof. der Logik und Metaphysik ebd.; bedeutendster der Lehrer I. Kants, las über Mathematik, Physik, Astronomie, Logik, Naturphilosophie und Theologie. Trotz seiner pietistischen (↑Pietismus) Grundposition ist K. ein – wenn auch nicht unkritischer – Anhänger der Wolffschen Schule und steht der Gravitationstheorie I. Newtons aufgeschlossen gegenüber, mit dessen Schriften er Kant vertraut macht. Obwohl Wolffianer, nimmt er gegen die Leibniz-Wolffsche Lehre (↑Leibniz-Wolffsche Philosophie) von der prästabilierten Harmonie (↑Harmonie, prästabilierte) mit der Lehre von der physischen Einwirkung (↑influxus physicus) von Substanzen – vor allem von Leib und Seele – aufeinander Stellung und bringt diesen Standpunkt auch innerhalb der Wolffschen Schule zu fast allgemeiner Anerkennung. Theologisch verteidigt K. die christliche Religion gegen den englischen ↑Deismus, indem er die pietistische Auffassung einer göttlichen ↑Offenbarung vertritt (Philosophischer Beweis von der Wahrheit der christlichen Religion, 1740), die Notwendigkeit einer Offenbarung jedoch in logisch-mathematischem Geist (↑more geometrico) zu erweisen sucht, ohne daß diese Verfahrensweise wie im ↑Rationalismus der ↑Aufklärung die theologischen Gehalte selbst berührt.

Werke: Dissertatio metaphysica de aeternitate mundi impossibili, Königsberg 1733; Commentatio philosophica de commercio mentis et corporis per influxum physicum explicando, Königsberg 1735; Philosophischer Beweis von der Wahrheit der christlichen Religion, Königsberg 1740, erw. ³1742, ⁴1747 (repr. in: Philosophischer Beweis von der Wahrheit der christlichen Religion, Hildesheim 2006, 1–222), ⁵1763; Commentatio philosophica de humanae mentis individua natura sive immaterialitate, Königsberg 1741 (dt. Philosophische Abhandlung von der immateriellen Natur der Seele [...], Königsberg 1744); Vertheidigte Wahrheit der christlichen Religion gegen den Einwurf dass die christliche Offenbarung nicht allgemein sey, Königsberg 1742 (repr. in: Philosophischer Beweis von der Wahrheit der christlichen Religion [s. o.], 223–272); Betrachtung über die Schreibart der Heiligen Schrift, Königsberg 1742 (repr. in: Philosophischer Beweis von der Wahrheit der christlichen Religion [s. o.], 273–296); Vernünftige Gedanken von den Cometen, Königsberg 1744; Systema causarum efficientium [...], Leipzig 1745 (2. Aufl. der beiden Commentationes philosophicae in 1 Bd.); Elementa philosophiae rationalis seu logicae cum generalis tum specialioris mathematica methodo demonstrata, Königsberg 1747 (repr. Hildesheim 1991).

Literatur: L. W. Beck, Early German Philosophy. Kant and His Predecessors, Cambridge Mass. 1969; M. van Biéma, M. K.. La critique de l'harmonie préétablie, Paris 1908; B. Erdmann, M. K. und seine Zeit. Ein Beitrag zur Geschichte der Wolfischen Schule und insbesondere zur Entwicklungsgeschichte Kants, Leipzig 1876 (repr. Hildesheim 1973); F. Holz, K., NDB XII (1980), 231–232; A. Laywine, K., REP V (1998), 287–289; G. Tonelli, K., Enc. Ph. IV (1967), 352–353; E. Watkins, The Development of Physical Influx in Early Eighteenth-Century Germany. Gottsched, K., and Crusius, Rev. Met. 49 (1995/1996), 295–339; M. Wundt, Die deutsche Schulphilosophie im Zeitalter der Aufklärung, Tübingen 1945 (repr. Hildesheim 1964). – Biographische Enzyklopädie deutschsprachiger Philosophen, München 2001, 222. R. Wi.

Kodierung, Bezeichnung für den allgemeinen Fall von Chiffrierung (↑Chiffre). Bei K.en werden häufig Wörtern, Phrasen oder Begriffen aus natürlichen Sprachen (↑Sprache, natürliche) Worte über einem Buchstaben- oder Ziffernalphabet zugeordnet (z. B. Stenographie). In der mathematischen Logik (↑Logik, mathematische) wird seit K. Gödel eine K. von Symbolen und Formeln einer formalen Sprache (↑Sprache, formale) durch natürliche Zahlen verwendet (↑Gödelisierung).

Bereits F. Bacon verwendete um 1580 einen 5-Bit-Code für die K. eines 24-stelligen Alphabets (mit $u = v$) in lexikographischer Ordnung (z. B. $\alpha\alpha\alpha\beta.\alpha\alpha\alpha\alpha.\alpha\alpha\beta\alpha.$ $\alpha\beta\beta\alpha\beta.\alpha\beta\beta\alpha\alpha$ für ›BACON‹). G. W. Leibniz kodierte Dezimalziffern im Zahlsystem zur Basis 2 mit *Dualziffern* 0 und 1 (↑Dualsystem). Doch erst K. Zuses elektromechanischer Rechner Z 1 (1938) griff die Binärkodierung wieder auf, die heute wegen ihrer einfachen Darstellung durch elektrische Impulse in jedem Elektronenrechner verwendet wird. Das auf I. M. E. Baudot zurückgehende internationale Telegraphenalphabet (1874) benutzt (wie Bacon) eine 5-Bit-K., während z. B. der IBM-Lochkartenkode eine auf H. Hollerith zurückgehende 12-Bit-K. ist. Auch der Morsekode von S. Morse (1840) wird technisch als Binärkodierung realisiert (↑Informationstheorie).

In der Biologie liegt dem *genetischen Code* (↑Code, genetischer) eine Quaternärkodierung zugrunde, die bei DNA an den vier Nukleinsäuren Adenin, Cytosin, Guanin und Thymin ansetzt, jeweils bezeichnet durch die Buchstaben A, C, G und T. Im Groben entsprechen jeweils Dreiergruppen (Tripletts) solcher Basen einer Aminosäure (also etwa das Triplett ACG der Aminosäure Threonin). Der genetische Code wird von einigen Philosophen als genuiner natürlicher Code insofern betrachtet, als er (1) diskrete Elemente enthält, (2) deren

Verknüpfung mit den gleichsam übersetzten Größen (den Aminosäuren) willkürlich in dem Sinne ist, daß auch andersartige Verknüpfungen mit den ↑Naturgesetzen in Einklang gestanden hätten und daß die im genetischen Code enthaltenen Verknüpfungen Ergebnisse evolutionsgeschichtlicher Zufälle sind.

Literatur: P. E. Griffiths, Genetic Information. A Metaphor in Search of a Theory, Philos. Sci. 68 (2001), 394–412; L. E. Kay, Who Wrote the Book of Life? A History of the Genetic Code, Stanford Calif. 2000 (dt. Das Buch des Lebens. Wer schrieb den genetischen Code?, München 2001, Frankfurt 2005); J. Maynard Smith, The Concept of Information in Biology, Philos. Sci. 67 (2000), 177–194; U. Stegmann, The Arbitrariness of the Genetic Code, Biology and Philos. 19 (2004), 205–222; weitere Literatur: ↑Chiffre. K. M.

Kodifikat, gebräuchlicher Terminus für ein formales System (↑System, formales).

Koexistenzgesetz, Bezeichnung für ein Gesetz (↑Gesetz (exakte Wissenschaften)), das einen Zusammenhang zwischen zum gleichen Zeitpunkt stattfindenden Ereignissen bzw. zum gleichen Zeitpunkt vorhandenen Gegenständen formuliert, z. B.: ›für alle Zeitpunkte t: alle zum Zeitpunkt t vorhandenen Säugetiere sind zum Zeitpunkt t Lungenatmer‹, oder kurz: ›alle Säugetiere sind Lungenatmer‹. Von K.en unterscheidet man Gesetze, durch die Beziehungen zwischen zeitlich aufeinanderfolgenden Situationen beschrieben werden und die deshalb notwendig einen Zeitfaktor enthalten müssen, wie die meisten physikalischen Gesetze. Will man noch unterscheiden zwischen ↑*Sukzessionsgesetzen*, die zur Erklärung späterer Ereignisse durch frühere, und *Präzessionsgesetzen*, die zur Erklärung früherer Ereignisse durch spätere dienen sollen, dann muß man wohl pragmatische Eigenschaften von Gesetzen, die z. B. mit der Art ihrer experimentellen Überprüfung zusammenhängen (↑Verlaufsgesetz), heranziehen, da syntaktische und semantische Eigenschaften von Gesetzen für diese Unterscheidung kaum ausreichen. P. S.

Kognitionswissenschaft (engl. cognitive science, franz. sciences cognitives), Bezeichnung eines interdisziplinären Forschungsansatzes zur Darstellung informationsverarbeitender Prozesse in Menschen, Tieren und Maschinen. Im einzelnen geht es um die Aufklärung von Wahrnehmung, Sprache, Denken und ↑Bewußtsein, die durch Zusammenwirken von ↑Psychologie, ↑Linguistik, Computerwissenschaft, ↑Neurowissenschaften (↑Hirnforschung) und ↑Philosophie geleistet werden soll. Die K. als interdisziplinärer Ansatz wurde ab den 1960er Jahren durch das Aufkommen des Funktionalismus (↑Funktionalismus (kognitionswissenschaftlich)) in der Philosophie des Geistes (↑philosophy of mind) wesentlich gefördert. Für den Funktionalismus ist die Beschaffenheit mentaler Zustände von deren konkreten Realisierungen weitgehend unabhängig und statt dessen durch das Wechselwirkungsprofil dieser Zustände bestimmt. Die Natur eines mentalen Zustands ergibt sich danach durch sein Verknüpfungsmuster mit Zuständen der Außenwelt, Verhaltensweisen und anderen mentalen Zuständen. Ein derart abstrakter Denkansatz legt eine disziplinenübergreifende Behandlung informationsverarbeitender Prozesse nahe.

Der funktionalistische Ansatz wurde zunächst durch Rückgriff auf abstrakte Schemata kognitiver Operationen umgesetzt. Dabei gewann die von A. Turing bereits 1937 entworfene ↑Turing-Maschine besondere Bedeutung. Eine Turing-Maschine ist eine schematische Prozedur, die mit formalen Symbolen nach konditionalen Regeln operiert und einen gegebenen Anfangszustand (eine Aufgabe) durch Abarbeiten einer Reihe solcher Operationsregeln (des Programmes) in einen Endzustand überführt (die Lösung der Aufgabe). Für den Funktionalismus lassen sich mentale Prozesse nach Art solcher abstrakter ↑Algorithmen auffassen, so daß die in Computern ablaufenden Prozesse ein Vorbild menschlicher Kognition bilden. Gemeint ist dabei eine so genannte ›Von-Neumann-Architektur‹ mit einer zentralen Recheneinheit, die einem Programm folgend sämtliche Operationen nacheinander, also seriell, bewältigt (wie in gegenwärtigen PCs). Die Vorstellung ist, daß Gehirn und Computer auf physikalisch unterschiedliche Weise die gleichen abstrakt beschriebenen Prozesse der Informationsverarbeitung realisieren, so daß die Untersuchung künstlicher Intelligenz (↑Intelligenz, künstliche) Aufschluß über natürliche ↑Intelligenz geben kann.

In der klassischen K. konkretisiert sich dieser Ansatz zur *Symbolverarbeitungstheorie* bzw. *Computertheorie* des Geistes und zur These *mentaler Repräsentation* (↑Repräsentation, mentale). Die Symbolverarbeitungstheorie präzisiert die Vorstellung, daß Denken im Durchlaufen formaler Algorithmen besteht. ›Formal‹ oder ›syntaktisch‹ bildet einen Gegensatz zu ›inhaltlich‹ oder ›semantisch‹ und besagt, daß uninterpretierte Zeichenfolgen nach Regeln, die nur auf Gleichheit oder Verschiedenheit der Zeichen Bezug nehmen, nicht aber darauf, wofür die Zeichen stehen, in andere Zeichenfolgen transformiert werden. Die Repräsentationsthese besagt, daß mentale Zustände von intentionaler (↑Intentionalität) Beschaffenheit sind, also einen Gehalt besitzen. Überzeugungen, Wünsche etc. bringen einen Inhalt zum Ausdruck. Der Grund für die Repräsentationsthese ist, daß menschliches Verhalten am besten (und oft genug nicht anders als) durch Bezug auf mentale Gehalte erklärt werden kann. Kennzeichnend für die klassische K. (wie sie philosophisch vor allem von J. Fodor und Z. W. Pylyshyn vertreten wird) ist diese Verknüpfung einer syntaktischen Theorie mentaler Operationen mit einer repräsentationalen Theorie mentaler Zustände. – Die Erklärungsrelevanz mentaler Gehalte stammt daher, daß sie keine direkten und eindeutigen Beziehungen zu den betreffenden physischen Sachverhalten aufweisen. Verhaltensrelevant ist, wie eine gegebene Situation aufgefaßt wird, was bei verschiedenen Menschen unterschiedlich sein kann. Deshalb erlaubt der Bezug auf mentale Gehalte die Formulierung psychologischer Verallgemeinerungen, die durch exklusiven Rückgriff auf die Situationsumstände nicht adäquat wiederzugeben sind.

Computer führen syntaktisch beschriebene Operationen aus, bearbeiten in diesem Rahmen aber inhaltlich charakterisierte Problemstellungen und geben inhaltlich interpretierte Lösungen an. Die Arbeitsweise von Computern vermag daher Aufschluß über den Zusammenhang von Symbolverarbeitungstheorie und Repräsentationsthese zu geben: Die inhaltlich gedeuteten Ausgangsgrößen werden für die maschinelle Bearbeitung in formale Symbole übertragen, die nach syntaktischen Regeln verarbeitet werden. Diese Regeln (das Programm) sind so eingerichtet, daß sie inhaltliche Verknüpfungen zwischen diesen Größen respektieren. Für inhaltlich zulässige ↑Transformationen gibt es syntaktische Regeln; inhaltlich unzulässige Transformationen sind durch solche Regeln ausgeschlossen. Dazu muß das Programm der ›*Formalitätsbedingung*‹ genügen, also so eingerichtet sein, daß allen inhaltlich relevanten Unterschieden formale Unterschiede entsprechen (aber nicht umgekehrt). Danach ist die Semantik *supervenient* (↑supervenient/ Supervenienz)) zur ↑Syntax.

Dasselbe Verhältnis besteht zwischen syntaktischen Operationen und deren physischer Umsetzung, so daß sich die für die K. charakteristische ›Drei-Ebenen-Struktur‹ von Physik, Syntax und ↑Semantik ergibt: Auf der Ebene der physikalischen Realisierung werden Computerzustände durch Muster von Spannungszuständen beschrieben, die sich nach den ↑Naturgesetzen verändern; auf der syntaktischen Ebene werden sie durch Symbolfolgen charakterisiert, deren Änderungen durch formale Transformationsregeln bestimmt sind; auf der semantischen Ebene durchläuft der Computer inhaltlich beschriebene Argumentationsschritte. Die einseitige Abhängigkeit von Änderungen auf diesen drei Ebenen erklärt, wie ein Computer letztlich nur Elektronen verschiebt und dabei doch inhaltlich gedeutete Größen nach semantisch beschreibbaren Regeln bearbeitet. Für die klassische K. ist durch diese drei Ebenen physikalischer, syntaktischer und semantischer Eigenschaften auch menschliche kognitive Aktivität gekennzeichnet. Menschliche Intelligenz besteht entsprechend darin, daß mentale Gehalte im Gehirn syntaktisch kodiert (↑Kodierung) und nach formalen Regeln verarbeitet werden, die ihrerseits neurophysiologisch umgesetzt sind. Auch intelligente Operationen beim Menschen genügen der Formalitätsbedingung.

Die Übernahme der Formalitätsbedingung auch für menschliche kognitive Aktivität besagt, daß es sich bei Computern buchstäblich um ›künstliche Intelligenz‹ handelt. Dieser Anspruch bezieht sich nicht primär auf die jeweils von Mensch und Maschine erbrachten kognitiven Leistungen. Nach dem von Turing 1950 vorgeschlagenen ›Turing-Test‹ liegt künstliche Intelligenz dann vor, wenn anhand des Kommunikationsverhaltens nicht erkennbar ist, ob es sich bei dem Kommunikationspartner um einen Menschen oder einen Computer handelt. Die K. betrachtet dieses ausschließlich behavioral orientierte Kriterium für künstliche Intelligenz als zu weit gefaßt. Vielmehr verlangt künstliche Intelligenz eine Entsprechung der internen Mechanismen oder der Funktionsweisen von Mensch und Maschine. Die klassische K. sieht diesen Anspruch durch die Symbolverarbeitungstheorie eingelöst: bei Gehirn und Computer handelt es sich übereinstimmend um syntaktische Maschinen. – Nach der Symbolverarbeitungstheorie folgt menschliches Denken explizit im Gehirn kodierten Regeln und ist entsprechend programmgesteuert. Dafür wird geltend gemacht, daß menschliche kognitive Aktivität in der Mehrzahl der Fälle angebbaren Regeln (etwa der Logik) folgt. Die Regelgeleitetheit sprachlichen Verhaltens zeigt sich in der Fähigkeit, eine unbegrenzte Zahl von Aussagen zu verstehen und zu äußern. Diese Fähigkeit beruht für die K. auf der Kombination einer begrenzten Zahl von Grundkomponenten durch Anwendung einer begrenzten Zahl von Sprachregeln. In der klassischen K. ist die Ansicht verbreitet, daß mentale Repräsentationen eine satzartige Struktur besitzen, die in einer ›Sprache des Denkens‹ verknüpft werden. Bei Fodor handelt es sich dabei um eine besondere Sprache (›mentalesisch‹), die mit keiner natürlichen Sprache (↑Sprache, natürliche) übereinstimmt.

Die Symbolverarbeitungstheorie leistet einen Beitrag zur Erklärung der Natur der Intelligenz und der Wirksamkeit mentaler Gehalte. Die Orientierung an informationsverarbeitenden Prozessen in Computern ermöglicht die Rückführung intelligenter Prozesse auf nicht-intelligente Grundoperationen. Computer bearbeiten komplexe und anspruchsvolle Aufgaben durch Verkettung einfacher Basisoperationen, die mechanisch ohne weiteres umgesetzt werden können. Weiterhin erklärt die Symbolverarbeitungstheorie den Anschein des Einflusses von mentalen Gehalten auf Verhalten (↑Verhalten (sich verhalten)). Diese Erklärung stützt sich auf die Annahmen, daß (1) mentale Gehalte in der Sache ohne jeden Einfluß auf physiologische Zustände sind, jedoch (2) auf solche Weise mit ihren neurophysiologischen Realisierungen verknüpft sind, daß die kausalen Verbindungen zwischen diesen Realisierungen den inhaltlichen, durch die Gehalte gestifteten Verknüpfungen zwischen mentalen Zuständen folgen.

Die klassische K. ist Gegenstand zahlreicher Einwände. (1) J. Searles Argument des chinesischen Zimmers (↑chinese room argument) besagt, daß durch Ausführung formaler Operationen der Zugang zu Inhalten bloß simuliert, aber nicht wirklich gefunden wird. Computer besitzen keine intentionalen Zustände; erst der Mensch nimmt die inhaltliche Deutung ihrer syntaktischen Zustände vor. Die Intentionalität menschlicher Kognition ist ursprünglich und nicht abgeleitet, so daß jene nicht durch den Denkansatz der klassischen K. rekonstruiert werden kann. Allerdings wird die Ursprünglichkeit menschlicher Intentionalität etwa von D. Dennett bestritten. Danach folgt die Zuschreibung intentionaler Zustände stets einer instrumentalistischen (↑Instrumentalismus) Strategie der Verhaltenserklärung und ist ohne realkognitive Grundlage. (2) Computer und Menschen unterscheiden sich deutlich in ihrem Leistungsprofil: Jene zeichnen sich durch die schnelle und zuverlässige Bearbeitung großer Datenmengen nach festen Regeln aus, diese sind im Vorteil bei der Mustererkennung und bei so genannten Common-sense-Aufgaben (↑common sense), bei denen einer großen Zahl unscharf formulierter Anforderungen zu genügen ist. Solche Divergenzen gelten als Hinweise darauf, daß Computer und Mensch die betreffenden Aufgaben auf unterschiedliche Weise bearbeiten und entsprechend verschiedene Arten von Intelligenz besitzen. (3) Die klassische K. rückt den Umgang mit satzartigen Größen in den Vordergrund und überschätzt dadurch die Bedeutung der ↑Sprache. Selbst beim erwachsenen Menschen laufen viele Denkoperationen eher bildhaft als sprachgesteuert ab, und dies gilt erst recht für kleine Kinder oder Tiere. Der Schluß der Kritiker aus diesen Einwänden lautet, daß die K. zentrale Kennzeichen des menschlichen Denkens verfehlt.

Seit Mitte der 1980er Jahre gewinnt eine alternative Sicht kognitiver Mechanismen an Verbreitung, die sich nicht mehr an der Von-Neumann-Architektur, sondern an ›neuronalen Netzen‹ orientiert. Neuronale Netze werden auch als ›konnektionistische‹ Systeme bezeichnet; der Konnektionismus behauptet, daß das menschliche Gehirn ähnlich wie ein neuronales Netz arbeitet. Diese Behauptung schließt drei Annahmen über die kognitive Architektur des Menschen ein: (1) Die Informationsverarbeitung läuft nicht seriell ab, sondern ›massiv parallel‹. Danach werden mehrere Verarbeitungsschritte gleichzeitig ausgeführt, die sich überdies nicht in serielle Teilprozesse aufgliedern (*parallel processing*). (2) Die Informationsverarbeitung ist nicht in einer Zentraleinheit konzentriert, sondern über das Netz verteilt (*distributed processing*); sie entsteht aus dem Zusammenwirken separat operierender Komponenten. (3) Die Informationsverarbeitung wird nicht durch explizit im System niedergelegte Regeln gesteuert. Im Gegensatz zur Von-Neumann-Architektur enthält das neuronale Netz kein ausdrücklich notiertes Programm. Das Fehlen von explizit kodierten Regeln ist nicht gleichbedeutend mit regellosem Verhalten. Das Netz verhält sich regelmäßig, ist aber nicht regelgeleitet (wie ein Körper dem Gravitationsgesetz folgt, ohne daß dieses explizit in ihm verzeichnet wäre). Der ↑Konnektionismus galt zunächst als Alternative zur K., wird aber inzwischen als andersartige Konkretisierung des kognitionswissenschaftlichen Denkansatzes aufgefaßt (J. L. McClelland, D. E. Rumelhart).

Neuronale Netze wurden (wie die Bezeichnung nahe legt) als Nachbildung der Verknüpfung von Nervenzellen konzipiert. Sie bestehen aus einer großen Zahl von ›Knoten‹ (*nodes*), die jeweils durch gerichtete Verknüpfungen mit anderen Knoten verbunden sind. Jeder Knoten wandelt die von anderen Knoten einlaufenden Signale in ein Ausgangssignal um, das er an nachgeschaltete Knoten weitergibt (bei Vorliegen von Rückkopplungsschleifen auch an sich selbst). Die Verarbeitung in einem Knoten und damit die Beschaffenheit des Ausgangssignals wird durch Kenngrößen wie Gewichte (die die Verstärkung oder Abschwächung von Eingangssignalen ausdrücken) oder Transferfunktionen (die z.B. einen Schwellenwert für Eingangssignale festlegen) bestimmt (Figur 1).

Jedes neuronale Netz enthält drei Typen von Knoten. Die Eingabeknoten (*input nodes*) erhalten Reize von außerhalb des Systems und repräsentieren den Anfangszustand. Die Ausgabeknoten (*output nodes*) stellen das Aktivitätsmuster nach Durchlaufen des Netzes dar. Dazwischen befinden sich die internen Knoten (*internal nodes, hidden nodes*), die das Aktivitätsmuster der Eingabeknoten nach Maßgabe der Gewichte und Transferfunktionen umwandeln. Das Muster pflanzt sich entsprechend in anhaltender Modifikation durch das Netz hindurch fort, erscheint endlich an den Ausgabeknoten und repräsentiert dort die vom System angebotene Lösung der jeweiligen Aufgabenstellung.

Repräsentation oder Speicherung von Daten im neuronalen Netz erfolgt durch ein zugehöriges Aktivitätsmuster, das durch die betreffenden Gewichte bestimmt ist. Lernen entsteht dann durch Anpassung der Gewichte. Auf diese Weise ändern sich bei mehrmaligem Durchlaufen eines festen Eingabemusters die Ausgabewerte. Diese Anpassung wird typischerweise durch die so genannte ›Hebbsche Regel‹ gesteuert (nach D. Hebb, der sie 1949 hypothetisch für biologische Systeme annahm): das Gewicht einer Knotenverknüpfung steigt oder fällt nach Maßgabe ihrer Nutzung. Dabei wird die Abweichung zwischen dem angebotenen und dem korrekten Wert wieder in das System eingegeben und führt nach

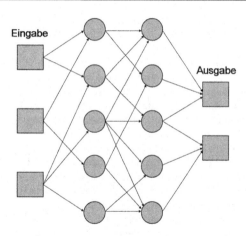

Figur 1: Schema eines neuronalen Netzes

dem Verfahren der ›Backpropagation‹ zu einer Anpassung der Gewichte. Konnektionistisches Lernen stellt sich bei wiederholter Präsentation gleicher oder ähnlicher Eingabemuster und systeminterner Korrektur der Ausgabe ein. – Die Informationsverarbeitung im neuronalen Netz erfolgt im Kern durch Vervollständigung von Mustern. Durch wiederholte Ansprache von Knotenverknüpfungen wird die betreffende Aktivierungsschwelle so weit abgesenkt, daß eine partielle äußere Anregung des Musters zu seiner vollständigen Aktivierung führt. Dieser Prozeß bedarf keiner zentralen Steuerung, sondern entsteht durch lokale Wechselwirkungen zwischen Knoten. Weder syntaktische Symbolfolgen noch regelgeleitete Operationen spielen in neuronalen Netzen eine Rolle.

Der Konnektionismus faßt neuronale Netze als Modelle der physiologischen Strukturen auf, die menschlicher Kognition zugrundeliegen. Diese Interpretation stützt sich auf Vergleiche der Komponenten und des Leistungsprofils: (1) Die Bausteine des menschlichen Nervensystems und neuronaler Netze ähneln einander und stehen in krassem Gegensatz zu den Bestandteilen eines Von-Neumann-Computers. Z. B. schaltet kein Neuron in weniger als einer Millisekunde, und das Gehirn vermag kognitiv relevante Leistungen bereits durch hundert solcher Schritte zu erbringen. Neuronalen Netzen gelingt es, solche Beschränkungen zu respektieren, während die Kenngrößen von Von-Neumann-Computern davon um viele Größenordnungen abweichen. (2) Neuronale Netze besitzen – wie menschliche Kognition – Stärken bei der Mustererkennung. Allerdings wird der Konnektionismus gerade aus biologischer Perspektive nicht selten wegen unrealistischer Züge der Netzwerke angegriffen. Nicht alle relevanten Transferfunktionen haben ein physiologisches Gegenstück, und Lernalgorithmen wie Backpropagation gelten als biologisch unplausibel. Ein weiterer Einwand richtet sich gegen die prozedurale Undurchschaubarkeit neuronaler Netze. Die im Einzelfall von einem solchen Netz zur Bewältigung einer bestimmten Aufgabe eingesetzten Verfahren bleiben opak, während der Lösungsweg von Computerprogrammen im Grundsatz nachvollzogen werden kann. Weiterhin wird aus dem Gesichtswinkel der klassischen K. die Bedeutung satzartiger Repräsentationen für die menschliche Kognition hervorgehoben. Danach verweisen die Komplexität, Produktivität und Systematik kognitiver Repräsentationen zwingend auf deren ›semantische Kompositionalität‹, also auf ihre Zusammensetzung aus separat bedeutungstragenden Teilen. Diese Kompositionalität wird in konnektionistischen Repräsentationen verfehlt, deren Bestandteile im allgemeinen nicht separat bedeutungstragend sind. Daher müssen mentale Repräsentationen (wie in der klassischen K. vorgesehen) satzartige Struktur haben (Fodor, Pylyshyn).

Neuere Denkansätze kritisieren klassische K. und Konnektionismus gleichermaßen wegen ihrer Abstraktheit. Der alternative Ansatz der ›situierten Kognition‹ (*embodied cognition*) setzt den Akzent auf körperlich eingebundene Kognition und auf die Umweltbedingungen intelligenten Verhaltens (G. Lakoff, F. Varela). Dadurch rücken Roboter ins Zentrum der K., die sich durch sensorische und motorische Interaktion mit ihrer Umgebung auch neue kognitive Dimensionen erschließen können sollen (R. A. Brooks).

Literatur: L. Albertazzi (ed.), The Dawn of Cognitive Science. Early European Contributions, Dordrecht/Boston Mass./London 2001; D. Andler (ed.), Introduction aux sciences cognitives, Paris 1992, rev. 2004; M. A. Arbib, In Search of the Person. Philosophical Explorations in Cognitive Science, Amherst Mass. 1985; W. Bechtel, Philosophy of Science. An Overview for Cognitive Science, Hillsdale N. J./London 1988; ders., Philosophy of Mind. An Overview for Cognitive Science, Hillsdale N. J./London 1988; ders./A. Abrahamsen, Connectionism and the Mind. An Introduction to Parallel Processing in Networks, Cambridge Mass./Oxford 1991, 1998, mit Untertitel: Parallel Processing, Dynamics and Evolution in Networks, Malden Mass./Oxford ²2002 (franz. Le connexionnisme et l'esprit. Introduction au traitement parallèle par réseaux, Paris 1993); ders./ G. Graham (eds.), A Companion to Cognitive Science, Malden Mass./Oxford 1998, 2004; ders. u. a. (eds.), Philosophy and the Neurosciences. A Reader, Malden Mass./Oxford 2001; M. Bekkenkamp, Wissenspsychologie. Zur Methodologie kognitionswissenschaftlicher Ansätze, Heidelberg 1995; M. A. Boden, The Philosophy of Cognitive Science, in: A. O'Hear (ed.), Philosophy at the New Millennium, Cambridge/New York 2001, 209–226; dies., Mind as Machine. A History of Cognitive Science, I–II, Oxford 2006; J. Branquinho (ed.), The Foundations of Cognitive Science, Oxford 2001; A. Brook (ed.), The Prehistory of Cognitive Science, Basingstoke/New York 2007; R. A. Brooks, Cambrian Intelligence. The Early History of the New AI, Cambridge Mass./London 1999; M. Carrier/J. Mittelstraß, Geist, Gehirn, Verhalten. Das Leib-Seele-Problem und die Philosophie der Psychologie, Berlin/New York 1989 (engl. Mind, Brain, Behavior. The Mind-Body Problem and the Philosophy of Psychology, Berlin/New York 1991); D. J. Chalmers, The Conscious Mind, Oxford/New York 1996, 1997; A. Clark, Microcognition. Philosophy, Cognitive Science and Parallel Distributed Processing, Cambridge Mass./London 1989, 1991, 1993; ders., Being There. Putting Brain, Body, and World Together again, Cambridge Mass./London 1997, 1999; ders., Mindware. An Introduction to the Philosophy of Cognitive Science, Oxford/New York 2001; ders./J. Ezquerro/J. M. Larrazabal (eds.), Philosophy and Cognitive Science. Categories, Consciousness, and Reasoning. Proceedings of the Second International Colloquium on Cognitive Science, Dordrecht/Boston Mass./London 1996; D. J. Cole/J. H. Fetzer/T. L. Rankin (eds.), Philosophy, Mind and Cognitive Inquiry. Resources for Understanding Mental Processes, Dordrecht/Boston Mass./London 1990; J. Coulter/W. Sharrock, Brain, Mind, and Human Behaviour in Contemporary Cognitive Science. Critical Assessments of the Philosophy of Psychology, Lewiston N. Y./Lampeter 2007; T. Crane, The Mechanical Mind. A Philosophical Introduction to Minds, Machines and Mental Representation, London etc. 1995, London/New York ²2003, 2005; R. Cummins/D. D. Cummins (eds.), Minds, Brains, and Computers. The Foundations of Cognitive Science. An Anthology, Malden Mass./Oxford 1999, 2000; M. R. W. Dawson, Understanding Cognitive Science, Oxford 1998, 2001; ders., Connectionism. A Hands-On Approach, Malden Mass./Oxford 2005; M. De Mey, The Cognitive Paradigm. Cognitive Science, a Newly Explored Approach to the Study of Cognition Applied in an Analysis of Science and Scientific Knowledge, Dordrecht/Boston Mass. 1982; D. Dennett, Brainchildren. Essays on Designing Minds, Cambridge Mass. 1998; J. F. Dortier (ed.), Le Cerveau et la pensée, La révolution des sciences cognitives, Auxerre 1999, erw. ²2003; C. E. M. Dunlop/J. H. Fetzer, Glossary of Cognitive Science, New York 1993; J.-P. Dupuy, Aux origines des sciences cognitives, Paris 1994, 1999 (engl. The Mechanization of the Mind. On the Origins of Cognitive Science, Princeton N. J./Oxford 2000); B. v. Eckardt, What Is Cognitive Science?, Cambridge Mass./London 1993, 1996; A. Elepfandt/G. Wolters (eds.), Denkmaschinen? Interdisziplinäre Perspektiven zum Thema Gehirn und Geist, Konstanz 1993; F. Esken/H.-D. Heckmann (eds.), Bewußtsein und Repräsentation. Beiträge aus Philosophie und K., Paderborn 1998, 1999; J. H. Fetzer, Philosophy and Cognitive Science, New York 1991, ²1996; ders., Computers and Cognition. Why Minds Are Not Machines, Dordrecht/Boston Mass./London 2001, 2002; J. A. Fodor, Representations. Philosophical Essays on the Foundations of Cognitive Science, Brighton, Cambridge Mass. 1981, 1983; ders., Concepts. Where Cognitive Science Went Wrong, Oxford 1998; ders., In Critical Condition. Polemical Essays on Cognitive Science and the Philosophy of Mind, Cambridge Mass./London 1998, 2000; ders., The Mind Doesn't Work that Way. The Scope and Limits of Computational Psychology, Cambridge Mass./London 2000, 2001; ders./Z. W. Pylyshyn, Connectionism and Cognitive Architecture. A Critical Analysis, Cognition 28 (1988), 3–71; J. D. Friedenberg/G. Silverman, Cognitive Science. An Introduction to the Study of the Mind, Thousand Oaks Calif./London 2006; C. Frings (ed.), Kognitionsforschung 2007. Beiträge zur 8. Jahrestagung der Gesellschaft für K., Aachen 2007; S. Gallagher/D. Zahavi, The Phenomenological Mind. An Introduction to Philosophy of Mind and Cognitive Science, London/New York 2008; H. Gardner, The Mind's New Science. A History of the Cognitive Revolution, New York 1985, 1987 (dt. Dem Denken auf der Spur. Der Weg der K., Stuttgart 1989, 1992); R. W. Gibbs, Embodiment and Cognitive Science, Cambridge/New York 2006; P. Gold/A. K. Engel (eds.), Der Mensch in der Perspektive der K., Frankfurt 1998; A. I. Goldman, Philosophical Applications of Cognitive Science, Boulder Colo./Oxford 1993; ders. (ed.), Readings in Philosophy and Cognitive Science, Cambridge Mass./London 1993; D. W. Green, Cognitive Science. An Introduction, Malden Mass./Oxford 1996, 1998; V. G. Hardcastle, How to Build a Theory in Cognitive Science, Albany N. Y. 1996; R. M. Harnish, Minds, Brains, Computers. An Historical Introduction to the Foundations of Cognitive Science, Malden Mass./Oxford 2001, 2002; R. Harré, Cognitive Science. A Philosophical Introduction, Thousand Oaks Calif./London 2002; D. H. Helman, Analogical Reasoning. Perspectives of Artificial Intelligence, Cognitive Science, and Philosophy, Dordrecht/Boston Mass./London 1988; C. Hookway/D. Peterson (eds.), Philosophy and Cognitive Science, Cambridge/New York 1993; T. Horgan/J. Tienson (eds.), Spindel Conference 1987. Connectionism and the Philosophy of Mind, Memphis Tenn. 1988 (Southern J. Philos. 26, Suppl.), erw. unter dem Titel: Connectionism and the Philosophy of Mind, Dordrecht/Boston Mass. 1991; O. Houdé (ed.), Vocabulaire de sciences cognitives. Neuroscience, psychologie, intelligence artificielle, linguistique et philosophie, Paris 1998, 2003 (engl. Dictionary of Cognitive Science. Neuroscience, Psychology, Artificial Intelligence, Linguistics, and Philosophy, New York/Hove, 2004); P. N. Johnson-Laird, Mental Models. Towards a Cognitive Science of Language, Inference, and Consciousness, Cambridge/New York 1983; ders., The Computer and the Mind. An Introduction to Cognitive Science, London, Cambridge Mass. 1988, London ²1993 (dt. Der Computer im Kopf. Formen und Verfahren der Erkenntnis, München 1996); ders./P. C. Watson (eds.), Thinking. Readings in Cognitive Science, Cambridge/New York 1977, 1980; A. Kertész, Cognitive Semantics and Scientific Knowledge. Case Studies in the Cognitive Science of Science, Amsterdam/Philadelphia Pa. 2004; W. Kintsch/J. R. Miller/P. G. Polson (eds.), Method and Tactics in Cognitive Science, Hillsdale N. J./London 1984; D. Kolak u. a. (eds.), Cognitive Science. An Introduction to Mind and Brain, London/New York 2006; A. Kremer-Marietti, La philosophie cognitive, Paris 1994, 2001; M. Kurthen, Das Problem des Bewußtseins in der K.. Perspektiven einer ›kognitiven Neurowissenschaft‹, Stuttgart 1990; G. Lakoff/M. Johnson, Philosophy in the Flesh. The Embodied Mind and Its Challenge to Western Thought, New York 1999, 2007; K. Lamberts (ed.), Cognitive Science, I–VI, Los Angeles/London 2008; M. Lenzen, Natürliche und künstliche Intelligenz. Einführung in die K., Frankfurt/New York 2002; E. Lepore/Z. Pylyshyn (eds.), What Is Cognitive Science?, Malden Mass./Oxford 1999; G. F. Luger u. a., Cognitive Science. The Science of Intelligent Systems, San Diego Calif./London 1994; G. F. Marcus, The Algebraic Mind. Integrating Connectionism and Cognitive Science, Cambridge Mass./London 2001, 2003; M. McTear (ed.), Understanding Cognitive Science, Chichester, New York 1988; D. Münch (ed.), K.. Grundlagen, Probleme, Perspektiven, Frankfurt 1992, 2000 [vor allem dt. Übers. der klassischen Aufsätze von Fodor, Block, Searle, Dennett, Minsky etc.]; L. Nadel, Encyclopedia of Cognitive Science, London 2003, Chichester/Hoboken N. J. 2005; M. Nowakowska, Cognitive Sciences. Basic Problems, New Perspectives, and Implications for Artificial Intelligence, San Diego Calif./London 1986, 1988; D. Osherson u. a. (eds.), An Invitation to Cognitive Science, I–IV, Cambridge Mass./London 1990, ²1995; M. F. Peschl (ed.), Die Rolle der Seele in der K. und der Neurowissenschaft. Auf der Suche nach dem Substrat der Seele, Würzburg 2005; R. Pfeifer/C. Scheier, Understanding Intelligence, Cambridge Mass./London 1999, 2001; S. Pinker, The Language Instinct. The New Science of Language and Mind, London, New York 1994, London 2000, mit Untertitel: How the Mind Creates Language, New York 2000 (dt. Der Sprachinstinkt. Wie der Geist die Sprache bildet, München 1996, 1998; franz. L'instinct du langage, Paris 1999); ders., How the Mind Works, New York 1997, 1999 (dt. Wie das Denken im Kopf entsteht, München 1998, Frankfurt/Wien/Zürich 1999; franz. Comment fonctionne l'esprit, Paris 2000); M. I. Posner (ed.), Foundations of Cognitive Science, Cambridge Mass./London 1989, 1998; W. Prinz, Kognition, kognitiv, Hist. Wb. Ph. IV (1976), 866–877; Z. W. Pylyshyn, Computation and Cognition, Toward a Foundation for Cognitive Science, Cambridge Mass./London 1984, 1989; G. Roth, Das Gehirn und seine Wirklichkeit. Kognitive Neurobiologie und ihre philosophischen Konsequenzen, Frankfurt 1994, 1997; D. E. Rumelhart/J. L. McClelland/The PDP Research Group, Parallel Distributed Processing. Explorations in the Microstructure of Cognition, I–II, Cambridge Mass./London 1986, 1999; J. Schröder, Kognition, K., EP I (1999), 684–694; J. Searle, The Rediscovery of the Mind, Cambridge Mass./London 1992, 2005 (dt. Die Wiederentdeckung des Geistes, München 1993, Frankfurt 1996; franz. La redécouverte de l'esprit, Paris 1995); P. Slezak/W. R. Albury (eds.), Computers, Brains, and Minds. Essays in Cognitive Science, Dordrecht/Boston Mass./London 1989; ders./T. Caelli/R. Clark, Perspectives on Cognitive Science. Theories, Experiments and Foundations, Norwood N. J. 1995; A. Sloman, The Computer Revolution in Philosophy. Philosophy, Science and Models of Mind, Hassocks, Atlantic Highlands N. J. 1978; J.-C. Smith, Historical Foundations of Cognitive Science, Dordrecht/Boston Mass./London 1990, 1991; C. P. Sobel, The Cognitive Science. An Interdisciplinary Approach, Mountain View Calif. 2001; R. J. Stainton (ed.), Contemporary Debates in Cognitive Science, Malden Mass./Oxford 2006; A. Stephan, The Dual Role of ›Emergence‹ in the Philosophy of Mind and in Cognitive Science, Synthese 151 (2006), 485–498; R. J. Sternberg (ed.), The Nature of Cognition. Cambridge Mass./London 1999; S. P. Stich, From Folk-Psychology to Cognitive Science. The Case Against Belief, Cambridge Mass./London 1983, 1996; N. Stillings u. a. (eds.), Cognitive Science. An Introduction, Cambridge Mass./London 1987, ²1995, 1998; H. Strohner, Kognitive Systeme. Eine Einführung in die K., Opladen 1995; G. Strube u. a. (eds.), Wörterbuch der K., Stuttgart 1996; ders., Kognition als Berechnung. Menschliche und maschinelle Intelligenz im Blick der K., in: A. Becker u. a. (eds.), Gene, Meme und Gehirne. Geist und Gesellschaft als Natur. Eine Debatte, Frankfurt 2003, 227–255; P. Thagard, Computational Philosophy of Science, Cambridge Mass./London 1988, 1993; ders., Cognitive Science, SEP 1996, rev. 2007; ders., Mind. Introduction to Cognitive Science, Cambridge Mass./London 1996, ²2005 (dt. K.. Ein Lehrbuch, Stuttgart 1999); ders. (ed.), Philosophy of Psychology and Cognitive Science, Amsterdam/Boston Mass./London 2006, 2007; M. Urchs, Maschine, Körper, Geist. Eine Einführung in die K., Frankfurt 2002; T. van Gelder, Connectionism, Dynamics, and the Philosophy of Mind, in: M. Carrier/P. K. Machamer (eds.), Mindscapes. Philosophy, Science, and the Mind, Konstanz/Pittsburgh Pa. 1997, 245–269; F. J. Varela, K., Kognitionstechnik. Eine Skizze aktueller Perspektiven, Frankfurt 1990, 1993; ders./E. Thompson/E. Rosch, The Embodied Mind. Cognitive Science and Human Experience, Cambridge Mass./London 1991, 2000 (dt. Der mittlere Weg der Erkenntnis. Die Beziehung von Ich und Welt in der K., der Brückenschlag zwischen Theorie und menschlicher Erfahrung, Bern/München/Wien 1992, München 1995); M. Wagman, Cognitive Science and the Mind-Body Problem. From Philosophy to Psychology to Artificial Intelligence to Imaging of the Brain, Westport Conn./London 1998; ders., Historical Dictionary of Quotations in Cognitive Science. A Treasury of Quotations in Psychology, Philosophy, and Artificial Intelligence, Westport Conn./London 2000; J. Wiles/T. Dartnall (eds.), Perspectives on Cognitive Science. Theories, Experiments, and Foundations II, Stamford Conn. 1999; R. A. Wilson/F. Keil (eds.), The MIT Encyclopedia of the Cognitive Sciences, Cambridge Mass./London 1999, 2001; A. Zilhão (ed.), Evolution, Rationality and Cognition. A Cognitive Science for the Twenty-First Century, London/New York 2005. – K.. Organ der Gesellschaft für K. 1 (1990) – 9 (2000/2002).   M. C.

kognitiv (engl. cognitive, von lat. cognitio, Erkenntnis), im angelsächsischen philosophischen Sprachgebrauch dient ›cognitive‹ zum einen der allgemeinen Abgrenzung der Bereiche des Wahrnehmens (↑Wahrnehmung), ↑Denkens und Vorstellens (↑Vorstellung) von anderen mentalen Bereichen, etwa des Fühlens (›emotive‹) oder des Wollens (›conative‹), zum anderen der Kennzeichnung einer ›theoretischen‹ Einstellung im Unterschied zu einer ›praktischen‹ gegenüber einem Gegenstand. Analog zu diesen beiden philosophischen Verwendungsweisen hat sich in der neueren angelsächsischen und (in Abhängigkeit davon) deutschen ↑Psychologie ein Sprachgebrauch entwickelt, wonach als ›k.‹ (1) bestimmte Arten psychischer Funktionen und Vorgänge und (2) bestimmte theoretische Ansätze innerhalb der Psychologie bezeichnet werden. Demgemäß wäre z. B. zwischen so genannten ›k.en Prozessen‹ und einer ›k.en Theorie‹ solcher Prozesse oder anderer psychischer Vorgänge oder Funktionen zu unterscheiden.

(1) Die Verwendung von ›k.‹ zur Kennzeichnung psychischer Sachverhalte reicht von der Bezeichnung all dessen, was bewußt ist oder sein kann, über die Abgrenzung gewisser, dann ›k.‹ genannter Phänomene von solchen affektiver und volitiver Art bis zur Etikettierung bestimmter Klassen psychischer Vorgänge oder Funktionen, etwa des Erwerbs von Wissen oder des Denkens, aber auch des Wahrnehmens oder Vorstellens. (2) Psychologische Theorien werden als ›k. im weiteren Sinne‹ bezeichnet, wenn sie nicht-behavioristisch im Sinne des klassischen ↑Behaviorismus sind, und als ›k. im engeren Sinne‹, wenn sie auch von neobehavioristischen Vermittlungstheorien keinen Gebrauch machen, also jede Vermittlung zwischen Reiz und Reaktion ausschließen, sofern diese Vermittlung lediglich als verinnerlichte Reiz-Reaktionsverbindung konzipiert ist. So betonen k.e Lern- und Verhaltenstheorien in Absetzung vom Behaviorismus die Bedeutung der nicht ausschließlich auf rein physiologische Mechanismen zurückführbaren sprachlich-symbolischen Vermittlung beim Erkennen und Verstehen einer Situation, bei der Bildung der auf sie gerichteten ↑Intentionen (Erwartungen, Zwecksetzungen) und bei der Möglichkeit der Selbstkorrektur in bezug auf sie. Die Übernahme solcher theoretischer Perspektiven durch ursprünglich behavioristisch orientierte Forscher und deren Ableitung entsprechender methodischer Folgerungen aus diesem Ansatz erlauben es, von einer ›k.en Wende‹ im Behaviorismus zu sprechen. Als Exponenten k.er Ansätze in der Psychologie gelten z. B. E. C. Tolman, K. Lewin, J. Piaget, J. S. Bruner, U. Neisser, M. J. Mahoney und H. Aebli. (3) Als ›cognitive science‹ – im deutschen Sprachraum meist mit ↑›Kognitionswissenschaft‹ wiedergegeben – wird ein interdisziplinäres Forschungsprogramm bezeichnet, in dem Ansätze aus der ↑Informationstheorie, der KI-Forschung (↑Intelligenz, künstliche), der ↑Linguistik, den ↑Neurowissenschaften, der Psychologie und der Philosophie dazu dienen, die k.en Leistungen des Menschen von ihrer ›Funktion‹ her zu verstehen, die sie mit anderen Leistungsträgern, wie z. B. Computern, gemeinsam haben. Für diesen Erklärungsversuch werden unter anderem der angeblich repräsentationale Charakter von Kognitionen (↑Repräsentation, mentale) sowie Algorithmen herangezogen, die es erlauben, solche gemeinsamen Funktionen darzustellen (↑Funktionalismus (kognitionswissenschaftlich)).

Literatur: R. P. Abelson u. a. (eds.), Theories of Cognitive Consistency. A Sourcebook, Chicago Ill. 1968; H. Aebli, Denken. Das Ordnen des Tuns, I–II, Stuttgart 1980/1981, ²1993/1994, I ³2001; B. F. Anderson, Cognitive Psychology. The Study of Knowing, Learning, and Thinking, New York/San Francisco Calif./London 1975; J. R. Anderson, The Architecture of Cognition, Cambridge Mass./London 1983, Mahwah N. J. 1996; L. Berkowitz (ed.), Cognitive Theories in Social Psychology. Papers from Advances in Experimental Social Psychology, New York/San Francisco Calif./London 1978, 1980; N. Block, What Is Functionalism?, in: ders. (ed.), Readings in the Philosophy of Psychology I, Cambridge Mass., London 1980, 171–184; J. S. Bruner/J. M. Anglin, Beyond the Information Given. Studies in the Psychology of Knowing, New York 1973, London 1974, 1980; J. S. Bruner u. a., Studies in Cognitive Growth. A Collaboration at the Center for Cognitive Studies, New York/London/Sydney 1966, 1967 (dt. Studien zur k.en Entwicklung. Eine kooperative Untersuchung am Center for Cognitive Studies der Harvard-Universität, Stuttgart 1971, ²1988); G. Dorffner (ed.), Konnektionismus in Artificial Intelligence und Kognitionsforschung (6. Österreichische Artificial Intelligence-Tagung [KONNAI]. Salzburg, Österreich, September 1990. Proceedings), Berlin etc. 1990; F. I. Dretske, Explaining Behavior. Reasons in a World of Causes, Cambridge Mass./London 1988, 1997; ders., Naturalizing the Mind, Cambridge Mass./London 1995, 1997 (dt. Die Naturalisierung des Geistes, Paderborn etc. 1998); B. v. Eckardt, What Is Cognitive Science?, Cambridge Mass./London 1992, 1996; L. Festinger, A Theory of Cognitive Dissonance, Stanford Calif. 1957, 2001 (dt. Theorie der k.en Dissonanz, Bern/Stuttgart/Wien 1978); J. A. Fodor, Representations. Philosophical Essays on the Foundation of Cognitive Science, Brighton, Cambridge Mass./London 1981, Cambridge Mass./London 1986; ders., A Theory of Content and Other Essays, Cambridge Mass./London 1990, 1994; D. Frey (ed.), K.e Theorien der Sozialpsychologie, Bern/Stuttgart/Wien 1978, ed., unter dem Titel: Theorien der Sozialpsychologie I [K.e Theorien], Bern etc. [2]1984, [3]1993, 2001; H. G. Furth, Piaget and Knowledge. Theoretical Foundations, Englewood Cliffs N. J. 1969, Chicago Ill. [2]1981 (dt. Intelligenz und Erkennen. Die Grundlagen der genetischen Erkenntnistheorie Piagets, Frankfurt 1972, 1986); H. Gardner, The Mind's New Science. A History of the Cognitive Revolution, New York 1985, [mit neuem Epilog] 1987, 1998 (dt. Dem Denken auf der Spur. Der Weg der Kognitionswissenschaft, Stuttgart 1989, 1992; franz. Histoire de la révolution cognitive. La nouvelle science de l'esprit, Paris 1993); T. Herrmann, Psychologie der k.en Ordnung, Berlin 1965; G. E. Hinton (ed.), Special Issue on Connectionist Symbol Processing, Artificial Intelligence 46 (1990), H. 1–2, unter dem Titel: Connectionist Symbol Processing, Cambridge Mass./London 1991; P. N. Johnson-Laird, Mental Models. Towards a Cognitive Science of Language, Inference, and Consciousness, Cambridge Mass./London, Cambridge etc. 1983, Cambridge etc. 1990, Cambridge Mass./London 1995; ders., The Computer and the Mind. An Introduction to Cognitive Science, Cambridge Mass., London 1988, London [2]1993 (franz. L'ordinateur et l'esprit, Paris 1994; dt. Der Computer im Kopf. Formen und Verfahren der Erkenntnis, München 1996); N. Kogan, Educational Implications of Cognitive Styles, in: G. S. Lesser (ed.), Psychology and Educational Practice, Glenview Ill./London 1971, 242–292; S. Kosslyn, Image and Mind, Cambridge Mass./London 1980; J. F. Le Ny, cognitif (cognitive), Enc. philos. universelle II/1 (1990), 345; I. Levi, Gambling with Truth. An Essay on Induction and the Aims of Science, New York, London 1967, Cambridge Mass./London 1973; M. J. Mahoney, Cognition and Behavior Modification, Cambridge Mass. 1974 (dt. K.e Verhaltenstherapie. Neue Entwicklungen und Integrationsschritte, München 1977, [2]1979); U. Neisser, Cognitive Psychology, New York, Englewood Cliffs N. J. 1967 (dt. K.e Psychologie, Stuttgart 1974); ders., Cognition and Reality. Principles and Implications of Cognitive Psychology, San Francisco Calif. 1976 (dt. Kognition und Wirklichkeit. Prinzipien und Implikationen der k.en Psychologie, Stuttgart 1979, [2]1996); J. v. Neumann, The Computer and the Brain, New Haven Conn./London 1958, [2]2000 (dt. Die Rechenmaschine und das Gehirn, München 1960, 1991); A. Newell, Unified Theories of Cognition, Cambridge Mass./London 1990, 1994; W. Prinz, Kognition, k., Hist. Wb. Ph. IV (1976), 866–877; H. Putnam, Mind, Language and Reality, Cambridge etc. 1975, 1997 (= Philosophical Papers II); Z. W. Pylyshyn, Computation and Cognition. Toward a Foundation for Cognitive Science, Cambridge Mass./London 1984, 1989; J. Schröder, Kognition/Kognitionswissenschaft, EP I (1999), 684–694; E. C. Tolman, Purposive Behavior in Animals and Men, New York/London, Berkeley Calif./Los Angeles 1932, Berkeley Calif./Los Angeles 1951, o.O. [New York] 1967; R. B. Zajonc, Cognitive Theories in Social Psychology, in: G. Lindzey/E. Aronson (eds.), The Handbook of Social Psychology I, Reading Mass. [2]1969, 320–411; P. G. Zimbardo (ed.), The Cognitive Control of Motivation. The Consequences of Choice and Dissonance, Glenview Ill. 1969. – Zeitschriften: Cognitive Psychology (1970 ff.); Cognitive Science (1977 ff.); Cognitive Therapy and Research (1977 ff.).   R. Wi.

Kognitivismus (engl. cognitivism, von lat. cognitio, Erkenntnis), (1) allgemein: Bezeichnung für antiskeptische Positionen (↑Skeptizismus) in der ↑Erkenntnistheorie; spezieller: (2) Bezeichnung R. Chisholms (›critical cognitivism‹) für eine erkenntnistheoretische Auffassung,

nach der gewisse in äußerer oder innerer Erfahrung gegebene Sachverhalte ↑Kriterien für die Geltung von Sätzen über die ↑Außenwelt, die mentalen Vorgänge in anderen Menschen, vergangene Ereignisse, ethische, theologische usw. Sachverhalte darstellen, womit sie sich sowohl vom ↑Intuitionismus absetzt, der neben der äußeren und inneren Erfahrung und der Vernunft noch weitere Erkenntnisquellen annimmt, als auch von ↑Empirismus und ↑Rationalismus, die jeweils nur eine einzige Erkenntnisform gelten lassen, ferner von verschiedenen Formen des ↑Reduktionismus. (3) Bezeichnung für philosophische Positionen, die die Zugänglichkeit von praktischen (ethischen, ästhetischen, politischen und sonstigen) Orientierungen für argumentationsgeleitete ↑Begründungen behaupten. Als nichtkognitivistisch gelten dann Auffassungen, die derartige Orientierungen für letztlich unbegründbar halten, z. B. ↑Dezisionismus, ↑Emotivismus oder ↑Präskriptivismus. Nicht jede dieser Positionen bestreitet jedoch die Begründbarkeit im Sinne der (logischen, zweckrationalen oder sonstwie regelgemäßen) Ableitbarkeit untergeordneter Bewertungen, Normen oder Interessen von solchen höheren Ranges. Demgegenüber hält z. B. eine kognitivistische Ethik es für möglich und notwendig, nicht nur innerhalb bestehender Präferenzsysteme rationale Normen- und Interessenkritik zu üben, sondern die diese Systeme leitenden Normen und Interessen einer kritischen Beurteilung zu unterziehen, die sich auch in letzter Instanz begründen läßt (↑Letztbegründung). Ein solches Programm wird im angelsächsischen Raum vor allem von Anhängern des ↑Good Reasons Approach, im deutschsprachigen Bereich z. B. von K.-O. Apel, J. Habermas, F. Kambartel, P. Lorenzen und O. Schwemmer vertreten. (4) Bezeichnung für eine Auffassung, wonach auch praktische ↑Urteile ↑Propositionen ausdrücken, in denen (z. B. moralische) Eigenschaften von Gegenständen (z. B. Einstellungen oder Handlungen) ausgesagt werden und die deshalb wahr oder falsch sein können (so genannter metaethischer Faktualismus; ↑Naturalismus (ethisch)) bzw. ↑Meinungen über praktische Sachverhalte bekunden (so genannter psychologischer K.; ↑Mentalismus). Der Faktualismus unterstellt also praktischen Sätzen Wahrheitsfähigkeit (↑wahrheitsfähig/ Wahrheitsfähigkeit).

Von Faktualismus (und psychologischem K.) abweichende Auffassungen können in unterschiedlichem Sinne nicht-kognitivistisch sein, je nach Art und Grad der Abweichung von besagtem K.: (a) Praktische Sätze bringen nicht primär, sondern nur sekundär Propositionen (bzw. Meinungen) zum Ausdruck; primär drücken sie (z. B. moralische) Gefühle (Emotivismus) oder (z. B. moralische) Vorschriften (Präskriptivismus) aus (so genannter metaethischer Expressivismus). Eine den Expressivismus abschwächende und zugleich vereinnahmende kognitivistische Gegenstrategie besteht in dem Zugeständnis, daß praktische Sätze zwar – beiläufig, zusätzlich – auch praktische Einstellungen, Gefühle, Appelle oder Befehle zum Ausdruck bringen können, daß aber ihr *kognitiver Gehalt* grundlegend ist, auf dem als ihrem Träger andere Funktionen lediglich aufruhen. (b) Praktische Sätze erheben zwar Wahrheitsansprüche, doch gibt es keine Kriterien zur Auszeichnung von wahren vor falschen praktischen Sätzen. (c) Der Faktualismus wird akzeptiert, der psychologische K. aber verworfen (z. B. von bestimmten Versionen des ethischen Naturalismus). (d) Der Faktualismus wird verworfen, der psychologische K. jedoch akzeptiert (so der nichtdeskriptive K. von T. Horgan und M. Timmons). – Die Varianten (a)–(d) und deren Unterarten lassen sich als vermittelnde Positionen zwischen K. und Non-K. innerhalb von (4) ansehen. Auch hängt deren Kennzeichnung als kognitivistisch oder nicht-kognitivistisch oft nur davon ab, welcher Auffassungsbestandteil oder welche Teilthese von Befürwortern bzw. von Kritikern betont wird. Zudem läßt sich bezüglich mancher dieser Ausprägungen die Tendenz zur Entwicklung stärkerer und schwächerer Versionen beobachten, so daß sich auf das Ganze gesehen kognitivistische und nicht-kognitivistische Auffassungen im Bereich von (4) immer weniger voneinander unterscheiden lassen – die Kennzeichnung als ›kognitivistisch‹ oder ›nicht-kognitivistisch‹ wird zusehends weniger aussagekräftig.

Literatur: S. Blackburn, Essays in Quasi-Realism, New York/ Oxford 1993; ders., Ruling Passions. A Theory of Practical Reasoning, Oxford 1998, Oxford, Oxford/New York 2000; B. Blanshard, Reasons and Goodness, London, New York 1961, London 1966, New York 1975, London 2002; J. Broome, Weighing Goods. Equality, Uncertainty and Time, Oxford/Cambridge Mass. 1991, 2003; R. Chisholm, Theory of Knowledge, Englewood Cliffs N. J. 1966, 60–68, ²1977, 125–134 (dt. Erkenntnistheorie, München 1979, 178–190, o. O. [Bamberg] 2004, 163–174); U. Czaniera, Normative Tatsachen oder Tatsachen des Normierens?, Logos NF 1 (1993/1994), 259–287; S. Darwall/A. Gibbard/P. Railton (eds.), Moral Discourse and Practice. Some Philosophical Approaches, New York/Oxford 1997; C. Dorr, Non-Cognitivism and Wishful Thinking, Noûs 36 (2002), 97–103; J. Dreier, The Supervenience Argument against Moral Realism, Southern J. Philos. 30 (1993), H. 3, 13–38; ders., Expressivist Embeddings and Minimalist Truth, Philos. Stud. 83 (1996), 29–51; ders., Accepting Agent Centred Norms. A Problem for Non-Cognitivists and a Suggestion for Solving It, Australasian J. Philos. 74 (1996), 409–422; ders., Transforming Expressivism, Noûs 33 (1999), 558–572; A. Edel, Method in Ethical Theory, Indianapolis Ind./New York, London 1963, New Brunswick N. J. 1994 [mit neuer Einl., xi–xiv]; P. Foot, Moral Beliefs, Proc. Arist. Soc. 59 (1958/1959), 83–104, ferner in: dies., Virtues and Vices and other Essays in Moral Philosophy, Oxford, Berkeley Calif./Los Angeles/Oxford 1978, 1981, Oxford etc. 2002, 110–131; D. P. Gauthier, Practical Reasoning. The Structure and Foundations of Prudential and Moral Arguments and Their Exemplification in Discourse, Oxford 1963, 1966; A. Gibbard, Wise Choices, Apt Feelings. A Theory of Normative Judgment, Cambridge Mass., Oxford 1990, Oxford 2002 (franz. Sagesse des choix, justesse des sentiments. Une théorie du jugement normatif, Paris 1996); ders., Thinking How to Live, Cambridge Mass./London 2003, 2008; G. Harman, The Nature of Morality. An Introduction to Ethics, New York 1977 (dt. Das Wesen der Moral. Eine Einführung in die Ethik, Frankfurt 1981); T. Honderich (ed.), Morality and Objectivity. A Tribute to J. L. Mackie, London etc. 1985; T. Horgan/M. Timmons, Nondescriptivist Cognitivism. Framework for a New Metaethic, Philos. Pap. 29 (2000), 121–153; dies., Metaethics after Moore, Oxford 2006; O. A. Johnson, Skepticism and Cognitivism. A Study in the Foundations of Knowledge, Berkeley Calif./Los Angeles/London 1978; M. E. Kalderon, Moral Fictionalism, Oxford, New York 2005, Oxford 2007; F. Kambartel (ed.), Praktische Philosophie und konstruktive Wissenschaftstheorie, Frankfurt 1974, 1979; C. M. Korsgaard, Skepticism about Practical Reason, J. Philos. 83 (1986), 5–25; I. Levi, Gambling with Truth. An Essay on Induction and the Aims of Science, New York, London 1967, Cambridge Mass./London 1973; C. Lumer, Praktische Argumentationstheorie. Theoretische Grundlagen, praktische Begründung und Regeln wichtiger Argumentationsarten, Braunschweig/Wiesbaden 1990; ders., K./ Nonk., EP I (1999), 695–699; J. McDowell, Non-Cognitivism and Rule-Following, in: S. H. Holtzman/C. M. Leich (eds.), Wittgenstein. To Follow a Rule, London/Boston Mass./Henley 1981 (repr. 2006), 141–162; M. T. Nelson, Moral Scepticism, REP VI (1998), 542–545; H. Putnam, Reason, Truth and History, Cambridge/New York 1981, 1998 (dt. Vernunft, Wahrheit und Geschichte, Frankfurt 1982, 2000; franz. Raison, vérité et histoire, Paris 1984); P. Railton, Moral Realism, Philos. Rev. 95 (1986), 163–207; M. van Roojen, Expressivism and Irrationality, Philos. Rev. 105 (1996), 311–335; ders., Expressivism, Supervenience and Logic, Ratio NS 18 (2005), 190–205; G. Sayre-McCord (ed.), Essays on Moral Realism, Ithaca N. Y./London 1988, 1995; D. Stoljar, Emotivism and Truth Conditions, Philos. Stud. 70 (1993), 81–101; M. Timmons, Morality without Foundations. A Defense of Ethical Contextualism, New York/Oxford 1999, 2004; R. W. Trapp, Ein grundsätzliches Argument gegen jeglichen Wertungskognitivismus, in: H. Holz (ed.), Die Goldene Regel der Kritik. Festschrift für Hans Radermacher zum 60. Geburtstag, Bern/New York 1990, 209–227; N. Unwin, Quasi-Realism, Negation and the Frege-Geach-Problem, Philos. Quart. 49 (1999), 337–352; ders., Norms and Negation. A Problem for Gibbard's Logic, Philos. Quart. 51 (2001), 60–75; C. Wellman, The Language of Ethics, Cambridge Mass. 1961; R. Wimmer, Universalisierung in der Ethik. Analyse, Kritik und Rekonstruktion ethischer Rationalitätsansprüche, Frankfurt 1980. – Oxford Stud. Metaethics, Oxford 2006 ff..   R. Wi.

kohärent/Kohärenz (von lat. cohaerere, zusammenhängen), Begriff zur Bezeichnung des mehr oder weniger engen Zusammenhangs eines aus Teilen bestehenden Ganzen. In der Theoretischen Philosophie (↑Philosophie, theoretische) tritt der Begriff in der K.theorie der Wahrheit (↑Wahrheitstheorien) und in der K.theorie der Begründung auf. Darüber hinaus wird der Begriff in der Praktischen Philosophie (↑Philosophie, praktische), in der ↑Entscheidungstheorie und in zahlreichen Einzelwissenschaften, insbes. in der Physik und in der Linguistik, verwendet. Was die Gegenstände sind, die zusammenhängen, und was ›zusammenhängen‹ genau bedeutet, hängt vom jeweiligen Gebiet ab und ist zum Teil auch innerhalb des betreffenden Gebietes umstritten oder mehrdeutig.

(1) Die K.theorie der Begründung (↑Erkenntnistheorie) führt aus, wie Aussagen unter Umgehung des Münchhausen Trilemmas (↑Münchhausen-Trilemma) begründet werden können. Das ↑Trilemma setzt bekanntlich einen linearen inferentiellen Begründungsprozeß voraus: Eine ↑Aussage (oder ↑Proposition) A_1 wird demnach durch eine (von A_1 verschiedene) Aussage A_2 begründet, A_2 durch A_3, usw.. Dieser Prozeß führt entweder zu einem (1) unendlichen Regreß, zu einem (2) Begründungszirkel oder zu einem (3) Abbruch der Begründungskette, wenn eine nicht weiter begründbare (oder begründungsfähige) unanfechtbare Aussage erreicht ist. Dabei ist weitgehend unkontrovers, daß (1) und (2) nicht zu ↑Begründungen führen. Will man daher die skeptische Folgerung vermeiden, daß keine Aussage begründet werden kann, bleibt nur Horn (3) des Trilemmas. Diese Position wird häufig als erkenntnistheoretischer ↑›Fundamentalismus‹ (↑Empirismus, ↑Rationalismus) bezeichnet. Hält man auch diesen Ausweg für problematisch, bleibt nur die Leugnung einer der beiden Voraussetzungen des Trilemmas. So bestreiten Externalisten (T. Grundmann 2008, ↑Erkenntnistheorie) und Konstruktivisten (J. Mittelstraß 1974, 1984, ↑Konstruktivismus) die Annahme, daß Begründungen immer inferentiell sind. K.theoretiker hingegen stellen dem linearen Begründungskonzept ein holistisches (↑Holismus) Konzept entgegen. Demnach wird eine n-elementige Aussagenmenge $S^{(n)} = \{A_1, \ldots, A_n\}$ allein durch ihre (mehr oder weniger große) K. begründet. So mag z.B. A_1 in einem begründungsrelevanten Verhältnis zu A_2 und A_3 stehen, A_2 zu A_3, A_5 und A_n, usw., wobei kein Begründungszirkel (wie z.B. $A_1 - A_2 - A_5 - A_1$) auftreten darf (↑zirkulär/Zirkularität).

Genauer spielt das K.konzept bei zwei Begründungsvarianten eine Rolle: Erstens bei der Begründung einer einzelnen, neu auftretenden Aussage A_{n+1}. Dies geschieht, indem nachgewiesen wird, daß sich A_{n+1} k. in eine gegebene Aussagenmenge $S^{(n)}$ einfügt (›lokale K.‹). Dieses K.konzept wird in der K.theorie von K. Lehrer (1990) ausgearbeitet. Es betont den diachronen (↑diachron/synchron) Aspekt von K., d.h. die Rolle von K.überlegungen beim Übergang von einer Aussagenmenge zu einer anderen. Zweitens spielt das K.konzept bei der Begründung einer gesamten Aussagenmenge $S^{(n)}$ eine Rolle (›globale K.‹). Dieses K.konzept wird in der K.theorie von L. BonJour (1985) ausgearbeitet. Es betont den synchronen Aspekt von K..

Was aber ist K. genau? Kann eine Aussagenmenge (ausschließlich?) durch ihre K. begründet werden? Ist K. objektiv oder liegt es im Auge des Betrachters, ob eine Aussagenmenge k. ist und wie sehr? Und: Was ist das

Verhältnis von K. und ↑Wahrheit? Diese Fragen werden von verschiedenen Spielarten der K.theorie der Begründung auf unterschiedliche Weise beantwortet. Die heute wichtigsten sind mit den Namen BonJour (1985), Lehrer (1990) und P. Thagard (2000) verbunden. Während sich diese Autoren ganz auf die K.theorie der Begründung konzentrieren und daneben eine Korrespondenztheorie der Wahrheit propagieren, vertreten frühere K.theoretiker wie B. Blanchard, D. Davidson, O. Neurath und N. Rescher auch eine K.theorie der Wahrheit.

Im Gegensatz zur logischen Konsistenz (↑widerspruchsfrei/Widerspruchsfreiheit) ist K. eine graduelle Eigenschaft einer Aussagenmenge, die sich in den inferentiellen, d.h. den deduktiven (↑Deduktion), induktiven (↑Induktion) und abduktiven (↑Abduktion), oder probabilistischen (↑Probabilismus) Beziehungen zwischen den einzelnen Aussagen zeigt. Dennoch ist es zuweilen üblich, Aussagenmengen mit dem ↑binären Prädikat ›k.‹ zu versehen. Demnach ist eine Aussagenmenge k., wenn ihr K.grad hinreichend hoch ist. Welche notwendigen und hinreichenden Bedingungen erfüllen (in diesem Sinne) k.e Mengen? Offenbar ist logische Konsistenz zwar notwendig, aber allein nicht hinreichend, da es konsistente, aber (etwa aufgrund relevanten Hintergrundwissens) inkohärente Aussagenmengen gibt wie z.B. ›ich war am 18. Juni 2009 um 13.00 Uhr in Konstanz‹ und ›ich war am 18. Juni 2009 um 13.01 Uhr in Tilburg‹. BonJour (1985) erhebt eine Reihe weiterer Forderungen an eine k.e Aussagenmenge. So ist eine Aussagenmenge etwa um so k.er, in je weniger voneinander unabhängige Teilmengen sie zerfällt. Obwohl diese Forderungen *prima facie* plausibel erscheinen, ist es umstritten, ob sie notwendig und alle zusammengenommen hinreichend für K. sind. Außerdem ist unklar, wie diese Forderungen im Konfliktfall gegeneinander zu gewichten sind und ob eine qualitative Charakterisierung eines graduellen Begriffs überhaupt Sinn macht. Insgesamt gehört die Präzisierung des K.begriffs zu den wichtigsten Aufgaben der K.theorie der Begründung. Das geschieht in Arbeiten, die den K.begriff entweder rein explanatorisch oder rein probabilistisch deuten (↑Kohärenz, explanatorische, ↑Kohärenz, probabilistische).

Die K.theorie der Begründung sieht sich mit einer Reihe von Problemen konfrontiert (T. Grundmann 2008). Erstens wurde bereits von M. Schlick (1934) darauf verwiesen, daß für jede noch so absurde Aussage eine Aussagenmenge konstruiert werden kann, in welche die betreffende Aussage k. eingebettet und damit begründet werden kann. Dieser so genannte *Relativismuseinwand* trifft neben der lokalen K. auch die globale K.. So gibt es k.e Aussagenmengen (z.B. Märchen), die frei erfunden sind und von denen man weiß, daß sie falsch sind. K. scheint also weder für Begründung noch für Wahrheit hinreichend zu sein. Weitgehend unumstritten ist jedoch, daß K. zumindest *ein* begründungsrelevanter Faktor ist, was auch erkenntnistheoretische ›Fundamentalisten‹ nicht in Abrede stellen. Zweitens wurde bemerkt, daß die k.istische Begründung einer Aussagenmenge unabhängig von den Beziehungen der Aussagen zur Welt zu sein scheint. Das wiederum ist nicht plausibel. Obwohl dieser so genannte *Isolationseinwand* in erster Linie die globale K. trifft, hat er, wenn gültig, auch Auswirkungen auf die lokale K.konzeption. K.theoretiker erwidern darauf, daß der (theoriebeladene [↑Theoriebeladenheit] und revidierbare) Beobachtungsinput bei der Bestimmung der K. mit berücksichtigt werden muß.

So zeigt ein Blick auf so genannte ›Glaubenssysteme‹ (z. B. das der Wissenschaft), daß diese trotz des ständigen Beobachtungsinputs über lange Zeiträume hinweg k. und stabil bleiben, was BonJour (1985) vermittels eines Schlusses auf die beste Erklärung damit erklärt, daß Glaubenssysteme mit einer unabhängigen Realität korrespondieren (vgl. Thagard 2007). Antirealisten verweisen hingegen auf pragmatische Faktoren, die daran hindern, ein Glaubenssystem ständig zu revidieren, oder auf andere Vorteile k.er Glaubenssysteme, wie den, daß k.e Glaubenssysteme im allgemeinen ökonomisch organisiert sind und vergleichsweise wenige kontingente Elemente enthalten.

(2) Die K.theorie der ↑Ethik ist eine Variante der so genannten ›Verfahrensethik‹, bei der es darum geht, eine faktisch vertretene Menge moralischer Überzeugungen und Prinzipien in ein möglichst k.es System zu überführen. Wie schon beim erkenntnistheoretischen K.begriff sollen die einzelnen Teile dabei gut miteinander verwoben sein und sich gegenseitig stützen. Um ein solches System zu erhalten, spielt insbes. die Methode des auf J. Rawls (2005) zurückgehenden Überlegungsgleichgewichtes (›reflective equilibrium‹) eine bedeutende Rolle, wobei Einzelfallurteile und Prinzipien bzw. Prinzipien gegen Prinzipien unter eventueller Einbeziehung von Hintergrundüberzeugungen bzw. Hintergrundeinstellungen gegeneinander abgewogen werden sollen. Diese Methode kann von einer einzelnen Person oder von einer Personengruppe, etwa einer Gesellschaft, angewendet werden. Im ersten Falle sollte sich ein intrapersonell k.es System ergeben. In zweiten Falle führt die Suche nach einem weitgehend k.en System moralischer Überzeugungen zu einem Konsens (›interpersonelle K.‹). Obwohl sich die K.theorie nicht zuletzt in der Angewandten Ethik (↑Ethik, angewandte) großer Beliebtheit erfreut, fehlt bislang ein ausgearbeitetes Fallbeispiel, das dieses Vorgehen im Detail illustriert und plausibel macht. Das liegt auch daran, daß noch keine präzise Formulierung der Methode des Überlegungsgleichgewichtes vorliegt (S. Hahn 2000). Insgesamt stellt die K.theorie der Ethik eine Gegenposition zum so genannten Fundamentismus (K. Bayertz 1999) dar, demzufolge es in Analogie zum erkenntnistheoretischen ›Fundamentalismus‹ grundlegende ethische Prinzipien gibt.

Im *moralischen* ↑*Kognitivismus* wird der K.begriff analog zum erkenntnistheoretischen K.begriff verwendet: Moralische Überzeugungen werden in ein k.es System integriert mit der Absicht, auf diese Weise zu wahren Überzeugungen zu gelangen. K. zeigt sich dabei in den inferentiellen Beziehungen, die zwischen den verschiedenen Überzeugungen bestehen. Daher lassen sich hier die Ergebnisse und Methoden aus der Theoretischen Philosophie weitgehend übertragen (G. Sayre-McCord 1996). Eine motivationstheoretische Variante des Kognitivismus, die ebenfalls einen (hier teleologisch ausgerichteten) K.begriff verwendet, findet sich in M. Smith (1994). – Eine einfache Übertragung des K.begriffs auf den *moralischen Non-Kognitivismus* ist nicht möglich, da die Gegenstände der gesuchten K.relation hier nicht Überzeugungen, sondern Einstellungen moralischer Billigung oder Mißbilligung sind. Varianten eines k.istischen Zugangs zum Non-Kognitivismus finden sich in S. Blackburn (1984) und N. Scarano (2001), wobei sich zeigt, daß K. hier in erster Linie eine pragmatische Rolle spielt.

(3) In der ↑*Entscheidungstheorie* spricht man von k.en Präferenzen, wenn sie die Standardaxiome der Entscheidungstheorie erfüllen. Dabei können verschiedene metaethische (↑Metaethik) Positionen im Hintergrund stehen, die von einer neohumeschen Theorie instrumenteller Rationalität, wie sie etwa R. Jeffrey (1983) vertritt, bis zu einer nicht-konsequentialistischen Ethik (J. Nida-Rümelin 1995, 2001) reichen.

(4) In der klassischen Physik bezeichnet K. eine Eigenschaft von (Licht-, Schall-, Wasser-)Wellen, die Interferenzerscheinungen ermöglicht. So entstehen z. B. die bekannten Interferenzmuster, wenn ein k.er Lichtstrahl auf einen Doppelspalt trifft. Zu Beginn der Neuzeit verstand man unter der K. von festen oder flüssigen Stoffen die Kohäsion oder Adhäsion (lat. co- bzw. adhaesio, das Zusammenhängen bzw. Anhaften) ihrer Teile, die man unter anderem durch die Annahme eines ↑horror vacui (z. B. noch G. Galilei), durch den Druck der Luft bzw. des ↑Äthers (O. v. Guericke, C. Huygens) oder durch ihre gegenseitige Anziehung (I. Newton, ↑Gravitation) zu erklären suchte, wovon sich letztere Ansicht durchsetzte.

Die Quantenmechanik (↑Quantentheorie) kennt Zustände, die aus der k.en Überlagerung (↑Superposition) anderer Zustände hervorgehen. Diese Zustände, deren Interpretation umstritten ist (sind sie epistemisch oder ontisch, subjektiv oder objektiv?), erklären quantenmechanische Interferenzerscheinungen und die Verletzung der Bell-Ungleichungen und stehen damit exemplarisch für die nicht-klassischen Züge der Theorie. Wie sich zeigt, verschwinden diese K.en typischerweise, wenn der betreffende Zustand mit seiner Umgebung wechselwirkt. Dieser Prozeß wird Dekohärenz genannt und ist Gegenstand zahlreicher Untersuchungen (M. Schlosshauer 2007), die sowohl von theoretischem Interesse – können die Eigenschaften der klassischen Welt aus der Dekohärenz quantenmechanischer Zustände verstanden werden? – als auch von praktischem Interesse – Quantencomputer werden erst dann praktikabel, wenn der Dekohärenzprozeß kontrolliert werden kann – sind. Darüber hinaus wird der K.begriff in der Quantenmechanik zur Kennzeichnung von Zuständen (›k.e Zustände‹) verwendet, die minimale Unschärfe aufweisen und damit klassische elektromagnetische Wellen bestmöglich annähern. Diese Zustände treten z. B. in der Quantenoptik auf, wo sie die Mode eines Lasers beschreiben (R. Glauber 2007).

(5) In der ↑Linguistik bezeichnet K. diejenige Eigenschaft eines Textes, die ihn semantisch (↑Semantik) bedeutungsvoll macht. Die K. eines Textes zeigt sich intern am Vorliegen bestimmter syntaktischer Eigenschaften, wie der Benutzung ↑deiktischer, anaphorischer und kataphorischer Elemente. Bei Sachtexten zeigt sich K. darüber hinaus extern darin, wie der Text über Voraussetzungen und Implikationen in das jeweilige Hintergrundwissen eingebettet ist.

Literatur: J. D. Arras, The Way We Reason now. Reflective Equilibrium in Bioethics, in: B. Steinbock (ed.), The Oxford Handbook of Bioethics, Oxford etc. 2007, 46–71; R. Audi, The Structure of Justification, Cambridge/New York 1993; T. Bartelborth, Begründungsstrategien. Ein Weg durch die analytische Erkenntnistheorie, Berlin 1996; S. D. Bartlett/T. Rudolph/R. W. Spekkens, Dialogue Concerning Two Views on Quantum Coherence. Factist and Fictionist, Int. J. of Quantum Information 4 (2006), 17–43; K. Bayertz, Moral als Konstruktion. Zur Selbstaufklärung der angewandten Ethik, in: P. Kampits/A. Weiberg (eds.), Angewandte Ethik. Akten des 21. Int. Wittgenstein-Symposiums, Wien 1999, 73–89; T. Beauchamp/J. Childress, Principles of Biomedical Ethics, Oxford etc. 1979, ⁶2009 (franz. Les principes de l'éthique biomédicale, Paris 2008); J. W. Bender (ed.), The Current State of the Coherence Theory. Critical Essays on the Epistemic Theories of Keith Lehrer and Laurence Bon-Jour, with Replies, Dordrecht etc. 1989; P. Bieri (ed.), Analytische Philosophie der Erkenntnis, Frankfurt 1987, Weinheim ⁴1997; D. Birnbacher, Analytische Einführung in die Ethik, Berlin/New York 2003, erw. ²2007; S. Blackburn, Spreading the Word. Groundings in the Philosophy of Language, Oxford etc. 1984; ders., Ruling Passions. A Theory of Practical Reasoning, Oxford etc. 1998, 2001; B. Blanshard, The Nature of Thought, I–II, London 1939 (repr. London 2002), London, New York 1978; L. BonJour, The Structure of Empirical Knowledge, Cambridge Mass. 1985; ders., In Defense of Pure Reason. A Rationalist Account of a priori Justification, Cambridge/New York 1998; L. Bovens/S. Hartmann, Bayesian Epistemology, Oxford etc. 2003 (dt. Bayesianische Erkenntnistheorie, Paderborn 2006); R. J. Buehler, Coherent Preferences, Ann. Statistics 4 (1976), 1051–1064; D. Davidson, A Coherence Theory of Truth and Knowledge, in: E. LePore (ed.), Truth and Interpretation. Per-

spectives on the Philosophy of Donald Davidson, Oxford etc. 1986, 1993, 307–319; R. De Beaugrande/W. U. Dressler, Introduction to Text Linguistics, London/New York 1981, 2001; M. DePaul, Balance and Refinement. Beyond Coherence Methods of Moral Inquiry, London/New York 1993; E. J. Dijksterhuis, De Mechanisering van het Wereldbeeld, Amsterdam 1950, 2006 (dt. Die Mechanisierung des Weltbildes, Berlin/Göttingen/Heidelberg 1956 [repr. Berlin/Heidelberg/New York 1983, 2002]; engl. The Mechanization of the World Picture, Oxford 1961, mit Untertitel: Pythagoras to Newton, Princeton N. J. 1986); R. P. Ebertz, Is Reflective Equilibrium a Coherentist Model?, Canad. J. Philos. 23 (1993), 193–214; R. P. Feynman/R. B. Leighton/M. L. Sands (eds.), The Feynman Lectures on Physics, I–III, Reading Mass. etc. 1963–1965, [mit Suppl.] San Francisco Calif. 2006 (dt. Feynman Vorlesungen über Physik, I–III, München/Wien 1971–1974, ⁵2007; franz. Le cours de physique de Feynman, [in 5 Bdn.] London 1969–1970, Paris 2005); B. Gesang, Kritik des Partikularismus. Über partikularistische Einwände gegen den Universalismus und den Generalismus in der Ethik, Paderborn 2000; R. Glauber, Quantum Theory of Optical Coherence. Selected Papers and Lectures, Weinheim 2007; T. Grundmann, BonJour's Self-Defeating Argument for Coherentism, Erkenntnis 50 (1999), 463–479; ders., Analytische Einführung in die Erkenntnistheorie, Berlin/New York 2008; S. Haack, Evidence and Inquiry. Towards Reconstruction in Epistemology, Oxford/Cambridge Mass. 1993, New York 2009; S. Hahn, Überlegungsgleichgewicht(e). Prüfung einer Rechtfertigungsmetapher, Freiburg/München 2000; S. Hartmann, On Correspondence, Stud. Hist. and Philos. Modern Physics 33 (2002), 79–94; ders., Effective Field Theories, Reductionism and Scientific Explanation, Stud. Hist. and Philos. Modern Physics 32 (2001), 267–304; ders., Mechanisms, Coherence, and the Place of Psychology, in: P. Machamer/R. Grush/P. McLaughlin (eds.), Theory and Method in the Neurosciences, Pittsburgh Pa. 2001, 70–80; E. Hecht, Optics, Reading Mass. etc. 1974, ⁴2002 (dt. Optik, Hamburg 1987, München/Wien ⁵2009; franz. Optique, Paris etc. 1980, Paris 2005); M. Hoffmann, K.begriffe in der Ethik, Berlin/New York 2008; R. C. Jeffrey, The Logic of Decision, New York 1965, Chicago Ill. ²1983, 1990 (dt. Logik der Entscheidungen, Wien/München 1967); E. Joos u. a., Decoherence and the Appearance of a Classical World in Quantum Theory, Berlin etc. 1996, ²2003; P. Klein/T. A. Warfield, What Price Coherence?, Analysis 54 (1994), 129–132; dies., No Help for the Coherentist, Analysis 56 (1996), 118–121; J. L. Kvanvig/W. D. Riggs, Can a Coherence Theory Appeal to Appearance States?, Philos. Stud. 67 (1992), 197–217; K. Lehrer, Theory of Knowledge, Boulder Colo., London 1990, Boulder Colo./Oxford ²2000; A. Leist, Angewandte Ethik zwischen theoretischem Anspruch und sozialer Funktion, Dt. Z. Philos. 46 (1998), 753–779; C. I. Lewis, An Analysis of Knowledge and Valuation, LaSalle Ill. 1946, 1971; J. Mittelstraß, Die Möglichkeit von Wissenschaft, Frankfurt 1974; ders., Gibt es eine Letztbegründung?, in: P. Janich (ed.), Methodische Philosophie. Beiträge zum Begründungsproblem der exakten Wissenschaften in Auseinandersetzung mit Hugo Dingler, Mannheim/Wien/Zürich 1984, 12–35, ferner in: ders., Der Flug der Eule. Von der Vernunft der Wissenschaft und der Aufgabe der Philosophie, Frankfurt 1989, 281–312; O. Neurath, Philosophical Papers 1913–1946, ed. R. S. Cohen/M. Neurath, Dordrecht etc. 1983; J. Nida-Rümelin, Kritik des Konsequentialismus, München 1993, ²1995; ders., Praktische K., Z. philos. Forsch. 51 (1997), 175–192; ders., Ethische Essays, Frankfurt 2002; ders., Strukturelle Rationalität. Ein philosophischer Essay über praktische Vernunft, Stuttgart 2001; E. J. Olsson (ed.), The

Epistemology of Keith Lehrer, Dordrecht/Boston Mass./London 2003; ders., Against Coherence. Truth, Probability, and Justification, Oxford etc. 2005, 2008; M. Quante, Prinzipienlose Medizinethik? Prämissen und Präsuppositionen der Frage nach den Prinzipien der biomedizinischen Ethik, in: M. Düwell/J. N. Neumann (eds.), Wie viel Ethik verträgt die Medizin?, Paderborn 2005, 73–85; J. Peijnenburg, Infinitism Regained, Mind 116 (2007), 597–602; dies./D. Atkinson, Probabilistic Justification and the Regress Problem, Stud. Log. 89 (2008), 333–341; J. Rawls, A Theory of Justice, Cambridge Mass., Oxford 1971, Oxford 1972, rev. Cambridge Mass., Oxford, Peking 1999, orig. ed. Cambridge Mass. 2005, Delhi 2008 (dt. Eine Theorie der Gerechtigkeit, Frankfurt 1975, 2008; franz. Théorie de la justice, Paris 1987, 2002); N. Rescher, The Coherence Theory of Truth, Oxford 1973, Washington D.C. 1982; L. Savage, The Foundations of Statistics, New York 1954, 1972; G. Sayre-McCord, Coherence and Models for Moral Theorizing, Pacific Philos. Quart. 66 (1985), 170–190; ders., Coherentist Epistemology and Moral Theory, in: W. Sinnott-Armstrong/M. Timmons (eds.), Moral Knowledge? New Readings in Moral Epistemology, Oxford etc. 1996, 137–189; N. Scarano, Moralische Überzeugungen. Grundlinien einer antirealistischen Theorie der Moral, Paderborn 2001; U. Schade u. a., K. als Prozeß, in: G. Rickheit (ed.), K.prozesse. Modellierung von Sprachverarbeitung in Texten und Diskursen, Opladen 1991, 7–58; H. Schepers, Kohäsion, K., Hist. Wb. Ph. IV (1976), 878–879; M. Schlick, Über das Fundament der Erkenntnis, Erkenntnis 4 (1934), 79–99; M. Schlosshauer, Decoherence and the Quantum-to-Classical Transition, Berlin etc. 2007, korr. 2008; B. Schöne-Seifert, Grundlagen der Medizinethik, Stuttgart 2007; W. Sellars, Science, Perception and Reality, London, New York 1963, Atascadero Calif. 1991; M. Smith, The Moral Problem, Oxford/Cambridge Mass. 1994, 2008; E. Sosa, The Coherence of Virtue and the Virtue of Coherence. Justification in Epistemology, Synthese 64 (1985), 3–28; ders., The Raft and the Pyramid. Coherence versus Foundations in the Theory of Knowledge, Midwest Stud. Philos. 5 (1980), 3–25; ders., Knowledge in Perspective. Selected Essays in Epistemology, Cambridge/New York 1991, 1995; ders., Testimony and Coherence, in: B. K. Matilal/A. Chakrabarti (eds.), Knowing from Words. Western and Indian Philosophical Analysis of Understanding and Testimony, Dordrecht/Boston Mass./London 1994, 59–67; W. Spohn, Causation, Coherence and Concepts. A Collection of Essays, Dordrecht etc. 2008, 2009, bes. 208–250; P. Thagard, Coherence in Thought and Action, Cambridge Mass./London 2000; ders., Coherence, Truth, and the Development of Scientific Knowledge, Philos. Sci. 74 (2007), 28–47; ders., Ethical Coherence, Philos. Psychol. 11 (1998), 405–423; C. G. Timpson, Quantum Information Theory and the Foundations of Quantum Mechanics, Diss. Oxford 2004. S. H.

Kohärenz, explanatorische, erklärungstheoretisch bestimmter Kohärenzbegriff (↑kohärent/Kohärenz). Danach zeigt sich die Kohärenz einer Aussagenmenge in der Verknüpftheit ihrer Elemente durch Erklärungen. Die Kohärenz der Aussagenmenge ist dabei um so größer, je mehr solcher Verbindungen es gibt. Die von L. BonJour (1985) und K. Lehrer (1990) vorgeschlagenen Kohärenztheorien der Rechtfertigung verweisen auf die kohärenzstiftende Rolle von Erklärungen. Eine präzise Ausarbeitung der Theorie der e.n K. findet sich jedoch erst in den Arbeiten von P. Thagard (z. B. 1989). Im deutschen Sprachraum vertritt T. Bartelborth (1996) eine ähnliche Position. Thagards Theorie besteht aus sieben Prinzipien und einer Reihe von Regeln, mit denen auf der Grundlage von Kohärenzargumenten entschieden werden kann, ob eine Aussage in eine Aussagenmenge aufgenommen werden soll oder nicht. Zu den Prinzipien gehören das *Symmetrieprinzip* (wenn P und Q kohärent sind, dann sind auch Q und P kohärent) und das *Analogieprinzip* (ähnliche ↑Hypothesen, die ähnliche Belege erklären, sind kohärent). Diese sind, zusammen mit den in algorithmischer Form vorliegenden Entscheidungsregeln, in einem Computermodell (ECHO) implementiert, was die eingehende Untersuchung, Anwendung und Prüfung der Theorie der e.n K. erlaubt. Hypothesen und Daten werden dabei durch die Knoten in einem konnektionistischen (↑Konnektionismus) Netzwerk repräsentiert, wobei kohärente Zusammenhänge exzitatorischen Verbindungen entsprechen und inkohärente Zusammenhänge inhibitorischen. Die Bewertung der Hypothesen folgt aus der parallelen Berechnung der Aktivierung aller Knoten unter Berücksichtigung der Rahmenbedingungen (*constraint satisfaction*). Schließlich wird diejenige Hypothese akzeptiert, die über die höchste Aktivierung verfügt und damit am kohärentesten mit den im Netzwerk repräsentierten Daten und Hypothesen verbunden ist. Hierbei handelt es sich um einen Schluß auf die beste Erklärung. Theorien der e.n K. werden unter anderem in einer ↑Rekonstruktion der ↑Wissenschaftsgeschichte und auf die Behandlung von Rechtsfällen angewandt.

Theorien der e.n K. leiden unter dem Problem, daß der Erklärungsbegriff weitgehend unbestimmt bleibt. Das hat zu der Kritik geführt, daß hier ein vager Begriff – Kohärenz – durch einen anderen vagen Begriff – Erklärung (vgl. H. Klärner 2003) – bestimmt wird. Inzwischen hat sich Thagard (2007) für einen kausal-mechanistischen Erklärungsbegriff entschieden. Es kann jedoch bezweifelt werden, ob Erklärungen immer einen kausalen Mechanismus erfordern, was zu folgendem Dilemma führt: Entweder wird der Erklärungsbegriff zu eng gefaßt, dann bleiben viele Spielarten e.r K. unberücksichtigt; oder der Erklärungsbegriff wird zu weit gefaßt, womit möglicherweise nur eine ↑Familienähnlichkeit zwischen den verschiedenen Erklärungstypen besteht, dann aber liegt keine monolithische Theorie mehr vor und die Bemühung um eine Theorie der e.n K. verliert ihre Attraktivität gegenüber ihren Gegenspielern wie der Theorie der probabilistischen Kohärenz (↑Kohärenz, probabilistische).

Eine weitere Schwierigkeit von Theorien e.r K. ist, daß sie an zentraler Stelle einen Schluß auf die beste Erklärung (*inference to the best explanation*, oder kurz ›IBE‹) verwenden (Bartelborth [1996], G. Harman [1965], Klärner [2003], P. Lipton [2004] und W. Sellars

[1963]). Dabei wird aus einer Menge möglicher Erklärungen diejenige ausgewählt, die ›am besten‹ ist, und argumentiert, daß die beste Erklärung auch diejenige ist, die der Wahrheit am nächsten kommt. Das ist jedoch schon allein aufgrund der Vagheit des Erklärungsbegriffs umstritten. Ebenfalls umstritten ist, ob Schlüsse auf die beste Erklärung und damit die Theorie der e.n K. in die Bayesianische Erkenntnistheorie (↑Bayesianismus) integriert werden können. Einschlägige Arbeiten zu diesen Fragen sind D.H. Glass (2007), C. Howson (2000), Lipton (2004), S. Okasha (2000), B. van Fraassen (1989) und J. Weisberg (2009). N. Cartwright (1983) stellt die Verbindung von Erklärung und Wahrheit generell in Frage (vgl. die Beiträge in S. Hartmann u.a. [2008]).

Literatur: T. Bartelborth, Begründungsstrategien. Ein Weg durch die analytische Erkenntnistheorie, Berlin 1996; L. BonJour, The Structure of Empirical Knowledge, Cambridge Mass. 1985; N. Cartwright, How the Laws of Physics Lie, Oxford, New York 1983, 2002; I. Douven, Inference to the Best Explanation Made Coherent, Philos. Sci. 66 Suppl. (1999), 424–435; ders., Testing Inference to the Best Explanation, Synthese 130 (2002), 355–377; C. Eliasmith/P. Thagard, Waves, Particles, and Explanatory Coherence, Brit. J. Philos. Sci. 48 (1997), 1–19; B. van Fraassen, Laws and Symmetry, Oxford etc. 1989, 2003 (franz. Lois et symétrie, Paris 1994); D.H. Glass, Coherence Measures and Inference to the Best Explanation, Synthese 157 (2007), 275–296; A.H. Goldman, Empirical Knowledge, Berkeley Calif. 1988, 1991; G.H. Harman, The Inference to the Best Explanation, Philos. Rev. 74 (1965), 88–95; ders., Thought, Princeton N.J. 1973, 1977; ders., Change in View. Principles of Reasoning, Cambridge Mass./London 1986, 1989; S. Hartmann, Kohärenter explanatorischer Pluralismus, in: W. Hogrebe (ed.), Grenzen und Grenzüberschreitungen, Bonn 2002, 141–150; ders./L. Bovens/C. Hoefer (eds.), Nancy Cartwright's Philosophy of Science, London/New York 2008; G. Hon/S.S. Rakover (eds.), Explanation. Theoretical Approaches and Applications, Dordrecht/Boston Mass./London 2001; C. Howson, Hume's Problem. Induction and the Justification of Belief, Oxford etc. 2000, 2008; P. Kitcher/W.C. Salmon (eds.), Scientific Explanation, Minneapolis Minn. 1989; H. Klärner, Der Schluß auf die beste Erklärung, Berlin/New York 2003; K. Lehrer, Theory of Knowledge, Boulder Colo., London 1990, Boulder Colo./Oxford ²2000; P. Lipton, Inference to the Best Explanation, London/New York 1991, ²2004, 2005; T. Lombrozo, Simplicity and Probability in Causal Explanation, Cognitive Psychology 55 (2007), 232–257; W.G. Lycan, Judgement and Justification, Cambridge/New York 1988; T. McGrew, Confirmation, Heuristics, and Explanatory Reasoning, Brit. J. Philos. Sci. 54 (2003), 553–567; W.C. Myrvold, A Bayesian Account of the Virtue of Unification, Philos. Sci. 70 (2003), 399–423; S. Okasha, Van Fraassen's Critique of Inference to the Best Explanation, Stud. Hist. Philos. Sci. 31 (2000), 691–710; S. Psillos, Scientific Realism. How Science Tracks Truth, London/New York 1999; J.F. Rosenberg, One World and Our Knowledge of It. The Problematic of Realism in Post-Kantian Perspective, Dordrecht/Boston Mass./London 1980; W.C. Salmon, Causality and Explanation, Oxford/New York 1998; J.N. Schupbach, On a Bayesian Analysis of the Virtue of Unification, Philos. Sci. 72 (2005), 594–607; W. Sellars, Science, Perception, and Reality, London, New York 1963, Atascadero Calif. 1991; P. Thagard, Explanatory Coherence, Behavioral and Brain Sci. 12 (1989), 435–502; ders., Defending Explanatory Coherence, Behavioral and Brain Sci. 14 (1991), 745–748; ders., Probabilistic Networks and Explanatory Coherence, Cognitive Sci. Quart. 1 (2000), 91–116; ders., Coherence in Thought and Action, Cambridge Mass./London 2000; ders., Causal Inference in Legal Decision Making. Explanatory Coherence vs. Bayesian Networks, Appl. Artificial Intelligence 18 (2004), 231–249; ders., Testimony, Credibility, and Explanatory Coherence, Erkenntnis 63 (2005), 295–316; ders., Coherence, Truth, and the Development of Scientific Knowledge, Philos. Sci. 74 (2007), 28–47; J. Weisberg, Locating IBE in the Bayesian Framework, Synthese 167 (2009), 125–143; J. Woodward, Making Things Happen. A Theory of Causal Explanation, Oxford etc. 2003, 2005. S.H.

Kohärenz, probabilistische, Bezeichnung für einen wahrscheinlichkeitstheoretisch bestimmten Kohärenzbegriff, der in der Bayesianischen Erkenntnistheorie (↑Bayesianismus) auf zweierlei Weise verwendet wird.
(1) P.K. als Rationalitätsbedingung für (subjektive) Glaubensgrade: Alltagspsychologisch halten wir verschiedene Aussagen für unterschiedlich glaubwürdig, so daß die Stärke von Überzeugungen variieren kann. Für den Bayesianismus sollen solche Glaubensgrade den Bedingungen der synchronen und diachronen Kohärenz unterliegen. Die Glaubensgrade eines Agenten zu einem bestimmten Zeitpunkt sind *synchron* kohärent, wenn sie den Kolmogorov-Axiomen der ↑Wahrscheinlichkeitstheorie genügen, d.h., wenn Glaubensgrade ↑Wahrscheinlichkeiten sind. Wenn z.B. mein Glaubensgrad, daß es morgen regnen wird, den Wert 0,8 hat, dann muß mein Glaubensgrad, daß es morgen *nicht* regnen wird, den Wert 0,2 haben, weil sich die Wahrscheinlichkeit einer Aussage und die ihrer Negation immer zu 1 summiert. Zur Begründung wird gezeigt, daß gegen einen Agenten, dessen Glaubensgrade nicht synchron kohärent sind, ein so genanntes Dutch-Book-Argument gemacht werden kann: Demnach wird er in einer Wettsituation, in der die Wettquote an den entsprechenden Glaubensgrad gekoppelt ist, immer verlieren (Skyrms 2000; zu weiteren Gründen für die Identifikation von Glaubensgraden mit Wahrscheinlichkeiten: Christensen 1996, Joyce 1998, 2003).
Die Glaubensgrade eines Agenten sind darüber hinaus auch *diachron* kohärent, wenn auch die ursprünglichen und die durch Lernen neuer Belege veränderten Glaubensgrade auf solche Weise zusammenpassen, daß kein Dutch-Book-Argument aufgemacht werden kann. Dazu gibt es zahlreiche Vorschläge: (a) Wenn die neuen Belege *E* als wahr angesehen werden, dann ergibt sich der neue Glaubensgrad einer Hypothese *H* aus dem alten Glaubensgrad *P* durch Anwendung des Prinzips der *Konditionalisierung* (↑Bayessches Theorem):

$$P'(H) = P(H|E).$$

Dabei ist P das ursprüngliche und P' das neue Wahrscheinlichkeitsmaß.

(b) Wenn den Belegen E selbst nur eine bestimmte Wahrscheinlichkeit zukommt (die Beleglage also unsicher ist), dann ergibt sich der neue Glaubensgrad einer Hypothese H aus dem alten Glaubensgrad durch Anwendung einer Regel, die ›Jeffrey-Konditionalisierung‹ genannt wird (Joyce 2003):

$$P'(H) = P(H|E)P'(E) + P(H|\neg E)P'(\neg E).$$

Während synchrone Kohärenz weitgehend unumstritten ist, ist die Plausibilität der zur Begründung von diachroner Kohärenz vorgeschlagenen Dutch-Book-Argumente auch im Bayesianismus strittig (Howson 2003, Weisberg 2009). – Einige Autoren sehen p. K. in Analogie zur Bedingung deduktiver Konsistenz (↑widerspruchsfrei/ Widerspruchsfreiheit) in der ↑Logik. Dabei entspricht die Konsistenzbedingung der klassischen Logik (↑Logik, klassische) gerade der p.n K. für Glaubensgrade. Die Axiome der Wahrscheinlichkeitstheorie sind dann Gesetze, nach denen sich rationale Glaubensgrade zu richten haben (Howson 2007). Das macht auch verständlich, warum manchmal der Ausdruck ›probabilistische Konsistenz‹ statt ›p. K.‹ verwendet wird.

(2) P. K. als Eigenschaft einer Aussagenmenge: Während der Kohärenzbegriff in der (nicht-formalen) Kohärenztheorie der Rechtfertigung nur vage bestimmt wird (↑kohärent/Kohärenz), gelangt die Bayesianische Erkenntnistheorie mit Hilfe wahrscheinlichkeitstheoretischer Methoden zu einer präziseren Bestimmung des Begriffs. Daran anschließend können Probleme untersucht werden, die mit den Mitteln der traditionellen Erkenntnistheorie (wie der Begriffsanalyse) nur schwer oder gar nicht behandelbar sind. Dazu zählt die Frage, ob, und wenn ja, unter welchen Bedingungen die Kohärenz einer Aussagenmenge ein Indikator für deren Wahrheit ist.

Die Formalisierung des Kohärenzbegriffs gründet auf zwei epistemischen Intuitionen: (R) Kohärenz beinhaltet *positive Relevanz* zwischen den Elementen der betreffenden Aussagenmenge und (O) Kohärenz beinhaltet eine *relative Überlappung (overlap)* dieser Aussagen im Wahrscheinlichkeitsraum. (R) drückt aus, daß sich die Elemente einer kohärenten Aussagenmenge gegenseitig stützen. So sind z.B. Mengen, in denen es positive induktive Beziehungen zwischen den Aussagen gibt, kohärenter als Mengen voneinander unabhängiger Aussagen oder Mengen, in denen zwischen verschiedenen Elementen eine negative Relevanzrelation besteht. (O) besagt, daß wir übereinstimmende Aussagen für kohärent erachten. Dies ist nicht zuletzt vor dem Hintergrund eines Zeugen-Szenarios plausibel: Wenn voneinander unabhängige Zeugen eines Verbrechens übereinstimmende Aussagen machen (wie z.B. ›der Butler verließ das Schloß mit einem blutigen Messer in der Hand‹), dann ist die Menge dieser Aussagen (maximal) kohärent. In diesem Fall überlappen sich die probabilifizierten Aussagen vollständig im Wahrscheinlichkeitsraum, und jede Abweichung davon reduziert die Kohärenz entsprechend.

Kohärenzmaße können danach klassifiziert werden, welche der beiden Intuitionen in der Formalisierung aufgegriffen wird. Zu den reinen Relevanzmaßen zählt das Shogenji-Maß (Shogenji 1999), das die Kohärenz zweier Aussagen A und B relativ zu einem Wahrscheinlichkeitsmaß P wie folgt bestimmt:

$$C_S(A, B) := \frac{P(A|B)}{P(A)} = \frac{P(B|A)}{P(B)} = \frac{P(A \wedge B)}{P(A)P(B)}.$$

$C_S(A, B)$ mißt, wie sehr die angenommene Wahrheit von B die Wahrscheinlichkeit von A erhöht, d.h., wie relevant B für A ist bzw., aufgrund der Symmetrie, wie relevant A für B ist. Der symmetrisierte Ausdruck auf der rechten Seite legt nahe, wie das Shogenji-Maß auf n Aussagen verallgemeinert werden kann. Diese Verallgemeinerung ist jedoch problematisch (Fitelson 2003). Dagegen ist das Glass-Olsson-Maß (Glass 2002, Olsson 2005) ein reines Überlappungsmaß:

$$C_O(A, B) := \frac{P(A \wedge B)}{P(A \vee B)}.$$

$C_O(A, B)$ mißt die relative Überlappung der beiden Aussagen im Wahrscheinlichkeitsraum. Auch dieses Maß kann in naheliegender Weise auf n Aussagen verallgemeinert werden. Wie sich herausstellt, führt keines dieser (und verwandter) Maße immer zu einer intuitiv richtig erscheinenden Kohärenzordnung von Aussagenmengen (Bovens/Hartmann 2003, Douven/Meijs 2007, Meijs 2005, Siebel 2005). Das legt die Suche nach komplexeren Maßen nahe, die beide Intuitionen – positive Relevanz und relative Überlappung – berücksichtigen. Dies leistet das Bovens-Hartmann-Maß (2003) und die von I. Douven und W. Meijs (2007) vorgeschlagene Familie von Maßen, welche das Bovens-Hartmann-Maß verallgemeinern.

Im Gegensatz zu den bereits erwähnten Maßen nehmen diese Maße ihren Ausgangspunkt nicht in der direkten Formalisierung einer epistemischen Intuition. Vielmehr wird zunächst gefragt, welche *Funktion* die Kohärenz einer Aussagenmenge hat. Eine naheliegende Antwort darauf ist, daß die Kohärenz einer Aussagenmenge unsere Überzeugung von der Wahrheit dieser Menge erhöht. Wir betrachten dazu eine n-elementige Aussagenmenge $S^{(n)}$ und konstruieren ein Zeugenmodell: Wir nehmen an, daß jede der Aussagen A_i ($i = 1, \ldots, n$) aus $S^{(n)}$ von genau einem von n (in einem geeignet zu explizierenden Sinn) unabhängigen Zeugen, die alle die gleiche Zuverlässigkeit haben, durch einen Bericht E_i bestätigt wird. Die Kohärenzmaß-Konstruktion verläuft in drei Schritten: (a) Berechne das Verhältnis der Endwahrscheinlichkeit $P(A_1, \ldots, A_n | E_1, \ldots, E_n)$ zur Ausgangswahrscheinlichkeit $P(A_1, \ldots, A_n)$. Dabei mißt die Endwahrscheinlichkeit die Wahrscheinlichkeit, daß alle n Aussagen wahr sind, nachdem die Zeugen ausgesagt haben. Die Ausgangswahrscheinlichkeit mißt die Wahrscheinlichkeit, daß alle n Aussagen wahr sind, bevor die Zeugen ausgesagt haben. Das Verhältnis der beiden ist dann ein Maß für die Steigerung der Überzeugung von der Wahrheit von $S^{(n)}$ aufgrund der bestätigenden Zeugenaussagen. Damit wird der Intuition (R) Rechnung getragen. (b) Normiere dieses Verhältnis so, daß einer Menge von Aussagen, die im Wahrscheinlichkeitsraum *vollständig* überlappen, maximale Kohärenz zugeschrieben wird. Damit wird der Intuition (O) Rechnung getragen. Die resultierende Funktion kann allerdings kein Kohärenzmaß sein, da sie von der Zuverlässigkeit der Zeugen abhängt; Kohärenz ist jedoch eine (interne) Eigenschaft einer Aussagenmenge und muß somit unabhängig von der Zuverlässigkeit der (externen) Zeugen sein. (c) Diesem Problem wird mit der Forderung begegnet, daß eine Aussagenmenge $S^{(n)}$ genau dann kohärenter sei als eine Aussagenmenge $S'^{(n)}$, wenn der normierte Quotient aus Endwahrscheinlichkeit und Ausgangswahrscheinlichkeit *für alle Zuverlässigkeitswerte* bei $S^{(n)}$ größer ist als bei $S'^{(n)}$.

Neben den erwähnten Maßen p.r K. gibt es noch weitere, wie das Fitelson-Maß (Fitelson 2003). Allerdings werfen alle bislang vorgeschlagenen Maße Probleme auf (Meijs/ Douven 2005, Bovens/Hartmann 2005). Damit ist die Frage nach dem ›richtigen‹ Kohärenzmaß noch offen. Das liegt nicht zuletzt daran, daß hier unterschiedliche epistemische Intuitionen aufeinandertreffen. In diesem Zusammenhang ist es interessant, die vorgeschlagenen Maße mit Daten aus kognitionswissenschaftlichen Experimenten zu konfrontieren (Harris und Hahn 2009). Insgesamt stellt die Verbindung von empirischen Studien, formaler Modellbildung und Begriffsanalyse eine vielversprechende Herausforderung für die Erkenntnistheorie dar.

Trotz der erwähnten Probleme hat die formale Untersuchung des Kohärenzbegriffs zu einer Reihe wichtiger Einsichten geführt. So wurde z.B. unter Verwendung der vorgeschlagenen Maße untersucht, unter welchen Bedingungen Kohärenz ein Indikator für Wahrheit ist. Im Rahmen von Zeugenmodellen ist zunächst intuitiv klar, daß Kohärenz ein um so besserer Indikator für ↑Wahrheit ist, je unabhängiger die Zeugen sind. Weiterführende Fragen sind: Unter welchen Bedingungen hat die kohärentere von zwei Aussagenmengen die höhere Endwahrscheinlichkeit, nachdem unabhängige Zeugen

bestätigende Berichte abgegeben haben? Und: Gibt es überhaupt ein Kohärenzmaß, das als Wahrheitsindikator dienen kann? Hinweise zur Beantwortung dieser Fragen liefern zwei Unmöglichkeitstheoreme, welche zeigen, daß es kein Kohärenzmaß gibt, das eine bestimmte Reihe von plausiblen Anforderungen erfüllt. Während E. Olsson (2005) auf der Grundlage eines von ihm bewiesenen Unmöglichkeitstheorems zu dem Schluß gelangt, daß Kohärenz *kein* Indikator für Wahrheit ist, argumentieren L. Bovens und S. Hartmann (2003, 2005, 2006), daß das negative Resultat des von ihnen gefundenen Unmöglichkeitstheorems unter der Annahme vermieden werden kann, daß Aussagenmengen nicht immer nach ihrem Kohärenzgrad geordnet werden können. In bestimmten Fällen ist Kohärenz jedoch ein Indikator für Wahrheit, und zwar in folgendem Sinne: Wenn zwei gleichmächtige Aussagenmengen die gleiche Ausgangswahrscheinlichkeit haben und nach ihrem Kohärenzgrad geordnet werden können, dann hat die kohärentere der beiden bei gleicher Zuverlässigkeit der Zeugen auch die höhere Endwahrscheinlichkeit (Olsson 2007).

Literatur: B. Armendt, Is there a Dutch Book Argument for Probability Kinematics?, Philos. Sci. 47 (1980), 583–588; L. BonJour, The Structure of Empirical Knowledge, Cambridge Mass. 1985; L. Bovens/S. Hartmann, Bayesian Epistemology, Oxford etc. 2003 (dt. Bayesianische Erkenntnistheorie, Paderborn 2006); dies., Solving the Riddle of Coherence, Mind 112 (2003), 601–633; dies., Why there Cannot Be a Single Probabilistic Measure of Coherence, Erkenntnis 63 (2005), 361–374; dies., Coherence and the Role of Specificity. A Response to Meijs and Douven, Mind 114 (2005), 365–369; dies., An Impossibility Result for Coherence Rankings, Philos. Stud. 128 (2006), 77–91; dies. (eds.), Bayesian Epistemology, Synthese 156 (2007), H. 3 (Sonderheft); R. Carnap, Logical Foundations of Probability, Chicago Ill./London 1950, ^{2}1962, 1971; D. Christensen, Dutch-Book Arguments Depragmatized. Epistemic Consistency for Partial Believers, J. Philos. 93 (1996), 450–479; B. De Finetti, Teoria delle Probabilità. Sintesi introduttiva con appendice critica I–II, Turin 1970, [in 1 Bd.] Mailand 2005 (engl. Theory of Probability. A Critical Introductory Treatment I–II, London/ New York 1970, Chichester/New York 1995; dt. Wahrscheinlichkeitstheorie. Einführende Synthese mit kritischem Anhang, [in 1 Bd.] Wien/München 1981); ders., Probability, Induction, and Statistics. The Art of Guessing, London etc. 1972; P. Diaconis/S. L. Zabell, Updating Subjective Probability, J. Amer. Statistical Assoc. 77 (1982), 822–830; F. Dietrich/L. Moretti, On Coherent Sets and the Transmission of Confirmation, Philos. Sci. 72 (2005), 403–424; I. Douven/W. Meijs, Measuring Coherence, Synthese 156 (2007), 405–425; J. Earman, Bayes or Bust? A Critical Examination of Bayesian Confirmation Theory, Cambridge Mass. 1992, 1996; H. Field, A Note on Jeffrey Conditionalization, Philos. Sci. 45 (1978), 361–367; B. Fitelson, A Probabilistic Theory of Coherence, Analysis 63 (2003), 194–199; B. C. van Fraassen, Conditionalization, a New Argument for, Topoi 18 (1999), 93–96; U. Gähde/S. Hartmann (eds.), Coherence, Truth and Testimony, Erkenntnis 63 (2005), H. 3 (Sonderheft), Neudr. Berlin etc. 2006; D.H. Glass, Coherence, Explanation, and Bayesian Networks, in: M. O'Neill u.a. (eds.),

AICS 2002, LNAI 2464, Berlin etc. 2002, 177–182; ders., Coherence Measures and Inference to the Best Explanation, Synthese 157 (2007), 275–296; H. Greaves/D. Wallace, Justifying Conditionalization. Conditionalization Maximizes Expected Epistemic Utility, Mind 115 (2006), 607–632; A. J. Harris/U. Hahn, Bayesian Rationality in Evaluating Multiple Testimonies. Incorporating the Role of Coherence, J. Experimental Psychol.. Learning, Memory and Cognition 35 (2009), 1366–1373; C. Howson, The Bayesian Approach, in: D. M. Gabbay/P. Smets (eds.), Handbook of Defeasible Reasoning and Uncertainty Management Systems I, Dordrecht/Boston Mass./London 1998, 111–134; ders., Hume's Problem. Induction and the Justification of Belief, Oxford etc. 2000, 2003; ders., Logic with Numbers, Synthese 156 (2007), 491–512; ders./P. Urbach, Scientific Reasoning. The Bayesian Approach, London, La Salle Ill. 1989, Chicago Ill./La Salle Ill. ³2006; R. Jeffrey, The Logic of Decision, New York 1965, Chicago Ill. ²1983, 1990 (dt. Logik der Entscheidungen, Wien/München 1967); ders., Bayesianism with a Human Face, in: J. Earman (ed.), Testing Scientific Theories, Minneapolis Minn. 1983, 133–156; ders., Probability and the Art of Judgment, New York 1992; J. M. Joyce, A Nonpragmatic Vindication of Probabilism, Philos. Sci. 65 (1998), 575–603; ders., Bayes' Theorem, SEP (2003); ders., How Probabilities Reflect Evidence, Philos. Perspectives 19 (2005), 153–178; ders., Accuracy and Coherence. Prospects for an Alethic Epistemology of Partial Belief, in: F. Huber/C. Schmidt-Petri (eds.), Degrees of Belief, Dordrecht/London/Berlin 2009, 263–297; I. Levi, Money Pumps and Diachronic Books, Philos. Sci. Suppl. 69 (2002), S235–S247; D. Lewis, A Subjectivist's Guide to Objective Chance, in: R. C. Jeffrey (ed.), Studies in Inductive Logic and Probability II, Berkeley Calif./Los Angeles/London 1980, 263–293; P. Maher, Diachronic Rationality, Philos. Sci. 59 (1992), 120–141; W. Meijs, Probabilistische maten van coherentie, Diss. Rotterdam 2005 (engl. Probabilistic Measures of Coherence, Alblasserdam 2005); ders., A Corrective to Bovens and Hartmann's Measure of Coherence, Philos. Stud. 133 (2007), 151–180; ders./I. Douven, Bovens and Hartmann on Coherence, Mind 114 (2005), 355–363; ders./I. Douven, On the Alleged Impossibility of Coherence, Synthese 157 (2007), 347–360; L. Moretti, Ways in which Coherence is Confirmation Conducive, Synthese 157 (2007), 309–319; ders./K. Akiba, Probabilistic Measures of Coherence and the Problem of Belief Individuation, Synthese 154 (2007), 73–95; W. C. Myrvold, A Bayesian Account of the Virtue of Unification, Philos. Sci. 70 (2003), 399–423; M. Oaksford/N. Chater, Bayesian Rationality. The Probabilistic Approach to Human Reasoning, Oxford etc. 2007; E. J. Olsson, What Is the Problem of Coherence and Truth?, J. Philos. 99 (2002), 246–272; ders., Against Coherence. Truth, Probability, and Justification, Oxford 2005, 2008; ders. (ed.), Coherence and Truth. Recovering from the Impossibility Results, Synthese 157 (2007), H. 3 (Sonderheft); D. Papineau, Probability and Normativity, Behavioral and Brain Sci. 12 (1989), 484–485; F. P. Ramsey, Truth and Probability, in: F. P. Ramsey, Philosophical Papers, ed. H. Mellor, Cambridge etc. 1990, 1999, 52–109; D. A. Schum, The Evidential Foundations of Probabilistic Reasoning, New York etc. 1994, Evanston Ill. 2001; J. N. Schupbach, On the Alleged Impossibility of Bayesian Coherentism, Philos. Stud. 141 (2008), 323–331; ders., On a Bayesian Analysis of the Virtue of Unification, Philos. Sci. 72 (2005), 594–607; T. Shogenji, Is Coherence Truth Conducive?, Analysis 59 (1999), 338–345; ders., The Role of Coherence in Epistemic Justification, Australas. J. Philos. 79 (2001), 90–106; ders., Why Does Coherence Appear Truth-Conducive?, Synthese 157 (2007), 361–372; M.

Siebel, Against Probabilistic Measures of Coherence, Erkenntnis 63 (2005), 335–360; B. Skyrms, Choice and Chance. An Introduction to Inductive Logic, Belmont Calif. 1966, ⁴2000 (dt. Einführung in die induktive Logik, Frankfurt etc. 1989); ders., Dynamic Coherence and Probability Kinematics, Philos. Sci. 54 (1987), 1–20; ders., A Mistake in Dynamic Coherence Arguments?, Philos. Sci. 60 (1993), 320–328; W. Spohn, Causation, Coherence and Concepts. A Collection of Essays, Dordrecht etc. 2008, 2009; P. Teller, Conditionalization and Observation, Synthese 26 (1973), 218–258; ders., Conditionalization, Observation, and Change of Preference, in: W. Harper/C. A. Hooker (eds.), Foundations of Probability Theory, Statistical Inference, and Statistical Theories of Science I, Dordrecht/Boston Mass. 1976, 205–253; C. G. Wagner, Probability Kinematics and Commutativity, Philos. Sci. 69 (2002), 266–278; ders., Two Dogmas of Probabilism, in: E. J. Olsson (ed.), The Epistemology of Keith Lehrer, Dordrecht/Boston Mass./London 2003, 143–152; J. Weisberg, Locating IBE in the Bayesian Framework, Synthese 167 (2009), 125–143.   S. H.

Kohärenztheorie, ↑Wahrheitstheorien.

Koinzidenz, ↑coincidentia oppositorum, ↑Quasireihe.

Koinzidenztheorem, auch Koinzidenzlemma, grundlegender Satz der ↑Interpretationssemantik. Nach dem K. ist es für die Wahrheit einer Aussage A einer formalen Sprache (↑Sprache, formale) mit ↑Individuenkonstanten bei einer Interpretation I unwesentlich, welches Objekt einer in A nicht vorkommenden Individuenkonstanten c durch I zugeordnet wird. Falls also I und I' sich höchstens in der Interpretation einer in A nicht vorkommenden Individuenkonstanten c unterscheiden (also hinsichtlich der in A vorkommenden nicht-logischen Konstanten *koinzidieren*), gilt $\mathrm{Mod}(I, A) \leftrightarrow \mathrm{Mod}(I', A)$ (zur Definition von $\mathrm{Mod}(I, A)$: ↑Interpretationssemantik). Bezüglich Sprachen ohne Individuenkonstanten besagt das K., daß die Modellbeziehung bzw. Erfüllungsbeziehung für ↑Aussageformen U nicht von der ↑Belegung von ↑Variablen abhängt, die in U gar nicht oder nur gebunden vorkommen.

Literatur: A. Beckermann, Einführung in die Logik, Berlin/New York 1997, 237–240, erw. ²2003, 297–299; H. Hermes, Einführung in die mathematische Logik. Klassische Prädikatenlogik, Stuttgart 1963, ⁴1976, Nachdr. 1991 (engl. Introduction to Mathematical Logic, Berlin/New York 1973); F. v. Kutschera/A. Breitkopf, Einführung in die moderne Logik, Freiburg/München 1971, 91–92, ⁸2007, 103–104; J. Legris, Eine epistemische Interpretation der intuitionistischen Logik, Würzburg 1990, 71; P. Prechtl, Koinzidenzsatz, K., in: P. Prechtl/F.-P. Burkard (eds.), Metzler Philosophie Lexikon, Stuttgart 1996, 260; H. Scholz/G. Hasenjaeger, Grundzüge der mathematischen Logik, Berlin/Göttingen/Heidelberg 1961.   P. S.

Kołakowski, Leszek, *Radom 23. Okt. 1927, †Oxford 17. Juli 2009, poln. Philosoph, antistalinistischer Theoretiker und Publizist des ›Polnischen Oktober 1956‹.

1945–1950 Studium der Philosophie in Lodz; 1953–1968 Lehrtätigkeit an der Warschauer Universität, ab 1959 als Vertreter des Lehrstuhls für Geschichte der Philosophie, ab 1964 als Professor. Schüler von T. Kotarbiński, 1966 wegen seines Eintretens für oppositionelle Studenten Ausschluß aus der Kommunistischen Partei, im März 1968 aus politischen Gründen Entfernung von der Universität; im gleichen Jahr ohne Verlust der polnischen Staatsbürgerschaft Ausreise ins westliche Ausland. 1968–1970 Professuren in Montreal und Berkeley, 1975 Prof. an der Yale University, 1981–1982 an der University of Chicago. Seit 1970 Forschungstätigkeit in Oxford (All Souls College). – K. war einer der ersten Vertreter eines liberalen ↑Marxismus innerhalb des Ostblocks. Im Rückgriff auf Positionen des jungen K. Marx und im Kontrast zum bürgerlichen Subjektivismus entwickelt K. eine soziale Persönlichkeitslehre als Verdinglichungskritik (↑Verdinglichung). Sein umfangreiches Hauptwerk »Die Hauptströmungen des Marxismus. Entstehung, Entwicklung, Zerfall« (I–III, 1977–1979) gibt eine Übersicht über die geistes- und sozialgeschichtlichen Vorläufer und die vielfältigen Ausprägungen des Marxismus. 1977 Friedenspreis des Deutschen Buchhandels, 1983 Erasmuspreis für Verdienste um die europäische Kultur, 1991 Ernst-Bloch-Preis, 2007 Jerusalempreis für die Freiheit des Individuums in der Gesellschaft.

Werke: Jednostka i nieskończoność. Wolność i antynomie wolności w filozofii Spinozy, Warschau 1958; Der Mensch ohne Alternative. Von der Möglichkeit und Unmöglichkeit, Marxist zu sein, München 1960, ⁶1984; Klucz niebieski albo Opowieści budujące z historii świętej zebrane ku pouczeniu i przestrodze, Warschau 1964 (dt. Der Himmelsschlüssel. Erbauliche Geschichten, München 1965, ⁶1992, Düsseldorf 2007); Rozmowy z diabłem, Warschau 1965 (dt. Gespräche mit dem Teufel. Acht Diskurse über das Böse, München 1968, ⁴1986); Świadomość religijna i więź kościelna. Studia nad chrześcijaństwem bezwyznaniowym siedmnastego wieku, Warschau 1965, ²1997 (franz. Chrétiens sans eglise. La conscience religieuse et le lien confessionnel au XVIIᵉ siècle, Paris 1969, 1987); Filozofia pozytywistyczna. Od Humea do Koła Wiedeńskiego, Warschau 1966 (engl. The Alienation of Reason. A History of Positivist Thought, Garden City N. Y. 1968, unter dem Titel: Positivist Philosophy from Hume to the Vienna Circle, Harmondsworth 1972; dt. Die Philosophie des Positivismus, München 1971, ²1977); Kultura i fetysze, Warschau 1967, 2000 (engl. Toward a Marxist Humanism. Essays on the Left Today, New York 1968); Traktat über die Sterblichkeit der Vernunft. Philosophische Essays, München 1967; Geist und Ungeist christlicher Traditionen, Stuttgart etc. 1971, ²1978; Obecnosc mitu, Paris 1972, Breslau 1994 (dt. Die Gegenwärtigkeit des Mythos, München 1973, ³1984; engl. The Presence of Myth, Chicago Ill./London 1989); Der revolutionäre Geist, Stuttgart etc. 1972, ²1977; Marxismus. Utopie und Anti-Utopie, Stuttgart etc. 1974; Husserl and the Search for Certitude, New Haven Conn./London 1975, South Bend Ind. 2001 (dt. Die Suche nach der verlorenen Gewißheit. Denk-Wege mit Edmund Husserl, Stuttgart etc. 1977, München 1986; franz. Husserl et le recherche de la certitude, Lausanne 1991); Glowne nurty mark-

sizmu. Powstanie, rozwoj, rozklad, I–III, Paris 1976–1978, in 1 Bd., London 1988 (dt. Die Hauptströmungen des Marxismus. Entstehung, Entwicklung, Zerfall, I–III, München/Zürich 1977–1979, ³1988–1989; engl. Main Currents of Marxism. Its Rise, Growth, and Dissolution, I–III, Oxford 1978, New York/London 2005); Leben trotz Geschichte. Lesebuch, München 1977, 1980; Zweifel an der Methode, Stuttgart etc. 1977; Religion. If there Is No God. On God, the Devil, Sin and Other Worries of the So-Called Philosophy of Religion, Oxford/New York 1982, South Bend Ind. 2001 (dt. Falls es keinen Gott gibt, München/Zürich 1982, Freiburg 1992); Czy diabet moze byc zbawiony i 27 innych kazan, Krakau 1982, 2006; Moje sluszne poglady na wszystko, Krakau 1984, 2000 (engl. My Correct Views on Everything, South Bend Ind. 2005); Narr und Priester. Ein philosophisches Lesebuch, Frankfurt 1987, ²1995; Metaphysical Horror, Oxford 1988, rev. Chicago Ill./London 2001 (dt. Horror metaphysicus. Das Sein und das Nichts, München 1988, rev. unter dem Titel: Der metaphysische Horror, München 2002); Cywilizacja na lawie oskarzonych, Warschau 1990 (engl. Modernity on Endless Trial, Chicago Ill./London 1990; dt. Die Moderne auf der Anklagebank, Zürich 1991); God Owes Us Nothing. A Brief Remark on Pascal's Religion and on the Spirit of Jansenism, Chicago Ill./London 1995 (franz. Dieu ne nous doit rien. Brève remarque sur la religion de Pascal et l'esprit du jansenisme, Paris 1997; dt. Gott schuldet uns nichts. Eine Anmerkung zur Religion Pascals und zum Geist des Jansenismus, Heimbach 2007); Minimyklady o maxi-sprawach, I–III, Krakau 1997–2005 (dt. I Mini-Traktate über Maxi-Themen, Leipzig 2000, ²2001, Frankfurt 2003, II Neue Mini-Traktate über Maxi-Themen, Leipzig 2002).

Literatur: D. Collinson, K., in: S. Brown/dies./R. Wilkinson (eds.), Biographical Dictionary of Twentieth-Century Philosophers, London/New York 1996, 408–409; O. K. Flechtheim, Von Marx bis K.. Sozialismus oder Untergang in der Barbarei?, Köln/Frankfurt 1978, bes. 229–244; FM III (²1994), 2023–2025; C. Heidrich, L. K. Zwischen Skepsis und Mystik, Frankfurt 1995; D. Karasek, Philosophie und Religion. Über das gegenseitige Verhältnis zwischen Philosophie und Religion in der Kultur bei L. K., Lublin 1995; R. Kühn, K., in: D. Huisman, Dictionnaire des philosophes II, Paris ²1993, 1592–1593; W. Mejbaum/ A. Zukrowska, L. K.'s Misinterpretation of Marxism, I–II, Dialectics and Humanism 7 (1980), H. 4, 107–118, 8 (1981), H. 1, 149–160; S. Morawski, On L. K.'s Philosophizing, Dialogue and Humanism 2 (1992), H. 2, 11–18; A. W. Mytze (ed.), L. K., Berlin o. J. [1977]; F. J. Raddatz, ZEIT-Gespräche. Zehn Dialoge, Frankfurt 1978, bes. 91–98 (Marxismus ist das Opium des Volkes. Gespräch mit L. K.); S. Rainko, On L. K.'s Views on Religion, Dialectics and Humanism 13 (1986), H. 1, 149–155; E. Scharner, Der polnische Europäer L. K.. Historische Hintergründe der Wegentwicklung K.s vom Marxismus, Diss. Wien 1988; G. Schwan, L. K.. Eine marxistische Philosophie der Freiheit nach Marx, Stuttgart etc. 1971; H. Vetter, K., in: F. Volpi (ed.), Großes Werklexikon der Philosophie I, Stuttgart 1999, 848–849. – L. K.. Ansprachen anläßlich der Verleihung des Friedenspreises des Deutschen Buchhandels 1977. Bibliographie des Preisträgers, Frankfurt 1977, ²1978. S. B.

Kollektivum (von lat. colligere, sammeln), auch: Sammelname (*nomen collectivum*), in der Grammatik seit der Stoa in Abgrenzung von den ↑Eigennamen (*nomina propria*) und Gattungsnamen (*nomina appellativa*, ↑Appellativum) eine weitere Art der *nomina substantiva*, nämlich diejenigen Nomina, die Gegenstandsbereiche artikulieren, deren Einheiten sich bereits als Klassen anderer Gegenstände verstehen lassen, z. B. ›Herde‹, ›Vieh‹, ›Wald‹, ›Gepäck‹, ›Gebirge‹ (Kollektivpräfix ›ge‹), ›Lehrerschaft‹, ›Viehzeug‹, ›Reiterei‹, ›Bildmaterial‹ (Kollektivsuffixe ›schaft‹, ›zeug‹, ›werk‹ etc.). Diese Einheiten können bei der Einführung und Verwendung des K.s bereits festliegen (bei J. Jungius: spezifisches K.), z. B. ›Herde‹, ›Wald‹, ›Gebirge‹; es handelt sich dann um spezielle Individuativa (↑Individuativum). Die Einheiten können aber auch noch offen sein (bei Jungius: generisches K.), und zwar im einen Falle (1) so, daß auch die Elemente der Gegenstandsklassen selbst die Einheiten bilden können (↑singularia tantum), z. B. ›Stück Vieh‹ ebenso wie ›Herde Vieh‹ bzw. ›Gepäckstück‹ ebenso wie ›Ladung Gepäck‹. Die Bestimmung der Einheiten geschieht dann durch den Zusatz eigener Zähleinheitswörter; es handelt sich also um Kontinuativa (↑Kontinuativum) (die traditionell gewöhnlich enger gefaßt und dann umgekehrt als Sonderfall der Kollektiva gerechnet werden, obwohl für die Kontinuativa im engeren Sinne keine natürliche Schichtung in Gegenstände und Klassen von Gegenständen vorliegt, z. B. ›Wasser‹, individuiert durch ›Tropfen Wasser‹, ›Eimer Wasser‹, aber: ›Molekül Wasser‹! – ›Wasser‹ als Terminus der Chemie ist kein Kontinuativum im engeren Sinne mehr). Im anderen Falle (2) müssen die Einheiten zwar ausschließlich Klassen (↑Klasse (logisch)) von anders bestimmten Gegenständen sein, ihre Festlegung erfolgt aber erst bei der ↑Kennzeichnung dieser Einheiten, z. B. ›die Reiterei Preußens‹, ›die gewerkschaftlich organisierte Lehrerschaft‹, ›die Regierung der Bundesrepublik Deutschland‹. Die Eindeutigkeit der Kennzeichnung ist durch Konstruktion – da es im Beispiel eben um die Klasse *aller* Reiter Preußens bzw. um die Klasse *aller* gewerkschaftlich organisierten Lehrer bzw. um die Klasse *aller* Kabinettsmitglieder in Berlin geht – gesichert; nur hier sollte von Kollektiva im engeren Sinne gesprochen werden, ohne allerdings deshalb – wie bei J. S. Mill – ein K. für einen Eigennamen zu halten oder gar einen Kollektivbegriff zu einem speziellen ↑Individualbegriff zu machen und diesen für einen ↑Inbegriff zu halten.

Literatur: K. Baldinger, Kollektivsuffixe und Kollektivbegriff. Ein Beitrag zur Bedeutung im Französischen mit Berücksichtigung der Mundarten, Berlin 1950; J. Erben, Zur Geschichte der deutschen Kollektiva, in: H. Gipper (ed.), Sprache. Schlüssel zur Welt. Festschrift für Leo Weisgerber, Düsseldorf 1959, 221–228; R. Haller, Kollektivbegriff, Hist. Wb. Ph. IV (1976), 882–883; O. Jespersen, The Philosophy of Grammar, London, New York 1924, New York 1965. K. L.

Kolmogorov, Andrej Nikolajevič, *Tambov 25. April 1903, †Moskau 20. Okt. 1987, russ. Mathematiker. Ab 1920 Studium in Moskau, 1925 ebendort graduiert, ab 1931 Prof. der Mathematik an der Universität Moskau,

1939 Mitglied der russischen Akademie der Wissenschaften. – K. arbeitete auf fast allen Gebieten der Mathematik und deren Grenzwissenschaften, z. B. Analysis, Funktionentheorie, Maßtheorie, Statistik, Topologie, Wahrscheinlichkeitstheorie, Algorithmentheorie, mathematische Logik. Bekannt wurde er vor allem als einer der Begründer der modernen ↑Wahrscheinlichkeitstheorie. Der von ihm 1933 ausgearbeitete axiomatische Aufbau der Wahrscheinlichkeitstheorie auf mengentheoretischer (↑Mengenlehre) Grundlage wurde maßgeblich für die weitere Forschung; die nach ihm benannten *Kolmogorov-Axiome* für den Wahrscheinlichkeitsbegriff gelten heute als Adäquatheitsbedingungen für jede Definition von ↑›Wahrscheinlichkeit‹. Weitere wichtige wahrscheinlichkeitstheoretische Arbeiten betreffen die Ausarbeitung der Theorie kontinuierlicher Zufallsprozesse (Markov-Prozesse, ↑Markov, Andrej Andreevič [1856–1922]). Für die Logik bedeutsam ist K.s Deutung der intuitionistischen Logik (↑Logik, intuitionistische) als ›Aufgabenrechnung‹. In dieser Deutung wird z. B. ein Subjunkat $a \rightarrow b$ als Aufgabe verstanden, unter der Voraussetzung, daß eine Lösung der Aufgabe a gegeben ist, eine Lösung der Aufgabe b zu finden. Diese Deutung ist mit anderen Interpretationen der intuitionistischen Logik verwandt, in denen ↑Subjunktionen über den Verfahrens- oder Konstruktionsbegriff gedeutet werden, unter anderem mit der operativen Logik (↑Logik, operative).

Seit den 1950er Jahren entwickelte K. den Begriff der heute so genannten ›K.-Komplexität‹ und begründete damit die algorithmische ↑Komplexitätstheorie. Dieser Begriff definiert, grob gesprochen, den Grad der Zufälligkeit einer endlichen Folge durch die Länge des Computergramms, das benötigt wird, um diese Folge zu generieren. Der Begriff der K.-Komplexität ist grundlegend für die algorithmische Behandlung zufälliger Prozesse und für die Theorie der Datenkompression. Er ist auch wissenschaftstheoretisch relevant, insofern die Zufälligkeit endlicher Folgen von Zufallsexperimenten häufig in den Begriff der ↑Falsifikation oder in den Bewährungsgrad (↑Bewährung) statistischer Hypothesen eingeht. Daneben ist K. auf dem Gebiet der Mathematikdidaktik hervorgetreten und hat mehrere Mathematikbücher für Schulen verfaßt.

Werke: Izbrannye trudy, I–III, I, ed. S. M. Nikol'skii, II/III, ed. Y. V. Prokhorov, Moskau 1985–1987 (engl. Selected Works of A. N. K., I–III, I, ed. V. M. Tikhomirov, II/III, ed. A. N. Shiryaev, Dordrecht/Boston Mass./London 1991–1993), erw. mit Untertitel: V šesti tomach, Moskau 2005ff. (erschienen Bde I–IV, I, ed. V. M. Tichomirov, II–IV/1–2, ed. A. N. Shiryaev). – O principe ›tertium non datur‹, Matematičeskij Sbornik 32 (1924/1925), 646–667 (engl. On the Principle of Excluded Middle, in: J. v. Heijenoort [ed.], From Frege to Gödel. A Source Book in Mathematical Logic, 1879–1931, Cambridge Mass. 1967, 414–437); Über die Summen durch den Zufall bestimmter unabhängiger Größen, Math. Ann. 99 (1928), 309–319; Über das Gesetz des iterierten Logarithmus, Math. Ann. 101 (1929), 126–135; Über die analytischen Methoden in der Wahrscheinlichkeitsrechnung, Math. Ann. 104 (1931), 415–458; Zur Deutung der intuitionistischen Logik, Math. Z. 35 (1932), 58–65 (engl. On the Interpretation of Intuitionistic Logic, in: P. Mancosu, From Brouwer to Hilbert. The Debate on the Foundations of Mathematics in the 1920s, New York/Oxford 1998, 328–334); Grundbegriffe der Wahrscheinlichkeitsrechnung, Berlin 1933 (repr. Berlin/Heidelberg/New York 1973, 1977), New York 1946 (engl. Foundations of the Theory of Probability, New York 1950, ²1956); (mit B. V. Gnedenko) Predel'nye raspredelenija dlja summ nezavisimych slučajnych veličin, Moskau 1949 (engl. Limit Distributions for Sums of Independent Random Variables, übers. v. K. L. Chung, Cambridge Mass. 1954, rev. v. K. L. Chung, Reading Mass. etc. 1968, rev. v. V. M. Zolotarev, New York ²1994; dt. Grenzverteilungen von Summen unabhängiger Zufallsgrößen, Berlin [Ost] 1959, ²1960); (mit S. V. Fomin) Èlementy teorii funkcij i funkcional'nogo analiza, I–II, Moskau 1954/1960 (engl. Elements of the Theory of Functions and Functional Analysis, I–II, Rochester N. Y. 1957/1961 [repr. in einem Bd., Mineola N. Y., London 1999], II, New York/London 1961, 1962, Rochester N. Y. 1965, I, Rochester N. Y. 1971), in einem Bd., Moskau ²1968 (engl. [rev.] unter dem Titel: Introductory Real Analysis, Englewood Cliffs N. J. 1970, New York, London 1975), ³1972 (dt. Reelle Funktionen und Funktionalanalysis, Berlin [Ost] 1975), ⁷2004; (ed., mit A. P. Yushkevich) Matematičeskaja logika, algebra, teorija čisel, teorija verojatnostej, Moskau 1978 (engl. Mathematical Logic, Algebra, Number Theory, Probability Theory, Basel/Boston Mass./Berlin 1992, ²2001); (ed., mit A. P. Yushkevich) Geometrija, teorija analitičeskich funktcij, Moskau 1981 (engl. Geometry, Analytic Function Theory, Basel/Boston Mass./Berlin 1996); (ed., mit A. P. Yushkevich) Čebyševskoe napravlenie v teorii funkcij, obyknovennye differencial'nye uravnenija, variacionnoe isčislenie, teorija konečnych raznostej, Moskau 1987 (engl. Function Theory According to Chebyshev, Ordinary Differential Equations, Calculus of Variations, Theory of Finite Differences, Basel/Boston Mass./Berlin 1998). – Letters of A. N. K. to Heyting, Russ. Math. Survey 43 (1988), H. 6, 89–93 [russ. Original, Uspechi matematičeskich nauk NS 43 (1988), H. 6, 75–77]. – Publications of A. N. K., Ann. Probability 17 (1989), 945–964; A. N. Shiryaev/E. J. F. Primrose, Bibliography. Complete List of the Main Works of A. N. K., in: D. Kendall u. a., A. N. K. (1903–1987) [s. u., Lit.], 85–99; Bibliography, in: American Mathematical Society/London Mathematical Society (eds.), K. in Perspective [s. u., Lit.], 177–222.

Literatur: P. S. Aleksandrov/A. Ja. Chinčin, Matematičeskaja žizn' v SSSR. A. N. K. (K pjatidesjatiletiju so dnja roždenija), Uspechi matematičeskich nauk NS 8 (1953), H. 3, 177–193; American Mathematical Society/London Mathematical Society (eds.), K. in Perspective, Providence R.I. 2000, 2006 (mit Bibliographie, 223–225); E. Charpentier/A. Lesne/N. Nikolski (eds.), K.'s Heritage in Mathematics, Berlin/Heidelberg/New York 2007; G. Fernández Díez, K., Heyting and Gentzen on the Intuitionistic Logical Constants, Crítica. Revista Hispanoamericana de Filosofía 32 (2000), 43–57; B. V. Gnedenko, A. N. K. (K semidesjatiletiju so dnja roždenija), Uspechi matematičeskich nauk NS 28 (1973), H. 5, 5–13 (engl. A. N. K. (On the Occasion of His Seventieth Birthday), Russian Math. Surveys 28 [1973], H. 5, 5–14); P. Humphreys, K., NDSB IV (2008), 150–152; D. Kendall u. a., A. N. K. (1903–1987), Bull. London Math. Soc. 22

(1990), 31–100; H. Leblanc, The Autonomy of Probability Theory (Notes on K., Rényi, and Popper), Brit. J. Philos. Sci. 40 (1989), 167–181; M. Li/P. Vitányi, An Introduction to K. Complexity and Its Applications, New York 1993, ³2008; A. N. Shiryaev, K.. Life and Creative Activities, Ann. Probability 17 (1989), 866–944; P. Thiry, K., Enc. philos. universelle III/2 (1992), 2566. – Sonderh.: Uspechi matematičeskich nauk NS 18 (1963), H. 5 (engl. Russian Math. Surveys 18 [1963], H. 5); Uspechi matematičeskich nauk NS 43 (1988), H. 6 (engl. Russian Math. Surveys 43 [1988], H. 6).   P. S.

Kolmogorov-Axiome, ↑Wahrscheinlichkeitstheorie.

Kombinatorik, ursprünglich Bezeichnung für die Lehre von Möglichkeiten und Anzahl der Anordnung und Zusammenstellung endlich vieler Objekte unter bestimmten Bedingungen; so schon in der philosophischen Tradition der ↑*ars combinatoria* des R. Lullus und den darauf aufbauenden kombinatorischen Spekulationen der Renaissance (z. B. bei A. Kircher). Die mathematische K. im engeren Sinn beschreibt die Anzahl der Variationen, Permutationen und Kombinationen von Elementen. Inzwischen hat sich die K. zu einem recht inhomogenen Teilgebiet der Mathematik entwikkelt, das mit verschiedensten mathematischen Disziplinen Berührungspunkte hat. Zur K. zählen etwa Untersuchungen bestimmter Arten zahlentheoretischer (↑Zahlentheorie) Funktionen, Probleme der Graphentheorie (↑Graph) oder die Theorie endlicher Geometrien. Ein berühmtes kombinatorisches Problem ist das ↑Vierfarbenproblem.

Literatur: T. M. Breden, Individuation und K.. Eine Studie zur philosophischen Entwicklung des jungen Leibniz, Stuttgart 2008; R. L. Graham/M. Grötschel/L. Lovász (eds.), Handbook of Combinatorics, Amsterdam etc., Cambridge Mass. 1995; A. Hajnal/V. T. Sós, Combinatorics, I–II, Amsterdam/Oxford/New York 1978; H.-R. Halder/W. Heise, Einführung in die K., München/Wien 1976; E. Knobloch, Musurgia Universalis. Unbekannte Beiträge zur K. im Barockzeitalter, in: G. Heinrich/M.-S. Schuppan/F. Tomberg (eds.), Actio Formans. Festschrift für Walter Heistermann, Berlin 1978, 119–132 (engl. Musurgia Universalis. Unknown Combinatorial Studies in the Age of Baroque Absolutism, Hist. Sci. 17 [1979], 258–275); D. E. Knuth, The Art of Computer Programming III (Sorting and Searching), Reading Mass. etc. 1973, 1997, 2007); W. Künzel/P. Bexte, Allwissen und Absturz. Der Ursprung des Computers, Frankfurt 1993; S. Rieger, Speichern/Merken. Die künstlichen Intelligenzen des Barock, München 1997; W. Risse, Mathematik und K. in der Logik der Renaissance, Arch. Philos. 11 (1961/1962), 187–206; K. H. Rosen (ed.), Handbook of Discrete and Combinatorial Mathematics, Boca Raton Fla. etc. 1999, 2000; A. Steger, Diskrete Strukturen I (K., Graphentheorie, Algebra), Berlin etc. 2001, 2002, ³2007.   P. S.

kommensurabel/Kommensurabilität, Bezeichnung für die ›gemeinsame Meßbarkeit‹ zweier Strecken a, b mit Längen α, β, die dann vorliegt, wenn α/β eine rationale Zahl ist. Die Existenz inkommensurabler (↑inkommensurabel/Inkommensurabilität) Strecken war eine für die antike Mathematik sehr folgenreiche Entdeckung. – In der ↑Quantentheorie heißt ein Paar von Observablen k., wenn sie (grundsätzlich) gleichzeitig beliebig genau gemessen werden können, wenn für sie also keine ↑Unschärferelation gilt, wie z. B. Ort und Energie eines Elementarteilchens, im Gegensatz etwa zu Ort und Impuls. In der ↑Wissenschaftstheorie heißen zwei Theorien k., wenn sie sich hinsichtlich der in ihnen verwendeten Begriffe vergleichen lassen. Die These der Inkommensurabilität von Theorien oder von ↑Paradigmata von Theorien, insbes. im Zusammenhang mit wissenschaftlichen Revolutionen (↑Revolution, wissenschaftliche), hat eine breite Grundlagendiskussion in Wissenschaftstheorie und Wissenschaftsgeschichte ausgelöst.   P. S.

Kommunikation (von lat. communicatio, Mitteilung, Verständigung), Terminus der jüngeren Philosophiegeschichte, und zwar zunächst in der so genannten dialogischen Philosophie (↑Philosophie, dialogische). ›K.‹ wird hier zur Auszeichnung der spezifisch zwischenmenschlichen Verständigungsprozesse verwendet, wobei die sprachliche K. meist eine paradigmatische Funktion besitzt (↑Dialog). Für K. Jaspers wird mit K. eine ›universale Bedingung des Menschseins‹ ausgesagt: »Sie ist so sehr sein allumfassendes Wesen, daß, was auch der Mensch ist und was für ihn ist, in irgendeinem Sinne in der K. steht: Das Umgreifende, als das *wir sind*, ist in jeder Gestalt K.« (Vernunft und Existenz, 1973, 60). Im Unterschied zu dieser anthropologisch umfassenden Verwendung von ›K.‹ geht der in einer Reihe von Wissenschaften verwendete Begriff der K. auf das nachrichtentechnische Paradigma von Sender/Kanal/Empfänger zurück, dem in vielen sozialwissenschaftlichen Arbeiten eine behavioristische (↑Behaviorismus) Ausdeutung gegeben wird (↑Kommunikationswissenschaft). Unabhängig davon betont eine auf C. S. Peirce und F. de Saussure zurückgehende, besonders in den Sprachwissenschaften wirksame Tradition mehr den Zeichenaspekt der K. (↑Kommunikationstheorie, ↑Semiotik).

Unter dem Einfluß des anthropologisch umfassenden K.sbegriffs von Jaspers hat J. Habermas in einer Theorie des kommunikativen Handelns versucht, die Einsichten philosophischer und empirischer Sprachtheorien aufzugreifen und zu einer einheitlichen soziologischen ↑Handlungstheorie weiterzuentwickeln (↑Universalpragmatik). Im Unterschied zum diskursiven Handeln (↑Diskurs) werden beim kommunikativen Handeln die Geltungsansprüche im Rahmen eingelebter ↑Sprachspiele naiv anerkannt und unterstellt. Unter kommunikativer Kompetenz versteht Habermas dabei (in Anspielung auf A. N. Chomskys Unterscheidung zwischen Sprachperformanz und Sprachkompetenz) die Fähigkeit eines Sprecher/Hörers, die sozialen Rahmenregeln

menschlicher Rede zu beherrschen bzw. diese zu verstehen (↑Kommunikationsgemeinschaft).

Literatur: D. Baacke, K. und Kompetenz. Grundlegung einer Didaktik der K. und ihrer Medien, München 1973, ³1980; H. Bäcker, Die Frage nach Gemeinschaft bei Karl Jaspers, Diss. Wien 1953; I. Bock, K. und Erziehung. Grundzüge ihrer Beziehungen, Darmstadt 1978; J. Habermas, Vorbereitende Bemerkungen zu einer Theorie der kommunikativen Kompetenz, in: ders./N. Luhmann, Theorie der Gesellschaft oder Sozialtechnologie. Was leistet die Systemforschung?, Frankfurt 1971, ¹⁰1990, 101–141; ders., Theorie des kommunikativen Handelns, I–II, Frankfurt 1981, ³1985, 2006 (engl. The Theory of Communicative Action, I–II, Boston Mass., Cambridge 1984–1987; franz. Théorie de l'agir communicationnel, I–II, Paris 1987); K. Jaspers, Philosophie II (Existenzerhellung), Berlin 1932, Berlin/Heidelberg/New York ⁴1973, 50–117; ders., Vernunft und Existenz. Fünf Vorlesungen, Groningen 1935, Bremen ²1947, ³1949, München ⁴1987 (engl. Reason and Existenz. Five Lectures, New York 1955, Milwaukee Wis. 1997; franz. Raison et existence, Grenoble 1978, 1987); ders., Von der Wahrheit, München 1947, ⁴1991; G. Junghänel, Über den Begriff der K. bei Karl Jaspers, Dt. Z. Philos. 9/1 (1961), 472–489; H.-P. Krüger/G. Meggle, K./kommunikatives Handeln, EP I (1999), 702–713; G. Meggle, Grundbegriffe der K., Berlin/New York 1981, ²1997; H. Saner, K., Hist. Wb. Ph. IV (1976), 893–895; E. Sapir, Communication, Enc. Soc. Sci. IV (New York 1931, 1957), 78–81; R. Schérer, Structure et fondement de la communication humaine. Essai critique sur les théories contemporaines de la communication, Paris 1965; S. Schiffer, Communication. Philosophical Aspects, IESBS IV (2001), 2311–2316; C. E. Shannon, A Mathematical Theory of Communication, Bell System Technical J. 27 (1948), 379–423, 623–656, mit W. Weaver separat u. erw. unter dem Titel: The Mathematical Theory of Communication, Urbana Ill. 1949; P. Watzlawick/J. H. Beavin/D. D. Jackson, Pragmatics of Human Communication. A Study of International Patterns, Pathologies, and Paradoxes, New York 1967, London 1968 (dt. Menschliche K.. Formen, Störungen, Paradoxien, Bern/Stuttgart/Wien 1969, ¹⁰2000, 2003; franz. Une logique de la communication, Paris 1972, 1979); N. Wiener, Cybernetics. Or Control and Communication in the Animal and the Machine, Cambridge Mass./New York/Paris 1948, Cambridge Mass./New York ²1961, 2000 (dt. Kybernetik. Regelung und Nachrichtenübertragung in Lebewesen und Maschine, Düsseldorf/Wien 1963, 1992).   C. F. G.

Kommunikationsforschung, ↑Kommunikationstheorie, ↑Kommunikationswissenschaft.

Kommunikationsgemeinschaft, im Rahmen von K.-O. Apels ↑Transzendentalpragmatik Bezeichnung der systematischen Nachfolgeinstanz für das transzendentale Subjekt (↑Subjekt, transzendentales, ↑Ego, transzendentales, ↑Ich). Nach Apel kann das Ich nicht zu einem Wissen über sich selbst gelangen, ohne durch seine intentionalen (↑Intention, ↑Intentionalität) Bewußtseinsakte bereits an einem sprachlichen, kommunikativ geregelten (↑Kommunikation) Verständigungsprozeß teilzunehmen. Insofern geht die hermeneutisch transformierte ↑Transzendentalphilosophie nach Apel von einem Apriori der *realen* K. aus, die heute praktisch mit der faktischen menschlichen Gattung bzw. Gesellschaft zusammenfällt. Darüber hinaus erhebt jedes Subjekt in seinem Reden und Handeln jedoch Geltungsansprüche und antizipiert dadurch eine *ideale* K., weil die Einlösung dieser Geltungsansprüche letztlich nur im Konsensus mündiger und verständiger Individuen in zwangfreien gesellschaftlichen Verhältnissen gelingen könnte. Mit dieser Konzeption greift Apel auf den Gedanken vom Verifikationsprozeß ›in the long run‹ bei C. S. Peirce zurück. Systematisch besteht eine enge Verwandtschaft mit der Konzeption der idealen Sprechsituation bei J. Habermas (↑Universalpragmatik).

Literatur: K.-O. Apel, Transformation der Philosophie II (Das Apriori der K.), Frankfurt 1973, ⁵1993 (engl. [gekürzt] Towards a Transformation of Philosophy, Boston Mass./London 1980, Milwaukee Wisc. 1998); ders., Der Denkweg von Charles Sanders Peirce. Eine Einführung in den amerikanischen Pragmatismus, Frankfurt 1975 (engl. Charles S. Peirce. From Pragmatism to Pragmaticism, Amherst Mass. 1981, Atlantic Highlands N. J. 1995); ders., Die Erklären-Verstehen-Kontroverse in transzendentalpragmatischer Sicht, Frankfurt 1979 (engl. Understanding and Explanation. A Transcendental Pragmatic Perspective, Cambridge Mass./London 1984; franz. La controverse expliquer-comprendre. Une approche pragmatico-transcendantale, Paris 2000).   C. F. G.

Kommunikationstheorie, zusammenfassende Bezeichnung für psychologische (1), soziologische (2), linguistische (3) und philosophische (4) Theorieansätze zur Rekonstruktion und Erklärung verbaler und non-verbaler ↑Kommunikation. Eine wissenschaftstheoretisch begründete Abgrenzung der K. von psychologischen und soziologischen Theorien der ↑Interaktion sowie von Soziolinguistik und sozialphilosophischen Konzeptionen (↑Institution, ↑Sozialphilosophie) ist (gegenwärtig) nicht möglich. Von den K.n lassen sich jedoch empirisch-theoretische Konzeptionen abgrenzen, die auf Basis des nachrichtentechnischen Paradigmas eine (maschinelle, tierische und menschliche Kommunikationsprozesse umgreifende) Theorie des Nachrichtentransports zu entwickeln suchen (↑Kommunikationswissenschaft, ↑Informationstheorie).

(1) Die theoretischen Ansätze zu einer *Kommunikationspsychologie* beziehen sich entsprechend dem wissenschaftlichen Paradigma der ↑Psychologie primär auf mikrosoziale Kommunikationsphänomene. Daher steht die Auseinandersetzung mit dem ebenfalls an Phänomenen der Kleingruppenkommunikation orientierten Minimalmodell von C. E. Shannon und W. Weaver am Anfang fast aller theoretischen Bemühungen. Nach C. E. Osgood, dem Mitbegründer der Psycholinguistik, ist der Mensch als Urheber des Kommunikationsgeschehens Quelle, Sender, Empfänger und Ziel der Kommunikation in einem. Entsprechend sind die sensorischen Impulse als Signale zu interpretieren, die durch eine

Dekodierungsleistung entschlüsselt werden müssen; auf der anderen Seite ist vor allem die ↑Sprache als Kodierungsleistung aufzufassen. Um die in Ziel und Quelle der Kommunikation ablaufenden Prozesse psychologisch zu erfassen, müssen nach Osgood vor allem die semantischen Leistungen der Bedeutungsverleihung und des Bedeutungsverstehens untersucht werden, die in der nachrichtentechnischen Betrachtung der Informationsverarbeitung vernachlässigt werden. – Osgoods Ansatz hat den Nachteil, die sozialen Wechselwirkungen, die auf Grund des Kommunikationsprozesses stattfinden, unberücksichtigt zu lassen. Demgegenüber gehen E. und R. Hartley unter deutlicher Bezugnahme auf ein eher zeichentheoretisches Kommunikationsverständnis (↑Interaktionismus, symbolischer, ↑Semiotik) davon aus, daß Kommunikation ein fundamentales soziales Geschehen ist, in dem die Verwendung von Zeichen und Symbolen die tragende Rolle spielt. Als Alternative zu den analytischen Grundbegriffen des Shannon-Weaverschen Modells werden als Grundbegriffe die von Kommunikator/Kommunikant/Kommunikationsinhalt/Kommunikationswirkung verwendet. Der Kommunikationsvorgang ist ein reziprokes Geschehen von Reiz und Reaktion, d. h., die durch eine Kommunikationshandlung hervorgerufene Reaktion ist wiederum ein Reiz usw.. Dadurch ist die Kommunikation zwischen den Kommunikationsteilnehmern reziprok, d. h., die Rollen von Kommunikant und Kommunikator werden ständig gewechselt. Dieser analytische Ansatz erlaubt es, die zentralen Aussagen der Sozialpsychologie kommunikationstheoretisch zu interpretieren und die Strukturanalyse des Kommunikationsinhalts zum Kern der Sprachpsychologie zu machen.

Einen breiten Raum nimmt die Untersuchung kommunikationsstörender Faktoren (Kommunikationsschranken, Erwartungshaltungen, soziale Einstellungen, Klassenzugehörigkeit etc.) ein. Ähnlich hat W. McGuire die soziale Einstellung und ihre Änderung als von fünf Faktoren des Kommunikationsprozesses abhängige Variable interpretiert, wobei die Shannon-Weaverschen Grundbegriffe wieder leitend sind (Quelle, Nachricht, Kanal, Empfänger, Ziel). Diesen fünf Kategorien entsprechen fünf Verhaltensschritte, die zum Zwecke der Einstellungsänderung durchlaufen werden müssen: Aufmerksamkeit, Verstehen, Nachgeben, Behalten und Handeln. Das Gelingen der Kommunikationsprozesse mit dem Ziel der Einstellungsänderung läßt sich verständlich machen, wenn die fünf Grundkategorien in operationalisierbare Variablenmengen zerlegt werden. Durch das von McGuire erarbeitete analytische Instrumentarium wird ein großer Bereich sozialpsychologischer Phänomene begrifflich und methodisch geordnet.

Ein vom nachrichtentechnischen Minimalmodell stark abweichendes Modell hat T. N. Newcomb entwickelt.

Danach kommunizieren zwei Kommunikationsteilnehmer A und B gegenüber einem Umweltobjekt X. Die Kommunikation besteht darin, daß jeder Mensch gezwungen ist, seine Auseinandersetzung mit X an B.s Auseinandersetzung mit X zu orientieren bzw. mit dieser abzustimmen. Dabei besteht ein Zwang zur Symmetrie (↑symmetrisch/Symmetrie (argumentationstheoretisch)), d. h. zur Übereinstimmung der Orientierungen von A und B über X. Kommunikative Akte sind allgemein Veränderungen in den A−B−X-Beziehungen und führen solche Veränderungen herbei. Mit dem Symmetriegedanken glaubt Newcomb, die von L. Festinger u. a. festgestellten Phänomene informeller Kommunikation erklären zu können: Kommunikation erwächst demnach aus Druck zur Gruppenkonformität, Versuch der Positionsstabilisierung oder Positionsänderung in der Gruppe oder dem Zwang der Expression von Gefühlen. Die theoretischen (begrifflichen und methodischen) Grundlagen der psychologischen K.n sind uneinheitlich; die wissenschaftstheoretischen Grundlagen des jeweils unterstellten Begriffs von Kommunikation sind oft schwer explizierbar. Das Verhältnis von Psychologie zu ↑Soziologie und ↑Linguistik ist insgesamt wenig geklärt; das Proprium einer psychologischen K. bzw. ihr möglicher Beitrag zu einer umfassenden K. wird in den verschiedenen Ansätzen sehr unterschiedlich interpretiert.

(2) Die meisten Ansätze zur *Kommunikationssoziologie* gehen davon aus, daß Kommunikation als ein (bzw. der entscheidende) Sonderfall menschlicher ↑Interaktion zu begreifen sei. Entsprechend enthalten bzw. sind die interaktionstheoretischen Ansätze zugleich K.n. Für den vor allem von G. H. Mead entwickelten *interaktionistischen Zugang* (↑Interaktionismus, symbolischer) ist dies bereits dadurch gegeben, daß soziales, wechselseitiges Handeln erst über symbolisch vermittelte Kommunikationssysteme, beim Menschen vor allem über die Sprache konstituiert wird. Daher eröffnet für den interaktionistischen Ansatz das Phänomen der Kommunikation einen fundamentaleren Zugang zur Erklärung sozialer Phänomene und Strukturen als etwa der ökonomische Produktionsprozeß oder die religiöse Einstellung des Menschen. Der vom Interaktionismus postulierte Primat der Kommunikation wird weithin von Soziologen phänomenologischer (↑Phänomenologie) Provenienz (A. Schütz, G. Gurvitch, P. L. Berger, T. Luckmann) und der dramaturgischen Interaktionstheorie E. Goffmans geteilt. − Für die *systemtheoretische* (↑Systemtheorie) *Soziologie* ist die Kommunikation nicht so sehr ein Fall von Interaktion als vielmehr ein Gegenpol zu ihr. Kommunikation und Interaktion bedingen sich danach gegenseitig: Kommunikation ist Voraussetzung für die reziproke Verhaltensorientierung; durch Interaktion werden Formen kommunikativen Handelns bestimmt.

Daraus wird die Notwendigkeit abgeleitet, das Phänomen der Kommunikation soziologisch und psychologisch zu erforschen (T. Parsons, H. Reimann). − Für den *verhaltenstheoretischen Ansatz* (↑Verhalten (sich verhalten)) bildet die behavioristisch (↑Behaviorismus) ausgebildete Psychologie der Kommunikation die Grundlage der Erklärung von Kommunikationsprozessen. Das Reiz-Reaktions-Schema läßt sich z. B. mit dem Gedanken verbinden, daß Kommunikation eine psychische Fertigkeit des Individuums sei, sensomotorische Reize auszusenden und aufzunehmen (M. Argyle).

(3) In einem weiteren Sinne läßt sich die ↑Linguistik (Sprachwissenschaft) insgesamt als K. auffassen (z. B. S. Maser, U. Steinmüller). Im engeren Sinne bezeichnet sich das linguistische Paradigma der intentionalen (handlungstheoretischen) ↑Semantik (↑Intention), das auf Untersuchungen von H. P. Grice zurückgeht, durch D. Lewis weitergeführt und von S. R. Schiffer und J. Bennett ausgearbeitet wurde, als ›K.‹. Dieser Ansatz, dessen Leitproblem die pragmatische (↑Pragmatik, ↑Pragmatismus) Fundierung der Semantik ist, geht mit dem verhaltenstheoretischen Ansatz davon aus, daß das Fundament einer Sprachtheorie das intersubjektiv ermittelbare Sprachverhalten ist. In der Linie von L. Wittgensteins ↑Gebrauchstheorie der Bedeutung und der Theorie der ↑Sprechakte von J. L. Austin und J. R. Searle wird jedoch der nicht-natürliche, konventionelle (↑Konvention) Charakter der handlungsleitenden Regeln betont. Über die Beschreibung des konventionellen Charakters der Regelbefolgung hinaus wird versucht, diese Konventionen handlungstheoretisch (↑Handlungstheorie), d. h. unter Rückgriff auf die Absicht der kommunikativ Handelnden, zu erklären. Ausgangspunkt bildet die Vorstellung, daß sich das Verstehen der ↑Bedeutung eines symbolischen Ausdrucks auf das Verstehen der ↑Absicht eines Sprechers S zurückführen läßt, einem Hörer H mit Hilfe eines gezeigten Verhaltens f etwas zu verstehen zu geben. Daß ein von S gezeigtes Verhalten f einen an eine Person H gerichteten Kommunikationsversuch des Inhalts darstellt, daß H die Handlung r tun soll (z. B. daß H glauben soll, daß p), besagt nach dem Griceschen Grundmodell soviel wie: S hat die Absicht, mit seinem f-tun zu erreichen, daß (a) H r tut, (b) H erkennt, daß S (a) beabsichtigt, (c) (a) auf Grund von (b) eintritt. Zur Verbesserung der Adäquatheitsbedingungen hat sich eine umfassende Diskussion ergeben (G. Meggle [ed.], 1979). Für Kommunikationsabläufe sind nach Lewis (Kommunikations-)Konventionen maßgebend, d. h. Strategien, die besagen, wie sich Mitglieder einer Gruppe verhalten, wenn sie Sprecher-/Hörerrollen einnehmen. Bedeutungskonventionen, durch die sprachlichen Ausdrücken Bedeutungen zugeordnet werden, sollen sich schließlich als spezielle Kommunikationskonventionen begreifen lassen.

(4) Als *philosophische* K.n können bereits die zahlreichen Ansätze in den ersten Jahrzehnten des 20. Jhs. bezeichnet werden, die sich in mehr oder weniger radikaler Kritik an der Bewußtseinsphilosophie der Neuzeit in verschiedenen Schulen und Strömungen herausgebildet haben und die die ↑Sprache im Sinne eines intersubjektiven Kommunikationsmediums als Fundierungsbasis der Philosophie ansahen: die dialogische Philosophie (↑Philosophie, dialogische), die ↑Phänomenologie (M. Heidegger, E. Rothacker), der ↑Neukantianismus (E. Cassirer, R. Hönigswald), der Neuhegelianismus (T. Litt, ↑Hegelianismus), die ↑Existenzphilosophie (K. Jaspers), die ↑Neuscholastik (A. Brunner). Nach dem Zweiten Weltkrieg haben unter dem Einfluß dieser Traditionen und unter kritischer Rezeption ähnlichgerichteter Tendenzen zu einem linguistic turn in der Analytischen Philosophie (L. Wittgenstein, G. Ryle, J. L. Austin, R. Carnap; ↑Philosophie, analytische) und im ↑Pragmatismus (C. S. Peirce, G. H. Mead, C. Morris) vor allem P. Lorenzen und W. Kamlah (↑Erlanger Schule, ↑Wissenschaftstheorie, konstruktive), K.-O. Apel (↑Kommunikationsgemeinschaft) und J. Habermas (↑Universalpragmatik) versucht, die K. als ›erste Philosophie‹ teilweise unter Integration der anderen kommunikationstheoretischen Ansätze herauszustellen. Diese integrativen Konzeptionen haben inzwischen neue Programme sozialwissenschaftlicher (B. Badura) und sprachwissenschaftlicher Kommunikationsforschung nach sich gezogen.

(5) Ansätze der K. sind in neuerer Zeit von mehreren Philosophen auf den Bereich der *Medien* öffentlicher Kommunikation bezogen und weiterentwickelt worden (↑Medienphilosophie).

Literatur: K.-O. Apel, Die Idee der Sprache in der Tradition des Humanismus von Dante bis Vico, Bonn 1963 (Arch. Begriffsgesch. 8), ³1980; J. L. Austin, How to Do Things with Words. The William James Lectures Delivered in Harvard University in 1955, ed. J. O. Urmson, Oxford, Cambridge Mass. 1962, ²1975, Cambridge Mass. 2003 (dt. Zur Theorie der Sprechakte, Stuttgart 1972, ²1974, 2002); A. Avramides, Meaning and Mind. An Examination of a Gricean Account of Language, Cambridge Mass. 1989; A. J. Ayer u. a., Studies in Communication. Contributed to the Communication Research Centre, University College, London, London 1955; B. Badura, Sprachbarrieren. Zur Soziologie der Kommunikation, Stuttgart-Bad Cannstatt 1971, ²1973; ders./K. Gloy, Soziologie der Kommunikation. Eine Textauswahl zur Einführung, Stuttgart-Bad Cannstatt 1972; J. Bennett, Linguistic Behavior, Cambridge 1976, Indianapolis Ind. 1990 (dt. Sprachverhalten, Frankfurt 1982); P. Berger/T. Luckmann, The Social Construction of Reality, Garden City N. Y. 1966, London 1967, 1991 (dt. Die gesellschaftliche Konstruktion der Wirklichkeit. Eine Theorie der Wissenssoziologie, Frankfurt 1969, ⁵1977, 2007); D. K. Berlo, The Process of Communication. An Introduction to Theory and Practice, New York, London 1960, 1966; R. L. Birdwhistell, Communication, IESS III (1968), 24–29; ders., Some Meta-Communicational Thoughts about Communicational Studies, in: J. Akin u. a. (eds.), Language Behavior. A Book of Readings in Communication, The Hague/

Paris 1970, 265–270; S. Blackburn, Communication and Intention, REP II (1998), 455–459; ders., Meaning and Communication, REP VI (1998), 212–214; A. Brunner, Erkenntnistheorie, Kolmar [o. J.], Köln 1948; R. W. Budd/B. D. Ruben (eds.), Approaches to Human Communication, New York 1972, Rochelle Park N. J. 1974, unter dem Titel: Interdisciplinary Approaches to Human Communication, New Brunswick N. J./London ²2003; E. Cassirer, Philosophie der symbolischen Formen I (Die Sprache), Berlin 1923, Darmstadt 1997 (engl. The Philosophy of Symbolic Forms I, New Haven Conn./London, 1953, 1985); C. Cherry, ›Communication Theory‹ and Human Behavior, in: A. J. Ayer (ed.), Studies in Communication [s. o.], 45–67; F. E. X. Dance (ed.), Human Communication Theory. Original Essays, New York 1967; ders. (ed.), Human Communication Theory. Comparative Essays, New York etc. 1982; L. Festinger, Informal Social Communication, Psychol. Rev. 57 (1950), 271–282; H. P. Grice, Meaning, Philos. Rev. 66 (1957), 377–388, ferner in: ders., Studies in the Way of Words [s. u.], 213–223 (dt. Intendieren, Meinen, Bedeuten, in: G. Meggle [ed.], Handlung, Kommunikation, Bedeutung [s. u.], 2–15); ders., Utterer's Meaning and Intentions, Philos. Rev. 78 (1969), 147–177, ferner in: ders., Studies in the Way of Words [s. u.], 86–116 (dt. Sprecher-Bedeutung und Intentionen, in: G. Meggle [ed.], Handlung, Kommunikation, Bedeutung [s. u.], 16–51); ders., Logic and Conversation, in: P. Cole/J. L. Morgan (eds.), Syntax and Semantics III (Speech Acts), New York/London 1975, 41–58; ders., Studies in the Way of Words, Cambridge Mass./London 1989, 1995; E. L. Hartley/R. E. Hartley, The Fundamentals of Social Psychology, New York 1952 (dt. Die Grundlagen der Sozialpsychologie, Berlin 1955, ²1969); T. Herrmann/K. H. Stäcker, Sprachpsychologische Beiträge zur Sozialpsychologie, in: C. F. Graumann (ed.), Handbuch der Psychologie in 12 Bänden VII/1 (Sozialpsychologie), Göttingen 1969, 398–474; E. T. Higgins/G. R. Semin, Communication and Social Psychology, IESBS IV (2001), 2296–2299; R. A. Hinde (ed.), Non-Verbal Communication, Cambridge 1972, 1979; R. Hönigswald, Philosophie und Sprache. Problemkritik und System, Basel 1937 (repr. Darmstadt 1970); R. D. Laing/H. Phillipson/A. R. Lee, Interpersonal Perception. A Theory and a Method of Research, London, New York 1966, 1999 (= Selected Works VI) (dt. Interpersonelle Wahrnehmung, Frankfurt 1971, 1983); D. Lewis, Convention. A Philosophical Study, Cambridge Mass. 1969, Oxford 2002 (dt. Konventionen. Eine sprachphilosophische Abhandlung, Berlin/New York 1975); N. Lin, The Study of Human Communication, Indianapolis Ind. 1973, 1977; T. Litt, Mensch und Welt. Grundlinien einer Philosophie des Geistes, München 1948, Heidelberg ²1961; K. Lorenz, Elemente der Sprachkritik. Eine Alternative zum Dogmatismus und Skeptizismus in der Analytischen Philosophie, Frankfurt 1970, 1971; W. J. McGuire, Attitudes and Opinions, Ann. Rev. Psychol. 17 (1966), 475–514; ders., Personality and Susceptibility to Social Influence, in: E. F. Borgatta/W. W. Lambert (eds.), Handbook of Personality Theory and Research, Chicago Ill. 1968, 1130–1187; ders., The Nature of Attitudes and Attitude Change, in: G. Lindzey/E. Aronson (eds.), The Handbook of Social Psychology III, Reading Mass. ²1969, 136–314; G. Meggle (ed.), Handlung, Kommunikation, Bedeutung, Frankfurt 1979, 1993; ders., Grundbegriffe der Kommunikation, Berlin/New York 1981, ²1997; A. Meijers, Speech Acts, Communication and Collective Intentionality, Utrecht 1994; G. A. Miller, Language and Communication, New York 1951, 1963 (franz. Langage et communication, Paris 1956, 1973); C. Morris, Signs, Language and Behavior, New York 1946, 1955 (dt. Zeichen, Sprache und Verhalten, Düsseldorf

1973, Frankfurt/Berlin/Wien 1981); C. D. Mortensen, Communication. The Study of Human Interaction, New York 1972; T. M. Newcomb, An Approach to the Study of Communicative Acts, Psychol. Rev. 60 (1953), 393–404; C. E. Osgood, Psycholinguistics, in: S. Koch (ed.), Psychology. A Study of a Science VI, New York etc. 1963, 244–316; H. Reimann, Kommunikationssysteme. Umrisse einer Soziologie der Vermittlungs- und Mitteilungsprozesse, Tübingen 1968, [2]1974; G. Ryle, The Concept of Mind, London/New York 1949, Chicago Ill. 2002 (dt. Der Begriff des Geistes, Stuttgart 1969, 2002); K. R. Scherer, Non-verbale Kommunikation. Ansätze zur Beobachtung und Analyse der außersprachlichen Aspekte von Interaktionsverhalten, Hamburg 1970, [3]1973; S. R. Schiffer, Meaning, Oxford 1972, 1988; ders., Remnants of Meaning, Cambridge Mass. 1987, 1989; J. R. Searle, Speech-Acts. An Essay in the Philosophy of Language, Cambridge 1969, 1995 (dt. Sprechakte. Ein sprachphilosophischer Essay, Frankfurt 1971, 2003); A. G. Smith (ed.), Communication and Culture. Readings in the Codes of Human Interaction, New York 1966; I. De Sola Pool/W. Schramm (eds.), Handbook of Communication, Chicago 1973; U. Steinmüller, K.. Eine Einführung für Literatur- und Sprachwissenschaftler, Stuttgart etc. 1977; H. J. Vetter, Language, Behaviour and Communication. An Introduction, Itasca Ill. 1969; L. Wittgenstein, Philosophische Untersuchungen, Frankfurt 1967, ed. J. Schulte [3]2006; weitere Literatur: ↑Interaktion, ↑Kommunikation, ↑Kommunikationswissenschaft. C. F. G.

Kommunikationswissenschaft, seit etwa 1950 verwendete zusammenfassende Bezeichnung für zahlreiche wissenschaftliche Ansätze zur Entwicklung einer nachrichtentechnischen und verhaltenswissenschaftlichen Theorie maschineller, tierischer und menschlicher Nachrichtenübertragung (↑Kommunikation im weiteren Sinne). Dabei bildet – in der Nachfolge von C. E. Shannon und W. Weaver (1949) – die Kleingruppenkommunikation, deren Deutung am nachrichtentechnischen Modell von Sender/Kanal/Empfänger (s. u.) orientiert ist, den paradigmatischen terminologischen Rahmen. Eine wissenschaftstheoretisch begründete Abgrenzung zwischen K., technisch ausgerichteter ↑Informationstheorie und verwandten Disziplinen (↑Automatentheorie, ↑Spieltheorie, ↑Linguistik etc.) erscheint beim derzeitigen Stand der wissenschaftlichen Theoriebildung nicht möglich.

Demgegenüber lassen sich von der K. psychologische, soziologische, linguistische und philosophische Konzeptionen abgrenzen, die die menschliche Kommunikation auf Basis genuiner, sich vom nachrichtentechnischen Schema mehr oder weniger absetzender, handlungstheoretischer Deutungen (↑Handlungstheorie) zu erfassen suchen (↑Kommunikationstheorie). Die Verwendung der Bezeichnung ›K.‹, ›Kommunikationsforschung‹ und ›Kommunikationstheorie‹ ist im gegenwärtigen Sprachgebrauch allerdings manchmal synonym, insgesamt uneinheitlich. Aus den kommunikationswissenschaftlichen Ansätzen hat sich eine disziplinär weitgehend selbständige Medienwissenschaft entwickelt, die sich mit Strukturen, Erscheinungsweisen und sozialen Regularitäten der durch Medien vermittelten Formen privater und öffentlicher Kommunikation befaßt (↑Medienphilosophie).

Das Grundmodell des Kommunikationsbegriffs der K. haben Shannon und Weaver in ihrer klassischen Arbeit »The Mathematical Theory of Communication« (Urbana Ill. 1949) entwickelt, für deren Entstehung einerseits Probleme bezüglich der Bedeutung des Informationsbegriffs (↑Information) in der Physik (vor allem im Zusammenhang mit dem Verständnis der ↑Entropie), andererseits Versuche zu einer theoretischen Bearbeitung von Problemen der Nachrichtentechnik (z. B. des telegraphischen Nachrichtentransports) bestimmend waren. Nach Shannon/Weaver läßt sich jeder Kommunikationsprozeß nach einem bestimmten Schema des Nachrichtentransports verstehen (vgl. Abb. unten).

Danach besteht das beim Nachrichtentransport zu lösende Problem darin, eine Nachricht von einer Nachrichtenquelle in möglichst kurzer Zeit und unter möglichst geringem Informationsverlust zu einem Nachrichtenziel gelangen zu lassen. Dazu benötigt die Nachrichtenquelle einen Sender, der die Nachricht in ein Signal übersetzt; entsprechend rückübersetzt der Empfänger des Nachrichtenziels das empfangene Signal wieder in eine Nachricht. Die Übersetzung der Nachricht in das Signal erfolgt mittels Kodierungsregeln, die dem Emp-

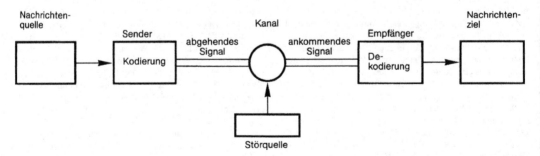

Kommunikationssystem nach Shannon/Weaver (1949)

fänger bei der Rückübersetzung bekannt sein müssen. Auf dem Transportweg im Kanal treten typische Störungen auf, die z. B. in technisch bedingten Zusätzen (Rauschen), Signalverzerrungen, Signalverlusten usw. bestehen können. Die K. hat in diesem terminologischen Rahmen somit die Aufgabe, eine Theorie der optimalen ↑Kodierung und des störungsfreien Signaltransports zu entwickeln.

Bezüglich des allgemeinen Kommunikationsschemas unterscheiden Shannon/Weaver drei Problemebenen, mit deren spezifischen Fragen sich die K. zu diesem Zweck zu befassen hat. Ebene *A*: Wie genau können die Zeichen der Kommunikation übertragen werden? (das technische Problem.) Ebene *B*: Wie genau entsprechen die übertragenen Zeichen der gewünschten Bedeutung? (das semantische Problem.) Ebene *C*: Wie effektiv beeinflußt die empfangene Nachricht das Verhalten in der gewünschten Weise? (das Effektivitätsproblem.) Zur Beantwortung des technischen Problems sind von Shannon/Weaver die Grundlagen zu einer Theorie der Messung des Informationsbetrags und der Beschreibung des Kodierungsvorgangs geschaffen worden; ihre weitere Bearbeitung mit Mitteln der mathematischen ↑Statistik und anderer formaler Methoden hat zur Ausgrenzung einer eigenen Disziplin, der ↑Informationstheorie, geführt.

Literatur: C. Cherry, On Human Communication. A Review, a Survey, and a Criticism, Cambridge Mass. 1957, ³1978 (dt. Kommunikationsforschung – eine neue Wissenschaft, Frankfurt 1963, ²1967); S. Maser, Grundlagen der allgemeinen Kommunikationstheorie. Eine Einführung in ihre Grundbegriffe und Methoden (mit Übungen), Stuttgart, Berlin etc. 1971, ²1973; K. Merten, Einführung in die K., I–III, Münster/Hamburg 1999–2006; M. Meyen/M. Löblich, Klassiker der K.. Fach- und Theoriegeschichte in Deutschland, Konstanz 2006; W. Meyer-Eppler, Grundlagen und Anwendungen der Informationstheorie, Berlin/Göttingen/ Heidelberg 1959, Berlin/Heidelberg/New York ²1969; E. Sapir, Communication, in: Encyclopedia of the Social Sciences IV (New York 1931 [repr. 1957]), 78–81; H. Schnelle, K., Hist. Wb. Ph. IV (1976), 898–899; P. Watzlawick/ J. H. Beavin/D. D. Jackson, Pragmatics of Human Communication. A Study of Interactional Patterns, Pathologies, and Paradoxes, New York 1967, London 1968 (dt. Menschliche Kommunikation. Formen, Störungen, Paradoxien, Bern/Stuttgart 1969, ¹¹2007; franz. Une logique de la communication, Paris 1972, 1979); N. Wiener, Cybernetics. Or Control and Communication in the Animal and the Machine, Cambridge Mass./New York/Paris 1948, Cambridge Mass./New York ²1961, 2000 (dt. Kybernetik. Regelung und Nachrichtenübertragung in Lebewesen und Maschine, Düsseldorf/Wien 1963, 1992).   C. F. G

Kommunismus, von lat. communis, (mehreren oder allen) gemeinschaftlich, gemeinsam, allgemein (Gegensatz: proprius, einem gehörig; proprietas, Eigentümlichkeit, Eigentum), Terminus der politischen Theorie zur Bezeichnung solcher gesellschaftlichen Verhältnisse, in denen das Privateigentum (an Gütern, an Produktions-

mitteln) für bestimmte gesellschaftliche Gruppen oder für eine Gesellschaft im ganzen zugunsten gemeinschaftlichen ↑Eigentums aufgehoben ist. Entsprechend ist zu unterscheiden zwischen kommunistischen Gemeinschaften in einer nicht-kommunistischen Gesellschaft (z. B. christliche oder buddhistische Orden oder Klöster) und im ganzen kommunistischen Gesellschaften. Die These, es habe letztere in der zivilisatorischen Frühzeit mancher Völker und Kulturen gegeben (↑Urkommunismus), ist umstritten. Entsprechende Behauptungen übersehen oft besagte Unterscheidung: So umfaßte z. B. der angebliche K. Spartas oder der der Inkas nur die Führungsschicht, nicht jedoch die beherrschten (unterworfenen oder versklavten) Bevölkerungsteile. Auch Platons Idealstaat beruht auf der Zweiteilung des regierenden, kommunistisch verfaßten Wächterstands und der regierten und dienenden, nicht-kommunistisch verfaßten Stände des Kriegers, Kaufmanns, Handwerkers und Landarbeiters. Derartige Strukturen sektoraler, auf wirtschaftlicher Ausbeutung beruhender kommunistischer Gemeinschaften legen die Unterscheidung zwischen wirtschaftlich autarken und wirtschaftlich parasitären kommunistischen Gemeinschaften nahe.

Der systembildende Kern des kommunistischen Grundgedankens ist nicht die (annähernde) Gleichverteilung von individuellem Eigentum, sondern dessen Aufhebung in gemeinschaftliches Eigentum. Hier liegt einer der begrifflichen Unterschiede zum Sozialismus, zu dessen Begriff lediglich die (annähernde) Gleichheit von individuellem Eigentum gehört (↑Gleichheit (sozial)). Allerdings wird dieser Unterschied häufig verwischt und werden die Ausdrücke ›K.‹ und ›Sozialismus‹ synonym verwendet, und zwar teilweise aus strategischen Gründen, wie z. B. bei K. Marx und F. Engels, um gewisse Tendenzen im Frühsozialismus als utopisch diskreditieren (↑Sozialismus, utopischer) und die eigene Konzeption als ›wahren‹ oder ›wissenschaftlichen‹ Sozialismus (↑Sozialismus, wissenschaftlicher) oder eben als ›K.‹ auszeichnen zu können, und bei W. I. Lenin und J. W. Stalin, um den K. mit den bestehenden Verhältnissen in der Sowjetunion identifizieren zu können (Selbstbezeichnung der Bolschewiki als ›Kommunisten‹ und Umbenennung der in der Komintern [«Kommunistische Internationale«] zusammengeschlossenen Parteien als ›kommunistisch‹). Antisozialisten und Antikommunisten dient die Identifikation von K. und Sozialismus zu ihrer beider Diskreditierung, um sie als bloße Umsturz- statt als gesamtgesellschaftliche Erneuerungsbewegung erscheinen zu lassen. Unterschiedlich verwendet werden ›K.‹ und ›Sozialismus‹ von Marx und Engels, aber auch von K. Kautsky und W. Liebknecht, dort, wo sie den K. als das Endstadium der Entwicklung einer sozialistischen Gesellschaft begreifen, in dem selbst der Staat überflüssig geworden ist; die Periode der Diktatur des Proletariats gilt ihnen dann als Übergangsphase. Marx und Kautsky machen aber darauf aufmerksam, daß auch in jener kommunistischen Endphase Planungs-, Verteilungs- und Investitionsprobleme zu lösen sind, die eine zentrale Leitung der Wirtschaft erfordern. Dadurch wird die doppelte Frage aufgeworfen, wie sich diese zentrale Planungs- und Leitungsinstanz zur postulierten Aufhebung des Staates einerseits und zur ursprünglichen Annahme einer freien Assoziation der Mitglieder einer Gesellschaft und ihrer permanenten Selbststeuerung andererseits verhält.

Im Zuge einer konsequenten Entfaltung des kommunistischen Grundgedankens, wie sie schon Platon ins Auge faßt, wird das Streben nach und die Konkurrenz um Privateigentum als Grund allen individuellen und gesellschaftlichen Übels diagnostiziert. Dabei wird die Familie als Ursprung von Privateigentum und Wettbewerb identifiziert, weshalb die Abschaffung der Einehe und des Familienlebens propagiert wird. Wenn dabei Frauen (und Kinder) als Gemeineigentum betrachtet werden, so geschieht dies nicht aus libertären, sondern aus ökonomischen und pädagogischen Gründen: Die Unkenntnis von Elternschaft und die Trennung der Kinder von ihren Eltern beschneiden dem Familien- und Clanegoismus die Wurzeln, machen ein individuelles Erbschaftsrecht obsolet und eröffnen die gesellschaftliche Chance, Kinder primär nach den Erfordernissen des Gemeinwohls und nicht nach den Wünschen ihrer Eltern zu erziehen (die gesellschaftliche Regulierung des Sexuallebens gibt nach Platon und anderen außerdem die Möglichkeit zu eugenischen Maßnahmen an die Hand). Da die Natur den Menschen ausreichend mit den Ausgangsstoffen für die zu seiner Erhaltung und Entfaltung her- oder bereitzustellenden Güter versorgt habe, bestehe nach der Vergemeinschaftung aller Ressourcen die ökonomische Problematik nicht in der Produktion, sondern lediglich in der gerechten Distribution der durch ein anteilig faires Maß an Arbeit erzeugten Güter und ihrer maßvollen Konsumtion. Die Gemeinschaftlichkeit des Eigentums hat zwar eine grundsätzliche Gleichheit an Rechten und Pflichten im kommunistischen Gemeinwesen zur Folge, setzt jedoch entgegen einem verbreiteten Vorurteil weder die Annahme einer anthropologischen Gleichheit in den Anlagen und Fähigkeiten des Einzelnen und deren Ausbildung noch die einer Gleichheit seiner ↑Interessen und ↑Bedürfnisse voraus. Die Frühsozialisten und Marx hatten hierfür die Formel geprägt, daß jeder nach seinen Fähigkeiten zum Gemeinwohl beizutragen habe, daß aber jedem nach seinen Bedürfnissen vergolten werde. Diese Formel macht deutlich, daß der K. seiner Idee nach Gleichheit von Rechten und Pflichten mit der Unterschiedlichkeit von Fähigkeiten und Bedürfnissen zu vermitteln imstande ist.

Unterschiede in der theoretischen Grundlegung und Ausgestaltung des K. ergeben sich zum einen aus Unterschieden in der philosophischen Ausgangsbasis, zum anderen aus unterschiedlichen gesellschaftlichen Ausgangslagen und Entwicklungen: In Deutschland ist es der prägende Einfluß der Geschichtsphilosophie G. W. F. Hegels und des Linkshegelianismus (↑Hegelianismus), der die sozialen Bewegungen der beginnenden Industrialisierung theoretisch begleitet und fundiert; im europäischen Ausland, vor allem in den industriell weiter entwickelten Staaten wie Großbritannien und Frankreich, geben weniger philosophische als vielmehr an den Erfahrungen der Ausbeutung und Entfremdung durch industrielle Arbeit orientierte theoretische Ansätze den Ton an. So ist etwa der französische Frühsozialismus auf der Wende vom 18. zum 19. Jh. sowohl von den Ideen der Revolution als auch von den Erfahrungen der nachrevolutionären politischen Repression und Restauration sowie der ökonomischen und sozialen Verelendung der Industriearbeiterschaft im Norden und Nordosten Frankreichs geprägt (F. N. Babeuf, C.-H. de Saint-Simon [↑Saint-Simonismus], F. M. C. Fourier). Demgegenüber wird in Deutschland mit Marx und Engels (↑Marxismus) die dialektische Struktur Hegelschen Denkens zum Grundmuster der Lehre vom historischen Materialismus (↑Materialismus, historischer) bzw. zum Bewegungsgesetz der Geschichte der Klassenkämpfe und des K. (↑Materialismus, dialektischer).

Die Kritik am K. führt oft gewisse anthropologische Grundannahmen an, wonach die Natur des Menschen z. B. grundsätzlich kompetitiv und der Mensch auf die gesellschaftliche ↑Anerkennung seiner individuellen Fähigkeiten und Leistungen konstitutiv angewiesen sei. Diesem Einwand wird von kommunistischer Seite mit dem Hinweis begegnet, daß die Behauptung von Verhaltenskonstanten ideologisch sei, weil diese stets das Produkt gesellschaftlicher Bedingungen darstellten. – Von größerem Gewicht ist der Einwand, eine nicht-kompetitive, z. B. kommunistische, Volkswirtschaft sei weniger effizient als eine kompetitive, z. B. kapitalistische, Volkswirtschaft. Um diesem Einwand Gehalt zu geben, muß der Begriff der Effizienz näher bestimmt werden, etwa in Bezug auf den Lebensstandard einer Bevölkerung. Dann legen theoretische Überlegungen nahe, daß eine nicht-kompetitive Wirtschaftsform nicht in der Lage ist, einen ebenso hohen Lebensstandard zu erreichen und zu erhalten wie eine kompetitive. In der Realität läßt sich diese theoretische Behauptung jedoch nicht überprüfen, weil es bisher keine im strengen Sinne kommunistischen Volkswirtschaften gegeben hat. Empirisch erwiesen ist durch die Entwicklung der letzten Jahrzehnte lediglich der Untergang der sich als ›sozialistisch‹ oder als ›kommunistisch‹ bezeichnenden Volkswirtschaften, verursacht durch Bürokratismus, fehlgeschlagenen planwirtschaftlichen Dirigismus und Korruption der Parteikader – ein Untergang, der sich entweder als Zusammenbruch (DDR, Sowjetunion, Ostblockstaaten) oder als Transformation hin zu einer kapitalistischen Wirtschaftsform vollzog (China). – Ein grundsätzlicher theoretischer Einwand setzt bei den Schwierigkeiten an, die die Vereinbarkeit von zentraler Wirtschaftslenkung und der Aufhebung aller die humane Selbstbestimmung des Einzelnen unterdrückenden oder sie verhindernden Machtverhältnisse betrifft. Realistisch erscheint lediglich die Vermittlung von Individualität und Kollektivität auf der Ebene von überschaubaren, zu demokratischer Selbstbestimmung und zu wirtschaftlicher Autarkie fähigen kommunistischen Gemeinschaften innerhalb nicht-kommunistischer Gesellschaften. Einige der israelischen Kibbuzim kommen diesem kommunistischen Ideal nahe.

Literatur: G. Adler, Geschichte des Sozialismus und K. von Plato bis zur Gegenwart, Leipzig 1899; A. Brown, Communism, IESBS IV (2001), 2323–2326; M. E. Brown, The Historiography of Communism, Philadelphia Pa. 2009; G. D. H. Cole, A History of Socialist Thought, I–VII, London 1953–1958, Basingstoke 2002; D. Dawson, Cities of the Gods. Communist Utopias in Greek Thought, New York etc. 1992; M. Fainsod u. a., Communism, IESS III (1968), 102–132; H. Falk, Die ideologischen Grundlagen des K., München 1961; F. Furet, Le passé d'une illusion. Essai sur l'idée communiste au XXe siècle, Paris 1995 (dt. Das Ende der Illusion. Der K. im 20. Jahrhundert, München/Zürich 1996, 1999; engl. The Passing of an Illusion. The Idea of Communism in the Twentieth Century, Chicago Ill. 1999); A. T. Hadley, Communism, in: J. M. Baldwin (ed.), Dictionary of Philosophy and Psychology I, Gloucester Mass. [2]1925, 1960, 200; M. Hahn/L. Knatz/M. Hundt, Sozialismus/K., in: H. J. Sandkühler (ed.), Europäische Enzyklopädie zu Philosophie und Wissenschaften IV, Hamburg 1990, 340–359; J. Holzer, Communism. History of, IESBS IV (2001), 2326–2331; H. Ingensand, Die Ideologie des Sowjetkommunismus. Philosophische Lehren, Hannover 1962, [13]1975; D. N. Jacobs (ed.), The New Communisms, New York 1969; H. Kelsen, Sozialismus und Staat. Eine Untersuchung der politischen Theorie des Marxismus, Leipzig 1920, ed. N. Leser, Wien [3]1965; C. D. Kerning, K., Hist. Wb. Ph. IV (1976), 899–908; C. Lugon, La republique communiste chretienne des Guaranis (1610–1768), Paris 1949; N. McInnes, Communism, Enc. Ph. II (1967), 160–163; E. Oberländer/C. D. Kernig, K., in: C. D. Kernig (ed.), Sowjetsystem und demokratische Gesellschaft III, Freiburg/Basel/Wien 1969, 731–771; F. Oppenheimer, Kapitalismus, K., Wissenschaftlicher Sozialismus, Berlin/Leipzig 1919, unter dem Titel: Weder Kapitalismus noch K., [bearb. u. erw.] Jena [2]1932, Stuttgart 1962; T. Ramm, Die künftige Gesellschaftsordnung nach der Theorie von Marx und Engels, in: I. Fetscher (ed.), Marxismusstudien. Zweite Folge, Tübingen 1957, 77–119; T. Rees/H. J. Wiarda/E. M. Skelley, Communism, NDHI II (2005), 414–424; A. Rudnick, Die kommunistische Idee. Geschichte und Darstellung, München/Wien 1972, unter dem Titel: Der K., [2]1975; L. T. Sargent, Communism, REP II (1999), 462–464; W. Schieder, K., in: O. Brunner/W. Conze/R. Koselleck (eds.), Geschichtliche Grundbegriffe. Historisches Lexikon zur politisch-sozialen Sprache in Deutschland III, Stuttgart 1982, 455–529; R. Service,

Comrades. A History of World Communism, Cambridge Mass. 2007; G. Stern, The Rise and Decline of International Communism, Aldershot 1990; A. Walicki, Marxism and the Leap to the Kingdom of Freedom. The Rise and Fall of the Communist Utopia, Stanford Calif. 1995, 1997; G. Walter, Histoire du communisme, Paris 1931; H. Weber, Demokratischer K.. Zur Theorie, Geschichte und Politik der kommunistischen Bewegung, Hannover 1969, mit neuem Vorwort, Berlin 1979; A. Westoby, The Evolution of Communism, Cambridge, New York 1989; P. J. D. Wiles, The Political Economy of Communism, Cambridge Mass., Oxford 1962, 1964; T. D. Woolsey, Communism and Socialism in Their History and Theory. A Sketch, London 1879, New York 1880, Delhi 1987. – W. Kolarz (ed.), Books on Communism. A Bibliography, London 1959, [2]1963; K. in Geschichte und Gegenwart. Ausgewähltes Bücherverzeichnis, bearb. K.-H. Ruffmann, Bonn 1964, erw. [2]1966; J. Stammhammer, Bibliographie des Sozialismus und Communismus, I–III, Jena 1893–1909, Aalen 1963–1964.   R. Wi.

Kommunitarismus (engl. communitarianism), Bezeichnung für eine Strömung der Politischen Philosophie (↑Philosophie, politische), in der die Rolle von ↑Gemeinschaften gegenüber der Rolle von Individuum und ↑Gesellschaft betont wird. Gemeinsam ist allen kommunitaristischen Positionen eine kritische Abgrenzung von J. Rawls' liberaler (↑Liberalismus) Theorie sozialer ↑Gerechtigkeit, wie er sie 1971 in seinem Werk »A Theory of Justice« entwickelte. Im einzelnen ist jedoch eine Vielfalt unterschiedlicher Kritiken zu unterscheiden. Im Anschluß an M. Sandel werfen viele Kommunitaristen Rawls verfehlte Voraussetzungen im Bereich der philosophischen ↑Anthropologie und der ↑Kulturphilosophie vor: Rawls setze eine Theorie personaler Identität (↑Identität, personale) voraus, nach der ein ↑Individuum als ein ›ungebundenes Selbst‹ aufgefaßt werde, das für seine Entwicklung und für sein Selbstverständnis keine sozialen Beziehungen benötige. Diese Kritik beruht allerdings auf einem Mißverständnis von Rawls' ↑Gedankenexperiment einer ursprünglichen Verhandlungsposition, das zur Rechtfertigung sozialer Normen dient. Für diesen Zweck muß tatsächlich von den moralisch irrelevanten Eigenschaften einer Person (wie etwa Hautfarbe, Geschlecht oder Religionszugehörigkeit) abgesehen werden. Damit wird aber nicht geleugnet, daß für ein Individuum solche Merkmale zu konstituierenden Bestandteilen seiner Identität gehören können. Einige Kommunitaristen gehen noch weiter und behaupten, Rawls verlange von einem Individuum, alle Beteiligungen an Gemeinschaften aufzukündigen, in denen es sich aufgrund seiner Geburt zufälligerweise findet, und nur solchen anzugehören, die es selber gegründet hat. Daraus leiten sie dann wiederum ab, daß dieses liberale Ideal die Grundfesten unserer Gesellschaft untergrabe und deshalb bekämpft werden müsse. Hier wird deutlich, daß Kommunitaristen sich nicht auf Themen der philosophischen Anthropologie und der Kulturphilosophie beschränken:

Es geht ihnen oft auch um eine pessimistische Prognose westlicher liberaler Gesellschaften und um einen ↑normativen Gegenentwurf, der aber charakteristischerweise dunkel bleibt. So nimmt A. MacIntyre an, daß der Liberalismus letztlich auf einen gesellschaftszerstörenden ↑Nihilismus hinausläuft; diesem stellt er die hierarchisch organisierte Gesellschaftsstruktur vormoderner Epochen entgegen. Es bleibt jedoch die Frage offen, ob eine solche starre Gesellschaftsordnung wünschenswert und angesichts des heutigen weltanschaulichen ↑Pluralismus überhaupt umsetzbar ist.

Rawls hat auf die kommunitaristische Kritik reagiert und ist ihr teilweise entgegengekommen. In seinem 1985 veröffentlichten Aufsatz »Justice as Fairness: Political not Metaphysical« gibt er weitreichende Fundierungsbemühungen auf; sein Buch »Political Liberalism« (1993) setzt diese Entwicklung fort. Nunmehr setzt Rawls das Faktum des Pluralismus an den Anfang und fragt, wie angesichts dieser Voraussetzung die Grundnormen einer stabilen und gerechten Gesellschaft beschaffen sein müssen. Es gibt keine Einigkeit mehr bezüglich eines übergreifenden ↑Guten, und so muß die Verfassung die prozeduralen Rahmenbedingungen dafür schaffen, daß Individuen ihre persönlichen Ideale des Guten verfolgen können. Dabei betont er die Rolle der vielfältigen Gemeinschaften innerhalb einer Gesellschaft (die als ›community of communities‹ aufgefaßt wird) und läßt es zu, daß der säkulare ↑Staat religiöse Organisationen unterstützt, solange diese auf dem Boden der Verfassung stehen. Der individualistische Kern von Rawls' Liberalismus bleibt aber bestehen: Das Individuum ist autonom (↑Autonomie) und hat das Recht, die Gemeinschaften zu verlassen, denen es angehört.

Wichtig für das Selbstverständnis des Rawlsschen Liberalismus in seiner Verteidigung gegen die kommunitaristische Kritik ist die Abgrenzung gegenüber einer Hobbesianischen Gesellschaftsvertragstheorie (↑Gesellschaftsvertrag) und einem gesellschaftstheoretischen ↑Libertarianismus, wie er von R. Nozick vertreten wird. Rawls will nämlich keinen bloßen Modus vivendi rechtfertigen (womit er über T. Hobbes hinausgeht), und sein Liberalismus will auch nicht die Idee einer staatlichen organisierten Solidargemeinschaft aufgeben (womit er sich von Nozick abgrenzt). Individualismus ist nicht gleichzusetzen mit ↑Egoismus; die Verfassung soll den Kern eines toleranten ›overlapping consensus‹ bilden, der nicht sofort aufgekündigt wird, sobald eine bestimmte Gemeinschaft die Macht erlangt hat, andere zu unterdrücken. Entsprechend dem amerikanischen Sprachgebrauch ist der Liberalismus für Rawls eher mit sozialdemokratischen als mit wirtschaftsliberalen Vorstellungen verbunden, so daß eine freiheitliche Verfassung durchaus mit einem weitreichenden sozialen Netz vereinbar ist.

Spätere Kritiker suchen den Rawlsschen Liberalismus nicht durch eine Alternative zu ersetzen, sondern durch Aspekte zu ergänzen, die nicht vernachlässigt werden dürfen. So betont C. Taylor, daß moderne westliche Gesellschaften nicht nur Republiken, sondern auch Demokratien sind, die die Beteiligung am politischen Willensbildungsprozeß erforderlich machen, während Rawls allzusehr die Abwehrrechte der Individuen gegenüber dem Staat betont. M. Walzer nimmt vom K. zwar den Punkt auf, daß eine gemeinsame Geschichte, die wachgehalten wird, zur Stabilität eines Gemeinwesens beiträgt, doch betont er, daß ›wir Liberalen‹ an dem individualistischen Grundansatz festhalten können. Die pessimistische Einschätzung der Zukunft westlicher Gesellschaften durch den K. ist nicht gerechtfertigt, sondern kann allenfalls auf die Bedeutung der Existenz von vielfältigen Gemeinschaften zur Stärkung des liberalen Fundaments hinweisen.

MacIntyre glaubt, daß ein auf das eigene Vaterland bezogener Patriotismus die weitreichendste Form der Identifikation eines Individuums mit einer größeren Gruppe darstellt. Statt dessen kann der Liberalismus begründet daran festhalten, daß es für Individuen möglich ist, sich an gemeinschaftsübergreifenden Maßstäben zu orientieren, die etwa die Einhaltung elementarer ↑Menschenrechte fordern. Gegen einen Partikularismus, der mit seiner Betonung der konkreten ↑Sittlichkeit in der Tradition G. W. F. Hegels steht, kann mit I. Kant die Möglichkeit einer universalistischen Moral (↑Universalität (ethisch)) verteidigt werden.

Literatur: C. Albert, K. – ein hegelianisches Projekt der späten Moderne, Neuried 2002; S. Avineri/A. De-Shalit (eds.), Communitarianism and Individualism, Oxford/New York 1992, 2002; K. Baynes, The Liberal/Communitarian Controversy and Communicative Ethics, Philosophy and Social Criticism 14 (1988), 293–313; K. Beckmann/T. Mohrs/M. Werding (eds.), Individuum versus Kollektiv. Der K. als ›Zauberformel‹?, Frankfurt etc. 2000; D. Bell, Communitarianism and Its Critics, Oxford 1993, 2004; ders., Communitarianism, SEP 2001, 2009; ders., A Communitarian Critique of Liberalism, Analyse und Kritik 27 (2005), 215–338; B. Breslin, The Communitarian Constitution, Baltimore Md./London 2004; B. van den Brink, Gerechtigkeit und Solidarität. Die Liberalismus-K.-Debatte in der politischen Philosophie, Transit. Europ. Rev. 5 (1992/93), 51–72; E. Brix/P. Kampits (eds.), Zivilgesellschaft zwischen Liberalismus und K., Wien 2003; W. Brugger, Liberalismus, Pluralismus, K.. Studien zur Legitimation des Grundgesetzes, Baden-Baden 1999; M. Brumlik, Geschichte und Struktur der kommunitaristischen Theorie, in: J. Henseler/J. Reyer (eds.), Sozialpädagogik und Gemeinschaft. Historische Beiträge zur Konstruktion eines konstitutiven Verhältnisses, Baltmannsweiler 2000, 218–234; ders./H. Brunkhorst (eds.), Gemeinschaft und Gerechtigkeit, Frankfurt 1993, 1995; A. Buchanan, Community and Communitarianism, REP II (1998), 464–471; D. Budäus/G. Grüning, K.. Darstellung und Kritik eines neuen Ansatzes zur Gesellschaftsreform, Hamburg 1996; G. Chatzimarkakis/H. Hinte (eds.), Freiheit und Gemeinsinn. Vertragen sich Liberalismus und K.?, Bonn 1997; C. E. Cochran, The Thin Theory of Community. The Communitarians and Their Critics, Political Studies 32 (1989), 422–435; M. J. R. Cross, Communities of Individuals. Liberalism, Communitarianism and Sartre's Anarchism, Aldershot/Burlington Vt. 2001; C. F. Delaney (ed.), The Liberalism-Communitarianism Debate. Liberty and Community Values, Lanham Md./London 1994; A. Etzioni, The Spirit of Community. Rights, Responsibilities, and the Communitarian Agenda, New York 1993, London 1995 (dt. Die Entdeckung des Gemeinwesens. Ansprüche, Verantwortlichkeiten und das Programm des K., Stuttgart 1995, Frankfurt 1998); ders., Rights and the Common Good. The Communitarian Perspective, New York 1995; ders., New Communitarian Thinking. Persons, Virtues, Institutions, and Communities, Charlottesville Va./London 1995, 1996; ders., The New Golden Rule. Community and Morality in a Democratic Society, New York, London 1997, New York 2001 (dt. Die Verantwortungsgesellschaft. Individualismus und Moral in der heutigen Demokratie, Frankfurt/New York, Darmstadt 1997, Berlin 1999); ders. (ed.), The Essential Communitarian Reader, Lanham Md. etc. 1998; R. Forst, Kontexte der Gerechtigkeit. Politische Philosophie jenseits von Liberalismus und K., Frankfurt 1994, 2004; E. Frazer, The Problems of Communitarian Politics. Unity and Conflict, Oxford/New York 1999; A. Gutman, Communitarian Critics of Liberalism, Philos. and Public Affairs 14 (1985), 308–322 (dt. Die kommunitaristischen Kritiker des Liberalismus, in: A. Honneth (ed.), K. [s. u.], 68–83; J. Habermas, Moral und Sittlichkeit. Treffen Hegels Einwände gegen Kant auch auf die Diskursethik zu?, in: W. Kuhlmann (ed.), Moralität und Sittlichkeit. Das Problem Hegels und die Diskursethik, Frankfurt 1986, 16–37; A. Hauler/S. Schick/H. Wasser, K. und politische Bildung. Handreichungen, Hamburg 2001 (mit komment. Bibliographie 286–298); M. Haus, K.. Einführung und Analyse, Wiesbaden 2003; A. Honneth, Grenzen des Liberalismus. Zur politisch-ethischen Diskussion des K., Philos. Rdsch. 38 (1991), 83–102; ders. (ed.), K.. Eine Debatte über die moralischen Grundlagen moderner Gesellschaften, Frankfurt/New York 1993, ³1995; D. Ingram, Reason, History, and Politics. The Communitarian Grounds of Legitimation in the Modern Age, Albany N. Y. 1995; H. Joas, Gemeinschaft und Demokratie in den USA. Die vergessene Vorgeschichte der K.-Debatte, Bl. f. dt. u. int. Politik 7 (1992), 859–869, ferner in: M. Brumlik/H. Brunkhorst (eds.), Gemeinschaft und Gerechtigkeit [s. o.], 49–62; A. Kaiser, Der K. und seine Rezeption in Deutschland, Göttingen 2007; O. Kallscheuer, ›K.?‹ – Anregungen zum Weiterlesen. Eine subjektive Auswahl, in: C. Zahlmann (ed.), K. in der Diskussion [s. u.], 124–151; B. K. Kapur, Communitarian Ethics and Economics, Aldershot/Brookfield Vt. 1995; W. Kersting, Die Liberalismus-K.-Kontroverse in der amerikanischen politischen Philosophie, in: V. Gerhardt/H. Ottmann/M. P. Thompson (eds.), Politisches Denken. Jahrbuch 1991, Stuttgart 1992, 82–102; ders., Liberalismus und K., in: ders., Recht, Gerechtigkeit und demokratische Tugend. Abhandlungen zur praktischen Philosophie der Gegenwart, Frankfurt 1997, 397–435; A. Koryushkin [Korjuškin]/G. Meyer (eds.), Communitarianism, Liberalism, and the Quest for Democracy in Post-Communist Countries, St. Petersburg 1999; J. Lacroix, Communautarisme versus libéralisme. Quel modèle d'intégration politique?, Bruxelles 2003; E. W. Lehman (ed.), Autonomy and Order. A Communitarian Anthology, Lanham Md. etc. 2000; T. Maak, K.. Grundkonzept einer neuen Ordnungsethik?, St. Gallen 1996, ²1997, 1998; A. MacIntyre, After Virtue. A Study in Moral Theory, Notre Dame Ind., London 1981, Notre Dame Ind. 2007 (dt. Der Verlust der Tugend. Zur

moralischen Krise der Gegenwart, Frankfurt/New York 1987, erw. Neuausg. 2006); K. Malowitz, Freiheit in Gemeinschaft. Selbstverwirklichung und Selbstregierung in der politischen Philosophie des K., Hamburg/Münster 2007; B. Meier, K.. Politische Idee, Programmatik und empirische Befunde, Köln 2001; J.-C. Merle/J. Niquille/B. N. Schumacher (eds.), Figures du communautarisme, Aachen 2006; L. Meyer, John Rawls und die Kommunitaristen. Eine Einführung in Rawls' Theorie der Gerechtigkeit und die kommunitaristische Kritik am Liberalismus, Würzburg 1996; T. Mohrs, Weltbürgerlicher K.. Zeitgeistkonträre Anregungen zu einer konkreten Utopie, Würzburg 2003; S. Mulhall/A. Swift, Liberals and Communitarians, Oxford/Malden Mass. 1992, ²1996, 2007; T. Nagel, Personal Rights and Public Space, Philos. and Public Affairs 24 (1995), 83–107 (dt. Menschenrechte und Öffentlichkeit, in: ders., Letzte Fragen, Bodenheim, Darmstadt 1996, erw. Hamburg 2008, 331–359); J. Nida-Rümelin/W. Thierse (eds.), Philosophie und Politik, Essen 1997 (Kultur in der Diskussion III); dies. (eds.), Martha C. Nussbaum. Für eine aristotelische Sozialdemokratie, Essen 2002 (Kultur in der Diskussion IX); E. F. Paul/F. D. Miller/J. Paul (eds.), The Communitarian Challenge to Liberalism, Cambridge/New York 1996; A. Pelinka, Demokratie ohne Staat? Der Beitrag des Kommunitarismus zur Demokratietheorie. 10. Peter-Kaiser-Vortrag vom 26. Juni 1998, Vaduz 1998; T. Philipp, Rückwärtsgewandt in die Zukunft? Positionen und Perspektiven des K., St. Augustin 1998; D. L. Phillips, Looking Backward. A Critical Appraisal of Communitarian Thought, Princeton N. J./Chichester 1993; M. Proske, Zur Debatte um den K.. Eine kommentierte Bibliographie, Frankfurt 1994; C. Rapp, War Aristoteles ein Kommunitarist?, Int. Z. Philos. 1 (1997), 57–75; J. Rawls, Justice as Fairness: Political not Metaphysical, Philos. and Public Affairs 14 (1985), 223–251, ferner in: ders., Collected Papers, ed. S. Freeman, Cambridge Mass./London 1999, 2001, 388–414 (dt. Gerechtigkeit als Fairneß: politisch und nicht metaphysisch, in: ders., Die Idee des politischen Liberalismus. Aufsätze 1978–1989, ed. W. Hinsch, Frankfurt 1992, 2001, 255–292, ferner in: A. Honneth [ed.], K. [s. o.], 36–67); W. Reese-Schäfer, Was ist K.?, Frankfurt/New York 1994, ²1995, unter dem Titel: ders., Kommunitaristisches Sozialstaatsdenken. Sozialpolitische Gerechtigkeitsimplikationen in der kommunitaristischen Diskussion, in: S. Blasche/D. Döring (eds.), Sozialpolitik und Gerechtigkeit, Frankfurt 1998, 75–117; ders., Neuere Entwicklungen kommunitaristischer Politik, Forschungsjournal Neue Soziale Bewegungen 12 (1999), H. 2, 65–76; B. Rentrop, Der K. als Lösungsansatz für ökonomische Entscheidungsprobleme, Hamburg 2007; R. Rorty, Der Vorrang der Demokratie vor der Philosophie, in: ders., Solidarität oder Objektivität? Drei philosophische Essays, Stuttgart 1988, 82–125; M. Sandel, Liberalism and the Limits of Justice, Cambridge/New York 1982, ²1998, 2008; ders., The Procedural Republic and the Unencumbered Self, Political Theory 12 (1984), 81–96 (dt. Die verfahrensrechtliche Republik und das ungebundene Selbst, in: A. Honneth [ed.], K. [s. o.], 18–35); C. Schlüter, Praktiken ziviler Gesellschaft. Anwendungsorientierter K. in den USA und Deutschland, Regensburg 2004; H.-M. Schönherr-Mann, Postmoderne Theorien des Politischen. Pragmatismus, K., Pluralismus, München 1996; S. A. Schwarzenbach, Rawls, Hegel, and Communitarianism, Political Theory 19 (1991), 539–571; P. Selznick, The Idea of a Communitarian Morality, California Law Rev. 75 (1987), 445–463; ders., Kommunitaristischer Liberalismus, Der Staat 34 (1995), 487–502; ders., The Communitarian Persuasion, Washington D. C., Baltimore Md. 2002; P. van Seter (ed.), Communitarianism in

Law and Society, Lanham Md. etc. 2006; H. B. Tam, Communitarianism. A New Agenda for Politics and Citizenship, New York 1998; C. Taylor, Sources of the Self. The Making of the Modern Identity, Cambridge Mass./London, Cambridge/New York 1989, Cambridge/New York 2008 (dt. Quellen des Selbst. Die Entstehung der neuzeitlichen Identität, Frankfurt 1994, 2005; franz. Les sources du moi. La formation de l'identité moderne, Paris, Montréal 1998, Montréal 2003); ders., The Communitarian Critique of Liberalism, Political Theory 18 (1990), 6–23, Nachdr. in: A. Etzioni (ed.), New Communitarian Thinking [s.o.], 52–70 (dt. Die kommunitaristische Kritik am Liberalismus, in: A. Honneth [ed.], K. [s.o.], 157–180); M. Walzer, Spheres of Justice. A Defense of Pluralism and Equality, New York 1983, 2003 (dt. Sphären der Gerechtigkeit. Ein Plädoyer für Pluralität und Gleichheit, Frankfurt/New York 1992, 1994, Neudr. mit Vorwort des Autors 2006; franz. Sphères de justice. Une défense du pluralisme et de l'égalité, Paris 1997); V. Weber, Tugendethik und K.. Individualität – Universalisierung – moralische Dilemmata, Würzburg 2002; A. Wellmer, Bedingungen einer demokratischen Kultur. Zur Debatte zwischen Liberalen und Kommunitaristen, in: M. Brumlik/H. Brunkhorst (eds.), Gemeinschaft und Gerechtigkeit [s.o.], 173–196; C. Zahlmann (ed.), K. in der Diskussion. Eine streitbare Einführung, Berlin 1992, ²1997. – Forschungsjournal Neue Soziale Bewegungen 8 (1995), H. 3 (K. und praktische Politik).   B. G.

kommutativ/Kommutativität (von lat. commutare, vertauschen), in Mathematik und Logik Bezeichnung für eine speziell in der ↑Algebra untersuchte Eigenschaft zunächst zweistelliger ↑Operationen oder innerer ↑Verknüpfungen, nämlich die Unabhängigkeit des Resultates von der Anordnung der Ausgangsgrößen. Z. B. ist die mit dem ↑Operator oder (inneren) ↑Funktor ›+‹ notierte arithmetische Addition (↑Addition (mathematisch)) k.: $n + m = m + n$. Da außerdem die arithmetische Addition auch assoziativ (↑assoziativ/Assoziativität) ist, es also für die Bestimmung des Wertes der Additionsfunktion (↑Funktion) auf die Reihenfolge der Argumente bei mehrfacher Anwendung der Addition nicht ankommt, ist auch eine mehrstellige Additionsfunktion, z. B. $+(n, m, p)$ $(= m + n + p)$, in Bezug auf jedes Paar ihrer Argumente k.; diese verallgemeinerte K. gilt hingegen nicht für z. B. die (nicht-assoziative) dreistellige Funktion $f_1(n, m, p) = (n + m) : p$, weil zwar n und m, aber weder n und p noch m und p miteinander vertauscht werden dürfen. Im übrigen belegt das Beispiel der (für $p \neq 0$ definierten) Zahlfunktion $f_1(n, m, p)$ – ihre einstellige Projektion $f_{1,2,1}(n) \leftleftarrows f_1(n, 1, 2)$ etwa läßt sich durch Hintereinanderausführen der beiden einstelligen Funktionen $g_1(n) \leftleftarrows n + 1$, also Addition von 1, und $h_1(n) \leftleftarrows n : 2$, also Division durch 2, erreichen, mithin $f_{1,2} = h_1g$ –, daß die Operation der ↑Verkettung von Zahlfunktionen im allgemeinen nicht k. ist: $h_1g \neq g_1h$, weil $(h_1g)_1n = (n + 1) : 2$ und $(g_1h)_1n = (n : 2) + 1$. Es macht im allgemeinen einen Unterschied, ob man erst dividiert und dann addiert oder umgekehrt.

Auch für die logischen Aussageverknüpfungen ↑Konjunktion und ↑Adjunktion gilt K., wenn als Gleichheit (↑Gleichheit (logisch)) zwischen Formeln die logische ↑Äquivalenz gewählt wird, weil $A \wedge B$ mit der konversen (↑konvers/Konversion) Verknüpfung $B \wedge A$ und entsprechend $A \vee B$ mit $B \vee A$ logisch äquivalent sind; die ↑Subjunktion $A \rightarrow B$ hingegen ist nicht mit der konversen Subjunktion $B \rightarrow A$ logisch äquivalent und daher auch nicht k..   K. L.

Kommutativgesetz, in Mathematik und Logik Bezeichnung für dasjenige ↑Theorem, das die Kommutativität (↑kommutativ/Kommutativität) einer Verknüpfungsvorschrift wiedergibt. So lautet etwa das K. für die arithmetische Multiplikation (↑Multiplikation (mathematisch)): $\bigwedge_{xy} xy = xy$ (für alle natürlichen Zahlen x, y gilt, daß x, multipliziert mit y, dasselbe Resultat ergibt wie y, multipliziert mit x).   K. L.

Kompaktheitssätze, ↑Endlichkeitssätze.

komparativ/Komparativität (von lat. comparativus, vergleichend), (1) eine Bezeichnung für die in den neuzeitlichen empirischen Wissenschaften verwendete ↑Methode, mittels *Vergleich* verschiedener empirisch gegebener Gegenstände desselben Typs, seien es auch komplexe, wie ganze Gesellschaftssysteme in den ↑Sozialwissenschaften, Rückschlüsse auf strukturelle oder genetische Verwandtschaft dieser Gegenstände zu ziehen, z. B. in der (funktionell orientierten) vergleichenden Anatomie (wissenschaftsgeschichtlich einflußreich die Leçons d'anatomie comparée, I–V, von G. Cuvier, Paris 1799–1805) oder in der (teils typologisch, teils historisch orientierten) vergleichenden ↑Linguistik (wirkungsgeschichtlich bedeutend, insbes. für die komparatistischen Disziplinen der ↑Geisteswissenschaften, W. v. Humboldts Akademievortrag »Über das vergleichende Sprachstudium in Beziehung auf die verschiedenen Epochen der Sprachentwicklung«, 1820). Der k. ermittelte ›innere‹ Zusammenhang solcher Gegenstände über mindestens eine ihnen gemeinsame Eigenschaft (↑tertium comparationis) führt zur Begründung bloßer ↑Klassifikationen ebenso wie zu weitergehenden Annahmen über ↑Entwicklungen, die sich entweder empirisch-faktisch als Prozesse auf der Gegenstandsebene (Entwicklung als *evolutio*, ↑Evolution) oder logisch-normativ als Maßstabsaufbau auf der Darstellungsebene (Entwicklung als *explicatio*, ↑Genese) abspielen.
Strukturell-k.e Verfahren zielen grundsätzlich auf logische Genesen; so gehört in der philosophischen Tradition die *Komparation* (von ↑Vorstellungen, also mentalen Gegenständen in der Rolle von ikonischen Zeichen [↑Ikon], nicht etwa als empirische Träger der Zeichenfunktion, ein Unterschied, der noch heute nicht immer

gemacht wird) neben ↑Reflexion und ↑Abstraktion zu den für die Begriffsbildung (↑Begriff) maßgebenden Schritten. Hingegen zielen *genetisch-k.e* Verfahren ebenso grundsätzlich auf Evolutionen, wobei dann, wenn es um die Verwandtschaft von Darstellungsmitteln geht, etwa sprachlicher und anderer Gegenstände der menschlichen Kultur (auch in diesen Fällen nicht immer unter Beachtung des Unterschieds zwischen Zeichen und Zeichenträger), von *historisch-vergleichenden* Verfahren die Rede ist (↑Grammatik). So auch im speziellen Falle *k.er Philosophie* (↑Philosophie, komparative), die sowohl betrieben wird als historisch-vergleichende ↑Kulturwissenschaft von den in kulturspezifischer Gestalt vorgefundenen philosophischen Problemen und ihrer Behandlung, als auch im ursprünglichen Sinne philosophischer Tätigkeit als eine in reflexiver Einstellung betriebene Bemühung um kulturinvariante ↑Rekonstruktionen solcher Probleme mitsamt deren Behandlung. K.e Philosophie geht auf den Sinologen P. Masson-Oursel zurück, während eine k.e Geschichte der Philosophie bereits von J.-M. de Gérando verfaßt worden ist (Histoire comparée des systèmes de philosophie relativement aux principes des connaissances humaines, I–III, Paris 1804).

Ferner ist K. (2) eine in der Logik untersuchte Eigenschaft zweistelliger ↑Relationen: Läßt sich für eine Relation R aus den ↑Prämissen aRc und bRc bzw. cRa und cRb stets die ↑Konklusion aRb erschließen, gilt also $\bigwedge_{x,y,z}(xRz \wedge yRz \rightarrow xRy)$ (Rechtskomparativität) und $\bigwedge_{x,y,z}(zRx \wedge zRy \rightarrow xRy)$ (Linkskomparativität), so heißt R eine ›k.e Relation‹. Ist R reflexiv (↑reflexiv/Reflexivität), d.h. $\bigwedge_x xRx$, dann sind Rechts- und Linkskomparativität äquivalent. Daraus folgt, daß Reflexivität und K. zusammen bereits die Symmetrie (↑symmetrisch/Symmetrie (logisch)) einer Relation, d.h. $\bigwedge_{x,y}(xRy \rightarrow yRx)$, mithin auch ihre Transitivität (↑transitiv/Transitivität), d.h. $\bigwedge_{x,y,z}(xRy \wedge yRz \rightarrow xRz)$, implizieren. D.h., die reflexiven und k.en Relationen sind genau die ↑Äquivalenzrelationen oder Gleichheiten (↑Gleichheit (logisch)): (a) Jede Größe ist sich selbst gleich (Reflexivität); (b) sind zwei Größen einer dritten gleich, so sind sie auch untereinander gleich (K. oder Satz von der Drittengleichheit). Die dritte Größe ist das *tertium comparationis*.   K. L.

Kompatibilismus/Inkompatibilismus (engl. compatibilism/incompatibilism), Begriffspaar, das einander kontradiktorisch (↑kontradiktorisch/Kontradiktion) entgegengesetzte Positionen zur Frage der Vereinbarkeit von ↑Freiheit/↑Willensfreiheit bzw. moralischer ↑Verantwortung einerseits und ↑Determinismus andererseits bezeichnet. Unter ›Determinismus‹ wird die These verstanden, daß sich aus einer wahren und vollständigen Beschreibung des Zustands der Welt zu einem beliebigen

Zeitpunkt t, gemeinsam mit dem Konjunkt aller Naturgesetze, alle wahren Beschreibungen von Weltzuständen zu jedem Zeitpunkt, der später als t liegt, ableiten lassen. Ein Akteur ist für x (typischerweise eine Handlung und ihre Folgen) moralisch verantwortlich, wenn es adäquat ist, ihn im Lichte von x moralisch zu beurteilen. Traditionell wurde der Zusammenhang zwischen Freiheit und moralischer Verantwortung sehr eng gesehen; Freiheit galt als Bedingung für moralische Verantwortung. Man meinte, (1) frei sein heiße über alternative Möglichkeiten verfügen und (2) ein Akteur trage nur dann moralische Verantwortung für x, wenn er zum Zeitpunkt über alternative Möglichkeiten verfügte (das ›Prinzip der alternativen Möglichkeiten‹, PAM). In neuerer Zeit ist jedoch sowohl (1) (H. G. Frankfurt 1971) als auch (2) (Frankfurt 1969) bezweifelt worden. Kompatibilisten behaupten, daß der Determinismus gemeinsam mit Freiheit bzw. moralischer Verantwortung bestehen kann, Inkompatibilisten bestreiten dies. Kompatibilismus und Inkompatibilismus verhalten sich – als rein begriffliche Thesen – neutral zu der Frage, ob der Determinismus faktisch wahr ist oder nicht. Inkompatibilisten, die den Determinismus für wahr halten, bezeichnet man auch als ›harte Deterministen‹, Inkompatibilisten, die die Thesen vertreten, der Determinismus sei falsch und Freiheit/moralische Verantwortung existiere, als ›Libertarianer‹ bzw. ›Libertarier‹ (*libertarians*). Inkompatibilisten, die meinen, Freiheit/moralische Verantwortung sei auch unter den Bedingungen des Indeterminismus unmöglich, werden als ›Freiheitsskeptiker‹, ›Impossibilisten‹ und ›harte Inkompatibilisten‹ bezeichnet. Kompatibilisten, die den Determinismus für wahr halten, nennt man ›weiche Deterministen‹. Manche Kompatibilisten halten Freiheit bzw. moralische Verantwortung für mit dem Indeterminismus unvereinbar (R. E. Hobart 1934). Philosophen, die Kompatibilisten in Bezug auf Verantwortung, aber Inkompatibilisten in Bezug auf Freiheit sind, bezeichnet man als ›Semi-Kompatibilisten‹ (J. M. Fischer/M. Ravizza 1998). Ebenfalls vertreten werden asymmetrische Positionen: moralische Verantwortung für gute, nicht aber solche für schlechte Handlungen, sei mit dem Determinismus vereinbar (S. Wolf 1990).

Zu den klassischen kompatibilistischen Analysen des Freiheitsbegriffs zählt die konditionale Analyse, die sich bis in die Spätantike (A. Augustinus, De libero arbitrio III, 14–41) zurückverfolgen läßt und heute meist mit dem britischen Empirismus (T. Hobbes, J. Locke, D. Hume) und G. E. Moore (1912, Chap. VI) in Verbindung gebracht wird. Sie hat verschiedene Varianten, darunter folgende: P ist genau dann frei, x zu tun, wenn gilt: wenn P x tun wollen würde (alternativ: sich für x entscheiden würde, x zu tun versuchen würde), würde P x tun. Da solche ↑kontrafaktischen Konditionale auch unter den Bedingungen des Determinismus wahr sein können, ist Freiheit im Sinne der konditionalen Analyse mit dem Determinismus kompatibel. Gegen die konditionale Analyse wird eingewandt, sie lasse die Frage der Willensbildung unberücksichtigt: wenn P nicht frei sei, x zu wollen (bzw. sich dafür zu entscheiden bzw. es zu versuchen), so sei P auch dann nicht frei, x zu tun, wenn P x täte, gegeben daß P x tun wollen würde. Der Versuch, die Freiheit der Willensbildung ebenfalls konditional zu analysieren, löse das Problem nicht, denn er führe in einen Regreß: welche Antezedensbedingung (↑Antezedens) man auch immer einsetzte, es stellte sich bezüglich ihrer erneut die Frage, ob P darin frei sei, sie herbeizuführen (R. Chisholm 1964). Konditionalisten weisen den Regreßeinwand zurück (E. Tugendhat 1987, K. Vihvelin 2004).

Ein einflußreiches Argument für den Inkompatibilismus wird als das ›Konsequenzargument‹ bezeichnet. Freier ↑Wille sei die Fähigkeit, anders zu handeln. Nun gelte jedoch das Prinzip des Transfers von Fähigkeit (*transfer of power*): Wenn die Frage, ob P anders handele, von M abhänge, könne P nur dann anders handeln, wenn P M herbeiführen könne. Unter den Bedingungen des Determinismus könne diese Fähigkeit nicht existieren, da das Handeln dann von den ↑Naturgesetzen sowie den vergangenen Weltzuständen abhinge. Klarerweise könne man jedoch die Naturgesetze ebensowenig ändern wie die Vergangenheit. Somit sei Willensfreiheit – und damit auch moralische Verantwortung – mit dem Determinismus unvereinbar (P. van Inwagen 1983, 2003).

Viele Kompatibilisten akzeptieren das Konsequenzargument nicht. Da seine Überzeugungskraft davon abhängt, wie man den Freiheitsbegriff analysiert, ist es nicht in der Lage, den Disput zwischen Kompatibilisten und Inkompatibilisten zu entscheiden. Dieser Disput scheint in eine Pattsituation zu führen (R. Kane 2005, 30). Einen Versuch, dieses Patt zu überwinden, unternimmt Frankfurt, indem er PAM bestreitet, daß Verantwortung alternative Möglichkeiten voraussetzt (Frankfurt 1969). Frankfurt versucht, Szenarien zu entwerfen, in denen der Akteur in jedem Sinne von ›können‹ nicht anders handeln kann, aber dennoch moralisch verantwortlich ist. Die Szenarien operieren mit einem Faktor F, der alle Alternativen verschließt, ohne jedoch kausal wirksam zu werden (etwa einem neuronalen Implantat, das in der Lage ist, P dazu zu bringen, x zu tun, das aber nur aktiv wird, falls P sich nicht aus eigenem Antrieb entscheidet, x zu tun). Entscheide sich P selbst für x, dann sei der Fall so zu betrachten, wie wenn F inexistent wäre – F bleibe schließlich inaktiv. F sei für die Frage nach der Verantwortung somit irrelevant. Da mit F der Wegfall alternativer Möglichkeiten einhergehe, sei somit auch irrelevant, ob alternative Möglichkeiten existierten oder nicht.

Relevant sei hingegen, ob die Handlung vom Akteur selbst vollzogen werde. Dabei reiche es nicht aus, daß er die Handlung willentlich vollziehe (sonst wären auch alle Tiere, Kinder und Süchtigen verantwortlich); sie müsse auf den im prägnanten Sinne echten, eigenen Willen des Akteurs zurückgehen (solche Konzepte werden auch ›Real/Deep Self Theories‹ genannt; Wolf 1990, 29), und dies heiße: es müsse der Wille sein, den er – auf einer höheren, reflexiven Stufe des Willens – zu haben wünsche. Nur ein gebilligter Wille sei ein freier Wille. Diese Form von Willensfreiheit sei von alternativen Möglichkeiten unabhängig und mit dem Determinismus vereinbar. So sei es dem Süchtigen, der mit seinem Drogenwunsch zufrieden sei, nicht möglich, einen anderen Willen zu bilden; dennoch handele er aus eigenem freien Willen (Frankfurt 1971).

Sowohl Frankfurts Argument gegen PAM als auch seine hierarchische Analyse von Willensfreiheit als Identifikation mit einem Willen durch Wünsche höherer Stufe werden kritisch gesehen. So wird bestritten, daß in den Frankfurt-Szenarien keine alternativen Möglichkeiten existieren. Dies sei nur unter den Bedingungen des Determinismus gewährleistet; dann jedoch sei zu negieren, daß die Akteure verantwortlich sind (zur Diskussion der Frankfurt-Szenarien Fischer 1999). Bezüglich der hierarchischen Analyse wird ein Regreß diagnostiziert. Eine ahistorische, allein auf die Willensstruktur abhebende Analyse gilt vielen als unplausibel, da der Akteur in seinem Willen auf allen Stufen manipuliert sein könnte (Fischer/Ravizza 1998, 194–206). Die Frage, was den Wünschen höherer Stufe die nötige Autorität verleihe, bleibe offen (G. Watson 1975). Andere Kompatibilisten haben die Kriterien, die eine Handlung erfüllen muß, damit der Akteur für sie verantwortlich ist, anders bestimmt: nicht Wünsche höherer Stufe seien relevant, vielmehr müsse die Handlung mit den ↑Werturteilen des Akteurs in Einklang stehen (Watson 1975) bzw. müsse der ›Mechanismus‹, von dem die Handlung kausal abhänge, in bestimmter Weise sensitiv auf Gründe reagieren (*reasons-responsiveness*: D. Dennett 1984, Fischer/Ravizza 1998). Es wurde ferner versucht, historische, die Genese des Willens betreffende Kriterien zu integrieren (A. R. Mele 1995, Chap. 9; Fischer/Ravizza 1998, Chap. 7–8).

Ein anderer Strang des Kompatibilismus fokussiert auf die Adäquatheitsbedingungen bestimmter emotionaler Reaktionen (*reactive attitudes*). Nach P. F. Strawson (1963) ist ein Akteur genau dann moralisch verantwortlich für eine Handlung, wenn es angemessen ist, auf ihn mit bestimmten ↑Gefühlen zu reagieren: mit Empörung (*resentment, indignation, disapprobation*) und (bezüglich eigener Handlungen) Schuldgefühlen (*guilt*), wenn sich in den Handlungen ein schlechter Wille zeigt, mit Dankbarkeit, wenn der Wille gut ist. Die Frage, ob Verantwortung mit dem Determinismus kompatibel sei, laufe auf die Frage hinaus, ob der Determinismus Gründe dafür generieren würde aufzuhören, auf Willensqualitäten affektiv zu reagieren. Strawson entwickelt drei Argumente dafür, daß dies nicht der Fall ist. Erstens sei es psychisch unmöglich, die reaktiven Haltungen abzulegen; es gebe aber keinen Grund, etwas zu tun, was man ohnehin nicht tun könne. Zweitens sei für die innere Logik der relevanten affektiven Dispositionen die Frage der Determination irrelevant. Drittens würden zwischenmenschliche Beziehungen radikal verarmen, verlöre man diese reaktiven Haltungen. Selbst wenn diese Option offenstünde, wäre es im Lichte von Fragen der ↑Lebensqualität irrational, auf diese affektiven Dispositionen zu verzichten. Strawsons Ansatz bei den reaktiven Haltungen wurde vor allem von R. J. Wallace weiterentwickelt und um ein Argument ergänzt, das den Nachweis versucht, die Aufrechterhaltung dieser Haltungen sei nicht nur pragmatisch angeraten, sondern auch nicht unfair (Wallace 1994).

Indeterministische Libertarier wie Kane meinen, daß bloße Indetermination, wenn sie an den geeigneten Stellen auftrete, dem Akteur Freiheit und Verantwortung verleihe. Die Kontrolle des Akteurs bleibe dabei gewährleistet (Kane 1996). Wenn der Akteur sich in einer Konfliktsituation (↑Konflikt) befinde, sodaß er zwischen zwei Zielen A und B entscheiden müsse (›Moral‹ und ›Eigeninteresse‹), und zwischen A und B ein volitionales und rationales Patt bestehe (er will beides gleichermaßen und hat gleich gute Gründe für beides), es ferner indeterminiert sei, welche Seite die Oberhand gewinne, dann werde für jede Handlung – ob sie Ziel A oder Ziel B anstrebe – gelten, daß sie aus Gründen und (durch Gründe bzw. den eigenen Willen) kontrolliert vollzogen werde. Der Akteur lasse die eine Seite über die andere siegen, indem er sich für sie entscheide. Und er entscheide frei, insofern er auch anders hätte entscheiden können. Indem er entscheide, vollziehe er zugleich eine selbstgestaltende Handlung (*self-forming action*): er mache sich zu jemandem, der dem Ziel A Vorrang vor dem Ziel B einräume (oder umgekehrt), und dies präge seinen Charakter. Er erlange auf diese Weise ultimative Verantwortung (*ultimate responsibility*), d. h. Verantwortung nicht nur für die Handlung, sondern auch für deren Antezedenzien: den Charakter, den Willen. Habe er sich erst einmal selbst gestaltet, sei es nicht nötig, daß ihm zu jeder Handlung Alternativen offenstünden, damit er verantwortlich sei. Es genüge, daß die Handlung kausal von einem Willen abhänge, den er in früheren freien Handlungen selbst geformt und für den er so Verantwortung übernommen habe.

Andere Inkompatibilisten halten bloße Indetermination nicht für ausreichend, um Verantwortung und Freiheit zu ermöglichen. Erforderlich sei, daß der Akteur, einem

unbewegten Beweger (↑Beweger, unbewegter) gleich, Kausalketten ›aus dem Nichts‹ anstoßen könne. Dies dürfe aber nicht zufällig geschehen, denn für zufällige Ereignisse sei niemand verantwortlich; niemand könne sie kontrollieren. Daß ein Ereignis indeterminiert sei, heiße aber nichts anderes, als daß es vom Zufall (↑zufällig/Zufall) abhänge. Einige Libertarier behaupten, daß Ereignisse nicht nur spontan (↑spontan/Spontaneität) auftreten oder (deterministisch oder indeterministisch) von anderen Ereignissen verursacht werden können, sondern daß eine dritte Möglichkeit bestehe: sie können durch einen Akteur verursacht werden. Dies sei jedoch nicht so zu verstehen, daß antezedente Zustände des Akteurs (seine mentalen Einstellungen) die Handlung verursachen (dies wäre eine Form der Ereigniskausalität). Vielmehr stelle der Akteur einen eigentümlichen kausalen Sonderfaktor dar, eine Substanz, die die Fähigkeit besitze, spontan Kausalketten in Gang zu setzen. Solche Theorien werden als Theorien der Akteurskausalität (*agent causation accounts*, *extra factor accounts*) bezeichnet (Chisholm 1964, T. O'Connor 2000, R. Clarke 2003). Solche Konzepte sind mit Problemen unterschiedlicher Art konfrontiert: Der Begriff einer Substanz mit kausaler Kraft gilt als mysteriös (van Inwagen 2002). Eine Ursache müsse datierbar sein, und datierbare Dinge seien Ereignisse, nicht Substanzen (C. D. Broad 1952, 215). ›Der Akteur‹ als nicht-ereignishafter Kausalfaktor müßte als eigenschaftslose Substanz verstanden werden, die urplötzlich (unverursacht) in einer bestimmten Weise ›zum Ausbruch kommt‹ und erratisch einen kausalen Impuls setzt. Er hätte mit den empirischen Eigenschaften des Akteurs nichts zu tun. Dies wirft die Frage auf, inwiefern sein Wirken dem Akteur zugerechnet werden könnte.

Literatur: C. D. Broad, Ethics and the History of Philosophy. Selected Essays, London 1952, London/New York 2000; R. M. Chisholm, Human Freedom and the Self, Kansas 1964 (The Lindley Lecture), ferner in: R. Kane (ed.), Free Will, Malden Mass./Oxford 2002, 47–57, ferner in: G. Watson (ed.), Free Will. Second Edition, Oxford/New York 2003, 26–37; R. Clarke, Incompatibilist (Nondeterministic) Theories of Free Will, SEP 2000, rev. 2008; ders., Libertarian Accounts of Free Will, Oxford/New York 2003; D. C. Dennett, Elbow Room. The Varieties of Free Will Worth Wanting, Oxford, Cambridge Mass./London 1984 (dt. Ellenbogenfreiheit. Die wünschenswerten Formen von freiem Willen, Frankfurt 1986, Weinheim 1994); J. M. Fischer, The Metaphysics of Free Will. An Essay on Control, Oxford/Cambridge Mass. 1994, 1997; ders., Recent Work on Moral Responsibility, Ethics 110 (1999), 93–139; ders., Frankfurt-Type Examples and Semi-Compatibilism, in: R. Kane (ed.), The Oxford Handbook of Free Will, Oxford/New York 2002, 2005, 281–308; ders., My Way. Essays on Moral Responsibility, New York/Oxford 2006; ders., Compatibilism, in: ders. u. a., Four Views on Free Will, Malden Mass./Oxford 2007, 44–84; ders./M. Ravizza, Responsibility and Control. A Theory of Moral Responsibility, Cambridge/New York/Oakleigh (Melbourne) 1998, 2000; H. G. Frankfurt, Alternate Possibilities and Moral

Responsibility, J. Philos. 66 (1969), 829–839, ferner in: ders., The Importance of What We Care About. Philosophical Essays, Cambridge 1988, 2007, 1–10, ferner in: G. Watson (ed.), Free Will. Second Edition [s. o.], 167–176; ders., Freedom of the Will and the Concept of a Person, J. Philos. 68 (1971), 5–20, ferner in: ders., The Importance of What We Care About [s. o.], 11–25, ferner in: G. Watson (ed.), Free Will. Second Edition [s. o.], 322–336; I. Haji, Compatibilist Views of Freedom and Responsibility, in: R. Kane (ed.), The Oxford Handbook of Free Will [s. o.], 202–228; R. E. Hobart, Free Will as Involving Determination and Inconceivable Without It, Mind 43 (1934), 1–27; P. van Inwagen, An Essay on Free Will, Oxford 1983, 2002; ders., Free Will Remains a Mystery, in: R. Kane (ed.), The Oxford Handbook of Free Will [s. o.], 158–177; ders., An Argument for Incompatibilism, in: G. Watson (ed.), Free Will. Second Edition [s. o.], 38–57; R. Kane, Free Will and Values, Albany N. Y. 1985; ders., The Significance of Free Will, Oxford/New York 1996, 1998; ders., A Contemporary Introduction to Free Will, Oxford/New York 2005, bes. 12–31 (Chap. 2 Compatibilism, Chap. 3 Incompatibilism); G. Keil, Willensfreiheit, Berlin/New York 2007, bes. 50–117 (3. K., 4. I.); A. Lohmar, Moralische Verantwortlichkeit ohne Willensfreiheit, Frankfurt 2005; A. R. Mele, Autonomous Agents. From Self-Control to Autonomy, Oxford/New York 1995, 2001; G. E. Moore, Ethics, London 1912; J. Nida-Rümelin, Über menschliche Freiheit, Stuttgart 2005; T. O'Connor, Persons and Causes. The Metaphysics of Free Will, Oxford/New York 2000, 2002; M. Pauen, Illusion Freiheit? Mögliche und unmögliche Konsequenzen der Hirnforschung, Frankfurt 2004, 2006; D. Pereboom, Living Without Free Will, Cambridge etc. 2001, 2006; ders., Hard Incompatibilism, in: J. M. Fischer u. a., Four Views on Free Will, Malden Mass./Oxford 2007, 85–128; J. Schälike, Moralische Verantwortung, Freiheit und Kausalität, Grazer Philos. Stud. 78 (2009), 69–99; G. Seebaß, Handlung und Freiheit. Philosophische Aufsätze, Tübingen 2006; ders., Willensfreiheit und Determinismus I (Die Bedeutung des Willensfreiheitsproblems), Berlin 2007; G. Strawson, Freedom and Belief, Oxford 1986, 1991; ders., The Impossibility of Moral Responsibility, Philos. Stud. 75 (1994), 5–24, ferner in: G. Watson (ed.), Free Will. Second Edition [s. o.], 212–228; ders., Free Will, REP II (1998), 743–753; P. F. Strawson, Freedom and Resentment, Proc. Brit. Acad. 48 (1962), 187–211, separat London 1962, Nachdr. in: ders., Freedom and Resentment and Other Essays, London 1974, London/New York 2008, 1–25, ferner in: G. Watson (ed.), Free Will. Second Edition [s. o.], 72–93; E. Tugendhat, Der Begriff des Willensfreiheit, in: K. Cramer u. a. (eds.), Theorie der Subjektivität, Frankfurt 1987, 373–393, ferner in: ders., Philosophische Aufsätze, Frankfurt 1992, 1999, 334–351; ders., Anthropologie statt Metaphysik, München 2007; K. Vihvelin, Compatibilism, Incompatibilism, and Impossibilism, in: T. Sider/J. Hawthorne/D. W. Zimmerman (eds.), Contemporary Debates in Metaphysics, Malden Mass./Oxford/Carlton (Victoria) 2008, 303–318; dies., Free Will Demystified. A Dispositional Account, Philos. Topics 32 (2004), 427–450; R. J. Wallace, Responsibility and the Moral Sentiments, Cambridge Mass./London 1994, 1998; G. Watson, Free Agency, J. Philos. 72 (1975), 205–220, ferner in: ders. (ed.), Free Will. Second Edition [s. o.], 337–351; ders., Soft Libertarianism and Hard Compatibilism, J. Ethics 3 (1999), 351–365, ferner in: M. Betzler/B. Guckes (eds.), Autonomes Handeln. Beiträge zur Philosophie von H. G. Frankfurt, Berlin 2000, 59–70; ders., Agency and Answerability. Selected Essays, Oxford 2004; S. Wolf, Freedom Within Reason, New York/Oxford 1990. J. Sc.

Komplement (engl. complement), Begriff der ↑Verbandstheorie und der ↑Mengenlehre. In einem ↑*Verband L* mit den Verbandsoperationen ⊓, ⊔, dem Einselement 1 und dem Nullelement 0 heißt ein Element b aus L ein K. eines Elementes a aus L, falls gilt $a \sqcap b = 0$ und $a \sqcup b = 1$. Existiert zu *jedem* Element a aus L ein K. in L, dann heißt L auch *komplementär*. Beispiele für komplementäre Verbände sind ↑Boolesche Verbände oder orthomodulare Verbände (↑Verband, orthomodularer). Die für die Deutung der intuitionistischen Logik (↑Logik, intuitionistische) wichtigen ↑Heytingalgebren sind dagegen Beispiele für Verbände, in denen nicht die Existenz eines K.s verlangt wird, sondern nur die eines Pseudokomplements zu a, d. h. eines Elementes c von L, so daß $a \sqcap c = 0$ ist und für alle Elemente $c' \neq c$ mit $a \sqcap c' = 0$ gilt: $c \sqcap c' = c'$. In Booleschen Verbänden sind K.e stets eindeutig (↑eindeutig/Eindeutigkeit) bestimmt, nicht jedoch in beliebigen komplementären Verbänden (z. B. nicht in orthomodularen Verbänden).

In der Zermelo-Fraenkelschen *Mengenlehre* (↑Zermelo-Fraenkelsches Axiomensystem) definiert man für eine ↑Teilmenge A einer ↑Menge B das (relative) K. $\complement_B A$ von A in B (oft auch $B \backslash A$ notiert) durch $\complement_B A \leftrightharpoons \{x \mid x \in B \wedge x \notin A\}$; d. h., $\complement_B A$ enthält genau diejenigen Elemente von B, die nicht in A enthalten sind. Da die dieser Mengenlehre zugrundeliegende Logik klassisch ist (↑Logik, klassische), bilden die Teilmengen von B bezüglich der Vereinigungs- ($\cup$) und Durchschnittsbildung ($\cap$) (↑Vereinigung (mengentheoretisch), ↑Durchschnitt) einen Booleschen Verband, in dem $\complement_B A$ jeweils das verbandstheoretische K. von A ist. In Systemen der axiomatischen Mengenlehre (↑Mengenlehre, axiomatische), in denen Mengen- bzw. Klassenbildung (↑Klasse (logisch)) auch ohne Bezug auf eine Obermenge bzw. Oberklasse sinnvoll ist – wie z. B. in den ↑Neumann-Bernays-Gödelschen Axiomensystemen –, läßt sich das (absolute) K. $\complement A$ oder $\bar{A}$ einer Menge bzw. Klasse A definieren durch $\complement A \leftrightharpoons \{x \mid x \notin A\}$. Das *relative* Komplement $\complement_B A$ von A in B ist dann definiert durch $\complement_B A \leftrightharpoons B \cap \complement A$. Ist außerdem die Bildung einer ↑Allklasse V erlaubt, gilt $\complement A = \complement_V A$.

Literatur: R. Berghammer, Ordnungen, Verbände und Relationen mit Anwendungen, Wiesbaden 2008; G. Birkhoff, Lattice Theory, New York 1940, ²1948, Providence R. I. ³1967, 1995; B. A. Davey/H. A. Priestley, Introduction to Lattices and Order, Cambridge etc. 1990, ²2002, 2008; A. A. Fraenkel/Y. Bar-Hillel, Foundations of Set Theory, Amsterdam/London 1958, mit A. Levy, ²1973, 1984; FM I (1994), 600 (complemento); H. Gericke, Theorie der Verbände, Mannheim 1963, ²1967 (engl. Lattice Theory, New York, London/Toronto 1966, New York 1967). P. S.

Komplementaritätsprinzip, Grundprinzip der so genannten ↑Kopenhagener Deutung der ↑Quantentheorie, wonach zur vollständigen Beschreibung der atomaren und subatomaren Erscheinungen einander ausschließende Begriffe der klassischen (makrophysikalischen) ↑Physik, z. B. Korpuskel und Welle (↑Korpuskel-Welle-Dualismus), als sich ergänzende und nicht konträre Deutungen zulässig sind. N. ↑Bohr und C. F. v. Weizsäkker haben in späteren Arbeiten versucht, das K. als universales erkenntnistheoretisches Prinzip in der Logik (↑Quantenlogik), Gestaltpsychologie (↑Gestalttheorie), ↑Anthropologie und ↑Biologie zu verankern.

Literatur: ↑Kopenhagener Deutung, ferner: C. Chevalley, Complémentarité, Enc. philos. universelle II/1 (1990), 375; E. P. Fischer, Sowohl als auch. Denkerfahrungen der Naturwissenschaften, Hamburg/Zürich 1987, unter dem Titel: Die zwei Gesichter der Wahrheit. Die Struktur naturwissenschaftlichen Denkens, München 1990; FM I (1994), 599–600 (complementaridad, principio de); K. M. Meyer-Abich, Komplementarität, Hist. Wb. Ph. IV (1976), 933–934; K. M. Otte, Komplementarität, in: H. J. Sandkühler (ed.), Europäische Enzyklopädie zu Philosophie und Wissenschaften II, Hamburg 1990, 847–849; S. Petruccioli, Atomi, Metafore, Paradossi. Niels Bohr e la costruzione di una nuova fisica, Rom/Neapel 1988, 1989 (engl. Atoms, Metaphors, and Paradoxes. Niels Bohr and the Construction of a New Physics, Cambridge etc. 1993); H. P. Stapp, Mind, Matter, and Quantum Mechanics, Berlin/Heidelberg/New York 1993, ³2009; C. F. v. Weizsäcker, Komplementarität und Logik. Niels Bohr zum 70. Geburtstag am 7. 10. 1955 gewidmet, Naturwiss. 42 (1955), 521–529, 545–555, Nachdr. in: ders., Zum Weltbild der Physik, Stuttgart/Leipzig ¹⁴2002, 349–413; ders., Gestaltkreis und Komplementarität, in: P. Vogel (ed.), Viktor von Weizsäcker. Arzt im Irrsal der Zeit. Eine Freundesgabe zum siebzigsten Geburtstag am 21. 4. 1956, Göttingen 1956, 21–53, Nachdr. in: ders., Zum Weltbild der Physik [s. o.], 415–458. K. M.

komplex/Komplex (von lat. complectari, umarmen, zusammenfassen, erfassen), soviel wie ›zusammengesetzt(er Gegenstand)‹, ein *compositum* (↑Aggregat), im Unterschied zu ›einfach(er Gegenstand)‹, wobei bei der Zusammenfassung eines K.es von (ihrerseits einfachen oder k.en) Gegenständen zur Einheit des zusammengesetzten Gegenstandes, einem Ganzen aus Teilen (↑Teil und Ganzes), etwa einer Mauer aus Steinen, eine ↑Herstellung des Ganzen (beim methodischen Aufbau des Zusammensetzens) von einer ↑Vorstellung des Ganzen (bei der begrifflichen Organisation des Zusammensetzens) grundsätzlich zu unterscheiden ist. Beides, Herstellen und Vorstellen, das man sich zuzurechnen hat (und gegebenenfalls dann z. B. auch verantworten muß), spielt die Rolle von Maßstäben oder ›Modellen‹ für den Erfolg von Hervorbringungen bzw. den Inhalt von Wahrnehmungen, die, obwohl durchaus ›subjektiv‹, etwas sind, das sich bloß einstellt bzw. auftritt, beim Machen und Artikulieren von Erfahrungen im Umgang mit Gegenständen (↑Handlung). Bei L. Wittgenstein erscheint diese Maßstabrolle bei der Suche nach ›einfachsten‹ Bestandteilen, den ›logischen Atomen‹ (↑Atomismus, logischer), gegenüber dem ›unendlich Komplexsein‹ der Welt (Tract. 4.2211) zunächst in Gestalt einer Feststellung: »Jede Aussage über K.e läßt sich in eine Aussage über deren Bestandteile und in diejenigen Sätze zerlegen, welche die K.e vollständig beschreiben« (Tract. 2.0201). Später erklärt Wittgenstein ›zusammengesetzt‹ als zugehörig zu einer Fülle von ↑Sprachspielen, so daß schlechthin von ›Einfachem‹ zu reden sinnlos ist; es bedarf immer eines Gesichtspunkts, unter dem die Unterscheidung von ›einfach‹ und ›zusammengesetzt‹ gemacht wird (Philos. Unters. §§ 46–53).

Eine individuelle Einheit (↑Individuum) ist dabei in der Tradition stets so verstanden worden, daß sie nur ihrem ↑Stoff nach als zusammengesetzt gilt, als eine Zusammenfassung eines K.es von Gegenständen zu einer (substantiellen) Gesamtheit, und zwar einem homogenen Ganzen (τὸ πᾶν, das Gesamte), wenn es sich um gleichartige Teile handelt, deren ↑Relationen untereinander keine Rolle spielen (z. B. bei einem Stück Seidenstoff), oder einem inhomogenen Ganzen (τὸ ὅλον, das Ganze), wenn es auf die Relationen der verschiedenartigen Teile untereinander ankommt (z. B. bei einem Gewand aus Seide). Sie wird zu einer Einheit erst durch ihre Form (↑Form und Materie), die bei Lebewesen als deren ›Seele‹, allgemein dann bei G. W. Leibniz als deren (zentrale) ↑›Monade‹ bestimmt ist und trotz der Betonung von Leibniz, daß Monaden einfach seien – auch Wittgenstein weiß, daß »eine zusammengesetzte Seele [...] keine Seele mehr [ist]« (Tract. 5.5421) –, keiner Unterscheidung von ›einfach‹ und ›zusammengesetzt‹ mehr zur Verfügung steht.

Unter den vielfältigen Verwendungsweisen von ›k.‹ ist hervorzuheben, daß ›k.‹ ausgesagt wird (1) von ↑Sachverhalten, wenn sie mit logisch zusammengesetzten ↑Aussagen dargestellt sind (z. B. ›Meier und Schulze reiten‹ im Unterschied zu ihren in logischer Analyse (↑Analyse, logische) sichtbar werdenden logisch einfachen Teilaussagen ›Meier reitet‹ und ›Schulze reitet‹) oder auch schon mit begrifflich zusammengesetzten, aber logisch nicht weiter analysierten Aussagen (z. B. ›Meier reitet verwegen‹ im Unterschied zu ›Meier reitet‹, und zwar ohne Bezug auf die mögliche logische Analyse ›Meier reitet und Meiers Reiten ist verwegen‹), (2) in der logischen Tradition durchgehend von (für mindestens zweigliedrig gehaltenen) ↑Urteilen (z. B. ›Menschen sind sterblich‹), und zwar unabhängig von der nur im Bereich der Urteile getroffenen Unterscheidung zwischen *propositio composita* und *propositio simplex* (↑Minimalaussage), im Unterschied zu ↑Begriffen, die ebenfalls ihrerseits einfach (z. B. der Begriff ›Mensch‹) oder k. (z. B. der Begriff ›kluger Mensch‹) sein können, aber auch (3) von Wahrnehmungen, wenn sie als Ganzes aus miteinander verbundenen Teilen (Elementareindrücken, ↑Qualia etc.) bestimmt werden, (4) bei J. Locke und D. Hume von Ideen (↑Idee (historisch)), wenn sie nicht einfach sind, wobei ›einfach‹ sowohl logisch als ›atomar‹ als auch empirisch als ›gegeben‹ verstanden ist (↑Begriff, einfacher), (5) von syntaktischen Kategorien (↑Kategorie, syntaktische) einer Kategorialgrammatik, wenn es sich nicht um einfache, wie üblicherweise *s*(atz) und *n*(ame), handelt, (6) in der Mathematik von ↑Zahlen, wenn sie in kanonischer Weise aus nicht-verschwindenden reellen und imaginären Anteilen bestehen (*k.e Zahlen* sind als Paare reeller Zahlen mit passenden Definitionen für Gleichheit und die elementaren Rechenoperationen darstellbar). In der Psychologie wird ›k.‹ generell von psychischen Phänomenen ausgesagt, weil diese sich, unter Umständen experimentell gestützt, in begrifflicher Analyse stets als zusammengesetzt erweisen lassen. Dabei resultieren die seit Anfang des 20. Jhs. geführten Auseinandersetzungen zwischen verschiedenen Richtungen der Psychologie, unter anderem von Vertretern der *Komplextheorie* G. E. Müllers mit Vertretern der ↑Gestalttheorie, in einer Abgrenzung der besonderen, weil deutlich strukturierten, *Gestaltkomplexe* oder Gestaltqualitäten (z. B. Bilderleben) von den eher diffusen, weil Gefühle einschließenden *Komplexqualitäten* (z. B. Stimmungen), die insbes. von H. Volkelt weiter systematisiert wurden. Wenn gegenwärtig dabei von insbes. *kognitiver Komplexität* die Rede ist (Seiler 1973), so wird auf die Bandbreite der Verfahren verwiesen, die Personen einsetzen, um ihre Umwelteindrücke kategorial zu strukturieren. Von den auf einer Verdrängung beruhenden *unbewußten Vorstellungskomplexen* S. Freuds ausgehend hat schließlich C. G. Jung in seiner als ›Analytische Psychologie‹ bezeichneten Variante der ↑Tiefenpsychologie den Terminus ›K.‹ zu einem Grundbegriff gemacht, der vom schlichten Begriff des Zusammengesetztseins zu unterscheiden ist: Da als Gegenstand einer Analyse des Seelenlebens stets nur dessen Beeinträchtigungen, eben ›K.e‹ (z. B. ein Machtkomplex, ein Ichkomplex, ein erotischer K., ein Minderwertigkeitskomplex, ein Mutterkomplex etc.) als (relativ autonome, das Unbewußte ausmachende) Störfaktoren des (bewußten) Seelenlebens erscheinen, spricht er statt von ›Analytischer Psychologie‹ auch von ›Komplex-Psychologie‹ oder ebenfalls von ›K.theorie‹. Einerseits sei jeder K. zwar stets als Erscheinungsweise der gesamten (k.en) Psyche zu begreifen, andererseits trete er dabei zugleich als ein abgespaltenes psychisches Fragment auf. Das Seelenleben ist ein ganzheitliches, sich in jedem Zwiegespräch (↑Dialog), auch zwischen Analytiker und Analysand, in Gestalt von Störungen durch K.e manifestierendes Phänomen, dessen Komplexität sich nicht begrifflich adäquat auf einen wohlbestimmten Zusammenhang voneinander isolierbarer ›einfacher‹ Faktoren reduzieren lasse. Auch in der Soziologie wird der Begriff der Komplexität in sehr verschiedenen Zusammenhängen eingesetzt, z. B.

in der Organisationstheorie als Maß für den Grad arbeitsteiliger Differenzierung, während in der ↑Systemtheorie wiederum die Möglichkeit praktischen und technischen (zweckrationalen) Handelns, Theoriebildungen eingeschlossen, von der Fähigkeit zur *Reduktion von Komplexität* abhängig gemacht wird, einer Fähigkeit, hinreichend einfache Modelle für die Umwelt des/der Handelnden herzustellen. Dabei geht in die Komplexität der Systeme (des Zentralnervensystems ebenso wie der gesellschaftlichen Institutionen etc.) ein Maß für die Differenz von Modell und Umwelt ein. Systeme werden von Gegenständen zusammen mit zwischen ihnen bestehenden Relationen gebildet. Sind darunter speziell zeitabhängige Relationen, so spricht man von *dynamischen* statt sonst von *statischen* Systemen (ein Definitionsversuch für soziale Systeme findet sich bei A. S. McFarland, für psychische Systeme bei E. L. Walker). Von der *Komplexität* eines Systems ist seine *Kompliziertheit* zu unterscheiden: Je größer die Anzahl der Gegenstände und Relationen eines Systems, um so größer ist seine Komplexität; die Kompliziertheit hingegen wächst mit der Inhomogenität des Gegenstandsbereichs. Es kann daher Systeme hoher Komplexität, aber geringer Kompliziertheit geben (Beispiele: aus wenigen verschiedenen, aber zahlreichen Elementen zusammengesetzte organische Moleküle; das Go-Spiel), während hohe Kompliziertheit in der Regel auch hohe Komplexität nach sich zieht (Beispiele: Organismen, das Schachspiel). Die Theorie komplexer dynamischer Systeme, in denen Ursache-Wirkung-Zusammenhänge nicht-linear sind (z. B. bei der Bewegung von mehr als zwei Körpern unter dem Einfluß der Gravitation, ↑Dreikörperproblem), ist, insbes. ihrer vielen Anwendungen wegen (z. B. zur Vorhersage von Wetterentwicklungen, Aktienmarktentwicklungen, genetisch gesteuerten Entwicklungen [↑Genetik, ↑Evolutionstheorie], Zustandsänderungen neuronaler Netze, u. a.), eine gegenwärtig immer einflußreicher werdende Disziplin, in der neuentwickelte mathematische Methoden, wie etwa die ↑Chaostheorie, mit älteren, etwa der ↑Statistik, der ↑Wahrscheinlichkeitstheorie und selbstverständlich der Theorie der ↑Differentialgleichungen, aufs engste miteinander verknüpft sind. In der ↑Algorithmentheorie, speziell der ↑Automatentheorie, die sich mit genau definierten Herstellungs- und Umformungsprozessen von Zeichenketten befaßt, darunter der Berechnung der Werte einer Funktion zu gegebenen Argumenten, lassen sich *Komplexitätsmaße* für die möglichen ↑Algorithmen zur Berechnung einer gegebenen berechenbaren Funktion angeben mit dem Ziel, jeweils ›einfachste‹ Algorithmen zu finden. Umgekehrt läßt sich die Komplexität einer formalen Sprache *L* etwa von der Zahl der Rechenschritte abhängig machen, die ein als minimaler (Rechen-)Automat (↑Automat) realisierter braucht, um eine Zeichenkette als ableitbar (↑ableitbar/Ableitbarkeit) in L zu bestimmen. Das Komplexitätsmaß des jeweils einfachsten Algorithmus erlaubt dabei die Bestimmung von *Komplexitätsklassen* formaler Sprachen. Z. B. ist die Komplexität des Entscheidungsverfahrens für einen ↑Vollformalismus der (eingeschränkten) Arithmetik nur mit Identität und Addition sowie den Konstanten 0 und 1 so hoch, daß es praktisch undurchführbar bleibt, nämlich doppelt exponentiell, d. h., es gibt eine natürliche Zahl k derart, daß für alle ↑Aussageschemata der Länge n mindestens $2^{2^{kn}}$ Schritte erforderlich sind, um für eine das jeweilige Aussageschema erfüllende Aussage zu entscheiden, ob sie wahr oder falsch ist. Dabei ist k unabhängig von der Länge n bestimmt.

Literatur: A. V. Aho/J. E. Hopcroft/J. D. Ullman, The Design and Analysis of Computer Algorithms, Reading Mass. 1975, 1993; J. Habermas/N. Luhmann, Theorie der Gesellschaft oder Sozialtechnologie. Was leistet die Systemforschung?, Frankfurt 1971, 1990; R. H. Hall, Organizations. Structure and Process, Englewood Cliffs N. J. 1972, unter dem Titel: Organizations. Structures, Processes, and Outcomes, [4]1987, Upper Saddle River N. J. [10]2009; ders. (ed.), The Formal Organization, New York/London 1972; J. Hartmanis/J. E. Hopcroft, An Overview of the Theory of Computational Complexity, J. Assoc. for Computing Machinery 18 (1971), 444–475; F. A. v. Hayek, Die Theorie komplexer Phänomene, Tübingen 1972; C. G. Jung, Allgemeines zur Komplextheorie, in: ders., Die Dynamik des Unbewußten, Zürich/Stuttgart 1967, Solothurn/Düsseldorf [7]1995 (= Ges. Werke VIII), 109–123; H. R. Kohl, The Age of Complexity, New York 1965, Westport Conn. 1977; W. Köhler, K.theorie und Gestalttheorie, Psychol. Forsch. 6 (1925), 358–416; N. Luhmann, Soziologische Aufklärung I (Aufsätze zur Theorie sozialer Systeme), Köln/Opladen 1970, Wiesbaden [7]2005; K. Mainzer, Symmetry and Complexity. The Spirit and Beauty of Nonlinear Science, Singapur etc. 2005; A. S. McFarland, Power and Leadership in Pluralist Systems, Stanford Calif. 1969; C. A. Meier, Lehrbuch der Komplexen Psychologie C. G. Jungs, I–IV, I Olten/Freiburg 1968, II–IV Stuttgart/Zürich 1972–1977, II [3]1979, IV [2]1986, I–IV, Einsiedeln [2]1994 ff. (erschienen Bde I–II) (engl. The Psychology of C. G. Jung. With Special Reference to the Association Experiment of C. G. Jung, I–IV, I–III Boston Mass. 1984–1989, IV Einsiedeln 1995); A. Meinong, Zur Psychologie der Komplexionen und Relationen, Z. Psychol. 2 (1891), 245–265; W. Metzger, Psychologie. Die Entwicklung ihrer Grundannahmen seit der Einführung des Experiments, Dresden/Leipzig 1941, Wien [6]2001; G. E. Müller, K.theorie und Gestalttheorie. Ein Beitrag zur Wahrnehmungspsychologie, Göttingen 1923; E. R. Nakamura (ed.), Complexity and Diversity, Tokyo etc. 1997; T. R. Seiler (ed.), Kognitive Strukturiertheit, Stuttgart etc. 1973; H. A. Simon, The Architecture of Complexity, General Systems 10 (1965), 63–76; L. Stockmeyer, Classifying the Computational Complexity of Problems, J. Symb. Log. 52 (1987), 1–43; K. H. Tjaden, Zur Kritik eines funktional-strukturellen Entwurfs sozialer Systeme, Kölner Z. f. Soziol. u. Sozialpsychol. 21 (1969), 752–769; A. Urquhart, Complexity, Computational, REP II (1998), 471–476; H. Volkelt, Grundfragen der Psychologie, München 1963; K. Wagner/G. Wechsung, Computational Complexity, Dordrecht/Berlin (Ost) 1986; E. L. Walker, Psychological Complexity as a Basis for a Theory of Motivation and Choice,

in: D. Levine (ed.), Nebraska Symposium on Motivation 1964, Lincoln Nebr. 1965, 47–95; A. Wellek, K., Hist. Wb. Ph. IV (1976), 934–939; T. Wolff, Studien zu C. G. Jungs Psychologie, ed. C. A. Meier, Zürich 1959, [2]1981. – Focus: Complexity, European Rev. 17 (2009), H. 2.   K. L.

Komplexität, ↑komplex/Komplex.

Komplexitätstheorie (engl. complexity theory), Bezeichnung für eine Teildisziplin der theoretischen ↑Informatik, in der man Probleme und ↑Algorithmen im Hinblick auf ihren Lösungs- bzw. Berechnungsaufwand untersucht. Während in der Theorie der Berechenbarkeit (↑berechenbar/Berechenbarkeit) und damit einhergehend in der ↑Rekursionstheorie die prinzipielle Lösbarkeit und Berechenbarkeit Thema sind, geht es in der K. um die *Klassifikation* von Problemen/Algorithmen, die lösbar/berechenbar sind. Gegenüber der Rekursionstheorie als traditioneller Disziplin der mathematischen Logik (↑Logik, mathematische) ist mit dem Aufstieg des maschinellen Rechnens die K. in den Vordergrund gerückt; Unterscheidungen innerhalb des prinzipiell Berechenbaren werden als von zentraler Bedeutung dafür angesehen, ob man eine Berechnung für praktisch durchführbar (›feasible‹) hält.

Bei der Beschreibung des Berechnungsaufwands unterscheidet man zwischen Komplexität (↑komplex/Komplex) in bezug auf die Laufzeit (›time‹) und in bezug auf den Speicherbedarf (›space‹) eines Algorithmus und untersucht Laufzeit und Speicherbedarf in Abhängigkeit von der Größe der jeweiligen Eingabe. Wenn z. B. die Laufzeit eines Algorithmus eine lineare oder polynomielle Funktion der Eingabelänge ist, betrachtet man Berechnungen als grundsätzlich durchführbar. Wenn die Laufzeit aber exponentiell von der Größe der Eingabe abhängt, sich also mit der Vergrößerung der Eingabe um eine Einheit z. B. verdoppelt, dann ist ein Algorithmus nicht mehr praktisch durchführbar. Laufzeit und Speicherbedarf bestimmt man dabei in bezug auf bestimmte Maschinenmodelle wie etwa ↑Turing-Maschinen. Andere serielle Maschinenarten unterscheiden sich nicht grundsätzlich in bezug auf die Einteilung hinsichtlich der Komplexität. Allerdings führt der Übergang zu anderen (nicht-seriellen) Maschinenmodellen zu anderen Klassifikationen, z. B. bei paralleler Berechnung, bei probabilistischen Automaten oder im Quantenrechnen (›quantum computing‹).

In der K. werden unter anderem Hierarchien von Komplexitätsklassen untersucht. Für zahlreiche fundamentale Inklusionen in solchen Hierarchien ist dabei noch unbekannt, ob es sich um echte Inklusionen handelt, d. h., ob Teile von vermeintlichen Hierarchien nicht kollabieren. Das bekannteste und bedeutendste ungelöste Problem der theoretischen Informatik ist dabei die

Frage, ob die Klasse P aller in Polynomialzeit lösbaren Probleme eine echte Teilklasse der Klasse NP der in nicht-deterministischer Polynomialzeit (im Sinne der Verwendung nicht-deterministischer Turing-Maschinen) lösbaren Probleme ist. Man geht davon aus, daß dieses ›P-NP-Problem‹ eine negative Lösung hat, daß also NP eine echte Oberklasse von P ist. Von der Bestätigung dieser Vermutung hängt z. B. die Sicherheit vieler kryptographischer Verfahren ab, die heute allgegenwärtig sind.

Philosophisch, wissenschaftstheoretisch und wissenschaftshistorisch signifikant an der K. im Verhältnis zur Berechenbarkeitstheorie ist die Tatsache, daß wissenschaftstheoretisch externe (↑intern/extern) Faktoren (die Entwicklung der Computertechnik) zu einer grundsätzlich anderen Gewichtung der Forschungsgebiete geführt haben. Das grundsätzliche Problem der Entscheidbarkeit (›Entscheidungsproblem‹, ↑entscheidbar/Entscheidbarkeit) ist zwar weiterhin fundamental, hat aber eine andere Gewichtung erhalten zugunsten von Problemen, die nicht weniger theoretisch sind, aber unmittelbare praktische Relevanz haben. Wäre die ↑Prädikatenlogik 1. Stufe entscheidbar (was sie nicht ist), hätte das wohl keine unmittelbaren praktischen Konsequenzen. Würde jedoch P = NP bewiesen (was man nicht erwartet), hätte das Auswirkungen auf den Umgang mit und die Konstruktion von Algorithmen.

Literatur: S. Arora/B. Barak, Computational Complexity. A Modern Approach, Cambridge etc. 2009; J. Hromkovic, Algorithmische Konzepte der Informatik. Berechenbarkeit, K., Algorithmik, Kryptographie. Eine Einführung, Stuttgart 2001, überarb. u. erw., mit neuem Haupttitel: Theoretische Informatik, ²2004, überarb. u. erw., ³2007; ders., Sieben Wunder der Informatik. Eine Reise an die Grenze des Machbaren mit Aufgaben und Lösungen, Wiesbaden 2006, bes. 145–179, erw. ²2009, bes. 149–183 (Kap. V K., oder was kann man tun, wenn die gesamte Energie des Universums zum Rechnen nicht ausreicht?); J. van Leeuwen (ed.), Handbook of Theoretical Computer Science I (Algorithms and Complexity), Amsterdam etc. 1990, 1998; C. H. Papadimitriou, Computational Complexity, Reading Mass. 1994, 2005; K. R. Reischuk, Einführung in die K., Stuttgart 1990, unter dem Titel: K. Band I. Grundlagen. Maschinenmodelle, Zeit- und Platzkomplexität, Nichtdeterminismus, ²1999; G. Rozenberg/A. Salomaa, Complexity Theory, in: M. Hazewinkel (ed.), Encyclopedia of Mathematics II, Dordrecht/Boston Mass./London 1988, 280–283; I. Wegener, K., in: Lexikon der Mathematik III, Heidelberg/Berlin 2001, 156–157; ders., K. Grenzen der Effizienz von Algorithmen, Berlin/Heidelberg/New York 2003. P. S.

Kompositionalitätsprinzip (engl. principle of compositionality), auch Frege-Prinzip, Funktionalitätsprinzip, Extensionalitätsprinzip; in der ↑Sprachphilosophie und ↑Linguistik, speziell in der Grammatiktheorie (↑Grammatik) und ↑Semantik Bezeichnung für ein Prinzip, das die ↑Bedeutungen von Ausdrucksverbindungen vollständig zurückführt auf die Bedeutung der elementaren Ausdrücke, aus denen sie gebildet sind (↑Ausdruck (logisch)). Insbes. wird nach dem K. die Bedeutung von ↑Aussagen und ↑Sätzen als eindeutige (↑eindeutig/Eindeutigkeit) ↑Funktion der Bedeutungen ihrer Teilausdrücke einerseits und der herangezogenen syntaktischen Bildungsregeln andererseits bestimmt. Das Prinzip wurde in der Philosophiegeschichte verschiedentlich formuliert (vgl. etwa P. Abaelard, Logica ›ingredientibus‹, 308, J. Buridan, Summulae de dialectica 4.2.3) und steht für viele Theoretiker des Spracherwerbs implizit auch hinter der Feststellung W. v. Humboldts, der Sprecher erwerbe seine Sprachkompetenz, indem er lerne, von den »endlichen Mitteln« der Sprache »unendlichen Gebrauch« zu machen (Über die Verschiedenheit des menschlichen Sprachbaues, in: ders., Werke in fünf Bänden III, 477). Eingang in die modernen sprachphilosophischen Debatten hat es aber vor allem über G. Freges Ansatz gefunden, die ›Bedeutung‹ eines ›Behauptungssatzes‹ mit dessen ↑›Wahrheitswert‹ zu identifizieren, so daß sich die Bedeutung eines solchen Satzes nicht ändert, wenn bedeutungsgleiche Ausdrücke (etwa ›der Morgenstern‹ und ›der Abendstern‹) wechselseitig für einander eingesetzt werden (vgl. Über Sinn und Bedeutung, 32–34). Wo immer für bedeutungsgleiche Ausdrücke die wechselseitige ↑Substitutivität *salva veritate* gewährleistet ist, müssen die Bedeutungen der Ausdrucksverbindung und der verbundenen Teilausdrücke in einem gegebenen syntaktischen Rahmen (↑Syntax) in dem angegebenen funktionalen Verhältnis zueinander stehen.

Die genaue Ausformulierung des K.s ist umstritten und hängt nicht unwesentlich von der methodologischen Funktion ab, die dem Prinzip im Rahmen einer Theorie zugewiesen werden soll. So gilt vielen Theoretikern die Formulierung des K.s, die gerade die freie wechselseitige Substitutivität bedeutungsgleicher Ausdrücke als ein Kriterium für die Kompositionalität formuliert, als eine Adäquatheits- oder Gelingensbedingung für die Bemühungen um eine rekonstruktive Bedeutungserschließung durch formalisierte Sprachen (↑Sprache, formale, ↑Explikation, ↑Rekonstruktion). Dafür gibt Frege (z. B. Grundgesetze II, § 60) eine weithin akzeptierte instrumentelle Rechtfertigung: Soll die Entwicklung einer formalen Sprache (wie z. B. seine ↑Begriffsschrift) dazu beitragen, eine verläßliche (Selbst-)Verständigung über problematisch gewordene Sachverhalte herzustellen, dann ist es zielführend, dabei für semantisch Verschiedenes immer auch verschiedene Zeichen bzw. Ausdrücke in eine Sprache S so einzuführen (↑Einführung), daß eine geregelte Substitutivität in S gewährleistet bleibt. Im Idealfall sind alle Unterschiede in den Bedeutungen auch durch unterschiedliche Ausdrücke bzw. Ausdrucksverbindungen explizit zu machen. Die Verwendung (↑Äußerung) aller (elementaren oder komplexen) Ausdrücke von S erfolgt dann in jedem Falle invariant (↑invariant/Invarianz) zu der sprachlichen wie nicht-sprachlichen Verwendungsumgebung. Entsprechend bedarf es zur angemessenen Interpretation formgerecht gebildeter Ausdrucksverbindungen einer solchen *kompositionalen Sprache S* dann keiner anderen Kenntnisse als der der Verwendungsreglementierungen der Ausdrücke von *S* und der der Regeln für die Bildung der komplexen Ausdrücke.

Wird in dieser Argumentation das K. ↑*normativ* verstanden als Maßstab für die zielführende Gestaltung formalsprachlicher Mittel, so kreist ein weiter Teil der Diskussion um die Frage, ob das Prinzip das Zusammenwirken gemeinsprachlicher Ausdrücke in den natürlichen Sprachen (↑Sprache, natürliche) angemessen wiedergebe und mithin *deskriptiv* (↑deskriptiv/präskriptiv) adäquat wäre. So legt Frege selbst für ein angemessenes Verständnis derjenigen Ausdrücke, die durch eine formale begriffsschriftliche Rekonstruktion erst einer verläßlichen Verwendung zugeführt werden sollen, gerade ein dem K. entgegenstehendes *Kontextprinzip* (↑Kontext) zugrunde: »Nach der Bedeutung der Wörter muß im Satzzusammenhange, nicht in ihrer Vereinzelung, gefragt werden« (Grundlagen der Arithmetik 10/X). Diese Auffassung wurde in bezug auf die natürlichen Sprachen vor allem von den Vertretern einer ↑Gebrauchstheorie der Bedeutung übernommen.

Demgegenüber sehen manche Autoren (z. B. N. Chomsky, D. Davidson) in der Kompositionalität geradezu die Bedingung der Möglichkeit für die ↑Lehr- und Lernbarkeit von Sprachen, die wie die natürlichen Sprachen für eine kreative Verwendungen offen sind: Wenn kompetente Sprecher in der Lage sind, neue Sätze zu bilden und kompetente Interpreten in der Lage sind, solche neuen Sätze zu verstehen, dann setze dies voraus, daß beide die Bedeutung der komplexen Ausdrücke nach einheitlichen Regeln auf die Bedeutungen der elementaren Ausdrücke zurückführen können. Für die Bedeutung der elementaren Ausdrücke wird dann die durchgängige Möglichkeit einer ↑Interpretation angenommen, meist so, daß jedem Ausdruck eine Menge von Gegenständen oder mentalen Repräsentanten zuordnet werden kann (↑Realismus, semantischer, ↑Mentalismus).

Literatur: P. Abaelard, Logica ›ingredientibus‹, in: B. Geyer (ed.), P. Abaelards philosophische Schriften, Münster 1933, 1–503; C. Barker/P. Jacobson (eds.), Direct Compositionality, Oxford/ New York 2007; J. Buridan, Summulae de dialectica, Paris 1487, ed. R. van der Lecq, Nijmegen 1998, krit. Ed. des 4. Traktats: Giovanni Buridano, Tractatus de suppositionibus, ed. M. E. Reina, Riv. crit. stor. filos. 12 (1957), 175–208, 323–352; K. Butler, Content, Context, and Compositionality, Mind and Language 10 (1995), 3–24; D. Byrne, Compositionality and the Manifestation Challenge, Synthese 144 (2005), 101–136; J. Dever, Compositionality as Methodology, Linguistics and Philos. 22 (1999), 311–326; D. Dowty, Compositionality as an Empirical Problem, in: C. Barker/P. Jacobson (eds.), Direct Compositionality [s. o.], 23–101; M. Dummett, Frege. Philosophy of Language, London 1973, London, Cambridge Mass. ²1981, Cambridge Mass. 1995; ders., The Interpretation of Frege's Philosophy, London, Cambridge Mass. 1981; K. Fine, Semantic Relationism, Malden Mass./Oxford 2007, 2009; J. A. Fodor, Language, Thought and Compositionality, Mind and Language 16 (2001), 1–15; ders./E. Lepore, Why Compositionality Won't Go Away. Reflections on Horwich's ›Deflationary‹ Theory, Ratio NS 14 (2001), 350–368; dies., Brandom's Burdens. Compositionality and Inferentialism, Philos. Phenom. Res. 63 (2001), 465–481; dies., The Compositionality Papers, Oxford/ New York 2002; T. van Gelder, Compositionality. A Connectionist Variation on a Classical Theme, Cognitive Sci. 14 (1990), 355–384; R. Grandy, Understanding and the Principle of Compositionality, Philos. Perspectives 4 (1990), 557–572; J. Higginbotham, Conditionals and Compositionality, Philos. Perspectives 17 (2003), 181–194; W. Hodges, Compositionality Is Not the Problem, Log. and Logical Philos. 6 (1998), 7–33; T. Horgan, Recognitional Concepts and the Compositionality of Concept Possession, Philos. Issues 9 (1998), 27–33; P. Horwich, Deflating Compositionality, Ratio NS 14 (2001), 369–385; T. M. V. Janssen, Compositionality, in: J. van Benthem/A. ter Meulen (eds.), Handbook of Logic and Language, Amsterdam etc./Cambridge Mass. 1997, 417–473; K. Johnson, On the Nature of Reverse Compositionality, Erkenntnis 64 (2006), 37–60; R. Lahav, Against Compositionality. The Case of Adjectives, Philos. Stud. 57 (1989), 261–279; H.-P. Leeb, Das K. in seinen Anwendungen auf die ›Slingshot-Argumente‹, Sankt Augustin 2004; G. Morrill/B. Carpenter, Compositionality, Implicational Logics, and Theories of Grammar, Linguistics and Philos. 13 (1990), 383–392; P. Pagin, Is Compositionality Compatible with Holism?, Mind and Language 12 (1997), 11–33; ders., Communication and Strong Compositionality, J. Philos. Log. 32 (2003), 287–322; ders., Compositionality and Context, in: G. Preyer (ed.), Contextualism in Philosophy. Knowledge, Meaning, and Truth, Oxford/New York 2005, 303–348; ders./F. J. Pelletier, Content, Context and Composition, in: G. Preyer/G. Peter (eds.), Context-Sensitivity and Semantic Minimals. New Essays on Semantics and Pragmatics, Oxford/New York 2007, 25–62; dies., Compositionality, I–II (I Definitions and Variants, II Arguments and Problems), Philos. Compass 5 (2010), 250–264, 265–282; B. H. Partee, Compositionality, in: F. Landman/ F. Veltman (eds.), Varieties of Formal Semantics, Dordrecht 1984, 281–311; dies., Compositionality in Formal Semantics. Selected Papers, Malden Mass./Oxford 2004; D. Patterson, Learnability and Compositionality, Mind and Language 20 (2005), 326–352; F. J. Pelletier, The Principle of Semantic Compositionality, Topoi 13 (1994), 11–24; ders., Context Dependence and Compositionality, Mind and Language 18 (2003), 148–161; J. Peregrin, Inferentialism and the Compositionality of Meaning, Int. Rev. Pragmatics 1 (2009), 154–181; A. Rauti, Can We Derive the Principle of Compositionality (If We Deflate Understanding)?, Dialectica 63 (2009), 157–174; M. D. Resnik, The Context Principle in Frege's Philosophy, Philos. Phenom. Res. 27 (1966/1967), 356–365; ders., Frege's Context Principle Revisited, in: M. Schirn (ed.), Studien zu Frege III. Logik und Semantik, Stuttgart 1976, 35–49; ders., Frege as Idealist and then Realist, Inquiry 22 (1979), 350–357; M. Richard, Compositionality, REP II (1998), 476–477; P. Robbins, What Compositionality Still Can Do, Philos. Quart. 51 (2001), 328–336; ders., How to Blunt the Sword of Compositionality, Noûs 36 (2002), 313–334; ders., The Myth of Reverse Compositionality, Philos. Stud. 125 (2005), 251–275; G. Sher, Truth, Logical Structure, and Compositionality, Synthese 126 (2001), 195–219; M. Siebel, Red Watermelons and Large Elephants. A Case Against Compositionality?, Theoria (San Sebastian) 15 (2000), 263–280; Z. G. Szabó, Compositionality as Supervenience, Linguistics and Philos. 23 (2000), 475–505; ders., Compositionality, SEP 2004, erw. 2007; J. Toribio, Twin Pleas. Probing Content and Compositionality, Philos. Phenom. Res. 57 (1997), 871–889; D. A. Weiskopf, Compound Nominals, Context, and Compositionality, Synthese 156 (2007), 161–204; M. Werning, Compositionality, Context, Categories and the Indeterminacy of Translation, Erkenntnis 60 (2004), 145–178; ders., The Compositional Brain. Neuronal Foundations of Conceptual Representation, Paderborn 2009; ders./E. Machery/G. Schurz (eds.), The Compositionality of Meaning and Content, I–II (I Foundational Issues, II Applications to Linguistics, Psychology and Neuroscience), Frankfurt 2005; D. Westerståhl, On the Compositional Extension Problem, J. Philos. Log. 33 (2004), 549–582; ders., On Mathematical Proofs of the Vacuity of Compositionality, Linguistics and Philos. 21 (1998), 635–643. – J. Log., Language, and Information 10 (2001), No. 1 [Sonderheft »Compositionality«].   G. K.

Komprehension (von lat. comprehensio, Zusammenfassung), in der ↑Mengenlehre Bezeichnung für die Zusammenfassung einer ›Vielheit‹ von Objekten zur ›Einheit‹ einer Klasse (↑Klasse (logisch)) bzw. ↑Menge. Als Klassen- bzw. Mengenbildung liegt dieser Übergang allen Systemen der Mengenlehre in irgendeiner Form zugrunde. Er setzt inhaltlich voraus, daß Objekte, die eine bestimmte Eigenschaft gemeinsam haben, eine durch die Eigenschaft definierte Klasse bzw. Menge bilden, die diese Objekte als Elemente enthält, durch sie eindeutig bestimmt wird und selbst Element weiterer Klassen sein kann. In den Systemen der axiomatischen Mengenlehre (↑Mengenlehre, axiomatische) wird die K. durch ein *Komprehensionsaxiom* geregelt, das eigentlich ein Axiomenschema (›Komprehensionsschema‹) ist, da es eine schematische Variable (↑Variable, schematische) für die ↑Aussageform enthält, die die definierende Eigenschaft der zu bildenden Klasse darstellt. Da die uneingeschränkte Fassung des K.sschemas,

$$\bigvee_M \bigwedge_x (x \in M \leftrightarrow A(x)),$$

als Quelle der ↑Zermelo-Russellschen Antinomie unhaltbar ist, werden in allen heutigen Systemen der Mengenlehre der Aussageform $A(x)$ mehr oder weniger starke Einschränkungen auferlegt. In den den ↑Typentheorien nahestehenden Systemen sind dies Stufen-, Schichtenoder Typenforderungen; in den Systemen, die zwischen (echten) Klassen und Mengen unterscheiden, die Forderung, daß die zusammenzufassenden Objekte Mengen sein müssen; in den konstruktiven Mengenlehren das Verbot imprädikativen (↑imprädikativ/Imprädikativität) Vorgehens bei der Bildung von $A(x)$. Weil diese Beschränkungen darüber entscheiden, welche Klassen bzw. Mengen überhaupt zugelassen werden, hängt die Reichhaltigkeit des innerhalb der Mengenlehre formu-

lierbaren Satzbestandes der Mathematik von ihnen ab. Aus diesem Grunde bildet die K. eine der Wegmarken, an denen sich der so genannte klassische und der konstruktive Weg zur Begründung der Mathematik trennen.

Literatur: E. W. Beth, The Foundations of Mathematics. A Study in the Philosophy of Science, Amsterdam 1959, [2]1965, 1968; A. A. Fraenkel/Y. Bar-Hillel/A. Levy, Foundations of Set Theory, Amsterdam/London [2]1973, 1984, 30–53 (Chap. 2, § 3 Axioms of Comprehension and Infinity); J. Largeault, Compréhension (log.), Enc. philos. universelle II/1 (1990), 387–388; W. V. O. Quine, Set Theory and Its Logic, Cambridge Mass./London 1963, [2]1969, 1980 (dt. Mengenlehre und ihre Logik, Braunschweig 1973, Frankfurt/Berlin/Wien 1978); T. Skolem, Bemerkungen zum K.saxiom, Z. math. Logik u. Grundlagen d. Math. 3 (1957), 1–17 (repr. in: ders., Selected Works in Logic, ed. J. E. Fenstad, Oslo/Bergen/Tromsö 1970, 615–631); ders., Investigations on a Comprehension Axiom without Negation in the Defining Propositional Functions, Notre Dame J. Formal Logic 1 (1960), 13–22 (repr. in: ders., Selected Works in Logic [s. o.], 663–672); ders., Studies on the Axiom of Comprehension, Notre Dame J. Formal Logic 4 (1963), 162–170 (repr. in: ders., Selected Works in Logic [s. o.], 703–711).   C. T.

Komprehensionsaxiom, ↑Komprehension.

kompressibel, auch: komprimierbar, in Systemen der ↑Mengenlehre, die zwischen (echten) Klassen (↑Klasse (logisch)) und ↑Mengen unterscheiden, Bezeichnung für ↑Aussageformen, die nur von Mengen erfüllt werden. Diesem Sprachgebrauch liegt die Vorstellung zugrunde, daß Mengen Klassen beschränkter Größe seien. Wo der ↑Prädikator ›k.‹ daher auch den von kompressiblen Aussageformen dargestellten Klassen zugesprochen wird, sind Mengen dasselbe wie kompressible Klassen.

Literatur: J. Schmidt, Mengenlehre. Einführung in die axiomatische Mengenlehre I (Grundbegriffe), Mannheim 1966, Mannheim/Wien/Zürich [2]1974.   C. T.

Kompressor (von lat. comprimere, zusammendrücken), illokutionäre Partikel der ↑Imperativlogik zum Ausdruck einer unausweichlichen Aufforderung (Kompression), sich zwischen zwei oder mehr Handlungsalternativen zu entscheiden (↑Entscheidungsverfahren), ohne daß genau eine der Alternativen echt gewollt wird. Üblicherweise wird in der ↑Handlungslogik je nach Situationsbezug zwischen der klassischen, der strengen und der dialogischen Verwendung des K.s unterschieden: (1) Der *klassische* Fall liegt etwa bei der (auf einen Kommentar zu J. Buridan zurückgehenden) Beschreibung von ↑Buridans Esel vor. Hier geht der zwingende Aufforderungscharakter aus einem unausweichlichen ↑Bedürfnis hervor und bezieht sich auf zwei einander ausschließende Alternativen (↑Zweiwertigkeitsprinzip), die nach Vernunftgründen, im Sinne des *principium identitatis per rationes indiscernibilium* (↑principium identitatis indiscernibilium), ununterscheidbar sind. Der klassische K. wird nach J. J. Feinhals durch das Symbol ≠ bezeichnet. Dabei ist ein Einfluß der logischen Manuskripte von G. W. Leibniz wahrscheinlich, die Feinhals während seines Aufenthaltes in Wolfenbüttel zugänglich gewesen sind (vgl. Feinhals, Briefe, I–III, ed. F. v. Grummelsberg, Magdeburg 1910–1918, III, 333). (2) Geht der Zwangscharakter der Situation auf die verbale oder nicht-verbale Drohung eines anderen zurück, so spricht man bei Aufgaben, die sich nicht gleichzeitig erfüllen lassen, von *strenger* Kompression, im Blick auf die verfügbaren Mittel von *Mittelstreß* (lat. *compressio per limitationem usus impossibilis*, nach Fra Giro di Volterra, 1583) – wie etwa bei den Erzwingungsstrategien, denen ↑Enzyklopädien seit dem 18. Jh. ihre Vollendung verdanken (↑Imperativ, enzyklopädischer). W. Lange-Eichbaum beschreibt diese anthropologische Grundsituation wie folgt: »Schon die Auffassung starker Dynamik hat etwas an sich, das zum Mitgehen zwingt. Wir meinen jede Art von kraftvoller Energie und nennen sie das Zwingende« (Genie, Irrsinn und Ruhm, ⁵1961, 116). (3) Im *dialogischen* Fall vertraut die Aufforderung allein auf den Zwang der besseren Argumente. Soweit diese zu keiner Entscheidung zwischen den Alternativen, auf die sich der K. bezieht, führen, wird ein ↑Zufallsgenerator benutzt (rationales Kontingenzprinzip). Der auf den Aspekt seiner Wirkung auf den Adressaten beschränkte K. heißt ›Impressor‹. Wird dagegen auf den ↑Proponenten, etwa den Orthodidakten (↑Orthodidaktik), des mit einem K. eingeleiteten Sprechaktes abgestellt, so resultiert der (expektative oder adhortative) *Expressor*. Gelingt die ›Impression‹, so tritt die so genannte Erwartungshorizontverschmelzung ein (↑Vernunft).

Literatur: E. D. E. Carpenter, A Possible Hells Semantics for the Strict Compressor, J. Fuzzy Log. 2 (1982), 18–22; G. Gabriel, Wovon man nicht reden kann, darüber muß man schreiben, in: G. Wolters (ed.), Jetztzeit und Verdunkelung. Festschrift für Jürgen Mittelstraß zum vierzigsten Geburtstag, Konstanz 1976, 3; F. Kabel, Der Mittelstreß und seine Folgen. Unter besonderer Berücksichtigung des Buchwesens, o. O. [Konstanz] 1980 ff. [erschienen Bde I–II]; W. Lange-Eichbaum, Genie, Irrsinn und Ruhm, München 1928, ³1942, bes. 139–140, mit Untertitel: Eine Pathographie des Genies, rev. u. erw. v. W. Kurth, München/Basel ⁴1956, ⁵1961, bes. 116–117, rev. u. erw. mit Untertitel: Genie-Mythus und Pathographie des Geistes, ⁶1967, 1979 (repr. mit Untertitel: Die geheimen Psychosen der Mächtigen, Frechen 2000), bes. 118 (Das Zwingende [energicum]); I. McCaber, The Logic of Imperatives, Chicago Ill. 1960, 64–92; G. Michael, Wollt er's oder wollt er's nicht? ›Buridans Esel‹ aus der Sicht der pragmatischen Entscheidungstheorie, Vaduz 1983, ¹¹2009; N. O'Sense, The Compressor's Paradox, Ghost NS 76 (1967), 1–9; H. Selye, The Stress of Life, New York 1956, rev. 1976, 1984 (dt. Stress beherrscht unser Leben, Düsseldorf 1957, mit Untertitel: Das Standardwerk des Pioniers der Stressforschung, München 1991); Colonel R. [Ranger] Thomas, Die real existierende Kompression. Untersuchungen zur nominalistischen Frühgeschichte des Sozialismus, Duisburg 1983 (Stud. Roscelliniana Suppl.

XVII); Fra Giro di Volterra, De compressionibus impossibilibus […], Rom 1583 (repr. Hildesheim/New York 1979).   F. K./G. G.

komprimierbar, ↑kompressibel.

Konditional (engl. conditional), gelegentlich als Bezeichnung der logischen Aussageverknüpfung mit dem ↑Junktor ›wenn …, dann …‹, also einer ↑Subjunktion, verwendet; im Englischen oft im weiteren Sinne soviel wie ↑Konditionalsatz.   P. S.

Konditionalismus, auch: Konditionismus, Bezeichnung für eine speziell in den biologischen Wissenschaften, teilweise zur Abgrenzung von den übrigen Naturwissenschaften, aufgetretene und zu Beginn des 20. Jhs. heftig umstrittene erkenntnistheoretische Lehre, bei der statt von selbständigen ↑Ursachen für ↑Ereignisse von ↑*Bedingungen* geredet werden soll, die insgesamt das Ereignis ausmachen. Sie wird damit begründet, daß für ein Ereignis niemals einzelne Ursachen isolierbar seien, vielmehr stets ein Komplex von Bedingungen herrschen muß, durch den das Ereignis eineindeutig (↑eindeutig/Eindeutigkeit) bestimmt und mit dem es auch zu identifizieren sei. Allein durch Angabe des Bedingungszusammenhangs lasse sich eine ↑Erklärung für das Ereignis geben. Der K. steht dem ↑Empiriokritizismus von R. Avenarius und E. Mach nahe, ist wie dieser von der marxistischen Erkenntnistheorie (↑Marxismus) bekämpft worden und kann im Bereich der moralischen Ereignisse mit der Lehre vom abhängigen Entstehen im Buddhismus (↑Philosophie, buddhistische) verglichen werden, die den vom Gesetz der Tatvergeltung (↑karma) in Gang gehaltenen Kreislauf des Entstehens und Vergehens (↑saṃsāra) artikuliert.

Literatur: H. Dingler, Die Grundlagen der Naturphilosophie, Leipzig 1913 (repr. Darmstadt 1967), 200–221; G. Gabriel, K., Hist. Wb. Ph. IV (1976), 946; D. v. Hansemann, Über das konditionale Denken in der Medizin und seine Bedeutung für die Praxis, Berlin 1912; W. I. Lenin, Materializm i émpiriokriticizm. Kritičeskie zametki ob odnoj reakcionnoj filosofii, Moskau 1909, ²1920, 1969 (engl. Materialism and Empirio-Criticism, Critical Notes on a Reactionary Philosophy, Moskau 1920, 1977; dt. Materialismus und Empiriokritizismus. Kritische Bemerkungen über eine reaktionäre Philosophie, Wien 1927 [= Sämtl. Werke XIII], Berlin [Ost] ¹⁹1989); E. Mach, Erkenntnis und Irrtum. Skizzen zur Psychologie der Forschung, Leipzig 1905, ⁵1926 (repr. Darmstadt 1968, 1980), Saarbrücken 2006 (engl. Knowledge and Error. Sketches on the Psychology of Enquiry, Dordrecht/Boston Mass. 1976); H. W. Schumann, Buddhismus. Ein Leitfaden durch seine Lehren und Schulen, Darmstadt 1971, 1973; M. Verworn, Kausale und konditionale Weltanschauung, Jena 1912, ³1928.   K. L.

Konditionalsatz (engl. conditional [sentence/proposition]), auch Bedingungssatz, in der Grammatik die Bezeichnung für jede Art von ›wenn-dann‹-Sätzen, auch wenn die Partikeln ›wenn‹ und ›dann‹ nicht auftreten, etwa weil sie durch andere sprachliche Mittel zum Ausdruck gebracht sind. Nur in besonderen Fällen entspricht ein K. daher der logischen Aussageverknüpfung mit dem ↑Junktor ↑›wenn – dann‹ (symbolisiert: →), also einer ↑Subjunktion, oder gar einer Folgerungsbeziehung zwischen Aussagen (symbolisiert: ≺), einer ↑Implikation. ↑Logik und ↑Sprachphilosophie behandeln, wenngleich nicht übereinstimmend, die *kontrafaktischen* K.e (engl. counterfactual [auch: contrary-to-fact] conditionals; ↑Konditionalsatz, irrealer), bei denen die Falschheit der ›wenn‹-Aussage bereits bekannt oder zumindest unterstellt ist, nach den Regeln der klassischen (oder auch der intuitionistischen) Logik (↑Logik, klassische, ↑Logik, intuitionistische), so daß ein solcher Satz trivialerweise wahr zu sein hätte. Umgangssprachlich steht die ›wenn‹-Aussage, die ↑Bedingung, daher im Konjunktiv, die ›dann‹-Aussage im grammatischen Konditional (irrealer K., engl. subjunctive conditional): z. B. ›ich wäre gekommen, hättest du mich benachrichtigt‹, ›wenn dies Gold wäre, würde es sich hämmern lassen‹.

Die traditionelle Analyse der mittlerweile entweder mit ↑Wahrscheinlichkeiten für den Glauben (*belief*) an Geltung (vgl. E. W. Adams 1975) oder, vor allem, mit dem formalen Instrument ›möglicher Welten‹ (↑Welt, mögliche) arbeitenden ›Bedingungslogik‹ (*logic of conditionals*) für beliebige ›wenn-dann‹-Sätze (vgl. H. Arlo-Costa 2007) beruft sich für die Geltung eines kontrafaktischen K.es auf gültige generelle klassische Subjunktionen (oft ›formale Implikationen‹ genannt), entweder im Sinne von Naturgesetzen, also auf Grund *kausaler* Implikation, oder von Handlungsregeln, also auf Grund *intentionaler* Implikation, so daß zusammen mit einer Beschreibung der relevanten Umstände der ›wenn‹-Satz und die generelle Subjunktion den ›dann‹-Satz logisch implizieren. Problematisch bleibt, was als relevanter Umstand zu gelten hat bzw. ob dieser als nur pragmatisch bestimmter und daher bloß unterstellter Bestandteil der Bedeutung des ›wenn‹-Satzes aufzufassen ist (›pragmatische Mehrdeutigkeit‹ eines K.es) oder nicht. Dabei ist auch davon abgesehen, daß die Geltung der generellen Subjunktion gerade auch diejenigen Instanzen einschließt, in denen über die Geltung der ›wenn‹- und der ›dann‹-Teilaussage nichts bekannt ist, die klassische, d. h. wahrheitsfunktionale (↑Wahrheitsfunktion), Subjunktion also nicht ausreicht.

Diese Schwierigkeiten sind auch in derjenigen Rekonstruktion von K.en mit Hilfe der zunächst für die ↑Modallogik entwickelten Semantik möglicher Welten nicht sämtlich behoben worden, die auf R. C. Stalnaker und D. K. Lewis zurückgeht: Ein K. ›wenn *A*, dann *B*‹ ist wahr genau dann, wenn unter den möglichen Welten, in denen *A* wahr ist, in denjenigen, die ›die wenigsten Abänderungen‹ gegenüber der aktualen aufweisen, auch *B* wahr ist. Es wird dabei insbes. der Unterschied

zwischen einem einfachen K. und einem mit Hilfe der *strikten Implikation* (↑Implikation, strikte) gebildeten K. nicht hinreichend expliziert; ebenso fehlt die selbständige Erörterung des erst von J. L. Pollock in die Diskussion eingeführten ›wenn – dann möglicherweise‹. Der kontrafaktische K. dient üblicherweise auch zur Analyse von ↑Dispositionsbegriffen. Z. B. wird ›dies ist zerbrechlich‹ aufgelöst in ›wenn es fiele, dann würde es zerbrechen‹ (bzw. ›wenn es gefallen wäre, dann wäre es zerbrochen‹), wobei ›es‹ das ›reine‹ Demonstrativpronomen (= Demonstrativum) (↑indexical) ›dies‹ vertritt.

Literatur: E. W. Adams, The Logic of Conditionals. An Application of Probability to Deductive Logic, Dordrecht/Boston Mass. 1975; E. Adams/R. Manor, Conditionals, in: M. Dascal u. a. (eds.), Sprachphilosophie/Philosophy of Language/La philosophie du langage. Ein internationales Handbuch zeitgenössischer Forschung II, Berlin/New York 1996 (Handbücher zur Sprach- und Kommunikationswissenschaft VII/2), 1278–1291; A. Appiah, Assertion and Conditionals, Cambridge etc. 1985; H. Arlo-Costa, The Logic of Conditionals, SEP (2007); J. Bennett, A Philosophical Guide to Conditionals, Oxford etc. 2003, 2006; R. Carnap, The Methodological Character of Theoretical Concepts, in: H. Feigl/M. Scriven (eds.), The Foundations of Science and the Concepts of Psychology and Psychoanalysis, Minneapolis Minn. 1956, 1962 (repr. Ann Arbor Mich. 1997), 1976 (Minn. Stud. Philos. Sci. I), 38–76 (dt. Theoretische Begriffe der Wissenschaft. Eine logische und methodologische Untersuchung, Z. philos. Forsch. 14 [1960], 209–233, 571–598); D. Edgington, Conditionals, SEP (2001, rev. 2006); J. S. B. T. Evans/D. Over, If, Oxford etc. 2004; N. Goodman, Fact, Fiction, and Forecast, London 1954, Cambridge Mass./London ⁴1983; W. L. Harper/R. Stalnaker/G. Pearce (eds.), Ifs. Conditionals, Belief, Decision, Chance, and Time, Dordrecht/Boston Mass./London 1981 (Western Ont. Ser. Philos. Sci. XV); F. Jackson, Conditionals, Oxford/New York 1987; ders., Mind, Method and Conditionals. Selected Essays, London/New York 1998; W. Lycan, Real Conditionals, Oxford, New York 2001, 2005; J. J. L. Mackie, Causes and Conditions, Amer. Philos. Quart. 2 (1965), 245–264, ferner in: E. Sosa (ed.), Causation and Conditionals, London/New York 1975, 1980, 15–38; D. Nute, Topics in Conditional Logic, Dordrecht/Boston Mass. 1980; J. L. Pollock, Subjunctive Reasoning, Dordrecht/Boston Mass. 1976; D. Sanford, If *P*, then *Q*. Conditionals and the Foundations of Reasoning, London/New York 1989, 1992, ²2003; W. Settekorn, Semantische Strukturen der K.e. Linguistische und logische Untersuchungen, Kronberg 1974; R. C. Stalnaker/R. H. Thomason, A Semantic Analysis of Conditional Logic, Theoria 36 (1970), 23–42; W. Stegmüller, Probleme und Resultate der Wissenschaftstheorie und Analytischen Philosophie, I–II/1, Berlin/Heidelberg/New York 1969/1970, I ²1983, bes. I, 273–334, ²1983, 319–387 (Kap. V Das Problem des Naturgesetzes, der irrealen K.e und des hypothetischen Räsonierens), 452–466, ²1983, 525–539 (Kap. VII/5 Kausalgesetze und kausale Erklärungen), II/1, bes. 213–238 (Kap. IV/1 Die Diskussion über die Einführung von Dispositionsprädikaten); M. Woods, Conditionals, ed. D. Wiggins, Oxford etc., New York 1997, Oxford etc. 2003. – J. Philos. Log. 10 (1981), 127–289. K. L.

Konditionalsatz, irrealer (engl. counterfactual [conditional], contrary-to-fact conditional, unfulfilled conditional, subjunctive conditional), Bezeichnung für eine besondere Form des ↑Konditionalsatzes, die dadurch bestimmt ist, daß das ↑Antezedens vom Sprecher als ↑falsch unterstellt wird. Grammatisch wird der Wenn-Satz in der Regel im Modus der Irrealität, der Dann-Satz im Modus der Potentialität ausgedrückt (z. B. ›wenn du mich benachrichtigt hättest, wäre ich gekommen‹). I. K.e spielen in ↑Alltagssprache und ↑Wissenschaftssprache eine wichtige Rolle, vor allem in Begründungsdiskursen (z. B. ›wenn dies Gold wäre, würde es sich hämmern lassen‹) oder bei der Demonstration historischer Sachverhalte (z. B. um das Militärpotential Englands um 1940 zu charakterisieren: ›wäre Hitler 1940 in England eingefallen, hätte er es erobert‹). In der ↑Wissenschaftstheorie werden i. K.e vor allem als Rekonstruktionsmittel zur Analyse von ↑Dispositionsbegriffen und ↑Naturgesetzen (↑Gesetz (exakte Wissenschaften), ↑Gesetz (historisch und sozialwissenschaftlich)) sowie im Rahmen der Theorie der induktiven ↑Bestätigung (↑Induktion) verwendet. Allerdings gibt es bis heute keine Einigkeit über die logische Analyse von i.n K.en. Daher ist auch nicht absehbar, ob z. B. der Begriff der Gesetzesartigkeit einer generellen ↑Subjunktion oder der des i.n K.es methodisch fundamentaler ist; entsprechend gibt es Analysevorschläge für i. K.e, die auf der Unterscheidung zwischen gesetzesartigen und kontingenten (↑kontingent/Kontingenz) generellen Subjunktionen basieren.

Allgemein geht man davon aus, daß die wahrheitsfunktionale Charakterisierung des ›wenn-dann‹ im Falle der i.n K.e zu Ungereimtheiten führt: Der Satz ›hättest du mich benachrichtigt, wäre ich gekommen‹ ist nach wahrheitsfunktionaler Analyse zwar wahr, wenn das Antezedens (wie der Sprecher eines i.n K.es präsupponiert) falsch ist; dies würde aber für den Satz ›hättest du mich benachrichtigt, wäre ich nicht gekommen‹ aus gleichem Grunde zutreffen. Somit ist die Charakterisierung, i. K.e seien solche, die wahr sind (↑wahr/das Wahre), wenn das Antezedens falsch ist, nicht hinreichend. Insbes. sind Sätze der Form $\lambda \rightarrow \gamma$ (z. B. ›wenn du mich benachrichtigst und nicht benachrichtigst, dann komme ich oder nicht‹) keine i.n K.e. Weiter ist in der Diskussion allgemein akzeptiert, daß es nicht sinnvoll ist, einen unexplizierten irrealen Konditionaloperator als Grundbegriff zu verwenden. Vielmehr bestehen R. M. Chisholm und N. Goodman in ihren Rekonstruktionsversuchen darauf, daß i. K.e mit Hilfe des Implikationsbegriffs (↑Implikation) analysiert werden müssen. Chisholm nimmt als allgemeine Form eines i.n K.es an: $\bigwedge_x \bigwedge_y$(›wenn $F(x)$ und $G(y)$ der Fall wären, dann wäre $H(y)$ der Fall‹). Das Rekonstruktionsproblem besteht dann genauer darin, einen indikativischen Satz zu finden, der mit dem i.n K. äquivalent ist.

Symbolisiert man einen i.n K. mit Kond(A, C) (wobei C keine logische Folge von A ist; A, C Abkürzungen für Indikativsätze), dann lautet die zunächst betrachtete

Explikation: Es gibt eine Menge S von wahren Sätzen, so daß C aus S und A logisch folgt (für das oben angegebene Beispiel: ›wenn gilt: ich bin gesund, mein Auto springt an, mein Arbeitgeber gibt mir Urlaub ..., und: du benachrichtigst mich, dann komme ich‹). In dieser Explikation wird unterstellt, daß der Sprecher eines i.n K.es implizit auf eine Satzmenge zurückgreift, deren wahre Elemente – intuitiv gesagt – sich auf die Umstände bzw. Bedingungen der Wahrheit des i.n K.es beziehen. Nach Goodman bereitet es nun erhebliche Schwierigkeiten zu definieren, welche Sätze als Elemente von S zulässig sind. Insbes. muß man unterstellen, daß Elemente von S gesetzesartige Aussagen sein müssen, die den Zusammenhang von A und C betreffen. Ferner muß für die Elemente von S die logische Bestimmung gelten, daß nicht nur C logisch aus der ↑Konjunktion von S und A folgt, sondern daß $\neg C$ *nicht* daraus folgt. Für die dazu notwendigen Restriktionen für die Elemente von S haben Chisholm und Goodman eine Reihe von Kriterien entwickelt. So kann S nicht die Menge aller wahren Sätze sein, weil dann im Falle der Falschheit von A aufgrund des ↑ex falso quodlibet S und A zusammen jede beliebige Aussage implizieren würden. Ferner dürfen nur solche ↑Generalisierungen in S vorkommen, die sich auf existierende Gegenstände beziehen und die nicht bloß kontingente Generalisierungen sind. Eine große Anzahl von ↑Paradoxien (trivialen und kontraintuitiven Explikationen) haben zu immer neuen Überlegungen bezüglich der geeigneten Restriktionen für S geführt.

Wegen der Schwierigkeiten der erwähnten Ansätze geht N. Rescher davon aus, daß eine Interpretation der i.n K.e als Form logischer Schlüsse verfehlt ist; vielmehr habe man es beim ›hypothetischen Räsonieren‹ mit einer Form dialektischen (↑Dialektik) Argumentierens zu tun. Dies gehe schon aus der Tatsache hervor, daß man sich mit i.n K.en auf ›glaubenswiderstreitende Annahmen‹ (*belief-contravening suppositions*) beziehe. Die Analyse dieser Annahmen macht jedoch ebenfalls Schwierigkeiten. Zunächst gibt es solche Annahmen, die auf gesetzesartige Aussagen zurückgeführt werden können (wie das obige Beispiel vom hämmerbaren Gold), während andere schlechthin hypothetisch sind (›lebte Jesus heute, dann ...‹). Rescher und J. L. Mackie schlagen vor, als notwendige Bedingung für die Annahme von A festzulegen, daß es wenigstens zwei weitere wahre (bzw. für wahr gehaltene) Sätze P und Q gibt, die zusammen mit A eine inkonsistente Satzmenge bilden. Z. B. läßt sich für ›hätte Jones Arsen zu sich genommen, wäre er gestorben‹ die Menge bilden: ›Jones hat Arsen zu sich genommen‹ (A), ›alle Menschen, die Arsen zu sich nehmen, sterben‹ (P), ›Jones lebt‹ (Q). Mit welchen Kriterien läßt sich jedoch entscheiden, *welcher* der beiden gemeinsam mit A unvereinbaren Sätze P oder Q wahr bzw. falsch sein muß, damit der i. K. wahr ist? In einer Reihe von Fällen ist das unentscheidbar (z.B. ›wären Verdi und Bizet gleicher Nationalität gewesen, ...‹). Mackie hat diese Analyse zu der These von den i.n K.en als unvollständigen Argumenten weitergeführt. Demgemäß ›stützen‹ die Elemente von S zwar C, erlauben aber keine logische ↑Ableitung. – G. H. v. Wright hat dafür argumentiert, i. K.e weder als Sätze (bzw. Aussagen) noch als unvollständige Argumente, sondern als bedingte Behauptungen zu interpretieren; bedingte Handlungen sind nicht auf ↑Aussagen reduzierbar.

D. K. Lewis hat (basierend auf Vorarbeiten von R. C. Stalnaker) im Rahmen der Semantik möglicher Welten (↑Welt, mögliche) eine formale ↑Semantik für i. K.e entwickelt. Lewis geht davon aus, daß mögliche Welten durch eine Ähnlichkeitsrelation totalgeordnet sind (↑Ordnungsrelation), alle Welten also hinsichtlich Ähnlichkeit (↑ähnlich/Ähnlichkeit) miteinander vergleichbar sind. Die Ähnlichkeitsrelation wird zu diesem Zweck für jede einzelne mögliche Welt w als eine Relation R_w modelliert, wobei $w_1 R_w w_2$ zu lesen ist als: ›w_1 ist w mindestens so ähnlich wie w_2‹. Ein i. K. ›wäre A der Fall, dann auch B‹ ist nach Lewis genau dann wahr, wenn es mögliche Welten gibt, in denen sowohl A als auch B wahr ist, und wenn alle diese Welten der tatsächlichen Welt ähnlicher sind als alle Welten, in denen A wahr ist, nicht aber B.

Literatur: E. Adams/R. Manor, Conditionals, in: M. Dascal u. a. (eds.), Sprachphilosophie/Philosophy of Language/La philosophie du langage. Ein internationales Handbuch zeitgenössischer Forschung II, Berlin/New York 1996 (Handbücher zur Sprach- und Kommunikationswissenschaft VII/2), 1278–1291, bes. 1286–1288 (Counterfactuals); A. R. Anderson, A Note on Subjunctive and Counterfactual Conditionals, Analysis 12 (1951/ 1952), 35–38; D. Batens/F. Nef, Conditionnel (– le contraire aux faits), Enc. philos. universelle II/1 (1990), 404–405; J. Bennett, A Philosophical Guide to Conditionals, Oxford etc. 2003, 2006; R. M. Chisholm, The Contrary-to-Fact Conditional, Mind NS 55 (1946), 289–307; ders., Law Statements and Counterfactual Inference, Analysis 15 (1954/1955), 97–105; J. Collins/N. Hall/ L. A. Paul (eds.), Causation and Counterfactuals, Cambridge Mass./London 2004; F. Döring, Counterfactual Conditionals, REP II (1998), 684–688; D. Edgington, On Conditionals, Mind NS 104 (1995), 235–329; dies., Conditionals, in: L. Goble (ed.), The Blackwell Guide to Philosophical Logic, Malden Mass./Oxford 2001, 2008, 385–414; J. S. B. T. Evans/D. E. Over, If, Oxford etc. 2004, bes. 113–131 (Chap. VII Counterfactuals. Philosophical and Psychological Difficulties); M. L. Ginsberg, Counterfactuals, Artificial Intelligence 30 (1986), 35–79; D. Goldstick, The Truth-Conditions of Counterfactual Conditional Sentences, Mind NS 87 (1978), 1–21; N. Goodman, The Problem of Counterfactual Conditionals, J. Philos. 44 (1947), 113–128; S. Hampshire, Subjunctive Conditionals, Analysis 9 (1948/ 1949), 9–14; W. L. Harper/R. Stalnaker/G. Pearce (eds.), Ifs. Conditionals, Belief, Decision, Chance, and Time, Dordrecht/ Boston Mass./London 1981 (Western Ont. Ser. Philos. Sci. XV); J. Harrison, Unfulfilled Conditionals and the Truth of Their Constituents, Mind NS 77 (1968), 372–382; H. Hiz, On the Inferential Sense of Contrary-to-Fact Conditionals, J. Philos.

48 (1951), 586–587; F. Jackson (ed.), Conditionals, Oxford etc. 1991; W. Kneale, Natural Laws and Contrary-to-Fact Conditionals, Analysis 10 (1949/1950), 121–125; F. v. Kutschera, Einführung in die intensionale Semantik, Berlin/New York 1976, 48–78 (Kap. III Konditionalsätze); I. Kvart, A Theory of Counterfactuals, Indianapolis Ind. 1986; D. K. Lewis, Counterfactuals, Oxford, Cambridge Mass. 1973, 1986, Malden Mass./Oxford/ Carlton 2001, 2006; ders., Philosophical Papers II, New York/ Oxford 1986; E. J. Lowe, Indicative and Counterfactual Conditionals, Analysis 39 (1979), 139–141; J. L. Mackie, Counterfactuals and Causal Laws, in: R. J. Butler (ed.), Analytical Philosophy [First Series], Oxford 1962, 1966, 66–80; N. Rescher, Belief Contravening Suppositions, Philos. Rev. 70 (1961), 176–196; ders., Hypothetical Reasoning, Amsterdam 1964; D. H. Sanford, If P then Q. Conditionals and the Foundations of Reasoning, London/New York 1989, 1992, ²2003; R. C. Stalnaker, A Theory of Conditionals, in: E. Sosa (ed.), Causation and Conditionals, Oxford etc. 1975, 1980, 165–179; W. Stegmüller, Conditio irrealis, Dispositionen, Naturgesetze und Induktion (zu N. Goodman: Fact, Fiction and Forecast [London 1954]), Kant-St. 50 (1958/1959), 363–390; ders., Probleme und Resultate der Wissenschaftstheorie und Analytischen Philosophie I, Berlin/Heidelberg/New York 1969, 273–334, ²1983, 319–387 (Kap. V Das Problem des Naturgesetzes, der i.n K.e und des hypothetischen Räsonierens); F. Veltman, Counterfactuals, in: P. V. Lamarque (ed.), Concise Encyclopedia of Philosophy of Language, Oxford/ New York/Tokyo 1997, 254–256; W. Waletzki, Irrealis und Konditionallogik, Aachen 1997; R. S. Walters, The Problem of Counterfactuals, Australas. J. Philos. 39 (1961), 30–46; ders., Contrary-to-Fact Conditional, Enc. Ph. II (1967), 212–216; F. L. Will, The Contrary-to-Fact Conditional, Mind NS 56 (1947), 236–249; F. Wilson, Laws and Other Worlds. A Humean Account of Laws and Counterfactuals, Dordrecht/Boston Mass./ Lancaster Pa. 1986 (Western Ont. Ser. Philos. Sci. XXXI); M. Woods, Conditionals, ed. D. Wiggins, Oxford 1997, 2003; G. H. v. Wright, Logical Studies, London 1957 (repr. 2000), 1967. – J. Philos. Log. 10 (1981), 127–289.　　C. F. G.

Konflikt (lat. conflictus, Zusammenstoß), in theoretischem Verständnis ein ↑Widerspruch zwischen Aussagen oder Aussagesystemen, z. B. Theorien, im (vorherrschenden) praktischen Verständnis die faktische oder prinzipielle Unverträglichkeit von Handlungsorientierungen, z. B. Zwecksetzungen oder Normen, in einem bestimmten Handlungskontext *zwischen* verschiedenen Individuen, Gruppen, Klassen oder Staaten (äußerer oder externer K.) oder *innerhalb* eines Individuums oder einer Gruppe oder Gesellschaft (innerer oder interner K.). Von der Lösung eines praktischen K.s derart, daß die ihm zugrundeliegenden unverträglichen Normen oder ↑Interessen verträglich gemacht werden, ist seine bloße Beilegung zu unterscheiden, bei der etwa die faktischen Gewaltverhältnisse dafür sorgen, daß eine K.partei auf eine offene, unter Umständen kämpferische Austragung des K.s verzichtet, ohne daß die Unverträglichkeit der Normen oder Interessen behoben ist. K.lösung und K.beilegung lassen sich terminologisch als ›Konfliktbewältigung‹ zusammenfassen. Nicht nur die Beilegung, sondern auch die Lösung eines K.s kann vorderhand, solange sie noch nicht durch ↑Argumentation als ↑vernünftig erwiesen ist, nur als die (Wieder-) Herstellung eines *pragmatisch* zu verstehenden Friedens (↑Frieden (systematisch)) gelten. Andererseits beinhaltet der *vernünftige* oder *moralische* Frieden als vernünftige Gemeinsamkeit derer, die miteinander in Handlungszusammenhängen stehen, von sich aus nicht schon die Freiheit von K.en, sondern nur die Bereitschaft zu einem vernünftigen Umgang mit ihnen.

Die empirische Erforschung praktischer K.e ist Gegenstand von Psychologie und Soziologie, neuerdings auch der die Ergebnisse verschiedener Disziplinen auswertenden Friedens- und K.forschung. Mit Ansätzen der biologisch orientierten ↑Tiefenpsychologie und ↑Verhaltensforschung, die für den Menschen (in Analogie zum Tier) von der Annahme eines invarianten Aggressionstriebs oder Aggressionspotentials ausgehen (A. Adler, S. Freud, K. Lorenz), konkurrieren psychologische und sozialwissenschaftliche Konzeptionen, z. B. Freuds Theorie des unbewußten K.s zwischen Es, Ich und gesellschaftlich bedingtem Überich, die Frustrations-Aggressions-Theorie J. Dollards und N. E. Millers, nach der Aggressionen ausschließlich auf die Nichtbefriedigung von Bedürfnissen zurückzuführen sind, L. Festingers Theorie der kognitiven Dissonanz, der gemäß eine Person nach einem Ausgleich des als unangenehm empfundenen Widerspruchs zwischen Informationen sucht, die von ihr als bedeutsam erachtet werden, etwa in bezug auf ihr Selbstbild oder die Befriedigung ihrer Bedürfnisse, K. Lewins Feldtheorie, in der die Art und die Stärke eines psychischen oder sozialen K.s nach der Wertigkeit und der Stärke der als Vektoren einer K.situation konzipierten Strebungen bestimmt werden, oder die K.theorie des ↑Marxismus, die die Ursache sozialer K.e primär in der Einseitigkeit der Eigentumsverhältnisse an Produktionsmitteln und ihre Lösung vor allem im Kampf der Klasse der Besitzlosen gegen die der Besitzenden begründet sieht.

Literatur: R. P. Abelson u. a. (eds.), Theories of Cognitive Consistency. A Sourcebook, Chicago Ill. 1968; H. Arendt, On Violence, New York 1969, New York, London 1970 (dt. Macht und Gewalt, München 1970, 2006); K. Berkel, K.forschung und K.bewältigung. Ein organisationspsychologischer Ansatz, Berlin 1984; T. Bonacker (ed.), K.theorien. Eine sozialwissenschaftliche Einführung mit Quellen, Opladen 1996, unter dem Titel: Sozialwissenschaftliche K.theorien. Eine Einführung, ²2002, Wiesbaden ⁴2008; K. E. Boulding, Conflict and Defense. A General Theory, New York 1962, Lanham Md./New York/London 1988; W. L. Bühl (ed.), K. und K.strategie. Ansätze zu einer soziologischen K.theorie, München 1972, ²1973; ders., Theorien sozialer K.e, Darmstadt 1976; ders., Krisentheorien. Politik, Wirtschaft und Gesellschaft im Übergang, Darmstadt 1984, ²1988; J. Burton, Conflict. Resolution and Prevention, Basingstoke/London 1990, New York 1993; C. H. Coombs/G. S. Avrunin, The Structure of Conflict, Hillsdale N. J./Hove/London 1988; L. A. Coser, The Functions of Social Conflict, London,

Glencoe Ill., New York 1956, London 1998 (dt. Theorie sozialer K.e, Neuwied/Berlin 1965, 1972; franz. Les fonctions du conflit social, Paris 1982); ders., Continuities in the Study of Social Conflict, New York, London 1967, 1970; R. Dahrendorf, Soziale Klassen und Klassenkonflikt in der industriellen Gesellschaft, Stuttgart 1957 (engl. [erw.] Class and Class Conflict in Industrial Society, Stanford Calif., London 1959, Stanford Calif. 1990; franz. Classes et conflits de classes dans la société industrielle, Paris/La Haye 1972); E. De Bono, Conflicts. A Better Way to Resolve Them, London 1985 (dt. K.e. Neue Lösungsmodelle und Strategien, Düsseldorf/Wien/New York 1987); M. Deutsch/P. T. Coleman (eds.), Handbook of Conflict Resolution. Theory and Practice, San Francisco Calif. 2000; J. Dollard u. a., Frustration and Aggression, New Haven Conn. 1939, London 1944 (repr. London/New York 1998), Westport Conn. 1980 (dt. Frustration und Aggression, Weinheim 1970, 1994); H.-D. Eberwein/P. Reichel, Friedens- und K.forschung. Eine Einführung, München 1976; L. Festinger, A Theory of Cognitive Dissonance, Stanford Calif., Evanston Ill. 1957, rev. Stanford Calif. 1985, 2001 (dt. Theorie der kognitiven Dissonanz, Bern/Stuttgart/Wien 1978); J. Freund, Sociologie du conflit, Paris 1983; W. Grunwald, Psychotherapie und experimentelle K.forschung. Entwurf einer konflikttheoretischen Fundierung der Gesprächspsychotherapie, München 1976; J. S. Himes, Conflict and Conflict Management, Athens Ga. 1980; H.-W. Jeong, Understanding Conflict and Conflict Analysis, Los Angeles etc. 2008; W. Kempf, K.lösung und Aggression. Zu den Grundlagen einer psychologischen Friedensforschung, Bern/Stuttgart/Wien 1978; ders./G. Aschenbach (eds.), K. und K.bewältigung. Handlungstheoretische Aspekte einer praxisorientierten psychologischen Forschung, Bern/Stuttgart/Wien 1981; H. J. Krysmanski, Soziologie des K.s. Materialien und Modelle, Reinbek b. Hamburg 1971, 1977; L. E. Kurtz (ed.), Encyclopedia of Violence, Peace and Conflict, I–III, Amsterdam/San Diego Calif. 1999, Amsterdam etc. ²2008; R. Lay, Krisen und K.e. Ursachen, Ablauf, Überwindung, München 1980, 1981, 168–406 (Teil 2 Krisen und K.e); K. Lewin, Resolving Social Conflicts, New York 1948, Washington D. C. 1997 (dt. Die Lösung sozialer K.e. Ausgewählte Abhandlungen über Gruppendynamik, Bad Nauheim 1953, ⁴1975); K. Lorenz, Das sogenannte Böse. Zur Naturgeschichte der Aggression, Wien 1963, ³³1973, München 2007 (engl. On Aggression, London, New York 1966, London/New York 1996, 2002; franz. L'agression. Une histoire naturelle du mal, Paris 1969, 1977, 2000); E. B. MacNeil (ed.), The Nature of Human Conflict, Englewood Cliffs N. J. 1965; H. Mey/C. F. Graumann, K., Hist. Wb. Ph. IV (1976), 947–951; M. Nicholson, Conflict Analysis, London 1970 (dt. K.analyse. Einführung in Probleme und Methoden, Düsseldorf 1973); ders., Rationality and the Analysis of International Conflict, Cambridge etc. 1992, 1995; A. Oberschall, Social Conflict and Social Movements, Englewood Cliffs N. J. 1973; R. C. Ogley, Conflict under the Microscope, Aldershot/Brookfield Vt. 1991; J. N. Porter/R. Taplin, Conflict and Conflict Resolution. A Sociological Introduction with Updated Bibliography and Theory Section, Lanham Md./New York/London 1987; A. Rapoport, The Origins of Violence. Approaches to the Study of Conflict, New York 1989, New Brunswick N. J. 1995, 1997 (dt. Ursprünge der Gewalt. Ansätze zur K.forschung, Darmstadt 1990); A.-M. Rocheblave-Spenlé, Psychologie du conflit, Paris 1970 (dt. Psychologie des K.s, Freiburg 1973); D. J. D. Sandole u. a. (eds.), Handbook of Conflict Analysis and Resolution, London/New York 2009; J. A. Schellenberg, The Science of Conflict, Oxford/New York 1982; T. C. Schelling, The Strategy of Conflict, Cambridge Mass./London 1960, 2003 (franz. Stratégie du conflit,

Paris 1986); A. Thiel, Soziale K.e, Bielefeld 2003; H. Thomae, K., Entscheidung, Verantwortung. Ein Beitrag zur Psychologie der Entscheidung, Stuttgart etc. 1974; H. Touzard, La médiation et la résolution des conflits. Étude psycho-sociologique, Paris 1977; R. Väyrynen (ed.), New Directions in Conflict Theory. Conflict Resolution and Conflict Transformation, London/Newbury Park Calif. 1991; A. J. Yates, Frustration and Conflict, London 1962, mit Untertitel: Enduring Problems in Psychology. Selected Readings, Princeton N. J. 1965, ohne Untertitel, Westport Conn. 1982. – Beiträge in: J. of Conflict Resolution, 1957 ff.. R. Wi.

Konfuzianismus (chines. ju chia [ru jia], wörtlich: Schule der Gelehrten), Sammelbezeichnung für die sich in irgendeiner Weise auf Konfuzius (Kung Tzu [Kongzi], 551–479 v. Chr.) und die konfuzianischen Klassiker beziehenden geistigen Strömungen Chinas bis heute. Die Lehren des Konfuzius hatten zunächst keine breite Wirkung. Erst durch die beiden Antagonisten Menzius (Meng Tzu [Mengzi], ca. 370–290 v. Chr.) und Hsün Tzu ([Xunzi], ca. 298–230 v. Chr.) – sie gehen aus von ›der Mensch ist von Natur gut‹ (Menzius) bzw. ›der Mensch ist von Natur böse‹ (Hsün Tzu) – erhält die konfuzianische Lehre in der klassischen Epoche eine ausführliche theoretische Basis. Die der Verwirklichung des um seiner selbst willen vertretenen Grundwerts der Menschlichkeit (jen [ren]) dienenden (moralischen) Tugenden (te [de]) verlangen je nach (sozialer) Situation unterschiedliche Realisierungen. Während dieser Zeit (bis 221 v. Chr.) ist der K. stets nur eine unter mehreren, konkurrierenden Lehren, den ›Hundert Schulen‹, die gewöhnlich zu sechs ›Schulen‹ zusammengefaßt werden, neben den Konfuzianern der ›Schule der Gelehrten‹ und ihren Hauptgegnern, den (Mo-ti [Mozi], ca. 479–438 v. Chr., folgenden) Mohisten, noch die ↑Yin-Yang-Schule, die ↑Legalisten (fa chia [fa jia]), die Dialektiker der ›Schule der Namen‹ (ming chia [ming jia]) und die Taoisten (tao-te chia [dao-de jia], ↑Taoismus). Der K. wird besonders von den Legalisten bekämpft, aber auch von Mo-ti, dessen kosmologisch fundierte und daraufhin auch egalitär konzipierte Position Praktischer Philosophie (↑Philosophie, praktische) – der Grundwert Rechtschaffenheit (i [yi]) wird auf den ›Willen des Himmels‹ zurückgeführt, der den größten Nutzen für alle bezweckt – ihrerseits den Gegenstand heftiger Angriffe von Menzius bildet. Unter der Dynastie Ch'in [Qin] (221–206 v. Chr.) ist der K. wegen seiner Reformfeindlichkeit sogar verboten; seine Werke werden öffentlich verbrannt. Erst in der politisch stabilen Hanzeit (206 v. Chr. – 220 n. Chr.) wird der K. in der nüchtern-praktischen, logischen und psychologischen Überlegungen Geltung verschaffenden Lesart von Hsün Tzu zur vorherrschenden Strömung.

Während der klassische K. ausschließlich innerweltliche Fragen der Moral behandelt und alle seine Überlegungen anthropologischer Natur sind – der Mensch in seinen sozialen Zusammenhängen steht im Zentrum –, befaßt sich die so genannte *Neutextschule* der Hanzeit (Han-K.) auch mit kosmologischer Spekulation, wobei Ideen der ↑Yin-Yang-Schule und des ↑I–Ching verwendet werden. Tung Chung-Shu [Dong Zhongshu] (ca. 179–104 v. Chr.), als Lehrer an der Staatsuniversität und zugleich mehrfach oberster Minister am Hof des Kaisers Wu (regierte 140–87 v. Chr.) für die im Jahre 136 erfolgte erste Ausrufung des K. zur Staatsdoktrin zu Lasten aller anderen Schulen verantwortlich, erklärt den Natur- und Kulturgeschichte einschließenden Kosmos als eine vermöge yin (Prinzip der Ruhe) und yang (Prinzip der Bewegung) zyklischem Wandel unterworfene organische Größe, innerhalb derer der Mikrokosmos des Menschen den ↑Makrokosmos der Natur spiegelt oder doch um des harmonischen Gleichgewichts von Himmel und Erde willen spiegeln soll. Die kulturelle Organisation, die das individuelle und soziale, insbes. staatliche, Leben regelt, entspricht der natürlichen Organisation gemäß dem ›Willen des Himmels‹, etwa wenn die sich wiederholende Abfolge der fünf Elemente Holz, Feuer, Erde, Metall, Wasser in der Vater-Sohn-Beziehung und in der Herrscher-Untergebener-Beziehung wiederkehrt. Die in dieser Auffassung enthaltene Vision eines künftigen ewigen Friedens durch die Verwirklichung einer ›großen Gleichheit‹ (ta t'ung [da tong]) wurde im 19. Jh. in der Reformbewegung von ↑K'ang Yu-Wei [Kang Youwei] (1858–1927) und seinem einflußreichen Schüler Liang Ch'i-ch'ao [Liang Qichao] (1873–1929) wieder aufgegriffen.

Als Reaktion auf die exzessive Metaphysik der Neutextschule bildet sich im 1. Jh. n. Chr. die so genannte *Alttextschule* aus. Sie vertritt eine nüchterne, philologisch-sorgfältige Interpretation der konfuzianischen Schriften und eine naturalistische, teilweise vom ↑Taoismus beeinflußte, gegen jede Art Aberglauben ankämpfende aufgeklärte Weltauffassung. Vertreter dieser (eher wirkungslosen, weil vom späteren K. ignorierten) Strömung sind Yang Hsiung [Yang Xiong] (53 v. Chr. – 18 n. Chr.) und vor allem Wang Ch'ung [Wang Chong] (ca. 27–100). In der folgenden Periode der staatlichen Uneinigkeit Chinas (190–589) gewinnen Taoismus und Buddhismus langsam die Vorherrschaft und verdrängen den K.; unter den Sui (590–617) und Tang (618–906) ist der K. bedeutungslos, der Buddhismus herrscht vor. Erst gegen Ende des 9. Jhs. beginnt das konfuzianische Denken wieder zu erstarken, auch als Reaktion auf die vorgeblich staatsgefährdende, schädliche Ideologie des Buddhismus.

Diese Neubelebung (›Neukonfuzianismus‹) ist vor allem Han Yü [Han Yu] (768–824) und Li Ao (um 800) zu verdanken. Für die künftige Entwicklung entscheidend ist dabei die Kanonisierung des Menzius als der allein ›richtigen‹ Auslegung der konfuzianischen Lehren. Getragen wird der Neukonfuzianismus der Sung [Song] Dynastie (960–1279) von den so genannten ›Fünf Meistern‹ des 11. Jhs. (neben den beiden bedeutendsten, den Brüdern Ch'eng Hao (= Ch'eng Ming-tao) [Cheng Hao], 1032–1085, und Ch'eng I (= Ch'eng I-ch'uan) [Cheng Yi], 1033–1107, sind es: Chou Tun-i (= Chou Lien-hsi) [Zhou Dunyi], 1017–1073, Shao Yung (= Shao Yao-fu) [Shao Yong], 1011–1077, und Chang Tsai (= Chang Heng-ch'ü) [Zhang Zai], 1020–1077), unter denen Shao Yung so sehr vom Taoismus beeinflußt ist, daß die menschlichen Angelegenheiten nicht mehr im Zentrum seiner Aufmerksamkeit stehen, er in der konfuzianischen Tradition daher meist als Außenseiter gilt. In der ›Lehre von den Prinzipien‹ (li-hsüeh [lixue]) des an Ch'eng-I anknüpfenden Chu-Hsi (= Chu Yüan-hui) [Zhu Xi] (1130–1200) findet der Neukonfuzianismus seine erste große anthropologisch-kosmologische Synthesis. Ihr Kern besteht in der Lehre von der Entfaltung des Zusammenhangs von li ([passives] Formprinzip) und ch'i [qi] ([aktives] Individuationsprinzip); dabei ist die unindividuierte ›Natur von Himmel und Erde‹ li, das durch ch'i in die als Kräfte verstandenen ›Prototypen‹ chi [ji] der partikularen psychophysischen Verkörperungen von li verwandelt wird (das bewegte ch'i ist yang, das ruhende ch'i ist yin). Insbes. ist die Trennung des Mentalen vom Körperlichen und damit auch die von Zeichen und Gegenstand als etwas Übles (im Unterschied zum schlechthin guten li) das Ergebnis der ↑Individuation durch ch'i. Es bedarf individueller sittlicher Anstrengung zur Wiederherstellung des harmonischen Ganzen im Auffinden des alle Partikularia einenden li. (Auf die mit li methodologisch verwandte Rolle von Platons ›Idee des Guten‹, vorausgesetzt ihr wird auch die Rolle des höchsten Universale ›Sein‹ übertragen – es gibt auch den Vergleich von li mit Aristoteles' ›unbewegtem Beweger‹ [↑Beweger, unbewegter] –, wird neuerdings wiederholt aufmerksam gemacht [z. B. Fung Yu-lan, C. Chang]).

Chu-Hsis Lehre ist von 1313 an als (z. B. für die Staatsprüfungen) verbindliche Auslegung der konfuzianischen Klassiker bis zur Abschaffung des konfuzianischen Erziehungssystems im Jahre 1905 anerkannt worden. Dabei geht auf ihn die Auszeichnung der ›Vier Bücher‹ (szu shu [si shu]) – Lun Yü [Lunyu], d. i. Gespräche [des Konfuzius]; Chung Yung [Zhongyong], d. i. die Lehre vom ↑Mittelmaß (= Kap. 39 des Li-Chi); Ta Hsüeh [Daxue], d. i. die ↑Große Lehre (= Kap. 42 des Li-Chi; Meng Tzu [Mengzi], d. i. [das Buch] des Menzius – als Lektürekanon des K. zurück. Er hat selbst seinen eigenen Kommentar zu diesen Texten für sein wichtigstes Werk gehalten und mit diesem neuen Kanon den überlieferten vorkonfuzianischen Kanon der fünf klassischen Schriften (eigentlich sechs, doch ist die Schrift über Musik nicht erhalten) abgelöst: I–Ching [yi jing], d. i. Buch der

Wandlungen; Shu-Ching [shu jing], d. i. Buch der Urkunden (auch: Bewahrte Schriften [shang shu]); Shih-Ching [shi jing], d. i. Buch der Lieder; Li-Chi [li ji], d. i. Buch der Riten; Ch'un-Ch'iu [chun qiu], d. i. Frühlings- und Herbstannalen. Die Geltung des neuen Kanons wurde auch nicht aufgehoben, als während der Ming-Dynastie (1368–1644) die mit Chu-Hsis ›Lehre von den Prinzipien‹ konkurrierende monistische ›Lehre vom Geist-Herz‹ (hsin-hsüeh [xinxue]), eine erkenntnistheoretische Richtung des Neukonfuzianismus, verwandt mit der chinesischen Ausprägung des ↑Yogācāra (↑Philosophie, buddhistische) und wie dieser gern als ›idealistisch‹ bezeichnet, an Einfluß gewann und den (durchaus ebenfalls als einen ›Idealismus‹ zu begreifenden) Rationalismus der ›Lehre von den Prinzipien‹ in den Hintergrund drängte. In der während der Sung Dynastie bereits von Lu Hsiang-shan (= Lu Chiu-yüan) [Lu Xiangshan] (1139–1193) gegen Chu Hsi in einer berühmten Debatte (1175) verteidigten ›Lehre von Geist-Herz‹, die bei Wang Yang-ming (= Wang Shou-jen [Wang Shouren]) (1472–1529) ihren Höhepunkt findet, wird die Einheit von li und ch'i vertreten: Das Geist-Herz (hsin) ist bereits die ganze, auch ihren ›Willen‹ zur Individuation (ch'i) einschließende ›Natur‹ (li) mit der Folge, daß li auch die Einheit von Wissen und Handeln bewirkt. Die beiden Lehren sind in Ansätzen bereits in den Unterschieden zwischen Ch'eng I (hinsichtlich li hsüeh) und Ch'eng Hao (hinsichtlich hsin hsüeh) angelegt und lassen sich auf die Komplementarität des Weges von Forschen und Studieren, d. i. die ›Prinzipiensuche‹, mit dem Achtgeben auf die naturgegebene Tüchtigkeit, d. i. den ›Weg der Moral‹, im Kapitel 27 des Menzius nahestehenden Chung-yung zurückführen.

Unter der letzten Dynastie, der Mandschu (= Ch'ing [Qing]) Dynastie (1644–1911), erstarrt der K. immer stärker. Jedoch scheitern Versuche, ihn mit westlichem Gedankengut in einer ›Schule des praktischen Lernens‹ (shih hsüeh [shixue]), speziell auch mit naturwissenschaftlichem, zu vereinen, die schon im 18. Jh., z. B. in der von Tai Chen (= Tai Tung-yüan) [Dai shen] (1723–1777), dem ›Meister empirischer Untersuchungen‹, unter Anknüpfung an ältere Gegner des Neukonfuzianismus (insbes. den zweiten bedeutenden Kontrahenten Chu Hsis: Ch'en Liang, 1143–1194) angeführten Auflehnung gegen die Lehren von Chu Hsi, unternommen wurden. Diese Versuche spielen auch in der (vergeblichen) Reformbewegung des 19. Jhs. eine Rolle, die bei K'ang Yu-wei und T'an Szu-t'ung [Tan Sitong] (1865–1898), den an der ›Lehre vom Geist-Herz‹ orientierten führenden Köpfen, gegen das unkontrollierte Eindringen westlichen Gedankengutes gerichtet war. In allen Phasen des K. blieb das höchste Gut der durch Schicklichkeit (li) in seiner sozialen Dimension sichtbaren

Menschlichkeit (jen [ren]), verkörpert in einem ›Edlen‹ oder ›Gentleman‹ (chün-tzu [junzi]) durch Befolgen insbes. der Tugenden der Loyalität (chung [zhong]), der Rechtschaffenheit (i [yi]), der Rücksichtnahme (shu), des Respekts (ching [jing]) und der Aufrichtigkeit (hsin [xin]) Grundlage der konfuzianischen Ethik. Ihren alltäglichen Ausdruck findet diese Ethik in der Anerkennung der fünf moralisch fundamentalen, stets auf der Grundlage der Gegenseitigkeit verstandenen Beziehungen: Sie bestehen zwischen Herrscher und Staatsdiener, Vater und Sohn, älterem und jüngerem Bruder, Ehemann und Ehefrau, Freund und Freund. In ihnen dokumentiert sich die in der chinesischen Gesellschaft zentrale Rolle der Familie, die stets auch als Modell für den Staatsverband genommen wurde. Pietät und Verehrung des Hergebrachten ist von daher Grundzug des K., dessen konservative, Neuerungen selten aufgeschlossen gegenüberstehende Haltung auch die Gegnerschaft erklärt, die der K. im kommunistischen China erfahren hat.

Der K. hat nicht nur die Philosophie im engeren Sinne in China (und anderen ostasiatischen Ländern wie Korea, Japan und Vietnam) über lange Strecken geprägt. Als verbindlicher (und nahezu einziger) Prüfungsstoff der für die Beamtenlaufbahn vorgeschriebenen Staatsprüfungen war er von ungeheurem Einfluß auf das gesamte Geistesleben. In Europa setzte, vermittelt durch die Jesuitenmissionare, im 16. und 17. Jh. eine Rezeption insbes. der konfuzianischen Ethik ein, die in der Aufklärung als bewundertes System einer nicht offenbarungsgeleiteten Moralphilosophie galt (G. W. Leibniz, Voltaire, C. Wolff).

Literatur: R. T. Ames, Confucianism. Confucius (Kongzi, K'ung Tzu), in: A. S. Cua (ed.), Encyclopedia of Chinese Philosophy, New York/London 2003, 58–64; W. T. de Bary (ed.), The Unfolding of Neo-Confucianism, New York 1975; A. Cavin, Le Confucianisme, Paris/Levallois-Perret/Genf, Paris 1968, Genf 1969 (dt. Der K., Genf 1973, Stuttgart 1985); C. Chang, The Development of Neo-Confucian Thought, I–II, New York 1957 (repr. Westport Conn. 1977)/1962, in 1 Bd., New Haven Conn. 1963; C.-Y. Cheng, New Dimensions of Confucian and Neo-Confucian Philosophy, Albany N. Y. 1991; ders., Confucianism. Twentieth Century, in: A. S. Cua (ed.), Encyclopedia of Chinese Philosophy [s. o.], 160–172; J. Ching, To Acquire Wisdom. The Way of Wang Yang-ming, New York/London 1976; H. G. Creel, Chinese Thought. From Confucius to Mao Tse-tung, Chicago Ill., New York 1953, London 1954, 1962, Chicago Ill. 1975 (franz. La pensée Chinoise de Confucius à Mao Tseu-Tong, Paris 1955); A. S. Cua, Confucian Philosophy, Chinese, REP II (1998), 536–549; H. van Ess, Der K., München 2003; A. Forke, Geschichte der alten chinesischen Philosophie, Hamburg 1927, ²1964; ders., Geschichte der mittelalterlichen chinesischen Philosophie, Hamburg 1934, ²1964; ders., Geschichte der neueren chinesischen Philosophie, Hamburg 1938, ²1964; P.-J. Fu, Confucianism. Constructs of Classical Thought, in: A. S. Cua (ed.), Encyclopedia of Chinese Philosophy [s. o.], 64–69; Y.-L. Fung, A History of Chinese Philosophy, I–II, Peking, London, Princeton N. J. 1937, Princeton N. J. 1952/1953, Delhi 1994; P. J. Ivanhoe, Neo-Confucian Philosophy, REP VI (1998), 764–776; J. Legge (ed.), The Chinese Classics, I–V, Hong Kong, London 1861–1872, Oxford ²1893–1895, Hong Kong ³1960, Taipeh 1994; W.-C. [W.-J.] Liu, A Short History of Confucian Philosophy, Harmondsworth 1955, Westport Conn. 1979 (franz. La Philosophie de Confucius. Le courant le plus marquant de la pensée chinoise, Paris 1963); T. Lodén, Rediscovering Confucianism. A Major Philosophy of Life in East Asia, Folkestone 2006; R. Moritz, Die Philosophie im alten China, Berlin 1990; ders./M.-H. Lee, Der K.. Ursprünge, Entwicklungen, Perspektiven, Leipzig 1998; B. Mou (ed.), History of Chinese Philosophy, London/New York 2009; D. E. Mungello, Leibniz and Confucianism. The Search for Accord, Honolulu Hawaii 1977; D. S. Nivison, The Ways of Confucianism. Investigations in Chinese Philosophy, Chicago Ill. 1996; W. Ommerborn, Die Einheit der Welt. Die Qi-Theorie des Neo-Konfuzianers Zhang Zai (1020–1077), Amsterdam/Philadelphia Pa. 1996; J. Schickel (ed.), Konfuzius. Materialien zu einer Jahrhundertdebatte, Frankfurt 1976; H. Schleichert, Klassische chinesische Philosophie. Eine Einführung, Frankfurt 1980, ²1990, (mit H. Roetz) ³2009; K. Shimada, Shushi-gaku-to-yōmei-gaku [Einheitssachtitel], Tokio 1967, ²1976 (dt. Die neokonfuzianische Philosophie. Die Schulrichtungen Chu Hsis und Wang Yang-mings, Hamburg 1979, Berlin ²1987); E. Slingerland, Classical Confucianism (I). Confucius and the Lun-Yü, in: B. Mou (ed.), History of Chinese Philosophy, London/New York 2009, 107–136; H. C. Tillman, Utilitarian Confucianism. Ch'en Liang's Challenge to Chu Hsi, Cambridge Mass./London 1982; ders., Confucian Discourse and Chu-Hsi's Ascendancy, Honolulu Hawaii 1992; W.-M. Tu, Humanity and Self-Cultivation. Essays in Confucian Thought, Berkeley Calif. 1978, Boston Mass. 1998; A. F. Wright/D. C. Twitchett (eds.), Confucian Personalities, Stanford Calif. 1962; X. Yao, An Introduction to Confucianism, Cambridge etc. 2000 (mit Bibliographie, 287–308). – A Source Book in Chinese Philosophy, ed. u. übers. W.-T. Chan, Princeton N. J. 1963; Die Lehren des Konfuzius. Die vier konfuzianischen Bücher, chines. u. dt., übers. u. erläutert v. R. Wilhelm, mit einem Vorwort v. H. van Ess, Frankfurt o. J. [2008]; weitere Literatur: ↑Konfuzius, ↑Philosophie, chinesische.   K. L.

Konfuzius (im 17. Jh. von Jesuitenmissionaren eingeführte Latinisierung von Kong [Fu] Zi [Meister Kong]), erster chinesischer Philosoph (mit den Vornamen Qiu, Kong Qiu), lebte als Wanderlehrer, kurzzeitig auch als Politiker, zur Zeit des Verfalls der Dynastie Zhou, deren Restauration er anstrebte. Seit der Han-Dynastie (206 v. Chr. – 220 n. Chr.), die den ↑Konfuzianismus praktisch als eine Art Staatsideologie anerkannte (noch 1906 stellte ein Edikt K. den Göttern des Himmels und der Erde gleich), gelten als offizielle Lebensdaten, daß K. 551 v. Chr. im Stadtstaat Lu geboren wurde und dort 479 verstarb. Die biographischen Nachrichten über K. sind nicht unbedingt verläßlich.

K. hat keine Schriften verfaßt; spätere Schüler gaben unter dem Titel »Lun Yü« (= Analecta, Schulgespräche) eine unzusammenhängende Sammlung von kurzen Aussprüchen heraus. Er ist ein konservativer Moral- und Staatsphilosoph. Die Festigung des Staates soll durch die Erhöhung der Moral des einzelnen und der (chinesischen, d. h. autoritär-patriarchalischen, Groß-)Familie erreicht werden. Mittel dafür ist vor allem die sorgfältige Beachtung bzw. Restauration der überlieferten Sitten und Riten. Letztere sind als Ausdruck und zur Bewahrung der großen Tugenden (Elternliebe, d. h. totale Unterwerfung der Kinder unter die Eltern, Wohlwollen, Humanität) gedacht; sie müssen mit der richtigen Gesinnung vollzogen werden. Eine besondere, schon in der Antike umstrittene Rolle spielen dabei die Trauerriten. – Die richtige Regierungsweise erfolgt nicht durch Gesetze oder Strafen, sondern durch das hohe moralische Vorbild des Herrschers. Unter dem Motto ↑›Richtigstellung der Namen (Begriffe)‹ wird die Rückkehr zu den von K. idealisierten Zuständen der Vergangenheit propagiert. Als Idealtyp des Menschen zeichnet K. den ›Edlen‹ oder ›Weisen‹, der die Menschen durch sein konsequentes moralisches Handeln beeindruckt. Der Weise ist nicht an empirischen Kenntnissen um ihrer selbst willen interessiert; diese spielen eine Rolle nur im Zusammenhang mit der Frage nach dem moralisch richtigen Verhalten. – In religiösen Fragen war K. sehr zurückhaltend; er weigerte sich, über Zauberkräfte, Geister oder ein Fortleben nach dem Tode zu sprechen. Die überkommenen Formen volksreligiöser Opferzeremonien achtete er hoch, doch tat er dies ausschließlich wegen deren kulturellem Wert.

Werke: Kungfutse. Gespräche (Lun Yü), ed. u. übers. v. R. Wilhelm, Jena 1910, Neudr. Düsseldorf/Köln 1955, München, Frankfurt 2008; The Analects of Confucius, übers. v. A. Waley, London, New York 1938, London 2005; K'ung Tzu Chia Yü. The School Sayings of Confucius, übers. v. R. P. Kramers, Leiden 1949, 1950; Kungfutse. Schulgespräche (Gia Yü), übers. v. R. Wilhelm, Düsseldorf/Köln 1961, Neuausg. 1981, München 1997; Confucius. The Analects (Lun yü) [engl./chines.], übers. v. D. C. Lau, Harmondsworth etc. 1979, Hongkong ²1992, New York 2000; K.. Gespräche (Lun Yu), ed. u. übers. v. R. Moritz, Leipzig 1982, 1998; K.. Gespräche des Meisters Kung (Lun Yü). Mit der Biographie des Meisters Kung aus den ›Historischen Aufzeichnungen‹, ed. u. übers. v. E. Schwarz, München 1985, 1991; The Analects of Confucius, übers. v. B. Watson, New York 2007.

Literatur: A. Chin, Confucius. A Life of Thought and Politics, New Haven Conn./London 2008; H. G. Creel, Confucius. The Man and the Myth, New York 1949, unter dem Titel: Confucius and the Chinese Way, New York 1960, unter dem Originaltitel: Westport Conn. 1972; R. Dawson, Confucius, Oxford etc. 1981, 1986, Nachdr. in: K. Thomas (ed.), Founders of Faith, Oxford etc. 1986, 1989, 89–179; A. Forke, Geschichte der alten chinesischen Philosophie, Hamburg 1927, ²1964, 99–139; K. Jaspers, Die maßgebenden Menschen. Sokrates, Buddha, K., Jesus, in: ders., Die großen Philosophen I, München 1957, 154–185, separat München 1964, 133–164, 2007, 61–92; D. C. Lau/R. T. Ames, Confucius, REP II (1998), 565–570; W.-C. [W.-J.] Liu, Confucius. His Life and Time, New York 1955, Westport Conn. 1974; R. Moritz, K., RGG IV (⁴2001), 1573–1574; H. Roetz, K., München 1995, ²1998, ³2006; H. Schleichert, Klassische chinesische Philosophie. Eine Einführung, Frankfurt 1980, 21–35, ²1990, 21–56, (mit H. Roetz) ³2009, 17–49; B. W. Van Norden (ed.),

Confucius and the Analects. New Essays. Oxford etc. 2002 (mit Bibliographie, 303–320); R. Wilhelm, Kung-Tse. Leben und Werk, Stuttgart 1925, ²1950.   H. S.

kongruent/Kongruenz (von lat. congruentia, Übereinstimmung), Grundbegriff der ↑Geometrie und der Zahlentheorie. In frühen ›technischen‹ Anwendungen der Geometrie wird K. quasi-empirisch als ›Deckungsgleichheit‹ von Figuren verstanden, im 6. Buch von Euklids »Elementen« als abgeleiteter Begriff aus Größengleichheit und Formgleichheit (↑ähnlich/Ähnlichkeit) eingeführt. Mit dem Ähnlichkeitsbegriff setzt der Euklidische K.begriff bereits eine ausgebildete ↑Proportionenlehre voraus. Im Zusammenhang mit der Deckungsgleichheit (ἐφαρμόζειν-Methode, gemeint ist das Übereinanderlegen bzw. Aufeinanderklappen von Figuren) trat für griechische Geometer die Frage auf, ob es zulässig sei, die K. zweier Figuren durch *Bewegung* in der Ebene, also, nach Platonischer Auffassung, unter Voraussetzung eines empirischen Begriffs, herzustellen.

In der modernen Mathematik wird anstelle des Bewegungsbegriffs ein (mengentheoretischer) Abbildungsbegriff (↑Abbildung) vorausgesetzt: Zwei geometrische Figuren F_1 und F_2 sind k., wenn sie sich durch *Kongruenzabbildungen* ineinander überführen lassen, d. h., ihre Punkte werden derart paarweise einander zugeordnet, daß jeder Strecke bzw. jedem Winkel der einen Figur eine gleich große Strecke bzw. ein gleich großer Winkel der anderen Figur entspricht. K.abbildungen erfüllen die Gruppenaxiome (↑Gruppe (mathematisch)). In der Ebene nennt man zwei Figuren, die durch eine Drehung um einen festen Punkt und/oder durch eine Parallelverschiebung der einen Figur zur Deckung gebracht werden können, *gleichsinnig* k., im Unterschied zu solchen Figuren, die für ihre Deckungsgleichheit ↑Spiegelungen voraussetzen müssen und daher *gegensinnig* k. heißen. So betrachtete I. Kant (Von dem ersten Grunde des Unterschiedes der Gegenden im Raume, 1768) gegensinnig k.e Figuren, um die Existenz absoluter ↑Orientierungen im physikalischen Raum begründen zu können.

Die Bedingungen für die K. von Dreiecken werden in den *Kongruenzsätzen* festgehalten. Da D. Hilbert in seinem Geometrieaufbau K. als axiomatischen Grundbegriff voraussetzt, treten die K.sätze dort als Axiome auf, die unabhängig vom Euklidischen ↑Parallelenaxiom sind, also auch in den ↑nicht-euklidischen Geometrien mit konstanter Krümmung gelten. H. v. Helmholtz hatte bereits die freie Beweglichkeit eines starren Meßkörpers (↑Körper, starrer) als empirische ›Tatsache‹ angenommen, die dem physikalischen Raum zugrunde liegt und seine metrische Struktur bestimmt. Die mathematische Präzisierung der Helmholtzschen Annahme stammt von S. Lie und führte in der ↑Differentialgeometrie zur Klassifizierung der einfachen Lie-Gruppen.

Physikalische Realgeltung erhält die Geometrie nach H. Reichenbach durch eine ↑Zuordnungsdefinition, die der mathematischen K. einen praktisch-starren Meßkörper zuordnet. Für den Minkowski-Raum der Speziellen Relativitätstheorie (↑Relativitätstheorie, spezielle) stellt sich damit das wissenschaftstheoretische Problem, wie die Kontraktion der praktisch-starren Körper bei hoher Geschwindigkeit nahe der Lichtgeschwindigkeit zu interpretieren sei – ob als reale Längenkontraktion physikalischer Körper, die keine Revision der Euklidischen Geometrie erfordert, oder als durch die hohe Geschwindigkeit veränderte geometrische Längenmessung. Während empiristische (↑Empirismus) und konventionalistische (↑Konventionalismus) Richtungen der ↑Wissenschaftstheorie zur (auch von A. Einstein vertretenen) letzteren Interpretation neigen, vertritt P. Lorenzen eine Interpretation ohne Revision der Geometrie (↑Länge). Bei Lorenzen ist K. auch kein Grundbegriff der Geometrie; K. setzt vielmehr als Größengleichheit und Ähnlichkeit von Figuren einen größen- und damit meßunabhängigen Formbegriff voraus, der technisch zu rechtfertigen ist (↑Euklidizität).

In der *Zahlentheorie* heißen zwei ganze Zahlen a und b ›k. modulo einer (natürlichen) Zahl m‹ (symbolisch: $a \equiv b \pmod{m}$), wenn eine der beiden folgenden äquivalenten Bedingungen erfüllt ist: (1) a und b ergeben bei Division durch m den gleichen Rest, (2) $a - b$ ist durch m teilbar. Die zahlentheoretische K.relation ist eine ↑Äquivalenzrelation auf dem kommutativen Ring $\mathbb{Z}$ der ganzen Zahlen (↑Ring (mathematisch), ↑Zahlensystem). Der nach dem Hauptideal (m) gebildete Ring $\mathbb{Z}_m := \mathbb{Z}/(m)$ enthält genau die Restklassen $\bar{n} = \{x \mid x \equiv n \pmod{m}\}$ mit $0 \leq n \leq m - 1$.

Literatur: A. Einstein, The Meaning of Relativity, London 1922, [erw.] mit Untertitel: Including the Relativistic Theory of the Non-Symmetric Field, Princeton N. J. 2005; K. v. Fritz, Die APXAI in der griechischen Mathematik, Arch. Begriffsgesch. 1 (1955), 13–103, Nachdr. in: ders., Grundprobleme der Geschichte der antiken Wissenschaft, Berlin/New York 1971, 335–429; ders., Gleichheit, K. und Ähnlichkeit in der antiken Mathematik bis auf Euklid, Arch. Begriffsgesch. 4 (1959), 7–81, Nachdr. in: ders., Grundprobleme der Geschichte der antiken Wissenschaft [s. o.], 430–508; H. Graebe, K.e Abbildungen, Freiburg/Basel/Wien 1966, ⁴1974; H. v. Helmholtz, Schriften zur Erkenntnistheorie, ed. P. Hertz/M. Schlick, Berlin 1921 (repr. Saarbrücken 2006); P. Lorenzen, Eine konstruktive Theorie der Formen räumlicher Figuren, Zentralbl. Didaktik Math. 9 (1977), 95–99, ferner in: M. Svilar/A. Mercier (eds.), L'Espace/Space. Institut International de Philosophie, Entretiens de Berne, 12–16 Septembre 1976/International Institute of Philosophy, Entretiens in Berne, 12–16 September 1976, Bern/Frankfurt/Las Vegas Nev. 1978, 109–125; K. Mainzer, Geschichte der Geometrie, Mannheim/Wien/Zürich 1980; J. Mittelstraß, Die Entdeckung der Möglichkeit von Wissenschaft, Arch. Hist. Ex. Sci. 2 (1962–1966), 410–435, bes. 414–417, Nachdr. in: ders., Die Möglichkeit von Wissenschaft, Frankfurt 1974, 29–55, 209–221, bes. 33–36; H. Reichenbach, Philosophie der Raum-Zeit-Lehre, Berlin/Leip-

zig 1928, Nachdr. als: ders., Ges. Werke II, ed. A. Kamlah/M. Reichenbach, Braunschweig/Wiesbaden 1977; Á. Szabó, Wie ist die Mathematik zu einer deduktiven Wissenschaft geworden?, Acta Antiqua 4 (1956), 109–152; ders., Die Grundlagen der frühgriechischen Mathematik, Stud. ital. filol. class. 30 (1958), 1–51; ders., ΔΕΙΚΝΥΜΙ, als mathematischer Terminus für ›beweisen‹, Maia. Riv. di letteratura classice NS 10 (1958), 106–131.   K. M.

König, Josef, *Kaiserslautern 24. Februar 1893, †Göttingen 17. März 1974, deutscher Philosoph. 1912–1914 Studium der Philosophie, klassischen Philologie und experimentellen Psychologie in Heidelberg, Marburg, Zürich und München, Unterbrechung durch Kriegsteilnahme; 1919 Fortsetzung des Studiums in Göttingen, dort 1924 Promotion bei G. Misch, 1935 Habilitation in Göttingen, 1946 o. Prof. in Hamburg, 1953 in Göttingen. – In der Dilthey-Tradition stehend war K. in eigenständiger Weise bemüht, das von seinem Lehrer Misch und H. Lipps betriebene Projekt einer hermeneutischen Logik (↑Logik, hermeneutische) im Sinne einer lebensphilosophischen (↑Lebensphilosophie) Begründung der Logik fortzuschreiben. Dabei griff er aber (anders als Misch) auch auf die Ausdrucksformen der modernen formalen Logik (↑Logik, formale) zurück, indem er sich von der traditionellen Subjekt-Prädikat-Struktur des ↑Urteils verabschiedete und die logische Differenz zwischen singularen auf der einen und universalen bzw. partikularen Aussagen auf der anderen Seite betonte. Die ↑partikularen Aussagen bestimmt K. gemäß der modernen ↑Prädikatenlogik (er bezieht sich vornehmlich auf B. Russell, erwähnt aber auch G. Frege) als ↑Existenzaussagen. Bemängelt wird an der traditionellen Logik (↑Logik, traditionelle) insbes., daß singulare und universale Aussagen, der (nacharistotelischen) Schlußlehre folgend gleich behandelt werden (vgl. etwa I. Kants »Logik«, Königsberg 1800, § 21, Anm. 1). Die Differenz ergibt sich dadurch, daß die singulare Aussage funktional als ↑Elementaraussage $f(a)$ und die universale Aussage als allquantifizierte (↑Allquantor) formale ↑Implikation $\bigwedge_x (f(x) \to g(x))$ darzustellen ist. Nach K. muten universale und partikulare Aussagen schon auf Grund ihrer logischen Form wie Sätze eines ›uninteressierten Weltbetrachters‹ an und sind in diesem Sinne ›theoretische Sätze‹ (Der logische Unterschied theoretischer und praktischer Sätze und seine philosophische Bedeutung, 272) Dagegen seien singulare Aussagen in dem Sinne ›praktische Sätze‹ (exemplarisch angeführt werden insbes. situationsbezogene Sätze mit indexikalischen Ausdrücken), als in ihnen »der Einzelne dem Einzelnen *etwas mitteilt*« (a. a. O., 276) und geradezu eine »*Handlung in Gestalt* eines Satzes« ausführt (a. a. O., 280).

Den philosophischen Diskurs versteht K. als kategorialen Diskurs, in dem es um die Explikation *kategorialer* Begriffe geht, wobei er selbst – eine Husserlsche Unterscheidung aufgreifend – von ›modifizierenden‹ Prädikaten im Unterschied zu ›determinierenden‹ Prädikaten spricht (vgl. Sein und Denken, § 1). Ein sich durchhaltender Zug im Denken K.s ist ein ausgeprägtes Bewußtsein dafür, daß philosophisches Denken sich letztlich nicht gegenständlich, sondern nur ›zuständlich‹ (Der Begriff der Intuition, 1), nämlich als eine bestimmte Haltung, charakterisieren läßt. Sätze wie »Das Sehende wird selbst nicht gesehen« (ebd.), die an L. Wittgensteins Diktum erinnern, daß man das Auge nicht sieht (vgl. Tract. 5.633), heben die Problematik des Subjekt-Objekt-Verhältnisses (↑Subjekt-Objekt-Problem) speziell für das philosophische Erkennen und Sprechen hervor. Ähnlich, wie sich für Wittgenstein Philosophie nicht in ›Sätzen‹, sondern in kategorialen ›Erläuterungen‹ (Tract. 4.112) niederschlägt, bestimmt K. ›das Sich-verständlich-Machen-Wollen‹ als die eigentliche Aufgabe der Philosophie (Vorträge und Aufsätze, 25). Aus diesem Ringen um den angemessenen Ausdruck dürfte sich erklären, warum K. selbst relativ wenig publiziert und stärker als Lehrer denn als Autor gewirkt hat. Einige weitere Arbeiten sind inzwischen aus dem Nachlaß veröffentlicht worden.

Werke: Der Begriff der Intuition, Halle 1926 (repr. Hildesheim/New York 1981); Sein und Denken. Studien im Grenzgebiet von Logik, Ontologie und Sprachphilosophie, Halle 1937, Tübingen ²1969; Das spezifische Können der Philosophie als εὖ λέγειν, Bl. dt. Philos. 10 (1937), 129–136, ferner in: Vorträge und Aufsätze [s. u.], 15–26; Das System von Leibniz, in: Redaktion der Hamburgischen Akademischen Rundschau (ed.), Gottfried Wilhelm Leibniz. Vorträge der aus Anlass seines 300. Geburtstages abgehaltenen wissenschaftlichen Tagung, Hamburg 1946, 17–45, erw. in: Vorträge und Aufsätze [s. u.], 27–61; Über einen neuen ontologischen Beweis des Satzes von der Notwendigkeit alles Geschehens, Arch. Philos. 2 (1948), 5–43, ferner in: Vorträge und Aufsätze [s. u.], 62–121; Bemerkungen über den Begriff der Ursache, in: Joachim Jungius-Gesellschaft der Wissenschaften Hamburg (ed.), Das Problem der Gesetzlichkeit I, Hamburg 1949, 25–120, separat Hamburg 1949, ferner in: Vorträge und Aufsätze [s. u.], 122–255; Die Natur der ästhetischen Wirkung, in: K. Ziegler (ed.), Wesen und Wirklichkeit des Menschen. Festschrift für Helmuth Plessner, Göttingen 1957, 283–332, ferner in: Vorträge und Aufsätze [s. u.], 256–337; Einige Bemerkungen über den formalen Charakter des Unterschieds von Ding und Eigenschaft, in: E. Fries (ed.), Festschrift für Joseph Klein zum 70. Geburtstag, Göttingen 1967, 11–31, ferner in: Vorträge und Aufsätze [s. u.], 338–367; Georg Misch als Philosoph, Nachr. Akad. Wiss. in Göttingen, philol.-hist. Kl. (1967), 150–243; Vorträge und Aufsätze, ed. G. Patzig, Freiburg/München 1978; Die offene Unbestimmtheit des Heideggerschen Existenzbegriffs (1935), ed. G. van Kerckhoven/H.-U. Lessing, Dilthey-Jb. Philos. Gesch. Geisteswiss. 7 (1990/1991), 279–287; Kleine Schriften, ed. G. Dahms, Freiburg/München 1994; Der logische Unterschied theoretischer und praktischer Sätze und seine philosophische Bedeutung, ed. F. Kümmel, Freiburg/München 1994; Einführung in das Studium des Aristoteles. An Hand einer Interpretation seiner Schrift über die Rhetorik, ed. N. Braun, Freiburg/München 2002; Probleme der

Erkenntnistheorie. Göttinger Colleg im WS 1958/59, ed. G. Dahms, Norderstedt 2004; Überlegungen zur Spiegelmetaphorik. Manuskripte aus dem Nachlass von J. K., in: S. Blasche/M. Gutmann/M. Weingarten (eds.), Repraesentatio Mundi. Bilder als Ausdruck und Aufschluss menschlicher Weltverhältnisse. Historisch-systematische Perspektiven, Bielefeld 2004, 299–333; Denken und Handeln. Aristoteles-Studien zur Logik und Ontologie des Verbums, ed. M. Gutmann/M. Weingarten, Bielefeld 2005 (= Aus dem Nachlass I). – J. K./Helmuth Plessner. Briefwechsel 1923–1933. Mit einem Briefessay von J. K. über Helmuth Plessners »Die Einheit der Sinne«, ed. H.-U. Lessing/A. Mutzenbecher, Freiburg/München 1994.

Literatur: O. F. Bollnow, Über den Begriff der ästhetischen Wirkung bei J. K., Dilthey-Jb. Philos. Gesch. Geisteswiss. 7 (1990/1991), 13–43; H. Delius/G. Patzig (eds.), Argumentationen. Festschrift für J. K., Göttingen 1964; H. H. Holz (ed.), Formbestimmtheiten von Sein und Denken. Aspekte einer dialektischen Logik bei J. K., Köln 1982; J. Jantzen, K., in: J. N. Rümelin (ed.), Philosophie der Gegenwart in Einzeldarstellungen. Von Adorno bis von Wright, Stuttgart 1991, 279–281, ²1999, 358–361; F. Kümmel, J. K.. Versuch einer Würdigung seines Werkes, Dilthey-Jb. Philos. Gesch. Geisteswiss. 7 (1990/1991), 166–208; H.-U. Lessing, Sinn – Sinngebung – Versinnlichung. Zu einigen zentralen philosophischen Problemen im Briefwechsel K. – Plessner, Dilthey-Jb. Philos. Gesch. Geisteswiss. 7 (1990/1991), 209–229; J. N. Mohanty, The Central Distinction in J. K.'s Philosophy, Dilthey-Jb. Philos. Gesch. Geisteswiss. 7 (1990/1991), 230–249; G. Patzig, J. K.. 24.2.1893 – 17. 3. 1974 [Nachruf], Jb. Akad. Wiss. Göttingen 1974, 78–83; ders., K., NDB XII (1980), 344–345; E. Scheibe, Bemerkungen über den Begriff der Ursache, in: H. H. Holz/J. Schickel (eds.), Vom Geist der Naturwissenschaft, Zürich 1969, 105–134; V. Schürmann, »Der Geist ist das Leben der Gemeinde«. Zur Interpretation der Hegelschen Philosophie des Geistes durch J. K., in: D. Losurdo (ed.), Geschichtsphilosophie und Ethik, Frankfurt etc. 1998 (Ann. int. Ges. dialekt. Philos. Societas Hegeliana X), 293–308; ders., Zur Struktur hermeneutischen Sprechens. Eine Bestimmung im Anschluß an J. K., Freiburg/München 1999; ders., Ästhetische Wahrheit und auswählende Resonanz. Versuch über den Gebrauch eines Gleichnisses bei J. K., in: T. Metscher u. a., Mimesis und Ausdruck, Köln 1999, 153–186; M. Weingarten, Die ausnehmende Besonderheit des Spiegelbildes. Bemerkungen zu einer Metapher im Anschluss an K. und Leibniz, in: S. Blasche/M. Gutmann/M. Weingarten (eds.), Repraesentatio Mundi. Bilder als Ausdruck und Aufschluss menschlicher Weltverhältnisse. Historisch-systematische Perspektiven, Bielefeld 2004, 97–108. – K., in: B. Jahn, Biographische Enzyklopädie deutschsprachiger Philosophen, München 2001, 222–223.   G. G.

König (Koenig), Johann Samuel, *Büdingen (Hessen) 1712, †Zuilenstein Beitmerongen (bei Amerongen, Niederlande) 21. Aug. 1757, schweiz. Mathematiker und Physiker. Nach erstem Unterricht bei seinem Vater, einem Berner Professor, Studien in Bern und Lausanne, ab 1730 in Basel (bei Joh. Bernoulli, ab 1731 auch bei J. Hermann und ab 1733 bei D. Bernoulli); Mitstudenten P. L. M. de Maupertuis und A. C. Clairaut. Das durch Hermann geweckte Interesse an der Leibnizschen Philosophie führte K. (1735–1737) zum Studium bei C. Wolff nach Marburg. 1738 Paris, 1739 durch Vermittlung von

Maupertuis einige Monate Beratung der Marquise G. E. Le Tonnelier de Breteuil du Châtelet bei deren französischer Übersetzung von I. Newtons »Principia« in Cirey. Über Paris Rückkehr nach Bern, juristische Tätigkeit. 1744 wegen Unterstützung liberaler Auffassungen Verbannung, Lehrstuhl für Philosophie (1745) und Mathematik (1747) in Franeker (Niederlande) nach Fürsprache A. v. Hallers. 1749 Ritterakademie in Den Haag.

K.s wissenschaftstheoretische Bedeutung resultiert aus seiner Schrift »De universali principio aequilibrii et motus, in vi viva reperto, deque nexu inter vim vivam et actionem, utriusque minimo, dissertatio« (Nova acta eruditorum [1751], 125–135, 162–176). Hier stellt K. einen nach ihm benannten Satz über die kinetische Energie eines Systems von Massenpunkten auf. Von größerer Wirkung war allerdings die in dieser Schrift im Zusammenhang einer Kritik an Maupertuis' Formulierung des ↑Prinzips der kleinsten Wirkung aufgestellte (und vermutlich zutreffende) Behauptung, daß G. W. Leibniz dieses Prinzip bereits (in korrekterer Form) in einem Brief (16.10.1708) an Hermann mitgeteilt habe. Angeheizt unter anderem von Voltaire, entwickelte sich ein Prioritätsstreit, in dem die meisten Gelehrten auf K.s Seite standen. Auf Betreiben von Maupertuis (unterstützt vor allem von L. Euler und Friedrich II.) erklärte jedoch die Berliner Akademie der Wissenschaften 1752 den Brief Leibnizens, den K. nur in Kopie gesehen hatte, als Fälschung.

Werke: Oratio inauguralis de optimis Wolfiana et Newtoniana philosophandi methodis earumque amico consensu, Franeker 1749; De universali principio aequilibrii & motus, in vi viva reperto, deque nexu inter vim vivam & actionem, utriusque minimo, dissertatio, Nova acta eruditorum, Leipzig 1751, 125–135, 162–176; Appel au public du jugement de l'Académie royale de Berlin sur un fragment de lettre de Mr. de Leibnitz, cité par Mr. Koenig, Leiden 1752, ²1753 (um das »Jugement de l'Académie« erw.); Defense de l'appel au public: ou reponse aux lettres concernant le jugement de l'Académie de Berlin, addressée à Mr. de Maupertuis par Mr. Koenig, Leiden 1753; Elemens de geometrie, contenant les six premiers livres d'Euclide, mis dans un nouvel ordre, et à la portée de la jeunesse, ed. M. A. Kuypers, Den Haag 1758, ed. J. J. Blassiere, 1762.

Literatur: S. Bachelard, Les polémiques concernant le principe de moindre action au XVIIIᵉ siècle, Paris 1961; E. A. Fellmann, K., DSB VII (1973), 442–444; ders., K., in: Schweizer Lexikon III, Luzern 1992, 58; J. O. Fleckenstein, Vorwort zu: L. Euler, Opera Omnia, Ser. II, V, Lausanne 1957, XV–XLVI [in diesem Bd. ferner die einschlägigen Streitschriften Eulers sowie XLVIII–L eine »Bibliographie zum Prinzip der kleinsten Aktion« nach P. Brunet]; C. I. Gerhardt, Über die vier Briefe von Leibnitz, die S. K. in dem Appel au public, Leide MDCCLIII, veröffentlicht hat, Sitz.ber. königl. preuß. Akad. Wiss. Berlin 1898, I, 419–427; U. Goldenbaum, Die Bedeutung der öffentlichen Debatte über das »Jugement«, in: H. Hecht (ed.), Pierre Louis Moreau de Maupertuis. Eine Bilanz nach 300 Jahren, Berlin, Baden-Baden 1999; W. Kabitz, Über eine in Gotha aufgefundene Abschrift des von S. K. in seinem Streite mit Maupertuis und der Akademie

veröffentlichten, seinerzeit für unecht erklärten Leibnizbriefes, Sitz.ber. königl.-Preuß. Akad. Wiss. Berlin 1913, II, 632–638; C. Kaulfuss-Diesch, Maupertuisiana, Zentralbl. Bibliothekswesen 39 (1922), 525–546 [mit Abfolge der Veröffentlichungen der Streitschriften]; E. König, 400 Jahre Bernburgerfamilie K., Berner Z. Gesch. u. Heimatkunde 29 (1967), 92–96; A. Masotti, Sul teorema di K., Atti della Pontificia Acad. delle Scienze Nuovi Lincei 85 (1932), 37–42; Maupertuisiana, Hamburg [nach C. Kaulfuss-Diesch tatsächlich Leyden (?)] 1753 (dt. Sammlung aller Streitschriften, die neulich über das vorgebliche Gesetz der Natur, von der kleinsten Kraft in den Wirkungen der Körper, zwischen Hn. Präsidenten von Maupertuis, zu Berlin, Herrn Professor K. in Holland u. a. m. gewechselt worden. Unparteyisch ins Deutsche übersetzet, Leipzig 1753, [erw.] unter dem Titel: Vollständige Sammlung aller Streitschriften [...], ²1753 [enthält unter anderem die Streitschriften von K. und Voltaire]; O. Spiess, Leonhard Euler. Ein Beitrag zur Geistesgeschichte des XVIII. Jahrhunderts, Frauenfeld/Leipzig 1929, 110–144 [Akademische Kämpfe]; I. Szabó, Geschichte der mechanischen Prinzipien und ihrer wichtigsten Anwendungen, Basel/Stuttgart 1976, erw. u. neubearb. ²1979, stark erw. ³1987, 94–100; Voltaire, Histoire du docteur Akakia et du natif de Saint-Malo, Leipzig, 1753, ed. C. Fleischauer, Stud. on Voltaire and Eighteenth Century 30 (1964), 7–145, ed. J. Tuffet, Paris 1967; R. Wolf, Biographien zur Kulturgeschichte der Schweiz II, Zürich 1859, 147–182.   G. W.

Königsberger, Leo, *Posen (heute Poznań) 15. Okt. 1837, †Heidelberg 15. Dez. 1921, dt. Mathematiker. Ab 1857 Studium der Mathematik in Berlin (unter anderem bei K. Weierstraß und E. Kummer), 1860 Promotion zum Dr. phil. bei Weierstraß (Prüfung in Philosophie bei F. A. Trendelenburg). Nach Lehrertätigkeit am Berliner Kadettencorps 1864 a. o. Prof. an der Universität Greifswald, 1866 o. Prof. ebendort. 1869 Prof. in Heidelberg (Freundschaft mit R. W. Bunsen, H. v. Helmholtz und G. R. Kirchhoff), 1875–1877 an der Technischen Hochschule Dresden, danach an der Universität Wien. Von 1884 bis zur Emeritierung 1914 wieder Prof. in Heidelberg; wegen Dozentenmangels bis 1918 weitere Lehrtätigkeit. 1893 Mitglied der Preußischen Akademie der Wissenschaften.

K. leistete in Fortsetzung von Arbeiten Weierstraß' wichtige Beiträge zur Theorie der elliptischen ↑Funktionen sowie zur Analytischen ↑Mechanik und zur ↑Analysis allgemein. In seinen Arbeiten über elliptische und Abelsche Funktionen betont K. das Transformationsproblem und das Abelsche Theorem. In seinen Veröffentlichungen über ↑Differentialgleichungen befaßt er sich hingegen in erster Linie mit deren algebraischen (↑Algebra) Eigenschaften, insbes. dem Begriff der Irreduzibilität (↑irreduzibel/Irreduzibilität). Seit etwa 1895 beschäftigte sich K. mit den allgemeinen Prinzipien der Mechanik und damit zusammenhängenden Problemen der ↑Variationsrechnung, ferner mit Einzelfragen der Analysis und der Algebra. K. verfaßte Biographien von H. v. Helmholtz (I–III, 1902–1903) und C. G. J. Jacobi

(1904). In seinem Vortrag »Die Mathematik eine Gei-
stes- oder Naturwissenschaft?« (1913) vertritt er den
Standpunkt, die ↑Mathematik sei sowohl den ↑Geistes-
wissenschaften als auch den ↑Naturwissenschaften zuzurechnen.

Werke: De motu puncti versus duo fixa centra attracti, Diss.
Berlin 1860; Die Transformation, die Multiplication und die
Modulargleichungen der elliptischen Functionen, Leipzig 1868;
Vorlesungen über die Theorie der elliptischen Functionen.
Nebst einer Einleitung in die allgemeine Functionenlehre, I–II,
Leipzig 1874; Vorlesungen ueber die Theorie der hyperellipti-
schen Integrale, Leipzig 1878; Zur Geschichte der Theorie der
elliptischen Transcendenten in den Jahren 1826–29, Leipzig
1879; Allgemeine Untersuchungen aus der Theorie der Differentialgleichungen, Leipzig 1882 (repr. Saarbrücken 2007); Beweis von der Unmöglichkeit der Existenz eines anderen Functio-
naltheorems als des Abel'schen. Festschrift gewidmet der Universität Heidelberg zu ihrem fünfhundertjährigen Jubiläum,
Berlin 1886; Lehrbuch der Theorie der Differentialgleichungen
mit einer unabhängigen Variabeln, Leipzig 1889; Hermann von
Helmholtz's Untersuchungen über die Grundlagen der Mathematik und Mechanik, Leipzig 1896 (repr. Niederwalluf b. Wiesbaden 1971); Die Principien der Mechanik. Mathematische
Untersuchungen, Leipzig 1901 (repr. Saarbrücken 2007); Hermann von Helmholtz, I–III, Braunschweig 1902–1903 (repr. als:
H. von Helmholtz. Ges. Schriften VII/1–2, Hildesheim/Zürich/
New York 2003), gekürzte Volksausg. in 1 Bd. Braunschweig
1911 (engl. [gekürzt] Hermann von Helmholtz, Oxford 1906,
New York 1965); Carl Gustav Jacob Jacobi. Festschrift zur Feier
der hundertsten Wiederkehr seines Geburtstages, Leipzig 1904;
Über eine Eigenschaft unendlicher Funktionalreihen, Heidelberg
1909 (Sitz.ber. Heidelberger Akad. Wiss., math.-naturwiss. Kl. A
1909, Abh. 2); Über die Beziehungen zwischen den Integralen
linearer Differentialgleichungen, Heidelberg 1910 (Sitz.ber. Heidelberger Akad. Wiss., math.-naturwiss. Kl. A 1910, Abh. 1);
Über Helmholtz's Bruchstück eines Entwurfs betitelt »Naturfor-
scher-Rede«, Heidelberg 1910 (Sitz.ber. Heidelberger Akad.
Wiss., math.-naturwiss. Kl. A 1910, Abh. 14); Die Prinzipien
der Mechanik für eine oder mehrere von den räumlichen Koordinaten und der Zeit abhängige Variable, I–II, Heidelberg
1910/1911 (Sitz.ber. Heidelberger Akad. Wiss., math.-naturwiss.
Kl. A 1910, Abh. 30, 1911, Abh. 17); Zur Erinnerung an Jacob
Friedrich Fries, Heidelberg 1911 (Sitz.ber. Heidelberger Akad.
Wiss., math.-naturwiss. Kl. A 1911, Abh. 9); Zur Integration der
erweiterten Lagrange'schen partiellen Differentialgleichungen
für kinetische Potentiale beliebiger Ordnung von mehreren abhängigen und unabhängigen Variabeln und Erweiterung des
Schwerpunktprinzips, Heidelberg 1911 (Sitz.ber. Heidelberger
Akad. Wiss., math.-naturwiss. Kl. A 1911, Abh. 33); Das Prinzip
der verborgenen Bewegung, Heidelberg 1912 (Sitz.ber. Heidelberger Akad. Wiss., math.-naturwiss. Kl. A 1912, Abh. 10); Über
verborgene Bewegung und unvollständige Probleme in der Dynamik wägbarer Massen, Heidelberg 1912 (Sitz.ber. Heidelberger Akad. Wiss., math.-naturwiss. Kl. A 1912, Abh. 18); Die
Mathematik eine Geistes- oder Naturwissenschaft?, Heidelberg
1913 (Sitz.ber. Heidelberger Akad. Wiss., math.-naturwiss. Kl. A
1913, Abh. 8), wiederabgedr. in Jahresber. Dt. Math.ver. 23
(1914), 1–12; Der Abelsche Fundamentalsatz der Integralrechnung, I–II, Heidelberg 1914/1915 (Sitz.ber. Heidelberger Akad.
Wiss., math.-naturwiss. Kl. A 1914, Abh. 9, 1915, Abh. 6); Die
Form algebraischer Integrale linearer Differentialgleichungen

dritter Ordnung, Heidelberg 1915 (Sitz.ber. Heidelberger
Akad. Wiss., math.-naturwiss. Kl. A 1915, Abh. 11); Über die
algebraischen Integrale der erweiterten Riccatischen Differentialgleichung, Heidelberg 1915 (Sitz.ber. Heidelberger Akad.
Wiss., math.-naturwiss. Kl. A 1915, Abh. 12); Kriterien für die
Irreduktibilität einer Klasse homogener linearer Differentialgleichungen, Heidelberg 1916 (Sitz.ber. Heidelberger Akad. Wiss.,
math.-naturwiss. Kl. A 1916, Abh. 5); Über die Hamiltonschen
Differentialgleichungen der Dynamik, I–V, Heidelberg 1916–
1919 (Sitz.ber. Heidelberger Akad. Wiss., math.-naturwiss. Kl.
A 1916, Abh. 12, 1917, Abh. 10, 1918, Abh. 7, 1918, Abh. 17,
1919, Abh. 7); Mein Leben, Heidelberg 1919; Über die Beziehungen zwischen Integralfunktionen algebraischer Differentialgleichungssysteme, Heidelberg 1919 (Sitz.ber. Heidelberger
Akad. Wiss., math.-naturwiss. Kl. A 1919, Abh. 13); Ausdehnung der Abelschen Fundamentalsaetze der Integralrechnung
auf kinetische Potentiale beliebiger Ordnung, Heidelberg 1919
(Sitz.ber. Heidelberger Akad. Wiss., math.-naturwiss. Kl. A
1919, Abh. 17); Über die Integralfunktionen partieller Differentialgleichungen erster Ordnung, Heidelberg 1920 (Sitz.ber. Heidelberger Akad. Wiss., math.-naturwiss. Kl. A 1920, Abh. 8);
Über partielle Differentialgleichungssysteme erster Ordnung,
Heidelberg 1921 (Sitz.ber. Heidelberger Akad. Wiss., math.-
naturwiss. Kl. A 1921, Abh. 2); Über vollständige Integrale
partieller Differentialgleichungen erster Ordnung, Heidelberg
1921 (Sitz.ber. Heidelberger Akad. Wiss., math.-naturwiss. Kl.
A 1921, Abh. 7); Die Erweiterung des Helmholtzschen Prinzips
von der verborgenen Bewegung und den unvollständigen Problemen auf kinetische Potentiale beliebiger Ordnung, Heidelberg 1921 (Sitz.ber. Heidelberger Akad. Wiss., math.-naturwiss.
Kl. A 1921, Abh. 11).

Literatur: K. Bopp, L. K. als Historiker der mathematischen
Wissenschaften, Jahresber. Dt. Math.ver. 33 (1925), 104–112;
W. Burau, DSB VII (1973), 459–460; D. Drüll, K., in: dies.,
Heidelberger Gelehrtenlexikon 1803–1932, Berlin etc. 1986,
145; A. Kipnis, K., in: F. L. Sepaintner (ed.), Badische Biogra-
phien. Neue Folge V, Stuttgart 2005, 151–153; E. Knobloch, K.,
NDB XII (1980), 355–356; G. Mittag-Leffler (ed.), Briefe von K.
Weierstraß an L. K., Acta math. 39 (1923), 226–239; A. Prings-
heim [Nekrolog, K.], Jb. Bayer. Akad. Wiss. 1921, 45–49.   C. B.

Königsche Antinomie, auch: Zermelo-Königsche Antinomie (engl. Zermelo-König paradox), eine 1905 von
dem österr.-ungar. Mathematiker J. König (1849–1913)
konstruierte, der ↑Richardschen Antinomie verwandte
semantische Antinomie (↑Antinomien, semantische).
E sei die Menge aller reellen Zahlen, für die sich Bezeichnungen (›Namen‹) aus einem endlichen ↑Alphabet angeben lassen. Da diese Menge abzählbar (↑abzählbar/Ab-
zählbarkeit) ist, die Gesamtheit ℝ der reellen Zahlen sich
aber nicht abzählen läßt, ist das Komplement E^* von E
(also die Menge der *nicht* endlich definierbaren [↑defi-
nierbar/Definierbarkeit] reellen Zahlen) nicht leer und
nicht abzählbar. Eine ↑Wohlordnung w von ℝ würde
auch E^* wohlordnen und dadurch ein erstes Element
von E^* auszeichnen, das damit als Element von E^* nicht
endlich definierbar, zugleich aber durch die Kennzeichnung ›das bei der Wohlordnung w kleinste Element von
E^*‹ mit endlich vielen Buchstaben definiert wäre.

König, der bereits 1904 auf dem III. Internationalen Mathematiker-Kongreß in Heidelberg die Wohlordenbarkeit von ℝ (und damit G. Cantors Vermutung der Wohlordenbarkeit jeder Menge überhaupt) zu widerlegen versucht hatte (was E. Zermelo zum ersten seiner Beweise für den heute nach ihm benannten Wohlordnungssatz veranlaßt haben soll), deutete die von ihm gefundene Antinomie als weitere Widerlegung der Wohlordenbarkeit der reellen Zahlen. Die ganz ohne Bezug auf den Begriff der Wohlordnung formulierte Antinomie von J. Richard legt jedoch nahe (ohne daß man dazu den Wohlordnungssatz zu akzeptieren braucht), den Grund der Antinomie in einer unzureichenden Fassung des Begriffs der endlichen Definierbarkeit zu suchen. In der Tat enthielte die oben angegebene Kennzeichnung, sobald man die endliche Definierbarkeit auf ein jeweils fest vorgegebenes Alphabet bezieht, eine imprädikative (↑imprädikativ/Imprädikativität) Bezugnahme. – Über die (erhebliche) methodologische Bedeutung der K.n A. für die Entwicklung der ↑Mengenlehre und die logische Semantik (↑Semantik, logische) geben außer den autobiographischen Aufzeichnungen von G. Kowalewski (1950) die Diskussion zwischen P. E. B. Jourdain und B. Russell (vgl. I. Grattan-Guinness 1977) sowie F. Bernstein (1905) und A. Schoenflies (1922, 1928) Aufschluß.

Literatur: F. Bernstein, Zum Kontinuumproblem, Math. Ann. 60 (1905), 463–464; A. Cantini, Paradoxes and Contemporary Logic, SEP (2007) (Chap. 2.5 Around 1905. Difficulties Arising from Definability and the Continuum); I. Grattan-Guinness, Dear Russell – Dear Jourdain. A Commentary on Russell's Logic. Based on His Correspondence with Philip Jourdain, London, New York 1977; J. König, Zum Kontinuum-Problem, in: A. Krazer (ed.), Verhandlungen des Dritten Internationalen Mathematiker-Kongresses in Heidelberg vom 8. bis 13. August 1904, Leipzig 1905, Nendeln 1967, 144–147, ferner in: Math. Ann. 60 (1905), 177–180; ders., Über die Grundlagen der Mengenlehre und das Kontinuumproblem, Math. Ann. 61 (1905), 156–160 (engl. On the Foundations of Set Theory and the Continuum Problem, in: J. van Heijenoort [ed.], From Frege to Gödel. A Source Book in Mathematical Logic, 1879–1931, Cambridge Mass. 1967, 2002, 145–149); G. Kowalewski, Bestand und Wandel. Meine Lebenserinnerungen. Zugleich ein Beitrag zur neueren Geschichte der Mathematik, München 1950, 201–203; A. Schoenflies, Zur Erinnerung an Georg Cantor, Jahresber. Dt. Math.ver. 31 (1922), 97–106, bes. 100; ders., Georg Cantor, Mitteldeutsche Lebensbilder III, Magdeburg 1928, 548–563, bes. 560–561. C. T.

Konjugat, ↑Konjunktion.

Konjunktion

Konjunktion (aus lat. coniunctio, Verbindung; engl. conjunction), Bezeichnung für eine logische Zusammensetzung zweier ↑Aussagen mit dem ↑Konjunktor (↑Junktor), der im Deutschen annähernd von ›und‹, aber auch von ›sowohl ... als auch‹ vertreten wird (Zeichen: ∧, auch: &). In älteren Publikationen, als unter

dem Titel ↑›Algebra der Logik‹ gewisse Analogien formaler Eigenschaften logischer Verknüpfungen (von Aussagen, wobei deren ›Gleichheit‹ als Gleichwertigkeit im Sinne von ›gleicher ↑Wahrheitswert‹ zu verstehen ist) mit Eigenschaften arithmetischer Operationen (mit Zahlen) im Vordergrund standen (wirkungsgeschichtlich zentral in den Arbeiten von G. Boole) – die Distributivität (↑distributiv/Distributivität) der arithmetischen Multiplikation gegenüber der Addition $(a(b + c) = ab + ac)$ hat ihre Entsprechung in der Distributivität des Konjunktors ›et‹, des logischen ›und‹, gegenüber dem ↑Adjunktor ›vel‹, dem logischen ›oder‹ $(a ∧ (b ∨ c) = (a ∧ b) ∨ (a ∧ c))$ –, wird die logisch zu verstehende K., um sie besser vom bloß grammatischen Verständnis der Verknüpfung mit ›und‹ unterscheiden zu können, deshalb oft als ›logisches Produkt‹ (↑Produkt (logisch)), i.e. das Resultat einer ›logischen Multiplikation‹ (↑Multiplikation (logisch)), bezeichnet, dem die ›logische Summe‹, i.e. das Resultat einer ›logischen Addition‹, für die Adjunktion gegenübersteht. Entsprechend dann auch die arithmetischen Operationszeichen, ›·‹ (oder ›.‹ oder bloßes Aneinanderfügen) und ›+‹, für K. und Adjunktion bzw. auch für die vom ›ausschließenden oder‹, also ›entweder ... oder‹ bzw. ›aut ... aut‹, gebildete ↑Disjunktion.

Als ›unendliche‹ oder ›Großkonjunktion‹ (Zeichen: ⋀) wird die Zusammensetzung aller Aussagen einer ↑Aussageform mit der logischen Partikel (↑Partikel, logische) ›alle‹ bezeichnet (↑Allquantor). Neben ›K.‹ wird auch ›Konjugat‹ für das Resultat der jeweiligen Zusammensetzung gebraucht. In der antiken ↑Grammatik war K. (*coniunctio*) ursprünglich jede in der Rede auftretende von Nomen und Verbum verschiedene Wortart, bei Dionysios Thrax nur noch eine unter acht voneinander unterschiedenen Wortarten (neben Nomen und Verbum noch Partizip, Pronomen, Präposition, Adverb und Interjektion [anstelle von Artikel im Griechischen]). Gegenwärtig wird ›K.‹ grammatisch vielfach synonym zu ›Satzverknüpfer‹ gebraucht, bedeutet also, wie generell in der ↑Linguistik im Unterschied zur ↑Logik, nicht die Operation des Zusammensetzens von Aussagen oder ihr Resultat, sondern deren sprachliches Hilfsmittel, zu denen dann neben den Junktoren – unter ihnen der Konjunktor – auch beliebige nicht-logische Partikel zur Verbindung von nicht auf Aussagen beschränkten Sätzen gehören.

Literatur: I. M. Bocheński, Précis de logique mathématique, Bussum 1948, bes. 18 (dt. Grundriß der Logistik, übers., bearb. u. erw. A. Menne, Paderborn 1954, bes. 25); T. G. Bucher, Einführung in die angewandte Logik, Berlin/New York 1987, bes. 48–52, 60–62, ²1998, bes. 51–52, 65–66; J. Dopp, Leçons de logique formelle II, Louvain 1950; A. Menne, K., Hist. Wb. Ph. IV (1976), 966–967; W. V. O. Quine, Methods of Logic, New York 1950, bes. 1–7, Cambridge Mass. ⁴1982, bes. 9–16 (dt. Grundzüge der Logik, Frankfurt 1969, 1988, bes. 25–33). K. L.

Konjunktor, Bezeichnung für das sprachliche Hilfsmittel zur Bildung einer logischen Verknüpfung zweier ↑Aussagen zu einer (logisch) zusammengesetzten Aussage, d. h. einer Aussage, deren Sinn allein durch den Sinn ihrer beiden Teilaussagen und nichts sonst bestimmt ist, und zwar derjenigen, die im Deutschen annähernd von der grammatischen Konjunktion ›und‹ zur Verbindung zweier Aussagesätze bewerkstelligt wird, dem ↑Junktor ›und‹ (Zeichen: ∧, gelesen: et) zur Herstellung der (logischen) ↑Konjunktion zweier Aussagen. Z. B. gehört zum Sinn von ›Paul ist gefallen *und* Paul weint‹ für den Fall, daß ›und‹ hier für den K. steht, nicht die Verursachung des Weinens durch das Hinfallen, schon deshalb nicht, weil auch die Reihenfolge der beiden Teilsätze bei einer Zusammensetzung mit dem K. für den Sinn der Konjunktion keine Rolle spielt. Anders im Falle der (grammatisch) zusammengesetzten Aussage ›Paul ist gefallen *und deshalb* weint Paul‹. Hier sollte in logischer Analyse (↑Analyse, logische) statt von einer (logisch) zusammengesetzten Aussage (logisch erster Stufe, ↑Objektaussage) von einer (logisch) einfachen Aussage logisch zweiter Stufe (↑Metaaussage) geredet werden, nämlich einer (zweistelligen) Aussage *über* die beiden Teilaussagen, mit der eine (von ›deshalb‹ artikulierte) *Begründung* der zweiten Teilaussage durch die erste (behauptend) ausgesagt wird, wobei die Geltung beider Teilaussagen unterstellt ist. Allerdings ließe sich auch vertreten, daß *sowohl* die Metaaussage einer Begründung *als auch* die Objektaussage ›Paul ist gefallen‹ und damit eine komplexe Konjunktion (›sowohl ... als auch‹ spielt ebenfalls die Rolle des K.s!) behauptet werden, so daß aufgrund des Sinnes von ›begründen‹ eine Behauptung auch von ›Paul weint‹ überflüssig ist.
Um den Sinn des K.s ↑synkategorematisch durch den gemeinsamen Kern des Sinnes der mit seiner Hilfe erzeugten (logischen) Konjunktionen zu bestimmen, wird üblicherweise auf die ↑Wahrheitsbedingungen einer Konjunktion $A \wedge B$ und damit auf die Wertdefinitheit (↑wertdefinit/Wertdefinitheit) der beteiligten Aussagen zurückgegriffen, wie sie in einer ↑Wahrheitstafel angegeben werden kann, die gleichwertig mit dem folgenden Regelsystem ist:

$$A \; \varepsilon \; \text{wahr}; \; B \; \varepsilon \; \text{wahr} \; \Rightarrow \; (A \wedge B) \; \varepsilon \; \text{wahr}$$
$$A \; \varepsilon \; \text{falsch} \; \Rightarrow \; (A \wedge B) \; \varepsilon \; \text{falsch}$$
$$B \; \varepsilon \; \text{falsch} \; \Rightarrow \; (A \wedge B) \; \varepsilon \; \text{falsch}$$

Das Semikolon zwischen den Prämissen der ersten Regel ist dabei ebenso wie der Regelpfeil operativ, nämlich handlungspraktisch, zu lesen als ›praktisches »und«‹ bzw. als ›praktisches »wenn-dann«‹; das Semikolon ist kein metasprachlicher K., vielmehr ein ↑Artikulator für das Nebeneinanderausüben zweier Handlungen. Wohl aber lassen sich die für die Zuschreibung der Wahrheits-

werte zuständigen Sprachhandlungsregeln ihrerseits sprachlich artikulieren und sind dann im Ganzen wie folgt zu lesen: $(A \wedge B)$ ist wahr, wenn A wahr und B wahr ist, in den übrigen Fällen falsch. In diesem Satz gehört der K. ›und‹ zur Metasprache, steht also nicht auf der gleichen (logischen) Stufe wie der objektsprachliche K. ›∧‹ im selben Satz, der sich im übrigen als Aussage *über* die Sprachhandlungsregeln, im Unterschied zu den Sprachhandlungsregeln selbst, nicht für eine (explizite) ↑Definition des K.s (im Bereich der wertdefiniten Aussagen) verwenden läßt, kommt doch der K., wenngleich auf verschiedenen Sprachstufen, sowohl im Definiens als auch im Definiendum vor und ist daher nicht eliminierbar (↑Elimination).
Da die Voraussetzung der Wertdefinitheit den Begriff einer Aussage unangemessen einschränkt, zumal Aussagen auch in nicht wahrheitsbezogenen Modi, wie etwa dem des Erzählens statt dem des Behauptens, auftreten, ist der Sinn des K.s bei einer Zusammensetzung allgemein dialogdefiniter (↑dialogdefinit/Dialogdefinitheit) Aussagen auf eine Weise zu bestimmen, die im besonderen Fall wertdefiniter Aussagen mit der Wahrheitstafel für den K. übereinstimmt (↑Erweiterung). Dies geschieht in der dialogischen Logik (↑Logik, dialogische) durch eine von einer globalen ↑Rahmenregel für die Dialogführung regierten lokalen ↑Partikelregel, nämlich die Angriffs- und Verteidigungsregel für eine Konjunktion:

	Angriff	Verteidigung
$A \wedge B$	1?	A
	2?	B

Damit ist der Sinn einer Konjunktion auf den Sinn ihrer beiden Teilaussagen zurückgeführt und so der K. in allen Fällen als eine logische Partikel wohlbestimmt.   K.L.

Konklusion (lat. conclusio, Schluß), in der Logik die in einem logischen ↑Schluß aus Aussagen, den ↑Prämissen, erschlossene Aussage (in der traditionellen Logik dafür auch ›conclusum‹ [= Schlußurteil], wenn der Unterschied zum gesamten Schluß, der ›conclusio‹, hervorgehoben sein soll; bei C. Wolff stehen ›conclusio‹ und ›illatio‹ [= Inferenz] anstelle von ›conclusum‹ und ›conclusio‹). Die K. ist eine logische ↑Folgerung aus den Prämissen. Daher heißen die Prämissen *Gründe* der K., und die K. heißt eine *Folge* (↑Folge (logisch)) ihrer Prämissen. Da auch das entsprechend plazierte ↑Aussageschema in einer, meist als Bestandteil eines ↑Logikkalküls auftretenden, *Schlußregel* (aus der ein Schluß durch Anwendung der Schlußregel hervorgeht) ›K.‹ genannt wird (z. B. das ›B‹ rechts vom Regelpfeil in der ↑Abtrennungsregel [↑modus ponens] $A, A \rightarrow B \Rightarrow B$), nennt man die rechts vom Regelpfeil einer Kalkülregel aus einem beliebigen ↑Kalkül stehende Figur ebenfalls ›K.‹.

Streng davon zu unterscheiden ist die auch als ↑›Konsequens‹ (*propositio consequens*) bezeichnete Aussage *A* in der ↑Implikation $A_1, \ldots, A_n \prec A$ zwischen Hypothesen (*propositiones antecedentes*) $A_1, \ldots, A_n$ und einer These *A* (z. B. das implizierte ›*B*‹ in der Implikation $A, A \rightarrow B \prec B$). K. L.

konkret (von lat. concrescere, zusammenwachsen [Partizip: concretus, zusammengewachsen]), steht im Gegensatz zu ↑›abstrakt‹ und wird daher von Gegenständen ebenfalls in zweierlei Bedeutung ausgesagt, einer absoluten und einer relativen. Im *absoluten* Sinne heißen Gegenstände k., wenn sie den Sinnen (↑Sinn, ↑Sinnlichkeit) und nicht nur dem ↑Denken zugänglich sind, man sich also auf einen praktisch-tätigen und nicht nur auf einen theoretisch-betrachtenden Umgang mit ihnen berufen kann; dabei ist von realen Gegenständen, insbes. von Individuen (↑Individuum), unterstellt, daß sie sinnlich in ihrer ganzen anschaulichen Komplexität gegeben, gedanklich hingegen nur in einzelnen begrifflichen Bestimmungen erfaßt sind, und zwar unabhängig davon, daß sie im vorneuzeitlichen Sprachgebrauch, Aristoteles folgend, als bereits zusammengesetzt aus ↑Stoff und ↑Form gelten.

Gegenstände heißen im *relativen* Sinne k., wenn sie durch ↑Konkretion aus einem Grundbereich von Gegenständen hervorgehen, die daraufhin ihnen gegenüber als abstrakt gelten und daher auch umgekehrt durch einen Prozeß der ↑Abstraktion aus dem neuerzeugten Bereich als Grundbereich zurückgewonnen werden können; z. B. die k.en (vier) Jahreszeiten eines Jahres relativ zu den vier Jahreszeiten (›im allgemeinen‹) oder die k.en (zeitlichen) Lebensabschnitte eines einzelnen Menschen, seien es in grober Einteilung etwa die durch ›Kindheit‹, ›Jugend‹ und ›Alter‹ artikulierten, oder in einer feineren, etwa seiner Tagesabschnitte, relativ zu denen dann ein einzelner Mensch – k. ist er ein Ganzes aus seinen wie immer gearteten Teilen (↑Teil und Ganzes) – als abstrakt aufzufassen ist. Daneben gibt es einen ebenfalls relativen, in der Regel umgangssprachlichen Gebrauch von ›k.‹ und ›k.isieren‹, der wiederum auf Sprachhandlungen bezogen ist und anschauliches, insbes. an Beispielen orientiertes Reden – ›k.isieren‹ bedeutet dann oft soviel wie ›spezifizieren‹ (↑Spezifizierung) – im Unterschied zu eher allgemein bleibendem Reden meint, z. B. ›k.er Vorschlag‹ oder ›auf Euro und Cent k.isierte Forderung‹.

Das Begriffspaar ›k.‹/›abstrakt‹ spielt in der Philosophie G. W. F. Hegels eine dominierende Rolle, insofern jede durch ›Aufheben‹ (↑aufheben/Aufhebung) ihrer beiden ›abstrakten‹ Gegensätze gebildete Kategorie (relativ) ›k.‹ heißt, z. B. ›Werden‹ gegenüber ›Sein‹ und ›Nichts‹; die oberste absolut k.e Kategorie ist die Welt im Ganzen, die ›k.e Totalität‹, auszuschöpfen durch die Summe ihrer allgemeinen (abstrakten) Bestimmungen. Der Hegelsche Gebrauch von ›k.‹/›abstrakt‹, der es erlaubt, dem ›abstrakt Allgemeinen‹, nämlich jeweils den beiden Polen eines dialektischen Gegensatzes, auch ›k. Allgemeines‹ (engl. concrete universal) als etwas ›Besonderes‹ (↑Besonderheit) und zugleich individuell Organisiertes (↑Individualbegriff), nämlich in der Aufhebung des Gegensatzes, gegenüberzustellen, ist im ↑Marxismus erhalten geblieben, allerdings dort häufig mit einem polemischen, durch eine irreführende Verschmelzung mit dem Begriffspaar ›praktisch‹/›theoretisch‹ zustandegekommenen Akzent, etwa wenn das wirkliche Leben, die *konkrete Praxis*, gegen die bloßen Gedanken darüber, die *abstrakte Theorie*, ausgespielt wird.

Literatur: D. Claessens, Das K.e und das Abstrakte. Soziologische Skizzen zur Anthropologie, Frankfurt 1980, 1993; N. Goodman, The Structure of Appearance, Cambridge Mass. 1951, Dordrecht/Boston Mass. ³1977; D. A. Kaufman, Composite Objects and the Abstract/Concrete Distinction, J. Philos. Res. 27 (2002), 215–238; P. V. Kopnin, Abstraktnoe i konkretnoe [Das Abstrakte und das K.e], in: M. M. Rosental/G. M. Schtraks (eds.), Kategorii materialističeskoj dialektiki, Moskau 1956, 324–351 (dt. Abstraktes und Konkretes, in: M. M. Rosental/G. M. Schtraks [eds.], Kategorien der materialistischen Dialektik, Berlin 1959, 1960, 360–390); K. Kosik, Dialektika konkrétního. Studie o problematice člověka a světa, Prag 1963, 1966 (dt. Die Dialektik des K.en. Eine Studie zur Problematik des Menschen und der Welt, Frankfurt 1967, 1986; engl. Dialectics of the Concrete. A Study on Problems of Man and World, Dordrecht/Boston Mass. 1976); G. Quaas, Die Kategorien des Abstrakten und K.en im Kontext der Methodenproblematik bei Marx, Dt. Z. Philos. 31 (1983), 428–439; K. L. Schmitz, Created Receptivity and the Philosophy of the Concrete, Thomist 61 (1997), 339–371; J. de Vries, Die Erkenntnistheorie des dialektischen Materialismus, München/Salzburg/Köln 1958. K. L.

Konkretion (von lat. concrescere, zusammenwachsen), in Logik und Wissenschaftstheorie Bezeichnung für die zur ↑Abstraktion (↑abstrakt) duale (↑dual/Dualität) Operation, also die Überführung eines Bereichs von Gegenständen $N, M, \ldots$ in einen Bereich von Gegenständen $n_1, m_1, n_2, m_2, \ldots$ durch eine gleichartige ↑Zerlegung jedes Gegenstandes des Ursprungsbereichs in einen eigenen Gegenstandsbereich, und zwar derart, daß erstere zu Typen und letztere jeweils zu Instanzen dieser Typen werden, also *N* zum Typ der Einzelfälle $n_1, n_2, \ldots$, *M* zum Typ der Einzelfälle $m_1, m_2, \ldots$, usw. (↑type and token). Beispiele: der Übergang von den Zahlen zu den Ziffern – die Zahlen heißen dann ›abstrakt‹ und die Ziffern ↑›konkret‹ – oder der Übergang von einzelnen Menschen etwa zu ihren Lebensphasen – Kindheit, Jugend, Reifezeit, Alter, oder auch feiner zerlegt –, denen gegenüber ein einzelner Mensch dann ein ›abstrakter‹, d. h. ein durch Abstraktion aus den Phasen gewonnener, Gegenstand ist. Von der K. ist die ↑Partition (↑Teil und Ganzes) zu unterscheiden, d. h. die Zerlegung eines Gegenstandes *N* in Teile $n_1, n_2, \ldots$ derart, daß *N* das Ganze aus diesen Teilen ist (↑Individuum),

z. B. ein einzelner Mensch (während einer Zeit) hinsichtlich seines ›Körpers‹ das Ganze aller seiner Zellen oder aller seiner Moleküle (während dieser Zeit) oder hinsichtlich seiner ›Seele‹ das Ganze aller seiner einzelnen Handlungen (während dieser Zeit). Die K. führt zu Gegenständen niedrigerer logischer Stufe, die Partition hingegen zu Gegenständen derselben logischen Stufe.

Literatur: J. Proust, Abstraction et concrétisation, in: M. Dascal u. a. (eds.), Sprachphilosophie/Philosophy of Language/La philosophie du langage. Ein internationales Handbuch zeitgenössischer Forschung II, Berlin/New York 1996 (Handbücher zur Sprach- und Kommunikationswissenschaft VII/2), 1198–1210. K. L.

Konkretum, Bezeichnung für einen ↑konkreten, sinnlich gegebenen Gegenstand, z. B. (einen Bereich von) Wasser, insbes. aber für ein ↑Individuum im engeren Sinne, das keinen Gegenstand seines eigenen Typs zu seinen Teilen zählt (↑Teil und Ganzes), in der Grammatik auch für einen Prädikator für einen konkreten Gegenstandsbereich, z. B. ›Haus‹ oder ›Obst‹ im Unterschied zu einem grammatischen ↑Abstraktum, z. B. ›Zahl‹ oder ›Tugend‹. K. L.

Konnektionismus, in den ↑Kognitionswissenschaften und der Philosophie des Geistes (↑philosophy of mind) Oberbegriff für Ansätze, die Repräsentation und die Verarbeitung von Wissen und Information nach dem Modell eines künstlichen neuronalen Netzwerks zu verstehen. Während klassische von der Computermetapher geprägte Ansätze kognitive Prozesse als Ablauf von Software auf einer Hardware im Sinne des J. v. Neumannschen Computermodells auffassen, bei der seriell Instruktionen ausgeführt werden, geht der K. davon aus, daß kleinste Prozessoren, die massiv parallel verschaltet sind, durch Interaktion mit der Umwelt sowie durch Interaktion untereinander das beobachtbare Ein- und Ausgabeverhalten des Gesamtrechners erzeugen. Diese kleinsten Prozessoren entsprechen Neuronen des Gehirns, deren Verknüpfungen der Verknüpfung von Neuronen vermittelst Synapsen. Die Knoten eines solchen Rechners beherrschen nur elementare Operationen wie z. B. gewichtete Summationen und Schwellenwertbildung. Ferner werden sie durch kein äußeres Programm gesteuert. Die Evolution des gesamten Systems basiert vielmehr auf bestimmten Lernalgorithmen, die je nach Architektur des Netzwerks sehr unterschiedlich sein können (z. B. überwachtes Lernen oder Selbstorganisation).

Die Idee künstlicher neuronaler Netze geht schon auf A. Turing zurück. Systematisch werden diese in der Künstliche-Intelligenz-Forschung (↑Intelligenz, künstliche), aufbauend auf fundamentalen Ideen und Arbeiten von W. McCulloch, W. Pitts, D. O. Hebb, M. Minsky, S.

Papert und anderen, seit den 1980er Jahren angewendet, wobei eine Vielzahl von Netzarchitekturen mit zusammenhängenden Lernalgorithmen entwickelt wurden. Während bei klassischen Architekturen Prozesse als Verarbeitung von ↑binären Worten verstanden werden können, verändern sich bei künstlichen neuronalen Netzen die (in der Regel durch analoge Werte beschriebenen) Zustände der Knoten. ↑Information ist nicht nur lokal vorhanden, sondern wesentlich über eine Vielzahl von Knoten verteilt; jedenfalls lassen sich geeignete Verteilungen von Knotenzuständen als Repräsentation von Information verstehen. Die Darstellung von Information in klassischen Architekturen wird daher auch als symbolische Repräsentation verstanden, im Gegensatz zur ›subsymbolischen‹ verteilten Repräsentation in neuronalen Netzen.

Die Nähe künstlicher neuronaler Netze zu realen neuronalen Netzen ist umstritten, auch deshalb, weil das Verständnis realer neuronaler Netze und die Weise, wie dort Information repräsentiert wird, noch rudimentär ist. Auch ist man in der Künstliche-Intelligenz-Forschung eher an der ingenieurwissenschaftlichen Fragestellung interessiert, ein für bestimmte Zwecke geeignetes neuronales Netz zu konstruieren, nicht so sehr an der Nähe zur Informationsverarbeitung im Gehirn. Den Kognitionswissenschaften geht es dagegen darum, ein Modell zu gewinnen, das das Funktionieren kognitiver Prozesse im Sinne einer Theorie beschreibt. Hier sieht man in künstlichen neuronalen Netzen einen Ansatz (oder zumindest einen Rahmen für Ansätze), der bestimmten Herausforderungen gerecht wird, bei denen das symbolische Paradigma eher ungeeignet erscheint. Dazu gehörten z. B. Fehlertoleranz beim Räsonieren, die Verarbeitung unscharfer Information, die Verteiltheit von Information auf verschiedene kognitive Systeme. Auf der Gegenseite ergibt sich damit das Problem, diejenigen Prozesse, auf die traditionell der symbolische Ansatz besonders zugeschnitten ist, wie z. B. logisches oder analytisches Räsonieren, mit dem subsymbolisch-neuronalen Ansatz zu verknüpfen. Während neuronale Netze z. B. angemessen sind für manche assoziative Aufgaben, sind sie eher ungeeignet dazu, den Erwerb und die Verwendung eines allgemeinen Regelsystems zu beschreiben. So wie man neuronale Netze mit konventionellen Rechnern simulieren kann, kann man umgekehrt auch geeignete neuronale Netze zur Implementation klassischen symbolischen Schließens entwerfen. Während ingenieurwissenschaftlich beides seinen wohldefinierten Sinn hat, hat sich an diese Problematik seit den 1990er Jahren eine Grundsatzdebatte zur Angemessenheit vs. Unangemessenheit des Modells neuronaler Netze und zum Status subsymbolischer vs. symbolischer Repräsentation und Verarbeitung in der Philosophie des Geistes angeschlossen.

Literatur: W. Bechtel/A. Abrahamsen, Connectionism and the Mind. An Introduction to Parallel Processing in Networks, Cambridge Mass./Oxford 1991, [2]2002; M. R. W. Dawson, Connectionism. A Hands-On Approach, Malden Mass./Oxford 2005; J.-P. Desclés, Connexionnisme, Enc. philos. universelle II/1 (1990), 423–424; J. Garson, Connectionism, SEP 1997, rev. 2007; T. Horgan/J. Tienson (eds.), Connectionism and the Philosophy of Mind, Dordrecht/Boston Mass. 1991; dies., Connectionism and the Philosophy of Psychology, Cambridge Mass./London 1996; G. F. Marcus, The Algebraic Mind. Integrating Connectionism and Cognitive Science, Cambridge Mass./London 2001; B. P. McLaughlin, Connectionism, REP II (1998), 570–579; W. Ramsey/S. P. Stich/D. Rumelhart (eds.), Philosophy and Connectionist Theory, Hillsdale N. J. 1991; J. Sutton, Philosophy and Memory Traces. Descartes to Connectionism, Cambridge 1998, bes. 275–322 (Chap. IV Connectionism and the Philosophy of Memory); weitere Literatur: ↑philosophy of mind.   P. S.

konnex (von lat. connectere, verknüpfen, zusammenhängen), (1) Bezeichnung für eine zweistellige ↑Relation R, wenn generell $xRy \lor yRx$ gilt. Z. B. besteht Konnexität für die Relation $\leq$ (d. h. ›kleiner [oder] gleich‹) im Bereich der natürlichen und reellen Zahlen, weil stets entweder $n \leq m$ oder $m \leq n$ gilt. Eine k.e Ordnungsrelation (↑Ordnung) liefert eine *total* geordnete Menge, d. h. eine Menge, in der je zwei Elemente stets bezüglich der definierten Ordnungsrelation vergleichbar sind. Daneben ist k. (2) Bezeichnung für eine in Anknüpfung an stoische Ideen (↑Logik, stoische) einer *k.en Implikation* (συνάρτησις, vgl. Bocheński 1956, 20.09) entwickelte Logik der strikten Implikation (↑Implikation, strikte), die *k.e Logik* (↑Logik, konnexe), deren moderner Ursprung sich bei H. McColl findet: Zwischen den Aussagen A und B besteht ein ›innerer‹ Zusammenhang, eben *Konnexität*, d. h., A impliziert k. B (in Zeichen bei McColl: $A{:}B$), wenn A mit dem kontradiktorischen (↑kontradiktorisch/Kontradiktion) Gegensatz von B ›unverträglich‹, also die Konjunktion von A und *nicht-B* ›unmöglich‹ ist:

$$A \prec_k B \Leftrightarrow \neg\nabla(A \land \neg B).$$

Schließlich ist k. (3) Schlüsselbegriff in der Kognitionswissenschaft und der Philosophie des Geistes (↑philosophy of mind) für den (subsymbolischen) *Konnektionismus* (mentale Zustände werden als Aktivitätszustände neuronaler Netze verstanden und in struktureller Analogie zum Nervensystem ebenso modelliert, so daß durch ›distributed processing‹, und damit dezentral, ein Aktivitätszustand in einen anderen übergeht), der als Gegenentwurf zu dem durch den Schlüsselbegriff ›mentale Repräsentation‹ (↑Repräsentation, mentale) charakterisierten (symbolischen) *Repräsentationalismus* (mentale Zustände gelten als Symbole für andere, insbes. äußere, Zustände, wobei die zentrale, eventuell auch modularisierte, Symbolverarbeitung nach formal-syntaktischen Regeln die Änderung mentaler Zustände mo-

delliert) entstand. Beide Versionen des ↑Kognitivismus, die mentalistische (↑Mentalismus) im Falle des Repräsentationalismus und die biologistische (↑Hirnforschung) im Falle des Konnektionismus, verstehen sich als besser begründete Alternativen zum ↑Behaviorismus.

Literatur: M. Astroh, Connexive Logic, Nordic J. Philos. Log. 4 (1999), 31–71; W. Bechtel/A. Abrahamsen, Connectionism and the Mind. An Introduction to Parallel Processing in Networks, Malden Mass./Oxford 1991, mit Untertitel: Parallel Processing, Dynamics, and Evolution in Networks, Malden Mass./Oxford [2]2002; J. M. Bocheński, Formale Logik, Freiburg/München 1956, Freiburg [2]1962, 2002 (engl. A History of Formal Logic, Notre Dame Ind. 1961, New York [2]1970); J. A. Fodor/Z. W. Pylyshyn, Connectionism and Cognitive Architecture, Cognition 28 (1988), 3–71.   K. L.

Konnotation (aus lat. con-, mit, und notare, bezeichnen), Terminus der ↑Sprachphilosophie in dreierlei Bedeutung. (1) K.$_1$: *intensionale* (↑intensional/Intension) *Bedeutung* (Intension eines sprachlichen Ausdrucks). Diese Verwendung geht vor allem auf J. S. Mill zurück, der im Anschluß an mittelalterliche Traditionen K. von ↑Denotation unterscheidet. (2) K.$_2$: *sekundäre intensionale Bedeutung* im Unterschied zur primären intensionalen Bedeutung. Die sekundäre ist gegenüber der primären Bedeutung häufig nicht deskriptiv (↑deskriptiv/präskriptiv), sondern *emotiv* (bewertend). Z. B. haben die ↑Prädikatoren ›Roß‹ und ›Klepper‹ die deskriptive primäre Bedeutungskomponente ›Pferd‹ gemeinsam. Der Bedeutungsunterschied kommt erst durch die bewertende sekundäre Bedeutungskomponente zum Tragen. Bei ›Roß‹ ist diese ›stolz‹, also positiv, bei ›Klepper‹ ›klapprig‹, also negativ (pejorativ). Nicht immer läßt sich die K.$_2$ in dieser Weise durch ein einzelnes Wort oder auch einen längeren Ausdruck explizit angeben. Obwohl sie dann einer lexikalischen Eintragung nicht fähig ist, ist sie dennoch als konventionalisierte Bedeutungskomponente einzuordnen. Dies unterscheidet sie von K.$_3$. (3) K.$_3$: *kontextuelle intensionale Bedeutung*, wird vor allem durch so genannte Anspielungen, indirekte Aussagen usw. wahrgenommen. Wenn jemand auf die Frage ›wie finden Sie Frau X?‹ antwortet ›ihr Mann scheint sie sehr zu lieben‹, so liegt die Vermutung nahe, daß der Antwortende seine Abneigung gegen Frau X verstehen geben will. Ob er dies aber wirklich will, hängt vom jeweiligen ↑Kontext ab. – Verstärktes Auftreten von K.en$_2$ und K.en$_3$ ist häufig ein Kennzeichen fiktionaler und nicht-fiktionaler literarischer Texte (↑Fiktion, literarische). Überhaupt eignet sich die Unterscheidung der drei K.sarten zur Klassifikation von Texten.

Literatur: U. Eco, Einführung in die Semiotik, München 1972, 2002, bes. 108–113; E. Eggs/G. Kalivoda, K./Denotation, Hist. Wb. Rhetorik IV (1998), 1242–1256; B. Garza-Cuarón, Connotation and Meaning, Berlin/New York 1991 (mit Bibliographie, 251–267); F. Koppe, Sprache und Bedürfnis. Zur sprachphilosophischen Grundlage der Geisteswissenschaften, Stuttgart-Bad Cannstatt 1977, bes. 93–101 (Kap. III.3 K.); J. Pinborg/G. Gabriel/G. Boehm, K., Hist. Wb. Ph. IV (1976), 975–977; G. Rössler, K.en. Untersuchungen zum Problem der Mit- und Nebenbedeutung, Wiesbaden 1979 (Z. f. Dialektologie u. Linguistik, Beih. NF XXIX); G. Sonesson, Pictorial Concepts. Inquiries into the Semiotic Heritage and Its Relevance to the Interpretation of the Visual World, Lund/Bromley 1989, bes. 179–198 (Chap. II.4 The Classical Theory of Connotation); ders., Denotation and Connotation, in: P. Bouissac (ed.), Encyclopedia of Semiotics, New York/Oxford 1998, 187–189.   G. G.

konnotativ, Bezeichnung für die Nebenbedeutung eines Wortes, die Bedeutungsfärbung. So bedeutet ›Köter‹ primär ›Hund‹, sekundär aber zusätzlich ›struppig‹ oder dergleichen. Anders als das Adjektiv ›k.‹ weist das Substantiv ↑›Konnotation‹ einen unterschiedlichen Gebrauch auf. K.e Bedeutung entspricht Konnotation₂, gelegentlich auch Konnotation₃.   G. G.

Konsens (auch: Konsensus, von lat. consensus, Übereinstimmung), Terminus der ↑Argumentationstheorie und Praktischen Philosophie (↑Philosophie, praktische), spielt in neueren Bemühungen um ein angemessenes Verständnis von Wahrheits- und Begründungskriterien eine hervorgehobene erkenntnistheoretische Rolle (↑Wahrheitstheorien). Gegen die Vorstellung der so genannten *Korrespondenztheorie* – eine ›Korrespondenz‹ zwischen Sätzen bzw. Behauptungen und einer anderweitig zugänglichen Welt oder Wirklichkeit definiere ↑Wahrheit – haben schon der klassische und der neuere ↑Pragmatismus (W. James und J. Dewey bzw. W. Sellars, R. Rorty, R. B. Brandom), die konstruktive Ethik und Wissenschaftstheorie (↑Konstruktivismus, ↑Wissenschaftstheorie, konstruktive) und die Kritische Theorie (↑Theorie, kritische) Einwände erhoben, ebenso auch gegen eine rein konventionalistische (dezisionistische) Begründungsbasis (↑Konventionalismus, ↑Dezisionismus). Diesen Einwänden ist gemeinsam, daß die Rede von Wahrheit auf das Geben und Anerkennen von ↑Gründen bzw. die ↑Rechtfertigung einer Orientierung bezogen wird, am Ende auf eine rational gewinnbare Übereinstimmung all derer, die von einem dieser Orientierung gemäßen Verstehen, Urteilen, Schließen und Handeln betroffen sind. Von einer bloß empirischen (faktischen) Übereinstimmung wird dabei der *rational* gewonnene K. durch gewisse Anforderungen an die Beratungs- bzw. Sprechsituation (J. Habermas) und die Qualität der Gründe unterschieden, gemäß denen der K. zustandekommt (↑Begründung, ↑Dialog, rationaler).
Der Vorschlag, Wahrheitsansprüche durch die Möglichkeit des K. (fast) aller (bzw. aller Vernünftigen) zu begründen, hat eine alte philosophische Tradition. Die Sokratisch-Platonische Aufforderung, Handeln durch eine in vernünftiger Rede konstituierte Gemeinsamkeit

(›Homologie‹) zu begründen (Gorg. 487 e), läßt sich in dieser Richtung ebenso verstehen wie der Rückgriff auf das »von allen oder den meisten oder den Weisen Anerkannte (ἔνδοξα)« bei Aristoteles (Top. A1.100b21–22; vgl. Eth. Nic. K2.1172b36–1173a4), die gemeinsamen Vorstellungen der Menschen (κοιναὶ ἔννοιαι, ↑communes conceptiones) in der ↑Stoa (Chrysippos, SVF II, 154, 29 f.) sowie den consensus omnium bzw. ↑consensus gentium durch M. T. Cicero (de div. I 1, Tusc. I 36). Jedoch wird selten ausreichend diskutiert, ob bzw. in welchen Fällen die herangezogene allgemeine Übereinstimmung wirklich als *Kriterium* der ↑Geltung (etwa von eben damit anerkannten Kriterien der Wahrheit) zu nehmen sei oder bloß als Indiz für die wahrscheinliche Erfüllung vorab schon anerkannter Kriterien.

Literatur: H.-G. Gadamer, Platos dialektische Ethik und andere Studien zur platonischen Philosophie, Hamburg 1968; R. Geiger, Dialektische Tugenden. Untersuchungen zur Gesprächsform in den Platonischen Dialogen, Paderborn 2006 [zu Homologie, 78–131]; M. Gerber, Zur Korrespondenz- und K.theorie der Wahrheit, Z. allg. Wiss.theorie 7 (1976), 39–57; J. Habermas, Wahrheitstheorien, in: H. Fahrenbach (ed.), Wirklichkeit und Reflexion. Walter Schulz zum 60. Geburtstag, Pfullingen 1973, 211–265; O. Höffe, Kritische Überlegungen zur K.theorie der Wahrheit (Habermas), Philos. Jb. 83 (1976), 313–332; K.-H. Ilting, Geltung als K., Neue H. Philos. 10 (1976), 20–50, Nachdr. in: ders., Grundfragen der praktischen Philosophie, ed. P. Becchi/H. Hoppe, Frankfurt 1994, 30–65; P. Janich/F. Kambartel/J. Mittelstraß, Wissenschaftstheorie als Wissenschaftskritik, Frankfurt 1974, 34–40; F. Kambartel (ed.), Praktische Philosophie und konstruktive Wissenschaftstheorie, Frankfurt 1974; ders., Ethik und Mathematik, in: M. Riedel (ed.), Rehabilitierung der praktischen Philosophie I (Geschichte, Probleme, Aufgaben), Freiburg 1972, 489–503, Nachdr. in: F. Kambartel/J. Mittelstraß (eds.), Zum normativen Fundament der Wissenschaft, Frankfurt 1973, 115–130; W. Kamlah/P. Lorenzen, Logische Propädeutik. Vorschule des vernünftigen Redens, Mannheim 1967, 116–149, Mannheim/Wien/Zürich ²1973, Stuttgart/Weimar ³1996, 117–150; H. Keuth, Erkenntnis oder Entscheidung? Die K.theorien der Wahrheit und der Richtigkeit von Jürgen Habermas, Z. allg. Wiss.theorie 10 (1979), 375–393; K. Lehrer/C. Wagner, Rational Consensus in Science and Society. A Philosophical and Mathematical Study, Dordrecht/Boston Mass./London 1981; L. Lipsitz/E. Shils, Consensus, IESS III (1968), 260–271; K. Lorenz, Der dialogische Wahrheitsbegriff, Neue H. Philos. 2/3 (1972), 111–123; T. A. McCarthy, The Critical Theory of Jürgen Habermas, Cambridge Mass., London 1978 (dt. Kritik der Verständigungsverhältnisse. Zur Theorie von Jürgen Habermas, Frankfurt 1980, 1989); K. Oehler, Der Consensus omnium als Kriterium der Wahrheit in der antiken Philosophie und der Patristik, Antike u. Abendland 10 (1961), 103–129, Nachdr. in: ders., Antike Philosophie und Byzantinisches Mittelalter. Aufsätze zur Geschichte des griechischen Denkens, München 1969, 234–271; P. Penner, Das Einvernehmen. Eine phänomenologische K.theorie, Frankfurt/London 2006; P. Prechtel, K.theorie, in: ders./F.-P. Burkard (eds.), Metzler Philosophie Lexikon. Begriffe und Definitionen, Stuttgart/Weimar 1996, 267–268, ²1999, 296–297; N. Rescher, Pluralism. Against the Demand for Consensus, Oxford (etc.) 1993; H. Scheit, Wahrheit, Diskurs, Demokratie. Studien zur ›Konsensustheorie der Wahrheit‹, Freiburg/München 1987; O. Schwemmer, Philosophie der Praxis. Versuch zur Grundlegung einer Lehre vom moralischen Argumentieren in Verbindung mit einer Interpretation der praktischen Philosophie Kants, Frankfurt 1971, 1980; ders., Grundlagen einer normativen Ethik, in: F. Kambartel/J. Mittelstraß (eds.), Zum normativen Fundament der Wissenschaft [s. o.], 159–178, Nachdr. in: F. Kambartel (ed.), Praktische Philosophie und konstruktive Wissenschaftstheorie [s. o.], 73–95; G. Skirbekk (ed.), Wahrheitstheorien. Eine Auswahl aus den Diskussionen über Wahrheit im 20. Jahrhundert, Frankfurt 1977 (mit Bibliographie, 497–502), 2006; P. Stekeler-Weithofer, Der Streit um Wahrheitstheorien, in: M. Dascal u. a. (eds.), Sprachphilosophie/Philosophy of Language/La philosophie du langage. Ein internationales Handbuch zeitgenössischer Forschung II, Berlin/New York 1996 (Handbücher zur Sprach- und Kommunikationswissenschaft VII/2), 989–1012.   F. K./Red.

Konsensustheorie, ↑Wahrheitstheorien.

Konsequens (lat. consequens, angemessen, folgerichtig; participium praesentis von lat. consequi, unmittelbar nachfolgen, [geistig] erfassen; engl. consequent, franz. conséquent), traditionell in einem hypothetischen Urteil (↑Urteil, hypothetisches) ›wenn A, dann B‹ der *Nachsatz* B im Unterschied zum *Vordersatz* A, dem ↑Antezedens; daher in der modernen Logik (↑Logik, formale) die Implikataussage A in einer ↑Implikation $A_1, \ldots, A_n \prec A$. Bei ↑Sequenzen $A_1, \ldots, A_n \parallel B_1, \ldots, B_m$ in einem ↑Sequenzenkalkül bezeichnet man die Folge $B_1, \ldots, B_m$ meist als ↑›Sukzedens‹.   K. L.

Konsequentialismus (von lat. consequentia, die Folge; engl. consequentialism, franz. conséquentialisme), in der ↑Ethik Bezeichnung für solche moralphilosophischen Positionen, die bei der moralischen Qualifizierung von ↑Handlungen wesentlich Bezug nehmen auf die tatsächlichen oder erwartbaren Folgen (Konsequenzen) des Handlungsvollzugs. Die konsequentialistische Handlungsbeurteilung setzt dabei keine Regeln oder Prinzipien voraus, die den Einsatz bestimmter ↑Mittel, das Verfolgen bestimmter ↑Zwecke oder den Vollzug bestimmter ↑Handlungsschemata für erlaubt, verboten oder geboten erklären (↑Ethik, deontologische, ↑Realismus, moralischer). In Entscheidungslagen soll vielmehr immer diejenige Handlung, Handlungsplanung oder Handlungsregel den Vorzug erhalten, deren Befolgung die – nach einem zu unterstellenden Beurteilungsmaßstab und verglichen mit alternativen Optionen – besten Folgen hat (Maximierungsgebot). Für die konsequentialistische Handlungsbeurteilung ist es entsprechend unerheblich, wer mit welcher Absicht eine Handlung vollzieht, über welche Einstellungen und Fähigkeiten er verfügt, ob bestimmte Folgen durch ein Tun oder ein Unterlassen (↑Unterlassung) herbeigeführt werden, ob sie intendiert waren oder sich als nicht-intendierte ↑Nebenfolgen einstellen.

Um mit Blick auf die Handlungsfolgen eine *moralische* und damit ↑*normative* Qualifizierung von Handlungen gewinnen zu können, muß jede konsequentialistische Theorie auf eine vorgängige Bewertung der Handlungsfolgen zurückgreifen (↑Axiologie), die erstens ihrerseits normativ ist (es entstünde sonst ein Sein-Sollen-Fehlschluß [↑Humesches Gesetz]) und zweitens nicht wiederum spezifisch moralisch (es entstünde sonst ein ↑Zirkel). Um schließlich die Handlungsoptionen ihrer moralischen Qualität nach ordnen und diejenige mit den (moralisch) ›besten‹ Folgen identifizieren zu können, muß die vorgängige außermoralische Folgenbewertung drittens gewährleisten, daß die relevanten Folgenmengen aller Option wenigstens paarweise in die Relationen ›besser als‹, ›schlechter als‹ oder ›gleich gut wie‹ geordnet werden können.

Neben gelegentlich vertretenen wertrealistischen Positionen, die die Folgen einer Handlung ihrer Art nach direkt bewerten wollen (↑Wertrealismus, ↑Intuitionismus), werden vor allem Ansätze diskutiert, die den moralischen Wert einer Handlung als Funktion ihres ↑Nutzens bestimmen. Der Nutzen einer Handlung bestimmt sich dabei entweder darüber, inwieweit die Gesamtheit der Folgen einer Handlung dem faktisch Gewollten entsprechen, wie es sich explizit im Reden oder implizit im Verhalten der moralischen Akteure bekundet (subjektivistischer Nutzenbegriff), oder anhand akteursunabhängiger Werteskalen, die die Folgen im Hinblick darauf bewerten, inwieweit sie geeignet sind, Antriebe, Bedürfnisse etc. zu befriedigen, die innerhalb einer naturalistischen Rahmentheorie als art- oder naturgemäß ausgewiesen werden (objektivistischer Nutzenbegriff, ↑Objektivismus). Diese Konzeptionen lassen sich dann jeweils weiter danach unterscheiden, ob bei der Folgenbeurteilung allein der (subjektivistisch oder objektivistisch verstandene) Nutzen des Handelnden selbst oder der Nutzen aller moralisch relevanten Subjekte Berücksichtigung findet (↑Egoismus, ↑Universalität (ethisch)). Weitere in der Philosophiegeschichte gelegentlich vertretene Positionen, etwa der ethische ↑Altruismus (nur der Nutzen der Anderen ist ausschlaggebend) oder Partikularismus (nur der Nutzen einer bestimmten Gruppe ist ausschlaggebend), sind für die aktuelle ethische Fachdebatte nur von randständigem Interesse.

Allen Formen des moralphilosophischen K. liegt ein Handlungsverständnis zugrunde, nach dem die moralisch relevanten Zustände und Ereignisse durch einen Akteur planbar herbeizuführen bzw. zu vermeiden sind und ihm allein als Folgen seines Tuns oder Unterlassens begründet zugeschrieben werden können (↑Zurechnung). Konsequentialistische Theorien sind daher – trotz einiger antiker Beispiele (vgl. etwa die Position des Trasymachos in Platons Pol. 338a–339b) – systematisch erst auf der Grundlage des neuzeitlich-aufgeklärten Welt- und Menschenbildes entwickelt worden. Erste bedeutsame Konzeptionen entstehen vor allem zunächst im England des 17. Jhs. mit der Idee des ↑Gesellschaftsvertrages; in der ebenfalls von den britischen Inseln ausgehenden empiristischen Tradition (↑Empirismus) wird später der moralphilosophische ↑Utilitarismus das beherrschende Paradigma. Die Theoretiker des ↑Kontraktualismus, die die Geltung moralischer oder rechtlicher Maßstäbe nach dem Paradigma eines Gesellschaftsvertrages begründen wollen, legen explizit egoistische Maßstäbe zugrunde (T. Hobbes, J. Locke). Die spezifisch *moralische* Normativität wird dabei zurückgeführt auf eine konsequent rationale Reflexion auf die eigenen Zwecke: Wer seine Zwecke planvoll, effektiv und dauerhaft erreichen will, wird angesichts des erheblichen Störpotentials anderer Akteure und wegen möglicher höherer Erträge aus abgestimmten Kooperationen auf die Verabredung gemeinsamer Handlungsregeln drängen, die die Zulässigkeit der Mittel für alle in der gleichen Weise beschränken. Auch gibt der vollständig rational und angemessen langfristig Planende gegebenenfalls konflikterzeugende Zwecke auf, wenn ihre Verfolgung mit dem verläßlichen Erreichen eigener höherrangiger Zwecke nicht verträglich ist. Die Errichtung und der Erhalt moralischer oder rechtlicher Regelsysteme liegt danach letztlich im rationalen egoistischen Interesse eines jeden Einzelnen an der Herstellung und Absicherung bestimmter Handlungsfolgen und ist mithin konsequentialistisch begründet. Auch die konkrete Ausgestaltung dieser Regelsysteme ist für den Vertreter einer rational-egoistischen Moralwahl (↑rational choice) an den Zwecken aller Beteiligten ausgerichtet. Allerdings ist dann nach Etablierung der normativen Institutionen die Abwägung, ob deren Regeln im Einzelfall zu befolgen sind oder nicht, keiner konsequentialistischen Abwägung mehr zugänglich – bzw. nur insoweit, als der Erhalt dieser Regelsysteme auch von der Bestätigung oder Infragestellung der Regeln durch das jeweils eigene (regelkonforme oder nicht regelkonforme) Verhalten abhängig ist.

Die Bezugnahme auf die Handlungsfolgen dient in Konzeptionen dieser Art vor allem dazu, den Geltungsanspruch von Moral (rekonstruktiv) durch den Aufweis ihrer Nützlichkeit zu begründen (*fundierender K.*). Davon sind Konzeptionen zu unterscheiden, die eine systematische Bezugnahme auf die Handlungsfolgen gerade erst bei der Anwendung moralischer Maßstäbe vorsehen – seien diese wiederum konsequentialistisch fundiert oder nicht (*applikativer K.*). Die oft nicht trennscharf gezogene Unterscheidung macht die Abgrenzung gegenüber solchen Konzeptionen schwierig, die gemeinhin als Paradigma nicht-konsequentialistischer Ansätze gelten (↑Ethik, deontologische). So wendet sich I. Kant gegen jede Form eines fundierenden K., der die moralischen Maßstäbe im Rückgriff auf das faktisch Gewollte entwickeln will. Nicht zuletzt unter Hinweis auf die von Kant selbst gegebenen Beispiele zur Anwendung des Kategorischen Imperativs (↑Imperativ, kategorischer) wird aber durchaus dafür argumentiert, die Kantische Ethik als einen Typ von applikativem K. zu verstehen, der für die Anwendung der ↑transzendental begründeten und ↑kategorisch geltenden moralischen Maßstäbe prüft, inwieweit die aus einer geplanten Handlung erwartbaren Folgen einem kritisch und auf seine Rationalität hin geprüften eigenen Wollen (das als vernünftiges Wollen zugleich allgemeines Wollen ist) wenigstens nicht entgegenstehen. Eindeutiger dem applikativen K. zuzurechnen sind die Varianten teleologischer Ethiken (↑Ethik, teleologische), die Handlungen daran messen, inwieweit ihre Folgen dazu beitragen, einen bestimmten Zustand herbeizuführen, der durch intuitive oder theoretische Bestimmung als ›gut‹ qualifiziert wurde – sei es die Errichtung der klassenlosen Gesellschaft (↑Marxismus) oder eines ↑Gottesstaates, sei es die Maximierung des eigenen oder die eines möglichst allgemeinen Wohlstandes. Im Sinne des letzteren bestimmt insbes. der Utilitarismus den Nutzen, den eine Handlung für die Menge der von ihren Folgen Betroffenen insgesamt realisiert, zum Maßstab ihrer moralischen Erwünschtheit. Dabei ist immer diejenige Handlung allen anderen vorzuziehen (und also geboten), die den größten Gesamtnutzen hat bzw. erwarten läßt – wobei sich verschiedene utilitaristische Ansätze darin unterscheiden, welche Aggregationsformel sie zur Bestimmung dieses Gesamtnutzens empfehlen. Die im 18. und 19. Jh. von Autoren wie J. Bentham, J. S. Mill und H. Sidgwick entwickelte klassische Konzeption vertritt dabei einen objektivistischen Nutzenbegriff, indem sie, gestützt auf naturwissenschaftliche Erörterungen, im Menschen ein natürliches Streben nach ↑Lust (Bentham) oder Glück (Mill) ausmachen (↑Hedonismus, ↑Eudämonismus, ↑Glück (Glückseligkeit)). Insbes. wohl in Reaktion auf G. E. Moores kritische Analyse, die Ansätzen dieser Art einen naturalistischen Fehlschluß vorwirft (↑Naturalismus (ethisch)), haben sich demgegenüber Konzeptionen etabliert, die auf einen subjektivistischen, vom individuellen Wollen ausgehenden Nutzenbegriff zurückgreifen. Zentrales Merkmal des Utilitarismus ist aber immer das Universalisierungsgebot geblieben, das dem Handelnden auferlegt, den zu maximierenden Gesamtnutzen seines Handelns mit Blick auf alle moralisch relevanten Subjekte zu bestimmen und dabei seine eigenen Zwecke neutral und mit demselben Gewicht ins Kalkül zu ziehen wie die irgendeines Anderen.

Literatur: G. E. M. Anscombe, Modern Moral Philosophy, Philos. 33 (1958), 1–19; R. J. Arneson, Human Flourishing versus Desire Satisfaction, Social Philos. and Policy 16 (1999), 113–142; ders., Sophisticated Rule Consequentialism. Some Simple Objections, Philos. Issues 15 (2005), 235–251; J. Bennett, Morality and Consequences, The Tanner Lectures on Human Values 2 (1981), 45–116; ders., Two Departures from Consequentialism, Ethics 100 (1989/1990), 54–66; ders., The Act Itself, Oxford/New York 1995; J. Bentham, An Introduction to the Principles of Morals and Legislation, Oxford 1789, London 1982; L. Bergstrom, The Alternatives and Consequences of Actions. An Essay on Certain Fundamental Notions in Teleological Ethics, Stockholm 1966; D. Birnbacher, Analytische Einführung in die Ethik, Berlin/New York 2003, ²2007, bes. 173–240 (Kap. V Konsequentialistische Ethik); ders., Utilitarismus/Ethischer Egoismus, in: M. Düwell/C. Hübenthal/M. H. Werner (eds.), Handbuch der Ethik, Stuttgart/Weimar 2002, ²2006, 95–107; B. Bradley, Against Satisficing Consequentialism, Utilitas 18 (2006), 97–108; F. H. Bradley, Ethical Studies, London 1876 (repr. Bristol 1990), Oxford ²1927, 1988, Bristol 1999 (= Collected Works VI); R. B. Brandt, Ethical Theory. The Problems of Normative and Critical Ethics, Englewood Cliffs N. J. 1959; ders., A Theory of the Good and the Right, Oxford 1979, Amherst N. Y. 1998; D. O. Brink, Some Forms and Limits of Consequentialism, in: D. Copp (ed.), Oxford Handbook of Ethical Theory, Oxford/New York 2006, 380–423; ders., Moral Realism and he Foundations of Ethics, Cambridge/New York 1989, 1994; J. Broome, Weighing Goods, Oxford/Cambridge Mass. 1991, 2003; R. F. Card, Inconsistency and the Theoretical Commitments of Hooker's Rule-Consequentialism, Utilitas 19 (2007), 243–258; T. L. Carson, A Note on Hooker's ›Rule Consequentialism‹, Mind 100 (1991), 117–121; D. Cummiskey, Kantian Consequentialism, New York/Oxford 1996; J. Dancy, On Moral Properties, Mind 90 (1981), 367–385; ders., Ethical Particularism and Morally Relevant Properties, Mind 92 (1983) 530–547; ders., Moral Reasons, Oxford/Cambridge Mass. 1993, 1997; S. Darwall, Agent-Centered Restrictions from the Inside Out, Philos. Stud. 50 (1986), 291–319; ders., Rational Agent, Rational Act, Philos. Topics 14 (1986), H. 1, 33–57; ders. (ed.), Consequentialism, Malden Mass./Oxford 2003; F. Feldman, Doing the Best We Can. An Essay in Informal Deontic Logic, Dordrecht/Boston Mass. 1986; ders., Utilitarianism, Hedonism, and Desert. Essays in Moral Philosophy, Cambridge/New York 1997; ders., Pleasure and the Good Life. Concerning the Nature, Varieties and Plausibility of Hedonism, Oxford/New York 2004, 2006; W. K. Frankena, Ethics, Englewood Cliffs N. J. 1963, erw. ²1973 (dt. Analytische Ethik. Eine Einführung, München 1972, ⁵1994); R. G. Frey (ed.), Utility and Rights, Minneapolis Minn. 1984, Oxford 1985; J. Griffin, Is Unhappiness Morally more Important than Happiness?, Philos. Quart. 29 (1979), 47–55; ders., Well-Being. Its Meaning, Measurement and Moral Importance, New York/Oxford 1986, 1990; ders., The Human Good and the Ambitions of Consequentialism, Social Philos. and Policy 9 (1992), 118–132; ders., Value Judgement. Improving Our Ethical Beliefs, Oxford 1996, 2006; M. W. Hallgarth, Consequentialism and Deontology, in: R. Chadwick (ed.), Encyclopedia of Applied Ethics I, San Diego etc. 1998, 609–621; R. M. Hare, Moral Thinking. Its Levels, Method and Point, Oxford/New York 1981, 1992 (dt. Moralisches Denken. Seine Ebenen, seine Methoden, sein Witz, Frankfurt 1992); D. H. Hodgson, Consequences of Utilitarianism. A Study in Normative Ethics and Legal Theory, Oxford 1967; B. Hooker (ed.), Rationality, Rules and Utility. New Essays on the Moral Philosophy of Richard B. Brandt, Boulder Colo./Oxford 1993; ders., Rule-Consequentialism, Incoherence, Fairness, Proc. Arist. Soc. NS 95 (1995), 19–35; ders., Ross-Style Pluralism versus Rule-Consequentialism, Mind 105 (1996), 531–552; ders., Rule-Consequentialism and

Obligations Toward the Needy, Pacific Philos. Quart. 79 (1998), 19–33; ders., Rule-Consequentialism, in: H. LaFollette (ed.), The Blackwell Guide to Ethical Theory, Malden Mass./Oxford/Victoria 2000, 2003, 183–204; ders., Ideal Code, Real World. A Rule-Consequentialist Theory of Morality, Oxford 2000; ders./ E. Mason/D. E. Miller, Morality, Rules, and Consequences. A Critical Reader, Edinburgh, Lanham Md. 2000; F. Howard-Snyder, The Heart of Consequentialism, Philos. Stud. 76 (1994), 107–129; ders., A New Argument for Consequentialism? A Reply to Sinnott-Armstrong, Analysis 56 (1996), 111–115; T. Hurka, The Well-Rounded Life, J. Philos. 84 (1987), 727–746; ders., Perfectionism, New York/Oxford 1993, 1996; F. Jackson, Decision-Theoretic Consequentialism and the Nearest and Dearest Objection, Ethics 101 (1990/1991), 461–482; ders./R. Pargetter, Oughts, Options, and Actualism, Philos. Rev. 95 (1986), 233–255; D. Jamieson/R. Elliot, Progressive Consequentialism, Philos. Perspectives 23 (2009), 241–251; C. Johnson, Character Traits and Objectively Right Action, Social Theory and Practice 15 (1989), 67–88; S. Kagan, The Limits of Morality, Oxford/New York 1989, 2002; ders., Normative Ethics, Boulder Colo./Oxford 1998; G. S. Kavka, Some Paradoxes of Deterrence, J. Philos. 75 (1978), 285–302; J. J. Kupperman, A Case for Consequentialism, Amer. Philos. Quart. 18 (1981), 305–313; C. I. Lewis, Values and Imperatives. Studies in Ethics, Stanford Calif. 1969; J. L. Mackie, Ethics. Inventing Right and Wrong, Harmondsworth/New York 1977, London etc. 1990 (dt. Ethik. Auf der Suche nach dem Richtigen und Falschen, Stuttgart 1981, unter dem Titel: Ethik. Die Erfindung des moralisch Richtigen und Falschen, Stuttgart 1992, 2004); D. McKerlie, Priority and Time, Can. J. Philos. 27 (1997), 287–309; D. McNaughton, Consequentialism, REP II (1998), 603–606; J. Mendola, Goodness and Justice. A Consequentialist Moral Theory, Cambridge 2006; T. Mulgan, Rule-Consequentialism and Famine, Analysis 54 (1994), 187–192; ders., One False Virtue of Rule Consequentialism, and One New Vice, Pacific Philos. Quart. 77 (1996), 362–373; ders., The Demands of Consequentialism, Oxford 2001; L. B. Murphy, A Relatively Plausible Principle of Benevolence. Reply to Mulgan, Philos. and Public Affairs 26 (1997), 80–86; J. Nida-Rümelin, Kritik des K., München 1993, ²1995; D. Parfit, Reasons and Persons, Oxford/New York 1984, 1987; P. Pettit, Satisficing Consequentialism II, Proc. Arist. Soc. Suppl. 58 (1984), 165–176; ders., Consequentialism, in: P. Singer (ed.), A Companion to Ethics, Oxford 1991, 1995, 230–240; ders. (ed.), Consequentialism, Aldershot etc. 1993; ders., The Consequentialist Perspective, in: M. W. Baron/P. Pettit/M. Slote (eds.), Three Methods of Ethics. A Debate, Malden Mass./Oxford 1997, 92–174; ders., Consequentialism Including Utilitarianism, IESBS IV (2001), 2613–2618; ders./G. Brennan, Restricitive Consequentialism, Australas. J. Philos. 64 (1986), 438–455; D. W. Portmore, Can an Act-Consequentialist Theory be Agent-Relative?, Amer. Philos. Quart. 38 (2001), 363–377; ders., Position-Relative Consequentialism, Agent-Centered Options, and Supererogation, Ethics 113 (2002/2003), 303–332; T. M. Powers, Consequentialism, in: C. Mitcham (ed.), Encyclopedia of Science, Technology, and Ethics I, Detroit etc. 2005, 415–417; W. Quinn, Actions, Intentions, and Consequences. The Doctrine of Double Effect, in: ders., Morality and Action, Cambridge 1993, 175–193; P. Railton, Alienation, Consequentialism, and the Demands of Morality, Philos. and Public Affairs 13 (1984), 134–171; ders., Facts, Values, and Norms. Essays Toward a Morality of Consequence. Cambridge/New York 2003; D. D. Raphael, Moral Philosophy, Oxford 1981, erw. ²1994; M. A. Roberts, A New Way of Doing the Best That We Can. Person-Based Consequentialism and the Equality Problem, Ethics 112 (2001/2002), 315–350; W. D. Ross, The Right and the Good, Oxford 1930, ed. P. Stratton-Lake, Oxford 2002; T. M. Scanlon, Rights, Goals and Fairness, in: S. Hampshire (ed.), Public and Private Morality, Cambridge etc. 1978, 1979, 93–111; P. Schaber, Moralischer Realismus, Freiburg/München 1997, bes. 279–391 (Kap. III Moralischer Realismus und K.); S. Scheffler, The Rejection of Consequentialism. A Philosophical Investigation of the Considerations Underlying Rival Moral Conceptions, Oxford 1982, rev. 1994; ders., Consequentialism and Its Critics, Oxford 1988; J. Schroth, Der voreilige Schluß auf den Nonkonsequentialismus in der Nelson- und Kant-Interpretation, in: U. Meixner/A. Newen (eds.), Philosophiegeschichte und logische Analyse/Logical Analysis and History of Philosophy VI (Geschichte der Ethik/History of Ethics), Paderborn 2003, 123–150; ders., Deontologie und die moralische Relevanz der Handlungskonsequenzen, Z. philos. Forsch. 63 (2009), 55–75; L. A. Selby-Bigge (ed.), British Moralists. Being Selections from Writers Principally of the Eighteenth Century, I–II, Oxford 1897, New York 1965; W. Sinnott-Armstrong, What Is Consequentialism? A Reply to Howard-Synder, Utilitas 13 (2001), 342–349; ders., Gert Contra Consequentialism, in: ders./R. Audi (eds.), Rationality, Rules, and Ideals. Critical Essays on Gert's Moral Theory, Lanham Md. etc. 2002, 145–163; ders., For Goodness' Sake, Southern J. Philos. 41 (2003), Suppl. 83–91; J. Skorupski, Agent-Neutrality, Consequentialism, Utilitarianism. A Terminological Note, Utilitas 7 (1995), 49–54; ders., Ethical Explorations, Oxford/New York 1999, 2004; M. Slote, Satisficing Consequentialism I, Proc. Arist. Soc. Suppl. 58 (1984), 139–163; ders., Common-Sense Morality and Consequentialism, London 1985; ders., From Morality to Virtue, Oxford/New York 1992, 1995; ders., Consequentialism, in: L. C. Becker/C. B. Becker (eds.), Encyclopedia of Ethics I, New York/London 1992, 211–214; D. Sosa, Consequences of Consequentialism, Mind 102 (1993), 101–122; L. W. Sumner, The Moral Foundations of Rights, Oxford 1987; ders., Welfare, Happiness, and Ethics, Oxford/New York 1996, 2003. – Utilitas 13 (2001), No. 2 [Sonderheft »Character and Consequentialism«]; weitere Literatur: ↑Gesellschaftsvertrag, ↑Utilitarismus, ↑Ethik, teleologische. G. K.

Konsequenz (von lat. consequentia; engl. consequence), synonym zu ↑›Folgerung‹, insbes. im Sinne der Folgerungsbeziehung, bereits in der traditionellen Logik (↑Logik, traditionelle) gleichwertig mit einem hypothetischen Urteil (↑Urteil, hypothetisches) bzw. auch nur mit einem grammatischen ↑Konditionalsatz ›wenn A, dann B‹, wobei dessen Anwendung – in Befolgung der Regel des ↑modus ponens – im Sinne von ›wer A sagt, muß auch B sagen‹ (dabei stehen grundsätzlich A im ↑Modus einer Feststellung [über sich selbst] [›ich habe *dies* getan‹] und B im Modus eines Versprechens [gegenüber sich selbst] [›ich werde *jenes* tun‹]), der umgangssprachlichen Verwendung von ›konsequent sein/K. zeigen‹ ungefähr gleichkommt.

In der modernen Logik (↑Logik, formale) steht ›K.‹ für eine ↑Implikation $A_1, \ldots, A_n \prec A$ oder, allgemeiner, für eine in der ↑Konsequenzenlogik untersuchte axiomatisch charakterisierte Beziehung zwischen einer Menge von Formeln und einer Formel. Ferner wird ›K.‹ auch im Sinne des ↑Schlusses von (als wahr behaupteten) ↑Prämissen auf eine ↑Konklusion kraft einer als gültig anerkannten Folgerungsbeziehung verwendet; die Konklusion nennt man dann auch eine K. der Prämissen. Die Lehre von den K.en (↑consequentiae) war bereits ein zentrales Lehrstück der mittelalterlichen Logik (↑Logik, mittelalterliche), dessen adäquate Rekonstruktion mit den Mitteln der modernen Logik und Sprachphilosophie noch immer ein Gegenstand intensiver Forschung ist. K. L.

Konsequenzenkalkül, ↑Konsequenzenlogik.

Konsequenzenlogik, historisch Bezeichnung für die Lehre von den ↑*consequentiae* in der mittelalterlichen Logik, heute meist Ausdruck für die Theorie der Konsequenzbeziehungen zwischen einer Menge von Formeln und einer Formel (↑Konsequenz). Von einer durch ›||‹ bezeichneten *Konsequenzrelation* verlangt man in der Regel, daß sie folgende Eigenschaften hat (wobei X, Y Formelmengen und F, G Formeln sind):

(1) $X \parallel F$ für jedes $F \in X$;
(2) wenn $X \parallel F$ und $Y \supseteq X$, dann $Y \parallel F$ (Monotonie);
(3) wenn $X \parallel G$ für jedes $G \in Y$, und $Y \parallel F$, dann $X \parallel F$ (Abgeschlossenheit).

Gilt außerdem

(4) wenn $X \parallel F$, dann gibt es ein *endliches* $Y \subseteq X$ mit $Y \parallel F$,

so spricht man auch von einem *deduktiven System*. Eine solche Untersuchung der Konsequenzrelation auf axiomatischer Grundlage ist erstmals systematisch von A. Tarski (1930) unternommen worden.

Formalisiert man für endliche Formelmengen die gesamten Bedingungen (in diesem Falle ist (4) trivialerweise erfüllt), so erhält man einen *Konsequenzenkalkül* mit den Anfängen bzw. Regeln

(1′) $\{A_1, \ldots, A_n\} \parallel A_i \ (1 \leq i \leq n)$,
(2′) $\{A_1, \ldots, A_n\} \parallel B \Rightarrow \{A_1, \ldots, A_n, B_1, \ldots, B_m\} \parallel B$,
(3′) $\{A_1, \ldots, A_n\} \parallel B_1, \ldots, \{A_1, \ldots, A_n\} \parallel B_m$, $\{B_1, \ldots, B_m\} \parallel B \Rightarrow \{A_1, \ldots, A_n\} \parallel B$.

Ein solcher Kalkül wurde erstmals von P. Hertz (1922) aufgestellt und untersucht und ist dem strukturellen Teil (↑Strukturregel) des von G. Gentzen 1935 aufgestellten intuitionistischen ↑Sequenzenkalküls eng verwandt. Der bei P. Lorenzen (1955) als Kalkül der K. bezeichnete Kalkül, der außer operativ-logischen Äquivalenten von (1′) und (3′) (die Regel (2′) ist zulässig, ↑zulässig/Zulässigkeit) noch die operativen Fassungen der ↑Exportationsregeln und ↑Importationsregeln enthält, kann nur in einem weiteren Sinne als Konsequenzen-kalkül bezeichnet werden, da die Prämissen und Konklusionen einer Konsequenzrelation bei Lorenzen selbst wieder Konsequenzrelationen (niedrigerer Stufe) enthalten können.

Literatur: K. Došen/P. Schroeder-Heister, Substructural Logics, Oxford etc. 1993; P. Hertz, Über Axiomensysteme für beliebige Satzsysteme, I–III, Math. Ann. 87 (1922), 246–269, 89 (1923), 76–102, 101 (1929), 457–514; P. Lorenzen, Einführung in die operative Logik und Mathematik, Berlin/Göttingen/Heidelberg 1955, Berlin/Heidelberg/New York ²1969, bes. 38–55; W. Rautenberg, Klassische und nichtklassische Aussagenlogik, Braunschweig/Wiesbaden 1979, bes. 75–78; P. Schroeder-Heister, Resolution and the Origins of Structural Reasoning. Early Proof-Theoretic Ideas of Hertz and Gentzen, Bull. Symb. Log. 8 (2002), 246–265; A. Tarski, Fundamentale Begriffe der Methodologie der deduktiven Wissenschaften I, Mh. Math. Phys. 37 (1930), 361–404 (repr. in: ders., Collected Papers I, ed. S. R. Givant/R. N. McKenzie, Basel/Boston Mass./Stuttgart 1986, 345–390). P. S.

konsistent/Konsistenz, ↑widerspruchsfrei/Widerspruchs-freiheit.

Konstante (von lat. constans, sich gleichbleibend, fest; engl. constant), in der Logik Bezeichnung für ein Symbol einer formalen Sprache (↑Sprache, formale) oder Theorie, das eine feste Bedeutung hat. Insbes. ist für K.n im Unterschied zu ↑Variablen keine Operation der ↑Substitution definiert. Je nach Art der Bedeutung einer K.n unterscheidet man *logische* K.n (↑Konstante, logische) von *nicht-logischen* K.n, insbes. Prädikat-, Funktions-und ↑Individuenkonstanten (↑Prädikatkonstante). – In der Mathematik benutzt man ›K.‹ als Bezeichnung für bestimmte Zahlen wie e und π, aber auch für Zahlen überhaupt und, noch allgemeiner, als Gegenbegriff zu ›Funktion‹. – In Naturwissenschaft und Technik bezeichnet man als K.n Größen, die für Objekte, Ereignisse oder Gesetzmäßigkeiten charakteristisch sind, wobei solche, die in die Formulierung wichtiger ↑Naturgesetze eingehen (z. B. Lichtgeschwindigkeit oder Gravitationskonstante) oft als *universelle* oder *Naturkonstanten* unterschieden werden von K.n, die nur für beschränkte Gegenstandsbereiche Bedeutung haben (Materialkonstanten, z. B. spezifisches Gewicht eines Stoffes). P. S.

Konstante, logische, Bezeichnung für die logischen Partikeln (↑Partikel, logische) im Unterschied zu den als ›nicht-logische (›deskriptive‹) Konstanten‹ bezeichneten speziellen ↑Nominatoren, nämlich den Eigennamen für Gegenstände eines zu einer Variablen gehörenden Gegenstandsbereichs. Oft werden sogar schon die bloßen Symbole für Objekte oder Prädikatoren (↑Prädikatkonstante) ›nicht-logische Konstanten‹ genannt. Zuweilen bezeichnet man auch das Relationszeichen ›=‹, also den

unter Hinzuziehung der Logik 2. Stufe allein mit logischen Mitteln definierbaren zweistelligen Prädikator ϱ, der als logische Gleichheit zwischen Gegenständen deren prädikative Ununterscheidbarkeit bedeuten soll $(x \varrho y \leftrightharpoons \bigwedge_A(A(x) \leftrightarrow A(y))$, ↑Identität), als eine l. K..

Literatur: J. van Benthem, Logical Constants across Varying Types, Notre Dame J. Formal Logic 30 (1989), 315–342; K. Došen, Logical Constants. An Essay in Proof Theory, Diss. Oxford 1980; M. Gómez-Torrente, The Problem of Logical Constants, Bull. Symb. Log. 8 (2002), 1–37; I. Hacking, What Is Logic?, J. Philos. 76 (1979), 285–319; H. Hodes, On the Sense and Reference of a Logical Constant, Philos. Quart. 54 (2004), 134–165; T. McCarthy, Logical Constants, REP V (1998), 775–781; J. McFarlane, Logical Constants, SEP (2005); C. Peacocke, What Is a Logical Constant?, J. Philos. 73 (1976), 221–240; P. Schroeder-Heister, Popper's Theory of Deductive Inference and the Concept of a Logical Constant, Hist. and Philos. Log. 5 (1984), 79–110; K. Warmbrod, Logical Constants, Mind 108 (1999), 503–538. K. L.

Konstantenform, ↑Term.

Konstanz (von lat. constantia, Beständigkeit), (1) eindeutig (↑eindeutig/Eindeutigkeit) bestimmter Ort mit einem durch diese Eigenschaft charakterisierten Redaktionsteam, (2) Terminus der Mathematik, der Naturwissenschaften und der Psychologie. – In der Mathematik spricht man von der K. einer Funktion, wenn sie für jedes Element ihres Argumentbereichs denselben (›konstanten‹) Funktionswert annimmt (z. B. $f(x) = 2$ für alle Argumente x). In der Physik ist ›K.‹, bezogen auf ↑Naturgesetze, synonym zu ›Invarianz‹ (↑invariant/Invarianz). In den Naturwissenschaften allgemein ist die Rede von der ›K.‹ der ↑Meßgeräte üblich, die besagt, daß diese unter festgelegten Bedingungen reproduzierbare (↑Reproduzierbarkeit) Meßergebnisse gestatten. Nach Auffassung der Analytischen Wissenschaftstheorie (↑Wissenschaftstheorie, analytische) sind die Meßergebnisse durch eine Meßfunktion, die im Rahmen einer Theorie vorkommt, bestimmt. Setzen die Messungen der Meßfunktion die gesamte Theorie voraus (z. B. Kraftfunktion der Klassischen Mechanik, Gewichtsfunktion der Statik), spricht man von *theoretischen* Größen (↑Begriffe, theoretische), im anderen Falle (z. B. Ortsfunktion in der Mechanik) von *nicht-theoretischen* bzw. *beobachtbaren* Größen. Nach dieser Auffassung ist die Meßgeräte-K. also theorieabhängig zu verstehen. Demgegenüber werden in der ↑Protophysik Normen für die Herstellung und den Gebrauch von Meßgeräten formuliert, die den Transport und das ungestörte Funktionieren garantieren und physikalische Theorien methodisch erst ermöglichen sollen. – In der Psychologie bezeichnet ›K.‹ das Erhaltenbleiben bestimmter Eigenschaften wie ↑Gestalt, Größe und Farbe von Wahrnehmungsobjekten bei sich ändernden physikalischen Reizgegebenheiten. In der Verhaltensforschung wird die K. von Verhaltensweisen unter sich ändernden Umweltbedingungen untersucht. K. M.

Konstatierung (engl. constatation bzw. confirmation statement, franz. constatation), auch: Beobachtungssatz, von M. Schlick in der im ↑Wiener Kreis (↑Empirismus, logischer, ↑Neopositivismus) geführten Diskussion um den Status von ↑Protokollsätzen geprägter Terminus zur Bezeichnung des unbezweifelbaren und gewissen Fundaments erfahrungswissenschaftlicher Erkenntnis. O. Neurath wiederum wendet sich gegen die Vorstellung einer anfänglichen und unkorrigierbaren Menge derartiger Sätze als Basis der Wissenschaften (Neurath, 1932/1933). Nach Neurath können Protokollsätze nicht am Anfang stehen; sie gelten nicht absolut, weil sie nicht frei von Deutung sind. Vielmehr sind alle Protokollsätze als zum Satzsystem der Wissenschaften gehörig gleich gültig; ihre Auszeichnung geschieht durch Entschluß. Neurath vertritt einen extrem kohärenztheoretischen (↑Wahrheitstheorien) Standpunkt, nach dem Sätze nur mit Sätzen, nicht mit außersprachlichen ↑Tatsachen, verglichen werden können. Entscheidend für die Annahme eines Satzsystems ist dessen Konsistenz (↑widerspruchsfrei/ Widerspruchsfreiheit); bei in gleicher Weise konsistenten Satzsystemen garantieren psychologische bzw. soziologische Faktoren (›Angehöriger unseres Kulturkreises‹) die Wahl eines Systems vor einem anderen. Dem Standpunkt Neuraths schlossen sich anfangs R. Carnap (Carnap, 1932/1933) und C. G. Hempel (Hempel, 1935) an. Gegenüber dieser als ↑Physikalismus bezeichneten Position hält Schlick daran fest, daß es innerhalb der empirischen Wissenschaften Sätze geben müsse, die auf außersprachliche Tatsachen Bezug nehmen; die Kohärenztheorie reicht nicht aus, um ein Satzsystem vor anderen, gleich konsistenten auszuzeichnen. Protokollsätze stehen zwar am Anfang der Wissenschaft, sind aber nicht deren Fundament. Der letzte Grund allen Wissens ist vielmehr die eigene ↑Beobachtung, die in Beobachtungssätzen (↑Beobachtungssprache) bzw. K.en wiedergegeben wird. K.en haben die Form ›hier jetzt so und so‹. Sie repräsentieren ›gegenwärtig Wahrgenommenes‹, können aber in gewissem Sinne nicht aufgezeichnet werden. Ihre Aufzeichnung würde die Rolle der ↑Indikatoren ›hier‹, ›jetzt‹ verfälschen, die darin besteht, das Zusammenfallen der Feststellung des ↑Sinnes mit der Feststellung der ↑Geltung anzuzeigen. K.en sind nicht korrigierbar und damit absolut gewiß (›endgültig‹). Die ›Grammatik der K.en‹ läßt die Hinzufügung von ›vielleicht‹, ›wahrscheinlich‹ nicht zu; dadurch würden K.en in ↑Hypothesen verwandelt. K.en gehören nicht zum Satzsystem der Wissenschaften; sie bereiten dieses am Anfang des Erkenntnisprozesses vor. Am Ende des Erkenntnisprozesses bestätigen sie die Hypothesen. Zu ihrem Verständnis erfordern K.en einen hinweisenden Akt, der nicht mehr auf eine Folge vermittelnder Definitionen angewiesen ist. Damit knüpft Schlick an seine Überzeugung an, daß »die letzte Sinngebung [...] mithin stets durch ↑*Handlungen* geschieht« (Schlick, 1938, 36).

B. v. Juhos, ein Schüler Schlicks, der den Terminus ›K.‹ unabhängig von Schlick eingeführt hatte (vgl. Nachschrift zu Juhos, 1936), übernahm die Theorie der K.en und entwickelte sie weiter (vor allem in: Juhos, 1950). Nach Juhos gehören K.en, die von ihm als empirisch-nichthypothetische von empirisch-hypothetischen Sätzen unterschieden werden, zum Satzsystem der empirischen Wissenschaften. Deren Sätze sind nach ihren ↑Wahrheitsbedingungen hierarchisch geordnet. Allgemein erhält man den Sinn eines empirischen Satzes dadurch, daß man seine Wahrheitsbedingungen angibt. Für empirisch-hypothetische Sätze wird dies durch Angabe der Verifikationsbedingungen (↑Verifikation) geleistet, während das explizit ausgesprochene Vorliegen eines Erlebnisses selbst die Wahrheitsbedingung für die K. ist. K.en können zwar nachgeprüft werden, diese Nachprüfung ist jedoch nur eine mittelbare, nämlich ob die Wahrheitsbedingungen der K. vorliegen oder nicht. Statt der von den Physikalisten vertretenen These, daß jeder Satz über Erlebnisse logisch äquivalent mit einem Satz über behavioristisch-psychologische Prozesse sei, nimmt Juhos an, daß zwischen K.en und empirisch-hypothetischen Sätzen empirische Geltungsbeziehungen bestehen.

Die Schlicksche Version der K.en wurde von I. Scheffler eingehend diskutiert. Seine Einwände: (1) K.en können den Überprüfungsprozeß nicht zu einem endgültigen Abschluß bringen, ohne die weitere Forschung einzuschränken. Jedoch ist eine solche Einschränkung durch den Augenblickscharakter der K.en in der Sache ausgeschlossen. (2) Schlick nimmt mit der Feststellung, daß bei K.en Sinn und Verifikation zusammenfallen, einen unbegründeten Sprung von der ↑Referenz eines Ausdrucks zur Referenz einer Aussage vor. Scheffler stimmt Schlick zwar in der Ablehnung der extremen Kohärenztheorie zu, schließt sich aber N. Goodmans Überzeugung an (Goodman, 1952), daß ↑Gewißheit nur Sätzen zukommt und erste Sätze einer Wissenschaft nur dadurch ausgezeichnet werden können, daß sie gegenüber anderen eine größere ›anfängliche Zuverlässigkeit‹ (›initial credibility‹) besitzen.

Literatur: A. J. Ayer, Verification and Experience, Proc. Arist. Soc. NS 37 (1936/1937), 137–156; ders. (ed.), Logical Positivism, Glencoe Ill., London 1959 (repr. Westport Conn. 1978), New York 1966; R. Carnap, Über Protokollsätze, Erkenntnis 3 (1932/1933), 215–228, Nachdr. in: H. Schleichert (ed.), Logischer Empirismus – Der Wiener Kreis [s. u.], 81–94; E. T. Gadol (ed.), Rationality and Science. A Memorial Volume for Moritz Schlick in Celebration of the Centennial of His Birth, Wien/New York 1982; N. Goodman, Sense and Certainty, Philos. Rev. 61

(1952), 160–167, Nachdr. in: ders., Problems and Projects, Indianapolis Ind./New York 1972, 60–68; H. Haeberli, Der Begriff der Wissenschaft im logischen Positivismus, Bern 1955; R. Haller (ed.), Schlick und Neurath – ein Symposion. Beiträge zum internationalen philosophischen Symposion aus Anlaß der 100. Wiederkehr der Geburtstage von Moritz Schlick (14.4.1882–22.6.1936) und Otto Neurath (10.12.1882–22.12.1945), Wien, 16.–20. Juni 1982, Amsterdam 1982 (Grazer Philos. Stud. XVI/XVII); C.G. Hempel, On the Logical Positivists' Theory of Truth, Analysis 2 (1935), 49–59 (dt. Zur Wahrheitstheorie des logischen Positivismus, in: G. Skirbekk [ed.], Wahrheitstheorien. Eine Auswahl aus den Diskussionen über Wahrheit im 20. Jahrhundert, Frankfurt 1977, 2006, 96–108); F. Hofmann-Grüneberg, Radikal-empiristische Wahrheitstheorie. Eine Studie über Otto Neurath, den Wiener Kreis und das Wahrheitsproblem, Wien 1988; B. Juhos, Kritische Bemerkungen zur Wissenschaftstheorie des Physikalismus, Erkenntnis 4 (1934), 397–418 (engl. Critical Comments on the Physicalist Theory of Science, in: ders., Selected Papers on Epistemology and Physics [s.u.], 16–35); ders., Negationsformen empirischer Sätze, Erkenntnis 6 (1936), 41–55 (engl. Forms of Negation of Empirical Propositions, in: ders., Selected Papers on Epistemology and Physics [s.u.], 47–59); ders., Die Erkenntnis und ihre Leistung. Die naturwissenschaftliche Methode, Wien 1950; ders., Selected Papers on Epistemology and Physics, ed. G. Frey, Dordrecht/Boston Mass. 1976 (Vienna Circle Collection VII); V. Kraft, Der Wiener Kreis. Der Ursprung des Neopositivismus. Ein Kapitel der jüngsten Philosophiegeschichte, Wien 1950, Wien/New York ³1997 (engl. The Vienna Circle. The Origin of Neo-Positivism. A Chapter in the History of Recent Philosophy, New York 1953, 1969); ders., Erkenntnislehre, Wien 1960; O. Neurath, Soziologie im Physikalismus, Erkenntnis 2 (1931), 393–431; ders., Protokollsätze, Erkenntnis 3 (1932/1933), 204–214, Nachdr. in: H. Schleichert (ed.), Logischer Empirismus – Der Wiener Kreis [s.u.], 70–80; ders., Radikaler Physikalismus und »wirkliche Welt«, Erkenntnis 4 (1934), 346–362, Nachdr. in: ders., Wissenschaftliche Weltauffassung, Sozialismus und logischer Empirismus [s.u.], 102–119; ders., Wissenschaftliche Weltauffassung, Sozialismus und logischer Empirismus, ed. R. Hegselmann, Frankfurt 1979; T. Oberdan, Protocols, Truth, and Convention, Amsterdam/Atlanta Ga. 1993 (Stud. österr. Philos. XIX); A. Petzäll, Zum Methodenproblem der Erkenntnisforschung, Göteborg 1935 (Göteborgs Högskolas Årsskrift XLI/1); B. Russell, An Inquiry into Meaning and Truth, London 1940, Nottingham 2007; S. Sarkar (ed.), Logical Empiricism at Its Peak. Schlick, Carnap and Neurath, New York/London 1996; I. Scheffler, Science and Subjectivity, Indianapolis Ind. 1967, ²1982, 1985; H. Schleichert, Sinn und Verifikation. Studie über eine zentrale These des Wiener Kreises, Diss. Wien 1957; ders. (ed.), Logischer Empirismus – Der Wiener Kreis. Ausgewählte Texte mit einer Einleitung, München 1975; M. Schlick, Über das Fundament der Erkenntnis, Erkenntnis 4 (1934), 79–99, Nachdr. in: ders., Gesammelte Aufsätze 1926–1936 [s.u.], 289–310; ders., Sur les »constatations«, in: ders., Sur le fondement de la connaissance, Paris 1935, 44–54 (Actualités scientifiques et industrielles 289); ders., Gesammelte Aufsätze 1926–1936, Vorw. F. Waismann, Wien 1938 (repr. Hildesheim 1969, Saarbrücken 2006); ders., Philosophische Logik, ed. B. Philippi, Frankfurt 1986; G. Schnitzler, Zur ›Philosophie‹ des Wiener Kreises. Neopositivistische Schlüsselbegriffe in der Zeitschrift »Erkenntnis«, München 1980; P. Stekeler-Weithofer, Der Streit um Wahrheitstheorien, in: M. Dascal u.a. (eds.), Sprachphilosophie/Philosophy of Language/La philosophie du langage. Ein internationales Handbuch zeitgenössischer Forschung II, Berlin/New York 1996 (Handbücher zur Sprach- und Kommunikationswissenschaft VII/2), 989–1012; T.E. Uebel, Overcoming Logical Positivism from Within. The Emergence of Neurath's Naturalism in the Vienna Circle's Protocol Sentence Debate, Amsterdam/Atlanta Ga. 1992 (Stud. österr. Philos. XVII); F. Waismann, Was ist logische Analyse?. Gesammelte Aufsätze, eingel. u. ed. G.H. Reitzig, Frankfurt 1973, eingel. u. ed. K. Buchholz, Hamburg 2004, 2008.   B. P.

Konstativum (von lat. constare, feststehen), in der Theorie der ↑Sprechakte im Gegensatz zu ↑Performativum Bezeichnung für ein Verb, mit dessen Hilfe (primär) erläutert wird, was man *sagt*, und nicht (primär) ausgedrückt wird, was man redend dabei *tut*, z.B. ›feststellen‹, ›behaupten‹, ›antworten‹, ›mitteilen‹, ›zugestehen‹, ›folgern‹, ›auslegen‹. Der von J.L. Austin ursprünglich benutzte Gegensatz konstativer und performativer Äußerungen ist wegen des performativen, nämlich eine Sprachhandlung vollziehenden Charakters auch aller konstativen ↑Äußerungen von ihm später zur Unterscheidung lokutionärer und illokutionärer (sowie perlokutionärer) Akte bei jeder Äußerung verallgemeinert worden (↑Aussage). Der lokutionäre Akt ist dabei die zu jeder (elementaren) Äußerung gehörende ↑Prädikation, vom *Aussagekern P* (engl. propositional kernel) der Äußerung dargestellt, während die illokutionäre Rolle der Äußerung durch *Performatoren F* explizit gemacht werden kann ($F(P)$; z.B. ›ich stelle fest, daß P‹, ›ich verspreche, daß P‹ usw.), zu der die Performativa ebenso wie die Konstativa der ursprünglichen Einteilung gehören und die von Austin später in fünf Klassen eingeteilt worden sind, deren letzte, die der *Expositiva*, mit der der alten Konstativa ungefähr übereinstimmt.

Literatur: J.L. Austin, Performatif – constatif, in: Cahiers de Royaumont, Philosophie IV (La philosophie analytique), Paris 1962, 271–281 (dt. Performative und konstatierende Äußerung, in: R. Bubner [ed.], Sprache und Analysis. Texte zur englischen Philosophie der Gegenwart, Göttingen 1968, 140–153; engl. Performative – Constative, in J.R. Searle [ed.], The Philosophy of Language, Oxford 1971, 1977, 13–22); ders., How to Do Things with Words. The William James Lectures Delivered in Harvard University in 1955, ed. J.O. Urmson, Oxford, Cambridge Mass. 1962, ²1975, Cambridge Mass. 2003 (dt. Zur Theorie der Sprechakte, Stuttgart 1972, ²1974, 2002); K. Lorenz, Sprachphilosophie, in: H.P. Althaus/H. Henne/H.E. Wiegand (eds.), Lexikon der Germanistischen Linguistik, Tübingen ²1980, 1–28; J.R. Searle, Speech Acts. An Essay in the Philosophy of Language, Cambridge 1969, 1995 (dt. Sprechakte. Ein sprachphilosophischer Essay, Frankfurt 1971, 2003).   K. L.

Konstitution (lat. constitutio, Einrichtung, erklärenddefinierende Begriffsbestimmung), über A.M.T.S. Boethius als Übersetzung von Formen des griech. συντιθέναι (bei Porphyrios) eingeführter philosophischer Terminus. Historisch lassen sich ontologische, erkenntnistheoretische und logische Verwendungsformen unterscheiden. Die *ontologische* K. fragt hauptsächlich nach den Bestimmungen oder Prinzipien, die das ↑›Wesen‹ eines Dinges ausmachen (in der Tradition vor allem: ↑Form und Materie). Eine transzendentalphilosophisch (↑transzendental, ↑Transzendentalphilosophie) zu verstehende *erkenntnistheoretische* Wendung nimmt der K.sbegriff bei I. Kant. Die Leistungen des transzendentalen Subjekts (↑Subjekt, transzendentales), die verbürgen, daß es *überhaupt* Erkenntnis von Dingen (Gegenständlichkeit) gibt, werden als dafür ›konstitutiv‹ bezeichnet. Sie sind zu unterscheiden von der ›Konstruktion‹ spezieller Gegenstände in der reinen ↑Anschauung, die die Anwendung und Realgeltung von Begriffen begründen soll, sowie von den ›Ideen‹ als ↑›regulativen‹ Ordnungsgesichtspunkten bereits konstituierter Erkenntnis. Der phänomenologische (↑Phänomenologie) K.sbegriff E. Husserls unterscheidet eine ›statische‹ (auf die erkenntnisbestimmenden, apriorischen [↑a priori] Eigenschaften des Verhältnisses Bewußtsein – Gegenstand bezogene) von einer ›genetischen‹ K., die die konkreten Aktualisierungen der statischen K. darstellt. *Logische* K. tritt bereits bei Porphyrios als Funktion der ↑differentia specifica bei der Definition von Arten einer Gattung auf.

Bei R. Carnap (Der logische Aufbau der Welt, Berlin 1928) ist der K.sbegriff Leitbegriff seines Entwurfs einer ↑Wissenschaftssprache (↑›Konstitutionssystem‹). Danach bedeutet die K. eines neuen Gegenstandes beim Aufbau des K.ssystems, »daß angegeben wird, wie die Aussagen über ihn verwandelt werden können in Aussagen über die Grundgegenstände des Systems oder die vor ihm schon konstituierten Gegenstände« (a.a.O., 51 [§ 38]). Dies geschieht durch ↑Elimination des Gegenstandsnamens durch eine Definition, die nur Grundzeichen oder bereits definierte Zeichen verwendet. Carnap läßt dabei (1) *explizite* ↑*Definitionen* zu, bei denen das zu eliminierende Zeichen durch ein aus den methodisch bereits verfügbaren Zeichen zusammengesetztes Zeichen ersetzt wird; (2) sind, falls sich explizite Definitionen nicht durchführen lassen, ›Gebrauchsdefinitionen‹ (↑Definition) vorzunehmen. Da das definitorisch zu ersetzende Gegenstandszeichen nicht (explizit) durch andere Zeichen eliminierbar ist, muß sein Gebrauch mittels ganzer Aussagen (genauer: ↑Aussageformen) festgelegt werden. Z.B. ist, wenn 1 und die Operation + im methodischen Aufbau verfügbar sind, mittels $2 \rightleftharpoons 1 + 1$ eine explizite Definition der Zahl 2 möglich, während sich der ↑Prädikator ›Primzahl‹ nur mittels Gebrauchsdefinition definieren läßt:

$$P(x) \rightleftharpoons N(x) \land x \,|\, x \land 1 \,|\, x \land \bigwedge_y y \,|\, x \rightarrow (y = x \lor y = 1)$$

(in Worten: x ist Primzahl genau dann, wenn x eine natürliche Zahl ist, die nur sich selbst und 1 als Teiler

hat). – Da das Definiens und alle mit ihm material äquivalenten Aussageformen mittels ↑Abstraktion (↑abstrakt) eine ↑Menge oder Klasse (↑Klasse, logisch), nämlich die Klasse eines Prädikators (im Beispiel: *P*) definieren, gehören die Gegenstände der zur Definition (im Definiens) verwendeten Zeichen und die durch die Gebrauchsdefinition konstituierten Gegenstände verschiedenen ›Sphären‹ an; sie sind bezüglich der Gegenstände, auf deren Basis sie konstituiert wurden, ›Quasigegenstände‹ und bilden eine neue ›K.sstufe‹. Entsprechendes gilt für mehrstellige Prädikatoren, deren Gebrauchsdefinition nicht auf Klassen, sondern auf ↑Relationen führt.

Literatur: M. Ferrari, K./konstitutiv, EP I (1999), 714–718; FM I (²1994), 669–671 (Constitución, constitutivo); W. Hogrebe, K., Hist. Wb. Ph. IV (1976), 992–1004.   G. W.

Konstitutionssystem (engl. constructional system, constitutional system), von R. Carnap (Der logische Aufbau der Welt, Berlin 1928) eingeführter Terminus zur Bezeichnung einer ›empiristischen Sprache‹, deren Begriffe mittels ›konstitutionaler Definitionen‹ (↑Konstitution) auf eine möglichst wenige Grundbegriffe umfassende ↑›Basis‹ zurückführbar sind. Mit dem K. verfolgt Carnap eine »rationale Nachkonstruktion des gesamten, in der Erkenntnis vorwiegend intuitiv vollzogenen Aufbaues der Wirklichkeit« (a.a.O., 139 [§ 100]). Im Unterschied zu bloßen ↑Klassifikationen von Begriffen und zu den axiomatischen Systemen der ↑Formalwissenschaften, die sich auf *Sätze* beziehen, geht es dabei, im Anschluß an die bis dahin Programm gebliebene empiristische (↑Empirismus) Forderung der ↑Reduktion der Erkenntnis auf die empirische Basis des Gegebenen (↑Gegebene, das), um einen schrittweise aufgebauten ›Stammbaum‹ *empirischer Begriffe*. In seinem eigenen ersten Entwurf (1928) geht Carnap von nicht näher zu charakterisierenden ›Elementarerlebnissen‹ als ›Grundelementen‹ aus, deren ↑›Struktur‹ durch einen einzigen Grundbegriff, die ↑Relation der ↑›Ähnlichkeitserinnerung‹ zwischen Elementarerlebnissen, bestimmt werden soll. Die Elementarerlebnisse sind, im Unterschied zu den nach Carnap methodisch erst später ausweisbaren diskreten, qualitativen Empfindungselementen des ↑Empiriokritizismus, nicht analysierbare Totalitäten. Den synthetischen Aufbau des K.s leitet die ↑Konstitution von Klassen (↑Klasse (logisch)), zunächst mit Hilfe der Relation der Ähnlichkeitserinnerung, dann mit auf dieser Basis weiter konstituierten Klassen und Relationen. Wegen der formalen Analogie zur ↑Analyse nannte Carnap das Verfahren der Klassenbildung ›Quasi-Analyse‹. Über einander ähnliche Klassen von Elementarerlebnissen (›Ähnlichkeitskreise‹) gelangt die Quasi-Analyse zu Teilklassen davon, den ›Qualitätsklassen‹ der Sinnesgebiete, dann der Empfindungen und schließlich zu den Klassen eigenpsychischer

Gegenstände. Hierauf folgt die Konstitution der raum-zeitlichen Wahrnehmungswelt und der physikalischen Welt sowie der ›fremdpsychischen‹ und zuletzt der ›geistigen‹ Gegenstände. Den Abschluß bildet die Konstitution des dem K. entsprechenden (empirischen) Wirklichkeitsbegriffs.

Für K.e auf eigenpsychischer Basis, charakteristisch für die Position des ↑Phänomenalismus, hat Carnap später doch wieder den positivistischen (↑Positivismus (historisch), ↑Positivismus (systematisch)) Empfindungselementen entsprechende ↑›Sinnesdaten‹ sowie eine Mehrzahl von Grundbegriffen empfohlen. Neben der eigenpsychischen Basis nennt Carnap im »Logischen Aufbau« noch allgemeinpsychische und physikalische (›materialistische‹) Basen. Letztere hat er später den eigenpsychischen K.en wegen größerer Intersubjektivierbarkeit vorgezogen. – Interne Schwierigkeiten des K.s, an deren Aufdeckung und Lösungsversuchen Carnap maßgeblich beteiligt war, bilden unter anderem die (sich bislang als undurchführbar herausstellenden) konstitutionellen Definitionen der ↑Dispositionsbegriffe und der übrigen theoretischen Begriffe (↑Begriffe, theoretische). Diese und damit zusammenhängende Fragen wie z. B. das Problem der Gesetzesartigkeit gehören zu den zentralen Fragen Analytischer Wissenschaftstheorie (↑Wissenschaftstheorie, analytische). Grundsätzliche philosophisch-erkenntnistheoretische Kritik hat die *formal-strukturelle* Charakterisierung des Gegebenen und die Möglichkeit des Aufbaus einer empirischen Sprache auf einer solchen formalen Basis erfahren (F. Kambartel).

N. Goodman, kompetentester interner Kritiker des Carnapschen K.s, hat ein eigenes K. vorgelegt, dessen Basis die zweistellige Grundrelation des Zusammenseins (›togetherness‹) über den Grundelementen (›Atomen‹) des Systems ist, die Goodman als von einer prinzipiell beliebigen Wahl zwischen verschiedenen Möglichkeiten abhängige ↑›Qualia‹ bestimmt. Sein System bezeichnet Goodman als *realistisch* (wegen der Wahl nicht-konkreter qualitativer Elemente statt partikularer, konkreter raum-zeitlich gebundener Gegenstände wie z. B. phänomenaler Ereignisse), *phänomenalistisch* (statt z. B. physikalistisch) und *nominalistisch* (es werden Individuen statt Klassen als Gegenstände betrachtet). Das Carnapsche K. (mit ›erlebs‹ und der Ähnlichkeitsrelation) ist nach Goodman dagegen partikularistisch, phänomenalistisch und platonistisch.

Literatur: H. Andreas, Carnaps Wissenschaftslogik. Eine Untersuchung zur Zweistufenkonzeption, Paderborn 2007; F. Barone, Il neopositivismo logico I, Turin 1953, Rom/Bari ³1986, 130–233 (Kap. III); K. Brockhaus, Untersuchungen zu Carnaps »Logischem Aufbau der Welt«, Diss. Münster 1963; ders., K., Konstitutionstheorie, Konstitution, logische, Hist. Wb. Ph. IV (1976), 1003–1008; R. Carnap, Der logische Aufbau der Welt, Berlin 1928, ⁴1974, 1998 [Nachdr. 1. Aufl. 1928 mit Vorwort der 1. und 2. Aufl.]; R. A. Eberle, A Construction of Quality Classes Improved upon the ›Aufbau‹, in: J. Hintikka (ed.), Rudolf Carnap, Logical Empiricist. Materials and Perspectives, Dordrecht/Boston Mass. 1975, 55–73; M. Friedman/R. Creath (eds.), The Cambridge Companion to Carnap, Cambridge etc. 2007; N. Goodman, The Structure of Appearance, Cambridge Mass. 1951, Indianapolis/New York ²1966, Dordrecht/Boston Mass. ³1977; A. Hausman/E. Wilson, Carnap and Goodman. Two Formalists, Iowa City/The Hague 1967; E. Kaila, Über das System der Wirklichkeitsbegriffe. Ein Beitrag zum logischen Empirismus, Helsinki 1936; F. Kambartel, Erfahrung und Struktur. Bausteine zu einer Kritik des Empirismus und Formalismus, Frankfurt 1968, ²1976, 149–198 (Kap. IV); V. Kraft, Der Wiener Kreis. Der Ursprung des Neopositivismus. Ein Kapitel der jüngsten Philosophiegeschichte, Wien 1950, erw. Wien/New York ²1968, ³1997, 77–105 (engl. The Vienna Circle. The Origin of Neo-Positivism. A Chapter in the History of Recent Philosophy, New York 1953, 1969, 83–114); L. Krauth, Die Philosophie Carnaps, Wien/New York 1970, ²1997, bes. 12–57; W. V. O. Quine, Two Dogmas of Empiricism, in: ders., From a Logical Point of View. 9 Logico-Philosophical Essays, Cambridge Mass. 1953, ²1961, 2003, 20–46 (dt. Zwei Dogmen des Empirismus, in: ders., Von einem logischen Standpunkt. Neun logisch-philosophische Essays, Berlin 1979, 27–50; franz. Deux dogmes de l'empirisme, in: ders., Du point de vue logique. Neuf essais logico-philosophiques, ed. S. Laugier, Paris 2003, 49–81); A. W. Richardson, Carnap's Construction of the World. The »Aufbau« and The Emergence of Logical Empiricism, Cambridge/New York 1998; P. A. Schilpp (ed.), The Philosophy of Rudolf Carnap, La Salle Ill./London 1963, 1991 (mit Beitrag Goodmans [545–558] und Erwiderung Carnaps [944–947]); W. Stegmüller, Hauptströmungen der Gegenwartsphilosophie. Eine kritische Einführung I, Stuttgart ⁷1989, 387–392; A. Wedberg, How Carnap Built the World in 1928, in: J. Hintikka (ed.), Rudolf Carnap, Logical Empiricist. Materials and Perspectives, Dordrecht/Boston Mass. 1975, 15–53; J. R. Weinberg, An Examination of Logical Positivism, New York/London 1936 (repr. London 1950, Paterson N. J. 1960, London 2000, 2001). G. W.

Konstrukt (von lat. construere, bauen; engl. construct), auch theoretisches oder hypothetisches K., vor allem in Psychologie und Sozialwissenschaften gebräuchliche Bezeichnung für theoretische Begriffe (↑Begriffe, theoretische) oder Begriffsgefüge (z. B. ›Intelligenz‹, ›Persönlichkeit‹). Der Ausdruck hebt hervor, daß es sich bei K.en um etwas vom Wissenschaftler ›Konstruiertes‹ handelt, das höchstens indirekt empirisch gedeutet werden kann (↑Theoriesprache) und nicht, wie Beobachtungsbegriffe (↑Beobachtungssprache), unmittelbar auf anschauliche Gegenstände bezogen ist. P. S.

Konstruktion, mathematisches oder technisches Herstellungsverfahren, in ↑Philosophie und ↑Wissenschaftstheorie Gegenstand methodischer Reflexion, insbes. auf den Zusammenhang von K. (eines Gegenstandes) und ↑Herstellung (einer Darstellung des Gegenstandes). Bereits in der vorgriechischen Mathematik treten K.sverfahren zur Herstellung von Ziffern (↑Arithmetik) und

Zeichenfiguren (↑Geometrie) auf. Erste Versuche, geometrische K.saufgaben als beweisbare Sätze zu interpretieren, verbinden sich mit ↑Thales von Milet. Die ↑Pythagoreer nahmen (zunächst) an, daß geometrisch nur ganzzahlige Proportionsverhältnisse konstruiert werden können. Nach der Entdeckung inkommensurabler (↑inkommensurabel/Inkommensurabilität) Größenverhältnisse, die durch technisch-empirische Verfahren nicht erkannt werden konnten, wurden in der griechischen Mathematik geometrische K.sverfahren als theoretische Mittel zum Nachweis mathematischer Existenz aufgefaßt. So konnten z. B. für beliebige Polygone der Euklidischen Ebene mit Zirkel und Lineal flächengleiche Quadrate konstruiert werden. Die Kriterien mathematischer Existenz werden in den Euklidischen Postulaten festgehalten, die unter anderem fordern, daß zwischen zwei Punkten eine Gerade oder bei vorgegebenem Mittel- und Randpunkt ein Kreis konstruierbar seien (↑Euklidische Geometrie). Da der Kreis eine größenabhängige Form ist, werden die Euklidischen K.spostulate in der als konstruktive Formentheorie aufgefaßten konstruktiven Geometrie (↑Länge) durch die K.spostulate von (1) Geraden (durch zwei Punkte), (2) Orthogonalen (mit Schnittpunkt) und (3) zwei Winkelhalbierenden (von zwei sich schneidenden Geraden) auf der K.sbasis zweier Punkte ersetzt.

In der ↑Renaissance wurden technisch-geometrische Verfahren auch für künstlerische, architektonische und kartographische Zwecke (Leonardo da Vinci, A. Dürer) weiterentwickelt. Nachdem die Platonische Auszeichnung des Kreises durch die Anwendung von anderen ›krummlinigen‹ Figuren in Astronomie (J. Keplers Planetenbahnenellipsen) und Physik (G. Galileis Wurfparabel) revidiert worden war, ergab sich die Notwendigkeit, neue K.skriterien für geometrische Formen zu bestimmen. R. Descartes (La géométrie, 1637) schließt kinematische (↑Kinematik) Methoden der Kurvenkonstruktion in den K.sbegriff ein. Für die Existenz einer Kurve wird allein ihre Konstruierbarkeit durch eine ›reguläre und stetige Punktbewegung‹, kinematisch durch ›nouveaux cercles‹ herzustellen, gefordert. Unter den neuen Bedingungen von Geometrie und Algebra bildet sich der folgende K.sbegriff heraus: K. ist ein Verfahren, das aus vorgegebenen oder bereits konstruierten Elementen (z. B. Punkte, Geraden, Kurven) unter Voraussetzung bestimmter K.smittel (z. B. Zirkel, Parabel) in endlich vielen Schritten eine gesuchte geometrische Figur herzustellen erlaubt. So lassen sich durch K.en mit Zirkel und Lineal alle Aufgaben lösen, die auf Gleichungen 1. oder 2. Grades führen. K.en höheren Grades sind die zeichnerischen Lösungsverfahren solcher Aufgaben, deren algebraische Behandlung die Lösung mindestens einer irreduziblen (↑irreduzibel/Irreduzibilität) Gleichung vom Grad $n > 2$ erfordert. Da solche K.en

nicht mehr mit Zirkel und Lineal ausführbar sind, ist z. B. das ↑Delische Problem aus prinzipiell algebraischen Gründen mit elementaren K.smitteln nicht lösbar.

In Erweiterung des Cartesischen Ansatzes unterscheidet G. W. Leibniz drei Aspekte des K.sbegriffs: (1) die geometrische K., die exakt, aber eingebildet (›imaginaria‹) sei, (2) die mechanische K., die nicht exakt, aber real sei, (3) die physikalische K., die exakt und real sei. Bei J. H. Lambert findet im Zusammenhang mit seinen Versuchen zum Beweis des Parallelenpostulats (↑Parallelenaxiom) eine Rückbesinnung auf Euklidische K.spostulate statt. Euklidische K. (›Tulichkeit‹) wird als hinreichendes *Existenzkriterium* für mathematische Objekte herausgestellt, während *Widerspruchsfreiheit der betreffenden Begriffe* nur die Möglichkeit der Existenz der Objekte garantiert. Bei I. Kant dient der K.sbegriff zur systematischen Unterscheidung von Mathematik als einer konstruktiven (↑konstruktiv/Konstruktivität) und Philosophie als einer ↑analytischen Disziplin. K.en sind demnach (↑synthetische) Verfahren zur Realisierung von Urteilsformen (↑Kategorien) in den Anschauungsformen (↑Anschauung) von Raum und Zeit (↑Schematismus). In der Tradition des Kantischen K.sbegriffs steht J. F. Fries (Mathematik als ›Wissenschaft aus der K. der Begriffe in reiner Anschauung‹); allerdings wird K. in der ↑Friesschen Schule (vor allem später bei L. Nelson) weitgehend als psychologisches Verfahren verstanden, das dem anthropologischen Faktum der menschlichen Anschauung bei der mathematischen Begriffsbildung Rechnung zu tragen habe. Nach J. G. Fichte und F. W. J. Schelling tritt neben die sinnliche Anschauung eine ›intellektuelle Anschauung‹ (↑Anschauung, intellektuelle), die auch philosophische K.en ermöglichen soll.

In der Grundlagendiskussion der Mathematik schließt L. E. J. Brouwer an Kants Auffassung einer konstruktiven Mathematik (↑Mathematik, konstruktive) an. ›Urintuition‹ eines K.sverfahrens ist wie bei Kant das Zählen, auf das durch Brouwers ↑Wahlfolgen alle intuitionistisch zulässigen Begriffsbildungen zurückzuführen sind (↑Intuitionismus). Die Beschränkung auf effektive K.sverfahren verlangt eine effektive Deutung der logischen Konstanten (↑Konstante, logische). Danach sind einige zentrale Beweise der klassischen Mathematik intuitionistisch nicht mehr zulässig (besonders solche, die vom klassischen ↑Auswahlaxiom Gebrauch machen). Diese Interpretation der logischen Konstanten läßt sich auch explizit durch den Begriff der K. beschreiben (↑Konstruktion (logisch)). Nachdem G. Gentzen, P. Lorenzen u. a. einen konstruktiven ↑Widerspruchsfreiheitsbeweis für die klassische Arithmetik geliefert hatten, schlug Lorenzen eine *konstruktive Analysis* vor, die für definite (d. h. durch induktive Term- und Formelkonstruktionen eingeführte) Begriffsbildungen die klassische Logik (↑Logik, klassische) verwendet, hingegen für indefinite (↑indefinit/Indefinitheit) Begriffsbildungen weiterhin die intuitionistische Logik (↑Logik, intuitionistische) vorsieht. – Seit A. M. Turing werden arithmetische K.en auch durch Maschinenprogramme definiert, die zu vorgegebenen Zifferninputs in endlich vielen Schritten Funktionswerte berechnen (Turing-Maschine). Die so erfaßten Funktionen stimmen mit den μ-rekursiven Funktionen überein (↑Algorithmentheorie). Andere mathematisch äquivalente Charakterisierungen führen A. Church zu der These, daß mit der Klasse der Turing-berechenbaren Funktionen die im intuitiven Sinne effektiven bzw. konstruktiven Funktionen adäquat präzisiert seien (↑Churchsche These). Unter dieser Voraussetzung lassen sich für zahlentheoretische Prädikate Effektivitäts- bzw. Konstruktivitätsgrade unterscheiden, je nach der Kompliziertheit des Entscheidbarkeitsverfahrens der Prädikate (↑komplex/Komplex). Dieser Aspekt der K. wurde besonders für die ↑Informatik bedeutsam.

In der Wissenschaftstheorie und Theorie der ↑Wissenschaftsgeschichte wird K. als rationale ↑Rekonstruktion wissenschaftlicher Theorien bzw. Theorieentwicklungen diskutiert (↑Theoriendynamik). Im ↑Konstruktivismus bildet der K.sbegriff die zentrale methodische und methodologische Kategorie für den Aufbau begründeten theoretischen Wissens und begründeter praktischer Orientierungen.

Literatur: O. Becker, Mathematische Existenz. Untersuchungen zur Logik und Ontologie mathematischer Phänomene, Jb. Philos. phänomen. Forsch. 8 (1927), 441–809, separat: Halle 1927, Tübingen ²1973; L. Bieberbach, Theorie der geometrischen K.en, Basel 1952; H. J. M. Bos, The Concept of Construction and the Representation of Curves in Seventeenth-Century Mathematics, in: A. M. Gleason (ed.), Proceedings of the International Congress of Mathematicians, August 3–11, 1986, Berkeley II, Providence R. I. 1987, 1629–1641; ders., Redefining Geometrical Exactness. Descartes' Transformation of the Early Modern Concept of Construction, New York etc. 2001; H. Dingler, Die Ergreifung des Wirklichen, ed. W. Krampf, München 1955, Teilausg. (Kapitel I–IV), ed. K. Lorenz/J. Mittelstraß, Frankfurt 1969; J. F. Fries, System der Logik, Heidelberg 1811, ³1837 (repr. in: ders., Sämtl. Schriften VII, ed. G. König/L. Geldsetzer, Aalen 1971, 153–622); E. Hameister, Geometrische K.en und Beweise in der Ebene, Leipzig, Basel 1966, Leipzig ³1970; F. Hansen, K.ssystematik. Grundlagen für eine allgemeine K.slehre, Berlin 1965, ³1968; H. Hermes, Aufzählbarkeit, Entscheidbarkeit, Berechenbarkeit. Einführung in die Theorie der rekursiven Funktionen, Berlin/Göttingen/Heidelberg 1961, Berlin/Heidelberg/New York ³1978 (engl. Enumerability, Decidability, Computability. An Introduction to the Theory of Recursive Functions, Berlin/Heidelberg/New York 1965, ²1969); F. Kambartel, Erfahrung und Struktur. Bausteine zu einer Kritik des Empirismus und Formalismus, Frankfurt 1968, ²1976; F. Kaulbach, Philosophie der Beschreibung, Köln/Graz 1968; H. König/K. Mainzer, K., Hist. Wb. Ph. IV (1976), 1009–1019; P. Lorenzen/O. Schwemmer, Konstruktive Logik, Ethik und Wissenschaftstheorie, Mannheim/Wien/Zürich 1973, ²1975; R.-S. Lossak, Wissenschaftstheoretische Grundlagen für die rechnerunterstützte K.,

Berlin/Heidelberg/New York 2006; K. Mainzer, Der K.sbegriff in der Mathematik, Philos. Nat. 12 (1970), 367–412; ders., Geschichte der Geometrie, Mannheim/Wien/Zürich 1980; J. Mittelstraß, K. und Rekonstruktion in der theoretischen Philosophie Kants, in: P. Bernhard/V. Peckhaus (eds.), Methodisches Denken im Kontext. Festschrift für Christian Thiel. Mit einem unveröffentlichten Brief Gottlob Freges, Paderborn 2008, 55–71; E. Niebel, Untersuchungen über die Bedeutung der geometrischen K. in der Antike, Köln 1959 (Kant-St. Erg.hefte 76); W. S. Peters, Widerspruchsfreiheit und Konstruierbarkeit als Kriterien für die mathematische Existenz in Kants Wissenschaftstheorie, Kant-St. 57 (1966), 178–185; A. Wagner, K., EP I (1999), 719–722; H. G. Zeuthen, Die geometrische Construction als »Existenzbeweis« in der antiken Geometrie, Math. Ann. 47 (1896), 222–228.   K. M.

Konstruktion (logisch), Begriff der intuitionistischen Logik (↑Logik, intuitionistische) zur konstruktiven Deutung der logischen Konstanten (↑Konstante, logische). Danach läßt sich die Gültigkeit einer ↑Aussage charakterisieren durch die Existenz einer K. dieser Aussage. Setzt man den K.sbegriff für atomare Aussagen als gegeben voraus (etwa durch elementare ↑Kalküle zur Ableitung solcher Aussagen), so lassen sich K.en zusammengesetzter Aussagen induktiv (↑Induktion) definieren, so z. B. die K. einer ↑Konjunktion $A \wedge B$ als Paar, bestehend aus K.en jeweils für A und für B, oder die K. einer ↑Subjunktion $A \rightarrow B$ als K. (konstruktives Verfahren, konstruktive Funktion), die, angewendet auf eine K. von A, eine K. von B liefert. – Die Theorie der K.en geht auf A. Heytings Definition der logischen Konstanten (↑Konstante, logische) zurück, ist aber implizit auch schon in den Arbeiten L. E. J. Brouwers und in der Interpretation der Logik als ›Aufgabenberechnung‹ durch A. N. Kolmogorow enthalten. Man spricht daher meist von der ›BHK-Interpretation‹ der logischen Konstanten. Systematisch entwickelt wurde sie erstmals 1962 von G. Kreisel. Die Iteration des Begriffs der konstruktiven Funktion rückt eine solche Interpretation in die Nähe der von K. Gödel entwickelten ↑Funktionalinterpretation. K.en werden formal oft als Terme des ↑Lambda-Kalküls oder der kombinatorischen Logik (↑Logik, kombinatorische) definiert. Die Rede von ›der‹ BHK-Interpretation der logischen Konstanten, die sich in vielen Darstellungen der konstruktiven (↑Logik, konstruktive) und intuitionistischen Logik findet, darf nicht darüber hinwegtäuschen, daß es sich hier, insbes. in bezug auf die Interpretation der Subjunktion bzw. allgemeiner des hypothetischen Urteils (↑Urteil, hypothetisches), um kein einheitliches Phänomen handelt, sondern hierunter verschiedene Varianten konstruktiven Räsonierens zusammengefaßt werden (vgl. van Atten, 2009).

Literatur: M. van Atten, On the Hypothetical Judgement in the History of Intuitionistic Logic, in: C. Glymour/W. Wei/D. Westerstahl (eds.), Logic, Methodology and Philosophy of Science. Proceedings of the Thirteenth International Congress, London

2009, 122–136; L. E. J. Brouwer, Intuitionistische splitsing von mathematische grondbegrippen, Koninklijke Nederlandse Akademie van Wetenschappen Verslagen Nr. 32, Amsterdam 1923, 877–880 (dt. Intuitionistische Zerlegung mathematischer Grundbegriffe, Jahresber. Dt. Math.ver. 33 [1925], 251–256; engl. Übers. des niederl. Originals u. der dt. Version unter dem Titel: Intuitionist Splitting of the Fundamental Notions of Mathematics, in: P. Mancosu, From Brouwer to Hilbert. The Debate on the Foundations of Mathematics in the 1920s, Oxford etc. 1998, 286–289 [niederl.], 290–292 [dt.]); D. van Dalen, Kolmogorov and Brouwer on Constructive Implication and the ex falso Rule, Russian Math. Surveys 59 (2003), 247–257; N. D. Goodman, A Theory of Constructions Equivalent to Arithmetic, in: A. Kino/J. Myhill/R. E. Vesley (eds.), Intuitionism and Proof Theory. Proceedings of the Summer Conference at Buffalo N. Y. 1968, Amsterdam/London 1970, 101–120; A. Heyting, Die intuitionistische Grundlegung der Mathematik, Erkenntnis 2 (1931), 106–115; ders., Mathematische Grundlagenforschung, Intuitionismus, Beweistheorie, Berlin 1934, 1974; ders., Intuitionism. An Introduction, Amsterdam 1956, Amsterdam/London ³1971, bes. 102–109; W. A. Howard, The Formulae-As-Types Notion of Construction, in: J. P. Seldin/J. R. Hindley (eds.), To H. B. Curry. Essays on Combinatory Logic, Lambda Calculus and Formalism, London etc. 1980, 479–490; A. N. Kolmogorov, Zur Deutung der intuitionistischen Logik, Math. Z. 35 (1932), 58–65; G. Kreisel, Foundations of Intuitionistic Logic, in: E. Nagel/P. Suppes/A. Tarski (eds.), Logic, Methodology and Philosophy of Science. Proceedings of the 1960 International Congress, Stanford Calif. 1962, 198–210; D. Prawitz, Ideas and Results in Proof Theory, in: J. E. Fenstad (ed.), Proceedings of the Second Scandinavian Logic Symposium, Amsterdam/London 1971, 235–307, bes. 275–284; A. S. Troelstra/D. van Dalen, Constructivism in Mathematics. An Introduction I, Amsterdam etc. 1988.   P. S.

konstruktiv/Konstruktivität, wissenschaftstheoretischer Terminus zur Kennzeichnung einer ›konstruierenden‹ Vorgehensweise bei der Bildung von Theorien sowie zur Auszeichnung so gebildeter Theorien. In diesem Sinne wurde der K.sbegriff zunächst nur in der mathematisch-logischen Grundlagendiskussion verwendet, und zwar vorwiegend im ↑Intuitionismus (begründet von L. E. J. Brouwer und A. Heyting) sowie im (von Heyting so genannten) ↑›Halbintuitionismus‹ (z. B. bei É. Borel, H. L. Lebesgue). Sehr bald wurde die Konzeption der K. jedoch – wenn auch häufig unter anderer Bezeichnung (z. B. ↑›Operationalismus‹, ›Operationismus‹) auf die Geometrie (H. Dingler) und die Physik (Dingler und P. W. Bridgman) ausgedehnt.

Von der ↑Erlanger Schule wurde das Programm einer k.en Philosophie (↑Philosophie, konstruktive) und der k.en Fundierung aller Wissenschaften formuliert und in Angriff genommen. Im Verlaufe dieser Entwicklung wurden ›K.skriterien‹ ausgebildet, die sowohl den vor allem von den Halbintuitionisten geforderten Praxisbezug k.er Theorien als auch die von Intuitionisten betonte Bedingung der Voraussetzungsfreiheit beinhalten: Als ›k.‹ bezeichnet man eine Theorie nur dann, wenn sie (1) einem als gerechtfertigt ausgewiesenen Zweck dienen

soll, (2) in Sprache und Methode gemäß diesem Zweck konstruiert wurde. Letzteres verlangt die Definition geeigneter sprachlicher Mittel durch Festlegung der Art und Weise, in der die mit Hilfe dieser Mittel gebildeten Aussagen zu begründen bzw. zu widerlegen sind (↑Begründung). Nimmt man diese Bedingungen ernst, so ergibt sich die Einlösung des Kriteriums der Voraussetzungslosigkeit (↑voraussetzungslos/Voraussetzungslosigkeit) von selbst: Man kann nicht mehr voraussetzen als die Zielsetzung der fraglichen Theorie; darüber hinausgehende Beweismittel sind nur über eine entsprechende ›Uminterpretation‹ der Aussagen der fraglichen Theorie zu rechtfertigen. Dies gesehen zu haben, ist das Verdienst von L. Wittgenstein; formuliert ist damit eine der wesentlichen Einsichten moderner ↑Sprachphilosophie, ohne die eine klare Formulierung des Anliegens k.er Wissenschaftstheorie – unter Verzicht auf ›weltanschauliche‹ Bekenntnisse – und eine exakte Klärung ihrer methodologischen Priorität gegenüber anderen ›Positionen‹ nicht möglich wäre. Dies gilt aus konstruktivistischer Sicht (↑Konstruktivismus) freilich nicht nur für k.e Theorien, sondern für jede Theorie, die Anspruch auf sinnvolle – inhaltlich begründete – Interpretierbarkeit erhebt: was sie tatsächlich behauptet, hängt von ihrer Sprache und den Methoden der Begründung ihrer Ergebnisse ab.

Wenn der Rahmen des k. Machbaren in k.en Theorien tatsächlich ausgeschöpft ist, können weitergehende Theorien nur durch Hinzunahme k. unbegründeter Voraussetzungen gewonnen werden. Bei einem Bestand Σ an solchen Voraussetzungen sind die Aussagen C einer solchen Theorie k. durchweg als ›$\Sigma \prec C$‹ (aus Σ folgt – nach k.en Methoden – C) zu interpretieren. Dies gilt auch für solche Aussagen C, die ohnehin auch k. begründet werden könnten: statt C hat man in einer solchen Theorie also nur die in ihrer Aussagekraft schwächere (Meta-)Aussage $\Sigma \prec C$. – Indem man die Sprache der fraglichen Theorie k. so interpretiert, daß die Voraussetzungen zu k. gültigen Sätzen werden, erhält man eine geschlossene (homogene) Theorie von (ebenfalls durch Uminterpretation entstandenen) Aussagen C', die ohne Zusatzvoraussetzungen auskommt, verbal das klassische Verständnis der ursprünglichen Theorie trifft, sachlich jedoch weniger leistet als die k.e Theorie, auf deren Basis sie interpretiert wurde. Beispiele hierfür liefern die ›klassische‹ (zweiwertige) Logik (↑Logik, klassische) und ↑Arithmetik. Diese lassen sich als echte Teiltheorien der entsprechenden k.en Disziplinen erweisen (↑Logik, konstruktive, ↑Arithmetik, konstruktive, ↑Mathematik, konstruktive) und entstehen aus diesen im wesentlichen durch Verzicht auf bestimmte Ausdrucksmittel. Dem auf diesem Wege leicht widerlegbaren Vorwurf, k.e Theorien leisteten ›zu wenig‹ (andere leisten nur scheinbar mehr), steht der umgekehrte Einwand entgegen: da ›klassische‹ Theorien mehr behaupten als ›k.e‹ Theorien, müssen sie auch mehr Voraussetzungen als diese machen. Dieser Auffassung liegt ein fragwürdiges Vergleichskriterium zugrunde: Miteinander verglichen werden *Axiomensysteme* (↑System, axiomatisches) für Theorien ohne Rücksicht darauf, wie letztere begründet wurden; jedes ↑Axiom zählt als Voraussetzung (auf einem solchen Prinzip beruht z. B. die von A. Grzegorczyk entwickelte Theorie der ›K.sgrade‹). K.e Theorien werden jedoch im allgemeinen nicht axiomatisch aufgebaut; sie lassen sich auch nachträglich nur in Einzelfällen adäquat axiomatisch erfassen (wobei dann die Axiome k. begründete Sätze sind). ›Voraussetzungsfreie‹ Theorien im Sinne der angeführten ›Kritik‹ entstehen daher durch mehr oder weniger willkürliche Einschränkung der sprachlichen Mittel und der zugehörigen Beweismethoden.

Prinzipiell gilt das Gesagte nicht nur für die Logik und Mathematik, sondern für beliebige Disziplinen; es geht jeweils darum, deren begründbaren Kern aufzusuchen, sie k. zu ›interpretieren‹ (in der konstruktiven Wissenschaftstheorie [↑Wissenschaftstheorie, konstruktive] der Erlanger Schule wurde hierfür auf den verwandte Zielsetzungen verfolgenden Terminus ↑Rekonstruktion aus R. Carnaps »Der logische Aufbau der Welt« [Berlin 1928] zurückgegriffen). Eine K.sbedingung beinhaltet die Forderung nach dem Aufbau inhaltlich gerechtfertigter, methodisch voraussetzungsfreier und sprachlich möglichst ausdrucksfähiger (differenzierter) Theorien. Diese sollen nicht nur verbal, sondern begründetermaßen das leisten, was man sich von ihnen erhofft, und die Rekonstruktion der Ergebnisse bisheriger Forschungen ermöglichen.

Literatur: ↑Arithmetik, konstruktive, ↑Konstruktivismus, ↑Mathematik, konstruktive, ↑Protophysik, ↑Wissenschaftstheorie, konstruktive. G. H.

Konstruktive Wissenschaftstheorie, ↑Wissenschaftstheorie, konstruktive.

Konstruktivismus, im allgemeinsten Sinne Bezeichnung für in verschiedenen Kulturbereichen der neueren Zeit entstandene Richtungen, die den Begriff der ↑*Konstruktion* in den Mittelpunkt ihrer Theorie der jeweils intendierten Kulturprodukte stellen (↑Herstellung). Da je nach der Art dieser Erzeugnisse von ›Konstruktion‹ in je anderem Sinne die Rede ist, haben die ›Konstruktivismen‹ über verschiedene Kulturbereiche hinweg nur formale Gemeinsamkeiten. Am geläufigsten ist die Bezeichnung ›K.‹ im Bereich der bildenden Kunst, wo sie auf Richtungen angewandt wird, die der Gestaltung von Kunstwerken streng geometrisch durchgeführte Konstruktionen zugrundelegen, z. B. in der von V. E. Tatlin 1915 begründeten russischen Schule der Malerei, Plastik

und Bühnengestaltung, in den geometrischen Bildkompositionen von P. Mondrian, M. Bill und verschiedenen Künstlern des Weimarer und Dessauer Bauhauses oder in zahlreichen Objekten der kinetischen Plastik (G. Rikkey u. a.). In der Philosophie des Deutschen Idealismus (↑Idealismus, deutscher) und konkurrierenden oder unmittelbar nachfolgenden spekulativen Strömungen bezieht sich der Begriff der Konstruktion auf den Aufbau eines Gesamtsystems der Philosophie nach Konstruktionsprinzipien, die meist als ›dialektisch‹ oder ›genetisch‹ angesprochen oder als ›triadische‹, ›tetradische‹ usw. Konstruktionsmethode bezeichnet werden. Richtungen und einzelne Autoren, die dieses Programm in besonders nachdrücklicher Weise verfolgen oder propagieren (z. B. J. J. Wagner, G. L. Rabus), sind in der Geschichtsschreibung dieser Systeme verschiedentlich unter dem Stichwort ›K.‹ klassifiziert worden.

In der Philosophie und Wissenschaftstheorie des 20. Jhs. meint ›K.‹ zunächst eine Reihe von Ansätzen zur Neubegründung der Mathematik angesichts der so genannten mathematischen ↑Grundlagenkrise, später jedoch allgemeiner Richtungen der ↑Wissenschaftstheorie, die einen Begriff *konstruktiver Gegenstandskonstitution* und einen darauf bezogenen *konstruktiven Begründungsbegriff* zugrundelegen oder auch neu zu bestimmen suchen (↑Begründung), sowie die in Erweiterung des Programms einer Konstruktiven Wissenschaftstheorie (↑Wissenschaftstheorie, konstruktive) im Sinne der so genannten Erlanger (und Konstanzer) Schule (↑Erlanger Schule) entwickelte Richtung methodischen und dialogischen Philosophierens.

Der K. als eine Gruppe von Versuchen zur Grundlegung von *Logik* und *Mathematik* tritt in mehreren, durch unterschiedliche Konstruktivitätsbegriffe (↑konstruktiv/Konstruktivität) voneinander getrennten Ausprägungen auf. Sie alle stellen die Forderung nach Effektivität oder Konstruktivität an irgendwelche Grundsätze oder Methoden, die in der klassischen Mathematik ohne eine solche Forderung akzeptiert werden, doch sind diese problematisierten Grundsätze und Methoden nicht in allen Richtungen des K. die gleichen. Übereinstimmung besteht innerhalb des K. hinsichtlich der Forderungen an eine *konstruktive Logik* (↑Logik, konstruktive), die im Unterschied zur klassischen Logik (↑Logik, klassische) die Verwendung nur klassisch gültiger ↑Aussageschemata (z. B. das ↑tertium non datur, das ↑Stabilitätsprinzip [s. auch ↑duplex negatio affirmat], das ↑Claviussche Gesetz, die ↑Peircesche Formel) und Schlußweisen (z. B. das indirekte Beweisverfahren zum Beweis affirmativer Aussagen, ↑reductio ad absurdum) ablehnt. Die erste prinzipielle Kritik an der klassischen Auffassung übte L. E. J. Brouwer (1906), dessen ↑›Intuitionismus‹ zwar die reine mathematische Anschauung als Letztinstanz der Geltung mathematischer Aussagen ansieht, aber den mathematischen Konstruktionen als den Gegenständen solcher Anschauungen eine zentrale philosophische Rolle zuweist. Eine positive Charakterisierung des Bestandes an der Brouwerschen Kritik standhaltenden logischen Sätze und Schlußweisen lieferten durch Axiomatisierung (↑System, axiomatisches) A. Heyting (1930) und, in Form einer (noch gewisser Verbesserungen bedürftigen) ›Aufgabenrechnung‹ oder ›Aufgabenlogik‹, A. N. Kolmogorov (1932). Weitergehende Einschränkungen, z. B. die von G. F. C. Griss vorgeschlagene Beschränkung auf eine negationslose Logik (↑Negation), haben für den K. keine bleibende Bedeutung gewonnen.

Hinsichtlich des Aufbaus und Inhalts einer *Konstruktiven Mathematik* (↑Mathematik, konstruktive) gibt es keine völlig einheitliche Auffassung von K.. Während die von Brouwer ausgesprochene (und auch von seinem theoretischen Kontrahenten D. Hilbert übernommene) Warnung vor der naiven Übertragung in endlichen Gegenstandsbereichen gültiger Schlußweisen auf die in der Mathematik den Normalfall bildenden unendlichen Gegenstandsbereiche gemeinsam akzeptiert wird, verwerfen z. B. nicht alle Richtungen des K. die Anwendung des *tertium non datur*, sondern lassen es auf Grund der nachweislichen Widerspruchsfreiheit (↑widerspruchsfrei/Widerspruchsfreiheit) eines solchen Vorgehens als ›fiktiv‹ gültiges Prinzip zu. Andere Richtungen verwerfen das *tertium non datur*, lassen aber imprädikative Begriffsbildungen (↑imprädikativ/Imprädikativität) und die Annahme eines aktual Unendlichen (↑unendlich/Unendlichkeit) oder die Annahme absolut überabzählbarer Gegenstandsbereiche in der Mathematik zu. Wieder andere Systeme der Konstruktiven Mathematik entwickeln eine prädikative Analysis unter Zulassung induktiver Erzeugungsprinzipien für mathematische Objekte, die von anderen Richtungen des K. als unzulässig abgelehnt werden; andererseits gilt manchen Richtungen des mathematischen K. die Beschränkung der zulässigen Methoden auf rekursive Verfahren (↑rekursiv/Rekursivität) als zu eng. Die in weitgehender Übereinstimmung mit dem französischen ↑Halbintuitionismus – der die Darstellbarkeit (↑Darstellung (logischmengentheoretisch)) jeder herangezogenen Menge verlangt und die Nichtabzählbarkeit als einen rein negativen Begriff ansieht –, jedoch nicht im Anschluß an diesen, sondern eher im Anschluß an Ansätze H. Weyls von P. Lorenzen vorgeschlagene konstruktive Begründung der klassischen ↑Analysis benutzt in der Fassung von 1965 fiktiv das *tertium non datur*, vermeidet aber imprädikative Begriffsbildungen und läßt neben der gewöhnlichen ↑Quantifikation über definite ↑Variabilitätsbereiche (↑definit/Definitheit) auch eine ›indefinite‹ Quantifikation zu, die die für die Analysis typischen nicht-abzählbaren Bereiche zu behandeln gestattet, ohne daß man ein absolut überabzählbares Aktual-Un-

endliches und ↑transfinite ↑Kardinalzahlen annehmen müßte. Allen innerhalb des K. unternommenen Grundlegungsversuchen für die Mathematik ist jedoch das Verständnis von Existenzbehauptungen als Behauptungen der prinzipiellen effektiven Aufweisbarkeit eines als existent behaupteten Objekts gemeinsam, wobei sich das ›prinzipiell‹ darauf bezieht, daß von der praktischen Durchführbarkeit innerhalb eines bestimmten Zeitraumes oder mit zu einem bestimmten Zeitpunkt verfügbaren Mitteln abgesehen wird (es wird also unter Umständen statt des konkreten Aufweises eines als existent behaupteten Objekts die Angabe eines Verfahrens akzeptiert, das effektiv zu einem Aufweis führen würde).

Das ↑Kontinuum, dessen Problematik einer der Anlässe zur Entwicklung konstruktivistischer Grundlegungsversuche in der Mathematik war, wird in der konstruktiven Analysis nur als *arithmetisches* Kontinuum behandelt. Das geometrische Kontinuum im traditionellen, nichtprädikativen Sinne wird abgelehnt, und es wird für die Geometrie – nach inzwischen als überholt angesehenen Versuchen zu ihrer vollständigen Begründung durch ↑Homogenitätsprinzipien – auf konstruktivem Wege eine ›formentheoretische‹ Begründung vorgelegt (P. Janich 1976, P. ↑Lorenzen 1977 und 1983, R. Inhetveen 1983). Dabei wird eine Theorie der Formen räumlicher Figuren entwickelt, indem von dem in der Geometrie Euklids (↑Euklidische Geometrie) verwendeten Kongruenzbegriff (↑kongruent/Kongruenz) nur die Form-, nicht die Größengleichheit herangezogen wird und die Aufgabe gelöst wird, die in der Euklidischen Geometrie allein benötigten Größen*verhältnisse* (und nicht schon Größen*gleichheit*) zu definieren (↑Wissenschaftstheorie, konstruktive). Eine so verstandene Geometrie ist Teil einer vor allem von Janich ausgearbeiteten ↑Protophysik, die die zur Begründung der empirischen Physik (nämlich zur Sicherung der ↑Reproduzierbarkeit von Messungen) unentbehrlichen apriorischen (↑a priori) Theoriestücke umfaßt. Von diesen sind im K. der Erlanger Schule außer der reinen Geometrie die ↑Kinematik und die ↑Chronometrie (Janich 1969, 1980) einheitlich begründet worden. Für die Theorie der Massenmessung (↑Hylometrie, ↑Masse) liegen unterschiedliche Ansätze vor, deren einer die Einsteinsche Relativitätstheorie (↑Relativitätstheorie, allgemeine, ↑Relativitätstheorie, spezielle) als eine Revision der Mechanik allein (und nicht von Geometrie und Kinematik) zu interpretieren erlaubt, indem Geometrie und Kinematik als apriorische Teile der Protophysik begründet, aber Masse und elektrische ↑Ladung auf Grund von Konstanzforderungen (↑Konstanz) definiert werden, die durch Ergebnisse von Raum- und Zeitmessungen revidierbar sind (zu weiteren Beiträgen dieser Schule des K. zur Theorie der Formal- und Naturwissenschaften: ↑Wissenschaftstheorie, konstruktive).

In der ↑*Methodologie* vertrat in den 1970er Jahren K. Holzkamp unter der Bezeichnung ›K.‹ einen an operationalistische Ideen (z. B. von P. Duhem, H. Dingler) anschließenden Ansatz in der Methodenlehre der Psychologie; als konstruktiver Aspekt erschien dabei die Ersetzung des traditionellen Induktionsprinzips (↑Induktion) durch ein ›Realisationsprinzip‹, nach dem nicht Realität in Theorien abgebildet wird, sondern in aktivem Handeln reale Verhältnisse, die der Theorie entsprechen, durch Beobachtung ausgewählt und durch Experimente hergestellt werden. Dieser Zugang wird in der heutigen Methodologie kaum noch diskutiert.

In der gegenwärtigen Philosophie spielen unter den sich konstruktiv verstehenden (↑Konstruktion) Richtungen neben dem Radikalen K. (↑Konstruktivismus, radikaler) vor allem der *Methodische K.* der ↑Erlanger Schule zusammen mit seinen Fortentwicklungen eine wichtige Rolle, insbes. (a) in der die ↑Wissenschaftsgeschichte zum integralen Bestandteil einer Konstruktiven Philosophie (↑Philosophie, konstruktive) machenden Konstanzer Schule (J. Mittelstraß) und (b) im Methodischen Kulturalismus (↑Kulturalismus, methodischer) des Marburger Kreises um P. Janich. Zur Weiterbildung des Methodischen K. gehört auch der auf der Herausbildung des (das ↑Vernunftprinzip [↑Vernunft] der Erlanger Schule verallgemeinernden) dialogischen Prinzips durch K. Lorenz beruhende *Dialogische K.* (↑Dialog, ↑Konstruktivismus, dialogischer).

Ungeachtet des Ursprungs der Erlanger Schule im Versuch einer die Philosophie von relativistischem ↑Pluralismus und fundamentalistischem ↑Monismus gleichermaßen wieder befreienden Reform durch eine Rückbesinnung darauf, daß alles Denken, auch das wissenschaftliche, sich einer »Hochstilisierung dessen, was man im praktischen Leben immer schon tut« (Lorenzen 1968, 26), verdankt, widmete sich die Methodische K. zunächst überwiegend wissenschaftstheoretischen Fragen. Z. B. sollen beim Aufbau von ↑Wissenschaftssprachen im Unterschied zu älteren Versuchen (z. B. R. Carnap, Der logische Aufbau der Welt, Berlin 1928) ↑Syntax und ↑Semantik einer Wissenschaftssprache nicht schon nach dem Vorbild einer interpretierten formalen Sprache (↑Sprache, formale) zur Verfügung gestellt, sondern aus deren ↑Pragmatik erst entwickelt werden. Aber schon bei der Durchführung dieser Idee, die sich an ↑Prinzipien wie dem der methodischen Ordnung (= methodisches Prinzip, ↑Prinzip, methodisches, ↑Prinzip der pragmatischen Ordnung) – lücken- und zirkelfreier Aufbau einer Sprache – und dem Transsubjektivitäts- oder Vernunftprinzip (= dialogisches Prinzip, ↑transsubjektiv/Transsubjektivität) – Aufforderung zu einem insbes. bei Geltungsfragen keine beteiligte Person auszeichnenden ›rationalen Dialog‹ (F. Kambartel 1974, ↑Dialog, rationaler) – orientiert, ergeben sich

unterschiedliche Akzentsetzungen: zum einen am Peirceschen Pragmatismus und dem Wittgensteinschen Sprachspielverfahren orientierte Konstruktionen zur Bereitstellung gemeinsamer Gegenstandsbereiche (↑Lehr- und Lernsituation), zum anderen mehr an der ↑Rechtfertigung von ↑Handlungen im Anschluß an Rekonstruktionen Kantischer und Hegelscher Positionen orientierte Überlegungen.

Im Falle des Primats des methodischen Prinzips soll eine übersichtlich geregelte Sprache über die zirkelfreie, schrittweise nachvollziehbare Einführung ihrer Grundprädikatoren (↑Prädikator) hinaus zur Bildung von Aussagen verwendet werden, für die – in den wissenschaftlichen Disziplinen und der Absicht nach auch in anderen Bereichen des kulturellen Miteinander-Lebens und Miteinander-Redens – Begründungen angegeben werden können, die bis auf nicht mehr kontroverse, unmittelbarer Vergewisserung zugängliche und daher konsensfähige Elementarsituationen des lebensweltlichen Erfahrens zurückgehen, auf nicht mehr zirkelfrei hintergehbare (↑Unhintergehbarkeit, ↑Apriori, lebensweltliches) Einsichten also, auf denen Wissenschaften und andere Kulturleistungen letztlich aufbauen. Schritte zur Begründung empirischer Theorien sind dieser Richtung des K. nach (1) die Sicherung einer Basis, beschreibbar als das in elementarem Unterscheidungs- und Orientierungswissen sowie elementarem Herstellungswissen enthaltene *vortheoretische* (↑vorwissenschaftlich) *Apriori* (↑Unterscheidung), (2) darauf aufbauend die Herausarbeitung des *meßtheoretischen Apriori* zur Sicherung der Objektivität empirischer Meßverfahren sowie (3) in Abhängigkeit von den genannten Voraussetzungen der deduktive Aufbau der empirischen Theorien selbst.

Im Falle des Primats des dialogischen Prinzips soll das Auseinandertreten von Handeln und Sprechen (Pragmatik und ↑Semiotik) in Gestalt einer *logischen* (also weder faktisch-historischen noch normativen, vielmehr allein [Handlungs-]Möglichkeiten aufzeigenden) ↑Genese aus dialogischen Elementarsituationen (= Lehr- und Lernsituationen) so vorgeführt werden, daß der menschliche Handlungsspielraum (↑Handlung) zunehmend differenzierter bestimmbar wird und insbes. die Begründungsproblematik nur als Spezialfall bei der Bestimmung des Zusammenhangs von Sprechen und Handeln, nämlich bezüglich Konfliktfreiheit, auftritt. Hier setzen die Überlegungen des Dialogischen K. ein, insofern es in der Konstruktiven Philosophie bei der Rekonstruktion von ↑Erfahrung nicht nur um die Rekonstruktion insbes. wissenschaftlicher Aussagen (bzw. Aussagensysteme) geht, sondern auch um die Rekonstruktion der Gegenstände, über die diese Aussagen gemacht werden. Nicht nur das Zeichenhandeln (↑Zeichenhandlung), auch das schlichte Handeln folgt dem dialogischen Prinzip: Neben der Polarität von (Etwas-)Sagen und

(Etwas-)Verstehen steht die Polarität von (aktivem) Vollziehen und (passivem) Erleben, also von Sprechen und Hören im Falle des Zeichenhandelns, wenn es nur als Handeln und nicht auch als Zeichen verstanden ist.

Während die Sachprobleme im Detail oft mit den von anderen wissenschaftstheoretischen Richtungen gesehenen Problemen zusammenfallen und dann lediglich anders gedeutet werden (einen anderen ›methodologischen Ort‹ erhalten), liegt das philosophische Hauptproblem des konstruktivistischen Begründungskonzepts im Aufweis methodologischer ↑Anfänge nicht nur wissenschaftlicher Disziplinen, sondern begründenden und allgemeiner vernünftigen Redens überhaupt. Kritik erfuhr der K. der Erlanger Schule seitens der Analytischen Philosophie (↑Philosophie, analytische) und des Kritischen Rationalismus (↑Rationalismus, kritischer) unter Berufung auf das so genannte ↑Münchhausen-Trilemma, seitens konkurrierender Richtungen des K. mit dem Vorwurf unzureichender Behandlung eben dieses Anfangsproblems. Neben dem Anfangsproblem stehen eher ›technische‹ Probleme des methodischen Sprachaufbaus, die jedoch reich an philosophischen Implikationen sind, z. B. die vielfältige Verwendung des von Lorenzen formulierten Verfahrens der ↑Abstraktion (↑abstrakt), das die traditionelle (und gegenwärtige) Rede von ›abstrakten Entitäten‹ in beträchtlichen Teilen zu rekonstruieren und metaphysikfrei zu begründen erlaubt (und so die herkömmliche Definitionslehre um einen wesentlichen Inhalt bereichert), aber auch, unabhängig vom Begründungsproblem, die besonders von K. Lorenz behandelten Verfahren der ↑Individuation, die für die Rede von (Einzel-)Dingen wie auch für die Konstitution von Gegenstandsbereichen unerläßlich sind.

In ausführlichen Lehrbüchern (Logische Popädeutik, 1967, ²1973; Konstruktive Logik, Ethik und Wissenschaftstheorie, 1973, ²1975) ist das Grundprogramm des K. der Erlanger (und Konstanzer) Schule dargestellt, in dem zweiten genannten Buch auch über Logik, Mathematik und Naturwissenschaften hinaus bis in die Wissenschaftstheorie der Kulturwissenschaften (= Geistes- und Sozialwissenschaften) hinein ausgeführt, wobei diesen im Unterschied zum mathematischen und technischen Wissen das historische und das praktische Wissen zugeordnet wird. Im Mittelpunkt stehen die Untersuchung der Zweck-Mittel-Relation (↑Zweck, ↑Mittel), die Argumentation um Zwecksetzungen und Mittelvorschläge, die Bedürfniskritik (↑Bedürfnis), die Kulturdeutung und Kulturkritik (↑Kultur), wobei gerade hier das *Transsubjektivitätsprinzip* (↑transsubjektiv/Transsubjektivität) oder ↑*Vernunftprinzip* in besonderer Rolle auftritt. Die Begründung von ↑Werturteilen und moralischen Aussagen wird dabei nicht wie in anderen Richtungen der Wissenschaftstheorie als unmöglich betrachtet; doch gelten als einer moralischen

Begründung zugänglich nur konfliktrelevante Handlungen, und nur solche sind bei der Bildung von praktischem Wissen zu berücksichtigen. Meinungsverschiedenheiten über die Möglichkeit einer Konstruktiven Ethik führten bald zu unterschiedlichen Entwicklungen auf praktisch-ethischem Gebiet. Während Kamlah in seiner »Philosophischen Anthropologie« schon 1972 darauf verzichtet, Techniken für ↑normative Diskurse über Anwendungen der von ihm aufgestellten ›praktischen Grundnorm‹ (»Beachte, daß die Anderen bedürftige Menschen sind wie du selbst, und handle demgemäß«, a. a. O., 95) anzubieten, und ihr lieber eine eudämonistische Ethik (↑Eudämonismus) an die Seite stellt, lehnt Lorenzen in seinem »Lehrbuch der konstruktiven Wissenschaftstheorie« 1987 jede ↑Individualethik ab und widmet sich der Arbeit an Prinzipienfragen ethisch-politischer Wissenschaften unter Verzicht auf eine Sprache für seelische und geistige Vorgänge. Wenn Lorenzen hier von einer ›praktizistischen‹ Wende spricht, ist mit ›Praxis‹ stets die politische Praxis gemeint.

Eine ›kulturalistische Wende‹ betreibt der Methodische Kulturalismus (↑Kulturalismus, methodischer), wobei die Wahl dieses Terminus nicht nur die Frontstellung gegen den in vielen Fachwissenschaften und in der Erkenntnistheorie derzeit vorherrschenden ↑Naturalismus sichtbar machen soll, sondern auch die Ausdehnung konstruktiven Denkens auf weitere Bereiche des kulturellen Lebens und der Lebenswelt über Sprachphilosophie und exakte Wissenschaften hinaus. Die Beschränkung auf wortsprachlich fixiertes Denken, wie sie in der Erlanger Schule ursprünglich vorherrscht, soll durch Einbeziehung handlungstheoretischer Aspekte überwunden werden, und zwar nicht individualistisch vorgehend wie gewöhnlich in ↑Handlungstheorien, sondern unter ausdrücklicher Berücksichtigung der Gemeinschaftlichkeit der Handelnden in der Lebenspraxis. Damit kommt es, namentlich in der Kritik am K., zur Einforderung eines bestimmteren Lebensweltbegriffs (↑Lebenswelt) jenseits von Verweisen auf den späten Husserl, die Neue Phänomenologie H. Schmitz' und C. F. Gethmanns prädiskursive Konsense. Auch für die Wissenschaftstheorie sind solche genaueren Analysen der Lebenswelt wichtig, weil der methodische K. die Etablierung von Protodisziplinen für nicht-messende Wissenschaften ursprünglich als nicht sinnvoll erachtet, während der (Wissenschaft ebenfalls als Hochstilisierung lebensweltlicher Leistungen verstehende) Kulturalismus zahlreiche Prototheorien eingeführt hat, freilich mit der liberalisierten Aufgabe, die ›Gegenstände‹ der rekonstruierten Disziplinen zu konstituieren und ihre Grundbegriffe zu bestimmen. – Damit ist neben der Rehabilitierung genuin erkenntnistheoretischer Fragen als Themas einer Konstruktiven Philosophie für den

Methodischen Kulturalismus ebenso wie für den Dialogischen K. die Einbeziehung der ↑Poiesis, also des technischen und handwerklichen Handelns, in den Aufbau einer Konstruktiven Philosophie wesentlich, auch wenn im K. bislang das poietische Handeln in Bildender Kunst, Musik und Literatur eher vernachlässigt wurde (vgl. jedoch G. Gabriel 1975 und 1991). Allgemein ist es das Ziel des K., durch ↑Rekonstruktion der Lebenspraxis, ihrer Hochstilisierungen und der Rede über sie (↑Sprachkritik) ↑Rechtfertigungen zu ermöglichen, sie also argumentativ vertretbar zu machen und zugleich ihrerseits begründeten Revisionen offenzuhalten, und somit die Gemeinsamkeit von Orientierungen in allen Bereichen menschlichen Zusammenlebens effektiv mit Mitteln einer dialogischen Vernunft allein herzustellen.

Literatur: H. Albert, K. oder Realismus? Bemerkungen zu Holzkamps dialektischer Überwindung der modernen Wissenschaftslehre, Z. Sozialpsychol. 2 (1971), 5–23, Neudr. in: ders., Konstruktion und Kritik. Aufsätze zur Philosophie des kritischen Rationalismus, Hamburg 1972, ²1975, 342–373; E. Bishop, Foundations of Constructive Analysis, New York 1967; R. E. Butts/J. R. Brown (eds.), Constructivism and Science. Essays in Recent German Philosophy, Dordrecht/Boston Mass./London 1989; U. Dettmann, Der radikale K.. Anspruch und Wirklichkeit einer Theorie, Tübingen 1999; S. M. Downes, Constructivism, REP II (1998), 624–630; H. Ende, Der Konstruktionsbegriff im Umkreis des deutschen Idealismus, Meisenheim 1973; FM I (²1994), 671–673 (constructivismo); H. v. Foerster u. a., Einführung in den K., München 1985, ¹⁰2008; J. Friedmann, Kritik konstruktivistischer Vernunft. Zum Anfangs- und Begründungsproblem bei der Erlanger Schule, München 1981; G. Gabriel, Fiktion und Wahrheit. Eine semantische Theorie der Literatur, Stuttgart-Bad Cannstatt 1975; ders., Zwischen Logik und Literatur. Erkenntnisformen von Dichtung, Philosophie und Wissenschaft, Stuttgart 1991; Y. Gauthier, Constructivisme et structuralisme dans les fondements des mathématiques, Philosophiques 1 (Montreal 1974), 83–105, Neudr. in: ders., Fondements des mathématiques [s. u.], 271–304; ders., Fondements des mathématiques. Introduction à une philosophie constructiviste, Montréal 1976; D. Gerhardus, Ästhetisches Handeln. Skizze in konstruktiver Absicht, in: K. Lorenz (ed.), Konstruktionen versus Positionen [s. u.] II, 146–183; C. F. Gethmann, Phänomenologie, Lebensphilosophie und Konstruktive Wissenschaftstheorie. Eine historische Skizze zur Vorgeschichte der Erlanger Schule, in: ders. (ed.), Lebenswelt und Wissenschaft. Studien zum Verhältnis von Phänomenologie und Wissenschaftstheorie, Bonn 1991, 28–77; J. Golinski, Making Natural Knowledge. Constructivism and the History of Science, Cambridge/New York 1998, Chicago Ill./London 2005; N. Goodman/J. Myhill, The Formalization of Bishop's Constructive Mathematics, in: F. W. Lawvere (ed.), Toposes, Algebraic Geometry and Logic, Berlin/Heidelberg/New York 1972, 83–96; G. Haas, Zur konstruktiven Begründung der Analysis. Ein Beitrag zur Klärung des Konstruktivitätsbegriffs, Diss. Aachen 1975; ders., Der K., in: R. Posner/K. Robering/T. A. Sebeok (eds.), Semiotik/Semiotics. Ein Handbuch zu den zeichentheoretischen Grundlagen von Natur und Kultur II, Berlin/New York 1998, 2162–2169; H. Hermes, On the Notion of Constructivity, in: B. Dejon/P. Henrici (eds.), Constructive Aspects of the Fundamental Theorem of Algebra (Proceedings of a Symposium Conducted at the IBM Research Laboratory, Zürich-Rüschlikon, Switzerland, June 5–7, 1967), London etc. 1969, 115–129; R. Hesse, An Introduction to the Constructivist Philosophy of the Erlangen School, Int. Philos. Quart. 19 (1979), 353–362; K. Holzkamp, Konventionalismus und K., Z. Sozialpsychol. 2 (1971), 24–39, Neudr. in: ders., Kritische Psychologie. Vorbereitende Arbeiten, Frankfurt 1972, 1977, 147–171; J. M. E. Hyland, Aspects of Constructivity in Mathematics, in: R. O. Gandy/J. M. E. Hyland (eds.), Logic Colloquium 76. Proceedings of a Conference Held in Oxford in July 1976, Amsterdam/New York/Oxford 1977, 439–454; ders., Applications of Constructivity, in: L. J. Cohen/J. Łoś/H. Pfeiffer/K.-P. Podewski (eds.), Logic, Methodology and Philosophy of Science VI (Proceedings of the Sixth International Congress of Logic, Methodology and Philosophy of Science, Hannover, 1979), Amsterdam/New York/Oxford, Warschau 1982, 145–152; R. Inhetveen, Konstruktive Geometrie. Eine formentheoretische Begründung der euklidischen Geometrie, Mannheim/Wien/Zürich 1983; M. Jäger, Die Philosophie des K. auf dem Hintergrund des Konstruktionsbegriffes, Hildesheim/Zürich/New York 1998; P. Janich, Die Protophysik der Zeit, Mannheim/Wien/Zürich 1969, erw. mit Untertitel: Konstruktive Begründung und Geschichte der Zeitmessung, Frankfurt ²1980 (engl. Protophysics of Time. Constructive Foundation and History of Time Measurement, Dordrecht/Boston Mass./Lancaster 1985 [Boston Stud. Philos. Sci. XXX]); ders., Zur Protophysik des Raumes, in: G. Böhme (ed.), Protophysik. Für und wider eine konstruktive Wissenschaftstheorie der Physik, Frankfurt 1976, 83–130; ders., Erlanger Schule und konstruktiver Realismus, in: F. G. Wallner/J. Schimmer/M. Costazza (eds.), Grenzziehungen zum konstruktiven Realismus. Beiträge zweier Kongresse, Wien 1993, 28–38; ders., K. und Naturerkenntnis. Auf dem Weg zum Kulturalismus, Frankfurt 1996; ders., Das Maß der Dinge. Protophysik von Raum, Zeit und Materie, Frankfurt 1997; ders., K., EP I (1999), 722–726; F. Kambartel, Wie ist praktische Philosophie konstruktiv möglich? Über einige Mißverständnisse eines methodischen Verständnisses praktischer Diskurse, in: ders. (ed.), Praktische Philosophie und konstruktive Wissenschaftstheorie, Frankfurt 1974, 9–33; ders., Erfahrung und Struktur. Bausteine zu einer Kritik des Empirismus und Formalismus, Frankfurt 1968, ²1976; ders./J. Mittelstraß (eds.), Zum normativen Fundament der Wissenschaft, Frankfurt 1973; W. Kamlah, Philosophische Anthropologie. Sprachkritische Grundlegung der Ethik, Mannheim/Wien/Zürich 1972, 1984; ders./P. Lorenzen, Logische Propädeutik oder Vorschule des vernünftigen Redens, Mannheim 1967, unter dem Titel: Logische Propädeutik. Vorschule des vernünftigen Redens, Mannheim/Wien/Zürich ²1973, 1990, Stuttgart ³1996 (engl. Logical Propaedeutic. Pre-School of Reasonable Discourse, Lanham Md. 1984); A. Kukla, Social Constructivism and the Philosophy of Science, London 2000; H. Lauener, Semantique et méthode constructiviste, Log. anal. 21 (1978), 205–235; K. Lorenz, Elemente der Sprachkritik. Eine Alternative zum Dogmatismus und Skeptizismus in der Analytischen Philosophie, Frankfurt 1970, 1971; ders. (ed.), Konstruktionen versus Positionen. Beiträge zur Diskussion um die Konstruktive Wissenschaftstheorie, I–II, Berlin/New York 1979; ders., The Concept of Science. Some Remarks on the Methodological Issue ›Construction‹ versus ›Description‹ in the Philosophy of Science, in: P. Bieri/R.-P. Horstmann/L. Krüger (eds.), Transcendental Arguments and Science. Essays in Epistemology, Dordrecht 1979, 177–190; ders., Sprachphilosophie, in: H. P. Althaus/H. Henne/H. E. Wiegand (eds.), Lexikon der Germanistischen Linguistik, Tübingen ²1980, 1–28; ders., Dialogischer K., Berlin/New York

2009; P. Lorenzen, Ein dialogisches Konstruktivitätskriterium, in: Infinitistic Methods. Proceedings of the Symposium on Foundations of Mathematics, Warsaw, 2–9 September 1959, Warschau etc. 1961, 193–200, Neudr. in: ders./K. Lorenz, Dialogische Logik, Darmstadt 1978, 9–16; ders., Die klassische Analysis als eine konstruktive Theorie, in: Studia logico-mathematica et philosophica. In Honorem Rolf Nevanlinna [...], Helsinki 1965 (Acta Philosophica Fennica XVIII), 81–94, Neudr. in: ders., Methodisches Denken [s. u.], 104–119; ders., Methodisches Denken, Frankfurt 1968, ³1988; ders., Konstruktive Wissenschaftstheorie, Frankfurt 1974; ders., Konstruktive und axiomatische Methode, in: ders., Konstruktive Wissenschaftstheorie [s. o.], 219–234; ders., K. und Hermeneutik, in: ders., Konstruktive Wissenschaftstheorie [s. o.], 113–118; ders., Eine konstruktive Theorie der Formen räumlicher Figuren, Zentralbl. f. Didaktik der Math. 9 (1977), 95–99, Nachdr. in: M. Svilar/A. Mercier (eds.), L'Espace. Institut International de Philosophie. Entrétiens de Berne, 12–16 Septembre 1976 / Space. International Institute of Philosophy. Entrétiens in Berne, 12–16 September 1976, Bern/Frankfurt/Las Vegas, Nev. 1978, 109–129; ders., Lehrbuch der konstruktiven Wissenschaftstheorie, Mannheim/Wien/Zürich 1987, Stuttgart/Weimar 2000; ders./O. Schwemmer, Konstruktive Logik, Ethik und Wissenschaftstheorie, Mannheim/Wien/Zürich 1973, ²1975; K. Mainzer, Mathematischer K. im Lichte Kantischer Philosophie, Philos. Math. 9 (1972), 3–26; ders., Kants philosophische Begründung des mathematischen K. und seine Wirkung in der Grundlagenforschung. Mit einem Anhang: Zur mathematischen Präzisierung des konstruktiven Prädikativismus, Diss. Münster 1973; ders., K., Hist. Wb. Ph. IV (1976), 1019–1021; A. A. Markov, On Constructive Mathematics [russ. 1962], Amer. Math. Soc. Translations Ser. 2, 98 (1971), 1–9; ders., Essai de construction d'une logique de la mathématique constructive, Rev. int. philos. 25 (1971), 477–507; P. Martin-Löf, Constructive Mathematics and Computer Programming, in: L. J. Cohen/J. Łoś/H. Pfeiffer/K.-P. Podewski (eds.), Logic, Methodology and Philosophy of Science [s. o.], 153–175; D. C. McCarty, Constructivism in Mathematics, REP II (1998), 632–639; M. Medina, Grundlagen einer konstruktiven Wahrscheinlichkeitstheorie, in: K. Lorenz (ed.), Konstruktionen versus Positionen [s. o.] I, 233–244; C. Meierhofer, Nihil ex Nihilo. Zum Verhältnis von K. und Dekonstruktion, Berlin 2006; J. Mittelstraß, Die Möglichkeit von Wissenschaft, Frankfurt 1974; ders., Historische Analyse und konstruktive Begründung, in: K. Lorenz (ed.), Konstruktionen versus Positionen [s. o.] II, 256–277; ders. (ed.), Der K. in der Philosophie im Ausgang von Wilhelm Kamlah und Paul Lorenzen, Paderborn 2008; J. Myhill, Constructive Set Theory, J. Symb. Log. 40 (1975), 347–382; O. O'Neill, Constructivism in Ethics, REP II (1998), 630–632; S. A. Rasmussen, The Erlangen School. A Critical Note on Their Foundational Programme, Danish Yearbook Philos. 18 (1981), 23–44; A. Ros, Philosophie und Methode. Zu Aporien bei Kant, Piaget, Wittgenstein und dem philosophischen K., nebst einem Alternativvorschlag, Königstein 1979; B. Rosser, Constructibility as a Criterion for Existence, J. Symb. Log. 1 (1936), 36–39; H. J. Sandkühler (ed.), Konstruktion und Realität. Wissenschaftsphilosophische Studien, Frankfurt etc. 1994; B. Sandywell, Constructivism, IESS II (²2008), 96–99; N. A. Šanin, On the Constructive Interpretation of Mathematical Judgments [russ. 1958], Amer. Math. Soc. Translations Ser. 2, 23 (1963), 109–189; F. B. Simon, Einführung in Systemtheorie und K., Heidelberg 2006, ³2008; C. Thiel, ¿Qué significa ›constructivismo‹?, Teorema 7 (1977), 5–21; N. Tomaschek, Der K.. Versuch einer Darstellung der konstruktiv(isti-sch)en Philosophie, Regensburg 1999; A. Troelstra, Aspects of Constructive Mathematics, in: J. Barwise (ed.), Handbook of Mathematical Logic, Amsterdam etc. 1977, 1993, 973–1052; N. Ursua, Ciencia y verdad en la teoria constructivista de la escuela de Erlangen, Teorema 10 (1980), 175–190; G. Weippert jun., Untersuchungen zur konstruktiven Begründung der Wahrscheinlichkeitstheorie, Diss. Erlangen 1977; H. Wohlrapp, Analytischer und konstruktiver Wissenschaftsbegriff, in: K. Lorenz (ed.), Konstruktionen versus Positionen [s. o.] II, 348–377; P. Zahn, Ein konstruktiver Weg zur Maßtheorie und Funktionalanalysis, Darmstadt 1978; weitere Literatur: ↑Erlanger Schule, ↑Wissenschaftstheorie, konstruktive.   C. T.

Konstruktivismus, dialogischer, Bezeichnung für eine Fortentwicklung des ↑Konstruktivismus der ↑Erlanger Schule, die auf K. Lorenz im Anschluß an die von ihm und P. Lorenzen betriebene dialogische Fundierung der formalen Logik (↑Logik, dialogische) zurückgeht. Sie beruht auf der Herausarbeitung der Binnenstruktur des zunächst nur für Begründungsleistungen, insbes. in der Praktischen Philosophie (↑Philosophie, praktische), in Anspruch genommenen ↑Vernunftprinzips. Dieses wird als ein für beide Ebenen, die der Gegenstände (insbes. ↑Handlungen) und die der Zeichen (insbes. ↑Zeichenhandlungen), samt deren Zusammenhang maßgebendes *dialogisches Prinzip* (↑Dialog) bestimmt: ›Achte beim Umgang mit Menschen und Sachen stets auf den Unterschied von Ich-Rolle und Du-Rolle einer Handlungsausübung!‹ Speziell beim Reden kommt es daher auf die Unterschiede sowohl zwischen Sprechen und Hören (Reden als Handlung) als auch zwischen (Etwas-)Sagen und (Etwas-)Verstehen (Reden als Zeichenhandlung) an. Dann läßt sich begreifen, daß auch das Prinzip methodischer Ordnung (↑Prinzip, methodisches, ↑Prinzip der pragmatischen Ordnung), wie es den Konstruktivismus neben dem Prinzip vernünftigen Argumentierens, dem Vernunftprinzip in seiner auf Sprachhandlungen beschränkt verstandenen Fassung, ursprünglich charakterisiert, als ein dynamischer, im Kern ebenfalls dialogischer Zusammenhang *zweier* Prinzipien, eines methodischen und eines begrifflichen, zu explizieren ist.

Das methodische Prinzip betrifft den methodischen, also lückenlosen und zirkelfreien, Aufbau von Wissenschaft und Philosophie (↑Konstruktivismus), das begriffliche Prinzip ihre begriffliche, also durch Invarianzbedingungen an die sprachlichen Hilfsmittel ausgezeichnete, Organisation. Beim *methodischen Aufbau*, der sich an der Erzeugung von lehr- und lernbarem Können orientiert (↑Lehren und Lernen), geht es dabei nicht nur um den Aufbau einer ↑Wissenschafts*sprache*, sondern auch um den damit stets verbundenen Aufbau, d. i. die ↑Konstitution, der Gegenstände, über die geredet wird, was anfangs in der Erlanger Schule begrifflich nicht gesondert worden ist. So ließ sich auch die Eigenständigkeit *begrifflicher Organisation,* die allgemeines Wissen und nicht lehr- und lernbares Können zum Ziel hat, nicht hinreichend deutlich machen. Das wiederum hatte unter anderem zur Folge, daß der Unterscheidung zwischen einer praktischen Ebene und einer theoretischen Ebene, also zwischen dem Können in der ↑Lebenswelt (z. B. korrektes Zählen und Rechnen) und dem Wissen in der Wissenschaft (z. B. in Gestalt wahrer arithmetischer ↑Aussagen) – griechisch: zwischen τέχνη und ἐπιστήμη – keine grundsätzliche Rolle zugewiesen wurde, ein Versäumnis, dessen Behebung sich der *methodische Kulturalismus* (↑Kulturalismus, methodischer), ebenfalls eine Weiterentwicklung des Konstruktivismus, zur besonderen Aufgabe gemacht hat. Es ist das als dialogisches Prinzip explizierte uneingeschränkte Vernunftprinzip, das für den Zusammenhang des methodischen und des begrifflichen Prinzips verantwortlich ist, indem es für eine *Stabilisierung des Könnens* und eine *Objektivierung des Wissens* sorgt.

Damit erweitert sich der d. K. zum Programm einer *dialogischen Philosophie* (↑Philosophie, dialogische), die hinsichtlich ihrer Methode und ihres Gegenstandes dialogisch ist. Im *Abbau* von Erfahrung, also zunächst der in der Lebenswelt längst bereitliegenden und für gegeben gehaltenen Gliederungen, einer gegenüber E. Husserl radikalisierten *phänomenologischen Reduktion* (↑Reduktion, phänomenologische), weil nicht – epistemologisch – Geltungsansprüche ›eingeklammert‹ werden, sondern sogar – ontologisch – die solchen Ansprüchen zugrundeliegenden gegenständlichen Gliederungen, z. B. einer Handlungsausübung in Akteur und Akt, läßt sich schrittweise die dialogische ↑Konstruktion sichtbar machen, nämlich der *Aufbau* von Erfahrung durch Herstellung eines Modells eben dieser Gliederungen in Verallgemeinerung der ↑Sprachspiele L. Wittgensteins, die wie ›Maßstäbe‹ an die Wirklichkeit angelegt werden (vgl. Philos. Unters., §§ 130–133): Erfahrung, und zwar das individuelle Erfahrungen-Machen (praktisch im Hervorbringen, d. i. sich in Ich-Rolle erfahrend, und theoretisch im Wahrnehmen, d. i. sich in Du-Rolle erfahrend) ebenso wie das soziale Erfahrungen-Machen, indem man Erfahrungen teilt (in praktischer und theoretischer Vermittlung, d. i. in Einübung und in ↑Artikulation), wird *rekonstruiert* (↑Rekonstruktion).

Die Stabilisierung des Könnens erfolgt im d. n K. durch *Distanzierung,* was sinnlich-symptomatisches Wissen zur Folge hat, insbes. in den Künsten (↑Kunst) – jemand weiß, was er/sie kann und auch grundsätzlich jedem/jeder in einem Lehr- und Lernprozeß weiterzugeben vermag –, während die Objektivierung des Wissens ein Ergebnis von *Aneignung* ist und sprachlich-symbolisches Können nach sich zieht, insbes. in den ↑Wissenschaften – jemand kann sagen und vermag auch grundsätzlich jedem/jeder gegenüber in einem Argumentati-

onsprozeß zu vertreten, was er/sie weiß. Sowohl Distanzierung als auch Aneignung sind Funktionen von ↑Handlungen, deren Erwerb in (mehrfach zu iterierenden) *dialogischen Elementarsituationen* rekonstruiert wird (↑Lehr- und Lernsituation). Dabei bildet die dialogische Polarität von Handlungen – ›aktive‹ Ich-Rolle im ↑singularen Handlungsvollzug und ›passive‹ Du-Rolle im ↑universalen Handlungserleben während partikularer Handlungsausübungen – den Ausgangspunkt für die Herausarbeitung der beiden komplementären Charaktere von Handlungen, nämlich einerseits funktional, als Mittel der Erfahrung von Gegenständen insbes. im Umgang mit ihnen, und andererseits gegenständlich, als Gegenstände eigenen Rechts aufzutreten, nämlich in Gestalt von partikularen Akten als (konkreten) Instanzen ebenso partikularer (abstrakter) Typen (↑type and token). Funktional erfolgt die Aneignung eines Gegenstandes durch Vollzüge des Umgehens mit ihm, d. i. dessen *Pragmatisierung* bei Einnahme der Ich-Rolle, die Distanzierung eines Gegenstandes hingegen durch Bilder des Umgehens mit ihm, d. i. dessen *Semiotisierung* bei Einnahme der Du-Rolle. Der Handlungsvollzug wird zu einem ↑Index des Gegenstandes und das Handlungsbild zu einem ↑Ikon desselben: Das Umgehen mit einem Gegenstand hat funktional den Status einer Handlungs*sprache.* Daher tragen Handlungen, insbes. das Umgehen mit Gegenständen, funktional einen (die Welt begreifenden) *epistemischen* Charakter, gegenständlich einen (in die Welt) *eingreifenden* Charakter. Der Zusammenhang beider Charaktere läßt sich wie folgt ausdrücken: Ein Akt als Instanz eines Handlungstyps ist eine solche Handlungsausübung eines Akteurs, die er – in Ich-Rolle – durch Vollziehen aktualisiert (↑Aktualisierung) und – in Du-Rolle – durch Erleben schematisiert (↑Schematisierung). Wer aus der Perspektive einer dritten Person eine Handlungsausübung z. B. sieht und dem Ausübenden die Tat zuschreibt, unterstellt, daß dieser Ich-Rolle und Du-Rolle eingenommen, also die Handlung aktualisiert und schematisiert hat, was sich gerade *nicht* sehen oder mit irgendeinem anderen Sinn feststellen läßt. Nur dadurch, daß der Dritte zu einem Gegenüber des Akteurs wird und genau dann die Du-Rolle bzw. Ich-Rolle einnimmt, wenn der Akteur selbst die Ich-Rolle bzw. Du-Rolle einnimmt, kann der Dritte tatsächlich dem Akteur die Tat zuschreiben; er ist dann nicht mehr bloß Zuschauer in der dritten Person, sondern ›Mitspieler‹, ein zur Übernahme beider Dialogrollen fähiges Gegenüber.

Es ist das Wechselspiel von Aneignung und Distanzierung im Umgang mit Menschen und Sachen, auch sich selbst gegenüber, das im d. n K. sowohl betrieben als auch thematisiert wird. Reaktion auf eine Aktion wäre nicht möglich, würde man nicht zuvor wissen, was der/die Agierende tut. Entsprechend würde eine Antwort nicht als Antwort gelten, ginge nicht irgendein Wissen davon voraus, was der/die Redende gesagt hat. Jede[r] Handelnde verfügt im Vollzug auch über ein Bild seiner/ihrer Handlung, ebenso wie jede[r] Redende beim Reden damit auch etwas meint. Erst dann ist die Konfrontation mit dem regelmäßig davon verschiedenen Verstehen des Handelns und Redens seitens der handelnd und redend darauf Reagierenden überhaupt erst artikulierbar. Das aber ermöglicht einen Prozeß des Voneinander-Lernens, in dem die anfängliche Konfrontation in eine Folge immer wieder neuer Auseinandersetzungen im Sinne verallgemeinerter Dialoge, auf der Sprach- *und* auf der Handlungsebene, verwandelt wird.

Literatur: J. van Benthem u. a. (eds.), The Age of Alternative Logics. Assessing Philosophy of Logic and Mathematics Today, Dordrecht 2006; A. De, Widerspruch und Widerständigkeit. Zur Darstellung und Prägung räumlicher Vollzüge personaler Identität, Berlin/New York 2005; K. Lorenz, D. K., Berlin/New York 2009; ders., Logic, Language and Method. On Polarities in Human Experience. Philosophical Papers, Berlin/New York 2010; S. Marienberg, Zeichenhandeln. Sprachdenken bei Giambattista Vico und Johann Georg Hamann, Tübingen 2006; J. Mittelstraß (ed.), Der Konstruktivismus in der Philosophie im Ausgang von Wilhelm Kamlah und Paul Lorenzen, Paderborn 2008; F. Tremblay, La rationalité d'un point de vue logique. Entre dialogique et référentialisme. Étude comparative de Lorenzen et Brandom, Nancy 2008 [elektronische Ressource]; D. Vanderveken (ed.), Logic, Thought and Action, Dordrecht 2005; G. Wolters/M. Carrier (eds.), Homo Sapiens und Homo Faber. Epistemische und technische Rationalität in Antike und Gegenwart. Festschrift für Jürgen Mittelstraß, Berlin/New York 2005.   K. L.

Konstruktivismus, radikaler, Bezeichnung für eine auf E. V. Glasersfeld zurückgehende, sich an J. Piagets entwicklungspsychologischen K. (Herstellung eines Gleichgewichts unseres konstruierenden Erkenntnisvermögens zwischen Assimilation – sich das zu Erkennende anpassen – und Akkomodation – sich dem Erkennenden anpassen) anschließende erkenntnistheoretische Position. Die drei wichtigsten Wurzeln des r.n K. liegen in Kybernetik, in Entwicklungs- und Sprachpsychologie sowie in systemtheoretisch betriebener Neurobiologie. Alle Spielarten des r.n K. werden geeint von einer strikten Ablehnung korrespondenztheoretischer ↑Wahrheitstheorien und ontologisch-realistischer Wirklichkeitsauffassungen (↑Realismus (ontologisch)) sowie von einem letztlich instrumentalistischen (↑Instrumentalismus) Verständnis von Erkennen einschließlich der wissenschaftlichen Erkenntnis. Betont wird eine Tradition, die sich auf die antike ↑Skepsis (Skeptizismus), auf G. Berkeley, G. Vico, I. Kant und andere Autoren konstruktiver Auffassungen der Wahrnehmungs- und Erkenntnistätigkeiten berufen.

Heterogen erweisen sich im »Diskurs des R.n K.« (S. J. Schmidt) die Entwicklungslinien, die (1) mit einem ›operativen‹ r.n K. (H. v. Foerster) bei Selbstregulie-

rungstheorien ansetzen, die (2) von einer Kritik an positivistischen (↑Positivismus (historisch)) Biologieverständnissen ausgehen und mit einem systemtheoretisch (↑Systemtheorie) oder als Autopoiesistheorien (↑Autopoiesis) formulierten Ansatz an Ergebnisse der ↑Hirnforschung anschließen (H. R. Maturana, F. J. Varela), die (3) einen gegenüber der evolutionären Erkenntnistheorie (↑Erkenntnistheorie, evolutionäre) kritischen und sprachphilosophisch interessierten ↑Instrumentalismus der Wissenschafts- und Erkenntnistheorie postulieren (E. V. Glasersfeld), die (4) in einer Orientierung am naturwissenschaftlichen Stufenbau Physik, Chemie, Biologie, Psychologie, Soziologie den r. K.n als Umkehr eines naturwissenschaftlichen ↑Reduktionismus verstehen (G. Rusch), die (5) eine Harmonisierung mit Naturwissenschaften durch einen ›nichtreduktiven ↑Physikalismus‹ betreiben (G. Roth, H. Schwegler), die (6) vom Scheitern wissenschaftlicher Verobjektivierungen als Kränkung ausgehen und die Einbettung des Beobachters in die lebensweltlichen Verhältnisse zwischenmenschlicher Beziehungen suchen (K. Reich), und die schließlich (7) die naturalistische Grundorientierung des r.n K. erkennen und sich – etwa in literatur-, kunst- und kulturwissenschaftlichen Ansätzen – vom Naturalismus, teilweise sogar vom r.n K. selbst, verabschieden (Schmidt). – Auffallend ist an den verschiedenen Spielarten des r. n K., daß sie ihren Schwerpunkt in erkenntnistheoretischen Prinzipiendiskussionen behalten und im Unterschied etwa zum Methodischen K. (↑Wissenschaftstheorie, konstruktive) und zum Methodischen Kulturalismus (↑Kulturalismus, methodischer) nur selten in Rekonstruktionen von Fachwissenschaften eingreifen; dagegen haben sich einflußreiche Anwendungen des r.n K. in Psychologie, Erziehungswissenschaften, Beratungs- und Trainings-Institutionen etabliert.

Literatur: H. v. Foerster, Observing Systems, Seaside Calif. 1981, [2]1984; ders. u. a., Einführung in den K., München 1985, rev. München/Zürich 1992, 2009; E. V. Glasersfeld, Radical Constructivism. A Way of Knowing and Learning, London/Washington D. C. 1995, 2002 (dt. R. K.. Ideen, Ergebnisse, Probleme, Frankfurt 1997, 2008); P. Janich, Die methodische Ordnung von Konstruktionen. Der R. K. aus der Sicht des Erlanger Konstruktivismus, in: ders., Konstruktivismus und Naturerkenntnis. Auf dem Weg zum Kulturalismus, Frankfurt 1996, 105–122; H. R. Maturana, Erkennen. Die Organisation und Verkörperung von Wirklichkeit. Ausgewählte Arbeiten zur biologischen Epistemologie, Braunschweig/Wiesbaden 1982, 1985; K. Reich, Die Ordnung der Blicke. Perspektiven des interaktionistischen Konstruktivismus, I–II, Neuwied/Kriftel/Berlin 1998 (I Beobachtung und die Unschärfen der Erkenntnis, II Beziehungen und Lebenswelt); G. Roth/H. Schwegler (eds.), Self-Organizing Systems. An Interdisciplinary Approach, Frankfurt/New York 1981; S. J. Schmidt (ed.), Der Diskurs des R.n K., Frankfurt 1987, 2003; ders. (ed.), Kognition und Gesellschaft. Der Diskurs des R.n K. II, Frankfurt 1992, 1998; ders., Die Zähmung des Blicks. Konstruktivismus, Empirie, Wissenschaft, Frankfurt 1998; F. J. Varela, Principles of Biological Autonomy, New York/Oxford 1979 (franz. Autonomie et connaissance. Essai sur le vivant, Paris 1989); P. Watzlawick, How Real Is Real? (dt. Wie wirklich ist die Wirklichkeit? Wahn, Täuschung, Verstehen, München/Zürich 1976, 2007). P. J.

Kontemplation (lat. contemplatio, [sinnliche oder geistige] Anschauung, Betrachtung), ganzheitliches Erfassen (›Beschauung‹) sinnlich oder verstandesmäßig zugänglicher Gegenstände oder Sachverhalte und der Aufmerksamkeit nach ungeteiltes Sich-Vertiefen (›Versenkung‹) in sie, wobei ihre Bedeutsamkeit für die eigene Lebensführung oder für die Sinngebung der Welt als ganzer aufgeht (›Erleuchtung‹). Die K. kann als besondere Form intuitiven Erkennens gelten (↑Intuition). Im Unterschied zur ↑Meditation bedarf die entweder philosophisch oder künstlerisch oder religiös-mystisch akzentuierte K. keiner diskursiven Bearbeitung ihres Gegenstandes zum Zwecke seiner möglichst umfassenden Kenntnisnahme, keiner Aufmerksamkeitskontrolle und keiner Auseinandersetzung mit störenden Empfindungen und Stimmungen. Zur K. als Lebensform ↑vita contemplativa.

›Contemplari‹ ist ursprünglich die im Tempelbezirk (*templum*) vorgenommene, auf Weissagung angelegte Untersuchung von Himmelsphänomenen bei den römischen Auguren. M. T. Cicero gibt mit ›contemplari‹ das griechische ›θεωρεῖν‹ wieder, das unter anderem ›schauen‹, ›betrachten‹, ›überdenken‹, ›untersuchen‹ bedeutet. Im philosophischen Sprachgebrauch einiger ↑Vorsokratiker, z. B. bei Anaxagoras, meint ›θεωρία‹ die Schau der durch die kosmische Vernunft, den ↑Nus, organisierten Ordnung der Welt (↑Theoria). Die ↑Pythagoreer begreifen die θεωρία als Übergang des menschlichen ↑Logos vom einzelnen Aspekt eines Sachverhalts zu seiner Totalität, vom Einzelfall zur Gesamtheit der Fälle, vom sinnlich Wahrgenommenen (αἰσθητά) zu seinem nicht-sinnlichen Gehalt und dessen nur dem Logos zugänglichen konstanten Beziehungen zu anderen Wesenheiten (λόγῳ θεωρητά). Während in der vorplatonischen Philosophie die Schau solcher Wesenheiten und ihrer Beziehungen zueinander noch nicht von der sinnlichen Wahrnehmung materieller Gegenstände gelöst ist, vollzieht sich bei Platon ihre Trennung (↑Anamnesis, ↑Dualismus, ↑Ideenlehre). Daß der Aufstieg zur Schau der Ideen für ihn (und später für die hellenistische ↑Gnosis) nicht ohne Läuterung möglich ist, wird in der ↑Mystik des ↑Neuplatonismus und des Christentums zu einer praktisch-asketischen Grundforderung im Bemühen um K.. – Für Aristoteles ist die θεωρία eine Tätigkeit des νοῦς, die der Mensch mit den Göttern teilt und die die höchste und daher erstrebenswerteste Form eines glücklichen Lebens darstellt (Eth. Nic. *K*7.1177a12–18; 8.1178b20–23). Sie erreicht ihre Voll

endung als Lebenshaltung in der σοφία (↑Sophia) und bezieht sich auf die Gegenstände der Mathematik, Physik und Theologie, die Aristoteles als die ›φιλοσοφίαι θεωρητικαί‹ bezeichnet (Met. *E*1.1026a18–19). Indem er die θεωρία als einen Zustand des Wissens und nicht als Bewegung des forschenden Bemühens um Erkenntnis bestimmt, kann sie nicht als die den Wissenschaften eigene Erkenntnishaltung gelten. Sie bleibt jedoch mit der in allem Handeln anzustrebenden Grundhaltung der σοφία auf das Leben in der politischen Gemeinschaft bezogen, ohne das sie sich nicht entfalten könnte (↑Theorie und Praxis).

Die christliche Theologie unterscheidet zwischen einer durch eigenes Bemühen ›erworbenen‹, ›aktiven‹ (*contemplatio acquisita*) und einer gnadenhaft ›eingegossenen‹, ›passiven‹ Schau (*contemplatio infusa*) Gottes und der geoffenbarten Glaubenswahrheiten. Nur letztere ist Gegenstand der Beschreibungen der christlichen Neuplatoniker und Mystiker (Hugo und Richard von St. Viktor, Johannes vom Kreuz, Teresa von Avila). Thomas von Aquin sieht die philosophische θεωρία des Aristoteles nur als Vorstufe der eigentlichen K. an, auf deren höchster Stufe sich Gott selbst der Seele mitteilt. Er erachtet aber auch jene Vorstufe schon als ein genuines, wenn auch nur mittelbares Erkennen Gottes, das lediglich im ›Spiegel‹ (*speculum*) seiner Schöpfung (als *cognitio specularis, cognitio speculativa, speculatio*) geschehe und insofern eher der Meditation als der K. zuzurechnen sei (S. th. II–II qu. 180 art. 3–5; vgl. 1 Kor. 13,12).

In der Philosophie der Neuzeit verwendet A. Schopenhauer ›K.‹ terminologisch im Sinne der Erkenntnis der ›Idee‹ eines Gegenstandes, losgelöst von seinen Beziehungen zu anderen Gegenständen. Solche Erkenntnis geschieht ›plötzlich‹, und zwar dadurch, daß das Subjekt ›sich vom Dienste des Willens losreißt‹, d. h. das eigene Interesse am Gegenstand aufgibt, die eigene Individualität und die des Gegenstandes ›vergißt‹ und sich so in ihn ›verliert‹, daß seine ›Idee‹ zu vollkommener Anschauung kommt. Schopenhauer betrachtet die Fähigkeit zu solcher K. im Bereich der Kunst als Charakteristikum des ↑Genies (Die Welt als Wille und Vorstellung §§ 34, 36, Sämtl. Werke II, ed. A. Hübscher, Wiesbaden [3]1972, 209–213, 217–229). Er sieht sein Verständnis von K. in B. de Spinozas Begriff der so genannten ›dritten Art‹ des Erkennens, der geistigen Intuition ›sub aeternitatis specie‹ vorgebildet (Eth. p. V, prop. 31, scholium). Ein Nachklang der Auffassungen Schopenhauers und Spinozas findet sich bei L. Wittgenstein (Tract. 6.45; Tagebuch vom 7. und 8. 10. 1916, in: ders., Schriften I, Frankfurt 1969, 176). In neuerer Zeit hat der Begriff der K. auch insofern Bedeutung erlangt, als kontemplative Lebensformen der durch ↑Arbeit geprägten technischen Zivilisation als Kritik und Alternative gegenübertreten.

Literatur: H. Arendt, The Human Condition. A Study of the Central Dilemmas Facing Modern Man, Chicago Ill. 1958, 1998, Garden City N. Y. 1959 (dt. Vita Activa oder Vom tätigen Leben, Stuttgart 1960, München 1967, 2007; franz. Condition de l'homme moderne, Paris 1961, 2008); R. Arnou, Πρᾶξις et Θεωρία. Étude de detail sur le vocabulaire et la pensée des Ennéades de Plotin, Paris 1921 (repr. Rom 1972); ders./C. Baumgartner u. a., Contemplation, in: M. Viller u. a. (eds.), Dictionnaire de spiritualité ascétique et mystique II/2, Paris 1953, 1643–2193; H.-G. Beck, Theoria. Ein byzantinischer Traum?, München 1983 (Bayer. Akad. Wiss., philos.-hist. Kl., Sitz.ber. 1983,7); J. Bernhart, Die philosophische Mystik des Mittelalters von ihren antiken Ursprüngen bis zur Renaissance, München 1922 (repr. Darmstadt 1967, 1974, 1980), mit Untertitel: Mit Schriften und Beiträgen zum Thema aus den Jahren 1912–1969, ed. M. Weitlauff, Weissenhorn 2000; M. v. Brück u. a., Meditation/K., RGG V (⁴2002), 964–970; C. Butler, Western Mysticism. The Teaching of SS. Augustine, Gregory and Bernard on Contemplation and the Contemplative Life. Neglected Chapters in the History of Religion, London 1922, ²1927, mit Untertitel: The Teaching of Augustine, Gregory and Bernard, ³1967, mit Untertitel: Augustine, Gregory and Bernard on Contemplation and the Contemplative Life, Mineola N. Y. 2003; F. Cayré, La contemplation Augustinienne. Principes de la spiritualité de Saint Augustin, essai d'analyse et de synthèse, Paris 1927, mit Untertitel: Principes de spiritualité et de théologie, [erw.] Brügge ²1954; E. F. Crangle, The Origin and Development of Early Indian Contemplative Practices, Wiesbaden 1994; T. B. Eriksen, Bios theoretikos. Notes on Aristotle's Ethica Nicomachea X, 6–8, Oslo 1974, Oslo, Henley on Thames 1976; B. Faes De Mottoni, Figure e motivi della contemplazione nelle teologie medievali, Florenz 2007; FM I (1979), 614–615, (1994), 674–675 (contemplación); A. J. Festugière, Contemplation et vie contemplative selon Platon, Paris 1936, ²1950, ⁴1975; R. Garrigou-Lagrange, Perfection chrétienne et contemplation selon S. Thomas d'Aquin et S. Jean de la Croix, I–II, Saint-Maximin 1923 (dt. Mystik und christliche Vollendung, Augsburg 1927 [repr. Bonn 2004]; engl. Christian Perfection and Contemplation According to St. Thomas Aquina and St. John of the Cross, St. Louis Mo./London 1937, 1958); ders., Die Beschauung, Paderborn, Wien, Zürich 1937 [dt. Übersetzung eines nicht veröffentlichten franz. Originals mit dem Titel: La contemplation]; M. L. Gatti, Plotino e la metafisica della contemplazione, Mailand 1982, 1996; W. F. R. Hardie, Aristotle's Ethical Theory, Oxford 1968, ²1980, 1999, 336–357; A. Halder, Aktion und K., in: F. Böckle u. a. (eds.), Christlicher Glaube in moderner Gesellschaft VIII, Freiburg/Basel/Wien 1980, 71–98; F. Heiler, Die buddhistische Versenkung. Eine religionsgeschichtliche Untersuchung, München 1918, ²1922; ders., Die K. in der christlichen Mystik, Eranos-Jb. 1 (1933), 245–326; ders., K., RGG III (³1959), 1792–1793; F. D. Joret, La contemplation mystique, d'après Saint Thomas d'Aquin, Lille 1923, 1927 (dt. Die mystische Beschauung nach dem heiligen Thomas von Aquin, Dülmen 1931); L. Kerstiens, Cognitio speculativa. Untersuchungen zur Geschichte und Bedeutung des Begriffs vor und bei Thomas von Aquin, Diss. Münster 1951; ders., K., Hist. Wb. Ph. IV (1976), 1024–1026; E. Lamballe, La contemplation, ou Principes de théologie mystique, Paris 1912, ³1916 (engl. Mystical Contemplation, or, The Principles of Mystical Theology, London 1913; dt. Die Beschauung oder die Grundlehren der mystischen Theologie, Regensburg 1915); M. E. Mason, ›Active Life‹ and ›Passive Life‹. A Study of the Concepts from Plato to the Present, Milwaukee Wis. 1961; T. Merton, What Is Contemplation, London 1950,

Springfield Ill. 1978 (dt. Vom Sinn der K., Zürich 1955, 1981); ders., Contemplation in a World of Action, Garden City N. Y., London 1971, Notre Dame Ind. 1998 (dt. Im Einklang mit sich und der Welt, Zürich 1986, 1992); ders., The Inner Experience. Notes on Contemplation, San Francisco Calif. 2003; D. Mieth, Die Einheit von vita activa und vita contemplativa in den deutschen Predigten und Traktaten Meister Eckharts und bei Johannes Tauler, Regensburg 1969; ders., Theorie und Praxis, in: C. Schütz (ed.), Praktisches Lexikon der Spiritualität, Freiburg/Basel/Wien 1992, 1274–1277; ders., Aktion und K., LThK I (³1993), 304–306; J.-H. Nicolas, Contemplation et vie contemplative en christianisme, Fribourg, Paris 1980; C.-J. P. de Oliveira, Contemplation et libération. Thomas d'Aquin, Jean de la Croix, Barthélemy de Las Casas, Fribourg, Paris 1993; J. Pieper, Glück und K., München 1957, ³1962, ⁴1979 (engl. Happiness and Contemplation, New York, London 1958, South Bend Ind. 1998); H. Schalück, Aktion/K., in: C. Schütz (ed.), Praktisches Lexikon der Spiritualität, Freiburg/Basel/Wien 1992, 14–19; M. Schambeck, Contemplatio als Missio. Zu einem Schlüsselphänomen bei Gregor dem Großen, Würzburg 1999, bes. 353–451 (Kap. 6 Contemplatio als Missio); M. Seel, Adornos Philosophie der K., Frankfurt 2004; B. Snell, Theorie und Praxis im Denken des Abendlandes. Rede anläßlich der Feier des Rektorwechsels am 14. Nov. 1951, Hamburg 1951; A. Solignac, Vie active, vie contemplative, vie mixte, in: M. Viller u. a. (eds.), Dictionnaire de Spiritualité ascétique et mystique XVI, Paris 1994, 592–623; G. H. Tavard, Poetry and Contemplation in St. John of the Cross, Athens Ohio 1988; L. Touze (ed.), La contemplazione cristiana. Esperienza e dottrina. Atti del IX Simposio della Facoltà di teologia, Roma, 10–11 marzo 2005, Vatikanstadt 2007; C. Trottmann (ed.), Vers la contemplation. Études sur la syndérèse et les modalités de la contemplation de l'Antiquité à la Renaissance, Paris 2007; B. Vickers (ed.), Arbeit, Muße, Meditation. Betrachtungen zur Vita activa und Vita contemplativa, Zürich 1985, ²1991; W. Vogl, Aktion und K. in der Antike. Die geschichtliche Entwicklung der praktischen und der theoretischen Lebensauffassung bis Origenes, Frankfurt etc. 2002. R.Wi./S. B.

Kontext (lat. contextus, Zusammenhang, Verbindung), in Sprachphilosophie und ↑Linguistik Terminus für die Umgebung, in die sprachliche Äußerungen, aber auch Typen solcher Äußerungen, eingebettet sind, wobei regelmäßig insbes. der *situative* K. vom *interaktiven* K. und dem durch die ↑Präsuppositionen einer Äußerung gebildeten K. unterschieden werden (F. Armengaud). Neuerdings wird der Begriff K., jedoch nicht einheitlich, nach einem Vorschlag von Y. Bar-Hillel speziell auf die *außersprachliche* Umgebung eingeschränkt; auf die sprachliche Umgebung wird dann durch den Terminus ↑›Kotext‹ verwiesen. In Untersuchungen über formale Grammatiken, etwa bei der kalkültheoretischen bzw. algorithmischen Behandlung der syntaktischen Komponente in der generativen Grammatik (nach welchen Regeln lassen sich alle syntaktisch einwandfreien Ausdrücke rekursiv aufzählen?), werden jedoch weiterhin *kontextfreie* Grammatiken von *kontextgebundenen* Grammatiken unterschieden, wobei ›K.‹ ausdrücklich die sprachliche Umgebung meint (bei einer Ersetzungsregel eines Zeichens α durch ein Zeichen β: $X\alpha Y \Rightarrow X\beta Y$ heißen X und Y ›der K.‹; nur wenn dieser stets leer ist, liegt K.freiheit vor). Ähnlich in der Definitionstheorie das Verfahren von *Kontextdefinitionen* (↑Definition, implizite) durch Überführung sprachlicher K.e, die das zu definierende Zeichen enthalten, in sprachliche K.e, die dieses Zeichen nicht mehr enthalten, z. B. im Falle der Elimination von ↑Kennzeichnungen. Wenn die Bedeutung sprachlicher Äußerungen von ihrem außersprachlichen K. abhängt, wie stets, wenn ↑Indikatoren oder andere in ihrer benennenden Funktion von der Sprechsituation abhängige ↑Nominatoren (z. B. Demonstrativpronomina, deiktische Kennzeichnungen, ↑indexical) in den Aufbau der Äußerung eingehen, gilt die Untersuchung solcher K.abhängigkeiten nach R. Montague als zur linguistischen ↑Pragmatik gehörig.

Literatur: F. Armengaud, La pragmatique, Paris 1985, ⁵2007; Y. Bar-Hillel, Argumentation in Pragmatic Languages, in: ders., Aspects of Language. Essays and Lectures on Philosophy of Language, Linguistic Philosophy and Methodology of Linguistics, Jerusalem, Amsterdam 1970, 206–221; P. Burke, Context, NDHI II (2005), 465–467; N. Chomsky, On Certain Formal Properties of Grammars, Information and Control 2 (1959), 137–167; M. J. Cresswell, Logics and Languages, London 1973 (dt. Die Sprachen der Logik und die Logik der Sprache, Berlin/ New York 1979); F. v. Kutschera, Sprachphilosophie, München 1971, ²1975, 1993; R. Montague, Pragmatics and Intensional Logic, Synthese 22 (1970), 68–94, Nachdr. in: R. H. Thomason (ed.), Formal Philosophy. Selected Papers of Richard Montague, New Haven Conn./London 1974, 1979, 119–147; K. Stierle, Zur Begriffsgeschichte von ›K.‹, Arch. Begriffsgesch. 18 (1974), 144–149; Y. Winkin, Contexte, Enc. philos. universelle II/1 (1990), 464–465. K. L.

Kontextdefinition, ↑Definition, implizite.

Kontextinvarianz, in Sprachphilosophie und Linguistik Bezeichnung für diejenige Eigenschaft sprachlicher Ausdrücke oder ihrer Äußerungen, bei Änderung des ↑Kontextes die Bedeutung nicht zu ändern. Z. B. liegt die Bedeutung der Zahlwörter unabhängig vom Kontext fest, auch wenn in natürlichen Sprachen (↑Sprache, natürliche) K. nie streng gilt. K. L.

kontingent/Kontingenz (aus mlat. contingentia, Möglichkeit, Zufall, von lat. contingere, widerfahren, eintreten; Übers. von griech. τὸ ἐνδεχόμενον, engl. contingent/contingency), modallogischer und philosophischer Terminus. In der ↑Modallogik ist K. eine der ↑Modalitäten, d. h. ein ↑Operator, der eine ↑Aussage als z. B. möglich (↑möglich/Möglichkeit), notwendig (↑notwendig/Notwendigkeit) oder eben k. charakterisiert. Im Anschluß an Aristoteles läßt sich eine Aussage A als k. (Symbol: $⊼A$) bezeichnen, wenn sie möglich, aber nicht notwendig ist. Man definiert: $⊼A \leftrightharpoons \nabla A \wedge \nabla\neg A$. Seit I. Kant wird für ›k.‹ auch ›zufällig‹ verwendet. Bei diesem

Sprachgebrauch ist, ebenso wie bei der Bezeichnung k.er Aussagen als ›möglich‹, darauf zu achten, daß diese beiden Termini eine andere logisch-wissenschaftstheoretische Präzisierung erfahren als ›k.‹ und daß ihre synonyme (↑synonym/Synonymität) Verwendung gelegentlich kontraintuitiv ist. Eine andere, gleichwertige Definition besteht darin, eine Aussage A als k. zu charakterisieren, wenn weder A noch $\neg A$ notwendig wahr sind: $⊼A \leftrightharpoons \neg\Delta A \wedge \neg\Delta\neg A$. K.e Aussagen, die wahr sind, werden auch als ›faktisch wahr‹ bezeichnet; ferner wird in diesem Zusammenhang die Frage diskutiert, ob es k.e Aussagen ↑a priori gibt. Wichtige Klärungen lieferte hier S. A. ↑Kripke. Von besonderem logischen Interesse sind seit Aristoteles (de int. 9 [›Seeschlacht‹]) die k.en Aussagen über zukünftige Ereignisse (*contingentia futura*, ↑Futurabilien).

Der logische Sprachgebrauch von ›k.‹ hat in der Philosophie in vielen Zusammenhängen Ausdruck gefunden: *Metaphysisch* wird z. B. als ›k.‹ alles bezeichnet, was nicht aus eigener ›Wesensnotwendigkeit‹ heraus existiert. D. h., nur Gott bleibt als nicht-k.es Wesen übrig (↑Gottesbeweis), während die geschaffenen und endlichen Dinge als solche k. sind (↑Schöpfung). Von besonderem *wissenschaftstheoretischen* Interesse sind naturgesetzlich k.e Ereignisse bzw. Aussagen, d. h. Aussagen über Phänomene im Gegenstandsbereich einer bestimmten Theorie, die sich nicht aus dieser Theorie ableiten lassen. Eine exakte syntaktische oder semantische Charakterisierung dieser Aussagen ist jedoch bislang, insbes. wegen des Fehlens eines adäquaten Kriteriums der Gesetzesartigkeit, noch nicht befriedigend gelungen. *Anthropologisch* gehört K. im Sinne der Unverfügbarkeit des Eintretens bestimmter Ereignisse zu den menschlichen Grunderfahrungen (↑Endlichkeit).

Literatur: A. Becker-Freyseng, Die Vorgeschichte des philosophischen Terminus ›contingens‹. Die Bedeutungen von ›contingere‹ bei Boethius und ihr Verhältnis zu den aristotelischen Möglichkeitsbegriffen, Heidelberg 1938; W. Brugger/W. Hoering, K., Hist. Wb. Ph. IV (1976), 1027–1038; FM I (²1994), 676–678 (contingencia); D. Frede, Aristoteles und die ›Seeschlacht‹. Das Problem der contingentia futura in ›De Interpretatione‹ 9, Göttingen 1970; A. Gibbard, Contingent Identity, J. Philos. Log. 4 (1975), 187–221; D. W. Hamlyn, Contingent and Necessary Statements, Enc. Ph. II (1967), 198–205; M. J. Osler, Divine Will and the Mechanical Philosophy. Gassendi and Descartes on Contingency and Necessity in the Created World, Cambridge 1994; D. Platt, The Gift of Contingency, New York etc. 1991; E. Scheibe, Die k.en Aussagen in der Physik. Axiomatische Untersuchungen zur Ontologie der klassischen Physik und der Quantentheorie, Frankfurt 1964; J. R. Söder, K. und Wissen. Die Lehre von der ›futura contingentia‹ bei Johannes Duns Scotus, Münster 1999; R. C. S. Walker, Contingency, REP II (1998), 650–652. – Neue H. Philos. 24/25 (1985) [Sonderband zu K.]. G. W.

Kontinuativum (engl. mass noun), auch ›Stoffname‹, in der Grammatik Bezeichnung für diejenigen Substantive (*nomina substantiva*), aber auch Nominalphrasen, die Gegenstandsbereiche ohne Gliederung in natürliche Einheiten artikulieren und daher in der Regel keiner Singular-Plural-Bildung unterliegen, sich also nicht mit Zahlwörtern (*numeralia*), wohl aber mit Maß- oder Mengenangaben verbinden lassen; z. B. ›Wasser‹ (›viel Wasser‹), ›Gold‹ (›ein Kilo Gold‹), ›weißes Papier‹ (›zwei Blätter weißes Papier‹). Auch die als Kollektiva (↑Kollektivum) im weiteren Sinne geltenden ↑*singularia tantum*, z. B. ›Vieh‹, ›Obst‹, ›Verkehr‹, müssen, ebenso wie alle Adjektive (*nomina adiectiva*), zu den Kontinuativa gerechnet werden. Die Gliederung in Einheiten oder ↑*Individuen* wird erst durch den Zusatz eigener Zähleinheitswörter bzw. bei Adjektiven durch das hinzutretende (oder auf Grund des Kontextes zu ergänzende) Substantiv vorgenommen, z. B. ›Tropfen Wasser‹, ›Stück Obst‹, ›Herde Vieh‹, ›Verkehrsstrom‹, ›Blatt weißes Papier‹, ›blaue Stelle‹, ›lahmes Tier‹. Dabei sind die so bestimmten Einheiten in der Regel keine Individuen im engeren Sinne, weil es im allgemeinen echte Teile gibt (↑Teil und Ganzes), die ebenfalls Einheiten desselben Typs sind, z. B. ein einzelnes Tier einer Herde Vieh, das auch ein Vieh ist, oder ein Teil eines Tropfens Wasser, der auch Wasser ist (gilt nicht im Ausnahmefall eines Moleküls Wasser, der ›kleinsten‹ Wassereinheit, einem Individuum im engeren Sinne), oder ein Teil einer blauen Stelle, der auch blau ist.

Nomina wie ›Eiche‹, ›Fisch‹ etc. werden je nach Kotext sowohl als K. als auch als ↑Individuativum verwendet: ›Regal aus Eiche‹ (entspricht einer adjektivischen Verwendung von ›aus Eiche‹) versus ›Zweig einer Eiche‹. Weil bei einem K. die Gliederung des artikulierten Gegenstandsbereichs in Einheiten nicht wie bei einem Individuativum zu seiner Bedeutung gehört, sondern durch ↑Kontext oder ↑Kotext von der Gliederung eines anderen Gegenstandsbereichs übernommen wird (in ›Regal aus Eiche‹ bestimmt eine Regaleinheit die Eicheeinheit, in ›dies Blau gefällt mir‹ bestimmt der Kontext der Äußerung von ›dies‹ die Blaueinheit, in ›John trinkt Wasser‹ bestimmt der Kontext der Äußerung die Wassereinheit; in ›John trinkt ein Glas Wasser‹ bestimmt jedoch der Kotext, nämlich eine Glaseinheit, die Wassereinheit, während in ›John trinkt das Wasser in einem Glas‹ die Wassereinheit sogar durch eine vom Kontext der Äußerung abhängige ↑Kennzeichnung benannt ist), heißen Kontinuativa durch *pragmatische Individuatoren* bestimmt. In der logischen Analyse von Aussagen, die Kontinuativa enthalten, konkurrieren gegenwärtig vor allem mereologische (↑Mereologie) und mengentheoretische (↑Mengenlehre) Verfahren.

Literatur: H. Bunt, Mass Terms and Model-Theoretic Semantics, Cambridge etc. 1985; J.-T. Lønning, Mass Terms and Quantification, Linguistics and Philos. 10 (1987), 1–52; K. Lorenz, Elemente der Sprachkritik. Eine Alternative zum Dogmatismus und Skeptizismus in der Analytischen Philosophie, Frankfurt 1970; A. ter Meulen, Substances, Quantities and Individuals. A Study in the Formal Semantics of Mass Terms, Bloomington Ind. 1980; F. J. Pelletier (ed.), Mass Terms. Some Philosophical Problems, Dordrecht/Boston Mass./London 1979 (repr. 2005); ders., Mass Terms, in: H. Burkhardt/B. Smith (eds.), Handbook of Metaphysics and Ontology II, München 1991, 495–499; P. M. Simons, Mereology and Set Theory as Competing Methodological Tools within Philosophy of Language, in: M. Dascal u. a. (eds.), Sprachphilosophie/Philosophy of Language/La philosophie du langage. Ein internationales Handbuch zeitgenössischer Forschung II, Berlin/New York 1996 (Handbücher zur Sprach- und Kommunikationswissenschaft VII/2), 1085–1097. K. L.

Kontinuität (von lat. continuus, zusammenhängend, fortdauernd), in der Mathematik Bezeichnung für eine Eigenschaft von Funktionen (↑Stetigkeit), die als Behauptung der Stetigkeit aller Naturveränderungen (*Kontinuitätsgesetz*) auch physikalische, biologische und naturphilosophische Bedeutung erlangte. Nachdem bereits Aristoteles in der Auseinandersetzung mit den Atomisten (↑Atomismus) die K. physischer Vorgänge betont hatte (↑Kontinuum), kommt der von G. W. Leibniz erhobenen Forderung eines allgemeinen K.sgesetzes (*lex continuationis, loy de la continuité*) insofern besondere Bedeutung zu, als auf Leibniz als einen der Begründer der ↑Infinitesimalrechnung auch eine erste Präzisierung des mathematischen K.sbegriffs zurückgeht (»datis [...] ordinatis etiam quaesita esse ordinata«, Principium quoddam generale [...] [1687], Math. Schr. VI, 129). Leibniz geht aus von der zentralen Bedeutung der K. für die *Geometrie* und untersucht z. B. stetige Eigenschaften projektiver Transformationen von Kegelschnitten: Dem Grenzprozeß einer Kreissekante in eine Kreistangente entspricht bei zentraler Projektion des Kreises in eine Ellipse der Grenzprozeß einer Ellipsensekante in eine Ellipsentangente. Wie die Hyperbel aus der Ellipse und diese aus dem Kreis in stetigen Übergängen projektiv erzeugt wird, so gibt es in analoger Weise nach Leibniz auch keine sprunghaften Übergänge zwischen den Gattungen der Natur (↑natura non facit saltus). Diese Annahme gilt zunächst in *physikalischer* Hinsicht für die Bewegungsformen. So ist z. B. Ruhe nach Leibniz eine unendlich kleine Geschwindigkeit. In diesem Zusammenhang wird die Cartesische Vorstellung einer sprunghaften Bewegungsänderung beim Stoß kritisiert, der als Grenzfall einer stetigen Bewegung zu betrachten sei, und die für die ↑Monadentheorie zentrale Behauptung formuliert, daß es keine ›materiellen Atome‹ geben könne (Specimen dynamicum [1695] II, Math. Schr. VI, 248; vgl. Système nouveau [...] [1695], Philos. Schr. IV, 482). Physikalisch steht hinter Leibnizens K.sgesetz die richtige Annahme, daß nach den ↑Bewegungsgleichungen der klassischen Mechanik nur stetige Ereignisketten betrachtet werden und die K. daher eine notwendige Voraussetzung des klassischen Kausalitätsbegriffs (↑Kausalität) ist.

Die erkenntnistheoretische Wende Leibnizens wird von I. Kant verschärft. In der »Kritik der reinen Vernunft« tritt K. nicht nur als Voraussetzung des Kausalitätsbegriffs in den ↑Analogien der Erfahrung, sondern auch als ↑Antizipation der Wahrnehmung auf: Sinnliche Wahrnehmungen werden als stetiges Zu- und Abnehmen von Empfindungsdaten z. B. des Tast-, Gehör- oder Geruchssinnes beschrieben, die laut Kant nur nach dem ↑Schema der K. geordnet vorgestellt werden können. In der Materietheorie (›Dynamik‹) der »Metaphysischen Anfangsgründe der Naturwissenschaft« (1786) führt Kant im Zuge einer ↑transzendentalen Argumentation ↑Ausdehnung auf das Wechselspiel attraktiver und repulsiver Kräfte (↑Attraktion/Repulsion) zurück, womit jede Formänderung (etwa durch Stöße) zu einer kontinuierlichen wird. Neben dieser kategorialen Bedeutung tritt K. bei Kant in den naturphilosophischen Schriften auch als ↑regulative Idee bzw. heuristisches Forschungsprinzip im Sinne der ↑scala naturae auf. – In der ↑Evolutionstheorie wird ein strenges K.sprinzip durch die Annahme mutativer Veränderungen (↑Mutation) eingeschränkt. In der ↑Quantentheorie stehen die Vorstellungen sprunghafter Veränderungen atomarer Zustände gegen die Allgemeingültigkeit des K.sprinzips.

Literatur: P. Beeley, K. und Mechanismus. Zur Philosophie des jungen Leibniz in ihrem ideengeschichtlichen Kontext, Stuttgart 1996; S. Bochner, Continuity and Discontinuity in Nature and Knowledge, DHI I (1973), 492–501; W. Breidert, K.sgesetz, Hist. Wb. Ph. IV (1976), 1042–1044; H. Cohen, Das Prinzip der Infinitesimal-Methode und seine Geschichte. Ein Kapitel zur Grundlegung der Erkenntniskritik, Berlin 1883, Frankfurt 1968, Nachdr. d. 1. Auflage, Hildesheim/New York 1984 (= Werke V); A. Froda, Analyse mathématique du ›principe de continuité‹ en physique, in: E. Nagel/P. Suppes/A. Tarski (eds.), Logic, Methodology and Philosophy of Science. Proceedings of the 1960 International Congress, Stanford Calif. 1962, 340–347; N. Herold/W. Breidert/K. Mainzer, Kontinuum, K., Hist. Wb. Ph. IV (1976), 1044–1062; H. J. Kanitz, Das Übergegensätzliche gezeigt am K.sprinzip bei Leibniz, Hamburg, Biberach 1951; F. Kaulbach, Der philosophische Begriff der Bewegung. Studien zu Aristoteles, Leibniz und Kant, Köln/Graz 1965; ders., Philosophisches und mathematisches Kontinuum, in: W. Ritzel (ed.), Rationalität – Phänomenalität – Individualität. Festgabe für H. und M. Glockner, Bonn 1966, 125–147; S. Körner, Continuity, Enc. Ph. II (1967), 205–207; A. O. Lovejoy, The Great Chain of Being. A Study in the History of an Idea. The William James Lectures Delivered at Harvard University, 1933, Cambridge Mass. 1936, 1982 (dt. Die große Kette der Wesen. Geschichte eines Gedankens, Frankfurt 1985, 1993); J. Mittelstraß, Neuzeit und Aufklärung. Studien zur Entstehung der neuzeitlichen Wissenschaft und Philosophie, Berlin/New York 1970, bes. 489–501 (Das Labyrinth des Kontinuums); B. Montagnes, L'axiome de continuité chez Saint Thomas, Rev. sci. philos. théol. 52 (1968), 201–221; S. Zaleski, Continuité, Enc. philos. universelle II/1 (1990), 467–468. K. M.

Kontinuum (von lat. continuus, zusammenhängend, unmittelbar aufeinander folgend), Terminus der ↑Mathematik, ↑Physik und ↑Naturphilosophie, bei den ↑Vorsokratikern unterschiedlich konkretisierte Bezeichnung für den einheitlichen Weltzusammenhang (συνεχές). Die pythagoreische (↑Pythagoreer) Annahme der in arithmetischen Proportionsverhältnissen festgelegten Unveränderlichkeit des Seins verhindert wegen ihrer Einschränkung auf Verhältnisse positiver ganzer Zahlen zunächst eine mathematische Präzisierung der ↑Stetigkeit. Hingegen führt die Entdeckung inkommensurabler (↑inkommensurabel/Inkommensurabilität) Streckenverhältnisse durch Hippasos von Metapont zu einer geometrischen ↑Proportionenlehre, die eine Klärung des Begriffs des K.s erlaubt. Die in der Proportionenlehre ermöglichte geometrische Vorstellung der K.spunkte als ↑Schnitte auf einer Geraden, die durch den unteren und oberen Geradenabschnitt bestimmt werden, findet sich auch bei Aristoteles, der etwas ›kontinuierlich‹ (συνεχές) nennt, wenn die Grenze zweier Dinge (z. B. die beiden durch den Schnitt erzeugten Geradenabschnitte), mit der sie sich berühren, eine und dieselbe wird (Phys. *E*2.227a11–12). Wegen der Möglichkeit einer unendlichen Teilbarkeit des K.s in immer wieder Teilbares folgt nach Aristoteles, daß das K. nicht aus unteilbaren Elementen (↑Indivisibilien) zusammengesetzt sein kann, d. h.: Das K. ist eine nur potentiell und nicht aktual unendliche (↑unendlich/Unendlichkeit) Punktmenge. Diese Überlegung gewinnt bei Aristoteles grundlegende naturphilosophische Bedeutung. So führt er die Zenonischen Paradoxien (↑Paradoxien, zenonische) auf das Mißverständnis einer aktualen Teilung der Bewegungsstrecke zurück, die nur der Möglichkeit nach teilbar sei, ohne daß der Zusammenhang (συνεχές) des faktischen Bewegungsvollzugs verlorengehe.

In der mittelalterlichen Philosophie gewinnen neben der Aristotelischen K.sauffassung auch solche Positionen an Einfluß, die sich im Zusammenhang mit physikalischen Bewegungsproblemen und in der Tradition des Demokritschen ↑Atomismus das K. aus unendlich vielen realen Indivisibilien zusammengesetzt vorstellen. So wird z. B. die Bewegungsbahn einer rollenden Kugel nach dieser Auffassung aus den Berührungspunkten der Kugel mit der Grundfläche erzeugt. In der beginnenden Neuzeit unterscheidet man häufig (P. Ramus, P. Gassendi u. a.) zwischen dem unendlich teilbaren *mathematischen* K. und dem nur bis zu endlichen Atomen teilbaren *physikalischen* K.. Spätestens seit B. F. Cavalieri, G. Galilei und J. Kepler wird auch bei mathematischen Problemen auf die Indivisibilienvorstellung des K.s zurückgegriffen, um so geometrisch-anschaulich Integrationsprobleme zu lösen. Mathematisch vermag jedoch erst der durch G. W. Leibniz, die Brüder Joh. und Jak. Bernoulli u. a. entwickelte Integralkalkül (↑Integral) die exakten, aber indirekten und daher umständlichen Beweismethoden der ›Alten‹ zu ersetzen.

Nach der geometrischen Deutung des K.s durch die Griechen wird für die neuzeitliche Entwicklung der kalkulatorisch-arithmetische Gesichtspunkt wichtig dafür, K.spunkte als *reelle Zahlen* (↑Zahlensystem) zu erfassen. Nachdem im 17. und 18. Jh. die ↑Infinitesimalrechnung mit großem Erfolg in der Physik angewendet worden war, besann man sich im 19. Jh. auf die immer noch ungenauen Grundlagen der ↑Analysis und bemühte sich um eine Präzisierung der ›stetigen Größen‹ (*quanta continua*) der Physiker als reelle Zahlen. Es werden verschiedene Lösungen vorgelegt:

(1) Die antike Definition greift R. Dedekind (Stetigkeit und irrationale Zahlen, Braunschweig 1872) auf. An die Stelle inkommensurabler Größenverhältnisse tritt die Feststellung, daß z. B. die quadratische Gleichung $x^2 - 2 = 0$ im Körper der rationalen Zahlen (↑Zahlensystem) keine Lösung hat. Diese Unvollkommenheit der rationalen Zahlen läßt sich nach Dedekind beheben, indem auf dem Körper der rationalen Zahlen ›Schnitte‹ (↑Dedekindscher Schnitt) eingeführt werden, die in natürlicher Weise archimedisch angeordnet werden können (↑Archimedisches Axiom). Die ↑Ordnung $(\mathbb{R}, \leq)$ über der Klasse $\mathbb{R}$ der Dedekindschen Schnitte ist vollständig, d. h., für jede nicht-leere und nach unten beschränkte Teilmenge $M \subseteq \mathbb{R}$ existiert eine größte untere Schranke (›Infimum von M‹) in $\mathbb{R}$. Intuitiv wurde die *Vollständigkeit* des K.s auch vor Dedekind vorausgesetzt, z. B. in der Leibnizschen Annahme, daß zwei stetige Kurven sich nicht kreuzen können, ohne einen Schnittpunkt zu haben. Beweise lieferten jedoch erst Dedekind und B. Bolzano.

Für die Dedekindschen Schnitte können auch Addition und Multiplikation eingeführt werden, so daß sich das K. als ein vollständiger, archimedisch angeordneter Körper $(\mathbb{R}, +, \cdot, \leq)$ auffassen läßt.

(2) Eine andere, auf G. Cantor und C. Méray zurückgehende Definition des K.s macht von der anschaulichen Motivation Gebrauch, daß alle Punkte auf dem K. als Grenzwerte von rationalen Punktfolgen aufgefaßt werden können, bei denen die Differenzen der Folgeglieder mit wachsenden Indizes verschwinden (Cauchyfolgen, ↑Folge (mathematisch)). Da ein Punkt auf dem K. von verschiedenen rationalen Punktfolgen approximiert werden kann, führt man für rationale Cauchyfolgen eine ↑Äquivalenzrelation ein (↑abstrakt, ↑Abstraktion): Zwei rationale Cauchyfolgen (r_n) und (s_n) heißen ›äquivalent‹, wenn die Differenzfolge $(r_n - s_n)$ gegen Null konvergiert (↑konvergent/Konvergenz). Die K.spunkte sind dann als reelle Zahlen durch die entsprechenden Äquivalenzklassen $\overline{(r_n)}$ erfaßt, für die sich Addition (↑Addition (mathematisch)) und Multiplikation (↑Multiplikation (mathematisch)) durch die entsprechenden

↑Verknüpfungen für Cauchyfolgen einführen lassen. Ein K.spunkt $\overline{(r_n)}$ heißt ›positiv‹, wenn alle (rationalen) Folgenglieder r_n von einem gewissen Index N ab größer sind als irgendeine rationale Zahl $\varepsilon > 0$. Die ↑Ordnungsrelation $\overline{(r_n)} < \overline{(s_n)}$ wird definiert durch die Forderung, daß $\overline{(s_n)} - \overline{(r_n)}$ positiv sei. Der archimedisch angeordnete Körper dieser Äquivalenzklassen ist vollständig im Sinne des *Cauchy-Konvergenzkriteriums*, wonach jede reelle Cauchyfolge einen reellen ↑Grenzwert besitzt. Arithmetisch läßt sich die Cantorsche Definition des K.s durch die seit S. Stevin gebräuchliche Darstellung der reellen Zahlen als Dezimalbruchentwicklungen motivieren, deren Dezimalstellen die Glieder rationaler Cauchyfolgen sind. – (3) Eine weitere Definition des K.s macht vom Prinzip der ↑Intervallschachtelung Gebrauch und wurde von Bolzano, K. Weierstraß und P. Bachmann entwickelt. Historisch finden sich Anwendungen dieses Prinzips bereits in der babylonischen und der griechischen Mathematik.

Axiomatische Charakterisierungen liefern je nach Wahl des Vollständigkeitskriteriums mathematisch äquivalente Axiomensysteme des K.s: Das K. ist ein archimedisch angeordneter Körper, der vollständig ist im Sinne von Cauchys Konvergenzkriterium, von Weierstrassens Intervallprinzip oder von Dedekinds Infimumsatz. Das Axiomensystem mit Cauchys Konvergenzkriterium findet nicht nur Anwendung in der Theorie der reellen Zahlen, sondern überall dort, wo z. B. metrische Räume (↑Abstand) für Grenzwertprozesse vervollständigt bzw. komplettiert werden. Für topologische Untersuchungen (↑Topologie) hat sich folgendes, mit den genannten Vollständigkeitsforderungen äquivalentes, *Kompaktheitskriterium* von E. Heine und É. Borel als zentral erwiesen: Für jede abgeschlossene (↑abgeschlossen/Abgeschlossenheit) und beschränkte Teilmenge M des geordneten Körpers K, die von einer Menge $\mathfrak{M}$ offener Intervalle I aus K bedeckt wird (d. h., $M \subseteq \bigcup_{I \in \mathfrak{M}} I$), existiert eine endliche Teilmenge $\mathfrak{M}' \subseteq \mathfrak{M}$, die M überdeckt. Für die Mächtigkeitstheorie der ↑Mengenlehre ist Cantors Beweis der *Überabzählbarkeit* (↑überabzählbar/Überabzählbarkeit) des K.s von Bedeutung. Nach der ↑Kontinuumhypothese gibt es keine ↑Menge mit einer Mächtigkeit, die größer als die Mächtigkeit der Menge der natürlichen Zahlen ($\aleph_0$) und kleiner als die des K.s ($2^{\aleph_0}$) ist. Nach den Ergebnissen von K. Gödel und P. J. Cohen ist die K.hypothese aus den Axiomen der Mengenlehre weder zu beweisen noch zu widerlegen (↑unabhängig/Unabhängigkeit (logisch)).

In der mathematischen Grundlagendiskussion (↑Grundlagenstreit, ↑Grundlagenkrise) ergab sich das Problem einer widerspruchsfreien (↑widerspruchsfrei/Widerspruchsfreiheit) Begründung des K.s, als zirkuläre und widerspruchsvolle Begriffsbildungen der Cantorschen Mengenlehre bekannt wurden. Das Vollständigkeitsaxiom (↑Vollständigkeitssatz) des K.s ist nämlich in jeder seiner äquivalenten Formulierungen eine Behauptung über beliebige Teilmengen bzw. Teilmengensysteme des K.s. L. E. J. Brouwer schlug daher im Rahmen einer *intuitionistischen* (↑Intuitionismus) K.theorie vor, nur solche reellen Zahlen zuzulassen, die durch rationale Cauchyfolgen effektiv approximiert werden. Das intuitionistische K. entsteht also schrittweise durch effektive Konstruktion rationaler Streckenabschnitte, womit philosophisch die Aristotelische Idee einer potentiellen Unendlichkeit des K.s zum Ausdruck kommt. Die Beschränkung auf die effektive Logik (↑Logik, intuitionistische, ↑Logik, konstruktive) führte allerdings dazu, daß einige zentrale Sätze der klassischen Analysis nicht bewiesen werden konnten. Dabei handelt es sich meistens um Sätze, die vom Vollständigkeitsaxiom Gebrauch machen (z. B. Zwischenwertsatz). Diesem Nachteil der intuitionistischen K.theorie entgeht man, wenn man wie H. Weyl (1918) die Methoden der klassischen Arithmetik zuläßt. Nachdem ein ↑Widerspruchsfreiheitsbeweis der klassischen Arithmetik von G. Gentzen, Gödel, P. Lorenzen u. a. vorlag, war dieser Standpunkt auch logisch gerechtfertigt. Im Rahmen der *konstruktiven Analysis* Lorenzens (↑Mathematik, konstruktive) wird daher die klassische Logik wie in der klassischen K.theorie verwendet, sofern es sich um definite (↑definit/Definitheit) reelle Zahlen handelt, d. h. solche, die durch definite Cauchyfolgen definiert sind. Dabei heißt eine Cauchyfolge ›definit‹, wenn sie durch induktive Term- und Formelkonstruktion eingeführt werden kann – wie z. B. $e_n \leftrightharpoons \left(1 + \frac{1}{n}\right)^n$ für die Euler-Zahl e. Das *konstruktive* K. wird also schrittweise durch induktive Term- und Formelkonstruktion erzeugt. Ein ↑Vollständigkeitssatz für beliebige Mengenbildungen des (überabzählbaren) klassischen K.s steht nicht zur Verfügung. Allerdings lassen sich Sätze der klassischen K.theorie, die vom Vollständigkeitssatz abhängen, für definite Einschränkungen konstruktiv beweisen. Für indefinite Mengenbildungen sieht Lorenzen weiterhin die intuitionistische Logik (↑Logik, intuitionistische) vor.

Abweichungen von der klassischen K.theorie werden in der ↑*Non-Standard Analysis* untersucht. So lassen sich z. B. K.sabschnitte betrachten, die mehr als einen einzelnen Punkt enthalten, aber kleiner als jeder reelle K.sabschnitt sind. Bereits in der antiken und der mittelalterlichen Geometrie wurden im Rahmen der Lehre von den hornförmigen Winkeln (z. B. Pappos von Alexandreia, Proklos) atomistische Auffassungen des K.s vertreten, die unter Verneinung des ↑Archimedischen Axioms aktual unendlich kleine Größen untersuchten (↑Geometrie, nicht-archimedische). – *Physikalisch* spricht man von einem K. überall dort, wo zur mathematischen Beschreibung kausaler Ereignisketten stetige Funktionen (↑Bewegungsgleichungen) oder Mannigfaltigkeiten

(↑Differentialgeometrie) vorausgesetzt werden. Für die klassische Physik ist insbes. die Mechanik der Kontinua (z. B. allgemeine Strömungslehre), für die relativistische Physik die Einsteinsche Gravitationstheorie (↑Gravitation, ↑Relativitätstheorie, allgemeine) zu erwähnen. Von naturphilosophischer Bedeutung ist die Annahme nichtstetiger Zustandsänderungen in der ↑Quantentheorie.

Literatur: W. Breidert, Das aristotelische K. in der Scholastik, Münster 1970, ²1979; L. E. J. Brouwer, Points and Spaces, Can. J. Math. 6 (1954), 1–17; G. Cantor, Ueber unendliche, lineare Punktmannichfaltigkeiten 5, Math. Ann. 21 (1883), 545–591, Nachdr. in: ders., Gesammelte Abhandlungen mathematischen und philosophischen Inhalts, ed. E. Zermelo, Berlin 1932 (repr. Berlin/Heidelberg/New York 1980), 139–246; H. Cohen, Das Prinzip der Infinitesimal-Methode und seine Geschichte. Ein Kapitel zur Grundlegung der Erkenntniskritik, Berlin 1883, Frankfurt 1968; O. Deiser, Reelle Zahlen. Das klassische K. und die natürlichen Folgen, Berlin/Heidelberg/New York 2007; L. Eldredge, Late Medieval Discussions of the Continuum and the Point of the Middle English Patience, Vivarium 17 (1979), 90–115; FM I (²1994), 678–682 (Continuo); K. v. Fritz, The Discovery of Incommensurability by Hippasus of Metapontum, Ann. Math. 46 (1945), 242–264 (dt. Die Entdeckung der Inkommensurabilität durch Hippasos von Metapont, in: O. Becker [ed.], Zur Geschichte der griechischen Mathematik, Darmstadt 1965, 271–307); G. Hamel, Mechanik der Kontinua, ed. I. Szabó, Stuttgart 1956; J. Hattler, Monadischer Raum. K., Individuum und Unendlichkeit in Leibniz' Theorie des Raumes, Frankfurt 2004; N. Herold/W. Breidert/K. Mainzer, K., Kontinuität, Hist. Wb. Ph. IV (1976), 1044–1062; F. Kaulbach, Philosophisches und mathematisches K., in: W. Ritzel (ed.), Rationalität – Phänomenalität – Individualität. Festgabe für H. und M. Glockner, Bonn 1966, 125–147; A. Koyré, Bonaventura Cavalieri et la géométrie du continus, in: Éventail de l'histoire vivante. Hommage à Lucien Febvre I, Paris 1953, 319–340; G. Kreisel, La prédicativité, Bull. Soc. Math. France 88 (1960), 371–391; D. Laugwitz, Bemerkungen zu Bolzanos Größenlehre, Arch. Hist. Ex. Sci. 2 (1962–1966), 398–409; ders., Infinitesimalkalkül. K. und Zahlen. Eine elementare Einführung in die Nichtstandard-Analysis, Mannheim/Wien/Zürich 1978; P. Lorenzen, Differential und Integral. Eine konstruktive Einführung in die klassische Analysis, Frankfurt 1965 (engl. Differential and Integral. A Constructive Introduction to Classical Analysis, Austin Tex./London 1971); K. Mainzer, Das Begründungsproblem des mathematischen K.s in der neuzeitlichen Entwicklung der Grundlagenforschung, Philos. Nat. 16 (1976), 125–137; ders., Stetigkeit und Vollständigkeit in der Geometrie. Über die logisch-mathematischen Grundlagen und die technisch-operationale Rechtfertigung des Koordinatenbegriffs, in: W. Balzer/A. Kamlah (eds.), Aspekte der physikalischen Begriffsbildung. Theoretische Begriffe und operationale Definitionen, Braunschweig/Wiesbaden 1979, 127–146; ders., Reelle Zahlen, in: H.-D. Ebbinghaus u. a., Zahlen, Berlin/Heidelberg/New York 1983, ³1992, 23–44; H. J. Maul, K. und Sein bei Aristoteles, Frankfurt etc. 1992; P.-H. Michel, Les notions de continu et de discontinu dans les systèmes physiques de Bruno et de Galilée, in: Mélanges A. Koyré II (L'aventure de l'esprit), Paris 1964, 346–359; J. Mittelstraß, Neuzeit und Aufklärung. Studien zur Entstehung der neuzeitlichen Wissenschaft und Philosophie, Berlin/New York 1970, bes. 489–501 (Das Labyrinth des K.s); W. Prager, Einführung in die K.smechanik, Basel/Stuttgart 1961 (engl. Introduction to Mechanics of Continua, New York 1973); A. Robinson, Non-Standard Analysis, Amsterdam 1966, Princeton N. J. 1996; C. J. Scriba, The Concept of Number. A Chapter in the History of Mathematics with Applications of Interest to Teachers, Mannheim 1968; R. M. Smullyan, Continuum Problem, Enc. Ph. II (1967), 207–212; C. A. Truesdell, The Elements of Continuum Mechanics. Lectures Given in August-September 1965 for the Department of Mechanical and Aerospace Engineering Syracuse University, Berlin/ Heidelberg/New York 1966, 1985; H. Weyl, Das K.. Kritische Untersuchungen über die Grundlagen der Analysis, Leipzig 1918 (repr. Berlin/Leipzig 1932), Nachdr. in: Das K. und andere Monographien, New York 1960, Providence R. I. 2006, 1–83; W. Wieland, Die Aristotelische Physik. Untersuchungen über die Grundlegung der Naturwissenschaft und die sprachlichen Bedingungen der Prinzipienforschung bei Aristoteles, Göttingen 1962, ^{3}1992, bes. 278–316 (Das K.); ders., K. und Engelzeit bei Thomas von Aquino, in: E. Scheibe/G. Süßmann (eds.), Einheit und Vielheit. Festschrift für C. F. v. Weizsäcker zum 60. Geburtstag, Göttingen 1973, 77–90. – Continu, Enc. philos. universelle II/1 (1990), 466–467. K. M.

Kontinuumhypothese (engl. continuum hypothesis), Bezeichnung für eine erstmals 1878 von G. Cantor aufgestellte (jedoch nicht bewiesene) mengentheoretische (↑Mengenlehre) Vermutung; an erster Stelle unter den 23 von D. Hilbert 1900 formulierten offenen mathematischen Problemen genannt. In ihrer ursprünglichen Form besagt die K., daß es keine ↑Menge M gibt, die echt mächtiger als die Menge $\mathbb{N}$ der natürlichen Zahlen und zugleich echt weniger mächtig als die Menge $\mathbb{R}$ der reellen Zahlen (d. h. als das ↑Kontinuum) ist:

$$(1) \quad \neg \bigvee_M \mathbb{N} \prec M \prec \mathbb{R}$$

(dabei steht $\prec$ für die Relation ›… ist echt weniger mächtig als …‹). Da $\mathbb{R}$ mit der ↑Potenzmenge $\mathfrak{P}(\mathbb{N})$ von $\mathbb{N}$ gleichmächtig ist, kann man die K. gleichwertig zu (1) auch formulieren als:

$$(2) \quad \neg \bigvee_M \mathbb{N} \prec M \prec \mathfrak{P}(\mathbb{N}).$$

Schränkt man sich nicht auf die spezielle Menge $\mathbb{N}$ ein, sondern formuliert (2) für beliebige unendliche Mengen N, so erhält man die *allgemeine* K. (engl. generalized continuum hypothesis):

$$(3) \quad \bigwedge_N (N \text{ unendlich} \rightarrow \neg \bigvee_M N \prec M \prec \mathfrak{P}(N)).$$

Nimmt man an, daß das Wohlordnungsprinzip (↑Wohlordnung) (das im ↑Zermelo-Fraenkelschen Axiomensystem ZF mit dem ↑Auswahlaxiom gleichwertig ist) gilt, dann ist jede unendliche Menge zu einem ↑›Aleph‹, d. h. zu einer unendlichen ↑Kardinalzahl $\aleph_\alpha$, gleichmächtig (wobei der Index α eine Ordinalzahl ist). Damit läßt sich (2) und (3) eine kardinalzahltheoretische Formulierung geben: Ist $|M|$ das mit M gleichmächtige Aleph, so bedeuten (2) und (3) – da für jedes M gilt:

$|\mathfrak{P}(M)| = 2^{|M|}$ –, daß es keine Kardinalzahl zwischen $|\mathbb{N}|$ und $2^{|\mathbb{N}|}$ bzw. (für jedes N) zwischen $|N|$ und $2^{|N|}$ gibt, d. h., daß $2^{|\mathbb{N}|}$ bzw. $2^{|N|}$ die gegenüber $|\mathbb{N}|$ bzw. $|N|$ nächstgrößere Kardinalzahl ist. Mit $|\mathbb{N}| = \aleph_0$ und $|N| = \aleph_\alpha$ für eine Ordinalzahl α sind (2) und (3) dann also gleichwertig mit

$$(4) \quad 2^{\aleph_0} = \aleph_1$$

bzw.

$$(5) \quad \bigwedge_\alpha 2^{\aleph_\alpha} = \aleph_{\alpha+1}.$$

Ohne Voraussetzung des Wohlordnungsprinzips (bzw. des Auswahlaxioms) kann man statt (5) nur die so genannte *allgemeine Aleph-Hypothese* formulieren:

$$(6) \quad \bigwedge_\alpha {}^{\aleph_\alpha}2 \sim \aleph_{\alpha+1}$$

(wobei ${}^{\aleph_\alpha}2$ die mit $\mathfrak{P}(\aleph_\alpha)$ gleichmächtige Menge der Abbildungen von $\aleph_\alpha$ in die zweielementige Menge $2 = \{\emptyset, \{\emptyset\}\}$ und $\sim$ die Relation der Gleichmächtigkeit ist), da jetzt nicht mehr sichergestellt ist, daß die Potenzmenge von $\aleph_\alpha$ (und speziell von $\aleph_0$) wohlgeordnet ist und damit ein Aleph als Kardinalzahl hat. (6) ist in ZF jedoch nur unter Voraussetzung des Fundierungsaxioms (↑Regularitätsaxiom) mit (3) gleichwertig.

Für mehrere Formalisierungen der Mengenlehre wie z. B. ZF ist die Frage nach der Gültigkeit der K. inzwischen im Sinne ihrer Unentscheidbarkeit (↑unentscheidbar/Unentscheidbarkeit) gelöst: K. Gödel zeigte 1938, daß die K. mit den Axiomen von ZF (genauer: er ging von einer Version der Mengenlehre im Anschluß an P. Bernays und J. v. Neumann aus, ↑Neumann-Bernays-Gödelsche Axiomensysteme) verträglich ist. P. J. Cohen bewies 1963 unter Verwendung der von ihm entwickelten Methode des ↑forcing, daß sogar ihre ↑Negation mit ZF verträglich ist. Damit kann die K. in ZF weder bewiesen noch widerlegt werden (falls ZF überhaupt konsistent ist). Dies gilt sowohl mit als auch ohne Voraussetzung des Auswahlaxioms für die hier genannten Versionen (1)–(6) der K.

Die philosophische Relevanz sowohl des Kontinuumproblems überhaupt als auch der Unabhängigkeitsresultate von Gödel und Cohen ist bis heute umstritten. Für die konstruktive Mathematik (↑Mathematik, konstruktive) ist das Kontinuum eine indefinite (↑indefinit/Indefinitheit) Menge und deshalb der Begriff einer absoluten Überabzählbarkeit (↑überabzählbar/Überabzählbarkeit) und ein absoluter Mächtigkeitsvergleich zwischen unendlichen Mengen sinnlos, womit sich die K. erst gar nicht als Problem stellt. Für viele klassische Mathematiker, sofern sie sich nicht als bloße Formalisten verstehen, stellt sich gerade *auf Grund* der Resultate von Gödel und Cohen die Frage, ob eine der Axiomatisierungen (↑System, axiomatisches) der Mengenlehre, für die die Unabhängigkeit der K. bewiesen ist, den *adäquaten* Rahmen des Sprechens über Mengen darstellt. Erst dann nämlich läßt sich sagen, daß die Unabhängigkeitsresultate das von Cantor gestellte Problem, das dieser als ontologische Frage nach der Existenz gewisser Mengen und nicht als Frage nach der Entscheidbarkeit (↑entscheidbar/Entscheidbarkeit) gewisser Aussagen in formalen Systemen verstand, überhaupt treffen. Weiterhin ist, unter Voraussetzung des Aktual-Unendlichen (↑unendlich/Unendlichkeit), fraglich, ob man die Angabe eines Modells der Mengenlehre durch Cohen, in dem die K. falsch ist, mit der Angabe von Modellen der Geometrie durch J. Bolyai und N. I. Lobatschewski, in denen das ↑Parallelenaxiom nicht gilt, vergleichen darf, ob man also von alternativen Mengenlehren reden kann, wie man von ↑Euklidischer Geometrie und ↑nicht-euklidischen Geometrien redet. Denn die Cohensche forcing-Konstruktion geht von *abzählbaren* (↑abzählbar/Abzählbarkeit) Modellen der Mengenlehre aus, die nach dem Satz von Löwenheim-Skolem (↑Löwenheimscher Satz) zwar existieren, jedoch kaum als Repräsentanten eines mengentheoretischen Universums von in erster Linie überabzählbaren Mächtigkeiten gelten können.

Literatur: M. Boffa, Continu (hypothèse du), Enc. philos. universelle II/1 (1990), 467; G. Cantor, Ein Beitrag zur Mannigfaltigkeitslehre, J. reine u. angew. Math. 84 (1878), 242–258, bes. 257–258, Nachdr. in: ders., Gesammelte Abhandlungen mathematischen und philosophischen Inhalts, ed. E. Zermelo, Berlin 1932 (repr. Berlin/Heidelberg/New York 1980), 119–133, bes. 132–133; P. J. Cohen, Independence Results in Set Theory, in: J. W. Addison/L. Henkin/A. Tarski (eds.), The Theory of Models. Proceedings of the 1963 International Symposium at Berkeley, Amsterdam 1965, 39–54; ders., Set Theory and the Continuum Hypothesis, New York/Amsterdam 1966, Reading Mass./New York 1980; Mineola N. Y. 2008; H.-D. Ebbinghaus, Einführung in die Mengenlehre, Darmstadt 1978, ⁴2003; A. S. Esenin-Vol'pin, Zum ersten Hilbertschen Problem, in: P. S. Alexandrov (ed.), Die Hilbertschen Probleme, Leipzig 1971, 81–101; U. Felgner, Bericht über die Cantorsche Kontinuums-Hypothese, in: ders. (ed.), Mengenlehre, Darmstadt 1979, 166–205 (mit Bibliographie, 200–205); FM I (²1994), 682 (Continuo [hypotesis del]); K. Gödel, The Consistency of the Axiom of Choice and of the Generalized Continuum-Hypothesis with the Axioms of Set Theory, Princeton N. J./London 1940, Princeton N. J. 1993; ders., What Is Cantor's Continuum Problem?, Amer. Math. Monthly 54 (1947), 515–525, rev. u. erw. in: P. Benacerraf/H. Putnam (eds.), Philosophy of Mathematics. Selected Readings, Englewood Cliffs N. J. 1964, 258–273, erw. Cambridge etc. ²1983, 470–485; G. Hasenjaeger, Was ist Cantors Continuumproblem nicht?, Kant-St. 57 (1966), 373–377; D. Hilbert, Mathematische Probleme. Vortrag, gehalten auf dem internationalen Mathematiker-Kongreß zu Paris 1900, Nachr. Königl. Ges. Wiss. Göttingen, math.-phys. Kl. H. 3 (1900), 253–297, Nachdr. unter anderem in P. S. Alexandrov (ed.), Die Hilbertschen Probleme, Leipzig 1971, 22–80; L. Horsten, Philosophy of Set Theo-

ry [Philosophy of Mathematics 5.1] SEP (2007); K. Kunen, Set Theory. An Introduction to Independence Proofs, Amsterdam etc. 1980, 2000; A. Mostowski, Widerspruchsfreiheit und Unabhängigkeit der K., Elemente Math. 19 (1964), 121–125; R. M. Smullyan, Continuum Problem, Enc. Ph. II (1967), 207–212; M. Tiles, Continuum Problem, REP II (1998), 654–657; W. H. Woodin, The Continuum Hypothesis, I–II, Notices Amer. Math. Soc. 48 (2001), 567–576 (I), 681–690 (II). P. S.

kontradiktorisch/Kontradiktion (von lat. contradicere/ contradictio, widersprechen/Widerspruch), Terminus der Logik. Zwei Aussagen heißen ›zueinander k.‹, wenn eine mit der ↑Negation der anderen logisch äquivalent ist (z. B. A und $\neg A$). Sie sind dann stets auch zueinander konträr (↑konträr/Kontrarität), aber nicht generell umgekehrt. Insbes. sind in der ↑Syllogistik ↑Aussagen der Form SaP bzw. SiP (alle S sind P bzw. einige S sind P) zu Aussagen der Form SoP bzw. SeP (einige S sind nicht-P bzw. kein S ist P) k., auch wenn dieser k.e ↑Gegensatz selbst nicht mehr syllogistisch ausgedrückt werden kann (↑Quadrat, logisches). Entsprechend heißen zwei ↑Termini P und Q, für die sowohl die terminologische Regel $x \varepsilon P \Rightarrow x \varepsilon' Q$ (in Worten: was P ist, ist nicht Q) als auch die terminologische Regel $x \varepsilon' P$ gilt, ›zueinander k.‹. Denn wegen $x \varepsilon' X \rightarrowtail \neg\, x \varepsilon X$ und $x \varepsilon X \rightarrowtail \neg\, x \varepsilon' X$, d. h., wenn für jeden Gegenstand des betrachteten Bereichs und für jeden ↑Prädikator eines Bereichs von zum Gegenstandsbereich gehörigen Prädikatoren gilt, daß er *entweder* einem Gegenstand zukommt *oder* ihm nicht zukommt, ist jede der beiden Aussageformen $x \varepsilon P$ und $x \varepsilon Q$ mit der Negation der jeweils anderen äquivalent, also $\bigwedge_x (x \varepsilon P \leftrightarrow \neg\, x \varepsilon Q)$ wahr.

Im verallgemeinerten Sprachgebrauch nennt man auch die Konjunktion zweier k.er Aussagen ›k.‹ oder ›in sich widersprüchlich‹ bzw. eine ›K.‹, weil aus ihr als einer logisch falschen Aussage jede beliebige Aussage bereits logisch gefolgert werden kann (↑ex falso quodlibet), also auch Aussagen, die ein allgemeinungültiges (↑allgemeinungültig/Allgemeinungültigkeit) ↑Aussageschema erfüllen und daher bereits ↑logisch falsch sind. Eine falsche Aussage ist mit einer logisch falschen Aussage logisch äquivalent; sie kann deshalb als das Falsche oder ↑falsum (Zeichen: $\curlywedge$), gleichgültig ob als Aussage oder als Aussageschema genommen, ausgezeichnet werden. Dies ist der Grund für den verbreiteten Sprachgebrauch, ›k.‹ und ›logisch falsch‹ als synonym (↑synonym/Synonymität) zu behandeln. Man nennt auch ein ganzes Aussagesystem, z. B. ein Axiomensystem (↑System, axiomatisches), ›k.‹ (auch: ›inkonsistent‹ oder ›widerspruchsvoll‹, ↑widerspruchsfrei/Widerspruchsfreiheit), wenn eine K. bzw. falsum daraus logisch geschlossen werden kann.

Literatur: J. Barnes, The Law of Contradiction, Philos. Quart. 19 (1969), 302–309; E. Chavarri, La contradiction chez Aristote et chez Marx, Estudios Filosoficos 33 (1984), 111–142; P. T. Geach,

Logic Matters, Oxford 1972, 1981; L. Horn, A Natural History of Negation, Chicago Ill./London 1989, Stanford Calif. 2001; ders., Contradiction, SEP 2006; A. Kulenkampff, Antinomie und Dialektik. Zur Funktion des Widerspruchs in der Philosophie, Stuttgart 1970; J. Łukasiewicz, O zasadzie sprzeczności u Arystotelesa, Krakau 1910, Warschau 1987 (dt. Über den Satz des Widerspruchs bei Aristoteles, Hildesheim etc. 1993; franz. Du principe de contradiction chez Aristote, Paris 2000); ders., Über den Satz des Widerspruchs bei Aristoteles, Bull. Int. de l'Acad. des Sci. de Cracovie, Classe de Philos. (1910), 15–38, Nachdr. in: D. Pearce/J. Woleński (eds.), Logischer Rationalismus. Philosophische Schriften der Lemberg-Warschauer Schule, Frankfurt 1988, 59–75 [dt. Kurzfassung der poln. Fassung] (engl. On the Principle of Contradiction in Aristotle, Rev. Metaphysics 24 [1971], 485–509); T. Parsons, True Contradictions, Can. J. Philos. 20 (1990), 335–353; G. Patzig, Widerspruch, in: Hb. ph. Grundbegriffe III, München 1974, 1694–1702; G. Priest, In Contradiction. A Study of the Transconsistent, Dordrecht 1987, erw. Oxford 2006; ders., To Be and Not to Be – That Is the Answer. On Aristotle on the Law of Non-Contradiction, Philos.gesch. u. logische Analyse 1 (1998), 91–130; ders./J. C. Beall/B. Armour-Garb (eds.), The Law of Non-Contradiction. New Philosophical Essays, Oxford 2004, 2006; F. A. Seddon, The Principle of Contradiction in »Metaphysics« Gamma, New Scholasticism 55 (1981), 191–207; ders., The Principle of Contradiction in »Metaphysics« Gamma, Diss. Pittsburgh Pa. 1988; L. Vax, Logique, Paris 1982.   K. L.

kontrafaktisch (engl. counterfactual, contrary to fact), Bezeichnung für eine (nicht-behauptete) ↑Aussage, von der vorausgesetzt wird, daß unter den gegebenen Umständen der in ihr beschriebene ↑Sachverhalt nicht besteht. Wird sein Bestehen unter keinen Umständen angenommen, so handelt es sich um eine ↑Fiktion; wird sein Bestehen unter bestimmten Bedingungen für die Zukunft unterstellt, so handelt es sich um eine ↑Antizipation. Der antizipierte Sachverhalt kann gegebenenfalls als handelnd zu verwirklichender oder herbeizuführender ↑Zweck und/oder als solches Handeln orientierender Maßstab dienen, wie die so genannte ›ideale Sprechsituation‹ in J. Habermas' Diskurs- bzw. Konsenstheorie der Wahrheit (↑Wahrheitstheorien). Als Fiktionen spielen k.e Aussagen vor allem in irrealen Konditionalsätzen eine wichtige Rolle (↑Konditionalsatz, irrealer).   R. Wi.

Kontrainduktion, Bezeichnung für die Auszeichnung bzw. Empfehlung einer wissenschaftlichen ↑Hypothese, die anerkannten und empirisch gut bestätigten Theorien *widerspricht.* Die kontrainduktive Vorgehensweise wird von P. K. Feyerabend im Rahmen seiner anarchistischen Erkenntnistheorie (↑Anarchismus, erkenntnistheoretischer) als ›Antiregel‹ aufgestellt; nach Feyerabend ist es ebenso nützlich für den Fortschritt der Wissenschaften, dem Prinzip der K. zu folgen wie dem Prinzip der ↑Induktion (↑Methode, induktive). Das Prinzip der K. soll demonstrieren, daß auch die einleuchtendsten wissenschaftlichen ↑Methodologien Grenzen haben, an denen

vernünftige Regeln anscheinend unvernünftig werden und umgekehrt.

Literatur: P. K. Feyerabend, Against Method. Outline of an Anarchistic Theory of Knowledge, London 1975, 2002 (dt. erw. Wider den Methodenzwang. Skizze einer anarchistischen Erkenntnistheorie, Frankfurt 1976, 1981); K. Popper, The World of Parmenides. Essay on the Presocratic Enlightenment, London/New York 1998, 271–280 (Chap. X Concluding Remarks on Support and Countersupport. How Induction Becomes Counterinduction. And the epagōgē Returns to the elenchus). C. F. G.

Kontrajunktion (aus lat. contra [entgegen, gegenüber] und iungere [verbinden], engl. exclusive disjunction), Bezeichnung für eine in der ↑Junktorenlogik behandelte logische Zusammensetzung zweier Aussagen mit dem ↑Junktor ›entweder-oder‹ (Zeichen: ⤙, auch: ≢, ⊔), also soviel wie vollständige ↑Disjunktion oder ↑Bisubtraktion, insbes. gleichwertig mit der Negation der ↑Äquijunktion, der Verbindung mit dem Junktor ›genau dann, wenn‹.   K. L.

Kontraktualismus (von lat. contractus, der Vertrag; engl. contractarianism, franz. contractualisme), Bezeichnung für Positionen der ↑Ethik, der ↑Rechtsphilosophie und der ↑Staatsphilosophie (↑Philosophie, politische), die die Ordnungen, die dem Zusammenleben in menschlichen ↑Gemeinschaften zugrunde liegen, nach dem Paradigma des Vertrags rekonstruieren (↑Rekonstruktion) und damit die Legitimation (↑Legitimität) dieser Ordnungen letztlich auf den Willen der Mitglieder dieser Gemeinschaften zurückführen (↑Voluntarismus, ↑Subjektivismus). Wie Vertragspartner selbstbestimmt und um ihres eigenen Vorteils willen einen Vertrag schließen, so werden organisierte Gemeinschaften als »Unternehmen der Zusammenarbeit zum gegenseitigen Vorteil« (J. Rawls, 1975, 105) aufgefaßt. Den Geltungsanspruch ihrer ordnungstiftenden Prinzipien (insbes. Moral, Recht, staatliche Institutionen) sieht der K. entsprechend darin begründet, daß (1) ihr Bestehen für den Einzelnen vorteilhafter ist, als es ihr Nichtbestehen wäre, und daß (2) ihr Bestehen deshalb von informierten und rationalen Individuen auch gewollt wird. Wer nicht durch äußere Widerstände, durch Täuschung über die Verhältnisse oder durch Willensschwäche (↑Akrasie) gehindert wird, wird also (3) in seinem Handeln darauf zielen, den Bestand dieser Ordnung zu fördern oder zumindest nicht zu gefährden. Mit dieser instrumentalistischen (↑Instrumentalismus), allein auf die ↑Zweckrationalität der Handelnden zurückgreifenden, Deutung ↑normativer Geltungsansprüche steht der K. in Opposition zu allen Ansätzen, die solche Geltungsansprüche unabhängig von allem menschlichen Unterscheiden und Bevorzugen zu begründen suchen, sei es unter Hinweis auf göttliche Gebote, die Natur, vorausgesetzte anthropologische Konstanten oder notwendig anzunehmende (↑transzendentale) Strukturen der Vernunft oder der Sprache (ethischer ↑Objektivismus).

Die Frage, welche normativen Ordnungen geeignet wären, den genannten Bedingungen zu genügen, wird in der historischen wie zeitgenössischen Debatte auf vielfältige Weise beantwortet. Grundsätzlich zu unterscheiden sind dabei Konzeptionen, die auf die Begründung und Legitimation einer staatlichen Organisation und ihrer Institutionen zielen (staatsphilosophischer K.), und solche, die insbes. die Rekonstruktion der ↑Moralen als nicht institutionalisierte Normsysteme auf rein instrumentelle Weise rekonstruktiv zu erfassen suchen (moralphilosophischer K.).

Im Rahmen des staatsphilosophischen K. wird meist – dem Vorbild T. Hobbes' folgend – für heuristische (↑Heuristik) Zwecke ein ↑Naturzustand angenommen, in dem ordnungsstiftende Prinzipien noch nicht oder nicht mehr in Geltung sind. Ausgehend von diesem methodischen Konstrukt kann dann frei von kontingenten (↑kontingent/Kontingenz) Voraussetzungen und allein in Abhängigkeit von Annahmen über die Handlungsbedingungen, die ↑Bedürfnisse, die ↑Interessen und die Entscheidungsrationalität (↑Entscheidung, ↑Entscheidungstheorie) der Akteure eine gesellschaftliche Ordnung entworfen werden, die dem Anspruch, den Einzelnen relativ besser zu stellen, genügt. Zur Begründung und Gestalt solcher Ordnungen sind in der Tradition des vertragstheoretischen Denkens insbes. von Hobbes, J. Locke, J.-J. Rousseau und – zum Teil in kritischer Distanzierung – I. Kant historisch wirkmächtig gewordene Entwürfe vorgelegt worden (↑Gesellschaftsvertrag). In dieser Tradition steht auch noch J. Rawls' ↑Gedankenexperiment vom ›Schleier des Nichtwissens‹ (*veil of ignorance*), hinter dem der Einzelne einen Entwurf für eine ›faire‹ staatliche Ordnung entwickelt, wenn er nicht weiß, mit welchem sozialen Status und mit welchen Fähigkeiten und Neigungen er unter dieser Ordnung seine Ziele verfolgen müßte (Theory of Justice, 1971).

Von einigen noch nicht systematisch entfalteten Ansätzen in der Antike abgesehen (insbes. Epikur, der ›das Gerechte‹ als »ein mit Rücksicht auf den Nutzen getroffenes Abkommen zum Zweck der Verhütung gegenseitiger Schädigung« bestimmt, Kyr. Dox. XXXI), setzt die Entwicklung eines moralphilosophischen K. wesentlich erst in der zweiten Hälfte des 20. Jhs. ein (T. M. Scanlon, J. L. Mackie, J. Buchanan, D. Gauthier, P. Stemmer). Diese Debatte ist nicht zuletzt auch von der (zunächst vor allem mit Blick auf ökonomische Fragestellungen betriebenen) Rekonstruktion rationalen Entscheidens mit den Mitteln der ↑Entscheidungstheorie und ↑Spieltheorie befruchtet. Die dort entwickelten mathematischen Modelle versuchen Konstellationen sozialer Inter

aktion systematisch zu fassen, in denen die Handelnden – wie die wirtschaftenden Akteure an einem freien ↑Markt – nicht per se die Zwecke ihrer jeweiligen Interaktionspartner in die eigene Handlungsplanung mit einbeziehen, dabei aber deren mögliches reaktives Verhalten, soweit es Einfluß auf die eigene Zweckerreichung haben könnte, berücksichtigen. Das erwartbare Verhalten der Anderen, insbes. deren Störpotential, ist dabei Teil der Handlungsumgebung, auf die sich der Handelnde, wenn er erfolgreich handeln will, bei seiner Mittelwahl einstellen muß. Wie auch sonst beim Handeln kann es sich dabei im Lichte aller seiner Zwecke als aussichtsreich und lohnend erweisen, zunächst strategisch gestaltend so auf die Handlungsumgebung einzuwirken, daß sie einen (optimalen) Handlungserfolg begünstigt. Insbes. die Analyse der spieltheoretischen Konstellationen vom Typ des ↑Gefangenendilemmas hat sich dabei als fruchtbar für die Präzisierung der kontraktualistischen Grundintuition erwiesen. Diese Konstellationen zeichnen sich gerade dadurch aus, daß für jeden der beteiligten Akteure der (optimale) Handlungserfolg nur erzielt werden kann, wenn sie ihre Handlungsumgebung so verändern, daß für jeden mit hoher Verläßlichkeit eine Sanktion zu erwarten ist, wenn er seine Zielerreichung zum Nachteil Anderer verwirklicht. Eine solche Umgebung soll ↑Konflikten vorbeugen und damit eine störungsarme Zweckverfolgung durch Handlungs*koordination* befördern, zudem aber auch die Voraussetzungen schaffen dafür, daß Handlungen, deren Erfolg eine Handlungs*kooperation*, das abgestimmte Zusammenwirken mehrerer Akteure, voraussetzt, verläßlich planbar werden. Damit ist die Handlungsumgebung jedoch nur strukturell bestimmt. Wie eine konkrete inhaltliche Ausfüllung, die den konkreten Bedürfnis- und Interessenlagen der Handelnden in optimaler Weise entspricht, näher zu bestimmen ist, ist abhängig davon, wie die Handlungsumgebung insgesamt beschaffen ist. Dabei ist es keineswegs ausgeschlossen, daß sich mehrere substantiell verschiedene Moralen als gleich gut geeignet erweisen.

Literatur: R. M. Adams, Scanlon's Contractualism. Critical Notice of T. M. Scanlon, »What We Owe to Each Other«, Philos. Rev. 110 (2001), 563–586; E. Ashford, The Demandings of Scanlon's Contractualism, Ethics 113 (2002/2003), 273–302; L. M. Barreto, Drei kontraktualistische Begründungen der Moral und die Frage nach einer genuinen moralischen Motivation, Frankfurt etc. 1994; K. Binmore, Game Theory and the Social Contract, I–II (I Playing Fair, II Just Playing), Cambridge Mass. I 1994, 1998, II 1998, 2002; D. Boucher/P. Kelly (eds.), The Social Contract from Hobbes to Rawls, London/New York 1994, 1997; J. Brand-Ballard, Contractualism and Deontic Restrictions, Ethics 114 (2003/2004), 269–300; J. M. Buchanan, The Limits of Liberty. Between Anarchy and Leviathan, Chicago Ill./London 1975, Indianapolis Ind. 2000 (= Collected Works VII) (dt. Die Grenzen der Freiheit. Zwischen Anarchie und Leviathan, Tübingen 1984); A. Cudd, Contractarianism, SEP 2000, rev. 2007;

S. Darwall (ed.), Contractarianism/Contractualism, Malden Mass./Oxford 2003, 2007; M. Düwell, K., in: J.-P. Wils/C. Hübenthal (eds.), Lexikon der Ethik, Paderborn etc. 2006, 203–207; G. Dworkin, Contractualism and the Normativity of Principles, Ethics 112 (2001/2002), 471–482; S. Freeman, Reason and Agreement in Social Contract Views, Philos. and Public Affairs 19 (1990), 122–157; ders., Contractarianism, REP II (1998), 657–665; ders., Moral Contractarianism as a Foundation for Interpersonal Morality, in: J. Dreier (ed.), Contemporary Debates in Moral Theory, Malden Mass./Oxford 2006, 2007, 57–76; D. P. Gauthier, Morals by Agreement, Oxford 1986, 2006; ders., Moral Dealing. Contract, Ethics, and Reason, Ithaca N. Y. 1990; J. W. Gough, The Social Contract. A Critical Study of Its Development, Oxford 1936, ²1957, Westport Conn. 1978; M. von Grundherr, Moral aus Interesse. Metaethik der Vertragstheorie, Berlin/New York 2007; A. Hamlin, Contractarianism, IESBS IV (2001), 2709–2715; J. Hampton, The Intrinsic Worth of Persons. Contractarianism in Moral and Political Philosophy, Cambridge 2007; G. Harman, The Nature of Morality. An Introduction to Ethics, New York 1977 (dt. Das Wesen der Moral. Eine Einführung in die Ethik, Frankfurt 1981); R. Hegselmann, Wozu könnte Moral gut sein? Oder Kant, das Gefangenendilemma und die Klugheit, Grazer philos. Stud. 31 (1988) 1–28; ders., Wie weit reicht eine Klugheitsmoral? Oder Zur strategischen Analyse und spieltheoretischen Modellierung von Moral, in: H. May/M. Striegnitz/P. Hefner (eds.), Kooperation und Wettbewerb. Zur Ethik und Biologie menschlichen Sozialverhaltens, Rehburg-Loccum 1989, ²1992, 8–32; ders., Ist es rational, moralisch zu sein?, in: H. Lenk/M. Maring (eds.), Wirtschaft und Ethik, Stuttgart 1992, 165–185; ders., Wohin führt radikaler Subjektivismus?, in: ders./E. V. Savigny, Über die Herkunft menschlicher Werte, Berlin 1993, 7–36; ders./H. Kliemt (eds.), Moral und Interesse. Zur interdisziplinären Erneuerung der Moralwissenschaften, München 1997; N. Hoerster, Moralbegründung ohne Metaphysik, Erkenntnis 19 (1983), 225–238, Nachdr. in: Aufklärung und Kritik, Sonderheft 7 (2003) [s. u.], 22–32; K. Homann, Vorteile und Anreize. Zur Grundlegung einer Ethik der Zukunft, ed. C. Lütge, Tübingen 2002; ders., Anreize und Moral. Gesellschaftstheorie, Ethik, Anwendungen, ed. C. Lütge, Münster 2003; R. Iturrizaga, David Gauthiers moralischer K.. Eine kritische Analyse, Frankfurt etc. 2007; F. M. Kamm, Owing, Justifying, and Rejecting.»What We Owe to Each Other« by Thomas Scanlon, Mind NS 111 (2002), 323–354; ders., Aggregation and Two Moral Methods, Utilitas 17 (2005), 1–23; W. Kersting, Vertrag, Gesellschaftsvertrag, Herrschaftsvertrag, in: I. Brunner/W. Conze/R. Koselleck (eds.), Geschichtliche Grundbegriffe. Historisches Lexikon zur politisch-sozialen Sprache in Deutschland VI, Stuttgart 1990, 901–945; ders., K., in: M. Düwell/C. Hübenthal/M. H. Werner (eds.), Handbuch der Ethik, Stuttgart/Weimar 2002, ²2006, 163–178; H. Kliemt, Moralische Institutionen. Empiristische Theorien ihrer Evolution, Freiburg/München 1985; ders., Antagonistische Kooperation. Elementare spieltheoretische Modelle spontaner Ordnungsentstehung, Freiburg/München 1986; ders., The Reason of Rules and the Rule of Reason, Critica 19 (1987), 43–86; ders., Ökonomische Analyse der Moral, in: B.-T. Ramb/M. Tietzel (eds.), Ökonomische Verhaltenstheorie, München 1993, 281–310; M. Kühler, Der blinde Fleck des K.. Zur implizit normativen Funktion deskriptiver Elemente in kontraktualistischer Moralbegründung, in: B. Emunds u. a. (eds.), Vom Sein zum Sollen und zurück. Zum Verhältnis von Faktizität und Normativität, Frankfurt 2004, 168–184; R. Kumar, Defending the Moral Moderate. Contractualism and Common Sense, Philos. and Public Affairs 28 (1999), 275–309; ders., Contractualism on Saving the Many, Analysis 61 (2001), 165–171; ders., Reasonable Reasons in Contractualist Moral Argument, Ethics 114 (2003/2004), 6–37; A. Leist (ed.), Moral als Vertrag? Beiträge zum moralischen K., Berlin/New York 2003; J. L. Mackie, Ethics. Inventing Right and Wrong, Harmondsworth/New York 1977, London etc. 1990 (dt. Ethik. Auf der Suche nach dem Richtigen und Falschen, Stuttgart 1981, unter dem Titel: Ethik. Die Erfindung des moralisch Richtigen und Falschen, Stuttgart 1992, 2004); M. Matravers (ed.), Scanlon and Contractualism. Readings and Responses, London/Portland Or. 2003; R. Metz, The Reasonable and the Moral, Social Theory and Practice 28 (2002), 277–301; R. W. Miller, Moral Contractualism and Moral Sensitivity, Social Theory and Practice 28 (2002), 193–220; R. D. Milo, Contractarian Constructivism, J. Philos. 92 (1995), 181–204; O. O'Neill, Constructivism vs. Contractualism, Ratio NS 16 (2003), 319–331; J. S. Park, Contractarian Liberal Ethics and the Theory of Rational Choice, New York etc. 1992; P. Pettit, Two Construals of Scanlon's Contractualism, J. Philos. 97 (2000), 148–164; ders., A Consequentialist Perspective on Contractualism, Theoria 66 (2000), 228–236; ders., Can Contract Theory Ground Morality, in: J. Dreier (ed.), Contemporary Debates in Moral Theory [s. o.], 77–96; P. Railton, Alienation, Consequentialism, and the Demands of Morality, Philos. and Public Affairs 13 (1984), 134–171; J. Rawls, A Theory of Justice, Oxford/Cambridge Mass. 1971, 2005 (dt. Eine Theorie der Gerechtigkeit, Frankfurt 1975, 2008); J. Raz, Numbers, With and Without Contractualism, Ratio NS 16 (2003), 346–367; S. Reibetanz, Contractualism and Aggregation, Ethics 108 (1997/1998), 296–311; G. Sayre-McCord, Deception and Reasons to Be Moral, Amer. Philos. Quart. 26 (1989), 113–122; ders., Contractarianism, in: H. LaFollette (ed.), The Blackwell Guide to Ethical Theory, Malden Mass. 2000, 2003, 247–267; ders. (ed.), Contractarian Moral Theory, Oxford 2003; T. M. Scanlon, Contractualism and Utilitarianism, in: A. Sen/B. Williams (eds.), Utilitarianism and Beyond, Cambridge etc. 1982, 103–128; ders., What We Owe to Each Other, Cambridge Mass./London 1998, 2000; ders., The Significance of Choice, The Tanner Lectures on Human Values 8 (1998), 149–216; ders., A Contractualist Reply, Theoria 66 (2000), 237–245; ders., Reply to Gauthier and Gibbard, Philos. Phenom. Res. 66 (2003), 176–189; M. Smith, The Moral Problem, Malden Mass./Oxford 1994, 2008; P. Stemmer, Handeln zugunsten anderer. Eine moralphilosophische Untersuchung, Berlin/New York 2000; ders., Moralische Rechte, Z. philos. Forsch. 56 (2002), 1–21; ders., Die Rechtfertigung moralischer Normen, Z. philos. Forsch. 58 (2004), 483–504; ders., Normativität. Eine ontologische Untersuchung, Berlin/New York 2008; A. Suchanek, Ökonomische Ethik, Tübingen 2001, erw. ²2007; M. Timmons, The Limits of Moral Constructivism, Ratio NS 16 (2003), 391–423; P. Vallentyne (ed.), Contractarianism and Rational Choice. Essays on David Gauthier's »Morals by Agreement«, Cambridge 1991; P. Voice, Morality and Agreement. A Defense of Moral Contractarianism, New York etc. 2002; R. J. Wallace, Scanlon's Contractualism, Ethics 112 (2001/2002), 429–470; G. Watson, Contractualism and the Boundaries of Morality. Remarks on Scanlon's »What We Owe to Each Other«, Social Theory and Practice 28 (2002), 221–241; L. Wenar, Contractualism and Global Economic Justice, Metaphilos. 32 (2001), 79–94, Nachdr. in: T. W. Pogge (ed.), Global Justice. Oxford/Malden Mass. 2001, 2005, 76–90. – Aufklärung und Kritik, Sonderheft 7 (2003) (Schwerpunkt K.); weitere Literatur: ↑Gesellschaftsvertrag. G. K.

Kontraposition (aus lat. contra [gegenüber, entgegen] und ponere [setzen, stellen, legen], engl. contraposition), in der ↑Syllogistik der in beiden Richtungen schlüssige Übergang von Aussagen der Form ›alle S sind P‹ in ›alle nicht-P sind nicht-S‹ bzw. ›kein nicht-P ist S‹. Allgemein ist K. in der formalen Logik (↑Logik, formale) der Übergang von Aussagen der Form ›wenn A, dann B‹ (symbolisch: $A \rightarrow B$) (↑Subjunktion) in die Aussage der Form ›wenn nicht-B, dann nicht-A‹ ($\neg B \rightarrow \neg A$), die *kontraponierte* Aussage. Da die zur logischen ↑Implikation $A \rightarrow B \prec \neg B \rightarrow \neg A$ konverse logische Implikation, also $\neg B \rightarrow \neg A \prec A \rightarrow B$, nur in der klassischen Logik (↑Logik, klassische) gilt, also auch nur dort zweimalige K. einer Implikation, also $\neg\neg A \rightarrow \neg\neg B$, eine mit der ursprünglichen Implikation gleichwertige ergibt, unterscheidet man von der *starken* K. $A \rightarrow B \succ\!\!\prec \neg B \rightarrow \neg A$ noch die auch in der intuitionistischen Logik (↑Logik, intuitionistische) – wegen der dort ebenfalls gültigen Implikation $A \prec \neg\neg A$ (das dazu konverse ↑*duplex negatio affirmat* ist nur klassisch gültig) – gültige *schwache* K.: $A \rightarrow \neg B \succ\!\!\prec B \rightarrow \neg A$ (›wenn A, dann nicht-B‹ ist logisch äquivalent zu ›wenn B, dann nicht-A‹). Entsprechend spricht man auch im Falle von Implikationen $A \prec B$ von K. statt nur im Falle von Subjunktionen $A \rightarrow B$. Dabei gilt die K. einer Implikation in der Tradition als das Resultat zweier (miteinander vertauschbarer) Schritte, der *Konversion* (↑konvers/Konversion), also Vertauschung von Implikans und Implikat, und der *Inversion* (↑invers/Inversion (6)), also Ersetzung von Implikans und Implikat durch jeweils ihre Negationen. Die in ↑Logikkalkülen entsprechend den beiden logischen Äquivalenzen der starken und schwachen K. aufgestellten Regeln zur Herleitung von gültigen logischen Implikationen heißen, weil auch deren Umkehrungen die jeweils gleiche Form haben, ebenfalls ›Kontrapositionsregeln‹:

$$A \prec \neg B \;\Rightarrow\; B \prec \neg A \quad \text{(schwache K.)},$$
$$\neg A \prec B \;\Rightarrow\; \neg B \prec A \quad \text{(starke K.)}.$$

Bei der Umkehrung von Regeln spricht man im übrigen gewöhnlich nicht wie bei Implikationen von ihrer Konversion, sondern von ihrer Inversion (↑invers/Inversion (5)). K. L.

kontrar/Kontrarität (von lat. contrarius, über franz. contraire, entgegengesetzt, griech. ἐναντίον), Bezeichnung für einen speziellen ↑Gegensatz: Zwei ↑Aussagen heißen k. zueinander, wenn jede die ↑Negation der anderen, ihr *Gegenteil*, gegebenenfalls unter Heranziehung bereits anerkannter ↑Prämissen, impliziert, beide Aussagen also miteinander unverträglich oder *inkompatibel* (↑inkompatibel/Inkompatibilität) sind, mit anderen Worten, einander ausschließen. Z. B. sind ›Bonn ist ein Dorf‹ und ›Bonn ist eine Stadt‹ k.e Aussagen, wenn die

Prämisse ›Dörfer sind keine Städte‹ anerkannt und herangezogen wird. Entsprechend heißen zwei ↑Prädikatoren ›P‹ und ›Q‹ und ebenso die zugehörigen ↑Begriffe $|P|$ und $|Q|$ bzw. die beiden Eigenschaften, die ein Gegenstand n haben würde, wenn er unter diese Begriffe fiele, ›zueinander k.‹ oder ›einander ausschließend‹, wenn die ↑Elementaraussagen ›$n \, \varepsilon \, P$‹ und ›$n \, \varepsilon \, Q$‹ schematisch allgemein, also unabhängig vom Gegenstand n, zueinander k. sind.

Zu den k.en Aussagen gehören insbes. die *kontradiktorischen* (↑kontradiktorisch/Kontradiktion) Aussagen, bei denen jede mit der Negation der anderen sogar äquivalent ist; z.B. in der ↑Syllogistik die Aussagen der Form ›SiP‹ (einige S sind P) und ›SeP‹ (kein S ist P) im Unterschied zu den – bei einer extensionalen (↑extensional/Extension) Deutung der syllogistischen ↑Aussageschemata allerdings nur unter der Voraussetzung, daß der Begriff $|S|$ nicht leer ist (Existenzpräsupposition, ↑Kennzeichnung) – zueinander bloß k.en Aussagen der Form ›SaP‹ (alle S sind P) und ›SeP‹ (kein S ist P) (↑Quadrat, logisches).

Unter den k.en Prädikatoren spielen die ↑*polar-konträren* eine besondere Rolle, weil sie die (relativen) Enden einer linear geordneten Reihe von Prädikatoren bilden, die grundsätzlich einer Vergleichsskala, also einem zweistelligen Prädikator und seinem Konversen (↑konvers/Konversion), entstammen; z.B. ›groß‹ und ›klein‹ als relative Enden auf der Skala ›größer (als)‹ bzw. ›kleiner (als)‹ oder ›weiß‹ und ›schwarz‹ als Enden auf der Grauskala. Auch die Paare jeweils antonymer (↑antonym/Antonymie) oder als antonym verstandener Prädikatoren, die auf keine Vergleichsskala zurückgehen, wie ›lieben‹ und ›hassen‹, oder die zu einer mehr als zweigliedrigen Einteilung gehören, wie ›Maskulinum‹ und ›Femininum‹ in der lateinischen oder deutschen Grammatik, gehören zu den k.en Prädikatoren. K. L.

Kontravalenz (aus lat. contra [entgegengesetzt], valere [gelten], von entgegengesetztem [Wahrheits-]Wert), in der Logik neben ↑›Alternative‹ die Bezeichnung für ein disjunktives Urteil (↑Urteil, disjunktives) $A \curlyvee B$, d.i. eine Beziehung (↑Relation) zwischen zwei Aussagen A und B, die genau dann besteht, wenn die junktorenlogisch (↑Junktorenlogik) zusammengesetzte Aussage ›entweder A oder B‹ (symbolisiert: $A \succ\!\!\prec B$) wahr ist (↑Disjunktion). Oft wird allerdings die wichtige Unterscheidung zwischen objektsprachlicher (↑Objektsprache) Disjunktion und metasprachlicher (↑Metasprache) K. nicht gemacht, so wie auch die Unterscheidung zwischen ↑Äquijunktion (= Bisubjunktion) und ↑Äquivalenz, d. s. die zur objektsprachlichen bzw. metasprachlichen Negation von Disjunktion und K. gleichwertigen Aussagen auf der jeweiligen Sprachstufe, zumindest terminologisch gern vernachlässigt wird. K. L.

Konvention (griech. συνθήκη, lat. conventio, von convenire, zusammenkommen, übereinkommen), Bezeichnung für eine Vereinbarung oder ihr Resultat, als ausdrückliche Vereinbarung auch ›Übereinkommen‹ und als stillschweigende auch ›Herkommen‹, wenn die K. nicht nur einen Einzelfall betrifft, wie etwa bei einer Terminabsprache, sondern die schematische Allgemeinheit von (bedingten) Handlungsregeln (↑Handlung, Regel, ↑Schema), insbes. (informelle oder formelle) ↑Normierungen, für die von der Vereinbarung Betroffenen nach sich zieht (z.B. multilaterale Verträge zwischen Völkerrechtssubjekten wie die Genfer K.en oder die von observanten Juden eingehaltenen Speisegesetze, die Kaschrut). Doch nur unter der Bedingung, daß sich die Ausübungen einer Handlung H als Ausübungen einer (beherrschbaren) ↑*Spezialisierung* H_1 unter anderen möglichen (ebenfalls beherrschbaren) Spezialisierungen der Handlung H auffassen lassen, ist es möglich, das Ausüben von H einer (expliziten) K. zu unterwerfen bzw. als einer (impliziten) K. unterworfen zu verstehen; z.B. die Handlung (Auf-einer-Straße-)Fahren mit den Spezialisierungen Links-Fahren und Rechts-Fahren (oder gar beides abwechselnd zu verschiedenen Zeiten, wie es zwar nicht für das Fahren, wohl aber für das Parken vorkommt) oder die Handlung (Jemanden-)Grüßen mit den Spezialisierungen, beschränkt auf deutsch Sprechende, ›Guten Tag‹-Sagen oder, beschränkt auf Männer (mit Hut), dem altmodisch gewordenen Hutziehen (gegebenenfalls gibt es auch noch K.en für die Entscheidung, wer zuerst grüßt). Dabei können die Gründe für die tatsächliche oder auch nur unterstellte Konventionalisierung einer Handlung durch Festlegung auf eine unter mehreren gleich geeigneten Spezialisierungen auf einer Vielzahl von ebenfalls tatsächlichen oder auch nur unterstellten Interessen beruhen; sie reichen vom Wunsch, gegenseitige Behinderung geregelt zu verringern, z.B. beim (Auf-einer-Straße-)Fahren, bis hin zum Wunsch, gegenseitige Anerkennung oder auch nur Zusammengehörigkeit geregelt zum Ausdruck zu bringen, z.B. beim (Jemanden-)Grüßen, oder gemeinsames Handeln durch Kooperationsregeln zu erleichtern oder gar erst zu ermöglichen, z.B. beim Rudern zu zweit.

Auch umgekehrt läßt eine Handlungsregel, z.B. mit einer Strichfolge oder einer entsprechenden Folge von Zahlwörtern die Anzahl von Tieren einer Herde festzuhalten, sich erst dann als eine K. (für eine Gruppe von Personen) auffassen, wenn diese Handlung von den zur Gruppe Gehörenden regelmäßig als eine unter vielen möglichen Spezialisierungen einer generelleren Handlung ausgeübt wird, im Beispiel einer Ausübung des Zählens: Strichfolgen sind Repräsentanten einer Abstraktionsklasse (↑Abstraktionsschema) von Mengen partikularer Gegenstände in Bezug auf die ↑Äquivalenzrelation ›anzahlgleich‹. Werden K.en nicht auf Handlungsregeln bezogen, sondern im Zusammenhang von ↑Gründen für die ↑Geltung von ↑Aussagen oder ganzen wissenschaftlichen ↑Theorien erörtert, nämlich darauf hin, in welchem Ausmaß Geltung festgesetzt (z.B. für ein Axiomensystem, ↑System, axiomatisches) oder aber von der ›Natur der Sache‹ her bestimmt ist, hat man es mit Auseinandersetzungen etwa zwischen den wissenschaftstheoretischen Positionen eines ↑Konventionalismus und eines Realismus (↑Realismus (ontologisch)) und ihren Varianten oder zwischen einem konsenstheoretischen (↑Konsens) und einem seinerseits an einer K. im Wortsinn, der *Convention T* (= ›*A*‹ ist wahr genau dann, wenn *A*, ↑Wahrheitsdefinition, semantische), orientierten korrespondenztheoretischen Begriff der ↑Wahrheit (↑Wahrheitstheorien) zu tun.

Im allgemeinen Sprachgebrauch steht einerseits das Konventionelle als das Gewöhnliche, Traditionelle oder Regelkonforme, und damit (gesellschaftlich) *Gebotene* oder Ratsame, dem Abweichenden, Außergewöhnlichen oder Regelbrechenden, und damit Nichtratsamen oder gar *Verbotenen*, weil (gesellschaftlich) Geächteten, allenfalls Geduldeten, gegenüber; andererseits wird das auf einer K. Beruhende als etwas künstlich Entstandenes oder Aufrechterhaltenes, und damit bloß *Mögliches*, dem natürlich Entstandenen oder ohne absichtlichen Eingriff Geschehenden, und damit in diesem Sinne *Notwendigen*, entgegengesetzt. ↑Sachverhalte im deontischen (= ↑normativ artikulierten, ↑Logik, deontische) Kontext (›sollen‹, ›dürfen‹) scheinen sich in Bezug auf die Beurteilung ihrer Geltung als konventionell genau umgekehrt wie im ontischen (= deskriptiv [↑deskriptiv/präskriptiv] artikulierten) Kontext (›notwendig‹, ›möglich‹) zu verhalten (↑Modalität), was sich sowohl in den positiven als auch in den negativen Beurteilungen von K.en niederschlägt: Positiv ist von der ›Unerläßlichkeit‹ von K.en die Rede, z.B. zur Vermeidung von (andernfalls womöglich unvermeidlichen) Zusammenstößen (z.B. im Flugverkehr) oder Zusammenbrüchen (z.B. im Geldverkehr), aber auch, um über (andernfalls womöglich unverfügbare) Kommunikationsmittel – d.s. Gegenstände, z.B. Lautäußerungen, in der Rolle von Zeichen (↑Zeichen (logisch)) – intersubjektiv verfügen zu können, negativ wiederum von deren ›Unzulänglichkeit‹, z.B. in wirtschaftlichen Transaktionen zugunsten eines (vermeintlich) erfolgreicheren ›freien Spiels der Kräfte‹ oder in wissenschaftlicher ↑Forschung zugunsten einer (vermeintlich) besseren, weil ungehinderten, Kreativitätsentfaltung.

Der Grund für diese Zwiespältigkeit ist darin zu sehen, daß K.en in *handlungstheoretischer* Fassung (mit normativen Sätzen als Artikulationen der K.en) dazu dienen, die (generelle und nicht nur den Einzelfall betreffende) Entscheidbarkeit (↑entscheidbar/Entscheidbarkeit) zwischen ›gleichberechtigten‹ Handlungsmöglichkeiten sozialverträglich herbeizuführen, während sie in *gegen-standstheoretischer* Fassung (mit deskriptiven Sätzen als Artikulationen der K.en) dazu dienen, die (regelmäßige) Verwirklichung von einer unter mehreren (für einen Betrachter) ›gleichberechtigten‹ Möglichkeiten der Steuerung von Verhaltensabläufen zu erklären, von ↑Vorgängen also, die für den Fall, daß sie ungesteuert und damit ›natürlich‹ ablaufen, eher ↑›Prozeß‹ heißen und dann in der Regel als eine (zeitlich dichte) Folge von ↑Zuständen verstanden werden, deren Verlauf nicht-konventionell zu erklären ist. Die Herstellung oder Wahl eines Anfangszustandes für einen Prozeß, wie etwa bei einem (natur- oder sozialwissenschaftlichen) ↑Experiment, gilt dabei natürlich nicht als eine Steuerung und hat erst recht nichts mit einer K. zu tun.

Wenn in diesem Zusammenhang von ›gleichberechtig-ten‹ (Handlungs-)Möglichkeiten die Rede ist, so handelt es sich um solche, von denen sich keine ›poietisch‹ (↑Poiesis), d. i. durch Berufung auf ↑Zweckrationalität, oder ›praktisch‹, d. i. durch Berufung auf ↑Moralität, auszeichnen läßt, mit anderen Worten, die in Bezug auf das Handlungsziel ununterscheidbar bzw. als (Steue-rungs-)Handlungen moralisch indifferent sind. K.en, die unter zweckrational gleichwertigen (Handlungs-)Mög-lichkeiten eine institutionalisierte Standardisierung vor-nehmen, sind im Falle von Herstellungshandlungen in Hinsicht auf praktische, die herzustellenden Gegenstän-de betreffende Zwecke (↑Herstellung) *technische Normen* (z. B. eine Klasse von Empfehlungen des Deutschen In-stituts für Normung [DIN], zu denen z. B. auch Nor-mungen der International Organization for Standardiza-tion [ISO] gehören), während man es in Hinsicht auf theoretische, Zeichenfunktionen der herzustellenden Gegenstände betreffende, Zwecke (↑Darstellung (semi-otisch)) mit *Bezeichnungsnormen* zu tun hat (z. B. die Ländercodes in den elektronischen Adressen oder die im Internationalen Einheitensystem SI [= Système interna-tional d'unités] festgelegten und ebenfalls DIN-Normen bildenden sieben Basiseinheiten: Meter, Kilogramm, Se-kunde, Ampère, Kelvin, Mol, Candela, für die natur-wissenschaftlichen Basisgrößen Länge, Masse, Zeit, Stromstärke, Temperatur, Stoffmenge, Lichtstärke; ebenso auch national oder international vereinbarte wissenschaftliche Nomenklaturen einschließlich Defini-tionen mittels Terminologienormen). Sind Standardi-sierungen von Bezeichnungen unter Einschluß ihrer Beziehungen untereinander (noch) nicht institutionali-siert, wie häufig im Falle von fachsprachlichen ↑Termi-nologien (↑Wissenschaftssprache), so handelt es sich, unbeschadet ihres normativen Charakters, streng ge-nommen nur um Normierungs*vorschläge*.

Geht es unter poietischem Gesichtspunkt um andere als Herstellungshandlungen, also um solche, die primär der ›Organisation‹, insbes. der Koordination, und nicht der ›Produktion‹ dienen, so spielen K.en etwa bei der Fest-legung von Verfahrensstandards (z. B. DIN-Normen für das Qualitätsmanagement) eine Rolle; sie sind daneben aber auch schon vor möglicher Institutionalisierung, etwa durch gesetzliche Regelungen, dort von besonderer Bedeutung, wo die soziale Rolle der betreffenden Hand-lungen, vor allem bei Wettbewerb und Zusammenarbeit, im Vordergrund steht: man hat es dann mit *sozialen K.en* zu tun. Sie äußern sich in (zumeist längerfristigen) *Regularitäten* des Verhaltens von (Vertretern von) In-stitutionen ebenso wie in solchen von Personen einer – unter Umständen durch ihre K.en sogar charakterisier-ten – Gruppe (z. B. einer Burschenschaft), wie etwa in Tischsitten, Eßgewohnheiten, Verkehrsregeln, Mode-trends, Zugehörigkeitsritualen, Heiratszeremonien, Standardaussprachefestlegungen etc.. Natürlich beruht nicht jede Verhaltensregularität, etwa grundsätzlich in der Nacht und nicht am Tage zu schlafen, auf einer (sozialen) K..

Die allgemein eine K. in handlungstheoretischer Fassung charakterisierende Handlungsregel hat im einfachsten Falle die Gestalt ›wenn H dann H_1‹, wobei H_1 die durch K. zustandegekommene Spezialisierung von H ist und – mit einem die K. anerkennenden Personenkreis als Be-reich für die mit ›wer‹ bezeichnete Leerstelle – zu lesen ist als ›wer H ausübt, *sollte* (dabei) H_1 ausüben‹ [wenn die Anerkennung der K. nicht nur ein Lippenbekenntnis ist] bzw. ›wer H ausübt, von dem wird *erwartet*, daß er (dabei) H_1 ausübt‹ [weil dessen Anerkennung der K. allgemein bekannt ist] oder gar, falls die Handlungsregel (für den betreffenden Personenkreis) institutionalisiert ist und damit den Status einer, weil grundsätzlich mit Sanktionen belegt oft auch nicht mehr zu den K.en gezählten, *formellen Norm* hat: ›wer H ausüben *will*, soll (dabei) H_1 ausüben‹. Es handelt sich bei der Partikel ›wenn-dann‹ in diesen Fällen also um die Artikulierung der bei der Ausübung einer Handlung vorzunehmenden Ersetzung der Schematisierung dieser Ausübung durch eine speziellere Schematisierung und nicht um den Aus-sagen logisch verknüpfenden ↑Subjunktor ↑›wenn – dann‹ (in Zeichen: →) und auch nicht um das prakti-sche ›wenn-dann‹ (in Zeichen: ⇒), mit dem das unter bestimmten Umständen ebenfalls K.en unterworfene *Nacheinander* des Ausübens von Handlungen, d. h. ihr schematischer Zusammenhang, artikuliert wird. Zu die-sen Umständen gehört insbes., etwa bei einem Rezept: das Ergebnis (auf normierte Weise, also kontrollierbar) erreichen zu wollen, oder bei einer Spielregel: eine Partie des Spiels korrekt spielen zu wollen (insofern die Spiel-regeln ein durch sie konstituiertes Spiel selbst zu einer K. machen), oder bei einer Kalkülregel (↑Kalkül): eine Übersicht über die regelkonform (gemäß einer K. und nicht beliebig) herstellbaren Figuren gewinnen zu wol-len, und entsprechend in anderen Fällen.

Der normative Charakter von K.en in handlungstheoretischer Fassung hat immer wieder zu der Frage geführt, ob angesichts der Pluralität moralischer Vorstellungen nicht auch *moralische Normen* (↑Norm (handlungstheoretisch, moralphilosophisch)) als besondere soziale K.en zu verstehen sind (G. Harman u. a.). Dabei wird regelmäßig außer acht gelassen, daß moralische Normen nicht auf die Auswahl von Handlungsausübungen bezogen sind, sondern ↑Haltungen gegenüber Handlungen vor jeder Ausübung artikulieren; es geht nicht um die Entscheidung zwischen gleichberechtigten Spezialisierungen einer schon als erlaubt zu unterstellenden Handlung, sondern um die Bestimmung des (gegebenenfalls Situationsbedingungen unterworfenen) Geboten- oder Verbotenseins von Handlungen selbst. Erst recht reicht die bloße Feststellung, daß diese Bestimmungen (bisher) nur zu einem kleinen Kern universell anerkannter ›Rechte‹ (= Erlaubnisgebote) geführt haben (↑Menschenrechte), daß etwa Kindstötungen in einigen Kulturen durchaus erlaubt sind oder waren, nicht aus, um solche Bestimmungen für bloße K.en zu halten. Es gibt stets über bloße faktische Übereinstimmung (↑Konsens) der Betroffenen in Bezug auf den Handlungszweck und geteiltes Wissen von den Möglichkeiten, ihn zu erreichen, wie es K.en zugrundeliegt, hinausgehende Gründe, wenngleich nicht stets generell für zureichend gehaltene, warum Handlungsgebote und Handlungsverbote in bestimmten Gesellschaften inkraft sind. Auch die Berufung auf theoretische Konstrukte grundsätzlich einmaliger Ereignisse als ›Ursprünge‹ sozialer Institutionen – etwa von Herrschaft durch einen ↑›Gesellschaftsvertrag‹ oder von Sprache durch eine ›Ursprache‹ (↑Sprache, adamische), und damit als Nachweis des konventionellen oder des natürlichen Charakters bestimmter sozialer Phänomene – beruht auf einem Mißverständnis von deren Rolle. Bei solchen theoretischen Konstrukten handelt es sich nicht um die Aufstellung von ↑Hypothesen, sondern um die Herstellung von ↑Modellen, um die jeweiligen Phänomene, also etwa Herrschaft oder Sprache, hinsichtlich ihrer konventionellen, d. h. durch ausdrückliche oder stillschweigende Vereinbarung zustandegekommenen, Züge (im Falle von Herrschaft) oder ihrer von Natur aus, durch nicht von Menschen individuell oder kollektiv gesteuerte Evolution bestehenden Züge (im Falle von Sprache) *beurteilen* zu können. Denn an Herrschaft lassen sich auch natürliche Züge und an Sprache auch konventionelle Züge ausmachen, und es gehört zu den noch immer strittigen Fragen, wie und in welchem Sinne sich an sozialen Phänomenen konventionelle Aspekte von natürlichen unterscheiden lassen. So bezeichnet man zuweilen sogar Sitten als ›natürlich‹, weil befolgt aufgrund von Herkommen, und erklärt sie erst dann zu K.en, wenn befolgt »um des allgemeinen Nutzens willen, und der allgemeine Nutzen um seines

eigenen Nutzens willen« (Tönnies [1887], 60, [⁸1935, 2005], 44). Der Schein einer vollständigen Alternative verdankt sich hierbei der irreführenden Gleichsetzung von ›konventionell *oder* natürlich [entstanden]‹ mit ›[von Menschen] erzeugt *oder* [von selbst] entstanden‹. Schließlich sind bei der rekonstruierenden Genese sozialer Phänomene auch noch die Möglichkeiten verstandbezogener, d. i. auf gegebene Zwecke gerichteter, und vernunftbezogener, d. i. auf Handlungen als ↑Selbstzweck gerichteter, Überlegungen zu berücksichtigen, Überlegungen also, in denen Zweckrationalität bzw. Moralität zum Ausdruck kommen. K.en in handlungstheoretischer Fassung treten erst dort auf den Plan, wo es grundsätzlich weder einen zweckrationalen noch einen moralischen Grund für eine Entscheidung zwischen Alternativen gibt.

Die Frage nach K.en in gegenstandstheoretischer Fassung, die nicht an Regelungen für anstehende Handlungsentscheidungen zwischen gleichberechtigten Spezialisierungen, sondern an bereits aufgetretenen Verhaltensregularitäten angesichts möglichem anders regulierten Verhalten und der Erklärung hierfür orientiert ist, wurde von D. Lewis (Convention, 1969) aufgegriffen. Sie hat mittlerweile ausgedehnte Forschungen über die Natur und das Zustandekommen sozialer K.en ausgelöst. Diese werden zunächst, eingeschränkt, verstanden als Mittel, *Koordinationsprobleme* für Handlungen individueller Agenten zu lösen. Es gelingt Lewis, unter Anknüpfung an T. Schellings Arbeit über kooperative Spiele (The Strategy of Conflict, 1960), einen spieltheoretischen (↑Spieltheorie) Begriff einer sozialen K. zu bilden, der solche Verhaltensregularitäten von Agenten einer Population in Bezug auf einen Situationstyp zu erklären vermag, und zwar ohne Rückgriff auf gegenseitige Absprachen, die sich als eine (gelungene) Koordination ihrer Handlungen verstehen lassen. Unter einer Reihe von Annahmen – nämlich (zweck-)rational handelnder Agenten einer Population, die über bestimmte unter dem Gesichtspunkt ›lieber als‹ (›dieses ist mir *lieber als* jenes‹) geordnete individuelle Interessen, also über Präferenzen (bezüglich der Ausübung einer Handlung aus einer Klasse von Handlungen sowohl durch den Agenten selbst als auch durch die anderen Agenten der Population unter der Bedingung, daß sich keine zwei Handlungen in derselben Situation zugleich ausüben lassen), verfügen und bestimmte übereinstimmende Erwartungen n-ter Stufe (bezüglich des Ausübens einer Handlung aus der zugrundegelegten Klasse durch einen anderen Agenten sowie von deren entsprechenden Erwartungen $(n-1)$ter Stufe) haben, ferner ein gemeinsames Wissen darüber, daß diese Präferenzen, Erwartungen und das zweckrationale Verhalten aller Agenten vorliegen – kann Lewis nachweisen, daß es mehr als eine stabile, von allen Agenten der Population im fraglichen Situationstyp ausgeübte Handlung gibt, die das Koordinationsproblem löst; sie heißt ›stabil‹, weil jeder Versuch einer einseitigen Änderung durch einen Agenten dessen eigenen Präferenzen zuwiderlaufen würde. In der Sprache der Spieltheorie handelt es sich um den Nachweis der Existenz eines speziellen Nash-Gleichgewichts.

An die Stelle ausdrücklicher Vereinbarungen zwischen Agenten, bei denen grundsätzlich gemeinsame und nicht nur (eventuell sogar übereinstimmende) bloß individuelle Zwecke eine Rolle spielen, sind Annahmen über individuelle Erwartungen und Präferenzen (zwischen Interessen, und wenn Sprachhandlungen betroffen sind, auch noch zwischen Überzeugungen [Lewis 1975]) und über die Zweckrationalität aller Agenten getreten (↑Präferenzlogik). Damit ist der normative Kontext einer (sozialen) K., der dem Interesse am Erzeugen von K.en entspringt, verwandelt worden in einen deskriptiven, auf mentale Zustände statt auf Regeln für Handlungsentscheidungen zurückgreifenden, Kontext, der sich dem Interesse am Erklären von (sozialen) K.en verdankt. Über den methodischen Zusammenhang beider Vorgehensweisen – sie sind auch für viele Differenzen verantwortlich, die zwischen den Methoden der Soziologie und der Ökonomie bestehen – herrscht noch weitgehend Unklarheit, wie aus den kritischen Auseinandersetzungen um den K.sbegriff von Lewis (M. Gilbert, W. Davies, S. Miller, R. Millikan u. a.) hervorgeht, vor allem angesichts der spieltheoretischen Weiterentwicklungen und Präzisierungen, z. B. in der evolutionären Spieltheorie (B. Skyrms, L. Samuelson u. a.). In der philosophischen Tradition, und zwar sowohl in Indien (↑Logik, indische) als auch im Westen, hat der Streit um den Status der Bedeutungen sprachlicher Ausdrücke paradigmatischen Charakter: Sind Bedeutungen ›willkürlich‹ verliehen oder sind sie ›zwingend‹ mit den Bedeutungsträgern verbunden?

In der westlichen Tradition setzen die Auseinandersetzungen um den Begriff der K. an diesem Beispiel ein, und zwar mit Platons sprachphilosophischem Dialog »Kratylos«, in dem die Protagonisten, vermittelt durch Sokrates, einen Streit darüber austragen, ob Namen (ὀνόματα) ihre im Benennen (↑Benennung) ausgeübte Funktion, also das Unterscheiden der Sachen (διακρίνειν τὰ πράγματα) und das Einander-Verständigen (διδάσκειν τι ἀλλήλους) (Krat. 388b), ›von Natur‹ (φύσει) oder ›aufgrund von Übereinkommen oder Herkommen‹ (κατὰ συνθήκην oder νόμῳ) haben. Die φύσει-These wird von Kratylos vertreten, die νόμῳ-These von Hermogenes. Gewöhnlich wird κατὰ συνθήκην lateinisch durch ›secundum placitum‹ oder ›ex institutione‹ wiedergegeben, dafür in hellenistischer Zeit auch θέσει (›gesetzt‹) und bis in die Neuzeit ›ex arbitrario‹ (›willkürlich‹), während statt νόμῳ schon von

Platon auch ἔθει (›gewohnheitsmäßig‹) verwendet wird. Die angesichts der Aporien, in die Platon beide Alternativen führen läßt, unausgesprochen bleibende Lösung, daß ein Name ›N‹, zu verstehen als der wahre Elementarsatz (↑Elementaraussage) ›dies ist N‹, die Tatsache des N-Seins von etwas kundmacht (δήλωμα, das Kundmachen, wird bei Aristoteles zum σύμβολον, dem [etwas] kundmachenden Symbol), erlaubt es, sowohl die Ersetzbarkeit von ›N‹ durch einen Ausdruck, der dieselbe Tatsache (οὐσία, ↑Usia, ↑Wesen) kundmacht, also die Konventionalität des den Namen ›N‹ tragenden Lautes, zu bestätigen (Krat. 384d), als auch, die Unaustauschbarkeit des Namens ›N‹ als ↑Namen zu sichern, nämlich in seiner spezifischen Funktion, ein Partikulare von allen anderen, die nicht N sind, und damit in seinem ›Wesen‹, zu unterscheiden (Krat. 393d). Der Zeichenträger tritt dann wie ein Bestandteil oder eine Eigenschaft der bezeichneten Sache auf, so wie auch umgekehrt ›typische‹ Bestandteile oder Eigenschaften einer Sache den Status eines (Allgemein-)Namens für diese bekommen können. Von der doppelten Rolle, in der ↑kategorematische (= ↑autosemantische) sprachliche Ausdrücke grundsätzlich auftreten können, (1) als sinnliches ↑Symptom (Tat-) Sachen zu *präsentieren*, und zwar sowohl indexisch (↑Index), d. i. aktualisierend, als auch ikonisch (↑Ikon), d. i. schematisch – in der Dichtung vielfältig genutzt, nicht nur in Gestalt der Onomatopoiese –, und (2) als begriffliches ↑Symbol (Tat-)Sachen invariant (wegen verschiedener Bestandteile oder Eigenschaften derselben Sache) zu *repräsentieren*, wird bei Aristoteles nur die symbolische Rolle ausführlicher erörtert: Ein Name ist ein gemäß K. bedeutungtragender Laut (φωνὴ σημαντικὴ κατὰ συνθήκην, de int. 16a19) und hat nach dem Vorbild eines anderen traditionsbildenden Beispiels einer K. (Eth. Nic. E8.1133a1–b28), nämlich des Geldes (νόμισμα), als ein Maß zu gelten, und zwar für die Bedeutungsgleichheit, also die Gleichheit der Funktion eines Lautes als Namen wie schon bei Platon: Laute mit Benennungsfunktion dürfen gegen bedeutungsgleiche ausgetauscht werden. Das Geld ist bei Aristoteles ein Maß für die Austauschgleichheit von Gütern, insofern man ihrer bedarf; es macht sie ›kommensurabel‹ (σύμμετρον).

Auf beide Beispiele bezieht sich auch D. Hume in seinem »Treatise« (1888, 490), allerdings ohne auf deren Pointe einzugehen, daß K.en im Zusammenhang der Einführung einer abstrakten Gleichheit (↑Gleichheit (logisch)) auftreten, nämlich bei der Wahl eines Repräsentanten der zugehörigen Abstraktionsklasse. Vielmehr verwendet Hume ›K.‹ als Gegenbegriff zu ›Natur‹, das vom Menschen Erzeugte (*artifice of men*) gegen das Vonselbst-Entstandene abgrenzend, wobei seine auf K.en in diesem Sinne zurückgreifende Theorie vom Ursprung des Rechts auf Eigentum (Treatise III, Sect. II–IV. 484–

516) zu einem Bestandteil der Moralphilosophie wird. Gleichwohl sind Humes detaillierte Überlegungen über die in diesem Zusammenhang zu berücksichtigenden Interessen und Erwartungen zu einem Anknüpfungspunkt des deutlich eingeschränkter und zudem deskriptiv verfahrenden Ansatzes von Lewis geworden, haben aber gerade deshalb in den gegenwärtigen Auseinandersetzungen um die spieltheoretische Behandlung von K.en immer wieder zur Frage nach dem Zusammenhang von K.en und Normen jeder Art herausgefordert, ohne daß die dabei auftretende ↑Ambiguität des Terminus ›K.‹ bisher hinreichend thematisiert worden wäre. Eine allgemein anerkannte Klärung des Begriffs der K. steht noch aus.

Literatur: R. H. McAdams, Conventions and Norms. Philosophical Aspects, IESBS IV (2001), 2735–2741; Y. Ben-Menahem, Conventionalism, Cambridge 2006; J. Bennett, Linguistic Behavior, Cambridge 1976, Indianapolis Ind./Cambridge 1990 (dt. Sprachverhalten, Frankfurt 1982); S. Blackburn, Spreading the Word. Groundings in the Philosophy of Language, Oxford 1984, 2004; R. Brandom, Making It Explicit, Cambridge Mass. etc. 1994, 2001 (dt. Expressive Vernunft. Begründung, Repräsentation und diskursive Festlegung, Frankfurt, Darmstadt 2000); H.-N. Castañeda/G. Nakhnikian (eds.), Morality and the Language of Conduct, Detroit Mich. 1963, 1965; E. Coseriu/B. K. Matilal, Der φύσει-θέσει-Streit. Are Words and Things Connected by Nature or by Convention, in: M. Dascal u. a. (eds.), Sprachphilosophie/Philosophy of Language/La philosophie du langage. Ein internationales Handbuch zeitgenössischer Forschung II, Berlin/New York 1996, 880–900; D. Davidson, Communication and Convention, Synthese 59 (1984), 3–17; W. A. Davis, Meaning, Expression, and Thought, Cambridge 2003; M. Dummett, The Seas of Language, Oxford 1993, 2003; M. Gilbert, On Social Facts, London/New York 1989, Princeton N. J. 1992; G. Harman, Moral Relativism, in: ders./J. J. Thomson (eds.), Moral Relativism and Moral Objectivity, Cambridge Mass./Oxford 1996, 3–64; J. Harsanyi/R. Selten, A General Theory of Equilibrium Selection in Games, Cambridge Mass./London 1988, 1992; S. Horigan, Nature and Culture in Western Discourses, London/New York 1988; D. Lewis, Convention. A Philosophical Study, Cambridge Mass. 1969, Oxford 2002 (dt. K.en. Eine sprachphilosophische Abhandlung, Berlin/New York 1975); ders., Languages and Language, in: K. Gunderson (ed.), Language, Mind, and Knowledge, Minneapolis Minn. 1975, 3–35 (Minn. Stud. Philos. Sci. VII); K. Lorenz, Is and Ought Revisited, Dialectica 41 (1987), 129–144; ders./J. Mittelstraß, On Rational Philosophy of Language. The Programme in Plato's »Cratylus« Reconsidered, Mind 76 (1967), 1–20; S. Miller, Social Action. A Teleological Account, Cambridge 2001; R. Millikan, Language. A Biological Model, Oxford 2005, 2006; C. Peacocke, Concepts without Words, in: R. Heck (ed.), Language, Thought, and Logic. Essays in Honor of Michael Dummett, Oxford/New York 1997, 1–33; L. Samuelson, Evolutionary Games and Equilibrium Selection, Cambridge Mass. 1997, 1998; E. R. S. Sarma, Die Theorien der alten indischen Philosophie über Wort und Bedeutung, ihre Wechselbeziehung, sowie über syntaktische Verbindung, Diss. Marburg 1954; T. Schelling, The Strategy of Conflict, Cambridge Mass. 1960, 2003; W. H. Schrader/O. Kimminich, K., Hist. Wb. Ph. IV (1976), 1071–1078; A. Sidelle, Necessity, Essence, and Individuation. A Defense of Conventio-

nalism, Ithaca N. Y. 1989; B. Skyrms, Evolution of the Social Contract, Cambridge etc. 1996, 1998; P. Syverson, Logic, Convention, and Common Knowledge. A Conventionalist Account of Logic, Stanford Calif. 2003; F. Tönnies, Gemeinschaft und Gesellschaft. Abhandlung des Communismus und des Socialismus als empirischer Culturformen, Leipzig 1887, [erw.] mit Untertitel: Grundbegriffe der reinen Soziologie, Berlin ²1912, Leipzig ⁸1935, Darmstadt 1979, 2005 (engl. Community and Civil Society, East Lansing Mich. 1957, Cambridge 2001).   K. L.

Konventionalismus (von lat. conventio, Übereinkommen; engl. conventionalism, franz. conventionnalisme), (1) Bezeichnung für zum Teil stark divergierende wissenschaftstheoretische Auffassungen, nach denen die Geltung einzelner wissenschaftlicher Sätze oder auch ganzer wissenschaftlicher Theorien wesentlich auf Festsetzungen (↑Konventionen) beruht, (2) in ↑Sprachphilosophie und ↑Logik Bezeichnung für Positionen, die vom konventionellen Charakter sprachlicher Regeln ausgehen bzw. die Gültigkeit logischer Gesetze auf sprachliche Konventionen zurückführen. Historisch im Sinne von (1) ist das Auftreten des K. mit der Entdeckung der Widerspruchsfreiheit ↑nicht-euklidischer Geometrien verbunden sowie mit der Frage, welche ↑Geometrie die ›wahre‹ Geometrie des ↑Raumes sei.

H. ↑Poincaré, der als Begründer des K. gilt (etwa gleichzeitig wurden konventionalistische Positionen z. B. von G. Milhaud und E. Le Roy vertreten), lehnt die Frage nach der Wahrheit geometrischer Axiome als sinnlos ab, weil es sich dabei weder um wahrheitsfähige ↑synthetische Urteile ↑a priori (im Sinne I. Kants) noch um den Ausdruck experimenteller Tatsachen handle, sondern um ›auf Übereinkommen beruhende Festsetzungen‹ (*conventions*) mit dem logischen Status ›verkleideter Definitionen‹ (*définitions déguisées*) (La science et l'hypothèse, Paris o. J. [1902], 75–76 [dt. Wissenschaft und Hypothese, Leipzig 1904, ³1914, 51–52]). Historischer Hintergrund dieser Einstellung ist die auf B. Riemann zurückgehende Auffassung, daß der Raum (mit einem Begriff A. Grünbaums) ›metrisch amorph‹, d. h. ohne metrische Eigenschaften (↑Metrik), sei (Grünbaum 1963, ³1973, 1974, 10), d. h., daß er keine ›innewohnenden‹ (intrinsischen), quasi natürlichen Abstandsbeziehungen (↑Abstand) besitze. Die Frage, welche Geometrie, angesichts der Ausdrückbarkeit gleicher Maßbeziehungen in verschiedenen Geometrien, letztlich zu wählen sei, ist für Poincaré nicht willkürlich oder beliebig, sondern eine Frage der ›Bequemlichkeit‹. Kriterien dafür sind (1) die formale mathematische ›Einfachheit‹ (↑Einfachheitskriterium) und (2) die möglichst genaue Übereinstimmung mit dem tatsächlichen Verhalten der Körper. D. h., die Erfahrung legt nahe, eine bestimmte Theorie zu bevorzugen, ohne diese Entscheidung jedoch erzwingen zu können. Danach kommt für Poincaré nur die ↑Euklidische Geometrie als Theorie der Wahl in

Frage. Vor dem Hintergrund seiner Auffassung, daß physikalische Theorien sich aus ›Tatsachen‹, ›Gesetzen‹ (als Beziehungen zwischen Tatsachen) und ›Prinzipien‹ aufbauen, erweitert Poincaré seinen an der Geometrie gewonnenen Standpunkt. Danach sind auch *physikalische* Prinzipien Konventionen; desgleichen können manche Gesetze in einen konventionellen und einen empirischen Teil aufgespalten werden. Als Beispiele konventioneller Prinzipien der Physik nennt Poincaré die Newtonschen Axiome und den Energieerhaltungssatz (↑Erhaltungssätze). Das 1. Newtonsche Axiom (Trägheitsprinzip) etwa wird dabei als Definition einer kräftefreien Bewegung verstanden. Doch bereits die Mechanik und schon gar die Physik insgesamt lassen sich nach Poincaré nicht als aus solchen Prinzipien deduzierte Theorien organisieren.

Neben dem ›definitorischen‹ K. Poincarés ist für die neuere Entwicklung des K. vor allem der *methodologische* ›holistische‹ (↑Holismus) K. des Physikers P. ↑Duhem von Bedeutung, der – zunächst relativ wirkungslos – vor allem von W. V. O. Quine mit neuen Argumenten (Unmöglichkeit der Unterscheidung empirischer und analytisch-konventioneller Sätze) vertreten wird. Im Zentrum dieser Variante des K. steht die ein ↑experimentum crucis ausschließende These von der Nichtfalsifizierbarkeit (↑Falsifikation) isolierter ↑Hypothesen aus dem Hypothesenbestand einer Theorie. Konventionalistisch ist an dieser Auffassung, daß aus ↑pragmatischen Gründen an Definitionen und Sätzen festgehalten werden kann, da über deren Widerlegbarkeit nichts auszumachen ist. – Obwohl der ›klassische‹ K. Poincarés und Duhems als wissenschaftstheoretische Position bald in den Hintergrund tritt, beeinflußt Poincarés Hinweis auf konventionelle Theorieelemente insbes. den Logischen Empirismus (↑Empirismus, logischer). So vertreten unter anderem R. Carnap, H. Reichenbach und M. Schlick (von letzterem später aufgegebene) konventionalistische Positionen, die vor allem durch die (für Poincaré noch nicht gegebene) Wahl zwischen der im Gesamtaufbau einfacheren (nicht-euklidischen) Allgemeinen Relativitätstheorie (↑Relativitätstheorie, allgemeine) und komplizierten (euklidischen) Alternativtheorien veranlaßt wurden (auch A. Einstein beruft sich in diesem Zusammenhang auf Poincaré).

Die im K. sichtbar gewordene, heute weithin akzeptierte Tatsache konventioneller Elemente in wissenschaftlichen Theorien geht indirekt in Überlegungen des Logischen Empirismus ein: so z.B. in die Behauptung des Beschlußcharakters von ↑Protokollsätzen, in die These von der nicht-eindeutigen Festlegung von Theorien durch die jeweilige empirische Basis (↑Basissatz) und in die aus der nur indirekten Beziehung von ↑Theoriesprache und ↑Beobachtungssprache zu folgernde Auffassung, daß eine isolierte Hypothese nicht streng falsifizierbar ist. Ferner kann Carnaps ↑Toleranzprinzip als Ausdruck eines metatheoretischen (↑Metatheorie) K. verstanden werden. Die Einsicht in den konventionellen Aspekt von Theorien im Logischen Empirismus ist um so bemerkenswerter, als sich einerseits der Grad der Konventionalität einer Theorie umgekehrt proportional zu ihrem empirischen Gehalt (↑Gehalt, empirischer) verhält, der Logische Empirismus aber andererseits eine empirische Fundierung von Theorien anstrebt und diese als Beschreibung der Wirklichkeit betrachtet. Die ›natürliche‹ ontologische Position des K. ist jedoch eher – ungeachtet gelegentlicher realistischer (↑Realismus (erkenntnistheoretisch)) Neigungen – eine instrumentalistische (↑Instrumentalismus) Konzeption, die z.B. die empirische Adäquatheit und prognostische Leistungskraft als Akzeptanzkriterien für Theorien vertritt und den metatheoretischen Ontologismus (↑Essentialismus, Realismus) ablehnt.

Unter diesem antiempiristischen und antiontologischen Aspekt läßt sich auch der ↑Operationalismus als K. verstehen, so etwa die häufig als ›extremer‹ K. gekennzeichnete Wissenschaftstheorie H. Dinglers. Dingler übernimmt von Poincaré den Grundgedanken des Setzungscharakters von Grundbegriffen und Prinzipien physikalischer Theorien. Im Unterschied zum K. geht es Dingler jedoch darum, seine Setzungen als die einzig möglichen und durch Erfahrung unwiderlegbaren operativ auszuzeichnen und das sonst für den K. charakteristische Vorhandensein von Alternativen auszuschließen. Dies führt Dingler z.B. zur Ablehnung aller Theorien der modernen Physik, die von der nicht-euklidischen Geometrie Gebrauch machen. Speziell gegen Dinglers ›K.‹ gemünzt, versteht K. R. Popper seine Wissenschaftstheorie als antikonventionalistisch, obwohl auch sein ↑Fallibilismus konventionelle Elemente aufweist. Die an Dinglers Operationalismus anschließende Konstruktive Wissenschaftstheorie (↑Wissenschaftstheorie, konstruktive) intendiert zwar ebenfalls eine operative Auszeichnung der fundamentalen Meßgrößen (↑Protophysik), ohne jedoch alternative Theoriekonzepte von vornherein auszuschließen. – Anknüpfungspunkte an Kant, die auch schon Poincaré betonte, bieten die häufig als K. bezeichneten wissenschaftstheoretischen Positionen A. S. Eddingtons (›selektiver Subjektivismus‹, ›Strukturalismus‹) sowie der im Rahmen einer Neukonzeption des Apriori-Begriffs von C. I. Lewis entwickelte und von A. Pap weiter ausgebaute ›begriffliche Pragmatismus‹.

Seit der Platonischen Erörterung (im »Kratylos«) der Frage, ob ›Namen‹ (ὀνόματα) ›von Natur aus‹ (φύσει) oder ›durch Konvention‹ (νόμῳ) richtig seien, bildet das Problem, wie sprachliche Zeichen ↑Bedeutung erhalten, im Sinne von (2) einen wichtigen Teil *sprachphilosophischer* Untersuchungen. Neben den traditionellen Lösungen etwa des ↑Nominalismus und des Realismus (↑Realismus (erkenntnistheoretisch)) haben in neuerer Zeit, insbes. durch die Spätphilosophie L. Wittgensteins gefördert, sprachliche Konventionen eine *pragmatisch-handlungstheoretische* Begründung (↑Handlungstheorie) erhalten. So versteht etwa D. Lewis (1969), im Anschluß an D. Hume, Konventionen als Verhaltensregularitäten in bestimmten Situationen, denen jeder Beteiligte folgt und deren Befolgung er gleichzeitig von den anderen Beteiligten erwartet, weil nur so Problemlösungen möglich werden. Die Analyse solcher Konventionen führt Lewis mit Hilfe der ↑Spieltheorie durch. Die dabei gewonnenen allgemeinen Einsichten in Verhaltenskonventionen werden sodann durch ihre Übertragung auf kommunikative Situationen in einen sprachphilosophischen Kontext gebracht.

M. White und Quine haben auf der Basis ihrer These von der Nichtunterscheidbarkeit analytischer (konventioneller) und synthetischer Sätze den Sinn des sprachphilosophischen K. bestritten. Der *logische* K. (z. B. A. J. Ayer) vertritt dagegen auf der Basis der Annahme, daß alle Tatsachen kontingent (↑kontingent/Kontingenz) seien, die Auffassung, daß die einzig nicht-kontingenten Bestandteile der Sprache, die logischen (und analytischen) Wahrheiten, ihre ›Notwendigkeit‹ Konventionen über den Gebrauch sprachlicher Symbole verdanken (entsprechende Ausführungen finden sich oft in Diskussionen über die Begriffe ↑›analytisch‹ und ↑›a priori‹). Ferner wird die Gültigkeit (objektsprachlicher) logischer Schlüsse sowie (metasprachlicher) Schlußregeln auf die konventionelle Gültigkeit von Sprachregeln gestützt.

Literatur: J. Agassi, Science in Flux, Dordrecht/Boston Mass. 1975, bes. 365–403 (Chap. XVII Modified Conventionalism); P. Alexander, Conventionalism, Enc. Ph. II (1967), 216–219; A. J. Ayer, Language, Truth, and Logic, London 1936, London/New York ²1946, London 2001 (dt. Sprache, Wahrheit und Logik, Stuttgart 1970, 1987); L. A. Beauregard, Reichenbach and Conventionalism, in: W. C. Salmon (ed.), Hans Reichenbach. Logical Empiricist, Dordrecht/Boston Mass./London 1979, 305–320; R. Carnap, Der Raum. Ein Beitrag zur Wissenschaftslehre, Berlin 1922, Vaduz 1991 (Kant-St. Erg.hefte 56); ders., Über die Aufgabe der Physik und die Anwendung des Grundsatzes der Einfachstheit, Kant-St. 28 (1923), 90–107; ders., Logische Syntax der Sprache, Wien 1934, Wien/New York ²1968 (engl. The Logical Syntax of Language, London/New York 1937, London 2000); W. Diederich, Konventionalität in der Physik. Wissenschaftstheoretische Untersuchungen zum K., Berlin 1974; ders., K., EP I (1999), 726–728; H. Dingler, Physik und Hypothese. Versuch einer induktiven Wissenschaftslehre nebst einer kritischen Analyse der Fundamente der Relativitätstheorie, Berlin/Leipzig 1921; ders., Die Methode der Physik, München 1938; ders., Was ist K.?, in: Actes du XIᵉᵐᵉ congrès international de philosophie (Brüssel 1953) V. Logique. Analyse philosophique. Philosophie des mathématiques, Amsterdam/Louvain 1953, 199–204; P. Duhem, La théorie physique, son objet et sa structure, Paris 1906, ²1914 (dt. Ziel und Struktur der physikalischen

Theorien, Leipzig 1908 [repr., ed. L. Schäfer, Hamburg 1978]); A. S. Eddington, The Nature of the Physical World, New York/Cambridge/London 1928, Ann Arbor Mich. 1968 (dt. Das Weltbild der Physik und ein Versuch seiner philosophischen Deutung, Braunschweig 1931, 1939); ders., The Philosophy of Physical Science, Cambridge 1939, Ann Arbor Mich. 1978 (dt. Philosophie der Naturwissenschaft, Bern 1949, 1959); A. Einstein, Geometrie und Erfahrung, Berlin 1921 (franz. La géométrie et l'expérience, Paris 1934); H. H. Field, Conventionalism and Instrumentalism in Semantics, Noûs 9 (1975), 375–405; FM I (²1994), 688–692 (Convencionalismo); G. Frey/J. Schneider, K., Hist. Wb. Ph. IV (1976), 1078–1080; C. Giannoni, Conventionalism in Logic. A Study in the Linguistic Foundation of Logical Reasoning, The Hague/Paris 1971 (mit Bibliographie, 150–152); J. Giedymin, Science and Convention. Essays on Henri Poincaré's Philosophy of Science and the Conventionalist Tradition, Oxford etc. 1982; C. Glymour, Physics by Convention, Philos. Sci. 39 (1972), 322–340; ders., Topology, Cosmology and Convention, Synthese 24 (1972), 195–218; A. Grünbaum, Philosophical Problems of Space and Time, New York 1963, Dordrecht/Boston Mass. ²1973, 1974 (mit Bibliographie, 429–446); K. Holzkamp, K. und Konstruktivismus, Z. Sozialpsychologie 2 (1971), 24–39, ferner in: ders., Kritische Psychologie. Vorbereitende Arbeiten, Frankfurt 1972, 147–171; P. Horwich, Conventionalism, REP II (1998), 666–669; G. Joseph, Conventionalism and Physical Holism, J. Philos. 74 (1977), 439–462; ders., Riemannian Geometry and Philosophical Conventionalism, Australas. J. Philos. 57 (1979), 225–236; A. Kemmerling, Konvention und sprachliche Kommunikation, Diss. München 1976; C. Klein, K. und Realismus. Zur erkenntnistheoretischen Relevanz der empirischen Unterbestimmtheit von Theorien, Paderborn 2000; V. Kraft, Mathematik, Logik und Erfahrung, Wien/New York 1947, bes. 63–97 (Widerlegung des K.), ²1970, bes. 64–97 (Der K. und seine Widerlegung); H. E. Kyburg Jr., A Defense of Conventionalism, Noûs 11 (1977), 75–95; K. Lehrer, Reichenbach on Convention, in: W. C. Salmon (ed.), Hans Reichenbach. Logical Empiricist [s. o.], 239–250; V. Lenzen, Experience and Convention in Physical Theory, Erkenntnis 7 (1937/1938), 257–267; C. I. Lewis, Mind and the World-Order. Outline of a Theory of Knowledge, New York/Chicago Ill. 1929, New York 1956, 1990; D. Lewis, Convention. A Philosophical Study, Cambridge Mass. 1969, Oxford 2002 (dt. Konventionen. Eine sprachphilosophische Abhandlung, Berlin/New York 1975); K. Lorenz/J. Mittelstraß, On Rational Philosophy of Language. The Programme in Plato's Cratylus Reconsidered, Mind 76 (1967), 1–20; A. Pap, The A Priori in Physical Theory, New York 1946, 1968; ders., An Introduction to the Philosophy of Science, New York 1962, 1967; H. Putnam, The Refutation of Conventionalism, Noûs 8 (1974), 25–40; W. V. O. Quine, Truth by Convention [1922], in: H. Feigl/W. Sellars (eds.), Readings in Philosophical Analysis, New York 1949, 250–273; ders., Two Dogmas of Empiricism [1951], in: ders., From a Logical Point of View. 9 Logico-Philosophical Essays, Cambridge Mass. 1953, ²1961, 2003, 20–46 (dt. Zwei Dogmen des Empirismus, in: ders., Von einem logischen Standpunkt. Neun logisch-philosophische Essays, Frankfurt/Berlin/Wien 1979, 27–50); ders., Word and Object, Cambridge Mass. 1960, 1996 (dt. Wort und Gegenstand, Stuttgart 1980, 2007); H. Reichenbach, Philosophie der Raum-Zeit-Lehre, Berlin 1928, ed. A. Kamlah/M. Reichenbach 1977 (Ges. Werke II) (engl. The Philosophy of Space and Time, New York 1958); R. Routley/V. Routley, Some Bad Arguments For and Against Conventionalism, Int. Log. Rev. 10 (1979), 84–90; E. Runggaldier, Carnap's Early Conventionalism. An Inquiry into the Historical Background of the Vienna Circle, Amsterdam 1984; L. Schäfer, Erfahrung und Konvention. Zum Theoriebegriff der empirischen Wissenschaften, Stuttgart-Bad Cannstatt 1974; ders., K., Hb. wiss.theoret. Begr. II (1980), 348–352; M. Schlick, Raum und Zeit in der gegenwärtigen Physik. Zur Einführung in das Verständnis der Relativitätstheorie, Berlin 1917, mit neuem Untertitel: Zur Einführung in das Verständnis der Relativitäts- und Gravitationstheorie, Berlin [2]1919, [3]1920, ferner in: F. O. Engler/M. Neuber (eds.), M. Schlick. Über die Reflexion des Lichtes in einer inhomogenen Schicht. Raum und Zeit in der gegenwärtigen Physik, Wien/New York 2006, 159–286 (Gesamtausg. Abt. 1 Bd. II) (engl. Space and Time in Contemporary Physics. An Introduction to the Theory of Relativity and Gravitation, Oxford 1920, Amherst N. Y. 2007); ders., Sind Naturgesetze Konventionen? [1936], in: ders., Gesammelte Aufsätze 1926–1936, Wien 1938 (repr. Hildesheim 1969), 311–322; A. Sidelle, Necessity, Essence, and Individuation. A Defense of Conventionalism, Ithaca N. Y./London 1989; G. Sommaruga-Rosolemos (ed.), Aspects et problèmes du conventionnalisme. Aspekte und Probleme des K., Fribourg 1992; W. Stegmüller, Probleme und Resultate der Wissenschaftstheorie und Analytischen Philosophie II/1 (Theorie und Erfahrung), Berlin/Heidelberg/New York 1970, 110–177 (Kap. II Konvention, Empirie und Einfachheit in der Theorienbildung); P. F. Strawson, Intention and Convention in Speech Acts, Philos. Rev. 73 (1964), 439–460, Nachdr. in: J. R. Searle (ed.), The Philosophy of Language, London 1971, 1972, 23–38; B. Stroud, Conventionalism and the Indeterminacy of Translation, in: D. Davidson/J. Hintikka (eds.), Words and Objections. Essays on the Work of W. V. Quine, Dordrecht 1969, 1975, 82–96; M. G. White, The Analytic and the Synthetic. An Untenable Dualism, in: S. Hook (ed.), John Dewey. Philosopher of Science and Freedom, New York 1950, 316–330; D. Zaret, Absolute Space and Conventionalism, Brit. J. Philos. Sci. 30 (1979), 211–226.   G. W.

konvergent/Konvergenz (von lat. convergere, sich hinneigen), Terminus der ↑Analysis. Eine Folge x_* (↑Folge (mathematisch)) von Punkten eines topologischen Raumes T (↑Topologie) konvergiert gegen einen Punkt x aus T als ↑Grenzwert, wenn es zu jeder ↑Umgebung U von x eine ↑Grundzahl N mit der Eigenschaft gibt, daß $x_n \in U$ für alle Indizes $n > N$ gilt. Insbes. heißt eine Folge r_* reeller Zahlen k. gegen eine reelle Zahl r, wenn es zu jeder positiven reellen Zahl ε (als welche man also insbes. eine rationale Zahl wählen kann) eine Grundzahl $N(\varepsilon)$ mit der Eigenschaft gibt, daß $|r - r_n| < \varepsilon$ für alle $n > N(\varepsilon)$ gilt:

$$\bigwedge_{\varepsilon > 0} \bigvee_N \bigwedge_n (n > N \rightarrow |r_n - r| < \varepsilon).$$

Mathematische Sätze, mit deren Hilfe man über die K. oder Nichtkonvergenz einer bestimmten Folge eine Entscheidung herbeiführen kann, heißen ›Konvergenzkriterien‹. – In der Biologie wird die Anpassungsähnlichkeit von Strukturen, die sich im Laufe der ↑Evolution der Organismen auf Grund gleicher Funktion bei nichthomologen Organen herausbildet (↑Homologie), auch als ›K.‹ (meist: ›Analogie‹) bezeichnet.   C. T.

Konvergenztheorie, Bezeichnung für eine Theorie, nach der mit dem Übergang zur Industriegesellschaft Staaten und Gesellschaften unterschiedlichster Organisation und politischer Orientierung eine gleiche Entwicklung durchlaufen, die gekennzeichnet ist vom Trend einerseits zu Verwissenschaftlichung und Entideologisierung (↑Ideologie), andererseits zu staatlicher Planung und Bürokratisierung ökonomischer Entscheidungsabläufe, zur Nivellierung der Ausbildungs- und Einkommensunterschiede, zur Mittelstands- und Dienstleistungsgesellschaft, zur Rationalisierung des beruflichen und öffentlichen Lebens und zur Massenproduktion, speziell für die Theorie einer strukturellen Annäherung der kapitalistischen (↑Kapitalismus) und kommunistischen (↑Kommunismus) Gesellschaften auf Grund gleicher Rahmenbedingungen (z. B. fortschreitende Technisierung) und gleicher Zielsetzungen (z. B. Befriedigung der Konsumbedürfnisse breiter Bevölkerungskreise). In letzterem Sinne wurde die K. von westlicher Seite zur Begründung der politischen Strategie eines ›Wandels‹ kommunistischer Systeme ›durch Annäherung‹ herangezogen, von östlicher Seite jedoch als Versuch der ›ideologischen Zersetzung‹, als ›ideologische Diversion‹ angesehen, die Bestandteil einer ›psychologischen Kriegsführung des Imperialismus gegen den Sozialismus‹ unter dem Deckmantel ›friedlicher Koexistenz‹ sei.

Die K. überträgt den biologischen Begriff der Konvergenz (↑konvergent/Konvergenz) auf gesellschaftliche Systeme. Danach ›konvergieren‹ politisch divergente Gesellschaften auf Grund gewisser gleichartiger Rahmenbedingungen und gleichsinniger Anforderungen zwangsläufig zu Industriegesellschaften mit gleichen Funktionen und Strukturen. Es fragt sich jedoch – die Richtigkeit der K. in funktioneller und struktureller Hinsicht unterstellt –, ob auch die politisch-ideologischen Divergenzen zwischen Systemen im Laufe der Entwicklung verschwinden müssen. Zudem setzt die K. eine Klassifikation von Gesellschaften auf funktioneller und struktureller Basis unter Eliminierung normativ-ideologischer Kriterien voraus. Letztere aber stehen im Vordergrund z. B. der marxistischen Kapitalismuskritik und waren etwa für kommunistische Staaten trotz des politischen Wandels von der Konfrontation zur Koexistenz weitgehend handlungsbestimmend.

Literatur: E. Boettcher, Die sowjetische Wirtschaftspolitik am Scheideweg, Tübingen 1959; ders., Phasentheorie der wirtschaftlichen Entwicklung. Ein Ansatz zu einer dynamischen Theorie der Wirtschaftsordnung, Hamburger Jb. f. Wirtschafts- u. Gesellschaftspolitik 4 (1959), 23–34; A. Bohnet, Konvergenz der Systeme?, in: W. Cremer (ed.), Grundfragen der Ökonomie, Bonn 1989, 51–83; L. Bress, Konvergenz, in: W. Woyke (ed.), Handwörterbuch Internationale Politik, Opladen o. J. (1977), 186–190, [11]2008; B. Dallago/H. Brezinski/W. Andreff (eds.), Convergence and System Change. The Convergence Hypothesis in the Light of Transition in Eastern Europe, Aldershot etc. 1992; R. Damus, Die

Legende der Systemkonkurrenz. Kapitalistische und realsozialistische Industriegesellschaft, Frankfurt/New York 1986; K. Dopfer, Ost-West-Konvergenz. Werden sich die östlichen und westlichen Wirtschaftsordnungen annähern?, Zürich/St. Gallen 1970; B. Fischer (ed.), Ökonomische Konvergenz in Theorie und Praxis, Baden-Baden 1998; R. R. Gill, A Case for Economic Convergence, Studies in Comparative Communism 2 (1969), H. 2, 34–47; G. Hahn, K.. Angleichung der ökonomischen, sozialen und politischen Systeme von Ost und West. Bibliographie mit Annotationen, Bonn 1971, mit Untertitel: Nachtrag, Auswahlbibliographie, Bonn 1975; K. P. Hensel, Strukturgegensätze oder Angleichungstendenzen der Wirtschafts- und Gesellschaftssysteme von Ost und West?, Ordo 12 (1960/1961), 305–329, ferner in: ders., Systemvergleich als Aufgabe. Aufsätze und Vorträge, ed. H. Hamel, Stuttgart/New York 1977, 208–223; ders., Annäherung der Wirtschaftssysteme?, Dt. Stud. 27 (1969), 225–243, ferner in: ders., Systemvergleich als Aufgabe [s. o.], 224–239; C. Kerr, The Future of Industrial Societies. Convergence or Continuing Diversity?, Cambridge Mass./London 1983; H. Körner, Hypothesen über die Konvergenz von Wirtschaftssystemen als Ausdruck aktueller Tendenzen in der Theorie der Wirtschaftspolitik, Schmollers Jb. Wirtschafts- u. Sozialwiss. 90 (1970), 593–603; H. Linnemann/J. Pronk/J. Tinbergen, Convergence of Economic Systems in East and West (Research on the International Economics of Disarmament and Arms Control, Oslo Conference August 29–31, 1965), Rotterdam 1965; H. Meißner, K. und Realität, Berlin (Ost) 1969, Berlin (Ost), Frankfurt 1971; A. G. Meyer, Theories of Convergence, in: C. Johnson (ed.), Change in Communist Systems, Stanford Calif. 1970, 313–341; J. W. Meyer/J. Boli-Bennett/C. Chase-Dunn, Convergence and Divergence in Development, Annual Rev. Sociol. 1 (1975), 223–246; G. Rose, Einige prinzipielle Bemerkungen zur K., Bl. f. dt. u. int. Politik 14 (1969), 926–650, separat Köln 1969; ders., Konvergenz der Systeme. Legende und Wirklichkeit, Köln 1970; ders., ›Industriegesellschaft‹ und K.. Genesis, Strukturen, Funktionen, Berlin (Ost) 1971, [erw.] ²1974; W. W. Rostow, The Stages of Economic Growth. A Non-Communist Manifesto, Cambridge 1960, ²1971, ³1990, 1997 (dt. Stadien wirtschaftlichen Wachstums. Eine Alternative zur marxistischen Entwicklungstheorie, Göttingen 1960, ²1967; franz. Les étapes de la croissance économique, Paris 1960, ³1997); P. A. Sorokin, Soziologische und kulturelle Annäherungen zwischen den Vereinigten Staaten und der Sowjetunion, Z. Politik NF 7 (1960), 341–370; K. E. Svendsen, Are the Two Systems Converging?, Economics of Planning 2 (1962), 195–209; J. Tinbergen, Do Communist and Free Economies Show a Converging Pattern?, Soviet Stud. 12 (Oxford 1961), 333–341 (dt. Kommt es zu einer Annäherung zwischen den kommunistischen und den freiheitlichen Wirtschaftsordnungen?, Hamburger Jb. Wirtschafts- u. Gesellschaftspolitik 8 [1963], 11–20); ders., Die Rolle der Planungstechniken bei einer Annäherung der Strukturen in Ost und West, in: E. Boettcher (ed.), Wirtschaftsplanung im Ostblock. Beginn einer Liberalisierung?, Stuttgart etc. 1966, 35–53; E. Tuchtfeldt, Konvergenz der Wirtschaftsordnungen?, Ordo 20 (1969), 35–58; ders., Wirtschaftssysteme, in: W. Albers u. a. (eds.), Handwörterbuch der Wirtschaftswissenschaft IX, Stuttgart/New York, Tübingen, Göttingen/Zürich 1982, 326–353, bes. 346–353 (IV Konvergenz der Wirtschaftssysteme?); W. Weber, Konvergenz der Wirtschaftsordnungen von Ost und West?, Wien/Köln/Graz 1971 (Österr. Akad. Wiss. Wien, philos.-hist. Kl., Sitz.ber. 273,2); B. Windhoff, Darstellung und Kritik der K.. Gibt es eine Annäherung der sozialistischen und kapitalistischen Wirtschaftssysteme?, Bern, Frankfurt 1971.   R. Wi.

konvers/Konversion (lat. convertere, umdrehen, bzw. conversio, Umdrehung, griech. $\dot{\alpha}\nu\tau\iota\sigma\tau\rho o\varphi\acute{\eta}$), in der traditionellen Logik (↑Logik, traditionelle) die in bestimmten Fällen mögliche logisch äquivalente Umformung einer Aussage durch Vertauschen von Subjekt und Prädikat, z. B. in der ↑Syllogistik die Vertauschung der Terme S und P in Aussagen der Form ›einige S sind P‹ und ›kein S ist P‹ (*conversio simplex*). Der (nach den Voraussetzungen der Syllogistik, ↑Aristotelische Logik) logisch schlüssige Übergang von ›alle S sind P‹ zu ›einige S sind P‹ heißt ›unreine K.‹ (*conversio per accidens*), weil der Übergang in der Gegenrichtung kein korrekter logischer Schluß ist. Daneben wird seit A. M. T. S. Boethius auch noch eine syllogistische Fassung der ↑Kontraposition, also der logisch schlüssige Übergang von ›alle S sind P‹ zu ›alle nicht-P sind nicht-S‹ bzw. von ›nicht alle S sind P‹ zu ›nicht alle nicht-P sind nicht-S‹, zu den K.en gezählt (*conversio per contrapositionem*). Allgemein heißt seit A. De Morgan und C. S. Peirce eine zweistellige ↑Relation $\tilde{R}$ (auch $\breve{R}$) ›durch K. aus R entstanden‹, wenn die Anordnung der beiden Argumentstellen von R vertauscht wird: $x\tilde{R}y \leftrightarrows yRx$. Z. B. sind ›Kind von‹ durch K. aus ›Elternteil von‹ und das Passiv transitiver Verben durch K. des Aktiv entstanden (x wird geliebt von $y \rightarrowtail y$ liebt x).

Auch bei zweistelligen Aussageverknüpfungen $A * B$, insbes. nicht-kommutativen (↑kommutativ/Kommutativität), nennt man die durch Vertauschen der beiden Teilaussagen A und B entstehende Aussageverknüpfung $B * A$ ›durch K. entstanden‹. Dies wohl deshalb, weil es in diesem Zusammenhang unerheblich ist, den Unterschied zu vernachlässigen, der besteht zwischen einer (objektsprachlichen) Aussage*verknüpfung*, die als (zunächst bloß) ein *Gegenstand* z. B. hergestellt wird, und der ihr durch ›$\dot{\bigcirc}(A, B) \leftrightarrows (A * B) \varepsilon$ wahr‹ kanonisch zugeordneten (metasprachlichen) Aussage*beziehung* $\dot{\bigcirc}(A, B)$, die als eine (zweistellige metasprachliche) *Aussage*, die deshalb gerade kein Gegenstand (mehr) ist, z. B. behauptet wird, zumal bei zweistelligen Relationen ρ ohnehin die Schreibweise ›$x\rho y$‹ anstelle von ›$\rho(x, y)$‹ üblich ist. Hinzu kommt, daß bei der umgangssprachlichen Wiedergabe eines Verknüpfers ›∗‹ (↑Junktor) die Markierung des Unterschieds zum entsprechenden metasprachlichen ↑Relator ›$\dot{\bigcirc}$‹ entfällt. Prominentestes Beispiel ist das zu ›wenn – dann‹ k.e ›falls‹ unter der Voraussetzung, daß die Sprachregel ›B, falls A ⇔ wenn A, dann B‹ vereinbart ist. Die Partikel ›falls‹ kann dann sowohl den Junktor ›←‹ (wegen $A \leftarrow B \rightarrowtail B \rightarrow A$) als auch den Relator ›≻‹ vertreten, ganz entsprechend dem ›wenn – dann‹, das sich sowohl objektsprachlich (↑Subjunktion) als auch metasprachlich (↑Implikation) verstehen läßt. Innerhalb des ↑Lambda-Kalküls ist die Verwendung des ↑Lambda-Operators durch eine *Regel der Lambda-Konversion* festgelegt, die entsprechend der

Rolle des Lambda-Operators als eines Operators zur Bildung von Funktionen aus Ausdrücken dessen Elimination regelt: Der Lambda-Term $\lambda x.\, A(x)$, angewendet auf n, ergibt $A(n)$.   K. L.

Konversationsmaxime (engl. conversational maxime, franz. maxime conversationnelle), in der pragmatischen ↑Kommunikationstheorie nach H. P. Grice (1975) Bezeichnung für eine allgemeine Regel, deren (zumindest implizite) Kenntnis und Beherrschung der Interpret einer ↑Äußerung dem Autor (Sprecher) unterstellen muß, um die mit der Äußerung verbundenen Zwecke aus seiner Wahrnehmung der Äußerung und der Äußerungsumgebung angemessen zu erschließen. K.n leiten umgekehrt den Autor bei der Wahl seiner sprachlichen Mittel an und bestimmen mit, wie die Äußerung in Form und Inhalt gestaltet werden soll, damit er in der gegebenen Äußerungsumgebung seinen kommunikativen Zweck (gegenüber Interpreten, die ihm die Befolgung der K.n unterstellen) erreicht. Diese allgemeine Handlungsregel faßt Grice zunächst im so genannten *Kooperationsprinzip*: »Make your conversational contribution such as is required, at the stage at which it occurs, by the accepted purpose or direction of the talk exchange in which you are engaged« (Grice 1975, 45). Aus diesem Prinzip ergeben sich dann für den rational seine sprachlichen Mittel wählenden kompetenten Sprecher die vier konkreteren K.n: 1. die *Maxime der Quantität*: ›mache deinen Gesprächsbeitrag so informativ, wie es der anerkannte Zweck des Gesprächs verlangt – aber nicht informativer‹; 2. die *Maxime der Qualität*: ›versuche, einen Gesprächsbeitrag zu liefern, der wahr ist – sage nichts, wovon du glaubst, daß es falsch ist, und nichts, wofür du keine hinreichenden Gründe hast‹; 3. die *Maxime der Relation:* ›sage nur Relevantes‹; 4. die *Maxime der Modalität:* ›vermeide Unklarheit, Mehrdeutigkeit, Weitschweifigkeit, Ungeordnetheit‹. – Diese und weitere Maximen werden in der ↑Pragmatik herangezogen, um das gemeinsprachliche Phänomen der gelingenden Kommunikation mit Hilfe implizit bleibender Gehalte zu erklären. Äußerungen, die in Form oder Inhalt mit den K.n nicht in Deckung sind, sind danach nicht zwingend als Indiz für die mangelnde Rationalität oder Kompetenz des Sprechers zu werten. Der benevolente, seinerseits an einer erfolgreichen Kommunikation interessierte Interpret (↑Charity, Principle of) wird vielmehr zunächst die Hypothese prüfen, ob nicht der Sprecher durch einen gezielten Verstoß gegen die Maximen auf nicht explizit im Äußerungstext enthaltene implizite kommunikative Gehalte verweisen will. Im Bemühen um eine Systematisierung der vielfältigen Beziehungen zwischen nicht vollständig explizitem Äußerungstext und kommunikativem Gehalt haben Grice und die an ihn anschließenden Kommunikationstheoretiker das Konzept der konversationalen ↑Implikatur entwickelt.

Literatur: L. T. F. Gamut, Logic, Language, and Meaning I (Introduction to Logic), Chicago Ill./London 1991, bes. 204–207 (Chap. VI.6); H. P. Grice, Logic and Conversation, in: P. Cole/ J. L. Morgan (eds.), Speech Acts (Syntax and Semantics III), New York/San Francisco Calif./London 1975, 41–58 (dt. Logik und Konversation, in: G. Meggle [ed.], Handlung, Kommunikation, Bedeutung, Frankfurt 1979, 243–265); I. Leudar/P. K. Browning, Meaning, Maxims of Communication and Language Games, Language and Communication 8 (1988), 1–16; S. C. Levinson, Pragmatics, Cambridge/New York 1983, 2009 (dt. Pragmatik, Tübingen 1990, ³2000); A. P. Martinich, Conversational Maxims and Some Philosophical Problems, Philos. Quart. 30 (1980), 215–228; E. Rolf, Sagen und Meinen. Paul Grices Theorie der Konversations-Implikaturen, Opladen 1994; D. Sperber/D. Wilson, Relevance. Communication and Cognition, Cambridge Mass./Oxford 1986, ²1995, 2008; H. Traunmüller, Conversational Maxims and Principles of Language Planning, in: Phonetic Experimental Research at the Institute of Linguistics University of Stockholm [Perilus] XII, Stockholm 1991, 25–47; P. Werth, The Concept of ›Relevance‹ in Conversational Analysis, in: ders. (ed.), Conversation and Discourse. Structure and Interpretation, London 1981, 129–154; D. Wilson/D. Sperber, On Grice's Theory of Conversation, in: P. Werth (ed.), Conversation and Discourse [s. o.], 155–178; – weitere Literatur: ↑Implikatur.   G. K.

konzentriert, in der Verbindung ›k.e Folge‹ seit O. Haupt/G. Aumann, Differential- und Integralrechnung I, Berlin 1928 (3. völlig neubearb. Aufl. unter dem Titel: Einführung in die reelle Analysis I [Funktionen einer reellen Veränderlichen], Berlin 1974) synonym mit ›Cauchy-Folge‹ und ›Fundamentalfolge‹ (↑Folge (mathematisch)).   C. T.

Konzeptualismus (von lat. concipere, zusammennehmen, in sich aufnehmen, auffassen, begreifen; daher später conceptus = Begriff), im ↑Universalienstreit des Mittelalters Bezeichnung für die Gegenposition zum ↑Nominalismus einerseits und zum Begriffsrealismus andererseits (↑Realismus (erkenntnistheoretisch), ↑Platonismus), vertreten vor allem von Wilhelm von Ockham und seiner Schule. Ockhams mentalistische Position (↑Mentalismus) sieht die ↑Allgemeinbegriffe oder ↑Universalien als vom Verstand oder der ›Seele‹ gebildete Zeichen an, die mehrere Gegenstände bezeichnen können (*non est universale nisi per significationem, quia est signum plurium*, Summa logicae I, cap. 14). Im Unterschied zu Begriffswörtern (↑Prädikatoren), deren Bildung und Gebrauch willkürlich vereinbart werden kann – sie sind *universalia per voluntariam institutionem* (ebd.) –, sind die Begriffe selbst ›*universalia naturaliter*‹, natürliche Zeichen, so wie Weinen ein natürliches Zeichen für Trauer ist (cap. 15). Nach Ockham ist ein Begriff – von ihm auch ›*intentio universalis*‹ und ›*intentio animae*‹ genannt – eine Form, die nur im Verstand existiert (*una forma existens realiter in intellectu*, cap. 14) und nicht (Teil einer) ↑Substanz außerhalb des Verstandes (cap. 15–16). Obwohl Ockhams Redeweise von der Realität der Begriffe im Verstand häufig eine psychologistische (↑Psychologismus) Deutung herausgefordert hat, läßt sich seine Position dann angemessen rekonstruieren, wenn ein geklärtes Verständnis des Abstraktionsvorgangs zur Verfügung steht (↑abstrakt, ↑Abstraktion). In der modernen, von W. V. O. Quine eröffneten und unter anderen von W. Stegmüller fortgesetzten Diskussion wird die Unterscheidung Platonismus – K. – Nominalismus vor allem zur Kennzeichnung der Voraussetzungen von Systemen der ↑Mengenlehre benutzt. Als ›konzeptualistisch‹ bezeichnet man dabei prädikative Systeme (↑imprädikativ/Imprädikativität) typentheoretischer Mengenlehre mit kumulativen Typen (↑Typentheorien), wie sie etwa in den Systemen von H. Wang (1954) oder P. Lorenzen (1955) vorliegen. Für solche Systeme ist charakteristisch, daß es zu allen Mengentermen sie darstellende prädikative ↑Aussageformen gibt (↑Darstellung (logisch-mengentheoretisch)). Quine und Stegmüller rücken solche Systeme in die Nähe platonistischer Konzeptionen, weil in ihnen – trotz aller Restriktionen gegenüber einem strengen Platonismus, der imprädikative Mengenbildung zuläßt – die Existenz von Objekten höherer Stufe (Mengen, Mengen von Mengen, ...) vorausgesetzt sei. Argument dafür ist das Quinesche Kriterium für ontologische Voraussetzungen von Sprechweisen, wonach eine Entität genau dann von einer Theorie vorausgesetzt wird, wenn sie zum Wertbereich ihrer gebundenen ↑Variablen gehört. Dieses Kriterium baut auf der interpretationssemantischen Deutung von ↑Quantoren auf (↑Interpretationssemantik), die als Werte von gebundenen Variablen Gegenstände nimmt. Im Gegensatz dazu geht schon die ↑operative Mengenlehre Lorenzens (1955), ebenso wie andere Konzeptionen, davon aus, daß die ↑Variabilitätsbereiche gebundener Variablen Zeichen (↑Zeichen (logisch)) sind (↑Bewertungssemantik), d. h. auf der untersten Stufe Grundzeichen (gegebenenfalls für Gegenstände stehende ↑Nominatoren), auf höherer Stufe mit Abstraktoren (↑Abstraktion) zusammengesetzte Zeichen, deren Bedeutung nicht durch ihre Bezeichnungsfunktion, sondern ↑synsemantisch im Rahmen einer Abstraktionstheorie erklärt wird, in der man abstrakte Rede als eine bestimmte Form konkreter Rede deutet. In diesem Sinne kann man eine konstruktive Abstraktionstheorie (↑abstrakt, ↑Abstraktion, ↑Abstraktionsschema), wie sie etwa Lorenzen (1962) entworfen hat, als Programm einer nicht-platonistischen Rekonstruktion des traditionellen K. auffassen. Ebenso könnte man neuere konstruktive Typentheorien, wie sie etwa von P. Martin-Löf entwickelt worden sind, dem konzeptualistischen Programm zuordnen.

Literatur: P. Boehner, The Realistic Conceptualism of William Occam, Traditio 4 (1946), 307–335, Nachdr. in: ders., Collected Articles on Ockham, St. Bonaventure N. Y., Louvain, Paderborn 1958 (Franciscan Institute Publications, Philos. Ser. XII), 1992, 156–174; FM I (1994), 619–620 (conceptualismo); A. A. Fraenkel/Y. Bar-Hillel, Foundations of Set Theory, Amsterdam 1958, (mit A. Levy) Amsterdam/London ²1973; E. Hochstetter, Nominalismus?, Franciscan Stud. 9 (1949), 370–403; W. Hübener, K., Hist. Wb. Ph. IV (1976), 1086–1091; L. O. Kattsoff, Conceptualisme, réalisme ou nominalisme en logique, Ét. philos. 5 (1950), 312–327; P. Lorenzen, Einführung in die operative Logik und Mathematik, Berlin/Göttingen/Heidelberg 1955, Berlin/Heidelberg/New York ²1969; ders., Gleichheit und Abstraktion, Ratio 4 (1962), 77–81, Nachdr. in: ders., Konstruktive Wissenschaftstheorie, Frankfurt 1974, 190–198; P. Martin-Löf, Intuitionistic Type Theory, Neapel 1984; F. Morandini, Concettualismo, Enc. filos. I (²1967), 1547–1551, Nachdr. in: Enc. filos. II (1982), 405–410; R. Paqué, Das Pariser Nominalistenstatut. Zur Entstehung des Realitätsbegriffs der neuzeitlichen Naturwissenschaft (Occam, Buridan und Petrus Hispanus, Nikolaus von Autrecourt und Gregor von Rimini), Berlin 1970 (franz. Le statut parisien des nominalistes. Recherches sur la formation du concept de réalité de la science moderne de la nature. Guillaume d'Occam, Jean Buridan et Pierre d'Espagne, Nicolas d'Autrecourt et Grégoire de Rimini, Paris 1985); C. Prantl, Geschichte der Logik im Abendlande III, Leipzig 1867 (repr. Leipzig 1927, Graz, Berlin, Darmstadt 1955, Hildesheim/Zürich/New York, Darmstadt 1997, Bristol 2001), bes. 338–345; W. V. O. Quine, From a Logical Point of View. 9 Logico-Philosophical Essays, Cambridge Mass. 1953, ²1961, 2003, bes. 102–129 (VI Logic and the Reification of Universals) (dt. Von logischen Standpunkt, Frankfurt 1979, bes. 99–124 [Die Logik und die Reifizierung von Universalien]); W. Stegmüller, Das Universalienproblem einst und jetzt, Arch. Philos. 6 (1956), 192–225, 7 (1957), 45–81 (repr. in: ders., Glauben, Wissen und Erkennen/Das Universalienproblem einst und jetzt, Darmstadt 1965, 1974, 48–118); H. Wang, The Formalization of Mathematics, J. Symb. Log. 19 (1954), 241–266, Nachdr. in: ders., A Survey of Mathematical Logic, Peking 1962, Peking, Amsterdam 1964 [A Survey of Mathematical Logic], unter dem Titel: Logic, Computers, and Sets, New York 1970, 559–584; D. Wiggins, Sameness and Substance, Oxford 1980, rev. unter dem Titel: Sameness and Substance Renewed, Cambridge 2001. P. S./R. Wi./S. B.

Kooperation, allgemein Bezeichnung für die Mitwirkung oder Teilnahme an einer kollektiven ↑Handlung, entweder ›freiwillig‹, etwa auf einem freien Versprechen beruhend, oder im Rahmen einer institutionellen Verfassung von rechtsverbindlichen Verträgen oder einer durch Pflichten und Rechte geregelten Teilung von Arbeit bzw. Leistung, der im allgemeinen eine gewisse Teilung der Arbeitsergebnisse entspricht. Dabei wird der Ausdruck ›K.‹ im engeren Sinne häufig auch als Gegenbegriff zu ↑Koordination, gelegentlich aber auch im weiten Sinne von ›gemeinsames Handeln‹ als Oberbegriff für bloße Koordinationen von Handlungen und K.en im engeren Sinne gebraucht. K. sollte nicht einfach als Gegenbegriff zu Konkurrenz verstanden werden, insofern Konkurrenz selbst schon einen institutionellen, insbes. rechtlichen, Rahmen voraussetzt, innerhalb dessen etwa um wertvolle Güter so konkurriert werden kann, daß insgesamt, wie A. Smith analysiert und man oft nicht zu Unrecht hoffen mag, eine vernünftige K. entsteht.

Dabei ist immer zwischen der kollektiven Einzelausführung einer K. und den zugehörigen kollektiven und individuellen Handlungsformen zu unterscheiden. Eine K. im engeren Sinne einer kooperativen Einzelhandlung ist entsprechend, schematisch dargestellt, eine ↑Aktualisierung einer generischen kooperativen Handlung K. Diese wiederum ist ein kollektives ↑Handlungsschema oder eine kooperative Handlungsform $K = \langle H_j : j \in J \rangle$, wobei die H_j die individuellen Teilhandlungen (bzw. ›Rollen‹) innerhalb einer generischen Handlungs- bzw. Pflichten- oder Arbeitsteilung unbestimmt andeuten, und zwar noch ohne Nennung der personalen Akteure, die im Einzelfall die entsprechende Rolle übernehmen (wollen oder sollen). Im Einzelfall ist also immer erst noch zu bestimmen, wer welche konkrete Aufgabe zu übernehmen hat bzw. sich schon dazu verpflichtet hat oder aufgrund seines Status bzw. der übernommenen ↑Rollen verpflichtet ist. Wenn den Teilhandlungen H_j die zugehörigen Teilziele bzw. Teilaufgaben Z_j und die zugehörigen Handlungs- oder Akt- oder Arbeitsschemata A_j zugeordnet werden, ist das Ergebnis eine Aufspaltung der gemeinsamen Handlung in einzelne ›Prozeduren‹ (Bratman 2007). Für R. Tuomela ist eine kollektive Handlung eine Aggregation von individuellen Teilhandlungen $h_1, \ldots, h_m$, die ein gemeinsames Ziel x realisieren. Wenn dabei die individuellen Handlungen immer schon als Einzelakte gedeutet werden, die von konkreten Individuen getan werden (vgl. Tuomela 1993, 2000, 2007), fällt die allgemeine Bestimmung der K.sform K aus dem Blick, damit auch die Differenz der allgemeinen und konkreten Anerkennung von K bzw. die Probleme, die sich aus der Verwandlung der allgemeinen K.sform in eine konkrete Rollenübernahme ergeben. Außerdem ist die besondere Seinsform tradierter kooperativer Praxisformen K, wie etwa der Sprecher- und der Hörerrolle, samt der impliziten bzw. expliziten Übernahme weiterer Verpflichtungen (*commitments*) vielfach selbst Möglichkeitsbedingung für ein individuelles und gemeinsames Handeln: Wir ›wachsen‹ in die Rollen ›hinein‹ und werden erst dadurch zu ↑Personen. Das geschieht weitgehend unabhängig von je einzelnen oder kollektiv aggregierten Zielsetzungen.

Die Analysen von K. über gemeinsame ↑Absichten (*shared intentions*) setzen in der Regel zugehörige K.sformen K voraus. K.sformen erweisen sich als Basis jeder Normativität (↑Norm (handlungstheoretisch, moralphilosophisch)). Aus einer (impliziten oder expliziten) Anerkennung konkreter K.sformen resultieren wechselseitige Verpflichtungen. Diese bedürfen also keiner eigens veranstalteten gemeinsamen Selbstverpflichtung (vgl. Gilbert 1989, 1996), sondern sind mit der gemeinsamen Bindung an K mitgegeben. Ein einseitiger Bruch der Verpflichtung durch eine Person P, also Defektion im Sinne der ↑Spieltheorie, ruft entsprechende Mißbilligung hervor, wobei aktive ›Sanktionen‹ gegen P, wie sie oft formell angedroht und rechtlich abgesichert werden, zu unterscheiden sind von Folgen, die sich bloß daraus ergeben, daß eine wünschenswerte K. einfach nicht zustandekommt. Wenn dann der gemeinsame Zweck Z nicht erreicht wird oder das Sanktionsverhalten als unangenehm empfunden wird, sollte dies im allgemeinen aber eher zur Selbstkritik als zur Klage des Defektors führen. Das ist am Ende auch der Grund dafür, warum erstens die ↑Moralität der Kooperativität und zweitens das *Vertrauen* in die Moralität oder Kooperativität gefordert werden.

Die moralische Urteilsform des Kategorischen Imperativs (↑Imperativ, kategorischer) läßt sich sogar als Form der freien moralisch-ethischen Beurteilung der Kooperativität im Handeln der einzelnen deuten: Reine Praktische Vernunft (↑Vernunft, praktische) zeigt nämlich, daß K. im allgemeinen viel bessere Ergebnisse zeitigt als das strategische Handeln des Trittbrettfahrens. Allerdings ist, selbst nachdem eine konkrete Verteilung der Rollen einer kooperativen Wir-Handlung K von allen (›ehrlich‹) anerkannt ist, in der durch die Arbeitsteilung K definierten Wir-Gruppe keineswegs sicher, ob alle (oder hinreichend viele) das Ihrige auch wirklich tun, ob damit der gemeinsame Gesamtzweck und Nutzen $Z = N$ und die dafür notwendigen Teilzwecke Z_j auch wirklich erreicht werden. Daher ist in jedem Falle so etwas wie die tätige, nicht bloß verbale, Bindung des einzelnen an die ↑Anerkennung der relevanten kooperativen Handlungsform und dann auch die (sich trotz des ↑Risikos am Ende partiell selbst erfüllende) Hoffnung auf das Gelingen der K. für den Erfolg des gemeinsamen Handelns konstitutiv. Eine gemeinsame Absicht besteht daher zumeist nicht bloß in der verbalen Anerkennung, daß die gemeinsame Handlung K auszuführen ist. Das impliziert nämlich weder begrifflich noch praktisch ihre Befolgung, zumal es oft die Möglichkeit der Gewinnmitnahme durch Defektion gibt, wie das bekannte ↑Gefangenendilemma zeigt. K., im weiten Sinne eines Systems anerkannter Rahmen-Institutionen, und das zugehörige Vertrauen bilden am Ende die Voraussetzung dafür, als Akteur in einer Ökonomie strategisch bzw. ›egoistisch‹ handeln zu können.

Literatur: M. Argyle, Cooperation. The Basis of Sociability, London/New York 1991; R. Axelrod, The Evolution of Cooperation, New York 1984, 2006 (dt. Die Evolution der K., München 1987, ⁶2005; franz. Donnant donnant. Une théorie du comportement coopératif, Paris 1992, unter dem Titel: Comment réussir dans un monde d'égoïstes. Théorie du comportement coopératif, Paris 1996, 2006); ders., An Evolutionary Approach to Norms, Amer. Polit. Sci. Rev. 80 (1986), H. 4, 1095–1111; ders., The Complexity of Cooperation. Agent-Based Models of Competition and Collaboration, Princeton N. J./Chichester 1997; ders./D. Dion, The Further Evolution of Cooperation, Science 242 (1988), 1385–1390; J. Bauer, Prinzip Menschlichkeit. Warum wir von Natur aus kooperieren, Hamburg 2006, ^{5}2007, München 2008; K. Binmore, Game Theory and the Social Contract, I–II, Cambridge Mass./London 1994/1998, I 2000, II 2002 (I Playing Fair, II Just Playing); E. Boettcher (ed.), Theorie und Praxis der K., Tübingen 1972; I. Bohnet, K. und Kommunikation. Eine ökonomische Analyse individueller Entscheidungen, Tübingen 1997; R. Boyd/P. J. Richerson, Culture and Cooperation, in: J. J. Mansbridge (ed.), Beyond Self-Interest, Chicago Ill./London 1990, 2006, 111–132; M. Bratman, Introduction to Philosophy. Classical and Contemporary Readings, ed. J. Perry/M. Bratman, New York/Oxford 1986, 1999, ed. J. Perry/M. Bratman/J. M. Fischer, 2007; ders., Intention, Plans, and Practical Reason, Cambridge Mass./London 1987, Stanford Calif. 1999; ders., Faces of Intention. Selected Essays on Intention and Agency, Cambridge etc. 1999, 2004; ders., Structures of Agency. Essays, Oxford/New York 2007; L. Cordonnier, Coopération et réciprocité, Paris 1997; J. Craig, The Nature of Cooperation, Montréal 1993; P. Danielson, Critical Notice of Bryan Skyrms' »Evolution of the Social Contract«, Can. J. Philos. 28 (1998), 627–652; D. Davidson, Radical Interpretation, Dialectica 27 (1973), 313–328, Nachdr. in: ders., Inquiries into Truth and Interpretation, Oxford 1984, ^{2}2001, 125–139; R. Dawkins, The Selfish Gene, Oxford/New York 1976, 2006 (dt. Das egoistische Gen, Berlin/Heidelberg/New York 1978, Heidelberg 2007, 2008; franz. Le gène égoïste, Paris 1978, 1996); V. J. Derlega/J. Grzelak (eds.), Cooperation and Helping Behavior. Theories and Research, New York etc. 1982; A. Diekmann/S. Lindenberg, Cooperation. Sociological Aspects, IESBS IV (2001), 2751–2756; J. E. Earley (ed.), Individuality and Cooperative Action, Washington D. C. 1991; J. M. Epstein, Zones of Cooperation in Demographic Prisoner's Dilemma, Complexity 4 (1998), H. 2, 36–48; D. P. Gauthier, Morals by Agreement, Oxford 1986, 2006; M. Gilbert, On Social Facts, London/New York 1989, Princeton N. J./Oxford 1992; dies., Living Together. Rationality, Sociality, and Obligation, Lanham Md./London 1996; dies., Sociality and Responsibility. New Essays in Plural Subject Theory, Lanham Md./London 2000; P. Hammerstein, Genetic and Cultural Evolution of Cooperation. Cambridge Mass./London 2003; R. Hardin, Trust and Trustworthiness, New York 2002; J. Hinde/J. Groebel (eds.), Cooperation and Prosocial Behaviour, Cambridge/New York 1991; A. Honneth, Demokratie als Reflexive K.. John Dewey und die Demokratietheorie der Gegenwart, in: H. Brunkhorst/P. Niesen (eds.), Das Recht der Republik, Frankfurt 1999, 37–65, ferner in: ders., Das Andere der Gerechtigkeit. Aufsätze zur praktischen Philosophie, Frankfurt 2000, 2007, 282–309 (engl. Democracy as Reflexive Cooperation. John Dewey and the Theory of Democracy Today, in: ders., Disrespect. The Normative Foundations of Critical Theory, Cambridge/Malden Mass. 2007, 218–239); D. W. Johnson/R. T. Johnson, Cooperation and Competition, Psychology of, IESBS IV (2001), 2747–2751; H. Kliemt, Antagonistische K.. Elementare spieltheoretische Modelle spontaner Ordnungsentstehung, Freiburg/München 1986; F. Landwehrmann, K., Hist. Wb. Ph. IV (1976), 1091; D. Louis, Zu einer allgemeinen Theorie der ökonomischen K.. Verhaltenstheoretische Grundlegung der wirtschaftlichen Zusammenarbeit, Göttingen 1979; J. Maynard Smith, Evolution and the Theory of Games, Cambridge etc.

1982, 2008; C. McMahon, Collective Rationality and Collective Reasoning, Cambridge/New York 2001; R. H. Myers, Self-Governance and Cooperation, Oxford/New York 1999, 2003; J. Nida-Rümelin, Demokratie als K., Frankfurt 1999; R. A. Nisbet, Co-operation, IESS I (1968, 1972), 384; S. Schenk, Evolution kooperativen Verhaltens. Spieltheoretische Simulationen, Wiesbaden 1995; R. Schüßler, K. unter Egoisten. Vier Dilemmata, München 1990, 1997; A. Smith, An Inquiry into the Nature and Causes of the Wealth of Nations (1776), I–II, Oxford/New York 1976, 1997 (The Glasgow Edition of the Works and Correspondence of Adam Smith); P. Stekeler-Weithofer, Zur Logik des ›Wir‹. Formen und Darstellungen gemeinsamer Praxis, in: M. Gutmann u. a. (eds.), Kultur – Handlung – Wissenschaft. Für Peter Janich, Weilerswist 2002, 216–240; B. A. Sullivan/M. Snyder/J. L. Sullivan (eds.), Cooperation. The Political Psychology of Effective Human Interaction, Malden Mass./Oxford/Carlton, Victoria 2008; M. Taylor, Anarchy and Cooperation, London etc. 1976, rev. unter dem Titel: The Possibility of Cooperation, Cambridge/New York 1987, 1997; R. Tuomela, What Is Cooperation?, Erkenntnis 36 (1993), 87–101; ders., Cooperation. A Philosophical Study, Dordrecht/Boston Mass./London 2000; ders., The Philosophy of Sociality. The Shared Point of View, Oxford/New York 2007, bes. 149–181 (Chap. 7 Cooperation); ders., The Importance of Us. A Philosophical Study of Basic Social Notions, Stanford Calif. 1995; B. Verbeek, Instrumental Rationality and Moral Philosophy. An Essay on the Virtues of Cooperation, Dordrecht/Boston Mass./London 2002. P. S.-W.

Koordinaten, Bezeichnung für Größen (insbes. Zahlen), die, zu n-Tupeln zusammengefaßt, die Lage von Punkten, Kurven, Flächen oder allgemein Punktmengen in einem n-dimensionalen Vektorraum (↑Vektor) angeben. – Ist V ein Vektorraum über dem Körper K (↑Körper (mathematisch)) und $(v_1, v_2, \ldots, v_n)$ eine Basis von V (d. h. ein linear unabhängiges Erzeugendensystem von V), so wird durch

$$v = \sum_{i=1}^{n} x_i \, v_i$$

eine eineindeutige (↑eindeutig/Eindeutigkeit) Beziehung zwischen den Vektoren v aus V und den n-Tupeln $(x_1, x_2, \ldots, x_n)$ von K-Elementen festgelegt, also eine Bijektion zwischen V und dem kartesischen Produkt K^n (↑Produkt (mengentheoretisch)); diese ist zudem ein K-Vektorraum-Isomorphismus (↑isomorph/Isomorphie). Die Koeffizienten $x_1, \ldots, x_n$ werden dann als die K. von v bezüglich der Basis $(v_1, \ldots, v_n)$ bezeichnet.

In dem speziellen Falle, daß der betrachtete Vektorraum das n-fache kartesische Produkt $\mathbb{R}^n$ des Körpers $\mathbb{R}$ der reellen ↑Zahlen (↑Zahlensystem) mit sich selbst ist, wird für ein *rechtwinkliges* oder *cartesisches* K.system von einem beliebigen Punkt O aus ein System von n zueinander senkrechten Einheitsvektoren e_i ($1 \leq i \leq n$) abgetragen. Die von O zu den verschiedenen Punkten P des Raumes $\mathbb{R}^n$ führenden Vektoren r heißen ›Ortsvektoren‹. Die K. von P sind dann die Komponenten von r, d. h. die Projektionen $x_i = r \cdot \cos \alpha_i$ mit Winkeln α_i zwischen dem Ortsvektor und der i-ten K.achse, also

$r = \sum_{i=1}^{n} x_i e_i.$

Der einfachste Fall eines cartesischen K.systems ist für $n = 2$ das ebene cartesische K.system mit dem reellen Zahlenpaar (x, y) als Abzisse x und Ordinate y eines Punktes P. Bei räumlichen cartesischen K. wird für $n = 3$ jeder Punkt mit einem Tripel (x, y, z) reeller Zahlen identifiziert, die seinen Ortsvektor festlegen. K.systeme waren für die Einführung der analytischen Geometrie (↑Geometrie, analytische) maßgebend.

Als *krummlinige* oder *Gaußsche* K.systeme werden solche K.systeme des $\mathbb{R}^n$ bezeichnet, deren K.linien bzw. K.flächen nicht durchweg Geraden bzw. Ebenen sind. Für $n = 2$ ist das ebene Polarkoordinatensystem ein Beispiel. Dabei wird ein Punkt durch seinen Abstand r vom Nullpunkt O und durch den Polarwinkel φ ($0 \leq \varphi < 2\pi$) gekennzeichnet, den der Radiusvektor r mit der durch O gehenden Polarachse einschließt. Die ↑Transformation von einem cartesischen K.system (x, y) in ein ebenes Polarkoordinatensystem (r, φ) liefern die Gleichungen $x = r \cdot \cos \varphi$, $y = r \cdot \sin \varphi$ ($r \geq 0$) bzw. umgekehrt $r = \sqrt{x^2 + y^2}$, $\varphi = \arctan y/x$ (s. Abb. 1).

Weitere Beispiele ebener krummliniger K.systeme sind die elliptischen K.systeme, bei denen ein Punkt als Schnittpunkt einer Ellipse und einer Hyperbel beschrieben wird.

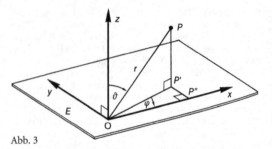

Abb. 3

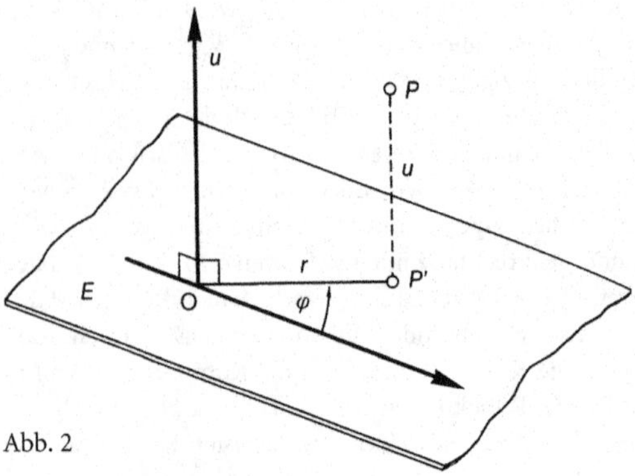

Ein krummliniges K.system im $\mathbb{R}^3$ bilden die Zylinderkoordinaten (r, φ, u), wobei jeder Punkt P durch die ebenen Polarkoordinaten (r, φ) seiner senkrechten Projektion P' in eine Ebene E und seine Höhe u über dieser Ebene dargestellt wird. Die Transformation von cartesischen K. in Zylinderkoordinaten liefern die Gleichungen $x = r \cdot \cos \varphi$, $y = r \cdot \sin \varphi$, $z = u$ (s. Abb. 2).

Für Kartographie und Astronomie von großer Bedeutung sind räumliche Polarkoordinaten bzw. Kugelkoordinaten (r, φ, ϑ), wobei die Lage eines Punktes P festgelegt wird (1) durch seinen Abstand r auf dem Leitstrahl OP vom Nullpunkt O, (2) durch den Winkel φ, den die Projektion OP' von OP in eine durch O gehende Ebene E mit der Polarachse einschließt, und (3) durch den Winkel ϑ zwischen OP und dem von O ausgehenden, auf E senkrecht stehenden Strahl, der mit der Polarachse ein (ebenes) Rechtssystem bildet. Die Transformation von cartesischen K. in Kugelkoordinaten liefern die Gleichungen $x = r \cdot \cos \varphi \cdot \sin \vartheta$, $y = r \cdot \sin \varphi \cdot \sin \vartheta$ und $z = r \cdot \cos \vartheta$ mit $0 \leq \vartheta < \pi$ (s. Abb. 3).

In der Physik geben K. für jeden Zeitpunkt den Zustand eines physikalischen Systems an. Während die Lage der Teile eines Systems im Orts- bzw. Konfigurationsraum angegeben wird, wird der Bewegungszustand durch Geschwindigkeits- bzw. Impulskoordinaten charakterisiert. Im Phasenraum der Quantenmechanik (↑Quantentheorie) werden Lage- und Impulskoordinaten zu Phasenpunktkoordinaten (↑Raum) zusammengefaßt. In der Allgemeinen Relativitätstheorie (↑Relativitätstheorie, allgemeine) sind die Orts- und Zeitkoordinaten mathematische K. einer vierdimensionalen Riemannschen Mannigfaltigkeit (↑Differentialgeometrie).

Literatur: Z. P. Dienes/E. W. Golding, Geometry through Transformations. Geometry of Distortion, London, New York 1967 (dt. Abbildungsgeometrie III [Gruppen und K.], Freiburg/Basel/Wien 1969, ²1970); E. Madelung, Die mathematischen Hilfsmittel des Physikers, Berlin 1922, Berlin/Göttingen/Heidelberg ⁷1964; K. Mainzer, Geschichte der Geometrie, Mannheim/Wien/Zürich 1980; E. A. Maxwell, Elementary Coordinate Geometry, Oxford 1952, ²1958, 1965, Adapted for Use in Australia by F. Chong, Melbourne 1955, ³1964; W. Neutsch, K.. Theorie und Anwendungen, Heidelberg/Berlin/Oxford 1995. K. M.

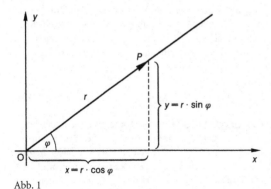

Abb. 1

Abb. 2

Koordination, Bezeichnung sowohl für (1) die Abstimmung von Wahrnehmungen und Bewegungen eines Organismus als auch für (2) die Abstimmung des *Verhaltens* der einzelnen Mitglieder einer (Teil-)Population von Tieren, etwa eines Bienenschwarms oder einer Meute von Wildhunden. Für die ↑Spieltheorie zentral ist (3) die Abstimmung des *Handelns* von Personen im Hinblick auf explizite (im Denken repräsentierte) Erwartungen der Verhaltungen und Handlungen anderer. Von ›K.‹ ist manchmal (4) auch dort die Rede, wo, wie bei H. Reichenbach, koordinierende Definitionen konventioneller Art, etwa in der Projektion mathematischer Geometrie auf reale Verhältnisse, relevant werden.

Die besonders wichtigen Probleme der Handlungs-K. (Fall 3) entstehen dadurch, daß das (durch rationales Denken angeleitete) Handeln der anderen den eigenen Intentionen im Wege stehen kann und daher die Erwartungen dessen, was die anderen wohl beabsichtigen und tun werden, in einer instrumentellen (›zweckrationalen‹, ↑Zweckrationalität) Mittelwahl zu berücksichtigen sind. Bloße K.sprobleme unterscheiden sich dabei von (echten, als solchen immer auch ›moralischen‹) Problemen der (›freien‹) ↑*Kooperation* wie z.B. dem ↑Gefangenendilemma auf folgende Weise: In Kooperationsdilemmata widerspricht die Maximierung des Eigennutzes strukturell der Erreichbarkeit eines maximalen Allgemeingutes (Pareto-Optimum), und zwar so, daß das Dilemma sich nicht durch bloße ↑Konventionen (wie z.B. die des Rechtsfahrens im Straßenverkehr) lösen läßt (womit es sich per definitionem als bloßes K.sproblem erwiese) (vgl. D. Lewis 1969). Sich an eine Konvention als Lösung eines K.sproblems zu halten, ist nämlich selbst unmittelbar im Eigeninteresse jedes einzelnen: Im Falle konventioneller Lösungen von Handlungskoordination entstehen für den einzelnen keine Zusatzkosten, insbes. nicht die des ↑Risikos der unsicheren Kooperativität der anderen, wie sie die ↑›Moral‹ des Vertrauens in dilemmatischen freien Kooperationen nötig macht. ›Rein ökonomisch‹ gesehen erscheint dort nämlich Vertrauen als ›irrational‹, der ›Tugendhafte‹ *T* als der Dumme, da die erwartete Maximierung des Eigeninteresses der anderen im allgemeinen zur Schlechterstellung von *T* führt. Das Gefangenendilemma zeigt aber auch umgekehrt die ›gemeinsame Dummheit‹ ökonomischer Rationalität: Hier besteht das einzige (›ökonomisch selbsttragende‹) Nash-Gleichgewicht in der Entscheidung beider Spieler, zu gestehen bzw. den je anderen zu verraten, also aus der freien Kooperation untereinander zu defektieren (mit fünf Jahren Strafe für beide). Das ›Gemeinwohl‹ (mit bloß einem Jahr Strafe) verlangte dagegen freie Kooperation, also die Tat gemeinsam abzustreiten. Angesichts der scheinbar ›besseren‹ Auszahlung bei eigener Defektion (fünf Jahre gegen zehn, falls der andere defektiert,

0 Jahre gegen ein Jahr, falls der andere kooperiert) könnte das ›Gemeinwohl‹ nur Folge einer ökonomisch ›irrationalen‹ Entscheidung von beiden sein: Eben darin besteht das unaufhebbare Dilemma der Kooperation und damit der Unterschied zu bloßen Problemen der K., die sich immer nicht-dilemmatisch durch Konventionen lösen lassen (vgl. F. Kannetzky 2000).

Das ›rationale‹ Streben nach risiko- bzw. vertrauensfreier Gewißheit verhindert ›moralische‹, d.h. frei kooperative, ↑Vernunft. Moralisches Handeln verlangt vom einzelnen offenbar eine gewisse Übernahme des Risikos des Vertrauens in die Moral der anderen. I. Kants Betonung der Unterscheidung zwischen einem Handeln *aus* Moral und einem Handeln *gemäß* einer guten Kooperationsform führt daher systematisch vom Kernproblem ab. Richtig ist aber: Angesichts der Vorherrschaft ökonomischer Rationalität ist Moral, wo sie erforderlich ist, immer prekär, da hier Nash-Gleichgewicht und Pareto-Effizienz auseinanderfallen. Wirkliche und mögliche Trittbrettfahrer höhlen daher freie Kooperationsformen (immer wieder) aus. Es geht in einer strukturtheoretisch begriffenen (Philosophie der) Moral immer auch darum, die unvermeidlichen Kosten des Vertrauens freier Kooperativität in echten Kooperationsdilemmata wirklich anzuerkennen, nicht wegzuerklären, indem etwa behauptet wird, es ließen sich alle Probleme des kollektiven Handelns in bloße Probleme der Handlungskoordination verwandeln oder (vgl. D. Gauthier 1986) es zahle sich, ›in the long run‹, freie Kooperativität auch für den einzelnen aus, was zwar wahr ist, aber im Einzelfall nicht handlungsorientierend wirkt. Echte Kooperationsprobleme zeigen sich gerade in der Unvermeidlichkeit von Restwidersprüchen zwischen dem Allgemeinwohl und der ökonomischen Rationalität im Einzelhandeln. Noch J. Habermas' Begriff des »nichtstrategischen kommunikativen Handelns« (Habermas 1981) verharmlost das Prekäre des Moralischen, indem einfach einer ›verständigungsorientierten‹ Sprache die Funktion der K. von Handlungen zugeteilt wird (vgl. Habermas 1992). Doch auch viele andere Autoren, die einen Appell an unbegriffene höhere moralische Pflichten vermeiden wollen, meinen, daß es im Grunde immer konventionell-koordinative Lösungen von Problemen des kollektiven Handelns gäbe, ohne zu bemerken, daß sie eben damit die Unterscheidung zwischen freier Kooperation mit Vertrauensrisiko und bloßer K. übersehen. Das führt dazu, daß man meint, entweder ohne Moral auszukommen und die K. des Handelns von Menschen der K. von Tieren angleichen zu können (wie in der Evolutionsbiologie) oder Moral in die kollektive Klugheit des Auffindens guter Konventionen überführen zu können (vgl. K. Lorenzen/O. Schwemmer 1973). Lewis wählt entsprechend ausschließlich Beispiele bloßer K., in denen die Lösung selbsterhaltende (›self-perpetuating‹) Konventionen R sind, für die (per definitionem) gilt (a), daß es in je meinem Interesse ist, daß ich mich an die Regel R halte, (b) jeder von jedem anderen erwartet, daß auch er weiß, daß das so ist, und sich daher (c) jeder einzelne an die Regel R hält, nachdem R bekanntermaßen faktisch instituiert ist (d) (es könnte ja viele Regeln R* geben, für die (a) und (b) gilt, die mit R unverträglich sind).

Richtig ist immerhin, daß es moralisch geboten sein kann, die Risiken der freien Kooperation und daher das Prekäre freier Moral und freien Vertrauens durch institutionelle Verschiebungen der Auszahlungsmatrizen über Sanktionen nach Möglichkeit zu minimieren und so Dilemmata freier Kooperation auf höherer Ebene in K.sprobleme zu verwandeln. Schwemmer hätte in seinem Ansatz zu einem ↑Moralprinzip, statt bloß die Zumutbarkeiten konventioneller Lösungen von K.sproblemen zu thematisieren, recht gehabt, wenn er die Anerkennung von institutionellen Umwandlungen von echten Kooperationsproblemen gefordert hätte, wie sie etwa der Staat durch ein machtgestütztes Recht und eine Steuerpolitik (unter Einschluß von zentralen Investitionen und sozialpolitischen Administrationen) schafft. Die Androhung von Sanktionen stellt gerade den Mechanismus der Verschiebung von Nutzen und Kosten bzw. der Auszahlungsmatrix für den einzelnen dar, was wiederum nur funktioniert, wenn im Übertretungsfall die Sanktionsdrohungen auch wahr gemacht werden. Daher ist, wie schon G. W. F. Hegel sieht, die Strafe, im Unterschied zur privaten Rache, eine Art ›logische‹ Folgerung der Übertretung des Rechts. Jedes überzeitliche Verständnis des Rechts im Kontext generischer Handlungskoordination muß eben daher von der Zeitfolge zwischen Straftat und Strafe absehen. Daß dabei nur verantwortete Taten als strafbar gelten, gehört zur logischen Eingrenzung des Relevanzbereichs des Strafrechts auf freie intentionale Handlungen; es geht um die Steuerung von ↑Intentionen, nicht um die Verhinderung von ↑Widerfahrnissen. Andererseits löst sich das Dilemmatische von Kooperationsproblemen hier nur partiell auf; es bleibt der wesentliche Unterschied zwischen Problemen bloßer Handlungskoordination und moralrelevanten Kooperationsdilemmata insofern erhalten, als es eine Verschiebung der Vertrauensrisiken und Mißbrauchsgefahren in die Ebene der Kontrollprobleme der Sanktionsmacht gibt. Der Rückfall in einen für das allgemeine Gute absolut ineffektiven ›Anarchismus‹, nämlich in die Ebene eines (bestenfalls durch subjektive Moral kooperativ geprägten) absolut freien Handelns der einzelnen, liegt daher nahe, wie er noch im (Ur-)Kommunismus bei K. Marx und seinen Nachfolgern (etwa E. Bloch oder T. W. Adorno), nicht wesentlich anders als bei M. Stirner und der liberalistischen Staatskritik, heimliche, und naive, Hintergrundutopie

ist. Allen gemeinsam ist die Unterschätzung der strukturellen Differenz zwischen bloßen Problemen der Handlungskoordination und der moralisch-dilemmatischen Struktur echter Kooperationsprobleme. Die effiziente K. des Einzelhandelns durch sanktionsbewehrte Gleichrichtung von Eigen- und Gemeininteresse kann nämlich nur innerhalb implizit anerkannter oder vorverfaßter Macht-Systeme (M. Foucault) funktionieren, wie schon T. Hobbes zeigt, so daß Hegel im (liberalen) Staat die ›unsichtbare Hand‹ von B. Mandeville und A. Smith sichtbar machen kann, die auf bloß vermeintlich wundersame Weise dafür sorgt, daß das Streben zur Beförderung je individuellen Wohls wie nebenbei auch das Allgemeinwohl fördert.

Literatur: N. Almendares/D. Landa, Strategic Coordination and the Law, Law and Philos. 26 (2007), 501–529; K. J. Arrow, Social Choice and Individual Values, New York, London 1951, New York/London, New Haven Conn./London ²1963, 1980 (franz. Choix collectifs et préférences individuelles, Paris 1974, unter dem Titel: Choix collectivs [...], 1997, 1998); N. Asher, Common Ground, Corrections, and Coordination, Argumentation 17 (2003), 481–512; R. Axelrod, The Evolution of Cooperation, New York 1984, 2006 (dt. Die Evolution der K., München 1987, ⁶2005; franz. Donnant donnant. Une théorie du comportement coopératif, Paris 1992, unter dem Titel: Comment réussir dans un monde d'égoïstes. Théorie du comportement coopératif, Paris 1996, 2006); T. M. Benditt, Acting in Concert or Going It Alone. Game Theory and the Law, Law and Philos. 23 (2004), 615–630; Y. Ben-Menahem, Conventionalism, Cambridge/New York 2006; C. Bicchieri, Rationality and Coordination, Cambridge/New York 1993, 1997; W. S. Boardman, Coordination and the Moral Obligation to Obey the Law, Ethics. An Int. J. of Social, Political, and Legal Philos. 97 (1987), 546–557; W. J. Clancey, Conceptual Coordination. How the Mind Orders Experience in Time, Mahwah N. J./London 1999; R. P. Cubitt/R. Sugden, Common Knowledge, Salience, and Convention. A Reconstruction of David Lewis's Game Theory, Economics and Philos. 19 (2003), 175–210; R. Damien/A. Tosel (eds.), L'action collective. Coordination, conseil, planification, Besançon 1998; W. Elberfeld/A. Löffler, An Analysis of Stability Sets in Pure Coordination Games, Theory and Decision 49 (2000), 235–249; D. Gauthier, Practical Reasoning. The Structure and Foundations of Prudential and Moral Arguments and Their Exemplification in Discourse, Oxford 1963, 1966; ders., Coordination, Dialogue. Canadian Philos. Rev. 14 (1975), 195–221; ders., David Hume. Contractarian, Philos. Rev. 88 (1979), 3–38; ders., Morals by Agreement, Oxford 1986, 2006; ders., Moral Dealing. Contract, Ethics, and Reason, Ithaca N. Y./London 1990; M. Gilbert, Game Theory and Convention, Synthese 46 (1981), 41–93, Nachdr. in: dies., Living Together. Rationality, Sociality, and Obligation, Lanham Md. etc. 1996, 119–174; dies., Agreements, Conventions, and Language, Synthese 54 (1983), 375–407; dies., Notes on the Concept of a Social Convention, New Literary Hist. 14 (1983), 225–251, Nachdr. in: dies., Living Together [s. o.], 61–88; dies., On Social Facts, London/New York 1989, Princeton N. J./Oxford 1992; dies., Rationality, Coordination, and Convention, Synthese 84 (1990), 1–21, Nachdr. in: dies., Living Together [s. o.], 39–59; N. Goodman, Ways of Worldmaking, Indianapolis Ind., Hassocks 1978, Indianapolis Ind. 1995 (dt. Weisen der Welterzeugung, Frankfurt 1984, 2005;

franz. Manières de faire des mondes, Nîmes 1992, Paris 2006); S. Goyal/M. Janssen, Can We Rationally Learn to Coordinate?, Theory and Decision 40 (1996), 29–49; J. Habermas, Theorie des kommunikativen Handelns, I–II, Frankfurt 1981, 2006 (engl. The Theory of Communicative Action, I–II, Boston Mass., London 1984/1987, Cambridge 2006; franz. Théorie de l'agir communicationnel, I–II, Paris 1987, 2007/2008); ders., Faktizität und Geltung. Beiträge zur Diskurstheorie des Rechts und des demokratischen Rechtsstaats, Frankfurt 1992, 2006 (engl. Between Facts and Norms. Contributions to a Discourse Theory of Law and Democracy, Cambridge Mass. 1996, Cambridge 2004; franz. Droit et démocratie. Entre faits et normes, Paris 1997, 2001); A. Hajos, K., Hist. Wb. Ph. IV (1976), 1091–1092; J. C. Harsanyi, Essays on Ethics, Social Behavior, and Scientific Explanation, Dordrecht/Boston Mass. 1976, 1980; M. C. W. Janssen, On the Principle of Coordination, Economics and Philos. 17 (2001), 221–234; F. Kannetzky, Paradoxes Denken. Theoretische und praktische Irritationen des Denkens, Paderborn 2000; C. Klein, Coordination and Convention in Hans Reichenbach's Philosophy of Space, in: F. Stadler (ed.), The Vienna Circle and Logical Empiricism. Re-evaluation and Future Perspectives, Dordrecht/London/Boston Mass. 2003, 109–120 (Vienna Circle Institute Yearbook 10); P. Koslowski, Gesellschaftliche K.. Eine ontologische und kulturwissenschaftliche Theorie der Marktwirtschaft, Tübingen 1991; A. Kuflik, Coordination, Equilibrium and Rational Choice, Philos. Stud. 42 (1982), 333–348; D. K. Lewis, Convention. A Philosophical Study, Cambridge Mass. 1969, Oxford 2002 (dt. Konventionen. Eine sprachphilosophische Abhandlung, Berlin/New York 1975); P. Lorenzen/O. Schwemmer, Konstruktive Logik, Ethik und Wissenschaftstheorie, Mannheim/Wien/Zürich 1973; A. Marmor, On Convention, Synthese 107 (1996), 349–371; ders., Deep Conventions, Philos. Phenom. Res. 74 (2007), 586–610; J. Maynard Smith/G. Price, The Logic of Animal Conflicts, Nature 246 (1973), 15–18; R. H. McAdams, Conformity to Inegalitarian Conventions and Norms. The Contribution of Coordination and Esteem, Monist 88 (2005), 238–259; C. McMahon, Promising and Coordination, Amer. Philos. Quart. 26 (1989), 239–247; J. Mehta/C. Starmer/R. Sugden, Focal Points in Pure Coordination Games. An Experimental Investigation, Theory and Decision 36 (1994), 163–185; O. Miemiec, Erzwungene Kooperation. Eine Auseinandersetzung mit Marx, Diss. Leipzig 2005; S. R. Miller, Conventions, Interdependence of Action, and Collective Ends, Noûs 20 (1986), 117–140; ders., Co-ordination, Salience and Rationality, South. J. Philos. 29 (1991), 359–370; ders., Social Action. A Teleological Account, Cambridge etc. 2001; F. Montagna/D. Osherson, Learning to Coordinate. A Recursion Theoretic Perspective, Synthese 118 (1999), 363–382; J. Narveson, Utilitarianism, Group Actions, and Coordination or, Must the Utilitarian Be a Buridan's Ass, Noûs 10 (1976), 173–194; O. Schwemmer, Philosophie der Praxis. Versuch zur Grundlegung einer Lehre vom moralischen Argumentieren in Verbindung mit einer Interpretation der praktischen Philosophie Kants, Frankfurt 1971, ²1980; H. Silverstein, Utilitarianism and Group Coordination, Noûs 13 (1979), 335–360; B. Smith, The Foundation of Social Coordination. John Searle and Hernando de Soto, in: N. Psarros (ed.), Facets of Sociality, Heusenstamm bei Frankfurt 2007, 3–22; E. Ullmann-Margalit, Coordination Norms and Social Choice, Erkenntnis 11 (1977), 143–155; P. Vanderschraaf, The Informal Game Theory in Hume's Account of Convention, Economics and Philos. 14 (1998), 215–247; ders./D. Richards, Joint Beliefs in Conflictual Coordination Games, Theory and Decision 42 (1997), 287–310; H. N. Wieman, A Criticism of Coordination as Criterion of Moral Value, J. of Philos., Psychol. and Scientific Methods 14 (1917), 533–542. P. S.-W.

Kopenhagener Deutung, Bezeichnung der von N. Bohr und W. Heisenberg 1926/1927 entwickelten Interpretation der ↑Quantentheorie nach der Wirkungsstätte von Bohr. Allerdings waren Bohr und Heisenberg in vielen Einzelheiten unterschiedlicher Auffassung und verwendeten den Begriff der K. D. selbst nicht. Dieser wurde vielmehr von deren Opponenten als summarische Bezeichnung für die angegriffenen Thesen eingeführt und gewann erst später eine neutrale Bedeutung. Trotz aller Divergenzen im Detail bestehen allerdings charakteristische Übereinstimmungen.

Grundlage der K. D. ist die Bornsche Interpretation der Zustandsfunktion oder Ψ-Funktion der ↑Schrödinger-Gleichung (M. Born 1926), derzufolge deren Betragsquadrat $|\Psi(r,t)|^2$ das Maß der ↑Wahrscheinlichkeit darstellt, das betreffende Quantenobjekt zur Zeit t am Ort r zu finden. Entsprechend gilt die Veränderung der Zustandsfunktion (wie sie durch die Schrödinger-Gleichung beschrieben wird) nicht als physikalisch realer Prozeß, sondern als Darstellung möglicher Ereignisse oder unserer Kenntnis von Ereignissen. Solche Wahrscheinlichkeitsangaben können durch Messungen mit Beobachtungen verknüpft werden. Jene schlagen sich dann in der statistischen Verteilung von Meßergebnissen nieder. Solche Messungen verlangen stets makroskopische Geräte, die ihrerseits der klassischen Physik unterliegen. Daraus ergibt sich für die K. D., daß erstens die klassische Physik eine Vorbedingung für die Prüfung der nicht-klassischen und mit ihr unvereinbaren Quantenphysik (↑Quantentheorie) ist und daß zweitens die Zuschreibung wirklicher Eigenschaften (im Unterschied zu bloßen Möglichkeiten) von Messungen abhängt. Ohne Messung ist nichts real. Heisenberg lehnte diesen ↑Operationalismus der K. D. an A. Einsteins operationale Interpretation der entfernten Gleichzeitigkeit an (↑gleichzeitig/Gleichzeitigkeit, ↑Relativitätstheorie, spezielle).

Der Bruch zwischen klassischer und quantentheoretischer Zugangsweise wird in der K. D. durch Bohrs ↑Korrespondenzprinzip‹ überbrückt. Danach führt die Quantenmechanik für hohe Quantenzahlen zu Ergebnissen, die denen der klassischen Physik gleichen. Beide Bereiche schließen entsprechend empirisch glatt aneinander an.

Die von Heisenberg 1927 formulierten ↑Unschärferelationen besagen, daß die Werte zweier inkommensurabler (↑inkommensurabel/Inkommensurabilität) oder inkompatibler Größen nicht zugleich mit beliebiger Genauigkeit ermittelbar sind. Die Kenntnis der einen Größe mit einer gewissen Präzision setzt für die Kenntnis der anderen eine gewisse untere Schranke der Genauigkeit. Inkommensurable Größen in diesem Sinne sind etwa Ort und Impuls oder Teilchenspins in verschiedenen Richtungen. Eine geeignete Messung ergebe etwa bei einem Teilchen einen Spin ›up‹ in z-Richtung. Eine unmittelbar darauf folgende Messung ebenfalls in z-Richtung hat dann das gleiche Ergebnis; dieses ist reproduzierbar (↑Reproduzierbarkeit) und in diesem Sinne verläßlich. Mißt man anschließend den Spin des Teilchens in x-Richtung, so erhält man eine zufällige Verteilung von ›up‹- und ›down‹-Werten. Die nachfolgende erneute Messung des Spins in z-Richtung ergibt wiederum ein Zufallsresultat, so daß der ursprüngliche Spinwert durch die Messung der inkommensurablen Größe verloren gegangen ist. Die K. D. zieht aus solchen Befunden den Schluß, daß Quantenobjekten nur im Zusammenhang mit Meßanordnungen Eigenschaften zugeschrieben werden können. Nach dieser *relationalen Interpretation von Quantenzuständen* kommen inkommensurable Eigenschaften nicht den Quantenobjekten inhärent zu, so daß das Vorliegen dieser Eigenschaften durch Messungen bloß festgestellt würde. Vielmehr bestehen solche Eigenschaften nur in Beziehung zu bestimmten Meßanordnungen. Die Quantentheorie befaßt sich danach nicht mit der Welt, wie sie ohne den Menschen ist, sondern allein mit der Welt, wie sie dem epistemischen Zugriff des Menschen erscheint. Die K. D. ist entsprechend instrumentalistisch (↑Instrumentalismus) orientiert.

Das je nach apparativem Zugriff abweichende Erscheinungsbild von Quantenzuständen will Bohr durch den Begriff der Komplementarität (↑Komplementaritätsprinzip) ausdrücken. Inkommensurable Eigenschaften sind danach komplementär in folgendem Sinne: ihre gemeinsame Zuschreibung zu einem Quantenobjekt würde einen Widerspruch beinhalten, doch durch die Bindung des Auftretens dieser Eigenschaften an einander ausschließende Meßanordnungen tritt dieser Widerspruch tatsächlich nicht auf. Zugleich sind beide unverträgliche Eigenschaften gemeinsam für eine umfassende Beschreibung der Phänomene erforderlich. Z. B. tritt der Spin von Quantenobjekten in jeder Richtung in den beiden genannten Zuständen ›up‹ und ›down‹ auf. Die erwähnten Zufallsverteilungen bei Wechsel der Beobachtungsrichtung machen es aber unmöglich, alle Meßwerte als unabhängig existierende Zustände des Quantenobjekts zu interpretieren. Weitergehend sind insbes. das Welle- und das Teilchenbild von Bohr als komplementär betrachtet worden (↑Korpuskel-Welle-Dualismus): Beide Bilder schreiben Quantenobjekten gegensätzliche Eigenschaften zu; ihre jeweilige Anwendbarkeit wird durch die herangezogenen Meßapparaturen bestimmt und auf diese Weise von einander abgegrenzt. Die Widersprüchlichkeit beider Bilder kommt entsprechend nicht zum Tragen; stattdessen sind sie unabdingbar für die vollständige Erfassung der betreffenden Quantenobjekte.

Für die K. D. stellt die Zustandsfunktion die vollständige Beschreibung eines einzelnen Quantenobjekts dar. Danach sind die Meßwerte inkommensurabler Größen nicht durch weitere Eigenschaften des betreffenden Quantenobjekts bestimmt (↑Parameter, verborgene), sie entstehen vielmehr jeweils durch die Wechselwirkung mit dem betreffenden Meßgerät. Die Zufallsverteilung dieser Meßwerte stützt dann einen genuinen ↑Indeterminismus in der Natur. Dieser wurde unter anderem von Einstein kritisiert (›Gott würfelt nicht‹), der am Determinismus und am Objektivitätsmodell der klassischen Physik festhielt (↑Einstein-Podolsky-Rosen-Argument). Der unabdingbare Bezug auf Meßapparate wurde von C. F. v. Weizsäcker mit Hinweis auf die Erkenntnistheorie I. Kants legitimiert (↑transzendental), während Vertreter des dialektischen Materialismus (↑Materialismus, dialektischer) und des ↑Thomismus den Instrumentalismus der K. D. als subjektivistisch ablehnten.

Literatur: N. Bohr, Atomteori og naturbeskrivelse. 3 artikler med en indledende oversigt, Kopenhagen 1929, ²1958 (dt. Atomtheorie und Naturbeschreibung. Vier Aufsätze mit einer einleitenden Übersicht, erw. Berlin 1931); ders., Atomfysik og menneskelig erkendelse, I–II, Kopenhagen 1957/1964 (dt. Atomphysik und menschliche Erkenntnis, I–II, Braunschweig 1958/1966, I ²1964, mit Untertitel: Aufsätze und Vorträge aus den Jahren 1930 bis 1961, gekürzt in einem Bd., Braunschweig/Wiesbaden 1985); W. Büchel, Philosophische Probleme der Physik, Freiburg/Basel/Wien 1965; A. Einstein/B. Podolsky/N. Rosen, Can Quantum-Mechanical Description of Physical Reality Be Considered Complete?, Phys. Rev. 47 (1935), 777–780; J. Faye, Copenhagen Interpretation of Quantum Mechanics, SEP 2008; W. Heisenberg, Über den anschaulichen Inhalt der quantentheoretischen Kinematik und Mechanik, Z. Phys. 43 (1927), 172–198; ders., Die physikalischen Prinzipien der Quantentheorie, Leipzig 1930, Stuttgart 2008; ders., Physik und Philosophie, Stuttgart 1959, ⁷2007; ders./N. Bohr, Die K. D. der Quantentheorie, ed. A. Hermann, Stuttgart 1963; H. Hörz, Zum Verhältnis von Kausalität und Determinismus, Dt. Z. Philos. 11 (1963), 151–170; M. Jammer, The Conceptual Development of Quantum Mechanics, New York etc. 1966, Los Angeles, Woodbury N. Y. ²1989; ders., The Philosophy of Quantum Mechanics. The Interpretations of Quantum Mechanics in Historical Perspective, New York etc. 1974; K. Mainzer/J. Audretsch (eds.), Wieviele Leben hat Schrödingers Katze? Zur Physik und Philosophie der Quantenmechanik, Mannheim/Wien/Zürich 1990, Heidelberg/Oxford 1996; K. M. Meyer-Abich, Korrespondenz, Individualität und Komplementarität. Eine Studie zur Geistesgeschichte der Quantentheorie in den Beiträgen Niels Bohrs, Wiesbaden 1965; ders., K. D., Hist. Wb. Ph. (1976), 1093; D. Murdoch, Niels Bohr's Philosophy of Physics, Cambridge etc. 1987, 2001; E. Scheibe, Die kontingenten Aussagen in der Physik. Axiomatische Untersuchungen zur Ontologie der klassischen Physik und der Quantentheorie, Frankfurt/Bonn 1964; ders., Die Philosophie der Physiker, München 2006, rev. 2007, 240–302; G. Stehr, Zum Problem der objektiven Realität im quantenmechanischen Formalismus, Dt. Z. Philos. 9 (1961), 2021–2039; C. F. v. Weizsäcker, Zum Weltbild der Physik, Leipzig 1943, Stuttgart ¹⁴2002.   M. C.

Kopernikanische Wende (auch: Kopernikanische Wendung), in Analogie zur Kopernikanischen Umstellung von einem geozentrischen Modell (↑Geozentrismus) auf ein heliozentrisches Modell (↑Heliozentrismus) der Planetenbewegungen verwendete anschauliche Formel für eine fundamentale Umbesetzung wissenschaftlicher und philosophischer Positionen bzw. eine fundamentale Umkehrung der Richtung des Erklärens. Die Formel geht auf eine Bemerkung I. Kants in der Vorrede zur zweiten Auflage der »Kritik der reinen Vernunft« zurück, in der er seine neue, nämlich ↑transzendentale, erkenntnistheoretische Einstellung, wonach sich »die Gegenstände [...] nach unserer Erkenntnis richten« müssen (KrV B XVI), durch Hinweis auf N. Kopernikus erläutert, »der, nachdem es mit der Erklärung der Himmelsbewegungen nicht gut fort wollte, wenn er annahm, das ganze Sternheer drehe sich um den Zuschauer, versuchte, ob es nicht besser gelingen möchte, wenn er den Zuschauer sich drehen, und dagegen die Sterne in Ruhe ließ« (ebd.). ›Kopernikanisch‹ stellt sich Kant in der ↑Transzendentalphilosophie auf den Standpunkt, daß die »Bedingungen der *Möglichkeit der Erfahrung* überhaupt [...] zugleich Bedingungen der *Möglichkeit der Gegenstände der Erfahrung*« sind (KrV B 197, vgl. A 111), apriorische Leistungen (↑a priori) des Erkenntnissubjekts, die zur Ausstattung der (überindividuellen) Subjektivität gehören, mithin die Objektivität der erfahrungsbezogenen Gegenstandserkenntnis bestimmen (↑Subjekt, transzendentales, ↑Subjektivismus, ↑Idealismus, transzendentaler). Die K. W. ist insofern Beispiel einer ›Revolution der Denkart‹, die Kant auf dem Felde der Metaphysik durch eine ›↑Kritik der reinen Vernunft‹ geleistet sieht und die er im gleichen Zusammenhang durch Hinweise z. B. auf die Thaletische Geometrie und die Galileische Physik erläutert (KrV B XIff., B XXII). Wissenschaftshistorisch betrachtet wäre es richtiger, von einer ›*Keplerschen Wende*‹ statt von einer ›K.n W.‹ zu sprechen. Die sich in den Keplerschen Gesetzen (J. ↑Kepler) ausdrückende astronomische Neuorientierung ist fundamentaler als die ›Wende‹ des Kopernikus, insofern diese sich im Rahmen des astronomischen Forschungsprogramms einer ↑Rettung der Phänomene hinsichtlich der Konstruktion qualitativer kinematischer Modelle noch innerhalb der herkömmlichen Begrifflichkeit und methodischen Orientierung, d. h. der Geltung der Grundsätze der Kreisförmigkeit und der konstanten Winkelgeschwindigkeit, vollzog, mit denen erst Kepler bricht. In dem Maße, in dem Kopernikus zum Symbol des neuzeitlichen Denkens und sein Name zur ›kosmologischen Metapher‹ in der Selbstdarstellung dieses Den-

kens wird, verselbständigt sich daher die Geistesgeschichte gegenüber jenem Teil der ↑Wissenschaftsgeschichte, auf den sie sich in legitimierender und propagandistischer Weise bezieht. Die Geschichte dieser Verselbständigung und deren Bedeutung für die Genese der neuzeitlichen Subjektivität hat H. Blumenberg in mehreren Arbeiten dargestellt.

Literatur: E. Bencivenga, Kant's Copernican Revolution, Oxford/New York 1987 (ital. La rivoluzione copernicana di Kant, Turin 2000); H. Blumenberg, Der kopernikanische Umsturz und die Weltstellung des Menschen. Eine Studie zum Zusammenhang von Naturwissenschaft und Geistesgeschichte, Stud. Gen. 8 (1955), 637–648; ders., Paradigmen zu einer Metaphorologie, Arch. Begriffsgesch. 6 (1960), 7–142, hier: 106–122 (IX Metaphorisierte Kosmologie); ders., Die k. W., Frankfurt 1965; ders., Kopernikus im Selbstverständnis der Neuzeit, Mainz 1965 (Abh. Akad. Wiss. u. Lit. Mainz, geistes- u. sozialwiss. Kl. 1964, Nr. 5); ders., Die Genesis der kopernikanischen Welt, Frankfurt 1975, I–III, 1981, 2007 (engl. The Genesis of the Copernican World, Cambridge Mass./London 1987); D. Bonevac, Kant's Copernican Revolution, in: R. C. Solomon/K. M. Higgins (eds.), The Age of German Idealism, London/New York 1993, 2003 (Routledge History of Philosophy VI), 40–67; W. Buchheim, Die k. W. und die Gravitation, Berlin 1975 (Sitz.ber. Sächs. Akad. Wiss. Leipzig, math.-naturwiss. Kl. 111/5); K. Dienst, K. W., Hist. Wb. Ph. IV (1976), 1094–1099; S. M. Engel, Kant's Copernican Analogy. A Re-Examination, Kant-St. 54 (1963), 243–251; W. Gerlach, Johannes Kepler und die Copernicanische W., Halle 1973, ²1978, Leipzig ³1987; V. Gerhardt, Kants k. W.. Friedrich Kaulbach zum 75. Geburtstag, Kant-St. 78 (1987), 133–152; J. E. Green, Kant's Copernican Revolution. The Transcendental Horizon, Lanham Md./New York/Oxford 1997; O. Heckmann, Die Astronomie in der Geistesgeschichte der Neuzeit, Naturwiss. 44 (1957), 125–132; D. Ingram, The Copernican Revolution Revisited. Paradigm, Metaphor and Incommensurability in the History of Science – Blumenberg's Response to Kuhn and Davidson, Hist. of the Human Sci. 6 (1993), H. 4, 11–35; F. Kaulbach, Immanuel Kant, Berlin 1969, ²1982, 110–115; ders., Die Copernicanische Denkfigur bei Kant, Kant-St. 64 (1973), 30–48; ders., Die Copernicanische W. als philosophisches Prinzip. Nachgewiesen bei Kant und Nietzsche, in: ders./U. W. Bargenda/J. Blühdorn (eds.), Nicolaus Copernicus zum 500. Geburtstag, Köln/Wien 1973, 26–62; P. Kerszberg, Two Senses of Kant's Copernican Revolution, Kant-St. 80 (1989), 63–80; S. Kluwe, Trauma und Triumph. Die k. W. in Dichtung und Philosophie, in: H. Gebhardt/H. Kiesel (eds.), Weltbilder, Berlin etc. 2004, 179–220; E. Knobloch, Copernicanische W.. Signatur des Jahrhunderts, in: R. v. Dülmen/S. Rauschenbach (eds.), Macht des Wissens. Die Entstehung der modernen Wissensgesellschaft, Köln/Wien/Weimar 2004, 89–110; F. Krafft, Die ›copernicanische Revolution‹, Antike und Abendland 40 (1994), 1–30, ferner in: H. Kuester, Das 16. Jahrhundert. Europäische Renaissance, Regensburg 1995, 181–214; M. Miles, Kant's ›Copernican Revolution‹. Toward Rehabilitation of a Concept and Provision of a Framework for the Interpretation of the »Critique of Pure Reason«, Kant-St. 97 (2006), 1–32; J. Mittelstraß, Neuzeit und Aufklärung. Studien zur Entstehung der neuzeitlichen Wissenschaft und Philosophie, Berlin/New York 1970, 136–143; ders., K. oder Keplersche W.? Keplers Kosmologie, Philosophie und Methodologie, Vierteljahresschr. Naturforsch. Ges. in Zürich 134 (1989), 197–215; J. D. Moss, Novelties in the Heavens.

Rhetoric and Science in the Copernican Controversy, Chicago Ill./London 1993; J. W. Olivier, Kant's Copernican Analogy. An Examination of a Re-Examination, Kant-St. 55 (1964), 505–511; W. D. Rehfus, K. W., in: ders. (ed.), Handwörterbuch Philosophie, Göttingen 2003, 428–430; T. Rockmore, Copernicus, Kant and the Copernican Revolution, in: F. Ratto (ed.), Simbolo, metafora e linguaggio. Nella elaborazione filosofico-scientifica e giuridico-politica, o. O. 1998, 211–220; B. Sticker, Die geschichtliche Bedeutung der K. W., Bonn 1943; J.-F. Stoffel, La révolution copernicienne et la place de l'Homme dans l'Univers. Étude programmatique, Rev. Philos. Louvain 96 (1998), 7–50; L. Thönnissen, K. W. n. Eine wissenschaftliche Studie aus dem naturwissenschaftlich-philosophischen Grenzbereich, Philos. Nat. 22 (1985), 294–327; R. Wahsner, Mensch und Kosmos, die copernicanische W., Berlin 1978; K. W. Zeidler, Die k. und die semiotische W. der Philosophie, Prima philos. 9 (1996), 377–399. J. M.

Kopernikus (Cop[p]ernicus), Nikolaus, eigentlich Nikolaus Koppernigk, *Thorn 19. Febr. 1473, †Frauenburg (Ostpreußen) 24. Mai 1543, dt.-poln. Astronom. Nach allgemeinen Studien in Krakau (1491–1494) Studium der Rechtswissenschaften in Bologna (1496–1500) und, anschließend an einen einjährigen Aufenthalt in Rom (1500–1501), Studium der Medizin und der Rechtswissenschaft (kanonisches Recht) in Padua (1501–1503) und Ferrara (juristische Promotion 31.5.1503). 1497 wurde K. auf Betreiben seines Onkels Lukas Watzenrode (Bischof von Ermland 1489–1512) vom Frauenburger Kapitel zum ermländischen Domherrn gewählt; 1502/ 1503–1538 Würde eines Scholastikus am Breslauer Kollegiatkapitel zum Hl. Kreuz, ab 1506 Leibarzt und Privatsekretär seines Onkels in Heilsberg, ab 1510 Übernahme der Verwaltungsaufgaben eines Domherrn in Frauenburg (1510–1513 und später weitere vier Mal für je ein Jahr Kanzler des Kapitels, 1516–1519 und November 1520 bis April 1521 Kapitelsadministrator bzw. Landpropst mit Residenz in Allenstein, 1523 Bistumsverweser). K.' mathematische und astronomische Studien, die er bereits in Krakau aufnahm, wurden insbes. durch seinen Bologneser Lehrer, den Astronomen und Regiomontanus-Schüler D. M. di Novara (um 1464–1514), und die Lektüre der Schriften von G. Peurbach und J. Regiomontanus beeinflußt (erste dokumentierte astronomische Beobachtung am 9.3.1497 [Bedeckung des Aldebaran durch den Mond]). Ein erster Entwurf seines heliozentrischen Modells in Form eines doppelepizyklischen Systems (De hypothesibus motuum coelestium commentariolus, um 1510) kursierte in Abschriften (erst 1873 wieder aufgefunden) und begründete seinen Ruf als Astronom im Rahmen der Arbeiten an einer Kalenderreform. Die erste publizierte Fassung der Kopernikanischen Astronomie stellt die »Narratio prima« (Danzig 1540, Basel 1541) des Wittenberger Mathematikers G. J. Rheticus dar, der sich 1539–1541 in Frauenburg aufgehalten hatte und auch, mit K.' Zu-

stimmung, den trigonometrischen Teil des Hauptwerkes veröffentlichte (De lateribus et angulis triangelorum, Wittenberg 1542). Das Hauptwerk selbst, Gründungsdokument des neuzeitlichen heliozentrischen Systems (↑Heliozentrismus), im Druck zunächst von Rheticus, dann von A. Osiander überwacht, erschien erst ein Jahr später (De revolutionibus orbium coelestium libri VI, Nürnberg 1543). Neben seiner (privaten) astronomischen Forschung befaßte sich K. auch mit dem preußischen Münzwesen (1517) und mit kartographischen Arbeiten (Landkarten Preußens).

Im »Commentariolus« sucht K. die Exzenter- und Ausgleichsbewegung eines Planeten im geozentrischen System (↑Geozentrismus) des K. Ptolemaios durch zwei gleichförmig rotierende Epizykeln kinematisch zu ersetzen. Dabei wird die Sonne als unbewegliches Zentrum des Kosmos vom Mittelpunkt M_1 des ersten Epizykels umkreist, auf dem sich der Mittelpunkt M_2 des zweiten Epizykels mit dem jeweiligen Planeten P (z. B. der Erde) bewegt (s. Abb. 1).

Der erste Epizykel soll den Ptolemaiischen Exzenter (mit Zentrum M) ersetzen und bewegt sich daher wie der Deferent (um E) mit der mittleren Geschwindigkeit der siderischen Periode, aber in entgegengesetzter Richtung. Der zweite Epizykel ersetzt die Ptolemaiische Ausgleichsbewegung und bewegt sich mit doppelter Geschwindigkeit. Ptolemaios hatte durch die Verwendung von Exzenter- und Ausgleichspunkt im gleichen Ab-

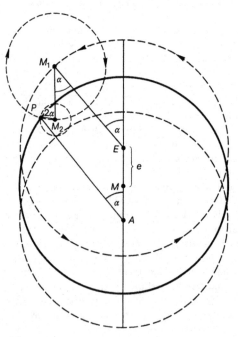

Abb. 1

stand zum Kreismittelpunkt eine scheinbare Verdoppelung der Exzentrizität erreicht. K. verteilt sie auf seine beiden Epizykeln, indem er den Radius r_1 des ersten anderthalbmal so lang wie die Exzentrizität e des Ptolemaiischen Deferenten $(r_1 = \frac{3}{2}e)$ und den Radius r_2 des zweiten halb so lang $(r_2 = \frac{1}{2}e)$ ansetzt, so daß die beiden Radien sich wie $r_1 : r_2 = 3 : 1$ verhalten. Damit wird nahezu dieselbe Bahn wie bei Ptolemaios erreicht, allerdings in einem ›realen‹ Modell der (modifizierten) aristotelischen Physik.

Nachdem K. entdeckt hatte, daß sich auch die Apsidenlinie der Erde, d. h. die Verbindungslinie des sonnennächsten und des sonnenfernsten Punktes der Erdbahn, wie bei den anderen Planeten verändert, war eine einheitliche Darstellung mit Exzenterpunkten möglich. K. ersetzt daher in »De revolutionibus orbium coelestium« (1543) den ersten Epizykel und seinen konzentrischen Deferenten durch einen kinematisch äquivalenten exzentrischen Deferenten. Damit steht aber die Sonne nicht mehr im Zentrum der Planetenbahnen, sondern auf einem Exzenterpunkt. Die Erde bewegt sich einmal im Jahr um die Sonne und dreht sich einmal pro Tag um ihre Achse. Wäre die Erdkugel starr auf ihrer Sphäre befestigt, würde ihre Achse sich wie in Abb. 2 verändern.

Um die Erdachse parallel zur Sonnenachse mit dem charakteristischen Winkel von ca. $23\frac{1}{2}°$ zur Erdbahnebene zu halten, wird von K. eine kompensierende Bewegung der Erdachse in Kegelform angenommen (Abb. 3).

Die als Effekt der jährlichen Erdbewegung entstehende Fixsternparallaxe wurde erst 1838 von F. W. Bessel nachgewiesen. Der Grund, warum K. die Stellung der Erde mit der der Sonne vertauschte, ist systematisch gesehen in der nun möglichen kinematisch einfacheren Erklärung der scheinbaren Planetenschleifen ohne zusätzliche Epizykeln zu sehen. Das entspricht allerdings nicht K.' Selbstverständnis. Ihm ging es darum, die mathematische Astronomie in stärkeren Einklang mit der akzeptierten, also der Aristotelischen, Physik zu bringen. Relevant war hier insbesondere der Grundsatz der Gleichförmigkeit der Himmelsbewegungen, den K., wie viele Astronomen seiner Zeit, durch die Ptolemaiischen geometrischen Konstruktionen (insbes. durch den so genannten Äquanten) verletzt sah. Die Vertauschung von Erde und Sonne hatte zur Folge, daß einige Ungleichförmigkeiten der Planetenbewegungen als Effekt der Erdbewegung erklärbar waren und damit als bloß scheinbar aufgewiesen werden konnten. Das zeigt sich z. B. an der heliozentrischen Erklärung wechselnder Geschwindigkeiten und rückläufiger Bewegungen der äußeren Planeten, die sich als Folge eines ›Überholens‹ des gleichförmig bewegten Planeten durch die gleichförmig bewegte Erde verstehen lassen. Die scheinbaren Plane-

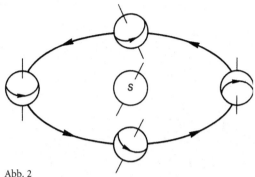

Abb. 2

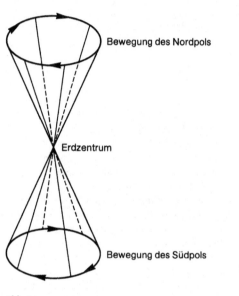

Bewegung des Nordpols

Erdzentrum

Bewegung des Südpols

Abb. 3

tenschleifen lassen sich insofern im heliozentrischen Modell als Effekt der jährlichen Erdbewegung deuten, wobei sich nach K. die Erde langsamer als die äußeren Planeten Mars, Jupiter und Saturn (Abb. 4) und schneller als die inneren Planeten Merkur und Venus (Abb. 5) bewegt.

Die auf dieser Grundlage berechneten Prutenischen Tafeln wiesen jedoch (wie T. ↑Brahe zeigte) ähnliche Abweichungen von den beobachteten Planetenorten auf wie das Ptolemaiische Modell. Damit war die Annahme des K. widerlegt, wonach ein (im Aristotelischen Sinne) physikalisch reales Modell automatisch bessere Prognosen liefert. Die Notwendigkeit einer völlig neuen Physik wurde von K. nicht gesehen, der noch mit der Aristotelischen Physik rechnete, dabei allerdings Anpassungen im Aristotelischen Konzept der natürlichen Bewegung

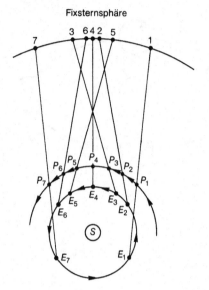

Abb. 4

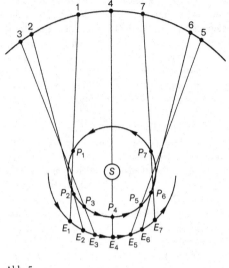

Abb. 5

für erforderlich hielt. Die zu seiner Zeit nicht beobachtbare Fixsternparallaxe führte später zu einer Revision der bisherigen Größenvorstellungen vom Kosmos und zu der richtigen Folgerung, daß die Fixsterne in ›unermeßlicher‹ Entfernung liegen müssen.

Im Gegensatz zur traditionellen Beurteilung der Kopernikanischen Astronomie als fundamentaler, revolutionärer Neubegründung und Neuorientierung der Astronomie folgt diese in *wissenschaftstheoretischer* und *wissenschaftshistorischer* Hinsicht eher einem konservativen Forschungsprogramm. K. sah die Grundsätze der Kreisförmigkeit und der konstanten Winkelgeschwindigkeit planetarischer Bewegungen, die das astronomische Forschungsprogramm einer ↑›Rettung der (astronomischen) Phänomene‹ seit Eudoxos organisierten, bei der Konstruktion qualitativer kinematischer Modelle durch die Ptolemaiische Astronomie verletzt; seine ›Korrekturbemühungen‹ orientierten sich folgerichtig an der Konzeption eines Ausgleichspunktes (*punctum aequans*), dessen Annahme seit Ptolemaios dem Ausgleich ungleichförmiger Bewegungen auf dem Deferenten, einem exzentrisch zur Erde gelegenen Kreis, durch eine weitere exzentrisch gelegene Kreisbewegung diente. Gegenüber dem Versuch, dem älteren Forschungsprogramm in seinen Grundsätzen und seiner herkömmlichen Begrifflichkeit wieder Geltung zu verschaffen, ist der Übergang von einem geozentrischen (↑Geozentrismus) zu einem heliozentrischen Modell methodisch sekundär; die ›Keplersche Wende‹ (J. ↑Kepler), die mit den genannten Grundsätzen bricht, ist daher in Wahrheit auch (methodisch) fundamentaler als die ↑›Kopernikanische Wende‹.

Zudem verfügt K. über keine dynamischen Erklärungen im Sinne Keplers. Allerdings widerspricht Osianders umstrittener Hinweis auf den *hypothetischen* Charakter der kinematischen Astronomie des K. im Vorwort des Kopernikanischen Hauptwerkes (Gesamtausgabe II, 403–404) dem auch durch Rheticus belegten Selbstverständnis des K. (vgl. a. a. O., 5), der sein System eben als reales Modell auf Grundlage der (modifizierten) Aristotelischen Physik verstand. Die Erhebung des K. zum Symbol des seinem Selbstverständnis nach allein auf ›Vernunft‹ und ›Erfahrung‹ gegründeten neuzeitlichen Denkens ist denn auch eher durch historische Orientierungen der Geistesgeschichte als durch den Gang der Wissenschaftsgeschichte legitimiert.

Werke: Gesamtausgabe, I–II, I, ed. F. Kubach, II, ed. F. Zeller/K. Zeller, München/Berlin 1944/1949; Opera omnia, ed. Academia Scientiarum Polona, Warschau/Krakau 1973 ff. (erschienen Bde I–II, IV) (engl. Complete Works, I–IV, London/Warschau/Krakau 1972–1992; franz. Œuvres complètes, Paris 1973/1992 [erschienen Bde I, II (II = Bd. VI Opera omnia/Complete Works)]); Gesamtausgabe, ed. H.M. Nobis, Hildesheim 1974 ff. (10 Bde geplant, erschienen Bde I–III, V–VI, VIII–IX). – De lateribus et angulis triangulorum, tum planorum rectilineorum, tum sphaericorum, libellus eruditissimus et utilissimus [...], Wittenberg 1542; De revolutionibus orbium coelestium, libri VI [...], Nürnberg 1543 (repr. Paris 1927, Turin 1943, New York/London 1965), Basel 1566 (repr. Prag 1971), unter dem Titel: Astronomia instaurata, libri sex comprehensa, qui De revolutionibus orbium coelestium inscribuntur, ed. N. Mulerius, Amsterdam 1617, unter dem Originaltitel: Warschau 1854 [lat./poln., mit Erstdruck Einl. zu Buch I aus der Handschrift], Thorn 1873, unter dem Titel: De revolutionibus libri sex. Kritischer Text, ed. F. Zeller/K. Zeller, München 1949, ed. H. M. Nobis/B.

Sticker, Hildesheim 1984 (= Gesamtausg. II) (dt. Über die Kreisbewegungen der Weltkörper, ed. M. Cantor, Thorn 1879, Neudr. Leipzig 1939, unter dem Titel: Über die Kreisbewegungen der Weltkörper (De revolutionibus orbium coelestium). Erstes Buch [lat./dt.], ed. G. Klaus, Berlin [Ost] 1959; De hypothesibus motuum coelestium a se constitutis commentariolus, in: Mittheilungen des Coppernicus-Vereins für Wissenschaft und Kunst zu Thorn I (Inedita Coppernicana. Aus den Handschriften zu Berlin, Frauenburg, Upsala und Wien ed. M. Curtze, Leipzig 1878, 5–17, ed. A. Lindhagen, Stockholm 1881, in: F. Rossmann (ed.), N. K.. Erster Entwurf seines Weltsystems sowie eine Auseinandersetzung Johannes Keplers mit Aristoteles über die Bewegung der Erde [lat./dt.], München 1948 (repr. Darmstadt 1966, 1986), 9–28, in: Das neue Weltbild [s. u.], 2–35 (engl. E. Rosen, The Commentariolus of Copernicus, Osiris 3 [1937], 123–141, Neudr. in: Three Copernican Treatises. The Commentariolus of Copernicus. The Letter against Werner. The Narratio Prima of Rheticus, ed. E. Rosen [s. u.], 55–90); N. M. Swerdlow, The Derivation and First Draft of Copernicus's Planetary Theory. A Translation of the Commentariolus with Commentary, Proc. Amer. Philos. Soc. 117 (1973), 423–512; Die Geldlehre des Nicolaus Copernicus. Texte, Übersetzungen, Kommentare, ed. E. Sommerfeld, Berlin (Ost), Vaduz 1978, ed. E. Sommerfeld/U. Sommerfeld, Berlin ²2003; Spicilegium Copernicanum. Festschrift des historischen Vereins für Ermland zum vierhundertsten Geburtstage des ermländischen Domherrn N. K., ed. F. Hipler, Braunsberg 1873, 72–206 (II Die Schriften des Domherrn N. K.); E. Rosen (ed.), Three Copernican Treatises. The Commentariolus of Copernicus. The Letter against Werner. The Narratio Prima of Rheticus, New York 1939, ²1959 (mit komment. K.-Bibliographie, 199–269 [s. u.]), Neudr. Mineola N. Y. 2004, New York ³1971 (mit komment. K.-Bibliographie, 199–312 [s. u.]); Das neue Weltbild. Drei Texte [lat./dt.], ed. H. G. Zekl, Hamburg 1990, 2006 [Commentariolus, Brief gegen Werner, De revolutionibus I. Im Anhang eine Auswahl aus der Narratio prima des J. Rheticus]; De revolutionibus orbium coelestium Liber primus/Über die Umläufe der Himmelskreise Buch I, Kap. 1–11 [lat./dt.], in: Das neue Weltbild [s. o.], 59–153, unter dem Titel: De revolutionibus. Die erste deutsche Übersetzung in der Grazer Handschrift [übers. v. N. R. Ursus (1586/87)], ed. A. Kühne/J. Hamel, Berlin 2007 (= Gesamtausg. Bd. III/3), unter dem Titel: Über die Umschwünge der himmlischen Kreise, ed. J. Hamel/T. Posch, Frankfurt 2008 (Ostwald's Klassiker d. exakten Wiss. 300) [Buch I von De revolutionibus in neuer Übers.] (franz. Des révolutions des orbes célestes, trad. A. Koyré, Paris 1934, 1970, 1998, trad. J. Peyroux, Paris 1987; engl. On the Revolutions of the Celestial Spheres, Annapolis Md. 1939, unter dem Titel: On the Revolutions of the Heavenly Spheres, in: Ptolemy: The Almagest / Nicolaus Copernicus: On the Revolutions of the Heavenly Spheres / Johannes Kepler: Epitome of Copernican Astronomy, IV–V. The Harmonies of the World V, Chicago Ill. etc. 1952 [Great Books of the Western World XVI], ²1990, 2003 [Great Books of the Western World XV], 497–838, ferner als Neudr. unter dem Titel: On the Revolutions of Heavenly Spheres, Amherst N. Y. 1995, unter dem Titel: On the Revolutions of the Heavenly Spheres, Newton Abbot/London/Vancouver, New York 1976, unter dem Titel: On the Revolutions, trans. E. Rosen, ed. J. Dobrzycki, London/Basingstoke 1978, Baltimore Md./London 1992 [= Complete Works II]); Opera minora. Die humanistischen, ökonomischen und medizinischen Schriften. Texte und Übersetzungen, ed. S. Kirschner/A. Kühne, Berlin 1999 (= Gesamtausg. V). – H. Baranowski, Bibliografia Kopernikowska, I–III, I–II, Warschau

1958/1973, III, Thorn [Toruń] 2003 (I repr. New York 1970); E. Rosen, Annotated Copernicus Bibliography, 1939–1958. Selected Annotated Copernicus Bibliography, 1959–1970, in: ders. (ed.), Three Copernican Treatises [s. o.], New York ³1971, 199–312; Totok III (1980), 374–388.

Literatur: A. Armitage, Copernicus, the Founder of Modern Astronomy, London 1938, New York/London 1957, unter dem Titel: Copernicus and Modern Astronomy, Mineola N. Y. 2004; ders., Sun, Stand Thou Still. The Life and Work of Copernicus the Astronomer, London, New York 1947, unter dem Titel: The World of Copernicus, New York 1954, Wakefield 1971; ders., Copernicus and the Reformation of Astronomy, London 1950; V. Bialas, Die Planetenbeobachtungen des Copernicus. Zur Genauigkeit der Beobachtungen und ihrer Funktion in seinem Weltsystem, Philos. Nat. 14 (1973), 328–352; B. Bienkowska (ed.), The Scientific World of Copernicus. On the Occasion of the 500th Anniversary of His Birth, 1473–1973, Dordrecht/Boston Mass. 1973; H. Bieri, Der Streit um das kopernikanische Weltsystem im 17. Jahrhundert. Galileo Galileis Akkommodationstheorie und ihre historischen Hintergründe. Quellen, Kommentare, Übersetzungen, Bern etc. 2007, ²2008; L. A. Birkenmajer, Mikołaj Kopernik. Część pierwsza, studya nad pracami Kopernika oraz materyały biograficzne, Krakau 1900; ders., Mikołaj Kopernik, jako uczony, twórca i obywatel, Krakau 1923; M. Biskup, Działalność publiczna Mikołaja Kopernika, Thorn (Toruń) 1971 (dt. Nicolaus Copernicus im öffentlichen Leben Polens, Thorn [Toruń] 1972); H. Blumenberg, K. im Selbstverständnis der Neuzeit, Mainz 1965 (Abh. Akad. Wiss. u. Lit. Mainz, geisteswiss. u. sozialwiss. Kl. 1964, Nr. 5); ders., Die kopernikanische Wende, Frankfurt 1965; ders., Die Genesis der kopernikanischen Welt, Frankfurt 1975, I–III, 1981, 2007 (engl. The Genesis of the Copernican World, Cambridge Mass./London 1987); M. Carrier, N. K., München 2001; M. Caspar, K. und Kepler. Zwei Vorträge, München/Berlin 1943; I. B. Cohen, The Birth of a New Physics, Garden City N. Y. 1960, 36–63, rev. New York/London 1985, New York, Harmondsworth 1987, 24–52 (3 The Earth and the Universe) (dt. Geburt einer neuen Physik. Von K. zu Newton, München/Wien/Basel 1960, 40–69 [Die Erde und das Universum]); W. S. Contro u. a., Zur Kinematik der Planetenbewegung in Copernicus' Commentariolus, Arch. Hist. Ex. Sci. 6 (1969/1970), 360–371; M. J. Crowe, Theories of the World from Antiquity to the Copernican Revolution, Mineola N. Y. 1990, 85–136, ²2001, 82–135 (Chap. VI The Copernican System); D. Danielson, The First Copernican. Georg Joachim Rheticus and the Rise of the Copernican Revolution, New York 2006; E. J. Dijksterhuis, De Mechanisering van het Wereldbeeld, Amsterdam 1950, ⁵1985, 319–332 (dt. Die Mechanisierung des Weltbildes, Berlin/Göttingen/Heidelberg 1956, ²2002, 320–334; engl. The Mechanization of the World Picture, Oxford 1961, Princeton N. J. 1986, 288–300); J. L. E. Dreyer, History of the Planetary Systems from Thales to Kepler, Cambridge 1906, unter dem Titel: A History of Astronomy from Thales to Kepler, New York ²1953; F. Fellmann, Scholastik und kosmologische Reform. Studien zu Oresme und K., Münster 1971, 1988; O. Gingerich, The Eye of Heaven. Ptolemy, Copernicus, Kepler, New York 1993, 159–302 (Copernicus and the Heliocentric Universe); ders., An Annotated Census of Copernicus' De Revolutionibus (Nuremberg, 1543 and Basel, 1566), Leiden/Boston Mass./Köln 2002 (Studia Copernicana. Brill's Series II); ders., The Book Nobody Read. Chasing the Revolutions of Nicolaus Copernicus, New York 2004, London 2005 (franz. Le livre que nul n'avait lu. À la poursuite du »De revolutionibus« de Copernic, Paris 2008);

A. Goddu, Reflections in the Origin of Copernicus's Cosmology, J. Hist. Astronomy 37 (2006), 37–53; ders., Hypotheses, Spheres and Equants in Copernicus's »De revolutionibus«, in: B. El Bouazzati (ed.), Les éléments paradigmatiques thématiques et stylistiques dans la pensée scientifique, Rabat 2004, 71–95; ders., Copernicus, NDSB II (2008), 176–182; J. Hamel, Nicolaus Copernicus. Leben, Werk und Wirkung, Heidelberg/Berlin/Oxford, Darmstadt 1994; F. Hallyn, La structure poétique du monde. Copernic, Kepler, Paris 1987 (engl. The Poetic Structure of the World. Copernicus and Kepler, New York 1990, 1993); N. R. Hanson, The Copernican Disturbance and the Keplerian Revolution, J. Hist. Ideas 22 (1961), 169–184; ders., Contra-Equivalence. A Defense of the Originality of Copernicus, Isis 55 (1964), 308–325; ders., Copernicus, Enc. Ph. II (1967), 219–222; O. Heckmann, Copernicus und die moderne Astronomie, Halle, Leipzig 1973, Leipzig [4]1988 (Nova Acta Leopoldina NF 215); G. Hermanowski, N. K.. Zwischen Mittelalter und Neuzeit, Graz/Wien/Köln 1985; G. Hon/B. R. Goldstein, ›Symmetry‹ in Copernicus and Galileo, J. Hist. Astronomy 35 (2004), 273–292; K. J. Howell, God's Two Books. Copernican Cosmology and Biblical Interpretation in Early Modern Science, Notre Dame Ind. 2002; J. Hübner, K., TRE XIX (1990), 591–595; T. S. Jacobsen, Planetary Systems from the Ancient Greeks to Kepler, Seattle 1999, 103–149 (V Copernicus); N. Jardine, The Significance of the Copernican Orbs, J. Hist. Astronomy 13 (1982), 168–194; J. Kirchhoff, K.. Mit Selbstzeugnissen und Bilddokumenten, Reinbek b. Hamburg 1985, 2000; K. Knauß, K., BBKL IV (1992), 489–501; D. Knox, Copernicus's Doctrine of Gravity and the Natural Circular Motion of the Elements, J. of the Warburg and Courtauld Institute 68 (2005), 157–211; A. Koestler, The Sleepwalkers. A History of Man's Changing Vision of the Universe, London, New York 1959, 117–221, London/New York 1989, 119–224 (III The Timid Canon) (dt. Die Nachtwandler, Bern/Stuttgart/Wien 1959, Frankfurt 1980, 1988, 117–221 [III Der zaghafte Kanonikus]); M. Kokowski, Copernicus's Originality. Towards Integration of Contemporary Copernican Studies, Warschau/Krakau 2004; A. Koyré, La révolution astronomique. Copernic, Kepler, Borelli, Paris 1961, 1974, 15–115 (Copernic et le bouleversement cosmique) (engl. The Astronomical Revolution. Copernicus, Kepler, Borelli, Ithaca N. Y./Paris/London 1973, Mineola N. Y. 1992, 13–116 [Copernicus and the Cosmic Overthrow]); F. Krafft, Physikalische Realität oder mathematische Hypothese? Andreas Osiander und die physikalische Erneuerung der antiken Astronomie durch Nicolaus Copernicus, Philos. Nat. 14 (1973), 243–275; T. S. Kuhn, The Copernican Revolution. Planetary Astronomy in the Development of Western Thought, Cambridge Mass. 1957, 2003 (dt. Die kopernikanische Revolution, Braunschweig/Wiesbaden 1981; franz. La révolution copernicienne, Paris 1973, 1992); P.-N. Mayaud, La condamnation des livres coperniciens et sa révocation à la lumière de documents inédits des Congrégations de l'Index et de l'Inquisition, Rom 1997 (Miscellanes Historiae Pontificiae LXIV); E. McMullin, Copernicus, REP III (1998), 671–672; J. Mittelstraß, Die Rettung der Phänomene. Ursprung und Geschichte eines antiken Forschungsprinzips, Berlin 1962, 197–221 (6. Astronomia nova. K. und Kepler); ders., Neuzeit und Aufklärung. Studien zur Entstehung der neuzeitlichen Wissenschaft und Philosophie, Berlin/New York 1970, 136–143 (4.2 K.); ders., Kopernikanische oder Keplersche Wende? Keplers Kosmologie, Philosophie und Methodologie, Vierteljahrsschr. Naturforschenden Ges. in Zürich 134 (1989), 197–215; S. P. Mizwa, Nicholas Copernicus, 1543–1943, New York 1943, Port Washington N. Y. 1968; K. P. Moesgaard, Success and Failure in Copernicus' Planetary Theories, Arch. int. hist. sci. 24 (1974), 73–111, 243–318; O. Neugebauer, On the Planetary Theory of Copernicus, Vistas in Astronomy 10 (1968), 89–103; J. Neyman (ed.), The Heritage of Copernicus. Theories ›Pleasing to the Mind‹, Cambridge Mass./London 1974, 1977; H. M. Nobis, Werk und Wirkung von Copernicus als Gegenstand der Wissenschaftsgeschichte. Methodologische Bemerkungen zur Copernicus-Forschung, Sudh. Arch. 61 (1977), 118–143; ders., Die Vorbereitung der copernicanischen Wende in der Wissenschaft der Spätscholastik, in: M. Folkerts/U. Lindgren (eds.), Mathemata. Festschrift für Helmut Gericke, Stuttgart 1985, 265–295; A. G. Pacholczyk, Copernicus, Galileo, and the Break-Up of Medieval Cosmotheological Synthesis, Philos. Sci. 10 (2003), 177–255; I. Pantin, Copernic, Enc. philos. universelle III/1 (1992), 477–478; W.-E. Peuckert, N. K., der die Erde kreisen ließ, Leipzig 1943; D. J. de S. Price, Contra-Copernicus. A Critical Re-Estimation of the Mathematical Planetary Theory of Ptolemy, Copernicus, and Kepler, in: M. Clagett (ed.), Critical Problems in the History of Science, Madison Wisc./Milwaukee Wisc./London 1959, 1962, 1969, 197–218; L. F. Prowe, Nicolaus Coppernicus, I–II (in 3 Bdn.), Berlin 1883–1884 (repr. Osnabrück 1967); S. Rabin, Nicolaus Copernicus, SEP 2004, rev. 2005; J. R. Ravetz, Astronomy and Cosmology in the Achievement of Nicolaus Copernicus, Breslau/Warschau/Krakau 1965; J. Repcheck, Copernicus' Secret. How the Scientific Revolution Began, New York 2007; A. Romer, The Welcoming of Copernicus's De revolutionibus. The Commentariolus and Its Reception, Physics in Perspective 1 (1999), 157–183; E. Rosen, The Authentic Title of Copernicus's Major Work, J. Hist. Ideas 4 (1945), 457–474; ders., Copernicus, DSB III (1971), 401–411; ders., Copernicus and His Successors, London/Rio Grande Ohio 1995; B.-M. Rosenberg, Nicolaus Copernicus (1473–1543). Domherr, Arzt, Astronom, Göttingen/Zürich/Frankfurt 1973; F. Schmeidler, N. K., Stuttgart 1970; W. R. Shea, N. K.. Der Begründer des modernen Weltbilds, Heidelberg 2003 (Spektrum Wiss. Biographie 2003/1); E. Sommerfeld, Copernicus (1473–1543) und die Katoptrik, Berlin, 2001; S. M. Speke, From Copernicus to Newton. A Study in the Development of the Concept of ›Science‹, Wigtown 1995; N. M. Swerdlow, The Derivation and First Draft of Copernicus's Planetary Theory. A Translation of the »Commentariolus« with Commentary, Proc. Amer. Philos. Soc. 117 (1973), 423–512; ders./O. Neugebauer, Mathematical Astronomy in Copernicus's De revolutionibus, I–II, New York etc. 1984; J.-J. Szczeciniarz, Copernic, DP I (1984), 607–616, ([2]1993), 662–669; ders., Copernic et le mouvement de la Terre, Paris 1998; K. A. Tredwell/P. Barker, Copernicus' First Friends. Physical Copernicanism from 1543–1610, Filozofski vestnik 25 (2004), 143–166; W. T. Vollmann, Uncentering the Earth. Copernicus and the Revolution of the Heavenly Spheres, New York 2006 (franz. Décentrer la terre. Copernic et les révolutions des sphères célestes, Auch 2007); B. L. van der Waerden, Die Vorgänger des Copernicus im Altertum, Philos. Nat. 14 (1973), 407–415; R. S. Westman (ed.), The Copernican Achievement, Berkeley Calif./Los Angeles/London 1975; G. Wolfschmidt (ed.), Nicolaus Copernicus (1473–1543). Revolutionär wider Willen [Begleitbuch zur Copernicus-Ausstellung vom 22. Juli bis 19. Oktober 1994 im Zeiss-Großplanetarium in Berlin (…)], Stuttgart 1994; E. Zinner, Entstehung und Ausbreitung der Coppernicanischen Lehre, Erlangen 1943 (Sitz.ber. Physikal.-med. Sozietät zu Erlangen 74), Vaduz 1978, unter dem Titel: Entstehung und Ausbreitung der Copernicanischen Lehre, München [2]1988. – Studia Copernicana, Warschau etc. 1970 ff. (bisher I–XL, Bde V/VI [1972/1973], XIII/XIV [1975] =

Colloquia Copernicana I–IV, Bd. XXX [1991] = Studia Copernicana Brill's Series I); Studia Copernicana Brill's Series, Leiden/Boston Mass./Köln 1991 ff. (erschienen Bde I–II).   J. M./K. M.

Kopula (von lat. copulare, zusammenbinden), Terminus der ↑Grammatik, insbes. der mit der logischen, nicht der linguistischen Struktur sprachlicher Ausdrücke befaßten logischen Grammatik (↑Grammatik, logische). Die K. ist ein ↑Operator (Symbol: ε, gelesen: ›ist [ein]‹), der einen ↑Artikulator durch Abblenden von dessen signifikativer Funktion (↑Bezeichnung) in einen ↑Prädikator überführt bzw., begrifflich genauer, in eine (einstellige) Elementaraussageform (↑Aussageform). G. Frege hatte Prädikatoren als ›Begriffswörter‹ deshalb zu den ›ungesättigten‹ sprachlichen Ausdrücken gezählt, im Unterschied zu den gesättigten Ausdrücken, die der ↑Benennung dienen und daher eine signifikative Funktion haben. Logisch rekonstruiert sind einstellige Prädikatoren nichts anderes als Artikulatoren in ausschließlich kommunikativer Funktion, dienen also allein der ↑Sprachhandlung der ↑Prädikation, deren Ergebnis in einer ↑Aussage festgehalten wird.

Es ist allerdings üblich, in einer im wesentlichen mit der Aufgabe minimal erforderlicher Normierung von ↑Wissenschaftssprachen befaßten logischen Grammatik alle Prädikatoren als ↑Klassifikatoren zu behandeln, mit denen im Gegenstandsbereich G der betreffenden Wissenschaft ↑Unterscheidungen getroffen werden, die sich auf elementarer Stufe durch ↑Beispiele und Gegenbeispiele lehren und lernen lassen, so daß es, abgesehen von dem aus dem Artikulator ›G‹ abgeleiteten Prädikator ›εG‹, überflüssig ist – und auch wenig sinnvoll wäre –, sie ihrerseits ebenfalls mit Hilfe der K. aus Artikulatoren zu gewinnen. So wird es zum einen möglich, anstelle der ursprünglichen K. gleich zwei Kopulae zu betrachten, eine *affirmative* K., die in einer ↑Elementaraussage als das sprachliche Hilfsmittel für das *Zusprechen* eines (klassifizierenden) Prädikators ›P‹ einem G-Objekt gegenüber auftritt, das in der Aussage mit Hilfe des es benennenden ↑Nominators ›n‹ angezeigt wird: $n \varepsilon P$, und eine komplementäre *negative* K. ›ε'‹ (gelesen: ›ist nicht/kein‹), mit der man entsprechend das *Absprechen* von ›P‹ ausdrückt: $n \varepsilon' P$ (↑zusprechen/absprechen). Zum anderen wird es auch möglich, im Gegenstandsbereich G mehrstellige Unterscheidungen zu treffen, etwa *Vergleiche* mit Hilfe zweistelliger relationaler Klassifikatoren, z. B. ›Hamburg ist die im Vergleich zu Bremen größere Stadt‹, symbolisiert: ›HH, HB ε größer[e Stadt] als‹, so daß Städtepaare, die in der ↑Relation des Größerseins-als stehen, von denen, die dies nicht tun, unterschieden werden.

Relationale Prädikatoren lassen sich im übrigen nicht so ohne weiteres wie einstellige aus Artikulatoren ableiten und werden schon aus diesem Grunde gern klassifikato-risch verstanden. Gleichwohl lassen sich Klassifikatoren eines Gegenstandsbereichs G stets als das Resultat einer Modifikation von ›G‹ begreifen, wobei der ↑Modifikator ein apprädikativ (↑Apprädikator) verwendeter Prädikator ist, der nur noch die Funktion hat, den Gesichtspunkt für die mit dem Klassifikator getroffene Unterscheidung darzustellen, so daß es keine Rolle mehr spielt, von welchem Artikulator (durch Abblendung von dessen ursprünglich vorhandener signifikativer Funktion) der Modifikator gegebenenfalls abstammt. Z.B. ist die Aussage ›dieser Stein *ist* schwer‹ zu lesen als ›dieser Stein *ist ein* schwerer Stein‹; ›schwer‹ gibt als Modifikator von ›Stein‹ den Gesichtspunkt der mit ›schwerer Stein‹ getroffenen Unterscheidung im Bereich der Steine an und hat für sich allein den Status eines apprädikativ verwendeten Prädikators, ohne daß die signifikative Funktion eines eigenständigen Artikulators ›schwer[sein]‹ eine Rolle spielte. Entsprechend ist in der Aussage ›Bremen liegt nicht zwischen Hamburg und Lübeck‹, symbolisiert: ›HH, HB, HL ε' [da]zwischen[liegen]‹, der apprädikativ verwendete dreistellige Prädikator ›zwischen‹ der im Klassifikator ›Zwischen-Stadt-und-Stadt-Liegen-einer-Stadt‹ steckende Modifikator. Innerhalb der affirmativen und negativen Elementaraussagen ›$n_1, n_2, \ldots \eta \, P$‹ mit ›$\varepsilon$‹ und ›$\varepsilon'$‹ anstelle von ›$\eta$‹ artikulieren die Kopulae die Handlungen des Zu- und Absprechens und zeigen damit die dem Aussagen zugrundeliegende *interne* Verbindung zwischen Welt und Sprache: es wird *mit* Prädikatoren *von* (partikularen) Gegenständen, die durch Nominatoren angezeigt sind, etwas ausgesagt. Die Kopulae sind daher keine ↑Relatoren, mit denen eine *externe* Beziehung zwischen Gegenständen ausgesagt wird, wie es etwa bei einer rein syntaktischen Behandlung von Aussagen der Fall wäre, die dann aber gerade nicht mehr Aussagen sind, sondern nur noch Artefakte, die bei der Sprachhandlung des Aussagens als gegenständliches Mittel eingesetzt werden.

In der traditionellen Logik (↑Logik, traditionelle) sind die grammatischen Funktionen der finiten Verbformen von ›sein‹ und von dessen Synonyma selten von den sprachlichen Darstellungen der logischen Funktion der K. begrifflich deutlich getrennt worden. In manchen natürlichen Sprachen (z. B. im Hebräischen, Lateinischen, Russischen) wird sogar in einfachen Fällen auf einen eigenen sprachlichen Ausdruck für die affirmative K. verzichtet.

A. M. T. S. Boethius (De syllogismo categorico, MPL 64, 797D–798A) hat, vermutlich auf dem Hintergrund nur fragmentarisch überlieferter stoischer Diskussionen, die bejahende und verneinende Rolle der beiden Kopulae ›est‹ und ›non est‹ in ↑Minimalaussagen (*simplex propositio*) herausgestellt. Dabei werden solche Aussagen von ihm als zweigliedrig analysiert, als aus zwei Termini, die Subjekt und Prädikat in der Aussage bilden, zusammengesetzt. Seitdem hat man darüber gestritten, ob die K. ein Bestandteil von Aussagen (»copulans praedicatum cum subiecto«, Wilhelm von Ockham, Summa logicae, ed. P. Boehner, St. Bonaventure/Louvain/Paderborn 1957, 86) oder ein Bestandteil nur der sprachlichen Darstellung von Aussagen in einem Aussagesatz (Frege: ›bloßes Formwort der Aussage‹) oder aber auch beides ist. Erst Frege hat mit der differenzierenden logischen Analyse von Minimalaussagen durchgesetzt, unter den ›Gebrauchsweisen des Wortes ↑»ist«‹ die K. in ihrer logischen Rolle als Mittel zur Darstellung der Prädikation auszusondern: ›der Morgenstern ist die Venus‹ wird in der Analyse zu ›der Morgenstern = die Venus‹, so daß ›ist‹ die Funktion der K. *und* die Funktion des Relators ›identisch‹ (↑Identität) zugleich ausübt. Die Aussage ›der Morgenstern ist ein Planet‹ wiederum wird einfach zur Elementaraussage ›der Morgenstern ε Planet‹, während die Aussage ›der Mensch ist sterblich‹ sich entweder, intensional (↑intensional/Intension), als begriffliche Subsumtion des Begriffs |Mensch| unter den Begriff |sterblich|, oder extensional (↑extensional/Extension) als Enthaltensein der Klasse (↑Klasse (logisch)) der Menschen in der Klasse der Sterblichen und damit als die logisch zusammengesetzte Aussage ›$\bigwedge_x(x\ \varepsilon$ Mensch → $x\ \varepsilon$ sterblich)‹ analysieren läßt. Ist der Subjektausdruck hingegen ein ↑Kontinuativum wie in der Minimalaussage ›Eisen ist magnetisch‹, so gibt es ebenfalls zwei Möglichkeiten der logischen Analyse: (1) ›Eisen ε magnetisch‹ – ›Eisen‹ ist dann ↑Eigenname für die Gesamtheit allen Eisens (↑Teil und Ganzes), und (2) ›die Klasse der eisernen Gegenstände ist enthalten in der Klasse der magnetischen Gegenstände‹ – dann ist ›Eisen‹ ein apprädikativ verwendeter Prädikator, der als Modifikator im Klassifikator ›[ist ein] eiserner Gegenstand‹ fungiert, so daß das ›ist‹ der Minimalaussage wiederum nicht für die K., sondern für den mengentheoretischen Relator ›enthalten in‹ (symbolisiert: ⊂) steht.

Im übrigen ist die Verwechslung der K. mit der Elementbeziehung der Mengenlehre und damit von ›ε‹ mit ›$\in$‹ allgegenwärtig. So ist, etwa in ›Sokrates $\in$ Philosoph‹ (Sokrates gehört zur Klasse der Philosophen), ›$\in$‹ ein zweistelliger Prädikator, und sowohl ›Sokrates‹ als auch ›Philosoph‹ sind Eigennamen, im ersten Falle der eines ↑Individuums, im zweiten Falle der einer Klasse. Normiert lautet die mengentheoretische Aussage ›Sokrates ist einer der Philosophen‹ daher: ›Sokrates, Philosoph $\varepsilon \in$‹, während in ›Sokrates ε Philosoph‹ oder ›Sokrates ist ein Philosoph‹ zwar ›Sokrates‹ noch immer ein Eigenname, ›Philosoph‹ hingegen ein zusammen mit der K. zu lesender Prädikator ist, nämlich ein Klassifikator im Bereich der Menschen. Auch die Auszeichnung des zweistelligen Prädikators ›tun‹ als *Tatkopula* (Symbol: π), wie von P. Lorenzen und O. Schwemmer vorgeschlagen, um die apprädikative Verwendung von Handlungs-

prädikatoren zu vermeiden, kann an der besonderen logischen Funktion der K. nichts ändern. Die Einführung der Tatkopula sucht der logischen Analyse von z. B. ›Paulus predigt‹ in ›Paulus ε predigend‹ zugunsten von ›Paulus tut predigen‹ zu entgehen. ›Paulus tut predigen‹ kann jedoch entweder logisch analysiert werden in die nominalistische Form ›$\bigvee_x$(Paulus, $x\ \varepsilon$ tun ∧ $x\ \varepsilon$ predigen)‹ (in Worten: Paulus tut etwas, das unter ›predigen‹ fällt; ›predigen‹ ist hier Prädikator) oder in die handlungstheoretische realistische Form ›Paulus, predigen ε tun‹ (in Worten: Paulus übt die ↑Handlung Predigen aus; ›predigen‹ ist in diesem Falle kein Prädikator, sondern ein Artikulator in signifikativer Funktion).

Literatur: H. van den Boom, Der Ursprung der Peirceschen Zeichentheorie. Eine logisch-phänomenologische Rekonstruktion, Z. f. Semiotik 3 (1981), 23–39; FM I (1994), 694–695; G. Frege, Über Begriff und Gegenstand, Vierteljahrsschr. wiss. Philos. 16 (1892), 192–205, Nachdr. in: G. Patzig (ed.), Funktion, Begriff, Bedeutung. Fünf logische Studien, Göttingen 2008, 47–60; H. Gipper, Bausteine zur Sprachinhaltsforschung. Neuere Sprachbetrachtung im Austausch mit Geistes- und Naturwissenschaft, Düsseldorf 1963, ²1969; ders./A. Menne, K., Hist. Wb. Ph. IV (1976), 1099–1101; A. Grote, Über die Funktion der Copula. Eine Untersuchung der logischen und sprachlichen Grundlagen des Urteils, Leipzig 1935; R. Hegselmann, Klassische und konstruktive Theorie des Elementarsatzes, Z. philos. Forsch. 33 (1979), 89–107; P. Lorenzen, Lehrbuch der konstruktiven Wissenschaftstheorie, Mannheim/Wien/Zürich 1987, Stuttgart/Weimar 2000; ders./O. Schwemmer, Konstruktive Logik, Ethik und Wissenschaftstheorie, Mannheim/Wien/Zürich 1973, ²1975; C. Maienborn, Die logische Form von K.-Sätzen, Berlin 2003; J. W. M. Verhaar (ed.), The Verb ›Be‹ and Its Synonyms. Philosophical and Grammatical Studies, I–VI, Dordrecht 1967–1973 (Foundations of Language, Suppl. Ser., I, VI, VIII, IX, XIV, XVI); U. Viglino, Copula, Enc. filos. II (1982), 509. – Copule, Enc. philos. universelle II/1 (1990), 490. K. L.

Körner, Stephan, *Ostrau (Mähren, seit 1918/1919 Teil der Tschechoslowakei) 26. Sept. 1913, †Bristol 17. Aug. 2000, brit. Philosoph. Nach Studium der Rechtswissenschaften 1935 juristische Promotion in Prag, 1944 philosophische Promotion in Cambridge. 1946 Lecturer, 1952–1979 (von Gastprofessuren unterbrochen) Prof. der Philosophie an der University of Bristol, ab 1970 auch an der Yale University (New Haven Conn.); ab 1980 Honorarprofessor in Graz. – Im Werke K.s verbinden sich Elemente der angelsächsischen Analytischen Philosophie (↑Philosophie, analytische) mit der Tradition der kritischen Philosophie I. Kants. Die Themen reichen von der Philosophie der Logik, Mathematik und Physik über Fragen der Wissenschaftstheorie bis zu Untersuchungen über ↑Transzendentalphilosophie, ↑Metaphysik und Praktische Philosophie (↑Philosophie, praktische). In »The Philosophy of Mathematics« (1960) zeigt K. die philosophischen Überzeugungen auf, die für die verschiedenen grundlagentheoretischen Positionen der Logik und Mathematik erkenntnisleitend sind.

Dabei wird besonders der Einfluß von Kants Konstruktivismus auf die Begründung des mathematischen ↑Intuitionismus herausgestellt. In der ↑Wissenschaftstheorie (Conceptual Thinking, 1955; Experience and Theory, 1966) untersucht K. die unterschiedliche logische Struktur von empirischem und theoretischem Denken: Das empirische Denken differenziert die Erfahrung nach Individuen, Klassen und Beziehungen (›Ähnlichkeiten‹) zwischen Klassen solcher Individuen, Schemata des Kontinuierlichen und Diskreten, Raum und Zeit. K. benutzt dabei eine Logik, in der mit inexakten Prädikaten (↑Exaktheit) und neutralen Aussagen operiert werden kann. Das theoretische Denken ist demgegenüber faktisch in die klassische Logik (↑Logik, klassische) eingebettet, die durch Einschränkungen und Modifikationen des empirischen Denkens Vorteile für die deduktive Vereinheitlichung, logische Schlüsse und für Berechnungen mit sich bringt. Der Zusammenhang von Theorie und Empirie wird durch Identifikation empirischer Aussagen, deren Komponenten empirische Prädikate und Individuen sind, mit theoretischen Basisaussagen, deren Komponenten theoretische Prädikate (↑Begriffe, theoretische) und nicht-empirische Individuen sind, hergestellt.

Von grundlegender Bedeutung für das Akzeptieren oder Verwerfen wissenschaftlicher Theorien sind nach K. *kategoriale Rahmenbedingungen* (›categorial frameworks‹), in denen die Kategorisierung der Objekte, Konstitutions- und Individuationsprinzipien und die zugrundegelegte Logik der Wissenschaftler expliziert werden. Theorien können in Konflikt mit kategorialen Rahmenbedingungen geraten (z. B. G. Galileis Mechanik mit dem Aristotelischen Trägheitsprinzip, M. Plancks Interpretation der Strahlung schwarzer Körper mit dem klassischen ↑Determinismus und dem Prinzip der ↑Kontinuität), worauf im Rahmen der Theorie ↑ad-hoc-Hypothesen oder aber neue Rahmenbedingungen eingeführt werden. Mit Kant stellt K. also ↑Kategorien als metaphysische Rahmenbedingungen wissenschaftlicher Theorienbildung heraus. Da die Kategorien aber selbst historischem Wandel unterworfen sind, kritisiert K. die Kantische Auffassung, wonach die Einzigkeit eines Kategoriensystems in transzendentaler Deduktion (↑Deduktion, transzendentale) nachgewiesen werden könne. Daraus leitet K. ein ↑Toleranzprinzip ab, das – vertieft in Studien zu Kants Philosophie der Freiheit – auch seine Moral- und Rechtsphilosophie charakterisiert.

Werke: Conceptual Thinking. A Logical Inquiry, Cambridge 1955, New York 1959; Kant, Harmondsworth 1955, London 1990 (dt. Kant, Göttingen 1967, ²1980); On Philosophical Arguments in Physics, in: S. K. (ed.), Observation and Interpretation. A Symposium of Philosophers and Physicists. Proceedings of the Ninth Symposium of the Colston Research Society Held in the University of Bristol, April 1ˢᵗ – April 4ᵗʰ, 1957, London, New

York 1957, mit Untertitel: With Special Reference to Quantum Mechanics. Proceedings of the Ninth Symposium of the Colston Research Society Held in the University of Bristol, April 1ˢᵗ – April 4ᵗʰ, 1957, New York 1962, 97–102, ferner in: E. H. Madden (ed.), The Structure of Scientific Thought. An Introduction to Philosophy of Science, London, Boston Mass. 1960, London 1968, 106–110; Reference, Vagueness, and Necessity, Philos. Rev. 66 (1957), 363–376; Some Remarks on Philosophical Analysis, J. Philos. 54 (1957), 758–766; Some Types of Philosophical Thinking, in: C. A. Mace (ed.), British Philosophy in the Mid-Century. A Cambridge Symposium, London 1957, ²1966, 115–131; On Determinables and Resemblance, Proc. Arist. Soc. Suppl. 33 (1959), 125–140; Über reine und angewandte Mathematik, Ratio 2 (1959), 19–35; On the Relation between Exact and Inexact Concepts, Proceedings of the XIIth International Congress of Philosophy II (Logic, Theory of Knowledge, Philosophy of Science, Philosophy of Language), Florenz 1960, 279–285; The Philosophy of Mathematics. An Introductory Essay, London 1960, Mineola N. Y. 2009 (dt. Philosophie der Mathematik. Eine Einführung, München 1968); Experience and Theory. An Essay in the Philosophy of Science, London, New York 1966, London 2008 (dt. Erfahrung und Theorie. Ein wissenschaftstheoretischer Versuch, Frankfurt 1970, 1977); On the Concept of the Practicable, Proc. Arist. Soc. NS 67 (1966/1967), 1–16; On the Concept of Truth in Western Philosophy, Visva-Bharati J. Philos. 3 (1966), 1–14; On the Structure and Function of Scientific Theories, Science Progress 54 (1966), 1–12; Zur Kantischen Begründung der Mathematik und der Naturwissenschaften, Kant-St. 56 (1966), 463–473 (engl. On the Kantian Foundation of Science and Mathematics, in: T. Penelhum/J. J. MacIntosh [eds.], The First Critique. Reflections on Kant's Critique of Pure Reason, Belmont Calif. 1969, 97–108); Kant's Conception of Freedom, Proc. Brit. Acad. 53 (1967), 193–217; On the Relevance of Post-Gödelian Mathematics to Philosophy, in: I. Lakatos (ed.), Problems in the Philosophy of Mathematics. Proceedings of the International Colloquium in the Philosophy of Science, London 1965 I, Amsterdam 1967, 1972, 118–135; The Impossibility of Transcendental Deductions, Monist 51 (1967), 317–331; Categorial Change and Philosophical Argument, Proc. of the Israel Acad. Sci. and Humanities 3 (1969), 255–269; Existence-Assumptions in Practical Thinking, in: J. Margolis (ed.), Fact and Existence. Proceedings of the University of Western Ontario Philosophy Colloquium, 1966, Oxford 1969, 110–122; What Is Philosophy? One Philosopher's Answer, London 1969, unter dem Titel: Fundamental Questions of Philosophy. One Philosopher's Answers, Harmondsworth 1971, Brighton, Atlantic Highlands N. J. ⁴1979 (dt. Grundfragen der Philosophie, München 1970); Categorial Frameworks, Oxford, New York 1970, Oxford 1974; Abstraction in Science and Morals. The Twenty-Fourth Arthur Stanley Eddington Memorial Lecture Delivered at Cambridge University 2 February 1971, Cambridge/London/New York 1971; Mathematik als die Wissenschaft formaler Systeme. Exposition, in: H. Meschkowski (ed.), Grundlagen der modernen Mathematik, Darmstadt 1972, ²1975, 124–156; On a Difference between the Natural Sciences and History, in: A. D. Breck/W. Yourgrau (eds.), Biology, History, and Natural Philosophy. Based on the Second International Colloquium Held at the University of Denver, New York/London 1972, 243–261; On the Coherence of Factual Beliefs and Practical Attitudes, Amer. Philos. Quart. 9 (1972), 1–17; Individuals in Possible Worlds, in: M. K. Munitz (ed.), Logic and Ontology, New York 1973, 229–239; Logic and Conceptual Change, in: G. Pearce/P. Maynard (eds.), Conceptual Change,

Dordrecht/Boston Mass. 1973, 123–136 (dt. Logik und Begriffs-wandel, in: G. Jánoska/F. Kauz [eds.], Metaphysik, Darmstadt 1977, 404–422); Material Necessity, Kant-St. 64 (1973), 423–430; Rational Choice, Proc. Arist. Soc. Suppl. 47 (1973), 1–17; On the Structure of Codes of Conduct, Mind NS 83 (1974), 61–74; On Some Relations between Logic and Metaphysics, in: A. R. Anderson/R. B. Marcus/R. M. Martin (eds.), The Logical Enterprise, New Haven Conn./London 1975, 15–30; On the Identification of Agents, Philosophia. Philos. Quart. of Israel 5 (1975), 151–168; Über das wechselseitige Verhältnis der theoretischen und der praktischen Vernunft, in: G. Funke (ed.), Akten des 4. internationalen Kant-Kongresses, Mainz, 6.–10. April 1974 III, Berlin/New York 1975, 84–95; Empiricism in Ethics, in: G. Vesey (ed.), Impressions of Empiricism, London/Basingstoke 1976 (Royal Institute of Philosophy Lectures IX), 216–230; Experience and Conduct. A Philosophical Enquiry into Practical Thinking, Cambridge etc. 1976, 1980; On the Relevance of Philosophy, Swindon 1976; On the Logic of Relations, Proc. Arist. Soc. NS 77 (1976/1977), 149–163; On the Subject Matter of Philosophy, in: H. D. Lewis (ed.), Contemporary British Philosophy. Personal Statements IV, London 1976, 174–192; Über Brentanos Reismus und die extensionale Logik, Grazer philos. Stud. 5 (1978), 29–43; Über ontologische Notwendigkeit und die Begründung ontologischer Prinzipien, Neue H. Philos. 14 (1978), 1–18; Zur immanenten und transzendenten Metaphysik, Pers. Philos. Neues Jb. 4 (1978), 135–145; Introduction zu: H. J. Keisler/S. K./W. A. J. Luxemburg/A. D. Young (eds.), Selected Papers of Abraham Robinson II (Nonstandard Analysis and Philosophy, ed. W. A. J. Luxemburg/S. K.), New Haven Conn./London 1979, XLI–XLV; Thinking, Thought, and Categories, Monist 66 (1983), 353–366; Metaphysics. Its Structure and Function, Cambridge etc. 1984, 1986; On the Logic of Practical Evaluation, in: P. Geach (ed.), Logic and Ethics, Dordrecht/Boston Mass./London 1991 (Nijhoff International Philosophy Series XLI), 199–224; On the Relation between Common Sense, Science and Metaphysics, in: A. P. Griffiths (ed.), A. J. Ayer. Memorial Essays, Cambridge etc. 1991 (Royal Institute of Philos. Suppl. XXX), 89–103.

Literatur: R. Haller (ed.), Beiträge zur Philosophie von S. K., Amsterdam 1983 (Sonderheft Grazer philos. Stud. 20 [1983]); A. Harrison, In Memoriam: S. K. (1913–2000), Erkenntnis 55 (2001), 1–5; J. Shepherdson, S. K.. 1913–2000, Proc. Brit. Acad. 115 (2002), 277–293; J. T. J. Srzednicki (ed.), S. K.. Philosophical Analysis and Reconstruction. Contributions to Philosophy, Dordrecht/Boston Mass./Lancaster 1987 (mit Bibliographie, 161–167). K. M./P. S.

Körper (lat. corpus, engl. solid), in der Geometrie Bezeichnung für einen von ebenen oder gekrümmten Flächen vollständig abgeschlossenen Teil des (dreidimensionalen Euklidischen) Raumes. Von ebenen Flächen begrenzte K. heißen auch ›Polyeder‹, unter denen die fünf ↑Platonischen Körper durch vollkommene Drehungs- und Spiegelungssymmetrie ausgezeichnet sind. Von einer gekrümmten Fläche begrenzte K. sind unter anderem Kugel und die durch Quadriken (Flächen 2. Ordnung) eingeschlossenen K. (z. B. Ellipsoiden), denen im Raum eine analoge Bedeutung zukommt wie den Kegelschnitten in der Ebene und die systematisch von L. Euler (Introductio in analysin infinitorum, I–II, Lau-

sanne 1748, Lyon ^{2}1797) untersucht wurden. Von einer gekrümmten Fläche und Ebenenstücken werden z. B. Kegel und Zylinder begrenzt.

In der ↑Physik bezeichnet ›K.‹ einen begrenzten und abgeschlossenen dreidimensionalen Raumbereich, dessen Materiemenge sich in festem, flüssigem oder gasförmigem Zustand befindet. Historisch hängt die Bestimmung des physikalischen K.begriffs eng mit der jeweiligen Definition des Begriffs der ↑Materie zusammen. So identifizierte z. B. R. Descartes physikalische K. mit geometrischen K.n, indem er Materie als (geometrische) Ausdehnung definierte. Für einen dynamischen Materiebegriff, z. B. bei G. W. Leibniz, I. Kant, wurden K.eigenschaften wie ↑Undurchdringbarkeit auf ›innere Kräfte‹ zurückgeführt. Unter dem Einfluß äußerer Kräfte erweisen sich K. als *deformierbar* bei veränderbarer Gestalt, *fest* bei beständiger Gestalt und ↑Undurchdringbarkeit, *plastisch* bei bleibender Veränderung oder *elastisch* bei Zurückkehrung der K.teilchen in ihre ursprüngliche Lage nach Aufhören der Krafteinwirkung. Philosophisch ist der Substanzbegriff (↑Substanz) häufig von der jeweiligen Bestimmung materieller K. abhängig. Daher stellt sich für die Physik die Frage, ob mikrophysikalische Phänomene wie Elektronen, Photonen etc. oder neue Aggregatzustände wie der des Plasmas durch den klassischen K.- bzw. Substanzbegriff noch adäquat erfaßt sind.

Literatur: T. F. Banchoff, Beyond the Third Dimension. Geometry, Computer Graphics, and Higher Dimensions, New York 1990, 1996 (dt. Dimensionen. Figuren und K. in geometrischen Räumen, Heidelberg 1991; ital. Oltre la terza dimensione. Geometria, computer graphics e spazi multidimensionali, Bologna 1993; franz. La quatrième dimension. Voyage dans les dimension supérieures, Paris 1996); M. Jammer, Concepts of Mass in Classical and Modern Physics, Cambridge Mass. 1961, Mineola N. Y. 1997 (dt. Der Begriff der Masse in der Physik, Darmstadt 1964, 1981); L. Magnani, Philosophy and Geometry. Theoretical and Historical Issues, Dordrecht/Boston Mass./London 2001; K. Mainzer, Geschichte der Geometrie, Mannheim/Wien/Zürich 1980. K. M.

Körper (mathematisch) (engl. field), Bezeichnung für eine wichtige algebraische ↑Struktur (↑Algebra). Eine Grundmenge K mit zwei zweistelligen inneren ↑Verknüpfungen + und · über K heißt ein K., wenn K mit + und · einen kommutativen (↑kommutativ/Kommutativität) Ring (↑Ring (mathematisch)) bildet, für den außerdem die vom Nullelement dieses Ringes verschiedenen Elemente mit der Verknüpfung · eine Gruppe (↑Gruppe (mathematisch)) bilden. K. bilden z. B. die rationalen, die reellen und die komplexen Zahlen (↑Zahlensystem) bezüglich der üblichen Addition und Multiplikation, aber auch endliche Mengen wie die der Restklassen nach einem Primzahlmodul mit der kanonisch definierten Addition und Multiplikation (↑kongruent/Kongruenz). – Der Begriff des K.s, schon bei N. H. Abel und É. Galois vorgebildet, wurde 1893 von H. Weber als abstraktes Strukturprädikat definiert; eine allgemeine K.theorie auf dieser Grundlage entwickelte erstmals E. Steinitz (1910). Ein grundlegender Teil der K.theorie ist das Studium von (unter anderem für die Theorie algebraischer Gleichungen wichtigen) Erweiterungen eines Grundkörpers sowie der Verbindungen der K.struktur mit weiteren Strukturen, z.B. die Untersuchung von geordneten Körpern. Die K.struktur und ihre Modelle sind wie viele andere algebraische Theorien auch ein Gegenstand der mathematischen Logik (↑Logik, mathematische).

Literatur: A. Chambert-Loir, A Field Guide to Algebra, Berlin/Heidelberg/New York 2005; A. W. Knapp, Basic Algebra. Along with a Companion Volume Advanced Algebra, Boston Mass./Berlin/Basel 2006; E. Steinitz, Algebraische Theorie der K., J. reine u. angew. Math. 137 (1910), 167–309, separat, ed. R. Baer/H. Hasse, Berlin/Leipzig 1930, New York 1950; B. L. van der Waerden, Algebra I. Unter Benutzung von Vorlesungen von E. Artin und E. Noether, Berlin/Heidelberg/New York 1936, ⁹1993; H. Weber, Die allgemeinen Grundlagen der Galois'schen Gleichungstheorie, Math. Ann. 43 (1893), 521–549. – K., WbL (1978), 264; weitere Literatur: ↑Algebra.   P. S.

Körper, starrer, Bezeichnung eines zur Längenmessung geeigneten physikalischen ↑Körpers. Ein Körper ist dann für die Längenmessung geometrisch geeignet, wenn er bei Transport seine Form und Größe nicht verändert, also kongruent (↑kongruent/Kongruenz) ist. Der geometrische Begriff der Kongruenz wird jedoch aus erkenntnistheoretischen Gründen als nicht hinreichend für die Definition eines praktisch-s.n K.s betrachtet. Danach stützt sich nämlich jedes Urteil darüber, ob ein Körper starr ist, auf den Vergleich mit anderen Körpern. Für ein Urteil über die Starrheit des genannten Körpers müßte die Starrheit des Vergleichskörpers bereits gesichert sein, die aber ihrerseits nur durch Rückgriff auf weitere Vergleichskörper festgestellt werden kann. Diesem Prüfungsregreß entgeht man nach H. Reichenbach durch Anerkennung des Umstands, daß die Starrheit eines Körpers nicht empirisch ermittelt, sondern konventionell durch eine ↑Zuordnungsdefinition festgelegt wird. Diese Definition sucht Reichenbach (wie zuvor schon H. Poincaré) auf Einfachheits- und Zweckmäßigkeitserwägungen zu stützen. So stünde es nicht im Gegensatz zur Erfahrung, die Gesetze der Mechanik per Zuordnungsdefinition von einem Gummiband als s.m K. abhängig zu machen. Dies wäre jedoch physikalisch unzweckmäßig, da an die Stelle z.B. des ↑Erhaltungssatzes der ↑Energie ein Satz treten müßte, der über die komplizierte Abhängigkeit der Energie abgeschlossener Systeme vom Zustand des Gummibandes Auskunft gibt.

H. v. Helmholtz hatte demgegenüber angenommen, daß die freie Beweglichkeit eines s.n (3-dimensionalen) K.s im physikalischen Raum eine Erfahrungstatsache ist und aus dieser auf die Homogenität bzw. die konstante Krümmung des physikalischen Raums geschlossen. Mathematisch erwies sich diese Annahme insofern als ungenau, als (wie S. Lie zeigte) zur Ableitung der drei klassischen Geometrien mit konstanter Krümmung eine mathematische Isometriegruppe für eindimensionale Linienelemente angenommen werden muß und nicht die freie Beweglichkeit eines dreidimensionalen physikalischen Körpers (↑Geometrie, absolute). Physikalisch erweist sich die Helmholtzsche Annahme unter den Bedingungen inhomogener Felder in A. Einsteins Gravitationstheorie (↑Gravitation) als falsch. Bereits für den Minkowski-Raum der Speziellen Relativitätstheorie (↑Relativitätstheorie, spezielle) hatte sich das wissenschaftstheoretische Problem gestellt, wie die Kontraktion praktisch-s. K. bei Geschwindigkeiten nahe der Lichtgeschwindigkeit zu interpretieren sei – ob als Revision der Längenmessung (↑Länge) bzw. ↑Euklidischen Geometrie oder als wirkliche Veränderung eines materiellen Körpers.

Im Zusammenhang mit der Herstellung von Meßinstrumenten schlug H. Dingler vor, einer Geometrie der Krümmung Null aus methodischen Gründen den Vorzug zu geben. Dieser Ansatz wurde in der ↑Protophysik im Anschluß an P. Lorenzen von P. Janich dahingehend präzisiert, daß Kongruenz nicht als axiomatischer Grundbegriff wie bei Helmholtz und D. Hilbert einzuführen sei, der einer Interpretation durch praktisch-s. K. bedürfe. Vielmehr sei der Kongruenzbegriff aus dem größenunabhängigen und technisch gerechtfertigten Begriff der Formgleichheit (Ähnlichkeit) und aus dem operativ-arithmetisch gerechtfertigten Begriff der Größengleichheit abzuleiten (↑Euklidizität). Ein in diesem Sinne geometrisch-s. K. wird in der Protophysik für die Längenmessung eingeführt und ist von praktisch-s.n K.n zu unterscheiden, die bei hohen Geschwindigkeiten Kontraktionen erleiden.

Literatur: M. Carrier, Geometric Facts and Geometric Theory. Helmholtz and 20th-Century Philosophy of Physical Geometry, in: L. Krüger (ed.), Universalgenie Helmholtz. Rückblick nach 100 Jahren, Berlin 1994, 276–291; H. Dingler, Der s.e K., Phys. Z. 21 (1920), 487–492; ders., Die Grundlagen der Geometrie. Ihre Bedeutung für Philosophie, Mathematik, Physik und Technik, Stuttgart 1933; H. v. Helmholtz, Ueber die Thatsachen, die der Geometrie zum Grunde liegen, Nachr. Königl. Ges. Wiss. u. d. Georg-August-Universität zu Göttingen 9 (1868) (repr. Nendeln 1967), 193–221; ders., Schriften zur Erkenntnistheorie, ed. P. Hertz/M. Schlick, Berlin 1921, ed. E. Bonck, Wien/New York 1996, 1998; M. Jammer, Concepts of Space. The History of Theories of Space in Physics, Cambridge Mass. 1954, erw. New York 1960, New York, London ³1993 (dt. Das Problem des Raumes. Die Entwicklung der Raumtheorien, Darmstadt 1960, ²1980; franz. Concepts d'espace. Une histoire des théories de l'espace en physique, Paris 2008); P. Janich, Zur Protophysik des Raumes, in: G. Böhme (ed.), Protophysik. Für und wider eine konstruktive Wissenschaftstheorie der Physik, Frankfurt 1976, 83–130; ders., K., s., Hist. Wb. Ph. (1976), 1102; P. Lorenzen, Das Begründungsproblem der Geometrie als Wissenschaft der räumlichen Ordnung, Philos. Nat. 6 (1960/1961), 415–431, Nachdr. in: ders., Methodisches Denken, Frankfurt 1968, ³1988, 120–141; H. Poincaré, La science et l'hypothèse, Paris o. J. [ca. 1902], 2000; H. Reichenbach, Philosophie der Raum-Zeit-Lehre, Berlin/Leipzig 1928, Nachdr. als: ders., Ges. Werke II, ed. A. Kamlah/M. Reichenbach, Braunschweig 1977. K. M.

Korpuskel-Welle-Dualismus, Bezeichnung für alternative Modellvorstellungen der Physik zur Erklärung von Licht und Materie. Für das Licht ergab sich in der Physik des 17. und 18. Jhs. das Problem, ob seine Wirkungen im Sinne des mechanistischen Weltbildes (↑Weltbild, mechanistisches) (R. Descartes, C. Huygens) auf Druck und Stoß kleiner Körper oder im Sinne der dynamistischen Vorstellung (I. Newton, ↑Dynamismus (physikalisch)) auf anziehende und abstoßende, in die Ferne wirkende Kräfte zurückzuführen seien. Descartes behandelt Reflexionen und Brechung des Lichtes nach der Modellvorstellung geschleuderter ›Lichtbälle‹. Analog führt Huygens die Wellenerscheinung des Lichts auf Bewegungen in einer feinen Materie zurück, die durch Stöße kleiner Partikel erzeugt werden. Da die Stöße nicht regelmäßig erfolgen, ist nach Huygens die Wellenbewegung nicht harmonisch. Paradigmatisch wurde Newtons Korpuskelvorstellung des Lichts. Newton betont zwar im 1. Buch der »Opticks« (1704) gegen mechanistische Erklärungsversuche, daß er keine Hypothesen über das Wesen des Lichts aufstellen wolle. Faktisch erklärt er jedoch das Cartesische Brechungsgesetz mit Bewegungsgrößen von Teilchen und verhindert damit die Wellenvorstellung des Lichts. Diese Vorstellung setzt sich erst im 19. Jh. durch, nachdem eine Erklärung von Bewegungserscheinungen durch die Interferenz von harmonischen Wellen gelang.

Die Situation ändert sich grundsätzlich um 1900 mit der Planckschen Strahlungsformel, aus der A. Einstein 1909 sowohl die Existenz von *Lichtquanten* als auch von klassischen *Lichtwellen* herauslas. Die Lichtquantenvorstellung wurde 1922 durch den Compton-Effekt bestärkt, wonach die Streuung von Licht an Elektronen nach den ↑Stoßgesetzen von Teilchen vor sich geht. 1923–1924 übertrug L. de Broglie den K.-W.-D. auch auf die *Materie*, indem er Teilchengrößen (E, p) und Wellengrößen (ω, κ) einander entsprechen ließ. 1926 führte E. Schrödinger die Materiewelle auf seine Feldgleichung zurück. Nachdem M. Born im selben Jahr bestimmte Größen der ↑Schrödinger-Gleichung wie $\Psi^*(x)\,\Psi(x)$ als Wahrscheinlichkeit für den Aufenthalt eines Teilchens an der Stelle x interpretiert hatte, war der K.-W.-D. auch für Schrödingers Theorie nachgewiesen. Schließlich leitete W. Heisenberg 1927 aus seiner mit der

Schrödingerschen Theorie äquivalenten ›Matrizenmechanik‹ die ↑Unschärferelation für kanonisch konjugierte Größen ab, die eine beliebig genaue Messung von z. B. Ort und Impuls eines Teilchens, wie in der klassischen Mechanik angenommen wurde, prinzipiell ausschließt. N. Bohr führte die Heisenbergsche Beziehung auf die gleichzeitige Benutzung von Teilchen- und Wellenaspekt zurück. Diese Auffassung begründete die ↑Kopenhagener Deutung der Quantenmechanik mit ihrem ↑Komplementaritätsprinzip. Korpuskel und Welle gelten danach nicht mehr als alternative, sondern als komplementäre Modellvorstellungen.

Literatur: ↑Kopenhagener Deutung, ferner: P. Achinstein, Particles and Waves. Historical Essays in the Philosophy of Science, New York etc. 1991; ders., Waves and Scientific Method, in: D. Hull/M. Forbes/K. Okruhlik (eds.), Proceedings of the 1992 Biennial Meeting of the Philosophy of Science Association II (Symposia and Invited Papers), East Lansing Mich. 1993, 193–204, ferner in: ders. (ed.), Science Rules. A Historical Introduction to Scientific Methods, Baltimore Md./London 2004, 234–248; N. Adler, Die dynamische Naturvorstellung als naturphilosophische Grundlage der heutigen Physik, Philos. Nat. 21 (1984), 101–125; C. Anastopoulos, Particle or Wave. The Evolution of the Concept of Matter in Modern Physics, Princeton N. J./Woodstock 2008; R. Baierlein, Newton to Einstein. The Trail of Light. An Excursion to the Wave-Particle Duality and the Special Theory of Relativity, Cambridge etc. 1992, 2002; F. Balibar, Corpuscle, in: D. Lecourt (ed.), Dictionnaire d'histoire et philosophie des sciences, Paris 1999, 248–250; J. Z. Buchwald, The Rise of the Wave Theory of Light. Optical Theory and Experiment in the Early Nineteenth Century, Chicago Ill./London 1989; ders., Kinds and the Wave Theory of Light, Stud. Hist. Philos. Sci. 23 (1992), 39–74; ders., Waves, Philosophers and Historians, in: D. Hull/M. Forbes/K. Okruhlik (eds.), Proceedings of the 1992 Biennial Meeting of the Philosophy of Science Association II (Symposia and Invited Papers) [s. o.], 205–211; K. Camilleri, Heisenberg and the Wave-Particle Duality, Stud. Hist. Philos. Modern Physics 37 (2006), 298–315; X. Chen, Taxonomic Changes and the Particle-Wave Debate in Early Nineteenth-Century Britain, Stud. Hist. Philos. Sci. 26 (1995), 251–271; S. Diner u. a. (eds.), The Wave-Particle Dualism. A Tribute to Louis de Broglie on his 90th Birthday. Proceedings of an International Symposium Held in Perugia Apr. 22–30, 1982, Dordrecht/Boston Mass./Lancaster 1984; C. Eliasmith/P. Thagard, Waves, Particles, and Explanatory Coherence, Brit. J. Philos. Sci. 48 (1997), 1–19; J. Hendry, The Development of Attitudes to the Wave-Particle Duality of Light and Quantum Theory, 1900–1920, Ann. Sci. 37 (1980), 59–79; F. Hund, Die Rolle des Dualismus Welle-Teilchen beim Werden der Quantentheorie, in: ders., Die Rolle [...] C. Müller, Neue Verfahren [...], Opladen 1979, 7–19 (Rheinisch-Westf. Akad. Wiss. Vorträge N 288); L.-G. Johansson, Realism and Wave-Particle Duality, in: R. S. Cohen/R. Hilpinen/Q. Renzong (eds.), Realism and Anti-Realism in the Philosophy of Science, Dordrecht/Boston Mass./London 1996 (Boston Stud. Philos. Sci. 169), 329–338; L. Laudan, Waves, Particles, Independent Tests and the Limits of Inductivism, in: D. Hull/M. Forbes/K. Okruhlik (eds.), Proceedings of the 1992 Biennial Meeting of the Philosophy of Science Association II (Symposia and Invited Papers) [s. o.], 212–223; E. Mach, Die Prinzipien der physikalischen Optik. Historisch und erkenntnispsychologisch entwickelt, Leipzig 1921, Frankfurt 1982 (engl. The Principles of Physical Optics. An Historical and Philosophical Treatment, London, New York 1926, Mineola N. Y. 2003); E. MacKinnon, The Rise and Fall of the Schrödinger Interpretation, in: P. Suppes (ed.), Studies in the Foundations of Quantum Mechanics, East Lansing Mich. 1980, 1–57; A. van der Merwe/A. Garuccio (eds.), Waves and Particles in Light and Matter, New York/London 1994; A. Messiah, La découverte de la théorie quantique, Enc. philos. universelle I (1989), 1111–1128; H. Pietschmann, Quantenmechanik verstehen. Eine Einführung in den Welle-Teilchen-Dualismus für Lehrer und Studierende, Berlin etc. 2003; E. Schrödinger, Was ist ein Naturgesetz? Beiträge zum naturwissenschaftlichen Weltbild, München/Wien 1962, München ⁶2008; F. Selleri (ed.), Wave-Particle Duality, New York/London 1992; B. R. Wheaton, The Tiger and the Shark. Empirical Roots of Wave-Particle Dualism, Cambridge etc. 1983, 1992; E. T. Whittaker, A History of the Theories of Aether and Electricity. From the Age of Descartes to the Close of the Nineteenth Century, London etc. 1910, ohne Untertitel, erw. als: I–II, London etc. ²1951/1953 (I The Classical Theories [= Originalaufl. 1910], II The Modern Theories. 1900–1926), Los Angeles/New York 1987, I–II in einem Bd., New York 1989, I unter dem Titel der Originalaufl., Whitefish Mont. 2008. K. M.

korrekt/Korrektheit (engl. sound/soundness), Terminus der Semantik formaler Systeme (↑System, formales). Ein ↑Kalkül K heißt k., wenn alle aus einer Annahmenmenge M *in* K *ableitbaren* (↑ableitbar/Ableitbarkeit) Formeln A aus M auch *semantisch folgen*, d. h., wenn gilt:

(∗) $M \vdash_K A \prec M \models A.$

Der K.sbegriff bezieht sich also auf einen semantischen Folgerungsbegriff (↑Folgerung), wobei man hier meist den modelltheoretischen Folgerungsbegriff zugrundelegt (↑Modelltheorie, ↑Interpretationssemantik). K. ist eine Minimalforderung, die Kalküle erfüllen müssen, wenn man sie mit Hilfe eines semantischen Wahrheits- bzw. Folgerungsbegriffes inhaltlich verstehen will. Die im ↑Vollständigkeitssatz behauptete Umkehrung von (∗) (↑vollständig/Vollständigkeit) läßt sich dagegen in vielen Fällen nicht erreichen (↑unvollständig/Unvollständigkeit). P. S.

Korrelation, Grundbegriff der projektiven Geometrie und der Wahrscheinlichkeitstheorie. In der projektiven Geometrie (↑Geometrie, ↑Geometrie, analytische) heißt eine Abbildung eines projektiven Raumes mit Punktkoordinaten $x_0, \dots, x_n$ und Ebenenkoordinaten $u_0, \dots, u_n$ eine K., bei der durch eine lineare homogene Transformation $u'_i = \sum_{k=0}^{n} a_{ik} x_k$ mit nicht verschwindender Koeffizientenmatrix d. h. mit $\det(a_{ik}) \neq 0$ und $0 \leq i \leq n$ die Punkte des Raumes auf seine Ebenen abgebildet werden, oder umgekehrt. $u'_0, \dots, u'_n$ sind die ↑Koordinaten der zum Punkt mit den Koordinaten x_i gehörenden Bildebene. – In der ↑Wahrscheinlichkeitstheorie ist die K. ein Maß für den linearen Zusammen-

hang (d. h. für die Darstellbarkeit der Abhängigkeit zwischen X und Y mittels einer linearen Funktion) zweier oder mehrerer zufälliger Ereignisse. Es seien X, Y Zufallsvariable mit der ↑Kovarianz $\mathrm{cov}(X, Y)$ und den Standardabweichungen σ_X, σ_Y. Der Quotient

$$\rho_{XY} = \frac{\mathrm{cov}(X, Y)}{\sigma_X \sigma_Y}$$

heißt der *Korrelationskoeffizient* des Vektors (X, Y). Er genügt der Ungleichung $-1 \leq \rho_{XY} \leq +1$. Ist $\rho_{XY} = 0$, so besteht fast sicher kein linearer Zusammenhang zwischen X und Y. Ist $\rho_{XY} = +1$ oder $\rho_{XY} = -1$, so besteht mit Wahrscheinlichkeit 1 eine lineare Abhängigkeit zwischen X und Y. Ein positiver Wert von ρ_{XY} spricht für einen positiven, ein negativer Wert für einen negativen Zusammenhang. Die Schätzung bzw. Berechnung von K.skoeffizienten findet in Psychologie und Sozialwissenschaften Anwendung.

Literatur: W. Blaschke, Projektive Geometrie, Wolfenbüttel/Hannover 1947, Basel/Stuttgart ³1954; B. W. Gnedenko, Kurs teorii verojatnostej, Moskau 1950, ⁶1988 (dt. Lehrbuch der Wahrscheinlichkeitsrechnung, ed. H.-J. Rossberg, Berlin [Ost] 1957, Thun/Frankfurt ¹⁰1997; engl. The Theory of Probability, New York 1962, Amsterdam ⁶1997); G. Grosche, Projektive Geometrie, I–II, Leipzig 1957; E. S. Pearson/M. G. Kendall (eds.), Studies in the History of Statistics and Probability. A Series of Papers, London, Darien Conn. 1970, erw. als I–II [I = Originalauflage 1970], London/High Wycombe 1977/1978; J. L. Rodgers/W. A. Nicewander, Thirteen Ways to Look at the Correlation Coefficient, American Statistician 42 (1988), 59–66; F. M. Weida, On Various Conceptions of Correlation, Ann. Math. NS 29 (1927/1928), 276–312. K. M.

Korrelator, auch: Isomorphiekorrelator, logisch-wissenschaftstheoretischer Terminus zur Definition eines Isomorphiebegriffs (↑isomorph/Isomorphie) zwischen ↑Relationen. In der Mathematik entspricht dem der Begriff des Isomorphismus zwischen algebraischen Strukturen (↑Homomorphismus). Ein zweistelliger ↑Relator *Ko* heißt ›K. bezüglich zweier n-stelliger Relationen (bzw. Relatoren) R_1 und R_2‹, wenn gilt:

(1) *Ko* ist umkehrbar eindeutig (↑eindeutig/Eindeutigkeit), d. h., jedem Element des Vorbereichs von *Ko* entspricht nur ein Element des Nachbereichs und umgekehrt.

(2) Das ›Feld‹ (d. h. die Vereinigung aller Bereiche von R_1, im zweistelligen Fall: Vorbereich und Nachbereich) von R_1 ist im Vorbereich von *Ko* enthalten.

(3) Das Feld von R_2 ist im Nachbereich von *Ko* enthalten.

(4) Für ein n-Tupel $\langle a_1, \dots, a_n \rangle$ gilt $R_1(a_1, \dots, a_n)$ genau dann, wenn $R_2(b_1, \dots, b_n)$ für das n-Tupel $\langle b_1, \dots, b_n \rangle$ gilt, das $\langle a_1, \dots, a_n \rangle$ vermöge *Ko* zugeordnet wird.

Der Begriff des K.s erlaubt die Definition der Isomorphie (oder Strukturgleichheit) zwischen *Relationen*: Zwei *n*-stellige Relationen R_1, R_2 heißen ›*n-stellig isomorph* zueinander‹, wenn es einen K. *Ko* bezüglich R_1 und R_2 gibt. Im Falle *einstelliger* Relatoren (dann: ↑Prädikatoren) R_1 und R_2 bedeutet die Isomorphie von R_1 und R_2 die eindeutige Zuordenbarkeit der Elemente der Extensionen (↑extensional/Extension) von R_1 und R_2. Durch die Gleichzahligkeit von Klassen wird eine ↑Kardinalzahl definiert, die sich als eine ›Struktur‹ solcher Klassen auffassen läßt.

Wissenschaftstheoretisch bedeutsam sind *Lagekorrelatoren*. Hierbei betrachtet man Klassen A_1, A_2 von Raum-Zeit-Punkten (›Stellen‹). Auf diesen Klassen sei eine Lagerelation R (z.B. Entfernung) definiert. R_1 und R_2 seien Teilrelationen von R, die dadurch definiert sind, daß das Feld (Vor- *und* Nachbereich) von R_1 aus Elementen von A_1 und entsprechend das Feld von R_2 aus Elementen von A_2 besteht. Ein Lagekorrelator *LKo* ist ein K., der jeder Lagebeziehung zwischen Stellen aus A_1 eine solche aus A_2 zuordnet. Ein Lagekorrelator *ZKo* heißt *Zustandsgrößenkorrelator*, wenn jede einer Stelle aus A_1 zugeordnete Zustandsgröße (z.B. Geschwindigkeit, Impuls, Masse, Temperatur) gleich der entsprechenden Zustandsgröße desjenigen Elements aus A_2 ist, das dem Element aus A_1 vermöge *ZKo* zugeordnet wird. Über den Begriff der Determination von Stellen bezüglich gewisser Zustandsgrößen lassen sich symbolisierte Formulierungen des Kausalprinzips (↑Kausalität) angeben.

Literatur: R. Carnap, Einführung in die symbolische Logik. Mit besonderer Berücksichtigung ihrer Anwendungen, Wien/New York 1954, 1973; W. K. Essler, Einführung in die Logik, Stuttgart 1966, erw. [2]1969; B. Russell, Introduction to Mathematical Philosophy, London 1919, Nottingham 2008; W. Stegmüller, Probleme und Resultate der Wissenschaftstheorie und Analytischen Philosophie I (Wissenschaftliche Erklärung und Begründung), Berlin/Heidelberg/New York 1969, 1987. G. W.

Korrespondenzprinzip, Bezeichnung für ein auf N. Bohr und W. Heisenberg zurückgehendes heuristisches (↑Heuristik) Analogieprinzip der ↑Quantentheorie, dem in der ↑Kopenhagener Deutung erkenntnistheoretische Bedeutung zukommt. Bohr verwendete das K. heuristisch, um mit den mathematisch aus der klassischen Physik sich ergebenden Amplituden von Oszillatoren die tatsächliche Intensität und Polarisation atomarer Strahlung und die Auswahlregeln entsprechender Elektronenübergänge zu bestimmen. Dabei faßte er das K. als allgemeines Postulat auf, wonach quantentheoretische Beziehungen für mikrophysikalische Vorgänge so formuliert werden, daß sie approximativ für $h \to o$ (›asymptotisch‹) in klassische Beziehungen für makrophysikalische Vorgänge übergehen. Das Bohrsche K. erwies sich jedoch nur begrenzt für Übergänge zwischen

Niveaus mit hohen Quantenzahlen als anwendbar. Eine Verschärfung des K.s gab Heisenberg an. Geht man z.B. von der Partikelvorstellung aus (man könnte auch die Wellenvorstellung wählen, ↑Korpuskel-Welle-Dualismus), so entsprechen den Grundgleichungen und mathematischen Operationen der klassischen ↑Mechanik gewisse Gleichungen und Operationen der Quantenmechanik. Das K. diente Heisenberg dabei wiederum als heuristisches Prinzip, um den kanonisch konjugierten Variablen der klassischen Hamiltongleichungen (z.B. Impuls und Ort) gewisse Matrizengrößen entsprechen zu lassen, deren algebraische Verknüpfungen (z.B. Matrizenmultiplikation) den mathematischen Formalismus der Quantenmechanik bestimmen.

Das K. ist nicht nur ein heuristisches Prinzip, das historisch zur Entwicklung der Quantenmechanik führte. Erkenntnistheoretisch wurde es in der Kopenhagener Deutung als Interpretationsschema verwendet, um den abstrakten Formalismus der Quantenmechanik in den anschaulichen Bildern von Partikel und Welle der klassischen Physik verständlich zu machen. Wissenschaftstheoretisch wurde die Frage erörtert, ob in der ↑Zweistufenkonzeption von ↑Theoriesprache und ↑Beobachtungssprache das K. als ↑Korrespondenzregel verstanden werden kann, das ›abstrakten‹ Größen (z.B. Matrizen) der Quantenmechanik eine ›anschauliche‹ Bedeutung als Größenangaben für Partikel und Wellen im Sinne der klassischen Physik verschafft. Nach neueren Untersuchungen der Analytischen Wissenschaftstheorie (↑Wissenschaftstheorie, analytische) stellt sich diese Frage insofern nicht, als auch Größen der klassischen Physik nicht-beobachtbar bzw. theoretisch sein können.

Literatur: ↑Kopenhagener Deutung, ferner: N. Bohr, On the Quantum Theory of Line-Spectra, I–III, Kopenhagen 1918–1922, I–III in einem Bd., Mineola N.Y. 2005 (dt. Über die Quantentheorie der Linienspektren, Braunschweig 1923); U. Hoyer, Die Geschichte der Bohrschen Atomtheorie, Weinheim 1974; F. Hund, Geschichte der physikalischen Begriffe II (Die Wege zum heutigen Naturbild), Mannheim/Wien/Zürich [2]1978, 1987, mit I in einem Bd., Heidelberg/Berlin/Oxford 1996; P. Jordan, Anschauliche Quantentheorie. Eine Einführung in die moderne Auffassung der Quantenerscheinungen, Berlin 1936, Ann Arbor Mich. 1946; J. D. Sneed, The Logical Structure of Mathematical Physics, Dordrecht 1971, [2]1979; W. Stegmüller, Probleme und Resultate der Wissenschaftstheorie und analytischen Philosophie II/2 (Theorie und Erfahrung. Theoriestrukturen und Theoriendynamik), Berlin/Heidelberg/New York 1973, Berlin etc. [2]1985. K. M.

Korrespondenzregel, auch: Zuordnungsregel (engl. correspondence rule), Terminus der Analytischen Wissenschaftstheorie (↑Wissenschaftstheorie, analytische), insbes. bei R. Carnap. Motiv für die Einführung von K.n ist die Unmöglichkeit, das ursprüngliche logisch-empiristische Programm durchzuführen, alle nicht-logischen (›deskriptiven‹) Begriffe einer in einer Sprache *L* formulierten empirischen Theorie T als Bestandteil der in L enthaltenen ↑Beobachtungssprache L_B nachzuweisen bzw. in L_B explizit zu definieren. Dieses Programm hat sich im Rahmen des analytischen Theoriekonzepts gerade für grundlegende Terme physikalischer Theorien (wie ›Masse‹, ›Atom‹, ›elektrisches Feld‹ etc.) sowie anderer Wissenschaften (z. B. Psychologie und Soziologie) nicht durchführen lassen. D. h., für empirische Theorien sind in der Regel L und L_B nicht identisch. Nicht in L_B enthaltene oder dort explizit definierbare Terme heißen ›theoretische Begriffe‹ (↑Begriffe, theoretische). Sie bilden neben den logisch-mathematischen Teilen von T, soweit sie nicht zu L_B gerechnet werden, die ↑Theoriesprache L_T von L. Dazu gehören unter anderem die ↑Dispositionsbegriffe, deren Bedeutung Carnap zunächst durch ↑Reduktionssätze zu bestimmen versucht hatte, und zweckmäßigerweise die metrischen Terme, d. h. Funktionen, die Gegenständen Zahlen als Meßwerte zuordnen.

Betrachtet man eine in L_T formulierte axiomatisierte Theorie T (etwa aus der theoretischen Physik), so läßt sich T, analog den formalen Systemen (↑System, formales) der ↑Metamathematik, als uninterpretierte ↑Struktur auffassen. Eine Bedeutung erhalten die theoretischen Terme von T nur indirekt, indem man sie mit den (interpretierten) Beobachtungstermen von L_B verknüpft; man spricht auch – in einem nicht-logischen Sinne – von einer *Interpretation* (↑Interpretationssemantik) dieser Terme in L_B. Diese Interpretation erfolgt durch K.n, in denen jeweils deskriptive Begriffe aus L_B *und* aus L_T auftreten (bzw. wo die in ihnen enthaltenen deskriptiven Begriffe durch solche aus L_B *und* L_T ersetzt werden können). Z. B. wird der theoretische Term ›elektromagnetische Schwingung‹ von Carnap mit der folgenden K. versehen: ›Wenn eine elektromagnetische Schwingung festgelegter Frequenz vorhanden ist, dann ist ein gewisses Grünblau sichtbar.‹ Insbes. Meßverfahren für theoretische Terme aus L_T werden als K.n formuliert. Eine solche Interpretation (nicht: Definition) ist zwar nur partiell und indirekt möglich (↑Interpretation, partielle), garantiert jedoch im allgemeinen die Überprüfbarkeit und Anwendbarkeit der Theorie. Vor allem die undefinierten Terme von L_T lassen sich meistens gerade nicht durch K.n direkt mit L_B verbinden. Wegen der Unvollständigkeit der K.n kann das System der K.n einer Theorie beständig erweitert, verschärft oder gänzlich verändert werden, was eine Bedeutungsänderung oder Bedeutungsverschärfung der Terme aus L_T bedeutet (z. B. Interpretation der Maxwellschen elektromagnetischen Theorie für optische Phänomene). Solche Bedeutungsänderungen werden oft als Ausdruck wissenschaftlichen Fortschritts gewertet.

Ein alternativer Versuch zur Elimination theoretischer Terme stammt von W. Craig. In ↑›Craig's Lemma‹ werden jedoch im Unterschied zu Carnaps Ansatz nicht einzelne Begriffe aus L_T untersucht, es geht vielmehr um die Ersetzung einer Theorie T mit theoretischen Termen durch eine solche ohne theoretische Terme, aber mit gleichem empirischen Gehalt (↑Gehalt, empirischer). Ein anderer Versuch besteht darin, eine Theorie mit theoretischen Termen durch ihren ↑Ramsey-Satz zu ersetzen, der eine mit T strukturgleiche und funktionell äquivalente Formel liefert, die statt theoretischer Terme ↑Variablen enthält, die durch vorangestellte Existenzquantoren (↑Einsquantor) gebunden werden. Weder Craigs noch Ramseys Methode liefern jedoch Theorien, die in der Wissenschaftspraxis die jeweiligen Originaltheorien ersetzen könnten. Auch Carnaps Versuch, eine Theorie T durch die Konjunktion ihres Ramsey-Satzes und ihrer ↑Analytizitätspostulate zu ersetzen, erreicht nicht das erstrebte Ziel, unter anderem deswegen nicht, weil die Analytizitätspostulate nur dann Festlegungen bezüglich der theoretischen Terme treffen, wenn der Ramsey-Satz $R(T)$ wahr und damit T korrekt ist. – Auch in nicht-axiomatisierten Theorien und außerhalb der Naturwissenschaften stellt sich, in weniger präziser Form, das Problem der empirischen Deutung theoretischer Begriffe. Die früheste Behandlung des mit K.n angesprochenen Problems dürfte sich bei N. R. ↑Campbell finden. H. Reichenbach spricht von ↑›Zuordnungsdefinitionen‹, C. G. Hempel von ›interpretative systems‹. Carnaps Überlegungen gehen häufig kritisch von Lösungsansätzen des ↑Operationalismus aus.

Literatur: P. Achinstein, Concepts of Science. A Philosophical Analysis, Baltimore Md. 1968, 1971, bes. 67–119 (Chap. III The Interpretation of Terms); R. Carnap, Testability and Meaning, Philos. Sci. 3 (1936), 420–471, 4 (1937), 1–40, repr. [separat] New Haven Conn. 1950, 1954; ders., The Methodological Character of Theoretical Concepts, in: H. Feigl/M. Scriven (eds.), The Foundations of Science and the Concepts of Psychology and Psychoanalysis, Minneapolis Minn. 1956, 1976 (Minn. Stud. Philos. Sci. I), 38–76 (dt. Theoretische Begriffe der Wissenschaft. Eine logische und methodologische Untersuchung, Z. philos. Forsch. 14 [1960], 209–233, 571–598); ders., Beobachtungssprache und theoretische Sprache, Dialectica 12 (1958), 236–248; ders., Philosophical Foundations of Physics. An Introduction to the Philosophy of Science, ed. M. Gardner, New York 1966, 1995 (dt. Einführung in die Philosophie der Naturwissenschaft, München 1969, ³1976, Frankfurt 1986; franz. Les fondements philosophiques de la physique, Paris 1973); C. G. Hempel, The Theoretician's Dilemma. A Study in the Logic of Theory Construction, in: ders., Aspects of Scientific Explanation and Other Essays in the Philosophy of Science, New York/London 1965, 1970, 173–226; F. v. Kutschera, Wissenschaftstheorie I (Grundzüge der allgemeinen Methodologie der empirischen Wissenschaften), München 1972, bes. 270–278; E. Nagel, The Structure of Science. Problems in the Logic of Scientific Explanation, New York, London 1961, Indianapolis Ind./Cambridge ²1979, bes. 97–105 (Chap. V/3 Rules of Correspondence); K. F. Schaffner, Correspondence Rules, Philos. Sci. 36 (1969), 280–290; W. Stegmüller, Probleme und Resultate der Wissenschaftstheorie und Analytischen Philosophie II/1 (Theorie und Erfahrung), Berlin/Heidelberg/New York 1970, bes. 308–319 (Kap. V/5 Die Zuordnungsregeln). G. W.

Korrespondenztheorie, ↑Wahrheitstheorien.

Kosmogonie (von griech. *κόσμος*, Anordnung, Ordnung des Universums, und *γονή*, Erzeugung, Geburt; Lehre von der Entstehung des Kosmos), im Rahmen der ↑Kosmologie Bezeichnung für die Theorie der Entstehung und der Entwicklung des Universums sowie aller kosmischen Objekte. Aufgabe der K. ist die Erklärung eines beobachtbaren Zustands des Universums bzw. seiner Objekte aus früheren Zuständen und deren Anfang. Während der biblische Schöpfungsbericht (Gen. 1,1–2) von einer Schöpfung aus dem Nichts (↑creatio ex nihilo) ausgeht, stellen die altorientalische Mythologie, die ihm als Vorbild dient, und die griechische K. ein ungeordnetes ↑Chaos kosmischer Elemente und Kräfte, als Vorstufe des (nach griechischer Auffassung) endlichen und wohlgeordneten ↑Kosmos, an den Anfang. In mythischen Berichten steht an der Stelle eines derartigen Chaos auch die Konzeption eines Urwesens, aus dessen Zerstörung die Welt hervorgegangen sein soll (Entstehung von Himmel und Erde z. B. aus der Teilung eines Welteis in der altindischen K., aus dem Zerfall des Urwesens Panku in der chinesischen K., der Spaltung Tiamats durch den Gott Marduk im babylonischen Mythos, des urzeitlichen Riesen Ymir in der germanischen K.).

Als erster in der Entwicklung der europäischen wissenschaftlichen Rationalität sucht Anaximander im Gegensatz zur älteren Verbindung von K. und Theogonie (vgl. Homer, Il. 14,153 ff., Od. 1,51; Hesiods Theogonie; ↑Orphik) eine mythologiefreie (monokausale) physikalische Erklärung der Entstehung der Welt und ihrer Ordnung zu geben. Diese Ordnung wird nach Platon durch einen an teleologischen (↑Teleologie) Prinzipien orientierten ↑Demiurgen, nach Aristoteles durch die Existenz eines ›unbewegten Bewegers‹ (↑Beweger, unbewegter) und durch die Bewegungsformen ›einfacher Körper‹ (↑Natur) bewirkt. In der Aristotelischen Konzeption setzen sich zugleich hylozoistische (↑Hylozoismus) Traditionen der ionischen Naturphilosophen (↑Philosophie, ionische) fort, in denen Leben bzw. ein Vermögen der Selbstbewegung als Eigenschaft der Materie bzw. des ›Stoffes‹, aus dem die Dinge sind, angesehen wird. Mythische Elemente bewahrt z. B. die Vorstellung Heraklits, wonach die Welt gemäß dem dynamischen Prinzip des Feuers (↑Logos) in ständigem Werden und Vergehen begriffen ist (VS 22 B 30–31, 64–66), ferner die pythagoreische Auffassung vom Entstehen der Welt aus Prinzipien der Zahlen (Arist. Met. *A*5.986a15–21; ↑Ideenzahlenlehre).

Die weitere Entwicklung kosmogonischer Vorstellungen in ↑Patristik und ↑Scholastik ist einerseits durch die ›Theologisierung‹ des biblischen Schöpfungsberichts, andererseits durch die Auseinandersetzung mit dem Aristotelischen und averroistischen (↑Averroismus) Theorem der ↑Ewigkeit der Welt, ferner durch Traditionen der Platonischen Kosmologie (über den »Timaios«-Kommentar des Calcidius) bestimmt (↑Idee (historisch)). Von Einflüssen des ↑Neuplatonismus zeugt auch die ↑Lichtmetaphysik des R. Grosseteste, in deren Rahmen das Licht als primäre physikalische Substanz, von Gott zusammen mit formloser Materie (↑materia prima) geschaffen, den Raum und alle physikalischen Gegenstände erzeugt, die ursprünglich formlose Materie formend (De luce seu de inchoatione formarum, zwischen 1215 und 1220). Gegenüber einer theologischen Auslegung des Schöpfungsberichts gewinnen in derartigen Konzeptionen kosmogonische Theorien wieder ein Stück ihrer ›antiken‹ wissenschaftlichen Selbständigkeit zurück. Das gilt dann in verstärktem Maße, trotz der beibehaltenen ›Frömmigkeit‹ der Naturforschung (so z. B. bei I. Newton, Opticks or a Treatise of the Reflections, Refractions, Inflections and Colours of Light, London [4]1730, ed. I. B. Cohen/D. H. D. Roller, New York 1952, 400, 402), von der neuzeitlichen Entwicklung. Hier vertreten vor allem R. Descartes (↑Wirbeltheorie) und I. ↑Kant eine auf Theorien der Entstehung und des stabilen Zustands unseres Planetensystems beruhende Konzeption der K.. Mit letzterem beginnt die heute geläufige wissenschaftliche Auffassung einer ↑Evolution des Kosmos.

E. Halleys Annahme eines unendlichen und euklidischen Universums, in dem das Newtonsche Gravitationsgesetz gilt, wurde 1894 von H. v. Seeliger als mathematisch unmöglich nachgewiesen. In einem solchen Universum müßten nämlich die Gravitationskräfte unendlich groß werden oder unbestimmt sein, was schon für die konkret meßbaren Gravitationskräfte in der Nähe der Sonne nicht zutrifft. Seeligers Paradoxon, das er zunächst durch eine empirisch nicht bestätigte ↑ad-hoc-Hypothese einer Konstanten (↑Gravitation) zu vermeiden suchte, löste A. Einsteins relativistische Annahme einer endlichen, aber unbegrenzten Welt, die A. Friedmann 1922 in den nach ihm benannten Entwicklungsmodellen konkretisierte (↑Kosmologie). Dieser Ansatz wurde 1929 empirisch durch die Beobachtung von Rotverschiebungen in den Spektrallinien ferner Galaxien gestützt, die von E. P. Hubble als Indiz einer Fluchtbewegung auseinanderstrebender Galaxien interpretiert wurden. Friedmanns Modell legt dann einen hochverdichteten und extrem heißen Anfangszustand vor ca. 10–20 Milliarden Jahren nahe, der sich einschließlich seiner Entwicklung mit den Methoden der heutigen Elementarteilchenphysik berechnen läßt. Die Materiedichte war danach in diesem Anfangszustand so groß, daß es keine Atome, sondern nur ein Gemisch aus Elementarteilchen gab. Erst 100 Sekunden nach diesem ›Urknall‹ (›Big Bang‹) beginnt die Entstehung der chemischen Elemente, indem Protonen und Neutronen sich zu Atomkernen vereinigen; dieser Prozeß dauerte ca. 100 Minuten. Elektromagnetische Strahlung und Materie sind noch in thermodynamischem (↑Thermodynamik) Gleichgewicht, ↑Energie ist weitgehend in Form von Strahlung vorhanden. Erst nach einem Abkühlungsprozeß von ca. 1000 Jahren beginnt die Energie in Form von Materie zu überwiegen. Die heute beobachtbare 3K-Mikrowellenstrahlung (›Hintergrundstrahlung‹) ist höchstwahrscheinlich die durch die Expansion des Universums stark rotverschobene damalige Strahlung. Aus der weitgehend homogen verteilten Materie beginnen sich 100 Millionen Jahre nach dem Urknall die Galaxien zu bilden; in ihnen entstehen Sterne und Sternhaufen durch Kontraktion instabiler Gasmengen. Unser Sonnensystem ist nach diesem Modell ca. 5 Milliarden Jahre alt.

Für die Astrophysik ist die K. der Sterne von besonderem Interesse, da im Weltall immer wieder neu entstehende Sterne beobachtet werden. Dabei wird angenommen, daß sich neue Sterne aus sehr dichten Wolken interstellarer Materie bilden, die gravitationsmäßig instabil werden und kontrahieren. Die Kontraktion solcher als ›Protosterne‹ bezeichneten Wolken steigert die inneren Temperaturen bis zu dem Punkt, an dem Kernverschmelzungsprozesse und damit Energiefreisetzung möglich werden, bis der Strahlungsdruck der nach außen dringenden elektromagnetischen Strahlung mit der Gravitationsanziehung im stabilen Gleichgewicht ist.

Dieses Modell ist um 2000 in zweierlei Hinsicht modifiziert worden. Während herkömmlich angenommen wurde, daß die großräumige Struktur und Entwicklung des Universums allein durch die gewöhnliche Materie (im Kern Quarks und Leptonen, ↑Teilchenphysik) bestimmt ist, enthält das Universum nach neuerem Kenntnisstand so genannte Dunkle Materie, die sich allein durch ihre Schwerkraft bemerkbar macht, aber nicht anhand von Strahlungswechselwirkung nachweisbar ist. Die Dunkle Materie ist danach von erheblichem Einfluß auf Gestalt und Entwicklung des Universums. Frühe Versuche, statt einer besonderen Form der Materie eine Änderung des Gravitationsgesetzes einzuführen, gelten inzwischen als widerlegt, weil die räumliche Verteilung der Gravitationskräfte von der Verteilung der sichtbaren Materie abweicht. Die zweite Modifikation geht auf die 1998 gemachte Entdeckung zurück, daß sich die Expansion des Universums beschleunigt statt (wie traditionell angenommen) unter der Wirkung der Gravitation verlangsamt. Die Ursache dieser beschleunigten Expansion wird gegenwärtig mit dem Ausdruck ›Dunkle Energie‹ bezeichnet; sie ist aber in ihrer Beschaffenheit unbekannt. Insgesamt sind danach die Struktur und die Entwicklung des Universums nur zu etwa 4% durch gewöhnliche Materie bestimmt.

Literatur: E. J. Aiton, The Vortex Theory of Planetary Motions, London, New York 1972; H. Alfvén, Världen-spegelvärlden. Kosmologi och antimateria, Stockholm 1966, 1967 (engl. Worlds-Antiworlds. Antimatter in Cosmology, San Francisco Calif. 1966; dt. Kosmologie und Antimaterie. Über die Entstehung des Weltalls, Frankfurt 1967, ²1969); V. A. Ambarcumjan (ed.), Problemy sovremennoj kosmogonii, Moskau 1969, 1972 (dt. Probleme der modernen K., ed. H. Oleak, Berlin, Basel/Stuttgart 1976, ²1976, Berlin ²1980); J. Audretsch/K. Mainzer (eds.), Vom Anfang der Welt. Wissenschaft, Philosophie, Religion, Mythos, München 1989, ²1990; J. D. Barrow/J. Silk, The Left Hand of Creation. The Origin and the Evolution of the Expanding Universe, New York 1983, London 1984, rev. Oxford/New York 1994, London etc. 1995 (dt. Die asymmetrische Schöpfung. Ursprung und Ausdehnung des Universums, München/Zürich 1986, rev. unter dem Titel: Die linke Hand der Schöpfung. Der Ursprung des Universums, Heidelberg/Berlin/Oxford, Darmstadt 1995, 1999; H.-J. Blome/H. Zaun, Der Urknall. Anfang und Zukunft des Universums, München 2004, ²2007 (Beck'sche Reihe 2337); H. Blumenberg, Die Genesis der Kopernikanischen Welt, Frankfurt 1975, I–III, 1981, 2007 (engl. The Genesis of the Copernican World, Cambridge Mass./London 1987); G. Börner/S. Gottlöber (eds.), The Evolution of the Universe. Report of the Dahlem Workshop on the Evolution of the Universe, Berlin, September 10–15, 1995, Chichester etc. 1997; L. Brisson/F. W. Meyerstein, Inventing the Universe. Plato's »Timaeus«, the Big Bang, and the Problem of Scientific Knowledge, Albany N. Y. 1995; W. Burkert, The Logic of Cosmogony, in: R. Buxton (ed.), From Myth to Reason? Studies in the Development of Greek Thought, Oxford/New York 1999, 2002, 87–106; J. Charon, La conception de l'univers depuis 25 siècles, Paris 1970 (dt. Geschichte der Kosmologie, München 1970); P. Duhem, Le système du monde. Histoire des doctrines cosmologiques de Platon à Copernic, I–X, Paris 1913–1959, 1984–1988 (engl. [gekürzt] Medieval Cosmology. Theories of Infinity, Place, Time, Void, and the Plurality of Worlds, Chicago Ill./London 1985, ³1990); M. Gasperini, L'universo prima del Big Bang. Cosmologia e teoria delle stringhe, Rom 2002 (engl. The Universe before the Big Bang. Cosmology and String Theory, Berlin etc. 2008); M. Gleiser, The Dancing Universe. From Creation Myths to the Big Bang, New York/London 1997, Hanover N. H. 2005 (dt. Das tanzende Universum. Schöpfungsmythen und Urknall, Wien/München 1998); A. Gregory, Ancient Greek Cosmogony, London 2007; J. Gribbin, In the Beginning. The Birth of the Living Universe, London/New York 1993, mit Untertitel: After COBE and before the Big Bang, Boston Mass. 1993, mit ursprünglichem Untertitel: London/New York 1994 (dt. Am Anfang war …. Neues vom Urknall und der Evolution des Kosmos, Basel/Boston Mass./Berlin 1995); A. Grünbaum, Some Highlights of Modern Cosmology and Cosmogony, Rev. Met. 5 (1952), 481–498; ders., Pseudo-Creation of the Big Bang, Nature 344 (1990), 821–822; F. P. Hager u. a., K., Hist. Wb. Ph. IV (1976), 1144–1153; S. W. Hawking, A Brief History of Time. From the Big Bang to Black Holes, London/Toronto/New York 1988, 1998 (dt. Eine kurze Geschichte der Zeit, Reinbek b. Hamburg 1988, 2005; franz. Une brève histoire du temps. Du Big Bang au trous noirs, Paris 1989, 2007); W. Jaeger, The Theology of Early Greek Philosophers. The Gifford Lectures 1936, Oxford 1947, 1967, dt. Original unter dem Titel:

Die Theologie der frühen griechischen Denker, Stuttgart 1953 [repr. 1964], Darmstadt 1964 (franz. À la naissance de la théologie. Essai sur les présocratiques, Paris 1966); M. Jammer, Concepts of Space. The History of Theories of Space in Physics, Cambridge Mass. 1954, ²1969, New York, London ³1993 (dt. Das Problem des Raumes. Die Entwicklung der Raumtheorien, Darmstadt 1960, ²1980; franz. Concepts d'espace. Une histoire des théories de l'espace en physique, Paris 2008); B. Kanitscheider, Vom absoluten Raum zur dynamischen Geometrie, Mannheim/Wien/Zürich 1976; A. Koyré, From the Closed World to the Infinite Universe, Baltimore Md./London 1957, 1994 (franz. Du monde clos à l'univers infini, Paris 1962, 2005; dt. Von der geschlossenen Welt zum unendlichen Universum, Frankfurt 1969, 2008); D. Layzer, Cosmogenesis. The Growth of Order in the Universe, Oxford/New York 1990 (dt. Die Ordnung des Universums. Vom Urknall zum menschlichen Bewußtsein, Frankfurt 1995, 1997); J. Leslie, Universes, London/New York 1989, 2007; C. Martello/C. Militello/A. Vella (eds.), Cosmogonie e cosmologie nel medioevo. Atti del convegno della Società Italiana per lo Studio del Pensiero Medievale (S.I.S.P. M.), Catania, 22–24. settembre 2006, Louvain-la-Neuve 2008; A. Merkt u. a., Weltschöpfung, DNP XII/2 (2002), 463–474; M. K. Munitz (ed.), Theories of the Universe. From Babylonian Myth to Modern Science, Glencoe Ill. 1957, New York, London 1965; J. V. Narlikar, The Primeval Universe, Oxford/New York 1988; J. S. Nilsson/B. Gustafsson/B.-S. Skagerstam (eds.), The Birth and Early Evolution of Our Universe. Proceedings of Nobel Symposium 79, Gräftavällen, Sveden, June 11–16, 1990, Stockholm 1991; M. Rees, Before the Beginning. Our Universe and Others, London, Reading Mass. 1997, London 2002 (dt. Vor dem Anfang. Eine Geschichte des Universums, Frankfurt 1998, 2001); W. Röllig, Weltentstehungslehren, Weltschöpfung, KP V (1975), 1363–1366; J. Silk, The Big Bang, San Francisco 1980, New York ²1989, ³2001 (dt. Der Urknall. Die Geburt des Universums, Basel/Boston Mass./Berlin 1990; franz. Le big bang, Paris 1997, 1999); S. Singh, Big Bang. The Most Important Scientific Discovery of All Time and Why You Need to Know about It, London 2004, mit Untertitel: The Origin of the Universe, New York 2004, 2005 (dt. Big Bang. Der Ursprung des Kosmos und die Erfindung der modernen Naturwissenschaft, München 2005, 2007; franz. Le roman du Big Bang. La plus importante découverte scientifique de tous les temps, Paris 2005, 2007); R. Sorel, Les cosmogonies grecques, Paris 1994; ders., Chaos et éternité. Mythologie et philosophie grecques de l'origine, Paris 2006; B. Sticker/F. Krafft (eds.), Bau und Bildung des Weltalls. Kosmologische Vorstellungen in Dokumenten aus zwei Jahrtausenden, Freiburg/Basel/Wien 1967; S. Weinberg, The First Three Minutes. A Modern View of the Origin of the Universe, New York, London 1977, New York 1993 (dt. Die ersten drei Minuten. Der Ursprung des Universums, München/Zürich 1977, 2004; franz. Les trois premières minutes de l'univers, Paris 1978, 1988); C. F. v. Weizsäcker, Die Tragweite der Wissenschaft I (Schöpfung und Weltentstehung. Die Geschichte zweier Begriffe), Stuttgart 1964, ⁶1990 (ergänzt um den bisher unveröffentl. 2. Teil), ⁷2006; weitere Literatur: ↑Kosmologie. J. M./K. M.

Kosmologie (von griech. κόσμος, Anordnung, Ordnung [des Universums]; Lehre vom Kosmos), Teil- oder auch Rahmendisziplin sowohl in den Traditionen der ↑Naturphilosophie als auch in der modernen Physik, hier in enger Beziehung zur Astrophysik (Theorien der Entstehung und Entwicklung kosmischer Objekte). Auf dem Hintergrund der traditionellen Gliederung der ↑Metaphysik in einen allgemeinen Teil (*metaphysica generalis* oder *ontologia*, ↑Ontologie) und einen speziellen Teil (*metaphysica specialis*) gehört K. neben (rationaler) Theologie und (rationaler) Psychologie zur speziellen Metaphysik. Sie ist, terminologisch seit C. Wolff üblich (Philosophia rationalis sive Logica, methodo scientifica pertractata, Frankfurt/Leipzig 1728, Discursus praeliminaris de philosophia in genere § 77), mit der Erklärung der Welt als des natürlichen Systems physischer Substanzen befaßt. Als ›rationale‹ K. (*cosmologia rationalis, cosmologia scientifica*) umfaßt sie nicht-empirische Theorien über den Aufbau der Welt, als ›experimentelle‹ K. (*cosmologia experimentalis*) empirische Theorien nach Art einer beobachtenden ↑Astronomie (vgl. C. Wolff, Cosmologia generalis, Frankfurt/Leipzig 1731, ²1737, § 1; A. G. Baumgarten, Metaphysica, Halle 1739, ⁷1779, § 351). Wissenschafts- und philosophiehistorisch werden damit unter der Bezeichnung ›K.‹ Theorien über den materiellen Aufbau und die raumzeitliche Struktur der Welt disziplinenmäßig zusammengefaßt, deren Geschichte bis zur ionischen Naturphilosophie (↑Philosophie, ionische) bzw. zu mythischen Welt(entstehungs)-lehren zurückreicht und die neben empirisch orientierten Teilen (z. B. empirischen Teilen der Astronomie) stets auch nicht-empirische, häufig spekulative Teile (z. B. Nikolaus von Kues' These, daß die Welt ähnlich Gott eine Kugel sei, deren Zentrum überall und deren Umfang nirgends ist) besitzt.

Erste Vorstellungen über den Aufbau des ↑Kosmos, die bereits als Bestandteile rationaler Orientierungen aufgefaßt werden können – z. B. die Vorstellung einer wasserumschlossenen Scheibenwelt unter einer Himmelshalbkugel (Thales), einer Zylinderwelt im Mittelpunkt des Universums, begleitet von der Deutung des Kosmos als einer Rechtsgemeinschaft der Dinge (Anaximander), der täglichen Drehung eines sphärischen, endlichen Universums (Parmenides), die Annahme von Zentrifugalkräften in einem kosmischen Wirbel (Anaxagoras, Empedokles), einer ›kosmischen Homogenität‹ aller Himmelskörper einschließlich der Erde (Philolaos) –, finden zunächst ihren Rückhalt in der wissenschaftlichen Entwicklung der Astronomie. Die homozentrische Kugelschalenastronomie des ↑Eudoxos von Knidos leistet zum ersten Mal auf der Basis eines kinematisch-geometrischen Modells und der Grundsätze der Kreisförmigkeit und der konstanten Winkelgeschwindigkeit eine ↑›Rettung der Phänomene‹, d. h. eine Erklärung der scheinbar unregelmäßigen Planetenbewegungen. Die weitere Entwicklung führt über die Annahme exzentrischer und epizyklischer Bewegungen zwecks Rekonstruktion periodischer Planetenschleifen (Apollonios von Perge, Hipparchos von Nikeia) zu K. Ptolemaios, der aus empirischen Gründen, nämlich zur Erklärung scheinbarer Beschleunigungen, die Epizyklentheorie um die Annahme von Ausgleichspunkten ergänzt und dessen System, mit Ausnahme der eine extreme Exzentrizität aufweisenden Merkurbahn, eine exakte Beschreibung der Planetenbahnen auf geozentrischer Basis erlaubt. Wegen des kinematischen (↑Kinematik), daher gegenüber kosmologischen und naturphilosophischen Annahmen neutralen Charakters dieser Astronomie ließen sich auch heliozentrische Modelle (Aristarchos von Samos) diskutieren, allerdings, weil im Gegensatz zum Realitätsanspruch der Aristotelischen Physik stehend, ohne kosmologische Konsequenzen (↑Geozentrismus, ↑Heliozentrismus).

Die für die bis ins 16. Jh. bestehende Geltung einer ›geozentrischen‹ K. wesentlichen Elemente der Aristotelischen Physik sind: (1) der Aufbau einer Elemententheorie und einer *Theorie natürlicher Örter* (der Elemente), die kosmologisch ein geozentrisches System zur Konsequenz hat; (2) die Annahme, daß jede Orts- und Geschwindigkeitsänderung die Existenz einer wirkenden ↑Kraft voraussetzt, womit in kosmologischen Zusammenhängen die Annahme eines ›unbewegten Bewegers‹ (↑Beweger, unbewegter) erforderlich wird; (3) die Teilung des Kosmos in einen sublunaren Teil (›Welt unter dem Mond‹), der in der terrestrischen Physik ›natürlicher‹ und ›erzwungener‹ Bewegungen erfaßt wird, und einen supralunaren Teil (›Welt über dem Mond‹) unveränderlicher ↑Sphärenharmonie, die Gegenstand der Astronomie ist; (4) die Annahme undurchdringbarer fester Äthersphären (↑Äther). Die Aristotelische Physik hat damit kosmologisch die Unterscheidung zwischen einer ›mathematischen‹ (kinematischen, d. h. kräftefreien) und einer ›physikalischen‹ (dynamischen) Astronomie zur Folge, ein Umstand, der auch ihre Grenzen deutlich macht. Das wird darin erkennbar, daß die mathematische Astronomie deren Grundsätze nur unzureichend umsetzt (Epizykel haben nicht die Erde als Zentrum ihrer Rotationsbewegung) und die irdischen Beobachtungen die Himmelsbewegungen unterbestimmen (wie Apollonios von Perge und Hipparchos von Nikeia gezeigt hatten). Nach Simplikios (In Aristotelis physica commentaria, I–II, ed. H. Diels, Berlin 1882/1895 [CAG IX/X], I, 291), der damit auf diese Grenzen reagiert, ist es Aufgabe der physikalischen Astronomie, das Wesen des Himmels und der Gestirne zu erforschen (wozu die Aristotelische Physik eine konkurrenzlose Voraussetzung bot), Aufgabe der mathematischen Astronomie, zu beweisen, daß die supralunare Welt wirklich ein Kosmos, d. h. ein nach geometrischen Gesichtspunkten geordnetes System, ist (was durchaus auf der Basis unterschiedlicher, also auch heliozentrischer, Annahmen geschehen konnte).

Ausschlaggebend für die Abkehr von der Aristotelischen K. war das von T. ↑Brahe beobachtete Entstehen einer Nova im supralunaren Bereich und die exzentrische Bahnform von Kometen. J. Kepler setzt deshalb an die Stelle der ›mitführenden‹ Äthersphären die Annahme einer die Planeten treibenden magnetischen Zentralkraft der Sonne und ergänzt hierin, unter Aufhebung des Gegensatzes von mathematischer und physikalischer Astronomie, seine eigenen kinematischen Untersuchungen durch dynamische Argumente. Demgegenüber bleibt das Kopernikanische System zunächst noch eine ›mathematische Hypothese‹ (Versuch, den antiken Prinzipien einer Rettung der Phänomene unter Vermeidung Ptolemaiischer Ausgleichspunkte in einem mathematisch vereinfachten Modell wieder Geltung zu verschaffen). Eine dynamische Erklärung der Keplerschen Planetengesetze wird im 17. Jh. zunächst durch R. Descartes' *mechanistische* K. (↑Wirbeltheorie) versucht, bevor sie im Rahmen der Newtonschen Physik gelingt. Noch C. Huygens und Joh. Bernoulli vertreten dabei das mechanistische Paradigma unmittelbarer Kontaktwirkungen gegen I. Newtons Annahme, daß die ↑Gravitation eine Fernwirkung (↑actio in distans) und mechanistisch nicht zu erklären sei. Unter Voraussetzung der Newtonschen Gravitationstheorie ergaben sich wiederum erste, insbes. von E. Halley, H. W. M. Olbers und H. v. Seeliger diskutierte, Schwierigkeiten, und zwar hinsichtlich der Ausdehnung des Universums (ein endliches Universum müßte, so Halley, wegen der Gravitationswirkung der in seinem Innern befindlichen Sterne in sich zusammenstürzen), der Strahlungsdichte (unter der Voraussetzung, daß Dichte und Helligkeit der Sterne sich räumlich und zeitlich nicht ändern, der Raum euklidisch ist und die Gesetze der Newtonschen Physik auch global gelten, müßte, so Olbers, die Strahlungsdichte in jedem Punkte des unendlichen Universums unendlich groß sein), der Materieverteilung (Newtons Gravitationshypothese hat, so Seeliger, das Modell eines unendlichen, weitgehend leeren Universums zur Konsequenz, in dem sich inselartig die endliche Gesamtmasse der Himmelskörper um einen Mittelpunkt konzentriert) und der Stabilität (Instabilität einer derartigen endlichen Inselwelt, die zudem durch Strahlung und durch Abwanderung der Himmelskörper in den unendlichen Raum nach den Gesetzen der statistischen Mechanik mit der Zeit veröden würde).

Ergänzend zu theoretischen Überlegungen auf der Basis der Newtonschen Gravitationstheorie traten seit dem 18. Jh. Arbeiten der *empirischen Astronomie*, die wie bei F. W. Herschel mittels Stellarstatistik die linsenförmige Form der Milchstraße erschlossen und die verschiedenen Systeme von Himmelsobjekten von den Einzelsternen bis zu nicht auflösbaren Nebeln ordneten. I. Kant, J. H. Lambert und P. S. de Laplace erklärten die naturgeschichtliche Entstehung dieser Systeme, ebenfalls auf der Basis der Newtonschen Gravitationstheorie, in kosmogonischen Theorien (↑Kosmogonie). Während Kant dabei eine unendliche Hierarchie kosmischer Objekte zum Ausgangspunkt nahm, geht die heutige K. von einer endlichen Klassifizierung in Sterne, Sternhaufen, Galaxien, Galaxienhaufen, Supergalaxien und das metagalaktische System des Kosmos aus. Wichtige Hilfsdisziplinen einer astrophysikalisch orientierten K. sind seit Ende des 19. Jhs. die Photometrie und die Spektralanalyse. Die Schwierigkeiten der physikalischen Erklärung kosmologischer Vorgänge im unendlichen Raum konnten erst auf Grund der *relativistischen Gravitationstheorie* behoben werden (↑Relativitätstheorie, allgemeine).

Geht man von der *Expansion* des Universums in der Zeit aus (Deutung von Rotverschiebungen in den Spektrallinien ferner Galaxien als Indikator der Fluchtgeschwindigkeit auseinanderstrebender Galaxien, E. A. Hubble), so wird unterstellt, daß alle Raumpunkte physikalisch die gleiche Entwicklung durchlaufen, und zwar zeitlich so korreliert, daß für einen Beobachter alle Punkte im selben Abstand von ihm gerade im gleichen Entwicklungsstadium erscheinen. Das heißt: Für den Beobachter ist der räumliche Zustand des Universums zu jedem Zeitpunkt *homogen* und *isotrop* (↑Isotropie). Formuliert ist damit die geometrische Hypothese des so genannten *Kosmologischen Prinzips* (K. P.), das historische Vorläufer in den Homogenitätsforderungen der K. von Philolaos über N. Kopernikus bis Newton hat. Dabei handelt es sich allerdings um sehr großräumige (≥ 10^{10} Lichtjahre) und langzeitliche (≥ 10^{10} Jahre) Symmetrieannahmen (↑symmetrisch/Symmetrie (naturphilosophisch)). ›Homogenität‹ bedeutet dabei nur, daß im Mittel alle Raumpunkte einander gleichen, wobei ›im Kleinen‹, auf Grund unterschiedlicher Materiekondensationen einzelner Galaxien, durchaus ›Unregelmäßigkeiten‹ vorliegen können. Ein Beobachter wird nach dem K. P. mit einem kosmischen Standardkoordinatensystem ausgestattet, mit Standort z. B. in der Mitte der Milchstraße, wobei die Richtung der drei räumlichen Koordinaten x^1, x^2, x^3 durch die Sichtlinien zu hervorstechenden Galaxien und die Zeitkoordinate t durch eine ›kosmische Uhr‹ (z. B. monoton abnehmende Strahlungstemperatur eines ›schwarzen Körpers‹) bestimmt werden. Nach dem K. P. ist das Universum eine *vierdimensionale Riemannsche Raum-Zeit-Mannigfaltigkeit*, charakterisiert durch eine isometrische Transformationsgruppe (↑Differentialgeometrie). Mathematisch ist damit die so genannte *Robertson-Walker-Metrik* bestimmt, mit der sich das dreidimensionale räumliche Universum als die Oberfläche einer Kugel vom ›Weltradius‹ $R(t)$ interpretieren läßt, der in der expandierenden vierdimensionalen Mannigfaltigkeit mit der Zeit t wächst. Zu jedem Zeitpunkt ist das Universum *endlich*, aber *unbegrenzt*. Ergänzt man die mathematischen Folgerungen aus der rein geometrischen und daher apriorischen Annahme des K. P. durch Einsteins Gravitationsgleichungen, so lassen sich einige Größen wie

der Hubble-Parameter $h_1 = \dfrac{\dot{R}_0}{R_0}$,

der Beschleunigungsparameter $h_2 = \dfrac{\ddot{R}_0}{R_0}$ und

die dimensionslose Größe $q_0 = \dfrac{h_2}{h_1^2}$

mit dem Vorzeichen der Beschleunigungsrichtung berechnen, die einer empirischen Prüfung anhand astronomischer Beobachtungsdaten zugänglich sind.

Nach H. P. Robertson (1935/1936) und A. G. Walker wurden auch andere geometrische Prinzipien vorgeschlagen, die zu den Metriken anderer Modelle der K. führten. So geht H. Bondis ›Steady-State‹-*Modell* (1948) vom ›vollkommenen kosmologischen Prinzip‹ eines räumlich und zeitlich homogenen und isotropen Universums aus. Dieses Modell läßt zwar keine Entwicklung zu, muß aber die physikalisch merkwürdige Annahme einer stetigen Materieschöpfung im Sinne einer ↑›creatio ex nihilo‹ machen. Zu erwähnen ist ferner K. Gödels Annahme (1949) eines homogenen, nicht-isotropen Universums. Aus der Fülle der expandierenden, kontrahierenden und oszillierenden Modelle der K. hat sich seit der Entdeckung der isotropen 3-K(oder 2,7-K)-Hintergrundstrahlung (1965) und auf Grund der Statistiken der bisher beobachteten Galaxienverteilung das Expansionsmodell nach Robertson/Walker empirisch am besten bewährt. Auch theoretisch läßt sich dieses Modell durch die relativistische Gravitationstheorie und quantenphysikalische Untersuchungen über Frühstadien des Universums erklären. Begriffliche Schwierigkeiten machen derzeit noch *physikalische Singularitäten* dieser Modelle, z. B. die Anfangssingularität mit dem angenommenen Nullpunkt der Zeit oder unter bestimmten Randbedingungen nicht-fortsetzbare zeitartige Geodätische der Raum-Zeit-Mannigfaltigkeit, die physikalisch als Gravitationskollaps (›Schwarzes Loch‹) auftreten. Diese Schwierigkeiten sind abschließend nur durch eine noch ausstehende Theorie der *Quantengravitation* (↑Gravitation) zu klären. Insofern haben auch bisherige Versuche zur Erklärung der hohen Symmetrie des Universums spekulativen Charakter (z. B. die mit Blick auf G. W. Leibnizens Theodizee vertretene Annahme, daß die wirkliche Welt deshalb so isotrop sei, weil unter den möglichen Welten [↑Welt, mögliche] nur bei dieser Voraussetzung organisches und bewußtes Leben möglich sei). – Zur empirischen Überprüfung der mathematisch-physikalischen Modelle der K. stehen heute eine Reihe neuartiger Meßverfahren zur Verfügung, die z. B. in der Radio-, der Infrarot- und der Röntgenastronomie (letztere nach Entwicklung der Satellitentechnik), ferner in der Gravo-Astronomie (mittels Messung von Schwerewellen aus dem All) und in der Neutrino-Teleskopie Anwendung finden.

Im Unterschied zur wissenschaftlichen Geschichte der K. betreibt die ›philosophische‹ Geschichte der K. (mit Kant) ihre eigene Auflösung. Im Sinne der Wolffschen Bestimmungen treten als rationale K.n sowohl physische Ontologien als auch apriorische Begründungsversuche physikalischer Theorien auf (z. B. zählt Lambert die rationale oder ›transzendentale‹ K. neben Arithmetik, Geometrie, Phoronomie, Logik, Ontologie und Chronometrie zu den apriorischen Wissenschaften; Über die Methode die Metaphysik, Theologie und Moral richtiger zu beweisen, ed. K. Bopp, Berlin 1918 [Kant-St. Erg.hefte 42], 28). Gegen entsprechende philosophische Reflexionen über Unendlichkeit (↑unendlich/Unendlichkeit) bzw. Endlichkeit von ↑Raum und ↑Zeit, Existenz bzw. Nichtexistenz elementarer (nicht zusammengesetzter) ↑Substanzen, Anwendbarkeit bzw. Nichtanwendbarkeit des Begriffs einer kausalen Determination (↑Determinismus) des Naturgeschehens auch auf Handlungen richtet sich Kants Konstruktion und Analyse der kosmologischen ↑Antinomie (KrV B 432 ff.). Ergebnis ist, daß dem »dialektische(n) Spiel der kosmischen Ideen« kein »congruierender Gegenstand in irgend einer möglichen Erfahrung gegeben« werden kann (KrV B 490), d. h., daß die Welt insgesamt kein empirischer Gegenstand der Erkenntnis ist. Nur wo dies fälschlicherweise angenommen wird, lassen sich z. B. sowohl für die Behauptung, daß die Welt dem Raume nach endlich sei, als auch für die Behauptung, daß sie dem Raume nach unendlich sei – also für zwei kontradiktorische Aussagen –, vermeintliche Begründungen angeben. Wenn Kant selbst dennoch an einer philosophischen Behandlung ›kosmologischer Ideen‹ in der Weise von ›transzendentalen Ideen‹ bzw. ↑›regulativen Ideen‹ festhält, dann unter dem Gesichtspunkt, daß es sich hier um Perspektiven der Organisation des Wissens in einer nicht nur fachwissenschaftlichen Absicht handelt. Demgegenüber gehört zur wissenschaftlichen Geschichte der K. (unter Berücksichtigung der erkenntnistheoretischen Probleme, die sich auch hier mit der Annahme der Einheit und der Singularität des Universums verbinden), daß ihre Gegenstände *mathematisch-physikalische Modelle* sind, die durch relativistische und quantenphysikalische Theorien (↑Quantentheorie) erklärt und durch astrophysikalische *Messungen* und *Beobachtungen* überprüft werden. In der Regel wird aus diesem Grund die K. auch nicht länger als Grundlagendisziplin der Naturwissenschaft mit universalen Gesetzesaussagen, sondern als Anwendung der grundlegenden Quanten- und Relativitätstheorie auf Probleme z. B. der Astrophysik verstanden. Eine Ausnahme gegenüber dieser Auffassung bildet E. A. Milne mit seinem Versuch, die Physik auf bestimmte apriorische Annahmen der K. über Geometrie und Kinematik zu gründen. Gegenüber einem derartigen wissenschaftstheoretischen ↑Apriorismus führen konven-

tionalistische Ansätze (↑Konventionalismus) die Modelle der K. auf eine geeignete Wahl metrischer Annahmen zurück, um Beobachtungs- und Meßaussagen mit einfachen Gesetzen erfassen zu können. *Ontologische* Interpretationen gehen von der Entdeckung bereits festliegender kosmischer Strukturen einer einheitlichen Welt aus, die das Verhalten physikalischer Objekte bestimmen. In deduktiven Erklärungsmodellen (↑Erklärung) wiederum werden theoretische Begriffe (↑Begriffe, theoretische), z. B. der des metrischen Feldes, als semantische Bezugsobjekte gewählt, deren Struktur durch mathematische Terme der jeweiligen Theorien (z. B. $g_{\mu\nu}$ aus der Gravitationstheorie) festgelegt ist. In technisch orientierten Ansätzen schließlich faßt man Modelle der K. als mathematische Instrumente zur Prognose und Erklärung astrophysikalischer Daten auf.

Literatur: F. Adams/G. Laughlin, The Five Ages of the Universe. Inside the Physics of Eternity, New York 1999, New York/London 2000 (dt. Die fünf Zeitalter des Universums. Eine Physik der Ewigkeit, Stuttgart/München 2000, München 2004); W. Baade, Evolution of Stars and Galaxies, ed. C. Payne-Gaposchkin, Cambridge Mass., London 1963, Cambridge Mass./London 1975; J. D. Barrow/F. J. Tipler, The Anthropic Cosmological Principle, Oxford 1986, Oxford/New York 1996; C. Blacker/M. Loewe (eds.), Ancient Cosmologies, London 1975 (dt. Weltformeln der Frühzeit. Die K.n der alten Kulturvölker, Düsseldorf/Köln 1977); H. Blumenberg, Die Genesis der kopernikanischen Welt, Frankfurt 1975, I–III, 1981, 1996; H. Bondi, Cosmology, Cambridge/New York 1952, ²1960, 1968; ders., Some Philosophical Problems in Cosmology, in: C. A. Mace (ed.), British Philosophy in the Mid-Century. A Cambridge Symposium, London 1957, 1966, 391–400; ders./T. Gold, The Steady-State Theory of the Expanding Universe, Monthly Notices Royal Astron. Soc. 108 (1948), 252–270; W. B. Bonnor, The Mystery of the Expanding Universe, New York 1964, London 1965, New York 1968; G. Börner, K., Frankfurt 2002, ²2004; ders., Schöpfung ohne Schöpfer? Das Wunder des Universums, München 2006, unter dem Titel: Das neue Bild des Universums. Quantentheorie, K. und ihre Bedeutung, München 2009; ders./J. Ehlers/H. Meier (eds.), Vom Urknall zum komplexen Universum. Die K. der Gegenwart, München/Zürich 1993; J. Charon, XXV siècles de cosmologie, Paris 1980, Monaco 1989 (dt., aus dem Ms. übers., Geschichte der K., München 1970); J. Cornell (ed.), Bubbles, Voids and Bumps in Time. The New Cosmology, Cambridge etc. 1989, 1991 (dt. Die neue K.. Von Dunkelmaterie, GUTs und Superhaufen, Basel/Boston Mass./Berlin 1991); M. J. Crowe, Modern Theories of the Universe. From Herschel to Hubble, New York, London, Toronto 1994; P. Couderc, L'expansion de l'univers, Paris 1950 (engl. The Expansion of the Universe, London, New York 1952); P. Duhem, Le Système du monde. Histoire des doctrines cosmologiques de Platon à Copernic, I–X, Paris 1914–1959, 1984–1988 (engl. [gekürzt] Medieval Cosmology. Theories of Infinity, Place, Time, Void, and the Plurality of Worlds, Chicago Ill./London 1985, ³1990); A. Eddington, The Expanding Universe, Cambridge 1933, Cambridge/New York 1987 (dt. Dehnt sich das Weltall aus?, Stuttgart 1933); A. Einstein, Zum kosmologischen Problem der allgemeinen Relativitätstheorie, Berlin 1931 (Sitz.ber. Preuß. Akad. Wiss., phys.-math. Kl. 1931), 235–237; B. Falkenburg, Kants K.. Die wissenschaftliche Revolution der Naturphilosophie im

18. Jahrhundert, Frankfurt 2000; D. J. Furley, K., LAW (1965), 1602–1608; ders., The Greek Cosmologists I (The Formation of the Atomic Theory and Its Earliest Critics), Cambridge etc. 1987 [nur Bd. I erschienen]; ders., Cosmology, in: K. Algra u. a. (eds.), The Cambridge History of Hellenistic Philosophy, Cambridge etc. 1999, 2005, 412–451; G. Gale, Cosmology. Methodical Debates in the 1930 s and 1940 s, SEP 2002, rev. 2007; M. Gasperini, Elements of String Cosmology, Cambridge etc. 2007; K. Gödel, An Example of a New Type of Cosmological Solutions of Einstein's Field Equations, Rev. Mod. Phys. 21 (1949), 447–450; H. Gönner, Einführung in die K., Heidelberg/Berlin/Oxford, 1994; E. Grant, Physical Science in the Middle Ages, New York/Chichester 1971, Cambridge/New York 1977, 1993 (dt. Das physikalische Weltbild des Mittelalters, Zürich/München 1980; franz. La physique au Moyen Âge, Paris 1995); ders., Planets, Stars, and Orbs. The Medieval Cosmos, 1200–1687, Cambridge/New York/ Melbourne 1994, 1996; G. Graßhoff, K., DNP VI (1999), 769– 778; M. B. Green, The Elegant Universe. Superstrings, Hidden Dimensions, and the Quest for the Ultimate Theory, New York, London 1999, London 2000 (dt. Das elegante Universum. Superstrings, verborgene Dimensionen und die Suche nach der Weltformel, Berlin 2000, München 2006); ders./J. Schwartz/E. Witten, Superstring Theory, I–II, Cambridge etc. 1987, I, 2002, II, 1999; J. Gribbin, In Search of the Big Bang. Quantum Physics and Cosmology, London/New York 1986, mit Untertitel: The Life and Death of the Universe, London etc.1998 (franz. À la poursuite du Big Bang, Monaco 1991, Paris 1994; dt. Die erste Genesis. Gott, die Zeit und der Urknall, Essen etc. 1995); A. Grünbaum, Some Highlights of Modern Cosmology and Cosmogony, Rev. Met. 5 (1952), 481–498; A. H. Guth, The Inflationary Universe. The Quest for a New Theory of Cosmic Origins, London, Reading Mass. 1997, London 1998 (dt. Die Geburt des Kosmos aus dem Nichts. Die Theorie des inflationären Universums, München, Darmstadt 1999, München 2002); J. J. Halliwell, Quantum Cosmology, Cambridge/New York 1992; E. E. Harris, Cosmos and Anthropos. A Philosophical Interpretation of the Anthropic Cosmological Principle, Atlantic Highlands N. J./London 1991; E. R. Harrison, Cosmology. The Science of the Universe, Cambridge etc. 1981, [2]2000, 2005 (dt. K.. Die Wissenschaft vom Universum, Darmstadt 1983, [3]1990); S. W. Hawking, Quantum Cosmology, in: ders./W. Israel (eds.), Three Hundred Years of Gravitation, Cambridge etc. 1987, 1996; ders., A Brief History of Time. From the Big Bang to Black Holes, London/Toronto/New York 1988, 1998 (dt. Eine kurze Geschichte der Zeit, Reinbek b. Hamburg 1988, 2005; franz. Une brève histoire du temps. Du Big Bang au trous noirs, Paris 1989, 2007); ders., Hawking on Big Bang and Black Holes, Singapur etc. 1993 [ausgew. Aufsätze 1970–1992 von Hawking zum Thema]; J. F. Hawley/K. A. Holcomb, Foundations of Modern Cosmology, Oxford/New York 1998, [2]2005, 2007; N. S. Hetherington (ed.), Encyclopedia of Cosmology. Historical, Philosophical, and Scientific Foundations of Modern Cosmology, New York 1993; ders., Cosmology. Historical, Literary, Philosophical, and Scientific Perspectives, New York 1993; F. Hoyle, Steady-State Cosmology Re-visited, Cardiff 1980; ders./G. Burbidge/J. V. Narlikar, A Different Approach to Cosmology. From a Static Universe through the Big Bang towards Reality, Cambridge etc. 2000, 2005; E. P. Hubble, The Realm of the Nebulae, New Haven Conn., London 1936, New Haven Conn. 1982 (dt. Das Reich der Nebel, Braunschweig 1938); ders., The Observational Approach to Cosmology, Oxford 1937; M. Jammer, Concepts of Space. The History of Theories of Space in Physics, Cambridge Mass. 1954, [2]1969, NewYork, London [3]1993 (dt. Das Problem des

Raumes. Die Entwicklung der Raumtheorien, Darmstadt 1960, [2]1980; franz. Concepts d'espace. Une histoire des théories de l'espace en physique, Paris 2008); B. Kanitscheider, Philosophisch-historische Grundlagen der physikalischen K., Stuttgart etc. 1974; ders., K.. Geschichte und Systematik in philosophischer Perspektive, Stuttgart 1984, [3]2002 (mit Bibliographie, 467– 493); W. C. Keel, The Road to Galaxy Formation, Berlin/Heidelberg/New York, Chichester 2002, 2007; P. Kerszberg, The Invented Universe. The Einstein-De Sitter Controversy (1916–17) and the Rise of Relativistic Cosmology, Oxford 1989; C. Kiefer, Der Quantenkosmos, Frankfurt 2008, 2009; R. P. Kirshner, The Extravagant Universe. Exploding Stars, Dark Energy, and the Accelerating Cosmos, Princeton N. J./Oxford 2002, 2004; A. Koyré, From the Closed World to the Infinite Universe, Baltimore Md./London 1957, 1994 (franz. Du monde clos à l'univers infini, Paris 1962, 2005; dt. Von der geschlossenen Welt zum unendlichen Universum, Frankfurt 1969, 2008); H. Kragh, Cosmology and Controversy. The Historical Development of Two Theories of the Universe, Princeton N. J./Chichester 1996; ders., Conceptions of Cosmos. From Myths to the Accelerating Universe. A History of Cosmology, Oxford/New York 2007; J. Leslie (ed.), Physical Cosmology and Philosophy, New York/London 1990, unter dem Titel: Modern Cosmology & Philosophy, Amherst N. Y. 1998, 2008; ders., Cosmology and Theology, SEP 1998; A. Liddle/J. Loveday, The Oxford Companion to Cosmology, Oxford/New York 2008; M. S. Longair, The Cosmic Century. A History of Astrophysics and Cosmology, Cambridge etc. 2006, 2007; P. Lorenzen, Relativistische Mechanik mit klassischer Geometrie und Kinematik, Math. Z. 155 (1977), 1–9; K. Mainzer, Geschichte der Geometrie, Mannheim/Wien/Zürich 1980; E. McMullin, Cosmology, REP II (1998), 677–681; G. C. McVittie, General Relativity and Cosmology, London, New York 1956, Urbana Ill. [2]1965; J. Merleau-Ponty, Cosmologie du XXe siècle. Étude épistémologique et historique des théories de la cosmologie contemporaine, Paris 1965, 1980; ders./B. Morando, Les trois étapes de la cosmologie. Comment a évolué la conception de l'univers de l'Antiquité à nos jours, Paris 1971 (engl. The Rebirth of Cosmology, New York 1976, Athens Ohio 1982); J. Meurers, K. heute. Eine Einführung in ihre philosophischen und naturwissenschaftlichen Problemkreise, Darmstadt 1984; E. A. Milne, Kinematic Relativity. A Sequel to Relativity, Gravitation and World Structure, Oxford 1948, 1951; J. Mittelstraß, Die Rettung der Phänomene. Ursprung und Geschichte eines antiken Forschungsprinzips, Berlin 1962; ders., K., Hist. Wb. Ph. IV (1976), 1153–1155; L. Motz, Cosmology since 1850, DHI I (1973), 554–570; H. A. Müller (ed.), K. Fragen nach Evolution und Eschatologie der Welt, Göttingen 2004; M. K. Munitz (ed.), Theories of the Universe. From Babylonian Myth to Modern Science, Glencoe Ill. 1957, New York, London 1965; ders., Cosmic Understanding. Philosophy and Science of the Universe, Princeton N. J./Guildford 1986; J. Narlikar, The Structure of the Universe, London/New York 1977, 1980; ders., An Introduction to Cosmology, Boston Mass./Portola Valley Calif. 1983, Cambridge etc. [3]2002; J. D. North, The Measure of the Universe. A History of Modern Cosmology, Oxford 1965, Dover 1990; J.-C. Pecker, Understanding the Heavens. Thirty Centuries of Astronomical Ideas from Ancient Thinking to Modern Cosmology, Berlin etc. 2001; P. J. Peebles, Principles of Physical Cosmology, Princeton N. J./Chichester 1993; J. Polchinski, String Theory, I– II, Cambridge etc. 1998, 2005; H. R. Quinn/Y. Nir, The Mystery of the Missing Antimatter, Princeton N. J./Woodstock 2008; H. P. Robertson, Kinematics and World-Structure, I–III, Astrophys. J. 82 (1935), 284–301, 83 (1936), 187–201, 257–271; E.

Rosen, Cosmology from Antiquity to 1850, DHI I (1973), 535–554; W. G. Saltzer u. a. (eds.), Die Erfindung des Universums? Neue Überlegungen zur philosophischen K., Frankfurt 1997; D. W. Sciama, Modern Cosmology and the Dark Matter Problem, Cambridge etc. 1993, Nachdr. 1995; H. v. Seeliger, Ueber das Newton'sche Gravitationsgesetz, Astron. Nachr. 137 (1895), 129–136; J. Silk, The Infinite Cosmos. Questions from the Frontiers of Cosmology, Oxford/New York 2006, 2008 (dt. Das fast unendliche Universum. Grenzfragen der K., München 2006); R. Smid/N. Hetherington, Cosmology, NDHI II (2005), 480–487; R. W. Smith, The Expanding Universe. Astronomy's ›Great Debate‹ 1900–1931, Cambridge etc. 1982; W. Stegmüller, Hauptströmungen der Gegenwartsphilosophie. Eine kritische Einführung II, Stuttgart [6]1979, 495–617 (Kap. IV Die Evolution des Kosmos), III, [8]1987, 3–171 (Kap. I Die Evolution des Kosmos); B. Sticker/F. Krafft (eds.), Bau und Bildung des Weltalls. Kosmologische Vorstellungen in Dokumenten aus zwei Jahrtausenden, Freiburg/Basel/Wien 1967; L. Susskind, The Cosmic Landscape. String Theory and the Illusion of Intelligent Design, New York/Boston Mass. 2005, 2006 (franz. Le paysage cosmique. Notre univers en cacherait-il des millions d'autres?, Paris 2007, 2008); ders., The Black Hole War. My Battle with Stephen Hawking to Make the World Safe for Quantum Mechanics, New York/London 2008; S. Toulmin, The Return to Cosmology. Postmodern Science and the Theology of Nature, Berkeley Calif./Los Angeles/London 1982, 1985; ders./J. Goodfield, The Fabric of the Heavens, London, New York 1961, Harmondsworth 1963, mit Untertitel: The Development of Astronomy and Dynamics, Chicago Ill./London 1999 (dt. Modelle des Kosmos, München 1970); H.-J. Treder, Relativität und Kosmos. Raum und Zeit in Physik, Astronomie und K., Berlin, Oxford, Braunschweig 1968, [2]1970; A. Unsöld, Der neue Kosmos, Berlin/Heidelberg/New York 1967, ab [3]1981 mit B. Baschek, Berlin etc. [7]2002, 2005 (engl. The New Cosmos, New York, London 1969, Berlin etc. [5]2001); A. G. Walker/H. S. Ruse/T. J. Lillmore, Harmonic Spaces, Rom 1961; S. Weinberg, Gravitation and Cosmology. Principles and Applications of the General Theory of Relativity, New York etc. 1972; ders., Cosmology, Oxford/New York 2008; C. F. v. Weizsäcker, Die Tragweite der Wissenschaft I (Schöpfung und Weltentstehung. Die Geschichte zweier Begriffe), Stuttgart 1964, [6]1990 (ergänzt um den bisher unveröffentl. 2. Teil), [7]2006; J. A. Wheeler, Geometrodynamics/Geometrodinamica, New York/London 1962; M. R. Wright, Cosmology in Antiquity, London/New York 1995, 1996.   J. M./K. M.

Kosmos (griech. *κόσμος*), ursprünglich Anordnung (besonders der militärische Befehl), dann allgemein: zweckvoll gegliederte Ordnung, auch Verfassungsform, Brauch, Sitte, Tugend, Ehre, Schmuck. Als Terminus der ↑Naturphilosophie: Ordnung des Weltalls (im Gegensatz zum ungeordneten ↑Chaos). Bei den ↑Vorsokratikern ist keine einheitliche, auf die Weltordnung bezogene Verwendung des Wortes ›K.‹ festzustellen; Synonyme wie ›Himmel‹, ›Olymp‹, ›das All‹, ›das Ganze‹ finden sich noch bei Platon und Aristoteles. Als erster benutzt der ↑Pythagoreer Philolaos (5. Jh. v. Chr.) das Wort ›K.‹ terminologisch für den (durch das Prinzip der Harmonie bewirkten) Ordnungszustand des Weltganzen.

Neben den (eher mythologischen) Weltentstehungslehren (↑Kosmogonie) und der ↑Kosmologie behandeln die im engeren Sinne philosophischen K.theorien spekulative Fragen wie die nach der Endlichkeit bzw. ↑Ewigkeit der Welt, der Begrenztheit bzw. Unbegrenztheit des Alls, der Position der Erde im Gesamtkosmos (↑Geozentrismus, ↑Heliozentrismus), der geometrischen Form der Erde (Scheibe, Kugel), der Konstruktion von Weltperioden und der Möglichkeit bzw. Notwendigkeit der Existenz des Leeren (innerhalb der Welt oder außerhalb, ↑Leere, das) und der Annahme einer die sichtbare Welt umschließenden Ätherhülle (↑Äther). Hinzu kommen Probleme der Begriffsbestimmung, die sich teils auf die Definition des K., teils auf Lagebestimmungen wie ›links/rechts‹, ›oben/unten‹ ›vorne/hinten‹ beziehen. Die frühen philosophischen K.theorien sind dabei weitgehend von religiösen Vorstellungen geprägt. Anaximander, der die Ordnung der Gestirne nach mathematisch-harmonischen Prinzipien konstruiert, deutet z. B. das Weltganze noch auf mythisch-religiöse Weise als eine göttlicher Anordnung unterstellte Rechtsgemeinschaft der Dinge. Mit der zunehmenden Emanzipation der Philosophie von ↑Religion und ↑Mythos (z. B. im ↑Atomismus) setzt sich die Annahme durch, daß die Welt als eine nach Vernunftprinzipien gegliederte Ordnung zu verstehen sei. Melissos von Samos vertritt die These der Ewigkeit der Welt, d. h. ihrer Anfangs- und Endlosigkeit, und ihrer räumlichen Begrenztheit. Der Pythagoreer Philolaos von Kroton entwickelt als erster eine explizite K.theorie, in der er unter anderem die Kugelgestalt und die Kreisbewegung der Erde annimmt. Nach Platon (Tim. 29a–34 a) wird der K. durch die an teleologischen (↑Teleologie) Prinzipien ausgerichtete Vernunft eines ↑Demiurgen aus einer schon vorhandenen Substanz geschaffen; er ist also geworden, doch nicht in, sondern vor der Zeit. Charakterisiert wird er als einzigartiges, vollkommenstes und schönstes Lebewesen, das alles andere in sich einschließt, als vernünftig, beseelt, unvergänglich und göttlich. Auch für Aristoteles ist der K. ein Wesen dieser Art, jedoch nicht entstanden. Die kugelförmig vorgestellte Erde verharrt unbewegt in der Mitte des Alls; der K. ist ein in sich abgeschlossenes System und räumlich begrenzt, außerhalb des K. gibt es weder einen Körper noch einen leeren Raum. Der Peripatetiker Straton von Lampsakos behauptet gegen Aristoteles, der K. sei nicht beseelt oder vernunftbegabt und werde nicht von einem außerkosmischen Gott oder einem transzendenten Vernunftprinzip, sondern allein durch seine immanente Naturgesetzmäßigkeit gelenkt. Die Epikureer (↑Epikureismus), die die gleichzeitige Existenz unendlich vieler Welten für möglich halten, definieren den K. als das, »was vom Himmel umfaßt wird, Gestirne, Erde und überhaupt alle Phänomene«, sie sehen in ihm »ein System, bei dessen Auflösung alle Teile in sich zusammenfallen«. In der ↑Stoa findet sich neben einem ähnlich konzipierten physikalischen auch ein theologisch-religiöser K.begriff. K. wird hier als System von Menschen und Göttern bzw. als oberster Gott (autarkes Vernunftwesen und wirkende ↑Weltseele zugleich) verstanden, der mit dem ↑›Pneuma‹ die Welt zusammenhält. Ein dem Weltall innewohnendes Feuer verursacht in periodisch wiederkehrenden Abständen eine mit reinigender Wirkung (κάθαρσις) verbundene totale Weltverbrennung (ἐκπύρωσις), nach der das All jeweils wieder neu entsteht. Der stoisierende Astronom Kleomedes vertritt die These, daß es innerhalb des K. keinen leeren Raum gebe, wohl aber außerhalb desselben, d. h. außerhalb der alles umschließenden Ätherhülle, und zwar als etwas Unendliches und Unbegrenztes.

↑Neupythagoreismus und ↑Neuplatonismus sind in ihren K.vorstellungen stark von Religion, ↑Mystik und Magie beeinflußt; sie betonen vor allem die Göttlichkeit, Vollkommenheit, Einheit und Ewigkeit des K. und seiner Gesetze. Der Neuplatonismus unterscheidet den sichtbaren K. vom ideellen K. (κόσμος νοητός), dem transzendenten Bereich Gottes. – In den neutestamentlichen Schriften bedeutet ›K.‹ nicht Ordnung, sondern Welt, und zwar als Inbegriff aller Bestandteile des Geschaffenen, als Wohnstätte der Menschen, als schlechte, dem Schöpfer entfremdete Welt, als Ort des Heilswirkens Gottes. Das Mittelalter übernimmt vor allem die neutestamentlichen, aber auch die philosophischen K.deutungen der Antike; das Wort ›K.‹ wird, in der Bedeutung ›Weltganzes‹, durch das Wort ›Universum‹ verdrängt.

Die Deutung des Menschen und anderer Lebewesen als Mikrokosmos (d. h. als geordnete Einheit, die alle Kräfte und Eigenschaften des K. besitzt) findet sich z. B. bei Demokrit und Aristoteles, vor allem aber in der Stoa, die auch die Vorstellung des Kosmopoliten entwickelte, d. h. des Weisen als Bürgers eines (utopisch-fiktiven, von faktischen Staats- und Nationengrenzen unabhängigen) Gemeinwesens, in dem das kosmische Vernunftgesetz herrscht. In der ↑Alchemie wird der Zusammenhang von Mikrokosmos und ↑Makrokosmos zur naturphilosophischen Lehre von einer umfassenden Analogie beider Bereiche ausgebaut.

Literatur: W. Burkert, Weisheit und Wissenschaft. Studien zu Pythagoras, Philolaos und Platon, Nürnberg 1962 (engl. Lore and Science in Ancient Pythagoreanism, Cambridge Mass. 1972); E. Cassirer, Logos, Dike, K. in der Entwicklung der griechischen Philosophie, Göteborg 1941; H. Diller, Der vorphilosophische Gebrauch von κόσμος und κοσμεῖν, in: Festschrift B. Snell zum 60. Geburtstag am 18. Juni 1956 von Freunden und Schülern überreicht, München 1956, 47–60, Nachdr. in: ders., Kleine Schriften zur antiken Literatur, ed. H.-J. Newiger/ H. Seyffert, München 1971, 73–87; K. Ebert, K. III, Hist. Wb. Ph. IV (1976), 1174–1176; M. Gatzemeier, K. I, Hist. Wb. Ph. IV (1976), 1167–1173; C. Haebler, K.. Eine etymologisch-wortgeschichtliche Untersuchung, Arch. Begriffsgesch. 11 (1967), 101–118; J. Kerschensteiner, K.. Quellenkritische Untersuchungen zu den Vorsokratikern, München 1962; W. Kranz, K., Teil 1, Arch. Begriffsgesch. 2/1 (1955), 7–113, Teil 2, Arch. Begriffsgesch. 2/2 (1957), 115–282; F. Laemmli, Vom Chaos zum K.. Zur Geschichte einer Idee, I–II, Basel 1962.   M. G.

Kosten, ↑Kosten-Nutzen-Analyse.

Kosten-Nutzen-Analyse (engl. cost-benefit analysis), Bezeichnung einer Methode, mit der Handlungen oder Projekte bewertet werden können. Die K. vergleicht den erwarteten ↑Nutzen eines Projektes mit seinen erwarteten Kosten. Ein Projekt ist um so vorteilhafter, je höher der Nutzenzuwachs durch seine Realisierung ausfällt. Eine K. ist nie rein wissenschaftlich im üblichen Sinne, da zur Beurteilung der Kosten und des Nutzens ↑normative Kriterien erforderlich sind, die philosophisch zu begründen sind. Sie kann somit nur insofern sinnvoll eingesetzt werden, als ihre normativen Voraussetzungen erfüllt bzw. akzeptiert sind.

Obwohl sich ›Kosten‹ und ›Nutzen‹ auf vielerlei Art interpretieren lassen, folgt die K. in der Praxis meist konsequentialistischen Kriterien (↑Konsequentialismus). Ein normativ schwaches konsequentialistisches Kriterium ist die Pareto-Effizienz (↑Pareto). Ein Zustand *A* ist Pareto-superior verglichen mit einem anderen Zustand *B*, wenn es in *A* mindestens einer Person besser geht als in *B* und keiner schlechter. Pareto-Effizienz ist erreicht, wenn es keine Pareto-superioren Zustände gibt. Dieses Kriterium läßt offen, wie ›besser‹ und ›schlechter‹ zu verstehen sind; in der Wohlfahrtsökonomie wird »*A* ist besser als *B*« aber üblicherweise so gedeutet, daß mindestens eine Person lieber Zustand *A* als Zustand *B* realisiert sähe und niemand lieber *B* als *A*.

Pareto-Effizienz erweist sich in der Realität allerdings als ungeeignetes Kriterium, da es bei fast allen Projekten nicht nur Gewinner gibt. Dies gilt insbes., wenn auch die Opportunitätskosten betrachtet werden, d. h., wenn berücksichtigt wird, was man mit den für ein geplantes Projekt verausgabten Ressourcen andernfalls hätte tun können. Aus diesem Grunde findet auch das so genannte Kaldor-Hicks-Kriterium Anwendung, das erfüllt ist, wenn die Gewinner einer Veränderung die Verlierer kompensieren *könnten*; eine tatsächliche Kompensation ist nicht gefordert. Das Kaldor-Hicks-Kriterium setzt also voraus, daß Gewinne und Verluste auch über Personengrenzen hinweg miteinander verrechnet werden können. Diese Annahme, die dem klassischem ↑Utilitarismus zugrunde liegt, wurde insbes. von J. Rawls kritisiert. Im weitverbreitete ›willingness to pay approach‹ (WTP) wird das Kaldor-Hicks-Kriterium in Geldeinheiten überprüft. Wenn die Gewinner eines Projektes zur Zahlung eines höheren Geldbetrages bereit wären, als die Verlierer als Kompensationszahlung erhalten müßten, um dem Projekt indifferent gegenüberzustehen, würde

WTP die Veränderung gutheißen. WTP setzt also zusätzlich voraus, daß Gewinne und Verluste daran gemessen werden können, was Gewinner und Verlierer tatsächlich bereit wären zu zahlen. Wenngleich diese Betrachtung vermutlich verfälschende ungleiche Vermögensverhältnisse der betroffenen Parteien zwar rechnerisch normalisiert und strategisch motivierte Falschaussagen mit mikroökonomischen Mechanismen annäherungsweise ausgeschlossen werden können, erscheint diese Methode bei Gütern, für die es keine Marktpreise gibt, wie z. B. Menschenleben, Organen, vom Aussterben bedrohten Tiergattungen, Naturschutzgebieten oder Klimaveränderungen, besonders fragwürdig.

Literatur: M. D. Adler/E. A. Posner, Cost-Benefit Analysis. Legal, Economic and Philosophical Perspectives, Chicago Ill./London 2001; dies., New Foundations of Cost-Benefit Analysis, Cambridge Mass./London 2006; E. Anderson, Values, Risks, and Market Norms, Philos. and Public Affairs 17 (1988), 54–65; R. Audi, The Ethical Significance of Cost-Benefit Analysis in Business and the Professions, Business and Professional Ethics J. 24 (2005), 3–21; D. Copp, The Justice and Rationale of Cost-Benefit Analysis, Theory and Decision 23 (1987), 65–87; A. Gewirth, Two Types of Cost-Benefit Analysis, in: D. Scherer (ed.), Upstream/Downstream. Issues in Environmental Ethics, Philadelphia Pa. 1990, 205–232; S. O. Hansson, Philosophical Problems in Cost-Benefit Analysis, Economics and Philos. 23 (2007), 163–183; J. Hicks, The Foundations of Welfare Economics, Economic J. 49 (1939), 696–712; D. C. Hubin, The Moral Justification of Benefit/Cost Analysis, Economics and Philos. 10 (1994), 169–194; N. Kaldor, Welfare Propositions in Economics and Interpersonal Comparisons of Utility, Economic J. 49 (1939), 549–552; E. A. Posner, Catastrophe. Risk and Response, New York/Oxford 2004; D. Schmidtz, A Place for Cost-Benefit Analysis, Philos. Issues 11 (2001), 148–171; R. Sugden/A. Williams, The Principles of Practical Cost-Benefit Analysis, Oxford 1978, 1985; C. R. Sunstein, Cost-Benefit Analysis and the Environment, Ethics 115 (2004/2005), 351–385; D. Whittington/D. MacRae, The Issue of Standing in Cost-Benefit Analysis, J. Policy Analysis and Management 5 (1986), 665–682. C. S.-P.

Kotarbiński, Tadeusz, *Warschau 31. März 1886, †ebd. 3. Okt. 1981, poln. Philosoph, Mitglied der so genannten ↑›Warschauer Schule‹. Nach zwei Jahren Architekturstudium in Darmstadt 1907–1912 Studium der klassischen Philologie und der Philosophie an der Universität Lemberg (Lwów), Philosophie insbes. bei K. Twardowski; 1912 Promotion (Utylitaryzm w etice Milla i Spencera [Utilitarismus in der Ethik von Mill und Spencer], Krakau 1915). Von 1918 (seit 1919 als Professor) bis zur Emeritierung 1957 einer der einflußreichsten Lehrer für Philosophie im Sinne einer Lehre des ›exakten Denkens‹ an der Universität Warschau, vor allem in den 30er Jahren verbunden mit öffentlichem Engagement gegen den wachsenden Nationalismus, Klerikalismus und Antisemitismus in Polen, während des zweiten Weltkrieges unterbrochen von Lehrtätigkeit im Untergrund und anschließend in Łódź, wo er am Wiederaufbau der

Universität maßgeblich beteiligt war (Rektorat 1945–1949); 1951 Rückkehr nach Warschau. Ehrendoktor mehrerer Universitäten, Mitglied zahlreicher wissenschaftlicher Gesellschaften, unter anderem 1957–1962 Präsident der polnischen Akademie der Wissenschaften, 1960–1963 Präsident des Institut International de Philosophie. 1958 verantwortlich für die Gründung eines selbständigen ›Laboratorium der Praxeologie‹, das 1980 zur Abteilung für Praxeologie und Wissenschaftswissenschaft am Institut für Philosophie und Soziologie der Akademie wurde.

Entsprechend seiner Überzeugung, daß nur Logik und Ethik, jeweils im weitesten Sinne, also unter Einschluß von ↑Sprachphilosophie und ↑Wissenschaftstheorie bzw. ↑Handlungstheorie und Philosophie der Technik, zur Philosophie gehören, alle übrigen traditionell philosophischen Gebiete dagegen als selbständige Einzelwissenschaften zu betreiben sind, hat K. sich zunächst mit Problemen der Logik (↑Gnoseologie), später zunehmend mit Problemen der Ethik (↑Praxeologie) befaßt. Sein in der Gnoseologie streng nominalistisches Programm (↑Nominalismus), erst ↑›Reismus‹, später ›Konkretismus‹ genannt, läßt radikaler noch als bei S. Leśniewski, dem K. insbes. in dessen Versuch, die ↑Mereologie an die Stelle der ↑Mengenlehre zu setzen, nahesteht und dem er das logische Gerüst für seinen Konkretismus verdankt, nur Dinge, Lebewesen eingeschlossen, d. s. ›Somata‹, als Referenz von ↑Eigennamen zu. K. verlangt von allen Aussagen, sollen sie nicht nur grammatisch, sondern auch logisch einwandfrei und damit wahrheitsfähig sein, daß sie ausschließlich ↑Nominatoren und ↑Prädikatoren bzw. ↑Objektvariable in bezug auf den Bereich der Somata enthalten – daher auch die Bezeichnung ›Somatismus‹ für K.s gegen jeden Leib-Seele-↑Dualismus (↑Leib-Seele-Problem) gerichtete nominalistische und im klassischen Sinne materialistische Position. Sätze, die scheinbare Namen (›Onomatoide‹) enthalten, also auf Eigenschaften, Relationen, Handlungen, Vorstellungen, Ereignisse, Staaten, Organisationen etc. statt auf (materielle) Dinge referieren, sind in ›inhaltsgleiche‹ Sätze über Somata umzuformen, um sinnvoll sein zu können, z. B. ›seine Reise war erholsam‹ in ›er ist gereist und war (danach) erholt‹ oder ›sein Reisen war erholsam‹ in ›er reiste erholsam‹. Für Aussagen der Psychologie hat dies die Konsequenz, sie in Aussagen über Personen und Dinge zu überführen; psychologisches Wissen ist Wissen auf Grund einer Nachahmung des Verhaltens von Personen, die eigene eingeschlossen, und insbes. keines auf Grund von ↑Introspektion: K. spricht von ›Imitationismus‹.

Als Hauptaufgabe der *Praxeologie* betrachtet es K., die theoretisch-deskriptiven wie praktisch-normativen Hilfsmittel zur Lösung der Frage ›was heißt es, ein gutes (= glückliches) Leben führen?‹ bereitzustellen. Dazu ist vor allem eine am ↑Utilitarismus orientierte Methodenlehre erforderlich, die beantworten kann, wie es möglich ist, *wirksam* zu handeln und dies nicht mit der Frage nach der Möglichkeit *guten* Handelns zu verwechseln. In dieser Methodenlehre muß der wirksame Plan einer intendierten Handlung – er heißt ›Programm‹, wenn die Entscheidung zur Verwirklichung gefallen ist –, wie auch die Handlung selbst, neun ›Tugenden‹ zeigen, darunter: Konsistenz, Einfachheit, Flexibilität, Detailliertheit, Rationalität. Das dabei zentrale Problem einer rationalen Wahl von Handlungsmitteln zu einem gegebenen Ziel wird von K. systemtheoretisch (↑Systemtheorie) behandelt, während moralische Beurteilungen in Bezug darauf, den Mitmenschen vor Üblem zu schützen, gänzlich ›unabhängig‹ von subjektiven, z. B. religiösen, Überzeugungen im wesentlichen auf fünf Basisoppositionen zu beziehen sind, in die eingespannt ein eigenverantwortlich lebender Mensch vorgestellt ist: gütig – grausam, zupackend – träge, mutig – feige, aufrichtig – unaufrichtig, standhaft – verführbar.

Werke: Dzieła wszystkie [Ges. Werke], ed. W. Gasparski, Breslau/Warschau/Krakau 1990 ff. (erschienen Bde I Elementy teorii poznania, logiki formalnej i metodologii nauk, ohne Bd.nr. Ontologia, teoria poznania i metodologia nauk, Wykłady z dziejów logiki, Historia filozofii, Traktat o dobrej robocie, Prakseologia, część 1/część 2 [Teil 1/Teil 2]). – Elementy teorii poznania, logiki formalnej i metodologii nauk, Lemberg 1929, Breslau ²1961, Warschau ³1986 (engl. [erw.] Gnosiology. The Scientific Approach to the Theory of Knowledge, Oxford 1966); Grundlinien und Tendenzen der Philosophie in Polen, Slawische Rdsch. 5 (1933), 218–229; Zasadnicze myśli pansomatyzmu, Przegląd Filozoficzny 38 (1935), 283–294 (engl. The Fundamental Ideas of Pansomatism, Mind NS 64 (1955), 488–500); Sur l'attitude réiste (ou concrétiste), Synthese 7 (1948/1949), 262–273; Traktat o dobrej robocie, Lodz 1955, Breslau ⁷1982 (engl. [erw.] Praxiology. An Introduction to the Science of Efficient Action, Oxford etc. 1965; franz. Traité du travail efficace, Bisanz 2007); Sprawy sumienia [Gewissensangelegenheiten], Warschau 1956; Wykłady z dziejów logiki, Breslau/Lodz 1957, Warschau ²1985 (franz. Leçons sur l'histoire de la logique, Paris, Warschau 1964 [repr. Warschau 1965, Paris 1971]); Wybór pism [Ausgewählte Aufsätze 1913–1954], I–II, Warschau 1957/1958; La philosophie dans la Pologne contemporaine, in: R. Klibansky (ed.), Philosophy in the Mid-Century. A Survey/La philosophie au milieu du vingtième siècle. Chroniques IV, Florenz 1959, 224–235; The Concept of Action, J. Philos. 57 (1960), 215–222; Postulates for Economic Modes of Action, Methodos. Language and Cybernetics 13 (1961), 175–187; Reism. Issues and Prospects, Log. Anal. 11 (1968), 441–458; The Problem of the Rationality of Reasonings Based on Imperative Sentences, Studia Filozoficzne 4 (1970), 131–137; Les formes positives et négatives de la coopération, Rev. mét. mor. 75 (1970), 316–325; The Methodology of Practical Skills. Concepts and Issues, Metaphilos. 2 (1971), 158–170, ferner in: A. Collen/W. W. Gasparski (eds.), Design. Systems. General Applications of Methodology, New Brunswick N. J. 1995, 25–39; Ethical Evaluation, Int. Philos. Quart. 11 (1971), 335–340; Notions and Problems of General Methodology and the Methodology of Practical Sciences, Dialectics and Humanism (1973), 157–164; Determinism and

Fatalism in Face of Activity, Dialectics and Humanism 1 (1974), 3–11; Sources of General Problems Concerning the Efficiency of Actions, Dialectics and Humanism 2 (1975), 5–15; Pisma etyczne [Ethische Schriften], Breslau etc. 1987.
Literatur: K. Ajdukiewicz, Der logistische Antiirrationalismus in Polen, Erkenntnis 5 (1935), 151–161; T. Czeżowski, The Independent Ethics of T. K., Dialectics and Humanism 4 (1977), 47–52; W. W. Gasparski, A Philosophy of Practicality. A Treatise on the Philosophy of T. K., Helsinki 1993; H. Hiż, K.'s Praxeology, Philos. Phenom. Res. 15 (1954/1955), 238–243; J. J. Jadacki/J. Herman, K., Enc. philos. universelle III/2 (1992), 2571–2574; Z. A. Jordan, Philosophy and Ideology. The Development of Philosophy and Marxism-Leninism in Poland since the Second World War, Dordrecht 1963; G. Kalinowski, La praxéologie de T. K., Arch. Philos. 43 (1980), 453–464; J. Kotarbiński, T. K.'s Independent Ethics, Dialogue and Humanism. The Universalist J. 2 (1992), 5–10; I. Niiniluoto, K. as a Scientific Realist, Erkenntnis 56 (2002), 63–82; R. Poli, The Dispute over Reism. K., Ajdukiewicz, Brentano, in: F. Coniglione (ed.), Polish Scientific Philosophy. The Lvov-Warsaw School, Amsterdam/New York 1993 (Poznan Stud. Philos. Sci. and the Humanities XXVIII), 339–354; W. Rabinowicz, K.'s Early Criticism of Utilitarianism, Utilitas. A J. of Utilitarian Stud. 12 (2000), 79–84; R. Rand, K.s Philosophie auf Grund seines Hauptwerkes. »Elemente der Erkenntnistheorie, der Logik und der Methodologie der Wissenschaften«, Erkenntnis 7 (1937/1938), 92–120; H. Skolimowski, Polish Analytical Philosophy. A Survey and a Comparison with British Analytical Philosophy, London/NewYork 1967; B. Stanosz, K., REP V (1998), 293–296; K. Szaniawski, Philosophical Ideas of T. K., Reports on Philos. 8 (1984), 25–32; J.-J. Szczeciniarz, K., DP II (²1993), 1598–1603; J. Woleński, K., Warschau 1990; ders. (ed.), K.. Logic, Semantics and Ontology, Dordrecht/Boston Mass. 1990; ders., T. K.. Reism and Science, in: W. Krajewski (ed.), Polish Philosophers of Science and Nature in the 20ᵗʰ Century, Amsterdam/New York 2001 (Poznan Stud. Philos. Sci. and the Humanities LXXIV), 47–51.   K. L.

Kotext, nach Y. Bar-Hillel Terminus für die speziell *sprachliche* Umgebung eines sprachlichen Ausdrucks oder seiner Äußerung; von der *außersprachlichen* Umgebung, dem ↑*Kontext*, zu unterscheiden, obwohl ›Kontext‹ noch immer als Oberterminus für beide Arten Umgebung verwendet wird. Für die adäquate Bestimmung der Bedeutung eines sprachlichen Ausdrucks ist sein K. häufig entscheidend, z. B. der von ›Haus‹ in ›Gartenhaus‹ und ›Unterhaus‹. Der K. eines ↑Graphems kann über seine phonologische Repräsentation, d. h. die Aussprache, entscheiden, z. B. ›g‹ in ›wegen‹ und in ›König‹. In einem verallgemeinerten Sinn wird ›K.‹ auch für diejenige Umgebung beim Gebrauch eines semiotischen Gegenstandes verwendet, die zum gleichen Medium (↑Medium (semiotisch)) gehört, also etwa die visuelle Umgebung eines visuellen Zeichens.   K. L.

Kovarianz, Grundbegriff der Tensoranalysis (↑Differentialgeometrie) und der ↑Wahrscheinlichkeitstheorie. Ein ↑Vektor (des $\mathbb{R}^n$) heißt *kovariant*, wenn er bei einer linearen Transformation der Einheitsvektoren mit einer ↑Matrix transformiert wird, die die gleiche (d. h. kogrediente) wie die Transformationsmatrix der Einheitsvektoren ist. Ein Vektor heißt *kontravariant*, wenn er bei einer linearen Transformation der Einheitsvektoren mit einer Matrix transformiert wird, die die zur Transformationsmatrix der Einheitsvektoren kontravariante (d. h. inverse transformierte) Matrix ist. Da Vektoren Tensoren 1. Stufe sind, heißen *Tensoren* allgemein ›kovariant‹ bzw. ›kontravariant‹, wenn sie nur kovariante bzw. nur kontravariante Indizes haben. Man spricht auch von ›kovarianten‹ bzw. ›kontravarianten‹ Gleichungen, wenn bei Transformationen entsprechende Tensoren kovariant bzw. kontravariant sind. Daher heißt K. in diesem Sinne häufig *Forminvarianz*. In der ↑Elektrodynamik sind die ↑Maxwellschen Gleichungen kovariant gegenüber den Koordinatentransformationen der (inhomogenen) Lorentz-Gruppe (↑Lorentz-Invarianz). In der physikalischen ↑Kosmologie sind die Zustandsgrößen des Robertson-Walker-Modells des Universums (z. B. $g_{\mu\nu}$, $T_{\mu\nu}$) kovariant bezüglich der isometrischen Transformationen des Standardkoordinatensystems eines Beobachters. In der ↑Quantentheorie sind die Bewegungsgleichungen kovariant gegenüber unitären Transformationen der ψ-Funktion.

In der ↑Wahrscheinlichkeitstheorie bezeichnet K. das gemeinsame Variieren zweier ↑Variablen um ihren Mittelwert. Es seien X, Y Zufallsvariable mit gemeinsamer Verteilung $F(x, y)$ und den jeweiligen Standardabweichungen σ_X, σ_Y. Dann definiert man als K. von X und Y den Erwartungswert von $(X - \sigma_X)(Y - \sigma_Y)$, d. h.

$$\text{cov}(X, Y) \leftrightharpoons E((X - \sigma_X)(Y - \sigma_Y)).$$

Die K. gibt, wie der auf ihr aufbauende Korrelationskoeffizient (↑Korrelation), Aufschluß über den Zusammenhang von X und Y. Ist die K. positiv, so treten große (bzw. kleine) X-Werte mit hoher Wahrscheinlichkeit zusammen mit großen (bzw. kleinen) Y-Werten auf. Bei negativer K. besteht hohe Wahrscheinlichkeit großer X-Werte zusammen mit kleinen Y-Werten, und umgekehrt. Sind X und Y unabhängig (↑unabhängig/Unabhängigkeit (von Ereignissen)), so ist die K. ihrer gemeinsamen Verteilung gleich 0.

Literatur: L. Bieberbach, Differentialgeometrie, Leipzig/Berlin 1932 (repr. New York/London 1968); A. Duschek/A. Hochrainer, Grundzüge der Tensorrechnung in analytischer Darstellung, I–III, Wien 1946–1955, I, Wien/New York ⁵1968, II, Wien/New York ³1970, III, Wien/New York ²1965; B. W. Gnedenko, Kurs teorii verojatnostej, Moskau 1950, ⁶1988 (dt. Lehrbuch der Wahrscheinlichkeitsrechnung, ed. H.-J. Rossberg, Berlin [Ost] 1957, Thun/Frankfurt ¹⁰1997; engl. The Theory of Probability, New York 1962, Amsterdam ⁶1997); W. Klingenberg, Eine Vorlesung über Differentialgeometrie, Berlin/Heidelberg/New York 1973 (engl. A Course in Differential Geometry, New York/Heidelberg/Berlin 1978, ²1983); T. Levi-Civita, Lezioni di calcolo differenziale assoluto, ed. E. Persico, Rom 1925 (dt.

Der absolute Differentialkalkül und seine Anwendungen in Geometrie und Physik, Berlin 1928; engl. The Absolute Differential Calculus. Calculus of Tensors, London/Glasgow 1927, Mineola N. Y. 2005); P. Lorenzen, Differential und Integral. Eine konstruktive Einführung in die klassische Analysis, Frankfurt 1965 (engl. Differential and Integral. A Constructive Introduction to Classical Analysis, Austin Tex. 1971); R. Strehl, Wahrscheinlichkeitsrechnung und elementare statistische Anwendungen, Freiburg/Basel/Wien 1974, ²1976. K. M.

Kraft (engl./franz. force), Grundbegriff der ↑Physik und ↑Naturphilosophie. Historisch lassen sich zwei Typen von K.begriffen unterscheiden: auf Aristoteles zurückgehende lebensweltliche K.begriffe und die K.begriffe der neuzeitlichen und modernen Physik. Daneben stehen vor allem in Altertum und Mittelalter okkultistische K.begriffe. (1) Aristoteles kritisiert mit seinem K.begriff (vgl. Phys. H4.249a26–5.250a20) die ungenügende Beachtung der bei Naturbewegungen und Naturveränderungen wirkenden Ursachen ($\delta\upsilon\nu\acute{\alpha}\mu\epsilon\iota\varsigma$) in der ionischen Naturphilosophie (↑Philosophie, ionische). Er selbst hält bei erzwungenen Bewegungen eine konstante K. F zur Erhaltung der gleichförmigen Bewegung eines Körpers für erforderlich, die, geteilt durch die Gesamtheit der Widerstände W (abhängig von Schwere des Körpers, Reibung etc.), proportional der Geschwindigkeit des Körpers ist: $v \sim \dfrac{F}{W}$. Diese Beziehung ist zwar nicht allgemeingültig (↑allgemeingültig/Allgemeingültigkeit) im Sinne heutiger Physik, kommt aber bei reibungsdominierten Bewegungen zum Tragen, etwa dem Ziehen einer Last auf einer rauhen Unterlage, und steht daher der lebensweltlichen ↑Erfahrung näher. Die ↑Impetustheorie (zuerst bei J. Philoponos, 6. Jh. n. Chr.) bestimmt die mittelalterliche Weiterentwicklung des Aristotelischen Bewegungsgesetzes, bei der vor allem T. ↑Bradwardines Versuch der Klärung des Beginns einer Bewegung herausragt.

(2) Die neuzeitliche Physik sieht sich vor allem vor dem durch naturphilosophische Traditionen erschwerten Problem der terminologischen Differenzierung dynamischer Phänomene (↑vis viva). Der schließlich für die weitere Entwicklung grundlegende K.begriff I. Newtons beruht methodisch auf der durch die Astronomie J. Keplers und durch mechanische Experimente (z. B. Stoß, elastische Schwingungen) vorbereiteten Einsicht, daß sich die beobachtbaren kinematischen (↑Kinematik) Regelmäßigkeiten der Astronomie ebenso wie die Bewegungsänderungen der Mechanik K.n verdanken, die selbst nicht beobachtbar sind. Newton bestimmt deshalb (unter Beachtung der ↑Trägheit) als ↑Heuristik für Definitionen K. als *Ursache von Bewegungsänderung*. Der Vektorcharakter der K. (d. h. die Änderung der Geschwindigkeitsrichtung bei krummliniger Bewegung), festgestellt von Newton und C. Huygens in ihrem Satz

über Zentrifugal- oder Zentripetalbeschleunigungen, erlaubt die vollständige dynamische Erklärung der Keplerschen Gesetze mit Hilfe der ↑Gravitation. Newton (Philosophiae naturalis principia mathematica, London 1687, ³1726) formuliert in diesem Zusammenhang das Forschungsprogramm des Dynamismus (↑Dynamismus (physikalisch)), wonach für die Erscheinungen die (bewegungsverändernden) K.e als Ursachen gefunden und aus deren Gesetzen wiederum die Erscheinungen deduziert werden sollen. Solange keine K.e auf einen Körper einwirken, verharrt dieser im Zustand der Ruhe bzw. gleichförmigen Bewegung (1. Axiom). Im 2. Axiom läßt Newton den Bewegungsänderungen, ausgedrückt durch Änderungen von ↑Masse und Geschwindigkeit eines Körpers, nach Größe und Richtung die einwirkende K. entsprechen. Dieses 2. Axiom ist entsprechend nicht mit der (später so genannten) Newtonschen Bewegungsgleichung identisch, sondern lautet: $\Delta(m\boldsymbol{v}) = \boldsymbol{I}$ mit dem ›K.stoß‹ ($\boldsymbol{I} = F\Delta t$). Das 2. Axiom besagt, daß der K.stoß, also die über eine Zeitspanne ausgeübte Newtonsche K., der Änderung der Bewegungsgröße in dieser Zeitspanne proportional ist und in die gleiche Richtung wie diese weist. Die ›Newtonsche K.‹ F wird als Kraftstoß pro Zeitintervall eingeführt, woraus sich dann die Bewegungsgleichung $F = m\boldsymbol{a}$ (Kurzformel: Kraft = Masse · Beschleunigung) ergibt. Für Newton handelt es sich dabei aber um eine abgeleitete Form. Der begriffliche Primat des Kraftstoßes ergibt sich aus der Vorzugsstellung von Teilchenstößen als der grundlegenden Wechselwirkung der mechanistischen (↑Mechanismus) Auffassung. Bei der Behandlung von kontinuierlichen Kräften (wie in Def. VII und VIII des ersten Buches der *Principia*) werden Newtonsche Kräfte und die Bewegungsgleichung eingeführt. Nach dem 3. Axiom (↑actio = reactio) wird für jede K. eine Gegenkraft, also $F_1 = -F_2$ gefordert. Die Zusammensetzung von K.en nach dem Parallelogramm wird aus der Zusammensetzung von Geschwindigkeitsänderungen geschlossen. Im Unterschied zur mechanistischen Auffassung können nach Newton auch Fernkräfte (↑actio in distans) ohne unmittelbaren Kontakt der Körper wirksam werden. Newtons K.begriff bildet die Voraussetzung für den naturphilosophischen Dynamismus (↑Dynamismus (physikalisch)).

Während Newton den K.begriff auf synthetisch-geometrischer, axiomatischer Grundlage behandelt, beginnt mit L. Eulers »Mechanica, sive motus scientia analytice exposita« (Petersburg 1736) die Untersuchung des K.begriffs in der analytischen ↑Mechanik (↑Methode, analytische). Euler formuliert die Grundgleichung $m \cdot dv = F \cdot dt$, mit den Differentialen von Geschwindigkeit und Zeit dv und dt, die direkt auf die heutige Form der Bewegungsgleichung führt: $F = m\,dv/dt$ (mit der ersten Ableitung der Geschwindigkeit nach der Zeit) oder $F = m\,d^2/dt^2$ (mit der 2. Ableitung der Ortskoor-

dinate nach der Zeit). Die weitere Entwicklung ist durch Namen wie J. le Rond d'Alembert (↑d'Alembertsches Prinzip), J. L. Lagrange (Mécanique analytique, Paris 1788, I–II, ⁴1888/1889) und W. R. Hamilton (↑Hamiltonprinzip) markiert. – G. R. Kirchhoff, H. Hertz und E. Mach verwerfen den Newtonschen K.- und Ursachebegriff als animistische und metaphysische Annahme, die durch keine Beobachtung belegt und nur als abkürzende Redeweise für den Ausdruck ›Masse mal Beschleunigung‹ zulässig sei. Allerdings mußte Hertz bei seinem Versuch, alle K.e auf starre Bindungen zurückzuführen, unbeobachtbare Massen und Bewegungen in Kauf nehmen. Bei H. v. Helmholtz tritt ›K.‹ in der Tradition von G. W. Leibniz als synonyme Redeweise für ›Energie‹ auf. Nachdem C. A. Coulomb 1785 ein K.gesetz für *elektrische* und *magnetische* K.e in Analogie zu Newtons Gravitationsgesetz gefunden und durch Untersuchungen an der Torsionswaage empirisch überprüfbar gemacht hatte, wurde der K.begriff auch in der Elektrostatik verwendet. In der ↑Elektrodynamik tritt an die Stelle einzelner K.vektoren die Gesamtheit der K.vektoren in jedem Raumpunkt als *Kraftfeld* (↑Feld). Die damit verbundene Neuinterpretation von K.phänomenen läßt als Grundkräfte nur Gravitationskräfte und elektromagnetische K.e (↑Ladung) zu, deren Zusammenhang in A. Einsteins Allgemeiner Relativitätstheorie (↑Relativitätstheorie, allgemeine) dargestellt wird. Zu diesen beiden K.en treten in der Kern- und ↑Teilchenphysik die Kernkräfte der starken Wechselwirkungen und die zum Elementarteilchenzerfall führenden K.e der schwachen Wechselwirkungen. An einer einheitlichen K.theorie für die K.e der Relativitäts- und Quantentheorie wird noch gearbeitet (↑Gravitation).

In der *Wissenschaftstheorie* wird mit Blick auf die verschiedenen historischen Standpunkte die Frage diskutiert, ob K. als ein durch Definition aus anderen Begriffen ableitbarer Begriff oder als Grundbegriff einer Theorie (z. B. Mechanik) einzuführen sei. Nach empiristischer (↑Empirismus) Auffassung handelt es sich z. B. bei Newtons 2. Axiom um ein isoliertes Naturgesetz, das durch unabhängige Meßverfahren für die Grundbegriffe K., Masse, Ort und Zeit empirisch bestätigt werden muß. In der ↑Protophysik wird K. durch Definition eingeführt, nachdem Zeit-, Längen- und Massenmessung protophysikalisch begründet sind. In der Analytischen Wissenschaftstheorie (↑Wissenschaftstheorie, analytische) werden K.- und Massenfunktion im Unterschied zur Ortsfunktion als theoretische Begriffe (↑Begriffe, theoretische) der klassischen Partikelmechanik untersucht (↑Theoriesprache).

Literatur: J. C. Boudri, What Was Mechanical about Mechanics. The Concept of Force between Metaphysics and Mechanics from Newton to Lagrange, Dordrecht/Boston Mass./London 2002; T. Brandstetter/C. Windgätter (eds.), Zeichen der K.. Wissensformationen 1800–1900, Berlin 2008; M. Clagett, The Science of Mechanics in the Middle Ages, Madison Wisc. 1959; I. B. Cohen, Newton's Second Law and the Concept of Force in the »Principia«, Texas Quart. 10 (1967), 127–157; E. J. Dijksterhuis, De Mechanisering van het Wereldbeeld, Amsterdam 1950, 2006 (dt. Die Mechanisierung des Weltbildes, Berlin/Göttingen/Heidelberg 1956 [repr. Berlin/Heidelberg/New York 1983, 2002]; engl. The Mechanization of the World Picture, Oxford 1961, mit Untertitel: Pythagoras to Newton, Princeton N. J. 1986); R. Dugas, Histoire de la mécanique, Paris, Neuchâtel 1950, Paris 1996 (engl. A History of Mechanics, Neuchâtel, New York 1955, New York 1988); ders., La mécanique au XVIIᵉ siècle. Des antécédents scolastiques a la pensée classique, Neuchâtel 1954 (engl. Mechanics in the Seventeenth Century. From the Scholastic Antecedents to Classical Thought, Neuchâtel o. J. [1958]); B. Ellis, The Origin and Nature of Newton's Laws of Motion, in: R. G. Colodny (ed.), Beyond the Edge of Certainty. Essays in Contemporary Science and Philosophy, Englewood Cliffs N. J. 1965, Lanham Md./London 1983, 29–68; J. J. Engel, Sur l'origine de l'idée de la force, Mémoires de L'Académie Royale des Sciences et Belles-Lettres, Cl. philos. speculative 1801, Berlin 1804, 146–164; J. Greiner, Dialektik des K.begriffs in der Physik, Wien 1986; G. Hamel, Theoretische Mechanik. Eine einheitliche Einführung in die gesamte Mechanik, Berlin/Göttingen/Heidelberg 1949, Berlin/Heidelberg/New York 1978; T. L. Hankins, The Reception of Newton's Second Law of Motion in the Eighteenth Century, Arch. int. hist. sci. 20 (1967), 43–65; B. Heithecker, Phänomenologie der Krafterscheinungen, Berlin 2006; J. Herivel, The Background to Newton's Principia. A Study of Newton's Dynamical Researches in the Years 1664–84, Oxford 1965; M. B. Hesse, Forces and Fields. The Concept of Action at a Distance in the History of Physics, London, New York 1961, Mineola N. Y. 2005; U. Hoyer, Ist das zweite Newtonsche Bewegungsaxiom ein Naturgesetz?, Z. allg. Wiss.theorie 8 (1977), 292–301; M. Jammer, Concepts of Force. A Study in the Foundations of Dynamics, Cambridge Mass. 1957, Mineola N. Y., London 1999; ders./F. Kaulbach, K., Hist. Wb. Ph. IV (1976), 1177–1184; P. Lorenzen, Relativistische Mechanik mit klassischer Geometrie und Kinematik, Math. Z. 155 (1977), 1–9; E. Mach, Die Mechanik in ihrer Entwicklung. Historisch-kritisch dargestellt, Leipzig 1883, ⁹1933 (repr. Darmstadt 1988); J. Mittelstraß, Neuzeit und Aufklärung. Studien zur Entstehung der neuzeitlichen Wissenschaft und Philosophie, Berlin/New York 1970; S. Samburksy, The Physical World of the Greeks, London, New York 1956; ders., Physics of the Stoics, London, New York 1959; ders., The Physical World of Late Antiquity, London, New York 1962; J. J. C. Smart, Heinrich Hertz and the Concept of Force, Australas. J. Philos. 29 (1951), 36–45; R. S. Westfall, Force in Newton's Physics. The Science of Dynamics in the Seventeenth Century, London, New York 1971; M. Wolff, Geschichte der Impetustheorie. Untersuchungen zum Ursprung der klassischen Mechanik, Frankfurt 1978; weitere Literatur: ↑Impetustheorie. K. M.

Kraft, Victor, *Wien 4. Juli 1880, †ebendort 3. Jan. 1975, österr. Philosoph und Wissenschaftstheoretiker, Mitglied des ↑›Wiener Kreises‹. Nach Studium der Geschichte, Geographie und Philosophie 1903 Promotion, 1914 Habilitation (bei A. Stöhr), ab 1912 Bibliothekar an der Wiener Universitätsbibliothek, 1925 a. o. Prof., 1938–1945 Entziehung der venia legendi, als Bibliothekar zwangspensioniert, 1950 o. Prof. an der Universität

Wien. – K.s Arbeiten gelten vor allem Fragen der wissenschaftlichen Methodologie und Erkenntnislehre und nehmen eine Position zwischen dem ›Verifikationismus‹ (↑Verifikation) des ↑Neopositivismus und dem späteren ›Falsifikationismus‹ (↑Falsifikation) K. R. Poppers ein. Diesen antizipierend vertrat K. bereits in »Die Grundformen der wissenschaftlichen Methoden« (1925) die Auffassung, daß eine Erkenntnisbegründung auch in den empirischen Wissenschaften – von ↑Hypothesen ausgehend – deduktiv (↑Methode, deduktive) zu geschehen habe. Der ↑Induktion (↑Methode, induktive) komme lediglich die heuristische Funktion der Hypothesengewinnung zu. Die Geltung einer empirischen Theorie bestehe dann in der Übereinstimmung der aus ihr deduzierten Sätze mit den beobachteten Tatsachen.

Trotz seiner Zugehörigkeit zum Wiener Kreis vertrat K. in entscheidenden Fragen abweichende Auffassungen. So hielt er in der Erkenntnistheorie am Realismus (↑Realismus (erkenntnistheoretisch)) gegenüber dem ↑Phänomenalismus fest, da nur die Annahme einer realen identischen ↑Außenwelt die tatsächlich erlebten Erscheinungen gesetzmäßig begreifbar mache. Darüber hinaus betonte er gegenüber dem ↑Physikalismus den Leib-Seele-Dualismus (↑Leib-Seele-Problem) als Tatsache und ↑›Welträtsel‹; schließlich vertrat er – für einen ›Positivisten‹ ein Unding – die Begründbarkeit von ↑Werturteilen. Im Unterschied zu einigen neueren Tendenzen innerhalb der ↑Wissenschaftstheorie verteidigte K. die ↑normative Stellung der Wissenschaftstheorie gegenüber den Wissenschaften. Seine eigene Position bestimmte K. (in Absetzung vom ↑Sensualismus) als ›konstruktiven Empirismus‹, der die apriorischen Erkenntnisformen durch Konstruktionen auf der Grundlage von Erfahrungen zu ersetzen sucht.

Werke: Weltbegriff und Erkenntnisbegriff. Eine erkenntnistheoretische Untersuchung, Leipzig 1912; Die Grundformen der wissenschaftlichen Methoden, Sitz.ber. Akad. Wiss. Wien, philos.-hist. Kl. 203, 3. Abh., Wien/Leipzig 1925, Sitz.ber. Österr. Akad. Wiss., philos.-hist. Kl. 284, 5. Abh., Wien ²1973; Die Grundlagen einer wissenschaftlichen Wertlehre, Wien 1937, ²1951 (engl. Foundations for a Scientific Analysis of Value, ed. H. L. Mulder, Introd. E. Topitsch (xi–xv), Dordrecht/Boston Mass./London 1981 [mit Bibliographie, 188–191]); Mathematik, Logik und Erfahrung, Wien 1947, ed. M. Bunge u. a., Wien/New York ²1970; Einführung in die Philosophie. Philosophie, Weltanschauung, Wissenschaft, Wien 1950, Wien/New York ²1967, 1975; Der Wiener Kreis. Der Ursprung des Neopositivismus. Ein Kapitel der jüngsten Philosophiegeschichte, Wien 1950, Wien/New York ²1968, ³1997 (engl. The Vienna Circle. The Origin of Neo-Positivism. A Chapter in the History of Recent Philosophy, New York 1953, 1969); Erkenntnislehre, Wien 1960; Rationale Moralbegründung, Sitz.ber. Österr. Akad. Wiss., philos.-hist. Kl. 242, 4. Abh., Graz/Wien/Köln 1963; Die Grundlagen der Erkenntnis und der Moral, Berlin 1968; Konstruktiver Empirismus, Z. allg. Wiss.theorie 4 (1973), 313–322. – Bibliographie der Schriften K.s, in: G. Zecha, Veröffentlichung Österreichischer Wissenschaftstheoretiker, Z. allg. Wiss.theorie 1 (1970), 317; G.

Frey, Nachträge und Ergänzungen zur Bibliographie der Schriften von V. K., Z. allg. Wiss.theorie 6 (1975), 179–181.

Literatur: G. Frey, Logik, Erfahrung und Norm. Zum Tode V. K.'s, Z. allg. Wiss.theorie 6 (1975), 1–6; R. Haller, Nachruf auf V. K., Z. philos. Forsch. 30 (1976), 618–622; B. Jahn, K., in: ders., Biographische Enzyklopädie deutschsprachiger Philosophen, München 2001, 227–228; F. Kainz, V. K., in: Almanach Österr. Akad. Wiss. 125 (1975), Wien 1976, 519–557; W. Kellerwessel, Die Begrenztheit von K.s Kritik an Kants Ethik, Kant-St. 93 (2002), 481–487; E. Oeser, V. K.s konstruktiver Empirismus und seine Bedeutung für die gegenwärtige Wissenschaftstheorie, Wien. Jb. Philos. 8 (1975), 85–93; R. Porstmann, Werturteile als wissenschaftliche Aussagen? Zu V. K.s Beiträgen über die Gültigkeit von Aussagen und Normen, Z. allg. Wiss.theorie 5 (1974), 323–328; J. Radler, V. K.s konstruktiver Empirismus. Eine historische und philosophische Untersuchung, Berlin 2006; H. Rutte u. a., Gespräch mit Viktor K., Conceptus 7 (1973), Nr. 21–22, 9–25; W. Schild, Erkenntnis und Wert bei Viktor K., Wien. Jb. Philos. 6 (1973), 208–241; A. Schramm, Viktor K. Konstruktiver Realismus, in: J. Speck (ed.), Grundprobleme der großen Philosophen. Philosophie der Neuzeit VI (Tarski, Reichenbach, K., Gödel, Neurath), Göttingen 1992, 110–137; E. Topitsch (ed.), Probleme der Wissenschaftstheorie. Festschrift für V. K., Wien 1960; ders., K., NDB XII (1980), 654–655; O. Vollbrecht, V. K.. Rationale Normenbegründung und Logischer Empirismus. Eine philosophische Studie, München 2004.   G. G.

Krankheit, Bezeichnung für eine zumeist negativ konnotierte Abweichung von einem körperlichen und/oder geistigen Normalzustand (↑Gesundheit). In alltags- wie in fachsprachlicher Rede läßt sich eine lediglich durch ↑Familienähnlichkeiten verbundene Vielzahl an Verwendungen des Ausdrucks unterscheiden. Während etwa der K.sbegriff in der medizinischen Forschung vorwiegend zur Klassifikation dysfunktionaler (biologischer) Zustände gebraucht wird, kommen in der klinischen Medizin und im Gesundheitswesen, wo mit der Prädikation ›krank‹ ein Anspruch auf medizinische Versorgung verbunden wird (↑Medizin), oft evaluative Implikationen hinzu. – In der Philosophiegeschichte findet der K.sbegriff vielfach Verwendung (etwa in der ↑Stoa oder mit S. Kierkegaards »K. zum Tode« [Halle 1881]), um die Bedeutung moralischer (↑Adiaphora) oder existentieller Herausforderungen für den Menschen zu thematisieren. Dabei steht insbes. der Aspekt der mit der K. verbundenen Erfahrung eines (körperlichen oder seelischen) Leidens im Vordergrund einer teils nur noch metaphorischen Verwendung.   F. T.

Krantor von Soloi, ca. 340/335–275, griech. Philosoph (Platoniker), Schüler des Xenokrates und des Polemon, Lehrer des Arkesilaos; vor allem bekannt als einflußreicher Urheber der antiken Trostliteratur und als erster Kommentator des Platonischen »Timaios«. In etlichen weiteren Schriften, deren Umfang Diog. Laert. (IV, 24) mit 30.000 Zeilen angibt, befaßte er sich mit allen Gebieten der Philosophie; erhalten sind nur (teils längere)

Fragmente. K. soll eine außergewöhnlich große Zahl von Schülern und Anhängern gehabt haben. M. T. Cicero (*Acad.* 1, 135) und Horaz (*Epist.* I, 2, 4 f.) schätzten ihn sehr, nicht nur wegen seiner Philosophie, sondern auch aufgrund der herausragenden stilistischen Qualität seiner Werke. In seiner Trostschrift Περὶ πένθους (»Über die Trauer«) vertritt K. (gegen ↑Kynismus und ↑Stoa) die Meinung, daß die ↑Affekte nicht an sich schlecht und daher zurückzudrängen seien, sondern als sinnvoller Teil der menschlichen Natur in das richtige Maß gebracht werden müßten. Anzustreben sei nicht die totale Leidenschaftslosigkeit (↑Apathie) durch Bekämpfung der Affekte, sondern eine mittlere Seelenlage (die Metriopathie: Cicero, *Acad.* II 44, 135) zwischen extremen Gemütszuständen. Dadurch relativierten sich die Angst vor dem Tod ebenso wie die Trauer der Hinterbliebenen; zudem könnten Affektionen wie Schmerz, Mitleid, Zorn und Zuneigung durch Metriopathie als Brücken auf dem Weg zur Tugend nutzbar gemacht werden. – Aus einer Schrift zur Ethik ist die folgende Güterrangfolge erhalten: (1) Tugend (Tapferkeit), (2) Gesundheit, (3) Lust, (4) Reichtum. Diese Hierarchie müsse beachtet werden, wenn der Mensch in konkreten Situationen dem Ziel der Eudaimonie (↑Eudaimonismus) folgen wolle. Als oberste Norm des Handelns galt ihm in allen Punkten die Naturgemäßheit.

In seinem ausführlichen Wort-für-Wort-Kommentar zu Platons »Timaios« geht K. auch auf *zahlentheoretische* Aspekte und Implikationen ein. Dieser in der Folgezeit außerordentlich einflußreiche Kommentar bietet eine detaillierte Erklärung der harmonischen Intervalle, die die ↑›Weltseele‹ konstituieren, wobei K. betont, daß die Konstitutionshinweise Platons als interne Prinzipienanordnung und nicht im Sinne einer zeitlichen Abfolge des Entstehungsprozesses zu verstehen seien (↑Ideenzahlenlehre). In Bezug auf Tim. 35b4–36b5 ordnet K. zur Veranschaulichung der Platonischen Zahlengenerierung die Potenzen der 2 und der 3, der ersten geraden und der ersten ungeraden Zahl nach der 1, in Form eines großen Lambda an; mit der Einführung dieser ›Doppel-Tetraktys‹ (↑Tetraktys) integriert er die Figurenzahlenlehre der ↑Pythagoreer in die Platonische Kosmologie und Kosmogonie.

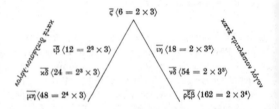

Abb. 1: Die Doppel-Tetraktys mit der Λ-Anordnung der Potenzen von 2 und 3 (aus: H. J. Mette, K. [s. u., Werke], 26)

Abb. 2: Ausschnitt aus Raffaels »Schule von Athen«

Zur Zeit Raffaels muß diese mathematische Kunstfigur noch allgemeines Bildungsgut gewesen sein; dieser zitiert sie in der versteckten Form eines scheinbaren Schreibfehlers auf der Tafel des Pythagoras in seiner *Schule von Athen*: Anstelle des korrekten mathematischmusiktheoretischen Begriffs *ΕΠΟΓΔΟΟΝ* (Epógdoon: Neunachtel und Ganzton) schreibt er (in der Form des Gen. Plural, also mit einem *Ω* als vorletztem Buchstaben) *ΕΠΟΓΛΟΩΝ*, ersetzt also das Delta (*Δ*) durch ein Lambda (*Λ*). Der ›Kenner‹ sieht sofort, daß es sich hier nicht um ein Wort der griechischen Sprache handelt, sondern um eine bestimmte Zahlenfigur in Form eines *Λ*: um die Doppel-Tetraktys. Dieses Buchstaben- bzw. Zeichenspiel ergibt hier doppelt Sinn: erstens ist die Kosmogonie des »Timaios« zentraler Aussagegehalt dieses Bildes (Platon trägt diese Schrift deutlich sichtbar in seiner linken Hand), zweitens wird das Pendant hierzu, die ›einfache‹ Tetraktys, nicht weit davon entfernt auf dem unteren Teil der Tafel gezeigt.

Werke: F. Kayser (ed.), De Crantore academico, Heidelberg 1841; F. W. A. Mullach, De Crantore academico, in: Fragmenta philosophorum graecorum III (Platonicos et Peripateticos continens), Paris 1881 (repr. Aalen 1968), 131–152; H. J. Mette, Zwei Akademiker heute: K. und Arkesilaos von Pitane, Lustrum 26 (1984), 7–94.

Literatur: H. v. Arnim, K., RE XI/2 (1922), 1585–1588; M. Gatzemeier, Unser aller Alphabet. Kleine Kulturgeschichte des Alphabets. Mit einem Exkurs über den Raffael-Code, Maastricht/Herzogenrath 2009, bes. 43–52; H.-T. Johann, Trauer und Trost. Eine quellen- und strukturanalytische Untersuchung der philosophischen Trostschriften über den Tod, München 1968, bes. 28–35, 127–164; R. Kassel, Untersuchungen zur griechischen und römischen Konsolationsliteratur, München 1958; H. J. Krämer, Die ältere Akademie, in: H. Flashar (ed.), Die Philosophie der Antike III (Ältere Akademie – Aristoteles – Peripatos), Basel/Stuttgart 1983, 1–174, bes. 161–172; K. Kuiper, De Crantoris fragmentis moralibus, Mnemosyne NS 29 (1901), 341–362; M. H. E. Meier, Über die Schrift des K. *Περὶ πένθους*, Halle 1840; ders., De Crantore Solensi oratio latina, Halle 1840; K. Praechter, K. und Pseudo-Archytas, Arch. Gesch. Philos. 10 (1897), 186–190; G. Schmidt, K., KP III (1969), 324; K.-H. Stanzel, K., DNP VI (1999), 806; A. E. Taylor, A Commentary on Plato's Timaeus, Oxford 1928, 1972, 108–146, bes. 136–146; E. Zeller, Die Philosophie der Griechen in ihrer geschichtlichen Entwicklung II/I (Sokrates und die Sokratiker. Plato und die Alte Akademie), Leipzig ⁵1922, ⁶1963, 1047–1049.   M. G.

Krates von Theben, *Theben ca. 368/365 v. Chr., †vermutlich ebendort 287/285 v. Chr., griechischer Philosoph, Schüler des Diogenes von Sinope und Lehrer Zenons von Kition, neben Antisthenes und Diogenes einer der einflußreichsten und bekanntesten Philosophen des ↑Kynismus. K. lebte zunächst als wohlhabender Landbesitzer in Theben, bevor er die kynische Lebensweise annahm. Wie der Komödiendichter Philemon berichtet haben soll, trug K. im Sommer einen schweren Mantel und im Winter Lumpen, um sich in Enthaltsamkeit und Selbstbeherrschung zu üben (Diog. Laert. VI.87). Das asketische Ideal kommt auch in mehreren überlieferten Aussprüchen zur Geltung. So wird K. die Wendung zugeschrieben, der Nutzen, den er aus der Philosophie gezogen habe, bestehe in einem Tagmaß Bohnen und einem sorgenfreien Sinn (Diog. Laert. VI.86). Auch nannte er sich einen Mitbürger des Diogenes, den die Angriffe des Neides nicht erreichen könnten (Diog. Laert. VI.93). K. setzte sich intensiv für das Wohl des Gemeinwesens ein. Diogenes Laertios (VI.86) und Plutarch (Quaestiones Convivales II.2.6) berichten, K. sei von Haus zu Haus gezogen, wurde bereitwillig aufgenommen und konnte so als Mediator und Schiedsrichter in allerlei familiären Konflikten wirken. Dieses öffentliche Wirken brachte ihm den Beinamen *Θυρεπανοίκτης* (›Türöffner‹) ein. Julian (Orat. VI.17) überliefert, die Griechen hätten über ihre Türen den Satz *Εἴσοδος Κράτητι, Ἀγαθῷ Δαίμονι* (›Einlaß für Krates, den guten Genius‹) geschrieben, auch sei K. als Hausgott (*lar familiaris*) verehrt worden (so Apuleius, Florida 22). Berüchtigt ist K.' aufsehenerregende *κυνογαμία* (›Hundeehe‹) mit Hipparchia, der Schwester seines Schülers Metrokles. Die junge und schöne Frau aus einem wohlhabenden und angesehenen Elternhaus in der Thrakischen Stadt Maroneia nahm den kynischen Lebensstil an, begleitete ihren Mann im kynischen Gewand in der Öffentlichkeit und wurde als Philosophin (ἡ φιλόσοφος) berühmt (Diog. Laert. VI.98). Selbst abgesehen von den phantasievoll ausgeschmückten Details (so kursierten Gerüchte über öffentlich vollzogenen Beischlaf, zudem soll K. die gemeinsame Tochter auf Versuchsbasis für einen Monat in eine Ehe gegeben und den gemeinsamen Sohn Pasikles in ein Bordell geführt haben), war die Beziehung zwischen K. und Hipparchia offenkundig bemerkenswert genug, um legendär zu werden.

K. vertrat die kynische Philosophie nicht nur durch seine Lebensweise, sondern auch durch sein umfangreiches literarisches Werk. K. verfaßte Tragödien, die Diogenes Laertios (VI.98) zufolge philosophischen Inhalts waren, Elegien, wie jene an die pierischen Musen, in der K. ein Gebet Solons parodierte, ferner Homer-Parodien, ein hexametrisches Gedicht mit dem Titel Πήρα (›Bettelsack‹), in dem die Utopie einer kynischen Ideal-Polis entworfen wird, einen Hymnos auf das schlichte Leben (Εἰς τὴν εὐτέλειαν), eine ἐφημερίς (›Ausgabenbuch‹), eine Lobschrift auf die Linse sowie Briefe im Stile Platons. Neben der oft poetischen Form, die Kynikern als probates Mittel der παιδεία galt, ist die Parodie ein besonderes Kennzeichen von K.' literarischem Werk.

Inhaltlich vertrat K. einen schlichten Asketismus als Mittel zur Erlangung der Leidenschaftslosigkeit (ἀπάθεια), in der für ihn die Glückseligkeit (εὐδαιμονία, ↑Eudämonismus) bestand. Durch Zeit (χρόνος) und Sorgfalt (ἐπιμέλεια) kann Bildung (παιδεία) erworben werden, entscheidend ist die ›rechte Übung‹ (τὰ δίκαια ἀσκεῖν). Die Bedürfnislosigkeit (εὐτέλεια) ist dabei Voraussetzung der nötigen Unabhängigkeit. Ruhm (δόξα) und Ehre (τιμή) bezeichnete K. als Illusion (τῦφος), Luxus und Verschwendung lehnte er ab, da er in ihnen ein gesellschaftszersetzendes Potential sah. Dem setzte er Menschenliebe (φιλανθρωπία) entgegen – ein Terminus, der von K. geprägt worden zu sein scheint. Auf der Basis von Besonnenheit und Gerechtigkeit könne durch Askese und Philosophie ein Zustand friedlicher Koexistenz erreicht werden, wie ihn K. für die Insel Pera (wörtl. ›das jenseitige Land‹), die Utopie einer kynischen Ideal-Polis, skizziert. Für K. ist dies kein konkreter Ort, sondern ein Geisteszustand, der überall und jederzeit verwirklicht werden kann, daher auch K.' Kosmopolitismus.

Werke: Fragmenta Philosophorum Graecorum II, ed. F. W. A. Mullach, Paris 1867 (repr. Aalen 1968), 331–341; Poetarum graecorum fragmenta III/1, ed. H. Diels, Berlin 1901, Hildesheim ²2000, 207–223; Fragments [engl.], in: F. Sayre, The Greek Cynics [s. u., Lit.], 97–101; Les cyniques grecs. Fragments et témignages [franz.], ed. L. Paquet, Ottawa 1975, 110–120, erw. 1988, 1995, 103–113; Supplementum Hellenisticum, ed. H. Lloyd-Jones/P. Parsons, Berlin/New York 1983 (Texte u. Kommentare XI), 164–172; Socraticorum reliquiae II, ed. G. Giannantoni, Rom 1983, 705–757, erw. unter dem Titel: Socratis et Socraticorum reliquiae II, Neapel 1990, 523–575; Cratetis The-

bani quae feruntur epistulae. Testimoniis apparatu critico versione Germanica instructae [griech./dt.], in: E. Müseler, Die Kynikerbriefe II, Paderborn etc. 1994 (Stud. Gesch. Kultur d. Altertums NF, 1. Reihe VII), 81–113; G. Luck, Die Weisheit der Hunde. Texte der antiken Kyniker in deutscher Übersetzung mit Erläuterungen, Stuttgart 1997, Darmstadt 2002, 194–216.– Diog. Laert. VI, 85–92.

Literatur: W. Capelle, De cynicorum epistulis, Diss. Göttingen 1896; U. Criscuolo, Cratete di Tebe e la tradizione cinica, Maia 22 (1970), 360–367; W. Desmond, Cynics, Berkeley Calif./Los Angeles 2008; D. R. Dudley, A History of Cynicism. From Diogenes to the 6ᵗʰ Century A. D., London 1937 (repr. Hildesheim 1967, New York 1974, Chicago Ill. 1980, 1998), Bristol ²1998, 2003, bes. 42–53, 56–58; G. Giannantoni, Cratete di Tebe, in: dies., Socratis et Socraticorum Reliquiae IV, Neapel 1990, 561–579; M.-O. Goulet-Cazé, Une liste de disciples de Cratès le Cynique en Diogène Laërce 6,95?, Hermes 114 (1986), 247–252; dies., Cratès de Thèbes, Enc. philos. universelle III/1 (1992), 105; dies., Cratès de Thèbes, EP I (²1993), 693–694; dies., Cratès de Thèbes, in: R. Goulet, Dictionnaire des philosophes antiques II, Paris 1994, 496–500; dies., K., DNP VI (1999), 810–812; A. Grilli, Note critiche a Cratete cinico, Riv. crit. stor. filos. 15 (1960), 428–434; A. A. Long, The Socratic Tradition. Diogenes, Crates, and Hellenistic Ethics, in: R. Bracht Branham/M.-O. Goulet-Cazé (eds.), The Cynics. The Cynic Movement in Antiquity and Its Legacy, Berkeley Calif./Los Angeles/London 1996, 28–46; E. Müseler, Die Kynikerbriefe I, Paderborn etc. 1994 (Stud. Gesch. Kultur des Altertums NF, 1. Reihe VI); L. E. Navia, Crates, the Door-Opener, in: ders., Classical Cynicism. A Critical Study, Westport Conn./London 1996, 119–143; D. Pesce, Cratete di Tebe, Enc. filos. II (1982), 593; G. Piaia, Les trésors de Cratès. Sur la valeur d'une approche historique de la philosophie, Rev. philos. Louvain 106 (2008), 129–138; F. Queyrel, Cratès de Thèbes, in: R. Goulet (ed.), Dictionnaire des philosophes antiques II, Paris 1994, 496–500; F. Sayre, The Greek Cynics, Baltimore Md. 1948; E. Schwartz, Charakterköpfe aus der antiken Literatur II, Leipzig 1910, ²1911, bes. 1–26, ³1919, bes. 1–23, unter dem Titel: Charakterköpfe aus der Antike, ed. J. Stroux, Leipzig 1943, ²1948, bes. 116–135, ³1950, bes. 121–141, o.J. [⁴1952], bes. 116–135; J. Stenzel, K., RE XI/2 (1922), 1625–1631. J. W.

Kratylos, griech. Philosoph im späten 5. Jh. v. Chr., jüngerer Zeitgenosse des Sokrates, gilt als Schüler Heraklits und Lehrer Platons (Arist. Met. Α6.987a29–987b1), einer der wichtigsten Vertreter des ↑Heraklitismus. Nach Aristoteles (Met. Γ5.1010a14–15) überbot K. in einer Radikalisierung des Theorems vom stetigen Wandel aller Dinge den Satz Heraklits (VS 22 B 91), daß niemand zweimal in denselben Fluß steigen könne, mit dem Zusatz: ›auch nicht einmal‹. Die sprachphilosophische und erkenntnistheoretische Konsequenz aus diesem extremen Heraklitismus, wonach ↑Prädikationen und ↑Benennungen nie korrekt, nie ›wahr‹ sein können, soll K. veranlaßt haben, auf den Gebrauch von Worten gänzlich zu verzichten und sich nur durch Fingerbewegungen und andere sprachfreie Zeichen zu verständigen. Im Dialog »Kratylos« (429bff.; vgl. 383a–384e) schreibt Platon K. das sprachphilosophische Naturtheorem zu, nach dem jedem Gegenstand von Natur aus genau eine richtige Benennung/Bezeichnung zukommt. Die Widersprüchlichkeit der Angaben bei Platon und Aristoteles sucht die neuere Forschung dadurch zu beheben, daß sie für K. verschiedene Entwicklungsstadien oder zusätzlich die Annahme unterstellt, er habe die Lehre vom steten Wandel auch auf den Bedeutungswandel der Worte angewandt.

Werke: VS 65.

Literatur: D. J. Allan, The Problem of Cratylus, Amer. J. Philol. 75 (1954), 271–287; H. Dörne, K., KP III (1969), 331; W. K. C. Guthrie, A History of Greek Philosophy III (The Fifth-Century Enlightenment), Cambridge 1969, 201–223; G. B. Kerferd, Cratylus, Enc. Ph. II (1967), 251–252; G. S. Kirk, The Problem of Cratylus, Amer. J. Philol. 72 (1951), 225–253; A. A. Long, Cratylus, REP II (1998), 694–695; K. Lorenz/J. Mittelstraß, On Rational Philosophy of Language. The Programme in Plato's ›Cratylus‹ Reconsidered, Mind 76 (1967), 1–20; J. Stenzel, K., RE XI/2 (1922), 1660–1662.   M. G.

Krause, Karl Christian Friedrich, *Eisenberg (Thüringen) 6. Mai 1781, †München 27. Sept. 1832, dt. Philosoph. Studium der Mathematik, Theologie und Philosophie 1797–1801 (bei J. G. Fichte und F. W. J. Schelling) in Jena, 1802 Habilitation, 1805–1814 Unterricht an der Dresdner Ingenieurakademie. Trotz weiterer Habilitationen (1814 Berlin, 1824 Göttingen) gelang es K. nicht, eine Professur zu erhalten (in München Widerstand Schellings). Dies lag unter anderem an seinen politischen Idealen (Verfechtung eines an freimaurerischen Ideen orientierten universalen ›Menschheitbundes‹), der Verfolgung durch Freimaurer nach seinem Ausschluß (1810) sowie (ab 1812) an seinem eigenwilligen, z. B. alle Fremdwörter vermeidenden, Gebrauch der deutschen Sprache (›Reindeutsch‹), der seine Werke schwer lesbar macht. K.s philosophisches System sieht sich in seiner realistischen Konzeption in der Tradition der ↑philosophia perennis, versteht sich aber auch als genuine Ausführung Kantischer Intentionen. K. bezeichnet es als ›Panentheismus‹ und siedelt es systematisch zwischen ↑Pantheismus und ↑Theismus an, insofern Gott zwar als Naturwesen in der Welt ist, aber als Vernunftwesen nicht vollständig in ihr aufgeht.

Der in zwei Ansätzen (›analytisch‹ und ›synthetisch‹) durchgeführte Aufweis der Gotteserkenntnis bildet die Basis aller weiteren Systematisierungen der K.schen Philosophie, insbes. in Kunst, Geschichte und Recht. Höchste Form des Philosophierens ist die Einheit von diskursivem und anschauendem Denken, die sich in der Einheit von Philosophie und Kunst ausdrückt. Ein besonderes Kennzeichen der Philosophie K.s ist sein Erkenntnisoptimismus und sein Glaube an die Verbesserbarkeit des Individuums und der Menschheit insgesamt. Während K.s Denken in Deutschland nicht beachtet wurde oder auf Ablehnung stieß und kaum Wirkungen

zeigte (eine Ausnahme bildete der Jurist H. Ahrens [1808–1874]), entfaltete es sich (als ›krausismo‹ bezeichnet) in Politik, Recht und Pädagogik vor allem im spanischen (und lateinamerikanischen) Geistesleben, zuerst vermittelt durch J. Sanz del Rio, als eine der Grundlagen des reformerischen bürgerlichen Liberalismus und später des Sozialismus bis hin zu F. Garcia Lorca.

Werke: Ausgewählte Schriften, ed. E. M. Ureña/E. Fuchs, Stuttgart-Bad Cannstatt 2007 ff. (bisher 2 Bde erschienen, Bd. I mit vollständiger Bibliographie, XXXVII–LXXII). – Grundlage des Naturrechts, oder philosophischer Grundriss des Ideals des Rechts [...], Jena 1803; Grundriss der historischen Logik für Vorlesungen, Jena/Leipzig 1803; Grundlage eines philosophischen Systems der Mathematik [...], Jena/Leipzig 1804; Entwurf des Systems der Philosophie. Erste Abtheilung. Anleitung zur Naturphilosophie, Jena/Leipzig 1804, erw., ed. P. Hohlfeld/A. Wünsche, Leipzig ²1894, Stuttgart-Bad Cannstatt 2007 (= Ausgew. Schriften I); System der Sittenlehre, Leipzig 1810, erw., ed. P. Hohlfeld/A. Wünsche, 1888; Die drei ältesten Kunsturkunden der Freimaurerbrüderschaft [...], Dresden 1810, I–II, ²1820/1821, Leipzig ³1849, in 1 Bd., Stuttgart-Bad Cannstatt 2009 (= Ausgew. Schriften II); Das Urbild der Menschheit. Ein Versuch, Dresden 1811, Nachdr. in: S. Pflegerl, K. C. F. K.s Urbild der Menschheit. Richtmaß einer universalistischen Globalisierung. Kommentierter Originaltext und aktuelle Weltsystemanalyse, Frankfurt etc. 2003, 229–541; Von der Würde der deutschen Sprache und von der höheren Ausbildung derselben überhaupt und als Wissenschaftssprache insbesondere, Dresden 1816; Abriss des Systemes der Philosophie [...], Göttingen 1825, 1828, erw., ed. P. Hohlfeld/A. Wünsche, Leipzig ²1886; Abriss des Systemes der Logik als philosophischer Wissenschaft [...], Göttingen 1825, ²1828; Abriss des Systemes der Philosophie des Rechtes oder des Naturrechtes [...], Göttingen 1828; Vorlesungen über das System der Philosophie, Göttingen 1828, I–II, erw., mit Register, ed. P. Hohlfeld/A. Wünsche, Leipzig ²1889; Vorlesungen über die Grundwahrheiten der Wissenschaft [...], Göttingen 1829, erw., ed. P. Hohlfeld/A. Wünsche, Leipzig ³1911; Die absolute Religionsphilosophie [...], I–III, ed. H. K. v. Leonhardi, Dresden/Leipzig 1834–1843; Die Lehre von Erkennen und von der Erkenntniss [...], ed. H. K. v. Leonhardi, Göttingen 1836; Geist der Geschichte der Menschheit. Erster Theil, ed., unter dem Titel: Die reine, d. i. allgemeine Lebenlehre und Philosophie der Geschichte zu Begründung der Lebenkunstwissenschaft. Vorlesungen [...], H. K. v. Leonhardi, Göttingen 1843, gekürzt unter dem Titel: Lebenlehre oder Philosophie der Geschichte zur Begründung der Lebenkunstwissenschaft. Vorlesungen [...], ed. P. Hohlfeld/A. Wünsche, Leipzig ²1904. – Aus dem umfangreichen Nachlaß wurden von allem von P. Hohlfeld/A. Wünsche zahlreiche Schriften herausgegeben (vollständige Bibliographie der posthum veröffentlichten Schriften in: Ausgewählte Schriften [s.o], XLIX–LXVII; Vollst. Bibliographie in: H. K. v. Leonhardi, K. C. F. K. als philosophischer Denker [s. u. Literatur], 453–475.

Literatur: F. F. Conradi, K. C. F. K.s Rechtsphilosophie in ihren Grundideen, Straßburg 1938; C. Dierksmeier, Der absolute Grund des Rechts. K. C. F. K. in Auseinandersetzung mit Fichte und Schelling, Stuttgart-Bad Cannstatt 2003; R. Eucken, Zur Erinnerung an K. C. F. K.. Festrede, gehalten zu Eisenberg am 100. Geburtstage des Philosophen, Leipzig 1881; H. Flasche, Studie zu K. C. F. K.s Philosophie in Spanien, Dt. Vierteljahresschrift Lit.wiss. 14 (1936), 382–397; FM III (²1994), 2031–2036

(K., krausismo); W. Forster, K. C. F. K.s frühe Rechtsphilosophie und ihr geistesgeschichtlicher Hintergrund, Ebelsbach 2000; R. Garcia Mateo, Das deutsche Denken und das moderne Spanien. Panentheismus als Wissenschaftssystem bei K. C. F. K.. Seine Interpretation und Wirkungsgeschichte in Spanien. Der Spanische Krausismus, Frankfurt/Bern 1982; J. J. Gil Cremades, Krausistas y liberales, Madrid 1975, ²1981; M. Gößl, Untersuchungen zum Verhältnis von Recht und Sittlichkeit bei I. Kant und K. C. F. K., Diss. München 1961; H. U. Gumbrecht, Krausismo, Hist. Wb. Ph. IV (1976), 1190–1193; P. Hohlfeld, Die K.sche Philosophie in ihrem geschichtlichen Zusammenhange und ihrer Bedeutung für das Geistesleben der Gegenwart, Jena 1879; F. Holz, K., NDB XII (1980), 704–707; K.-M. Kodalle (ed.), K. C. F. K. (1781–1832). Studien zu seiner Philosophie und zum Krausismo, Hamburg 1985; H. K. v. Leonhardi, K. C. F. K.s Leben und Lehre, ed. P. Hohlfeld/A. Wünsche, Leipzig 1902; ders., K. C. F. K. als philosophischer Denker gewürdigt, ed. P. Hohlfeld/A. Wünsche, Leipzig 1905 (mit Bibliographie, 459–475); H. S. Lindemann, Uebersichtliche Darstellung des Lebens und der Wissenschaftslehre K. C. F. K.s und dessen Standpunktes zur Freimaurerbrüderschaft, München 1839; J. Lopez-Morillas, El krausismo español. Perfil de una aventura intelectual, Mexico City/Buenos Aires 1956, ²1980 (engl. The Krausist Movement and Ideological Change in Spain, 1854–1874, Cambridge 1981 [mit Bibliographie, 147–148]); ders. (ed.), Krausismo. Estética y literatura. Antologia, Barcelona 1973; T. Neuner, K. K. (1781–1832) in der spanischsprachigen Welt. Spanien, Argentinien, Kuba, Leipzig 2004; R. Noack, Krausismus, Ph. Wb. I (¹¹1975), 667–675; S. Pflegerl, K. C. F. K.s Urbild der Menschheit. Richtmaß einer universalistischen Globalisierung. Kommentierter Originaltext und aktuelle Weltsystemanalyse [s. o., Werke], bes. 7–227; A. Procksch, K. C. F. K.. Ein Lebensbild nach seinen Briefen, Leipzig 1880; T. Rodriguez de Lecea, K., REP V (1998), 298–301; J. Sanz del Rio, Lecciones sobre el sistema de la filosofia analitica, Madrid 1868; O. Schedl, Die Lehre von den Lebenskreisen in metaphysischer und soziologischer Sicht bei K. C. F. K., Diss. Würzburg 1941; T. Schneider, K. C. F. K. als Geschichtsphilosoph, Diss. Leipzig 1907; T. Schwarz, Die Lehre vom Naturrecht bei K. C. F. K., Bern 1940; F. Ueberweg, Grundriß der Geschichte der Philosophie IV (bearb. v. K. Oesterreich), Berlin ¹¹1916, 91–100; E. M. Ureña, K. C. F. K.. Philosoph, Freimaurer, Weltbürger. Eine Biographie, Stuttgart-Bad Cannstatt 1991; ders., Philosophie und gesellschaftliche Praxis. Wirkungen der Philosophie K. C. F. K.s in Deutschland (1833–1881), Stuttgart-Bad Cannstatt 2001; ders., Die K.-Rezeption in Deutschland im 19. Jahrhundert. Philosophie, Religion, Staat, Stuttgart-Bad Cannstatt 2007; B. Wirmer-Donos, Die Strafrechtstheorie K. C. F. K.s als theoretische Grundlage des spanischen Korrektionalismus, Frankfurt 2001; S. Wollgast, K. C. F. K. 1781–1832. Anmerkungen zu Leben und Werk, Berlin 1990; A. Zweig, K., Enc. Ph. IV (1967), 363–365. G. W.

Kreisel, Georg, *Graz 15. Sept. 1923, brit.-amerik. Mathematiker und Logiker. 1942–1944 Studium der Mathematik in Cambridge (enge Kontakte mit L. Wittgenstein), nach Kriegsdienst 1946 Rückkehr an die Universität Cambridge, M.A. 1947, Sc.D. 1962. 1949–1960 (durch Gastaufenthalte am Institute for Advanced Study in Princeton und an der Stanford University unterbrochen) Lecturer in Mathematics in Reading (England). 1960 Prof. der Mathematik in Paris; 1962 Visiting Professor, seit 1964 Professor of Logic and Foundations of Mathematics an der Stanford University. Die Hauptarbeitsgebiete K.s, der als einer der bedeutendsten Vertreter der mathematischen Logik (↑Logik, mathematische) gilt, sind ↑Beweistheorie, intuitionistische Logik (↑Logik, intuitionistische) und Mathematik, ↑Rekursionstheorie und konstruktive ↑Analysis.

K. lieferte maßgebliche Beiträge zum Verständnis der Gödelschen ↑Unvollständigkeitssätze und zur konstruktiven Deutung und Weiterentwicklung der Methoden G. Gentzens für ↑Widerspruchsfreiheitsbeweise mathematischer Theorien, insbes. der dabei verwendeten ordinalzahltheoretischen Verfahren (↑Ordinalzahl), und entwickelte auch eigene Wege zum Verständnis der klassischen Arithmetik (z. B. seine ›no-counter-example interpretation‹, in der – grob gesprochen – ein klassischer Beweis einer arithmetischen Formel als konstruktiver Beweis für die Nichtexistenz eines Gegenbeispiels zu dieser Formel interpretiert wird). Daneben war K. maßgeblich an der Entwicklung und Begründung der verallgemeinerten Rekursionstheorie beteiligt. Ferner gelang es ihm, beweistheoretische Methoden für die mathematische Praxis und Nachbardisziplinen (z. B. die ↑Informatik) fruchtbar zu machen. Außerdem gab er konstruktive ↑Vollständigkeitssätze für Teilsysteme der intuitionistischen ↑Quantorenlogik (↑Logik, intuitionistische) an, wies jedoch auch auf prinzipielle Unvollständigkeiten dieser Logik hin, jedenfalls dann, wenn man sie in der von ihren Begründern L. E. J. Brouwer und A. Heyting intendierten Weise versteht und die ↑Churchsche These akzeptiert. Zum Teil gehen auch die heute betrachteten Systeme prädikativer Analysis (↑imprädikativ/Imprädikativität) auf K.s Arbeiten zurück.

Daneben stehen Publikationen zur Philosophie der Logik und Mathematik. K. lehnt eine Beschränkung auf konstruktive Schlußweisen zum Zwecke der *Sicherung* mathematischer Erkenntnis (und damit auch das ↑Hilbertprogramm im Sinne einer Sicherung der klassischen Mathematik mit Hilfe finiter Methoden) ab. Konstruktive Verfahren sind nach K. also nicht schon angebracht, wenn sie – in der Regel auf kompliziertere und damit unüberschaubare und weniger sichere Weise – dasselbe Resultat liefern wie ein klassischer Beweis, sondern erst, wenn sie inhaltlich neue Informationen liefern. Die Frage der Wahl einer konstruktiven oder klassischen Methode gehört nicht zum Problemkreis der *Rechtfertigung* mathematischer Sätze, sondern muß im Zusammenhang mit der jeweiligen Aufgabenstellung beantwortet werden. So ist etwa ein klassischer (modelltheoretischer) Beweis des Interpolationssatzes (↑Craig's Lemma) der klassischen Quantorenlogik angebracht, wenn nur die Existenz einer Interpolante in Frage steht; ein konstruktiver (beweistheoretischer) Beweis ist erst dann erforderlich, wenn man Genaueres über die Struktur der Interpolante (etwa deren Komplexität) behauptet. In diesem Sinne kann man das Programm, aus klassischen Beweisen deren konstruktiven Gehalt zu extrahieren, als eines der zentralen Arbeitsgebiete K.s bezeichnen.

Werke: On the Interpretation of Non-Finitist Proofs. Part I, J. Symb. Log. 16 (1951), 241–267, Part II. Interpretation of Number Theory. Applications, J. Symb. Log. 17 (1952), 43–58; Some Uses of Metamathematics, Brit. J. Philos. Sci. 7 (1956), 161–173; Hilbert's Programme, Dialectica 12 (1958), 346–372, ferner in: Logica. Studia Paul Bernays dedicata, Neuchâtel 1959, 142–168, rev. Fassung in: P. Benacerraf/H. Putnam (eds.), Philosophy of Mathematics. Selected Readings, Oxford, Englewood Cliffs N. J. etc. 1964, 157–180, Cambridge etc. ²1983, 207–238; Mathematical Significance of Consistency Proofs, J. Symb. Log. 23 (1958), 155–182; Elementary Completeness Properties of Intuitionistic Logic with a Note on Negations of Prenex Formulae, J. Symb. Log. 23 (1958), 317–330; A Remark on Free Choice Sequences and the Topological Completeness Proofs, J. Symb. Log. 23 (1958), 369–388; Wittgenstein's Remarks on the Foundations of Mathematics, Brit. J. Philos. Sci. 9 (1958), 135–158; La prédicativité, Bull. Société Mathématique de France 88 (1960), 371–391; Ordinal Logics and the Characterization of Informal Concepts of Proof, in: J. A. Todd (ed.), Proceedings of the International Congress of Mathematicians. 14–21 August 1958, Cambridge 1960, 289–299; Set-Theoretic Problems Suggested by the Notion of Potential Totality, in: Infinitistic Methods. Proceedings of the Symposium on Foundations of Mathematics, Warsaw, 2–9 September 1959, Oxford etc., Warschau 1961, 103–140; On Weak Completeness of Intuitionistic Predicate Logic, J. Symb. Log. 27 (1962), 139–158; Foundations of Intuitionistic Logic, in: E. Nagel/P. Suppes/A. Tarski (eds.), Logic, Methodology and Philosophy of Science. Proceedings of the 1960 Int. Congress, Stanford Calif. 1962, 1969, 198–210; The Axiom of Choice and the Class of Hyperarithmetic Functions, Koninklijke Nederlandse Akademie van Wetenschappen. Proc., Ser. A, Math. Sci. 65 (1962) (repr. als: Indagationes Mathematicae 24 [1962]), 307–319; Mathematical Logic, in: T. L. Saaty (ed.), Lectures on Modern Mathematics III, New York/London/Sydney 1965, 95–195; (mit J. L. Krivine) Éléments de logique mathématique. Théorie des modèles, Paris 1967 (engl. Elements of Mathematical Logic [Model Theory], Amsterdam 1967, erw. 1971; dt. [erw.] Modelltheorie. Eine Einführung in die mathematische Logik und Grundlagentheorie, Berlin/Heidelberg/New York 1972); Informal Rigour and Completeness Proofs, in: I. Lakatos (ed.), Problems in the Philosophy of Mathematics. Proceedings of the Int. Colloquium in the Philosophy of Science London 1965 I, Amsterdam 1967, Amsterdam/London 1972, 138–171 [Diskussion, 172–186]; Mathematical Logic. What Has It Done for the Philosophy of Mathematics?, in: R. Schoenman (ed.), Bertrand Russell. Philosopher of the Century. Essays in His Honour, Boston Mass./Toronto, London 1967, 201–272; A Survey of Proof Theory, J. Symb. Log. 33 (1968), 321–388; Church's Thesis. A Kind of Reducibility Axiom for Constructive Mathematics, in: A. Kino/J. Myhill/R. E. Vesley (eds.), Intuitionism and Proof Theory. Proceedings of the Summer Conference at Buffalo N. Y. 1968, Amsterdam/London 1970, 121–150; Principles of Proof and Ordinals Implicit in Given Concepts, in: A. Kino/J. Myhill/R. E. Vesley (eds.), Intuitionism and Proof Theory [s. o.], 489–516; Axiomatizations of Nonstandard Analysis that are Conservative Extensions of Formal Systems for Classical Standard Analysis, in: W. A. J. Luxemburg (ed.), Applications of Model Theory to Algebra, Analysis, and Probability, New York

etc. 1969, 93–106; Hilbert's Programme and the Search for Automatic Proof Procedures, in: M. Laudet u. a. (eds.), Symposium on Automatic Demonstration. Held at Versailles/France, December 1968, Berlin/Heidelberg/New York 1970, 128–146; (mit A. S. Troelstra) Formal Systems for Some Branches of Intuitionistic Analysis, Ann. Math. Log. 1 (1970), 229–387; Some Reasons for Generalizing Recursion Theory, in: R. O. Gandy/C. M. E. Yates (eds.), Logic Colloquium '69. Proceedings of the Summer School and Colloquium in Mathematical Logic, Manchester, August 1969, Amsterdam/London 1971, 139–198; A Survey of Proof Theory II, in: J. E. Fenstad (ed.), Proceedings of the Second Scandinavian Logic Symposium, Amsterdam/London 1971, 109–170; Bertrand Arthur William Russell. Earl Russell. 1872–1970, Biographical Memoirs of Fellows of the Royal Soc. 19 (1973), 583–620; (mit G. Takeuti) Formally Self-Referential Propositions for Cut Free Classical Analysis and Related Systems, Warschau 1974; A Notion of Mechanistic Theory, Synthese 29 (1974), 11–26; (mit S. G. Simpson/G. E. Mints) The Use of Abstract Language in Elementary Metamathematics. Some Pedagogic Examples, in: R. Parikh (ed.), Logic Colloquium. Symposium on Logic at Boston, 1972–73, Berlin/Heidelberg/New York 1975, 38–131; Wie die Beweistheorie zu ihren Ordinalzahlen kam und kommt, Jahresber. Dt. Math.ver. 78 (1976), 177–223; On the Kind of Data Needed for a Theory of Proofs, in: R. O. Gandy/J. M. E. Hyland (eds.), Logic Colloquium 76. Proceedings of a Conference Held in Oxford in July 1976, Amsterdam/New York/Oxford 1977, 111–128; Formal Rules and Questions of Justifying Mathematical Practice, in: K. Lorenz (ed.), Konstruktionen versus Positionen. Beiträge zur Diskussion um die Konstruktive Wissenschaftstheorie I (Spezielle Wissenschaftstheorie), Berlin/New York 1979, 99–130; Kurt Gödel. 28 April 1906–14 January 1978, Biographical Memoirs of Fellows of the Royal Society 26 (1980), 149–224; Constructivist Approaches to Logic, in: E. Agazzi (ed.), Modern Logic – A Survey. Historical, Philosophical, and Mathematical Aspects of Modern Logic and Its Applications, Dordrecht/Boston Mass./London 1981, 67–91; Zur Bewertung mathematischer Definitionen, in: E. Morscher/O. Neumaier/G. Zecha (eds.), Philosophie als Wissenschaft. Essays in Scientific Philosophy, Bad Reichenhall 1981, 185–209; Neglected Possibilities of Processing Assertions and Proofs Mechanically. Choice of Problems and Data, in: P. Suppes (ed.), University-Level Computer-Assisted Instruction at Stanford, 1968–1980, Stanford Calif. 1981, 131–147; Extraction of Bounds. Interpreting some Tricks of the Trade, in: P. Suppes (ed.), University-Level Computer-Assisted Instruction at Stanford, 1968–1980 [s. o.], 149–163; (mit A. MacIntyre) Constructive Logic Versus Algebraization I, in: A. S. Troelstra/D. van Dalen (eds.), The L. E. J. Brouwer Centenary Symposium. Proceedings of the Conference Held in Noordwijkerhout, 8–13 June, 1981, Amsterdam/New York/Oxford 1982, 217–260; Einige Erläuterungen zu Wittgensteins Kummer mit Hilbert und Gödel, in: P. Weingartner/J. Czermak (eds.), Epistemology and Philosophy of Science/Erkenntnis- und Wissenschaftstheorie. Proceedings of the 7th International Wittgenstein Symposium, 22nd to 29th August 1982 Kirchberg am Wechsel (Austria)/Akten des 7. internationalen Wittgenstein Symposiums, 22. bis 29. August 1982 Kirchberg am Wechsel (Österreich), Wien 1983, 295–303; Frege's Foundations and Intuitionistic Logic, Monist 67 (1984), 72–91; Mathematical Logic. Tool and Object Lesson for Science, Synthese 62 (1985), 139–151; Proof Theory and the Synthesis of Programs. Potential and Limitations, in: B. Buchberger (ed.), Eurocal '85. European Conference on Computer Algebra Linz, Austria, April 1–3 1985.

Proceedings I: Invited Lectures, Berlin etc. 1985, 136–150; Gödel's Excursions into Intuitionistic Logic, in: P. Weingartner/L. Schmetterer (eds.), Gödel Remembered. Salzburg 10–12 July 1983, Neapel 1987, 65–179; Church's Thesis and the Ideal of Informal Rigour, Notre Dame J. Formal Logic 28 (1987), 499–519; Proof Theory. Some Personal Recollections, in: G. Takeuti u. a. (eds.), Proof Theory, Amsterdam etc. ²1987, 395–405; Review von: Kurt Gödel. Collected Works I, Notre Dame J. Formal Logic 29 (1988), 160–181; Zu Wittgensteins Sensibilität, in: W. L. Gombocz/H. Rutte/W. Sauer (eds.), Traditionen und Perspektiven der analytischen Philosophie. Festschrift für Rudolf Haller, Wien 1989, 203–223; Logical Aspects of Computation. Contributions and Distractions, in: P. Odifreddi (ed.), Logic and Computer Science, London etc. 1990, 205–278; Review von: Kurt Gödel. Collected Works II, Notre Dame J. Formal Logic 31 (1990), 602–641; Review von: Kurt Gödel. Collected Works II, J. Symb. Log. 56 (1991), 1085–1089; On the Idea(l) of Logical Closure, Ann. of Pure and Applied Log. 56 (1992), 19–41; Second Thoughts Around Some of Gödel's Writings. A Non-Academic Option, Synthese 114 (1998), 99–160; Zur Metapher von der Logik als – Grammatik einer – Sprache für die abstrakte Mathematik, in: G. Abel/M. Kroß/M. Nedo (eds.), Ludwig Wittgenstein. Ingenieur – Philosoph – Künstler, Berlin 2007, 141–162.

Literatur: P. Odifreddi (ed.), Kreiseliana. About and around G. K., Wellesley Mass. 1996.   P. S.

Krieg, in einem allgemeinen Sinne, als extreme Form von ↑Konflikten, Bezeichnung für die Abwesenheit von Frieden (↑Frieden (historisch-juristisch), ↑Frieden (systematisch)). Ein Großteil der philosophischen Auseinandersetzung mit dem Phänomen K. läßt sich als Versuch einer Antwort auf die Frage verstehen, unter welchen Bedingungen das Führen eines K.es moralisch gerechtfertigt ist, der K. also ›gerecht‹ ist (↑Gerechtigkeit). Pazifisten meinen, daß dies nie gerechtfertigt ist, wohingegen Anhänger einer so genannten Theorie des gerechten K.es der Auffassung sind, daß es gerechte K.e geben kann. Die Anhänger einer in der Theorie der internationalen Beziehungen ›Realismus‹ genannten Sichtweise halten es für einen ↑Kategorienfehler, im zwischenstaatlichen Bereich von ↑Moral zu sprechen, da es hier letztlich keine einklagbaren oder sonstwie gültigen Regelwerke gibt bzw. geben sollte (↑Naturzustand). Für Realisten ist jeder K. (und jegliche Kriegsführung) gerechtfertigt, insofern dadurch die nationalstaatlichen Interessen gefördert werden.

Eine exakte Definition von K. scheint unmöglich. Paradigmatisch für einen K. dürfte die bewaffnete Auseinandersetzung zwischen zwei in einem Interessenkonflikt stehenden Staaten sein, die sich gegenseitig den K. erklärt haben; doch gibt es auch Bürgerkriege, ›Kalte K.e‹ und ›K.e gegen den ↑Terror‹, die diese Bedingungen nicht eindeutig erfüllen.

Die Kriterien, die ein (paradigmatischer) K. erfüllen muß, um als moralisch gerechtfertigt zu gelten, werden normalerweise in zwei Bereiche unterteilt, das so genannte ius ad bellum (das Recht bzw. die Pflicht zum Kriegseintritt) und das so genannte ius in bello (die Rechte bzw. Pflichten während der Kampfhandlungen). Zu beiden Bereichen gibt es eine Vielzahl an Auffassungen, die sich im Lichte gegenwärtiger Konflikte stets weiterentwickeln. Während seit dem Briand-Kellogg-Pakt (1928) Selbstverteidigung gegenüber einem ungerechten Angriff für einen legitimen Staat als fast einziger zulässiger Grund für einen Kriegseintritt gilt und die Verpflichtung zur Beschränkung der Kampfhandlungen auf Soldaten (Haager Landkriegsordnung, 1899/1907, und Genfer Konventionen, 1949) als zumindest theoretisch weithin anerkannt gelten dürfte, gibt es Debatten z. B. hinsichtlich Beistandspflichten gegenüber angegriffenen Drittstaaten, Beistandspflichten bei Bürgerkriegen oder ›ethnischer Säuberung‹, Präventivschlägen zur Vermeidung einer Aggression, K.e gegen paramilitärisch organisierte infrastaatliche Organisationen, der Art der zulässigen Kampfmittel (z. B. Streubomben, Landminen, chemische und biologische Kampfstoffe), der Zulässigkeit der Informationsgewinnung durch Folter und der Tolerierbarkeit von Kollateralschäden in der Zivilbevölkerung. Ferner gibt es erste Anstrengungen, ein ›ius post bellum‹ zu etablieren, in dem Themen wie Wiedergutmachung, Versöhnung und die Behandlung von Kriegsverbrechern nach dem K.e geregelt werden sollen.

Mit der Philosophie des K.es haben sich unter anderen Heraklit, Aristoteles, M. T. Cicero, A. Augustinus, Thomas von Aquin, N. Machiavelli, Francisco de Vitoria, T. Hobbes und C. v. Clausewitz eingehend beschäftigt. Besondere systematische Bedeutung kommt den Beiträgen von H. Grotius und I. Kant zu. Grotius wird als ›Vater des Völkerrechts‹ bezeichnet, da er in »De iure belli ac pacis« (Paris 1625 [repr. Hildesheim/Zürich/New York 2006]) die damals geltenden Regeln über Kriegseintritt und Kriegsführung festhielt und ihnen dadurch einen höheren Grad an Verbindlichkeit geben konnte. Kant bezeichnet in seiner Schrift »Zum Ewigen Frieden« (Königsberg 1795, Frankfurt 2009) unter anderem die vollständige Abschaffung stehender Heere und die Einrichtung eines rechtsstaatlichen Völkerbundes (der ansatzweise durch die Vereinten Nationen und den Internationalen Gerichtshof realisiert wurde) als für einen wirklich dauerhaften Frieden erforderlich. Auch stellt er die These auf, daß sich Staaten mit republikanischer Verfassung nicht gegenseitig bekriegen würden, da ein K. aufgrund der zu erwartenden Opfer nie dem Volkswillen entsprechen könne.

Literatur: G. Beestermöller, Thomas von Aquin und der gerechte K.. Friedensethik im theologischen Kontext der Summa theologiae, Köln 1990; M. Ceadel, Thinking about Peace and War, Oxford 1987, 1989; C. v. Clausewitz, Vom Kriege. Hinterlassenes Werk des Generals Carl v. Clausewitz, I–III, Berlin 1832–1834, in 1 Bd., Friedberg 2007 (franz. De la guerre, I–III, Paris 1849–

1851, in 1 Bd., Paris 2006; engl. On War, I–III, London 1873, in 1 Bd., Oxford 2007); C. Coker, Ethics and War in the 21st Century, London/New York 2008; H. Ebeling, Rüstung und Selbsterhaltung. K.sphilosophie, Paderborn etc. 1983; J. Freund, Guerre, Enc. philos. universelle II/1 (1990), 1101–1105; O. Kimminich/E. A. Nohn, K., Hist. Wb. Ph. IV (1976), 1230–1235; H. Kissinger, Diplomacy, New York 1994, New York/London 2002 (dt. Die Vernunft der Nationen. Über das Wesen der Außenpolitik, Berlin 1994, München 1996); L. May (ed.), War. Essays in Political Philosophy, Cambridge/New York 2008; J. McMahan, Killing in War, Oxford/New York 2009; T. Nagel, War and Massacre, Philos. and Public Affairs 1 (1972), 123–144; T. Nardin, The Ethics of War and Peace. Religious and Secular Perspectives, Princeton N. J. 1996, 1998; ders., War and Peace, Philosophy of, REP IX (1998), 684–691; R. Norman, Ethics, Killing, and War, Cambridge 1995; F. S. Northedge, Peace, War, and Philosophy, Enc. Ph. VI (1967), 63–67; B. Orend, War, SEP 2000, rev. 2005; M. Reddy, War, NDHI VI (2005), 2449–2454; T. Ropp, War and Militarism, DHI IV (1973), 500–509; P. D. Senese/J. A. Vasquez, The Steps to War. An Empirical Study, Princeton N. J./Oxford 2008; A. U. Sommer, K. und Geschichte. Zur martialischen Ursprungsgeschichte der Geschichtsphilosophie, Bern 2003; M. Walzer, Just and Unjust Wars. A Moral Argument with Historical Illustrations, New York 1977, ⁴2006 (dt. Gibt es den gerechten K.?, Stuttgart 1982); R. Wasserstrom (ed.), War and Morality, Belmont Calif. 1970. C. S.-P.

Kripke, Saul Aaron, *Bay Shore N. Y. 13. Nov. 1940, amerik. Logiker und Philosoph. Nach Studium in Harvard 1962 B.A. ebendort, 1962–1968 Forschungs- und Lehrtätigkeit in Oxford, Harvard und Princeton, 1968–1972 Assoc. Prof., 1972–1976 Professor an der Rockefeller University, seit 1977 McCosh Professor of Philosophy an der Princeton University, seit 2003 Distinguished Professor of Philosophy am Graduate Center der Columbia University New York. Gastprofessuren an zahlreichen Universitäten. – K. ist zunächst innerhalb der mathematischen Logik (↑Logik, mathematische) durch Arbeiten zur ↑Rekursionstheorie und ↑Mengenlehre hervorgetreten, insbes. zur heute so genannten K.-Platek-Mengenlehre, die schwächer ist als die auf dem ↑Zermelo-Fraenkelschen Axiomensystem aufbauende Mengenlehre. Seine zentrale Leistung in der philosophischen Logik (↑Logik, philosophische) ist die Entwicklung der nach ihm benannten Semantik für die ↑Modallogik und intuitionistische Logik (↑Logik, intuitionistische, ↑Kripke-Semantik), die auf dem Leibnizschen Gedanken der von der tatsächlichen Welt verschiedenen ›möglichen Welten‹ (*possible worlds*) aufbaut (↑Welt, mögliche). Im Zusammenhang mit dieser Semantik stehende Ideen hat K. in der Folgezeit auf zahlreiche überlieferte philosophische Fragestellungen angewendet, z. B. auf die Unterscheidung ↑analytischer und ↑synthetischer Urteile, die Bedeutung von Identitätsaussagen (↑Identität), die Frage nach wesentlichen und nichtwesentlichen Eigenschaften und das ↑Leib-Seele-Problem. Vor allem seine 1970 (im Alter von 29 Jahren)

gehaltenen Vorträge über ›Naming and Necessity‹ machten ihn zu einem der bekanntesten Vertreter der Analytischen Philosophie (↑Philosophie, analytische) der Gegenwart.

In seinem gleichnamigen Werk (1972, 1980) trennt K. scharf zwischen ›notwendig – kontingent‹ (↑notwendig/Notwendigkeit, ↑kontingent/Kontingenz) als einem Begriffspaar der Metaphysik und ›a priori – a posteriori‹ (↑a priori) als einer epistemologischen Unterscheidung. ›Notwendig‹ meint die Gültigkeit in allen möglichen Welten – K. spricht oft, um Mißverständnisse zu vermeiden, von ›↑kontrafaktischen Situationen‹ –, während ›a priori‹ sich auf die Erkenntnisquelle (nämlich die Unabhängigkeit von empirischer ↑Erfahrung) bezieht. In diesem Sinne faßt K. wahre Identitätsaussagen der Gestalt $a = b$ (mit ↑Eigennamen a, b) als notwendigerweise wahr auf, was damit zusammenhängt, daß er Namen als ›starre Designatoren‹ (*rigid designators*) versteht, die in allen möglichen Welten dasselbe bezeichnen, im Gegensatz etwa zu Theorien, die Namen als Abkürzungen von ↑Kennzeichnungen verstehen (G. Frege, B. Russell). Indem man einem Namen einen Gegenstand als Bedeutung (*reference*) zuspricht, legt man seine Bedeutung auch für alle kontrafaktischen Situationen fest, selbst wenn man dazu Eigenschaften verwendet, die der Gegenstand zwar in der tatsächlichen, nicht jedoch in anderen möglichen Welten hat (›to fix a reference is not to give a synonym‹). Dabei ist nach K. sogar der Fall möglich, daß alles das, was ein Sprecher von einem bestimmten Gegenstand glaubt, falsch ist, und der Sprecher sich trotzdem mit einem Namen auf diesen Gegenstand bezieht. Die Bedeutung eines Namens ist dann nicht durch eine zutreffende Eigenschaft (oder eine Menge solcher Eigenschaften) festgelegt, die ein Sprecher mit dem Namen verknüpft, sondern durch die Geschichte, durch die der Name den Sprecher erreicht hat, und somit dadurch, daß der Sprecher einer Gemeinschaft von Sprechern angehört, die den betreffenden Namen verwenden. Diesen Ansatz überträgt K. auch auf Bezeichnungen natürlicher ↑Arten (z. B. ›Gold‹), die er ebenfalls als starre Designatoren interpretiert. Gegenstände und Arten können dabei notwendige Eigenschaften haben (Wesensmerkmale); jedoch sind dies oft Eigenschaften, die empirisch (und damit a posteriori) aufgefunden werden.

Neben weiteren Arbeiten zur Analytischen Philosophie ist K. 1975 vor allem durch seine ↑Wahrheitstheorie hervorgetreten, in der er neue Vorschläge macht, die semantischen Antinomien (↑Antinomien, semantische) zu vermeiden, ohne im Sinne der Sprachstufentheorie A. Tarskis das Wahrheitsprädikat in viele Prädikate, die sich jeweils nur auf eine bestimmte Sprachstufe beziehen, zerfallen zu lassen. K. geht dabei von einem *einzigen*, zunächst uninterpretierten Wahrheitsprädikat aus, dessen Interpretation solange schrittweise erweitert wird, bis diese Erweiterung nichts Neues mehr erbringt. Diese Konzeption ermöglicht K. eine Definition von nicht-fundierten (*ungrounded*) Aussagen, die im Rahmen dieses Prozesses keinen ↑Wahrheitswert erhalten, ferner eine präzise Charakterisierung von ↑paradoxen Aussagen (wie sie etwa bei der Konstruktion von ↑Antinomien verwendet werden) als einer bestimmten Teilklasse der nicht-fundierten Aussagen. 1982 lieferte K. eine Interpretation von und Auseinandersetzung mit L. Wittgensteins Theorie der ↑Privatsprache und dessen Theorie des Regelfolgens. Als Antwort auf das Problem des Bedeutungsskeptizismus (›wodurch ist festgelegt, daß ein isoliertes Individuum mit einem bestimmten Ausdruck dieses und nicht jenes gemeint hat?‹) vertritt K. in seiner ›skeptischen Lösung‹ die These einer sozialen Verankerung von Bedeutung. Dieser Ansatz ist, sowohl als systematische Theorie als auch als Wittgenstein-Interpretation (›Kripkenstein‹), kontrovers diskutiert worden. – Spätere Arbeiten betreffen vor allem die Interpretation der ↑Churchschen These, der Gödelschen ↑Unvollständigkeitssätze und des ↑Hilbertprogramms, aber auch sprachphilosophische Themen wie Anaphora und die Referenz auf die eigene Person.

Werke: Transfinite Recursions on Admissible Ordinals, I–II, J. Symb. Log. 29 (1964), 161–162; Admissible Ordinals and the Analytic Hierarchy, J. Symb. Log. 29 (1964), 162; Identity and Necessity, in: M. K. Munitz (ed.), Identity and Individuation, New York 1971, 135–164 (dt. Identität und Notwendigkeit, in: M. Sukale [ed.], Moderne Sprachphilosophie, Hamburg 1976, 190–215); Naming and Necessity, in: D. Davidson/G. Harman (eds.), Semantics of Natural Language, Dordrecht 1972, Dordrecht/Boston Mass. ²1972, 1977, 253–355 (Addenda 763–769), erw. separat Oxford, Cambridge Mass. 1980, Oxford 1998 (dt. Name und Notwendigkeit, Frankfurt 1981, 2005); Outline of a Theory of Truth, J. Philos. 72 (1975), 690–716; Is There a Problem about Substitutional Quantification?, in: G. Evans/J. McDowell (eds.), Truth and Meaning. Essays in Semantics, Oxford 1976, 325–419; Speaker's Reference and Semantic Reference, Midwest Stud. Philos. 2 (Studies in the Philosophy of Language) (1977), 255–276, Nachdr. in: P. A. French/T. E. Uehling, Jr./H. K. Wettstein (eds.), Contemporary Perspectives in the Philosophy of Language, Minneapolis Minn. 1979, 6–27; A Puzzle about Belief, in: A. Margalit (ed.), Meaning and Use. Papers Presented at the Second Jerusalem Philosophical Encounter April 1976, Dordrecht/Boston Mass./London, Jerusalem 1979, 239–283; Wittgenstein on Rules and Private Language. An Elementary Exposition, in: I. Block (ed.), Perspectives on the Philosophy of Wittgenstein, Oxford 1981, 238–312, erw. separat Oxford, Cambridge Mass. 1982 (dt. Wittgenstein über Regeln und Privatsprache. Eine elementare Darstellung, Frankfurt 1987). – Weitere Werke zur Logik: ↑Kripke-Semantik.

Literatur: A. Ahmed, S. K., New York/London 2007; G. W. Fitch, S. K., Chesham 2004; FM III (²1994), 2037–2039; M. S. Green, K., in: J. R. Shook (ed.), The Dictionary of Modern American Philosophers III, Bristol 2005, 1360–1367; C. Hughes, K.. Names, Necessity, and Identity, Oxford etc. 2004, 2006; M. Jubien, K., REP V (1998), 301–305; K. Koleznik, K., in: F. Volpi (ed.),

Großes Werklexikon der Philosophie I, Stuttgart 1999, 855–856; M. Kusch, A Sceptical Guide to Meaning and Rules. Defending K.'s Wittgenstein, Montreal/Ithaca N. Y., Chesham 2006; P. Muhr, Der Souverän über die konkrete Sprachordnung. Bemerkungen zu K.s elementarer Darstellung des Problems des Regelfolgens und des Arguments gegen private Sprachen in Wittgensteins »Philosophische Untersuchungen«, Frankfurt etc. 1989; C. Norris, Fiction, Philosophy and Literary Theory. Will the Real S. K. Please Stand Up?, London 2007; C. Petri, On K., London etc. 2003; J. F. Rosenberg, Beyond Formalism. Naming and Necessity for Human Beings, Philadelphia Pa. 1994; J.-G. Rossi, K., DP II (²1993), 1607; S. Soames, Beyond Rigidity. The Unfinished Semantic Agenda of »Naming and Necessity«, Oxford etc. 2002; W. Stegmüller, Hauptströmungen der Gegenwartsphilosophie. Eine kritische Einführung II, Stuttgart 1975, bes. 221–252, ⁸1987, bes. 312–344; ders., K.s Deutung der Spätphilosophie Wittgensteins. Kommentarversuch über einen versuchten Kommentar, Stuttgart 1986, erw. Nachdr. in: ders., Hauptströmungen der Gegenwartsphilosophie. Eine kritische Einführung IV, Stuttgart 1989, 1–160; U. Volk, Das Problem eines semantischen Skeptizismus. S. K.s Wittgenstein-Interpretation, Rheinfelden/Berlin 1988.   P. S.

Kripke-Semantik, Bezeichnung für einen nach S. Kripke benannten Typus von modelltheoretischer ↑Semantik (↑Modelltheorie), der es erlaubt, ↑Vollständigkeitssätze für viele von der klassischen ↑Quantorenlogik verschiedene logische Systeme zu beweisen. Indem Kripke seit 1959 solche Vollständigkeitssätze für ↑Modallogiken angab, gelang es ihm (wie unabhängig davon auch schon J. Hintikka und S. Kanger für einen Teil der von Kripke behandelten Formalismen), den bis dahin (vor allem von C. I. Lewis) nur syntaktisch charakterisierten modallogischen Systemen eine semantische Deutung zu geben. 1965 entwickelte Kripke daraus einen Vollständigkeitssatz für die intuitionistische Quantorenlogik (↑Logik, intuitionistische) (allerdings in einer klassischen ↑Metasprache), der wegen der Einbettbarkeit der intuitionistischen Logik in das modallogische System S4 naheliegt. Die in den Vollständigkeitssätzen benutzten Kripke-Modelle zeichnen sich dadurch aus, daß sie auf eine Menge Bezug nehmen, deren Elemente oft als ›Situationen‹ oder ›mögliche Welten‹ (↑Welt, mögliche) bezeichnet werden. Diese Bezugnahme macht es möglich, Modaloperatoren gleichsam als ↑Quantoren zu deuten, deren ↑Variabilitätsbereich die Menge der möglichen Welten bzw. eine durch eine geeignete Relation eingeschränkte Teilmenge davon ist (↑gültig/Gültigkeit). Auf analoge Weise lassen sich auch andere intensionale (↑intensional/Intension) Operatoren (epistemische, temporale, deontische usw.) interpretieren; die K.-S. hat so zur Entwicklung der intensionalen Semantik (↑Semantik, intensionale) in den letzten Jahrzehnten wesentlich beigetragen. Sie hat enge Berührungspunkte z. B. mit Systemen der topologisch-algebraischen Semantik, mit der ↑Beth-Semantik und der Erzwingungsmethode (↑forcing).

Die K.-S. hat zahlreiche Anwendungen und Erweiterungen erfahren, so in der kategorientheoretischen Deutung der Logik (›Topos-Theorie‹), in Logiken für Programme und Prozesse, wie sie in der ↑Informatik verwendet werden (dynamische Logik, ↑Logik, dynamische), in damit verwandten Logiken zeitlicher Abläufe (Temporallogik, ↑Logik, temporale), in der Interpretation des modallogischen (↑Modallogik) Notwendigkeitsoperators durch das Beweisbarkeitsprädikat in der ↑Beweistheorie der Arithmetik (↑Beweisbarkeitslogik) sowie in der Semantik natürlicher Sprachen (↑Sprache, natürliche) in der formalen Linguistik (↑Montague-Grammatik).

Literatur: K. A. Bowen, Model Theory for Modal Logic. K. Models for Modal Predicate Calculi, Dordrecht/Boston Mass./London 1979; C. v. Bülow, Beweisbarkeitslogik. Gödel, Rosser, Solovay, Berlin 2006; D. M. Gabbay/I. Hodkinson/M. Reynolds, Temporal Logic. Mathematical Foundations and Computational Aspects I, Oxford 1994; L. T. F. Gamut, Logic, Language and Meaning II (Intensional Logic and Logical Grammar), Chicago Ill./London 1991; R. Goldblatt, Topoi. The Categorial Analysis of Logic, Amsterdam etc. 1979, rev. 1984, Mineola N. Y. 2006; ders., Mathematical Modal Logic. A View of Its Evolution, in: D. M. Gabbay/J. Woods (eds.), Handbook of the History of Logic VII (Logic and the Modalities in the Twentieth Century), Amsterdam etc. 2006, 1–98; D. Harel/D. Kozen/J. Tiuryn, Dynamic Logic, Cambridge Mass. 2000; G. E. Hughes/M. J. Cresswell, A New Introduction to Modal Logic, London/New York 1996, 2003; S. A. Kripke, A Completeness Theorem in Modal Logic, J. Symb. Log. 24 (1959), 1–14; ders., The Undecidability of Monadic Modal Quantification Theory, Z. math. Logik u. Grundlagen d. Math. 8 (1962), 113–116; ders., Semantical Considerations on Modal Logic, in: Proceedings of a Colloquium on Modal and Many-Valued Logics, Helsinki, 23–26 August, 1962 (Acta Philosophica Fennica 16), Helsinki 1963, 83–94, Nachdr. in: L. Linsky (ed.), Reference and Modality, Oxford 1971, 63–72; ders., Semantical Analysis of Modal Logic I. Normal Modal Propositional Calculi, Z. math. Logik u. Grundlagen d. Math. 9 (1963), 67–96; ders., Semantical Analysis of Intuitionistic Logic I, in: J. N. Crossley/M. A. E. Dummett (eds.), Formal Systems and Recursive Functions. Proceedings of the Eighth Logic Colloquium Oxford, July 1963, Amsterdam 1965, 92–130; ders., Semantical Analysis of Modal Logic II. Non-Normal Modal Propositional Calculi, in: J. W. Addison/L. Henkin/A. Tarski (eds.), The Theory of Models. Proceedings of the 1963 International Symposium at Berkeley, Amsterdam 1965, 206–220; W. Rautenberg, Klassische und nichtklassische Aussagenlogik, Braunschweig/Wiesbaden 1979; K. Schütte, Vollständige Systeme modaler und intuitionistischer Logik, Berlin/Heidelberg/New York 1968; C. A. Smoryński, Applications of Kripke Models, in: A. S. Troelstra (ed.), Metamathematical Investigation of Intuitionistic Arithmetic and Analysis, Berlin/Heidelberg/New York 1973, 324–391; Y. Venema, Temporal Logic, in: L. Goble (ed.), The Blackwell Guide to Philosophical Logic, Malden Mass. 2001, 203–223.   P. S.

Krise (von griech. κρίσις, Scheidung, Entscheidung), allgemein Bezeichnung für einen entscheidenden Moment oder Zeitabschnitt (im Sinne eines potentiellen Wendepunktes) innerhalb eines auf ein Individuum, eine Gruppe, eine Institution oder eine Wissenschaft

bezogenen Handlungs- oder Ereignisablaufs. Auch die individuellen oder sozialen Bedingungen für das Zustandekommen und Bestehen eines solchen Zeitabschnittes werden dann als ›K.n‹ oder ›K.nzustand‹ bezeichnet. Während sich die allgemeinere (z. B. politische, forensische – in der griechischen Antike ist ›κρίσις‹ noch zugleich die Urteilsfindung! –, theologische) Verwendung des Ausdrucks ›K.‹ von der Antike bis ins 17. Jh. an seiner wohlbestimmten Bedeutung in der Medizin orientiert, wird sein Gebrauch mit der Ausweitung auf Psychologie, Wirtschaftswissenschaften, Politik und Geschichtswissenschaften gemessen am medizinischen Sinne metaphorisch, bis das Wort schließlich – noch im 19. Jh. – in die Alltagssprache übergeht und als Schlagwort (auch in wirtschafts- und finanzpolitischem Zusammenhang) an Schärfe und Gewicht verliert. Dessenungeachtet bleibt K. ein geschichtsphilosophischer Kernbegriff; ferner findet er Eingang in die wissenschaftstheoretische Terminologie (↑Grundlagenkrise).

Literatur: R. Bebermeyer, »K.«-Komposita – verbale Leitfossilien unserer Tage, Muttersprache, Z. Pflege u. Erforschung d. dt. Sprache 90 (1980), 189–210; M I (1994), 728–730 (Crisis); G. Guest, Crise, Enc. philos. universelle II/1 (1990), 509–511; R. Koselleck, Kritik und K.. Eine Studie zur Pathogenese der bürgerlichen Welt, Freiburg/München 1959, Frankfurt 2006 (engl. Critique and Crisis. Enlightenment and the Pathogenesis of Modern Society, Oxford, Cambridge Mass. 1988); ders., K., in: O. Brunner/W. Conze/ders. (eds.), Geschichtliche Grundbegriffe. Historisches Lexikon zur politisch-sozialen Sprache in Deutschland III, Stuttgart 1982, 617–650; ders./N. Tsouyopoulos/U. Schönpflug, K., Hist. Wb. Ph. IV (1976), 1235–1245; G. Masur, Crisis in History, DHI I (1973), 589–596; J. Ortega y Gasset, Esquema de las crisis. Y otros ensayos, Madrid 1942 (dt. Das Wesen geschichtlicher K.n, Stuttgart/Berlin 1943, ³1951, 1955); A. Regenbogen, K., EP I (1999), 734–738; R. Starn, Crisis, NDHI II (2005), 500–501; M. Viganò, Dalla crisi delle scienze alla crisi dell'uomo, Civiltà cattolica 127 (1976), H. 3, 236–247; E. Withington, The Meaning of ΚΡΙΣΙΣ as a Medical Term, Class. Rev. 34 (1920), 64–65. – Communications 25 (Paris 1976) [La notion de crise].   C. T.

Kriterium (von griech. κριτήριον, [entscheidendes] Kennzeichen) (engl. criterion), methodologischer Terminus zur Angabe der ↑Gründe für die ↑Geltung von (theoretischen und praktischen) ↑Sätzen bzw. für das Vorliegen von ↑Sachverhalten. Während in der philosophischen Tradition seit Diogenes Laertios K. vor allem als ↑Wahrheitskriterium verstanden wird, tritt seit dem Logischen Empirismus (↑Empirismus, logischer) die Frage nach den Sinnkriterien (↑Sinnkriterium, empiristisches, ↑Sinnkriterium, pragmatisches) in den Vordergrund.

In der an die Spätphilosophie L. Wittgensteins (vor allem an die »Philosophischen Untersuchungen«) anschließenden, von N. Malcolm begonnenen Diskussion (Bibliographie in: W. G. Lycan, Noninductive Evidence. Recent Work on Wittgenstein's ›Criteria‹, Amer. Philos.

Quart. 8 [1971], 109–125) läßt sich, miteinander zusammenhängend, eine *semantische* von einer *erkenntnistheoretischen* Wortverwendung unterscheiden. *Semantische* K.en sind als – von expliziten ↑Definitionen (mittels genus und ↑differentia specifica) unterschiedene – *Bedeutungsregeln* zu verstehen, die auf ↑Familienähnlichkeiten bezogen sind. *Erkenntnistheoretische* K.en geben als *Evidenz*kriterien die Legitimation für die Annahme von Ereignissen, die sich direkter Beobachtung entziehen. Die dabei auftretende ›K.srelation‹ zwischen einem Ereignis und seinem K. (bzw. seinen K.en) oder den Sätzen darüber ist sowohl von der Relation der logischen ↑Folgerung als auch von einem induktiven Schluß (↑Schluß, induktiver) verschieden. Während semantische K.en bedeutungskonstitutiven Charakter haben, sind Evidenzkriterien für Ereignisse, für die sie K.en sind, weder hinreichende oder notwendige ↑Bedingungen noch irgendwie konstitutiv, z. B. Schmerzäußerungen bezüglich des Sachverhalts, daß jemand Schmerzen hat. Überhaupt bildet der Bereich des Fremdpsychischen (↑other minds) den zentralen Beispielsbereich für K.en. Im Anschluß an Wittgenstein, der unter Hinweis auf die für Sprache unerläßliche soziale Eingebundenheit von K.en in ↑Sprachspiele die Möglichkeit einer ↑Privatsprache auszuschalten suchte, wird in der Lehre von den K.en auch eine Widerlegung des ↑Behaviorismus gesehen. Von K.en sind nach Wittgenstein ↑Symptome zu unterscheiden.

Literatur: R. Albritton, On Wittgenstein's Use of the Term ›Criterion‹, J. Philos. 56 (1959), 845–857; R. Amico, The P of the C, Lanham Md. 1995; J. Austin, Criteriology. A Minimally Theoretical Method, Metaphilos. 10 (1979), 1–17; G. Baker, K.en. Eine neue Grundlegung der Semantik, Ratio 16 (1974), 142–174; D. Birnbacher, Die Logik der K.en. Analysen zur Spätphilosophie Wittgensteins, Hamburg 1974; S. Haack, Evidence and Inquiry. Towards Reconstruction in Epistemology, Oxford 2000; A. Kenny, Criterion, Enc. Ph. II (1967), 258–261; H. Khatchadourian, Meaning & Criteria. With Applications to Various Philosophical Problems, New York etc. 2007; J. L. Koethe, The Role of Criteria in Wittgenstein's Later Philosophy, Can. J. Philos. 7 (1977), 601–622; A. Lyon, Criteria and Evidence, Mind 83 (1974), 211–227; N. Malcolm, Wittgenstein's »Philosophical Investigations«, in: ders., Knowledge and Certainty. Essays and Lectures, Englewood Cliffs N. J. 1963, 1965, 96–129; ders., Knowledge of Other Minds, in: ders., Knowledge and Certainty [s. o.], 130–140; J. McDowell, Criteria, Defeasibility, and Knowledge, Proc. Brit. Acad. 68 (1982), 455–479; M. McGinn, Criteria, REP II (1998), 711–714; R. Scruton/C. Wright, Truth Conditions and Criteria, Proc. Arist. Soc., Suppl. 50 (1976), 193–245; J. L. Thompson, Über K.en, Ratio 13 (1971), 26–38. G. W.

Kritik (von griech. *κριτική* [*τέχνη*], [Kunst der] Beurteilung; engl. criticism, critique, franz. critique), Grundbegriff einer an den Ideen der ↑Aufklärung und des methodischen Denkens orientierten Philosophie, im 17. Jh. als Terminus aus der ramistischen (↑Ramismus)

und Cartesianischen Logik (↑Cartesianismus) in die europäischen Nationalsprachen (ins Deutsche über das Französische) übernommen. Ebenso wie *τὸ κρίνειν* (die Handlung des Unterscheidens, Entscheidens und Beurteilens) bezeichnet schon bei Platon und Aristoteles ›K.‹ das Unterscheidungsvermögen und die Urteilskraft, die den ›umfassend Gebildeten‹ charakterisiert (vgl. Aristoteles, de part. an. *A*1.639a6–10), weshalb auch bei Platon ›K.‹ unmittelbar die Kunst der Unterscheidung bedeutet (*διακριτικὴ τέχνη*, Soph. 231b3) und die Sokratische ↑Mäeutik als Kunst der Unterscheidung bzw. der Beurteilung des Wahren und Falschen (*τὸ κρίνειν τὸ ἀληθές τε καὶ μή*, Theait. 150b3) bezeichnet wird. Diesem terminologischen Gebrauch entsprechend gilt in der stoischen Einteilung der Logik (↑Logik, stoische) der ›Dialektiker‹ (im Platonisch-Aristotelischen Sinne) als ›Kritiker‹ (vgl. SVF III, 654), ferner die Grammatik (damit die Philologie) entweder als identisch mit oder als Teilbereich der K. (vgl. Sextus Empiricus, Adv. math. I, 78–79).

Die Begriffsgeschichte von K. bleibt auch in der scholastischen und frühneuzeitlichen Geschichte des Dialektikbegriffs (↑Dialektik) mit der sich an diese Geschichte knüpfenden Methodenreflexion verbunden. So schließt P. Ramus mit seiner Gliederung der Dialektik in die Lehre von der *inventio* (↑Topik) und die Lehre vom *iudicium* (auch als *κριτικά* bezeichnet) unmittelbar an die stoischen Einteilungen an (vgl. Scholae in liberales artes, Basel 1569 [repr. Hildesheim 1970], 315 [in Kap. Liber scholarum dialectiarum]; dazu R. Goclenius, Lexicon philosophicum, Frankfurt 1613 [repr. Stuttgart 1962, Hildesheim 1964], 492 [Art. ›criticus‹]), während die Cartesianische Logik, d. h. die ›Logik von Port Royal‹ (1662, ↑Port Royal, Schule von), diese Gliederung durch den über die analytische Methode (↑Methode, analytische) in der Geometrie gebildeten Begriff der Analyse ersetzt, der bei G. Vico wiederum durch ›K.‹ (*arte critica*) wiedergegeben wird (vgl. De nostri temporis studiorum ratione, Neapel 1709 [lat./dt. Godesberg 1947, repr. Darmstadt 1963]; Principj di una scienza nuova intorno alla natura della nazioni, Neapel 1725 [repr. Rom 1979], [3]1744, §§ 348 ff.). Auch P. Bayle, dessen »Dictionnaire historique et critique« (I–II, Rotterdam 1696/1697, I–III, [2]1702, I–IV, [3]1720) die Idee eines an der Aufdeckung ›begangener Fehler‹ orientierten *esprit critique* repräsentiert (vgl. Brief Bayles vom 22.5.1692 an seinen Vetter P. Naudé, in: ders., Œuvres diverses, I–IV, La Haye [2]1737, I, 161 [Anhang]), die dann durch die Idee eines systematisch orientierten *esprit philosophique*, dargestellt durch die französische »Encyclopédie« (↑Enzyklopädisten), abgelöst wird (vgl. D. Diderot, Art. ›encyclopédie‹, Encyclopédie V [1755], 637, 648), schließt terminologisch an die Cartesianische Logik an und ergänzt diese auf dem Felde der historischen K..

Daß sich auch systematisches Denken (*esprit philosophique*) als kritisches Denken (*esprit critique*) bewähren muß, ist dann das Postulat I. Kants, nachdem bereits die französische »Encyclopédie« einen einheitlichen K.begriff (K. als ›Tribunal der Wahrheit‹) zu formulieren suchte (vgl. J.-F. Marmontel, Art. ›critique‹, Encyclopédie IV [1754], 494). Paradigma kritischen Denkens im Sinne dieses Postulats ist allerdings nicht länger Bayles »Dictionnaire«, sondern Kants »K. der reinen Vernunft« (1781, ²1787). Unter einer K. der reinen Vernunft versteht Kant keine ›Doktrin‹, kein ›System der reinen Vernunft‹ (Metaphysik der Natur und der Sitten), sondern eine ↑›Propädeutik‹ zu einem solchen System (vgl. KrV B 24–25, B 108–109, B XXII), dessen ›Idee‹ sie entwirft (erste Fassung der Einleitung in die »K. der Urteilskraft«, Akad.-Ausg. XX, 195). Beurteilt hinsichtlich seiner Leistungsfähigkeit und seiner Grenzen wird das ›Vernunftvermögen überhaupt‹ (KrV A XI–XII, vgl. B 766); dargelegt wird die ›Möglichkeit‹, d. h. die methodische Rekonstruierbarkeit, der Wissensbildung, und zwar sowohl in ihren vorliegenden Teilen, deren kritische Destruktion wiederum zur Aufgabe einer ↑transzendentalen Dialektik (↑Dialektik, transzendentale) wird, als auch in ihren erst noch zu errichtenden Teilen. Daher spricht Kant auch von einer ›transzendentalen K.‹ (KrV B 26) und, zur Charakterisierung seiner eigenen Position, im Unterschied zu ↑Dogmatismus und ↑Skeptizismus, gelegentlich von ↑›Kritizismus‹. Aufgaben einer ›K. der praktischen Vernunft‹ und einer ›K. der Urteilskraft‹ sind entsprechend die Durchsetzung der Idee der transzendentalen K. im Bereich einer Metaphysik der Sitten und des Geschmacks sowie der Nachweis der Einheit von theoretischer und praktischer Vernunft (›Einheit der Vernunft‹, vgl. Grundl. Met. Sitten, Vorrede, Akad.-Ausg. IV, 391; KU Einl. IX, B LIV–LV; ↑Vernunft, praktische, ↑Vernunft, theoretische).

Die meisten modernen K.begriffe in Philosophie und Wissenschaftstheorie schließen insofern an Kants transzendentale Konzeption einer philosophischen K. an, als in gleicher Weise Destruktion unbegründeter Orientierungen und Konstruktion begründeter Orientierungen die Verwendung dieses Begriffs betreffen. So repräsentiert z. B. im Kritischen Rationalismus (↑Rationalismus, kritischer) ein ›Prinzip der kritischen Prüfung‹ (↑Prüfung, kritische) im Rahmen einer ↑Logik der Forschung die Idee wissenschaftlicher Rationalität. In der Kritischen Theorie (↑Theorie, kritische) der ↑Frankfurter Schule tritt K. als »Einheit von Erkenntnis und Interesse« auf (J. Habermas, Erkenntnis und Interesse, Frankfurt 1968, 1973 [mit neuem Nachwort], 234), deren ›Methode‹ die ökonomische und Ideologiekritik (↑Ideologie), verbunden im Begriff der Gesellschaftskritik (↑Gesellschaftstheorie), ist und die sich dabei gegen die Methodenideale des ↑Szientismus richtet (vgl. J. Haber-

mas, Wozu noch Philosophie?, in: ders., Philosophisch-politische Profile, Frankfurt 1971, 32–34). In der Konstruktiven Wissenschaftstheorie (↑Wissenschaftstheorie, konstruktive) der ↑Erlanger Schule ist es wiederum die Konzeption einer Wissenschaftstheorie als ↑Wissenschaftskritik, die K. mit Konstruktion verbindet, ferner die Radikalisierung der Vernunftkritik Kants zur ↑Sprachkritik, die noch einmal der transzendentalen Idee der K. bei Kant eine – philosophische K. zugleich auch wieder mit Logik und deren Rationalitätsstandards verbindende – methodische Fassung gibt. Die Entwicklung der philosophischen Forschung hat, so scheint es, trotz ihres zum Teil gerade in fundamentalen Methodenorientierungen kontroversen Charakters Kant recht gegeben:»der kritische Weg ist allein noch offen« (KrV B 884).

Literatur: T. W. Adorno, K. [1969], in: ders., K.. Kleine Schriften zur Gesellschaft, Frankfurt 1971, 1991, 10–19; H. Albert, Traktat über kritische Vernunft, Tübingen 1968, ³1975 (um ein Nachwort »Der Kritizismus und seine Kritiker« erweitert), ⁴1980, ⁵1991 (engl. Treatise on Critical Reason, Princeton N. J. 1985); C. v. Bormann, K., Hb. ph. Grundbegriffe IV (1973), 807–823; ders., Der praktische Ursprung der K.. Die Metamorphosen der K. in Theorie, Praxis und wissenschaftlicher Technik von der antiken praktischen Philosophie bis zur neuzeitlichen Wissenschaft der Praxis, Stuttgart 1974; ders./G. Tonelli/H. Holzhey, K., Hist. Wb. Ph. IV (1976), 1249–1282; G. Figal, K. als Problem der Philosophie, Dt. Z. Philos. 50 (2002), 267–271; W. Flach, Transzendentalphilosophie und K.. Zur Bestimmung des Verhältnisses der Titelbegriffe der Kantischen Philosophie, in: W. Arnold/H. Zeltner (eds.), Tradition und K.. Festschrift für Rudolf Zocher zum 80. Geburtstag, Stuttgart-Bad Cannstatt 1967, 69–83; R. Geuss, K., Aufklärung, Genealogie, Dt. Z. Philos. 50 (2002), 273–281; M. Horkheimer, Traditionelle und kritische Theorie, Z. Sozialforsch. 6 (1937), 245–294, Nachdr. in: ders., Kritische Theorie. Eine Dokumentation II, ed. A. Schmidt, Frankfurt 1968, 1972, 137–191, ferner in: ders., Traditionelle und kritische Theorie. Vier Aufsätze, Frankfurt 1970, 1986, 12–56, mit Untertitel: 5 Aufsätze, 1992, 2005, 205–259; H. Irandoust, The Logic of Critique, Argumentation 20 (2006), 133–148; P. Janich/F. Kambartel/J. Mittelstraß, Wissenschaftstheorie als Wissenschaftskritik, Frankfurt 1974; R. Koselleck, K. und Krise. Ein Beitrag zur Pathogenese der bürgerlichen Welt, Freiburg/München 1959, mit Untertitel: Eine Studie zur Pathogenese der bürgerlichen Welt, Frankfurt 1973, 2006 (franz. Le règne de la critique, Paris 1979; engl. Critique and Crisis. Enlightenment and the Pathogenesis of Modern Society, Oxford/Hamburg, Cambridge Mass. 1988); G. Krüger, Der Maßstab der kantischen K., Kant-St. 39 (1934), 156–187; G.-W. Küsters, Der K.begriff der kritischen Theorie Max Horkheimers. Historisch-systematische Untersuchung der Theoriegeschichte, Frankfurt/New York 1980; R. C. Kwant, Critique. Its Nature and Function, Pittsburgh Pa. 1967; A. Preußner, K., in: W. D. Rehfus (ed.), Handwörterbuch Philosophie, Göttingen 2003, 432; W. Risse, Die Logik der Neuzeit I (1500–1640), Stuttgart-Bad Cannstatt 1964, 1970, 122–200 (Die ramistische Dialektik); K. Röttgers, K. und Praxis. Zur Geschichte des K.begriffs von Kant bis Marx, Berlin/New York 1975; ders., K., in: O. Brunner/W. Conze/R. Koselleck (eds.), Geschichtliche Grundbegriffe. Historisches Lexikon zur politisch-sozialen Sprache in Deutschland III, Stuttgart 1982, 2004, 651–675; ders., K., in: H. J. Sandkühler (ed.), Europäische Enzyklopädie zu Philosophie und Wissenschaften II, Hamburg 1990, 889–898; ders., K., EP I (1999), 738–746; F. E. Sparshott, The Concept of Criticism. An Essay, Oxford 1967; U. Steiner, Die Geburt der K. aus dem Geiste der Kunst. Untersuchungen zum Begriff der K. in den frühen Schriften Walter Benjamins, Würzburg 1989; G. Tonelli, ›Critique‹ and Related Terms Prior to Kant. A Historical Survey, Kant-St. 69 (1978), 119–148. J. M.

Kritik, immanente, Beurteilung von Thesen, Theorien, Lehrmeinungen usw., die von deren eigenen Voraussetzungen und Maßstäben (›immanente Logik‹) ausgeht, nach T. W. Adorno das »Ineinander von Verständnis und ↑Kritik« (Drei Studien zu Hegel, Frankfurt 1963, ³1969, in: ders., Ges. Schriften V, Frankfurt 1971, 374). Bezogen auf die historische Analyse von Entwicklungen (z. B. von Kulturen, geschichtlichen Epochen) gehört i. K. zu den Methodenidealen des (methodologischen) ↑Historismus. Nach W. Benjamin (Der Begriff der Kunstkritik in der deutschen Romantik, Berlin 1920, ed. H. Schweppenhäuser, Frankfurt 1973, 57–80) bestimmt der Begriff der i.n K. das kunsttheoretische Programm der Frühromantik (Novalis, F. Schlegel).

Literatur: A. Buchwalter, Hegel, Marx, and the Concept of Immanent Critique, J. Hist. Philos. 29 (1991), 253–279; Y. Espiña, Wahrheit als Zugang zur Wahrheit. Die Bedeutung der i.n K. in der Musikphilosophie Adornos, in: R. Klein/C.-S. Mahnkopf (eds.), Mit den Ohren denken. Adornos Philosophie der Musik, Frankfurt 1998, 52–70; R. Geuss, Critical Theory, REP II (1998), 722–728, bes. 725 (Internal or Immanent Criticism); R. Klein, Überschreitungen, immanente und transzendente Kritik. Die schwierige Gegenwart von Adornos Musikphilosophie, in: W. Ette/G. Figal/G. Peters (eds.), Adorno im Widerstreit. Zur Präsenz seines Denkens, Freiburg/München 2004, 155–183, ferner in: A. Nowak/M. Fahlbusch (eds.), Musikalische Analyse und kritische Theorie. Zu Adornos Philosophie der Musik, Tutzing 2007, 276–302; E. Krückeberg, K., i., Hist. Wb. Ph. IV (1973), 1292–1293; W. Langer, Gilles Deleuze. Kritik und Immanenz, Berlin 2003; E. Rothacker, Logik und Systematik der Geisteswissenschaften, München/Berlin 1927 (repr. Darmstadt, München 1965, Darmstadt 1970), 119–131 (Das Verstehen in den Geisteswissenschaften); P. Turetzky, Immanent Critique, Philos. Today 33 (1989), 144–158. J. M.

Kritischer Rationalismus, ↑Rationalismus, kritischer.

Kritische Theorie, ↑Theorie, kritische.

Kritizismus, von I. Kant selbst (selten) verwendeter Terminus zur Bezeichnung der die Kantischen Vernunftkritiken charakterisierenden methodischen Grundhaltung, in der zwischen den Extrempositionen eines unbegründet behauptenden ↑Dogmatismus und eines unbegründet bezweifelnden ↑Skeptizismus die Grenzen und Möglichkeiten reiner Vernunfterkenntnis durch die ↑Vernunft selbst geklärt werden sollen. Während der »Dogmatism

der Metaphysik« zu den Prinzipien der Vernunfterkenntnis und damit der Metaphysik ein »allgemeine(s) Zutrauen« entwickelt, und zwar »ohne vorhergehende Kritik des Vernunftvermögens« und »blos um ihres [d. i. der reinen Vernunfterkenntnis bzw. der Metaphysik] Gelingens willen«, besteht der »Scepticism« in dem »allgemeine(n) Mißtrauen« gegenüber der reinen Vernunft, und zwar ebenfalls »ohne vorhergegangene Kritik« und dieses Mal »blos um des Mißlingens ihrer Behauptungen willen«. Demgegenüber besteht der »Kriticism des Verfahrens mit allem, was zur Metaphysik gehört« in der »Maxime eines allgemeinen Mißtrauens gegen alle synthetische Sätze derselben, bevor nicht ein allgemeiner Grund ihrer Möglichkeit in den wesentlichen Bedingungen unserer Erkenntnißvermögen eingesehen worden« (Über eine Entdeckung, nach der alle neue Kritik der reinen Vernunft durch eine ältere entbehrlich gemacht werden soll [1790], Akad.-Ausg. VIII, 226–227; zum »Kriticism der praktischen Vernunft« vgl. Der Streit der Facultäten [1798], Akad.-Ausg. VII, 59). Der K. als methodische Grundhaltung besteht demnach darin, über eine Klärung der apriorischen (d. h. nicht durch Erfahrung begründbaren, sondern in den Erfahrungen bereits benutzten bzw. unterstellten, ↑a priori) Elemente der empirischen Erkenntnis (↑Erfahrung) einerseits (gegen den Dogmatismus) die Begrenzung der Welterkenntnis auf den Bereich möglicher Erfahrung aufzuzeigen und andererseits (gegen den Skeptizismus) die prinzipielle Verläßlichkeit dieser Welterkenntnis, insbes. empirischer Verallgemeinerungen, nachzuweisen. Der antiskeptische Nachweis liefert dabei das systematische Kernstück des K., da mit ihm – als der Klärung der methodisch unterscheidbaren Schritte der Erkenntnisbildung und damit der Erkenntnisleistungen – Möglichkeiten und Grenzen der Erkenntnis zugleich festgelegt werden. Kant führt diesen Nachweis dadurch, daß er darstellt, wie die Gegenstände empirischer Erkenntnis sich als diese Gegenstände erst auf Grund der Ordnungsleistungen des Erkenntnisvermögens ergeben: Daß wir die Welt als eigenständig-beständige Wirklichkeit erfahren, verdanken wir nach Kant einer Vernunftleistung, die diese Eigenständigkeit und Beständigkeit der Welt erst für die Erfahrung erzeugt. Der K. im Sinne Kants lebt daher von einem konstruktiven Argument, an das auch die weitere Verwendungsgeschichte des Terminus anknüpft.

J. G. Fichte verschärft die konstruktive Interpretation des K. insofern, als er (in der »Wissenschaftslehre« von 1794) seinen ›echten K.‹, den er dem ›halben K.‹ Kants gegenüberstellt, in der Konstruktion der Welt aus dem Bewußtsein sieht: Weil alles Wissen (von was auch immer) eine Leistung des Bewußtseins ist, muß sich auch alles mögliche Wissen durch eine Klärung der möglichen Bewußtseinsleistungen und Bewußtseinszustände überblicken lassen. Das Verhältnis zwischen den apriorischen

Prinzipien empirischen Wissens und diesem Wissen selbst ist dabei analog den festgefügten Formen, die sich notwendig aus der (der Reflexion vollständig zugänglichen) Natur der Vernunft ergeben, und deren kontingenter Ausfüllung durch das ›Material‹ der Wahrnehmungen. Der K. Fichtes besteht in diesem Sinne in der Konstruktion dieser Wissensformen aus der Natur der Vernunft, d.h. für Fichte: aus den notwendigen Entwicklungsschritten für die Erreichung eines seiner selbst gewissen Wissens. Auch F. W. J. Schelling sieht zunächst noch (unter dem Einfluß Fichtes) den K. durch ein konstruktives Argument ausgezeichnet: durch das zur Erklärung gegenständlicher Erkenntnis vorgebrachte Argument, daß subjektive Ordnungsleistungen (das ›Ich‹) erst die Welt der unterscheidbaren Gegenstände erzeugen, von der wir unser Wissen zu gewinnen suchen (Vom Ich als Prinzip der Philosophie oder über das Unbedingte im menschlichen Wissen [1795], Sämtl. Werke I, 73–168, bes. 94–101 [§§ 4–6]). Mit dieser ausschließlichen Konzentration auf die konstruktive Bedeutung des K. wird aber sowohl das Kantische Argument als auch dessen Position zu Dogmatismus und Skeptizismus verändert. Während Kant Bedingungen der Möglichkeit der empirischen Erkenntnis herauszufinden suchte, ohne diese selbst wie einen Gegenstand der empirischen Erkenntnis zu behandeln, werden bei Fichte und Schelling diese Bedingungen immer mehr im Sinne eines – sei es, wie bei Fichte, von uns erzeugten, sei es, wie bei Schelling, für uns sich entwickelnden und uns sich zeigenden – Gegenstandes umgedeutet. So besteht auch der Dogmatismus, gegen den allein nun der K. bei Schelling noch aufzutreten hat, nicht mehr in einer bestimmten unkritischen Behandlung metaphysischer Behauptungen, sondern in der Annahme eines anderen (›objektiven‹) Konstruktionsprinzips der Welterkenntnis. Damit ergibt sich folgerichtig die Forderung, sowohl den K. als auch den Dogmatismus von einer ›höheren Warte‹ aus – die eine Entscheidung über die beiden konkurrierenden Konstruktionsprinzipien erlaubt – zu überwinden. G. W. F. Hegel sieht denn auch – angesichts dieser Entwicklung – im ursprünglichen Kantischen K. nurmehr einen ›subjektiven Idealismus‹ (↑Idealismus, subjektiver), der zunächst einmal mit einer dogmatischen Gegenüberstellung von (Erkenntnis-)Subjekt und Objekt beginne, dadurch zur Ausklammerung des Objekts (im Sinne des ↑Dinges an sich) aus dem Bereich möglicher Erkenntnis gezwungen werde und sich nur noch auf die Vorstellungen des Subjekts beschränken müsse – wobei dieses Subjekt selbst überhaupt nicht begriffen, sondern wie ein fertiges Faktum behandelt werde: nämlich durch eine nur »historische Beschreibung des Denkens und eine bloße Herzählung der Momente des Bewußtseins« (Enc. phil. Wiss. I, § 60, Zusatz 1, Sämtl. Werke VIII, 161–162).

Mit dem Verdikt Hegels verliert der K. seine Bindung an die Kantische Erkenntnistheorie. Der K., den Hegel angreift, ist selbst bereits eine (konstruktive) Weiterführung der Kantischen Vernunftkritik – wobei für Hegel vor allem der K. von F. H. Jacobi (Ueber das Unternehmen des Kriticismus, die Vernunft zu Verstande zu bringen und der Philosophie überhaupt eine neue Absicht zu geben, Werke III, Leipzig 1816 [repr. Darmstadt 1968, 1976], 59–195) bedeutsam ist (vgl. Hegel: Ueber Friedrich Heinrich Jacobi's Werke. Dritter Band. Leipzig […] 1816 […], Sämtl. Werke VI, 313–347) – und in diesem Sinne eine verselbständigte Position. Da diese Position gleichwohl nur im Rahmen eines Programms entwickelt werden kann, das die erkenntnisstiftenden Leistungen des (transzendentalen) Subjekts (↑Subjekt, transzendentales) anerkennt und erklären will, ist sie insgesamt von ›sekundärer‹ Bedeutung und auch jeweils nur als ›Anschlußposition‹ an grundlegende Konzeptionen, insbes. des ↑Neukantianismus, vertreten worden.

Literatur: M. Campo, La genesi del criticismo kantiano, I–II, Varese 1953; H.-D. Häusser, Transzendentale Reflexion und Erkenntnisgegenstand. Zur transzendentalphilosophischen Erkenntnisbegründung unter besonderer Berücksichtigung objektivistischer Transformationen des K.. Ein Beitrag zur systematischen und historischen Genese des Neukantianismus, Bonn 1989; F. Kreis, Phänomenologie und K., Tübingen 1930; K.-H. Lembeck, K., in: F.-P. Burkard/P. Prechtl (eds.), Metzler Lexikon Philosophie, Stuttgart/Weimar ³2008, 320; F. Myrho (ed.), K.. Eine Sammlung von Beiträgen aus der Welt des Neukantianismus, Berlin 1925, 1926; W. Nieke, K., Hist. Wb. Ph. IV (1976), 1294–1299; A. Riehl, Der philosophische Kriticismus und seine Bedeutung für die positive Wissenschaft, I–II (in 3 Bdn.), Leipzig 1876–1887, unter dem Titel: Der philosophische K.. Geschichte und System, I, ²1908, ³1924, II/1, ²1925, II/2, ²1926, (II/2, Zur Wissenschaftstheorie und Metaphysik [engl. The Principles of the Critical Philosophy. Introduction to the Theory of Science and Metaphysics, London 1894]); E. Schadel, Kants ›Tantalischer Schmerz‹. Versuch einer konstruktiven K.-Kritik in ontotriadischer Perspektive, Frankfurt etc. 1998; weitere Literatur: ↑Kant, Immanuel, ↑Neukantianismus, sowie bei den Vertretern des Neukantianismus.   O. S.

Krokodilschluß (griech. *κροκοδειλίτης* [*λόγος*], lat. crocodilina [ambiguitas], auch: syllogismus crocodilinus), Bezeichnung für das folgende, unter anderem von Lukian und Quintilian aus dem Altertum überlieferte ↑Paradoxon (↑Paradoxie): Ein Krokodil, das einer Mutter ihr Kind geraubt hat, verspricht, das Kind dann und nur dann zurückzugeben, wenn die Mutter richtig errät, was das Krokodil tun wird. Die überlieferte Antwort, ›du wirst das Kind nicht zurückgeben‹, führt zu einer Paradoxie. Das Krokodil argumentiert nämlich, die Mutter könne das Kind nicht zurückbekommen, denn sie verliere es auf Grund der akzeptierten Bedingung, falls die von ihr gemachte Aussage falsch sei; sei sie aber wahr, besage diese ja gerade, daß die Mutter das Kind nicht zurückbekomme. Die Mutter argumentiert jedoch, sie müsse ihr Kind auf jeden Fall zurückerhalten. Denn wenn ihre Aussage wahr sei, so erhalte sie das Kind auf Grund der Vereinbarung zurück; aber auch wenn sie nicht wahr sei, erhalte sie ihr Kind zurück, weil es dann ja falsch sei, daß sie es nicht zurückerhalte.

Dieses ↑Dilemma wird erst dadurch möglich, daß in der getroffenen Vereinbarung nur scheinbar eine ↑Regel, in Wahrheit jedoch ein ganzes Regelschema akzeptiert wird, das erst auf Grund der Wahl einer Antwort durch die Mutter zu einer Regel wird. Das ↑Schema hat in diesem Falle die Gestalt

$a \; \varepsilon$ wahr $\; \Rightarrow \; z$,

$a \; \varepsilon$ falsch $\; \Rightarrow \; \neg z$,

wobei ›z‹ als bloße Abkürzung für das Zurückgeben des Kindes steht, ›a‹ jedoch als schematischer Buchstabe für ↑Aussagen aus einem noch offengelassenen Bereich zur Einsetzung zugelassener Aussagen verwendet ist. Solange keine Einschränkung dieses Bereichs vorgenommen wird, können als Ergebnisse einer Einsetzung für ›a‹ auch solche konkreten Regeln entstehen, die nicht konsistent befolgt werden können, weil sie mit A. Tarskis Adäquatheitsbedingung für Wahrheitsdefinitionen

$T: \quad$ ›p‹ ε wahr $\leftrightarrow p$

unverträglich sind (↑Wahrheitstheorien). Im K. wählt die Mutter ›¬z‹ für ›a‹ und bestimmt damit das konkrete Regelsystem

$R_1:$ ›¬z‹ ε wahr $\; \Rightarrow \; z$,

$R_2:$ ›¬z‹ ε falsch $\; \Rightarrow \; \neg z$.

Das Krokodil schließt nun von ››¬z‹ ε falsch‹ auf ¬z (nach R_2) und von ››¬z‹ ε wahr‹ auf ¬z (nach T mit ¬z für p), die Mutter aber von ››¬z‹ ε falsch‹ zunächst (metalogisch) auf ››z‹ ε wahr‹ und von da auf z sowie von ››¬z‹ ε wahr‹ auf z (nach R_1). Die Paradoxie besteht darin, daß bei gleichzeitiger Geltung von T, R_1 und R_2 alle diese Schlüsse korrekt, also zugleich z und ¬z begründbar wären. Da R_1 und R_2 zusammen mit T sowohl die Gültigkeit von ¬z → z als auch die Gültigkeit von z → ¬z, also von z ↔ ¬z, begründen würden, ist der K. offensichtlich ein Vorläufer der ↑Zermelo-Russellschen Antinomie, kann wegen der expliziten Benutzung des Wahrheitsprädikats aber auch zum Problemkreis der semantischen Antinomien (↑Antinomien, semantische) gerechnet werden.

Literatur: H. Barge, Der Horn- und K.. Ein Beitrag zur Kenntnis der antiken Trugschlüsse und zugleich eine Untersuchung über Luthers responsum neque cornutum neque dentatum in Worms, Arch. Kulturgesch. 18 (1928), 1–40; E. G. Schmidt, K., Hist. Wb. Ph. IV (1976), 1299. – K., WbL (1978), 266. C. T.

Kronecker, Leopold, *Liegnitz (Schlesien) 7. Dez. 1823, †Berlin 29. Dez. 1891, dt. Mathematiker. Von seinem Lehrer (E.-E. Kummer) ermuntert, ab 1841 Studium insbes. der Mathematik in Berlin, Bonn (1843), Breslau (1843/1844) und Berlin (1844); dort 1845 Promotion bei J. P. G. L. Dirichlet. Zunächst mit der Verwaltung des Familienvermögens bei Liegnitz befaßt, ging K. 1855 als Privatgelehrter nach Berlin; 1861 Mitglied der Preußischen Akademie der Wissenschaften, Ablehnung eines Rufes auf den zuletzt von B. Riemann gehaltenen Gauß-Lehrstuhl in Göttingen, 1883 als Nachfolger Kummers Prof. der Mathematik an der Universität Berlin. K. verfaßte grundlegende Arbeiten zur Arithmetik, Algebra und Analysis sowie zum Zusammenhang dieser Gebiete, insbes. zur Theorie der elliptischen Funktionen. – In Auseinandersetzungen vor allem mit G. Cantor, K. Weierstraß und R. Dedekind vertrat K. die Auffassung, die Begriffsbildungen der Mathematik (mit Ausnahme der Geometrie) müßten aus der Theorie der natürlichen Zahlen abgeleitet werden (↑Arithmetisierungstendenz): »Die (positiven) ganzen Zahlen hat der liebe Gott gemacht, alles andere ist Menschenwerk«. Konsequenterweise lehnte K. daher die Cantor-Dedekindsche mengentheoretische Begründung der Analysis und die damit verknüpfte Anerkennung des Aktual-Unendlichen (↑Mengenlehre, transfinite) strikt ab und bereitete damit den mathematischen ↑Intuitionismus und die Konstruktive Mathematik (↑Mathematik, konstruktive) vor. Ab Band 91 (1881) gab K., zunächst gemeinsam mit Weierstraß, das von A. L. Crelle gegründete »Journal für die reine und angewandte Mathematik« heraus.

Werke: Werke, I–V (in 6 Bdn.), ed. K. Hensel, Leipzig/Berlin 1895–1931 (Bibliographie in V, 517–527) (repr. [in 5 Bdn.] New York 1968); Vorlesungen über Mathematik, I–II (in 3 Bdn.), I, ed. E. Netto, II.1/2, ed. K. Hensel, Leipzig 1894–1903 (II.1 Vorlesungen über Zahlentheorie [repr. Berlin/Heidelberg/New York 1978]). – G. Lejeune Dirichlet's Werke, I–II, ed. L. K., Berlin 1889/1897 (repr. in 1 Bd., New York 1969).

Literatur: E. T. Bell, A Detail in K.'s Program, Philos. Sci. 3 (1936), 197–207; ders., Men of Mathematics, London 1937, bes. 519–537 (dt. Die großen Mathematiker, Düsseldorf/Wien 1967, bes. 444–458); K.-R. Biermann, K., DSB VII (1973), 505–509; H. M. Edwards, On the K. Nachlass, Hist. Math. 5 (1978), 419–426; ders., An Appreciation of K., Math. Intelligencer 9 (1987), 28–35; ders., K.'s Views on the Foundation of Mathematics, in: D. E. Rowe/J. McCleary (eds.), The History of Modern Mathematics I (Ideas and Their Reception), San Diego Calif. etc. 1989, 67–77; G. Frobenius, Gedächtnisrede auf L. K., Abh. Königl. Akad. Wiss. Berlin (1893), 1–22, Neudr. in: H. Reichardt (ed.), Nachrufe auf Berliner Mathematiker des 19. Jahrhunderts, Leipzig, Wien/New York 1988, 112–135; Y. Gauthier, Internal Logic. Foundations of Mathematics from K. to Hilbert, Dordrecht/Boston Mass./London 2002; A. Kneser, L. K., Jahresber. Dt. Math.ver. 33 (1925), 210–228; U. Majer, K., REP V (1998), 311–313; G. A. Miller, Early Definitions of the Mathematical Term Abstract Group, Science 72 (1930), 168–169; H. Rohrbach, K., NDB XIII (1982), 82–83; S. G. Vladut, K.'s

Jugendtraum and Modular Functions, New York 1991; H. Weber, L. K., Jahresber. Dt. Math.ver. 2 (1891/1892), 5–31 (mit Bibliographie, 23–31), ferner in: Math. Ann. 43 (1893), 1–25 (Bibliographie, 18–25); A. Weil, Elliptic Functions According to Eisenstein and K., Berlin/Heidelberg/New York 1976. G. W.

Kronfeld, Arthur, *Berlin 9. Jan. 1886, †Moskau 16. Okt. 1941, dt.-sowjet. Mediziner und Psychiater, Grundlagentheoretiker der ↑Psychologie, Psychiatrie und Psychotherapie. 1904–1909 Studium der Medizin, zeitweise auch der Zoologie, in Jena, München und Berlin; 1909 Promotion zum Dr. med. mit psychiatrischem Schwerpunkt in Heidelberg; ebendort Anstellung als Assistent an der Psychiatrischen Universitätsklinik und Leitung eines Arbeitskreises zur ↑Psychoanalyse; 1912 Promotion zum Dr. phil. in Gießen mit einer experimentalpsychologischen Arbeit; 1914 an der Westfront, Verletzung bei Reims, 1917 Tätigkeit in einem Kriegslazarett bei Freiburg i. Breisgau; 1919–1926 Mitarbeit an dem von M. Hirschfeld 1919 begründeten Institut für Sexualwissenschaft in Berlin; 1926 Eröffnung einer eigenen Praxis als Nervenarzt und Habilitation für Psychiatrie und Nervenheilkunde bei K. Bonhoeffer in Berlin mit »Die Psychologie in der Psychiatrie«; Privatdozent mit ausgedehnter Forschungs-, Lehr- und Vortragstätigkeit; 1931 Ernennung zum a. o. Professor an der Charité; 1935 aufgrund seiner jüdischen Abstammung Entzug der Lehrbefugnis durch das nationalsozialistische Regime und Emigration in die Schweiz. K. folgt einem Ruf an das Psychiatrische Forschungsinstitut P. B. Gannuschkin nach Moskau, wo er Leiter der Abteilung für experimentelle Therapie wird; 1937 sowjet. Staatsbürgerschaft; 1939 Direktor der Abteilung für experimentelle Pathologie und Therapie der Psychosen; am 16. 10. 1941 (zus. mit seiner Frau) Suizid (wohl durch den Vormarsch der deutschen Truppen auf Moskau veranlaßt).

K.s empirische Forschungen zur Psychiatrie sind breit gefächert; seine sexualwissenschaftlichen Studien tragen dazu bei, die junge Disziplin der Sexualpathologie mitzubegründen. K. verfolgt S. Freuds psychoanalytische Begriffs- und Theoriebildung schon früh kritisch und hilft mit seinen Studien zur Methodologie von Psychologie und Psychiatrie bei der Klärung der begrifflichen und methodischen Voraussetzungen für eine sowohl natur- als auch geisteswissenschaftliche Orientierung dieser Humanwissenschaften. Speziell in der Sowjetunion gilt K. durch die frühe Übersetzung einiger seiner Forschungsarbeiten ab Mitte der 20er Jahre als Autorität bei der Begründung einer empirisch arbeitenden Psychiatrie und seit seiner Lehr- und Forschungstätigkeit in Moskau als ein Pionier der sowjetischen Psychiatrie.

Werke: Sexualität und ästhetisches Empfinden in ihrem genetischen Zusammenhange. Eine Studie, Straßburg/Leipzig 1906; Beitrag zum Studium der Wassermannschen Reaktion und ihrer diagnostischen Anwendung in der Psychiatrie, Z. f. d. gesamte Neurologie u. Psychiatrie 1 (1910), 376–438, separat mit Untertitel: Zur Methodik und Theorie der Reaktion, Berlin 1910; Über die psychologischen Theorien Freuds und verwandte Anschauungen. Systematik und kritische Erörterung, Arch. gesamte Psychol. 22 (1912), 130–248, separat Leipzig 1912; Experimentelles zum Mechanismus der Auffassung, Arch. gesamte Psychol. 22 (1912), 453–485, separat Leipzig 1912; (mit W. Bernary/E. Stein/O. Selz) Untersuchungen über die psychische Eignung zum Flugdienst, Leipzig 1919; Das Wesen der psychiatrischen Erkenntnis. Beiträge zur allgemeinen Psychiatrie, Berlin 1920; Über psychosexuellen Infantilismus. Eine Konstitutionsanomalie, Bern/Leipzig 1921; Über Gleichgeschlechtlichkeit (Erklärungswege und Wesensschau). Ein öffentlicher Vortrag vor Akademikern, gehalten am 9. März 1922 [. . .], Stuttgart 1922 (Kleine Schr. zur Seelenforsch. II); Das seelisch Abnorme und die Gemeinschaft, Stuttgart 1923 (Kleine Schr. zur Seelenforsch. VI); Hypnose und Suggestion, Berlin 1924; Psychotherapie. Charakterlehre, Psychoanalyse, Hypnose, Psychagogik, Berlin 1924, ²1925; (mit W. Mittermaier u. a.) Zur Reform des Sexualstrafrechts. Kritische Beiträge, Bern/Leipzig 1926; Die Psychologie in der Psychiatrie. Eine Einführung in die psychologischen Erkenntnisweisen innerhalb der Psychiatrie und ihre Stellung zur klinisch-pathologischen Forschung, Berlin 1927; Zur phänomenologischen Psychologie und Psychopathologie des Wollens und der Triebe. Versuch einer beschreibend-systematischen Formenlehre, Jb. Charakterologie 4 (1927), 239–296; Psychagogik oder psychotherapeutische Erziehungslehre, in: K. Birnbaum (ed.), Die psychischen Heilmethoden. Für ärztliches Studium und Praxis, Leipzig 1927, 368–458; Perspektiven der Seelenheilkunde, Leipzig 1930; Lehrbuch der Charakterkunde, Berlin 1932; (mit S. Wronsky) Sozialtherapie und Psychotherapie in den Methoden der Fürsorge, Berlin 1932; Ueber Angst, Nederlands tijdschrift voor psychologie en haar grensgebieden 3 (1935), 366–387; (mit E. Sternberg) Ueber das Beeinflussungssyndrom in der Schizophrenie, Nederlands tijdschrift voor psychologie en haar grensgebieden 5 (1937), 103–143. – Verzeichnis der Schriften K.s (Auswahl), in: I.-W. Kittel, A. K. 1886–1941. Ein Pionier der Psychologie, Sexualwissenschaft und Psychotherapie [s. u., Lit.], 106–128; I.-W. Kittel, in: ders., K., BBKL XXV [s. u., Lit.], 756–760.

Literatur: H. Akbar, Jacob Friedrich Fries und die anthropologische Begründung einer rationalen Psychiatrie, Diss. Berlin 1984, bes. 121–128 (Kap. IV/3 A. K.); M. Bormuth, Lebensführung in die Moderne. Karl Jaspers und die Psychoanalyse, Stuttgart-Bad Cannstatt 2002, bes. 47–52; A. Bruder-Bezzel, Geschichte der Individualpsychologie, Frankfurt 1991, ²1999; R. Heuer (ed.), Lexikon deutsch-jüdischer Autoren XIV, München 2006, 369–376; I.-W. Kittel, A. K. zur Erinnerung. Schicksal und Werk eines jüdischen Psychiaters und Psychotherapeuten in drei deutschen Reichen, Exil 6 (1986), 57–65, ferner in: ders., A. K. 1886–1941 [s. u.], 7–13; ders., A. K. – ein Vergessener. Zu seinem 100. Geburtstag, Der Nervenarzt 58 (1987), 737–742; ders., A. K. 1886–1941. Ein Pionier der Psychologie, Sexualwissenschaft und Psychotherapie, Konstanz 1988 [Ausstellungskatalog]; ders., Zur historischen Rolle des Psychiaters und Psychotherapeuten A. K. in der frühen Sexualwissenschaft, in: R. Gindorf/E. J. Haeberle (eds.), Sexualitäten in unserer Gesellschaft. Beiträge zur Geschichte, Theorie und Empirie, Berlin/New York 1989, 33–44; ders., K., BBKL XXV (2005), 750–760; W. Kretschmar, Zum 100. Geburtstag A. K.s, Z. f. Individualpsychol. 11 (1986), 58–60; A. Kreuter, K., in: dies., Deutschsprachige Neurologen und Psychiater. Ein biographisch-bibliographisches Lexikon von den Vorläufern bis zur Mitte des 20. Jahrhunderts II, München etc. 1996, 795–797; G. Tinger, K., in: G. Wenninger, Lexikon der Psychologie in fünf Bänden II, Heidelberg/Berlin 2001, 401–402; E. Wiesenhütter, Freud und seine Kritiker, Darmstadt 1974, bes. 128–141 (Kap. II/4 Kogerer, Kretschmer, K.). R. Wi.

Kropotkin, Pjotr Alexandrowitsch (Petr Aleksandrovič), Fürst, *Moskau 9. Dez. (27. Nov. Julian. Zeitrechnung) 1842, † Dmitrov (Gouv. Moskau) 8. Febr. 1921, russ. anarchistischer Revolutionär. Ursprünglich Offizier, dann wissenschaftlicher Geograph. 1872 bei Besuch in der Schweiz Berührung mit anarchistischen Gruppierungen, 1874 Verhaftung, 1876 Flucht nach England. Bis zu seiner Rückkehr nach Rußland (1917) lebte K. in Genf (1877 bis zur Ausweisung 1881), in Frankreich (1883–1886 [Amnestie] im Gefängnis) und London (ab 1886). – K. ist einer der Haupttheoretiker des ↑Anarchismus; er vertritt dessen kollektivistisch-föderalistische Variante. Nach K. sollen nach der als unvermeidlich angesehenen ökonomischen Revolution (↑Revolution (sozial)), die die bürgerlichen Eigentumsverhältnisse aufheben wird, vor allem auf dem Lande kollektivistische Kommunen gebildet werden, die unabhängig vom Staat Organisationsformen der unmittelbaren Demokratie realisieren. K. bestreitet die allgemeine Geltung des darwinistischen Grundsatzes vom ›Kampf ums Dasein‹ und sieht in der gegenseitigen Hilfeleistung das Prinzip für ökonomisch-soziale Zusammenschlüsse. Einflußreich waren K.s Gedanken vor allem in Südeuropa.

Werke: Sobranie socinenij [Ges. Werke, russ.], I, IV, V, VII, St. Petersburg 1906–1907, I–II, Moskau ²1918/1919. – Paroles d'un révolté, Paris 1885, 1978 (dt. Worte eines Rebellen, Wien-Klosterneuburg 1922, Frankfurt 1978 (= Aufsatzsammlung [s. u.] I; engl. Words of a Rebel, Montreal/New York 1992); La moral anarchiste, Paris 1889, 1891 (dt. Anarchistische Moral, Berlin 1922, 1977); La conquete du pain, Paris 1892, ²¹1921 (dt. Der Wohlstand für alle, Zürich 1896, Erfurt 1919, unter dem Titel: Die Eroberung des Brotes, Berlin 1919, ferner in: H. G. Helms [ed.], Die Eroberung des Brotes und andere Schriften [s. u.], 57–277; engl. The Conquest of Bread, London 1972); La grande révolution 1789–1793, Paris 1893, ²1909 (repr. 1976) (dt. Die französische Revolution 1789–1793, I–II, Leipzig 1909 [repr. Frankfurt 1970], Leipzig/Weimar 1982; engl. The Great French Revolution, London 1971); L'anarchie. Sa philosophie, son idéal. Conférence qui devait être faite le 6 mars 1896 dans la salle du Tivoli-Vauxhall, à Paris, Paris 1896, ⁴1905, 1971 (dt. Der Anarchismus. Philosophie und Ideale, in: H. G. Helms [ed.], Die Eroberung des Brotes und andere Schriften [s. u.], 7–55); L'etat. Son rôle historique, Paris 1897, 1906 (engl. The State. Its Historic Role, London 1898, 1987; dt. Die historische Rolle des Staates, Berlin 1898, 1920); Memoirs of a Revolutionist, Boston/New York 1899 (repr. New York 1970) (franz. Autour d'une vie. Mémoires [révisee par l'auteur], Paris 1902, 1971; dt. Memoiren eines russischen Revolutionärs, Berlin 1890, Frankfurt 1972, unter dem Titel: Memoiren eines Revolutionärs, Frankfurt 1973, in 2 Bdn., Münster 2002); Fields, Factories

and Workshops, Boston, London 1899, mit Untertitel: Or, Industry Combined with Agriculture and Brain Work with Manual Work, New York, London 1901, New York 1913 (repr. 1974), unter dem Titel: Fields, Factories and Workshops Tomorrow, ed. C. Ward, London, New York 1974 (dt. Landwirtschaft, Industrie und Handwerk. Oder: Die Vereinigung von Industrie und Landwirtschaft, geistiger und körperlicher Arbeit, Berlin 1904, 1976); Mutual Aid. A Factor of Evolution, ed. P. Arvich, New York 1902, London, New York 1972 (dt. Gegenseitige Hilfe in der Entwicklung, Leipzig 1904, unter dem Titel: Gegenseitige Hilfe in der Tier- und Menschenwelt, ed. H. Ritter, Leipzig 1908, Frankfurt/Berlin/Wien 1976); Modern Science and Anarchism, Philadelphia Pa. 1903, London 1912, ²1923 (dt. Moderne Wissenschaft und Anarchismus, Berlin 1904, Zürich 1978); Russian Literature, London, New York 1905, unter dem Titel: Ideals and Realities in Russian Literature, New York 1915 (repr. Westport Conn. 1970) (dt. Ideale und Wirklichkeit in der russischen Literatur, Leipzig 1906, ed. P. Urban, Frankfurt 1975); Etika, I–II, Moskau 1922/1923 (dt. Ethik. Ursprung und Entwicklung der Sittlichkeit, Berlin 1923, 1975); K.'s Revolutionary Pamphlets. A Collection of Writings by P. K., ed. R. N. Baldwin, New York 1927, 1970; Selected Writings on Anarchism and Revolution, ed. M. A. Miller, Cambridge Mass./London 1970; H. G. Helms (ed.), Die Eroberung des Brotes und andere Schriften, München 1973; Aufsatzsammlung. Freie Gesellschaft, I–III, Frankfurt 1978–1980 (I Worte eines Rebellen, 1978; II Der Staat 1978; III Schriften zum Thema Anarchismus, 1980). – H. Hug, P. K. (1842–1921). Bibliographie, Grafenau/Bern 1994; P. A. K. Ein autobiographisches Portrait 1842–1921, ed. A. Bolz, Lüneburg 2003.

Literatur: C. Cahm, K. and the Rise of Revolutionary Anarchism 1872–1886, Cambridge etc. 1989; dies., K., REP V (1998), 313–314; E. Capouya/K. Tompkins (eds.), The Essential K., New York 1975, London 1976; A. J. Cappelletti, La ética de K., Estudios filos. 28 (1979), 25–54; C. Chant, K., in: S. Brown/D. Collinson/R. Wilkinson (eds.), Biographical Dictionary of Twentieth-Century Philosophers, London/New York 1996, 421–422; FM III (²1994), 2039–2040; H. Hug, K. zur Einführung, Hamburg 1989; ders., K., in: F. Volpi (ed.), Großes Werklexikon der Philosophie I, Stuttgart 1999, 856–857; J. W. Hulse, Revolutionists in London. A Study of 5 Unorthodox Socialists, Oxford 1970, bes. 53–76, 166–191; M. La Torre, Eine naturalistische Begründung des Anarchismus. Die politische Philosophie des Fürsten K., Rechtstheorie 28 (1997), 61–83; P. Marshall, Demanding the Impossible. A History of Anarchism, London 1992, bes. 309–338; M. A. Miller, The Formative Years of P. A. K. 1842–1876. A Study of the Origins and Development of Populist Attitudes in Russia, Diss. Chicago Ill. 1967; ders., K., Chicago Ill./London 1976; B. Morris, K.. The Politics of Community, Amherst N. Y. 2004; G. V. Naumov, K., DSB VII (1973), 510–512; M. Nettlau, Der Anarchismus von Proudhon zu K.. Seine historische Entwicklung in den Jahren 1859–1880, Berlin 1927 (repr. mit dem Obertitel: Geschichte der Anarchie II, Vaduz/Glashütten 1972), bes. 246–310; S. Osofsky, P. K., Boston Mass. 1979; V. C. Punzo, The Modern State and the Search for Community. The Anarchist Critique of P. K., Int. Philos. Quart. 16 (1976), 3–32; A. Reszler, L'esthétique anarchiste à travers P. K., Diogène 78 (1972), 55–66 (engl. P. K. and His Vision of Anarchist Aesthetics, Diogenes 78 [1972], 52–63); J. A. Rogers, Prince P. K.. Scientist and Anarchist. A Biographical Study of Science and Politics in Russian History, Diss. Harvard 1957; J. Slatter, P. A. K. on Legality and Ethics, Stud. Eastern European Thought

48 (1996), 255–276; G. Woodcock, K., Enc. Ph. IV (1967), 365–366; ders./I. Avakumovic, The Anarchist Prince. A Biographical Study of P. K., London/New York 1950, New York 1971, unter dem Titel: P. K.. From Prince to Rebel, Montreal 1990; R. Zapata, K., in: D. Huisman, Dictionnaire des philosophes II, Paris ²1993, 1608–1611; weitere Literatur: ↑Anarchismus.   S. B.

Krug, Wilhelm Traugott, *Radis (bei Wittenberg) 22. Juni 1770, †Leipzig 12. Jan. 1842, dt. Philosoph des ↑Kantianismus. Ab 1788 Studium der Philosophie (ferner der Theologie) in Wittenberg, Jena (1792), Göttingen (1794); 1794 Habilitation in Wittenberg und Privatdozent ebendort. 1801 Prof. der Philosophie in Frankfurt (Oder), 1805 als Nachfolger I. Kants in Königsberg, 1809–1834 in Leipzig; 1813/1814 Teilnahme an den Befreiungskriegen gegen Napoleon. K. vertrat einen von ihm als Weiterentwicklung der ↑Transzendentalphilosophie Kants aufgefaßten ›transzendentalen Synthetizismus‹, wonach im menschlichen Bewußtsein eine ›ursprüngliche transzendentale Synthesis‹ von ›Denken‹ und ›Sein‹ stattfinde. Diese schließe die Ableitung des einen aus dem anderen aus. Seiner der »Kritik der reinen Vernunft« entsprechenden ›Fundamentalphilosophie‹ gab K. eine voluntaristische (↑Voluntarismus) Wendung. Sein philosophisches System, das popularphilosophische (↑Popularphilosophie) Züge trägt, brachte ihn in scharfe Gegnerschaft zu den Denkern des Deutschen Idealismus (↑Idealismus, deutscher), insbes. zu G. W. F. Hegel. In theologischen und politischen Schriften unterstützte K. den ↑Liberalismus. K.s nach den Grundsätzen ›möglichst vollständig‹, ›möglichst deutlich‹, ›möglichst kurz‹, ›möglichst bequem‹ konzipiertes »Allgemeines Handwörterbuch der philosophischen Wissenschaften« (1827–1829) darf als das bedeutendste philosophische Handbuch des 19. Jhs. gelten.

Werke: Gesammelte Schriften I–IV (in 12 Bdn.), Braunschweig/Leipzig 1830–1841. – Briefe über die Perfektibilität der geoffenbahrten Religion [...], Jena, Leipzig 1795; Versuch einer systematischen Enzyklopädie der Wissenschaften, I–III, Wittenberg, Leipzig, Jena 1796–1819; Über das Verhältniss der kritischen Philosophie zur moralischen, politischen und religiösen Kultur des Menschen [...], Jena 1798 (repr. Brüssel 1968); Uiber Herder's Metakritik und deren Einführung in's Publikum durch den Hermes Psychopompos [...], [anonym] Leipzig 1799 (repr. Brüssel 1981); Philosophie der Ehe. Ein Beytrag zur Philosophie des Lebens für beyde Geschlechter, Leipzig 1800, Reutlingen 1801; Briefe über die Wissenschaftslehre. Nebst einer Abhandlung über die vom derselben versuchte Bestimmung des religiösen Glaubens, Leipzig 1800 (repr. Brüssel 1968); Briefe über den neuesten Idealism. Eine Fortsetzung der Briefe über die Wissenschaftslehre, Leipzig 1801 (repr. Brüssel 1968); Entwurf eines neuen Organon's der Philosophie, oder, Versuch über die Prinzipien der philosophischen Erkenntniss, Meißen/Lübben 1801 (repr. Brüssel 1969); Der Widerstreit der Vernunft mit sich selbst in der Versöhnungslehre dargestellt und aufgelöst. Nebst einem kurzen Entwurf zu einer philosophischen Theorie des Glaubens, Züllichau/Freistadt 1802 (repr. Brüssel 1968); Versuch einer systematischen Enzyklopädie der schönen Künste,

Leipzig 1802; Fundamentalphilosophie, Züllichau/Freystadt 1803 (repr. Brüssel 1968), Wien 1818, unter dem Titel: Fundamentalphilosophie oder urwissenschaftliche Grundlehre, Züllichau/Freystadt ²1819, Leipzig ³1827 (eng. Fundamental Philosophy, or Elements of Primitive Philosophy. [...], Hudson Ohio 1848); System der theoretischen Philosophie, I–III, Königsberg 1806–1810, ³1825–1830, I ⁴1833; Ueber die Nothwendigkeit des Studiums der Kriegswissenschaft an teutschen Universitäten, Leipzig 1814; Geschichte der Philosophie alter Zeit, vornehmlich unter Griechen und Römern, Leipzig 1815, ²1827; System der praktischen Philosophie, I–III, Königsberg 1817–1819, ²1830–1838; Handbuch der Philosophie und der philosophischen Literatur, I–II, Leipzig 1820–1821, (in 1 Bd.) ³1828 (repr. ed. L. Geldsetzer, Düsseldorf 1969); Geschichtliche Darstellung des Liberalismus alter und neuer Zeit. Ein historischer Versuch, Leipzig 1823 (repr. Frankfurt 1970); Dikäopolitik oder Neue Restaurazion der Staatswissenschaft mittels des Rechtsgesetzes, Leipzig 1824; Schelling und Hegel. Oder die neueste Philosophie in Vernichtungkriege mit sich selbst begriffen. [...], Leipzig 1835; Allgemeines Handwörterbuch der philosophischen Wissenschaften, nebst ihrer Literatur und Geschichte, I–V, Leipzig 1827–1829, [in 6 Bdn.] ²1832–1838 (repr. Stuttgart-Bad Cannstatt 1969, Brüssel 1970).

Literatur: A. Fiedler, Die staatswissenschaftlichen Anschauungen und die politisch-publizistische Tätigkeit des Nachkantianers W. T. K., Diss. Leipzig, Dresden 1933; L. Hasler, Gesunder Menschenverstand und Philosophie. Vom systematischen Sinn der Auseinandersetzung Hegels mit W. T. K., Hegel-Jb. 1977/1978, 239–248; F. Holz, K., NDB XIII (1982), 114–115; A. Kemper, Gesunder Menschenverstand und transzendentaler Sythetismus. W. T. K., Philosoph zwischen Aufklärung und Idealismus, Münster 1988 (mit Bibliographie, 214–244); C. Ortloff, Das staatskirchenrechtliche System W. T. K.s. Glaubens- und Gewissensfreiheit. Eine Forderung der Vernunft, Frankfurt etc. 1998 (mit Bibliographie, 109–140); K. Prantl, K., ADB XVII (1883), 220–222.   G. W.

Kuan-Tzu (Guanzi), umfangreiches Sammelwerk aus der Zeit der Streitenden Reiche, endgültige Redaktion ca. im 1. Jh. v. Chr.. Es behandelt neben politischen auch ökonomische, monetäre und fiskalische Fragen sowie Fragen der Agrikultur und Bewässerung. Daneben gibt es daoistische (↑Taoismus) Teile und Naturspekulation, ausführliche legalistische Abhandlungen sowie lange, detaillierte Texte (Anleitungen) zum Meditieren (↑Meditation). Auch ein strenges Kapitel über das richtige Verhalten von Schülern zu ihrem Lehrer (Kap. 59) findet sich. – Die Grundtendenz des G. ist teils daoistisch, teils legalistisch (↑Legalisten), ohne daß zwischen beiden immer streng unterschieden werden kann. Es ist in seiner Vielfalt ein unschätzbares Dokument aus der klassischen Epoche Chinas.

Literatur: W. A. Rickett, Guanzi. Political, Economic, and Philosophical Essays from Early China, I–II [Übers. u. Kommentar], I Princeton N. J./Guildford 1985, II Princeton N. J./Chichester 1998; ders., Guanzi (K.): The Book of Master Guan, in: A. S. Cua, (ed.), Encyclopedia of Chinese Philosophy, New York/London 2003, 277–280.   H. S.

Kuhn, Thomas Samuel, *Cincinnati (Ohio) 18. Juli 1922, †17. Juni 1996 Cambridge Mass., amerik. Wissenschaftshistoriker und Wissenschaftstheoretiker. Studium der Physik an der Harvard University (B.S. 1943, M. A. 1946, Ph. D. 1949), 1948–1951 Junior Fellow, 1951–1956 Ass. Prof. in Harvard, 1958–1964 Prof. der Wissenschaftsgeschichte in Berkeley, 1964–1968 in Princeton, 1968–1979 M. Taylor Pyne Prof. of the History of Science, Princeton University, 1972–1979 Mitglied des »Institute for Advanced Study« in Princeton, ab 1979 Prof. der Wissenschaftstheorie und Wissenschaftsgeschichte am Massachusetts Institute of Technology, Cambridge Mass.. Auf der Basis historischer Studien zur Entstehungsgeschichte der neuzeitlichen Wissenschaften, besonders der Physik, hat K. (ähnlich L. Fleck, 1935) eine neue Konzeption der ↑Wissenschaftsgeschichte und, in Abhängigkeit davon, eine neue Sicht der ↑Wissenschaftstheorie entwickelt, die zu einer fundamentalen Umorientierung der wissenschaftstheoretischen Diskussion in den 1960er Jahren geführt hat; die Diskussion ist bis heute nicht abgeschlossen.

K. hat seine Konzeption (zusammengefaßt in: The Structure of Scientific Revolutions, 1962) besonders in Abgrenzung von der Wissenschaftstheorie und Theorie der Wissenschaftsentwicklung des Kritischen Rationalismus (↑Rationalismus, kritischer) formuliert. Während dieser den Prozeß der Wissenschaftsentwicklung kumulativ-kontinuierlich, nach wissenschaftsinternen (methodologischen) ↑Rationalitätskriterien verlaufend rekonstruiert, sieht K. einen diskontinuierlichen, auch von wissenschaftsexternen (sozialen) Faktoren bestimmten Wandel in der Wissenschaftsgeschichte. Der zentrale Begriff für die Erklärung des Phänomens des diskontinuierlichen Wandels ist für K. zunächst der des ↑Paradigmas, womit der Sachverhalt bezeichnet werden soll, daß einige anerkannte Vorbilder konkreter wissenschaftlicher Praxis die Modelle liefern, gemäß denen die Wissenschaftlergemeinschaften (↑scientific community) ihre methodischen und sozialen Entscheidungen fällen. Was in einer Disziplin ›rational‹ heißt, hängt danach jeweils von einem solchen Paradigma ab. K. unterscheidet drei Phasen der Wissenschaftsentwicklung (↑Theoriendynamik): (1) In der ›vornormalen‹ (vor-paradigmatischen) Phase‹ hat sich noch kein verbindliches Paradigma durchgesetzt, vielmehr ist ein Pluralismus von konkurrierenden Ansätzen festzustellen; die so genannten Tatsachen werden im Rahmen der verschiedenen Ansätze unterschiedlich gewichtet. Es gibt keine einheitlichen Methodologien und keinen festumrissenen Wissenskanon. Demgegenüber ist (2) in der ›normalen‹ Phase‹ (↑Wissenschaft, normale) ein wissenschaftliches Paradigma für die Definition einer Disziplin nach innen und außen leitend (↑intern/extern). Es besteht eine einheitliche Methodologie und eine allgemein von den Mitgliedern der Wissenschaftlergemeinschaft anerkannte Kommunikationsstruktur (z. B. wissenschaftliche Zeitschriften); das bereits errungene Wissen ist kanonisiert, z. B. in anerkannten Lehrbüchern niedergelegt. (3) Die ›revolutionäre Phase‹ (↑Revolution, wissenschaftliche) besteht in einem sich mehr oder weniger schnell vollziehenden Paradigmenwechsel.

Für den Übergang von einer Phase zur nächsten gibt K. auch soziale Indikatoren an, die diesen Prozeß häufig begleiten. Z. B. ist der Übergang von der vornormalen (vorparadigmatischen) zur normalen Phase (a) an der Auflösung der Schulverbände, dem Ausschluß der das Paradigma nicht akzeptierenden Wissenschaftler erkennbar (diese werden etwa als ›Philosophen‹ aus der Disziplin fortgelobt), (b) an der Entwicklung von Fachzeitschriften und Fachvereinigungen, (c) an der Aufnahme der Disziplin in die akademischen Lehrpläne, (d) an der Änderung der Publikationsformen von der Monographie (die alles von Anfang an darstellt) zum Facharticle (der den Stand der Forschung als bekannt und anerkannt unterstellt), wodurch die wissenschaftlichen Publikationen einen esoterischen Charakter bekommen (das ›gebildete Publikum‹ wird von der Diskussion ausgeschlossen). Die Tätigkeit des normalen Wissenschaftlers gleicht nach K. (im Gegensatz zum Ideal des kritischen Wissenschaftlers bei K. R. Popper) der eines routinierten Aufräumens und Verdeutlichens; der paradigmatische Bestand des Wissens wird nicht angetastet, Erfolg hängt von der Anerkennung des Paradigmas ab. So leistet der normale Wissenschaftler z. B. im empirischen Bereich Präzisierungsarbeit bezüglich der vom Paradigma als aufschlußreich bestimmten Fakten, bezüglich der gemäß der Theorie prognostizierten Fakten, bezüglich der Größen (Konstanten, Gesetze) der paradigmatischen Theorie selbst; er weitet die Anwendungsbereiche der anerkannten Theorien aus und bemüht sich um mathematische Formulierung und Verbesserung bestehender Formulierungen der Theorie. K. hat diese Tätigkeit des normalen Wissenschaftlers mit der des Rätsellösens (puzzle solving) verglichen, um deutlich zu machen, daß durch die normale Wissenschaft nichts grundsätzlich Neues entstehen kann.

Für den Ablauf einer wissenschaftlichen Revolution gibt K. folgendes Schema an: Auf dem Hintergrund des gemäß dem gültigen Paradigma Prognostizierten treten unerwartete Ereignisse ein (↑Anomalien); diese können unter Umständen über längere Zeit hinweg als ›anerkannte‹ Anomalien neben dem Paradigma existieren. Der Versuch, sie zu erklären, führt zu immer größeren theoretischen Komplikationen (↑Krise). Stellt sich eine neue Theorie ein, in deren Rahmen die Anomalien erklärbar sind, kommt es zu einer Anerkennungskrise des alten und zur Durchsetzung des neuen Paradigmas. Beispiele für eine derartige Revolution sieht K. in der ↑Kopernikanischen Wende, A. L. Lavoisiers Theorie der Sauerstoffverbrennung sowie in der relativistischen Physik (↑Relativitätstheorie, allgemeine, ↑Relativitätstheorie, spezielle) und der ↑Quantentheorie. Auch bevor ein neues Paradigma zur Verfügung steht, gibt es Anzeichen für die Krise des alten; sie liegen in der zunehmenden Aufmerksamkeit für Anomalien bis hin zu der Überzeugung, deren Bewältigung sei die Hauptaufgabe der Disziplin (Wucherung von Präzisierungsversuchen, ↑Proliferationsprinzip).

Wesentlich für K.s ↑Rekonstruktion wissenschaftlicher Revolutionen ist die sich aus seiner Konzeption zwangsläufig ergebende Behauptung, daß der Paradigmenwechsel nicht argumentativ verlaufen kann (alle Rationalitätsstandards sind Paradigmen verpflichtet); an die Stelle von Argumentationen treten soziale Vorgänge der Überredung und Diffamierung der Anhänger des alten Paradigmas, schließlich das ›Aussterbenlassen‹. Für die Übernahme des neuen Paradigmas spielen, da dessen Leistungsfähigkeit zu Beginn nicht kalkulierbar ist, häufig ästhetische Erwägungen, der optimistische Glaube an die Zukunft des neuen Ansatzes, neue Rahmenvorstellungen naturphilosophisch-kosmologischer Art (Metaphysik) usw. eine wesentliche Rolle. Da zwischen verschiedenen Paradigmen in dieser Konzeption kein rationaler Vergleich möglich ist, wird auch die Anwendung des Begriffs des ↑Erkenntnisfortschritts (↑Fortschritt) problematisch. Im Gegensatz zur Konzeption Poppers vom Wachstum der Wissenschaft steht nach K. kein methodologisches Kriterium zur Verfügung, mit dem sich paradigmenunabhängig Fortschritt messen ließe. Fortschritt gibt es, neben einem allgemeinen Fortschrittsbewußtsein der Wissenschaftler, nur noch innerhalb eines Paradigmas. Unter dem Eindruck breiter Kritik an seinem Werk hat K. bereits in der 2. Auflage zu »The Structure of Scientific Revolutions« (1970) Präzisierungen zum Begriff des Paradigmas versucht. Die These von der Inkommensurabilität (↑inkommensurabel/Inkommensurabilität) wird in drei Typen differenziert: neben der methodologischen wird eine perzeptive und eine semantische Inkommensuralität unterschieden. Ferner macht K. deutlich, daß eine historisch spätere Wissenschaft nicht alle Erklärungen eines Phänomens bereitstellt, die durch eine historisch frühere Phase bereitgestellt wurden. – K. hat in späteren Schriften (kritikbezogen) den Begriff des Paradigmas durch den der ›disziplinären Matrix‹ ersetzt. Dieser ist durch vier Komponenten bestimmt: symbolische Generalisierungen, ontologische Modelle, methodologische und sonstige Werte sowie Beispielsfalle.

Während Autoren in der Tradition der Analytischen Wissenschaftstheorie (↑Wissenschaftstheorie, analytische) (J. D. Sneed, W. Stegmüller) eine rationale Rekonstruktion der K.schen Konzeption der Theorienentwicklung auf der Basis eines ↑non-statement-view (↑Theoriesprache) von Theorie versuchen, bemühen sich Anhänger des Kritischen Rationalismus (Popper, I. Lakatos, J. W. N. Watkins) und konstruktive Wissenschaftstheoretiker (J. Mittelstraß) (↑Wissenschaftstheorie, konstruktive) K.s historischen Beobachtungen bei Aufrechterhaltung der Idee einer allgemeinen (über-paradigmatischen) ↑Rationalität gerecht zu werden.

Werke: The Copernican Revolution. Planetary Astronomy in the Development of Western Thought, Cambridge Mass. 1957, New York 1959, Cambridge Mass. 1966, 2003 (franz. La révolution copernicienne, Paris 1973, 1992; dt. Die Kopernikanische Revolution, Braunschweig/Wiesbaden 1980, 1981); Newton's Optical Papers, in: I. B. Cohen (ed.), Isaac Newton's Papers & Letters on Natural Philosophy and Related Documents, Cambridge Mass. 1958, ²1978, 27–45; Energy Conservation as an Example of Simultaneous Discovery, in: M. Clagett (ed.), Critical Problems in the History of Science, Madison Wisc./Milwaukee Wisc./ London 1959, 1969, 321–356 (dt. Die Erhaltung der Energie als Beispiel gleichzeitiger Entdeckung, in: ders., Die Entstehung des Neuen [s. u.], 125–168); The Function of Measurement in Modern Physical Science, Isis 52 (1961), 161–193 (dt. Die Funktion des Messens in der Entwicklung der physikalischen Wissenschaften, in: ders., Die Entdeckung des Neuen [s. u.], 254–307); The Structure of Scientific Revolutions, Chicago Ill./London 1962, erw. ²1970, ³1996, 2007 (dt. Die Struktur wissenschaftlicher Revolutionen, Frankfurt 1967, ²1976 [erw. um das Postskriptum von 1969], 2007; franz. La structure des revolutions scientifiques, Paris 1970, 2008); Historical Structure of Scientific Discovery, Science 136 (1962), 760–764 (dt. Die historische Struktur wissenschaftlicher Entdeckungen, in: ders., Die Entstehung des Neuen [s. u.], 239–253); The Function of Dogma in Scientific Research, in: A. C. Crombie (ed.), Scientific Change. Historical Studies in the Intellectual, Social, and Technical Conditions for Scientific Discovery and Technical Invention, from Antiquity to the Present [...], London, New York 1963, 347–369; A Function for Thought Experiments, in: M.-T. d'Alverny u. a., Mélanges Alexandre Koyré II (L'aventure de l'esprit), Paris 1964, 307–334, Neudr. in: I. Hacking (ed.) Scientific Revolutions, Oxford etc. 1981, 6–27 (dt. Eine Funktion für das Gedankenexperiment, in: ders., Die Entstehung des Neuen [s. u.], 327–356); (mit J. L. Heilbron/P. L. Forman/L. Allen) Sources for History of Quantum Physics. An Inventory and Report, Philadelphia Pa. 1967 (Memoirs Amer. Philos. Soc. LXVIII); The History of Science, in: IESS XIV (1968), 74–83 (dt. Die Wissenschaftsgeschichte, in: ders., Die Entstehung des Neuen [s. u.], 169–193); (mit J. L. Heilbron) The Genesis of the Bohr Atom, Hist. Stud. Physical Sci. I (1969), 211–290; Logic of Discovery of Psychology of Research?, in: I. Lakatos/A. Musgrave (eds.), Criticism and the Growth of Knowledge [s. u., Lit.], 1–23, ferner in: P. A. Schilpp (ed.), The Philosophy of Karl Popper II, La Salle Ill. 1974, 799–819 (dt. Logik der Forschung oder Psychologie der wissenschaftlichen Arbeit?, in: I. Lakatos/A. Musgrave [eds.], Kritik und Erkenntnisfortschritt [s. u., Lit.], 1–24, ferner in: ders., Die Entstehung des Neuen [s. u.], 357–388); Reflections on My Critics, in: I. Lakatos/A. Musgrave (eds.), Criticism and the Growth of Knowledge [s. u., Lit.], 231–278, ferner in: ders., The Road since »Structure« [s. u.], 123–175 (dt. Bemerkungen zu meinen Kritikern, in: I. Lakatos/A. Musgrave [eds.], Kritik und Erkenntnisfortschritt [s. u., Lit.], 223–269); The Relations between History and History of

Science, Daedalus 100 (1971), 271–304 (dt. Die Beziehungen zwischen Geschichte und Wissenschaftsgeschichte, in: ders., Die Entstehung des Neuen [s. u.], 194–236); Les notions de causalité dans le développement de la physique, in: M. Bunge u. a., Les théories de la causalité, Paris 1971 (Etudes d'épistémologie génétique XXV), 7–18 (dt. Verschiedene Begriffe der Ursache in der Entwicklung der Physik, in: ders., Die Entstehung des Neuen [s. u.], 72–83); Objektivität, Werturteil und Theoriewahl [1973], in: ders., Die Entstehung des Neuen [s. u.], 421–445); Second Thoughts on Paradigms, in: F. Suppe (ed.), The Structure of Scientific Theories, Urbana Ill./Chicago Ill./London 1974, ²1977, 1981, 459–482 (dt. Neue Überlegungen zum Begriff des Paradigma, in: ders., Die Entstehung des Neuen [s. u.], 389–420); Mathematical vs. Experimental Traditions in the Development of Physical Science, J. Interdisciplinary History 7 (1976/1977), 1–31 (dt. Mathematische versus experimentelle Traditionen in der Entwicklung der physikalischen Wissenschaften, in: ders., Die Entstehung des Neuen [s. u.], 84–124); Theory-Change as Structure-Change. Comments on the Sneed Formalism, Erkenntnis 10 (1976), 179–199, ferner in: ders., The Road since »Structure« [s. u.], 176–195; The Essential Tension. Selected Studies in Scientific Tradition and Change, Chicago Ill./London 1977, 2000 (franz. La tension essentielle. Tradition et changement dans les sciences, Paris 1990); Die Entstehung des Neuen. Studien zur Struktur der Wissenschaftsgeschichte, ed. L. Krüger, Frankfurt 1977, 2002; Black-Body Theory and the Quantum Discontinuity, 1894–1912, Oxford, New York 1978, Chicago Ill./London 1987, 1993; Metaphor in Science, in: A. Ortony (ed.), Metaphor and Thought, Cambridge/New York 1979, 409–419, ²1993, 1998, 533–542, ferner in: ders., The Road since »Structure« [s. u.], 196–207; History of Science, in: P. D. Asquith/H. E. Kyburg (eds.), Current Research in Philosophy of Science, East Lansing Mich. 1979, 121–128; Commensurability, Comparability, Communicability, in: P. D. Asquith/T. Nickles (eds.), PSA 1982. Proceedings of the 1982 Biennial Meeting of the Philosophy of Science Association II, East Lansing Mich. 1983, 669–688, ferner in: ders., The Road since »Structure« [s. u.], 33–57; Rationality and Theory Choice, J. Philos. 80 (1983), 563–570, ferner in: ders., The Road since »Structure« [s. u.], 208–215; Revisiting Planck, Hist. Stud. Physical Sci. 14 (1984), 231–252; What Are Scientific Revolutions?, in: L. Krüger/L. J. Daston/M. Heidelberger (eds.), The Probabilistic Revolution I (Ideas in History), Cambridge Mass./London 1987, 1990, 7–22, ferner in: ders., The Road since »Structure« [s. u.], 13–32; Possible Worlds in History of Science, in: S. Allén (ed.), Possible Worlds in Humanities, Arts and Sciences. Proceedings of Nobel Syposium 65, Berlin/New York 1989, 9–32, ferner in: ders., The Road since »Structure« [s. u.], 58–89; Dubbing and Redubbing. The Vulnerability of Rigid Designation, in: C. W. Savage (ed.), Scientific Theories, Minneapolis Minn. 1990 (Minn. Stud. Philos. Sci. XIV), 298–318; The Road since »Structure«, in: A. Fine/M. Forbes/L. Wessels (eds.), PSA 1990. Proceedings of the 1982 Biennial Meeting of the Philosophy of Science Association II, East Lansing Mich. 1991, 3–13, ferner in: ders., The Road since »Structure« [s. u.], 90–104; The Natural and the Human Sciences, in: D. R. Hiley/J. F. Bohman/R. Shusterman (eds.), The Interpretive Turn. Philosophy, Science, Culture, Ithaca N. Y./London 1991, 1994, 17–24, ferner in: ders., The Road since »Structure« [s. u.], 216–223; The Trouble with the Historical Philosophy of Science, Cambridge Mass. 1992, ferner in: ders., The Road since »Structure« [s. u.], 105–120; Afterwords, in: P. Horwich (ed.), World Changes [s. u., Lit.], 311–341, ferner in: T. S. Kuhn, The Road since »Structure«

[s. u.], 224–252; The Road since »Structure«. Philosophical Essays, 1970–1993, with an Autobiographical Interview, ed. J. Conant/J. Haugeland, Chicago Ill./London 2000, 2002. – P. Hoyningen-Huene, Bibliographie T. S. K., in: ders., Die Wissenschaftstheorie T. S. K.s [s. u., Lit], 261–265, erw. in: ders., Reconstructing Scientific Revolutions [s. u., Lit.], 273–278, rev. u. erw. v. S. Gattei, in: T. S. Kuhn, Dogma contro critica. Mondi possibili nella storia della scienza, ed. S. Gattei, Mailand 2000, 351–366, ferner in: ders., The Road since »Structure« [s. o.], 325–335.

Literatur: H. Andersen, On K., Belmont Calif. 2001; G. Andersson, Kritik und Wissenschaftsgeschichte. K.s, Lakatos' und Feyerabends Kritik des kritischen Rationalismus, Tübingen 1988 (engl. Criticism and the History of Science. K.'s, Lakatos', and Feyerabend's Criticism of Critical Rationalism, Leiden/New York 1994); J. Andresen, Crisis and K., Isis Suppl. 90 (1999), 43–67; B. Barnes, T. S. K. and Social Science, London/Basingstoke, New York 1982; R. J. Bernstein, The Restructuring of Social and Political Theory, Oxford, New York 1976, Philadelphia Pa. 1978, London 1979, 1985, 84–102 (T. K.'s Ambiguous Concept of a Paradigm) (dt. Restrukturierung der Gesellschaftstheorie, Frankfurt 1979, 1981, 153–191 [T. K.s ambiger Begriff des Paradigmas]); ders., T. K., Chesham, Princeton N. J. 2000; J. Z. Buchwald/G. E. Smith, T. S. K., 1922–1996, Philos. Sci. 64 (1997), 361–376; A. Bird, T. K., Princeton N. J., Chesham 2000; ders., Naturalizing K., Proc. Arist. Soc. 105 (2005), 99–117; I. B Cohen, Revolution in Science, Cambridge Mass. 1985, 1995 (dt. Revolutionen in der Naturwissenschaft, Frankfurt 1994); R. S. Cohen/M. W. Wartofsky (eds.), A Portrait of Twenty-Five Years. Boston Colloquium for the Philosophy of Science 1960–1985, Dordrecht/Boston Mass./Lancaster 1985 (Boston Stud. Philos. Sci., unnumbered); D. Crane, Invisible Colleges. Diffusion of Knowledge in Scientific Communities, Chicago Ill./London 1972, 1988; M. Devitt, Against Incommensurability, Australas. J. Philos. 57 (1979), 29–50; E. von Dietze, Paradigms Explained. Rethinking T. K.'s Philosophy of Science, Westport Conn./London 2001; C. Dilworth. Scientific Progress. A Study concerning the Nature of the Relation between Successive Scientific Theories, Dordrecht, 1981, ⁴2007, 2008; G. Doppelt, K.'s Epistemological Relativism. An Interpretation and Defense, Inquiry 21 (1978), 33–86; P. Feyerabend, Consolations for the Specialist, in: I. Lakatos/A. Musgrave (eds.), Criticism and the Growth of Knowledge [s. u.], 197–230 (dt. K.s Struktur wissenschaftlicher Revolutionen – ein Trostbüchlein für Spezialisten?, in: I. Lakatos/A. Musgrave [eds.], Kritik und Erkenntnisfortschritt [s. u.], 191–222); M. A. Finocchiaro, History of Science as Explanation, Detroit Mich. 1973; L. Fleck, Entstehung und Entwicklung einer wissenschaftlichen Tatsache. Einführung in die Lehre vom Denkstil und Denkkollektiv, Basel 1935, ed. L. Schäfer/T. Schnelle, Frankfurt 1980, 2006 (engl. Genesis and Development of a Scientific Fact, ed. T. J. Trenn/R. K. Merton, Chicago Ill./London 1979, 2005; franz. Genèse et développement d'un fait scientifique, Paris 2005); S. Fuller, T. K. A Philosophical History of Our Times, Chicago Ill./London 2000, 2001; ders., K. vs Popper. The Struggle for the Soul of Science, Cambridge 2003, New York/Chichester 2004, 2005, Thriplow 2006); ders., K., in: J. R. Shook (ed.), The Dictionary of Modern American Philosophers III, Bristol 2005, 1372–1379; M. Gagnon. Piaget et K. sur l'évolution de la connaissance. Une comparaison, Dialogue 17 (1978), 35–55; C. F. Gethmann, Wissenschaftsforschung? Zur philosophischen Kritik der nach-Kuhnschen Reflexionswissenschaften, in: P. Janich (ed.), Wissenschaftstheorie und Wissenschaftsforschung, München 1981, 9–38, 135–136; J. Grünfeld, Changing Rational Standards. A Survey of Modern Philosophy of Science, Lanham Md./New York/London 1985, bes. 27–38 (Chap. 4 K.'s Paradigm. Science as History); G. Gutting (ed.), Paradigms and Revolutions. Appraisals and Applications of T. K.'s Philosophy of Science, Notre Dame Ind./ London 1980; I. Hacking (ed.), Scientific Revolutions, Oxford/ New York 1981, 1985 [Beiträge von H. Putnam, D. Shapere u. a.]; R. J. Hall, K. and the Copernican Revolution, Brit. J. Philos. Sci. 21 (1970), 196–197; N. R. Hanson, Patterns of Discovery. An Inquiry into the Conceptual Foundations of Science, Cambridge Mass. 1958, 1985; ders., A Note on K.'s Method, Dialogue 4 (1965/1966), 371–375; J. Heilbronn, T. S. K., 18 July 1922 – 17 June 1996, Isis 89 (1998), 505–515; D. A. Hollinger, T. S. K.'s Theory of Science and Its Implications for History, Amer. Hist. Rev. 78 (1973), 370–393; P. Horwich (ed.), World Changes. T. K. and the Nature of Science, Cambridge Mass./ London 1993, 1995; P. Hoyningen-Huene, Die Wissenschaftstheorie T. S. K.s. Rekonstruktion und Grundlagenprobleme, Braunschweig/Wiesbaden 1989 (engl. Reconstructing Scientific Revolutions. T. S. K.'s Philosophy of Science, Chicago Ill./London 1993); ders., T. S. K., Z. allg. Wiss.theorie 28 (1997), 235–256; ders., K., REP V (1998), 315–318; ders., K., IESBS XII (2001), 8171–8176; T. Kisiel/G. Johnson, New Philosophies of Science in the USA. A Selective Survey, Z. allg. Wiss.theorie 5 (1974), 138–191 (mit Bibliographie, 187–191); L. Krüger, Die systematische Bedeutung wissenschaftlicher Revolutionen. Pro und contra T. K., in: W. Diederich (ed.), Theorien der Wissenschaftsgeschichte. Beiträge zur diachronen Wissenschaftstheorie, Frankfurt 1974, 1978, 210–245; I. Lakatos/A. Musgrave (eds.), Criticism and the Growth of Knowledge, Cambridge etc. 1970, 1999 (Proc. Int. Coll. Philos. Sci. IV) (dt. Kritik und Erkenntnisfortschritt, Braunschweig 1974 [Abh. Int. Koll. Philos. Wiss. IV]); M. Masterman, The Nature of a Paradigm, in: I. Lakatos/A. Musgrave (eds.), Criticism and the Growth of Knowledge, [s. o.], 59–89 (dt. Die Natur eines Paradigmas, in: I. Lakatos/A. Musgrave [eds.], Kritik und Erkenntnisfortschritt [s. o.], 59–88); R. K. Merton, Sociology of Science. An Episodic Memoir, Carbondale Ill. 1979; J. Mittelstraß, Prolegomena zu einer konstruktiven Theorie der Wissenschaftsgeschichte, in: ders., Die Möglichkeit von Wissenschaft, Frankfurt 1974, 106–144, 234–244; ders., Rationale Rekonstruktion der Wissenschaftsgeschichte, in: P. Janich (ed.), Wissenschaftstheorie und Wissenschaftsforschung, München 1981, 89–111, 137–148; A. Musgrave, K.'s Second Thoughts, Brit. J. Philos. Sci. 22 (1971), 287–297; N. J. Nersessian, K., Conceptual Change, and Cognitive Science, in: T. Nickles (ed.), T. K. [s. u.], 178–211; T. Nickles (ed.), T. K., Cambridge etc. 2003; K. R. Popper, Normal Science and Its Dangers, in: I. Lakatos/A. Musgrave (eds.), Criticism and the Growth of Knowledge [s. o.], 51–58 (dt. Die Normalwissenschaft und ihre Gefahren, in: I. Lakatos/A. Musgrave [eds.], Kritik und Erkenntnisfortschritt [s. o.], 51–57); J. R. Ravetz, Sientific Knowledge and Its Social Problems, Oxford, 1971, New Brunswick N. J. 1996 (dt. Die Krise der Wissenschaft. Probleme der industrialisierten Forschung, Berlin/Neuwied 1973); J. Riche/O. Darrigol, K., Enc. philos. universelle III/2 (1992), 3430–3431; H. Sankey, K.'s Changing Concept of Incommensurability, Brit. J. Philos. Sci. 44 (1993), 759–774; ders., The Incommensurability Thesis, Aldershot 1994, 1999; Z. Sardar, T. K. and the Science Wars, Cambridge/Duxford, New York 2000; I. Scheffler, Science and Subjectivity, Indianapolis Ind. 1967, ²1982, 1985; ders., Vision and Revolution. A Postscript on K., Philos. Sci. 39 (1972), 366–374; P. Scheurer, K., in: D. Huisman, Dictionnaire

des philosophes II, Paris ²1993, 1611–1613; D. Shapere, The Structure of Scientific Revolutions [Rezension], Philos. Rev. 73 (1964), 383–394; ders., The Paradigm Concept, Science 172 (1971), 706–709; ders., Reason and the Search for Knowledge. Investigations in the Philosophy of Science, Dordrecht/Boston Mass./Lancaster 1984 (Boston Stud. Philos. Sci. LXXVIII); W. Sharrock/R. Read, K.. Philosopher of Scientific Revolutions, Cambridge/Oxford/Malden Mass. 2002; H. Siegel, Objectivity, Rationality, Incommensurability and More, Brit. J. Philos. Sci. 31 (1980), 359–375; S. Sigurdsson, The Nature of Scientific Knowledge. An Interview with T. K., Harvard Sci. Rev. 3 (1990), H. 1, 18–25; J. D. Sneed, The Logical Structure of Mathematical Physics, Dordrecht 1971, ²1979; W. Stegmüller, Probleme und Resultate der Wissenschaftstheorie und Analytischen Philosophie II/2 (Theorienstrukturen und Theoriendynamik), Berlin/Heidelberg/New York 1973, ²1985 (engl. The Structure and Dynamics of Theories, New York/Berlin 1976); ders., Hauptströmungen der Gegenwartsphilosophie. Eine kritische Einführung II, Stuttgart 1975, bes. 462–470, 483–534, ⁶1979, 704–712, 726–776, III, Stuttgart ⁷1986, ⁸1987, 258–266, 280–330; ders., Theoriendynamik und logisches Verständnis, in: W. Diederich (ed.), Theorien der Wissenschaftsgeschichte. Beiträge zur diachronen Wissenschaflstheorie, Frankfurt 1974, 1978, 167–209; ders., Structures and Dynamics of Theories. Some Reflections on J. D. Sneed and T. S. K., Erkenntnis 9 (1975), 75–100; ders., The Structuralist View of Theories. A Possible Analogue of the Bourbaki Programme in Physical Science, Berlin/Heidelberg/New York 1979; I. Stengers. La description de K. et son application à la biologie contemporaine, Annales de l'Institut de philosophie (1973), 179–226; E. Ströker, Geschichte als Herausforderung. Marginalien zur jüngsten wissenschaftstheoretischen Kontroverse, Neue H. Philos. 6/7 (1974), 27–66 (separat Frankfurt 1976); F. Suppe (ed.). The Structure of Scientific Theories, Urbana Ill. 1974, ²1977, 1981; S. Toulmin, Does the Distinction between Normal and Revolutionary Science Hold Water?, in: I. Lakatos/A. Musgrave (eds.), Criticism and the Growth of Knowledge [s. o.], 39–47 (dt. Ist die Unterscheidung zwischen Normalwissenschaft und revolutionärer Wissenschaft stichhaltig?, in: I. Lakatos/A. Musgrave [eds.], Kritik und Erkenntnisfortschritt [s. o.], 39–47); V. Verronen, The Growth of Knowledge. An Inquiry into the Kuhnian Theory, Jyväskylä 1986; J. W. N. Watkins, Against ›Normal Science‹, in: I. Lakatos/A. Musgrave (eds.), Criticism and the Growth of Science [s. o.], 25–37 (dt. Gegen die ›Normalwissenschaft‹, in: I. Lakatos/A. Musgrave [eds.], Kritik und Erkenntnisfortschritt [s. o.], 25–38); R. S. Westman, Two Cultures or One? A Second Look at K.'s »The Copernican Revolution«, Isis 85 (1994), 79–115. – Sonderheft Social Epistemology 17 (2003), H. 2–3 (The K. Controversy).   C. F. G.

Külpe, Oswald, *Kandau (Kurland) 3. Aug. 1862, †München 30. Dez. 1915, dt. Philosoph und Psychologe. 1882–1887 Studium der Geschichte, Philosophie und Psychologie in Leipzig, Berlin und Göttingen (bei G. E. Müller), 1887 Promotion in Leipzig und Assistent am Psychologischen Institut (bei W. Wundt), 1888–1894 Privatdozent der Philosophie ebendort. 1894 Prof. der Philosophie und Ästhetik in Würzburg, 1909 in Bonn, 1914 in München. 1896 Gründung eines Psychologischen Instituts in Würzburg (wie später in Bonn und München), aus dem sich die »Würzburger Schule« der

Denkpsychologie entwickelte. – In der Erkenntnistheorie vertrat K. einen kritischen Realismus (↑Realismus, kritischer), den er auf wahrnehmungspsychologische Experimente zu stützen versuchte. Auf Grund von Versuchen mit sinnlosen Silben kam K. zu dem Ergebnis, daß der Abstraktionsprozeß nicht allein vom Datenmaterial ausgehe (Sensation), sondern daß durch den Abstraktionsakt auch Strukturen der ↑Apprehension ins Spiel kommen; den extremen ↑Sensualismus von E. Mach und R. Avenarius wies er daher zurück. Die experimentelle Psychologie bestätigt nach K., daß zwischen Sein und Wahrgenommen-Sein keine Identität besteht. Auf der anderen Seite kann das wahrgenommene Objekt auch nicht allein aus den Leistungen der Apprehension erklärt werden; daher seien unabhängig existierende Objekte zu unterstellen. – Das ↑Denken (im Sinne des Denkvollzugs) ist nach K.s kritischem Realismus als irreduzible Leistung des ↑Bewußtseins anzusehen. Denken und Urteilen sind nicht nur Beziehungen zwischen sensuellen Gehalten (↑Assoziationstheorie), sondern realitätstransformierende Leistungen. Im Grenzfall kann das Denken sich sogar mit empirisch unanschaulichen Gehalten befassen, deren Existenzweise K. mit dem Terminus ›Bewußtheit‹ charakterisiert. – Mit der These der unanschaulichen Bewußtseinsgehalte begründete K. den spezifischen Forschungsansatz der »Würzburger Schule«, der sich in zentralen Punkten mit Beobachtungen der ↑Gestalttheorie berührt. In der Ästhetik bemühte sich K. um die experimentelle Stützung von G. T. Fechners These, daß das ästhetische Wohlgefallen auf Wohlproportioniertheit (wie sie z. B. in der Regel vom Goldenen Schnitt ausgedrückt ist) beruhe, die wiederum ihre Grundlage in wahrnehmungsökonomischen Gesetzen habe. Demnach strebe der Geist danach, mit geringstem Aufwand größtmögliche Vielfalt zu erreichen.

Werke: Zur Theorie der sinnlichen Gefühle, Altenburg 1887, erw. um Kap. 3, Vierteljahrsschr. wiss. Philos. 11 (1887), 424–482, 12 (1888), 50–81; Die Lehre vom Willen in der neueren Psychologie, Philos. Stud. 5 (1889), 179–244, 381–446, separat: Leipzig [1889] (repr. Saarbrücken 2007); Über die Gleichzeitigkeit und Ungleichzeitigkeit von Bewegungen, Philos. Stud. 6 (1891), 514–535, 7 (1892), 147–168; Das Ich und die Außenwelt, Philos. Stud. 7 (1892), 394–413, 8 (1893), 311–341; Grundriss der Psychologie. Auf experimenteller Grundlage dargestellt, Leipzig 1893 (repr. Saarbrücken 2006) (engl. Outlines of Psychology, Based upon the Results of Experimental Investigation, London/New York 1895 [repr. New York 1973], London 1895 [repr. Bristol 1998], London, New York ³1909, London 1921); (mit. A. Kirschmann) Ein neuer Apparat zur Controle zeitmessender Instrumente, Philos. Stud. 8 (1893), 145–172, separat: Leipzig 1893; Anfänge und Aussichten der experimentellen Psychologie, Arch. Gesch. Philos. 6 (1893), 170–189, 449–467; Aussichten der experimentellen Psychologie, Philos. Monatshefte 30 (1894), 281–294; Einleitung in die Philosophie, Leipzig 1895, ed. A. Messer, ⁸1918, ¹²1928 (engl. Introduction to Philosophy. A

Handbook for Students of Psychology, Logic, Ethics, Aesthetics, and General Philosophy, London, New York 1897, London/New York ⁵1927); Zur Lehre von der Aufmerksamkeit, Z. Philos. phil. Kritik 110 (1897), 7–39; Ueber die Beziehung zwischen körperlichen und seelischen Vorgängen, Z. Hypnotismus 7 (1898), 97–120; Über den associativen Faktor des ästhetischen Eindrucks, Vierteljahrsschr. wiss. Philos. 23 (1899), 145–183; Die ästhetische Gerechtigkeit, Preußische Jahrbücher 98 (1899), 264–293; Welche Moral ist heutzutage die beste?, Riga 1900; Zu Gustav Theodor Fechners Gedächtnis, Vierteljahrsschr. wiss. Philos. 25 (1901), 191–217; Die Philosophie der Gegenwart in Deutschland. Eine Charakteristik ihrer Hauptrichtungen nach Vorträgen gehalten im Ferienkurs für Lehrer 1901 zu Würzburg, Leipzig 1902, ⁵1911 (engl. The Philosophy of the Present in Germany, New York, London 1913), Leipzig/Berlin ⁷1920; Ueber die Objectivirung und Subjectivirung von Sinneseindrücken, Philos. Stud. 19 (1902), 508–556, separat: Leipzig 1902; The Conception and Classification of Art (From a Psychological Standpoint), University of Toronto Stud.. Psychological Ser. 2 (1902), 3–23; Zur Frage nach der Beziehung der ebenmerklichen zu den übermerklichen Unterschieden, Philos. Studien 18 (1903), 328–346; Ein Beitrag zur experimentellen Aesthetik, Amer. J. Psychology 14 (1903), 215–231 [479–495]; Anfänge psychologischer Ästhetik bei den Griechen, in: A. Aall u. a., Philosophische Abhandlungen. Max Heinze zum 70. Geburtstage gewidmet von Freunden und Schülern, Berlin 1906, 101–127; Der gegenwärtige Stand der experimentellen Ästhetik, in: F. Schumann (ed.), Bericht über den II. Kongreß für experimentelle Psychologie in Würzburg vom 18. bis 21. April 1906, Leipzig 1907, 1–57; Immanuel Kant. Darstellung und Würdigung, Leipzig 1907, Leipzig/Berlin ⁵1921; Erkenntnistheorie und Naturwissenschaft. Vortrag, Physikalische Z. 11 (1910), 1025–1035, separat: Leipzig 1910; Über die moderne Psychologie des Denkens, Int. Monatsschr. Wiss. Kunst u. Technik 6 (1912), 1069–1110, erw. in: ders. Vorlesungen über Psychologie, ed. K. Bühler, Leipzig ²1922, 297–331 (engl. The Modern Psychology of Thinking, in: J. M. Mandler/G. Mandler [eds.], Thinking. From Association to Gestalt, New York/London/Sydney 1964 [repr. Westport Conn. 1981], 208–217, ferner in: B. Beakley/P. Ludlow [eds.], The Philosophy of Mind. Classical Problems/Contemporary Issues, Cambridge Mass./London 1992, 193–197; Psychologie und Medizin, Z. für Pathopsycholog. 1 (1912), 187–267, separat: Leipzig 1912; Die Realisierung. Ein Beitrag zur Grundlegung der Realwissenschaften I, Leipzig 1912, II–III, aus dem Nachlaß, ed. A. Messer, Leipzig 1920/1923; Über die Methoden der psychologischen Forschung, Int. Monatsschr. Wiss., Kunst und Technik 8 (1914), 1053–1070, 1219–1232; Zur Kategorienlehre, Sitzungsber. Königl. Bayer. Akad. Wiss., philos.-philol. hist. Kl. 1915, 5. Abh.; Die Ethik und der Krieg, Leipzig 1915; Vorlesungen über Psychologie, ed. K. Bühler, Leipzig 1920, ²1922; Grundlagen der Ästhetik. Aus dem Nachlass, ed. S. Behn, Leipzig 1921; Vorlesungen über Logik, ed. O. Selz, Leipzig 1923. – Briefwechsel zwischen Wilhelm Wundt und O. K. (1895 bis 1915), in: S. Hammer, Denkpsychologie – Kritischer Realismus [s. u., Lit.], 227–266. – C. Baeumker/K. Bühler, Bibliographie der Schriften O. K.s, in: C. Baeumker, Nekrolog [s. u., Lit.], 104–107; S. Hammer, Liste der Veröffentlichungen O. K.s [...], in: dies., Denkpsychologie – Kritischer Realismus [s. u., Lit.], 222–226.

Literatur: M. G. Ash, Wilhelm Wundt and O. K. on the Institutional Status of Psychology. An Academic Controversy in Historical Context, in: W. G. Bringmann/R. D. Tweney (eds.),

Wundt Studies. A Centennial Collection, Toronto 1980, 396–421; C. Baeumker, Nekrolog [O. K.], Jb. Königl. Bayer. Akad. Wiss. 1916, München 1916, 73–107; P. Bode, Der kritische Realismus O. K.s. Darstellung und Kritik seiner Grundlegung, Pforzheim 1928; E. G. Boring, A History of Experimental Psychology, New York/London 1929, bes. 386–402 (mit Bibliographie, 425–426), rev. u. erw. ²1950, 1957, bes. 396–410 (mit Bibliographie, 433–434); R. W. Göldel, Die Lehre von der Identität in der deutschen Logik-Wissenschaft seit Lotze. Ein Beitrag zur Geschichte der modernen Logik und philosophischen Systematik. Mit einer Bibliographie zur logik-wissenschaftlichen Identitätslehre in Deutschland seit der Mitte des 19. Jahrhunderts, Leipzig 1935, bes. 211–222 (§ 18 O. K. [1862–1915]); M. Grabmann, Der kritische Realismus O. K.s und der Standpunkt der aristotelisch-scholastischen Philosophie, Philos. Jb. 29 (1916), 333–369, separat: Fulda 1916; H. Gundlach, O. K. und die Würzburger Schule, in: W. Janke/W. Schneider (eds.), Hundert Jahre Institut für Psychologie und Würzburger Schule der Denkpsychologie, Göttingen etc. 1999, 107–124; S. Hammer, Denkpsychologie – Kritischer Realismus. Eine wissenschaftliche Studie zum Werk O. K.s, Frankfurt 1994 (Beitr. z. Gesch. d. Psycholog. VI); dies., Zu einigen Aspekten der Phänomenologischen Psychologie im Werk von O. K. und Ludwig Klages, Brentano-Stud. 7 (1998), 209–223; W. Henckmann, K., NDB XIII (1982), 209–210; ders., K.s Konzept der Realisierung, Brentano-Stud. 7 (1997), 197–208; M. Kaiser-El-Safi, Carl Stumpf und O. K.. Ein Vergleich, Brentano-Stud. 7 (1997), 53–80; M. Kusch, Psychological Knowledge. A Social History and Philosophy, London/New York 1999, 2006; ders., K., in: A. E. Kazdin (ed.), Encyclopedia of Psychology IV, Oxford 2000, 463–464; D. Lindenfeld, O. K. and the Würzburg School, J. Hist. Behavioral Sci. 14 (1978), 132–141; L. Madison, The Würzburg School and the Function versus Content Debate, Würzburger medizinhist. Mitteilungen 12 (1994), 315–322; A. Messer, Der kritische Realismus, Karlsruhe 1923; R. M. Ogden, O. K. and the Würzburg School, Amer. J. Psychology 64 (1951), 4–19; W. J. Revers, K., IESS VIII (1968), 467–468; H. Scholz, Sachverhalt – Urteil – Beurteilung in der K.schen Logik. Darstellung und Kritik, Weißwasser 1932; H. Schräder, Die Theorie des Denkens bei K. und bei Husserl, Diss. Münster 1925; F. Wesley, K., in: N. Sheehy/A. J. Chapman/W. A. Conroy (eds.), Biographical Dictionary of Psychology, London/New York 1997, 338–339; A. Zweig, K., Enc. Ph. IV (1967), 367–368.   C. F. G.

Kultur (von lat. colere, bebauen, (be-)wohnen, pflegen, ehren [Partizip perfekt: cultum]), Bezeichnung für die Gesamtheit aller derjenigen Leistungen und Orientierungen des Menschen, die seine ›bloße‹ Natur fortentwickeln und überschreiten. Ausgehend von der metaphorischen Übertragung der ›agricultura‹ (der ›Pflege des Bodens‹) auf die ›cultura animi‹ (die ›Pflege der Seele‹, als die M. T. Cicero die Philosophie bezeichnet [haec extrahit vitia radicitus et praeparat animos ad satus accipiendos eaque mandat iis et, ut ita dicam, serit, quae adulta fructus uberrimos ferant, Tusc. II 13 [lat./dt.], ed. O. Gigon, München ²1970, Düsseldorf/Zürich ⁷1998, 124]) wird K. bis ins 18. Jh. vornehmlich als die Ausbildung der leiblichen, seelischen und geistigen Fähigkeiten bzw. Tugenden des Menschen verstanden: Wie der Boden nur dann ertragreich wird, wenn man ihn

bearbeitet, so kann sich auch der Mensch nur dann entfalten und ›Früchte tragen‹, wenn seine natürlichen Anlagen besonders gepflegt werden. K. in diesem Sinne ist das vom Menschen, und zwar um seiner Vervollkommnung willen, der Natur Hinzugefügte. In diesem Verständnis einer vervollkommnenden Pflege der menschlichen Natur redet z. B. S. Pufendorf von der K. und setzt dem ›status naturalis‹ den glücklicheren ›status culturalis‹ entgegen. Zum eigenen Thema wird die K. jedoch erst mit der Entstehung der ↑Geschichtsphilosophie, in der die ↑Naturgeschichte der K.geschichte gegenübergestellt wird.

Systematisch rekonstruiert lassen sich verschiedene typische K.verständnisse unterscheiden: (1) K. als Tätigkeit und ihr entsprechende Entwicklung oder als ein Zustand. (2) K. als persönliche Eigenschaft von Individuen, als (durchschnittliches, mehrheitliches etc.) Merkmal von Gruppen oder Gesellschaften (deren ›Wissensstand‹) oder als Merkmal sozialer Systeme bzw. der (institutionalisierten) Normen des Verhaltens. (3) K. als Vermögen oder Fähigkeit (›Tugend‹), als Anspruch oder Verhaltensmuster (›Norm‹) oder als deren Verwirklichung (›Werk‹). (4) K. als Stufe oder Ziel einer Höherentwicklung der Menschheit oder als in sich geformter und verständlicher Zustand. (5) K. als begrenzt auf besondere, nämlich besonders ›wertvolle‹ Bereiche und Weisen des Verhaltens bezogen oder als allgemeine Charakteristik menschlichen Verhaltens (in bestimmten zeitlichen und räumlichen Grenzen), also insbes. als K. der ↑Bildung oder ↑Sittlichkeit oder als K. des technischen oder organisatorischen Handelns. Diese und andere Unterscheidungen zur Bestimmung eines K.begriffs verdanken sich jeweils dem systematischen Rahmen, in dem die Frage nach der K. auftritt und zu beantworten versucht wird. Für die philosophische Reflexion sind dabei jene Unterscheidungen besonders bedeutsam, die sich für die Frage nach den grundlegenden Orientierungen des Handelns und Verhaltens ergeben und es erlauben, die K. in ihrer lebens- und handlungsorientierenden Rolle zu verstehen. Diese Rolle der K. – und damit ein K.begriff im Rahmen der Problemstellungen der Praktischen Philosophie (↑Philosophie, praktische) – läßt sich im Anschluß an I. Kant und J. G. Herder erläutern.

Kant definiert K. als »die Tauglichkeit und Geschicklichkeit zu allerlei Zwecken, wozu die Natur (äußerlich und innerlich) von ihm [d. i. dem Menschen] gebraucht werden könne« (KU § 83, Akad.-Ausg. V, 430), oder als »die Hervorbringung der Tauglichkeit eines vernünftigen Wesens zu beliebigen Zwecken überhaupt« (a. a. O., 431). Die ›Tauglichkeit‹, in der die K. (als Zustand verstanden) bzw. in deren Hervorbringung die K. (als Tätigkeit verstanden) besteht, ist die Fähigkeit des Menschen, »sich selbst überhaupt Zwecke zu setzen«. Dazu gehört dann auch die ›Geschicklichkeit‹, »die Natur den Maximen seiner freien Zwecke überhaupt angemessen als Mittel zu gebrauchen« (ebd.). Der K.begriff Kants beruft sich damit auf die natürliche ↑Anlage des Menschen, sich unabhängig von seinen ebenfalls natürlichen ↑Neigungen – und den mit diesen Neigungen sich ergebenden Präferenzen – die Gestalt bzw. (wie Kant eher sagen würde) die Regeln und Gesetze seines Handelns und Lebens zu geben, und bestimmt die K. des Menschen als eben jene Welt des frei geformten Handelns und Lebens, für die der Mensch allein die Verantwortung trägt, weil er sie selbständig geschaffen hat. Zum entscheidenden Definiens der K. wird bei Kant so die ↑Autonomie des Menschen, also seine Fähigkeit, sich selbst unabhängig von seinen faktischen Neigungen die Gesetze seines Wollens und Handelns zu geben. Insofern die Autonomie zunächst nur eine Möglichkeit menschlichen Wollens und Handelns ist, die auf verschiedene Weise und vor allem in verschiedenem Ausmaß verwirklicht werden kann, lassen sich auch für die K. verschiedene Weisen und ein verschiedenes Ausmaß ihrer Verwirklichung unterscheiden. Als Ergebnis oder als Ausbildung autonomen Wollens und Handelns ist die K. darauf ausgerichtet, einen Zustand herbeizuführen, in dem die autonome Anerkennung eines jeden als eines autonomen Vernunftwesens das oberste Prinzip für die Regelung des Handelns und Lebens aller ist. K. hat insofern die Herbeiführung eines Zustandes der allgemeinen ↑Moralität zum Ziel: »die Idee der Moralität gehört noch zur Cultur« (Idee zu einer allgemeinen Geschichte in weltbürgerlicher Absicht [1784], Akad.-Ausg. VIII, 26). K. im Sinne eines Zustandes, der die Bedingungen für ein moralisches, nämlich autonomes Wollen und Handeln herbeiführt und erhält, ist danach erst im vollen Sinne K.. Diese K. im vollen Sinne bzw. in ihrem ›größtmöglichen Grad‹ (Recensionen von J. G. Herders Ideen zur Philosophie der Geschichte der Menschheit [1785], Akad.-Ausg. VIII, 64) ist »das Produkt einer nach Begriffen des Menschenrechts geordneten Staatsverfassung« (ebd.), da eine solche Staatsverfassung – für eine ›bürgerliche Gesellschaft‹ in einem ›weltbürgerlichen Ganzen‹ (vgl. Idee […], 5. bis 9. Satz) – erst die Bedingungen für die Moralität der Personen schafft, deren natürliche ›ungesellige Geselligkeit‹ (Idee […], Akad.-Ausg. VIII, 20) sonst immer wieder Zwietracht und Not herbeiführen würde. Durch diese ›objektive‹ Bestimmung der K. – über die Rechtsprinzipien und die Staatsverfassung einer Gesellschaft – wird K. zu einem kritisch verwendbaren Begriff für die Institutionen einer Gesellschaft. Zwar hält Kant an der auch ›subjektiven‹ Seite der K. fest – die Träger der ›objektiv‹ bestimmten K. haben eine »Cultur der Zucht (Disciplin)« (KU § 83, Akad.-Ausg. V, 432), nämlich die »Befreiung des Willens von dem Despotism der Begierden«

(ebd.), zu erreichen –, bestimmt ihren Begriff im übrigen aber durch einen Maßstab, der eine bestimmte K.form unabhängig von den faktischen Entwicklungen dieser Formen kritisch zu beurteilen erlaubt.

Gegenüber diesem normativen K.begriff Kants entwickelt Herder einen K.begriff, mit dem die faktischen Entwicklungen von Formen menschlichen Handelns und Verhaltens – wie auch der ›Werke‹, die durch dieses Handeln und Verhalten entstanden sind – nicht kritisch beurteilt, sondern aus ihren eigenen Prinzipien verstanden werden sollen. Wo Kant aus dem zweckgeleiteten Handeln – und letztlich aus einem bestimmten Ideal solchen Handelns, nämlich dem moralisch begründeten Handeln – Kategorien zur Bestimmung des K.begriffs gewinnt, sucht Herder sie durch den Vergleich mit der Natur, ihrem Wachsen, Blühen, Fruchtbringen und Vergehen zu finden. Die K. ist als ›höhere Natur‹ nicht das vom Menschen planmäßig Gesetzte oder Bewirkte, sondern das in der Geschichte der Menschheit Gewachsene, und zwar zunächst als Lebensform von Völkern, in denen sich die allgemeine menschliche Humanität (›Vernunft und Billigkeit‹) entfaltet. K. ist dabei von vornherein nicht Individuen, sondern Völkern oder der Menschheit insgesamt zugeordnet. Im vollen Sinne ist K. (als K. eines Volkes) dabei jeweils nur »die Blüte seines Daseins, mit welcher es sich zwar angenehm, aber hinfällig offenbaret« (Ideen zur Philosophie der Geschichte der Menschheit [1784–1791], 13. Buch, VII, 3, Sämtl. Werke XIV, 147), d. h. die höchste Stufe der Entfaltung der Humanität in den Lebensformen eines Volkes, die – wie ein Lebewesen und insbes. die Blüte einer Pflanze – wieder vergeht. Herder unterscheidet dabei zwischen der kulturellen ›Blüte‹ der Lebensformen eines Volkes und der ›Gesundheit und Dauer eines Staats‹, die nicht auf dieser K.blüte, sondern auf »einem weisen oder glücklichen Gleichgewicht seiner lebendig wirkenden Kräfte« beruhen (ebd. VII, 4, Sämtl. Werke XIV, 149). Gleichwohl sieht Herder in der Gesamtgeschichte der Menschheit immer wieder (für die Entwicklung des Zusammenhangs von Lebensformen jeweils eines Volkes) eine Tendenz, daß Humanität auf der einen und Dauer auf der anderen Seite konvergieren: »Der Verfolg der Geschichte zeigt, daß mit dem Wachstum wahrer Humanität auch der zerstörenden Dämonen des Menschengeschlechts wirklich weniger geworden sei; und zwar nach innern Naturgesetzen einer sich aufklärenden Vernunft und Staatskunst« (Ideen […], 15. Buch, II, 2, Sämtl. Werke XIV, 217). So muß nach Herder »mit der Zeitenfolge auch die Vernunft und Billigkeit unter den Menschen mehr Platz gewinnen und eine daurendere Humanität befördern« (ebd. IV, Sämtl. Werke XIV, 235). Wenngleich damit auch für Herder der K.begriff durch seine Richtung auf das ›Wachstum‹ der Humanität eine Steigerung von K. zuläßt, bleibt er doch interpretierend, da das, was jeweils Humanität bedeutet, sich erst in der Entfaltung der K. eines Volkes zeigt. Humanität ist wie die K. insgesamt daher nur immanent, aus den tatsächlich entwickelten Grundorientierungen eines Volkes zu verstehen, und nur im Ganzen der vielen aufeinanderfolgenden K.en zeigt sich eine allgemeine Idee der Humanität, die jede Volkskultur in einer Schattierung oder einem Aspekt, nicht darum aber auch schon in einem höheren oder niederen Maß darstellt: »Es ziehet sich demnach eine *Kette der K.* in sehr abspringenden krummen Linien durch alle gebildete Nationen [...]. In jeder derselben bezeichnet sie zu- und abnehmende Größen und hat Maxima allerlei Art. Manche von diesen schließen einander aus oder schränken einander ein, bis zuletzt dennoch ein Ebenmaß im Ganzen statt findet« (ebd. III, 4, Sämtl. Werke XIV, 229).

In der Folgezeit lassen sich verschiedene Tendenzen unterscheiden, K. einerseits im Sinne eines wissenschaftlich zugänglichen Gegenstandes, andererseits im Sinne einer ethisch-politischen Instanz zu begreifen. Im Sinne der ersten Tendenz lassen sich die Versuche verstehen, in der K. eines Volkes oder einer Gesellschaft das System der Ordnungs- und Deutungsformen zu erkennen, mit denen in diesem Volk oder dieser Gesellschaft die Dinge und Geschehnisse der Welt identifiziert und strukturiert, d. h. in Sinnzusammenhänge eingeordnet, werden (G. Simmel, aber auch die K.philosophie W. Windelbands und H. Rickerts). K. in diesem Sinne besteht aus den Formen (oder ›Mustern‹) zur (rationalen und emotionalen) Strukturierung der Welt, über die ein Volk oder eine Gesellschaft verfügt und die z. B. auf ihre Prinzipien – für Windelband und Rickert sind dies die ›Werte‹ – und Leistungen hin untersucht werden können. Neben diesem eher *erkenntnisbezogenen* K.begriff ist in der Soziologie, aber auch durch B. Malinowski (1931, 1944), ein stärker *handlungsbezogener* K.begriff entwickelt worden, demgemäß die K. eines Volkes oder einer Gesellschaft in demjenigen Normensystem besteht, das im Handeln und Verhalten befolgt wird. Eine Theorie der K. hat dann Gründe für die Entstehung, Erhaltung und Veränderung solcher Normensysteme (für Malinowski gründen diese Normensysteme auf natürlichen und historisch entwickelten ›Bedürfnissen‹) und deren Rolle bei der Leitung des Handelns und der Bestimmung des Verhaltens zu untersuchen. Im Sinne der zweiten Tendenz lassen sich Versuche verstehen, mit K., insbes. im Unterschied zu ›Zivilisation‹, einen Katalog von Werten zu beschwören, die als Errungenschaften eines Volkes oder einer Gesellschaft nicht aufgegeben werden dürfen. Unter dieser Verwendungsabsicht, in der etwa eine ›geistige‹ und ›innere‹ K. der ›materiellen‹ und ›äußeren‹ Zivilisation gegenübergestellt wird, hat der K.begriff weitgehend seine Konturen verloren und ist

wissenschaftlich bedeutungslos geworden. In systematischer Hinsicht bildet der Begriff der K. den Gegenstand philosophischer Disziplinen wie der ↑Kulturanthropologie und der ↑Kulturphilosophie.

Literatur: C. Badcock, The Psychoanalysis of Culture, Oxford 1980, 1982; D. Baecker, K., in: K. Barck u. a. (eds.), Ästhetische Grundbegriffe III, Stuttgart/Weimar 2001, 510–556; P. Bagby, Culture and History. Prolegomena to the Comparative Study of Civilizations, London/New York 1958, Westport Conn. 1976; A. Barnard/J. Spencer, Culture, in: dies. (eds.), Encyclopedia of Social and Cultural Anthropology, London/New York 1996, 2007, 136–143; A. R. Beals, Culture in Process, New York 1967, ³1979; B. Bernardi (ed.), The Concept and Dynamics of Culture, The Hague/Paris 1977; O. A. Bird, Cultures in Conflict. An Essay in the Philosophy of the Humanities, Notre Dame Ind./London 1976; E. E. Boesch, K. und Handlung. Einführung in die K.psychologie, Bern/Stuttgart/Wien 1980; F.-P. Burkard, K., in: ders./P. Prechtl (eds.), Metzler Lexikon Philosophie, Stuttgart/Weimar ³2008, 320–322; E. Cassirer, An Essay on Man, New Haven Conn., Garden City N. Y., London 1944, Hamburg, Darmstadt 2007. Was ist der Mensch? Versuch einer Philosophie der menschlichen K., Stuttgart 1960, unter dem Titel: Versuch über den Menschen. Einführung in eine Philosophie der Kultur, Frankfurt 1990, Hamburg 1996, ²2007; franz. Essais sur l'homme, Paris 1975); J. M. Curtis, Culture as Polyphony. An Essay on the Nature of Paradigms, Columbia Mo./London 1978; A. Drexel, Natur und K. des Menschen. Handbuch der völkerkundlichen Wissenschaften, I–III, Zürich 1947; T. S. Eliot, Notes Towards the Definition of Culture, London 1948, 1991 (dt. Beiträge zum Begriff der K., Berlin/Frankfurt 1949, unter dem Titel: Zum Begriff der K., Hamburg 1961); J. Feibleman, The Theory of Human Culture, New York 1946, 1968; I.-M. Greverus, K. und Alltagswelt. Eine Einführung in Fragen der Kulturanthropologie, München 1978, Frankfurt 1987; F. A. Hanson, Meaning in Culture, London/Boston Mass. 1975, 2004; M. Harris, Cultural Materialism. The Struggle for a Science of Culture, New York 1979, Walnut Creek Calif., Lanham Md./Oxford ²2001; J. J. Honigmann, Understanding Culture, New York 1963, Westport Conn. 1977; C. Kluckhohn, Culture and Behavior, New York 1962, 1966; A. L. Kroeber, The Nature of Culture, Chicago Ill. 1952, 1987; ders./C. Kluckhohn, Culture. A Critical Review of Concepts and Definitions, Cambridge Mass. 1952, Westport Conn. 1985; J. Laloup/J. Nélis, Culture et civilisation. Initiation à l'humanisme historique, Tournai/Paris 1955, 1963; B. Malinowski, Culture, Enc. Soc. Sci. IV (New York 1931), 621–646; ders., A Scientific Theory of Culture, and Other Essays, Chapel Hill N. C. 1944 (repr. London/New York 2002) (dt. Eine wissenschaftliche Theorie der K. und andere Aufsätze, Zürich 1949, Frankfurt 1975; franz. Une théorie scientifique de la culture, et autre essais, Paris 1968); S. Moebius, K., Bielefeld 2009; K. J. Narr, Urgeschichte der K., Stuttgart 1961; A. O'Hear, Culture, REP II (1998), 746–750; S. Pandit (ed.), Perspectives in the Philosophy of Culture, New Delhi 1978; N. Panourgiá, Culture, IESS II (²2008), 202–204; G. Pégand, Culture et civilisation dans l'impasse, Paris 1966; W. Perpeet, K.philosophie, Hist. Wb. Ph. IV (1976), 1309–1324; J. M. Powell, The Civilization of the West. A Brief Interpretation, New York/London 1967; J. C. Powys, The Meaning of Culture, New York 1929, Hebden Bridge 2008 (dt. Kultur als Lebenskunst, Hamburg 1989, Frankfurt 2001; franz. Le sens de la culture, Lausanne 1981); E. B. Ross (ed.), Beyond the Myths of Culture. Essays in Cultural Materialism, New York (etc.) 1980; J.

Rundell/S. Mennell (eds.), Classical Readings in Culture and Civilization. London/New York 1998; M. Sahlins, Culture and Practical Reason, Chicago/London 1976, 2000 (dt. Kultur und praktische Vernunft, Frankfurt 1981,1994; franz. Au cœur des sociétés. Raison utilitaire et raison culturelle, Paris 1980, 1991); O. Schwemmer, Die kulturelle Existenz des Menschen, Berlin 1997; R. A. Shweder, Culture. Contemporary Views, IESBS V (2001), 3151–3158; G. Simmel, Der Begriff und die Tragödie der K., Logos 2 (1911/12), 1–25, Neudr. in: ders., Philosophische K. Gesammelte Essais, Leipzig, 1911, 245–277, ²1919, 223–253, Potsdam ³1923, 236–267, ferner in: ders., Hauptprobleme der Philosophie. Philosophische K., Frankfurt 1996, 385–416; M. Singer, Culture. The Concept of Culture, IESS III (1968), 527–543; M. J. Swartz/ D. K. Jordan, Culture. The Anthropological Perspective, New York 1980; H. P. Thurn, Soziologie der K., Stuttgart etc. 1976; R. Wagner, The Invention of Culture, Englewood Cliffs N. J./London 1975, Chicago Ill./London ²1981, 1998; R. Williams, Culture and Society, 1780–1950, London, New York 1958, London 1987; ders., Culture and Civilization, Enc. Ph. II (1967), 273–276; R. S. Wyer/C.-Y. Chiu/Y.-Y. Hong (eds.), Understanding Culture. Theory, Research, and Application, New York/London 2009. O. S.

Kulturalismus, methodischer, Bezeichnung für eine vor allem in Marburg erfolgte Weiterentwicklung des Methodischen ↑Konstruktivismus der Erlanger und Konstanzer Schule (↑Erlanger Schule). Sie steht einerseits für die Fortsetzung methodischen Philosophierens zwischen einem heute vor allem im ↑Naturalismus präsenten Dogmatismus und einem in analytischen und postmodernen Strömungen (↑Philosophie, analytische, ↑Postmoderne) virulenten ↑Relativismus. Andererseits wird ↑Kultur als Summe der Ergebnisse von Handlungen, die der Mensch als Mitglied einer Handlungs- und Redegemeinschaft auf deren historisch erreichter Kulturhöhe zu erlernen und in einer Kulturkritik nicht nur der Wissenschaften, sondern auch der ↑Lebenswelt zu reflektieren und sich anzueignen hat, und damit eine philosophische Kulturkritik, die sich nicht auf ↑Sprachkritik beschränkt, zur zentralen Aufgabe des M. n K..

Leitend für den M. n K. sind die Kritik an Naturalismus in Naturwissenschaft und Philosophie einschließlich der durch Hirnforschung, Genetik, Evolutionsbiologie und naturwissenschaftliche Psychologie sowie der Analytischen Philosophie des Geistes (↑philosophy of mind) favorisierten Menschenbilder, am Relativismus von Philosophien skeptisch-analytischer und postmoderner Ansätze sowie Unterschiede zum Methodischen ↑Konstruktivismus. Hier spielt nicht mehr die ↑Sprachphilosophie, sondern die ↑Handlungstheorie in einer selbst sprachkritischen Reflexion die Rolle der philosophischen Grundlegungsdisziplin: Sprachhandeln (↑Sprachhandlung) einschließlich einer Erweiterung der Logischen auf eine Logisch-pragmatische Propädeutik sowie einer operational-pragmatischen anstelle einer dialogischen Logik (↑Logik, dialogische), Erkenntnistheorie

auch der nicht-wissenschaftlichen Formen des Wissens, ein Kulturbegriff, der sich nicht auf die nur geistigen Produkte des Menschen beschränkt, sondern der ↑Technik in all ihren Formen und Folgen für die Natur eine zentrale Rolle für die erreichte Kulturhöhe einräumt, sind ebenso Gegenstand methodischer Rekonstruktion wie Naturphilosophie, Ethik und Ästhetik in handlungstheoretischer Fundierung. Dabei werden in Rekonstruktionsprogrammen die im Methodischen Konstruktivismus begrifflich unexpliziert gebliebene Lebenswelt zum Ort der Gegenstandskonstitution, die Rekonstruktion etwa der ↑Wissenschaftssprachen zum Ort der sprachlichen Hochstilisierung, einschließlich einer Kritik von Informations- und Kommunikationstheorien, und die philosophische Reflexion zum Ort der Erkenntnis- und Wahrheitstheorie sowie der ethischen und rechtlichen Legitimationsbemühungen.

Begründungstheoretisch wird, alternativ zu Letztbegründungsansprüchen (↑Letztbegründung), zu rein diskursiven Ansätzen und zur Begründbarkeitsskepsis, die Lösung des Anfangsproblems (↑Anfang) für ↑Begründungen im Bezug zur Wirklichkeit von Handlungsvollzügen gesucht und damit eine kulturhistorische Relativität ohne praktischen oder theoretischen Relativismus angestrebt. Für die ↑Wissenschaftstheorie heißt dies, daß etwa die Technikgeschichte für die Naturwissenschaften relevant wird, wo im Methodischen Konstruktivismus das Rekonstruendum allein in den jeweils vorfindlichen historischen Theorien gesehen wird. ↑Prototheorien werden deshalb nicht nur für Logik, Mathematik und Physik, sondern für alle Wissenschaften entwickelt. Der Rekonstruktionsbegriff selbst, als einschlägiger Grundbegriff des methodischen Philosophierens, beschränkt sich nicht auf das Vorlegen von Rekonstruktionen, sondern stellt sich den Problemen einer Rechtfertigung der Auswahl der Rekonstruenda und der Kriterien für Gelingen und Erfolg des Rekonstruierens, also für die Qualität des Rekonstrukts relativ zum Rekonstruendum. Ausgearbeitete Teile des M.n K. liegen vor zu den Prototheorien von Raum, Zeit, Materie, Chemie, zu Technikphilosophie, Tierphilosophie, Organismustheorie, Evolutions- und evolutionärer Erkenntnistheorie, zu Informations- und Kommunikationstheorie, zu Denk- und Motivationspsychologie, Wahrnehmungstheorie, Neurobiologie, Sprechakttheorie, Logik, Beweistheorie sowie mit ersten Ansätzen zur Ethik und zur Hermeneutik. – Die Rezeption des M.n K. als noch junger Bemühung findet sich sporadisch in Fachwissenschaften, vor allem in Sprach-, Literatur- und Wirtschaftswissenschaften sowie im philosophischen Diskurs. Intern werden das Programm des M.n K., das 1996 von P. Janich und D. Hartmann vorgelegt wurde, als noch entwicklungsbedürftig angesehen und Fehlstellen etwa im Bereich von Ethik und Ästhetik benannt.

Literatur: T. Galert, Vom Schmerz der Tiere. Grundlagenprobleme der Erforschung tierischen Bewußtseins, Paderborn 2005; A. Grunwald, Handeln und Planen, München 2000; ders., Technik und Politikberatung. Philosophische Perspektiven, Frankfurt 2008; M. Gutmann, Die Evolutionstheorie und ihr Gegenstand. Beitrag der Methodischen Philosophie zu einer konstruktiven Theorie der Evolution, Berlin 1996; ders., Erfahren von Erfahrungen. Dialektische Studien zur Grundlegung einer philosophischen Anthropologie, I–II, Bielefeld 2004; ders. u. a. (eds.), Kultur, Handlung, Wissenschaft. Für Peter Janich, Weilerswist 2002; G. Hanekamp, Protochemie. Vom Stoff zur Valenz, Würzburg 1997; D. Hartmann, Philosophische Grundlagen der Psychologie, Darmstadt 1998; ders., On Inferring. An Enquiry into Relevance and Validity, Paderborn 2003; ders./P. Janich (eds.), M. K.. Zwischen Naturalismus und Postmoderne, Frankfurt 1996; dies. (eds.), Die kulturalistische Wende. Zur Orientierung des philosophischen Selbstverständnisses, Frankfurt 1998; N. Janich, Die bewußte Entscheidung. Eine handlungsorientierte Theorie der Sprachkultur, Tübingen 2004; P. Janich, Konstruktivismus und Naturerkenntnis. Auf dem Weg zum Kulturalismus, Frankfurt 1996; ders., Was ist Wahrheit? Eine philosophische Einführung, München 1996, ³2005; ders., Das Maß der Dinge. Protophysik von Raum, Zeit und Materie, Frankfurt 1997; ders., Wechselwirkungen. Zum Verhältnis von Kulturalismus, Phänomenologie und Methode, Würzburg 1999; ders., Was ist Erkenntnis? Eine philosophische Einführung, München 2000; ders., Logisch-pragmatische Propädeutik. Ein Grundkurs im philosophischen Reflektieren, Weilerswist 2001; ders., Mensch und Natur. Zur Revision eines Verhältnisses im Blick auf die Wissenschaften, Stuttgart 2002; ders., Kultur und Methode. Philosophie in einer wissenschaftlich geprägten Welt, Frankfurt 2006; ders., Was ist Information? Kritik einer Legende, Frankfurt 2006; ders., Kein neues Menschenbild. Zur Sprache der Hirnforschung, Frankfurt 2009; ders./M. Weingarten, Wissenschaftstheorie der Biologie. Methodische Wissenschaftstheorie und die Begründung der Wissenschaften, München 1999; S.-H. Kwon, Zwischen Universalismus und Partikularismus. Transkulturalität als Ziel moralphilosophischer Rechtfertigungen, Marburg 2008; R. Lange, Experimentalwissenschaft Biologie. Methodische Grundlagen und Probleme einer technischen Wissenschaft vom Lebendigen, Würzburg 1999; N. Psarros, Die Chemie und ihre Methoden. Eine philosophische Betrachtung, Weinheim etc. 1999; S. J. Schmidt, Die Endgültigkeit der Vorläufigkeit. Prozessualität als Argumentationsstrategie, Weilerswist 2010; W. Schonefeld, Protophysik und Spezielle Relativitätstheorie, Würzburg 1999; M. Weingarten, Wissenschaftstheorie als Wissenschaftskritik. Beiträge zur kulturalistischen Wende in der Philosophie, Bonn 1998; ders. Wahrnehmen, Bielefeld 1999, ²2003; ders., Leben (bio-ethisch), Bielefeld 2003; ders., Sterben (bio-ethisch), Bielefeld 2004; M. Wille, Das Parallelenproblem in der Protophysik, Marburg 2002 (Mag.-Arbeit); ders., Die Mathematik und das synthetische Apriori. Erkenntnistheoretische Untersuchungen über den Geltungsstatus mathematischer Axiome, Paderborn 2007.   P. J.

Kulturanthropologie, von E. Rothacker eingeführte Bezeichnung für eine vor allem von W. Dilthey und der ↑Phänomenologie beeinflußte philosophische Bemühung, in der Vielfalt der kulturellen ›Umwelten‹ und ›Lebensformen‹ die Grundgegebenheiten und invarianten Möglichkeiten menschlichen Lebens zu bestimmen

(↑Lebenswelt). Dazu gehört wesentlich die Herausarbeitung des für den Menschen von Natur aus notwendigen ›Kulturmilieus‹ (↑Kultur) in seiner universalen Genealogie und Struktur. – Im Unterschied zur empirischen Ethnographie der amerikanischen ›Cultural Anthropology‹ steht die deutsche K., deren Anfänge bereits in J. G. v. Herders »Ideen zur Philosophie der Geschichte der Menschheit« (I–IV, Riga/Leipzig 1784–1791, in 1 Bd., München 2002 [= Werke III/1]) erkennbar sind, mehr auf der Seite der philosophischen ↑Anthropologie, wenn sie auch Gebrauch von den Resultaten der biologischen und ethnologischen Anthropologie sowie der Kultursoziologie macht. Als französische Variante der K. wird C. Lévi-Strauss' ›strukturale Anthropologie‹ (↑Strukturalismus (philosophisch, wissenschaftstheoretisch)) angesehen.

Literatur: K. Alsleben, K., Stuttgart/München 1973; E. Cassirer, Philosophie der symbolischen Formen, I–III, Berlin 1923–1929, Darmstadt 2001–2002 (= Ges. Werke XI–XIII); P. Collings, Anthropology, Cultural, in: H. J. Birx (ed.), Encyclopedia of Anthropology, Thousand Oaks Calif./London/New Delhi 2006, 150–157; R. Girtler, K.. Eine Einführung, Wien 2006; C. Grawe, Herders K.. Die Philosophie der Geschichte der Menschheit im Lichte der modernen K., Bonn 1967; ders., K., Hist. Wb. Ph. IV (1976), 1324–1327; I.-M. Greverus, Kultur und Alltagswelt. Eine Einführung in Fragen der K., München 1978, Frankfurt 1987; M. Harris, Cultural Anthropology, New York 1983, (mit O. Johnson), ⁷2006 (dt. K.. Ein Lehrbuch, Frankfurt/New York 1989); M. Landmann, Philosophische Anthropologie. Menschliche Selbstdeutung in Geschichte und Gegenwart, Berlin 1955, Berlin/New York ⁵1982; W. E. Mühlmann/E. W. Müller (eds.), K., Köln/Berlin 1966; H. O. Pappé, Philosophical Anthropology, Enc. Ph. VI (1967), 159–166; E. Rothacker, Probleme der K., Bonn 1948, ³2008; ders., Zur Genealogie des menschlichen Bewußtseins, ed. W. Perpeet, Bonn 1966; M. H. Salmon, Anthropology, Philosophy of, REP I (1998), 297–299; F. R. Vivelo, Cultural Anthropology Handbook. A Basic Introduction, New York etc. 1978 (dt. Handbuch der K.. Eine grundlegende Einführung, ed. J. Stangl, Stuttgart 1981); P. W. Wood, Anthropology, Cultural and Social, in: T. Barfield (ed.), The Dictionary of Anthropology, Oxford/Malden Mass. 1997, 17–21.   R. W.

Kulturphilosophie, Bezeichnung für eine kritische Auseinandersetzung mit ↑Kultur; diese erwuchs wie alle Philosophie aus dem Verlust von Selbstverständlichkeit: Die ↑Aufklärung hatte zu ↑Säkularisierung und ›metaphysischer‹ bzw. ›transzendentaler Obdachlosigkeit‹ (G. Lukács, 1920) geführt, die zunehmende Lebensbedeutsamkeit von ↑Wissenschaft, ↑Technik und Industrie nötigte zur Auseinandersetzung mit deren mentalen, ethischen und sozialen Folgelasten, bis schließlich das durch die Erfahrung des Ersten Weltkriegs ausgelöste allgemeine Krisenbewußtsein den ↑Fortschritt in der globalen Ausbreitung europäischen Denkens und Lebensstils grundsätzlich in Frage stellte. G. Simmel sprach von der ›Tragödie der Kultur‹ (1911/1912), S. Freud diagnostizierte ein ›Unbehagen in der Kultur‹ (1929/1930), P.

Valéry eine ›Krise des Geistes‹ (1919), E. Husserl eine ›Krisis der europäischen Wissenschaften‹ (1936) und durch sie eine Krise des eurozentrischen ↑Weltbilds, O. Spengler schließlich befürchtete den »Untergang des Abendlandes« (1918–1922). Bereits 1887 hatte F. Nietzsche in der Vorrede zur »Fröhlichen Wissenschaft« konstatiert: »Das Vertrauen zum Leben ist dahin: das Leben selbst wurde zum Problem« (Sämtl. Werke. Kritische Studienausgabe III, ed. G. Colli/M. Montinari, Berlin/New York/München 1980, 350); ebenso war die Form des menschlichen Lebens zum Problem geworden, die Kultur. ↑Lebensphilosophie und K. beginnen ihre Karrieren um 1900, und zwar als Reaktion darauf, daß nach dem Glauben (↑Glaube (philosophisch)) nun auch das ↑Wissen und das Machen fragwürdig geworden waren. Allererste auch so genannte ›kulturphilosophische Fragen‹ hatte sich bereits 1851 G. Semper gestellt (Wissenschaft, Industrie und Kunst und andere Schriften, ed. H. M. Wingler, Mainz/Berlin 1966, 28), und zwar angesichts der sich auf der Londoner Weltausstellung imposant manifestierenden Moderne, vor allem hinsichtlich ihrer Vermittlung in der ↑Kunst. Die Problematik der Integration einer als bedrohlich empfundenen Dominanz von Wissenschaft und Technik, Industrie und Ökonomie in das kulturelle Selbstbewußtsein der Gegenwart gehört zu den Ausgangsfragen der K. und berührt sich mit einer ihrer zentralen Zielsetzungen, der Erhaltung und Beförderung von Humanität in einer Epoche, die den ›Rückfall in die Barbarei‹ (R. Luxemburg, 1915) gleich mehrfach erleben mußte. – Rasche Verbreitung fand der Ausdruck ›K.‹ durch L. Stein (An der Wende des Jahrhunderts. Versuche einer K., Freiburg 1899) und R. Eucken (Geistige Strömungen der Gegenwart, Leipzig 1904, Berlin/Leipzig ⁶1920, Hildesheim 2005 [= Ges. Werke IV]); wichtigstes Organ der K. war die Zeitschrift »Logos«.

Von Anbeginn versteht sich die K. nicht als philosophische Teildisziplin mit dem klar abgrenzbaren Gegenstand ›Kultur‹, sondern als umfassende Denkrichtung, die sich auch und gerade ohne abschließende Definition ihres Grundbegriffs auf die Zeitproblematik einläßt und sich am Leitgedanken einer Humanisierung der Welt orientiert. Im Neukantianismus fungiert K. als Nachfolgegestalt der Vernunftkritik, so bei E. Cassirer: »Die Kritik der Vernunft wird [...] zur Kritik der Kultur« (Philosophie der symbolischen Formen I, 11). »Wir haben die Philosophie Kants und haben erst recht die Philosophie der transzendentalen Methodik [...] von Anfang an so, als K., verstanden und ausdrücklich so bezeichnet«, reklamiert P. Natorp (Kant und die Marburger Schule, Kant-St. 17 [1912], 218–219). Kultur selbst wird für Natorp die ›Voraussetzung aller Voraussetzungen‹ und ›methodischer Ursprungsort‹ auch der Philosophie. Ihr wird im Neukantianismus eine eigene

›Gesetzmäßigkeit‹ unterstellt analog derjenigen, die sich mit dem naturwissenschaftlichen Begriff der ↑Natur verbindet. Bei Cassirer steht nicht mehr die gesetzmäßige Entwicklungslogik von Kultur im Vordergrund, ihn faszinieren vielmehr die weltkonstitutiven Strukturen des (in ›symbolischen Formen‹) kulturschaffenden Bewußtseins. Der Marburger Neukantianismus betont die moralphilosophische, normative Seite der K., indem er Kultur als Prozeß der Selbstbefreiung von ›Vorurteilen‹ (H. Cohen) interpretiert und damit zugleich Kulturkritik betreibt. Darin trifft sich die Marburger Schule mit der lebensphilosophischen Opposition gegen ›erstarrte Formen‹. Die Maßstäbe der Kulturkritik werden – und insofern bleibt der transzendentalphilosophische (↑Transzendentalphilosophie) Rahmen in Geltung – unumgänglicherweise aus der Kultur selbst genommen. Die Hervorhebung der latenten Vernunft in der Kulturgeschichte gegenüber den entfremdeten (↑Entfremdung) und uneigentlichen (↑Eigentlichkeit) ↑Lebensformen des Industriezeitalters wirkt nach bis in die Gesellschaftskritik der Kritischen Theorie (↑Theorie, kritische) und J. Habermas' Anliegen einer Rückgewinnung der ↑Lebenswelt. Auch die strukturalistische (↑Strukturalismus (philosophisch, wissenschaftstheoretisch)) Ethnologie von C. Lévi-Strauss stellt eine Verbindung von empirischer ↑Kulturanthropologie und (in der Nachfolge von J.-J. Rousseau stehender) pessimistischer (↑Pessimismus) K. dar. Noch im ↑Konstruktivismus der ↑Erlanger Schule ist der kulturphilosophische Impuls wirksam, und zwar in seinem ethischen Anspruch, die Wissenschaft wieder auf ein ›normatives Fundament‹ intersubjektiv bestätigter Werte des (im Aristotelischen Sinne) ›guten Lebens‹ (↑Leben, gutes) zu stellen. Zentral greift die konstruktive Schule dabei die ebenfalls als praktische K. verstehbare ↑Sprachkritik auf.

Die *formale* K. des Badischen Neukantianismus (W. Windelband, H. Rickert) stellt speziell die Frage nach der Wissenschaftlichkeit ›idiographischer‹ (↑idiographisch/nomothetisch) bzw. ›individualisierender‹ Wissenschaften, also nach der methodologischen (↑Methodologie) Sicherung bzw. einer ›Logik der ↑Kulturwissenschaften‹ (W. Perpeet), als deren ›Erkenntnisform‹ (Perpeet) schließlich das geisteswissenschaftliche (↑Geisteswissenschaften) ↑Verstehen identifiziert wird. Die *materiale* K. untersucht Vielfalt und Wandel des Kulturlichen und wird 1942 von E. Rothacker in die ›philosophische Kulturanthropologie‹ überführt. Beide Richtungen wollen »wissen, warum Menschenleben überhaupt kultürliches Leben ist« (Perpeet, K., 1997, 17): »Wie kommt es zur Kultur? Was macht Kultur zur Kultur?« (a. a. O., 40), und wie ist es möglich, auf der Grundlage kulturphilosophischer Einsichten eine »von religiösen Prämissen unabhängige Moral [...] zu begründen« (a. a. O., 37)? Die formale, ↑transzendentale

K. Marburger Prägung unternimmt die Begründung idiographischer Erkenntnis vor dem Hintergrund einer aufweisbaren Rationalität idiographischer, kultureller Fakta. Gegen die in der Entstehungszeit der K. noch herrschenden Strömungen des ↑Historismus, ↑Relativismus und ↑Nihilismus setzt sie auf die Gesetzmäßigkeit und damit Rationalität der Kultur. Fast hegelianisch interpretiert sie die kulturelle Entwicklung als Geschichte des Vernünftigwerdens, als Prozeß der Aufklärung der (europäisch geprägten) Kultur über die ihr innewohnende Rationalität bzw. ihr ›ideelles Ziel‹, und ist darin »kritische Erbin der Geschichtsphilosophie« (Konersmann 2003, 132). Zu den namhaften Vertretern der ›materialen‹ K. gehören (neben Rothacker) A. Gehlen, J. Ortega y Gasset, T. S. Eliot, A. J. Toynbee, J. Huizinga. Erneut populär geworden ist das Nachdenken über Kultur und kulturelle Differenzen um die Jahrtausendwende, und zwar in der Rückbeziehung geopolitischer Machtkämpfe auch auf Prozesse kultureller Identitätsbehauptung, insbes. in der Diskussion von S. P. Huntingtons »The Clash of Civilizations and the Remaking of World Order« (New York 1996, New York/London 2003 [dt. Kampf der Kulturen. Die Neugestaltung der Weltpolitik im 21. Jahrhundert, München 1996, Hamburg 2006]).

Literatur: I. Baur, Geschichte des Wortes »Kultur« und seiner Zusammensetzungen, Muttersprache 71 (1961), 220–229; C. Bermes (ed.), Die Stellung des Menschen in der Kultur. Festschrift für Ernst Wolfgang Orth zum 65. Geburtstag, Würzburg 2002; M. Bösch, Das Netz der Kultur. Der Systembegriff in der K. Ernst Cassirers, Würzburg 2004; F.-P. Burkard (ed.), K., Freiburg 2000; W. Ehrlich, K., Bad Ragaz/Tübingen 1964; H. Freyer, Theorie des objektiven Geistes. Eine Einleitung in die K., Leipzig/Berlin 1923, ³1934 (repr. Darmstadt, Stuttgart 1966, 1973) (engl. Theory of the Objective Mind. An Introduction to the Philosophy of Culture, Athens Ohio 1998); E. Grisebach, Kulturphilosophische Arbeit der Gegenwart. Eine synthetische Darstellung ihrer besonderen Denkweisen, Weida 1913; R. Konersmann (ed.), K., Leipzig 1996, ³2004; ders., K. zur Einführung, Hamburg 2003; R. Kramme (ed.), Ernst Cassirer. Nachgelassene Manuskripte und Texte V (K.. Vorlesungen und Vorträge 1929–1941), Hamburg 2004; R. Kroner, Die Selbstverwirklichung des Geistes. Prolegomena zu einer K., Tübingen 1928 (engl. Culture and Faith, Chicago Ill. 1951, 1966); H. Kuhn, Ernst Cassirer's Philosophy of Culture, in: P. A. Schilpp (ed.), The Philosophy of Ernst Cassirer, New York 1949, 1958, 545–574 (dt. Ernst Cassirers K., in: P. A. Schilpp [ed.], Ernst Cassirer, Stuttgart etc. 1966, 404–430); C. Lévi-Strauss, Tristes Tropiques, Paris 1955, 1989 (dt. Traurige Tropen, Köln 1955, Frankfurt 2008); H.-J. Lieber, Kulturkritik und Lebensphilosophie. Studien zur Deutschen Philosophie der Jahrhundertwende, Darmstadt 1974; T. Litt, Individuum und Gemeinschaft. Grundfragen der sozialen Theorie und Ethik, Leipzig/Berlin 1919, mit Untertitel: Grundlegung der K., Leipzig/Berlin ²1924, ³1926; A. O'Hear, Culture, REP II (1998), 746–750; E. W. Orth, Von der Erkenntnistheorie zur K.. Studien zu Ernst Cassirers Philosophie der symbolischen Formen, Würzburg 1996, erw. ²2004; R. M. Peplow, Ernst Cassirers K. als Frage nach dem Menschen, Würzburg 1998; ders., Das

Motiv der Krise in Cassirers K., in: J. Mittelstraß (ed.), Die Zukunft des Wissens. XVIII. Deutscher Kongreß für Philosophie, Konstanz 1999, 1239–1246; W. Perpeet, K., Arch. Begriffsgesch. 20 (1976), 42–99; ders., Kultur, K., Hist. Wb. Ph. IV (1976), 1309–1324; ders., K. um die Jahrhundertwende, in: H. Brackert/F. Wefelmeyer (eds.), Naturplan und Verfallskritik. Zu Begriff und Geschichte der Kultur, Frankfurt 1984, 364–408; ders., K.. Anfänge und Probleme, Bonn 1997; P. Prechtl, K., in: ders./F.-P. Burkard (eds.), Metzler Lexikon Philosophie, Stuttgart/Weimar ³2008, 322–324; U. Renz, Die Rationalität der Kultur. Zur K. in ihrer transzendentalen Begründung bei Cohen, Natorp und Cassirer, Hamburg 2002 (= Cassirer-Forschungen 8); H. Rickert, Kant als Philosoph der modernen Kultur. Ein geschichtsphilosophischer Versuch, Tübingen 1924; J. Schmidt-Radefeldt (ed.), Paul Valéry. Philosophie der Politik, Wissenschaft und Kultur, Tübingen 1999; H. Schnädelbach, Plädoyer für eine kritische K., in: R. Konersmann (ed.), K. [s. o.], 307–326; O. Schwemmer, K.. Eine medientheoretische Grundlegung, München 2005; H.-E. Tenorth, K. als Weltanschauungswissenschaft. Zur Theoretisierung des Denkens über Erziehung, in: R. vom Bruch/F. W. Graf/G. Hübinger (eds.), Kultur und Kulturwissenschaften um 1900, Wiesbaden 1989, 133–154; H.-U. Wehler, Die Herausforderung der Kulturgeschichte, München 1998; W. Windelband, K. und transzendentaler Idealismus, in: ders., Präludien II, Tübingen ⁵1915, 194–279. – Z. Kulturphilos. (2007 ff.).   R. W.

Kulturwissenschaften, Bezeichnung für ein ebenso reiches wie unübersichtliches Forschungsfeld, dessen Erschließung mit der Öffnung traditioneller, von den ↑Geisteswissenschaften allgemein, doch insbes. von den Philologien zu ihrer Selbstdefinition gezogener Grenzen beginnt (vgl. insbes. a. Nünning/V. Nünning [eds.], Einführung in die K. [s. u., Lit.]). Mitte des 19. Jhs. wird der Terminus ›K.‹ von dem Bibliothekar und Kulturhistoriker G. Klemm (1802–1867) eingeführt und dient hier, wie *mutatis mutandis* später auch z. B. im ↑Neukantianismus (W. Windelband, H. Rickert), dem Zweck, durch einen neuen Gegenbegriff zu jenem der ↑Naturwissenschaften die vermeintlich ›außergeistigen‹ Entstehungsbedingungen von ↑›Geist‹ nicht länger ausschließen zu müssen. In verwandter Weise wird der Ausdruck gegen eine Uniformisierungstendenz im Begriff der Geisteswissenschaften von der – insbes. für G. Simmel prägenden – ›Völkerpsychologie‹ gebraucht (H. Steinthal, M. Lazarus). A. M. Warburg und E. Cassirer entwickeln ihn zudem in ethnologischer, anthropologischer und symboltheoretischer Perspektive fort. In der Ersetzung des substantiellen Begriffs des Menschen als *animal rationale* (↑Vernunft) durch den funktionalen des Menschen als Kulturwesen qua *animal symbolicum* (↑Symbol) sieht Cassirer die gesuchte philosophische Möglichkeit, die mannigfaltige ↑Repräsentation der für das menschliche Leben relevanten Inhalte aus ihrer Reduktion auf das begriffliche ↑Wissen zu befreien.

Während etwa schon die französischen Historiker der ›Annales‹-Schule die Strukturen des alltäglichen Lebens in den Fokus der Geschichtsschreibung hineinnahmen, emanzipieren sich die angelsächsischen ›Cultural Studies‹ (am prominentesten vertreten durch R. Hoggart und S. Hall als Leiter des von 1964 bis 2002 existierenden ›Centre for Contemporary Cultural Studies‹ an der University of Birmingham) vom elitären Kulturbegriff (↑Kultur) und dem entsprechenden Kanondenken der ›Humanities‹, wie insbes. bei F. R. Leavis (1895–1978), der diese seinerseits dem neuzeitlichen Technizismus und ↑Szientismus entgegensetzte, und suchen die Entfremdung der Philologie von den historischen, sozialen, politischen und ökonomischen Möglichkeitsbedingungen der Literatur und ihrer Wissenschaft zu überwinden. Dazu gehört die Rehabilitierung ihrer außerliterarischen oder ›außergeistigen‹ Entstehungskontexte, so daß auch die ›Cultural Studies‹ – allerdings nun mit vor allem im Bezug auf den Kulturbegriff unorthodoxer marxistischer (↑Marxismus) Grundtendenz – Alltags-, Populär- und Trivialkultur einschließlich der modernen Massenmedien ins Blickfeld rücken, während etwa ›Postcolonial Studies‹ mit Eurozentrismus und Rassenunterscheidungen oder ↑›Gender Studies‹ mit den essentialisierten Geschlechterdichotomien Selektionskriterien problematisieren, die traditionell zu der Bestimmung beitrugen, wer und was ins Zentrum oder an den Rand des Geistes bzw. der Kultur gehörte.

Seit den 1970er Jahren wird der Terminus ›K.‹ mit enormer Wirkung in den deutschen Geisteswissenschaften wiedereingeführt, zwar vielfach nach dem Vorbild der ›Cultural Studies‹, aber gleichzeitig im Anschluß sowohl an die genannten älteren als auch an neuere Entwicklungen. Unter letzteren sind wiederum anthropologische und ethnologische bedeutend, insbes. die ›Interpretative Cultural Anthropology‹ von C. Geertz (1926–2006), und im allgemeinen solche geistes- und sozialwissenschaftlichen Theorieströmungen, die noch über die genannten Erweiterungsbemühungen hinaus eine grundsätzliche Entgrenzung der Begriffe von ↑Sprache und Text betreiben (↑Hermeneutik, ↑Strukturalismus (philosophisch, wissenschaftstheoretisch), ↑Semiotik, ↑Dekonstruktion (Dekonstruktivismus), ↑Postmoderne). Die ›Cultural Studies‹ interferieren ihrerseits mit Strukturalismus und Poststrukturalismus, und wie insbes. bezüglich der Semiotik, so bleibt auch hinsichtlich von ›Cultural Studies‹ und K. strittig, ob sie als interdisziplinäre (↑Interdisziplinarität) Forschungspraxis in einer Pluralität von Fächern oder als eigenständige Disziplin (im Falle der K.: als ›Kulturwissenschaft‹ im Singular) institutionalisiert werden sollten.

Insofern die Diskussion um die K., wenn sie auch für die gesamten Geisteswissenschaften relevant ist, doch vor allem in den Literaturwissenschaften geführt wird, läßt die Problematik sich zumindest umrißhaft vom provokanten Befund des jungen F. Nietzsche her verstehen, »dass die Philologie aus mehreren Wissenschaften gewissermassen geborgt [...] ist, ja dass sie ausserdem noch ein künstlerisches und auf æsthetischem und ethischem Boden imperativisches Element in sich birgt; das zu ihrem rein wissenschaftlichen Gebahren in bedenklichem Widerstreite steht. Sie ist ebenso wohl ein Stück Geschichte als ein Stück Naturwissenschaft als ein Stück Aesthetik« (Homer und die klassische Philologie. Ein Vortrag [1869], in: Werke. Krit. Gesamtausg. II/1, 249). Dies liegt daran, daß ihr Gegenstand, die Literatur, zum Außerliterarischen in einem so vieldeutigen Verhältnis steht wie der ›Geist‹ zum ›Außergeistigen‹ und wie sie selbst zum Außerphilologischen; aus demselben Grunde ist sie niemals bloß empirische Forschung, sondern überschneidet sich etwa als ↑Ontologie der Literatur wie auch in ihrer Selbstreflexivität, d. h. als ↑Wissenschaftstheorie bezüglich ihrer selbst, mit der Philosophie. Schon insofern eignet ihr ein inneres Entgrenzungspotential, das durch die Diskussion um die K. aktualisiert wird, so daß diese je nachdem – ob positiv, ob negativ gewertet – als möglicher Ersatz oder als bereichernde Erweiterung der traditionellen Philologien erscheinen. – Zugunsten einer solchen Öffnung von Literatur- zu K. wird z. B. so argumentiert, daß die traditionellen Konstitutionskriterien der ersteren hinsichtlich ihrer Gegenstände wie ihrer Methoden vielfach unsachgemäße, die Alterität ihres Anderen mißachtende Abstraktionen oder Stilisierungen gewesen seien. Solange diese nicht überwunden würden, so noch weniger – oder bestenfalls zum Schein – die vielbeklagte Partikularisierung des Wissenschaftsbetriebs und seine Spaltung in die ›zwei Kulturen‹. Gerade die Pluralität der K. bedeute einen eigentlichen, transdisziplinären (↑Transdisziplinarität) wie interdisziplinären Schritt zu echter ›universitas‹.

Mancherorts sind allerdings Befürchtungen geweckt worden, etwa daß die Literaturwissenschaften sich in eine Spielart von Essayistik aufzulösen drohten, die den multidisziplinären Empirien in material und methodisch so pluraler wie uneinheitlicher, so reicher wie unsicherer und also unverbindlicher Weise hinterherspekuliere. Wie z. B. Leavis den Anspruch der ›Humanities‹ dem neuzeitlichen Technizismus und Szientismus entgegensetzte, so hätten überhaupt die Abstraktionen oder Stilisierungen der Philologien einen ↑normativen Sinn gehabt, der einmal mehr und einmal weniger kritikwürdig, aber sicher nicht auf bloßen kulturellen Imperialismus und dergleichen reduzierbar sei. Mit einem solchen normativen Selbstverständnis und hochkulturellen Anspruch aber – dem in seinen vielgeschmähten und doch dauerhaften quasi-religiösen Institutionalisierungen der Autor gar zum ›Dichterpropheten‹ werden kann, sein Werk zur bleibend gültigen und unerschöpflichen ›Offenbarung höherer Wahrheit‹, dessen Rezipienten zur ›Lesegemeinde‹ einschließlich autoritativ urteilender, kanonisch selegierender ›Literaturpäpste‹ – werde auch das unzeitgemäße und zur neubelebenden Verfremdung des Automatisierten dienliche Potential der ›klassischen‹ (↑klassisch/das Klassische) Texte wie ihrer philologischen Pflege preisgegeben.

Solchen Einwänden wird entgegnet, daß die K. bei aller Kritik an der traditionellen Philologie diese weder abzuschaffen noch zu ersetzen trachten und daß sie – wie es vielleicht in ihrer Reflexion auf die Motive zur Erforschung des kulturellen Gedächtnisses (↑Erinnerung (kulturwissenschaftlich)) besonders deutlich wird – nicht jedes normativen Sinns ermangeln. Dieser freilich wird nicht selten eben in der Überwindung traditioneller Normativitäten und ihres Gewaltpotentials gesehen (»Angesichts gegenwärtiger Konflikte können K. vor Moral nur warnen«; U. C. Steiner [s. u., Lit.], 5). Die spezifische Stärke der K. liege also gerade in der Schwäche ihres normativen Impetus', der so wenig als moralische Unverbindlichkeit bezeichnet werden dürfe wie die Anerkennung von methodischer Pluralität als ›postmoderne Beliebigkeit‹: »Die Minimalforderung an diesen perspektivierten Pluralismus ist, daß er einerseits in einem offenen Feld von theoretischen Paradigmen die Wahl seiner Orientierungen und Methoden nach den Erfordernissen des Forschungsinteresses und der Gegenstandsbeschaffenheit trifft, und daß er andererseits die Entscheidung für ein dominantes Paradigma, die konkrete Perspektivierung seiner vielfältigen methodologischen Kontexte in Bezug auf die praktischen Forschungserfordernisse theoretisch begründet« (G. v. Graevenitz [s. u., Lit.], 102). Was auf einer solchen Grundlage beansprucht werden könne, sei reflexive Kompetenz für Symbole und für deren Medien im Bewußtsein ihrer prinzipiellen Kontingenz (↑kontingent/ Kontingenz); auf diese Weise würfen »die K. mit einem Schlag die Bürde der Apologetik ab, die so schwer auf den Schultern der Geisteswissenschaften gelegen hatte« (A. Assmann, Einführung in die Kulturwissenschaft [s. u., Lit.], 2006, 25, ²2008, 28–29).

Im Namen der in den K. oft als unterkomplex verabschiedeten Hermeneutik könnte wiederum auch dies bezweifelt und gefragt werden, ob nicht ein sachgemäßes (also ›kompetentes‹) Verhältnis zu Symbolen dort, wo man sich ihrem Anspruch nicht (mehr) verpflichtet sieht, nur in spezifisch eingeschränkter Weise möglich sei. So sehr man sich dem Anspruch der Symbole selbst verweigere, so wenig nämlich würde deren Alterität gewahrt durch jemanden, der ›unvoreingenommen‹ kompetent mit ihnen umgehen wolle. Nolens volens würden die K. dergestalt uneingestandene spezifische Diskursbegrenzungen erzwingen.

Literatur: D. Aleksandrowicz/K. Weber (eds.), K. im Blickfeld der Standortbestimmung, Legitimierung und Selbstkritik, Berlin 2007; J. Anderegg/E. A. Kunz (eds.), K.. Positionen und Perspektiven, Bielefeld 1999; H. Appelsmeyer/E. Billmann-Mahecha (eds.), K.. Felder einer prozeßorientierten wissenschaftlichen Praxis, Weilerswist 2001; A. Assmann, Die Unverzichtbarkeit der K. mit einem nachfolgenden Briefwechsel, Hildesheim 2004 [mit Appendix: Zur Rationalitätsform der Geistes- bzw. K.. Ein Briefwechsel zwischen Aleida Assmann und Jürgen Mittelstraß, 29–37]; dies., Einführung in die Kulturwissenschaft. Grundbegriffe, Themen, Fragestellungen, Berlin 2006, ²2008; D. Bachmann-Medick (ed.), Kultur als Text. Die anthropologische Wende in der Literaturwissenschaft, Frankfurt 1996, erw. Tübingen/Basel ²2004; dies., Cultural Turns. Neuorientierungen in den K., Reinbek b. Hamburg 2006, 2007; H. Böhme/P. Matussek/L. Müller, Orientierung Kulturwissenschaft. Was sie kann, was sie will, Reinbek b. Hamburg 2000, 2007; R. Bromley/ U. Göttlich/C. Winter (eds.), Cultural Studies. Grundlagentexte zur Einführung, Lüneburg 1999; R. vom Bruch/F. W. Graf/G. Hübinger (eds.), Kultur und K. um 1900, I–II, Stuttgart 1989/ 1997; E. Cassirer, Zur Logik der K.. Fünf Studien, Göteborg 1942 (repr. Darmstadt 1961, 1994) (engl. The Logic of Humanities, New Haven Conn. 1961, neu übers. unter dem Titel: The Logic of the Cultural Sciences. Five Studies, New Haven Conn./London 2000; franz. Logique des sciences de la culture. Cinq études, Paris 1991); I. Därmann/C. Jamme (eds.), K.. Konzpte, Theorien, Autoren, München/Paderborn 2007; T. Düllo u. a. (eds.), Kulturwissenschaft. Perspektiven, Erfahrungen, Beobachtungen, Bonn 1996; dies. (eds.), Kursbuch Kulturwissenschaft, Münster 2000; M. Fauser, Einführung in die Kulturwissenschaft, Darmstadt 2003, ⁴2008; A. Frings/J. Marx (eds.), Erzählen, Erklären, Verstehen. Beiträge zur Wissenschaftstheorie und Methodologie der historischen K., Berlin 2008; W. Frühwald u. a., Geisteswissenschaften heute. Eine Denkschrift, Frankfurt 1991, 1996; C. Geertz, The Interpretation of Cultures. Selected Essays, New York 1973, London 1975, 1993, New York 2000 [mit neuem Vorwort], 2006 (dt. [teilw.] Dichte Beschreibung. Beiträge zum Verstehen kultureller Systeme, Frankfurt 1983, 2007); A. Gipper/ S. Klengel (eds.), Kultur, Übersetzung, Lebenswelten. Beiträge zu aktuellen Paradigmen der K., Würzburg 2008; R. Glaser/M. Luserke (eds.), Literaturwissenschaft – Kulturwissenschaft. Positionen, Themen, Perspektiven, Opladen 1996; G. v. Graevenitz, Literaturwissenschaft und K.. Eine Erwiderung, Dt. Vierteljahrsschr. Lit.wiss. Geistesgesch. 73 (1999), 94–115; S. Hall, Cultural Studies and Its Theoretical Legacies, in: L. Grossberg/ C. Nelson/P. A. Treichler (eds.), Cultural Studies, New York/ London 1992, 277–294 (dt. [um den Diskussionsteil gekürzt] Das theoretische Vermächtnis der Cultural Studies, in: ders., Ausgewählte Schriften III [Cultural Studies. Ein politisches Theorieprojekt], ed. N. Räthzel, Hamburg 2000, 2004, 34–51); K. P. Hansen (ed.), Kulturbegriff und Methode. Der stille Paradigmenwechsel in den Geisteswissenschaften, Tübingen 1993; ders., Kultur und Kulturwissenschaft. Eine Einführung, Tübingen/Basel 1995, ²2000, ³2003; W. Haug, Literaturwissenschaft als Kulturwissenschaft?, Dt. Vierteljahrsschr. Lit.wiss. Geistesgesch. 73 (1999), 69–93; ders., Erwiderung auf die Erwiderung, ebd., 116–121; B. Henningsen/S. M. Schröder (eds.), Vom Ende der Humboldt-Kosmen. Konturen von Kulturwissenschaft, Baden-Baden 1997; P. U. Hohendahl/R. Steinlein (eds.), K./Cultural Studies. Beiträge zur Erprobung eines umstrittenen literaturwissenschaftlichen Paradigmas, Berlin 2001; F. Jaeger/B. Liebsch/J. Rüsen (eds.), Handbuch der K., I–III, Stuttgart/Weimar 2004; F. Kittler, Eine Kulturgeschichte der Kulturwissenschaft, München 2000, ²2001; H. D. Kittsteiner (ed.), Was sind K.? 13 Antworten, München 2004, 2008; G. Klemm, Allgemeine Culturwissenschaft. Die materiellen Grundlagen menschlicher

Cultur, I–II, Leipzig 1854/1855; D. Kramer, Von der Notwendigkeit der Kulturwissenschaft. Aufsätze zu Volkskunde und Kulturtheorie, Marburg 1997; M. Lazarus, Grundzüge der Völkerpsychologie und Kulturwissenschaft [1851–1883], ed. K. C. Köhnke, Hamburg 2003; E. List/E. Fiala (eds.), Grundlagen der K.. Interdisziplinäre Kulturstudien, Tübingen 2004; W. Müller-Funk, Gramsci in Disneyland. Zur amerikanischen Version von K., Merkur 52 (1998), 1075–1082; ders., Kulturtheorie. Einführung in Schlüsseltexte der K., Tübingen/Basel 2006; L. Musner, Kultur als Textur des Sozialen. Essays zum Stand der K., Wien 2004; ders./G. Wunberg/C. Lutter (eds.), Cultural Turn. Zur Geschichte der K., Wien 2001; ders./G. Wunberg (eds.), K.. Forschung – Praxis – Positionen, Wien 2002, Freiburg ²2003; A. Nünning (ed.), Grundbegriffe der Kulturtheorie und K., Stuttgart/Weimar 2005; ders./V. Nünning (eds.), Konzepte der K.. Theoretische Grundlagen – Ansätze – Perspektiven, Stuttgart/Weimar 2003, überarb. unter dem Titel: Einführung in die K.. Theoretische Grundlagen – Ansätze – Perspektiven, Stuttgart/Weimar 2008; G. Oakes, Die Grenzen kulturwissenschaftlicher Begriffsbildung. Heidelberger Max-Weber-Vorlesungen 1982, Frankfurt 1990; H. Rickert, Kulturwissenschaft und Naturwissenschaft. Ein Vortrag, Freiburg/Leipzig/Tübingen 1899, erw. ohne Untertitel: Tübingen ²1910, ⁷1926, ed. F. Vollhardt, Stuttgart 1986; F. Schößler, Literaturwissenschaft als Kulturwissenschaft. Eine Einführung, Tübingen/Basel 2006; O. Schwemmer, Theorie der rationalen Erklärung. Zu den methodischen Grundlagen der K., München 1976; ders., Handlung und Struktur. Zur Wissenschaftstheorie der K., Frankfurt 1987; ders., Wissenschaft und Kultur – Zur Logik der K., in: H. Schnädelbach/G. Keil (eds.), Philosophie der Gegenwart – Gegenwart der Philosophie, Hamburg 1993, 291–304; U. C. Steiner, »Können die K. eine neue moralische Funktion beanspruchen?« Eine Bestandsaufnahme, Dt. Vierteljahrsschr. Lit.wiss. Geistesgesch. 71 (1997), 5–38; K. Stierstorfer/L. Volkmann (eds.), Kulturwissenschaft interdisziplinär, Tübingen 2005; J. Ullmaier, Kulturwissenschaft im Zeichen der Moderne. Hermeneutische und kategoriale Probleme, Tübingen 2001; W. Voßkamp, Literaturwissenschaft und K., in: H. de Berg/M. Prangel (eds.), Interpretation 2000. Positionen und Kontroversen. Festschrift zum 65. Geburtstag von Horst Steinmetz, Heidelberg 1999, 183–199; U. Wirth (ed.), Kulturwissenschaft. Eine Auswahl grundlegender Texte, Frankfurt 2008. – Sondernummern: Anglia 114 (1996), H. 3, 307–445 (Literaturwissenschaft und/oder Kulturwissenschaft); Jb. dt. Schillerges. 41 (1997), 1–8, 42 (1998), 457–507, 43 (1999), 447–487, 44 (2000), 333–358 (Kommt der Literaturwissenschaft ihr Gegenstand abhanden?); Mitteilungen des Deutschen Germanistenverbandes 46 (1999), 479–585 (Germanistik als Kulturwissenschaft); Ästhetik und Kommunikation 25 (2004), H. 126 (Wozu K.?). T. G.

Kumārila, ca. 620–680, ind. Philosoph, orthodoxer Brahmane, nach der Überlieferung aus Bihār oder auch Südindien, gestorben in Prayāga (= Allāhābād), genannt ›Bhaṭṭa‹ (der Gelehrte), gilt neben seinem (zum Gründer einer eigenen Schule gewordenen) Schüler Prabhākara als größter Lehrer des klassischen Systems der ↑Mīmāṃsā. Sein wichtigstes Werk, das Ślokavārttika (= ergänzender Kommentar in Versen), ist zunächst im wesentlichen ein Kommentar zu einem für die Philosophie der Mīmāṃsā entscheidenden, aus erkenntnistheoretischen Überlegungen bestehenden Teil eines

älteren Kurzkommentars (vṛtti) zu den die Mīmāṃsā begründenden Sūtras (ca. 3. Jh. v. Chr.), der nur als Zitat im ausführlichen Kommentar des Śabarasvāmī (vermutlich 2. Hälfte 5. Jh. n. Chr.) zu denselben Sūtras erhalten ist, danach eine Exposition seiner eigenen Lehre in Auseinandersetzung mit den gegnerischen Schulen, insbes. den buddhistischen und den jainistischen (allerdings bildet das Ślokavārttika nur den ersten, philosophisch wichtigsten Teil eines dreiteiligen, noch aus Tantravārttika und Tupṭīkā bestehenden Kommentars zum gesamten Śabara-bhāṣya). K. erklärt die im rechten Tun (↑karma) vollzogene Erfüllung der praktisch-religiösen Pflichten (↑dharma) des ↑Veda zu dem ausschlaggebenden Mittel einer von Leid (↑duḥkha) freien Lebensführung, gegebenenfalls bis in ein künftiges Leben hinein verzögert. Zur Rechtfertigung wird die selbst sprachphilosophisch begründete Lehre von der Ewigkeit des (überlieferten) Wortes (↑śabda) – nämlich als ›natürlich‹, nicht konventionell, mit seinem Gegenstand (↑artha) als der Bedeutung verbundenes (Laut-)Schema (varṇa) – unter ausdrücklicher Zurückweisung jeder Berufung auf eine göttliche Autorität als Garant der Geltung des Veda herangezogen.

Text: Çlokavārttika. Translated from the Original Sanskrit with Extracts from the Commentaries of Sucarīta Miçra (The Kāçikā) and Pārthasārathi Miçra (The Nyāyaratnākara) [d.s. zwei spätere Kommentare dieses Textes von Autoren derselben Schule], I–VII, übers. v. G. Jha, Kalkutta 1900–1908 (Asiatic Soc. of Bengal NS 965, 986, 1017, 1055, 1091, 1157, 1183), I–VI in 1 Bd., 1907, I–VII, in 1 Bd., 1908, Nachdr. unter dem Titel: Ślokavārttika [Formerly Published as Çlokavārttika]. Translated from the Original Sanskrit with Extracts from the Commentaries of Sucarita Miśra (The Kāśikā) and Pārthasārathi Miśra (The Nyāyaratnākara), Kalkutta 1985; Tantravārttika. A Commentary on Śabara's Bhāṣya on the Pūrvamīmāṃsā Sūtras of Jaimini, I–II, übers. v. G. Jha, Kalkutta 1924 (repr. Delhi 1983, 1998); The Occult Virtue in Sacrifices, in: J. Pereira (ed.), Hindu Theology. A Reader, Garden City N. Y. 1976, mit Untertitel: Themes, Texts and Structures, Delhi 1991, 89–95; Anthology of Kumārilabhaṭṭa's Works [sanskrit], ed. P. S. Sharma, Delhi/Varansi/Patna 1980 [mit Einl. (engl.), 1–33]; A Hindu Critique of Buddhist Epistemology. K. on Perception, The »Determination of Perception« Chapter of K. Bhaṭṭa's »Ślokavārttika«, übers. v. J. Taber, London/New York 2005 [mit Einl., 1–43].

Literatur: E. Abegg, Die Lehre von der Ewigkeit des Wortes bei K., in: *ANTIΔΩPON.* Festschrift Jacob Wackernagel zur Vollendung des 70. Lebensjahres am 11. Dezember 1923, Göttingen 1923, 255–264; D. Arnold, Intrinsic Validity Reconsidered. A Sympathetic Study of the Mīmāṃsaka Inversion of Buddhist Epistemology, J. Indian Philos. 29 (2001), 589–675; G. P. Bhatt, Epistemology of the Bhaṭṭa School of Pūrva Mīmāṃsā, Varanasi 1962, unter dem Titel: The Basic Ways of Knowing. An In-Depth Study of K.'s Contribution to Indian Epistemology, Delhi etc. ²1989; J. Bronkhorst (ed.), Mīmāṃsā and Vedānta. Interaction and Continuity, Delhi 2007 (Papers of the 12th World Sanskrit Conference X/3); F. X. D'Sa, Śabdaprāmāṇyam in Śabara and K.. Towards a Study of the Mīmāṃsā Experience of Language, Leiden, Wien, Delhi 1980; F. Edgerton, Some Linguistic Notes on the Mīmāṅsā

System, Language 4 (1928), 171–177; E. Frauwallner, K.'s Bṛhaṭṭīkā, Wiener Z. f. Kunde Süd- u. Ostasiens 6 (1962), 78–90; L. Göhler, Wort und Text bei K. Bhaṭṭa. Studie zur mittelalterlichen indischen Sprachphilosophie und Hermeneutik, Frankfurt etc. 1995; W. Halbfass, Studies in K. and Śaṅkara, Reinbek b. Hamburg 1983; H. R. R. Iyenger, K. and Diṅnāga, Indian Hist. Quart. 3 (1927), 603–606; G. Jha, K. and Vedānta, J. of the Bombay Branch of the Royal Asiatic Soc. NS 6 (1930), 228–230; ders., Pūrva-Mīmāṁsā in Its Sources, Varansi 1942, ²1964; U. P. Jha, K. Bhaṭṭa on Yogic Perception, J. Indian Council of Philos. Res. 15 (1998), H. 3, 69–78; L. M. Joshi, Studies in the Buddhistic Culture of India (During the 7ᵗʰ and 8ᵗʰ Centuries A. D.), Delhi/Patna/Varanasi 1967, bes. 268–301 (Chap. IX Buddhism as Viewed by K. and Śamkara), ²1977, 2002, bes. 208–234 (Chap. IX K. and Śaṃkara on Buddhism); B. K. Matilal, The Word and the World. India's Contribution to the Study of Language, Delhi/Oxford/New York 1990, 2001, bes. 99–119 (Chap. IX–X); M. Mullick, K. against Relativism, J. Indian Council of Philos. Res. 18 (2001), H. 2, 206–210; H. R. Nicholson, Specifying the Nature of Substance in Aristotle and in Indian Philosophy, Philos. East and West 54 (2004), 533–553; C. Ram-Prasad, Knowledge and Action, I–II, J. Indian Philos. 28 (2000), 1–24, 25–41; V. Rani, The Buddhist Philosophy as Presented in Mīmāṁsa-Śloka-Vārttika, Delhi/Ahmedabad 1982; S. K. Saksena, ›Svapramantva und Svaprakasatva‹. An Inconsistency in K.'s Philosophy, The Philos. Quart. (Madras u. a.) 16 (1940/1941), 192–198; P. M. Scharf, The Denotation of Generic Terms in Ancient Indian Philosophy. Grammar, Nyāya, and Mīmāṁsā, Philadelphia Pa. 1996 (Transact. Amer. Philos. Soc. LIIIVI/3); K. L. Sharma, K. and Prabhakara's Understanding of Actions, Indian Philos. Quart. 11 (1984), 119–130; B. Shastri, Mīmāṁsā Philosophy and K. Bhaṭṭa, New Delhi 1995; D. P. Sheridan, K. Bhatta, in: I. P. McGreal, Great Thinkers of the Eastern World. The Major Thinkers and the Philosophical and Religious Classics of China, India, Japan, Korea, and the World of Islam, New York 1995, 198–201; B. S. Yadav/W. C. Allen, Between Vasubandhu and K., J. of Dharma 20 (1995), 154–177.   K. L.

Kung-sun Lung (Gongsun Longzi), Konvolut aus mehreren kurzen, knapp formulierten sprachlogischen Texten. Der Verfasser Gongsun Lomg soll etwa 310–250 v. Chr. gelebt haben; es ist jedoch nichts Sicheres über ihn bekannt. Manche Themen, die im K. behandelt werden, wurden in der klassischen Epoche mehrfach von anderen Autoren als Beispiele nutzloser, sophistischer Spitzfindigkeiten erwähnt, was aber am Kern der Sache vorbeigeht. Die Textstücke sind teilweise aus sprachlichen Gründen nicht mit letzter Sicherheit zu erklären, zeigen aber deutlich, daß man sich im antiken China gelegentlich mit Fragen befaßte, die im Westen zur Logik gerechnet werden. Bekannt ist die paradoxe These »ein weißes Pferd ist kein Pferd«, die aber in der Lesart »ein weißes Pferd ist nicht dasselbe wie ein Pferd« trivial verständlich ist.

Besonders interessant ist ein kurzer Abschnitt über Bezeichnen, Dinge und Welt. Der Text ist wegen der knappen Grammatik der antiken Formulierungen nicht mit absoluter Sicherheit zu verstehen, behandelt aber offenbar strukturelle Beziehungen zwischen dem Bezeichnen von Dingen und (vermutlich) dem Universalterminus ›Welt‹ Es ist vermutet worden, daß die zentrale Aussage des Textes lautet: »Wenn (eine Bezeichnung) alle Dinge ohne Ausnahme bezeichnet, dann ist (diese) Bezeichnung keine (normale) Bezeichnung. ›Welt‹ bezeichnet kein Ding, kann nicht ein Ding genannt werden und ist keine (normale) Bezeichnung«. Die Deutung ist nicht gesichert. Ein anderes Textstück behandelt Kriterien für Gleichheit bzw. Verschiedenheit, ein weiteres die Relationen zwischen ›hart‹ und ›weiß‹, wenn von einem harten und weißen Stein die Rede ist.

Werke und Literatur: A. Forke, The Chinese Sophists, J. of the North China Branch of the Royal Asiatic Soc. 34 (1901/1902), 1–100; A. C. Graham, K.'s Essay on Meaning and Things, J. Oriental Stud. 2 (1955), 282–301; ders., The Composition of the Gongsuen Long Tzyy, Asia Major 5 (1956), 147–183, Neudr. in: ders., Studies in Chinese Philosophy and Philosophical Literature, Albany N. Y. 1990, 126–166; ders., Two Dialogues in the K. Tsü. »White Horse« and »Left and Right«, Asia Major 11 (1964/1965), 128–152, Neudr. in: ders., Studies in Chinese Philosophy and Philosophical Literature [s. o.], 167–192; ders., The Disputation of K. as Argument about Whole and Part, Philos. East and West 36 (1986), 89–106, Neudr. in: ders., Studies in Chinese Philosophy and Philosophical Literature [s. o.], 193–215; W. Lai, White Horse Not Horse. Making Sense of a Negative Logic, Asian Philos. 5 (1995), 59–75; ders., K. on the Point of Pointing. The Moral Rhetoric of Names, Asian Philos. 7 (1997), 47–59; ders., Gongsun Long, in: A. S. Cua (ed.), Encyclopedia of Chinese Philosophy, New York/London 2003; B. Mou, A Double-Reference Account. Gongsun Long's ›White-Horse-Not-Horse‹ Thesis, J. Chinese Philos. 34 (2007), 493–513; ders., Gongsun Long, Enc. Ph. IV (²2006), 148–149; F. Rieman, K., Designated Things, and Logic, Philos. East and West 30 (1980), 305–319; H. Schleichert, Klassische chinesische Philosophie. Eine Einführung, Frankfurt 1980, (mit H. Roetz) ³2009, 290–298; K. O. Thompson, When a »White Horse« Is Not a »Horse«, Philos. East and West 45 (1995), 481–499; weitere Lit.: ↑Logik, chinesische.   H. S.

Kunst (griech. τέχνη, lat. ars, engl./franz. art), Bezeichnung zunächst für eine K.fertigkeit (↑ars) als bloßem Können, alltagssprachlich vornehmlich im Bereich körperbezogener, sich selbst genügender Geschicklichkeit (vom Radschlagen bis zum zirzensischen Auftritt), dann im Verbund mit dem Wissen um das Können als *praktisches* Wissen (›knowing how‹) für ein Sich-Auskennen in praktischen Fertigkeiten, etwa handwerklichen (mit je eigenem Werkzeuggebrauch), z. B. bei der K.fertigkeit eines Goldschmieds, aber ebenso in den praktischen Fertigkeiten der verschiedenen technischen Disziplinen (↑Technik). Vorzügliches Ausführen gilt als ›K.stück‹. In der Medizin spricht man von ärztlicher K.; Kochkunst wird inzwischen (wieder) an einigen Kunsthochschulen gelehrt. Im Rahmen theoretischen Redens geht es jenseits der an praktischen Zwecken orientierten Technik um die Bestimmung von K. *hervorbringen* und K. *erfahren* (↑Erfahrung, ästhetische).

Handeln als künstlerisches Hervorbringen führt anders als technisches Hervorbringen zum nicht-dinglichen, verlaufsorientierten *Kunstereignis*, dem Artefakt als Vorführung bzw. Aufführung, z. B. Tanz, Musik, Performance, oder als ergebnisorientiertes Mittel zur ↑Herstellung (↑Produktionstheorie) eines Artefakts als grundsätzlich keinem praktischen Zweck dienendes *Kunstwerk*. Praktisches Wissen ist Basis künstlerischer Tätigkeit. Weniger mängel- als ausstattungsgeleitet bedient sie sich im weitesten Sinne von Zeichen des ›Vonetwas-handelns‹ (›aboutness‹ [A. C. Danto]) (↑Zeichen (semiotisch)) als Mittel zu reflektiertem Kennenlernen von Gegenständen auf dem Wege zur Erschließung von Welt, also einer Weltsicht, anschaulich gemacht durch semiotisch gegliedertes Material (↑Medium (semiotisch)). Freie K. drückt sich in Gestalten praktischen Wissens selbst aus. Anders als Forschen und Darstellen in der Wissenschaft (↑Forschung) sind in der K. Erkunden und Erproben, die beiden, jeweils mit ↑Mimesis und ↑Poiesis verbundenen Aspekte künstlerischer Exploration, auf das engste miteinander verwoben. Dieses Verwobensein, ›Grundsumpf‹ (H. v. Doderer) für das Gelingen künstlerischer Darstellung, ist zugleich Ausgangspunkt für das Ausarbeiten von Bewertungskriterien für K.. K.ereignis und K.werk (auch Resultate der Technik) werden nicht in der ›Sinnenwelt‹ als zuvor bereits Gegebenes ›aufgefunden‹, sondern erst in die Sinnenwelt ›eingeführt‹ (E. Cassirer 1985, 44) und bedürfen deshalb zuerst der Bewertung. Im Zeitraum ihrer jeweils historischen Entstehung bezeichnet man K. als ›modern‹, allerdings nicht selten pejorativ verstanden. Seit der Antike erfahren K.ereignisse wie K.werke nicht nur Skepsis, sondern auch negative Bewertung bis hin zur ›K.feindschaft‹ (K. Hammermeister 2007) als Extrem.

Um die in der Tradition verankerte Auffassung von der ›Einzigkeit‹ künstlerischer Hervorbringungen und damit um ihren ontologischen Status wird in der zweiten Hälfte des 20. Jhs., initiiert von Seiten der Analytischen Philosophie (↑Philosophie, analytische), eine breite Diskussion geführt (R. Schmücker 2003). Vor diesem Hintergrund gehört das K.werk als ↑Marke entweder zur *Unikat*kunst (›singular arts‹), z. B. Handzeichnung, Gemäldebild, oder zur *Multiplikat*kunst (›multiple arts‹) (J. Kulenkampff), z. B. Radierung, Photo- oder Computerbild, ausgehend von einem Druckstock (Druckplatte), einem Negativ oder einer computergestützten Vorlage zur Herstellung einer Anzahl (Auflage) von Exemplaren. Unikatkunst zeichnet aus, daß sie jeweils nur über eine einzige Realisierung verfügt, dennoch aber ihre Zeichenfunktion bewahrt, indem sie ihre (allgemeinen) Eigenschaften (und Einrichtungen) vertritt, allerdings nicht stellvertretend, also nicht *repräsentierend* (↑Repräsentation), sondern vertretend, demnach *präsentierend* (↑Präsentation). Zur Multiplikatkunst gehört Ereigniskunst

mit mehreren Realisierungen, z. B. wenn anhand der Partitur von A. Dvořáks Symphonie »Aus der neuen Welt« (op. 95, 1893) diese an verschiedenen Orten aufgeführt wird oder wenn Kopien eines nach einem Drehbuch entstandenen Films mehrfach in die Kinos kommen. Einem Druckstock in etwa vergleichbar sichert z. B. eine Tanznotation als Typ in der Ereigniskunst deren einzelne Aufführung als Instanz (↑Notation, ↑type and token). An der ›Handschrift‹ als Individualstil (↑Stil) in Ereigniskunst und K.werk läßt sich die jeweilige Verfaßtheit eines Künstlers erkennen, was nicht zuletzt auch mit dem Problem seiner individuellen Legitimation zu tun hat. Verständlichkeit von künstlerischen Gegenständen im Bereich von Unikat- und Multiplikatkunst ist abhängig von deren jeweiliger äußerer bzw. innerer Umgebung. Für die äußere Umgebung wird der Terminus ↑›Kontext‹, für die innere ↑›Kotext‹ verwendet. Inzwischen wird ›Kontext‹ sogar mit ›K.‹ zu einem Kettenwort verbunden, um eine weitere K.richtung, die *Kontextkunst*, zu kennzeichnen (J. Meinhardt 2006). Im Falle des tradierten *denotierenden* (↑Denotation) und des heutigen *exemplifizierenden* (↑Exemplifikation) Bildes sorgt ›relationale‹, (organisch) hierarchisierend wie ponderierend verfahrende *Komposition* als Kotext für *Kontextresistenz*, in der Regel noch eigens unterstrichen durch Rahmung; im Falle des *exemplifizierenden* Bildes mit ›nicht-relationaler‹, (technisch) symmetrisch wie additiv verfahrender *Syntax* als Kotext dagegen ist dessen *Kontextoffenheit* evident (↑Bild (semiotisch)).

Mit ›Ästhetik‹ (»Aesthetica«) benennt A. G. Baumgarten seine unvollendet gebliebene Gründungsschrift (1750–1758) einer weiteren philosophischen Disziplin: »die Wissenschaft der sinnlichen Erkenntnis« (Ästhetik 2007, I, § 1). Diese versteht er als ›Grund der deutlichen‹ Erkenntnis; »soll also der ganze Verstand gebessert werden, so muß die Ästhetik der Logik zu Hilfe kommen« (anonyme Handschrift in: B. Poppe 1907, § 1). »So gefaßt wird die Ästhetik in Wahrheit zur logischen Propädeutik« (Cassirer 1961, 77). Denn diese ›relativ selbstständige Disziplin‹ mit dem Kerngebiet ›ästhetische K.‹ ist nach Baumgarten der deutlichen Erkenntnis, verstanden als wissenschaftliche Theoriebildung (↑Wissenschaft), vorgeordnet. Als Mittel der Erkenntnis bedienen sich beide des *Zeichenhandelns*. *Sinnliches* Erkennen ist nur *klar* (lat. clara, im Unterschied zu verworren, lat. confusa), *deutliche* (lat. distincta) Erkenntnis ist der Wissenschaft eigen (↑klar und deutlich). »Der Zweck der Ästhetik ist die Vollkommenheit der sinnlichen Erkenntnis als solcher. Dies aber ist die Schönheit« (Ästhetik 2007, I, § 14) (↑Schöne, das). Nicht ›sinnliche Erkenntnis als solche‹, auch nicht deren Vollkommenheit behandelt Baumgarten als erstes, sondern ›Schönheit‹. Ästhetik also auf dem Wege zur *Schönheitsästhetik*. Zur »allgemeinen Schönheit der sinnlichen Erkenntnis« (Ästhetik 2007, I, §§ 18–20) führen drei sich ergänzende Verfahren: 1. die Heuristik (↑Heuristik), um Gegenstände (d. s. ›Sachen und Gedanken‹) sowohl *aufzufinden* als auch zu *erfinden*, 2. die Methodologie, um zu einer Methode zu kommen, die es erlaubt, gewonnene Gegenstände geeignet zu ordnen, 3. die Lehre von den Zeichen (d. i. die ↑Semiotik), die die »innere Übereinstimmung der Zeichen, sowohl mit der Ordnung als auch mit den Sachen« sichert. Die *freien* K.e, zu denen ↑Rhetorik und ↑Poetik gehören, verstanden als Lehre von der Beredsamkeit bzw. von der Dichtkunst, unterscheidet Baumgarten von den *schönen* K.en Dichtung, Malerei, Bildhauerei, Musik. Den Dichter bevorzugt er. Denn dieser bedient sich, um sich auszudrücken, des ›gewöhnlichsten und besten Mittels‹, nämlich der *Wortsprache*. Der Maler dagegen stellt »seine Gedanken nur für ein Augenpaar dar« (anonyme Handschrift in: Poppe 1907, § 20). Dessen Mittel, etwa Zeichenstift und Farbe, gehören zur *Bildsprache*.

Auf der Grundlage ihrer durch Üben als ›häufigere Wiederholung gleichartiger Handlungen‹ ausgebildeten Fertigkeiten und nicht ohne Kenntnis der zugehörigen Lehre streben Künstler Schönheit als ↑Vollkommenheit sinnlichen Erkennens an. Im Zuge der individuellen Ausprägung ihrer Tätigkeit kommt es zur *Subjektkonstitution* (↑Individualität), ausgehend weniger von der schon *geschaffenen* Natur (*natura naturata*) als vielmehr von der *schaffenden* Natur (*natura naturans*) (↑Natur). Baumgarten: »Schon längst wurde beobachtet, daß der Dichter (…) ein Schaffender oder Schöpfer sei. Daher muß ein Gedicht gleichsam eine Welt sein« (Meditationen 1983, § LXVIII). Sinnliche Erkenntnis arbeitet darauf hin, die Vorstellung eines Themas, etwa in einem Gedicht, ›extensiv klarer und klarer‹ darzustellen. Sinnlich wortsprachliche Darstellung ist Voraussetzung, jedoch erst eine »vollkommene sensitive Rede ist EIN GEDICHT« (Meditationen 1983, § IX). – Den von Quintilian und Plinius d. Ä. überlieferten Entstehungsmythos der Malerei verwendet Baumgarten als deren systematische Genese. Gegenstände im natürlichen Licht werfen Schatten, deren Grenzen nachgefahren werden kann. Dem Künstler wird dieser Sachverhalt Anlaß zur Erfindung der Umrißzeichnung mit geeigneten graphischen Mitteln und schließlich der gegenstandsbezogenen Freihandzeichnung. Im Zuge der Farbgestaltung des Bildes entdeckt er in den »sich gegenseitig entfachenden Unterschieden der Farben« (Ästhetik 2007, II, § 685) Hell und Dunkel sowie deren Vermittlung als Entsprechung zum natürlichen Verhältnis von Licht und Schatten.

Das grundlegende Zusammenspiel von sinnlich *erkennenden* Umgehensweisen und sinnlich *darstellenden* Tätigkeiten (Metaphysik 1983, § 533 und Anm. 80) sieht Baumgarten für Ästhetik und Philosophie der K. als selbstverständlich an. Seine Zielvorstellung ist, beginnend mit fertigkeitsabhängigem Unterscheiden, schließlich mit Blick auf all unsere ›erlernbaren Lebenshaltungen‹ (N. Rao) im Miteinander von »Sprache des Verstandes und der Sinnlichkeit« zu einer ›doppelten Natur‹ (anonyme Handschrift in: Poppe, 1907, § 3) zu gelangen.

B. Bolzano, ›Urgroßvater‹ der Analytischen Philosophie genannt (Dummett 1988, 167), versteht seine Ästhetik, Baumgarten folgend, als Wissenschaft, in der er logische, sprachphilosophische und wissenschaftstheoretische Mittel verwendet. Zur Sprache kommt nicht nur das K.schöne, sondern auch das Naturschöne und die Kalobiotik, die bis in das tagtägliche Leben (↑Lebenswelt) hinein reichende ›Schönlebekunst‹. Zwei Arbeiten zur Ästhetik liegen vor: »Über den Begriff des Schönen«, eine ›*philosophische* Abhandlung‹, da es sich um eine ›Begriffszergliederung eines einzigen Begriffs‹, eben den des Schönen, handelt, und »Über die Einteilung der schönen Künste«, eine ›*ästhetische* Abhandlung‹, weil es um ästhetische Gegenstände und deren Ordnung geht (Bolzano 1972). – Um ›Schönheit‹ bzw. ›schön‹ begründet zu- oder absprechen (↑zusprechen/absprechen) zu können, schlägt Bolzano als Verfahren vor, an dem fraglichen Gegenstand immer feinere Unterscheidungen ›voneinander unabhängiger Einrichtungen und Beschaffenheiten‹ zu machen ›in Erwartung einer Regelhaftigkeit‹, nicht um einer einzigen Regel zu folgen, sondern um Alternativen zu erproben. Dieses *explorative* Verfahren zielt auf den ästhetischen Erfolg als ›Vergnügen‹ an der Schönheit eines Gegenstandes, das in dem liegt, »*was wir bei dieser Betrachtung selbst tun*« (1972, Begriff § 10). Praktisches Wissen, reflexiv gestimmte Aufmerksamkeit stets eingeschlossen, leitet Bolzanos Verfahren, während des Vergleichens von Einzelergebnissen einen ›Begriff zu bilden‹, der den jeweiligen Gegenstand ›erschöpfend‹ erfaßt.

Auf der Basis einer ›innigen‹ Verbindung von Ästhetik und K.lehre bestimmt Bolzano die Aufgaben der *K.lehre*: »Anwendung von den Lehrsätzen über das Schöne« und »Anweisung zu geben, wie die verschiedenartigsten K.werke in möglichst höchster Vollkommenheit hergestellt werden können« (1972, Einteilung § 1). Besonderes Talent und Kenntnis vom Begriff des Schönen zeichnen den Künstler aus, der durch ein in ›*freier und absichtlicher Tätigkeit*‹ regelgeleitetes Verfahren Werke hervorbringt, deren Schönheit darzustellen ausdrücklich beabsichtigt sein muß. Die K.lehre mündet in die systematische Klärung der Verbindungen zwischen den verschiedenen K.en, um sie in eine begründete Ordnung zu bringen. Grundlegend ist sein Vorschlag, zu unterscheiden zwischen »K.e des inneren Sinnes oder bloße *Gedankenkünste*, deren Erzeugnis bloße *Gedankeninbegriffe* sind« und »K.e des äußeren Sinnes, deren Erzeugnisse *äußere Wirklichkeit* haben« (1972, Einteilung § 40).

Zwei Grenzfälle, »eine einzige Farbe, welche sich über eine gegebene Fläche von etwas größerem Umfange ausbreitet und in allen Punkten derselben ganz gleichmäßig aufgetragen ist«, und »ein einziger Ton, der mehrere Sekunden lang in vollkommener Reinheit und gleicher oder gleichmäßig abnehmender Stärke anhält«, werden im Rahmen der ›Begriffsbestimmung‹ von ›schön‹ unter dem Rezeptionsaspekt, im Rahmen der ›Einteilung‹ der K.e nach den Regeln der K.lehre unter dem Produktionsaspekt diskutiert. Weil auch diese Gegenstände in ihrer Einfachheit dennoch genügend zu unterscheidende und von einander unabhängige Eigenschaften besitzen, kann das explorative Verfahren mit Genuß am Erfolg angewendet und der Gegenstand deshalb als schön bezeichnet werden, auch wenn die »Stufe der Schönheit, auf welcher so einfache Gegenstände stehen, nur eine *niedrige* sei« (1972, Begriff § 19). Weder eine einzige Farbe noch ein einziger Ton bieten jedoch in einer Darstellung als K.werk für das Auge bzw. für das Ohr genügend Mannigfaltiges im Sinne von Vielfalt einer künstlerischen Darstellung. Deshalb kann ein solches Werk nicht als ›echtes K.werk‹ bezeichnet werden. Selbst die »Vorführung mehrerer, in bestimmten Zeitintervallen einander ablösenden Farben, welche unseren Gesichtskreis jedesmal ganz erfüllend, ein bloßes Farbenspiel ohne Gestalten darbieten sollen«, können »allenfalls ein chromatisches Kunstwerk genannt werden« (1972, Einteilung § 29).

Gegen eine Fortsetzung der Tradition der Schönheitsästhetik opponiert K. Fiedler (1841–1895) mit der Begründung, daß K. nicht von ihren Hervorbringungen her, sondern direkt unter Bezug auf ihre Wirkungen aufgefaßt wurde. Denn von diesen Wirkungen sei, ohne sich um die künstlerische Tätigkeit und deren Ergebnisse zu kümmern, unmittelbar auf die jeweilige Art ihrer Entstehung geschlossen worden, statt zu allererst die künstlerische Produktion selbst in den Blick zu nehmen. Um diese Auffassung von Grund auf zu korrigieren, arbeitet Fiedler seine K.philosophie der ›Sichtbarkeitsgestaltung‹ als künstlerische Tätigkeit aus, basierend auf Können als einem praktischen Wissen, begleitet von Geschicklichkeit. Er fordert einen Künstler, dem das »Sichbewußtwerden« (1991, II, 66) seiner Tätigkeit selbstverständlich wird, mit dem Ziel, einen aus den übrigen Sinnen herausgehobenen eigenständigen Gebrauch des ›untersuchenden Auges‹, aufs engste verschränkt mit der ›sezierenden Hand‹, stetig zu verbessern. In seiner Beschäftigung mit I. Kant geht er weniger von der KU als von dessen ↑Erkenntniskritik aus, die er für die sinnliche Ebene geeignet ›monistisch‹ (↑Monismus) umzuinterpretieren sucht. Die exponierte Sinnentätigkeit des reflexiv-visuellen ›Auseinanderhaltens‹ möchte Fiedler dem begrifflichen Unterscheiden nicht nur gleichberechtigt an die Seite stellen, sondern die

Kantische Verbindung von ↑Anschauung und ↑Begriff auflösen. Auf diese Weise erworbenes Wissen ist für Fiedler kein Ergebnis der ›Nachbildung‹; es bewährt sich im visuell tätigen Hervorbringen, das nur dem Künstler eigen ist: »Man muß bedenken (...), daß man (...) durch den Gesichtssinn eine Art Wirklichkeitsmaterial erhält, welches man zum Gegenstand einer selbständigen, von den anderen Sinnesqualitäten (...) unabhängigen Darstellung machen kann« (1991, I, 161). *Wirklichkeitsmaterial* als semiotisch zu gliederndes Material auf dem Wege zum Medium zu explorieren, ist die dem Künstler gestellte Aufgabe, jedes visuell geeignete Mittel und eben nicht lediglich die tradierten Mittel wie Farbe und Zeichnung erschließend einzusetzen. Aufgrund des Vorrangs reflexiv-visueller Sinnlichkeit, die den ›eigenmächtigen‹ Gebrauch der Augen ausmacht, wird künstlerische Tätigkeit aus der Alltagswelt herausgenommen. ›Auge-Handgenialität‹ durch kontinuierliche Auge-Handverschränkung zu erreichen, bedarf der kanonisierten Materialbewertung nicht mehr. Nicht zuletzt in Auseinandersetzung mit der jeweiligen materialeigenen Gliederung rückt künstlerische *Gegenstandskonstitution* mehr und mehr in den Vordergrund.

Im Zuge der K.wende um 1900, weg vom historischen Erfassen, hin zu systematischen Untersuchungen künstlerischer Hervorbringungen mit ihren noch nicht da gewesenen Umwälzungen (z. B. W. Kandinsky, P. Klee), beginnt die Wirkungsgeschichte der Fiedlerschen K.philosophie in Theorie und Praxis, verbunden mit der künstlerischen Befreiung von der denotierenden K. und damit von der Nachahmungsdoktrin. Entscheidend wirkt die Thematisierung von künstlerisch eigens erforschten Mitteln mit den zugehörigen Verfahren. Die Praxis sensuellen Auseinanderhaltens wird eingeübt; deren Ergebnisse werden unter Gesichtspunkten des Gestaltens ausgewählt und sortiert. Während in der tradierten Verschwisterung von Denotation und Exemplifikation (Gerhardus, Das Bild 1997) die Denotation die Bildkunst dominiert, tritt mit der Rezeption der Fiedlerischen K.philosophie Exemplifikation in den Vordergrund, ohne schließlich überhaupt noch der Denotation zu bedürfen. Statt Materialüberwindung leitet jetzt Materialgerechtheit den Prozeß der künstlerischen Produktivität: »Die Sprache der Materialien« (Raff 1994) erschließt »Das Material der Kunst« (Wagner 2001); »Quellentexte« der »Materialästhetik« (Rübel u. a. 2005) von J. W. v. Goethe bis J.-F. Lyotard werden gesammelt. Mit Blick auf exemplifizierende künstlerische Hervorbringungen ist bis in die jüngste Gegenwart hinein wahlweise von ›gegenstandsfreier‹, ›abstrakter‹, ›konkreter‹, ›absoluter K.‹ die Rede. Der Buchtitel »Der Aufstand der Abstrakt-Konkreten« (Farner 1970) spiegelt die Unsicherheit der Sprachverwendung in K.wissenschaft wie K.kritik. Zur Klärung der Begriffsverwirrung geht der Künstler T. v. Doesburg schon in den 1920er wie N. Goodman in den späten 1960er Jahren von ›zwei semantischen Elementareinheiten‹ (Elgin) aus: v. Doesburg schlägt die Ausdrücke ›abstrakt‹ als künstlerisch gestaltend ›etwas abbildend weglassen‹ und ›konkret‹ als künstlerisch gestaltend ›etwas herstellen‹ vor (1998); Goodman (1995) führt für die gleichen Sachverhalte die Termini ›Denotation‹ und ›Exemplifikation‹ ein. Ebenfalls zu Beginn der ›K.periode‹ der Moderne im 20. Jh. trifft man auf das Wissenschaftsprojekt ›Ästhetik und allgemeine K.wissenschaft‹. Dabei geht es darum, eine systematisch zu betreibende K.wissenschaft von der traditionellen Ästhetik zu trennen oder Ästhetik allenfalls ergänzend mitzuführen (Utitz 1972; Henckmann 1985; Schmücker 2001).

Literatur: T. Adajian, The Definition of Art, SEP 2007; A. Barnes, Definition of Art, in: M. Kelly (ed.), Encyclopedia of Aesthetics I, Oxford/New York 1998, 511–513; A. G. Baumgarten, Texte zur Grundlegung der Ästhetik [lat./dt.], ed. H. R. Schweizer, Hamburg 1983; ders., Aesthetica [lat.], I–II, Frankfurt/Oder) 1750/1758, unter dem Titel: Ästhetik [lat./dt.], I–II, ed. D. Mirbach, Hamburg 2007; ders., Texte zur Grundlegung der Ästhetik [lat./dt.], ed. H. R. Schweizer, Hamburg 1983, 1–65 (Metaphysica/Metaphysik [Ausschnitte]); G. W. Bertram, K.. Eine philosophische Einführung, Stuttgart 2005, 2007; R. Bluhm/R. Schmücker (eds.), K. und K.begriff. Der Streit um die Grundlagen der Ästhetik, Paderborn 2000; G. Boehm, Bildsinn und Sinnesorgane, in: R. Bubner/K. Cramer/R. Wiehl (eds.), Anschauung als ästhetische Kategorie, Neue H. Philos. 18/19 (1980), 118–132; ders., »Sehen lernen ist Alles«. Conrad Fiedler und Hans von Marées, in: C. Lenz (ed.), Hans von Marées, München 1987, 145–150; B. Bolzano, Untersuchungen zur Grundlegung der Ästhetik, ed. D. Gerhardus, Frankfurt 1972 (Über den Begriff des Schönen. Eine philosophische Abhandlung [1843], 1–118; Über die Einteilung der schönen K.e. Eine ästhetische Abhandlung [1849], 119–173); M. Budd, Art, Value of, REP I (1998), 476–480; N. Carroll, Philosophy of Art. A Contemporary Introduction, London/New York 1999, 2008; ders. (ed.), Theories of Art Today, Madison Wis./London 2000; E. Cassirer, Freiheit und Form. Studien zur deutschen Geistesgeschichte, Berlin 1916, Darmstadt ³1961, ⁶1994; ders., Symbol, Technik, Sprache. Aufsätze aus den Jahren 1927–1933, ed. E. W. Orth/J. M. Krois, Hamburg 1985, 1995; J.-L. Chalumeau, Les théories de l'art. Philosophie, critique et histoire de l'art de Plato à nos jours, Paris 1994, ⁴2007; G. Currie, Art Works, Ontology of, REP I (1998), 480–485; A. Danto, Pictorial Repräsention and Works of Art, in: C. F. Nodine/D. F. Fisher (eds.), Perception and Pictorial Representation, New York 1979, 4–16 (dt. Abbildung und Beschreibung, in: G. Boehm [ed.], Was ist ein Bild, München 1994, ⁴2006, 125–147); ders., The Transfiguration of the Commonplace. A Philosophy of Art, Cambridge Mass. 1981, 1983 (dt. Die Verklärung des Gewöhnlichen. Eine Philosophie der K., Frankfurt 1984, 2008; franz. La transfiguration du banal. Une philosophie de l'art, Paris 1989, 2000); ders., The Philosophical Disenfranchisement of Art, New York 1986, 2005 (dt. Die philosophische Entmündigung der K., München 1993; franz. L'assujettissement philosophique de l'art, Paris 1993); ders., After the End of Art. Contemporary Art and the Pale of History, Princeton N. J./Chichester 1997 (dt. Das Fortleben der K., München 2000; franz. L'art contemporain et la cloture de l'histoire, Paris 2000); D. Davies, Art as Performance, Oxford/Malden Mass./Carlton (Victoria) 2004; S. Davies, Definitions of Art, Ithaca N. Y./London 1991, 1994 (mit Bibliographie, 223–237); ders., Art, Definition of, REP I (1998), 464–468; ders., The Philosophy of Art, Oxford/Malden Mass. 2006; ders., Philosophical Perspectives on Art, Oxford/New York 2007 (mit Bibliographie, 257–272); T. v. Doesburg, »Die Grundlage der konkreten Malerei« und »Kommentare zur Grundlage der konkreten Malerei«, in: C. Harrison/P. Wood (eds.), K.theorie im 20. Jahrhundert. Künstlerschriften, K.kritik, K.philosophie, Manifeste, Statements, Interviews, I–II, Ostfildern-Ruit 1998, I, 441–443; M. A. E. Dummett, Ursprünge der analytischen Philosophie, Frankfurt 1988, 2004; R. T. Eldridge, An Introduction to the Philosophy of Art, Cambridge/New York 2003, 2005; K. Farner, Der Aufstand der Abstrakt-Konkreten. Zur K.geschichte der spätbürgerlichen Zeit, München 1960, unter dem Titel: Der Aufstand der Abstrakt-Konkreten oder Die »Heilung durch den Geist«. Zur Ideologie der spätbürgerlichen Zeit, Neuwied/Berlin 1970; K. Fiedler, Schriften über K., I–II, ed. H. Konnerth, München 1913/1914, unter dem Titel: Schriften zur K.. Nachdruck der Ausgabe München 1913/1914. Mit weiteren Texten aus Zeitschriften und dem Nachlaß [...], ed. G. Boehm, München 1971, ²1991; M. Gatzemeier, Einleitung zu: Bernard Bolzano, Über den Begriff des Schönen, in: B. Bolzano – Gesamtausg. 1/18, Stuttgart-Bad Cannstadt 1989, 89–94; ders., Bernard Bolzano, in: J. Nida Rümelin/M. Betzler (eds.), Ästhetik und K.philosophie [s. u.], 133–139; D. Gerhardus, Farbe als Bilderfindung, in: ders./S. M. Kledzik (eds.), Vom Finden und Erfinden in K. – Philosophie – Wissenschaft. K(l)eine Denkpause für Kuno Lorenz zum 50. Geburtstag, Saarbücken 1985, 69–86; ders., Sprachphilosophie in der Ästhetik, in: M. Dascal u.a. (eds.), Sprachphilosophie/Philosophy of Language/La philosophie de langage. Ein internationales Handbuch zeitgenössischer Forschung II, Berlin/New York 1996 (Handbücher zur Sprach- und Kommunikationswissenschaft VII/2), 1519–1528; ders., Sprachphilosophie in den nichtwortsprachlichen K.en, in: M. Dascal u.a. (eds.), Sprachphilosophie/Philosophy of Language/La philosophie du langage [s. o.] II, 1567–1585; ders., Sichtbarmachen durch Konstruktion. Bemerkungen zum künstlerischen Konstruktivismus, in: M. Astroh/D. Gerhardus/G. Heinzmann (eds.), Dialogisches Handeln. Eine Festschrift für K. Lorenz, Heidelberg/Berlin/Oxford 1997, 193–197; ders., Das Bild: ein Mischsymbol. Überlegungen mit Blick auf Goodmans Bildtheorie, Philosophia Scientiae 2 (1997), 119–130; N. Goodman, Languages of Art. An Approach to a Theory of Symbols, Indianapolis Ind. 1968, London New York 1969, Indianapolis Ind. 1997 (dt. Sprachen der K.. Ein Ansatz zu einer Symboltheorie, Frankfurt 1973, mit Untertitel: Entwurf einer Symboltheorie, Frankfurt 1995, 2007; franz. Langages de l'art. Une approche de la theorie des symboles, Nimes 1990, 1998); ders./Ways of Worldmaking, Indianapolis Ind., Hassocks 1978, Indianapolis Ind. 1995 (dt. Weisen der Welterzeugung, Frankfurt 1984, 2005; franz. Manières de faire des mondes, Nimes 1992, Paris 2006); A. Halder, K., Hb. Ph. Grundbegriffe II (1973), 832–844; K. Hammermeister, Kleine Systematik der K.feindschaft. Zur Geschichte und Theorie der Ästhetik, Darmstadt 2007; A. Haus/F. Hofmann/Ä. Söll (eds.), Material im Prozeß. Strategien ästhetischer Produktivität, Berlin 2000; M. Hauskeller, Was ist K.? Positionen der Ästhetik von Platon bis Danto, München 1998, ⁹2008; W. Henckmann, Probleme der allgemeinen K.wissenschaft, in: L. Dittmann (ed.), Kategorien und Methoden der deutschen K.geschichte 1900–1930, Stuttgart 1985, 273–334; D. Henrich/W. Iser, Theorien der K., Frankfurt 1982, ⁴2005; C. Jäger/G. Meggle (eds.), K. und Erkenntnis, Paderborn 2005; F. Kambartel, Zur Philosophie der K.. Thesen über zu einfach gedachte begriffliche Verhältnisse, in: F. Koppe (ed.), Perspektiven der K.philosophie. Texte und Diskussionen, Frankfurt 1991, 1993, 15–26; M. Kieran (ed.), Contemporary Debates in Aesthetics and the Philosophy of Art, Oxford/Malden Mass. 2006; F. Koppe (ed.), Perspektiven der K.philosophie. Texte und Diskussionen, Frankfurt 1991, 1993; A. Kulenkampff, Bemerkungen zur K.philosophie Conrad Fiedlers, in: C. Fiedler, Hans von Marées. Seinem Andenken gewidmet, Frankfurt 1969, 81–87; J. Kulenkampff, Gibt es ein ontologisches Problem des K.werks?, in: R. Schmücker (ed.), Identität und Existenz. Studien zur Ontologie der K., Paderborn 2003, 121–140; U. Kultermann, Kleine Geschichte der K.theorie. Von der Vorgeschichte bis zur Gegenwart, Darmstadt 1987, ²1998; K. Lorenz, Das zweideutige Subjekt. Eine semiotische Analyse, in: D. Gerhardus/S. M. Kledzik (eds.), Schöpferisches Handeln, Frankfurt etc. 1991, 45–58; ders., Perceptual and Conceptual Knowledge. The Arts and the Sciences, Philosophia Scientiae 2 (1997), 147–160; K. Lüdeking, Analytische Philosophie der K.. Eine Einführung, Frankfurt 1988, München 1998; C. Lyas, Art, Understanding of, REP I (1998), 472–476; S. Majetschak, Die Überwindung der Schönheit. Konrad Fiedlers K.philosophie, Allg. Z. Philos. 18 (1993), 55–69; ders. (ed.), Auge und Hand, Konrad Fiedlers K.theorie im Kontext, München 1997; ders. (ed.), Klassiker der K.philosophie. Von Platon bis Lyotard, München 2005; J. Margolis, Art and Philosophy, Brighton, Atlantic Highlands N. J. 1980; ders., The Nature of Art's Nature, in: D. O. Dahlstrom (ed.), Philosophy and Art, Washington D. C. 1991, 73–97; ders., What, after all, Is a Work of Art? Lectures in the Philosophy of Art, University Park Pa. 1999; J. Meinhardt, Kontext, in: H. Butin (ed.), Begriffslexikon zur zeitgenössischen K., Köln 2002, ²2006, 141–144; J. Morizot/R. Poivet, Dictionnaire d'esthétique et de philosophie de l'art, Paris 2007; J. Nida-Rümelin/M. Betzler (eds.), Ästhetik und K.philosophie. Von der Antike bis zur Gegenwart in Einzeldarstellungen, Stuttgart 1998; H. Paetzold, Ästhetik des deutschen Idealismus. Zur Idee ästhetischer Rationalität bei Baumgarten, Kant, Schelling, Hegel und Schopenhauer, Wiesbaden 1983; B. Poppe, A. G. Baumgarten. Seine Bedeutung und Stellung in der Leibniz-Wolffischen Philosophie und seine Beziehungen zu Kant. Nebst Veröffentlichung einer bisher unbekannten Handschrift der Ästhetik Baumgartens, Borna-Leipzig 1907; T. Raff, Die Sprache der Materialien. Anleitung zu einer Ikonologie der Werkstoffe, München 1994, Münster etc. ²2008; B. N. Rao, Culture as Learnables. An Outline for a Research on the Inherited Traditions, Saarbrücken 1999; A. Riegl, Historische Grammatik der bildenden Künste, aus dem Nachlaß ed. K. M. Swoboda/O. Pächt, Graz 1966 (franz. Grammaire historique des arts plastiques. Volonté artistique et vision du monde, Paris 1978, 2003; engl. Historical Grammar of Visual Arts, New York 2004); D. Rübel/M. Wagner/V. Wolff (eds.), Materialästhetik. Quellentexte zu K., Design und Architektur, Berlin 2005; J.-M. Schaeffer, L'art de l'âge moderne. L'esthétique et la philosophie de l'art du XVIIIᵉ siècle à nos jours, Paris 1992, 1993 (engl. Art of the Modern Age. Philosophy of Art from Kant to Heidegger, Princeton N. J. 2000); H.-M. Schmidt, Sinnlichkeit und Verstand. Zur philosophischen und poetologischen Begründung von Erfahrung und Urteil in der deutschen Aufklärung (Leibniz, Wolff, Gottsched, Bodmer und Breitinger, Baumgarten), München 1982; R. Schmücker, Ästhetik und allgemeine K.wissenschaft. Zur Aktualität eines historischen Projekts, in: A. Bolterauer/E. Wiltschnigg (eds.), K.grenzen. Funktionsräume der Ästhetik in Moderne und Postmoderne, Wien 2001 (Studien zur Moderne XVI), 53–67; ders. (ed.), Identität

und Existenz. Studien zur Ontologie der K., Paderborn 2003, ³2009; R. Stecker, Artworks. Definition, Meaning, Value, University Park Pa. 1997; ders., Aesthetics and the Philosophy of Art. An Introduction, Lanham Md. 2005; H. Tegtmeyer, K., Berlin/New York 2008; W. Ullrich, K./K.e/System der K.e, in: K. Barck u. a. (eds.), Ästhetische Grundbegriffe. Historisches Wörterbuch in sieben Bänden III, Stuttgart/Weimar 2001, 556–615; E. Utitz, Bernard Bolzanos Ästhetik, Deutsche Arbeit 8 (1908), 89–94; ders., Grundlegung der allgemeinen K.wissenschaft, I–II, Stuttgart 1914/1920, in einem Bd., ed. W. Henckmann, München 1972; ders., Über Grundbegriffe der Kunstwissenschaft, Kant-Stud. 34 (1929), 6–69; ders., Geschichte der Ästhetik, Berlin 1932; T. Verweyen, Emanzipation der Sinnlichkeit im Rokoko? Zur ästhetik-theoretischen Grundlegung und funktionsgeschichtlichen Rechtfertigung der Deutschen Anakreontik, Germanisch-Romanische Monatsschr. NF 25 (1975), 276–306; A. Vesper, Betrachten und Unterscheiden. Bolzano über die Begrifflichkeit der ästhetischen Wahrnehmung, in: ders./A. Bauereisen/S. Pabst (eds.), K. und Wissen. Beziehungen zwischen Ästhetik und Erkenntnistheorie im 18. und 19. Jahrhundert, Würzburg 2009, 103–118; M. Wagner, Das Material der K.. Ein andere Geschichte der Moderne, München 2001, 2002; L. Wiesing, Die Sichtbarkeit des Bildes. Geschichte und Perspektiven der formalen Ästhetik, Reinbek b. Hamburg 1997, Frankfurt/New York 2008; H. Wille, Die Erfindung der Zeichenkunst, in: E. Guldan (ed.), Beiträge zur Kunstgeschichte. Eine Festgabe für Heinz Rudolf Rosemann zum 9. Oktober 1960, München 1960, 279–300; weitere Literatur: ↑ars, ↑ästhetisch/Ästhetik.   D. G.

Kunstsprache, im Unterschied zu den natürlichen Sprachen (↑Sprache, natürliche) solche Sprachen oder Teile von Sprachen, die für bestimmte, in der Regel rein theoretische Zwecke eigens konstruiert und meist als formale Sprachen (↑Sprache, formale), zumindest jedoch in symbolisierter Form, vorgelegt werden, z. B. ↑Programmiersprachen, ↑Logikkalküle. Die zwar ebenfalls konstruierten, aber dabei praktischer Kommunikation dienenden Welthilfssprachen, z. B. Esperanto, gehören nicht zu den K.n.   K. L.

Kuratowski, Kazimierz, *Warschau 2. Febr. 1896, †Warschau 18. Juni 1980, poln. Mathematiker und Logiker. 1913–1918 Studium der Mathematik in Glasgow und Warschau, 1921 Promotion in Warschau, 1921 Dozent ebendort. 1927 a. o. Prof. der Mathematik an der Technischen Hochschule Lwów (Lemberg), ab 1934 o. Prof. der Mathematik an der Universität Warschau. 1941–1945 Vorlesungen an der Warschauer Untergrunduniversität. Gastaufenthalte an zahlreichen ausländischen Universitäten. 1950 Direktor des Mathematischen Instituts der Polnischen Akademie der Wissenschaften, 1957 Vizepräsident der Akademie. K. war zwischen beiden Weltkriegen maßgeblich an der Entwicklung der polnischen Mathematikerschule (↑Warschauer Schule) und am Aufbau der polnischen Universität in Warschau sowie nach dem Zweiten Weltkrieg am Wiederaufbau der polnischen Wissenschaft beteiligt, unter anderem als langjähriger Herausgeber der »Fundamenta Mathematicae« und des »Bulletin de l'académie polonaise des sciences«.

Hauptarbeitsgebiete K.s waren ↑Mengenlehre, mengentheoretische ↑Topologie, ↑Funktionentheorie und mathematische Logik (↑Logik, mathematische). K. gilt als Begründer einer axiomatisch aufgebauten Topologie, die auf den formalen Eigenschaften der ›abgeschlossenen Hülle‹ von ↑Mengen fußt. Wichtige Arbeiten K.s behandeln die Theorie der Kontinua, die mengentheoretischen Äquivalente transfiniter Induktionsprinzipien (↑Zornsches Lemma), die Theorie der analytischen und projektiven Mengen und die deskriptive Mengenlehre. Zusammen mit A. Tarski wies K. auf den Zusammenhang zwischen mengentheoretischen Projektionsoperationen und logischen Quantifikationen hin, der für die rekursionstheoretischen Hierarchien der mathematischen Logik bedeutsam ist. Für die Logik ist auch K.s Definition eines geordneten Paares (a, b) durch die Menge $\{\{a, b\}, \{a\}\}$ relevant, die es z.B. ↑Typentheorien gestattet, mit einer linearen Ordnung von Typen auszukommen.

Werke: Topologie, I–II, Warschau 1933/1950, I ⁴1958, II ³1961 (engl. [erw.] Topology, I–II, New York/London, Warschau 1966/1968); Wykłady rachunku różniczkowego i całkowego, Warschau 1948, 1949, unter dem Titel: Rachunek różniczkowy i całkowy. Funkcje jednej zmiennej, ²1964, ³1967 (engl. Introduction to Calculus, Oxford, Warschau 1961, ²1969); (mit A. Mostowski) Teoria mnogości, Warschau 1952, ²1966 (engl. Set Theory, Warschau, Amsterdam 1968, mit Untertitel: With an Introduction to Descriptive Set Theory, Amsterdam/New York/Oxford, Warschau ²1976); W stęp do teorii mnogości i topologii, Warschau 1955, ⁵1972 (engl. Introduction to Set Theory and Topology, Oxford, Warschau 1961, ²1972); Pół wieku matematyki polskiej 1920–1970. Wspomnienia i relleksje, Warschau 1973 (engl. A Half Century of Polish Mathematics. Remembrances and Reflections, Oxford, Warschau 1980); Notatki do autobiografii [Notizen zu einer Autobiographie], Warschau 1981. – Bibliographie: Spis prac K. K.ego ogłoszonych w latach 1918–1958, Roczniki Polskiego Towarzystwa Mat. Ser. II: Wiadomości Mat. 3 (1959/1960), 245–250.

Literatur: K. Borsuk, O osiągnięciach prof. dra K.a K.ego w dziedzinie topologii, Roczniki Polskiego Towarzystwa Mat. Ser. II: Wiadomości Mat. 3 (1959/1960), 231–237; V. Jarník, Akademik K. K. čestným doktorem Karlovy University, Pokroky mat., fys. a astr. 4 (1959), 228–232 (poln. Wygłoszony na uroczystości nadania prof. K. K.emu doktoratu honoris causa Uniwersytetu im. Karola w Pradze, Roczniki [...] 3 [1959/1960], 225–230); E. Marczewski, Prace K.a K.ego z teorii mnogości i teorii miary, Roczniki [...] 3 (1959/1960), 239–244; I. N. Sneddon, K. K. Hon. F. R. S. E., Yearbook of the Royal Society of Edinburgh Session 1980–81 (1982), 40–47.   P. S.

Kürzungsregel, ↑Verschmelzungsregeln.

Kybernetik (von griech. *κυβερνητική* [*τέχνη*], Steuermannskunst), Wissenschaft von den kybernetischen Systemen, in der von der besonderen Beschaffenheit der

untersuchten Systeme abstrahiert und die Gesetzmäßigkeiten ihrer Zustandsänderungen und Prozeßabläufe unter Aspekten der Regelungstechnik, ↑Informationstheorie, ↑Algorithmentheorie, ↑Automatentheorie und ↑Spieltheorie untersucht werden. Historisch geht die K. auf N. Wiener (1948) zurück, der, von Untersuchungen zur harmonischen Analyse ausgehend, mit C. A. Shannon statistische Gesetzmäßigkeiten der Informationstheorie gefunden und den informationstheoretischen Feedbackbegriff sowohl auf Steuerungsprobleme technischer Anlagen als auch auf neurophysiologische Regelungsprobleme lebender Organismen angewendet hatte. Als Theorie informationsverarbeitender Systeme ist die K. eng mit der Computer Science bzw. ↑Informatik verbunden. Systemtheoretisch sind kybernetische Systeme mit rückgekoppelten Feedbackschleifen ein Teilgebiet der allgemeinen Theorie nicht-linearer komplexer Systeme.

Die Suche nach Analogien zwischen Maschinen und lebenden Organismen beginnt mit der Geschichte des Automatenkonzepts; in der Antike z.B. bei Heron von Alexandreia (automatische Puppen und Spielwerke), im 17. und 18. Jh. z.B. bei P. Gautier und J. de Vaucanson (automatische Simulation tierischer und menschlicher Fähigkeiten), R. Descartes und G. W. Leibniz, der die ↑›scala naturae‹ als eine Automatenaggregation wachsender Kompliziertheit auffaßt. Leibnizens 4-Spezies-Rechenmaschine wird zum Prototyp der neuzeitlichen Handrechenmaschine (↑Maschinentheorie); seine Forderung nach einem universalen, mechanisch simulierbaren Entscheidungs- und Auffindungsverfahren für die Wahrheiten einer Theorie begründet die Algorithmentheorie. Die Technik programmgesteuerter Rechenmaschinen wird im 18. Jh. durch Spielautomaten und automatische Webstühle vorbereitet, die von Walzen oder hölzernen Lochkarten gesteuert werden. Die ›Analytical Engine‹ von C. Babbage (1834) besitzt sequentielle Programmsteuerung und ein mechanisches Rechenwerk zur Tabellenberechnung; H. Hollerith entwickelt Tabulierungs- und Zählmaschinen auf elektromechanischer Grundlage (1890), L. Torres y Quevedo (1911) den ersten Schachautomaten (für den Endkampf Turm-König gegen König) und eine elektromechanische Version von Leibnizens 4-Spezies-Rechenmaschine (1920).

Eine maschinelle Simulation intellektueller Fähigkeiten wie Rechnen und logisches Schließen erfolgt bei K. Zuse, der die ersten *programmgesteuerten Rechenmaschinen* auf elektromechanischer und elektronischer Grundlage (1938, 1941) entwickelt, und A. M. Turing (↑Turing-Maschine, ↑Algorithmentheorie). J. v. Neumann verallgemeinert Turings Maschinenkonzept zum Automatenbegriff. Er stellt sich einen ↑Automaten als eine Maschine vor, die über Eingangskanäle Informationen, d.h.

Impulse, aufnimmt und diese gemäß ihres ›Programms‹, d. h. des augenblicklichen Zustandes, insofern verarbeitet, als sie in einen (neuen) Zustand übergeht und gleichzeitig über höchstens einen ihrer Ausgangskanäle einen Impuls nach außen abgibt. Dieses Automatenkonzept weist deutliche Analogien mit der Informationsverarbeitung sowohl in Elektronenrechnern als auch in neurologischen Systemen auf. Seine Anwendbarkeit in technischen, ökonomischen oder neurologischen Modellen rührt daher, daß ein Automat prinzipiell nicht eine deterministische (↑Determinismus) Maschine mit eindeutiger Zuordnung von Eingangs- und Ausgangssignalen (wie z.B. bei der Turing-Maschine) sein muß, sondern auch ein indeterministisches (↑Indeterminismus) System (in dem eine Eingangsinformation bei der Verarbeitung ›versickern‹ kann) oder ein stochastisches System (mit Wahrscheinlichkeitswerten für Zustände und Outputs) sein kann. Die Rückkopplung (feedback) eines Ausgangs- mit einem Eingangskanal läßt sich mathematisch präzisieren. – Zwei Automaten heißen ›isomorph‹ (↑isomorph/Isomorphie), wenn sie sich nur bis auf eine bijektive Abbildung der Mengen ihrer Zustände, Ausgänge und Eingänge unterscheiden. Eine *Simulation* des einen durch den anderen Automaten liegt bereits dann vor, wenn es sich um eine injektive Abbildung handelt.

Als ›*Kybernetische Maschinen*‹ werden häufig ›lernende Automaten‹ bezeichnet, die nach Art ihrer Konstruktion in verschiedenem Grad in der Lage sind, das Gesamtsystem durch Rückkopplungen an seine Umgebung anzupassen und so das Verhalten lebender Organismen zu simulieren. Während *programmgesteuerte* Automaten Informationen nur nach einem vorgegebenen Programm ohne Rückmeldungen aus der Umwelt verarbeiten (Abb. 1), ist der *probierende* Automat ein Lernsystem nach der Methode ↑›trial and error‹, das mit Hilfe eines Testwertgenerators nacheinander verschiedene Einwirkungen auf die Außenwelt ausprobiert und nach einem definierten Maß den Optimalwert feststellt. Ist zusätzlich ein Erfahrungsspeicher vorgesehen, so liegt ein Lernmodell durch Optimierung vor, das Ergebnisse der erfolgreichen Versuche speichert und bei weiteren Versuchen wiederverwendet (Abb. 2).

Automaten mit einem internen Modell der Umwelt können mögliche Reaktionen auf die Außenwelt durchspielen und so die voraussichtlich optimale ermitteln. Solche Automaten können also eine direkte Auseinandersetzung mit der Umwelt vermeiden und durch Modell- bzw. Hypothesenbildung ersetzen. Das interne Modell muß dabei nicht programmiert sein, sondern kann auf Grund von Lernprozessen aus der Umwelt verbessert werden (Abb. 3).

Technisch wird der Lernvorgang nach dem *Prinzip der Lernmatrix* (K. Steinbuch) simuliert. Es handelt sich

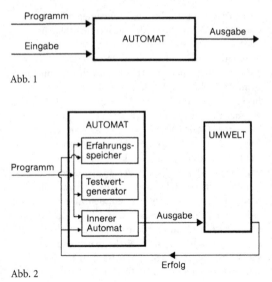

Abb. 1

Abb. 2

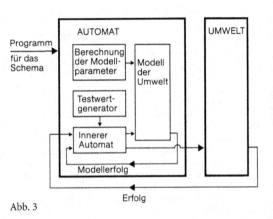

Abb. 3

dabei um eine Schaltstruktur, die aus zwei Scharen sich kreuzender Leitungsdrähte besteht, die so miteinander gekoppelt sind, daß sich an den Kreuzungspunkten nach dem Vorbild der bedingten Reflexe lebender Organismen bedingte Verknüpfungen bilden können. So lernt z.B. der Pawlowsche Hund ein bestimmtes (›unbedingtes‹) Umweltsignal e (z.B. Glocke) mit der (›bedingten‹) Bedeutung b (Nahrung) zu verknüpfen. Die Lernmatrix besteht aus einem Komplex solcher Schaltungen; sie ordnet einer Signal- oder Zeichenmenge eine Bedeutungsmenge zu (Abb. 4).

Bei wiederholtem Zusammentreffen von Signal- und Bedeutungsimpulsen entstehen an den Kreuzungspunkten der entsprechenden Leitungsdrähte Schaltungen, die die Signale e automatisch mit den Bedeutungen b verbinden, ohne daß diese von außen eingeschaltet werden müssen. Lernmatrizen werden für automatische Zei-

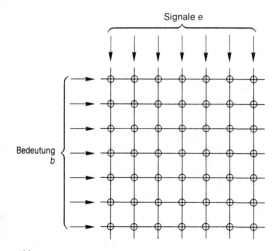

Signale *e*

Bedeutung
b

Abb. 4

chen- und Spracherkennung eingesetzt und bilden daher auch ein Modell der Nachrichtenübertragung zwischen Mensch und Automat.

Wissenschaftstheoretisch werden Methoden der K. verwendet, um etwa zu klären, ob das Verhalten z. B. lebender Organismen, biologischer Populationen oder ökonomischer Organisationssysteme durch Automaten simulierbar (↑Simulation) und damit durch kausale Gesetzmäßigkeiten erklärbar ist oder ob zusätzlich teleologische und vitalistische Annahmen gemacht werden müssen. So wurde die Selbstregulation lebender Organismen (z. B. Temperaturregulation bei Säugetieren) erst seit der technischen Realisation von Homöostaten und der Entwicklung von Regelkreismodellen (z. B. Dampfregulator einer Dampfmaschine zur Regulation der Umdrehungszahl) als kausal nach physiologischen Gesetzen erklärbarer Vorgang erkannt. L. v. Bertalanffy hat den Stoff- und Energieaustausch organischer Systeme mit der Umwelt unter dem Gesichtspunkt der Selbstregulation eines dynamischen Gleichgewichts (›Fließgleichgewicht‹) untersucht. In diesem Sinne wurde der Feedbackbegriff auch auf biologische Beispiele übertragen wie im Modell des Populationshomöostaten, der die Gleichgewichtsregulation zwischen der Bevölkerungsdichte einer Spezies und den verfügbaren Nahrungsquellen simulieren soll. Umstritten sind soziologische und ökonomische Anwendungen (z. B. die Selbstregulation des ↑Marktes nach Angebot und Nachfrage), da hier keine naturwissenschaftlichen Gesetze zur Erklärung von Selbstregulationsphänomenen wie in der Physik, Physiologie oder Biologie vorliegen. Ein weiteres Merkmal lebender Organismen sind Lernvorgänge, die in der K. unter Vermeidung teleologischer (↑Teleologie) Annahmen z. B. durch Feedback, Bewertungsschaltungen

und Optimalwertkreise in adaptiven Systemen simuliert werden. Allerdings ist bei solchen technischen Simulationsmodellen zu prüfen, ob sie durch naturwissenschaftliche Gesetzmäßigkeiten gesichert sind (wie z. B. W. G. Walters kybernetische ›Maus‹ zur Simulation physischer Reflexe) oder auf spekulativen Lern- und Verhaltenstheorien beruhen. Von Vertretern des ↑Vitalismus wurde die Selbstreproduktion von Organismen lange Zeit als prinzipiell nicht kausal erklärbar angenommen. Von mechanistisch (↑Mechanismus) orientierten Biologen wird dazu auf v. Neumanns Theorie zellulärer Automaten verwiesen, in der Aufstieg, Zerfall und Reproduktion von Populationen durch die Veränderung von Spielsteinmustern auf einer gitterartig aufgeteilten Spielebene nach bestimmten Spielzügen simuliert werden. ↑Mutationen entsprechen dabei Zufallsentscheidungen im Spielverlauf. Allerdings müssen solche Simulationsmodelle der K. durch biochemische Gesetze abgesichert sein. – Unter dem Titel ›*Artificial Intelligence*‹ wird in der K. die Frage untersucht, ob intelligentes Problemlösungsverhalten, wie z. B. beim Lösen mathematischer Aufgaben vorliegt, maschinell simuliert werden kann (↑Intelligenz, künstliche).

Auch wissenschaftliche Theorien, z. B. biochemische Hypothesen über die Entwicklung von Tumoren, lassen sich als informationsverarbeitende Systeme auffassen. Dazu werden die Gesetze der Theorie als Operationsbefehle eines Computerprogramms geschrieben, die für spezielle Eingangsdaten (z. B. eines Krankheitsfalles) ein Anwendungsmodell und dessen Prolongation berechnen, um den Verlauf visuell auf einem Bildschirm zu simulieren. Die informationstheoretische Realisation einer Theorie in Anwendungsmodellen erleichtert damit die Prüfung einer ↑Hypothese, ohne die Arbeit des Naturwissenschaftlers maschinell zu ersetzen. – Für ↑Linguistik und kognitive Psychologie stellte sich die Frage, ob Dialoge durch Maschinen simulierbar sind. Dazu wurden Computerprogramme entwickelt, die auf Grund eines vorgegebenen Datenmaterials (z. B. über Flugzeugsteuerung) bei Befragung Vorschläge machen, um konkrete Probleme und Schwierigkeiten zu lösen. Fragwürdig ist die Anwendung derartiger Dialogprogramme in der Psychotherapie (z. B. J. Weizenbaums Programm ›Eliza‹), wo ein Computerprogramm auf Grund einer vorgegebenen Datenbasis bei bestimmten Stichworten des Patienten erwartete Fragen stellt und so den Eindruck eines ›vernünftigen‹ Gesprächspartners bzw. maschinellen ›Bewußtseins‹ erweckt. – Obgleich die K. als Theorie informationsverarbeitender Systeme unter Voraussetzung schneller EDV-Maschinen und neuer Programmiersysteme zu erheblichen Erleichterungen einzelwissenschaftlicher Untersuchungen führt, bleibt ihr Einsatz z. B. in Mathematik und Naturwissenschaft von jeweiligen einzelwissenschaftlichen Theorien abhängig.

Literatur: A. R. Anderson (ed.), Minds and Machines, Englewood Cliffs N. J. 1964, 1980; W. R. Ashby, An Introduction to Cybernetics, London, New York 1956, London/New York 1984 (dt. Einführung in die K., Frankfurt 1974, ²1985); S. Auroux/H. Saget, Cybernétique, Enc. philos. universelle II/1 (1990), 538–539; H. D. Baernstein/C. L. Hull, A Mechanical Model of the Conditioned Reflex, J. Gen. Psychol. 5 (1931), 99–106; H. Benesch, Zwischen Leib und Seele. Grundlagen der Psychokybernetik, Frankfurt 1988; J. Bryant, Systems Theory and Scientific Philosophy. An Application of the Cybernetics of W. Ross Ashby to Personal and Social Philosophy, the Philosophy of Mind, and the Problems of Artifical Intelligence, Lanham Md. 1991; F. v. Cube, Was ist K.? Grundbegriffe, Methoden, Anwendungen, Bremen 1967, München ³1970, 1975; E. A. Feigenbaum/J. Feldman (eds.), Computers and Thought. A Collection of Articles, New York etc. 1963, Menlo Park Calif. 1995; FM I (²1994), 543 (Cibernética); H. Foerster, Understanding Understanding. Essays on Cybernetics and Cognition, New York etc. 2003; H. G. Frank, K. und Philosophie. Materialien und Grundriß zu einer Philosophie der K., Berlin 1966, ²1969; F. H. George, Philosophical Foundations of Cybernetics, Turnbridge Wells 1979; P. C. Gilmore, A Proof Method for Quantification Theory. Its Justification and Realization, IBM J. Research Development 4 (1960), 28–35; K. Gunderson, Cybernetics, Enc. Ph. II (1967), 280–284; B. Hassenstein, Die geschichtliche Entwicklung der biologischen K. bis 1948, Naturwiss. Rdsch. 13 (1960), 419–424; ders., K., Hist. Wb. Ph. IV (1976), 1467–1468; C. L. Hull, Mind, Mechanism, and Adaptive Behavior, Psychol. Rev. 44 (1937), 1–32; W. James, Are We Automata?, Mind 4 (1879), 1–22; W. D. Keidel, Biokybernetik des Menschen, Darmstadt 1989; G. Klaus, K. und Erkenntnistheorie, Berlin (Ost) 1966, 1972; ders./H. Liebscher (eds.), Wörterbuch der K., I–II, Berlin (Ost) 1967, ⁴1976, Frankfurt 1979; K. Mainzer, Entwicklungsfaktoren der Informatik in der Bundesrepublik Deutschland, in: W. van den Daele/W. Krohn/P. Weingart (eds.), Geplante Forschung. Vergleichende Studien über den Einfluß politischer Programme auf die Wissenschaftsentwicklung, Frankfurt 1979, 117–180; ders., Computer. Neue Flügel des Geistes? Die Evolution computergestützter Technik. Wissenschaft, Kultur und Philosophie, Berlin/New York 1994; M. Minsky (ed.), Semantic Information Processing, Cambridge Mass./London 1968, 1988; J. v. Neumann, The Computer and the Brain, New Haven Conn./London 1958, ²2000; B. Paljuschev/A. Polikarov, K., EP II (1990), 939–941; J. A. Robinson, A Machine-Oriented Logic Based on the Resolution Principle, J. Assoc. Computing Machinery 12 (1965), 23–41; R. Röhler, Biologische K.. Regelungsvorgänge in Organismen, Stuttgart 1973, 1974; J. Rose (ed.), Current Topics in Cybernetics and Systems. Proceedings of the Fourth International Congress of Cybernetics and Systems. 21–25 August 1978 Amsterdam. The Netherlands, Berlin/Heidelberg/New York 1978; A. Rosenblueth/N. Wiener/J. Bigelow, Behavior. Purpose and Teleology, Philos. Sci. 10 (1943), 18–24; L. C. Rosenfield, From Beast-Machine to Man-Machine. Animal Soul in French Letters from Descartes to La Mettrie, New York 1940, erw. 1968; H. Sachsse, Einführung in die K. Unter besonderer Berücksichtigung von technischen und biologischen Wirkungsgefügen, Braunschweig 1971, Hamburg, Braunschweig 1974; H. Stachowiak, Denken und Erkennen im kybernetischen Modell, Berlin/Wien/New York 1965, ²1969, 1975; W. Stegmüller, Probleme und Resultate der Wissenschaftstheorie und Analytischen Philosophie I (Wissenschaftliche Erklärung und Begründung), Berlin/Heidelberg/New York 1969, 518–523 (Kap. VIII Teleologie, Funktionalanalyse und Selbstregulation); K. Steinbuch, Automat und Mensch. Über menschliche und maschinelle Intelligenz, Berlin/Heidelberg/New York 1961, mit Untertitel: Kybernetische Tatsachen und Hypothesen ²1963, mit Untertitel: Auf dem Weg zu einer kybernetischen Antropologie ⁴1971; ders., K., Hb. wiss.theoret. Begr. II (1980), 367–368; G. Van De Vijver (ed.), New Perspectives on Cybernetics. Self-Organization, Autonomy and Connectionism, Dordrecht/Boston Mass./London 1992; J. Weizenbaum, Computer Power and Human Reason. From Judgement to Calculation, San Francisco Calif. 1976, Harmondsworth 1993 (dt. Die Macht der Computer und die Ohnmacht der Vernunft, Frankfurt 1977, 2008); N. Wiener, Cybernetics. Or Control and Communication in the Animal and the Machine, Cambridge Mass., Paris, New York 1948, Cambridge Mass. ²1962, 2000; ders., God and Golem, Inc.. A Comment on Certain Points where Cybernetics Impinges on Religion, Cambridge Mass. 1964, 1990. K. M.

Kynismus, Bezeichnung für eine griechische Philosophenschule, die auf den Sokratesschüler Antisthenes (ca. 445–365) bzw. den Pythagoreer Diodoros von Aspendos (4. Jh. v. Chr.) oder auch auf andere Akusmatiker des späten Pythagoreismus, die so genannten ›Pythagoristen‹ (↑Pythagoreer) zurückgeht, sich aber erst durch Diogenes von Sinope (ca. 400–323) zu einer eigenständigen philosophischen Richtung entwickelt; er nahm aber nie die Organisationsform einer ›Schule‹ im eigentlichen Sinne an. Die Bezeichnung ›K.‹ ist nicht von dem athenischen Gymnasion Kynosarges (in dem Antisthenes gelehrt hat) hergeleitet, sondern von dem Beinamen κύων (Hund), den man Diogenes gab, weil er (wie ein Hund) ohne Scham, Anstand und gesellschaftliche Rücksichtnahme in der Öffentlichkeit auftrat. – Der K. beabsichtigte nicht, eigene philosophische Theorien zu entwickeln, wenngleich Ansätze eines sprachphilosophischen ↑Nominalismus zu erkennen sind. Sein Hauptanliegen war die (›zynische‹) Kritik an herrschenden Sitten, gesellschaftlichen Zuständen und Institutionen (z. B. der Ehe), unreflektierten Konventionen und vor allem an der Religion und ihrem Einfluß auf das öffentliche und private Leben; sie äußerte sich ferner in der Ablehnung kleinstaatlichen Polisdenkens und in der Hinwendung zum Kosmopolitismus. Diese Kritik artikulierten die Kyniker nicht nur in mündlicher oder schriftlicher Lehre, sondern auch in einer provokanten, oft das Anstandsgefühl der Zeitgenossen verletzenden Lebensweise. Der philosophische Hintergrund dieser Haltung besteht in einer speziellen Variante der ↑Autarkie- und ↑Eudämonismus-Konzeption: Oberstes Ziel ist das Glück, das durch Selbstverwirklichung und Vermeidung von Unglück erreicht werden kann. Selbstverwirklichung besteht im Streben nach den natürlichen und in der Ablehnung, der Autarkie gegenüber unnatürlichen, bloß konventionellen Gütern und Bedürfnissen (z. B. Gesundheit, Ehre, Reichtum). Diese Autarkie wird durch körperliche und geistige Askese erreicht, die zur ↑Apathie als völliger Unabhängigkeit von den ↑Affekten, zur Bedürfnislosigkeit bzw. Bedürfnisreduzierung und damit zur Unabhängigkeit gegenüber Konventionen und Schicksalsschlägen führt. Ebenfalls durch Askese können die drei Hauptquellen des (zu vermeidenden) Unglücks, nämlich Begierden, Wohlleben und Unwissenheit, bekämpft werden. Die Telosformel (↑Telos) des Diogenes von Sinope: »gemäß der Natur leben« wurde von der älteren ↑Stoa und vom ↑Epikureismus übernommen.

Ausschnitt aus: Raffaels »Schule von Athen«

In der römischen Kaiserzeit nimmt der K. zeitweise die Form einer philosophischen, literarischen und allgemeine Kulturtendenzen in sich vereinigenden alternativen Bewegung an; mehr als 80 Kyniker sind aus dieser Zeit namentlich bekannt. Als Zeichen der Ablehnung jeglicher Zivilisationsnormen ziehen sie zum Teil als Wanderprediger von Stadt zu Stadt, teils treten sie als Straßenphilosophen auf. Gemeinsam ist ihnen die Propagierung eines radikalen politischen, gesellschaftlichen und moralischen Gegenmodells zur jeweils herrschenden Realität. Eine fingierte Sammlung antiker »Kynikerbriefe« sollte den Eindruck altehrwürdiger Dignität dieser Bewegung vermitteln. Epiktet (50–117) und Lukian (ca. 120–180 n. Chr.), selbst dem K. nahestehend, verspotten in ironisch-bissiger Attitüde ihrer Meinung nach extreme ›Fehl‹-Entwicklungen des K. ihrer Zeit. Letzte antike literarische Zeugnisse dieser Art (des K. ebenso wie des Anti-K.) sind die Reden gegen die ›ungebildeten Hunde‹ (eine Ehrenrettung des Diogenes von Sinope) und gegen den ›Kyniker Herakleios‹ (beide 362 n. Chr.) des Kaisers Julian (Flavius Claudius Iulianus = Iulianus Apostata: 331–363). Die in der Moderne aufkommende Lebensform des ↑Zynismus leitet sich vom antiken K. her und nimmt zahlreiche Elemente dieser Denkweise wieder auf.

Vertreter des K. sind (neben Antisthenes und Diogenes) die Diogenesschüler Krates von Theben, dessen Frau Hipparchia, deren Bruder Metrokles, Philiskos, Onesikritos, Monimos; im 3. bis 1. Jh. v. Chr.: Bion von Borysthenes, Teles, Menippos von Gadara, Kerkidas von Megalopolis, Menedemos, Meleagros von Gadara; im 1. bis 2. Jh. n. Chr.: Demetrios (ein Freund Senecas, bei dem sich ebenfalls kynisches Gedankengut findet), Dion Chrysostomos, Oinomaos von Gadara, Demonax aus Kypros, Peregrinos Proteus; im 4. bis 5. Jh. n. Chr.: Maximos von Alexandreia, Sallustios.

Texte: Diog. Laert. VI, ferner in: M. Marcovich (ed.), Diogenes Laertii Vitae philosophorum I, Stuttgart/Leipzig 1999, 375–443; F. W. A. Mullach (ed.), Fragmenta philosophorum Graecorum II, Paris 1867 (repr. Aalen 1968), bes. 259–395; Epistulae, leges, poematia, fragmenta varia, ed. J. Bidez/F. Cumont, Paris 1922 [zu Julian Apostata]; A. J. Malherbe (ed.), The Cynic Epistles. A Study Edition, Missoula Mont. 1977, Atlanta Ga. 1986; L. Paquet (ed.), Les Cyniques grecs. Fragments et témoignages, Ottawa 1975, rev. ²1988, 1995.

Literatur: J. Bernays, Lucian und die Kyniker. Mit einer Übersetzung der Schrift Lucians »Über das Lebensende des Peregrinus«, Berlin 1879; M. Billerbeck, Der Kyniker Demetrius. Ein Beitrag zur Geschichte der frühkaiserzeitlichen Popularphilosophie, Leiden 1979; dies. (ed.), Die Kyniker in der modernen Forschung. Aufsätze mit Einführung und Bibliographie, Amsterdam 1991 (mit Bibliographie, 303–317); R. B. Branham, Cynics, REP II (1998), 753–759; ders./M.-O. Goulet-Cazé (eds.), The Cynics. The Cynic Movement in Antiquity and Its Legacy, Berkeley Calif./Los Angeles/London 1996; K. Döring, Die Kyniker, Bamberg 2006; H. Dörrie, Kyniker (Kynismos), KP III (1969), 399–400; F. G. Downing, Cynics and Christian Origins, Edinburgh 1992; ders., Cynics, Paul, and the Pauline Churches. Cynics and Christian Origins II, London 1998; D. R. Dudley, A History of Cynicism from Diogenes to the 6ᵗʰ Century A. D., London 1937 (repr. Hildesheim 1967); K. v. Fritz, Kyniker, LAW (1965), 1657–1658; J. Geffcken, Kynika und Verwandtes, Heidelberg 1909; M.-O. Goulet-Cazé, Les Cyniques, DP I (²1993), 708–716; dies., K., DNP VI (1999), 970–978; R. Helm, K., RE XII/1 (1924), 3–24; R. Höistad, Cynic Hero and Cynic King. Studies in the Cynic Conception of Man, Uppsala 1948; K. Joël, Die Auffassung der kynischen Sokratik, Arch. Gesch. Philos. 20 (1907), 1–24, 145–170; I. G. Kidd, Cynics, Enc. Ph. II (1967), 284–285; G. Luck, Die Weisheit der Hunde. Texte der antiken Kyniker in deutscher Übersetzung mit Erläuterungen, Stuttgart 1997; A. Müller, K., kynisch, Hist. Wb. Ph. IV (1976), 1468–1470; L. E. Navia, Classical Cynicism. A Critical Study, Westport Conn./London 1996; H. Niehues-Pröbsting, Der K. des Diogenes und der Begriff des Zynismus, München 1979, Frankfurt 1988; M. Onfray, Cynismes. Portrait du philosophe en chien, Paris 1990 (dt. Der Philosoph als Hund. Vom Ursprung des subversiven Denkens bei den Kynikern, Frankfurt/New York 1991); F. Sayre, The Greek Cynics, Baltimore Md. 1948; F. Ueberweg, Grundriß der Geschichte der Philosophie I (Die Philosophie des Altertums), ed. K. Praechter, Berlin ¹²1926 (repr. Basel/Stuttgart 1967, Darmstadt 1967), bes. 159–170, 432–435, 503–513, 659–662.   M. G.

L

Laas, Ernst, *Fürstenwalde 16. Juni 1837, †Straßburg 25. Juli 1885, dt. Philosoph. 1856–1860 Studium der Philosophie und Theologie in Berlin, 1861–1872 Gymnasiallehrer ebendort, ab 1872 o. Prof. der Philosophie in Straßburg. In seinem dreibändigen Hauptwerk »Idealismus und Positivismus« wendet sich L. als entschiedener Vertreter eines an der britischen empiristischen Tradition orientierten Positivismus (von D. Hume bis J. Bentham und J. S. Mill, ↑Positivismus (historisch)) gegen jeglichen erkenntnistheoretischen und ethischen ↑Idealismus, den er außer bei Platon, den er für seinen eigentlichen Urheber ansieht, auch bei Aristoteles, R. Descartes, G. W. Leibniz, I. Kant, J. G. Fichte und G. W. F. Hegel wirksam sieht.

Werke: Kants Analogien der Erfahrung. Eine kritische Studie über die Grundlagen der theoretischen Philosophie, Berlin 1876, Saarbrücken 2006; Idealismus und Positivismus. Eine kritische Auseinandersetzung, I–III, Berlin 1879–1884 (I Die Prinzipien des Idealismus und Positivismus. Historische Grundlegung, II Idealistische und positivistische Ethik, III Idealistische und positivistische Erkenntnistheorie); Kants Stellung in der Geschichte des Conflicts zwischen Glauben und Wissen, Berlin 1882; Literarischer Nachlaß, ed. B. Kerry, Wien 1887.

Literatur: L. Grunicke, Der Begriff der Tatsache in der positivistischen Philosophie des 19. Jahrhunderts, Diss. Halle 1930; R. Hanisch, Der Positivismus von E. L., Diss. Leipzig 1902; F. Holz, L., NDB XIII (1982), 359–360; N. Koch, Das Verhältnis der Erkenntnistheorie von E. L. zu Kant. Ein Beitrag zur Geschichte des Positivismus in Deutschland, Diss. Köln 1941; K. Köhnke, Entstehung und Aufstieg des Neukantianismus, Frankfurt 1986; L. Salamonowicz, Die Ethik des Positivismus nach E. L., Diss. Berlin 1935; W. M. Simon, L., Enc. Ph. IV (1967), 371–372. – L., in: B. Jahn, Biographische Enzyklopädie deutschsprachiger Philosophen, München 2001, 235.   R. Wi.

Lacan, Jacques(-Marie Émile), *Paris 13. Apr. 1901, †Neuilly-sur-Seine 9. Sept. 1981, franz. Psychoanalytiker. Ab 1919 Studium der Medizin in Paris, ab 1927 psychiatrische Ausbildung, 1932 Promotion. 1934 Kandidat, 1938–1953 Vollmitglied der ›Société Psychanalytique de Paris‹, 1951 Vizepräsident, 1953 Präsident; dann Mitglied der ›Société Française de Psychanalyse‹. 1963 Ausschluß aus der ›Internationalen Psychoanalytischen Vereinigung‹ wegen seiner Praxis der flexiblen Sitzungsdauer (›séance scandée‹); L. gründet daraufhin die bald sehr einflußreiche ›École Freudienne de Paris‹ (1964–1980) und 1981 die ›École de la Cause Freudienne‹. Wichtigste Plattform seines Wirkens ist das »Seminar«, privat seit 1951, öffentlich 1953–1963 im Hôpital Sainte-Anne, ab 1964 an der École Normale Supérieure, 1969–1980 an der Faculté de Droit (Panthéon). – L. kommt über seine Freundschaften mit surrealistischen Künstlern zur ↑Psychoanalyse. In seiner Bemühung um eine den ↑Biologismus überwindende *relecture* der Schriften S. Freuds beeinflussen ihn unter anderem die Hegel-Vorlesungen von A. Kojève (1933–1939) und der Kontakt mit M. Heidegger (1950–1955), vor allem aber der Strukturalismus (↑Strukturalismus (philosophisch, wissenschaftstheoretisch)). L. wird selbst zu einem seiner wichtigsten Exponenten und wirkt stark auch auf den Poststrukturalismus wie auf neuere Strömungen nach (↑Gender Studies, ↑Kulturwissenschaften, ↑Postmoderne). In den 1970er Jahren kulminieren seine problematischen Versuche, psychoanalytische Begriffe durch terminologische Anleihen bei Logik und Mathematik zu formalisieren.

Spätestens seit 1953 unterscheidet L. drei untrennbare wie irreduzible Strukturbestimmungen des Psychischen, die Freuds ›zweiter Topik‹ von Ich, Über-Ich und Es in ungefähr entsprechen, nämlich jene des Imaginären, des Symbolischen und des Realen. Der Mensch ist nach L. durch einen Mangel charakterisiert, der alles biologische Bedürfnis übersteigt. Schon die erste Identifikation des Kleinkindes mit seinem Spiegelbild oder einem anderen Kind befriedigt ihn nur auf fiktive Weise, da sie wie auch alle späteren – von L. darum ›imaginär‹ genannten – Identifikationen stets eine ↑Entfremdung einschließt, der ein aggressives (↑Aggression) Potential des Menschen gegenüber seinem Identifikationsobjekt und folglich auch sich selbst entspricht (Das Spiegelstadium als Bildner der Ichfunktion [1949, erste Fassung 1936 noch im Anschluß an H. Wallons Entwicklungspsychologie], in: Schriften [s. u., Werke] I, 61–70). Das so formierte Ich konstituiert sich als ↑Subjekt, indem sein Streben nach Befriedigung des Mangels über den Ödipus-Komplex an die symbolische (↑Symbol) Ordnung entäußert wird. Das väterliche Inzestverbot zerschneidet als das erste Gesetz (mithin als fremdes ›Anderes‹, ›Autre‹) die Bindung an die Mutter (als vertrautes ›objet [a]‹, ›autre‹), treibt das Kind zur Aufgabe der Fiktion einer totalen Präsenz seiner Objekte und damit zur Freisetzung des Begehrens im eigentlichen Sinne, nämlich jenem der Verweisbewegung von symbolischen Systemen, insbes. der ↑Sprache: »Ich identifiziere mich in der Sprache, aber nur indem ich mich in ihr dabei wie ein Objekt verliere« (Funktion und Feld des Sprechens und der Sprache in der Psychoanalyse [1953], in: Schriften [s. u., Werke] I, 71–169, hier 143). Der symbolische Vater fungiert als der fundamentale Signifikant (›le nom-du-père‹): Er reguliert die Signifikation für das jeweilige Subjekt, und analog sucht die L.sche Psychoanalyse das Begehren des Analysanden sprachlich freizusetzen. Während die Neurose nach L. einen Konflikt mit dem symbolischen Gesetz durch die Verdrängung vorläufig entschärft, durch die Perversion hingegen das Gesetz verleugnet wird, da der Perverse es zum Komplement seines Begehrens macht, hat die Psychose ihren Grund in einer niemals rückgängig zu machenden Verwerfung des fundamentalen Signifikanten, die zum Ausschluß aus der symbolischen Ordnung führt (Das Seminar [s. u., Werke] III [1955–1956]). Ist das ↑Unbewußte als die Dimension, in der sich das Subjekt durch Wirkungen bestimmt, die das Sprechen (die ›parole‹) auf es hat (Das Seminar [s. u., Werke] XI [1964], 156), zwar sprachlich strukturiert, durchbricht es doch als der »Diskurs des Andern« (Das Seminar über E. A. Poes »Der entwendete Brief« [1955–1956], in: Schriften [s. u., Werke] I, 7–41, hier 14) auch die Normen symbolischer Ordnung, denn die Sprache selbst grenzt an das Unaussprechliche als jenen Rest, der in den Ordnungen des Imaginären und Symbolischen nicht aufgeht und den L. das Reale nennt. Von dessen radikaler Alterität her deutet er auch die umstrittene Freudsche Theorie vom Todestrieb (↑Trieb).

Da L. zufolge jede Identifikation des Subjekts imaginär ist, hält er die Selbstgewißheit des Cartesischen Cogito (↑cogito ergo sum) für eine Selbsttäuschung (›mirage‹) des modernen Menschen über dessen radikale ›Exzentrizität‹ bezüglich seiner selbst hinweg: »Ich denke, wo ich nicht bin, also bin ich, wo ich nicht denke« (Das Drängen des Buchstabens im Unbewußten oder Die Vernunft seit Freud [1957], in: Schriften [s. u., Werke] II, 15–55, hier 43). Allerdings gilt ihm die so verstandene Subjektivität als solche – insbes. gegen die poststrukturalistische Metaphysikkritik – für unhintergehbar (↑Unhintergehbarkeit), und auch seine Annahme vom ›Gleiten‹ der Signifikate unterhalb der Signifikanten (a. a. O., 27) radikalisiert L. nicht wie J. Derrida zu jener einer ›différance‹ (↑Dekonstruktion (Dekonstruktivismus)). Dem entspricht die psychoanalytische Praxis,

wenn sie einerseits zwar nicht mehr auf die Anpassung des Analysanden an Normalitätsideale abzielt, aber es ihm andererseits ermöglicht, in privilegierten Momenten der Analyse (›points de capiton‹) seinen ödipalen Signifikanten und damit sich selbst als wie auch immer dezentriertes, entfremdetes, traumatisiertes, so doch selbstbestimmtes Subjekt zu akzeptieren (Das Seminar [s. u., Werke] III [1955–1956], 305–319; Subversion des Subjekts und Dialektik des Begehrens im Freudschen Unbewußten [1960], in: Schriften [s. u., Werke] II, 165–204, hier 180).

Werke: De la psychose paranoïaque dans ses rapports avec la personnalité, Paris 1932, ferner in: De la psychose paranoïaque dans ses rapports avec la personnalité. Suivi de »Premiers écrits sur la paranoïa«, Paris 1975, 1994, 3–362 (dt. Über die paranoische Psychose in ihren Beziehungen zur Persönlichkeit, in: »Über die paranoische Psychose in ihren Beziehungen zur Persönlichkeit« und »Frühe Schriften über die Paranoia«, Wien 2002, 15–358); La chose freudienne ou Sens du retour à Freud en psychanalyse, L'évolution psychiatrique 21 (1956), 225–252, ferner in: Écrits, Paris 1966, 401–436, und in: Écrits I, Paris 1970, 209–248, 1999, 398–433 (engl. The Freudian Thing, or The Meaning of the Return to Freud in Psychoanalysis, in: Écrits. A Selection, London, New York/London 1977, 2008, 114–145, London/New York 2001, 2008, 87–109, und in: Écrits. The First Complete Edition in English, New York/London 2006, 2007, 334–363; dt. separat: Das Freudsche Ding oder Der Sinn einer Rückkehr zu Freud in der Psychoanalyse, Wien 2005); Écrits, ed. J.-A. Miller, Paris 1966, in 2 Bdn., Paris 1970/1971, 1999 (dt. [teilw.] Schriften, I–III, Olten/Freiburg 1973–1980, I Frankfurt 1975, Weinheim/Berlin ⁴1996, II ³1991, III ³1994; engl. Écrits. A Selection [Teilübers.], London, New York/London 1977, 2008, vollständig unter dem Titel: Écrits. The First Complete Edition in English, New York/London 2006, 2007); Le séminaire de J. L., I– [erschienen I–V, VII–VIII, X–XI, XVI–XVIII, XX, XXIII], Paris 1973–2006 (I Les écrits techniques de Freud [1953–1954], Paris 1975, 1998, II Le moi dans la théorie de Freud et dans la technique de la psychanalyse [1954–1955], Paris 1978, 2005, III Les psychoses [1955–1956], Paris 1981, 1996, IV La relation d'objet [1956–1957], Paris 1994, 1999, V Les formations de l'inconscient [1957–1958], Paris 1998, VII L'éthique de la psychanalyse [1959–1960], Paris 1986, 1997, VIII Le transfert [1960–1961], Paris 1991, ²2001, X L'angoisse [1962–1963], Paris 2004, XI Les quatre concepts fondamentaux de la psychanalyse [1964], Paris 1973, 1990, XVI D'un Autre à l'autre [1968–1969], Paris 2006, XVII L'envers de la psychanalyse [1960–1970], Paris 1991, XVIII D'un discours qui ne serait pas du semblant [1971], Paris 2006, XX Encore [1972–1973], Paris 1975, 2005, XXIII Le sinthome [1975–1976], Paris 2005) (engl. The Seminar of J. L., I– [erschienen I–III, VII, XI, XVII], London, New York/London 1977–2007 [I Freud's Papers on Technique, New York/London 1988, II The Ego in Freud's Theory and in the Technique of Psychoanalysis, New York/London 1988, 1991, III The Psychoses, New York/London 1993, VII The Ethics of Psychoanalysis, New York/London 1992, 2008, XI The Four Fundamental Concepts of Psycho-Analysis, London 1977, New York/London 1998, XVII The Other Side of Psychoanalysis, New York/London 2007]; dt. Das Seminar von J. L., I– [erschienen I–V, VII–VIII, X–XI, XX], Olten/Freiburg, Weinheim/Berlin, Wien 1978–2010 [I Freuds technische Schriften, Olten/Freiburg 1978, ²1990, II

Das Ich in der Theorie Freuds und in der Technik der Psycho-
analyse, Olten/Freiburg 1980, Weinheim/Berlin [2]1991, III Die
Psychosen, Weinheim/Berlin 1997, IV Die Objektbeziehung,
Wien 2003, [2]2007, V Die Bildungen des Unbewußten, Wien
2006, VII Die Ethik der Psychoanalyse, Weinheim/Berlin 1996,
VIII Die Übertragung, Wien 2008, X Die Angst, Wien 2010, XI
Die vier Grundbegriffe der Psychoanalyse, Olten/Freiburg 1978,
Weinheim/Berlin [4]1996, XX Encore, Weinheim/Berlin 1986,
[2]1991]); Autres écrits, Paris 2001; Des noms-du-père, Paris
2005 (dt. Namen-des-Vaters, Wien 2006); Le triomphe de la
religion, précédé de »Discours aux catholiques«, Paris 2005 (dt.
Der Triumph der Religion welchem vorausgeht der Diskurs an
die Katholiken, Wien 2006); Mon enseignement, Paris 2005 (dt.
Meine Lehre, Wien 2008; engl. My Teaching, London/New York
2008); Le mythe individuel du névrosé, ou Poésie et vérité dans
la névrose, Paris 2007 (dt. Der individuelle Mythos des Neuro-
tikers oder Dichtung und Wahrheit in der Neurose, Wien 2008).
– H. Krutzen, J. L., Le séminaire 1952–1980. Index référentiel,
Paris 2000, erw. [3]2009; J.-B. Pontalis, Zusammenfassende Wie-
dergaben der Seminare IV–VI von J. L., Zürich 1998, Wien
[2]1999, 2009. – J.-P. Cléro, Dictionnaire L., Paris 2008; D. Evans,
An Introductory Dictionary of L.ian Psychoanalysis, London/
New York 1996, 1997 (dt. Wörterbuch der L.schen Psychoanalyse, Wien 2002). – M. Clark, J. L.. An Annotated Bibliography,
I–II, New York/London 1988; J. Dor, Bibliographie des travaux
de J. L., Paris 1983; D. Lécuru/J. Dor, Thésaurus L., Paris 1994 (I
Citations d'auteurs et de publications dans l'ensemble de
l'œuvre écrite, II Nouvelle bibliographie des travaux de J. L.).

Literatur: L. Althusser, Freud et L. (1964), in: ders., Écrits sur la
psychanalyse. Freud et L., ed. O. Corpet/F. Matheron, Paris
1993, 1996, 23–48 (engl. Freud and L., in: ders., Writings on
Psychoanalysis. Freud and L., New York 1996, 7–32, ferner in: S.
Zizek [ed.], J. L.. Critical Evaluations in Cultural Theory [s. u.]
III, 44–62; dt. separat: Freud und L., Berlin 1970, ferner in: ders./
M. Tort, Freud und L.. Die Psychoanalyse im historischen
Materialismus, Berlin 1976, 5–40); ders., Correspondance avec
J. L. 1963–1969, in: ders., Écrits sur la psychanalyse [s. o.], 267–
305; N. Avtonomova u. a., L. avec les philosophes, Paris 1991; A.
Badiou, L. et Platon. Le mathème est-il une Idee?, in: N. Avto-
nomova u. a., L. avec les philosophes [s. o.], 135–154, überarb.
unter dem Titel: L'antiphilosophie. L. et Platon, in: ders., Condi-
tions, Paris 1992, 306–326; ders., L. and the Pre-Socratics, in: S.
Zizek (ed.), L.. The Silent Partners [s. u.], 7–16; ders., The
Formulas of »L'étourdit«, Lacanian Ink 27 (2006), 80–95; B.
Benvenuto/R. Kennedy, The Works of J. L.. An Introduction,
London, New York 1986, London 1988; R. Boothby, Freud as
Philosopher. Metapsychology after L., New York/London 2001;
M. Borch-Jacobsen, L.. Le maître absolu, Paris 1990, 2002 (engl.
L.. The Absolute Master, Stanford Calif. 1991; dt. L.. Der ab-
solute Herr und Meister, München 1999); T. Brockelman, L.,
REP V (1998), 336–338; M. de Certeau, L.. Une éthique de la
parole (1982), in: ders., Histoire et psychanalyse entre science et
fiction, ed. L. Giard, Paris 1987, 168–196, erw. [2]2002, 239–268
(engl. L.. An Ethics of Speech, in: ders., Heterologies. Discourse
on the Other, Minneapolis Minn., Manchester 1986, Minneapolis Minn. 2007, 47–64; dt. L.. Eine Ethik des Sprechens, in: ders.,
Theoretische Fiktionen. Geschichte und Psychoanalyse, Wien
1997, 162–191, [2]2006, 197–222); J. Derrida, Le facteur de la
vérité (1975), in: ders., La carte postale de Socrate à Freud et
au-delà, Paris 1980, 1999, 441–524 (dt. Der Facteur der Wahrheit, in: ders., Die Postkarte von Sokrates bis an Freud und
jenseits II, Berlin 1987, 183–281; engl. Le facteur de la vérité,

in: ders., The Post Card from Socrates to Freud and beyond,
Chicago Ill./London 1987, 413–496); ders., Pour l'amour de L.,
in: N. Avtonomova u. a., L. avec les philosophes [s. o.], 397–420,
ferner in: ders., Résistances de la psychanalyse, Paris 1996, 55–88
(dt. Aus Liebe zu L., in: ders., Vergessen wir nicht – die Psychoanalyse!, Frankfurt 1998, 15–58; engl. For the Love of L., in:
ders., Resistances of Psychoanalysis, Stanford Calif. 1998, 39–
69); F. Dosse, Histoire du structuralisme I, Paris 1991, 1995, bes.
121–162, 274–275, 295–307, 454–457 (dt. Geschichte des Strukturalismus I, Hamburg 1996, Frankfurt 1999, bes. 145–194, 323–
326, 350–365, 540–542; engl. History of Structuralism I, Minneapolis Minn./London 1997, 1998, bes. 91–125, 221–222, 239–
249, 376–378); ders., Histoire du structuralisme II, Paris 1992,
1995, bes. 52–59, 477–486, 543–547 (dt. Geschichte des Strukturalismus II, Hamburg 1997, Frankfurt 1999, bes. 52–59, 461–
471, 527–531; engl. History of Structuralism II, Minneapolis
Minn./London 1997, 1998, bes. 35–41, 378–386, 430–433); Fo-
rums du Champ Lacanien (eds.), L. dans le siècle (Colloque de
Cerisy 2001), Paris 2002; M. Frank, Das individuelle Allgemeine.
Textstrukturierung und -interpretation nach Schleiermacher,
Frankfurt 1977, 2001, bes. 61–86; ders., Das »wahre Subjekt«
und sein Doppel. J. L.s Hermeneutik (1978), in: ders., Das
Sagbare und das Unsagbare. Studien zur neuesten französischen
Hermeneutik und Texttheorie, Frankfurt 1980, 114–140, erw.
mit Untertitel: Studien zur deutsch-französischen Hermeneutik
und Texttheorie, Frankfurt 1989, 2000, 334–361 (engl. The ›True
Subject‹ and Its Double. J. L.'s Hermeneutics, in: ders., The
Subject and the Text. Essays on Literary Theory and Philosophy,
Cambridge/New York/Oakleigh 1997, 97–122); ders., Was ist
Neostrukturalismus?, Frankfurt 1983, 2001, bes. 367–399 (franz.
Qu'est-ce que le néo-structuralisme?, Paris 1989, bes. 213–238;
engl. What Is Neostructuralism?, Minneapolis Minn. 1989, bes.
287–314); J. Glynos/Y. Stavrakakis (eds.), L. and Science, Lon-
don/New York 2002; H.-D. Gondek/R. Hofmann/H.-M. Loh-
mann (eds.), J. L. – Wege zu seinem Werk, Stuttgart 2001; K.
Hammermeister, J. L., München 2008; D. Hombach (ed.), ZETA
02 (Mit L.), Berlin 1982; S. Homer, J. L., London/New York
2005, 2006; A. Juranville, L. et la philosophie, Paris 1984, [2]1988,
Neuausg. 1996, [2]2003 (dt. L. und die Philosophie, München
1990); ders., L., Enc. philos. universelle III/2 (1992), 3435–
3439; F. Kittler, Draculas Vermächtnis. Technische Schriften,
Leipzig 1993, bes. 11–80 (engl. Literature, Media, Information
Systems. Essays, Amsterdam 1997, bes. 50–84, 130–146); A.
Kremer-Marietti, L., DP II ([2]1993), 1624–1628; P. Lacoue-La-
barthe/J.-L. Nancy, Le titre de la lettre. Une lecture de L., Paris
1973, Neuausg. 1990 (engl. The Title of the Letter. A Reading of
L., Albany N. Y. 1992); H. Lang, Die Sprache und das Unbewußte. J. L.s Grundlegung der Psychoanalyse, Frankfurt 1973,
1998 (engl. Language and the Unconscious. J. L.'s Hermeneutics
of Psychoanalysis, Atlantic Highlands N. J. 1997); D. Macey, L.,
in: M. Payne/J. R. Barbera (eds.), A Dictionary of Cultural and
Critical Theory, Malden Mass./Oxford/Chichester [2]2010, 391–
394; É. Marty (ed.), L. et la littérature, Houilles 2005; J.-A. Miller
u. a., Von einem anderen L., Wien 1994; J. P. Muller/W. J. Richardson, L. and Language. A Reader's Guide to »Écrits«, New
York 1982, Madison Conn. 1994 (franz. Ouvrir les »Écrits« de
J. L., Toulouse 1987); G. Pagel, L. zur Einführung, Hamburg
1989, unter dem Titel: J. L. zur Einführung, [3]1999, [5]2007; J.-M.
Rabaté (ed.), The Cambridge Companion to L., Cambridge etc.
2003, 2006 (franz. L., Paris 2005); E. Ragland-Sullivan, J. L. and
the Philosophy of Psychoanalysis, London/Canberra, Urbana
Ill./Chicago Ill. 1986, 1987 (dt. [in 2 Bdn. geplant, nur Bd. I
erschienen] J. L. und die Philosophie der Psychoanalyse, Wein-

heim/Berlin 1989); É. Roudinesco, J. L.. Esquisse d'une vie, histoire d'un système de pensée, Paris 1993, 1994 (mit Bibliographie, 625–674) (dt. J. L.. Bericht über ein Leben, Geschichte eines Denksystems, Köln 1996, Frankfurt 1999, Wien 2009 [mit Bibliographie, 725–784]; engl. J. L., Cambridge/Oxford, New York 1997, Cambridge/Oxford 1999 [mit Bibliographie, 511–547]); W. Seitter, J. L. und, Berlin 1984; J. H. Smith/W. Kerrigan (eds.), Interpreting L., New Haven Conn./London 1983; A. Sokal/J. Bricmont, Impostures intellectuelles, Paris 1997, bes. 25–39 (Chap. 1) (engl. Intellectual Impostures. Postmodern Philosophers' Abuse of Science, London 1998, 2003, bes. 17–35 [Chap. 2]; dt. Eleganter Unsinn. Wie die Denker der Postmoderne die Wissenschaften mißbrauchen, München 1999, 2001, 36–55 [Kap. 2]); E. Stewart/M. Jaanus/R. Feldstein (eds.), L. in the German-Speaking World, Albany N. Y. 2004; B. H. F. Taureck (ed.), Psychoanalyse und Philosophie. L. in der Diskussion, Frankfurt 1992; P. Widmer, Subversion des Begehrens. J. L. oder Die zweite Revolution der Psychoanalyse, Frankfurt 1990, erw. Neuausg. mit Untertitel: Eine Einführung in J. L.s Werk, Wien 1997, 2009; S. Zizek, Le plus sublime des hystériques. Hegel passe, Paris 1988 (dt. [überarb.] Der erhabenste aller Hysteriker. L.s Rückkehr zu Hegel, Wien/Berlin 1991, erw. mit neuem Untertitel: Psychoanalyse und die Philosophie des deutschen Idealismus, [2]1992, ferner ohne Untertitel in: ders., Psychoanalyse und die Philosophie des deutschen Idealismus, Wien 2008, 13–270); ders., Hegel mit L., Zürich 1995; ders. (ed.), J. L.. Critical Evaluations in Cultural Theory, I–IV, London/New York 2003; ders., How to Read L., London 2006, New York/London 2007 (dt. L.. Eine Einführung, Frankfurt 2008); ders. (ed.), L.. The Silent Partners, London/New York 2006; A. Zupanèiè, Etika realnega. Kant, L., Ljubljana 1993 (dt. Die Ethik des Realen. Kant, L., Wien 1995; engl. Ethics of the Real. Kant, L., London/New York 2000; franz. L'éthique du réel. Kant avec L., Caen 2009; dies., Das Reale einer Illusion. Kant und L., Frankfurt 2001. – Zeitschriften: RISS. Zeitschrift für Psychoanalyse. Freud – L. (Wien, seit 1986); Lacanian Ink (New York, seit 1990); Sondernummern: Yale French St. 48 (1972); L'arc 58 (1974); Wunderblock Sondernr. 1 (1978); aut aut 177/178 (1980); Psyche 34 (1980), 865–976; Modern Language Notes 98 (1983), 843–1063; Rev. int. philos. 46 (1992), 1–125.   T. G.

Lachelier, Jules, *Fontainebleau 27. Mai 1832, †ebd. 16. Jan. 1918, franz. Philosoph. 1858–1864 Lehrer am »Lycée de Caen«, 1864–1875 Prof. an der »École normale supérieure« in Paris, anschließend bis 1900 Oberaufsicht (inspecteur général) über das französische Schulwesen. – L.s Philosophie ist Ausgangspunkt für den metaphysisch-spiritualistischen Positivismus (↑Positivismus (historisch)) in Frankreich im 19. Jh. (unter seinen Schülern: E. Boutroux, H. L. Bergson). Er verbindet den ↑Idealismus I. Kants mit den Ideen des ›spiritualistischen Realismus‹ von Maine de Biran und F. Ravaisson-Mollien: Die wissenschaftliche Erkenntnis ist Schöpfung des Geistes, durch apriorische (↑a priori) Elemente bedingt, nicht Abbild der ↑Erfahrung. Auch die ↑Naturgesetze sind Gesetze des menschlichen Denkens, da nicht vom Zufälligen auf das Notwendige geschlossen werden kann und Gesetze der Ausdruck einer zumindest vorausgesetzten Notwendigkeit sind. L. unterscheidet zwei Prinzipien des Denkens: das der Wirkursachen (causes efficientes) und das der Zweckursachen (causes finales); letzteres bildet die Grundlage des Verfahrens der ↑Induktion‹ in der wissenschaftlichen Erkenntnis. Das dem Kantischen Verständnis gemäß konzipierte Prinzip der Wirkursachen führt auf durchgängige mechanische Erklärungen, das eher ›regulative‹ Prinzip der Zweckursachen gibt der Spontaneität (↑spontan/Spontaneität) des Lebens und der Freiheit des Handelns einen Sinn. Somit besitzt die Natur zwei Existenzweisen: eine abstrakte, mit der Wissenschaft identische Existenz und eine konkrete, mit der ästhetischen Funktion des Denkens identische Existenz, die auf dem Gesetz der Zweckursachen beruht. Die ›wahre Philosophie‹, d. h. nach L.: der spiritualistische Realismus, unterwirft das mechanische Geschehen der Zweckmäßigkeit (Fondements de l'induction, 81–102).

Werke: Œuvres, I–II, Paris 1933. – J. L.: 1832–1918. Études et documents rassemblés par Jacques Moutaux, ed. J. Moutaux, Paris 1994; Cours de logique. École normale supérieure, 1866–1867, ed. J.-L. Dumas, Paris 1990; Du fondement de l'induction, Paris 1871, mit Untertitel: Suivi de »Psychologie et métaphysique«, [2]1896 (erw. um einen Aufsatz »Psychologie et métaphysique«), mit Untertitel: Suivi de »Psychologie et métaphysique« et de »Notes sur le pari de Pascal«, [4]1902 (erw. um einen Aufsatz »Notes sur le pari de Pascal«), 1992 (dt. Psychologie und Metaphysik. Die Grundlage der Induktion, Leipzig 1908; engl. The Philosophy of J. L.. Du fondement de l'induction. Psychologie et métaphysique. Notes sur le pari de Pascal. Together with Contributions to »Vocabulaire technique et critique de la philosophie« and a Selection from His Letters, The Hague 1960); Psychologie et métaphysique, Rev. philos. France étrang. 19 (1885), 481–516, ferner in: J. L., Du fondement de l'induction [s. o.], Paris [2]1896, [4]1902, 103–173, 1992, 89–146 (dt. Psychologie und Metaphysik, in: J. L., Psychologie und Metaphysik [s. o.], 77–130; engl. Psychology and Metaphysics, in: J. L., The Philosophy of J. L. [s. o.], 57–96); Notes sur le pari de Pascal, Rev. philos. France étrang. 26 (1901), 625–639, ferner in: J. L.. Du fondement de l'induction [s. o.], Paris [4]1902, 1992, 147–175 (engl. Notes on Pascal's Wager, in: J. L., The Philosophy of J. L. [s. o.], 97–111); Études sur le syllogisme, suivies de l'observation de Platner et d'une note sur le »Philébe«, Paris 1907.

Literatur: E. G. Ballard, L., Enc. Ph. IV (1967), 374–375; R. Bouchard, L., critique de Cousin, Rev. de l'Université d'Ottawa 43 (1973), 44–52; ders., Idealist Requirements and the Affirmation of the Other World. The L. Case, Idealistic Stud. 6 (1976), 254–262; J. Chevalier, L., Enc. philos. universelle III (1992), 1902; FM III ([2]1994), 2055–2057; A. Forest, Le dieu de L., Giornale di metafisica 30 (1975), 39–58; R. Jolivet, De Rosmini à L. Essai de philosophie comparée, Paris/Lyon 1953; J. King-Farlow, L.'s Idealism-Paradox Redoubled, Idealistic Stud. 12 (1982), 72–78; R. Kühn, L., in: F. Volpi (ed.), Großes Werklexikon der Philosophie II, Stuttgart 1999, 863–865; V. Mathieu, L., Enc. filos. IV (1982), 1019–1021; G. Mauchaussat, L'idéalisme de L., Paris 1961; L. Millet, Le symbolisme dans la philosophie de L., Paris 1959; M. Piclin, L., DP II ([2]1993), 1628–1631; ders., L., REP V (1998), 338–340; L. Robberechts, L. á partir de ses sources, Rev. philos. Louvain 65 (1967), 169–191; G. Séalles, La philosophie de J. L., Paris 1920.   P. B.

Ladung (engl. charge, franz. charge), in der Physik Bezeichnung für die auf einem Körper oder Teilchen befindliche positive oder negative Elektrizitätsmenge. Nachdem bereits W. Gilbert (De magnete [...], London 1600) zwischen der magnetischen Richtungskraft (*verticitas*) und der *attractio* elektrischer Körper (z. B. an den Mineralien Magnetstein und Bernstein) unterschieden hatte, wies C. F. Du Fay 1733–1737 experimentell zwei Arten von Elektrizität nach, die er ›électricité vitreuse‹ (z. B. beim Reiben von Glas) und ›électricité resineuse‹ (z. B. beim Reiben von Harz und Bernstein) nannte und die von L. Euler später durch die mathematischen Zeichen ›+‹ (positiv) und ›–‹ (negativ) unterschieden wurden. Mit Elektrisiermaschinen aus rotierenden Glaswalzen und geerdetem Reibzeug, der von P. van Musschenbroek (1745) gebauten Verstärkungsflasche für heftige Entladungen (›Leidener Flasche‹) und dem von B. Franklin bei Versuchen mit Luftelektrizität verwendeten Blitzableiter (1753) wurden im 18. Jh. von der Öffentlichkeit als sensationell empfundene Experimente durchgeführt. Eine quantitative Bestimmung elektrischer L. geht nach Ansätzen von J. Priestley und H. Cavendish auf C. A. Coulomb zurück, der 1784 die Kraftwirkung zwischen zwei L.en q_1 und q_2 im Abstand r durch die nach ihm benannte und in Analogie zum Newtonschen Gravitationsgesetz gefundene Beziehung $F \sim \frac{q_1 q_2}{r^2}$ bestimmte und experimentell durch eine Torsionswaage bestätigte. ›L.sträger‹ sind die materiellen Träger der Elementarladungen, also die geladenen Elementarteilchen und Ionen.

R. A. Millikan zeigte 1910 in seinem Öltröpfchenexperiment die Existenz einer minimalen elektrischen L., der heute so genannten Elementarladung. Dabei wird ein Öltröpfchen in einem elektrischen Feld vier Kräften ausgesetzt, nämlich seiner Gewichtskraft F_G, der Reibungskraft F_R, die seine Bewegung in der Umgebungsluft auf das Tröpfchen ausübt, der Auftriebskraft F_A in der Luft und der bei negativen L.en nach oben weisenden elektrischen Kraft F_E. Durch Messung der Steiggeschwindigkeit v unter dem Mikroskop konnte (unter Abschätzung weiterer relevanter Parameter) die Tröpfchenladung ermittelt werden. Diese ergab sich stets als ganzzahliges Vielfaches desselben Minimalwerts, eben der Elementarladung. Zwar hat sich in neuerer Zeit herausgestellt, daß Millikan sein Resultat durch eine Auswahl geeigneter Versuchsdurchgänge erreichte (G. Holton, Subelektronen, Vorausannahmen und die Debatte Millikan – Ehrenhaft, in: ders., Thematische Analyse der Wissenschaft. Die Physik Einsteins und seiner Zeit, Frankfurt 1981, 50–143), doch dieses Resultat hat sich auch unabhängig davon als tragfähig erwiesen (s. Abb.).

Abweichungen von der Ganzzahligkeit gibt es bei Quarks (die +2/3 bzw. −1/3 der Elementarladung tragen, aber nicht isoliert auftreten) sowie bei komplexen Struk

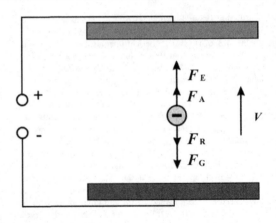

Abb.: Das Millikan-Experiment

turen bestimmter Quanteneffekte, die aber keine Elementarteilchen darstellen und entsprechend nicht als Verletzung der L.squantisierung gelten.

Die gesetzmäßige Einheit der elektrischen L., die heute mit Elektrometern und ballistischen Galvanometern gemessen wird, ist das Coulomb. Ein Coulomb ist gegenwärtig als eine Amperesekunde definiert, also als diejenige L., die ein Strom mit einer Stärke 1 Ampere in einer Sekunde transportiert. Das SI-Einheitensystem stellt die Definition des Coulomb auf die Angabe einer bestimmten Zahl von Elementarladungen um. – Die L.smenge ist eine relativistische Invariante und eine Erhaltungsgröße. Sie zeigt (anders als die Masse) keine Abhängigkeit von der Geschwindigkeit (↑Relativitätstheorie, spezielle), und die Gesamtladung im Universum bleibt unverändert. Die L.serhaltung wird in der Physik durch eine Kontinuitätsgleichung ausgedrückt, derzufolge sich die L.smenge in einem Raumbereich nur durch Einstrom und Abfluß von L.en ändert. In der ↑Teilchenphysik werden geladene Elementarteilchen stets nur auf solche Weise gebildet oder vernichtet, daß die Gesamtladung gleich bleibt. Die L.serhaltung kann nach dem Noether-Theorem (↑Erhaltungssätze) auf die Eichinvarianz des elektromagnetischen Feldes zurückgeführt werden.

In der *Konstruktiven Wissenschaftstheorie* (↑Wissenschaftstheorie, konstruktive) wird die Frage diskutiert, wie die L. neben ↑Länge, ↑Zeit und ↑Masse als fundamentale Meßgröße der Physik auszuzeichnen ist. Elektrostatisch läßt sich ein L.sverhältnis durch das Verhältnis der Kraftwirkungen auf einen geladenen Probekörper definieren. Dazu sei das Verhältnis der Kraftwirkungen F_1, F_2 (also der Impulsänderungsraten) zweier geladener Körper auf einem ebenfalls geladenen Probekörper bei allen Wiederholungen unabhängig von der L. und der Distanz des Probekörpers. Ein Bezugssystem, in dem sich eine solche Konstanz der Kraftwirkungsver hältnisse technisch gut realisieren läßt, heiße ›Coulomb-System‹. In einem Coulomb-System wird ein L.sverhältnis durch

$$\frac{q_1}{q_2} \rightleftharpoons \frac{F_1}{F_2}$$

definiert. Aus der damit gegebenen konstanten Feldstärke $E = \frac{F}{q}$ ergibt sich das elektrostatische Kraftgesetz, das für die Kraftdichte f (= Kraft pro Volumen) und die L.sdichte ρ (= L. pro Volumen) als Coulomb-Formel $f = \rho \cdot E$ geschrieben wird. Für bewegte L.en gestatten die ↑Maxwellschen Gleichungen die Berechnung der Feldstärken aus der gegebenen Verteilung der L.en und ihrer Geschwindigkeiten, d. h. aus der L.sdichte und der Stromdichte. Da Kraftwirkungen im vierdimensionalen Raum der Relativitätstheorie (›Minkowski-Raum‹; ↑Relativitätstheorie, spezielle) die zur Lorentz-Metrik gehörige Eigenzeit τ berücksichtigen müssen (↑Mechanik), ergibt sich eine Revision der klassischen Messung von Masse und Impuls, also auch der L.. Die Lorentz-Transformationen (↑Lorentz-Invarianz) erlauben zwar eine Berechnung der bei Geschwindigkeiten nahe der Lichtgeschwindigkeit c empirisch bestätigten Veränderungen der Länge von Körpern und der Dauer von Vorgängen. In der Interpretation von P. Lorenzen ist die Einführung der Lorentz-Metrik jedoch erst sinnvoll, wenn vorher ↑Euklidische Geometrie und Galileische ↑Kinematik als apriorische Teile der ↑Protophysik begründet sind, damit diese Abweichungen relativ zu einem ausgezeichneten klassischen ↑Inertialsystem (Erde bzw. astronomisches Fundamentalsystem) bestimmt werden können. Da eine Revision der Konstanzforderungen (↑Konstanz), die der Definition von L. und Masse zugrunde liegen, durch Meßergebnisse nahegelegt ist, handelt es sich bei den Coulombschen und den Maxwellschen Gleichungen um empirische Hypothesen, im Unterschied zu den protophysikalischen Normen der klassischen Längen- und Dauermessung (↑Norm (protophysikalisch)).

Literatur: H. Ebert (ed.), Physikalisches Taschenbuch, Braunschweig 1951, [5]1978 (engl. Physics Pocketbook, Edinburgh/London, New York 1967); J. D. Jackson, Classical Electrodynamics, New York/London/Sydney 1962, New York etc. [3]1999 (dt. Klassische Elektrodynamik, Berlin/New York 1981, [4]2006; franz. Électrodynamique classique. Cours et exercises d'électromagnétisme, Paris 2001); P. Lorenzen, Zur Definition der vier fundamentalen Meßgrößen, Philos. Nat. 16 (1976), 1–9, ferner in: J. Pfarr (ed.), Protophysik und Relativitätstheorie. Beiträge zur Diskussion über eine konstruktive Wissenschaftstheorie der Physik, Mannheim/Wien/Zürich 1981 (Grundlagen der exakten Naturwissenschaften IV), 25–33; ders., Relativistische Mechanik mit klassischer Geometrie und Kinematik, Math. Z. 155 (1977), 1–9, ferner in: J. Pfarr (ed.), Protophysik und Relativitätstheorie [s. o.], 97–105; M. Phillips, Electric Charge, in: R. G. Lerner/G. L. Trigg (eds.), Encyclopedia of Physics I, Weinheim 2004, 553–554; J. Preskill, Charge, in: J. S. Rigden (ed.), Macmillan Encyclopedia of Physics I, New York etc. 1996, 189–191; E. T. Whittaker, A History of the Theories of Aether and Electricity. From the Age of Descartes to the Close of the Nineteenth Century, London etc. 1910, ohne Untertitel, erw. um Bd. II als I–II, London etc. [2]1951/1953 (I The Classical Theories [= Originalaufl. 1910], II The Modern Theories. 1900–1926), Los Angeles/New York 1987, I–II in einem Bd., New York 1989, I unter dem Titel der Originalauflage, Whitefish Mont. 2008; J. H. Winkler, Gedanken von den Eigenschaften, Wirkungen und Ursachen der Electricität. Nebst einer Beschreibung zwo neuer electrischen Maschinen, Leipzig 1744 (repr. Heidelberg, Leipzig 1983) (franz. Essai sur la nature, les effets et les causes de l'électricité. Avec une description de deux nouvelles machines à électricité, Paris 1748). – Elektrische L., in: Lexikon der Physik II, Heidelberg/Berlin 1999, 160–161 (engl. Electric Charge, in: Dictionary of Physics II, London/New York, Basingstoke 2004, 701–702). K. M./M. C.

Lagrange, Joseph Louis, *Turin 25. Jan. 1736, †Paris 10. April 1813, ital.-franz. Mathematiker und theoretischer Physiker, führender Vertreter der analytischen Methode (↑Methode, analytische) in ↑Mathematik und ↑Physik. 1753–1755 Studium der Mathematik in Turin. 1755 Prof. der Mathematik an der Turiner Artillerie-Schule, Mitbegründer der Turiner Akademie (1757), die seine ersten Arbeiten veröffentlichte, 1766 Nachfolger L. Eulers an der Berliner Akademie der Wissenschaften, 1787 Ernennung zum ›pensionnaire vétéran‹ an der Pariser Akademie der Wissenschaften. Ab 1794 lehrte L. an der neugegründeten École polytechnique. – Ausgehend von Variationsaufgaben (↑Variationsrechnung) von Joh. und Jak. Bernoulli, die z. B. für das Brachistochronenproblem und isoperimetrische Probleme geometrische Lösungen angegeben hatten, entwickelte L. seit 1754 einen neuen analytischen Kalkül, der die bereits von Euler 1744 vorgetragenen analytischen Verfahren vereinfachte. Insbes. führte L. das neue Variationssymbol δy ein, um z. B. aus dem zwischen $x = a$ und $x = b$ liegenden Funktionenvorrat $y = y(x)$ diejenige Funktion y auszusuchen, die das Integral $J = \int_a^b F(x, y, y')dx$ mit vorgegebenem Funktional F von x, y und y' zum Extremum macht (Abb.):

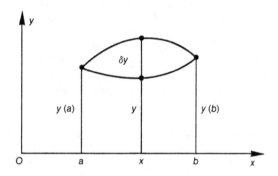

Das ist der Fall, wenn die zu δy bzw. $\delta y'$ gehörige Variation $\delta J = \int_a^b \delta F(x, y, y') dx = 0$ ist. Durch partielles Integrieren gewinnt L. die Eulerschen Differentialgleichungen, deren Verschwinden, wie bei den gewöhnlichen Extremalproblemen das Verschwinden der 1. Ableitung, eine notwendige Bedingung für das Eintreten des geforderten Extremums des Variationsintegrals ist.

L. wandte den Variationskalkül auf Probleme der Himmelsmechanik (z. B. die Variationen in der Exzentrität und Position der Aphelia von Jupiter und Saturn) an. 1788 erschien die in analytischer Sprache geschriebene »Mecanique analytique«, nachdem L. seine variationstheoretischen Methoden bereits 1756 auf das von Euler und P. L. M. de Maupertuis vorgeschlagene ↑›Prinzip der kleinsten Wirkung‹ angewendet hatte. Die Mechanik fester und flüssiger Körper wird hier auf Systeme allgemeiner ↑Differentialgleichungen reduziert, deren Lösungsverfahren mit L.s Variationskalkül bewältigt werden. Dabei entwickelt L., anknüpfend an das ↑d'Alembertsche Prinzip, eine zur Newtonschen ↑Bewegungsgleichung äquivalente Gleichung, die auf die sogenannte L.-Funktion zurückgreift. Diese ist dadurch bestimmt, daß die Wirkung $S = \int L(q, \dot{q}, t) dt$ minimal wird. Durch dieses ↑Extremalprinzip ist die Bewegung eines Körpers in der ↑Mechanik eindeutig festgelegt. Für konservative Systeme (die der mechanischen Energieerhaltung unterliegen und unter anderem reibungsfrei sind) lautet die (nicht-relativistische) L.-Funktion $L = T - V$ (mit der kinetischen Energie T und der potentiellen Energie V). Für die Formulierung der L.schen Bewegungsgleichung führt L. generalisierte Koordinaten q und und deren Zeitableitung $\dot{q}$ ein, die neben Cartesischen ↑Koordinaten auch Kugel- oder Zylinderkoordinaten einschließen. Die L.sche Bewegungsgleichung bleibt daher bei einem Wechsel von Koordinatensystemen invariant (↑invariant/Invarianz). Diese Bewegungsgleichung erlaubt dann die Erfassung der Bewegung von Körpern mit Hilfe der einzigen skalaren Funktion L.

$$\frac{\partial L}{\partial q} - \frac{d}{dt}\left(\frac{\partial L}{\partial \dot{q}}\right) = 0$$

W. R. Hamilton entwickelte auf dieser Grundlage das ↑Hamiltonprinzip und die Hamiltonsche Bewegungsgleichung (mit der Hamilton-Funktion $H = T + V$). Im Zuge der Ausarbeitung seiner neuen Formulierung der Mechanik führt L. den Begriff des ›L-Punkts‹ in die Himmelsmechanik ein, der eine partielle Lösung des ↑Dreikörperproblems beinhaltet. Dabei wird das Verhalten eines kleinen Körpers (eines Satelliten) im Schwerefeld zweier massiver Himmelskörper betrachtet. Am L-Punkt befinden sich die Zentrifugalkräfte auf den Satelliten mit den Gravitationskräften der Himmelskörper im Gleichgewicht, so daß jener mit Bezug auf diese seine

Position beibehält. Für das Erde-Mond-System gibt es fünf L-Punkte, an denen ein Satellit seine relative Lage auch ohne weiteren Antrieb nicht ändert.

Mit seinem Variationskalkül erweist sich L. ferner als Vorläufer der reinen Mathematik des 19. und 20. Jhs. mit ihrer abstrakten analytischen und algebraischen Orientierung. So erweitert er die analytische Geometrie (↑Geometrie, analytische) durch neue Methoden, die der Matrizen- und Determinantenrechnung entsprechen (1773). Grundlegend für die moderne Algebra sind seine Untersuchungen zur Gleichungstheorie (1771) mit der Aufgabe, allgemein für eine Gleichung n-ten Grades die Anzahl ν der Werte zu untersuchen, die eine rationale Funktion V der n Wurzeln annehmen kann, wenn man diese willkürlich permutiert. Damit bereitet L. die Gruppen- und Körpertheorie (↑Gruppe (mathematisch), ↑Körper (mathematisch)) vor. In der Gruppentheorie besagt der ›Satz von L.‹, daß die Mächtigkeit oder Ordnung (die Anzahl der Elemente) jeder Untergruppe H einer endlichen Gruppe G ein Teiler der Mächtigkeit von G ist. In der ↑Zahlentheorie beschäftigt sich L. mit der arithmetischen Theorie quadratischer Formen, in der »Théorie des fonctions analytiques« (Paris 1797, [4]1881) mit einer formalen Theorie der Reihen, die im 19. Jh. die ↑Funktionentheorie einer komplexen Veränderlichen beeinflußte. L. ersetzt dabei die Leibnizsche Differentialsymbolik durch die noch heute üblichen Bezeichnungen f', f'', ... für die 1., 2., ... Ableitung einer Funktion f.

Werke: Œuvres, I–XIV, ed. J.-A. Serret/G. Darboux, Paris 1867–1892 (repr. in 10 Bdn., Hildesheim/New York 1973, III, Paris 2004, XI–XII, Paris 2006, VIII–X, XIII–XIV, Paris 2007). – Mecanique analytique, Paris 1788 (repr. Sceaux 1989), I–II, [2]1811/1815, ed. J. Bertrand, [3]1853/1855, ed. G. Darboux, [4]1888/1889 (= Œuvres XI–XII), 1965 (dt. Analytische Mechanik, Göttingen 1797, ed. H. Servus, Berlin 1887; engl. Analytical Mechanics, ed. A. Boissonnade/V. N. Vagliente, Dordrecht/Boston Mass./London 1997 [Boston Stud. Philos. Sci. 191]); Théorie des fonctions analytiques [...], Paris 1797, [4]1881 (= Œuvres IX) (dt. Theorie der analytischen Funktionen [...] I–II, Berlin 1798/1799, 1823 [= J. L. L.'s mathematische Werke [s. u.] I]); De la résolution des équations numériques de tous les degrés, Paris 1798, unter dem Titel: Traité de la résolution des équations numériques de tous les degrés. Avec des notes sur plusieurs points de la théorie des équations algébriques, erw. [2]1808, [4]1879 (= Œuvres VIII) (dt. Ueber die Auflösung der numerischen Gleichungen von beliebigen Graden. Nebst Bemerkungen über verschiedene, die Theorie der algebraischen Gleichungen betreffende Gegenstände, Berlin 1824 [= J. L. L.'s mathematische Werke (s. u.) III]); Leçons sur le calcul des fonctions, Paris 1804 (Journal de l'Ecole Polytechnique H. 12), Paris [2]1806, 1884 (= Œuvres X) (dt. Die Vorlesungen über die Functionen-Rechnung, Berlin 1823 [= J. L. L.'s mathematische Werke (s. u.) II]); Leçons élémentaires sur les mathématiques, données à l'École normale, en 1795, Journal de l'Ecole Polytechnique 1812, H. 7/8, 173–278, ferner in: Œuvres [s. o.] VII, Paris 1877, 183–288 (dt. L.'s mathematische Elementarvorlesungen, separat Leipzig 1880); J. L. L.'s mathematische Werke, I–III, Übers. u. ed. A. L. Crelle, Berlin 1823–1824. – Dt. Übers. einzelner Arbeiten in: Ostwalds Klassiker der exakten Wissenschaften 47, 55, 103, 113, 146, 167, Leipzig 1894–1908. – G. Loria, Saggio di una bibliografia Lagrangiana, Isis 40 (1949), 112–117.

Literatur: F. Barone, L., Enc. filos. III (²1968), 1348–1349; W. Barroso Filho, La mécanique de L.. Principes et méthodes, Paris 1994; ders./C. Comte, La formalisation de la dynamique par L.. L'introduction du calcul des variations et l'unification à partir du principe de moindre action, in: R. Rashed (ed.), Sciences à l'époque de la Revolution Française, Paris 1988, 329–348; S. Benenti, Modelli matematici della meccanica II. L., Hamilton, Einstein, Turin 1997; M. Blay, La naissance de la mécanique analytique. La science du mouvement au tournant des XVIIe et XVIIIe siècles, Paris 1992; ders., La science du mouvement. De Galilée à L., Paris 2002; M. T. Borgato/L. Pepe, L.. Appunti per una biografia scientifica, Turin 1990; J. C. Boudri, Het mechanische van de mechanica. Het krachtbegrip tussen mechanica en metafysica van Newton tot L., Delft 1994 (engl. What Was Mechanical about Mechanics. The Concept of Force between Metaphysics and Mechanics from Newton to L., Dordrecht/Boston Mass./London 2002 [Boston Stud. Philos. Sci. 224]); N. Bourbaki, Éléments d'histoire des mathématiques, Paris 1960, Berlin/Heidelberg/New York 2007 (dt. Elemente der Mathematikgeschichte, Göttingen 1971; engl. Elements of the History of Mathematics, Berlin/Heidelberg/New York 1994, 1999); F. Burzio, L., Turin 1942, 1993; D. Capecchi/A. Drago, L. e la storia della meccanica, Bari 2005; P. Costabel, L. et l'art analytique, Comptes rendus de l'Académie des sciences. Serie générale. La vie des sciences 6 (1989), 167–177; A. Dahan Dalmedico, L., Enc. philos. universelle III (1992), 1905–1906; dies., La méthode critique du mathématicien-philosophe, in: J. Dhombres (ed.), L'École Normale de l'an III/1. Leçons de mathématiques. Édition annotée des cours de Laplace, L. et Monge avec introductions et annexes, Paris 1992, 171–192; P. Delsedime, La disputa delle corde vibranti ed una lettera inedita di L. a Daniel Bernoulli, Physis 13 (1971), 117–146; P. Dugac, La théorie des fonctions analytiques de L. et la notion d'infini, in: G. König (ed.), Konzepte des mathematisch Unendlichen im 19. Jahrhundert, Göttingen 1990, 34–46; S. B. Engelsman, L.'s Early Contributions to the Theory of First-Order Partial Differential Equations, Hist. Math. 7 (1980), 7–23; C. G. Fraser, J. L. L.'s Early Contributions to the Principles and Methods of Mechanics, Arch. Hist. Ex. Sci. 28 (1983), 197–241; ders., J. L. L.'s Changing Approach to the Foundations of the Calculus of Variations, Arch. Hist. Ex. Sci. 32 (1985), 151–191; ders., J. L. L.'s Algebraic Vision of the Calculus, Hist. Math. 14 (1987), 38–53; ders., The Calculus as Algebraic Analysis. Some Observations on Mathematical Analysis in the 18ᵗʰ Century, Arch. Hist. Ex. Sci. 39 (1989), 317–335; ders., L.'s Analytical Mathematics, Its Cartesian Origins and Reception in Comte's Positive Philosophy, Stud. Hist. Philos. Sci. 21 (1990), 243–256; ders., Isoperimetric Problems in the Variational Calculus of Euler and L., Hist. Math. 19 (1992), 4–23; ders., J. L. L., Théorie des fonctions analytiques, First Edition (1797), in: I. Grattan-Guinness (ed.), Landmark Writings in Western Mathematics. 1640–1940, Amsterdam etc. 2005, 258–276; D. Galletto, L. e la mécanique analytique, Mailand 1991; H. H. Goldstine, A History of the Calculus of Variations from the 17ᵗʰ through the 19ᵗʰ Century, Heidelberg/Berlin/New York 1980 (Chap. 3 L. and Legendre); J. V. Grabiner, The Calculus as Algebra. J.-L. L., 1736–1813, New York/London 1990; dies., The Calculus as

Algebra, the Calculus as Geometry. Maclaurin, L., and Their Legacy, in: R. Calinger (ed.), Vita Mathematica. Historical Research and Integration with Teaching, Washington D. C. 1996, 131–143; I. Grattan-Guinness, The Varieties of Mechanics by 1800, Hist. Math. 17 (1990), 313–338; M. Guinot, Arithmétique pour amateurs IV. Une époque de transition. L. et Legendre, Lyon 1996; D. L. Hall, The Iatromechanical Background of L.'s Theory of Animal Heat, J. Hist. Biol. 4 (1971), 245–248; R. R. Hamburg, The Theory of Equations in the 18ᵗʰ Century. The Work of J. L., Arch. Hist. Ex. Sci. 16 (1976/1977), 17–36; Y. Hirano, Quelques remarques sur les travaux de L. qui concernent la théorie des équations algébriques et la notion préliminaire de groupes, Historia Scientiarium Ser. 2, 5 (1995), 75–84; J. Itard, L., DSB VII (1973), 559–573; T. Koetsier, J. L. L. (1736–1813). His Life, His Work and His Personality, Nieuw Archief voor Wiskunde Ser. 4, 4 (1986), 191–205; E. Mach, Die Mechanik in ihrer Entwickelung. Historisch-kritisch dargestellt, Leipzig 1883, ⁹1933 (repr. Saarbrücken 2006) (engl. The Science of Mechanics. A Critical and Historical Exposition of Its Principles, Chicago Ill., London 1893, La Salle Ill. ³1974); K. Mainzer, Geschichte der Geometrie, Mannheim/Wien/Zürich 1980; F. Maurice, L., in: J. F. Michaud (ed.), Biographie universelle, ancienne et moderne XXII, Paris 1854 (repr. Bad Feilnbach 1998), 523–534; J. Mittelstraß, Neuzeit und Aufklärung. Studien zur Entstehung der neuzeitlichen Wissenschaft und Philosophie, Berlin/New York 1970 (Kap. 8.7 Analytische Physik versus synthetische Physik (von Newton zu L.)); O. Neumann, L., in: D. Hoffmann/H. Laitko/S. Müller-Wille (eds.), Lexikon der bedeutenden Naturwissenschaftler II, München, Heidelberg/Berlin 2004, 2007, 356–357; M. Panza, The Analytical Foundation of Mechanics of Discrete Systems in L.'s »Théorie des fonctions anlytiques«, Compared with L.'s Earlier Treatments of this Topic, Historia Scientiarum Ser. 2, 1 (1991/1992), 87–132, 181–212; V. Pardo Rego, L.. La elegancia matemática, Madrid 2003; L. Pepe, L. e la trattatistica dell'analisi matematica, in: Symposia matematica XXVII. Storia delle matematiche in Italia. Cortona, 26–29 aprile 1983, London/New York 1986, 69–99; ders., Supplemento alla bibliografia di L.. I ›Rapports‹ alla prima classe dell'Institut, Bollettino di storia delle scienze matematiche 12 (1992), 279–301; ders., La filosofia naturale nella formazione scientifica di G. L. L., Riv. filos. 87 (1996), 95–109; H. Pulte, Das Prinzip der kleinsten Wirkung und die Kraftkonzeptionen der rationalen Mechanik. Eine Untersuchung zur Grundlegungsproblematik bei Leonhard Euler, Pierre Louis Moreau de Maupertuis und J. L. L., Stuttgart 1989 (Stud. Leibn. Sonderheft XIX); ders., Axiomatik und Empirie. Eine wissenschaftstheoriegeschichtliche Untersuchung zur mathematischen Naturphilosophie von Newton bis Neumann, Darmstadt 2005; ders., J. L. L.. Méchanique analitique, First Edition (1788), in: I. Grattan-Guinness (ed.), Landmark Writings in Western Mathematics. 1640–1940 [s. o.], 208–224; R. Rashed (ed.), Sciences à l'époque de la Révolution Française. Recherches historiques, Paris 1988; G. Sarton, L.'s Personality (1736–1813), Proc. Amer. Philos. Soc. 88 (1944), 457–496; ders./R. Taton/G. Beaujouan, Documents nouveaux concernant L., Rev. hist. sci. 3 (1950), 110–132; W. Scharlau/H. Opolka, Von Fermat bis Minkowski. Eine Vorlesung über Zahlentheorie und ihre Entwicklung, Berlin/Heidelberg/New York 1980, 38–71 (Kap. 4 L.) (engl. From Fermat to Minkowski. Lectures on the Theory of Numbers and Its Historical Development, New York etc. 1985, 32–56 [Chap. 4 L.]); A. L. Shields, L. and the »Mécanique Analytique«, Math. Intelligencer 10 (1988), 7–10; J.-M. Souriau, La structure symplectique de la mécanique décrite par L. en

1811, Mathématiques et sciences humaines 94 (1986), 45–54; I. Szabo, Geschichte der mechanischen Prinzipien und ihrer wichtigsten Anwendungen, Basel/Stuttgart 1977, Basel/Boston Mass./ Berlin 1996; R. Taton, Inventaire chronologique de l'œuvre de L., Rev. hist. sci. 27 (1974), 3–36; ders., Les débuts de la carrière mathématique de L.. La période turinoise (1736–1766), in: Symposia mathematica XXVII [s. o.], 123–145; ders., Le départ de L. de Berlin et son installation à Paris en 1787, Rev. hist. sci. 41 (1988), 39–74; J. Vuillemin, La philosophie de l'algèbre de L.. Réflexions sur le mémoire de 1770–1771, Paris 1960; R. Woodhouse, A Treatise on Isoperimetrical Problems, and the Calculus of Variations, Cambridge 1810 (repr. unter dem Titel: A History of the Calculus of Variations in the Eighteenth Century, Providence R. I. 2004); H. Wußing, Die Genesis des abstrakten Gruppenbegriffes. Ein Beitrag zur Entstehungsgeschichte der abstrakten Gruppentheorie, Leipzig 1966, Berlin (Ost) 1969 (engl. The Genesis of the Abstract Group Concept. A Contribution to the History of the Origin of Abstract Group Theory, Cambridge Mass./London 1984, Mineola N. Y. 2007). – La »Mécanique analytique« de L. et son héritage, I–II, Turin 1990/1992 (I Fondation Hugot du Collège de France. Paris, 27–29 Septembre 1988. Supplemento al numero 124 [1990] degli »Atti della Accademia delle Scienze di Torino. Classe di Scienze Fisiche, Matematiche e Naturali«, II Accademia delle Scienze di Torino. Torino, 26–28 Ottobre 1989. Supplemento n. 2 al volume 126 [1992] degli »Atti della Accademia delle Scienze di Torino, Classe di Scienze Fisiche, Matematiche e Naturali«). K. M./ M. C.

Lakatos (eigentlich Lipschitz, zeitweilig Molnar), Imre, *Budapest 5. Nov. 1922, †London 2. Febr. 1974, ungar.-brit. Philosoph und Wissenschaftshistoriker, neben K. R. Popper führender Vertreter der Wissenschaftstheorie des Kritischen Rationalismus (↑Rationalismus, kritischer). Ab 1944 Studium der Mathematik, Physik und Philosophie in Debrecen, ab 1945 in Budapest, 1948 philosophische Promotion (Debrecen), 1949 Studium in Moskau. Während der deutschen Besetzung Ungarns Mitglied der Widerstandsbewegung, 1950–1953 wegen ›Revisionismus‹ in Haft, 1956 Flucht nach Wien, 1957–1959 Rockefeller Fellow in Cambridge, 1960 Ph. D., in Cambridge, mit einer Arbeit zur Philosophie der Mathematik (Grundlage für »Proofs and Refutations«) bei R. B. Braithwaite; ab 1960 (mit Unterbrechung durch Gastprofessuren) Dozent und Professor an der London School of Economics, erst als Schüler, dann als Kollege Poppers, ab 1969 Prof. für Logik an der London University, ab 1971 zugleich Prof. an der Boston University.

Mit Untersuchungen zur Wissenschaftsgeschichte der Mathematik wendet sich L. vor allem gegen das axiomatisch-deduktive Verständnis der Mathematik und die damit verbundene Vorstellung eines stetigen und gewissermaßen deduktiv-zwangsläufigen ↑Erkenntnisfortschritts (↑Fortschritt). Dieser von L. ›euklidisch‹ genannten Darstellung der Entstehung des mathematischen Wissens hält L. in Anlehnung an G. Pólyas mathematische ↑Heuristik und an Poppers Konzeption des

wissenschaftlichen Wachstums (↑Logik der Forschung) eine ›Situationslogik des arbeitenden Mathematikers‹ entgegen. Die Entscheidung über Wahrheit/Falschheit von Sätzen wird nach L. nämlich nicht bei den Ausgangsaxiomen gefällt, sondern in einem heuristischen Prozeß, der derselben Abfolge von Beweisversuch, Gegenbeispiel und Verbesserung des Beweisversuchs genügt, wie sie Popper für die empirischen Wissenschaften darstellt. Durch mathematikhistorische Fallstudien, z. B. zur Descartes-Eulerschen Vermutung, sucht L. zu demonstrieren, daß der mathematische Erkenntnisfortschritt nicht in der Auffindung und Anhäufung ewiger mathematischer Wahrheiten, sondern in der ständigen Verbesserung durch Versuch und Kritik besteht. Diese Kritik folgt heuristischen Regeln des Beweisens und Widerlegens. L. spricht der Mathematik daher einen ›quasi-empirischen‹ Status zu: auch die Sätze der Mathematik sind nur Vermutungen. In Abgrenzung zu Popper vertritt L. in »Proofs and Refutations« die Einheit von ↑Entdeckungs- und Begründungszusammenhang.

L.' Theorie der ↑Wissenschaftsgeschichte stellt auf dem Hintergrund der Diskussion zwischen Popper und T. S. Kuhn den Versuch dar, als Bemühung um eine Synthese der Gedanken von Popper und Kuhn, durch eine Methodologie wissenschaftlicher ↑*Forschungsprogramme* am Gedanken einer rationalen Methodologie festzuhalten, jedoch die historischen Einsichten Kuhns aufzugreifen und die Rigidität des Prinzips der ↑Falsifikation abzuschwächen. L. verteidigt Popper zunächst gegen die Unterstellung eines ›dogmatischen Falsifikationismus‹, demgemäß der Wachstumsprozeß der Wissenschaft im wiederholten Verwerfen von Theorien auf Grund ›evidenter‹, unbestreitbarer Tatsachen bestehe. Ein solcher Falsifikationismus gehe von zwei unhaltbaren Annahmen aus, nämlich einer natürlichen Differenz zwischen theoretischen und empirischen Sätzen sowie einer naturalistischen (↑Naturalismus) Doktrin des Beobachtungsbeweises. Gegenüber dem dogmatischen Falsifikationismus sei Poppers ›methodologischer Falsifikationismus‹ ein ↑Konventionalismus: die falsifizierenden Sätze sind ↑singulare Sätze, über die Festsetzungen gemacht werden müssen; der Wahrheitswert solcher Sätze ist durch Übereinkunft zu entscheiden. Auch Poppers Konzeption läßt sich nach L. jedoch angesichts der Wissenschaftsgeschichte (d. h. ihrer Darstellung durch Kuhn) nicht aufrechterhalten. Er schlägt daher eine gegenüber Poppers ›naivem Falsifikationismus‹ modifizierte Konzeption eines *raffinierten Falsifikationismus* vor. Für diesen ist eine Theorie nur dann akzeptabel oder ›wissenschaftlich‹, wenn sie einen empirischen Gehaltsüberschuß (↑Gehalt, empirischer) über eine konkurrierende Theorie besitzt, d. h., wenn sie zur Entdeckung ›neuer Tatsachen‹ führt. Die Modifikation besteht darin, daß die Falsifikation einer Theorie nicht unmittelbar zu ihrer Verwerfung führt, sondern für die Verwerfung eine informativere neue Theorie zur Verfügung stehen muß. Steht eine solche Konkurrenztheorie nicht zur Verfügung, wird die Falsifikation durch andere Maßnahmen (Einschränkung des Geltungsbereichs) aufgefangen. Eine Reihe von Theorien heißt nach L. theoretisch/empirisch ↑›progressiv‹, wenn die jeweils neue Theorie einen theoretischen/empirischen Gehalt besitzt, der dem nicht-falsifizierten Teil der alten Theorie theoretisch/empirisch wenigstens gleich ist, sonst ›degenerativ‹. Entsprechend schreibt der raffinierte Falsifikationismus vor, daß man die Ablösung einer Theorie auf Grund von (methodologischer) Falsifikation nur im Falle ›progressiver Problemverschiebung‹ durchführen darf. Der Fortschritt der Wissenschaft läßt sich dann an dem Grad der Progressivität der Problemverschiebung messen.

Im Gegensatz zu Kuhns Diskontinuitätsthese (↑Paradigma) ist der Prozeß der Wissenschaftsentwicklung nach L. durch eine Kontinuität sich ablösender Theorien gekennzeichnet. Das Kontinuum entwickelt sich aus einer Menge methodologischer Regeln (›Forschungsprogramm‹), die teilweise Verbote (›negative Heuristik‹), teilweise Gebote (›positive Heuristik‹) sind. Forschungsprogramme sind durch einen methodologischen ›harten Kern‹ zu charakterisieren, der durch Hilfshypothesen gegen Überprüfung geschützt werden muß. Auch Forschungsprogramme lassen sich rational kritisieren, nämlich durch ihre ›Produktivität‹: Ein Forschungsprogramm ist erfolgreich, wenn es zu einer progressiven Problemverschiebung führt, sonst erfolglos. Somit formuliert L. gegen Kuhn relativ autonome (kognitive) Erfolgskriterien für Theorien und Forschungsprogramme, die von sozialen Akzeptationsprozessen durch Wissenschaftlergemeinschaften (↑scientific community) unabhängig sind (↑intern/extern).

Werke: Infinite Regress and the Foundations of Mathematics, Arist. Soc. Suppl. 36 (1962), 155–184, Neudr. in: Philosophical Papers II [s. u.], 3–23; Proofs and Refutations, Brit. J. Philos. Sci. 14 (1963/1964), 1–25, 120–139, 221–245, 296–342, erw. unter dem Titel: Proofs and Refutations. The Logic of Mathematical Discovery, ed. J. Worrall/E. G. Zahar, Cambridge/London/New York/Melbourne 1976 (dt. Beweise und Widerlegungen. Die Logik mathematischer Entdeckungen, Braunschweig 1979); A Renaissance of Empiricism in the Recent Philosophy of Mathematics?, in: ders. (ed.), Problems in the Philosophy of Mathematics, Amsterdam 1967, 199–202, erw. in: Brit. J. Philos. Sci. 27 (1976), 201–223, Neudr. in: ders., Mathematics, Science and Epistemology [s. u.], 24–42 (dt. Renaissance des Empirismus in der neueren Philosophie der Mathematik?, in: ders., Mathematik, empirische Wissenschaft und Erkenntnistheorie [s. u.], 23–41); Criticism and the Methodology of Scientific Research Programmes, Proc. Arist. Soc. 69 (1969), 149–186; Changes in the Problem of Inductive Logic, in: ders. (ed.), The Problem of Inductive Logic, Amsterdam 1968, 315–417, Neudr. in: ders.,

Mathematics, Science and Epistemology [s. u.], 128–200 (dt. Wandlungen des Problems der induktiven Logik, in: ders., Mathematik, empirische Wissenschaft und Erkenntnistheorie [s. u.], 124–195); Sophisticated versus Naive Methodological Falsificationism, Architectural Design 9 (1969), 482–483; Falsification and the Methodology of Scientific Research Programmes, in: ders./A. Musgrave (eds.), Criticism and the Growth of Knowledge, Cambridge 1970, 91–196, Neudr. in: ders., The Methodology of Scientific Research Programmes [s. u.], 8–101 (dt. Falsifikation und die Methodologie wissenschaftlicher Forschungsprogramme, in: ders./A. Musgrave [eds.], Kritik und Erkenntnisfortschritt, Braunschweig 1974, 89–189, ferner in: ders., Die Methodologie wissenschaftlicher Forschungsprogramme [s. u.], 7–107); History of Science and Its Rational Reconstructions, in: R. C. Buck/R. S. Cohen (eds.), PSA 1970. In Memory of Rudolf Carnap. Proceedings of the 1970 Biennial Meeting Philosophy of Science Association, Dordrecht 1971 (Boston Stud. Philos. Sci. VIII), 91–135, Neudr. in: ders., The Methodology of Scientific Research Programmes [s. u.], 102–138, ferner in: Y. Elkana (ed.), The Interaction between Science and Philosophy, Atlantic Highlands N. J. 1974, 195–241 (dt. Die Geschichte der Wissenschaften und ihre rationalen Rekonstruktionen, in: ders./A. Musgrave [eds.], Kritik und Erkenntnisfortschritt [s. o.], 271–311, ferner in: W. Diederich [ed.], Theorien der Wissenschaftsgeschichte. Beiträge zur diachronen Wissenschaftstheorie, Frankfurt 1974, 55–119, ferner in: I. L., Die Methodologie wissenschaftlicher Forschungsprogramme [s. u.], 108–148); Popper on Demarcation and Induction, in: P. A. Schilpp (ed.), The Philosophy of Karl R. Popper I, La Salle Ill. 1974, 241–273, Neudr. in: I. L., The Methodology of Scientific Research Programmes [s. u.], 139–167 (dt. Popper zum Abgrenzungs- und Induktionsproblem, in: H. Lenk [ed.], Neue Aspekte der Wissenschaftstheorie, Braunschweig 1971, 75–110, ferner in: ders., Die Methodologie wissenschaftlicher Forschungsprogramme [s. u.], 149–181); Science and Pseudo-Science, Conceptus 8 (1974), 5–9, Neudr. in: ders., The Methodology of Scientific Research Programmes [s. u.], 1–7 (dt. Wissenschaft und Pseudowissenschaft, in: ders., Die Methodologie wissenschaftlicher Forschungsprogramme [s. u.], 1–6); The Role of Crucial Experiments in Science, Stud. Hist. Philos. Sci. 4 (1974), 309–325; Understanding Toulmin, Minerva 14 (1976), 126–143, Neudr. in: ders., Mathematics, Science and Epistemology [s. u.], 224–243 (dt. Toulmin erkennen, in: ders., Mathematik, empirische Wissenschaft und Erkenntnistheorie [s. u.], 219–237); The Methodology of Scientific Research Programmes. Philosophical Papers I, ed. J. Worrall/G. Currie, Cambridge/London/New York/Melbourne 1978 (mit Bibliographie, 237–239) (dt. Die Methodologie wissenschaftlicher Forschungsprogramme. Philosophische Schriften I, ed. J. Worrall/G. Currie, Braunschweig/Wiesbaden 1982 [mit Bibliographie, 241–242]); Mathematics, Science and Epistemology. Philosophical Papers II, ed. J. Worrall/G. Currie, Cambridge/London/New York/Melbourne 1978 (mit Bibliographie, 274–276) (dt. Mathematik, empirische Wissenschaft und Erkenntnistheorie. Philosophische Schriften II, ed. J. Worrall/G. Currie, Braunschweig/Wiesbaden 1982 [mit Bibliographie, 266–267]).

Literatur: J. Agassi/C. Sawyer, Was L. an Elitist?, Ratio 22 (1980), 61–63 (dt. War L. elitär?, Ratio 22 [dt. Ausg., 1980], 65–68); G. Andersson, Kritik und Wissenschaftsgeschichte. Kuhns, L.' und Feyerabends Kritik des Kritischen Rationalismus, Tübingen 1988 (engl. Criticism and the History of Science. Kuhn's, L.'s and Feyerabend's Criticisms of Critical Rationalism, Leiden etc.

1994); R. Backhouse, Explorations in Economic Methodology. From L. to Empirical Philosophy of Science, Chicago Ill. 1999; K. Bayertz, Forschungsprogramm und Wissenschaftsentwicklung, Z. allg. Wiss.theorie 22 (1991), 229–243; J. Brown, What Is a Definition?, Found. Sci. 3 (1998), 111–132; R. S. Cohen/ P. K. Feyerabend/M. W. Wartofsky (eds.), Essays in Memory of I. L., Dordrecht/Boston Mass. 1976 (Boston Stud. Philos. Sci. XXXIX); L. Congdon, Possessed. I. L.' Road, Contemporary European History 6 (1997), 279–294; P. Ernest, Social Constructivism as a Philosophy of Mathematics, Albany N. Y. 1998; P. K. Feyerabend, I. L., Brit. J. Philos. Sci. 26 (1975), 1–18; K. Gavroglu/Y. Goudaroulis/P. Nicolacopoulos (eds.), I. L. and Theories of Scientific Change [Contributions from the International Conference in Thessaloniki, Greece, in August, 1986], Dordrecht, 1989; E. Glas, Mathematical Progress. Between Reason and Society, Z. allg. Wiss.theorie 24 (1993), 235–256; ders., The Popperian Programme and Mathematics. Part II. From Quasiempiricism to Mathematical Research Programmes, Stud. Hist. Philos. Sci. 32 (2001), 355–376; I. Hacking, I. L.'s Philosophy of Science, Brit. J. Philos. Sci. 30 (1979), 381–402, rev. unter dem Titel: L.'s Philosophy of Science, in: ders. (ed.), Scientific Revolutions, Oxford 1981, 128–143; J. Kadvany, I. L. and the Guises of Reason, Durham N. C. 2001; G. Kampis (ed.), Appraising L.. Mathematics, Methodology, and the Man, Dordrecht 2002; J. J. Kockelmans, Reflections on L.' Methodology of Scientific Research Programmes, in: G. Radnitzky/G. Andersson (eds.), The Structure and Development of Science, Dordrecht/ Boston Mass. 1979 (Boston Stud. Philos. Sci. LIX), 187–203; T. Koetsier, L.' Philosophy of Mathematics. A Historical Approach, Amsterdam 1991; T. S. Kuhn, Bemerkungen zu L., in: I. L./A. Musgrave (eds.), Kritik und Erkenntnisfortschritt, Braunschweig 1974, 313–321; T. Kulka, Some Problems Concerning Rational Reconstruction. Comments on Elkana and L., Brit. J. Philos. Sci. 28 (1977), 325–344; L. Kvasz, On Classification of Scientific Revolutions, Z. allg. Wiss.theorie 30 (1999), 201–232; B. Larvor, L.. An Introduction, London 1998, ²2004; K. Mainzer, Wie ist das Wachstum von apriorischen Wissenschaften möglich? Zum Begründungsproblem von Wissenschaftsentwicklung am Beispiel von Logik und Mathematik, in: G. Patzig/E. Scheibe/ W. Wieland (eds.), Logik, Ethik, Theorie der Geisteswissenschaften (11. Deutscher Kongreß für Philosophie. Göttingen 5.–9. Oktober 1975), Hamburg 1977, 411–417; M. Motterlini, L., in: F. Volpi (ed.), Großes Werklexikon der Philosophie, Stuttgart 1999, 865–867; ders., L.. Scienza, Matematica, Storia, Mailand 2000; D. Ribes, Carácter histórico del criterio de demarcación de L., Teorema 7 (1977), 241–256; F. Rodolfi, Singole teorie o programmi di ricerca? Le immagini della scienza di Popper e L., Mailand 2001; H. Sarkar, A Theory of Method, Berkeley Calif. 1983; P. Scheurer, L., DP II (1993), 1645–1646; A. Schramm, Demarkation und rationale Rekonstruktion bei I. L.. Einige kritische Bemerkungen, Conceptus 8 (1974), 10–17; D. D. Spalt, Vom Mythos der mathematischen Vernunft. Eine Archäologie zum Grundlagenstreit der Analysis oder Dokumentation einer vergeblichen Suche nach der Einheit der Mathematischen Vernunft, Darmstadt 1981; U. Steinvorth, L. und politische Theorie, Z. allg. Wiss.theorie 11 (1980), 135–146; D. Stove, Popper and After. Four Modern Irrationalists, Oxford 1982, rev. unter dem Titel: Anything Goes. Origins of the Cult of Scientific Irrationalism, Paddington 1998; C. Thiel, L.' Dialektik der mathematischen Vernunft, in: H. Poser (ed.), Wandel des Vernunftbegriffs, Freiburg/München 1981, 201–221; G. de Vries, L.' bewijs, Kennis en Methode 4 (1980), 4–21; J. Worrall, Nachruf auf I. L., Z. allg. Wiss.theorie 5 (1974), 211–217; ders.,

L., REP V (1998), 342–345; A. Wright, L., in: Biographical Dictionary of Twentieth-Century Philosophers, London/New York 1996, 433–434; E. Zahar, Why Did Einstein's Programme Supersede Lorentz's, Brit. J. Philos. Sci. 24 (1973), 95–123, 223–262. C. F. G.

lakṣaṇa (sanskr., von lakṣ, bemerken, markieren), ein primär Logik und Erkenntnistheorie betreffender Grundbegriff der klassischen indischen Philosophie (↑Philosophie, indische); in der Bedeutung ›charakteristischer Zug‹ ein (natürliches) *Kennzeichen* für einen Gegenstand[styp], also ein spezifisches ↑Merkmal und in der Regel zugleich dessen zur unterscheidenden Bestimmung des Gegenstands[typs] taugliche Artikulation (oft wird aber auch zwischen dem Merkmal auf der Objektebene und dessen Artikulation, oder auch nur Verwendung, auf der Zeichenebene mit den Ausdrükken ›lakṣya‹ und ›l.‹ unterschieden). In den Systemen des ↑Nyāya und des ↑Vaiśeṣika ist im Rahmen der Erkenntnismittel (↑pramāṇa) ein l. aufzusuchen, um es zur *Definition* des jeweiligen Erkenntnisgegenstandes (prameya) einsetzen zu können; dabei geht eine (aufzählende) Aufstellung (uddeśa) möglicher Merkmale der Wahl des l. voraus. Eine Prüfung (parīkṣā) auf dessen Tauglichkeit zur Definition schließt sich an, vor allem hinsichtlich des Fehlers einer zu weit (ativyāpti) oder zu eng (avyāpti) gefaßten oder aber gar nicht passenden (asaṃbhava) Definition. Z. B. ist das Euter im Falle des Gegenstandstyps Kuh ein solches Kennzeichen (weder zu weit wie das Hörner[tragen] oder zu eng wie das Lohfarbenaussehen) und daher eine charakteristische Eigenschaft (asādhāraṇa ↑dharma), mithin ›Euter[haben]‹ eine *unterscheidende* Bestimmung, die allerdings nicht das Wesen von Kuhsein erfaßt, weil dafür eine *vollständige* Bestimmung durch Angabe aller Eigenschaften erforderlich wäre. Die ebenfalls *pars pro toto* mit ›l.‹ bezeichnete Definition selbst geschieht nicht allein durch Angabe des Kennzeichens im Sinne einer ↑differentia specifica, sondern verlangt zusätzlich die ausdrückliche oder stillschweigende Angabe des ↑genus proximum, im Beispiel etwa ›Tier‹. In der buddhistischen Philosophie (↑Philosophie, buddhistische) sind die *Daseinsfaktoren* (↑dharma) durch das ›Tragen des eigenen Merkmals‹ (sva-lakṣaṇa-dhāraṇa) – ›und keine weiteren‹ ist zu ergänzen – ausgezeichnet, womit präzise deren Rolle markiert ist, als singulare ↑Aktualisierungen eines universalen Schemas und nicht etwa als partikulare Instanzen eines Typs (↑type and token) aufzutreten. K. L.

Lakydes von Kyrene, † 207 v. Chr., akademischer Philosoph, Nachfolger des Arkesilaos, ab 241/240 für 25 Jahre Scholarch der mittleren ↑Akademie. Zu den Schülern L.' zählt unter anderen Chrysipp. Unter L. florierte die Akademie als Bildungsinstitution, doch konnte L. mit seinem philosophischen Wirken keine nachhaltigen Akzente setzen. Über Leben und Werk liegen nur wenige Informationen vor, die sich primär in der kurzen Biographie bei Diogenes Laertios (IV.59–61), in einem Lemma des byzantinischen Lexikons Suda und im Academicorum Index Herculanensis finden (zur Chronologie Görler 1994, 830–834). Demnach wurde L. im nordafrikanischen Kyrene als Sohn eines gewissen Alexandros geboren. Neben dem Zeitpunkt der Geburt ist ebenfalls unklar, wann und unter welchen Umständen L. nach Athen kam. Dort wurde L. offenbar zunächst Schüler des Arkesilaos, dann noch unter dessen Scholarchat Lehrer in der Akademie. 241/240 übernahm L., wohl nach dem Tod des Arkesilaos, die Leitung der Schule. Aus Diog. Laert. IV.60–61 und einem im Herculanenser Academicorum Index überlieferten Exzerpt Apollodors (Frag. 70) geht hervor, daß L. zunächst für 18 Jahre das Scholarchat bekleidete, bevor er (bei inklusiver Zählung) ab 224/223 eventuell aus gesundheitlichen Gründen zwei seiner Schüler, Telekles und Euandros, an der Leitung beteiligte. 216/215 legte L. offenbar krankheitsbedingt sein Amt gänzlich nieder.

Die Suda (s. v. *Λακύδης*) berichtet, L. habe »philosophische Werke und eine Schrift, ›Über die Natur‹« verfaßt, von denen nichts erhalten ist. Konturen von L.' Lehre können aus einer von Diog. Laert. IV.59 und Numenios (bei Eusebius Praep. Evang. XIV 7.1–13) überlieferten Anekdote erschlossen werden. Offenbar vertrat L. wie Arkesilaos eine skeptische Haltung (↑Skepsis, ↑Skeptizismus), die konsequenter als die seiner Vorgänger war und auch die *μνήμη* (Erinnerung) einbezog. Da L. (im Gegensatz zu Arkesilaos) seine Ansichten auch publizierte, konnte sich der Eindruck festigen, daß erst L. die skeptische Wende der Akademie besiegelt hat. Der Vermerk, L. habe mit seinem Wirken erreicht, daß die Akademie nun als die ›Neue‹ bezeichnet wurde (Acad. Ind. XXI.37–42), bezieht sich möglicherweise auf die Verlegung der Schule in das Lakydeion (Glucker 1978, 235). Die ›Neue Akademie‹ beginnt jedenfalls erst unter Karneades (vgl. Sextus Pyrr. Hypotyp. A.220).

Generell wird L. eine deutlich geringere wissenschaftliche Kompetenz zugeschrieben als seinem Vorgänger Arkesilaos oder seinem Schüler Chrysipp. Die gesellschaftliche Stellung der Akademie und der Lehrbetrieb scheinen darunter nicht gelitten zu haben. Etwa 20 Schüler sind namentlich bekannt, darunter neben Telekles, Euandros und weiteren, weniger bekannten Akademikern auch der Stoiker Chrysipp, der pyrrhonische Skeptiker Praÿlos und der alexandrinische Dichter Euphorion aus Chalkis. Die Akademie unterhielt unter L. weiterhin gute Beziehungen zu den Attaliden, konkret zu den pergamenischen Königen Eumenes I. und Attalos I.. Letzterer stiftete der Akademie unter dem Scholarchat des L. ein Gartengrundstück, das nach dem Schulleiter

Lakydeion genannt wurde, und lud den Philosophen ein, ihn an seinem Hof zu besuchen, was L. jedoch mit der Sentenz *εἰκόνας πόρρωθεν δεῖν θεωρεῖσθαι* (›Standbilder sollten aus der Ferne betrachtet werden‹) ausgeschlagen haben soll.

Literatur: W. Cappelle, L., RE XII/1 (1924), 530–534; M. Conche, Lacydès de Cyrène, Enc. philos. universelle III/1 (1992), 194; ders., Lacydes de Cyrène, DP II (²1993), 1636; W. Crönert, Kolotes und Menedemos. Texte und Untersuchungen zur Philosophen- und Literaturgeschichte, Leipzig 1906, Amsterdam 1965; T. Dorandi, Per la cronologia di Lacide, Rhein. Mus. Philol. 133 (1990), 93–96; ders., Gli arconti nei papiri ercolanesi, Z. Papyrologie u. Epigraphik 84 (1990), 121–138; ders., Ricerche sulla cronologia di filosofi ellenistici, Stuttgart 1991, bes. 7–10 (Kap. I/2 Lacide di Cirene); ders., Lacydès de Cyrène, in: R. Goulet (ed.), Dictionnaire des philosophes antiques IV, Paris 2005, 74–75; J. Glucker, Antiochus and the Late Academy, Göttingen 1978; W. Görler, L. und seine Nachfolger. Undatierbares aus der frühen skeptischen Akademie, in: H. Flashar (ed.), Grundriss der Geschichte der Philosophie. Die Philosophie der Antike IV/2 (Die hellenistische Philosophie), Basel 1994, 829–848 (mit Bibliographie, 846–848); C. Habicht, Studien zur Geschichte Athens in hellenistischer Zeit, Göttingen 1982; R. Hirzel, Untersuchungen zu Cicero's philosophischen Schriften III, Leipzig 1883 (repr. Hildesheim 1964), bes. 161–162; ders., Ein unbeachtetes Komödienfragment, Hermes 18 (1883), 1–16; F. Jacoby, Apollodors Chronik. Eine Sammlung der Fragmente, Berlin 1902 (repr. New York 1973, Hildesheim 2004), bes. 346–351; C. Lévy, Les petits académiciens. Lacyde, Charmadas, Métrodore de Stratonice, in: M. Bonazzi/V. Celluprica (eds.), L'eredità platonica. Studi sul platonismo da arcesilao a proclo, Neapel 2005, 51–77; H. J. Mette, Weitere Akademiker heute. Von L. bis zu Kleitomachos, Lustrum 27 (1985), 39–148, bes. 39–51 (mit Bibliographie, 39–40); K.-H. Stanzel, L., DNP VI (1999), 1075; V. Tsouna, Cyrenaics, REP II (1998), 759–763; K. v. Wilamowitz-Moellendorff, Lesefrüchte, Hermes 45 (1910), 387–417, bes. 406–414, Nachdr. in: ders., Kleine Schriften IV (Lesefrüchte und Verwandtes), Berlin 1962, 254–283, bes. 272–280; ders., Lesefrüchte, Hermes 63 (1928), 369–390, bes. 377–379, Nachdr. in: ders., Kleine Schriften IV [s. o.], 454–475, bes. 463–465. J. W.

Lalande, André, *Dijon 19. Juli 1867, †Asnières 15. Nov. 1963, franz. Philosoph. Ab 1885 Studium der Philosophie an der »École normale supérieure«, 1899 Promotion, Lehrer am »Lycee Michelet«, 1904–1937 Prof. an der Sorbonne, 1901–1935 auch Lehrtätigkeit an der »Ecole normale supérieure« von Sèvres, 1922 Mitglied der »Académie des sciences morales et politiques«, Mitbegründer der »Société française de philosophie«. – L. wendet sich gegen den von H. Spencer entwickelten Evolutionismus, wonach der ↑Fortschritt im differenzierenden Übergang vom Homogenen zum Heterogenen besteht, zugunsten der These, daß der wahre Fortschritt in der in vier Gruppen gegliederten, ›entropischen‹ ›Dissolution‹ (später: ›Involution‹) vom Heterogenen zum Homogenen besteht: (1) mechanische Involution (Feststellung, daß bereits in der mechanischen Welt ein Fortschreiten zur Gleichheit stattfindet), (2) physiologische Involution (Tod als Endpunkt eines durch die Zeugung gegebenen ↑›élan vital‹; Bewegung, die im Stillstand endet), (3) psychologische Involution (im bewußten Wesen werden durch die Ideen des Schönen, Guten und Wahren individuelle Differenzierungen vermindert; der Mensch strebt nach Identifikation mit seinem Nächsten), (4) soziale Involution (trotz sozialer Differenzen findet ein Fortschreiten der sozialen Annäherung und Gleichheit statt). Nach L. sind beim Menschen zwar Individualisierung und Assimilierung als entgegengesetzte Tendenzen feststellbar, doch wird Involution als leitendes Prinzip des Handelns gefordert (Sieg des Geistes über die Natur). L.s Bemühungen um eine Standardisierung der philosophischen Terminologie finden ihren Ausdruck im »Vocabulaire technique et critique de la philosophie« (1926–1932).

Werke: Lectures sur la philosophie des sciences, Paris 1893, [14]1948; La dissolution opposée à l'évolution dans les sciences physiques et morales, Paris 1899; Quid de mathematica vel rationali vel naturali senserit Baconus Verulamius, Paris 1899; Précis raisonné de morale pratique, Paris 1907, [3]1930; Vocabulaire technique et critique de la philosophie, I–III, Paris 1926–1932, [in 2 Bdn.] Paris [4]1997, [5]1999, [in einem Bd.] Paris [4]1932, [18]1996; Les théories de l'induction et de l'expérimentation, Paris 1929; Les illusions évolutionnistes, Paris 1930; La raison et les normes, Paris 1948, mit Untertitel: Essai sur le principe et sur la logique des jugements de valeur, [2]1963; A. L. par lui-même, Paris 1967.

Literatur: I. Bertoni, Il neoilluminismo etico di A. L., Mailand 1965; P. Mesnard, Notice sur la vie et les travaux de A. L. (1867–1963). Lue dans la séance du 21 mars 1966, Paris 1966; R. Poirier, L., DP II (1993), 1648–1651; P. M. Schuhl, A. L. (19 juillet 1867 – 15 novembre 1963), Rev. philos. France étrang. 89 (1964), 133–134; C. Smith, L., Enc. Ph. IV (1967), 375–376. P. B.

Lamarck, Jean-Baptiste Pierre Antoine de Monet de, *Bazentin-le-Petit (Picardie) 1. Aug. 1744, †Paris 28. Dez. 1829, franz. Naturforscher. Von seinen Eltern zum Priesterberuf bestimmt, ab ca. 1755 Besuch des Jesuitenkollegs von Amiens, 1761–1768 Militärdienst und Beginn botanischer Studien, danach Tätigkeit als Buchhalter und Medizinstudium, ab ca. 1775 botanische Tätigkeit im Pariser »Jardin du Roi«. In der Vorrede von »Flore françoise […]« (I–III, Paris 1778 [tatsächlich 1779], ed. P. de Candolle, [3]1805 [Nachdr. mit 1 Suppl.-Bd. 1815]) kritisiert L. die von C. v. Linné eingeführte botanische Klassifikationsmethode und setzt dieser seine ›méthode d'analyse‹ entgegen, die in einem künstlichen, dichotomischen (↑Dichotomie) System von Ja-Nein-Entscheidungen die namentliche Identifizierung vorgelegter Pflanzen erlaubt. Das auf Anregung von G.-L. L. Buffon auf Staatskosten gedruckte Buch bewirkte, ebenfalls auf Drängen Buffons, 1779 L.s Aufnahme in die »Académie des Sciences« (1790 Vollmitglied), der L. bis zu ihrer Auflösung (1793) und nach ihrer Reorganisation als »Institut de France« (1795) wieder angehörte. 1793 Prof. für ›Insekten und Würmer‹ (wofür L. die Bezeichnung ›Invertebraten‹ einführte) am

neugegründeten »Muséum d'Histoire Naturelle«, in das der »Jardin du Roi« aufging.

Während L. in seinen Werken zur Physik, Chemie und Meteorologie bereits damals überholte Ansichten (z. B. die Vier-Elementen-Lehre) vertrat, begründeten seine von ihm als eng damit verbunden betrachteten botanischen und zoologischen Arbeiten seinen zeitgenössischen Ruf. In ihnen äußert sich der um 1800 einsetzende Paradigmenwechsel in der Erforschung der *lebendigen Wesen* hin zu einer ↑›Biologie‹ (L. gehört zu den ersten, die dieses Wort verwenden): L. setzt sich die Erforschung des ↑*Lebens*, verstanden als innere materielle Organisation der ↑Organismen und der daraus resultierenden Lebensfunktionen, zum Ziel. Den Hintergrund spezieller Forschungen bildet die Idee eines gesetzmäßigen Gesamtzusammenhangs der ↑Natur, die sich in beständiger Balance befindet, in der alles seinen Ort hat und prinzipiell in seiner materiellen Verursachung (man kann L. als ›Materialisten‹ bezeichnen) erkennbar ist. Deshalb sieht L. seine naturgeschichtliche Tätigkeit der Klassifikation des Pflanzen- und Tierreichs auch nicht als schlichte Beschreibung; sie hat vielmehr die Aufgabe, die ›natürliche Ordnung‹ der ›Produktionen der Natur‹ wiederzugeben. L. versteht sich so – die alte Unterscheidung von (deskriptiver) ↑›Naturgeschichte‹ und (systematisch-begründender) ›Philosophie‹ aufgreifend – als ›naturaliste-philosophe‹ (und seine Klassifikation als ›philosophie botanique‹ und ›philosophie zoologique‹). Die künstliche Klassifikationsmethode (↑Klassifikation) von »Flore françoise« wird durch die Idee einer ›natürlichen‹ linearen Anordnung der Naturkörper ergänzt. Dabei trennt L. strikt zwischen dem Anorganischen und dem Organischen, im Organischen zwischen Pflanzen- und Tierreich. Im Unterschied z. B. zu C. Bonnet lehnt er jede Kontinuität zwischen den verschiedenen Gebieten ab. Die lineare Kontinuität jeweils innerhalb der beiden Gebiete des Belebten wird von ihm zunächst als von graduell abnehmender Komplexität verstanden. Während L. das Pflanzen- und Tierreich in je sechs große linear angeordnete Komplexitätsklassen einteilt, hält er wegen der dann unumgänglichen Verzweigungen eine solche Anordnung auf der Ebene von Arten (↑Spezies) und Gattungen für unmöglich.

L.s Bedeutung in der Wissenschaftsgeschichte besteht darin, daß er als erster die vielfältigen Überlegungen zur Veränderlichkeit (›Variabilität‹) der biologischen Arten in eine umfassende Theorie einbrachte. Im Gegensatz zu G. Cuviers ↑Katastrophentheorie hält er ein Aussterben nur bei den einfachsten Organismen für möglich, wobei sich deren erneutes Auftreten einer ↑Urzeugung verdanke. Die fossilen Reste heute nicht mehr existenter Arten seien kein Beweis für deren Aussterben, sondern für Änderungen, die letztlich zu den rezenten Formen geführt hätten. Diesen Gedanken verbindet L.

mit seiner Idee linear abgestufter Komplexität (↑komplex/Komplex) der Organismen. Die Konzeption der natürlichen Ordnung und der auf Ähnlichkeiten beruhenden Verwandtschaft wird historisiert und phylogenetisch als Entwicklung immer komplexerer aus einfachsten, durch Urzeugung entstandenen Formen interpretiert (erstmals öffentlich 1800 im »Discours d'ouverture du cours de zoologie«, gedruckt in: Système des animaux sans vertèbres [...], Paris 1801 [repr. Brüssel 1969], 1–48), nachdem L. bis dahin an die Konstanz der Arten geglaubt hatte. Die ↑Evolution der Organismen (L. verwendet hier Ausdrücke wie ›la marche de la nature‹) beruht auf zwei allgemeinen Faktoren: (1) einer (im wesentlichen hydraulisch beschriebenen) inneren Lebenskraft, die für die Entwicklung zur Komplexität verantwortlich ist, und (2) diese Entwicklung modifizierenden äußeren Umständen wie Klima, Temperaturschwankungen, geographischer Ort und Verhalten. Der zweite Faktor wird, spezifiziert als ›Gebrauch und Nichtgebrauch der Organe‹, ab ca. 1809 für L. entscheidend. – Seine (auch von anderen vertretene) Auffassung, daß sich die durch die obigen modifizierenden Umstände erworbenen Eigenschaften vererbten, ist später vor allem mit L.s Namen verknüpft worden (↑Lamarckismus). L. lieferte jedoch weder zu dieser Behauptung eine Begründung, noch konnte er (wie später C. Darwin durch die natürliche ↑Selektion) den Mechanismus der Adaption von Organismen an modifizierende Umstände erklären.

Werke: Encyclopédie méthodique: botanique, I–III, Paris 1783–1792; Philosophie botanique, J. hist. nat. 1 (1792), 9–19, 81–92; Recherches sur les causes des principaux faits physiques [...], I–II, Paris 1794; Refutation de la théorie pneumatique ou de la nouvelle doctrine des chimistes modernes [...], Paris 1796; Mémoirs de physique et d'histoire naturelle [...], Paris 1797; Annuaires météorologiques, I–XI, Paris 1800–1810; Hydrogéologie [...], Paris 1802; Recherches sur l'organisation des corps vivans [...], Paris 1802; Histoire naturelle des végétaux, I–II (von 15 Bdn.), Paris 1803; Philosophie zoologique [...], I–II, Paris 1809 (repr. Brüssel 1970), ²1994 (dt. Zoologische Philosophie, Leipzig 1873, ²1989 [repr. Frankfurt 2002]; engl. Zoological Philosophy, London 1914 [repr. New York/London 1963], Chicago Ill./London 1994); Histoire naturelle des animaux sans vertèbres [...], I–VII, Paris 1815–1822 (repr. Brüssel 1969); Système analytique des connaissances positives de l'homme [...], Paris 1820 (repr. 1988); Discours d'ouverture des cours de zoologie, donné dans le Muséum d'Histoire Naturelle [...], ed. A. Giard, Paris 1907; The L. Manuscripts at Harvard, ed. M. Wheeler/T. Barbour, Cambridge Mass. 1933; La biologie, texte inédit de L., ed. P.-P. Grassé, Rev. sci. 5 (1944), 267–276; M. Vachon/G. Rousseau/Y. Laissus (eds.), Inédits de L., d'après les manuscrits conservés à la bibliothèque centrale du Muséum National d'Histoire Naturelle de Paris, Paris 1972; La métaphysique de L. d'après un opuscule retrouvé, ed. J. M. S. Hodge, Rev. hist. sci. 26 (1973), 223–229.

Literatur: J.-P. Aron, Les circumstances et le plan de la nature chez L., in: ders., Essais d'épistémologie biologique, Paris 1969, 83–98; G. Barsanti, Dalla storia naturale alla storia della natura. Saggio su L., Mailand 1979; M. Barthélemy-Madaule, L. ou le mythe du précurseur, Paris 1979 (engl. L. the Mythical Precursor. A Study of the Relations between Science and Ideology, Cambridge Mass./London 1982); J. Bonnefoy, Dieu et l'âme. Les conceptions philosophiques et religieuses de L., Paris 2002; R. W. Burkhardt Jr., The Spirit of System. L. and Evolutionary Biology, Cambridge Mass./London 1977 (mit Bibliographie, 261–280), ²1995; ders., L., NDBS IV (2008), 189–193; L. J. Burlingame, L., DSB VII (1973), 584–594; ders., L.'s Theory of Transformism in the Context of His Views of Nature, Diss. Cornell University 1973; H. G. Cannon, L. and Modern Genetics, Manchester 1959; P. Corsi, Oltre il mito. L. e le scienze naturali del suo tempo, Bologna 1983 (engl. The Age of L.. Evolutionary Theories in France 1790 – 1830, Berkeley Calif. 1988; franz. L.. Genèse et enjeux du transformisme. 1770 – 1830, Paris 2001); ders., Before Darwin. Transformist Concepts in European Natural History, J. Hist. Biol. 38 (2005), 67–83; ders. u. a., L., philosophe de la nature, Paris 2006; H. Daudin, Cuvier et L.. Les classes zoologiques et l'idée de série animale (1790–1830), I–II, Paris 1926; ders., De Linné à Jussieu: méthodes de classification et idée de série en botanique et en zoologie (1740–1790), Paris o. J. [1927]; Y. Delange, L. sa vie, son œuvre, Arles 1984, ²2002; C. C. Gillispie, The Formation of L.'s Evolutionary Theory, Arch. int. hist. sci. 9 (1956), 323–338; ders., L. and Darwin in the History of Science, in: B. Glass/O. Temkin/W. L. Strauss (eds.), Forerunners of Darwin. 1745–1859, Baltimore Md. 1959, 265–291; S. Gould, The Structure of Evolutionary Theory, Cambridge Mass./London 2002; C. Graham, L. and Modern Genetics, Manchester 1959, Springfield Ill. 1960 (repr. Westport Conn. 1975); J. Hodge, Against ›Revolution‹ and ›Evolution‹, J. Hist. Biol. 38 (2005), 101–121; M. J. S. Hodge, L.'s Science of Living Bodies, Brit. J. Hist. Sci. 5 (1970/1971), 323–352; L. Jordanova, The Natural Philosophy of L. in Its Historical Context, Diss. Cambridge 1977; dies., L., Oxford/New York 1984; T. Junker, Die Entdeckung der Evolution. Eine revolutionäre Theorie und ihre Geschichte, Darmstadt 2001; M. Landrieu, L., le fondateur du transformisme. Sa vie, son œuvre, Paris 1909; G. Laurent, L.. De la philosophie du continu à la science du discontinu, Rev. hist. sci. 28 (1975), 327–360; ders., Paléontologie et évolution en France de 1800 à 1860. Une histoire des idées de Cuvier et L. à Darwin, Paris 1987; ders., J. B. L. 1744–1829, Paris 1997; W. Lefèvre, J. B. L. (1744–1829), Berlin 1997; C. P. v. Maldeghem, Die Evolution des Gleichheitssatzes. Das Prinzip der Gleichbehandlung im Lichte der modernen Evolutionsbiologie, Frankfurt etc. 1998; B. Mantoy, J. B. L., Paris 1968; E. Mayr, L. Revisited, J. Hist. Biol. 5 (1972), 55–94; G. Rousseau, L. et Darwin, Bull. mus. nat. hist. nat. 5 (1969), 1029–1041; M. Sadin, L. y los mensajeros (dt. L. und die Boten. Die Funktion der Viren in der Evolution, Frankfurt 1999); J. Schiller (ed.), Colloque international »L.« tenu au Muséum National d'Histoire Naturelle, Paris, le 1–2 et 3 juillet 1971, Paris 1971; F. Stafleu, L.. The Birth of Biology, Taxon 20 (1971), 397–442; J. Steele, L.'s Signature. How Retrogenes Are Changing Darwin's Natural Selection Paradigm, Reading Mass. 1998; L. Szyfman, J. B. L. et son époque, Paris 1982; J. S. Wilkie, Buffon, L., and Darwin. The Originality of Darwin's Theory of Evolution, in: P. R. Bell (ed.), Darwin's Biological Work. Some Aspects Reconsidered, Cambridge etc. 1959, 262–307. **G. W.**

Lamarckismus, Bezeichnung für (1) die Evolutionstheorie von J.-B. de Monet ↑Lamarck und (2) für die Theorie der ›Vererbung erworbener Eigenschaften‹ als wichtigen Bestandteil einer Evolutionstheorie sowie, daran anschließend, anderer insbes. soziologischer Theorien (auch: ›Neolamarckismus‹); hauptsächlich im Sinne von (2) verwendet. Die Bezeichnung ›L.‹ (seltener, zur Unterscheidung von (1), ›Neolamarckismus‹) setzte sich durch, als die konkurrierende ›neodarwinistische‹ (↑Darwinismus) Evolutionstheorie A. Weismanns (1834–1914) mit ihrer Unterscheidung von ›Soma‹ und durch die Generationenfolge identischer Keimbahn bzw. Keim- und Körperzellen die Möglichkeit einer genaueren Formulierung des Problems bot. Im Unterschied zu Weismann nimmt der L. eine Beeinflußbarkeit der Keimbahn durch Modifikationen von Körperzellen (›somatogene Induktion‹) an, die durch deren direkte Anpassung an Einflüsse der Außenwelt (so vor allem E. Geoffroy-Saint Hilaire) oder vermittelt durch Gebrauch oder Nichtgebrauch der Organe (so vor allem Lamarck) verursacht werden. Die nun veränderte Keimbahn als Träger der Erbsubstanz gibt ihre Modifikation an die nächste Generation weiter etc.. In weniger spezifizierter Form wurde die Theorie von der Vererbbarkeit erworbener Eigenschaften zu Lamarcks Zeit und später (z. B. auch von C. Darwin, E. Haeckel) vertreten, häufig mit der Einschränkung, daß sie nur für intraspezifische, d.h. den Rahmen der Art nicht überschreitende, Variation verantwortlich sei, während Lamarck transspezifische Variation annahm. In den meisten Fällen vertreten lamarckistische Positionen ferner die Auffassung, daß die Mutationen auf Grund einer besonderen Eigenschaft der Organismen bereits gerichtet erfolgen (und zwar in Richtung auf besseres Angepaßtsein).

Bislang wurde der schlüssige experimentelle Beweis für die Grundthese des L. von der Vererbung erworbener Eigenschaften oder der Existenz von somatischen Richtungsfaktoren (statt natürlicher ↑Selektion) nicht erbracht. Entsprechende Behauptungen beruhten entweder auf Irrtum oder Betrug (E. Kammer), entsprangen politisch gestütztem Wunschdenken (T. D. Lysenko) oder konnten nicht unabhängig experimentell verifiziert werden (W. McDougall). Neuere (allerdings auch wieder umstrittene) Experimente mit erworbener Immuntoleranz gegenüber fremden Gewebeverträglichkeitsantigenen behaupten jedoch, entgegen Weismanns Doktrin, die Möglichkeit einer Beeinflussung der Keimbahn durch das Soma bei sich sexuell reproduzierenden (multizellulären) Organismen und damit die Möglichkeit der Vererbung erworbener Eigenschaften; dies unter Beibehaltung des Darwinschen Selektionsprinzips, das nun auf die Gene von Körperzellen wirken soll. Ständiger und starker Selektionsdruck soll schließlich die Übertragungswahrscheinlichkeit selektierter Mutanten auf die homologen Mendelschen Loci der Keimbahn leisten. – Eine solche lamarckistische Komponente der Evolutionstheorie (durchaus Selektion einschließend) würde sich insbes. zur Erklärung der Simultanevolution eignen. Simultane Evolution ist deswegen unabdingbar, weil die

evolutionäre Veränderung eines einzelnen Gens in der Regel keinen Reproduktionsvorteil bietet. Denn ein einzelner entsprechender neuer Phänotyp ist im allgemeinen nur dann vorteilhaft, wenn sich das Gefüge, in dem er auftritt, in passender Weise mitverändert. Auf der Basis des Weismannschen Dogmas ist eine solche parallele Evolution höchst unwahrscheinlich und in den für die Evolution zur Verfügung stehenden Zeiträumen schwer unterzubringen. An diesen und ähnlichen problematischen Punkten des Darwinismus dürften immer wieder lamarckistische Theorien auftreten.

Mit der Epigenetik ist der L. in ein neues Stadium getreten, insofern die genzentrierte Standardauffassung korrigiert wird, wonach evolutionäre Anpassung ausschließlich in Form von Selektion zufälliger DNS-Variation erfolgt. Epigenetische Veränderungen eines zellulären Phänotyps sind solche, die nicht über Veränderungen der DNS vererbt werden, sondern über andere Mechanismen, z.B. über Proteinwirkungen bei der Genexpression, wie die DNS-Methylierung. Dabei ist eine transgenerationelle Erhaltung der so erworbenen molekularen Eigenschaft beobachtet worden.

Als ›Psycholamarckismus‹ wurde um die Wende vom 19. zum 20. Jh. die Theorie bezeichnet, wonach ein Organismus (auch unbewußt) durch Probieren die passendsten Mittel für seine Zwecke auswählt. Das dabei sich allmählich herausbildende ›Gedächtnis‹ für zweckmäßige Reaktionen wird dann nach dieser Theorie weitervererbt. Ähnlich nimmt die auch als ›Pseudolamarckismus‹ bezeichnete Auffassung, die auf E. Hering zurückgeht und vor allem von R. Semon vertreten wurde, eine ›Mneme‹ (griech. Gedächtnis) an, die alle vererbten und dauerhaft erworbenen Eigenschaften umfaßt und selektiv modifiziert in den Evolutionsprozeß einbringt. Ein damit verwandter ›simulierter L.‹ wird von A. Hardy vertreten. Im Unterschied zu dieser möglichen lamarckistischen Erklärungsvariante der Evolution der Organismen ist hinsichtlich der *kulturellen* Evolution des Menschen in einer metaphorischen Weise von ›L.‹ die Rede, insofern erworbene Kultur- und Zivilisationsstandards in der Generationenfolge nicht genetisch, sondern als Tradition weitergegeben werden. Lamarckistische Auffassungen wurden häufig durch eine kurzschlüssige Beziehung zur Politik mißbraucht und diskreditiert. Der ›Lyssenkoismus‹ ist hierfür ein Paradebeispiel. Cum grano salis neigen gesellschaftsverändernde Kräfte zum L., weil dieser sich mit dem Gedanken der Anpassung der Menschen an verbesserte gesellschaftliche Umstände verbinden läßt, während Konservative zum ↑Darwinismus neigen, der eine solche Wirkung von Gesellschaftsveränderungen ausschließt.

Literatur: J. Beurton, Hintergründe des modernen L., Berlin 2001; P. Bowler (ed.), Evolution. The History of an Idea, Berkeley Calif./London 1984, ²2003; D. Buican, Lyssenko et le lyssenkisme, Paris 1998; H. G. Cannon, The Evolution of Living Things, Manchester 1958; ders., Lamarck and Modern Genetics, Manchester 1959; R. M. Gorczynsky/E. J. Steele, Simultaneous yet Independent Inheritance of Somatically Acquired Tolerance to Two Distinct H-2 Antigenic Haplotype Determinants in Mice, Nature 289 (1981), 678–681; S. Gould, The Structure of Evolutionary Theory, Cambridge Mass./London 2002, bes. 181–186; C. Grimoult, Évolutionnisme et fixisme en France. Histoire d'un combat, 1800–1882, Paris 1998; A. C. Hardy, The Living Stream. A Restatement of Evolution Theory and Its Relation to the Spirit of Man, London 1965; E. Jablonka/M. J. Lamb, Epigenetic Inheritance and Evolution. The Lamarckian Dimension, Oxford etc. 1995, 2005; dies., Evolution in Four Dimensions. Genetic, Epigenetic, Behavioral, and Symbolic Variation in the History of Life, Cambridge Mass./London 2005, 2006; D. Joravski, The Lysenko Affair, Cambridge Mass. 1970, Chicago Ill. ²1986; T. Junker/U. Hoßfeld, Die Entdeckung der Evolution. Eine revolutionäre Theorie und ihre Geschichte, Darmstadt 2001; A. Koestler, The Case of the Midwife Toad, London/New York 1971; J. Kotek/D. Kotek, 1948 l'affaire Lyssenko, Brüssel 1986; D. Lecourt, Lyssenko. Histoire réelle d'une science prolétarienne, Paris 1976, 2005 (dt. Proletarische Wissenschaft? Der »Fall Lyssenko« und der Lyssenkoismus, Berlin 1976); W. Lefèvre (ed.), Die Entstehung der biologischen Evolutionstheorie, Frankfurt 1984, ²2009; R. Lewontin/R. Levins, The Problem of Lysenkoism, in: H. Rose/S. Rose (eds.), The Radicalisation of Science. Ideology of/in the Natural Sciences, London/Basingstoke 1976, 32–64; Z. A. Medvedev, The Rise and Fall of T. D. Lysenko, New York/London 1969 (dt. S. A. Medwedjew, Der Fall Lyssenko. Eine Wissenschaft kapituliert, Hamburg 1971, München 1974); D. R. Oldroyd, Darwinian Impacts. An Introduction to the Darwinian Revolution, Milton Keynes 1980, 174–189; A. Pauly, Darwinismus und L.. Entwurf einer psychophysischen Teleologie, München 1905; S. M. Persell, Neo-Lamarckism and the Evolution Controversy in France. 1870–1920, Lewiston N. Y. 1999; E. J. Pfeifer, The Genesis of American Neo-Lamarckism, Isis 56 (1965), 156–167; J.-P. Regelmann, Die Geschichte des Lyssenkoismus, Frankfurt 1980; B. Rensch, L., Hist. Wb. Ph. V (1980), 10–11; R. Rinard, Neo-Lamarckism and Technique. Hans Spemann and the Development of Experimental Embryology, J. Hist. Biol. 21 (1988), 95–118; N. Roll-Hansen, The Lysenko Effect. The Politics of Science, Amherst N. Y. 2005, 2006; R. Semon, Die Mneme als erhaltendes Prinzip im Wechsel des organischen Geschehens, Leipzig 1904, ³1911, ⁵1920; N. Sofjer, Lysenko and the Tragedy of Soviet Science, New Brunswick N. J. 1994; E. J. Steele, Somatic Selection and Adaptive Evolution. On the Inheritance of Acquired Characters, Toronto 1979; G. W. Stocking, Lamarckianism in American Social Science: 1890–1915, J. Hist. Ideas 23 (1962), 239–256; A. Wagner, Geschichte des L.. Als Einführung in die psycho-biologische Bewegung der Gegenwart, Stuttgart o. J. [1913]; F. Wuketits, Evolutionstheorien. Historische Voraussetzungen, Positionen, Kritik, Darmstadt 1988; W. Zimmermann, Vererbung ›erworbener Eigenschaften‹ und Auslese, Stuttgart ²1969. – Les Néo-Lamarckiens Français, Rev. synth. 100 (1979), No. 95/96, 275–468; weitere Literatur: ↑Lamarck.   G. W.

Lambda-Kalkül (λ-Kalkül, engl. lambda calculus, λ-calculus), Bezeichnung für einen ↑Kalkül, den man als Kodifikat einer allgemeinen Funktionstheorie ansehen kann, die (1) ↑Funktionen im Gegensatz zu der in der Mathematik verbreiteten extensionalen Auffassung (↑extensional/Extension) als intensionale (↑intensional/Intension) Objekte, d. h. hier als Regeln oder Rechenverfahren, behandelt und (2) in allgemeiner Weise nur das applikative Verhalten von Funktionen, d. h. deren Anwendung auf Objekte, betrachtet. Grundbegriffe des L.-K.s sind der ↑Lambda-Operator und die zweistellige ↑Operation der Applikation, notiert durch Einklammerung: $(\ldots)$. So sind die ↑Terme des L.-K.s (›λ-Terme‹) folgendermaßen induktiv definiert (↑Definition, induktive): Ein λ-Term ist entweder eine ↑Variable oder ein Ausdruck (↑Ausdruck (logisch)) der Gestalt $(\lambda x . M)$ oder (MN) für Variable x und λ-Terme M, N. Im typenfreien (↑Typentheorien) L.-K. geht man von nur einer Sorte Variablen aus, so daß z. B. Ausdrücke wie (xx) sinnvoll sind, während im getypten L.-K. Terme mit Typen versehen sind und bei der Termbildung den Typen entsprechende Restriktionen gelten. Alternativ zu dieser so genannten ›Church-Typisierung‹ (nach A. Church) betrachtet man im getypten L.-K. mit ›Curry-Typisierung‹ (nach H. B. Curry) dieselben Terme wie im ungetypten L.-K., jedoch im Kontext von Zuweisungen von Typen zu Termen, d. h. im Zusammenhang von ›Urteilen‹ der Form $M{:}\sigma$, die einem Term M einen Typ σ zuweisen. Die Formeln des L.-K.s sind Gleichheiten $M = N$ zwischen λ-Termen M, N. Ist $M = N$ im L.-K. ableitbar (↑ableitbar/Ableitbarkeit), heißen M, N auch ›λ-konvertierbar‹; die λ-Konvertierbarkeit ist eine ↑Äquivalenzrelation.

Der intendierten Bedeutung des λ-Operators entsprechend, wählt man das Konversionsprinzip (β) (↑Lambda-Operator) als einziges inhaltliches (mathematisches) Axiom des L.-K.s, und sonst nur elementare Gleichheitsaxiome. Dabei studiert man neben der Form der λ-Konversion (auch λK-Konversion) die so genannte λI-Konversion, die sich ergibt, wenn man $(\lambda x . M)$ als Term nur dann zuläßt, wenn M die Variable x enthält. Ferner vergleicht man extensionale und intensionale Fassungen des L.-K.s, d. h. den L.-K. mit und ohne die zusätzliche Regel $Mx = Nx \Rightarrow M = N$ (x nicht frei in M, N) oder (gleichwertig damit) $(\lambda x . (Mx)) = M$ (x nicht frei in M; so genannte η-Konversion). Die Hinzunahme dieser Regel bedeutet nicht, daß der dem L.-K. zugrundeliegende intensionale Funktionsbegriff aufgegeben wird: λ-Terme werden weiterhin als Rechenverfahren verstanden, die nur nachträglich einer erweiterten Form der Gleichheit unterworfen werden; sie werden nicht von vornherein als Abstrakta aus extensionsgleichen Termen (↑Funktion) aufgefaßt.

Der im L.-K. zentrale Begriff der Konvertierbarkeit von Termen kann auf den Begriff der *Reduktion* von Termen zurückgeführt werden. Definiert man für λ-Terme eine Relation $\mathbf{R}$, so daß gilt: $((\lambda x . M)N)\ \mathbf{R}\ [N/x]M$ (dabei steht $[N/x]M$ für den Term, den man erhält, wenn man im Term M alle freien Vorkommen der Variable x durch den Term *N* substituiert; die linke Seite heißt auch ›Redex‹, die rechte ›Kontraktum‹), so kann man eine Reduzierbarkeitsrelation $M \rhd N$ (›*M* ist reduzierbar auf *N*‹) als die durch ***R*** erzeugte, mit den Termbildungsoperationen kompatible, reflexive und transitive Relation auffassen. Die Konvertierbarkeit (Termgleichheit) ist dann die durch $\rhd$ erzeugte Äquivalenzrelation: M_1 und M_2 sind ineinander konvertierbar genau dann, wenn es einen Term *N* gibt, auf den sie beide reduzierbar sind. Diese Auffassung zeigt, daß man die Terme als formale Objekte behandelt, die gemäß der Relation $\rhd$ umgeformt werden können. Ein Term *M*, der nicht mehr reduziert werden kann, d.h., für den gilt: $M \rhd N \rightarrow M \equiv N$ für alle λ-Terme *N* ($\equiv$ dabei als Zeichenidentität abgesehen von gebundener Umbenennung von Variablen), befindet sich in ↑*Normalform*; A. Church und J.B. Rosser konnten 1936 zeigen, daß die Normalform eines Terms immer eindeutig ist, d.h., daß aus $M \rhd N_1$ und $M \rhd N_2$ für Terme N_1, N_2 in Normalform folgt: $N_1 \equiv N_2$ (›Church-Rosser-Eigenschaft‹ oder ›Konfluenz‹). Aus diesem Normalformensatz folgt die Widerspruchsfreiheit (↑widerspruchsfrei/Widerspruchsfreiheit) des L.-K.s in dem Sinne, daß nicht jede beliebige Gleichung ohne freie Variablen in ihm ableitbar ist.

Von den zahlreichen Anwendungen des L.-K.s seien folgende genannt: (1) Für den getypten L.-K. läßt sich eine enge Beziehung zwischen λ-Termen und Ableitungen der intuitionistischen Junktorenlogik (↑Logik, intuitionistische) aufstellen. Reduktionen von Termen entsprechen dann Reduktionen von Ableitungen, wie sie D. Prawitz für den ↑Kalkül des natürlichen Schließens angegeben hat (W. A. Howard 1980). (2) K. Gödels Theorie *T*, in der dieser die ↑Funktionalinterpretation der intuitionistischen Arithmetik durchführte, läßt sich als formale Theorie der Reduzierbarkeit für einen getypten L.-K. auffassen. (3) Natürliche Zahlen *n* lassen sich durch geeignete λ-Terme Z_n repräsentieren. Dann gilt: Eine einstellige zahlentheoretische Funktion *f* ist genau dann partiell rekursiv (↑rekursiv/Rekursivität), wenn es einen λ-Term *M* gibt, so daß für alle natürlichen Zahlen *n*, für die *f* definiert ist, die Gleichung $(MZ_n) = Z_{f(n)}$ im L.-K. ableitbar ist. Analoges gilt im mehrstelligen Falle. D.h., die partiell rekursiven Funktionen sind genau die λ-definierbaren Funktionen (S. C. Kleene, 1936). Dieses Resultat wird oft als Beleg für die ↑Churchsche These gewertet, da es die Gleichwertigkeit zweier von verschiedenen Grundideen ausgehender Explikationen des Berechenbarkeitsbegriffs zeigt. (4) In der ↑Informatik ist der L.-K. Teil von ↑Programmiersprachen, insbes. von funktionalen Sprachen (z.B. LISP, Haskell, Scheme, ML), aber auch ein ausdrucksstarkes metatheoretisches (↑Metatheorie) Modellierungswerkzeug, das in der Semantik von Programmiersprachen

verwendet wird. Hier spielen auch mathematische Modelle des L.-K.s (vgl. Barendregt 1981, 2004, Hindley/Seldin 2008) eine besondere Rolle.

(5) In konstruktiven ↑Typentheorien werden die Ansätze des getypten L.-K.s zur Beschreibung funktionalen Räsonierens um zusätzliche Ausdrucksmittel erweitert zu allgemeinen Theorien mathematischen Schließens, die als Alternative zu mengentheoretischen Ansätzen (↑Mengenlehre) gedacht sind. Auch klassische Typentheorien, wie sie z.B. in der linguistischen Semantik verwendet werden, benutzen den L.-K. als fundamentale theoretische Grundlage.

Da sich der λ-Operator in der kombinatorischen Logik (↑Logik, kombinatorische) mit Hilfe von bestimmten Grundzeichen, den Kombinatoren, definieren läßt, kann man die Theorie des L.-K.s als Teil der kombinatorischen Logik im allgemeinen Sinne ansehen; da umgekehrt die Kombinatoren als λ-Terme auffaßbar sind, kann man die kombinatorische Logik im L.-K. interpretieren. – Der L.-K. wurde erstmals von Church 1932/1933 systematisch entwickelt. Nachdem Kleene und Rosser 1935 einen Widerspruch in Churchs System aufdecken konnten, formulierte Church 1941 eine (auf Grund der Church-Rosser-Eigenschaft widerspruchsfreie) Fassung der Theorie der λI-Konversion. Die Beziehung des L.-K.s zur kombinatorischen Logik wurde im wesentlichen durch Rosser (1935) und durch Arbeiten aus der Schule von Curry herausgestellt.

Literatur: R. M. Amadio/P.-L. Curien, Domains and Lambda-Calculi, Cambridge/New York/Melbourne 1998; H. P. Barendregt, The Lambda Calculus. Its Syntax and Semantics, Amsterdam/New York/Oxford 1981, rev. 1984, 2004; ders., Lambda Calculi with Types, in: S. Abramsky/D. M. Gabbay/T. S. E. Maibaum (eds.), Handbook of Logic in Computer Science II, Oxford etc. 1992, 117–309; ders., The Impact of the Lambda Calculus in Logic and Computer Science, Bull. Symb. Log. 3 (1997), 181–215; J. van Benthem, Language in Action. Categories, Lambdas and Dynamic Logic, Amsterdam etc. 1991, Cambridge Mass. 1995; N. G. de Bruijn, A Survey of the Project AUTOMATH, in: J. P. Seldin/J. R. Hindley (eds.), To H. B. Curry [s. u.], 579–606; F. Cardone/J. R. Hindley, Lambda-Calculus and Combinators in the 20th Century, in: D. M. Gabbay/J. Woods (eds.), Handbook of the History of Logic V, Amsterdam etc. 2009, 723–817; A. Church, A Set of Postulates for the Foundation of Logic, Ann. Math. 33 (1932), 346–366, 34 (1933), 839–864; ders., The Caluli of Lambda-Conversion, Princeton N. J., Oxford 1941, Princeton N. J. 1985; ders./J. B. Rosser, Some Properties of Conversion, Transact. Amer. Math. Soc. 39 (1936), 472–482; H. B. Curry/R. Feys (With Two Sections by W. Craig), Combinatory Logic I, Amsterdam 1958, 1968; R. Di Cosmo, Isomorphisms of Types. From λ-Calculus to Information Retrieval and Language Design, Boston Mass./Basel/Berlin 1995; C. Hankin, Lambda Calculi. A Guide for Computer Scientists, Oxford 1994, 1995, unter dem Titel: An Introduction to Lambda Calculi for Computer Scientists, London ²2004; J. R. Hindley, Basic Simple Type Theory, Cambridge/New York/Melbourne 1997, 2008; ders./J. P. Seldin, Introduction to Combinators and λ-Calculus, Cambridge/New York/

Melbourne 1986, 1993, rev. unter dem Titel: Lambda-Calculus and Combinators. An Introduction, Cambridge/New York/Melbourne 2008; W. A. Howard, The Formulae-as-Types Notion of Construction, in: J. P. Seldin/J. R. Hindley (eds.), To H. B. Curry [s. u.], 479–490; H. Klaeren/M. Sperber, Die Macht der Abstraktion. Einführung in die Programmierung, Wiesbaden 2007; S. C. Kleene, *λ*-Definability and Recursiveness, Duke Math. J. 2 (1936), 340–353; ders./J. B. Rosser, The Inconsistency of Certain Formal Logics, Ann. Math. 36 (1935), 630–636; J. H. Morris, Lambda-Calculus Models of Programming Languages, Diss. Cambridge Mass. 1968; J. B. Rosser, A Mathematical Logic without Variables, Ann. Math. 36 (1935), 127–150, Duke Math. J. 1 (1935), 328–355; J. P. Seldin/J. R Hindley (eds.), To H. B. Curry. Essays on Combinatory Logic, Lambda Calculus and Formalism, London etc. 1980; M. H. Sørensen/P. Urzyczyn, Lectures on the Curry-Howard Isomorphism, Amsterdam/Oxford 2006. – L.-K., in: G. Walz (ed.), Lexikon der Mathematik III, Heidelberg/Berlin 2001, 244–245; Lambda Calculus, in: E. W. Weisstein, CRC Concise Encyclopedia of Mathematics, Boca Raton Fla. etc. [2]2003, 1681–1682; weitere Literatur: ↑Lambda-Operator, ↑Logik, kombinatorische. P. S.

Lambda-Operator (auch: λ-Operator), Bezeichnung für einen variablenbindenden ↑Operator, der, angewendet auf einen ↑Term, wieder einen Term liefert. Die Anwendung des L.-O.s wird auch als ›Funktionalabstraktion‹ bezeichnet, weil mit ihm folgende Bedeutung verbunden ist: Sei $t(x)$ ein Term mit höchstens x als freier ↑Variable, der bei jeder ↑Substitution eines Gegenstandsnamens für x wiederum einen Gegenstand bezeichnet. Dann ist $(\lambda x.t(x))$ diejenige ↑Funktion f, die jedem Gegenstand a den Wert $t(a)$ (↑Wert (logisch)) zuordnet, d. h., es ist jeweils $f(a) = t(a)$. Z. B. ist $(\lambda x.x^2)$ die zum Term x^2 gehörige Quadratfunktion. Diese intendierte Bedeutung des L.-O.s wird durch das Prinzip der λ-*Konversion* (zur Unterscheidung von anderen mit dem L.-O. zusammenhängenden Prinzipien spricht man auch von ›β-Konversion‹) zum Ausdruck gebracht:

$$(\beta) \quad ((\lambda x.M)N) = [N/x]M.$$

Hier stehen M, N für Terme, $[N/x]M$ bezeichnet das Ergebnis der Substitution der freien Variablen x in M durch N, wobei die gebundenen Variablen in M zur Vermeidung von ↑Variablenkonfusionen in geeigneter Weise umzubenennen sind. Die im linken Ausdruck verwendete zweistellige Operation $(\cdot\,\cdot)$ des Hintereinanderschreibens und Einklammerns wird auch als ›Applikation‹ (d. i. Anwendung) bezeichnet. Für das angegebene Beispiel ergäbe sich etwa $((\lambda x.x^2)2) = 2^2$ (d. h., die Applikation der Funktion $(\lambda x.x^2)$ auf das Argument 2 ergibt als Wert $2^2 = 4$). Die Verwendung des L.-O.s erlaubt es, auf die explizite Definition von Funktionszeichen zu verzichten, da $(\lambda x.M)$ dieselbe Bedeutung wie ein durch $f(x) \rightleftharpoons M$ definiertes Funktionszeichen f hat; denn nach (β) und der Definitionsgleichung für f gilt: $((\lambda x.M)x)$ $= [x/x]M = M = f(x)$. Ebenso läßt sich ein durch

$f(x_1, \ldots, x_n) \rightleftharpoons M$ definiertes n-stelliges Funktionszeichen f durch $(\lambda x_1.(\ldots(\lambda x_n.M)\ldots))$ ersetzen, da man wieder durch mehrfache Anwendung von (β) die Gleichung $(\ldots((\lambda x_1.(\ldots(\lambda x_n.M)\ldots))x_1)\ldots x_n) = f(x_1, \ldots, x_n)$ erhält. Auf die Definition komplexer L.-O.en $\lambda x_1 \ldots x_n$ zur Abstraktion mehrstelliger Funktionen aus Termen kann man also verzichten, da die mehrfache Anwendung des einfachen L.-O.s ausreicht (zuerst von M. Schönfinkel 1924 bemerkt).

Eine systematische Theorie des L.-O.s wurde erstmals im von A. Church entwickelten Kalkül der λ-Konversion geschaffen (↑Lambda-Kalkül). Der L.-O. hat allerdings Vorläufer, so bei G. Frege, G. Peano und C. Burali-Forti. Im Gegensatz zur extensionalen (↑extensional/Extension) Auffassung, die in der modernen Mathematik vorherrscht, wenn man Funktionen mit ihren ↑Graphen (d. h. der Menge der Paare bestehend aus ihren Argumenten und den jeweiligen Werten) identifiziert oder als Abstrakta aus extensionsgleichen Termen definiert (so die Konstruktive Mathematik P. Lorenzens; ↑Mathematik, konstruktive, ↑Funktion), ist es die Intention des λ-Kalküls, den operationalen (d. h. intensionalen; ↑intensional/Intension) Aspekt des Funktionsbegriffs zu untersuchen.

Literatur: P. Aczel, Frege Structures and the Notions of Proposition, Truth and Set, in: J. Barwise/H. J. Keisler/K. Kunen (eds.), The Kleene Symposium. Proceedings of the Symposium Held June 18–24, 1978 at Madison, Wisconsin, U. S. A., Amsterdam/New York/Oxford 1980, 31–59; R. Cann, Formal Semantics. An Introduction, Cambridge 1993, 1994, 112–150 (Ch. V The L.-O.); J. van Eijck, L.-O., in: R. E. Asher (ed.), The Encyclopedia of Language and Linguistics IV, Oxford etc. 1994, 1892–1893; R. Feys, Peano et Burali-Forti précurseurs de la logique combinatoire, in: Actes du XIème congrès international de philosophie. Bruxelles. 20–26 août 1953, V, Amsterdam/Louvain 1953 (repr. Nedeln/Liechtenstein 1970), 70–72; A. Grzegorczyk, L.-O., DL (1981), 165–167; M. Schönfinkel, Über die Bausteine der mathematischen Logik, Math. Ann. 92 (1924), 305–316, Neudr. in: K. Berka/L. Kreiser (eds.), Logik-Texte. Kommentierte Auswahl zur Geschichte der modernen Logik, Berlin (Ost) 1971, 262–273, erw. [4]1986, 275–285; weitere Literatur: ↑Lambda-Kalkül. P. S.

Lambert, Johann Heinrich, *Mühlhausen (Mulhouse, Elsaß, damals unter Schweizer Schutz) 29. Aug. 1728 (Tauftag), †Berlin 25. Sept. 1777, schweiz.-elsässischer Philosoph, Mathematiker und Naturwissenschaftler. Nach sechsjährigem Grundschulbesuch autodidaktische Weiterbildung während Schneiderlehre, Schreiber- und Buchhaltertätigkeit sowie als Sekretär des Pädagogen J. R. Iselin in Basel (1745–1748). 1748–1756 Hauslehrer der bedeutenden Graubündener Adelsfamilie von Salis in Chur. Nebenher Vermessungs- und Brückenbauarbeiten sowie juristische Gutachten. 1756–1758 mit seinen Zöglingen Bildungsreise durch Norddeutschland, die Niederlande, Frankreich und Italien. 1759 Mitglied der neugegründeten Bayerischen Akademie der Wissenschaften; 1765, durch L. Euler und J. G. Sulzer vermittelt, Mitglied der Königlich-Preußischen Akademie der Wissenschaften, ab 1770 auch königlich-preußischer Oberbaurat. L. – ein Vertreter der ›frommen‹ deutschen ↑Aufklärung – kann als einer der letzten universalen Gelehrten angesehen werden. – L. hat zwei philosophische Hauptwerke verfaßt. Das »Neue Organon« (1764) stellt sich explizit in die Tradition des Aristotelischen logisch-methodologischen Schriftencorpus und die von F. Bacons gleichnamigem Werk. Seine vier Teile: Dianoiologie, Alethiologie, Semiotik und Phänomenologie (der Begriff wurde von L. eingeführt) behandeln Logik und Erkenntnistheorie, Wahrheitstheorie, Sprachphilosophie sowie die Rolle der nicht gewissen, insbes. der lediglich wahrscheinlichen Erkenntnis. Die »Anlage zur Architectonic« (1771) ist bestrebt, die allgemeinen erkenntnistheoretischen Gesichtspunkte des »Organon« für eine ganz neue, an logisch-mathematischer Methodologie orientierte Grundlegung von Metaphysik, Mathematik und Physik fruchtbar zu machen. L. entwirft in diesem Zusammenhang – unter Aufnahme empiristischer (J. Locke) und rationalistischer (G. W. Leibniz, C. Wolff) Motive (↑Empirismus, ↑Rationalismus) – so etwas wie eine konstruktive Wissenschaftstheorie (↑Wissenschaftstheorie, konstruktive) der Galilei-Newtonschen Physik. Von dieser Intention her ergeben sich manche Übereinstimmungen zur theoretischen Philosophie I. Kants, mit dem L. korrespondierte und der – ein Bewunderer L.s – zunächst beabsichtigte, L. die »Kritik der reinen Vernunft« zu widmen. Das methodische Paradigma für alle Wissenschaften sieht L. in der Mathematik, soweit sie sich am Aufbau des 1. Buches der »Elemente« des Euklid orientiert. Unter Verweis auf Euklid (↑Euklidische Geometrie) lehnt L. die Begründung von Wissenschaft durch als ↑›Axiome‹ verstandene Sätze ab. Statt dessen müßten ↑›Postulate‹ als Handlungsnormen den konstruktiven Anfang von Theorien bilden. Diese Normen beziehen sich auf die operative Präzisierung zunächst exemplarisch-lebensweltlich eingeführter Basisprädikatoren (›einfache Begriffe‹, ↑Begriff, einfacher) und führen – ausgehend von den ↑Prädikatoren ›Einheit‹, ›Raum‹, ›Zeit‹, ›Bewegung‹, ›Kraft‹ – zu den dann axiomatisch aufgebauten ›apriorischen Wissenschaften‹ Arithmetik, Geometrie, Chronometrie, Kinematik (›Phoronomie‹), Dynamik. Den apriorischen (↑a priori) Teilen der Physik stehen unter dem Titel ›Erfahrung‹ ihre sich auf ›Beobachtung‹ und ›Versuch‹ stützenden empirischen Teile gegenüber. Diese werden als messende ↑Erfahrung begründet und begrenzt durch die in den apriorischen Teilen konstruierten Bedingungen der Längen-, Zeit- und Massenmessung. Überhaupt scheint L. der erste Wissenschaftstheoretiker gewesen zu sein, der eine explizite Theorie des Messens skizziert; im Zusammenhang damit begründet er die mathematische Fehlertheorie.

Für L. gilt der Grundsatz, daß der Grad der Wissenschaftlichkeit einer Theorie dem Stand ihrer ↑Quantifizierung entspricht. In Übereinstimmung damit fordert er für die Ethik (›Agathologie‹) eine die moralische Qualität von Handlungen metrisierende Theorie (›Agathometrie‹). Im Gegensatz zu Kant erkennt L. die Bedeutung der Sprache bei der Ausbildung von Wissenschaft. Im Kontext einer allgemeinen Zeichenlehre (›Semiotik‹) erstrebt er eine Präzisierung der Umgangssprache (↑Alltagssprache) für wissenschaftliche Zwecke. Gleichzeitig arbeitet er an der Fortführung des Leibnizschen Kalkülprogramms (↑Leibnizprogramm) und wird hier mit seinen intensionalen Begriffskalkülen zu einem Vorläufer der ↑Algebra der Logik (G. Boole, E. Schröder). Von besonderem Interesse sind in diesem Zusammenhang seine logischen Diagramme (↑Lambert-Diagramme).

In der Astronomie entwirft L. eine später weitgehend durch Beobachtungen gestützte Theorie der Milchstraßensysteme und gibt Methoden zur Berechnung der Bahnen von Himmelskörpern, insbes. Kometen (›Lambertscher Satz‹, ›Lambertsches Theorem für die Bewegung der Himmelskörper‹) an. Die mathematischen und physikalischen Werke L.s sind – wenn auch auf hohem theoretischen Niveau – fast stets anwendungsorientiert. Seine geometrischen Arbeiten etwa sind aus den Bedürfnissen der Landvermessung und Kartographie erwachsen, denen L. sich zeitweise widmete. Seine Arbeiten zur ↑Perspektive sind die einzigen nennenswerten Leistungen in der Darstellenden Geometrie zwischen der ↑Renaissance und der Vollendung dieser Disziplin durch G. Monge; seine Methoden der Kartenprojektion werden noch heute verwendet (›Lambertkarte‹, ↑Differentialgeometrie). – In seiner posthum veröffentlichten »Theorie der Parallellinien« (1765) sucht L. aus dem geometrischen Axiomensystem Euklids mit Annahmen, die dem ↑Parallelenaxiom widersprechen, Widersprüche herzuleiten, um auf diese Weise die Abhängigkeit des Parallelenaxioms, d. h. seine Beweisbarkeit (↑beweisbar/Beweisbarkeit) aus den übrigen Axiomen, zu zeigen. Seine Versuche mußten mißlingen; sie lieferten jedoch grundlegende Sätze der späteren ↑nicht-euklidischen Geometrie. Im Zusammenhang hiermit dürften auch L.s Arbeiten zur Theorie der Hyperbelfunktionen stehen.

L.s weitere mathematische Arbeiten befassen sich mit Zahlentheorie, demographischer Statistik und vor allem Analysis. In der Theorie der Reihen (›Lambertsche Reihe‹) lieferte er wichtige Resultate. Die Irrationalität (↑irrational (mathematisch)) von e und π wurde durch Kettenbruchentwicklung von ihm erstmals bewiesen. Letzteres stellte eine negative Antwort auf das alte Problem der ↑Quadratur des Kreises dar. Die physikalischen

Arbeiten L.s erstrecken sich nahezu ausschließlich auf die Begründung von Messungen und – in Zusammenarbeit mit dem Mechaniker G. Brander – auf den Bau entsprechender Meßgeräte. Sein wichtigster Beitrag liegt hier in der (unabhängig von P. Bouguer durchgeführten) Grundlegung der Messung von Lichtintensitäten (›Photometrie‹, Lambert-Beersches Gesetz, Lambertsches Cosinusgesetz).

Werke: Opera Mathematica I–II, ed. A. Speiser, Zürich 1946/ 1948; Philosophische Schriften, I–X, I–IV, VI–VII, IX, ed. H.-W. Arndt, Hildesheim 1965–1969, V, VIII, X, ed. A. Emmel/A. Spree, Hildesheim/Zürich/New York 2006–2008. – Les proprietés remarquables de la route de la lumière [...], La Haye 1758 (repr., ed. D. Speiser, Paris 1977), 1759 (dt. Merkwürdigste Eigenschaften der Bahn des Lichts [...], Berlin 1772, 1773); La perspective affranchie de l'embaras du plan géometral, Zürich 1759 (repr., ed. H. Pfeiffer, Paris 1977, Alburgh 1987), ²1774 (dt. Die freye Perspektive, oder Anweisung, jeden perspektivischen Aufriß von freyen Stücken und ohne Grundriß zu verfertigen, Zürich 1759, ²1774); Photometria sive de mensura et gradibus luminis, colorum et umbrae, Augsburg 1760 (dt. Teilausg.: L.'s Photometrie, I–III, übers. u. komm. v. E. Anding, Leipzig 1892 [Ostwald's Klassiker exakt. Wiss. XXXI–XXXIII]; franz. Photométrie ou de la mesure et de la gradation de la lumière, des couleurs et de l'ombre. 1760, ed. M. Saillard, Paris 1997; engl. Photometry, or, On the Measure and Gradations of Light, Colors, and Shade. Translation from the Latin of Photometria [...], [New York] 2001); Cosmologische Briefe über die Einrichtung des Weltbaues, Augsburg 1761 (repr. Hildesheim/Zürich/New York 2006 [= Philosophische Schriften V]), Zürich 2007 (franz. [gekürzt] Système du monde, Bouillon 1770, ed. J.-B. Mérian, Berlin ²1784, Whitefish Mont. 2009, [ungekürzt] Lettres cosmologiques sur l'organisation de l'univers, ecrites en 1761, ed. J. M. C. d'Utenhove, Amsterdam 1801, Paris 1977; engl. Cosmological Letters on the Arrangement of the World-Edifice, ed. S. L. Jaki, Edinburgh, New York 1976); Insigniores orbitae cometarum proprietates, Augsburg 1761 (dt. Ueber die Eigenschaften der Cometenbewegung, in: J. Bauschinger [ed.], J. H. L.'s Abhandlungen zur Bahnbestimmung der Cometen, Leipzig 1902 [Ostwald's Klassiker exakt. Wiss. 133], 3–108); Neues Organon oder Gedanken über die Erforschung und Bezeichnung des Wahren und dessen Unterscheidung vom Irrthum und Schein, I–II, Leipzig 1764 (repr. Hildesheim 1965 [= Philosophische Schriften I–II]), I–III, ed. G. Schenk, Berlin (Ost) 1990 (franz. Nouvel organon. Phénoménologie, Teilübers. Paris 2002); Beyträge zum Gebrauche der Mathematik und deren Anwendung, I–III (in 4 Bdn.), Berlin 1765–1772, bes. III [1772], 105–199 (Kap. VI Anmerkungen und Zusätze zur Entwerfung der Land- und Himmelscharten [engl. Notes and Comments on the Composition of Terrestrial and Celestial Maps (1772), ed. W. R. Tobler, Ann Arbor Mich. 1972]); De universaliori calculi idea, disquisitio, una cum adnexo specimine, Nova Acta Eruditorum 1765, 441–473 (repr. in: Philosophische Schriften [s. o.] VIII,1, 327–359); Anlage zur Architectonic, oder Theorie des Einfachen und des Ersten in der philosophischen und mathematischen Erkenntniß, I–II, Riga 1771 (repr. Hildesheim 1965 [= Philosophische Schriften III–IV]); J. H. L.s deutscher gelehrter Briefwechsel, I–V (in 6 Bdn.), ed. J. Bernoulli, Berlin 1781–1787 (I repr. Hildesheim 1968 [= Philosophische Schriften IX]); Theorie der Parallellinien, Leipziger Magazin reine u. angew. Math. 1786, 137–164, 325–358,

Neudr. in: P. Stäckel/F. Engel (eds.), Die Theorie der Parallellinien von Euklid bis auf Gauss. Eine Urkundensammlung zur Vorgeschichte der Nichteuklidischen Geometrie, Leipzig 1895, 152–208 (repr. New York/London 1968); Abhandlung vom Criterium veritatis, ed. K. Bopp, Berlin 1915, Würzburg 1971 (Kant-St. Erg.hefte XXXVI), ferner in: Philosophische Schriften [s. o.] X, 423–492; J. H. L.s Monatsbuch, ed. K. Bopp, München 1915, 1916; Über die Methode, die Metaphysik, Theologie und Moral richtiger zu beweisen, ed. K. Bopp, Berlin 1918, Vaduz 1978 (Kant-St. Erg.hefte XLII), ferner in: Philosophische Schriften [s. o.] X, 493–529; Schriften zur Perspektive, ed. M. Steck, Berlin 1943; Texte zur Systematologie und zur Theorie der wissenschaftlichen Erkenntnis, ed. G. Siegwart, Hamburg 1988. – M. Steck, Bibliographia Lambertiana. Ein Führer durch das gedruckte und ungedruckte Schrifttum und den wissenschaftlichen Briefwechsel von J. H. L. 1728–1777, Berlin 1943, erw. Hildesheim ²1970; ders., Der handschriftliche Nachlaß von J. H. L. (1728–1777). Standorts-Katalog auf Grund eines Manuskriptes von Max Steck, ed. Öffentl. Bibl. Univ. Basel, Basel 1977; N. Hinske, L.-Index, I–IV, Stuttgart 1983–1987.

Literatur: H. W. Arndt, Der Möglichkeitsbegriff bei Christian Wolff und J. H. L., Diss. Göttingen 1959; ders., Methodo scientifica pertractatum. Mos geometricus und Kalkülbegriff in der philosophischen Theorienbildung des 17. und 18. Jahrhunderts, Berlin/New York 1971 (Quellen und Studien zur Philosophie IV); O. Baensch, J. H. L.s Philosophie und seine Stellung zu Kant, Magdeburg 1902, erw. Leipzig/Tübingen 1902 (repr. Hildesheim 1978); P. Basso, Filosofia e geometria. L. interprete di Euclide, Florenz 1999; L. W. Beck, L. und Hume in Kants Entwicklung von 1769–1772, Kant-St. 60 (1969), 123–130; K. Berka, L.'s Beitrag zur Messtheorie, Organon 9 (1973), 231–241; W. Breidert, Zur Kosmologie des 18. Jahrhunderts (Kant und L.), in: F. Pichler/M. v. Renteln (eds.), Kosmisches Wissen von Feuerbach bis Laplace. Astronomie, Mathematik, Physik, Linz 2009, 91–100; M. Bullynck, J. H. L.'s Scientific Tool Kit, Exemplified by His Measurement of Humidity, 1769–1772, Sci. in Context 23 (2010), 65–89; R. Ciafardone, J. H. L. e la fondazione scientifica della filosofia, Urbino 1975; C. Debru, Analyse et représentation. De la méthodologie à la théorie de l'espace. Kant et L., Paris 1977; M. Dello Preite, L'immagine scientifica del mondo di J. H. L.. Razionalità ed esperienza, Bari 1979; K. Dürr, Die Logistik J. H. L.s, in: L. V. Ahlfors u. a. (eds.), Festschrift zum 60. Geburtstag von Prof. Dr. Andreas Speiser, Zürich 1945, 47–65; J. Folta, L.'s ›Architectonics‹ and the Foundations of Geometry, Acta Historiae Rerum Naturalium necnon Technicarum 1973, Prag 1974, 145–161; J. J. Gray/L. Tilling, J. H. L., Mathematician and Scientist, 1728–1777, Hist. Math. 5 (1978), 13–41; M. A. Hoskin, Newton and L., Vistas in Astronomy 22 (1979), 483–484; F. Humm, J. H. L. in Chur, 1748–1763, Chur 1972; S. L. Jaki, L. and the Watershed of Cosmology, Scientia 113 (1978), 75–95, Neudr. in: ders., Cosmos in Transition. Studies in the History of Cosmology, Tucson Ariz. 1990, 39–79; R. Jaquel, Le savant et philosophe mulhousien J.-H. L. (1728–1777). Études critiques et documentaires, Paris 1977; ders., Introduction à l'étude des débuts scientifiques (1752–1755) du savant universel J.-H. L. (1728–1777). Le rôle de Daniel Bernoulli, in: Comptes rendus du 104ᵉ congrès national des Sociétés Savantes. Bordeaux 1979 IV, Paris 1979, 27–38; W. E. Knowles Middleton, Bouguer, L., and the Theory of Horizontal Visibility, Isis 51 (1960), 145–149; R. Laurent, La place de J.-H. L. (1728–1777) dans l'histoire de la perspective, Paris 1987; ders., Les problèmes de géométrie de la regle comme contribution au developpement de la géométrie projective dans l'œuvre de J.-H. L. (1728–1777), Cahiers d'histoire et de philosophie des sciences NS 20 (1987), 271–291; J. Lindner, Eine Studie über die von J. H. L. und John Sebastian Clais erfundenen Neigungswaagen, Bad Ems 1998; J.-P. Lubet, De L. à Cauchy. La résolution des équations littérales par le moyen des séries, Revue d'histoire des mathématiques 4 (1998), 73–129; W. S. Peters, J. H. L.s Konzeption einer Geometrie auf einer imaginären Kugel. Zur Geschichte der Parallelentheorie vor I. Kant, Diss. Bonn 1961, teilw. abgedr. in: Kant-St. 53 (1961/1962), 51–67; G. L. Schiewer, Cognitio symbolica. L.s semiotische Wissenschaft und ihre Diskussion bei Herder, Jean Paul und Novalis, Tübingen 1996; C. J. Scriba, L., DSB VII (1973), 595–600; G. Shafer, Non-additive Probabilities in the Work of Bernoulli and L., Arch. Hist. Ex. Sci. 19 (1978), 309–370; O. B. Sheynin, J. H. L.'s Work on Probability, Arch. Hist. Ex. Sci. 7 (1970/1971), 244–256; G. Siegwart, J. H. L., in: F. Volpi (ed.), Großes Werklexikon der Philosophie II, Stuttgart 1999, 870–872; F. Todesco, Riforma della metafisica e sapere scientifico. Saggio su J. H. L. (1728–1777), Mailand 1987; G. Tonelli, L., Enc. Ph. IV (1967), 377–378; G. Ungeheuer, Über das ›Hypothetische in der Sprache‹ bei L., in: E. Bülow/P. Schmitter (eds.), Integrale Linguistik. Festschrift für Helmut Gipper, Amsterdam 1979, 69–98; Université de Haute-Alsace (ed.), Colloque international et interdisciplinaire J.-H. L.. Mulhouse, 26–30 septembre 1977, Paris 1979; O. Volk, J. H. L. and the Determination of Orbits for Planets and Comets, Celestial Mechanics 21 (1980), 237–250; G. Wolters, Basis und Deduktion. Studien zur Entstehung und Bedeutung der Theorie der axiomatischen Methode bei J. H. L. (1728–1777), Berlin/New York 1980; G. Zöller, L., REP V (1998), 350–352.   G. W.

Lambert-Diagramme, Bezeichnung für einen erstmals von J. H. Lambert ausführlich entwickelten und publizierten (Neues Organon [...] I, Leipzig 1764 [repr. Hildesheim 1965]) Typ syllogistischer Diagramme (↑Diagramme, logische). Dabei werden die syllogistischen Satzarten (↑Syllogistik) durch jeweils zwei in bestimmter Lage zueinander befindliche Linien repräsentiert; z. B. in der Darstellung Lamberts ein *a*-Urteil (alle *A* sind *B*, ↑a) durch:

$$\dots B \overline{\qquad\qquad} b \dots$$
$$A \overline{\qquad\qquad} a$$

Die Linie des Begriffs *A* liegt hierbei ›ganz unter‹ derjenigen von *B*. Das heißt – bei extensionaler (↑extensional/Extension) Interpretation des Subjekt- und Prädikatbegriffs (↑Subjektbegriff, ↑Prädikatbegriff) –, daß die Klasse (↑Klasse (logisch)) von *A* in der Klasse von *B* enthalten ist ($A \subseteq B$). Die beiden hierbei möglichen Fälle $A = B$ und $A \subset B$ werden in den L.-D.n durch Punktierungen unterschieden: Im einen Falle liegt die Linie *A* so ›ganz unter‹ der Linie *B*, daß man nach Weglassung der Punkte *A* und *B* vertauschen kann; im anderen Falle (Mitbetrachtung der Punkte) ist eine solche Vertauschung nicht möglich. Für die anderen syllogistischen Satzarten hat Lambert entsprechende Diagramme angegeben. Die Verknüpfung von zwei geeigneten Satzdia-

grammen durch Identifizierung der Linien des ↑Mittelbegriffs liefert ein syllogistisches Schlußdiagramm; z. B. ↑Barbara (in der nicht ganz zweckmäßigen Darstellung Lamberts):

$$\dots P \overline{\qquad\qquad} p \dots$$
$$M \overline{\qquad\quad} m$$
$$S \overline{\quad} s$$

Die L.-D. lassen sich, Intentionen Lamberts gemäß, nach geeigneten Normierungen als ein *syllogistischer* ↑*Kalkül* rekonstruieren. Liniendiagramme ähnlicher Art wurden vor Lambert auch von G. W. Leibniz verwendet, aber erst posthum publiziert (C. 292–298).

In evolutionstheoretisch (↑Evolutionstheorie) eingebetteter kognitionswissenschaftlicher (↑Kognitionswissenschaft) Perspektive läßt sich die räumliche Repräsentation des logischen Schließens, wie sie unter anderem in den L.-D.n vorgelegt wird, für eine Erklärung der Genese logischer Evidenz fruchtbar machen: räumliche Erfahrung bildet die genetische Grundlage für den (dadurch allerdings nicht bewiesenen) Geltungsanspruch logischen Schließens.

Literatur: A. F. Bök (ed.), Sammlung der Schriften, welche den logischen Calcul Herrn Prof. Ploucquets betreffen, mit neuen Zusätzen, Frankfurt/Leipzig 1766 (repr., ed. A. Menne, Stuttgart-Bad Cannstatt 1970); G. Lakoff/R. E. Núñez, Where Mathematics Comes from. How the Embodied Mind Brings Mathematics into Being, New York 2000, 2009; I. D. Toader, Mathematical Diagrams in Practice. An Evolutionary Account, Log. Anal. 45 (2002), 341–355; G. Wolters, Basis und Deduktion. Studien zur Entstehung und Bedeutung der Theorie der axiomatischen Methode bei J. H. Lambert (1728–1777), Berlin/New York 1980, 120–177.   G. W.

Lambert von Auxerre (Lambertus de Autissiodore, auch [nach seinem Geburtsort]: de Liniaco Castro), *Ligny-le-Châtel (Yonne), †Paris, Magister des Dominikanerordens um die Mitte des 13. Jhs.. L. gehörte zum Konvent von Auxerre; über sein Leben ist wenig bekannt. Einziges Werk scheint ein Lehrbuch der Logik zu Unterrichtszwecken zu sein (»Summa Lamberti«). Eine Abhängigkeit von M. Psellus (wie K. v. Prantl behauptet) besteht nicht. L. dürfte dieses Lehrbuch um 1250 in Troyes, wo er Lehrer Theobalds II., Königs von Navarra war, verfaßt und um 1260 in Paris, inzwischen päpstlicher Beichtvater, publiziert haben. Mit seinem Werk, das den besonderen Rang der ↑Logik als ›Kunst der Künste‹ und ›Wissenschaft der Wissenschaften‹ betont (»logica est ars artium, scientia scientiarum qua aperta omnes aperiuntur et qua clausa omnes alie clauduntur, sine qua nulla, cum qua quelibet«, Kap. I), steht L. mit W. von Shyreswood und Petrus Hispanus am Anfang der auch ↑›Terminismus‹ genannten *logica moderna* (↑logica antiqua).

Werke: Logica (Summa Lamberti), ed. F. Alessio, Florenz 1971 (engl. Teilübersetzung Chap. 4 L. of A.. Properties of Terms, in: N. Kretzmann/E. Stump [eds.], The Cambridge Translations of Medieval Philosophical Texts I. Logic and the Philosophy of Language, Cambridge etc. 1988, 104–162).

Literatur: A. de Libera, Le traité »De appellatione« de L. de Lagny (L. d'A.), Arch. hist. doctr. litt. moyen-âge 48 (1981), 227–285; ders., Supposition naturelle et appellation. Aspects de la sémantique parisienne au XIIIe siècle, Histoire, épistémologie, Langages 3 (1981), 63–77; ders., De la logique à la grammaire. Remarques sur la théorie de la determinatio chez Roger Bacon et L. d'A. (L. de Lagny), in: G. L. Bursill-Hall/S. Ebbesen/E. F. K. Koerner (eds.), De ortu grammaticae. Studies in Medieval Grammar and Linguistic Theory in Memory of Jan Pinborg, Amsterdam/Philadelphia Pa. 1990 (Stud. Hist. Language Sci. XLIII), 209–226; ders., L., Enc. philos. universelle III (1992), 659; ders., L., DP II (²1993), 1658; C. Panaccio, Supposition naturelle et signification occamiste, in: G. L. Bursill-Hall/S. Ebbesen/E. F. K. Koerner (eds.), De ortu grammaticae [s. o.], 255–269; K. v. Prantl, Geschichte der Logik im Abendlande III, Leipzig 1867 (repr. Bristol 2001), 25–32; L. M. de Rijk, Note on the Date of L. of A.'s Summulae, Vivarium 7 (1969), 160–162; ders., The Development of ›Suppositio Naturalis‹ in Medieval Logic II. Fourteenth Century Natural Supposition as Atemporal (Omnitemporal) Supposition, Vivarium 11 (1973), 43–79; A. Tognolo, Lamberto di A., Enc. filos. IV (1982), 1046–1047. G. W.

La Mettrie, Julien Offray de, *Saint-Malo (Bretagne) 25. Dez. 1709, †Berlin 11. Nov. 1751, franz. Arzt und Philosoph, Vertreter des französischen Materialismus (↑Materialismus, französischer). 1728–1733 Medizinstudium in Paris, 1733 in Leiden bei H. Boerhaave, dessen ›iatromechanische‹, d. h. die Erklärung der Krankheiten in mechanischen Eigenschaften des Körpers suchende, Position L. M. anzog. 1734–1742 medizinische Praxis in Saint-Malo, 1743–1745 Feldarzt auf französischer Seite im österreichischen Erbfolgekrieg. L. M.s philosophisches Erstlingswerk »Histoire naturelle de l'âme« erschien nach einer Reihe medizinischer Schriften und französischer Übersetzungen Boerhaaves 1745 in Den Haag. L. M. vertritt hier den Materialismus als einen sensualistisch verstandenen monistischen (↑Monismus) Naturalismus in aristotelisch-metaphysischer Terminologie. Danach wird in Kritik des neuzeitlichen ↑Dualismus die ›Seele‹ mit ihren Vermögen als Produkt entsprechender körperlicher Zustände (der ›Maschine‹) verstanden. Das Buch wurde als religionsfeindlich verbrannt, L. M. als Militärarzt entlassen, jedoch alsbald als Inspektor von Armeehospitälern wieder eingestellt, bis seine erste Ärztekritik (Politique du médecin de Machiavel, ou chemin de la fortune ouvert aux médecins, 1746) nach dem Klerus nun auch die Ärzteschaft gegen ihn aufbrachte und 1746 seine Flucht nach Leiden erzwang. Das Erscheinen von »L'homme machine« (1748, tatsächlich Ende 1747) führte zur Flucht nach Berlin, wo L. M. von Friedrich II. freundlich aufgenommen, bei diesem Vorleser und Arzt sowie Mitglied der Königlich Preußischen Akademie der Wissenschaften wurde.

In »L'homme machine« baut L. M. die These von 1745 in nicht-metaphysischer Terminologie weiter aus: Der Mensch ist eine im Unterschied zu R. Descartes' Lehre von den Tieren als ›Gliedermaschinen‹ sich selbst steuernde ›lebende Maschine‹. Materielle Steuerungskraft ist, in spekulativer Verallgemeinerung empirischer Sachverhalte, die Irritabilität, untersucht an Muskelfasern vor allem von A. v. Haller – einem äußerst religiösen, reformierten Gelehrten –, dem L. M. das Buch ironisch widmet. L. M.s physiologische Seelenlehre läßt keinen Raum für ↑Willensfreiheit, sieht den Menschen als nur unwesentlich vom Tier unterschieden und vertritt kämpferisch einen agnostisch (↑Agnostizismus) gefärbten ↑Atheismus. Für die Medizin fordert L. M. eine *empiristische*, auf Beobachtungen (auch Pathologie) und theoretisch auf Mechanik, Chemie, Anatomie und Physiologie gestützte Methodik. – Der Maschinentheorie entspricht auf seiten der Ethik ein an Epikur orientierter ↑Hedonismus (Anti-Sénèque, ou Discours sur le bonheur, Amsterdam 1753, ed. J. Falvey, Discours sur le bonheur, Branbury 1975) – angenehme Zustände der ›Maschine‹ erweisen sich als eng mit der Gesundheit verknüpft. Denken und moralisches Handeln sowie ihre Verbesserung sind, vom Zustand der Maschine abhängig, letztlich Probleme einer philosophischen Medizin. – L. M., den man als ersten physiologischen Psychologen betrachten kann, übte starken Einfluß auf die französische Aufklärung sowie auf insbes. kämpferische Formen des Materialismus wie den ↑Vulgärmaterialismus des 19. Jhs. aus.

Werke: Œuvres de médecine, Berlin 1751, 1755; Œuvres philosophiques, I–II, Berlin 1774 (repr., in einem Bd., Hildesheim/New York 1970, Hildesheim/Zürich/New York 1988), I–III, Berlin/Paris 1796. – Epistolaris de vertigine dissertatio, Rennes 1736 (repr. in: R. E. Stoddard, J. O. de L. M., 1709–1751 [s. u.], 61–77; Histoire naturelle de l'âme, La Haye 1745, ferner in: Textes choisis [s. u.], 65–146, unter dem Titel: Le traité de l'âme de la Mettrie, I–II (I Edition critique du texte avec une introduction et un commentaire historiques, II Etudes sur les sources du matérialisme de la M. et sur ses rapports avec les courants de pensée de la première moitié du XVIIIe siècle), ed. T. H. M. Verbek, Utrecht 1988 (engl. [gekürzt] The Natural History of the Soul. Extracts, in: Man a Machine. French-English. Including Frederick the Great's »Eulogy« on L. M. and Extracts from L. M.'s »The Natural History of the Soul«, Chicago Ill./La Salle Ill. 1912, 1961, 151–162); Politique du médecin de Machiavel, ou le chemin de la fortune ouvert aux médecins [...], Amsterdam 1746, ed. R. Boissier, Paris 1931; Discours sur le bonheur, in: L. A. Seneca, Traité de la vie heureuse [De vita beata]. Avec un discours du traducteur sur le meme sujet, übers. v. J. O. de L. M., Potsdam 1748, Paris 2000 (dt. Über das Glück oder Das Höchste Gut [›Anti-Seneca‹], ed. B. A. Laska, Nürnberg 1985, ²2004); L'homme machine, Leiden 1748, unter dem Titel: L. M.'s »L'homme machine«. A Study in the Origins of an Idea, ed. A.

Vartanian, Princeton N. J. 1960 [krit. Ausg.], franz./dt. unter dem Titel: Die Maschine Mensch, ed. C. Becker, Hamburg 1990, 2009 (engl. Man a Machine, Dublin, London 1749, unter dem Titel: Machine Man, in: »Machine Man« and Other Writings, ed. A. Thomson, Cambridge etc. 1996, 2007, 1–39; dt. Der Mensch eine Maschine, ed. A. Ritter, Leipzig 1875, unter dem Titel: Der Mensch als Maschine, ed. B. A. Laska, Nürnberg 1985, 1988); L'homme-plante, Potsdam 1748, franz./dt. unter dem Titel: L'Homme-Plante/Der Mensch als Pflanze, ed. M. Eder, Weimar 2008 (engl. Man a Plant, in: »Man a Machine« and »Man a Plant«, ed. J. Leiber, Indianapolis Ind./Cambridge Mass. 1994, 77–92, ferner in: A. Thomson [ed.], »Machine Man« and Other Writings [s. o.], 75–88); L'art de jouir, Cythère [d. i. Berlin] 1751, ed. M. Onfray, Paris 2007 (dt. Die Kunst, die Wollust zu empfinden, Cythera [d. i. Braunschweig/Wolfenbüttel] 1751, unter dem Titel: Die Kunst, Wollust zu empfinden, ed. B. A. Laska, Nürnberg 1987); Lamettriana. The Satires of Mr. Machine, ed. E. Bergmann, London/Chicago Ill. 1919; Textes choisis, Paris 1954, 1974. – R. E. Stoddard, J. O. de L. M., 1709–1751. A Bibliographical Inventory. Together with a Reprint of L. M.'s Long Lost Thesis »Epistolaris de vertigine dissertatio« (Rennes, 1736), Köln 2000.

Literatur: S. Audidière u. a. (eds.), Matérialistes français du XVIIIe siècle. L. M., Helvétius, d'Holbach, Paris 2006; F. Azouvi, L., DP II (^{2}1993), 1659–1663; A. Baruzzi, L. M., in: ders. (ed.), Aufklärung und Materialismus im Frankreich des 18. Jahrhunderts. L. M., Helvétius, Diderot, Sade, München 1968, 21–62; H. Bennent-Vahle, Im Dialog mit einer anderen Aufklärung – L. M. und die Emanzipation der Sinnlichkeit, in: T. Gutknecht/B. Himmelmann/G. Stamer (eds.), Dialog und Freiheit, Münster 2005, 35–60; B. Christensen, Ironie und Skepsis. Das offene Wissenschafts- und Weltverständnis bei J. O. de L. M., Würzburg 1996; A. Comte-Sponville, L. M.: Un ›Spinoza moderne‹?, in: O. Bloch (ed.), Spinoza au XVIIIe siècle. Paris 1990, 133–150; ders., L. M. et le »Système d'Épicure«, Dix-huitième siècle 24 (1992), 105–115; R. Desné, L'humanisme de L. M., La pensée 109 (1963), 93–110; E. Du Bois-Reymond, L. M., Berlin 1875, Neudr. in: ders., Vorträge über Philosophie und Gesellschaft, ed. S. Wollgast, Hamburg 1974, 79–103; J. Falvey, The Aesthetics of L. M., Stud. Voltaire 18th Cent. 87 (1972), 397–479; E. Filippaki, L. M. on Descartes, Seneca and the Happy Life, Stud. Voltaire 18th Cent. Sonderbd. 1 (2005), 249–272; S. Gougeaud-Arnaudeau, L. M. (1709–1751). Le matérialisme clinique. Suivi de »Le chirurgien converti«, Paris 2008; K. Gunderson, Descartes, L. M., Language, and Machines, Philos. 39 (1964), 193–222, Neudr. in: ders., Mentality and Machines, Garden City N. Y. 1971, Minneapolis Minn. ^{2}1985, 1–38 (Chap. 1 L. M.); H. Hecht (ed.), J. O. de L. M.. Ansichten und Einsichten, Berlin 2004 (Aufklärung und Europa XIV); M.-C. Hepp-Reymond, »L'Homme machine« von L. M. im Lichte der modernen Neurobiologie, Gesnerus 43 (1986), 261–278; D. Hoeges, J. O. de L. M. und die Grundlagen des französischen Materialismus im 18. Jahrhundert, in: J. v. Stackelberg (ed.), Neues Handbuch der Literaturwissenschaft XIII, Wiesbaden 1980, 249–268; L. P. Honoré, The Philosophical Satire of L. M., Stud. Voltaire 18th Cent. 215 (1982), 175–222, 241 (1986), 203–236; J. I. Israel, Enlightenment Contested. Philosophy, Modernity, and the Emancipation of Man 1670–1752, Oxford etc. 2006, 794–813 (Chap. 31 The ›Unvirtuous Atheist‹); U. P. Jauch, Jenseits der Maschine. Philosophie, Ironie und Ästhetik bei J. O. de L. M. (1709–1751), München/Wien 1998; dies., Herr Maschine im Jenseits von Gut und Böse, Berichte u. Abh., Berlin-Brandenburgische Akad. Wiss. 10 (2006), 169–178, ferner in: G. Lottes/

I.-M. D'Aprile (eds.), Hofkultur und aufgeklärte Öffentlichkeit. Potsdam im 18. Jahrhundert im europäischen Kontext, Berlin 2006, 233–243; B. Kettern, L., BBLK IV (1992), 1045–1050; F. A. Lange, De L. M., in: ders., Geschichte des Materialismus und Kritik seiner Bedeutung in der Gegenwart, Iserlohn 1866, 163–186, ed. A Schmidt, in 2 Bdn., Frankfurt 1974, I, 344–376 (engl. De L. M., in: ders., The History of Materialism and Criticism of Its Present Importance II, Boston Mass., London 1880, 49–91, I–III in 1 Bd., London, New York ^{3}1925 [repr. New York 1950, London 2001], II, 49–91); P. Lemée, J. O. de L. M., St Malo (1709) – Berlin (1751). Médecin – philosophe – polémiste. Sa vie, son œuvre, [Mortain] 1954 (mit Bibliographie, 243–252); R. Malter, Die mechanistische Deutung des Lebens und ihre Grenzen. Philosophisch-systematische Betrachtungen zum Organismusproblem im Ausgang von L. M., Medizinhist. J. 17 (1982), 299–316; L. Mendel, L. M.. Arzt, Philosoph und Schriftsteller (1709–1751). Vergessenes und Aktuelles, Leipzig 1965 (Leipziger Universitätsreden NF 30); C. Morilhat, L. M.. Un matérialisme radical, Paris 1997; D. Olivoni, Il problema dell'animale-macchina da Cartesio a L. M., Piombino 1997; M. Onfray, Contre-histoire de la philosophie IV. Les ultras des lumières, Paris 2007, 99–136 (Chap. II L. M. et la ›félicité temporelle‹); G. Panizza, La contentezza della mente. Etica e materialismo in Descartes e L. M., Turin 2000; J. E. Poritzky, J. O. de L. M. Sein Leben und seine Werke, Berlin 1900, Genf 1971; A. Punzi, I diritti dell'uomo-macchina. Studio su L. M., Turin 1999; ders., L'ordine giuridico delle macchine. L. M., Helvétius, d'Holbach. L'uomo-macchina verso l'intelligenza collettiva, Turin 2003; R. Reschika, Philosophische Abenteurer. Elf Profile von der Renaissance bis zur Gegenwart. Tübingen 2001, 41–67 (Kap. II J. O. de L. M. oder Das maschinelle Glück); P. Rochlitz, Die Wahrheitsthematik in der Medizin der Aufklärungszeit. Eine vergleichende Untersuchung bei den Ärzten J. O. de L. M. (1709–1751) und Thomas Percival (1740–1804), Freiburg 1990; G. A. Roggerone, Controilluminismo. Saggio su L. M. ed Helvétius, I–II, Lecce 1975; L. C. Rosenfield, From Beast-Machine to Man-Machine. Animal Soul in French Letters from Descartes to L. M., New York 1940, erw. ^{2}1968; L. Rössner, Maschinenmensch und Erziehung. Zur Philosophie und Pädagogik L. M.s, Frankfurt etc. 1990; M. Sozzi, L. M. nella storia della critica. La fortuna settecentesca, Studi francesi 36 (1992), 21–36; M. F. Spallanzani, Lo »scandalo« di L. M., Riv. filos. 69 (1978), 119–128; M. Starke, Zu dem Mißverhältnis zwischen L. M. und der Aufklärung, Beitr. Roman. Philol. 13 (1974), 187–209; ders., Zur materialistischen Moral L. M.s, in: W. Klein/E. Müller (eds.), Genuss und Egoismus. Zur Kritik ihrer geschichtlichen Verknüpfung, Berlin 2002, 66–85; J. Steigerwald, Vom Reiz der Imagination. Theorie und Praxis der Einbildungskraft im Feld der Sexologie. Das Beispiel L. M., in: ders./D. Watzke (eds.), Reiz, Imagination, Aufmerksamkeit. Erregung und Steuerung von Einbildungskraft im klassischen Zeitalter (1680–1830), Würzburg 2003, 105–125; A. Sutter, Göttliche Maschinen. Die Automaten für Lebendiges bei Descartes, Leibniz, L. M. und Kant, Frankfurt 1988; A. Thomson, Materialism and Society in the Mid-Eighteenth Century: L. M.'s »Discours préliminaire«, Genf 1981; dies., Déterminisme et passions, in: P.-F. Moreau/dies. (eds.), Matérialisme et passions [s. o.], 79–95; dies., L. M. et l'épicurisme, in: G. Paganini/E. Tortarolo (eds.), Der Garten und die Moderne [s. o.], 361–381; dies., L. M., l'écrivain et ses masques. Dix-huitième siècle 36 (2004), 449–467; dies., Bodies of Thought. Science, Religion, and the Soul in the Early Enlightenment, Oxford etc. 2008, 175–215 (Chap. 6 Mid-Eighteenth-Century Materialism); M. Tietzel, L'homme machine. Künstliche Menschen in Philosophie, Mechanik und Literatur, betrachtet aus der Sicht der Wissenschaftstheorie, Z. allg. Wiss.-theorie 15 (1984), 34–71; A. Tucek, Legitimierung pädagogischer Zielsetzungen bei den französischen Naturphilosophen L. M. und Helvétius, Stuttgart/Bern 1987; G.-F. Tuloup, Un precurseur méconnu. O. de L. M., médecin-philosophe (1709–1751), Dinard 1938; A. Vartanian, L., Enc. Ph. IV (1967), 379–382; ders., Le ›philosophe‹ selon L. M., Dix-huitième siècle 1 (1969), 161–178; ders., L., DSB VII (1973), 605–607; ders., Cabanis and L. M., Stud. Voltaire 18th Cent. 155 (1976), 2149–2166; ders., Science and Humanism in the French Enlightenment, Charlottesville Va. 1999, 45–91 (Chap. 2 L. M.); K. A. Wellman, L. M.. Medicine, Philosophy, and Enlightenment, Durham N. C./London 1992; U. Zauner, Das Menschenbild und die Erziehungstheorien der französischen Materialisten im 18. Jahrhundert, Frankfurt etc. 1998, 45–72 (Kap. 3 L. M.). – Corpus. Revue de philosophie 5/6 (1987).   G. W.

Landau, Edmund (Georg Hermann), *Berlin 14. Febr. 1877, †ebd. 19. Febr. 1938, dt. Mathematiker. 1893–1899 Studium der Mathematik in Berlin (vor allem bei G. Frobenius) und München, 1899 Promotion in Berlin. Dort 1901 Habilitation und Privatdozent, 1905 Professor. 1909 (als Nachfolger H. Minkowskis) o. Prof. in Göttingen. 1934 wegen seiner jüdischen Herkunft zum Eintritt in den Ruhestand gezwungen; danach Lehrtätigkeit nur noch im Rahmen von Gastaufenthalten im Ausland. – L.s Hauptarbeitsgebiet war die analytische ↑Zahlentheorie; sein Werk über die Verteilung der Primzahlen war lange Zeit maßgebend. Daneben stehen Arbeiten zur ↑Funktionentheorie, Lehrbücher der ↑Analysis sowie das Buch über die »Grundlagen der Analysis« (1930), das eine Konstruktion der Zahlbereiche von den natürlichen bis zu den komplexen Zahlen in detaillierter Form bietet.

Werke: Collected Works, I–IX, Essen 1985–1986 (mit Bibliographie, I, 397–415). – Handbuch der Lehre von der Verteilung der Primzahlen, I–II, Leipzig/Berlin 1909, [in einem Bd.] New York ²1953, ³1974, korr. 2000; Darstellung und Begründung einiger neuerer Ergebnisse der Funktionentheorie, Berlin 1916, ²1929, erw. Berlin/New York ³1986, Nachdr. in: H. Weyl/E. L./B. Riemann, Das Kontinuum und andere Monographien, New York 1960, Providence R. I. 2006; Einführung in die elementare und analytische Theorie der algebraischen Zahlen und der Ideale, Leipzig/Berlin 1918, ²1927, New York 1949, Providence R. I. 2005; Vorlesungen über Zahlentheorie, I–III, [in einem Bd.] Leipzig 1927 (I Aus der elementaren und additiven Zahlentheorie, II Aus der analytischen und geometrischen Zahlentheorie, III Aus der algebraischen Zahlentheorie und über Fermatsche Vermutung), [in vier Bdn.] New York 1946–1947 (I/1 Aus der elementaren Zahlentheorie, I/2 Aus der additiven Zahlentheorie, II Aus der analytischen und geometrischen Zahlentheorie, III Aus der algebraischen Zahlentheorie und über Fermatsche Vermutung), separat I/1 New York 1950, Providence R. I. 2004 (engl. Elementary Number Theory, New York 1958, ²1966, Providence R. I. 1999), separat I/2–III [in einem Bd.], New York 1955, New York 1969, Teilausgabe erw. § 4, Kap. II, Teil IX, Bd. III, unter dem Titel: Diophantische Gleichungen mit endlich vielen Lösungen, ed. A. Walfisz, Berlin [Ost] 1959;

Grundlagen der Analysis. Das Rechnen mit ganzen, rationalen, irrationalen, komplexen Zahlen. Ergänzung zu den Lehrbüchern der Differential- und Integralrechnung, Leipzig 1930 (repr. Darmstadt 1963, 1970), New York ⁴1965, Lemgo 2004 (engl. Foundations of Analysis. The Arithmetic of Whole, Rational, Irrational, and Complex Numbers. A Supplement to Text-Books on the Differential and Integral Calculus, New York 1951, ³1966, Providence R. I. 2001); Einführung in die Differentialrechnung und Integralrechnung, Groningen/Batavia 1934 (engl. Differential and Integral Calculus, New York 1950, ³1965, Providence R. I. 2001); Über einige neuere Fortschritte der additiven Zahlentheorie, Cambridge 1937 (repr. New York/London 1964); Ausgewählte Abhandlungen zur Gitterpunktlehre, ed. A. Walfisz, Berlin (Ost) 1962. – I. J. Schoenberg, Publications of E. L., in: P. Turán (ed.), Abhandlungen aus Zahlentheorie und Analysis. Zur Erinnerung an E. L. (1877–1938), Berlin (Ost), New York 1968, 335–355 (engl. Number Theory and Analysis. A Collection of Papers in Honor of E. L. (1877–1938), New York 1969, 335–355).

Literatur: G. H. Hardy/H. Heilbronn, E. L., J. London Math. Soc. 13 (1938), 302–310; K. Knopp, E. L., Jahresber. Dt. Math.ver. 54 (1951), 55–62; A. Petruso, L., in: B. Narins (ed.), Notable Scientists. From 1900 to the Present III, Farmington Hills Mich. 2001, 1303–1304; H. Rechenberg, L., NDB XIII (1982), 479–480; B. Schoeneberg, L., DSB VII (1973), 615–616. – L., in: G. Walz (ed.), Lexikon der Mathematik III, Heidelberg 2001, 247.   P. S.

Landgrebe, Ludwig, *Wien 9. März 1902, †Köln 14. Aug. 1991, dt. Philosoph. 1921–1927 Studium der Philosophie, Geschichte, Kunstgeschichte und klassischen Philologie in Wien und Freiburg i. Br., 1923–1930 Privatassistent E. Husserls, 1927 Promotion bei Husserl in Freiburg. 1935 Habilitation an der Deutschen Universität in Prag, 1935–1939 Privatdozent ebendort, 1939/1940 Forschungstätigkeit an der Universität Löwen, 1940–1945 kaufmännische Tätigkeit in Hamburg, 1945 Dozent, 1946 apl. Prof. an der Universität Hamburg, 1947–1956 o. Prof. der Philosophie an der Universität Kiel; ab 1956 o. Prof. und Direktor des Husserl-Archivs an der Universität Köln, 1971 emeritiert. – Die philosophische Arbeit L.s kreist um Grundprobleme der ↑Phänomenologie, die in Husserls Schriften ungeklärt oder unbehandelt geblieben sind, insbes. die Fragen um ↑Lebenswelt und ↑Geschichte, wie sie durch M. Heideggers Husserl-Kritik und Husserls Spätphilosophie gleichermaßen aufgeworfen worden sind. Mit dem späten Husserl und dem (von ihm als Phänomenologen verstandenen) Heidegger sieht L. in der transzendentalphänomenologischen Reflexion das entscheidende philosophische Instrument, um zu kulturinvarianten Antworten auf die für die gegenwärtige Krise der Menschheit symptomatischen Fragen nach der menschlichen Identität zu kommen. Diese Reflexion erlaubt, die Lebenswelt als den Geltungsboden wissenschaftlichen Wissens und technischen Könnens herauszustellen, auf den Wissenschaften und Technik in ihren Zielen (wieder) bezogen werden müssen. Die transzendentalphänomenologische

Reflexion zielt schließlich auf eine ↑transzendentale Theorie der Geschichte im Sinne einer Rekonstruktion der Bedingungen dafür, daß es dem Individuum möglich ist, in Gemeinschaft eine ›Geschichte zu haben‹. Die oberste Aussage dieser Theorie besteht in der Formulierung eines praktischen Prinzips, demgemäß das individuelle Selbst als Quelle jeder möglichen Geschichte zu respektieren ist. – In Auseinandersetzung mit dem ↑Marxismus weist L. nach, daß die Doppeldeutigkeit zentraler Marxscher Begriffe wie ›Natur‹ und ›Materie‹ nur durch eine transzendentalphänomenologische Wissenschaft von der Lebenswelt beseitigt werden kann, die als Korrektur des marxistischen Dogmatismus (↑Marxismus-Leninismus) erst wieder eine Aneignung des ursprünglichen Anliegens der Marxschen Gesellschaftstheorie erlaubt. So läßt sich L. zufolge z. B. der Begriff der materiellen Basis (↑Basis, ökonomische) nur unter Rekurs auf die ↑Teleologie des leiblich tätigen Menschen angemessen rekonstruieren, wodurch es dann auch möglich wird, der Marxschen These, die Naturgeschichte sei die wahre Geschichte des Menschen, einen Sinn zu geben.

Werke: Wilhelm Diltheys Theorie der Geisteswissenschaften. Analyse ihrer Grundbegriffe, Jb. Philos. phänomen. Forsch. 9 (1928), 237–366, separat Halle 1928; Nennfunktion und Wortbedeutung. Eine Studie über Martys Sprachphilosophie, Halle 1934; (mit J. Patočka) Edmund Husserl zum Gedächtnis. Zwei Reden gehalten von L. L. und Jan Patočka, Prag 1938, Nachdr. in: Perspektiven der Philosophie. Neues Jb. 1 (1975), 287–322, [zusammen mit: H. Plessner, Husserl in Göttingen] New York 1980; Husserls Phänomenologie und die Motive zu ihrer Umbildung, Rev. internat. Philos. 1 (1939), 277–316; Was bedeutet uns heute Philosophie?, Hamburg 1943, 1948, ²1954; Zur Überwindung des europäischen Nihilismus, Hamburger akadem. Rdsch. 1 (1946–1947), 221–235, ferner in: D. Arendt (ed.), Der Nihilismus als Phänomen der Geistesgeschichte in der wissenschaftlichen Diskussion unseres Jahrhunderts, Darmstadt 1974, 19–37; Phänomenologie und Metaphysik, Hamburg 1949 (engl. Phenomenology and Metaphysics, Philos. Phenom. Res. 10 [1949], 197–205); Philosophie der Gegenwart, Bonn 1952, Frankfurt 1958, ²1961 (engl. Major Problems in Contemporary European Philosophy. From Dilthey to Heidegger, New York 1966); Die Bedeutung der Phänomenologie Husserls für die Selbstbesinnung der Gegenwart, in: H. L. Van Breda/J. Taminiaux (eds.), Husserl et la pensée modern/Husserl und das Denken der Neuzeit [franz./dt.], La Haye 1959, 216–223 (franz. La Signification de la phénoménologie de Husserl pour la reflexion der notre époque, a. a. O., 223–229); Das Problem der Dialektik, Marxismusstud. 3 (1960), 1–65; Husserls Abschied von Cartesianismus, Philos. Rdsch. 9 (1961/1962), 133–177 (engl. Husserls Departure from Cartesianism, in: ders., The Phenomenology of Edmund Husserl [s. u.], 66–122, ferner in: R. O. Elveton [ed.], The Phenomenology of Husserl. Selected Critical Readings, Seattle ²2000, 243–287); Der Weg der Phänomenologie. Das Problem einer ursprünglichen Erfahrung, Gütersloh 1963, 1978; Philosophie und Theologie, Neue Z. system. Theol. 5 (1963), 3–15; Husserl, Heidegger, Sartre. Trois aspects de la phénoménologie, Rev. mét. mor. 69 (1964), 365–380; Die phänomenologische Analyse der Zeit und die Frage

nach dem Subjekt der Geschichte, Praxis 3 (1967), 363–372; Phänomenologie und Geschichte, Gütersloh 1967, Darmstadt 1968 ([nur Kap. VII] engl. The Problem Posed by the Transcendental Science of the Apriori of the Life-World, in: W. McKenna [ed.], Apriori and the World, The Hague 1981, 152–171); Existenz und Autonomie des Menschen, Philos. Jb. 75 (1967/1968), 239–249; Das Zeitalter ohne Menschenbild und die Dialektik der Befreiung, in: C. Fabro (ed.), Gegenwart und Tradition. Strukturen des Denkens. Eine Festschrift für Bernhard Lakebrink, Freiburg 1969, 151–166; Über einige Grundfragen der Philosophie der Politik, Köln/Opladen 1969, Neudr. in: M. Riedel (ed.), Rehabilitierung der praktischen Philosophie II (Rezeption, Argumentation, Diskussion), Freiburg 1974, 173–210; The Problem of the Beginning of Philosophy in Husserl's Phenomenology, in: E. Embree (ed.), Life-World and Consciousness. Essay for Aron Gurwitsch, Evanston Ill. 1972, 33–54; The Phenomenological Concept of Experience, Philos. Phenom. Res. 34 (1973), 1–13; Meditation über Husserls Wort »Die Geschichte ist das große Faktum des absoluten Seins«, Tijdschr. Filos. 36 (1974) 107–126 (engl. A Meditation on Husserl's Statement: History Is the Grand Fact of Absolute Being, Southwestern J. Philos. 5 [1974], 111–125); Reflexionen zu Husserls Konstitutionslehre, Tijdschr. Filos. 36 (1974), 466–482; L. L. [Autobiographie], in: L. J. Pongratz (ed.), Philosophie in Selbstdarstellungen II, Hamburg 1975, 128–169; Der Streit um die philosophischen Grundlagen der Gesellschaftstheorie, Opladen 1975; Geschichtsphilosophische Perspektiven bei Scheler und Husserl, in: P. Good (ed.), M. Scheler im Gegenwartsgeschehen der Philosophie, Bern 1975, 79–90; Philosophische Antropologie. Eine empirische Wissenschaft?, in: W. Biemel (ed.), Die Welt des Menschen. Die Welt der Philosophie, Festschrift für Jan Patočka, Haag 1976 (Phaenomenologica LXXII), 1–20; Die Phänomenologie als transzendentale Theorie der Geschichte, Phänom. Forsch. 3 (1976), 17–47; Das Problem der Teleologie und der Leiblichkeit in der Phänomenologie und im Marxismus, in: B. Waldenfels/J. M. Broekman/A. Pažanin (eds.), Phänomenologie und Marxismus I, Frankfurt 1977, 71–104 (engl. The Problem of Teleology and Corporeality in Phenomenology and Marxism, in: dies. [eds.], Phenomenology and Marxism, London etc. 1984, 53–81); Lebenswelt und Geschichtlichkeit des menschlichen Daseins, in: B. Waldenfels/J. M. Broekman/A. Pažanin (eds.), Phänomenologie und Marxismus II, Frankfurt 1977, 13–58 (engl. Life-World and the History of Human Existence, in: dies. [eds.], Phenomenology and Marxism [s. o.], 167–204); Phänomenologische Analyse und Dialektik, Phänom. Forsch. 10 (1980), 21–88; The Life-World and the Historicity of Human Existence, Res. Phenom. 11 (1981), 111–140; The Phenomenology of Edmund Husserl. Six Essays, London 1981; Faktizität und Individuation. Studien zu den Grundfragen der Phänomenologie. Eine Aufsatzsammlung, Hamburg 1982; Erinnerungen an meinen Weg zu E. Husserl und an die Zusammenarbeit mit ihm, in: H. R. Sepp (ed.), Edmund Husserl und die phänomenologische Bewegung. Zeugnisse in Text und Bild, Freiburg/München 1988, 20–26; Reflections on the Schutz-Gurwitsch Correspondence, Human Stud. 14 (1991), 107–127; Der Begriff des Erlebens. Ein Beitrag zur Kritik unseres Selbstverständnisses und zum Problem der seelischen Ganzheit, ed. K. Novotny, Würzburg 2010 (Orbis phaenomenologicus, Quellen NF II).

Literatur: G. Baptist, German Phenomenology from L. and Fink to Waldenfels, in: A.-T. Tymieniecka (ed.), Phenomenology World-Wide. Foundations, Expanding Dynamics, Life-Engagements. A Guide for Research and Study, Dordrecht/Boston Mass./London 2002, 255–265; W. Biemel (ed.), Phänomenologie heute. Festschrift für L. L., Den Haag 1972 (Phaenomenologica LI); H. L. van Breda, Laudatio für L. L. und Eugen Fink, in: W. Biemel (ed.), Phänomenologie heute [s. o.], 1–14; U. Claesges/K. Held (eds.), Perspektiven transzendentalphänomenologischer Forschung. Für L. L. zum 70. Geburtstag von seinen Kölner Schülern, Den Haag 1972 (Phaenomenologica XLIX); P. Janssen, Phänomenologie als Geschichtsphilosophie in praktischer Absicht. Den philosophischen Intentionen L. L.s zur Erinnerung, Husserl Stud. 10 (1993), 97–110; J. Patočka, L., in: ders., Texte, Dokumente, Bibliographie, ed. L. Hagedorn/H. R. Sepp, Freiburg/München 1999 (Orbis phaenomenologicus II, Quellen II), 383–396; H. P. Rickman, L., in: S. Brown/D. Collinson/R. Wilkinson (eds.), Biografical Dictionary of Twentieth-Century Philosophers, London/New York 1996, 435; H. Vetter, L., BBKL IV (1992), 1069–1071; ders. (ed.), Lebenswelten. L. L. – Eugen Fink – Jan Patočka. Wiener Tagungen zur Phänomenologie 2002, Frankfurt etc. 2003 (Reihe der Österreichischen Gesellschaft für Phänomenologie IX). – L., in: B. Jahn (ed.), Biographische Enzyklopädie deutschsprachiger Philosophen, München 2001, 238.   C. F. G.

Lanfranc, *Pavia um 1005, †Canterbury 24. oder 28. Mai 1089, ital.-engl. Frühscholastiker und kirchlicher Reformer. Zunächst als Jurist in seiner Heimat tätig, verläßt L. um 1035, wahrscheinlich aus politischen Gründen, Italien, tritt 1042 in das Benediktinerkloster von Bec (Normandie) ein, wird 1045 Prior und Leiter der neugegründeten Klosterschule und als solcher Lehrer Anselms von Canterbury. L. nimmt gegen die Eucharistielehre Berengars von Tours Stellung und erreicht auf den Synoden von Rom und Vercelli 1050 dessen Verurteilung. Nach der Eroberung Englands (1066) durch den normannischen Herzog Wilhelm (später Wilhelm I., ›der Eroberer‹) wird L. als sein Vertrauter 1070 Erzbischof von Canterbury und reformiert die englische Kirche. – Neben einem Kommentar zu den Paulusbriefen, den Konstitutionen des Domklosters von Canterbury und der Korrespondenz während seines Episkopats ist seine Abhandlung »De corpore et sanguine Domini« erhalten, in der er gegen Berengars symbolisch-spiritualistische Eucharistieauffassung eine realistische Konzeption der Gegenwart Christi vertritt, wonach die Substanz von Brot und Wein in die Substanz von Leib und Blut der gottmenschlichen Person Christi verwandelt wird (Transsubstantiation).

Werke: Opera omnia, ed. J.-L. d'Achery, Paris 1648, Venedig 1745, erw. [in zwei Bdn.] ed. J. A. Giles, Oxford, Paris 1844, erw. [in einem Bd.] ed. J.-P. Migne, Paris 1854 (repr. Turnhout 1996) (MPL 150). – Liber de corpore et sanguine Domini, o.O. o.J. [ca. 1528] (engl. On the Body and Blood of the Lord/L. of Canterbury. On the Truth of the Body and Blood of Christ in the Eucharist/Guitmund of Aversa [lat./engl.], ed. M. G. Vaillancourt, Washington D. C. 2009); Decreta Lanfranci monachi Cantuariensibus transmissa/The Monastic Constitutions of L. [lat./engl.], ed. D. Knowles, Oxford etc., London/Toronto 1951, rev. ed. P. K. Hallinger, Siegburg 1967, rev. ed. C. N. L. Brooke,

Oxford 2002, 2008; The Letters of L., Archbishop of Canterbury [lat./engl.], ed. H. Clover/M. Gibson, Oxford etc. 1979, 2002.

Literatur: É. Amann/A. Gaudel, L., in: A. Vacant/E. Mangenot/É. Amann (eds.), Dictionnaire de théologie catholique VIII/2, Paris 1925, 2558–2570; Beringerius Turonensis [Berengar von Tours], Rescriptum contra Lanfrannum, CCM 84–84A; H. Böhmer, Kirche und Staat in England und in der Normandie im XI. und XII. Jahrhundert. Eine historische Studie, Leipzig 1899, Aalen 1968; ders., Die Fälschungen Erzbischof L.s von Canterbury, Leipzig 1902, Aalen 1972; ders., L., in: D. A. Hauck (ed.), Realencyklopädie für protestantische Theologie und Kirche XI, Leipzig ³1902, 249–255; C. N. L. Brooke, Archbishop L., the English Bishops, and the Council of London of 1075, Stud. Gratiana 12 (1967), 39–59; Z. N. Brooke, The English Church and the Papacy. From the Conquest to the Reign of John, Cambridge 1931, Cambridge etc. 1989; A. Collins, Teacher in Faith and Virtue. L. of Bec's Commentary on Saint Paul, Leiden/ Boston Mass. 2007; H. E. J. Cowdrey, Popes and Church Reform in the 11th Century, Aldershot etc. 2000; ders., L. Scholar, Monk, and Archbishop, Oxford etc. 2003; J. A. Endres, Forschungen zur Geschichte der frühmittelalterlichen Philosophie [1915], in: Beiträge zur Geschichte der Philosophie des Mittelalters 17, Münster 1916, H. 2–3; K. Flasch, Einführung in die Philosophie des Mittelalters, Darmstadt 1987, 1994, bes. 38–49 (franz. Introduction à la philosophie médiévale, Fribourg/Paris 1992, Paris 1998, bes. 43–56); ders., Kampfplätze der Philosophie. Große Kontroversen von Augustin bis Voltaire, Frankfurt 2008, ²2009, bes. 83–94; A. Galonnier, L., Enc. philos. universelle III/1, 660–661; J. Geiselmann, Die Eucharistielehre der Vorscholastik, Paderborn 1926, bes. 365–450; M. Gibson, L. of Bec, Oxford 1978; dies., L., TRE XX (1990), 434–436; E. Hora, Zur Ehrenrettung L.s, des Erzbischofs von Canterbury (ca. 1005–1089), Theol. Quartalschr. 111 (1930), 288–319; A. J. MacDonald, L., A Study of His Life, Work and Writing, London/Oxford 1926, London ²1944; G. Macy, The Theologies of the Eucharist in the Early Scholastic Period. A Study of the Salvific Function of the Sacrament According to the Theologians c. 1080–c. 1220, Oxford 1984; J. de Montclos, L. et Bérenger. La controverse eucharistique du XIe siècle, Leuven 1971; K. Reinhardt, L., BBKL IV (1992), 1074–1076; R. W. Southern, L. of Bec and Berengar of Tours, in: R. W. Hunt/W. A. Pantin/R. W. Southern (eds.), Studies in Medieval History Presented to Frederick Maurice Powicke, Oxford 1948 (repr. 1969), Westport Conn. 1979, 27–48; ders., The Canterbury Forgeries, Engl. Historical Rev. 73 (1958), 193–226; L. Weigand, L., LThK IV (³1997), 636.   R. Wi.

Lange, Friedrich Albert, *Wald (bei Solingen) 28. Sept. 1828, †Marburg 21. Nov. 1875, dt. Philosoph und Pädagoge. Besuch des Gymnasiums zunächst in Duisburg, dann in Zürich (wohin sein Vater anstelle von D. F. Strauß berufen war), dort ab 1847 Studium der Philologie, Theologie und Philosophie, ab 1848 (bis zur Promotion 1851) in Bonn; Gymnasial- und Privatlehrer in Köln, nach seiner Habilitation (1855) bis 1858 Privatdozent der Philosophie und Pädagogik in Bonn (Freundschaft mit F. Ueberweg), 1858–1862 Gymnasiallehrer in Duisburg (L. quittierte – präventiv – den Dienst aus politischem Protest), 1862–1864 Ko-Redakteur der »Rhein-Ruhr-Zeitung« und Sekretär der Duisburger Handelskammer, ab 1866 publizistische und verlegerische Tätigkeit zur Unterstützung F. Lassalles beim »Winterthurer Landboten«. 1869 erneute Habilitation in Zürich, ab 1870 Prof. für induktive Logik, 1872–1875 o. Prof. der Philosophie in Marburg, wo L. an der Berufung von H. Cohen mitwirkte. – 1865 Veröffentlichung von »Die Arbeiterfrage«; gilt auch als wichtiger Beitrag zur Nationalökonomie (↑Ökonomie, politische) bzw. Volkswirtschaftslehre, 1866 Mitglied der ›Ersten Internationale‹.

L.s philosophische Position ist durch eine Wiederbelebung der Lehre I. Kants, durch eine kritische Auseinandersetzung mit dem Materialismus (↑Materialismus (historisch)) und durch die Kritik der ↑Metaphysik als ›Begriffsdichtung‹ bestimmt. Nach L. überschreiten sowohl der Materialismus als auch die Systeme der Metaphysik in Gestalt ›wissenschaftlicher Weltanschauungen‹ ihre Grenzen (Geschichte des Materialismus und Kritik seiner Bedeutung in der Gegenwart, 1866). Die Unwissenschaftlichkeit der spekulativen Metaphysik verlangt ihren Ausschluß aus der theoretischen Philosophie, zu der sie sich einem falschen Selbstverständnis nach gehörig fühlt; ohne diesen Anspruch besitzt sie – ebenso wie Religion oder Poesie – eine ›weltanschauliche‹ Legitimität als Ausdrucksform des menschlichen Sinnbedürfnisses. Auch der Materialismus kann sich als ›System‹ nicht an die Stelle der von L. als ↑Erkenntnistheorie definierten Philosophie setzen, hat jedoch eine positive Funktion als ›Gegengewicht‹ zu jeder als wissenschaftlich auftretenden Metaphysik. Als Forschungshypothese der Naturwissenschaft ermöglicht er zudem die Entdeckung der Wirklichkeit als ↑Erscheinung. Da die Wirklichkeit kein Absolutum ist, bedarf sie der ›speculativen‹ Ergänzung durch eine ›Idealwelt‹. Daher fordert L.s ›Standpunkt des Ideals‹ eine Ergänzung der ›Welt des Seienden‹ durch die ›Welt der Werthe‹ (Religion, Kunst, Mythos, Ethik), in der die Wissenschaften nicht als ↑Weltanschauung und die Weltanschauungen nicht als Wissenschaften auftreten. Erkenntnistheoretisch strebt L. eine Überwindung des Materialismus durch eine (an H. v. Helmholtz anschließende) physiologische Umdeutung der ↑Transzendentalphilosophie Kants an. Kategorien und Grundbegriffe wissenschaftlicher Erkenntnis haben Gültigkeit lediglich in ihrer erfahrungsermöglichenden ›synthetischen‹ Funktion. Generell propagiert L. die Einbeziehung (aktueller) naturwissenschaftlicher Ergebnisse in die philosophische Reflexion.

In der Logik (Logische Studien. Ein Beitrag zur Neubegründung der formalen Logik und der Erkenntnistheorie, 1877) geht L. von einer Gegenüberstellung der als ›metaphysisch‹ eingestuften aristotelisch-scholastischen Logik und der modernen ›rein formalen‹ Logik (↑Logik, formale) seit J. H. Lambert aus. Nach L. sind die ›apriori gültigen Sätze‹ der als Logik des Umfangs (↑extensional/Extension, ↑Logik, extensionale) von der ari-

stotelischen Inhaltslogik (↑Logik, intensionale, ↑Syllogistik) abgegrenzten modernen Logik ›gleich den Axiomen der Mathematik‹ durch die (›empirische‹) ›räumliche‹ ↑Anschauung der Verhältnisse unter den ›Begriffssphären‹ ›apodiktisch begründet‹. Sein Konzept der (inneren) ›empirischen Anschauung‹ versteht L. als psychologisches Äquivalent zu Kants ↑Schematismus der Begriffe. – Von seinem Nachfolger H. Cohen als ein (allerdings kritischer) ›Apostel der kantischen Weltanschauung‹ gefeiert, wirkte L. über seine Marburger Lehrtätigkeit auf die Anfänge des dortigen ↑Neukantianismus.

Werke: Die Arbeiterfrage in ihrer Bedeutung für Gegenwart und Zukunft, Duisburg 1865 (repr. in: ders., Die Arbeiterfrage/Jedermann Hauseigenthümer. Sozialpolitik zwischen Liberalismus und Sozialismus, ed. J. H. Schoeps, Duisburg 1975 [Duisburger Hochschulbeiträge IV], separat Hildesheim/New York 1979), unter dem Titel: Die Arbeiterfrage. Ihre Bedeutung für Gegenwart und Zukunft, Winterthur ²1870, ⁶1909, ed. A. Grabowsky, Leipzig 1910, ohne Untertitel, ed. F. Mehring, Berlin 1910; Die Grundlegung der mathematischen Psychologie. Ein Versuch zur Nachweisung des fundamentalen Fehlers bei Herbart und Drobisch, Duisburg 1865; Geschichte des Materialismus und Kritik seiner Bedeutung in der Gegenwart, Iserlohn 1866, erw. I–II, ²1873/1875, Frankfurt 1974 (engl. The History of Materialism and Criticism of Its Present Importance, I–III, London 1877–1881, in 1 Bd. London/New York 2000; franz. Histoire du materialisme et critique de son importance a notre époque, I–II, Paris 1877/1879, in 1 Bd. Checy 2004); Logische Studien. Ein Beitrag zur Neubegründung der formalen Logik und der Erkenntnistheorie, ed. H. Cohen, Iserlohn 1877, Leipzig ²1894; Über Politik und Philosophie. Briefe und Leitartikel 1862–1875, ed. G. Eckert, Duisburg 1968; Pädagogik zwischen Politik und Philosophie, ed. J. H. Knoll, Duisburg 1975. – W. Ring, Verzeichnis des wissenschaftlichen Nachlasses von F. A. L., Duisburg 1929.

Literatur: H. Cohen, F. A. L., Preuss. Jahrbücher 37 (1876), 353–381; O. A. Ellissen, F. A. L.. Eine Lebensbeschreibung, Leipzig 1891; F. Freimuth, F. A. L.. Denker der Pluralität. Erkenntnistheorie, Pädagogik, Politik, Frankfurt etc. 1995 (mit Bibliographie, 184–194); F. Holz, L., NDB XIII (1982), 555–557; H. Holzhey, Philosophische Kritik. Zum Verhältnis von Erkenntnistheorie und Sozialphilosophie bei F. A. L., in: J. H. Knoll/J. H. Schoeps (eds.), F. A. L. [s. u.], 207–225; N. J. Z. Hussain, L., SEP 2005; B. Jacobsen, Max Weber und F. A. L.. Rezeption und Innovation, Wiesbaden 1999; W. v. Kloeden, L., BBKL IV (1992), 1092–1097; J. H. Knoll/J. H. Schoeps (eds.), F. A. L.. Leben und Werk, Duisburg 1975 (Duisburger Forschungen XXI) (mit Bibliographie, 274–279); K. C. Köhnke, Entstehung und Aufstieg des Neukantianismus. Die deutsche Universitätsphilosophie zwischen Idealismus und Positivismus, Frankfurt 1986, 233–257 (Der Neukantianismus F. A. L.s); R. Kühn, L., Enc. philos. universelle III/1 (1992), 1910–1911; H. Mayerhofer/E. Vanecek, F. A. L. als Psychologe und Philosoph. Ein kritischer Geist in den Auseinandersetzungen des 19. Jahrhunderts, Frankfurt etc. 2007; N. Reichesberg, F. A. L. als Nationalökonom, Bern 1892; J. Salaquarda, Nietzsche und L., Nietzsche-Stud. 7 (1978), 236–260; G. J. Stack, Nietzsche and L., Modern Schoolman 57 (1979/1980), 137–149; ders., L. and Nietzsche, Berlin/New York 1983; ders., L., REP V (1998), 352–354; C. Thiel, F. A. L.s bewundernswerte Logische Studien, Hist. and Philos. Log. 15 (1994), 105–126; H. Vaihinger, Hartmann, Dühring und L.. Zur Geschichte der deutschen Philosophie im XIX. Jahrhundert. Ein kritischer Essay, Iserlohn 1876; ders., F. A. L. und sein ›Standpunkt des Ideals‹, in: ders., Die Philosophie des Als Ob. System der theoretischen, praktischen und religiösen Fiktionen der Menschheit auf Grund eines idealistischen Positivismus, Berlin 1911, Saarbrücken 2007, 753–771 (engl. L.'s ›Standpoint of the Ideal‹, in: The Philosophy of As If. A System of the Theoretical, Practical and Religious Fictions of Mankind, London, New York 1924, Mansfield Center Conn. 2009, 328–340; franz. Le ›point de vue de l'idéal‹ de F. A. L., in: La philosophie du comme si, Paris 2008, 330–435); F. Weinkauff, L., ADB XVII (1883), 624–631; A. Zweig, L., Enc. Ph. IV (1967), 383–384. – L., in: B. Jahn (ed.), Biographische Enzyklopädie deutschsprachiger Philosophen, München 2001, 239–240. R. W.

Länge, Bezeichnung für eine mathematische bzw. technisch-physikalische Größe, die den Abstand zwischen zwei Punkten festlegt. In der ↑Euklidischen Geometrie wird L.ngleichheit durch Streckengleichheit definiert. Die Gleichheit zweier Strecken hängt von den vorgesehenen Möglichkeiten der Konstruktion geometrischer Formen ab. Setzt man wie Euklid als Konstruktionspostulate Kreis und Gerade (›Zirkel und Lineal‹) und Größenaxiome wie die Transitivität (↑transitiv/Transitivität) der Größengleichheit voraus, so läßt sich zur Strecke AB von C aus mit einem gleichseitigen Dreieck CDA, das durch Zirkel und Lineal konstruierbar ist, zunächst eine gleichgroße Strecke $CE = AB$ und dann eine beliebige gleichgroße Strecke CG konstruieren (Abb. 1). Da der Kreis eine größenabhängige Form ist, wurden als Konstruktionsmöglichkeiten auch (1) Gerade durch zwei Punkte (›Lineal‹), (2) Orthogonale mit Schnittpunkt (›Lot‹) und (3) zwei Winkelhalbierende (zu zwei sich schneidenden Geraden) mit zwei vorgegebenen Punkten als Konstruktionsbasis vorgeschlagen. – Aus dem Formprinzip, wonach jede Konstruktionsvorschrift aus beliebigen Punktpaaren stets formgleiche Figuren

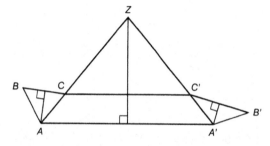

Abb. 2

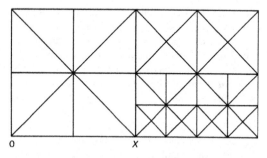

Abb. 3

liefert, folgt das Euklidische Parallelenpostulat (↑Parallelenaxiom). Zwei Strecken AB und $A'B'$ heißen dann ›längengleich‹, wenn durch Konstruktion der gleichschenkligen Dreiecke AZA', BAC und $B'A'C'$ ein gleichschenkliges Trapez $AA'C'C$ entsteht (Abb. 2). Nachdem Reflexivität (↑reflexiv/Reflexivität), Symmetrie (↑symmetrisch/Symmetrie (logisch)) und Transitivität dieser Relation gezeigt sind, werden L.n durch die Konstruktion von *Quadratgittern* (›cartesischen Koordinaten‹) eingeführt (Abb. 3). Die L. einer zur Basisstrecke OX parallelen oder orthogonalen Strecke ist durch die Anzahl der Quadratseiten definiert. Das L.nverhältnis zweier solcher Strecken ist von der Verfeinerung des Gitters unabhängig. Nach dem Satz des Pythagoras (↑Pythagoreischer Lehrsatz) über die Quadratsumme rechtwinkliger Dreiecke lassen sich die konstruierbaren L.n algebraisch durch Erweiterung des rationalen Zahlenkörpers (↑Körper (mathematisch)) zum pythagoreischen Zahlenkörper (d. i. der kleinste Körper, der mit ξ auch $\sqrt{1 + \xi^2}$ enthält) isomorph charakterisieren. In der Hilbertschen Geometrie folgt demgegenüber aus dem Vollständigkeitsaxiom (↑Vollständigkeitssatz), daß alle (etwa durch ↑Dedekindsche Schnitte dargestellten) reellen Zahlen als L.n bestimmt sind. Allgemein wird in einem mathematischen Raum M die L. des Abstandes zwischen zwei Punkten x und y aus M durch eine nicht-negative reelle Zahl $d(x, y)$

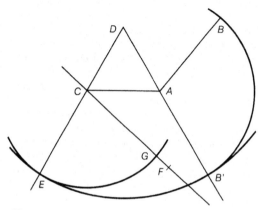

Abb. 1

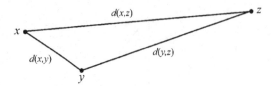

Abb. 4: Dreiecksungleichung.

festgelegt, wobei d die Metrik von M (↑Abstand) mit $d(x, x) = 0$, $d(x, y) = d(y, x) \neq 0$ für $x \neq y$ und $d(x, z) \leq d(x, y) + d(y, z)$ (Dreiecksungleichung) ist (Abb. 4).

Die in der ↑Physik verwendeten L.nmessungen werden durch Vergleich ihrer L.neinheiten mit L.nnormalen geeicht. Nach einem Vorschlag der Richtung des ↑›non-statement-view‹ innerhalb der Analytischen Wissenschaftstheorie (↑Wissenschaftstheorie, analytische, ↑Strukturalismus (philosophisch, wissenschaftstheoretisch), ↑Theorieauffassung, semantische, ↑Theoriesprache) muß für die L. als Grundbegriff einer physikalischen Theorie T unterschieden werden, ob ihre Messung die Theorie T voraussetzt oder nicht. So ist die L. in der Archimedischen Statik T_1 keine T_1-theoretische Größe, da zur Messung z. B. der L. der Hebelarme einer Waage Archimedische Gleichgewichtsgesetze nicht vorausgesetzt werden. Ebenso ist die L. in der Newtonschen Mechanik T_2 keine T_2-theoretische Größe. Demgegenüber ist die L. in der relativistischen Mechanik T_3 nach der Einsteinschen Interpretation eine T_3-theoretische Größe, da A. Einstein die L.nkontraktion schnell bewegter Teilchen als Meßphänomen interpretiert. In der Interpretation von H. A. Lorentz handelt es sich nicht um ein T_3-theoretisches Meßphänomen, sondern um eine reale Massendeformation. – In der Technik spielen neben mechanischen L.nmessungen z. B. mit Lineal, Schieblehre, Mikrometerschraube optische Verfahren (wie die L.nmessung mit Hilfe von Lichtinterferenzen) und elektronische Verfahren eine große Rolle. Seit der Antike werden auch indirekte L.nmessungen in Astronomie und Geodäsie angewendet (so bei Aristarchos von Samos), die (wie die Messung mit Theodoliten) auf trigonometrischen Gesetzmäßigkeiten beruhen.

Literatur: L. Amiras, Protogeometrica. Systematisch-kritische Untersuchung zur protophysikalischen Geometriebegründung, Diss. Konstanz 1998; H. Dingler, Die Grundlagen der angewandten Geometrie. Eine Untersuchung über den Zusammenhang zwischen Theorie und Erfahrung in den exakten Wissenschaften, Leipzig 1911; D. Hilbert, Grundlagen der Geometrie, Leipzig 1899, [mit Suppl. von P. Bernays] Stuttgart [14]1999 (franz. Les principes fondamentaux de la géométrie, Paris 1900, unter dem Titel: Les fondements de la géométrie, Paris 1971, 1997; engl. Foundations of Geometry, Chicago Ill., London 1902, La Salle Ill. [2]1971, 1999); R. Inhetveen, Die Dinge des dritten Systems …, in: K. Lorenz (ed.), Konstruktionen versus Positionen. Beiträge

zur Diskussion um die Konstruktive Wissenschaftstheorie I (Spezielle Wissenschaftstheorie), Berlin/New York 1979, 266–277; ders., Konstruktive Geometrie. Eine formentheoretische Begründung der euklidischen Geometrie, Mannheim/Wien/Zürich 1983; P. Janich, Zur Protophysik des Raumes, in: G. Böhme (ed.), Protophysik. Für und wider eine konstruktive Wissenschaftstheorie der Physik, Frankfurt 1976, 83–130; ders., Das Maß der Dinge. Protophysik von Raum, Zeit und Materie, Frankfurt 1997; E. R. Jones/D. A. Jennings, Length, in: McGraw-Hill Encyclopedia of Science and Technology IX, New York etc. [10]2007, 757–758; P. Lorenzen, Eine konstruktive Theorie der Formen räumlicher Figuren, Zentralbl. f. Didaktik Math. 9 (1977), 95–99; ders., Geometrie als meßtheoretisches Apriori der Physik, in: O. Schwemmer (ed.), Vernunft, Handlung und Erfahrung. Über die Grundlagen und Ziele der Wissenschaften, München 1981, 49–63; ders., Elementargeometrie. Das Fundament der Analytischen Geometrie, Mannheim/Wien/Zürich 1984; K. Mainzer, Stetigkeit und Vollständigkeit in der Geometrie. Über die logisch-mathematischen Grundlagen und die technisch-operationale Rechtfertigung des Koordinatenbegriffs, in: W. Balzer/A. Kamlah (ed.), Aspekte der physikalischen Begriffsbildung. Theoretische Begriffe und operationale Definitionen, Braunschweig/Wiesbaden 1979, 127–146; ders., Geschichte der Geometrie, Mannheim/Wien/Zürich 1980; ders., Symmetrien der Natur. Ein Handbuch zur Natur- und Wissenschaftsphilosophie, Berlin/New York 1988 (engl. Symmetries of Nature. A Handbook for Philosophy of Nature and Science, Berlin/New York 1996); W. Stegmüller, Probleme und Resultate der Wissenschaftstheorie und Analytischen Philosophie II/1–3 (Theorie und Erfahrung), Berlin/Heidelberg/New York 1970–1986, II/A–H [Studienausg.], Berlin/Heidelberg/New York 1970–1986. K. M.

Langer, Susanne Katharina (geb. Knauth), *New York 20. Dez. 1895, †Old Lyme Conn. 17. Juli 1985, US-amerik. Philosophin deutscher Abstammung, Schülerin A. N. Whiteheads am Radcliffe College (Cambridge, Mass.); 1920 B. A. ebendort, anschließend einjähriges Studium an der Universität Wien, 1926 Promotion mit Dissertation »A Logical Analysis of Meaning« am Radcliffe College, 1927–1942 Tutor ebendort. 1921–1942 verheiratet mit William L. Langer, Professor für Geschichte an der Harvard University. 1943 Assist. Prof. an der University of Delaware (Newark), 1945–1950 Visiting Prof. an der Columbia University (New York); nach zahlreichen weiteren Gastprofessuren 1954–1962 Prof. für Philosophie am Connecticut College (New London). – L. ist neben C. W. Morris und A. Kaplan die wichtigste Vertreterin der so genannten ›semantischen Schule‹ der amerikanischen Ästhetik (↑ästhetisch/Ästhetik). Im Anschluß an E. Cassirer, dessen Aufsatz »Sprache und Mythos. Ein Beitrag zum Problem der Götternamen« (1925; aufgenommen in Bd. 16 der Hamburger Ausgabe von Cassirers Gesammelten Werken) sie 1946 ins Englische übersetzt hat, versteht sie Kunst durchgängig semiotisch (Kunst vermittelt Erkenntnis, ↑Semiotik). Gegen die traditionelle Ausdruckstheorie (↑Ausdruck) – Musik ist für sie das Paradigma – setzt

L. eine Bezeichnungstheorie (↑Bezeichnung). Musik bezeichnet Gefühle, insofern sie ›logische Bilder‹ (logical pictures, vgl. Philosophy in a New Key, 1942, bes. Chap. VIII) von Gefühlen gibt. ↑Kunst arbeitet nicht wie die Wissenschaften mit vorwiegend ›diskursiven‹, d. h. ›repräsentationalen‹, Zeichen, sondern mit ›präsentationalen‹ Zeichen (↑Zeichen (semiotisch)), die L. unter anderem als ›unvollendet‹ (unconsummated) und in ihrer Bedeutung kontextabhängig (↑Kontext) charakterisiert. Diesen auf der Unterscheidung zweier Zeichentypen basierenden semiotischen Ansatz in der Ästhetik dehnt L. ausdrücklich auf andere Künste (z. B. Malerei, Dichtung) aus (Feeling and Form, 1953). Die darin mitangelegte Theorie der Entwicklung des Erkennens aus dem Fühlen, das Sinnlichkeit (sensibility) wie Emotivität (emotivity) umfaßt, sucht L. in ihrem Spätwerk zu einer ›Theorie des Geistes‹ auszubauen (Mind, I–III, 1967–1982). Im Fühlen (im weitesten Sinne) und Handeln – L.s Begriff der ↑Handlung (act) umfaßt z. B. auch chemische und neurale Prozesse – wandeln Lebewesen das ihnen verfügbare Material (z. B. Sinneseindrücke) in Erfahrung um. Die spezifisch menschliche Möglichkeit der Erfahrungs- und Erkenntnisgewinnung besteht nach L. in der ›symbolischen Transformation‹ solchen Materials; diese ist Ausgangspunkt der Entwicklung zweier, an den repräsentationalen und an den präsentationalen Zeichentyp gebundener Denktypen.

Werke: The Practice of Philosophy, New York 1930; An Introduction to Symbolic Logic, Boston Mass./New York, London 1937, New York ³1967; Philosophy in a New Key. A Study in the Symbolism of Reason, Rite, and Art, New York, Cambridge Mass. 1942, ³1957, 1993 (dt. Philosophie auf neuem Wege. Das Symbol im Denken, im Ritus und in der Kunst, Frankfurt 1965, 1992); Feeling and Form. A Theory of Art Developed from »Philosophy in a New Key«, New York, London 1953, ³1963, London/New York 1979; Problems of Art. Ten Philosophical Lectures, London, New York 1957, New York 1961; (ed.) Reflections on Art. A Source Book of Writings by Artists, Critics, and Philosophers, Baltimore Md. 1958, New York 1979; Philosophical Sketches, Baltimore Md., London 1962, New York 1979; Mind. An Essay on Human Feeling, I–III, Baltimore Md./London 1967–1982, gekürzt, in 1 Bd., 1988.

Literatur: A. Berndtson, Semblance, Symbol, and Expression in the Aesthetics of S. L., J. Aesthetics Art Criticism 14 (1955/1956), 489–502; P. A. Bertocci, S. K. L.'s Theory of Feeling and Mind, Rev. Met. 23 (1969), 527–551; T. Binkley, L.'s Logical and Ontological Modes, J. Aesthetics Art Criticism 28 (1969/1970), 455–464; P. Brand, L., REP V (1998), 354–356; R. J. Bremer, Harmony through Resolution. An Evaluation of S. K. L.'s Theory of Comic and Tragic Rhythms of Consciousness as a Critical Approach to the Drama, Diss. San Francisco Calif. 1975; S. Bufford, S. L.'s Two Philosophies of Art, J. Aesthetics Art Criticism 31 (1972/1973), 9–20; R. K. Ghosh, Aesthetic Theory and Art. A Study in S. K. L., Delhi 1979, 1987; R. E. Innis, Art, Symbol, and Consciousness. A Polanyi Gloss on Susan L. and Nelson Goodman, Int. Philos. Quart. 17 (1977), 455–476; ders., S. L. in Focus. The Symbolic Mind, Bloomington Ind. 2009; B. Kösters,

Gefühl, Abstraktion, symbolische Transformation. Zu S. L.s Philosophie des Lebendigen, Frankfurt etc. 1993; R. Lachmann, S. K. L.. Die lebendige Form menschlichen Fühlens und Verstehens, München 2000; R. LaPlanta Raffman, S. L.'s Theory of Music as Symbol of Feeling. A Critique, Diss. Worcester Mass. 1978; A. Neumayr, Politik der Gefühle. S. K. L. und Hannah Arendt, Innsbruck 2009; J. Pelc, ›Symptom‹ and ›Symbol‹ in Language, in: M. Dascal u. a. (eds.), Sprachphilosophie/Philosophy of Language/La philosophie du langage. Ein internationales Handbuch zeitgenössischer Forschung II, Berlin/New York 1996 (Handbücher zur Sprach- und Kommunikationswissenschaft VII/2), 1292–1313; L. A. Reid, New Notes on L., Brit. J. Aesthetics 8 (1968), 353–358; C. Richter/P. Bahr (eds.), Naturalisierung des Geistes und Symbolisierung des Fühlens, Marburg 2008; B. F. Scholz, Discourse and Intuition in S. L.'s Aesthetics of Literature, J. Aesthetics Art Criticism 31 (1972/1973), 215–226; W. Schultz, Cassirer and L. on Myth. An Introduction, New York/London 2000; W. A. Van Roo, Symbol According to Cassirer and L. II (L.'s Theory of Art), Gregorianum 53 (1972), 615–677; M. Weitz, Symbolism and Art, Rev. Met. 7 (1954), 466–481. K. L./S. M. K.

Langeweile (lat. taedium, engl. boredom, franz. ennui, ital. noia), Bezeichnung für einen Zustand personalen (↑Person) Seins, der daher rührt, daß dessen innere Unruhe unbefriedigt bleibt, weil seiner Ausrichtung auf eine Sinnerfüllung nicht entsprochen wird. Semantische Nähe oder Überschneidung besteht unter anderem bezüglich der Begriffe ↑Angst, Ärger, Ekel (*fastidium, nausea*), ↑Entfremdung, Frustration, ↑Melancholie (oder ›Schwermut‹), (Lebens-)Müdigkeit, Muße (*otium*), Traurigkeit (*tristitia*), Überdruß, Ungeduld, Ungenügen und Verzweiflung. Von der genannten Grundbedeutung aus lassen sich die theologischen, ontologischen und anthropologischen Differenzierungen des Begriffs rekonstruieren.

Schon L. A. Seneca stellt fest, von Natur aus sei »der menschliche Geist rührig und aufgelegt zu Bewegungen« (De tranquillitate animi/Über die Seelenruhe, in: Philos. Schriften II, ed. M. Rosenbach, Darmstadt 1971, 101–173, hier 117). Überließen wir uns dieser inneren Unruhe, seien wir letztlich »weder Strapazen auszuhalten fähig noch Genuß noch uns selber noch irgend etwas, für längere Zeit« (a. a. O., 119). Vor solchem Überdruß (*taedium, fastidium, displicentia*) am Leben im Ganzen schütze nur die Enthaltung von der Flucht vor sich selbst, die zur Seelenruhe führende Selbstgenügsamkeit, und ein dementsprechend möglichst privates, verborgenes Wirken für das Wohl der Allgemeinheit (↑Stoa). A. Augustinus zielt darüber hinaus auf eine christliche Überbietung auch des stoischen Ideals der Seelenruhe, wenn Gott in den »Confessiones« angesprochen wird: »ruhelos ist unser Herz, bis daß es seine Ruhe hat in Dir« (Confessiones/Bekenntnisse, ed. J. Bernhart, München 1955, 13). Diese Rede impliziert (1), daß es definitive und vorläufige, höhere und niedere, wahre und scheinbare Formen von Befriedigung der eigentlichen Unruhe gibt, und (2), daß ihre definitive, höchste und wahre Befriedigung nicht in bloßer Schmerzlosigkeit und Muße bestehen kann (vgl. Confessiones II, 6, 13; III, 1, 1; VI, 16, 26). Geht zwar das Leiden in der Form von Schmerz und Mühsal auf die Erbsünde zurück, so hebt doch bloße Schmerzlosigkeit und Muße es nicht auf, sondern läßt vielmehr die eigentliche Unruhe hervortreten. Das bloße Ausbleiben des Todes würde folglich als die schlechte Unendlichkeit des Lebens auch das Leiden nur verewigen, ob in der einen oder der anderen Form. – Können Ungenügen oder Überdruß, wie sie der Augustinischen Unruhe entspringen, sich auf alles außer Gott beziehen, kennt die christliche Tradition überdies ein ganzheitliches ›taedium‹ als Folge der Erbsünde auch bezüglich Gottes und seiner Offenbarung. Insbes. Thomas von Aquin deutet so den seit Evagrius Ponticus und Johannes Cassian als Todsünde explizierten Seelenzustand der ›acedia‹ (auch ›accidia‹, von griech. ›ἀκήδεια‹ oder ›ἀκηδία‹), und mit Gregor dem Großen legt er ihn als Mutterboden für Bosheit, Groll, Kleinmut, Verzweiflung, Stumpfheit gegenüber Gottes Geboten und das Schweifen des Geistes im Unerlaubten aus (S. th. II, II, qu. 35; De malo, qu. 11).

An diese christlichen Begriffstraditionen schließt die neuzeitliche philosophische Rede von der L. in mehr oder weniger expliziter Weise an. So faßt B. Pascal in den »Pensées« den ›ennui‹ als eine Grundbefindlichkeit des erbsündigen Menschen auf, dem nichts so unerträglich sei als »ein Zustand vollständiger Ruhe, ohne Leidenschaft, ohne Geschäft, ohne Zerstreuung, ohne Beschäftigung. Er fühlt dann sein ↑Nichts, seine Verlassenheit, sein Ungenügen, seine Abhängigkeit, seine Ohnmacht, seine Leere. Alsbald entsteigen dem Grund seines Herzens L., Düsternis, Traurigkeit, Kummer, Enttäuschung, Verzweiflung« (Gedanken, in: ders., Schriften zur Religion, ed. H. U. v. Balthasar, Einsiedeln 1982, 79–364, hier 139). Andere Moralisten (↑Moralisten, französische) explizieren L. vornehmlich in anthropologischer Hinsicht. Insbes. tritt hier – wie bei J.-J. Rousseau und später auch bei A. Schopenhauer oder F. Nietzsche – der Unterschied zwischen der Mühsal als dem Leiden der Armen und der L. als dem Leiden der Reichen hervor, die sich Muße und somit auch höhere ↑Bildung leisten können, deren ›Kainszeichen‹ (J. E. Erdmann) die L. wird. I. Kant bestimmt sie allgemeiner als die »Anekelung seiner eigenen Existenz aus der Leerheit des Gemüths an Empfindungen, zu denen es unaufhörlich strebt« (Anthropologie in pragmatischer Hinsicht, Akad.-Ausg. VII, 117–333, hier 151). »*Beschäftigt* wollen die Menschen noch mehr als glücklich sein«, wird es bei Nietzsche heißen (Werke. Krit. Gesamtausg. V/1, 452). Schopenhauer erweitert die Bedeutung des Begriffs der L. wiederum vom Anthropologischen ins Metaphysische, da ihm zufolge die ursprüngliche Unruhe, in der solches

Streben gründet, »der Typus des Daseyns« ist (Parerga und Paralipomena, als: Zürcher Ausgabe. Werke in zehn Bänden VII–X, ed. C. Schmölders/F. Senn/G. Haffmans, Zürich 1977, hier IX, 308) und ihrerseits darauf zurückgeht, daß der ↑Wille seine jeweiligen Objektivationen wieder aufzulösen strebt.

G. Leopardi (1798–1837) und S. Kierkegaard nehmen je auf ihre Weise den Pascalschen Grundgedanken wieder auf. Ersterer bestimmt in seinem »Zibaldone« L. als den ›Tod im Leben‹ und als ›Nichts im Dasein‹, als »Gefühl für die Nichtigkeit dessen, was ist, und desjenigen, der sie empfindet und fühlt und in dem sie da ist« (Theorie des schönen Wahns und Kritik der modernen Zeit, ed. E. Grassi, München, Bern 1949, 46). Letzterer schließt zugleich an G. W. F. Hegels Gedanken an, daß in der ↑Ironie jene absolute Negativität liege, »in welcher sich das ↑Subjekt im Vernichten der Bestimmtheiten und Einseitigkeiten auf sich selbst bezieht« (Ästhetik I, Werke XIII, ed. E. Moldenhauer/K. M. Michel, Frankfurt 1970, 211). L. als die Grundbefindlichkeit des Ironikers wird Kierkegaard so »die in ein persönliches Bewußtsein aufgenommene negative Einheit, in welcher die Gegensätze untergehen« (Über den Begriff der Ironie mit ständiger Rücksicht auf Sokrates, Ges. Werke XXXI, ed. E. Hirsch, Düsseldorf/Köln 1961, 291). Bisweilen wird die personale Grundbefindlichkeit der L. in ↑Gedankenexperimenten vom menschlichen auf das göttliche Personsein übertragen – sei es, daß Gott demnach die Welt nur aus Erbarmen mit dem Nichts und dessen essentieller L. schafft (F. Galiani, An den Abbé Mayeul. Neapel, den 14. Dezember 1771, in: ders., Die Briefe des Abbé Galiani I, ed. H. Conrad/W. Weigand, München/Leipzig 1907, 317–320), oder daß er sie sogar aus eigener essentieller L. schafft, was impliziert, daß ihm das Nichts selbst innewohnt (G. Büchner, Leonce und Lena. Ein Lustspiel, Sämtl. Werke, Briefe und Dokumente I, ed. H. Poschmann, Frankfurt 1992, 93–129, hier 127; S. Kierkegaard, Entweder/Oder I, Ges. Werke I, ed. E. Hirsch, Düsseldorf 1964, bes. 301–321; F. Nietzsche, Der Antichrist. Fluch auf das Christenthum, Werke. Krit. Gesamtausg. VI/3, 162–252, hier 224).

Im weiteren Gang des Kierkegaardschen Denkens wird die L. des Ironikers mit Ekel, Überdruß und Verzweiflung zur charakteristischen Unruhe des ästhetischen Stadiums, das auf die angsterfüllte Vereinzelung des ethischen Stadiums hinführt und schließlich zu der Möglichkeit, durch den riskanten ›Sprung‹ in den Glauben, d.h. in das religiöse Stadium, auch Angst, Verzweiflung, Überdruß, Ekel und L. hinter sich zu lassen. M. Heidegger hingegen sucht in der Vorlesung »Grundbegriffe der Metaphysik« (1929/1930) trotz all seiner Anverwandlungen des Angstbegriffs in dessen Kierkegaardscher Prägung die ›tiefe‹ L. als jene Form der ↑Zeitlichkeit des ↑Daseins herauszuarbeiten, die uns ge-

rade durch ihr – Hegel und Kierkegaard zufolge noch
›ironisches‹ – Gleichgültigmachen für alles einschließlich unser selbst erst »in die *volle Weite* dessen« stellt,
»was dem betreffenden Dasein als solchem *im Ganzen*
offenbar ist, offenbar je gewesen ist und je sein könnte«
(Gesamtausg. XXIX/XXX, ed. F.-W. v. Herrmann, Frankfurt 1983, 215). J.-P. Sartre (La nausée, Paris 1938) wertet
wiederum den Ekel als ambivalente, die Kontingenz
(↑kontingent/Kontingenz) hinter aller scheinbaren Notwendigkeit (↑notwendig/Notwendigkeit) erschließende
Entfremdung zur authentischen Existenzerfahrung auf,
die nicht mehr religiös, sondern höchstens noch
ästhetisch transzendierbar ist (↑Existenzphilosophie);
O. F. Bollnow deutet diesen Ekel seinerseits als bis »zur
letzten Steigerung angewachsene L.« (Existenzphilosophie, Stuttgart ³1955, 72, Anm. 3). Vom Heideggerschen
Spätwerk ausgehend ließe sich die L., das »Nichts im
Dasein« (Leopardi), zwar als Grundbefindlichkeit des
Menschen, aber nicht aus dessen Abkehr von Gott verständlich machen, sondern umgekehrt aus jener des
Göttlichen vom Menschen. E. M. Cioran (1911–1995)
wandelt schließlich den Pascalschen Grundgedanken in
einem quasi-gnostischen (↑Gnosis) Sinne ab, insofern
die L. über die bloße Nichtigkeit des Menschen noch
hinaus den ursprünglichen Vorrang des Nichts vor dem
Sein und die Verfehltheit der Schöpfung offenbare
(Amurgul gândurilor, Sibiu 1940, Neuausg. unter dem
Titel: Amurgul gîndurilor, Bukarest 1991 [dt. Gedan-
kendämmerung, Frankfurt 1993]).

Literatur: G. Agamben, Noia profonda, in: ders., L'aperto.
L'uomo e l'animale, Turin 2002, 66–74 (dt. Tiefe L., in: ders.,
Das Offene. Der Mensch und das Tier, Frankfurt 2003, 2005,
72–80); B. Anderson, Time-Stilled Space-Slowed. How Boredom Matters, Geoforum 35 (2004), 739–754; W. Arnold, Ennui
– spleen – nausée – tristesse. Vier Formen literarischen Unge-
nügens an der Welt, Die Neueren Sprachen NF 15 (1966), 159–
173; R. Augst, Lebensverwirklichung und christlicher Glaube.
Acedia – religiöse Gleichgültigkeit als Problem der Spiritualität
bei Evagrius Ponticus, Frankfurt etc. 1990; J. M. Barbalet, Boredom and Social Meaning, Brit. J. Sociol. 50 (1999), 631–646; G.
Beckers, Georg Büchners »Leonce und Lena«. Ein Lustspiel der
L., Heidelberg 1961; A. Bellebaum, L., Überdruß und Lebens-
sinn. Eine geistesgeschichtliche und kultursoziologische Untersuchung, Opladen 1990; R. Bensch, Zur Psychoanalyse der L., Jb.
Psychoanalyse 41 (1999), 135–163; A. Bianchini Fales, ›S'en-
nuyer de quelqu'un‹ ou ›de quelque chose‹, Cultura Neolatina 10
(1950), 237–241; dies., Le développement du mot ›ennui‹ de la
Pléiade jusqu'à Pascal, Cultura Neolatina 12 (1952), 225–238; P.
Bigelow, The Ontology of Boredom. A Philosophical Essay, Man
and World 16 (1983), 251–265; G. Blaicher, Freie Zeit – L. –
Literatur. Studien zur therapeutischen Funktion der englischen
Prosaliteratur im 18. Jahrhundert, Berlin/New York 1977, bes.
28–48 (Kap. III Freie Zeit und L. im englischen 18. Jahrhundert); H. Blumenberg, Die Sorge geht über den Fluß, Frankfurt 1987, 2003, 88–89 (Das letzte aller Kultopfer: Die L.); ders.,
Matthäuspassion, Frankfurt 1988, 2006, bes. 88–91; O. F. Bollnow, Das Wesen der Stimmungen, Frankfurt 1941, bes. 34–35,

122–123, ³1956, ⁸1995, bes. 48–50, ferner als: Schriften I, ed. U.
Boelhauve u. a., Würzburg 2009, bes. 33–34; ders., Existenzphi-
losophie, in: N. Hartmann (ed.), Systematische Philosophie,
Stuttgart 1942, 313–430, bes. 372–374, separat ³1955, Stuttgart
etc. ⁹1984, bes. 71–74; M. Bouchez, L'ennui de Sénèque à
Moravia, Paris/Brüssel/Montréal 1973; J. Brodsky, In Praise of
Boredom (1989), in: ders., On Grief and Reason. Essays, New
York, London 1995, New York 1996, London 1997, 104–113
(dt. Lob der L.. Ansprache auf der akademischen Abschlußfeier
im Juni 1989 im Dartmouth College, in: ders., Der sterbliche
Dichter. Über Literatur, Liebschaften und L., München/Wien
1998, Frankfurt 2000, 205–216); G. Clive, A Phenomenology of
Boredom, J. Existentialism 5 (1965), 359–370; B. Dalle Pezze/C.
Salzani (eds.), Essays on Boredom and Modernity, Amsterdam/
New York 2009; F. Decher, Besuch vom Mittagsdämon. Philo-
sophie der L., Lüneburg 2000; R. Digo, De l'ennui à la mélan-
colie. Esquisse d'une structure temporelle des états dépressifs,
Toulouse 1979; M. Doehlemann, L.? Deutung eines verbreiteten
Phänomens, Frankfurt 1991; L. Dupuis, L'ennui morbide, Rev.
philos. France étrang. 47 (1922), 417–442; P. Emad, Boredom as
Limit and Disposition, Heidegger-St. 1 (1985), 63–78; J. Endres,
Angst und L.. Hilfen und Hindernisse im sittlich-religiösen
Leben, Frankfurt/Bern 1983; J. E. Erdmann, Ueber die L.. Vortrag gehalten im wissenschaftlichen Verein, Berlin 1852; O.
Fenichel, Zur Psychologie der L., Imago 20 (1934), 270–281,
ferner in: ders., Aufsätze I, ed. K. Laermann, Olten/Freiburg
1979, Frankfurt/Berlin/Wien 1985, Gießen 1998, 297–308; B.
Forthomme, De l'acédie monastique à l'anxio-dépression. His-
toire philosophique de la transformation d'un vice en patho-
logie, Paris 2000; W. M. Fues, Die Entdeckung der L.. Philo-
sophie der L., Lüneburg 2000; *(siehe unten)*; W. M. Fues, Die Entdeckung der L.. Philo-
sophie der L.. Georg Büchners Komödie »Leonce und Lena«, Dt. Vierteljahrsschr.
Lit.-wiss. Geistesgesch. 66 (1992), 687–696; H.-G. Gadamer,
Über leere und erfüllte Zeit, in: ders. (ed.), Die Frage Martin
Heideggers. Beiträge zu einem Kolloquium aus Anlaß seines 80.
Geburtstages, Heidelberg 1969 (Sitz.ber. Heidelberger Akad.
Wiss., philos.-hist. Kl. 1969/4), 15–35, ferner in: Ges. Werke
IV, Tübingen 1987, 137–153; A. de la Garanderie, La valeur de
l'ennui, Paris 1968; R. Garaventa, La noia. Esperienza del male
metafisico o patologia dell'età del nichilismo?, Rom 1997; E. S.
Goodstein, Experience without Qualities. Boredom and Modernity, Stanford Calif. 2005; J. Große, Philosophie der L., Stutt-
gart/Weimar 2008; S. D. Healy, Boredom, Self, and Culture,
London/Toronto Ont., Rutherford N. J. 1984; F. Heller u. a.
(eds.), Paradoxien der L., Marburg 2008 (AugenBlick. Marburger Hefte zur Medienwiss. 41); A. E. Hoche, L., Psychol. Forsch.
3 (1923), 258–271, ferner in: ders., Aus der Werkstatt, München
1935, ⁷1950, 38–56; U. Hofstaetter, L. bei Heinrich Heine,
Heidelberg 1991; B. Hübner, Der de-projizierte Mensch. Metaphysik der L., Wien 1991; M. Huguet, L'ennui et ses discours,
Paris 1984; dies., L'ennui. Ou, La douleur du temps, Paris/New
York/Barcelona 1987; M. W. Irmscher, On the Ambivalence of
Boredom in the 1850 s. J. E. Erdmann and ›L.‹ as ›Kainszeichen
der Bildung‹, Dt. Vierteljahrsschr. Lit.-wiss. Geistesgesch. 78
(2004), 572–608; G. Jacobi, L., Muße und Humor und ihre
pastoral-theologische Bedeutung, Berlin 1952; V. Jankélévitch,
Métaphysique de l'ennui, in: ders., L'alternative, Paris 1938,
126–219 (Chap. III), überarb. unter dem Titel: L'ennui, in:
ders., L'aventure, l'ennui, le sérieux, Paris 1963, 47–138
(Chap. II), ferner in: ders., Philosophie morale, ed. F. Schwab,
Paris 1998, 855–956 (L'aventure, l'ennui, le sérieux, Chap. II);
R. Jehl, Melancholie und Acedia. Ein Beitrag zu Anthropologie
und Ethik Bonaventuras, Paderborn etc. 1984, bes. 217–262
(Teil II/3 Das Laster der Acedia); N. Jonard, L'ennui dans la

littérature européenne. Des origines à l'aube du XXᵉ siècle, Paris 1998; V. Kast, Vom Interesse und dem Sinn der L., Düsseldorf/ Zürich 2001, München 2003; M. Kessel, L.. Zum Umgang mit Zeit und Gefühlen in Deutschland vom späten 18. bis zum frühen 20. Jahrhundert, Göttingen 2001; O. E. Klapp, Overload and Boredom. Essays on the Quality of Life in the Information Society, New York 1986; S. Kracauer, L. (1924), in: ders., Das Ornament der Masse. Essays, Frankfurt 1963, Neuausg. 1977, 2005, 321–325, ferner in: Schriften V/1 (Aufsätze 1915–1926), ed. I. Mülder-Bach, Frankfurt 1990, 278–281; U. Kreuzer-Haustein, Zur Psychodynamik der L., Forum der Psychoanalyse 17 (2001), 99–117; R. Kuhn, The Demon of Noontide. Ennui in Western Literature, Princeton N. J. 1976; T. R. Kuhnle, Der Ernst des Ekels. Ein Grenzfall von Begriffsgeschichte und Metaphorologie, Arch. Begriffsgesch. 39 (1996), 268–325; P. Küpper, Literatur und L.. Zur Lektüre Stifters, in: L. Stiehm (ed.), Adalbert Stifter. Studien und Interpretationen. Gedenkschrift zum 100. Todestage, Heidelberg 1968, 171–188; H. Le Savoureux, L'ennui normal et l'ennui morbide, J. psychologie normale et pathologique 11 (1914), 131–148; F.-A. Leconte, La tradition de l'ennui splénétique en France de Christine de Pisan à Baudelaire, New York etc. 1995; W. Lepenies, Melancholie und Gesellschaft, Frankfurt 1969, ³1987, bes. 46–174, Neuausg. mit neuer Einl. (VII–XXVIII), Frankfurt 1998, 2006, bes. 43–171 (Kap. III–V); H.-U. Lessing, L., Hist. Wb. Ph. V (1980), 28–32; V. Mandelkow, Der Prozeß um den ›ennui‹ in der französischen Literatur und Literaturkritik, Würzburg 1999; J.-L. Marion, Dieu sans l'être, Paris 1982, ²2002, bes. 166–171 (engl. God without Being, Chicago Ill./London 1991, 2005, bes. 115–119); ders., Réduction et donation. Recherches sur Husserl, Heidegger et la phénoménologie, Paris 1989, ²2004, bes. 280–297 (engl. Reduction and Givenness. Investigations of Husserl, Heidegger, and Phenomenology, Evanston Ill. 1998, bes. 186–198); W. Menninghaus, Ekel. Theorie und Geschichte einer starken Empfindung, Frankfurt 1999, 2002, bes. 184–188, 503–515; P. A. Meyer Spacks, Boredom. The Literary History of a State of Mind, Chicago Ill./ London 1995, 1996; G. Minois, Histoire du mal de vivre. De la mélancolie à la dépression, Paris 2003; P. Mosler, Georg Büchners »Leonce und Lena«. L. als gesellschaftliche Bewußtseinsform, Bonn 1974; V. Nahoum-Grappe, L'ennui ordinaire. Essai de phénoménologie sociale, Paris 1995; R. Nisbet, Boredom, in: ders., Prejudices. A Philosophical Dictionary, Cambridge Mass./ London 1982, 22–28; D. O'Connor, The Phenomena of Boredom, J. Existentialism 7 (1967), 381–399; M. Onfray, Ennui, Enc. philos. universelle II/1 (1990), 790–791; G. Planz, L.. Ein Zeitgefühl in der deutschsprachigen Literatur der Jahrhundertwende, Marburg 1996; M. L. Raposa, Boredom and the Religious Imagination, Charlottesville Va./London 1999; W. Rehm, Gontscharow und die L./Jacobsen und die Schwermut, in: ders., Experimentum medietatis. Studien zur Geistes- und Literaturgeschichte der 19. Jahrhunderts, München 1947, 96–239, separate Neuausg. unter dem Titel: Gontscharow und Jacobsen oder L. und Schwermut, Göttingen 1963; W. J. Revers, Die Psychologie der L., Meisenheim am Glan 1949; ders., Die L. – Krise und Kriterium des Menschseins, Jb. Psychol. u. Psychotherapie 4 (1956), 157–162; ders., Die L. – Symptom emotionaler Verkümmerung, Z. Klinische Psychol., Psychopathologie u. Psychotherapie 31 (1983), 4–13; R. Safranski, Romantik. Eine deutsche Affäre, München 2007, Frankfurt 2009, bes. 201–209; G. Sagnes, L'ennui dans la littérature française de Flaubert à Laforgue (1848–1884), Paris 1969; G. Scherer, Grundphänomene menschlichen Daseins im Spiegel der Philosophie, Düsseldorf/Bonn 1994, bes. 57–67 (L.); C. Schwarz, L. und Identität. Eine Studie zur Entstehung und Krise des romantischen Selbstgefühls, Heidelberg 1993; P. Seid, Zum Thema der L. bei Eça de Queirós, Diss. Zürich 1978; P. Strenzke, Die Problematik der L. bei Joseph von Eichendorff, Hamburg 1973; L. F. H. Svendsen, Kjedsomhetens filosofi, Oslo 1999 (dt. Kleine Philosophie der L., Frankfurt/ Leipzig 2002; franz. Petite philosophie de l'ennui, Paris 2003, 2006; engl. A Philosophy of Boredom, London 2005); E. v. Sydow, Die Kultur der Dekadenz, Dresden 1921, ³1922, bes. 27–36 (Der Welt-Schmerz), 75–79 (Die L.), 294–295 (É. Tardieus »L'ennui«); É. Tardieu, L'ennui. Étude psychologique, Paris 1903, ²1913; M. Theunissen, Vorentwürfe von Moderne. Antike Melancholie und die Acedia des Mittelalters, Berlin/ New York 1996; L. Völker, L.. Untersuchungen zur Vorgeschichte eines literarischen Motivs, München 1975; A. Wallemacq, L'ennui et l'agitation. Figures du temps, Brüssel 1991; L. Walther, Untersuchungen zur existentiellen L. in sieben ausgewählten Romanen der amerikanischen Literatur, Frankfurt etc. 1995; S. Wenzel, The Sin of Sloth. Acedia in Medieval Thought and Literature, Chapel Hill N. C. 1967; R. Wildbolz, Adalbert Stifter. L. und Faszination, Stuttgart etc. 1976, bes. 141–145. – Sondernummern: Social Research 42 (1975), 493–563; Autrement 175 (1998). T. G.

langue/parole (franz., Sprache/Rede), ↑Sprachsystem und ↑Sprachhandlung (bei L. Hjelmslev: Sprachbau und Sprachgebrauch), Bezeichnung für eine von F. de Saussure eingeführte Unterscheidung innerhalb einer natürlichen Sprache (↑Sprache, natürliche), um die schematischen Aspekte einer Sprache, wie sie von ↑Grammatik und ↑Lexikon erfaßt werden und jeweils grundsätzlich den Gegenstand von ↑Syntax und ↑Semantik bilden – es geht bei Saussure in diesem Falle vor allem um den von der ↑Semiologie zu behandelnden Zusammenhang von Denken (dem Bezeichneten, signifié) und Laut (dem Bezeichnenden, signifiant) –, abzugrenzen von den durch Sprecher realisierten Instanzen der sprachlichen Schemata in der Rede, dem bei Saussure nur sekundär zur ↑Linguistik gehörenden Gegenstand der Sprachpragmatik (↑Pragmatik, ↑Sprechakt). In der ↑Transformationsgrammatik wird die bei Saussure mit der Unterscheidung von Sprache als einerseits etwas sozial Gegebenem und andererseits als etwas individuell Erzeugtem einhergehende l./p.-Unterscheidung durch die allein auf individuelle Sprecher bezogene Unterscheidung zwischen (passiver) *Sprachkompetenz* und (aktiver) *Sprachperformanz* ersetzt. Saussure begreift die l./p.-Unterscheidung streng methodologisch. Faktisch treten beide Aspekte stets gemeinsam auf und bestimmen durch ihr relatives Gewicht die Art der wissenschaftlichen Untersuchungen einer Sprache, von und mit der kraft der *Sprachfähigkeit* (faculté de langage) Erfahrungen zu machen sich stets als ein Zusammenwirken (rationaler) begrifflicher Bestimmungen (das aktive Erfassen von etwas [zuvor] passiv Gegebenem) mit (empirischen) gegenständlichen Daten (dem aktiv Erzeugten als [danach] passiv Gegebenem) begreifen läßt.

Literatur: H. Adler, L./p., Hist. Wb. Ph. V (1980), 32–34; C. Beedham (ed.), ›L.‹ and ›p.‹ in Synchronic and Diachronic Perspective. Selected Proceedings of the XXXIst Annual Meeting of the Societas Linguistica Europaea. St. Andrews. 1998, Amsterdam/New York 1999; E. Buyssens, La communication et l'articulation linguistique, Brüssel, Paris 1967, 1970; N. Chomsky, Aspects of the Theory of Syntax, Cambridge Mass. 1965, 1994 (dt. Aspekte der Syntax-Theorie, Frankfurt 1969, [4]1987); G. Dresselhaus, L./P. und Kompetenz/Performanz. Zur Klärung der Begriffspaare bei Saussure und Chomsky. Ihre Vorgeschichte und ihre Bedeutung für die moderne Linguistik, Frankfurt/Bern/Cirencester 1979; W. T. Gordon, ›L.‹ and ›p.‹, in: C. Sanders (ed.), The Cambridge Companion to Saussure, Cambridge 2004, 76–87; C. Hagège, La structure des langues, Paris 1982, [6]2001; L. Hjelmslev, Structural Analysis of Language, Studia linguistica 1 (1947), 69–78; D. Holdcroft, Saussure. Signs, System and Arbitrariness, Cambridge etc. 1991, 19–46 (Ch. II The Distinction between ›l.‹ and ›p.‹); A. A. Leont'ev, Jazyk, reč', rečevaja dejatel'nost', Moskau 1969, [4]2007 (dt. Sprache – Sprechen – Sprechtätigkeit, Stuttgart 1971); S. R. Levin, L. and P. in American Linguistics, Found. of Language 1 (1965), 83–94; R. Raggiunti, Philosophische Probleme in der Sprachtheorie Ferdinand de Saussures, Aachen 1990, 60–107 (Kap. III L. und p.); F. de Saussure, Cours de linguistique générale, Lausanne/Paris 1916, ed. T. de Mauro, Paris 1972, 2007; A. Suenaga, Saussure, un système de paradoxes. L., p., arbitraire, inconscient, Diss. Paris 2002, Lille 2004, Limoges 2005, 2006; B. Turpin, Discours, l. et p. dans les cours et les notes de linguistique generale de F. de Saussure, Cahiers Ferdinand de Saussure. Rev. suisse de ling. générale 49 (1995/1996), 251–266.   K. L.

Lao Tzu (Lao-Tse, Lao-Zi, Lao-Dan; ›lao‹ bedeutet ›alt‹, weshalb der Name manchmal auch als ›der Alte‹ übersetzt wird), chines. Philosoph, gilt als Autor des ↑Tao-te-ching. Über seine Person gibt es nur unabgesicherte Legenden. Nicht einmal seine Lebensdaten lassen sich genauer bestimmen; die Vermutungen der Forschung bewegen sich zwischen dem 7. und dem 3. Jh. v. Chr.. Mit Sicherheit hat eine zur Überlieferung gehörige Begegnung von Konfuzius (551–479 v. Chr.) mit dem über 80jährigen L. niemals stattgefunden. Ebensowenig ist die sagenhafte Wanderung des greisen L. über den Grenzpaß nach Westen historisch belegbar – er soll dort auf Verlangen des Grenzkommandanten seine Lehre in 5.000 Worten, dem heute unter dem Namen Tao-te-ching bekannten Buch niedergeschrieben haben.

Literatur: ↑Tao-te-ching.   H. S.

Laplace, Pierre Simon Marquis de, *Beaumont-en-Auge (Calvados) 28. März 1749, †Paris 5. März 1827, franz. Mathematiker, Astronom und Philosoph. Ab 1765 Studium der Theologie und Philosophie in Caen, 1772 (durch Vermittlung von J. le Rond d'Alembert) Prof. der Mathematik an der École militaire, ab 1773 Mitglied der Académie des sciences, in der Revolutionszeit Mitbegründer der École polytechnique, 1795 Innenminister. – Mit den seit J. L. Lagrange üblichen analytischen Methoden (↑Methode, analytische) vollendet L. die klassi-

sche Newtonsche Himmelsmechanik und Gravitationstheorie. Seine nach einem mathematischen Studium der Gleichgewichtsbedingungen rotierender flüssiger Massen entwickelte Nebularhypothese über den Ursprung des Sonnensystems (Exposition du système de monde, 1796) war in qualitativer Form bereits von I. Kant und T. Wright formuliert worden (↑Kosmologie). L. beweist die physikalische Stabilität des Sonnensystems (Traité de mécanique céleste, 1798–1825), wonach alle bekannten Perturbationen und Variationen, z.B. die wechselnden Geschwindigkeiten von Saturn und Jupiter, zyklisch sind und daher (im Unterschied zur Newtonschen Annahme) ein göttliches Eingreifen in den Lauf der Natur überflüssig machen. Ferner entwickelt L. ein noch heute für Physik und Technik fundamentales Konzept der Potentiale (Théorie des attractions des sphéroïdes et de la figure des planètes, 1785). Dazu betrachtet er partielle Differentialgleichungen 2. Ordnung der Form $\Delta u = 0$ (›Laplacesche Gleichung‹) mit der zu bestimmenden Funktion u, die im 3-dimensionalen cartesischen Raum von den Ortskoordinaten x, y, z und dem Laplace-Operator

$$\Delta = \frac{\partial^2}{\partial x^2} + \frac{\partial^2}{\partial y^2} + \frac{\partial^2}{\partial z^2}$$

abhängt. Die Lösungen der Laplaceschen Differentialgleichung heißen ›Laplacesche harmonische Funktionen‹ oder ›Potentialfunktionen‹. Unter bestimmten Nebenbedingungen erfüllen Gravitations-, elektrische und andere Potentiale (↑Gravitation) die Laplace-Gleichung.

Neben der Potentialtheorie sind vor allem L.s Beiträge zur ↑Wahrscheinlichkeitstheorie grundlegend. Ausgehend vom Newtonschen Universum als einem stabilen, abgeschlossenen und in allen Abläufen vollständig determinierten System entwirft L. (Essai philosophique sur les probabilités, 1814) die Fiktion einer übermenschlichen Intelligenz (↑Laplacescher Dämon), die alle ↑Anfangsbedingungen möglicher Bewegungsabläufe (↑Bewegungsgleichungen) kennt und daher den Ort jedes Partikels zu jedem Zeitpunkt vorhersagen kann (↑Determinismus). Im Unterschied zu diesem Dämon verfügen Menschen nach L. nur über eine beschränkte Kenntnis der Anfangsbedingungen und sind daher auf Wahrscheinlichkeitsaussagen angewiesen.

Unter den Anwendungen der Wahrscheinlichkeitstheorie führt L. z.B. das Stichprobenproblem bei Volkszählungen, Bewertungen unterschiedlicher politischer Wahlsysteme und ein allgemeines Moralprinzip (›riskiere nur eine angemessen sichere Sache!‹) an. Die »Théorie analytique des probabilités« (1812) enthält die mathematische Ausarbeitung der Wahrscheinlichkeitstheorie L.s. – In der Akustik verbessert L. die Newtonsche Bestimmung der Schallgeschwindigkeit durch die richtige Annahme, daß die empirisch nachweisbare

Erhöhung der Schallgeschwindigkeit gegenüber den Newtonschen Werten (Meßfehler ca. 17%) durch die Temperaturerhöhung verursacht wird, die die Schallwellen hervorrufen. In der Wärmelehre verbessert L. mit A. L. Lavoisier das Kalorimeter und deutet Wärme sowohl als stoffliche Substanz (Caloricum) als auch als lebendige Kraft kleiner Teilchen.

Werke: Œuvres de L., I–VII, Paris 1843–1847; Œuvres complètes de L., I–XIV, Paris 1878–1912. – Théorie des attractions des sphéroides et de la figure des planètes, Paris 1785; Exposition du système du monde, I–II, Paris 1796, ^{6}1835, [in 1 Bd.] Paris 1884 (= Œuvres complètes de L. VI) (repr. Paris 1984, Sceaux 2006) (dt. Darstellung des Weltsystems, I–II, Frankfurt 1797, ed. M. Jacobi/F. Kerschbaum, Frankfurt 2008; engl. The System of the World, I–II, London 1809, Dublin 1830); Traité de mécanique céleste, I–V, Paris 1799–1825 (repr. Brüssel 1967), I–III, ^{2}1829–1839 (dt. Mechanik des Himmels, I–II, ed. J. C. Burckhardt, Berlin 1800–1802 [entspricht Bd. I u. II des franz. Originals]; engl. Celestial Mechanics, I–V, ed. N. Bowditch, Boston Mass. 1829–1839 [Bd. I–IV engl., Bd. V Nachdr. des franz. Originals 1825], New York 1966–1969); Théorie analytique des probabilités, Paris 1812 (repr. Brüssel 1967), ^{3}1820, rev. 1847 (= Œuvres de L. VII) (repr. in 2 Bdn. Sceaux 1995); Essai philosophique sur les probabilités, Paris 1814 (repr. Brüssel 1967), ^{6}1840 (dt. Des Grafen L. philosophischer Versuch über Wahrscheinlichkeiten [übers. nach der dritten Aufl.], Heidelberg 1819, unter dem Titel: Philosophischer Versuch über die Wahrscheinlichkeiten [übers. nach der sechsten Aufl.], Leipzig 1886, unter dem Titel: Philosophischer Versuch über die Wahrscheinlichkeit ed. R. v. Mises, Leipzig 1932 (repr. 1986) [Ostwald's Klassiker d. exakten Wiss. 233]; engl. A Philosophical Essay on Probabilities, New York 1902, ed. A. I. Dale, New York etc. 1995); Précis de l'histoire de l'astronomie, Paris 1821, ^{2}1863.

Literatur: H. Andoyer, L'œuvre scientifique de L., Paris 1922; D. I. Duveen/R. Hahn, L.'s Succession to Bézout's Post of »Examinateur des élèves de l'artillerie«. A Case History in the ›Lobbying‹ for Scientific Appointments in France During the Period Preceding the French Revolution, Isis 48 (1957), 416–427; B. S. Finn, L. and the Speed of Sound, Isis 55 (1964), 7–19; E. Frankel, The Search for a Corpuscular Theory of Double Refraction. Malus, L. and the Price Competition of 1808, Centaurus 18 (1973), 223–245; C. C. Gillispie, Probability and Politics. L., Condorcet and Turgot, Proc. Amer. Philos. Soc. 116 (1972), 1–20; ders./R. Fox/I. Grattan-Guinness, L., DSB XV Suppl. I (1978), 273–403; ders., P.-S. L. 1749–1827. A Life in Exact Science, Princeton N. J. 1997, 2000; N. T. Gridgeman, Geometric Probability and the Number π, Scr. Math. 25 (1960), 183–195; R. Hahn, L.'s Religious Views, Arch. int. hist. sci. 8 (1955), 38–40; ders., L. as a Newtonian Scientist. A Paper Delivered at a Seminar on the Newtonian Influence Held at the Clark Library, 8 April, 1967, Los Angeles 1967; ders., P. S. L. 1749–1827. A Determined Scientist, Cambridge Mass./ London 2005; R. Harré, L., Enc. Ph. IV (1967), 391–393; J. E. Hofmann, Geschichte der Mathematik III (Von den Auseinandersetzungen um den Calculus bis zur Französischen Revolution), Berlin 1957; S. L. Jaki, The Five Forms of L.'s Cosmogony, Amer. J. Phys. 44 (1976), 4–11; T. H. Lodwig/W. A. Smeaton, The Ice Calorimeter of Lavoisier and L. and Some of Its Critics, Ann. Sci. 31 (1974), 1–18; E. Mach, Die Principien der Wärmelehre. Historisch-kritisch entwickelt, Leipzig 1896, ^{4}1923, Frankfurt 1981 [Nachdr. d. Ausg. Leipzig ^{3}1919] (engl. Principles of the Theory of Heat. Historically and Critically Elucidated, ed. B. McGuinness, Dordrecht etc. 1986); J. Merleau-Ponty, L. as a Cosmologist, in: W. Yourgrau/A. D. Breck (eds.), Cosmology, History, and Theology, New York/London 1977, 283–291; R. v. Mises, Wahrscheinlichkeit, Statistik und Wahrheit, Wien 1928, Wien/New York ^{4}1972 (engl. Probability, Statistics and Truth, London, New York 1939, ^{2}1957); R. L. Numbers, Creation by Natural Law. L.'s Nebular Hypothesis in American Thought, Seattle/London 1977; M. Paty, L., DP II (1993), 1677–1679; K. Pearson, The History of Statistics in the 17th and 18th Centuries. Against the Changing Background of Intellectual, Scientific and Religious Thought. Lectures by Karl Pearson given at University College London during the Academic Sessions 1921–1933, ed. E. S. Pearson, London/High Wycombe, New York 1978, bes. 636–734; H. Schmidt (ed.), Die Kant-L.'sche Theorie. Ideen zur Weltentstehung von Immanuel Kant und P. L., Leipzig 1925; O. B. Sheynin, Pierre Simon L.'s Work on Probability, Arch. Hist. Ex. Sci. 16 (1976), 137–187; ders., L.'s Theory of Errors, Arch. Hist. Ex. Sci. 17 (1977), 1–61; S. Sochon, P. S. de L.. Un savant issu de lumières, Paris 2004, Pont-Authou 2008; I. Todhunter, A History of the Mathematical Theory of Probability from the Time of Pascal to that of L., Cambridge/London 1865 (repr. Bristol 1993, Honolulu Hawaii 2004), New York 1965; C. F. v. Weizsäcker, Die Geschichte der Natur. Zwölf Vorlesungen, Stuttgart/Zürich, Göttingen 1948, ^{2}1954, Stuttgart 2006 (engl. The History of Nature, Chicago Ill., London, Toronto 1949, London 1951); E. Whittaker, L., American Mathematical Monthly 56 (1949), 369–372. **K. M.**

Laplacescher Dämon (auch: Laplacescher Geist), auf E. H. Du Bois-Reymond (Über die Grenzen des Naturerkennens [1872], in: ders., Vorträge über Philosophie und Gesellschaft, ed. S. Wollgast, Hamburg 1974, 56–59, bes. 59) zurückgehende Bezeichnung für die von P. S. de Laplace (Essai philosophique sur les probabilités, Paris 1814, 2–3; vgl. Recherches sur l'integration des équations différentielles aux différences finies [...] [1776], Œuvres complètes de Laplace, I–XIV, Paris 1878–1912, VIII, 144–145) stammende Fiktion einer übermenschlichen Intelligenz, die – unter der für ein mechanistisches Weltbild (↑Weltbild, mechanistisches) charakteristischen Annahme eines stabilen, abgeschlossenen und in allen Abläufen determinierten Systems – alle ↑Anfangsbedingungen möglicher Bewegungsabläufe (↑Bewegungsgleichungen) kennt und daher den Ort jedes Partikels zu jedem Zeitpunkt vorherzusagen vermag (↑Determinismus). Laplace beruft sich in diesem Zusammenhang (a. a. O., 2 [= Œuvres complètes VII, VI]) explizit auf den Satz vom zureichenden Grund (↑Grund, Satz vom) bei G. W. Leibniz in seiner kausalen Fassung, wonach jeder mechanische Zustand durch zureichende Gründe eindeutig bestimmt ist bzw. gleiche Ursachen gleiche Wirkungen haben. Tatsächlich entspricht auch die Leibnizsche Konzeption der ↑Monadentheorie mit ihrer These von der eindeutig bestimmten Welt der mit dem Begriff des L.n D.s verbundenen Vorstellung einer vollständigen Erklärbarkeit bzw. Berechenbarkeit aller (mechanischen) Systemzustände (›absolute‹ ↑Beschreibung der Natur), weshalb schon Du Bois-Reymond statt ›L. D.‹ die Bezeichnung ›Leibnizischer Geist‹ in Erwägung zog (a. a. O., 251 [Anm. 11]). Im Gegensatz zum L.n D. ist die menschliche Intelligenz wegen der unzureichenden Kenntnis der Anfangsbedingungen eines mechanischen Systems und der beschränkten Rechenkapazität nur zu Wahrscheinlichkeitsaussagen (↑Wahrscheinlichkeit) fähig. Auf den spekulativen Charakter solcher Vorstellungen hat E. Mach hingewiesen (›mechanische Mythologie‹, Die Mechanik [...], 443). – Während in der relativistischen Physik an einer deterministischen Auffassung festgehalten wird (die Differentialgleichungen der Relativitätstheorie beschreiben hinsichtlich ihrer Zustandsgrößen deterministische Systeme, ↑Bewegungsgleichungen), sind Systeme der Quantenmechanik (↑Quantentheorie) hinsichtlich Orts- und Impulsgrößen nicht deterministisch, sondern statistisch, d. h. auch durch einen L.n D. nicht mehr berechenbar. Die Einführung naturwissenschaftlicher Fiktionen nach Art des L.n D.s in der klassischen Mechanik wurde in der ↑Thermodynamik durch den ↑Maxwellschen Dämon und in der Molekularbiologie durch den Monodschen Dämon (↑Maxwellscher Dämon) fortgesetzt.

Im Anschluß an ein Argument von K. R. Popper (1950) wird von T. Breuer (1997) geltend gemacht, daß der L. D. einen inneren Beobachter des Universums darstellt und daß kein derartiger Beobachter sämtliche Zustände des Universums genau repräsentieren kann. Die absolut genaue Repräsentation eines Zeitschnitts durch das Universum (als Anfangswert für die Berechnung einer Voraussage) verlangt, daß der Beobachter über mindestens die gleiche Zahl von Zuständen verfügt. Da es sich beim L. D. aber um einen inneren Beobachter handelt, weist das Universum (unter Einschluß des Beobachters) tatsächlich mehr Zustände auf als der Beobachter allein. Also kann der L. D. den Anfangszustand seiner Kalkulation niemals genau repräsentieren und daher auch in einem deterministischen Universum keine sichere Voraussage machen. Unter der Wirkung unter anderem dieses Arguments hat sich die Begriffsbestimmung von ›Determinismus‹ von der Bedingung der Voraussagbarkeit gelöst (↑Determinismus).

Unter Gesichtspunkten einer vollständigen Beschreibung der *geschichtlichen* Welt, wie sie eine spekulative ↑Geschichtsphilosophie intendiert, variiert A. C. Danto (Analytical Philosophy of History, Cambridge 1965, 1968, 149–181 [dt. Analytische Philosophie der Geschichte, Frankfurt 1974, 1980, 241–291]) die Fiktion eines L.n D.s in Form der Fiktion eines idealen Chronisten (›Ideal Chronicler‹), allerdings eingeschränkt auf ein vollständiges Protokoll vergangener Ereignisse und unter Hervorhebung seiner unzureichenden Eigenschaften hinsichtlich des Begriffs des historischen Erkennens

(vgl. F. Fellmann, 1973). Die Übernahme der Fiktion eines L.n D.s in die Methodologie der historischen Wissenschaften hatte unter anderem bereits W. Windelband 1894 aus methodischen Gründen zurückgewiesen (Geschichte und Naturwissenschaft, in: ders., Präludien, I–II, Tübingen ⁶1919, II, 157–160).

Literatur: V. Bialas, Der ›Laplacesche Geist‹ und die Regulierung des Weltmechanismus, in: F. Pichler/M. v. Renteln (eds.), Von Newton zu Gauss. Astronomie, Mathematik, Physik. Peuerbach-Symposium 2006, Linz 2006, 83–95; H. Blumenberg, Die Lesbarkeit der Welt, Frankfurt 1981, 2003, bes. 121–149; T. Breuer, Quantenmechanik: Ein Fall für Gödel?, Heidelberg etc. 1997; F. Fellmann, Das Ende des L.n D.s, in: R. Koselleck/W.-D. Stempel (eds.), Geschichte – Ereignis und Erzählung, München 1973, 1990 (Poetik u. Hermeneutik V), 115–138; ders., Wissenschaft als Beschreibung, Arch. Begriffsgesch. 18 (1974), 227–261; T. Grabińska/J. Woleński/M. Zabierowski, The Laplace's Demon Today, Reports on Philos. 7 (1983), 113–120; R. Green, The Thwarting of Laplace's Demon. Arguments against the Mechanistic World-View, Basingstoke/London, New York 1995; R. Harré, Laplace, Enc. Ph. IV (1967), 391–392; M. Heller, Laplace's Demon in the Relativistic Universe, Astronomy Quart. 8 (1991), 219–243; E. Mach, Die Mechanik in ihrer Entwickelung. Historisch-kritisch dargestellt, Leipzig 1883, ⁷1912 (repr. Frankfurt 1982), ⁹1933 (repr. Darmstadt 1963, 1991), 442–443, Berlin (Ost) 1988, 478–479; I. Pitowsky, Laplace's Demon Consults an Oracle. The Computational Complexity of Prediction, Stud. Hist. Philos. Modern Physics 27B (1996), 161–180; K. R. Popper, Indeterminism in Quantum Physics and in Classical Physics II, Brit. J. Philos. Sci. 1 (1950), 173–195; M. Shermer, Exorcising Laplace's Demon. Chaos and Antichaos, History and Metahistory, Hist. and Theory 34 (1995), 59–83. J. M.

La Rochefoucauld, François VI., Duc de (bis zum Tode seines Vaters, Francois V., [1650] ›Prince de Marcillac‹), *Paris 15. Sept. 1613, †ebd. 17. März 1680, franz. philosophischer Schriftsteller. Berufsoffizier ab 1629, aktives Mitglied der ›Fronde‹ gegen Kardinal Richelieu und J. Mazarin, leidenschaftlicher Intrigant; zieht sich nach wechselvollen Jahren und mehreren Inhaftierungen 1653 auf ein Landgut zurück; 1659 von Louis XIV. rehabilitiert. – In seinen »Mémoires« (1662) setzt sich La R. mit der Politik des Kardinals Richelieu auseinander. Sein schon zu Lebzeiten in zahlreichen Ausgaben erschienenes, später in alle Kultursprachen übersetztes Hauptwerk sind die so genannten »Maximes et réflexions«, in denen ein vom psychologischen Pessimismus der französischen Salons (La R. war unter anderem befreundet mit Mme de La Fayette, Mme de Sablé und Mme de Sévigné) beeinflußtes Bild vom Menschen gezeichnet wird. So lautet das Motto der »Maximen«: »Unsere Tugenden sind meist nur verkappte Laster.« Wie auch die anderen ›Moralisten‹ (↑Moralisten, französische) steht La R. dem ↑Rationalismus skeptisch gegenüber und wählt an Stelle der dort üblichen systematischen Darstellungsform die des Aphorismus. Diese spezifische Verbindung von skeptischem Inhalt (↑Skep-

tizismus) und aphoristischer Form findet ihre Fortführung bei G. C. Lichtenberg, A. Schopenhauer, F. Nietzsche und Alain.

La R.s Denken kreist um den Begriff des *amour-propre*
(Eigenliebe, ↑Egoismus), mit dem er den Grundantrieb
des handelnden Menschen bezeichnet. Entgegen den
herrschenden moraltheologischen und philosophischen
Strömungen seiner Zeit behauptet er, der Mensch lebe
unter der Herrschaft seiner ↑Affekte und seiner Eitelkeit
stets einsam und ohne Hoffnung. Es gibt keine reinen
Manifestationen von Tugend oder Sünde, Wahrheit
oder Irrtum im menschlichen Leben, denn alle, insbes.
die moralischen, Normen sind letztlich Hervorbringungen des *amour-propre*. Allein vertretbar für La R. sind
Aufrichtigkeit und ↑Toleranz hinsichtlich der eigenen
und anderer Menschen Fehler. Faktisch dient vor allem
die Höflichkeit gegeneinander nicht nur der Eitelkeit,
sondern erhält die soziale Ordnung solange, wie ihre
Spielregeln trotz Neid und Mißgunst allgemein anerkannt sind.

Werke: Œuvres complètes de La R. [in einem Bd.], Paris 1825;
Œuvres de La R.. Nouvelle édition, I–III in 4 Bdn., 1 Erg.Bd. u. 1
Album, ed. D. L. Gilbert/J. Gourdault, Paris 1868–1883; Œuvres
complètes de La R.. Nouvelle édition, I–II, Paris 1883/1884;
Œuvres de La R., I–II, ed. H. Rambaud, Paris 1929; Œuvres
complètes, [in einem Bd.] ed. L. Martin-Chauffier [Paris 1935],
I–II, ed. L. Martin-Chauffier/J. Marchand, Paris 1957, ²1964,
rev. 2004. – Mèmoires – Mèmoires de M. D. L. R. [...], Köln
[tatsächlich Amsterdam oder Brüssel] 1662, unter dem Titel:
Mèmoires de la minorité de Louis XIV. [...], Villefranche 1688,
[in 2 Bdn.] ²1689, erw. 1690, [in 2 Bdn.] Amsterdam/Compa-
gnie 1723, Trévoux 1754, unter dem Titel: Memoires de M. le
Duc de L. Rochefoucault et de M. de La Chastre [...] 1700, erste
authentische Ausg.: Memoires du Duc de La Rochefoucaud
[...], ed. A. A. Renouard, Paris 1804, erw. 1817, unter dem Titel:
La R.. Mémoires, Paris 1925 (repr. 1994), unter dem Titel:
Mémoires. 1630–1652 [...], ed. E. de Bussac, Clermont-Ferrand
2004, ed. J. Lafond, Paris 2006 (engl. The Memoirs of the Duke
de La Rochefoucault [...], London 1683, 1684); *Maximes* –
Sentences et maximes de morale, La Haye [eher Leyden] 1664,
unter dem Titel: Réflexions ou sentences et maximes morales,
Paris 1665, Toulouse ⁶1688, erw. Paris ⁶1693, unter dem Titel:
Réflexions ou sentences et maximes morales de M. le duc de La
Rochefoucault, Paris 1789, unter dem Titel: Réflexions, sentences et maximes morales de La R., Paris 1853, unter dem Titel:
Maximes et réflexions morales de La R., ed. J. Marchand, Paris
1931; unter dem Titel: Maximes, ed. J. Lafond, Paris 1998, unter
dem Titel: Réflexions ou sentences et maximes morales et réflexions diverses, ed. L. Plazenet, Paris 2005 (dt. Des Herzogs de la
Rochefoucault moralische Maximen, Wien/Leipzig 1784, unter
dem Titel: Reflexionen oder Sentenzen und moralische Maximen, Frankfurt 1976, unter dem Titel: 150 Maximen [franz./dt.],
ed. J. Schmidt, Heidelberg 1961, ⁴1979, unter dem Titel: Maximen und Reflexionen, Stuttgart 2009 [zahlreiche weitere Ausg.
unter verschiedenen Titeln]; engl. Moral Maxims and Reflections, London 1694, unter dem Titel: Maxims and Moral Reflections, London 1775 [zahlreiche weitere Drucke], unter dem
Titel: The Maxims of La R., New York 1959, unter dem Titel:
Collected Maxims and Other Reflections [engl./franz.], Oxford

etc. 2007). – Totok IV (1981), 176–184; J. Marchand, Bibliographie générale raisonnée de La R., Paris 1948.

Literatur: A. Adam, Histoire de la littérature française au XVIIᵉ
siècle IV (L'apogée du siècle, La Fontaine, Racine, La R., Mᵐᵉ de
Sévigné), Paris 1954, ³1997 [als Bd. III], bes. 73–119; L. Ans-
mann, Die »Maximen« von La R., München 1972; S. R. Baker,
Collaboration et originalité chez La R., Gainesville Fla. 1980; R.
Barthes, La R.. »Réflexions ou sentences et maximes«, in: ders.,
Le degré zéro de l'écriture suive de nouveaux essais critiques,
Paris 1972, 2009, 69–88 (engl. La R.. »Reflections or Sentences
and Maxims«, in: ders., New Critical Essays, New York 1980,
Evanston Ill. 2009, 3–22); M. Bishop, The Life and Adventures
of La R., Ithaca N. Y., London 1951; J. Bourdeau, La R., Paris
1895, ³1924; A. Bruzzi, La formazione delle »Maximes« di La R.
attraverso le edizioni originali, Bologna 1968; C. Carlin (ed.), La.
R., mithridate, frères et sœurs, les muses sœurs. Actes du 29ᵉ
congrès annuel de la North American Society for Seventeenth-
Century French Literature, the University of Victoria 3–5 avril
1997, Tübingen 1998; H. C. Clark, La R. and the Language of
Unmasking in Seventeenth-Century France, Genf 1994; H. G.
Coenen, Die vierte Kränkung. Das Maximenwerk La R.s, Baden-
Baden 2008; J.-C. Darmon, Le moraliste, la politique et l'his-
toire. De La R. à Derrida, [Paris] 2007; G. Hess, Zur Entstehung
der »Maximen« La R.s, Köln/Opladen 1957; F. Hinrichs, Maxi-
menformen bei Vauvenargues und La R.. Ein Vergleich, Diss.
Hamburg 1964; L. Hippeau, Essai sur la morale de La R., Paris
1967, 1978; E. Jovy, Deux inspirateurs peu connus des Maximes
de La R.: Daniel Dyke et Jean Verneuil, Vitry-le-François 1910;
A. J. Krailsheimer, La R., Enc. Ph. IV (1967), 394; M. Kruse, Die
Maxime in der französischen Literatur. Studien zum Werke La
R.s und seiner Nachfolger, Hamburg 1960; J. Lafond, La R..
Augustinisme et littérature, Paris 1977, ³1986, 1999; J. Lefranc,
La R., DP II (1993), 1681–1682; W. Lepenies, Melancholie und
Gesellschaft, Frankfurt 1969, mit Untertitel: Mit einer neuen
Einleitung. Das Ende der Utopie und die Wiederkehr der Me-
lancholie, 1998, 2006 (ital. Melanconia e societa, Neapel 1985;
engl. Melancholy and Society, Cambridge Mass./London 1992);
P. E. Lewis, La R.. The Art of Abstraction, Ithaca N. Y./London
1977; W. G. Moore, La R.. His Mind and Art, Oxford 1969; E.
Mora (ed.), La R.. Un tableau synoptique de la vie et des œuvres
de La R. et des événements artistiques, littéraires et historiques
de son époque. [...], Paris 1965, 1973; O. de Mourgues, Two
French Moralists. La R. and La Bruyère, Cambridge etc. 1978; G.
Neumann (ed.), Der Aphorismus. Zur Geschichte, zu den Formen und Möglichkeiten einer literarischen Gattung, Darmstadt
1976; C. Rosso, Virtú e critica della virtú nei moralisti francesi.
La R., La Bruyère, Vauvenargues, Turin 1964, mit Untertitel: La
R., La Bruyère, Vauvenargues, Montesquieu, Chamfort, Pisa
²1971; O. Roth, Die Gesellschaft der ›honnêtes gens‹. Zur sozial-
ethischen Grundlegung des ›honnêteté‹-Ideals bei La R., Heidelberg 1981; ders., Montaigne und La R.. Humanistische Quellen-
erforschung und moralistische Kritik, I–II, Wolfenbütteler Re-
naissance-Mitteilungen 26 (2002), 101–114, 27 (2003), 19–42;
ders., La R. auf der Suche nach dem selbstbestimmten Ge-
schmack, Heidelberg 2010; J. Starobinski, La R. et les morales
substitutives, La Nouvelle revue française 163 (1966), 16–34,
211–229; C. Strosetzki, Hieroglyphentradition und Devisen-
kunst als Hintergrund der »Maximen« von La R., Roman. Jb.
36 (1985), 104–121; V. Thweatt, La R. and the Seventeenth-
Century Concept of the Self, Genf 1980; A. Vinet, Moralistes des
seizième et dix-septième siècles, Paris 1859, bes. 186–232, ²1904,
New York 1979, bes. 215–269; H. Wentzlaff-Eggebert, Réflexion

als Schlüsselwort in La R.s »Réflexions ou sentences et maximes morales«, Z. f. franz. Sprache u. Lit. 82 (1972), 217–242; M. F. Zeller, New Aspects of Style in the »Maxims« of La R., Washington D. C. 1954, New York 1969.   R. W./S. B.

Lask, Emil, *Wadowice (bei Krakau) 25. Sept. 1875, gefallen in Galizien (bei Turza Mala) 26. Mai 1915, dt. Philosoph. Ab 1894 Studium zunächst der Rechtswissenschaften, dann der Philosophie (bei H. Rickert) in Freiburg, 1901 Promotion, 1905 Habilitation bei W. Windelband in Heidelberg; zunächst Privatdozent (bis 1913), dann Nachfolger K. Fischers auf dessen Heidelberger Lehrstuhl. L. ist derjenige Exponent der Badischen Schule des ↑Neukantianismus, der diesen am weitesten der phänomenologischen Philosophie (↑Phänomenologie) E. Husserls annäherte. In »Die Logik der Philosophie und die Kategorienlehre« (1911) versucht L. die Erkenntniskritik I. Kants, insbes. die Grundlegung einer transzendentalen Logik (↑Logik, transzendentale), zu vertiefen. Ausgehend von einer Untersuchung über die ›Kategorie der Kategorien‹ (auch: ›Form der Formen‹), in der er zur Erfassung des Kategorialen und des Logischen die Husserlsche Methode der ↑Wesensschau zuläßt und den die Kategorien einenden ›intentionalen‹ Charakter derselben betont, gelangt L. zur Idee einer Urform, die er einerseits ganz im Sinne des Neukantianismus als (obersten) Wert faßt, andererseits zur Grundlage eines Begründungsversuchs einer rationale und irrationale Momente versöhnenden neuen Metaphysik macht. Ihrer erkenntnistheoretischen Fundierung ist »Die Lehre vom Urteil« (1912) gewidmet, in der L. eine eigene Theorie der Wahrheit aus der Idee eines ›reinen Gegenstandes‹ entwickelt.

Werke: Gesammelte Schriften, I–III, ed. E. Herrigel, Tübingen 1923–1924; Sämtliche Werke, Jena 2002 ff. [erschienen Bde I–II]. – Fichtes Idealismus und die Geschichte, Tübingen/Leipzig 1902 (repr. Tübingen 1914), ferner in: Ges. Schr. [s. o.] I, 1–273, ferner in: Sämtl. Werke [s. o.] I, 1–228; Rechtsphilosophie, in: W. Windelband (ed.), Die Philosophie im Beginn des zwanzigsten Jahrhunderts. Festschrift für Kuno Fischer II, Heidelberg 1905, 1–50, ²1907 [I–II in einem Bd.], 269–320, separat Heidelberg 1905, ferner in: Ges. Schr. [s. o.] I, 275–331, ferner in: Sämtl. Werke [s. o.] I, 231–284 (span. Filosofía jurídica, Buenos Aires 1946; engl. Legal Philosophy, in: The Legal Philosophies of L., Radbruch, and Dabin, Cambridge Mass. 1950 [20th Century Legal Philos. Ser. IV], 1–42); Gibt es einen ›Primat der praktischen Vernunft‹ in der Logik?, in: T. Elsenhans (ed.), Bericht über den III. Internationalen Kongreß für Philosophie zu Heidelberg, 1.–5. September 1908, Heidelberg 1909, 671–679, ferner in: Ges. Schr. [s. o.] I, 347–356 (repr. in: W. Flach/H. Holzhey [eds.], Erkenntnistheorie und Logik im Neukantianismus, Hildesheim 1979, 1980, 543–552), ferner in: Sämtl. Werke [s. o.] I, 295–302; Die Logik der Philosophie und die Kategorienlehre. Eine Studie über den Herrschaftsbereich der logischen Form, Tübingen 1911, ferner in: Ges. Schr. [s. o.] II, 1–282, Tübingen ³1993, ferner in: Sämtl. Werke [s. o.] II, 1–246 (franz. La logique de la philosophie et la doctrine des catégories. Étude

sur la forme logique et sa souveraineté, Paris 2002); Die Lehre vom Urteil, Tübingen 1912, ferner in: Ges. Schr. II, 283–463, ferner in: Sämtl. Werke [s. o.] II, 247–403; Hegel in seinem Verhältnis zur Weltanschauung der Aufklärung. Oeffentliche Antrittsvorlesung, gehalten am 11. Januar 1905 in Heidelberg, in: Ges. Schr. [s. o.] I, 333–345, ferner in: Sämtl. Werke [s. o.] I, 285–294.

Literatur: N. Altwicker, Geltung und Genesis bei L. und Hegel, Frankfurt 1971; O. R. Begus, E. L.s Urteilstheorie. Versuch einer Kritik, Diss. Frankfurt 1969; F. Beiser, E. L. and Kantianism, Philos. Forum 39 (2008), 283–295; M. Borda, Knowledge, Science, Religion. Philosophy as a Critical Alternative to Metaphysics, Würzburg 2006; A. Carrino, L'irrazionale nel concetto. Comunità e diritto in E. L., Neapel 1983; S. G. Crowell, Husserl, L., and the Idea of Transcendental Logic, in: R. Sokolowski (ed.), Edmund Husserl and the Phenomenological Tradition. Essays in Phenomenology, Washington D. C. 1988 (Stud. Philos. Hist. Philos. XVIII), 63–85; ders., L., Heidegger and the Homelessness of Logic, J. Brit. Soc. Phenomenol. 23 (1992), 222–239; ders., E. L.. Aletheiology as Ontology, Kant-St. 87 (1996), 69–88; ders., Transcendental Logic and Minimal Empiricism. L. and McDowell on the Unboundedness of the Conceptual, in: R. A. Makkreel/S. Luft (eds.), Neo-Kantianism in Contemporary Philosophy, Bloomington Ind./Indianapolis Ind. 2010, 150–174; I. Dal, L.s Kategorienlehre im Verhältnis zu Kants Philosophie, Hamburg 1926; C. Demmerling, Logica trascendentale e ontologia fondamentale. E. L. e Martin Heidegger, Riv. filos. 83 (1992), 241–261; D. Emundts, E. L. on Judgment and Truth, Philos. Forum 39 (2008), 263–281; FM III (1994), 2074–2075; U. B. Glatz, E. L.. Philosophie im Verhältnis zu Weltanschauung, Leben und Erkenntnis, Würzburg 2001; G. Gurvitch, Les tendances actuelles de la philosophie allemande. E. Husserl, M. Scheler, E. L., N. Hartmann, M. Heidegger, Paris 1930, Nachdr. mit Untertitel: E. Husserl, M. Scheler, E. L., M. Heidegger, 1949; E. Herrigel, E. L.s Wertsystem. Versuch einer Darstellung aus seinem Nachlaß, Logos 12 (1923/1924), 100–122; K. Hobe, E. L.. Eine Untersuchung seines Denkens, Diss. Heidelberg 1968; ders., Zwischen Rickert und Heidegger. Versuch über eine Perspektive des Denkens von E. L., Philos. Jb. 78 (1971), 360–376; R. Hofer, Gegenstand und Methode. Untersuchungen zur frühen Wissenschaftslehre E. L.s, Würzburg 1997; F. Holz, L., NDB XIII (1982), 648–649; D. H. Kerler, Kategorienprobleme. Eine Studie im Anschluß an E. L.'s »Logik der Philosophie«, Arch. syst. Philos. 18 (1912), 344–357, separat Ulm 1912; F. Kreis, Zu L.s Logik der Philosophie, Logos 10 (1921/1922), 227–243; M. B. de Launay, L., Enc. philos. universelle III/2 (1992), 2592–2593; G. Lukàcs [sic!], E. L. Ein Nachruf, Kant-St. 22 (1918), 349–370; R. Malter, Heinrich Rickert und E. L.. Vom Primat der transzendentalen Subjektivität zum Primat des gegebenen Gegenstandes in der Konstitution der Erkenntnis, Z. philos. Forsch. 23 (1969), 86–97; G. Motzkin, E. L. and the Crisis of Neo-Kantianism. The Rediscovery of the Primordial World, Rev. mét. mor. 94 (1989), 171–190; S. Nachtsheim, E. L.s Grundlehre, Tübingen 1992 (mit Bibliographie, 236–242); ders., Zum Begründungsprogramm bei E. L., in: E. W. Orth/H. Holzhey (eds.), Neukantianismus. Perspektiven und Probleme, Würzburg 1994, 501–518; ders., L., in: F. Volpi (ed.), Großes Werklexikon der Philosophie II (1999), 883–885; E. M. Paz, L. and the Doctrine of the Science of Law, in: P. Sayre (ed.), Interpretations of Modern Legal Philosophies. Essays in Honor of Roscoe Pound, New York 1947 (repr. Ann Arbor Mich. 1977, Littleton Colo. 1981), 574–577; A. Pellegrino, E. L. e Martin Heidegger. La storia della filosofia tra interpretazione scientifica e senso della temporalità, Teoria. Rivista di Filosofia 17 (1997), H. 2, 5–37; G. Pick, Die Übergegensätzlichkeit der Werte. Gedanken über das religiöse Moment in E. L.s logischen Schriften vom Standpunkt des transzendentalen Idealismus, Tübingen 1921; H. Rosshoff, E. L. als Lehrer von Georg Lukács. Zur Form ihres Gegenstandsbegriffs, Bonn 1975; T. Sampaio Ferraz, Die Zweidimensionalität des Rechts als Voraussetzung für den Methodendualismus von E. L., Meisenheim am Glan 1970; K. Schuhmann/B. Smith, Neo-Kantianism and Phenomenology. The Case of E. L. and Johannes Daubert, Kant-St. 82 (1991), 303–318; dies., Two Idealisms. L. and Husserl, Kant-St. 84 (1993), 448–466; M. Schweitz, E. L.s Kategorienlehre vor dem Hintergrund der Kopernikanischen Wende Kants, Kant-St. 75 (1984), 213–227; J. Siegers, Das Recht bei E. L.. Untersuchungen zur Rechtstheorie des Neukantianismus, Bonn 1964; H. Sommerhäuser, E. L. in der Auseinandersetzung mit Heinrich Rickert, Berlin 1965; ders., E. L.. 1875–1915. Zum neunzigsten Geburtstag des Denkers, Z. philos. Forsch. 21 (1967), 136–145; C. Tuozzolo, E. L. e la logica della storia, Mailand 2004; F. J. Wetz, Schelling, L., Sartre. Die zweifache Unbegreiflichkeit der nackten Existenz, Theol. Philos. 65 (1990), 549–565. – L., in: B. Jahn, Biographische Enzyklopädie deutschsprachiger Philosophen, München 2001, 241.   C. T.

Lasker, Emanuel, *Berlinchen (bei Landsberg, Warthe) 24. Dez. 1868, †New York 11. Jan. 1941, dt. Schachweltmeister (1894–1921), Mathematiker und philosophischer Schriftsteller. Nach dem Abitur 1888 neben der Tätigkeit als Berufsschachspieler Studium der Mathematik und Philosophie an den Universitäten Berlin, Göttingen, Heidelberg, 1900 Promotion an der Universität Erlangen bei M. Noether, 1934 Emigration. Zum Schachweltmeister wurde L. eher ›wider Willen‹. Er nutzte seine Schachbegabung, um Studium und Lebensunterhalt zu finanzieren; die ursprüngliche Nebentätigkeit verselbständigte sich schließlich zum Beruf. L. hat zeitlebens an seiner Spielerexistenz gelitten, seine Interessen blieben – vielleicht gerade deswegen – weit gespannt. Er veröffentlichte nicht nur Bücher über das Schach (und andere Spiele), sondern auch Arbeiten zur Mathematik und zur Philosophie. Seine Leistung als Mathematiker besteht vor allem in seiner als ›Laskerscher Satz‹ bekannten Verallgemeinerung des ›Noetherschen Fundamentalsatzes‹ in der algebraischen Theorie der Ideale (veröffentlicht in: Zur Theorie der Moduln und Ideale, 1905; zur Würdigung dieser Arbeit vgl. W. Krull, Idealtheorie, 1935, ²1968, 66).

In der Philosophie beschäftigte L. das Problem des ›Begreifens der Welt‹. Er versuchte, gestützt auf mengentheoretische (↑Mengenlehre) Untersuchungen, eine Kritik des deterministischen (↑Determinismus) Weltbildes am Phänomen des Lebens und entwickelte, Gedanken des ↑Vitalismus und ↑Pragmatismus aufgreifend, eine Art ↑Voluntarismus, wonach das Begreifen in einem unvollendbaren, dem Ökonomieprinzip (↑Denkökonomie) folgenden evolutionären Kampf von ›Wollungen‹ vor sich geht. – Pflegt man bisweilen vom Schach zu

sagen, es sei wie das Leben, so galt für den Weltmeister auch die Umkehrung: Er meinte vom ↑Leben, es sei wie das Schach. Diese Auffassung, daß Schach und Leben dem gleichen Gesetz unterliegen, brachte L. bereits in »Common Sense in Chess« (1896) zum Ausdruck. Hier treffen sich Philosoph und Schachspieler – für den Philosophen L. ist das Leben ein Kampf, für den Schachspieler L. ist das Schach ›Symbol eines Kampfes‹ (Gesunder Menschenverstand im Schach, 63) und damit auch des Lebens. L. war sich im klaren darüber, daß Schach spieltheoretisch (↑Spieltheorie) betrachtet nur ein endliches Problem darstellt; er wollte es aber gegen die Tendenz des Ausrechnens im ›klassischen Stil‹ gespielt wissen, d. h. so, als ob es wie das Leben ›unvollendbar‹ sei. – Den Gedanken des Unvollendbaren des Lebens versuchte L. auch dichterisch zu gestalten. Gemeinsam mit seinem Bruder Berthold, dem ersten Ehemann der Dichterin Else Lasker-Schüler, verfaßte er ein Drama »Vom Menschen die Geschichte« (1925), das in Berlin aufgeführt wurde.

Werke: Metrical Relations of Plane Spaces of *n* Manifoldness, Nature 52 (1895), 340–343; About a Certain Class of Curved Lines in Space of *n* Manifoldness, Nature 52 (1895), 596; Common Sense in Chess, London, New York 1896, Newport Ky. 1909, Philadelphia Pa. 1917, New York 1943, rev. Philadelphia Pa. 1946, New York 1967, ed. B. Alberston, Milfort Conn. 2007 (dt. Gesunder Menschenverstand im Schach, Berlin 1925 [repr. in: R. Munzert (ed.), Gesunder Menschenverstand im Schach. E. L. und Relativität im Schach. Reinhard Munzert, Hollfeld 1999, 2004, 1–176], ed. W. Lauterbach, Kempten/Düsseldorf 1961, ⁶1988); An Essay on the Geometrical Calculus, Proc. London Math. Soc. 28 (1896/1897), 217–260, 500–531; Über Reihen auf der Convergenzgrenze [Diss. Erlangen 1900], Philos. Trans. Royal Soc. London Ser. A 196 (1901), 431–477, separat London 1902; A Geometric Proposition, Amer. J. Math. 26 (1904), 177–179; Zur Theorie der kanonischen Formen, Math. Ann. 58 (1904), 434–440; Zur Theorie der Moduln und Ideale, Math. Ann. 60 (1905), 20–116; Bemerkung und Fehlerverzeichnis zu meiner Arbeit »Zur Theorie der Moduln und Ideale«, Math. Ann. 60 (1905), 607–608; Struggle, New York 1907 (dt. Kampf, New York, Berlin 1907 [repr. Potsdam 2001]); A New Method in Geometry, Amer. J. Math. 30 (1908), 65–92; Das Begreifen der Welt, Berlin 1913; Ueber das mathematisch Schöne, Math.-Naturwiss. Bl. 12 (1915), 49–53; Die Selbsttäuschungen unserer Feinde, Berlin o.J. [1915]; Über eine Eigenschaft der Diskriminante, Sitz.ber. Berliner Math. Ges. 15 (1916), 176–178; Das Gesetz in Physik und Psychologie, Z. Psychotherapie u. med. Psychol. 7 (1919), 360–365; Die Philosophie des Unvollendbar, Leipzig 1919; [Selbstanzeige von] »Die Philosophie des Unvollendbar«, Ann. Philos. philos. Kritik 2 (1920/1921), 134; (mit B. Lasker) Vom Menschen die Geschichte. Drama in einem Vorspiel und 5 Akten, Berlin 1925, ed. T. Hagemann, Pfullingen 2008; Lehrbuch des Schachspiels, Berlin 1926, ⁸1928, Hamburg-Bergedorf 1977, rev. unter dem Titel: L.'s Lehrbuch des Schachspiels, Hollfeld 2005 (engl. L.'s Manual of Chess, New York 1927, Milfort Conn. 2008); Über Ästhetik der Mathematik, Sozialist. Monatshefte 34 (1928), 129–133, ferner in: Die Kultur in Gefahr [s.u.], 57–63; Die Kultur in Gefahr, Berlin 1928; Begründung des Satzes, daß es in

Wirklichkeit Prozesse gibt, die sich mit beliebig großer Geschwindigkeit fortpflanzen, Sitz.ber. Berliner Math. Ges. 28 (1929), 61–70; Das verständige Kartenspiel, Berlin 1929; Brettspiele der Völker, Berlin 1931; On the Definition of Logic and Mathematics, Scr. Math. 3 (1935), 247–249; Note on Keyser's Discussion of Epicurus, Scr. Math. 5 (1938), 121–123; The Community of the Future, New York 1940; The Collected Games of E. L., ed. K. Whyld, Nottingham 1998. – Bibliographie der Werke E. L.s, in: M. Dreyer/U. Sieg (eds.), E. L. [s. u., Lit.], 279–283; D. Sénéchaud, Bibliographie, in: ders., Introduction à la pensée et à l'œuvre d'E. L. (1868–1941) [s. u., Lit.], 98–106; E. Meissenburg, E. L. – Bibliographie seiner Schriften, in: R. Forster/S. Hansen/M. Negele (eds.), E. L.. Denker, Weltenbürger, Schachweltmeister [s. u., Lit.], 253–283.

Literatur: M. Dreyer/U. Sieg (eds.), E. L.. Schach, Philosophie, Wissenschaft, Berlin/Wien 2001 (mit Bibliographie, 283–287); G. Eisenreich, L., in: S. Gottwald/H.-J. Ilgauds/K.-H. Schlote (eds.), Lexikon bedeutender Mathematiker, Thun/Frankfurt 1990, 274–275; R. Forster/S. Hansen/M. Negele (eds.), E. L.. Denker, Weltenbürger, Schachweltmeister, Berlin 2009; B. Gräfrath, Das Leben als Optimierungsproblem. E. L.s »Philosophie des Unvollendbar«, in: ders., Ketzer, Dilettanten und Genies. Grenzgänger der Philosophie, Hamburg, Darmstadt 1993, 133–159, 325–332; ders., L.s Wissenschaft vom effizienten Kampf, in: Schach-Kalender 2003, Berlin 2002, 130–133; ders., L. und die Philosophie der Gegenwart, in: E.-V. Kotowski/S. Poldauf/P. W. Wagner (eds.), E. L. [s. u.], 55–67; ders., The Philosophy of E. L., Quart. f. Chess Hist. 8 (2003), 396–407; J. Hannak, E. L., Biographie eines Schachweltmeisters. Mit einem Geleitwort von Albert Einstein, Berlin-Frohnau 1952, ³1970, Hamburg ⁴1984 (engl. E. L.. The Life of a Chess Master. With Annotations of More than 100 of His Greatest Games, New York, London 1959 [repr. New York 1991]); G. Klaus, E. L.. Ein philosophischer Vorläufer der Spieltheorie, Dt. Z. Philos. 13 (1965), 976–988; E.-V. Kotowski/S. Poldauf/P. W. Wagner (eds.), E. L.. Homo ludens, homo politicus. Beiträge über sein Leben und Werk, Potsdam 2003; W. Krull, Idealtheorie, Berlin 1935, Berlin/Heidelberg/New York ²1968; I. Linder/W. Linder, Das Schachgenie L., Berlin 1991; E. Meissenburg, L., NDB XIII (1982), 650–652; R. Munzert, Relativität im Schach. E. L. und das psychologische Seite des Schachspiels, in: ders. (ed.), Gesunder Menschenverstand im Schach. E. L. und Relativität im Schach. Reinhard Munzert [s. o., Werke], 177–217; H. U. Ribalow/M. Z. Ribalow, E. L.. Old Master, in: dies., The Great Jewish Chess Champions, New York 1986, 39–60; D. Sénéchaud, Introduction à la pensée et à l'œuvre d'E. L. (1868–1941). Une approche biobibliographique, Horizons Philosophiques 17 (2006), 91–108. – L., in: B. Jahn, Biographische Enzyklopädie deutschsprachiger Philosophen, München 2001, 241–242.   G. G.

Lassalle, Ferdinand, *Breslau 11. April 1825, †Genf 31. Aug. 1864, dt. Sozialphilosoph, Publizist und Politiker. 1843–1846 Studium der Philosophie und Geschichte in Breslau und Berlin. Entscheidender Einfluß G. W. F. Hegels; L.s Dissertation (Die Philosophie Herakleitos des Dunklen von Ephesos. Nach einer neuen Sammlung seiner Bruchstücke und der Zeugnisse der Alten dargestellt, Berlin 1858) gilt als bedeutende philosophiegeschichtliche Monographie des Junghegelianismus (↑Hegelianismus). Intensive Tätigkeit als Rechtsbeistand und in gegen ihn selbst angestrengten (politi-

schen) Prozessen. L. stand in der Revolution von 1848 mit K. Marx und F. Engels auf der äußersten Linken. Mit Beginn der preußischen Reaktion rief er im Rheinland zu bewaffnetem Widerstand gegen die Regierung auf. Seitdem enge, spannungsreiche und bis zu völliger Entfremdung führende Beziehungen zu Marx (Einigkeit mit Marx bestand vor allem in der Ablehnung von putschistischen Versuchen zur Durchsetzung der revolutionären Ziele). Die Frage, woran Revolutionen (↑Revolution (sozial)) scheitern (Franz von Sickingen. Eine historische Tragödie, Berlin 1859), beantwortet L. mit der formalen Antithese, daß die Stärke der herrschenden Klasse (↑Klasse (sozialwissenschaftlich)) in ihrem Klassenbewußtsein liege, während die Schwäche der revolutionären Idee von der Unbewußtheit des proletarischen Klasseninteresses herrühre.

In seinem theoretischen Hauptwerk (Das System der erworbenen Rechte. Eine Versöhnung des positiven Rechts und der Rechtsphilosophie, I–II, 1861) zeigt L. die Historizität von Rechtssystemen, im besonderen der die bürgerliche Gesellschaft konstituierenden Rechtsinstitute, auf. Im gleichen Jahr erscheint eine geschichtsphilosophische Studie (Die Hegel'sche und die Rosenkranzische Logik und die Grundlage der Hegel'schen Geschichtsphilosophie im Hegel'schen System, 1861). L. zeigt (Über Verfassungswesen. Ein Vortrag gehalten in einem Berliner Bürger-Bezirks-Verein, 1862), daß die formale politische Verfassung nur so lange und so weit in Kraft bleiben kann, als sie Ausdruck der faktischen gesellschaftlichen Machtverhältnisse ist. Dem liberalen Dualismus von Staat und Gesellschaft stellt L., an Hegel und J. G. Fichte orientiert, einen absoluten Staatsbegriff gegenüber. Die Aufgabe des ↑Staates, das menschliche Wesen zur positiven Entfaltung und fortschreitenden Entwicklung zu bringen, läßt für L. keinen durch individuelle Rechte gegenüber dem Staat geschützten gesellschaftlichen Freiraum zu. Daraus folgt die Ablehnung des parlamentarischen Prinzips. Die Zerschlagung des Staates ist für L. jedoch nicht wie für Marx die politische Tat der zur Diktatur gelangten Arbeiterklasse, sondern das Ergebnis eines weltgeschichtlichen Prozesses, in dem sich die Idee des Reichs der ↑Freiheit – auch in der persönlichen Diktatur der Einsicht eines politischen Führers – realisiert. L.s ökonomische Ansichten enthält die Schrift »Herr Bastiat-Schulze von Delitzsch. Der ökonomische Julian. Oder: Capital und Arbeit« (1864). L. wurde Präsident des am 23.5.1863 gegründeten »Allgemeinen Deutschen Arbeitervereins«. – Die schillernde Persönlichkeit, sein politischer Ehrgeiz, die nicht immer widerspruchsfreie, auch für konservative Positionen verwendbare Theorie, die philosophischen, politischen und persönlichen Spannungen im Verhältnis zu Marx und Engels sowie zur kommunistischen Partei haben L.s Wirkung zum Gegenstand einer anhaltenden kontroversen Diskussion gemacht. Seine Bedeutung für die Verbindung idealistischer und materialistischer Positionen der Staats- und Gesellschaftstheorie sowie für die Entwicklung der deutschen Arbeiterbewegung steht außer Zweifel.

Werke: F. L.s Reden und Schriften. Neue Gesammt-Ausgabe, I–III, ed. E. Bernstein, Berlin 1892–1893; F. L.'s Gesamtwerke. Einzige Ausgabe, I–V, ed. E. Blum, Leipzig 1899–1902, VI–X, ed. E. Schirmer, 1905–1909; Gesammelte Reden und Schriften. Vollständige Ausgabe, I–XII, ed. E. Bernstein, Berlin 1919–1920. – Die Philosophie Herakleitos des Dunklen von Ephesos. Nach einer neuen Sammlung seiner Bruchstücke und der Zeugnisse der Alten dargestellt, I–II, Berlin 1858 (repr. in einem Bd. Hildesheim/New York 1973), ferner als: Ges. Reden und Schr. [s.o.], VII–VIII; Der italienische Krieg und die Aufgabe Preußens. Eine Stimme aus der Demokratie, Berlin 1859 [anonym], ohne Untertitel ²1859, ferner in: Ges. Reden und Schr. [s.o.] I, 13–148; Franz von Sickingen. Eine historische Tragödie, Berlin 1859, ²1876, ferner in: Ges. Reden und Schr. [s.o.] I, 113–345, Neudr. Stuttgart 1974 (engl. Franz von Sickingen. A Tragedy in Five Acts, New York 1904, 1916); Fichtes politisches Vermächtnis und die neueste Gegenwart. Ein Brief, in: L. Walesrode (ed.), Demokratische Studien, Hamburg 1860, 59–96, separat: Leipzig 1871, Hamburg ²1877, ferner in: Ges. Reden und Schr. [s.o.] VI, 61–102; Gotthold Ephraim Lessing, in: L. Walesrode (ed.), Demokratische Studien. 1861, Hamburg 1861, 475–505, separat unter dem Titel: Gotthold Ephraim Lessing vom culturhistorischen Standpunkt, Hamburg, Leipzig ²1877, Leipzig ³1880, ferner in: Ges. Reden und Schr. [s.o.] VI, 153–188; Das System der erworbenen Rechte. Eine Versöhnung des positiven Rechts und der Rechtsphilosophie, I–II, Leipzig 1861, in einem Bd., ed. L. Bucher, ²1880, ferner als: Ges. Reden und Schr. [s.o.], IX–XII (franz. Théorie systématique des droits acquis. Conciliation du droit positif et de la philosophie du droit, I–II, Paris 1904); Die Hegel'sche und die Rosenkranzische Logik und die Grundlage der Hegel'schen Geschichtsphilosophie im Hegel'schen System. Vortrag, Der Gedanke 2 (1861), 123–150, ferner in: Ges. Reden und Schr. [s.o.] VI, 15–60, separat: Leipzig 1927, ²1928; Herr Julian Schmidt der Literaturhistoriker. Mit Setzer-Scholien, ed. F. L., Berlin 1862, Leipzig ⁴1886, ferner in: Ges. Reden und Schr. [s.o.] VI, 189–342; Über Verfassungswesen. Ein Vortrag gehalten in einem Berliner Bürger-Bezirks-Verein, Berlin 1862, ferner in: Ges. Reden und Schr. [s.o.] II, 8–61 (repr. separat, ohne Untertitel, Darmstadt 1958), mit Untertitel: Rede am 16. April 1862 in Berlin, Hamburg 1993 [mit einem Essay v. E. Krippendorf, »Alles Deutliche ist ungebildet«, 53–71]; Was nun? Zweiter Vortrag über Verfassungswesen, Zürich 1863, Leipzig ²1872, ³1873, ferner in: Ges. Reden und Schr. [s.o.] II, 63–115, ferner in: Ausgew. Reden und Schr., ed. H. J. Friederici [s.u.], 106–131; Die Wissenschaft und die Arbeiter. Eine Vertheidigungsrede vor dem Berliner Criminalgericht gegen die Anklage die besitzlosen Klassen zum Haß und zur Verachtung gegen die Besitzenden öffentlich angereizt zu haben, Zürich 1863, mit Untertitel: Eine Verteidigungsrede vor dem Berliner Kriminalgericht gegen die Anklage die besitzlosen Klassen zum Haß und zur Verachtung gegen die Besitzenden öffentlich angereizt zu haben, in: Ges. Reden und Schr. [s.o.] II, 203–292, Neudr. Berlin 1919 (repr. Bremen 1982), ferner in: Ausgew. Reden und Schr., ed. H. J. Friederici [s.u.], 173–218 (engl. Science and the Workingmen, New York 1900); Arbeiterprogramm. Ueber den besonderen Zusammenhang der gegenwärtigen Geschichtsperiode

mit der Idee des Arbeiterstandes, Zürich 1863, ²1870, ferner in: Ges. Reden und Schr. [s.o.] II, 139–202, ohne Untertitel, ed. W. Michalka, Stuttgart 1973, 1983, ferner in: Ausgew. Reden und Schr., ed. H. J. Friederici [s.u.], 137–172 (engl. The Working Man's Programme [Arbeiter-Programm], London 1884, New York 1899); Offenes Antwortschreiben an das Central-Comité zur Berufung eines Allgemeinen Deutschen Arbeiter-Congresses zu Leipzig, Zürich 1863, Berlin ⁵1880, unter dem Titel: Offenes Antwortschreiben an das Zentral-Komitee zur Berufung eines Allgemeinen Deutschen Arbeiter-Kongresses zu Leipzig, in: Ges. Reden und Schr. [s.o.] III, 7–92, Neudr. Berlin 1928, ferner in: Ausgew. Reden und Schr., ed. H. J. Friederici [s.u.], 219–247; Arbeiterlesebuch. Rede L.s zu Frankfurt am Main am 17. und 19. Mai 1863 nach dem stenographischen Berichte, Frankfurt 1863, Berlin ⁷1878, ferner in: Ges. Reden und Schr. [s.o.] III, 169–289, ferner in: Ausgew. Reden und Schr., ed. H. J. Friederici [s.u.], 248–315; Die indirecte Steuer und die Lage der arbeitenden Klassen [...], Zürich 1863, rev. unter dem Titel: Die indirekte Steuer und die Lage der arbeitenden Klassen [...], Berlin 1912, ferner in: Ges. Reden und Schr. [s.o.] II, 285–486, ferner in: Reden und Schr., ed. F. Jenaczek [s.u.], 224–347; Herr Bastiat-Schulze von Delitzsch. Der ökonomische Julian. Oder: Capital und Arbeit, Berlin 1864, mit Untertitel: Oder: Kapital und Arbeit, ed. E. Bernstein 1912 (repr. Frankfurt 1990), ferner als: Ges. Reden und Schr. [s.o.] V [Anhang: Die an den »Bastiat-Schulze« anknüpfenden Kontroversen, 357–401] (franz. Capital et travail. Ou, M. Bastiat-Schulze [de Delitzsch], Paris 1880, ²1881, mit Untertitel: Ou Procès de haute trahision intenté à l'auteur, 1904); Die Agitation des Allgemeinen Deutschen Arbeitervereins und das Versprechen des Königs von Preußen [...], Berlin 1864, ferner in: Ges. Reden und Schr. [s.o.] IV, 175–242, ferner in: Ausgew. Reden und Schr., ed. H. J. Friederici [s.u.], 316–342; F. L.s Tagebuch, ed. P. Lindau, Breslau 1891; F. L.s Tagebuch, ed. F. Hertneck, Berlin o.J. [1926]; F. L.. Ausgewählte Texte, ed. T. Ramm, Stuttgart 1962; F. L.. Eine Auswahl für unsere Zeit, ed. H. Hirsch, Bremen 1963, Frankfurt/Wien/Zürich 1964; Reden und Schriften. Aus der Arbeiteragitation 1862–1865. Mit einer L.-Chronik, ed. F. Jenaczek, München 1970; Arbeiterlesebuch und andere Studientexte, ed. W. Schäfer, Reinbek b. Hamburg 1972; Reden und Schriften, ed. H. J. Friederici, Leipzig, Köln 1987; Ausgewählte Reden und Schriften. Ausgabe in einem Band, ed. H. J. Friederici, Berlin 1991. – Briefe von F. L. an Carl Rodbertus-Jagetzow, ed. A. Wagner, Berlin 1878 (= Aus dem literarischen Nachlass von Carl Rodbertus-Jagetzow I); Briefe an Hans von Bülow von F. L.. 1862–1864, Dresden/Leipzig 1885, 1893; F. L.'s Briefe an Georg Herwegh. Nebst Briefen der Gräfin Sophie Hatzfeldt an Frau Emma Herwegh, ed. M. Herwegh, Zürich 1896; Briefe von F. L. an K. Marx und F. Engels, 1849–1862, ed. F. Mehring, Stuttgart 1902, ²1913 (= Aus dem literarischen Nachlass von Karl Marx, Friedrich Engels und F. L. IV); Nachgelassene Briefe und Schriften, I–VI, ed. G. Meyer, Stuttgart/Berlin 1921–1925, Neudr. Osnabrück 1967; Der briefliche Verkehr zwischen Bismarck und L., ed. G. Mayer, in: ders., Bismarck und L. [s.u., Lit.], 59–108; [Briefe zur Sickingen-Debatte] in: W. Hinderer (ed.), Sickingen-Debatte [s.u., Lit.], 11–108. – B. Andréas, Bibliographie der Schriften von F. L. und Auswahl der Literatur über ihn, Arch. Sozialgesch. 3 (1963), 331–423.

Literatur: S. W. Baron, Die politische Theorie F. L.'s, Leipzig 1923; E. Bernstein, F. L.. Eine Würdigung des Lehrers und Kämpfers, Berlin 1919; H. Bleuel, F. L.. Oder der Kampf wider die verdammte Bedürfnislosigkeit, München 1979, Frankfurt

1982; F. Como, Die Diktatur der Einsicht. F. L. und die Rhetorik des deutschen Sozialismus, Frankfurt etc. 1991; I. Fetscher, L., NDB XIII (1982), 661–669; ders., L., in: B. Jahn (ed.), Biographische Enzyklopädie deutschsprachiger Philosophen, München 2001, 242; S. Fishman, L., Enc. Ph. IV (1967), 395–396; D. J. Footman, The Primrose Path. A Life of F. L., London 1946, unter dem Titel: F. L., Romantic Revolutionary, New Haven Conn. 1947 (repr. New York 1969); H. J. Friederici, F. L.. Eine politische Biographie, Berlin (Ost) 1985; K. Fuchs, L., BBKL XIV (1998), 1176–1181; W. Hinderer (ed.), Sickingen-Debatte. Ein Beitrag zur materialistischen Literaturtheorie, Darmstadt/Neuwied 1974; H. Kelsen, Marx oder L.. Wandlungen in der politischen Theorie des Marxismus, Arch. Gesch. Sozialismus u. Arbeiterbewegung 11 (1925), 261–298; G. Mayer, Bismarck und L.. Ihr Briefwechsel und ihre Gespräche, Berlin 1928; H. Mommsen, L., in: C. D. Kernig (ed.), Sowjetsystem und demokratische Gesellschaft. Eine vergleichende Enzyklopädie III, Freiburg/Basel/Wien 1969, 1332–1373; T. Mudry, L., Enc. philos. universelle III/1 (1992), 1913–1915; S. Na'aman, L., Hannover 1970, ²1971; H. Oncken, L., Stuttgart 1904, mit Untertitel: Eine politische Biographie, Stuttgart/Berlin ³1920, mit Untertitel: Zwischen Marx und Bismarck, ed. F. Hirsch, Stuttgart etc. ⁵1966; T. Ramm, F. L. als Rechts- und Sozialphilosoph, Meisenheim am Glan 1953, ²1956; ders., F. L.. Der Revolutionär und das Recht, Berlin 2004; H. Stirner, Die Agitation und Rhetorik F. L.s, Marburg 1978, 1979; C. Trautwein, Über F. L. und sein Verhältnis zur Fichteschen Sozialphilosophie, Jena 1913; H. Tudor, L., REP V (1998), 420–421; G. v. Uexküll, F. L.. In Selbstzeugnissen und Bilddokumenten, Reinbek b. Hamburg 1974, 1983 (mit Bibliographie, 151–156). H. R. G.

Lasson, Adolf, *Altstrelitz 12. März 1832, †Berlin 20. Dez. 1917, dt. Philosoph. 1848–1852 Studium der Philosophie, Theologie, klassischen Philologie und Rechtswissenschaft in Berlin, 1860–1897 Gymnasiallehrer ebendort. 1861 Promotion in Leipzig, 1877 Habilitation in Berlin, 1897 Prof. an der Universität Berlin. 1906 Geheimer Regierungsrat. – L.s philosophische Intention ist die Synthese von aristotelischem Hellenismus und paulinischem Christentum in einer aus dem Deutschen Idealismus (↑Idealismus, deutscher) zu entwickelnden Vernunftphilosophie, in deren Zentrum die Begriffe ↑Freiheit und ↑Geist stehen. Insbes. das System von G. W. F. Hegel ist für L. Ausgangspunkt einer Verteidigung der schöpferischen Kraft der autonomen Vernunft gegen den Positivismus (↑Positivismus (historisch)) und ↑Psychologismus seiner Zeit. Neben Arbeiten auf den Gebieten der Religionsphilosophie, Rechtswissenschaft, Pädagogik und Volkswirtschaft hat sich L. als Übersetzer (Aristoteles, G. Bruno) und als Mitarbeiter an F. Ueberwegs »Grundriss der Geschichte der Philosophie« betätigt.

Werke: Über Baco's von Verulam wissenschaftliche Prinzipien, Berlin 1860; Johann Gottlieb Fichte im Verhältnis zu Kirche und Staat, Berlin 1863 (repr. Aalen 1968); Meister Eckhart, der Mystiker. Zur Geschichte der religiösen Speculation in Deutschland, Berlin 1868 (repr. Aalen 1968, Wiesbaden 2003); Das Culturideal und der Krieg, Berlin 1868, ²1906, 1914; Princip

und Zukunft des Völkerrechts, Berlin 1871; System der Rechtsphilosophie, Berlin/Leipzig 1882, Nachdr. Berlin 1967; Die Entwickelung des religiösen Bewußtseins der Menschheit nach E. v. Hartmann, Halle 1883; Armenwesen und Armenrecht, Berlin 1887; Zeitliches und Zeitloses. Acht Vorträge, Leipzig 1890; Das Gedächtnis, Berlin 1894; Der Leib, Berlin 1898; Über den Zufall, Berlin 1918, Nachdr. Egelsbach 1994.

Literatur: B. C. Engel, A. L. als Logiker nebst einer A. L.-Bibliographie, Z. Philos. phil. Kritik 153 (1914), 9–64; F. Holz, L., NDB XIII (1982), 678–679; P. Killinger, A. L.s Religions-Philosophie und ihre Beziehungen zu der G. W. F. Hegels, Straßburg 1913; A. Liebert/F. J. Schmidt, A. L. zum Gedächtnis, Kant-St. 23 (1919), 101–123; B. Ogilvie, L., DP II (1993), 1686; F. J. Schmidt, A. L.. Ein Gedenkblatt zur Hundertjahrfeier seines Geburtstages, Kant-St. 37 (1932), 220–222. R. W./S. B.

Lasson, Georg, *Berlin 13. Juli 1862, †Berlin 2. Dez. 1932, dt. Philosoph und Geistlicher, Sohn von Adolf L.. Studium der ev. Theologie und Philosophie in Berlin und Tübingen, Pfarrämter um und in Berlin 1888–1927. – Neben seiner seelsorgerischen Tätigkeit ist L. (in der Nachfolge seines Vaters) um eine angemessene Rezeption des Deutschen Idealismus (↑Idealismus, deutscher), vor allem des Denkens von G. W. F. Hegel, bemüht. Gegen die seiner Meinung nach methodisch ungesicherten Richtungen der ↑Hermeneutik und ↑Lebensphilosophie sucht L. durch eine historisch-kritische Aufarbeitung von Hegels begrifflicher Arbeit, insbes. von dessen ↑Dialektik, den systematischen Gehalt seiner Lehre von der Selbsterkenntnis des Geistes zu sichern. Diesem Zweck soll insbes. die von L. in Angriff genommene Gesamtausgabe der Werke Hegels dienen. Ähnlich wie sein Vater strebt auch er eine Einbeziehung des ›objektiven Idealismus‹ der antiken Philosophie (↑Philosophie, antike, ↑Philosophie, attische, ↑Philosophie, griechische) in die propagierte Erneuerung der ↑Metaphysik an. L.s theologische Schriften versuchen im Sinne einer spekulativen Dogmatik eine religionsphilosophische Grundlegung des Idealismus und damit die Verwirklichung einer ›absoluten Philosophie‹.

Werke: (Pseudonym: Eremita) Die moderne Richtung und die Kunst, Berlin 1890, 1901; Zur Theorie des christlichen Dogma, Berlin 1897; Johann Gottlieb Fichte und seine Schrift über die Bestimmung des Menschen. Eine Betrachtung des Weges zur geistigen Freiheit, Berlin 1908; Beiträge zur Hegelforschung, I–II, Berlin 1909/1910; Grundfragen der Glaubenslehre, Leipzig 1913; In der Schule des Krieges. Deutsche Gedanken zum deutschen Aufstieg, Berlin 1915; Was heißt Hegelianismus?, Berlin 1916; Hegel als Geschichtsphilosoph, Leipzig 1920; Kritischer und spekulativer Idealismus, Kant-St. 27 (1922), 1–58; Einführung in Hegels Religionsphilosophie, Leipzig 1930; Hegel und die Gegenwart, Kant-St. 36 (1931), 262–276. – Einleitende Aufsätze zu den von ihm edierten Hegel-Bdn..

Literatur: F. Holz, L., NDB XIII (1982), 679–681; H. Kuhn, G. L. zum 70. Geburtstag am 13. Juli 1932, Kant-St. 37 (1932), 314–315. R. W./S. B.

Laßwitz, Kurd (Pseudonym L. Velatus), *Breslau 20. April 1848, †Gotha 17. Okt. 1910, dt. Philosoph und Schriftsteller. 1866–1873 Studium der Mathematik, Physik und Philosophie in Breslau und Berlin. 1873 Promotion in Breslau, 1876 Lehrer, ab 1884 Gymnasialprofessor für Mathematik und Naturwissenschaften in Gotha. Bis heute unersetzlich ist L.' wissenschaftshistorisches Standardwerk »Geschichte der Atomistik vom Mittelalter bis Newton« (I–II, 1890), das die Geschichte und philosophische Vorgeschichte der Korpuskulartheorien innerhalb des im Titel genannten Zeitraumes darstellt. In der Philosophie ist L. außer von I. Kant von G. T. Fechner beeinflußt, dessen Auffassungen er (unter anderem in einer Biographie) im Sinne des ↑Kritizismus deutete und mit der Kantischen Position zu verbinden suchte. Vom Standpunkt eines stark subjektivistisch gewendeten ↑Neukantianismus gelangte L. später zu einer Erkenntnistheorie, in der die ›Dinge‹ ähnlich wie bei H. Cohen als ›unbestimmte x‹ gedeutet werden. Von diesen läßt sich nichts aussagen, weil sie ↑Realität erst durch ihre Bestimmung im Erkenntnisvorgang gewinnen, der jedoch selbst als ein realer Gestaltungsprozeß zwischen Objekten und Vorstellungen verstanden wird. Große Verbreitung fanden L.' popularphilosophische und popularwissenschaftliche Schriften, vor allem der bis in die Gegenwart hinein immer wieder neu aufgelegte, als frühe Science-Fiction-Literatur anzusehende Roman »Auf zwei Planeten« (1897).

Werke: Kollektion L.. Neuausgaben der Schriften von K. L. in der Fassung der Texte letzter Hand, ed. D. v. Reeken, Lüneburg 2008 ff. (bisher erschienen: Abt. I [Romane, Erzählungen und Gedichte]: I/1–I/10, Abt. II [Sachbücher, Vorträge und Aufsätze]: II/1, II/5, II/8–II/9). – Ueber Tropfen, welche an festen Körpern hängen und der Schwerkraft unterworfen sind, Diss. Breslau 1873 (repr. in: Kollektion L. [s. o.] II/1, 13–96); Ein Beitrag zum kosmologischen Problem und zur Feststellung des Unendlichkeitsbegriffs, Vierteljahrsschr. wiss. Philos. 1 (1877), 329–360 [dazu: W. Wundt, Einige Bemerkungen zu vorstehender Abhandlung, ebd. 361–365], Neudr. in: Kollektion L. [s. o.] II/8, 156–182); Atomistik und Kriticismus. Ein Beitrag zur erkenntnisstheoretischen Grundlegung der Physik, Braunschweig 1878 (repr. in: Kollektion L. [s. o.] II/1, 97–111); Natur und Mensch, Breslau 1878, Neudr. in: Kollektion L. [s. o.] II/8, 14–81; Zur Verständigung über den Gebrauch des Unendlichkeitsbegriffs, Vierteljahrsschr. wiss. Philos. 2 (1878), 115–118 [Antwort auf W. Wundt (s. o.)], Neudr. in: Kollektion L. [s. o.] II/8, 183–186; Bilder aus der Zukunft. Zwei Erzählungen aus dem vierundzwanzigsten und neununddreißigsten Jahrhundert, I–II, Breslau 1878, in einem Bd. ³1879 (repr. Fürth/Saarland 1964), Neudr. als: Kollektion L. [s. o.] I/1); Ueber Wirbelatome und stetige Raumerfüllung, Vierteljahrsschr. wiss. Philos. 3 (1879), 206–215, 275–293; Die Erneuerung der Atomistik in Deutschland durch Daniel Sennert und sein Zusammenhang mit Asklepiades von Bithynien, Vierteljahrsschr. wiss. Philos. 3 (1879), 408–434; Die Lehre Kants von der Idealität des Raumes und der Zeit im Zusammenhange mit seiner Kritik des Erkennens allgemeinverständlich dargestellt. Gekrönte Preisschrift, Berlin 1883 (repr. Eschborn 1992, Karben 1998); [unter dem Pseudonym: L. Velatus] Schlangenmoos, Breslau 1884, Neudr. als: Kollektion L. [s. o.] I/2; Zur Genesis der Cartesischen Corpuscularphysik, Vierteljahrsschr. wiss. Philos. 10 (1886), 166–189; Galilei's Theorie der Materie, Vierteljahrsschr. wiss. Philos. 12 (1888), 458–476, 13 (1889), 32–50; Geschichte der Atomistik vom Mittelalter bis Newton, I–II, Hamburg/Leipzig 1890 (repr. Hildesheim, Darmstadt 1963, Hildesheim 1984), Leipzig ²1926; Seifenblasen. Moderne Märchen, Hamburg/Leipzig 1890, erw. Weimar ²1894, Leipzig ³1901, Berlin 1930, Neudr. als: Kollektion L. [s. o.] I/3; Nature and the Individual Mind, Monist 6 (1895/1896), 396–431; Gustav Theodor Fechner, Stuttgart 1896, ³1910 (repr. Eschborn 1992, 1995, ferner als: Kollektion L. [s. o.] II/5); Auf zwei Planeten, I–II, Weimar 1897, Berlin 1930, Neudr. in einem Bd. Frankfurt 1979, ²1984, München 1998, Neudr. als: Kollektion L. [s. o.] I/4–5; Wirklichkeiten. Beiträge zum Weltverständnis, Berlin 1900, Leipzig o.J. [⁴1920]; Nie und immer. Neue Märchen, Leipzig 1902, erw. I–II (I Homchen. Ein Tiermärchen aus der oberen Kreide, II Traumkristalle. Neue Märchen), Leipzig 1907, Berlin 1930, Neudr. als: Kollektion L. [s. o.] I/6; Religion und Naturwissenschaft. Ein Vortrag, Leipzig 1904, Neudr. in: Kollektion L. [s. o.] II/9, 174–193; Aspira. Der Roman einer Wolke, Leipzig 1905, 1924 (repr. Eschborn 1993, Karben 1998), Neudr. als: Kollektion L. [s. o.] I/7; Was ist Kultur? Ein Vortrag, Leipzig 1906, Neudr. in: Kollektion L. [s. o.] II/9, 205–222; Seelen und Ziele. Beiträge zum Weltverständnis, Leipzig 1908; Sternentau. Die Pflanze vom Neptunsmond, Leipzig 1909 (repr. Eschborn 1992), 1922, Neudr. als: Kollektion L. [s. o.] I/8; Empfundenes und Erkanntes. Aus dem Nachlasse, ed. H. Lindau, Leipzig o.J. [1919]; Die Welt und der Mathematikus. Ausgewählte Dichtungen, ed. W. Lietzmann, Leipzig 1924; Bis zum Nullpunkt des Seins. Utopische Erzählungen, ed. A. Sckerl, Berlin (Ost) 1979; Traumkristalle. Utopische Erzählungen, Märchen, Bekenntnisse, ed. E. Redlin, Berlin (Ost) 1982; Homchen und andere Erzählungen, München 1989 (mit Vorw. v. F. Rottensteiner, 7–19; mit Nachw. v. D. Wenzel, 471–493); Bis zum Nullpunkt des Seins und andere Erzählungen, München 2001. – R. Schweikert, Bibliographie, in: K. L., Auf zwei Planeten, Frankfurt 1979, 1079–1091, ²1984, 1079–1098, [Nachträge 1979–1983] 1109–1113, erw. München 1998, 1002–1028; H. Roob, K. L.. Handschriftlicher Nachlaß und Bibliographie seiner Werke, Gotha 1981 [mit Einl. v. H. Schlösser, 9–21]; R. Schweikert, Über K. L.. Eine Auswahlbibliographie mit Kommentaren, in: D. Wenzel (ed.), K. L.: Lehrer, Philosoph, Zukunftsträumer [s. u., Lit.], 221–254; J. Körber/U. Kohnle/D. Wenzel, Bibliographie der Werke L.', in: D. Wenzel (ed.), K. L.: Lehrer, Philosoph, Zukunftsträumer [s. u., Lit.], 173–220.

Literatur: W. Dimter, L., NDB XIII (1982), 681–682; F. Dittes, Eine Verjüngung des absoluten Idealismus, Paedagogium 6 (1884), 387–399, 447–460, 511–524, 577–591; B. Figatowski, Zwischen utopischer Idee und Wirklichkeit. K. L. und Stanislaw Lem als Vertreter einer mitteleuropäischen Science Fiction, Wetzlar 2004; FM III (1994), 2077; K. G. Just, K. L., der Dichter der Raumfahrt, Schlesien 15 (1970), 1–15; H. Lindau, K. L. †. Geboren in Breslau den 20. April 1848, gestorben in Gotha den 17. Oktober 1910, Kant-St. 16 (1911), 1–4; ders., K. L., in: K. L., Empfundenes und Erkanntes [s. o., Werke], 1–56; H. Roob, Utopie und Wissenschaft. Zum 150. Geburtstag des Naturwissenschaftlers und Schriftstellers K. L., Gotha 1998 [mit Beiträgen aus den Werken K. L., ed. B.-K. Liebs, 26–42]; R. Schweikert, Von Martiern und Menschen. Oder die Welt, durch Vernunft dividiert, geht nicht auf. Hinweise zum Verständnis von »Auf zwei Planeten«, in: K. L., Auf zwei Planeten, Frankfurt 1979, 903–975, ²1984, 903–976, München 1998, 847–912; ders., Von geraden und schiefen Gedanken. K. L. – Gelehrter und Poet dazu, in: K. L., Auf zwei Planeten, Frankfurt 1979, ²1984, 977–1074, München 1998, 913–997; D. Wenzel (ed.), K. L.: Lehrer, Philosoph, Zukunftsträumer. Die ethische Kraft des Technischen, Meitingen 1987; F. Willmann, Le néokantisme de K. L., in: C. Maillard (ed.), Littérature et théorie de la connaissance 1890–1935/Literatur und Erkenntnistheorie 1890–1935, Strasbourg 2004, 107–123. – L., in: B. Jahn, Biographische Enzyklopädie deutschsprachiger Philosophen, München 2001, 243. C. T.

Laue, Max von, *Pfaffendorf (b. Koblenz) 9. Okt. 1879, †Berlin 24. April 1960, dt. Physiker. Ab 1898 Studium der Physik in Straßburg, Göttingen und Berlin, 1903 Promotion bei M. Planck mit einer Arbeit über Interferenztheorie, 1905 Assistent von Planck, 1906 Habilitation mit einer Arbeit über die Entropie von interferierenden Strahlenbündeln, 1909 Privatdozent an dem von A. Sommerfeld geleiteten Institut für theoretische Physik in München, 1912 a. o. Prof. an der Universität Zürich, 1914 o. Prof. an der Universität Frankfurt, ab 1919 in Berlin, 1951 Direktor des früheren Kaiser-Wilhelm-Instituts für Chemie und Elektrochemie in Berlin. 1914 Nobelpreis für Physik. L. nahm öffentlich (auf dem Würzburger Physikkongreß am 18. 9. 1933) gegen die ideologische Verunglimpfung der Relativitätstheorie Stellung.
Nachdem sich L. unter Anregung von Planck bereits seit 1905 mit A. Einsteins Spezieller Relativitätstheorie (↑Relativitätstheorie, spezielle) beschäftigt hatte, gelang ihm 1907 eine der ersten Bestätigungen dieser Theorie: H. Fizeaus Formel $u = c/n$ für die Lichtgeschwindigkeit in fließendem Wasser war auf Grund experimenteller Messung zu $u = c/n \pm v(1 - 1/n^2)$ korrigiert worden, wobei $v(1 - 1/n^2)$ den mit der Geschwindigkeit v des Wassers variierenden Fresnelschen Mitführungskoeffizienten darstellt. L. leitete diese Formel, die klassisch nicht erklärt werden konnte, aus dem Additionstheorem der Geschwindigkeiten in der Speziellen Relativitätstheorie ab. 1910 schrieb er die erste Monographie über die Spezielle Relativitätstheorie, die 1919 um einen 2. Band zur Allgemeinen Relativitätstheorie (↑Relativitätstheorie, allgemeine) ergänzt wurde. 1912 gelang ihm durch die Entdeckung der Röntgenstrahlinterferenzen an Kristallen der Nachweis für die Wellennatur dieser Strahlen und für die Gitterstruktur der Kristalle. Die Photoplatten, auf denen die Röntgenstrahlen nach Durchlaufen der Kristalle auftraten, zeigten regelmäßige symmetrische Muster (›L.-Diagramme‹), deren Struktur gruppentheoretisch bestimmt (↑Gruppe (mathematisch)) und aus denen der atomare Aufbau der Kristalle berechnet werden kann. Seine geometrische Interferenztheorie erweiterte L. um eine dynamische Theorie unter

Berücksichtigung der Kräfte zwischen den Kristallatomen; ferner arbeitete er die neuentdeckten elektronischen Interferenzen ein. In anderer Weise war L. jedoch nicht an der Entwicklung der ↑Quantentheorie beteiligt; mit Planck, Einstein, L. de Broglie und E. Schrödinger stand er der ↑Kopenhagener Deutung dieser Theorie skeptisch gegenüber. Im klassischen Rahmen entwarf L. eine phänomenologische ›Theorie der Supraleitung‹ (1947).

Werke: Ges. Schriften und Vorträge, I–III, Braunschweig 1961. – Die Relativitätstheorie, I–II, Braunschweig 1919/1921, ⁷1961, Nachdr. 1965, Bd. I zuerst unter dem Titel: Das Relativitätsprinzip, Braunschweig 1911, ²1913; Über die Auffindung der Röntgenstrahlinterferenzen. Nobelvortrag, Karlsruhe 1920; Korpuskular- und Wellentheorie, Leipzig 1933; Röntgenstrahl-Interferenzen, Leipzig 1941, Frankfurt ³1960; Materiewellen und ihre Interferenzen, Leipzig 1944, ²1948; Geschichte der Physik, Bonn 1946, ³1950, Frankfurt ⁴1959; Theorie der Supraleitung, Berlin etc. 1947, ²1949; Mein physikalischer Werdegang, Phys. Bl. 16 (1960), 260–266. – J. Lemmerich (ed.), Lise Meitner – M. v. L. Briefwechsel 1938–1948, Berlin 1998.

Literatur: T. Brandlmeier, Die Apparatur zur Röntgeninterferenz von M. L.. Das Geheimnis der X-Strahlen, Meisterwerke aus dem Deutschen Museum 5 (2003), 32–35; R. Brill/O. Hahn u. a., Feierstunde zu Ehren von M. v. L. an seinem 80. Geburtstag, in: Mitteilungen aus der Max Planck Gesellschaft zur Förderung der Wissenschaften 6 (1959), 323–366; P. P. Ewald, M. v. L., in: Biographical Memoirs of Fellows of the Royal Society 6 (1960), 134–156; ders., Fifty Years of X-Ray Diffraction. Dedicated to the International Union of Crystallography, Utrecht 1962; ders., M v. L.. Mensch und Werk. Gedächtnisrede, gehalten in Berlin am 2. März 1979, Phys. Bl. 35 (1979), 337–349; P. Forman, The Discovery of the Diffraction of X-Rays by Crystals, Arch. Hist. Ex. Sci. 6 (1969), 38–71; J. Franck, M. v. L. (1879–1960), in: Yearbook of the American Philosophical Society 1960, 155–159; W. Gerlach, Münchener Erinnerungen. Aus der Zeit von M. v. L.s Entdeckung vor 50 Jahren, Phys. Bl. 19 (1963), 97–103; A. Hermann, L., DSB VIII (1973), 50–53; ders., Die neue Physik. Der Weg in das Atomzeitalter; zum Gedenken an Albert Einstein, M. v. L., Otto Hahn, Lise Meitner, München 1979, unter dem Titel: Der Weg in das Atomzeitalter. Physik und Weltgeschichte ²1986; ders., L., NDB XIII (1982), 702–705; F. Herneck, Bahnbrecher des Atomzeitalters. Große Naturforscher von Maxwell bis Heisenberg, Berlin (Ost) 1965, ⁹1984, 273–326; J. E. Hiller, Prof. v. L. 80 Jahre alt, Naturwiss. Rdsch. 12 (1959), 363; W. Meissner, M. v. L. als Wissenschaftler und Mensch, Sitz.ber. Bayer. Akad. Wiss., math.-naturwiss. Kl. 1960, München 1960, 101–121; A. Niggli, Fünfzig Jahre Röntgeninterferenzen, Naturwiss. 50 (1963), 461–462; M. Päsler, Leben und wissenschaftliches Werk M. v. L.s, Phys. Bl. 16 (1960), 552–567; I. Rosenthal-Schneider, Reality and Scientific Truth. Discussions with Einstein, von L. and Planck, Detroit Mich. 1980 (dt. Begegnungen mit Einstein, von L. und Planck. Realität und wissenschaftliche Wahrheit, Braunschweig/Wiesbaden 1988); W. Schröder/H. T. Treder, The ›Einstein-Laue‹ Discussion, Brit. J. Hist. Sci. 27 (1994), 113–114; R. Staley, On the Histories of Relativity. The Propagation and Elaboration of Relativity Theory in Participant Histories in Germany, 1905–1911, Isis 89 (1998), 263–299; W. H. Westphal, Der Mensch M. v. L., Phys. Bl. 16 (1960), 549–551; K. Zeitz, M. v. L. (1879–1960). Seine Bedeutung für den Wiederaufbau der deutschen Wissenschaft nach dem Zweiten Weltkrieg, Stuttgart 2006. – M. v. L.-Festschrift, I–II, Frankfurt 1959/1960 (= Z. f. Kristallographie, Kristallgeometrie, Kristallphysik, Kristallchemie 112/113. K. M.

Lautman, Albert, *Paris 6. Jan. 1908, †Camp de Souges (Gironde) 1. Aug. 1944, franz. Wissenschaftstheoretiker aus dem Kreis um J. Cavaillès, C. Chevalley und J. Herbrand. 1926–1930 Studium der Philosophie an der Ecole Normale Supérieure, 1930 ›agrégé de philosophie‹, 1931–1933 Japanaufenthalt, ab 1933 Gymnasiallehrer in Vesoul und Chartres, Lehrbeauftragter an der Ecole Normale Supérieure. Seine mit dem ›doctorat ès lettres‹ (1939) vorgezeichnete Hochschullaufbahn wird durch die Kriegsereignisse verhindert. Nach gelungener Flucht aus einem Oflag in Schlesien (1941) wird L. drei Jahre später als Widerstandskämpfer von deutscher Seite erschossen. – L. zählt zu den geistigen Wegbereitern des Programms von N. ↑Bourbaki. Er versucht, Problemstellungen aus der Philosophie der Mathematik durch deskriptive Analysen der ›strukturellen Methode‹ einer Lösung zuzuführen. Dabei zeigt er an subtilen Untersuchungen in vorzugsweise algebraischer Topologie, Differentialgeometrie und Gruppentheorie, aber auch in der Physik, wie disparat erscheinende Begriffe, die oft jeweils für die ›moderne‹ axiomatische bzw. für die traditionelle, von ihm ›konstruktiv‹ genannte Betrachtungsweise als typisch gelten, durch die Beachtung verschiedener Strukturebenen (z. B. konkrete Gruppen und ihre generische Struktur) zu ›dualen‹ Gesichtspunkten werden können (Beispiele solcher antagonistischer Paare: global – lokal, endlich – unendlich, diskret – stetig). Bezüglich der Gegebenheitsweise mathematischer Gegenstände vertritt L. einen gemäßigten Platonismus (↑Platonismus (wissenschaftstheoretisch)) oder einen *in re* Realismus: die mathematische Realität wird weder auf der Objekt- noch auf der Struktur-, sondern auf der Theorieebene angesiedelt (↑Realismus (erkenntnistheoretisch), ↑Realismus (ontologisch)). Dabei steht die Theorie in einer ›organischen‹ Dynamik zu den mathematischen Gegenständen einerseits und den ›Ideen‹ oder Strukturen andererseits.

Werke: Essai sur les notions de structure et d'existence en mathématiques, I–II, Paris 1937/1938; Essai sur l'unité des sciences mathématiques dans leur développement actuel, Paris 1938; Nouvelles recherches sur la structure dialectique des mathématiques, Paris 1939; (mit J. Cavaillès) La pensée mathématique, Bull. de la Société française de Philos. 40 (1946), 1–39, Nachdr. in: J. Cavaillès, Œuvres complètes de Philosophie des Sciences, Paris 1994, 2008, 593–630; Symétrie et dissymétrie en mathématiques et en physique. Le problème du temps, Paris 1946, ohne Untertitel in: F. Le Lionnais (ed.), Les grands courants de la pensée mathematique, Marseille 1948, Paris ²1962, 54–65 (engl. Symmetry and Dissymmetry in Mathematics and Physics, in: F. Le Lionnais [ed.], Great Currents of Mathematical Thought I, Mineola N. Y. 1971, 2004, 44–56); Essai sur l'unité des mathématiques. Et divers écrits, Paris 1977; Les mathématiques. Les idées et le réel physique, Paris 2006.

Literatur: C. Alunni, A. L. et le souci brise du mouvement, Rev. synt. 126 (2005), 283–301; ders., Continental Genealogies. Mathematical Confrontations in A. L. and Gaston Bachelard, in: S. Duffy (ed.), Virtual Mathematics. The Logic of Difference, Manchester 2006, 65–100; E. Barot, L., Paris 2009; P. Bernays, A. L., »Essai sur les notions de structure et d'existence en mathématiques« [Review], J. Symb. Log. 5 (1940), 20–22; M. Black, Jean Cavaillès et A. L.. »La pensée mathématique« [Review], J. Symb. Log. 12 (1947), 21–22; M. Castellana, La filosofia della matematica in A. L., Il Protagora 115 (1978), 12–24; C. Chevalley, A. L. et le souci logique, Rev. hist. sci. 40 (1987), 49–77; S. Duffy, A. L., in: G. Jones/J. Roffe (eds.), Deleuze's Philosophical Lineage, Edinburgh 2009, 356–379; A. Dumitriu, L., DP II (1993), 1688–1691; G. Heinzmann, La position de Cavaillès dans le problème des fondements en mathématiques. Et sa différence avec celle de L., Rev. hist. sci. 40 (1987), 31–47; P. Kersberg, A. L. et le monde des idées dans la physique relativiste, La liberté de l'esprit 16 (1987), 211–235; J. Lautman, Jean Cavaillès et A. L.. Proximités et distances, L'Archicube 2 (2007), 23–36; A. Lichnerowicz, A. L. et la philosophie mathématique, Rev. mét. mor. 83 (1978), 24–32; J. Petitot, Refaire le »Timée«. Introduction à la philosophie mathématique d'A. L., Rev. hist. sci. 40 (1987). G. He.

Lavater, Johann Caspar, *Zürich 15. Nov. 1741, †ebd. 2. Jan. 1801, schweiz. ev. Theologe, Schriftsteller und Philosoph. Nach theologischem Studium (1750–1762) und einer Reise nach Deutschland (Bekanntschaft mit J. J. Spalding, J. G. Sulzer, F. G. Klopstock und M. Mendelssohn, den er später [1769] zu bekehren suchte) 1768 Diakon an der Waisenhauskirche in Zürich, 1777 Pfarrer, 1778 Diakon und 1786 Pfarrer zu St. Peter ebendort. 1799 wegen Widerstands gegen die Franzosen, die 1797 Zürich besetzt hatten, Verhaftung und Überstellung nach Basel; nach Rückkehr im gleichen Jahr im Zuge der Eroberung Zürichs durch A. Masséna Verwundung, die 1801 zu seinem Tode führt. – L.s gegen den Intellektualismus der ↑Aufklärung gerichteter mystischer Subjektivismus steht Positionen des ↑Spiritualismus nahe; L. tritt nachhaltig für den ↑Mesmerismus ein. Sein Einfluß während der Genieperiode des Sturm und Drang (Bekanntschaft mit J. G. v. Herder, J. W. v. Goethe und J. G. Hamann) beruht insbes. auf einer undogmatischen Vermittlung zwischen pietistischen (↑Pietismus) und ästhetischen Positionen. Seine Bedeutung in der Physiognomik wurde weit überschätzt (Von der Physiognomik, 1772; Physiognomische Fragmente, zur Beförderung der Menschenkenntniß und Menschenliebe, 1775–1778, unter Mitarbeit Goethes und Herders). L. vertritt im wesentlichen die, z. B. von C. Bonnet (1720–1793) ausgearbeitete, klassische physiognomische Annahme, daß die körperlichen Formen durch den Charakter geprägt werden und umgekehrt. Seine von Bonnet beeinflußten physiognomischen Thesen (L. übersetzt und kommentiert Bonnets »La palingénésie philosophique« [I–II, Amsterdam, Genf 1769]: Philosophische Palingenesie, I–II, Zürich 1770) und die damit verbundene Lehre vom ›dreifachen Leben‹ des Menschen (physiologisches, intellektuelles und moralisches Leben), zu welchem Zugang allein durch die physiognomische Beobachtung erreicht werden soll, werden von G. C. Lichtenberg als vorschnelle, pseudo-wissenschaftliche Verallgemeinerungen kritisiert. L. schrieb ferner Epen, religiöse Gedichte und biblische Dramen (Christliche Lieder der vaterländischen Jugend [...], Zürich 1774; Jesus Messias, oder die Zukunft des Herrn [...], Zürich 1780; Jésus Messías. Oder Die Evangelien und Apostelgeschichte in Gesängen, I–IV, Winterthur 1782–1786).

Werke: Nachgelassene Schriften, I–V, ed. G. Geßner, Zürich 1801–1802, in vier Bdn., Hildesheim/Zürich/New York 1993; Sämmtliche Werke [unvollständig], I–VI, Augsburg/Lindau 1834–1838; Ausgewählte Schriften, I–VIII, ed. J. K. Orelli, Zürich 1841–1844, ²1844, I–IV, ³1859–1860; Ausgewählte Werke, I–IV, ed. E. Staehelin, Zürich 1943; Ausgewählte Werke in historisch-kritischer Ausgabe, I–X, ed. Forschungsstiftung und Herausgeberkreis J. C. L., Zürich 2001–2009 (erschienen Bde I/1–IV u. 1 Erg.bd.). – Schweizerlieder, Bern 1767, erw. ²1767, Zürich ⁵1788; Aussichten in die Ewigkeit, in Briefen an Herrn Joh. Georg Zimmermann, königl. Großbrittannischen Leibarzt in Hannover, I–IV, Zürich 1768–1778, I–II, ²1770, I–III, Zürich, Hamburg, Frankfurt ²1773, Marktbreit ²1775, I–IV, Frankfurt/Leipzig ²1775–1779, I–III, Zürich ³1777, I–II, ⁴1782, ferner als: Ausgew. Werke in hist.-krit. Ausg. [s.o.] II; Geheimes Tagebuch. Von einem Beobachter Seiner Selbst, Leipzig 1771, 1772, Frankfurt/Leipzig 1772, 1773, zweiter Teil unter dem Titel: Unveränderte Fragmente aus dem Tagebuche eines Beobachters seiner Selbst, oder des Tagebuches zweyter Theil, Leipzig 1773 (repr. ed. C. Siegrist, Bern/Stuttgart 1978), Frankfurt/Leipzig 1774, ferner in: Ausgew. Werke in hist.-krit. Ausg. [s.o.] IV, 57–255, 743–1051 (engl. Secret Journal of a Self-Observer; or, Confessions and Family Letters of the Rev. J. C. L. [...], I–II, transl. Rev. P. Will, London o. J. [1795]); Fünfzig Christliche Lieder, Zürich 1771, in: Hundert Christliche Lieder, Zürich 1776, 1–200, ferner in: Christliche Lieder, Zürich 1779, 1–164, 1780, 1–188, ferner in: Ausgew. Werke in hist.-krit. Ausg. [s.o.] IV, 281–512; Von der Physiognomik, I–II, Leipzig 1772, I, ed. D. Brinkmann, Zürich 1944, unter dem Titel: Von der Physiognomik und Hundert physiognomische Regeln, ed. K. Riha/C. Celle, Frankfurt/Leipzig 1991, I–II, in: Ausgew. Werke in hist.-krit. Ausg. [s.o.] IV, 545–708; Vermischte Schriften, I–II, Winterthur 1774/1781 (repr. in einem Bd., Hildesheim/Zürich/New York 1988); Christliche Lieder der Vaterländischen Jugend, besonders auf die Landschaft, gewiedmet, Zürich 1774, ²1786; Physiognomische Fragmente, zur Beförderung der Menschenkenntniß und Menschenliebe, I–IV, Leipzig/Winterthur 1775–1778 (repr. Zürich, Leipzig 1968/1969, Hildesheim 2002), Winterthur 1783–1787 (franz. Essai sur la Physiognomie, destiné a faire Connoître l'Homme et à le faire Aimer, I–IV, La Haye 1781–1803, unter dem Titel: L'art de connaitre les hommes par la physiognomie, I–X, Paris 1806–1809, 1820, 1835, unter dem Titel: La physiognomonie ou l'art de connaître les hommes d'apres les traits de leur physiognomie [...], neu übers. H. Bacherach, Paris 1841, 1845 [repr. Lausanne 1979, Clamecy 1998]; engl. Essays on Physiognomy. For the Promotion of the Knowledge and the Love of Mankind, I–III, transl. T. Holcroft, London 1789, I–IV, ²1804, mit Untertitel: Designed to Promote the Knowledge and the Love of Mankind, ¹³1867, mit Untertitel: Designed to Promote the Knowledge and Love of Mankind, I–III in 5 Bdn., transl. H. Hunter, ed. T. Holloway, London 1789–1798, 1810, mit Untertitel: Calculated to Extend the Knowledge and Love of Mankind, I–III, transl. C. Moore, London 1793–1794, I–IV, 1797, Nachdr. unter dem Titel: The Whole Works of L. on Physiognomy, I–IV, transl. G. Grenville, London o.J. [1800?]); Jesus Messias, oder die Zukunft des Herrn [...], Zürich 1780; Pontius Pilatus. Oder Die Bibel im Kleinen und Der Mensch im Großen, I–IV, 1782–1785 (repr. Hildesheim/Zürich/New York 2001); Jésus Messías. Oder Die Evangelien und die Apostelgeschichte in Gesängen, I–IV, Winterthur 1782–1786; Sämtliche kleinere prosaische Schriften vom Jahr 1763–1783, I–III, Winterthur 1784–1785 (repr. in einem Bd., Hildesheim/Zürich/New York 1987); Nathanaél. Oder, die eben so gewisse, als unerweisliche Göttlichkeit des Christenthums [...], Winterthur, Basel 1786; Vermischte unphysiognomische Regeln zur Selbst- und Menschenkenntniß, Zürich 1787, 1788 (engl. Aphorisms on Man, London 1788, ²1789, London, Dublin ³1790, Boston Mass. ⁴1790, Newburyport ⁵1793, Catskill 1795); Anacharsis, oder vermischte Gedanken und freundschaftliche Räthe, I–II (II unter dem Titel: Anacharsis, oder vermischte Gedanken und Räthe der Freundschaft), o. O. [Zürich] 1795; L.s Jugend, von ihm selbst erzählt, mit Erläuterungen, ed. O. Farner, Zürich 1939 (Quellen u. Stud. z. Gesch. d. Helvetischen Kirche VIII); Physiognomische Fragmente zur Beförderung der Menschenkenntnis und Menschenliebe. Eine Auswahl mit 101 Bildern, ed. C. Siegrist, Stuttgart 1984, 2004; Tagebuch aus dem Jahre 1761, ed. U. Schnetzler, Diss. Zürich 1989, Pfäffikon 1989 [Text des Tagebuchs 43–117]; Reisetagebücher, I–II, ed. H. Weigelt, Göttingen 1997; Fremdenbücher. Faksimile-Ausg. der Fremdenbücher und Kommentarband, I–VIII, ed. R. Pestalozzi, Mainz 2000 [I–VII, Faksimile; VIII, Kommentar]. – J. Kaspar L. – Charles Bonnet – Jacob Bennelle. Briefe 1768–1790. Ein Forschungsbeitrag zur Aufklärung in der Schweiz, I–II, ed. G. Luginbühl-Weber, Bern 1997. – Bibliographie der Werke L.s. Verzeichnis der zu seinen Lebzeiten im Druck erschienenen Schriften, ed. H. Weigelt, als: Ausgew. Werke in hist.-krit. Ausg. [s.o.] Erg.bd. 1.

Literatur: M. Allentuck, Fuseli and L.. Physiognomical Theory and the Enlightenment, Stud. Voltaire 18th Cent. 55 (1967), 89–112; G. A. Benrath, L., in: W. Killy/R. Vierhaus (eds.), Deutsche Biographische Enzyklopädie VI, München 1997, 275; ders., L., in: B. Jahn (ed.), Biographische Enzyklopädie deutschsprachiger Philosophen, München 2001, 243–244; E. Benz, Swedenborg und L.. Über die religiösen Grundlagen der Physiognomik, Z. f. Kirchengesch. 57 (1938), 153–216, separat: Stuttgart 1938; K. J. H. Berland, Reading Character in the Face. L., Socrates, and Physiognomy, Word and Image 9 (1993), H. 3, 252–269; E. v. Bracken, Die Selbstbeobachtung bei L. Ein Beitrag zur Geschichte der Idee der Subjektivität im 18. Jahrhundert, Münster 1932; N. Calian, Die physische Natur ausgespart? Die kantische Anthropologie und ihre Auseinandersetzung mit L.s Physiognomie, Scientia Poetica 11 (2007), 51–82; J. Graham, L.'s »Physiognomy« in England, J. Hist. Ideas 22 (1961), 561–572; ders., L.'s Essays on Physiognomy. A Study in the History of Ideas, Bern/Frankfurt/Las Vegas Nev. 1979; R. T. Gray, Die Geburt des Genies aus dem Geiste der Aufklärung. Semiotik und Aufklärungsideologie in der Physiognomik J. Kaspar L.s, Poetica 23 (1991), 95–138; ders., Sign and ›Sein‹. The ›Physiognomikstreit‹ and the Dispute over the Semiotic Construction of Bourgeois Individuality, Dt. Vierteljahrsschr. f. Lit.wiss. u. Geistesgesch. 66 (1992), 300–332; ders., Physiognomik im Spannungsfeld zwischen Humanismus und Rassismus. J. C. L. und Carl Gustav Carus, Arch. f. Kulturgesch. 81 (1999), 313–337; ders., About Face. German Physiognomic Thought from L. to Auschwitz, Detroit Mich. 2004, bes. 1–55 (Chap. 1 Science and Semiotics in the Physiognomic Theories of J. C. L.); E. Heier, Studies on J. C. L. (1741–1801) in Russia, Bern etc. 1991; S. Herrmann, Die natürliche Ursprache in der Kunst um 1800. Praxis und Theorie der Physiognomik bei Füssli und L., Frankfurt 1994; C. Janentzky, J. C. L., Frauenfeld/Leipzig 1928; A.-M. Jaton, L., Luzern 1988 (dt. J. C. L. Philosoph – Gottesmann, Schöpfer der Physiognomik. Eine Bildbiographie, Zürich 1988); R. Kunz, J. C. L.s Physiognomielehre im Urteil von Haller, Zimmermann und anderen zeitgenössischen Ärzten, Zürich 1970; M. Lavater-Sloman, Genie des Herzens. Die Lebensgeschichte J. C. L.s, Zürich 1939, Zürich/Stuttgart 1955; H. Lohmann, L., BBKL IV (1992), 1259–1267; J. B. Lyon, »The Science of Sciences«. Replication and Reproduction in L.'s Physiognomics, Eighteenth-Century Stud. 40 (2007), 257–277; E. K. Moore, Goethe and L. A Specular Friendship, in: dies./P. A. Simpson (ed.), The Enlightened Eye. Goethe and Visual Culture, Amsterdam/New York 2007 (Amsterdamer Beitr. z. Neueren Germanistik LXII), 165–191; M. Percival, J. C. L. Physiognomy and Connoisseurship, Brit. J. for Eighteenth-Century Stud. 26 (2003), 77–90; dies./G. Tytler (eds.), Physiognomy in Profile. L.'s Impact on European Culture, Newark Del. 2005; W. Proß, L., NDB XIII (1982), 746–750; K. Radwan, Die Sprache L.s im Spiegel der Geistesgeschichte, Göppingen 1972; S. Rieger, Literatur – Kryptographie – Physiognomik. Lektüren des Körpers und Decodierung der Seele bei J. C. L., in: R. Campe/M. Schneider (eds.), Geschichten der Physiognomik. Text, Bild, Wissen, Freiburg 1996, 387–409; J. Saltzwedel, Das Gesicht der Welt. Physiognomisches Denken in der Goethezeit, München 1993, bes. 55–144 (Kap. 3 L.); J. Sang, Der Gebrauch öffentlicher Meinung. Voraussetzungen des L.-Blanckenburg-Nicolai Streites 1786, Hildesheim/Zürich/New York 1985; K. M. Sauer, Die Predigttätigkeit J. Kaspar L.s (1741–1801). Darstellung und Quellengrundlage, Zürich 1988; S. Schönborn, Das Buch der Seele. Tagebuchliteratur zwischen Aufklärung und Kunstperiode, Tübingen 1999, 86–151; E. Shookman (ed.), The Faces of Physiognomy. Interdisciplinary Approaches to J. C. L., Columbia S. C. 1993; ders., L., in: M. Kelly (ed.), Encyclopedia of Aesthetics III, Oxford/New York 1998, 115–116; M. Shortland, The Power of a Thousand Eyes. J. C. L.'s Science of Physiognomical Perception, Criticism 28 (1986), 379–408; M. A. Soubottnik, L., Enc. philos. universelle III (1992), 1264–1265; U. Stadler, Der gedoppelte Blick und die Ambivalenz des Bildes in L.s »Physiognomischen Fragmenten zur Beförderung der Menschenkenntniß und Menschenliebe«, in: C. Schmölders (ed.), Der exzentrische Blick. Gespräch über Physiognomik, Berlin 1996, 77–92; J. K. Stemmler, The Physiognomical Portraits of J. C. L., Art Bull. 75 (1993), 151–168; G. Tonelli, L., Enc. Ph. IV (1967), 401; H. Weigelt, L. und die Stillen im Lande. Distanz und Nähe. Die Beziehungen L.s zu Frömmigkeitsbewegungen im 18. Jahrhundert, Göttingen 1988; ders., L., TRE XX (1990), 506–511; ders., J. Kaspar L.. Leben, Werk und Wirkung, Göttingen 1991; ders., L., RGG V (⁴2002), 122–123; D. E. Welberry, Zur Physiognomik des Genies. Goethe/L. »Mahomets Gesang«, in: R. Campe/M. Schneider (eds.), Geschichten der Physiognomik. Text, Bild, Wissen, Freiburg 1996, 331–356; S. Zac, La querelle Mendelssohn – L., Arch. philos. 46 (1983), 219–254.   J. M.

Lavoisier, Antoine Laurent de, *Paris 26. Aug. 1743, †Paris 8. Mai 1794, franz. Chemiker. Nach einer Ausbildung am Collège Mazarin zunächst Studium der Rechtswissenschaften (Lizentiat 1764), ab 1762 auch der Chemie (bei G. F. Rouelle), Mineralogie und Geologie (bei J. E. Guettard). 1768 Mitglied der Académie des sciences. L. gehörte staatlichen Kommissionen mit sozialen und landwirtschaftlichen Aufgaben an und übernahm 1775 eine administrative Position im Pariser Sprengstoffarsenal (›Régie des Poudres et Salpêtres‹), die er mit organisatorischer Innovationskraft füllte. 1787 Abgeordneter, 1788 Mitglied der Royal Society London. 1794 als ehemaliger Steuerpächter guillotiniert.

L. ist der Urheber der Chemischen Revolution, die eine Akzentverschiebung von der Erklärung stofflicher Eigenschaften zu einem quantitativen Verständnis von Reaktionen (insbes. der beteiligten Reaktionsgewichte und Reaktionsvolumina) beinhaltete. Seit der Antike bildeten die so genannten *Prinzipien* den Angelpunkt chemischen Denkens. Dabei handelt es sich um Träger allgemeiner Eigenschaften wie Festigkeit, Flüchtigkeit oder Brennbarkeit. Die Eigenschaften von Stoffen verweisen darauf, welche Prinzipien in ihnen enthalten sind. Dabei wurde stets nur eine geringe Zahl von Prinzipien angenommen; die Herausforderung bestand darin, beobachtbare Eigenschaften durch Kombinationen weniger Prinzipien zu erfassen. Bei chemischen Umwandlungsprozessen werden Prinzipien übertragen und ausgetauscht, woraus sich die Änderung der Eigenschaften der beteiligten Substanzen ergibt. In dieser Tradition steht insbes. die von G. E. Stahl (1660–1734) formulierte ↑Phlogistontheorie, die Phlogiston als das Prinzip der Brennbarkeit ins Zentrum rückte. Danach ist Verbrennung Zerlegung: bei der Verbrennung entweicht Phlogiston aus dem betreffenden Körper, und es bleibt unbrennbare Asche zurück. L. ersetzte diesen Erklärungsansatz durch seine Oxidationstheorie der Verbrennung, wonach diese als Verbindung zwischen dem brennenden Material und dem Sauerstoff der Luft aufzufassen ist. Dabei stützte sich L. auf den kurz zuvor von L. B. Guyton de Morveau entdeckten Sachverhalt, daß das Gewicht sämtlicher Metalle beim Rösten (der so genannten Kalzination) zunimmt. Die Phlogistontheorie hatte diesen Prozeß des Röstens als langsame Verbrennung interpretiert; L. zog 1772 den naheliegenden Schluß, daß auch bei anderen Verbrennungsprozessen das Gewicht zunehmen sollte, jedenfalls dann, wenn man auch die flüchtigen Verbrennungsprodukte auffängt und berücksichtigt. L. stützte seine Erklärungen auf genaue Wägungen der beteiligten Substanzen und die Annahme der Erhaltung der Massen.

Die Identifikation des für die Verbrennung relevanten Gases mit dem Element Sauerstoff als einem separaten Teil der Atmosphäre gelang L. 1776 nach der Entdekkung des Sauerstoffs durch J. Priestley. L. faßte damit die in der aristotelischen Tradition als elementar geltende Luft als Mischung von Sauerstoff und Stickstoff auf. Auch die Atmung wurde von L. als Verbrennungsvorgang (oder Oxidation) eingestuft.

L. entwickelte die erste konsequente Wärmestofftheorie, derzufolge Wärme eine stoffliche Substanz ist, die einem ↑Erhaltungssatz unterliegt und deren Konzentration die physikalische Grundlage der Wärmeempfindung darstellt. Die Teilchen des Wärmestoffs (oder Caloricums) stoßen einander ab, was sich in der thermischen Expansion manifestiert und zu einem Gleichverteilungsstreben des Wärmestoffs führt, das sich im Ausgleich von Temperaturunterschieden niederschlägt. Die Wärmestofftheorie soll erklären, wie die Bindung eines Gases bei Verbrennung, Kalzination und Atmung überhaupt möglich ist. Gase sind für L. chemische Verbindungen zwischen einer jeweils spezifischen Basis und Wärmestoff, der den Gasen ihre Elastizität verleiht, in gebundener Form aber nicht als Wärme spürbar wird. Bei der chemischen Bindung von Sauerstoff wird der in gasförmigem Sauerstoff gebundene Wärmestoff abgespalten. Dieser freigesetzte Wärmestoff erhöht die Temperatur, während der Sauerstoff seine Elastizität verliert und daher leicht in einem Festkörper gebunden werden kann. Eine direkte Konsequenz ist, daß Gasförmigkeit ein allgemeiner Aggregatzustand der Materie ist (während zuvor Gasförmigkeit als Besonderheit spezifischer Stoffe galt). – L. interpretierte 1783 die von H. Cavendish 1781 entdeckte Knallgasreaktion als Synthese von Wasser und faßte im Umkehrschluß Wasser als Verbindung von Wasserstoff und Sauerstoff auf. Das Wasser ist damit ein zweiter Grundstoff der aristotelischen Tradition, dessen elementare Natur L. bestritt.

Die Chemische Revolution bedeutete einen tiefgreifenden Wandlungsprozeß, der eine Umorientierung der Chemie nach Erscheinungsbild und Methode umfaßte. L.s Theorie stellte einen einheitlichen Ansatz dar, der die ↑Chemie aus einer eher locker verbundenen Kollektion von Einzeltatsachen in ein theoretisch strukturiertes Lehrgebäude verwandelte. L.s wissenschaftliche Erfolge beruhten wesentlich auf seiner Fähigkeit zur Konzeption virtuoser Experimente und geschickter Gegenproben. Zudem wurden durch L. die Gewichts- und Volumenverhältnisse bei Reaktionen zum Prüfstein für theoretische Ansätze; vordem hatten diese Größen als Teil der Physik gegolten und waren als für die Chemie belanglos eingestuft worden. Komplementär traten bei L. Eigenschaften wie Festigkeit oder Metallizität in den Hintergrund, zu deren Erklärung die Prinzipienchemie eingeführt worden war. Zwar blieben Residuen der traditionellen Denkweise erhalten: Wärmestoff ist das Prinzip der Elastizität, und Sauerstoff ist für L. der Ursprung saurer Eigenschaften. Aber der Wirkung nach beseitigte

L. die Prinzipien aus der Chemie. – Teil dieser Umorientierung ist die Terminologiereform, die L. 1787 auf den Weg brachte. Ziel war es, verwirrende und irreführende Bezeichnungen durch eine geordnete Begrifflichkeit zu ersetzen, die die Beschaffenheit der Stoffe anzeigt. Diese Idee, in der Benennung eines Stoffes seine Zusammensetzung zum Ausdruck zu bringen, ist bis zum heutigen Tag bewahrt und schlägt sich in Bezeichnungen wie ›Kohlendioxid‹ oder ›Distickstoffoxid‹ nieder. Mit diesem Bemühen, die Verworrenheit des Hergebrachten durch die Durchsichtigkeit einer vernünftigen Neuordnung zu ersetzen, gliederte L. die Chemie in die ↑Aufklärung ein.

Werke: Oeuvres, I–VI, ed. J. B. Dumas/E. Grimaux/F. Fouqué, Paris 1862–1893 (repr. New York/London 1965); Correspondance, I–III, ed. R. Fric, Paris 1955–1964, IV, ed. M. Goupil, Paris/Berlin 1986, V–VI, ed. P. Bret, Paris 1993, 1997. – Opuscules physiques et chymiques, Paris 1774, ²1801 (engl. Essays Physical and Chemical, London 1776, ²1970; dt. Physikalischchemische Schriften, I–V, Greifswald 1783–1794); Traité élémentaire de chimie. Présenté dans un ordre nouveau et d'après les découvertes modernes, I–II, Paris 1789 (repr. Brüssel 1965), ³1801, Avignon 1804, Paris 1805, 1937, Sceaux 1992 (engl. Elements of Chemistry. In a New Systematic Order. Containing All the Modern Discoveries. Illustrated with Thirteen Copperplates, Edinburgh 1790, ³1796, Philadelphia Pa. ⁴1799, New York 1801, Edinburgh ⁵1802, New York 1806, 1810, Ann Arbor Mich. 1940, 1945, Chicago Ill. 1952, 1963, New York 1965, 1975, Chicago Ill. 1982, Franklin Pa. 1985, Chicago Ill. 1989, 1990, London 1998, 2001; dt. System der antiphlogistischen Chemie, I–II, Berlin/Stettin 1792, ²1803, Frankfurt 2008); De la richesse territoriale de la France, ed. J.-C. Perrot, Paris 1988; Mémoires de physique et de chimie, I–II, Bristol 2004. – D. I. Duveen/H. S. Klickstein, A Bibliography of the Works of A. L.. 1743–1794, London 1954; ders., Supplement to a Bibliography of the Works of A. L.. 1743–1794, London 1965.

Literatur: B. Bensaude-Vincent, A View of the Chemical Revolution through Contemporary Textbooks. L., Fourcroy, and Chaptal, Brit. J. Hist. Sci. 23 (1990), 435–460; ders., L.. Mémoires d'une revolution, Paris 1993; ders./F. Abbri (eds.), L. in European Context. Negotiating a New Language for Chemistry, Canton Mass. 1995; M. Beretta, The Enlightenment of Matter. The Definition of Chemistry from Agricola to L., Canton Mass. 1993; ders., A New Course in Chemistry. L.'s First Chemical Paper, Florenz 1994; ders., From Nollet to Volta. L. and Electricity, Rev. hist. sci. 54 (2001), 29–52; ders., Imaging a Career in Science. The Iconography of A. L., Canton Mass. 2001; ders. (ed.), L. in Perspective, München 2005; ders., L., NDSB IV (2008), 213–220; M. Berthelot, La révolution chimique. L. ouvrage suivi de notices et extraits des registres inédits de laboratoire de L., Paris 1890, ²1902, 1974; P. Bret, L. et l'encyclopédie méthodique. Le manuscrit des régisseurs des Poudres et salpêtres pour le »Dictionnaire de l'Artillerie« (1787), Florenz 1997; M. Carrier, A. L. L. und die Chemische Revolution, in: A. Schwarz/A. Nordmann (eds.), Das bunte Gewand der Theorie. Vierzehn Begegnungen mit philosophierenden Forschern. Freiburg 2009, 12–42; M. Crosland, In the Shadow of L.. The Annales de Chimie and the Establishment of a New Science, Oxford 1994; C. A. Culotta, Respiration and the L. Tradition. Theory and Modification. 1777–1850, Transact. Amer. Philos.

Soc. 62 (1972), H. 3, 3–41; M. Daumas, L.. Théoricien et expérimentateur, Paris 1955; R. Delhez, Révolution chimique et Révolution française. Le Discours préliminaire au Traité élémentaire de chimie de L., Rev. des questions scient. 33 (1972), 3–26; J. Deschamps, L., DP II (1993), 1694–1696; A. Donovan, A. L.. Science. Administration, and Revolution, Oxford 1993, Cambridge/New York/Melbourne 1996; A. M. Duncan, The Function of Affinity Tables and L.'s List of Elements, Ambix 17 (1970), 28–42; D. I. Duveen, A. L. L. and the French Revolution, J. Chemical Education 31 (1954), 60–65, 34 (1957), 502–503, 35 (1958), 233–234, 470–471; R. Fox, The Caloric Theory of Gases, From L. to Regnault, Oxford 1971; S. J. French, Torch and Crucible. The Life and Death of A. L.. J. 1941; J. B. Gough, Nouvelle contribution à l'étude de l'évolution des idées de L. sur la nature de l'air et sur la calcination des métaux, Arch. int. hist. sci. 22 (1969), 267–275; M. Goupil, L., Enc. philos. universelle III/1 (1992), 1265–1266; ders. (ed.), L. et la révolution chimique. Actes du colloque. Tenu à l'occasion du bicentenaire de la publication du »Traité élémentaire de chimie« 1789. École polytechnique. 4 et 5 décembre 1989, Paris 1992; H. Guerlac, L., DSB VIII (1973), 66–91; ders., A. L. L.. Chemist and Revolutionary, New York 1973, 1975; F. L. Holmes, L. and the Chemistry of Life. An Exploration of Scientific Creativity, Madison Wisc. 1985, 1987; ders., A. L.. The Next Crucial Year. Or the Sources of His Quantitative Method in Chemistry, Princeton N. J. 1998; R. E. Kohler, Jr., The Origin of L.'s First Experiments on Combustion, Isis 63 (1972), 349–355; R. Löw, Pflanzenchemie zwischen L. und Liebig, Straubing/München 1977, ²1979; D. McKie, A. L., the Father of Modern Chemistry, Philadelphia Pa., London 1935; H. Metzger, La philosophie de la matière chez L., Paris 1935; R. J. Morris, L. and the Caloric Theory, Brit. J. Hist. Sci. 6 (1972), 1–38; J.-P. Poirier, L.. 1743–1794, Paris 1993 (engl. L.. Chemist. Biologist. Economist, Philadelphia Pa. 1996, 1998); R. Rappaport, L.'s Geologic Activities. 1763–1792, Isis 58 (1967), 375–384; ders., L.'s Theory of the Earth, Brit. J. Hist. Sci. 6 (1973), 247–260; L. Scheler, L. et le principe chimique, Paris 1964; R. Siegfried, L.'s View of the Gaseous State and Its Early Application to Pneumatic Chemistry, Isis 63 (1972), 59–78; E. Ströker, Theoriewandel in der Wissenschaftsgeschichte. Chemie im 18. Jahrhundert, Frankfurt 1982; F. Szabadváry, L. és kora, Budapest 1968 (dt. A. L.. Der Forscher und seine Zeit. 1743–1794, Stuttgart, Budapest 1973); S. E. Toulmin, Crucial Experiments. Priestley and L., J. Hist. Ideas 18 (1957), 205–220; L. Velluz, Vie de L., Paris 1966. – Rev. hist. sci. 48 (1995), H. 1–2.   M. C.

L-Begriffe, ↑L-Semantik.

Leben (griech. βίος, ζωή, lat. vita, engl. life, franz. vie), Grundbegriff der ↑Biologie und der ↑Philosophie, letzteres in dem Sinne, daß (a) die Philosophie neben den Naturwissenschaften bis zur Begründung der Biologie als Wissenschaft von der Geschichte, Struktur und Funktion lebender Systeme (↑Organismus) im 19. Jh. den allgemeinen disziplinären Rahmen für die Erforschung der L.sphänomene bildete, (b) primärer Gegenstand der Philosophie der ↑Mensch, d. h. das menschliche L. (in der ↑Natur und in den kulturellen ↑Institutionen), ist. Innerhalb des modernen Systems der Wissenschaften lassen sich entsprechend ein biologischer bzw. naturwissenschaftlicher (1) und ein philosophischer (2) L.sbegriff voneinander unterscheiden.

(1) Eine *naturwissenschaftliche* ↑Definition des L.s, die auf so unterschiedliche Phänomene wie Bakterien und Menschen zutreffen müßte, ist wenig zweckmäßig; eine ↑Explikation, die notwendige Bedingungen für die Verwendung des Wortes ›L.‹ festlegt, ist jedoch unerläßlich. Unter dem Gesichtspunkt, daß sich lebende Systeme (dieser Begriff hat sich an Stelle des älteren Organismusbegriffs eingebürgert) evolutiv (↑Evolution) aus anorganischen Strukturen herausgebildet haben, lassen sich (auf der Basis der Zelle als Grundstruktur lebender Systeme) drei notwendige Explikationsmerkmale angeben: (a) der *Metabolismus* als Stoffwechsel mit der Umgebung (insbes. Umsatz freier Energie), (b) die Fähigkeit zur *Selbstreproduktion* zwecks Erhaltung des lebenden Systems, (c) die mit der Selbstreproduktion verbundene *Mutagenität* (↑Mutation) als Vorbedingung evolutionärer Entwicklung. Auf anderen Ebenen biologischer Systeme werden zusätzliche Gesichtspunkte bedeutsam (wie z. B. Bewegung, Wachstum, funktionelle Organisation, Umweltbezogenheit), die, vor allem bei Menschen, teilweise ↑normativen Charakter haben; sie können jedoch nicht zur Kennzeichnung *aller* lebenden Systeme herangezogen werden. Eine genaue definitorische Abgrenzung vom Belebten zum Unbelebten, etwa zu den Viren, die die drei genannten Merkmale (ohne zelluläre Struktur) besitzen, ist kaum oder nur ad hoc möglich und für die Forschung auch nicht zweckmäßig. – Der Versuch, alle L.sphänomene aus einem ganzheitlichen ›metabiologischen Prinzip‹ abzuleiten, charakterisiert hingegen den biologischen ↑Holismus.

Mit den Fortschritten der Computertechnologie sind Konzeptionen des ›Künstlichen L.s‹ (artificial life) verbunden. Diese bestehen einerseits in der Modellierung von L.svorgängen, andererseits auch darin, andere mögliche, wenn auch nicht realisierte L.sformen durchzuspielen. – Von Ansätzen des künstlichen L.s sind Verfahren der ›synthetischen Biologie‹ zu unterscheiden, die darin bestehen, biologische Systeme tatsächlich zu erzeugen, die so in der Natur nicht vorkommen. Diese biologischen Designprodukte können z. B. in bestehende lebende Systeme integriert werden, die dadurch neue Eigenschaften erhalten oder zum Aufbau z. B. von Bakterien und Viren verwendet werden. In diesem Kontext entstehen gewichtige Risikoprobleme (z. B. Bioterrorismus, Umweltgefährdung), die erhebliche ethische Implikationen besitzen. Ernstzunehmende naturwissenschaftliche Theorien zur Entstehung des L.s gibt es erst seit den 1920er Jahren (in den Arbeiten von A. I. Oparin und J. B. S. Haldane). Bis dahin war die Entstehung des L.s im wesentlichen Gegenstand philosophischer Spekulation.

(2) Innerhalb der *philosophischen* Theoriebildung und ihrer Geschichte (vor der Begründung der Biologie als

eigenständiger Wissenschaft) verbindet sich mit dem Begriff des L.s der Versuch, sowohl ›ontologische‹ Ordnungsgesichtspunkte für den Aufbau der Wirklichkeit (Sphären des bloß Körperlichen, Belebten, Beseelten, Geistigen) anzugeben (↑scala naturae) als auch ›metaphysische‹ Beurteilungen der inneren Organisation der Wirklichkeit vorzunehmen. So finden sich bereits in der Antike alle Basiskonzeptionen zur Erklärung des L.s: in *materialistischem* (↑Materialismus (historisch)) Kontext wird das L. entweder monistisch (↑Monismus) als eine rein materielle Realität verstanden (Demokrit) oder aber als eine eigenständige materielle Realität, die sich aus dem Unbelebten als Resultat der Wirkung einer materiellen Kraft entwickelt hat (Anaximander). In *idealistischen* (↑Idealismus) Konzepten wird die Wirklichkeit als belebt verstanden. Ihre Stofflichkeit wird teleologisch (↑Teleologie) mit der Sicherung ihrer vom ↑Demiurgen gewollten Wahrnehmbarkeit erklärt (Platon). Die Bibel schließlich stellt L. als auf dem göttlichen Schöpferwillen beruhend dar.

In das Zentrum derartiger Beurteilungen tritt in der Neuzeit der Gegensatz der partikularen (im biologischen Holismus kritisierten) Auffassungen von ↑*Mechanismus* und ↑*Vitalismus* als ontologische Variante des erkenntnistheoretischen Gegensatzes von Materialismus (↑Materialismus (systematisch)), ↑Materialismus (historisch)) und ↑Idealismus. In der vom griechischen Denken bestimmten Tradition der vorneuzeitlichen ↑Metaphysik herrschen mit der Annahme einer durchgängig belebten Materie (↑Hylozoismus) oder einer begrifflichen Einheit von Form und Materie (↑Hylemorphismus) hinsichtlich dieses Gegensatzes Mischformen vor. L. wird dabei ursprünglich als *Selbstbewegung* definiert, wobei ›leben‹ im Sinne dieser Definition bedeutet ›eine ↑*Seele* besitzen‹, die Seele wiederum als organisierende Kraft des Körpers verstanden (vgl. Platon, Phaidr. 245c7–9, Nom. 894e4–896c7; Aristoteles, de an. B1.412a3 ff.). Den Rahmen antiker Auffassungen über das L. bilden deshalb auch, neben medizinischen Theorien (z.B. innerhalb der Hippokratischen Schule), *kosmologische* Theorien (↑Kosmologie). Nach Platon (z.B. aber auch noch bei F.W.J. Schelling, ↑Naturphilosophie, romantische) ist der ↑Kosmos selbst ein vollkommenes Lebewesen (Tim. 32c/d, 34b). Als Gliederungsprinzip der Wirklichkeit dienen bei Aristoteles im Bereich des Lebendigen die Unterscheidungen zwischen einer vegetativen, sensitiven und rationalen Seele (↑Nus) (vgl. de an. A5.411a24–31, B2.413a1 ff.). L. im biologischen Sinne (ζωή) wird ferner von L. im ethischen Sinne einer ↑Lebensform (βίος) unterschieden (vgl. Platon, Nom. 733d2; Aristoteles, de gen. an. Γ11.762a32). Sowohl der Platonische, ›metaphysische‹ Begriff des L.s (Begriff des ›absoluten‹ L.s) als auch der Aristotelische, naturphilosophisch-biologische Begriff des L.s (Begriff des ›konkreten‹ L.s) werden in der

mittelalterlichen Philosophie im wesentlichen unverändert beibehalten (vgl. Thomas von Aquin, S.th. I qu. 18 art. 1–4).

Die neuzeitliche Metaphysik gewinnt gegenüber dem antiken und mittelalterlichen Begriff des L.s zunächst durch die Ausarbeitung des Cartesischen ↑Dualismus von ↑Materie und ↑Geist (↑res cogitans/res extensa), dann durch dessen vermeintliche Überwindung in entweder mechanistischen oder vitalistischen Positionen ihr charakteristisches Profil. Nach mechanistischer Auffassung ist L. ein rein mechanisch erklärbarer materieller Prozeß (Maschinentheorie des L.s). Diese noch immer im wesentlichen philosophisch-spekulative Auffassung wird im 19. Jh. im Zuge der Entwicklung der ↑Chemie durch physikalisch-chemische Theorien modifiziert, in denen L. als Summe von gesteuerten chemischen Reaktionen angesehen wird und die räumliche Anordnung dieser Prozesse in den Zellen ein wesentliches zusätzliches Organisationsprinzip darstellt. Im Rahmen einer physikalistischen Erklärung des Menschen (seiner Handlungen und der diese leitenden ↑Intentionalitäten) haben derartige Auffassungen auch in der weiteren erkenntnistheoretischen Diskussion, vor allem in Form der Erörterung des so genannten ↑Leib-Seele-Problems, ihren Einfluß bewahrt. Der gegen mechanistisch-materialistische Theorien des 19. Jhs. gerichtete Vitalismus (H. Driesch) sucht demgegenüber im Rückgriff auf den Aristotelischen Begriff der ↑Entelechie und durch die entsprechende Bildung eines Begriffs der ›entelechialen Kausalität‹ den Nachweis einer die biologischen Prozesse steuernden immanenten Teleologie des Lebendigen zu erbringen. Für die in diesem Erklärungszusammenhang gehörigen gegensätzlichen partikularen Standpunkte ist in gleicher Weise die Bemühung charakteristisch, eine einheitliche naturwissenschaftliche Theorie des L.s zu formulieren. Dieser Bemühung wird sowohl durch den biologischen Holismus (in einem naturwissenschaftlichen Rahmen) als auch z.B. durch die Ausarbeitung des L.sbegriffs in einem nicht-theoretischen, die ›L.swirklichkeit‹ des Menschen dem ›theoretischen‹ Denken gegenüberstellenden Sinne (in einem philosophischen Rahmen, ↑Lebensphilosophie) widersprochen.

Philosophische Aufgaben einer Theorie des menschlichen L.s lassen sich heute durch das Erfordernis bestimmen, biowissenschaftliche Begriffsbildungen und Beschreibungskriterien, die sich auf molekulare, intrazelluläre, organismische und ökologische (↑Ökologie) Sachverhalte beziehen, durch (philosophisch-anthropologische) Kategorien z.B. des kommunikativen Handelns (↑Handlung, ↑Handlungstheorie) und der vitalen Selbsterfahrung (z.B. Fühlen, Wollen, Erinnern), also durch eine nicht-empirische Theorie der ↑Lebensformen, zu ergänzen. Zu einer derartigen Theorie gehören, zum Teil wiederum im Anschluß an den antiken βίος-Begriff,

auch die Begriffe des *guten* L.s (als eines L.s, in dem die
wesentlichen Bedürfnisse und Bestimmungen des Menschen Berücksichtigung finden, ↑Leben, gutes), des *vernünftigen* L.s (als transsubjektiver L.sform [↑transsub-
jektiv/Transsubjektivität], ↑Leben, vernünftiges) und
der Eudämonie (↑Eudämonismus), diese verstanden
als eine Verbindung von gutem L. und ›theoretischer‹
L.sform (↑Theoria, ↑vita contemplativa, ↑Lebensquali-
tät). In sachlichem Zusammenhang mit diesen Begriffen
steht ferner die Erörterung der Frage nach dem ›Wert‹
des L.s. Zu deren Beantwortung bedarf es (a) differenzierter Unterscheidungen, die insbes. die spezifischen
Eigenschaften des menschlichen L.s betreffen und daher
auch von einer biologischen Theorie nicht zureichend
zur Verfügung gestellt werden können, (b) der Beurteilung von Handlungen nach einem mit den Organismen
nicht schon selbst gesetzten Prinzip der Zweckmäßigkeit
sowie einem Prinzip der ↑Sittlichkeit. I. Kant spricht an
dieser Stelle von dem »Wert, den wir unserem L. selbst
geben, durch das, was wir nicht allein tun, sondern auch
so unabhängig von der Natur zweckmäßig tun, daß
selbst die Existenz der Natur nur unter dieser Bedingung
Zweck sein kann« (KU § 83 Anm., Akad.-Ausg. V, 434).
Philosophische Theorien des menschlichen L.s bilden
insofern innerhalb der Philosophie den Gegenstand
der ↑*Ethik* und der (philosophischen) ↑*Anthropologie.*
Zu den Grundbegriffen der (philosophischen) Anthropologie und damit zu philosophischen Grundbegriffen
des menschlichen L.s gehört wiederum insbes. der Begriff
des ↑Todes, einerseits (historisch) als komplementärer
Begriff zum Begriff des ›ewigen‹ L.s (↑Unsterblichkeit
entweder der individuellen oder der Kollektivseele), andererseits (vor allem innerhalb der ↑Existenzphilosophie
ausgearbeitet) als derjenige Begriff, in dem das menschliche L. seine spezifische Form besitzt (M. Heidegger:
↑Dasein als ›Sein zum Tode‹). Analysen der ↑*Lebenswelt*
(im Anschluß an Orientierungen der Lebensphilosophie,
z.B. an die Konzeption einer irrationalen [↑irrational/
Irrationalismus] Konstitution des L.s bei W. Dilthey, und
die ↑Phänomenologie E. Husserls) als des Bereichs vorwissenschaftlicher Welterfahrung gewinnen im ↑Kon-
struktivismus (↑Wissenschaftstheorie, konstruktive) darüber hinaus eine *wissenschaftstheoretische* Bedeutung,
nämlich im Sinne eines ↑vorwissenschaftlichen ↑Anfangs
im methodischen Aufbau wissenschaftlicher Theorien.

Literatur: P. Bahr/S. Schaede (eds.), Das L.. Historisch-systema-
tische Studien zur Geschichte eines Begriffs, Tübingen 2009; T.
Ballauff, Die Wissenschaft vom L.. Eine Geschichte der Biologie I
(Vom Altertum bis zur Romantik), Freiburg/München 1954; U.
Baumann (ed.), Was bedeutet L.? Beiträge aus den Geisteswis-
senschaften, Frankfurt 2008; L. v. Bertalanffy, Das biologische
Weltbild I (Die Stellung des L.s in Natur und Wissenschaft),
Bern 1949, ohne Bd.zählung, Wien/Köln 1990 (engl. Problems
of Life. An Evaluation of Modern Biological Thought, London,
New York 1952, New York 1960; franz. Les problèmes de la vie.

Essai sur la pensée biologique moderne, Paris 1961); C. Birch/
J. B. Cobb Jr., The Liberation of Life. From the Cell to the
Community, Cambridge 1981, 1984, Denton Tex. 1990; A.
Bitpol-Hespériès, Le principe de vie chez Descartes, Paris
1990; A. Brenner, L.. Eine philosophische Untersuchung, Bern
2007, unter dem Titel: L., Stuttgart 2009; F. Duchesneau, Les
modèles du vivant de Descartes à Leibniz, Paris 1998; M.-N.
Dumas, La pensée de la vie chez Leibniz, Paris 1976; H.-P. Dürr/
F.-A. Popp/W. Schommers (eds.), Elemente des L.s. Naturwis-
senschaftliche Zugänge – philosophische Positionen, Zug 2000
(engl. What Is Life? Scientific Approaches and Philosophical
Positions, River Edge N. J./London/Singapur 2002); C. de
Duve, Blueprint for a Cell. The Nature and Origin of Life,
Burlington N. C. 1991 (mit Bibliographie, 219–247) (dt. Ur-
sprung des L.s. Präbiotische Evolution und die Entstehung der
Zelle, Heidelberg/Berlin/Oxford 1994 [mit Bibliographie, 245–
283]); ders., Vital Dust. Life as a Cosmic Imperative, New York
1995 (dt. Aus Staub geboren. L. als kosmische Zwangsläufigkeit,
Heidelberg/Berlin/Oxford 1995, Reinbek b. Hamburg 1997;
franz. Poussière de vie. Une historie du vivant, Paris 1996);
ders. u.a., L., RGG V (⁴2002), 133–146; F. Dyson, Origins of
Life, Cambridge etc. 1985, 1999 (dt. Die zwei Ursprünge des L.s,
Hamburg 1988); M. Eigen, Stufen zum L.. Die frühe Evolution
im Visier der Molekularbiologie, München/Zürich 1987, 1993
(engl. [mit R. Winkler-Oswatitsch] Steps Towards Life. A Per-
spective on Evolution, Oxford etc. 1992, 1996); E. P. Fischer/K.
Mainzer (eds.), Die Frage nach dem L., München/Zürich 1990;
S. Föllinger (ed.), Was ist ›L.‹? Aristoteles' Anschauungen zur
Entstehung und Funktionsweise von L., Stuttgart 2010; I. Fry,
The Emergence of Life on Earth. A Historical and Scientific
Overview, New Brunswick N. J./London 2000; M. Grabmann,
Die Idee des L.s in der Theologie des heiligen Thomas von
Aquin, Paderborn 1922; P. Hadot, Etre, vie, pensée chez Plotin
et avant Plotin, in: E. R. Dodds u.a., Les sources de Plotin. Dix
exposés et discussions, Genf 1960 (Entretiens sur l'antiquité
classique V), 105–157; ders. u.a., L., Hist. Wb. Ph. V (1980),
52–103; T. S. Hall, Ideas of Life and Matter. Studies in the
History of General Physiology 600 B. C. 1900 A. D., I–II, Chicago Ill./London 1969, unter dem Titel: History of General
Physiology. 600 B. C. to A. D. 1900, I–II, Chicago Ill./London
1975; H. Heimsoeth, Die sechs großen Themen der abendländischen Metaphysik und der Ausgang des Mittelalters, Berlin/
Darmstadt 1922, Stuttgart ³1954, Darmstadt 1987, bes. 131–
171 (engl. The Six Great Themes of Western Metaphysics and
the End of the Middle Ages, Detroit 1994, bes. 152–194; franz.
Les six grands thèmes de la métaphysique occidentale. Du
Moyen âge aux temps modernes, Paris 2003, bes. 141–182); A.
Hogh, Nietzsches L.sbegriff. Versuch einer Rekonstruktion,
Stuttgart/Weimar 2000; B. Hoppe, Biologie. Wissenschaft von
der belebten Materie von der Antike zur Neuzeit. Biologische
Methodologie und Lehren von der stofflichen Zusammensetzung der Organismen, Wiesbaden 1976 (Sudh. Arch. Beih. 17);
T. Hoquet, La vie, Paris 1999 [Quellensammlung mit Biblio-
graphie, 241–246]; J. Hübner, L. V (Historisch/Systematisch),
TRE XX (1990), 530–561; F. Jacob, La logique du vivant. Une
histoire de l'hérédité, Paris 1970, 2009 (dt. Die Logik des Lebendigen. Von der Urzeugung zum genetischen Code, Frankfurt
1972, mit Untertitel: Eine Geschichte der Vererbung, Frankfurt
2002; engl. The Logic of Living Systems. A History of Heredity,
London 1973, 1974, unter dem Titel: The Logic of Life. A
History of Heredity, New York 1973, 1976, Princeton N. J.
1993); M. Jeuken, The Biological and Philosophical Definitions
of Life, Acta Biotheor. 24 (1975), 14–21; R. Joly, Le thème

philosophique des genres de vie dans l'antiquité classique, Brüssel 1965 (Acad. Royale Belgique, cl. lettr. sci. morales et politiques. Memoires, Sér. 51/3); H. Jonas, The Phenomenon of Life. Toward a Philosophical Biology, New York 1966, Evanston Ill. 2001 (dt. Organismus und Freiheit. Ansätze zu einer philosophischen Biologie, Göttingen 1973, unter dem Titel: Das Prinzip L.. Ansätze zu einer philosophischen Biologie, Frankfurt 1994, 1997); R. Kather, Was ist L.? Philosophische Positionen und Perspektiven, Darmstadt 2003; J. Kleinig, Valuing Life, Princeton N. J./Oxford 1991; K. Köchy, Perspektiven des Organischen. Biophilosophie zwischen Natur- und Wissenschaftsphilosophie, Paderborn etc. 2003; H. J. Krämer, Der Ursprung der Geistmetaphysik. Untersuchungen zur Geschichte des Platonismus zwischen Platon und Plotin, Amsterdam 1964, ²1967; R. Kühn, Studien zum L.s- und Phänomenbegriff, Cuxhaven 1994; C. Kummer u. a., L., in: W. Korff/L. Beck/P. Mikat (eds.), Lexikon der Bioethik II, Gütersloh 1998, 2000, 525–537; J. G. Lennox, Aristotle's Philosophy of Biology. Studies in the Origins of Life Science, Cambridge etc. 2001; M. Mahner/M. Bunge, Philosophische Grundlagen der Biologie, Berlin/Heidelberg/New York 2000, 135–163 (II.4 L.); L. Margulis/D. Sagan, What Is Life?, New York, London 1995, Berkeley Calif. 2000 (dt. L.. Vom Ursprung zur Vielfalt, Heidelberg/Berlin, Darmstadt 1997, Heidelberg/Berlin/Oxford 1999); W. Marx (ed.), Die Struktur lebendiger Systeme. Zu ihrer wissenschaftlichen und philosophischen Bestimmung, Frankfurt 1991; M. Mori, Life, Concept of, in: R. Chadwick (ed.), Encyclopedia of Applied Ethics III, San Diego Calif. etc. 1998, 83–92; H. Morin, Der Begriff des L.s im »Timaios« Platons unter Berücksichtigung seiner früheren Philosophie, Uppsala 1965; M. P. Murphy/L. A. J. O'Neill (eds.), What Is Life? The Next Fifty Years. Speculations on the Future of Biology, Cambridge/New York/Melbourne 1995, 1997 (dt. Was ist L.? Die Zukunft der Biologie. Eine alte Frage in neuem Licht – 50 Jahre nach Erwin Schrödinger, Heidelberg/Berlin/New York 1997); A. Portmann, Grenzen des L.s. Eine biologische Umschau, Basel 1943, ⁵1959; ders., Probleme des L.s. Eine Einführung in die Biologie, Basel 1949, ⁴1967; E. Regis, What Is Life? Investigating the Nature of Life in the Age of Synthetic Biology, New York 2008; H. Regnéll, Ancient Views on the Nature of Life. Three Studies in the Philosophies of the Atomists, Plato and Aristotle, Lund 1967; C. Rehmann-Sutter, L. beschreiben. Über Handlungszusammenhänge in der Biologie, Würzburg 1996; B. Rensch, Biophilosophie auf erkenntnistheoretischer Grundlage (Panpsychistischer Identismus), Stuttgart 1968 (engl. Biophilosophy, New York/London 1971); R. J. Richards, The Romantic Conception of Life. Science and Philosophy in the Age of Goethe, Chicago Ill./London 2002; R. Rosen, Life Itself. A Comprehensive Inquiry into the Nature, Origin, and Fabrication of Life, New York 1991; ders., Essays on Life Itself, New York 2000; W. H. Schrader, Empirisches und absolutes Ich. Zur Geschichte des Begriffs L. in der Philosophie J. G. Fichtes, Stuttgart-Bad Cannstatt 1972; E. Schrödinger, What Is Life? The Physical Aspect of the Living Cell, Cambridge 1944, Cambridge etc. 2002 (dt. Was ist L.? Die lebende Zelle mit den Augen des Physikers betrachtet, Bern 1946, München/Zürich 2008; franz. Qu'est-ce-que la vie? L'aspect physique de la cellule vivante, Paris 1951, mit Untertitel: De la physique à la biologie, Paris 1986, 1993); J. Seifert, What Is Life? The Originality, Irreducibility, and Value of Life, Amsterdam/Atlanta Ga. 1997; G. Toepfer, Der Begriff des L.s, in: ders./U. Krohs (eds.), Philosophie der Biologie. Eine Einführung, Frankfurt 2005, 2006, 157–174; A.-T. Tymieniecka (ed.), Life – Scientific Philosophy, Phenomenology of Life and the Sciences of Life, I–II, Dordrecht/Boston Mass./London 1999 (Analecta Husserliana LIX–LX); J. v. Uexküll, Das allmächtige L., Hamburg 1950; E. Ungerer, Die Wissenschaft vom L.. Eine Geschichte der Biologie III (Der Wandel der Problemlage der Biologie in den letzten Jahrzehnten), Freiburg/München 1966; B. Weber, Life, SEP 2003, rev. 2008; M. G. Weiss (ed.), Bios und Zoë. Die menschliche Natur im Zeitalter ihrer technischen Reproduzierbarkeit, Frankfurt 2009; C. F. v. Weizsäcker, Die Geschichte der Natur. Zwölf Vorlesungen, Göttingen, Stuttgart/Zürich 1948, Göttingen ⁹1991, 83–95, Stuttgart 2006, 127–144 (engl. The History of Nature, Chicago Ill. 1949 [repr. 1976], 122–140, London 1951, 114–129); G. Wolters, Der Stoff, aus dem das L. ist. Philosophische Konzepte des Lebendigen, in: B. Naumann/T. Strässle/C. Torra-Mattenklott (eds.), Stoffe. Zur Geschichte der Materialität in Künsten und Wissenschaften, Zürich 2006, 39–58; F. M. Wuketits, Zustand und Bewußtsein. L. als biophilosophische Synthese, Hamburg 1985; weitere Literatur: ↑Biologie.   G. W./J. M.

Leben, gutes (griech. εὖ ζῆν, auch: εὐπραξία, engl. good life, welfare), Gegenbegriff zur Lebensfristung oder einem bloß animalischen Leben. Wer sein Leben bloß fristet, verwendet es gänzlich auf die Bedingungen dafür, auch in Zukunft am Leben zu bleiben. Davon unterscheidet bereits Aristoteles (Eth. Nic. A2.1095a14–1103a10) das g. L. als ein Leben, in dem die wesentlichen ↑Bedürfnisse und Bestimmungen des Menschen Befriedigung finden. Zu einem g.n L. zählt Aristoteles die tätige Einbindung in eine gute politisch-praktische Gemeinsamkeit menschlichen Handelns, d. h. insbes. tugendhaftes Wirken (↑Tugend) und ↑Freundschaft, sowie die dafür notwendigen oder förderlichen leiblichen, ökonomischen und kommunikativen Güter oder Bedingungen. Das g. L. bietet nach Aristoteles insbes. die beste Gewähr für das Gelingen der ›Eudämonie‹ (↑Eudämonismus), wenn es sich nämlich mit einer ›theoretischen‹ ↑Lebensform (↑Theoria, ↑vita contemplativa) verbindet. Andererseits ist das eudämonistisch verstandene Glück (↑Glück (Glückseligkeit)) grundsätzlich in jeder Lebenssituation, auch im Elend, möglich (Eth. Nic. A10.1100b33–1101a21). Das g. L. ist Vorstufe des Glücks, nicht mit dem Glück identisch, wenn das glückliche Leben als eine Einstellung bestimmt wird, die das jeweilige (faktische) gegenwärtige Leben, auch seine Mühen und Entsagungen, als ↑Selbstzweck versteht. Weil zu einem g.n L. auch ein angemessener Anteil an den Freuden des Lebens gehört, läßt sich das Glück, als ein freudeartiges Verhältnis zum Leben im ganzen, mit G. H. v. Wright (The Varieties of Goodness, 88) auch als die Vollendung des g.n L.s (›consummation or crown or flower of welfare‹) bezeichnen.

Andererseits besteht das philosophisch verstandene g. L. auch nicht lediglich in der Verfügung über ein großes Maß materieller Güter, im ›Wohlstand‹ oder einem gehobenen ›Lebenshaltungsniveau‹. Der Besitz bestimmter materieller Güter garantiert nicht eo ipso, daß sie für jene Tätigkeiten und Erfahrungen auch verwendet werden oder überhaupt geeignet sind, die das g. L. im Sinne der Aristotelischen Tradition ausmachen. Dies gilt insbes. dort, wo sich die Verfügung über (immer mehr) materielle Güter zu einem Selbstzweck verselbständigt hat. Schon Aristoteles weist darauf hin (Polit. A9.1257b15–1258a20), daß quantitative Mißverständnisse des g.n L.s, z. B. in Richtung auf den in Geld gemessenen Reichtum, ebenso unbegrenzter wie unsinniger Steigerung fähig sind. Dagegen wird der allgemeine Begriff des g.n L.s durch qualitative sittliche Normen in bestimmten Kulturtraditionen konkretisiert; sind die dazu notwendigen Güter im jeweiligen Falle vorhanden, so ist für das g. L. materiell alles getan (Polit. A8.1256b27–39). Wachstum der ↑Lebensqualität kann sich dann hier nur noch insofern ergeben, als die sittliche Orientierung des g.n L.s besser verstanden und im Handeln erfaßt wird.

Literatur: G. Bien, Die Grundlegung der politischen Philosophie bei Aristoteles, Freiburg/München 1973, ³1985; T. L. Carson, Value and the Good Life, Notre Dame Ind. 2000; ders./P. K. Moser (eds.), Morality and the Good Life, New York/Oxford 1997; F. Feldman, Pleasure and the Good Life. Concerning the Nature, Varieties, and Plausibility of Hedonism, Oxford 2004, 2006; D. Fenner, Das g. L., Berlin/New York 2007; J. D. Goldstein, Hegel's Idea of the Good Life. From Virtue to Freedom. Early Writings and Mature Political Philosophy, Dordrecht 2006; F. Kambartel, Universalität als Lebensform. Zu den (unlösbaren) Schwierigkeiten, das gute und vernünftige Leben über formale Kriterien zu bestimmen, in: W. Oelmüller (ed.), Materialien zur Normendiskussion II (Normenbegründung – Normendurchsetzung), Paderborn 1978, 11–21; W. Kamlah, Philosophische Anthropologie. Sprachkritische Grundlegung und Ethik, Mannheim 1972, 1984; J. Kazez, The Weight of Things. Philosophy and the Good Life, Malden Mass./Oxford/Victoria 2007; A. Kenny, The Aristotelian Ethics. A Study of the Relationship between the Eudemian and Nicomachean Ethics of Aristotle, Oxford 1978; R. Nozick, The Examined Life. Philosophical Meditations, New York etc. 1989 (dt. Vom richtigen, guten und glücklichen Leben, München/Wien 1991); M. Nussbaum, Gerechtigkeit oder das g. L., Frankfurt 1999, 2007; E. Özmen, Moral, Rationalität und gelungenes Leben, Paderborn 2005; G. v. Riel, Pleasure and the Good Life. Plato, Aristotle, and the Neoplatonists, Leiden/Boston Mass./Köln 2000; J. Ritter, Das bürgerliche Leben. Zur aristotelischen Theorie des Glücks, Vierteljahrsschr. wiss. Pädag. 32 (1956), 60–94, Nachdr. in: ders., Metaphysik und Politik [s. u.], 57–105; ders., Metaphysik und Politik. Studien zu Aristoteles und Hegel, Frankfurt 1969, 2003; H. Steinfath (ed.), Was ist ein g. L.? Philosophische Reflexionen, Frankfurt 1998, ²1998; R. J. Sullivan, Morality and the Good Life. A Commentary on Aristotle's Nicomachean Ethics, Memphis Tenn. 1977, 1980; U. Wolf, Die Philosophie und die Frage nach dem g.n L., Reinbek b. Hamburg 1999; G. H. v. Wright, The Varieties of Goodness, London, New York 1963, Bristol 1996.   F. K.

Leben, vernünftiges, Bezeichnung für eine ↑Lebensform, die durch das Bemühen gekennzeichnet ist, die subjektiven Orientierungen des Handelns und Situationsverstehens theoretisch und praktisch zu überwinden

(↑transsubjektiv/Transsubjektivität). Wer ein v. L. führt, erkennt die (von seinem Handeln betroffenen) Mitmenschen als ↑Personen an, d. h., er versteht ihr Leben wie das eigene als ›Zweck an sich selbst‹ (I. Kant, Grundl. Met. Sitten, Akad.-Ausg. IV, 428–429), die anderen also nicht lediglich als Mittel zur Erfüllung der eigenen faktischen Handlungsorientierungen. Als Einstellung des individuellen Lebens ist ↑Vernunft unabhängig davon möglich, in welchem Maße sie bereits Orientierung aller im betrachteten Handlungszusammenhang Stehenden und damit Realität einer gemeinsamen (etwa politischen) Praxis ist. Ein gemeinsames transsubjektives Orientierungsbemühen muß im Gegenteil überall dort, in der Regel ↑kontrafaktisch, bereits unterstellt werden, wo es in Argumentationen um die Bildung eines ↑Wissens, also die Überwindung bloßen (subjektiven) Meinens, geht. Der Begriff des v.n L.s verbindet so das Sokratische Verständnis verbindlicher transsubjektiver Argumentation (z. B. im »Gorgias«) mit dem Prinzip praktischer Vernunft bei I. Kant.

Indem bereits die ↑Intention der Bestimmung und Führung eines v.n L.s auf eine freie Gemeinsamkeit der Menschen abstellt, bleibt sie bloße Idee (↑Idee (systematisch)), wenn sie nicht wenigstens ansatzweise in den kommunikativen (↑Kommunikation) und institutionellen (↑Institution) Handlungszusammenhängen, in denen das Individuum steht, ihre reale Erfüllung findet. Daß das v. L. seinen konkreten Sitz in den *institutionell verfaßten,* in den *politischen* Lebensverhältnissen haben muß, ist der wesentliche kritische Zusatz, mit dem G. W. F. Hegel in seiner »Rechtsphilosophie« (1821), die Praktische Philosophie (↑Philosophie, praktische) des Aristoteles aufgreifend, den auf das einzelne Subjekt bezogenen Ansatz Kants ergänzt. Wie weit und wie unmittelbar allerdings die Institutionen des bürgerlichen Rechtsstaates mit der Idee eines v.n L.s im Einklang stehen, bleibt umstritten, insbes. zwischen Links- und Rechtshegelianern (↑Hegelianismus).

Literatur: K. Baier, The Moral Point of View. A Rational Basis of Ethics, Ithaca N. Y. 1958, 1974 (dt. Der Standpunkt der Moral. Eine rationale Grundlegung der Ethik, Düsseldorf 1974); F. Kambartel, Universalität als Lebensform. Zu den (unlösbaren) Schwierigkeiten, das gute und vernünftige Leben über formale Kriterien zu bestimmen, in: W. Oelmüller (ed.), Materialien zur Normendiskussion II (Normenbegründung – Normendurchsetzung), Paderborn 1978, 11–21; P. Lorenzen, Normative Logic and Ethics, Mannheim/Zürich 1969, Mannheim/Wien/Zürich ²1984, bes. 83–89; J. Mittelstraß, Was heißt: sich im Denken orientieren?, in: O. Schwemmer (ed.), Vernunft, Handlung und Erfahrung. Über die Grundlagen und Ziele der Wissenschaften, München 1981, 117–132, 140–141, bes. 127–130 (Das v. L.).   F. K.

Lebensform, Grundbegriff von ↑Anthropologie und ↑Ethik. Dementsprechend ist ein deskriptiver und ein normativer Gebrauch von ›L.‹ zu unterscheiden. Deskriptiv (↑deskriptiv/präskriptiv) kann von grundlegenden und in allen Kulturen vorkommenden Formen des menschlichen Lebens die Rede sein, aber auch von einer Vielzahl menschlicher Sitten, Gebräuche, Institutionen, Regeln, Traditionen, Zeremonien und Riten. Die Vielfalt der L.en fördert dann einen ethischen ↑Relativismus. Die ↑normative Verwendung von ›L.‹ erhebt bestimmte praktische Einstellungen zum Leben im ganzen zum Ideal (z. B. das gute und vernünftige Leben, ↑Leben, gutes, ↑Leben, vernünftiges), wobei dann oft *eine* L. als für jede ethische Orientierung grundlegend ausgezeichnet wird. Eine systematische Vermittlung dieser sich zunächst ausschließenden Verwendungsweisen von ›L.‹ kann mit der Frage nach einer sinnvollen praktischen Einstellung angesichts der Einsicht in die letzten faktischen Bedingungen und Möglichkeiten unseres Lebens einsetzen.

Bereits Platon nennt die Gesamtorientierungen unterschiedlicher gesellschaftlicher Stände ›Lebensmuster‹ (βίων παραδείγματα, Pol. 618a1). Er führt sie auf die menschlichen Grundvermögen Erkenntnis, Wille und Begehren zurück. So ergeben sich das theoretische (philosophische) und das praktische (politisch-soziale) Leben (↑vita contemplativa und vita activa) sowie das auf Gewinn und Genuß ausgerichtete hedonistische Leben (↑Hedonismus). Das ›theoretische Leben‹ (βίος ϑεωρητικός) als Aufschwung zur Schau der Idee des Guten (↑Gute, das, ↑Idee (historisch)) ist die höchste der L.en; bei Aristoteles nimmt es als zweckfreies Anschauen des Ewigen und Göttlichen den höchsten Rang ein und ist als ↑Weisheit göttlicher Natur (Met. A2.983a5–11, ↑Theoria). M. T. Cicero nennt die ruhige und maßvolle Lebensführung die ethisch auszuzeichnende ›forma vivendi‹ (de fin. III, (7) 23). Ebenso im Singular und normativ bezeichnet A. Augustinus das den Glaubenden durch den Christus gegebene Vorbild als ›vitae forma‹ (Epist. 157, Corpus Scriptorum Ecclesiasticorum Latinorum XLIV, 469), dem es in der ›imitatio Christi‹ nachzuleben gilt. Die Mönchsgemeinschaften des Mittelalters bezeichnen ihre L. als ›vivendi ordo‹, ›mos vivendi‹ und ›ritus vivendi‹. Durch Entdeckungsreisen angeregt thematisiert die ↑Aufklärung die Vielfalt geschichtlicher Kulturen und stellt die Wertungsfrage angesichts ›wilder‹ (z. B. J.-J. Rousseau) bzw. hochentwikkelter (z. B. Voltaire) L.en, womit sich die Relativierung der eigenen L. verbindet. Ein pluralistisches Verständnis von L.en findet sich ferner in ↑Romantik, ↑Lebensphilosophie und deutscher ↑Hermeneutik. Der Begriff der L. wird zu einem Grundbegriff der philosophischen Anthropologie und der Kulturwissenschaften.

Systematische Erweiterungen und Präzisierungen des Konzepts der L. finden sich zunächst in der theologischen Hermeneutik, in der Grundlagendiskussion der Soziologie und dann vor allem in der Ethik, Existentialanthropologie und sprachanalytischen Philosophie. Bereits S. Kierkegaard beschreibt in praktischer Absicht drei fundamentale L.en: die ›ästhetische‹, die ›ethische‹ und die ›religiöse‹ (Enten-Eller [Entweder-Oder], Kopenhagen 1843). Eine spezifisch methodische Wendung erhält der Zusammenhang von Leben und Form in der theologischen Hermeneutik, die mit Hilfe der formgeschichtlichen Methode die literarischen Formen der biblischen Texte auf ihren (meist kultisch-rituellen) ›Sitz im Leben‹ (H. Gunkel) hin analysiert und sie so aus ihrer ursprünglichen Einbettung in Gebrauchssituationen verstehbar macht. Um den Weltanschauungsrelativismus (↑Relativismus) und ↑Historismus methodisch zu überwinden, plante W. Dilthey eine systematische ›Kategorienlehre des Lebens‹ als Fundament einer Kritik der historischen Vernunft (↑Vernunft, historische), in der ausschließlich für das menschliche Leben spezifische Termini eingeführt werden sollten. Obwohl nur in Entwürfen vorliegend, wird deutlich, daß E. Husserl der ↑›Zeitlichkeit‹ und ↑›Geschichtlichkeit‹ eine zentrale Stellung für die Bestimmung der menschlichen L. zuweist. Hier schließt M. Heidegger an. A. Schütz entwikkelt unter dem Einfluß von H. Bergson, Husserl und M. Weber eine transzendental-phänomenologische Fundierung der Soziologie an der ↑vorwissenschaftlichen ↑Lebenswelt. L.en sind für Schütz gemäß seinem ›egologischen‹ Ansatz ›Beziehungen des Ich zur Welt‹ (sechs L.en: Dauer, Gedächtnis, Handeln, Du-Bezug, Rede und begriffliches Denken); seine Theorie bleibt fragmentarisch. Auch G. Simmel bemüht sich um eine methodische Synthese von Lebensphilosophie (F. Nietzsche, Bergson) und neukantianischer (↑Neukantianismus) ↑Transzendentalphilosophie. Seine Philosophie der L.en hatte Einfluß auf G. Lukács (Die Seele und die Formen, Berlin 1911) und dessen ästhetische Studien zum Zusammenhang literarischer und existentieller Formen. Lukács behielt die Perspektive der L.en auch nach seiner materialistischen Wende bei, modifizierte sie aber im Sinne von K. Marx, für den die ›ökonomischen Kategorien‹ selbst als ›Daseinsformen‹, als ›Existenzbestimmungen‹ zu entschleiern sind (MEW XIII, 637).

Heideggers Existenzialanalyse (Sein und Zeit, Halle 1927) stellt einen weiteren Versuch der Synthese von Transzendentalphilosophie und Anthropologie dar. Für ihn sind die ↑›Existenzialien‹ apriorische (↑a priori) Formen des menschlichen ↑Daseins, so unter anderem das ↑›In-der-Welt-sein‹, das Selbstverhältnis (die ↑›Existenz‹), die ↑›Sorge‹, das ›Mitsein‹, ↑›Zeitlichkeit‹ und ↑›Geschichtlichkeit‹. Obwohl ihre Analyse zunächst phänomenologisch-deskriptiv gehalten ist, ergeben sie insgesamt ein ›Strukturganzes‹, d. h. *die* menschliche L.. L. Wittgensteins Rede von L.en steht im Dienst der ↑Sprachkritik. Bereits im »Tractatus« (Tract. 5.6, 5.621 und 5.641) bedeuten die Formen meiner Sprache die

Form meiner Welt bzw. meines Lebens, und auch die
›Offenbarung Gottes‹ geschieht nicht im Leben, sondern
bedeutet, daß das Leben als ganzes eine andere Form
gewinnt (Tract. 6.432, 6.43). Auch in seiner späteren
Philosophie behält Wittgenstein diese Perspektive auf
die Welt und das menschliche Leben bei. Er analysiert
jedoch nun nicht mehr die L. des solipsistischen (↑Solipsismus) ›philosophischen Ich‹ (Tract. 5.641), sondern
eine prinzipiell unerschöpfliche Vielfalt von ↑Sprachspielen, in deren Gebrauch sich L.en *zeigen*. Sie sind
das ›Hinzunehmende, Gegebene‹. Das ist nicht biologisch, psychologisch oder soziologisch gemeint. L.en
sind in den »Philosophischen Untersuchungen« notwendige Möglichkeitsbedingungen für Sinn und Bedeutung von Sprache überhaupt. In diesem Sinne sind L.en
das ›Letzte‹ und ›Gegebene‹ (1) hinsichtlich allen ↑Verstehens und (2) hinsichtlich aller ↑Rechtfertigungen und
↑Begründungen. Die Explikationsmetaphern ›L.‹ und
›Sprachspiel‹ gehören demgegenüber für Wittgenstein
zur philosophischen Erläuterungssprache und werden
selbst allererst in den jeweiligen praktischen, paradigmatischen Analysen verständlich. Seine Philosophie läßt
sich somit als eine ↑Phänomenologie des durch L.en
konstituierten Sprachhandelns verstehen; dementsprechend erstrecken sich seine Analysen vom Phänomenbereich elementaren mathematischen Handelns bis hin
zu dem religiöser Praxis.

In der gegenwärtigen Diskussion wirkt Wittgensteins
Philosophie der L.en besonders nachdrücklich im Bereich der sprachanalytischen (↑Sprachanalyse) Religionsphilosophie. In der religiösen Praxis geht es einerseits
um das Leben im ganzen, andererseits darum, wie dieses
Leben seine Form – seinen letzten Orientierungsrahmen
– erhält. In diesem Sinne hat F. Kambartel ethische
Universalität (↑Universalität (ethisch)) als L. dargestellt:
Bei der moralisch-praktischen Orientierung an der Idee
der Transsubjektivität (↑transsubjektiv/Transsubjektivität) handelt es sich nicht um ›technisch‹ zugängliches,
normierbares und so beherrschbares Handlungswissen,
sondern um eine L., die allen Orientierungen und Handlungen vorgängig ihre Form gibt, die Form des vernünftigen Lebens (↑Leben, vernünftiges).

Literatur: H. Arendt, Vita activa oder Vom tätigen Leben, Stuttgart 1960, München 1981; A. Borst, L.en im Mittelalter, Frankfurt/Berlin/Wien 1973, bes. 14–20; W. Dilthey, Der Aufbau der
geschichtlichen Welt in den Geisteswissenschaften, Berlin 1910,
Stuttgart ⁶1973, ed. M. Riedel, Frankfurt 1970, ²1974; W. Flitner,
Europäische Gesittung. Ursprung und Aufbau abendländischer
L.en, Zürich/Stuttgart 1961, unter dem Titel: Die Geschichte der
abendländischen L.en, München 1967, Paderborn 1990; W.
Grosse, Lebenskategorien, Hist. Wb. Ph. V (1980), 120–122;
P. Häberlin, Leben und L.. Prolegomena zu einer universalen
Biologie, Basel/Stuttgart 1957; M. Heidegger, Sein und Zeit.
Erste Hälfte, Jb. Philos. phänomen. Forsch. 8 (1927), 1–438,
separat Halle 1927, ²1929, Tübingen ¹⁹2006 (engl. Being and

Time, New York 1962, London 1999; franz. L'être et le temps,
Paris 1964, 1972); J. F. M. Hunter, Forms of Life in Wittgenstein's »Philosophical Investigations«, in: E. D. Klemke (ed.),
Essays on Wittgenstein, Urbana Ill./Chicago Ill./London 1971,
273–297; F. Kambartel, Universalität als L.. Zu den (unlösbaren) Schwierigkeiten, das gute und vernünftige Leben über
formale Kriterien zu bestimmen, in: W. Oelmüller (ed.), Materialien zur Normendiskussion II (Normenbegründung – Normendurchsetzung), Paderborn 1978, 11–21; K. Koch, Was ist
Formgeschichte? Neue Wege der Bibelexegese, Neukirchen 1964,
²1967, mit Untertitel: Methoden der Bibelexegese, ³1974, erw.
⁵1989 (engl. [Übers. d. 2. Aufl.] The Growth of the Biblical
Tradition. The Form-Critical Method, London, New York
1969, New York 1988); G. Lukács, Die Seele und die Formen.
Essays, Berlin 1911, Neuwied/Berlin 1971 (engl. Soul and Form,
London 1974, New York 2009; franz. L'âme et les formes, Paris
1974); W. Lütterfelds/A. Roser (eds.), Der Konflikt der L.en in
Wittgensteins Philosophie der Sprache, Frankfurt 1999; G. Mittelstädt, L.en, Hist. Wb. Ph. V (1980), 118–119; J. Nida-Rümelin, Philosophie und L., Frankfurt 2009; A. Schütz, Theorie der
L.en, ed. I. Srubar, Frankfurt 1981; G. Simmel, Das individuelle
Gesetz. Philosophische Exkurse. ed. M. Landmann, Frankfurt
1968, 1987, 174–230; E. Spranger, L.en. Geisteswissenschaftliche
Psychologie und Ethik der Persönlichkeit, Halle 1921, Tübingen
⁹1966 (engl. Types of Men. The Psychology and Ethics of Personality, Halle 1928 [repr. New York 1966]); U. Thurnherr, Vernetzte Ethik. Zur Moral und Ethik von L.en, Freiburg/München
2001; L. Wittgenstein, Über Gewißheit. On Certainty [dt./engl.],
ed. G. E. M. Anscombe/G. H. v. Wright, Oxford, New York 1969,
Oxford 2008, nur dt., Frankfurt 1970, ⁹1997 (franz. De la certitude, Paris 1976, 2006); W. Wundt, Ethik. Eine Untersuchung
der Thatsachen und Gesetze des sittlichen Lebens, I–II, Stuttgart
1886, erw. I–III, ⁴1912, ⁵1924.   T. R.

Lebensphilosophie, Bezeichnung für eine in ihren Anfängen mit der ↑Romantik verbundene philosophische
Richtung, die sich in einer Vielzahl weltanschaulicher
Grundannahmen und Einstellungen in Traditionen der
nachaufklärerischen Philosophie geltend gemacht und
ihre Blüte etwa zur gleichen Zeit wie der ↑Neukantianismus erlebt hat. Unter der von F. Schlegel (Philosophie
des Lebens. In fünfzehn Vorlesungen gehalten zu Wien
im Jahre 1827, Wien 1828) aus anderen Zusammenhängen aufgenommenen Bezeichnung ›L.‹ wandten sich
neben S. Kierkegaard und F. Nietzsche insbes. Vertreter
der ↑Existenzphilosophie und der ↑Phänomenologie einerseits gegen den ↑Rationalismus und die Erkenntnistheorie der ↑Aufklärung, andererseits gegen die Begriffsbildungen sowohl des Deutschen Idealismus (↑Idealismus, deutscher) als auch des ↑Historismus und Positivismus (↑Positivismus (historisch)), indem sie unter
Betonung des Organischen, Emotionalen und Intuitiven
das Leben als schöpferische Potenz wie auch als ↑›Erleben‹ zur Grundlage des Bewußtseins erhoben. In diesem Sinne befaßt sich die L. nicht theoretisch mit dem
↑Leben, sondern stellt eine Haltung dar, die den Glauben
an den ›Aufbau der Philosophie aus reiner Vernunft‹
verloren hat und die ›Lebenswirklichkeit‹ dem ›bloßen

Denken‹ gegenüberstellt (O. F. Bollnow, 1958). Insofern versteht sie sich auch in der Tradition der Skepsis (↑Skeptizismus) und der ↑Metaphysikkritik des französischen Moralismus (↑Moralisten, französische). Als ›Protest des Lebens gegen den Geist‹ (Heinemann, 157) verzichtet die L. ferner auf eine eigene methodische Fundierung; sie macht vielmehr gegen begriffliche Ordnungen eine tiefere Schicht des ↑Gefühls oder der ↑Triebe geltend, womit gleichzeitig die Einheit und Ganzheit des Lebens gegen die ›Auflösung des Menschen‹ in den mechanistisch orientierten Wissenschaften und der Technik behauptet werden soll.

In mancher Hinsicht ist die L. irrational (↑irrational/Irrationalismus), etwa in ihrem ›geschichtsphilosophischen‹ Konzept des ›Kampfes‹ der ↑Weltanschauungen und der Annahme, daß nur das menschliche Sinnbedürfnis im Chaos der Ereignisse nach einer erkennbaren Ordnung des Geschichtsverlaufs zu suchen nötige. Den daraus resultierenden ↑Relativismus sollen eine ›heroische Lebensführung‹ und (bei einigen Vertretern der L.) ihr ↑Dezisionismus überwinden. Hinter den ›Objektivationen des Lebens‹, deren typische ›Formen‹ und ›Gestalten‹ sie untersucht, sucht die L. in dessen wechselnden Erscheinungen das (den exakten Wissenschaften nicht greifbare) ↑›Wesen‹ des Lebens zu entdecken (›Hermeneutik des Lebens‹). Ein für die L. zentrales Problem ist das der Entwicklung des Lebens in der »Spannung zwischen dem Verwirklichen in bestimmten Formen und dem Zerbrechen der erstarrten Formen« (O. F. Bollnow, 1979, 629). Dabei stellt sie das Leben primär als ↑›Werden‹ heraus.

Zu den Wegbereitern der L. gehört in Frankreich H. L. Bergson mit der Annahme eines alle Lebensvorgänge begründenden ↑›élan vital‹, in Deutschland (nach ersten Ansätzen bei J. G. Hamann, J. G. v. Herder, F. H. Jacobi und J. W. v. Goethe) A. Schopenhauer mit dem Konzept eines der Weltkonstitution zugrundeliegenden ↑Willens und F. W. J. Schellings Spätphilosophie. Methodisch fruchtbar gemacht, auch durch eine partielle Orientierung an I. Kant, hat die L. vor allem W. Dilthey, der die ↑Kulturwissenschaften im Unterschied zu den ↑Naturwissenschaften als eine ›Erfahrungswissenschaft der geistigen Erscheinungen‹ faßt, bei der die Möglichkeit des Erkennens des ›vom Menschen gelebten Lebens‹ im ›Erleben‹ und nachvollziehenden ›Einfühlen‹ liegt. Neben Dilthey haben vor allem G. Simmel, B. Groethuysen, H. Rickert, E. Troeltsch, R. Eucken und H. Freyer die L. methodologisch und erkenntnistheoretisch auf die ↑Geisteswissenschaften bezogen und damit in die Nähe von Bemühungen des Neukantianismus gebracht. Über M. Weber und M. Scheler fanden lebensphilosophische Konzeptionen Eingang in die Soziologie. Als Kulturkritik faßten die L. insbes. T. Lessing und O. Spengler auf. Andere Vertreter formen, zum Teil in Auseinanderset-

zung mit der Existenzphilosophie, die Begriffe der L. unter Einbeziehung neuerer geschichtlicher Erfahrungen um (insbes. O. F. Bollnow, E. Rothacker), wobei die Begriffe der Zeit (↑Zeitlichkeit) und des ↑Daseins eine zentrale Rolle spielen. Rückblickend werden auch philosophische Autoren wie L. Klages, A. Seidel, A. Baeumler und E. Jünger bisweilen zur L. gezählt.

Literatur: K. Albert, L.. Von den Anfängen bei Nietzsche bis zu ihrer Kritik bei Lukács, Freiburg/München 1995; ders./E. Jain, Philosophie als Form des Lebens. Zur ontologischen Erneuerung der L., Freiburg/München 2000; O. F. Bollnow, Die L., Berlin/Göttingen/Heidelberg 1958; ders., Die L. F. H. Jacobis, Stuttgart 1933 (repr. Stuttgart/Berlin/Köln/Mainz 1966); ders., Aspekte der L., Universitas 34 (1979), 625–630; A. Erbrecht, Das individuelle Ganze. Zum Psychologismus der L., Stuttgart 1992; R. M. Feifel, Die L. Friedrich Schlegels und ihr verborgener Sinn, Würzburg 1937 [Teildruck], Bonn 1938; F. Fellmann, L., in: ders. (ed.), Geschichte der Philosophie im 19. Jahrhundert, Reinbek b. Hamburg 1996, 269–349; ders., L., EP I (1999), 756–758; G. Fitzi, Soziale Erfahrung und L.. Georg Simmels Beziehung zu Henri Bergson, Konstanz 2002; F. Heinemann, Neue Wege der Philosophie. Geist/Leben/Existenz. Eine Einführung in die Philosophie der Gegenwart, Leipzig 1929, bes. 127–250; H. Kern, Von Paracelsus bis Klages. Studien zur Philosophie des Lebens, Berlin 1942; T. Klug, Grundlagen und Probleme moderner L., Aachen 1997; G. Kühne-Bertram, Aus dem Leben – zum Leben. Entstehung, Wesen und Bedeutung populärer L.n in der Geistesgeschichte des 19. Jahrhunderts, Frankfurt etc. 1987; P. Lersch, L. der Gegenwart, Berlin 1932; H.-J. Lieber, Kulturkritik und L.. Studien zur deutschen Philosophie der Jahrhundertwende, Darmstadt 1974; H. Lübbe, Politische Philosophie in Deutschland. Studien zu ihrer Geschichte, Basel 1963, München 1974, bes. 171–235 (Die philosophischen Ideen von 1914); G. Lukács, Die Zerstörung der Vernunft, Neuwied/Berlin 1962 (= Werke IX), bes. 84–473, in 3 Bdn., Darmstadt/Neuwied 1973/1974, bes. I u. II; A. Messer, L., Leipzig 1931; G. Misch, L. und Phänomenologie. Eine Auseinandersetzung der Dilthey'schen Richtung mit Heidegger und Husserl, Bonn 1930, Stuttgart, Darmstadt ³1967, Darmstadt 1975; E. Oldemeyer, Leben und Technik. Lebensphilosophische Positionen von Nietzsche zu Plessner, München 2007; G. Pflug, L., Hist. Wb. Ph. V (1980), 135–140; H. Rickert, Die Philosophie des Lebens. Darstellung und Kritik der philosophischen Moderströmungen unserer Zeit, Tübingen 1920, ²1922 (repr. Saarbrücken 2007).   H.-L. N.

Lebensqualität (engl. quality of life), Begriffsbildung, die seit den 1950er und 1960er Jahren vor allem der Kritik an bestimmten, rein quantitativen Maßen ökonomischen und gesellschaftlichen Fortschritts (z. B. Bruttosozialprodukt) dient. Nach beiläufigen Verwendungen etwa bei A. Carrel wurde der Terminus ›quality of life‹ seit 1956 zur Kennzeichnung programmatischer Ziele der Demokratischen Partei in den USA gebraucht, insbes. bei den Präsidentschaftswahlkämpfen von A. Stevenson und L. B. Johnson, der ihn 1964 in den Entwurf der ›Great Society‹ aufnahm. Weltweit gebräuchlich wurde er seit 1972 im Zusammenhang mit der Kritik des »Club of Rome« am üblichen ökonomischen Wachstumsdenken. Die deutsche Bezeichnung wurde nach einer Tagung der Industriegewerkschaft Metall zum Thema ›L.‹ 1972 zur Wahlkampfparole der SPD und bestimmt seitdem in der Gegenüberstellung ›qualitatives versus quantitatives Wachstum‹ auch in Deutschland die Analyse und Fortschreibung der ökonomischen Gesamtentwicklung.

J. W. Forrester, dessen Studien den ersten Bericht des »Club of Rome« vorbereitet hatten, begründet zugleich eine Tradition, in der die L. eines gesellschaftlichen Systems selbst wiederum durch meßbare Größen (etwa die Zahl der Ärzte pro Einwohner, die Lebenserwartung, quantitative Werte der Umweltbelastung) definiert wird. Diese so genannten ›sozialen Indikatoren‹ bedürfen dann noch einer relativen quantitativen Gewichtung, wenn sie zu einem Gesamtmaß der L., einem L.sindex, aggregiert werden sollen. Damit wird allerdings das Verständnis von L. praktisch weitgehend mit der Suche nach einem Gesamtmaß des Lebensstandards verbunden. Wenn es auch im einzelnen sinnvoll sein kann, soziale Indikatoren zu erheben (als Teil einer Sozialstatistik etwa), so ist doch die Vorstellung problematisch, es könnte über die Aggregation einer Liste rein quantitativer Größen ein (nicht-willkürliches) quantitatives Analogon des Bruttosozialprodukts gewonnen werden, das dann einen quantitativen Vergleich der L. gesellschaftlicher Systeme ermöglicht. So kann etwa eine quantitativ gute Versorgung mit Ärzten, Krankenhausbetten, Lehrern, Wohnraum und dergleichen einhergehen mit inhumanen Erscheinungen wie Minuten- und Apparatemedizin, schlechten Curricula und Schulorganisationsformen, Isolierung. Rein quantitativen und statistischen Konzeptionen einer Messung der L. steht als begründete Alternative die Aristotelische Tradition des guten Lebens (↑Leben, gutes) gegenüber, in der eine jeweils geschichtlich bestimmte Gestalt sittlicher Orientierung die Qualität des Lebens zugleich Inhalt und Grenzen gibt.

Literatur: F. M. Andrews (ed.), Research on the Quality of Life, Ann Arbor Mich. 1986; S. Baldwin/C. Godfrey/C. Propper (eds.), Quality of Life. Perspectives and Policies, London/New York 1990; K. Bättig/E. Ermertz (eds.), L.. Ein Gespräch zwischen den Wissenschaften. Vorträge gehalten an der interdisziplinären Informations- und Diskussionsveranstaltung vom 7. 11. 1974–13. 2. 1975 an der Eidgenössischen Technischen Hochschule Zürich, Basel/Stuttgart 1976; B. Bievert/K.-H. Schaffartzik/G. Schmölders (eds.), Konsum und Qualität des Lebens, Opladen 1974; A. Carrel, Réflexions sur la conduite de la vie, Paris 1950, 1981 (engl. Reflections on Life, London 1952; dt. Betrachtungen zur Lebensführung, Zürich 1954, München 1968; E. Diener (ed.), Advances in Quality of Life Theory and Research, Dordrecht 2000; F.-W. Dörge (ed.), Qualität des Lebens. Ziele und Konflikte sozialer Reformpolitik didaktisch aufbereitet, Opladen 1973; M. Durand/Y. Harff, La qualité de la vie. Mouvement écologique, mouvement ouvrier, Paris 1977; E. Eppler, Maßstäbe für eine humane Gesellschaft. Lebensstandard oder L.?, Stuttgart etc. 1974; J. W. Forrester, World Dynamics,

Cambridge Mass. 1971, ²1973 (dt. Der teuflische Regelkreis. Das Globalmodell der Menschheitskrise, Stuttgart 1971, 1972); G. Friedrichs (ed.), Qualität des Lebens. Aufgabe Zukunft. Beiträge zur 4. Internationalen Arbeitstagung der Industriegewerkschaft Metall für die BRD 11.–14. 4. 1972 in Oberhausen, I–X, Frankfurt 1973–1974; H. Holzhey, Philosophisch-anthropologische Überlegungen zum Problem der L., Jb. Neuen Helvet. Ges. 46 (1975), 184–192; W. A. Jöhr, L. und Werturteilsstreit, Zürich 1974; F. Kambartel, Ist rationale Ökonomie als empirisch-quantitative Wissenschaft möglich?, in: H. Steinmann (ed.), Betriebswirtschaftslehre als normative Handlungswissenschaft. Zur Bedeutung der Konstruktiven Wissenschaftstheorie für die Betriebswirtschaftslehre, Wiesbaden 1978, 57–70, erw. in: J. Mittelstraß (ed.), Methodenprobleme der Wissenschaften vom gesellschaftlichen Handeln, Frankfurt 1979, 299–319; H. J. Kann, »Qualität des Lebens«/«L.«. Anmerkungen zur Wortgeschichte, Muttersprache 85 (1975), 50–52; J. J. Kupperman, Ethics and Qualities of Life, Oxford 2007; C. Leipert, Unzulänglichkeiten des Sozialprodukts in seiner Eigenschaft als Wohlstandsmaß, Tübingen 1975; B.-C. Liu, Economic Growth and Quality of Life, Amer. J. Economy and Sociology 39 (1980), 1–21; H. Lübbe, L. und Fortschrittskritik von links. Sozialer Wandel als Orientierungsproblem, Schweizer Monatshefte 53 (1973/1974), H. 9, 606–620, Nachdr. in: Landeszentrum f. politische Bildung Nordrhein-Westfalen (ed.), L.? Von der Hoffnung, Mensch zu sein, Köln 1974, 255–269, ferner in: H. Lübbe, Fortschritt als Orientierungsproblem, Freiburg 1975, 57–74; D. H. Meadows u.a. (eds.), The Limits to Growth. A Report for the Club of Rome's Project on the Predicament of Mankind, New York 1972, ²1974 (dt. Die Grenzen des Wachstums. Bericht des Club of Rome zur Lage der Menschheit, Stuttgart 1972, ¹⁶1994); dies. (eds.), The Limits of Growth. The 30-Year Update, White River Junction Vt. 2004, London 2008 (dt. Die Grenzen des Wachstums. Das 30-Jahre-Update. Signal zum Kurswechsel, Stuttgart 2006, ³2009); A. Pollis (ed.), Quality of Living. Environmental Viewpoints. To Read and Discuss with Other Concerned Humans, Oklahoma City Okla. 1973; M. Rapley, Quality of Life Research. A Critical Introduction, London/Thousand Oaks Calif./New Delhi 2003; R. L. Schalock (ed.), Quality of Life. Perspectives and Issues, Washington D. C. 1990; U. Schultz (ed.), L.. Konkrete Vorschläge zu einem abstrakten Begriff, Frankfurt 1975; H. Swoboda, Die Qualität des Lebens. Vom Wohlstand zum Wohlbefinden, Stuttgart 1973, Frankfurt, Zürich 1974; Statistisches Bundesamt (ed.), Messung der L. und amtliche Statistik (Sonderdruck), Wiesbaden 1974; A. Szalai/F. M. Andrews (eds.), The Quality of Life. Comparative Studies, London/Beverly Hills Calif. 1980. – Jb. Neuen Helvet. Ges. 46 (1975) (L., Qualité de la vie, La qualità della vita); Social Indicators Research. An International and Interdisciplinary Journal for Quality-of-Life Measurement, Dordrecht 1974 ff.. F. K.

Lebenswelt, insbes. durch E. Husserl eingeführte Bezeichnung zur Abhebung ↑vorwissenschaftlicher gegenüber theoretisch vermittelter Welterfahrung. Am Anfang der Wortgeschichte von L. in H. Heines »Florentinischen Nächten« (1836) wird die ›sonnige L.‹ auf der Erdoberfläche dem ›schweflichten Schattenreich‹ der Unterwelt kontrastiert. In einer dem Begründer der Mikropaläontologie, C. G. Ehrenberg, gewidmeten Artikelserie über »Die Welt des kleinsten Lebens« (1847) bezeichnet die ›kleinste L.‹ den Bereich der Mikroorganismen im Unterschied zu anderen Lebensformen im ↑Makrokosmos; bei E. Haeckel (1899) heißt das dann ›unsichtbare L.‹, und noch bei W. Rathenau (1913) steht ›L.‹ für das Gebiet des Organischen. Spezieller als durch eine bestimmte Kultur oder religiöse Tradition geprägte geistige Welt figuriert die ›L.‹ im ↑Pragmatismus von W. James (›world of life‹, 1904), bei H. v. Hofmannsthal (1907/1908), E. Troeltsch (1910), G. Simmel (1912, 1913) und M. Wieser (1924). Anthropologischen (↑Anthropologie) Gehalt gewinnt die Bezeichnung ›L.‹ in der ↑Lebensphilosophie, bei R. Eucken (1912, 1918) und in der ↑Kulturphilosophie von H. Freyer (1923).

Hatte Husserl in seiner Vorlesung »Ding und Raum« (1907) von einer Welt der ›natürlichen Geisteshaltung‹ gesprochen und in seinem »Logos«-Aufsatz (1910/1911) von der Wirklichkeit, in der wir ›leben, weben und sind‹, so findet sich spätestens 1918, in einer Beilage zu »Ideen II«, ›L.‹ auch bei Husserl, und zwar in der Bedeutung ›natürlicher Boden‹ jeder Wissenschaft. M. Heidegger verwendet ›L.‹ in seiner Vorlesung im ›Kriegsnotsemester 1919‹ in doppeltem Sinne; zum einen spricht man von einer speziellen ›L. der Wissenschaft‹, zum anderen von ›nichtwissenschaftlichen L.en‹ moderner Menschen, in die wissenschaftliche Vorstellungen als ›habituelles Element‹ eingeflossen sind. Von daher wird die Idee einer ↑Letztbegründung, ›des sich selbst am eigenen Schopf aus dem Sumpf (des natürlichen Lebens) Ziehens‹, von Heidegger auch als ›Münchhausenproblem des Geistes‹ betitelt, zur paradoxen Zentralaufgabe philosophischer ↑Methode. Der Ausdruck ›L.‹ taucht bei Heidegger erneut in seiner Aristotelesvorlesung 1921/1922 auf, diesmal als Welt des ›faktischen Lebens‹, bevor Heidegger ihn fallenläßt und terminologisch durch ↑›In-der-Welt-sein‹ ersetzt. Dennoch verbindet sich mit der frühen Freiburger ↑Phänomenologie Husserls und Heideggers nunmehr fest die Idee einer Letztbegründung mit dem Ausdruck ›L.‹; welche weiteren Inhalte konstitutiv waren für den phänomenologischen L.begriff erschließt sich in der Perspektive der ↑Ideengeschichte zur Rehabilitierung des Vortheoretischen (in theoretischer Absicht). Darin verschränken sich die Fragen nach der ↑Realität der ↑Außenwelt und der Gewißheit des ↑Wissens mit geschichtsphilosophischen (↑Geschichtsphilosophie) Konsequenzen eines seit der ↑Aufklärung zunehmenden Verlustgefühls: die infolge fortschreitender ↑Verwissenschaftlichung ›entzauberte Welt‹ (M. Weber) kann nicht mehr als ›Heimat‹ (Eucken) empfunden werden.

Läßt man die Idee der L. mit Aristoteles' Primat der Empirie und seinem platonkritischen Begriff der ↑Erfahrung beginnen, so wiederholt sich eine ähnliche Konstellation in der spätrationalistischen Emanzipation der ↑Sinnenwelt und der sinnlichen Erfahrung gegenüber dem rationalistischen (↑Rationalismus) Absolutismus

der ↑Vernunft: dieser wird ein ↑Analogon *rationis* an die Seite gestellt, ein vortheoretisches, vorwiegend sinnliches (↑Sinnlichkeit) Unterscheidungs- und Orientierungsvermögen, das die geordnete Totalität des Weltzusammenhangs bereits auf seine Weise repräsentiert, bevor sie der ↑Begriff erfaßt. Husserl wird eine solche Strukturisomorphie vorbegrifflicher und begrifflicher Erfahrung erst I. Kant zuschreiben, und zwar unter dem Titel des ›doppelt fungierenden Verstandes‹. J. G. Herder entwickelt seine Doktrin der ›unzergliederbaren‹ und unableitbaren ›Seinsgewißheit‹ und bestimmt, in Auseinandersetzung mit Kants ↑Transzendentalphilosophie, die alltagssprachlich erschlossene Erfahrung als tragenden Grund aller philosophischen Spekulation (↑spekulativ/Spekulation). Neben die Sprache der Erfahrung tritt die Erfahrung des Tuns und Machens (↑Herstellung), die genetisch und methodisch vor der Wissenschaft liegt. J. H. Lambert begründet die Physik aus der Praxis des Messens (↑Messung) heraus. F. W. J. Schelling entdeckt die Gemeinsamkeit des lebensweltlichen ›Bodens‹ in der ›gemeinschaftlichen Weltanschauung‹, J. G. Fichte die lebensweltliche ↑›Horizont‹-Struktur von Erfahrung in dem alle ↑Wahrnehmungen begleitenden ›allgemeinen Weltbewußtsein‹. Schelling und G. W. F. Hegel machen den ›philosophischen Naturzustand‹ bzw. den ›ursprünglichen Stand der Unschuld‹ zum Ausgangspunkt einer ↑Identitätsphilosophie, durch die die bewußtseinsmäßige Trennung von ↑Subjekt und ↑Objekt, der ›Sündenfall‹ der ↑›Entzweiung‹, überwunden wird und schließlich die ›vollkommene Einheit‹ von ›Subjektivität‹ (↑Subjektivismus) und ›Wirklichkeit‹ (↑wirklich/Wirklichkeit) wiederkehrt. Inwieweit noch Husserl den Denkweisen des ↑Idealismus verpflichtet ist, zeigt unter anderem sein in der »Krisis«-Arbeit bekräftigter Anspruch, »Träger der zu sich selbst kommenden absoluten Vernunft« zu sein. Für A. Schopenhauer bildet die ›anschauliche Welt‹ die reale Basis der ›diskursiven‹ Begriffswelt; für F. Nietzsche ist auch die alltagssprachlich verfaßte, vortheoretische Welt nur eine lebensdienliche Illusion. Ab Nietzsche konkurriert die Lebensphilosophie mit dem ↑Neukantianismus und dem Positivismus (↑Positivismus (historisch)).

Auf der Schwelle von der Ideen- zur ↑Begriffsgeschichte steht, in unmittelbarem Kontakt (und Kontrast) zu Husserl, W. Dilthey, der von einem genetischen Verhältnis zwischen den Formen der ›elementaren logischen Operationen‹ außerwissenschaftlicher Wahrnehmung und denen des ›urteilenden Denkens‹ der Wissenschaft ausgeht. Hinter den ›Lebensvollzug‹ vor aller Wissenschaft kann keine Wissenschaft zurück, weil deren ›Objektivationen‹ aus der ›empirischen Lebensfülle‹ hervorgehen und in ihr ihre Grundlage besitzen. Im Gegensatz zur These von der unhintergehbaren (↑Unhintergehbarkeit) Faktizität des vortheoretischen ›Lebenszusammenhangs‹ steht die Bemühung des ↑Empiriokritizismus um einen fundierenden ›philosophischen Weltbegriff‹. Insbes. R. Avenarius untersucht die Möglichkeit einer ›reinen empirischen Erfahrung‹, die zu irreduziblen ›Empfindungselementen‹ gelangt, indem sie die Wahrnehmung von allen anthropomorphen, d. h. kulturspezifischen, ›Zumischungen‹ reinigt. Avenarius' auf Husserls ↑Epochē vordeutende Methode ist daher die ›Elimination‹ aller ›Variationserscheinungen‹ der invariant-einheitlichen ursprünglichen Erfahrung. Als Inbegriff universaler Gegebenheiten und Grundstrukturen menschlicher Erfahrung stellt der ›natürliche Weltbegriff‹ das Sinnkriterium gegenüber allen ›Derivaten‹ aus Kultur- und Wissenschaftsgeschichte dar. Ab 1910 setzt sich Husserl betont kritisch mit dem ›naiv-naturalistischen‹ Empiriokritizismus auseinander und kritisiert an dessen Weltbegriff, daß ohne die integrierenden Konstitutionsleistungen eines intentionalen (↑Intentionalität) Bewußtseins-Ich aus bloßen Sinnesdaten sich keine ›Welt‹ füge; dennoch ist eine partielle Verwandtschaft beider Ansätze deutlich. M. Scheler bezieht sich in den um 1910/1911 entstandenen Vorarbeiten zu seinem erst 1926 veröffentlichten wissenssoziologischen (↑Wissenssoziologie) Text »Arbeit und Erkenntnis« auf die ›Tatsache der natürlichen Weltanschauung‹, deren Träger die ›natürliche Lebensgemeinschaft eines Volkes‹ sei. Die vorwissenschaftliche ›Bedeutungswelt‹ einer Sprachgemeinschaft ist das unhintergehbare ›Milieu‹ ihrer Lebenspraxis. Die Welt der ›natürlichen Weltanschauung‹ ist zwar ›anschaulich‹, aber kein reiner Wahrnehmungszusammenhang, sondern durch ein praktisches Interesse ›perspektivisch‹ präformiert; es gibt sie auch nur im Plural, als transitorische Welt einer jeweils bestimmten Sprach- und Kulturgemeinschaft. Was Schelers Konzeption von derjenigen Husserls unterscheidet, ist die Zurückweisung einer Fundierungsbeziehung natürlicher und wissenschaftlicher Erfahrung.

Erst Husserls Einbettung der ›L.‹ in die Systematik seiner transzendentalen Phänomenologie macht die vortheoretische Erfahrungswelt zu einem zentralen Thema. L. ist nunmehr die invariante Weltstruktur, die alle Alltagswelten gemeinsam haben. Ihre doppelte Bedeutung als kulturell gegebene und transzendental fundierende Instanz durchzieht die gesamte Begriffsgeschichte von L.. Dabei gehört der L.begriff zur so genannten ›ontologischen‹ Ebene der phänomenologischen Transzendentalphilosophie Husserls, die sich als eine ›Kritik des welterfahrenden Bewußtseins‹ versteht. Die Aufdeckung der Konstitution von ›Welt‹ im Bewußtsein der ›leistenden Subjektivität‹ (↑Subjekt, transzendentales), die Husserl als Hauptaufgabe der Phänomenologie ansieht, leistet gleichzeitig eine Kritik des ›verhängnisvollen‹ ↑Objektivismus, der die neuzeitliche Wissenschaft und mit ihr die europäische Zivilisation in eine ›Krisis‹ geführt habe.

Das transzendentale ›Phänomen Welt‹ differenziert sich in die Problembereiche der soziohistorisch-kulturellen ›Umwelt‹ (Schelers ›relativ-natürliche Weltanschauung‹) und der universalen ›L.‹ (Avenarius' ›natürlicher Weltbegriff‹). Sie wird primär als ›umweltinvariante‹ Wahrnehmungswelt des gegenständlich ↑Seienden verstanden. Die kategoriale Struktur intersubjektiver Gegenstandserfahrung, die Husserls ›ontologischen‹ L.begriff ausmacht, ist entweder über die ›eidetische‹ Variation (↑Variation, eidetische) oder über die erste ›Epochē‹ der transzendentalen Reduktion (↑Reduktion, phänomenologische) zugänglich, in der alle wissenschaftliche und kulturspezifische Interpretation der vorgefundenen Gegenstandswelt ›eingeklammert‹ und so die ›primordiale‹ Wahrnehmungswelt eines methodisch sich isolierenden ›ego cogito‹ (↑Ego, transzendentales) freigelegt werden soll.

Mit der ›ersten Epochē‹ ist die ›mundane Naivität‹ der ›natürlichen Einstellung‹, als ›offen-einstimmiger Horizont‹ aller Erfahrung, durchbrochen und die Möglichkeit einer ›transzendentalen Einstellung‹ eröffnet, die über eine L.ontologie gelingen soll. Diese Aufgabe stellt Husserl (in Anlehnung an Kant) unter den Titel einer ›transzendentalen Ästhetik‹ (↑Ästhetik, transzendentale), deren Ziel es ist, den auch als ›L.‹ bezeichneten ›Logos der Natur‹ als eine in den Subjektstrukturen des weltkonstituierenden Bewußtseins verankerte Erfahrungsform aufzuweisen. Da für Husserl der ›invariant-allgemeine Stil‹ des gegenständlichen Seins der Welt für das Bewußtsein ein faktisches Apriori (↑a priori) aller intentionalen Bezogenheit auf die ›konkret-anschaulichen Gestalten‹ sinnlicher Erfahrung darstellt, kommt der ›apriorischen Deskription‹ des ›natürlichen Weltbegriffs‹ eine doppelte methodische Funktion zu. Zum einen ist die als ›transzendentale Ästhetik‹ zu betreibende ›Ontologie der L.‹ primärer ›Leitfaden‹ der ›transzendentalen Reduktion‹ (auch der ›primordialen Naturwelt‹) auf die transzendentale Subjektivität, zum anderen ist die L.ontologie als ›erste Weltwissenschaft‹ ein methodisches Apriori aller weiteren Weltwissenschaften und ihrer ›Regionalontologien‹. In der »Krisis«-Schrift (1936/1937) geht Husserl vor allem den wissenschaftsgeschichtlichen Umständen des Übergangs von der qualitativ orientierten ›Aristotelischen‹ Erfahrung zur rein quantitativ ausgerichteten ›Galileischen‹ Erfahrung nach, durch den das ›lebensweltliche Fundament‹ verdeckt und ein ›Ideenkleid‹ für das ›wahre Sein‹ genommen wurde. Indem die L.ontologie solche Vorstellungen ›einklammert‹, gelangt sie zu Einsichten über die Funktionsweise der ›vortheoretischen Erfahrungsvernunft‹, die als Prototyp der ›theoretischen Erfahrungsvernunft‹ in den Wissenschaften die apriorische Leistungsinstanz des auf diese Weise ›doppelt fungierenden Verstandes‹ darstellt. Nur weil sich der ›Logos der Natur‹ vorwissenschaftlich ebenso zur Geltung bringt wie in den ›Ideationen‹ der Wissenschaft, kann diese überhaupt ›anfangen‹ und ›begründet‹ werden.

Während die französische Phänomenologie im Anschluß an M. Merleau-Ponty vor allem den wahrnehmungstheoretischen Aspekt des L.begriffs aufgenommen hat und die ↑Kulturanthropologie (E. Rothacker) den Ausdruck ›L.‹, unter Rückgriff sowohl auf Schelers ›natürliche Weltanschauung‹ als auch auf L. Wittgensteins sprachlich konstituierte ↑›Lebensformen‹, im Sinne des Husserlschen Konzepts kultureller ›Umwelten‹ rezipiert, ist durch Heideggers ↑Fundamentalontologie Husserls Konzept der L. in ein transzendental-anthropologisches Verständnis transformiert worden. ›L.‹ läßt sich innerhalb einer ›Hermeneutik der Faktizität‹ als Dachkonzept der ↑Existenzialien des ›In-der-Welt-seins‹ rekonstruieren, in dem an die Stelle der gegenstandsbezogenen Erfahrungskategorien die daseinsbezogenen (↑Dasein) ›Lebenskategorien‹ (Dilthey) treten. Ferner hat sich, beeinflußt von Husserl und Heidegger einerseits, M. Weber und der Wissenssoziologie andererseits, die phänomenologisch orientierte ›verstehende‹ Soziologie mit dem L.begriff auseinandergesetzt. A. Schütz sucht der Husserlschen ›Naturontologie der L.‹ eine ›Sozialontologie der L.‹ an die Seite zu stellen. In Auseinandersetzung mit der sozialphilosophischen (↑Sozialphilosophie) Richtung von Schütz und T. Luckmann einerseits und den systemtheoretischen (↑Systemtheorie) Ansätzen von T. Parsons und N. Luhmann andererseits, zugleich in Anlehnung an G. H. Mead, Weber und E. Durkheim sowie K. Marx und die Kritische Theorie (↑Theorie, kritische), entwickelt J. Habermas einen ›kommunikationstheoretischen (↑Kommunikationstheorie) L.begriff‹, der L. zum ›Komplementärbegriff‹ des ›kommunikativen Handelns‹ macht. Damit läßt er die aus der Bewußtseinsphilosophie herrührenden Probleme einer ›monadologischen Erzeugung der Intersubjektivität‹ bei Husserl hinter sich, nicht aber die Duplizität eines quasi-transzendentalen L.begriffs auf der einen Seite und einer deskriptiv-hermeneutischen Verwendung im Sinne von ›Alltagswelt‹ bzw. ›Alltagspraxis‹ auf der anderen Seite. So wird die L. zum Gegenstand einer ›formalpragmatischen Analyse‹; doch wird ebenso auf ein ›Alltags-‹ bzw. ›Laienkonzept‹ von L. als dem ›kognitiven Bezugssystem‹ einer bestimmten ›soziokulturellen L.‹ verwiesen, weshalb dann auch von ›schichtenspezifischen‹, ›bürgerlichen‹, ›gruppenspezifischen‹, ›familialen‹ und ›klassenspezifisch ausgeprägten modernen L.en‹ die Rede ist. L. wird ferner bestimmt als ein ›Horizont‹, in dem sich die kommunikativ Handelnden ›immer schon‹ bewegen, als ein in Handlungssituationen unthematisch präsenter ›Hintergrund‹ von ›Selbstverständlichkeiten‹ und ›Überzeugungen‹. Konstitutiv für den kommunikationspragmatischen Begriff der L. sind die ›symbolisch‹ verfaßten

Strukturkomponenten von ›kultureller Reproduktion‹, ›sozialer Integration‹ und der ›Sozialisation‹ zukunftsfähiger ›Aktoren‹; eine ›Theorie des kommunikativen Handelns‹ konzipiert Gesellschaften ›gleichzeitig als System und L.‹ und kann so zwischen der Rationalisierung der L. und der dadurch ermöglichten Komplexitätssteigerung gesellschaftlicher Systeme trennen. Nach Habermas weist die ›Leidensgeschichte‹ der L. drei Phasen auf: (1) Die Rationalisierung der L. vollzieht sich als ›Aufklärung‹, nämlich als zunehmende Differenzierung zwischen Kultur, Gesellschaft und Persönlichkeit; (2) die ›Technisierung‹ der L. realisiert sich als zunehmende ›Mediatisierung‹ bzw. ›Marginalisierung‹ der ›symbolischen Strukturen‹ von Kultur, Gesellschaft und Persönlichkeitsbildung; (3) die ›Kolonialisierung‹ der L. besteht in der zunehmenden (mit G. Lukács) ↑Verdinglichung der symbolischen L.strukturen durch das ›System‹. Allein die in einer ›nichtverdinglichten kommunikativen Alltagspraxis‹ gelingende Wiederherstellung der L. kann für Habermas die L. zum Ort der Wiederherstellung der Einheit der Vernunft machen, die dann nicht länger in ›kommunikative‹ und ›funktionalistische‹ geschieden bleiben müßte.

H. Blumenberg begreift zunächst die Duplizität von L. in der Phänomenologie als ›geschichtliche Ausgangsposition der theoretischen Umstellung‹ einerseits und als ›immer mitgegenwärtige Grundschicht‹ aller ›aufgestuften‹ Objektivationen des Lebens andererseits; später sieht er im begründungstheoretischen Begriff von L. als geschichtsloser Rekursinstanz gerade das ›L.mißverständnis‹. In anthropologischer (und mentalitätstherapeutischer) Absicht unterscheidet er nun ›zwei L.en‹, eine ›initiale‹ am Anfang der Menschwerdung und eine ›finale‹ am Ende der Entwicklung. Das symbiotische Weltverhältnis des ›Urzustands‹ geht bald verloren in der ›Selbstbehauptung‹ gegen die äußere ›Wirklichkeit‹, in deren Verlauf ↑Wissenschaft und ↑Technik an die Stelle von ↑Mythos und ↑Metaphysik treten. Dabei ist das Unbehagen an der abstrakten Welt der Wissenschaft die Geburtsstunde des Begriffs der L., in dem die Erwartung einer ›Restitution‹ verlorener ›Weltvertrautheit‹ zum Ausdruck kommt. Wissenschaft und Technik sollen dem ›Mängelwesen Mensch‹ (A. Gehlen) helfen, den Verlust der ursprünglichen L. ebenso wie den der Welten voller (mythischer, metaphysischer, religiöser, ästhetischer) Bedeutsamkeiten zu kompensieren, indem sie dem modernen Menschen eine (auf höherer Entwicklungsstufe) erneute lebensweltliche ›Geborgenheit‹ versprechen.

Eine ethische Perspektive verbindet Husserl und die Konstruktive Wissenschaftstheorie (↑Wissenschaftstheorie, konstruktive) der ↑Erlanger Schule, der es, in ihrer Konstanzer Fortführung, um ein ›normatives Fundament der Wissenschaft‹ zu tun ist. Darin berührt sie sich, insbes. bei F. Kambartel, mit der ↑Diskursethik von Habermas. Ausgangspunkt ist jedoch eher die Anknüpfung an die Lebensphilosophie und frühe Phänomenologie, vermittelt über G. Misch und O. Becker. Das wissenschaftliche Denken wird als eine ›Hochstilisierung‹ dessen verstanden, was man im praktischen Leben immer schon tut. Die ↑Rekonstruktion dieser ›Hochstilisierung‹ aus dem praktischen Leben‹ kommt ohne Letztbegründungsfundamentalismus aus, weil sie, im Unterschied zum ›Idealisten‹ Husserl, nicht hinter die vortheoretischen Erfahrungszusammenhänge ›zurückzugehen‹ sucht, und sie kommt ohne Fundamentalontologie von Welt und Leben aus, weil es ihr nicht um ›das Sein‹, sondern um ein Können und Tun geht; ihr L.rekurs ist rein ↑pragmatischer Art. So zählt die Konstruktive Wissenschaftstheorie zwar zu den begrifflichen Fortführungen des Singulars von ›L.‹, doch ohne geschichtsphilosophische Implikationen.

Das ›lebensweltliche Apriori‹ (↑Apriori, lebensweltliches), nach J. Mittelstraß (1974) bestehend aus einem ›Unterscheidungsapriori‹ (↑Unterscheidung) und einem ›Herstellungsapriori‹ (↑Unterscheidung, ↑Herstellung), bezeichnet den genetisch wie logisch-methodisch unhintergehbaren ↑Anfang jedes schrittweisen und zirkelfreien wissenschaftlichen Aufbaus. Die primär im vortheoretischen Unterscheidungswissen konstituierte ›Aristotelische‹ Erfahrung bringt sich als ein ›empirisches Apriori‹ (↑Apriorismus) in aller Praxis faktisch immer schon zur Geltung und darf daher methodisch nicht übersprungen werden, und zwar ebensowenig wie das vorwissenschaftliche Herstellungswissen, dessen normierte Artikulation die zweite notwendige Bedingung der Formulierung eines ›protophysikalischen Apriori‹ (↑Protophysik) in der Herstellung von ↑Meßgeräten ist. Das ↑normative Methodenkonzept der Konstruktiven Wissenschaftstheorie kann als eine Klärung des von Husserl behaupteten Fundierungsverhältnisses vortheoretischer und theoretischer ›Erfahrungsvernunft‹ angesehen werden. Dabei wird ›L.‹ gelegentlich als Bezeichnung für die transzendental-methodisch zu verstehende ›empirische‹ Rekursbasis der konstruktiven Begründungstheorie verwendet; die Redeweise ›lebensweltlich‹ tritt als Synonym des Terminus ↑›vorwissenschaftlich‹ auf. – Als Weiterentwicklung der Konstruktiven Wissenschaftstheorie versteht sich der vor allem von P. Janich und D. Hartmann vertretene Methodische Kulturalismus (↑Kulturalismus, methodischer) mit einem entsprechend erweiterten L.verständnis.

Literatur: R. Avenarius, Der menschliche Weltbegriff, Leipzig 1891 (repr. Passau 1996), erw. ³1912, 1927; W. Bergmann, L., L. des Alltags oder Alltagswelt? Ein grundbegriffliches Problem ›alltagstheoretischer‹ Ansätze, Kölner Z. Soz. Sozialpsychol. 33 (1981), 50–72; C. Bermes, ›Welt‹ als Thema der Philosophie. Vom metaphysischen zum natürlichen Weltbegriff, Hamburg 2004; H. Blumenberg, L. und Technisierung unter Aspekten der Phänomenologie, Filosofia 14 (Turin 1963), 855–884, separat Turin 1963, ferner in: ders., Wirklichkeiten in denen wir leben. Aufsätze und eine Rede, Stuttgart 1981, 2009, 7–54, ferner in: ders. Theorie der L. [s.u.], 181–224; ders., Lebenszeit und Weltzeit, Frankfurt 1986, 2005, 7–68 (Teil I Das L.mißverständnis); ders., Theorie der L., Berlin 2010; R. Boehm, Husserls drei Thesen über die L., in: E. Ströker (ed.), L. und Wissenschaft in der Philosophie Edmund Husserls [s.u.], 23–31; G. Brand, Die L.. Eine Philosophie des konkreten Apriori, Berlin 1971; H. Braun, Welt, in: O. Brunner/W. Conze/R. Koselleck (eds.), Geschichtliche Grundbegriffe. Historisches Lexikon zur politischsozialen Sprache in Deutschland VII, Stuttgart 1992, 2004, 433–510; U. Claesges, Zweideutigkeiten in Husserls L.-Begriff, in: ders./K. Held (eds.), Perspektiven transzendentalphänomenologischer Forschung, Den Haag 1972, 85–101; F. Fellmann, Gelebte Philosophie in Deutschland. Denkformen der L.phänomenologie und der kritischen Theorie, Freiburg/München 1983; ders., L. und Lebenserfahrung, Arch. Gesch. Philos. 69 (1987), 78–91; H.-G. Gadamer, Die Wissenschaft von der L., in: ders., Kleine Schriften III (Idee und Sprache. Platon – Husserl – Heidegger), Tübingen 1972, 190–201; C. F. Gethmann, Letztbegründung vs. lebensweltliche Fundierung des Wissens und Handelns, in: Forum Philosophie Bad Homburg (ed.), Philosophie und Begründung, Frankfurt 1987, 268–302; ders., Vielheit der Wissenschaften – Einheit der L., in: Akademie der Wissenschaften zu Berlin (ed.), Einheit der Wissenschaften. Internationales Kolloquium der Akademie der Wissenschaften zu Berlin. Bonn, 25.–27. Juni 1990, Berlin/New York 1991, 349–371; ders. (ed.), L. und Wissenschaft. Studien zum Verhältnis von Phänomenologie und Wissenschaftstheorie, Bonn 1991; ders., Phänomenologie, Lebensphilosophie und Konstruktive Wissenschaftstheorie. Eine historische Skizze zur Vorgeschichte der Erlanger Schule, in: ders. (ed.), L. und Wissenschaft [s.o.], 28–77; R. Grathoff, Milieu und L. Einführung in die phänomenologische Soziologie und die sozialphänomenologische Forschung, Frankfurt 1989, 1995; J. Habermas, Theorie des kommunikativen Handelns II (Zur Kritik der funktionalistischen Vernunft), Frankfurt 1981, 2006; D. Hartmann/P. Janich (eds.), Methodischer Kulturalismus. Zwischen Naturalismus und Postmoderne, Frankfurt 1996; dies. (eds.), Die kulturalistische Wende. Zur Orientierung des philosophischen Selbstverständnisses, Frankfurt 1998; M. Heidegger, Die Grundprobleme der Phänomenologie. Marburger Vorlesung SS 1927, ed. F.-W. v. Herrmann, Frankfurt 1975 (= Gesamtausg. XXIV); ders., Phänomenologische Interpretationen zu Aristoteles. Einführung in die phänomenologische Forschung. Frühe Freiburger Vorlesung Wintersemester 1921/22, ed. W. Bröcker/K. Bröcker-Oltmanns, Frankfurt 1985 (= Gesamtausg. LXI); K. Held, L., TRE XX (1990), 594–600; E. Husserl, Philosophie als strenge Wissenschaft, Logos 1 (1910/11), 289–341, ed. W. Szilasi, Frankfurt 1965, ed. E. Marbach 2009; ders., Cartesianische Meditationen und Pariser Vorträge, ed. S. Strasser, Den Haag 1950, ²1963 (repr. 1973) (= Husserliana I); ders., Die Krisis der europäischen Wissenschaften und die transzendentale Phänomenologie. Eine Einleitung in die phänomenologische Philosophie [1936/1937], ed. W. Biemel, Den Haag 1954, ²1962, (repr. 1976) (= Husserliana VI), Erg.bd. hierzu unter dem Titel: Die Krisis der europäischen Wissenschaften und die transzendentale Phänomenologie [...]. Ergänzungsband. Texte aus dem Nachlaß 1934–1937, ed. R. N. Smid, Dordrecht/Boston Mass./London 1993 (= Husserliana XXIX); ders., Erste Philosophie (1923/1924), I–II, ed. R. Boehm, Den Haag 1956/1959 (= Husserliana VII–VIII);

ders., Phänomenologische Psychologie. Vorlesungen Sommersemester 1925, ed. W. Biemel, Den Haag 1962, ²1968, 1995 (= Husserliana IX); ders., Ding und Raum. Vorlesungen 1907, ed. U. Claesges, Den Haag 1973 (= Husserliana XVI); ders., Zur Phänomenologie der Intersubjektivität. Texte aus dem Nachlaß, I–III, ed. I. Kern, Den Haag 1973 (= Husserliana XIII–XV); ders., Ideen zu einer reinen Phänomenologie und phänomenologischen Philosophie I/1 (Allgemeine Einführung in die reine Phänomenologie [1912/1913]), ed. K. Schuhmann, Den Haag 1976 (= Husserliana III, 1), I/2 (Ergänzende Texte [1912–1929]), ed. K. Schuhmann, Den Haag 1976 (= Husserliana III, 2), II (Phänomenologische Untersuchungen zur Konstitution), ed. M. Biemel, Den Haag 1952 (= Husserliana IV), bes. 372–377 (Beilage XIII), III (Die Phänomenologie und die Fundamente der Wissenschaften), ed. M. Biemel, Den Haag 1952 (repr. Den Haag 1971) (= Husserliana V); ders., Die L.. Auslegungen der vorgegebenen Welt und ihrer Konstitution. Texte aus dem Nachlass (1916–1937), ed. R. Sowa, Dordrecht 2008 (= Husserliana XXXIX); D. Hyder, L. und erkenntnistheoretische Fundierung, in: G. Wolters/M. Carrier (eds.), Homo Sapiens und Homo Faber. Epistemische und technische Rationalität in Antike und Gegenwart. Festschrift für Jürgen Mittelstraß, Berlin/New York 2005, 297–307; P. Janich, Konstruktivismus und Naturerkenntnis. Auf dem Weg zum Kulturalismus, Frankfurt 1996; ders./F. Kambartel/J. Mittelstraß, Wissenschaftstheorie als Wissenschaftskritik, Frankfurt 1974; P. Janssen, Geschichte und L.. Ein Beitrag zur Diskussion von Husserls Spätwerk, Den Haag 1970; ders./W. E. Mühlmann, L., Hist. Wb. Ph. V (1980), 151–157; F. Kambartel, Zum Fundierungszusammenhang apriorischer und empirischer Elemente der Wissenschaft, in: R. E. Vente (ed.), Erfahrung und Erfahrungswissenschaft. Die Frage des Zusammenhangs wissenschaftlicher und gesellschaftlicher Entwicklung, Stuttgart etc. 1974, 154–167; ders./J. Mittelstraß (eds.), Zum normativen Fundament der Wissenschaft, Frankfurt 1973; G. van Kerckhoven, Zur Genese des Begriffs ›L.‹ bei Edmund Husserl, Arch. Begriffsgesch. 29 (1985), 182–203; W. Lippitz, Der phänomenologische Begriff der ›L.‹. Seine Relevanz für die Sozialwissenschaften, Z. philos. Forsch. 32 (1978), 416–435; ders., ›L.‹ oder die Rehabilitierung vorwissenschaftlicher Erfahrung. Ansätze eines phänomenologisch begründeten anthropologischen und sozialwissenschaftlichen Denkens in der Erziehungswissenschaft, Weinheim/Basel 1980; N. Luhmann, Die L. – nach Rücksprache mit Phänomenologen, in: G. Preyer/G. Peter/A. Ulfig (eds.), Protosoziologie im Kontext. ›L.‹ und ›System‹ in Philosophie und Soziologie, Würzburg 1996, 268–289; P. Lorenzen, Methodisches Denken, Frankfurt 1968, ³1988; R. A. Makkreel, L. und Lebenszusammenhang. Das Verhältnis von vorwissenschaftlichem und wissenschaftlichem Bewußtsein bei Husserl und Dilthey, in: E. W. Orth (ed.), Dilthey und die Philosophie der Gegenwart, Freiburg/München 1985, 381–413; U. Matthiesen, Das Dickicht der L. und die Theorie des kommunikativen Handelns, München 1983; B. Merker, Bedürfnis nach Bedeutsamkeit. Zwischen L. und Absolutismus der Wirklichkeit, in: F. J. Wetz/H. Timm (eds.), Die Kunst des Überlebens. Nachdenken über Hans Blumenberg, Frankfurt 1999, 68–98; G. Misch, Lebensphilosophie und Phänomenologie. Eine Auseinandersetzung der Dilthey'schen Richtung mit Heidegger und Husserl, Bonn 1930, Leipzig/Berlin ²1931 (repr. als 3. Aufl. Darmstadt 1967, Stuttgart 1975); J. Mittelstraß, Erfahrung und Begründung, in: ders., Die Möglichkeit von Wissenschaft, Frankfurt 1974, 56–83, 221–229; ders., Erfahrung und L.. Historische Bemerkungen zu einer systematischen Frage, in: Theoria cum praxi. Zum Verhältnis von Theorie

und Praxis im 17. und 18. Jahrhundert, Akten des III. Internationalen Leibniz-Kongresses Hannover, 12.–17. November 1977 I (Theorie und Praxis, Politik, Rechts- und Staatsphilosophie), Wiesbaden 1980, 69–84 (Stud. Leibn. Suppl. XIX); ders., Das lebensweltliche Apriori, in: C. F. Gethmann (ed.), Lebenswelt und Wissenschaft [s. o.], 114–142, ferner in: G. Preyer/G. Peter/A. Ulfig (eds.), Protosoziologie im Kontext. ›L.‹ und ›System‹ in Philosophie und Soziologie, Würzburg 1996, 106–132; J. N. Mohanty, ›Life-World‹ and ›A Priori‹ in Husserl's Later Thought, Anal. Husserl. 3 (1974), 46–65; E. W. Orth, Edmund Husserls »Krisis der europäischen Wissenschaften und die transzendentale Phänomenologie«. Vernunft und Kultur, Darmstadt 1999; K. Schuhmann, Die Fundamentalbetrachtung der Phänomenologie. Zum Weltproblem in der Philosophie Edmund Husserls, Den Haag 1971; ders., L. als Unterlage der Phänomenologie, in: E. Ströker (ed.), L. und Wissenschaft in der Philosophie Edmund Husserls [s. u.], 79–91; A. Schütz, Theorie der L., I–II, Konstanz 2003 (= Werkausg. V/1–V/2) (I Die pragmatische Schichtung der L., ed. M. Endreß/I. Srubar, II Die kommunikative Ordnung der L., ed. H. Knoblauch/R. Kurt/H.-G. Soeffner); ders./T. Luckmann, Structures of the Life-World, I–II, I Evanston Ill. 1973, London 1974, II Evanston Ill. 1989, dt. Originaltext unter dem Titel: Strukturen der L., I–II, I [ohne Bd.angabe] Neuwied 1975, [mit Bd.angabe] Frankfurt 1979, ⁴1991, II Frankfurt 1984, ³1994, in 1 Bd., Konstanz etc. 2003; M. Sommer, L. und Zeitbewußtsein, Frankfurt 1990; I. Srubar, Kosmion. Die Genese der pragmatischen L.theorie von Alfred Schütz und ihr anthropologischer Hintergrund, Frankfurt 1988; E. Ströker (ed.), L. und Wissenschaft in der Philosophie Edmund Husserls, Frankfurt 1979; A. Ulfig, L., Reflexion, Sprache. Zur reflexiven Thematisierung der L. in Phänomenologie, Existenzialontologie und Diskurstheorie, Würzburg 1997 (Epistemata Reihe Philos. 213); B. Waldenfels, In den Netzen der L., Frankfurt 1985, ²1994; R. Welter, Der Begriff der L.. Theorien vortheoretischer Erfahrungswelt, München 1986; ders., Die L. als ›Anfang‹ des methodischen Denkens in Phänomenologie und Wissenschaftstheorie, in: C. F. Gethmann (ed.), L. und Wissenschaft [s. o.], 143–163; F. Welz, Kritik der L. Eine soziologische Auseinandersetzung mit Edmund Husserl und Alfred Schütz, Opladen 1996; F. J. Wetz, L. und Weltall. Hermeneutik der unabweisbaren Fragen, Stuttgart 1994.   R. W.

Lebenswissenschaften (engl. life sciences), klassifikatorische Bezeichnung für ein überdisziplinäres Wissenschaftsgebiet, das ↑Biologie, ↑Medizin, ↑Neurowissenschaften, Molekularbiologie, Bioinformatik, ↑Ökologie und verwandte Bereiche umschließt. Der Gegenstandsbereich der L. umfaßt Pflanzen, Tiere, Menschen und ihre Lebensgemeinschaften, mit einem Akzent auf biologischen Sachverhalten (und entsprechend tendenziell unter Ausschluß der ↑Psychologie). Die Begriffsbildung ist aus der Betonung des Anwendungsbezugs und der Steigerung der praktischen Interventionsfähigkeit der betreffenden Disziplinen erwachsen. Gleichwohl schließt der Begriff der L. in seiner konsolidierten Bedeutung die Grundlagenforschung ein. Die Leibniz-Gemeinschaft, die mit ihren Forschungsinstituten in interdisziplinären Feldern operiert und eine Verknüpfung von Grundlagen- und Anwendungsforschung anstrebt, weist entsprechend eine Sektion ›L.‹ auf.

Literatur: E. Beck (ed.), Faszination L., Weinheim 2002; G. Canguilhem, Idéologie et rationalité dans l'histoire des sciences de la vie, Paris 1977, ²1981, 2000 (engl. Ideology and Rationality in the History of the Life Sciences, Cambridge Mass./London 1988); C. Cremer (ed.), Vom Menschen zum Kristall. Konzepte der L. von 1800–2000. Ein Symposium der Heidelberger Akademie der Wissenschaften in Verbindung mit der Goethe-Gesellschaft Heidelberg, Wiesbaden 2007; B. Feltz/M. Crommelinck/P. Goujou (eds.), Auto-organisation et émergence dans le sciences de la vie, Brüssel 1999 (engl. Self-Organization and Emergence in Life Sciences, Dordrecht 2006); G. Fullerlove/S. Robertson (eds.), Encyclopedia of the Life Sciences, I–XX, London/New York/Tokyo 2002; V. Hopp, Grundlagen der Life Sciences. Chemie – Biologie – Energetik, Weinheim etc. 2000; P. Hoyningen-Huene/F. M. Wuketits (eds.), Reductionism and Systems Theory in the Life Sciences. Some Problems and Perspectives, Dordrecht 1989; N. L. Jones, A Code of Ethics for the Life Sciences, Science and Engineering Ethics 13 (2007), 25–43; K. Köchy/M. Norwig/G. Hofmeister (eds.), Nanobiotechnologien. Philosophische, anthropologische und ethische Fragen, Freiburg/München 2008; D. A. Kronick, The Literature of the Life Sciences. Reading, Writing, Research, Philadelphia Pa. 1985; F. M. Lehmann, Logik und System der L., Leipzig 1935; E. List, Grenzen der Verfügbarkeit. Die Technik, das Subjekt und das Lebendige, Wien 2001, bes. 19–31 (Die Wissenschaft vom Leben im 20. Jahrhundert); L. N. Magner, A History of the Life Sciences, New York/Basel 1979, erw. ²1994, ³2002; G. M. Verschuuren, Life Scientists. Their Convictions, Their Activities, Their Values, North Andover Mass. 1995. – History and Philosophy of the Life Sciences [Zeitschrift], Neapel 1979 ff.   M. C.

Lebesgue, Henri Léon, *Beauvais (Oise) 28. Juni 1875, †Paris 26. Juli 1941, franz. Mathematiker. 1894–1897 Studium an der École Normale Supérieure, 1897–1899 Bibliothekstätigkeit ebendort, 1899–1902 Lehrtätigkeit im höheren Schuldienst (Lycée Central in Nancy), 1902 Promotion in Paris, 1902–1906 Lehrtätigkeit in Rennes und Abhaltung von Kursen am Collège de France, 1906–1910 Lehrtätigkeit in Poitiers, 1910 an der Sorbonne Maître de conférences, 1919 Professor, ab 1921 Professor am Collège de France. 1930 Mitglied der Royal Society. – Sieht man von einigen wenigen Arbeiten zur ↑Topologie, zur Theorie der Fourier-Reihen und zur Potentialtheorie ab, so gilt fast das gesamte Lebenswerk L.s der Integrations- und Maßtheorie (↑Maß). Ausgehend von Überlegungen É. Borels entwickelte L. eine neue Integrationstheorie, die wesentlich allgemeiner und systematisch geschlossener war als die zu diesem Zeitpunkt vorliegende Cauchy-Riemannsche Theorie (↑Integral) und einen der entscheidenden Schritte in der Entwicklung der modernen reellen Analysis darstellt. Daneben stehen pädagogische, philosophische und historische Artikel. In seiner Stellung zur mathematischen Grundlagendiskussion zählt L. als Halbintuitionist (↑Halbintuitionismus).

Werke: Œuvres scientifiques, I–V, Genève 1972–1973. – Intégrale, longueur, aire, Diss. Paris 1902, ferner in: Annali di matematica pura ed applicata, Ser. 3, 7 (1902), 231–359; Leçons sur l'intégration et la recherche des fonctions primitives, Paris 1904, ²1928, Cleveland Ohio, Ohio, Paris 1969, New York ³1973, Providence R. I. 2003; Leçons sur les séries trigonométriques, professées au Collège de France, Paris 1906, 1975, 1982; Sur l'intégration de fonctions discontinues, Ann. scient. de l'école normale supérieure 27 (1910), 361–450; Notice sur les travaux scientifiques de M. H. L., Toulouse 1922 [wiss. Autobiographie als Kandidat der Académie; Besprechung der Werke bis 1922]; Sur le développement de la notion d'intégrale, Matematisk Tidsskrift B, 1926, 54–74, ferner in: Rev. mét. mor. 34 (1927), 149–167 (engl. The Development of the Integral Concept, in: H. L., Measure and the Integral, ed. K. O. May, San Francisco Calif./London/Amsterdam 1966, 177–194); Sur la mesure des grandeurs, L'enseignement math., Ser. 1, 31 (1932), 173–206, 32 (1933), 23–51, 33 (1934), 22–48, 177–213, 270–284, 34 (1935), 176–219, separat Genf 1956, Paris 1975 (engl. Measure of Magnitudes, in: H. L., Measure and the Integral [s.o.], 9–175); Les coniques, Paris 1942, Sceaux 1988; Leçons sur les constructions géométriques, professées au Collège de France en 1940–1941, Paris 1949, 1987; Notices d'histoire des mathématiques, Genève, Paris 1958; En marge du calcul des variations, L'enseignement math., Ser. 2, 9 (1963) (separate Paginierung), separat Genève 1963. – Classement chronologique des œuvres de H. L., in: Œuvres scientifiques I, 13–28.

Literatur: J. C. Burkill, H. L., J. London Math. Soc. 19 (1944), 56–64, ferner in: Obituary Notices of Fellows of the Royal Society 4 (1942–1944), 483–490; A. Denjoy, Notice sur la vie et l'œuvre de H. L. (1875–1941), Notices et Discours de l'Académie des Sciences 2 (1937–1948), Paris 1949, 576–606; ders./L. Félix/P. Montel, H. L., le savant, le professeur, l'homme, L'enseignement math., Sér. 2, 3 (1957), 1–18; W. Dunham, The Calculus Gallery. Masterpieces from Newton to L., Princeton N. J./Oxford 2005, 2008, bes. 200–220 (Ch. XIV L.); L. Félix, Message d'un mathématicien: H. L., pour le centenaire de sa naissance. Introductions et extraits choisis, Paris 1974; T. Hawkins, L.'s Theory of Integration. Its Origins and Development, Madison Wis./Milwaukee Wis./London 1970, Providence R. I./New York ²1979, 2002; ders., L., DSB VIII (1973), 110–112; K. O. May, Biographical Sketch of H. L., in: H. L., Measure and the Integral [s.o.], 1–7; R. Messer/T. Chen, L., in: B. Narins (ed.), Notable Scientists. From 1900 to the Present III, Farmington Hills Mich. 2001, 1341–1342.   G. H./P. S.

Leere, das (griech. κενόν, lat. vacuum, engl. void), Terminus der ↑Naturphilosophie, insbes. der ↑Kosmologie, eingeführt als Erklärungsbasis für bestimmte Phänomene und Vorgänge in der Natur, gestützt teils durch empirische, teils durch apriorische (↑a priori), teils durch metaphysische Argumente. Die griechische Philosophie (↑Philosophie, griechische) behandelt das Problem des L.n unter folgenden Alternativen: Das L. existiert oder existiert nicht. Es existiert außerhalb oder innerhalb des ↑Kosmos, und zwar entweder als zusammenhängendes (kontinuierliches) oder als diskontinuierliches (↑Diskontinuität) L.s. Es existiert aktual oder (nur) potentiell (d. h. als theoretische Annahme). Es existiert von Natur aus oder nicht (d. h., es kann nur ›gewaltsam‹ hergestellt werden). In der ↑Scholastik wird die Frage nach der Existenz des L.n vor allem unter dem

Prinzip des ↑horror vacui diskutiert, das die Annahme eines leeren Raumes ausschließt.

Die kontrovers behandelten Probleme der Theorien über das L. sind: (1) Wie ist Bewegung möglich, wenn der gesamte Raum ausgefüllt ist? (2) Wie ist die Ausdehnung von Körpern (beim Wachsen und bei der Umwandlung von Wasser in Luft) ohne das L. erklärbar? (3) Werden beim Komprimieren (z. B. von Wasser) Leerstellen ausgefüllt oder Luftelemente ausgeschieden? (4) Läßt sich der Magnetismus so erklären, daß die Anziehung durch das Eisen oder nur durch leere Poren erfolgt? (5) Fließt aus der Klepshydra (Stockheber für Flüssigkeiten) deshalb (bei geschlossener oberer Öffnung) kein Wasser, weil das L. es innen festhält oder weil Außenluftdruck es verhindert? (6) Dringen körperliche Sonnenstrahlen durch Leerstellen des Wassers, oder sind die Sonnenstrahlen unkörperlich? Parmenides bestreitet die Existenz des L.n. Für ihn müssen sich alle wahren Urteile auf Existierendes beziehen, so daß über das Nicht-Seiende nicht geurteilt werden kann. Dieses Nicht-Seiende ist für Parmenides identisch mit dem L.n, woran sich die Behauptung anschließt, daß es das L. nicht geben kann. In der Aufnahme der Verknüpfung von Bewegung und L. weist Parmenides die Möglichkeit von Bewegung ab. Ähnlich argumentieren Zenon von Elea (↑Paradoxien, Zenonische) und Melissos. Für den ↑Atomismus des Leukipp (↑Atom) gibt es umgekehrt das L., weil es Bewegung gibt. Danach besteht jeder natürliche Körper aus kleinsten Stoffteilchen und dazwischenliegenden Leerstellen. Aristoteles (Phys. Δ6–9.213a12–217b28) definiert das L. als den »Ort, an dem sich kein wahrnehmbarer Körper befindet« (auch keine Luft). Er sieht die Möglichkeit von Bewegung auch ohne das L. durch die Annahme einer Umschichtung von Materie oder eines Platzwechsels ($\mathit{\dot\alpha}\nu\tau\iota\mu\varepsilon\tau\dot\alpha\sigma\tau\alpha\sigma\iota\varsigma$, $\dot\alpha\nu\tau\iota\pi\varepsilon\rho\dot\iota\sigma\tau\alpha\sigma\iota\varsigma$) gewahrt. Indem Materieteile jeweils die Orte anderer Materieteile annehmen, entsteht ein Muster von Verschiebungen und entsprechend Bewegung. Epikur und die Stoiker (↑Stoa) schließen sich weitgehend den Aristotelischen Argumenten an, ebenso Straton von Lampsakos, der allerdings das L. für möglich hält: Viele Phänomene seien nur durch die Annahme erklärbar, daß die durchgängig mit festen Körpern angefüllte Welt die Möglichkeit besitze, Leerstellen freizugeben, in die dann andere Körper (z. B. Sonnenstrahlen) eindringen, ohne daß das L. selbst Realität werde. Gegen Aristoteles vertritt Kleomedes die Auffassung, daß es ein L.s gebe, zwar nicht innerhalb des Kosmos, wohl aber außerhalb der den Kosmos begrenzenden Hülle; dieses L. gilt ihm als unendlich und unbegrenzt.

Die Atome und das L. treten vor allem in der (modifizierten) Rezeption des ↑Epikureismus durch P. Gassendi in die Naturphilosophie der frühen Neuzeit ein. Dabei erlangten sie schnell Bedeutung in der beginnenden Naturwissenschaft. E. Torricelli stellte als erster ein Vakuum experimentell her (im oberen Teil eines verschlossenen, mit Quecksilber gefüllten Glasrohrs); O. v. Guericke erfand die Luftpumpe, die von R. Boyle für Experimente zum Gasdruck und zum Vakuum herangezogen wurde. Darüber hinaus diente die Annahme des L.n in der Materie zur Erklärung unterschiedlicher Dichten von Stoffen. Die von Boyle vorangetriebene ›strukturelle Chemie‹ operierte mit Partikeln unterschiedlicher Gestalt, die sich in gestufter Hierarchie im leeren Raum anordnen sollten.

Unter den neuzeitlichen Gegnern der Vorstellung des L.n verdienen vor allem R. Descartes, G. W. Leibniz und I. Kant Erwähnung. In Konsequenz seiner Bestimmung der körperlichen Außenwelt als ›ausgedehnte Substanz‹ (↑res cogitans/res extensa) sieht Descartes alle Materie als unendlich teilbar und als durchgängig erfüllt an; einen leeren Raum, der absolut nichts enthält, kann es für ihn daher nicht geben. Leibniz, der die Res-extensa-Konzeption ablehnt, vertritt die Vorstellung von der Nicht-Existenz des L.n mit metaphysischen Argumenten: Die Grundvoraussetzung der Vollkommenheit der Welt lasse das Vorkommen unausgefüllter Leerstellen nicht zu. Außerdem gebe es für die Bestimmung des Verhältnisses von leerem und ausgefülltem Raum keinerlei Vernunftgründe; schließlich verstoße die Annahme des L.n gegen das Prinzip vom zureichenden Grund (↑Grund, Satz vom). Auch Kant weist in seiner Philosophie der Naturwissenschaft die Vorstellung eines leeren Raumes zurück. Für ihn ist Materie durch Raumerfüllung bestimmt, die ihrerseits den Widerstand gegen Deformation einschließt und auf die Wirkung von Kräften zurückgeht. Ein solcher Widerstand wird jedoch nicht vom L.n ausgeübt, so daß Leerstellen in der Materie sofort kollabieren würden (Metaphysische Anfangsgründe der Naturwissenschaft, Akad.-Ausg. IV, 496 ff.). Ein prominenter Einwand gegen das L. im Kosmos ist das (von I. Newton und anderen stammende) Argument, daß Licht von den Himmelskörpern die Erde erreicht (und Licht auch experimentell hergestellte irdische Vakua durchdringt). Dies verweise auf die Existenz eines alles durchdringenden ätherischen Mediums (↑Äther) als Träger des Lichts (Newton, Opticks, Queries 18–22). – In gegenwärtiger Sicht ist im Rahmen der Quantenfeldtheorie das Vakuum keineswegs leer. Vielmehr enthält es virtuelle Teilchen, also kurzlebige Zwischenzustände von Wechselwirkungen; ihm kommt eine (von Null verschiedene) Vakuumenergie zu.

Literatur: I. Craemer-Ruegenberg, Die Naturphilosophie des Aristoteles, Freiburg/München 1980, 100–102 (Kap. VI.2 Die Argumente gegen die Annahme der Existenz eines ›L.n‹); P. Duhem, Medieval Cosmology. Theories of Infinity, Place, Time, Void, and the Plurality of Worlds, ed. R. Ariew, Chicago

Ill./London 1985, 1990, 367–427 (Part IV Void); D. J. Furley, Aristotle and the Atomists on Motion in a Void, in: P. K. Machamer/R. G. Turnbull (eds.), Motion and Time, Space and Matter. Interrelations in the History of Philosophy and Science, Columbus Ohio 1976, 83–100, ferner in: ders., Cosmic Problems [s. u.], 77–90; ders., The Greek Cosmologists I (The Formation of the Atomic Theory and Its Earliest Critics), Cambridge/New York 1987, 2006; ders., Cosmic Problems. Essays on Greek and Roman Philosophy of Nature, Cambridge/New York 1989, 2009; M. Gatzemeier, Die Naturphilosophie des Straton von Lampsakos. Zur Geschichte des Problems der Bewegung im Bereich des frühen Peripatos, Meisenheim 1970, 93–97 (Kap. 3.3.2.3 Der leere Raum); E. Grant, Motion in the Void and the Principle of Inertia in the Middle Ages, Isis 55 (1964), 265–292; ders., Much Ado about Nothing. Theories of Space and Vacuum from the Middle Ages to the Scientific Revolution, Cambridge etc. 1981, 2008; A. Gregory, Ancient Science and the Vacuum, Physics Education 34 (1999), 209–213; S. Hartmann, Vacuum, Hist. Wb. Ph. XI (2001), 527–530; P. Heidrich, L. I., Hist. Wb. Ph. V (1980), 157–158; M. Hesse, Vacuum and Void, Enc. Ph. VIII (1967), 217–218; B. Inwood, The Origin of Epicurus' Concept of Void, Class. Philol. 76 (1981), 273–285; J. Katz, Aristotle on Velocity in the Void (Phys. Δ, 8, 216 a 20), Amer. J. Philol. 64 (1943), 432–435; T. S. Knight, Parmenides and the Void, Philos. Phenom. Res. 19 (1959), 524–528; T. Kouremenos, Aristotle's Argument against the Possibility of Motion in the Vacuum (Phys. 215b19–216a11), Wiener Stud. 115 (2002), 79–110; S. Manzo, The Arguments on Void in the Seventeenth Century. The Case of Francis Bacon, Brit. J. Hist. Sci. 36 (2003), 43–61; E. Paparazzo, Vacuum. A Void Full of Questions, Surface and Interface Analysis 40 (2008), 450–453; A. Reichenberger, Zum Begriff des L.n in der Philosophie der frühen Atomisten, Göttinger Forum f. Altertumswiss. 5 (2002), 105–122; C. B. Schmitt, Experimental Evidence for and against a Void. The Sixteenth-Century Arguments, Isis 58 (1967), 352–366; D. Sedley, Two Conceptions of Vacuum, Phronesis 27 (1982), 175–193; R. E. Siegel, Parmenides on the Void. Some Comments on the Paper of Thomas S. Knight, Philos. Phenom. Res. 22 (1961), 264–266; F. Solmsen, Epicurus on Void, Matter and Genesis. Some Historical Observations, Phronesis 22 (1977), 263–281, ferner in: ders., Kleine Schriften III, Hildesheim/Zürich/New York 1982, 333–351; R. Sorabji, Matter, Space and Motion. Theories in Antiquity and Their Sequel, London, Ithaca N. Y. 1988, Ithaca N. Y. 1992. M. G.

Leerformel, Bezeichnung für sprachliche Wendungen, die wie gehaltvolle Aussagen benutzt werden, sich jedoch bei näherer Analyse als inhaltsleer erweisen. Die Charakterisierung von Ausdrücken als ›L.n‹, vor allem wenn es um Wertorientierungen geht, kann damit im sozialwissenschaftlichen Bereich der Ideologiekritik (↑Ideologie) dienen, aber auch in der politischen Auseinandersetzung zu dem Zweck verwendet werden, den gegnerischen Standpunkt als bloßes Gerede zu kennzeichnen.

Literatur: O. Marquard, L., Hist. Wb. Ph. V (1980), 159–160; M. Schmid, L.n und Ideologiekritik, Tübingen 1972; E. Topitsch, Über L.n.. Zur Pragmatik des Sprachgebrauches in Philosophie und politischer Theorie, in: ders. (ed.), Probleme der Wissenschaftstheorie. Festschrift für Viktor Kraft, Wien 1960, 233–264. P. S.

Leerprädikator, Bezeichnung für einen ↑Prädikator, der auf keinen Gegenstand zutrifft, dessen Extension (↑extensional/Extension) also die leere Menge (↑Menge, leere) ist. Ein L. ist z. B. der durch die Definition $›P(x) \leftrightharpoons x \neq x‹$ gegebene Prädikator, der sogar unerfüllbar (↑unerfüllbar/Unerfüllbarkeit) ist, d. h. aus logischen Gründen auf keinen Gegenstand zutrifft, im Gegensatz etwa zu $›P(x) \leftrightharpoons x$ ist ein im 19. Jh. geborenes Einhorn‹, wodurch ein nur aus *empirischen* Gründen leerer Prädikator gegeben ist. L.en dieser Art spielen eine wichtige Rolle bei der Charakterisierung fiktionaler Rede (↑Fiktion, ↑Fiktion, literarische). P. S.

Leerstelle, ↑Variable.

Lefebvre, Henri, *Hagetmau (Landes) 16. Juni 1901, †Pau 29. Juni 1991, franz. Philosoph und Soziologe. Bis zur Promotion 1920 Studium der Philosophie in Aix-en-Provence (bei M. Blondel) und an der Sorbonne (bei L. Brunschvicg), 1929–1940 Philosophielehrer im Schuldienst, 1941 Entlassung und Untergrundtätigkeit, 1944–1949 künstlerischer Direktor beim Rundfunk in Toulouse, 1949–1961 Forschungsleiter am »Centre national de la recherche scientifique« (Schwerpunkt Agrarsoziologie), 1961 Prof. der Soziologie in Straßburg, ab 1965 in Nanterre, 1973 Emeritierung. – In die Zeit von 1928 (Eintritt L.s in die KPF) bis 1958 (Ausschluß aus der Partei) fallen eine Reihe von Arbeiten, in denen sich L. vor allem mit dem Werk (besonders dem Frühwerk) von K. Marx auseinandersetzt. Dabei sieht L. den dialektischen Materialismus (↑Materialismus, dialektischer) als objektiven Leitfaden für wissenschaftliche Erkenntnis an, während er in späteren Arbeiten (nach 1958) versucht, gegen einen orthodoxen, dogmatischen ›Diamat‹-Begriff eine Neuinterpretation des ↑Marxismus zu setzen: eine ›Rückkehr zu Marx‹ (»retour à Marx comme théoricien de la fin de la philosophie, comme théoricien de la praxis«, La somme et le reste I, Paris 1959, 75). Diese Neubewertung der Marxschen Positionen führt L. zur Ablehnung des dialektischen Materialismus als absoluter Methode (bei Marx selbst sei die ›konkrete historische Dialektik‹ auf die Praxis gegründet) und zur Forderung einer an den Problemen der Gegenwart orientierten Interpretation des Marxismus. Weitere Arbeiten L.s sind der Soziologie des Alltagslebens und der modernen Stadt gewidmet.

Werke: Hitler au pouvoir. Les enseignements de cinq années de fascisme en Allemagne, Paris 1938; Le matérialisme dialectique, Paris 1939, [7]1974, Neuaufl. 1990 (dt. Der dialektische Materialismus, Frankfurt 1966, [5]1971; engl. Dialectical Materialism, London 1968, Minneapolis Minn. 2009); L'existentialisme, Paris 1946, [2]2001; Critique de la vie quotidienne, Paris 1947, erw.: I–II, Paris [2]1958/1961, I–III, Paris 1977–1981 (dt. Kritik des Alltagslebens. Grundrisse einer Soziologie der Alltäglichkeit, I–III, ed. D. Prokop, München 1974–1975, I–III in einem Bd.,

Kronberg 1977; engl. Critique of Everyday Life, I–III, London/ New York 1991–2005, 2008); Marx. 1818–1883, [Genf/Paris] 1947; Contribution à l'esthétique, Paris 1953, ²2001 (dt. Beiträge zur Ästhetik, Heidenau 1956); Problèmes actuels du marxisme, Paris 1958, ⁴1970 (dt. Probleme des Marxismus, heute, Frankfurt 1965, ⁶1971); La somme et le reste, I–II, Paris 1959, in einem Bd., ⁴2009; Introduction à la modernité. Préludes, Paris 1962, 1977 (dt. Einführung in die Modernität. 12 Präludien, Frankfurt 1978; engl. Introduction to Modernity. Twelve Preludes. September 1959 – May 1961, London/New York 1995); Métaphilosophie. Prolégomènes, Paris 1965, 2000 (dt. Metaphilosophie. Prolegomena, Frankfurt 1975); Le langage et la société, Paris 1966, 1970 (dt. Sprache und Gesellschaft, Düsseldorf 1973); La vie quotidienne dans le monde moderne, Paris 1968, 1975 (engl. Everyday Life in the Modern World, London, New York 1971, London/New York 2002; dt. Das Alltagsleben in der modernen Welt, Frankfurt 1972); Le droit à la ville, Paris 1968, erw.: I–II, Paris ²1970/1972, ³2009/²2000; Du rural à l'urbain, Paris 1970, ³2001; La révolution urbaine, Paris 1970, 1979 (dt. Die Revolution der Städte, München 1972, Berlin, Dresden 2003; engl. The Urban Revolution, Minneapolis Minn. 2003, 2008); Au-delà du structuralisme, Paris 1971, gekürzt unter dem Titel: L'idéologie structuraliste, Paris 1975, 1985; La survie du capitalisme. La reproduction des rapports de production, Paris 1973, ³2002 (dt. Die Zukunft des Kapitalismus. Die Reproduktion der Produktionsverhältnisse, München 1974; engl. The Survival of Capitalism. Reproduction of the Relations of Production, London, New York 1976); La production de l'espace, Paris 1974, ⁴2000 (engl. The Production of Space, Oxford/Malden Mass. 1991, 2009); Hegel, Marx, Nietzsche. Ou, le royaume des ombres, Paris/Tournai 1975; De l'état, I–IV, Paris 1976–1978; La présence et l'absence. Contribution à la théorie des représentations, Paris/Tournai 1980; Une pensée devenue monde. Faut-il abandonner Marx?, Paris 1980; Qu'est-ce que penser?, Paris 1985; (mit P. Latour/F. Combes) Conversation avec H. L., Paris 1991; Méthodologie des sciences. Inédit, Paris 2002; H. L.. Key Writings, ed. S. Elden/E. Lebas/E. Kofman, London/New York 2003, 2006. – J. Nordquist, H. L. and the Philosophies Group. A Bibliography, Santa Cruz Calif. 2001.

Literatur: C. Azzimonti, La storiografia filosofica di H. L., Riv. crit. stor. filos. 20 (1965), 54–77; B. Bernardi, Une vie pour penser et porter la lutte de classe à la théorie. Entretien avec H. L., La nouvelle critique NS (1979), H. 125, 44–54; N. Brenner, H. L. in Contexts. An Introduction, Antipode 33 (2001), 763–768; ders./S. Elden, H. L. on State, Space, Territory, Int. Polit. Sociology 3 (2009), 353–377; B. Burkhard, French Marxism between the Wars. H. L. and the ›Philosophies‹, Amherst N. Y. 2000; C. Butler, H. L.. Spatial Politics, Everyday Life and the Right to the City, London 2010; M. Caveing, Le philosophe et le politique, La nouvelle critique 7 (1955), no. 69, 95–105; L. Costes, H. L.. Le droit à la ville. Vers la sociologie de l'urbain, Paris 2009; A. Davidson, H. L., Thesis Eleven 33 (1992), 152–155; S. Deulceux/R. Hess, H. L.. Vie, oeuvres, concepts, Paris 2009; S. Elden, Politics, Philosophy, Geography. H. L. in Recent Anglo-American Scholarship, Antipode 33 (2001), 809–825; ders., Understanding H. L.. Theory and the Possible, London/ New York 2004, 2006; I. Fetscher, Der Marxismus im Spiegel der französischen Philosophie, Marxismusstud. 1 (1954), 173–213, bes. 176–182; K. Goonewardena u. a. (eds.), Space, Difference, Everyday Life. Reading H. L., London/New York 2008; R. Hess, H. L. et l'aventure du siècle, Paris 1988; ders., L., DP II (²1993), 1704–1705; ders., H. L. et la pensée du possible. Théorie des

moments et construction de la personne, Paris 2009; T. Kleinspehn, Der verdrängte Alltag. H. L.s marxistische Kritik des Alltagslebens, Gießen 1975; E. Kurzweil, The Age of Structuralism. Lévi-Strauss to Foucault, New York 1980, New Brunswick N. J. 1996, 57–85 (Chap. III H. L.. A Marxist against Structuralism); H. Lethierry, Penser avec H. L.. Sauver la vie et la ville?, Lyon 2009; M. R. Martins, The Theory of Social Space in the Work of H. L., in: R. Forrest/J. Henderson/P. Williams (eds.), Urban Political Economy and Social Theory, Aldershot 1982, 160–185; V. Mencucci, La molla del progresso in un revisionista: H. L., Riv. filos. neoscolastica 62 (1970), 708–718; A. Merrifield, H. L.. A Critical Introduction, New York/London 2006; K. Meyer, H. L.. Ein romantischer Revolutionär, Wien 1973; ders., Von der Stadt zur urbanen Gesellschaft. Jacob Burckhardt und H. L., München/Paderborn 2007; M. Mezzanzanica, L., in: F. Volpi (ed.), Großes Werklexikon der Philosophie II, Stuttgart 1999, 889–890; U. Müller-Schöll, Das System und der Rest. Kritische Theorie in der Perspektive H. L.s, Mössingen-Talheim 1999 (franz. Le système et le reste. La théorie critique de H. L., Paris 2006, 2007); M. Périgord, H. L. ou les moments de la quotidienneté, Rev. synt. 98 (1977), 235–254; C. Schmid, Stadt, Raum und Gesellschaft. H. L. und die Theorie der Produktion des Raumes, Stuttgart 2005; H. Schmidt, Sozialphilosophie des Krieges. Staats- und subjekttheoretische Untersuchungen zu H. L. und Georges Bataille, Essen 1990; J. P. Schwab, L'homme total. Die Entfremdungsproblematik im Werk von H. L., Frankfurt/Bern/New York 1983; R. Shields, L., REP V (1998), 489–491; ders., L., Love and Struggle. Spatial Dialectics, London/New York 1999; K. Simonsen, Bodies, Sensations, Space and Time. The Contribution from H. L., Geografiska Annaler Ser. B 87 (2005), 1–14; B. Thiry/J.-L. Cachon, L., Enc. philos. universelle III/2 (1992), 3464–3465; A. Vachet, De la fin de l'histoire à l'analyse différentielle. La révolution urbaine (Les derniers ouvrages d'H. L.), Dialogue 11 (1972), 400–419; F. Weber, L., Enc. filos. IV (1982), 1111–1112; F. O. Wolf, L., in: B. Lutz (ed.), Metzler Philosophen Lexikon, Stuttgart/Weimar ³2003, 397–400. – Espaces et sociétés 76 (1994). P. B.

Lefèvre d'Étaples, Jacques, ↑Faber, Jacobus.

Legalisten (= Legisten) (Fa-jia), Bezeichnung einer Gruppe chinesischer Staatstheoretiker und Strafrechtsphilosophen (darunter als Hauptvertreter Han Fei Tzu, Shang Yang, Shen Pu-hai) der Zeit der ›Streitenden Reiche‹ (400–200 v. Chr.). Diese befassen sich mit der Frage, wie ein Herrscher und sein Staat stark und mächtig werden und bleiben kann. Ziel war dabei vor allem militärische Stärke, die schließlich zur Übermacht über die anderen Staaten und zur Einigung des damals in viele Staaten zersplitterten China führen sollte. Die von den L. empfohlenen Mittel sind: Unterdrückung konservativ-traditionalistischer Ideologien, Herrschaft durch klar bestimmte, jedermann bekannte und nicht der Auslegung durch Advokaten bedürftige Gesetze, Sanktionen aller Gesetze durch rigorose Strafen, denen jedermann unterworfen ist, Förderung des Ackerbaus, Unterdrückung des Handels (insbes. mit Getreide) und der Intellektuellen, Stärkung des Militärs. Wenn dafür gesorgt ist, daß Übertretungen der Gesetze tatsächlich entdeckt und wie angedroht bestraft werden, wird die Furcht so groß sein, daß kaum noch Übertretungen geschehen. Deshalb werden die angedrohten Strafen kaum noch vollzogen werden müssen. Dies heißt: »Das Strafen durch Strafen überflüssig machen.« Als Gegenpol zu den zahlreichen Strafen gibt es ein System von (weniger zahlreichen) materiellen Belohnungen für tüchtige Ackerbauer und erfolgreiche Krieger. Auch die Belohnungen müssen verbindlich zugesagt und in jedem Falle gewährt werden. Die Ankündigungen/Androhungen des Herrschers müssen unbedingt verläßlich sein, sonst nimmt das Volk den Herrscher nicht ernst. – Als offizielle Staatsideologie ist der *Legalismus* bald wieder verschwunden und durch den ideologisch weniger brutalen ↑Konfuzianismus ersetzt worden. In der politischen Realität ging man oft genug nach legalistischen Prinzipien vor.

Literatur: L. S. Chang, Legalist Philosophy, Chinese, REP V (1998), 531–538; Z. Fu, China's Legalists. The Earliest Totalitarians and Their Art of Ruling, Armonk N. Y. 1996; Y.-L. Fung [Y. Feng], A History of Chinese Philosophy I, Peking, London, Princeton N. J. 1937, Princeton N. J. 1952, Delhi 1994; H. Schleichert, Klassische chinesische Philosophie. Eine Einführung, [mit H. Roetz] ³2009, bes. 179–238; L. Vandermeersch, La formation du légisme. Recherche sur la constitution d'une philosophie politique caractéristique de la Chine ancienne, Paris 1965, 1987. H. S.

Legalität (von lat. legalis, gesetzmäßig), Begriff der modernen Ethik und der Staatstheorie (↑Staatsphilosophie): die *äußerliche*, *objektive* und *formale* Übereinstimmung von Handlungen, Handlungsnormen und der auf sie bezogenen Verfahren mit dem positiven Gesetz, ohne Berücksichtigung der inneren Einstellung des Handelnden und der substantiellen Begründetheit der in den vorgesehenen Formen zustandegekommenen Entscheidungen am Maßstab einer überpositiven Rechtsquelle. Komplementärer Begriff: ↑Legitimität. Der Sache nach ist die Unterscheidung von L. und Legitimität als Kriterium des sittlichen Charakters von Handlungen in der Ethik und in den politischen Ordnungen in der Staatsphilosophie schon in der Antike entwickelt worden. Aristoteles hebt in der ↑Ethik nicht auf die Beurteilung der Handlung selbst ab, sondern auf die innere Einstellung des Handelnden, der sie auf Grund bewußten und freiwilligen Entschlusses um ihrer selbst willen wählt (Eth. Nic. *B*3.1115a17ff.). Dem entspricht bei I. Kant die Unterscheidung von L. und ↑Moralität (KpV A 127). Im Rahmen der Staatsphilosophie verwendet Aristoteles Begriffe des ↑Rechts, wenn er politische Ordnungen, deren Zweck die Herstellung des allgemeinen Nutzens ist, als dem absoluten Recht entsprechend konstruiert und deswegen als rechtmäßige politische Ordnungen bezeichnet und sie von den despotischen Ordnungen unterscheidet, in denen die Herrschenden den

persönlichen Vorteil suchen. Die mittelalterliche Staatsphilosophie, besonders Thomas von Aquin, führt die antike Tyrannenlehre in christlicher Formulierung fort. Die sittliche Bestimmung des Staatszwecks bleibt erhalten. Das aus der stoisch-christlichen Lehre von der ursprünglichen Gleichheit aller Menschen entstehende Legitimationsproblem von ↑Herrschaft wird unter Rückgriff auf die spätantike Argumentationsfigur des ↑Gesellschaftsvertrags und die Lehre von der Volkssouveränität gelöst; dies unabhängig von der Position im Streit zwischen Papsttum und weltlicher Gewalt. Herrschaft ist nicht ›legitima potestas‹, wenn ihre Entstehung fehlerhaft ist (tyrannus ex defectu tituli) oder wenn sie in ihrem Vollzug fehlerhaft wird (tyrannus ex parte exercitiis). Gegenüber der ungerechten Herrschaft besteht ein unterschiedlich ausgestaltetes Widerstandsrecht als Folge einerseits der konsenshaften Herrschaftsbegründung in der Staatsphilosophie, andererseits des germanisch-fränkischen Fehderechts gegenüber dem sich durch Verletzung des gegenseitigen Treueverhältnisses ins Unrecht und damit außerhalb des Rechts setzenden Lehnsherrn. Im Zentrum auch der spätscholastischen Staatsphilosophie steht der Begriff der Legitimität im ethischen Sinne rechtmäßiger Begründung und rechtmäßigen Vollzugs von Herrschaft. Die Einheit von ›lex‹ und ›iustitia‹ macht den Verstoß auch des Herrschers gegen den subjektiven Rechtsanspruch zu einem Verstoß gegen göttliches Recht und begründet die spätmittelalterlichem Rechtsdenken entsprechende Dualität von Staatsgewalt und Selbsthilfe. Erst als die Selbsthilfe zum bloßen Faustrecht wird, kann der moderne Gesetzgebungsstaat allmählich das Monopol physischer Zwangsgewalt erwerben.

Die Erfahrungen der religiösen Bürgerkriege bereiten den Boden für das monarchische Legitimitätsprinzip und die Lehre vom Gottesgnadentum der Könige, die sich auf zweifelhafte Analogien mit der väterlichen Gewalt und auf Bibelstellen, die im Zeitalter der einsetzenden Glaubenskrise keine Argumente mehr darstellen, stützt und von der Staatsphilosophie nicht aufgenommen wird. Der theokratische ↑Absolutismus, wie er von James I. von England (The True Lawe of Free Monarchies [...], Edinburgh 1598, London 1642) oder von J. B. Bossuet (Politique tirée des propres paroles de l'Écriture Sainte, Paris 1709) gelehrt wird, kann nur geglaubt werden. In den gegen fürstlichen Absolutismus gerichteten politischen Theorien der ↑Aufklärung hat der Ausdruck ›legitimus‹ (auch schon ›légitime‹ und ›legitimate‹) die tradierte Bedeutung der Rechtmäßigkeit einer häufig schon gewaltengeteilten, auf einem Gesellschaftsvertrag ursprünglich freier und gleicher Menschen beruhenden politischen Ordnung im Rahmen des Vernunftrechts (↑Gesellschaft, bürgerliche). Dabei kommt es zur Neukonstruktion eines von Religion und Kosmologie unabhängigen praktisch-philosophischen ↑Naturrechts, aber auch zu dessen Krise. Zum ersten Mal bei J.-J. Rousseau, terminologisch präziser bei Kant, tritt an die Stelle entfallender inhaltlicher ↑Letztbegründung ein formales ↑Vernunftprinzip, durch das Voraussetzungen und Verfahren der Einigung selber legitimierende Kraft erhalten. In diesem Sinne nennt sich auch die französische Nationalversammlung, seit sie aus eigenem Recht tagt, ›légitime‹. – Nicht staatsphilosophische, sondern staatsrechtliche Bedeutung erhält der Begriff der Legitimität in der Restauration. In dem von C. M. de Talleyrand auf dem Wiener Kongreß geforderten Legitimitätsprinzip dient die Unterscheidung legitimer, d. h. altangestammter, Herrschaft von illegitimer, durch Revolution errichteter Herrschaft der Wiederherstellung der vorrevolutionären Ordnung und deren neuer völkerrechtlicher Garantie durch die Ächtung der Annexion als Erwerbstitel. Aber ähnlich wie bei der frühneuzeitlichen Lehre vom Gottesgnadentum wird auch das Prinzip der dynastischen Legitimität in seiner modernen Fassung von der Staatsphilosophie kaum nachvollzogen. Die alte Unterscheidung formal und inhaltlich rechtmäßiger Herrschaft eröffnet nach der Trennung des positiven Gesetzes vom Recht auch die Möglichkeit legalen Unrechts (↑Rechtspositivismus) und der Legitimität revolutionärer Handlungen.

Für C. Schmitt stellt sich das Problem des Gegensatzes von L. und Legitimität im Staatsrecht, nachdem die von ihm unterstellte Wirklichkeit eines von partikularen Interessen gereinigten unvoreingenommenen und unparteiisch handelnden Parlamentarismus im Vielparteienstaat der Weimarer Republik verlorenging. Dem die Dimension der inhaltlichen Gerechtigkeit ausblendenden Rechtspositivismus, für den die äußerliche L. des Verfahrens bereits Legitimität konstituiert, setzt Schmitt die Forderung einer plebiszitär herzustellenden, inhaltlich über ↑Ideologien vermittelten neuen Legitimität der politischen Führerperson entgegen. Für die Herrschaft als Chance der Gehorsamsfindung bestimmende Staatssoziologie M. Webers sind die drei Typen legitimer Herrschaft (1) ›charismatische Herrschaft‹ (gekennzeichnet als affektuelle Hingabe an die Person des Herrn und seine Gnadengaben), (2) ›traditionelle Herrschaft‹ (gekennzeichnet durch den Glauben an die Heiligkeit der angestammten Ordnung) und (3) ›legale Herrschaft‹ (gekennzeichnet durch die Grundvorstellung, daß durch formal korrekt gewillkürte Satzung beliebiges Recht geschaffen werden könne) Formen des für die dauerhafte Aufrechterhaltung von Staatsgewalt notwendigen, sich in Gehorsamsmotivationen ausdrückenden Legitimitätssystems, das seinen Rechtsgrund in sich selbst trägt. Der Legitimationsglaube wird dabei als empirisches Phänomen ohne Wahrheitsbezug begriffen (M. Weber, Wirtschaft und Gesellschaft, [5]1972, 157–176).

Die Diskussion, die sich an Webers Typ der sich nur über das Verfahren legitimierenden rationalen und legalen Herrschaft anschloß, hat zu einer Erweiterung des Katalogs legitimitätserzeugender Einstellungen über das Mischungsverhältnis von Zustimmung und Zwang hinausgeführt, deren je verschiedene Zusammensetzung das Phänomen der durchgängigen Akzeptanz autoritativ getroffener Entscheidungen mit Verbindlichkeit für den einzelnen erklären soll. Angesichts der Komplexität der vom politisch-administrativen System moderner Gesellschaften in Entscheidungen umzusetzenden Themen werde Legitimität, die N. Luhmann als generalisierte Bereitschaft auffaßt, »inhaltlich noch unbestimmte Entscheidungen innerhalb gewisser Toleranzgrenzen hinzunehmen«, nicht mehr über eine Ethik, sondern im politischen System selbst hergestellt (N. Luhmann 1969, 28–53). Legitimität beruhe gerade nicht mehr auf freiwilliger Anerkennung, auf persönlich zu verantwortender Überzeugung, sondern im Gegenteil auf einem sozialen Klima, das die Anerkennung verbindlicher Entscheidungen als Selbstverständlichkeit institutionalisiere. Im Gegensatz zu Luhmann, der den Versuch diskursiver (↑diskursiv/Diskursivität) Einlösung ↑normativer Geltungsansprüche bei der Analyse von Legitimitätsproblemen als systematische Unterschätzung der Weltkomplexität ablehnt, hält J. Habermas, dessen Intentionen sich hier mit denen des ↑Konstruktivismus der ↑Erlanger Schule treffen, an der Wahrheitsfähigkeit praktischer Fragen und der praktisch-philosophischen Behandlung des Problems der Legitimität politischer Ordnungen auch und gerade im Spätkapitalismus fest. Mit den Mitteln einer ↑Universalpragmatik skizziert Habermas ein Verfahren, in dem normative Geltungsansprüche begründet und deren Anerkennung rational motiviert werden können (Habermas 1974, 271–303).

Literatur: O. Brunner, Land und Herrschaft. Grundfragen der territorialen Verfassungsgeschichte Südostdeutschlands im Mittelalter, Baden 6. Wien 1939, unter dem Titel: Land und Herrschaft. Grundfragen der territorialen Verfassungsgeschichte Österreichs im Mittelalter, Wien/Wiesbaden [4]1959, [5]1965 (repr. Darmstadt 1970, 1990) (engl. Land and Lordship. Structures of Governance in Medieval Austria, Philadelphia Pa. 1984, 1992); ders., Neue Wege der Sozialgeschichte. Vorträge und Aufsätze, Göttingen 1956, unter dem Titel: Neue Wege der Verfassungs- und Sozialgeschichte,[2]1968, [3]1980; J. Dennert, Ursprung und Begriff der Souveränität, Stuttgart 1964; A. Gauland, Das Legitimitätsprinzip in der Staatenpraxis seit dem Wiener Kongreß, Berlin 1971; F. P. G. Guizot, Histoire des origines du gouvernement représentatif en Europe, I–II, Brüssel, Paris 1851, unter dem Titel: Histoire des origines du gouvernement représentatif et des institutions politiques de l'Europe depuis la chute de l'Empire romain, jusqu'au XIVe siècle, I–II, Paris [2]1855, [4]1880 (engl. The History of Origin of Representative Government in Europe, London 1852, unter dem Titel: The History of the Origins of Representative Government in Europe, Indianapolis Ind. 2002); J. Habermas, Legitimationsprobleme im Spätkapitalismus, Frankfurt 1973, 1992 (engl. Legitimation Crisis, Boston Mass. 1975, 2005; franz. Raison et légitimité. Problèmes de légitimation dans le capitalisme avancé, Paris 1978, 2008); ders., Legitimationsprobleme im modernen Staat, in: ders., Zur Rekonstruktion des Historischen Materialismus, Frankfurt 1976, 2001, 271–303; H. Hofmann, Legitimität gegen L.. Der Weg der politischen Philosophie Carl Schmitts, Neuwied/Berlin 1964, Berlin ⁴2002; ders., L., Legitimität, Hist. Wb. Ph. V (1980), 161–166; F. Kern, Gottesgnadentum und Widerstandsrecht im früheren Mittelalter. Zur Entwicklungsgeschichte der Monarchie, Leipzig 1914, ed. R. Buchner, Darmstadt, Münster/Wien/Köln ²1954, Darmstadt 1980 (engl. Kingship and Law in the Middle Ages, I–II, Oxford 1939, New York 1970); P. Graf Kielmansegg (ed.), Legitimationsprobleme politischer Systeme. Tagung der Deutschen Vereinigung für Politische Wissenschaft in Duisburg, Herbst 1975, Polit. Vierteljahresschr. Sonderheft 7, Opladen/Braunschweig 1976; N. Luhmann, Legitimation durch Verfahren, Neuwied/Berlin 1969, 1975 (erw. um ein Vorwort), Frankfurt 2008, E. Reibstein, Volkssouveränität und Freiheitsrechte. Texte und Studien zur politischen Theorie des 14.–18. Jahrhunderts, ed. C. Schott, I–II, Freiburg/München 1972; C. Schmitt, Die geistesgeschichtliche Lage des heutigen Parlamentarismus, München 1923, München/Leipzig ²1926, Berlin 1996; ders., Verfassungslehre, München/Leipzig 1928, Berlin 2003 (engl. Constitutional Theory, Durham N.C./London 2008); ders., L. und Legitimität, München/Leipzig 1932, Berlin 2005 (engl. Legality and Legitimacy, Durham N.C./London 2004); F. J. Stahl, Die Philosophie des Rechts nach geschichtlicher Ansicht, I–III [Bde II u. III in einem Bd.], Heidelberg 1830/1837, ab 2. Aufl. unter dem Titel: Die Philosophie des Rechts, Heidelberg ²1845/1847, ⁵1878 (repr. Hildesheim, Darmstadt 1963, Hildesheim 2000); D. Sternberger, Arten der Rechtmässigkeit, Polit. Vierteljahresschr. 3 (1962), 2–13; H. Wagner, L./Legitimität, in: H. J. Sandkühler (ed.) Europäische Enzyklopädie zu Philosophie und Wissenschaften III (1990), 31–35; M. Weber, Wirtschaft und Gesellschaft. Grundriss der Sozialökonomik, Tübingen 1922, mit Untertitel: Grundriß der verstehenden Soziologie, ed. J. Winkelmann, ⁵1972, Frankfurt 2008; J. Winckelmann, Die verfassungsrechtliche Unterscheidung von Legitimität und L., Z. f. d. gesamte Staatswiss. 112 (1956), 164–175; K. Wolzendorff, Staatsrecht und Naturrecht in der Lehre vom Widerstandsrecht des Volkes gegen rechtswidrige Ausübung der Staatsgewalt. Zugleich ein Beitrag zur Entwicklungsgeschichte der modernen Staatsgedankens, Breslau 1916, Aalen 1968; T. Würtenberger, Legitimität, L., in: O. Brunner/W. Conze/R. Koselleck (eds.), Geschichtliche Grundbegriffe. Historisches Lexikon zur politisch-sozialen Sprache in Deutschland III, Stuttgart 1982, 677–740.   H. R. G.

Legitimität (von lat. legitimus, rechtmäßig), Begriff der ↑Staatsphilosophie und der Gesellschaftswissenschaften: die *innere materiale* Übereinstimmung von Handlungen, Handlungsnormen und daher insbes. von ↑Herrschaft und politischen Ordnungen mit dem vom positiven Gesetz unterschiedenen ↑Recht entsprechend den historisch geltenden Vorstellungen von ↑Gerechtigkeit im Rahmen von Kosmologien und politischen Theorien. Der Begriff der L. wird im systematischen (verfassungsrechtlichen) Zusammenhang mit dem Begriff der ↑*Legalität* gebildet.

Literatur: ↑Legalität.   H. R. G.

Legrand (Le Grand), Antoine, *Douai 1627/1628, †London (oder Oxfordshire) 1699, franz. Philosoph und Theologe. Nach Ausbildung und (ab 1655) philosophischer und theologischer Lehrtätigkeit in Douai geht L., der 1647 den so genannten Rekollekten, einer Reformrichtung des Franziskanerordens, beigetreten war, 1656 in missionarischem Auftrag nach England. Er vertritt dort, zunächst in London, dann in Oxford, Cartesische Positionen, dies insbes. gegen den anglikanischen Bischof S. Parker (Apologia pro Renato Des-Cartes contra Samuelem Parkerum, 1679) und den katholischen Geistlichen J. Sergeant (Dissertatio de ratione cognoscendi. Et appendix De mutatione formali, 1698), der sich generell gegen den (erkenntnistheoretischen) Ideenbegriff (↑Idee (historisch)) nicht nur R. Descartes', sondern auch J. Lockes und N. Malebranches, wendet. 1698 Provinzialoberer des Franziskanerordens in England. – Im Mittelpunkt seines philosophischen Anschlusses an Descartes (An Entire Body of Philosophy. According to the Principles of the Famous Renate des Cartes, 1694) stehen dessen ›Ideenlehre‹ (↑Idee (historisch)), der ↑Dualismus von Geist und Körper (↑res cogitans/res extensa, ↑Leib-Seele-Problem), der ↑Gottesbeweis und die Maschinentheorie der Tiere. L. sucht der Cartesischen Philosophie eine scholastische Form zu geben, wobei er die scholastische (↑Scholastik) Logik durch Cartesische (Methoden-)Prinzipien zu ersetzen sucht. In der Ethik vertritt er zunächst stoische (↑Stoa) Positionen (Le Sage des Stoïques; ou l'homme sans passions. Selon les sentiments de Seneque, 1662), dann wieder eine eher Cartesische Konzeption. Insgesamt spielte L., ähnlich wie J. Rohault, dessen »Traité de physique« (1671) auch in England (in Übersetzung) den Status eines Cartesischen Lehrbuchs besaß, eine bedeutende Rolle bei dem Versuch, der Philosophie Descartes' in England Geltung zu verschaffen.

Werke: Encomium sapientiae, humilis, seu Scotus humilis elucidatus, Douai 1650; Le Sage du Stoïques; ou l'homme sans passions. Selon les sentiments de Seneque, La Haye 1662, unter dem Titel: Les caracteres de l'homme sans passions, selon les sentiments de Seneque, Paris 1665, Lyon 1666, Paris (engl. Man without Paßion [Passion]. Or, The Wise Stoick, According to the Sentiments of Seneca, London 1675); Physica, Amsterdam 1664; L'Epicure spirituel; ou, l'empire de la volupté sur les vertus, Paris 1669 (engl. The Divine Epicurus, or, The Empire of Pleasure over the Vertues, trans. E. Cooke, London 1676); Scydromedia seu sermo, quem Alphonsus de la Vida habuit coram Comite de Falmouth, de monarchia. Liber primus, o. O. [London] 1669, o. O. [Nürnberg] 1680 [enth. außerdem liber secundus] (dt. Scydromedia, ed. U. Greiff, Bern etc. 1991); Philosophia veterum, e mente Renati Descartes more scholastico breviter digesta, London 1671, stark erw. unter dem Titel: Institutio philosophiae secundum principia D. Renati DesCartes. Nova methodo adornata et explicata in usum juventutis academicae, London 1672, ³1675, 1678, ⁴1680, Nürnberg 1679, ²1683, ³1695, ⁴1711, (editio nova) Genf 1694 (engl. [erw.] The Institution, in: An Entire Body of Philosophy [s. u.], Teil I); Historia naturae, variis experimentis et ratiociniis elucidate. Secundum principia stabilita in institutione philosophiae [...], London 1673, Nürnberg 1678, London/Nürnberg ²1680, Nürnberg ⁴1702 (engl. [erw.] The History of Nature, which Illustrates the Institution, and Consists of Great Variety of Experiments Relating thereto [...], in: An Entire Body of Philosophy [s. u.], Teil II); Dissertatio de carentia sensus et cognitionis in brutis, London, Lyon 1675, Nürnberg 1679 (engl. [erw.] Dissertation of the Want of Sense and Knowledge in Brutes [...], in: An Entire Body of Philosophy [s. u.], Teil III); Apologia pro Renato Descartes contra Samuelem Parkerum, [...] instituta et adornata, London 1679, Nürnberg 1681; Curiosus rerum abditarum naturaeq[ue] [...], Nürnberg, Frankfurt 1681 (dt. Curieuser Erforscher der geheimen Natur. Das ist: Ein kurzer Begriff vieler annehmlicher und denkwürdiger Sachen welche als geheime Naturwunder Syn- und Antipathien oder offenbare Zuneigungen und Widersetzlichkeiten gegen andere Dinge durch des Autoris Beobachtungen mit fruchtreichem Nutzen eröffnet werden [...], übers. J. U. M[üller], Nürnberg o. J. [1682], 1715); Jacobi Rohaulti Tractatus Physicus gallice emissus et recens latinitate donatus per Th. Bonetum D. M. cum animadversionibus Antonii Le Grand, London 1682, 1691, 1692, 1696, unter dem Titel: Jacobi Rohaulti Tractatus physicus cum Animadversionibus Antonii Le Grand, Amsterdam 1691, 1700, unter dem Titel: Jacobi Rohaulti Tractatus physicus. Latine vertit, recensuit et uberioribus jam adnotationibus, ex illustrissimi Isaaci Newtoni Philosophia maximam partem haustis, amplificavit et ornavit Samuel Clarke. Cum Animadversionibus integris Antonii Le Grand, Amsterdam 1708, 519–562 (Animadversiones in Jacobi Rohaulti Tractatum physicum), in 2 Bdn., Köln 1713; Historia sacra a mundi exordio ad Constantini Magni imperium deducta, London 1685, Herborn 1686; An Entire Body of Philosophy. According to the Principles of the Famous Renate Des Cartes, in Three Books. I The Institution, in X Parts [...]. II The History of Nature [...]. III A Dissertation of the Want of Sense and Knowledge in Brute Animals [...], ed. R. Blome, London 1694 (repr., ed. R. A. Watson, New York/London 1972, in 2 Bdn., Bristol 2003); Missae sacrificium neomystis succincte expositum [...], London 1695; Dissertatio de ratione cognoscendi. Et appendix De mutatione formali [...], London 1698; Historia Haeresiarcharum a Christo nato ad nostra usque tempora [...], Douai 1702, 1724, 1729.

Literatur: R. Acworth, Le Grand, in: H. C. G. Matthew/B. Harrison (eds.), Oxford Dictionary of National Biography. From the Earliest Times to the Year 2000 XXXIII, Oxford/New York 2004, 208–209; F. Bouillier, Histoire de la philosophie cartésienne I, Paris 1854, ³1868 (repr. Brüssel 1969, Hildesheim/New York 1972, New York/London 1987), 502–505; P. Damiron, Essai sur l'histoire de la philosophie en France, au XVIIᵉ siècle I, Paris 1846, 96–102; A. A. Davenport, Baroque Fire. A Note on Early-Modern Angelology, Early Sci. and Medicine 14 (2009), 369–397, bes. 389–394; P. Easton, Le Grand, REP V (1998), 479–481; dies., A. Le Grand, SEP (2001, rev. 2006); B. Lüsse, L., BBKL IV (1992), 1359–1361; T. Mautner, From Virtue to Morality. A. Le Grand (1629–1699) and the New Moral Philosophy, Jb. Recht u. Ethik 8 (2000), 209–232; A. Pacchi, Ein Anhänger und ein Gegner der cartesischen Philosophie. 1. A. Le Grand, in: J.-P. Schobinger (ed.), Die Philosophie des 17. Jahrhunderts III (England), Basel 1988, 298–301, 309; J. M. Patrick, »Scydromedia«. A Forgotten Utopia of the Seventeenth Century, Philol. Quart. 23 (1944), 273–282; A. Pyle, Le Grand, in: ders. (ed.), The Dictio-

nary of Seventeenth-Century British Philosophers II, Bristol 2000, 508–510; J. K. Ryan, Anthony L. (1629–99). Franciscan and Cartesian, New Scholasticism 9 (1935), 226–250; ders., »Scydromedia«. Anthony L.'s Ideal Commonwealth, New Scholasticism 10 (1936), 39–55; R. A. Watson, The Downfall of Cartesianism 1673–1712, The Hague 1966, 81–84, erw. unter dem Titel: The Breakdown of Cartesian Metaphysics, Atlantic Highlands N. J. 1987, 93–96 (Chap. 6.6 A. Le Grand. Ideas as Nature's Signs).   J. M.

Lehren und Lernen, Bezeichnung für das gemeinsame, in der Regel *methodische Handeln* zweier oder mehrerer Partner, durch das wenigstens einer von ihnen sich Lehr-Lerngegenstände, d. h. praktische, poietische oder theoretische Fertigkeiten, aneignet. Sonderfall von L. u. L. als partnerschaftlichem Handeln ist, sein eigener Lehrer zu sein. Lehren – der die Vermittlung von Fertigkeiten ausmachende Anteil – bedient sich vorwiegend geeigneter semiotischer (↑Semiotik) Handlungen, durch deren Vollzug oder Ergebnis (↑Darstellung (semiotisch)) der Partner zur/bei der Aneignung von Fertigkeiten angeleitet wird. Die dazu verwendeten, meist gegenstandsspezifisch unterschiedenen Mittel (z. B. philosophische Lehrbücher) heißen ›Lehr- bzw. Lernmittel‹; Unterricht als eigene Veranstaltung ist demnach ebenfalls ein, allerdings ausgezeichnetes Lehr-Lernmittel. Lernen – der die Aneignung von Fertigkeiten (↑Verstehen) (oder eines Bündels von Fertigkeiten, z. B. Mathematik [lernen]) ausmachende Anteil – ist die versuchsweise Ausführung von zu einer Fertigkeit gehörenden ˙Handlungen mit dem Ziel, über wiederholtes Gelingen zu ihrer Beherrschung zu kommen. Elementares Vor- und Nachmachen bildet den Übergang vom bloßen Abrichten zum L. u. L..

Seit der Antike besteht eine enge Beziehung zwischen L. u. L. und Erkennen (für Aristoteles beginnt ›der Weg alles L.s u. L.s‹ als der des Erkennens einer Sache bei einem ›Früheren und Bekannteren‹ [Top. Z4.141a28–141b2, ↑hysteron – proteron]). So bestimmen auch die Auffassungen vom Aufbau der Erkenntnis traditionell das jeweilige Verständnis von L. u. L. (z. B. noch bei J. F. Herbart); umgekehrt die Perspektive bei J. Piaget, dessen Untersuchungsergebnisse zur faktischen Genese geistiger Fähigkeiten (↑Erkenntnistheorie, genetische) in empirische Theorien des L.s u. L.s Eingang finden. Unterschieden von L. u. L. als Erkennen wird ebenfalls seit der Antike L. u. L. als (Ein-)Üben im Sinne wiederholter Ausführung. – Mit der seit dem 18. Jahrhundert ausdrücklich gestellten Frage nach der Rolle der ↑Sprache für die Entwicklung von ↑Vernunft und menschlicher Gemeinschaft (so bei J. G. Herder) wird die Handlungseinheit von L. u. L. auch als methodisches Hilfsmittel (Situationsbeschreibungen) zur Darstellung, »daß und wie die Sprache erfunden werden mußte« (J. G. Fichte, Von der Sprachfähigkeit und dem Ursprung der Sprache

[1795], Gesamtausg. I/3, 91) verwendet. F. D. E. Schleiermacher verankert »die Gemeinschaft des Bewußtseins« als »Verhältnis der Einzelnen untereinander« in der »Abhängigkeit des L.s u. L.s von dem Gemeinbesitz der Sprache und umgekehrt des Gemeinbesitzes der Sprache vom L. u. L.«, da »das Wort eines Jeden und sein Gedanke dasselbe« sind, »alles Denken beides, ein Lehren ist und ein Lernen« (Die Lehre vom höchsten Gut, Hauptsätze des Manuskripts von 1816, 1. Abschnitt, § 57). Diese These bestimmt auch die Entwicklung der ↑Sprachphilosophie seit L. Wittgenstein.

Mit der empirischen Ausrichtung von ↑Psychologie und Pädagogik wurden philosophische Problemstellungen des L.s u. L.s zugunsten der Beobachtung z. B. psychologischer und neurologischer Abhängigkeitsverhältnisse im (tierischen wie menschlichen) Organismus bzw. z. B. informations- und systemtheoretisch beeinflußter Struktur- oder Prozeßbeschreibungen von L. u. L. zurückgedrängt. Zu diesen Problemstellungen gehören insbes. *anthropologische* (Leistung von L. u. L. in bezug auf gemeinsame, an der Natur des Menschen ausgerichtete Lebensorientierung, Lebensbewältigung wie auch Lebensgestaltung), *handlungs-* und *sprachlogische* (z. B. Korrelation zwischen L. u. L. als komplexer Handlung bei J. Dewey nach Analogie von Kaufen und Verkaufen; nach logischer Grammatik [↑Grammatik, logische]: ›lehren‹ und ›lernen‹ als mehrstellige Prädikatoren über den Objektbereichen von Personen und ↑Handlungen: ›jmd. etw. lehren‹, ›etw. [von] jmd. lernen‹) sowie *wissenschaftstheoretische* (L. u. L. als methodisches Hilfsmittel für den Aufbau von Gegenstands- und Sprachgemeinschaft, ↑Lehr- und Lernsituation).

Literatur: H. Aebli, Grundformen des Lehrens. Ein Beitrag zur psychologischen Grundlegung der Unterrichtsmethode, Stuttgart 1961, mit Untertitel: Eine allgemeine Didaktik auf kognitionspsychologischer Grundlage, Stuttgart ⁹1976, unter dem Titel: Zwölf Grundformen des Lehrens. Eine allgemeine Didaktik auf psychologischer Grundlage, Stuttgart 1983, ¹³2006; D. C. Berliner/R. C. Calfee (eds.), Handbook of Educational Psychology, New York, London 1996, ed. P. A. Alexander/P. H. Winne, Mahwah N. J./London ²2006, 2009; B. Bolzano, Wissenschaftslehre. Versuch einer ausführlichen und grösstentheils neuen Darstellung der Logik [...], I–IV, Sulzbach 1837, krit. Neuausg. in: Gesamtausg. Reihe 1, XI/1–XIV/3, ed. J. Berg, Stuttgart 1985–2000; G. Buck, Lernen und Erfahrung. Zum Begriff der didaktischen Induktion, Stuttgart etc. 1967, unter dem Titel: Lernen und Erfahrung, Epagogik. Zum Begriff der didaktischen Induktion, erw. Darmstadt ³1989; C. R. Gallistel/C. Glymour, Learning, REP V (1998), 483–487; M. Hasselhorn/A. Gold, Pädagogische Psychologie. Erfolgreiches Lernen und Lehren, Stuttgart 2006, ²2009; G. Kimble u. a., Learning, IESS IX (1968), 113–188; S. M. Kledzik, Das Problem einer erziehungswissenschaftlichen Terminologie. Untersuchungen zu ihrer sprachkritischen Grundlegung am Beispiel von ›lernen‹ und ›lehren‹, Diss. Saarbrücken 1980; K. Lorenz, Elemente der Sprachkritik. Eine Alternative zum Dogmatismus und Skeptizismus in der Analytischen Philosophie, Frankfurt 1970, 1971; S.

Lorenz/W. Schröder, Lernen I, Hist. Wb. Ph. V (1980), 241–245; J. B. Magee, Philosophical Analysis in Education, New York etc. 1971; J. Mills (ed.), A Pedagogy of Becoming, Amsterdam/New York 2002; A. N. Perret-Clermont/F. Carugati, Learning and Instruction, Social-Cognitive Perspectives, IESBS XIII (2001), 8586–8588; W. V. O. Quine, Word and Object, Cambridge Mass. 1960, 2001 (franz. Le mot et la chose, Paris 1977, 2005; dt. Wort und Gegenstand, Stuttgart 1980, 2007); G. Ryle, The Concept of Mind, London etc. 1949, London/New York 2009 (dt. Der Begriff des Geistes, Stuttgart 1969, 2002; franz. La notion d'esprit. Pour une critique des concepts mentaux, Paris 1978, 2005); ders., Teaching and Training, in: R. S. Peters (ed.), The Concept of Education, London/New York 1967, 1979, 105–119, ferner in: J. P. Strain (ed.), Modern Philosophies of Education, New York 1971, 353–365, ferner in: ders., Collected Papers II (Collected Essays 1929–1968), London, New York 1971, London/New York 2009, 451–464; L. J. Saha/A. G. Dworkin, International Handbook of Research on Teachers and Teaching, I–II, New York 2009; I. Scheffler, The Language of Education, Springfield Ill. 1960, 1978 (dt. Die Sprache der Erziehung, Düsseldorf 1971; franz. Le langage de l'éducation, Paris 2003); ders., Reason and Teaching, Indianapolis Ind. etc., London 1973, Indianapolis Ind. etc. 1993; F. D. E. Schleiermacher, Grundriß der philosophischen Ethik (Grundlinien der Sittenlehre), ed. A. Twesten, Berlin 1841, 38–92, ed. F. M. Schiele, in neuer Anordnung, Leipzig 1911, 23–57 (Die Lehre vom höchsten Gut [Hauptsätze des Manuskripts von 1816]); T. J. Shuell, Learning Theories and Educational Paradigms, IESBS XIII (2001), 8613–8620. K. L./S. M. K.

Lehrsatz, ↑Theorem.

Lehr- und Lernbarkeit, Bezeichnung für ein in der Philosophie in vielfältigen Zusammenhängen, wenn auch meist ohne explizierende Hintergrundtheorie, angeführtes ↑Kriterium zur Überprüfung von Erkenntniskonzeptionen und Methodenerwägungen hinsichtlich ihrer Adäquatheit zu praktischen Voraussetzungen menschlichen Erkennens. In dieser Form findet es bereits Eingang in die Diskussion der (von Platon uneinheitlich beantworteten) Frage des Sokrates nach der Erkennbarkeit der ↑Tugend, über die im Rückgriff auf deren L. u. L. befunden werden soll (Prot. 361a–d, Menon 98b–99a). Zwar entwickelt die ↑Aufklärung ihr Verständnis einer vernunftgeleiteten Erkenntnis, die nur anzuerkennen hätte, was durch intersubjektiv (↑Intersubjektivität) kontrollierbare ↑Methoden demonstriert werden kann, stärker anhand der Vorstellung des gleichberechtigten Gelehrtendiskurses (›Gelehrtenrepublik‹). In ihrer grundlegenden Skepsis gegenüber allen privilegierten Erkenntnisquellen drückt sich aber immer auch die Forderung nach einer – eher prinzipiell als lebenspraktisch gedachten – intersubjektiven Vermittelbarkeit der Inhalte aus. Dieses prinzipielle Verständnis orientiert sich dabei nicht so sehr an der faktischen Beschaffenheit der menschlichen Verständniskapazitäten (↑Lehren und Lernen), sondern stellt lediglich mit Descartes (Disc. méthode, Première Partie) dessen grundsätzliche Begrenztheit fest und begründet daraus den Anspruch an jedes Erkenntnisprojekt, allgemein zugängliche, unproblematische ↑Anfänge bereitzustellen und einen für jedermann (prinzipiell) nachvollziehbaren stufenweisen Aufbau sicherzustellen.

Mit der in der modernen ↑Sprachphilosophie einsetzenden Reflexion auf die ↑Sprache als Mittel des Erwerbs und als Medium der Bevorratung von Erkenntnis (↑Wende, linguistische) wird dieser Anspruch zunächst als ein Anspruch an die Organisation von ↑Terminologien (↑Einführung) und ↑Theorien reformuliert. Dabei erweisen sich schon bald die gewählten Strategien zur Auszeichnung sprachlicher Anfänge wie die entwickelten methodischen Aufbauten als problematisch – Beispiele sind die Einführung abstrakter Begriffe im axiomatischen Aufbau der Mengenlehre (↑abstrakt, ↑Abstraktion, ↑Menge, ↑imprädikativ/Imprädikativität), die Definition des Aktual-Unendlichen (↑unendlich/Unendlichkeit) in der Mathematik, die Einführung von ↑Dispositionsbegriffen in der Wissenschaftstheorie oder die Rekonstruktion des ↑Prädikators ›gut‹ in der Ethik (↑Intuitionismus (ethisch)). Daher rücken bald auch Fragen der L. u. L. von ↑Bedeutung und des ↑Verstehens sprachlicher ↑Äußerungen in den Vordergrund. Insbes. findet das Argument etwa in L. Wittgensteins Konzeption des ↑Sprachspiels und in den daraus entwickelten Argumenten gegen ein mentalistisches Sprachverständnis (↑Mentalismus) und gegen die Möglichkeit von ↑Privatsprachen Verwendung. Wittgensteins eher auf eine gemeinsame kulturelle Basis verweisenden Rekonstruktion des Bedeutungsverstehens steht in der Analytischen Philosophie (↑Philosophie, analytische) der Versuch gegenüber, die L. u. L. von Bedeutung rein naturalistisch zu erklären. Insbes. das von W. V. O. Quine entwickelte ↑Gedankenexperiment der unbestimmten bzw. radikalen Übersetzung (↑Übersetzung) hat starken Einfluß auf diese Entwicklung genommen. Eine prominente Rolle spielt das Kriterium der L. u. L. schließlich in der vor allem von D. Davidson und M. Dummett betriebenen Debatte um den semantischen Realismus (↑Realismus, semantischer), in der unter anderem umstritten ist, welche Konsequenzen aus der gemeinsam geteilten Grundüberzeugung zu ziehen sind, daß eine Bedeutungstheorie immer auch eine tragfähige Erklärung für die L. u. L. des Bedeutungsverstehens anbieten muß, die insbes. auch der Tatsache gerecht wird, daß Sprecher in der Lage sind, aus einem endlichen Arsenal sprachlicher Mittel immer wieder neue ↑Äußerungen generieren und damit kommunizieren zu können (↑Kompositionalitätsprinzip). Streitig ist dabei insbes. auch die Frage nach einem unproblematischen Anfang: Während für den Realisten die L. u. L. von Sprachen im wesentlichen durch den gemeinsamen Bezug aller Sprecher ›auf dieselbe Welt‹ bzw. auf eine gemeinsame (Schnitt-)Menge

zunächst ›privater‹ Erkenntnisse desselben ermöglicht und gesichert wird, ist nach Auffassung des Antirealisten jedes Erkennen sprachlich verfaßt und bedarf als Teil einer öffentlichen Erkenntnispraxis der vorgängigen intersubjektiven Verständigung und Absicherung. Die gemeinschaftlich kontrollierte L. u. L. von Sprachen wäre danach also gerade umgekehrt Bedingung der Möglichkeit einer gesicherten Bezugnahme verschiedener Sprecher ›auf dieselbe Welt‹.

Von diesen Debatten der Sprachphilosophie nicht unabhängig ist die verbreitete Heranziehung des Kriteriums der L. u. L. in modernen erkenntnistheoretischen und wissenschaftstheoretischen Konzeptionen (↑Erkenntnistheorie, ↑Wissenschaftstheorie). Angeführt wird das Kriterium insbes. von den Vertretern solcher pragmatistischer Konzeptionen (↑Pragmatismus), die in kritischer Absetzung gegenüber kontemplationistischen (↑Kontemplation) und aus Skepsis gegenüber realistischen Ansätzen in der Erkenntnistheorie (↑Realismus (erkenntnistheoretisch)) das Ziel menschlicher Erkenntnisbemühungen nicht in einem ›Wissen, wie es wirklich ist‹ sehen, sondern in der Gewinnung und Sicherung sprachlicher Instrumente, die dem Handelnden bei der regelmäßigen Erreichung seiner Zwecke dienen, indem sie eine möglichst verläßliche Verständigung über mögliche Strategien der Zweckerreichung und ihrer jeweiligen Erfolgsvoraussetzungen ermöglichen.

So versteht etwa der ↑Konstruktivismus der ↑Erlanger Schule das wissenschaftliche Erkenntnisprojekt als den ›im gemeinsamen Handeln‹ (P. Lorenzen/O. Schwemmer ²1975, 36) vollzogenen Aufbau einer verläßlichen Sprache, deren Regeln zwei oder mehrere miteinander in Dissens oder Konflikt stehende Parteien verabreden, um ihre Kontroverse ›grundsätzlich‹ beilegen und über möglichst dauerhaft störungsunanfällige Instrumente für die Absicherung ihres aufeinander abgestimmten kommunikativen und technischen Handelns verfügen zu können. Vorschläge, die die eine Partei der anderen in der Hoffnung auf Akzeptanz zur Prüfung vorlegt, müssen danach, damit deren Zweck erreicht werden kann, wenigstens ›verständlich‹ sein und deren Inhalte daher entsprechend dem Kriterium der L .u. L. genügen. Was im einzelnen als lehr- und lernbar gelten kann, wird in konkreten Kontroversen wenigstens zum Teil auch von den jeweiligen situativen Bedingungen abhängen und davon, was bei den beteiligten Parteien an Handlungskompetenzen und gemeinsam geteilten Überzeugungen bereits vorausgesetzt werden kann (›prädiskursives Einverständnis‹, ↑Lehr- und Lernsituation). Wird jedoch die Bereitstellung solcher Instrumente im Zuge gesellschaftlicher Arbeitsteilung zunehmend in die Verantwortung einer professionalisierten Wissenschaft delegiert, die geeignete Instrumente als Verfügungs- und Orientierungswissen bevorratet, fortentwickelt und zur

Verwendung empfiehlt, werden zunehmend ›prinzipielle‹, gegenüber den wechselnden Situationen und Parteien invariante (↑invariant/Invarianz) Anforderungen an die L. u. L. erhoben. Eine zentrale Rolle spielen dabei die Verfahren zum lückenlosen und zirkelfreien Aufbau einer ↑Terminologie (↑Einführung), einer zweckmäßig organisierten ↑Grammatik und einer ↑Logik, die den schrittweise überprüfbaren Fortgang und eine vollständige Kontrolle über die inhaltlichen Investitionen liefert. Daneben sind Verfahren von Bedeutung, die das Ausführen redebegleitender und redeunterstützender Hantierungen zu kontrollieren und damit – bei Einhaltung einer geeigneten Ordnung – eine operative Absicherung der Rede erlauben (↑Prinzip der pragmatischen Ordnung). Da das Aufwerfen wissenschaftlicher Fragestellungen und das arbeitsteilige Organisieren ihrer Bearbeitung seinerseits eine wenigstens in Teilen gelingende ↑vorwissenschaftliche Verständigung voraussetzen, sind nach Auffassung des Konstruktivismus gerade hierin mögliche Anfänge zu suchen (↑Lebenswelt).

Literatur: D. Davidson, Theories of Meaning and Learnable Languages, in: Y. Bar-Hillel (ed.), Logic, Methodology and Philosophy of Science. Proceedings of the 1964 International Congress, Amsterdam 1965, 383–394; M. A. E. Dummett, What Is a Theory of Meaning?, I–II, I in: S. Guttenplan (ed.), Mind and Language, Oxford 1975, 1977, 97–138, II in: G. Evans/J. McDowell (eds.), Truth and Meaning. Essays in Semantics, Oxford 1976, 2005, 67–137, Nachdr. I–II in: ders., The Seas of Language, Oxford 1993, 2003, 1–93; J. Friedmann, Kritik konstruktivistischer Vernunft. Zum Anfangs- und Begründungsproblem bei der Erlanger Schule, München 1981; ders., Bemerkungen zur Logikbegründung im Deutschen Konstruktivismus, Z. allg. Wiss.theorie 13 (1982), 383–402; P. Janich, Logischpragmatische Propädeutik. Ein Grundkurs im philosophischen Reflektieren, Weilerswist 2001; W. Kamlah, Philosophische Anthropologie. Sprachkritische Grundlegung und Ethik, Mannheim/Wien/Zürich 1972, 1984; ders./P. Lorenzen, Logische Propädeutik. Oder Vorschule des vernünftigen Redens, Mannheim/Wien/Zürich 1967, mit Untertitel: Vorschule des vernünftigen Redens, erw. ²1973, Stuttgart/Weimar ³1996 (engl. Logical Propaedeutic. Pre-School of Reasonable Discourse, Lanham Md./London 1984); G. Kamp, »Wenn man sich im gemeinsamen Handeln wirklich eine Sprache aufbaut ...«. Logische Propädeutik als Mittel zur lebensweltlichen Störungsbewältigung, in: J. Mittelstraß (ed.), Der Konstruktivismus in der Philosophie im Ausgang von Wilhelm Kamlah und Paul Lorenzen, Paderborn 2007, 63–89; P. Lorenzen, Lehrbuch der konstruktiven Wissenschaftstheorie, Mannheim/Wien/Zürich 1987, Stuttgart/Weimar 2000; ders./O. Schwemmer, Konstruktive Logik, Ethik und Wissenschaftstheorie, Mannheim/Wien/Zürich 1973, erw. ²1975; A. P. Saleemi, Universal Grammar and Language Learnability, Cambridge etc. 1992, 2009; C. Thiel, Was heißt ›wissenschaftliche Begriffsbildung‹, in: D. Harth (ed.), Propädeutik der Literaturwissenschaft, München 1973, 95–125. G. K.

Lehr- und Lernsituation, auch: *dialogische Elementarsituation,* Grundbegriff der an die Verbindung von Zeichen- bzw. Sprachtheorie (↑Semiotik, ↑Sprache,

↑Sprachphilosophie) und Handlungstheorie (↑Handlung, ↑Pragmatismus) bei C. S. Peirce, G. H. Mead und L. Wittgenstein anknüpfenden Version der Konstruktiven Wissenschaftstheorie (↑Wissenschaftstheorie, konstruktive) in einem *dialogischen Konstruktivismus* (↑Konstruktivismus, dialogischer). In Weiterführung und zugleich Verallgemeinerung der Funktion eines Wittgensteinschen ↑Sprachspiels, einen Maßstab für Sprachverwendung in Handlungszusammenhängen zu bilden, dient eine L.- u. L. zum einen als methodisches Hilfsmittel, Sprachverwendungshandlungen durch Spracheinführungshandlungen zu rekonstruieren, zum anderen als dialogisches Hilfsmittel, das Auseinandertreten von Handeln und Zeichenhandeln durch eine dem *Prinzip der Selbstähnlichkeit* folgende Entfaltung des dialogischen Erwerbs von (im Blick auf das Tun/doing) *Handlungskompetenzen* bzw. (im Blick auf das Erleiden/suffering) *Handlungssituationen* zum dialogischen Erwerb von Zeichenhandlungskompetenzen, insbes. *Sprachkompetenz,* zu modellieren. L.- u. L.en sind Basis und Verfahren der ↑Rekonstruktion sowohl der *Gegenstandsgemeinschaft,* d. h. der Teilhabe an einer zumindest im Kern gemeinsamen Welt, als auch der *Sprachgemeinschaft,* die in der Verfügung über einen Kern gemeinsamer Verständigungsmittel besteht. Da Teilhabe an einer gemeinsamen Welt auch die Verfügung über gemeinsame Mittel der ↑Repräsentation einschließt und entsprechend die Verfügung über gemeinsame Verständigungsmittel auch gemeinsam geteilte gewöhnliche Handlungskompetenzen, erlauben L.- u. L.en die methodische und dialogische Rekonstruktion sowohl von ↑Objektkompetenz, dem *operationalen Wissen,* als auch von ↑Metakompetenz oder *propositionalem Wissen.* Die in der Reflexion auf faktisch als beherrscht wie als gestört erfahrene Fertigkeiten, zunächst des Alltags, dann auch in dessen Fortsetzung, z. B. in den Wissenschaften und in den Künsten, zu deren Rekonstruktion eingesetzten L.- u. L.en sollen durch Angabe von ↑Modellen wachsender Komplexität sowohl zu einem ↑Verstehen (des Selbsterzeugten) als auch zu einer ↑Erklärung (des Widerfahrenen) führen.

Eine L.- u. L. ist zu Beginn die Stilisierung einer Dialogsituation, in der zwei Personen eine ↑Handlung – der zunächst fehlenden Differenzierungen wegen besser ›Prähandlung‹ genannt – allein durch Vor- und Nachmachen, also durch *Repetition* und *Imitation,* lehren und lernen (↑Lehren und Lernen). In dieser L.- u. L. markieren die beiden Personen zwei unterscheidbare Gesichtspunkte gegenüber der als fortsetzbare Folge von ↑Aktualisierungen eines ↑Schemas vorliegenden (Prä-)Handlung: *Ausführung* (= Vollzug, engl. performance) und *Anführung* (= Erkennen, engl. recognition). In einer L.- u. L. höherer Ordnung geht es dann um das Lehren und Lernen des Umgehens mit ↑partikularen Gegenständen, seien es Dinge oder Handlungen, konkrete Instanzen oder abstrakte Typen, wie z. B. ein Baum beim Auf-einen-Baum-Klettern oder das Schwimmen beim Schwimmen-Einüben. Im Ausführen des Umgehens mit einem Gegenstand wird dieser Gegenstand angeeignet, im Anführen wird er distanziert. Dabei läßt sich eine Aneignung als *Hervorbringung einer Einteilung* – einer Binnengliederung des Gegenstandes in Teile – begreifen, was den Vollzug des Umgehens mit dem Gegenstand zu einem über einen Teil vermittelten ↑*Index* des Gegenstandes macht: Das Umgehen hat einen doppelten Status, semiotisch (↑Semiotik) ist es in seiner (partikularen) Ausübung in Bezug auf das (singulare) Ausführen ein *Zeigen* des Gegenstandes (↑Zeigehandlung), ↑pragmatisch (↑Pragmatik) hingegen ein (äußerer, natürliche Zustandsänderungen bewirkender) Eingriff. Entsprechend läßt sich eine Distanzierung als *Wahrnehmung eines Unterschieds* – vermöge der Außengliederung des Gegenstandes in Eigenschaften – begreifen, was das Erleben des Umgehens mit dem Gegenstand zu einem über eine Eigenschaft vermittelten ↑*Ikon* des Gegenstandes macht: Auch in dieser Hinsicht hat das Umgehen einen doppelten Status, semiotisch ist es in seiner (partikularen) Ausübung in Bezug auf das (universale) Anführen ein *Zeigenlassen* des Gegenstandes (↑Zeichenhandlung), pragmatisch hingegen ein (innerer, in mentalen Zustandsänderungen sich ausdrückender) Eingriff. Werden die beiden Funktionen des Zeigens und des Zeigenlassens eines Gegenstandes nicht mehr von den Handlungen des Umgehens mit dem Gegenstand ausgeübt, sondern an eigenständige Handlungen abgetreten, so handelt es sich um ↑Artikulationen oder Zeichenhandlungen im üblichen, auch Zeigehandlungen einschließenden Sinn und damit um ↑Sprachhandlungen. Ihr die Spracheinführung modellierender Erwerb in einer L.- u. L. muß sich daher des Rückgriffs auf die durch das Umgehen mit Gegenständen (im semiotischen und nicht in pragmatischen Status) gebildete *Handlungssprache* bedienen, was z. B. bei den ostensiven ↑Definitionen (↑Zeigehandlung) sprachlicher Ausdrücke genutzt wird. In dem Maße, in dem dabei ein ↑Artikulator als ↑Marke einer Artikulation (z. B. ein Laut) zugleich andere Artikulationen desselben Gegenstandes (z. B. eine Zeichnung) vertritt, also Grade von Unabhängigkeit gegenüber den beiden Gliederungen des Gegenstandes in Teile und in Eigenschaften vorliegen, was schon in der zugehörigen L.- u. L. zu berücksichtigen ist, spricht man von der Ausbildung einer Stufe auf der Skala von symptomatischer (↑Symptom, ↑Anzeichen) bis symbolischer Artikulation (↑Symbol).

Literatur: K. Lorenz, Sprachphilosophie, in: H. P. Althaus/H. Henne/H. E. Wiegand (eds.), Lexikon der Germanistischen Linguistik, Tübingen ²1980, 1–28; ders., Dialogischer Konstruktivismus, Berlin/New York 2009.   K. L.

Leib, ein der deutschen Sprache eigentümlicher Begriff, der in Abhebung vom unspezifischen Gebrauch des vom lateinischen ›corpus‹ abgeleiteten Wortes ›Körper‹ und seiner Äquivalente in anderen europäischen Sprachen (franz. ›corps‹, ital. ›corpo‹, span. ›cuerpo‹) über das Belebtsein hinaus die ›Beseeltheit‹ eines Lebewesens, vor allem des Menschen, zum Ausdruck bringt. Die Spezifität menschlicher Leiblichkeit zeigt sich in der Zwiefalt der dem ↑Bewußtsein zugänglichen leiblichen Eigen- und Innenerfahrung (im Spüren eigenleiblicher Befindlichkeiten und Regungen, vor allem im affektiven Betroffensein z. B. durch Freude oder Trauer, Lust oder Schmerz [↑Affekt, ↑Empfindung, ↑Gefühl]) einerseits und der Vergegenständlichung des eigenen L.es als ↑Körper andererseits. Eine (partielle) Vergegenständlichung leiblichen Daseins erfolgt lebenspraktisch unvermeidlich in der Eigen- und Fremdwahrnehmung durch die Distanzsinne des Gesichts und Gehörs sowie im Umgang mit physischen ↑Widerfahrnissen, etwa bei Störungen leiblicher Abläufe, Funktionen und Leistungen, und dient dann der Suche nach Mitteln ihrer Beseitigung (etwa in ärztlichen Bemühungen), ist jedoch schon in der spontanen lebensweltlichen (↑Lebenswelt), wenn auch kulturen- und epochenspezifisch variablen Unterscheidung zwischen belebten und unbelebten, beseelten und unbeseelten sowie geistlosen und geistbegabten Körpern angelegt (↑Geist, ↑Leben, ↑Seele). Sie wird aber auch in primär erkenntnisorientierter (wissenschaftlicher und philosophischer) Einstellung vorgenommen (mit gegebenenfalls erheblichen lebenspraktischen Auswirkungen), wobei sich schematisch vier Verfahrensweisen identifizieren lassen: (a) die Aufhebung (↑Reduktion, ↑Reduktionismus) besagter lebensweltlicher Unterscheidung ›nach oben hin‹ in Lehren der Allbelebung, Allbeseelung und Allbegeistung oder, radikaler, der Bestreitung der Realität körperlichen Seins (↑Animismus, ↑Panpsychismus, ↑Spiritualismus, ↑Idealismus, ↑Immaterialismus), (b) ihre Aufhebung ›nach unten hin‹ in materialistischen Positionen (↑Identitätstheorie, ↑Materialismus (historisch), ↑Materialismus (systematisch), ↑Physikalismus), (c) ihre Verabsolutierung in dualistischen Konzeptionen (↑Dualismus, ↑Gnosis, ↑Manichäismus), wobei das Problem der ↑Wechselwirkung von Seele (bzw. Geist) und Körper entsteht (↑Cartesianismus, ↑Harmonie, prästabilierte, ↑Interaktionismus, ↑Okkasionalismus, ↑Parallelismus, psychophysischer), und (d) der Versuch ihrer Wahrung ohne Vereinseitigungen, sei es in metaphysischer Fundierung durch einander komplementäre ontologische Prinzipien (so vor allem Aristoteles und die aristotelische ↑Scholastik mit ↑Akt und Potenz bzw. ↑Form und Materie, ↑Hylemorphismus), sei es in metaphysikfreier phänomenologischer Analyse, wobei erst die nachhusserlsche ↑Phänomenologie ohne metaphysische Rück-

griffe auskommt. Die Ausdrücke ›L.philosophie‹ und
›Philosophie des L.es‹ werden heute zunehmend terminologisch im Sinne dieser neophänomenologischen
Orientierung verwendet. Die Philosophie des Geistes
sowie die genannten metaphysischen Auffassungen des
Verhältnisses von L. und Seele (bzw. Geist) und deren
Kritik werden unter ↑philosophy of mind und ↑Leib-
Seele-Problem behandelt.

Erste leibphilosophische Beschreibungen finden sich bei
L. Feuerbach und F. Nietzsche mit polemischer Schärfe
gegen leibfeindliche Tendenzen in ↑Platonismus und
Christentum. Ausgedehntere Beiträge zur Phänomenologie des Leiblichen liefern in der ersten Hälfte des
20. Jhs. die philosophische ↑Anthropologie sowie die
↑Existenzphilosophie und die ↑Lebensphilosophie (in
Frankreich z.B. M. Merleau-Ponty und J.-P. Sartre, in
Deutschland z.B. M. Scheler, M. Heidegger, H. Plessner
und O. F. Bollnow). Eine systematische Erkundung und
Darstellung des Gesamtfeldes der L.philosophie unternimmt erst der Begründer der so genannten Neuen
Phänomenologie, H. Schmitz, in seinem Hauptwerk
»System der Philosophie« (1964–1980), worin er der
Leiblichkeit die Konstitution unter anderem von Subjektivität, (leiblicher und personaler) Kommunikation
sowie Räumlichkeit und der L.philosophie die Leitfunktion bei der Grundlegung so unterschiedlicher philosophischer Disziplinen wie der ↑Erkenntnistheorie, der
↑Ontologie, der Theologie (der Lehre vom Göttlichen)
und der ↑Ethik zuweist. Danach konstituiert das affektiv-leibliche Betroffen- und Ergriffensein von Sach- und
Problemlagen die Subjekthaftigkeit eines Lebewesens, sei
es Mensch oder Tier. Objektivität und Personalität kommen dadurch zustande, daß das zur Distanznahme fähige Wesen – vornehmlich der erwachsende und der
erwachsene Mensch – sich von seinem Betroffensein
emanzipiert und die ihn ergreifenden Sach- und Problemlagen zu Sachverhalten neutralisiert, so daß auch
das eigenleibliche Spüren zurücktritt. Es bleibt solange
im Hintergrund menschlicher Aktivität, als das gewöhnlich zwischen den antagonistischen (↑Antagonismus)
Grundtendenzen der leiblichen Engung und der leiblichen Weitung herrschende Spannungsgleichgewicht
nicht durch zu einem der beiden Pole hintreibende
Empfindungen und Gefühle aus der Balance gerät, im
Extremfall bis zum zeitweiligen Untergang der Persönlichkeit in völliger Regression (z.B. in Panik oder Ekstase).

Der L. wird von der Neuen Phänomenologie als der
Inbegriff all dessen verstanden, was jemand, von leiblichen Regungen bewegt, ohne Beistand der fünf Sinne –
objektsprachlich gesagt: in der Gegend seines Körpers –
von sich spürt. Der L. ist räumlich ausgedehnt, aber im
Gegensatz zu physischen ↑Körpern unteilbar und ohne
Dimensionszahl ausgedehnt, weil flächenlos (Flächen

kann man sehen und tasten, jedoch nicht am eigenen
L. spüren). Trotzdem hat die Ausdehnung des spürbaren
L.es Volumen, das man z. B. beim Einatmen in der Brust
oder bei Benommenheit im Kopf spürt. Dieses Volumen
ist unteilbar und prädimensional, weil sowohl die Teilung des Volumens durch Schnitte als auch die Dreidimensionalität die zweidimensionale Fläche voraussetzen. Jeder Mensch besitzt ein perzeptives Körperschema,
ein aus den Erfahrungen des Sichsehens, Sichbetastens
und physischen Berührtwerdens gewonnenes habituelles
Vorstellungsbild des eigenen Körpers als stetig ausgedehnter, fester Masse mit einer gegen Lageänderungen
invarianten Anordnung spezieller Teile. Demgegenüber
ist der spürbare L. diskret: Statt einer stetigen, festen
Masse lassen sich am L. so genannte ›Leibesinseln‹ erspüren, von denen einige konstant und spezifisch gebaut
sind (etwa jene der Mund-, Anal- und Genitalgegend),
während andere im Erspüren fluktuieren, auftauchen
und wieder verschwinden. Alle L.esinseln haben aber
einen Platz im Ganzort des L.es, der mit ganzheitlichen
– d.h. nicht auf L.esinseln verteilten – Regungen besetzt
ist. Dazu gehören Behagen, Frische, Müdigkeit, Mattigkeit und die (meist namenlosen) leiblichen Gesamtstimmungen (↑Stimmung), die mit affektbetonten Haltungen der Niedergeschlagenheit, des Stolzes usw. verbunden sein können. Der leibliche Ganzort ist von der
räumlichen Umgebung deutlich abgehoben, hat aber
keine Ränder und Grenzen: er ist nicht dem Ausmaß
nach in einem System räumlicher Orientierung abgesteckt, sondern durch sich selbst – als absoluter Ort –
bestimmt, der nur sekundär relative Bestimmungen in
einem System räumlicher Orientierung annimmt. Das
perzeptive Körperschema erstreckt sich über umkehrbare Verbindungsbahnen mit Lagen und Abständen, die
daher selbst umgekehrt werden können: der Abstand
von Kopf zu Fuß ist gleich dem von Fuß zu Kopf, und
der Lage der Füße unter dem Kopf entspricht die Lage
des Kopfes über den Füßen. Demgegenüber ist das motorische Körperschema, das die für glatte willkürliche
und unwillkürliche, aber beherrschte Bewegungen nötige eingeschliffene Orientierung liefert, von anderer Art:
in ihm hat die Rechts-Links-Unterscheidung, etwa für
den koordinierten Einsatz der Hände, eine wichtige
Bedeutung. Sie setzt eine Bezugsstelle voraus, einen
Nullpunkt, von wo aus etwas rechts und links ist. Im
Unterschied zum perzeptiven Körperschema ist das motorische nicht durch Lagen und Abstände über umkehrbaren Verbindungsbahnen organisiert, sondern durch
Gegenden und Entfernungen über Richtungen, die unumkehrbar aus der Enge in die Weite führen und daher
der Bewegung Bahnen vorzeichnen, die nicht nach Lagen und Abständen bemessen sind. Eine dieser leiblichen
Richtungen, die unumkehrbar aus der Enge in die Weite
führen, ist der Blick, dessen Integration in das motori-

sche Körperschema für stufenlose Kooperation von Optik und Motorik sorgt.

Der L. ist aber nicht nur durch seinen gespürten räumlichen Aufbau, sondern vor allem durch seine charakteristische Dynamik geprägt, die sich zwischen den Polen der Enge und der Weite bewegt. Leibliche Engung und Weitung konkurrieren im vitalen Antrieb, dessen Stärke die Vitalität eines Lebewesens ausmacht. Im Gegeneinanderwirken können diese Strebungen einander auch bestärken, so z. B. sexuelle Lust, Angst und Schmerz beim Geschlechtsakt. Der vitale Antrieb ist als innerleiblicher Dialog von Engung und Weitung auch die Quelle leibübergreifender Kommunikation und damit die Grundform aller sozialen Kontakte. Solche den einzelnen L. übergreifende Kommunikation geschieht durch die von Schmitz so genannte ›Einleibung‹. Schon das gewöhnliche Sehen kann mit Einleibung einhergehen, wenn sich z. B. eine wuchtige Masse auf jemanden so schnell zubewegt, daß er sie zwar wahrnimmt, auf sie aber ohne Besinnung und ohne merkliche Reaktionszeit reagieren muß. Dann schließt sich sein L. mit dem Wahrgenommenen durch Einleibung zusammen und koagiert mit ihm. Überhaupt gehört der Blick zu den wichtigsten Brücken der Einleibung, weil er nicht nur in das motorische Körperschema eingebaut ist, sondern als unteilbar ausgedehnte leibliche Regung vom Typ der unumkehrbaren Richtung auch aufgefangen und erwidert werden kann. Über andere leibliche Kanäle findet Einleibung etwa bei gemeinsamem Singen und Musizieren, gemeinsamem Sägen und Rudern statt. Sie schließt nicht nur Menschen zusammen, sondern auch Mensch und Tier (Reiter und Pferd beim Reiten) oder Mensch und Maschine (z. B. bei Motorradrennen). Taktile Einleibung ereignet sich im Ringkampf, im Händedruck oder in der Umarmung, die sich zwischen stürmischer Heftigkeit und zarter, aber desto tiefer einleibender Berührung bewegen kann. Weitere Brücken der Einleibung sind Bewegungssuggestionen, die sich an wahrgenommenen Körpermustern oder Schallfolgen manifestieren. Neben der Einleibung steht als anderer Typ leiblicher Kommunikation die so genannte ›Ausleibung‹ in Trancezuständen, z. B. beim Starren in Glanz, in die Bläue des Himmels, im Versinken der leiblichen Spannung beim Blick in die Tiefe des Raums während der Autofahrt auf langen, geraden Straßen.

Aus der leiblichen und der leibübergreifenden Kommunikation wächst die personale ↑Kommunikation mit eigenen Möglichkeiten hervor. Von grundlegender Bedeutung ist dabei die Bereicherung des menschlichen Sprechvermögens durch die explikative Redefunktion. Schon die Tiere sprechen, indem sie durch vielfach abgestufte Rufe ihrem Befinden Ausdruck geben und Verständigung dadurch erreichen, daß solche Rufe durch akustische Einleibung gemeinsame Situationen herstel-

len, deren Bedeutsamkeit koordiniertes Handeln gestattet. Doch erst der Mensch vermag aus ↑Situationen einzelne Sach- und Problemlagen sprachlich herauszustellen, sich über sie auszutauschen und ↑Absichten und ↑Handlungen situationsangemessen aufeinander abzustimmen. Im Gespräch jedoch findet nicht nur sachbezogener Austausch statt, sondern immer auch leibliche Kommunikation in wechselseitiger Einleibung (wobei der Blickwechsel eine wesentliche Rolle spielt). Ohne diese Wechselseitigkeit käme kein Kontakt zustande und träte nicht jene Du-Evidenz ein, die für gelingende Kommunikation charakteristisch ist.

Eine ausgezeichnete Weise leiblicher und personaler Kommunikation ist die leibliche ↑Liebe. Auch für sie ist die wechselseitige Einleibung gleichsam ›Organ‹ der Wahrnehmung dessen, was die Liebenden voneinander am eigenen Leib spüren. Voraussetzung für solches spezifische Spüren ist die Anziehung oder auch Abstoßung, die vom anderen Geschlecht ausgeht und berührt. Erst in solchen Erfahrungen des Hingezogen- oder Abgestoßenseins, also relational, wird das eigene Geschlechtlichsein erfahren, was bedeutet, daß die Geschlechtlichkeit nicht ein bloßes ↑Akzidens darstellt, das zum wohlbestimmten Menschsein hinzutritt, sondern es intern bestimmt, so daß es jeweils nur als männlich oder weiblich da ist und erst in solcher Bezogenheit zum vollen Bewußtsein seiner selbst kommt. Die Unmittelbarkeit solchen Angemutet- und Berührtseins täuscht reine Natürlichkeit vor; der biographische und der kulturhistorische Blick sensibilisiert für die individuellen und kollektiven Prägungen und Färbungen, die diese Unmittelbarkeit des Spürens imprägnieren. Die Einarbeitung der spürenden Innen- und der urteilenden Außenperspektive in die Ökonomie des Leiblichen stellt eine eigene schwierige Aufgabe dar. – Für das leibliche Spüren des Anderen in seiner geschlechtlichen Eigenheit ist über die Anmutungen und die vielsagenden Eindrücke des Weiblichen und des Männlichen hinaus, die dem Mann von der Frau und der Frau vom Mann – wie auch immer vermittelt – entgegenkommen, das eigen- und fremdleibliche Spüren der Selbsttätigkeit des eigenen und des fremden Geschlechtsleibs während des sexuellen Akts von Bedeutung. Außer dieser vorübergehenden Aktualität spielen die in ihrer Bedeutsamkeit ebenfalls kulturell mannigfaltig determinierten Ereignisse und Vorgänge der jeweiligen geschlechtlichen Leiblichkeit von Mann und Frau wie Pollution und Menstruation, Gebären und Stillen für die spezifische Selbsterfahrung und das eigene Selbstverständnis der Geschlechter eine wichtige Rolle. Deshalb ist eine phänomenologische L.philosophie methodisch auf geschlechtsspezifische lebensgeschichtliche Beiträge und ihre Relationierung im Dialog angewiesen, angereichert durch die Erkenntnisse einer kulturgeschichtlich arbeitenden Phänomenologie. Inzwischen liefern Patriarchats- und Genderforschung (↑Gender Studies) für die kulturgeschichtliche Variabilität sexueller Prägungen reiches Material und Gesichtspunkte für deren kritische Erörterung. Darüber hinaus wurde in zivilisationskritischer Absicht darauf aufmerksam gemacht (G. Böhme), daß L.sein sich nicht (mehr) von selbst verstehe, weshalb der Umgang des Menschen mit sich selbst als L. eine Aufgabe darstelle; denn die wissenschaftlich-technische Zivilisation habe den L. in die Rolle eines funktionierenden Instruments gezwungen, so daß der heutige Mensch gewöhnlich über sein leibliches Empfinden und Bedürfen hinweglebe, was zur Folge habe, daß der L., wenn er sich von sich aus melde, befremde, ja störe, und daß die leiblichen Kompetenzen für jene Lebensvollzüge verlorenzugehen drohen, bei denen der Mensch auf die Selbsttätigkeit des L.es angewiesen sei (wie beim Einschlafen oder beim Vollzug der leiblichen Liebe). Insofern stelle sich schon hier die Frage nach einer ›Ethik des L.es‹, nämlich danach, in welchem Umfang man sich als ›Natur gegeben sein‹ lassen wolle – »Der L. ist die Natur, die wir selbst sind« (Böhme 2003, 63) –, und nicht erst dort, wo im Zuge der Technisierung der ↑Lebenswelt Umfang und Tiefe möglicher Eingriffe in die menschliche Leiblichkeit und ihre physischen Grundlagen stetig zunähmen (z. B. in Gentechnik, Pränataldiagnostik, In-vitro-Fertilisation, Transplantationsmedizin und Schönheitschirurgie). Deshalb sei eine Ethik der auf den Menschen bezogenen ↑Technikfolgenabschätzung in L.philosophie und L.ethik zu fundieren.

Literatur: P. Alheit (ed.), Biographie und L., Gießen 1999; D. M. Armstrong, Bodily Sensations, London, New York, 1962, 1967; E. A. Behnke, Body, in: L. E. Embree (ed.), Encyclopedia of Phenomenology, Dordrecht/Boston Mass./London 1997, 66–71; R. Behrens (ed.), L.-Zeichen. Körperbilder, Rhetorik und Anthropologie im 18. Jahrhundert, Würzburg 1993; K. Bergdolt, L. und Seele. Eine Kulturgeschichte des gesunden Lebens, München 1999; M. Bernard, Le corps, Paris 1972; L. Blackman, The Body. The Key Concepts, Oxford 2008; G. Böhme, L.sein als Aufgabe. L.philosophie in pragmatischer Hinsicht, Zug 2003; ders., Ethik leiblicher Existenz. Über unseren moralischen Umgang mit der eigenen Natur, Frankfurt 2008; S. Bordo, The Male Body. A New Look at Men in Public and Private, New York 1999, 2000; dies., Unbearable Weight. Feminism, Western Culture, and the Body, Berkeley Calif. 1993, 2003; dies./M. Udvardy, Body, the, NDHI I (2005), 230–238; T. Borsche/F. Kaulbach, L., Körper, Hist. Wb. Ph. V (1980), 173–185; T. Borsche/R. Specht/T. Rentsch, L.-Seele-Verhältnis, Hist. Wb. Ph. V (1980), 185–206; A. Brenner, Bioethik und Biophänomen. Den L. zur Sprache bringen, Würzburg 2006; C. Bruaire, Philosophie du corps, Paris 1968; J. Butler, Gender Trouble. Feminism and the Subversion of the Family, New York/London 1990, 2008 (dt. Das Unbehagen der Geschlechter, Frankfurt 1991, 2009); dies., Bodies that Matter. On the Discursive Limits of ›Sex‹, New York/London 1993 (dt. Körper von Gewicht. Die diskursiven Grenzen des Geschlechts, Berlin 1995, Frankfurt 1997, 2009); U. Claesges, Edmund Husserls Theorie der Raumkonstitution, Den Haag 1964; H. T. Engelhardt Jr., Mind-Body. A Categorial Relation, The Hague 1973; P. Fontaine/A. Rauch/R. Texier, Corps, Enc. philos. universelle II/1 (1990), 490–495; M. Fraser (ed.), The Body. A Reader, London/New York 2008; D. Frede, Body and Soul in Ancient Philosophy, Berlin/New York 2009; T. Fuchs, L. – Raum – Person. Entwurf einer phänomenologischen Anthropologie, Stuttgart 2000 (mit Bibliographie, 337–356); U. Gahlings, Phänomenologie der weiblichen L.erfahrungen, Freiburg/München 2006; S. Grätzel, Die philosophische Entdeckung des L.es, Wiesbaden 1989; M. Großheim (ed.), L. und Gefühl, Beiträge zur Anthropologie, Berlin 1995; R. Gugutzer, L., Körper und Identität. Eine phänomenologisch-soziologische Untersuchung zur personalen Identität, Wiesbaden 2002; G. Haeffner u. a., L., Leiblichkeit, LThK VI (³1997), 763–769; F. Hammer, L. und Geschlecht. Philosophische Perspektiven von Nietzsche bis Merleau-Ponty und phaenomenologisch-systematischer Aufriß, Bonn 1974; D. J. Haraway, Simians, Cyborgs, and Women. The Reinvention of Nature, New York 1991, London 1998; M. Henry, Philosophie et phénoménologie du corps. Essai sur l'ontologie biranienne, Paris 1965, ⁵2003 (engl. Philosophy and Phenomenology of the Body, The Hague 1975); ders., Incarnation. Une philosophie de la chair, Paris 2000 (dt. Inkarnation. Eine Philosophie des Fleisches, Freiburg/München 2002, 2004); B. Herrmann, Der menschliche Körper zwischen Vermarktung und Unverfügbarkeit. Grundlinien einer Ethik der Selbstverfügung, Freiburg/München 2009; L. Irigaray, Speculum de l'autre femme, Paris 1974, 1990 (dt. Speculum. Spiegel des anderen Geschlechts, Frankfurt 1984, 1996; engl. Speculum of the Other Woman, Ithaca N. Y. 1985); U. Jäger, Der Körper, der L. und die Soziologie. Entwurf einer Theorie der Inkorporierung, Königstein 2004; M. Johnson, The Body in the Mind. The Bodily Basis of Meaning, Imagination, and Reason, Chicago Ill. 1987, 2009; J. Küchenhoff/K. Wiegerling, L. und Körper, Göttingen 2008; R. Kühn, Leiblichkeit als Lebendigkeit. Michel Henrys Lebensphänomenologie absoluter Subjektivität als Affektivität, Freiburg/München 1992; T. Laqueur, Making Sex. Body and Gender from the Greeks to Freud, Cambridge Mass. etc. 1990, 2003 (dt. Auf den L. geschrieben. Die Inszenierung der Geschlechter von der Antike bis Freud, Frankfurt/New York 1992, München 1996; franz. La fabrique du sexe. Essai sur le corps et le genre en Occident, Paris 1992, 2002); M. Legrain, Le corps humain. Du soupçon à l'évangélisation, Paris 1978, mit weiterem Untertitel: Une vision réconciliée de l'âme et du corps, 1993; D. M. Levin, The Body's Recollection of Being. Phenomenological Psychology and the Deconstruction of Nihilism, London 1985; E. List (ed.), L., Maschine, Bild. Körperdiskurse der Moderne und Postmoderne, Wien 1997; S. Longo, Die Aufdeckung der leiblichen Vernunft bei Friedrich Nietzsche, Würzburg 1987; B. Lorscheid, Das L.phänomen. Eine systematische Darbietung der Schelerschen Wesensschau des Leiblichen in Gegenüberstellung zu leibontologischen Auffassungen der Gegenwartsphilosophie, Bonn 1962; W. Maier, Das Problem der Leiblichkeit bei Jean-Paul Sartre und Maurice Merleau-Ponty, Tübingen 1964; G. Mattenklott, Der übersinnliche L.. Beiträge zur Metaphysik des Körpers, Reinbek b. Hamburg 1983; M. Merleau-Ponty, Phénoménologie de la perception, Paris 1945, 2008 (engl. Phenomenology of Perception, London/New York 1962, 2002; dt. Phänomenologie der Wahrnehmung, Berlin 1966 [repr. 1974]); A. Métraux/B. Waldenfels, Leibhaftige Vernunft. Spuren von Merleau-Pontys Denken, München 1986; K. Meyer-Drawe, Leiblichkeit und Sozialität. Phänomenologische Beiträge zu einer Theorie der Inter-Subjektivität, München 1984, ³2001; dies.

L., in: W. Korff/L. Beck/P. Mikat (eds.), Lexikon der Bioethik II, Gütersloh 1998, 574–577; S. Nagatomo, Attunement through the Body, Albany N. Y. 1992; H. Petzold (ed.), Leiblichkeit. Philosophische, gesellschaftliche und therapeutische Perspektiven, Paderborn 1985, ²1986; V. Pitts, In the Flesh. The Cultural Politics of Body Modification, New York 2003; H. Plügge, Der Mensch und sein L., Tübingen 1967; A. Podlech, Der L. als Weise des In-der-Welt-Seins. Eine systematische Arbeit innerhalb der phänomenologischen Existenzphilosophie, Bonn 1965; U. Pothast, Lebendige Vernünftigkeit. Zur Vorbereitung eines menschenangemessenen Konzepts, Frankfurt 1998; E. Rohr, Körper und Identität. Gesellschaft auf den L. geschrieben, Königstein 2004; E. Runggaldier, L.-Seele-Verhältnis, in: W. Korff/L. Beck/P. Mikat (eds.), Lexikon der Bioethik II, Gütersloh 1998, 577–583; M. Scheler, Die Stellung des Menschen im Kosmos, Darmstadt 1928, ¹⁷2007 (franz. La situation de l'homme dans le monde, Paris 1951, 1979; engl. Man's Place in Nature, Boston Mass. 1961, unter dem Titel: The Human Place in the Cosmos, Evanston Ill. 2009); H. Schipperges, Kosmos Anthropos. Entwürfe zu einer Philosophie des L.es, Stuttgart 1981; ders./H. Pfeil, Der menschliche L. aus medizinischer und philosophischer Sicht, Aschaffenburg 1984; H. Schmitz, System der Philosophie, II/1–III/1, Bonn 1965–1967 (II/1 Der L., II/2 Der L. im Spiegel der Kunst, III/1 Der leibliche Raum); H. Schöndorf, Der L. im Denken Schopenhauers und Fichtes, München 1982; E. W. Straus, Vom Sinn der Sinne. Ein Beitrag zur Grundlegung der Psychologie, Berlin 1935, ²1956, 1978 (engl. The Primary World of Senses. A Vindication of Sensory Experience, New York, London 1963; franz. Du sens des sens, Grenoble 1989, 2000); A. Thurneysen (ed.), Der L. – seine Bedeutung für die heutige Medizin, Bern etc. 2000; G. N. A. Vesey, The Embodied Mind, London 1965; B. Waldenfels, Das leibliche Selbst. Vorlesungen zur Phänomenologie des L.es, ed. R. Giuliani, Frankfurt 2000, 2006; D. D. Waskul, Body/Embodiment. Symbolic Interaction and the Sociology of the Body, Aldershot 2008.   R. Wi.

Leibapriori, insbes. von K.-O. Apel verwendeter Terminus zur Bezeichnung des ↑transzendentalen Stellenwertes des menschlichen ↑Leibes, vor allem der menschlichen Sprachfähigkeit, im Rahmen einer über die traditionelle ↑Erkenntnistheorie hinausgehenden transzendentalphilosophischen ›Erkenntnisanthropologie‹ (der Leib als die Bedingung der Möglichkeit und der Gültigkeit von Erkenntnis). Das L. ermöglicht z. B. als ›methodisches Handlungsapriori‹ die protophysikalische Geltung der ↑Euklidischen Geometrie sowie der klassischen Physik (↑Protophysik) und konstituiert so eine mit der sonstigen Lebenspraxis (↑Lebenswelt) verwobene, manchmal auch systematisierte und institutionalisierte Einheit von Sprachgebrauch, technisch-instrumentellen Arbeitsverfahren und ›theoretischem‹ Weltverständnis. I. Kant hat den Leib in diesem Sinne wohl als erster als transzendentale Bedingung physikalischer Erfahrung im »Opus postumum« zur Sprache gebracht. In der Grundlagenproblematik der ↑Geisteswissenschaften zeigt sich das L. der Erkenntnis nach Apel nicht als die Voraussetzung instrumentellen Eingreifens in die Natur, sondern als »Gebundenheit der intersubjektiven Manifestation des Sinns an die sinnlich wahrnehmbaren ›Aus-

druck‹« (Transformation der Philosophie II, 113), etwa den Sprachlaut, allgemein: an sprachliche und nicht-sprachliche Zeichen (↑Zeichen (semiotisch)). In erkenntnisanthropologischer Perspektive gehören nämlich sinnkonstituierende und sinnvermittelnde Zeichen sowenig wie die Sinnesorgane und die Greifwerkzeuge zu den Objekten der Erkenntnis, weil sie Bedingung der Möglichkeit der Konstitution solcher Objekte sind. Apels Ergänzung des ›zentrischen‹ L. durch ein von ihm als komplementär angesehenes ›exzentrisches‹ ›Bewußtseins-‹ oder ›Reflexionsapriori‹ soll für die Möglichkeit des Menschen stehen, die durch seinen Leib im jeweiligen Hier und Jetzt absolut individuierte Räumlichkeit und Zeitlichkeit zu vergegenständlichen und zugunsten der leibzentrischen Weltorientierungen anderer Menschen in der ›Mitwelt‹ zu relativieren (↑Intersubjektivität, ↑transsubjektiv/Transsubjektivität). Die Komplementarität von L. und Bewußtseinsapriori darf nicht im Sinne eines Leib-Seele-↑Dualismus mißverstanden werden (↑Leib-Seele-Problem). Neuere philosophische Bemühungen, vor allem der philosophischen ↑Anthropologie und der ↑Phänomenologie, lassen sich als Versuche einer kategorialen Ausdifferenzierung des L.s verstehen.

Literatur: K.-O. Apel, Das L. der Erkenntnis. Eine Betrachtung im Anschluß an Leibnizens Monadenlehre, Arch. Philos. 12 (1963), 152–172, Nachdr. in: Jb. Gesch. u. Theorie d. Biologie 8 (2001), 181–200; ders., Szientistik, Hermeneutik, Ideologiekritik. Entwurf einer Wissenschaftslehre in erkenntnisanthropologischer Sicht, Wiener Jb. Philos. I (1968), 15–45, Nachdr. in: ders., Transformation der Philosophie, I–II, Frankfurt 1973, II (Das Apriori der Kommunikationsgemeinschaft), 96–127; W. Cramm/G. Keil (eds.), Der Ort der Vernunft in einer natürlichen Welt. Logische und anthropologische Ortsbestimmungen, Weilerswist 2008; M. Dederich, In den Ordnungen des Leibes. Zur Anthropologie und Pädagogik von Hugo Kükelhaus, Münster/New York 1996, 167–169; H. Gipper, Das Sprachapriori. Sprache als Voraussetzung menschlichen Denkens und Erkennens, Stuttgart-Bad Cannstatt 1987; M. Gutmann/M. Weingarten, Das L. Ein nicht ausgearbeitetes Fundament der Diskursethik?, Jb. Gesch. u. Theorie d. Biologie 8 (2001), 173–180; K. Hübner, Leib und Erfahrung in Kants Opus Postumum, Z. philos. Forsch. 7 (1953), 204–219; F. Kaulbach, Leibbewußtsein und Welterfahrung beim frühen und späten Kant, Kant-St. 54 (1963), 464–490; W. Köller, Perspektivität und Sprache. Zur Struktur von Objektivierungsformen in Bildern, im Denken und in der Sprache, Berlin 2004, 29–40; E. List (ed.), Leib, Maschine, Bild. Körperdiskurse der Moderne und Postmoderne, Wien 1997; M. Merleau-Ponty, Phénoménologie de la perception, Paris 1945, 1976 (dt. Phänomenologie der Wahrnehmung, Berlin 1966; engl. Phenomenology of Perception, London 2002); H. Nolte, Kommunikative Kompetenz und L.. Zur philosophischen Anthropologie von Jürgen Habermas und Karl-Otto Apel, Arch. Rechts- u. Sozialphilos. 70 (1984), 518–539; D. Padeken, Ch. S. Peirce und das somatische Primat der Erkenntnis oder Das Kantische Trascendentalsubjekt erfährt seinen Leib, in: O. Hansen (ed.), Prolegomena zu einer Ästhetik des Wissens II (Leib-Apriori und liberaler Universalismus), Frankfurt 1995, 72–93;

H. Schipperges, Kosmos Anthropos. Entwürfe zu einer Philosophie des Leibes, Stuttgart 1981; H. Schmitz, System der Philosophie II/1 (Der Leib), Bonn 1965, II/2 (Der Leib im Spiegel der
Kunst), Bonn 1966.   R. Wi.

Leibniz, Gottfried Wilhelm, *Leipzig 1. Juli 1646, †Han-
nover 14. Nov. 1716, dt. Philosoph und Universalgelehrter. 1661–1666 Studium der Philosophie und Rechtswissenschaft in Leipzig (unter anderem bei J. Thomasius) und Jena (1663, unter anderem bei E. Weigel), 1663
Baccalaureat, 1664 Magister der Philosophie, 1667 juristische Promotion in Altdorf. L. verzichtet auf eine
akademische Karriere in Altdorf und geht auf Vermittlung des früheren kurmainzischen Ministers J. C. Freiherr v. Boineburg an den Hof des Mainzer Kurfürsten
Johann Philipp v. Schönborn, 1670 Rat am Kurfürstli-
chen Revisionsgericht. 1672–1676 in diplomatischer
Mission (Versuch, Ludwig XIV. zum Angriff auf Ägypten zu bewegen, Consilium Aegyptiacum, 1672) in Paris,
wo L. während seiner ›mathematischen Lehrjahre‹ (Studium der Schriften B. F. Cavalieris, R. Descartes', B.
Pascals und J. Wallis') unter anderem mit A. Arnauld,
P. D. Huet, C. Huygens, N. Malebranche, P. Nicole und
E. W. v. Tschirnhaus zusammentrifft; Kontakte mit der
»Académie des sciences« (Paris), der er 1675 seine Rechenmaschine vorführt, und, über H. Oldenbourg, mit
der »Royal Society« (London), die ihn im April 1673 zu
ihrem Mitglied ernennt. In London macht L. unter
anderem die Bekanntschaft R. Boyles, R. Hookes, J. Pells
und J. Collins' (der ihm Einblick in die Papiere J. Gre-
gorys und I. Newtons gibt); auf der Rückkehr von seiner
letzten Londoner Reise im Oktober 1676 Besuch bei A.
van Leeuwenhoek, J. Swammerdam und B. de Spinoza
in Holland. 1676 tritt L. als Hofrat und Bibliothekar
(ferner mit technischen Entwicklungen wie hydrauli-
schen Pressen, Uhren, Windmühlen [zum Antrieb von
Pumpen] sowie mit chemischen Experimenten [Phos-
phor] und Bergwerksangelegenheiten im Harz [1680–
1685] befaßt) in Hannoveraner Dienste, wo er nach dem
Tode des Herzogs Johann Friedrich unter Herzog Ernst
August 1685 damit beginnt, zur Unterstützung dynasti-
scher bzw. politischer Ansprüche die Geschichte des
Welfenhauses zu schreiben (durchgeführt bis zum Jahre
1005; ferner Herausgabe der Quellensammlung »Scriptores rerum Brunsvicensium«, I–III, Hannover 1707–
1711). Mehrere Reisen, unter anderem 1687–1690 über
Wien nach Italien (Bekanntschaft mit dem Anatom M.
Malpighi in Bologna, dem Mathematiker und Galilei-
Schüler V. Viviani in Florenz und dem Missionar C. F.
Grimaldi in Rom, der L.ens Interesse an der chinesischen
Kultur nachhaltig beeinflußt), führen L. im Zusammenhang mit diesem Auftrag durch Europa. L. schlägt eine
ihm angebotene Position als Bibliothekar an der Vaticana aus, nimmt an den Verhandlungen zur Reunion

der christlichen Kirchen teil und setzt sich für die Gründung wissenschaftlicher Akademien in Berlin, Dresden,
Petersburg (1711, 1712 und 1716 entsprechende Verhandlungen mit Peter dem Großen) und Wien ein.
Unterstützt durch Königin Sofie Charlotte erfolgt 1700
die Gründung der »Societät der Wissenschaften« in
Berlin, deren Präsident auf Lebenszeit L. wird. 1691
Übernahme der Leitung der Wolfenbütteler Bibliothek,
1696 Ernennung zum Geheimen Justizrat; die Jahre
1712–1714 verbringt L. in Wien (1713 Ernennung
zum Reichshofrat). Seinem wachsenden, unter anderem
durch einen ausgedehnten Briefwechsel dokumentierten
wissenschaftlichen Einfluß und zahlreichen Ehrungen
steht in den letzten Jahren vor seinem Tode eine zunehmende Vereinsamung gegenüber.
Hinsichtlich seines universalen Interesses und der Breite
seiner wissenschaftlichen Bemühungen, die von der
Rechtstheorie über die Physik, Logik, Mathematik,
Technik, Sprachphilosophie und Historiographie bis
hin zu speziellen Fragen theologischer Dogmatik reichen, ist L. mit Aristoteles vergleichbar. Wie dieser befindet sich L. am Anfang einer wissenschaftlichen Entwicklung, in seinem Falle der neuzeitlichen Wissenschaft
und Philosophie, und wie dieser nimmt er, wenn auch
nicht in Form einer systematisch abgeschlossenen Lehre
und überschattet von Mißverständnissen (↑Leibniz-
Wolffsche Philosophie), entscheidenden Einfluß auf deren weiteren Verlauf. Gegen die Bildung einer systematischen Lehrtradition steht vor allem der *enzyklopädische*
Charakter der L.schen Bemühungen, deren organisie-
rendes Prinzip im strengen Sinne nicht der Aufbau eines
›Systems‹, sondern die Konzentration auf methodologische Fragen *sowie* die begriffliche und methodische Architektur der Wissenschaften ist. Sowohl in den mehr
inhaltlich orientierten fachwissenschaftlichen Untersuchungen als auch in den primär methodologisch orientierten Bemühungen zur wissenschaftlichen Begriffs-
und Prinzipienbildung wird bei L. stets dasselbe Thema,
die Begründung und architektonische Organisation des
Wissens unter der Idee der Einheit des Wissens bzw. der
Wissenschaft, systematisch variiert. Neben die enzyklopädische Eigenschaft des L.schen Werkes tritt dabei in
vielen Fällen ein fragmentarischer Charakter. Dazu gehört auch, daß L. selbst nur wenige Schriften publiziert
hat, unter denen wiederum die »Theodizee« (Essais de
théodicée sur la bonté de Dieu, la liberté de l'homme et
l'origine du mal, I–II, Amsterdam 1710) nach Verbreitung und Wirkung auf die theologische Diskussion im
18. Jh. herausragt. Weitere publizierte Schriften insbes.
juristischen, politischen, physikalischen und philoso-
phisch-logischen Inhalts: Dissertatio De arte combinatoria [...], Leipzig 1666; Nova methodus discendae
docendaeque jurisprudentiae, Frankfurt 1667; kommentierte Ausgabe von M. Nizolius, De veris principiis

et vera ratione philosophandi contra pseudophiloso-phos libri IV [Parma 1553], Frankfurt 1670; Hypothesis physica nova [Theoria motus concreti], Mainz 1671; Theoria motus abstracti, Mainz 1671; [anonym] Mars christianissimus [gegen Ludwig XIV.], Köln 1684; Meditationes de cognitione, veritate & ideis, Acta Erud. 1684, 537–542; Brevis demonstratio erroris memorabilis Cartesii [. . .], Acta Erud. 1686, 161–163; De primae philosophiae emendatione, & de notione substantiae, Acta Erud. 1694, 110–112; Specimen dynamicum [. . .], Acta Erud. 1695, 145–157; Système nouveau de la nature et de la communication des substances [. . .], Journal des Sçavans 25–26 (1695), 294–306 [Duodezausg. Amsterdam, 444–462]; De ipsa natura, sive de vi insita, actionibusque creaturarum [. . .], Acta Erud. 1698, 427–440. Mathematische Untersuchungen erscheinen, beginnend mit zwei wichtigen Arbeiten zur Differential- und Integralrechnung (Nova methodus pro maximis et minimis [. . .], Acta Erud. 1684, 467–473, De geometria recondita et analysi indivisibilium atque infinitorum, Acta Erud. 1686, 292–300). Die meisten Arbeiten L.ens blieben zu dessen Lebzeiten unpubliziert und liegen, Briefwechsel und fragmentarische Notizen eingeschlossen, auch heute noch nicht vollständig vor. Der größte Teil des handschriftlichen Nachlasses befindet sich in Hannover (Niedersächsische Landesbibliothek).

1. Physik: Ausgehend von der Konzeption eines *physikalischen* ↑*Atomismus* (F. Bacon, P. Gassendi) ersetzt L. (Hypothesis physica nova, 1671) seine ursprüngliche, mit Huygens geteilte Annahme eines leeren Raumes durch eine Ätherhypothese (↑Äther) und sucht mit ihrer Hilfe sowie der einer Mechanik der Trägheitsbewegungen (↑Trägheit) und des dabei Verwendung findenden ↑*conatus*-Begriffs (Bewegung über infinitesimale Strekken und in infinitesimaler Zeit) eine Erklärung der Keplerschen Planetenbahnen (Tentamen de motuum coelestium causis, Acta Erud. 1689, 82–96): Der den Planeten herumführende Ätherwirbel bewegt sich mit einer Geschwindigkeit umgekehrt proportional zu seiner Entfernung vom Bewegungszentrum. Mit der in diesem Zusammenhang formulierten Beziehung der Zentrifugalkraft zur Radialbeschleunigung (die Radialbeschleunigung ist proportional der Differenz der Zentrifugalkraft und der Anziehung) wird eine, möglicherweise unabhängig von Newton konzipierte, dynamische Theorie der Planetenbewegung entwickelt, die sich als Modifikation der ↑Wirbeltheorie Descartes' auffassen läßt. Dennoch ist L. kein Cartesianer (↑Cartesianismus). Aus *theologischen* (Probleme der Transsubstantiationslehre) und *dynamischen* Gründen (Charakterisierung physischer Körper durch die primären Eigenschaften der ↑Undurchdringlichkeit, ↑Trägheit und ↑Kraft) wendet er sich bereits 1671 gegen die Reduktion des Begriffs

der materiellen Welt auf den Begriff der reinen ↑Ausdehnung und glaubt, den quantitativen Nachweis erbracht zu haben (Brevis demonstratio erroris memorabilis Cartesii [. . .], 1686; wiederholt in: Discours de métaphysique, 1686, Specimen dynamicum [. . .], 1695), daß Descartes' eigener Kraftbegriff, basierend auf dem Begriff der Bewegungsgröße (↑Impuls), falsch ist. Dieser Nachweis beruht (a) auf der Annahme, daß Descartes tatsächlich meinte, mit dem Impulssatz ein Kraftmaß (mv) gefunden zu haben, und (b) auf der Einsicht, daß der Impulssatz zur Erklärung bestimmter Sachverhalte, z. B. der Pendelbewegung hinsichtlich der Steighöhe, ungeeignet ist. Tatsächlich irrt sich L. in der Annahme, daß Descartes mit mv denselben Kraftbegriff intendierte, den er nunmehr durch mv^2 bestimmt. Beide Kraftmaße sind zudem von Newtons Begriff der Kraft ($F = ma$) verschieden. Insofern erweist sich auch die an L.ens Descartes-Kritik anschließende Kontroverse um den wahren Kraftbegriff (gibt es ›lebendige Kräfte‹?) zwischen ›Cartesianern‹ (Abbé Catelan, J. S. Mazière, C. Maclaurin, S. Clarke u. a.) und ›Leibnizianern‹ (Joh. Bernoulli, W. J. S. 'sGravesande, C. Wolff u. a.) im wesentlichen als ein bloßer Streit um Worte (wie D. Bernoulli [1726] nachwies; eine Auffassung, die später [1743] auch J. le Rond d'Alembert vertrat).

L. bezeichnet die mit wirklichen Bewegungen verbundene, durch mv^2 definierte Kraft als ↑*vis viva* oder *vis activa* im Unterschied zur *vis mortua*, d. h. einer Kraft in einem Zustand, in dem (noch) keine Bewegungen auftreten (Specimen dynamicum [. . .], Math. Schr. VI, 238). Ferner gilt unter Berücksichtigung der Huygensschen Gesetze für den elastischen Stoß (↑Stoßgesetze), von L. auf den unelastischen Stoß erweitert, die Summe der kinetischen ↑Energie (*vis viva*) als konstant – die Umwandlung eines Teiles der kinetischen Energie in Wärme beim unelastischen Stoß wird als mikroskopischer Sonderfall des Erhaltungssatzes (↑Erhaltungssätze) interpretiert. Die kinematischen physikalischen Bestimmungen der Gestalt, der Größe und des Bewegungszustandes eines Körpers sind damit um eine dynamische Komponente ergänzt (von R. J. Boscovich später in Richtung des Begriffs einer relationalen Kraft verschoben, ↑Dynamismus (physikalisch)). Der physikalische Atomismus im Sinne von Gassendi oder Huygens wird aber noch weiter modifiziert. Im Anschluß an eine einfache Kontinuitätsbetrachtung (Theoria motus abstracti, 1671) und Arbeiten zu einem Differentialkalkül (1684) formuliert L. ein *Kontinuitätsprinzip* (↑Kontinuität), das in der Physik die Preisgabe des Begriffs des körperlichen Atoms zu erzwingen scheint (Specimen dynamicum [. . .], Math. Schr. VI, 248; vgl. Système nouveau [. . .], Philos. Schr. IV, 482). Entsprechend wird der Ausdruck ›(materielles) Atom‹ durch die an Aristotelische Unterscheidungen erinnernden Ausdrükke ›substantielles Atom‹, ›formales Atom‹ oder ›metaphysischer Punkt‹ ersetzt (Système nouveau [...], Philos. Schr. IV, 482). Dabei ergibt sich eine gewisse systematische Nähe zum modernen Begriff des Massenpunktes. Definitorisch formuliert L. im monadologischen Kontext seinen Begriff der ↑*materia prima*, charakterisiert durch Ausdehnung, Undurchdringbarkeit (›Antitypie‹) und (eine im Anschluß an J. Kepler mehr intuitiv als Bewegungswiderstand aufgefaßte) Trägheit. *Materia prima* ist nicht beobachtbar; die realen Bewegungen der Körper erfordern eine aktive Kraft, die das Wesen der *materia secunda* ausmacht. Daneben tritt später eine Kennzeichnung der ↑Masse (*moles*) durch die Beziehung zwischen Volumen und Dichte (Dynamica de potentia et legibus naturae corporeae [1689], Math. Schr. VI, 298), die Newtons Begriff nahekommt. Zu einer klaren Begriffsbildung gelangt L. noch nicht.

In seinen Bemühungen um die Klärung fundamentaler physikalischer Begriffe (Kraft, Masse, ↑Kontinuum etc.) folgt L. einem Programm, das er bezeichnet als den Übergang von der Geometrie zur Physik in einer »Wissenschaft von der Bewegung, die die Materie mit den Formen, die Theorie mit der Praxis verbindet« (Pacidius Philalethi prima de molu philosophia [1676], C. 596). Die metaphysischen Gründe (*raisons métaphysiques*) der Mechanik, von denen dabei wiederholt die Rede ist, werden unter Heranziehung von T. Hobbes' *conatus*-Konzeption und Cavalieris ↑Indivisibilien-Konzeption in einem axiomatischen Aufbau (*fundamenta praedemonstrabilia*; Theoria molus abstracti, 1671, Dynamica de potentia et legibus naturae corporeae, 1689) gesucht. Andererseits erhält die Mechanik gegenüber ihrer Newtonschen Darstellung, die L. 1689 in Rom in Form der »Philosophiae naturalis principia mathematica« (1687) kennenlernt, ein analytisches Aussehen: Mit L. beginnt, gestützt auf die Entwicklung des Differentialkalküls, die *Algebraisierung der Physik* (vergleichbar der Algebraisierung der Geometrie bei Descartes).

Im Mittelpunkt der physikkonstituierenden Bemühungen von L. stehen neben den schon erwähnten Begriffen die Begriffe Raum, Zeit und Bewegung. Gegen den Begriff eines absoluten Raumes (↑Raum, absoluter), der in Newtons Mechanik der Definition einer absoluten ↑Bewegung und damit der Trägheitsbewegung dient, macht L. (im Rahmen einer brieflichen Kontroverse mit S. Clarke, 1715/1716) im wesentlichen kinematische Gründe geltend und ersetzt ihn, obgleich er weiß, daß ihm ein schlagendes Argument für eine dynamische Relativität noch fehlt, durch den Begriff des relationalen Raumes (»der Raum ist die Ordnung gleichzeitig existierender Dinge, wie die Zeit die Ordnung des Aufeinanderfolgenden«, Brief vom 16.6.1712 an B. des Bosses, Philos. Schr. II, 450). Der physikalische Raum ist im Sinne dieser Definition nur relational, d.h. durch die in ihm bestimmten Lagebeziehungen physikalischer Körper gegeben, weshalb L. dann auch von einem ›abstrakten Raum‹ als der ›Ordnung aller als möglich angenommenen Stellen‹ spricht (5. Schreiben an Clarke, Philos. Schr. VII, 415). Entscheidend für L.ens Konzept ist dabei in erster Linie der Umstand, daß der Raum als ein System von Relationen die gleiche Idealität besitzt, die bereits an Hand einer Kontinuumsbetrachtung, fortgeführt im Begriff des formalen Atoms, für den Begriff des physikalischen Körpers selbst in Anspruch genommen wurde. Dasselbe gilt für die Begriffe Zeit und Bewegung. Auch hier betont L. in einer protophysikalischen Argumentation (↑Protophysik) gegenüber Newton und der Korpuskularphysik seiner Zeit, daß die durch sie bezeichneten Gegenstände nicht einfach real (absolut), sondern auf dem Boden begrifflicher (›idealer‹) Konstruktionen (die im Falle der Bewegung wieder in Richtung des Begriffs einer absoluten Bewegung gehen) gegeben sind; allerdings dann auch, unter Rekurs auf derartige Konstruktionen, jeweils als ein wohlbegründetes Phänomen (*phaenomenon bene fundatum*; vgl. Brief vom 6.12.1715 an A. Conti, Der Briefwechsel von G. W. L. mit Mathematikern, ed. C. I. Gerhardt, 265; Brief aus dem Jahre 1705 an B. de Volder, Philos. Schr. II, 276).

2. Mathematik: L.ens größte mathematische Leistung liegt in der gleichzeitig mit und unabhängig von Newton begründeten *Differential- und Integralrechnung* (↑Infinitesimalrechnung). Die Lektüre von B. Pascals »Lettres de A. Dettonville, contenant quelques-unes de ses inventions de géométrie« (Paris 1659) führt 1673 zur Entdekkung des charakteristischen Dreiecks, d. h. der Darstellbarkeit der Eigenschaften einer Kurve durch die Verhältnisse der Katheten rechtwinkliger Dreiecke, deren Hypotenusen Tangenten an die Kurve sind (Abb. 1).

L. erkennt dabei, daß die von Pascal konstatierte Ähnlichkeit des Dreiecks *DEF* mit dem aus Ordinate, Subtangente und Normale gebildeten Dreieck *ABC*, die erhalten bleibt, wenn man die Seitenlängen des Dreiecks

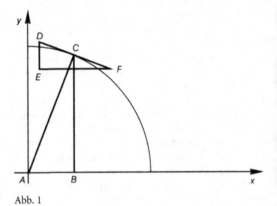

Abb. 1

DEF gegen Null gehen läßt (zu einem ›infinitesimalen‹ Dreieck übergeht), nicht nur für den von Pascal betrachteten Spezialfall des Kreises, sondern für die meisten damals interessierenden Kurven (d.h., Termini der Infinitesimalrechnung schon verwendend, die durch differenzierbare Funktionen darstellbaren Kurven) besteht. Die eigentliche Leistung L.ens beruht im Zusammenhang mit solchen geometrischen Überlegungen in der Einführung eines kalkülmäßigen Verfahrens zur Tangentenbestimmung und zur Behandlung von Integrationsproblemen. So legt er 1684 einen Differentialkalkül vor (Nova methodus pro maximis et minimis [...], Acta Erud. 1684, 467–473; Integrale werden zwei Jahre später eingeführt: De geometria recondita et analysi indivisibilium atque infinitorum, Acta Erud. 1686, 292–300), der wichtige Differentiationsregeln wie Additions-, Multiplikations-, Divisions- und Potenzregel angibt und Verfahren beschreibt, die anschauliche Gestalt von Kurven (Maxima, Minima, Konvexität usw.) anhand von Eigenschaften der Ableitung ihrer Funktion zu charakterisieren.

Was im engeren mathematischen Sinne als eine ↑Kalkülisierung infinitesimaler Darstellungen in einer Theorie der Differentiation und Integration reeller Funktionen erscheint, dient bei L., ebenso wie in der parallelen Entwicklung der Fluxionsrechnung (↑Fluxion) bei Newton, der Bewältigung auch mechanischer Probleme: Die Tangentenbestimmung ebener Kurven wird als die Bestimmung der Geschwindigkeit eines bewegten Körpers interpretiert, wobei die Steigung der Tangente die Größe der Geschwindigkeit repräsentiert. Der von L. (unabhängig von Newton, I. Barrow und Gregory) entwickelte Infinitesimalkalkül ist von Anfang an in seinem Symbolismus den konkurrierenden Entwürfen überlegen. Der durch Bemerkungen von Wallis (Opera mathematica, I–III, Oxford 1693–1699, I [1695], Praefatio, III [1699], 617–708 [Epistolarum collectio]), N. Fatio de Duillier (Lineae brevissimi descensus investigatio geometrica duplex [...], London 1699), G. Cheyne (Fluxionum methodus inverse [...], London 1703) und J. Keill (Epistola ad clarissimum virum Edmundum Halleium Geometriae Professorem Savilianum, de legibus virium centripetarum, Philos. Transact. Royal Soc. 26 [1710], 174–187) sowie durch Entgegnungen L.ens (Acta Erud. 1700, 198–208; Schreiben vom 4.3.1711 an die »Royal Society«, Commercium epistolicum, ed. J.B. Biot/F. Lefort, Paris 1856, 171–172) entfachte Prioritätsstreit zwischen L. und Newton führt 1711 zur Einsetzung einer Untersuchungskommission durch die »Royal Society«. Diese entschied, ohne L. gehört zu haben, auf Grund einer in vieler Hinsicht unvollständigen und unzureichenden Materialsammlung von Wallis und Newtonscher Unterlagen gegen L. (Commercium Epistolicum D. Johannis Collins, et aliorum de analysi promota.

Jussu Societatis Regiae in lucem editum, London 1712). L.ens Versuch einer Gegendarstellung (Historia et origo calculi differentialis, 1714) blieb unvollendet und bis zum 19. Jh. unveröffentlicht (ed. C.I. Gerhardt, Hannover 1846).

Im Zusammenhang mit seinen Arbeiten zum Infinitesimalkalkül beweist L., daß sich ↑Differentialgleichungen nicht ausschließlich mit Hilfe der so genannten Quadraturen lösen lassen, und führt das Verfahren der Behandlung von Differentialgleichungen durch Ansatz von unbestimmten Koeffizienten ein (Supplementum geometriae practicae sese ad problemata transcendentia extendens [...], Acta Erud. 1693, 178–180). Weitere herausragende Leistungen: Beherrschung der Potenzreihenmethode (aus unbestimmten Koeffizienten) seit 1676, Darstellung von Arcustangens, Cosinus, Sinus, natürlichem Logarithmus und Exponentialfunktion als Potenzreihen (Quadratura arithmetica communis sectionum conicarum, quae centrum habent [...], Acta Erud. 1691, 178–182) und Angabe der Ableitung der Exponentialfunktion (Responsio ad nonnullas difficultates a Dn. Bernardo Nieuwentijt circa methodum differentialem seu infinitesimalem motas, Acta Erud. 1695, 310–316). Die Beschäftigung mit Kreis- und logarithmischen Funktionen führt L. zur Vermutung der Transzendenz dieser Funktionen. Von L.ens Bemühungen im Umkreis älterer mathematischer Probleme verdienen Erwähnung vor allem die arithmetische ↑Quadratur des Kreises (Flächeninhaltsbestimmung in rationalen Zahlen; De vera proportione circuli ad quadratum circumscriptum in numeris rationalibus [1673], Acta Erud. 1682, 41–46) und die Entwicklung eines geometrischen Verfahrens zur Herleitung aller bis dahin gewonnenen Sätze über Quadraturen (Transmutation). Aus der Fülle einzelner mathematischer Probleme, die er behandelt und teilweise löst, seien genannt: die gleichzeitig mit Huygens und Joh. Bernoulli gefundene Lösung des Problems der Kettenlinie (De linea in quam flexibile se pondere proprio curvat [...], Acta Erud. 1691, 277–281) und der (entgegen der Ansicht der Cartesianer) gelungene Nachweis der Allgemeingültigkeit der Cardanischen Formeln zur Auflösung kubischer Gleichungen auch bei Vorhandensein von drei reellen Lösungen. L. begründet die für die Computertechnik wichtige Dyadik (binäres Zahlensystem mit den Grundelementen 0 und 1, ↑Dualsystem) und die Determinantentheorie. Sein Programm einer ↑*Analysis situs* (auch: *geometria situs*) ist als Gegenstück zur Cartesischen analytischen Geometrie (↑Geometrie, analytische) gedacht und führt in der weiteren Entwicklung zur modernen ↑Topologie. Aufsehen erregte ferner seine Konstruktion einer Rechenmaschine mit Staffelwalzen für die vier Grundrechnungsarten (Abb. 2; ↑Maschinentheorie).

Abb. 2

3. Erkenntnistheorie und Wissenschaftstheorie: In seiner Auseinandersetzung mit dem ↑Rationalismus Descartes' und dem ↑Empirismus J. Lockes nimmt L. hinsichtlich der für ihn zentralen Analyse nicht-empirischer Bedingungen des Erklärens eine der Theoretischen Philosophie (↑Philosophie, theoretische) I. Kants ähnliche erkenntnistheoretische Position ein (Nouveaux essais sur l'entendement humain [1704], postum in: Œuvres philosophiques [...], ed. R. E. Raspe, Amsterdam/Leipzig 1765, 1–496). Charakteristisch für diese Position ist die Ergänzung der Formel ↑*nihil est in intellectu quod non* [*prius*] *fuerit in sensu* durch die Wendung ›excipe: nisi ipse intellectus‹ (Nouv. essais II 1 § 2, Akad.-Ausg. 6.6, 111), mit der gegen die alternativen Radikalisierungen des ↑Anfangs der Erkenntnis entweder im reinen ↑Bewußtsein (Rationalismus) oder in der reinen sinnlichen ↑Erfahrung (Empirismus, ↑Sensualismus) eine kooperative Auffassung gegenüber begrifflichen und empirischen Hilfsmitteln zur Geltung gebracht wird. L. bereitet damit die Identifikation des (ursprünglich beweistheoretischen) Begriffs des aposteriorischen Wissens (↑*demonstratio propter quid/demonstratio quia*) mit dem (grundlagentheoretischen) Begriff des empirischen Wissens (↑Erfahrung) ebenso vor wie die, insbes. im Logischen Empirismus (↑Empirismus, logischer) vorgenommene, spätere Identifikation von apriorischem (↑a priori) und ↑analytischem Wissen (Primae veritates, C. 518). Methodische Basis sind dabei eine Begriffstheorie und eine analytische Urteilstheorie sowie die Unterscheidung zwischen notwendigen (↑notwendig/Notwendigkeit) und kontingenten (↑kontingent/Kontingenz) Sätzen (↑›Vernunftwahrheit‹ und ↑›Tatsachenwahrheit‹). Während die Definition des notwendigen Satzes mit der analytischen Definition des wahren Satzes zusammenfällt (in jedem wahren Satz der Form SP ist der Prädikatbegriff P im Subjektbegriff S ursprünglich enthalten, wobei Begriffe als Kombinationen von Teilbegriffen aufgefaßt werden), sind kontingente Sätze dadurch

bestimmt, daß weder ihr ↑Prädikatbegriff den ↑Subjektbegriff (↑Subjekt) lediglich wiederholt (›identische‹ Sätze) noch ihre Rückführung auf solche identischen Sätze in endlich vielen Schritten möglich ist. Individuen (darunter auch Ereignissen) werden dabei so genannte *vollständige Begriffe* (↑Begriff, vollständiger) zugeordnet, d. h. Begriffe, die äquivalent sind mit der Konjunktion der dem jeweiligen Individuum zukommenden (unendlich vielen) Prädikate (als ein komplexer Prädikator erfüllt dieser die Bedingung einer vollständigen ↑Kennzeichnung). Grundlage der (analytischen) Urteilstheorie und der Theorie vollständiger Begriffe, von der L. in seinen metaphysischen Erörterungen ausführlich Gebrauch macht, ist eine auf das Problem so genannter *einfacher Begriffe* (↑Begriff, einfacher) zurückführende Theorie vollständiger Begriffsnetze (↑Baum (logisch-mathematisch), ↑Begriffspyramide), in denen jeder Begriff äquivalent mit der Konjunktion seiner Oberbegriffe oder der Adjunktion seiner Unterbegriffe ist. Zu den Problemen der analytischen Urteilstheorie, d. h. der Beschränkung auf eine *inesse*-Beziehung (Enthaltensein-Beziehung) zwischen Subjektbegriff und Prädikatbegriff im Sinne der in der ↑Syllogistik so genannten konversen *a*-Beziehung (↑a) zwischen Begriffen (aus ›omne α est β‹ wird ›β inest omni α‹, Dissertatio de arte combinatoria, Akad.-Ausg. 6.1, 183), gehört, daß von ihr Relationsaussagen R(x, y) (↑Relation) nicht erfaßt werden. L. beschränkt sich hier auf den Hinweis, daß Relationsaussagen eine (auf andere Weise auch ›analytisch‹ darstellbare) ›Ordnung der Dinge‹ im Sinne eines ↑*ens rationis* betreffen (vgl. Nouv. essais II 12 § 3, Akad.-Ausg. 6.6, 145; Brief vom 11.3.1706 an B. des Bosses, Philos. Schr. II, 304) bzw. daß deren Analyse Aufgabe einer die Urteilstheorie ergänzenden *grammatica rationalis* sei (vgl. C. 244, 286–287, 406).

Eng verbunden mit begriffstheoretischen Konstruktionen und einer präzisierenden Ergänzung der Cartesischen Teilbestimmungen ›klarer‹ und ›deutlicher‹ Erkenntnis (↑klar und deutlich) um die Bestimmungen ›adäquater‹, ›symbolischer‹ und ›intuitiver‹ Erkenntnis (Meditationes de cognitione, veritate et ideis [1684], Philos. Schr. IV, 422–423) ist als Teilstück einer geplanten ↑*scientia generalis* das Programm einer ↑Universalsprache (↑*lingua universalis*, ↑Leibnizprogramm) oder *characteristica universalis* (↑*ars characteristica*), die sowohl logische Schluß- und Entscheidungsverfahren (↑*ars iudicandi*) als auch inhaltliche Begriffsbestimmungen auf der Basis einer Definitionstheorie (↑*ars inveniendi*, ↑*ars combinatoria*) einschließen soll. Im Anschluß an Arbeiten von R. Lullus, A. Kircher, Descartes, Hobbes, J. Wilkins und G. Dalgarno entwirft L. die Konzeption eines ›Alphabets des Denkens‹ (*alphabetum cogitationum humanarum*, vgl. C. 220, 430, 435, Philos. Schr. VII, 32, 185, 199), das weniger eine Kurzschrift als einen Formalismus zur Wissensbildung darstellen soll. Gesucht ist ein Verfahren, mit dessen Hilfe »Wahrheiten der Vernunft wie in der Arithmetik und Algebra so auch in jedem anderen Bereich, in dem geschlossen wird, gewissermaßen durch einen Kalkül erreicht werden können« (an C. Rödeken adressierter, nicht abgesandter Brief aus dem Jahre 1708, Philos. Schr. VII, 32). Dazu soll die Relation der Wörter (Begriffe) des Alphabets zu dessen Basisbegriffen in der gleichen Weise organisiert werden, wie sich die natürlichen Zahlen zu den Primzahlen verhalten (die eindeutige Rückführbarkeit aller Begriffe des Alphabets auf gewisse Basisbegriffe ist dieser Konzeption nach der eindeutigen Primfaktorzerlegung nachgebildet, ↑Leibnizsche Charakteristik). Als Vorbereitung dient die Zusammenstellung von Definitionslisten (C. 437–510), wobei die Erstellung einer vollständigen ↑Enzyklopädie zu den erst zu schaffenden Voraussetzungen zählt. Unklarheiten, die in diesen unterschiedlichen Konzeptionen stecken, betreffen unter anderem den Umstand, daß die gesuchte *scientia generalis* bereits Inhalt einer derartigen Enzyklopädie sein soll (Introductio ad encyclopaediam arcanam [1679], C. 511). Zudem wird sie mit der Logik identifiziert (C. 556), gelegentlich auch mit dieser auf die synthetische Methode (↑Methode, synthetische) eingeschränkt (C. 159). Damit wäre die *scientia generalis* als Teil einer ↑*mathesis universalis* verstanden, die ihrerseits als Verbindung von synthetischen und analytischen Verfahren (↑Methode, analytische) bestimmt wird (C. 557). Aber auch von einer *mathesis universalis* (d. h. einer ›ars iudicandi atque inveniendi circa quantitates‹ ist wiederum häufig unmittelbar als Logik, genauer als *logistica* oder *logica mathematicorum*, die Rede (Mathesis universalis [1695], Math. Schr. VII, 50, 54).

4. Formale Logik und Theorie der Begründung: Ausgeführte Stücke dieses idealsprachlichen Programms stellen neben dem Infinitesimalkalkül verschiedene Stufen eines ↑*Logikkalküls* (*calculus universalis*, ↑Kalkül) dar, der dem inhaltlichen Schließen die formale Sicher-

heit algebraischen Rechnens verleihen soll. Im Unterschied zur älteren ↑Syllogistik, deren ↑Kalkülisierung L. in diesem Zusammenhang gelingt, beginnt mit diesen Bemühungen, in deren Rahmen auch die für den Kalkülbegriff konstitutiven Teilbegriffe der Grundfigur und der Grundregel für die Herstellung besonderer Systeme von Figuren (↑Figur (logisch)) bereits präzise formuliert werden, die Geschichte der formalen Logik (↑Logik, formale) im modernen Sinne. Zwar bleibt dabei die schwierigste Aufgabe des Programms, nämlich der Beweis der Vollständigkeit (↑vollständig/Vollständigkeit) und der Irreduzibilität (↑irreduzibel/Irreduzibilität) eines ›Alphabets des Denkens‹, unerledigt, doch stellt mit der Ausbildung der *ars combinatoria* zu einem Logikkalkül diese sich als ein Stück des Programms dar, das wirklich realisiert wurde.

Stufen des Kalkülprogramms sind: (1) Die Aufstellung eines *arithmetischen Kalküls* in mehreren Fassungen (C. 42–92, 245–247; darunter [alle 1679]: Elementa characteristicae universalis [C. 42–49], Elementa calculi [C. 49–57]), eines Kalküls, der es erlaubt, eine Konjunktion von Begriffen durch eine Multiplikation der diesen Begriffen zugeordneten Primzahlen darzustellen. Dabei wird jedem Begriff ein Zahlenpaar zugeordnet, in dem die Teiler der ersten Zahl die zukommenden, die Teiler der zweiten Zahl (um das Problem der ↑Negation zu lösen) die nicht-zukommenden Bestimmungen darstellen und die beiden Zahlen zueinander teilerfremd sind. (2) Entwürfe zu einem *algebraischen Kalkül* für die Gleichheit und das Enthaltensein von Begriffen (Specimen calculi universalis [1681], Philos. Schr. VII, 218–221; Ad specimen calculi universalis addenda [1681], Philos. Schr. VII, 221–227; [Zusatz aus dem Nachlaß] C. 239–243). Elemente dieses Kalküls sind Prädikatsymbole $a, b, c, \ldots$ (*termini*), ein Operationszeichen ⁻ (*non*), vier Relationszeichen $\subset, \not\subset, =, \neq$ (*est, non est, sunt idem* bzw. *eadem sunt, diversa sunt*) und die logischen Partikeln (↑Partikel, logische) in umgangssprachlicher Form. Zu den Kalkülregeln (*principia calculi*) werden im Unterschied zu Axiomen (*propositiones per se verae*) und Hypothesen (*propositiones positae*), die als Anfänge des Kalküls auftreten, das Prinzip der logischen Gleichheit (↑Gleichheit (logisch), ↑Identität), das Prinzip der logischen ↑Implikation und eine Substitutionsregel (↑Substitution) gerechnet (↑Logikkalkül). Unter den Thesen (*propositiones verae*), die mit Hilfe der Axiome und Hypothesen bewiesen werden, tritt neben $a \subset a$ (↑reflexiv/Reflexivität) und $a \subset b \wedge b \subset c \rightarrow a \subset c$ (↑transitiv/Transitivität) auch der als *praeclarum theorema* bezeichnete (Philos. Schr. VII, 223) Satz $a \subset b \wedge d \subset c \rightarrow ad \subset bc$ auf (Satz *3.47 in den ↑»Principia Mathematica«). In verschiedenen Interpretationen wird dieser Kalkül zunächst um eine Prädikatkonstante *Ens* (oder ›*res*‹) erweitert, die sich als Vorstufe des Existenzoperators (↑Einsquantor) auffassen läßt (wichtigste Schrift: Generales inquisitiones de analysi notionum et veritatum [1686], C. 356–399), und dann durch die Deutung der Termini nicht als Begriffe, sondern als Aussagen ergänzt (C. 204, 260). Die ↑Inklusion zwischen Begriffen stellt hier die Implikation zwischen Aussagen dar, die neue Prädikatkonstante *Ens* den Wahrheitswert *Verum* (↑verum; intensional [↑intensional/Intension] als *possibile* bezeichnet, C. 261). (3) Zwei aus Erweiterungen des algebraischen Kalküls entstandene Kalküle, in denen sich der Übergang von einer (intensionalen) ↑Begriffslogik zu einer ↑Klassenlogik vollzieht. Der erste dieser um 1690 entstandenen Kalküle (*Plus-Minus-Kalkül*, ursprünglicher Titel: Non inelegans specimen demonstrandi in abstractis, Philos. Schr. VII, 228–235; C. 250–252, 264–270), der eine neue Prädikatkonstante *N* (*nihil*, für *non ens*) enthält, stellt bereits einen reinen Klassenkalkül, eine Dualisierung (↑dual/Dualität) des ursprünglichen algebraischen Kalküls, dar. Der zweite Kalkül (*Plus-Kalkül*, Philos. Schr. VII, 236–247) ist dagegen ein *abstrakter* Kalkül, für den ausdrücklich sowohl eine extensionale (↑extensional/Extension) als auch eine intensionale Deutung festgestellt wird (Philos. Schr. VII, 240). Die ↑Adjunktion im ›Plus-Minus-Kalkül‹ wird durch +, die Adjunktion bzw. (bei intensionaler Interpretation) die ↑Konjunktion im ›Plus-Kalkül‹ durch ⊕ symbolisiert, das Relationszeichen = durch ∞ oder ∝ ersetzt (≠ durch *non A ∞ B* oder *non A ∝ B*). Ferner tritt im ›Plus-Minus-Kalkül‹ die ↑Subtraktion, symbolisiert durch − oder ⊖, und mit ihr die Relation der Fremdheit | (*incommunicantia sunt*) einschließlich deren Negation (*communicantia sunt*, *compatibilia sunt*) auf: $A - B = C$ gilt genau dann, wenn $A = B + C$ (*B* Teilmenge von *A*) gilt und *B* und *C* zueinander fremd sind. Dies ist zugleich eine der Thesen des Kalküls, in moderner mengentheoretischer Notation:

$$A \backslash B = C \land B \subseteq A \leftrightarrow A = B \cup C \land B \cap C = \emptyset.$$

Sieht man von einigen syntaktischen Details ab und davon, daß hier zwischen einem formalen Aufbau des Kalküls und seinen inhaltlichen Interpretationen nicht scharf unterschieden wird (Anfänge eines Kalküls werden sofort als Axiome, Umformungsregeln [↑Umformung] als Schlußregeln [↑Schluß] angesehen), und geht man ferner davon aus, daß mit dem L.schen Logikkalkül annäherungsweise eine vollständige Interpretation (der Elemente des Kalküls einschließlich der Umformungsregeln) gegeben ist, so liegt hier zum ersten Mal eine formale Sprache (↑Sprache, formale, ↑System, formales) und damit tatsächlich ein gelungenes Stück einer *characteristica universalis* vor. Das ›Leibnizprogramm‹, d. h. die Kalkülisierung der Logik auf klassenlogischer Grundlage, von L. selbst mit der Dualisierung

seines algebraischen Kalküls begonnen, bestimmt unter anderem die ↑Algebraisierung der Logik bei A. De Morgan und G. Boole, nachdem zunächst die intensionale Deutung logischer Kalküle (↑Logik, intensionale) dominierte (J. H. Lambert, G. Ploucquet, F. v. Castillon). Auch der ↑Logizismus (G. Frege, G. Peano, B. Russell) beruft sich auf L., womit sich historisch gesehen sowohl die Bindung der Logik an eine algebraische Struktur als auch ihre Lösung von dieser Struktur als konkurrierende Teile des ›Leibnizprogramms‹ auffassen lassen. Im Zusammenhang mit den methodischen Absichten der angeführten Theoriestücke, einschließlich des Kalkülprogramms, stehen bei L. einige wichtige, diese Theoriestücke zu einer Theorie der Begründung zusammenschließende methodische Prinzipien. Dazu gehören insbes.: (1) der *Satz vom (zureichenden) Grund* (↑Grund, Satz vom); (2) der *Satz vom Widerspruch* ($\neg(a \land \neg a)$, ↑Widerspruch, Satz vom), der in seiner L.schen Formulierung – bezogen wiederum auf eine Theorie des identischen Satzes, dergemäß wahre Aussagen prinzipiell auf identische (analytische) Aussagen rückführbar sind – den *Satz vom ausgeschlossenen Dritten* ($a \lor \neg a$, ↑principium exclusi tertii, ↑tertium non datur) einschließt (daher auch ›Satz der Identität‹ genannt); (3) der *Ununterscheidbarkeitssatz* (↑Identität), der die Identität zweier Gegenstände durch die gegenseitige Ersetzbarkeit ihrer vollständigen Begriffe (↑Begriff, vollständiger) in beliebigen Aussagen, ohne daß sich dadurch am Wahrheitswert dieser Aussagen etwas ändern würde, definiert (↑Gleichheit (logisch)).

5. Metaphysik: Seit den Untersuchungen Russells (1900) und L. Couturats (1901) ist deutlich geworden, daß der Versuch, metaphysische Fragen im Rahmen logischer Konstruktionen und Analysen zu erörtern, L.ens so genannte ↑Monadentheorie kennzeichnet, die ihrerseits an Begriffsbildungen und Unterscheidungen in dynamischen Zusammenhängen anknüpft (De primae philosophiae emendatione, & de notione substantiae, Acta Erud. 1694, 110–112). Dabei geht es im wesentlichen um das unter Hinweis auf ein ›Labyrinth des ↑Kontinuums‹ (Dissertatio exoterica de statu praesenti et incrementis novissimis deque usu geometriae [1675], Math. Schr. VII, 326) gekennzeichnete Problem der Bestimmung elementarer Einheiten. Nach L. lassen sich derartige Einheiten, auch im dynamischen Bereich, nur über begriffliche Einheiten angeben: »nur die metaphysischen oder substantiellen Punkte [...] sind exakt und real, ohne sie würde es nichts Reales geben, da ohne die wahren Einheiten [*les véritables unités*] eine Vielheit nicht möglich wäre« (Système nouveau [...], Philos. Schr. IV, 483). Kernstück der Monadentheorie ist daher eine an Aristotelische Bestimmungen anschließende Rekonstruktion des klassischen Begriffs der ↑Substanz. Die Kennzeichnung so genannter *individueller Substanzen*

bzw. ↑*Monaden* (seit 1696) durch individuelle Begriffe (Disc. mét. § 8, Philos. Schr. IV, 432–433) – d. s. wiederum vollständige Begriffe (↑Begriff, vollständiger) – führt zu einigen zentralen, der Tradition der ↑Metaphysik zugerechneten Sätzen (Principes de la nature et de la grâce fondés en raison, 1714 [in: L'Europe Savante 6 (1718), H. 1 (repr. Genf 1969), 100–123]; Monadologie, 1714 [erst in Opera philosophica II, ed. J. E. Erdmann, Berlin 1938, 607–623, im franz. Original veröffentlicht]). Dazu gehören: (1) Jede Monade für sich genommen repräsentiert (›spiegelt‹) das Universum. Logisch gesehen ist damit gemeint, daß im vollständigen Begriff eines Gegenstandes auch alle anderen Gegenstände, vertreten durch ↑Eigennamen oder ↑Kennzeichnungen, in mindestens einem ↑Prädikat seiner unendlichen Konjunktion von Prädikaten vorkommen sollen. (2) Zwischen den Monaden, insbes. zwischen Körper- und Seelenmonaden (↑Leib-Seele-Problem), besteht eine *prästabilierte Harmonie* (↑Harmonie, prästabilierte). Auf dem Hintergrund der Definition individueller Substanzen und des für vollständige Begriffe formulierten Postulats vollständiger Begriffsnetze bedeutet dies, daß sich jede ↑Handlung bzw. jedes ↑Ereignis als Realisierung eines bereits (nicht zeitlich, sondern logisch) vorab gegebenen Gesamtzusammenhangs, im physikalischen Kontext z. B. eines (unendlichen) physikalischen Gesamtsystems, verstehen läßt. Die dazu komplementäre Behauptung ist der Satz, daß jede Monade eine Welt für sich sei und daß es keine Interaktion zwischen Monaden gebe. (3) ↑*Perzeptionen* konstituieren ein Individuum (eine individuelle Substanz, eine Monade), wobei unter ›Perzeptionen‹ in diesem Zusammenhang keine psychologischen oder physiologischen Vorgänge, sondern wiederum begriffliche Bestimmungen im Sinne von (1) und (2) gemeint sind: Alles das, was einer individuellen Substanz begegnet, »ist nur die Folge ihrer Idee oder ihres vollständigen Begriffs, da diese Idee bereits sämtliche Prädikate oder Ereignisse enthält und das Universum insgesamt ausdrückt« (Disc. mét. § 14, Philos. Schr. IV, 440). Auch in dieser begrifflichen Verbindung zwischen einer Theorie der Perzeption und einer Theorie individueller Begriffe bleibt genügend Raum für bedeutende psychologische und physiologische Erörterungen (Unterscheidung zwischen ↑Bewußtsein und ↑Selbstbewußtsein, zwischen unterschwelligen und überschwelligen Reizen; in diesem Zusammenhang Antizipation des Begriffs des ↑Unbewußten). Der Versuch, mit derartigen Unterscheidungen eine Hierarchie unter den Monaden zu begründen, führt mit dem Begriff einer notwendigen Substanz zurück auf theologische Spekulationen (Gott als oberste Substanz [Monade], frei von den Einschränkungen der *materia prima*), die sich im Kontext der Annahme vollständiger Begriffe (in denen alle Tätigkeiten eines Individuums ›festliegen‹) und einer prästabi-

lierten Harmonie insbes. an den problematisch werdenden Begriff des freien ↑Willens (↑Willensfreiheit) knüpfen (›Labyrinth der Freiheit‹, Essais de théodicée [...], Préface, Philos. Schr. VI, 29). Mit den »Essais de théodicée« wird in diesem Zusammenhang die These von der besten aller möglichen Welten (↑Welt, beste) als ein Problem der Praktischen Philosophie (↑Philosophie, praktische) diskutiert (dabei Ergänzung der seit A. Augustinus geläufigen Unterscheidung zwischen physischem und moralischem ↑Übel durch den Begriff des metaphysischen Übels, das in der ↑Endlichkeit der von Gott geschaffenen Dinge beruht, und Erklärung sowie Rechtfertigung des physischen und moralischen Übels durch das Faktum des metaphysischen, ↑Theodizee). Das Paradox, daß der Wille zugleich ›frei‹ (darin als Träger von ↑Vernunft definiert) und ›determiniert‹ (weil durch den Satz vom Grund bestimmt) erscheint, wird dadurch aufgelöst, daß L. den Begriff der Freiheit stets auf den Rahmen *möglicher* Welten (hier im Sinne alternativer Handlungsmöglichkeiten) bezieht, der Satz vom Grund wiederum einen Gesichtspunkt darstellt, ergriffene Handlungsmöglichkeiten hinsichtlich der Situation des Handelnden in der tatsächlichen Welt als ›begründet‹ auszuzeichnen. Die beste aller möglichen Welten ist insofern eine Welt, zu deren Idee (nach dem vernünftigen Willen Gottes) die Einsicht in das Vernünftige und die freie Wahl entsprechender Handlungsmöglichkeiten gehört. Das von L. insbes. im Zusammenhang mit moralphilosophischen Erörterungen entwickelte Konzept ›möglicher Welten‹ hat in der neueren Sprachphilosophie und logischen Semantik eine Renaissance erfahren (vor allem durch die Arbeiten S. A. Kripkes [↑Kripke-Semantik] und D. K. Lewis'). Es dient dort der logischen Analyse aller Arten von intensionalen Kontexten (↑Semantik, intensionale, ↑Welt, mögliche) und speziell der deontischen Logik (↑Logik, deontische). – In eine ganz andere Richtung geht L.ens Vergleich der Monaden mit biologischen ↑Organismen. Die Existenz von Mikroorganismen, deren Kenntnis L. seiner Bekanntschaft mit Leeuwenhoek, Swammerdam und Malpighi verdankt, führt hier in erneuter Anwendung des Kontinuitätsprinzips auf die These der durchgängigen Verwandtschaft von Pflanze und Tier (unter Ausschluß des Begriffs des Anorganischen) sowie zu Ansätzen einer Präformationstheorie (↑Entwicklung, ↑Evolution). Geologische und paläontologische Studien (Protogaea [1715], postum Göttingen 1749) ergänzen diese Bemühungen.

Die in der Monadentheorie leitende ›metaphysische‹ Annahme, daß es einfache Substanzen geben müsse, weil es zusammengesetzte Substanzen gibt, besitzt in Form der Behauptung einer Priorität synthetischer Verfahren (↑Methode, synthetische) gegenüber analytischen (↑Methode, analytische) auch einen *methodologischen*

Sinn. Die Synthese setzt nach L. einen Anfang mit unzerlegbaren Einheiten voraus (Monadologie § 2, Philos.
Schr. VI, 607). Das aber bedeutet, daß L. den physikalischen Atomismus, den er anfangs selbst vertreten hatte,
im Laufe seiner Bemühungen um die Definition einer
individuellen Substanz durch einen *logischen Atomismus*
(↑Atomismus, logischer) ersetzt, durchaus im, etwa von
Russell vertretenen, modernen Sinne. Mit ihm glaubt L.
die metaphysische These von der eindeutigen Bestimmtheit (↑eindeutig/Eindeutigkeit) der besten aller möglichen Welten bewiesen zu haben.

Werke: Œuvres philosophiques latines & françoises, ed. R. E.
Raspe, Amsterdam/Leipzig 1765 (repr. Hildesheim/New York/
Zürich 2006); Opera omnia, nunc primum collecta, in classes
distributa, praefationibus & indicibus exornata, I–VI, ed. L. Du-
tens, Genf 1768 (repr. Hildesheim/New York/Zürich 1989);
Opera philosophica quae exstant latina, gallica, germanica om-
nia, I–II, ed. J. E. Erdmann, Berlin 1839/1840 (repr. in einem Bd.
mit Ergänzungen, ed. R. Vollbrecht, Aalen 1959, 1974) (franz.
Œuvres philosophiques, I–II, ed. P. Janet, Paris 1866, ²1900);
Œuvres, I–II, ed. A. Jacques, Paris 1842; Gesammelte Werke aus
den Handschriften der Königlichen Bibliothek zu Hannover, I–
XIII (Folge I [Geschichte]: I/1–I/4, Folge II [Philosophie]: II/1,
Folge III [Mathematik]: III/1–III/7 [III/1,1–III/1,4, III/2,1–III/
2,3] und ein Suppl.bd.), ed. G. H. Pertz, Hannover/Berlin/Halle
1843–1863 (repr. Folge III: Hildesheim 1962, Suppl.: Hildesheim 1963, Hildesheim/New York 1971, Folge I u. II: Hildesheim 1966); Mathematische Schriften, I–VII, ed. C. I. Gerhardt,
I–II, Berlin 1849/1950, III–VII, Halle 1855–1863 (repr. Hildesheim 1962, Hildesheim/New York 1971, 1 Reg.bd., ed. J. E.
Hoffmann, 1977) (= ursprünglich Ges. Werke, ed. G. H. Pertz
[s. o.], Folge III); Œuvres [...] publiées pour la première fois
d'après les manuscrits originaux, I–VII, ed. A. Foucher de
Careil, Paris 1859–1875, I–II, ²1867/1869 (repr. [I–II in 2.
Aufl.], Hildesheim/New York 1969); Die Werke von L. gemäß
seinem handschriftlichen Nachlasse in der Königlichen Bibliothek zu Hannover, I–XI, ed. O. Klopp, Hannover 1864–1884
(VII–XI = Korrespondenz) (Bde VII–XI, repr. Hildesheim/New
York 1970–1973); Die philosophischen Schriften, I–VII, ed. C. I.
Gerhardt, Berlin/Leipzig 1875–1890 (repr. Hildesheim 1960–
1961, Hildesheim/New York 1978, Hildesheim/New York/Zü-
rich 1996, 2008); Opuscules et fragments inédits. Extraits des
manuscrits de la Bibliothèque royale de Hanovre, ed. L. Couturat, Paris 1903 (repr. Hildesheim 1961, 1966, Hildesheim/New
York/Zürich 1988); Textes inédits d'après les manuscrits de la
Bibliothèque Provinciale de Hanovre, I–II, ed. G. Grua, Paris
1948 (repr. New York/London 1985), 1998; Œuvres, I– [mehr
nicht erschienen], ed. L. Prenant, Paris 1972; Sämtliche Schriften
und Briefe, ed. Königlich Preußische Akademie der Wissenschaften (heute: Berlin-Brandenburgische Akademie der Wissenschaften [Berlin]), ab 1996 mit Akademie der Wissenschaften zu
Göttingen, Darmstadt (später Leipzig, heute Berlin) 1923 ff. (erschienen Reihe I [Allgemeiner politischer und historischer Brief-
wechsel]: 1.1–1.20, 1 Suppl.bd.; Reihe 2 [Philosophischer Brief-
wechsel]: 2.1–2.2; Reihe 3 [Mathematischer, naturwissenschaftlicher und technischer Briefwechsel]: 3.1–3.6; Reihe 4 [Politische
Schriften]: 4.1–4.6 [4.4 in 4 Teilen]; Reihe 6 [Philosophische
Schriften]: 6.1–6.4 [6.4 in 4 Teilen], 6.6 u. 1 Verzeichnisbd.;
Reihe 7 [Mathematische Schriften]: 7.1–7.5; Reihe 8 [Naturwis-
senschaftliche, medizinische und technische Schriften]: 8.1). –

Disputatio metaphysica de principio individui, Leipzig 1663;
Specimen quaestionum philosophicarum ex jure collectarum
[...], Leipzig 1664; Disputatio juridica de conditionibus [...],
Leipzig 1665; Disputatio juridica posterior de conditionibus [...],
Leipzig 1665; Disputatio Arithmetica de complexibus [...], Leipzig 1666; Dissertatio De arte combinatoria. In qua Ex Arithmeticae fundamentis Complicationum ac Transpositionum Doctrina novis praeceptis exstruitur [...], Leipzig 1666, nicht auto-
risierter Nachdr. unter dem Titel: Ars combinatoria [...], Frankfurt 1690; Disputatio inauguralis De casibus perplexis in jure
[...], Altdorf 1666; Nova methodus discendae docendaeque
jurisprudentiae [...], Frankfurt 1667, 1668, Leipzig/Halle 1748
[mit Vorwort v. C. Wolff] (repr. Glashütten 1974); Ratio corporis juris reconcinnandi, Mainz 1668; Specimina juris [...],
Nürnberg 1669; [unter Pseudonym Georgius Ulicovius Lithua-
nus] Specimen demonstrationum politicarum pro eligendo rege
Polonorum [...], Königsberg 1669 [falsche Angabe im Buch:
Wilna 1659]; [Einleitung/Kommentar zu] Marii Nizolii De veris
principiis et vera ratione philosophandi contra pseudophiloso-
phos libri IV, Frankfurt 1670, unter dem Titel: Marii Nizolii
anti-barbarus philosophicus. Sive philosophia scholasticorum
impugnata libris IV, Frankfurt 1674; Hypothesis physica nova
quâ phaenomenorum naturae plerorumque causae ab unico
quodam universali motu, in globo nostro supposito, neque
Tychonicis, neque Copernicanis aspernando, repetuntur [auch:
Theoria motus concreti], Mainz 1671, London 1671 (dt. Ein
ander vortrefflicher Tractat wider die gemeinen Irrthümer/Von
der Bewegung natürlicher Dinge, in: Des Vortrefflichen Engel-
länders Thomae Brown der Artzney Dr. Pseudodoxia Epidemica
[...], übers. C. Peganium (= C. Knorr von Rosenroth), Frankfurt, Leipzig 1680, 201–253); Theoria motus abstracti seu rationes motuum universalis, à sensu & phaenomenis indepen-
dentes, in: Hypothesis physica nova [...] [s. o.], Mainz 1671,
[zusammen mit Hypothesis physica nova [...]] London 1671;
Breve illustramentum pacis Germanicae cum rege Christianissi-
mo super articulo et ut eo sincerior, o. O. 1672, 1673; Entretien
de Philarète et d'Eugène sur la question du temps agitée à
Nimwègue [...], Duisburg 1677, 1678; Caesarini Fürstenerii
De jure suprematus ac legationis principum Germaniae, o. O.
1677, London, o. O. [Amsterdam] 1678, o. O. 1679; De vera
proportione circuli ad quadratum circumscriptum in numeris
rationalibus, o. O. 1681, Acta Erud. 1682, 41–46; [anonym]
Mars christianissimus, autore Germano Gallo-Graeco ou apologie des armes du roy tres chrestien contre les chrestiens, Köln
1684 (dt. Der Allerchristliche Mars ausgerüstet von Germano
Gallo-Graeco. Oder Schutz-Schrifft Des Allerchristl. Königs
Waffen wider Die Christen, o. O. [Hannover] 1685); Nova
methodus pro maximis et minimis, itemque tangentibus, quae
nec fractas, irrationales quantitates moratur, et singulare pro illis
calculi genus, Acta Erud. 1684, 467–473; Meditationes de cognitione, veritate & ideis, Acta Erud. 1684, 537–542; Brevis demonstratio erroris memorabilis Cartesii [...], Acta Erud. 1686,
161–163; De geometria recondita et analysi indivisibilium atque
infinitorum, Acta Erud. 1686, 292–300; Tentamen de motuum
coelestium causis, Acta Erud. 1689, 82–96; Ars combinatoria, in
qua ex arithmeticae fundamentis complicationum ac transpositionum doctrina novis praeceptis exstruitur [...], Frankfurt
1690; Quadratura arithmetica, communis sectionum conicarum, quae centrum habent [...], Acta Erud. 1691, 178–182;
De linea in quam flexibile se pondere proprio curvat [...], Acta
Erud. 1691, 277–281; Supplementum geometriae practicae sese
ad problemata transcendentia extendens, Acta Erud. 1693, 141–
144; Codex juris gentium diplomaticus, in quo tabulae authen-

ticae actorum publicorum [...] continentur [...], I–II (Bd. II unter dem Titel: Mantissa codicis juris gentium diplomatici), Hannover 1693/1700, in einem Bd., Heinrichstadt (Wolfenbüttel) 1747; De primae philosophiae emendatione, & de notione substantiae, Acta Erud. 1694, 110–112; Specimen dynamicum [...], Acta Erud. 1695, 145–157; Sisteme [Système] nouveau de la nature et de la communication des substances [...], Journal des Sçavans 1695, 294–306; Responsio ad nonnullas difficultates a Dn. Bernardo Nieuwentijt circa methodum differentialem seu infinitesimalem motas, Acta Erud. 1695, 310–316; Eclaircissement du nouveau sisteme de la communication des substances [...], Journal de Sçavans 1696, 166–171; (ed.) J. Burchard, Specimen historiae arcanae sive anecdotae de vita Alexandri VI. papae [...], Hannover 1696, unter dem Titel: Historia arcana sive de vita Alexandri VI. papae [...], Hannover 1697; Novissima sinica, historiam nostri temporis illustratura [...], o. O. [Hannover] 1697, ²1699; De ipse natura, sive de vi insita, actionibusque creaturarum [...], Acta Erud. 1698, 427–440; Accessiones historicae, quibus utilia superiorum temporum historiis illustrandis scripta monumentaque nondum hactenus edita [...], I–II (II unter dem Titel: Accessionum historicarum tomus II. Continens potissimum chronicon Alberici, Monachi Trium Fontium [...], ferner unter dem Titel: Alberici Monachi Trium Fontium Chronicon [...]), Leipzig/Hannover 1698, I unter dem Titel: Accessiones historicae quibus continetur scriptores rerum Germanicarum [...], Hannover 1700; Manifeste contenant les droits de Charles III, roi d'Espagne, et les justes motifs de son expédition [...], La Haye 1703, 1704; Histoire de Bileam, o.O. 1707; (ed.) Scriptores rerum brunsvicensium [...], I–III [Bd. III unter dem Titel: Scriptorum Brunsvicensia illustrantium tomus tertius (...)], Hannover 1707–1711; Essais de théodicée sur la bonté de Dieu, la liberté de l'homme et l'origine du mal, I–II [teilw. in einem Bd.], Amsterdam 1710, 1712, 1714, 1720, 1734, 1747, Lausanne 1760, Berlin 1840 (lat. Tentamina Theodicaeae de bonitate Dei libertate homine et origine mali, ed. B. des Bosses, Frankfurt 1719, I–III, ed. J.U. Steinhofer, Frankfurt/Leipzig 1739, I–II, ed. A.F. Boe[c]k, Tübingen 1771; dt. Essais de Théodicée, oder, Betrachtung der Gütigkeit Gottes, der Freyheit des Menschen und des Ursprungs des Bösen [...], übers. M. Lentner, Amsterdam 1720, 1726, Hannover 1735, unter dem Titel: Theodicee, das ist, Versuch über die Güte Gottes [...], übers. J.C. Gottsched, Hannover, Leipzig 1744); Causa Dei asserta per justitiam ejus, cum caeteris ejus perfectionibus [...], Amsterdam 1710, Frankfurt 1719; Brevis designatio meditationum de originibus gentium ductis potissimum ex indicio linguarum, in: Miscellanea Berolinensia ad incrementum scientiarum I, Berlin 1710, 1–16; De origine Francorum disquisitio, Hannover 1715.

Posthum: S. Clarke, A Collection of Papers, Which Passed between the Late Learned Mr. Leibnitz and Dr. Clarke, In the Years 1715 and 1716. Relating to the Principles of Natural Philosophy and Religion [...], London 1717 (dt. Merckwürdige Schriften [...] zwischen dem Herrn Baron von L. und dem Herrn D. Clarcke über besondere Materien der natürlichen Religion [...], ed. H. Koehler, Frankfurt/Leipzig [tatsächlich: Jena] 1720 [repr. Hildesheim/New York/Zürich 2008]; franz. Recueil de diverses pièces sur la philosophie, la religion naturelle, l'histoire, les mathematiques [...], ed. P. Des Maizeaux, Amsterdam 1720, ²1740, ³1759); Collectanea Etymologica [...], I–II in einem Bd., ed. J.G. v. Eckhart, Hannover 1717 (repr. Hildesheim/New York 1970) [enthält u.a. auch Unvorgreiffliche Gedanken betreffend die Ausübung und Verbesserung der Teutschen Sprache, 255–

314]; Principes de la nature et de la grâce fondés en raison, L'Europe Savante 6 (1718), H. 1 (repr. Genf 1969), 100–123; Lehr-Sätze über die Monadologie, imgleichen von Gott [...] und von der Seele des Menschen, wie auch dessen letzte Vertheidigung seines Systematis Harmoniae praestabilitae wider die Einwürffe des Herrn Bayle, übers. H. Köhler, Frankfurt/Leipzig 1720 [im franz. Original erst 1839 in: Opera philosophica II, ed. J.E. Erdmann (s.o., Werke), 705–712, veröffentlicht]; Principia philosophiae, more geometrico demonstrata [...]. Accedunt Theoremata metaphysica de proprietatibus quibusdam entis infiniti et finiti mundique existentis perfectione, ex philosophia Leibnitiana pariter selecta [...], ed. M.G. Hansch, Frankfurt/Leipzig 1728 [erste lat. Veröffentlichung der Monadologie (1714)]; Protogaea. Sive de prima facie telluris et antiquissimae historiae vestigiis in ipsis naturae monumentis dissertatio [...], ed. C.L. Scheidt, Göttingen 1749 (dt. Protogaea oder Abhandlung von der ersten Gestalt der Erde und den Spuren der Historie in den Denkmaalen der Natur, ed. C.L. Scheidt, Leipzig 1749); Nouveaux essais sur l'entendement humain [1703–1705], in: Œuvres philosophiques latines & françoises, ed. R.E. Raspe [s.o., Werke], 1–496.

Sammlungen: Deutsche Schriften, I–II, ed. G.E. Guhrauer, Berlin 1838/1840 (repr. Hildesheim 1966); Kleinere philosophische Schriften, ed. R. Habs, Leipzig 1883, 1926, 1966; Hauptschriften zur Grundlegung der Philosophie, I–II, übers. A. Buchenau, ed. E. Cassirer, Leipzig 1904/1906, Hamburg ³1966, 1996; Nachgelassene Schriften physikalischen, mechanischen und technischen Inhalts, ed. E. Gerland, Leipzig 1906 (repr. New York 1973, Hildesheim/New York/Zürich 1995); Leibnitiana. Elementa philosophiae arcanae de summa rerum [lat./russ.], ed. I.I. Jagodinskij, Kasan [Kazan'] 1913; Ausgewählte Philosophische Schriften. Im Originaltext, I–II, ed. H. Schmalenbach, Leipzig 1914/1915; Deutsche Schriften, I–II, ed. W. Schmied-Kowarzik, Leipzig 1916; The Early Mathematical Manuscripts of L., ed. and trans. J.M. Child, Chicago Ill. 1920, Mineola N.Y. 2005 [Teilübers. der Mathematischen Schriften, ed. C.I. Gerhardt (s.o., Werke)]; Die Hauptwerke, ed. u. übers. G. Krüger, Leipzig 1933, Stuttgart ²1940, ⁵1967; Philosophical Writings, ed. and trans. M. Morris, London/Toronto, New York 1934, 1956, London, New York 1968, ed. G.H.R. Parkinson, London 1973, 1995; Opuscula philosophica selecta, ed. P. Schrecker, Paris 1939, 1959, 1966; Schöpferische Vernunft. Schriften aus den Jahren 1668–1686, ed. u. übers. W. v. Engelhardt, Marburg 1951, Münster/Köln ²1955; Selections, ed. P.P. Wiener, New York 1951; Scritti politici e di diritto naturale, ed. V. Mathieu, Turin 1951, ²1965; Philosophical Papers and Letters. A Selection, I–II, ed. and trans. L.E. Loemker, Chicago Ill. 1956, Dordrecht ²1969, Dordrecht/Boston Mass./London 1989; Philosophische Schriften, I–V (in 7 Bdn.), ed. H.H. Holz u.a., Darmstadt 1959–1992, Frankfurt 1996; Fragmente zur Logik, ed. u. übers. F. Schmidt, Berlin (Ost) 1960; Saggi filosofici e lettere, ed. V. Mathieu, Bari 1963; Fünf Schriften zur Logik und Metaphysik, ed. u. übers. H. Herring, Stuttgart 1966, ²1982, 2004; Logical Papers. A Selection, ed. and trans. G.H.R. Parkinson, Oxford 1966; Politische Schriften, I–II, ed. H.H. Holz, Frankfurt/Wien 1966/1967; Scritti filosofici, I–II, ed. D.O. Bianca, Turin 1967/1968, 1979; Scritti di logica, ed. F. Barone, Bologna 1968, ²1992; The Political Writings of L., ed. and trans. P. Riley, Cambridge/London 1972, unter dem Titel: Political Writings, Cambridge etc. 1988, 2001; Scritti di logica, ed. M. Vignato Rizzo, Padua 1972; Die Hauptschriften zur Dyadik von G.W.L.. Ein Beitrag zur Geschichte des binären Zahlensystems, ed. H.J. Zacher,

Frankfurt 1973; Les deux Labyrinthes. Textes choisis, ed. A. Chauve, Paris 1973; Die mathematischen Studien von G. W. L. zur Kombinatorik. Textband [...], ed. E. Knobloch, Wiesbaden 1976 (Stud. Leibn. Suppl. XVI); Der Beginn der Determinantentheorie. L.ens nachgelassene Studien zum Determinantenkalkül. Textband [...], ed. E. Knobloch, Hildesheim 1980; L'être et la relation. Avec trente-cinq letters de L. au R. P. des Bosses, ed. et trad. C. Fremont, Paris 1981, mit Untertitel: Avec trente-sept lettres [...], ²1999; Œuvre concernant le calcul infinitésimal, ed. et trad. J. Peyroux, Bordeaux, Paris 1983; Œuvre concernant la physique. Suivi d'extraits de la méthode du maximum et du minimum de Fermat, de la dioptrique et des Principes de Descartes, ed. et trad. J. Peyroux, Paris 1985; Trois dialogues mystiques, ed. J. Baruzi, Rev. mét. mor. 13 (1905), H. 1, 1–38 (repr. separat Paris 1985); Œuvre mathématique autre que le calcul infinitesimal, I–III, ed. et trad. J. Peyroux, Paris 1986–1989; La naissance du calcul différentiel. 26 articles des Acta Eruditorum, ed. M. Parmentier, Paris 1989, 1995; Philosophical Essays, ed. R. Ariew/D. Garber, Indianapolis Ind. 1989, 1995; Ecrits concernant la chimie. Suivis de la physique générale, ed. et trad. J. Peyroux, Paris 1990; Écrits concernant la médecine, l'histoire naturelle et les arts, ed. et trad. J. Peyroux, Paris 1991; De l'horizon de la doctrine humaine (1693), Ἀποκατάστασις πάντων (La Restitution Universelle) (1715), ed. M. Fichant, Paris 1991; Philosophische Schriften und Briefe 1683–1687, ed. U. Goldenbaum, Berlin 1992; Writings on China, ed. and trans. D. J. Cook/H. Rosemont Jr., Chicago Ill./La Salle Ill. 1994; La droit de la raison, ed. R. Sève, Paris 1994; L'armonia delle lingue, ed. S. Gensini/T. de Mauro, Rom/Bari 1995; L'estime des apparences. 21 manuscrits de L., sur les probabilités, la théorie des jeux, l'espérance de vie, ed. et trad. M. Parmentier, Paris 1995; Philosophische Werke, I–IV [in der Zusammenstellung v. E. Cassirer], Hamburg 1996; L.. Ausgewählt und vorgestellt, T. Leinkauf, München 1996, 2000; Philosophical Texts, ed. R. Francks/R. S. Woolhouse, Oxford/New York 1998; L'harmonie des langues, ed. et trad. M. Crépon, Paris 2000; Scritti filosofici, I–III, ed. M. Mugnai/E. Pasini, Turin 2000; Die Grundlagen des logischen Kalküls [lat./dt.], ed. u. übers. F. Schupp/S. Weber, Hamburg 2000 [10 der wichtigsten Beiträge von L. zum logischen Kalkül]; Hauptschriften zur Versicherungs- und Finanzmathematik, ed. E. Knobloch/J.-M. Graf von der Schulenburg, Berlin 2000; The Yale L.. The Labyrinth of the Continuum. Writings on the Continuum Problem, 1672–1686 [lat./dt.], ed. and trans. R. T. W. Arthur, New Haven Conn./London 2001; Frühe Schriften zum Naturrecht [lat./dt.], ed. u. übers. H. Busche/H. Zimmermann, Hamburg 2003, 2005; Schriften und Briefe zur Geschichte, ed. M.-L. Babin/G. van den Heuvel, Hannover 2004; Essais scientifiques et philosophiques. Les articles publiés dans les journaux savants, I–III, ed. A. Lamarra/R. Palaia, Hildesheim/New York/Zürich 2005 [Reproduktion der Artikel in Faksimile]; The Shorter L. Texts. A Collection of New Translations, ed. L. Strickland, London/New York 2006; The Art of Controversies, ed. u. übers. M. Dascal, Dordrecht 2006, 2008.

Einzelne Werke und Übersetzungen (moderne Ausgaben): Systema Theologicum/System der Theologie. Nach dem Manuskripte von Hannover (den lateinischen Text zur Seite) ins Deutsche übersetzt von A. Räss/N. Weis, Mainz 1820, ³1825 [Examen religionis christianae (1686)], unter dem Titel: Theologisches System [lat./dt.], ed. u. übers. C. Haas, Tübingen 1860 (repr. Hildesheim 1966); Unvorgreifliche Gedanken, betreffend die Ausübung und Verbesserung der Deutschen Sprache. Ein Hand-

buch für Deutsche Jünglinge, ed. H. Lindner, Dessau 1831, unter dem Titel: Abhandlung über die beste philosophische Ausdrucksweise. Ermanung an die Teutsche, ihren Verstand und Sprache besser zu üben. Unvorgreifliche Gedanken betreffend die Ausübung und Verbesserung der teutschen Sprache, ed. P. Pietsch, Berlin 1916, unter dem Titel: Unvorgreifliche Gedanken betreffend die Ausübung und Verbesserung der deutschen Sprache. Zwei Aufsätze, ed. U. Pörksen/J. Schiewe, Stuttgart 1983, 1995, unter dem Titel: History of Linguistics. 18th and 19th Century German Linguistics I (Unvorgreifliche Gedanken [...]), ed. C. Hutton, London 1995 [repr. d. Ausgabe Hannover 1717] (dt./franz. Unvorgreifliche Gedanken [...] = Considérations inattendues sur l'usage et l'amélioration de la langue alemande, in: L'harmonie des langues, ed. et trad. M. Crépon [s. o., Sammlungen], 39–115); L.'s Dissertation De principio individui, ed. G. E. Guhrauer, Berlin 1837 (franz. Disputation métaphysique, ed. J. Quillet, Études philosophiques 34 [1979], 79–105); Leibnitzens ungedruckte: Animadversiones ad Cartesii principia philosophiae, ed. G. E. Guhrauer, Z. Philos. Kath. Theol. NF 4 (1843), H. 2, 44–85, H. 3, 48–89, separat unter dem Titel: Animadversiones ad Cartesii principia philosophiae. Aus einer noch ungedruckten Handschrift mitgetheilt, Bonn 1844; Historia et Origo Calculi Differentialis [1714], ed. C. I. Gerhardt, Hannover 1846; Discours de métaphysique [1686], in: Briefwechsel zwischen L., Arnauld und dem Landgrafen Ernst von Hessen-Rheinfels, ed. C. L. Grotefend, Hannover 1846, 154–193, separat unter dem Titel: Discours de métaphysique, ed. H. Lestienne, Paris 1907, mit Untertitel: Édition collationnée avec le texte autographe, 1929, ⁶1970, Neudr. mit Einl. v. A. Robinet, 1975, 1994 [krit. Ausg.], unter dem Titel: Discours de métaphysique et analyse détaillée des lettres à Arnauld, ed. E. Thouverez, Paris 1910, ³1933, unter dem Titel: Discours de métaphysique et correspondance avec Arnauld, ed. G. le Roy, Paris 1957, ⁶1993 [krit. Ausg.], unter dem Titel: Discours de métaphysique/Metaphysische Abhandlung [lat./dt.], übers. u. annot. H. Herring, Hamburg 1958, ²1985, 1991, unter dem Titel: Discours de métaphysique et Monadologie. Texte définitif [...], ed. A. Robinet, Paris 1974 [krit. Ausg.], unter dem Titel: Discours de métaphysique. Sur la liberté, le destin, la grâce de Dieu. Correspondance avec Arnauld, ed. J.-B. Rauzy, Paris 1993, unter dem Titel: Discours de métaphysique. Suivi de Monadologie, ed. L. Bouquiaux, Paris 1995, 1999, unter dem Titel: Discours de métaphysique et autres textes. 1663–1689, ed. C. Frémont/C. Eugène, Paris 2001, 2006, unter dem Titel: Discours de métaphysique. Suivi de Monadologie et autres textes, ed. M. Fichant, Paris 2004 (engl. Discourse on Metaphysics, Correspondence with Arnauld and Monadology, ed. G. R. Montgomery/P. Janet, Chicago Ill., London 1902, ²1918, La Salle Ill. 1968, ohne »Correspondence with Arnauld«, Buffalo N. Y. 1992, Mineola N. Y. 2005, mit Untertitel: Translation from the French Based on the Diplomatic Edition, trans. P. G. Lucas/L. Grint, Manchester 1953, 1961, unter dem Titel: Discourse on Metaphysics and Related Writings, ed. and trans. R. N. D. Martin/S. Brown, Manchester 1988, unter dem Titel: Discourse on Metaphysics and Other Essays, ed. and trans. D. Garber/R. Ariew, Indianapolis Ind. 1991; dt. Metaphysische Abhandlung [franz./dt.], ed. u. übers. H. Herring, Hamburg 1958, ²1985, 1991); La Monadologie. Publiée d'après les manuscrits de la Bibliothèque de Hanovre, ed. H. Lachelier, Paris 1881, ⁷1909, 1912, La monadologie. Publiée d'après les manuscrits et accompagnée d'éclaircissements [...], Paris 1881 (repr. Paris 1987, [...], 1998), ³1892 (repr. mit Untertitel: Édition annotée et précédée d'une exposition du système de Leibnitz [...], 1956, 1975), mit neuem

Untertitel: Édition critique établie par Émile Boutroux, précédée d'une étude de Jacques Rivelaygue, La Monadologie de L., suivie d'un exposé d'Émile Boutroux, La Philosophie de Leibnitz, Paris 1991, 2001, mit Untertitel: Nouvelle édition, ed. A. Bertrand, Paris 1886, 1938, 1952, unter dem Titel: Grundwahrheiten der Philosophie. Monadologie [franz./dt.], ed. J. C. Horn, Frankfurt 1962, unter dem Titel: Lehrsätze der Philosophie. Monadologie [...], Wien 1985, Würzburg ²1997, Neuausg. mit Titel: Monadologie – Lehrsätze der Philosophie, Darmstadt 2009, unter dem Titel: Monadologie [franz./dt.], ed. D. Till, übers. H. Köhler, Frankfurt 1996, unter dem Titel: Monadologie [franz./dt.], ed. u. übers. H. Hecht, Stuttgart 1998, 2005, unter dem Titel: Monadologie und andere metaphysische Schriften [franz./dt.], ed. u. übers. U. J. Schneider, Hamburg 2002 (dt. Monadologie, übers. R. v. Zimmermann, Wien 1847 [übers. nach franz. Text in Erdmann], ed. u. übers. H. Glockner, Stuttgart 1948, ²1954, 1990; engl. Monadology and Other Philosophical Writings, trans. R. Latta, Oxford 1898 [repr. New York/London 1985], London 1925, unter dem Titel: The Monadology, ed. H. W. Carr, London 1930, unter dem Titel: Monadology, and Other Philosophical Essays, ed. and trans. P. Schrecker/A. Schrecker, Indianapolis Ind. 1965, 1982, unter dem Titel: Monadology. An Edition for Students, ed. N. Rescher, London/New York, Pittsburgh Pa. 1991); Nouveaux essais sur l'entendement humain, ed. A. Bertrand, Paris 1885, ed. E. Boutroux, Paris 1886, [...], ¹⁰1939, ed. H. Lachelier, Paris 1886, ²1898, ⁶1930, ed. J. Brunschwig, Paris 1966, [...], 1999 [krit. Ausg.] (dt. Neue Abhandlungen über den menschlichen Verstand, übers. C. Schaarschmidt, Berlin 1873, Leipzig 1904, ed. u. übers. E. Cassirer, Leipzig ³1915, Hamburg 1971, 1996, unter dem Titel: Neue Abhandlungen über den menschlichen Geist/Nouveaux Essais sur l'entendement humain [franz./dt.], I–II, ed. u. übers. W. v. Engelhardt/H. H. Holz, Darmstadt 1959/1961, Frankfurt 1961, Darmstadt ²1985, Frankfurt 1996 (engl. New Essays Concerning Human Understanding, ed. and trans. A. G. Langley, New York/London 1896, Chicago Ill. ²1916, La Salle Ill. ³1949, ed. and trans. P. Remnant/J. Bennett, Cambridge etc. 1981, 1996); Histoire de Bileam, in: G. W. L., Verfasser der Histoire de Bileam, ed. W. Brambach, Leipzig 1887, 30–38; Über die Analysis des Unendlichen (1684–1703). Eine Auswahl L.scher Abhandlungen, ed. u. übers. G. Kowalewski, Leipzig 1908 (Ostwalds Klassiker d. exakt. Wiss. 162) (repr. [zus. mit I. Newton, Abhandlung über die Quadratur der Kurven] Thun 1996, Frankfurt 2007), 1920; Neizdannoe sočinenie Lejbnica. Ispoved' filosofa [Leibnitiana inedita. Confessio philosophi [lat./russ.], ed. u. übers. I. Jagodinskij, Kazan 1915, unter dem Titel: Confessio philosophi. La profession de foi du philosophe [lat./dt.], ed. et trad. Y. Belaval, Paris 1961, erw. Neuausg. 1970, 1993, unter dem Titel: Confessio philosophi. Ein Dialog [lat./dt.], ed. u. übers. O. Saame, Frankfurt 1967, mit Paralleltitel: Das Glaubensbekenntnis des Philosophen, ²1994, unter dem Titel: The Yale L.. Confessio philosophi. Papers Concerning the Problem of Evil, 1671–1678 [lat./engl.], ed. and trans. R. C. Sleigh Jr., New Haven Conn./London 2005); Der Allerchristlichste Kriegsgott (Mars Christianissimus). Eine Spottschrift wider alle Verächter des Völkerrechts aus dem Jahre 1683, ed. P. Ritter, Leipzig 1916; Plädoyer für Gottes Gottheit. G. W. L. »Causa Dei«, ed. u. übers. K. Kindt, Berlin 1947; Protogaea [lat./dt.], übers. W. v. Engelhardt, Stuttgart 1949 (= Werke I, ed. W.-E. Peuckert), unter dem Titel: Protogaea. De l'aspect primitif de la terre et des traces d'une histoire très ancienne que renferment les monuments mêmes de la nature [lat./franz.], ed. J.-M. Barrande, trad. B. de Saint-Germain, Toulouse 1993, unter dem Titel: Protogaea

[lat./engl.], ed. and trans. C. Cohen/A. Wakefield, Chicago Ill./ London 2008 (franz. Protogée ou de la formation et des révolutions du globe, trad. B. de Saint-Germain, Paris 1859); Principes de la nature et de la grâce, fondés en raison. Principes de la philosophie ou Monadologie. Publiés intégralment d'après les manuscrits de Hanovre, Vienne et Paris et présentés d'après des lettres inédits, ed. A. Robinet, Paris 1954, ⁴2001, unter dem Titel: Principes de la Nature et de la Grâce fondés en Raison. Monadologie/Vernunftprinzipien der Natur und der Gnade. Monadologie [franz./dt.], ed. H. Herring, übers. A. Buchenau, Hamburg 1956, ²1982, unter dem Titel: Principes de la nature et de la grâce. Monadologie et autres textes, ed. C. Frémont, Paris 1996; Essais de Théodicée sur la bonté de Dieu, la liberté de l'homme et l'origine du mal. Suivi de la Monadologie, ed. J. Jalabert, Paris 1962, unter dem Titel: Essais de Théodicée sur la bonté de Dieu, la liberté de l'homme et l'origine du mal, ed. J. Brunschwig, Paris 1969, [...], 2001, unter dem Titel: Essais de Théodicée sur la bonté de Dieu, la liberté de l'homme et l'origine du mal/Die Theodizee von der Güte Gottes, der Freiheit des Menschen und vom Ursprung des Übels [franz./dt.], ed. u. übers. H. Herring, Darmstadt 1985, Frankfurt 1996 (dt. Die Theodicee, übers. J. H. v. Kirchmann, Leipzig 1879, mit Untertitel: Nebst den Zusätzen der Desbosses'schen Übertragung, I–II, ed. R. Habs, Leipzig 1883, unter dem Titel: Die Theodicee, ed. u. übers. A. Buchenau, Leipzig 1925, Hamburg ²1968, 1977, unter dem Titel: Herrn G. W.s Freiherrn von Leibnitz Theodicee. Das ist, Versuch von der Güte Gottes, Freiheit des Menschen, und vom Ursprung des Bösen. (Nach der Ausgabe von 1744), ed. H. Horstmann, Berlin 1996; engl. Theodicy. Essays on the Goodness of God, the Freedom of Man, and the Origin of Evil, ed. A. Farrer, trans. E. M. Huggard, London 1951, London, New Haven Conn. 1952, La Salle Ill. 1985); Codex Juris gentium diplomaticus, I–II, ed. J. Peck, Berlin (Ost) 1962/1964; Lettre sur la Philosophie Chinoise à Nicolas Rémond/Abhandlung über die chinesische Philosophie, in: Zwei Briefe über das binäre Zahlensystem und die chinesische Philosophie, ed. u. übers. R. Loosen/F. Vonessen [s. u., Briefe], 39–51, unter dem Titel: Discours sur la théologie naturelle des Chinois. Plus quelques écrits sur la question religieuse de Chine. ed. et trad. C. Frémont, Paris 1987, unter dem Titel: Discours sur la théologie naturelle des Chinois, ed. W. Li/ H. Poser, Frankfurt 2002 (dt. Abhandlung über die chinesische Philosophie, übers. R. Loosen/F. Vonessen, Antaios 8 [1966], H. 2, 144–203; engl. Discourse on the Natural Theology of the Chinese, trans. D. J. Cook/H. Rosemont, Honolulu Hawaii 1977, 1980; ferner in: Writings on China, ed. D. J. Cook/H. Rosemont [s. o., Sammlungen], 75–138); Marginalia in Newtoni Principia Mathematica (1687), ed. E. A. Fellmann, Paris 1973, 1988 [Text u. Transkription lat. Kommentar dt./franz.]; Ein Dialog zur Einführung in die Arithmetik und Algebra nach der Originalhandschrift [lat./dt.], ed., übers., komment. E. Knobloch, Stuttgart-Bad Cannstatt 1976; Specimen Dynamicum [lat./dt.], ed. G. Dosch u. a., Hamburg 1982; Generales Inquisitiones de Analysi Notionum et Veritatum/Allgemeine Untersuchungen über die Analyse der Begriffe und Wahrheiten [lat./dt.], ed. F. Schupp, Hamburg 1982, ²1993 [krit. Ausg.] (engl. General Investigations Concerning the Analysis of Concepts and Truths, ed. and trans. W. H. O'Briant, Athens Ga. 1968; franz. Recherches générales sur l'analyse des notions et des vérites. 24 thèses métaphysiques et autres textes logiques et métaphysiques, ed. J.-B. Rauzy u. a., Paris 1998; Sur l'origine radicale des choses (1697). La Cause de Dieu, défendue par sa justice [...] (1710), ed. P.-Y. Bourdil, Paris 1984, 1994; The Yale L.. De summa rerum. Metaphysical Papers, 1675–1676 [lat./engl.], trans. G. H. R. Parkinson, New

Haven Conn./London 1992; De quadratura arithmetica circuli ellipseos et hyperbolae cujus corollarium est trigonometria sine tabulis, ed. E. Knobloch, Göttingen 1993, unter dem Titel: Quadrature arithmétique du cercle, de l'ellipse et de l'hyperbole et la trigonométrie sans tables trigonométriques qui en est le corollaire [lat./franz.], texte latin ed. E. Knobloch, introd., trad. et notes M. Parmentier, Paris 2004; Système nouveau de la nature et de la communication des substances. Et autres textes, ed. C. Fremont, Paris 1994 (engl. L.'s »New System« and Associated Contemporary Texts, trans./ed. R. S. Woolhouse/R. Francks, Oxford 1997, 2006); La réforme de la dynamique. De corporum concursu (1678) et autres textes inédits, ed. M. Fichant, Paris 1994; La caractéristique géométrique [Analysis situs] [lat./franz.], ed. J. Echeverría/M. Parmentier, Paris 1995; Des cas perplexes en droit/De casibus perplexis in jure, ed. P. Boucher, Paris 2009.

Briefe: Epistolae ad diversos [...], I–IV, ed. C. Korholt, Leipzig 1734–1742; Briefwechsel zwischen L., Arnauld und dem Landgrafen Ernst v. Hessen-Rheinfels, ed. C. L. Grotefend, Hannover 1846 (repr. Hildesheim 1966); Lettres et opuscules inédits de L., ed. A. Foucher de Careil, Paris 1854 (repr. Hildesheim/New York 1975); Nouvelles lettres et opuscules inédits de L., ed. A. Foucher de Careil, Paris 1857 (repr. Hildesheim/New York 1971); Briefwechsel zwischen L. und Christian Wolff. Aus den Handschriften der Königlichen Bibliothek zu Hannover, ed. C. I. Gerhardt, Halle 1860 (repr. Hildesheim 1963, Hildesheim/New York 1971); L.ens und Huygens' Briefwechsel mit Papin. Nebst einer Biographie Papins und einigen zugehörigen Briefen und Actenstücken, ed. E. Gerland, Berlin 1881 (repr. Wiesbaden 1966, Vaduz 1996); L.ens Briefwechsel mit dem Minister von Bernstorff und andere L. betreffende Briefe und Aktenstücke aus den Jahren 1705–1716, ed. R. Doebner, Hannover 1882; Der Briefwechsel von G. W. L. mit Mathematikern, ed. C. I. Gerhardt, Berlin 1899 (repr. Hildesheim 1962, Hildesheim/New York/Zürich 1987); Lettres et fragments inédits sur les problèmes philosophiques, théologiques, politiques de la réconciliation des doctrines protestantes (1669–1704), ed. P. Schrecker, Paris 1934; L. korrespondiert mit Paris, ed. u. übers. G. Hess, Hamburg 1940, 1946; Lettres de L. à Arnauld, d'après un manuscrit inédit, ed. G. Lewis, Paris 1952 (repr. New York/London 1985) (engl. The L.-Arnauld Correspondence, ed. and trans. H. T. Mason, Manchester, New York 1967 [repr. New York/London 1985]; dt. Philosophischer Briefwechsel I [Der Briefwechsel mit Antoine Arnauld] [franz./dt.], ed. u. übers. R. Finster, Hamburg 1997); Malebranche et L.. Relations personnelles. Présentées avec les texts complets des auteurs et de leurs correspondants revus, corrigés et inédits, ed. A. Robinet, Paris 1955; The L.-Clarke Correspondence together with Extracts from Newton's »Principia« and »Opticks«, ed. H. G. Alexander, Manchester, New York 1956, ²1965, 1998, unter dem Titel: G. W. L. and Samuel Clarke. Correspondence, ed. R. Ariew, Indianapolis Ind. 2000 (franz. Correspondance L. – Clarke. Présentée d'après les manuscripts originaux des bibliothèques de Hanovre et de Londres, ed. A. Robinet, Paris 1957, ²1991; dt. S. Clarke, Der Briefwechsel mit G. W. L. von 1715–1716. A Collection of Papers Which Passed Between the Late Learned Mr. L. and Dr. Clarke in the Years 1715/1716 [...], übers. E. Dellian, Hamburg 1990, unter dem Titel: Der L.-Clarke-Briefwechsel, übers. V. Schüller, Berlin 1991]; Lettres de Madame Palatine [Duchesse d'Orléans]. Suivies du dossier de sa correspondance avec L., ed. H. Juin, Paris 1961; Zwei Briefe über das binäre Zahlensystem und die chinesische Philosophie [franz./

dt.], ed. u. übers. R. Loosen/F. Vonessen, Stuttgart 1968; John Toland e G. W. L.. Otto lettere, ed. G. Carabelli, Riv. crit. stor. filos. 29 (1974), 412–431; L. and Ludolf on Things Linguistic. Excerpts from Their Correspondence (1688–1703), ed. and trans. J. T. Waterman, Berkeley Calif. 1978; Der Briefwechsel zwischen L. und Conrad Henfling. Ein Beitrag zur Musiktheorie des 17. Jahrhunderts, ed. R. Haase, Frankfurt 1982; Lettres et opuscules de physique et de metaphysique, trad. R. Violette, Nantes 1984; L. korrespondiert mit China. Der Briefwechsel mit den Jesuitenmissionaren, ed. R. Widmaier, Frankfurt 1990, rev. unter dem Titel: Der Briefwechsel mit den Jesuiten in China (1689–1714) [franz./lat./dt.], ed. R. Widmaier, übers. M.-L. Babin, Hamburg 2006; L. – Thomasius. Correspondance 1663–1672, ed. et trad. R. Bodéüs, Paris 1993; Correspondance G. W. L. – Ch. I. Castel de Saint-Pierre, editée intégralment selon les manuscripts inédits des biliothèques d'Hanovre et de Göttingen, ed. A. Robinet, Paris 1995; Der Briefwechsel mit Bartholomäus Des Bosses, ed. u. übers. C. Zehetner, Hamburg 2007 (engl. The Yale L.. The L. – Des Bosses Correspondence, ed. and trans. B. C. Look/D. Rutherford, New Haven Conn./London 2007). – M. de Gaudemar, Le vocabulaire de L., Paris 2001; A. Antoine/A. v. Boetticher (eds.), L.-Zitate, Göttingen 2007. – Die L.-Handschriften der Königlichen Öffentlichen Bibliothek zu Hannover, ed. E. Bodemann, Hannover 1889 (repr., mit Erg. u. Register, Hildesheim 1966); E. Ravier, Bibliographie des œuvres de L., Paris 1937 (repr. Hildesheim 1966, Hildesheim/New York/Zürich 1997); V. A. Bellezza, Gli studi leibniziani in Italia dal 1900 ad oggi, Arch. filos. 16 (1947), 27–35; B. Rochot, Nouveaux travaux sur L., Rev. synth. 79 (1958), 146–149; K. Müller, L.-Bibliographie. Die Literatur über L., Frankfurt 1967, unter dem Titel: L.-Bibliographie, I–II (I Die Literatur über L. bis 1980, II Die Literatur über L. 1981–1996), ed. A. Heinekamp, Frankfurt 1984/1996; Totok IV (1981), 297–374; K. H. Dutz, Zeichentheorie und Sprachwissenschaft bei G. W. L.. Eine kritisch annotierte Bibliographie der Sekundärliteratur, Münster 1983; G. U. Gabel, L.. Eine Bibliographie europäischer und nordamerikanischer Hochschulschriften 1875–1980, Köln 1983, erw. ²1986; C. Axelos, Neuere Literatur über L., Philos. Jb. 99 (1992), 408–423; laufende Bibliographie der Literatur über L. in der Zeitschr. »Studia Leibnitiana«, 1969 ff.; Online-Leibniz-Bibliographie unter: http://www.leibniz-bibliographie.de.

Literatur: G. Abel/H.-J. Engfer/C. Hubig (eds.), Neuzeitliches Denken. Festschrift für Hans Poser zum 65. Geburtstag, Berlin/New York 2002; R. M. Adams, L.. Determinist, Theist, Idealist, Oxford/New York 1994, 1998; ders., Phenomenalism and Corporeal Substance in L., in: D. Pereboom (ed.), The Rationalists. Critical Essays on Descartes, Spinoza, and L., Lanham Md./Oxford 1999, 223–271; ders., L.'s Conception of Religion, in: M. D. Gedney (ed.), Modern Philosophy, Bowling Green Ohio 2000, 57–70; J.-S. Ahn, L.' Philosophie und die chinesische Philosophie, Konstanz 1990; E. J. Aiton, The Vortex Theory of Planetary Motions, London, New York 1972, bes. 125–153, 195–207; ders., L.. A Biography, Bristol/Boston Mass. 1985 (dt. G. W. L.. Eine Biographie, Frankfurt/Leipzig 1991); D. Allen, Mechanical Explanations and the Ultimate Origin of the Universe According to L., Wiesbaden 1983 (Stud. Leibn. Sonderheft XI); D. A. Anapolitanos, L.. Representation, Continuity and the Spatiotemporal, Dordrecht/Boston Mass./London 1999; M. R. Antognazza, Trinità e incarnazione. Il rapporto tra filosofia e teologia revelata nel pensiero di L., Mailand 1999 (engl. L. on the Trinity and the Incarnation. Reason and Revelation in the Seventeenth Century, New Haven Conn./London 2007); dies.,

L.. An Intellectual Biography, Cambridge etc. 2009; M. Armgardt, Das rechtslogische System der »Doctrina conditionum« von G. W. L., Marburg 2001; C. Axelos, Die ontologischen Grundlagen der Freiheitstheorie von L., Berlin/New York 1973; ders., L. und Hegel. Affinität und Kontroversen, Münster/Hamburg 1994; A. Balestra, Kontingente Wahrheiten. Ein Beitrag zur L.schen Metaphysik der Substanz, Würzburg 2003; W. H. Barber, L. in France. From Arnauld to Voltaire. A Study in French Reactions to Leibnizianism, 1670–1760, Oxford 1955 (repr. New York/London 1985); J. S. Bardi, The Calculus Wars. Newton, L., and the Greatest Mathematical Clash of all Times, London, New York 2006, 2007; E. Barke/R. Wernstedt/H. Breger (eds.), L. neu denken, Stuttgart 2009 (Stud. Leibn. Sonderheft XXXVIII); J. Baruzi, L. et l'organisation religieuse de la terre d'après des documents inédits, Paris 1907 (repr. Aalen 1975); A. Becco, Du simple selon G. W. L.. Discours de métaphysique et Monadologie. Étude comparative critique des propriétés de la substance appuyée sur l'operation informatique »Monado 74«, Paris 1975; P. Beeley, Kontinuität und Mechanismus. Zur Philosophie des jungen L. in ihrem ideengeschichtlichen Kontext, Stuttgart 1996 (Stud. Leibn. Suppl. XXX); ders., Auf den Spuren des Unendlichen. L.' Monaden und die physikalische Welt, in: H.-P. Neumann (ed.), Der Monadenbegriff zwischen Spätrenaissance und Aufklärung, Berlin/New York 2009, 113–142; Y. Belaval, Pour connaître la pensée de L., Paris 1952, unter dem Titel: L. Initiation à sa philosophie, Paris ²1962, ⁶2005; ders., L. critique de Descartes, Paris 1960, 1978; ders., Études Leibniziennes. De L. à Hegel, Paris 1976, 1993; ders., L.. De l'âge classique aux lumières. Lectures leibniziennes, ed. M. Fichant, Paris 1995; E. Benz, L. und Peter der Große. Der Beitrag L.ens zur russischen Kultur-, Religions- und Wirtschaftspolitik seiner Zeit, Berlin 1947 (L. zu seinem 300. Geburtstag, 1646–1946, ed. E. Hochstetter, Lieferung 2); R. Berkowitz, The Gift of Science. L. and the Modern Legal Tradition, Cambridge Mass./London 2005; D. Berlioz/F. Nef (eds.), L'actualité de L.. Les deux labyrinthes, Stuttgart 1999 (Stud. Leibn. Suppl. XXXIV); dies. (eds.), L. et les puissances du langage, Paris 2005; D. Bertoloni Meli, Equivalence and Priority. Newton versus L.. Including L.'s Unpublished Manuscripts on the »Principia«, Oxford 1993, 1996; A. Blank, Der logische Aufbau von L.' Metaphysik, Berlin/New York 2001; ders., L.. Metaphilosophy and Metaphysics, 1666–1686, München 2005; M. [E.] Bobro, Self and Substance in L., Dordrecht/Boston Mass./London 2004; ders., L. on Causation, SEP 2005, erw. 2009; A. Boehm, »vinculum substantiale« chez L.. Ses origines historiques, Paris 1938, ²1962; I. Böger, »Ein seculum ... da man zu Societäten Lust hat«. Darstellung und Analyse der L.schen Sozietätspläne vor dem Hintergrund der europäischen Akademiebewegung im 17. und frühen 18. Jahrhundert, I–II, München 1997, in einem Bd. ²2001, 2002; R. Böhle, Der Begriff des Individuums bei L., Meisenheim am Glan 1978; G. Böhme, Zeit und Zahl. Studien zur Zeittheorie bei Platon, Aristoteles, L. und Kant, Frankfurt 1974; L. Bouquiaux, L'harmonie et le chaos. Le rationalisme leibnizien et la »nouvelle science«, Louvain-La-Neuve, Louvain/Paris 1994; R. Bouveresse, Spinoza et L.. L'idée d'animisme universel, Paris 1992; dies., L., Paris 1994; dies. (ed.), Perspectives sur L., Paris 1999; H.-S. Brather (ed.), L. und seine Akademie. Ausgewählte Quellen zur Geschichte der Berliner Sozietät der Wissenschaften, 1697–1716, Berlin 1993; H. Bredekamp, Die Fenster der Monade. G. W. L.' Theater der Natur und Kunst, Berlin 2004, 2008; T. M. Breden, Individuation und Kombinatorik. Eine Studie zur philosophischen Entwicklung des jungen L., Stuttgart-Bad Cannstatt 2009; H. Breger, L., in: W. Killy/R. Vierhaus (eds.),

Deutsche Biographische Enzyklopädie VI, München 1997, 303–304; ders./F. Niewöhner (eds.), L. und Niedersachsen. Tagung anläßlich des 350. Geburtstages von G. W. L., Wolfenbüttel 1996, Stuttgart 1999 (Stud. Leibn. Sonderheft XXIIX); C. D. Broad, L.. An Introduction, ed. C. Lewy, London/New York 1975; S. Brown, L., Brighton 1984; ders. (ed.), The Young L. and His Philosophy (1646–76), Dordrecht/Boston Mass./London 1999; ders./N. J. Fox, Historical Dictionary of L.'s Philosophy, Lanham Md./Toronto/Oxford 2006; F. Brunner, Études sur la signification historique de la philosophie de L., Paris 1950; G. Buchdahl, Metaphysics and the Philosophy of Science. The Classical Origins – Descartes to Kant, Oxford, Cambridge Mass. 1969, Lanham Md./New York/London 1988, 388–469 (L.: Science and Metaphysics); F. Burbage/N. Chouchan, L. et l'infini, Paris 1993; P. Burgelin, Commentaire du »Discours de Métaphysique« de L., Paris 1959; H. Burkhardt, Logik und Semiotik in der Philosophie von L., München 1980; H. Busche, L.' Weg ins perspektivische Universum. Eine Harmonie im Zeitalter der Berechnung, Hamburg 1997; ders., Monade und Licht. Die geheime Verbindung von Physik und Metaphysik bei L., in: C. Bohlmann/T. Fink/P. Weiss (eds.), Lichtgefüge des 17. Jahrhunderts. Rembrandt und Vermeer – Spinoza und L., Paderborn/München 2008, 125–162; ders. (ed.), G. W. L.. Monadologie, Berlin 2009; A. Carlson, The Divine Ethic of Creation in L., New York etc. 2001; H. W. Carr, L., London/Boston Mass. 1929, New York, Toronto, London 1960; M. Carrara/A. M. Nunziante/G. Tomasi (eds.), Individuals, Minds and Bodies. Themes from L., Stuttgart 2004 (Stud. Leibn. Sonderheft XXXII); E. Cassirer, L.' System in seinen wissenschaftlichen Grundlagen, Marburg 1902 (repr. Hildesheim, Darmstadt 1962, Hildesheim/New York 1980), ed. M. Simon, Hamburg 1998; ders., Das Erkenntnisproblem in der Philosophie und Wissenschaft der neueren Zeit II, Berlin 1907, ³1922 (repr. Darmstadt 1971, Darmstadt, Hildesheim/New York 1974, Darmstadt 1991, 1994, 1995), 126–190; V. Chappell (ed.), G. W. L., I–II, New York/London 1992 (Essays on Early Modern Philosophers XII) [Reprint englischsprachiger Aufsätze aus den Jahren 1967–1988 zu L.]; K. C. Clatterbaugh, L.'s Doctrine of Individual Accidents, Wiesbaden 1973 (Stud. Leibn. Sonderheft IV); W. Conze, L. als Historiker, Berlin 1951 (L. zu seinem 300. Geburtstag, 1646–1946, ed. E. Hochstetter, Lieferung 6); D. J. Cook/H. Rudolph/C. Schulte (eds.), L. und das Judentum, Stuttgart 2008 (Stud. Leibn. Sonderheft XXXIV); P. Costabel, L. et la dynamique. Les textes de 1692, Paris 1960, erw. unter dem Titel: L. et la dynamique en 1692. Textes et commentaires, Paris, Ithaca N. Y., London 1973); J. Cottingham, The Rationalists, Oxford/New York 1988, 1990; A. P. Coudert, L. and the Kabbalah, Dordrecht/Norwell Mass. 1995; dies./R. H. Popkin/G. M. Weiner (eds.), L., Mysticism, and Religion, Dordrecht/Norwell Mass. 1998; J.-P. Coutard, Le vivant chez L., Paris 2007; L. Couturat, La logique de L. d'après des documents inédits, Paris 1901 (repr. Hildesheim 1961, 1969, Hildesheim/Zürich/New York 1985); J. A. Cover/J. O'Leary-Hawthorne, Substance and Individuation in L., Cambridge/New York./Melbourne 1999, 2008; A. Cresson, L.. Sa vie, son œuvre. Avec un exposé de sa philosophie, Paris 1946, 1958; R. Cristin (ed.), L. und die Frage nach der Subjektivität. L.-Tagung Triest, 11. bis 14. 5. 1992, Stuttgart 1994 (Stud. Leibnitiana Sonderheft XXII); ders./K. Sakai (eds.), Phänomenologie und L., Freiburg/München 2000; J. Croizer, Les héritiers de L.. Logique et philosophie, de L. à Russell, Paris/Budapest/Turin 2001; T. Dagron, Toland et L.. L'invention du néo-spinozisme, Paris 2009; M. Dascal, La sémiologie de L., Paris 1978; ders., L.. Language, Signs and

Thought. A Collection of Essays, Amsterdam/Philadelphia Pa. 1987; ders. (ed.), L.. What Kind of Rationalist?, Berlin 2008; ders./E. Yakira (eds.), L. and Adam, Tel-Aviv 1993; G. Deleuze, Le pli. L. et le baroque, Paris 1988, 2007 (engl. The Fold. L. and the Baroque, Minneapolis Minn./London 1993, London/New York 2006; dt. Die Falte. L. und der Barock, Frankfurt 1995, 2009); V. De Risi, Geometry and Monadology. L.' »Analysis Situs« and Philosophy of Space, Basel/Boston Mass./Berlin 2007; L. Devillairs, Descartes, L.. Les vérités éternelles, Paris 1998; S. Di Bella, The Science of the Individual. L.'s Ontology of Individual Substance, Berlin/Heidelberg/New York 2005; E. Dillmann, Eine neue Darstellung der L.ischen Monadenlehre auf Grund der Quellen, Leipzig 1891 (repr. Hildesheim/New York 1974); D. Döring, Die Philosophie G. W. L.' und die Leipziger Aufklärung in der ersten Hälfte des 18. Jahrhunderts, Stuttgart/Leipzig 1999 (Abh. Sächs. Akad. Wiss. Leipzig, philol.-hist. Kl. 75,4); A. Drexler, Die Aktion und der Kalkül des Unendlichen. Zur Propädeutik der Wissenschaftstheorie bei L. und Blondel, Frankfurt etc. 1995; F. Duchesneau, L., Enc. philos. universelle III/1 (1992), 1274–1280; ders., L. et la méthode de la science, Paris 1993; ders., La Dynamique de L., Paris 1994; ders., Les modèles du vivant de Descartes à L., Paris 1998; ders., L.. Le vivant et l'organisme, Paris 2010; ders./J. Griard (eds.), L. selon les »Nouveaux essais sur l'entendement humain«, Montréal, Paris 2006; M.-N. Dumas, La pensée de la vie chez L., Paris 1976; J.-C. Dumoncel, La tradition de la Mathesis universalis. Platon, L., Russell, Paris 2002; K. Dürr, Neue Beleuchtung einer Theorie von L.. Grundzüge des Logikkalküls, Darmstadt 1930; ders., L.' Forschungen im Gebiet der Syllogistik, Berlin 1949 (L. zu seinem 300. Geburtstag, 1646–1946, ed. E. Hochstetter, Lieferung 5); K. D. Dutz/S. Gensini (eds.), Im Spiegel des Verstandes. Studien zu L., Münster 1996; H. Eckert, G. W. L.' Scriptores rerum Brunsvicensium. Entstehung und historiographische Bedeutung, Frankfurt 1971; S. Edel, Die individuelle Substanz bei Böhme und L.. Die Kabbala als tertium comparationis für eine rezeptionsgeschichtliche Untersuchung, Stuttgart 1995 (Stud. Leibn. Sonderheft XXIII); T. O. Enge, Der Ort der Freiheit im L.schen System, Königstein 1979; J. Estermann, Individualität und Kontingenz. Studie zur Individualitätsproblematik bei G. W. L., Bern etc. 1990; F. Fédier, L.. Deux cours. »Principes de la nature et de la grâce fondés en raison«, »Monadologie«, Paris 2002; N. E. Fenton, L.' Doctrine on Space, Diss. Chicago Ill. 1969; ders., A New Interpretation of L.'s Philosophy. With Emphasis on His Theory of Space, Dallas Tex. 1973; M. Fichant, Science et métaphysique dans Descartes et L., Paris 1998; ders., Le »Système de l'Harmonie Préétablie« et la critique de l'Occasionalisme, in: G. Abel/H.-J. Engfer/C. Hubig (eds.), Neuzeitliches Denken [s. o.], 145–161; R. Finster u. a. (eds.), L. Lexicon, I–II [II als 65 Microfiches]. A Dual Concordance to L.'s Philosophische Schriften, Hildesheim/New York 1988; ders./G. van den Heuvel, G. W. L.. Mit Selbstzeugnissen und Bilddokumenten, Reinbek b. Hamburg 1990, 2005; K. Fischer, L. und seine Schule, Mannheim 1855, Heidelberg [2]1867 (Geschichte der neuern Philosophie II), unter dem Titel: G. W. L., München, [3]1888, Heidelberg 1889, mit Untertitel: Leben, Werke und Lehre, Heidelberg [4]1902 (Jubiläumsausg., Geschichte der neuern Philosophie III), [5]1920 (repr. Nendeln 1973), Neuausg., ed. T. S. Hoffmann, Wiesbaden 2009; G. W. Fitch, Necessity and Contingency in L., Diss. Amherst Mass. 1974; ders., Analyticity and Necessity in L., J. Hist. Philos. 17 (1979), 29–42 (repr. in: V. Chappell (ed.), G. W. L. I [s. o.], 141–154, ferner in: R. S. Woolhouse (ed.), G. W. L.. Critical Assessments I [s. u.], 290–307; J. O. Fleckenstein, G. W. L.. Ba-

rock und Universalismus, Thun/München 1958; FM III ([6]1979), 1927–1935, (1994), 2090–2098; L. Foisneau (ed.), La découverte du principe de raison. Descartes, Hobbes, Spinoza, L., Paris 2001; M. Fontius/H. Rudolph/G. Smith (eds.), Labora diligenter. Potsdamer Arbeitstagung zur L.forschung vom 4. bis 6. Juli 1996, Stuttgart 1999 (Stud. Leibn. Sonderheft XXIX); H. G. Frankfurt (ed.), L.. A Collection of Critical Essays, Garden City N. Y. 1972, Notre Dame Ind./London 1976; W. Freising, Metaphysik und Vernunft. Das Weltbild von L. und Wolff, Lüneburg 1986; C. Frémont, Singularités. Individus et relations dans le système de L., Paris 2003; G. Friedmann, L. et Spinoza, Paris 1946, erw. Neuausg. 1962, 1975; M. J. Futch, L.'s Metaphysics of Time and Space, o.O. [Dordrecht etc.] 2008 (Boston Stud. Philos. Sci. 258); F. Gaede/C. Peres (eds.), Antizipation in Kunst und Wissenschaft. Ein interdisziplinäres Erkenntnisproblem und seine Begründung bei L., Tübingen/Basel 1997; D. Garber, L., REP V (1998), 541–562; ders., L.. Body, Substance, Monad, New York/Oxford 2009; M. de Gaudemar, L.. De la puissance au sujet, Paris 1994; dies. (ed.), La notion de nature chez L.. Colloque [...], Aix-en-Provence, 13–15 octobre 1993, Stuttgart 1995 (Stud. Leibn. Sonderheft XXIV); R. J. Gennaro, L. on Consciousness and Self-Consciousness, in: ders./C. Huenemann (eds.), New Essays on the Rationalists [s. u.], 353–371; ders./C. Huenemann (eds.), New Essays on the Rationalists, Oxford/New York 1999, 2002; S. Gensini, Il naturale e il simbolico. Saggio su L., Rom 1991; ders., »De linguis in universum«. On L.'s Ideas on Languages. Five Essays, Münster 2000; K. Gloy, Das Verständnis der Natur II (Die Geschichte des ganzheitlichen Denkens), München, Köln 1996, Köln 2005, bes. 37–70 (Teil 2 Rationale Konzeption der organizistischen Naturauffassung. L.' Monadologie); U. Goldenbaum, Zwischen Bewunderung und Entsetzen. L.' frühe Faszination durch Spinoza's Tractatus theologico-politicus, Delft 2001; dies./D. Jesseph (eds.), Infinitesimal Differences. Controversies between L. and His Contemporaries, Berlin/New York 2008; S. Goodin, Locke and L. and the Debate over Species, in: R. J. Gennaro/C. Huenemann (eds.), New Essays on the Rationalists [s. o.], 163–176; A. Görland, Der Gottesbegriff bei L.. Ein Vorwort zu seinem System, Gießen 1907; E. Grosholz/E. Yakirah, L.'s Science of the Rational, Stuttgart 1998 (Stud. Leibn. Sonderheft XXVI); G. Grua, Jurisprudence universelle et Théodicée selon L., Paris 1953 (repr. New York/London 1985); ders., La justice humaine selon L., Paris 1956 (repr. New York/London 1985); M. Gueroult, Dynamique et métaphysique leibniziennes. Suivi d'une note sur le principe de la moindre action chez Maupertuis, Paris 1934 (repr. unter dem Titel: L.. Dynamique et métaphysique. Suivi d'une note sur le principe de la moindre action chez Maupertuis, Paris 1967, 1977); G. E. Guhrauer, G. W. Freiherr von L.. Eine Biographie zu L.ens Säkular-Feier, I–II, Breslau 1846 (repr. Hildesheim 1966); J. Guitton, Pascal et L.. Étude sur deux types de penseurs, Paris 1951; A. Gurwitsch, L.. Philosophie des Panlogismus, Berlin/New York 1974; A. R. Hall, Philosophers at War. The Quarrel between Newton and L., Cambridge etc. 1980, 2002; K. Hartbecke (ed.), Zwischen Fürstenwillkür und Menschheitswohl. G. W. L. als Bibliothekar, Frankfurt 2008; dies., »Heliosophopolis«. L.' Briefgespräche mit Frauen, Hameln 2007; N. Hartmann, L. als Metaphysiker, Berlin 1946 (L. zu seinem 300. Geburtstag, 1646–1946, ed. E. Hochstetter, Lieferung 1); G. A. Hartz, L.'s Final System. Monads, Matter and Animals, London/New York 2007; J. Hattler, Monadischer Raum. Kontinuum, Individuum und Unendlichkeit in L.' Theorie des Raumes, Frankfurt/Lancaster 2004; H. Hecht (ed.), G. W. L. im philosophischen Diskurs über Geometrie und Erfahrung, Berlin 1991; ders., G. W. L.. Mathematik und Naturwissenschaften im Paradigma der Metaphysik, Stuttgart/Leipzig 1992; ders. u. a. (eds.), Kosmos und Zahl. Beiträge zur Mathematik- und Astronomiegeschichte, zu Alexander von Humboldt und L., Stuttgart 2008; M. Heidegger, Metaphysische Anfangsgründe der Logik im Ausgang von L. [Marburger Vorlesung 1928], ed. K. Held, Frankfurt 1978, ³2007 (= Gesamtausg. XXVI); H. Heimsoeth, Die Methode der Erkenntnis bei Descartes und L., I–II, Gießen 1912/1914; A. Heinekamp, Das Problem des Guten bei L., Bonn 1969 (Kant-St. Erg.hefte XCVIII); ders. (ed.), L. als Geschichtsforscher. Symposion des Istituto di studi filosofici Enrico Castelli und der L.-Gesellschaft, Ferrara, 12. bis 15. Juni 1980, Wiesbaden 1982 (Stud. Leibn. Sonderheft X); ders., L., in: N. Hoerster (ed.), Klassiker des philosophischen Denkens, I–II, München 1982, ⁷2003, I, 274–320; ders. (ed.), L. et la renaissance. Colloque du Centre National de la Recherche Scientifique (Paris), du Centre d'Études Supérieures de la Renaissance (Tours) et la G.-W.-L.-Gesellschaft (Hannover), Domaine de Seillac (France) du 17 au 21 juin 1981, Wiesbaden 1983 (Stud. Leibn. Suppl. XXIII); ders. (ed.), L.' Dynamica. Symposion der L.-Gesellschaft in der Evangelischen Akademie Loccum, 2.–4. Juli 1982, Stuttgart 1984 (Stud. Leibn. Sonderheft XIII); ders. (ed.), 300 Jahre »Nova methodus« von G. W. L. (1684–1984). Symposion der L.-Gesellschaft im Congrescentrum »Leeuwenhorst« in Noordwijkerhout (Niederlande), 28.–30. August 1984, Stuttgart 1986 (Stud. Leibn. Sonderheft XIV); ders. (ed.), Beiträge zur Wirkungs- und Rezeptionsgeschichte von G. W. L., Stuttgart 1986 (Stud. Leibn. Suppl. XXVI); ders. (ed.), L.. Questions de logique. Symposion organisé par la G.-W.-L.-Gesellschaft e. V. Hannover, Bruxelles [...], Louvain-La-Neuve [...] 26 au 28 août 1985, Stuttgart 1988 (Stud. Leibn. Sonderheft XV); ders./F. Schupp (eds.), Die intensionale Logik bei L. und in der Gegenwart. Symposion der L.-Gesellschaft, Hannover 10. und 11. November 1978, Wiesbaden 1979 (Stud. Leibn. Sonderheft VIII); ders./F. Schupp (eds.), L.' Logik und Metaphysik, Darmstadt 1988; ders./W. Lenzen/M. Schneider (eds.), Mathesis rationis. Festschrift für Heinrich Schepers, Münster 1990; ders./A. Robinet (eds.), L.. Le meilleur des mondes. Table ronde organisée par le Centre National de la Recherche Scientifique, Paris et la G.-W.-L.-Gesellschaft, Hannover, Domaine de Seillac (Loir-et-Cher), 7 au 9 juin 1990, Stuttgart 1992 (Stud. Leibn. Sonderheft XXI); ders./I. Hein/Stiftung Niedersachsen (eds.), L. und Europa, Hannover 1994; F. Hermanni/ H. Breger (eds.), L. und die Gegenwart, München 2002; H.-J. Hess/F. Nagel (eds.), Der Ausbau des Calculus durch L. und die Brüder Bernoulli. Symposion der L.-Gesellschaft und der Bernoulli-Edition der Naturforschenden Gesellschaft in Basel, 13.–17. Juni 1987, Stuttgart 1989 (Stud. Leibn. Sonderheft XVII); K. Hildebrandt, L. und das Reich der Gnade, Den Haag 1953; E. C. Hirsch, Der berühmte Herr L.. Eine Biographie, München 2000, 2007; E. Hochstetter, Zu L.' Gedächtnis. Eine Einleitung, Berlin 1948 (L. zu seinem 300. Geburtstag, 1646–1946, ed. E. Hochstetter, Lieferung 3); ders./G. Schischkoff (eds.), Zum Gedenken an den 250. Todestag von G. W. L. 1. Juli 1646–14. November 1716, Z. philos. Forsch. 20 (1966), 377–658; J. E. Hofmann, L.' mathematische Studien in Paris, Berlin 1948 (L. zu seinem 300. Geburtstag, 1646–1946, ed. E. Hochstetter, Lieferung 4); ders., Die Entwicklungsgeschichte der L.schen Mathematik während des Aufenthalts in Paris (1672–1676), München 1949 (engl. [bearb. u. erw.], L. in Paris, 1672–1676. His Growth to Mathematical Maturity, London, New York 1974, Cambridge etc. 2008); ders., L.: Mathematics, DSB VIII (1973), 160–166; H. H. Holz, L., Stuttgart 1958, erw. unter dem Titel: G. W. L.

Eine Monographie, Leipzig 1983; ders., G. W. L., Frankfurt/New York 1992; E. Holze, Gott als Grund der Welt im Denken des G. W. L., Stuttgart 1991 (Stud. Leibn. Sonderheft XX); H. Holzhey u. a., G. W. L., in: H. Holzhey/W. Schmidt-Biggemann/V. Mudroch (eds.), Die Philosophie des 17. Jahrhunderts IV/2 (Das Heilige Römische Reich Deutscher Nation. Nord- und Ostmitteleuropa, Basel 2001, 995–1159; M. Hooker (ed.), L.. Critical and Interpretative Essays, Manchester, Minneapolis Minn. 1982; J. C. Horn, Monade und Begriff. Der Weg von L. zu Hegel, Wien/München 1965, Wuppertal/Kastellaun ²1970, Hamburg ³1982; ders., Die Struktur des Grundes. Gesetz und Vermittlung des ontischen und logischen Selbst nach G. W. L., Ratingen/Wuppertal/Kastellaun 1971, Wiesbaden ²1983; J. Hostler, L.'s Moral Philosophy, New York, London 1975; K. Huber, L., ed. I. Köck/C. Huber, München 1951, mit Untertitel: Der Philosoph der universalen Harmonie, München/Zürich 1989; W. Hübener, Zum Geist der Prämoderne, Würzburg 1985, bes. 42–51 (L. – ein Geschichtsphilosoph), 84–100 (Scientia de aliquo et nihilo. Die historischen Voraussetzungen von L.' Ontologiebegriff), 133–152 (Sinn und Grenzen des L.ischen Optimismus); J. Hunfeld, L. en zijn monadenleer. Een studie over L.' philosophische ontwikkelingsgang aan de hand van zijn jeugdgeschriften, Nijmegen/Utrecht 1941; H. Ishiguro, L.'s Philosophy of Logic and Language, London, Ithaca N. Y. 1972, Cambridge etc. 1990; J. Iwanicki, L. et les démonstrations mathématiques de l'existence de Dieu, Paris 1933; J. Jalabert, La théorie leibnizienne de la substance et ses rapports avec la notion de temps, Paris 1946, unter dem Titel: La théorie leibnizienne de la substance, 1947 (repr. New York/London 1985); ders., Le Dieu de L., Paris 1960 (repr. New York/London 1985); M. Jammer, Concepts of Space. The History of Theories of Space in Physics, Cambridge Mass. 1954, ²1969, erw. New York ³1993, bes. 116–124 (dt. Das Problem des Raumes. Die Entwicklung der Raumtheorien, Darmstadt 1960, ²1980, bes. 126–135); ders., Concepts of Force. A Study in the Foundations of Dynamics, Cambridge Mass. 1957, New York 1962, Mineola N. Y. 1999, bes. 158–171; ders., Concepts of Mass in Classical and Modern Physics, Cambridge Mass. 1961, Mineola N. Y., Toronto, London 1997, 76–81 (dt. Der Begriff der Masse in der Physik, Darmstadt 1964, ³1981, 80–85); W. Janke, L.. Die Emendation der Metaphysik, Frankfurt 1963; A. Jauernig, Kant's Critique of the L.ian Philosophy. Contra the L.ians, but Pro L., in: D. Garber/B. Longuenesse (eds.), Kant and the Early Moderns, Princeton N. J./Oxford, 41–63, 214–223; dies., The Modal Strength of L.'s Principle of the Identity of Indiscernibles, in: D. Garber/S. Nadler (eds.), Oxford Studies in Early Modern Philosophy, Oxford/New York 2008, 191–225; N. Jolley, L. and Locke. A Study of the »New Essays on Human Understanding«, Oxford 1984, 1986; ders., The Light of the Soul. Theories of Ideas in L., Malebranche, and Descartes, Oxford 1990, 1998; ders., L.. Truth, Ethics and Metaphysics, in: G. H. R. Parkinson (ed.), The Renaissance and Seventeenth-Century Rationalism, London/New York 1993, 2003 (Routledge History of Philosophy IV), 384–423; ders. (ed.), The Cambridge Companion to L., Cambridge/New York 1995, 1999; ders., L., London/New York 2005, 2006; H. W. B. Joseph, Lectures on the Philosophy of L., ed. J. L. Austin, Oxford 1949, Westport Conn. 1973; W. Kabitz, Die Philosophie des jungen L.. Untersuchungen zur Entwicklungsgeschichte seines Systems, Heidelberg 1909 (repr. Hildesheim/New York 1974, Hildesheim/New York/Zürich 1997); K. E. Kaehler, L. – der methodische Zwiespalt der Metaphysik der Substanz, Hamburg 1979; H. J. Kanitz, Das Übergegensätzliche gezeigt am Kontinuitätsprinzip bei L., Hamburg 1951; F. Kaulbach, Die Metaphysik des Raumes bei L. und Kant, Köln 1960 (Kant-St. Erg.hefte 79); ders., Der philosophische Begriff der Bewegung. Studien zu Aristoteles, L. und Kant, Köln/Graz 1965; R. Kauppi, Über die L.ische Logik. Mit besonderer Berücksichtigung des Problems der Intension und der Extension, Helsinki 1960 (Acta Philos. Fennica XII), New York/London 1985; E. J. Khamara, Space, Time, and Theology in the L.-Newton Controversy, Frankfurt etc. 2006; K.-T. Kim, Der dynamische Begriff der Materie bei L. und Kant. Dargestellt im Zusammenhang der Entstehung der klassischen Naturwissenschaft und deren metaphysischer Grundlegung, Konstanz 1989; W. Kneale/M. Kneale, The Development of Logic, Oxford 1962, 1991, bes. 320–345; H. H. Knecht, La logique chez L.. Essai sur le rationalisme baroque, Lausanne 1981; E. Knobloch, Die mathematischen Studien von G. W. L. zur Kombinatorik, Wiesbaden 1973 (Stud. Leibn. Suppl. XI); ders., L. als Wissenschaftspolitiker. Vom Kulturideal zur Societät der Wissenschaften, in: U. Lindgren (ed.), Naturwissenschaft und Technik im Barock. Innovation, Repräsentation, Diffusion, Köln/Weimar/Wien 1997, 99–112; ders., Le calcul leibnizien dans la correspondance entre L. et Jean Bernoulli, in: G. Abel/H.-J. Engfer/C. Hubig (eds.), Neuzeitliches Denken [s. o.], 173–193; J. König, Das System von L., in: ders., Vorträge und Aufsätze, ed. G. Patzig, Freiburg 1978, 27–61; S. Krämer, Berechenbare Vernunft. Kalkül und Rationalismus im 17. Jahrhundert, Berlin/New York 1991, bes. 220–371; L. Krüger, Rationalismus und Entwurf einer universalen Logik bei L., Frankfurt 1969; M. Kulstad, L. on Apperception, Consciousness, and Reflection, München/Hamden/Wien 1991; ders./L. Carlin, L.'s Philosophy of Mind, SEP 1997, erw. 2007; ders./M. Laerke/D. Snyder (eds.), The Philosophy of the Young L., Stuttgart 2009 (Stud. Leibn. Sonderheft XXXV); K. v. S. Kynell, The Mind of L.. A Study in Genius, Lewiston N. Y./Lampeter 2003; M. Laerke, L. lecteur de Spinoza. La genèse d'une opposition complexe, Paris 2008; A. Lamarra (ed.), L'infinito in L.. Problemi e terminologia/Das Unendliche bei L.. Problem und Terminologie. Simposio Internazionale del Lessico Intellettuale Europeo e della G.-W.-L.-Gesellschaft. Roma, 6–8 novembre 1986, Rom 1990; I. Leclerc (ed.), The Philosophy of L. and the Modern World, Nashville Tenn. 1973; S. M. Lee, Die Metaphysik des Körpers bei G. W. L.. Zur Konzeption der körperlichen Substanz, Berlin 2008; W. Lefèvre (ed.), Between L., Newton, and Kant. Philosophy and Science in the Eighteenth Century, Dordrecht/Boston Mass./London 2001, 2002; W. Lenders, Die analytische Begriffs- und Urteilstheorie von G. W. L. und Chr. Wolff, Hildesheim/New York 1971; W. Lenzen, Das System der L.schen Logik, Berlin/New York 1990; ders., On L.'s Essay »Mathesis rationis«, Topoi 9 (1990), 29–59; ders., L.'s Logic, in: D. M. Gabbay/J. Woods (eds.), Handbook of the History of Logic III (The Rise of Modern Logic. From L. to Frege), Amsterdam etc. 2004, 1–83; ders., Calculus universalis. Studien zur Logik von G. W. L., Paderborn 2004; S. Levey, L.'s Constructivism and Infinitely Folded Matter, in: R. J. Gennaro/C. Huenemann (eds.), New Essays on the Rationalists [s. o.], 134–162; A. Lewendoski (ed.), L.bilder im 18. und 19. Jahrhundert, Stuttgart 2004 (Stud. Leibn. Sonderheft XXXIII); W. Li/H. Poser (eds.), Das Neueste über China. G. W. L.ens »Novissima sinica« von 1697. Internationales Symposium, Berlin, 4. bis 7. Oktober 1997, Stuttgart 2000 (Stud. Leibn. Suppl. XXXIII); F. Linhard, Newtons ›spirits‹ und der L.sche Raum, Hildesheim/Zürich/New York 2008; M.-T. Liske, L.' Freiheitslehre. Die logisch-metaphysischen Voraussetzungen von L.' Freiheitstheorie, Hamburg 1993; ders., G. W. L., München 2000; ders., G. W. L. (1646–1716), in: O. Höffe (ed.), Klassiker der Philo-

sophie I (Von den Vorsokratikern bis David Hume), München 2008, 326–343; P. Lodge, L. and His Correspondents, Cambridge etc. 2004; L. E. Loemker, Struggle for Synthesis. The Seventeenth Century Background of L.'s Synthesis of Order and Freedom, Cambridge Mass. 1972; B. Look, L. and the »vinculum substantiale«, Stuttgart 1999 (Stud. Leibn. Sonderheft XXX); ders., L., SEP 2007; ders., L.'s Modal Metaphysics, SEP 2008; K. Lorenz, Die Begründung des principium identitatis indiscernibilium, in: Akten des Int. L.-Kongresses Hannover, 14.–19. November 1966, III (Erkenntnislehre, Logik, Sprachphilosophie, Editionsberichte), Wiesbaden 1969 (Stud. Leibn. Suppl. III), 149–159; S. Lorenz, De mundo optimo. Studien zu L.' Theodizee und ihrer Rezeption in Deutschland (1710–1791), Stuttgart 1997 (Stud. Leibn. Suppl. XXXI); C. G. Ludovici, Ausführlicher Entwurf einer vollständigen Historie der Leibnitzschen Philosophie. Zum Gebrauch seiner Zuhörer herausgegeben, I–II, Leipzig 1737 (repr. Hildesheim 1966); G. MacDonald Ross, L., Oxford/New York 1984, 1996 (dt. G. W. L.. Leben und Denken, Bad Münder 1990); D. Mahnke, L.ens Synthese von Universalmathematik und Individualmetaphysik, Jb. Philos. phänomen. Forsch. 7 (1925), 305–612, separat Halle 1925 (repr. Stuttgart-Bad Cannstatt 1964); I. Marchlewitz/A. Heinekamp (eds.), L.' Auseinandersetzung mit Vorgängern und Zeitgenossen, Stuttgart 1990 (Stud. Leibn. Suppl. XXVII); A. Marschlich, Die Substanz als Hypothese. L.' Metaphysik des Wissens, Berlin 1997; G. Martin, L.. Logik und Metaphysik, Köln 1960, Berlin [2]1967 (engl. L.. Logic and Metaphysics, Manchester/New York 1964 [repr. New York/London 1985]; franz. L.. Logique et Métaphysique, Paris 1966); B. Mates, The Philosophy of L.. Metaphysics and Language, Oxford/New York 1986, 1989; V. Mathieu, Introduzione a L., Rom/Bari 1976, 1997; T. Matsuda, Der Satz vom Grund und die Reflexion. Identität und Differenz bei L., Frankfurt etc. 1990; H.-L. Matzat, Untersuchungen über die metaphysischen Grundlagen der L.'schen Zeichenkunst, Berlin 1938; ders., Gesetz und Freiheit. Eine Einführung in die Philosophie von L. aus den Problemen seiner Zeit, Köln/Krefeld 1948; L. B. McCullough on Individuals and Individuation. The Persistence of Premodern Ideas in Modern Philosophy, Dordrecht/Boston Mass./London 1996; J. Mcdonough, L.'s Philosophy of Physics, SEP 2007; R. McRae, L.. Perception, Apperception, and Thought, Toronto/Buffalo N. Y. 1976, 1978; A. Meier-Kunze, Die Mutter aller Erfindungen und Entdeckungen. Ansätze zu einer neuzeitlichen Transformation der Topik in L.' Ars inveniendi, Würzburg 1996; C. Mercer, L. and Spinoza on Substance and Mode, in: D. Pereboom (ed.), The Rationalists. Critical Essays on Descartes, Spinoza, and L., Lanham Md./Oxford 1999, 273–300; dies., L.'s Metaphysics. Its Origins and Development, Cambridge etc. 2001, 2006; dies., The Aristotelianism at the Core of L.' Philosophy, in: C. Leijenhorst/C. Lüthy/J. M. M. Thijssen (eds.), The Dynamics of Aristotelian Natural Philosophy from Antiquity to the Seventeenth Century, Leiden/Boston Mass./Köln 2002, 413–440; dies., L. on Mathematics, Methodology, and the Good. A Reconsideration of the Place of Mathematics in L.'s Philosophy, Early Sci. and Medicine 11 (2006), 424–454; R. F. Merkel, L. und China, Berlin 1952 (L. zu seinem 300. Geburtstag, 1646–1946, ed. E. Hochstetter, Lieferung 8); R. W. Meyer, L. und die europäische Ordnungskrise, Hamburg 1948 (engl. Leibnitz and the Seventeenth-Century Revolution, Cambridge, Chicago Ill. 1952 [repr. New York/London 1985]); J. Mittelstraß, Neuzeit und Aufklärung. Studien zur Entstehung der neuzeitlichen Wissenschaft und Philosophie, Berlin/New York 1970, 425–528; ders., The Philosopher's Conception of ›mathesis universalis‹ from

Descartes to L., Ann. Sci. 36 (1979), 593–610; ders., Substance and Its Concepts in L., in: G. H. R. Parkinson (ed.), Truth, Knowledge, and Reality [s. u.], 147–157, Nachdr. in: R. S. Woolhouse (ed.), G. W. L.. Critical Assessments II (Metaphysics and Its Foundations 2. Substances, Their Concepts, and Their Relations), London/New York 1994, 57–69; ders., Philosophie in einer L.-Welt, in: I. Marchlewitz/A. Heinekamp (eds.), L.' Auseinandersetzung mit Vorgängern und Zeitgenossen [s. o.], 1–17; ders., Der Philosoph und die Königin – L. und Sophie Charlotte, in: H. Poser/A. Heinekamp (eds.), L. in Berlin [s. u.], 9–27; ders., L. und der Akademiegedanke, in: K. Nowak (ed.), Wissenschaft und Weltgestaltung [s. u.], 47–58; ders., Konstruktion und Deutung. Über Wissenschaft in einer Leonardo- und L.-Welt, Berlin 2001; ders., L.-Welten. L. zur Hermeneutik von Konstruktion und Deutung, in: H. Poser (ed.), Nihil sine ratione Nachtragsband [s. u.], 9–18; ders., L.'s World. Calculation and Integration, Österr. Akad. Wiss., philos.-hist. Kl. 142 (2007), 129–135; ders./E. J. Aiton, L.. Physics, Logic, Metaphysics, DSB VIII (1973), 150–160, 166–168; ders./P. Schroeder-Heister, Zeichen, Kalkül, Wahrscheinlichkeit. Elemente einer Mathesis universalis bei L., in: H. Stachowiak (ed.), Pragmatik. Handbuch pragmatischen Wissens I/Pragmatics. Handbook of Pragmatic Thought, Hamburg 1986, Darmstadt 1997, 392–414; K. Moll, Der junge L. I (Die wissenschaftstheoretische Problemstellung seines ersten Systementwurfs. Der Anschluß an Erhard Weigels Scientia Generalis), Stuttgart-Bad Cannstatt 1978; ders., Der junge L. II (Der Übergang vom Atomismus zu einem mechanistischen Aristotelismus. Der revidierte Anschluß an Pierre Gassendi), Stuttgart-Bad Cannstatt 1982; ders., Der junge L. III (Eine Wissenschaft für ein aufgeklärtes Europa. Der Weltmechanismus dynamischer Monadenpunkte als Gegenentwurf zu den Lehren von Descartes und Hobbes), Stuttgart-Bad Cannstatt 1996; J. Moreau, L'Univers L.ien, Paris/Lyon 1956 (repr. Hildesheim/Zürich/New York 1987); M. Mugnai, Astrazione e realtà. Saggio su L., Mailand 1976; ders., L.' Theory of Relations, Stuttgart 1992 (Stud. Leibn. Suppl. XXVIII); ders., Introduzione alla filosofia di L., Turin 2001; ders., L.. Le penseur de l'universel, Paris 2006; K. Müller/G. Krönert, Leben und Werk von G. W. L.. Eine Chronik, Frankfurt 1969; D. E. Mungello, L. and Confucianism. The Search for Accord, Honolulu Hawaii 1977; M. Murray, L. on the Problem of Evil, SEP 1998, erw. 2005; O. Nachtomy, Possibility, Agency, and Individuality in L.'s Metaphysics, Dordrecht 2007; S. M. Nadler, The Best of all Possible Worlds. A Story of Philosophers, God, and Evil, New York 2008; E. Naert, L. et la querelle du pur amour, Paris 1959; ders., Mémoire et conscience de soi selon L., Paris 1961; ders., La pensée politique de L., Paris 1964; ders., L., DP II (1984), 1550–1557; I. S. Narskij, Gotfrid Lejbnic, Moskau 1972 (dt. G. W. L.. Grundzüge seiner Philosophie, Berlin [Ost] 1977); F. Nef, L. et le langage, Paris 2000; G. Nerlich, The Shape of Space, Cambridge etc. 1976, ²1994, bes. 11–17, 33–36; A. Nita, La métaphysique du temps chez L. et Kant, Paris 2008; K. Nowak (ed.), Wissenschaft und Weltgestaltung. Internationales Symposium zum 350. Geburtstag von G. W. L. vom 9. bis 11. April 1996 in Leipzig, Hildesheim/New York/Zürich 1999; K. Okruhlik/J. R. Brown (eds.), The Natural Philosophy of L., Dordrecht etc. 1985; J. Ortega y Gasset, La idea de principio en L. y la evolución de la teoría deductiva, Buenos Aires 1958, Madrid 1979 (dt. Der Prinzipienbegriff bei L. und die Entwicklung der Deduktionstheorie, München 1966; franz. L'évolution de la théorie déductive. L'idée de principe chez L., Paris 1970; engl. The Idea of Principle in L. and the Evolution of Deductive Theory, New York 1971); J.-P. Paccioni (ed.), L., Wolff et les monades.

Science et métaphysique, Paris 2007 (Rev. de synthèse 128, H. 3/4); I. Pape, L.. Zugang und Deutung aus dem Wahrheitsproblem, Stuttgart 1949; G. H. R. Parkinson, Logic and Reality in L.'s Metaphysics, Oxford 1965 (repr. New York/London 1985); ders., L. on Human Freedom, Wiesbaden 1970 (Stud. Leibn. Sonderheft II); ders. (ed.), Truth, Knowledge and Reality. Inquiries into the Foundations of Seventeenth Century Rationalism. A Symposium of the L.-Gesellschaft, Reading, 27–30 July 1979, Wiesbaden 1981 (Stud. Leibn. Sonderheft IX); M. Parmentier, L. – Locke. Une intrigue philosophique. Les »Nouveaux essais sur l'entendement humain«, Paris 2008; D. Parrochia, Qu'est-ce que penser/calculer? Hobbes, L. et Boole, Paris 1992; E. Pasini, Corpo e funzioni cognitive in L., Mailand 1996; ders. (ed.), La monadologie de L.. Genèse et contexte, Mailand/Paris 2005; V. Peckhaus, Logik, Mathesis universalis und allgemeine Wissenschaft. L. und die Wiederentdeckung der formalen Logik im 19. Jahrhundert, Berlin 1997; ders., L.'s Influence on 19th Century Logic, SEP 2009; F. Perkins, L. and China. A Commerce of Light, Cambridge etc. 2004; C. A. van Peursen, L., Baarn 1966 (engl. L., London 1969, New York 1970); P. Phemister, L. and the Natural World. Activity, Passivity and Corporeal Substances in L.'s Philosophy, Dordrecht 2005; dies., The Rationalists. Descartes, Spinoza and L., Cambridge/Malden Mass. 2006; dies./S. Brown (eds.), L. and the English-Speaking World, Dordrecht 2007; D. Plaisted, L. on Purely Extrinsic Denominations, Rochester N. Y., Woodbridge 2002; O. Pombo, L. and the Problem of a Universal Language, Münster 1987; H. Poser, Zur Theorie der Modalbegriffe bei G. W. L., Wiesbaden 1969 (Stud. Leibn. Suppl. VI); ders., G. W. L. (1646–1716), in: O. Höffe (ed.), Klassiker der Philosophie I (Von den Vorsokratikern bis David Hume), München 1981, ³1994, 378–404, 504–506; ders., L., TRE XX (1990), 649–665; ders., L., LThK VI (³1997), 777–779; ders. (ed.), Nihil sine ratione. Mensch, Natur und Technik im Wirken von G. W. L.. VII. Internationaler L.-Kongreß, Berlin, 10.–14. September 2001, I–III u. ein Nachtragsbd., Hannover 2001–2002; ders., G. W. L. zur Einführung, Hamburg 2005; ders./A. Heinekamp (eds.), L. in Berlin. Symposium der L.-Gesellschaft und des Instituts für Philosophie, Wissenschaftstheorie, Wissenschafts- und Technikgeschichte [...], Berlin, 10.–12. Juni 1987, Stuttgart 1990 (Stud. Leibn. Sonderheft XVI); C. v. Prantl, L., ADB XVIII (1883), 172–209; T. Ramelow, Gott, Freiheit, Weltenwahl. Der Ursprung des Begriffes der besten aller möglichen Welten in der Metaphysik der Willensfreiheit zwischen Antonio Perez S. J. (1599–1649) und G. W. L. (1646–1716), Leiden/New York/Köln 1997; P. Rateau (ed.), L., Straßburg 2004 (Les Cahiers philosophiques de Strasbourg 18 [2004]); ders., La question du mal chez L. Fondements et élaboration de la Théodicée, Paris 2008; ders., L'idée de théodicée de L. à Kant. Héritage, transformations, critiques, Stuttgart 2009 (Stud. Leibn. Sonderheft XXXVI); J.-B. Rauzy, La doctrine leibnizienne de la vérité. Aspects logiques et ontologiques, Paris 2001; E. Ravier, Le système de L. et le problème des rapports de la raison et de la foi, Caen 1927; J. Rawls, Lectures on the History of Moral Philosophy, ed. B. Herman, Cambridge Mass./London 2000, 103–140 (dt. Geschichte der Moralphilosophie. Hume, L., Kant, Hegel, Frankfurt, Darmstadt 2002, Frankfurt 2004, 153–198; franz. Leçons sur l'histoire de la philosophie morale, Paris 2002, 2008, 107–142 [2 L.]); N. Rescher, The Philosophy of L., Englewood Cliffs N. J. 1967; ders., L.. An Introduction to His Philosophy, Oxford, Totowa N. J. 1979, Aldershot 1993; ders., L.'s Metaphysics of Nature. A Group of Essays, Dordrecht/Boston Mass./London 1981; ders. (ed.), L.ian Inquiries. A Group of Essays, Lanham Md./London 1989; ders., On L., Pittsburgh

Pa. 2003; ders., Studies in L.'s Cosmology, Frankfurt etc. 2006 (= Collected Papers XIII); T. A. C. Reydon/H. Heit/P. Hoyningen-Huene (eds.), Der universale L.. Denker, Forscher, Erfinder, Stuttgart 2009; L. Richter, L. und sein Rußlandbild, Berlin 1946; U. Ricken, L., Wolff und einige sprachtheoretische Entwicklungen in der Deutschen Aufklärung, Berlin 1989 (Sitz.ber. Sächs. Akad. Wiss. Leipzig, philol.-hist. Kl. 129,3); P. Riley, L.' Universal Jurisprudence. Justice as the Charity of the Wise, Cambridge Mass./London 1996; W. Risse, Die Logik der Neuzeit II (1640–1780), Stuttgart-Bad Cannstatt 1970, 169–252; J.-M. Robert, L., vie et œuvre suivi de l'Éloge de Fontenelle, Paris 2003 [»Éloge de M. Leibnitz« par Fontenelle, 213–266]; ders., L. und der Spracherwerb, Craiova 2005; A. Robinet (ed.), Malebranche et L.. Relations personelles. Présentées avec les textes complets des auteurs et de leurs correspondants [...], Paris 1955; ders., L. et la racine de l'existence. Présentation, choix de textes, bibliographie, Paris 1962, ²1968; ders., Architectonique disjonctive, automates systémiques et idéalité transcendantale dans l'œuvre de G. W. L.. Nombreux textes inédits, Paris 1986; ders., G. W. L.. Le meilleur des mondes par la balance de l'Europe, Paris 1994; H. Ropohl, Das Eine und die Welt. Versuch zur Interpretation der L.'schen Metaphysik. Mit einem Verzeichnis der L.-Bibliographien, Leipzig 1936; O. Roy, L. et la Chine, Paris 1972; H. Rudolph, L., RGG V (⁴2002), 230–232; O. Ruf, Die Eins und die Einheit bei L.. Eine Untersuchung zur Monadenlehre, Meisenheim am Glan 1973; B. Russell, A Critical Exposition of the Philosophy of L.. With an Appendix of Leading Passages, Cambridge 1900, London ²1937, 1975, Nottingham, New York 2008 (franz. La philosophie de L.. Exposé critique, Paris 1908 [repr. Paris 2000, 2008]); L. J. Russell, L., Enc. Ph. IV (1967), 422–434; D. Rutherford, L. and the Rational Order of Nature, Cambridge/New York/Melbourne 1995, 1998; ders., Natures, Laws, and Miracles. The Roots of L.'s Critique of Occasionalism, in: D. Pereboom (ed.), The Rationalists. Critical Essays on Descartes, Spinoza, and L., Lanham Md./Oxford 1999, 301–326; ders., L. as Idealist, in: D. Garber/S. Nadler (eds.), Oxford Studies in Early Modern Philosophy IV, Oxford/New York 2008, 141–190; ders./J. A. Cover (eds.), L.. Nature and Freedom, Oxford/New York 2005; O. Saame, Der Satz vom Grund bei L.. Ein konstitutives Element seiner Philosophie und ihrer Einheit, Mainz 1961; R. O. Savage, Real Alternatives, L.'s Metaphysics of Choice, Dordrecht/Norwell Mass. 1998; A. Savile, Routledge Philosophy Guidebook to L. and the »Monadology«, London/New York 2000; H. Schepers, L., NDB XIV (1985), 121–131; W. Schiedermair, Das Phänomen der Macht und die Idee des Rechts bei G. W. L., Wiesbaden 1970 (Stud. Leibn. Suppl. VII); S. Schilling, Das Problem der Theodizee bei L. und Kant, Nordhausen 2009; G. Schischkoff (ed.), Beiträge zur L.-Forschung, Reutlingen 1947; H. Schmalenbach, L., München 1921 (repr. Aalen 1973); L. Schmeiser, Korrespondenz. Zur Auseinandersetzung zwischen Samuel Clarke und G. W. L. über die Philosophie Newtons, in: H. Vetter/R. Heinrich (eds.), Die Wiederkehr der Rhetorik, Wien, Berlin 1999, 166–191; A. Schmidt, Göttliche Gedanken. Zur Metaphysik der Erkenntnis bei Descartes, Malebranche, Spinoza und L., Frankfurt 2009; C. Schneider, L.' Metaphysik. Ein formaler Zugang, München 2001; G. Schneider, Kontinuität und Diskontinuität und die Methoden der Erkenntnis in der L.schen Philosophie, Bochum 1954; H. P. Schneider, Justitia universalis. Quellenstudien zur Geschichte des ›christlichen Naturrechts‹ bei L., Frankfurt 1967; M. Schneider, Analysis und Synthesis bei L., Diss. Bonn 1974; R. Schneider/W. Totok (eds.), Der Internationale L.-Kongreß in Hannover, Hannover 1968; L. Scholtz, Die exakte Grundlegung der Infinitesimalrechnung bei L., Diss. Marburg 1934; H. Scholz, L., Jb. der Kaiser-Wilhelm-Ges. zur Förderung der Wissenschaften, Leipzig 1942, 205–249, Nachdr. in: ders., Mathesis universalis. Abhandlungen zur Philosophie als strenger Wissenschaft, ed. H. Hermes/F. Kambartel/J. Ritter, Basel/Stuttgart, Darmstadt 1961, ²1969, 128–151; S. v. der Schulenburg, L. als Sprachforscher, ed. K. Müller, Frankfurt 1973; W. Schüßler, L.' Auffassung des menschlichen Verstandes (intellectus). Eine Untersuchung zum Standpunktwechsel zwischen ›système commun‹ und ›système nouveau‹ und dem Versuch ihrer Vermittlung, Berlin/New York 1992; M. Serres, Le système de L. et ses modèles mathématiques, I–II, Paris 1968, in einem Bd. mit Untertitel: Étoiles, schémas, points, Paris ²1982, ⁴2007; R. Sève, L. et l'École moderne du droit naturel, Paris 1989; Siemens Aktiengesellschaft (ed.), Herrn von L.' Rechnung mit Null und Eins, Berlin/München 1966, ³1979; W. Sierksma, De Verhouding L. – Locke en de Zijnstatus van het Denken, Diss. Groningen 1992 (dt. Zur Ontologie des menschlichen Verstandes. Das Verhältnis von L. und Locke und der Seinsstatus des Denkens, Köln 1993); A. Simonovits, A dialektika L. filozófiájában, Budapest 1965 (dt. Dialektisches Denken in der Philosophie von G. W. L., Budapest, Berlin [Ost] 1968, 1975); R. C. Sleigh [Jr.], L. & Arnauld. A Commentary on Their Correspondence, New Haven Conn./London 1990; ders., L., in: L. C. Becker/C. B. Becker (eds.), Encyclopedia of Ethics II, New York/London 1992, 691–693; J. E. H. Smith, L., NDSB IV (2008), 249–253; E. Sotnak, The Range of L.ian Compatibilism, in: R. J. Gennaro/C. Huenemann (eds.), New Essays on the Rationalists [s. o.], 200–223; H. Stammel, Der Kraftbegriff in L.' Physik, Diss. Mannheim 1982; G. Stammler, L., München 1930 (repr. Nendeln 1973); U. Steierwald, Wissen und System. Zu G. W. L.' Theorie einer Universalbibliothek, Köln 1995; E. Stein/A. Heinekamp (eds.), G. W. L.. Das Wirken des großen Philosophen und Universalgelehrten als Mathematiker, Physiker, Techniker, Hannover 1990; M. Stewart, The Courtier and the Heretic. L., Spinoza, and the Fate of God in the Modern World, New Haven Conn. 2005, 2007; G. Stieler, L. und Malebranche und das Theodiceeproblem, Darmstadt 1930; ders., G. W. L.. Ein Leben der Wissenschaft, Weisheit und Größe, Paderborn 1950; L. Strickland, L. Reinterpreted, London/New York 2006; K. V. Taver, Freiheit und Prädetermination unter dem Auspiz der prästabilierten Harmonie. L. und Fichte in der Perspektive, Amsterdam/New York 2006 (Fichte-Stud. Suppl. XXI); R. Taylor, Studies on L. in German Thought and Literature, 1787–1835, Berlin 2005; G. Thomson, On L., Belmont Calif. 2001; R. Thurnher, Allgemeiner und individueller Begriff. Reflexionen zu einer philosophischen Grundlegung der Einzelwissenschaften, Freiburg/München 1977; ders./C. Haase (eds.), L., Sein Leben, sein Wirken, seine Welt, Hannover 1966; D. Turck, Die Metaphysik der Natur bei L., Diss. Bonn 1967; A. T. Tymieniecka, L.' Cosmological Synthesis, Assen 1964; E. Vailati, L. & Clarke. A Study of Their Correspondence, Oxford/New York 1997; G. Varani, L. e la ›topica‹ aristotelica, Mailand 1995; A. Wiehart-Hoswaldt, Essenz, Perfektion, Existenz. Zur Rationalität und dem systematischen Ort der L.schen Theologia Naturalis, Stuttgart 1996 (Stud. Leibn. Sonderheft XXV); C. F. v. Weizsäcker/E. Rudolph (eds.), Zeit und Logik bei L.. Studien zu Problemen der Naturphilosophie, Mathematik, Logik und Metaphysik, Stuttgart 1989; W. Werckmeister, Der L.sche Substanzbegriff, Halle 1899; W. Wiater, G. W. L. und seine Bedeutung in der Pädagogik. Ein Beitrag zur pädagogischen Rezeptionsgeschichte, Hildesheim 1985; ders., Erziehungsphilosophische Aspekte im Werk von G. W. L., Frankfurt etc. 1990; R. Widmaier, Die Rolle der chinesischen Schrift in L.'

Zeichentheorie, Wiesbaden 1983 (Stud. Leibn. Suppl. XXIV); dies., L.' metaphysisches Weltmodell interkulturell gelesen, Nordhausen 2008; P. Wiedeburg, Der junge L., das Reich und Europa, I–II (in 6 Bdn., I: 1–2, II: 1–4), Wiesbaden 1962/1970; A. Wildermuth, Wahrheit und Schöpfung. Ein Grundriss der Metaphysik des G. W. L., Winterthur 1960; S. Wilkens (ed.), L., die Künste und die Musik. Ihre Geschichte, Theorie und Wissenschaft, München 2007; C. Wilson, L.'s Metaphysics. A Historical and Comparative Study, Manchester, Princeton N. J. 1989; dies., Motion, Sensation, and the Infinite. The Lasting Impression of Hobbes on L., British J. Hist. Philos. 5 (1997), 339–351; dies., The Illusory Nature of L.'s System, in: R. J. Gennaro/C. Huenemann (eds.), New Essays on the Rationalists [s. o.], 372–388; dies. (ed.), L., Aldershot etc. 2001; dies., L.'s Influence on Kant, SEP 2004, erw. 2008; M. D. Wilson, L.' Doctrine of Necessary Truth, New York/London 1990; dies., Ideas and Mechanism. Essay on Early Modern Philosophy, Princeton N. J./Chichester 1999; H. M. Wolff, L.. Allbeseelung und Skepsis, Bern 1961; D. Wong, L.'s Theory of Relations, in: D. Pereboom (ed.), The Rationalists. Critical Essays on Descartes, Spinoza, and L., Lanham Md./Oxford 1999, 327–341; R. S. Woolhouse (ed.), L.. Metaphysics and Philosophy of Science, Oxford/New York 1981; ders., Descartes, Spinoza, L.. The Concept of Substance in Seventeenth-Century Metaphysics, London/New York 1993, 2003; ders. (ed.), G. W. L.. Critical Assessments, I–IV, London/New York 1994 [Nachdr. wichtiger Aufsätze zu L. 1902–1988]; ders. (ed.), L.' »New System« (1695). International Conference of the G.-W.-L.-Gesellschaft, the Lessico Intellettuale Europeo, the L. Society of North America, and the British Society for the History of Philosophy, University of York, England, 5–8 July 1995, Florenz 1996; R. M. Yost, L. and Philosophical Analysis, Berkeley Calif. 1954 (repr. New York/London 1985); A. Youpa, L.'s Ethics, SEP 2004, erw. 2009; H. J. Zacher, Die Hauptschriften zur Dyadik von G. W. L.. Ein Beitrag zur Geschichte des binären Zahlensystems, Frankfurt 1973; R. Zocher, L.' Erkenntnislehre, Berlin 1952 (L. zu seinem 300. Geburtstag. Leben–1946, ed. E. Hochstetter, Lieferung 7). – L., in: S. M. Bourgoin/P. K. Byers (eds.), Encyclopedia of World Biography IX, Detroit Mich. etc. ²1998, 307–310. – American Catholic Philos. Quart. 76 (2002), H. 4 (Themenheft zu L.). – L. 1646–1716. Aspects de l'homme et de l'œuvre (Journées L., organisées au Centre International de Synthèse [...], 28, 29 et 30 mai 1966), Paris 1968; L. à Paris (1672–1690). Symposion de la G. W. L.-Gesellschaft (Hannover) et du Centre National de la Recherche Scientifique (Paris) à Chantilly (France) du 14 au 18 november 1976, I–II, Wiesbaden 1978 (Stud. Leibn. Suppl. XVII/XVIII); Akten des [I.] Int. L.-Kongresses (Hannover, 14.–19. Nov. 1966), I–V, Wiesbaden 1968–1971 (Stud. Leibn. Suppl. I–V); Akten des II. Int. L.-Kongresses (Hannover, 17.–22. Juli 1972), I–IV, Wiesbaden 1973–1975 (Stud. Leibn. Suppl. XII–XV); Theoria cum praxi. Zum Verhältnis von Theorie und Praxis im 17. und 18. Jahrhundert (Akten des III. Int. L.-Kongresses, Hannover, 12.–17. Nov. 1977), I–IV, Wiesbaden 1980–1982 (Stud. Leibn. Suppl. XIX–XXII); L., Werk und Wirkung. Vorträge. IV. Int. L.-Kongreß, Hannover, 14.–19. November 1983, I–II, Hannover 1983/1985; L., Tradition und Aktualität. V. Int. L.-Kongreß, Hannover, 14.–19. November 1988, I–II, Hannover 1988/1989; Leibniz und Europa. VI. Int. L.-Kongreß, Hannover, 18.–23. Juli 1994, I–II, Hannover 1994/1995; Nihil sine ratione. Mensch, Natur und Technik im Wirken von G. W. L.. VII. Int. L.-Kongreß, Berlin, 10.–14. September 2001, I–III und ein Nachtragsbd., ed. H. Poser, Hannover 2001–2002; Einheit in der Vielheit. VIII. Internatio-

naler L.-Kongress, Hannover, 24. bis 29. Juli 2006, I–II und 1 Nachtragsbd., ed. H. Breger/J. Herbst/S. Erdner, Hannover 2006. J. M.

Leibnizprogramm, Bezeichnung für das von G. W. Leibniz konzipierte Programm, eine ↑Universalsprache (↑lingua universalis) zu entwickeln und durch Verschmelzung mit mathematischen und formallogischen Verfahren zu einem Instrument philosophischer Analyse auszubauen. Insbes. gehören zu diesem Programm eine ↑ars characteristica, durch die man mit geeigneten ›Charakteren‹ (= Zeichen) beliebige ↑Sachverhalte sowie Beziehungen zwischen solchen ausdrücken kann, ferner ein calculus ratiocinator (↑calculus universalis) und/oder eine ↑ars iudicandi, welche Folgerungsbeziehungen zwischen den durch die ars characteristica erhaltenen Aussagen kalkülmäßig wiederzugeben und zu entscheiden erlaubt, sowie eine ↑ars inveniendi, die man als eine Art wissenschaftliche ↑Heuristik auf der Basis einer Definitionstheorie auffassen könnte. Deutungen dieses Programms als universales Mathematisierungsprogramm und Verbindungen mit ↑Kalkülen und ↑Entscheidungsverfahren der mathematischen Logik (↑Logik, mathematische) des späten 19. und des 20. Jhs., wie sie durch die gegebene Beschreibung nahegelegt werden, müssen angesichts der weitgehend programmatisch gebliebenen Äußerungen Leibnizens und der logisch-methodologischen Problemlage der Leibnizzeit, trotz überraschender Antizipationen mancher moderner Gedanken durch Leibniz, als sehr lose bezeichnet werden.

Literatur: D. Finkelstein, The Leibniz Project, J. Philos. Log. 6 (1977), 425–439; E.-H. W. Kluge, Frege, Leibniz and the Notion of an Ideal Language, Stud. Leibn. 12 (1980), 140–154; J. Mittelstraß, Neuzeit und Aufklärung. Studien zur Entstehung der neuzeitlichen Wissenschaft und Philosophie, Berlin/New York 1970, 425–452; H. Scholz, Leibniz, Jb. Kaiser Wilhelm-Ges. Förderung Wiss. 1942, 205–249, Neudr. in: ders., Mathesis Universalis. Abhandlungen zur Philosophie als strenger Wissenschaft, ed. H. Hermes/F. Kambartel/J. Ritter, Basel/Stuttgart, Darmstadt 1961, ²1969, 128–151; ders., Leibniz und die mathematische Grundlagenforschung. Vortrag [...], Jahresber. Dt. Math.ver. 52 (1942), 217–244; C. Thiel, Sinn und Bedeutung in der Logik Gottlob Freges, Meisenheim 1965, 5–22 (Die Idee der Begriffsschrift) (engl. Sense and Reference in Frege's Logic, Dordrecht 1968, 5–22 [Chap. I § 1 The Notion of the ›Begriffsschrift‹]). C. T.

Leibnizsche Charakteristik, nach G. W. Leibnizens Sprachgebrauch von ›Charakteristik‹ Bezeichnung für eine Idealsprache (↑Sprache, ideale), die die folgenden Forderungen erfüllt: (1) Ihre Grundzeichen sind umkehrbar eindeutig den Elementarbegriffen zugeordnet, aus denen sich alle übrigen Begriffe des Denkens ähnlich zusammensetzen wie die echt teilbaren natürlichen Zahlen aus Primzahlen (↑Zahlentheorie). (2) Der Aufbau jedes Zeichens für einen zusammengesetzten Begriff aus den Grundzeichen ist dem Aufbau des bezeichneten Begriffs aus Elementarbegriffen isomorph (↑isomorph/Isomorphie). (3) Allen Beziehungen zwischen Begriffen entsprechen umkehrbar eindeutig Beziehungen zwischen den zugehörigen Zeichen. Eine derartige Sprache ist ›charakteristisch‹ im doppelten Sinne: (a) alle ihre Wörter sind aus einem endlichen Vorrat von Zeichen (›Charakteren‹) nach bestimmten Kombinationsregeln gebildet; (b) jedes Zeichen ›charakterisiert‹ den von ihm bezeichneten Begriff eindeutig mit allen seinen Beziehungen zu anderen Begriffen. Die Zurückführung aller Zeichenkombinationen und damit insbes. aller Aussagen auf einfache Zeichen soll – wie es das Ziel jeder ↑lingua universalis‹ ist – die Verständlichkeit aller Aussagen garantieren; darüber hinaus sollen die Übergänge zwischen Zeichenkombinationen die Denkprozesse spiegeln. Am besten würde dies nach Leibniz ein ›calculus ratiocinator‹ (↑calculus universalis) leisten, der jeden korrekten, d.h. von Wahrheiten stets wieder zu Wahrheiten führenden, Übergang zwischen Aussagen durch präzise Kalkülregeln festlegt (↑Logikkalkül). Leibniz, der die ›Sprache‹ der Arithmetik als eine Charakteristik der arithmetischen Begriffe (d.h. ›Arithmetik‹) ansah, hat zahlreiche Versuche unternommen, diese Sprache auch als eine Charakteristik für die Logik einzusetzen. Er hat dabei bereits die Grundidee der modernen ↑Gödelisierung verwendet, indem er den in einem Syllogismus (↑Syllogistik) auftretenden Begriffen in bestimmter Weise Zahlen zuordnete und die Beziehung zwischen ↑Prämissen und ↑Konklusion eines gültigen Syllogismus durch Teilbarkeitsbeziehungen zwischen den zugeordneten Zahlen zu spiegeln versuchte. Alle diese Versuche sind utopische Projekte geblieben.

Literatur: H. Burkhardt, Logik und Semiotik in der Philosophie von Leibniz, München 1980, bes. 186–205 (Kap. III § 4 Die Charakteristik); J. Cohen, On the Project of a Universal Character, Mind 63 (1954), 49–63; L. Couturat, La logique de Leibniz d'après des documents inédits, Paris 1901 (repr. Hildesheim 1961, 1985); O. M. Esquisabel, Leibniz' Erfindungskunst und der Entwurf der Charakteristik, Stud. Leibn. 36 (2004), 42–56; A. Heinekamp, Ars characteristica und natürliche Sprache bei Leibniz, Tijdschr. Filos. 34 (1972), 446–488; ders., Natürliche Sprache und Allgemeine Charakteristik bei Leibniz, in: Akten des II. Int. Leibniz-Kongresses Hannover, 17.–22. Juli 1972 IV, Wiesbaden 1975 (Stud. Leibn. Suppl. XV), 257–286; R. Kauppi, Über die Leibnizsche Logik. Mit besonderer Berücksichtigung des Problems der Intension und der Extension, Helsinki 1960 (Acta Philos. Fennica XII), New York 1985; J. Mittelstraß, Neuzeit und Aufklärung. Studien zur Entstehung der neuzeitlichen Wissenschaft und Philosophie, Berlin/New York 1970, 425–452; V. Peckhaus, Calculus Ratiocinator versus Characteristica Universalis? The Two Traditions in Logic, Revisited, Hist. and Philos. Log. 25 (2004), 3–14; ders., Leibniz's Influence on 19th Century Logic, SEP (2009) (Ch. IV Friedrich Adolf Trendelenburg on Leibniz's General Characteristic); H. Poser, Erfahrung und Essenz. Zur Stellung der kontingenten Wahrheiten in Leibniz' Ars Characteristica, in: A. Heinekamp/F.

Schupp (eds.), Die intensionale Logik bei Leibniz und in der Gegenwart. Symposion der Leibniz-Gesellschaft Hannover 10. und 11. November 1978, Wiesbaden 1979 (Stud. Leibn. Sonderh. VIII), 67–81; W. Risse, Die characteristica universalis bei Leibniz, Studi int. filos. 1 (1969), 107–116; M. Schneider, Leibniz' Konzeption der characteristica universalis zwischen 1677 und 1690, Rev. Int. Philos. 48 (1994), 213–236; B. C. Smith, Characteristica Universalis, in: K. Mulligan (ed.), Language, Truth and Ontology, Dordrecht 1992, 48–78; A. Trendelenburg, Über Leibnizens Entwurf einer allgemeinen Charakteristik, Abh. Königl. Akad. Wiss. Berlin 1856, 36–69, separat Berlin 1856 (mit Originalpaginierung), Neudr. in: ders., Historische Beiträge zur Philosophie III, Berlin 1867, 1–47. C. T.

Leibnizsches Gesetz, ↑principium identitatis indiscernibilium.

Leibniz-Wolffsche Philosophie, von G. W. Leibniz und C. Wolff (H. Wuttke, Christian Wolffs eigene Lebensbeschreibung mit einer Abhandlung über Wolff, Leipzig 1841, 140 ff. [repr. in: J. École u. a. (eds.), Christian Wolff Biographie (…), Hildesheim/New York 1980 (Ges. Werke X)]) abgelehnte, vermutlich von Gegnern Wolffs (A. F. Budde, A. Rüdiger) geprägte Bezeichnung der Philosophie Wolffs und seiner Schule, die von dieser zum Teil übernommen wurde. Die L.-W. P. wird dabei als »ein Systematisiren der leibnitzischen« (G. W. F. Hegel, Vorles. Gesch. Philos., Sämtl. Werke XIX, 473) aufgefaßt. Entgegen der Behauptung Wolffs (H. Wuttke, a. a. O., 142) stammt die Bezeichnung nicht von G. B. Bilfinger; sie war noch bei I. Kant (z. B. KrV B 62) und im 19. Jh. weithin gebräuchlich. W. T. Krug bezeichnet die L.-W. P. in seinem »Allgemeinen Handwörterbuch« (I [1827], 504, Stichwort ›Deutsche Philosophie‹) als ›die erste deutsche Nationalphilos.‹. Mit dem Bekanntwerden der posthumen Leibniz-Schriften, insbes. seit den »Nouveaux essais« (1765), zeigte sich immer deutlicher die sachliche Unhaltbarkeit einer systematischen Vereinigung Leibnizscher und Wolffscher Philosophie. Historisch korrekt sind Bezeichnungen wie ›Wolffianismus‹ und ›Wolffsche Schule‹.

Literatur: L. W. Beck, Early German Philosophy. Kant and His Predecessors, Cambridge Mass. 1969, Bristol 1996, South Bend Ind. 1999, 2001; G. V. Hartmann, Anleitung zur Historie der L.-W. P., Frankfurt/Leipzig 1737 (repr. Hildesheim/New York 1973); C. G. Ludovici, Ausführlicher Entwurf einer vollständigen Historie der Wolffschen Philosophie, I–III, Leipzig 1735–1738 (repr. Hildesheim/New York 1977); ders., Sammlung und Auszüge der sämmtlichen Streitschrifften wegen der Wolffischen Philosophie zur Erläuterung der bestrittenen Leibnitzischen und Wolffischen Lehrsätze […], I–II, Leipzig 1737–1738 (repr., in einem Bd., Hildesheim/New York 1976); ders., Neueste Merckwürdigkeiten der Leibnitz-Wolffischen Weltweisheit, Frankfurt/Leipzig 1738 (repr. Hildesheim/New York 1973), Hildesheim etc. 1996; M. Wundt, Die deutsche Schulphilosophie im Zeitalter der Aufklärung, Tübingen 1945 (repr. Hildesheim 1964, 1992). G. W.

Leib-Seele-Problem (engl. mind-body problem), Bezeichnung eines in seiner für die neuzeitliche Philosophie wirksamen Form Folgeproblems des *dualistischen* Aufbaus der Wirklichkeit (↑Dualismus) bei R. Descartes und im ↑Cartesianismus. Den historischen Hintergrund bildet die auf die antike Philosophie zurückgehende Vorstellung einer zeitlich begrenzten Verbindung von (unsterblicher) ↑Seele und ↑Leib, wobei bereits bei Platon (allerdings in erkenntnistheoretischem Zusammenhang) der Leib als ›Kerker‹ der Seele gedeutet wird (Phaid. 82 e, vgl. 66d/e; Krat. 400b/c). Dagegen hebt Aristoteles im Rahmen seiner Theorie von ↑Form und Materie die *Einheit* von Leib und Seele (die Seele als ›erste ↑Entelechie eines organischen Körpers‹ [de an. B1.412a27–29], die diesen bewegt und mit ihm vergeht [*Γ* 12.434a22–23]) hervor. Beide Vorstellungen bestimmen wechselseitig die weitere Entwicklung, unter anderem repräsentiert durch die Begriffsgeschichte von ↑intellectus, ↑Nus, ↑Seele und ↑Unsterblichkeit.

Während in dieser Entwicklung Gesichtspunkte der ↑Erkenntnistheorie und einer philosophischen ↑Psychologie im Vordergrund stehen, bestimmen Probleme der ↑*Wechselwirkung* von Leib und Seele die neuzeitlichen Formulierungen und Lösungsversuche des L.-S.-P.s, entstanden durch die Cartesische *Zwei-Substanzen-Lehre* (↑res cogitans/res extensa), wobei Descartes selbst einerseits die interaktionistische Annahme (↑*Interaktionismus*) einer Wechselwirkung beider Substanzen, organisch vermittelt über die Zirbeldrüse (Epiphyse), vertritt (Le monde [Traité de l'homme], Œuvres XI, 180), andererseits (mit Rücksicht auf die systematische Inkonsequenz dieser Annahme) sich mit dem Hinweis auf alltägliche Erfahrungsbestände begnügt (Brief vom 29.7.1648 an A. Arnauld, Œuvres V, 222). Die Vorstellung einer physischen Verbindung beider Substanzen (Leib und Seele) wird im Cartesianismus in Form des so genannten *Influxionismus* (↑influxus physicus) auch gegen die alternativen Vorstellungen des ↑Okkasionalismus (G. de Cordemoy, A. Geulincx, N. Malebranche) vertreten. Dieser sucht, ausgehend von der phänomenalen Einheit von Leib und Seele im Menschen und dabei an ältere Vorstellungen eines ↑concursus Dei anschließend, das Problem einer physischen Verbindung und kausalen Wechselwirkung zwischen einer körperlichen und einer seelisch-geistigen Substanz durch ›gelegentliche‹ göttliche Eingriffe bzw. eine durch Gott bewirkte andauernde Korrespondenz beider Substanzen zu erklären. Andere Erklärungsversuche wie G. W. Leibnizens Theorem einer *prästabilierten Harmonie* (↑Harmonie, prästabilierte) und B. de Spinozas Deutung von Leib und Seele als Attribute einer göttlichen Substanz begründen die Konzeption eines *psychophysischen Parallelismus* (↑Parallelismus, psychophysischer), die später auch zur Lösung des Problems der empirischen Korre-

spondenz zwischen objektiv-physischen Reizen und subjektiv-psychischen Sinnesempfindungen (↑Empfindung) z.B. von G. T. Fechner, W. Wundt und E. Mach vertreten wird. I. Kants Kritik des Influxionismus (als ›System des physischen Einflusses‹), des Okkasionalismus (als ›System der übernatürlichen Assistenz‹) und des Theorems einer prästabilierten Harmonie (als ›System der vorherbestimmten Harmonie‹) im ↑Paralogismus-Kapitel der ersten Auflage der »Kritik der reinen Vernunft« (A 390–395) betrifft die in diesen Konzeptionen festgehaltene Vorstellung der *Substantialität* der Seele, d.h. die auf ein ›ich denke‹ bezogene Verwechslung ›subjektiver‹ Erkenntnisleistungen mit einem ›objektiven‹ Gegenstand der Erfahrung.

Den *dualistischen* Erklärungen des L.-S.-P.s stehen *monistische* (↑Monismus) Erklärungen gegenüber. Zu diesen gehören sowohl *idealistische* Reduktionen (↑Idealismus), wie sie etwa der von G. Berkeley vertretene ↑*Immaterialismus* darstellt, als auch *physikalistische* (↑Physikalismus) bzw. *materialistische* Reduktionen (↑Materialismus (historisch), ↑Materialismus (systematisch)) älterer und neuerer Form. Beispiele für physikalistische bzw. materialistische Reduktionen sind der ↑*Behaviorismus* und die ↑*Identitätstheorie* (engl. auch ›central-state materialism‹), d.h. die insbes. von H. Feigl (The ›Mental‹ and the ›Physical‹, 1967) vertretene Annahme einer ontisch-faktischen Identität physischer und psychischer Zustände bzw. Prozesse bei unterschiedlichen Erfahrungsgegebenheiten, ferner, mit gewissen Einschränkungen, der ↑*Epiphänomenalismus*, insofern dieser psychische Prozesse und Zustände als ›Begleiterscheinungen‹ physischer bzw. physiologischer Prozesse und Zustände deutet, die ihrerseits ein in sich geschlossenes, von psychischen Einwirkungen freies System bilden (L. Büchner, E. Haeckel, T. H. Huxley). Auch neuere *informationstheoretische* und *kybernetische* Ansätze (↑Informationstheorie, ↑Kybernetik), in deren Rahmen geistige Prozesse als komplexe Datentransformationen und Leib (Materie) und Seele (Bewußtsein) als unterschiedliche Strukturen von Informationszuständen aufgefaßt werden (z.B. K. M. Sayre, Cybernetics and the Philosophy of Mind, 1976; ↑Intelligenz, künstliche), sind ihrer Struktur nach monistisch und physikalisch/materialistisch (das Gehirn als ›Rechenmaschine‹). In diesem Sinne parallelisiert z.B. H. Putnam (1960) physische und psychische Zustände mit physikalisch-chemischen und logisch-strukturellen Zuständen einer Maschine (z.B. ↑Turing-Maschine, ↑Maschinentheorie), die nicht identisch sind und deren Beziehung untereinander als ein empirisches Problem bezeichnet wird (deshalb ist es nach Putnam philosophisch irrelevant, welche empirische Beziehung die intellektuelle Struktur zur physikalisch-chemischen Struktur hat). Gegenüber dualistischen und monistischen Erklärungen des L.-S.-P.s wird in der Analytischen Philosophie (↑Philosophie, analytische) die These vertreten, daß es sich hier um ein ↑*Scheinproblem* handele. Die Grundlage dafür bilden einerseits L. Wittgensteins transzendentale ↑Sprachkritik, in deren Rahmen sowohl die Verwechslung von Aussagen über mentale Rede mit Aussagen über die Realität einer psychischen Welt als auch die Nichtobjektivierbarkeit und Nichterfahrbarkeit eines transzendentalen Subjekts (↑Subjekt, transzendentales) nachgewiesen werden (vgl. Tract. 5.631–5.633; Philos. Unters. §§ 283, 613–625), andererseits G. Ryles (The Concept of Mind, 1949) Kritik psychologistischer (↑Psychologismus) und physikalistischer (noologische Termini [↑Termini, noologische] wie ›physiologische‹ Termini auffassender) Orientierungen im Rahmen einer *Philosophie des Geistes* (↑philosophy of mind). Dabei werden der neuzeitliche Dualismus von Leib und Seele und seine monistische Alternative von Ryle als ↑*Kategorienfehler* charakterisiert und sprachanalytisch (insbes. durch Rückführung von psychologischen Sätzen auf Dispositionsaussagen, ↑Dispositionsbegriff) rekonstruiert. Probleme, die sich aus dieser Rekonstruktion für die Unterscheidung zwischen ↑Dingen und ↑Personen ergeben, sind Gegenstand z. B. der Analysen P. F. Strawsons (Individuals, 1959) und W. Sellars' (Science, Perception and Reality, 1963). In seiner Drei-Welten-Theorie (↑Dritte Welt) hat K. R. Popper die Lösungsversuche der Analytischen Philosophie zurückgewiesen und durch eine erweiterte dualistische Deutung ersetzt, in deren Rahmen als ›dritte Welt‹ die Welt der ›objektiven Gedankeninhalte‹ (wie schon bei G. Frege) neben der ›ersten Welt‹ der physikalischen Körper und der ›zweiten Welt‹ der geistig-seelischen Zustände (mental acts) auftritt. Entsprechend argumentieren Popper und J. C. Eccles (The Self and Its Brain, 1977) unter ergänzendem Hinweis auf die Hirnforschung erneut für eine interaktionistische Position (↑Interaktionismus), wie sie bereits Descartes vertrat. Anders wiederum S. A. Kripke (Naming and Necessity, 1972), der, ohne selbst eine dualistische Position zu vertreten, die Identitätstheorie mit dem Argument kritisiert, daß Identitätsaussagen grundsätzlich notwendig sind (↑Kripke, Saul Aaron) und man deshalb nicht sinnvoll annehmen könne, eine bestimmte Empfindung hätte auch ohne das entsprechende physikalische Korrelat auftreten können und umgekehrt, desgleichen nicht, etwas sei wie eine Empfindung erschienen, ohne eine (mit dem physischen Korrelat notwendig identische) Empfindung zu sein (so wie etwas als Wärme empfunden werden kann, ohne Wärme zu sein). Empfindungen sind nach Kripke nur durch ihre wesentlichen Eigenschaften, nicht durch akzidentelle Eigenschaften zugänglich.

Systematische Einschätzungen der diskutierten dualistischen, monistischen und sprachkritischen Lösungen des L.-S.-P.s hängen einerseits vom Forschungsstand der Neurophysiologie und Neuropsychologie (›Neuroscience‹) über empirische Zusammenhänge und wechselseitige Abhängigkeiten zwischen physischen und psychischen Prozessen und Zuständen (die in jüngster Zeit die Diskussion um das L.-S.-P. neu belebt haben), andererseits von dem hier verwendeten Begriff der ↑*Kausalität* sowie von weiteren begrifflichen Klärungen einer ›Philosophie des Geistes‹ (↑philosophy of mind) ab. Dabei sollte auch das L.-S.-P. deutlicher von einem ›Leib-Geist-Problem‹ unterschieden werden, das die materielle Grundlage geistiger Strukturen betrifft, ferner von einem ›Materie-Leben-Problem‹, das unter anderem die Bildung eines aus ›metaphysischen‹ Beurteilungen gelösten Begriffs des ↑Lebens erfordert.

Literatur: R. Abelson, Persons. A Study in Philosophical Psychology, London, New York 1977; J. Almog, What Am I? Descartes and the Mind-Body Problem, Oxford/New York 2002, 2005; P. Århem/H. Liljenström/U. Svedin (eds.), Matter Matters? On the Material Basis of the Cognitive Activity of Mind, Berlin etc. 1997; D. M. Armstrong, A Materialist Theory of Mind, London, New York 1968, rev. London/New York 1993, 2002; ders., The Mind-Body Problem. An Opinionated Introduction, Boulder Colo./Oxford 1999; ders./N. Malcolm, Consciousness and Causality. A Debate on the Nature of Mind, Oxford 1984, 1985; A. Bain, Mind and Body. The Theories of Their Relation, London 1872, London, New York [2]1873 (repr. Farnborough 1971, London 2000), Ann Arbor Mich. 2005 (franz. L'esprit et le corps. Considérés au point de vue de leurs relations [...], Paris 1873 [repr. Paris 2005], 1896; dt. Geist und Körper. Die Theorien über ihre gegenseitigen Beziehungen, Leipzig 1874, [2]1881) [erstmals Begriff des ›Psychophysischen Parallelismus‹]; W. Bechtel, Philosophy of Mind. An Overview for Cognitive Science, Hillsdale N. J. 1988, bes. 79–111; A. Beckermann, Descartes' metaphysischer Beweis für den Dualismus. Analyse und Kritik, Freiburg/München 1986; ders., L.-S.-P., in: EP I (1999), 766–774; ders., Analytische Einführung in die Philosophie des Geistes, Berlin/New York 1999, erw. [3]2008; ders., Das L.-S.-P.. Eine Einführung in die Philosophie des Geistes, Paderborn 2008; P. Bieri, Generelle Einführung, in: ders. (ed.), Analytische Philosophie des Geistes [s. u.], 1–28; ders. (ed.), Analytische Philosophie des Geistes, Weinheim 1981, [3]1997, [4]2007; D. Bindra u. a., The Brain's Mind. A Neuroscience Perspective on the Mind-Body Problem, New York 1980; N. Block (ed.), Readings in Philosophy of Psychology I, Cambridge Mass., London 1980; ders./J. A. Fodor, What Psychological States Are Not, Philos. Rev. 81 (1971), 159–181; M. A. Boden, Minds and Mechanisms. Philosophical Psychology and Computational Models, Ithaca N. Y., Brighton 1981; T. Borsche/R. Specht/T. Rentsch, Leib-Seele-Verhältnis, Hist. Wb. Ph. V (1980), 185–206; C. V. Borst (ed.), The Mind-Brain Identity Theory. A Collection of Papers, London, New York 1970, 1983; R. Breuer (ed.), Das Rätsel von Leib und Seele. Der Mensch zwischen Geist und Materie, Stuttgart 1997; C. D. Broad, The Mind and Its Place in Nature, London 1925 (repr. London 2000, 2001), 1980; G. Brüntrup, Mentale Verursachung. Eine Theorie aus der Perspektive des semantischen Anti-Realismus, Stuttgart/Berlin/Köln 1994; ders., Das L.-S.-P.. Eine Einführung, Stuttgart/Berlin/Köln 1996, [3]2008; K.-E. Bühler (ed.), Aspekte des L.-S.-P.s Philosophie, Medizin, künstliche Intelligenz, Würzburg 1990; M. Bunge, The Mind-Body Problem. A Psychobiological Approach, Oxford etc. 1980 (dt. Das L.-S.-P.. Ein psychobiologischer Versuch, Tübingen 1984); K. Campbell, Body and Mind, Garden City N. Y., London 1970, Notre Dame Ind. 1984; M. Carrier/P. K. Machamer (eds.), Mindscapes. Philosophy, Science, and the Mind, Konstanz, Pittsburgh Pa. 1997; M. Carrier/J. Mittelstraß, Geist, Gehirn, Verhalten. Das L.-S.-P. und die Philosophie der Psychologie, Berlin/New York 1989 (engl. [erw.], Mind, Brain, Behavior. The Mind-Body Problem and the Philosophy of Psychology, Berlin/New York 1991, 1995); P. Carruthers, The Nature of the Mind. An Introduction, New York/London 2004; ders., Introducing Persons. Theories and Arguments in the Philosophy of Mind, London, Albany N. Y. 1986, London/New York 2001; D. J. Chalmers, The Conscious Mind. In Search of a Fundamental Theory, Oxford/New York 1996, 1997; ders. (ed.), Philosophy of Mind. Classical and Contemporary Readings, New York/Oxford 2002; P. M. Churchland, Matter and Consciousness. A Contemporary Introduction to the Philosophy of Mind, Cambridge Mass./London 1984, rev. 1988, 1999; ders., The Engine of Reason, the Seat of the Soul. A Philosophical Journey into the Brain, Cambridge Mass./London 1995, 2000 (dt. Die Seelenmaschine. Eine philosophische Reise ins Gehirn, Heidelberg/Berlin/Oxford 1997, 2001; franz. Le cerveau, moteur de la raison, siege de l'âme, Paris/Brüssel 1999); ders., Neurophilosophy at Work, Cambridge etc. 2007; P. S. Churchland, Neurophilosophy. Toward a Unified Science of the Mind-Brain, Cambridge Mass./London 1986, 1998; dies., Brain-Wise. Studies in Neurophilosophy, Cambridge Mass./London 2002; A. Clark, Being There. Putting Brain, Body, and World Together Again, Cambridge Mass./London 1997, 1999; D. M. Clarke, Descartes's Theory of Mind, Oxford 2003, 2005; R. Cotterill, No Ghost in the Machine. Modern Science and the Brain, the Mind and the Soul, London 1989, 1990; T. Crane, The Mechanical Mind. A Philosophical Introduction to Minds, Machines and Mental Representation, London 1995, London/New York ²2003, 2005; ders./S. Patterson (eds.), History of the Mind-Body Problem, London/New York 2000; A. R. Damasio, Descartes' Error. Emotion, Reason and the Human Brain, New York 1994, London 2006 (dt. Descartes' Irrtum. Fühlen, Denken und das menschliche Gehirn, München 1995, Berlin 2007; franz. L'erreur de Descartes. La raison des émotions, Paris 1995, 2008); ders., The Feeling of What Happens. Body and Emotion in the Making of Consciousness, New York 1999, London 2000 (franz. Le sentiment même de soi. Corps, émotions, conscience, Paris 1999; dt. Ich fühle, also bin ich. Die Entschlüsselung des Bewußtseins, München 2000, Berlin 2009); A. Dardis, Mental Causation. The Mind-Body Problem, New York/Chichester 2008; D. Davidson, Essays on Actions and Events, Oxford 1980, ²2001, 2002 (dt. Handlung und Ereignis, Frankfurt 1985, 2005; franz. Actions et événements, Paris 1993, 2008); J. C. Eccles, Facing Reality. Philosophical Adventures by a Brain Scientist, New York/Heidelberg/Berlin 1970, bes. 151–175 (X The Brain and the Soul) (dt. Wahrheit und Wirklichkeit. Mensch und Wissenschaft, Berlin/Heidelberg/New York 1975, unter dem Titel: Gehirn und Seele. Erkenntnisse der Neurophysiologie, München/Zürich 1987, 1991, bes. 211–244 [X Gehirn und Seele]); ders., The Human Psyche. The Gifford Lectures University of Edinburgh 1978–1979, Berlin/Heidelberg 1980, London/New York 1992 (dt. Die Psyche des Menschen. Die Gifford Lectures an der Universität von Edinburgh 1978–1979, München/Basel 1984, mit Untertitel: Das Gehirn-Geist-Problem aus neurologischer Sicht, München/Zürich 1990); ders. (ed.), Mind and Brain. The Many-Faceted Problems, Washington D. C. 1982, New York 1987; ders., How the Self Controls Its Brain, Berlin etc. 1994 (dt. Wie das Selbst sein Gehirn steuert, Berlin, München 1994, München/Zürich 2000; franz. Comment la conscience contrôle le cerveau, Paris 1997); A. Elepfandt/G. Wolters (eds.), Denkmaschinen? Interdisziplinäre Perspektiven zum Thema Gehirn und Geist, Konstanz 1993; H. T. Engelhardt Jr., Mind-Body. A Categorical Relation, The Hague 1973; G. T. Fechner, Elemente der Psychophysik, I–II, Leipzig 1860 (repr. Bristol 1998), ²1889, Amsterdam 1964 (engl. Elements of Psychophysics, New York etc. 1966); H. Feigl, The ›Mental‹ and the ›Physical‹, in: ders./M. Scriven/G. Maxwell (eds.), Concepts, Theories, and the Mind-Body-Problem, Minneapolis Minn. 1958, 1972, 370–497, separat mit Untertitel: The Essay and a Postscript, Minneapolis Minn. 1967 (mit Bibliographie, 161–169) (franz. Le ›mental‹ et le ›physique‹, Paris 2002); O. J. Flanagan, The Science of the Mind, Cambridge Mass./London 1984, rev. u. erw. ²1991, 1999; J. Fodor, Psychosemantics. The Problem of Meaning in the Philosophy of Mind, Cambridge Mass./London 1987, 1998; J. Foster, The Immaterial Self. A Defence of the Cartesian Dualist Conception of the Mind, London/New York 1991, 1996; D. Frede/B. Reis (eds.), Body and Soul in Ancient Philosophy, Berlin/New York 2009; J. Glover (ed.), The Philosophy of Mind, Oxford/New York 1976, 1989; K. Gloy, Leib und Seele, TRE XX (1990), 643–649; H. Goller, Emotionspsychologie und L.-S.-P., Stuttgart/Berlin/Köln 1992, bes. 199–297 (Kap. V Das L.-S.-P.); ders., Das Rätsel von Körper und Geist. Eine philosophische Deutung, Darmstadt 2003; D. R. Griffin, Unsnarling the World-Knot. Consciousness, Freedom and the Mind-Body Problem, Berkeley Calif./Los Angeles/London 1998; S. Guttenplan (ed.), A Companion to the Philosophy of Mind, Oxford/Cambridge Mass. 1994, 2005; B. Hannan, Subjectivity & Reduction. An Introduction to the Mind-Body Problem, Boulder Colo./San Francisco Calif./Oxford 1994; W. D. Hart, The Engines of the Soul, Cambridge/New York/Oakleigh, Melbourne 1988; H. Hastedt, Das L.-S.-P.. Zwischen Naturwissenschaft des Geistes und kultureller Eindimensionalität, Frankfurt 1988, 1989 (mit Bibliographie, 331–362); H.-D. Heckmann, Mentales Leben und materielle Welt. Eine philosophische Studie zum L.-S.-P., Berlin/New York 1994; J. Heil, Philosophy of Mind. A Contemporary Introduction, London/New York 1998, ²2004; ders. (ed.), Philosophy of Mind. A Guide and Anthology, Oxford/New York 2004; ders./A. Mele (eds.), Mental Causation, Oxford 1993, 2003; H. Heimsoeth, Die sechs großen Themen der abendländischen Metaphysik und der Ausgang des Mittelalters, Berlin/Darmstadt 1922, Stuttgart ³1954, Darmstadt 1987, 90–130 (III Seele und Außenwelt) (engl. The Six Great Themes of Western Metaphysics and the End of the Middle Ages, Detroit 1994, 110–151 [III Soul and External World]; franz. Les six grands thèmes de la métaphysique occidentale. Du Moyen âge aux temps modernes, Paris 2003, 97–139 [III L'Âme et le monde extérieur]); C. Hill, Sensations. A Defense of Type Materialism, Cambridge/New York/Melbourne 1991, bes. 17–114 (Part II The Mind-Body Problem); D. Hodgson, The Mind Matters. Consciousness and Choice in a Quantum World, Oxford 1991, 1999; T. Honderich, A Theory of Determinism. The Mind, Neurosciences, and Life-Hopes, Oxford 1988, in zwei Bdn., I: Mind and Brain. A Theory of Determinism, II: The Consequences of Determinism. A Theory of Determinism, 1990, I 1991; S. Hook (ed.), Dimensions of Mind. A Symposium, New York 1960, 1973; A. Kenny, The Metaphysics of Mind, Oxford 1989, 2003; J. Kim, Mind in a Physical World. An Essay on the Mind-Body Problem and Mental Causation, Cambridge Mass. 1998, 2000; ders., Philosophy of Mind, Boulder Colo./Oxford 1996, ²2006 (dt. Philosophie des Geistes, Wien/New York 1998; franz. Philosophie de l'esprit, Paris 2008); ders., Physicalism, or Something Near Enough, Princeton N. J./Oxford 2005; S. Kripke, Identity and Necessity, in: M. K. Munitz (ed.), Identity and Individuation, New York 1971, 135–164 (dt. Identität und Notwendigkeit, in: M. Sukale [ed.], Moderne Sprachphilosophie, Hamburg 1976, 190–215); ders., Naming and Necessity, in: D. Davidson/G. Harman (eds.), Semantics of Natural Language, Dordrecht 1972, Dordrecht/ Boston Mass. ²1977, 253–355 (Addenda 763–769), Neudr. separat [erw.] Oxford, Cambridge Mass. 1980, Malden Mass./ Oxford 2007 (dt. Name und Notwendigkeit, Frankfurt 1981, 2005); F. v. Kutschera, Grundfragen der Erkenntnistheorie, Berlin/New York 1981, 1982, 303–353, 384–395; ders., Jenseits des Materialismus, Paderborn 2003; ders., Philosophie des Geistes, Paderborn 2009; G. Lakoff/M. Johnson, Philosophy in the Flesh. The Embodied Mind and Its Challenge to Western Thought, New York 1999, 2006; P. Lanz, Vom Begriff des Geistes zur Neurophilosophie. Das L.-S.-P. in der angelsächsischen Philosophie des Geistes von 1949 bis 1987, in: A. Hügli (ed.), Philosophie im Zwanzigsten Jahrhundert II, Reinbek b. Hamburg 1993, ³1998, 2000, 270–314; J. O'Leary-Hawthorne/J. K. McDonough, Numbers, Minds, and Bodies. A Fresh Look at Mind-Body Dualism, Philosophical Perspectives 12 (1998) (= J. Tomberlin [ed.], Language, Mind, and Ontology, Oxford 1998), 349–371; H. Lenk, Kleine Philosophie des Gehirns, Darmstadt 2001; J. Levin, Functionalism, SEP 2004, rev. 2009; M. E. Levin, Metaphysics and the Mind-Body Problem, Oxford 1979; D. Lloyd, Simple Minds, Cambridge Mass./London 1989; M. Lockwood, Mind, Brain and the Quantum. The Compound ›I‹, Oxford/Cambridge Mass. 1989, 1996; K. Ludwig, The Mind-Body Problem. An Overview, in: S. P. Stich/T. Warfield (eds.), The Blackwell Guide to Philosophy of Mind, Malden Mass./ Oxford 2002, 2003, 1–46; W. G. Lycan (ed.), Mind and Cognition. A Reader, Cambridge Mass./Oxford 1990, 1994, mit Untertitel: An Anthology, Malden Mass./Oxford/Carlton ³2008; W. Lyons, Matters of the Mind, Edinburgh, New York/London 2001; C. Macdonald, Mind-Body Identity Theories, London/ New York 1989, 1992; J. Margolis, Persons and Minds. The Prospects of Nonreductive Materialism, Dordrecht/Boston Mass. 1978 (Boston Stud. Philos. Sci. LVII); G. McCulloch, The Mind and Its World, London/New York 1995; C. McGinn, The Character of Mind. Oxford/New York 1982, bes. 16–36 (Chap. 2 Mind and Body), mit Untertitel: An Introduction to the Philosophy of Mind, ²1997, 1999, 17–39 (Chap. 2 Mind and Body); U. Meixner, The Two Sides of Being. A Reassessment of Psycho-Physical Dualism, Paderborn 2004; T. Metzinger, Neuere Beiträge zur Diskussion des L.-S.-P.s, Frankfurt etc. 1985; ders. (ed.), Grundkurs Philosophie des Geistes II (Das L.-S.-P.), Paderborn 2007; S. Moravia, Enigma delle mente. Il mind-body problem nel pensiero contemporaneo, Rom 1986, 1998 (engl. The Enigma of the Mind. The Mind-Body Problem in Contemporary Thought, Cambridge/New York/Melbourne 1995 (mit Bibliographie, 283–315); G. Northoff, Neuropsychiatrische Phänomene und das L.-S.-P.. Qualia im Knotenpunkt zwischen Gehirn und Subjekt, Essen 1995; ders., Das Gehirn. Eine neurophilosophische Bestandsaufnahme, Paderborn 2000; J. M. O'Connor (ed.), Modern Materialism. Readings on Mind-Body Identity, New York 1969; M. Pauen, Grundprobleme der Philosophie des Geistes. Eine Einführung, Frankfurt 2001, 2005; K. R. Popper, Conjectures and Refutations. The Growth of Scientific Knowledge, London 1963, rev. ³1969 London/New York 2002 (franz. Conjectures et réfutations. La croissance du savoir scientifique, Paris 1985, 2006; dt. Vermutungen und

Widerlegungen. Das Wachstum der wissenschaftlichen Erkenntnis, I–II, Tübingen 1994/1997, in einem Bd. 2000, 2009 [= Ges. Werke X]); ders., Objective Knowledge. An Evolutionary Approach, Oxford 1972, rev. 1979, 1994 (franz. La connaissance objective, Brüssel 1972, mit Untertitel: Une approche évolutioniste, Paris 1998; dt. Objektive Erkenntnis. Ein evolutionärer Entwurf, Hamburg 1973, ²1974, ⁴1984, 1998); ders., Knowledge and the Body-Mind Problem. In Defence of Interaction, ed. M. A. Notturno, London/New York 1994, 2000; ders./J. C. Eccles, The Self and Its Brain, Berlin/Heidelberg/New York 1977, 1981, London/New York 2003 (dt. Das Ich und sein Gehirn, München/Zürich 1977, 1994, 2005); H. Putnam, The Threefold Cord. Mind, Body, and World, New York/Chichester 1999; H. Robinson, Dualism, SEP 2003, rev. 2007; W. Robinson, Epiphenomenalism, SEP 1999, rev. 2007; W. T. Rockwell, Neither Brain nor Ghost. A Nondualist Alternative to the Mind-Brain Identity Theory, Cambridge Mass./London 2005, 2007; G. Roth, Das Gehirn und seine Wirklichkeit. Kognitive Neurobiologie und ihre philosophischen Konsequenzen, Frankfurt 1994, 2000, rev. ⁵1996, 2005; ders., Körper, Gehirn, Geist. Eine vielfältige Einheit, Luzern 2002; ders., Aus Sicht des Gehirns, 2003, überarb. Neuaufl. Frankfurt 2009; M. Rowlands, The Body in Mind. Understanding Cognitive Processes, Cambridge/New York/Melbourne 1999, 2008; E. Runggaldier, Leib und Seele II. Philosophisch-anthropologisch, LThK VI (1997), 773–775; ders., L.-S.-Verhältnis, in: W. Korff/L. Beck/P. Mikat (eds.), Lexikon der Bioethik II, Gütersloh 1998, 577–583; G. Ryle, The Concept of Mind, London, New York 1949, London/New York 2002 (dt. Der Begriff des Geistes, Stuttgart 1969, 2002; franz. La notion d'esprit. Pour une critique des concepts mentaux, Paris 1978, 2005); T. Schlicht, Erkenntnistheoretischer Dualismus. Das Problem der Erklärungslücke in Geist-Gehirn-Theorien, Paderborn 2007; M. Schneider, Das mechanistische Denken in der Kontroverse. Descartes' Beitrag zum Geist-Maschine-Problem, Stuttgart 1993 (Stud. Leibn. Suppl. XXIX); J. Schröder, Einführung in die Philosophie des Geistes, Frankfurt 2004; J. R. Searle, Intentionality, An Essay in the Philosophy of Mind, Cambridge/New York 1983, 1999 (franz. L'intentionalité. Essai de philosophie des états mentaux, Paris 1985, 1997; dt. Intentionalität. Eine Abhandlung zur Philosophie des Geistes, Frankfurt 1987, 2001); ders., Minds, Brains, and Science. The 1984 Reith Lectures, Cambridge Mass., London 1984, Cambridge Mass. 1997 (franz. Du cerveau au savoir. Conférences Reith 1984 de la BBC, Paris 1985, 2008; dt. Geist, Hirn und Wissenschaft. Die Reith Lectures 1984, Suhrkamp 1986, 1992); J. Seifert, Das L.-S.-P. in der gegenwärtigen philosophischen Diskussion. Eine kritische Analyse, Darmstadt 1979, unter dem Titel: Das L.-S.-P. und die gegenwärtige philosophische Diskussion. Eine systematisch-kritische Analyse, ²1989; W. Sellars, Science, Perception, and Reality, London, New York 1963, 1971, Atascadero Calif. 1991; J. A. Shaffer, Mind-Body Problem, Enc. Ph. V (1967), 336–346; ders., Philosophy of Mind, Englewood Cliffs N. J. 1968; S. Shoemaker, Identity, Cause and Mind. Philosophical Essays, Cambridge etc. 1984, erw. Oxford 2003; C. Söling, Das Gehirn-Seele-Problem. Neurobiologie und theologische Anthropologie, Paderborn 1995; G. Strawson, Mental Reality, Cambridge Mass./London 1994, ²2010; P. F. Strawson, Individuals. An Essay in Descriptive Metaphysics, London 1959, London/New York 2006 (dt. Einzelding und logisches Subjekt. Ein Beitrag zur deskriptiven Metaphysik, Stuttgart 1972, 2003); P. Stoerig, Leib und Psyche. Eine interdisziplinäre Erörterung des psychophysischen Problems, München 1985; S. Sturgeon, Matters of Mind. Consciousness, Reason and Nature, London/New York 2000; H.

Tetens, Geist, Gehirn, Maschine. Philosophische Versuche über ihren Zusammenhang, Stuttgart 1994, 2005; M. Tye, Qualia, SEP 1997, rev. 2007; M. Urchs, Maschine, Körper, Geist. Eine Einführung in die Kognitionswissenschaft, Frankfurt 2002; R. Warner/T. Szubka (eds.), The Mind-Body Problem. A Guide to the Current Debate, Cambridge Mass./Oxford 1994, 1997 (mit Bibliographie, 391–403); H. Wiesendanger, Mit Leib und Seele. Ursprung, Entwicklung und Auflösung eines philosophischen Problems, Frankfurt etc. 1987 (mit Bibliographie: Das Leib/Seele-Problem im 20. Jahrhundert, 483–556); R. Wilkinson, Minds and Bodies. An Introduction with Readings, London/New York 2000; B. A. O. Williams, Problems of the Self. Philosophical Papers 1956–1972, Cambridge/New York 1973, Cambridge/New York/Melbourne 1999 (dt. Probleme des Selbst. Philosophische Aufsätze 1956–1972, Stuttgart 1978); E. Wilson, The Mental as Physical, London/Boston Mass./Henley 1979; R. A. Wilson, Cartesian Psychology and Physical Minds. Individualism and the Sciences of the Mind, Cambridge/New York/Melbourne 1995, 1997; J. Wisdom, Problems of Mind and Matter, Cambridge 1934, Cambridge 1970; J. Z. Young, Philosophy and the Brain, Oxford/New York 1987, 1988 (dt. Philosophie und das Gehirn, Basel/Boston Mass./Berlin 1989); T. Zoglauer, Geist und Gehirn. Das L.-S.-P. in der aktuellen Diskussion, Göttingen 1998 (mit Bibliographie, 230–240); D. Zohar, The Quantum Self. Human Nature and Consciousness Defined by the New Physics, New York 1990, mit Untertitel: A Revolutionary View of Human Nature and Consciousness Rooted in the New Physics, London 1990 (franz. Conscience et science contemporaine. Le moi quantique, Monaco 1992). – Online-Bibliographie: http://cons.net/mindpapers: weitere Literatur ↑Identitätstheorie, ↑Interaktionismus, ↑Parallelismus, psychophysischer. J. M.

Leid(en), Bezeichnung für ein negativ bewertetes ↑Widerfahrnis (Leid), die negativen Auswirkungen eines solchen (Erleiden) und der daraus resultierende negative Zustand (Leiden). Die Bewertung verdankt sich (spontaner) ↑Empfindung oder (reflektierter, d. h. an einem Maßstab orientierter) Beurteilung. Empfindungen kommen nur empfindungsfähigen Lebewesen zu. Beim Menschen sind sie leiblicher, seelischer oder geistiger Art und beziehen sich auf eigenes oder auf fremdes Erleiden in leiblicher, seelischer oder geistiger Hinsicht. Wenn L. andere Lebewesen betrifft, heißt das entsprechende menschliche Mitempfinden und das Sich-in-die-Situation-des/der-Betroffenen-Versetzen ↑›Mitleid‹ oder ›Mitleiden‹. Die (negative) Beurteilung kann sich aber auch auf Widerfahrnisse beziehen, die Unbelebtes betreffen: ›der Balken hat unter der Feuchtigkeit gelitten‹; ›die Aktie erlitt einen Wertverlust‹. Dieser Gebrauch von ›leiden‹ und ›erleiden‹ hat eine gewisse Entsprechung in den beiden Aristotelischen, wertfrei verstandenen ontologischen ↑Kategorien des Tuns oder Wirkens (ποιεῖν, lat. agere bzw. actio) und des Leidens und Erleidens (πάσχειν, lat. pati bzw. passio [in der Doppelbedeutung von ›Leiden‹ und ›Leidenschaft‹]) und macht verständlich, inwiefern von ›Erleiden‹ und ›L.‹ im menschlichen Bereich auch dann gesprochen wird, wenn weder

eine (negative) Empfindung noch eine (negative) Bewertung erfolgt ist (›objektives‹ [z. B. soziales] L. vs. ›subjektives‹ [empfundenes] L.). Diese Aristotelischen Kategorien werden von der ↑Scholastik als ↑actio und ↑passio aufgenommen (vgl. auch ↑Dynamis und ↑Energeia) und finden sich in abgewandelter Form noch bei I. Kant: In der Klasse der ↑Relation wird die Kategorie der Gemeinschaft als »Wechselwirkung zwischen dem Handelnden und Leidenden« bestimmt (KrV B 160).

Demgegenüber ist in der alltagssprachlich-lebensweltlichen (↑Lebenswelt) Verwendung des Ausdrucks ›L.‹ neben dem Aspekt der Passivität der der Negativität beherrschend, woraus sich in praktisch-normativer Hinsicht die ethische Forderung ergibt, das L. so weit wie möglich zu mindern. Im Unterschied etwa zum Schmerz wird dem L. in dieser lebensweltlichen Bedeutung gewöhnlich keine positive Funktion zuerkannt. Entsprechend sind viele philosophische und religiöse Bewältigungsversuche eingestellt: So begreift etwa der Buddhismus (↑Philosophie, buddhistische) das allem Lebenden immanente Streben als leidvoll und übt die Einsicht (↑dhyāna) in die Ursache des L.s als Weg zu seiner völligen Überwindung bzw. zur Beseitigung seiner Ursache (↑nirvāṇa) methodisch ein. Die ↑Stoa trifft die Unterscheidung zwischen dem, was nicht oder nur bedingt in unserer Gewalt ist (Leib, Leben, Besitz, Ansehen, alle inneren und äußeren Umstände des Lebens), und dem, was schlechthin in unserer Gewalt ist (unsere sittliche Einstellung, unsere sittlichen Grundsätze). Sittlich gut – nämlich der Natur oder der Vernunft gemäß – zu leben bedeutet dann, die uns von der Natur oder von Gott gegebene ↑Freiheit auch zu betätigen, d. h. all das, was nicht oder nur bedingt in unserer Hand liegt, als für den Sinn und das Glück (↑Glück (Glückseligkeit)) unseres Daseins irrelevant, als ↑Adiaphora, zu erachten und eine Haltung der L.s- und Leidenschaftslosigkeit (↑Apathie), der Unerschütterlichkeit gegenüber inneren und äußeren Beeinträchtigungen (↑Ataraxie) und der (relativen) ↑Autarkie auszubilden. Aus sokratischen, stoischen und epikuräischen Quellen schöpft auch die spätantike, die christliche und die frühneuzeitliche Weisheits- und Trostliteratur, die unter anderem die Tätigkeit des Philosophierens selbst als Heil-, Hilfs- und Trostmittel gegen L. und Tod in Anschlag bringt (Platon, Phaidon 67d–e; A. M. T. S. Boethius, De consolatione philosophiae, Nürnberg 1473; M. Eckhart, Das Buch der göttlichen Tröstung, München 1996; M. E. de Montaigne, Essais I, übers. v. J. D. Tietz, Zürich 1992, 120).

In den monotheistischen (↑Monotheismus) Religionen entsteht aus der Erfahrung der jede gerechte Vergeltung moralischer Bosheit übersteigenden Maßlosigkeit des L.s von Tier und Mensch die Hiobfrage nach der Gerechtigkeit Gottes (↑Theodizee). Dabei treten speziell im Judentum die Überzeugung von der Erwählung und die Erfahrung von Verfolgung (Pogrome) und Vernichtung (Shoah) in eine kaum tragbare Spannung. Im schiitischen Islam, im Judentum und im Christentum gewinnt das L. aber auch positive Bedeutung, nämlich als Gelegenheit zur Hingabe an Gott oder als stellvertretendes L.. Im Christentum arbeiten die Beispielhaftigkeit des Lebens, L.s und Sterbens Jesu, der Glaube an die Zuwendung seiner erlösenden Gnade und die eschatologische (↑Eschatologie) Hoffnung auf ein leidfreies endgültiges Sein bei und in Gott an einer Relativierung und schließlichen Aufhebung des L.s. – In der Neuzeit haben sich vor allem K. Marx und der ↑Marxismus sowie verschiedene sozialistische Bewegungen an der Verminderung und Beseitigung gesellschaftlichen Elends und L.s, S. Freud und die ↑Psychoanalyse sowie verschiedene psychotherapeutische Schulen an der Verminderung und Beseitigung individuellen psychischen Elends und L.s versucht.

Literatur: G. Almeras/B. Pachoud, Souffrance, Enc. philos. universelle II/2 (1990), 2428–2432; J. A. Amato, Victims and Values. A History and a Theory of Suffering, New York/Westport Conn./ London 1990; M. Arndt, L., Hist. Wb. Ph. V (1980), 206–212; R. Aschenberg, Ent-Subjektivierung des Menschen. Lager und Shoah in philosophischer Reflexion, Würzburg 2003; M. Ayoub, Redemptive Suffering in Islam, The Hague/Paris 1978; H. E. Baas, Der elende Mensch. Das Wesen menschlichen L.s oder warum der Mensch leiden muss, Würzburg 2008; E. J. Cassell, The Nature of Suffering and the Goals of Medicine, New York/Oxford 1991, ²2004; D. DeGrazia, Suffering, REP IX (1998), 213–215; H. Dörrie, L. und Erfahrung. Die Wort- und Sinn-Verbindung παθεῖν – μαθεῖν im griechischen Denken, Abh. Akad. Wiss. Mainz, geistes- u. sozialwiss. Kl. 1956, Nr. 5, 303–344; H. P. Dreitzel, Die gesellschaftlichen L. und das L. an der Gesellschaft. Vorstudien zu einer Pathologie des Rollenverhaltens, Stuttgart 1968, überarb. mit neuem Untertitel: Eine Pathologie des Alltagslebens, ³1980; V. E. Frankl, Homo patiens. Versuch einer Pathodizee, Wien 1950; C.-F. Geyer, L. und Böses in philosophischen Deutungen, Freiburg/München 1983; P. Koslowski (ed.), Ursprung und Überwindung des Bösen und des L.s in den Weltreligionen, München 2001 (engl. The Origin and Overcoming of Evil and Suffering in the World Religions, Dordrecht 2001); H. J. McCloskey, Pain and Suffering, in: L. C. Becker/C. B. Becker (eds.), Encyclopedia of Ethics II, New York/London 1992, 927–929; M. Mejor, Suffering, Buddhist Views of Origination of, REP IX (1998), 215–219; J. Mohn u. a., L., RGG V (⁴2002), 233–248; J. Neusner (ed.), Judaism Transcends Catastrophe. God, Torah, and Israel beyond the Holocaust, I–V, Macon Ga. 1994–1996; W. Oelmüller (ed.), L., Paderborn etc. 1986; D. Sölle, L., Stuttgart 1973, Stuttgart/Zürich ⁹2003 (engl. Suffering, London, Philadelphia Pa. 1975; franz. Souffrances, Paris 1992); N. Stratmann, L. im Lichte einer existenzialontologischen Kategorialanalyse, Amsterdam/Atlanta Ga. 1994; V. v. Weizsäcker, Pathosophie, Göttingen 1956, Frankfurt 2005 (= Ges. Schr. X); M. Wolter, L. III, TRE XX (1990), 677–688. R. Wi.

Lekton (griech. λεκτόν, Plural Lekta), zentraler Terminus der stoischen (↑Stoa) Bedeutungslehre. Der Wortbildung nach ist ›L.‹ Verbaladjektiv zu λέγειν (dt. sagen), heißt daher das ›Gesagte‹ oder ›Sagbare‹, lat. teils ›dic-

tum‹, teils ›dicibile‹. Identifiziert wird das Gesagte/Sagbare/L. pragmatisch als dasjenige, was ein der Landessprache unkundiger Ausländer oder was ein Laie im Kreis von Experten nicht versteht, d. h. als die Bedeutung sprachlicher Äußerungen. Entsprechend wird das L. auch als σημαινόμενον (Bezeichnetes, Bedeutung) oder als πρᾶγμα ([intendierte] Sache) gefaßt und von den psychischen Aspekten des Denkens und Sprechens (Gedanken), von den sprachlichen Ausdrucksmitteln (stimmlichen oder schriftlichen Äußerungen) und von der uns umgebenden Realität unterschieden. All dies ist nach stoischer Auffassung körperlich, während die Lekta unkörperlich sind. Dabei bestehen sie aber ›nach Maßgabe (κατά) vernünftiger Vorstellungen‹ und stehen für Gegenstände. Außerdem sind sie entweder vollständig oder unvollständig. Schließlich gelten die Kasus (πτώσεις) im Sinne der Stoiker, d. h. dasjenige, worauf sich Nominalphrasen beziehen, anscheinend nicht als Lekta.

Unkörperlich sein heißt wie bei ↑Leerem, ↑Raum und ↑Zeit, daß die Lekta Wirkungen weder ausüben noch erleiden und daher nicht ›sind‹, vielmehr als ›Etwasse‹ nur ›subsistieren‹. Gerechtfertigt wurde dies offenbar damit, daß Reden eine mehrgliedrige Tätigkeit ist, bei der die Benennung der Gegenstände, auf die man sich sprachlich bezieht, nur eine der Komponenten bildet. Über die Gegenstände etwas zu sagen, ist eine davon verschiedene Komponente, durch die freilich, wie die Stoiker an verschiedenen Beispielen verdeutlichen, die Menge der Gegenstände nicht vergrößert wird; das Gesagte/L. existiert daher nicht in derselben Weise wie die Gegenstände. Nach den vorgelegten Beispielen erklärt dieser Unterschied die Unkörperlichkeit der Lekta und unterstreicht die Eigentümlichkeit sprachlicher Bedeutungen mit den Mitteln der ↑Ontologie. Jedoch handeln die Stoiker sich mit dieser Konzeption auch Schwierigkeiten ein, erstens die, wie es zu verstehen ist, daß Gesagtes häufig ›wirkt‹, und zweitens die, weshalb die Lekta ontologisch mit Raum, Zeit und Leerem zur Gruppe der unkörperlichen Etwasse zusammengefaßt werden können. Liefert die Existenz ›nach Maßgabe vernünftiger Vorstellungen‹ dafür eine hinreichende Analogie?

Aussagen, Befehle, Fragen, Eide und hypothetische Annahmen sind Lekta, ebenso Anreden, Argumente und Syllogismen (↑Syllogistik). Genauer sind dies vollständige Lekta, wohl weil man, indem man sie sagt, eine vollständige Kommunikationshandlung ausführt. Unvollständige Lekta sind demgegenüber ↑Prädikate; denn wer ›schreibt‹ sagt, sagt noch nichts Sinnvolles, sondern weckt allenfalls Verständnisfragen. Zumal von anderen Arten unvollständiger Lekta nirgends die Rede ist, bringt die L.-Theorie also deutlich die semantische (↑Semantik) Asymmetrie zum Ausdruck, die zwischen den Nominal- und den Verbphrasen in einer Aussage besteht, und erweist sich insofern als eine Prädikationstheorie. Allerdings werden aus den Prädikaten vollständige Lekta bzw. Aussagen dann, wenn sie ›mit einem nominativischen Kasus‹ verbunden werden. Sind die ›Kasus‹ der Stoiker als Bedeutungen der Nominalphrasen also ebenfalls unkörperliche Lekta? Dagegen spricht vieles. Wenn sie aber körperlich sind, ist die unkörperliche Aussage eine Verbindung von einem körperlichen ›Kasus‹ und einem unkörperlichen Prädikat. Theoriegeschichtlich knüpft die L.-Theorie einerseits an die von Platon und Aristoteles begründete Unterscheidung kategorial verschiedener Bestandteile der Aussage an. Andererseits unterstützt sie die Bemühung, jeden Bezug auf Ideen (↑Idee (historisch)) oder ↑Universalien zu vermeiden (die Lekta bzw. Prädikate ›sind‹ nicht!), ohne die Bedeutungen sprachlicher Ausdrücke deswegen wie Epikur mit den realen Gegenständen oder wie Aristoteles mit Gedanken identifizieren zu müssen. Innerhalb der Stoa hat wohl schon Zenon von Kition eine Aussagentheorie skizziert, die den Verben jede gegenständliche Bedeutung absprach. Um die Originalität dieser Lehre zu sichern, bezeichnete Kleanthes die Verbbedeutung, das so genannte Prädikat, als ›L.‹. Von da aus wurde dann auch die nunmehr ungegenständliche Bedeutung von Aussagesätzen als ›L.‹ bezeichnet und schließlich überhaupt jede Bedeutung vollständiger sprachlicher Äußerungen. Dementsprechend bezog spätestens Chrysipp in die logischen Untersuchungen auch die nicht wahrheits- und falschheitsfähigen vollständigen Lekta ein und entwickelte die Stoa Ansätze zu einer Sprechakttheorie (↑Sprechakt). Von den späteren Aristoteles-Kommentatoren hat insbes. Ammonios Hermeiu den nicht-psychischen Charakter der Lekta deutlich erkannt und versucht, das L. im Verhältnis zu der Aristotelischen Verweisungskette ›Schrift – gesprochene Sprache – Gedanke – Gegenstand‹ zu beschreiben. Er meinte, mit dem L. hätten die Stoiker ›zur Vermittlung zwischen dem Gedanken und der Sache‹ in die Kette ein weiteres Element eingefügt, das indes überflüssig sei (In Arist. De int. 17,20–28 = FDS 702). Diese Deutung ebnet den ontologischen Unterschied zwischen dem L. und den (übrigen) Elementen der Kette ein und rechnet damit, daß die Beziehungen des L. zur gesprochenen und zur geschriebenen Sprache in sprachlogischer Hinsicht nicht gleichwertig sind. Deshalb ist sie nicht angemessen. Sie macht aber darauf aufmerksam, daß die Stoiker mit dem L.begriff systematische Kritik z. B. an Platon und Aristoteles übten. Unbeschadet der Rekonstruktionsprobleme verfolgten sie dabei eine intensionale Semantik und antizipierten einige moderne sprachphilosophische Fragestellungen.

Texte: Diog. Laert. VII, 38–83; FDS, bes. §§ 4.2–4.3.3; SVF IV (Index), Stichwörter ›λεκτόν‹ und ›κατηγόρημα‹. –

Literatur: K. Atherton, The Stoics on Ambiguity, Cambridge 1993, 2008; J. Barnes, Meaning, Saying and Thinking, in: K. Döring/T. Ebert (eds.), Dialektiker und Stoiker. Zur Logik der Stoa und ihrer Vorläufer, Stuttgart 1993, 47–61; Département de Philosophie, Université du Québec à Montréal, Lekton. Ce qui peut être dit, I–III, Montreal 1990–1993; M. Frede, The Origins of Traditional Grammar, in: R. E. Butts/J. Hintikka (eds.), Historical and Philosophical Dimensions of Logic, Methodology and Philosophy of Science. Proceedings of the Fifth International Congress of Logic, Methodology and Philosophy of Science IV, London, Ontario, Canada 1975, Dordrecht/Boston Mass. 1977 (Western Ont. Ser. Philos. Sci. XII), 51–79; ders., The Stoic Notion of a ›lekton‹, in: S. Everson (ed.), Language, Cambridge 1994 (Companions to Ancient Thought III), 109–128; A. Graeser, The Stoic Theory of Meaning, in: J. M. Rist (ed.), The Stoics, Berkeley Calif./Los Angeles/London 1978, 77–100; K. Hülser, Expression and Content in Stoic Linguistic Theory, in: R. Bäuerle/U. Egli/A. von Stechow (eds.), Semantics from Different Points of View, Berlin/Heidelberg/New York 1979, 284–303; F. Ildefonse, La naissance de la grammaire dans l'antiquité grecque, Paris 1997, 119–252; W. Kneale/M. Kneale, The Development of Logic, Oxford 1962 (repr. 1978), 1991, 138–158; A. A. Long, Language and Thought in Stoicism, in: ders. (ed.), Problems in Stoicism, London 1971, 75–113; ders./D. N. Sedley, The Hellenistic Philosophers, I–II, Cambridge etc. 1986/1987, 2000/2006 (I dt. Die hellenistischen Philosophen. Texte und Kommentare, Stuttgart/Weimar 2000, 2006), bes. §§ 27, 30, 33; A. Luhtala, On the Origin of Syntactical Description in Stoic Logic, Münster 2000; B. Mates, Stoic Logic, Berkeley Calif./Los Angeles 1953, ²1961, 11–26; H.-E. Müller, Die Prinzipien der stoischen Grammatik, Diss. Rostock 1943; G. Nuchelmans, Theories of the Proposition. Ancient and Medieval Conceptions of the Bearers of Truth and Falsity, Amsterdam/London 1973, 45–87; P. Pasquino, Le statut ontologique des incorporels, in: J. Brunschwig (ed.), Les Stoïciens et leur logique, Paris 1978, 375–386; D. M. Schenkeveld, Studies in the History of Ancient Linguistics II. Stoic and Peripatetic Kinds of Speech Act and the Distinction of Grammatical Moods, Mnemosyne 37 (1984), 291–353; A. Schubert, Untersuchungen zur stoischen Bedeutungslehre, Göttingen/Zürich 1994; R. Sorabji, Perceptual Content in the Stoics, Phronesis 35 (1990), 307–314; A. Speca, Hypothetical Syllogistic and Stoic Logic, Leiden/Boston Mass. 2001.   K. H. H.

Lem, Stanisław, *Lemberg (heute: Lwiw) 12. Sept. 1921, †Krakau 27. März 2006, polnischer Science-fiction-Autor und philosophischer Schriftsteller. Ab 1939 Studium der Medizin in Lemberg und (ab 1946) Krakau, dort (bis 1948) auch Forschungsassistent des Wissenschaftstheoretikers M. Choynowski, danach Beginn einer literarischen Karriere, die ihn aufgrund von Zufällen zu einem erfolgreichen Science-fiction-Autor machte. Auf der anderen Seite veröffentlichte er bereits 1957 seine philosophischen »Dialoge« (zu Fragen der Philosophie des Geistes, ↑philosophy of mind); es folgten sein technikphilosophisches Hauptwerk (die »Summa technologiae«) sowie seine »Philosophie des Zufalls«, die systematisch im Bereich der Rezeptionsästhethik (↑Rezeptionstheorie) und der ↑Kulturphilosophie einzuordnen ist. Auch seine phantastischen Romane und Erzählungen behandeln philosophische und wissenschaftstheoretische Themen, so etwa seine »Fabeln zum kybernetischen Zeitalter« in der »Kyberiade«. In seinem Spätwerk verwendet er verstärkt neue literarische Formen der Philosophie, wobei sein Werk »Also sprach Golem« hervorsticht. Seine philosophischen Werke werden vor allem in Rußland und in Deutschland geschätzt; eine Übersetzung ins Englische liegt nur teilweise vor.

L. ist philosophisch von B. Russell und K. Popper, aber auch von A. Schopenhauer beeinflußt und verwendet die Methoden der ↑Kybernetik und der ↑Evolutionstheorie in der Analyse kultureller und technischer Entwicklungen. Damit zielt er jedoch nicht auf eine Rechtfertigung eines naturwüchsigen ↑Fortschritts und bestreitet auch die Möglichkeit verläßlicher futurologischer Voraussagen. Statt dessen erörtert er denkbare zukünftige technische Entwicklungen und deren soziale Folgen und philosophische Implikationen. So nimmt sein Gedankenexperiment einer ›Phantomatik‹ die späteren Konzeptionen von ›Cyberspace‹ und ›Virtual Reality‹ vorweg, und seine Ausführungen zur ›Rekonstruktion der Gattung‹ (in seiner »Summa«) bieten schon 1964 eine durchdachte Diskussion zur Akzeptabilität des gentechnischen Enhancement und des ↑Transhumanismus. L. ist pessimistisch bezüglich der Hoffnung, daß neue technische Errungenschaften die Lage der Menschheit entscheidend verbessern können: In seinen fiktionalen Werken macht er deutlich, daß es kein dauerhaftes Glück gibt. Kulturphilosophisch lehnt er einerseits eine ›geschlossene Gesellschaft‹ (etwa die des ›real existierenden Sozialismus‹) ab, befürchtet andererseits jedoch (wie spätere Kommunitaristen [↑Kommunitarismus]), daß die ›offenen Gesellschaften‹ des Westens so liberal sind, daß sie ihre eigenen Fundamente untergraben und damit ihre Stabilität gefährden. L. sieht die Menschheit unwiderruflich in einer ›Technologiefalle‹ gefangen, deren negative Folgen nur durch weiteren technischen Fortschritt kompensiert werden können. Den dafür erforderlichen ↑Erkenntnisfortschritt begrüßt auch L., der damit in der Tradition der ↑Aufklärung steht. Allerdings hält er für dessen zukünftige Verwirklichung eine fortgeschrittene künstliche Intelligenz (↑Intelligenz, künstliche) für nötig.

Werke: Dialogi, Krakau 1957, 2001 (dt. Dialoge, Frankfurt 1980, 1981); Summa technologiae, Krakau 1964, 2000 (dt. Summa technologiae, Frankfurt 1976, 2000); Cyberiada, Krakau 1965, 2001 (engl. The Cyberiad. Fables for the Cybernetic Age, New York, London 1974, London 1990; dt. Kyberiade. Fabeln zum kybernetischen Zeitalter, Frankfurt 1983, 1992); Wysoki zamek, Warschau 1966, Krakau 2000 (dt. Das hohe Schloß, Frankfurt, Berlin [Ost] 1974, Frankfurt 1998; engl. Highcastle. A Remembrance, New York 1995); Etyka technologii i technologia etyki, Studia Filozoficzne 50 (1967), H. 3, 107–142 (dt. Ethik der Technologie und Technologie der Ethik, in: ders., Technologie und Ethik. Ein Lesebuch, ed. J. Jarzębski, Frankfurt 1990, 321–394); Biologia i Wartocsi, Studia Filozoficzne 51 (1968) (dt.

Biologie und Werte, in: ders., Über außersinnliche Wahrnehmung. Essays, Frankfurt 1987, 72–149); Filozofia przypadku. Literatura w świetle empirii, I–II, Krakau 1968, in 1 Bd., Krakau 2002 (dt. Philosophie des Zufalls. Zu einer empirischen Theorie der Literatur, I–II, Frankfurt 1983/1985, 1989, Berlin (Ost) 1988/1990); Głos pana, Warschau 1968, Krakau 2002 (dt. Die Stimme des Herrn, Frankfurt, Berlin [Ost] 1981, Frankfurt 1995; engl. His Master's Voice, San Diego Calif., London 1983, Evanston Ill. 1999); Fantastyka i futurologia, I–II, Krakau 1970, 2003, in 3 Bdn., Krakau 1996 (dt. Phantastik und Futurologie, I–II, Frankfurt 1977/1980, 1984; engl. Microworlds. Writings on Science Fiction and Fantasy, San Diego Calif. 1984, London 1991); Doskonała próżnia, Warschau 1971, Krakau 1986 (dt. Die vollkommene Leere, Frankfurt 1973, 1996, unter dem Titel: Das absolute Vakuum, Berlin [Ost] 1984; engl. A Perfect Vacuum, New York 1979); Golem XIV, Krakau 1981, 1999 (dt. Also sprach Golem, Frankfurt 1984, 2007; engl. Golem XIV, in: ders., Imaginary Magnitude, London 1991, 97–248); Die Vergangenheit der Zukunft, Frankfurt/Leipzig 1992; Tajemnica chińskiego pokoju, Krakau 1995, ²1996, ferner in: ders., Moloch. Tajemnica chińskiego pokoju. Bomba megabitowa, Krakau 2003, 5–304 (dt. Die Technologiefalle. Essays, Frankfurt/Leipzig 2000, 2004); Okamgnienie, Krakau 2000 (dt. Riskante Konzepte. Essays, Frankfurt/Leipzig 2001).

Literatur: H. Arndt, S. L.s Prognose des Epochenendes. Die Bedrohung der menschlichen Kultur durch Wissenschaft, Technologie und Dogmatismus, Darmstadt 2000; K. Bayertz, GenEthik. Probleme der Technisierung menschlicher Fortpflanzung, Reinbek b. Hamburg 1987 (engl. GenEthics. Technological Intervention in Human Reproduction as a Philosophical Problem, Cambridge/New York 1994); W. Berthel (ed.), S. L. Der dialektische Weise aus Kraków, Frankfurt 1976; ders. (ed.), Über S. L., Frankfurt 1981; M. Düring/U. Jekutsch (eds.), S. L.. Mensch, Denker, Schriftsteller. Beiträge einer deutsch-polnischen Konferenz im Jahr 2000 in Greifswald und Szczecin, Wiesbaden 2005; M. Flacke, Verstehen als Konstruktion. Literaturwissenschaft und Radikaler Konstruktivismus, Opladen 1994; B. Gräfrath, Ketzer, Dilettanten und Genies. Grenzgänger der Philosophie, Hamburg, Darmstadt 1993, bes. 241–279 (Kap. X Vom Zufall der Natur zur Vernünftigkeit des Künstlichen. L. und Golem); ders., Taking »Science Fiction« Seriously. A Bibliographic Introduction to S. L.'s Philosophy of Technology, Res. Philos. and Technology 15 (1995), 271–285; ders., L.s Golem. Parerga und Paralipomena, Frankfurt 1996; ders., L. und Golem. Erkenntnis durch Science Fiction, in: C. Schildknecht/D. Teichert (eds.), Philosophie in Literatur, Frankfurt 1996, 342–364; ders., Es fällt nicht leicht, ein Gott zu sein. Ethik für Weltenschöpfer von Leibniz bis L., München 1998, bes. 175–234 (Kap. V Zwischen pessimistischer Einsicht und technizistischer Hoffnung. L. und das Polyversum der omnigenerativen Kreationistik); ders., L., in: F. Volpi (ed.), Großes Werklexikon der Philosophie II, Stuttgart 1999, 902–904; ders., Erlösung durch Überwindung des Menschlichen? S. L.s Philosophie transbiologischer Personen, in: B. Flessner (ed.), Nach dem Menschen. Der Mythos einer zweiten Schöpfung und das Entstehen einer posthumanen Kultur, Freiburg 2000, 281–299; ders., Dylematy wyzwolonego rozumu, Polonistyka 1 (2000), 10–14; ders., L.'s Pessimism, Dialogue and Universalism 10 (2000), H. 12, 121–124; ders., Futurologie und Pessimismus. S. L. als Schopenhauerianer, Schopenhauer-Jb. 84 (2003), 169–182; D. Hasseblatt, L., in: W. Jens (ed.), Kindlers neues Literaturlexikon X, München 1990, 172–181; R.-D. Hennings u. a. (eds.), Informations-

und Kommunikations-Strukturen der Zukunft. Workshop mit S. L., München 1983; D. R. Hofstadter/D. C. Dennett (eds.), The Mind's I. Fantasies and Reflections on Self and Soul, Brighton, New York 1981, New York 2002 (dt. Einsicht ins Ich. Fantasien und Reflexionen über Selbst und Seele, Stuttgart 1984, ⁵2002); J. Jarzębski, Zufall und Ordnung. Zum Werk S. L.s, Frankfurt 1986; F. F. Marzin (ed.), S. L.. An den Grenzen der Science Fiction und darüber hinaus, Meitingen 1985; J. Rzeszotnik, Ein zerebraler Schriftsteller und Philosoph namens L.. Zur Rekonstruktion von S. L.s Autoren- und Werkbild im deutschen Sprachraum anhand von Fallbeispielen, Breslau 2003; P. Swirski, The Art and Science of S. L., Montreal/London/Ithaca N. Y. 2006; R. E. Ziegfeld, S. L., New York 1985.   B. G.

Lemma (griech. λῆμμα), bei Aristoteles Bezeichnung für eine ↑Annahme, die als Prämisse einer Schlußfolgerung dient, aber nicht notwendigerweise wahr sein muß (Top. A2.101a13–15, Θ1.156a19–22); bei den Stoikern (↑Stoa) die Oberprämisse eines Syllogismus (Crinis, SVF III, 269) (↑Syllogistik). In der modernen Logik und Mathematik Bezeichnung für ›Hilfssätze‹, die keine selbständige Bedeutung haben sollen, sondern nur zur Herleitung anderer ›Lehrsätze‹ oder ↑›Theoreme‹ verwendet werden und deren Beweis durch Ausgliederung der Beweise für L.ta übersichtlicher gestalten. Bisweilen haben sich allerdings L.ta als so fundamental und unabhängig vom Bezug auf spezielle Theoreme erwiesen, daß sie die Basis für ganze Klassen von Lehrsätzen lieferten und insofern selbständige Bedeutung annahmen. Beispiele dafür sind z. B. das ›L. von König‹ (wichtiger Spezialfall: ›jeder unendliche, aber endlich verzweigte Baum hat einen unendlichen Ast‹), das die Grundlage vieler Vollständigkeitsbeweise (↑vollständig/Vollständigkeit) und Resultate der ↑Beweistheorie ist, oder auch das für die mengentheoretische Grundlegung der Mathematik wichtige ↑Zornsche L..   P. S.

Lenin, Wladimir Iljitsch (Vladimir Il'ič) (ursprünglich: W. I. Uljanow), *Simbirsk (heute: Uljanowsk) 22. (nach dem alten russ. Kalender: 10.) April 1870, †Gorki 21. Jan. 1924, russ. Politiker und Revolutionär, Gründer und erster Regierungschef der Sowjetunion. 1879–1887 Gymnasium in Simbirsk, 1887 Relegation von der Universität Kasan wegen revolutionärer Umtriebe und Ausweisung aus Kasan, 1891 Abschlußexamina als Externer an der Juristischen Fakultät der Universität St. Petersburg, Mitglied eines marxistischen Zirkels in Petersburg. 1895 erste Auslandsreise (Deutschland, Schweiz, Frankreich), Kontaktaufnahme mit marxistischen Emigrantenzirkeln; 20.12.1895 Verhaftung, 14monatige Untersuchungshaft, dreijährige Verbannung nach Schuschenskoje, Sibirien. 1898 Ehe mit N. Krupskaja. 1900–1905 erste Emigration (München, London, Genf); 1903 Spaltung der Sozialdemokratischen Arbeiterpartei Rußlands (SDAPR) auf ihrem II. Parteitag in Brüssel und London wegen der Organisationsfrage in

›Bolschewiki‹ (Mehrheitler) unter Führung L.s und ›Menschewiki‹ (Minderheitler) unter Führung J. Martows; 1907–1917 zweite Emigration (Genf, Paris, Krakau, Poronin bei Zakopane, Bern, Zürich); April 1917 Rückkehr nach St. Petersburg, 7.11. (nach altem Kalender: 25.10.) 1917 Rücktritt und Verhaftung der Regierung unter A. F. Kerenski im Namen des von L. Trotzki geführten Militärischen Revolutionskomitees, 8. 11. 1917 Wahl L.s zum Regierungschef, zum ›Vorsitzenden des Rates der Volkskommissare‹ durch den II. Sowjetkongreß. Am 18. 1. 1918 läßt L. die demokratisch gewählte verfassunggebende Versammlung (Konstituante) durch das Militär auflösen. 9. 2. 1918 Vertrag von Brest-Litowsk, mit dem L. den Krieg für Rußland beendet; 1918–1920 Bürgerkrieg, der mit dem Sieg der von Trotzki aufgebauten Roten Armee endet; März 1920 Aufstand der Matrosen in Kronstadt und X. Parteitag der Kommunistischen Partei Rußlands, auf dem L. ein Verbot innerparteilicher Fraktionsbildung durchsetzt und die so genannte ›Neue Ökonomische Politik‹ einleitet, die Zugeständnisse an die Bauern, den Handel und das Kleinkapital macht. In den letzten Lebensjahren versucht L., die fortschreitende Bürokratisierung der Partei und den Machtzuwachs ihres Generalsekretärs, J. W. Stalin, aufzuhalten.

Früh beginnt L., die Lehren von K. Marx im Hinblick auf die besondere vorkapitalistische und vordemokratische Situation in Rußland umzubilden. Obwohl die Industrialisierung sich seit 1870 beschleunigt, ist Rußland weitgehend agrarisch strukturiert; das Industrieproletariat, das nach Marx Träger der Revolution sein sollte, fehlt fast völlig. Deshalb richtet sich L.s Augenmerk zunächst vor allem auf die Agrarfrage; er analysiert die Rolle der Bauernschaft und die Probleme des Dorfes beim Übergang zum ↑Kapitalismus und bekämpft die Vorstellungen vom Bauernsozialismus der ›Narodniki‹ (Volkstümler). L. kommt zu der von Marx abweichenden Überzeugung, daß die russische Revolution nicht von einer politisch bewußten, proletarischen Mehrheit ausgehen könne, sondern von einer Minderheit, die ganze Etappen der ökonomisch-gesellschaftlichen Entwicklung zu überspringen in der Lage sei, d. h. von einer straff organisierten, schlagkräftigen Partei; erst nach Erlangung der Macht könne und solle diese die Sympathie der Mehrheit der Werktätigen zu gewinnen suchen. Während bei Marx die Partei nur untergeordnete Bedeutung als Propagandainstrument zur Verbreitung sozialistischer Ideen hat, ist sie für L. das Werkzeug zur Durchführung der Revolution. Diese Differenz führt 1903 auf dem II. Parteitag der SDAPR zur Spaltung. L.s Theorie von der Partei als ›bewußter und organisierter Vorhut der Arbeiter‹, von der Kaderpartei als der das Proletariat und die Bauernschaft führenden Truppe von Berufsrevolutionären wird zum Grundpfeiler des Bolschewismus.

In seinem Hauptwerk zur politischen Ökonomie (↑Ökonomie, politische) »Der Imperialismus als höchstes Stadium des Kapitalismus« (russ. Imperializm, kak novejšij ėtap kapitalizwa, St. Petersburg 1917) versucht L., Marx' Analyse des Kapitalismus weiterzuführen, so wie dieser sich ihm zu Beginn des Weltkriegs darstellt, nämlich seiner inneren Verfassung nach als Monopolkapitalismus, seiner außenpolitischen Wirkung nach als Imperialismus und seinem geschichtlichen Standort nach als an seinen Widersprüchen (z. B. der sich bis zu Vernichtungskriegen verschärfenden ökonomischen Konkurrenz kapitalistischer Staaten) zugrundegehender und so der Weltrevolution den Weg bereitender Kapitalismus. – L.s Staatstheorie in »Staat und Revolution. Die Lehre des Marxismus vom Staat und die Aufgaben des Proletariats in der Revolution« (Berlin 1918, russ. Gosudarstvo i revoljucija. Učenie marksizma o gosudarstve i zadači proletariata v revoljucii, St. Petersburg 1918) ist im wesentlichen die Marxsche, nach der der Staat das Unterdrückungs- und Ausbeutungsinstrument der herrschenden Klasse (↑Klasse (sozialwissenschaftlich)) ist. L. faßt aber eine Periode des Übergangs zur kommunistischen, d. h. klassenlosen und staatsfreien Gesellschaft (↑Kommunismus) nach erfolgter Revolution ins Auge: die Diktatur des Proletariats, durch die die Unterdrükker des Volkes mit Gewalt niedergehalten werden. – L.s politische Theorie und Praxis enthält einen folgenreichen Widerspruch: Einerseits geht es ihr um die Forderung nach sozialer Gerechtigkeit und demokratischer Mitbestimmung, andererseits um die Eroberung und Behauptung der politischen Macht mittels einer straff organisierten, taktisch und parteilich operierenden, die breite Masse führenden Elite. Während sich schon zu L.s Zeiten wegen der inneren und äußeren Gefährdung des jungen Sowjetstaates die bürokratisch-zentralistischen Tendenzen durchsetzten – Kritik hieran übten unter anderem K. Kautsky und R. Luxemburg –, versuchten in den 1960er und 1970er Jahren die Parteien des so genannten ›Eurokommunismus‹ an die demokratischen Tendenzen im Leninismus (↑Marxismus-Leninismus) anzuknüpfen.

L.s philosophisches Hauptwerk »Materialismus und Empiriokritizismus. Kritische Bemerkungen über eine reaktionäre Philosophie« (Wien 1927, russ. Materializm i empiriokriticizm. Kritičeskie zametki ob odnoj reakcionnoj filosofii, Moskau 1909) polemisiert gegen jene russischen Sozialisten (z. B. A. A. Bogdanow und sein Werk »Empiriomonismus«, russ. Moskau 1904), die die positivistische Erkenntnistheorie (↑Positivismus (historisch)) des von E. Mach und R. Avenarius entwikkelten ↑Empiriokritizismus vertreten. Ihm stellt L. eine Theorie der Widerspiegelung der Wirklichkeit durch Wahrnehmung gegenüber (↑Abbildtheorie). Die Erkenntnis ist demnach ein Prozeß fortschreitender Annäherung der Vorstellungen von der Welt an die Wirklichkeit. L. unterscheidet zudem einen philosophischen und einen wissenschaftlichen Begriff der ↑Materie: Während ersterer sich nicht wandle und nichts anderes als der Begriff der objektiven ↑Realität überhaupt sei, ändere sich letzterer mit dem ↑Fortschritt der Wissenschaften und ihrer Annäherung an die Realität.

Werke: Sobranie socinenij [Sämtliche Werke], I–XX, ed. L. B. Kamenev, Moskau 1920–1926; Polnoe sobranie sočinenij, I–LV, ed. Institut marksizma-leninizma pri CK KPSS, Moskau 1958–1965; Sämtl. Werke. Einzige vom L.-Institut Moskau autorisierte Ausg., Wien/Berlin 1927–1933, Zürich 1934, Moskau 1940–1941 (erschienen Bde III–VIII, X, XII, XIII, XV, XVII–XXIII, XXV, XXVI); Ausgew. Werke, I–XII, Wien/Berlin, Zürich, Moskau/St. Petersburg 1932–1939; Ausgew. Werke, I–II, Moskau 1946/1947 (repr. Stuttgart 1952, Berlin [Ost] 1953); Werke, I–XL, 2 Reg.- u. 2 Erg.Bde, ed. Institut für Marxismus-Leninismus beim ZK der SED, Berlin (Ost) 1955–1971; Ausgew. Schriften, ed. H. Weber, München 1963, Berlin 1989; Ausgew. Werke, I–III, ed. Institut für Marxismus-Leninismus beim ZK der KPdSU, Berlin (Ost) 1970; Studienausg., I–II, ed. I. Fetscher, Frankfurt 1970; Ausgew. Werke, I–VI, Reg.-Bd., ed. Institut für Marxismus-Leninismus beim ZK der SED, Berlin (Ost) 1970–1971, Frankfurt 1970–1974; Briefe, I–X, ed. Institut für Marxismus-Leninismus beim ZK der SED, Berlin (Ost) 1967–1976.

Literatur: L. Althusser, Lénine et la philosophie, Paris 1968, 1969, mit Untertitel: Suivi de Marx et Lénine devant Hegel, 1972, 1975, 1982 (engl. L. and Philosophy. And Other Essays, London, New York 1971, London [2]1977, New York 2001; dt. L. und die Philosophie. Über die Beziehung von Marx und Hegel. L.s Hegel-Lektüre, Reinbek b. Hamburg 1974); A. Arndt, L.. Politik und Philosophie. Zur Entwicklung einer Konzeption materialistischer Dialektik, Diss. Bochum 1982; H. Arvon (ed), Lénine. Présentation, choix de textes, bibliographie, Paris 1970; J. Becker/R. Weißenbacher (eds.), Sozialismen. Entwicklungsmodelle von L. bis Nyerere, Wien 2009; G. Bensussan/J. Robelin, Lénine, Enc. philos. universelle III/2 (1992), 2603–2605; W. Blum, L., BBKL IV (1992), 1417–1421; S. Bollinger, L.. Träumer und Realist, Wien 2006; V. Broido, L. and the Mensheviks. The Persecution of Socialists under Bolshevism, Boulder Colo. 1986, Boulder Colo., Aldershot 1987; C. Chant, L., in: S. Brown/D. Collinson/R. Wilkinson (eds.), Biografical Dictionary of Twentieth-Century Philosophers, London/New York 1996, 448–450; R. W. Clark, L.. The Man Behind the Mask, New York, London/ Boston Mass. 1988, New York 1990; D. Claussen (ed.), Blick zurück auf L.. ›Georg Lukács, die Oktoberrevolution und Perestroika‹, Frankfurt 1990; G. Cogniot, Présence de Lénine, Paris 1970; D. Colas, Lénine et le léninisme, Paris 1987; F. C. Copleston, Philosophy in Russia. From Herzen to L. and Berdyaev, Notre Dame 1986, 284–312; A. Degange, Lénine, DP II (1993), 1716–1717; I. Deutscher, L.s Childhood, London/New York/ Toronto 1970 (franz. L'enfance de Lénine. Et autres essais sur le marxisme et le communisme, Paris 1971; dt. L.s Kindheit, Frankfurt 1973); T. Deutscher (ed.), Not by Politics Alone … – the Other L., London 1973, Westport Conn. 1976; R. Dutschke, Versuch, L. auf die Füße zu stellen. Über den dialektischen und den westeuropäischen Weg zum Sozialismus. L., Lukács und die 3. Internationale, Berlin 1974, 1984; L. Fischer, The Life of L., London, New York 1964, Norwalk Conn. 1992, London 2001 (dt. Das Leben L.s, Köln/Berlin 1964, in zwei Bdn., München 1970; franz. Lénine, Paris 1966, unter dem Titel: La vie de

Lénine, in zwei Bdn., Paris 1971); A. Flew, L. and the Cartesian Inheritance, in: ders., A Rational Animal and Other Philosophical Essays on the Nature of Man, Oxford 1978, 196–221; R. Fülöp-Miller, Geist und Gesicht des Bolschewismus. Darstellung und Kritik des kulturellen Lebens in Sowjet-Russland, Zürich/Leipzig/Wien 1926, 1931 (engl. The Mind and Face of Bolshevism. An Examination of Cultural Life in Soviet Russia, London/New York 1927, 1929, New York 1965, Ann Arbor Mich. 1979); R. Garaudy, Lénine, Paris 1968; R. Gellately, L., Stalin and Hitler. The Age of Social Catastrophe, London, New York 2007, 2008 (dt. L., Stalin und Hitler. Drei Diktatoren, die Europa in den Abgrund führten, Bergisch Gladbach 2009); W. Goerdt, Die »allseitige universale Wendigkeit« (gibkost') in der Dialektik V. I. L.s, Wiesbaden 1962; M. Gorki, V. I. L., Moskau 1924, 1981 (dt. V. I. L. [russ./dt.], Berlin 1970); W. Hahlweg (ed.), L.s Rückkehr nach Rußland 1917. Die deutschen Akten, Leiden 1957; N. Harding, L.s Political Thought, I–II, London/Basingstoke 1977/1981, in einem Bd. London/Basingstoke 1983, Chicago Ill. 2009; H. H. Holz, L., in: B. Lutz (ed.), Die große Philosophen des 20. Jahrhunderts. Biografisches Lexikon, München 1999, 269–272; H. W. Kettenbach, L.s Theorie des Imperialismus. Grundlagen und Voraussetzungen, Köln 1965; E. Kogon, W. I. L.. Ein biographischer Essay, Zürich 1970, München 1971; L. Kołakowski, Główne nurty marksizmu, I–III, Paris 1976–1978, London 1988, Warschau 2009 (dt. Die Hauptströmungen des Marxismus, I–III, München 1977–1979, ²1981, ³1988–1989; engl. The Main Currents of Marxism, I–III, Oxford 1978, 1985, New York 2005); N. I. Kondakow, L., WbL (1978), 270–276; P. V. Kopnin, Filosofskie idei W. I. L.a i logika, Moskau 1969 (dt. Dialektik, Logik, Erkenntnistheorie. L.s philosophisches Denken. Erbe und Aktualität, Berlin [Ost] 1970); N. Krupskaja, Vospominanija o L.e, I–II, Moskau 1930–1931, 1933–1934, in einem Bd. Moskau 1957, ³1989 (dt. Erinnerungen an L., Zürich 1933, Berlin [Ost] 1959, ²1960); F. Kumpf, Probleme der Dialektik in L.s Imperialismus-Analyse. Eine Studie zur dialektischen Logik, Berlin (Ost) 1968, Berlin 1975; P. Le Blanc, L. and the Revolutionary Party, Atlantic Highlands N. J. 1990; ders., Marx, L., and the Revolutionary Experience. Studies of Communism and Radicalism in the Age of Globalization, London/New York 2006; D. Lecourt, Une crise et son enjeu. Essai sur la position de Lénine en philosophie, Paris 1973 (dt. L.s philosophische Strategie. Von der Widerspiegelung (ohne Spiegel) zum Prozeß (ohne Subjekt), Frankfurt/Berlin/Wien 1975); H. Lefebvre, La pensée de Lénine, Paris 1957, 1977; N. Levine, Dialogue within the Dialectic, Boston Mass. 1984; M. Lewin, Le dernier combat de Lénine, Paris 1967, 1978 (engl. L.'s Last Struggle, New York 1968, London 1969, New York 1970, London 1973, 1975, Ann Arbor Mich. 2005; dt. L.s letzter Kampf, Hamburg 1970); M. Liebman, Le Léninisme sous Lénine, I–II, Paris 1973 (engl. in einem Bd., Leninism under L., London 1975, 1985); N. Lobkowicz, Widerspiegelung, in: C. D. Kernig (ed.), Sowjetsystem und demokratische Gesellschaft VI, Freiburg/Basel/Wien 1972, 943–952; D. W. Lovell, From Marx to L.. An Evaluation of Marx's Responsibility for Soviet Autoritarism, Cambridge etc. 1984, 1986; P. Lübbe (ed.), Kautsky gegen L., Berlin/Bonn 1981; G. Lukàcs, L.. Studie über den Zusammenhang seiner Gedanken, Wien 1924, Neuwied/Berlin 1967, ³1969; I. K. Luppol, L. i filosofia. K voprosu ob otnošenii filosofii k revoljucii, Moskau/St. Petersburg 1927 (dt. L. und die Philosophie. Zur Frage des Verhältnisses der Philosophie zur Revolution, Berlin 1929, 1931); R. Luxemburg, Die russische Revolution, ed. P. Levi, Berlin 1922, ed. O. K. Flechtheim, Frankfurt 1963; G. Mai, L.. Die pervertierte Moral, Berneck 1988; M. C.

Morgan, L., Athenes Ohio, London 1971, New York 1973; S. Neumann, L.bilder. L. in der westdeutschen Geschichtswissenschaft in den 1960er bis 1980er Jahren, Hamburg 2006; A. Pannekoek, L. als Philosoph, Amsterdam 1938, Frankfurt, Wien 1969 (engl. L. as Philosopher. A Critical Examination of the Philosophical Basis of Leninism, New York 1948, 1975, Milwaukee Wisc. 2003, franz. Lénine philosophe. Examen critique des fondements philosophiques du Léninisme, Paris 1970); P. Patnaik (ed.), L. and Imperialism. An Appraisal of Theories and Contemporary Reality, London 1986; R. Pipes (ed.), The Unknown L.. From the Secret Archive, New Haven Conn./London 1996, 1999; S. T. Possony, L., the Compulsive Revolutionary, Chicago Ill. 1964, London 1965, ²1966 (dt. L.. Eine Biographie, Köln 1965); P. N. Prospelov, W. I. L.. Biographie, ed. Institut für Marxismus-Leninismus beim ZK der KpdSU, Berlin (Ost) 1961, ⁸1984, Frankfurt 1969; C. Read, L.. A Revolutionary Life, London, New York 2005; A. Reisberg (ed.), W. I. L.. Dokumente seines Lebens 1870–1924, I–II, Leipzig, Frankfurt 1977; M. Rozental' (ed.), L. kak filosof, Moskau 1969 (dt. L. als Philosoph, Frankfurt, Berlin [Ost] 1971); S. Saizew, Die Auseinandersetzung um L. in der Sowjetunion, Köln 1991; J. P. Scanlan, L., Enc. Ph. IV (1967), 434–435; A. Schaefer, L.s Philosophieren. Eine Kritik seines Vermächtnisses, Berlin 1986, Berlin, Cuxhaven 1996; L. Schapiro/P. Reddaway (eds.), L.. The Man, the Theorist, the Leader. A Reappraisal, London, New York 1967, Boulder Colo. 1987 (dt. L., Stuttgart etc. 1970); R. Service, L.. A Political Life, I–III, Basingstoke 1985–1995; ders., L., REP V (1999), 564–567; ders. L.. A Biography, Cambridge Mass., London 2000, 2001 (dt. L.. Eine Biographie, München 2000, 2002); D. Shub, L., Garden City N. Y. 1948, 1966, New York 1950, 1961, gekürzt Toronto 1963, mit Untertitel: A Biography, Harmondsworth 1966, 1977, Baltimore Md. 1970 (dt. L., Wiesbaden 1952, 1958, mit Untertitel: Geburt des Bolschewismus, München 1976, 1990); H. Shukman, L. and the Russian Revolution, London 1966, New York 1967, London etc. 1977, 1985; L. Singer, Korrekturen zu L., Stuttgart 1980; A. Solschenizyn, L. v Zjuriche. Glavy, Paris 1975, Warschau 1990, Jekaterinburg 1999 (engl. L. in Zurich. Chapters from the Red Wheel, New York 1975, 1976, Harmondsworth 1978; dt. L. in Zürich. Die entscheidenden Jahre, in denen L. die Grundlagen für den Sowjetstaat schuf, Basel 1975, Bern/München 1977, mit neuem Untertitel: Die entscheidenden Jahre zur Vorbereitung der Oktoberrevolution, Reinbek b. Hamburg 1980, München 1984, 1990); A. U. Thiesen, L.s politische Ethik. Nach den Prinzipien seiner politischen Doktrin. Eine Quellenstudie, München/Salzburg 1965; L. Trotzki, O L.e. Materialy dlia biografa, Moskau 1924, 2005 (dt. Über L.. Material für einen Biographen, Berlin 1924, 1933, Frankfurt 1964, Essen 1996, ²2000; engl. On L.. Notes Towards a Biography, London etc. 1924, 1971); ders., dt. Der junge L., Wien/München/Zürich 1969, Frankfurt 1971, 1982; O. Velikanova, Making of an Idol. On Uses of L., Göttingen/Zürich 1996; E. Vollrath, L. und der Staat. Zum Begriff des Politischen bei L., Wuppertal/Ratingen/Kastellaun 1970; G. Walter, Lénine, Paris 1950, 1971; H. Weber, L. in Selbstzeugnissen und Bilddokumenten, Reinbek b. Hamburg 1970, 2004; ders./G. Weber, L.-Chronik. Daten zu Leben und Werk, München 1974, 1983; G. Wilczek, Die Erkenntnislehre L.s, Pfaffenhofen a. d. Ilm 1974; B. Williams, L., Harlow etc. 1999, 2001; R. C. Williams, The Other Bolsheviks. L. and His Critics. 1904–1914, Bloomington Ind. 1986; E. V. Wolfenstein, The Revolutionary Personality. L., Trotzky, Gandhi, Washington D. C. 1966, Princeton N. J. 1967, 1973; D. Wolkogonov, L.. Utopie und Terror, Düsseldorf etc. 1994, 1996; W. Ziegenfuss, L.. Soziologie und revolutionäre Aktion im politischen Geschehen, Berlin 1948. – L., in: A. Hügli/P. Lübke (eds.), Philosophielexikon. Personen und Begriffe der abendländischen Philosophie von der Antike bis zur Gegenwart, Reinbek b. Hamburg 1991, 346–348; L. und die Wissenschaft, I–II, I, ed. J. Becher u.a., II, ed. R. Rochhausen/G. Grau, Berlin (Ost) 1970.   R. Wi.

Leninismus, ↑Marxismus-Leninismus.

Leo Hebraeus, ↑Abravanel, Jehuda, ↑Levi Ben Gerson.

Leonardo da Vinci, *Vinci (bei Florenz) 15. April 1452, †Château de Cloux (heute Clos-Lucé) bei Amboise 2. Mai 1519, ital. Maler, Bildhauer, Techniker und Naturforscher. Nach Ausbildung ab 1466/1467 bei Andrea del Verrocchio in Florenz 1482–1499 in Diensten des Herzogs von Mailand, Ludovico Sforza, 1500–1506, nach Aufenthalten in Mantua und Venedig, in Diensten Cesare Borgias in Florenz. 1506 Rückkehr nach Mailand auf Einladung des französischen Statthalters Charles d'Amboise (Zusammenarbeit mit dem Mathematiker Luca Pacioli, dessen »Divina proportione« [Venedig 1509] er illustriert), 1513 in Erwartung päpstlicher Aufträge Übersiedlung nach Rom, 1516 auf Einladung Franz' I. nach Amboise. – L.s Beschäftigung mit militärtechnischen, mathematischen, anatomischen, physiologischen und physikalischen, speziell optischen und statischen, ferner hydrodynamischen, meteorologischen und geologischen Problemen, beginnt bereits während seines ersten Aufenthaltes in Mailand (vier Buchprojekte über Malerei, Architektur, Mechanik und Anatomie) und bleibt auch in seiner weiteren Entwicklung ebenso bestimmend wie das künstlerische Werk. Im Gegensatz zu diesem ist L.s wissenschaftliches Werk jedoch fragmentarisch; die postumen Veröffentlichungen »Trattato della pittura« (vorbereitet von L.s Schüler F. Melzi, ed. R. du Fresne, Paris 1651) und »Del moto e misura dell'acqua [...]« (ed. F. Cardinali, Bologna 1828) sind aus Aufzeichnungen aus dem Nachlaß zusammengestellt; fast zwei Drittel von diesen gingen verloren (darunter fast 75 Prozent der von Melzi verwendeten). Da die Aufzeichnungen und Notizbücher (erhalten sind etwa 6000 Manuskriptseiten) den Zeitgenossen L.s und der weiteren Entwicklung unbekannt waren, blieb sein wissenschaftliches Werk ohne Einfluß auf die Wissenschaftsgeschichte der Neuzeit.

Im Mittelpunkt dieses Werkes stehen entsprechend dem Selbstverständnis (und den Anstellungsverhältnissen) L.s als Künstler und Ingenieur (sein Titel z.B. in Mailand: ›pictor ingeniarius ducatis‹) Probleme der *technischen Konstruktion*, insbes. im Bereich des Werkzeug- und Maschinenbaus (z.B. Wärme-, Textil- und Flugmaschinen) sowie der Militärtechnik (z.B. Entwürfe für Festungsanlagen). Untersuchungen über das Phänomen der Reibung und dessen technische Verminderung neh-

men dabei eine ebenso bedeutende Stelle ein wie etwa ballistische Themen. Diese verbinden zugleich Gesichtspunkte der technischen Konstruktion mit physikalischen Problemen. Nach L.s Konzeption ist die Physik auf den Grundbegriffen Bewegung, Kraft, Gewicht und Stoß aufgebaut. Statische Erwägungen erweisen L. als Kenner der Archimedischen Schriften und derer aus der Schule des Jordanus von Nemore; dynamische Erwägungen bleiben in den Grenzen der Physik des Aristoteles (z.B. Übernahme des Aristotelischen Bewegungsgesetzes, wonach die Geschwindigkeit eines Körpers proportional der bewegenden Kraft und umgekehrt proportional dem Widerstand ist) und Alberts von Sachsen. Allerdings treten bei L. bereits Feststellungen auf, die das 3. Newtonsche Gesetz (↑actio = reactio) formulieren (Codex Atlanticus, fol. 381v-a). Neben Bemühungen um eine Definition des Begriffs der physikalischen ↑Kraft (vgl. Codex Atlanticus, fol. 253r-c) stehen definitorische Anschlüsse an die ↑Impetustheorie in ihrer klassischen Form bei J. Buridan und Albert von Sachsen (vgl. Codex Atlanticus, fol. 161v-a). In der ↑Statik gilt das Interesse L.s vor allem der theoretischen und experimentellen Schwerpunktbestimmung (z.B. eines Tetraeders und eines Kreissektors); technisch und wissenschaftshistorisch interessant ist eine Anordnung zur experimentellen Kontrolle des Prinzips der schiefen Ebene. Mechanistische Erklärungen herrschen auch in anatomischen (Knochen als Hebel, Muskeln als zugehörige und auf sie wirkende Kraftlinien) und physiologischen Zusammenhängen (in Abhängigkeit von Galen) vor. Kosmo-

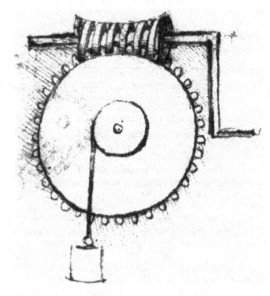

Abb. 1: Schneckengetriebe (Codex Madrid I, 17 v)

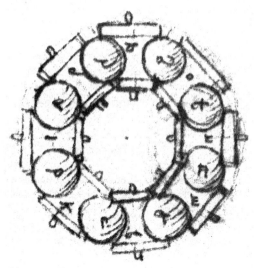

Abb. 2: Kugellager
(Codex Madrid I, 20 v)

logische Konzeptionen, bestimmt unter anderem durch
die Analogie von ↑Makrokosmos und Mikrokosmos,
sollten im Sinne einer einheitlichen Naturerklärung die
naturwissenschaftlichen Einzelstudien systematisch zusammenfassen.

In allgemeiner erkenntnistheoretischer Perspektive dient
für L. die Theorie der (Wahrheit verbürgenden) Anschauung, nicht umgekehrt die Anschauung der Theorie. Für ihn ist die ›Sichtbarmachung der Welt‹, wie sie
wirklich, d. h. vor den Augen des zeichnenden Verstandes und des Künstlers, ist, die zentrale Aufgabe, nicht die
Erklärung der Welt in der Begrifflichkeit eines gelehrten
Wissens. In methodologischer Hinsicht bildet die Sinnlichkeit den *Zugang* zu den Objekten der Natur und der
Kunst, die Mathematik das Instrument ihrer wissenschaftlichen *Bearbeitung*. Beobachtung und geometrische Darstellung stellen daher nach L. auch die Fundamente des naturwissenschaftlichen Wissens dar (Unterscheidung zwischen reiner Geometrie, geometrischer
Optik und geometrischer Physik [›Geometrie der Natur‹]). Mit dieser Auffassung übernimmt L. die platoni-
stischen (↑Platonismus) und pythagoreisierenden (↑Py-
thagoreismus) Orientierungen der ↑Renaissance, ohne
damit jedoch schon den Schritt zur neuzeitlichen Naturwissenschaft, etwa im Sinne G. Galileis, zu tun. Dafür
fehlt es, zugunsten detaillierter technischer Konstruktionen, dem wissenschaftlichen Werk an theoretischer
Architektonik und sachlicher Neuorientierung gegenüber dem bisherigen naturwissenschaftlichen Wissen.
Die bedeutende Rolle, die L. in der Renaissance-For-
schung zukommt, beruht – neben seinem überragenden
künstlerischen Werk – insbes. auf der Fülle und Origi-

nalität technischer Einsichten, die ihn zugleich als einen
Angehörigen der Tradition der Werkstätten ausweist, zu
der etwa auch der Galilei-Vorläufer N. Tartaglia gehört.

Werke: Trattato della pittura [...], novamente dato in luce, con
la vita dell'istesso autore, ed. R. du Fresne, Paris 1651 (franz.
Traitté de la peinture [...] donné au public et traduit d'italien en
françois par R. F. S. D. C. [Roland Fréart Sieur de Chambray],
Paris 1651 [repr. 1977]; engl. [nach franz. editio princeps] A
Treatise on Painting [...]. Translated from the Original Italian
[...], London 1721, 1796; dt. [nach ital. u. franz. editio princeps]
Des vortreflichen Florentinischen Mahlers Lionardo da Vincis
höchst-nützlicher Tractat von der Mahlerey. Aus dem Italiäni-
schen und Französischen in das Teutsche übersetzet [...] von
J. G. Böhm, Nürnberg 1724, ²1747, unter dem Herrn
Leonhard von Vinci [...] praktisches Werk von der Mahlerey
[...], 1786), Neapel 1723, 1733, Bologna 1786, mit Untertitel:
Ridotto alla sua vera lezione sopra una copia a penna di mano di
Stefano della Bella [...], Florenz 1792, ohne Untertitel, Mailand
1804, unter dem Titel: Trattato della Pittura [...] tratto da un
codice della Bibliotheca Vaticana [...], ed. G. Manzi, Rom 1817
[= Teil I, Teil II (Tafelband) unter dem Titel: Disegni che
illustrano l'opera del Trattato della pittura [...], Rom 1817],
mit Untertitel: Condotto sul Cod. Vaticano Urbinate 1270, ed.
M. Tabarrini/G. Milanesi, Rom 1890 (repr. La Spezia 1984, 1989,
Rom 1996, 2006), [...], unter dem Titel: Libro di Pittura. Codice
Urbinate lat. 1270 nella Biblioteca Apostolica Vaticana, I–II, ed.
C. Pedretti/C. Vecce, Florenz 1995 [textkrit. Ed. des Gesamt-
textes mit Transkription], unter dem Titel: Libro di Pittura.
Edizione in Facsimile del Codice Urbinate lat. 1270 [...], I–II,
ed. C. Pedretti/C. Vecce, Florenz 1995 (franz. Traité de la
peinture [...] revû et corrigé. Nouvelle édition, Paris 1716,
1796, ed. P. M. Gault de Saint-Germain, Paris 1803, Genf
1820, mit Untertitel: Traduit intégralement pour la première
fois en Français sur le Codex Vaticanus [Urbinas] 1270 [...], ed.
J. A. Péladan, Paris 1910, ⁹1928, mit Untertitel: Traduit et re-
construit pour la première fois à partir de tous les manuscrits,
ed. A. Chastel, o.O. [Paris] 1960 [engl. The Genius of L. da V.. L.
da V. on Art and the Artist, trans. E. Callmann, New York 1961
(repr. unter dem Titel: L. on Art and the Artist, Mineola N. Y.
2002)], Paris 1987, rev. u. erw., ed. C. Lorgues, Paris 2003; engl.
A Treatise on Painting [...]. Faithfully translated from the
Original Italian [...], ed. J. F. Rigaud, London 1802, 1835, rev.
1877 (repr. Mineola N. Y. 2005), 1887, 1892, [...], 1910, Amherst Mass. 2002, unter dem Titel: Treatise on Painting [Codex
Urbinas Latinus 1270], I–II, ed. A. P. McMahon, Princeton N. J.
1956 [I Transl., II Facsimile]; dt. Das Buch von der Malerei.
Nach dem Codex Vaticanus 1270, I–III, [ital./dt.], ed. H. Ludwig, Wien 1882, Osnabrück 1970, unter dem Titel: Traktat von
der Malerei, ed. M. Herzfeld, Jena 1909, 1925, Nachdr. München
1989); Del moto e misura dell'acqua, in: F. Cardinali (ed.),
Raccolta di autori italiani che trattano del moto dell'acque X,
Bologna 1826, 1828, 271–450, ed. E. Carusi/A. Favaro, Bologna
1923 (repr. in 2 Bdn., 1983/1984). – Les manuscrits de Léonard
de V., I–VI, ed. C. Ravaisson-Mollien, Paris 1881–1891 [Manu-
skripte des Institute de France], unter dem Titel: I manoscritti
dell'Institute de France, A–M in 12 Bdn., ed. A. Marinoni,
Florenz 1986–1990 [jeder Bd. in zwei Teilen, Faksimile u. Tran-
skription], unter dem Titel: I manoscritti dell'Istituto di Francia,
I–X, ed. G. Govi/P. Poli Capri, Rom 2000 (engl. The Manuscripts of L. da V. in the Institut de France [A–M in 12 Vol.],
trans. and annot. J. Venerella, Mailand 1999–2007); Il codice di
L. da V. nella biblioteca del principe Trivulzio in Milano, ed. L.

Beltrami, Mailand 1891, unter dem Titel: Il codice trivulziano, ed. N. de Toni, Mailand 1939, unter dem Titel: Codice Trivulziano. Il codice no. 2162 della Biblioteca Trivulziana di Milano, I–II (II Faksimile), ed. A. Marinoni, Mailand 1980, unter dem Titel: Il codice di L. da V. nella Biblioteca Trivulziana di Milano, trascrizione diplomatica e critica A. M. Brizio, Florenz 1980 (engl. The Codex Trivulzianus in the Biblioteca Trivulziana, Milan, ed. A. M. Brizio, trans. M. Baca, New York/London 1982); I manoscritti di L. da V.. Codice sul volo degli uccelli e varie altre materie [ital./franz.], ed. T. Sabachnikoff, trans. C. Ravaisson-Mollien, Paris 1893, unter dem Titel: Il codice sul volo degli uccelli, ed. u. übers. J. da Badia Polesine, Mailand 1946 [mit Faksimile des Codex], unter dem Titel: Il codice sul volo degli uccelli nella Biblioteca Reale di Torino, trascrizione diplomatica e critica, ed. A. Marinoni, Florenz 1976 [mit Faksimile des Codex] (dt. Traktat über den Flug der Vögel in der Königlichen Bibliothek von Turin, übers. S. Braunfels, Würzburg 1978; engl. The Codex on the Flight of Birds in the Royal Library at Turin, New York/London 1982), unter dem Titel: Der Vögel Flug/Sul volo degli uccelli [dt./ital.], ed. u. übers. M. Schneider, München 2000, unter dem Titel: Codice del volo. Dagli uccelli alla macchina per volare/Codex on Flight. From Birds to the Flying Machines [ital./engl.], ed. E. Zanon, Mailand 2007; Il codice atlantico di L. da V. nella Biblioteca Ambrosiana di Milano, I–III [in sechs Bdn., je ein Kommentarbd. u. ein Textbd.], ed. Regia Accademia dei Lincei, trascrizione diplomatica e critica G. Piumati, Mailand 1894–1904, unter dem Titel: Il codice atlantico, edizione in facsimile dopo il restauro dell'originale conservato nella Biblioteca Ambrosiana di Milano, I–III, Florenz, New York 1973–1975, unter dem Titel: Il codice atlantico della Biblioteca Ambrosiana di Milano. Trascrizione diplomatica e critica, I–XII, ed. A. Marinoni, Florenz 1975–1980, in drei Bdn., Florenz 2000, I–XX [XX = Indexbd.] Florenz/Mailand 2006 (engl. The Codex Atlanticus of L. da V.. A Catalogue of Its Newly Restored Sheets, I–II, ed. C. Pedretti, New York 1978/1979); I manoscritti di L. da V. della Reale Biblioteca di Windsor, I–II, [ital./franz.] ed. T. Sabachnikoff/G. Piumati, Paris/Turin 1898/1901 (I Dell'anatomia fogli A, II Dell'anatomia fogli B), unter dem Titel: Quaderni d'anatomia [ital./engl./dt.], I–VI, ed. O. C. L. Vangensten/A. Fonahn/H. Hopstock, Christiania 1911–1916 (engl. A Catalogue of Drawings of L. da V. in the Collection of His Majesty the King at Windsor Castle, I–II, ed. K. Clark, Cambridge 1935, erw. unter dem Titel: The Drawings of L. da V. in the Collection of Her Majesty the Queen at Windsor Castle, I–III, ed. K. Clark/C. Pedretti, London ²1968–1969 [vollst. Ausgabe, Bd. III enthält die anatomischen Zeichnungen], unter dem Titel: L. da V. on the Human Body. The Anatomical, Physiological, and Embryological Drawings of L. da V., ed. C. D. O'Malley/J. B. de C. M. Saunders, New York 1952, 2003, unter dem Titel: Corpus of the Anatomical Studies in the Collection of Her Majesty the Queen at Windsor Castle, ed. K. D. Keele/C. Pedretti, I–III, London 1978/1980 [dt. Atlas der anatomischen Studien der Sammlung Ihrer Majestät Queen Elisabeth II in Windsor Castle, I–III, Gütersloh 1978–1981; ital. Corpus degli studi anatomici nella collezione di Sua Maestà la regina Elisabetta II nel Castello di Windsor, I–III, Florenz 1980–1985], unter dem Titel: The Mechanics of Man, ed. M. Clayton/R. Philo, London 2010 [Faksimile und engl. Übers. Manuskript A aus Windsor]); Il codice di L. da V. della biblioteca di Lord Leicester in Holkham Hall, ed. G. Calvi, Mailand 1909 (repr. Florenz 1980) unter dem Titel: Il codice Leicester, Neapel 2001 [Faksimile-Reprint] (engl. The Codex Hammer, ed. C. Pedretti, Florenz 1987 [mit Faksimile des Codex Hammer]; dt. Der Codex Leicester, ed. Haus der Kunst, München/Museum der Dinge, Berlin, übers. v. M. Schneider, Düsseldorf 1999 [mit Faksimile des Codex]); I manoscritti e i disegni di L. da V.. I Manoscritti, I–VII, II Disegni, I–VIII, Serie minore, I–V und 1 Suppl.Bd., ed. Reale Commissione vinciana, Rom 1923–1952; I manoscritti e i disegni di L. da V. [...]. Il codice Arundel 263 nel Museo Britannico, I–IV, ed. Reale Commissione vinciana, Rom 1923–1930, unter dem Titel: Il Codice Arundel 263 nella British Library. Edizione in facsimile nel riordinamente cronologico dei suoi fascicoli, I–II, ed. C. Pedretti/C. Vecce, Florenz 1998; I manoscritti e i disegni di L. da V. [...]. Il Codice Forster [I–III] nel »Victoria and Albert Museum«, I–V (V = Indexbd.), ed. Reale Commissione vinciana, Rom 1930–1936 [mit Faksimile der Codices], unter dem Titel: I codici Forster del Victoria and Albert Museum di Londra, I–III, trascrizione diplomatica e critica A. Marinoni, Florenz 1992 [mit Faksimile der Codices]; I codici di Madrid, ed. L. Reti, I–V, Florenz 1974 (dt. Codices Madrid. Nationalbibliothek Madrid, I–V, ed. L. Reti u. a., Frankfurt 1974; engl. The Madrid Codices. National Library Madrid, I–V, ed. L. Reti, New York 1974). – Frammenti letterari e filosofici. Favole, allegorie, pensieri, paesi, figure, profezie, facezie, ed. E. Solmi, Florenz 1899, [...], 1979, unter dem Titel: Scritti scelti. Frammenti letterari e filosofici, Florenz 2006; Pagine d'arte e di scienza. Antologia, ed. S. De Simone, con la »Vita« scritta da Giorgio Vasari, Turin o. J. [1925]; I libri di meccanica, ed. A. Uccelli, Mailand 1940 (repr. Nendeln 1972), 1942; Antologia leonardesca, ed. F. Flora, Mailand 1947; Tutti gli scritti I (Scritti letterari), ed. A. Marinoni, Mailand 1952, unter dem Titel: Scritti letterari. Con i manoscritti di Madrid, ⁶2005; Scritti scelti, ed. A. M. Brizio, Turin 1952, ²1966, 1996; Scritti. Trattato della pittura, scritti letterari, scritti scientifici, ed. J. Recupero, Rom 1966, o.O. 2002; Pensieri filosofici e scientifici, ed. C. Ciapetti Angelini, Rom 1970; Scritti scelti, ed. S. Caramella, Mailand 1972; Scritti, ed. C. Vecce, Mailand 1992 [enthält Favole, Bestiario, Imprese, Proverbi, Profezia, Facezie, Poetica della pittura, Appunti figurative, Descrizione fantastiche, La scienza della natura, La scienza dell'uomo, Ricordi, Trascrizioni, Lettere]; Scritti artistici e tecnici, ed. B. Agosti, Mailand 2002, ²2007. – The Literary Works, I–II, ed. J. P. Richter, London 1883, London/New York ²1939, ³1970, unter dem Titel: The Notebooks of L. da V., I–II, New York 1970, mit Originaltitel, Oxford 1977; L. da V.'s Note-Books, ed. u. trans. E. MacCurdy, London, New York 1906, 1923, unter dem Titel: The Notebooks of L. da V., I–II, London, New York 1938, London 1956, 1977 (franz. Les carnets de Léonard de V., I–II, Paris 1942, 1997/1998); The Notebooks of L. da V., ed. E. MacCurdy/L. Reti, I–III, London 2009 [enthält die Ausgabe McCurdy 1956, erweitert um Auszüge aus Retis Ed. der Codices Madrid (s. o.) 1974]; Selections from the Notebooks of L. da V., ed. I. A. Richter, London/New York 1952 (repr. London 1966), 1977, unter dem Titel: L. da V.. Notebooks, mit Einl. u. Anm. v. T. Wells, Oxford/New York 2008; On Painting. An Anthology of Writings by L. da V. with a Selection of Documents Relating to His Career as an Artist, ed. M. Kemp, New Haven Conn./London 1989; L.'s Notebooks, ed. H. Anna Suh, New York 2005, 2009 (dt. Skizzenbücher, Bath 2005, 2007); L. da V.. Der Denker, Forscher und Poet. Nach den veröffentlichten Handschriften [Auswahl], ed. M. Herzfeld, Leipzig 1904, Jena ²1906, ³1911, 1926; Tagebücher und Aufzeichnungen, ed. u. übers. v. T. Lücke, Leipzig, Berlin 1940, Leipzig/München, Zürich, Berlin ²1952, Leipzig ³1953; Philosophische Tagebücher [ital./dt.], ed. G. Zamboni, Hamburg 1958; Delle Acque, ed. M. Schneider, Palermo 2001; Das Wasserbuch. Schriften und Zeichnungen [Auswahl], ed. u.

übers. M. Schneider, München/Paris/London 1996; Dessins scientifiques et techniques, ed. P. Huard/M. D. Grmek, Paris 1962; Maximes, fables et devinettes, ed. C. Mileschi, Paris 2001; Traité de la perspective linéaire, übers. v. V. Gréby, Paris 2007. – Bibliografia vinciana. 1885–1919, ed. L. Feltrami, Rom 1919; Bibliografia Vinciana. 1493–1930, I–II, ed. E. Verga, Bologna 1931 (repr. New York 1970); K. T. Steinitz (ed.), L. da V.'s Trattato della pittura (Treatise on Painting). A Bibliography of the Printed Editions 1651–1956. Based on the Complete Collection in the Elmer Belt Library of Vinciana [...], Kopenhagen 1958; Bibliografia degli scritti vinciani di anatomia e materie affini, 1550–1963, ed. R. Cianchi, Rom 1962 (= L. da V., Il trattato della anatomia III); Totok III (1980), 232–244; Bibliografia vinciana, 1964–1979, ed. A. Lorenzi/P. Marani, Florenz 1982; Bibliotheca Leonardiana. 1493–1989, I–III, ed. M. Guerrini, Mailand 1990; C. Pedretti, The Book on Painting. A Bibliography, Achademia Leonardi Vinci 10 (1996), 165–191; Fortlaufende Bibliographie in Raccolta vinciana, Mailand 1905 ff..

Literatur: J. S. Ackerman, L.'s Eye, J. Warburg Courtauld Inst. 41 (1978), 108–146; ders., L. da V.. Art in Science, Daedalus 127 (1998), 207–224; D. Arasse, Léonard de V.. Le rythme du monde, Paris 1997, 2003 (dt. L. da V., Köln 1999, 2005); A. d'Arrigo, Un frammento inedito di L. e la relatività, Sophia 26 (1958), 226–241; B. Atalay, Math and the Mona Lisa. The Art and Science of L. da V., Washington D. C. 2004, 2005; G. T. Bagni/B. D'Amore, L. e la matematica, Florenz 2006; G. Baratta, L. tra noi. Immagini, suoni, parole nell'epoca intermediale, Rom 2007; O. Baur u. a., L. da V.. Anatomie, Physiognomik, Proportion und Bewegung, Köln, Feuchtwangen 1984; A. Bazardi, La botanica nel pensiero di L., Mailand 1953; E. Belt, L. the Anatomist, Lawrence Kan. 1955, New York 1969; F. M. Bongioanni, L. pensatore. Saggio sulla posizione filosofica di L. da V., Piacenza 1935; S. Bramly, Léonard de V., Paris 1988, 2004 (engl. L.. Discovering the Life of L. da V., New York 1991, unter dem Titel: L.. The Artist and the Man, London/New York 1992, 1994; dt. L. da V.. Eine Biographie, Reinbek b. Hamburg 1993, 2005); S. Braunfels-Esche, L. da V.. Das anatomische Werk. Mit kritischem Katalog, Basel 1954, Stuttgart 1961; M. Brion, Léonard de V., Paris 1952, I–II, 1959, in einem Bd. 1995; ders. (ed.), Léonard de V., Paris 1959, 1973; L. Bulferetti, L.. L'uomo e lo scienziato, Turin 1966; I. Calvi, L'architettura militare di L. da V., Mailand 1943; ders., L'ingegneria militare di L., Mailand 1953 (Onoranze a L. da V. nel quinto centenario della nascità II); G. Calvi, I manoscritti di L. da V.. Dal punto di vista cronologico, storico e biografico, Bologna 1925, ed. A. Marinoni, Busto Arsizio 1982; A. Campana, L.. La vita, il pensiero, i testi esemplari, Mailand 1973; F. Capra, The Science of L.. Inside the Mind of a Great Genius of the Renaissance, New York etc. 2007, New York 2008 (franz. Léonard de V.. Homme de sciences, Arles 2010); E. Cassirer, Das Erkenntnisproblem in der Philosophie und Wissenschaft der neueren Zeit I, Berlin 1906, ³1922 (repr. Hildesheim/New York 1971, Darmstadt 1994), 318–328, Hamburg, Darmstadt 1999 (= Ges. Werke II), 265–274; Centre national de la recherche scientifique (ed.), Léonard de V. et l'expérience scientifique au XVIᵉ siècle [Colloque international] Paris, 4–7 juillet 1952, Paris 1953; M. Clagett, L. da V. and the Medieval Archimedes, Physis 11 (1969), 100–151; K. M. Clark, L. da V.. An Account of His Development as an Artist, New York/Cambridge 1939, ²1952, Harmondsworth/New York 1988 (franz. Leonard de V., Paris 1967, 2005; dt. L. da V. in Selbstzeugnissen und Bilddokumenten, Reinbek b. Hamburg 1969,

2005); B. Dibner, L. da V.. Military Engineer, in: M. F. A. Montagu (ed.), Studies and Essays in the History of Science and Learning. Offered in Homage to George Sarton on the Occasion of His Sixtieth Birthday, 31 August 1944, New York o. J. [1946] (repr. New York 1969), 1975, 85–111; E. J. Dijksterhuis, De Mechanisering van het Wereldbeeld, Amsterdam 1950, ⁵1985, 277–290 (dt. Die Mechanisierung des Weltbildes, Berlin/Göttingen/Heidelberg 1956, ²2002, 281–295; engl. The Mechanization of the World Picture, Oxford 1961, Princeton N. J. 1986, 253–264); P. Duhem, Études sur Léonard de V., I–III, Paris 1906–1913 (repr. 1955, Paris/Montreux 1984); C. Farago, L. da V.. Selected Scholarship, I–V, New York/London 1999; dies., Rereading L.. The Treatise on Painting Across Europe, 1550–1900, Farnham/Burlington Vt. 2009; F. Fehrenbach, Licht und Wasser. Zur Dynamik naturphilosophischer Leitbilder im Werk L. da V.s, Tübingen 1997; ders. (ed.), L. da V.. Natur im Übergang. Beiträge zu Wissenschaft, Kunst und Technik, München 2002; H. Fischer, L. da V. als Physiologe, Gesnerus 9 (1952), 81–123; F. Frosini (ed.), L. e Pico. Analogie, contatti, confronti. Atti del convegno di Mirandola, 10 maggio 2003, Florenz 2005; P. Galluzzi (ed.), La mente di L.. Nel laboratorio del genio universale, Florenz 2006 (engl. The Mind of L.. The Universal Genius at Work, Florenz 2006); C. H. Gibbs-Smith, The Inventions of L. da V., Oxford, New York 1978, London 1985 (dt. Die Erfindungen von L. da V., Stuttgart/Zürich 1978, 1988); B. Gille, Les ingénieurs de la Renaissance, Paris 1964, 1978 (engl. The Renaissance Engineers, London 1966; dt. Ingenieure der Renaissance, Wien/Düsseldorf 1968; ital. L. e gli ingegneri del Rinascimento, Mailand 1972, 1980); C. C. Gillispie u. a., L. da V., DSB VIII (1973), 192–245; P. A. Giustini, Da L. a Leibniz. La rivoluzione scientifica, Mailand 1977; I. B. Hart, The Mechanical Investigations of L. da V., Chicago Ill., London 1925, Berkeley Calif./Los Angeles ²1963, Westport Conn. 1982; L. H. Heydenreich, L., Berlin 1943, erw. unter dem Titel: L. da V., I–II, Basel 1953, 1954 (engl. L. da V., I–II, New York 1954); ders. (ed.), L.-Studien, München 1988; ders./B. Dibner/L. Reti (eds.), L. the Inventor, New York 1980, London 1981 (dt. L., der Erfinder, Stuttgart/Zürich 1980, 1987); M. Huberty/R. Ubbidiente (eds.), L. da V. all'Europa. Einem Mythos auf den Spuren, Berlin 2005; K. Jaspers, Lionardo als Philosoph, Bern 1953; K. D. Keele, L. da V. on the Movement of the Heart and Blood, Philadelphia Pa./London/Montreal 1952; ders., L. da V.'s Elements of the Science of Man, New York/London 1983; M. Kemp, L. da V.. The Marvellous Works on Nature and Man, London/Melbourne/Toronto, Cambridge Mass. 1981, rev. Oxford/New York 2006, 2007; ders., L., Oxford/New York 2004 (dt. Leonardo, München 2005, 2008); ders. (ed.), L. da V.. Experience, Experiment and Design, London 2006, 2007; S. Klein, Da V.s Vermächtnis oder Wie L. die Welt neu erfand, Frankfurt 2008, 2009; D. Koenigsberger, Renaissance Man and Creative Thinking. A History of Concepts of Harmony, 1400–1700, Hassocks, Atlantic Highlands N. J. 1979, 56–99; D. Kupper, L. da V., Reinbek b. Hamburg 2007; H. Ladendorf, L. da V. und die Wissenschaften. Eine Literaturübersicht, Köln, Feuchtwangen 1984; D. Laurenza, L. da V.. Künstler, Forscher, Ingenieur, Heidelberg 2000 (Spektrum der Wiss. Biographie 2000, 1); ders., De figura umana. Fisiognomica, anatomia e arte in L., Florenz 2001; ders., L.. Il volo, Florenz 2004 (engl. L. on Flight, Florenz 2004, Baltimore Md. 2007); ders., L.. L'anatomia, Florenz 2009 (dt. L. – Anatomie, Stuttgart 2009); P. C. Marani, L'architettura fortificata negli studi di L. da V.. Con il catologo completo dei disegni, Florenz 1984; R. Marcolongo, La meccanica di L. da V., Neapel 1932; ders., L. da V. artista-scienziato, Mailand 1939, ³1950;

R. D. Masters, Machiavelli, L., and the Science of Power, Notre Dame Ind./London 1996, 2004; K. Mauersberger, L. da V., in: D. Hoffmann/H. Laitko/S. Müller-Wille (eds.), Lexikon der bedeutenden Naturwissenschaftler II, München 2004, 395–402; E. McCurdy, The Mind of L. da V., London, New York 1928, Mineola N. Y. 2005; J. P. McMurrich, L. da V., the Anatomist, Baltimore Md. 1930; J. Mittelstraß, L. und die L.-Welt. Der universale Mensch als Weltbaumeister, in: G. Schramm (ed.), L.. Bewegung und Ruhe [s. u.], 91–121; F. C. Moon, The Machines of L. da V. and Franz Reuleaux. Kinematics of Machines from the Renaissance to the 20th Century, Dordrecht 2007; C. D. O'Malley (ed.), L.'s Legacy. An International Symposium, Berkeley Calif./Los Angeles 1969 (Beiträge von B. Dibner, K. Keele, L. Reti u. a.); C. Nicholl, L. da V.. The Flights of the Mind, London, New York 2004 (dt. L. da V.. Die Biographie, Frankfurt 2006, 2009; franz. Léonard de V.. Biographie, Arles 2006); A. Parr, Exploring the Work of L. da V. within the Context of Contemporary Philosophical Thought and Art. From Bergson to Deleuze, Lewiston N. Y./Lampeter 2003; W. B. Parsons, Engineers and Engineering in the Renaissance, Baltimore Md. 1939, Cambridge Mass./London 1976, 15–96; C. Pedretti, Studi Vinciani. Documenti, analisi e inediti leonardeschi, Genf 1957; ders., L.. A Study in Chronology and Style, Berkeley Calif., London 1973 (repr. New York/London 1982); ders., L. architetto, Mailand 1978, 41995, 2007 (dt. L. da V., Architekt, Stuttgart/Zürich 1980; engl. L.. Architect, New York 1981, 1985, London 1986; franz. Léonard de V. architecte, Mailand, Paris 1983, 1988); ders., L.. Le Macchine, Florenz 1999, 2006 (engl. L.. The Machines, Florenz, London, Florenz 1999, 2006); ders., L. & io, Mailand 2008; ders. (ed.), L'anatomia di L. da V. fra Mondino e Berengario. Ventidue fogli di manoscritti e designi nella Bibliotheca reale di Windsor e in altre raccolte nell'ordinamento cronologico, Florenz 2005, erw. unter dem Titel: Il tempio dell'anima. L'anatomia di L. da V. fra Mondino e Berengario. Ventidue fogli di manoscritti e designi nella Bibliotheca reale di Windsor e in altre raccolte nell'ordinamento cronologico, Foligno 2007; L. Pfister/H. H. G. Savenije/F. Fenicia, L. da V.'s Water Theory. On the Origin and Fate of Water, Wallingford 2009; M. H. Pirenne, The Scientific Basis of L. da V.'s Theory of Perspective, Brit. J. Philos. Sci. 3 (1952), 169–185; J. H. Randall Jr., The Place of L. da V. in the Emergence of Modern Science, J. Hist. Ideas 14 (1953), 191–202, Nachdr. in: ders., The School of Padua and the Emergence of Modern Science, Padua 1961, 115–138; L. Reti/B. Dibner, L. da V., Technologist. Three Essays on some Designs and Projects of the Florentine Master in Adapting Machinery and Technology to the Problems of Art, Industry and War, Norwalk Conn. 1969; P. R. Ritchie-Calder, L. and the Age of the Eye, London 1970; M. E. Rosheim, L.'s Lost Robots, Berlin/Heidelberg/New York 2006; C. Scarpati, L. scrittore, Mailand 2001; H. Schimank, Epochen der Naturforschung. L., Kepler, Faraday, Berlin 1930, 5–100, München 21964, 5–60; M. Schneider (ed.), L. da V.. Eine Biographie in Zeugnissen, Selbstzeugnissen, Dokumenten und Bildern, München 2002; G. Schramm (ed.), L.. Bewegung und Ruhe, Freiburg 1999; K. Schröer/K. Irle, »Ich aber quadriere den Kreis . . .«. L. da V.s Proportionsstudie, Münster etc. 1998, Münster 2007; R. J. Seeger/R. S. Cohen (eds.), Philosophical Foundations of Science. Proceedings of Section L, 1969, American Association for the Advancement of Science, Dordrecht/Boston Mass. 1974 (Boston Stud. Philos. Sci. XI), 1–115 (Part I 450th Anniversary of the Death of L. da V. [Beiträge von R. J. Seeger, B. Dibner u. a.]); C. Starnazzi, L. cartografo, Florenz 2003 (L'universo 83 [2003], 2. Suppl.); R. A. Steiner, Theorie und Wirklichkeit der Kunst bei L. da V., München 1979;

K. Stiegler, L.'s graphische Methode zur Korrektion der sphärischen longitudinalen Aberration bei den sphärischen konkaven Spiegeln, Physis 13 (1971), 361–375; G. Strobino, L. da V. e la meccanica tessile, Mailand 1953; M. Sukale, Sehen als Erkennen. Wissenschaftliche Zeichnungen von L. da V., Konstanz 1987; M. Taddei, I robot di L. da V.. La meccanica e i nuovi automi nei codici svelati/L. da V.'s Robots. New Mechanics and New Automata Found in Codices, Mailand 2007 (dt. Neue Roboter und Maschinen, Stuttgart 2008 [L. dreidimensional II]); ders./E. Zano/D. Laurenza, Le macchine di L.. Segreti e invenzioni nei codici da V., Florenz 2005 (engl. L.'s Machines. Secrets and Inventions in the Da V. Codices, Florenz 2005, 2007, mit Untertitel: Da V.'s Inventions Revealed, Cincinnati Ohio/Newton Abbot 2006, 2008; dt. L. dreidimensional. Mit Computergrafik auf der Spur des genialen Erfinders, Stuttgart 2006; franz. Les machines de Léonard de V.. Secrets et inventions des codex, Paris 2006); E. M. Todd, The Neuroanatomy of L. da V., Park Ridge Ill. 1983, 1991; C. Truesdell, Essays in the History of Mechanics, Berlin/Heidelberg/New York 1968, 1–83 (I The Mechanics of L. da V.); A. R. Turner, Inventing L., New York 1993, mit Untertitel: The Anatomy of a Legend, Berkeley Calif./Los Angeles 1994, London 1995; C. Vecce, L., Rom 1998, 22006 (franz. Léonard de V., Paris 2001, 2008); K. H. Veltman, Studies on L. da V. I (Linear Perspective and the Visual Dimension of Science and Art), München 1986; R. Vollmuth, Das anatomische Zeitalter. Die Anatomie der Renaissance von L. da V. bis Andreas Vesal, München 2004, bes. 31–60; R. Weyl, Die geologischen Studien L. da V.s und ihre Stellung in der Geschichte der Geologie, Philos. Nat. 1 (1950), 243–284; M. White, L.. The First Scientist, London, New York 2000, London 2001 (dt. L. da V.. Der erste Wissenschaftler. Eine Biographie, Berlin 2004, 22005); R. Whiting, L.. A Portrait of the Renaissance Man, London 1992, unter dem Titel: The Art of L. da V.. A Portrait of the Renaissance Man, 2005; E. Winternitz, L. da V. as a Musician, New Haven Conn./London 1982; C. Zammattio, La visione scientifica di L. da V., Mailand 1953; ders./A. Marinoni/A. M. Brizio, L., the Scientist, New York 1980, London 1981 (dt. L., der Forscher, Stuttgart/Zürich 1981, 1987); E. Zanon, Codice del volo. Dagli uccelli alla macchina per volare/Codex on Flight. From Birds to the Flying Machine, Mailand 2007 [mit DVD-ROM]; ders., Il libro del Codice del volo/The Book of the Codex of Flight. L. da V.. Dallo studio del volo degli uccelli all'aeroplano/From the Study of Bird Flight to the Airplane, Mailand 2009; V. P. Zubov, L. da Vinchi, 1452–1519, Moskau/Leningrad 1961, 1962 (engl. L. da V., Cambridge Mass. 1968); R. Zwijnenberg, The Writings and Drawings of L. da V.. Order and Chaos in Early Modern Thought, Cambridge/New York/Melbourne 1999; F. Zöllner, L. da V.. Die Geburt der ›Wissenschaft‹ aus dem Geiste der Kunst, in: Haus der Kunst, München/Museum der Dinge, Berlin (eds.), L. da V.. Der Codex Leicester. Anläßlich der Ausstellung L. da V.. Joseph Beuys. Der Codex Leicester im Spiegel der Gegenwart im Haus der Kunst [. . .], Düsseldorf 1999, 15–31; ders., Bewegung und Ausdruck bei L. da V., Leipzig 2010. – Achademia Leonardi V.. Journal of L. Studies & Bibliography of Vinciana, Florenz 1988–1997. J. M.

LeRoy, Édouard Louis Emmanuel Julien, *Paris 18. Juni 1870, †ebendort 9. Nov. 1954, franz. Philosoph und Mathematiker. Nach Privatunterricht 1892 Aufnahme in die École Normale Supérieure (Section des sciences), dort 1895 Agrégé des sciences mathématiques, 1898 Promotion zum Docteur ès Sciences. Ab 1895 Unterricht an verschiedenen Lycées in Paris (Michelet, Condorcet, Charlemagne), als Professeur de mathématiques spéciales bzw. mathématiques supérieures am Collège Stanislas (1900–1903), am Lycée in Versailles (1903–1909) und am Lycée Saint-Louis (1909–1921). Auf Vorschlag H. Bergsons 1914–1920 dessen Vertreter auf dem Lehrstuhl für moderne Philosophie am Collège de France, 1921 Nachfolger Bergsons (bis 1941, dann als Professeur honoraire). 1945 Nachfolger Bergsons in der Académie Française.

Wie Bergson, durch dessen ›neue Philosophie‹ L. von der Mathematik zur Philosophie geführt wurde, betrachtet L. die ↑Intuition als ein dem Intellekt überlegenes Erkenntnismittel. Sie ist nicht bloße passive Wahrnehmung, sondern aktiv-schöpferisch; sie verbindet sich im Zusammenhang alltäglichen, wissenschaftlich experimentierenden und selbst wissenschaftlich-theoretisierenden Handelns mit anderen Faktoren zu einer ›pensée-action‹. Alltagsdenken und Wissenschaft beruhen zu einem großen Teil auf ↑Konventionen, deren ›Wahrheit‹ nicht in irgendeiner Übereinstimmung mit unabhängigen Tatsachen besteht, sondern im Gelingen einer Praxis zu sehen ist. Über den ↑Konventionalismus H. Poincarés hinausgehend bezeichnet L. nicht nur die wissenschaftlichen Theorien, sondern die Gesamtheit der wissenschaftlichen Aktivitäten als ein schöpferisches Unternehmen, den Gegenstand der Wissenschaften aus der ungeformten Materie des Gegebenen durch rein konventionelle Abgrenzung von Tatsachen überhaupt erst zu konstituieren. Dementsprechend gibt es auch in der Wissenschaft keine Wahrheit oder Richtigkeit, sondern nur Wirksamkeit oder Bewährung wissenschaftlicher Aussagen und Verfahren (↑Instrumentalismus). Poincaré (La valeur de la science, 1905) hat, trotz mancher Gemeinsamkeiten in der Betonung der Rolle des Schöpferischen und der Konvention in der Wissenschaft, die Position L.s als zum ↑Skeptizismus führend abgelehnt und vor allem die nominalistische (↑Nominalismus) Leugnung von (wissenschaftlichen und vorwissenschaftlichen) Tatsachen kritisiert. – Die gleiche pragmatische Einstellung kennzeichnet L.s Auseinandersetzung mit religiösen bzw. theologischen Fragen, insbes. mit dem Begriff des Wunders und mit den Dogmen. Das Wunder widerspricht nicht der Natur, aber es widerspricht dem als Konvention bewährten Wissen von der Natur. Ebenso widersprechen die Dogmen der Kirche dem positiven Wissen; sie haben keinen transzendenten (↑transzendent/Transzendenz) Sinn oder Wahrheitsgehalt, ihr eigentlicher Sinn ist vielmehr ein praktisch-moralischer. Z.B. verlangt der Glaube an einen persönlichen Gott, daß wir uns zum Transzendenten (das L. als Fiktion einer Mitte des Denkens auf Grund der prinzipiellen Unvollendbarkeit des Wissens auffassen will) so verhalten wie zu einer menschlichen Person; das Dogma von der Auferstehung Jesu verlangt, daß wir unser Handeln so gestalten, als ob Jesus jetzt lebte. L. geriet durch diese Äußerungen in den zeitgenössischen Modernismusstreit, wobei seine den thomistischen (↑Thomismus) Grundlehren widersprechenden Ansichten von den ›Modernisten‹ unterstützt und deshalb von Pius X. in der Enzyklika »Pascendi« 1907 verworfen wurden; »Le problème de Dieu« (1929) wurde 1931 auf den Index gesetzt.

Die Philosophie L.s läßt sich trotz der genannten Affinitäten schon deshalb nicht dem ↑Pragmatismus einordnen, weil sie als Wahrheitskriterium letztlich weder Widerspruchsfreiheit (Kohärenz) noch den Erfolg von Handlungen akzeptiert, sondern nur das sich ständig verändernde und entwickelnde ›Leben selbst‹. Schon an der Basis des Lebens findet der Bergsonianer L. das Schöpferische als eine psychische Grundkraft, wobei die Menschwerdung die Schwelle zwischen den beiden großen Bereichen der ↑Evolution, der Biosphäre und der Noosphäre, bildet. Der Mensch bedeutet eine neue Ordnung der Wirklichkeit, die nur erfaßt wird, wenn man ihn nicht allein als *homo faber* und als *homo sapiens*, sondern – wie die Tatsachen religiöser Erfahrung und inneren, im Extremfall mystischen Lebens zeigen – zugleich als *homo spiritualis* konzipiert. Im Menschen äußert sich das Schöpferische als eng mit der Intuition verbundene Kraft der Erfindung oder des Erfinderischen, deren Tätigkeit als Leitfaden zum Verständnis der Wissenschaft und ihrer Geschichte dienen kann und etwa in der Konstruktion einer Mikrophysik einen Höhepunkt erreicht hat. Die Philosophie M.-J. P. Teilhard de Chardins (mit dem L. befreundet war) ist durch Auffassungen und Lehren L.s beeinflußt.

Werke: (mit G. Vincent) Sur la méthode mathématique, Rev. mét. mor. 2 (1894), 505–530, 676–708; (mit G. Vincent) Sur l'idée de nombre, Rev. mét. mor. 4 (1896), 738–755; Sur l'intégration des équations de la chaleur. Thèse de doctorat, Ann. sci. l'École Normale Supér. 14 (1897), 379–465, 15 (1898), 9–178, separat Paris 1898; Science et philosophie, Rev. mét. mor. 7 (1899), 375–425, 503–562, 708–731, 8 (1900), 37–72; Sur les séries divergentes et les fonctions définies par un développement de Taylor, Ann. Fac. Sci. l'Université de Toulouse 2 (1900), 317–430; Valeurs asymptotiques de certaines séries procédant suivant les puissances entières et positives d'une variable réelle, Bull. sci. math. 24 (1900), 245–268; La science positive et les philosophies de la liberté, Congrès int. philos. 1 (1900), 313–341; Réponse à M. Couturat, Réponses aux objections, Rev. mét. mor. 8 (1900), 223–233; Un positivisme nouveau, Rev. mét. Mor. 9 (1901), 138–153; Sur quelques objections adressées à la nouvelle philosophie, Rev. mét. mor. 9 (1901), 292–327, 407–432; De la valeur objective des lois physiques, Bull. soc. française philos. 1 (1901), 5–32; Sur la logique de l'invention, Rev. mét. mor. 13 (1905), 193–223; Sur la notion de dogme. Réponse à M. L'abbé Wehrlé, Rev. biblique 15 (1906), 7–38; Essai sur la notion du miracle, Ann. philos. chrétienne 153 (1907), 5–33, 166–191, 225–259; Comment se pose le problème de Dieu, Rev. mét. mor. 15 (1907), 129–170, 470–513, Nachdr. in: Le problème de Dieu [s. u.], 13–133; Dogme et critique. Études de philosophie et de critique religieuse, Paris 1907, 1987; Philosophy in France, Philos. Rev. 17 (1908), 291–315; Le problème du miracle, Bull. Soc. française philos. 12 (1912), 85–108; Une philosophie nouvelle. Henri Bergson, Paris 1912, [7]1922; Les principes fondamentaux de l'analyse mathématique, Rev. des cours et conférences 25 (1924), H. 2, 385–393, 512–521, 592–601, 692–707; L'exigence idéaliste et le fait de l'évolution, Paris 1927; Les origines humaines et l'évolution de l'intelligence, Paris 1928, 1931; Continu et discontinu dans la matière. Le problème du morcelage, Cahiers de la nouvelle journée 15 (1929), 135–165; Le problème de Dieu, Paris 1929, 1930; La pensée intuitive, I–II, Paris 1929/1930; Ce que la microphysique apporte ou suggère à la philosophie, Rev. mét. mor. 42 (1935), 151–184, 319–355; Physique et philosophie: à propos de quelques paradoxes, in: Volume jubilaire en l'honneur de M. Marcel Brillouin, Paris 1935, 409–425; Les paradoxes de la relativité sur le temps, Revue philosophique 123 (1937), 10–47, 195–245; Introduction à l'étude du problème religieux, Paris 1943, 1944; Un enquête sur quelques traits majeurs de la philosophie bergsonnienne, Arch. Philos. 17 (1947), 7–21; (mit anderen) Bergson et bergsonisme, Paris 1947; Notice générale sur l'ensemble de mes travaux philosophiques, Ét. Philos. 10 (1955), 161–188; Essai d'une philosophie première. L'exigence idéaliste et l'exigence morale, I–II, Paris 1956/1958; La pensée mathématique pure, Paris 1960. – É. L. (18 juin 1870–9 novembre 1954). Notice bibliographique, Ét. Philos. 10 (1955), 207–210.

Literatur: J. Abelé, É. L. et la philosophie des sciences, Études 284 (1955), 106–112; G. Bachelard, L'engagement rationaliste, Paris 1972, 155–168; J. Bourg, A Modernist Catholic? E. L.'s Dual Critique of Scientism and Neo-Scholasticism, Modern Schoolman 78 (2001), 317–343; A. Brenner, Un »positivisme nouveau« en France au début du XXe siècle (Milhaud, L., Duhem, Poincaré), in: M. Bitbol/J. Gayon (eds.), L'épistémologie française. 1830–1970, Paris 2006, 11–25; E. Coumet, L., DSB VIII (1973), 256–258; FM III (1994), 2083–2084; S. Gagnebin, La philosophie de l'intuition Essai sur les idées de M. É. L., Saint-Blaise 1912; W. L. Gundersheimer, The Life and Works of Louis LeRoy, Genf 1966; H. Hill, Pragmatism in France. The Case of E. L., in: D. G. Schultenover (ed.), The Reception of Pragmatism in France and the Rise of Roman Catholic Modernism. 1890–1914, Washington D. C. 2009, 143–166; R. Jolivet, À la recherche de Dieu. Notes critiques sur la théodicée de M. É. L., Paris 1931; A. Kremer-Marietti, L., DP II (1993), 1733; J. Lacroix, É. L.: Philosophe de l'invention, Ét. philos. 10 (1955), 189–205; G. Maire, La philosophie d'É. L., Ét. philos. 27 (1972), 201–220; G. Mansini, What Is a Dogma? The Meaning and Truth of Dogma in E. L. and His Scholastic Opponents, Rom 1985; R. N. Martin, L., in: S. Brown/D. Collinson/R. Wilkinson (eds.), Biographical Dictionary of Twentieth-Century Philosophers, London/New York 1996, 442–443; M. d. C. T. de Miranda, Théorie de la vérité chez É. L., Paris 1957; H. Poincaré, La valeur de la science, Paris 1900, 213–247, 1994, 151–170; A. Raffelt, Age ut intelligas. Eine Skizze zur pragmatischen Dogmenhermeneutik im französischen Modernismus, in: W. Löser/K. Lehmann/M. Lutz-Bachmann (eds.), Dogmengeschichte und katholische Theologie, Würzburg 1985, [2]1988, 251–274; ders., L., BBKL IV (1992), 1525–1529; É. Rideau, É. L., Études 245 (1945), 246–255; L. Santedi Kinkupu, Le dogme selon É. L et la position du magistère. Hier et aujourd'hui, Diss. Paris 1993; R. M. Schmitz, Dogma und Praxis. Der Dogmenbegriff des Modernisten E. L. kritisch dargestellt, Diss. Vatikanstadt 1992; A.-D. Sertillanges, Le christianisme et les philosophies II, Paris 1941, 1953, 402–

419; C. Smith, L., Enc. Ph. IV (1967), 439–440; L. S. Stebbing, Pragmatism and French Voluntarism, Cambridge 1914; J. J. Taborda, La notion de dogme chez E. L.. La réponse de Réginald Garrigou-Lagrange, Freiburg/Schweiz 2000; P. Teilhard de Chardin, Lettres à E. L. (1921–1946). Maturation d'une pensée, Paris 2008; J. de Tonquédec, La notion de vérité dans la »philosophie nouvelle«, Paris 1908; J.-L. Vieillard-Baron/P. Colin/J. Dhombres, L., Enc. philos. universelle III/2 (1992), 2606–2607; L. Weber, Une philosophie de l'invention. M. É. L., Rev. mét. mor. 39 (1932), 59–86, 253–292.　C. T.

Lesage, George-Louis, *Genf 13. Juni 1724, †ebd. 9. Nov. 1803, schweizer Physiker und Philosoph. Nach Studium der Physik und Mathematik in Genf sowie der Medizin in Basel und Paris (1744–1747), Mathematiklehrer in Genf (zuvor war L. als Sohn eines Emigranten die Eröffnung einer Praxis verweigert worden). – Unter dem Eindruck des antiken ↑Atomismus und der Cartesischen Philosophie (↑Cartesianimus) versucht L., insbes. in seinem »Essai de chymie méchanique« (1758), I. Newtons Gravitationsgesetz (↑Gravitation) in einem mechanistischen Modell zu erklären. Dazu nimmt er die Existenz extrem kleiner Gravitationspartikel (›particules ultramondaines‹) an, die sich in jeder Richtung des Raumes mit hoher Geschwindigkeit bewegen und selbst keiner Gravitationswirkung unterliegen. Eine isolierte Masse, die aus größeren Atomen als die Gravitationspartikel bestehen soll, würde durch die von allen Richtungen gleichzeitig einwirkenden Gravitationspartikel nicht bewegt, es sei denn in der Form von Schwingungen wegen gelegentlicher Unausgeglichenheit der Einwirkungen. Zwei Massen schirmen jedoch wechselseitig Gravitationspartikel voneinander ab, werfen also gleichsam einen gegenseitigen Schatten; das so entstehende Ungleichgewicht von Stoßwirkungen treibt die Massen zueinander und erzeugt den Eindruck der Anziehung. Um die Gravitationskraft von der Masse und nicht der Oberfläche eines Körpers abhängig zu machen, nimmt L. die Körper als sehr porös an. Nur wenige Gravitationspartikel treffen tatsächlich auf Körperatome, mit der Folge, daß es nicht die Oberfläche des Körpers ist, sondern die Querschnittsfläche seiner Atome, die die Stoßwirkung bestimmt. Bei fester Dichte und Gestalt der Atome ergibt sich dadurch ein Zusammenhang mit der Masse des gestoßenen Körpers. Die umgekehrte Proportionalität dieser anziehenden Stoßwirkung zum Quadrat des Massenabstandes ergibt sich aus der Überlegung, daß die Dichte aller Partikelströme, die einen Körper durchströmen, nach Maßgabe der Größe von Kugelschalen und daher mit dem Abstandsquadrat abnimmt. L. dehnt diesen mechanistischen Erklärungsansatz auch auf kurzreichweitige Kräfte (wie Kohäsion und chemische Affinität) aus. Seine mechanische Gravitationstheorie zog im späten 19. Jh. im Zusammenhang der Formulierung der kinetischen Wärmetheorie Aufmerksamkeit auf sich.

Wissenschaftstheoretisch formuliert L. mit seiner ↑hypothetisch-deduktiven Methode eine Alternative zu der im 18. Jh. dominierenden induktivistischen (↑Induktivismus) Methodologie F. Bacons und Newtons. Nach L. sind Hypothesen über unbeobachtbare Objekte (wie z. B. seine Gravitationspartikel) bereits hinreichend gerechtfertigt, wenn sie bekannte Phänomene erklären oder unbekannte voraussagen. Seinen induktivistischen Kritikern hält L. entgegen, daß auch bei der enumerativen Induktion verborgene Hypothesen erkenntnisleitend sind (z. B. Newtons Annahme von Fernkräften [↑actio in distans] beim Gravitationsgesetz und L. Eulers Annahme eines nicht wahrnehmbaren Mediums bei der Lichtübertragung als Träger von Vibrationen). Die Wissenschaften entwickeln sich nach L. in einem Prozeß der Selbstkorrektur – analog etwa der schrittweisen Verbesserung der Rechenergebnisse beim Divisionsalgorithmus. L. bleibt jedoch wie seine induktivistischen Konkurrenten Anhänger eines methodologischen Infallibilismus, der von der Annahme unzweifelhaft feststehender Wahrheiten ausgeht, die durch die Wissenschaften approximativ erfaßt werden.

Werke: Pensées hazardées sur les études, la grammaire, la rhéthorique et la poetique, La Haye 1729; De la lumière, des couleurs, et de la vision, suivant les principes du chevalier Newton, Genf 1729; Cours abrégé de physique. Suivant les dernières observations des Académies royales de Paris et de Londres. Des corps terrestres, de l'air et des météores, Genf 1730, 1739; Essais sur divers sujets, Genf 1743; De l'oeconomie ou de la prudence dans la vie privée, Genf 1747; Appel au public d'une adjudication, faite les 21. et 23. juin 1745, Genf 1749; Les principes naturels des actions des hommes, Genf 1749; Elémens de mathématique, Genf 1749; La chaîne des études, Genf 1755; Essai de chymie méchanique. Couronné en 1758 par l'Académie de Rouen, quant à la 2de partie de cette question. Déterminer les affinités qui se trouvent entre les principaux mixtes, ainsi que l'a commencé Mr. Geoffroy, et trouver un système physico-méchanique de ces affinités, Rouen 1758, Genf 1761, Tübingen 2005 (Mikrofilm); Lucrèce newtonien, in: Nouveaux mémoires de l'Académie Royale des Sciences et Belles Lettres, Berlin 1784, 404–432 (engl. The Newtonian Lucretius, in: Annual Report of the Board of Regents of the Smithsonian Institution, Washington D. C. 1898, 139–160).

Literatur: S. Aronson, The Gravitational Theory of G.-L. L., Natural Philosopher 3 (1964), 51–74; M. R. Edwards (ed.), Pushing Gravity. New Perspectives on L.'s Theory of Gravitation, Montreal 2002; J. B. Gough, L., DSB VIII (1973), 259–260; L. Laudan, G. L. L.. A Case Study in the Interaction of Physics and Philosophy, in: Akten des II. Int. Leibniz-Kongresses, Hannover, 17.–22. Juli 1972 II, Wiesbaden 1974 (Stud. Leibn. Suppl. XIII), 241–252; ders., Science and Hypothesis. Historical Essays on Scientific Methodology, Dordrecht/Boston Mass./London 1981; G. C. Lichtenberg, »Ist es ein Traum, so ist es der größte und erhabenste der je geträumt worden . . .«. Aufzeichnungen über die Theorie der Schwere von G.-L. L., Göttingen 2003; P. Prévost (ed.), Notice de la vie et des écrits de G.-L. L., Genf 1805 (mit Bibliographie, 91–101).   K. M.

Leśniewski, Stanislaw, *Serpuchov (Rußland) 28. März 1866, †Warschau 13. Mai 1939, poln. Philosoph und Logiker, Mitbegründer der ↑Warschauer Schule. Nach Studium der Philosophie in Leipzig, Zürich und Heidelberg 1912 Promotion in Lwów (Lemberg) bei K. Twardowski, 1919 Übernahme eines Lehrstuhls für Philosophie der Mathematik in Warschau, den L. bis zu seinem Tode innehatte. – L.s erste Arbeiten waren in Fragestellung und Inhalt wesentlich durch die logischen Untersuchungen von J. S. Mill und E. Husserl bestimmt. Durch J. Łukasiewicz gewann L. Zugang zur formalen Logik (↑Logik, formale) und mathematischen Grundlagenforschung (G. Frege, B. Russell, E. Schröder), deren Probleme bestimmend für seine eigenen weiteren Forschungen werden sollten. Das Entstehen der Russellschen Antinomie (↑Zermelo-Russellsche Antinomie) führte L. auf die Vermischung zweier verschiedener Lesarten von ›x ∈ y‹ zurück, nämlich (1) ›x ist ein (hat die Eigenschaft) y‹, (2) ›x ist Teil einer Gesamtheit, die aus Objekten mit der Eigenschaft y besteht‹. Durch strikte Unterscheidung dieser beiden Relationen, auf die sich L.s weitere Überlegungen stützen, wird die ↑Antinomie vermieden. In L.s ↑Mereologie wird der unter (2) genannte ›kollektive Klassenbegriff‹ im Rahmen verschiedener Axiomensysteme (↑System, axiomatisches) präzisiert. Die der Mereologie zugrundeliegenden logischen Voraussetzungen versuchte L. in einer axiomatischen ›Ontologie‹ (dies ist im wesentlichen die Theorie der unter (1) genannten Relation) und der ebenfalls axiomatischen ↑›Protothetik‹ (einer weit über die üblichen Logikkonzeptionen hinausgehenden Theorie der Aussagen) zu klären. Ontologie und Protothetik bildeten die Grundlage für den Ausbau der Mereologie zu einer umfassenden formalen, nichtsdestoweniger in allen Teilen inhaltlich interpretierten Grundlagentheorie für alle Wissenschaften.

Werke: Collected Works, I–II, ed. S. J. Surma/J. Srzednicki/D. I. Barnett, Dordrecht etc. 1992 (mit Bibliographie, 701–785). – Podstawy ogólnej teoryi mnogości I [Die Grundlagen der allgemeinen Mengenlehre I], Moskau 1916; O podstawach matematyki [Über die Grundlagen der Mathematik], Przegląd filozoficzny 30 (1927), 164–206, 31 (1928), 261–291, 32 (1929), 60–101, 33 (1930), 77–105, 142–170 (engl. [gekürzt] On the Foundations of Mathematics, Topoi 2 [1983], 7–52, ferner in: Collected Works [s. o.] I, 174–382; dt. Grundzüge eines neuen Systems der Grundlagen der Mathematik, Fund. Math. 14 [1929], 1–81); Über die Grundlagen der Ontologie, Comptes rend. séances soc. sci. lettr. Varsovie, Cl. III, 23 (1930), 111–132 (engl. On the Foundations of Ontology, in: Collected Works [s. o.] II, 606–628); Über Definitionen in der sogenannten Theorie der Deduktion, ebd. 24 (1931), 289–309 (engl. On Definition in the So-Called Theory of Deduction, in: S. McCall [ed.], Polish Logic 1920–1939, Oxford 1967, 170–187, ferner in: Collected Works [s. o.] II, 629–648); Einleitende Bemerkungen zur Fortsetzung meiner Mitteilung u. d. T. »Grundzüge eines neuen Systems der Grundlagen der Mathematik«, Warschau

1938 (engl. Introductory Remarks to the Continuation of My Article: ›Grundzüge eines neuen Systems der Grundlagen der Mathematik‹, in: S. McCall [ed.], Polish Logic 1920–1939 [s. o.], 116–169, ferner in: Collected Works [s. o.] II, 649–710); Grundzüge eines neuen Systems der Grundlagen der Mathematik, § 12, Warschau 1938 (die beiden letzten Arbeiten sind Sonderdrucke von Bd. 1 der wegen des Kriegsausbruches nicht mehr erschienenen Zeitschrift »Collectanea Logica«) (engl. Fundamentals of a New System of the Foundations of Mathematics, in: Collected Works [s. o.] II, 410–605); Lecture Notes in Logic, ed. T. J. Stzednicki/Z. Stachniak, Dordrecht etc. 1988.

Literatur: K. Ajdukiewicz, Die syntaktische Konnexität, Stud. Philos. (Lemberg) 1 (1935), 1–27 (engl. Syntactic Connexion, in: S. McCall [ed.], Polish Logic 1920–1939 [s. o.], 207–231); A. Betti, De Veritate. Another Chapter. The Bolzano-L. Connection, in: K. Kijania-Placek/J. Woleński (eds.), The Lvov-Warsaw School and Contemporary Philosophy, Dordrecht etc. 1998, 115–137; ders., Il rasoio di L., Riv. filos. 89 (1998), 87–112; ders., Sempiternal Truth. The Bolzano-Twardowski-L. Axis, in: J. Jadacki/P. Jacek, The Lvov-Warsaw School. The New Generation, Amsterdam/New York 2006, 371–399; Centre de Recherches Sémiologiques, Introduction à l'œuvre de S. L., Neuchâtel 2001; A. Chrudzimski, The Young L. on Existential Propositions, in: ders./D. Łukasiewicz (eds.), Actions, Products, and Things. Brentano and Polish Philosophy, Frankfurt 2006, 107–120; N. Cocchiarella, A Conceptualist Interpretation of L.'s Ontology, Hist. and Philos. Log. 22 (2001), 29–43; P. Desmond, Mereology and Metaphysics from Boethius of Dacia to L. in: K. Szaniawski (ed.), The Vienna Circle and the Lvov-Warsaw School, Dordrecht etc. 1989, 203–224; W. L. Gombocz, L. und Mally, Notre Dame J. Formal Logic 20 (1979), 934–946; J.-B. Grize, Logique moderne III (Implications – modalités, logiques polyvalentes, logique combinatoire, ontologie et méréologie de L.), Paris 1973, 77–100; A. Grzegorczyk, The Systems of L. in Relation to Contemporary Logical Research, Stud. Log. 3 (1955), 77–95; H. Hintze, Nominalismus. Primat der ersten Substanz versus Ontologie der Prädikation, Freiburg/München 1998, bes. 43–157; H. Hiz, Frege, L. and Information Semantics on the Resolution of Antinomies, Synthese 60 (1984), 51–72; A. Ishimoto, Logicism Revisited in the Propositional Fragment of L.'s Ontology, in: E. Agazzi/G. Darvas (eds.), Philosophy of Mathematics Today, Dordrecht etc. 1997, 219–232; B. Iwanus, On L.'s Elementary Ontology, Stud. Log. 31 (1973), 73–119, Nachdr. in: J. Srzednicki/F. Rickey/J. Czelakowski (eds.), S. L.'s Systems. Ontology and Mereology, The Hague 1984, 165–216; P. Joray, La subordination logique. Une étude du nom complexe dans l'Ontologie de S. L., Bern etc. 2001; J. G. Kowalski, L.'s Ontology Extended with the Axiom of Choice, Notre Dame J. Formal Logic 18 (1977), 1–78; G. Küng, L.'s Systems, DL (1981), 168–177; ders., La logique est-elle une discipline des mathématiques out fait-elle partie de l'ontologie?, Dialectica 39 (1985), 243–258; A. Le Blanc, Investigations in Protothetic, in: J. T. J. Srzednicki/Z. Stachniak (eds.), S. L.'s Systems Prototethic, Dordrecht/London 1998, 289–298; C. Lejewski, A Contribution to L.'s Mereology, in: Rocznik V polskiego towarzystwa naukowego na obcźyinie, 1954–1955 [Yearbook V of the Polish Society of Arts and Sciences Abroad], London, o.J. [1955], 43–50; ders., Zu L.'s Ontologie, Ratio I/II (1957/1958), 50–78 (engl. On L.'s Ontology, Ratio 1 [1958], 150–176, ferner in: J. Srzednicki/F. Rickey/J. Czelakowski [eds.], S. L.'s Systems. Ontology and Mereology, The Hague 1984, 123–148); ders., L., Enc. Ph. IV (1967), 441–443; ders., L., DSB VIII (1973), 262–263; ders.,

Accomodating the Informal Notion of Class within the Framework of L.'s Ontology, Dialectica 39 (1985), 217–241; F. Lepage, Partial Monotonic Protothetics, Stud. Log. 65 (2000), 147–163; E. López-Escobar/F. Miraglia, Definitions. The Primitive Concept of Logics or the L.-Tarski Legacy, Warschau 2002; E. C. Luschei, The Logical Systems of L., Amsterdam 1962; D. Miéville, Un développement des systèmes logiques de S. L.. Protothétique, ontologie, méréologie, Berne etc. 1984; ders., Un aperçu des caractéristiques et de l'esprit des systèmes logiques de S. L., Dialectica 39 (1985), 166–179; ders., Calcul et raisonnement chez L., Raisonnement et calcul. Actes du colloque, Neuchâtel 24–25 juin 1994 (1995), 135–147; ders., Introduction à l'oeuvre de S. L., Neuchâtel 2001–2009; ders./D. Vernant (eds.), S. L. aujourd'hui, Grenoble 1996; R. Poli/M. Libardi, Logic, Theory of Science, and Metaphysics According to S. L., Grazer philos. Stud. 57 (1999), 183–219; A. Quinton, L., in S. Brown/ D. Collinson/R. Wilkinson (eds.), Biographical Dictionary of Twentieth-Century Philosophers, London/New York 1996, 450–451; F. Rickey, Interpretations of L.'s Ontology, Dialectica 39 (1985), 181–192; ders., Axiomatic Inscriptional Syntax. Part II. The Syntax of Protothetic, in: J. T. J. Srzednicki/Z. Stachniak (eds.), S. L.'s Systems Prototethic, Dordrecht/London 1998, 217–288; L. Ridder, Mereologie. Ein Beitrag zur Ontologie und Erkenntnistheorie, Frankfurt 2002, bes. 32–57; P. T. Sagal, On How Best to Make Sense of L.'s Ontology, Notre Dame J. Formal Logic 14 (1973), 259–262; J. Sanders, S. L.'s Logical Systems, Axiomathes 3 (1996), 407–415; P. Simons, On Understanding L., Hist. Philos. Log. 3 (1982), 165–191, ferner in: ders., Philosophy and Logic in Central Europe from Bolzano to Tarski. Selected Essays, Dordrecht etc. 1992, 227–258; ders., A Brentanian Basis for L.an Logic, Log. anal. 27 (1984), 297–307, ferner in: ders., Philosophy and Logic in Central Europe from Bolzano to Tarski [s. o.], 259–269; ders., Reasoning on a Tight Budget. L.'s Nominalistic Metalogic, Erkenntnis 56 (2002), 99–122; ders., Things and Truths. Brentano and L., Ontology and Logic, in: A. Chrudzimski/D. Łukasiewicz (eds.), Actions, Products, and Things. Brentano and Polish Philosophy, Frankfurt 2006, 83–106; ders., L., SEP; V. F. Sinisi, L.'s Analysis of Russell's Antinomy, Notre Dame J. Formal Logic 17 (1976), 19–34; J. Słupecki, S. L.'s Protothetics, Stud. Log. 1 (1953), 44–112, ferner in: J. T. J. Srzednicki/Z. Stachniak (eds.), S. L.'s Systems Prototethic, Dordrecht/London 1998, 85–152; ders., S. L.'s Calculus of Names, Stud. Log. 3 (1955), 7–76, ferner in: J. Srzednicki/F. Rickey/J. Czelakowski (eds.), S. L.'s Systems. Ontology and Mereology, The Hague 1984, 59–122; B. Sobociński, L'analyse de l'antinomie russellienne par L., Methodos 1 (1949), 94–107, 220–228, 308–316, 2 (1950), 237–257 (engl. L.'s Analysis of Russell's Paradox, in: J. Srzednicki/F. Rickey/J. Czelakowski [eds.], S. L.'s Systems. Ontology and Mereology [s. o.], 11–44); ders., On the Single Axioms of Protothetics, Notre Dame J. Formal Logic 1 (1960), 52–73, 2 (1961), 111–126, 129–148, ferner in: J. T. J. Srzednicki/Z. Stachniak (eds.), S. L.'s Systems Prototethic, Dordrecht/London 1998, 153–216; J. A. Trentman, On Interpretation, L.'s Ontology, and the Study of Medieval Logic, J. Hist. Philos. 14 (1976), 217–222; D. R. Vanderveken, The L.-Curry Theory of Syntactical Categories and the Categorially Open Functors, Stud. Log. 35 (1976), 191–201; V. Vasyukov, A. L. Guide to Husserl's and Meinong's Jungles, Axiomathes 4 (1993), 59–74; J. Woleński, L., REP V (1998), 570–574. – Topoi 2 (1983), H. 1 (Modern Nominalism and L.'s Heritage – Beiträge von V. F. Sinisi, E. C. Luschei, C. Lejewski, B. Smith/K. Mulligan, J. M. Prakel, P. Simons, G. Küng). G. H.

Lessing, Gotthold Ephraim, *Kamenz (Oberlausitz/ Sachsen) 22. Jan. 1729, †Braunschweig 15. Febr. 1781, dt. Schriftsteller, Literaturtheoretiker, Kritiker, Philologe und Philosoph. Sohn eines protestantischen Predigers. 1741–1746 Besuch der Fürstenschule St. Afra zu Meißen, 1746–1748 Studium der Theologie in Leipzig, Beschäftigung mit Literaturgeschichte und Philosophie, Naturwissenschaft und Medizin; 1748–1767 in Berlin als Journalist, Theaterkritiker, Dramatiker und Schriftsteller tätig (unterbrochen durch Aufenthalte in Wittenberg 1752, wo L. mit einer kirchengeschichtlichen Arbeit zum Magister promoviert wurde, Leipzig 1755–1758 und Breslau 1760–1765, als Gouvernementssekretär des Generals Tauentzien). In der Berliner Zeit entstanden viele der bekannten Schriften L.s: »Miß Sara Sampson« (Berlin 1755), »Fabeln. Drey Bücher. Nebst Abhandlungen mit dieser Dichtungsart verwandten Inhalts« (Berlin 1759), (ed. mit M. Mendelssohn, F. Nicolai u.a.) »Briefe die Neueste Litteratur betreffend« (Berlin 1759–1765), »Laokoon. Oder über die Grenzen der Mahlerey und Poesie. Mit beyläufigen Erläuterungen verschiedener Punkte der alten Kunstgeschichte I« (Berlin 1766), »Minna von Barnhelm, oder das Soldatenglück« (Berlin 1767). 1767–1770 in Hamburg, zunächst als Dramaturg am neueröffneten Nationaltheater, später als freier Schriftsteller: »Hamburgische Dramaturgie, I–II« (Hamburg 1767/1768 [1769]), »Briefe, antiquarischen Inhalts, I–II« (Berlin 1768/1769), »Wie die Alten den Tod gebildet. Eine Untersuchung« (Berlin 1769). Ab 1770 in Wolfenbüttel als herzoglicher Bibliothekar (1775 Italienreise): »Emilia Galotti« (Berlin 1772), »Anti-Goeze. D. i. Nothgedrungener Beyträge zu den freywilligen Beyträgen des Hrn. Past. Goeze« (Braunschweig 1778), »Ernst und Falk. Gespräche für Freymäurer« (Wolfenbüttel [Göttingen] 1778), »Nathan der Weise« (Berlin 1779), »Die Erziehung des Menschengeschlechts« (Berlin 1780).

L. gilt als Schöpfer des neuen deutschen Dramas und Begründer des deutschen Trauerspiels (Miss Sara Sampson, Emilia Galotti), aber auch des Lustspiels (Minna von Barnhelm) und des Ideendramas (Nathan der Weise). Außerdem tritt L. als Fabeldichter, Epigrammatiker und Kritiker der zeitgenössischen Literatur auf: Gegen den Gottschedianismus und den die Antike verfälschenden französischen Klassizismus (P. Corneille, J. Racine, Voltaire) betont er das Vorbild W. Shakespeares (Briefe, die Neueste Litteratur betreffend, 17. Brief [Werke u. Briefe IV, 499–501]). Als Ästhetiker und Literaturtheoretiker grenzt L., angeregt durch Mendelssohn, in seinem gegen J. J. Winckelmanns ästhetische Prinzipien gerichteten »Laokoon« die Dichtung als Kunst des zeitlichen Nacheinanders von der bildenden Kunst als der des räumlichen Nebeneinanders ab (gegen das traditionelle Prinzip ›ut pictura poesis‹). In der »Hamburgi-

schen Dramaturgie« setzt sich L. kritisch mit den Regeln des französischen Klassizismus und der Poetik des Aristoteles auseinander. Mit der Herausgabe der »Fragmente eines Ungenannten« (in: G. E. L. u. a. [eds.], Zur Geschichte und Litteratur [...] 3 [1774], 195–226, 4 [1777], 265–494 [L. Werke u. Briefe VIII, 115–134, 173–311]), deren Autor der 1768 verstorbene Deist (↑Deismus) H. S. Reimarus ist, beginnt L.s Streit mit der protestantischen Orthodoxie (Repräsentant: der Hamburger Hauptpastor J. M. Goeze), obwohl sich L. nicht mit den radikalen Folgerungen von Reimarus identifiziert. Seine Entgegnungen enthält der »Anti-Goeze« (1778). – In seinen religionskritischen Schriften knüpft L. ausdrücklich an die historisch-kritische Methode P. Bayles an, um sowohl gegen kirchliche Dogmen als auch gegen Versuche der so genannten ›Neologen‹ (J. A. Ernesti, J. J. Spalding, J. P. Michaelis, J. A. Eberhard, J. S. Semler) anzugehen, den Offenbarungsglauben vernünftig zu begründen. Seine entsprechenden Schriften fielen unter die herzogliche Zensurverfügung von 1778. – Besonders im Kontext seiner theologischen Ansätze tritt L.s starke Beeinflussung durch seinen Amtsvorgänger an der Bibliothek zu Wolfenbüttel, G. W. Leibniz, deutlich zutage. Leibniz' Konzept einer göttlichvernünftigen Natur sucht L. im Anschluß an B. Spinoza zu einer Lehre von der Immanenz (↑immanent/Immanenz) Gottes in der ›vernünftigen Schöpfung‹ zu entwickeln.

L.s philosophische Hauptschrift ist der geschichtsphilosophische Essay »Die Erziehung des Menschengeschlechts« (1780). Anlaß für seine Abfassung war die Behauptung von Reimarus, daß ↑Vernunft und ↑Offenbarung einander ausschließen. L. versucht demgegenüber zu zeigen, daß Offenbarung und Vernunft Anfangs- und Endpunkt der Entwicklung der Menschheit darstellen. Er sieht in den positiven ↑Religionen einschließlich ihrer Irrtümer den entwicklungsmäßig notwendigen Gang der menschlichen Vernumft. Da L. sich diese Entwicklung als von Gott gelenkt vorstellt, spricht er auch von einem ›Erziehungsplan Gottes‹. Die göttliche Offenbarung wird so als ›Erziehung des Menschengeschlechts‹ verstanden, die darauf beruht, daß sie dem Menschen nichts geben kann, was dieser nicht auch prinzipiell in sich selbst finden könnte. Sie erfolgt in drei Stufen, analog zur Entwicklung des Individuums: Kindheit – israelitisches Volk/AT/Religion des ›heroischen Gehorsams‹, Jünglingsalter – Menschheit/Neues Testament/Religion der Transzendenz (↑transzendent/ Transzendenz), Mannesalter – zukünftiges Zeitalter/ ›Zeit des neuen ewigen Evangeliums‹/Offenbarungswahrheiten werden als Vernunftwahrheiten eingesehen. Nur die Gesamtheit dieser Erscheinungsformen des Religiösen stellt die göttliche Wahrheit dar. Diese Auffassung von Geschichte als göttlichem Erziehungsplan führt L. zu einer an Leibniz anknüpfenden ↑Theodizee der Geschichte. Da der einzelne Mensch in seinem kurzen Leben nicht alle Stufen der Vervollkommnung durchlaufen kann, nimmt L. für dessen Entwicklung den Gedanken der individuellen Palingenese auf, d. h., jeder Mensch muß solange in ein neues Leben treten, bis er den höchsten Vollkommenheitsgrad erreicht hat. Die Möglichkeit einer solchen Palingenese hängt dabei für L. nicht von der Erinnerung an eine frühere Existenz ab.

Werke: G. E. L.s Sämmtliche Schriften, I–XIII, ed. K. Lachmann, Berlin 1838–1840, erw. als: I–XII, ed. W. v. Maltzahn, Leipzig ²1853–1857, erw. als: G. E. L.s Sämtliche Schriften I–XXIII, ed. F. Muncker, Stuttgart/Leipzig/Berlin ³1886–1924 (repr. Berlin 1968; repr. Bde I–XVI, XX, 1–298 unter dem Titel: Sämtliche Werke, I–XVI, Nachtragsbd., Berlin/New York 1979); Gesammelte Werke, I–X, ed. P. Rilla, Berlin (Ost), Darmstadt 1954–1958, Berlin (Ost)/Weimar ²1968; L.s Werke, I–III, ed. K. Wölfel, Frankfurt 1967, ³1986; Werke, I–VIII, ed. H. G. Göpfert, München 1970–1979, Darmstadt 1996; Werke und Briefe. In zwölf Bänden, I–XII, ed. W. Barner u. a., Frankfurt 1985–2003. – Miß Sara Sampson. Ein bürgerliches Trauerspiel in 5 Aufzügen, Berlin 1755, ferner in: Werke u. Briefe [s. o.] III, 431–526, separat Stuttgart 2003, 2008 (engl. Lucy Sampson. Or, the Unhappy Heiress. A Tragedy, in Five Acts, Philadelphia Pa. 1789, unter dem Titel: Miss Sara Sampson. A Tragedy in 5 Acts, Stuttgart 1977); (mit M. Mendelssohn) Pope ein Metaphysiker!, Danzig 1755, ferner in: Werke u. Briefe [s. o.] III, 614–650; Fabeln. Drey Bücher. Nebst Abhandlungen mit dieser Dichtungsart verwandten Inhalts, Berlin 1759 ⁴1819, ferner in: Werke u. Briefe [s. o.] IV, 295–411, separat unter dem Titel: Fabeln/ Abhandlungen über die Fabel, Frankfurt 2009 (franz. Fables. Et dissertations sur la nature de la fable [dt./franz.], Paris 1764, [erw.] unter dem Titel: Traités sur la fable précédés de la soixante-dixième lettre suivis des fables [dt./franz.], ed. N. Rialland, Paris 2008; engl. [erw.] Fables and Epigrams. With Essays on Fable and Epigram, London 1825); (ed. mit anderen) Briefe die Neueste Litteratur betreffend, 1 (1759) – 24 (1766) (repr. als: Briefe die neueste Literatur betreffend. 24 Theile in 4 Bänden, I–IV, Hildesheim/New York 1974), [nur die Beiträge L.s] unter dem Titel: Briefe die neueste Literatur betreffend. Mit einer Dokumentation zur Entstehungs- und Wirkungsgeschichte, ed. W. Albrecht, Leipzig 1987, ohne Untertitel, in: Werke u. Briefe [s. o.] IV, 453–777; Laokoon. Oder über die Grenzen der Mahlerey und Poesie. Mit beyläufigen Erläuterungen verschiedener Punkte der alten Kunstgeschichte I, Berlin 1766 [mehr nicht erschienen], erw., ed. K. G. Lessing, Berlin 1788, ohne Untertitel, ed. H. Blümner, Berlin 1876, erw. ²1880, unter dem Titel: Laokoon. Oder über die Grenzen der Malerei und Poesie. Mit beiläufigen Erläuterungen verschiedener Punkte der alten Kunstgeschichte, in: Werke u. Briefe [s. o.] V/2, 9–206, ferner in: Laokoon/Briefe, antiquarischen Inhalts. Text und Kommentar, Frankfurt 2007, 9–206 (franz. Du Laokoon. Ou des limites respectives de la poésie et de la peinture, übers. v. C. Vanderbourg, Paris 1802, unter dem Titel: Laocoon, übers. v. M. Courtin, Paris 1990; engl. Laokoon. Or, the Limits of Poetry and Painting, übers. v. W. Ross, London 1836, unter dem Titel: Laokoon. An Essay on the Limits of Painting and Poetry, übers. v. E. A. McCormick, Baltimore Md./London 1984); Minna von Barnhelm, oder das Soldatenglück. Ein Lustspiel in fünf Aufzügen (Verfertigt im Jahre 1763), Berlin 1767, ferner in: Werke u. Briefe [s. o.] VI, 9–110, ferner in: Minna von Barnhelm/ Hamburgische Dramaturgie. Text und Kommentar, Frankfurt

2010, 9–110 (franz. Mina de Barnhelm ou les avantures des militaires. Comédie en prose et en cinq actes, übers. v. G. F. W. Großmann, Berlin 1772, unter dem Titel: Minna von Barnhelm [franz./dt.], übers. v. H. Simondet, Paris 1992; engl. The Disbanded Officer. Or, the Baroness of Bruchsal. A Comedy, London 1786, unter dem Titel: Minna von Barnhelm, A Comedy in Five Acts, übers. v. K. J. Northcott, in: P. Demetz (ed.), Nathan the Wise, Minna von Barnhelm and Other Plays and Writings [s. u.], 1–74); Hamburgische Dramaturgie, I–II, Hamburg 1767/ 1768 [1769], ed. u. erläutert F. Schröter/R. Thiele, Halle 1878 [repr. Hildesheim 1979], ferner in: Werke u. Briefe [s. o.] VI, 181–694, ferner in: Minna von Barnhelm/Hamburgische Dramaturgie. Text und Kommentar, Frankfurt 2010, 181–694 (franz. Dramaturgie de Hambourg, übers. v. Paris 1869, ²1873, übers. v. J.-L. Besson/H. Kuntz, Paris 2010; engl. Dramatic Notes, in: Selected Prose Works of G. E. L., ed. E. Bell, London, 1879, Nachdr. unter dem Titel: Hamburg Dramaturgy, New York 1962); Briefe, antiquarischen Inhalts, I–II, Berlin 1768/ 1769, ferner in: Werke u. Briefe [s. o.] V/2, 353–582, ferner in: Laokoon/Briefe, antiquarischen Inhalts. Text und Kommentar, Frankfurt 2007, 353–582; Wie die Alten den Tod gebildet. Eine Untersuchung, Berlin 1769, ferner in: Werke u. Briefe [s. o.] VI, 715–778 (franz. De la manière de représenter la mort chez les anciens, Paris o.J. [1794], unter dem Titel: Comment les anciens représentaient la mort, in: Laocoon. Paris 1990, 2002; engl. How the Ancients Represented Death, in: Selected Prose Works of G. E. L., ed. E. Bell, London 1879, 173–226 [repr. in: Death and the Visual Arts, New York 1977], ferner in: Laokoon and How the Ancients Represented Death, London 1914, 171–226); Emilia Galotti. Ein Trauerspiel in fünf Aufzügen, Berlin 1772, ferner in: Werke u. Briefe [s. o.] VII, 291–371, separat Stuttgart, Frankfurt 2009 (engl. Emilia Galotti. A Tragedy, übers. v. B. Thompson, London 1800, übers. v. A. J. Gode von Aesch, in: P. Demetz [ed.], Nathan the Wise, Minna von Barnhelm and Other Plays and Writings [s. u.], 75–135; franz. Emilie Galotti. Tragédie en prose et en cinq actes, übers. v. H. Jouffroy, Leipzig, Paris 1839, unter dem Titel: Emilia Galotti. Tragédie en cinq actes, übers. v. B. Dort, Saulxures 1994); (ed. mit anderen) Zur Geschichte und Litteratur. Aus den Schätzen der Herzoglichen Bibliothek zu Wolfenbüttel, 1 (1773) – 6 (1781), [Beiträge L.s und ausgewählte andere Beiträge] in: Werke u. Briefe [s. o.] VII, 377–581, VIII, 55–359, X, 151–159; [anonym] Anti-Goeze. D. i. Nothgedrungener Beyträge zu den freywilligen Beyträgen des Hrn. Past. Goeze I, Braunschweig 1778, ohne Untertitel, II–XI, Braunschweig 1778, ferner in: Werke u. Briefe [s. o.] IX, 93–99, 149–154, 185–215, 341–355, 401–423; Ernst und Falk. Gespräche für Freymäurer [Gespräche I–III], Wolfenbüttel [Göttingen] 1778, mit Untertitel: Gespräche für Freymäurer, Fortsetzung [Gespräche IV–V], o.O. [Frankfurt] 1780, Neuaufl. [Gespräche I–V], Göttingen 1787, mit Untertitel: mit den Fortsetzungen Johann Gottfried Herders und Friedrich Schlegels, ed. I. Contiades, Frankfurt 1968, mit Untertitel: Gespräche für Freimäurer, in: Werke u. Briefe [s. o.] X, 11–72 (franz. Modeste et Faucon. Dialogus à l'intelligence des maçons [Gespräche I–III], Magdeburg 1778, unter dem Titel: Ernst et Falk/Ernst und Falk. Entretiens pour les Franc-maçons, […] [franz./dt.], Liège 1929, ferner in: Ernst et Falk. Dialogues maçonniques [Gespraeche für Freimaeurer]/L'éducation du genre humain [Die Erziehung des Menschengeschlechts] [franz./dt.], Paris 1976, 25–85; engl. L.s Masonic Dialogues [Ernst und Falk], übers. v. A. Cohen, London 1927, unter dem Titel: Ernst and Falk. Dialogues for Freemasons, in: H. B. Nisbet [ed.], Philosophical and Theological Writings [s. o.], 184–216); Nathan der Weise. Ein dramatisches

Gedicht in fünf Aufzügen, Berlin 1779, ferner in: Werke u. Briefe [s. o.] IX, 483–627, separat Hamburg, Stuttgart, Frankfurt 2008 (engl. Nathan the Wise. A Philosophical Drama, übers. v. R. E. Raspe, London 1781, mit Untertitel: A Dramatic Poem in Five Acts, übers. v. B. Q. Morgan, in: P. Demetz (ed.), Nathan the Wise, Minna von Barnhelm and Other Plays and Writings [s. u.], 173–275; franz. Nathan le Sage, übers. v. H. Hirsch, Paris 1862, übers. v. D. Lurcel, Paris 2006); Tagebuch der italienischen Reise [1775], in: G. E. L.s Sämmtliche Schr., ed. K. Lachmann [s. o.], XI/2, 29–62, Neudr., ed. W. Milde, Wiesbaden 1997 [mit Repr. d. handschriftl. Tagebuchs]; Die Erziehung des Menschengeschlechts, Berlin 1780, ferner in: Werke u. Briefe [s. o.] X, 73–99, Stuttgart 2005 (franz. L'éductaion du genre humain, in: E. Rodrigues, Lettres sur la religion et la politique, 1829. Suivies de l'education du genre humain» Paris 1831, 140–180, übers. v. J. Tissot, Paris 1857, übers. v. M. B. de Launay, Paris 1999; engl. The Education of the Human Race, London 1858, [4]1896, übers. v. J. D. Haney, New York 1908 [repr. New York 1972], ferner in: H. B. Nisbet [ed.], Philosophical and Theological Writings [s. u.], 217–240); G. E. L.s theologischer Nachlaß, ed. K. G. Lessing, Berlin 1784; G. E. L.s theatralischer Nachlaß, I–II, ed. K. G. Lessing, Berlin 1784/1786; L.s Leben nebst seinem noch übrigen litterarischen Nachlasse, I–III, ed. K. G. Lessing/G. G. Fülleborn, Berlin 1793–1795 (repr. Ann Arbor Mich. 1981, Bd. I, Hildesheim/Zürich/New York 1998); L.. Ein Selbstbildnis, ausgew. v. H. Weichelt, Weimar 1929; Sechs theologische Schriften G. E. L.s, eingel. u. komment. v. W. Gericke, Berlin 1985; Nathan the Wise, Minna von Barnhelm, and Other Plays and Writings, ed. P. Demetz, New York 1991, 2004; Philosophical and Theological Writings, ed. H. B. Nisbet, Cambridge etc. 2005; Literaturtheoretische und ästhetische Schriften, ed. A. Meier, Stuttgart 2006. – Briefe aus der Brautzeit 1770–1776, ed. W. Albrecht, Weimar 2000; G. E. L.s Briefe, 1760–1769. Texte und Erläuterungen, ed. A. Ciołek-Jóżwiak, Stuttgart 2007. – S. Seifert, L.-Bibliographie, Berlin/Weimar 1973; D. Kuhles, L.-Bibliographie, 1971–1985, Berlin/Weimar 1988.

Literatur: W. Albrecht, G. E. L., Stuttgart/Weimar 1997 (mit Bibliographie, 135–165); ders., L. im Spiegel zeitgenössischer Briefe. Ein kommentiertes Lese- und Studienwerk, I–II, Kamenz 2003; ders., L.. Gespräche, Begegnungen, Lebenszeugnisse. Ein kommentiertes Lese- und Studienwerk, I–II, Kamenz 2005; ders., L.. Chronik zu Leben und Werk, Kamenz 2008; H. E. Allison, L. and the Enlightenment. His Philosophy of Religion and Its Relation to Eighteenth-Century Thought, Ann Arbor Mich. 1966; A. Altmann, L. und Jacobi: Das Gespräch über den Spinozismus, Lessing Yearbook 3 (1971), 25–70, ferner in: ders., Die trostvolle Aufklärung. Studien zur Metaphysik und politischen Theorie Moses Mendelssohns, Stuttgart-Bad Cannstatt 1982, 50–83; K. Aner, Die Theologie der Lessingzeit, Halle 1929 (repr. Hildesheim 1964); H. Arendt, Von der Menschlichkeit in finsteren Zeiten. Gedanken zu L., Hamburg 1960, mit Untertitel: Rede über L., München 1960, unter dem Titel: Rede am 28. September 1959 bei der Entgegennahme des Lessing-Preises der Freien und Hansestadt Hamburg. Mit einem Essay von Ingeborg Nordmann, Hamburg 1999; W. Barner u. a., L.. Epoche, Werk, Wirkung, München 1975, [6]1998; E. M. Batley, Catalyst of Enlightenment. G. E L.. Productive Criticism of Eighteenth-Century Germany, Bern u. a. 1990; G. Bauer/S. Bauer (eds.), G. E. L., Darmstadt 1968, 1986; E. A. Bergmann, Hermaea. Studien zu G. E. L.s theologischen und philosophischen Schriften, Leipzig 1883; W. Boehart, Politik und Religion. Studien zum Fragmentenstreit (Reimarus, Goeze, L.), Schwarzen-

bek 1988; K. Bohnen, Geist und Buchstabe. Zum Prinzip des kritischen Verfahrens in L.s literarästhetischen und theologischen Schriften, Köln/Wien 1974; M. Bollacher, L.. Vernunft und Geschichte. Untersuchungen zum Problem religiöser Aufklärung in den Spätschriften, Tübingen 1978; B. Bothe, Glauben und Erkennen. Studie zur Religionsphilosophie L.s, Meisenheim am Glan 1972; I. Bouvignes/G. Pons, L., Enc. philos. universelle III/1 (1992), 1286–1289; P. J. Brenner, G. E. L., Stuttgart 2000 (mit Bibliographie, 335–373); K. Briegleb, L.s Anfänge 1742–1746. Zur Grundlegung kritischer Sprachdemokratie, Frankfurt 1971; F. E. Bryant, On the Limits of Descriptive Writings apropos of L.'s Laocoon, Ann Arbor Mich. 1906 (repr. Folcroft Pa. 1971, 1978); E. Cassirer, Die Philosophie der Aufklärung, Tübingen 1932, Hamburg 2007; C. Coulombeau, Le philosophique chez G. E. L.. Individu et vérité, Wiesbaden 2005; R. Daunicht (ed.), L. im Gespräch. Berichte und Urteile von Freunden und Zeitgenossen, München 1971; H. Drescher-Ochoa, Kultur der Freiheit. Ein Beitrag zu L.s Kulturkritik und -philosophie, Frankfurt etc. 1998; W. Drews, L. in Selbstzeugnissen und Bilddokumenten, Reinbek b. Hamburg 1962, 2005; E. J. Engel/C. Ritterhoff (eds.), Neues zur L.-Forschung. Ingrid Strohschneider-Kohrs zu Ehren am 26. August 1997, Tübingen 1998; M. Fauser (ed.), G. E. L.. Neue Wege der Forschung, Darmstadt 2008; M. Fick, L.-Handbuch. Leben, Werk, Wirkung, Stuttgart/Weimar 2000, [2]2004; B. Fischer/T. C. Fox (eds.), A Companion to the Works of G. E. L., Rochester N. Y./Woodbridge 2005; H. Fischer, L.s Philosophie. Eine Kritik, Z. Philos. phil. Kritik NF 85 (1884), 29–66,169–201; V. Forester, L. und Moses Mendelssohn. Geschichte einer Freundschaft, Hamburg 2001; G. Freund, Theologie im Widerspruch. Die L.-Goeze-Kontroverse, Stuttgart/Berlin/Köln 1989; H. Göbel, Bild und Sprache bei L., München 1971; H. Gonzenbach, L.s Gottesbegriff in seinem Verhältnis zu Leibniz und Spinoza, Frauenfels/Leipzig 1940; K. S. Guthke, L.-Forschung 1932 bis 1962, Dt. Vierteljahresschr. Literaturwiss. u. Geistesgesch. 38 (1964), 68–169, unter dem Titel: Der Stand der L.-Forschung. Ein Bericht über die Literatur von 1932–1962, Stuttgart 1965; ders.. L.-Literatur 1963–1968, Lessing Yearbook 1 (1969), 255–264; H. P. Hanson, Leibniz and L.'s Critical Thought, Diss. Harvard 1959; D. Harth, G. E. L.. Oder die Paradoxien der Selbsterkenntnis, München 1993; E. P. Harris/R. E. Schade (eds.), L. in heutiger Sicht. Beiträge zur Internationalen L.-Konferenz Cincinnati, Ohio 1976, Bremen/Wolfenbüttel 1977; E. Heftrich, L.s Aufklärung. Zu den theologisch-philosophischen Spätschriften, Frankfurt 1978; J.-O. Henriksen, The Reconstruction of Religion. L., Kierkegaard, and Nietzsche, Grand Rapids Mich. 2001; D. Hildebrandt, L.. Biographie einer Emanzipation, München/Wien 1979, mit Untertitel: Eine Biographie, Reinbek b. Hamburg 1990, mit ursprünglichem Titel: München 2003; T. Höhle (ed.), L. und Spinoza, Halle 1982; G. Hornig, L., TRE XXI (1991), 20–33; S. Horsch, Rationalität und Toleranz. L.s Auseinandersetzung mit dem Islam, Würzburg 2004; K. Hüskens-Hasselbeck, Stil und Kritik. Dialogische Argumentation in L.s philosophischen Schriften, München 1978; J. Jacobs, L.. Eine Einführung, München/Zürich 1986; W. Jasper, L.. Aufklärer und Judenfreund. Biographie, Berlin/München, Darmstadt 2001, mit Untertitel: Biographie, Berlin 2006; M. Kommerell, L. und Aristoteles. Untersuchung über die Theorie der Tragödie, Frankfurt 1940, [5]1984; S. Lampenscherf, L., in: F. Volpi (ed.), Großes Werklexikon der Philosophie II, Stuttgart 1999, 911–912; R. S. Leventhal, The Disciplines of Interpretation. L., Herder, Schlegel and Hermeneutics in Germany 1750–1800, Berlin/New York 1994; J. von Lüpke, Wege der Weisheit. Studien zu L.s Theologiekritik, Göttingen 1989; T. Martinec, L.s Theorie der Tragödienwirkung. Humanistische Tradition und aufklärerische Erkenntniskritik, Tübingen 2003; K. May, L.s und Herders kunsttheoretische Gedanken in ihrem Zusammenhang, Berlin 1923 (repr. Nendeln 1967); B. Meyer, L. als Leibnizinterpret. Ein Beitrag zur Geschichte der Leibnizrezeption im 18. Jahrhundert, Diss. Erlangen 1967; E. K. Moore, The Passions of Rhetoric. L.'s Theory of Argument and the German Enlightenment, Dordrecht/Boston Mass./London 1993; P. Müller, Untersuchungen zum Problem der Freimaurerei bei L., Herder und Fichte, Bern 1965; H. B. Nisbet, L.'s Ethics, L.-Yearbook 25 (1993), 1–40; ders., L.. Eine Biographie, München 2008; V. Nölle, Subjektivität und Wirklichkeit in L.s dramatischem und theologischem Werk, Berlin 1977; W. Oelmüller, Die unbefriedigte Aufklärung. Beiträge zu einer Theorie der Moderne von L., Kant und Hegel, Frankfurt 1969, rev. 1979; H.-J. Olszewsky, L., BBKL IV (1992), 1545–1551; W. Pelters, L.s Standort. Sinndeutung der Geschichte als Kern seines Denkens, Heidelberg 1972; G. Pons, G. E. L. et le Christianisme, Paris 1964; E. Quapp, L.s Theologie statt Jacobis Spinozismus, Bern etc. 1992; W. Ritzel, L.. Dichter, Kritiker, Philosoph, München 1966, 1978; A. Savile, Aesthetic Reconstructions. The Seminal Writings of L., Kant and Schiller, Oxford 1987; A. Schilson, Geschichte im Horizont der Vorsehung. G. E. L.s Beitrag zu einer Theologie der Geschichte, Mainz 1974; ders., L.s Christentum, Göttingen 1980; G. Schulz (ed.), L. und der Kreis seiner Freund, Heidelberg 1985; H. Schultze, L.s Toleranzbegriff. Eine theologische Studie, Göttingen 1969; G. Sichelschmidt, L.. Der Mann und sein Werk, Düsseldorf 1989; J. Stenzel (ed.), L.s Skandale, Tübingen 2005; I. Strohschneider-Kohrs, Vernunft als Weisheit. Studien zum späten L., Tübingen 1991; H. Thielicke, Vernunft und Existenz bei L.. Das Unbedingte in der Geschichte, Göttingen 1981; D. Townsend, L., REP V (1998), 574–578; F. Traub, Geschichtswahrheiten und Vernunftwahrheiten bei L., Z. Theol. Kirche 28 (1920), 193–207; M. Waller, L.s Erziehung des Menschengeschlechts. Interpretation und Darstellung ihres rationalen und irrationalen Gehaltes. Eine Auseinandersetzung mit der L.forschung, Berlin 1935 (repr. Nendeln 1967); L. P. Wessel [Wessell], G. E. L.'s Theology: A Reinterpretation. A Study in the Problematic Nature of the Enlightenment, The Hague/Paris 1977; S. Zac, Spinoza en Allemagne. Mendelssohn, L. et Jacobi, Paris 1989; E. Zeller, L. als Theolog, Hist. Z. 23 (1870), 343–383; U. Zeuch (ed.), L.s Grenzen, Wiesbaden 2005. – Sonderheft: Les etudes philosophiques 65 (2003). A. V.

Lessing, Theodor, *Hannover 8. Febr. 1872, †Marienbad (Böhmen) 30. Aug. 1933, dt. Publizist, Schriftsteller und Philosoph. Abgebrochenes Studium der Medizin in Freiburg (1892), Bonn (1893–1894) und München (1895). Nach ›Wanderjahren‹ 1899 philosophische Promotion in Erlangen (African Spir's Erkenntnislehre, Giessen 1900). Auf Anregung und mit Förderung von T. Lipps Psychologiestudium. 1903/1904 Lehrer am Landerziehungsheim Haubinda. 1904, nach Rücktritt aus Protest gegen den Ausschluß jüdischer Schüler, Lehrer in Dresden; Einrichtung der ersten deutschen Volkshochschulkurse ebendort. 1908 Habilitation an der TH Hannover und Privatdozent. Im gleichen Jahr Gründung des »Deutschen Antilärmvereins« mit der Zeitschrift »Der Antirüpel (Recht auf Stille)«. 1925 Einstellung der Vorlesungen. Ab Februar 1933 im Exil in Marienbad, wo L., auf den nationalsozialistische Behörden ein Kopfgeld ausgesetzt hatten, ermordet wurde.

L. entstammte einer liberalen jüdischen Familie, die ihren Namen um 1800 aus Verehrung für G. E. Lessing angenommen hatte. Er hatte Kontakte zum George-Kreis; L. Klages war während der Schul- und Universitätsjahre sein Freund. Sein Werk – er selbst bezeichnet seine Philosophie als ›Aktivismus‹ – hat Anteil an der antirationalistischen Kultur- und Gesellschaftskritik des ausgehenden 19. und beginnenden 20. Jhs. (F. Nietzsche, O. Spengler). Als Publizist vertrat L. einen pragmatischen Sozialismus (z. B. Gleichberechtigung der Frau, Völkerverständigung). Aufsehen erregte 1925 seine Hindenburg-Kritik, die auf Druck deutschnationaler und nationalsozialistischer Kräfte zum Rückzug aus der Lehrtätigkeit führte (A. Messer, Der Fall L., 1926). In seinen geschichtsphilosophischen (↑Geschichtsphilosophie) Hauptwerken versteht L. die Geschichtsschreibung weniger als Wissenschaft denn als Kunst. Alle Grundbegriffe und Auffassungen von Geschichtsschreibung und Geschichtsphilosophie, etwa ↑Fortschritt und ↑Kausalität, sind der Geschichte nachträglich zugeordnete Konstruktionen, die es erlauben, Geschichte als einen für den Menschen notwendigen ↑Mythos zu gestalten. In »Europa und Asien« (1918) unterzieht L. die technische Zivilisation einer radikalen Kritik; diese diene kolonialistischen Tendenzen und der Zerstörung der natürlichen Lebensumwelt. In »Geschichte als Sinngebung des Sinnlosen« (1919) entwickelt L. eine voluntaristische (↑Voluntarismus) Geschichtsphilosophie, die die Existenz historischer Gesetze leugnet und in der die Geschichte als irrational (↑irrational/Irrationalismus), d. h. als chaotisch und sinnfrei, betrachtet wird. L. unterscheidet zwischen der nur im prälogischen Augenblicksempfinden vorhandenen Lebenswahrheit des alltäglichen Lebens, die nicht mehr vollständig rekonstruiert werden kann, und der nachträglichen künstlich selektierten und rekonstruierten Reproduktion dieser Lebenswahrheit. Daher kann es keine Geschichte als Wirklichkeitswissenschaft geben: Geschichte ist nur Traumdichtung des Menschen. Die offene Struktur dieser Art von Geschichtsdichtung ermöglicht in positiver Hinsicht jedoch, negative Phänomene der historischen Tatsachenwelt durch fingierte vernünftige Ereigniszusammenhänge zu kompensieren und dadurch erträglich zu machen. Geschichte erhält dadurch die Funktion des Religionsersatzes. L.s Geschichtsphilosophie stellt eine radikale Abkehr von dem geschichtswissenschaftlichen Realitäts- und Objektivitätsanspruch der Deutschen Historischen Schule (L. v. Ranke, J. Burckhardt) dar. Damit nimmt L. gewisse Tendenzen im postmodernen Geschichtsdenken (↑Postmoderne) vorweg.

Hauptwerke: Ausgewählte Schriften, ed. J. Wolkenberg, I–III, Bremen 1995–2003. – Schopenhauer, Wagner, Nietzsche. Einführung in moderne deutsche Philosophie, München 1906, Leipzig 2008; Studien zur Wertaxiomatik. Untersuchungen über reine Ethik und reines Recht, Leipzig 1908, [2]1914; Der Lärm. Eine Kampfschrift gegen die Geräusche unseres Lebens, Wiesbaden 1908, Nachdr. in: H. Brandstätter, Badenweyler Marsch, Stuttgart/Berlin 1999, 37–148; Weib, Frau, Dame. Ein Essay, München 1910; Philosophie der Tat, Göttingen 1914; Europa und Asien, Berlin 1918, mit Untertitel: oder Der Mensch und das Wandellose, sechs Bücher wider Geschichte und Zeit (unter Einarbeitung von: Die verfluchte Kultur. Gedanken über den Gegensatz von Leben und Geist, München 1921), Hannover [2]1923, unter dem Titel: Untergang der Erde am Geist (Europa und Asien), Hannover [3]1924, 5. völlig neubearb. Aufl.: Europa und Asien (Untergang der Erde am Geist), Leipzig 1930, [6]2007; Geschichte als Sinngebung des Sinnlosen, München 1919, mit Untertitel: oder die Geburt der Geschichte aus dem Mythos, Leipzig [4]1927, Hamburg 1962, München 1983; Dührings Haß, Hannover 1922; Nietzsche, Berlin 1925, 1985; Prinzipien der Charakterologie, Halle 1926; Der jüdische Selbsthaß, Berlin 1930, 2004; Einmal und nie wieder (Lebenserinnerungen), Prag 1935, Gütersloh 1969; T. L. Wortmeldungen eines Unerschrockenen. Publizistik aus 3 Jahrzehnten (Briefe, Gespräche, Reden), ed. H. Stern, Leipzig /Weimar 1987; Ich warf eine Flaschenpost ins Eismeer der Geschichte. Essays und Feuilletons, ed. R. Marvedel, Darmstadt/Neuwied 1986, Frankfurt [2]1989; Nachtkritiken. Kleine Schriften 1906–1907, ed. R. Marwedel, Göttingen 2006.

Literatur: K. Albert, Philosophie im Schatten von Auschwitz. Edith Stein – T. L. – Walter Benjamin – Paul Ludwig Landsberg, Dettelbach 1995; B. Baule, Kulturerkenntnis und Kulturbewertung bei T. L., Hildesheim 1992; M. S. Benoit, T. L. ou les errements d'un intellectuel juif face au discours racial, Études germaniques 59 (2004), 273–287; A. Boelke-Fabian, L., in: A. B. Kircher/O. Fraise (ed.), Metzler Lexikon jüdischer Philosophen, Stuttgart/Weimar 2003, 321–324; P. Böhm, T. L.s Versuch einer erkenntnistheoretischen Grundlegung von Welt. Ein kritischer Beitrag zur Aporetik der Lebensphilosophie, Würzburg 1986; F. Breithaupt, How I Feel Your Pain. L.'s »Mitleid«, Goethe's »Anagnorisis«, and Fontane's Quiet Sadism, Dt. Vierteljahrsschr. Literaturwiss. u. Geistesgesch. 82 (2008), 400–423; C. Gneuss, T. L., in: T. L., Geschichte als Sinngebung des Sinnlosen, Hamburg 1962, 321–337; W. Goetze, Die Gegensätzlichkeit der Geschichtsphilosophie Oswald Spenglers und T. L.s, Diss. Leipzig 1930; Y. Golomb, Jewish Self-Hatred. Nietzsche, Freud and the Case of T. L., Leo Baeck Institute. Year-Book 50 (2005), 233–245; J. Hartwig, »Sei was immer du bist.« T. L.s wendungsvolle Identitätsbildung als Deutscher und Jude, Oldenburg 1999; J. Henrich, Friedrich Nietzsche und T. L.. Ein Vergleich, Marburg 2004; F. H. D. Husgen, Geschichtsphilosophie und Kulturkritik T. L.s, Mainz 1961; U. Kemmler, Not und Notwendigkeit. Der Primat der Ethik in der Philosophie T. L.s, Frankfurt etc. 2004; H. Kesting, Denker der Not. T. L., in: ders., Ein bunter Flecken am Kaftan. Essays zur deutsch-jüdischen Literatur, Göttingen 2005, 41–54; E. Kotowski, Feindliche Dioskuren. T. L. und Ludwig Klages. Das Scheitern einer Jugendfreundschaft (1885 – 1899), Berlin 2000; ders. (ed.), Sinngebung des Sinnlosen. Zum Leben und Werk des Kulturkritikers T. L. (1872 – 1933), Hildesheim etc. 2006; ders. (ed.), »Ich warf eine einsame Flaschenpost in das unermessliche Dunkel«. T. L. 1872 – 1933, Hildesheim etc. 2008; R. Marvedel, T. L. 1872–1933.

Eine Biographie, Darmstadt/Neuwied 1987; A. Messer, Der Fall L., Bielefeld 1926; H. E. Schröder, T. L.s autobiographische Schriften. Ein Kommentar, Bonn 1970; M. Siegrist, T. L., die entropische Philosophie. Freilegung und Rekonstruktion eines verdrängten Denkers, Bern etc. 1995.　　A. V.

Letztbegründung, Terminus der (neueren) Philosophie und Wissenschaftstheorie für die kognitive Rückführung der Geltungsansprüche (↑Geltung) des Behauptens und Aufforderns, besonders der wissenschaftlichen Behauptungen und moralisch-politischen Aufforderungen, auf letzte Behauptungen und/oder Aufforderungen, die keiner Fundierung bedürfen. Häufig wird für diese letzten ›Gründe‹ Sicherheit und ↑Gewißheit gefordert. Der Sache nach steht, zumal seit R. Descartes' Suche nach einem ›fundamentum inconcussum‹, ein System von Erkenntnis- und Handlungsorientierungen zur Debatte, das von einem letzten Grund argumentierend seinen Ausgangspunkt nimmt, wobei die Frage der Sicherung dieses Ausgangspunktes die besonderen Schwierigkeiten der L. bezeichnet (K. L. Reinhold, J. G. Fichte, F. W. J. Schelling, G. W. F. Hegel, J. F. Fries). Für den so genannten *Begründungsstreit* in der (insbes. deutschen) Philosophie sind vor allem die Konzeptionen E. Husserls (↑Phänomenologie) und H. Dinglers folgenreich geworden. In seiner kritischen Rezeption der Cartesischen Begründungsidee schließt sich (der späte) Husserl der Idee einer ›Wissenschaft aus absoluter Begründung‹ an. Husserl weist darauf hin, daß die prädikative ↑Evidenz die vorprädikative einschließt. Das ausdrückliche Urteilen ist somit zwar an die vorprädikative Evidenz gebunden, hat jedoch auch seine eigene Evidenz oder Nichtevidenz, »damit aber auch mitbestimmend die Idee wissenschaftlicher Wahrheit, als letztbegründeter und zu begründender prädikativer Verhalte« (Cartesianische Meditationen, 52; der vermutlich früheste Beleg für den zusammengesetzten Ausdruck ›letztbegründet‹). In der Krisis-Schrift findet insofern eine Bedeutungsverschiebung statt, als nicht mehr das ›Ich-denke‹ des anfangenden Philosophen, sondern die ↑Lebenswelt ›letztbegründende‹ Instanz ist (»[...] ist die Wissenschaftlichkeit, die diese Lebenswelt als solche und in ihrer Universalität fordert, eine eigentümliche, eine eben nicht objektiv-logische, aber als die letztbegründende nicht die mindere sondern die dem Werte nach höhere«, Krisis, 127). Von Husserls Programm unterscheidet sich Dinglers L.skonzeption vor allem durch den praktischen Charakter (oft mißverständlich als ›Voluntarismus‹ gekennzeichnet) des letzten Fundaments, wobei Dingler meist von ↑›Vollbegründung‹ spricht (zur Beschreibung des methodischen Ganges von einem System von Allgemeinaussagen [Wissenschaft] zu deren Vollbegründung vgl. Aufbau der exakten Fundamentalwissenschaft, 29).

Die im Begründungsstreit (etwa seit 1968) geübte Kritik an einer an der Idee der L. orientierten Philosophie (H. Albert im Anschluß an K. R. Popper, W. Stegmüller) bezieht sich in ihrer Argumentation vor allem auf Dingler (J. Mittelstraß: ›Dingler-Komplex‹). Begrifflicher Ausdruck der Kritik ist die Formulierung des so genannten ↑Münchhausen-Trilemmas und die auf ihr basierende Forderung, das Ideal der ↑Begründung überhaupt aufzugeben (Vorwurf des ›Fundamentalismus‹ bzw. ↑›Certismus‹). Maßgebend ist dabei die Orientierung an logisch-axiomatischen Begründungskonzeptionen. Allerdings hat Albert darauf hingewiesen, daß die Formulierung des Münchhausen-Trilemmas auf triviale Weise auch auf Argumentationen angewendet werden könne, die außerlogischen Regeln folgen (Traktat über kritische Vernunft, ³1975, 183 ff.). Entscheidend für die Kritik am Münchhausen-Trilemma ist daher nicht die Unterstellung, daß Begründungszusammenhänge der deduktiven Logik (↑Deduktion) folgen, sondern der von Albert unterstellte *nicht-pragmatische* Begründungsbegriff. Gemäß diesem ist ›begründet‹ ein Prädikator für Aussagen (oder: Behauptungen und Aufforderungen). Für ein *pragmatisches* Begründungsverständnis ist ›Begründen‹ demgegenüber ein Handlungsprädikat, durch das bestimmte Sequenzen diskursiven Handelns (↑Dialog, ↑Diskurs) ausgezeichnet werden (↑Begründung). Dabei zeigt sich, daß die durch die Lemmata des Münchhausen-Trilemmas erfaßten Begründungskonstellationen nur pragmatisch beschränkten oder keinen Sinn haben: während sich Regreß- und Zirkellemma nur auf Begründungssituationen in *reduktiver* Begründungsrichtung beziehen lassen (im Unterschied zur *produktiven* Begründungsrichtung), läßt sich für das Abbruchlemma keine klare pragmatische Bedeutung ausmachen (C. F. Gethmann/R. Hegselmann 1977).

Von den am Begründungsstreit beteiligten Autoren hat K.-O. Apel den weitestgehenden Anspruch auf L. erhoben. Danach ist eine Einsicht (Evidenz) genau dann letztbegründet, wenn sie (*A*) nicht ohne Selbstwiderspruch negiert und (*B*) nicht ohne Zirkel (↑zirkulär/Zirkularität) abgeleitet werden kann (1976, 71). Die beiden damit formulierten Regeln einer L.sargumentation sollen genau für das Prinzip einer *kommunikativen Ethik* erfüllt, durch ihre Anwendung genau (ausschließlich) eine einzige Einsicht ausgezeichnet sein. *Regel (A)*, eine sowohl in der Philosophiegeschichte (Widerlegung des ↑Skeptizismus) als auch in der alltags- und wissenschaftssprachlichen Argumentationspraxis häufig verwendete Argumentationsregel, besagt, daß ein Argumentierender dann eine Aussage akzeptieren soll, wenn er sie bereits als ↑Prämisse oder ↑Regel in Anspruch nimmt, um sie selbst abzustreiten. Dies ist insbes. der Fall, wenn in einem ↑Sprechakt zwischen der illokutiven Funktion und dem propositionalen Teil ein Wider-

spruch entsteht. Die Begründung der Regel (*A*) ist sowohl von einigen sprachtheoretischen Annahmen, z. B. über Sprechakte, als auch vor allem von der bei Apel unbegründeten Regel vom zu vermeidenden (pragmatischen) Widerspruch abhängig. Die für eine L.sargumentation konstitutive *Regel (B)* besagt, daß ein Argumentierender eine Aussage dann akzeptieren soll, wenn er sie bereits als Prämisse oder Regel in Anspruch nehmen müßte, um sie abzuleiten. Da die Regel (*B*) bei Apel ebenfalls unbegründet bleibt, gilt das hinsichtlich der Begründungsfrage für Regel (*A*) Gesagte. Da nach Apel beide Regeln notwendig und hinreichend für eine L.sargumentation sein sollen, ist eine Behauptung ›*p*‹ dann und nur dann letztbegründet, wenn sie zugleich Regel (*A*) und (*B*) erfüllt. Die Argumentationsregel für ›*p*‹ lautet also: Ein Argumentierender soll eine Behauptung ›*p*‹ genau dann als letztbegründet akzeptieren, wenn ›*p*‹ von ihm bereits als Prämisse oder Regel in Anspruch genommen werden müßte, um ›*p*‹ abzustreiten (*A*) und abzuleiten (*B*). Damit ergibt sich allerdings das entscheidende Problem, daß durch eine in diesem Sinne verstandene L. sehr viele Behauptungen letztbegründet werden können (Beispiel bei Gethman/Hegselmann, 1977). Apel sucht dem durch eine Definition von ›Argumentation‹ zu begegnen. Danach ›argumentiert‹ nur derjenige, der das letztbegründete Prinzip der kommunikativen Ethik akzeptiert. Dieses Prinzip soll also durch *analytische Folgerungen* aus der Definition des Begriffs der ›Argumentation‹ gegen Beliebigkeit und mangelnde kritische Potenz abgesichert werden. Dagegen spricht, daß Definitionen prinzipiell (rechtfertigungsbedürftige) ↑Konventionen sind und ein Argumentierender auch ein anderes letztbegründetes Prinzip der Ethik ›voraussetzen‹ kann. Darüber hinaus ist nicht eo ipso klar, daß man akzeptieren muß, was man voraussetzt (Revisionsmöglichkeit gegenüber den ›Voraussetzungen‹ einer Argumentation, wenn klar wird, ›auf was man sich eingelassen hat‹).

Ähnlich wie Apel hält es J. Habermas im Rahmen des Entwurfs einer ↑*Universalpragmatik* für möglich, die Grundlagen einer rationalen Ethik durch die Analyse der in jedem praktischen Diskurs ›unvermeidlich‹ vorauszusetzenden idealen Sprechsituation im Sinn einer ›Grundnorm der vernünftigen Rede‹ mit letzter Legitimation festzustellen (Legitimationsprobleme, 152). In seiner Auseinandersetzung mit Apel tritt Habermas für eine ›minimalistische Deutung des Transzendentalen‹ ein, die nicht ausschließen will, daß die Applizierbarkeit der Begriffe von ›Gegenständen möglicher Erfahrung‹ (1) nur unter kontingenten Randbedingungen (z. B. Naturkonstanten) möglich ist, (2) von phylogenetischen und ontogenetischen, also empirisch zugänglichen Prozessen abhängt und (3) durch anthropologische Tiefenstrukturen relativiert ist (vgl. Universalpragmatik, 198–

204). Der Begriff der Legitimation wird in diesem Zusammenhang in doppelter Bedeutung verwendet. Einmal beschreibt er die pragmatischen Ansprüche, die Sprecher und Hörer in einem gelungenen ↑Dialog erheben und anerkennen (mit dem Wahrheitsanspruch die Übernahme von Begründungsverpflichtungen, mit dem Richtigkeitsanspruch die Übernahme von Rechtfertigungsverpflichtungen, mit dem Wahrhaftigkeitsanspruch die Übernahme von Bewährungsverpflichtungen), zum anderen soll auf der Grundlage der Rekonstruktion solcher Geltungsansprüche eine »auf Grundnormen vernünftiger Rede zurückführbare Universalmoral« (Legitimationsprobleme, 131) begründet werden.

Einwänden der Art, daß auch wenn durch die Universalpragmatik die Bedingungen eines gelingenden Sprechakts hinreichend expliziert sind, die Frage offenbleibt, wie zu begründen ist, daß jeder Sprechakt gelingen lassen soll, sucht Habermas durch eine Konsensustheorie der Wahrheit (↑Wahrheitstheorien) und durch eine bestimmte Auffassung von ↑Rekonstruktion Rechnung zu tragen. Besonders in seiner Auseinandersetzung mit der konstruktivistischen Einführung eines ↑Moralprinzips neben dem ↑Vernunftprinzip hat Habermas dabei geltend gemacht, daß sich eine ›Universalisierungsmaxime‹ (↑Universalisierung) erübrige, wenn man zeigen könne, daß in der Struktur der ↑Intersubjektivität bereits die Erwartung auf Einlösung der universalpragmatisch rekonstruierbaren Geltungsansprüche enthalten sei. Auf diese Weise wäre die Begründungslücke zwischen Universalpragmatik und Universalmoral geschlossen. Sie würde allerdings als Begründungsdefizit innerhalb der Universalmoral neu entstehen; denn die Norm ›handle gemäß denjenigen normativen Strukturen, die du durch deine Redepraxis bereits anerkennst, indem du den bei den anderen geweckten Erwartungen entsprichst‹ ist ihrerseits begründungsbedürftig. Gemäß der Konsensustheorie der Richtigkeit müßte darüber in einem erneuten Diskurs befunden werden, was entweder in einen unendlichen Regreß (↑regressus ad infinitum) oder einen Zirkel führt.

Das konstruktivistische Programm (↑Konstruktivismus, ↑Wissenschaftstheorie, konstruktive) ist angesichts der Kontroverse zwischen Kritischem Rationalismus (↑Rationalismus, kritischer) und Kritischer Theorie (↑Theorie, kritische) bezüglich des Begründungsproblems von Argumentationsregeln durch eine Mittelposition ausgezeichnet: die Geltung von Argumentationsregeln beruht demgemäß zwar auf ›Konventionen‹, diese können und *sollen* jedoch auf Grund von Rechtfertigungsverfahren rational zustandekommen. Dieser Standpunkt schlägt sich am deutlichsten im *Dilemma des* ↑*Anfangs* nieder, wonach in der Philosophie nicht voraussetzungslos angefangen werden kann, aber auch nicht willkürlich angefangen werden darf (W. Kamlah/P. Lorenzen, ²1973, 15–22). Mit dem Projekt der Erkenntniskritik als konstruktiver ↑Sprachkritik wird hinsichtlich der Geltungsfrage einerseits weniger behauptet als seitens der Verfechter von L.skonzeptionen, andererseits aber für das Gelingen von Konventionen mehr gefordert als seitens des Kritischen Rationalismus. Damit befindet sich der Konstruktivismus allerdings in der Situation, daß von ihm zufolge seiner Formulierung des Fundierungsproblems die größten philosophischen Leistungen erbracht werden müssen. Während nämlich die Begründung von Normen (↑Norm (handlungstheoretisch, moralphilosophisch)) gemäß den Vertretern der Kritischen Theorie mit quasideduktiver ((›transzendentaler‹ bzw. ›rekonstruktiver‹) Zwangsläufigkeit vor sich geht, die von der Philosophie lediglich dargestellt wird – nach der Konzeption des Kritischen Rationalismus demgegenüber ein faktischer sozialer Prozeß ist, zu welchem die Philosophie durch Kritik etwas beitragen kann –, verlangt die konstruktivistische Konzeption, daß Verfahren angegeben werden können, gemäß welchen die sich auf rationale Lebensbewältigung verpflichtenden Subjekte ihre Dissense und Konflikte nun auch tatsächlich auflösen können. In konstruktivistischer Sicht hat die Philosophie nicht primär die Aufgabe, die (eventuell apriorische) Fundiertheit einer Behauptung/Aufforderung *festzustellen*, sondern darauf hinzuweisen, daß die Bedingungen für eine gelingende Begründung allererst gemeinsam *herzustellen* sind.

Literatur: H. Albert, Traktat über kritische Vernunft, Tübingen 1968, ³1975 (mit Nachwort: Der Kritizismus und seine Kritiker, 183–210), ⁵1991 (mit erw. Nachwort, 219–256) (engl. Treatise on Critical Reason, Princeton N. J. 1985, 1992); ders., Transzendentale Träumereien. Karl-Otto Apels Sprachspiele und sein hermeneutischer Gott, Hamburg 1975; K.-O. Apel, Das Apriori der Kommunikationsgemeinschaft und die Grundlagen der Ethik. Zum Problem einer rationalen Begründung der Ethik im Zeitalter der Wissenschaft, in: ders., Transformation der Philosophie II (Das Apriori der Kommunikationsgemeinschaft), Frankfurt 1973, ⁶1999, 358–435; ders., Zur Idee einer transzendentalen Sprach-Pragmatik, in: J. Simon (ed.), Aspekte und Probleme der Sprachphilosophie, Freiburg/München 1974, 283–326; ders., Das Problem der philosophischen L. im Lichte einer transzendentalen Sprachpragmatik. Versuch einer Metakritik des »Kritischen Rationalismus«, in: B. Kanitscheider (ed.), Sprache und Erkenntnis. Festschrift für Gerhard Frey zum 60. Geburtstag, Innsbruck 1976, 1982, 55–82; ders., Sprechakttheorie und tranzendentale Sprachpragmatik zur Frage ethischer Normen, in: ders. (ed.), Sprachpragmatik und Philosophie, Frankfurt 1976, 10–173; W. W. Bartley, The Retreat to Commitment, New York 1962, London 1964, La Salle Ill. ²1984, 1990 (dt. Flucht ins Engagement. Versuch einer Theorie des offenen Geistes, München 1962, ohne Untertitel: Tübingen 1987); R. Breil, Hönigswald und Kant. Transzendentalphilosophische Untersuchungen zur L. und Gegenstandskonstitution, Bonn 1991; H. Dingler, Aufbau der exakten Fundamentalwissenschaften, ed.

P. Lorenzen, München 1964; T. Ebert, Über eine vermeintliche Entdeckung in der Wissenschaftstheorie. Anmerkungen zu Janich/Kambartel/Mittelstraß: Wissenschaftstheorie als Wissenschaftskritik, Z. allg. Wiss.theorie 5 (1974), 308–316; J. Friedmann, Kritik konstruktivistischer Vernunft. Zum Anfangs- und Begründungsproblem bei der Erlanger Schule, München 1981; M. Gatzemeier, Die Abhängigkeit der Methoden von den Zielen der Wissenschaft. Überlegungen zum Problem der L., Perspektiven der Philosophie. Neues Jb. 6 (1980), 91–118; C. F. Gethmann, Logische Deduktion und transzendentale Konstitution. Zur Kritik des Kritischen Rationalismus am methodologischen Theorem der Begründung, in: W. Czapiewski (ed.), Verlust des Subjekts? Zur Kritik neopositivistischer Theorien, Kevelaer 1975, 11–76, 241–246, 253–258; ders., Protologik. Untersuchungen zur formalen Pragmatik von Begründungsdiskursen, Frankfurt 1979; ders., L., Hist. Wb. Ph. V (1980), 251–254; ders., Proto-Ethik. Zur formalen Pragmatik von Rechtfertigungsdiskursen, in: H. Stachowiak/T. Ellwein (eds.), Bedürfnisse, Werte und Normen im Wandel I (Grundlagen, Modelle und Prospektiven), München/Paderborn Wien/Zürich 1982, 113–143; ders./R. Hegselmann, Das Problem der Begründung zwischen Dezisionismus und Fundamentalismus, Z. allg. Wiss.theorie 8 (1977), 342–368; W. Gölz, Begründungsprobleme der praktischen Philosophie, Stuttgart-Bad Cannstatt 1978; G. Gotz, L. und systematische Einheit. Kants Denken bis 1772, Wien 1993; J. Habermas, Gegen einen positivistisch halbierten Rationalismus, in: T. W. Adorno u. a., Der Positivismusstreit in der deutschen Soziologie, Neuwied/Darmstadt 1969, ¹⁴1991, München 1993» 235–266; ders., Vorbereitende Bemerkungen zu einer Theorie der kommunikativen Kompetenz, in: ders./N. Luhmann, Theorie der Gesellschaft oder Sozialtechnologie – was leistet die Systemforschung?, Frankfurt 1971, ¹⁰1990, 101–145; ders., Legitimationsprobleme im Spätkapitalismus, Frankfurt 1973, 2004; ders., Wahrheitstheorien, in: H. Fahrenbach (ed.), Wirklichkeit und Reflexion. Walter Schulz zum 60. Geburtstag, Pfullingen 1973, 211–265; ders., Was heißt Universalpragmatik?, in: K.-O. Apel (ed.), Sprachpragmatik und Philosophie, Frankfurt 1976, 1982, 174–272; R. Haller, Über das sogenannte Münchhausentrilemma, Ratio 16 (1974), 113–127; R . Hegselmann, Normativität und Rationalität. Zum Problem praktischer Vernunft in der Analytischen Philosophie, Frankfurt/New York 1979; V. Hösle, Die Krise der Gegenwart und die Verantwortung der Philosophie, Transzendentalpragmatik, L., Ethik, München 1990, ³1997; E. Husserl, Cartesianische Meditationen und Pariser Vorträge, ed. S. Strasser, Den Haag 1950, ²1963, Dordrecht 2007 (Husserliana I); ders., Die Krisis der europäischen Wissenschaften und die transzendentale Phänomenologie. Eine Einleitung in die phänomenologische Philosophie, ed. W. Biemel, Den Haag 1954, Hamburg ³1996, 2007 (Husserliana VI); W. Kamlah/P. Lorenzen, Logische Propädeutik. Vorschule des vernünftigen Redens, Mannheim 1967, Stuttgart 1996; H. Keuth, Dialektik versus kritischer Rationalismus, Ratio 15 (1973), 26–39; H.-D. Klein (ed.), L. als System?, Bonn 1994; H. Knudsen, Subjektivität und Transzendenz. Theologische Überlegungen zu einer Theorie der L. des Ichs, Frankfurt/Bern/New York 1987; W. Kuhlmann, Reflexive L.. Zur These von der Unhintergehbarkeit der Argumentationssituation, Z. philos. Forsch. 35 (1981), 3–26; ders., Reflexive L.. Untersuchungen zur Transzendentalpragmatik, Freiburg/München 1985; A. Kuligk, Zum Problem einer transzendentalpragmatischen L. moralischer Normen. Karl-Otto Apels Ansatz und Hans Alberts Kritik, Hamburg 1989; S.-B. Lee, Bewußtsein als Wahr-Sein. Husserls Idee der L. der Wahrheit, Paderborn 2005; P. M. Lippitz, L.. Werner Flachs Erkennt-

nislehre und die Fundierungsansätze von Hans Wagner und Kurt Walter Zeidler, Würzburg 2005; K. Lorenz, Elemente der Sprachkritik. Eine Alternative zum Dogmatismus und Skeptizismus in der Analytischen Philosophie, Frankfurt 1970, 1971; C. Lotz, Zwischen Glauben und Vernunft. L.sstrategien in der Auseinandersetzung mit Emmanuel Levinas und Jacques Derrida, Paderborn etc. 2007, 2008; K. Mertens, Zwischen L. und Skepsis. Kritische Untersuchungen zum Selbstverständnis der transzendentalen Phänomenologie Edmund Husserls, Diss. Freiburg/München 1996; J. Mittelstraß, Erfahrung und Begründung, in: ders., Die Möglichkeit von Wissenschaft, Frankfurt 1974, 56–83, 221–229; ders., Wider den Dingler-Komplex, in: ders., Die Möglichkeit von Wissenschaft [s.o.], 84–105, 230–234; ders., Gibt es eine L.?, in: P. Janich (ed.), Methodische Philosophie. Beiträge zum Begründungsproblem der exakten Wissenschaften in Auseinandersetzung mit Hugo Dingler, Mannheim/Wien/Zürich 1984, 12–35, ferner in: ders., Der Flug der Eule. Von der Vernunft der Wissenschaft und der Aufgabe der Philosophie, Frankfurt 1989, 281–312; M. Ossa, Voraussetzungen voraussetzungsloser Erkenntnis? Das Problem philosophischer L. von Wahrheit, Paderborn 2007; K. R. Popper, Logik der Forschung, Wien 1935, Tübingen ¹¹2005, Berlin ³2007; Y. Reenpää, Über das Problem der Begründung und L., Z. philos. Forsch. 28 (1974), 516–535; F. Rohrhirsch, L. und Transzendentalpragmatik. Eine Kritik an der Kommunikationsgemeinschaft als normbegründender Instanz bei Karl-Otto Apel, Bonn 1993; C. Schefold, Das verfehlte Begründungsdenken. Kritische und systematische Überlegungen zur Begründungskritik bei Hans Albert, Philos. Jb. 82 (1975), 336–373; F. Schick, Hegels Wissenschaft der Logik. Metaphysische L. oder Theorie logischer Formen?, Freiburg 1994; H. Schnädelbach, Erfahrung, Begründung und Reflexion. Versuch über den Positivismus, Frankfurt 1971; H. J. Schneider, Der theoretische und der praktische Begründungsbegriff, in: F. Kambartel (ed.), Praktische Philosophie und konstruktive Wissenschaftstheorie, Frankfurt 1974, 1979, 212–222; G. Schönrich, Bei Gelegenheit Diskurs. Von den Grenzen der Diskursethik und dem Preis der L., Frankfurt 1993, 1994; A. Schreiber, Theorie und Rechtfertigung. Untersuchungen zum Rechtfertigungsproblem axiomatischer Theorien in der Wissenschaftstheorie, Braunschweig 1975; W. Stegmüller, Probleme und Resultate der Wissenschaftstheorie und Analytischen Philosophie IV/I (Personelle und Statistische Wahrscheinlichkeit und Rationale Entscheidung), Berlin/Heidelberg/New York 1973, 22–28; C. Thiel, Grundlagenkrise und Grundlagenstreit. Studie über das normative Fundament der Wissenschaften am Beispiel von Mathematik und Sozialwissenschaft, Meisenheim 1972; A. Wellmer, Methodologie als Erkenntnistheorie. Zur Wissenschaftslehre Karl R. Poppers, Frankfurt 1967, 1972; H. Wohlrapp, Analytischer versus konstruktiver Wissenschaftsbegriff, Z. allg. Wiss.theorie 6 (1975), 252–275; J.-H. Yoo, Diskursive Praxis diesseits von L. und Positivität. Zur Kritik des Diskursbegriffes bei Jürgen Habermas und Michel Foucault, Frankfurt etc. 1993.   C. F. G.

Leukippos von Milet, griech. Philosoph des 5. Jhs. v. Chr.; (vielleicht) Schüler Zenons von Elea, Lehrer Demokrits, Gründer einer Philosophenschule in Abdera (Thrakien), erster Vertreter des naturphilosophischen ↑Atomismus. Von L.' Schriften sind nur wenige Zeilen erhalten; sein Anteil am Schriftencorpus des Demokrit ist nicht mit Sicherheit auszumachen; obwohl in der

Autorschaft umstritten, werden in der Regel die folgenden Werke als von L. stammend angesehen: »Große Weltordnung« (Μέγας διάκοσμος) und »Über den Nus/die Vernunft« (Περὶ νοῦ). Als genuin auf ihn zurückgehend gelten die Lehrstücke: die Wirklichkeit bestehe aus Materie und real existierendem Leeren (↑Leere, das), die Materie aus unendlich vielen, der Form nach verschiedenen kleinsten festen Körpern (↑Atomen), die unteilbar und stets bewegt seien. In der ↑Kosmogonie vertritt L. die Meinung, Erde und Gestirne seien keine Lebewesen, sondern rein materielle Körper, die sich durch mechanische Kraft (Wirbelbewegung und Kollision) aus der unendlichen Materie abgespalten hätten. – Die im allgemeinen Demokrit zugeschriebene ↑Bildchentheorie der Wahrnehmung geht vermutlich in den folgenden Teilelementen auf L. zurück: durch Ausfluß von Atomen aus den Dingen entstehen kleine Bilder (εἴδολα), die materielle Eindrücke in den Sinnesorganen hinterlassen, wo sie durch den Geist (↑Nus) in konzeptuelle Wahrnehmungsinhalte transformiert werden.

Texte: VS 67; Die Vorsokratiker, ed. W. Capelle, Leipzig 1935, Stuttgart ⁸1973, 290–307; Gli atomisti. Frammenti e testimonianze, traduzione e note di V. E. Alfieri, Bari 1936 (repr. New York/London 1987), 1–39; The Atomists Leucippus and Democritus. Fragments. A Text and Translation with a Commentary by C. C. W. Taylor, Toronto/Buffalo N. Y./London 1999 (mit Bibliographie, 291–298).

Literatur: O. Andersen, Leukipp über den Tod. Zu DK 67A 34, Symbolae Osloenses 50 (1975), 43–46; C. Bailey, The Greek Atomists and Epicurus. A Study, Oxford 1928, New York 1964; J. Barnes, The Presocratic Philosophers II (Empedocles to Democritus), London/Boston Mass. 1979, mit I in I Bd. 1982; ders., Reason and Necessity in Leucippus, in: Proceedings of the 1ˢᵗ International Congress on Democritus. Xanthi 6–9 October 1983 I, Xanthi 1984, 141–158; ders., Early Greek Philosophy, Harmondsworth etc. 1987, 242–243, London etc. ²2001, 201–202 (Chap. 20 Leucippus); I. Bodnàr, L., DNP VII (1999), 106; P. Bokovnev, Die Leukipp-Frage. Ein Beitrag zur Forschung nach der historischen Stellung der Atomistik, Dorpat 1911; J. Brunschwig, Leucippe, DP II (²1993), 1739–1742; T. Buchheim, Die Vorsokratiker. Ein philosophisches Portrait, München 1994, bes. 183–204 (Kap. VI Die Welt aus kleinsten Bausteinen. Leukipp und Demokrit); N.-L. Cordero, Leucippe, Enc. philos. universelle III/1 (1992), 194–195; FM II (²1994), 2121 (Leucipo); C.-F. Geyer, Die Vorsokratiker zur Einführung. Hamburg 1995, bes. 130–142 (Leukipp und Demokrit von Abdera. Der Atomismus); D. W. Graham, Leucippus's Atomism, in: P. Curd/ ders. (eds.), The Oxford Handbook of Presocratic Philosophy, Oxford 2008, 333–352; W. K. C. Guthrie, A History of Greek Philosophy II (The Presocratic Tradition from Parmenides to Democritus), Cambridge 1965, 1993, bes. 382–386; F. Jürß, Von Thales zu Demokrit. Frühe griechische Denker, Leipzig/ Jena/Berlin (Ost), Köln 1977, Leipzig/Jena/Berlin (Ost) ²1982, bes. 119–135; ders./R. Müller/E. G. Schmidt (eds.), Griechische Atomisten. Texte und Kommentare zum materialistischen Denken der Antike, Leipzig 1973, bes. 115–123, ⁴1991, bes. 101–108 (Lehren des L.); G. B. Kerferd, Leucippus, DSB VIII (1973), 269;

J. Kerschensteiner, Zu L. A1, Hermes 87 (1959), 441–448; G. S. Kirk/J. E. Raven, The Presocratic Philosophers. A Critical History with a Selection of Texts, Cambridge 1957, bes. 400–426, Cambridge etc. ²1983, 1987, bes. 402–433 (dt. Die vorsokratischen Philosophen. Einführung, Texte und Kommentare, Stuttgart/Weimar 1994, 2001, bes. 439–472); G. E. R. Lloyd, Leucippus and Democritus, Enc. Ph. IV (1967), 446–451; W. H. Plöger, Die Vorsokratiker, Stuttgart 1991, bes. 132–138; C. Rapp, Vorsokratiker, München 1997, bes. 208–238, ²2007, bes. 187–213 (Kap. VII/3 Die Atomisten. Leukipp und Demokrit); W. Röd, Geschichte der Philosophie I (Die Philosophie der Antike I. Von Thales bis Demokrit), München 1976, bes. 180–199, erw. ²1988, bes. 192–211 (Kap. XII Die ältere Atomistik; F. Solmsen, Epicurus on Void, Matter and Genesis. Some Historical Observations, Phronesis 22 (1977), 263–281; J. Stenzel, L.13, RE XII/2 (1925), 2266–2277; A. Stückelberger (ed.), Antike Atomphysik. Texte zur antiken Atomlehre und zu ihrer Wiederaufnahme in der Neuzeit (lat./griech./ital./dt.), München, Darmstadt 1979; C. C. W. Taylor, Leucippus, REP V (1998), 578–579; ders., The Atomists, in: A. A. Long (ed.), The Cambridge Companion to Early Greek Philosophy, Cambridge/New York/Melbourne 1999, 2006, 181–204 (dt. Die Atomisten, in: A. A. Long [ed.], Handbuch frühe griechische Philosophie. Von Thales bis zu den Sophisten, Stuttgart/Weimar 2001, 165–186); J. Warren, Presocratics. Natural Philosophers before Socrates, Berkeley Calif./Los Angeles, Stocksfield 2007, bes. 153–173 (Chap. IX Democritus and Leucippus); E. Zeller, Die Philosophie der Griechen in ihrer geschichtlichen Entwicklung I/2 (Die Vorsokratiker), ed. W. Nestle, Leipzig ⁶1920 (repr. Hildesheim 1963, 1990), Darmstadt 2006, bes. 1038–1194; F. Zellerhoff, L.5, KP III (1969), 597–598. M. G.

Levi Ben Gerson (Lewi Ben Gerson, Levi Ben Gershom, RaLBaG [aus Rabbi Levi Ben Gerson], Gersoni, Gersonides, Leo de Bannolis, Leo de Bagnols, Leo Judaeus, Leo Hebraeus), *Bagnols (Languedoc) 1288, †Perpignan 20. April 1344, jüd. Mathematiker, Astronom, Philosoph und Bibelkommentator. In seiner mathematischen Schrift »Sefer ha-Mispar« (Buch der Zahl) entwickelt L. die Grundsätze von Arithmetik und Algebra und lehrt ihre Anwendung bei Berechnungen. Außerdem verfaßt er trigonometrische und geometrische Arbeiten, unter anderem einen Kommentar zu den ersten fünf Büchern von Euklids »Elementen« (↑Euklidische Geometrie). Sein bedeutendstes Werk, »Milchamot Adonai« bzw. »Milchamot ha-Schem« (Die Kämpfe des Herrn), entstanden zwischen 1317 und 1329, besteht aus sechs Büchern und behandelt auf aristotelisch-averroistischer Basis vornehmlich philosophische Probleme, die seiner Ansicht nach von früheren Philosophen, vor allem von seinem Lehrer M. Maimonides, nicht oder nicht zufriedenstellend gelöst worden seien, so z. B. Fragen zur ↑Unsterblichkeit der ↑Seele, zu Traum und Prophetie, zum göttlichen Wissen, zur Vorsehung, zur Erschaffung der Welt und zu Wundern. Die erste Abhandlung des fünften Buches der »Milchamot« ist als »Sefer tekunah« (Buch der Astronomie) auch separat überliefert und enthält unter anderem Tabellen für astronomische Berechnungen sowie Beschreibung und Gebrauchsanweisung des so genannten ›Jakobsstabs‹, eines astronomischen Visiergeräts. Der Titel des Werkes verdankt sich der Absicht L.s, mit Gott gegen alle falschen Ansichten zu kämpfen. Dabei ist L. davon überzeugt, daß die hebräische Bibel dieselben Erkenntnisse in erzählender, dichterischer oder prophetischer Form enthält wie die Philosophie und die Wissenschaften, da sich ↑Natur und ↑Offenbarung demselben göttlichen Ursprung verdanken.

Werke: מלחמות השם [Die Kämpfe des Herrn], Riva di Trento 1560, rev. unter dem Titel: מלחמות השם/Milchamot ha-Schem. Die Kämpfe Gottes. Religionsphilosophische und kosmische Fragen, in sechs Büchern abgehandelt, Leipzig 1866, Berlin ²1923 (Die religionsphilosophischen Werke des Judentums 9); פירוש על איוב [Perush al Iyyov] [Hiob-Kommentar], Ferrara 1477, Venedig 1524, 1619; פירוש על התורה. Perush al ha-Torah [Pentateuch-Kommentar], Mantua [1480], Venedig 1547 (repr. [Teilausg.] New York 1958); פירוש על חמש מגלות [Perush ʿal Hamesh Megillot] [Pentateuch-Kommentar], Riva di Trento 1560, Königsberg 1860; תועליות [Toʿaliyot] [Pentateuch-Kommentar], Riva di Trento 1560, Tel-Aviv 1950; Commentarius R. Levi filii Gersonis in librum Iobi [Kapitel I–V, hebr./lat.], übers. v. L. H. Aquinate, Paris 1623; ספר מעשה חושב. Sefer Maassei Choscheb. Die Praxis des Rechners. Ein hebräisch-arithmetisches Werk des L. B. Gerschom aus dem Jahre 1321 [hebr./dt.], übers. v. G. Lange, Frankfurt 1909; Die Kämpfe Gottes [Bücher 1–4], I–II, übers. v. B. Kellermann, Berlin 1914/1916; The Commentary of L. b. G. (Gersonides) on the Book of Job, übers. v. A. L. Lassen, New York 1946; Les Guerres du Seigneur. Livres III et IV, übers. v. C. Touati, Paris/La Haye 1968; The Wars of the Lord. Treatise Three: On God's Knowledge, übers. v. N. M. Samuelson, Toronto 1977; Gersonides' Commentary on Averroes' Epitome of »Parva naturalia«, II. 3. Annotated Critical Edition [hebr.], ed. A. Altmann, Proc. Amer. Acad. for Jewish Res. 46 (1979/1980), 1–31; The Creation of the World According to Gersonides [Übers. v. Milchamot Adonai VI/2, 1–8], übers. v. J. J. Staub, Chico Calif. 1982; The Wars of the Lord, I–III, übers. v. S. Feldman, Philadelphia Pa. 1984–1999; The Astronomy of L. b. G. (1288–1344). A Critical Edition of Chapters 1–20 with Translation and Commentary, übers. v. B. R. Goldstein, New York etc. 1985; L. b. G.'s Prognostication for the Conjunction of 1345 [hebr./lat./engl.], übers. v. B. R. Goldstein/D. Pingree, Philadelphia Pa. 1990 (Transact. Amer. Philos. Soc. LXXX/6); C. H. Manekin, The Logic of Gersonides. A Translation of »Sefer ha-Heqqesh ha-Yashar« (The »Book of the Correct Syllogism«) of Rabbi L. b. Gershom with Introduction, Commentary, and Analytical Glossary, Dordrecht/Boston Mass./London 1992; Commentary on Song of Songs, übers. v. M. Kellner, New Haven Conn./London 1998; From »The Wars of the Lord« [Treatise III], in: C. H. Manekin (ed.), Medieval Jewish Philosophical Writings, Cambridge etc. 2007, 153–191; Gersonide. Commento al »Cantico dei Cantici« nella traduzione ebraico-latina di Flavio Mitridate. Edizione e commento del ms. Vat. Lat. 4273 (cc. 5r–54r), ed. M. Andreatta, Florenz 2009. – Totok II (1973), 306–307; M. Kellner, Bibliographia Gersonideana. An Annotated List of Writings by and about R. L. b. Gershom, in: G. Freudenthal (ed.), Studies on Gersonides [s. u., Lit.], 367–414, bes. 369–378 (Part I Works by Gersonides).

Literatur: D. Banon/M.-R. Hayoun, Gersonide, Enc. philos. universelle III/1 (1992), 495; J. Carlebach, Lewi b. G. als Mathematiker. Ein Beitrag zur Geschichte der Mathematik bei den Juden, Berlin 1910; G. Dahan (ed.), Gersonide en son temps. Science et philosophie médiévales, Louvain/Paris 1991; J. Dan, L. b. G., RGG V (⁴2002), 295; R. Eisen, Gersonides on Providence, Covenant, and the Chosen People. A Study in Medieval Jewish Philosophy and Biblical Commentary, Albany N. Y. 1995 (mit Bibliographie, 243–252); S. Feldman, Gersonides' Proofs for the Creation of the Universe, Proc. Amer. Acad. Jewish Res. 35 (1967), 113–137, ferner in: A. Hyman (ed.), Essays in Medieval Jewish and Islamic Philosophy. Studies from the Publications of the American Academy for Jewish Research, New York 1977, 219–243; ders., Gersonides, REP IV (1998), 47–51; C. Fraenkel, Lewi b. G., in: A. B. Kilcher/O. Fraisse (eds.), Metzler Lexikon jüdischer Philosophen, Stuttgart/Weimar, 93–95; G. Freudenthal (ed.), Studies on Gersonides. A Fourteenth-Century Jewish Philosopher-Scientist, Leiden/New York/Köln 1992; B. Goldstein, Preliminary Remarks on L. B. G.'s Contributions to Astronomy, Proc. Israel Acad. Sci. Humanities 3 (1969), 239–254, separat Jerusalem 1969; J. Guttmann, Die Philosophie des Judentums, München 1933 (repr. Nendeln 1973), Wiesbaden 1985, bes. 220–237, Berlin 2000, bes. 237–253 (engl. [Übers. d. erw. u. rev. hebr. Aufl. Jerusalem 1952] Philosophies of Judaism. The History of Jewish Philosophy from Biblical Times to Franz Rosenzweig, London 1964, Northvale N. J./London 1988, bes. 208–224, 437–438); I. Husik, A History of Mediaeval Jewish Philosophy, New York 1916, Mineola N. Y. 2002, bes. 328–361 (Chapt. XV L. B. G.); ders., Studies in Gersonides, Jewish Quart. Rev. 7 (1917), 553–594, 8 (1917/1918), 113–156, 231–246, ferner in: ders., Philosophical Essays. Ancient, Mediaeval & Modern, ed. M. C. Nahm/L. Strauss, Oxford 1952, 186–254; M. Joel, Lewi b. G. (Gersonides) als Religionsphilosoph. Ein Beitrag zur Geschichte der Philosophie und der philosophischen Exegese des Mittelalters, Monatsschr. Gesch. Wiss. d. Judenthums 10 (1861), 41–60, 93–111, 137–145, 297–312, 333–344, 11 (1862), 20–31, 65–75, 101–114, separat Breslau 1862, ferner in: ders., Beiträge zur Geschichte der Philosophie I, Breslau 1876 (repr. [mit Bd. II in einem Bd.] Hildesheim 1978); J. Karo, Kritische Untersuchungen zu L. b. G.s (Ralbag) Widerlegung des Aristotelischen Zeitbegriffes. Ein Beitrag zur jüdischen Naturphilosophie des Mittelalters, Leipzig 1935; M. Kellner, Gersonides on the Problem of Volitional Creation, Hebrew Union College Annual 51 (1980), 111–128; B. Kettern, L. B. G., BBKL IV (1992), 1572–1576; H. Kreisel, R. L. B. Gershom (Gersonides) »The Wars of the Lord«, in: ders., Prophecy. The History of an Idea in Medieval Jewish Philosophy, Dordrecht/Boston Mass./London 2001, 316–424; C. H. Manekin, The Logic of Gersonides. An Analysis of Selected Doctrines, With a Partial Edition and Translation of the Book of the Correct Syllogism, Diss. 1984 (repr. Ann Arbor Mich. 1989); ders., Preliminary Observations on Gersonides' Logical Writings, Proc. Amer. Acad. Jewish Res. 52 (1985), 85–113; S. Möbuß, Die Intellektlehre des L. b. G. in ihrer Beziehung zur christlichen Scholastik, Frankfurt etc. 1991; S. Nadler/T. M. Rudavsky (eds.), The Cambridge History of Jewish Philosophy. From Antiquity through the Seventeenth Century, Cambridge etc. 2009; T. M. Rudavsky, Divine Omniscience and Future Contingents in Gersonides, J. Hist. Philos. 21 (1983), 513–536; dies., Gersonides, SEP 2001, rev. 2007; J. Samsó, L., DSB VIII (1973), 279–282; N. Samuelson, Gersonides' Account of God's Knowledge of Particulars, J. Hist. Philos. 10 (1972), 399–416; M. Seligsohn/I. Broydé, L. b. Gershon, in: I. Singer (ed.), Jewish Encyclopedia. A Descriptive Record of the History, Religion, Literature, and Customs of the Jewish People from the Earliest Times to the Present Day VIII,

New York/London 1904 (repr. New York 1965), 26–32; H. Simon, L., in: F. Volpi (ed.), Großes Werklexikon der Philosophie II, Stuttgart 1999, 913–914; ders./M. Simon, Geschichte der jüdischen Philosophie, München 1984, ²1990, bes. 166–176, Leipzig 1999, bes. 227–243; M. Steinschneider, Die Mathematik bei den Juden [Teil V/1–4], Bibl. Math. NF 11 (1897), 103–112 (repr. in: ders., Mathematik bei den Juden [= Teil I–VIII], Hildesheim 1964, 2001, 129–138); C. Touati, Les idées philosophiques et théologiques de Gersonide (1288–1344) dans ses commentaires bibliques, Rev. sci. rélig. 28 (1954), 335–367; ders., La pensée philosophique et théologique de Gersonide, Paris 1973 (repr. Paris 1992); ders./B. R. Goldstein, L. b. Gershom, EJud. XI (1971), 92–98, bibliographisch erw. XII (²2007), 698–702; I. Weil, Philosophie religieuse de Lévi-B.-G., Paris 1868. R. Wi.

Lévinas, Emmanuel, *Kaunas/Litauen 12. Jan. 1906 (30. Dez. 1905 nach dem Julianischen Kalender), †Paris 25. Dez. 1995, franz. Philosoph. Ab 1923 Studium der Philosophie an der Universität Straßburg, 1927/1928 in Freiburg i. Br. bei E. Husserl und M. Heidegger, 1930 Promotion in Straßburg. 1935 franz. Staatsbürger. 1946 Direktor der École Normale Israélite Orientale. 1961 Doctorate d'État (Habilitation). 1962 Professur für Philosophie in Poitiers, 1967 an der Université de Paris, Nanterre, 1973–1976 an der Sorbonne, Paris. – L.' Philosophie ist stark vom jüdischen Denken beeinflußt, das ihn auf einen ausgeprägten Humanismus führt. Sie ist wesentlich von Husserls ↑Phänomenologie und von Heideggers ↑Fundamentalontologie geprägt, geht aber über diese Positionen hinaus. An die Stelle erkenntnistheoretischer und metaphysischer Ansätze zu einer ersten Philosophie (↑Philosophie, erste) setzt L. die grundlegende Analyse der Verpflichtetheit, die zu einer Ethik ausgebaut wird. Damit geht die Ethik der Ontologie voran, denn die Erkenntnis der Beziehung mit dem Seienden liegt der Enthüllung des Seins als Voraussetzung seiner Erkenntnis voraus. Das ›Jenseits des Seins‹, das den Ich-Anderer-Bezug kennzeichnet, und die ›Vorstellung des Unendlichen in uns‹ motiviert die Ersetzung der ↑Metaphysik als ↑Ontologie durch die Metaphysik als Ethik. Dabei kritisiert L. die Egologie der philosophischen Tradition mit ihrer zentralen Stellung des ↑Subjekts (↑Subjektivismus), insbes. des ↑Ich im Subjekt. Diesem Ich des Subjekts setzt er die Verpflichtetheit gegenüber dem Anspruch eines ↑Individuums, dem ↑Anderen, entgegen. Die Forderung, den Anderen in den Blick zu nehmen, ist unendlich, weil das konkrete Ich in seiner Beschränktheit und Endlichkeit ihr unmöglich gerecht werden kann, die Beziehungsdifferenz zum Anderen also nicht aufhebbar ist. Die Differenz zwischen dem Ich und Du kann nicht durch einen Dialog eingeholt werden, vielmehr liegt eine durch jeden Vermittlungsversuch sich ausweitende Asymmetrie vor. Die hier vor die philosophische Reflexion gesetzte Verpflichtetheit ist grundlegend für das Welt- und Selbstverhältnis

des Menschen; gegenüber dieser unbedingten Inpflichtnahme durch den Anderen stehen andere ethische Überlegungen zurück. Dieser vor allem in seinen Hauptwerken »Totalité et infini« (1961) und »Autremont qu'être ou au-delà de l'essence« (1974) entfaltete Ansatz prägt auch seine Auseinandersetzung mit anderen philosophischen Themen, etwa der Zeit, der Sprache, der Religion und der Sexualität.

Werke: Théorie de l'intuition dans la phénoménologie de Husserl, Paris 1930, ⁶1989 (engl. The Theory of Intuition in Husserl's Phenomenology, Evanston Ill. 1973, ²1995); De l'évasion, Rech. philosophiques 5 (1935/1936), 373–392, Nachdr., separat, Montpellier 1982, Paris 1998 (engl. On Escape, Stanford Calif. 2003; dt. Ausweg aus dem Sein. De l'evasion [franz./dt.], Hamburg 2005); Le temps et l'autre, in: Le choix, le monde, l'existence, Grenoble/Paris 1947, 119–196, Nachdr., separat, Paris 1979, ⁹2007 (dt. Die Zeit und der Andere, Hamburg 1984, 2003; engl. Time and the Other, in: ders., Time and the Other and Additional Essays, Pittburgh Pa. 1987, 2003, 29–94); De l'existence à l'existant, Paris 1947, ²1978, 2004 (engl. Existence and Existents, The Hague 1978, Pittsburgh Pa. 2001; dt. Vom Sein zum Seienden, Freiburg/München 1997, 2008); En découvrant l'existence avec Husserl et Heidegger, Paris 1949, ³1974, 2001; L'ontologie est-elle fondamentale?, Rev. mét. mor. 56 (1951), 88–98; Totalité et Infini. Essai sur l'extériorité, La Haye 1961, Paris ⁸2003 (engl. Totality and Infinity. An Essay on Exteriority, Pittsburgh Pa. 1969, 2003; dt. Totalität und Unendlichkeit. Versuch über die Exteriorität, Freiburg/München 1987, ⁴2003); Difficile liberté. Essais sur le judaïsme, Paris 1963, ³1976, 1983 (engl. Difficult Freedom. Essays on Judaism, Baltimore Md., London 1990, Baltimore Md. 1997; dt. [gekürzt] Schwierige Freiheit. Versuch über das Judentum, Frankfurt 1992, ²1996); Humanisme de l'autre homme, Montpellier 1972, Paris 2000 (dt. Humanismus des anderen Menschen. Mit einem Gespräch zwischen E. L. und Christoph v. Wolzogen, Hamburg 1989, 2005; engl. Humanism of the Other, Urbana Ill. 2003, 2006); Autrement qu'être ou au-delà de l'essence, La Haye 1974, Dordrecht, Paris ⁴2004 (engl. Otherwise than Being, or Beyond Essence, The Hague/Boston Mass./London 1981, Pittsburgh Pa. 1998; dt. Jenseits des Seins oder anders als Sein geschieht, Freiburg/München 1992, ²1998); Noms propres, Montpellier 1976, Paris 1987 (dt. Eigennamen. Meditationen über Sprache und Literatur, München 1988, 2008; engl. Proper Names, London, Stanford Calif. 1996); De Dieu qui vient à la l'idée, Paris 1982, ²1992, 1998 (dt. Wenn Gott ins Denken einfällt. Diskurse über die Betroffenheit von Transzendenz, Freiburg/München 1985, ⁴2004; engl. Of God Who Comes to Mind, Stanford Calif. 1998, ²1998); Ethique et infini. Dialogues avec Phillipe Nemo, Paris 1982, 2000 (engl. Ethics and Infinity. Conversations with Phillipe Nemo, Pittsburgh Pa. 1985; dt. Ethik und Unendliches. Gespräche mit Phillipe Nemo, Wien 1986, ⁴2000); The Levinas Reader, ed. S. Hand, Oxford/Cambridge Mass. 1989, 2007; Entre nous. Ecris sur le penser-à-l'autre, Paris 1991, 1993 (dt. Zwischen uns. Versuche über das Denken an den Anderen, München/Wien 1995; engl. Entre nous. On Thinking-of-the-Other, New York, London 1998, London 2006); Dieu, la mort et le temps, Paris 1993, 1995 (dt. Gott, der Tod und die Zeit, Wien 1996; engl. God, Death and Time, Stanford Calif. 2000). – R. Burggraeve, E. L.. Une bibliographie primaire et secondaire, Leuven 1986.

Literatur: T. Askani, Die Frage nach dem Anderen. Im Ausgang von E. L. und Jacques Derrida, Wien 2002, ²2006; T. B. Baba, Außerhalb des Seins. Die Überwindung der Lebensontologie Martin Heideggers durch die Transzendentalphilosophie von E. L., Göttingen 2006; T. Bedorf/A. Cremonini (eds.), Verfehlte Begegnung. L. und Sartre als philosophische Zeitgenossen, München 2005; B. Bergo, L. Between Ethics and Politcs. For the Beauty that Adorns the Earth, Dordrecht/Boston Mass./ London 1999; dies., L., SEP 2006, erw. 2007; R. Bernasconi, L., in: L. C. Becker/C. B. Becker (eds.), Encyclopedia of Ethics II, New York/London 1992, 695–697; ders., L., REP V (1998), 579–582; ders./S. Critchley (eds.), Re-Reading L., London 1991; B. Casper, Angesichts des Anderen. E. L. Elemente seines Denkens, Paderborn etc. 2009; C. Chalier/J. Rolland/D. Banon, L., Enc. philos. universelle III/2 (1992), 3476–3479; S. Critchley/ R. Bernasconi (eds.), The Cambridge Companion to L., Cambridge etc. 2002 (mit Bibliographie, 268–281); P. Delhom/A. Hirsch (eds.), Im Angesicht der Anderen. L.' Philosophie des Politischen, Zürich/Berlin 2005; J. Derrida, Violence et métaphysique. Essai sur la pensée d'E. L., in: ders., L'écriture et la Différence, Paris 1967, 2006, 117–228 (dt. Gewalt und Metaphysik. Essay über das Denken E. L.', in: ders., Die Schrift und die Differenz, Frankfurt 1972, ⁹2003, 121–235); ders., Adieu à E. L., Paris 1997; N. Fischer/D. Hattrup, Metaphysik aus dem Anspruch des Anderen. Kant und L., Paderborn etc. 1999; FM III (²1994), 2124–2125; B. Forthomme, Une philosophie de la transcendance. La métaphysique d'E. L., Paris 1979; T. Freyer/R. Schenk (eds.), E. L.. Fragen an die Moderne, Wien 1996; R. Funk, Sprache und Transzendenz im Denken von E. L., Freiburg/München 1989; F. Guibal, L., DP II (²1993), 1742–1744; S. Hand, E. L., London/New York 2009; S. Gürtler, Elementare Ethik. Alterität, Generativität und Geschlechterverhältnis bei E. L., München 2001; D. Hauck, Fragen nach dem Anderen. Untersuchungen zum Denken von E. L. mit einem Vergleich zu Jean-Paul Sartre und Franz Rosenzweig, Essen 1990; A. Horowitz/G. Horowitz (eds.), Difficult Justice. Commentaries on L. and Politics, Toronto/Buffalo N. Y./London 2006; K. Huizing, Das Sein und der Andere. L.' Auseinandersetzung mit Heidegger, Frankfurt 1988; F. J. Klehr (ed.), Den Anderen denken. Philosophisches Fachgespräch mit E. L., Stuttgart 1991; B. Klun, Das Gute vor dem Sein. L. versus Heidegger, Frankfurt etc. 2000; J. L. Kosky, L. and the Philosophy of Religion, Bloomington Ind./Indianapolis Ind. 2001; W. N. Krewani, E. L.. Denker des Anderen, Freiburg/München 1992; ders., Es ist nicht alles unerbittlich. Grundzüge der Philosophie E. L.', Freiburg/ München 2006; C. Kupke (ed.), L.' Ethik im Kontext, Berlin 2005; J. Llewelyn, E. L.. The Genealogy of Ethics, London/New York 1995; S. Malka, E. L.. La vie et la trace, Paris 2002 (dt. E. L.. Eine Biographie, München 2003); R. J. S. Manning, Interpreting Otherwise than Heidegger. E. L.' Ethics as First Philosophy, Pittsburgh Pa. 1993; T. May, Reconsidering Difference. Nancy, Derrida, L., and Deleuze, University Park Pa. 1997, bes. 129–163 (Chap. III From Ethical Difference to Ethical Holism. E. L.); M. L. Morgan, Discovering L., Cambridge etc. 2007; D. Perpich, The Ethics of E. L., Stanford Calif. 2008; S. Petrosino/J. Rolland, La vérité nomade. Introduction à E. L., Paris 1984; L. Pinzolo, L., in: F. Volpi (ed.), Großes Werklexikon der Philosophie II, Stuttgart 1999, 914–916; M. Retterath, Die Metaphysik des moralischen Subjekts bei E. L. und Ernst Bloch, Hamburg 2000, bes. 27–102; R. C. Spargo, Vigilant Memory. E. L., the Holocaust, and the Unjust Death, Baltimore Md. 2006; S. Strasser, Jenseits von Sein und Zeit. Eine Einführung in E. L.' Philosophie, Den Haag 1978; B. Taureck, L. zur Einführung, Hamburg 1991, ²1997; T. Wiemer, Die Passion des Sagens. Zur Deutung der Sprache bei E. L. und ihrer Realisierung im philosophischen Diskurs, Freiburg/München 1988; C. v. Wolzogen, E. L.. Denken bis zum Äußersten, Freiburg/München 2005; E. Wyschogrod, E. L.. The Problem of Ethical Metaphysics, The Hague 1974. V. P.

Lévi-Strauss, Claude, *Brüssel 28. Nov. 1908, †Paris 30. Okt. 2009, franz. Sozialanthropologe und Ethnologe, einer der Hauptvertreter des Strukturalismus (↑Strukturalismus (philosophisch, wissenschaftstheoretisch)) in Frankreich. Ab 1927 Studium der Philosophie und Rechtswissenschaften an der Sorbonne, 1931 Promotion, anschließend bis 1934 Lehrer an verschiedenen Gymnasien. 1934 Prof. für Soziologie an der Universität São Paulo (Brasilien), 1936 erste anthropologische Veröffentlichungen, 1938 Aufgabe der Professur und Expedition nach Zentralbrasilien, 1942 Prof. an der New School of Social Research in New York (Zusammentreffen mit R. Jakobson), 1946–1947 franz. Kulturattaché in den USA, 1947 Direktor am »Musée de l'homme« in Paris, 1948–1974 Forschungsdirektor an der »Ecole pratique des hautes études« der Universität Paris, 1958 Prof. für Sozialanthropologie am »Collège de France«, ab 1973 Mitglied der »Académie française«.

Die Begegnung mit Jakobson erschloß L.-S. die Methode der Strukturlinguistik, wie sie vor allem von der Prager phonologischen Schule entwickelt worden war. Die Übertragbarkeit der strukturalistischen Methoden der ↑Linguistik beschrieb L.-S. zuerst in »L'analyse structurale en linguistique et en anthropologie« (1945). Die Untersuchung der Verwandtschaftsbeziehungen bei primitiven Völkern (Les structures élémentaires de la parenté, 1949) führte L.-S. dazu, sie als linguistisch interpretierbare Regelsysteme aufzufassen, ferner zur Darstellung des Tausches als Grundstruktur aller Verwandtschaftssysteme. Auf dieser Grundlage gelingt es ihm, das in den meisten Kulturen verbreitete Inzestverbot zu erklären (weniger ein *Verbot*, Mutter, Schwester oder Tochter zu heiraten, sondern *Gebot*, sie als ›Tauschware‹ an andere außerhalb der Familie zu geben). Dieser Frauentausch ermöglicht nach L.-S. erst die Gesellschaft und damit die Kultur (a. a. O., 596 f.). Der Begriff der ↑Struktur kann nach L.-S. nicht nur auf die empirische Realität angewendet werden, sondern auch auf Modelle, die nach den Gegebenheiten der Realität konstruiert sind.

In »Le totémisme aujourd'hui« (1962) und »La pensée sauvage« (1962) bestreitet L.-S. die Ansichten von B. Malinowski, L. Lévy-Bruhl und anderen, daß das Denken der ›primitiven‹ (= schriftlosen) Völker triebhaft und unlogisch sei; vielmehr bildeten Klassifikationssysteme, die man für eine Errungenschaft wissenschaftlichen Denkens gehalten habe, die Grundlage menschlichen Denkens schlechthin. Die unbewußte Logik des menschlichen Geistes sei bei schriftlosen Völkern reiner zu erkennen als bei der ›pensée domestiquée‹ der modernen Zivilisationen. – Mehrere Arbeiten von L.-S. sind der Untersuchung der Strukturen von Indianermythen Nord- und Südamerikas gewidmet. Denkstrukturen werden hier in Beziehung zur täglichen Erfahrung gesetzt: Die Opposition elementarer sinnlicher Qualitäten (z. B. roh und gekocht, frisch und verfault, trocken und naß) führt auf höherer Ebene zu einem abstrakten Referenzsystem (z. B. das Leere und das Volle, das Umhüllende und das Umhüllte) und zum Gegensatzpaar Natur/Kultur. – J. P. Sartre und R. Garaudy warfen L.-S. Geschichtsfeindlichkeit vor.

Werke: Oeuvres, ed. V. Debaene u. a., Paris 2008. – L'analyse structurale en linguistique et en anthropologie, Word 1 (1945), H. 2, 1–21, ferner in: Anthropologie structurale [s. u.], 37–62, [dt.] 43–67; Les structures élémentaires de la parenté, Paris 1949, Paris/La Haye ²1967, 2002 (engl. The Elementary Structures of Kinship, London, Boston Mass. 1969, London 1970; dt. Die elementaren Strukturen der Verwandtschaft, Frankfurt 1981, Berlin/New York 2000); Race et histoire, Paris 1952, ³2001, 2008 (dt. Rasse und Geschichte, Frankfurt 1972); Tristes tropiques, Paris 1955, ²1998, 2009, ferner in: Oeuvres [s. o.], 1–445 (dt. Traurige Tropen, Köln 1970, Frankfurt 1978, 2009; engl. Tristes Tropiques, New York, London 1973, 1974, New York 1997); Anthropologie structurale, Paris 1958, ⁴1985, 2008 (engl. Structural Anthropology, New York 1963, 2003; dt. Strukturale Anthropologie, Frankfurt 1967, 2002); Le totémisme aujourd'hui, Paris 1962, ⁹2002, ferner in: Oeuvres [s. o.], 447–551 (engl. Totemism, London 1962, Boston Mass. 1963, London 1991; dt. Das Ende des Totemismus, Frankfurt 1965, 1997); La pensée sauvage, Paris 1962, 2009, ferner in: Oeuvres [s. o.], 553–872 (engl. The Savage Mind, London 1966, Oxford/New York 2004; dt. Das wilde Denken, Frankfurt 1968, ²1977, 2004); Mythologiques, I–IV, Paris 1964–1971, 1990 (engl. Introduction to a Science of Mythologies, I–IV, New York 1969–1981, London 1970–1981; dt. Mythologica, I–IV, Frankfurt 1971–1975, 2008); Anthropologie structurale deux, Paris 1973, ²1997, 2006 (dt. Strukturale Anthropologie II, Frankfurt 1975; engl. Structural Anthropology II, London 1976, 1994); La Voie des Masques, Genf/Paris 1975, Paris 2004, ferner in: Oeuvres [s. o.], 873–1050 (dt. Der Weg der Masken, Frankfurt 1977, 2004; engl. The Way of the Masks, Seattle, Vancouver, London 1982, Seattle, Vancouver 1999); Myth and Meaning, Toronto, New York, London 1978, London/New York 2006 (dt. Mythos und Bedeutung. Fünf Radiovorträge. Gespräche mit C. L.-S., ed. A. Reif, Frankfurt 1980, 1996); Le regard éloigné, Paris 1983, 2001 (dt. Der Blick aus der Ferne, München 1985, Frankfurt 2008; engl. The View from Afar, Oxford, New York 1985, Chicago Ill. 1992); Paroles données, Paris 1984 (dt. Eingelöste Versprechen. Wortmeldungen aus 30 Jahren, München 1985; engl. Anthropology and Myth. Lectures 1951–1982, Oxford/New York 1987); La Potière jalouse, Paris 1985, 2005, ferner in: Oeuvres [s. o.], 1051–1261 (dt. Die eifersüchtige Töpferin, Nördlingen 1987; engl. The Jealous Potter, Chicago Ill. 1988); mit D. Eribon, De près et de loin., Paris 1988, mit Untertitel: Suivi d'un entretien inédit »Deux ans après«, 1991, 2001 (dt. Das Nahe und das Ferne. Eine Autobiographie in Gesprächen, Frankfurt 1989, 1996; engl. Conversations with C. L.-S., Chicago Ill. 1991); Histoire de lynx, Paris 1991, 2004, ferner in: Oeuvres [s. o.], 1263–1491 (dt. Die Luchsgeschichte. Zwillingsmythologie in der Neuen Welt, München/Wien 1993, Frankfurt 2004; engl. The Story of Lynx, Chicago Ill. 1995); Regarder, écouter, lire, Paris 1993, ferner in: Oeuvres [s. o.], 1493–1613 (dt. Sehen, Hören, Lesen, München/Wien 1995, Frankfurt 2004; engl. Look, Listen, Read, New York 1997). – E. H. Lapointe/C. C. Lapointe, C. L.-S. and His Critics. An International Bibliography of Criticism (1950–1976), New York/ London 1977.

Literatur : M. Annas/M.-H. Gutberlet (eds.), Absolute C. L.-S., Freiburg 2004; J. Askénazi, Analyses & réflexions sur L.-S., Tristes tropiques. L'autre et l'ailleurs, Paris 1992; C. Backès-Clément, C. L.-S. ou la structure et le malheur, Paris 1970; C. R. Badcock, L.-S.. Structuralism and Sociological Theory, London 1975; J.-M. Benoist, L.-S., DP II (1993), 1744–1749; D. Bertholet, C. L.-S., Paris 2003; C. v. Borman, L.-S., in: B. Lutz (ed.), Metzler Philosophen Lexikon, Stuttgart/Weimar 1995, 510–512; J.-P. Cazier (ed.), Abécédaire de C. L.-S., Mons 2008; R. Champagne, C. L.-S., Boston Mass. 1987; C. Charbonnier, Entretiens avec C. L.-S., Paris 1992; J. Chemouni, Psychanalyse et anthropologie. L.-S. et Freud, Paris/Montreal 1997; H. Curat, L.-S. mot a mot. Essai d'idiographie linguistique, Genf 2007; R. Deliège, Introduction à l'anthropologie structurale. L.-S., Paris 2001 (engl. L.-S. Today. An Introduction to Structural Anthropology, Oxford/New York 2004); M. Dick, Welt, Struktur, Denken. Philosophische Untersuchungen zu C. L.-S., Würzburg 2009; M. Drach/B.Toboul (eds.), L' anthropologie de C. L.-S. et la psychoanalyse. D'une structure l'autre, Paris 2008; U. Enderwitz, Schamanismus und Psychoanalyse. Zum Problem mythologischer Rationalität in der strukturalen Anthropologie von C. L.-S., Wiesbaden 1977; M. Fiorini/J.-P. Razon (eds.), C. L.-S. et les Nambikwara, Paris 2009; A. Fischer, Studien zum Denken von C. L.-S., I–IV, Leipzig 2002–2007; H. Gardner, The Quest for Mind. Piaget, L.-S. and the Structuralist Movement, London 1972, New York 1973, Chicago Ill. ²1981; M. Glucksmann, Structuralist Analysis in Contemporary Social Thought. A Comparison of the Theories of C. L.-S. and Louis Althusser, London/ Boston Mass. 1974; M. Hainzl, Semiotisches Denken und kulturanthropologische Forschungen bei C. L.-S., Frankfurt etc. 1997; O. Harris, L.-S., REP V (1999), 582–585; N. Hayes/T. Hayes (eds.), C. L.-S. The Anthropologist as Hero, Cambridge Mass., London 1970; M. Hénaff, C. L.-S., Paris 1991 (engl. C. L.-S. and the Making of Structural Anthropology, Minneapolis Minn. 1998); ders., C. L.-S. et l'anthropologie structurale, Paris 2002; ders., C. L.-S. Le passeur de sens, Paris 2008; C. Imbert, L.-S., le passage du Nord-Ouest, Paris 2008; M. Izard (ed.), C. L.-S., Paris 2004; A. Jenkins, The Social Theory of C. L.-S., New York, London 1979; C. Johnson, L.-S.. The Formative Years, Cambridge 2003; E. Joulia, C. L.-S. L'homme derrière l'œuvre, Paris 2008; M. Kauppert, C. L.-S., Konstanz 2008; ders./D. Funcke (eds.), Wirkungen des wilden Denkens. Zur strukturalen Anthropologie von C. L.-S., Frankfurt 2008; F. Keck, L.-S. et la pensée sauvage, Paris 2004; ders., C. L.-S., une introduction, Paris 2005; E. Kurzweil, The Age of Structuralism. L.-S. to Foucault, New York 1980, New Brunswick N. J. ²1996; C. Lanzmann, C. L.-S., Paris 2004; E. Leach, L.-S., New York, London 1970, ⁴1996, (franz. C. L.-S, Paris 1970; dt. C. L.-S., München 1971); ders. C. L.-S. zur Einführung, Hamburg 1991, ²1998, 2006; W. Lepenies/H. H. Ritter (eds.), Orte des wilden Denkens. Zur Anthropologie von C. L.-S., Frankfurt 1970, 1974 (mit Bibliographie der Arbeiten von L.-S. 1936–1973, 413–431); P. Maniglier, Le vocabulaire de L.-S., Paris 2002; M. Marc-Lipiansky, Le structuralisme de L.-S., Paris 1973; J. G. Merquior, L'esthétique de L.-S., Paris 1977; O. Paz, C. L.-S. o el nuevo festin de

Esopo, Mexiko 1967, Barcelona 1993 (engl. C. L.-S.. An Introduction, Ithaca N. Y./London 1970); H. Penner (ed.), Teaching L.-S., Atlanta Ga. 1998; T. Reinhardt, C. L.-S. zur Einführung, Hamburg 2008; A. Schmidt, Der strukturalistische Angriff auf die Geschichte, Frankfurt 1969; L. Scubla, Lire L.-S. Le déploiement d'une intuition, Paris 1998; W. Stoczkowski, Anthropologies rédemptrices. Le monde selon L.-S., Paris 2008; Y. Simonis, C. L.-S. ou la passion de l'inceste. Introduction au structuralisme, Paris 1968, ²1980; S. Sim, L.-S., in: S. Brown/D. Collinson/R.Wilkinson (eds.), Biographical Dictionary of Twentieth-Century Philosophers, London/New York 1996, 452–453; H. Strehler, Profile einer Rehabilitierung des kulturell Fremden. Echographien des L.-S.'schen Humanismus, Berlin 2009; P.-F. Tremlett, L.-S. on Religion. The Structuring Mind, London/Oakville Mass. 2008; C.Vielle/P.Wiggers/G. Jucquois (eds.), Comparatisme, mythologies, langages. En hommage à C. L.-S., Leuven 1994; M. Walitschke, Im Wald der Zeichen. Linguistik und Anthropologie. Das Werk von C. L.-S., Tübingen 1995; B. Wiseman/J. Groves, L.-S. for Beginners, Cambridge 1997; ders. L.-S., Anthropology and Aesthetics, Cambridge 2007; ders. (ed.), The Cambridge Companion to L.-S., Cambridge 2009.   P. B.

Lévy-Bruhl, Lucien, *Paris 10. April 1857, †ebd. 13. März 1939, franz. Philosophiehistoriker und Ethnologe. 1876–1879 Studium an der Sorbonne und der »École Normale Supérieure«, 1885 Promotion (L'idée de responsabilité, Paris 1884), Lehrtätigkeit an der »École des Sciences Politiques«, 1895 Lehrbefugnis für Philosophiegeschichte an der Sorbonne, 1908 Prof. ebendort. Beeinflußt von A. Comte und E. Durkheim wendet sich L.-B. nach einer Beschäftigung mit der Philosophie F. H. Jacobis der positivistischen Soziologie zu (La morale et la science des mœurs, Paris 1903). L.-B. fordert in der Nachfolge der moraltechnologischen Ansätze der Schule der ›Ideologen‹ die vergleichende, empirische Untersuchung moralischer Ideen und Einstellungen verschiedener gesellschaftlicher Gruppen und bei verschiedenen Gesellschaften als Vorbedingung einer angewandten ›positiven‹ Moralwissenschaft im Sinne Comtes. Er verfolgt diesen Ansatz jedoch nicht weiter, sondern wendet sich der Ethnologie zu.

Auf der Grundlage empirischen Materials entwickelt L.-B. Theorien zur Weltauffassung ›primitiver‹ Gesellschaften unter Verwendung des Durkheimschen Begriffs der Kollektivvorstellung als der einer sozialen Gruppe eigentümlichen Art und Weise der Wirklichkeitserfassung. In frühen Schriften L.-B.s werden die Kollektivvorstellungen primitiver Völker als primär mystisch (↑Mystik) bezeichnet. Der entscheidende Unterschied zu denen des Abendlandes ergibt sich nicht allein daraus, sondern aus der Art und Weise, wie diese Vorstellungen untereinander verknüpft werden. Die Tatsache, daß diese Verknüpfungen den Gesetzen des Widerspruchs nicht gehorchen, veranlaßt L.-B. in seinen früheren Schriften, die These vom ›prälogischen‹ Charakter des archaischen Denkens aufzustellen. Er hat dieses Denken jedoch weder als ›para-‹ oder ›antilogisch‹ bezeichnet, wie ihm

häufig entgegengehalten wurde, noch hat er die primitive Wirklichkeitserfassung wegen ihres nicht-logischen Charakters für eine der europäischen Denkweise unterlegene Vor-form des logischen Denkens gehalten. Für L.-B. gehorcht die primitive Wirklichkeitserkenntnis einem Prinzip (›Gesetz der Partizipation‹), das sich zu dem vom ausgeschlossenen Widerspruch (↑Widerspruch, Satz vom) nicht gegensätzlich, sondern gleichgültig verhält. In seinen nachgelassenen Notizen gibt L.-B. den Begriff des prälogischen Denkens als eines aus der europäischen Kultur unkritisch übernommenen Maßstabs auf (Les Carnets, 60–64).

Werke: L'Allemagne depuis Leibniz. Essai sur le développement de la conscience nationale en Allemagne, 1700–1848, Paris 1890, ²1907; La philosophie de Jacobi, Paris 1894; La philosophie d'Auguste Comte, Paris 1900, 1921 (dt. Die Philosophie August Comte's, Leipzig 1902; engl. The Philosophy of August Comte, London, New York 1903); La morale et la science des mœurs, Paris 1903, 1971(engl. Ethics and Moral Science, London 1905); Les fonctions mentales dans les sociétés inférieures, Paris 1910, ⁹1951 (dt. Das Denken der Naturvölker, ed. W. Jerusalem, Wien/Leipzig 1921, ²1926; engl. How Natives Think, London 1926, Princeton N. J. 1985); La mentalité primitive, Paris 1922, Paris ²1976 (dt. Die geistige Welt der Primitiven, München 1927, ohne Kap. 10 u. 11 der franz. Ausg. [repr. Düsseldorf/Köln 1959, Darmstadt 1966]; engl. Primitive Mentality, London, New York 1923, New York 1978); L'âme primitive, Paris 1927, 1963 (dt. Die Seele der Primitiven, Wien/Leipzig 1930, Nachdr. Düsseldorf etc. 1956; engl. The »Soul« of the Primitive, London, New York 1928, Chicago Ill. ²1971); Le surnaturel et la nature dans le mentalité primitive, Paris 1931, ²1963 (engl. Primitives and the Supernatural, New York 1935, repr. New York 1973); La mythologie primitive. Le monde mythique des Australiens et des Papans, Paris 1935, 1963 (engl. Primitive Mythology. The Mythic World of the Australian and Papuan Natives, Santa Lucia 1983); L'expérience mystique et les symboles chez les primitifs, Paris 1938; Les Carnets, Paris 1949 (engl. The Notebooks on Primitive Mentality, New York, Oxford 1975, New York 1978).

Literatur: C. R Aldrich, The Primitive Mind and Modern Civilization, Einl. B. Malinowski, Vorw. C. G. Jung, London/New York 1931 (Nachdr. Westport 1970, London 2001); H. L. Bergson, Les deux sources de la morale et de la religion, Paris 1932, ⁸2000, ferner in: Oeuvres, Paris 1959, 2001, 979–1247 (dt. Die beiden Quellen der Moral und der Religion, Jena 1933, Frankfurt 1992; engl. The Two Sources of Morality and Religion, London 1935, New York ²1954, Notre Dame Ind. 2002); E. Cailliet, Mysticisme et »mentalité mystique«. Étude d'un problème posé par les travaux de M. L.-B. sur la mentalité primitive, Cahors 1937, Paris 1938; J. Cazeneuve, L. L.-B.. Sa vie, son œuvre, avec un exposé de sa philosophie, Paris 1963; ders. L.-B., DP II (1993), 1750–1753; M. Fimiani, L' arcaico e l'attuale. L.-B., Mauss, Foucault, Turin 2000 (franz. L.-B. La différence et l'archaïque, Paris 2000); G. Gurvitch, Morale théorique et science des mœurs. Leurs possibilités – leurs conditions, Paris 1937, ³1961; A. Heinz, Savage Thought and Thoughtful Savages. On the Context of the Evaluation of Logical Thought by L.-B. and Evans-Pritchard, Anthropos 92 (1997), 165–173; A. Horn, Mythisches Denken und Literatur, Würzburg 1995; F. Keck, L. L.-B. entre philosophie et anthropologie. Contradiction et participation, Paris 2008; R. Lenoix, La mentalité primitive,

Rev. mét. mor. 29 (1922), 199–224; O. Leroy, La raison primitive. Essai de réfutation de la théorie du prélogisme, Paris 1927; S. Mancini, Da L.-B. all'antropologia cognitiva, lineamenti di una teoria della mentalità primitiva, Bari 1989; D. Merllié, La querelle de la »science des moeurs«, in: J. Heilbron/R. Lenoir/G. Sapiro (eds.), Pour une histoire des sciences sociales. Hommage à Pierre Bourdieu, Paris 2004, 47–58; ders. (ed.), Autour de L. L.-B. (10 avril 1857 – 12 mars 1939). Lettres et documents inédits de Bergson, Durkheim et L.-B., Rev. philos. France étrang. 179 (1989), 417–591; ders., La sociologie de la morale est-elle soluble dans la philosophie? La reception de La morale et la science des mœurs, Rev. française de sociol. 45 (2004), 415–440; K. Plant, L.-B., in S. Brown/D. Collison/R. Willkinson (eds.), Biographical Dictionary of Twentieth-Century Century Philosophers, London/New York 1996, 454–455; C. Prandi, L. L.-B., pensiero primitivo e mentalità moderna, Milano 2006; D. Spurr, Myths of Anthropology. Eliot, Joyce, L.-B., Publications of the Modern Language Assoc. of America (PMLA) 109 (1994), 266–280; J. Throop, Minding Experience. An Exploration of the Concept of ›Experience‹ in the Early French Anthropology of Durkheim, L.-B., and Lévi-Strauss, J. Hist. Behavioral Sci. 39 (2003), 365–382; P. Winch, L.-B., Enc. Ph. IV (1967), 451.   H. R. G.

Lewin, Kurt, *Mogilno (Provinz Posen) 9. Sept. 1890, †Newtonville Mass. (USA) 12. Febr. 1947, dt.-amerik. Psychologe und Wissenschaftstheoretiker. 1909–1914 Studium der Medizin, Biologie, Philosophie (bei E. Cassirer) und Psychologie in Freiburg, München und Berlin, 1916 Promotion über ein psychologisches Thema bei C. Stumpf, 1914 freiwillige Meldung zum Wehrdienst, Kriegsteilnahme; 1919–1932 Tätigkeit am Psychologischen Institut der Universität Berlin, zunächst als Assistent, dann als Privatdozent für Philosophie (1921–1926), schließlich als a.o. Prof. der Philosophie und Psychologie (1927–1933); 1932–1933 Gastprofessur an der Stanford University, Palo Alto; nach kurzer Rückkehr nach Berlin Emigration in die USA, 1933–1935 Dozentur an der Cornell University, Ithaca N. J., 1935–1944 Forschungsauftrag und Dozentur an der University of Iowa in Iowa City (Child Welfare Research Station), 1944–1947 Direktor des Research Center for Group Dynamics am Massachusetts Institute of Technology (MIT) in Cambridge Mass..

Zunächst in Zusammenarbeit mit W. Köhler und M. Wertheimer mit der wissenschaftstheoretischen und experimentellen Ausarbeitung der ↑Gestalttheorie und der Übertragung ihrer vornehmlich im Bereich der Wahrnehmung, des Lernens und Denkens entwickelten Auffassungen auf die Gebiete der Affekt- und Willenspsychologie sowie der Persönlichkeitstheorie befaßt, entwirft L. in Aufnahme des physikalischen Begriffs des ↑Feldes sowie topologischer und vektorieller Begriffe (↑Topologie, ↑Vektor) eine psychodynamische ›Feldtheorie‹ mit den Grundbegriffen des Bedürfnisses, der Energie, der Spannung, der Kraft und der Valenz. Nach L. strebt jedes psychische Spannungssystem als ganzes

danach, seinen eigenen Gleichgewichtszustand wiederzuerlangen, wenn auch Teilprozesse gleichzeitig in gegensätzlicher Richtung ablaufen mögen. Solche Systeme sind in der Psychodynamik einer Person verhältnismäßig isoliert voneinander, so daß sie in ihrem Auf- und Abbau kaum voneinander beeinflußt werden. Die Gesamtheit solcher Systeme eines Menschen macht dessen ›Lebensraum‹ aus. L. dehnte seine Feldtheorie auf Prozesse in Gruppen aus und wurde zum Begründer der psychologischen Aktions- und Kleingruppenforschung. Er verwendete als erster den Begriff der Gruppendynamik. Mit der Erforschung von Gruppenvorgängen verfolgte er das Ziel, zur Lösung sozialer ↑Konflikte beizutragen. Hierzu bediente er sich der Methode des ›Feedback‹, d. h. der Steuerung des Gruppengeschehens und des individuellen Verhaltens der Gruppenmitglieder durch Äußerung ihrer Selbst- und Fremdwahrnehmung vor allem bezüglich der affektiven Vorgänge.

L.s frühe Arbeiten zur Wissenschaftstheorie und Methodologie der Psychologie suchen den vor-galileischen Stand ihrer Begriffs- und Theorienbildung sowie ihrer Forschungsmethodik zu überwinden, indem sie unter anderem (1) einen falschen Begriff von induktiver Verallgemeinerung (↑Induktion) und die damit einhergehende Unterbewertung des Einzelfalls und die Überbewertung der Statistik kritisieren und (2) zur Erforschung von über bloße Regelmäßigkeiten hinausgehenden strengen Gesetzmäßigkeiten des Psychischen anleiten, wie sie dem Stand einer reifen Wissenschaft wie dem der nach-galileischen Physik entsprechen würde.

Werke: Werke, I–VII, ed. C. F. Graumann, Bern/Stuttgart 1981 ff. (erschienen Bde I, II, IV, VI). – Der Begriff der Genese in Physik, Biologie und Entwicklungsgeschichte. Eine Untersuchung zur vergleichenden Wissenschaftslehre, Berlin 1922; Die zeitliche Geneseordnung, Z. Phys. 13 (1923), 62–81; Idee und Aufgabe der vergleichenden Wissenschaftslehre, Symposion. Philos. Z. f. Forschung u. Aussprache 1 (1925), 61–94, separat Erlangen 1926; Gesetz und Experiment in der Psychologie, Symposion. Philos. Z. f. Forschung u. Aussprache 1 (1927), 375–421, separat Berlin 1927 (repr. Darmstadt 1967); Die psychologische Situation bei Lohn und Strafe, Leipzig 1931 (repr. Darmstadt 1964, Stuttgart 1974); Der Übergang von der Aristotelischen zur Galileischen Denkweise in Biologie und Psychologie, Erkenntnis 1 (1930/1931), 421–466 (repr. separat Darmstadt 1971); Der Richtungsbegriff in der Psychologie. Der spezielle und allgemeine Hodologische Raum, Psychol. Forsch. 19 (1934), 249–299; A Dynamic Theory of Personality. Selected Papers, New York/London 1935; Principles of Topological Psychology, New York 1936, 1969 (dt. Grundzüge der topologischen Psychologie, Bern 1969); The Conceptual Representation and the Measurement of Psychological Forces, Durham N. C. 1938 (repr. New York 1968); (mit R. G. Barker/T. Dembo) Frustration and Regression. An Experiment with Young Children, Iowa City 1941 (repr. New York 1976); Resolving Social Conflicts. Selected Papers on Group Dynamics 1935–1946, ed. G. Weiss Lewin, New York 1948, London 1973, ferner in: ders., Resolving Social Conflicts. And Field Theory in Social Science, Washington D. C.

1997, 2008, 1–154, 411–415 [Index] (dt. Die Lösung sozialer Konflikte. Ausgewählte Abhandlungen über Gruppendynamik, ed. G. Weiss Lewin, Bad Nauheim 1953, ⁴1975); Field Theory in Social Science. Selected Theoretical Papers, ed. D. Cartwright, New York/Evanston Ill./London 1951, Westport Conn. 1975, ferner in: ders., Resolving Social Conflicts. And Field Theory in Social Science, Washington D. C. 1997, 2008, 155–410, 417–422 [Index] (dt. Feldtheorie in den Sozialwissenschaften. Ausgewählte theoretische Schriften, Bern/Stuttgart 1963 [mit Bibliographie, 375–381]); Psychologie dynamique. Les relations humaines, ed. J. M. Lemaine, Paris 1959, ⁵1975 [Sammelbd. franz. Übers. kleinerer Schriften]; The Complete Social Scientist. A K. L. Reader, ed. M. Gold, Washington D. C. 1999.

Literatur: M. G. Ash, Gestalt Psychology in German Culture, 1890–1967. Holism and the Quest for Objectivity, Cambridge 1995, 263–283 (Chap. 16 Variations in Theory and Practice. K. L., Adhemar Gelb, and Kurt Goldstein); ders., L., NDSB IV (2008), 278–284; J. F. Brown, The Methods of K. L. in the Psychology of Action and Affection, Psych. Rev. 36 (1929), 200–221; D. Cartwright, Some Things Learned. An Evaluative History of the Research Center for Group Dynamics, Ann Arbor Mich. 1958; ders., L.ian Theory as a Contemporary Systematic Framework, in: S. Koch (ed.), Psychology. A Study of a Science II, New York/Toronto/London 1959, 7–91; ders./A. Zander (eds.), Group Dynamics. Research and Theory, New York/Evanston Ill./London 1953, ³1968, London 1970; K. Danziger, Making Social Psychology Experimental. A Conceptual History, 1920–1970, J. Hist. Behavioral Sciences 36 (2000), 329–347; M. Deutsch, Field Theory in Social Psychology, in: G. Lindzey (ed.), The Handbook of Social Psychology I, Reading Mass./London 1954, 181–222, ed. G. Lindzey/E. Aronson, Reading Mass. etc. ²1968, 412–487; F. Heider, On L.'s Methods and Theory, J. Social Issues, Suppl. 13 (1959), 3–13; A. Heigl-Evers (ed.), L. und die Folgen. Sozialpsychologie, Gruppendynamik, Gruppentherapie, Zürich 1979 (Die Psychologie des 20. Jahrhunderts VIII); M. Henle, K. L. as Metatheorist, J. Hist. Behavioral Sciences 14 (1978), 233–237; T. Hoffmann, Psychische Räume abbilden. K. L.s topologische Psychologie und ihr Beitrag zu einer dynamischen Theorie geistiger Behinderung, in: F. Stahnisch/H. Bauer (eds.), Bild und Gestalt. Wie formen Medienpraktiken das Wissen in Medizin und Humanwissenschaften?, Hamburg 2007, 75–98; R. Lippitt, K. L., 1890–1947. Adventures in the Exploration of Interdependence, Sociometry 10 (1947), 87–97; H. E. Lück, Die Feldtheorie und K. L.. Eine Einführung, Weinheim 1996, unter dem Titel: K. L.. Eine Einführung in sein Werk, 2001; A. J. Marrow, The Practical Theorist. The Life and Work of K. L., New York 1969 (mit Bibliographie, 238–243) (dt. K. L.. Leben und Werk, Stuttgart 1977 [mit Bibliographie, 256–260], Weinheim/Basel 2002 [mit Bibliographie, 351–358]); E. Natorp, L., NDB XIV (1985), 413–415; S. Patnoe, A Narrative History of Experimental Social Psychology. The L. Tradition, New York 1988; J. de Rivera (ed.), Field Theory as Human Science. Contributions of L.'s Berlin Group, New York 1976; G. A. Schellenberg, Masters of Social Psychology. Freud, Mead, L. and Skinner, London/New York 1978; W. Schönpflug (ed.), K. L.. Person, Werk, Umfeld, Frankfurt 1992, ²2007; J. Schwermer, Die experimentelle Willenspsychologie K. L.s, Meisenheim am Glan 1966; H. J. Stam, L., in: A. E. Kazdin (ed.), Encyclopedia of Psychology V, Oxford etc. 2000, 44–46; R. I. Watson, The Great Psychologists. From Aristotle to Freud, Philadelphia Pa./New York 1963, (mit R. B. Evans) mit Untertitel: A History of Psychological Thought, New York ⁵1991; S.

Wittmann, Das Frühwerk K. L.s. Zu den Quellen sozialpsychologischer Ansätze in Feldkonzept und Wissenschaftstheorie, Frankfurt etc. 1998 (Beitr. Gesch. Psychol. XVI). – J. Social Issues 48/2 (1992) [Ausg. zum 100. Geburtstag K. L.s].   R. Wi.

Lewis, Clarence Irving, *Stoneham Mass. 12. April 1883, †Menlo Park Calif. 3. Febr. 1964, US-amerikanischer Philosoph, ›the last great pragmatist‹. 1902–1906 Studium in Harvard (Philosophie bei W. James und J. Royce), unterbrochen von einem Jahr als Highschool-Lehrer in Quincey Mass. (1905–1906), um sich die finanziellen Mittel für den Bachelorabschluß (mit ›honorable mention in Philosophy and English‹) zu beschaffen, anschließend bis 1908 zunächst Instructor für Englisch, später zusätzlich Assistent für Philosophie an der University of Colorado in Boulder, Heirat mit M. Graves ebendort. 1908–1910 Graduiertenstudium in Harvard (von nachhaltigem Einfluß: Platon-Kurs bei Royce, Kant-Kurs bei Ralph B. Perry, der anstelle des mittlerweile emeritierten James neben G. Santayana, H. Münsterberg u. a. zum Lehrkörper des Department of Philosophy gehörte), Ph.D. 1910 mit einer Dissertation »The Place of Intuition in Knowledge« unter Royce. 1911–1920 zunächst Instructor, dann Assistant Professor für Philosophie an der University of California in Berkeley; anläßlich der Verpflichtung zu Logik-Kursen Studium von A. N. Whiteheads und B. Russells ↑»Principia Mathematica« und Veröffentlichung eines eigenen Lehrbuchs (Survey of Symbolic Logic, 1918), das aufgrund kritischer Einwände (durch E. L. Post, M. Wajsberg, O. Becker, P. Henle u. a.) umgearbeitet wurde zu einer gemeinsam mit C. H. Langford veröffentlichten Monographie (Symbolic Logic [1932]; dank zahlreicher Anregungen, vor allem von W. T. Parry, J. C. C. McKinsey, E. V. Huntington und R. C. Barcan [Marcus], in verbesserter und ergänzter Auflage [1959]). 1920 Rückkehr nach Harvard, zunächst als Lecturer, dann als Assistant Professor für Philosophie; intensives Studium von C. S. Peirce an Hand des in den Besitz der Harvard University übergegangenen Nachlasses. Als Ergebnis seiner erkenntnistheoretischen Studien, ausgehend von dem einflußreichen Aufsatz »A Pragmatic Conception of the A Priori« (1923), Veröffentlichung seines Hauptwerks zur theoretischen Philosophie (Mind and the World Order, 1929), dessen Position L. als *konzeptualistischen Pragmatismus* charakterisiert. 1946 Nachfolger von Perry als Edgar Pierce Professor für Philosophie bis zur Emeritierung 1953; zugleich Veröffentlichung seines aus den Carus Lectures der American Philosophical Association (1944) hervorgegangenen Hauptwerks zur Praktischen Philosophie (An Analysis of Knowledge and Valuation, 1946), dem als Frucht umfangreicher Lehrtätigkeit auch nach seiner Emeritierung, darunter 1953–1957 als Professor für Philosophie an der Stanford University, noch zwei weitere Bücher zur Ethik folgen (The Ground and Nature of the Right, 1955; Our Social Inheritance, 1957). Ein dritter Band mit Aufsätzen zu ethischen Fragen, insbes. den 1959 an der Wesleyan University in Middletown Conn. gehaltenen Vorlesungen »Foundations of Ethics« wurde erst nach L.s' Tode herausgegeben (Values and Imperatives, 1969). L.' einflußreicher Lehrtätigkeit – zu seinen direkten Schülern gehören R. Chisholm und R. Firth, geprägt von ihm sind W. V. O. Quine, N. Goodman, W. Sellars u. a. – ist die gegenwärtige Wirksamkeit des methodologischen Aspekts des von Peirce begründeten ↑Pragmatismus zu verdanken.

Die Schwerpunkte der philosophischen Arbeit von L. liegen zeitlich nacheinander auf den Gebieten der philosophischen Logik (↑Logik, philosophische), der ↑Erkenntnistheorie und der ↑Axiologie oder ↑Wertphilosophie, wobei dieses zeitliche Nacheinander von ihm zugleich als ein systematischer Fundierungszusammenhang verstanden worden ist. Die schon in der Antike diskutierten ↑Paradoxien der Implikation veranlassen L. zur Einführung des intensionalen Junktors (↑Junktor, intensionaler) ›strict implication‹ (↑Implikation, strikte), bei der die Wahrheit von $A \dashv 3 B$ (in Worten: A impliziert strikt B, engl.: A strictly implies B) nicht mehr nur von der Wahrheit der beiden Teilaussagen A und B abhängt, vielmehr unter Benutzung der ↑Modalitäten durch die Geltung von $\neg \nabla (A \wedge \neg B)$ (in Worten: es ist unmöglich, daß A und nicht-B [gilt]), also von $\Delta(A \rightarrow B)$ (in Worten: notwendigerweise wenn A dann B) erklärt wird. Weitere intensionale Junktoren sind analog durch ›necessitation‹ eingeführt, z. B. eine strikte ↑Adjunktion (›intensional disjunction‹) durch $\Delta(A \vee B)$ und eine strikte ↑Negation (›impossibility‹) durch $\Delta \neg A$. Die verschiedenen von L. 1918 und 1932 aufgestellten und untersuchten ↑Logikkalküle, mit deren Hilfe die ↑logisch wahren A Aussagen als ableitbare (↑ableitbar/Ableitbarkeit) Aussagen charakterisiert sind, wobei als Regel im wesentlichen ↑modus ponens für die strikte Implikation benutzt wird $(A; A \dashv 3 B \Rightarrow B)$, sind unter der Bezeichnung S_1–S_5 Ausgangspunkt der modernen, zunächst ausschließlich syntaktischen Behandlung der ↑Modallogik geworden. Dabei kann entweder auf den ↑Junktor $\dashv 3$ zugunsten der Modaloperatoren ∇ (möglich) bzw. Δ (notwendig) verzichtet werden, oder aber man kann umgekehrt die Modalitäten auf die strikte Implikation zurückführen.

In der Erkenntnistheorie radikalisiert L. den Kantischen Ansatz, indem er die Schemata (↑Schematismus) möglicher Anwendung der Begriffe in der Erfahrung zu einem Teil der begrifflichen Bestimmung macht: Begriffe werden aus gemeinsamen Handlungszusammenhängen als Interpretation des ↑Gegebenen entwickelt. Sie sind zwar ↑a priori, bleiben aber dennoch geschicht-

lichem Wandel unterworfen; der Unterschied der ↑Kategorien zu den übrigen Begriffen ist lediglich graduell. Dies bedeutet, daß alle Urteile a priori auch ↑analytisch sein müssen. Sie sind jedoch nicht mehr nur Urteile bloß über einen Sprachgebrauch, sondern ihrer pragmatischen Verankerung wegen immer auch erfahrungshaltig und in diesem Sinne ›pragmatisch a priori‹. Gegeben sind natürlich nicht Objekte oder ihre Eigenschaften, sondern singulare ›presentations‹, d. s. implizite Gliederungen des durch ↑Abstraktion (↑abstrakt) aus der Erfahrung gewonnenen absolut Gegebenen, deren Inhalt als subjektabhängige Repetitionsschemata, d. s. die ↑*Qualia*, bestimmt sind. Welche impliziten Gliederungen zum Ausgangspunkt für die begrifflichen Interpretationen werden, hängt von dem aus Relationen zwischen Qualia bestehenden und deshalb grundsätzlich intersubjektiv zugänglichen Unterscheidungssystem des jeweiligen Subjekts ab. Auf der gemeinsamen Handlungsebene erst sind die Qualiakomplexe mit den Begriffen korreliert, so daß die Aktualisierung eines Quale, also eine ›presentation‹, zum indexikalischen Zeichen (↑indexical) für den Qualiakomplex und damit begrifflich faßbar wird. So ist es möglich, die Existenz objektiver Tatsachenurteile (non-terminating judgements) auf der Grundlage subjektiver Erfahrungsinhalte zu sichern, indem ähnlich dem Verfahren der *Pragmatischen Maxime* von Peirce die Bedeutung eines Tatsachenurteils (z. B. von ›ein weißes Stück Papier liegt jetzt vor mir‹) durch einen nach der Zukunft hin offenen Bereich von ↑Konditionalsätzen (terminating judgements) wiedergegeben wird, die ›natural connections‹ und keine logischen Verknüpfungen artikulieren (im Beispiel etwa: ›wenn ich meine Augen nach rechts bewege, wird sich der Qualiakomplex, den ich gerade erfahre, auf die linke Seite meines Gesichtsfeldes verschieben‹ usw.). Die beiden Glieder der Konditionalsätze gehören dem ›expressive use of language‹ an. Sie *zeigen* also den Erfahrungsinhalt des Sprechers *an* und beschreiben ihn nicht etwa, weil sie selbst kein Wissen, sondern nur dessen sichere Basis darstellen. In einer eigenen a-priori-Wahrscheinlichkeitstheorie (↑Bayessches Theorem, ↑Wahrscheinlichkeit) wird von L. der Grad der ↑Bestätigung jedes empirischen Wissens auf dieser Basis zu bestimmen versucht.

Die moralphilosophische Position von L. ist durch eine eigenständige Verknüpfung einer naturalistischen (↑Naturalismus (ethisch)) Glücksethik mit einer rationalistischen ↑Pflichtethik gekennzeichnet. Jede Beurteilung einer Handlung als (moralisch) richtig muß auf ihre möglichen beabsichtigten oder faktischen Konsequenzen ›guter‹ oder ›schlechter‹ Erfahrungen Bezug nehmen. Nur auf der Grundlage subjektiver Werterfahrungen (↑Wert (moralisch)), deren Inhalte als Qualia derselben Ebene impliziter Gliederung des Gegebenen angehören wie im Falle nicht-normativer Erfahrungen, lassen sich intersubjektive Werturteile begründen, aber auch hier, im Bereich ↑normativen Wissens, natürlich nicht endgültig, sondern stets zukunftsoffen an das selbst nicht-empirische Kriterium eines im Ganzen guten Lebens (↑Leben, gutes), ›the rational norm of prudence‹, L.' ↑summum bonum, gebunden. Dieses wird, unter dem Titel eines ›law of objectivity‹, durch zwei Prinzipien, einer Mitleidspflicht (law of compassion, ↑Mitleid) und einer Transsubjektivitätspflicht (law of moral equality, ↑transsubjektiv/Transsubjektivität), näher spezifiziert.

Werke: The Place of Intuition in Knowledge, Diss. Harvard 1910; A Survey of Symbolic Logic, Berkeley Calif. 1918 (repr. Bristol 2001), ohne Chap. V u. VI, New York 1960; Mind and the World-Order. Outline of a Theory of Knowledge, New York/ Chicago Ill./Boston Mass., London 1929, New York 1956, 1990; (mit C. H. Langford) Symbolic Logic, New York/London 1932, New York ²1959; An Analysis of Knowledge and Valuation, La Salle Ill. 1946, 1971; The Ground and Nature of the Right, New York 1955, New York/London 1965; Our Social Inheritance, Bloomington Ind. 1957; Values and Imperatives. Studies in Ethics, ed. J. Lange, Stanford Calif. 1969; Collected Papers, ed. J. D. Goheen/J. L. Mothershead, Jr., Stanford Calif. 1970.

Literatur: T. Baldwin, C. I. L.. Pragmatism and Analysis, in: M. Beaney (ed.), The Analytic Turn. Analysis in Early Analytic Philosophy and Phenomenology, New York/London 2007, 178–195; C.-Y. Cheng, Peirce's and L.'s Theories of Induction, The Hague 1969; E. P. Colella, C. I. L. and the Social Theory of Conceptualistic Pragmatism. The Individual and the Good Social Order, San Francisco Calif./Lewiston N. Y. 1992; E. M. Curley, L. and Entailment, Philos. Stud. 23 (1972), 198–204; E. B. Dayton, Reason and Desire in C. I. L., Transact. Peirce Soc. 11 (1975), 289–304; J. N. Hullett, A Pragmatic Conception of the A Priori Re-Viewed, Transact. Peirce Soc. 9 (1973), 127–156; B. Hunter, L., SEP 2007; M. G. Murphey, C. I. L.. The Last Great Pragmatist, Albany N. Y. 2005; M. Pastin, C. I. L.'s Radical Foundationalism, Noûs 9 (1975), 407–420; B. Peach, C. I. L. on the Foundations of Ethics, Noûs 9 (1975), 211–225; S. B. Rosenthal, The Pragmatic A Priori. A Study in the Epistemology of C. I. L., St. Louis Mo. 1976; dies., C. I. L. in Focus. The Pulse of Pragmatism, Bloomington Ind. 2007; dies., L., REP V (1998), 585–589; J. R. Saydah, The Ethical Theory of C. I. L., Athens Ohio 1969; P. A. Schilpp (ed.), The Philosophy of C. I. L., La Salle Ill., London 1968 (mit Bibliographie, 677–687); J. R. Shook, The Cambridge School of Pragmatism IV (The Pragmatic Naturalisms of G. Santayana and C. I. L.), London 2006; J. J. Zeman, Modal Logic. The L.-Modal Systems, Oxford etc. 1973.   K. L.

Lewis, David Kellogg, *Oberlin Ohio 28. Sept. 1941, †Princeton N. J. 24. Okt. 2001. Ab 1957 Studium der Chemie am Swarthmore College, nach einem Jahr an der Univ. of Oxford Wechsel zur Philosophie, B. A. 1962. 1964 M. A. in Harvard, unter der Betreuung W. V. O. Quines Ph.D. ebendort mit einer Dissertation zum Begriff der sprachlichen Konvention (gedruckt 1969 als »Convention« mit einem Vorwort Quines). 1966 Assist. Prof. an der University of California in Los Angeles,

Einfluß durch R. Carnap und R. Montague. 1970 Assoc. Prof. an der Princeton University, ab 1973 bis zu seinem Tode Full Prof. ebendort. – L., dessen Arbeiten unter anderem zum Wiederaufstieg der ↑Metaphysik als philosophische Kerndisziplin in der Analytischen Philosophie (↑Philosophie, analytische) beitrugen, vertritt einen umfassenden reduktionistischen Realismus (↑Realismus (ontologisch), ↑Reduktionismus). Alle Phänomene lassen sich auf eine fundamentale Ebene der Wirklichkeit zurückführen, nämlich darauf, daß Mikroentitäten fundamentale Eigenschaften besitzen und in fundamentalen Beziehungen zueinander stehen. Diese Grundbestimmungen der wirklichen Welt sind L. zufolge physikalischer Art. Den allgemeinen Reduktionsrahmen bildet die Metaphysik des modalen Realismus (On the Plurality of Worlds, 1986), demzufolge es eine Unendlichkeit möglicher Welten (↑Welt, mögliche, ↑Mögliche-Welten-Semantik) gibt, die raumzeitlich und kausal unabhängig voneinander existieren. Sie sind keine bloßen ›Ersatz-Welten‹, also z.B. keine maximalkonsistenten Mengen interpretierter Sätze. Vielmehr sollen sie reale Paralleluniversen sein mit Dingen von grundsätzlich derselben Art wie die Dinge der Wirklichkeit. L. gesteht zu, daß der modale Realismus den gewohnten ontologischen Überzeugungen widerspricht.

Die Analyse von Möglichkeit (↑möglich/Möglichkeit) und Notwendigkeit (↑notwendig/Notwendigkeit) lautet: Es ist möglich (notwendig), daß Schnee weiß ist, genau dann, wenn in mindestens einer möglichen Welt (in allen möglichen Welten) Schnee weiß ist. Da die Welten voneinander isoliert sind, existiert kein Ding in mehreren Welten. De re-Modalitäten analysiert L. daher mittels des Begriffs des Gegenstückes: Der wirkliche Gegenstand *a* ist möglicherweise (notwendigerweise) *F* genau dann, wenn mindestens ein (jedes) Gegenstück von *a* in anderen möglichen Welten *F* ist (Counterpart Theory and Quantified Modal Logic, 1968). Was genau als Gegenstück eines Dinges zählt, ist vom ↑Kontext abhängig. ↑Eigenschaften und *n*-stellige Beziehungen sind Klassen (↑Klasse (logisch)) von (*n*-Tupeln von) Dingen in den verschiedenen möglichen Welten. So ist Röte die Klasse genau der roten wirklichen und bloß möglichen Dinge. ↑Propositionen, also die Gehalte des Überzeugtseins und die Bedeutungen vollständiger Sätze, sind Klassen von möglichen Welten. Die Proposition, daß Schnee weiß ist, ist die Klasse genau der Welten, in denen Schnee weiß ist. Eine Klasse identifiziert L. mit der mereologischen Summe (↑Mereologie) der Einermengen ihrer Elemente (Parts of Classes, 1991). Seit den 1980er Jahren vertritt L. unter dem Einfluß D. M. Armstrongs die These, einige Eigenschaften und Beziehungen seien objektiv als ›perfekt natürlich‹, d. h. als fundamental, ausgezeichnet (New Work for a Theory of Universals, 1983). Die Verteilung der perfekt natürlichen Eigenschaften und Beziehungen über die Dinge der Wirklichkeit bildet die Reduktionsbasis für alle sonstigen Phänomene. ↑Reduktion versteht L. als Supervenienz (↑supervenient/Supervenienz) von Makrophänomenen über einer Vielzahl von Mikrophänomenen. Ein zugespitztes hypothetisches Modell enthält die Hypothese der ›Humeschen Supervenienz‹. Danach besteht die fundamentale Ebene der Wirklichkeit aus einer Mannigfaltigkeit punktgroßer Entitäten, die in raumzeitlichen Beziehungen zueinander stehen und darüber hinaus nur fundamentale einstellige Eigenschaften besitzen (Humean Supervenience Debugged, 1994).

L. vertritt eine ↑kontrafaktische Analyse der Verursachung, derzufolge ein Ereignis *u* ein Ereignis *w* jedenfalls dann verursacht, wenn es dieses beeinflußt (↑Kausalität). Beeinflussung liegt vereinfacht genau dann vor, wenn gilt: Hätte *u* ein wenig anders (z.B. etwas später) stattgefunden, so hätte auch *w* etwas anders (z.B. etwas später) stattgefunden (Causation as Influence, 2004). Solche kontrafaktischen Konditionale beschreibt L. wiederum mittels seines Konzeptes der möglichen Welten: ›Wäre *p* der Fall, so wäre *q* der Fall‹ ist in einer gegebenen Welt genau dann wahr, wenn gilt: entweder gibt es gar keine *p*-Welt (›vacuous truth‹), oder irgendeine mögliche Welt, in der *p* und *q* wahr sind, liegt der gegebenen Welt näher als jede mögliche Welt, in der *p* wahr und *q* falsch ist. Das ↑Konditional ist also tatsächlich wahr, falls mögliche Welten weniger stark von der Wirklichkeit abweichen müssen, um *p* zusammen mit *q* wahr zu machen, als um *p* wahr und *q* falsch zu machen (Counterfactuals, 1973). Für kontrafaktische Konditionale wie auch für die Theorie der Gegenstücke hat L. detaillierte Logiken entwickelt. Die (nicht raumzeitliche) relative ›Nähe‹ zwischen möglichen Welten, die für die kontrafaktische Analyse der Verursachung relevant ist, folgt bestimmten Kriterien (Counterfactual Dependence and Time's Arrow, 1979). Ein entscheidendes Kriterium ist, daß der Wirklichkeit nahe Welten in ihren ↑Naturgesetzen nahezu vollständig mit der Wirklichkeit übereinstimmen müssen. Die Naturgesetze einer Welt identifiziert Lewis mit bestimmten dort tatsächlich bestehenden Regularitäten.

In der Philosophie des Geistes (↑philosophy of mind) verknüpft L. ↑Physikalismus und ↑Funktionalismus (An Argument for the Identity Theory, 1966; Reduction of Mind, 1994). Unsere gewöhnlichen Begriffe von mentalen Zuständen wie etwa Schmerz sieht er durch kausale Rollen bestimmt, die diese Zustände im Verhältnis zueinander sowie zu äußeren Reizen und resultierendem Verhalten spielen. Ausdrücke für mentale Zustände verhalten sich damit wie theoretische Terme (↑Begriffe, theoretische) und sind ausgehend vom ↑Ramsey-Satz der Alltagspsychologie explizit durch Angabe einer kausalen Rolle definierbar (How to Define Theoretical

Terms, 1970). Die mentalen Zustände sind diejenigen physikalischen Zustände, die diese kausalen Rollen tatsächlich spielen. Hinsichtlich intentionaler geistiger Zustände (↑Intentionalität) wie dem Überzeugtsein (›belief‹) oder dem Wünschen (›desire‹) ist L. Holist (↑Holismus): Primäre Träger eines propositionalen Gehaltes sind der totale momentane Überzeugungs- und der totale momentane Wunschzustand einer Person und nicht etwa satzartig strukturierte mentale Einzelvorkommnisse (Ablehnung einer ↑Sprache des Denkens). Zu glauben, daß Schnee weiß ist, heißt, sich in einem totalen Überzeugungszustand zu befinden, dessen propositionaler Gehalt impliziert, daß Schnee weiß ist. Die Interpretation intentionaler Zustände durch propositionale Gehalte präzisiert L. mit Mitteln der ↑Entscheidungstheorie, zu der er bedeutende Beiträge geleistet hat. Überzeugungen einer Person über sich selbst (›de se-Einstellungen‹, Attitudes De dicto and De Se, 1979) werden allerdings nicht durch Propositionen interpretiert, sondern durch Eigenschaften, die die Person sich selbst zuschreibt. Ähnliches gilt für Aussagen in der ersten Person Singular wie »ich befinde mich in Konstanz«. – L. vertritt einen Primat der mentalen vor der sprachlichen Intentionalität. Sprachliche Ausdrücke beziehen ihre ↑Bedeutungen im wesentlichen aus den Überzeugungsgehalten kommunizierender Personen (Convention, Languages and Language, 1975). Die primären Träger von Bedeutung sind vollständige Sätze. Wortbedeutungen ergeben sich auf der Basis der Satzbedeutungen. Vereinfacht drückt ein Satz σ in einer Sprachgemeinschaft genau dann die Proposition aus, daß *p*, wenn in der Gemeinschaft eine ↑Konvention besteht, σ nur zu äußern, wenn man überzeugt ist, daß *p*, sowie auf das Vernehmen einer Äußerung von σ hin zu der Überzeugung zu gelangen, daß *p*. Konventionen sind keine expliziten Vereinbarungen, sondern sich selbst stabilisierende Regelmäßigkeiten.

Werke: An Argument for the Identity Theory, J. Philos. 63 (1966), 17–25, ferner in: Philosophical Papers [s.u.] I, 99–107; Counterpart Theory and Quantified Modal Logic, J. Philos. 65 (1968), 113–126, ferner (mit Postscript) in: Philosophical Papers [s.u.] I, 26–46; Convention. A Philosophical Study, Cambridge Mass. 1969, Oxford 2002 (dt. Konventionen. Eine sprachphilosophische Abhandlung, Berlin/New York 1975); How to Define Theoretical Terms, J. Philos. 67 (1970), 427–446, ferner in: Philosophical Papers [s.u.] I, 78–95; Causation, J. Philos. 70 (1973), 556–567, ferner in: ders., Philosophical Papers [s.u.] II, 159–172; Counterfactuals, Oxford 1973, Malden Mass./Oxford 2001; Languages and Language, in: K. Gunderson (ed.), Language, Mind, and Knowledge, Minneapolis Minn. 1975 (Minn. Stud. Philos. Sci. VII), 3–35, ferner in: Philosophical Papers [s.u.] I, 163–188; Attitudes De Dicto and De Se, Philos. Rev. 88 (1979), 513–543, ferner in: Philosophical Papers [s.u.] I, 133–156; Counterfactual Dependence and Time's Arrow, Noûs 13 (1979), 455–476, ferner in: Philosophical Papers [s.u.] II, 32–52; Causal Decision Theory, Australas. J. Philos. 59

(1981), 5–30, ferner (mit Postscript) in: Philosophical Papers [s. u.] II, 305–339; New Work for a Theory of Universals, Australas. J. Philos. 61 (1983), 343–377, ferner in: ders., Papers in Metaphysics and Epistemology [s. u.], 8–55; Philosophical Papers, I–II, Oxford/New York 1983/1986; On the Plurality of Worlds, Oxford/New York 1986, Malden Mass./Oxford 2006; Parts of Classes, Oxford/Cambridge Mass. 1991; Humean Supervenience Debugged, Mind NS 103 (1994), 473–490, ferner in: Papers in Metaphysics and Epistemology [s. u.], 224–247; Reduction of Mind, in: S. Guttenplan (ed.), A Companion to the Philosophy of Mind, Oxford/Cambridge Mass. 1994, 412–431, ferner in: Papers in Metaphysics and Epistemology [s. u.], 291–324; Elusive Knowledge, Australas. J. Philos. 74 (1996), 549–567, ferner in: Papers in Metaphysics and Epistemology [s. u.], 418–445; Papers in Philosophical Logic, Cambridge 1998; Papers in Metaphysics and Epistemology, Cambridge 1999; Papers in Ethics and Social Philosophy, Cambridge 2000; Causation as Influence, J. Philos. 97 (2000), 182–197, erw. Nachdr. in: J. Collins/N. Hall/L. A. Paul (eds.), Causation and Counterfactuals, Cambridge Mass. 2004: 75–107.

Literatur: A. Hájek, L., NDSB IV (2008), 284–287; N. Hall, D. L.'s Metaphysics, SEP 2010; J. Hawthorne, L., in: J. R. Shook (ed.), The Dictionary of Modern American Philosophers III, Bristol 2005, 1461–1466; P. van Inwagen, L., REP V (1998), 590–594; F. Jackson/G. Priest (eds.), Lewisian Themes. The Philosophy of D. K. L., Oxford/New York 2004; U. Meixner, D. L., Paderborn 2006; D. Nolan, D. L., Chesham 2005; G. Preyer/F. Siebelt (eds.), Reality and Humean Supervenience. Essays on the Philosophy of D. L., Lanham Md. etc. 2001; W. Schwarz, D. L.. Metaphysik und Analyse, Paderborn 2009; W. Spohn, L., in: J. Nida-Rümelin/E. Özmen (eds.), Philosophie der Gegenwart in Einzeldarstellungen, Stuttgart 1999, 337–342, erw. ³2007, 385–394; B. Weatherson, L., SEP 2009. R. Bu.

Lexem (von griech. *λέξις*, Wort, Redeweise; engl. lexeme, lexical item; franz. lexème, unité lexicale), in der modernen ↑Linguistik auf der Ebene der ›langue‹ (↑langue/parole, ↑Sprachsystem) Terminus für ↑›Wort‹ in der traditionellen Grammatik, wie es z. B. bei einem ›Lemma‹, einem Eintrag in einem Wörterbuch (engl. dictionary entry) oder ↑Lexikon, der Fall ist. Auch bei zusammengesetzten Wörtern, etwa Verben mit Präfixen, spricht man von einem L., das dann ein anderes L. als Bestandteil aufweist. Z. B. ist das L. ROT enthalten im L. ERRÖTEN. Ein als frei vorkommendes ↑Morphem anzusehendes L. ist das ↑Abstraktum aus grammatischen Wörtern, den ›Wortformen‹, also Wörtern in verschiedenen grammatischen Funktionen, aber ›derselben‹ ↑Bedeutung, so daß bedeutungsverschiedene, aber lautgleiche Wörter (↑homonym/Homonymität) auch verschiedene L.e sind: L.e repräsentieren Wortformen. Dabei wird Wortartwechsel, trotz gleichbleibender Grundbedeutung und damit Zugehörigkeit zu derselben, durch eine gemeinsame etymologische Wurzel ausgezeichneten Wortfamilie, etwa von ›Gras‹ zu ›grasen‹, von ›fliegen‹ zu ›Flug‹, von ›laufen‹ zu ›Lauf‹ oder von ›hart‹ zu ›härten‹ (↑Kategorie, ↑Kategorie, syntaktische), in der Regel nicht als ein grammatischer Funktionswechsel angesehen, geht

daher mit L.wechsel einher. Umgekehrt erzwingt ein bei grammatischem Funktionswechsel zusätzlich auftretender Wortstammwechsel keineswegs einen L.wechsel. Z. B. ist das L. LAUFEN abstrahiert aus den Wortformen ›läuft‹, ›lief‹ ›laufe‹ usw., SEIN aus den Wortformen ›bin‹, ›ist‹, ›war‹, ›gewesen‹ usw., GRAS aus den Wortformen, ›Grases‹, ›Gräser‹, ›Grase‹ usw.). K. L.

Lexikon (griech. *λεξικόν* [*βιβλίον*], aus Wörtern bestehend[es Buch], von *λέξις*, Wort; lat. lexicon, engl. dictionary, franz. dictionnaire), (ein- oder mehrsprachiges) Bezeichnung für ein Wörterbuch, speziell für jedes nach Stichwörtern bestimmter Wissensgebiete geordnetes Nachschlagewerk, z. B. eine ↑Enzyklopädie; auch ohne nachfolgende Erklärung der Bedeutung oder Übersetzung der Stichwörter (Lemmata), also nur als Liste eines aus den ↑Lexemen einer natürlichen Sprache (↑Sprache, natürliche) bzw. einer Sprachgemeinschaft bestehenden *Wortschatzes* (engl. vocabulary, franz. vocabulaire), dann allerdings in der Regel unter Einschluß der Angabe der syntaktischen und/oder semantischen Kategorie (↑Kategorie, syntaktische, ↑Kategorie, semantische) und unter Umständen noch weiterer grammatischer Informationen zum jeweiligen Eintrag. Geht es nur um den Umfang der von einem Sprecher in ihrer Bedeutung aktiv oder passiv beherrschten sprachlichen Ausdrücke, dessen ›semantische Kompetenz‹, so spricht man auch vom *mentalen L.* (je nach Zählweise schätzungsweise bis zu 400.000 Einträge, wobei im Deutschen etwa 75.000 Lexeme allgemein gebräuchlich sind und durchschnittlich bis zu 10.000 von einem einzelnen Sprecher verwendet werden).

In der ↑Linguistik wird grundsätzlich unterschieden zwischen L. und ↑Grammatik, den die syntaktische Kompetenz (↑Syntax) eines Sprechers ausmachenden (deskriptiven, faktischen Sprachgebrauch beschreibenden, oder normativen, idealen Sprachgebrauch empfehlenden) Regeln zur Erzeugung (grammatisch) korrekter Sätze, unter denen die Ausspracheregeln (Orthophonie) und Rechtschreiberegeln (Orthographie, ↑Schrift), weil trotz grundsätzlicher Kontextabhängigkeit (z. B. Ligaturen von Graphen in Schriften, Einbettung von Lauten in eine Sprachmelodie) unabhängig vom strukturellen Aufbau eines Satzes oder Textes, eine Sonderrolle spielen. Gleichwohl wird in modernen Untersuchungen des L.s (Lexikologie) der historischen Änderungen unterworfene Wortschatz nicht nur ermittelt und geordnet (Lexikographie), sondern vor allem dessen Wechselwirkung mit den grammatischen Strukturregeln studiert, also die Beziehungen zwischen grammatischer Form und lexikalischer Bedeutung, wobei der in der generativen Linguistik weitgehend vernachlässigte Zusammenhang (vertikaler) paradigmatischer Strukturen (z. B. Flexionstypen von Verben, ↑Paradigma) mit (horizontalen) syntagmatischen Strukturen, die von Regeln der Aufeinanderfolge sprachlicher Ausdrücke erfaßt werden, eine zunehmend wichtigere Rolle spielt. In einer formalen Sprache (↑Sprache, formale), bei der im Unterschied zu einer natürlichen Sprache neben den sinnvollen Ausdrücken auch die gültigen Ausdrücke ausgezeichnet sind, tritt an die Stelle der nicht-zusammengesetzten L.einträge eine endliche oder auch unendliche Liste von Prädikatsymbolen (eventuell auch Objektsymbolen), die erst durch Interpretation (↑Interpretationssemantik) in prädikative Ausdrücke (bzw. ↑Eigennamen) derjenigen (inhaltlichen) Theorien überführt werden, deren ↑Formalisierung zu der formalen Sprache geführt hat.

Literatur: T. Briscoe/A. Copestake/V. de Paiva (eds.), Inheritance, Defaults and the Lexicon, Cambridge etc. 1993; D. A. Cruse u. a. (eds.), Lexikologie/Lexicology. Ein internationales Handbuch zur Natur und Struktur von Wörtern und Wortschätzen/An International Handbook on the Nature and Structure of Words and Vocabularies [teilw. dt./engl.], I–II, Berlin/New York 2002/2005 (Handbücher zur Sprach- u. Kommunikationswiss. XXI/1–XXI/2); R. Eluerd, La lexicologie, Paris 2000; J. S. Gruber, Lexical Structures in Syntax and Semantics, Amsterdam/New York/Oxford 1976; F. J. Hausmann u. a. (eds.), Wörterbücher/Dictionaries/Dictionnaires. Ein internationales Handbuch zur Lexikographie/An International Encyclopedia of Lexicography/Encyclopédie internationale de lexicographie [teilw. dt./engl./franz.], I–III, Berlin/New York 1989–1991 (Handbücher zur Sprach- u. Kommunikationswiss. V/1–V/3); S. I. Landau, Dictionaries. The Art and Craft of Lexicography, New York 1984, erw. Cambridge etc. ²2001, 2004; M. Moortgat/H. v. d. Hulst/T. Hoekstra (eds.), The Scope of Lexical Rules, Dordrecht/Cinnaminson N. J. 1981; J. Pustejovsky, The Generative Lexicon, Cambridge Mass./London 1995, 2001. K. L.

L'Hospital, Guillaume François Antoine, Marquis de Sainte-Mesme und Comte d'Entremont, *Paris 1661, †ebd. 2. Febr. 1704, franz. Mathematiker. L'H. gab eines Sehfehlers wegen seinen Offiziersberuf zugunsten mathematischer Privatstudien auf, bei denen er von Joh. Bernoulli angeleitet wurde, der 1692 Paris besuchte. L'H. veröffentlichte das erste Lehrbuch der ↑Infinitesimalrechnung, das die ↑Analysis des 18. Jhs. stark beeinflußte. Es baut die Infinitesimalrechnung auf zwei Prinzipien auf: (1) zwei nur um eine ›unendlich kleine‹ Größe verschiedene Größen könnten als gleich betrachtet werden, (2) eine Kurve bestehe aus unendlich vielen ›unendlich kleinen‹ Linienstücken, deren gegenseitiger Winkel an jeder Stelle die Krümmung der Kurve bestimme. Das Lehrbuch enthält auch den 1694 von Joh. Bernoulli gefundenen, auf Grund der Publikation aber als ›Regel von L'Hospital‹ bekannten Satz, daß für zwei Funktionen $f(x)$ und $g(x)$, die für $x \to a$ beide den ↑Grenzwert 0 annehmen, sofern in der Umgebung von a der Grenzwert des Quotienten ihrer Ableitungen an dieser Stelle existiert und dort $g'(x) \neq 0$ ist (↑Infinitesimalrechnung), der Grenzwert des Quotienten der gegebenen Funktionen existiert und dem ersteren Grenzwert gleich ist:

$$\lim_{x \to a} \frac{f(x)}{g(x)} = \lim_{x \to a} \frac{f'(x)}{g'(x)}.$$

Werke: Analyse des infiniment petits pour l'intelligence des lignes courbes, Paris 1696 (repr. [zusammen mit: M. Varignon, Eclaircissements sur l'analyse des infiniments petits] Paris 1988), ²1715, 1716, erw. Paris 1758, 1781 (engl. A Treatise of Fluxions, in: E. Stone [ed.], The Method of Fluxions Both Direct and Inverse. The Former Being a Translation from the Celebrated M. de L'H.'s Analyse des infinements [sic!] petits. And the Latter Supply'd by the Translator, London 1730); Traité analytique des sections coniques et de leur usage pour la résolution des équations dans les problèmes tant déterminéz qu'indéterminéz. Ouvrage posthume, Paris 1707, 1776 (engl. An Analytick Treatise of Conick Sections. And Their Use for Resolving of Equations in Determinate and Indeterminate Problems, London 1723); Der Briefwechsel mit dem Marquis de l'Hôpital, nebst zwei Briefen der Marquise, in: Der Briefwechsel von Johann Bernoulli I, ed. Naturforschende Gesellschaft in Basel, Basel 1955, 121–383.

Literatur: J.-L. Boucharlat, L'hopital [sic!], Biographie universelle (Michaud) ancienne et moderne, I–XXIV, Paris ²1854–1865, XXIV [o. J.] [repr. Graz 1968)], 448–451; C. B. Boyer, The First Calculus Textbooks, Math. Teacher 39 (1946), 159–167; ders., History of Analytic Geometry, New York 1956, Mineola N. Y. 2004; J. L. Coolidge, The Mathematics of Great Amateurs, Oxford 1949, New York 1963, Oxford ²1990; B. Fontenelle, Éloge de M. le Marquis de l'Hopital, in: ders., Histoire du renouvellement de l'Académie Royale des Sciences en M.DC.XCIX et les éloges historiques I, Paris 1708, 116–146, Amsterdam 1709 (repr. Brüssel 1969), 87–111; E. Merlieux, L'H., Nouvelle biographie générale XXXI (Paris 1862 [repr. Kopenhagen 1967]), 101–102; A. Robinson, L'H., DSB VIII (1973), 304–305. C. T.

Liberalismus, im frühen 19. Jh. entstehender politisch-ideologischer Begriff zur Bezeichnung (1) des zur Ausbildung der bürgerlichen Gesellschaft (↑Gesellschaft, bürgerliche) und des ihr gegenübertretenden ↑Staates führenden Traditionszusammenhangs, (2) der in Gegnerschaft zum monarchischen Prinzip von Restauration und Reaktion einerseits, zu radikaldemokratischen, sozialistischen Positionen andererseits stehenden nachrevolutionären politischen Bewegungen zur Durchsetzung eines repräsentativen Parlamentarismus im Rahmen eines auf die Wahrnehmung von Ordnungsfunktionen beschränkten, die Freiheiten des Individuums gewährleistenden, gewaltengeteilten Verfassungs- und Rechtsstaates auf der Grundlage des Prinzips der Volkssouveränität. Insofern setzt die Entstehung des kontinentaleuropäischen L. die Erfahrung der Revolution (↑Revolution (sozial)) voraus, während der angloamerikanische L. vor einem anderen Erfahrungshintergrund eine eigenständige Entwicklung nimmt.

Während sich der Sache nach liberale Grundpositionen in England bereits mit der ›Glorious Revolution‹ (1688), in den USA mit Aufnahme der ›Bill of Rights‹ in die

Verfassung von 1787 durchgesetzt hatten, entsteht die politische Kennzeichnung ›L.‹ während der ersten Jahrzehnte des 19. Jhs. in Frankreich aus dem Adjektiv ›liberal‹ in der Bedeutung von ›freiheitlich‹, ›großzügig‹, ›tolerant‹. Sie bezeichnet in der napoleonischen Ära die politische Position der ›liberalité‹ im Sinne der friedenstiftenden Beendigung des revolutionären Kampfes in bezug sowohl auf dessen radikale Auswüchse als auch auf die feudalistischen Gegner der politischen Errungenschaften der bürgerlichen Revolution. Als Selbstbezeichnung einer politischen Gruppierung tritt der Ausdruck ›los liberales‹ in den spanischen Cortes bei den Anhängern der Verfassung von 1812 auf, die im Gegensatz zu den ›serviles‹ als den Anhängern der Restauration stehen. Im deutschen Vormärz bezeichnet sich eine in der württembergischen Ständeversammlung für den repräsentativen Verfassungsstaat eintretende Honoratiorenpartei als ›liberal‹.

Die Geschichte des politischen L. ist die Geschichte länderspezifischer Entwicklungen. Die gemeinsame Vorgeschichte ist der Konstitutionszusammenhang zwischen der Entstehung der modernen bürgerlichen Gesellschaft und der sie thematisierenden Politischen Philosophie (↑Philosophie, politische) des 17. und 18. Jhs., zu der nach dem Selbstverständnis der Zeit auch die ökonomische Theorie (↑Ökonomie, politische) gehört. Ausgangspunkt für die später unter der Sammelbezeichnung ›L.‹ zusammengefaßte Weltanschauung ist die in die Zeit des sozial erstarkenden Bürgertums fallende Wiederaufnahme des individualistischen ↑Naturrechts in Verbindung mit der Lehre vom ↑Gesellschaftsvertrag als Antithese zur theologisch-monarchischen Lehre des Königtums von Gottes Gnaden. Politisch gewendet begründet sie die Ablehnung des aus dem Prinzip des Gottesgnadentums abgeleiteten politischen Alleinvertretungsanspruchs der Monarchie (↑Absolutismus). Beispielhaft für die theoretische Verarbeitung dieser gesellschaftlichen Entwicklung und von großer Bedeutung für die Geschichte des L. sind J. Lockes »Two Treatises of Government« (London 1690). Die Menschen im ↑Naturzustand, gleich und frei geboren, werden durch ihre auf die allen zugänglichen Naturobjekte verwandte Arbeit zu deren Eigentümern (↑Eigentum). Um das Erworbene und sich selbst gegen rechtswidrige Übergriffe zu schützen, beschließen die Individuen, ihre Rechte in einem Gesellschaftsvertrag zu vereinigen und sie einem von ihnen bestimmten Souverän in einem Staatsvertrag unter der auflösenden Bedingung zu überlassen, daß er sie in ihrer, bei Locke durch die Trias ›Leben, Freiheit, Eigentum‹ ausgedrückten Rechtsstellung schützt. Aus dem Modus der Staatsgründung folgt (a) die politische Beteiligung der Eigentum besitzenden Bürger, (b) die Notwendigkeit der Gewaltenteilung zwischen der den Mehrheitswillen ausdrückenden, repräsentativ zusammengesetzten Legislative auf der Basis eines Zensuswahlrechts und der Exekutive mit dem Souverän an der Spitze sowie (c) die Beschränkung des Staatszwecks auf Ordnungs- und Sicherheitsfunktionen.

Das sich aus den Fesseln merkantilistischer Wirtschaftsreglementierung befreiende Bürgertum erhob im Rahmen der konstitutionellen Freiheitsrechte auch die Forderung nach wirtschaftspolitischer Abstinenz des Staates. Obwohl er sie in ihren Hauptelementen bereits ausgebildet vorfand, hat A. Smith die ökonomische Theorie des L. in »An Inquiry into the Nature and Causes of the Wealth of Nations« (London 1776) zu einem geschlossenen System verarbeitet, das insbes. durch die Entdeckung der Produktivität als Quelle des nationalen Reichtums den liberalen Forderungen nach wirtschaftlicher Freiheit Nachdruck verlieh. Smith zeigt auf, daß die wirtschaftliche Freiheit der nach Gewinn strebenden, egoistischen (↑Egoismus) Individuen im Rahmen einer freien und offenen Marktwirtschaft unter den Bedingungen der Konkurrenz geeigneter sei, eine für die Gesellschaft vorteilhafte leistungsfähige Gesamtwirtschaft hervorzubringen, als merkantilistische Eingriffe des Staates. In seinem für die spätere liberale Wirtschaftspolitik des *laissez faire* und des ›Manchester-L.‹ einflußreichen System der Volkswirtschaft erklärt Smith, daß sich die Herstellung des Gleichgewichts zwischen Angebot und Nachfrage – mit ›unsichtbarer Hand‹ – durch den ↑Markt selbst vollzieht, auf dem sich ein freier Preis bildet, der den wirtschaftenden Individuen zugleich die Grundlage der vom Gewinnanreiz abhängigen Produktionsentscheidung liefert und damit auch für einen natürlichen Ausgleich zwischen Produktion und Bedarf sorgt. Unter der Bedingung vollständiger Konkurrenz sorgt somit gerade der Eigennutz der nach Gewinnmaximierung strebenden Individuen für einen den Marktpreis an die Produktionskosten annähernden Ausgleich. Ähnlich beschreibt Smith die Mechanik des Arbeitsmarktes. Nachdem gerade in diesem für die sich industrialisierende Gesellschaft wichtigen Bereich die ökonomische Theorie des L. durch D. Ricardos pessimistische Theorie des um das Existenzminimum oszillierenden natürlichen Lohnes kritisiert wurde, stand der politische L. im 19. Jh. der sozialen Frage hilflos gegenüber. Für den kontinentalen, insbes. für den deutschen, L. ergab sich aus der im Vergleich zu England und den USA verspäteten Durchsetzung liberaler Prinzipien ein charakteristisches Dilemma. Im Augenblick seines Auftretens als politische Kraft vermochte der aus dem 18. Jh. übernommene Bestand liberaler Theorie auf die sozialen Probleme der sich entwickelnden Industriegesellschaft keine befriedigende Antwort mehr zu geben.

Literatur: J. Bénéton, Libéralisme, Enc. philos. universelle II/1 (1990), 1467–1468; S. I. Benn, A Theory of Freedom, Cambridge/New York 1988, 1990; A. Bienfait, Freiheit, Verantwortung, Solidarität. Zur Rekonstruktion des politischen Liberalismus, Frankfurt 1999; G. Briefs, Der klassische L., in: ders. (ed.), Die Wandlungen der Wirtschaft im kapitalistischen Zeitalter. Ein Sammelwerk der Internationalen Vereinigung für Rechts- und Wirtschaftsphilosophie, Berlin 1932, 1–35; J. Charvet, Liberalism, NDHI III (2005), 1262–1269; M. Cranston, Liberalism, Enc. Ph. IV (1967), 458–461; B. Croce/L. Einaudi, Liberismo e Liberalismo, ed. P. Solari, Mailand 1957, ²1988; R. D. Cumming, Human Nature and History. A Study of the Development of Liberal Political Thought, I–II, Chicago Ill./London 1969; U. Dierse/R. K. Hočevar/H. Dräger, L., Hist. Wb. Ph. V (1980), 256–272; R. Forst, L./Kommunitarismus, EP I (1999), 780–784; M. Freund (ed.), Der L. In ausgewählten Texten dargestellt, Stuttgart 1965; L. Gall (ed.), L., Köln 1976, Königstein ³1985; G. Gaus/Shane D. Courtland, Liberalism, SEP 1996, erw. 2007; T. M. Greene, Liberalism. Its Theory and Practice, Austin Tex. 1957; F. A. v. Hayek, The Road to Serfdom, Chicago Ill., London 1944, ed. W. W. Bartley, Chicago Ill./London 2007 (= The Collected Works of Friedrich August Hayek II) (dt. Der Weg zur Knechtschaft, Zürich 1945, Tübingen ⁴2004 [= Gesammelte Schriften in deutscher Sprache, Abt. B/I]); H. J. Laski, The Rise of European Liberalism. An Essay in Interpretation, London/New York 1936, 1997 (= The Collected Works of Harold Laski VIII); C. B. MacPherson, The Political Theory of Possessive Individualism. Hobbes to Locke, Oxford 1962, 1989 (dt. Die politische Theorie des Besitzindividualismus. Von Hobbes bis Locke, Frankfurt 1967, 1990); H. Medick, Naturzustand und Naturgeschichte der bürgerlichen Gesellschaft. Die Ursprünge der bürgerlichen Sozialtheorie als Geschichtsphilosophie und Sozialwissenschaft bei Samuel Pufendorf, John Locke und Adam Smith, Göttingen 1973, ²1981; L. v. Mises, L., Jena 1927, Sankt Augustin 2006 (engl. The Free and Prosperous Commonwealth. An Exposition of the Ideas of Classical Liberalism, ed. A. Goddard, Princeton N. J. 1962, unter dem Titel: Liberalism. A Socio-Economic Exposition, Kansas City Mo. ²1978); M. Neumüller, L. und Revolution. Das Problem der Revolution in der deutschen liberalen Geschichtsschreibung des 19. Jahrhunderts, Düsseldorf 1973; E. F. Paul/F. D. Miller/J. Paul, Liberalism. Old and New, Cambridge/New York 2007; I. Pies/M. Leschke (eds.), F. A. von Hayeks konstitutioneller L., Tübingen 2003; J. Plamenatz, Liberalism, DHI III (1973), 36–61; J. Rawls, Political Liberalism, New York 1993, erw. 2005 (dt. Politischer Liberalismus, Frankfurt 1998, 2005); A. Rüstow, Das Versagen des Wirtschaftsliberalismus als religionsgeschichtliches Problem, Istanbul etc. 1945, unter dem Titel: Das Versagen des Wirtschaftsliberalismus, Bad Godesberg/Düsseldorf ²1950, ferner mit F. P. Maier-Rigaut/G. Maier-Rigaut, Das neoliberale Projekt, Marburg ³2001, 19–200; G. de Ruggiero, Storia del liberalismo europeo, Bari 1925, Rom 1995 (engl. The History of European Liberalism, London 1927, Gloucester Mass. 1981; dt. Geschichte des L. in Europa, München 1930, Aalen 1964); M. Sandel, Liberalism and the Limits of Justice, Cambridge 1982; J. J. Saunders, The Age of Revolution. A Survey of European History since 1815, London/New York 1947; ders., The Age of Revolution. The Rise and Decline of Liberalism in Europe since 1815, New York 1949; J. S. Schapiro, Liberalism and the Challenge of Fascism. Social Forces in England and France 1815–1870, New York 1949, 1964; T. Schieder, Der L. und die Strukturwandlungen der modernen Gesellschaft vom 19. zum 20. Jahrhundert, in: Relazioni del X congresso internazionale di scienze storiche Roma, 4–11 settembre 1955, V (Storia contemporanea), Florenz 1955, 143–172; V. Sellin, L., in: C. D. Kernig (ed.), Sowjetsystem und demokratische Gesellschaft. Eine vergleichende Enzyklopädie IV, Freiburg/Basel/Wien 1971, 51–77; J. Shearmur, Hayek and After. Hayekian Liberalism as a Research Programme, London/New York 1996; Q. Skinner, Liberty Before Liberalism, Cambridge 1998; J. Szacki, Der L. nach dem Ende des Kommunismus, Frankfurt 2003; R. Vierhaus, L., in: O. Brunner/W. Conze/R. Koselleck (eds.), Geschichtliche Grundbegriffe. Historisches Lexikon zur politisch-sozialen Sprache in Deutschland III, Stuttgart 1982, 741–785; J. Waldron, Liberalism, REP V (1998), 598–605; S. Wall, Liberalism, Perfectionism and Restraint, Cambridge 1998.   H. R. G.

Libertarianismus (engl. libertarianism), (1) Bezeichnung für eine sozialphilosophische Strömung, die eine liberale Rechtspolitik mit der Befürwortung eines Minimalstaats verbindet. Der rechtsphilosophische ↑Liberalismus lehnt den Rechtsmoralismus und den Rechtspaternalismus ab und will (im Anschluß an J. S. Mill) das Strafrecht nicht dazu verwenden, die Individuen zu ihrem Glück zu zwingen oder bestimmte Handlungen zu unterbinden, wenn sie lediglich den moralischen Überzeugungen bestimmter Gruppen widersprechen, ohne einen konkreten Schaden zuzufügen. Dieser Rechtsliberalismus ist mit der Verteidigung eines Sozialstaats vereinbar (so etwa bei J. Feinberg). Die Anhänger des L. (etwa R. Nozick) lehnen dagegen jede staatliche Umverteilung durch Steuern als Diebstahl ab. Dabei übernehmen sie den Begriff des ↑Eigentums aus J. Lokkes Gesellschaftsvertragstheorie (↑Gesellschaftsvertrag). Die im Rahmen einer Marktwirtschaft entstehenden Ungleichverteilungen sind danach nicht ungerecht, wenn sie auf den freiwilligen Austausch von Gütern zurückgeführt werden können, deren Besitznahme mit legitimen Mitteln erfolgte. Soziales Elend soll durch freiwillige Spenden der Begüterten vermieden werden. Der L. wendet sich gegen den liberalen Egalitarismus von J. Rawls, dessen ›liberalism‹ eher sozialdemokratischen Idealen entspricht. Die Kritik des ↑Kommunitarismus am ›Liberalismus‹ trifft nicht so sehr den Liberalismus von Rawls, sondern eher den L. von Nozick. (2) Bezeichnung für eine bestimmte Auffassung in der Debatte um die ↑Willensfreiheit (↑Wille), wonach Menschen über die Freiheit verfügen, Willensentscheidungen zu treffen, die kausal wirksam sind, ohne ihrerseits kausal verursacht zu sein. Diese These wird oft mit der philosophischen Position des Inkompatibilismus (↑Kompatibilismus/Inkompatibilismus) verbunden, nach der menschliche Freiheit und Verantwortlichkeit nur dann sinnvoll zugeschrieben werden können, wenn eine akausale Willensfreiheit gegeben ist. I. Kant scheint den L. zu vertreten, wenn er schreibt, eine Person müsse für sich Freiheit im Sinne eines Vermögens voraussetzen, »einen Zustand *von selbst* anzufangen, deren Kausalität also nicht nach dem Naturgesetze wiederum unter einer anderen Ursache steht, welche sie der Zeit nach bestimmte« (KrV A 533/B 561).

Literatur: N. P. Barry, On Classical Liberalism and Libertarianism, Basingstoke/London 1986, 1989; D. Boaz, Libertarianism. A Primer, New York/London 1997; J. M. Buchanan, The Limits of Liberty. Between Anarchy and Leviathan, Chicago Ill./London 1975, Indianapolis Ind. 2000 (= Collected Works VII) (dt. Die Grenzen der Freiheit. Zwischen Anarchie und Leviathan, Tübingen 1984); S. Clark, Libertarianism, in: P. B. Clarke/A. Linzey (eds.), Dictionary of Ethics, Theology and Society, London/New York 1996, 524–526; J. Feinberg, The Moral Limits of the Criminal Law, I–IV, New York/Oxford 1984–1988 (I Harm to Others, II Offense to Others, III Harm to Self, IV Harmless Wrongdoing); B. Gräfrath, John Stuart Mill. »Über die Freiheit«. Ein einführender Kommentar, Paderborn etc. 1992; S. R. C. Hicks, Libertarianism, in: J. K. Roth (ed.), International Encyclopedia of Ethics, London/Chicago Ill. 1995, 499–500; J. Hospers, Libertarianism. A Political Philosophy for Tomorrow, Los Angeles 1971, New York 2007; A. Kling, Libertarianism, in: C. Mitcham (ed.), Encyclopedia of Science, Technology, and Ethics III, Detroit Mich. etc. 2005, 1124–1128; T. R. Machan (ed.), The Libertarian Alternative. Essays in Social and Political Philosophy, Chicago Ill. 1974; ders. (ed.), The Libertarian Reader, Totowa N. J. 1982; J. Narveson, The Libertarian Idea, Philadelphia Pa. 1988, Peterborough Ont./Orchard Park N. Y. 2001; R. Nozick, Anarchy, State, and Utopia, Oxford 1974, New York 1999 (dt. Anarchie, Staat, Utopia, München 1976, 2006); M. Otsuka, Libertarianism without Inequality, Oxford/New York 2003, 2005; K. W. Rankin, Choice and Chance. A Libertarian Analysis, Oxford 1961; M. N. Rothbard, For a New Liberty, New York 1973, rev. mit Untertitel: The Libertarian Manifesto, New York 1978, San Francisco Calif. 1996 (dt. Eine neue Freiheit. Das libertäre Manifest, Berlin 1999); H. Steiner, Libertarianism, in: L. C. Becker/C. B. Becker (eds.), Encyclopedia of Ethics II, New York/London 1992, 702–704; P. Vallentyne, Libertarianism, SEP 2002, rev. 2009; ders./H. Steiner (eds.), Left-Libertarianism and Its Critics. The Contemporary Debate, Basingstoke/New York 2000; dies. (eds.), The Origins of Left-Libertarianism. An Anthology of Historical Writings, Basingstoke/New York 2000; J. Wolff, Libertarianism, REP V (1998), 617–619; R. P. Wolff, In Defense of Anarchism, New York/Evanston Ill./London 1970, Berkeley Calif. 1998 (dt. Eine Verteidigung des Anarchismus, Wetzlar 1979; franz. Plaidoyer pour l'anarchisme, Paris 1981); J. L. Wriglesworth, Libertarian Conflicts in Social Choice, Cambridge etc. 1985. – J. Libertarian Stud. 1977 ff.; weitere Literatur zu (2): ↑Kompatibilismus/Inkompatibilismus, ↑Wille, ↑Willensfreiheit. B. G.

Libido (lat., Lust, Begierde, Verlangen), Grundbegriff der Triebtheorien (↑Trieb) S. Freuds und C. G. Jungs. Zunächst in enger Verwendung des Begriffs entweder physiologisch auf die sexuelle Potenz oder psychologisch auf das sexuelle Begehren bezogen erweitert Freud den Gebrauch dieses Begriffs im Zuge der Entwicklung seiner psychoanalytischen Theorie (↑Psychoanalyse): Er verbindet den physischen und den psychischen Aspekt sexueller Erregung, behauptet in »Drei Abhandlungen zur Sexualtheorie« (Leipzig/Wien 1905) einen kausalen und quantitativen Zusammenhang zwischen sexueller L. und neurotischer ↑Angst und identifiziert schließlich in »Massenpsychologie und Ich-Analyse« (Leipzig/Wien/Zürich 1921) L. und ↑Liebe, in späteren Schriften L.

und Lustprinzip (↑Lust). Freud hebt an der Gegenstandsseite der L. zwei Richtungen hervor: die ›Ich-‹ oder ›narzißtische L.‹ und die ›Objekt-L.‹. Die Ich-L. differenziert sich aus mit der Entwicklung der so genannten ›Partialtriebe‹ (unter anderem vom ›primären Narzißmus‹ des an seine erogenen Zonen fixierten Säuglings zum ›sekundären Narzißmus‹ des Erwachsenen, der über die Objektwahl stets auch Selbstbestätigung sucht), die Objekt-L. mit den lebensgeschichtlich wechselnden ›Imagines‹ des Ödipuskomplexes bzw. den realen Bezugspersonen und Liebespartnern. Die libidinöse Ich- und Objektbesetzung kann aber auch auf abstrakte und ideelle Sachverhalte verschoben oder übertragen werden (↑Sublimierung). Jungs ›analytische‹ oder ›komplexe‹ Psychologie nimmt Freuds spätere Verallgemeinerung des L.begriffs im Sinne einer allgemeinen psychischen Energie- und Triebdynamik vorweg. In »Wandlungen und Symbole der L.« (Leipzig/Wien 1911) erfolgt die Entwicklung der Lebensenergie durch ›Progression‹ und ›Regression‹, wobei gemäß »Psychologische Typen« (Zürich 1921) und »Über die Energetik der Seele« (Zürich 1928) die Richtung der Energieumsetzungen durch ›Extra-‹ und ›Introversion‹ bestimmt ist. – Sowohl für Freuds als auch für Jungs individualistisches L.konzept sind kausale und quantitative Vorstellungen charakteristisch, die gestatten sollen, neurotische Erkrankungen zu erklären. Die Kritik stellt nicht nur diese der klassischen Physik geschuldeten Konzeptualisierungen, sondern auch deren individualistische Ausrichtung in Frage, wenn sie die kulturelle und soziale Abhängigkeit psychischer, insbes. sexueller, Vorgänge und deren Deutungen betont.

Literatur: M. Balint, Zur Kritik an der Lehre von den prägenitalen L.-Organisationen, Int. Z. Psychoanalyse 21 (1935), 525–543; A. Hajos, L., in: W. Arnold/H. J. Eysenck/R. Meili (eds.), Lexikon der Psychologie II, Freiburg/Basel/Wien ⁸1991, 1273–1274; T. Köhler, Das Werk Sigmund Freuds. Entstehung, Inhalt, Rezeption II (Sexualtheorie, Trieblehre, klinische Theorie und Metapsychologie), Heidelberg 1993; A. Lingis, L.. The French Existential Theories, Bloomington Ind. 1985; W. Loch, L., Hist. Wb. Ph. V (1980), 278–282; H. Nagera (ed.), Psychoanalytische Grundbegriffe. Eine Einführung in S. Freuds Terminologie und Theoriebildung, Frankfurt 1974, bes. 17–238 (Kap. I L.- und Triebtheorie); M. Schetsche/R. Lautmann, Sexualität, Hist. Wb. Ph. IX (1995), 725–742; H. Schmitz, Höhlengänge. Über die gegenwärtige Aufgabe der Philosophie, Berlin 1997, 91–104 (Kap. 6 Wollust und leibliche Kommunikation); M. Schneider, L., Enc. philos. universelle II/1 (1990), 1482; M. A. Silverman, Libidinal Phases, in: B. B. Wolman (ed.), International Encyclopedia of Psychiatry, Psychology, Psychoanalysis, and Neurology VI, New York 1977, 412–418; A. Soble, Sexuality and Sexual Ethics, in: L. C. Becker/C. B. Becker (eds.), Encyclopedia of Ethics II, New York/London 1992, 1141–1147; ders., Sexuality, Philosophy of, REP VIII (1998), 717–730; D. L. Wertlieb, L., in: R. J. Corsini (ed.), Encyclopedia of Psychology II, New York etc. ²1994, 337–338. R. Wi.

Lichtenberg, Georg Christoph, *Ober-Ramstadt (bei Darmstadt) 1. Juli 1742, †Göttingen 24. Febr. 1799, dt. Naturwissenschaftler, Mathematiker, Philosoph und Literat. 1763–1767 Studium der Mathematik, Astronomie, Naturgeschichte in Göttingen (unter anderem bei A. G. Kästner), 1770 a. o. Prof. in Göttingen, 1775 o. Prof., Aufenthalt in Göttingen unterbrochen durch Reisen, insbes. 1770 und 1774/1775 nach England. – L.s Tätigkeit an der Universität erstreckte sich zunächst auf die reine und angewandte Mathematik. Allmählich verlagerte sich sein Interesse auf die Physik, besonders auf die neu entstehende Elektrizitätslehre, in der er sich mit der Entdeckung (1777) der »Lichtenbergschen Figuren« einen Namen machte. Nach dem Tode des Physikers und Chemikers J. C. P. Erxleben (1777) übernahm L. zunächst dessen Lehrtätigkeit und wurde 1781/1782 endgültig sein Nachfolger (Bearbeitung von Erxlebens »Anfangsgründe der Naturlehre« in mehreren Auflagen). Vor allem Experimentalphysik entsprach L.s empirischer Ausrichtung. Diese wird in Äußerungen deutlich, die ihn als Vorläufer neuerer Wissenschaftstheorien erscheinen lassen. Obwohl er ›Bilder‹ (im Sinne von ↑Analogien und ↑Modellen) für nützlich hielt, lehnte er Hypothesenbildungen ab, die sich nicht wenigstens mittelbar an der sinnlichen Erfahrung überprüfen lassen (↑›Äther‹ war ihm ›ein bloßes Wort‹). Von der Überprüfung meinte er, daß nicht schon eine einzige ›widersprechende Erfahrung‹ Anlaß sein könne, eine Theorie zu verwerfen. Für die einander widersprechenden Theorien des Lichts (Korpuskeltheorie und Wellentheorie) nahm er bereits den Gedanken der Komplementarität (↑Komplementaritätsprinzip) vorweg. – L.s durch Versuche bereicherte Vorlesungen waren berühmt und hatten auch wegen ihres ›Unterhaltungswertes‹ großen Zulauf, nicht nur von Fachstudenten. Seine Forschungen waren praxisnah. 1772–1773 nahm er im Auftrage seines Landesherrn, des Königs von Großbritannien und Kurfürsten von Hannover, Georg III., astronomische Ortsbestimmungen von Hannover, Osnabrück und Stade vor. In der Meteorologie hatten es ihm vor allem die ›Donnerwetter‹ angetan. Eifrig sammelte er Berichte über sie und bemühte sich um den idealen Blitzschutz, als den er bereits den später nach M. Faraday benannten ›Käfig‹ erkannte. 1780 errichtete er den ersten Blitzableiter in Göttingen.

Neben seinen offiziellen Aufgaben entfaltete L. eine weitgespannte schriftstellerische Tätigkeit, vor allem in Form von Magazin- und Kalenderbeiträgen, die zum großen Teil in dem von ihm seit 1777 herausgegebenen »Göttinger Taschen Calender« sowie in dem gemeinsam mit J. G. Forster herausgegebenen »Göttingischen Magazin der Wissenschaften und Litteratur« (1780–1785) erschienen. Charakteristisch für L.s spätaufklärerische Geisteshaltung ist seine Auseinandersetzung mit der ›Physiognomik‹ J. K. Lavaters. Einerseits wendet er sich polemisch und satirisch gegen deren vorschnelle pseudo-wissenschaftliche Verallgemeinerungen, das Innere des Menschen aus seinem Äußeren erkennen zu können, andererseits erweist er sich selbst als treffender Beobachter, wie z. B. seine umfang- und erfolgreichste Arbeit »Ausführliche Erklärungen der Hogarthischen Kupferstiche« (fünf Lieferungen 1794–1799) belegt. Ähnlich differenziert ist seine Stellung zum Geniekult (↑Genie) des ›Sturm und Drang‹. Den ›empfindsamen Enthusiasten‹ wirft er nicht ›das Sprechen aus Empfindung‹, sondern ›das Schwätzen von Empfindung‹ vor, wobei ihm J. W. v. Goethes »Werther« als Beispiel gilt. L. selbst vertraute seine Empfindungen »Sudelbüchern« an. Diese nach seinem Tode teilweise veröffentlichten Rechenschaftsberichte enthalten neben Privatem vor allem L.s ›Pfennigwahrheiten‹, fortlaufend notierte Bemerkungen, die von lockeren Aufzeichnungen bis zu kunstvollen Aphorismen reichen. Sie vor allem haben L.s Ruhm als subtiler Psychologe des Bewußten und ↑Unbewußten (einschließlich der Träume), geistvoller Wissenschafts- und Kulturkritiker und sprachkritischer Philosoph begründet. Hier fand der phantasievolle Skeptiker die ihm gemäße Ausdrucksform.

Wiederkehrende philosophische Themen sind die Frage nach der Realität der ↑Außenwelt, die L., ausgehend von I. Kants transzendentalem Idealismus (↑Idealismus, transzendentaler), schließlich als sinnlos einstuft, und der Cartesische Leib-Seele-↑Dualismus (↑Leib-Seele-Problem), dem er im Sinne von B. Spinozas ↑Monismus begegnet. Dabei stellt die Art der Behandlung dieser Themen bis in Formulierungen hinein einen Vorgriff auf die sprachanalytische (↑Sprachanalyse) Philosophie des 20. Jhs. dar. Berühmt geworden ist L.s Bemerkung zum ↑›cogito ergo sum‹: »*Es denkt*, sollte man sagen, so wie man sagt: *es blitzt*. Zu sagen *cogito*, ist schon zu viel, so bald man es durch *Ich denke* übersetzt. Das *Ich* anzunehmen, zu postulieren, ist praktisches Bedürfnis« (Schriften und Briefe, I–IV, ed. W. Promies, II, 412). Zwei weitere Beispiele: »*Ich* und *mich. Ich* fühle *mich* – sind zwei Gegenstände. Unsere falsche Philosophie ist der ganzen Sprache einverleibt [...]. Unsere ganze Philosophie ist Berichtigung des Sprachgebrauchs, also, die Berichtigung einer Philosophie, und zwar der allgemeinsten« (a. a. O., II, 197–198); »Die Seele ist also noch jetzt gleichsam das Gespenst das in der zerbrechlichen Hülle unsres Körpers spükt« (a. a. O., I, 506). Bei L. Wittgenstein reicht die Verwandtschaft sogar bis hin zur Übernahme der gleichen literarischen Form für seine Gedanken und wird so zum Ausdruck einer wesentlichen Übereinstimmung. So könnte der Schlußsatz von L.s »Amintors Morgenandacht« auch bei Wittgenstein stehen: »Wie es denn wirklich an dem ist, daß Philosophie, wenn sie für den Menschen etwas mehr sein soll als eine

Sammlung von Materien zum Disputieren, nur indirekte gelehrt werden kann« (a. a. O., III, 79).

Werke: Vermischte Schriften, I–IX, ed. [von dem Bruder] L. C. Lichtenberg/F. Kries, Göttingen 1800–1805 (repr. Bern 1972); Vermischte Schriften. Neue vermehrte, von dessen Söhnen veranstaltete Original-Ausgabe, I–XIV, Göttingen 1844–1853; Gesammelte Werke, I–II u. 1 Erg.bd., ed. W. Grenzmann, Baden-Baden 1949; Gesammelte Schriften. Historisch-kritische und kommentierte Ausgabe. Vorlesungen zur Naturlehre, I–V (erschienen Bde I–III), Göttingen 2005 ff.. – Aus L.s Nachlaß. Aufsätze, Gedichte, Tagebuchblätter, Briefe, ed. A. Leitzmann, Weimar 1899; Aphorismen. Nach den Handschriften, I–V, ed. A. Leitzmann, Berlin 1902–1908 (repr. Nendeln 1968); Briefe, I–III, ed. A. Leitzmann/C. Schüddekopf, Leipzig 1901–1904 (repr. Hildesheim 1966, ed. A. Leitzmann, Leipzig 1921 [III mit Anhang: Nachdr. d. Briefe an J. F. Blumenbach, 89–128]); Tag und Dämmerung. Aphorismen, Schriften, Briefe, Tagebücher, mit einem Lebensbild, ed. E. Vincent, Leipzig 1941, ⁵1944; Aphorismen, ed. M. Rycher, Zürich 1947, ⁹1992; The Lichtenberg Reader. Selected Writings, ed. F. H. Mautner/H. Hatfield, Boston Mass. 1959, gekürzt unter dem Titel: Aphorisms and Letters, London 1969; Aphorismen, Essays, Briefe, ed. K. Batt, Leipzig 1963, ⁴1985, Augsburg 2003; Witz und Weisheit. Aphorismen, ed. G. C. Lichtenberg, Utrecht 1964; Schriften und Briefe, I–IV, ed. W. Promies, München 1967–1972 (Kommentare zu I–III, München 1974 ff. [III 1974], zu IV in IV, 1025–1340), Frankfurt 1998; Fixsterne. Aphorismen, ed. G. Ebert, Berlin 1979, ²1984; Aphoristisches zwischen Physik und Dichtung, ed. J. Teichmann, Braunschweig 1983; Schriften und Briefe, I–IV, ed. F. H. Mautner, Frankfurt 1983; Aphorismen, ed. H. Heidtmann, München 1984; Sudelbücher, ed. F. H. Mautner, Frankfurt 1984, 2004 (engl. [gekürzt] The Waste Books, London 1990, New York 2000); Verschüttete Aphorismen G. C. L.s. Aus den Göttinger Taschen-Calendern, ed. H. Gravenkamp, Bargfeld 1995; Ihre Hand, Ihren Mund, nächstens mehr. L.s Briefe 1765 bis 1799, ed. U. Joost, München 1998. – R. Jung, L.-Bibliographie, Heidelberg 1972; Ergänzungen bis 1978 in: W. Promies, G. C. L. in Selbstzeugnissen [s. u., Lit.], 1954, 164–175.

Literatur: H.-G. v. Arburg, Kunst – Wissenschaft um 1800. Studien zu G. C. L.s Hogarth-Kommentaren, Göttingen 1998; R. Baasner, G. C. L., Darmstadt 1992; O. M. Bilaniuk, L., DSB VIII (1973), 320–323; R. W. Buechler, Science, Satire and Wit. The Essays of G. C. L., New York etc. 1990; C. M. Craig (ed.), L.. Essays Commemorating the 250ᵗʰ Anniversary of His Birth, New York etc. 1992; H. Gockel, Individualisiertes Sprechen. L.s Bemerkungen im Zusammenhang von Erkenntnistheorie und Sprachkritik, Berlin/New York 1973; H. Heißenbüttel u. a., Aufklärung über L., Göttingen 1974; ders., »Neue Blicke durch die alten Löcher«. Essays über G. C. L., ed. T. Combrink, Göttingen 2007; U. Joost, L., Deutsche Biographische Enzyklopädie VI, ed. W. Killy/R. Vierhaus, München 1997; W. Mauser, G. C. L.. Vom Eros des Denkens, Freiburg 2000; F. H. Mautner, L., Geschichte seines Geistes, Berlin 1968; G. Neumann, Ideenparadiese. Untersuchungen zur Aphoristik von L., Novalis, Friedrich Schlegel und Goethe, München 1976; K. Niekerk, Zwischen Naturgeschichte und Anthropologie. L. im Kontext der Spätaufklärung, Tübingen 2005; W. Promies, G. C. L. in Selbstzeugnissen und Bilddokumenten, Reinbek b. Hamburg 1964, unter dem Titel: G. C. L. mit Selbstzeugnissen und Bilddokumenten, ³1987, ⁵1999; W. Proß/C. Priesner, L., NDB XIV (1985), 449–464; P. Requadt, L.. Zum Problem der deutschen Aphoristik, Hameln 1948, ohne Untertitel, Stuttgart ²1964; C. Schildknecht, Philo-

sophische Masken. Literarische Formen der Philosophie bei Platon, Descartes, Wolff und L., Stuttgart 1990, 123–169 (Kap. IV L. und die aphoristische Form der Philosophie); A. Schöne, Aufklärung aus dem Geist der Experimentalphysik. L.sche Konjunktive, München 1982, ³1993; J. P. Stern, L.. A Doctrine of Scattered Occasions, Reconstructed from His Aphorisms and Reflections, Bloomington Ind. 1959, London 1963; B. Sticker, Über G. C. L. als Astronom, in: Y. Maeyama/W. G. Saltzer (eds.), *ΠΡΙΣΜΑΤΑ*. Naturwissenschaftliche Studien. Festschrift für Willy Hartner, Wiesbaden 1977, 363–371; G. H. v. Wright, G. C. L. als Philosoph, Theoria 8 (1942), 201–217 (engl., veränderte Fassung: L., Enc. Ph. IV [1967], 461–465); G. Zöller, L., REP V (1998), 622–625. – L.-Jahrbuch [wechselnde Herausgeber], Saarbrücken 1988 ff.. G. G.

Lichtmetaphysik, Bezeichnung für eine philosophische Konzeption, in der das Licht einerseits Metapher für die Intelligibilität der Wirklichkeit, andererseits Ursubstanz aller Dinge ist. Beide Vorstellungen, die ursprünglich auf dualistische Konzeptionen (↑Dualismus) zurückgehen (vgl. Parmenides, VS 28 B 9; Aristoteles, Met. A5.986a24–26), enthält das ›Sonnengleichnis‹ Platons, nach dem die Idee des Guten in Analogie zur Sonne in der sichtbaren Welt sowohl Ursache der Ideen (↑Idee (historisch), ↑Ideenlehre) als auch Grund ihrer Erkennbarkeit ist (Pol. 508a–509 b, ↑Höhlengleichnis). Im ↑Neuplatonismus wird diese Konzeption zu einem umfassenden metaphysischen System ausgearbeitet (das Eine als das intelligible Licht, identifiziert mit Gott und verbildlicht durch die Sonne; ↑Emanation, ↑Hypostase), von A. Augustinus zu einem christlichen Lehrstück umgearbeitet (Gott als das ungeschaffene Licht, das alles Geschaffene erleuchtet, Soliloqu. I 1, 3, I 6, 12, I 8, 15) und insbes. von Bonaventura in Form der so genannten ↑Illuminationstheorie, die auch Augustinus vertritt, *erkenntnistheoretisch* umgebildet (Erkenntnis als Erfahrung der Wahrheit in einem besonderen ›geistigen Licht‹). Mit der Illuminationstheorie schließt die mittelalterliche L. zugleich auch wieder an antike Charakterisierungen der ↑Vernunft und des ↑Verstandes an (↑lumen naturale).

Einen zentralen Bestandteil *naturphilosophischer* Spekulation bildet die L. im 13. Jh. bei R. Grosseteste, R. Bacon und Witelo. Nach Grosseteste, der dabei auf Avicebrons Interpretation des Aristotelischen Begriffs der ↑Form (Form als ›reines Licht‹) zurückgreift, ist Licht die von Gott zusammen mit formloser Materie geschaffene primäre ↑Substanz, die sich kugelförmig ausbreitend den Raum und alle physikalischen Körper, damit die ursprünglich formlose Materie formend, erzeugt (De luce seu de inchoatione formarum, zwischen 1225 und 1230; De motu corporali et luce, 1232/1233; ↑Kosmogonie). Auf dem Boden des neuzeitlichen Denkens wirkt eine derartige L. metaphorisch bei J. Böhme, J. G. Hamann und J. G. v. Herder sowie in den naturphilosophischen Schriften F. W. J. Schellings nach. Eine

Anknüpfung an griechische Ursprünge der L. und den Begriff des ↑lumen naturale stellt auch M. Heideggers Begriff der Lichtung in der Analyse der existenzialen Struktur des ↑Daseins (dieses ist »an ihm selbst als ↑In-der-Welt-sein gelichtet«, Sein und Zeit, Tübingen ¹⁵1979, 133) und einer Theorie des Kunstwerks (Holzwege, Frankfurt ⁶1980, 38–39) dar.

Literatur: W. Beierwaltes, Lux intelligibilis. Untersuchungen zur L. der Griechen, Diss. München 1957; ders., Proklos. Grundzüge seiner Metaphysik, Frankfurt 1965, erw. 1979, 287–294, 333–337; ders., L., Hist. Wb. Ph. V (1980), 289; ders./C. v. Bormann, Licht, Hist. Wb. Ph. V (1980), 282–289; L. Bergemann, Kraftmetaphysik und Mysterienkult im Neuplatonismus. Ein Aspekt neuplatonischer Philosophie, München/Leipzig 2006; H. Blumenberg, Licht als Metapher der Wahrheit. Im Vorfeld der philosophischen Begriffsbildung, Stud. Gen. 10 (1957), 432–447; C. Bohlmann/T. Fink/P. Weiss (eds.), Lichtgefüge des 17. Jahrhunderts. Rembrandt und Vermeer – Spinoza und Leibniz, Paderborn/München 2008; D. Bremer, Hinweise zum griechischen Ursprung und zur europäischen Geschichte der L., Arch. Begriffsgesch. 17 (1973), 7–35; ders., Licht als universales Darstellungsmedium. Materialien und Bibliographie, Arch. Begriffsgesch. 18 (1974), 185–206; ders., Licht und Dunkel in der frühgriechischen Dichtung. Interpretationen zur Vorgeschichte der L., Bonn 1976 (Arch. Begriffsgesch. Suppl. 1); R. Bultmann, Zur Geschichte der Lichtsymbolik im Altertum, Philol. 97 (1948), 1–36, Nachdr. in: ders., Exegetica. Aufsätze zur Erforschung des Neuen Testaments, Tübingen 1967, 323–355; A. C. Crombie, Robert Grosseteste and the Origins of Experimental Science (1100–1700), Oxford 1953, 1971, 2003, 128–134 (VI Metaphysics of Light); R. C. Cross/A. D. Woozley, Plato's Republic. A Philosophical Commentary, London, New York 1964, 1979, Basingstoke 1991, 201–203; FM III (1994), 2228–2233 (luz); M. L. Fuehrer, The Metaphysics of Light in the »De dato patris luminum« of Nicholas of Cusa, Int. Stud. Philos. 18 (1986), 17–32; H.-G. Gadamer, Wahrheit und Methode. Grundzüge einer philosophischen Hermeneutik, Tübingen ³1972, 457–461, ⁵1986, ⁶1999, 485–490; K. Goldammer, Lichtsymbolik in philosophischer Weltanschauung, Mystik und Theosophie vom 15. bis zum 17. Jahrhundert, Stud. Gen. 13 (1960), 670–682; M. Gutmann, Die dialogische Pädagogik des Sokrates. Ein Weg zu Wissen, Weisheit und Selbsterkenntnis, Münster etc. 2003, 93–105 (Das Sonnengleichnis); M. Hauskeller, Das Wesen an sich eines Lichtstrahls. Mittelalterliche Metaphysik des Lichts, in: G. Böhme/R. Olschanski (eds.), Licht und Zeit, Paderborn/München 2004, 121–128; K. Hedwig, Forschungsübersicht: Arbeiten zur scholastischen Lichtspekulation. Allegorie – Metaphysik – Optik, Philos. Jb. 84 (1977), 102–126; ders., Neuere Arbeiten zur mittelalterlichen Lichttheorie, Z. philos. Forsch. 33 (1979), 602–615; ders., Sphaera Lucis. Studien zur Intelligibilität des Seienden im Kontext der mittelalterlichen Lichtspekulation, Münster 1980; ders., Licht, Lichtmetapher, LMA V (1991), 1959–1962; ders., Über einige wissenschaftstheoretische Probleme der ›L.‹, Freiburger Z. Philos. Theol. 54 (2007), 368–385; W. Kamlah, Christentum und Geschichtlichkeit. Untersuchungen zur Entstehung des Christentums und zu Augustins »Bürgerschaft Gottes«, Stuttgart ²1951, 217–222; F. N. Klein, Die Lichtterminologie bei Philon von Alexandrien und in den hermetischen Schriften, Leiden 1962; J. Koch, Über die Lichtsymbolik im Bereich der Philosophie und der Mystik des Mittelalters, Stud. Gen. 13 (1960), 653–670;

F. Lawrence, Ontology of and as Horizon. Gadamer's Rehabilitation of the Metaphysics of Light, Revista Portuguesa de Filosofia 56 (2000), 389–420; D. C. Lindberg, The Genesis of Kepler's Theory of Light. Light Metaphysics from Plotinus to Kepler, Osiris 2. Ser. 2 (1986), 4–42; W. Luther, Wahrheit, Licht, Sehen und Erkennen im Sonnengleichnis von Platons Politeia. Ein Ausschnitt aus der L. der Griechen, Stud. Gen. 18 (1965), 479–496; ders., Wahrheit, Licht und Erkenntnis in der griechischen Philosophie bis Demokrit. Ein Beitrag zur Erforschung des Zusammenhangs von Sprache und philosophischem Denken, Arch. Begriffsgesch. 10 (1966), 1–240, separat: Bonn 1966; J. McEvoy, Ein Paradigma der L.: Robert Grosseteste, Frei. Z. Philos. Theol. 34 (1987), 91–110; J. Rohls, Comenius, L. und Wissenschaftsreform, Kerygma u. Dogma 55 (2009), 74–99; W. Scheuermann-Peilicke, Licht und Liebe. Lichtmetapher und Metaphysik bei Marsilio Ficino, Hildesheim/Zürich/New York 2000; J.-W. Song, Licht und Lichtung. Martin Heideggers Destruktion der L. und seine Besinnung auf die Lichtung des Seins, St. Augustin 1999; A. Speer, »Lux est prima forma corporalis«. Lichtphysik oder L. bei Robert Grosseteste?, Medioevo 25 (1995), 51–76; D. Tarrant, Greek Metaphors of Light, Class. Quart. NS 10 (1960), 181–187; W. J. Verdenius, Parmenides' Conception of Light, Mnemosyne 2, ser. 4 (1949), 116–131; J. Zachhuber, Licht, RGG V (⁴2002), 328. J. M.

Liebe, umgangssprachlich und traditionell Ausdruck für eine Vielzahl verschiedenartiger Empfindungen, Gefühle, Einstellungen und Haltungen zu konkreten und abstrakten Gegenständen. Gemeinsam ist diesen Formen der L. die hohe positive Wertung ihrer jeweiligen Objekte und das Interesse an deren Wohlbefinden und Wohlergehen (Erhaltung, Wachstum, Mehrung). Die naheliegende und gebräuchliche Klassifizierung von Arten der L. nach der Art ihrer Gegenstände sowie der Art des Verhältnisses zu ihnen verwischt den kategorialen Unterschied zwischen L. (1) als sinnlicher ↑Empfindung, (2) als ↑Gefühl und (3) als ethischer Grundhaltung (↑Tugend). Diese Unterscheidungen beheben traditionelle Aporien und die aus ihrer einseitigen Auflösung resultierenden Fehlauffassungen der L. (z. B. die Reden von der Unvereinbarkeit ›sinnlicher‹ [›unreiner‹, ›selbstsüchtiger‹] L. und ›geistiger‹ [›reiner‹, ›selbstloser‹] L. oder von der Unmöglichkeit, daß ein Gefühl moralisch geboten sein könne; die Rückführung von L. ausschließlich auf sexuelles Verlangen z. B. bei A. Schopenhauer oder die ›Entlarvung‹ altruistischer L. als Selbsttäuschung bei F. Nietzsche und S. Freud).

(1) L.sempfindungen unterscheiden sich von anderen leiblichen Empfindungen durch ihren sexuellen Charakter, primär hervorgerufen von Anblick und Berührung eines personalen oder nicht-personalen Gegenübers oder vom Angeblickt- und Berührtwerden durch eine andere Person, sekundär, im Modus des sexuellen Begehrens und Verlangens, hervorgerufen vom Fehlen eines L.sobjekts. Es kann aber auch, obwohl anwesend, unerreichbar erscheinen, so daß die Empfindung der Spannung zwischen seiner Gegenwart und seiner gleich-

zeitigen Entrücktheit um ihrer selbst willen gesucht werden kann wie in der höfisch-ritterlichen L. (›Minne‹) des Mittelalters oder der sehnsuchtsvollen L. der ↑Romantik und des Biedermeier. Empfindungen der L. sind gewöhnlich von Gefühlen der L., etwa von Zuneigung, begleitet, können aber auch von Gefühlen anderer Art umgeben sein, wie auch umgekehrt Gefühle der L. von Empfindungen unterschiedlicher, nicht etwa nur sexueller Art begleitet sein können.

(2) Gefühle der L. sind im Unterschied zu Empfindungen der L. ihrer Art nach vielfältig und lassen sich am ehesten an Hand der jeweiligen Gegenstandsbereiche verdeutlichen: die kontemplative L. (↑Kontemplation) zur ↑Natur (auch spezieller als L. zu Meer, Gebirge, Wald, Vögeln usw. oder als L. zu einem bestimmten Naturgegenstand), zur ↑Kunst (auch zu einer bestimmten Kunstform oder Kunstrichtung oder einem bestimmten Kunstgegenstand); die aktive L., die sich um das Wohlergehen von Pflanzen, Tieren oder Menschen, z. B. der eigenen Kinder, sorgt, und die L. zu bestimmten Tätigkeiten, die um ihrer selbst willen geschätzt und als dem Dasein Sinn verleihend erachtet werden; die L. von Kindern zu ihren Eltern, die Geschwisterliebe, die L. von Mann und Frau, die gleichgeschlechtliche L., die ↑Freundschaft, die L. zum Vaterland, die religiöse und mystische L. zu Gott oder die L. zu abstrakten Gegenständen wie politische ↑Freiheit oder soziale ↑Gerechtigkeit. Die L. als Gefühl ist insoweit personal, als sie eine Wertschätzung des geliebten Objekts beinhaltet, die mit besonderer Aufmerksamkeit (Zuneigung und Hinwendung) verknüpft ist, wodurch es der Liebende in seiner Individualität anerkennt und als (für ihn) einzigartig auszeichnet. Impersonal ist dieses Gefühl insofern, als sich die in ihm enthaltene Wertschätzung und Anerkennung keinem Entschluß des Liebenden verdanken. Positiv unvernünftig ist sie aber erst dann und nur dann, wenn sie sich nicht – wenigstens nachträglich – durch eine im Hinblick auf die eigene Lebensführung oder das vernünftige Zusammenleben unter Menschen begründete Entscheidung rechtfertigen läßt. Es ist demnach nicht statthaft, Gefühle, insbes. Gefühle der L., allein auf Grund ihrer Impersonalität als irrational (↑irrational/Irrationalismus) oder als unmoralisch zu qualifizieren. Als irrational und unmoralisch gilt danach jedoch unter anderem eine L., durch die die vernünftige Selbstbestimmung (↑Autonomie) des Liebenden oder des Geliebten aufgehoben wird, wie in Formen bedingungsloser Hingabe und versklavender L.beziehungen oder auch bei religiös motivierten Weisen völliger Selbstaufgabe.

(3) Die L. als ethische Grundhaltung ist mit Jesus (Mk. 12,31; Mt. 22,39; vgl. Röm. 13,8–10) wie auch z. B. mit I. Kant (Grundl. Met. Sitten B13, Akad.-Ausg. IV, 399; KpV A 148 f., Akad.Ausg. V, 83; Met. Sitten, Tugend-

lehre A 39–41, Akad.-Ausg. VI, 401 f.) als der Inbegriff begründeter ↑Moralität anzusehen. Das alt- und neutestamentliche L.sgebot (Ex. 23,4–9; Lev. 19,18; Mk. 12,31; Mt. 5,44; 22,39; Lk. 6,27; 10,27; 1 Kor. 13; 1 Joh. 4,7–21) stellt in einer aufs Wesentliche verknappten und doch allgemein verständlichen Formulierung das praktische ↑Vernunftprinzip oder Argumentationsprinzip einer rationalen ↑Ethik dar: Je größer die L. zu sich selbst, um so mehr hat sie sich auf die Bedürfnisse anderer Menschen hin zu transzendieren, wodurch in einer entsprechenden Situation auch die Fernsten zu Nächsten werden (vgl. Lk. 10,30–35). Das L.sgebot, derart als praktisches Transsubjektivitätsprinzip verstanden (↑transsubjektiv/Transsubjektivität), hält gleichen Abstand zu ↑Egoismus wie ↑Altruismus, insofern es gebietet, die eigenen ↑Interessen nicht mehr, aber auch nicht weniger als die anderer zu berücksichtigen, d. h. allen in einer bestimmten Situation von einem Handlungs- oder Zwecksetzungsvorschlag betroffenen Interessen unparteiisch und unvoreingenommen einer argumentationsgeleiteten Beurteilung zu unterziehen. Eine L., die über das vom ›Gesetz‹ der praktischen Vernunft (↑Vernunft, praktische) Geforderte hinausgeht, ist definitionsgemäß nicht moralische ↑Pflicht, sondern moralisch freigestellt, sofern der ↑Zweck (nicht der Gegenstand!) solchen Handelns das Opfer wert ist. Christliches Urbild derart ›heroischer‹ L. ist Gottes Menschwerdung in Jesus und sein Sterben am Kreuz (Joh. 3,16; Röm. 8,32; Phil. 2,5–8; 1 Joh. 4,9–11). Sie wird im Neuen Testament terminologisch als ›Agape‹ (ἀγάπη, lat. ›caritas‹) ausgezeichnet und zum Definiens Gottes selbst erhoben (1 Joh. 4,8.16), schließlich als die trinitarische Gemeinschaft von Vater und Sohn im Hl. Geist begriffen. Die hingebende Vaterliebe Gottes soll den an sie Glaubenden zu ebenso hingebungsvoller Bruderliebe befähigen.

Im ↑Mythos und in der Frühzeit philosophischen Denkens tritt die L. unter anderem als kosmische Kraft auf, die Versöhnung zwischen einander widerstreitenden kosmischen Prinzipien stiftet (z. B. L. als φιλία, Freundschaft, bei Empedokles). Die indische, chinesische, vorderasiatisch-gnostische und griechische Philosophie hat sich den so geeinten ↑Kosmos in der Gestalt eines androgynen Menschen vergegenwärtigt. Anthropologisch gewendet war diese Vorstellung bis J. Böhme und F. v. Baader, ja bis in die Gegenwart (C. G. Jung, R. Musil) wirksam. Soziokulturell verstanden nimmt sie die Versöhnung der Geschlechter vorweg und enthält so eine implizite Kritik an der überwiegend patriarchalischen Verfassung der östlichen wie der westlichen Gesellschaften. Die wie ein Naturgesetz waltende kosmische L. heißt bei Hesiod, Platon und Aristoteles ›Eros‹ (ἔρως). Für Platon ist der ↑Eros außerdem die Kraft, dank derer die ↑Seele beim Anblick eines schönen Körpers zur L. entflammt über die unvollkommenen Verkörperungen der Schönheit hinweg zur Schau der Idee des ↑Schönen aufsteigt. Dieser Aufstieg der Seele bedeutet eine fortgesetzte Läuterung ihrer L. von ›unreinen‹ sinnlichen Bestandteilen und erreicht ihr Ziel erst vollkommen bei ihrer Befreiung vom Körper im Tod. Nicht Aristoteles' Lehre von der Freundschaft (φιλία), der auf Gleichheit und Gegenseitigkeit beruhenden personalen L., sondern Platons und Plotins Lehre von der ekstatischen L. prägt zusammen mit sexual- und leibfeindlichen paulinischen, gnostischen und manichäischen Einflüssen (↑Gnosis, ↑Manichäismus) und ägyptischen Mönchstraditionen die Auffassung der L. bei A. Augustinus, dessen scharfe Abgrenzung der L. als Begierde und Leidenschaft von der geistigen L., die allein Gabe Gottes ist, für die christlich geprägte Moral der westlichen Welt bis in die Gegenwart hinein maßgebend bleibt. Daneben ist jedoch auch der genuin christliche Gedanke wirksam, daß die Menschen Gott als gemeinsamen Vater haben und deshalb Brüder und Schwestern sind. Säkularisiert findet diese Anschauung in der Forderung der französischen Revolution nach ↑Brüderlichkeit (bzw. Geschwisterlichkeit) Eingang in die moderne Menschenrechtstradition (↑Menschenrechte). Systematisch bedeutsam wird der Begriff der L. wieder in der frühen Vereinigungsphilosophie G. W. F. Hegels aus einer in regem geistigen Austausch mit F. Hölderlin und F. W. J. Schelling verbrachten Tübinger Zeit (vgl. die von H. Nohl 1907 edierten teilweise fragmentarischen Jugendschriften Hegels), in der sich kritisch gegen Hegels spätere Geistmetaphysik wendenden interpersonalen, Sprache und Sinnlichkeit ins Zentrum rückenden Anthropologie L. Feuerbachs und in der dialogischen Philosophie (↑Philosophie, dialogische) M. Bubers, F. Ebners, G. Marcels und F. Rosenzweigs.

Literatur: R. M. Adams, Pure L., J. Religious Ethics 8 (1980), 83–99; N. K. Badhwar (ed.), Friendship. A Philosophical Reader, Ithaca N. Y. 1993; J.-M. Bai u. a., Amour, Enc. philos. universelle II/1 (1990), 74–78; M. Balint, Primary Love and Psycho-Analytic Technique, London 1952, erw. London, New York 1965, New York 1986 (dt. Die Urformen der L. und die Technik der Psychoanalyse, Bern/Stuttgart 1966, Stuttgart ²1997; franz. Amour primaire et technique psychoanalytique, Paris 1972, 2001); U. Beck/E. Beck-Gernsheim, Das ganz normale Chaos der L., Frankfurt 1990, 2005 (engl. The Normal Chaos of Love, Cambridge 1995, 2004); A. Ben-Ze'ev, The Subtlety of Emotions, Cambridge Mass./London 2000, 405–448 (Chap. 14 The Sweetest Emotions – Romantic Love and Sexual Desire); ders./R. Goussinsky, In the Name of Love. Romantic Ideology and Its Victims, Oxford/New York 2008; F. Berenson, What Is This Thing Called ›Love‹?, Philos. 66 (1991), 65–79; G. Boas, Love, Enc. Ph. V (1967), 89–94; G. Bosworth Burch, The Christian Philosophy of Love, Rev. Met. 3 (1950), 411–426; R. Brown, Analyzing Love, Cambridge/New York/Melbourne 1987, 2008; V. Brümmer, The Model of Love. A Study in Philosophical Theology, Cambridge etc. 1993; K. Buchholz (ed.), L.. Ein philo-sophisches Lesebuch, München 2007; V. L. Bullough/K. Mondschein, Love, Western Notions of, NDHI III (2005), 1317–1320; B. Casper, L., Hb. ph. Grundbegriffe II (1973), 860–867; H. Chaudhuri, The Philosophy of Love, London/New York 1987; N. Delaney, Romantic Love and Loving Commitment. Articulating a Modern Ideal, Amer. Philos. Quart. 33 (1996), 339–356; R. R. Ehman, Personal Love, Personalist 49 (1968), 116–141; ders., Personal Love and Individual Value, J. Value Inquiry 10 (1976), 91–105; I. Eibl-Eibesfeldt, L. und Haß. Zur Naturgeschichte elementarer Verhaltensweisen, München 1970, 1976, ¹²1998 (engl. Love and Hate. The Natural History of Behavior Patterns, London 1971, Hawthorne N. Y. 1996); E.-M. Engelen, Erkenntnis und L.. Zur fundierenden Rolle des Gefühls bei den Leistungen der Vernunft, Göttingen 2003; J. Fellsches, L., EP I (1999), 784–788; M. Fisher, Personal Love, London 1990; W. K. Frankena, Love and Principle in Christian Ethics, in: A. Plantinga (ed.), Faith and Philosophy, Grand Rapids Mich. 1964, 203–225; H. Frankfurt, Autonomy, Necessity, and Love, in: ders., Necessity, Volition, and Love, Cambridge/New York 1999, 2003, 129–41 (dt. Autonomie, Nötigung und L., in: ders., Freiheit und Selbstbestimmung, ed. M. Betzler/B. Guckes, Berlin 2001, 166–183); ders., The Reasons of Love, Princeton N. J./Woodstock 2004, 2006 (dt. Gründe der L., Frankfurt 2005; franz. Les raisons de l'amour, Belval 2006); H. Friemond, Existenz in L. nach Sören Kierkegaard, Salzburg/München 1965; E. Fromm, The Art of Loving, New York 1956, 2008 (dt. Die Kunst des Liebens, Frankfurt/Berlin 1956, München ¹³2007; franz. L'art d'aimer, Paris 1968, ³⁵2007); P. Geach, The Virtues, Cambridge etc. 1977, 1979, 67–87 (Chap. 4 Charity); A. H. Goldman, Plain Sex, Philos. Public Affairs 6 (1976/1977), 267–287, ferner in: A. Soble (ed.), The Philosophy of Sex. Contemporary Readings, Totowa N. J. 1980, 119–138, ed. A. Soble/N. Power, Lanham Md. 2008, 55–73; V. M. Grant, The Psychology of Sexual Emotion. The Basis of Selective Attraction, New York 1957, Westport Conn. 1979; C. Gratton, Selected Subject Bibliography (Covering the Past Ten Years), Humanitas 2 (Pittsburgh 1966), 215–221; S. Halldén, True Love, True Humour and True Religion. A Semantic Study, Lund/Copenhagen 1960 (Library of Theoria VI); D. W. Hamlyn, The Phenomena of Love and Hate, Philos. 53 (1978), 5–20; M. M. Hunt, The Natural History of Love, New York 1959, erw. 1994 (dt. Der siebte Himmel. Eine Naturgeschichte der L. von Homer bis Kinsey, Berlin/Frankfurt/Wien 1963, unter dem Titel: Von Homer bis Kinsey. Eine Naturgeschichte der L., Frankfurt/Wien/Zürich 1966); E. Illouz, Consuming the Romantic Utopia. Love and the Cultural Contradictions of Capitalism, Berkeley Calif./Los Angeles/London 1997 (dt. [rev. u. gekürzt] Der Konsum der Romantik. L. und die kulturellen Widersprüche des Kapitalismus, Frankfurt/New York 2003, Frankfurt 2007, 2009); S. Kahn, The Psychology of Love, New York 1968; U. Kern, L. als Erkenntnis und Konstruktion von Wirklichkeit. ›Erinnerung‹ an ein stets aktuales Erkenntnispotential, Berlin/New York 2001; S. Kierkegaard, Gesammelte Werke XIV/Abt. 19 (Der L. Tun. Etliche christliche Erwägungen in Form von Reden), ed. E. Hirsch/H. Gerdes, Düsseldorf/Köln 1966, Simmerath 2003; L. Klages, Vom kosmogonischen Eros, München 1922, Bonn ⁹1988 (franz. De l'éros cosmogonique, Paris 2008); S. Kracauer, Über die Freundschaft. Essays, Frankfurt 1971, ⁶1990; U. Kruse-Ebeling, L. und Ethik. Eine Verhältnisbestimmung ausgehend von Max Scheler und Robert Spaemann, Göttingen 2009; H. Kuhn, Eros – Philia – Agape, Philos. Rdsch. 2 (1954/1955), 140–160; ders., L.. Geschichte eines Begriffs, München 1975; ders./K.-H. Nusser/A. Schöpf, L., Hist. Wb. Ph. V (1980), 290–328; H. LaFollette,

Personal Relationships. Love, Identity, and Morality, Oxford/ Cambridge Mass. 1996; R. E. Lamb (ed.), Love Analyzed, Boulder Colo. 1997; A. Leibbrand/W. Leibbrand, Formen des Eros. Kultur- und Geistesgeschichte der L., I–II, Freiburg/München 1972; S. R. Letwin, Romantic Love and Christianity, Philos. 52 (1977), 131–145; C. S. Lewis, The Allegory of Love. A Study in Medieval Tradition, Oxford 1936, Oxford/New York 1995; ders., The Four Loves, London, Glasgow, New York 1960, London 2002 (dt. Vier Arten der L., Einsiedeln/Köln/Zürich 1961, unter dem Titel: Was man L. nennt. Zuneigung, Freundschaft, Eros, Agape, Basel/Gießen ²1979, Basel ⁷2004); N. Luhmann, L. als Passion. Zur Codierung von Intimität, Frankfurt 1982, 2009 (engl. Love as Passion. The Codification of Intimacy, Stanford Calif. 1986, 1998; franz. Amour comme passion. De la codification de l'intimité, Paris 1990); H. Marcuse, Eros and Civilisation. A Philosophical Inquiry into Freud, Boston Mass./New York 1955, London 2006 (dt. Eros und Kultur. Ein philosophischer Beitrag zu Sigmund Freud, Stuttgart 1957, unter dem Titel: Triebstruktur und Gesellschaft. Ein philosophischer Beitrag [...], Frankfurt 1965, Springe 2004); H. Meier/G. Neumann (eds.), Über die L. Ein Symposion, München/Zürich 2001, 2008; H. Miller/P. S. Siegel, Loving. A Psychological Approach, New York 1972; H.-G. Möller/G. Wohlfahrt (eds.), L. – Ost und West/Love in Eastern and Western Philosophy, Berlin 2007; B. I. Murstein (ed.), Theories of Attraction and Love, New York 1971; W. Newton-Smith, A Conceptual Investigation of Love, in: A. Montefiore (ed.), Philosophy and Personal Relations. An Anglo-French Study, London, Montreal 1973, 113–136; H. Nohl (ed.), Hegels theologische Jugendschriften, Tübingen 1907, Frankfurt 1966; D. L. Norton/M. F. Kille (eds.), Philosophies of Love, San Francisco Calif. 1971, Totowa N. J. 1988; M. C. Nussbaum, Love, REP V (1998), 842–846; A. Nygren, Den kristna kärlekstanken genom tiderna. Eros och Agape, I–II, Stockholm 1930/1936, 1966 (dt. Eros und Agape. Gestaltwandlungen der christlichen L., I–II, Gütersloh 1930/1937, I–II in einem Bd., Berlin ²1955; engl. Agape and Eros, I–II [I mit Untertitel: A Study of the Christian Idea of Love, II mit Untertitel: The History of the Christian Idea of Love], London 1932/ 1939, I–II in einem Bd., London 1982; franz. Erôs et Agapè. La notion chrétienne de l'amour et ses transformations, I–II in 3 Bdn., Paris 1944/1952, 2009); T. Ohm, Die L. zu Gott in den nichtchristlichen Religionen. Die Tatsachen der Religionsgeschichte und die christliche Theologie, Krailing 1950, Freiburg 1957; C. Osborne, Eros Unveiled. Plato and the God of Love, Oxford 1994, Oxford/New York 2002; G. Outka, Agape. An Ethical Analysis, New Haven Conn./London 1972, 1976; J. Pieper, Über die L., München 1972, ⁸2000 (engl. About Love, Chicago Ill. 1974); S. G. Post u. a. (eds.), Research on Altruism and Love. An Annotated Bibliography of Major Studies in Psychology, Sociology, Evolutionary Biology, and Theology, Radnor Pa. 2003; A. W. Price, Love and Friendship in Plato and Aristotle, New York 1989, Oxford, Oxford/New York 2004; L. Prohl u. a., L., RGG V (2002), 335–349; B. Röttger-Rössler/E.-M. Engelen (eds.), Tell Me about Love. Kultur und Natur der L., Paderborn 2006; D. de Rougemont, L'amour et l'occident, Paris 1939, 1995 (engl. Love in the Western World, New York 1940, Neuaufl. 1990; dt. Die L. und das Abendland, Köln/Berlin 1966, Gaggenau 2007); ders., L., DHI III (1973), 94–108; B. Russell, Marriage and Morals, London, New York 1929, Abingdon, New York 2009 (dt. Ehe und Moral, München 1930, Darmstadt ²1984; franz. Le mariage et la morale, Paris 1930, 1997); M. Scheler, Zur Phänomenologie und Theorie der Sympathiegefühle und von L. und Haß. Mit einem Anhang über

den Grund zur Annahme der Existenz des fremden Ich, Halle 1913, unter dem Titel: Wesen und Formen der Sympathie, Bonn ²1923, ed. M. S. Frings, Bern, München ⁶1973, Bonn 2009 (franz. Nature et formes de la sympathie. Contribution à l'étude des lois de la vie émotionnelle, Paris 1928, mit Untertitel: Contribution à l'étude des lois de la vie affective, Paris 2003; engl. The Nature of Sympathy, London, New Haven Conn. 1954, New Brunswick N. J. 2008); G. Scherer, L., in: P. Prechtl/F.-P. Burkhard (eds.), Metzler Lexikon Philosophie, Stuttgart/Weimar ³2008, 341–342; H. Schmitz, Die L., Bonn 1993, ²2007; W. Schneiders, Naturrecht und L.sethik. Zur Geschichte der praktischen Philosophie im Hinblick auf Christian Thomasius, Hildesheim/New York 1971; H. Scholz, Eros und Caritas. Die platonische L. und die L. im Sinne des Christentums, Halle 1929; R. Scruton, Sexual Desire. A Moral Philosophy of the Erotic, New York 1986, mit Untertitel: A Philosophical Investigation, London 1986, London/New York 2006; L. Secomb, Philosophy and Love. From Plato to Popular Culture, Edinburgh, Bloomington Ind. 2007; J. A. Shaffer, Sexual Desire, J. Philos. 75 (1978), 175–189; W. Shibles, Rational Love, Whitewater Wisc. 1978; I. Singer, The Nature of Love. Plato to Luther, New York, Chicago Ill. 1966, als I, Chicago Ill./London ²1984, erw. um II–III, Chicago Ill./London 1984/1987, I–III, Cambridge Mass. 2009; ders., The Pursuit of Love, Baltimore Md./ London 1994, Cambridge Mass. 2010; ders., Philosophy of Love. A Partial Summing-Up, Cambridge Mass./London 2009; F. J. Smith/E. Eng (eds.), Facets of Eros. Phenomenological Essays, The Hague 1972; A. Soble (ed.), Eros, Agape, and Philia. Readings in the Philosophy of Love, New York 1989; ders., The Structure of Love, New Haven Conn./London 1990; R. C. Solomon, Love. Emotion, Myth and Metaphor, Garden City N. Y. 1981, Amherst N. Y./Buffalo N. Y. 1990; ders., About Love. Reinventing Romance for Our Times, New York 1988, Indianapolis Ind. 2006; ders./K. M. Higgins (eds.), The Philosophy of (Erotic) Love, Lawrence Kan. 1991; R. M. Stewart (ed.), Philosophical Perspectives on Sex and Love, New York/Oxford 1995; E. Stump, Love, by All Accounts, Proc. and Addresses Amer. Philos. Ass. 80 (2006), 25–43; R. L. Taylor, Sexual Experiences, Proc. Arist. Soc. NS 68 (1967/1968), 87–104; E. Telfer, Friendship, Proc. Arist. Soc. NS 71 (1970/1971), 223–241; D. Thomä (ed.), Analytische Philosophie der L., Paderborn 2000; D. Van de Vate, Romantic Love. A Philosophical Inquiry, University Park Pa./London 1981; D. P. Verene (ed.), Sexual Love and Western Morality. A Philosophical Anthology, New York 1972, Boston Mass./London ²1995, 1999; F. Weinrich, Die L. im Buddhismus und im Christentum, Berlin/Gießen 1935; R. J. White, Love's Philosophy, Lanham Md./Oxford 2001; C. Williams, Love, in: J. K. Roth (ed.), International Encyclopedia of Ethics, London/ Chicago Ill. 1995, 510–511.   R. Wi.

Liebmann, Otto, *Löwenberg (Schlesien) 25. Febr. 1840, †Jena 14. Jan. 1912, deutscher Philosoph. 1859–1864 Studium der Philosophie, Mathematik und Naturwissenschaften in Jena, Leipzig und Halle; 1865 Habilitation und Lehrtätigkeit als Privatdozent in Tübingen, 1872 a. o. Prof. in Straßburg, 1882 o. Prof. in Jena. – L. gab mit seinem Jugendwerk »Kant und die Epigonen« (1865) den entscheidenden Anstoß für den ↑Neukantianismus. Die nachkantischen Systeme hätten nicht I. Kants im ↑transzendentalen Gedanken liegende große Entdeckung fortgeführt, sondern gerade Kants Irrtum, die Annahme eines ↑Dinges an sich, das in J. G. Fichtes ↑Ich, in F. Schillers Absolutem, in G. W. F. Hegels ↑Geist, in J. F. Herbarts Realen und in A. Schopenhauers ↑Willen lediglich Metamorphosen erfahren habe. Demgegenüber müsse auf Kant zurückgegangen werden. Realität hat allein die Wirklichkeit, der zugleich empirische Realität und transzendentale Idealität zukommt; die ›Analysis der Wirklichkeit‹ (so der Titel von L.s Hauptwerk, 1876) führt zu Einsichten, die transzendentale Gültigkeit haben, ohne Schlüsse auf die transzendente (↑transzendent/Transzendenz) Realität irgendwelcher Objekte zu erlauben. Gegeben sind nur das Erkannte und das Erkennende in ein und derselben Erfahrung, und mit der Anerkennung eines solchermaßen ›Gegebenen‹ in einer ›kritischen Metaphysik‹ ohne Ding an sich ist der transzendentale Gedanke sehr wohl verträglich. Dieser von L. mehrfach und aus verschiedener Sicht beschriebene kritische Realismus (↑Realismus, kritischer) hat freilich nicht verhindert, daß L. gelegentlich in eine Position zurückzufallen scheint, die gleich zwei verschiedene Sorten von Ding an sich – ein dem erkannten Objekt und ein dem erkennenden Subjekt entsprechendes – akzeptiert. In »Die Klimax der Theorieen« (1884) versucht L. eine Klassifikation der Theorien, die formale Theorien (Logik und Mathematik) und materiale Theorien und unter den letzteren ›Normaltheorien‹ (= normative) und kausale Theorien unterscheidet. Eine Kausaltheorie heißt ›von 1. Ordnung‹, wenn sie ihre Erklärungsprinzipien unmittelbar aus dem Bereich des empirisch Gegebenen aufnimmt; sie heißt ›von 2. Ordnung‹, wenn sie zum Zwecke kausaler Erklärung eines empirischen Erscheinungsgebietes wahrnehmungsüberschreitende Faktoren heranzieht und Konstrukte als hypothetische Ursachen verwendet, während Theorien 3. Ordnung ›absolute‹, ›transzendente‹ Prinzipien aufstellen und nichts anderes als metaphysische Theorien sind.

Werke: Kant und die Epigonen. Eine kritische Abhandlung, Stuttgart 1865 (repr. Erlangen 1991), Neudr., ed. B. Bauch, Berlin 1912; Ueber den individuellen Beweis für die Freiheit des Willens. Ein kritischer Beitrag zur Selbsterkenntniß, Stuttgart 1866; Ueber den objectiven Anblick. Eine kritische Abhandlung, Stuttgart 1869; Zur Analysis der Wirklichkeit. Philosophische Untersuchungen, Straßburg 1876, mit Untertitel: Eine Erörterung der Grundprobleme der Philosophie, ²1880, ⁴1911; Gedanken und Thatsachen. Philosophische Abhandlungen, Aphorismen und Studien, I–II, I/1–3, Straßburg 1882–1889, II/1–4, 1901–1904, I [in einem Bd.] ²1904, II [in einem Bd.], 1904, Neudr. I–II, 1928; Ueber philosophische Tradition. Eine akademische Antrittsrede gehalten in der Aula der Universität Jena am 9. December 1882, Straßburg 1883; Die Klimax der Theorieen. Eine Untersuchung aus dem Bereich der allgemeinen Wissenschaftslehre, Straßburg 1884 (repr., ed. B. Bauch, Straßburg 1914 [repr. in: H. Schwaetzer (ed.), Texte zum Frühen Neukantianismus I/2, Hildesheim/Zürich/New York 2001 (mit Einl. v. H. Schwaetzer, O. L.s kritische Metaphysik, IX–XLII)]);

Psychologische Aphorismen, Leipzig 1892 (Sonderdr. aus: Z. Philos. phil. Kritik NF 101 [1893], 1–54), ferner in: Gedanken und Thatsachen [s. o.] I/3, ²I, 407–470; Weltwanderung. Gedichte, Stuttgart 1899; Immanuel Kant. Eine Gedächtnisrede gehalten am hundertjährigen Todestage Kants, d. 12. Febr. 1904 vor versammelter Universität in der Collegienkirche zu Jena, Straßburg 1904, ferner in: ders./W. Windelband, Immanuel Kant, Prag 1944, 1–16.

Literatur: E. Adickes, L. als Erkenntnistheoretiker (Untersuchungen zur Theorie der Apriorität, sowie über die Evidenz der geometrischen Axiome), Kant-St. 15 (1910), 1–52; B. Bauch, Kritizismus und Naturphilosophie bei O. L., Kant-St. 15 (1910), 115–138; M. Campo, L., Enc. Ph. IV (1967), 466–467; H. Driesch, O. L.s Lehre vom Organismus, Kant-St. 15 (1910), 86–93; R. Eucken/B. Bauch, Worte der Erinnerung an O. L., Kant-St. 17 (1912), 1–8; H. Falkenheim, O. L.s Kampf mit dem Empirismus, Kant-St. 15 (1910), 53–73; R. Hönigswald, Zu L.s Kritik der Lehre vom psychophysischen Parallelismus, Kant-St. 15 (1910), 94–114; W. Kinkel, Das Verhältnis von Philosophie und Mathematik nach O. L., Kant-St. 15 (1910), 74–85; K. C. Köhnke, Entstehung und Aufstieg des Neukantianismus. Die deutsche Universitätsphilosophie zwischen Idealismus und Positivismus, Frankfurt 1986, bes. 211–230 (Kap. IV/4 O. L. und das Ende der neukantianischen Programmatik); R. Kühn/C. Sur, L., Enc. philos. universelle III/1 (1992), 1928–1929; F. Medicus, O. L. als Dichter, Kant-St. 15 (1910), 139–151; A. Meyer, Über L.s Erkenntnislehre und ihr Verhältnis zur Kantischen Philosophie. Ein Beitrag zur Kritik des modernen Intellektualismus, Borna-Leipzig 1916; P. Müller, L., NDB XIV (1985), 506–508; T. Neumann, L., in: F. Volpi (ed.), Großes Werklexikon der Philosophie II, Stuttgart 1999, 922; K. Rathke, Erkenntnistheorie, Transcendentalphilosophie und kritische Metaphysik von O. L., Diss. Rostock 1924; M. Rossi, L., Enc. filos. V (1982), 84–85; W. Windelband, O. L.s Philosophie, Kant-St. 15 (1910), III–X. C. T.

Lieh Tzu (Lie-Zi), Bezeichnung für eine Sammlung verschiedener taoistischer Quellen (↑Taoismus), vermutlich aus dem 3. oder 4. Jh. n. Chr.. Neben dem ↑Tao-te ching und dem ↑Zhuang-Tse wichtiges Quellenwerk. Es enthält unter anderem das berühmte Kapitel über den hedonistisch-pessimistischen Philosophen Yang Chu.

Übersetzungen: Liä Dsi. Das wahre Buch vom quellenden Urgrund (Tschung Hü Dschen Ging). Die Lehren der Philosophen Liä Yü Kou und Yang Dschu, übers. v. R. Wilhelm, Jena 1911, Düsseldorf/Köln 1968, erw. 1980; The Book of Lieh-tzu, übers. v. A. C. Graham, London 1960, mit Untertitel: A Classic of the Tao, London 1991; Lie-tseu, »Le Vrai Classiqe du vide parfait«, in: Philosophes taoïstes. Lao-Tseu, Tchouang-Tseu, Lie-Tseu, übers. v. L. Kia-Hway/B. Grynpas, o. O. [Paris] 1980, 1999, 359–609, 693–702; Traité du vide parfait, übers. v. J.-J. Lafitte, Paris 1997, 2005.

Literatur: A. C. Graham, The Date and Composition of »Lieh-Tzü«, in: ders., Studies in Chinese Philosophy and Philosophical Literature, Singapore 1986, Albany N. Y. 1990, 216–282; B. Grynpas, Lie-Tseu »Le Vrai Classiqe du vide parfait«. Notice sur Lie-Tseu, in: L. Kia-Hway/B. Grynpas, Philosophes taoïstes [s. o.], 681–692; I. Robinet, Lie Zi ou Lie Tseu, DP II (1993), 1758. H. S.

Limes (lat., Grenze) (engl. limit, franz. limite), so viel wie ↑Grenzwert.

Limitation, ↑Urteil, unendliches.

Lindenbaum-Algebra, nach A. Lindenbaum (1905–1942) benannter Typ ↑Boolescher Algebra, der folgendermaßen definiert ist: $\sim_\Sigma$ sei die für ↑Formeln einer formalen Sprache (↑Sprache, formale) definierte Relation der ›beweisbaren Äquivalenz‹ relativ zu einer Menge von Formeln $\Sigma \subseteq F$ (wobei F die Menge der Formeln der Sprache sein soll): $A \sim_\Sigma B \leftrightharpoons \Sigma \vdash A \leftrightarrow B$. Auf der Menge $F / \sim_\Sigma$ der Äquivalenzklassen (↑Äquivalenzrelation) dieser Relation läßt sich eine Relation $\leq$ durch $|A|_\Sigma \leq |B|_\Sigma \leftrightharpoons \Sigma \vdash A \rightarrow B$ erklären ($|A|_\Sigma$ soll dabei die zu A gehörige Äquivalenzklasse sein), so daß $F / \sim_\Sigma$ mit $\leq$ einen ↑Booleschen Verband bildet, d.h. einen distributiven komplementären ↑Verband. Dieser Verband heißt ›die L.-A. von Σ‹. Für sein Einselement 1 und sein Nullelement 0 gilt:

$|A|_\Sigma = 1$ genau dann, wenn $\Sigma \vdash A$;
$|A|_\Sigma = 0$ genau dann, wenn $\Sigma \vdash \neg A$.

Diese charakteristische Eigenschaft der L.-A. wird in ↑Vollständigkeitssätzen algebraischer Art für die Junktoren- und Quantorenlogik (↑Junktorenlogik, ↑Quantorenlogik) in entscheidender Weise ausgenutzt (↑Logik, algebraische). In der intuitionistischen Logik (↑Logik, intuitionistische) ist das Analogon zur Booleschen L.-A. die ↑Heytingalgebra. Letztere wird daher auch als die L.-A. der intuitionistischen Logik bezeichnet.

Literatur: M. Alizadeh/M. Ardeshir, On the Linear L.-A. of Basic Propositional Logic, Math. Log. Quart. 50 (2004), 65–70; P. G. Hinman, Fundamentals of Mathematical Logic, Wellesley Mass. 2005; S. Lempp/M. Peretyatkin/R. Solomon, The L.-A. of the Theory of the Class of All Finite Models, J. Math. Log. 2 (2002), 145–225; D. E. Pal'chunov, The Lindenbaum-Tarski Algebra for Boolean Algebras with Distinguished Ideals, Algebra Log. 34 (1995), 50–65; M. M. Richter, Logikkalküle, Stuttgart 1978; M. H. Sørensen/P. Urzyczyn, Lectures on the Curry-Howard Isomorphism, Amsterdam/Heidelberg 2006. P. S.

Linearkombination, mathematischer Terminus für eine ↑Konstruktion aus ↑Vektoren. Für eine ›Familie‹ $(v_1, v_2, \ldots, v_n)$ von Vektoren aus einem K-Vektorraum (↑Vektor) V (wo K ein Körper ist; ↑Körper (mathematisch)) sind die L.en von $(v_1, \ldots, v_n)$ gerade die Summen $a_1 \cdot v_1 + \cdots + a_n \cdot v_n$ (kurz: $\sum_{i=1}^{n} a_i \cdot v_i$) für beliebige $a_1, \ldots, a_n \in K$, also sozusagen alle gewichteten Summen der Vektoren $v_1, \ldots, v_n$. Eine solche ›Kombination‹ von Vektoren ist ›linear‹ insofern, als keiner der addierten (und ›gewichteten‹) Vektoren in einer höheren Potenz vorkommt, etwa als $v_i \star v_i \star v_i = v_i^3$ – was im allgemeinen

auch gar keinen Sinn macht. Ist V etwa die Menge der geordneten Paare (a, b) (↑Paar, geordnetes) reeller Zahlen (↑Zahlensystem) zusammen mit der komponentenweisen Addition (und Skalarmultiplikation; ↑Vektor), und ist $K = \mathbb{R}$ der Körper der reellen Zahlen, so ist z. B. der Vektor $(6, -2)$ auf vielerlei Weise als L. von $(3, -1)$ und $(-6, 2)$ darstellbar, etwa als $4 \cdot (3, -1) + 1 \cdot (-6, 2) = (12 + (-6), -4 + 2)$ und als $0 \cdot (3, -1) + (-1) \cdot (-6, 2) = (0 - (-6), -0 + (-2))$. Die Menge der L.en einer bestimmten Familie von Vektoren bildet selbst einen K-Vektorraum (einen *Untervektorraum* von V) und heißt der von $(v_1, \ldots, v_n)$ ›erzeugte‹ (oder ›aufgespannte‹) Unterraum von V, symbolisiert: Span$(v_1, \ldots, v_n)$. Solche Unterräume sind Geraden oder (Hyper-)Ebenen in V, oder, im einfachsten Falle, diejenige Menge, deren einziges Element der Nullvektor (↑Vektor) ist. Dieser ›Nullvektorraum‹ wird von der ›leeren Familie‹ aufgespannt, die gar keinen Vektor enthält, wo also $n = 0$ ist.

Die Koeffizienten $a_1, \ldots, a_n$ in Darstellungen eines Vektors als L. von $(v_1, \ldots, v_n)$ sind nur dann eindeutig bestimmt (↑eindeutig/Eindeutigkeit), wenn die Familie $(v_1, \ldots, v_n)$ *linear unabhängig* ist, d.h., wenn sich keiner dieser Vektoren als L. der übrigen darstellen läßt, die Familie also sozusagen keine ›unnötigen‹ Mitglieder enthält. Ist $(v_1, \ldots, v_n)$ nicht nur linear unabhängig, sondern kann zudem auch *jeder* Vektor in V als L. dieser Familie erzeugt werden, d.h., ist $(v_1, \ldots, v_n)$ ein linear unabhängiges *Erzeugendensystem* von V, dann heißt $(v_1, \ldots, v_n)$ eine *Basis* von V, und V hat die ↑Dimension n (symbolisch: $\dim V = n$). In diesem Falle ist jedem Vektor v dasjenige n-Tupel $(a_1, \ldots, a_n)$ von K-Elementen, das es erlaubt, v als L. $\sum_{i=1}^{n} a_i \cdot v_i$ von $(v_1, \ldots, v_n)$ darzustellen, eineindeutig (↑eindeutig/Eindeutigkeit) zugeordnet. Dann werden $a_1, \ldots, a_n$ die *Koordinaten* von v bezüglich der Basis $(v_1, \ldots, v_n)$ genannt, und $(a_1, \ldots, a_n)$ wird als die ›Koordinatendarstellung‹ von v bezüglich $(v_1, \ldots, v_n)$ bezeichnet. C. B.

lingua universalis (lat., allgemeine Sprache), Bezeichnung für eine künstliche ↑Universalsprache (↑Kunstsprache), die über die Verschiedenheit der natürlichen Sprachen (↑Sprache, natürliche) hinweg Verständigung erlauben, zugleich aber nach Vokabular und Grammatik so angelegt sein soll, daß die ↑Begriffe und ↑Sachverhalte aller denkbaren Wissensgebiete durch Kombination elementarer Wörter dieser Sprache ausgedrückt werden können. Die Idee einer solchen Universalsprache findet sich schon bei R. Lullus, vor allem aber in der Mystik und Wissenschaft des Barock (J. J. Becher, G. Dalgarno, J. Wilkins, J. A. Comenius, A. Kircher, G. W. Leibniz u. a.). Leibniz faßt das Verhältnis der Wörter einer Universalsprache zu ihren Grundwörtern analog dem Verhältnis der natürlichen Zahlen zu den Primzahlen

(↑Zahlentheorie) auf. Er erstrebt eine der eindeutigen Primzahlzerlegung vergleichbare eindeutige Rückführbarkeit aller Begriffe (Wörter) auf Grundbegriffe (Grundwörter) und einen auf dieser Eigenschaft aufgebauten Kalkül (↑calculus universalis). Wegen der universalen Beschreibbarkeit aller Begriffe und Sachverhalte durch eine so konstruierte Sprache heißt diese bei Leibniz ›characteristica universalis‹ oder auch ›ars characteristica‹ (↑Leibnizsche Charakteristik).

Literatur: H. W. Arndt, Die Entwicklungsstufen von Leibniz' Begriff einer L. U., in: H.-G. Gadamer (ed.), Das Problem der Sprache. 8. Dt. Kongreß für Philosophie, Heidelberg 1966, München 1967, 71–79; A. Bausani, Geheim- und Universalsprachen. Entwicklung und Typologie, Stuttgart etc. 1970; H. Burkhardt, Logik und Semiotik in der Philosophie von Leibniz, München 1980, bes. 83–145 (Kap. II Rationale Grammatik); J. Hintikka, L. U. vs. Calculus Ratiocinator. An Ultimate Presupposition of Twentieth Century Philosophy, Dordrecht/London/Boston Mass. 1997; J. Knowlson, Universal Language Schemes in England and France, 1600–1800, Toronto/Buffalo 1975; J. Maat, Philosophical Languages in the Seventeenth Century. Dalgarno, Wilkins, Leibniz, Amsterdam 1999, Dordrecht etc. 2004; B. Mates, The Lingua Philosophica, in: A Heinekamp/F. Schupp (eds.), Die intensionale Logik bei Leibniz und in der Gegenwart, Wiesbaden 1979 (Stud. Leibn. Sonderh. VIII), 59–66; J. Mittelstraß, Neuzeit und Aufklärung. Studien zur Entstehung der neuzeitlichen Wissenschaft und Philosophie, Berlin/New York 1970, 413–452; G. F. Strasser, L. U.. Kryptologie und Theorie der Universalsprachen im 16. und 17. Jahrhundert, Wiesbaden 1988. C. T.

Linguistik, auch Sprachwissenschaft, Bezeichnung für eine sich als empirische Wissenschaft verstehende Disziplin, die sich mit ↑Sprache allgemein, mit ihren Ausprägungen in Einzelsprachen, den Modalitäten ihres Erwerbs und Wandels, ihren Funktionen unter individuellen und sozialen Aspekten befaßt. Die linguistischen Forschungsrichtungen hängen wesentlich vom jeweils zugrundegelegten Sprachbegriff ab. Dies wird in der von N. Chomsky begründeten Generativen ↑Grammatik (*GG*), die gegen den seinerzeit in L. und Psychologie vorherrschenden ↑Behaviorismus eine kognitive Wende einleitete, exemplarisch deutlich. Auch wenn gegenwärtig Konzeptionen wachsenden Zuspruch finden, die von *Sprachverwendung* ausgehen (*usage-based models*), kann nicht als entschieden gelten, daß die strikte Trennung von *Sprachbesitz* (*language knowledge*) und *Sprachgebrauch* (*language usage*) überholt ist, auf der die Theorieentwicklung innerhalb der *GG* bis heute beruht.

Der gegenwärtig in der *GG* übliche Sprachbegriff *I(nternalisierte)-Sprache* ist mit dem Begriff der *langue* (Sprachsystem) vergleichbar, den F. de Saussure zur Abgrenzung gegenüber Sprachverwendung (*parole*) eingeführt hatte (↑langue/parole). Allerdings besitzt ›langue‹ für de Saussure eine ausschließlich soziale Realität, während eine *I-Sprache* in Individuen verankert, also eine individualpsychologische Realität ist. Die in die-

sem Zusammenhang betonte, mit Chomskys naturalistischem (↑Naturalismus) Forschungsansatz eng verknüpfte *biolinguistische* Perspektive betrachtet *I-Sprachen* letztlich als biologisch implementierte Berechnungssysteme, die strukturierte Ausdrücke (komplexe Wörter, Phrasen, Sätze) generieren; *E(xternalisierte)-Sprachen* sind hingegen Mengen von Ausdrücken (↑Ausdruck (logisch)). Mit der ›I‹/›E‹-Unterscheidung wird der Gegensatz zwischen Intensionen (mentalen Berechnungsverfahren, ↑intensional/Intension) und Extensionen (Output derartiger Prozeduren, ↑extensional/Extension) festgehalten. Für die *GG* ist die möglichst präzise Beschreibung von *I-Sprachen* (grammatische Kompetenz) eines der zentralen Forschungsthemen. Zusammen mit anderen kognitiven Systemen (›Performanzsystemen‹ wie sensomotorische, konzeptuell-intentionale, Wissens- und Glaubenssysteme) bilden *I-Sprachen* die ›Architektur‹ des menschlichen Geistes.

Der Zusammenhang zwischen *I-Sprache(n)* und menschlicher *Sprachfähigkeit* – dem eigentlichen Forschungsgegenstand des generativen Paradigmas – wird in der Weise bestimmt, daß letztere, metaphorisch auch *Sprachorgan* genannt, wie jede Organentwicklung bestimmte Zustände durchläuft, die jeweils eigene *I-Sprachen* darstellen. In der Praxis wird der Begriff der *I-Sprache* jedoch zumeist auf den *Endzustand* der Sprachfähigkeit bezogen, d. h. jenes Entwicklungsstadium der Kindersprache, in dem das grammatische System der Zielsprache weitgehend ausgebildet ist. Eine spezielle *GG* mit ihren laut-, wort-, satz- und bedeutungsbezogenen Strukturebenen (Phonologie, Morphologie, ↑Syntax und ↑Semantik) gilt dann als Theorie dieses am Ende des Spracherwerbs erreichten Zustandes, während die als *Universalgrammatik* (UG) bezeichnete Theorie den Ausgangszustand der Sprachfähigkeit zum Gegenstand hat, der in hypothetischer Weise als biologisch determiniert gesehen wird (Nativismus). Als Theorie des Initialzustands der Sprachfähigkeit hat die UG den Status einer *Grammatiktheorie*, da sie die Beschränkungen angibt, die den Grammatiken der dem Menschen erreichbaren (*I-*)*Sprachen* auferlegt sind.

Eine wichtige Etappe in der Entwicklung der biolinguistischen Modellierung stellt die *Prinzipien & Parameter-Theorie* (*PPT*) dar, die sich in den späten 1970er Jahren in Form der *Rektions- und Bindungstheorie* herausbildet, der bis heute erfolgreichsten Konkretisierung der *PPT* (Chomsky 1981). Diese Theorie beendet die in den Vorgängermodellen übliche Praxis der formalen Beschreibung einzelsprachlicher Konstruktionen und bricht so zugleich mit der tradierten Form grammatischer Beschreibung. Möglich wurde dies durch die Eliminierung sprachspezifischer Regeln zugunsten allgemeiner Operationen und Prinzipien sowie durch hochgradige Modularisierung der Theorie, d. h. ihre Zerlegung in eine

Reihe von Subtheorien, deren Zusammenwirken es erlaubt, einzelsprachlichen Konstruktionen Rechnung zu tragen, ohne für diese jeweils eigene Regeln in Anspruch nehmen zu müssen. Mit der *PPT* wird so der bis dahin bestehenden Konflikt zwischen *deskriptiver* und *explanativer* Adäquatheit grundsätzlich beendet. Die anfänglichen Bemühungen um deskriptive Adäquatheit, also die korrekte Beschreibung der jeweils untersuchten *I-Sprache*, hatten zu immer komplexeren Regelsystemen geführt. Dadurch wurde jedoch die Lösung des so genannten logischen Problems des Spracherwerbs, d. h. der Frage aussichtslos, wie Kinder unter den Bedingungen notwendig begrenzter sprachlicher Erfahrung (Input), die zudem grammatisch nicht korrekte Äußerungen enthalten kann, in relativ kurzer Zeit eine vollständige interne Grammatik auszubilden vermögen, die weit über das hinausgeht, was sich aus dem Input extrahieren läßt. Der *PPT* zufolge ist diese erstaunliche Tatsache so zu erklären, daß der durch die *UG* charakterisierte Ausgangszustand Z_0 der Sprachfähigkeit den Input in den jeweiligen Endzustand (die *I-Sprache*) abbildet. Vor diesem Hintergrund kommt der empirischen *Spracherwerbsforschung* (E. L. Bavin 2008) insofern große Bedeutung zu, als ihre Untersuchungen zeigen können, ob man bei der Lösung des logischen Problems des Spracherwerbs mit dem Rekurs auf die *PPT* auf dem richtigen Weg ist.

Die *PPT* stellt dem systematischen Sprachvergleich (komparative Grammatik) ein tragfähiges Fundament zur Verfügung und bietet die Möglichkeit, die vielfältigen Variationsmuster, die von der auf A. W. Schlegel und W. v. Humboldt zurückgehenden *Sprachtypologie* beschrieben werden, aus (parametrisierten) Prinzipien der *UG* abzuleiten. Zugleich hat die Konkretisierung der *PPT* in Form der Rektions- und Bindungstheorie die Suche nach Redundanzen sowie ›unnatürlichen‹ Begriffsbildungen und deren Eliminierung beschleunigt. Bei diesen Bemühungen blieb auch deren stark modularer Charakter nicht unangetastet. Die Fortentwicklung der *PPT* in Gestalt des *Minimalistischen Programms* (*MP*) erlaubt es, Fragen zu formulieren, die jenseits des Problems explanativer Adäquatheit liegen (Chomsky 2004), also der präzisen Bestimmung der Prinzipien und Parameter der *UG*. Diese Fragen betreffen nicht nur Aspekte, die sich aus der spezifischen Einbettung der Sprachfähigkeit in die kognitive Architektur des menschlichen Geistes/Gehirns ergeben, sondern auch allgemeine Prinzipien ökonomischer und effizienter Berechnung, die möglicherweise auch in anderen kognitiven Systemen wirksam sind.

In der minimalistischen Ausarbeitung ist die *PPT* strikt derivationell, d. h., syntaktische Strukturen werden schrittweise aufgebaut. Diese mit beweistheoretischen (↑Beweistheorie) Verfahren vergleichbare Konzeption

unterscheidet sie von konkurrierenden Entwürfen wie der *L*(*exical-*)*F*(*unctional*) *G*(*rammar*) (Y. N. Falk 2001) und der *H*(*ead-driven*)*P*(*hrase*)*S*(*tructure*) *G*(*rammar*) (I. A. Sag/T. Wasow/M. Bender 2003), mit denen zahlreiche Sprachen beschrieben worden sind und die zudem – dies gilt besonders für die *HPSG* – in der *Computerlinguistik* Anwendung finden. *LFG* und *HPSG* sind beide stark lexikalisiert und setzen auf *constraint*-basierte Formalismen, d. h., was für die Wohlgeformtheit komplexer Ausdrücke zählt, ist die Erfüllung bestimmter Beschränkungen. Zudem sind beide monostratisch, da sie keine Verschiebungsoperationen zulassen, die in minimalistischer Syntax mit Schnittstellenerfordernissen motiviert werden (Chomsky 2002). Ob und inwieweit diese und weitere generative Modellierungen nur Notationsvarianten sind oder substantiell divergieren und damit unterschiedliche, empirisch überprüfbare Voraussagen und Erklärungen bieten, also deskriptive und explanative Adäquatheit in unterschiedlicher Weise erreichen, ist eine offene Frage.

Das Problem der Sprachverarbeitung (Satz- und Textverstehen bzw. Satz- und Textproduktion und die mit diesen Themenkomplexen verbundenen spezielleren Aspekte) gehört zu den Fragen, denen in der *Psycholinguistik* (G. Gaskell 2009) mit experimentellen Methoden nachgegangen wird. Die Grenzen zur *Neurolinguistik*, die den Zusammenhang von Hirnstrukturen/Hirnfunktionen und Sprache untersucht (J. C. L. Ingram 2007), sind fließend, da die Psycholinguistik sich zunehmend auf die Erkenntnismöglichkeiten stützt, welche die bildgebenden Verfahren der Neurowissenschaften bieten. Vom generativen Paradigma, dem man in der Psycholinguistik vielfach reserviert bis ablehnend gegenübersteht, wird geltend gemacht, daß gerade das *MP* es erlaubt, die generative L. in die kognitive Neurowissenschaft zu integrieren (A. Marantz 2005) und so einen Zusammenhang wiederherzustellen, der in den 1960er Jahren noch bestand, als man damals überzeugt war, daß es keine von Kompetenzuntersuchungen völlig unabhängige Psycho- oder Neurolinguistik geben könne (Chomsky 1965). – Dem Thema *Sprachentwicklung* widmet sich nicht nur die Spracherwerbsforschung, sondern auch die *Historische Linguistik*, die Sprachwandel in größeren Zeiträumen untersucht (P. Crisma/G. Longobardi 2009). Obwohl dieser Wandel als ein Phänomen sozialer Gemeinschaften erheblich mehr Aspekte umfaßt als individuenbezogener Grammatikwandel, wird in letzterem dennoch ein wesentlicher Faktor gesehen, der mit anderen Eigenschaften von Sprachwandel eng zusammenhängt.

Die in den 1960er Jahren entstehende *Soziolinguistik* wählt in ihrer sprachsoziologischen Ausrichtung soziale Strukturen als Ausgangspunkt. Im Zentrum des Interesses stehen Sprachverwendungsnormen, Spracheinstellungen unterschiedlich dimensionierter Sprachgemeinschaften, die Relation zwischen sozioökonomischer, soziokultureller und ethnischer Differenzierung/Schichtung einer Gesellschaft auf der einen und spezifischen Sprachvarietäten auf der anderen Seite. Die Soziolinguistik sieht in der Variabilität sprachlicher Strukturen ein wesentliches Merkmal natürlicher Sprachen, das in seiner jeweiligen Ausprägung mit Aspekten sozialer Strukturierung (ko-)variieren kann. Für die auf dieser Prämisse gründende *Variationslinguistik* (A. Tagliamonte 2006) setzen sich Sprachen aus Varietäten zusammen, die sich nach unterschiedlichen, miteinander kombinierbaren Variationsdimensionen systematisieren lassen. Die Untersuchung von Sprachvariationstypen und Sprachmustern beschränkt sich nicht nur auf die Beschreibung ihrer formalen wie funktionalen Charakteristika, sondern befaßt sich auch mit ihrer Genese, Veränderung und Bewertung (z. B. Prestige- vs. stigmatisierte Varietäten). Ein weiteres Forschungsgebiet ist *Mehrsprachigkeit*, wozu auch die Entwicklung von Pidgin- und Kreolsprachen gehört.

Das Problem sprachlicher Bedeutung ist zentrales Thema der linguistischen ↑*Semantik*. Sie ist stark von der logischen Semantik (↑Semantik, logische) beeinflußt; als wichtigster Ideengeber gilt R. Montague (Montague 1974; B. H. Partee 1996). Die von ihm begründete, in der Tradition der formalen Logik (↑Logik, formale) und logischen ↑Sprachanalyse (G. Frege, A. Tarski, R. Carnap u. a.) stehende ↑Montague-Grammatik, war für die L. deswegen von erheblicher Bedeutung, weil sie eine neue Sicht auf die in der *GG* heftig umstrittene Relation zwischen Syntax und Semantik eröffnete. Mithilfe einer (modifizierten) *Kategorialgrammatik* (G. Morrill 2006) werden Syntax und Semantik einer Sprache in der Weise parallelisiert, daß die syntaktischen Regeln aus elementaren sprachlichen Einheiten mittels Funktionalapplikation komplexe Ausdrücke erzeugen, deren Bedeutung sich korrespondierend als Funktion der Interpretation der elementaren Einheiten ergibt und so dem methodologischen Prinzip der semantischen Kompositionalität genügt. Den seither entwickelten verschiedenen Varianten formaler Semantik ist gemeinsam, daß sie von einem wahrheitstheoretisch explizierten Begriff der Satzbedeutung ausgehen. Wortbedeutungen werden allein im Hinblick auf ihren Beitrag zur Satzbedeutung beschrieben. Da ↑Sätze komplexe Ausdrücke sind, wird ihre Bedeutung dem Kompositionalitätsprinzip entsprechend als Funktion der Bedeutung ihrer Grundbausteine (und der Art ihrer syntaktischen Verknüpfung) aufgefaßt. Obwohl sich das Kompositionalitätsprinzip heuristisch als fruchtbar erwiesen hat, wird es kontrovers diskutiert (Chomsky 1977, 1993). Ein gegen die formale Semantik gerichteter Einwand betrifft die Ausblendung vieler Aspekte, denen die *lexikalische Semantik* nachgeht (R.

Jackendoff 1990). Bemängelt wird insbes., daß die formale Semantik ungeeignet sei, der Relevanz gerecht zu werden, die speziell ↑Metaphern in natürlichen Sprachen beanspruchen können (G. Lakoff/M. Johnson 1980). Der Konzeption nach ist die formale Semantik insofern eine ›*E-Semantik*‹, als sie sprachliche Bedeutung ausschließlich in Begriffen des Sprache-Welt-Bezugs erfaßt. Von der menschlichen Kognition wird weitestgehend abstrahiert. – Die generative L. wie auch die formale Semantik sind *satzzentriert*; Sätze, aufgefaßt als Paare von Form (Laut/Gebärden in den Gehörlosensprachen) und Bedeutung, bilden die fundamentalen sprachlichen Einheiten. ↑Kommunikation wird nicht als primäre Funktion von Sprache gesehen, sondern als ein Typ der Inanspruchnahme von (*I-*)*Sprache(n)* neben anderen. Diese Position steht im Widerspruch zur sprachphilosophischen *Sprechakttheorie* (↑Sprechakt), die in der Ausarbeitung J. R. Searles von menschlicher Kommunikation ausgeht und die mit der Äußerung von sprachlichen Ausdrücken vollzogenen Sprechakte, die als Basiseinheiten sprachlicher Kommunikation eingestuft werden, in den Mittelpunkt der Analyse stellt. Damit werden Sprache und Sprechen in eine handlungstheoretische, ›pragmatische‹ Perspektive gerückt. In der linguistischen Rezeption der Sprechakttheorie galt die Diskussion anfangs vor allem Fragen, welche die Adäquatheit der von Searle vorgeschlagenen Bestimmungen zu Struktur und Gelingensbedingungen von Sprechakten betreffen. Darüber hinaus richtete sich das Interesse auf die verbalen Mittel, mit denen diese in einer Sprache – direkt oder indirekt – vollzogen werden können (Rolle der Illokutionsindikatoren wie Intonation, Satzmodi, bestimmte Partikel bzw. Adverbien). Sehr bald wurde die anfängliche Beschränkung auf isolierte Sprechakte aufgegeben und die Sequenzierung von Sprechakten in Gesprächssituationen in die Analyse einbezogen, ein Schritt, der in der Folgezeit in die (weitgehend deskriptive) *Diskurs-* und *Konversationsanalyse* einmündete.

Die linguistische Semantik verdankt der Sprechakttheorie wesentliche Impulse. Ist noch für Montague Pragmatik allein das Studium der Bedeutung indexikalischer/deiktischer (↑indexical, ↑deiktisch) Ausdrücke, so werden, angeregt durch die Sprechakttheorie, nach und nach alle diejenigen Aspekte sprachlicher Bedeutung in die Untersuchung einbezogen, die von der Äußerungssituation abhängig, also pragmatischer Natur sind. Indexikalische/deiktische Elemente bilden hier nur eine Teilmenge der einschlägigen Phänomene, wie die Diskussion um ↑Präsuppositionen und konversationelle ↑Implikaturen belegt (Y. Huang 2006). – Die explizit den Sprachgebrauch als Basis wählende funktionalistische *Cognitive Grammar* ist wie die *GG* kognitiv ausgerichtet, versteht sich jedoch als deren Gegenentwurf. Für die *Cognitive Grammar* beruht Sprachbeherrschung (*knowledge of language*) auf Sprachverwendung, ist Sprachfähigkeit kein eigenständiges kognitives System. Grammatiken liegt die Fähigkeit zugrunde, auf unterschiedlichen Organisationsebenen strukturierte Konzeptualisierungen zu bilden. Das Verhältnis der L. zur ↑*Sprachphilosophie* ist ähnlich wie im Falle der ↑Semiotik durch Rezeptionen (sprach-)philosophischer Positionen bis heute geprägt worden. Insbes. wurde das System *grammatischer Kategorien* (Wortarten, Satzteile etc.) seit der Antike grundsätzlich als universell tauglich eingestuft. Gegenwärtig wird es jedoch sowohl in formalen als auch in funktionalistischen Richtungen der L. kritisch gesehen (C. Baker 2003). Soweit dabei in Bezug auf das Grundproblem einer Bestimmung des Sprache-Welt-Verhältnisses ein erkenntnistheoretischer Realismus (↑Realismus (erkenntnistheoretisch)) vertreten wird – das generative Forschungsprogramm etwa versteht sich in vielen Punkten als Wiederaufnahme klassischer Themen der (Sprach-)Philosophie des 17. und 18. Jhs. (Chomsky 1966, 1997, 2000) –, geht es um die bis heute streitig verlaufende Debatte um das ›richtige‹ Verständnis einer ↑Abbildtheorie der Erkenntnis. Auch die der logischen ↑Sprachanalyse entstammenden verschiedenen Varianten der formalen Wahrheitsbedingungen-Semantik (↑Semantik, logische) sind einer Korrespondenztheorie der ↑Wahrheit und damit einer solchen Abbildtheorie verpflichtet.

Literatur: G. T. M. Altmann (ed.), Psycholinguistics. Critical Concepts in Psychology, I–VI, London/New York 2002; M. Aronoff/J. Rees-Miller (eds.), The Handbook of Linguistics, Oxford/Malden Mass. 2000, 2007; R. E. Asher (ed.), The Encyclopedia of Language and Linguistics, I–X, Oxford etc. 1994, ed. K. Brown, unter dem Titel: Encyclopedia of Language and Linguistics, I–XIV, Amsterdam etc. ²2006; S. Auroux u. a. (eds.), History of the Language Sciences. An International Handbook on the Evolution of the Study of Language from the Beginnings to the Present, I–III, Berlin/New York 2002–2006; J. L. Austin, How to Do Things with Words. The William James Lectures Delivered at Harvard University in 1955, ed. J. O. Urmson, Oxford, Cambridge Mass. 1962, Oxford etc. 1992 (dt. Zur Theorie der Sprechakte, Stuttgart 1972, 2007; franz. Quand dire, c'est faire, Paris 1970, 1991); M. C. Baker, The Atoms of Language, New York 2001, Oxford etc. 2002; ders., Lexical Categories. Verbs, Nouns, and Adjectives, Cambridge/New York 2003; E. L. Bavin (ed.), The Cambridge Handbook of Child Language, Cambridge 2009; C. Boeckx, Linguistic Minimalism. Origins, Concepts, Methods, and Aims, Oxford etc. 2006; ders., Language in Cognition. Uncovering Mental Structures and the Rules behind Them, Malden Mass./Oxford/Chichester 2010; H. Bußmann (ed.), Lexikon der Sprachwissenschaft, Stuttgart 1983, ⁴2008; K.-U. Carstensen, Computerlinguistik und Sprachtechnologie. Eine Einführung. Heidelberg/Berlin 2001, ³2009; J. K. Chambers/P. Trudgill/N. Schilling-Estes (eds.), The Handbook of Language Variation and Change, Malden Mass./Oxford 2002, 2008; N. Chomsky, Aspects of the Theory of Syntax, Cambridge Mass. 1965, 1998 (dt. Aspekte der Syntax-Theorie, Frankfurt 1969, 1987; franz. Aspects de la théorie syntaxique, Paris 1971,

1975); ders., Cartesian Linguistics. A Chapter in the History of Rationalist Thought, New York/London 1966, ed. J. McGilvray ³2009 (franz. La linguistique cartésienne. Un chapitre de l'histoire de la pensée rationaliste, Paris 1966, 1969; dt. Cartesianische L.. Ein Kapitel in der Geschichte des Rationalismus, Tübingen 1971); ders., Language and Mind, New York etc. 1968, Cambridge/New York ³2006, 2007 (franz. Le langage et la pensée, Paris 1968, 2009; dt. Sprache und Geist. Mit einem Anhang: L. und Politik, Frankfurt 1970, 2004); ders., Reflections on Language, New York 1975, London etc. 1979, ferner in: ders., On Language. Chomsky's Classic Works »Language and Responsibility« and »Reflections on Language« in One Volume, New York 1998 (dt. Reflexionen über die Sprache, Frankfurt 1977, 2003; franz. Réflexions sur le langage, Paris 1977, 1981); ders., Essays on Form and Interpretation, New York/Amsterdam/Oxford 1977 (franz. Essais sur la form et le sens, Paris 1980); ders., Rules and Representations, New York 1980, 2005 (dt. Regeln und Repräsentationen, Frankfurt 1981, 2002; franz. Règles et représentations, Paris 1985); ders., Lectures on Government and Binding, Dordrecht/Cinnaminson N. J. 1981 (franz. Théorie du gouvernement et du liage, Paris 1991); ders., Knowledge of Language. Its Nature, Origin, and Use, New York/Westport Conn./London 1986; ders., Language and Thought, Wakefield R. I./London 1993, 2000; ders., The Minimalist Program, Cambridge Mass./London 1995, 2001; ders., Language and Cognition, in: D. M. Johnson/C. E. Erneling (eds.), The Future of the Cognitive Revolution, New York/Oxford 1997, 15–31; ders., New Horizons in the Study of Language and Mind, Cambridge etc. 2000; ders., On Nature and Language, ed. A. Belletti/L. Rizzi, Cambridge etc. 2002, 2008; ders., Beyond Explanatory Adequacy, in: A. Belletti (ed.), Structures and Beyond. The Cartography of Syntactic Structures, III, Oxford etc. 2004, 104–131; P. Crisma/G. Longobardi (eds.), Historical Syntax and Linguistic Theory, Oxford etc. 2009; W. Croft/D. A. Cruse, Cognitive Linguistics, Cambridge etc. 2004, 2009; M. Dascal u. a. (eds.), Sprachphilosophie/Philosophy of Language/La philosophie du langage. Ein internationales Handbuch zeitgenössischer Forschung, I–II, Berlin/New York 1992/1996 (Handbücher zur Sprach- und Kommunikationswissenschaft VII/1–VII/2); Y. N. Falk, Lexical-Functional Grammar. An Introduction to Parallel Constraint-Based Syntax, Stanford Calif. 2001; M. G. Gaskell (ed.), The Oxford Handbook of Psycholinguistics, Oxford/New York 2007, 2009; M. S. Gazzaniga (ed.), The Cognitive Neurosciences, Cambridge Mass./London 1995, ⁴2009; H. P. Grice, Studies in the Way of Words, Cambridge Mass./London 1989, 1995; M. T. Guasti, Language Acquisition. The Growth of Grammar, Cambridge Mass./London 2002, 2004; R. A. Hartmann, Philosophies of Language and Linguistics, Edinburgh 2007; M. Haspelmath u. a. (eds.), Sprachtypologie und sprachliche Universalien. Ein internationales Handbuch, I–II, Berlin 2001; I. Heim/A. Kratzer, Semantics in Generative Grammar, Malden Mass./Oxford 1998, 2008; E. Hoff/M. Shatz (eds.). Blackwell Handbook of Language Development, Malden Mass./Oxford 2006, 2009; Y. Huang, Pragmatics, Oxford etc. 2007, 2008; D. H. Hymes, The Ethnography of Speaking, in: J. A. Fishman (ed.), Readings in the Sociology of Language, The Hague/Paris 1968, 1977, 99–138; J. C. L. Ingram, Neurolinguistics. An Introduction to Spoken Language Processing and Its Disorders, Cambridge etc. 2007, 2008; R. Jackendoff, Semantic Structures, Cambridge Mass./London 1990, 1995; ders., Foundations of Language. Brain, Meaning, Grammar, Evolution, Oxford/New York 2002, 2008; L. Jenkins, Biolinguistics. Exploring the Biology of Language,

Cambridge/New York/Melbourne 2000; B. D. Joseph/R. D. Janda (eds.), The Handbook of Historical Linguistics, Malden Mass. etc. 2003, 2008; S. Kepser/M. Reis (eds.), Linguistic Evidence. Empirical, Theoretical and Computational Perspectives, Berlin/New York 2005; A. Kertész, Philosophie der L.. Studien zur naturalisierten Wissenschaftstheorie, Tübingen 2004; W. Labov, Sociolinguistic Patterns, Philadelphia Pa. 1972, 1991 (franz. Sociolinguistique, Paris 1976, 2004); ders., Principles of Linguistic Change, I–II, Oxford/Cambridge Mass. 1994/2001, 2006/2007, III, 2008; G. Lakoff/M. Johnson, Metaphors We Live By, Chicago Ill./London 1980, 2003 (dt. Leben in Metaphern. Konstruktion und Gebrauch von Sprachbildern, Heidelberg 1998, 2008); R. W. Langacker, Foundations of Cognitive Grammar, I–II, Bloomington Ind., Trier 1983, erw. Stanford Calif. 1987/1991; S. Lappin (ed.), The Handbook of Contemporary Semantic Theory, Oxford/Malden Mass. 1996, 1997; R. K. Larson/V. Déprez/H. Yamakido (eds.), The Evolution oft the Human Language. Biolinguistic Perspectives, Cambridge etc. 2010; E. Lepore/B. C. Smith (eds.), The Oxford Handbook of Philosophy of Language, Oxford/New York 2006, 2008; S. C. Levinson, Pragmatics, Cambridge 1982 (dt. Pragmatik, Tübingen 1990); ders., Presumptive Meanings. The Theory of Generalized Conversational Implicature, Cambridge Mass./London 2000, 2001; D. Lightfoot, The Development of Language. Acquisition, Change, and Evolution, Malden Mass./Oxford 1999; A. Marantz, Generative Linguistics within the Cognitive Neuroscience of Language, Linguistic Rev. 22 (2005), 429–445; J. McGilvray (ed.), The Cambridge Companion to Chomsky, Cambridge etc. 2005; J. Meibauer, Pragmatik. Eine Einführung, Tübingen 1999, ²2001, 2008; R. Montague, Formal Philosophy. Selected Papers, ed. R. H. Thomason, New Haven Conn./London 1974, 1979; G. Morrill, Categorial Grammars. Deductive Approaches, in: K. Brown (ed.), The Encyclopedia of Language and Linguistics [s. o.] II, 242–248; F. J. Newmeyer, Language Form and Language Function, Cambridge Mass./London 1998, 2000; C. P. Otero (ed.), Noam Chomsky. Critical Assessments, I–IV, London/New York 1994; B. H. Partee, The Development of Formal Semantics in Linguistic Theory, in: S. Lappin (ed.), The Handbook of Contemporary Semantic Theory [s. o.], 11–38; dies. (ed.), Compositionality in Formal Semantics. Selected Papers by Barbara H. Partee, Malden Mass./Oxford/Carlton 2004; dies./ H. L. W. Hendriks, Montague Grammar, in: J. van Benthem/A. ter Meulen (eds.)., Handbook of Logic and Language, Amsterdam etc., Cambridge Mass. 1997, 5–91; M. Penke/A. Rosenbach (eds.), What Counts as Evidence in Linguistics. The Case of Innateness, Amsterdam/Philadelphia Pa. 2007; M. Piattelli-Palmarini/J. Uriagereka/P. Salaburu (eds.), Of Minds and Language. A Dialogue with Noam Chomsky in the Basque Country, Oxford/New York 2009; S. Pinker, The Language Instinct. The New Science of Language and Mind, London 1994, 2000, mit Untertitel: How the Mind Creates Language, New York 1994, 2009 (dt. Der Sprachinstinkt. Wie der Geist die Sprache bildet, München, Darmstadt 1996, München 1998; franz. L'instinct du langage, Paris 1999, 2008); G. Rickheit/T. Herrmann/W. Deutsch (eds.), Psycholinguistik. Ein internationales Handbuch, Berlin 2003; I. Roberts, Diachronic Syntax, Oxford/New York 2007; T. Roeper, The Prism of Grammar. How Child Language Illuminates Humanism, Cambridge Mass./London 2007, 2009; I. A. Sag/T. Wasow, Syntactic Theory. A Formal Introduction, Stanford Calif. 1999, mit E. M. Bender ²2003, 2006; F. de Saussure, Cours de linguistique générale, ed. C. Bally/A. Sechehaye, Lausanne/Paris 1916, Paris 1969, édition critique R. Engler, I–II, Wiesbaden 1968/1974, 1989/1990, édition critique T. de Mauro,

Paris 1972, 2007, ed. E. Komatsu/G. Wolf, I–III [franz./engl.], Oxford etc. III 1993, I–II 1996/1997 (dt. Grundfragen der allgemeinen Sprachwissenschaft, Berlin/Leipzig 1931, Berlin/New York ³2001; engl. Course in General Linguistics, New York 1959, New York 2005); D. Schiffrin/D. Tannen/H. E. Hamilton (eds.), The Handbook of Discourse Analysis, Malden Mass./Oxford 2001, Malden Mass. etc. 2008; H. J. Schneider, Phantasie und Kalkül. Über die Polarität von Handlung und Struktur in der Sprache, Frankfurt 1992, 1999; J. R. Searle, Speech Acts. An Essay in the Philosophy of Language, Cambridge etc. 1969, 2008 (dt. Sprechakte. Ein sprachphilosophischer Essay, Frankfurt 1971, 2008; franz. Les actes de langage. Essai de philosophie du langage, Paris 1972, 2009); ders., Expression and Meaning. Studies in the Theory of Speech Acts, Cambridge etc. 1979, 2005 (dt. Ausdruck und Bedeutung. Untersuchungen zur Sprechakttheorie, Frankfurt 1982, 2004; franz. Sens et expression. Études de théorie des actes de langage, Paris 1982, 1992); P. Smolensky/G. Legendre, The Harmonic Mind. From Neural Computation to Optimality-Theoretic Grammar, I–II, Cambridge Mass./London 2006; D. Sperber/D. Wilson, Relevance. Communication and Cognition, Oxford 1986, Oxford/Cambridge Mass. ²1995, 2009; R. S. Stainton (ed.), Contemporary Debates in Cognitive Science, Malden Mass./Oxford/Melbourne 2006, 2008; S. A. Tagliamonte, Analysing Sociolinguistic Variation, Cambridge/New York 2006, 2009. – Handbücher zur Sprach- und Kommunikationswissenschaft (HSK) [Serie], ed. H. E. Wiegand u. a., Berlin/New York 1982 ff.; Critical Concepts in Linguistics [Serie], London/New York 1998 ff. [Pragmatics (1998), Phonology (2000) unter dem Serientitel: Critical Concepts]. W. J. M.

Liniengleichnis, neben Sonnengleichnis (Pol. 508a–509b, ↑Lichtmetaphysik) und ↑Höhlengleichnis (Pol. 514a–519d) die dritte gleichnishafte Darstellung der Philosophie der ↑Ideenlehre (↑Idee (historisch)) in Platons »Politeia« (509d–511e). Eine Linie ist in zwei ungleiche Teile x und y geteilt, die ihrerseits jeweils wieder im Verhältnis $x : y$ der beiden ungleichen Teile geteilt sind (509d6–8): $x = a + b$ und $y = c + d$, wobei $a : b = x : y = c : d$.

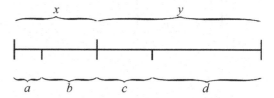

Wegen $a : b = c : d$ gilt auch $a : c = b : d$ bzw. $b = ad : c$. Daher ist $x : y = (a + b) : y = (a + ad : c) : y = (ac + ad) : cy = a(c + d) : cy = a : c$ (weil $c + d = y$ ist). Insbes. ist $a : c = a : b$, woraus folgt, daß $b = c$ ist; letzterer Umstand spielt in Platons Deutung der Linie jedoch keine Rolle. Entscheidend für seine Deutung ist die Entsprechung zwischen längeren Strecken und (primär) einem wachsenden erkenntnistheoretischen Maß an Klarheit und (sekundär) einem wachsenden ontologischen Maß an Wirklichkeit. Entsprechend diesem Zusammenwirken von *erkenntnistheoretischen* und *ontologischen* Aspekten stellt, ontologisch gesehen, Abschnitt *a* Bilder und Schatten empirischer Gegenstände (509e1–510a3), Abschnitt *b* die empirischen Gegenstände (natürliche Dinge und Artefakte) selbst (510a5–6), Abschnitt *c* mathematische Gegenstände (510b4–6) und Abschnitt *d* (nicht-mathematische) Ideen (510b6–9) dar (wobei nicht deutlich ist, ob mathematische Gegenstände hier als Beispiele für oder als identisch mit den Ideen des Abschnitts *c* verstanden werden). Erkenntnistheoretisch, d.h. nach Weisen der Wissensbildung geordnet, entspricht dem die Zuordnung der Vermutung bzw. der täuschenden Wahrnehmung (εἰκασία, 511e2) zu Abschnitt *a*, des Fürwahrhaltens (πίστις, 511e1) zu Abschnitt *b*, des (mathematischen) Denkens (διάνοια, 511d8) zu Abschnitt *c* und der Vernunft (νόησις, 511d8) zu Abschnitt *d*. Die den Erscheinungen (*a* + *b*), d.h. der sichtbaren Welt (τὸ ὁρατόν, 509d4) bzw. der Welt der Meinung (τὸ δοξαστόν, 510a9), zugeordneten Weisen der Wissensbildung stellen zusammen den Begriff der ↑Meinung (δόξα) dar; die den nicht-empirischen Gegenständen (*c* + *d*), d.h. den mathematischen und nicht-mathematischen Ideen, zugeordneten Weisen der Wissensbildung den Begriff des Wissens (ἐπιστήμη [↑Episteme]; in 533e7–534a8 tauschen Noesis und Episteme die terminologischen Plätze).

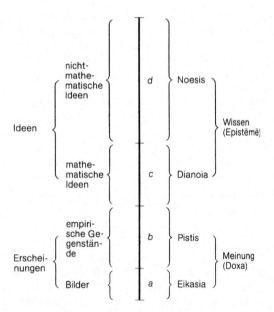

Die in der Philosophie der Ideenlehre getroffenen Unterscheidungen werden so im L. in einem einheitlichen Bild zur Darstellung gebracht. Dies gilt ebenso für die erkenntnistheoretische Seite (Unterscheidung unterschiedlicher Formen der Wissensbildung) wie für die ontologische Seite (Unterscheidung unterschiedlicher Formen der Realität), wobei die im ↑Neuplatonismus ausgearbeitete ↑Zweiweltentheorie eine mögliche, jedoch keine notwendige Konsequenz dieser Darstellung ist. So beruht die nachgeordnete Stellung des mathematischen Denkens bzw. der mathematischen Ideen darin, daß mathematische Konstruktionen Konstruktionen von Objekten *in der* ↑Anschauung sind, d.h., im Bilde der Linie und in der Terminologie I. Kants gesprochen, daß die Mathematik ihr Wissen in der *reinen* Anschauung (Verfahren der Konstruktion mathematischer Gegenstände) und in der *empirischen* Anschauung (empirische Aktualisierung mathematischer Konstruktionen) bildet, während die Stellung des nicht-mathematischen Denkens bzw. der nicht-mathematischen Ideen nach Platon eben darin ausgezeichnet ist, diesen Bedingungen, die im L. Abschnitt *c* mit Abschnitt *b* verbinden, nicht zu unterliegen (Platon erläutert diesen Umstand unter Hinweis auf die Rolle hypothetischer Verfahren [↑Hypothese] in der Mathematik [510b] und im Rahmen seiner bekannten Mathematikerkritik [510c–e]). Ferner lassen sich die erkenntnistheoretischen und ontologischen Unterscheidungen auch so aufeinander beziehen, daß z.B. immer dann, wenn von Gegenständen als *konkreten* Gegenständen, wie sie jedermann ›erscheinen‹, gesprochen wird, dies im Modus der ↑Meinung geschieht, wenn hingegen von Gegenständen *begrifflich* (in Platons Konzeption: auf dem Hintergrund ›ideeller Konstruktionen‹) gesprochen wird, der Modus des ↑Wissens gegeben ist. So macht die Darstellung des L.ses in besonderer Weise Probleme einer Philosophie der Ideenlehre deutlich, die in der Platon-Rezeption und der Platon-Interpretation kontrovers sind: z.B. die (von der Aristotelischen Kritik der Ideenlehre und vom Neuplatonismus her gesehen) problematische ›Mittelstellung‹ der mathematischen Ideen; die (hier in Form einer proportionalen Anordnung verdeutlichte) erkenntnistheoretische und ontologische Gliederung sowie Beurteilung unterschiedlicher Formen des ›Seins‹ und der Wissensbildung; das Verhältnis der drei Gleichnisse untereinander. In der Sprache der Pädagogik des Höhlengleichnisses ausgedrückt geht es Platon bei alledem in erster Linie um die Erreichung eines *praktischen* Zweckes auf *theoretischen* Wegen: die ›Umlenkung der Seele‹ (ψυχῆς περιαγωγή, 521c6) – ›vom Werden zur Wahrheit und zum Sein‹ (525c5–6).

Literatur: J. Annas, On the »Intermediates«, Arch. Gesch. Philos. 57 (1975), 146–166; Y. Balashov, Should Plato's Line Be Divided in the Mean and Extreme Ratio?, Ancient Philos. 14 (1994), 283–295; M. Bordt, Platon, Freiburg/Basel/Wien 1999, 2004, 93–127 (Das L.); J. A. Brentlinger, The Divided Line and Plato's ›Theory of Intermediates‹, Phronesis 8 (1963), 146–166; M. Cludius, Die Grundlegung der Erkenntnistheorie in Platons Politeia. Ein Kommentar zu Platons Unterscheidung von Meinen und Wissen und zum L., Diss. Marburg 1997; R. C. Cross/

A. D. Woozley, Plato's Republic. A Philosophical Commentary, London, New York 1964, 1979, Basingstoke 1991, 201–230; N. Delhey, Eine Interpolation im L.? Zu Platon, Rep. 510a9f., Rhein. Mus. Philol. 140 (1997), 231–241; N. Denyer, Sun and Line. The Role of the Good, in: G. R. F. Ferrari (ed.), The Cambridge Companion to Plato's »Republic«, Cambridge etc. 2007, 2008, 284–309; E. Diamond, The Relation between the Divided Line and the Constitutions in Plato's »Republic«, Polis 23 (2006), 74–94; K. Dorter, The Divided Line and the Structure of Plato's »Republic«, Hist. Philos. Quart. 21 (2004), 1–20; J. P. Dreher, The Driving Ratio in Plato's Divided Line, Ancient Philos. (1990), 159–172; T. Ebert, Meinung und Wissen in der Philosophie Platons. Untersuchungen zum »Charmides«, »Menon« und »Staat«, Berlin/New York 1974, 173–193; A. S. Ferguson, Plato's Simile of Light I (The Similes of the Sun and the Line), Class. Quart. 15 (1921), 131–152; ders., Plato's Simile of Light II (The Allegory of the Cave), Class. Quart. 16 (1922), 15–28; ders., Plato's Simile of Light Again, Class. Quart. 28 (1934), 190–210; J. Ferguson, Sun, Line, and Cave Again, Class. Quart. NS 13 (1963), 188–193; R. Foley, Plato's Undividable Line. Contradiction and Method in »Republic« VI, J. Hist. Philos. 46 (2008), 1–23; W. K. C. Guthrie, A History of Greek Philosophy IV (Plato. The Man and His Dialogues: Earlier Period), Cambridge etc. 1975, 1998, 508–512; M. Gutmann, Die dialogische Pädagogik des Sokrates. Ein Weg zu Wissen, Weisheit und Selbsterkenntnis, Münster etc. 2003, 106–118 (Das L.); D. W. Hamlyn, Eikasia in Plato's Republic, Philos. Quart. 8 (1958), 14–23; M. Husain, Plato: The Divided Line and the Soul, J. Neoplatonic Stud. 1 (1993), 63–81; W. Kersting, Platons »Staat«, Darmstadt 1999, 2006, 219–223 (Das L. [509de–511e]); H. Krämer, Die Idee des Guten. Sonnen- und L. (Buch VI 504a–511e), in: O. Höffe (ed.), Platon, Politeia, Berlin 1997, ²2005, 179–203; S. Krämer, Berechenbare Vernunft. Kalkül und Rationalismus im 17. Jahrhundert, Berlin/New York 1991, bes. 53–69 (I.6 Die philosophische Legitimation der symbolischen Differenz durch Platon); Y. Lafrance, Pour interpréter Platon. La ligne en »République« VI, 509d–511e, I–II, Paris, Montreal 1987/1994; R. Merkelbach, Eine Interpolation im L. und die Verhältnisgleichungen. Mit Bemerkungen zu zwei anderen Stellen der »Politeia«, Rhein. Mus. Philol. 135 (1992), 235–245; J. S. Morrison, Two Unresolved Difficulties in the Line and Cave, Phronesis 22 (1977), 212–231; N. R. Murphy, The Interpretation of Plato's Republic, Oxford 1951, 1967, 151–193 (Chap. VIII Enlightenment and the Good); G. Patzig, Platons Ideenlehre, kritisch betrachtet, Antike u. Abendland 16 (1970), 113–126, Nachdr. in: ders., Tatsachen, Normen, Sätze. Aufsätze und Vorträge. Mit einer autobiographischen Einleitung, Stuttgart 1980, 1988, 119–143; J. E. Raven, Sun, Divided Line, and Cave, Class. Quart. NS 3 (1953), 22–32; J. M. Rist, Equals and Intermediates in Plato, Phronesis 9 (1964), 27–37; A. Roser, Platons L. Ein frühes Fraktal, Prima Philosophia 7 (1994), 47–52; D. Ross, Plato's Theory of Ideas, Oxford 1951, Westport Conn. 1976, 45–69; N. D. Smith, Plato's Divided Line, Ancient Philos. 16 (1996), 25–46, ferner in: ders. (ed.), Plato. Critical Assessments II, London/New York 1998, 292–315; G. Vlastos, Degrees of Reality in Plato, in: R. Bambrough (ed.), New Essays on Plato and Aristotle, London, New York 1965, 1979, 1–19, ferner in: ders., Platonic Studies, Princeton N. J. 1973, 1981, 58–75; W. Wieland, Platon und die Formen des Wissens, Göttingen 1982, 1999, 201–218; M.-H. Yang, The Relationship between Hypotheses and Images in the Mathematical Subsection of the Divided Line of Plato's Republic, Dialogue 44 (2005), 285–312; M.-E. Zovko, The Way Up and the Way Back is the Same. The Ascent of Cognition in Plato's Analogies of the Sun, the Line and the Cave and the Path Intelligence Takes, in: dies./J. Dillon (eds.), Platonism and Forms of Intelligence, Berlin 2008, 313–341.   J. M.

Linkshegelianismus, ↑Hegelianismus.

Linné (Linnaeus), Carl von, *Hof Råshult (bei Stenbrohult, Småland, Schweden) 23. Mai 1707, †Uppsala 10. Jan. 1778, schwed. Naturforscher. Studium der Medizin in Lund (1727/1728) und Uppsala (1728–1735), unterbrochen von pflanzenkundlichen Reisen (und Publikationen). 1735 medizinische Promotion in Harderwijk (Niederlande); Fortsetzung der botanischen Forschungen in Leiden und Hartekamp (bei Haarlem) bis 1738. Danach zunächst Arzt in Stockholm. 1741 Prof. der Medizin, ab 1742 auch Prof. der Botanik in Uppsala. In Stockholm regte L., Mitglied zahlreicher Akademien, die Gründung der schwedischen Akademie der Wissenschaften an und wurde deren erster Präsident. 1747 Ernennung zum königlichen Leibarzt, 1762 geadelt.

L.s bedeutendste Leistung ist, beeinflußt unter anderem von A. Cesalpino (1519–1603), die Schaffung der heute noch im Prinzip verwendeten ↑Systematik insbes. des Pflanzenreichs (Systema naturae [...], 1735). Nach anfänglichen deskriptiven Ansätzen verwendete L. erstmals in »Pan suecicus« (1749), dann in »Species plantarum [...]« (I–II) seine *binäre Nomenklatur*. Diese gibt für jede Pflanzenart analog zur Aristotelischen Definitionslehre (*genus* und ↑*differentia specifica*) die Namen von ↑Gattung und ↑Spezies an, die L. beide als natürliche Gruppierungen betrachtet, während die höheren Gruppierungen Ordnung und Klasse menschengemachte Zusammenstellungen darstellen. Dies gilt auch für subspezifische Varietäten. Als dritte Einheit ist heute noch der Name des jeweiligen Erstbeschreibers hinzugetreten. Die Ordnung der Pflanzen erfolgt nach dem einzigen Gesichtspunkt des Baus ihrer Geschlechtsorgane (L. führte die Symbole ♂ und ♀ ein). Diese künstliche ↑Klassifikation, vielfach bekämpft (z. B. von A. v. Haller, G.-L. L. Buffon, J. B. de Lamarck), suchte L. erfolglos durch ein natürliches (auf Ähnlichkeiten beruhendes) System zu ergänzen.

L. hat die wohl erste Klassifikation des Tierreichs vorgenommen (sechs Klassen), differenziert nach jeweils spezifischen Organen. Diese Klassifikation, in der der Mensch (homo sapiens) mit nicht näher spezifizierten Affen (homo troglodytes) erscheint, hatte jedoch, ebenso wie die der Mineralien, keinen so großen Einfluß wie die botanische. L., der zunächst die Konstanz der einmal von Gott geschaffenen Arten angenommen hatte, vertrat ab etwa 1760 die Auffassung, daß in jeder natürlichen Ordnung der Pflanzen Gott nur eine einzige Art geschaffen habe. Die Vielfalt der Arten und Gattungen ist, ohne daß damit der Gedanke einer ↑Evolution vertreten wurde, nach L. auf Kreuzungen zurückzuführen. – Im Sinne der ↑Physikotheologie des 18. Jhs. sah L. die Natur als von Gott geschaffenen, teleologisch (↑Teleologie) gedeuteten Kreislauf von Leben und Sterben, der sich, nach einem soziomorphen Modell (jedes Glied dient dem Ganzen), im Gleichgewicht befindet und den der Naturforscher zu ordnen hat. Über das Handeln des Menschen wacht – wie L. in düsteren Reflexionen auseinandersetzt – eine rächende »Nemesis Divina« (1848).

Werke: C. v. L.s Ungdomsskrifter [Jugendschriften], I–II, ed. E. Ährling, Stockholm 1888/1889; Skrifter, I–V, ed. T. M. Fries, Uppsala 1905–1913; Bref och skrifvelser af och till C. v. L., in 10 Bdn. [Abt. 1, I–VIII, Abt. 2, I–II], Stockholm/Uppsala 1907–1943; Linnaeus im Auslande. L.s Gesammelte Jugendschriften autobiographischen Inhaltes aus den Jahren 1732–1738, u. 1 Suppl.bd., ed. F. Bryk, Stockholm 1919/1921. – Systema naturae [...], Leiden 1735 (repr. Nieuwkoop 1964), I–II, Stockholm ¹⁰1758–1759, I–III, ¹²1766–1768; Fundamenta botanica [...], Amsterdam 1736 (repr. in: Bibliotheca botanica [...], München 1968), ³1741; Bibliotheca botanica [...], Amsterdam 1736 (repr. München 1968), 1751; Musa Cliffortiana. Florens Hartecampi 1736 prope Harlemum, Leiden 1736; Critica botanica [...], Leiden 1737 (engl. The »Critica botanica« of Linnaeus, London 1938); Flora Lapponica [...], Amsterdam 1737 (schwed. Uppsala 1905 [= Skrifter I]), London 1791; Genera plantarum [...], Leiden 1737, Stockholm ⁵1754 (repr., ed. W. T. Stearn, Weinheim 1960), ⁶1764; Hortus Cliffortianus [...], Amsterdam 1737 (repr. New York 1968); Classes plantarum [...], Leiden 1738, Halle/Magdeburg 1747 (repr. Uppsala 1907 [= Skrifter III]); Flora svecica [...], Stockholm 1745, ²1755; Fauna svecica [...], Leiden, Stockholm 1746, Stockholm 1761; Flora Zeylanica [...], Stockholm 1747, Amsterdam 1748; Hortus Upsaliensis, Stockholm, Amsterdam 1748; Oeconomia naturae, Uppsala 1749, ³1787 (dt. Die Oeconomie der Natur, in: Des Ritter C. v. L. auserlesene Abhandlungen [...] [s. u.] II, 1–56); Materia medica, I–III, Stockholm 1749–1763, ed. J. C. D. Schreber, Leipzig/ Erlangen ²1772, ⁵1787; Amoenitates academicae, seu dissertationes variae [...], I–X (VII–X, ed. J. C. D. Schreber), Stockholm, Leipzig, Leiden 1749–1790 (engl. [Teilausg.] Miscellaneous Tracts Relating to Natural History, Husbandry and Physick, ed. B. Stillingfleet, London 1759, mit Untertitel: To Which Is Added the Calendar of Flora, ²1762, ⁴1791); Philosophia botanica [...], Stockholm, Amsterdam 1751 (repr. New York 1966), Halle ⁴1809 (engl. Linnaeus' Philosophia botanica, New York/ Oxford 2003); Species plantarum [...], I–II, Stockholm 1753 (repr. Berlin 1907, ed. W. T. Stearn, London 1957–1959), ²1762/ 1763; Des Ritter C. v. L. auserlesene Abhandlungen aus der Naturgeschichte, Physik und Arzneywissenschaft, I–III, Leipzig 1776–1778; Nemesis divina, ed. E. Fries, Uppsala 1848, vollst., ed. E. Malmeström/T. Fredbärj, Stockholm 1968 (dt. ed. W. Lepenies/L. Gustafsson, München 1981, 1983, Zürich 2007; engl. ed. M. J. Petry, Dordrecht 2001); Sponsalia plantarum [...], in: Amoenitates academicae [s. o.] I, 327–381, unter dem Titel: Praeludia sponsaliorum plantarum [...], in: Skrifter [s. o.] IV, Uppsala 1908, 1–26 [Nachdr. des Originalmanuskripts aus dem Jahr 1729], ferner unter dem Titel: Förspel till Växternas Bröllop – Prelude to the Betrothal of Plants, ed. X. Wootz/ K. Östlund, Uppsala 2007 [repr. des Originalmanuskripts mit

schwedischer Transkription u. engl. Übers. unter dem Titel: Prelude to the Betrothal of Plants, 54–103]; Vita Caroli Linnaei [Autobiographische Aufzeichnungen], ed. E. Malmeström/A. H. Uggla, Stockholm 1957; Lappländische Reise, übers. H. C. Artmann, Frankfurt 1964, 1988 [Übers. aus der schwed. Ed. in: Skrifter V], Berlin 2004. – J. M. Hulth, Bibliographia Linnaeana. Matériaux pour servir à une bibliographie Linnéenne I.1 (mehr nicht erschienen), Uppsala 1907; [B. H. Soulsby] A Catalogue of the Works of Linnaeus. And Publications More Immediately Relating Thereto Preserved in the Libraries of the British Museum (Bloomsbury) and the British Museum (Natural History) (South Kensington), u. 1 Indexbd., London ²1933–1936; [A. Liljedahl] A Catalogue of the Works of Linnaeus. Issued in Commemoration of the 250th Anniversary of the Birthday of Carolus Linnaeus, 1707–1778, Stockholm 1957; S. Lindroth, Two Centuries of Linnean Studies, in: T. R. Buckman (ed.), Bibliography and Natural History, Lawrence Kans. 1966, 27– 45; G. A. Rudolph/E. Williams, Linneana, Manhattan Kans. 1970 [Werke von L. und seinen Schülern in der Kansas State University Library].

Literatur: W. Blunt, The Compleat Naturalist. A Life of Linnaeus, London, New York 1971, 2001, unter dem Titel: Linnaeus. The Compleat Naturalist, Princeton N. J. 2001, London 2004; G. Broberg (ed.), Linnaeus. Progress and Prospects in Linnaean Research, Stockholm, Pittsburgh Pa. 1980; A. Dickinson, C. Linnaeus. Pioneer of Modern Botany, London/New York 1967; B. Eng, Necessary Properties and Linnean Essentialism, Can. J. Philos. 5 (1975), 83–102; H. M. Enzensberger, C. v. L. (1707–1778), in: ders., Mausoleum. Siebenunddreißig Balladen aus der Geschichte des Fortschritts, Frankfurt 1975, 1994, 28–30; T. Frängsmyr (ed.), Linnaeus. The Man and His Work, Berkeley Calif. 1983, Canton Mass. 1994; T. M. Fries, L., I–II, Stockholm 1903 (engl. Linnaeus [Afterwards C. v. L.]. The Story of His Life, London 1923); H. Goerke, C. v. L.. Arzt, Naturforscher, Systematiker 1707–1778, Stuttgart 1966, ²1989 (engl. Linnaeus, New York 1973); R. Granit (ed.), Utur stubbotan rot. Esäär till 200-årsminnet av C. v. L.s död, Stockholm 1978; J. L. Heller, Studies in Linnean Method and Nomenclature, Frankfurt/Bern/New York 1983; I. Jahn/K. Senglaub, C. v. L., Leipzig 1978; L. Koerner, Linnaeus. Nature and Nation, Cambridge Mass. 1999, 2001; J. L. Larson, Reason and Experience. The Representation of Natural Order in the Work of C. v. L., Berkeley Calif./Los Angeles/London 1971; ders., Interpreting Nature. The Science of Living Form from Linnaeus to Kant, Baltimore Md./London 1994; S. Lindroth, L., DSB VIII (1973), 374–381; S. Marcucci, Bentham e Linneo. Una interpretazione singolare, Lucca 1979 (dt. Bentham und L.. Eine singuläre Auslegung, Wiesbaden 1982); H. Schmitz/N. Uddenberg/P. Östensson, A Passion for Systems. Linnaeus and the Dream of Order in Nature, Stockholm 2007; F. A. Stafleu, Linnaeus and the Linnaeans. The Spreading of Their Ideas in Systematic Botany, 1735–1789, Utrecht 1971; R. C. Stauffer, Ecology in the Long Manuscript Version of Darwin's »Origin of Species« and Linnaeus' »Oeconomy of Nature«, Proc. Amer. Philos. Soc. 104 (1960), 235–241; W. T. Stearn, The Background of Linnaeus's Contributions to the Nomenclature and Methods of Systematic Biology, Syst. Zool. 8 (1959), 4–22; P. F. Stevens, C. v. Linnaeus, REP V (1998), 646–650; D. J. H. Stöver, Leben des Ritters C. v. L.. Nebst den biographischen Merkwürdigkeiten seines Sohnes, des Professors Carl von Linné und einem vollständigen Verzeichnisse seiner Schriften, deren Ausgaben, Uebersetzungen, Auszüge und Commentare, I–II, Hamburg 1792 (engl. The

Life of Sir Charles Linnaeus. Knight of the Swedish Order of the Polar Star, &c. &c. to which Is Added, a Copious List of His Works, and a Biographical Sketch of the Life of His Son, London 1794); J. Weinstock (ed.), Contemporary Perspectives on Linnaeus, Lanham Md. 1985; K. R. V. Wikman, Lachesis and Nemesis. Four Chapters on the Human Condition in the Writings of C. Linnaeus, Stockholm 1970. – C. v. L.'s Bedeutung als Naturforscher und Arzt. Schilderungen. Herausgegeben von der Königlich Schwedischen Akademie der Wissenschaften anläßlich der 200jährigen Wiederkehr des Geburtstages L.'s, Jena 1909, Wiesbaden 1968. G. W.

Lipps, Johann Heinrich, genannt: Hans, *Pirna 22. Nov. 1889, †bei Shabero, Bezirk Ochwat, Rußland (gefallen) 10. Sept. 1941, dt. Philosoph. Gymnasialzeit in Dresden, 1909/1910 Studium der Kunstgeschichte, Philosophie (bei H. Cornelius) und Architektur in München, ab 1911 Studium der Philosophie (bei E. Husserl und A. Reinach, in deren Umkreis Bekanntschaft mit R. Ingarden, F. Kaufmann und E. Stein) und Biologie in Göttingen, 1912 philosophische Promotion, anschließend Studium der Medizin in Göttingen und Straßburg, Kriegsteilnehmer 1914–1918. Rückkehr nach Göttingen, 1921 medizinische Promotion und Habilitation für Philosophie, Privatdozentur (und Kontakt zu J. König, G. Misch, H. Plessner), 1928–1935 a. o. Prof. der Philosophie in Göttingen (1931–1935 Lehrbeauftragter an der TU Hannover), 1936 o. Prof. in Frankfurt, September 1939 als Stabsarzt (später Regimentsarzt) zur Wehrmacht eingezogen. – Nach eigener Aussage ›zwischen ↑Pragmatismus und ↑Existenzphilosophie‹ stehend, ist L. vor allem von E. Husserl, M. Heidegger und der ↑Lebensphilosophie W. Diltheys beeinflußt. Er geht zunächst von erkenntnistheoretischen Problemen aus und wendet sich dann der daseinsanalytischen (↑Daseinsanalyse) Freilegung der ›Bedeutung der Sprache für das Leben‹ des Menschen zu, dessen ›Existenz‹ in ihr ›zu Worte kommt‹. Jede ↑Sprache bedeutet eine bestimmte Art der Welterschließung und damit eine ›Existenzform‹ bzw. ein ›Geschick‹, was auf den Zusammenhang von ↑Sprachspiel und ↑Lebensform bei L. Wittgenstein verweist. L.' ↑Sprachanalyse knüpft jeweils an die konkreten ›Situationen‹ gesprochener Rede an. Wird Sprache nur im Kontext konkreter Praxis zugänglich, so muß auch die ›sinnliche Natur‹ des Menschen (↑Leibapriori) in die Untersuchung einbezogen werden. Die leiblich-geistige Verfassung des Menschen ist in ihrer Totalität nach L. Gegenstand einer phänomenologischen Psychologie. Auf dieser Grundlage müssen die Sätze, Theorien und Systeme von Logik und Naturwissenschaft auf ihre Lebensursprünge und Entstehungssituationen zurückbezogen werden. Die Freilegung des unbewußt ›Vorgängigen‹ (↑Lebenswelt) in der ↑›Hermeneutik der Wirklichkeit‹ bestimmt L. entsprechend als Aufgabe aller Philosophie. Den Ursprung und die Gegenwärtigkeit

logischer Strukturen in der ↑Alltagssprache untersucht die ›hermeneutische Logik‹. L.' ↑Sprachhermeneutik und pragmatisches (↑Pragmatik) Verständnis menschlicher Rede antizipieren Grundgedanken heutiger ↑Sprachphilosophie.

Werke: Werke, I–V, Frankfurt 1976–1977 (Nachdr. der jeweils letzten Einzelausgaben). – Die Paradoxien der Mengenlehre, Jb. Philos. phänomen. Forsch. 6 (1923), 561–571; Untersuchungen zur Phänomenologie der Erkenntnis, I–II, Bonn 1927/1928 (I Das Ding und seine Eigenschaften, II Aussage und Urteil), in 1 Bd., Frankfurt ²1976 (= Werke I); Untersuchungen zu einer hermeneutischen Logik, Frankfurt 1938, ⁴1976 (= Werke II) (franz. Recherches pour une logique herméneutique, Paris 2004); Die menschliche Natur, Frankfurt 1941, ²1977 (= Werke III); Die Verbindlichkeit der Sprache. Arbeiten zur Sprachphilosophie und Logik, ed. E. v. Busse, München 1944 (repr. Frankfurt 1958), ohne Untertitel, ³1977 (= Werke IV); Die Wirklichkeit des Menschen, ed. E. v. Busse, Frankfurt 1954, ²1977 (= Werke V).

Literatur: O. F. Bollnow, H. L., Forschungen und Fortschritte 18 (1942), 82; ders., H. L.. Ein Beitrag zur philosophischen Lage der Gegenwart, Bl. dt. Philos. 16 (1942/1943), 293–323; ders., Probleme der philosophischen Anthropologie. H. L., Die Verbindlichkeit der Sprache, Die Sammlung 1 (1945/1946), 689–699; ders., Zum Begriff der hermeneutischen Logik, in: H. Delius/G. Patzig (eds.), Argumentationen. Festschrift für Josef König, Göttingen 1964, 20–42; ders., Studien zur Hermeneutik II (Zur hermeneutischen Logik von Georg Misch und H. L.), Freiburg/München 1983; G. Bräuer, Wege in die Sprache – Ludwig Wittgenstein und H. L., Bildung u. Erziehung 16 (1963), 131–140; E. v. Busse, Philosophische Psychologie. Zu H. L.' letztem Buch: Die menschliche Natur, Bl. dt. Philos. 15 (1941/1942), 434–443; J. Grondin, L., Enc. philos. universelle III/2 (1992), 2619; A. Hahn, Erfahrung und Begriff. Zur Konzeption einer soziologischen Erfahrungswissenschaft als Beispielhermeneutik, Frankfurt 1994, 1995; W. Henckmann, L., H., NDB XIV (1985), 669–670; J. Hennigfeld, Der Mensch und seine Sprache. Aspekte der Phänomenologie bei H. L., Philos. Rdsch. 32 (1985), 104–111; A. W. E. Hübner, Existenz und Sprache. Überlegungen zur hermeneutischen Sprachauffassung von Martin Heidegger und H. L., Berlin 2001; G. van Kerckhoven, In Verlegenheit geraten. Die Befangenheit des Menschen als anthropologischer Leitfaden in H. L.' »Die menschliche Natur«, Revista de Filosofia 26 (Madrid 2001), 55–84; G. Kühne-Bertram, Logik als Philosophie des Logos, Arch. Begriffsgesch. 36 (1993), 260–293; L. Landgrebe, Das Problem der ursprünglichen Erfahrung im Werke von H. L., Philos. Rdsch. 4 (1956), 166–182; J. F. Owens, ›Bedeutung‹ bei H. L., Diss. München 1987; F. Rodi u.a. (eds.), Dilthey-Jb. f. Philos. u. Gesch. Geisteswiss. 6 (1989), 13–227 (Beiträge zum 100. Geburtstag von H. L. am 22. November 1989, mit Bibliographie, 15–19); ders., Hermeneutische Logik im Umfeld der Phänomenologie. Georg Misch, H. L., Gustav Špet, in: ders., Erkenntnis des Erkannten. Zur Hermeneutik des 19. und 20. Jahrhunderts, Frankfurt 1990, 147–167; ders., Die energetische Bedeutungstheorie von H. L., Journal of the Faculty of Letters. The University of Tokyo. Aesthetics 17 (1992), 1–12; G. Rogler, Die hermeneutische Logik von H. L. und die Begründbarkeit wissenschaftlicher Erkenntnis, Würzburg 1998; E. Scheiffele, Der Begriff der hermeneutischen Logik bei H. L., Diss. Tübingen 1971; L. M. de Schrenk, Das Problem der Ethik im Werk von H. L., Diss. Tübingen 1962; W. v. d. Weppen, Die existentielle Situation und die Rede. Untersuchungen zu Logik und Sprache in der existentiellen Hermeneutik von H. L., Würzburg, Amsterdam 1984; M. Wewel, Die Konstitution des transzendenten Etwas im Vollzug des Scheins. Eine Untersuchung im Anschluß an die Philosophie von H. L. und in Auseinandersetzung mit Edmund Husserls Lehre vom ›intentionalen Bewußtseinskorrelat‹, Düsseldorf 1968. – Dilthey-Jahrbuch für Philosophie und Geschichte der Geisteswissenschaften 6 (1989). A. V./R. W.

Lipps, Theodor, *Wallhalben (Landkreis Pirmasens) 28. Juli 1851, †München 17. Okt. 1914, dt. Philosoph und Psychologe. Nach Studium der protestantischen Theologie in Erlangen und Tübingen (1867–1871) wandte sich L. unter dem Einfluß der Schriften H. Lotzes in Utrecht (1871–1874) der Philosophie zu. 1874 Promotion, 1877 Habilitation in Bonn; ebendort 1884 a. o. Prof., 1890 o. Prof. in Breslau, 1894 bis zu seinem Tode in München, Begründer des Münchener Psychologischen Instituts. L. wurde stark von D. Hume beeinflußt, insbes. durch dessen »Treatise« (von L. stammt eine auch heute noch maßgebliche Übersetzung). Ähnlich Hume betrachtet L. die Psychologie als Grundlage der Philosophie, mehr noch: ›Philosophie als Wissenschaft‹ fällt für ihn mit Psychologie zusammen. Sein Hauptinteresse gilt den Geisteswissenschaften. Im Unterschied zu den Naturwissenschaften hätten diese die innere, und zwar vergangene, Erfahrung zum Gegenstand. Zu den Geisteswissenschaften zählt L. mit der Philosophie auch deren Teilgebiete Logik, Ethik und Ästhetik. Kritik hat seine, später unter dem Einfluß von E. Husserls »Logischen Untersuchungen« modifizierte, psychologistische Auffassung der Logik erfahren. Im Zuge der vom ↑Psychologismus fortführenden Entwicklung ist aus seinem Schülerkreis die so genannte ›Münchener Phänomenologie‹ hervorgegangen.

Nachhaltig gewirkt hat L. vor allem durch die von ihm entwickelte Einfühlungsästhetik (↑ästhetisch/Ästhetik). Nach ihr ist das ›ästhetisch Wertvolle‹ wertvoll für einzelne Subjekte, und insofern es ›wertvoll‹ ist, ist es für diese Subjekte auch ›lustvoll‹. Das ästhetisch Wertvolle ist für L. das ↑Schöne; den Einwand, daß es ästhetisch Wertvolles gebe, das nicht schön sei, läßt er nicht gelten (Ästhetik I, 6). Das ästhetische Erlebnis bestehe in einer einfühlenden Hingabe an ein ästhetisch wertvolles Objekt, d. h. an ein Objekt, das geeignet ist, im Subjekt das lustvolle ›Schönheitsgefühl‹ zu erwecken (a. a. O., 1). Obwohl die Einfühlung den ›Grund alles Schönheitsgefühles‹ abgibt und der ästhetische Genuß letztlich ein Selbstgenuß ist (a. a. O., 159), bleibt der Objektbezug bestehen; denn die Einfühlung ist Einfühlung in ein Objekt. Somit hat bei L. das Schönheitsgefühl außer einer Gestimmtheit des Subjekts auch eine Bestimmtheit des Objekts zur Voraussetzung. Es ist also nicht ›bloß‹ subjektiv. Die Ästhetik bestimmt L. so, daß sie die Bedingungen der Hervorbringung des Schönheitsgefühls durch Objekte beschreibe und deshalb eine ›Disziplin der *angewandten* Psychologie‹ sei.

Werke: Herbarts Ontologie, Diss. Bonn 1874; Grundtatsachen des Seelenlebens, Bonn 1883 (repr. 1912); Psychologische Studien, Heidelberg 1885, Leipzig ²1905 (engl. [gekürzt] Consonance and Dissonance in Music, San Marino Calif. 1995); Der Streit über die Tragödie, Hamburg/Leipzig 1891, ²1915; Grundzüge der Logik, Hamburg/Leipzig 1893, Hamburg ³1923; Raumästhetik und geometrisch-optische Täuschungen, Leipzig 1897, Amsterdam 1966; Komik und Humor. Eine psychologisch-ästhetische Untersuchung, Hamburg/Leipzig 1898, ²1922; Die ethischen Grundfragen. Zehn Vorträge, Hamburg/Leipzig 1899, ⁴1922; Vom Fühlen, Wollen und Denken. Eine psychologische Skizze, Leipzig 1902, ²1907, rev. Ausg. mit neuem Untertitel: Versuch einer Theorie des Willens, ³1926; Leitfaden der Psychologie, Leipzig 1903, ²1906, Nachdr. Saarbrücken 2006, ³1909; Ästhetik. Psychologie des Schönen und der Kunst, I–II, Hamburg/Leipzig 1903/1906 (I Grundlegung der Ästhetik, II Die ästhetische Betrachtung und die bildende Kunst), ²1914/1920, I ³1923; (ed.) Psychologische Untersuchungen, I–II, Leipzig 1905/1913. – Übers. von D. Hume, Treatise of Human Nature: Traktat über die menschliche Natur, I–II, Hamburg 1895/1906, I ²1904, in einem Bd., ed. R. Brandt, Hamburg 1973, I–II, 1978.

Literatur: G. Anschütz, T. L.' neuere Urteilslehre. Eine Darstellung, Leipzig 1913; ders., T. L., Arch. f. d. ges. Psychol. 34 (1915), 1–13 (mit Bibliographie, 12–13); H. Gothot, Die Grundbestimmungen über die Psychologie des Gefühls bei T. L. und ihr Verhältnis zur ›peripheren Gefühlstheorie‹, Diss. Bonn 1921; W. Henckmann, L., NDB XIV (1985), 670–672; A. Pfänder (ed.), Münchener Philosophische Abhandlungen. T. L. zu seinem sechzigsten Geburtstag gewidmet von früheren Schülern, Leipzig 1911; A. Zweig, L., Enc. Ph. IV (1967), 485–486. G. G.

Lipsius, Justus (Joost Lips), *Overijse (bei Brüssel) 18. Okt. 1547, †Löwen 23. März 1606, niederl. Humanist, klassischer Philologe, Historiker und Philosoph. 1559–1564 Studium der alten Sprachen, antiken Rhetorik, Philosophie und Rechtsgeschichte in Köln bei den Jesuiten und ab 1564 in Löwen; Reisen nach Italien und Deutschland, dabei zwei Jahre in Rom (1568–1570) mit intensiven Handschriftenstudien in der Vatikanischen Bibliothek. Durch die politischen Wirren in den Niederlanden wurde L. wiederholt zu Arbeitsplatzwechseln gezwungen und in die konfessionellen Auseinandersetzungen verwickelt. 1572–1574 Prof. der Rhetorik und Geschichte im protestantischen Jena, ab 1574 in Köln, Overijse, Löwen, Antwerpen, 1579 Prof. der Geschichte im calvinistischen Leiden, 1592 Wechsel auf einen Lehrstuhl für Geschichte und Literatur im katholischen Löwen. Ablehnung zahlreicher weiterer Rufe, unter anderem von Heinrich IV. nach Paris. Mit den Ortswechseln waren mehrere Konfessionswechsel verbunden. – L. war eine der gelehrtesten Gestalten seiner Zeit mit entsprechend vielseitigen Kontakten und umfangreicher Korrespondenz. Er orientierte die humanistische Erneuerung der antiken Weisheit mit Bedacht an den Problemen seiner Zeit, stellte infolge seiner Arbeiten zu P. C. Tacitus und L. A. Seneca den ↑Stoizismus erstmals systematisch dar, wurde zum Begründer des Neustoizismus und war neben P. Charron (1541–1603) und G. Du Vair (1556–1621) auch dessen einflußreichster Vertreter.

L. suchte die antike Weisheit mit Blick auf die politischen Umwälzungen und die Bürgerkriege seiner Zeit nicht bloß zu restaurieren, sondern in hilfreicher Weise zu erneuern. Dies führte zu vielseitigen Forschungen, bestimmte früh L.' philologische Arbeiten (Editionen, Kommentare, Monographien; epochemachend die Tacitus-Ausgabe von 1574) und bildete das Motiv für historische Untersuchungen. Außerdem erforderte es einen neuen Umgang mit der antiken Philosophie. Dieser Aufgabe entspricht »De constantia libri duo qui alloquium praecipue continent in publicis malis« (1584), das viel gelesene Grundwerk des Neustoizismus. Angesichts der als bedrohlich erfahrenen Kontingenz des Lebens gilt es, Geistesruhe und die entschwundenen Möglichkeiten zu Selbstbehauptung und vernünftigem Handeln zurückzugewinnen. Im Hinblick darauf diagnostiziert L. die Ursachen der öffentlichen Übel. Sie liegen in den Individuen, die sich durch ↑Affekte zu trügerischen Meinungen verleiten lassen. Die entscheidenden Veränderungsmöglichkeiten hat das Individuum selbst: Es nimmt sich in Zucht, verschafft sich inneren Frieden und hat dann eine leidenschaftslose, vernünftige Einstellung zum Leben. Der Öffentlichkeit stellt es sich im zweiten Schritt zur Verfügung – mit dem Interesse an politischen Verhältnissen, die die Geistesruhe äußerlich absichern. Dem entspricht eine Konstruktion des ↑Staates, die ohne Rekurs auf naturrechtliche Prinzipien (↑Naturrecht) wie den ↑Gesellschaftsvertrag eine zum Nutzen aller bestehende sittliche und Machtordnung entwirft. In der politischen Theorie votiert L. für die Monarchie. Eine (schlecht begründete) Zusatzannahme über die Größe der Staatsmacht führt zur ›Ordnung von Befehl und Gehorsam‹, die L. 1589 in »Politicorum sive civilis doctrinae libri sex qui ad principatum maxime spectant« unter dem Blickpunkt des Machterhalts entfaltet. Durch diese Schrift, das politisch-theoretische Hauptwerk des Neustoizismus, wird L. zu einem Theoretiker des absoluten Staates der Neuzeit.

In weiteren philosophischen Schriften hat L. sowohl seine Deutung der ↑Stoa vervollständigt als auch seine anthropologische und politische Konzeption ausgebaut. Diese folgt der Stoa (z. B. ↑Apathie, ↑Ataraxie, Zusammenhang Natur – Vernunft), ist aber neuzeitlich (z. B. Form des Kontingenzbewußtseins). Wie sehr sie den ursprünglichen Anspruch einlöst, zeigt auch die große Wirkung dieser Krisenphilosophie: in kurzer Zeit eine Fülle von Editionen und Übersetzungen, bis 1610 allein in Frankreich über 80 L.-Ausgaben. Als die neue politische Ordnung etabliert war (2. Hälfte des 17. Jhs.), verlor L. an Aktualität.

Werke: Opera omnia quae ad criticam proprie spectant [...], Antwerpen 1585, Leiden 1596, rev. Antwerpen 1600, 1637; Opera omnia, postremum ab ipso aucta et recensita [...], I–IV, Antwerpen 1637, Wesel 1675 (repr. Hildesheim 2001 [I–IV in 8 Bdn.], Wien 2005). – (Ed.) C. Cornelii Taciti historiarum et annalium libri qui extant, Antwerpen 1574, unter dem Titel: C. Corn. Taciti Annalium et historiarum libri qui extant, Lyon 1576; De Constantia [...], Leiden 1584, Antwerpen 1605 (engl. Two Bookes of Constancie [...], London 1594, ed. R. Kirk/C. M. Hall, New Brunswick N. J. 1939; dt. Von der Bestendigkeit [...], Leipzig 1599, ²1601 [repr. Stuttgart 1965], unter dem Titel: De Constantia. Von der Standhaftigkeit [lat./dt.], Mainz 1998); Politicorum sive civilis doctrinae libri sex [...], Leiden 1589, [zahlreiche weitere Drucke] Frankfurt, Leipzig 1704 (repr. Hildesheim/Zürich/New York 1998) (dt. Von Unterweisung zum Weltlichen Regimet [Regiment]. Oder von Burgerlicher Lehr. Sechs Bücher [...], Amberg 1599, unter dem Titel: Sechs Bücher von Unterweisung zum weltlichen Regiment [...], Neustadt 1618; engl. Sixe Bookes of Politickes or Civil Doctrine [...], London 1594 [repr. Amsterdam, New York 1970], unter dem Titel: Politica. Six Books of Politics or Political Instruction [engl./lat.], Assen 2004); Manuductionis ad stoicam philosophiam libri tres [...], Antwerpen 1604, 1610. – G. H. M. Delprat (ed.), Lettres inédites de Juste Lipse, concernant ses relations avec les hommes d'etat des Provinces-Unies du Pays-Bas, principalement pendant les années 1580–1597, Amsterdam 1858; A. Gerlo/H. D. L. Vervliet/I. Vertessen (eds.), La correspondance de Juste Lipse conservée au Musée Plantin-Moretus, Antwerpen 1967; A. Gerlo/H. D. L. Vervliet, Inventaire de la correspondance de Juste Lipse 1564–1606, Antwerpen 1968; A. Gerlo u. a. (eds.), Iusti Lipsi Epistolae, Brüssel 1978 ff. [erschienen Bde I–IV, V–VIII, XIII, XIV]; Principles of Letter-Writing. A Bilingual Text of »Justi Lipsi Epistolica Institutio« [engl./lat.], ed. R. V. Young/M. T. Hester, Carbondale Ill./Edwardsville Ill. 1996. – F. van der Haeghen, Bibliographie Lipsienne. Œuvres de Juste Lipse, I–III, Gent 1886–1888; Totok III (1980), 352–355.

Literatur: G. Abel, Stoizismus und frühe Neuzeit. Zur Entstehungsgeschichte modernen Denkens im Felde von Ethik und Politik, Berlin/New York 1978; E. J. Ashworth, L., REP V (1998), 650–652; K. Beuth, Weisheit und Geistesstärke. Eine philosophiegeschichtliche Untersuchung zu »Constantia« des J. L., Frankfurt/New York 1990; A. M. van de Bilt, L.' De Constantia en Seneca. De Invloed van Seneca op L.' Geschrift over de Standvastigheid van Gemoed, Nijmegen/Utrecht 1946; R. Bireley, The Counter-Reformation Prince. Anti-Machiavellianism or Catholic Statecraft in Early Modern Europe, Chapel Hill N. C./London 1990; K. Bormann/C. Strohm, Stoa/Stoizismus/Neustoizismus, TRE XXXII (2001), 179–193; T. Brechenmacher, L., BBKL V (1993), 114–118; C. O. Brink, J. L. and the Text of Tacitus, J. Roman Stud. 41 (1951), 32–51; T. G. Corbett, The Cult of L.. A Leading Source of Early Modern Spanish Statecraft, J. Hist. Ideas 36 (1975), 139–152; H. van Crombruggen, Een Onuitgegeven Werk van J. L.. De magnitudine hebraea, Antwerpen o.J. [1947]; P. Dibon, L'enseignement philosophique dans les universités néerlandaises a l'époque pré-cartésienne (1575–1650), o.O., o.J. [Paris/New York 1954]; H. Dollinger, L., NDB XIV (1985), 676–680; K. A. E. Enenkel, De neolatijnse politica – J. L., »Politicorum libri sex«, Lampas 18 (1985), 350–362; ders., Die Erfindung des Menschen. Die Autobiographik des frühneuzeitlichen Humanismus von Petrarca bis L., Berlin/New York

2008; ders./C. Heesakkers (eds.), L. in Leiden. Studies in the Life and Works of a Great Humanist, Voorthuizen 1997; L. van der Essen/H. F. Bouchery, Waarom J. L. Gevierd?, Brüssel 1949; R. C. Evans, Jonson, L. and the Politics of Renaissance Stoicism, Durango Colo. 1992; A. Gerlo (ed.), Juste Lipse (1547–1606). Colloque international tenu en mars 1987, Brüssel 1988; J. Ijsewijn (ed.), Companion to Neo-Latin Studies, Amsterdam/New York/Oxford 1977, ed. mit D. Sacré, erw. in 2 Bdn., ²1990/1998; M. Isnardi Parente, La storia della filosofia antica nella »Manuductio in stoicam philosophiam« di Giusto Lipsio, Annali della Scuola Normale Superiore di Pisa, Serie 3, 16/1 (1996), 45–64; J. Kluyskens, J. L. (1547–1606) and the Jesuits. With Four Unpublished Letters, Humanistica Lovaniensia 23 (1974), 244–270; ders., De klassieke oudheid, propaedeuse van het christendom: het streven van J. L. (1547–1606), De gulden passer 61–63 (1983–1985), 429–439; J. Lagrée, Juste Lipse. La restauration du stoïcisme. Étude et traduction des traités stoïciens [...], Paris 1994; dies. (ed.), Le stoïcisme aux XVIᵉ et XVIIᵉ siècles. Actes du Colloque CERPHI (4–5 juin 1993), organisé par Pierre-François Moreau, Caen 1994; dies., La vertu stoïcienne de constance, in: P.-F. Moreau (ed.), Le stoïcisme au XVIᵉ et au XVIIᵉ siècle. Le retour des philosophies antiques à l'Âge classique, Paris 1999, 94–116; J. de Landtsheer/D. Sacré/C. Coppens, J. L. (1547–1606). Een Geleerde en zijn Europese Netwerk. Catalogus van de Tentoonstelling in de Centrale Bibliotheek te Leuven, 18 Oktober – 20 December 2006, Leuven 2006 (Supplementa Humanistica Lovaniensia XXI); M. Laureys (ed.), The World of J. L.. A Contribution towards His Intellectual Biography. Proceedings of a Colloquium Held under the Auspices of the Belgian Historical Institute in Rome (Rome, 22–24 May 1997), Bulletin de L'Institut Historique Belge de Rome/Bulletin van het Belgisch Historisch Instituut te Rome 68 (1998), Brüssel/Rom 1998; A. H. T. Levi, The Relationship of Stoicism and Scepticism: J. L., in: J. Kraye/M. W. F. Stone (eds.), Humanism and Early Modern Philosophy, London/New York 2000, 91–106; A. McCrea, Constant Minds. Political Virtue and the Lipsian Paradigm in England, 1584–1650, Toronto/London 1997; M. Monjo, Lipse, Juste, DP II (²1993), 1758–1759; M. Morford, Stoics and Neostoics. Rubens and the Circle of Lipsius, Princeton N. J. 1991; ders., Tacitean ›Prudentia‹ and the Doctrines of J. L., in: T. J. Luce/A. J. Woodman (eds.), Tacitus and the Tacitean Traditon, Princeton N. J. 1993, 129–151; C. Mouchel (ed.), Juste Lipse (1547–1606) en son temps. Actes du colloque de Strasbourg 1994, Paris, Genf 1996; F. de Nave, Peilingen naar de Oorspronkelijkheid van J. L.' Politiek Denken, Tijdschrift voor Rechtsgeschiedenis 38 (1970), 449–483; dies. u. a., J. L. (1547–1606) en het Plantijnse Huis, Antwerpen 1997; V. A. Nordman, J. L. als Geschichtsforscher und Geschichtslehrer. Eine Untersuchung, Helsinki 1932; G. Oestreich, Das politische Anliegen von J. L.' De constantia ... in publicis malis (1584), in: Festschrift für Hermann Heimpel zum 70. Geburtstag am 19. Sept. 1971 I, Göttingen 1971, 618–638; ders., J. L. als Universalgelehrter zwischen Renaissance und Barock, in: T. H. Lunsingh Scheurleer/G. H. M. Posthumus Meyjes (eds.), Leiden University in the Seventeenth Century. An Exchange of Learning, Leiden 1975, 177–201; ders., Antiker Geist und moderner Staat bei J. L. (1547–1606). Der Neustoizismus als politische Bewegung, ed. N. Mout, Göttingen 1989; J. Papy, O »Manuductio ad Stoicam Philosophiam« (1604) de L. e a Recepção do Estoicismo e da Tradição Estóica no Início da Europa Moderna, Revista portuguesa de filosofia 58 (2002), 859–872; ders., L.' (Neo-) Stoicism. Constancy between Christian Faith and Stoic Virtue, in: H. W. Blom/L. C. Winkel,

Grotius and the Stoa, Assen 2004, 47–71; ders., L., SEP 2004; J. Ruysschaert, Juste Lipse et les Annales de Tacite. Une méthode de critique textuelle au XVIe siècle, Turnhout, Leuven 1949; J. L. Saunders, J. L.. The Philosophy of Renaissance Stoicism, New York 1955; ders., L., Enc. Ph. IV (1967), 486–487; A. Schmid (ed.), J. L. und der europäische Späthumanismus in Oberdeutschland, München 2008; P. H. Schrijvers, Literary and Philosophical Aspects of L.'s »De Constantia in Publicis Malis«, in: I. D. McFarlane (ed.), Acta Conventus Neo-Latini Sanctandreani. Proceedings of the Fifth International Congress of Neo-Latin Studies. St Andrews 24 August to 1 September 1982, Binghampton/New York 1986, 275–282; S. Sué, Justi Lipsii vita illustrata ab Othonio Sperlingio. Une biographie inédite de Juste Lipse, 1547–1606, Lias 2 (1975), 71–108; G. Tournoy/J. Papy/J. de Landtsheer (eds.), Lipsius en Leuven. Catalogus van de Tentoonstelling in de Centrale Bibliotheek te Leuven, 18 September–17 Oktober 1997, Leuven 1997 (Supplementa Humanistica Lovaniensia XIII); dies. (eds.), Iustus Lipsius Europae lumen et columen. Proceedings of the International Colloquium Leuven 17–19 September 1997, Leuven 1999 (Supplementa Humanistica Lovaniensia XV); R. Tuck, Philosophy and Government 1572–1651, Cambridge etc. 1993; H. D. L. Vervliet, L.' Jeugd. 1547–1578. Analecta voor een Kritische Biografie, Brüssel 1969; L. Zanta, La renaissance du stoïcisme au XVIe siècle, Paris 1914 (repr. Genf 1975, 2007). K. H. H.

List der Vernunft, gelegentlich von G. W. F. Hegel gebrauchte Wendung, die das Ergebnis der begreifenden Beurteilung (↑begreifen) von zweckgerichteten Prozessen zusammenfaßt. In teleologischen (↑Teleologie) Verhältnissen insgesamt und unter Bezug auf die Weltgeschichte insbes. verwirklicht sich danach der Zweck nicht unmittelbar durch die einfache Rationalität des Einsatzes von Objekten (Mitteln), sondern durch die Abarbeitung von gegensätzlichen Objekten (Mitteln) aneinander, die sich damit auflösen und den Zweck rein erhalten und verwirklichen (Logik II, Sämtl. Werke V, 225–226.; System der Philos. I, Sämtl. Werke VIII, 420).

Literatur: F. Fulda, L. d. V., Hist. Wb. Ph. V (1980), 343. S. B.

Litt, Theodor, *Düsseldorf 27. Dez. 1880, †Bonn 16. Juli 1962, dt. Kulturphilosoph und Pädagoge. Zunächst Gymnasiallehrer (ab 1905), 1919 a. o. Prof. der Pädagogik in Bonn, 1920–1937 und 1945–1947 o. Prof der Philosophie und Pädagogik (als Nachfolger E. Sprangers) in Leipzig (ließ sich 1937 aus politischen Gründen emeritieren), 1947–1952 wieder in Bonn. L. ist wesentlich beeinflußt von J. G. v. Herder, G. W. F. Hegel, W. Dilthey, F. Nietzsche, P. Natorp und R. Hönigswald sowie von der ↑Phänomenologie E. Husserls; entschiedener Gegner der Philosophie N. Hartmanns und der ↑Existenzphilosophie. Die mit dem Ersten Weltkrieg offenbar werdende ›Krisis unserer Kulturwelt‹ ist für L. Hauptantrieb zur Erarbeitung der Grundlagen einer ›Erziehung zu historischem Verstehen‹, deren ›ethisch-pädagogische‹ Leitidee das kritische Verständnis der eigenen Gegenwart aus deren Vergangenheit ist. Solche

›kulturwissenschaftliche Bildung‹ läßt sich nicht durch ›Pseudohistorismus‹ vermitteln, sondern nur durch eine in einer ›allgemeinen Strukturlehre‹ der ›geistigen Wirklichkeit‹ fundierte Synthese von Geschichtswissenschaft und ›philosophischer Soziologie‹, deren primärer Gegenstand das Verhältnis von Individuum und ↑Gemeinschaft ist. Der ›allgemeinen Strukturlehre‹ tritt als zweite ›Prinzipienwissenschaft‹ der ↑Kulturphilosophie die ›Wertlehre‹ zur Seite, die sie vermittels ethischer Reflexionen zu einer ›sozialen Theorie‹ der Kultur ergänzt.

L.s zentrales Problem ist die Überwindung der Kluft zwischen Leben und Erkennen bzw. die Vermittlung zwischen Zwecksetzungen der kulturellen Lebenspraxis und wissenschaftlichen Orientierungen: Nachdem der entwicklungsgeschichtlich bedingten ›Außenwendung‹ der Erkenntnis (in den Naturwissenschaften) die ›Innenwendung‹ zur ›Selbsterkenntnis‹ des Menschen (in den ↑Geisteswissenschaften) gleichberechtigt an die Seite getreten ist, ist eine neue Form der ›Selbstbesinnung des Wissens‹ nötig. Nach L. enthüllt die ›Noologie‹ »das Bedingungsgefüge, das den Geist im ganzen Umfange seiner Selbstverwirklichung trägt« (Denken und Sein, 106–107), indem sie als ›vierte Erkenntnisweise‹ Möglichkeitsbedingungen, Methoden und Wechselbeziehungen von ›Naturwissenschaft‹, ›Körperwissenschaft‹ (Biologie) und ›Seelenwissenschaft‹ (Geschichtswissenschaft und Psychologie) aufklärt und normiert. Die ›Noologie‹ oder ›allgemeine Wissenschafts- und Erkenntnistheorie‹ schließt nicht nur die Fachdisziplinen zu einem ↑System der Wissenschaft zusammen, sondern setzt auch alle Formen der theoretischen Erkenntnis mit dem ›Leben‹ ›ins rechte Verhältnis‹. Erst auf diesem Fundament kann die Verbindung moderner Naturwissenschaft mit kulturphilosophischer Anthropologie in einem ›humanen‹ Selbstverständnis des Menschen den Bildungsgedanken der ↑Aufklärung verwirklichen und die ›gesamtmenschheitliche Selbstbesinnung‹ einleiten. In der Pädagogik, die L. als eine Geisteswissenschaft auffaßt, gilt er als Begründer einer dialektisch-reflexiven Konzeption, wonach der ↑Antagonismus von Erkennen und Leben sich im Erziehungsprozeß als ›verantwortungsbewußtes Führen‹ und ›wachsendes Leben‹ realisiert.

Werke: Geschichte und Leben. Von den Bildungsaufgaben geschichtlichen und sprachlichen Unterrichts, Leipzig/Berlin 1918, mit neuem Untertitel: Probleme und Ziele kulturwissenschaftlicher Bildung, Leipzig/Berlin ²1925, ³1930; Individuum und Gemeinschaft. Grundfragen der sozialen Theorie und Ethik, Leipzig/Berlin 1919, mit neuem Untertitel: Grundlegung der Kulturphilosophie, Leipzig/Berlin ²1924, ³1926; Erkenntnis und Leben. Untersuchungen über Gliederung, Methoden und Beruf der Wissenschaft, Leipzig/Berlin 1923; Die Philosophie der Gegenwart und ihr Einfluß auf das Bildungsideal, Leipzig/Berlin 1925, ³1930; Möglichkeiten und Grenzen der Pädagogik. Abhandlungen zur gegenwärtigen Lage von Erziehung und Erzie-

hungstheorie, Leipzig/Berlin 1926, ²1931; Ethik der Neuzeit, München/Berlin 1927, ²1931 (repr. München 1968, 1976); »Führen« oder »Wachsenlassen«. Eine Erörterung des pädagogischen Grundproblems, Leipzig/Berlin 1927, ³1931, Stuttgart ⁴1949, ¹³1967, 1976; Wissenschaft, Bildung, Weltanschauung, Leipzig/Berlin 1928; Kant und Herder als Deuter der geistigen Welt, Leipzig/Berlin 1930, Heidelberg ²1949; Einleitung in die Philosophie, Leipzig/Berlin 1933, Stuttgart ²1949 (franz. Introduction à la philosophie, Lausanne 1983); Philosophie und Zeitgeist, Leipzig 1935, ²1935; Die Selbsterkenntnis des Menschen, Leipzig 1938, Hamburg ²1948; Das Allgemeine im Aufbau der geisteswissenschaftlichen Erkenntnis, Leipzig 1941 (repr. Hamburg 1980), Groningen ²1959 (franz. L' universel dans les sciences morales, Paris 1999); Denken und Sein, Stuttgart 1948; Mensch und Welt. Grundlinien einer Philosophie des Geistes, München 1948, Heidelberg ²1961; Wege und Irrwege geschichtlichen Denkens, München 1948; Geschichtswissenschaft und Geschichtsphilosophie, München 1950; Naturwissenschaft und Menschenbildung, Heidelberg 1952, ⁵1968; Hegel. Versuch einer kritischen Erneuerung, Heidelberg 1953, ²1961 (franz. Hegel. Essai d'un renouvellement critique, Paris 1973, 1974); Das Bildungsideal der Klassik und die moderne Arbeitswelt, Bochum ⁶1959, Nachdr. Bochum 1961, ⁷1970, ferner [gekürzt] in: H. Burckhart, T. L. [s. u.], Darmstadt 2003, 7–97; Die Wiedererweckung des geschichtlichen Bewußtseins. Mit Geleitworten von E. Spranger und W. Roeßler zum 75. Geburtstag des Verfassers, Heidelberg 1956; Technisches Denken und menschliche Bildung, Heidelberg 1957, ⁴1969; Freiheit und Lebensordnung. Zur Philosophie und Pädagogik der Demokratie, Heidelberg 1962; Pädagogik und Kultur. Kleine pädagogische Schriften 1918–1926, ed. F. Nicolin, Bad Heilbrunn 1965.

Literatur: B. Bracht, Geschichtliches Verstehen und geschichtliche Bildung. Ihr Wesen und ihre Aufgabe nach der Auffassung T. L.s, Wuppertal/Ratingen/Düsseldorf 1968; U. Bracht, Zum Problem der Menschenbildung bei T. L. Studien zur wissenschaftstheoretischen Problematik im Gesamtwerk T. L.s, Bad Heilbrunn 1973; H. Bremer, T. L.s Haltung zum Nationalsozialismus. Unter Berücksichtigung seiner Vorlesungen von 1933 bis 1937, Bad Heilbrunn 2005; H. Burckhart, T. L.. Das Bildungsideal der deutschen Klassik und die moderne Arbeitswelt, Darmstadt 2003; J. Derbolav/C. Menze/F. Nicolin (eds.), Sinn und Geschichtlichkeit. Werk und Wirkungen T. L.s, Stuttgart 1980; G. Diem-Wille, Didaktik und Politik. Zur Theorie des Politischen nach T. L., Wien. Jb. Philos. 14 (1981), 183–214; L. Funderburk, Erlebnis, Verstehen, Erkenntnis. T. L.s System der Philosophie aus erkenntnistheoretischer Sicht, Bonn 1971; R.-B. Huschke-Rhein, Das Wissenschaftsverständnis in der geisteswissenschaftlichen Pädagogik: Dilthey, L., Nohl, Spranger, Stuttgart 1979; N. Klafki, Die Pädagogik T. L.s. Eine kritische Vergegenwärtigung, Königstein 1982; A. Kremer-Marietti, L. T., Enc. philos. universelle III/2 (1992), 3488; R. Lassahn, Das Selbstverständnis der Pädagogik T. L.s.. Pädagogik als Geisteswissenschaft, Wuppertal/Ratingen/Düsseldorf 1968; P. Müller, L., NDB XIV (1985), 708–710; F. Nicolin/G. Wehle (eds.), T. L.. Pädagogische Analysen zu seinem Werk, Bad Heilbrunn 1982; A. Reble, T. L., Stuttgart 1950, mit Untertitel: Eine einführende Überschau, Bad Heilbrunn 1996; H.-O. Schlemper, Reflexion und Gestaltungswille. Bildungstheorie, Bildungskritik und Bildungspolitik im Werke von T. L., Köln 1962, Ratingen 1964; W. K. Schulz, Untersuchungen zur Kulturtheorie T. L.s. Neue Zugänge zu seinem Werk, Weinheim 1990; ders., Untersuchungen zu Leipziger Vorlesungen von T. L., Würzburg 2004; ders.,

Zur Aktualität der Kulturphilosophie T. L.s, Pädagog. Rundsch. 36 (1982), 141–152: H. H. Schulz-Gade, Dialektisches Denken in der Pädagogik T. L.s, dargestellt an ausgewählten Beispielen, Würzburg 1996; W. M. Schwiedrzik, Lieber will ich Steine klopfen. Der Philosoph und Pädagoge T. L. in Leipzig (1933 – 1947), Leipzig 1997; P. Vogel, T. L., Berlin 1955. – T.-L.-Jahrbuch, Leipzig 1999ff.. A. V.

Lobatschewski (Lobačevskij), Nikolai Iwanowitsch (Nikolaj Ivanovič), *Nischni Nowgorod (heute Gorki) 20. Nov. (1. Dez.) 1772, †Kasan 12. (24.) Febr. 1856, russ. Mathematiker, entdeckte unabhängig von C. F. Gauß und J. Bolyai die ↑nicht-euklidische Geometrie. 1807–1812 Studium der Mathematik und Physik an der Universität Kasan, 1814 a.o. Prof., 1822 o. Prof. für Mathematik und Mechanik ebendort. 1825 ferner Leiter des Universitätsbauamtes, 1825–1835 der Universitätsbibliothek; 1846–1855 stellvertretender Verwalter des Erziehungsdistriktes von Kasan. – Die Untersuchungen seines ersten (erst in den Gesammelten Werken publizierten) Buches »Geometrija« (1823) führten L. zur Entdeckung des häufig nach ihm benannten Typs nicht-euklidischer Geometrie (↑Geometrie, hyperbolische), über den er zum ersten Mal in dem Vortrag »Exposition succincte des principes de la géométrie avec une démonstration rigoureuse du théorème des parallèles« (1826) und in der Arbeit »O načalach geometrii« [Über die Anfangsgründe der Geometrie] (1829–1830) berichtete. In seinen früheren Arbeiten stellte L. seine Geometrie ↑synthetisch dar (↑Methode, synthetische), unter der Annahme der Negation des Euklidischen ↑Parallelenaxioms. Zur Veranschaulichung führte er Messungen durch, um in kosmischen Dreiecken zwischen Erde und Fixsternen Abweichungen zur euklidischen Winkelsumme von 180° nachzuweisen. Erst in der Arbeit »Voobražaemaja geometrija« [Imaginäre Geometrie] (1835) entwickelt L. ein ↑analytisches Modell (↑Analyse) seiner nicht-euklidischen Theorie, deren Lehrsätze als trigonometrische Formeln in der auf J. H. Lambert zurückgehenden hyperbolischen Trigonometrie ableitbar sind. In diesem Sinne hat L. die relative Widerspruchsfreiheit (↑widerspruchsfrei/Widerspruchsfreiheit) seiner Theorie und die Unabhängigkeit (↑unabhängig/Unabhängigkeit (logisch)) des Parallelenpostulats von den übrigen euklidischen Axiomen nachgewiesen. In seiner Arbeit »Novye načala geometrii s polnoj teoriej parallel'nych« [Neue Anfangsgründe der Geometrie mit einer vollständigen Theorie der Parallelen], die zwischen 1835 und 1838 entstand, beschäftigt sich L. auch mit dem physikalischen Aspekt seiner Theorie und spekuliert über Anwendungen im Molekularbereich. Aufgrund seiner deutschen Publikation »Geometrische Untersuchungen zur Theorie der Parallellinien« (Berlin 1840) wird L. 1842 auf Vorschlag von Gauß in die Göttinger Gesellschaft der Wissenschaften gewählt.

In seiner letzten Arbeit »Pangéométrie, ou, Précis de géométrie fondée sur une théorie générale et rigoureuse des parallèles« (1856) zeigt L. Anwendungen des Differential- und Integralkalküls (↑Infinitesimalrechnung) auf seine Theorie. Dabei geht er von einer universalen Bedeutung der imaginären Geometrie aus, die er in Analogie zur Einbettung der reellen in die komplexen Zahlen als umfassende Theorie der Geometrie deutet. Diese Ansicht trifft insofern nicht zu, als die Bewegungsgruppe (↑Gruppe (mathematisch)) der hyperbolischen Geometrie – wie F. Klein zeigen konnte – eine Untergruppe der projektiven Transformationsgruppe und damit eine spezielle Cayleysche bzw. projektive Geometrie ist. Für L.s Theorie, die zu seinen Lebzeiten häufig mißverstanden wurde, lieferte E. Beltrami 1868 Flächenmodelle mit konstanter Krümmung. Euklidische Modelle gehen auf Klein und H. Poincaré zurück. H. v. Helmholtz und B. Riemann deuteten L.s Geometrie im Rahmen der ↑Differentialgeometrie als Theorie des homogenen Raumes mit konstanter negativer Krümmung (↑Geometrie, absolute).

Werke: Polnoe sobranie sočinenij po geometrii [Vollständige Sammlung der Werke zur Geometrie], I–II, Kasan 1883/1886; Polnoe sobranie sočinenij [Ges. Werke], I–V, ed. V. F. Kagan/ A. P. Koteľnikov, Moskau/Leningrad 1946–1951. – O načalach geometrii, Kazanskij Vestnik 25 (1829), 178–187, 228–241, 27 (1829), 227–243, 28 (1830), 251–283, 571–636 (dt. Über die Anfangsgründe der Geometrie, in: N. I. Lobatschefskij, Zwei geometrische Abhandlungen I, Leipzig 1898 [repr. I–II in 1 Bd., New York/London 1972], 1–66); Voobražaemaja geometrija, Učenye zapiski Kazanskogo universiteta (1835), H. 1, 3–83 (franz. Géométrie imaginaire, J. reine u. angew. Math. 17 [1837], 295–320; dt. Imaginäre Geometrie, in: N. I. Lobatschefskij, Imaginäre Geometrie und Anwendung der imaginären Geometrie auf einige Integrale, Leipzig 1904, 3–50); Novye načala geometrii s polnoj teoriej parallel'nych, Učenye zapiski Kazanskogo universiteta (1835), H. 3, 3–48, (1836), H. 2, 3–98, H. 3, 3–50, (1837), H. 1, 3–97, (1838), H. 1, 3–124, H. 3, 3–65 (dt. Neue Anfangsgründe der Geometrie mit einer vollständigen Theorie der Parallellinien, in: N. I. Lobatschefskij, Zwei geometrische Abhandlungen I [s. o.], 67–236); Anwendung der imaginären Geometrie auf einige Integrale [Original russ.], Učenye zapiski Kazanskogo universiteta (1836), H. 1, 3–166 (dt. in: N. I. Lobatschefskij, Imaginäre Geometrie und Anwendung der imaginären Geometrie auf einige Integrale [s. o.], 51–130); Geometrische Untersuchungen zur Theorie der Parallellinien, Berlin 1840, ²1887, Nachdr. in: H. Reichardt, Gauß und die Anfänge der nicht-euklidischen Geometrie, Leipzig 1985, 159–221 (franz. Études géométriques sur la théorie des parallèles, Paris 1866; engl. Geometrical Researches on the Theory of Parallels, Austin Tex. 1891, La Salle Ill./Chicago Ill. 1914; russ. Geometričeskie issledovanija po teorii parallel'nych linij, ed. V. F. Kagan, Moskau 1945); Pangéométrie, ou, Précis de géométrie fondée sur une théorie générale et rigoureuse des parallèles, Sbornik učenych statej I, Kasan 1856 (repr. Paris 1905), 277–340 (dt. Pangeometrie, Leipzig 1902, ²1912).

Literatur: R. Bonola, La geometria non-euclidea. Esposizione storico-critica del suo sviluppo, Bologna 1906, 1975 (dt. Die nichteuklidische Geometrie. Historisch-kritische Darstellung ihrer Entwicklung, Leipzig/Berlin 1908, ³1921; engl. Non-Euclidean Geometry. A Critical and Historical Study of Its Development, Chicago Ill. 1912, New York 1955); F. Engel, Lobatschefskijs Leben und Schriften, in: N. I. Lobatschefskij, Zwei geometrische Abhandlungen I, Leipzig 1899 [s. o., Werke], 349–449 (mit Bibliographie, 446–449); ders./P. Stäckel (eds.), Die Theorie der Parallellinien von Euklid bis auf Gauß. Eine Urkundensammlung zur Vorgeschichte der nicht-euklidischen Geometrie, Leipzig 1895 (repr. New York/London 1968); J. Fauvel/J. Gray (eds.), The History of Mathematics. A Reader, Basingstoke/London 1987, bes. 524–527 (N. Lobachevskii's Theory of Parallels); V. M. Gerasimova, Ukazatel' literatury po geometrii Lobačevskogo i razvitiju ee idej, Moskau 1952; A. Halameisär/H. Seibt, N. I. L., Leipzig 1978 (Biographien hervorragender Naturwissenschaftler, Techniker u. Mediziner 34); V. F. Kagan, Lobačevskij, Moskau 1944, ²1948 (engl. Lobachevsky and His Contribution to Science, Moskau 1957); E. Kolman, La portée historique de la géométrie de Lobatchevsky, Actes du VIIIe Congrès Int. Hist. Sci. Florence – Milan, 3–9 Septembre 1956 I, Florenz, Paris 1958, 134–137; B. L. Laptev, Lobachevskii Geometry, in: I. M. Vinogradov u. a. (eds.), Encyclopedia of Mathematics VI, Dordrecht/Boston Mass./London 1990, 1–4; K. Mainzer, Geschichte der Geometrie, Mannheim/Wien/Zürich 1980; L. B. Modzalevskij, Materialy dlja biografii N. I. Lobačevskogo, Moskau/Leningrad 1948; A. P. Norden, Elementarnoe vvedenie v geometriju Lobačevskogo, Moskau 1953 (dt. Elementare Einführung in die Lobatschewskische Geometrie, Berlin [Ost] 1958); S. Piccard, Lobatchevsky, grand mathématicien russe. Sa vie, son œuvre, Paris 1957; H. Reichardt, Gauß und die nicht-euklidische Geometrie, Leipzig 1976, bes. 66–79 (Kap. II/5 N. I. L.), Nachdr. in: ders., Gauß und die Anfänge der nicht-euklidischen Geometrie, Leipzig 1985, 9–117, bes. 72–85; B. A. Rosenfeld, L., DSB VIII (1973), 428–435; P. Schreiber, Lobatschewskij, in: D. Hoffmann/H. Laitko/S. Müller-Wille (eds.), Lexikon der bedeutenden Naturwissenschaftler II, München 2004, 425–426; A. Vucinich, N. I. Lobachevskii. The Man Behind the First Non-Euclidean Geometry, Isis 53 (1962), 465–481. – Lexikon der Mathematik in 6 Bänden III, Heidelberg/Berlin 2001, 309.   K. M.

Locke, John, *Wrington (Somerset) 29. Aug. 1632, †Oates (Essex) 28. Okt. 1704, engl. Philosoph. Ab 1646 Ausbildung an der Westminster School, ab 1652 Studium der Philosophie in Christ Church, Oxford (B. A. 1656), nach Erwerb des Magistergrades (1658) ebendort ab 1660 Greek Lecturer, ab 1662 Lecturer on Rhetoric, ab 1663 Censor of Moral Philosophy. Sein Interesse an den experimentellen Wissenschaften führt L. zum Medizinstudium und zur Zusammenarbeit mit R. Boyle und T. Sydenham, die sich für die Einführung empirischer Methoden in den Naturwissenschaften einsetzen. 1667 wird L. in London Sekretär, Leibarzt und Vertrauter von A. A. C. Earl of Shaftesbury; er bekleidet mehrere öffentliche Ämter und wird 1668 Mitglied der »Royal Society«. 1671 beginnt L. mit der Niederschrift der ersten Fassung des »Essay Concerning Human Understanding« (erschienen 1689). Einen aus Gesundheitsgründen 1675 angetretenen vierjährigen Frankreich-Aufenthalt nutzt

L., um seine Kenntnisse der Cartesischen Philosophie zu vertiefen. Als Shaftesbury England nach einem Hochverratsverfahren verläßt, folgt ihm L. 1683 aus Sicherheitsgründen. In Holland, wo er sechs Jahre verbringt, entsteht die »Epistola de tolerantia« (1689 anonym erschienen). Nach seiner Rückkehr 1689 veröffentlicht L. die wahrscheinlich viel früher geschriebenen »Two Treatises of Government« (1690).

In seinen erkenntnistheoretischen Schriften untersucht L. Ursprung, Wesen und Grenzen der Erkenntnis (↑Erkenntnistheorie). Eine vor allem gegen den Cartesischen ↑Rationalismus gerichtete Kritik der Annahme ›angeborener Ideen‹ (↑Idee, angeborene) dient dabei als Folie für die Gegenthese, daß alles Wissen auf ↑Erfahrung zurückgeht, die ihrerseits als eine begriffsfreie Basis aller Unterscheidungssysteme aufgefaßt wird. Üblicherweise dient die Lehre von den angeborenen Ideen dazu, die Möglichkeit apriorischer (↑a priori) Erkenntnisse zu erklären, so daß L.s Ablehnung dieser Lehre so verstanden werden könnte, als gäbe es für ihn solche Erkenntnisse nicht. Dagegen ist festzuhalten, daß lediglich die Herkunft (Genese) aller Ideen aus der Erfahrung behauptet wird, nicht aber die Begründbarkeit (Geltung) aller Aussagen auf der Grundlage von Erfahrung. Vielmehr erkennt L. Wahrheiten an, die sich einzig aus der propositionalen Verbindung von Ideen ergeben (The Clarendon Edition of the Works of J. L., Essay I 4 § 22). Der Sache nach – die Terminologie verwendet L. noch nicht – handelt es sich dabei um ↑analytische und damit apriorische Aussagen. Als Beispiele führt L. insbes. logische und mathematische Aussagen an (Essay I 2 § 18). Die Ablehnung angeborener Ideen dürfte letztlich dadurch motiviert sein, daß L. in deren Anerkennung eine Quelle von Vorurteilen und eine Einschränkung der prinzipiellen Bildungsfähigkeit des Menschen sah, die die Grundlage seiner optimistischen Erziehungslehre bildete.

Ideen (↑Idee (historisch)) sollen sich ihrem Ursprung nach (genetisch) letztlich immer auf die beiden Erfahrungsquellen der äußeren Wahrnehmung (sensation) und der inneren Wahrnehmung (reflection) zurückführen lassen. Vor dem ersten Sinnesdatum (↑Sinnesdaten) ist der Geist – einem unbeschriebenen Blatt Papier (↑tabula rasa) gleich – lediglich zum Empfang unteilbarer einfacher Ideen disponiert, die das Rohmaterial für die vom Verstand gebildeten ›komplexen Ideen‹ (complex ideas) liefern. Während der Geist beim Empfang einfacher Ideen sich passiv verhält, bildet er komplexe Ideen, indem er einfache Ideen zusammenfügt. Solche Verknüpfungen sind zielgerichtet und orientieren sich am augenblicklich vorherrschenden Erkenntnisinteresse. Die komplexen Ideen werden in drei Klassen, nämlich ›Modi‹, ›Substanzen‹ und ›Relationen‹, unterteilt. In die Klasse der Modi fallen einfache und gemischte Modi, die aus verschiedenartigen einfachen Ideen gebildet werden.

Modi sind dadurch charakterisiert, daß sie sich auf Attribute von ↑Substanzen beziehen. Ihre ›Abstraktheit‹ veranlaßt L., sie auch als ›Begriffe‹ (notions) zu bezeichnen. In bezug auf Substanzen unterscheidet er einfache (z.B. Mensch) und kollektive (z.B. Gesellschaft). Relationen sind für ihn zusammengesetzte Ideen, die aus dem Vergleich von Ideen hervorgehen (z.B. Ursache und Wirkung). L.s erkenntnistheoretische Analysen lassen sich im übrigen, insofern hier ein Rekurs auf Erfahrung in erster Linie nicht der empirischen Fundierung materialer Sätze, sondern dem Aufweis einer Basis für Begriffsbildungen dient, ihrer Intention nach im Sinne einer Prädikationstheorie (↑Prädikation) auffassen (L. Krüger, 1973).

Bereits früh stellte die Kritik (G. W. Leibniz, Nouveaux essais sur l'entendement humain, 1665) fest, daß die einfachen Ideen, auf die L. die komplexen Ideen zurückführt, ihrerseits schon das Ergebnis eines Abstraktionsprozesses, mithin der Tätigkeit des Verstandes sind. Die Abstraktionstheorie L.s (Essay II 11 § 9) setzt nämlich die Existenz von allgemeinen Wahrnehmungsqualitäten wie Farbe, Ton usw. schon voraus. Der Verstand betrachtet z.B. das Farbliche, das er an einem Objektkomplex wahrnimmt, für sich und macht, indem er es bezeichnet, seine Identifizierung auch an anderen Objekten möglich. – Trotz ihrer schon von den Zeitgenossen bemerkten Schwächen hat die sensualistisch-atomistische Ideenlehre L.s die erkenntnistheoretische Diskussion entscheidend mitbestimmt. Sie schuf Grundlage und Richtung für die innerhalb des ↑Empirismus der Theoretischen Philosophie (↑Philosophie, theoretische) bis heute geführten Versuche, der Erkenntnis jenseits der ersten Sätze eine sichere Basis im unmittelbar gegebenen (↑Gegebene, das) Sinnesdatum zu schaffen (↑Empirismus, logischer, ↑Neopositivismus, ↑Positivismus (historisch), ↑Positivismus (systematisch), ↑Sensualismus).

Bedeutsam für die Diskussion des Realitätsproblems wurde die Ausarbeitung der zeitgenössischen Unterscheidung zwischen primären und sekundären ↑Qualitäten. Qualitäten bestimmt L. als ›Kräfte‹ (powers) der materiellen Dinge, Ideen im Geiste hervorzurufen. Obwohl die Ideen der äußeren Wahrnehmung von den Dingen selbst verursacht sind, repräsentieren sie doch nicht die Dinge, wie diese an sich beschaffen sind. So geben die Ideen der sekundären Qualitäten die Dinge nur wieder, wie sie uns erscheinen. Zu ihnen gehören insbes. die Farbideen, aber auch Geruchsideen, Geschmacksideen und andere (heute) so genannte ↑›Qualia‹ der Sinneswahrnehmung. Die Ideen primärer Qualitäten wie Festigkeit, Ausdehnung, Gestalt, Bewegung, Anzahl entsprechen dagegen quantitativen, physikalischen Bestimmungen. Sie bilden die objektiven Eigenschaften der Dinge ab. Diese Unterscheidung führt bei L. zu einem kritischen (wissenschaftlichen) Realismus

(↑Realismus (erkenntnistheoretisch), ↑Realismus (ontologisch)), wonach die ›wirkliche Wirklichkeit‹ zwar nicht die wahrgenommene Wirklichkeit ist, aber doch durch die Naturwissenschaft objektiv erkennbar bleibt.

L.s Erkenntnistheorie wird durch eine auf sie abgestimmte Sprachphilosophie im III. Buch des »Essay« flankiert. Die Wörter der Sprache (für L. ist die Lautsprache gegenüber der Schriftsprache primär) dienen den Menschen ursprünglich als Zeichen für ihre eigenen Ideen und erst im zweiten Schritt der Vermittlung dieser Ideen an andere. Insofern geht L. noch davon aus, daß Ideen sprachunabhängig gefaßt werden können. Indem er betont, daß die Bedeutung der Wörter nicht die Dinge, sondern die Ideen ›im Geiste‹ der Wortbenutzer sind (Essay III 2 § 2), läuft seine Semantik auf einen psychologistischen Intensionalismus (↑intensional/Intension) hinaus. Bemerkenswert sind die Ansätze zu einer ↑Sprachkritik mit Blick auf die Verführungen des Denkens durch den ›Mißbrauch‹ der Sprache.

Auch im Bereich der Politischen Philosophie (↑Philosophie, politische) ist der Einfluß L.s auf die Gesellschafts- und Staatstheorie des 18. und 19. Jhs. groß. Wie kein anderer Philosoph hat L. die entstehende bürgerliche Gesellschaft (↑Gesellschaft, bürgerliche) in ihrem Selbstverständnis erfaßt und ihren politischen Forderungen im Rahmen einer vernunftrechtlichen Begründung (↑Naturrecht) Nachdruck verliehen. Seine politische Theorie enthält bereits die wesentlichen Elemente des modernen Verfassungsstaates und bildet die theoretische Grundlage des politischen ↑Liberalismus. – Im »First Treatise of Government« liefert L. in einer scharfen Kritik an der von R. Filmer in »Patriarcha« (Patriarcha: Or, the Natural Power of Kings, London 1680, ²1685, ed. P. Laslett, Oxford 1949, ferner in: ders., Patriarcha and Other Writings, ed. J.P. Sommerville, Cambridge etc. 1991, 1–68) noch einmal entwickelten Lehre vom göttlichen Recht des Königtums eine vernunftrechtliche Rekonstruktion der Entstehung von Gesellschaft und Staat. Die von L. bestrittene Analogie zwischen der königlichen Gewalt über die Untertanen und der elterlichen Gewalt über die Kinder, die er auf die natürliche Fürsorgefunktion beschränkt und mit der erreichten Selbständigkeit enden läßt, verweist auf das zentrale Thema des »Second Treatise of Government«, die Freiheit des Individuums. Hier geht L. bei der hypothetischen Konstruktion eines ↑Naturzustands von der Grundannahme aus, daß alle Menschen frei und gleich geboren werden. Von einem angeborenen Selbsterhaltungstrieb leitet er ein auf Selbsterhaltung gerichtetes oberstes Naturgesetz ab, das dem Individuum ein Recht gibt, sich frei zu entfalten. Die zunächst herrenlosen Naturobjekte eignet sich der Mensch durch ↑Arbeit an. L. sieht, daß die eintretende Verknappung von Naturprodukten sowie von Grund und Boden zu Verteilungskämpfen und zu Ungleichheiten des Besitzes führt, so daß der relative Frieden der ersten Phase des Naturzustands einem Kampf der Besitzlosen gegen die Besitzenden weicht, die ihr Eigentumsrecht nicht mehr wirksam verteidigen können. Er läßt die Menschen in dieser Phase des Naturzustands zu der Übereinkunft gelangen, daß es für die Selbsterhaltung eines jeden vorteilhafter sei, den Kampf zu beenden. Sie vereinigen daher ihre individuellen Rechte in einem ↑Gesellschaftsvertrag und übertragen sie in einem anschließenden Staatsvertrag auf einen von ihnen bestimmten Souverän unter der auflösenden Bedingung, daß dieser den Zweck des Vertrages, sie in ihrer durch Leben, Freiheit und ↑Eigentum umschriebenen Rechtsstellung zu schützen, erfüllt. Aus der ratio des Vertrages folgt die Teilung der Gewalten im Staat zwischen einer den Mehrheitswillen der Besitzbürger zur Geltung bringenden, repräsentativ zusammengesetzten Legislative und einer Exekutive mit dem Souverän an der Spitze sowie die Begrenzung des Staatszwecks darauf, die für die freie Entfaltung der Bürger erforderlichen Rahmenbedingungen der äußeren und inneren Sicherheit herzustellen und zu gewährleisten. Dieselbe Grundeinstellung gegenüber dem in seinem Selbstbestimmungsrecht schutzwürdigen Individuum veranlaßt L. in seinem »Toleranzbrief«, – die Atheisten ausgenommen – Freiheit in Glaubensangelegenheiten und Achtung des Andersgläubigen zu fordern, soweit nicht die Ausübung des Glaubens Dritte in ihren Rechten verletzt.

Werke: The Works, I–III, London 1704, I–X, ¹¹1812, (new ed. corrected) 1823 (repr. Aalen 1963); The Clarendon Edition of the Works of J. L., Oxford/New York 1975 ff. (erschienen 18 Bde [keine Bandzählung]). – Epistola de Tolerantia ad Clarissimum Virum T. A. R. P. T. O. L. A., Gouda 1689 (engl. A Letter Concerning Toleration, London 1690, unter dem Titel: Epistola de Tolerantia. A Letter on Toleration [lat./engl.], trans. J. W. Gough, ed. R. Klibansky, Oxford 1968, ferner in: The Works [s. o.] VI, 1–58; dt. Herrn Johann Lockens Sendschreiben von der Toleranz, oder von der Religions- und Gewissens-Freyheit, o. O. 1710 [repr. in: L. in Germany. Early Translations of J. L. I, ed. K. Pollok, Bristol 2004], unter dem Titel: Ein Brief über Toleranz [engl./dt.], ed. u. übers. J. Ebbinghaus, Hamburg 1957, ²1966, 1996); An Essay Concerning Human(e) Understanding, London 1690, ⁵1706, I–II, ed. A. C. Fraser, Oxford 1894 (repr. New York 1959), I–II, ed. J. W. Yolton, New York/London 1961, 1971, in 1 Bd., ed. P. H. Nidditch, Oxford/New York 1975 (= Clarendon Edition), Amherst N. Y. 1995, ferner als: The Works [s. o.] I, III, 1–177 (dt. Herrn Johann Lockens Versuch vom menschlichen Verstande, übers. E. Poleyen, Altenburg 1757 [repr. in 2 Bdn. als: L. in Germany. Early Translations of J. L. (s. o.), IV–V], unter dem Titel: Über den menschlichen Verstand, I–II, Berlin [Ost], Hamburg 1962, Hamburg ³1976, unter dem Titel: Versuch über den menschlichen Verstand, ⁴1981, II 1988, I ⁵2000 [mit Bibliographie v. R. Brandt, II, 441–461]); Two Treatises of Government, London 1690, ed. P. Laslett, Cambridge 1960, ²1967, 1988, ferner in: The Works [s. o.] V, 207–485 (dt. Zwei Abhandlungen über die Regierung, ed. W. Euchner, Frankfurt/Wien 1967, Frankfurt 2008; [dt. Übers. des zweiten Treatise]: Le gouvernement civil, oder die Kunst wohl zu regieren, Frankfurt/Leipzig 1718 [repr. als: L. in Germany. Early Translations of J. L. (s. o.) VI], unter dem Titel: Über die Regierung (The Second Treatise of Government), ed. P. C. Mayer-Tasch, o. O. [Reinbek b. Hamburg] 1966, Stuttgart ²1974, 1992, unter dem Titel: Die Zweite Abhandlung über die Regierung, übers. H. J. Hoffmann, Frankfurt 2007); Some Considerations of the Consequences of the Lowering of Interest, and the Raising of The Value of Money, London 1692 (repr. Düsseldorf 1993), ferner in: The Works [s. o.] V, 1–116; Some Thoughts Concerning Education, London 1693, ⁵1705, ed. J. W. Yolton/J. S. Yolton, Oxford/New York 1989, 2001 (= Clarendon Edition), ferner in: The Works [s. o.] IX, 1–210 (dt. Herrn Johann Lockens Gedanken von Erziehung der Kinder, Wien 1761 [repr. als: L. in Germany. Early Translations of J. L. (s. o.), VII], unter dem Titel: Einige Gedanken über die Erziehung, ed. u. übers. J. B. Deermann, Paderborn 1967, 1987, unter dem Titel: Gedanken über Erziehung, ed. u. übers. H. Wohlers, Stuttgart 1970, 2007); The Reasonableness of Christianity as Delivered in the Scriptures, London 1695, ed. J. C. Higgins-Biddle, Oxford/New York 1999 (= Clarendon Edition), ferner in: V. Nuovo (ed.), J. L.. Writings on Religion [s. u.], 85–210, ferner in: The Works [s. o.] VII, 1–158 (dt. Des berühmten Engländers Johann Loke vernunftmäßiges Christenthum, wie es in der Heiligen Schrift enthalten ist, I–II, Berlin/Leipzig 1758/1759 [repr. in 1 Bd. als: L. in Germany. Early Translations of J. L. (s. o.), VIII], unter dem Titel: J. L.s Reasonableness of Christianity [Vernünftigkeit des biblischen Christentums] 1695, übers. C. Winckler, Giessen 1914); A Letter to the Right Reverend Edward Lord Bishop of Worcester, Concerning Some Passages Relating to Mr. L.'s Essay of Humane Understanding, in a Late Discourse of His Lordships, in Vindication of the Trinity, London 1697, ferner in: The Works [s. o.] IV, 1–96; A Paraphrase and Notes on the Epistles of St. Paul […], London 1705, in 2 Bdn., ed. A. W. Wainwright, Oxford/New York 1987 (= Clarendon Edition), ferner als: The Works [s. o.] VIII (dt. Johan L.'s paraphrasische Erklärung und Anmärkungen über S. Pauli Briefe an die Galater, Korinther, Römer und Epheser […], I–II, übers. D. J. G. Hofmann, Frankfurt 1768/1769); Posthumous Works of Mr. J. L., I–VI, London 1706; Of the Conduct of the Understanding, London 1706 (= Posthumous Works [s. o.] I) (repr. Bristol 1993, 1996), ed. P. Schuurman, Utrecht 2000, ferner in: The Works [s. o.] III, 203–291 (dt. Anleitung des menschlichen Verstandes zur Erkäntniß der Wahrheit, übers. G. D. Kypke, in: Johann Lockens Anleitung des menschlichen Verstandes zur Erkäntniß der Wahrheit nebst desselben Abhandlung von den Wunderwerken, Königsberg 1755 [repr. unter dem Titel: Anleitung des menschlichen Verstandes/Eine Abhandlung von den Wunderwerken I, Stuttgart-Bad Cannstatt 1996, ferner repr. in: L. in Germany. Early Translations of J. L. (s. o.), I], unter dem Titel: Über den richtigen Gebrauch des Verstandes, Leipzig 1920, Hamburg 1978); The Remains of J. L.. Published from His Original Manuscripts, I–III, London 1714, ⁴1740; An Essay Concerning the Understanding, Knowledge, Opinion, and Assent [Draft B], ed. B. Rand, Cambridge Mass. 1931; An Early Draft of L.'s Essay. Together with Excerpts from His Journals [Draft A], ed. R. I. Aaron/J. Gibb, Oxford 1936; Essays on the Law of Nature. The Latin Text with a Translation, Introduction and Notes […] [lat./engl.], ed. W. v. Leyden, Oxford 1954, 2002, unter dem Titel: Questions Concerning the Law of Nature, Ithaca N. Y./London 1990; Drafts for the Essay Concerning Human Understanding, and Other Philosophical Writings I. Drafts A and B, ed. P. H. Nidditch/G. A. J. Rogers, Oxford/New York 1990 (= Clarendon Edition); L. on

Money, I–II, ed. P. H. Kelly, Oxford/New York 1991 (= Clarendon Edition); J. L.. Political Essays, ed. M. Goldie, Cambridge etc. 1997, 2000; J. L.. Writings on Religion, ed. V. Nuovo, Oxford/New York 2002. – The Correspondence of J. L., I–VIII u. 1 Indexbd., ed. E. S. De Beer, Oxford 1976–2008 (= Clarendon Edition). – J. C. Attig, The Works of J. L.. A Comprehensive Bibliography from the Seventeenth Century to the Present, Westport Conn./London 1985; J. S. Yolton, J. L.. A Descriptive Bibliography, Bristol 1998; Totok IV (1981), 455–492.

Literatur: R. I. Aaron, J. L., Oxford/London 1937, ³1971, 1973; P. Anstey (ed.), The Philosophy of J. L.. New Perspectives, London/New York 2003; ders. (ed.), J. L., I–IV, London/New York 2006 (I Moral and Political Philosophy, II Knowledge. Its Nature and Origins, III Metaphysics, IV Biography, Theology and Education); R. Ashcraft, Revolutionary Politics and L.'s »Two Treatises of Government«, Princeton N. J. 1986; ders. (ed.), J. L.. Critical Assessments, I–IV, London/New York 1991; M. Atherton (ed.), The Empiricists. Critical Essays on L., Berkeley and Hume, Lanham Md./Oxford 1999; M. Ayers, L.. Epistemology and Ontology, I–II, London/New York 1991, in 1 Bd., 1993, 2001; ders., L., REP V (1998), 665–687; W. Baumgartner, Naturrecht und Toleranz. Untersuchungen zur Erkenntnistheorie und politischen Philosophie bei J. L., Würzburg 1979; J. Bennett, L., Berkeley, Hume. Central Themes, Oxford 1971, 2004; K. C. Blanchard Jr., L., in: C. Mitcham (ed.), Encyclopedia of Science, Technology, and Ethics III, Detroit Mich. etc. 2005, 1135–1138; R. Brandt, L., in: O. Höffe (ed.), Klassiker der Philosophie I (Von den Vorsokratikern bis David Hume), München 1981, 360–377, 502–504, ³1994, 360–377, 507–509; ders. (ed.), J. L. Symposium Wolfenbüttel 1979, Berlin/New York 1981; V. Chappell, The Cambridge Companion to L., Cambridge/New York/Melbourne 1994, 2006; H. O. Christophersen, A Bibliographical Introduction to the Study of J. L., Oslo 1930 (repr. New York 1968); J. G. Clapp, L., Enc. Ph. IV (1967), 487–503; J. Colman, J. L.'s Moral Philosophy, Edinburgh 1983; M. Cranston, J. L.. A Biography, London/New York 1957, Oxford/New York 1985; ders., L., DSB VIII (1973), 436–440; H. Dawson, L., Language and Early-Modern Philosophy, Cambridge/New York 2007; K. Dewhurst, J. L. (1632–1704), Physician and Philosopher. A Medical Biography, London 1963, New York 1984; W. Euchner, Naturrecht und Politik bei J. L., Frankfurt 1969, 1979; ders., J. L. zur Einführung, Hamburg 1996, ²2004; K. P. Fischer, J. L. in the German Enlightenment. An Interpretation, J. Hist. Ideas 36 (1975), 431–446; FM III (²1994), 2165–2172; A. C. Fraser, J. L., Edinburgh/London 1890, Port Washington N. Y. 1970; H. R. Ganslandt, Irrwege des Empirismus. Eine kritische Studie zur Wissenschaftstheorie der empirischen Sozialwissenschaften, Diss. Konstanz 1973, bes. 19–30; J. Gibson, L.'s Theory of Knowledge and Its Historical Relations, Cambridge 1917, Nachdr. 1960, 1968; J. W. Gough, J. L.'s Political Philosophy. Eight Studies, Oxford 1950, ²1973; R. W. Grant, J. L.'s Liberalism, Chicago Ill./London 1987, 1991; I. Harris, The Mind of J. L.. A Study of Political Theory in Its Intellectual Setting, Cambridge/New York/Melbourne 1994, ²1998; D. G. James, The Life of Reason. Hobbes, L., Bolingbroke, London/New York 1949, Freeport N. Y. 1972; M. S. Johnson, L. on Freedom. An Incisive Study of the Thought of J. L., Austin Tex. 1978; N. Jolley, Leibniz and L.. A Study of the »New Essays on Human Understanding«, Oxford/New York 1984, 1986; ders., L.. His Philosophical Thought, Oxford/New York 1999, 2004; F. Kambartel, Erfahrung und Struktur. Bausteine zu einer Kritik des Empirismus und Formalismus, Frankfurt 1968, ²1976, bes. 15–49; A. Klemmt, J. L.. Theoretische Philosophie, Meisenheim am Glan/Wien 1952, ²1967; H. Kochiras, L.'s Philosophy of Science, SEP 2009; M. H. Kramer, J. L. and the Origins of Private Property. Philosophical Explorations of Individualism, Community, and Equality, Cambridge/New York/Melbourne 1997; J. L. Kraus, J. L.. Empiricist, Atomist, Conceptualist and Agnostic, New York 1968; L. Krüger, Der Begriff des Empirismus. Erkenntnistheoretische Studien am Beispiel J. L.s, Berlin/New York 1973; A. Kulenkampff, L., in: F. Volpi (ed.), Großes Werklexikon der Philosophie II, Stuttgart 1999, 930–935; P. Larkin, Property in the Eighteenth Century. With Special Reference to England and L., Dublin/Cork, London/New York 1930, New York 1969; P. Laslett, The English Revolution and L.'s »Two Treatises of Government«, Cambridge Hist. J. 12 (1956), 40–55; D. A. Lloyd Thomas, Routledge Philosophy Guidebook to L. on Government, London/New York 1995, 2003; E. J. Lowe, Routledge Philosophy Guidebook to L. on Human Understanding, London/New York 1995, 2003; ders., L., London/New York 2005; J. L. Mackie, Problems from L., Oxford 1976, 1990; M. H. Mandelbaum, Philosophy, Science and Sense Perception. Historical and Critical Studies, Baltimore Md. 1964, 1966, bes. 1–60 (Chap. I L.'s Realism); J. Marshall, J. L.. Resistance, Religion and Responsibility, Cambridge/New York/Melbourne 1994; ders., J. L., Toleration and Early Enlightenment Culture, Cambridge/New York 2006, 2008; C. B. Martin/D. M. Armstrong (eds.), L. and Berkeley. A Collection of Critical Essays, New York 1968; R. Meyer, Eigentum, Repräsentation und Gewaltenteilung in der politischen Theorie von J. L., Frankfurt etc. 1991; J. Mittelstraß, Neuzeit und Aufklärung. Studien zur Entstehung der neuzeitlichen Wissenschaft und Philosophie, Berlin/New York 1970, bes. 397–413; C. R. Morris, L., Berkeley, Hume, Oxford 1931, Westport Conn. 1980; L. Newman (ed.), The Cambridge Companion to L.'s »Essay Concerning Human Understanding«, Cambridge etc. 2007; D. J. O'Connor, J. L., London 1952, New York 1967; I. Petrocchi, L.s Nachlaßschrift »Of the Conduct of the Understanding« und ihr Einfluß auf Kant. Das Gleichgewicht des Verstandes. Zum Einfluß des späten L. auf Kant und die deutsche Aufklärung, Frankfurt etc. 2004; F. Pollock, L.'s Theory of State, Proc. Brit. Acad. 1 (1903/1904) (repr. Nendeln 1976), 237–249; G. A. J. Rogers, L.'s Philosophy. Content and Context, Oxford 1994, 1996; ders., L., in: A. Pyle (ed.), The Dictionary of Seventeenth-Century British Philosophers II, Bristol 2000, 530–537; G. Ryle, L. on the Human Understanding, in: J. L.. Tercentenary Addresses, Delivered in the Hall at Christ Church, October 1932, London 1933, 15–38, Nachdr. in: C. B. Martin/D. M. Armstrong (eds.), L. and Berkeley [s. o.], 14–39; P. A. Schouls, The Imposition of Method. A Study of Descartes and L., Oxford 1980, bes. 149–260; ders., Reasoned Freedom. J. L. and Enlightenment, Ithaca N. Y./London 1992; A. J. Simmons, The Lockean Theory of Rights, Princeton N. J. 1992, 1994; R. Specht, J. L., München 1989, ²2007; K. M. Squadrito, L.'s Theory of Sensitive Knowledge, Washington D. C. 1978; dies., J. L., Boston Mass. 1979; M. A. Stewart (ed.), English Philosophy in the Age of L., Oxford 2000; U. Thiel, L.s Theorie der personalen Identität, Bonn 1983; ders. (ed.), L.. Epistemology and Metaphysics, Aldershot/Burlington Vt. 2002; M. P. Thompson (ed.), J. L. und/and Immanuel Kant. Historische Rezeption und gegenwärtige Relevanz. Historical Reception and Contemporary Relevance, Berlin 1991; A. Tuckness, L.'s Political Philosophy, SEP 2005; J. Tully, A Discourse on Property. J. L. and His Adversaries, Cambridge/New York 1980, 2006; ders., L., in: L. C. Becker/C. B. Becker (eds.), Encyclopedia of Ethics II, New York/London 1992, 731–736; ders., An Approach to Political Philosophy. L. in Contexts, Cambridge/New York 1993, 2003; W. Uzgalis, L., SEP 2001, rev. 2007; ders., L.'s »Essay Concerning Human Understanding«. A Reader's Guide, London 2007; J. Waldron, God, L., and Equality. Christian Foundations of J. L.'s Political Thought, Cambridge etc. 2002, 2007; R. A. Watson, The Downfall of Cartesianism 1673–1712. A Study of Epistemological Issues in Late 17th Century Cartesianism, The Hague 1966; R. S. Woolhouse, L.'s Philosophy of Science and Knowledge. A Consideration of Some Aspects of »An Essay Concerning Human Understanding«, Oxford 1971, Aldershot 1994; ders., L.. A Biography, Cambridge/New York 2007, 2009; G. Yaffe, Liberty Worth the Name. L. on Free Agency, Princeton/Oxford 2000; J. S. Yolton, A L. Miscellany. L. Biography and Criticism for All, Bristol 1990; J. W. Yolton, L. and the Way of the Ideas, Oxford 1956, Nachdr. Oxford 1968, Bristol 1993; ders., L. on the Law of Nature, Philos. Rev. 67 (1958), 477–498; ders. (ed.), J. L.. Problems and Perspectives. A Collection of New Essays, Cambridge 1969; ders., J. L. and Education, New York 1971; ders., L.. An Introduction, Oxford/New York 1985; ders., A L. Dictionary, Oxford/Cambridge Mass. 1993; Y.-C. Zarka, L., DP II (²1993), 1768–1776. – Aufklärung 18 (2006) (Themenschwerpunkt J. L.. Aspekte seiner theoretischen und praktischen Philosophie).   G. G./H. R. G.

Printed in the United States
by Baker & Taylor Publisher Services